최근 출제경향 완전분석 & 문제의 완벽한 풀이 및 해설!!

건설기계설비
일반기계 기사

▶▶ 필기 **과년도 문제집**

위을복 저

이 책의 특징

1. 최근 과년도 문제의 완벽한 풀이 및 해설
2. 최근 출제경향을 완전분석하여 수록
3. 과목별 이론 요점 정리 수록
4. 재료역학, 열역학, 유체역학의 과년도 출제 문제 분포도를 제시
5. 문제마다 각 단원을 표시하여 효과적인 학습을 유도

학진북스
HAKJIN BOOKS

머 리 말

    본서는 일반기계기사·건설기계설비기사를 준비하는 수험생들이면 누구나 한 번쯤 보아야 할 필독서라고 외람되나 자신하는 바이다.

    특히, 최근에 이르러서는 문제가 보다 개념적 체계성 추구 및 기초이론의 확립에 치중하고 있으며 이와 더불어 실제 응용도 부가하고 있다. 이러한 출제 경향은 앞으로도 지속될 것이며 따라서 독자들도 여기에 주안점을 두어야 할 것이다.

【이 책의 특징】

① 수년간 기계학원의 강의경력과 한국산업인력공단 출제기준을 토대로 집필하였다.

② 2003년부터 기사시험에서 단위체제가 공학 단위에서 S·I 단위로 바뀌면서 출제유형도 많이 바뀌었다. 따라서 이를 바탕으로 최근까지 출제된 문제를 이해하기 쉽도록 상세히 설명하였다.

③ 단시간에 기초적인 내용을 쉽게 이해하고 형식이 달라져도 공식을 적용·응용하는 능력을 극대화하는데 역점을 두었다.

④ 과목별 이론 요점 정리는 최근 출제된 유형을 파악하여 꼭 암기해야 할 핵심만을 수록하였다.

⑤ 특히, 학생들이 어려워하는 재료역학, 열역학, 유체역학은 과년도 출제 문제 분포도를 제시하여 출제의 방향을 더욱 알기 쉽도록 하였다.

⑥ 문제마다 각 단원을 표시하여 효과적인 학습이 되도록 하였다.

    이상과 같이 독자 여러분들에게 탁월한 길잡이가 되도록 노력하였으나 부족한 지식에 대한 두려움과 한편의 아쉬움이 있음을 심히 안타깝게 여기게 된다. 이점 많은 분들의 이해와 지도편달 바라며 지속적인 생명을 지닐 수 있도록 본서에 대한 독자 여러분들의 아낌없는 성원 바란다.

    끝으로 독자 여러분들의 소기 목적이 달성되시길 바라며 출간을 위해 애쓰고 도와주신 분들과 도서출판 학진북스 사장님 이하 편집부 직원 여러분들에게 진심으로 감사드리며 무궁한 발전을 기원하는 바이다.

위 을 복 드림

과년도 출제 경향 분석

재료역학 과년도 출제 문제 분포도

(단위 : 문항수)

년	차례	1장 하중	2장 재료의 정역학	3장 응력의 조합 상태	4장 평면 도형의 성질	5장 비틀림	6장 보	7장 보속의 응력	8장 보의 처짐	9장 부정 정보	10장 기둥
2012년	1회	5	1	1	1	4	2	2	2	1	1
	2회	3	1	1	1	3	5	2	1	1	2
	3회	2	2	2	1	3		4	3	1	2
	4회	4	2	1	1	3	3	1	2	2	1
2013년	1회	3	2	1	1	2	2	5	2	1	1
	2회	3	3	1	1	3	1	3	2	1	2
	3회	2	3	2	1	3	2	2	3	1	1
	4회	3	4	1	1	3	2	1	3	1	1
2014년	1회	4	1	1	1	3	3	3	2	1	1
	2회	3	2	1	1	3	4	2	1	2	1
	3회	5	1	2	2	3	2	2			1
	4회	4	3	1	1	3	2	1	3	2	
2015년	1회	4	2	2	1	3	2	1	3	1	1
	2회	3	3	1	1	3	3	2	2	1	1
	3회	3	1	2	1	3	2	3	3	1	1
	4회	3	2	1	1	3	3	3	2	1	1
2016년	1회	3	2	1	1	3	1	3	2	2	2
	2회	2	2	1	1	3	3	2	1	2	2
	3회	3	2	1	1	3	1	2	2	1	1
	4회	2	3	1		3	2	3	1	1	
2017년	1회	2	4	1	1	2	3	2	3	1	1
	2회	5	1	1	1	2		4	1	2	2
	3회	2	2	1	1	3	4	2	1	2	2
	4회	3	2	1	1	3	3	3	2	1	1
2018년	1회	4	2	2	1	3	1	3	2	1	1
	2회	4	3	1	1	3	2	2	2	1	1
	3회	2	1	2	1	3	4	2	2	1	2
	4회	4	1	1	2	3	2	1	3	1	2
2019년	1회	4	2	1	1	3	1	2	3	2	1
	2회	3	1	3	1	3	3	2	2	1	1
	3회	5	2	1	1	3	2	1	3	1	2
	4회	3	2	2	1	3	3	1	2	2	1
2020년	1·2회	4	2	1	1	3	1	3	2	1	2
	3회	3	2	2	1	3	3		3	2	1
	4회	2	2	1		3	4	2	2	1	1
2021년	1회	2	4	1	1	3	2	2	1	3	1
	2회	5	1	2	1	3	2	1	3	1	1
	3회	3	3	2	1	3	2	1	3	1	1
	4회	4	1	1	1	2	3	4	1	1	2

열역학 과년도 출제 문제 분포도

(단위 : 문항수)

년	차례	1장 공업열역학	2장 일과열	3장 완전가스	4장 열역학제2법칙	5장 기체의압축	6장 증기	7장 증기원동소사이클	8장 가스동력사이클	9장 냉동사이클	10장 가스및증기의흐름	11장 연소와전열
2012년	1회	3	1	1	4		3	1	1	5		1
	2회	2	1	7	3		2	2		3		
	3회	2	3	2	2	1	1	2	1	5		1
	4회	2	1	4	5		1	3		3		1
2013년	1회	4	4	4	2			2	1	2	1	
	2회	1	2	5	4		1	2	1	3	1	
	3회	2	3	5	4			2	2	2		
	4회	4	3	3	3		1	2		3		1
2014년	1회	2	2	5	4		1			4		2
	2회	4	6	2	3	1				4		
	3회	1	2	5	4			3	2	1	1	
	4회	7	3	1	5			1		3		
2015년	1회	1	2	3	5		1	1	2	5		
	2회	4	1	1	5		1	2	2	3		1
	3회		2	7	5			1	2	2		1
	4회		1	8	4			1	2	4		
2016년	1회	4	3	3	4		1	2	1	2		
	2회	1		7	4		1	2	1	3	1	
	3회	2	2	6	3		1	1	2	2		1
	4회	4	1	6	3		1	1	1	3	1	
2017년	1회	3	3	4	3		1	2	2	2		
	2회	4	5	2	4			3	1	1		
	3회	5	1	7	3			1	1	1		
	4회	2	2	1	4		3	1	2	3	1	1
2018년	1회	3	1	3	4	1		3	2	1	2	
	2회	2	3	4	5		1	2	1	1		
	3회	3	2	5	3		1	1	2	3		
	4회	3	3	5	3		1	1	1	1		
2019년	1회	3	3	6	3		1	1	2			1
	2회	3	2	3	5		1	2	1	2	1	
	3회	3		2	4	1		1	3	3	1	2
	4회	2	4	4	2		2	2	2	2		
2020년	1·2회	2	3	5	3			4		2	1	
	3회	3	3	3	2		2	1	2	2	1	1
	4회	1	4	4	4			2	3	2		
2021년	1회	1	4	6	4		1	1	1	2		
	2회		1	5	6	1		2	2	1		2
	3회	2	2	5	4			1		2		2
	4회	2	6	2	5			2		2		1

과년도 출제 경향 분석

유체역학 과년도 출제 문제 분포도

(단위 : 문항수)

년	차례	1장 유체의 정의 및 성질	2장 유체의 정역학	3장 유체의 운동학	4장 운동량 방정식	5장 실제 유체의 유동	6장 관 속에서의 유체유동	7장 차원 해석과 상사법칙	8장 개수로 유동	9장 압축성 유동	10장 유체 계측
2012년	1회	3	3	5	1	3	2	2			1
	2회	3	3	4	1	5	2	2			
	3회	3	2	5	1	4	2	2			1
	4회	3	3	5	1	3	2	2			1
2013년	1회	2	4	6	1	4	1	2			
	2회	2	4	5	2	4	1	2			
	3회	3	3	5	1	5	1	1			
	4회	2	2	5	2	5	1	1			
2014년	1회	2	3	4	1	3	3	3			
	2회	3	3	6	1	4	1	2			
	3회	2	2	4	1	4	2	2			3
	4회	3	3	5	1	3	2	2			
2015년	1회	4	3	4	1	3	2	2			1
	2회	3	3	5	1	3	3	2			
	3회	4	3	6	1	3		2			
	4회	1	4	4	2	5					1
2016년	1회	3	3	6	1	4	1	2			
	2회	2	3	4	1	5	1	3			2
	3회	2	3	4	1	4	1	3			1
	4회	2	4	5	1	4	2				
2017년	1회	3	3	5	1	3	2	2			
	2회	4	3	5	1	4	1	1			1
	3회	3	3	5	1	5		2			1
	4회	3	3	5	1		2	2			1
2018년	1회	2	4	5	1	3	1	2			2
	2회	3	3	6	1		2	2			
	3회	1	4	4	1	5	1	3			1
	4회	2	4	4	1		1	3			
2019년	1회	2	3	6	1	5	1	2			
	2회	3	4	4	1	4	1	2			
	3회	2	4	5	1	3	1	3			1
	4회	1	5	6	1	4	1	2			1
2020년	1·2회	1	4	5	1	4	1	2		1	1
	3회	3	3	5	1	4	1	2			1
	4회	3	3	5	1	4	1	2			2
2021년	1회	3	3	6	1	3	2	2			
	2회	2	3	5	1	3	2	2			1
	3회	2	2	6	1	4	1	3			1
	4회	3	2	4	2	5	1	2			1

Contents

Contents

과목별 이론 요점 정리

→ 재료역학

① 하중·응력·변형률

- 수직응력(σ) ┌ ⓐ 인장응력 : $\sigma_t = \dfrac{P_t}{A}$ 여기서, P_t : 인장하중

　　　　　　　└ ⓑ 압축응력 : $\sigma_c = \dfrac{P_c}{A}$ 여기서, P_c : 압축하중

- 전단응력(τ) : $\tau = \dfrac{P_s}{A}$ 여기서, P_s : 전단하중

- 종변형률 : $\varepsilon = \dfrac{\lambda}{\ell}$ 여기서, λ : 종변형량

- 횡변형률 : $\varepsilon' = \dfrac{\delta}{d}$ 또는 $\dfrac{\delta}{b}$, $\dfrac{\delta}{h}$ 여기서, δ : 횡변형량

② 힘(force)

- 평형방정식 : $\sum X = 0,\ \sum Y = 0,\ \sum M = 0$
- 두 힘의 합성 : $F = \sqrt{F_1^2 + F_2^2 + 2F_1F_2\cos\theta}$
- 라미의 정리 : $\dfrac{F_1}{\sin\theta_1} = \dfrac{F_2}{\sin\theta_2} = \dfrac{F_3}{\sin\theta_3}$

③ 후크의 법칙

- 후크의 법칙 : 탄성한도(또는, 비례한도)내에서 응력과 변형률은 비례한다.
- "수직응력"의 경우 : $\sigma = E\varepsilon$
- "전단응력"의 경우 : $\tau = G\gamma$
- 종변형량(인장, 압축) : $\lambda = \dfrac{P\ell}{AE}$

④ 프와송비(μ 또는 ν)

- 프와송비 : $\mu(또는 \nu) = \dfrac{\varepsilon'}{\varepsilon} = \dfrac{1}{m} \leq 0.5$

　　　　　여기서, m : 프와송수
- "고무"의 경우 : $\mu = 0.5$

⑤ 단면적의 변화률과 변화량

- 단면적의 변화률 : $\dfrac{\Delta A}{A} = 2\mu\varepsilon$
- 단면적의 변화량 : $\Delta A = 2\mu\varepsilon A$
  → 단면적은 인장이면 감소하고, 압축이면 증가한다.

⑥ 체적변화률과 변화량

- 체적변화률 : $\varepsilon_V = \dfrac{\Delta V}{V} = \varepsilon(1-2\mu)$

- 체적변화량 : $\Delta V = \varepsilon(1-2\mu)V$　단, $\varepsilon = \dfrac{\lambda}{\ell} = \dfrac{P}{AE} = \dfrac{\sigma}{E}$

　→ 체적은 인장이면 증가하고, 압축이면 감소한다. 단, 고무는 불변

⑦ $E \cdot G \cdot m \cdot K$ 관계식

- $mE = 2G(m+1) = 3K(m-2)$

- $K = \dfrac{GE}{9G-3E}$

⑧ 허용응력(σ_a)과 안전율(S), 응력집중

- 탄성한도(σ_E) > 허용응력(σ_a) ≥ 사용응력(σ_w)

- 안전율 : $S = \dfrac{소성}{탄성} = \dfrac{\sigma_u(또는 \ \sigma_{YP})}{\sigma_a}$　단, $\sigma_a = \dfrac{P}{A}$

- 최대응력($\sigma_{\max}$) : $\sigma_{\max} = \alpha_k \sigma_n$

　　　　　여기서, α_k : 응력집중계수, σ_n : 공칭응력, $\sigma_n = \dfrac{P}{A}$

⑨ 병렬조합단면

- $\sigma_1 = \dfrac{PE_1}{A_1E_1 + A_2E_2}$, $\sigma_2 = \dfrac{PE_2}{A_1E_1 + A_2E_2}$, $\sigma_1 : \sigma_2 = E_1 : E_2$

⑩ 균일단면봉(하중, 자중고려시)

- $\sigma_a = \dfrac{P}{A} + \gamma\ell$, $\lambda = \dfrac{P\ell}{AE} + \dfrac{\gamma\ell^2}{2E}$

⑪ 원추형봉(자중만 고려시)

- $\sigma_a = \dfrac{\gamma\ell}{3}$, $\lambda = \dfrac{\gamma\ell^2}{6E}$

⑫ 열응력

- 열응력 : $\sigma = E\alpha(t_2 - t_1)$
- 열에 의한 변형률 : $\varepsilon = \alpha(t_2 - t_1)$
- 열에 의한 변형량 : $\lambda = \alpha(t_2 - t_1)\ell$
- 열에 의한 힘 : $P = E\alpha(t_2 - t_1)A$

　→ 열응력은 온도가 상승하면 압축응력이 발생하고, 온도가 하강하면 인장응력이 발생한다.

- 가열끼움 : 축(Shaft)은 압축응력, 링(Ring)은 인장응력이 발생한다.

⑬ 탄성에너지(U)

- "수직응력"인 경우 ⎡ ⓐ 탄성에너지 : $U = \dfrac{1}{2}P\lambda = \dfrac{P^2\ell}{2AE} = \dfrac{\sigma^2 V}{2E}$

　　　　　　　⎣ ⓑ 최대탄성에너지 : $u = \dfrac{\sigma^2}{2E} = \dfrac{E\varepsilon^2}{2} = \dfrac{\sigma\varepsilon}{2}$

- "전단응력"인 경우 : 수직응력인 경우에서 $\sigma \to \tau$, $P \to P_S$, $\lambda \to \lambda_S$, $E \to G$, $\varepsilon \to \gamma$로 바뀌면 된다.

⑭ 압력을 받는 원통

- 내압을 받는 얇은 원통 ┌ ⓐ 원주방향응력 : $\sigma_1 = \dfrac{Pd}{2t}$

　　　　　　　　　　　 └ ⓑ 축방향(＝세로방향)응력 : $\sigma_2 = \dfrac{Pd}{4t}$

- 막응력 : $\sigma = \dfrac{Pd}{4t}$

- 얇은 회전체의 응력 : $\sigma_a = \dfrac{\gamma v^2}{g}$　　단, $v = \dfrac{\pi dN}{60}$

⑮ 충격에 의한 응력(σ)과 늘음량(λ)

- $\sigma = \sigma_0 (1 + \sqrt{1 + \dfrac{2h}{\lambda_0}})$, $\lambda = \lambda_0 (1 + \sqrt{1 + \dfrac{2h}{\lambda_0}})$　　단, $\sigma_0 = \dfrac{W}{A}$, $\lambda_0 = \dfrac{W\ell}{AE}$

- 갑작스런 충격이면 $\sigma = 2\sigma_0$, $\lambda = 2\lambda_0$

⑯ 단순응력

- $\sigma_n = \sigma_x \cos^2\theta$
- $\sigma_n{}' = \sigma_x \sin^2\theta$　 $\therefore \sigma_n + \sigma_n{}' = \sigma_x$

- $\tau = \dfrac{1}{2}\sigma_x \sin 2\theta$
- $\tau' = -\tau$　　$\therefore \tau + \tau' = 0$　　즉, $\tau' = -\tau$

- 경사각 $\theta = \tan^{-1}\dfrac{\tau}{\sigma_n}$

- $\theta = 0°$ 인 경우 : $\sigma_{n\cdot\max} = \sigma_x = \dfrac{P}{A}$

- $\theta = 45°$ 인 경우 : $\tau_{\max} =$ 모어원의 반경 $= \dfrac{1}{2}\sigma_x = \dfrac{1}{2} \times \dfrac{P}{A}$

⑰ 2축 응력

- $\sigma_n = \dfrac{1}{2}(\sigma_x + \sigma_y) + \dfrac{1}{2}(\sigma_x - \sigma_y)\cos 2\theta$
- $\sigma_n{}' = \dfrac{1}{2}(\sigma_x + \sigma_y) - \dfrac{1}{2}(\sigma_x - \sigma_y)\cos 2\theta$　$\therefore \sigma_n + \sigma_n{}' = \sigma_x + \sigma_y$

- $\tau = \dfrac{1}{2}(\sigma_x - \sigma_y)\sin 2\theta$
- $\tau' = -\tau$　$\therefore \tau + \tau' = 0$　　즉, $\tau' = -\tau$
- $\theta = 0°$ 인 경우 ┌ ⓐ $\sigma_{n\cdot\max} = \sigma_x$

　　　　　　　　　 └ ⓑ $\sigma_{n\cdot\min} = \sigma_y$

　 → $\theta = 0°$ 에서 주평면이 발생
- 주평면 : 최대주응력($\sigma_{n\cdot\max}$), 최소주응력($\sigma_{n\cdot\min}$)이 존재하고 전단응력(τ, τ')이 0인 면

- $\theta = 45°$ 인 경우 : $\tau_{\max} =$ 모어원의 반경 $= \dfrac{1}{2}(\sigma_x - \sigma_y)$

⑱ 평면응력

- $\sigma_n = \dfrac{1}{2}(\sigma_x + \sigma_y) + \dfrac{1}{2}(\sigma_x - \sigma_y)\cos 2\theta - \tau_{xy}\sin 2\theta$

- $\sigma_n' = \dfrac{1}{2}(\sigma_x + \sigma_y) - \dfrac{1}{2}(\sigma_x - \sigma_y)\cos 2\theta + \tau_{xy}\sin 2\theta$

- $\tau = \dfrac{1}{2}(\sigma_x - \sigma_y)\sin 2\theta + \tau_{xy}\cos 2\theta$

- $\tau' = -\tau$

- $\theta = 0°$ 인 경우 ┌ ⓐ 최대주응력 : $\sigma_1 = \dfrac{1}{2}(\sigma_x + \sigma_y) + \dfrac{1}{2}\sqrt{(\sigma_x - \sigma_y)^2 + 4\tau_{xy}^2}$

  └ ⓑ 최소주응력 : $\sigma_2 = \dfrac{1}{2}(\sigma_x + \sigma_y) - \dfrac{1}{2}\sqrt{(\sigma_x - \sigma_y)^2 + 4\tau_{xy}^2}$

- $\theta = 45°$ 인 경우 : $\tau_{\max} = \dfrac{1}{2}\sqrt{(\sigma_x - \sigma_y)^2 + 4\tau_{xy}^2}$

- 최대주변형률 : $\varepsilon_1 = \dfrac{1}{2}(\varepsilon_x + \varepsilon_y) + \dfrac{1}{2}\sqrt{(\varepsilon_x - \varepsilon_y)^2 + \gamma_{xy}^2}$

- 최소주변형률 : $\varepsilon_2 = \dfrac{1}{2}(\varepsilon_x + \varepsilon_y) - \dfrac{1}{2}\sqrt{(\varepsilon_x - \varepsilon_y)^2 + \gamma_{xy}^2}$

- 최대전단변형률 : $\gamma_{\max} = \sqrt{(\varepsilon_x - \varepsilon_y)^2 + \gamma_{xy}^2}$

⑲ 단면1차모멘트와 도심

- 단면1차모멘트(Q) : $Q_x = A\bar{y}$, $Q_y = A\bar{x}$

- 도심의 위치 ┌ ⓐ $\bar{x} = \dfrac{A_1 x_1 + A_2 x_2 + A_3 x_3 + \cdots}{A_1 + A_2 + A_3 + \cdots}$

  └ ⓑ $\bar{y} = \dfrac{A_1 y_1 + A_2 y_2 + A_3 y_3 + \cdots}{A_1 + A_2 + A_3 + \cdots}$

- 도심축에 대한 단면1차모멘트(Q_x, Q_y)는 항상 0이다.

- n차의 도심위치 및 단면적 : $\bar{x} = \dfrac{b}{n+2}$, $\bar{y} = \dfrac{h}{n+2}$, $A = \dfrac{bh}{n+1}$

- 반원의 도심위치 : $\bar{y} = \dfrac{4R}{3\pi}$

- $\dfrac{1}{4}$ 원의 도심위치 : $\bar{x} = \bar{y} = \dfrac{4R}{3\pi}$

⑳ 도심축에 대한 단면2차모멘트(=관성모멘트 : I)

- 사각형단면 : $I_x = \dfrac{bh^3}{12}$, $I_y = \dfrac{hb^3}{12}$

- 삼각형단면 : $I_x = \dfrac{bh^3}{36}$, $I_y = \dfrac{hb^3}{36}$

- 원형단면 : $I_x = I_y = \dfrac{\pi d^4}{64} = \dfrac{\pi r^4}{4}$

㉑ 회전반경(=단면2차반경 : K)

- $K_x = \sqrt{\dfrac{I_x}{A}}$, $K_y = \sqrt{\dfrac{I_y}{A}}$

㉒ 평행축정리(옮긴축에 대한 단면2차모멘트 : $I_x{'}$, $I_y{'}$)

- $I_x{'} = I_x + a^2 A$

- $I_y{'} = I_y + b^2 A$ 단, a, b : 축의 평행이동거리

㉓ 극단면2차모멘트(=극관성모멘트 : I_P)

- 극단면2차모멘트 : $I_P = I_x + I_y$

  ⓐ 사각형단면 : $I_P = \dfrac{bh^3}{12} + \dfrac{hb^3}{12} = \dfrac{bh}{12}(h^2 + b^2)$

  ⓑ 삼각형단면 : $I_P = \dfrac{bh^3}{36} + \dfrac{hb^3}{36} = \dfrac{bh}{36}(h^2 + b^2)$

  ⓒ 원형단면 : $I_P = 2I_x = 2I_y = \dfrac{\pi d^4}{32}$

㉔ 단면계수 : $Z = \dfrac{\text{단면2차모멘트}}{\text{최외각거리}} = \dfrac{I}{y(=e)}\,(\text{cm}^3)$

- 사각형단면 : $Z = \dfrac{bh^2}{6}$

- 원형단면 : $Z = \dfrac{\pi d^3}{32}$

  → 단면계수(Z)가 클수록 최대강도를 갖는 단면이다.

- 원형단면으로 최대강도를 갖는 직사각형단면을 만드는 조건 : $b = \dfrac{d}{\sqrt{3}}$, $h = \dfrac{\sqrt{2}}{\sqrt{3}}d$

㉕ 단면상승모멘트와 주축

- 단면상승모멘트 : $I_{xy} = \overline{x}\,\overline{y}\,A$

  → "사각형단면"의 경우 : $I_{xy} = \dfrac{b^2 h^2}{4}$

- 주축의 위치를 결정하는 식 : $\tan 2\theta = \dfrac{2I_{xy}}{I_y - I_x}$

  → 주축은 대칭축이므로 주축에서는 단면상승모멘트가 0이다.

㉖ 원형축에서의 비틀림

- 비틀림모멘트(토크) : $T = Fr$ 또는 $T = P_e \dfrac{D}{2} = (T_t - T_s)\dfrac{D}{2}$

            여기서, P_e : 유효장력, T_t : 긴장측장력, T_s : 이완측장력

- 비틀림응력 : $\tau = \dfrac{Gr\theta}{\ell}$ 단, θ : 비틀림각(rad)

㉗ 비틀림응력과 토크의 관계 : $T = \tau Z_P$

- 원형단면에서 극단면계수(Z_P)의 값

  ⓐ 중실원 : $Z_P = \dfrac{\pi d^3}{16}$

  ⓑ 중공원 : $Z_P = \dfrac{\pi(d_2^4 - d_1^4)}{16 d_2} = \dfrac{\pi d_2^3(1 - x^4)}{16}$ 단, 내외경비 $x = \dfrac{d_1}{d_2}$

㉘ 전달동력

- 동력 $P = Tw = \tau Z_P \times \dfrac{2\pi N}{60}$

- 묻힘키(＝성크키)에서의 발생응력 ┌ ⓐ 전단응력 : $\tau_k = \dfrac{2T}{b\ell d}$

                                                     └ ⓑ 압축응력 : $\sigma_c = \dfrac{4T}{h\ell d}$

㉙ 축의 비틀림강도

- 비틀림각 : $\theta = \dfrac{T\ell}{GI_P}(\mathrm{rad}) = \dfrac{180}{\pi} \times \dfrac{T\ell}{GI_P}(°)$

- 원형단면에서 극단면2차모멘트(I_P)값

  ⓐ 중실원 : $I_P = \dfrac{\pi d^4}{32}$

  ⓑ 중공원 : $I_P = \dfrac{\pi(d_2^4 - d_1^4)}{32}$

㉚ 비틀림에 의한 탄성에너지 : $U = \dfrac{1}{2}T\theta$ 단, $\theta = \dfrac{T\ell}{GI_P}(\mathrm{rad})$

㉛ 코일스프링(원통형)

- 스프링상수 : $k = \dfrac{P}{\delta}$ ┌ ⓐ 직렬연결 : $\dfrac{1}{k} = \dfrac{1}{k_1} + \dfrac{1}{k_2} + \dfrac{1}{k_3} + \cdots$

                                                   └ ⓑ 병렬연결 : $k = k_1 + k_2 + k_3 + \cdots$

- 최대전단응력 : $\tau_{\max} = \dfrac{16PRK}{\pi d^3} = \dfrac{8PDK}{\pi d^3}$

  단, $K = \dfrac{4C-1}{4C-4} + \dfrac{0.615}{C}$ 여기서, 스프링지수 $C = \dfrac{D(코일의\ 평균지름)}{d(소선의\ 지름)}$

- 스프링의 처짐량 $\delta = \dfrac{64nPR^3}{Gd^4} = \dfrac{8nPD^3}{Gd^4}$

- 스프링에 의한 탄성에너지 : $U = \dfrac{1}{2}P\delta = \dfrac{1}{2}k\delta^2$

㉜ 반력의 수

  ⓐ 가동힌지 : 1개(V)

  ⓑ 부동힌지 : 2개($H,\ V$)

  ⓒ 고정지점 : 3개($H,\ V,\ M$)

㉝ 모멘트 : M＝힘×거리

㉞ 보의 종류

- 정정보 : 단순보, 외팔보, 돌출보
- 부정정보 : 일단고정 타단지지보(고정지지보), 양단고정보, 연속보

㉟ 보의 전단력(F)과 굽힘모멘트(M)

- 전단력(F)과 굽힘모멘트(M)의 부호

부 호	전단력(F)	굽힘모멘트(M)
$(+)$		
$(-)$		

- $F_x = 0$인 위치에서 M_{max}이 발생한다.
- S·F·D와 B·M·D의 차수

작용하중	S·F·D	B·M·D
우 력	·	0차
집중하중	0차	1차
균일분포하중	1차	2차
3각형분포하중	2차	3차

- 집중하중을 받는 단순보 ⓐ $M_{max} = \dfrac{Pab}{\ell}$

    ⓑ $a = b = \dfrac{\ell}{2}$일 때 $M_{max} = \dfrac{P\ell}{4}$

- 균일분포하중을 받는 단순보 : $M_{max} = \dfrac{w\ell^2}{8}$ 단, $w = \gamma A$

    → B·M·D가 포물선(2차)으로 나타난다.

- 3각형분포하중을 받는 단순보 ⓐ M_{max}의 위치 : $x = \dfrac{\ell}{\sqrt{3}}$

    ⓑ $M_{max} = \dfrac{w\ell^2}{9\sqrt{3}}$

㊱ 보속의 굽힘응력

- 굽힘응력 : $\sigma = E\dfrac{y}{\rho}$

    → 굽힘응력의 분포 : 중립축에서 0이며 상·하표면에서 최대(직선적인 변화)

- 곡률 : $\dfrac{1}{\rho} = \dfrac{M}{EI}$ → 곡률반경 $\rho = \dfrac{EI}{M}$

- 굽힘응력(σ)과 굽힘모멘트(M)의 관계식 : $M = \sigma Z$

㊲ 굽힘모멘트에 의한 수평전단응력

- 수평전단응력 $\tau = \dfrac{F \cdot Q}{bI}$ ⓐ 사각형단면 : $\tau_{max} = \dfrac{3}{2}\dfrac{F}{A}$ 단, $A = bh$

    ⓑ 원형단면 : $\tau_{max} = \dfrac{4}{3}\dfrac{F}{A}$ 단, $A = \dfrac{\pi d^2}{4}$

    → 수평전단응력의 분포 : 상·하표면에서 0이며, 중립축에서 최대(포물선변화)

㊳ 재료의 조합응력

- 상당비틀림모멘트 : $T_e = \sqrt{M^2 + T^2}$

- 상당굽힘모멘트 : $M_e = \dfrac{1}{2}(M + \sqrt{M^2 + T^2}) = \dfrac{1}{2}(M + T_e)$

- 비틀림과 굽힘이 동시에 작용할 때 축직경설계

  ⓐ τ_a가 주어질 때 : $T_e = \tau_a Z_P$에서 $d = \sqrt[3]{\dfrac{16 T_e}{\pi \tau_a}}$

  ⓑ σ_a가 주어질 때 : $M_e = \sigma_a Z$에서 $d = \sqrt[3]{\dfrac{32 M_e}{\pi \sigma_a}}$

㊴ 처짐곡선(탄성곡선)의 미분방정식 : $EI\dfrac{d^2 y}{dx^2} = -M$ 즉 $\dfrac{d^2 y}{dx^2} = -\dfrac{M}{EI}$

㊵ 외팔보의 처짐각(θ)과 처짐량(δ)

- 우력 : $\theta_{\max} = \dfrac{M\ell}{EI},\ \delta_{\max} = \dfrac{M\ell^2}{2EI}$

- 집중하중 : $\theta_{\max} = \dfrac{P\ell^2}{2EI},\ \delta_{\max} = \dfrac{P\ell^3}{3EI}$

- 균일분포하중 : $\theta_{\max} = \dfrac{w\ell^3}{6EI},\ \delta_{\max} = \dfrac{w\ell^4}{8EI}$

㊶ 단순보의 처짐각(θ)과 처짐량(δ)

- 우력 : $\theta_{\max} = \dfrac{M\ell}{3EI},\ \theta = \dfrac{M\ell}{6EI},\ \delta_{\max} = \dfrac{M\ell^2}{9\sqrt{3}\,EI}$

  → $\delta_{\max}$의 위치 $x = \dfrac{\ell}{\sqrt{3}}$, 중앙점의 처짐량 $\delta = \dfrac{M\ell^2}{16EI}$

- 집중하중 : $\theta_{\max} = \dfrac{P\ell^2}{16EI},\ \delta_{\max} = \dfrac{P\ell^3}{48EI}$

- 균일분포하중 : $\theta_{\max} = \dfrac{w\ell^3}{24EI},\ \delta_{\max} = \dfrac{5w\ell^4}{384EI}$

㊷ 면적모멘트법

- 처짐각 : $\theta = \dfrac{A_M}{EI}$ ··· Mohr의 제1정리

- 처짐량 : $\delta = \dfrac{A_M}{EI}\overline{x} = \theta\overline{x}$ ··· Mohr의 제2정리

㊸ 굽힘탄성에너지(=변형에너지) : $U = \dfrac{M^2 \ell}{2EI}$

- 보에서 저장되는 굽힘탄성에너지 : $U = \displaystyle\int_0^\ell \dfrac{M_x^2}{2EI} dx$

  ⓐ 외팔보(집중하중) : $U = \dfrac{P^2 \ell^3}{6EI}$ ⓑ 외팔보(균일분포하중) : $U = \dfrac{w^2 \ell^5}{40EI}$

  ⓒ 단순보(집중하중) : $U = \dfrac{P^2 \ell^3}{96EI}$ ⓓ 단순보(균일분포하중) : $U = \dfrac{w^2 \ell^5}{240EI}$

- 카스틸리아노의 정리 : 처짐각 $\theta = \dfrac{\partial U}{\partial M}$, 처짐량 $\delta = \dfrac{\partial U}{\partial P}$

㊹ 일단고정 타단지지보(＝고정지지보)

- 집중하중 : $R_A = \dfrac{11}{16} P$, $R_B = \dfrac{5}{16} P$, $M_{max} = \dfrac{3P\ell}{16}$

- 균일분포하중 : $R_A = \dfrac{5w\ell}{8}$, $R_B = \dfrac{3w\ell}{8}$, $\theta_{max} = \dfrac{w\ell^3}{48EI}$, $\delta_{max} = \dfrac{w\ell^4}{185EI}$,

  M_{max}의 위치(고정단으로부터) $x = \dfrac{5}{8}\ell$

  여기서, R_A : 고정단의 반력, R_B : 지지점의 반력

㊺ 양단고정보

- 집중하중 : $M_A = \dfrac{Pab^2}{\ell^2}$, $M_B = \dfrac{Pa^2b}{\ell^2}$

  $\rightarrow a = b = \dfrac{\ell}{2}$이면 : $M_{max} = \dfrac{P\ell}{8}$, $\theta_{max} = \dfrac{P\ell^2}{64EI}$, $\delta_{max} = \dfrac{P\ell^3}{192EI}$

- 균일분포하중 : $\theta_{max} = \dfrac{w\ell^3}{125EI}$, $\delta_{max} = \dfrac{w\ell^4}{384EI}$, $M_{max} = \dfrac{w\ell^2}{12}$

㊻ 연속보(지점간의 거리가 ℓ일 때)

- $R_A = R_B = \dfrac{3w\ell}{8}$, $R_C = \dfrac{5w\ell}{4}$

㊼ 판스프링

- 3각판스프링 : $\sigma = \dfrac{6P\ell}{nbh^2}$, $\delta_{max} = \dfrac{6P\ell^3}{nbh^3E}$

- 겹판스프링 : $\sigma = \dfrac{3P\ell}{2nbh^2}$, $\delta_{max} = \dfrac{3P\ell^3}{8nbh^3E}$

㊽ 편심하중을 받는 단주

- $\sigma_{max} = \sigma' + \sigma'' = \dfrac{P}{A} + \dfrac{M}{Z}$ 단, $M = P \cdot e$

- $\sigma_{min} = \sigma' - \sigma'' = \dfrac{P}{A} - \dfrac{M}{Z}$

- 핵반경 : $\sigma_{min} = 0$으로 하는 편심거리 즉, 핵반경 $a = \dfrac{K^2}{e}$

  ⓐ 원형단면 : $a = \dfrac{d}{8}$ ⓑ 사각형단면 : $a = \dfrac{b}{6}$ 또는 $\dfrac{h}{6}$

- 핵반경의 특징 : 압축응력만 일어나고, 인장응력은 일어나지 않는다.

㊾ 세장비 : $\lambda = \dfrac{\ell}{K}$ 단, $K_{min} = \sqrt{\dfrac{I_{min}}{A}}$

- "원형단면"의 경우 : $\lambda = \dfrac{4\ell}{d}$

- "연강"의 경우 : $\lambda = 100 \sim 102$

- 세장비(λ)는 단주는 $\lambda = 30$이하, 장주는 $\lambda = 160$이상이다.

(50) 좌굴하중(=임계하중) : $P_B(=P_{cr})=n\pi^2\dfrac{EI}{\ell^2}$

(51) 좌굴응력(=임계응력) : $\sigma_B(=\sigma_{cr})=n\pi^2\dfrac{EI}{\ell^2 A}=n\pi^2\dfrac{EK^2}{\ell^2}=n\pi^2\dfrac{E}{\lambda^2}$

(52) 단말계수(n)의 값 :
- 일단고정, 타단자유 : $n=\dfrac{1}{4}$
- 양단회전(=힌지=지지=핀) : $n=1$
- 일단고정, 타단회전 : $n=2$
- 양단고정 : $n=4$

(53) 유효길이(=좌굴길이=좌굴장) : $\ell_e=\dfrac{\ell}{\sqrt{n}}$

(54) 유효세장비(=좌굴세장비) : $\lambda_e=\dfrac{\lambda}{\sqrt{n}}$

열역학

① 계(System)
- 밀폐계 : 열이나 일은 전달되나 동작물질이 유동하지 않는 계
- 개방계 : 질량의 유동이 있는 계
- 고립계 : 물질이나 에너지전달이 없는 계

② 과정(=경로=도정)함수 : 열량(Q), 일량(W)

③ 상태량의 종류
- 강도성상태량 : 물질의 질량에 관계없이 그 크기가 결정되는 상태량
  (예) 온도, 압력, 비체적, 밀도
- 종량성상태량 : 물질의 질량에 따라 그 크기가 결정되는 상태량
  (예) 내부에너지, 엔탈피, 엔트로피, 체적, 질량

④ 암기해야 할 S·I단위
- $1\text{Pa}=1\text{N/m}^2 \rightarrow$
  - $1\text{kPa}=10^3\text{Pa}$
  - $1\text{MPa}=10^6\text{Pa}$
  - $1\text{GPa}=10^9\text{Pa}$
- $1\text{J}=1\text{N}\cdot\text{m} \rightarrow$
  - $1\text{kJ}=10^3\text{J}$
  - $1\text{MJ}=10^6\text{J}$
  - $1\text{GJ}=10^9\text{J}$
- $1\text{bar}=10^5\text{Pa}$

⑤ 물질의 성질
- 비중량 : $\gamma=\dfrac{G}{V}=\rho g(\text{N/m}^3)$

- 밀도 : $\rho = \dfrac{m}{V}$ (kg/m^3 또는 N·S^2/m^4)

- 비체적(v) ┬ ⓐ 절대단위 : $v = \dfrac{1}{\rho}$

　　　　　└ ⓑ 중력단위 : $v = \dfrac{1}{\gamma}$

- 비중 : $S = \dfrac{\gamma}{\gamma_{H_2O}} = \dfrac{\rho}{\rho_{H_2O}}$

⑥ 압력 : $P = \dfrac{F}{A}$

- 표준대기압 : 1atm = 760mmHg = 1.0332kg$_f$/cm^2 = 10.332mAq = 1.01325bar = 101325Pa

- 절대압력 : $P = P_0$(대기압) $+ P_g$(게이지압력) $= P_0$(대기압) $- P_g$(진공압)

- 진공도 $= \dfrac{진공압}{대기압} \times 100(\%)$

⑦ 온도

- 섭씨온도($t_℃$)와 화씨온도(t_F)의 관계식 : $t_℃ = \dfrac{5}{9}(t_F - 32)$ 또는 $t_F = \dfrac{9}{5}t_℃ + 32$

- 섭씨절대온도(Kelvin온도) : $T = t_℃ + 273$(K)

- 화씨절대온도(Rankine온도) : $T = t_F + 460$(R)

⑧ 동력(Power) : $P = F$(힘)$\times V$(속도)

- 1kW = 1kJ/s = 3600kJ/hr

- 1kW = 1.36PS

⑨ 열량(Q)과 비열(C)의 관계 : $_1Q_2 = mC\Delta t$

- 물의 비열 : $C = 1$kcal/kg·℃ = 4.2kJ/kg·℃

- 평균비열 : $C_m = \dfrac{1}{t_2 - t_1}\displaystyle\int_1^2 Cdt$

- 평균열량 : $Q_m = mC_m(t_2 - t_1)$

- 1B·T·U = 0.252kcal

- 1C·H·U = 0.4536kcal

- 1kcal = 4185.5J = 4.1855kJ = 427kg$_f$·m

- 일의 열상당량 $A = \dfrac{1}{427}$(kcal/kg$_f$·m)

- 열의 일상당량 $J = \dfrac{1}{A} = 427$(kg$_f$·m/kcal)

- 1PS = 75kg$_f$·m/s = 632.3kcal/hr → 1PSh = 632.3kcal

- 1kW = 102kg$_f$·m/s = 860kcal/hr → 1kWh = 860kcal

- 1PSh, 1kWh : 동력의 단위가 아니라 에너지의 단위임

⑩ 열효율 $\eta = \dfrac{정미출력(동력 : P)}{저위발열량(H_\ell) \times 연료소비율(f_e)} \times 100(\%)$

⑪ 열역학제0법칙 : 열평형의 법칙

⑫ 밀폐계의 일량(＝팽창일＝절대일＝비유동일) : $_1W_2 = \int_1^2 PdV$

$\rightarrow V$축으로 투영한 면적

⑬ 개방계의 일량(＝압축일＝공업일＝유동일＝정상류일) : $W_t = -\int_1^2 VdP$

$\rightarrow P$축으로 투영한 면적

⑭ 열역학제1법칙의 적분형 : $_1Q_2 = \Delta U + _1W_2$

⑮ 열역학제1법칙의 미분형 : $\delta Q = dU + PdV = dH - VdP$

⑯ 엔탈피 : $H = U + PV$

⑰ 정상유동의 에너지방정식

$$_1Q_2 = W_t + \frac{\dot{m}(w_2^2 - w_1^2)}{2} + \dot{m}(h_2 - h_1) + \dot{m}g(Z_2 - Z_1)(\text{kW})$$

⑱ 내부에너지의 변화 : $dU = m C_v dT \rightarrow du = C_v dT$

⑲ 엔탈피의 변화 : $dH = m C_p dT \rightarrow dh = C_p dT$

⑳ 줄의 법칙 : 완전가스(이상기체)에서 내부에너지와 엔탈피는 온도만의 함수이다.

㉑ 비열비 : $k = \dfrac{C_p}{C_v} > 1$

㉒ 동력(＝전력) $P = \dfrac{_1W_2}{t} = IV(\text{J/s} = \text{W})$

㉓ 내부에너지의 변화량
- 가역사이클 : $\Delta U > 0$
- 비가역사이클 : $\Delta U = 0$ $\Big] \rightarrow \Delta U \geq 0$

㉔ 완전가스의 상태방정식 : $PV = mRT$ 또는 $Pv = RT$
- 기체상수 : $R = \dfrac{8314}{m}(\text{N} \cdot \text{m/kg} \cdot \text{K}$ 또는 $\text{J/kg} \cdot \text{K})$
- 공기의 기체상수 : $R = 287(\text{J/kg} \cdot \text{K})$
- 일반기체상수 : $\overline{R} = mR = 8314(\text{J/kmole} \cdot \text{K})$

㉕ 정압비열(C_p)과 정적비열(C_v)의 관계식
- $C_p - C_v = R$
- $C_v = \dfrac{R}{k-1}$
- $C_p = kC_v = \dfrac{kR}{k-1}$

㉖ 등온변화
- $_1w_2 = w_t = RT\ln\dfrac{v_2}{v_1} = RT\ln\dfrac{P_1}{P_2} = P_1v_1\ln\dfrac{v_2}{v_1} = P_1v_1\ln\dfrac{P_1}{P_2}$
- 열량 $_1q_2 = _1w_2 = w_t$

㉗ 단열변화

- 단열지수관계 : $\dfrac{T_2}{T_1} = \left(\dfrac{V_1}{V_2}\right)^{k-1} = \left(\dfrac{P_2}{P_1}\right)^{\frac{k-1}{k}}$

- 절대일 : $_1 w_2 = \dfrac{R}{k-1}(T_1 - T_2)$

- 공업일 : $w_t = \dfrac{kR}{k-1}(T_1 - T_2) = k_1 w_2$

㉘ 폴리트로픽변화

- 폴리트로픽지수관계 : $\dfrac{T_2}{T_1} = \left(\dfrac{V_1}{V_2}\right)^{n-1} = \left(\dfrac{P_2}{P_1}\right)^{\frac{n-1}{n}}$

- 절대일 : $_1 w_2 = \dfrac{R}{n-1}(T_1 - T_2)$

- 공업일 : $w_t = \dfrac{nR}{n-1}(T_1 - T_2) = n_1 w_2$

- 열량 : $_1 q_2 = C_n (T_2 - T_1)$ 단, $C_n = \left(\dfrac{n-k}{n-1}\right) C_v$

㉙ 상태변화에 따른 n와 C_n의 값

구 분 〈종 류	n	C_n
정압변화	0	C_p
등온변화	1	∞
단열변화	k	0
정적변화	∞	C_v

㉚ 달톤의 분압법칙 : 혼합가스의 압력은 성분가스의 분압의 합과 같다.

㉛ 열효율 : $\eta = \dfrac{\text{유효열량}}{\text{공급열량}} = \dfrac{W}{Q_1} = \dfrac{Q_1 - Q_2}{Q_1} = 1 - \dfrac{Q_2}{Q_1}$

㉜ 카르노사이클

- 구성 : 2개의 등온변화와 2개의 단열변화
- 순서 : 등온팽창 → 단열팽창 → 등온압축 → 단열압축
- 열효율 : $\eta_c = \dfrac{\text{유효열량}}{\text{공급열량}} = \dfrac{W}{Q_1} = \dfrac{Q_1 - Q_2}{Q_1} = 1 - \dfrac{Q_2}{Q_1} = 1 - \dfrac{T_{\mathrm{II}}}{T_{\mathrm{I}}}$

㉝ 클라우지우스의 적분값

- 가역사이클 : $\displaystyle\oint \dfrac{\delta Q}{T} = 0$ $\Bigg]$ → $\displaystyle\oint \dfrac{\delta Q}{T} \leq 0$
- 비가역사이클 : $\displaystyle\oint \dfrac{\delta Q}{T} < 0$

㉞ 엔트로피의 변화 : $dS = \dfrac{\delta Q}{T} = \dfrac{mcdT}{T}$ → $\Delta S = mc\ln\dfrac{T_2}{T_1}$

㉟ 이상기체의 엔트로피

$$\Delta s = C_v \ln\frac{T_2}{T_1} + R\ln\frac{v_2}{v_1} = C_p \ln\frac{T_2}{T_1} - R\ln\frac{P_2}{P_1} = C_p \ln\frac{v_2}{v_1} + C_v \ln\frac{P_2}{P_1}$$

㊱ 폴리트로픽변화 : $\Delta s = C_n \ln\frac{T_2}{T_1}$ 단, $C_n = \left(\frac{n-k}{n-1}\right)C_v$

㊲ 유효에너지(=가용에너지) : $Q_a = Q_1 \eta_c$

㊳ 무효에너지(=가용에너지의 손실=비가용에너지) : $Q_2 = T_{\mathrm{II}}\Delta S$

㊴ 내연기관

• 행정체적 : $V_s = AS = \dfrac{\pi D^2}{4} \times S$

• 총행정체적 : $V_t = V_s Z = \dfrac{\pi D^2}{4} \times S \times Z$

• 압축비 : $\varepsilon = \dfrac{V}{V_c} = \dfrac{V_C + V_S}{V_C} = 1 + \dfrac{V_S}{V_C}$

• 통극체적비(=극간비) : $\lambda = \dfrac{V_C}{V_S}$

㊵ 습증기의 상태량 공식
• 비체적 : $v_x = v' + x(v'' - v')$
• 비내부에너지 : $u_x = u' + x(u'' - u')$
• 비엔탈피 : $h_x = h' + x(h'' - h')$
• 비엔트로피 : $s_x = s' + x(s'' - s')$

㊶ 포화수의 열적상태량
• 액체열 : $q_\ell = h' - h_0$

• 포화수의 엔트로피 : $\Delta s = s' - s_0 = C\ln\dfrac{T_S}{273}$

㊷ 건포화증기의 열적상태량
• 증발열(=잠열) : $r = h'' - h' = (u'' - u') + P(v'' - v') = \rho + \phi$
  ⓐ 내부증발열 : $\rho = u'' - u'$
  ⓑ 외부증발열 : $\phi = P(v'' - v')$

• 건포화증기의 엔트로피 : $\Delta s = s'' - s' = \dfrac{r}{T_S}$

㊸ 과열증기의 열적상태량
• 과열의 열 : $q_S = h - h'' = C_{pm}(T - T_S)$
• 과열도 : T(과열의 온도) $- T_S$(포화온도)

㊹ 교축과정 : $h_1 = h_2$(등엔탈피), $P_1 > P_2$

㊺ 증기원동소사이클
• 보일러(정압가열) → 터빈(단열팽창) → 복수기(정압방열) → 펌프(단열압축)

- 랭킨사이클 ⓐ 증기원동소의 이상사이클
  ⓑ 2개의 정압변화와 2개의 단열변화로 구성
- 펌프일 : $w_p = v'(P_1 - P_2)$

㊻ 오토사이클

- 열효율 : $\eta_0 = 1 - \left(\frac{1}{\varepsilon}\right)^{k-1} = f(\varepsilon) \rightarrow \varepsilon = \sqrt[k-1]{\frac{1}{1-\eta_0}}$
- 구성 : 2개의 정적변화와 2개의 단열변화
- 압축비 : $\varepsilon = \frac{최대체적}{최소체적}$

㊼ 디젤사이클

- 열효율 : $\eta_d = 1 - \left(\frac{1}{\varepsilon}\right)^{k-1} \cdot \frac{\sigma^k - 1}{k(\sigma - 1)} = f(\varepsilon,\ \sigma) \rightarrow \varepsilon = \sqrt[k-1]{\frac{\sigma^k - 1}{(1-\eta_d)k(\sigma-1)}}$
- 구성 : 2개의 단열변화, 1개의 정압변화, 1개의 정적변화
- 단절비(=체절비) : $\sigma = \frac{v_3}{v_2}$

㊽ 사바테사이클

- 열효율 : $\eta_S = 1 - \left(\frac{1}{\varepsilon}\right)^{k-1} \frac{\rho\sigma^k - 1}{(\rho-1) + k\rho(\sigma-1)} = f(\varepsilon,\ \sigma,\ \rho)$
- 구성 : 2개의 단열변화, 2개의 정적변화, 1개의 정압변화
- 압력상승비(=폭발비) : $\rho = \frac{P_2'}{P_2}$

㊾ 내연기관사이클의 압축비 비교 : $\varepsilon_d > \varepsilon_S > \varepsilon_0$

㊿ 내연기관사이클의 열효율 비교

- 가열량 및 압축비가 일정한 경우 : $\eta_0 > \eta_S > \eta_d$
- 가열량 및 최고압력이 일정한 경우 : $\eta_0 < \eta_S < \eta_d$

(51) 브레이톤사이클

- 가스터빈의 이상사이클(=정압연소사이클=줄사이클)
- 구성 : 2개의 단열변화, 2개의 정압변화
- 열효율 : $\eta_B = 1 - \left(\frac{1}{\gamma}\right)^{\frac{k-1}{k}} = f(\gamma)$
- 압력비 : $\gamma = \frac{최대압력}{최소압력}$

(52) 성능(성적)계수

- 냉동기 : $\varepsilon_r = \frac{Q_2}{W_C} = \frac{Q_2}{Q_1 - Q_2} = \frac{T_{\text{II}}}{T_{\text{I}} - T_{\text{II}}}$
- 열펌프 : $\varepsilon_h = \frac{Q_1}{W_C} = \frac{Q_1}{Q_1 - Q_2} = \frac{T_{\text{I}}}{T_{\text{I}} - T_{\text{II}}}$
- ε_r과 ε_h와의 관계 : $\varepsilon_h = 1 + \varepsilon_r$ 즉 $\varepsilon_h - \varepsilon_r = 1$
- 1냉동톤 : $1RT = 3320\text{kcal/hr} = 3320 \times 4.1855\text{kJ/hr}$

㉝ 노즐의 출구속도 : $w_2 = 44.7 \sqrt{h_1 - h_2}$

㉞ 임계상태

• 임계온도(T_C) : $\dfrac{T_C}{T_0} = \left(\dfrac{2}{k+1}\right)$

• 임계밀도(ρ_C) : $\dfrac{\rho_C}{\rho_0} = \left(\dfrac{2}{k+1}\right)^{\frac{1}{k-1}}$

• 임계비체적(v_C) : $\dfrac{v_C}{v_0} = \left(\dfrac{k+1}{2}\right)^{\frac{1}{k-1}}$

• 임계압력(P_C) : $\dfrac{P_C}{P_0} = \left(\dfrac{2}{k+1}\right)^{\frac{k}{k-1}}$

• 임계속도 : $w_C = \sqrt{kRT_C} = \sqrt{kP_C v_C}$

㉟ 열전달량(Q)

• 평판 : $Q = -kA\dfrac{dT}{dx}$

• 원통 : $Q = \dfrac{2\pi \ell k \Delta T}{\ln \dfrac{r_2}{r_1}}$

㊱ 스테판－볼츠만의 법칙 : 복사체에서 발산되는 복사열은 복사체의 절대온도의 4제곱(T^4)에 비례한다.

유 체 역 학

① 암기해야 할 S.I단위

• $1\mathrm{Pa} = 1\mathrm{N/m}^2 \rightarrow$ ┌ $1\mathrm{kPa} = 10^3\mathrm{Pa}$

  ├ $1\mathrm{MPa} = 10^6\mathrm{Pa}$

  └ $1\mathrm{GPa} = 10^9\mathrm{Pa}$

• $1\mathrm{J} = 1\mathrm{N \cdot m} \rightarrow$ ┌ $1\mathrm{kJ} = 10^3\mathrm{J}$

  ├ $1\mathrm{MJ} = 10^6\mathrm{J}$

  └ $1\mathrm{GJ} = 10^9\mathrm{J}$

• $1\mathrm{bar} = 10^5\mathrm{Pa}$

② 물질의 성질

• 비중량 : $\gamma = \dfrac{W}{V} = \rho g (\mathrm{N/m}^3)$

• 밀도 : $\rho = \dfrac{m}{V}(\mathrm{kg/m}^3$ 또는 $\mathrm{N \cdot s}^2/\mathrm{m}^4)$

• 비중 : $S = \dfrac{\gamma}{\gamma_{\mathrm{H_2O}}} = \dfrac{\rho}{\rho_{\mathrm{H_2O}}}$

③ Newton의 점성법칙 관련공식

- 평판을 움직이는 힘 : $F = \mu \dfrac{uA}{h}$

- 전단응력 : $\tau = \mu \dfrac{u}{h}$

- 전단응력의 미분형 : $\tau = \mu \dfrac{du}{dy}$

- 속도구배 : $\dfrac{du}{dy}$

- 점성계수(μ)의 단위 : $1\text{Poise} = 1\text{dyne} \cdot \text{s/cm}^2 = 1\text{g/cm} \cdot \text{s} = \dfrac{1}{10}\text{N} \cdot \text{s/m}^2 = \dfrac{1}{98}\text{kg}_\text{f} \cdot \text{s/m}^2$

- 동점성계수 : $\nu = \dfrac{\mu}{\rho}$

- 동점성계수의 단위 : $1\text{Stokes} = 1\text{cm}^2/\text{s} = 10^{-4}\text{m}^2/\text{s}$

④ 완전가스(이상기체)의 상태방정식 : $Pv = RT$ 또는 $PV = mRT$

- 밀도(ρ)를 구하는 식 : $\rho = \dfrac{P}{RT}$ (kg/m^3 또는 $\text{N} \cdot \text{S}^2/\text{m}^4$)

- 기체상수 : $R = \dfrac{8314}{m}$ ($\text{N} \cdot \text{m/kg} \cdot \text{K}$ 또는 $\text{J/kg} \cdot \text{K}$)   단, m : 분자량

⑤ 체적탄성계수 : $K = \dfrac{\Delta P}{-\dfrac{\Delta V}{V}} = \dfrac{1}{\beta}$ 단, β : 압축률

⑥ 음속을 구하는 일반식 : $a(= c) = \sqrt{\dfrac{dP}{d\rho}}$

⑦ 액체속에서의 음속 : $a = \sqrt{\dfrac{K}{\rho}} = \sqrt{\dfrac{1}{\beta\rho}}$

- 등온변화 : $P_1 V_1 = P_2 V_2$

- 특징 : $K = P$

⑧ 공기중(대기중)에서의 음속 : $a = \sqrt{kRT}$

- 단열변화

- 특징 : $K = kP$

⑨ 표면장력(σ) : $\sigma = \dfrac{Pd}{4}$

- 물방울에서 내부초과압력 : $P_i - P_0 = \dfrac{4\sigma}{d} = \dfrac{2\sigma}{R}$

- 비눗방울에서 내부초과압력 : $P_i - P_0 = \dfrac{8\sigma}{d} = \dfrac{4\sigma}{R}$

⑩ 모세관현상에 의한 액면상승높이(h)

- 원관 : $h = \dfrac{4\sigma\cos\beta}{\gamma d}$

- 평판 : $h = \dfrac{2\sigma\cos\beta}{\gamma d}$ → 만약, 경사가 지더라도 h값은 변함이 없다.

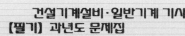

⑪ 압력 : $P = \dfrac{F}{A}$

- 표준대기압 : $1\,\mathrm{atm} = 760\,\mathrm{mmHg} = 1.0332\,\mathrm{kg_f/cm^2} = 10.332\,\mathrm{mAq} = 1.01325\,\mathrm{bar} = 101325\,\mathrm{Pa}$
- 절대압력 : $P = P_0(\text{대기압}) + P_g(\text{게이지압력}) = P_0(\text{대기압}) - P_g(\text{진공압})$

⑫ 파스칼의 원리 : 밀폐된 용기에서 유체에 가한 압력은 모든 방향에서 같은 크기(세기)로 작용한다.

결국 $P_1 = P_2$ 즉, $\dfrac{W_1}{A_1} = \dfrac{W_2}{A_2}$

⑬ 정지유체내의 압력변화

- 좌표를 아래로 잡을 때 : $dP = \gamma dy \rightarrow$ 게이지압력 $P = \gamma h$
- 좌표를 위로 잡을 때 : $dP = -\gamma dy \rightarrow$ 진공압 $P = -\gamma h$

⑭ 수평면에 작용하는 유체의 전압력(F)

- 전압력 : $F = \gamma h A$
- 작용점의 위치 : 압력프리즘의 도심점

⑮ 경사면에 작용하는 유체의 전압력(F)

- 전압력 : $F = \gamma \overline{h} A$
- 작용점의 위치 : $y_F = \overline{y} + \dfrac{I_G}{A\overline{y}}$

⑯ 곡면에 작용하는 유체의 전압력(F)

- 수평성분(F_x) : 곡면을 수평으로 투영시킨 투영면의 도심점압력과 투영면적과의 곱을 말한다.
- 수직성분(F_y) : 곡면의 연직상방향에 실린 액체의 무게(또는, 가상의 무게)와 같다.

⑰ 부력 : $F_B = \gamma V$ 여기서, γ : 액체의 비중량, V : 잠긴 체적

⑱ 아르키메데스의 부력의 원리

- 띄운 경우 : 공기중에서 물체무게(W) = 부력(F_B)
- 완전히 잠긴 경우 : 공기중에서 물체무게 = 부력 + 액체속에서 물체무게

⑲ 부양체의 안정

- $\overline{MC} > 0$: 안정 $\rightarrow$ $M > C$
- $\overline{MC} = 0$: 중립 $\rightarrow$ $M = C$
- $\overline{MC} < 0$: 불안정 $\rightarrow$ $M < C$
- 부양체의 안정여부를 구하는 판별식 : $\overline{MC} = \dfrac{I}{V} - \overline{CB}$

⑳ 등가속도운동을 받는 유체

- 수평등가속도 : $\tan\theta = \dfrac{a_x}{g}$
- 연직방향등가속도 : $P_2 - P_1 = \gamma h \left(1 + \dfrac{a_y}{g}\right)$
- 등속회전운동 : $P = P_0 + \dfrac{\gamma r^2 \omega^2}{2g}$, $h = \dfrac{r^2 \omega^2}{2g}$ 단, $\omega = \dfrac{2\pi N}{60}$

㉑ 흐름의 상태

- 정상류 : $\dfrac{\partial V}{\partial t}=0,\ \dfrac{\partial \rho}{\partial t}=0,\ \dfrac{\partial P}{\partial t}=0,\ \dfrac{\partial T}{\partial t}=0$

- 비정상류 : $\dfrac{\partial V}{\partial t}\neq 0,\ \dfrac{\partial \rho}{\partial t}\neq 0,\ \dfrac{\partial P}{\partial t}\neq 0,\ \dfrac{\partial T}{\partial t}\neq 0$

- 등류(＝균속도유동) : $\dfrac{\partial V}{\partial S}=0$

- 비등류(＝비균속도유동) : $\dfrac{\partial V}{\partial S}\neq 0$

㉒ 유선의 방정식 : $\overrightarrow{V}\times dS=0$ 또는 $\dfrac{dx}{u}=\dfrac{dy}{v}=\dfrac{dz}{w}$

　단, 속도벡터 $\overrightarrow{V}=u\overrightarrow{i}+v\overrightarrow{j}+w\overrightarrow{k}$

㉓ 연속방정식 : 질량보존의 법칙을 적용

- 1차원연속방정식 ┌ ⓐ 질량유량 : $\dot{M}=\rho AV=C$

　　　　　　　　├ ⓑ 중량유량 : $\dot{G}=\gamma AV=C$

　　　　　　　　└ ⓒ 체적유량 : $\dot{Q}=AV=C$

- 3차원연속방정식(정상류, 비압축성) : $\dfrac{\partial u}{\partial x}+\dfrac{\partial v}{\partial y}+\dfrac{\partial w}{\partial z}=0$

㉔ 오일러운동방정식 : $\dfrac{dP}{\rho}+VdV+gdZ=0$ 또는 $\dfrac{dP}{\gamma}+\dfrac{VdV}{g}+dZ=0$

㉕ 베르누이방정식

- 정의 : $\dfrac{P}{\gamma}+\dfrac{V^2}{2g}+Z=C=H$

　여기서, $\dfrac{P}{\gamma}$: 압력수두(m), H : 전수두(m), $\dfrac{V^2}{2g}$: 속도수두(m), Z : 위치수두(m)

- 에너지선 : $E\cdot L=\dfrac{P}{\gamma}+\dfrac{V^2}{2g}+Z$

- 수력구배선 : $H\cdot G\cdot L=\dfrac{P}{\gamma}+Z$

- 수정베르누이방정식 : $\dfrac{P_1}{\gamma}+\dfrac{V_1^2}{2g}+Z_1=\dfrac{P_2}{\gamma}+\dfrac{V_2^2}{2g}+Z_2+H_\ell$　　단, H_ℓ : 손실수두

㉖ 베르누이방정식의 응용

- 토리첼리정리 : 분출속도 $V=\sqrt{2gh}$

- 피토관 : 분출속도 $V=\sqrt{2g\Delta h}$

㉗ 동력 : $P=\gamma QH$

- 펌프효율(η_P)이 주어지면 분모에, 터빈효율(η_T)이 주어지면 분자에 곱한다.

㉘ 운동량과 각운동량

- 운동량 $=mV=\text{kg}\cdot\text{m/s}=[\text{MLT}^{-1}]$

- 각운동량 $=mrV=\text{kg}\cdot\text{m}^2/\text{s}=[\text{ML}^2\text{T}^{-1}]$

㉙ 유체가 곡관에 작용하는 힘

- $F_x = P_1 A_1 \cos\theta_1 - P_2 A_2 \cos\theta_2 + \rho Q(V_1 \cos\theta_1 - V_2 \cos\theta_2)$
- $-F_y = P_1 A_1 \sin\theta_1 - P_2 A_2 \sin\theta_2 + \rho Q(V_1 \sin\theta_1 - V_2 \sin\theta_2)$

㉚ 날개에 작용하는 힘

- 단일고정날개 ⓐ $F_x = \rho Q V(1 - \cos\theta)$
  ⓑ $F_y = \rho Q V \sin\theta$
  단, 유량 $Q = AV$ 여기서, V : 절대속도
- 단일가동날개 ⓐ F
  ⓑ $F_y = \rho Q(V - u)\sin\theta$
  단, 유량 $Q = A(V - u)$ 여기서, $V - u$: 상대속도

㉛ 평판에 작용하는 힘

- 정지평판 : $F_x = F = \rho Q V$ 단, 유량 $Q = AV$ 여기서, V : 절대속도
- 이동평판 : $F_x = F = \rho Q(V - u)$ 단, 유량 $Q = A(V - u)$ 여기서, $(V - u)$: 상대속도

㉜ 동력 : $P = F_x u$

㉝ 프로펠러

- 추력 : $F = \rho Q(V_4 - V_1)$
- 평균속도 : $V = \dfrac{V_4 + V_1}{2}$
- 유량 : $Q = AV = \dfrac{\pi D^2}{4} \times \dfrac{V_4 + V_1}{2}$
- 효율 : $\eta = \dfrac{V_1}{V}$

㉞ 분류추진

- 탱크에 달려있는 노즐에 의한 추진 : $F = \rho Q V = 2\gamma A h$
- 젯트추진 : $F = \rho_2 Q_2 V_2 - \rho_1 Q_1 V_1 = \dot{m}_2 V_2 - \dot{m}_1 V_1$
- 로켓추진 : $F = \rho Q V = \dot{m} V$

㉟ 수력도약

- 수력도약후의 수심 : $y_2 = \dfrac{y_1}{2}\left[-1 + \sqrt{1 + \dfrac{8V_1^2}{gy_1}}\right]$
- 수력도약이 일어날 조건 : $\dfrac{V_1^2}{gy_1} > 1$
- 수력도약으로 인한 손실수두 : $h_\ell = \dfrac{(y_2 - y_1)^3}{4y_1 y_2}$

㊱ 레이놀즈수(R_e 또는 N_R)

- 층류와 난류를 구분하는 척도가 되는 값
- 종류 ⓐ 하임계레이놀즈수 : 난류에서 층류로 바뀌는 임계값(2100)
  ⓑ 상임계레이놀즈수 : 층류에서 난류로 바뀌는 임계값(4000)

- $R_e = \dfrac{관성력}{점성력} = \dfrac{Vd}{\nu} = \dfrac{\rho Vd}{\mu}$

  여기서, $R_e < 2100$: 층류, $2100 < R_e < 4000$: 천이구역, $R_e > 4000$: 난류

㊲ 수평원관에서의 층류유동

- 전단응력 : $\tau = \dfrac{\Delta Pd}{4\ell}$

- 전단응력의 분포 : 관중심에서 0이며, 관벽에서 최대(직선적 즉, 선형적변화)

- 속도분포 : 관벽에서 0이며, 관중심에서 최대(포물선변화)

- 하겐－포아젤방정식 : $Q = \dfrac{\Delta P\pi d^4}{128\mu\ell}$ …… "층류"에만 사용

- 최대속도($u_{\max}$)와 평균속도(V)의 관계식

  ⓐ 원관 : $u_{\max} = 2V$

  ⓑ 평판 : $u_{\max} = 1.5V = \dfrac{3}{2}V$

㊳ 난류유동

- 레이놀즈응력 : $\tau = -\rho\overline{u'\,V'}$

- 와점성계수 : $\eta = \rho\ell^2\dfrac{du}{dy}$

㊴ 평판에서의 레이놀즈수 : $R_e = \dfrac{u_\infty x}{\nu}$ → 평판에서 임계레이놀즈수 : $R_e = 5\times10^5$

㊵ 경계층두께(δ)

- 층류 : $\dfrac{\delta}{x} = \dfrac{4.65}{R_e^{\frac{1}{2}}} \to \delta \propto x^{\frac{1}{2}}$ - 난류 : $\dfrac{\delta}{x} = \dfrac{0.376}{R_e^{\frac{1}{5}}} \to \delta \propto x^{\frac{4}{5}}$

㊶ 항력과 양력

- 항력 : $D = C_D\dfrac{\gamma V^2}{2g}A = C_D\dfrac{\rho V^2}{2}A$ 단, C_D : 항력계수

- 양력 : $L = C_L\dfrac{\gamma V^2}{2g}A = C_L\dfrac{\rho V^2}{2}A$ 단, C_L : 양력계수

- 스토크스법칙에서의 항력 : $D = 3\pi\mu Vd$ 단 $R_e \leq 1$

- 동력 : $P = DV$

㊷ 원형관속의 손실수두

- 손실수두 : $h_\ell = f\dfrac{\ell}{d}\dfrac{V^2}{2g}$ ~층류, 난류 모두 사용

- 관마찰계수(f)의 함수관계 ┬ ⓐ 층류 : $f = F(R_e)$

  ├ ⓑ 천이구역 : $f = F(R_e, \dfrac{e}{d})$

  └ ⓒ 난류 ┬ 매끈한관 : $f = F(R_e)$

  └ 거친관 : $f = F(\dfrac{e}{d})$

- 관마찰계수(f) ┬ ⓐ 층류 : $f = \dfrac{64}{R_e}$
  └ ⓑ 난류 : $f = 0.3164 R_e^{-\frac{1}{4}}$ 단, $3000 < R_e < 10^5$

㊸ 비원형단면에서의 손실수두

- 수력반경 : $R_h = \dfrac{\text{유동단면적}}{\text{접수길이}} = \dfrac{A}{P}$

- 수력지름 : $d = 4R_h$

- 손실수두 : $h_\ell = f \dfrac{\ell}{4R_h} = \dfrac{V^2}{2g}$

- 상대조도 : $\dfrac{e}{4R_h}$

- 레이놀즈수 : $R_e = \dfrac{V(4R_h)}{\nu}$

㊹ 돌연확대관에서의 손실수두

- 손실수두 : $h_\ell = \dfrac{(V_1 - V_2)^2}{2g}$

- 확대손실계수 : $K = \left[1 - \left(\dfrac{d_1}{d_2} \right)^2 \right]^2$

㊺ 돌연축소관에서의 손실수두

- 수축계수 : $C_C = \dfrac{A_0}{A_2}$

- 부차적손실수두 : $h_\ell = K \dfrac{V^2}{2g}$

- 관의 상당길이 : $\ell_e = \dfrac{kd}{f}$

㊻ 얻을 수 있는 무차원수 $\pi = n - m$ 여기서, n : 물리량의 수, m : 기본차원수

㊼ 무차원수

- 레이놀즈수 : $R_e = \dfrac{\text{관성력}}{\text{점성력}} = \dfrac{Vd}{\nu} = \dfrac{\rho Vd}{\mu}$

- 프루드수 : $F_r = \dfrac{\text{관성력}}{\text{중력}} = \dfrac{V}{\sqrt{g\ell}}$

- 코시수 : $C = \dfrac{\text{관성력}}{\text{탄성력}} = \dfrac{\rho V^2}{K}$

- 웨버수 : $W_e = \dfrac{\text{관성력}}{\text{표면장력}} = \dfrac{\rho V^2 \ell}{\sigma}$

- 오일러수 : $E_u = \dfrac{\text{압축력}}{\text{관성력}} = \dfrac{P}{\sigma V^2}$

- 압력계수 : $C_P = \dfrac{\Delta P}{\left(\dfrac{\rho V^2}{2} \right)}$

- 마하수 : $M=\dfrac{속도}{음속}=\dfrac{V}{a}$ 또는 $\dfrac{관성력}{탄성력}$
- 레이놀즈수의 적용예 : 원관(pipe)유동, 잠수함, 잠수정, 잠항정
- 프루드수의 적용예 : 선박(=배), 강에서의 모형실험, 댐공사, 수력도약, 개수로
- 레이놀즈수, 마하수의 적용예 : 유체기계(펌프, 송풍기)

㊽ 개수로 유동

- 개수로에서의 임계레이놀즈수 : $R_e=500$
- 최량수력수로단면 : 동일한 유량을 통과시키는 것을 조건으로 하여 접수길이를 최소로 유지시키는 것
  - ⓐ 사각형단면 : $y=\dfrac{b}{2}$ 즉, $b=2y$
  - ⓑ 사다리꼴단면 : $\theta=60°$ 즉, 정육각형의 절반형상
- 상류(아임계흐름) : $y>y_C\rightarrow F_r<1$
- 등류(임계흐름) : $y=y_C\rightarrow F_r=1$
- 사류(초임계흐름) : $y<y_C\rightarrow F_r>1$
- 임계깊이(y_c) : 등류를 만족시키며, 비에너지가 최소가 되는 깊이

㊾ 마하수(M)와 마하각(μ)

- 마하수 : $M=\dfrac{V}{a}$
- 마하각 : $\sin\mu=\dfrac{a}{V}$ 즉, $\mu=\sin^{-1}\dfrac{a}{V}$

㊿ 축소-확대노즐 : 아음속 → 초음속

- 축소노즐 : 아음속만 가능
- 노즐의 목 : 음속 또는 아음속
- 확대노즐 : 초음속이 가능

(51) 충격파의 영향
- ⓐ 온도, 밀도, 압력, 비중량이 증가
- ⓑ 비가역현상(마찰열발생) → 엔트로피증가
- ⓒ 속도감소

- 충격파 뒤의 흐름 : 아음속흐름
- 수직충격파와 유사한 것 : 수력도약

(52) 물체표면의 이론온도증가(ΔT)

$\Delta T=\dfrac{k-1}{kR}\dfrac{V^2}{2}$(℃) 단, $R=287\text{J/kg}\cdot\text{K}$

(53) 비중량(γ)의 측정
- ⓐ 비중병이용
- ⓑ 아르키메데스의 원리이용
- ⓒ 비중계이용
- ⓓ U자관이용 : $S_1h_1=S_2h_2$

(54) 점성계수(μ)의 측정

- ⓐ 낙구식점도계 : Stokes법칙이용
- ⓑ 맥미첼점도계, 스토머점도계 : 뉴턴의 점성법칙이용

ⓒ 오스트발트점도계, 세이볼트점도계 : 하겐－포아젤방정식이용

(55) 정압측정 : 피에조미터, 정압관

(56) 유속측정

ⓐ 피토관, 피토－정압관, 시차액주계

$$V=\sqrt{2g\Delta h}=\sqrt{2gh\left(\frac{S_0}{S}-1\right)}=\sqrt{2gh\left(\frac{\rho_0}{\rho}-1\right)}$$

ⓑ 열선속도계 : 매우 빠른 기체의 유속을 측정

(57) 유량측정 : 벤튜리미터, 노즐, 오리피스, 로타미터, 위어

(58) 위어 : 개수로의 유량측정

- 예봉위어, 사각위어, 광봉위어 : 대유량측정　즉, $Q=KLH^{\frac{3}{2}}\propto H^{\frac{3}{2}}$
- V놋치위어(3각위어) : 소유량측정　즉, $Q=KH^{\frac{5}{2}}\propto H^{\frac{5}{2}}$

기계동력학

① 직선운동

- 평균속도 : $V_{aV}=\dfrac{\Delta S}{\Delta t}$　여기서, ΔS : 위치의 변화량, Δt : 시간의 변화량
- 순간속도 : $V=\dfrac{dS}{dt}$
- 평균가속도 : $a_{aV}=\dfrac{\Delta V}{\Delta t}$　여기서, ΔV : 속도의 변화량, Δt : 시간의 변화량
- 순간가속도 : $a=\dfrac{dV}{dt}=\dfrac{d^2S}{dt^2}$
- 변위(S), 속도(V), 가속도(a)의 관계 : $VdV=adS$
- 등가속직선운동(가속도가 일정한 직선운동)

ⓐ $V=V_0+at$　여기서, V_0 : 처음속도, V : 나중속도, a : 가속도, t : 나중시간

ⓑ $S=S_0+V_0t+\dfrac{1}{2}at^2$　여기서, S_0 : 처음변위, S : 나중변위

ⓒ $V^2=V_0^2+2a(S-S_0)$

② 회전운동

- 각속도 : $\omega=\dfrac{d\theta}{dt}=\dfrac{2\pi N}{60}$
- 각가속도 : $\alpha=\dfrac{d\omega}{dt}=\dfrac{d^2\theta}{dt^2}$　즉, $\alpha=\ddot{\theta}=\dfrac{\omega}{t}$
- 각변위(θ), 각속도(ω), 각가속도(α)의 관계 : $\omega d\omega=\alpha d\theta$
- 등각가속도운동(각속도가 일정한 회전운동)

ⓐ $\omega=\omega_0+\alpha t$

ⓑ $\theta = \theta_0 + \omega_0 t + \dfrac{1}{2}\alpha t^2$

ⓒ $\omega^2 = \omega_0^2 + 2\alpha(\theta - \theta_0)$ 여기서, θ_0 : 초기 각위치, ω_0 : 초기각속도

• 원주상 임의의 점에서의 운동

  ⓐ 속도(=선속도) : $V = r\omega$

  ⓑ 가속도(a) ┌ • 접선가속도 : $a_t = \alpha r$

               │ • 법선가속도 : $a_n = r\omega^2$

               └ • 가속도 : $a = \sqrt{a_t^2 + a_n^2}$

③ 일률(=동력=공률 : Power)

$$P = \frac{Work}{t} = \frac{F \cdot S}{t} = FV = T\omega = T \times \frac{2\pi N}{60}$$

④ 운동량과 역적(=충격량)

• 운동량 : $mV(\mathrm{kg \cdot m/s})$

• 운동량의 변화 : $m(V_2 - V_1)$

• 역적(=충격량) : $Ft(\mathrm{N \cdot sec})$

⑤ 각운동량(=선운동량의 모멘트) : $mVr(\mathrm{kg \cdot m^2/s})$

⑥ 포물선운동(=투사체운동)

• 수평도달거리 : $R = \dfrac{V_0^2 \sin 2\theta}{g}$ 여기서, V_0 : 처음속도

  만약, $\theta = 45°$ 이면 $R_{\max} = \dfrac{V_0^2}{g}$

• 수평거리 R에 도달하는데 걸리는 시간 : $t = \dfrac{2V_0 \sin\theta}{g}$

• 최고높이 h에 도달하는데 걸리는 시간 : $t = \dfrac{V_0 \sin\theta}{g}$

• 최고높이 : $H = \dfrac{V_0^2 \sin^2\theta}{2g}$

  만약, $Q = 90°$ 이면 $H = \dfrac{V_0^2}{2g}$

⑦ 일과 에너지

• 일(Work) : $W = F \times S$

• 에너지(Energy) : 일을 할 수 있는 능력, 일의 단위와 같다.

⑧ 충돌(impact)

• 운동량보존의 법칙 : $m_1 V_1 + m_2 V_2 = m_1 V_1' + m_2 V_2'$

  여기서, m_1, m_2 : 충돌전·후의 질량, V_1, V_2 : 충돌전의 속도, V_1', V_2' : 충돌후의 속도

• 반발계수 : $e = -\dfrac{V'}{V} = \dfrac{V_2' - V_1'}{V_1 - V_2}$ 여기서, V' : 충돌후의 속도, V : 충돌전의 속도

• 충돌후 두물체의 속도(V_1', V_2')

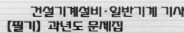
ⓐ $V_1' = V_1 - \dfrac{m_1}{m_1 + m_2}(1+e)(V_1 - V_2)$

ⓑ $V_2' = V_2 + \dfrac{m_1}{m_1 + m_2}(1+e)(V_1 - V_2)$

• 충돌의 종류

ⓐ 완전탄성충돌($e=1$) : 충돌전·후의 운동량과 운동에너지가 보존된다.

ⓑ 완전비탄성충돌($e=0$)($=$소성충돌) : 충돌후 반발됨이 전혀없이 한덩어리가 되어 상대속도가 0이 된다.

ⓒ 불완전탄성충돌($0 < e < 1$) : 운동량은 보존되지만 운동에너지는 보존되지 않는다.

⑨ 주기(T), 진동수(f), 각속도($=$각진동수 : ω)의 관계

• $T = \dfrac{2\pi}{\omega}$(sec), $f = \dfrac{1}{T} = \dfrac{\omega}{2\pi}$(C.P.S 또는 Hz), $\omega = \dfrac{2\pi N}{60}$

⑩ 변위(x), 속도(v), 가속도(a), 힘(F)의 관계

• 변위 : $x = X\cos\omega t$

• 속도 : $v = \dot{x} = -\omega X \sin\omega t \rightarrow$ 최대속도 $\dot{x}_{\max} = \omega X$

• 가속도 : $a = \dot{v} = \ddot{x} = -\omega^2 X \cos\omega t \rightarrow$ 최대가속도 $\ddot{x}_{\max} = \omega^2 X$

• 힘 : $F = ma = -m\omega^2 X \cos\omega t$

⑪ 운동방정식의 유도

구 분	뉴턴방법	에너지방법	
직선운동계	$\sum F = ma_x = m\ddot{x}$	$T = \dfrac{1}{2}m\dot{x}^2$	
회전운동계	$\sum M = J_0 \alpha = J_0 \ddot{\theta}$	$T = \dfrac{1}{2}J_0 \dot{\theta}^2$	$\dfrac{d(T+U)}{dt} = 0$
직선및회전	$\sum F = ma_x = m\ddot{x}$ $\sum M = J_0 \alpha = J_0 \ddot{\theta}$	$T = \dfrac{1}{2}m\dot{x}^2 + \dfrac{1}{2}J_0 \dot{\theta}^2$	

⑫ 고유각진동수(ω_n), 고유진동수(f_n), 주기(T)의 비교

구 분	직선운동(스프링)	회전운동(단진자운동)
고유각진동수	$\omega_n = \sqrt{\dfrac{k}{m}} = \sqrt{\dfrac{g}{\delta_{st}}}$	$\omega_n = \sqrt{\dfrac{g}{\ell}}$
고유진동수	$f_n = \dfrac{1}{2\pi}\sqrt{\dfrac{k}{m}} = \dfrac{1}{2\pi}\sqrt{\dfrac{g}{\delta_{st}}}$	$f_n = \dfrac{1}{2\pi}\sqrt{\dfrac{g}{\ell}}$
주 기	$T = 2\pi\sqrt{\dfrac{m}{k}} = 2\pi\sqrt{\dfrac{\delta_{st}}{g}}$	$T = 2\pi\sqrt{\dfrac{\ell}{g}}$

⑬ 감쇠자유진동의 운동방정식 : $m\ddot{x} + c\dot{x} + kx = 0$

여기서, C(감쇠계수) : kg·sec/m, 감쇠력$= c\dot{x} =$감쇠계수$\times$속도

⑭ 임계감쇠계수(C_{cr}) : $C_{cr} = 2\sqrt{mk} = 2m\omega_n = \dfrac{2k}{\omega_n}$

⑮ 감쇠비 : $\zeta = \dfrac{C}{C_{cr}} = \dfrac{C}{2\sqrt{mk}} = \dfrac{C}{2m\omega_n}$

ⓐ $C > C_{cr}$ 즉, $C > 2\sqrt{mk}$ 이면 $\zeta > 1$: 초임계감쇠(=과도감쇠)

ⓑ $C = C_{cr}$ 즉, $C = 2\sqrt{mk}$ 이면 $\zeta = 1$: 임계감쇠

ⓒ $C < C_{cr}$ 즉, $C < 2\sqrt{mk}$ 이면 $\zeta < 1$: 아임계감쇠(=부족감쇠)

⑯ 비감쇠고유각진동수(ω_n)와 감쇠고유각진동수(ω_{nd})의 관계 : $\omega_{nd} = \omega_n\sqrt{1-\zeta^2}$

⑰ 진폭비 : $\dfrac{X_0}{X_1} = \dfrac{X_1}{X_2} = \dfrac{X_2}{X_3} = \cdots = e^{\delta}$

⑱ 대수감쇠율 : $\delta = \dfrac{1}{n}\ln\dfrac{X_0}{X_n}$

여기서, n : 사이클 수, X_0 : 최초진폭, X_n : n사이클 경과한 후의 진폭

⑲ 감쇠비(ζ)와 대수감쇠율(δ)의 관계식

• $\delta = \dfrac{2\pi\zeta}{\sqrt{1-\zeta^2}}$ 단, $\zeta = \dfrac{C}{C_{cr}}$

만약, $\zeta \ll 1$이면 $\delta \fallingdotseq 2\pi\zeta$

• $\zeta = \dfrac{\delta}{\sqrt{4\pi^2 + \delta^2}}$

⑳ 쿨롬감쇠

• 운동방정식 : $m\ddot{x} + kx \pm \mu mg = 0$

• 쿨롬감쇠계수 : $a = \dfrac{\mu mg}{k}$

• 주기 : $T = \dfrac{2\pi}{\omega_n} = 2\pi\sqrt{\dfrac{m}{k}}$

• n-반사이클후의 진폭 : $x_n = x_0 - 2an$

여기서, x_0 : 초기변위, n : 반사이클수

㉑ 비감쇠강제진동에서 정상상태진폭 : $X = \dfrac{f_0}{k-m\omega^2}$ 여기서, f_0 : 최대기진력

㉒ 감쇠강제진동

• 정상상태진폭 : $X = \dfrac{f_0}{\sqrt{(k-m\omega^2)^2 + (C\omega)^2}}$

• 최대진폭이 생기는 진동수비 : $\gamma_P = \dfrac{\omega}{\omega_n} = \sqrt{1-2\zeta^2}$

• 공진진폭 : $X_n = \dfrac{f_0}{C\omega_n}$ 여기서, C : 감쇠계수

• 공진위상각 : $\phi_n = 90°$

㉓ 등가점성감쇠에서 사이클당 한 일 : $W = \pi f_0 X\sin\phi$

여기서, f_0 : 기진력의 최대값, X : 진폭, ϕ : 위상각

㉔ 전달율 : $TR = \dfrac{최대전달력(F_{tr})}{최대기진력(f_0)}$

만약, "감쇠계수"가 무시되는 경우 $TR = \left| \dfrac{1}{1 - \gamma^2} \right|$ 단, 진동수비 $\gamma = \dfrac{\omega}{\omega_n}$

㉕ 전달율(TR)과 진동수비(γ)의 관계

   ⓐ 전달율 $TR = 1$이면 진동수비 $\gamma = \dfrac{\omega}{\omega_n} = \sqrt{2}$: 임계값

   ⓑ 전달율 $TR < 1$이면 진동수비 $\gamma = \dfrac{\omega}{\omega_n} > \sqrt{2}$: 진동절연, 감쇠비감소

   ⓒ 전달율 $TR > 1$이면 진동수비 $\gamma = \dfrac{\omega}{\omega_n} < \sqrt{2}$: 감쇠비증가

㉖ 비틀림진동

   • 비틀림강성계수(=비틀림강성도) : $k_t = \dfrac{T}{\theta}$ 여기서, T : 비틀림모멘트, θ : 비틀림각

   • 비틀림진동의 고유각진동수 : $\omega_n = \sqrt{\dfrac{k_t}{J}}$ 여기서, J : 질량관성모멘트

   • 비틀림진동의 고유진동수 : $f = \dfrac{\omega_n}{2\pi} = \dfrac{1}{2\pi} \sqrt{\dfrac{k_t}{J}}$

   • 회전하는 원판의 중심에 관한 질량관성모멘트 : $J = \dfrac{1}{2} m R^2$

기 계 제 작 법

① 목형제작상 유의사항

   ⓐ 수축여유 : 용융금속이 주형내에서 응고할 때 체적이 수축한다. 따라서 수축량만큼 여유를 두는 것
     주철 : 8mm/m, 황동, 청동 : 15mm/m, 주강, 알루미늄 : 20mm/m
   ⓑ 가공여유 : 가공시 절삭치수 감소량만큼 크게 만드는 것
   ⓒ 기울기여유(=구배여유=목형구배) : 목형을 주형에서 뽑을 때 주형이 파손되는 것을 방지하기
     위하여 목형의 측면을 경사지게 하는 것
   ⓓ 코어프린트 : 속이 빈 주물 즉, 코어를 주형내부에서 지지하기 위하여 목형에 덧붙인 돌기부분
   ⓔ 라운딩 : 쇳물이 응고할 때 주형직각방향에 수상정이 발달하므로 재질이 약하게 된다. 이를 방
     지하기 위하여 모서리부분을 둥글게 하는 것
   ⓕ 덧붙임 : 복잡하거나 균일하지 않는 주물냉각시 내부응력에 의한 변형이나 휨방지를 위해 사용

② 목형의 종류

   ⓐ 현형 : 제품과 동일한 형상
     → 크기 : 제품의 크기＋수축여유＋가공여유
       즉, 수축여유와 가공여유를 고려해야 한다.
       ㉠ 단체목형 : 간단한 주물

　　ⓛ 분할목형 : 일반복잡한 주물
　　　　→ 목형을 2개 또는 그 이상으로 나누고 이것을 다우얼핀 등으로 조립한다.
　　　　※ 다우얼조인트(Dowel joint) : 분할목형을 조립할 때 오목형의 핀을 만들어 조합시키는 방법
　　ⓒ 조립목형 : 아주 복잡한 주물, 상수도관용 밸브류를 제작할 때 사용
　ⓑ 부분형 : 주물이 반복적이고 대칭, 대형인 경우. 대형기어, 프로펠러, 톱니바퀴
　ⓒ 회전형 : 회전체로 된 물체, 풀리나단차제작시
　ⓓ 고르개목형(긁기형) : 안내판을 따라 모래를 고르게 해서 주형을 제작, 가늘고 긴 굽은 파이프 제작시
　ⓔ 골격형 : 주조품의 수량이 적고 큰 곡관을 제작할 때
　ⓕ 코어형 : 중공주물 제작시
　ⓖ 매치플레이트 : 소형제품 여러개를 대량생산하고자 할 때
③ 주물사시험법 : 압축강도시험법, 입도시험법, 통기도시험법, 내화도시험법, 점착력시험법
④ 탕구계 : 주형에 쇳물을 주입하기 위해 만든 통로
　• 탕구계 설계시 고려사항
　　ⓐ 탕도의 단면적 : 베르누이 방정식을 이용
　　ⓑ 탕구의 단면적 : 연속방정식을 이용
　　ⓒ 압상주탕의 탕구높이와 주입시간
⑤ 덧쇳물(feeder 또는 riser)의 역할
　ⓐ 주형내의 쇳물에 압력을 준다.
　ⓑ 금속이 응고할 때 체적감소로 인한 쇳물부족을 보충한다.
　ⓒ 주형내의 불순물과 용재의 일부를 밖으로 내보낸다.
　ⓓ 주형내의 공기를 제거하며 주입량을 알 수 있다.
⑥ 금속의 용해로 크기
　ⓐ 큐폴러(＝용선로) : 1시간에 용해할 수 있는 쇳물의 무게를 ton으로 표시(ton/hr)
　ⓑ 도가니로 : 1회에 용해할 수 있는 구리(Cu)의 중량을 번호로 표시
　ⓒ 전로, 전기로, 평로, 반사로 : 1회 용해량(ton/회)
　ⓓ 용광로 : ton·24hr
⑦ 주물의 결함
　ⓐ 수축공 : 주형내에서 용융금속의 수축으로 인한 쇳물부족으로 생기는 구멍
　ⓑ 기포(기공) : 가스배출의 불량으로 생기는 것
　ⓒ 편석 : 불순물이 결함부로 석출, 비중차 등으로 층이 생기는 것
　ⓓ 균열 : 온도차, 두께차로 인하여 주물이 금이 생기는 현상
⑧ 특수주조법
　ⓐ 칠드주조법 : 주형이 금형과 사형으로 되어 있는 주조법으로 주철이 급랭하면 표면이 단단한 탄화철(시멘타이트)이 되어 칠드층을 이루며 내부는 서서히 냉각되어 연한 주물이 된다. 결국 외부는 단단한 백주철, 내부는 연한 회주철로 되어 있어 주로 압연롤러 등에 사용
　ⓑ 다이캐스팅법 : 용해된 금속을 금형에 고압으로 주입하는 방법으로 주로 용융점이 낮은 Al, Cu, Zn, Sn, Mg 등의 합금을 사용하며 주물의 정밀도가 높고, 표면이 아름다워 기계다듬질이 필요 없는데 사용한다.

ⓒ 원심주조법 : 고속으로 회전하는 원통주형내에 용탕을 넣고, 주형을 회전시켜 원심력에 의하여
주형내면에 압착, 응고하도록 주물을 주조하는 방법, 주로 중공주물에 이용

ⓓ 기타 셸주조법, 인베스트먼트법, CO_2주형법, 진공주조법 등이 있다.

⑨ 재결정온도 : 냉간가공과 열간가공을 구별하는 기준이 되는 온도

ⓐ 냉간가공(상온가공) : 재결정온도이하에서 가공

ⓑ 열간가공(고온가공) : 재결정온도이상에서 가공

⑩ 가공경화 : 재결정온도이하에서 가공(냉간가공)하면 할수록 단단해지는 것으로 결정결함수의 밀도
증가 때문에 일어난다. 강도, 경도는 증가하며 연신율, 단면수축률, 인성은 감소한다.

⑪ 소성가공의 종류

ⓐ 압연 : 재료를 회전하는 2개의 롤러사이에 통과시키면서 연신하여 두께, 폭, 직경 등을 줄이는
가공법

ⓑ 인발 : 금속의 봉이나 관(pipe)을 다이에 넣어 축방향으로 통과시켜 외경을 줄이는 가공법

ⓒ 단조 : 재료를 기계나 해머로 두들겨서 성형하는 가공법

ⓓ 압출 : 재료를 실린더모양의 컨테이너에 넣고 한쪽에서 압력을 가하여 압축시켜 가공하는 방법

ⓔ 전조 : 다이나 롤러사이에 소재를 넣어 회전시켜 제품을 만드는 가공법

ⓕ 판금 : 판재를 사용하여 각종용기, 장식품 등을 만들 때 사용하는 가공법

ⓖ 프레스 : 판과 같은 재료를 절단하거나 굽혀서 제품을 가공하는 방법

ⓗ 제관 : 관을 만드는 가공법

⑫ 단조(forging)

ⓐ 단조방법에 따른 분류

㉠ 자유단조 : 업세팅, 늘리기, 절단, 굽히기, 구멍뚫기, 단짓기

※ 업세팅(upsetting : 축박기) : 소재를 축방향으로 압축하여 길이는 짧게, 단면은 크게 하는 작업

㉡ 형단조 : 소형이고 치수가 정확하다. 주로 대량생산시 사용한다.

ⓑ 가열온도에 따른 분류

㉠ 열간단조 : 해머단조, 프레스단조, 업셋단조, 로울단조

㉡ 냉간단조 : 콜드헤딩(cold heading), 코이닝(coining), 스웨이징(swaging)

ⓒ 단조온도 : 단조온도가 낮으면 조직이 미세해지고 내부응력이 발생한다.
또한, 단조온도가 높으면 결정립이 조대해진다.
따라서 단조온도는 재결정온도 근처로 하는 것이 좋다.

ⓓ 프레스용량 : $Q = \dfrac{A\sigma_e}{\eta}$　여기서, A : 유효단조면적, σ_e : 변형저항, η : 기계효율

ⓔ 단조해머의 타격에너지 : $E = \dfrac{WV^2}{2g} \times \eta$

여기서, W : 해머중량, V : 해머의 타격속도, η : 해머의 효율

⑬ 압연(Rolling)의 종류 : 분괴압연, 판재압연, 형재압연

⑭ 인발(Drawing)

ⓐ 인발력에 미치는 인자 : 다이마찰, 윤활, 인발속도, 단면감소율, 인발재료, 다이각, 역장력

ⓑ 드로잉률 $= \dfrac{\text{제품의지름}(d_1)}{\text{소재의지름}(d_0)} \times 100(\%)$

ⓒ 재드로잉률 = $\dfrac{용기의지름}{제품의지름(d_1)} \times 100(\%)$

⑮ 압출(Extrusion)

  ⓐ 직접압출(＝전방압출) : 램과 소재가 같은 방향

  ⓑ 간접압출(＝후방압출＝역식압출) : 램과 소재의 진행방향이 서로 반대방향이며 압출종료시 컨테이너에 남는 소재량이 직접압출보다 적다.

  ⓒ 충격압출 : 사용되는 재료는 Zn, Pb, Sn, Al, Cu 등 순금속 및 일부합금 등이 사용되며 치약, 크림튜브, 화장품, 약품 등의 용기나 아연 건전지케이스 등의 제작에 사용

⑯ 천공법 : 맨네스맨법(가장 널리사용), 충격압출, 에르하르트법, 스티펠법

⑰ 프레스가공

  ⓐ 전단가공 : 펀칭, 블랭킹, 전단, 분단, 노칭, 트리밍, 세이빙

    ㉠ 펀칭 : 남은쪽이 제품, 떨어진쪽이 폐품

    ㉡ 블랭킹 : 남은쪽이 폐품, 떨어진쪽이 제품

    ㉢ 펀치에 작용하는 전단력(원형가공시) : $\tau = \dfrac{P_S}{A}$ 즉, $P_S = \tau A = \tau \pi d t$

    ㉣ 동력 : $H = P_S V$

  ⓑ 압축가공 : 코이닝(압인), 엠보싱, 스웨이징, 충격압출

    ㉠ 코이닝(압인) : 상·하형이 서로 관계없이 요철을 가지고 있으며 두께변화가 있는 제품을 얻을 때 사용. 주화, 메달, 장식품 등

    ㉡ 엠보싱 : 소재의 두께변화가 없는 제품을 만들 때 사용. 요철을 제작시

  ⓒ 성형가공 : 드로잉, 스피닝, 비딩, 시밍, 컬링, 벌징, 굽힘, 마폼법, 하이드로폼법

    ㉠ 시밍 : 여러겹으로 소재를 구부려 2장의 소재를 연결하는 가공법

    ㉡ 컬링 : 원통용기의 끝부분을 말아 테두리를 둥글게 만드는 가공법

    ㉢ 벌징 : 용기밑이 볼록한 용기를 제작하는 가공법

    ㉣ 마폼법 : 용기모양의 홈안에 고무를 넣고 고무를 다이 대신 사용하여 밑이 굴곡이 있는 용기를 제작

    ㉤ 하이드로폼법 : 다이로금속을 사용하지 않고 액체를 넣어 사용

    ㉥ 비딩 : 가공된 용기에 좁은 선모양의 돌기를 만드는 가공법

    ㉦ 스피닝 : 선반주축에 제품을 고정하고 이 원형과 심압대사이에 소재면을 끼워서 회전시키고 스틱 또는 롤러로 눌러서 원형과 같은 모양의 제품을 만드는 가공법

⑱ 일반열처리

  ⓐ 담금질(Quenching) : 재질을 경화하여 마텐자이트조직을 얻기 위한 열처리

    ※ 서브제로(Sub-Zero)처리(＝심냉처리) : 잔류오스테나이트(A)를 0℃이하로 냉각하여 마텐자이트(M)화하는 열처리

  ⓑ 뜨임(Tempering) : 담금질한 강은 경도는 크나 반면 취성을 가지게 되므로 경도는 저하되더라도 인성을 증가시키기 위해 A_1변태점이하에서 재가열하여 재료에 알맞은 속도로 냉각시켜주는 열처리

  ⓒ 풀림(Annealing) : 재료를 단조, 주조 및 기계가공을 하게 되면 가공경화나 내부응력이 생기게 되는데 이를 제거하기 위하여 하는 열처리

    ⓓ 불림(Normalizing) : 단조, 압연 등의 소성가공이나 주조로 거칠어진 조직을 미세화, 표준화, 균
      질화 하는 열처리

⑲ 항온열처리 : 항온변태곡선(TTT곡선)을 이용한 열처리로 담금질과 뜨임을 동시에 할 수 있다. 베
   이나이트조직을 얻는다.

    ⓐ 오스템퍼링 : 하부베이나이트조직을 얻으며 뜨임이 필요없고, 담금균열과 변형이 없다.

    ⓑ 마템퍼링 : 마텐자이트와 베이나이트의 혼합조직

    ⓒ 마퀜칭 : 마텐자이트조직

    ⓓ 오스포밍 : 과냉오스테나이트 상태에서 소성가공을 하고 그후의 냉각중에 마텐자이트화하는 열
      처리

⑳ 변태점

    ⓐ A_0변태점(210℃) : 시멘타이트의 자기변태점

    ⓑ A_1변태점(723℃) : 강의 공석변태점

    ⓒ A_2변태점(768℃) : α고용체의 자기변태점, 퀴리점

    ⓓ A_3변태점(910℃) : γ고용체의 동소변태점

    ⓔ A_4변태점(1400℃) : δ고용체의 동소변태점

㉑ 취성(=메짐)

    ⓐ 청열취성 : 탄소강은 200~300℃에서는 강도는 커지고, 연신율은 대단히 작아져서 나타나는 현상

    ⓑ 적열취성 : 황(S)이 많은 강은 고온에서 여린성질을 나타내는데 이것을 적열취성이라 한다.

㉒ 표면경화법

    ⓐ 화학적표면경화법 : 침탄법, 질화법, 청화법

      ㉠ 침탄법 : C침투하여 저탄소강을 고탄소강으로 만든다.

         • 침탄량을 증가 : Cr, Ni, Mo

         • 침탄량을 감소 : C, V, W, Si

      ㉡ 질화법 : NH_3가스중에 강을 넣고 장시간 가열하면 N와 철이 작용하여 표면이 질화철이 된다.
         이 질화물은 경도가 있고 취성이 있다.

         • 침탄법과 질화법의 비교

침탄법	질화법
① 경도가 낮다	① 경도가 높다
② 침탄후 열처리가 필요하다	② 질화후 열처리가 필요없다
③ 침탄후에도 수정이 가능하다	③ 질화후 수정이 불가능하다
④ 표면경화를 짧은시간에 할 수 있다	④ 표면경화시간이 길다
⑤ 변형이 생긴다	⑤ 변형이 적다
⑥ 침탄층은 여리지 않다	⑥ 질화층은 여리다

      ㉢ 청화법(=시안화법) : NaCN, KCN 등의 CN이 철과 작용하여 침탄과 질화가 동시에 행해지
         는 것으로 침탄질화법이라고도 한다.

    ⓑ 물리적표면경화법 : 고주파경화법, 화염경화법, 숏피닝, 하드페이싱

      ㉠ 숏피닝(Shot Peening) : 금속재료의 표면에 강이나 주철의 작은입자들을 고속으로 분사시켜
         표면층의 경도를 높이는 방법으로 피로한도, 탄성한계가 향상된다.

　ⓛ 하드페이싱(hard facing) : 소재의 표면에 스텔라이트나 경합금 등을 용접 또는 압접으로 융착시키는 표면경화법

　ⓒ 고주파경화법 : 짧은시간에 표면을 경화

　ⓔ 화염경화법 : 불꽃을 이용하여 강의 표면만 급가열

ⓒ 금속침투법 : 고온중에 강의 산화방지법

　ⓐ 크로마이징 : Cr침투　　　　　　ⓛ 칼로라이징 : Al침투

　ⓒ 실리콘나이징 : Si침투　　　　　　ⓔ 보로나이징 : B침투

　ⓜ 세라다이징 : Zn침투

㉓ 탈탄법 : 표면경화법과 반대로 강을 공기중에서 고온으로 가열할 때 강내의 탄소가 산화하도록 하는 방법으로 표면을 연하게 한다.

㉔ 눈금읽은 방법에서 최소측정값 $=\dfrac{어미자의눈금(A)}{등분수(n)}$

㉕ 공기마이크로미터의 특징

　ⓐ 배율이 높고(1000~4000배), 정도가 좋다.

　ⓑ 접촉측정자를 사용하지 않을 때는 측정력이 거의 0에 가깝다.

　ⓒ 공기의 분사에 의하여 측정되기 때문에 오차가 작은 측정값을 얻을 수 있다.

　ⓓ 안지름측정이 쉽고, 대량생산에 효과적이다.

　ⓔ 치수가 중간과정에서 확대되는 일이 없기 때문에 항상 고정도를 유지할 수 있다.

　ⓕ 다원측정이 용이하다.

　ⓖ 복잡한 구조나 형상, 숙련을 요하는 것도 간단하게 측정할 수 있다.

㉖ 옵티컬플랫(optical flat) : 광파간섭현상을 이용한 평면도측정에 이용되고 있으며 광학유리와 표면 사이의 굴곡이 생기면 빛의 간섭무늬에 의해 평면도를 측정한다.

㉗ 사인바(sine bar) : 삼각함수의 사인을 이용한 각도측정기로 본체의 양단에 원통도가 우수한 2개의 롤러가 조합되어 있어 중심거리는 높이가 변하여도 항상 일정한 원리를 이용하여 블록게이지로 그 높이를 변화시켜 각도를 환산하는 것이다.

$\sin\theta = \dfrac{H-h}{L}$ 만약, $h=0$이면 $\sin\theta = \dfrac{H}{L}$ 또한, $\theta=45°$를 넘으면 오차가 많다.

㉘ 게이지측정기

　ⓐ 블록게이지 : 여러개를 조합하여 원하는 치수를 얻을 수 있으며 광파장으로 정밀도가 높은 길이를 측정할 수 있다. 블록게이지는 목재테이블, 천, 가죽위에서 사용한다.

　　ⓐ AA(00급) : 연구소용, 참조용　　　ⓛ A(0급) : 표준용

　　ⓒ B(1급) : 검사용　　　　　　　　ⓔ C(2급) : 공작용

　ⓑ 한계게이지

　　ⓐ 구멍용 : 플러그게이지, 평게이지, 봉게이지

　　ⓛ 축용 : 링게이지, 스냅게이지

　　ⓒ 나사용 : 링나사게이지, 플러그나사게이지

　ⓒ 센터게이지 : 선반에서 나사바이트설치 및 각도측정

　ⓓ 피치게이지 : 나사의 피치측정

　ⓔ 와이어게이지 : 강선의 지름, 판의 두께측정, 호칭은 번호로 표시

　ⓕ 틈새게이지 : 미세한 간격의 틈새를 측정, 틈에 삽입하여 측정

ⓖ 반지름게이지 : 모서리부분의 반경을 측정

ⓗ 실린더게이지 : 내경측정

㉙ 나사의 유효지름측정

ⓐ 삼침법 : 가장 정밀도가 높다.

$$d_2 = M - 3d + 0.86603p$$

ⓑ 공구현미경 : 현미경에 의해 확대관측하여 제품의 길이, 각도, 형상의 윤곽을 측정할 수 있다. 특히, 복잡한 형상이나 좌표 및 나사요소 등과 같이 길이측정기나 각도측정기와 같은 단독요소의 측정기로 측정할 수 없는 곳도 간단하게 측정할 수 있다.

ⓒ 나사마이크로미터

ⓓ 만능측장기

㉚ 기어의 이두께측정법 : ⓐ 활줄이두께

ⓑ 걸치기이두께

ⓒ 오우버핀법

㉛ 탭작업

ⓐ 핸드탭은 3개가 1조로 구성 : 1번탭(55%절삭), 2번탭(25%절삭), 3번탭(20%절삭)

ⓑ 탭은 테이퍼부분에서도 절삭을 한다.

ⓒ 나사는 입구부분에 모떼기한다.

ⓓ 탭드릴지름 : $d = D - p$ 여기서, D : 나사의 바깥지름(호칭지름), p : 나사의 피치

㉜ 팁의 능력(규격)

ⓐ 프랑스식 : 1시간동안 표준불꽃으로 용접하는 경우 아세틸렌의 소비량(ℓ)으로 표시

(예) 100번, 200번, 300번→100ℓ, 200ℓ, 300ℓ인 것을 의미

ⓑ 독일식 : 연강판의 용접을 기준으로 하여 용접할 판두께로 표시

(예) 1번, 2번, 3번→연강판의 두께 1mm, 2mm, 3mm에 사용되는 팁을 의미

㉝ 산소-아세틸렌가스불꽃

ⓐ 표준불꽃(중성불꽃) : 가장 적합한 불꽃임

ⓑ 탄화불꽃

ⓒ 산화불꽃

㉞ 피복제의 역할

ⓐ 대기중의 산소, 질소의 침입을 방지하고 용융금속을 보호

ⓑ 아크를 안정   ⓒ 모재표면의 산화물을 제거

ⓓ 탈산 및 정련작용   ⓔ 응고와 냉각속도를 지연

ⓕ 전기절연작용   ⓖ 용착효율을 높인다.

㉟ 아크용접의 분류

ⓐ 피복아크용접

ⓑ 특수아크용접 : 불활성가스아크용접(MIG용접, TIG용접), 서브머지드아크용접, 탄산가스아크용접, 플라즈마아크용접

㊱ 불활성가스아크용접 : 불활성가스(Ar, He)를 공급하면서 용접

ⓐ MIG용접(불활성가스금속아크용접)~전극 : 금속용접봉(소모식)

ⓑ TIG용접(불활성가스텅스텐아크용접)~전극 : 텅스텐전극봉(비소모식)

㊲ 서브머지드아크용접(＝잠호용접＝유니언멜트용접＝링컨용접) : 용제를 살포하고 이 용제속에 용접봉을 꽂아 넣어 용접하는 방법으로 아크가 눈에 보이지 않는다. 열에너지 손실이 가장 적다.

㊳ 테르밋용접 : 알루미늄과 산화철의 혼합분말(1：3)을 이용한 용접으로 금속산화물이 알루미늄에 의하여 산소를 빼앗기는 화학반응을 이용한 용접

$$Fe_2O_3 + 2Al = Al_2O_3 + 2Fe$$

㊴ 가스가우징(Gas gouging) : 가스절단과 비슷한 토치를 사용하며 강재의 표면에 둥근홈을 파내는 방법으로 일명 가스파내기라 한다.

㊵ 전기저항용접
  • 전기저항용접의 3요소 : 용접전류, 통전시간, 가압력
   ＜종류＞
   ⓐ 겹치기용접 : 점용접, 프로젝션용접, 시임용접
   ⓑ 맞대기용접 : 업셋용접, 플래시용접

㊶ 칩의 형태
  ⓐ 유동형 : 연속적인 칩으로 가장 이상적이다. 연성재료를 고속절삭시, 경사각이 클 때, 절삭깊이가 적을 때 생긴다.
  ⓑ 전단형 : 연성재료를 저속절삭시, 경사각이 적을 때, 절삭깊이가 클 때 생긴다.
  ⓒ 균열형 : 주철과 같은 취성재료를 저속절삭시 생긴다.
  ⓓ 열단형 : 점성재료절삭시 생긴다.

㊷ 절삭제 : 절삭을 할 때 칩의 생성부에 주입하는 액체를 공작액 또는 절삭유라 한다.
  ⓐ 칩 및 공작물과 공구사이의 마찰을 감소(윤활작용)
  ⓑ 공작물 및 공구의 냉각(냉각작용)
   또한 절삭제는 고속절삭일수록 윤활유의 점도는 낮은 것이 좋다.
   왜냐하면, 절삭저항의 감소와 소음, 진동이 줄어들기 때문이다.

㊸ 구성인선(Built up edge)
  ⓐ 영향
   ㉠ 가공물의 다듬면이 불량하게 된다.
   ㉡ 발생, 성장, 분열, 탈락을 반복하므로 절삭저항이 변화하여 공구에 진동을 준다.
   ㉢ 초경합금공구는 날끝이 같이 탈락되므로 결손이나 미소파괴가 일어나기 쉽다.
  ⓑ 방지법
   ㉠ 윗면경사각과 절삭속도를 크게 한다.
   ㉡ 절삭깊이를 작게 한다.
   ㉢ 유동성 있는 절삭유를 사용한다.

㊹ 절삭저항
  ⓐ 절삭저항의 3분력 : 주분력>배분력>횡분력
  ⓑ 절삭속도 : $V = \dfrac{\pi d N}{1000}$ (m/min)   여기서, d : 공작물의 지름(mm), N : 매분회전수(rpm)
  ⓒ 절삭동력 : $H = P \cdot V$ 여기서, P : 주분력, V : 절삭속도
  ⓓ 절삭(가공)시간 : $T = \dfrac{\ell}{NS} = \dfrac{\ell}{Nf}$ (min)
   여기서, ℓ : 길이(mm), N : 회전수(rpm), $S(=f)$: 이송(mm/rev)

㊺ 테일러의 공구수명식 : $VT^n = C$

　여기서, V : 절삭속도(m/min), T : 공구수명(min), n, C : 상수

㊻ 선반의 크기
　ⓐ 베드위의 스윙(공작물의 최대지름)
　ⓑ 왕복대상의 스윙
　ⓒ 양센터사이의 최대거리(공작물의 최대길이)

㊼ 보통선반의 부속장치
　ⓐ 센터 : 공작물을 지지, 센터의 구멍은 모스테이퍼로 되어 있다.
　ⓑ 척 : 주축에 고정, 가공물을 고정하여 회전시키는데 사용, 크기는 척의 바깥지름으로 나타낸다.
　ⓒ 돌리개 : 돌림판과 같이 사용하는 것으로 양센터작업시 주축에서 공작물을 고정
　ⓓ 면판(돌림판) : 척으로 고정할 수 없는 큰공작물, 불규칙한 일감을 고정

㊽ CNC공작기계의 기본동작
　ⓐ G00 : 위치보간　　　　　　　　　　ⓑ G01 : 직선보간
　ⓒ G02 : 원호보간(시계방향)　　　　　ⓓ G03 : 원호보간(반시계방향)

㊾ 프로그래핑 용어 : 준비기능(G), 주축기능(S), 공구기능(T), 보조기능(M), 프로그램번호(O), 시퀀스 번호(N), 이송기능(F)

㊿ NC서보기구의 형식(피드백을 실행하는 방법)
　ⓐ 개방회로방식(open loop system)
　ⓑ 폐쇄회로방식(closed loop system)
　ⓒ 반폐쇄회로방식(semi-closed system)
　ⓓ 하이브리드방식(hybrid system)

51 드릴링머신의 기본작업
　ⓐ 드릴링 : 드릴로 구멍을 뚫는 작업
　ⓑ 리밍 : 이미 뚫은 구멍을 정밀하게 다듬는 작업
　　→ 리머의 가공여유 : 10mm에 대해 0.05mm정도
　ⓒ 보링 : 이미 뚫은 구멍의 내경을 넓히는 작업
　ⓓ 스폿페이싱 : 볼트 또는 나사를 고정할 때 접촉부가 안정되기 위하여 자리를 만드는 작업
　ⓔ 카운터보링 : 작은 나사나 볼트의 머리부분이 공작물에 묻힐 수 있도록 단이 있는 구멍을 뚫는 작업
　ⓕ 카운터싱킹 : 접시머리볼트의 머리부분이 공작물에 묻히도록 구멍을 뚫는 작업
　ⓖ 태핑 : 탭을 이용하여 암나사를 가공하는 작업

52 드릴의 각부명칭
　ⓐ 탱(tang) : 자루에 들어가는 끝부분으로 드릴에 회전력을 주는 역할을 한다.
　ⓑ 생크(shank) : 드릴을 고정하는 자루부분이며 곧은것과 모스테이퍼진 것이 있다.
　ⓒ 마진(margin) : 드릴의 홈을 따라서 나타나 있는 좁은 면으로 드릴의 크기를 정하며 드릴의 위치를 잡아준다.
　ⓓ 웨브(web) : 홈과 홈사이의 두께로서 드릴선단에서 자루쪽으로 갈수록 두껍다.
　ⓔ 드릴끝각(표준날끝각) : 118°

53 지그(Jig) : 공작물을 고정하기 위한 요소로서 공작물의 위치를 잡아줄 때 또는 공구의 안내에서 매우 중요한 요소이다.

ⓐ 평지그 : 관통된 구멍을 한쪽면에 뚫을 때 사용

ⓑ 회전지그

ⓒ 박스지그(상자형지그) : 2면이상을 가공시 또한 드릴작업에서 여러개의 구멍을 뚫을 때 사용된다.

⑤④ 펠로즈기어셰이퍼 : 피니언커터로 가공, 내접기어를 가공

⑤⑤ 기어절삭법

　ⓐ 총형공구에 의한 절삭법 : 밀링머신

　ⓑ 형판에 의한 방법(모방절삭법) : 기어셰이퍼

　ⓒ 창성법 : 인벌류트 치형곡선을 이용하는 방법으로 가장 널리 사용

　ⓓ 전조에 의한 방법 : 소형기어가공

⑤⑥ 아버(Arbor) : 밀링머신에서 주축단에 고정할 수 있도록 각종테이퍼를 갖고 있는 환봉재로 아버칼러에 의해 커터의 위치를 조정하여 고정하고 회전시킨다.

⑤⑦ 밀링절삭작업에서 상향절삭(올려깎기)

　ⓐ 장점

　　㉠ 칩이 절삭을 방해하지 않는다(칩방해가 없다.).

　　㉡ 절삭이 순조롭다.

　　㉢ 백래시가 발생하지 않는다.

　ⓑ 단점

　　㉠ 가공면이 거칠다.

　　㉡ 커터수명이 짧다.

　　㉢ 동력소비가 많다.

　　㉣ 공작물을 견고히 고정해야 한다.

　　　※ 하향절삭(내려깎기)은 상향절삭과 반대이다.

⑤⑧ 센터리스연삭기 : 보통 외경연삭기의 일종으로 가공물을 센터나 척으로 지지하지 않고 조정숫돌과 지지판으로 지지하고 가공물에 회전운동과 이송운동을 동시에 실시하며 연삭한다. 주로 가늘고 긴 일감의 원통연삭에 적합하다.

　<특징>

　ⓐ 연속작업을 할 수 있어 대량생산에 적합하다.

　ⓑ 긴축재료, 중공의 원통연삭에 적합하다.

　ⓒ 연삭여유가 작아도 된다.

　ⓓ 숫돌의 마멸이 작고 수명이 길다.

　ⓔ 자동조절이 가능하므로 작업자의 숙련이 필요없다.

　　• 공작물의 이송속도 : $V = \dfrac{\pi d N}{1000} \times \sin \gamma$　　여기서, γ : 경사각

⑤⑨ 유성형내면연삭기 : 공작물은 정지시키고 숫돌축이 회전연삭운동과 동시에 공전운동을 하는 방식으로 공작물의 형상이 복잡하거나 또는 대형이기 때문에 회전운동을 가하기 어려울 경우에 사용된다.

⑥⓪ 연삭숫돌

　ⓐ 연삭숫돌의 3요소

　　㉠ 숫돌입자 : 공작물을 절삭하는 날

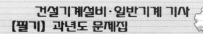

㉡ 기공 : 칩을 피하는 장소
㉢ 결합제 : 입자를 고정시키는 접착제

ⓑ 연삭숫돌의 표시법

WA	60	L	m	V
숫돌입자	입도	결합도	조직	결합제

ⓒ 숫돌입자

㉠ Al_2O_3(알루미나)계 ┌ A입자(갈색) : 일반강재
└ WA입자(백색) : 담금질강, 합금강, 고속도강

㉡ SiC(탄화규소)계 ┌ C입자(암자색) : 주철, 비철금속
└ GC입자(녹색) : 초경합금

ⓓ 입도 : 입자의 크기를 번호로 표시

ⓔ 결합도에 따른 숫돌바퀴의 선택기준

구 분	결합도가 높은 숫돌(단단한 숫돌)	결합도가 낮은 숫돌(연한 숫돌)
재 료	연한 재료	단단한 재료
속 도	느릴 때	빠를 때
깊 이	얕을 때	깊을 때
면 적	작을 때	클 때
거칠기	표면이 거칠 때	표면이 치밀할 때

ⓕ 조직 : 숫돌입자의 밀도 즉, 단위체적당 입자의 양

(61) 연삭작용

ⓐ 로딩(눈메움현상) : 숫돌입자의 기공에 칩이 차서 연삭성이 불량
ⓑ 글레이징(무딤현상) : 숫돌입자가 탈락되지 않고 마멸되어 무뎌지는 현상
ⓒ 드레싱 : 글레이징, 로딩을 제거하여 새로운 숫돌입자를 생성
ⓓ 트루잉(모양고치기) : 숫돌을 나사, 기어 등의 모양으로 만드는 것

(62) 연삭작업 중 떨림의 원인

ⓐ 숫돌이 불균형일 때
ⓑ 숫돌이 진원이 아닐 때
ⓒ 센터 및 방진구가 부적당할 때
ⓓ 숫돌의 측면에 무리한 압력이 가해졌을 때

(63) 정밀입자가공

ⓐ 호닝 : 혼(hone)이라고 하는 세립자로 된 각봉의 공구를 구멍내에서 회전운동과 동시에 왕복운동을 시켜 구멍내면을 정밀가공하는 작업
ⓑ 수퍼피니싱 : 입도가 적고 연한숫돌을 작은압력으로 가공물의 표면에 가압하면서 가공물에 피드를 주고 또한 숫돌을 진동시키면서 가공물을 완성 가공하는 방법. 가공면이 깨끗하고 방향성이 없고 가공에 의한 표면의 변질부가 극히 적어 주로 원통의 외면, 내면은 물론 평면도 가공할 수 있다.
ⓒ 래핑 : 마모현상을 기계가공에 응용한 것으로 그 기본은 마모이며 일반적으로 공작물과 랩공구 사이에 미분말상태의 랩제와 윤활제를 넣어 이들 사이에 상대운동을 시켜 표면을 매끈하게 가공하는 방법이다.

<장점>
㉠ 다듬질면이 매끈하고 유리면을 얻을 수 있다.
㉡ 정밀도가 높은 제품을 만들 수 있다.
㉢ 윤활성이 좋게 된다.
㉣ 다듬질면은 내식성 및 내마모성이 증가된다.
㉤ 미끄럼면이 원활하게 되고 마찰계수가 적어진다.
<단점>
㉠ 비산하는 랩제가 다른 기계나 제품에 부착하면 마모시키는 원인이 된다.
㉡ 제품을 사용할 때 남아있는 랩제에 의하여 마모를 촉진시킨다.

⑭ 정밀입자가공의 비교

구 분	운 동	작 업	정밀도
호 닝	혼이 회전 및 직선왕복운동	내면을 정밀가공	약간정밀
수퍼피니싱	숫돌이 진동하면서 직선왕복운동	변질층, 흠집제거	중 간
래 핑	랩공구와 공작물의 상대(마멸)운동	게이지류 제작	가장정밀

⑮ 방전가공 : 가공액중에서의 방전에 의하여 직접 기계가공을 하는 가공법으로 방전전극의 소모현상을 이용한 것이다. 가공물의 모양에 알맞게 만든 전극(공구)과 공작물사이에 방전을 시켜 구멍뚫기, 조각, 절단, 그밖의 가공을 하는 방법이다.
<특징>
ⓐ 높은 경도를 갖는 재질에 현저하게 우수한 성능을 발휘한다.
ⓑ 경질합금, 담금질된 고속도강, 내열강, 스테인리스강철, 다이아몬드, 수정 등의 각종재질의 절단, 천공, 연마 등에 이용된다.
ⓒ 열의 영향이 적으므로 가공변질층이 얇고 내마멸성, 내부식이 높은 표면을 얻을 수 있다.

⑯ 방전가공시전극
ⓐ 전극재질 : 청동, 황동, 구리, 텅스텐, 흑연
ⓑ 전극재료의 구비조건
㉠ 기계가공이 쉬울 것　　㉡ 안정된 방전이 생길 것
㉢ 가공정밀도가 높을 것　　㉣ 전극소모가 적을 것
㉤ 구하기 쉽고 값이 저렴할 것　　㉥ 절삭, 연삭가공이 쉬울 것
㉦ 가공속도가 빠를 것

⑰ 와이어컷방전가공 : 연속적으로 이송하는 와이어를 전극으로 하여 피가공물과 와이어전극사이에서 발생되는 방전기화현상을 이용하여 가공물을 임의의 윤곽현상으로 가공하는 방법

⑱ 초음파가공 : 기계적진동을 하는 공구와 공작물사이에 입자와 공작액을 주입한 후 급격한 타격작용에 의해 공작물의 표면으로부터 미세한 칩을 제거해내는 가공방법
<특징>
ⓐ 광학렌즈의 가공, 초경합금, 다이스의 합금, 수정, 루비, 다이아몬드, 열처리강등의 재료를 가공할 수 있다.
ⓑ 굴곡구멍가공, 얇은판절단, 성형, 표면다듬질, 조각 등의 가공이 가능하다.
ⓒ 가공물체에 가공변형이 남지 않는다.
ⓓ 가공물표면에 공구를 가볍게 눌러 가공하는 간단한 조작으로 숙련을 요하지 않는다.

ⓔ 공구이외에는 거의 마모부품이 없다.

(69) 전해연마 : 전해액중에 공작물을 양극에 불용해성이며 전기저항이 작은 구리, 아연 등을 음극으로 하고 전류를 통할 때 공작물의 표면을 용해시켜 매끈하고 광택이 있는 면으로 만드는 작업이다. 이 방법은 치수형상 정밀도의 향상을 요구하는 것이 아니고 얇은 공작물의 다듬질이나 기계로 연마할 수 없는 형상의 가공에 적합하다.

<특징>

ⓐ 가공변질층이 나타나지 않으므로 평활한면을 얻을 수 있다.
ⓑ 복잡한 형상의 연마도 할 수 있다.
ⓒ 가공면에는 방향성이 없다.
ⓓ 내마모성, 내부식성이 향상된다.
ⓔ 연질의 금속, 알루미늄, 동, 황동, 청동, 코발트, 크롬, 니켈 등도 쉽게 연마할 수 있다.

(70) 전해연삭 : 전해연마에서 나타난 양극생성물을 전해작용으로 제거시키는 가공법을 말한다. 연삭입자는 전극숫돌바퀴와 공작물사이의 간격을 일정하게 유지하고 생성피막을 제거하여 가공량을 증가시키는데 도움을 준다.

<특징>

ⓐ 가공속도가 빠르고 숫돌의 소모가 적으며 가공면이 연삭다듬질보다 우수하다.
ⓑ 평면, 원통 및 내면연삭도 할 수 있으며 초경합금과 같은 경질재료, 열에 민감한 재료를 가공하는데 적합하다.
ⓒ 가공변질 및 표면거칠기가 적으므로 매우 능률적인 연삭방법이다.
ⓓ 접촉압력이 높으면 가공속도는 증가하지만 입자의 탈락으로 전극의 소모가 크다.

기 계 재 료

① 금속(순금속)의 특성
ⓐ 상온에서 고체이다. (단, 수은은 제외)
ⓑ 가공이 용이하며 연성, 전성이 크다.
ⓒ 금속특유의 광택이 있으며 빛을 잘 발산한다.
ⓓ 열전도율, 전기전도율이 좋다.
ⓔ 비중, 강도, 경도가 크다.
ⓕ 용융점이 높다.

② 금속재료의 물리적 성질 : 비중, 용융점, 비열, 열팽창계수(선팽창계수, 부피팽창계수), 전기전도율, 열전도율, 자성
ⓐ 금속의 용융점 : W(3410℃~가장 높다), Hg(−38.8℃~가장 낮다), Bi(271.3℃), Sn(231.9℃), Al(660.2℃), Zn(419.46℃)
ⓑ 선팽창계수 : 금속에 열을 가하면 길이와 부피가 증가하는데 이것을 열팽창이라 하고 온도가 1℃ 올라감에 따라 길이가 늘어나는 비율을 선팽창계수라 한다.
→ • 선팽창계수가 큰재료 : Zn, Pb, Mg
  • 선팽창계수가 작은재료 : W, Mo, V

ⓒ 전기전도도 순서 : Ag, Cu, Au, Al, Mg, Zn, Ni, Fe, Pb

　→ 전기전도도를 해치는 금속 : Ti, P, Fe, Si

③ 금속재료의 기계적 성질 : 인성, 전성, 연성, 취성(메짐), 강도, 경도 피로, 탄성한계, 충격값, 연신율, 단면수축률

ⓐ 연성(＝전연성) : 재료를 가느다란 선으로 늘릴수 있는 성질

ⓑ 전성 : 판과 같이 얇게 펼수 있는 성질

ⓒ 인성 : 질긴 성질

④ 금속의 변태

ⓐ 동소변태 : 고체내에서 원자의 배열이 변하는 현상

ⓑ 자기변태 : 원자의 배열은 변화하지 않고 강도만 변하는 현상, 즉 원자내부에서만 변화

　※ 변태점측정법 : 열분석법, 시차열분석법, 열팽창법, 자기분석법, 비열법, 전기저항법, X선분석법

⑤ 고용체 : 하나의 금속중에 다른금속 또는 비금속원자가 서로 녹아서 고체를 이룬 것

ⓐ 치환형고용체 : 용매원자의 결정격자점에 있는 원자가 용질원자에 의하여 치환된 것

ⓑ 침입형고용체 : 용질원자가 용매원자의 결정격자사이의 공간에 들어간 것

⑥ 재결정온도 : 냉간가공과 열간가공을 구별하는 온도

ⓐ 냉간가공 : 재결정온도이하에서 가공

ⓑ 열간가공 : 재결정온도이상에서 가공

⑦ 석출경화 : 하나의 고체속에 다른고체가 별개의 상으로 나올때 그 모재가 단단해지는 현상으로 냉각속도, 과냉도, 석출온도에 영향이 크다.

　※ 회복 : 냉간가공한 금속을 가열하면 내부응력이 감소되어 물리적, 기계적성질이 변화하는 과정

⑧ 상률(Phase rule) : 2개이상의 상이 존재할 때 이것을 불균일계라 하며 이것들이 안정한 상태에 있을 때 서로 다른 상들이 평형상태에 있다고 한다. 이 평형을 지배하는 법칙을 상률이라 한다. 자유도가 0이면 불변계로 순금속의 용융점은 일정한 온도로 정해진다.

⑨ 철강재료의 분류

ⓐ 순철 : 0.02%C이하

ⓑ 강 ┌ ㉠ 아공석강 : 0.02~0.77%C
　　　├ ㉡ 공석강 : 0.77%C
　　　└ ㉢ 과공석강 : 0.77~2.11%C

ⓒ 주철 ┌ ㉠ 아공정주철 : 2.11~4.3%C
　　　　├ ㉡ 공정주철 : 4.3%C
　　　　└ ㉢ 과공정주철 : 4.3~6.68%C

⑩ 순철의 변태

ⓐ 자기변태 : A_2변태점(퀴리점 : 768℃)

ⓑ 동소변태 : A_3변태점(912℃), A_4변태점(1400℃)

　→ A_1변태점(723℃)은 강에만 있다.

⑪ 변태점

ⓐ A_0변태점 : 210℃~시멘타이트의 자기변태점

ⓑ A_1변태점 : 723℃~"강"에만 존재→(주의) 순철에는 없다.

ⓒ A_2변태점 : 순철(768℃), 강(770℃)～자기변태점(＝퀴리점)

　　ⓓ A_3변태점 : 912℃

　　ⓔ A_4변태점 : 1400℃

⑫ 강의 표준조직

　　ⓐ α철 : 페라이트(F)

　　ⓑ γ철 : 오스테나이트(A)

　　ⓒ 탄화철(Fe_3C) : 시멘타이트(C)

　　ⓓ α철＋Fe_3C : 펄라이트(P)

　　ⓔ γ철＋Fe_3C : 레데뷰라이트(L)

⑬ 합금이 되는 금속의 반응

　　ⓐ 공정반응 : 액체$\rightleftharpoons\gamma$철＋Fe_3C(공정점 : 4.3%C, 1130℃)

　　ⓑ 공석반응 : γ철$\rightleftharpoons\alpha$철＋Fe_3C(공석점 : 0.77%C, 723℃)

　　ⓒ 포정반응 : δ철$\rightleftharpoons\gamma$철＋액체(포정점 : 0.17%C, 1495℃)

⑭ A_{cm}선 : Fe－C상태도에서 시멘타이트 생성개시온도선이다.

　　즉,　　　A　　$\rightleftharpoons$　　A　　＋　　C

　　　　오스테나이트　　오스테나이트　시멘타이트

⑮ 공석변태(eutectoid transformation) : 공석강(0.77%C)은 A_1변태점(723℃)이상의 온도에서 γ고용체 (오스테나이트)의 범위로 가열하여 서서히 냉각하면 A_1변태온도인 723℃에서 공석반응을 일으켜 α고용체(페라이트)와 Fe_3C(시멘타이트)로 동시에 석출한다. 이 변태를 공석변태 또는 A_1변태라 하고 층상모양의 공석조직을 펄라이트라고 한다.

⑯ 철강의 기본조직

　　ⓐ 페라이트 : α철에 탄소가 최대 0.02%C고용된 α고용체로 BCC(체심입방격자) 결정구조를 가지고 연한 성질로 전연성이 크다.

　　ⓑ 오스테나이트 : γ철에 탄소가 최대 2.11%C고용된 γ고용체로 FCC(면심입방격자)결정구조를 가진다.

　　ⓒ 시멘타이트 : 철(Fe)에 탄소가 6.68%화합된 철의 금속간 화합물(Fe_3C)로 흰색의 침상으로 나타나는 조직이며 매우 경도가 높고 취성이 많다.

　　ⓓ 펄라이트 : 탄소 0.86%의 γ고용체가 723℃에서 분열하여 생긴 페라이트와 시멘타이트의 공석조직으로 페라이트와 시멘타이트가 층으로 나타나는 강인한 조직이다.

　　ⓔ 레데뷰라이트 : 4.3%C의 용융철이 1148℃이하로 냉각될 때 2.11%C의 오스테나이트와 6.68%C의 시멘타이트로 정출되어 γ와 Fe_3C의 기계적혼합으로 생긴 공정조직인 공정주철로 A_1점이상에서는 안정적으로 존재하는 조직으로 경도가 크고 메지다.

⑰ 탄소강의 물리적 성질

　　• 탄소함유량이 증가하면 ┌ ㉠ 비열, 전기저항, 항자력, 강도, 경도 : 증가

　　　　　　　　　　　　　└ ㉡ 비중, 열팽창계수, 열전도도 : 감소

⑱ 취성(메짐)의 종류

　　ⓐ 청열취성 : 200～300℃의 강에서 일어남

ⓑ 적열취성 : S이 원인
ⓒ 상온취성(＝냉간취성) : P이 원인
ⓓ 고온취성 : Cu가 원인
ⓔ 헤어크랙 : 수소가스에 의해 머리칼모양의 미세한 균열, H_2가 원인

⑲ 고탄소강 : 탄소강에 0.5%이상의 탄소를 함유하고 있는 강으로 주로 줄, 정, 쇠톱날, 끌 등의 재질로 사용한다.

⑳ 탄소강의 5대원소 : C, Mn, Si, P, S
ⓐ C : 가장 큰 영향을 미침
ⓑ Mn : 적열취성방지, 고온가공용이(고온에서 강도, 경도가 크다), 담금질효과가 크다.
ⓒ Si : 주철에서 강력한 흑연화촉진제로 흑연의 생성을 조장함으로 유동성을 증가시키고 주조성을 개선하나 3%를 넘으면 오히려 주철의 강도, 인성, 연성이 저하된다.
ⓓ P : 강도, 경도를 증가시키며 상온취성의 원인이다. 또한 연신율, 충격값은 감소시키며 결정립을 조대화(거칠다)한다.
ⓔ S ─ ㉠ 강의 유동성을 해치고 기포가 발생한다.
　　　 ㉡ 적열상태에서는 메짐성이 커진다.
　　　 ㉢ 인장강도, 연신율, 충격값을 감소시킨다.
　　　 ㉣ 강의 용접성을 나쁘게 한다.
　　　 ㉤ 망간과 화합하여 절삭성이 좋아진다.

㉑ 강괴(Steel ingot) : 탈산정도에 따라 다음과 같이 분류한다.
ⓐ 림드강 : 평로나 전로에서 정련된 용강을 페로망간(망간철 : Fe－Mn)으로 가볍게 탈산시킨 강 즉, 불완전탈산강 → 단점 : 기포발생
ⓑ 킬드강 : 페로실리콘(Fe－Si), 알루미늄(Al) 등의 강력탈산제를 첨가하여 충분히 탈산시킨 강 즉, 완전탈산강 → 단점 : 상부에 수축공이 발생
ⓒ 세미킬드강 : 림드강과 킬드강의 중간
ⓓ 캡드강 : 림드강을 변형시킨 것

㉒ 담금질(Quenching)
ⓐ 목적 : 재질을 경화 즉, 마텐자이트조직을 얻기 위한 열처리
ⓑ 담금질 온도 ─ ㉠ 아공석강 : A_3변태점보다 30~50℃ 높게 가열후 급냉
　　　　　　　 ㉡ 과공석강 : A_1변태점보다 30~50℃ 높게 가열후 급냉
ⓒ 담금질조직의 경도순서 : A<M>T>S>P
ⓓ 질량효과 : 같은 조성의 탄소강을 같은 방법으로 담금질하여도 그 재료의 굵기와 무게에 따라 담금질효과가 달라진다. 이는 냉각속도가 질량의 영향을 받기 때문이다. 이와 같이 질량의 대소에 따라 담금질효과가 다른 현상을 질량효과라 한다. 소재가 두꺼울수록 질량효과가 크다.
ⓔ 서브제로(Sub－Zero)처리 : 잔류오스테나이트(A)를 0℃이하로 냉각하여 마르텐자이트(M)화하는 열처리
ⓕ 담금질균열 : 재료를 경화하기 위하여 급랭하면 재료내외의 온도차에 의한 열응력과 변태응력으로 인하여 내부변형 또는 균열이 일어나는데 이와 같이 갈라진 금을 담금질균열이라 한다.
　＜방지법＞
　㉠ 급격한 냉각을 피하고 무리없이 일정한 속도로 냉각한다.

ⓛ 가능한한 수냉을 피하고 유냉을 하여야 한다.

ⓒ 부분적인 온도차를 적게 하기 위하여 부분단면을 적게 한다.

ⓔ 유냉을 해서 충분한 담금질효과를 가져올 수 있는 특수원소가 포함되어 있는 재료를 선택한다.

ⓜ 재료면의 스케일을 완전히 제거하여 담금질액이 잘 접촉하게 한다.

ⓗ 설계시 부품에 될 수 있는대로 직각부분을 적게한다.

ⓢ 온도를 필요이상으로 올리지 않는다.

㉓ 뜨임(Tempering)

ⓐ 목적 : 담금질한 강은 경도는 크나 반면 취성을 가지게 되므로 경도는 다소 저하되더라도 인성을 증가시키기 위해 A_1변태점이하에서 재가열하여 재료에 알맞은 속도로 냉각시켜 주는 처리

ⓑ 열처리 변화순서

$$
\begin{array}{cccc}
200℃ & 400℃ & 600℃ & 700℃
\end{array}
$$
$$
A \rightarrow M \rightarrow T \rightarrow S \rightarrow P
$$

㉔ 풀림(Annealing)

ⓐ 목적 : 재료를 단조, 주조 및 기계가공을 하게 되면 가공경화나 내부응력이 생기게 되는데 이를 제거하기 위하여 변태점이상의 적당한 온도로 가열하여 서서히 냉각시키는 작업

ⓑ 풀림의 종류

ⓖ 완전풀림 : 용융상태로부터 응고한 주강 또는 장시간 고온에 있었던 강은 결정입자가 거칠고 메지므로 A_3변태점이상 30~50℃의 온도범위에서 일정기간 가열하여 입자를 미세하게 한 후 냉각하는 방법이다.

ⓛ 저온풀림 : 냉간가공이나 그밖의 가공에 의해 생기는 내부응력 및 변형을 제거하기 위해 600~650℃로 가열하여 서냉하는 방법으로 연화풀림이라고도 한다.

ⓒ 구상화풀림 : 펄라이트중의 층상 시멘타이트가 그대로 존재하면 절삭성이 나빠지므로 이것을 구상하기 위하여 Ac_1점아래(600~700℃)에서 일정시간 가열후 냉각시키는 방법이다.

ⓔ 중간풀림 : 냉간가공의 공정도중에 실시하며 가공성의 향상이나 가공후의 균열방지를 위한 풀림작업이다.

㉕ 항온열처리

ⓐ 항온변태곡선을 이용한 열처리

※ 항온변태곡선 : TTT곡선(시간, 온도, 변태)

ⓑ 담금질과 뜨임을 동시에 할 수 있는 열처리로서 베이나이트조직을 얻을 수 있다.

ⓒ 종류

ⓖ 오스템퍼링(austempering) : 하부베이나이트조직을 얻는다. 뜨임이 필요없고, 담금균열과 변형이 없다.

ⓛ 마템퍼링(martempering) : 마텐자이트와 하부베이나이트의 혼합조직이다.

ⓒ 마르퀜칭 : 마텐자이트조직

ⓔ 오스포밍 : 과냉오스테나이트상태에서 소성가공을 하고 그후의 냉각중에 마텐자이트화하는 열처리이다.

㉖ 강의 표면경화법의 종류

ⓐ 물리적 표면경화법 : 고주파경화법, 화염경화법

ⓑ 화학적 표면경화법 : 침탄법, 질화법, 청화법(시안화법)

ⓒ 금속침투법 : 세라다이징, 크로마이징, 칼로라이징, 실리코나이징, 보로나이징

ⓓ 기타 표면경화법 : 숏피닝, 방전경화법

㉗ 표면경화용강 : 기계부품 중 내부의 강인성과 표면의 높은 경도를 가지고 있는 재료가 요구될 때 사용된다.

ⓐ 종류 : 침탄용강, 질화용강, 고주파경화용강

ⓑ 용도 : 소형기어, 캠, 축, 피스톤핀

㉘ 침탄법과 질화법의 비교

침탄법	질화법
① 경도가 작다	① 경도가 크다
② 침탄후 열처리가 필요하다	② 질화후 열처리가 필요없다
③ 침탄후에도 수정이 가능하다	③ 질화후 수정이 불가능하다
④ 단시간에 표면경화할 수 있다	④ 표면경화시간이 길다
⑤ 변형이 생긴다	⑤ 변형이 적다
⑥ 침탄층은 단단하다	⑥ 질화층은 여리다

㉙ 고주파경화법 : 표면경화법 중 가장 편리한 방법으로 고주파유도전류에 의하여 소요깊이까지 급속히 가열한 다음 급냉하여 경화시키는 방법

㉚ 숏피닝(Shot peening) : 금속재료의 표면에 강이나 주철의 작은입자들을 고속으로 분사시켜 표면층의 경도를 높이는 방법으로 피로한도, 탄성한계를 향상시킨다.

㉛ 하드 페이싱(hard facing) : 소재의 표면에 스텔라이트나 경합금 등을 용접 또는 압접으로 융착시키는 표면경화법

㉜ 금속침투법 : 고온중에 강의 산화방지법

ⓐ 크로마이징 : Cr침투 　ⓑ 칼로라이징 : Al침투

ⓒ 실리콘나이징 : Si침투 　ⓓ 보로나이징 : B침투

ⓔ 세라다이징 : Zn침투

㉝ 특수강(=합금강) : 탄소강에 Ni, Mo, Si, Mn 등의 원소를 한가지 이상 첨가하여 기계적 성질을 향상시킨 강으로 강도, 경도, 내열성, 내식성이 증가하며 열처리가 가능하다. 또한 비열, 용융점, 열전도율은 낮아진다.

㉞ 특수강의 목적

ⓐ 기계적, 물리적, 화학적 성질의 개선

ⓑ 소성가공의 개량

ⓒ 결정입도의 성장방지

ⓓ 내식성, 내마멸성의 증대

ⓔ 담금질성의 향상

ⓕ 고온에서의 기계적성질의 저하방지

ⓖ 단접, 용접이 용이

㉟ 공구강의 구비조건

ⓐ 고온경도가 높을 것

ⓑ 내마멸성, 강인성이 클 것

   ⓒ 열처리가 쉬울 것

   ⓓ 제조, 취급, 구입이 용이할 것

   ⓔ 마찰계수가 작을 것

   ⓕ 가격이 저렴할 것

㊱ 탄소공구강(STC) : 줄, 정, 펀치, 쇠톱날 등의 재질로 쓰임

   ⓐ STC1(1.3~1.5%C) : 칼줄, 벌줄

   ⓑ STC2(1.1~1.3%C) : 드릴, 줄, 펀치, 면도날

   ⓒ STC3(1.0~1.1%C) : 탭, 다이스, 쇠톱날, 정

   ⓓ STC4(0.9~1.0%C) : 도끼, 끌

㊲ Ni−Cr강 : 1.0~1.5% Ni를 첨가하여 점성을 크게 한 강으로 담금질성이 극히 좋다. 550~580℃에서 뜨임메짐이 발생하며, 방지책으로는 Mo, V, W을 첨가한다. 이중에서 Mo이 가장 적합한 원소이다.

㊳ 자경성 : 특수원소를 첨가하여 가열 후 공냉하여도 자연히 경화(마텐자이트조직)하여 담금질효과를 얻는 것으로 Ni, Mn, Cr은 크나 W, Mo는 비교적 적다.

㊴ 쾌삭강(Free Cutting Steel)

   ⓐ 납(Pb)쾌삭강 : 탄소강＋납(1.0~0.35%첨가)

      기계적성질에 영향을 주지 않으며 강도가 요구되는 기계부품에 사용

   ⓑ 황(S)쾌삭강 : 탄소강＋황(0.1~0.25%첨가)

      황은 절삭성을 향상시키지만 기계적성질을 떨어뜨린다.

㊵ Mn강

   ⓐ 저망간강(1~2%Mn : 듀콜강) : 펄라이트 Mn강

   ⓑ 고망간강(10~14%Mn : 하드필드강) : 오스테나이트 Mn강

㊶ 합금공구용 다이스강(STD 11) : 금형용 다이소재로 상온, 고온에서도 경도가 뛰어나다.

㊷ 열간가공용 합금공구강(STD 61)

   ⓐ 고탄소강＋Cr, W, Mo, V

   ⓑ 담금질온도 : 1000~1050℃(공냉)

   ⓒ 용도 : 다이캐스팅형틀, 프레스형틀

㊸ 초경합금 : 금속탄화물을 프레스로 성형, 소결시킨 합금으로 분말야금합금

   → 금속탄화물 : 탄화텅스템(WC), 탄화티탄(TiC), 탄화탄탈(TaC)

㊹ 콜슨합금(탄소합금) : Cu＋Ni 4%＋Si 1%, 인장강도 105kg/mm², 전선용, 스프링에 사용

㊺ 고속도강(SKH)

   ㉠ 표준형 : 0.8%C＋W(18%)−Cr(4%)−V(1%)

      일명 "18−4−1형 고속도강"이라 한다.

   ㉡ 담금질온도 : 1260~1300℃(1차경화)

   ㉢ 뜨임온도 : 550~580℃(2차경화)

㊻ 스테인리스강(SUS)

   ⓐ 탄소공구강＋Ni 또는 Cr을 다량합금

   ⓑ 금속조직상 분류

　　ㄱ 페라이트계 스테인리스강(Cr계)

　　ㄴ 마텐자이트계 스테인리스강(Cr계)

　　ㄷ 오스테나이트계 스테인리스강(Cr−Ni계) : 18−8스테인리스강

　ⓒ 18(Cr 18%)−8(Ni 8%) 스테인리스강의 입계부식 방지책

　　ㄱ Cr탄화물의 석출이 일어나지 않도록 탄소량을 줄인다.

　　ㄴ Ti, Ta, Mo, W, Cb 등의 원소를 첨가한다.

　　ㄷ Cr탄화물은 오스테나이트 중에 용체화시킨 후 급랭한다.

㊼ 몰리브덴(Mo) : 뜨임취성방지, 고온에서의 인장강도증가, 탄화물을 만들고 경도 증가, 담금질효과 증대, 크리프저항, 내식성의 증대

㊽ 불변강 : 인바, 엘린바, 초인바, 코엘린바, 퍼멀로이, 플래티나이트

　ⓐ 인바(invar)

　　ㄱ Fe−Ni 36%

　　ㄴ 선팽창계수가 적고, 내식성이 좋다.

　　ㄷ 용도 : 줄자, 표준자, 시계추, 온도조절용 바이메탈

　ⓑ 엘린바(elinvar)

　　ㄱ Fe−Ni 36%−Cr 12%

　　ㄴ 온도변화에 따른 탄성계수가 거의 변화하지 않고 열팽창계수도 작다.

　　ㄷ 용도 : 고급시계, 정밀저울 등의 스프링이나 정밀기계의 부품 등에 사용한다.

㊾ 주철(cast iron)

　ⓐ 탄소함유량 : 2.11~6.68%C

　ⓑ 용도 : 공작기계의 베드, 프레임, 기계구조물의 몸체, 실린더,…

　ⓒ 장·단점

　　<장점>

　　ㄱ 용융점이 낮고 유동성이 좋다.

　　ㄴ 주조성이 양호하고 마찰저항이 좋다.

　　ㄷ 절삭성이 우수하고 압축강도가 크다.

　　ㄹ 녹발생이 적다.

　　ㅁ 값이 싸다.

　　<단점>

　　ㄱ 인장강도, 휨강도가 적다.

　　ㄴ 충격값, 연신율이 작다.

　　ㄷ 가공이 어렵다.

　ⓓ 주철중 탄소의 형상

　　ㄱ 유리탄소(흑연) : Si가 많고 냉각속도가 느릴 때→회주철(연하다)

　　ㄴ 화합탄소(Fe_3C) : Mn이 많고 냉각속도가 빠를 때→백주철(단단하다)

㊿ 주철의 성장 : A_1변태점이상의 온도에서 가열, 냉각을 반복하면 부피가 팽창하여 변형, 균열이 발생하는데 이를 주철의 성장이라 한다.

　ⓐ 원인

　　ㄱ 고온에서의 주철조직에 함유된 Fe_3C의 흑연화

㉡ A_1변태에서의 체적변화에 의한 미세한 균열
㉢ 흡수된 가스의 팽창
㉣ Si, Al, Ni의 성장
㉤ Si의 산화

ⓑ 방지책
㉠ 흑연의 미세화
㉡ 조직을 치밀하게 할 것
㉢ 시멘타이트(Fe_3C)의 흑연화방지제 Cr, W, Mo, V 등의 첨가로 Fe_3C의 분해방지
㉣ Si 대신 Ni로 치환

(51) 마우러조직도 : C와 Si량에 따른 조직관계

(52) 주철의 종류
ⓐ 보통주철 : "흑연(편상흑연)+페라이트"로 구성, 인장강도가 가장 적다.
ⓑ 칠드주철 : 표면을 급냉하여 만든 주철로 표면(외부)은 마멸과 압축에 견딜 수 있도록 백주철(시멘타이트조직)로 되어있어 단단하고, 내부는 연성을 가지도록 회주철로 되어 있다. 용도로는 제강기롤, 기차바퀴, 분쇄기롤 등의 부품에 이용된다.
ⓒ 구상흑연주철 : 보통주철(편상흑연)을 용융상태에서 Mg, Ce, Ca을 첨가하여 편상흑연을 구상화한 주철을 말하며 인장강도가 가장 크다.
※ 페이딩(fading)현상 : 구상화처리 후 용탕상태로 방치하면 흑연구상화의 효과가 소실되는 현상. 즉, 편상흑연주철로 복귀하는 현상
ⓓ 가단주철 : 백주철을 열처리하여 인성을 증가시킨 주철
㉠ 백심가단주철 : 탈탄이 주목적
㉡ 흑심가단주철 : 시멘타이트의 흑연화가 주목적
i) 제1단계풀림 : 유리시멘타이트를 850~950℃에서 30~40시간 유지시켜 흑연화
ii) 제2단계풀림 : A_1변태점 바로 아래인 680~720℃까지 서냉후 30~40시간 유지하여 펄라이트 중의 시멘타이트를 흑연화
ⓔ 미하나이트주철 : 고급주철로서 주철 중의 흑연의 모양을 미세화하고 균일하게 분포시키기 위하여 쇳물을 빼낼경우에 0.3% 정도의 Si나 규화칼슘의 분말 등을 가하여 탈산에 의한 흑연의 씨를 만드는 조작을 접종이라 하며 이 방법에 의하여 만든 주철을 말한다. 바탕조직은 펄라이트이다.

(53) 구리의 성질
ⓐ 전연성이 좋다.
ⓑ 내식성이 커서 공기중에서 거의 부식되지 않으나 암모늄염에는 침식이 된다.
ⓒ 열 및 전기의 양도체이다.
ⓓ 아름다운 광택을 지닌다.

(54) 황동 : Cu+Zn ┌ Zn 40%일 때 : 인장강도가 최대
└ Zn 30%일 때 : 연신율이 최대

(55) 황동의 종류
ⓐ 톰백 : Cu+Zn 5~20%, 황금색, 강도는 낮으나 전연성이 좋다. 냉간가공이 쉽다. 금색에 가까우므로 금대용품, 화폐, 메달, 금박단추, 악세사리에 쓰인다.

　　ⓑ 7.3황동(Cartrige brass) : Cu 70%−Zn 30%

　　ⓒ 6.4황동(Muntz metal) : Cu 60%−Zn 40%

　　ⓓ 주석황동 : 탈아연을 억제

　　　　㉠ 에드머럴티 : 7.3황동+Sn 1%

　　　　㉡ 네이벌황동 : 6.4황동+Sn 1%

　　ⓔ 쾌삭황동 : 6.4황동+Pb 1.5~3%

　　ⓕ 델타메탈 : 6.4황동+Fe 1~2%

　　ⓖ 양은(＝양백＝백동) : 7.3황동+Ni 10~20% 첨가한 것으로 색깔이 은(Ag)과 비슷하여 식기, 가
　　　구, 장식용, 악기, 기타 은그릇 대용으로 사용

㊌ 청동 : Cu+Sn

　＜종류＞

　　ⓐ 포금(청동주물) : Cu 88%+Sn 10%+Zn 2%, 대포를 만들 때 사용된다하여 포신이라 한다.

　　ⓑ 인청동 : 청동에 1%이하의 인(P)을 첨가한 것

　　　　㉠ 특징 : 탄성률, 내식성, 내마멸성, 전연성, 유동성이 양호

　　　　㉡ 용도 ┌ •봉으로 사용될 때 : 기어, 캠, 축, 베어링
　　　　　　　　└ •선으로 사용될 때 : 스프링재료

　　ⓒ 켈멧 : Cu+Pb 30~40%, 고속, 고하중의 베어링용

　　ⓓ Ni청동 : 주조상태 그대로 또는 열처리하여 각종 구조용주물로서 이용된다. 증기기관, 내연기관
　　　용 재료로 사용된다.

㊍ 알루미늄과 그합금

　　ⓐ 용도 : 드로잉재료, 다이캐스팅재료, 자동차구조용재료, 전기재료

　　ⓑ 알루미늄합금의 열처리

　　　　㉠ 용체화처리 : 금속재료를 석출경화시키기 위한 처리, 내부응력을 제거

　　　　㉡ 시효경화 : 시간의 경과에 따라 합금의 성질이 변하는 것

　　　　㉢ 풀림

㊎ 알루미늄합금의 종류

　　ⓐ 라우탈 : Al−Cu−Si계합금

　　ⓑ 실루민 : 알팩스라고도 하며 Al−Si계합금, 주조성은 좋으나 절삭성이 좋지않다.

　　ⓒ 하이드로날륨 : Al−Mg계합금, 내식성이 가장 우수

　　ⓓ Y합금 : Al−Cu−Ni−Mg계합금, 주로 내연기관의 피스톤, 실린더에 사용

　　ⓔ 로엑스

　　ⓕ 두랄루민 : Al−Cu−Mg−Mn계합금

　　ⓖ 초두랄루민 : 두랄루민에 Mg을 증가, 항공기용재료

　　ⓗ 알민 : Al−Mg계합금

㊏ 니켈합금

　　ⓐ 콘스탄탄 : Cu−Ni 40~50% 함유, 전기저항이 크고 온도계수가 작다.
　　　전기저항선, 열전쌍으로 많이 사용

　　ⓑ 모넬메탈 : Cu−Ni 65~70% 함유, 내식성, 내열성, 내마멸성, 연신율이 크다.

㊐ 마그네슘의 성질

　　ⓐ 비중 : 1.74, 실용금속중 가장 가볍다.

ⓑ 용융점 : 650℃

  ⓒ 끓는점 : 1100℃

㉖ 티탄(Ti) : 강한 탈산제인 동시에 흑연화를 촉진하는 원소이나 오히려 많은 양을 첨가하면 흑연화를 방지하는 원소로 합금주철에 보통 0.3% 이하의 소량을 첨가하는 원소이다. 전기전도도에 가장 유해하다.

㉒ 베어링용합금

  ⓐ 화이트메탈 : Sn−Sb−Zn−Cu

    ㉠ 주석계 화이트메탈(＝배빗메탈)

    ㉡ 납(＝연)계 화이트메탈

    ㉢ 아연계 화이트메탈

  ⓑ 구리(＝동)계 화이트메탈(＝켈멧)

  ⓒ 알루미늄계합금

㉓ 오일레스베어링(oilless bearing)

  ⓐ Cu＋Sn＋흑연분말   ⓑ 기름보급이 곤란한 곳에 사용

  ⓒ 고속중하중용에는 부적당   ⓓ 용도 : 식품기계, 인쇄기계, 가전제품

㉔ 세라믹(ceramics)공구

  ⓐ 주성분 : Al_2O_3(산화알루미나) ⓑ 내열, 고온경도, 내마모성이 크다.

  ⓒ 충격에 약하다.   ⓓ 구성인선이 생기지 않는다.

㉕ 합성수지의 특징

  ⓐ 전기절연성이 우수하다.

  ⓑ 투명하고 착색이 용이하며 정화시간조절이 용이하다.

  ⓒ 열팽창계수가 비교적 낮다.

  ⓓ 가공성이 크고 성형이 간단하다.

  ⓔ 내식성, 내열성, 내산성, 내수성이 우수하다.

㉖ 비파괴시험 : 침투탐상법, 자기탐상법, 초음파탐상법, 방사선탐상법(X선, γ선), 형광탐상법, 육안검사법.…

㉗ 쇼어경도 : 압입체를 사용하지 않고 낙하체를 이용하는 반발경도시험법, 주로 완성된 제품의 경도 측정에 적당하다.

㉘ 에릭슨 시험(erichsen test) : 재료의 연성을 알기 위한 것으로서 구리판, 알루미늄판 및 기타 연성 판재를 가압, 성형하여 변형능력을 시험하는 것이며 커핑시험(cupping test)이라고도 한다.

㉙ 충격시험 : 인성과 취성(메짐)을 알아보기 위하여 하는 시험

유 압 기 기

① 파스칼의 원리(유압기기의 원리) : 밀폐된 용기속에 있는 액체에 가한 압력은 모든 방향에서 같은 크기(세기)로 작용한다. 예) 유압잭

② 유압기기의 분류
   ⓐ 압력발생부 : 유압펌프, 구동용전동기 등 유압을 발생시키는 부분
   ⓑ 유압제어부 : 제어밸브(압력, 유량, 방향)로 발생된 유압을 제어하는 부분
   ⓒ 유압구동부 : 액츄에이터(유압실린더, 유압모터)로 유압을 기계적인 일로 바꾸는 장치
   ⓓ 부속기기 : 축압기(어큐뮬레이터), 냉각기, 오일탱크, 스트레이너, 라인필터, 온도계, 압력계, 배관 및 부속품

③ 유압기기의 장·단점
   ⓐ 장점
      ㉠ 입력에 대한 출력의 응답이 빠르다.
      ㉡ 힘과 속도를 자유로이 변속시킬 수 있다. (무단변속이 가능)
      ㉢ 원격조작이 가능하다.
      ㉣ 전기적인 조작, 조합이 간단하게 된다.
      ㉤ 적은 장치로 큰 출력을 얻을 수 있다.
      ㉥ 전기적인 신호로 제어할 수 있으므로 자동제어가 가능하다.
      ㉦ 수동 또는 자동으로 조작할 수 있다.
      ㉧ 각종 제어밸브에 의한 압력, 유량, 방향 등의 제어가 간단하다.
   ⓑ 단점
      유온의 영향을 받으면 점도가 변하여 출력효율이 변화하기도 한다.

④ 연속방정식 : 흐르는 유체에 질량보존의 법칙을 적용하여 얻는 방정식
   질량유량 $\dot{M} = \rho A V = C$
   중량유량 $\dot{G} = \gamma A V = C$
   만약, 비압축성유체이면 $\rho = C$, $\gamma = C$이므로
   체적유량 $Q = A V = C$

⑤ 유압관련 각종공식
   ⓐ 압력 $P = \dfrac{F}{A}$ 여기서, F : 힘, A : 단면적

   ⓑ 체적탄성계수 $K = \dfrac{\Delta P}{-\dfrac{\Delta V}{V}}$

   여기서, V : 원래의 체적, ΔV : 체적의 변화량,
        ΔP : 압력의 변화량, (−)부호 : 압력의 증가에 따라 체적이 감소함을 의미

   ⓒ 압축률 $\beta = \dfrac{1}{K}$ 여기서, K : 체적탄성계수

   ⓓ 동점성계수 $\nu = \dfrac{\mu}{\rho}$ 여기서, μ : 점성계수, ρ : 밀도

   ⓔ 전단응력(마찰응력) $\tau = \mu \dfrac{u}{h} A$

   여기서, μ : 점성계수, u : 평판의 이동속도, A : 평판의 단면적, h : 평판사이의 간격

   ⓕ 비중량 $\gamma = \dfrac{W}{V}$ 여기서, W : 무게, V : 체적

⑧ 베르누이방정식 : $\dfrac{P}{\gamma}+\dfrac{V^2}{2g}+Z=H=C$

여기서, $\dfrac{P}{\gamma}$: 압력수두, $\dfrac{V^2}{2g}$: 속도수두, Z : 위치수두, H : 전수두

ⓗ 레이놀즈수 $R_e=\dfrac{Vd}{\nu}=\dfrac{\rho Vd}{\mu}$

여기서, V : 평균속도(최대평균속도), d : 관의 직경, ν : 동점성계수, μ : 점성계수, ρ : 밀도

ⓘ 손실수두 $h_\ell=f\dfrac{\ell}{d}\dfrac{V^2}{2g}$ 여기서, f : 관마찰계수, d : 관의 직경, ℓ : 관의 길이, V : 속도

⑥ 층류와 난류

　ⓐ 층류 : 동점성계수가 크고 유속이 비교적 적고 유체가 미세한 관이나 좁은 틈 사이를 흐를 때 형성

　ⓑ 난류 : 동점성계수가 적고 유속이 크며 유체가 굵은 관내의 흐름에서 주로 형성

⑦ 유체토크컨버터 : 동력전달이 유체에 의해 전달되며 과부하에 대한 기관손상이 없으며 부하의 변동에 따라 자동으로 변속작용을 하는 유체변속장치이다.

⑧ 유압브레이크장치의 구조 : 마스터실린더, 브레이크슈, 브레이크드럼, 휠실린더

⑨ 쇼크업소버(Shock absorber) : 기계적충격을 완화하는 장치로 점성을 이용하여 운동에너지를 흡수한다.

⑩ 작동유의 종류

　ⓐ 석유계작동유 : 일반산업용작동유, 항공기용작동유, 첨가터빈유, 내마모성유압유, 고점도지수유압유

　ⓑ 난연성작동유

　　㉠ 합성계작동유 : 인산에스테르계, 폴리에스테르계

　　㉡ 함수계(수성계)작동유 : 수중유형작동유, 유중수형작동유

　　※ 고VI형작동유 : 점도지수가 큰 작동유로 온도에 따른 점도의 변화가 작은 작동유

⑪ 유압작동유의 구비조건

　ⓐ 비압축성이어야 한다. (동력전달확실성 요구때문)

　ⓑ 장치의 운전온도범위에서 회로내를 유연하게 유동할 수 있는 적절한 점도가 유지되어야 한다. (동력손실방지, 운동부의 마모방지, 누유방지 등을 위해)

　ⓒ 장시간 사용하여도 화학적으로 안정하여야 한다. (노화현상)

　ⓓ 녹이나 부식발생 등이 방지되어야 한다. (산화안정성)

　ⓔ 열을 방출시킬 수 있어야 한다. (방열성)

　ⓕ 외부로부터 침입한 불순물을 침전분리시킬 수 있고, 또 기름중의 공기를 속히 분리시킬 수 있어야 한다.

⑫ 공동현상(cavitation) : 작동유의 압력이 그 온도에 있어서의 포화증기압 이하가 되면 기름은 증발하여 기포를 발생하게 되는데 이러한 기포를 일으키는 현상

　＜방지책＞

　ⓐ 기름탱크내의 기름의 점도는 800ct를 넘지 않도록 할 것

　ⓑ 흡입구양정은 1m이하로 할 것

　ⓒ 흡입관의 굵기는 유압펌프본체의 연결구의 크기와 같은 것을 사용할 것

ⓓ 펌프의 운전속도는 규정속도(3.5m/s)이상으로 해서는 안된다.

⑬ 유동점 : 유압유를 냉각하였을 때 파라핀외의 고체가 석출 또는 분리되기 시작하는 온도를 말하며 동계운전시에 가장 고려해야 할 성질이다. 유동점은 응고점보다 25℃정도 높은 온도를 나타낸다.

⑭ 점도지수 : 점도의 온도변화에 대한 비율을 수량적으로 표시한 것으로 점도지수가 크면 온도에 대한 점도변화가 작다.

⑮ 작동유의 첨가제 : 산화방지제, 방청제, 점도지수향상제, 소포제, 유성향상제, 유동점강하제

※ 소포제 : 거품을 빨리 유면에 부상시켜서 거품을 없애는 작용

⑯ 점도가 너무 높을 경우의 영향
　ⓐ 동력손실 증가로 기계효율의 저하
　ⓑ 소음이나 공동현상발생
　ⓒ 유동저항의 증가로 인한 압력손실의 증대
　ⓓ 내부마찰의 증대로 인한 온도의 상승
　ⓔ 유압기기작동의 불활발

⑰ 작동유에 공기가 혼입될 때의 영향
　ⓐ 실린더의 숨돌리기현상 발생
　ⓑ 공동현상(캐비테이션) 발생
　ⓒ 작동유의 열화촉진
　ⓓ 실린더의 작동불량
　ⓔ 윤활작용이 저하된다.
　ⓕ 압축성이 증대되어 유압기기의 작동이 불규칙하다.

⑱ 작동유에 수분이 혼입될 때의 영향
　ⓐ 작동유의 열화촉진
　ⓑ 공동현상발생
　ⓒ 유압기기의 마모촉진
　ⓓ 작동유의 방청성, 윤활성을 저하
　ⓔ 작동유의 산화를 촉진

⑲ 유압장치의 작동유가 과열하는 원인
　ⓐ 오일탱크의 작동유가 부족할 때
　ⓑ 작동유가 노화되었을 때
　ⓒ 작동유의 점도가 부적당할 때
　ⓓ 오일냉각기의 냉각핀 등에 오손이 있을 때
　ⓔ 펌프의 효율이 불량할 때

⑳ 유압펌프의 분류
　ⓐ 용적형펌프 : 토출량이 일정하며 중압 또는 고압에서 압력발생을 주된 목적으로 한다.
　　㉠ 회전펌프(왕복식펌프) : 기어펌프, 베인펌프, 나사펌프
　　㉡ 플런저펌프(피스톤펌프)
　　㉢ 특수펌프 : 다단펌프, 복합펌프
　ⓑ 비용적형펌프 : 토출량이 일정하지 않으며 저압에서 대량의 유체를 수송한다.
　　㉠ 원심펌프　　㉡ 축류펌프　　㉢ 혼류펌프

㉑ 기어펌프의 특징

  ⓐ 구조가 간단하고 비교적 가격이 싸다.

  ⓑ 신뢰도가 높고 운전보수가 용이하다.

  ⓒ 흡입능력이 가장 크다.

  ⓓ 송출량을 변화시킬 수 없다.

  ⓔ 역회전은 불가능하다.

  ⓕ 가변토출량으로 제작이 불가능하고 내부누설이 많다.

㉒ 폐입현상 : 두 개의 기어가 물리기 시작하여(압축) 중간에서 최소가 되며 끝날 때(팽창)까지의 둘러싸인 공간이 흡입측이나 토출측에 통하지 않는 상태의 용적이 생길 때의 현상으로 공동현상(캐비테이션)이 발생한다.

  • 방지책 : 릴리프홈이 적용된 기어를 사용한다.

㉓ 베인펌프의 특징

  ⓐ 토출압력의 맥동이 적고, 소음이 적다.

  ⓑ 압력저하량이 적다.

  ⓒ 형상치수가 적다.

  ⓓ 기동토크가 작다.

  ⓔ 호환성이 좋고 보수가 용이하다.

  ⓕ 베인수명이 짧다.

  ⓖ 작동유의 점도, 청정도 등에 세심한 주의를 요한다.

  ⓗ 다른 펌프에 비해 부품수가 많다.

  ⓘ 작동유의 점도에 제한이 있다.

      ※ 베인펌프의 주요구성요소 : 포트, 로터, 베인, 캠링

㉔ 플런저펌프(피스톤펌프)의 특징

  ⓐ 대용량이며 송출압이 $210kg/cm^2$ 이상의 초고압펌프로 토출압력이 최대이다.

  ⓑ 펌프중 전체효율이 가장 좋다.

㉕ 축압기(어큐뮬레이터) : 유압회로 중에서 기름이 누출될 때 기름부족으로 압력이 저하되지 않도록 누출된 양만큼 기름을 보급해주는 작용을 하며 갑작스런 충격압력을 예방하는 역할도 하는 안전보장장치이다. 즉, 작동유가 갖고 있는 에너지를 잠시 축적했다가 이것을 이용하여 완충작용도 한다.

  <용도>

  • 에너지의 축적   • 사이클시간 단축

  • 압력보상   • 2차유압회로의 구동

  • 서지압력방지   • 펌프대용 및 안전장치의 역할

  • 충격압력흡수   • 액체수송(펌프작용)

  • 유체의 맥동감쇄(맥동흡수)   • 에너지의 보조

㉖ 펌프의 각종공식

  ⓐ 실제송출량 $Q = Q_{th} \times \eta_V$ 여기서, Q_{th} : 이론송출량(=무부하유량), η_V : 체적효율

  ⓑ 펌프동력 $L_P = PQ$

    만약, 효율(η)이 주어지면 $L_P = \dfrac{PQ}{\eta}$

ⓒ 유량 $Q = qN$

여기서, q : 1회전당유량, N : 회전수

ⓓ 전효율 $\eta = \eta_h$ (수력효율) $\times \eta_V$ (체적효율) $\times \eta_m$ (기계효율)

㉗ 유압펌프 : 전동기나 엔진 등에 의하여 얻어진 기계적인 에너지를 유압에너지로 바꾸는 장치

㉘ 유압제어의 3대밸브 : 압력제어밸브, 유량제어밸브, 방향제어밸브

  ⓐ 압력제어밸브 : 릴리프밸브, 시퀸스밸브, 무부하밸브, 카운터밸런스밸브, 감압밸브, 압력스위치, 유체퓨즈

  ⓑ 유량제어밸브 : 교축밸브, 유량조절밸브, 분류밸브, 집류밸브, 스톱밸브(정지밸브)

  ⓒ 방향제어밸브 : 체크밸브, 스풀밸브, 감속밸브, 셔틀밸브, 전환밸브

㉙ 릴리프밸브 : 최고압력이 밸브의 설정값에 도달했을 때 기름의 일부 또는 전량을 복귀쪽으로 도피시켜 회로내의 압력을 설정값이하로 제한하는 밸브로서 운전중에 점검해야 될 사항이다.

㉚ 시퀸스밸브(≒순차동작밸브) : 둘이상의 분기회로가 있는 회로내에서 그 작동 시퀸스밸브순서를 회로의 압력 등에 의해 제어하는 밸브 즉, 주회로에서 몇개의 실린더를 순차적으로 작동시키기 위해 사용되는 밸브

㉛ 무부하밸브(unloading valve) : 회로내의 압력이 설정압력에 이르렀을 때 이 압력을 떨어뜨리지 않고 펌프송출량을 그대로 기름탱크에 되돌리기 위하여 사용하는 밸브

㉜ 카운터밸런스밸브 : 회로의 일부에 배압을 발생시키고자 할 때 사용하는 밸브이다. 한 방향의 흐름에는 설정된 배압을 주고 반대방향의 흐름을 자유흐름으로 하는 밸브

㉝ 일정비율감압밸브 : 유압회로에서 분기회로의 압력을 주회로의 압력보다 저압으로 해서 사용하고 싶을 때 사용하는 밸브

㉞ 압력스위치 : 회로내의 압력이 어떤 설정압력에 도달하면 전기적 신호를 발생시켜 펌프의 기동, 정지 혹은 전자식밸브를 개폐시키는 역할을 하는 일종의 전기전환식 스위치이다.

㉟ 유체퓨즈 : 유압회로내의 압력이 설정압을 넘으면 유압에 의하여 막이 파열되어 유압유를 탱크로 귀환시키며 압력상승을 막아 기기를 보호하는 역할을 하는 유압요소

㊱ 포핏밸브 : 포핏밸브의 연결구는 볼, 디스크, 평판 또는 원추에 의하여 열리거나 닫히게 되는 구조로 설계되어 있으며 밸브체가 밸브시트에서 직각방향으로 작동하는 형식의 밸브이다.

㊲ 로직밸브 : 종래의 유압시스템에서는 방향, 유량, 압력, 시간 등을 제어하기 위해 기능의 수만큼 밸브들을 설치하였다. 로직밸브의 최대특징은 이러한 여러 가지 제어기능을 하나의 밸브에 복합적으로 집약화하고 다시 회로를 하나의 블록으로 집약할 수 있다는 점이다.

㊳ 체크밸브(역지밸브) : 한방향의 흐름은 허용하나 역방향의 흐름은 완전히 저지하는 역할을 한다.

㊴ 서보밸브 : 전기신호로 입력을 받아 유량, 유압을 제어, 원격조작이 가능하다.

㊵ 서보밸브 : 전기 또는 그밖의 입력신호에 따라 유량 또는 압력을 제어해주는 밸브

㊶ 액추에이터 : 유압펌프에 의하여 공급되는 유체의 압력에너지를 직선왕복운동 등의 기계적인 에너지로 변환시키는 기기 즉, 유압을 일로 바꾸는 장치

  ⓐ 유압실린더 : 유압에너지를 직선왕복운동으로 바꾸는 기기

    ※ 유압실린더의 구성요소 : 실린더튜브, 피스톤, 피스톤로드, 커버, 패킹, 쿠션장치, 원통형실린더

  ⓑ 유압모터 : 유압에너지를 회전운동으로 바꾸어주는 장치

㊷ 기어모터 : 주로 평치차를 사용하나 헬리컬기어도 사용한다.

장 점	단 점
· 구조가 간단하고 가격이 저렴하다	· 누설유량이 많다
· 유압유중의 이물질에 의한 고장이 적다	· 토크변동이 크다
· 과도한 운전조건에 잘 견딘다	· 베어링하중이 크므로 수명이 짧다
용도 : 건설기계, 산업기계, 공작기계에 사용한다	

㊸ 베인모터의 특징

ⓐ 공급압력이 일정할 때 출력토크가 일정하다.
ⓑ 정·역회전이 가능하다.
ⓒ 무단변속이 가능하다.
ⓓ 가혹한 운전이 가능하다.
ⓔ 저압이라든가 저속에는 효율이 나쁘다.
ⓕ 모터축마력에 비해 크기가 작다.

㊹ 압력설정회로 : 모든 유압회로의 기본이며 회로내의 압력을 설정압력으로 조정하는 회로로서 압력이 설정압력이상시는 릴리프밸브가 열려 탱크에 작동유를 귀환시키는 회로이다. 그래서 때로는 안전측면에서도 필수적인 것이라고도 말할 수 있다.

㊺ 시퀀스회로 : 동일한 유압원을 이용하여 기계조작을 정해진 순서에 따라 자동적으로 작동시키는 회로로서 각 기계의 조작순서를 간단히 하여 확실히 할 수 있다.

㊻ 로크회로 : 실린더 행정 중 임의위치에서 또는 행정끝에서 실린더를 고정시켜놓을 필요가 있을 때라 할지라도 부하가 클 때 또는 장치내의 압력저하에 의하여 실린더피스톤이 이동되는 경우가 발생한다. 이 피스톤의 이동을 방지하는 회로를 말한다.

㊼ 일정마력구동회로(정출력구동회로) : 펌프의 송출압력과 송출유량을 일정히 하고 정변위 유압모터의 변위량을 변화시켜 유압모터의 속도를 변화시키면서 정마력구동이 얻어진다.

㊽ 일정토크구동회로(정토크구동회로) : 가변용량형 펌프의 송출압력을 일정하게 유지하고 정변위 유압모터를 구동하면 정토크구동이 얻어진다.

㊾ 브레이크회로 : 시동시의 서지압력방지나 정지시키고자 할 경우에 유압적으로 제동을 부여하는 회로

㊿ 동조회로 : 같은 크기의 2개의 유압실린더에 같은 양의 압유를 유입시키면 이들 실린더는 동조운동을 할 것으로 생각하나 실제로는 유압실린더의 치수, 누유량, 마찰 등이 완전히 일치하지 않기 때문에 완전한 동조운동이란 불가능한 일이다. 또 같은양의 압유를 2개의 실린더에 공급한다는 것도 어려운 일이다.

(51) 유량조정밸브에 의한 회로

ⓐ 미터인회로 : 실린더입구측에 유량제어밸브와 체크밸브를 붙여 단로드실린더의 전진행정만을 제어하고 후진행정에서 피스톤측으로부터 귀환되는 압유는 체크밸브를 통하여 자유로이 흐를 수 있도록 한 회로이다.
ⓑ 미터아웃회로 : 액추에이터의 출구쪽관로에서 유량을 교축시켜 작동속도를 조절하는 방식 즉, 실린더에서 유출하는 유량을 복귀측에 직렬로 유량조절밸브를 설치하여 유량을 제어하는 방식
ⓒ 블리드오프회로 : 실린더입구의 분지회로에 유량제어밸브를 설치하여 실린더입구측의 불필요한

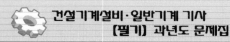

압유를 배출시켜 작동효율을 증진시킨 회로이다. 이 회로는 실린더에 유입하는 유량이 부하에 따라 변하므로 미터인, 미터아웃회로처럼 피스톤이송을 정확하게 조절하기가 어렵다.

㉒ 솔레노이드조작 : 코일에 전류를 흘려서 전자석을 만들고 그 흡인력으로 가동편을 움직여서 끌어당기거나 밀어내는 등의 직선운동을 수행한다.

㉓ 플레어조인트 : 관의 선단부를 나팔형으로 넓혀서 이음본체의 원뿔면에 슬리브와 너트에 의해 체결

㉔ 플레어리스조인트 : 관의 끝을 넓히지 않고 관과 슬리브의 먹힘 또는 마찰에 의하여 관을 유지하는 관이음

㉕ 고무호스 : 금속관을 쓰기 곤란한 곳, 진동의 영향을 방지하고자 하는 곳, 연결부의 상대위치가 변하는 곳에 사용

㉖ 동관 : 동관은 풀림을 하면 상온가공이 용이하므로 $20\text{kg}_f/\text{cm}^2$이하의 저압관이나 드레인관에 많이 사용된다. 보통은 동관 또는 동합금류는 석유계작동유에는 사용하면 안된다. 동은 오일의 산화에 대하여 촉매작용을 하기 때문이다. 따라서 카드뮴 또는 니켈도금을 하여 사용하는 것이 바람직하다.

㉗ 유・공압용어
- 채터링(chattering) : 릴리프밸브, 감압밸브, 체크밸브 등으로 밸브시트를 두들겨서 비교적 높은 음을 발생시키는 일종의 자력진동현상
- 점핑(jumping) : 유량제어밸브(압력보상붙이)에서 유체가 흐르기 시작할 때 등 유량이 과도적으로 설정값을 넘어서는 현상
- 디더(dither) : 스풀밸브 등으로 마찰 및 고착현상 등의 영향을 감소시켜서 그 특성을 개선시키기 위하여 가하는 비교적 높은 주파수의 진동
- 디컴프레션(decompression) : 프레스 등으로 유압실린더의 압력을 천천히 빼어 기계손상의 원인이 되는 회로의 충격을 작게 하는 것
- 드레인(drain) : 기기의 통로나 관로에서 탱크나 매니폴 등으로 돌아오는 액체 또는 액체가 돌아오는 현상
- 인터플로(interflow) : 밸브의 변환도중에서 과도적으로 생기는 밸브포트 사이의 흐름
- 컷오프(cut off) : 펌프 출구측압력이 설정압력에 가깝게 되었을 때 가변토출량제어가 작용하여 유량을 감소시키는 것
- 서지압력(surge pressure) : 과도적으로 상승한 압력의 최대값
- 크랭킹압력(cracking pressure) : 체크밸브 또는 릴리프밸브 등으로 압력이 상승하여 밸브가 열리기 시작하고 어떤 일정한 흐름의 양이 확인되는 압력
- 리시트압력(reseat pressure) : 체크밸브 또는 릴리프밸브 등으로 입구쪽압력이 강하하여 밸브가 닫히기 시작하여 밸브의 누설량이 어떤 규정된 양까지 감소되었을 때의 압력
- 컷인(cutin) : 언로드밸브 등으로 펌프에 부하를 가하는 것, 그 한계압력
- 컷아웃(cutout) : 언로드밸브 등에서 펌프를 무부하로 하는 것, 그 한계압력
- 배압(back pressure) : 유압회로의 귀로쪽 또는 압력작동면의 배후에 작동하는 압력
- 통기관로(vent line) : 대기로 개방되어 있는 뽑기구멍
- 초크(choke) : 면적을 감소시킨 통로로서 그 길이가 단면치수에 비해서 비교적 긴 경우의 흐름의 조임, 이 경우에 압력강하는 유체점도에 따라 크게 영향을 받는다.
- 오리피스(orifice) : 면적을 감소시킨 통로로서 그 길이가 단면치수에 비해서 비교적 짧은 경우의 조임, 이 경우에 압력강하는 유체점도에 따라 크게 영향을 받지 않는다.

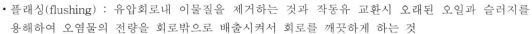
- 플래싱(flushing) : 유압회로내 이물질을 제거하는 것과 작동유 교환시 오래된 오일과 슬러지를 용해하여 오염물의 전량을 회로밖으로 배출시켜서 회로를 깨끗하게 하는 것
- 개스킷(gasket) : 고정부분에 사용되는 실(seal)
- 패킹(packing) : 운동부분에 사용되는 실(seal)
- 누설(leakage) : 정상상태로는 흐름을 폐지시킨 장소 또는 흐르는 것이 좋지 않는 장소를 통하는 비교적 적은 양의 흐름
- 스트레이너 : 탱크내의 펌프 흡입구 쪽에 설치하며 펌프 및 회로의 불순물을 제거하기 위해 흡입을 막는다.
- 필터 : 스트레이너처럼 불순물을 제거하기 위해 사용하며 스트레이너보다 미세한 여과작용을 한다.
- 버플 : 오일탱크의 부속장치로서 오일탱크로 돌아오는 오일과 펌프로 가는 오일을 분리시키는 역할을 하는 장치
- 댐퍼 : 진동과 소음을 흡수하는 요소. 소음을 줄이기 위해서는 진동을 흡수해야 하므로 기름댐퍼를 사용해야 한다.
- 압력오버라이드 : 설정압력과 크랭킹압력의 차이
- 랩(lap) : 미끄럼밸브에서 랜드부분과 포트부분 사이에 중복된 상태 또는 그 양
- 주관로(main line) : 흡입관로, 압력관로 및 귀환관로를 포함하는 주관로
- 바이패스관로(bypass line) : 필요에 따라 유체의 일부 또는 전량을 분기시키는 관로
- 드레인관로(drain line) : 드레인을 귀환관로 또는 탱크 등으로 연결하는 관로
- 포트수 : 관로와 접촉하는 유량밸브 접촉구의 수

▶ 유 체 기 계

1 원심펌프

1) 개요

원심펌프(centrifugal pump)는 한 개 또는 여러개의 회전하는 회전차(impeller)에 의하여 액체의 펌프작용(pumping) 즉, 액체의 수송작용을 하거나 압력을 발생시키는 펌프이다.

이 펌프는 회전차를 고속회전시키면 액체가 회전차의 중심에서 흡입되어 원심력에 의해 바깥둘레를 향해 흐르게 된다. 따라서 중심부에 있던 액체가 원심력에 의하여 바깥쪽으로 흘러나가 중심부의 압력은 낮아져서 진공에 가까워지고 흡입관 안의 액체는 대기압력에 의해 회전차 중심을 향해 흘러 들어오게 된다. 이와 같은 원리에 따른 원심력의 작용으로 액체의 압력을 증가시켜 양수하는 펌프가 원심펌프이다.

2) 원심펌프의 기본적 구조

① **양수장치** : 흡입관, 송출관, 풋밸브, 게이트밸브 등
② **기본구성요소** : 회전차(impeller), 펌프본체, 안내날개, 와류실, 주축, 축이음, 베어링본체, 베어링, 패킹상자 등

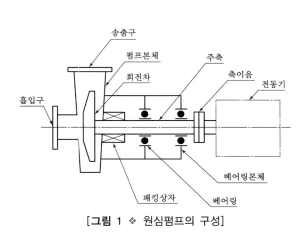

[그림 1 ❖ 원심펌프의 구성]

[그림 2 ❖ 원심펌프의 계통도]

3) 원심펌프의 분류

① 안내날개(guide vane)의 유무에 의한 분류

  ㉠ 벌류트펌프(volute pump) : 회전차의 바깥둘레에 안내날개가 없는 펌프를 말하며 양정이 작은 경우에 사용된다.

  ㉡ 터빈펌프(turbine pump) : 회전차의 바깥둘레에 안내날개가 있는 펌프를 말하며 양정이 큰 경우에 사용된다.

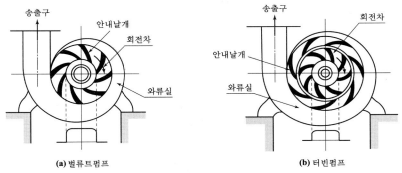

(a) 벌류트펌프   **(b)** 터빈펌프

[그림 3 ❖ 벌류트펌프와 터빈펌프]

② 흡입구(suction)에 의한 분류

  ㉠ 단흡입펌프 : 회전차의 한쪽에서만 액체가 흡입되는 펌프를 말한다.

  ㉡ 양흡입펌프 : 회전차의 양쪽에서 액체가 흡입되는 펌프를 말한다.
    회전차의 안지름, 바깥지름 및 모든 치수가 동일한 경우에 양정은 같으나 유량은 양흡입의 경우가 단흡입의 경우보다 2배가 크다. 또한, 요구되는 송출량이 양정에 대하여 비교적 적은 경우에는 단흡입을 사용하고, 송출량이 많은 경우에는 양흡입을 사용한다.

③ 단(stage)수에 따른 분류

　　㉠ 단단펌프(single stage pump) : 펌프 1대에 회전차 1개를 가진 펌프로 양정이 작은 경우에 사용된다.

　　㉡ 다단펌프(multi stage pump) : 회전차 여러개를 같은 축에 배치해서 제1단에서 상당한 압력을 얻은 액체를 제2단에서 더욱 압력을 증가시키는 방법으로 압송하는 펌프로서 단이 지속될수록 압력이 증가되어 높은 양정을 필요로 하는 경우에 사용된다.

④ 회전차(impeller)의 모양에 따른 분류

　　㉠ 반경류형 회전차(radial flow impeller) : 액체가 회전차속을 지날 때 유체경로가 거의 축과 수직인 평면안을 반지름방향으로 흐르도록 되어 있는 회전차를 말하며, 높은 양정과 적은 유량의 펌프에 적합하다.

　　㉡ 혼류형 회전차(mixed flow impeller) : 날개입구에서 출구에 이르는 동안에 반지름방향과 축방향과의 흐름이 조합되어 있는 회전차를 말하며, 낮은 양정과 많은 유량의 펌프에 적합하다.

⑤ 케이싱(casing)에 의한 분류

　　㉠ 상하분할형(split type)펌프 : 케이싱이 축을 포함하는 수평면과 경사평면 2개로 분할된 것을 말하며, 주로 대형펌프에 많이 사용된다.

　　㉡ 분할형(sectional type)펌프 : 각 단이 수직인 평면에서 분할되어 있는 펌프를 말하며, 이것을 여러개의 볼트로 연결한 펌프를 말한다.

　　㉢ 원통형(cylindrical type)펌프 : 케이싱이 원통형으로 일체가 되어있는 펌프를 말한다.

　　㉣ 배럴형(barrel type)펌프 : 견고한 바깥쪽 케이싱 속에 분할형 또는 조립형의 안쪽케이싱을 삽입하고 그 틈으로 고압수를 유도하여 고압력을 바깥쪽케이싱에 부담시킴으로서 안쪽케이싱에는 과대한 압력을 작용시키지 않도록 한 펌프를 말한다.

⑥ 축(shaft)의 방향에 의한 분류

　　㉠ 횡축펌프(horizontal shaft pump) : 펌프의 축이 수평인 펌프를 말한다.

　　㉡ 종축펌프(vertical shaft pump) : 펌프의 축이 수직인 펌프를 말한다.

4) 펌프의 양정

　펌프입구(흡입노즐)와 출구(유출노즐)에 있어서 액체의 단위무게가 가지는 에너지 차를 양정(head)이라 한다.

① 실양정(actual head, H_a)

　흡입수면과 송출수면사이의 수직거리를 실양정이라 한다.

　　즉, $\boxed{H_a = H_s + H_d}$

　　여기서, H_s : 흡입실양정(actual suction head)

　　　　　　… 펌프의 중심으로부터 아래수면까지의 높이

　　　　　　H_d : 송출실양정(actual delivery head)

　　　　　　… 펌프의 중심으로부터 위의 수면까지의 높이

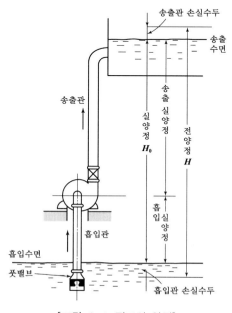

[그림 4 ❖ 펌프의 양정]

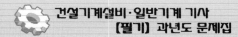

② 전양정(total head, H)

실양정과 총손실수두를 합친 양정을 전양정이라 한다.

즉, $\boxed{H = H_a + H_\ell}$

여기서, H_a : 실양정, H_ℓ : 총손실수두

5) 펌프의 동력과 효율

① 수동력(water horse power, L_w)

$$L_w = \frac{\gamma QH}{75} [\text{PS}] = \frac{\gamma QH}{102} [\text{kW}]$$

여기서, γ : 물의 비중량 $[\text{kg}_f/\text{m}^3]$, H : 물의 전양정 $[\text{m}]$, Q : 송출유량 $[\text{m}^3/\text{s}]$

만일, SI단위이면

$$L_w = \frac{\gamma QH}{735} [\text{PS}] = \frac{\gamma QH}{1000} [\text{kW}]$$

여기서, γ : 물의 비중량 $[\text{N}/\text{m}^3]$

② 전효율(total efficiency, η)

$$\eta = \frac{L_w}{L}$$

여기서, L_w : 수동력(water horse power), L : 축동력(shaft horse power)

일반적으로 펌프의 효율은 70~95% 정도이다.

③ 체적효율(volumetric efficiency, η_v)

$$\eta_v = \frac{Q}{Q + \Delta Q}$$ 여기서, Q : 펌프의 송출유량, $Q + \Delta Q$: 회전차속을 지나는 유량

일반적으로 체적효율은 90~95% 정도이다.

④ 기계효율(mechanical efficiency, η_m)

$$\eta_m = \frac{L - L_m}{L}$$ 여기서, L : 축동력, L_m : 기계손실동력

일반적으로 기계효율은 90~97% 정도이다.

⑤ 수력효율(hydraulic efficiency, η_h)

$$\eta_h = \frac{H}{H_{th}} = \frac{H_{th} - h_\ell}{H_{th}}$$

여기서, h_ℓ : 펌프내에서 생기는 수력손실, H : 전양정, H_{th} : 이론양정(깃수유한)

일반적으로 수력효율은 80~96% 정도이다.

⑥ 펌프의 전효율(η)

$$\eta = \eta_m(\text{기계효율}) \times \eta_h(\text{수력효율}) \times \eta_v(\text{체적효율})$$

6) 펌프에서의 여러 가지 손실

① 수력손실

　　㉠ 회전차 유로에서 마찰에 의한 손실 : 펌프의 흡입노즐에서 송출노즐까지에 이르는 유로전체에
　　　일어나는 손실을 말한다.

　　㉡ 부차적손실 : 회전차, 안내날개, 스파이럴케이싱, 송출노즐을 흐르는 사이의 손실을 말한다.

　　㉢ 충돌손실 : 회전차 깃의 입구과 출구에 있어서의 손실을 말한다.

② 누설손실

누설이 일어나는 곳은 다음과 같다.

　　㉠ 회전차 입구부의 웨어링 링(wearing ring)부분

　　㉡ 축추력 평행장치부

　　㉢ 패킹박스(packing box)

　　㉣ 봉수용에 쓰이는 압력수

　　㉤ 다단펌프의 각 단(stage)에 세격판의 부시(bush)와 축사이의 간극

③ 원판마찰손실

회전차의 회전에 의하여 바깥쪽(케이싱에 접하는 면)에 액체에 의한 마찰손실이 생기는데 이것을
원판마찰손실이라고 한다.

7) 원심펌프의 상사법칙

① 1개의 회전차의 경우 상사법칙

어떤 1개의 펌프만을 고려하여

・ 회전차의 회전수가 n으로 회전할 때 : 유량 Q, 양정 H 　⎫
・ 회전차의 회전수가 n'으로 회전할 때 : 유량 Q', 양정 H' ⎭ 상사형이다.

[**표 1** ❖ 1개의 회전차의 경우 상사법칙]

유량(Q')	양정(H')	축동력(L')
$Q' = Q\dfrac{n'}{n}$	$H' = H\left(\dfrac{n'}{n}\right)^2$	$L' = L\left(\dfrac{n'}{n}\right)^3$

② 형상이 상사한 2개의 회전차의 경우 상사법칙

[**표 2** ❖ 2개의 회전차의 경우 상사법칙]

유량(Q')	양정(H')	축동력(L')
$Q' = Q\left(\dfrac{D_2'}{D_2}\right)^3\left(\dfrac{n'}{n}\right)$	$H' = H\left(\dfrac{D_2'}{D_2}\right)^2\left(\dfrac{n'}{n}\right)^2$	$L' = L\left(\dfrac{D_2'}{D_2}\right)^5\left(\dfrac{n'}{n}\right)^3$

여기서, D_2 : 회전차의 바깥지름

③ 비교회전도(비속도 : specific speed, n_s)

한 개의 회전차(impeller)를 형상과 운전상태를 상사하게 유지하면서 그의 크기를 바꾸고 단위유량
에서 단위수두(양정)를 발생시킬 때 그 회전차에 주어져야 할 매분회전수를 원래의 회전차의 비교회
전도(specific speed)라 하며, 회전차의 형상을 나타내는 척도로서 펌프의 성능을 나타내거나 최적합
한 회전수를 결정하는데 이용된다.

비교회전도(비속도) n_s는 다음과 같이 나타낸다.

$$n_s = \frac{nQ^{\frac{1}{2}}}{H^{\frac{3}{4}}}$$ 만일, 단수를 i라고 하면 $$n_s = \frac{nQ^{\frac{1}{2}}}{\left(\frac{H}{i}\right)^{\frac{3}{4}}}$$

비교회전도의 단위는 $[\mathrm{m}^3/\mathrm{sec} \cdot \mathrm{m} \cdot \mathrm{rpm}] = 0.129\,[\mathrm{m}^3/\mathrm{min} \cdot \mathrm{m} \cdot \mathrm{rpm}]$이다.

8) 축추력과 방지법

① 축추력(axial thrust)

단흡입회전차에 있어서 전면측벽과 후면측벽에 작용하는 정압에 차가 생기기 때문에 축방향으로 작용한 힘을 축추력(axial thrust)이라 한다.

② 축추력의 방지법

축추력의 방지법은 다음과 같다.

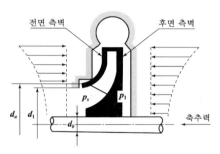

[그림 5 ❖ 회전차에 미치는 축추력]

㉠ 스러스트베어링(thrust bearing)을 장치하여 사용한다.
㉡ 양흡입형의 회전차를 채용한다.
㉢ 평형공(balance hole)을 설치한다. (그림 ⓐ)
㉣ 후면측벽에 방사상의 리브(rib)를 설치한다. (그림 ⓑ)
㉤ 다단펌프에서는 단수만큼의 회전차를 반대방향으로 배열한다.
　　이런 방식을 자기평형(self balance)이라고 한다. (그림 ⓒ)
㉥ 평형원판(balance disk)을 사용한다.

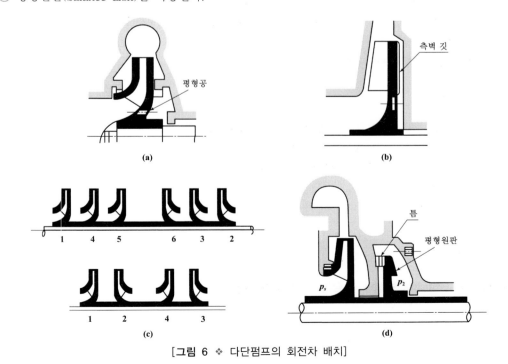

[그림 6 ❖ 다단펌프의 회전차 배치]

9) 원심펌프의 특성 곡선

펌프의 회전속도를 일정하게 유지하고 송출량을 증가시켜 송출량에 따른 전양정(H), 축동력(L), 효율(η) 등을 구하여 선도로 나타낸 것을 펌프의 특성곡선(characteristic curve)이라고 한다.

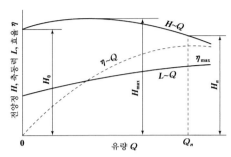

여기서, $H \sim Q$곡선 : 양정곡선
$L \sim Q$곡선 : 축동력곡선
$\eta \sim Q$곡선 : 효율곡선
Q_n : 규정유량
H_n : 규정양정
$H_{\max}$: 최고체절양정
H_0 : 체절양정(단, 유량이 $Q = 0$일 때)

[그림 7 ❖ 원심펌프의 특성 곡선]

10) 공동현상(캐비테이션 : cavitation)

① 개요

물(water)의 관 속을 유동하고 있을 때 흐르는 물 속의 어느 부분의 정압(static pressure)이 그때 물의 온도에 해당하는 증기압(vapor pressure)이하로 되면 부분적으로 증기가 발생하는데 이러한 현상을 공동현상(cavitation)이라고 한다.

② 공동현상(cavitation)의 발생조건

ㄱ 펌프와 흡수면 사이의 수직거리가 부적당하게 너무 길 때 발생한다.

ㄴ 펌프에 물이 과속으로 인하여 유량이 증가할 때 펌프입구에서 일어난다.

ㄷ 관 속을 유동하고 있는 물 속의 어느 부분이 고온도일수록 포화증기압에 비례해서 상승할 때 발생할 가능성이 크다.

③ 토오마(thoma)의 캐비테이션계수(σ)

$$\sigma = \frac{\Delta h}{H}$$

여기서, Δh : 유효흡입수두(NPSH : net positive suction head)

… 펌프운전시 공동현상이 발생하는데, 이 공동현상으로부터 얼마나 안정상태로 운전되고 있는가를 나타내는 척도이다.

H : 펌프의 양정

④ 흡입비교회전도(S)

$$S^{\frac{3}{4}} = \frac{n_s^{\frac{3}{4}}}{\sigma} \quad 즉, \ \sigma = \left(\frac{n_s}{S}\right)^{\frac{3}{4}}$$

⑤ 공동현상(cavitation) 발생에 따르는 여러 가지 현상

ㄱ 소음과 진동이 생긴다.

ㄴ 양정곡선과 효율곡선의 저하를 가져온다.

ㄷ 깃에 대한 침식(부식)이 생긴다.

ㄹ 펌프의 효율이 감소한다.

ㅁ 심한 충격이 발생한다.

⑥ **공동현상(cavitation)의 방지법**

ㄱ 펌프의 설치높이를 될 수 있는 대로 낮추어 흡입양정을 짧게 한다.

ㄴ 배관을 완만하고 짧게 한다.

ㄷ 입축(立軸)펌프를 사용하고, 회전차를 수중에 완전히 잠기게 한다.

ㄹ 펌프의 회전수를 낮추어 흡입비교 회전도를 적게 한다.

ㅁ 마찰저항이 작은 흡입관을 사용하여 흡입관 손실을 줄인다.

ㅂ 양흡입펌프를 사용한다.

ㅅ 두 대 이상의 펌프를 사용한다.

11) 수격현상(water hammering)

① 개요

긴 관로 속을 액체가 흐르고 있을 때 관로의 끝에 있는 밸브를 갑자기 닫으면 운동하고 있는 물체를 갑자기 정지시킬 때와 같은 심한 충격을 받게 된다. 이 현상을 수격현상(water hammering)이라고 한다.

② 수격현상의 방지법

ㄱ 관의 직경을 크게 하여 관내의 유속을 낮게 한다.

ㄴ 펌프의 플라이휠을 설치하여 펌프의 속도가 급격히 변화하는 것을 막는다.

ㄷ 조압수조(surge tank)를 관선에 설치한다.

ㄹ 밸브는 펌프 송출구 가까이에 설치하고 적당히 제어한다.

12) 서징(surging)현상

① 개요

펌프, 송풍기 등이 운전중에 한 숨을 쉬는 것과 같은 상태가 되어 펌프인 경우 입구와 출구의 진공계, 압력계의 침이 흔들리고 동시에 송출유량이 변화하는 현상 즉, 송출압력과 송출유량 사이에 주기적인 변동이 일어나는 현상을 말한다.

② 발생원인

ㄱ 펌프의 양정곡선이 산고곡선이고, 곡선의 산고상승부에서 운전했을 때

ㄴ 배관 중에 물탱크나 공기탱크가 있을 때

ㄷ 유량조절밸브가 탱크 뒤쪽에 있을 때

③ 서징현상의 방지법

바이패스(by pass) 관로를 설치하여 운전점이 항상 우향하강 특성이 되도록 한다.

2 축류펌프

1) 개요

축류펌프(axial flow pump)는 물속에서 회전하는 날개양면에 생기는 압력차에 의하여 양수하는 펌프이다. 회전차의 날개는 크고 넓으며 선풍기의 날개와 같은 형상으로 되어 있다.

이 날개가 회전함으로서 발생하는 양력에 의하여 유체에 압력에너지와 속도에너지를 주어 유체는 날개차의 축방향으로 유입하여 축방향으로 유출한다.

날개차에서 나온 유체의 속도에너지를 압력에너지로 변환시키는 데에는 안내날개를 사용한다.

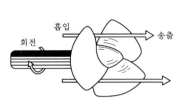

[그림 8 ❖ 축류펌프의 날개]

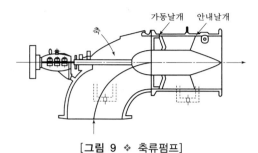

[그림 9 ❖ 축류펌프]

2) 축류펌프의 특징

① 양정의 변화에 대한 유량의 변화가 적다.

② 비속도가 크다. ($n_s = 1200 \sim 2000$)

③ 유량이 대단히 크고, 저양정에 적합하다.

④ 고속운전에 적합하며 형태가 적다.

⑤ 구조가 간단하고, 유로가 짧으며 취급이 쉽고 값이 싸다.

⑥ 풋밸브(foot valve), 송출밸브 등을 생략할 수 있다.

⑦ 운전동력비가 절감된다.

⑧ 효율이 적은 것은 나쁘지만 큰 것은 원심펌프보다 훨씬 좋다.

⑨ **용도** : 증기터빈복수기의 순환수펌프, 농업용의 양수펌프, 상수도 및 하수도용 펌프 등에 사용

3) 비교회전도의 범위

① **사류펌프** : $n_s = 800 \sim 1100$, 보통 잘 사용하는 값은 $n_s = 1100$이다.

② **축류펌프** : $n_s = 1200 \sim 2000$, 보통 잘 사용하는 값은 $n_s = 1500$이다.

4) 축류펌프의 구조

축류펌프는 회전차, 축, 안내날개, 동체, 베어링으로 구성된다.

① 회전차(impeller)

날개단면은 익형상으로 하고, 2~6개의 날개가 방사상으로 붙어 있다.

② 안내날개(guide vane)

날개에는 날개의 설치각도를 조정할 수 있는 가동날개식과 조정할 수 없는 고정날개식이 있다. 가동날개식은 양정의 변화에 따라 날개의 각도를 변화시켜 줌으로서 높은 효율을 얻을 수 있다.

③ 케이싱(casing)

㉠ 입축형 : 나팔관, 안내날개통, 송출곡통 등으로 구성된다.

㉡ 횡축형 : 송출곡통 대신에 흡입곡통이 나팔관 부분에 붙게 된다.

④ 수중베어링

스러스트식 축받침, 화이트메탈 등으로 보통 외부베어링 외에도 구조상 안내날개 보스내의 수중베어링이 설치된다.

5) 축류펌프의 분류

① 가동날개 축류펌프 : 회전차의 날개각도를 조정할 수 있다.

② 고정날개 축류펌프 : 회전차의 날개각도를 조정할 수 없다.

6) 익형(날개의 단면형상 : air foil)의 항력과 양력

① 양력(lift, L)

$$L = C_L \rho \ell \frac{w_\infty^2}{2}$$

여기서, C_L : 양력계수, ρ : 유체의 밀도,
ℓ : 익현길이, w_∞ : 유효상대속도

② 항력(drag, D)

$$D = C_D \rho \ell \frac{w_\infty^2}{2}$$ 여기서, C_D : 항력계수

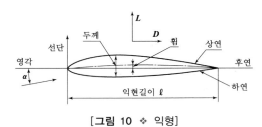

[그림 10 ❖ 익형]

· 실속(stall) : 익형의 영각이 증가함에 따라 양력계수가 증가하다가 최대값에 이른 후 갑자기 감소하는 상태를 말한다.

7) 축류펌프의 특성곡선

① 양정(H)곡선

유량이 0일 때 양정이 규정양정에 비해서 대단히 높고, 유량이 증가함에 따라 양정의 감소비율이 크다.

② 동력(L)곡선

유량이 0일 때 소요동력은 규정동력에 비해서 대단히 높고, 유량이 증가함에 따라 동력의 감소비율이 크다.

③ 효율(η)곡선

유량변화에 대한 저하가 가장 크지만, 양정의 변화가 크게 됨에 따라 효율의 변화가 가장 적다.

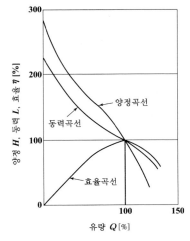

[그림 11 ❖ 축류펌프의 특성곡선]

8) 축류펌프의 시동

① 송출관 밸브를 닫고서 시동할 때

㉠ 최초 저속도로 시동운전하고 밸브를 연 후 회전속도를 규정속도로 상승한다.

㉡ 저속도로 운전을 시작하여 회전속도의 상승비율에 따라서 밸브를 열도록 한다.

㉢ 시동할 때 바이패스(by-pass)관에 의해서 방수함으로서 양정의 과도상승을 방지한다.

㉣ 가변익형일 때는 날개각을 최소로 하여 가동하고 회전속도 상승후 밸브를 열고 정규의 상태로 날개각도를 변화한다.

② 송출관 밸브를 열어 놓았을 때 시동

　㉠ 펌프를 물없이 공운전하여 배기 만수한 후 펌프를 시동한다.

　㉡ 역류방지방법을 강구한 다음 배기 만수한 후 시동을 한다.

3 　왕복펌프

1) 개요

왕복펌프(reciprocating pump)는 피스톤 또는 플런저 (plunger)의 왕복운동에 의해서 액체를 흡입하고 송출하는 펌프이다. 흡입밸브와 송출밸브를 가지고 있으며, 송출량은 적으나 높은 압력을 필요로 할 때 사용된다.

2) 왕복펌프의 구성

피스톤(플런저), 실린더, 흡입밸브, 송출밸브 등으로 구성 되어 있으며 흡입관, 송출관, 공기실, 풋밸브, 스트레이너 등 이 부속되어 있다.

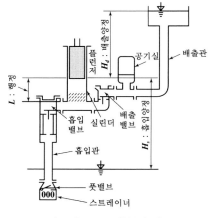

[그림 12 ❖ 왕복펌프]

① 공기실(air chamber)

왕복펌프에서의 송출량의 변동량을 완화시켜서 송출관 안 의 유량을 일정하게 유지시키는 작용을 한다.

② 풋밸브(foot valve)

흡입관 안에 들어간 물을 역류하지 못하게 하는 작용을 한다.

③ 스트레이너(strainer)

흡입관으로 물속의 불순물이 들어가는 것을 방지해주는 역할을 한다.

3) 왕복펌프의 분류

① 버킷펌프(bucket pump)

일반가정용 수동펌프로 가장 널리 사용되고 있는 형식으로 피스톤에 밸브가 직접 설치되어 있다.

② 피스톤펌프(piston pump)

피스톤을 실린더 안에서 왕복시켜 흡입 및 송출을 하며, 일반적으로 양수량이 많고 압력이 낮을 때 사용된다.

③ 플런저펌프(plunger pump)

피스톤 대신 플런저를 사용하는 펌프로 양수량은 적지만 압력이 높은 경우에 사용된다.

4 　회전펌프

1) 개요

회전펌프(rotary pump)는 케이싱 안에서 회전자(rotor) 또는 기어, 나사 등을 회전시켜 흡입밸브와 송출밸브 없이 액체를 연속적으로 밀어내는 형식의 펌프이다.

회전펌프는 회전자의 모양에 따라서 기어펌프, 베인펌프, 나사펌프 등으로 나누어진다.

2) 회전펌프의 특징

① 구조가 간단하고 취급이 용이하다.

② 점성이 있는 액체를 압송하는데 적합하다.

③ 적은 유량, 고압의 양정을 요구하는데 적합하다.

④ 연속유체를 운송하므로 송출량이 맥동하는 일이 없다.

⑤ 원동기로서 역작용이 가능하다.

3) 회전펌프의 종류

① 기어펌프(gear pump)

ㄱ) 개요

크기와 모양이 같은 2개의 기어를 서로 맞물리게 한 다음 화살표 방향으로 회전시키면서 흡입쪽의 공간에 있는 액체를 흡입하여 기어의 회전과 함께 송출쪽으로 배출하는 펌프이다.

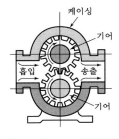

ㄴ) 기어펌프의 특징

ⓐ 구조가 간단하고, 점성이 있는 액체를 압송하는데 사용된다.

ⓑ 회전운동이므로 밸브가 필요하지 않다.

ⓒ 왕복펌프보다 고속으로 운전할 수 있다.

ⓓ 소형으로 많은 송출량을 낼 수 있다.

[그림 13 ❖ 기어펌프]

② 베인펌프(vane pump)

ㄱ) 개요

베인펌프(vane pump)는 원통형 케이싱 안에 편심된 회전자가 들어있으며 회전자에는 반지름방향으로 여러가닥의 홈을 파고 그 속에서 자유롭게 움직이는 직사각형의 베인을 끼워 넣은 구조로 되어 있다. 회전자의 회전에 따라 베인은 원심력에 의하여 케이싱에 밀어 붙여지게 되고 이에 따라 회전자는 케이싱에 접하면서 회전한다. 이때 초승달 모양의 공간에 액체를 흡입하여 반대쪽으로 송출한다.

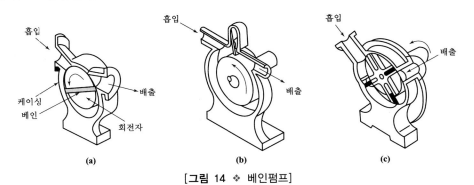

[그림 14 ❖ 베인펌프]

ㄴ) 베인펌프의 특징

ⓐ 많은 양의 기름을 수송하는데 적합하다.

ⓑ 펌프의 구동동력에 비하여 형상이 소형이다.

ⓒ 베인의 선단이 마모해도 압력저하가 일어나지 않는다.

　　ⓓ 비교적 고장이 적고, 보수가 용이하다.

　　ⓔ 송출압력에 맥동이 적다.

③ 나사펌프(screw pump)

　㉠ 개요

　　나사펌프(screw pump)는 한 개의 나사축(원동축)에 다른 나사축(종동축)을 1개 또는 2개를 물리게 하여 케이싱 속에 봉하고, 이러한 한 조의 나사축을 서로 반대방향으로 회전시킴으로서 한쪽의 나사홈 속의 액체를 다른 쪽의 나사산으로 밀어나게 되어 있는 펌프를 말한다.

　㉡ 나사펌프의 특징

　　ⓐ 양축이 좌우나사이므로 수압이 평형되어 추력이 생기지 않는다.

　　ⓑ 나사봉 상호간에 나사와 외동(外胴)사이에 금속적인 접촉이 없으므로 수명이 길다.

　　ⓒ 왕복동부분이 없으므로 흐름은 정적이고 소음, 진동이 적다.

　　ⓓ 고속회전이 가능하므로 소형이 되고 값이 싸다.

　　ⓔ 다른 펌프에 비하여 체적효율이 비교적 좋다.

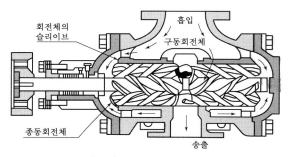

[그림 15 ❖ 나사펌프]

5　특수펌프

1) 마찰펌프(friction pump)

① 개요

　마찰펌프(firiction pump)는 여러 가지 형상의 면이 매끈한 회전체 또는 주변에 홈이 있는 원판상 회전체를 케이싱 속에서 회전시키고, 이것에 접촉하고 있는 액체를 유체마찰에 의하여 압력에너지를 주어서 송출하는 펌프로 와류펌프(vertex pump) 또는 제작회사이름을 따서 웨스코펌프(wesco pump)라고 부르기도 한다.

　마찰펌프는 흡입구와 송출구가 동일 원주상에서 접근하여 위치하고 흡입구와 송출구 사이에서 격벽을 설치하여 역류를 방지시키는 구조로 되어 있다.

② 마찰펌프의 특징

　㉠ 원심펌프보다 몇 배의 높은 양정을 얻을 수 있어, 적은 유량과 높은 양정에 적합하다.

　㉡ 펌프의 효율이 그리 높지 않다. (보통 40 % 정도)

　㉢ 비교회전도가 비교적 적으며 구조가 간단하다.

　㉣ 전동기와 직결되어 소형펌프로 쓰인다.

　㉤ 용도 : 뜨거운 물이나 석유, 화학약품의 수송, 가정용 전동우물펌프 등에 사용된다.

[그림 16 ❖ 마찰펌프의 회전차]

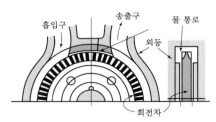

[그림 17 ❖ 마찰펌프의 구조]

③ 마찰펌프의 종류

㉠ 동마찰펌프 : 회전체는 케이싱 속에 들어 있으며 시계방향으로 회전한다. (예) 웨스코펌프)

㉡ 점성마찰펌프 : 매끈한 면의 회전체에 접하는 액체가 액체의 점성에 의하여 운동을 일으키고 적당히 이끌어져서 펌프작용을 한다.

2) 분사펌프(jet pump)

① 개요

고압의 액체를 분출할 때 그 주변의 액체가 분사류에 따라서 송출되도록 펌프를 분사펌프 또는 제트펌프(jet pump)라 하며, 보통 물 또는 압축공기를 분출시켜서 양수한다.

② 원리

고압의 제1유체를 노즐로 보내고 노즐에서 유체를 고속으로 분출시키면 분류압력은 저압이 되어 분류주위에 있는

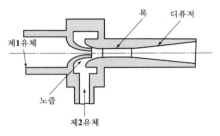

[그림 18 ❖ 분사펌프의 원리]

제2유체가 분류에 흡입되어 위로 올라오게 된다. 여기서 제1유체와 제2유체는 혼합되어 목부분을 통과하여 디퓨저에서 압력에너지로 변환되어 고압이 되어 송출구로 나가게 된다.

③ 분사펌프의 특징

㉠ 운동하는 기계부분이 없어 파손될 염려가 없다.

㉡ 소형으로 만들 수 있으며 취급이 용이하다.

㉢ 펌프의 효율이 낮다. (10~20 % 정도)

3) 기포펌프(air lift pump)

① 개요

기포펌프(air lift pump)는 양수관을 물속에 넣고 공기관을 통하여 압축공기를 분출시키면 기포가 발생되어 양수관 속은 비중량이 물보다 적은 물과 공기의 혼합물로 차게 된다. 이러한 부력의 원리에 의해 양수관 속의 혼합물을 높은 곳으로 송출시키는 구조로 되어 있다.

② 기포펌프의 특징

㉠ 구조가 매우 간단하고, 공기압축기 이외에는 운동하는 부분이 없다.

㉡ 고장이 적고, 양수가 확실하다.

㉢ 펌프의 효율이 낮다. (20~40 %)

㉣ 용도 : 온천수, 석유 등을 끌어올리는데 주로 사용된다.

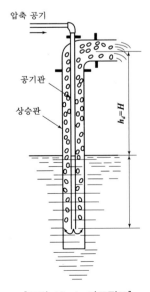

[그림 19 ❖ 기포펌프]

4) 수격펌프(hydraulic ram pump)

① 개요

저수지 등과 같이 비교적 낮은 곳의 물을 긴 관으로 이끌어 낸 후 수격작용을 이용하여 일부분의 물을 원래의 높이보다 더 높은 곳으로 수송하는 자동양수기를 수격펌프(hydraulic ram pump)라 한다.

② 원리

낙차 H를 가진 수조의 물이 경사가 느린 수압관을 지나 관 끝으로 흐를 때 흐름이 차차 빨라지면 배수밸브의 앞쪽에 압력이 차츰 증가하여 밸브는 위로 올라가 자동적으로 닫혀지게 되고, 수압관 속을 흐르고 있던 물은 급격히 정지하게 되어 수격현상을 일으킨다.

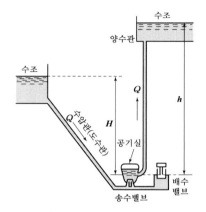

[그림 20 ❖ 수격펌프]

이때, 높은 압력의 물은 송수밸브를 밀어서 열고 공기실과 양수관을 거쳐 높이 h에 있는 수조로 이동하게 되고, 수압관의 압력이 낮아지면 송수밸브는 닫혀지고 배수밸브가 열려 수압관속의 물을 대기로 방출시키고 물의 흐름은 다시 가속되어 앞에서와 같은 작동을 반복하면서 양수한다.

③ 수격펌프 도수관의 길이와 직경

ㄱ) 도수관의 길이(L)

$$L = h + \frac{0.3h}{H} \ [\text{m}]$$

여기서, h : 양정 [m], H : 낙차 [m]

ㄴ) 도수관의 직경(D)

$$D = 0.3 \sqrt{60Q} \ [\text{m}]$$

여기서, Q : 사용한 물이 유량 [m³/sec]

6 　수차

1) 수차의 일반사항

① 개요

물(water)이 가지고 있는 위치에너지를 운동에너지 및 압력에너지로 바꾸어 이를 다시 기계적 에너지로 변환시키는 기계를 수차(hydraulic turbine)라고 한다.

물의 위치에너지 즉, 위치수두의 차를 낙차(head)라 하며 수차의 동력은 낙차와 유량에 따라 결정된다.

② 수력발전소의 종류

ㄱ) 수로식 : 자연의 흐름(하천의 기울기가 급하고, 굴곡이 심한 지형의 흐름)에서 유로를 변경하여 낙차의 감소를 최소한으로 하도록 인공적으로 수로를 설치하여 발전소에 이끌려간 방식을 말하며 주로 산간의 중낙차나 고낙차를 얻는데 많이 사용된다.

ㄴ) 댐식 : 낙차가 작은 곳에서 많은 유량으로 발전을 하는 방식으로 유수를 막아 하천을 가로지르는 댐을 만들어 인공적으로 수위를 높인 물을 직접 또는 간접으로 수차에 유도하여 발전시키는 형식이다.

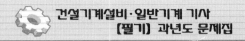

또한, 지형에 따라 댐과 수로를 동시에 병용하는 경우가 있는데 이러한 방식을 댐-수로식 발전이라 한다.

[그림 21 ❖ 수력발전소]

ⓒ 펌프양수식 : 1년 중 홍수기나 하루 중 심야에는 전력의 수요가 감소하게 되는데 이때 남은 전력으로 펌프를 운전하여 하류의 물을 높은 위치에 있는 저수지에 양수해 두었다가 전력의 수요가 증가하거나 필요할 때에 물을 방축하여 전력을 얻는 방식이다.

ⓔ 조력식 : 우리나라의 서해안과 같이 조석간만의 차가 심한 해안을 선택하여 저수지를 설치하고, 밀물 때에 수문을 열어 해수를 유입시키고, 썰물 때에 방출시킴으로서 해수의 위치에너지로 수차를 구동시키는 방식이다.

③ 수차의 종류

㉠ 충격수차(impulse hydraulic turbine) : 높은 곳에 있는 물을 수압관으로 유도하여 대기 중에 분출시킬 때에 물이 가지고 있는 위치에너지는 모두 속도에너지로 바뀌는데 이때 얻어지는 고속분류를 버킷에 충돌시켜 그 힘으로 회전차를 움직이는 수차이다.

충격수차에 속하는 수차로는 펠톤수차(pelton turbine)가 있다.

㉡ 중력수차(gravity water turbine) : 물이 낙하할 때 중력에 의해서 움직이는 수차를 말한다.

㉢ 반동수차(reaction hydraulic turbine) : 날개차 입구에서 위치에너지의 대부분이 속도에너지로 변환되고 물의 흐름 방향이 회전차의 날개에 의해 바뀔 때에 회전차에 작용하는 충격력 외에 회전차 출구에서의 유속을 증가시켜줌으로서 반동력을 회전차에 작용하게 하여 회전력을 얻을 수 있는 수차이다.

반동수차로는 프란시스수차(francis turbine)와 프로펠러수차(propeller turbine)가 있다.

④ 수차의 유효낙차와 출력

㉠ 유효낙차(effective head)

수조의 수위와 방수로의 수위 사이의 차를 자연낙차 또는 총낙차라 하는데 수차의 동력발생에 이용할 수 있는 낙차는 물이 취수구에서 방수로에 이르는 사이에 수력기울기, 마찰, 그밖의 수력손실이 발생하게 되어 자연낙차보다 작아진다. 수차가 실제로 이용할 수 있는 낙차를 유효낙차라 한다.

유효낙차는 자연낙차 H_g에서 여러 가지 손실을 뺀 낙차로서 다음과 같이 표시된다.

$$H = H_g - (h_1 + h_2 + h_3)$$

여기서, H : 유효낙차 [m], H_g : 자연낙차 [m],

h_1 : 수로의 손실수두 [m], h_2 : 수압관 안의 손실수두 [m],

h_3 : 방수로의 손실수두 [m]

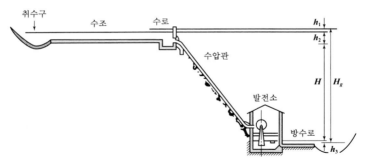

[그림 22 ✤ 유효낙차]

ⓛ 출력

ⓐ 수차에서 발생하는 이론출력(L_{th})

$$L_{th} = \gamma QH\,[\mathrm{kg_f \cdot m/s}] = \frac{\gamma QH}{75}\,[\mathrm{PS}] = \frac{\gamma QH}{102}\,[\mathrm{kW}]$$

여기서, γ : 물의 비중량 $[\mathrm{kg_f/m^3}]$, Q : 유량 $[\mathrm{m^3/sec}]$, H : 유효낙차 $[\mathrm{m}]$

만일, SI단위이면

$$L_{th} = \gamma QH\,[\mathrm{N \cdot m/s}] = \frac{\gamma QH}{735}\,[\mathrm{PS}] = \frac{\gamma QH}{1000}\,[\mathrm{kW}]$$

여기서, γ : 물의 비중량 $[\mathrm{N/m^3}]$

ⓑ 발전소의 출력(L)

$$L = L_{th} \times \eta_1 \times \eta_2 = L_{th} \times \eta$$

여기서, L_{th} : 수차에서 발생하는 이론출력, η_1 : 수차효율,

η_2 : 발전기효율, η : 발전소효율($\eta = \eta_1 \times \eta_2$)

⑤ **수차의 비교회전도(비속도)(n_s)**

수차의 모양과 운전상태가 상사일 때 그 크기를 변화시켜 단위낙차로 단위출력을 발생할 때 그 수차가 회전해야 할 매분의 회전수를 그 수차의 비교회전도(비속도 : specific speed, n_s)라고 한다.

$$n_s = \frac{nL^{\frac{1}{2}}}{H^{\frac{5}{4}}}$$

여기서, H : 낙차 $[\mathrm{m}]$, n : 회전수 $[\mathrm{rpm}]$, L : 출력(PS 또는 kW)

2) 펠톤수차(pelton turbine)

① 개요

펠톤수차(pelton turbine)는 분류(jet)가 수차의 접선방향으로 작용하여 날개차를 회전시켜서 기계적인 일을 얻는 충격수차로서 주로 낙차가 클 경우에 사용한다. 일반적으로 낙차의 범위는 $200\sim1800\,\mathrm{m}$ 정도이다.

② 원리

수압관을 나온 물은 노즐입구에서는 압력에너지와 속도에너지를 가지고 있지만 노즐에서 분출되고 나면 속도에너지로 변환되어 버킷에 충돌한다. 버킷은 물의 분류에 의해 속도에너지를 기계적에너지

로 변환시키면서 날개차를 회전시킨다.

물은 버킷과 충돌한 후에 방수로에 떨어져 하천으로 흘러들어가고 날개차를 돌리는 힘은 회전모멘트로 축에 전달되어 날개차의 축에 연결되어 있는 발전기를 회전시켜 전기에너지를 발생시킨다.

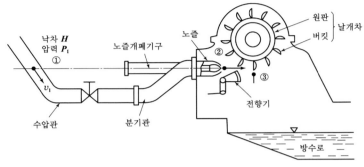

[그림 23 ❖ 펠톤수차의 계통도]

③ 구조

날개차(회전차), 버킷, 노즐, 니들밸브, 주축, 케이싱, 전향기 등으로 구성된다.

㉠ 케이싱(casing) : 케이싱은 물을 날개차(회전차)에 도입하는 관으로서 그 출구단에 노즐을 가지고 있기 때문에 물을 각 노즐에 분배하는 분기관 역할을 한다.

㉡ 노즐(nozzle) : 노즐은 물을 버킷에 분사하여 충동력을 얻는 부분으로서 노즐로부터 분출되는 유량은 니들밸브(needle valve)로 제어하여 수차의 출력을 조절하도록 되어 있다.

㉢ 전향기(deflector) : 수차의 부하를 급격히 감소시키기 위하여 니들밸브를 급히 닫으면 수격작용이 발생하여 수압이 급상승하게 된다. 이와 같은 현상이 일어나는 것을 방지하기 위하여 분출수의 방향을 바꾸어주는 장치를 전향기(deflector)라 한다.

㉣ 날개차(회전차 : runner) : 날개차는 버킷과 원판으로 구성되어 있으며, 날개차 둘레에는 18~30개의 버킷의 설치되어 있다. 노즐로부터 분출된 분류에너지를 받아 날개차를 회전시키는 주요부로서 날개차에 부딪친 물을 두 갈래로 나누어 흘러 보내는 스플리터(splitter)가 중앙에 붙어 있다.

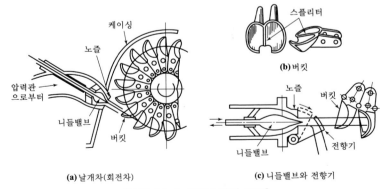

[그림 24 ❖ 펠톤수차의 구조]

④ 펠톤수차의 효율

비중량이 γ[kg$_f$/m^3]인 물이 유량 Q[m^3/s], 유효낙차 H[m], 유효출력(제동출력) L, 이론출력 L_{th}로 수차에 유입될 때 수차의 전효율 η는 다음과 같다.

$$\eta = \frac{L}{L_{th}} = \frac{L}{\gamma QH} \quad \text{또는} \quad \eta = \eta_h \times \eta_m = \eta_{hb} \times \eta_n \times \eta_m$$

여기서, η_{hb} : 버킷의 수력효율, η_h : 노즐의 수력효율, η_m : 회전차의 기계효율, η_n : 노즐효율

3) 프란시스수차(francis turbine)

① 개요

프란시스수차(francis turbine)는 반동수차의 대표적인 것으로서 물의 흐름이 회전차의 외주에서 내측으로 향하여 유입하고 축방향으로 향하여 유출한다. 낙차가 적거나 중간정도의 낙차에서 비교적 수량이 많은 경우에 사용하며 적용되는 낙차는 40~600 m 정도이다.

② 구조와 원리

㉠ 물이 처음 상수탱크에 있을 때에는 위치에너지만 가지고 있으나 수압관 속을 흐르는 사이에 위치에너지 및 속도에너지, 압력에너지를 가지고 흐르게 된다. 그러나 점차 수압관을 흐르면서 위치에너지가 감소하고 압력에너지가 증가하면서 스파이럴케이싱(spiral casing)의 온둘레로부터 주축을 향하여 직각방향으로 물이 유입된다.

㉡ 물은 케이싱으로부터 고정날개(stay vane)와 안내날개로 흘러들어가면서 최대압력에너지를 가지게 되어 날개차를 회전시켜 동력을 얻게 된다. 날개차를 흐르는 사이에 물은 흐름의 방향을 바꾸면서 날개차 아래에 붙어있는 흡출관(draft tube)속을 수직으로 낙하하기 때문에 날개차출구와 방수면 사이의 낙차를 유효하게 사용할 수 있다.

㉢ 날개차에서 나온 물이 가지고 있는 절대속도는 매우 크므로 이것을 그대로 버리는 것은 손실이 된다. 그러므로 흡출관을 두어 날개차에서 나온 물이 가지고 있는 절대속도를 점차로 적게 하여 버려지는 손실을 줄일 수 있다. 또한 날개차에서 나온 물은 흡출관을 경유하여 흐르기 때문에 물의 흐름이 방수면까지 계속해 흐르게 되어 낙차를 모두 유효하게 이용할 수 있다.

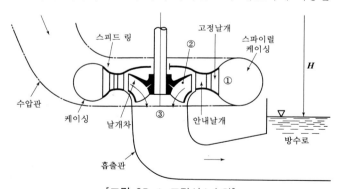

[그림 25 ❖ 프란시스수차]

③ 주요부분

㉠ 날개차(회전차 : runner) : 날개차는 수차가 동력을 발생하는데 가장 중요한 부분으로서 그 크기에 따라서 수차의 크기가 결정된다. 날개차는 디스크(disc)와 슈라우드링(shroud ring)이 일체로 되어 있으며, 그 사이에 곡면으로 된 15~20개의 날개가 설치되어 있다.

날개차입구의 지름은 D, 회전속도(회전수)를 n [rpm]이라 하면 원주속도 u는 다음과 같다.

$$u = \frac{\pi Dn}{60}$$

ⓒ 안내날개(안내깃 : guide vane) : 안내날개는 스피드링과 날개차의 중간에 설치되어 있으며, 날개차로 들어오는 물의 방향을 안내하는 역할을 한다. 수차출력은 조속기의 작용으로 안내날개의 각도를 조정하여 수량을 조절함에 따라 제어된다.

ⓒ 스파이럴케이싱(spiral casing) : 스파이럴케이싱은 날개차 주변에 수량을 균일하게 배분하는 역할을 한다. 낙차가 작을 때에는 콘크리트로 만드나 낙차가 커서 강도가 필요할 때에는 주철, 주강, 용접강판 등으로 만든다.

ⓔ 스피드링(speed ring) : 스피드링은 와류형 케이싱과 안내날개 입구를 연결하는 링으로 고정날개에 의하여 강도를 유지하면서 물의 흐름방향을 결정해주는 역할을 한다.

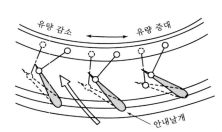

[그림 26 ❖ 안내날개에 의한 유량조절]

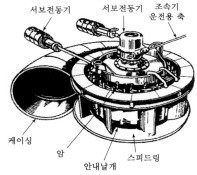

[그림 27 ❖ 스피드링과 안내날개]

④ 프란시스수차의 형식

ⓐ 케이싱(casing)의 유무에 따른 분류

ⓐ 노출형, ⓑ 전구형, ⓒ 횡구형, ⓓ 원심형

ⓑ 구조상으로 분류

ⓐ 횡축단륜단사형, ⓑ 횡축단륜복사형, ⓒ 횡축2륜단사형, ⓓ 입축단륜단사형

4) 프로펠러수차(propeller turbine)

① 개요

프로펠러수차는 약 80 m 이하(보통 10~60 m)의 저낙차로 비교적 유량이 많은 경우에 사용되며, 날개수는 3~10매가 보통이고, 부하에 의한 날개각도를 조정할 수 있는 가동익형과 부하에 의한 날개각도를 조절할 수 없는 고정익형이 있다. 여기서, 가동익형을 카플란(kaplan)수차라 하고, 고정익형을 프로펠러(propeller)수차라고 부른다.

② 구조

프로펠러수차는 물이 날개차로 유입하는 방향과 유출하는 방향이 주축방향인 수차이다. 이와 같이 프로펠러수차는 날개차속의 흐름이 축방향이므로 축류수차라고도 한다.

ⓐ 케이싱(casing)과 안내날개(guide vane)

케이싱(casing)은 프란시스수차와 같으며, 낙차 20 m 이하의 저낙차용에서는 보통 콘크리트로 각이 지게 만든 케이싱을 사용하고, 낙차 20 m 이상에서는 강판제 케이싱을 사용한다. 안내날개(guide vane)도 프란시스수차의 경우와 동일한 형태를 가진다.

ⓑ 날개차(회전차 : runner) : 날개차 단면은 비행기의 날개모양과 비슷하며 날개의 수는 낙차 5~15 m에서는 4개, 20~30 m에서는 6개, 60 m 이상에서는 8개로 되어 있다.

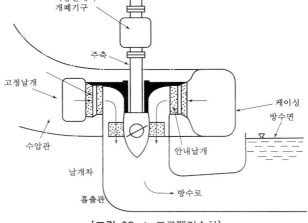

가동날개의
개폐기구

주축

고정날개

케이싱

방수면

수압관

안내날개

날개차

방수로

흡출관

[그림 28 ❖ 프로펠러수차]

③ 프로펠러수차의 특징

㉠ 수차내에서 물의 흐름에 무리가 없다.

㉡ 수차내에서 손실이 적어서 효율이 좋다.

㉢ 케이싱의 구조가 간단하고, 발전소의 건설비가 적게 든다.

㉣ 홍수가 일어났을 때 발전소가 하수면보다 밑에 있어도 침수방지를 할 수 있다.

㉤ 수봉장치의 신뢰성으로 보다 고낙차용에는 어렵다.

㉥ 안내날개의 개폐기구가 복잡하다.

5) 펌프수차(pump turbine)

① 개요

펌프수차는 펌프와 수차의 두 기능을 모두 겸비한 수력기계이다. 펌프 및 수차의 중간에 속하는 형태를 지니고 있으며, 수차보다 펌프에 가까운 구조로 되어있다. 펌프수차는 양수발전소에 사용된다.

　[참고] 양수발전소 : 야간 또는 장마철에 값이 싼 전력을 사용하여 상부저수지에 양수해 두었다가
　　　　　야간의 피크(peak) 때나 갈수기에 그 물을 이용하여 수배나 비싼 전력을 발생시키는 수력발
　　　　　전소를 말한다.

② 구조

㉠ 펌프수차는 펌프와 수차의 두 가지 역할을 하므로 그 구조는 이들 둘의 중간형태이며, 날개차의 구조는 펌프로 설계되어 수차만으로 설계된 것보다는 성능이 떨어진다.

㉡ 펌프수차는 양정에 따라 적용되는 기종이 달라진다.

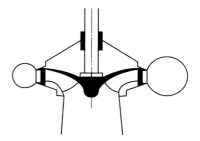

　· 프란시스형 펌프수차 : $H = 500\,\mathrm{m}$이하

　· 사류형 펌프수차 : $H = 30 \sim 150\,\mathrm{m}$이하

　· 프로펠러형 펌프수차 : $H = 20\,\mathrm{m}$이하

[그림 29 ❖ 프란시스형 펌프수차]

㉢ 프란시스형 펌프수차의 날개는 6~7개로 프란시스수차보다 적고, 그 길이는 프란시스수차의 2~3배 정도가 된다. 케이싱과 흡출관의 형상은 프란시스수차와 거의 같다.

㉣ 사류형 펌프수차는 8~10개의 날개를 가지며, 프로펠러형 펌프수차에서는 가동베인이 사용된다.

7 공기기계

1) 공기기계의 일반사항

① 개요

공기기계는 액체를 이용하는 펌프나 수차의 기본적 원리와 같으나, 기계적인 에너지를 기체에 주어서 압력과 속도에너지로 변환시켜주는 기계가 송풍기(blower)나 압축기(compressor)이고, 이와 반대로 기계적에너지로 변환시켜 주는 것을 압축공기기계라고 한다.

② 공기기계의 분류

　㉠ 저압식 공기기계 : 송풍기(blower), 풍차(windmill)
　㉡ 고압식 공기기계 : 압축기(compressor), 진공펌프(vacuum pump), 압축공기기계

2) 왕복압축기

① 개요

왕복압축기는 실린더 속의 피스톤이 왕복운동을 하면서 공기나 가스를 흡입밸브로부터 실린더에 흡입하여 이를 압축하고 송출밸브로 압력을 가하여 보내는 압축기이다.

② 특징

　㉠ 압력비가 높다.
　㉡ 대풍량에 적당하지 않다. 즉, 풍량이 작을 때는 왕복식이 좋다.
　㉢ 송출압력이 크게 변화해도 풍량은 변하지 않는다.
　㉣ 구조가 간단하다.
　㉤ 효율은 그다지 저하시키지 않고 풍량을 조정할 수 있다.
　㉥ 기계접촉부가 많다.
　㉦ 마모에 의해 효율이 저하한다.
　㉧ 회전속도가 낮다.
　㉨ 송출량이 맥동적이므로 공기탱크를 필요로 한다.
　㉩ 대형이며, 시설비가 비싸다.

③ 용도

풍량이 작아서 변동이 심한 용도에 널리 사용되고 있으며, 초고압영역에서는 현재 왕복압축기만 채용되고 있다.

3) 회전압축기

① 개요

회전식압축기는 원심압축기에 비해서 압축작동이 회전방향에 대하여 연속적이며, 기체가 항상 일정한 방향으로 흐르고, 흡기밸브, 송출밸브, 크랭크 등은 불필요하다.
따라서 회전을 빨리할 수 있으며 소형·경량화가 가능하다.

② 특징

　㉠ 회전수가 일정해도 송출량은 변하지 않는다.
　㉡ 취급가스에 관계없이 압력상승의 변화가 없다.
　㉢ 원심형과 같이 부하의 저항변화에 따라서 유량의 증감을 가지는 일이 없다.

    ⓔ 회전속도가 변해도 압력비의 저하없이 송출량을 회전속도에 비례하게 할 수 있다.

    ⓜ 일반적으로 소음이 크다.

③ 종류

루쯔(roots)형 압축기, 나사압축기(리숄름압축기 : lysholm compressor), 가동익압축기

4) 축류압축기

① 개요

로터(rotor)에 고정시킨 동익과 동익 사이에 정익을 조합시킨 익렬로 되어 있으며, 흡입구에서 익렬 전까지의 증속구간, 익렬에서의 에너지증가구간, 익렬전의 디퓨져에서 토출구까지의 감속구간의 세구 간으로 분할되며 후단으로 갈수록 통로면적을 좁게 한다.

② 특징

    ㉠ 회전속도가 크다.

    ㉡ 구조상으로 소형·경량으로 할 수 있다.

    ㉢ 최고송풍압력은 $4\,kg/cm^2$ 전후이다.

    ㉣ 소음이 크며, 성능이 매우 나쁘다.

③ 용도

제트엔진, 가스터빈, 고노송풍용, 풍동용 등이다.

5) 축류송풍기

① 특징

    ㉠ 소형에서는 전동기축에 직접 회전축을 붙여서 사용할 수 있다.

    ㉡ 무압형과 유압형으로 나눌 수 있다.

    ㉢ 저풍압, 대풍량용으로 고속회전에 적합하다.

    ㉣ 성능이 좋아 효율이 양호하다.

② 용도

보일러의 강압통풍용 송풍기, 광산, 고속도용 터널의 환기에 사용된다.

6) 원심압축기

① 개요

터보송풍기보다 압력비가 높고, 온도상승이 큰 경우에는 다단원심압축기로 사용하며, 케이싱에 냉 각수통(water jacket)을 사용하거나 중간냉각기(inter cooler)를 사용한다.

② 용도

공기분리장치용, 화학공업용, 제철소, 광산용 등이다.

7) 원심송풍기

① 개요

형체는 원심팬과 유사하지만 회전차와 와류실 사이에다 디퓨져를 설치하여 회전차에서 나온 흐름 을 효율이 좋게 감속시키고 있다.

② 분류

    ㉠ 원심팬(centrifugal fan) : 흡입구로부터 유입한 공기는 흡입케이싱, 흡입통을 거쳐서 축방향으로

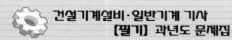
회전차에 흡입된다. 회전차에 의하여 원심력을 받는 공기는 회전차 바깥으로부터 와류실에 유입하며, 와류실내를 돌면서 감속하여 속도에너지가 압력에너지로 변환되어 송출구에서 배출된다.

ⓒ 다익팬(multiblade fan) : 다익팬은 시로코팬(sirocco fan)이라고도 하는데 이 회전차는 풍압이 10~100 mmHg의 송풍에 적합하며, 주로 냉난방의 환기나 건물의 통풍 및 소형보일러의 통풍에 사용된다.

시로코팬(sirocco fan)의 특징은 다음과 같다.

　ⓐ 회전차의 깃이 회전방향으로 경사되어 있다.

　ⓑ 익현길이가 짧다.

　ⓒ 풍량이 많다.

　ⓓ 넓은 깃 폭이 많이 부착되어 있다.

ⓒ 레이디얼팬(radial fan) : 레이디얼팬은 본체에서 방사형으로 나있는 스포크(spoke)면에 철판이 리벳팅된 간단한 구조로서 날개수는 6~12매 정도이며, 케이싱은 다익팬과 동일한 형태이지만 반경방향이 약간 대형이다.

ⓒ 터보팬(turbo fan) : 다른 팬에 비하여 구조가 상당히 크고, 효율이 가장 좋으며 용도가 가장 많다. 케이싱은 연강제이고 이를 보강하기 위해서 형강을 리베팅이나 용접을 하며 본체는 나선형으로 만든다.

8) 압력상승범위

① 팬(fan)의 압력상승범위 : 1000 mmAq 미만

② 송풍기(blower)의 압력상승범위 : $1 \, mAq \sim 10 \, mAq (1 \, kg/cm^2)$

③ 압축기(compressor)의 압력상승범위 : $1 \, kg/cm^2$ 이상

플랜트 배관

1　배관종류

1　관의 종류와 용도

[1] 강관

1) 강관의 특징

① 연관, 주철관에 비해 가볍고, 인장강도가 크며 가격이 저렴하다.

② 굴요성이 풍부하며 충격에 강하고, 관의 접합이 쉽다.

③ 주철관에 비해 내식성이 적고, 사용연한이 짧다.

④ 각종 수송관 또는 일반 배관용으로 널리 사용되며, 호칭지름은 "A (mm) 또는 B (inch)×두께번호"로 나타낸다.

2) 강관의 분류

① 용도상 분류 : 배관용, 수도용, 열전달용, 구조용

② 재질상 분류 : 탄소강, 합금강, 스테인리스강

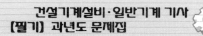

③ 제조법상 분류

  ㉠ 이음매 없는 관 : 만네스만식, 에르하르트식

  ㉡ 이음매 있는 관 : 전기저항용접관, 가스용접관, 아크용접관, 단접관

3) 강관의 종류

① 배관용

  ㉠ 배관용 탄소강 강관(기호 : SPP) : 일명 "가스관"이라 하며, 350 ℃ 이하에서 사용압력이 비교적 낮은(10 kg/cm² 이하 또는 980 kPa 이하) 증기, 물, 기름, 가스, 공기 등의 배관용으로 사용된다. 호칭지름은 6~500 A까지 24종이 있다.

    ⓐ 흑관 : 아연도금을 하지 않고 일차방청도장만 한 관, 백색으로 표시

    ⓑ 백관 : 부식방지를 위해 아연도금을 한 관, 녹색으로 표시

| 상표 | 한국공업 규격표시 | 관종류 기호 | 제조 방법 | 호칭 방법 | 제조년 | 길이 |

Ⓚ SPP—B—80A—1965—6

[그림 30 ❖ 배관용 탄소강 강관 표시법]

  ㉡ 압력배관용 탄소강 강관(기호 : SPPS) : 350 ℃ 이하에서 사용압력이 10~100 kg/cm²(또는 980 kPa~9.8 MPa)까지의 보일러증기관, 수압관, 유압관 등에 사용된다. 호칭방법은 호칭지름과 두께(스케줄번호)로 나타낸다.

호칭지름은 6~650 A까지 25종이 있으며, 스케줄번호에는 SCH10, 20, 30, 40, 60, 80 등이 있다. 스케줄번호가 커질수록 관의 두께가 두꺼워지며, 중량, 수압시험압력도 커진다.

$$\text{스케줄번호(SCH)} = 10 \times \frac{p}{S}$$

$$\text{관의 살두께}(t) = \frac{pD}{175\sigma_w} + 2.54$$

여기서, p : 사용압력(kg/cm^2), S : 허용응력 $= \dfrac{\text{인장강도}}{\text{안전율}}$ (kg/mm^2), D : 관의 바깥지름(mm),

    σ_w : 허용인장응력(kg/mm^2), t : 관의 살두께(mm)

Ⓚ SPP−SPPS−S−H−1965.11−100A×SCH40×6

| 한국공업 규격표시 기호 | 관종류 | 제조 방법 | 제조년 | 스케줄 번호 | 길이 |

[그림 31 ❖ 압력배관용 탄소강 강관 표시법]

  ㉢ 고압배관용 탄소강 강관(기호 : SPPH) : 킬드강으로 이음매없이 제조하며, 온도 350 ℃ 이하에서 사용압력 100 kg/cm²(=9.8 MPa) 이상의 고압배관에 사용되며 암모니아 합성용 배관, 내연기관의 연료분사관, 화학공업용 고압관 등에 사용된다.

스케줄번호는 80, 100, 120, 140, 160 등이 있다.

  ㉣ 고온배관용 탄소강 강관(기호 : SPHT) : 350~450 ℃의 고온에 사용되며 과열증기관의 배관에 사용된다. 관의 제조방법에는 2, 3, 4종의 3종류가 있으며 2, 3종은 킬드강을 사용하여 이음매없이 제조하고, 4종은 강관을 전기저항용접에 의하여 제조한다.

ⓜ 배관용 합금강 강관(기호 : SPA) : 고온도의 배관에 사용되며 주로 고온의 석유정제용 배관 등에 사용된다. 탄소강보다 고온강도, 내식성이 강하다. 크롬(Cr)의 함유량이 많아질수록 내산화성, 내식성이 향상된다.

ⓑ 배관용 스테인리스 강관(기호 : STS) : 내식성, 내열성을 지니며 고온용, 저온용 배관에 주로 쓰인다. 이음매없이 제조하거나 자동아크용접 또는 전기저항용접에 의하여 제작된다.

ⓢ 저온배관용 강관(기호 : SPLT) : LPG 탱크용 배관, 냉동기 배관 등의 빙점이하의 온도에서만 사용되며, 두께를 스케줄번호로 나타낸다.

1종은 이음매없이 제조하거나 전기저항용접으로 제조하고, 2종 및 3종은 이음매없이 제조한다.
- 1종 : 0.25 % C의 킬드강, −50 ℃까지 사용
- 2종 : 3.5 % Ni강, −100 ℃까지 사용
- 3종 : 9 % Ni강, −196 ℃까지 사용

② 수도용

㉠ 수도용 아연도금 강관(기호 : SPPW) : 정수두 100 m 이하의 수도급수관으로 배관용 탄소강관의 배관보다 아연도금 부착량을 많게 하여 내식성 및 내구성을 높이기 위한 강관이다.

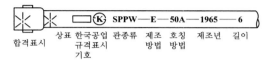

[그림 32 ❖ 수도용 아연도금 강관 표시법]

㉡ 수도용 도복장 강관(기호 : STPW) : 배관용 탄소강 강관(SPP) 또는 아크용접탄소강 강관에 피복한 관으로 정수두 100 m 이하의 급수용 배관에 사용된다.

③ 열전달용

㉠ 보일러 열교환기용 탄소강 강관(기호 : STH) : 관의 내·외에서 열의 교환을 목적으로 하는 곳에 쓰인다.

㉡ 보일러 열교환기용 합금강관(기호 : STHA) : 용도는 STH와 동일하다.

㉢ 보일러 열교환기용 스테인리스강(기호 : STS×TB) : 용도는 STH와 동일하다.

㉣ 저온 열교환기용 강관(기호 : STLT) : 빙점이하의 특히, 낮은 온도에 있어서 관의 내·외에서 열교환을 목적으로 하는 열교환기, 콘덴서관 등에 사용한다.

④ 구조용

㉠ 일반구조용 탄소강 강관(기호 : SPS) : 건축, 토목, 철탑, 발판 등 구조물에 사용된다.

㉡ 기계구조용 탄소강 강관(기호 : STM) : 기계, 항공기, 자동차, 자전거, 가구, 기구 등의 기계부품에 사용된다.

㉢ 구조용 합금강관(기호 : STA) : 항공기, 자동차, 기타 구조물 등에 사용된다.

[2] 주철관

1) 주철관의 특징

① 내식성, 내마모성, 압축강도가 크나 인장강도, 충격치, 굽힘강도는 적다.
② 급수관, 배수관, 통기관, 케이블매설관 등에 사용된다.
③ 충격에 약하다.

2) 주철관의 제조방법

① **수직법** : 주형을 관의 소켓쪽 아래로 하여 수직으로 세우고 여기에 용선을 부어서 만드는 방법

② **원심력법** : 주형을 회전시키면서 용융선철을 부어 만드는 방법

3) 주철관의 분류

① **용도별 분류** : 수도용, 배수용, 가스용, 광산용

② **재질상 분류** : 일반보통주철관, 구상흑연주철관, 고급주철관

4) 주철관 접합부 모양 : 소켓관, 플랜지관, 기계식이음(Mechanical joint)

5) 주철관의 종류별 특징

① **수도용 수직형(입형)주철관** : 소켓관과 플랜지관으로 나뉘며, 주형을 수직으로 세워놓고 주조한 관으로 보통압관(A, 최대사용정수두 75 mAq)과 저압관(LA, 최대사용정수두 45 mAq)의 2종류가 있다.

② **수도용 원심력 사형주철관** : 원심력법을 이용한 주철관으로 수직관에 비하여 재질과 두께가 균일하고 강도가 높아 관의 두께를 얇게 만들 수 있다.
고압관(B, 최대사용정수두 100 mAq), 보통압관(A, 최대사용정수두 75 mAq), 저압관(LA, 최대사용정수두 45 mAq)의 3종류가 있다.

③ **수도용 원심력 금형주철관** : 수냉식 금형을 이용한 것으로 고압관과 보통압관이 있다.

④ **원심력 모르타르 라이닝주철관** : 주철관의 부식을 방지하기 위하여 삽입구를 제외한 관의 내면에 시멘트모르타르를 라이닝한 관이다.

⑤ **배수용 주철관** : 오수배관용으로 사용되며, 내압이 작용하지 않으므로 급수용 주철관보다 두께가 얇은 것이 사용된다. 관의 두께에 따라 1종(두꺼운 것)과 2종(얇은 관)이 있다.
표시기호는 1종은 ⊘, 2종은 ⊘, 이형관은 ⊗로 표시된다.

⑥ **수도용 원심력 구상흑연주철관(덕타일주철관)** : 기계식이음으로 제조하며 사용정수두에 따라 고압관, 보통압관, 저압관으로 나뉜다. 종류로는 1~3종이 있다.
  • 특징
    ㉠ 고압에 견디는 높은 강도와 인성을 갖고 있다.
    ㉡ 변형에 대한 가요성, 가공성이 있다.
    ㉢ 내식성이 좋으며, 충격에 높은 연성을 갖고 있다.

[3] 비철금속관

1) 동관

① 특징
  ㉠ 담수에 대하여 내식성은 크나 연수에는 부식된다.
  ㉡ 경수에는 아연화동, 탄산칼슘의 보호피막이 생겨 보호작용을 한다.
  ㉢ 알칼리(가성소다, 가성칼리)에는 내식성이 크나 초산, 진한황산, 암모니아수에는 심하게 침식된다.
  ㉣ 전연성이 풍부하고, 마찰저항이 적다.
  ㉤ 가볍고 가공이 용이하며, 동파되지 않는다.

　　ⓗ 전기 및 열전도율이 좋다.

　　ⓢ 용도 : 전기재료, 열교환기, 급수관 등에 사용

② **종류** : 인탈산동관, 터프피치동관, 무산소동관, 동합금관 등

2) 연관

① 특징

　　㉠ 굴곡성, 신축성, 내산성, 내식성, 전연성이 좋다.

　　㉡ 산에 강하나 알칼리에는 약하다.

　　㉢ 중량이 커서 긴관은 구부러지기 쉽다.

　　㉣ 용도 : 수도의 인입분기관, 기구배수관, 가스배관, 화학배관용에 사용된다.

② 종류 : 용도에 따라 1종(화학공업용), 2종(일반용), 3종(가스용), 4종(통신용)으로 나누고, 사용방법에 따라 수도용과 배수용으로 구분된다.

　　㉠ 수도용 연관(기호 : PbPW)

　　　ⓐ 종류

　　　　ⅰ) 1종 : 순도 납(Pb) 99 % 이상의 연관

　　　　ⅱ) 2종 : 안티몬(Sb), 동(Cu), 주석(Sn)을 포함한 합금연관으로 내구성이 우수하며, 순 연관에 비해 두께가 얇고 중량이 가볍다.

　　　ⓑ 사용정수두는 75 mAq 이하이다.

　　㉡ 배수용 연관(기호 : HASS)

　　　ⓐ 협소한 장소에서 복잡한 굴곡을 필요로 하는 부분에 널리 사용된다.

　　　ⓑ 1개의 표준길이는 3 m이다.

　　　ⓒ 사용압력이 낮기 때문에 수도용 연관보다 관의 두께가 얇다.

3) 스테인리스 강관

① 고온, 고압용에 이용하며 내식성이 우수하여 계속 사용시 내경의 축소, 저항증대현상이 없다.

② 저온충격성이 크고, 한랭지 배관이 가능하며, 동결에 대한 저항이 크다.

4) 알루미늄관

① 열전도율이 높으며 전연성이 풍부하고, 가공성, 용접성, 내식성이 우수하다.

② 인장강도가 $9 \sim 11 \, kg/mm^2$이다.

③ 용도 : 열교환기, 선박, 차량 등 특수용도에 사용된다.

[4] 비금속관

1) 경질 염화비닐관(PVC)

① 내식성, 내산성, 내약품성이 크다.

② 전기절연성이 크고, 열의 불량도체이다. (철의 $\dfrac{1}{350}$이다.)

③ 저온 및 고온에서의 강도가 약하며, 열팽창률이 심하고 충격강도가 적다.

④ 비중 1.43(철의 $\dfrac{1}{5}$)

⑤ 가공이 쉽고, 시공비가 적게 든다.

⑥ 바닷물이나 콘크리트안 배관에는 거의 영구적이다.

2) 폴리에틸렌관(PE)

① 화학적, 전기적 성질은 염화비닐관보다 우수하다.

② 비중 $0.92 \sim 0.96$(PVC의 약 $\frac{2}{3}$배) 정도로 가볍다.

③ 약 90 ℃에서 연화하지만 저온에 강하다.

④ -60 ℃에서도 취화하지 않으므로 한랭지 배관에 알맞다.

⑤ 인장강도는 염화비닐관의 $\frac{1}{5}$정도로 작다.

⑥ 유연성이 있으므로 적은 지름의 관은 코일모양으로 감아서 운반 가능하다.

3) 원심력 철근콘크리트관

① 개요 : "흄관(Hume pipe)"이라고도 하며, 가스관으로는 사용하지 않고 상·하수도수리, 배수 등에 널리 사용된다. 원심력으로 제조하므로 재질이 치밀하다.

② 종류
   ㉠ 용도에 따라 : 보통압관, 압력관
   ㉡ 관끝의 모양에 따라 : A형(칼라이음쇠), B형(소켓이음쇠), C형(삽입이음쇠)

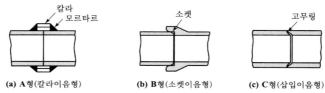

(a) A형(칼라이음형)　　　(b) B형(소켓이음형)　　　(c) C형(삽입이음형)

[그림 33 ❖ 관끝의 모양에 따른 종류]

4) 석면시멘트관

"에터니트관"이라고도 하며, 주철관보다 부식에 강하고 충격에 약한 관으로서 수도관, 가스관, 배수관 등에 사용된다.

2 관 이음재 및 접합법

[1] 강관의 접합법

1) 나사접합

관 끝부분에 관용나사(관용테이퍼나사 : PT, 관용평행나사 : PF) 중에서 주로 관용테이퍼나사(테이퍼 $\frac{1}{16}$, 나사산 각도 55°)를 많이 사용하여 접합하는 방식

① 특징
   ㉠ 접합부의 강도가 적고, 살두께가 불균일하다.
   ㉡ 피복시공이 어렵다.
② 강관길이 계산
   ㉠ 직선길이 산출

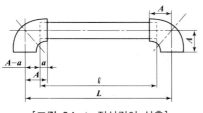

[그림 34 ❖ 직선길이 산출]

$$L = \ell + 2(A - a)$$

여기서, L : 배관중심선간의 길이,

ℓ : 관의 길이,

A : 이음쇠중심선에서 단면까지의 길이,

a : 나사가 물리는 길이

ⓛ 빗변길이 산출

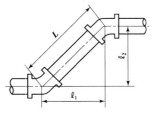

[그림 35 ❖ 빗변길이 산출]

$$L = \sqrt{{\ell_1}^2 + {\ell_2}^2}$$

ⓒ 굽힘길이 산출

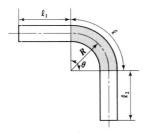

[그림 36 ❖ 굽힘길이 산출]

$$\ell = 2\pi R \times \frac{\theta}{360}$$

곡관전길이 $L = \ell_1 + \ell_2 + \ell$

2) 용접접합

강관의 용접접합에는 가스용접과 전기용접이 사용된다.

① 용접접합의 특징

㉠ 접합부의 강도가 커서 배관용적을 축소할 수 있다.

㉡ 돌기부가 없어서 보온 피복시공이 용이하다.

㉢ 누설의 염려가 없고, 시설의 유지, 관리 등의 비용이 절감된다.

㉣ 파이프 단면에 변화가 없으므로 유체의 와류, 난류도 없고 손실수두도 적다.

② 종류

㉠ 이음방법에 따라

ⓐ 맞대기용접 : 이음을 할 때 보조물을 사용하지 않고 양쪽관의 끝을 테이퍼지게 깎아서 용접한다.

ⓑ 슬리브용접 : 한쪽의 관에 관경의 1.2~1.7배 정도가 되는 슬리브를 끼우고 용접을 한 후에 나머지 관을 끼운 뒤 용접을 하는 방식이다.

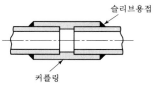

[그림 37 ❖ 맞대기용접]   [그림 38 ❖ 슬리브용접]

   ⓛ 가열열원에 따라
     ⓐ 전기용접 : 용접속도가 **빠르고** 변형의 발생이 적고, 비교적 깊고 두꺼운 관의 접합에 사용된다.
     ⓑ 가스용접 : 용접속도가 느리고 변형의 발생이 크며, 비교적 얇고 가는관의 접합에 사용된다.

3) 플랜지접합

① **특징** : 관의 지름이 크거나 가스 압력이 높은 경우에 쓰이며, 가끔 분해, 조립할 필요가 있을 때 쓰인다. 접촉면의 압착으로 유체의 누설을 방지한다.

② **관과 이음하는 방법** : 나사식, 반피스톤식, 용접식

[2] 동관의 접합법

1) 납땜접합

 연납땜과 경납땜으로 나누며, 모두 모세관 현상을 이용한 겹침용접이다.

① **종류**
   ㉠ 연납땜 : 플라스턴(Sn+Pb의 합금)을 많이 사용한다.
   ⓛ 경납땜 : 강도를 필요로 하는 접합에 사용하며, 은납, 황동납이 있으나 은납이 많이 쓰인다.

② **접합순서**
   ㉠ 수파이프의 선단을 정형기(사이징툴 : Sizing tool)로 둥글게 하고, 암파이프는 확산기(익스펜더 : Expender)로 파이프를 확산시킨다.
    접합부의 간격은 0.1 mm 정도, 길이는 파이프 지름의 1.5배 정도로 한다.
   ⓛ 접합면의 외면은 샌드페이퍼나 나일론천으로 닦고, 내면은 와이어브러시로 닦는다.
   ⓒ 접합면을 잘 닦은 후 패스트(Paste)나 크림 플라스턴(Cream plastann)을 발라 암파이프에 삽입하여 가볍게 접합한다.
    단, 관 끝에서 2~3 mm 정도와 이음쇠 내면은 도포하지 않는다.
   ⓔ 토치램프로 접합부 주변을 균일하게 가열하여 납땜이나 와이어 플라스턴을 사용하여 접합한다.

2) 플레어접합(Flare joint, 압축접합)

 동관의 한쪽끝부분을 나팔형으로 넓히고 압축이음쇠를 이용하여 체결하는 방법으로 관지름 20 mm 이하의 동관을 이음할 때 기계의 점검, 보수, 기타 분해할 필요가 있는 곳에 주로 사용한다.

  <방법>
  ① 커터로 동관을 축에 대하여 직각으로 절단한 다음 줄가공한다.
  ② 플레어 너트를 동관에 끼우고 관끝 절단부에 플랜지를 박아 관끝을 나팔모양으로 넓힌다.
  ③ 플레어너트와 이음부의 나사와 체결시킨다.

3) 플랜지접합

 플랜지이음은 냉매배관용으로 사용되며, 플랜지를 체결할 때에는 플랜지 사이에 패킹을 넣고 볼트

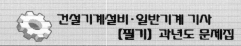

로 죄어 이음한다.

모양에 따라 끼워맞춤형, 홈형, 유압플랜지형이 있다.

4) 용접접합

동파이프를 직접 수소용접을 이용하여 접합하는 방법으로 복사난방의 매립배관 등에 사용되고 있다.

5) 지관(분기관)의 접합

분기관을 메인파이프에 접속시 이음쇠없이 분기관의 끝을 덮개모양으로 넓혀 메인파이프의 외면에 밀착시킨 후에 접합하는 방식으로 메인파이프는 분기관의 내경보다 1~2 mm 크게 구멍을 뚫고 테를 은납땜한다.

[3] 주철관의 접합법

1) 소켓접합(Socket joint)(=연납접합 : Lead joint)

주철관의 소켓쪽에 납(Pb)과 얀(마 : Yarn)을 정으로 박아넣어 접합하는 방식이다.

① 얀(누수방지용)을 다져넣는 양은 다음과 같다.

　　㉠ 급수관인 경우 : 틈새의 $\frac{1}{3}$ 정도

　　㉡ 배수관인 경우 : 틈새의 $\frac{2}{3}$ 정도

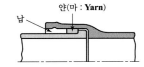

[그림 39 ✧ 소켓접합]

② 납은 충분히 가열하여 표면의 산화물을 완전히 제거한 다음 이음부에 충분한 양을 단한번에 부어넣는다.

③ 납이 굳은 후 코킹작업을 하며, 이때 정은 처음에는 날이 얇은 정을 사용하고 점차로 날이 두꺼운 정을 사용한다.

　　※ 코킹작업 : 이음부에서 새는 것을 방지하기 위하여 틈새부분을 정으로 두드려 서로 밀착시키는 작업

2) 기계적접합(Mechanical joint)

소켓접합과 플랜지접합의 장점을 채택한 것으로서 150 mm 이하의 수도관용으로 사용되고 있다.

① 접합방법

　　㉠ 주철제 압륜과 고무링을 차례로 끼운 다음 소켓에 파이프를 끼워넣어 고무링을 삽입한다. 이때 고무링은 관 내수압에 의하여 팽창하여 누수를 방지한다.

　　㉡ 압륜을 끼우고 볼트와 너트로 균등하게 죄어 고무링을 밀착시킨다.

② 특징

　　㉠ 굽힘성이 풍부하므로 지진, 기타 외압에 대하여 다소의 굴곡에도 누수되지 않는다.

　　㉡ 접합작업이 간단하며, 수중작업도 가능하다.

　　㉢ 간단한 공구로 신속하게 이음이 되며, 숙련공이 필요치 한다.

　　㉣ 기밀성이 좋으며, 고압에 대한 저항이 크다.

3) 빅토릭접합(Victoric joint)

① 가스배관용으로 빅토릭형 주철관은 고무링과 금속제칼라를 사용하여 접합한다.

② 칼라는 관지름이 350 mm 이하이면 2분할하여 죄고, 400 mm 이상이면 4분할하여 볼트로 조인다.

③ 파이프내의 압력이 높아지면 고무링을 더욱더 파이프벽에 밀착하여 누설을 방지한다.

4) 타이톤접합(Tyton joint)

① 소켓 내부의 홈은 고무링을 고정시키고, 돌기부는 고무링이 있는 홈속에 들어맞게 되어 있으며, 삽입구의 끝은 쉽게 끼울 수 있도록 테이프로 되어 있다.

② 이음에 필요한 부품은 고무링 하나뿐이다.

③ 온도변화에 대한 신축이 자유롭다.

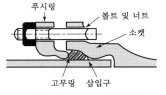
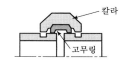
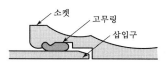

[그림 40 ❖ 기계적접합]　　　[그림 41 ❖ 빅토릭접합]　　　[그림 42 ❖ 타이톤접합]

5) 플랜지접합(Flanged joint)

① 플랜지가 달린 주철관을 서로 맞추어 그 틈새에 패킹재료를 끼우고 볼트, 너트로 죈다.

② **패킹재료** : 고무, 석면, 마(Yarn), 납 등이 주로 사용된다.

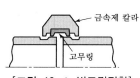
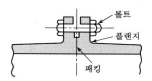

[그림 43 ❖ 빅토릭접합]　　　　[그림 44 ❖ 플랜지접합]

[4] 신축이음(Expansion joint)

관은 온도차에 따라 길이가 변화하여 열응력이 생기므로 이것을 방지하기 위하여 배관의 도중에 설치하는 이음용 재료를 신축이음쇠라 한다.

1) 슬리브형 신축이음

이음본체와 슬리브관으로 되어있으며 관의 팽창과 수축은 본체속을 미끄러지는 슬리브관에 의해 흡수된다.

① 직선으로 이음하므로 설치공간이 적다.

② 신축량이 크고 신축으로 인한 응력이 생기지 않는다.

③ 고압배관에는 부적당하다.

④ 호칭지름 50 A 이하는 청동제조인트이고, 65 A 이상은 슬리브파이프가 청동제이고 본체는 일부가 주철제이거나 전부가 주철제로 되어 있다.

2) 벨로즈형 신축이음

일명 "팩리스(Packless) 신축이음"이라고도 하며, 온도변화에 의한 관의 신축을 벨로즈(파형주름관)의 신축변형에 의해서 흡수시키는 방식이다.

① 설치공간을 넓게 차지하지 않는다.

② 누설이 없으며, 신축에 따른 응력발생이 없다.

③ 벨로즈는 부식되지 않는 스테인리스강 또는 청동을 사용한다.

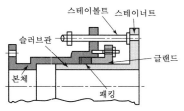

[그림 45 ❖ 슬리브형 신축이음]

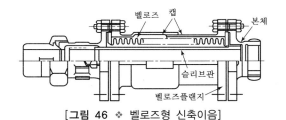

[그림 46 ❖ 벨로즈형 신축이음]

3) 루프형 신축이음(=신축곡관)

강관 또는 동관 등을 루프(Loop) 모양으로 구부려 그 휨에 의해서 신축을 흡수하는 방식이다.

① 설치공간을 많이 차지하고, 신축에 따른 자체응력이 생긴다.

② 고온, 고압증기의 옥외배관에 많이 쓰인다.

③ 곡률반경은 관지름의 6배 이상이 좋다.

4) 스위블형 신축이음(=스윙조인트 또는 지웰조인트)

온수 또는 저압증기의 분기점을 2개 이상의 엘보로 연결하여 한쪽이 팽창하면 비틀림이 일어나 팽창을 흡수하여 온수급탕배관에 주로 사용한다.

① 굴곡부분에서 압력강하를 가져온다.

② 신축량이 너무 큰 배관에서는 나사이음부가 헐거워져 누설우려가 있다.

③ 설치비는 싸고, 쉽게 조립할 수 있다.

④ 직관길이 30 m에 대하여 회전관 1.5 m 정도로 조립하면 된다.

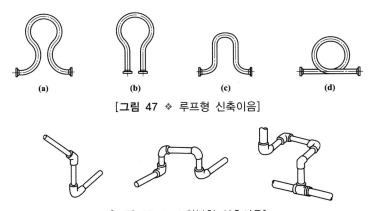

(a)   (b)   (c)   (d)

[그림 47 ❖ 루프형 신축이음]

[그림 48 ❖ 스위블형 신축이음]

5) 볼 조인트

① 평면상의 변위뿐만 아니라 입체적인 변위까지도 안전하게 흡수하므로 볼 이음쇠를 2개 이상 사용하면 회전과 기울임이 동시에 가능하다.

② 배관계의 축방향 힘과 굽힘부분에 작용하는 회전력을 동시에 처리할 수 있으므로 고온수 배관 등

에 많이 사용된다.

③ 극히 간단히 설치할 수 있고, 면적도 작게 소요된다.

3 배관 부속재료

[1] 수전(Faucet, 수도꼭지)

① 급수, 급탕관의 끝에 직결하여 탕과 물의 흐름을 개폐하는 장치이다.

② 재질 : 청동주물, 황동주물로 만들며, 니켈 또는 크롬도금하여 사용한다.

③ 종류

  ㉠ 일반용 수전 : 일반적으로 사용되는 건축설비용으로 발코니용, 변기용, 세면기용, 주방용 수전 등이 있다.

  ㉡ 지수전

    ⓐ 갑 지수전 : 나사식 밸브로 개폐하고 2층이나 각 사용기구앞에 설치해 사용자가 자유롭게 개폐할 수 있도록 핸들이 부착되어 있다.

    ⓑ 을 지수전 : 수도, 인입관의 공도(公道)와 사유지의 경계에 설치하고 지수부는 콕식으로 사용자가 개폐할 수 없도록 제한되어 있다.

  ㉢ 분수전 : 배수관에서 급수관을 분기할 때 도중에 부착하는 기구이다.

  ㉣ 볼탭 : 옥상탱크, 물받이탱크, 대변기의 세정탱크 등의 급수구에 장착하며 부력에 의해 자동적으로 밸브가 개폐되는 것을 말한다.

[2] 스트레이너(Strainer)

관내의 이물질을 제거하여 기기의 성능을 보호하는 기구로서 형상에 따라 U형, V형, Y형이 있다.

[3] 트랩(Trap)

1) 증기트랩(Stream trap)

방열기 또는 증기관속에 생긴 응축수 및 공기를 증기로부터 분리하여 증기는 통과시키지 않고 응축수만 환수관으로 배출하는 장치이다.

① 열동식트랩

  ㉠ 사용압력에 따라 : 저압용, 고압용

  ㉡ 형식에 따라 : 앵글형, 스트레이트형

② 버킷트랩 : 버킷의 부력에 의해 밸브를 개폐하여 간헐적으로 응축수를 배출하는 구조로 되어 있으며, 버킷의 위치에 따라 상향식과 하향식이 있다. 고압, 중압의 증기 환수관용으로 쓰인다.

③ 플로트트랩 : 일명, "다량트랩"이라고도 하며, 트랩속에 플로트가 있어 응축수가 차면 플로트가 떠오르고 밸브가 열려 하부 배출구로 응축수가 배출된다.

④ 충동증기트랩 : 실린더 속의 온도변화에 따라 연속적으로 밸브가 개폐하며, 구조가 극히 간단하고 취급하는 드레인양에 비해 소형이다.

2) 배수트랩

하수관속에서 발생한 유취, 유해가스가 배수관을 통해 기구 배수구에서 실내로 역류하는 것을 방지하는 기구이다.

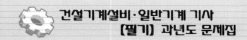
① 봉수의 깊이는 50~100 mm로 하고, 50 mm보다 낮으면 가스나 공기가 통할 염려가 있으며, 100 mm보다 깊으면 배수할 때 자기 세척력이 약해져서 트랩의 바닥에 찌꺼기가 고여 막히는 원인이 된다.

② 종류

  ㉠ 관트랩 : 곡관의 일부에 물을 고이게 하여 공기나 가스의 통과를 저지시킨 사이펀식 트랩이다.

    ⓐ S트랩 : 위생기를 바닥에 설치된 배수수평관에 접속할 때에 사용한다.

    ⓑ P트랩 : 벽면에 매설하는 배수수직관에 접속할 때 사용한다.

    ⓒ U트랩 : 가옥트랩(House trap) 또는 메인트랩(Main trap)이라고도 하며, 건물내의 배수수평주관 끝에 설치한다.

  ㉡ 박스트랩

    ⓐ 벨트랩 : 주로 바닥배수에 사용하며, 바닥배수를 모아 배수관에 유출시키고 배수관내에 발생하는 유독가스의 실내혼입을 방지한다.

    ⓑ 드럼트랩 : 개숫물속의 찌꺼기를 트랩바닥에 모이게 하여 배수관에 찌꺼기가 흐르지 않게 방지하는 것이다.

    ⓒ 그리스트랩 : 조리대 배수에 포함된 지방분의 관내 부착을 방지한다.

    ⓓ 가솔린트랩 : 휘발성기름, 휘발유 등을 취급하는 차고나 주유소 등의 배수관에 설치하며, 배수에 기름이나 휘발유 등이 혼입되지 않도록 한다.

[4] 패킹(Packing)

1) 패킹의 성질

접합부로부터의 누설을 방지하기 위하여 접합부 사이에 삽입하는 것으로 개스킷이라고도 한다.

① 관내 물체의 물리적 성질 : 온도, 압력, 밀도, 점도 등

② 관내 물체의 화학적 성질 : 용해능력, 부식성, 휘발성, 인화성, 폭발성 등

③ 기계적 성질 : 교환의 난이, 진동의 유무, 내압과 외압의 정도 등

2) 패킹의 종류

① 플랜지 패킹

  ㉠ 고무패킹

    ⓐ 천연고무 : 탄성은 우수하나 흡수성이 없고, 산·알칼리에는 강하나 열과 기름에는 약하다.

    ⓑ 네오프렌 : 내열범위가 −46 ℃~120 ℃인 합성고무이다.

  ㉡ 섬유패킹 : 식물성, 동물성, 광물성으로 구분한다.

  ㉢ 합성수지패킹 : 가장 많이 사용되는 것은 테프론(Teflon)이다.

    기름이나 약품에도 침식되지 않으나 탄성이 부족하다.

    내열범위는 −260 ℃~260 ℃이다.

  ㉣ 금속패킹 : 구리, 철, 납, 알루미늄, 크롬강 등이 많이 사용된다.

  ㉤ 오일실 패킹 : 한지를 일정한 두께로 여러겹 붙여 내유가공한 것으로 내유성은 좋으나 내열성은 떨어진다. 압력이 낮은 보통펌프나 기어박스 등에 사용된다.

② 나사용 패킹

  ㉠ 페인트 : 페인트와 광명단을 혼합하여 사용하며, 기름배관을 제외하고는 모든 배관에 사용할 수 있다.

ⓛ 일산화연 : 냉매배관에 많이 사용하며, 빨리 굳기 때문에 페인트에 섞어서 사용한다.

ⓒ 액상합성수지 : 약품에 강하고 내유성이 크며, 내열범위는 −30 ℃~130 ℃이다.

③ 그랜드패킹 : 회전이나 왕복운동용 축의 누설방지장치로 널리 사용된다.

[5] 보온재

1) 유기질 보온재

① 펠트(Felt) : 동물성 펠트는 100 ℃ 이하에 사용하며, 아스팔트를 방습한 것은 −60 ℃까지의 보냉용에 사용할 수 있다. 곡면의 시공에 편리하게 쓰인다.

② 코르크(Cork) : 액체 및 기체를 쉽게 침투시키지 않아 보냉, 보온재로 쓰인다.
굽힘성이 없어 곡면시공에 사용하면 균열이 생긴다.

③ 기포성수지 : 열전도율, 흡수성은 작으나 굽힘성이 풍부하다.

2) 무기질 보온재

① 석면
ⓐ 아스베스토스(Asbestos)가 주원료이다.
ⓑ 선박과 같이 진동이 심한 곳에 사용된다.
ⓒ 450 ℃ 이하의 파이프, 탱크, 노벽 등의 보온재로 쓰인다.
ⓓ 800 ℃ 정도에서 강도와 보온성이 감소된다.

② 암면 : 주원료는 슬래그이며, 비교적 값이 싸고 석면에 비하여 섬유가 거칠고 굳어서 부스러지기 쉽다.

③ 규조토 : 단독으로 성형할 수 없고 점토 또는 탄산마그네슘을 가하여 형틀에 압축성형한다.

④ 탄산마그네슘 : 염기성 탄산마그네슘과 석면을 배합한 것으로 물에 개어서 사용한다. 열전도율이 가장 낮으며 300 ℃~320 ℃에서 열분해한다.

3) 발포 폴리스티렌폼(스티로폼)

고온에서 사용할 수 없다.

[6] 도료(페인트)

① 광명단도료 : 강관의 녹을 방지하기 위해 페인트 밑칠에 사용한다.

② 산화철도료 : 도막이 부드럽고 값이 싸서 많이 사용되나 방청효과가 좋지 못하다.

③ 알루미늄도료 : 난방용 방열기 등의 외면에 도장하는 도료로서 열을 잘 반사하고 확산한다.

[7] 기름(Oil)

① 강관의 절단이나 나사절삭작업에는 절삭유가 사용된다.
② 연관공사에는 휘발유나 페인트 등이 사용된다.

[8] 덕트(Duct)

① 일반적으로 아연도금철판으로 제작되며, 특별한 용도에 대해서는 목재, 벽돌, 콘크리트 등도 사용된다.
② 철판제덕트는 크기에 따라 길이를 0.9 m 또는 1.8 m의 부품으로 제작한다.

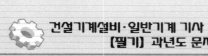 

[9] 철판재덕트의 부속품

1) 댐퍼(Damper)

① 버터플라이댐퍼 : 소형덕트나 토출구에 사용된다.

② 다익댐퍼 : 2개 이상의 날개를 가진 것으로 날개에 작용하는 풍압이 커지므로 대형덕트에 사용된다.

③ 스플릿댐퍼 : 분기덕트의 분기관에 사용되며, 풍량조절용으로 사용된다.

2) 안내날개(Guide vane)

덕트의 굽은 부분의 곡률반경이 덕트밸브의 1.5배 이내일 때는 안내날개를 설치하여 저항을 작게 해야 한다.

2 배관공작

1 강관 공작용 공구와 기계

[1] 강관 공작용 공구

1) 파이프 바이스(Pipe vise)

① 관의 절단과 나사절삭 및 조립시 관을 고정하는데 사용한다.

② 크기 : 고정 가능한 관경의 치수로 나타낸다.

2) 파이프 커터(Pipe cutter)

① 관을 절단할 때 사용한다.

② 크기 : 관을 절단할 수 있는 관경으로 표시한다.

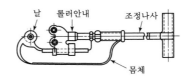

[그림 49 ❖ 파이프 바이스]   [그림 50 ❖ 파이프 커터]

3) 쇠톱(Hack saw)

① 피팅홀(Fiting hole)의 간격에 따라 200 mm, 250 mm, 300 mm의 3종류가 있다.

② 톱날의 산수는 재질에 따라 선택사용한다.

4) 파이프 리머(Pipe reamer)

관 절단후 관단면의 안쪽에 생기는 거스러미(Burr)를 제거하는 공구이다.

5) 파이프 렌치(Pipe wrench)

① 관을 회전시키거나 나사를 죌 때 사용하는 공구이다.

② 크기 : 사용할 수 있는 최대의 관을 물었을 때의 전길이로 표시한다.

③ 종류 : 스트레이트 파이프 렌치, 오프셋 파이프 렌치, 체인식 파이프 렌치, 스트랩 파이프 렌치
→ 체인식 파이프 렌치는 200 mm 이상의 관물림에 사용된다.

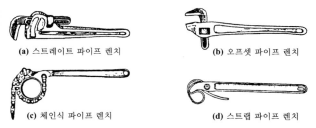

(a) 스트레이트 파이프 렌치   (b) 오프셋 파이프 렌치

(c) 체인식 파이프 렌치   (d) 스트랩 파이프 렌치

[그림 51 ❖ 파이프 렌치의 종류]

6) 나사절삭기(수동파이프 나사절삭기)

① 수동으로 나사를 절삭할 때 사용하는 공구이다.

② 종류 : 오스터형(4개의 날이 1개조), 리드형(2개의 날이 1개조), 비버형, 드롭헤드형

[2] 강관 공작용 기계

1) 동력 나사절삭기

① 동력을 이용하여 나사를 절삭하는 기계이다.

② 종류

    ㉠ 오스터식 : 동력으로 관을 저속회전시키며 나사절삭기를 밀어넣는 방법으로 나사가 절삭된다.

    ㉡ 다이헤드식 : 관의 절단, 나사절삭, 거스러미 제거 등의 일을 연속적으로 할 수 있기 때문에 다이헤드를 관에 밀어 넣어 나사를 가공한다.

    ㉢ 호브형 : 나사절삭 전용기계로서 호브를 저속으로 회전시키면 관은 어미나사와 척의 연결에 의해 1회전할 때마다 1피치만큼 이동나사가 절삭된다.

2) 기계톱

① 절삭시는 톱날에 하중이 걸리고, 귀환시는 하중이 걸리지 않는다.

② 작동시 단단한 재료일수록 톱날의 왕복운동은 천천히 한다.

3) 고속 숫돌 절단기

① "커터 그라인더 머신"이라고도 하며, 두께 0.5~3 mm 정도의 얇은 연삭원판을 고속회전시켜 재료를 절단하는 기계이다.

② 절단할 수 있는 관의 지름은 100 mm까지이다.

4) 파이프 벤딩키

① 램식 : 현장용으로 많이 쓰인다.

② 로터리식 : 대량생산에 적합하며 관에 심봉을 넣고 구부리므로 관의 단면변형이 없고, 두께에 관계없이 쉽게 굽힐 수 있다. 또한 관의 구부림반경은 관경의 2.5배 이상이어야 한다.

③ 수동롤러식 : 180°까지 자유롭게 굽힘할 수 있다.

2 기타 배관용 공구와 기계

[1] 주철관용 공구

① **링크형 파이프 커터** : 주철용 전용 절단공구

② **클립(Clip)** : 소켓이음 작업시 용해된 납물의 비산을 방지하는데 사용

③ **납 용해용 공구세트** : 납 냄비, 파이어 포트, 납국자, 산화납 제거기

④ **코킹정(Chisels)** : 소켓이음시 얀(Yarn)을 박아 넣거나 다지는 공구로 1번세트에서 7번세트가 있고, 얇은 것부터 순차적으로 사용한다.

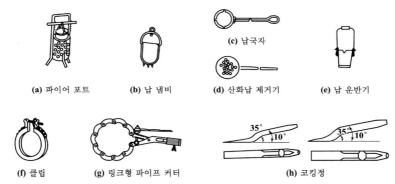

(a) 파이어 포트　　(b) 납 냄비　　(c) 납국자　　(d) 산화납 제거기　　(e) 납 운반기

(f) 클립　　(g) 링크형 파이프 커터　　(h) 코킹정

[그림 52 ❖ 주철관용 공구]

[2] 동관용 공구

① **확산기(Expander)** : 동관 끝의 확관용 공구

② **티뽑기(Extractors)** : 직관에서 분기관 성형시 사용하는 공구

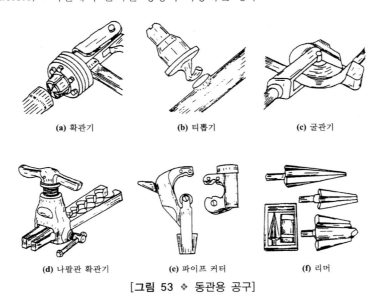

(a) 확관기　　(b) 티뽑기　　(c) 굴관기

(d) 나팔관 확관기　　(e) 파이프 커터　　(f) 리머

[그림 53 ❖ 동관용 공구]

③ 굴관기(Bender) : 동관의 전용 굽힘공구

④ 나팔관 확산기(Flaring tool set) : 동관의 끝을 나팔형으로 만들어 압축이음시 사용하는 공구

⑤ 파이프 커터(Pipe cutter) : 동관의 전용절단공구

⑥ 리머(Reamer) : 파이프 절단 후 파이프 가장자리의 거치른 거스러미(Burr) 등을 제거하는 공구

⑦ 사이징 툴(Sizing tool) : 동관의 끝부분을 원형으로 정형하는 공구

[3] 연관용 공구

① 봄볼(Bome ball) : 주관에서 분기관을 따내기 작업시 구멍을 뚫을 때 사용

② 드레서(Dresser) : 연관표면의 산화물을 제거하는 공구

③ 벤드벤(Bend ben) : 연관을 굽힐 때나 펼 때 사용

④ 맬릿(Mallet) : 턴핀을 때려박거나 접합부 주위를 오므리는데 사용하는 나무해머

⑤ 턴핀(Turn pin) : 연관의 끝부분을 원뿔형으로 넓히는데 사용하는 공구

⑥ 토치램프(Torch lamp) : 납관의 납땜, 구리관의 납땜이음, 배관 및 배선공사의 국부 가열용으로 많이 사용

⑦ 연관톱(Plumber saw) : 납관을 절단하는데 사용하는 톱

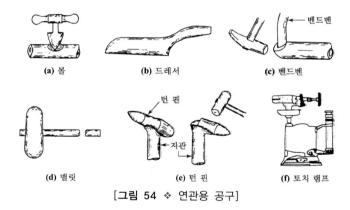

(a) 볼 (b) 드레서 (c) 벤드벤

(d) 맬릿 (e) 턴 핀 (f) 토치 램프

[그림 54 ❖ 연관용 공구]

[4] 합성수지관 접합용 공구

① 커터(Cutter) : 경질염화비닐관 전용으로 쓰이며, 관을 절단할 때 사용

② 가열기(Heater) : 토치램프에 가열기를 부착시켜 이음하기 위해 가열할 때 사용

③ 열풍용접기(Hot jet) : 경질염화비닐관의 접합 및 수리를 위한 용접시 사용

[5] 도관 및 콘크리트관용 접합공구

① 도관 : 매설용(삽, 곡괭이), 가공용(벽돌해머, 흙손)

② 콘크리트관 이음용 : 스패너, 파이프렌치, 체인블록 등

3 배관시공

1 배관시공 일반

[1] 급수배관 시공법

1) 급수방법

- 급수방법 ┌ 급수설비에 의한 분류 : 직결식, 옥상탱크식, 압력탱크식
  └ 물의 흐름에 의한 분류 : 상향식, 하향식, 상·하병용식

① **직결(직접)식 급수법**

㉠ 개요 : 우물이나 상수도에 직접공급하여 급수하는 방식이다.

㉡ 종류

ⓐ 우물 직결식 : 우물에 펌프를 설치하여 물을 끌어올려 급수하는 방식으로 수도가 없는 주택지에 사용한다.

ⓑ 수도 직결식 : 수도 본관의 수압을 이용하여 직접 건물에 급수하는 방식으로 일반주택 및 소규모건축물에 사용한다.

㉢ 특징 : 설비비가 적게 들며, 대규모 건물에서는 급수가 곤란하다.

② **옥상(고가) 탱크식 급수법**

㉠ 개요 : 대형건물의 급수방법으로 많이 사용되며, 옥상 또는 높은 곳에 설치한 물탱크에 물을 퍼올려 하향급수하는 방식이다.

㉡ 옥상탱크

ⓐ 용량 : 1일 최대수량의 1~2시간분으로 한다.

ⓑ 설치높이 : 보통 밸브일 때 $0.3\,kg/cm^2(=3\,m)$의 수압을 줄 수 있는 높이로 한다.
플래시 밸브일 때 $0.7\,kg/cm^2(=7\,m)$의 수압을 줄 수 있는 높이로 한다.

ⓒ 오버플로관 : 탱크 내의 일정수위 유지를 위해서 물을 배출하는 관으로 보통 급수관의 1.5배로 한다.

㉢ 지하저수조(수조탱크) : 옥상탱크의 1.5~2배 크기로 한다.

㉣ 급수순서 : 수도본관 → 저수조 → 양수관 → 옥상탱크 → 급수관 → 수전

㉤ 특징

ⓐ 공급수압이 항상 일정하다.

ⓑ 단수시 탱크내에 보유수량이 있으므로 급수에 지장이 없다.

ⓒ 수도본관의 과잉수압시 배관부속품의 손상을 방지할 수 있다.

ⓓ 고층 및 대규모빌딩에 사용이 가능하다.

③ **압력탱크식 급수법**

㉠ 개요 : 옥상이나 고가탱크를 설치할 수 없는 경우 지상에 압력탱크를 설치하여 높은 곳에 물을 공급하는 방식이다.

㉡ 특징

ⓐ 탱크의 기밀성이나 내압성 때문에 탱크제작비가 비싸다.

ⓑ 취급이 곤란하고, 고장이 많다.

ⓒ 탱크내 저수량이 적어 정전시 단수 우려가 크다.

ⓓ 급수압력이 불균일하고, 고양정의 펌프가 필요하다.

2) 펌프(Pump)

① 왕복식 펌프

ㄱ 특징

    ⓐ 유체의 흐름이 단속적이어서 맥동이 있다.

    ⓑ 고양정용에 쓰인다.

    ⓒ 소음, 진동이 크고, 양수량 조절이 곤란하다.

ㄴ 종류

    ⓐ 워싱턴 펌프 : 보일러의 발생증기압력을 이용하여 피스톤을 왕복시켜 급수를 행하는 것으로 소용량의 고압보일러에 사용된다.

    ⓑ 플런저 펌프 : 전동기를 이용한 플런저의 왕복으로 급수하며, 물이나 기타 액체용 고압펌프에 사용되고 있다.

    ⓒ 피스톤 펌프 : 송수압에 파동이 크고, 수량의 조절도 곤란하여 양수량이 적어 양정이 큰 경우에 적합하다.

② 회전식 펌프

ㄱ 특징

    ⓐ 소형, 경량이며, 고속운전에 적당하다.

    ⓑ 진동, 소음이 적고, 장치도 간단하며 송수압에 파동이 없어 수량의 조절도 용이하다.

ㄴ 종류

    ⓐ 터빈 펌프 : 임펠러 주위에 안내날개가 있어 물의 속도에너지를 압력으로 변화시키므로 20 m 이상의 고양정에 쓰인다.

    ⓑ 원심 펌프 : 안내날개가 없으므로 20 m 이하의 저양정에 사용된다.

    ⓒ 웨스코 펌프 : 소용량, 고양정의 가정용 우물펌프에 주로 쓰인다.

3) 급수펌프 시공

① 펌프와 모터의 축심이 일직선상에 오도록 맞추고, 펌프의 흡입양정을 낮게 하여 설치한다.

② **흡입관의 수평부** : $\dfrac{1}{50} \sim \dfrac{1}{100}$ 의 상향구배로 배관하고, 지름을 바꿀 때에는 편심이형관을 사용한다.

③ **풋밸브(Foot valve)** : 동수위면에서 관지름의 2배 이상 낮게 장치한다.

④ **토출관** : 펌프출구로부터 1 m 이상 위로 올려 수평관에 접속한다.

⑤ 토출양정이 18 m 이상 될 때는 펌프출구와 토출밸브 사이에 체크밸브를 장치한다.

4) 급수배관 시공

① 배관의 구배

ㄱ 급수관의 모든 기울기는 $\dfrac{1}{250}$ 상향구배를 표준으로 한다. 단, 옥상탱크식에서 수평주관은 하향구배로 한다.

ㄴ 공기빼기 밸브 : 배관의 현장사정으로 조거형(ㄷ형)의 배관이 되어 공기가 모일 경우에 설치한다.

ㄷ 배니 밸브 : 급수관의 최하부와 같이 물이 모일만한 곳에 설치한다.

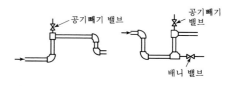

[그림 55 ✤ 공기빼기 밸브와 배니 밸브]

< 건설기계설비 · 일반기계 기사 [필기] 과년도 문제집 >

과년도 기출문제 추가분
[2022년]

위올복 저

학진북스
HAKJIN BOOKS

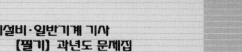
2022년 제1회 일반기계·건설기계설비 기사

제1과목 재료역학

 문제 1. 양단이 회전지지로 된 장주에서 거리 e 만큼 편심된 곳에 축방향 하중 P가 작용할 때 이 기둥에서 발생하는 최대 압축응력($\sigma_{\max}$)은? (단, A는 기둥 단면적, $2c$는 단면의 두께, r은 단면의 회전반경, E는 세로탄성계수이다. L은 장주의 길이이다.) 【10장】

① $\sigma_{\max} = \dfrac{P}{A}\left[1 + \dfrac{ec}{r^2}\sec\left(\dfrac{L}{r}\sqrt{\dfrac{P}{4EA}}\right)\right]$

② $\sigma_{\max} = \dfrac{P}{A}\left[1 + \dfrac{ec}{r^2}\sec\left(\dfrac{L}{r}\sqrt{\dfrac{P}{2EA}}\right)\right]$

③ $\sigma_{\max} = \dfrac{P}{A}\left[1 + \dfrac{ec}{r^2}\operatorname{cosec}\left(\dfrac{L}{r}\sqrt{\dfrac{P}{4EA}}\right)\right]$

④ $\sigma_{\max} = \dfrac{P}{A}\left[1 + \dfrac{ec}{r^2}\operatorname{cosec}\left(\dfrac{L}{r}\sqrt{\dfrac{P}{2EA}}\right)\right]$

해설▷ 편심축하중을 받는 기둥의 시컨트 공식(secant formula)은 다음과 같다.

$$\therefore\ \sigma_{\max} = \dfrac{P}{A}\left[1 + \dfrac{ec}{r^2}\sec\left(\dfrac{L}{r}\sqrt{\dfrac{P}{4EA}}\right)\right]$$

여기서, $\dfrac{ec}{r^2}$는 편심비라 하며, 단면의 성질에 대한 하중의 편심도를 나타낸다.

문제 2. 그림과 같은 막대가 있다. 길이는 4 m이고 힘(F)은 지면에 평행하게 200 N만큼 주었을 때 O점에 작용하는 힘(F_{ox}, F_{oy})과 모멘트(M_z)의 크기는? 【6장】

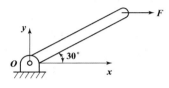

① $F_{ox} = 200\,\text{N}$, $F_{oy} = 0$, $M_z = 400\,\text{N} \cdot \text{m}$

② $F_{ox} = 0$, $F_{oy} = 200\,\text{N}$, $M_z = 200\,\text{N} \cdot \text{m}$

③ $F_{ox} = 200\,\text{N}$, $F_{oy} = 200\,\text{N}$, $M_z = 200\,\text{N} \cdot \text{m}$

④ $F_{ox} = 0$, $F_{oy} = 0$, $M_z = 400\,\text{N} \cdot \text{m}$

해설▷

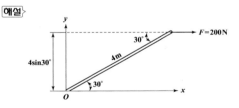

$F_{ox} = F = 200\,\text{N}$

$F_{oy} = 0$

$M_z = F \times 4\sin 30° = 200 \times 4 \times \dfrac{1}{2} = 400\,\text{N} \cdot \text{m}$

문제 3. 지름 100 mm의 원에 내접하는 정사각형 단면을 가진 강봉이 10 kN의 인장력을 받고 있다. 단면에 작용하는 인장응력은 약 몇 MPa인가? 【1장】

① 2

② 3.1

③ 4

④ 6.3

해답 1. ① 2. ① 3. ①

해설 >

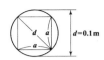

$$d^2 = a^2 + a^2 = 2a^2$$

$$\therefore \ a = \frac{d}{\sqrt{2}} = \frac{0.1}{\sqrt{2}} = 0.0707\,\text{m}$$

결국, $\sigma_t = \dfrac{P_t}{A} = \dfrac{10 \times 10^{-3}}{0.0707^2} = 2\,\text{MPa}$

문제 **4.** 도심축에 대한 단면 2차 모멘트가 가장 크도록 직사각형 단면[폭(b)×높이(h)]을 만들 때 단면 2차 모멘트를 직사각형 폭(b)에 관한 식으로 옳게 나타낸 것은? (단, 직사각형 단면은 지름 d인 원에 내접한다.) 【4장】

① $\dfrac{\sqrt{3}}{4}b^4$ ② $\dfrac{\sqrt{3}}{3}b^4$

③ $\dfrac{3}{\sqrt{3}}b^4$ ④ $\dfrac{4}{\sqrt{3}}b^4$

해설 > $I = \dfrac{bh^3}{12} = \dfrac{\sqrt{d^2 - h^2} \times h^3}{12}$

$\qquad = \dfrac{\sqrt{h^6(d^2 - h^2)}}{12}$

$\qquad = \dfrac{\sqrt{d^2 h^6 - h^8}}{12}$

$\qquad = \dfrac{(d^2 h^6 - h^8)^{\frac{1}{2}}}{12}$

[$d^2 = b^2 + h^2$ 에서 $b^2 = d^2 - h^2$ 즉, $b = \sqrt{d^2 - h^2}$]

$\dfrac{dI}{dh} = 0$ 에서 $\dfrac{1}{12} \times \dfrac{1}{2}(d^2 h^6 - h^8)^{-\frac{1}{2}}(6d^2 h^5 - 8h^7) = 0$

$\dfrac{6d^2 h^5 - 8h^7}{24\sqrt{(d^2 h^6 - h^8)}} = 0$ 즉, $6d^2 h^5 - 8h^7 = 0$

$h^2 = \dfrac{3}{4}d^2$ 에서 $\therefore \ h = \dfrac{\sqrt{3}}{2}d$

또한, $b^2 = d^2 - h^2 = d^2 - \dfrac{3}{4}d^2 = \dfrac{1}{4}d^2$ 에서

$\therefore \ b = \dfrac{1}{2}d$

$b : h = \dfrac{1}{2}d : \dfrac{\sqrt{3}}{2}d = 1 : \sqrt{3}$ 즉, $h = \sqrt{3}\,b$

결국, $I_{\max} = \dfrac{bh^3}{12} = \dfrac{b}{12} \times (\sqrt{3}\,b)^3 = \dfrac{\sqrt{3}}{4}b^4$

문제 **5.** 기계요소의 임의의 점에 대하여 스트레인을 측정하여 보니 다음과 같이 나타났다. 현위치로부터 시계방향으로 30° 회전된 좌표계의 y방향의 스트레인 ε_y는 얼마인가? (단, ε은 각 방향별 수직변형률, γ는 전단변형률을 나타낸다.) 【3장】

$\varepsilon_x = -30 \times 10^{-6}$
$\varepsilon_y = -10 \times 10^{-6}$
$\gamma_{xy} = 10 \times 10^{-6}$

① -14.95×10^{-6} ② -12.64×10^{-6}

③ -10.67×10^{-6} ④ -9.32×10^{-6}

해설 > xy축에 관한 수직변형률 ε_x와 ε_y 및 전단변형률 γ_{xy}라 하고, xy축으로부터 반시계방향으로 α만큼 회전된 y축에 관한 수직변형률 ε_a는

$\varepsilon_a = \varepsilon_x \cos^2\alpha + \varepsilon_y \sin^2\alpha + \gamma_{xy}\sin\alpha \cdot \cos\alpha$

만약, 시계방향으로 α만큼 회전된 y축에 관한 수직변형률 ε_a는

$\varepsilon_a = \varepsilon_x \cos^2(90 - \alpha) + \varepsilon_y \sin^2(90 - \alpha)$
$\qquad + \gamma_{xy}\sin(90 - \alpha)\cos(90 - \alpha)$
$\quad = -30 \times 10^{-6}\cos^2(90 - 30)$
$\qquad - 10 \times 10^{-6}\sin^2(90 - 30)$
$\qquad + 10 \times 10^{-6}\sin(90 - 30)\cos(90 - 30)$
$\quad = -10.67 \times 10^{-6}$

문제 **6.** 길이 15 m, 지름 10 mm의 강봉에 8 kN의 인장 하중을 걸었더니 탄성 변형이 생겼다. 이 때 늘어난 길이는 약 몇 mm인가? (단, 이 강재의 세로탄성계수는 210 GPa이다.) 【1장】

① 1.46   ② 14.6

③ 0.73   ④ 7.3

해설 > $\lambda = \dfrac{P\ell}{AE} = \dfrac{8 \times 10^3 \times 15 \times 10^3}{\dfrac{\pi}{4} \times 10^2 \times 210 \times 10^3} = 7.28$

$\qquad \fallingdotseq 7.3\,\text{mm}$

〈참고〉 $1\,\text{MPa} = 1\,\text{N/mm}^2$

정답 **4.** ①   **5.** ③   **6.** ④

문제 7. 그림과 같이 2개의 비틀림 모멘트를 받고 있는 중공축의 $a-a$ 단면에서 비틀림 모멘트에 의한 최대전단응력은 약 몇 MPa인가? (단, 중공축의 바깥지름은 10 cm, 안지름은 6 cm이다.) 【5장】

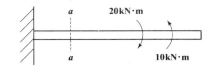

① 25.5   ② 36.5

③ 47.5   ④ 58.5

해설 $T = 20 - 10 = 10\,\text{kN} \cdot \text{m}$

$T = \tau Z_P = \tau \times \dfrac{\pi(d_2^4 - d_1^4)}{16 d_2}$ 에서

$10 \times 10^6 = \tau \times \dfrac{\pi(100^4 - 60^4)}{16 \times 100}$ $\therefore \tau = 58.5\,\text{MPa}$

문제 8. 그림과 같은 보에서 $P_1 = 800$ N, $P_2 = 500$ N이 작용할 때 보의 왼쪽에서 2 m 지점에 있는 a 위치에서의 굽힘모멘트의 크기는 약 몇 N·m인가? 【6장】

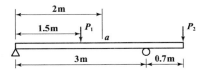

① 133.3

② 166.7

③ 204.6

④ 257.4

해설 우선, 양 지점을 A, B라 하면 A점의 반력 R_A 는

$R_A \times 3 - P_1 \times 1.5 = -P_2 \times 0.7$

$\therefore R_A = \dfrac{(P_1 \times 1.5) - (P_2 \times 0.7)}{3}$

$= \dfrac{(800 \times 1.5) - (500 \times 0.7)}{3} = 283.33\,\text{N}$

결국, $M_a = R_A \times 2 - P_1 \times 0.5 = 283.33 \times 2 - 800 \times 0.5$

$\fallingdotseq 166.7\,\text{N} \cdot \text{m}$

문제 9. 5 cm×10 cm 단면의 3개의 목재를 목재용 접착제로 접착하여 그림과 같은 10 cm×15 cm의 사각 단면을 갖는 합성 보를 만들었다. 접착부에 발생하는 전단응력은 약 몇 kPa인가? (단, 이 합성보는 양단이 길이 2 m인 단순지지 보이며 보의 중앙에 800 N의 집중하중을 받는다.) 【7장】

① 57.6   ② 35.5

③ 82.4   ④ 160.8

해설 $\tau = \dfrac{FQ}{bI} = \dfrac{400 \times 0.1 \times 0.05 \times 0.05}{0.1 \times \dfrac{0.1 \times 0.15^3}{12}}$

$\fallingdotseq 35.5 \times 10^3 \,\text{N/m}^2 (= \text{Pa}) = 35.5\,\text{kPa}$

문제 10. 외팔보 AB에서 중앙(C)에 모멘트 M_C 와 자유단에 하중 P가 동시에 작용할 때, 자유단(B)에서의 처짐량이 영(0)이 되도록 M_C 를 결정하면? (단, 굽힘강성 EI는 일정하다.) 【8장】

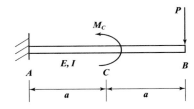

① $M_C = \dfrac{8}{9}\,\text{Pa}$

② $M_C = \dfrac{16}{9}\,\text{Pa}$

③ $M_C = \dfrac{24}{9}\,\text{Pa}$

④ $M_C = \dfrac{32}{9}\,\text{Pa}$

해답   **7.** ④   **8.** ②   **9.** ②   **10.** ②

해설〉 우선, 자유단(B)에서 하중 P가 작용할 때 처짐량을 $\delta_B{'}$라 하면

$$\delta_B{'} = \frac{P\ell^3}{3EI} = \frac{P(2a)^3}{3EI} = \frac{8Pa^3}{3EI}$$

또한, 중앙(C)에 모멘트 M_C에 의한 자유단(B)에서 처짐량을 $\delta_B{''}$라 하면

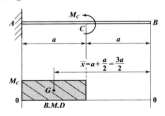

$$\delta_B{''} = \frac{A_M}{EI}\bar{x} = \frac{1}{EI} \times a \times M_C \times \frac{3a}{2} = \frac{3M_Ca^2}{2EI}$$

결국, $\delta_B{'} = \delta_B{''}$이므로 $\dfrac{8Pa^3}{3EI} = \dfrac{3M_Ca^2}{2EI}$

$$\therefore\ M_C = \frac{16}{9}Pa$$

문제 **11.** 그림과 같은 외팔보가 있다. 보의 굽힘에 대한 허용응력을 80 MPa로 하고, 자유단 B로부터 보의 중앙점 C사이에 등분포하중 w를 작용시킬 때, w의 최대 허용값은 몇 kN/m인가? (단, 외팔보의 폭×높이는 5 cm×9 cm이다.) 【7장】

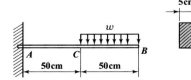

① 12.4　　　　② 13.4
③ 14.4　　　　④ 15.4

해설〉 우선, $M_{\max} = w \times 0.5 \times (0.25 + 0.5)$
$\qquad\qquad = 0.375w\,(\text{N}\,\text{m})$

결국, $M_{\max} = \sigma_a Z$를 이용, 단, $Z = \dfrac{bh^2}{6}$

$$0.375w = 80 \times 10^6 \times \frac{0.05 \times 0.09^2}{6}$$
$$= 14.4 \times 10^3\,(\text{N/m}) = 14.4\,(\text{kN/m})$$

문제 **12.** 지름 20 cm, 길이 40 cm인 콘크리트

원통에 압축하중 20 kN이 작용하여 지름이 0.0006 cm 만큼 늘어나고 길이는 0.0057 cm 만큼 줄었을 때, 푸아송 비는 약 얼마인가? 【1장】

① 0.18　　　　② 0.24
③ 0.21　　　　④ 0.27

해설〉 $\mu = \dfrac{\varepsilon'}{\varepsilon} = \dfrac{\left(\frac{\delta}{d}\right)}{\left(\frac{\lambda}{\ell}\right)} = \dfrac{\ell\delta}{d\lambda} = \dfrac{40 \times 0.0006}{20 \times 0.0057} = 0.21$

문제 **13.** 그림과 같이 지름 50 mm의 연강봉의 일단을 벽에 고정하고, 자유단에는 50 cm 길이의 레버 끝에 600 N의 하중을 작용시킬 때 연강봉에 발생하는 최대굽힘응력과 최대전단응력은 각각 몇 MPa인가? 【7장】

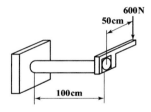

① 최대굽힘응력 : 51.8, 최대전단응력 : 27.3
② 최대굽힘응력 : 27.3, 최대전단응력 : 51.8
③ 최대굽힘응력 : 41.8, 최대전단응력 : 27.3
④ 최대굽힘응력 : 27.3, 최대전단응력 : 41.8

해설〉 우선, $T = 600 \times 0.5 = 300\,\text{N}\cdot\text{m}$
$\qquad\qquad M = 600 \times 1 = 600\,\text{N}\cdot\text{m}$

또한, $T_e = \sqrt{M^2 + T^2} = \sqrt{600^2 + 300^2}$
$\qquad\quad = 670.82\,\text{N}\cdot\text{m}$

$M_e = \dfrac{1}{2}(M + T_e) = \dfrac{1}{2}(600 + 670.82)$
$\qquad = 635.41\,\text{N}\cdot\text{m}$

결국, $M_e = \sigma_{\max}Z = \sigma_{\max} \times \dfrac{\pi d^3}{32}$에서

$\therefore\ \sigma_{\max} = \dfrac{32M_e}{\pi d^3} = \dfrac{32 \times 635.41 \times 10^{-6}}{\pi \times 0.05^3} = 51.8\,\text{MPa}$

$T_e = \tau_{\max}Z_P = \tau_{\max} \times \dfrac{\pi d^3}{16}$에서

$\therefore\ \tau_{\max} = \dfrac{16\,T_e}{\pi d^3} = \dfrac{16 \times 670.82 \times 10^{-6}}{\pi \times 0.05^3} = 27.3\,\text{MPa}$

해답 **11.** ③　**12.** ③　**13.** ①

문제 14. 그림과 같은 직육면체 블록은 전단탄성계수 500 MPa이고, 상하면에 강체 평판이 부착되어 있다. 아래쪽 평판은 바닥면에 고정되어 있으며, 위쪽 평판은 수평방향 힘 P가 작용한다. 힘 P에 의해서 위쪽 평판이 수평방향으로 0.8 mm 이동되었다면 가해진 힘 P는 약 몇 kN인가? 【1장】

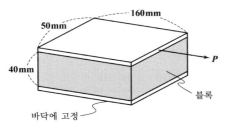

① 60 　　　　　　② 80
③ 100 　　　　　　④ 120

해설 $\tau = G\gamma$에서 　$\dfrac{P_s}{A} = G \times \dfrac{\lambda_s}{\ell}$

$\therefore P_s(=P) = \dfrac{A G \lambda_s}{\ell} = \dfrac{8000 \times 500 \times 0.8}{40}$
$= 80 \times 10^3 \mathrm{N} = 80 \mathrm{kN}$

여기서, 전단면적(A)은 $50 \times 160 = 8000\,\mathrm{mm^2}$이다.

문제 15. 바깥지름 80 mm, 안지름 60 mm인 중공축에 4 kN·m의 토크가 작용하고 있다. 최대 전단변형률은 얼마인가? (단, 축 재료의 전단탄성계수는 27 GPa이다.) 【5장】

① 0.00122 　　　　② 0.00216
③ 0.00324 　　　　④ 0.00410

해설 $T = \tau Z_P = \tau \times \dfrac{\pi(d_2^4 - d_1^4)}{16 d_2}$에서

$4 \times 10^6 = \tau \times \dfrac{\pi(80^4 - 60^4)}{16 \times 80}$ 　$\therefore \tau = 58.2\,\mathrm{MPa}$

결국, $\tau = G\gamma$에서 　$\therefore \gamma = \dfrac{\tau}{G} = \dfrac{58.2}{27 \times 10^3} \fallingdotseq 0.00216$

문제 16. 그림과 같이 전체 길이가 ℓ인 보의 중앙에 집중하중 P (N)와 균일분포 하중 w (N/m)

가 동시에 작용하는 단순보에서 최대 처짐은? (단, $w \times \ell = P$이고, 보의 굽힘강성 EI는 일정하다.) 【8장】

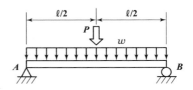

① $\dfrac{5P\ell^3}{48EI}$ 　　　　② $\dfrac{13P\ell^3}{64EI}$
③ $\dfrac{5P\ell^3}{192EI}$ 　　　④ $\dfrac{13P\ell^3}{384EI}$

해설 $\delta_{\max} = \dfrac{P\ell^3}{48EI} + \dfrac{5w\ell^4}{384EI} = \dfrac{P\ell^3}{48EI} + \dfrac{5P\ell^3}{384EI}$
$= \dfrac{13P\ell^3}{384EI}$

문제 17. 그림과 같이 10 kN의 집중하중과 4 kN·m의 굽힘모멘트가 작용하는 단순지지보에서 A 위치의 반력 R_A는 약 몇 kN인가? (단, 4 kN·m의 모멘트는 보의 중앙에서 작용한다.) 【6장】

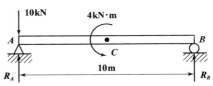

① 6.8 　　　　　　② 14.2
③ 8.6 　　　　　　④ 10.4

해설 $\sum M_B = 0 : R_A \times 10 - 10 \times 10 - 4 = 0$
$\therefore R_A = 10.4\,\mathrm{kN}$

문제 18. 그림의 구조물이 수직하중 $2P$를 받을 때 구조물 속에 저장되는 총 탄성변형에너지는? (단, 구조물의 단면적은 A, 세로탄성계수는 E로 모두 같다.) 【2장】

해답 14. ② 　15. ② 　16. ④ 　17. ④ 　18. ③

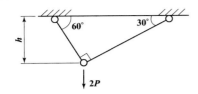

① $\dfrac{P^2h}{4AE}(1+\sqrt{3})$ ② $\dfrac{P^2h}{2AE}(1+\sqrt{3})$

③ $\dfrac{P^2h}{AE}(1+\sqrt{3})$ ④ $\dfrac{2P^2h}{AE}(1+\sqrt{3})$

해설

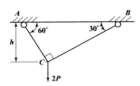

우선, $\sin 60° = \dfrac{h}{\ell_{AC}}$ 에서 $\ell_{AC} = \dfrac{h}{\sin 60°} = \dfrac{2h}{\sqrt{3}}$

$\sin 30° = \dfrac{h}{\ell_{BC}}$ 에서 $\ell_{BC} = \dfrac{h}{\sin 30°} = 2h$

또한, 라미의 정리에 의해

$\dfrac{T_{AC}}{\sin 120°} = \dfrac{T_{BC}}{\sin 150°} = \dfrac{2P}{\sin 90°}$ 에서

$\therefore\ T_{AC} = \sqrt{3}\,P,\quad T_{BC} = P$

결국, $U = \dfrac{P^2\ell}{2AE}$ 꼴에서

$\therefore\ U = U_{AC} + U_{BC} = \dfrac{(\sqrt{3}\,P)^2 \times \dfrac{2h}{\sqrt{3}}}{2AE} + \dfrac{P^2 \times 2h}{2AE}$

$= \dfrac{P^2 h}{AE}(\sqrt{3}+1)$

문제 19. 그림과 같이 w N/m의 분포하중을 받는 길이 L의 양단 고정보에서 굽힘 모멘트가 0이 되는 곳은 보의 왼쪽으로부터 대략 어디에 위치해 있는가? 【9장】

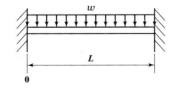

① $0.5L$

② $0.33L,\ 0.67L$

③ $0.21L,\ 0.79L$

④ $0.26L,\ 0.74L$

해설

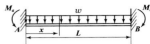

$M_a = M_b = \dfrac{wL^2}{12}$

$M_x = -M_a + R_A x - wx \cdot \dfrac{x}{2} = -\dfrac{wL^2}{12} + \dfrac{wL}{2}x - \dfrac{wx^2}{2}$

$M_x = 0 : -\dfrac{wL^2}{12} + \dfrac{wL}{2}x - \dfrac{w}{2}x^2$

$= -\dfrac{w}{12}(6x^2 - 6Lx + L^2) = 0$

즉, $6x^2 - 6Lx + L^2 = 0$

근의 공식을 이용하면

$x = \dfrac{-(-3L) \pm \sqrt{(-3L)^2 - 6 \times L^2}}{6}$

$= \dfrac{3L \pm \sqrt{3}\,L}{6}$

$\approx 0.21L$ 또는 $0.79L$

〈참고〉· 근의 공식

$ax^2 + bx + c = 0$ 에서 (단, $a \neq 0$)

㉠ b가 홀수일 때, $x = \dfrac{-b \pm \sqrt{b^2 - 4ac}}{2a}$

㉡ b가 짝수일 때, $x = \dfrac{-b' \pm \sqrt{b'^2 - ac}}{a}$

(단, $b' = \dfrac{b}{2}$)

문제 20. 한 변이 50 cm이고, 얇은 두께를 가진 정사각형 파이프가 20000 N·m의 비틀림 모멘트를 받을 때 파이프 두께는 약 몇 mm 이상으로 해야 하는가? (단, 파이프 재료의 허용 비틀림응력은 40 MPa이다.) 【5장】

① 0.5 mm

② 1.0 mm

③ 1.5 mm

④ 2.0 mm

해설 $\tau = \dfrac{T}{2a^2 t}$ 에서

$\therefore\ t = \dfrac{T}{2a^2\tau} = \dfrac{20000 \times 10^3}{2 \times 500^2 \times 40} = 1\,\text{mm}$

정답 19. ③ 20. ②

제2과목 기계열역학

문제 21. Van der Waals 상태 방정식은 다음과 같이 나타낸다. 이 식에서 $\frac{a}{v^2}$, b는 각각 무엇을 의미하는 것인가? (단, P는 압력, v는 비체적, R은 기체상수, T는 온도를 나타낸다.)
【6장】

$$\left(P+\frac{a}{v^2}\right)\times(v-b)=RT$$

① 분자간의 작용력, 분자 내부 에너지
② 분자 자체의 질량, 분자 내부 에너지
③ 분자간의 작용력, 기체 분자들이 차지하는 체적
④ 분자 자체의 질량, 기체 분자들이 차지하는 체적

해설 반데발스(Van der waals)의 상태방정식
$$\left(P+\frac{a}{v^2}\right)(v-b)=RT$$
여기서, a, b : 기체의 종류에 따라 정해지는 상수
$\frac{a}{v^2}$: 분자 사이의 인력이 압력에 미치는 영향을 수정한 항
b : 증기분자 자신이 차지하는 부피(체적)
$v-b$: 분자 자신의 크기를 배제한 부피(체적)

문제 22. 1 MPa, 230 ℃ 상태에서 압축계수(compressibility factor)가 0.95인 기체가 있다. 이 기체의 실제 비체적은 약 몇 m³/kg인가? (단, 이 기체의 기체상수는 461 J/(kg·K)이다.)
【3장】

① 0.14　　　　　② 0.18
③ 0.22　　　　　④ 0.26

해설 압축성계수 $Z=\frac{pv}{RT}$ 에서

$$\therefore v=\frac{ZRT}{p}=\frac{0.95\times461\times(230+273)}{1\times10^6}$$
$$=0.22\,\text{m}^3/\text{kg}$$

문제 23. 효율이 40 %인 열기관에서 유효하게 발생되는 동력이 110 kW라면 주위로 방출되는 총 열량은 약 몇 kW인가?
【4장】

① 375　　　　　② 165
③ 135　　　　　④ 85

해설 우선, $\eta=\frac{W}{Q_1}$ 에서　$Q_1=\frac{W}{\eta}=\frac{110}{0.4}=275\,\text{kW}$
결국, $W=Q_1-Q_2$ 에서
$Q_2=Q_1-W=275-110=165\,\text{kW}$

문제 24. 피스톤-실린더에 기체가 존재하며 피스톤의 단면적은 5 cm²이고 피스톤에 외부에서 500 N의 힘이 가해진다. 이 때 주변 대기압력이 0.099 MPa이면 실린더 내부 기체의 절대압력(MPa)은 약 얼마인가?
【1장】

① 0.901　　　　② 1.099
③ 1.135　　　　④ 1.275

해설 $p=p_0+p_g=p_0+\frac{F}{A}=0.099+\frac{500}{5\times10^2}$
$$=1.099\,\text{MPa}$$

문제 25. 랭킨 사이클로 작동되는 증기동력 발전소에서 20 MPa의 압력으로 물이 보일러에 공급되고, 응축기 출구에서 온도는 20 ℃, 압력은 2.339 kPa이다. 이 때 급수펌프에서 수행하는 단위질량당 일은 약 몇 kJ/kg인가? (단, 20 ℃에서 포화액 비체적은 0.001002 m³/kg, 포화증기 비체적은 57.79 m³/kg이며, 급수펌프에서는 등엔트로피 과정으로 변화한다고 가정한다.)
【7장】

① 0.4681　　　　② 20.04
③ 27.14　　　　④ 1020.6

정답 21. ③　22. ③　23. ②　24. ②　25. ②

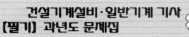

해설 $w_P = v'(p_2 - p_1) = 0.001002(20 \times 10^3 - 2.339)$
$\qquad \fallingdotseq 20.04 \, \text{kJ/kg}$

문제 26. 비열이 0.9 kJ/(kg·K), 질량이 0.7 kg으로 동일하며, 온도가 각각 200 ℃와 100 ℃인 두 금속 덩어리를 접촉시켜서 온도가 평형에 도달하였을 때 총 엔트로피 변화량은 약 몇 J/K인가? 【4장】

① 8.86 　　　　② 10.42
③ 13.25 　　　　④ 16.87

해설 $t_m = 150℃$ 이므로

$dS = \dfrac{\delta Q}{T} = \dfrac{mcdT}{T}$ 에서 $\Delta S = mc\ell n \dfrac{T_2}{T_1}$ 를 이용한다.

우선, $\Delta S_1 = 0.7 \times 0.9 \times \ell n \dfrac{473}{423} = 0.07038 \, \text{kJ/K}$

또한, $\Delta S_2 = 0.7 \times 0.9 \times \ell n \dfrac{423}{373} = 0.07925 \, \text{kJ/K}$

결국, $\Delta S = \Delta S_2 - \Delta S_1 = 0.07925 - 0.07038$
$\qquad = 0.00887 \, \text{kJ/K} = 8.87 \, \text{J/K}$

문제 27. 그림과 같은 이상적인 열펌프의 압력(P)-엔탈피(h) 선도에서 각 상태의 엔탈피는 다음과 같을 때 열펌프의 성능계수는?
(단, $h_1 = 155 \, \text{kJ/kg}$, $h_3 = 593 \, \text{kJ/kg}$, $h_4 = 827 \, \text{kJ/kg}$이다.) 【9장】

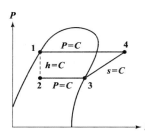

① 1.8 　　　　② 2.9
③ 3.5 　　　　④ 4.0

해설 $\varepsilon_h = \dfrac{q_1}{w_c} = \dfrac{h_4 - h_1}{h_4 - h_3} = \dfrac{827 - 155}{827 - 593} = 2.87 \fallingdotseq 2.9$

문제 28. 이상기체의 상태변화에서 내부에너지가 일정한 상태 변화는? 【3장】

① 등온 변화
② 정압 변화
③ 단열 변화
④ 정적 변화

해설 이상기체(완전가스)에서 내부에너지와 엔탈피는 온도만의 함수이다.

문제 29. 압력이 일정할 때 공기 5 kg을 0 ℃에서 100 ℃까지 가열하는데 필요한 열량은 약 몇 kJ인가? (단, 비열(C_p)은 온도 T(℃)에 관계한 함수로 C_p (kJ/(kg·℃)) = 1.01 + 0.000079 × T 이다.) 【1장】

① 365 　　　　② 436
③ 480 　　　　④ 507

해설 우선, $C_m = \dfrac{1}{t_2 - t_1} \displaystyle\int_1^2 C_p dt$

$\qquad = \dfrac{1}{t_2 - t_1} \displaystyle\int_1^2 (1.01 + 0.000079\,t) dt$

$\qquad = \dfrac{1}{t_2 - t_1} \left[1.01(t_2 - t_1) + \dfrac{0.000079(t_2^2 - t_1^2)}{2} \right]$

$\qquad = 1.01 + \dfrac{0.000079(t_2 + t_1)}{2}$

$\qquad = 1.01 + \dfrac{0.000079(100 + 0)}{2}$

$\qquad = 1.01395 \, \text{kJ/kg} \cdot ℃$

결국, $Q_m = m C_m (t_2 - t_1) = 5 \times 1.01395 \times (100 - 0)$
$\qquad = 506.975 \fallingdotseq 507 \, \text{kJ}$

문제 30. 고온 400 ℃, 저온 50 ℃의 온도 범위에서 작동하는 Carnot 사이클 열기관의 효율을 구하면 약 몇 %인가? 【4장】

① 43 　　　　② 46
③ 49 　　　　④ 52

해설 $\eta_c = 1 - \dfrac{T_{II}}{T_I} = 1 - \dfrac{(273 + 50)}{(273 + 400)} = 0.52 = 52\%$

해답 26. ① 　 27. ② 　 28. ① 　 29. ④ 　 30. ④

문제 31. 기관의 실린더 내에서 1 kg의 공기가 온도 120 ℃에서 열량 40 kJ를 얻어 등온팽창 한다고 하면 엔트로피의 변화는 얼마인가? 【4장】

① 0.102 kJ/(kg · K) ② 0.132 kJ/(kg · K)
③ 0.162 kJ/(kg · K) ④ 0.192 kJ/(kg · K)

해설 $\Delta s = \frac{{}_1 Q_2}{T} = \frac{m_1 q_2}{T} = \frac{1 \times 40}{(273 + 120)}$
$\fallingdotseq 0.102 \, kJ/kg \cdot K$

문제 32. 물질의 양을 1/2로 줄이면 강도성(강성적) 상태량(intensive properties)은 어떻게 되는가? 【1장】

① 1/2로 줄어든다.   ② 1/4로 줄어든다.
③ 변화가 없다.   ④ 2배로 늘어난다.

해설 · 상태량의 종류
① 강도성 상태량 : 물질의 질량에 관계없이 그 크기가 결정되는 상태량
예) 온도, 압력, 비체적, 밀도
② 종량성 상태량 : 물질의 질량에 따라 그 크기가 결정되는 상태량
예) 내부에너지, 엔탈피, 엔트로피, 체적, 질량

문제 33. 수평으로 놓여진 노즐에서 증기가 흐르고 있다. 입구에서의 엔탈피는 3106 kJ/kg 이고, 입구 속도는 13 m/s, 출구 속도는 300 m/s일 때 출구에서의 증기 엔탈피는 약 몇 kJ/kg인가? (단, 노즐에서의 열교환 및 외부로의 일량은 무시할 수 있을 정도로 작다고 가정한다.) 【10장】

① 3146   ② 3208
③ 2963   ④ 3061

해설 $\Delta h = h_2 - h_1 = \frac{1}{2}(w_1^2 - w_2^2)$
$\therefore \; h_2 = h_1 + \frac{1}{2}(w_1^2 - w_2^2)$
$= 3106 + \frac{1}{2}(13^2 - 300^2) \times 10^{-3} \fallingdotseq 3061 \, kJ/kg$

문제 34. 단열 노즐에서 공기가 팽창한다. 노즐 입구에서 공기 속도는 60 m/s, 온도는 200 ℃이며, 출구에서 온도는 50 ℃일 때 출구에서 공기 속도는 약 얼마인가? (단, 공기 비열은 1.0035 kJ/(kg·K)이다.) 【10장】

① 62.5 m/s   ② 328 m/s
③ 552 m/s   ④ 1901 m/s

해설 ${}_1\cancel{Q_2}^{\,0} = \cancel{W_t}^{\,0} + \frac{\dot{m}(w_2^2 - w_1^2)}{2 \times 10^3} + \dot{m}(h_2 - h_1)$
$\qquad\qquad + \dot{m}g(\cancel{Z_2}^{\,0} - Z_1)$
$\frac{(w_2^2 - w_1^2)}{2 \times 10^3} = h_1 - h_2 = C_p(T_1 - T_2)$
$\therefore \; w_2 = \sqrt{w_1^2 + 2 \times 10^3 \times C_p(T_1 - T_2)}$
$= \sqrt{60^2 + 2 \times 10^3 \times 1.0035(200 - 50)}$
$\fallingdotseq 552 \, m/s$

문제 35. 물 10 kg을 1기압 하에서 20 ℃로부터 60 ℃까지 가열할 때 엔트로피의 증가량은 약 몇 kJ/K인가? (단, 물의 정압비열은 4.18 kJ/(kg·K)이다.) 【4장】

① 9.78   ② 5.35
③ 8.32   ④ 14.8

해설 "정압"이므로
$\Delta S = m \, C_p \ell n \frac{T_2}{T_1} = 10 \times 4.18 \times \ell n \frac{(60 + 273)}{(20 + 273)}$
$\fallingdotseq 5.35 \, kJ/K$

문제 36. 질량이 4 kg인 단열된 강재 용기 속에 물 18 L가 들어있으며, 25 ℃로 평형상태에 있다. 이 속에 200 ℃의 물체 8 kg을 넣었더니 열평형에 도달하여 온도가 30 ℃가 되었다. 물의 비열은 4.187 kJ/(kg·K)이고, 강재(용기)의 비열은 0.4648 kJ/(kg·K)일 때 물체의 비열은 약 몇 kJ/(kg·K)인가? (단, 외부와의 열교환은 없다고 가정한다.) 【3장】

① 0.244   ② 0.267
③ 0.284   ④ 0.302

애답 31. ① 32. ③ 33. ④ 34. ③ 35. ② 36. ③

[해설] 우선, 강재와 물을 혼합시 혼합비열(C)은

$$C = \frac{m_1 C_1 + m_2 C_2}{m_1 + m_2} = \frac{(4 \times 0.4648) + (18 \times 4.187)}{4 + 18}$$

$$= 3.51 \, \text{kJ/kg} \cdot \text{K}$$

결국, $_1Q_2 = mc\Delta t$ 에서

$Q_{(강재 + 물)} = Q_{물체}$

$(4 + 18) \times 3.51 \times (30 - 25)$

$= 8 \times C_{물체} \times (200 - 30)$

$\therefore C_{물체} ≒ 0.284 \, \text{kJ/kg} \cdot \text{K}$

[문제] 37. 다음의 물리량 중 물질의 최초, 최종상 태 뿐 아니라 상태변화의 경로에 따라서도 그 변화량이 달라지는 것은? **【1장】**

① 일

② 내부에너지

③ 엔탈피

④ 엔트로피

[해설] 일량(W), 열량(Q)

: 과정($=$경로$=$도정)함수이다.

[문제] 38. 압력이 0.2 MPa이고, 초기 온도가 120 ℃인 1 kg의 공기를 압축비 18로 가역 단열 압 축하는 경우 최종온도는 약 몇 ℃인가? (단, 공기는 비열비가 1.4인 이상기체이다.) **【8장】**

① 676 ℃ ② 776 ℃

③ 876 ℃ ④ 976 ℃

[해설] 오토사이클에서

$$T_2 = T_1 \left(\frac{v_1}{v_2}\right)^{k-1} = T_1 \varepsilon^{k-1} = (120 + 273) \times 18^{1.4-1}$$

$$≒ 1248.9 \, ℃ = 975.9 \, \text{K}$$

[문제] 39. 공기 표준 사이클로 운전하는 이상적인 디젤 사이클이 있다. 압축비는 17.5, 비열비는 1.4, 체절비(또는 분사단절비, cut-off ratio)는 2.1일 때 이 디젤 사이클의 효율은 약 몇 %인 가? **【8장】**

① 60.5 ② 62.3

③ 64.7 ④ 66.8

[해설]
$$\eta_d = 1 - \left(\frac{1}{\varepsilon}\right)^{k-1} \frac{\sigma^k - 1}{k(\sigma - 1)}$$

$$= 1 - \left(\frac{1}{17.5}\right)^{1.4-1} \frac{2.1^{1.4} - 1}{1.4(2.1 - 1)}$$

$$≒ 0.623 = 62.3\%$$

[문제] 40. 고열원 500 ℃와 저열원 35 ℃ 사이에 열기관을 설치하였을 때, 사이클당 10 MJ의 공 급열량에 대해서 7 MJ의 일을 하였다고 주장한 다면, 이 주장은? **【4장】**

① 열역학적으로 타당한 주장이다.

② 가역기관이라면 타당한 주장이다.

③ 비가역기관이라면 타당한 주장이다.

④ 열역학적으로 타당하지 않은 주장이다.

[해설] 우선, 카르노사이클의 열효율

$$\eta_c = 1 - \frac{T_{II}}{T_I} = 1 - \frac{35 + 273}{500 + 273} = 0.6 = 60\%$$

또한, 열기관의 열효율 $\eta = \frac{W}{Q_1} = \frac{7}{10} = 0.7 = 70\%$

결국, 열기관의 최대열효율은 카르노사이클인데, 여 기서 $\eta_c < \eta$ 이므로 타당하지 않다.

제3과목 기계유체역학

[문제] 41. 반지름 0.5 m인 원통형 탱크에 1.5 m 높이로 물을 채우고 중심축을 기준으로 각속도 10 rad/s로 회전시킬 때 탱크 저면의 중심에서 압력은 계기압력으로 약 몇 kPa인가? (단, 탱크의 윗면은 열려 대기 중에 노출되어 있으며 물은 넘치지 않는다고 한다.) **【2장】**

① 2.26

② 4.22

③ 6.42

④ 8.46

[해답] 37. ① **38.** ④ **39.** ② **40.** ④ **41.** ④

해설

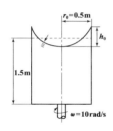

우선, $h_0 = \dfrac{r_0^2 \omega^2}{2g} = \dfrac{0.5^2 \times 10^2}{2 \times 9.8} = 1.276\,\mathrm{m}$

또한, 회전시킨 후 탱크 저면 중심에서 수면까지의 높이(H)는

$$H = 1.5 - \frac{h_0}{2} = 1.5 - \frac{1.276}{2} = 0.862\,\mathrm{m}$$

결국, $p = \gamma H = 9.8 \times 0.862 = 8.4476\,\mathrm{kPa}$

문제 42. 경계층(boundary layer)에 관한 설명 중 틀린 것은? 【5장】

① 경계층 바깥의 흐름은 포텐셜 흐름에 가깝다.

② 균일 속도가 크고, 유체의 점성이 클수록 경계층의 두께는 얇아진다.

③ 경계층 내에서는 점성의 영향이 크다.

④ 경계층은 평판 선단으로부터 하류로 갈수록 두꺼워진다.

해설 유체의 점성이 클수록 경계층의 두께는 두꺼워진다.

문제 43. 정지 유체 속에 잠겨 있는 평면에 대하여 유체에 의해 받는 힘에 관한 설명 중 틀린 것은? 【2장】

① 깊게 잠길수록 받는 힘이 커진다.

② 크기는 도심에서의 압력에 전체 면적을 곱한 것과 같다.

③ 평면이 수평으로 놓인 경우, 압력중심은 도심과 일치한다.

④ 평면이 수직으로 놓인 경우, 압력중심은 도심보다 약간 위쪽에 있다.

해설 작용점의 위치는 수면으로부터 $y_F = \bar{y} + \dfrac{I_G}{A\bar{y}}$ 아래에 있다.

따라서, 평판의 도심보다 작용점 위치(= 압력중심)는 $\dfrac{I_G}{A\bar{y}}$ 아래에 있음을 알 수 있다.

문제 44. 실형의 1/25인 기하학적으로 상사한 모형 댐을 이용하여 유동특성을 연구하려고 한다. 모형 댐의 상부에서 유속이 1 m/s일 때 실제 댐에서 해당 부분의 유속은 약 몇 m/s인가? 【7장】

① 0.025 ② 0.2

③ 5 ④ 25

해설 $(F_r)_P = (F_r)_m$ 즉, $\left(\dfrac{V}{\sqrt{g\ell}}\right)_P = \left(\dfrac{V}{\sqrt{g\ell}}\right)_m$ 에서

$$\frac{V_P}{\sqrt{25}} = \frac{1}{\sqrt{1}} \quad \therefore V_P = 5\,\mathrm{m/s}$$

문제 45. (r, θ)좌표계에서 코너를 흐르는 비점성, 비압축성 유체의 2차원 유동함수(ψ, m²/s)는 아래와 같다. 이 유동함수에 대한 속도 포텐셜(ϕ)의 식으로 옳은 것은? (단, r은 m 단위이고, C는 상수이다.) 【3장】

$$\psi = 2r^2 \sin 2\theta$$

① $\phi = 2r^2 \cos 2\theta + C$

② $\phi = 2r^2 \tan 2\theta + C$

③ $\phi = 4r \cos \theta^2 + C$

④ $\phi = 4r \tan \theta^2 + C$

해설 우선, $\dfrac{\partial \psi}{\partial \theta} = 2r^2(2\cos 2\theta) = 4r^2 \cos 2\theta$

또한, $\dfrac{\partial \phi}{\partial r} = \dfrac{1}{r}\dfrac{\partial \psi}{\partial \theta} = \dfrac{1}{r} \times 4r^2\cos 2\theta = 4r\cos 2\theta$

$\partial \phi = 4r\cos 2\theta\, \partial r$

$\displaystyle\int \partial \phi = 4\cos 2\theta \int r\, \partial r$

$\therefore \phi = 4\cos 2\theta \times \dfrac{r^2}{2} + C = 2r^2\cos 2\theta + C$

해답 42. ② 43. ④ 44. ③ 45. ①

문제 46. 두 평판 사이에 점성계수가 $2\,\text{N} \cdot \text{s/m}^2$인 뉴턴 유체가 다음과 같은 속도분포 ($u$, m/s)로 유동한다. 여기서 y는 두 평판 사이의 중심으로부터 수직방향 거리 (m)를 나타낸다. 평판 중심으로부터 $y = 0.5\,\text{cm}$ 위치에서의 전단응력의 크기는 약 몇 N/m^2인가? 【1장】

$$u(y) = 1 - 10000 \times y^2$$

① 100   ② 200

③ 1000   ④ 2000

해설>
$$\tau = \mu \frac{du}{dy}\Big|_{y=0.005\,\text{m}} = \mu\,[0 - (10000 \times 2y)]_{y=0.005\,\text{m}}$$
$$= -2 \times 10000 \times 2 \times 0.005 = |-200\,\text{N/m}^2|$$
$$= 200\,\text{N/m}^2$$

문제 47. 개방된 탱크 내에 비중이 0.8인 오일이 가득 차 있다. 대기압이 101 kPa라면, 오일 탱크 수면으로부터 3 m 깊이에서 절대압력은 약 몇 kPa인가? 【2장】

① 208   ② 249

③ 174   ④ 125

해설>
$$p = p_o + p_g = p_o + \gamma h = p_o + \gamma_{\text{H}_2\text{O}} S h$$
$$= 101 + (9.8 \times 0.8 \times 3) = 124.52\,\text{kPa}$$
$$\fallingdotseq 125\,\text{kPa}$$

문제 48. 피토-정압관과 액주계를 이용하여 공기의 속도를 측정하였다. 비중이 약 1인 액주계 유체의 높이 차이는 10 mm이고, 공기 밀도는 $1.22\,\text{kg/m}^3$일 때, 공기의 속도는 약 몇 m/s인가? 【10장】

① 2.1   ② 12.7

③ 68.4   ④ 160.2

해설>
$$V = \sqrt{2gh\left(\frac{\rho}{\rho_{\text{air}}} - 1\right)}$$
$$= \sqrt{2 \times 9.8 \times 0.01 \times \left(\frac{1000}{1.22} - 1\right)} = 12.7\,\text{m/s}$$

문제 49. 축동력이 10 kW인 펌프를 이용하여 호수에서 30 m 위에 위치한 저수지에 25 L/s의 유량으로 물을 양수한다. 펌프에서 저수지까지 파이프 시스템의 비가역적 수두손실이 4 m라면 펌프의 효율은 약 몇 %인가? 【3장】

① 63.7

② 78.5

③ 83.3

④ 88.7

해설> 동력 $P = \dfrac{\gamma Q H}{\eta_P}$에서

$$\therefore \eta_P = \frac{\gamma Q H}{P} = \frac{9.8 \times 25 \times 10^{-3} \times (30 + 4)}{10}$$
$$= 0.833 = 83.3\,\%$$

문제 50. 밀도 $890\,\text{kg/m}^3$, 점성계수 2.3 kg/(m·s)인 오일이 지름 40 cm, 길이 100 m인 수평 원관 내를 평균속도 0.5 m/s로 흐른다. 입구의 영향을 무시하고 압력강하를 이길 수 있는 펌프 소요동력은 약 몇 kW인가? 【5장】

① 0.58   ② 1.45

③ 2.90   ④ 3.63

해설> 동력 $P = \gamma Q H = \Delta p Q = \dfrac{128 \mu \ell Q^2}{\pi d^4}$

$$= \frac{128 \mu \ell (AV)^2}{\pi d^4}$$
$$= \frac{128 \times 2.3 \times 100 \times \left(\dfrac{\pi \times 0.4^2}{4} \times 0.5\right)^2}{\pi \times 0.4^4}$$
$$= 1445.13\,\text{W} \fallingdotseq 1.45\,\text{kW}$$

문제 51. 그림과 같은 반지름 R인 원관 내의 층류유동 속도분포는 $u(r) = U\left(1 - \dfrac{r^2}{R^2}\right)$으로 나타내어진다. 여기서 원관 내 전체가 아닌 $0 \leq r \leq \dfrac{R}{2}$인 원형 단면을 흐르는 체적유량 Q를 구하면? (단, U는 상수이다.) 【5장】

해답> 46. ②   47. ④   48. ②   49. ③   50. ②   51. ④

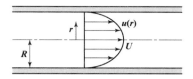

① $Q = \dfrac{5\pi UR^2}{16}$　　② $Q = \dfrac{7\pi UR^2}{16}$

③ $Q = \dfrac{5\pi UR^2}{32}$　　④ $Q = \dfrac{7\pi UR^2}{32}$

해설 $dQ = udA = U\left(1 - \dfrac{r^2}{R^2}\right) \times 2\pi r dr$

$\displaystyle \int_0^{\frac{R}{2}} dQ = \int_0^{\frac{R}{2}} U\left(1 - \dfrac{r^2}{R^2}\right) \times 2\pi r dr$

$\displaystyle = \int_0^{\frac{R}{2}} 2\pi U\left(r - \dfrac{r^3}{R^2}\right) dr$

$\therefore Q = 2\pi U\left[\dfrac{r^2}{2} - \dfrac{r^4}{4R^2}\right]_0^{\frac{R}{2}}$

$= 2\pi U\left[\dfrac{1}{2} \times \left(\dfrac{R}{2}\right)^2 - \dfrac{1}{4R^2} \times \left(\dfrac{R}{2}\right)^4\right]$

$= 2\pi U\left(\dfrac{R^2}{8} - \dfrac{R^2}{64}\right) = \dfrac{7\pi UR^2}{32}$

문제 **52.** 유체의 회전벡터(각속도)가 ω인 회전유동에서 와도(vorticity, ζ)는? 【3장】

① $\zeta = \dfrac{\omega}{2}$　　② $\zeta = \sqrt{\dfrac{\omega}{2}}$

③ $\zeta = 2\omega$　　④ $\zeta = \sqrt{2\omega}$

해설 와도를 ζ라 하면
$\zeta = 2\omega = \nabla \times V = Curl\,V$와 같이 정의된다.
단, ω는 회전벡터(각속도)이다.

문제 **53.** 날개 길이(span) 10 m, 날개 시위(chord length)는 1.8 m인 비행기가 112 m/s의 속도로 날고 있다. 이 비행기의 항력계수가 0.0761일 때 비행에 필요한 동력은 약 몇 kW인가? (단, 공기의 밀도는 1.2173 kg/m³, 날개는 사각형으로 단순화하며, 양력은 충분히 발생한다고 가정한다.) 【5장】

① 1172

② 1343

③ 1570

④ 3733

해설 우선, 항력
$$D = C_D \dfrac{\rho V^2}{2} A$$
$$= 0.0761 \times \dfrac{1.2173 \times 112^2}{2} \times (10 \times 1.8)$$
$$= 10458.3\,\text{N}$$
결국, 동력 $P = D \cdot V = 10458.3 \times 112$
$$= 1171.33 \times 10^3\,\text{W} = 1171.33\,\text{kW}$$

문제 **54.** 점성계수가 0.7 poise이고 비중이 0.7인 유체의 동점성계수는 몇 stokes인가? 【1장】

① 0.1　　② 1.0

③ 10　　④ 100

해설 $\nu = \dfrac{\mu}{\rho} = \dfrac{\mu}{\rho_{H_2O} \cdot S} = \dfrac{0.7 \times \dfrac{1}{10}}{1000 \times 0.7}$
$= 0.0001\,\text{m}^2/\text{s} = 1\,\text{cm}^2/\text{s} (= stokes)$

문제 **55.** 그림과 같이 평판의 왼쪽 면에 단면적이 0.01 m², 속도 10 m/s인 물 제트가 직각으로 충돌하고 있다. 평판의 오른쪽 면에 단면적이 0.04 m²인 물 제트를 쏘아 평판이 정지 상태를 유지하려면 속도 V_2는 약 몇 m/s여야 하는가? 【4장】

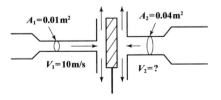

① 2.5　　② 5.0

③ 20　　④ 40

해답 **52.** ③　**53.** ①　**54.** ②　**55.** ②

해설〉 우선, 왼쪽면의 추력

$$F_1 = \rho A_1 V_1^2 = 1000 \times 0.01 \times 10^2 = 1000\,N$$

결국, "왼쪽면의 추력(F_1)= 오른쪽면의 추력(F_2)"이 어야 평판이 정지상태를 유지하므로

$$F_1 = F_2 = \rho A_2 V_2^2 에서$$

$$\therefore\ V_2 = \sqrt{\frac{F_1(=F_2)}{\rho A_2}} = \sqrt{\frac{1000}{1000 \times 0.04}} = 5\,m/s$$

문제 56. 그림과 같이 탱크로부터 15℃의 공기가 수평한 호스와 노즐을 통해 Q의 유량으로 대기 중으로 흘러나가고 있다. 탱크 안의 게이지 압력이 10 kPa일 때, 유량 Q는 약 몇 m³/s인가? (단, 노즐 끝단의 지름은 0.02 m, 대기압은 101 kPa이고, 공기의 기체상수는 287 J/(kg·K)이다.) 【3장】

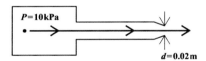

① 0.038   ② 0.042

③ 0.046   ④ 0.054

해설〉 우선, $\rho = \dfrac{p(=p_o+p_g)}{RT} = \dfrac{(101+10)}{287 \times 288}$

$$= 0.00134\,(kN \cdot S^2/m^4)$$

또한, $\dfrac{p_1}{\gamma(=\rho g)} + \dfrac{V_1^{2\,\nearrow 0}}{2g} + \cancel{Z_1}^{\nearrow 0} = \dfrac{p_2}{\gamma(=\rho g)} + \dfrac{V_2^2}{2g} + \cancel{Z_2}^{\nearrow 0}$

$$\dfrac{(101+10)}{0.00134 \times 9.8} = \dfrac{101}{0.00134 \times 9.8} + \dfrac{V_2^2}{2 \times 9.8}$$

$$\therefore\ V_2 = 122.17\,m/s$$

결국, $Q = A_2 V_2 = \dfrac{\pi \times 0.02^2}{4} \times 122.17 = 0.038\,m^3/s$

문제 57. 그림과 같은 노즐에서 나오는 유량이 0.078 m³/s일 때 수위(H)는 약 얼마인가? (단, 노즐 출구의 안지름은 0.1 m이다.) 【3장】

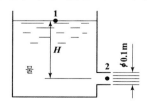

① 5 m   ② 10 m

③ 0.5 m   ④ 1 m

해설〉 $Q = AV = A\sqrt{2gH}$ 에서

$$\therefore\ H = \frac{Q^2}{2gA^2} = \frac{0.078^2}{2 \times 9.8 \times \left(\dfrac{\pi \times 0.1^2}{4}\right)^2} = 5\,m$$

문제 58. 원형 관내를 완전한 층류로 물이 흐를 경우 관마찰계수(f)에 대한 설명으로 옳은 것은? 【6장】

① 상대 조도(ε/D)만의 함수이다.

② 마하수(Ma)만의 함수이다.

③ 오일러수(Eu)만의 함수이다.

④ 레이놀즈수(Re)만의 함수이다.

해설〉 ·관마찰계수(f)

① 층류 : $f = F(Re)$

② 천이구역 : $f = F(Re, \dfrac{e}{d})$

③ 난류
  ㉠ 매끈한 관 : $f = F(Re)$
  ㉡ 거친 관 : $f = F\left(\dfrac{e}{d}\right)$

  여기서, $\dfrac{e}{d}$: 상대조도,

  Re : 레이놀즈수

문제 59. 어느 물리법칙이 $F(a, V, \nu, L) = 0$과 같은 식으로 주어졌다. 이 식을 무차원수의 함수로 표시하고자 할 때 이에 관계되는 무차원수는 몇 개인가? (단, a, V, ν, L은 각각 가속도, 속도, 동점성계수, 길이이다.) 【7장】

① 4   ② 3

③ 2   ④ 1

해설〉 얻을 수 있는 무차원수 $\pi = n - m = 4 - 2 = 2$개
  여기서, 가속도 $a = m/s^2 = [LT^{-2}]$
  속도 $V = m/s = [LT^{-1}]$
  동점성계수 $\nu = m^2/s = [L^2 T^{-1}]$
  길이 $L = m = [L]$

정답 **56.** ①   **57.** ①   **58.** ④   **59.** ③

문제 60. 밀도가 800 kg/m³인 원통형 물체가 그림과 같이 1/3이 액체면 위에 떠있는 것으로 관측되었다. 이 액체의 비중은 약 얼마인가?

【2장】

① 0.2
② 0.67
③ 1.2
④ 1.5

해설 공기 중에서 물체무게(W)＝부력(F_B)

즉, $\gamma_\text{물체} V_\text{물체} = \gamma_\text{액체} V_\text{잠긴}$

$\rho_\text{물체} g V_\text{물체} = \rho_{H_2O} S_\text{액체} g V_\text{잠긴}$

$800 \times 3H \times A = 1000 \times S_\text{액체} \times 2H \times A$

$\therefore S_\text{액체} = 1.2$

제4과목 기계재료 및 유압기기

문제 61. 주강품에 대한 설명 중 틀린 것은?

① 용접에 의한 보수가 용이하다.
② 주조 후에는 일반적으로 풀림을 실시하여 주조 응력을 제거한다.
③ 주조 방법에 의하여 용강을 주형에 주입하여 만든 강제품을 주강품이라 한다.
④ 중탄소 주강은 탄소의 함유량이 약 0.1~0.15 % C 범위이다.

해설 · 주강(cast steel) : 주조방법에 의하여 용강을 주형에 주입하여 만든 제품을 주강품(steel casting) 또는 강주물이라 하며, 그 재질을 주강이라 한다.
① 대량생산에 적합하다.
② 기계적 성질이 우수하며, 용접에 의한 보수가 용이하다.
③ 형상이 크거나 복잡하여 단조품으로 만들기가 곤란하거나 주철로서는 강도가 부족할 경우에 사용된다.
④ 용융점이 높고 수축률도 크기 때문에 주조하기

어렵다.
⑤ 주강은 주조한 상태로는 조직이 거칠고 메짐성(취성)을 가지고 있으므로 주조 후에는 완전풀림을 실시하여 조직을 미세화하고 주조응력을 제거해야 한다.
⑥ 탄소주강은 C % 함유량에 따라 다음과 같이 구분한다.
  ㉠ 저탄소주강 : C < 0.2 %
  ㉡ 중탄소주강 : C 0.2~0.5 %
  ㉢ 고탄소주강 : C > 0.5 %

문제 62. 다음 중 항온열처리 방법이 아닌 것은?

① 질화법
② 마퀜칭
③ 마템퍼링
④ 오스템퍼링

해설 항온열처리
: 항온담금질(오스템퍼링, 마템퍼링, 마퀜칭, M_s퀜칭), 항온풀림, 항온뜨임, 오스포밍

문제 63. 0.8 % 탄소를 고용한 탄소강을 800 ℃로 가열하였다가 서서히 냉각시켰을 때 나타나는 조직은?

① 펄라이트(pearlite)
② 오스테나이트(austenite)
③ 시멘타이트(cementite)
④ 레데뷰라이트(ledeburite)

해설 펄라이트(pearlite)
: 탄소 약 0.8%의 γ고용체가 723 ℃(A_1 변태점)에서 분열하여 생긴 페라이트(F)와 시멘타이트(C)의 공석조직으로 페라이트와 시멘타이트가 층상으로 나타나는 강인한 조직이다.

문제 64. 5~20 % Zn의 황동을 말하며, 강도는 낮으나 전연성이 좋고 금색에 가까우므로 모조금이나 판 및 선 등에 사용되는 것은?

① 톰백
② 문쯔메탈
③ Y－합금
④ 네이벌 황동

해답 60. ③　61. ④　62. ①　63. ①　64. ①

해설 톰백(tombac)

: Cu+Zn 5~20%, 황금색, 강도는 낮으나 전연성이 좋다. 냉간가공이 쉽다. 금색에 가까우므로 금대용품으로 쓰이며 화폐, 메달, 금박단추, 악세사리 등에도 쓰인다.

문제 65. 피삭성을 향상시키기 위해 쾌삭강에 첨가하는 원소가 아닌 것은?

① Te ② Pb
③ Sn ④ Bi

해설 쾌삭강(free cutting steel)

: 절삭성이 좋은 강을 말하며, 첨가원소로는 S(황), Pb(납), P(인), Mn(망간), Zr(지르코늄), Se(세레늄), Te(텔루륨), Bi(비스무트) 등이 있다.

문제 66. 체심입방격자에 해당하는 귀속 원자수는?

① 1개 ② 2개
③ 3개 ④ 4개

해설

결정격자	배위수 (인접원자수)	격자내의 원자수
체심입방격자(BCC)	8개	2개
면심입방격자(FCC)	12개	4개
조밀육방격자(HCP)	12개	2개

문제 67. Fe-C 평형상태도에서 [δ고용체]+(L(융액))⇆[γ고용체]가 일어나는 온도는 약 몇 ℃인가?

① 768 ℃ ② 910 ℃
③ 1130 ℃ ④ 1490 ℃

해설 ·합금이 되는 금속의 반응

① 공정반응 : 액체 $\xrightarrow[\text{가열}]{\text{냉각}}$ γ철+Fe₃C
(공정점 : 4.3% C, 1130 ℃)

② 공석반응 : γ철 $\xrightarrow[\text{가열}]{\text{냉각}}$ α철+Fe₃C
(공석점 : 0.77% C, 723 ℃)

③ 포정반응 : δ철+액체 $\xrightarrow[\text{가열}]{\text{냉각}}$ γ철
(포정점 : 0.17% C, 1495 ℃)

문제 68. 전자강판(규소강판)에 요구되는 특성을 설명한 것 중 틀린 것은?

① 투자율이 높아야 한다.
② 포화자속밀도가 높아야 한다.
③ 자화에 의한 치수의 변화가 적어야 한다.
④ 박판을 적층하여 사용할 때 층간저항이 낮아야 한다.

해설 규소강판(전기강판)

: 규소를 1~5% 함유한 강판으로서 탄소, 기타의 불순물이 매우 적고, 전자기 특성이 양호하다. 회전기, 변압기 등의 철심을 구성하기 위하여 적층하여 사용한다. 적층하여 사용할 때 층간저항이 커야 한다.

문제 69. 로크웰경도시험(HRA~HRH, HRK)에 사용되는 총 시험하중에 해당되지 않는 것은?

① 588.4 N(60 kg_f) ② 980.7 N(100 kg_f)
③ 1471 N(150 kg_f) ④ 1961.3 N(200 kg_f)

해설 로크웰 경도시험에 사용되는 총 시험하중의 종류

: 588.4 N (60 kg_f), 980.7 N (100 kg_f), 1471 N (150 kg_f)

문제 70. 니켈-크롬 합금강에서 뜨임 메짐을 방지하는 원소는?

① Cu ② Ti
③ Mo ④ Zr

해설 Ni−Cr강에 Mo을 0.15~0.7% 첨가하면 내열성 및 담금질 효과가 향상되며, 담금질 경화 등이 더욱 좋게 된다. 또한, 뜨임에 의한 연화저항도 커서 고온뜨임 할 수 있어 인성이 더욱 크다. 뜨임메짐도 Mo의 첨가로 현저히 감소한다.

해답 65. ③ 66. ② 67. ④ 68. ④ 69. ④ 70. ③

문제 71. 유압펌프 중 용적형 펌프의 종류가 아닌 것은?

① 피스톤 펌프　　② 기어 펌프
③ 베인 펌프　　　④ 축류 펌프

해설 ·유압펌프의 종류
　① 용적형 펌프
　　㉠ 회전펌프 : 기어펌프, 베인펌프, 나사펌프
　　㉡ 피스톤(플런저)펌프 : 회전피스톤(플런저)펌
　　　　　　　　　　　　　프, 왕복운동펌프
　　㉢ 특수펌프 : 단단펌프, 복합펌프
　② 비용적형(터보형) 펌프
　　㉠ 원심펌프 : 터빈펌프, 벌류트펌프
　　㉡ 축류펌프
　　㉢ 혼류펌프 : 사류펌프

문제 72. 유체가 압축되기 어려운 정도를 나타내는 체적 탄성 계수의 단위와 같은 것은?

① 체적　　　　　② 동력
③ 압력　　　　　④ 힘

해설 체적탄성계수(K)는 $K = \dfrac{\Delta p}{-\dfrac{\Delta V}{V}}$ 로서 압력(p)에

비례하며, 압력과 단위가 같다.

문제 73. 주로 펌프의 흡입구에 설치되어 유압작동유의 이물질을 제거하는 용도로 사용하는 기기는?

① 드레인 플러그　② 블래더
③ 스트레이너　　　④ 배플

해설 스트레이너(strainer)
　: 탱크내의 펌프 흡입구쪽에 설치하며, 펌프 및 회로의 불순물을 제거하기 위해 흡입을 막는다.

문제 74. 다음 중 상시 개방형 밸브는?

① 감압 밸브　　　② 언로드 밸브
③ 릴리프 밸브　　④ 시퀀스 밸브

해설 감압밸브(리듀싱밸브)
　: 부분회로의 압력을 주회로 보다 낮추는 상시 개방형 밸브이다.

문제 75. 압력계를 나타내는 기호는?

해설 ① 차압계, ② 압력계,
　　　 ③ 유면계, ④ 온도계

문제 76. 속도 제어 회로의 종류가 아닌 것은?

① 로크(로킹) 회로
② 미터 인 회로
③ 미터 아웃 회로
④ 블리드 오프 회로

해설 ·속도 제어 회로의 종류
　① 미터 인 회로
　② 미터 아웃 회로
　③ 블리드 오프 회로

문제 77. 유압 기호 요소에서 파선의 용도가 아닌 것은?

① 필터
② 주관로
③ 드레인 관로
④ 밸브의 과도 위치

해설 ① 실선(———) : 주관로, 파일럿 밸브에의 공급관로, 전기신호선
　② 파선(– – – –) : 파일럿 조작관로, 드레인관, 필터, 밸브의 과도위치

해답 71.④　72.③　73.③　74.①　75.②　76.①　77.②

문제 78. 아래 기호의 명칭은?

① 공기 탱크
② 유압 모터
③ 드레인 배출기
④ 유면계

해설> 공기탱크 :

유면계 :

드레인 배출기 :

문제 79. 유압장치에서 사용되는 유압유가 갖추어야 할 조건으로 적절하지 않은 것은?

① 열을 방출시킬 수 있어야 한다.
② 동력 전달의 확실성을 위해 비압축성이어야 한다.
③ 장치의 운전온도 범위에서 적절한 점도가 유지되어야 한다.
④ 비중과 열팽창계수가 크고 비열은 작아야 한다.

해설> ·유압작동유의 구비조건
① 확실한 동력전달을 위하여 비압축성이어야 한다.
② 장치의 운전온도범위에서 회로내를 유연하게 유동할 수 있는 적절한 점도가 유지되어야 한다. (동력손실방지, 운동부의 마모방지, 누유방지 등을 위해)
③ 인화점과 발화점이 높아야 한다.
④ 소포성(기포방지성)과 윤활성, 방청성이 좋아야 한다.
⑤ 장시간 사용하여도 물리적, 화학적으로 안정하여야 한다.
⑥ 녹이나 부식발생 등이 방지되어야 한다. (산화안정성)
⑦ 열을 방출시킬 수 있어야 한다. (방열성)
⑧ 비중과 열팽창계수가 적고, 비열은 커야 한다.

⑨ 온도에 의한 점도변화가 작아야 하며 점도지수는 높아야 한다.
⑩ 체적탄성계수가 커야 한다.
⑪ 항유화성, 항착화성이 있어야 한다.
⑫ 증기압이 낮고, 비등점이 높아야 한다.

문제 80. 유압을 이용한 기계의 유압 기술 특징에 대한 설명으로 적절하지 않은 것은?

① 무단 변속이 가능하다.
② 먼지나 이물질에 의한 고장 우려가 있다.
③ 자동제어가 어렵고 원격 제어는 불가능하다.
④ 온도의 변화에 따른 점도 영향으로 출력이 변할 수 있다.

해설> ·유압장치의 일반적인 특징
〈장점〉
① 입력에 대한 출력의 응답이 빠르다.
② 무단변속이 가능하다.
③ 원격조작이 가능하다.
④ 윤활성·방청성이 좋다.
⑤ 전기적인 조작, 조합이 간단하다.
⑥ 적은 장치로 큰 출력을 얻을 수 있다.
⑦ 전기적 신호로 제어할 수 있으므로 자동제어가 가능하다.
⑧ 수동 또는 자동으로 조작할 수 있다.
〈단점〉
① 기름이 누출될 염려가 많다.
② 유온의 영향을 받으면 점도가 변하여 출력효율이 변화하기도 한다.

제5과목 기계제작법 및 기계동력학

문제 81. 무게 10 kN의 해머(hammer)를 10 m의 높이에서 자유 낙하 시켜서 무게 300 N의 말뚝을 박았다. 충돌한 직후에 해머와 말뚝은 일체가 된다고 볼 때 충돌 직후의 속도는 몇 m/s 인가?

① 50.4　　　　② 20.4
③ 13.6　　　　④ 6.7

해답　78. ②　79. ④　80. ③　81. ③

해설 우선, 해머의 낙하속도

$$V_1^2 = V_0^{\nearrow 0} + 2a(S - S_0^{\nearrow 0}) \text{에서} \quad V_1^2 = 2gh$$

$$V_1 = \sqrt{2gh} = \sqrt{2 \times 9.8 \times 10} = 14\,\text{m/s}$$

또한, $W = mg$에서 $\quad m = \dfrac{W}{g}$

해머의 질량 $m_1 = \dfrac{W_1}{g} = \dfrac{10 \times 10^3}{9.8} = 1020\,\text{kg}$

말뚝의 질량 $m_2 = \dfrac{W_2}{g} = \dfrac{300}{9.8} = 30.6\,\text{kg}$

결국, $m_1 V_1 + m_2 V_2^{\nearrow 0} = m_1 V_1' + m_2 V_2'$

$m_1 V_1 = (m_1 + m_2) V'$에서

$$\therefore \quad V' = \frac{m_1 V_1}{m(= m_1 + m_2)} = \frac{1020 \times 14}{1020 + 30.6}$$

$$= 13.59\,\text{m/s}$$

문제 82. 중량 2400 N, 회전수 1500 rpm인 공기 압축기에 대해 방진고무로 균등하게 6개소를 지지시켜 진동수비를 2.4로 방진하고자 한다. 압축기가 작동하지 않을 때 이 방진고무의 정적 수축량은 약 몇 cm인가? (단, 감쇠비는 무시한다.)

① 0.18 　　② 0.23

③ 0.29 　　④ 0.37

해설 $\omega = \dfrac{2\pi N}{60} = \dfrac{2\pi \times 1500}{60} = 157\,\text{rad/s}$

진동수비 $\gamma = \dfrac{\omega}{\omega_n}$에서

$\omega_n = \dfrac{\omega}{\gamma} = \dfrac{157}{2.4} = 65.4\,\text{rad/s}$

결국, $\omega_n = \sqrt{\dfrac{g}{\delta_{st}}}$에서

$$\therefore \quad \delta_{st} = \frac{g}{\omega_n^2} = \frac{980}{65.4^2} = 0.23\,\text{cm}$$

문제 83. 무게가 40 kN인 트럭을 마찰이 없는 수평면 상에서 정지상태로부터 수평방향으로 2 kN의 힘으로 끌 때 10초 후의 속도는 몇 m/s인가?

① 1.9 　　② 2.9

③ 3.9 　　④ 4.9

해설 $Ft = m(V_2 - V_1^{\nearrow 0})$ 　단, $m = \dfrac{W}{g}$

$Ft = \dfrac{W}{g} V_2$에서 　$2 \times 10 = \dfrac{40}{9.8} \times V_2$

$$\therefore \quad V_2 = 4.9\,\text{m/s}$$

문제 84. 반지름이 r인 균일한 원판의 중심에 200 N의 힘이 수평방향으로 가해진다. 원판의 미끄러짐을 방지하는데 필요한 최소 마찰력(F)은?

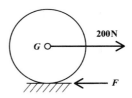

① 200 N

② 100 N

③ 66.67 N

④ 33.33 N

해설 $\sum M_0 = J_0 \alpha$에서

$$Pr = (J_G + mr^2)\alpha = \left(\frac{mr^2}{2} + mr^2\right)\alpha = \frac{3mr^2}{2}\alpha$$

$$\therefore \quad \alpha = \frac{2P}{3mr}$$

결국, $\sum F_x = ma_x$ 　단, $a_x = \alpha r$

$P - F = m\alpha r$에서

$$\therefore \quad F = P - m\alpha r = P - m \times \frac{2P}{3mr} \times r$$

$$= P - \frac{2P}{3} = \frac{P}{3} = \frac{200}{3} = 66.67\,\text{N}$$

문제 85. 원판의 각속도가 5초 만에 0부터 1800 rpm까지 일정하게 증가하였다. 이때 원판의 각가속도는 약 몇 rad/s^{2}인가?

① 360 　　② 60

③ 37.7 　　④ 3.77

해설 각가속도(α)는

$$\therefore \quad \alpha = \ddot{\theta} = \dot{\omega} = \frac{\omega}{t} = \frac{1}{t} \times \frac{2\pi N}{60} = \frac{1}{5} \times \frac{2\pi \times 1800}{60}$$

$$= 37.7\,\text{rad/s}^2$$

해답 82. ② 　83. ④ 　84. ③ 　85. ③

문제 86. 물방울이 중력에 의해 떨어지기 시작하여 3초 후의 속도는 약 몇 m/s인가? (단, 공기의 저항은 무시하고, 초기속도는 0으로 한다.)

① 29.4
② 19.6
③ 9.8
④ 3

해설> $V = \cancel{V_0}^{0} + gt = 0 + (9.8 \times 3) = 29.4 \, \mathrm{m/s}$

문제 87. 그림과 같이 피벗으로 고정된 질량이 m이고, 반경이 r인 원형판의 진동주기는? (단, g는 중력가속도이고, 진동 각도는 상당히 작다고 가정한다.)

① $2\pi\sqrt{\dfrac{2r}{3g}}$
② $2\pi\sqrt{\dfrac{3r}{2g}}$
③ $2\pi\sqrt{\dfrac{3r}{5g}}$
④ $2\pi\sqrt{\dfrac{5r}{3g}}$

해설>

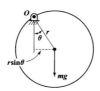

$\sum M_0 = J_0 \ddot{\theta}$ 이용

[단, $J_0 = J_G + mr^2 = \dfrac{mr^2}{2} + mr^2 = \dfrac{3mr^2}{2}$]

$-mgr\sin\theta = \dfrac{3mr^2}{2}\ddot{\theta}$

여기서, $\sin\theta \fallingdotseq \theta$ 이므로 $\dfrac{3mr^2}{2}\ddot{\theta} + mgr\theta = 0$

$\ddot{\theta} + \dfrac{2g}{3r}\theta = 0$, $\omega_n^2 = \dfrac{2g}{3r}$, $\omega_n = \sqrt{\dfrac{2g}{3r}}$

결국, 진동주기 $T = \dfrac{2\pi}{\omega_n} = 2\pi\sqrt{\dfrac{3r}{2g}}$

문제 88. 그림(a)를 그림(b)와 같이 모형화 했을 때 성립되는 관계식은?

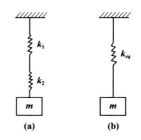

① $\dfrac{1}{k_{eq}} = \dfrac{1}{k_1} + \dfrac{1}{k_2}$
② $k_{eq} = k_1 + k_2$
③ $k_{eq} = k_1 + \dfrac{1}{k_2}$
④ $k_{eq} = \dfrac{1}{k_1} + \dfrac{1}{k_2}$

해설> $\dfrac{1}{k_{eq}} = \dfrac{1}{k_1} + \dfrac{1}{k_2} = \dfrac{k_1 + k_2}{k_1 k_2}$ $\therefore k_{eq} = \dfrac{k_1 \cdot k_2}{k_1 + k_2}$

문제 89. 중심력만을 받으며 등속 운동하는 질점에 대한 설명으로 틀린 것은?

① 어느 순간에서나 힘의 중심점에 대한 모멘트의 합은 0이다.
② 중심력에 의하여 운동하는 질점의 각운동량은 크기와 방향이 모두 일정하다.
③ 중심점에 대한 각운동량의 변화율은 0이다.
④ 각운동량은 중심점에서 물체까지의 거리의 제곱에 반비례한다.

해설> 각 운동량 $H = mV \times r$
각 운동량은 기준점(축)에 대한 선운동량의 모멘트를 말하여, 각 운동량은 중심점에서 물체까지의 거리에 비례한다.

문제 90. 그림과 같은 진동계에서 무게 W는 22.68 N, 댐핑계수 C는 0.0579 N·s/cm, 스프링정수 k가 0.357 N/cm일 때 감쇠비(damping ratio)는 약 얼마인가?

정답> 86. ① 87. ② 88. ① 89. ④ 90. ④

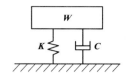

① 0.19   ② 0.22

③ 0.27   ④ 0.32

해설 우선, $W = mg$ 에서

$$m = \frac{W}{g} = \frac{22.68}{9.8} = 2.314\,kg$$

또한, 임계감쇠계수(C_{cr})는

$$C_{cr} = 2\sqrt{mk} = 2 \times \sqrt{2.314 \times 0.357 \times 10^2} = 18.178$$

결국, 감쇠비 $\zeta = \dfrac{C}{C_{cr}} = \dfrac{0.0579 \times 10^2}{18.178} \fallingdotseq 0.32$

문제 91. 절삭칩의 형태 중에서 가장 이상적인 칩의 형태는?

① 전단형(shear type)

② 유동형(flow type)

③ 열단형(tear type)

④ 경작형(pluck off type)

해설 ·칩의 형태

① 유동형 : 연속적인 칩으로 가장 이상적이다. 연성재료를 고속절삭시, 경사각이 클 때, 절삭깊이가 적을 때 생긴다.

② 전단형 : 연성재료를 저속절삭시, 경사각이 적을 때, 절삭깊이가 클 때 생긴다.

③ 균열형 : 주철과 같은 취성재료 절삭시, 저속절삭시 생긴다.

④ 열단형 : 점성재료 절삭시 생긴다.

문제 92. 주조의 탕구계 시스템에서 라이저(riser)의 역할로서 틀린 것은?

① 수축으로 인한 쇳물 부족을 보충한다.

② 주형 내의 가스, 기포 등을 밖으로 배출한다.

③ 주형 내의 쇳물에 압력을 가해 조직을 치밀화 한다.

④ 주물의 냉각도에 따른 균열이 발생되는 것을 방지한다.

해설 ·덧쇳물(riser)의 역할

① 주형내의 용재 및 불순물을 밖으로 밀어낸다.

② 쇳물의 주입량을 알 수 있다.

③ 금속이 응고할 때 체적감소로 인한 쇳물부족을 보충한다.

④ 주형내에 쇳물 압력을 준다.

⑤ 주형내에 가스를 방출하여 수축공 현상이 생기지 않는다.

문제 93. 축방향의 이송을 행하지 않는 플런지 컷 연삭(plunge cut grinding)이란 어떤 연삭 방법에 속하는가?

① 내면연삭   ② 나사연삭

③ 외경연삭   ④ 평면연삭

해설 플런지 컷 연삭법

: 외경연삭법으로 숫돌을 테이블과 직각으로 이동시켜 연삭하는 형식으로 축방향의 이송을 행하지 않는다. 원통면 뿐만 아니라 단이 있는 면, 테이퍼형, 곡선윤곽 등의 전체길이를 동시에 연삭할 수 있는 생산형 연삭기로서 숫돌의 나비는 공작물의 연삭길이 보다 커야 한다.

문제 94. 항온 열처리 중 담금질 온도로 가열한 강재를 M_s 점과 M_f 점 사이의 항온 염욕에서 항온 변태를 시킨 후에 상온까지 공랭하는 열처리 방법은?

① 마퀜칭   ② 마템퍼링

③ 오스포밍   ④ 오스템퍼링

해설 ·항온 열처리

① 오스템퍼링(austempering) : S곡선에서 코와 M_s점 사이에서 항온변태를 시킨 열처리하는 것으로서 점성이 큰 베이나이트조직을 얻을 수 있어 뜨임이 필요없고, 담금균열과 변형이 발생하지 않는다.

② 마템퍼링(martempering) : M_s점과 M_f점 사이에서 항온변태시킨 후 열처리하여 얻은 마텐자이트와 베이나이트의 혼합조직이다.

해답 91. ②   92. ④   93. ③   94. ②

③ 마퀜칭(marquenching) : S곡선의 코 아래서 항
온열처리 후 뜨임하면 담금균열과 변형이 적어
복잡한 부품의 담금질에 사용한다. 즉, 마텐자이
트 변태를 시키는 담금질이다.

④ 오스포밍(ausforming) : 과냉 오스테나이트 상태
에서 소성가공하고 그 후의 냉각 중에 마텐자이
트화하는 방법을 말하며 인장강도 $300\,kg/mm^2$,
신장 10 %의 초강력성이 발생된다.

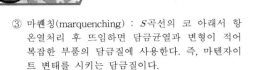

문제 95. 전기적 에너지를 기계적인 진동 에너
지로 변환하여 금속, 비금속 재료에 상관없이
정밀가공이 가능한 특수 가공법은?

① 래핑 가공　　　② 전조 가공
③ 전해 가공　　　④ 초음파 가공

[해설] · 초음파가공(ultrasonic machining)
① 물이나 경유 등에 연삭입자(랩제)를 혼합한 가공
액을 공구의 진동면과 일감사이에 주입시켜가며
초음파에 의한 상하진동으로 표면을 다듬는 가
공법이다.
② 전기에너지를 기계적 진동에너지로 변화시켜 가
공하므로 공작물이 전기의 양도체 또는 부도체
여부에 관계없이 가공할 수 있다.
③ 초경합금, 보석류, 세라믹, 유리, 반도체 등 비금
속 또는 귀금속의 구멍뚫기, 전단, 평면가공, 표
면다듬질 가공 등에 이용된다.

문제 96. 피복 아크 용접봉의 피복제(flux)의 역
할로 틀린 것은?

① 아크를 안정시킨다.
② 모재 표면에 산화물을 제거한다.
③ 용착금속의 탈산 정련작용을 한다.
④ 용착금속의 냉각속도를 빠르게 한다.

[해설] · 피복제의 역할
① 대기 중의 산소, 질소의 침입을 방지하고 용융금
속을 보호
② 아크를 안정
③ 모재표면의 산화물을 제거
④ 탈산 및 정련작용
⑤ 응고와 냉각속도를 지연
⑥ 전기절연 작용
⑦ 용착효율을 높인다.

문제 97. 가공물, 미디어(media), 가공액 등을
통속에 혼합하여 회전시킴으로써 깨끗한 가공
면을 얻을 수 있는 특수 가공법은?

① 배럴가공(barrel finishing)
② 롤 다듬질(roll finishing)
③ 버니싱(burnishing)
④ 블라스팅(blasting)

[해설] 배럴가공(배럴다듬질, 텀블링)
: 회전하는 상자에 공작물과 미디어, 공작액, 콤파운
드를 상자속에 넣고 회전 또는 진동시키면 연삭입
자와 충돌하여 공작물 표면의 요철을 없애고 매끈
한 가공면을 얻는 특수 가공법이다.

문제 98. 길이가 긴 게이지 블록에서 굽힘이 발
생할 경우에도 양 단면이 항상 평행을 유지하
기 위한 지지점인 에어리 점(Airy Point)의 위
치는? (단, L은 게이지 블록의 길이이다.)

① $0.2113L$
② $0.2203L$
③ $0.2232L$
④ $0.2386L$

[해설] 에어리점(airy point)
: 2개의 평행한 측정 평면을 가진 단도기(예를 들면,
블록게이지)를 2개의 지지점으로 수평 및 대칭으로
지지할 때 스스로의 무게로 변형한 후에도 그 평면
이 평행을 이루는 지지점을 말한다. 전체길이가 L
이라고 할 때 양쪽 끝에서부터 $0.2113L$의 위치에
있다.

문제 99. 두께 1.5 mm인 연강판에 지름 3.2 mm
의 구멍을 펀칭할 때 전단력은 약 몇 kN인가?
(단, 연강판의 전단강도는 250 MPa이다.)

① 2.07　　　② 3.77
③ 4.86　　　④ 5.87

[해설] $P_s = \tau A = \tau(\pi dt) = 250 \times \pi \times 3.2 \times 1.5$
$\fallingdotseq 3.77 \times 10^3\,N = 3.77\,kN$

[정답]　95. ④　96. ④　97. ①　98. ①　99. ②

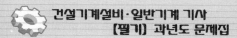
문제 100. 지름 350 mm 롤러로 폭 300 mm, 두께 30 mm의 연강판을 1회 열간 압연하여 두께 24 mm가 될 때, 압하율은 몇 %인가?

① 10 ② 15
③ 20 ④ 25

해설 압하율 $= \dfrac{H_0 - H}{H_0} \times 100(\%)$

$= \dfrac{30-24}{30} \times 100 = 20\%$

건설기계설비 기사

※ 재료역학, 열역학, 유체역학, 유압기기는 일반기계 기사와 중복됩니다. 나머지 유체기계, 건설기계일반, 플랜트배관의 순서는 1~30번으로 정합니다.

제4과목 유체기계

문제 1. 수력발전소에서 유효낙차 60 m, 유량 3 m³/s인 수차의 출력이 1440 kW일 때 이 수차의 효율은 약 몇 %인가?

① 81.6 % ② 71.8 %
③ 61.4 % ④ 51.2 %

해설 수차의 출력 $L = \gamma Q H \eta$ 에서

$\therefore \eta = \dfrac{L}{\gamma Q H} = \dfrac{1440}{9.8 \times 3 \times 60} = 0.816 = 81.6\%$

문제 2. 펌프, 송풍기 등이 운전 중에 한숨을 쉬는 것과 같은 상태가 되어, 펌프인 경우 입구와 출구의 진공계, 압력계의 바늘이 흔들리고 동시에 송출유량이 변화하는 현상은?

① 서징현상
② 수격현상
③ 공동현상
④ 과열현상

해설 서징(surging) 현상 : 펌프, 송풍기 등이 운전 중에 한숨을 쉬는 것과 같은 상태가 되어 펌프인 경우 입구와 출구의 진공계, 압력계의 침이 흔들리고 동시에 송출유량이 변화하는 현상. 즉, 송출압력과 송출유량 사이에 주기적인 변동이 일어나는 현상을 말한다.

문제 3. 펌프의 공동현상(cavitation) 방지대책으로 옳지 않은 것은?

① 펌프의 설치높이를 가능한 한 낮춘다.
② 양흡입 펌프를 사용한다.
③ 펌프의 회전수를 높게 한다.
④ 밸브, 플랜지 등의 부속품 수를 적게 사용한다.

해설 · 원심펌프의 공동현상(cavitation) 방지법
① 펌프의 설치위치를 될 수 있는 대로 낮추어 흡입양정을 짧게 한다.
② 배관을 완만하고 짧게 한다.
③ 입축(立軸)펌프를 사용하고, 회전차를 수중에 완전히 잠기게 한다.
④ 펌프의 회전수를 낮추어 흡입 비교 회전도를 적게 한다.
⑤ 마찰저항이 작은 흡입관을 사용하여 흡입관 손실을 줄인다.
⑥ 양흡입펌프를 사용한다.
⑦ 두 대이상의 펌프를 사용한다.

문제 4. 수차 종류에 대하여 비속도(또는 비교회전도, specific speed)의 크기 관계를 옳게 나타낸 것은? (단, 각 수차가 일반적으로 가질 수 있는 비속도의 최대값으로 비교한다.)

① 펠턴 수차 < 프란시스 수차 < 프로펠러 수차
② 펠턴 수차 < 프로펠러 수차 < 프란시스 수차
③ 프란시스 수차 < 펠턴 수차 < 프로펠러 수차
④ 프로펠러 수차 < 프란시스 수차 < 펠턴 수차

해설 · 비속도(비교회전도, η_S)
① 펠턴 수차 : $\eta_S = 8 \sim 30$(고낙차용)
② 프란시스 수차 : $\eta_S = 40 \sim 350$(중낙차용)
③ 프로펠러 수차(축류 수차) : $\eta_S = 400 \sim 800$
(저낙차용)

정답 100. ③ ‖ 1. ① 2. ① 3. ③ 4. ①

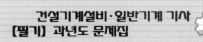

문제 5. 다음 중 진공펌프를 일반 압축기와 비교하여 다른 점을 설명한 것으로 옳지 않은 것은?

① 흡입압력을 진공으로 함에 따라 압력비는 상당히 커지므로 격간용적, 기체누설을 가급적 줄여야 한다.
② 진공화에 따라서 외부의 액체, 증기, 기체를 빨아들이기 쉬워서 진공도를 저하시킬 수 있으므로 이에 주의를 요한다.
③ 기체의 밀도가 낮으므로 실린더 체적은 축동력에 비해 크다.
④ 송출압력과 흡입압력의 차이가 작으므로 기체의 유로 저항이 커져도 손실동력이 비교적 적게 발생한다.

해설 · 진공펌프가 보통의 압축기와 다른점
① 흡입과 송출의 압력차는 $1\,kg_f/cm^2$에 지나지 않지만, 흡입압력을 진공으로 함에 따라 즉, 진공 100 %에 가까운 상태로부터 흡입하는 경우 압력비는 상당히 크게 된다. 그러므로 격간용적, 기체누설을 가급적 줄여야 한다.
② 진공화에 따라 액체, 기체, 증기를 빨아들이기 쉽게 된다. 그 결과 도달 진공도를 저하시키게 되므로 주의를 요한다.
③ 취급기계의 비체적이 크므로 즉, 기체의 밀도가 작으므로 실린더 체적은 축동력에 비해 크게 된다. 다단압축기에서는 고압이 될수록 실린더 지름은 작게 하지만, 다단진공펌프는 보통 같은 지름으로 한다.
④ 송출압력과 흡입압력의 압력차가 작으므로 기체의 유로저항을 작게 하지 않으면 손실동력이 증대한다.
⑤ 최대 압축일은 중간진공이 되었을 때 흡입하는 경우 일어난다.

문제 6. 토크 컨버터의 주요 구성요소들을 나타낸 것은?

① 구동기어, 종동기어, 버킷
② 피스톤, 실린더, 체크밸브
③ 밸런스디스크, 베어링, 프로펠러
④ 펌프회전차, 터빈회전차, 안내깃(스테이터)

해설 토크 컨버터의 구성요소
: 회전차(impeller), 깃차(runner), 안내깃(stator)

문제 7. 터보형 펌프에서 액체가 회전차 입구에서 반지름 방향 또는 경사 방향에서 유입하고 회전차 출구에서 반지름 방향으로 유출하는 구조는?

① 왕복식　② 원심식
③ 회전식　④ 용적식

해설
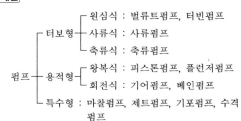

문제 8. 펠턴 수차에서 전향기(deflector)를 설치하는 목적은?

① 유로방향 전환
② 수격작용 방지
③ 유량 확대
④ 동력 효율 증대

해설 전향기(deflector)
: 수차의 부하를 급격히 감소시키기 위하여 니들밸브를 급히 닫으면 수격작용이 발생하여 수압이 급상승하게 된다. 이와 같은 현상이 일어나는 것을 방지하기 위하여 분출수의 방향을 바꾸어주는 장치를 전향기(deflector)라 한다.

문제 9. 다음 중 유체가 갖는 에너지를 기계적인 에너지로 변환하는 유체기계는?

① 축류 펌프　② 원심 송풍기
③ 펠턴 수차　④ 기어 펌프

정답 5.④　6.④　7.②　8.②　9.③

해설▷ 수차(hydraulic turbine)
: 물이 가지고 있는 위치에너지를 운동에너지 및 압력에너지로 바꾸어 이를 다시 기계적에너지로 변환시키는 기계를 수차라고 한다.

문제 10. 운전 중인 송풍기에서 전압 400 mmAq, 풍량 30 m³/min을 만족하는 송풍기를 설계하고자 한다. 이 송풍기의 전압효율이 70 %라고 하면, 송풍기를 작동시키기 위한 모터의 축동력은 약 몇 kW인가?

① 1.8　　　　　　② 2.8
③ 18　　　　　　④ 28

해설▷ $L_S = \dfrac{\gamma QH}{102\eta} = \dfrac{pQ}{102\eta} = \dfrac{400 \times \frac{30}{60}}{102 \times 0.7} ≒ 2.8\,\mathrm{kW}$

〈참고〉 $p = 400\,\mathrm{mmAq} = 0.4\,\mathrm{mAq} = 400\,\mathrm{kg_f/m^2}$

제5과목　건설기계일반 및 플랜트배관

문제 11. 준설 방식에 따른 준설선의 종류가 아닌 것은?

① 드롭 준설선　　　② 펌프 준설선
③ 버킷 준설선　　　④ 그래브(그랩) 준설선

해설▷ · 준설선의 종류
① 펌프 준설선, ② 버킷 준설선, ③ 디퍼 준설선,
④ 그래브(그랩) 준설선, ⑤ 드래그 석션 준설선

문제 12. 굴착기에서 버킷의 굴착방향이 백호와 반대이며, 장비가 있는 지면보다 높은 곳을 굴착하는데 적합한 작업 장치는?

① 브레이커　　　　② 유압 셔블
③ 어스 오거　　　　④ 우드 그래플

해설▷ 유압셔블(＝페이스셔블 : face shovel)
: 백호 버킷을 뒤집어 사용한 형상으로 작업위치보

다 높은 굴착에 적합하다.
산악지역에서 토사, 암반 등을 굴착하여 트럭에 싣기에 적합한 장치이다.

문제 13. 로더에 대한 설명으로 적절하지 않은 것은?

① 타이어식(휠식)과 무한궤도식이 있다.
② 동력전달 순서는 기관 → 종감속 장치 → 유압변속기 → 토크컨버터 → 구동바퀴 순서이다.
③ 각종 토사, 자갈 등을 다른 곳으로 운반하거나 덤프차(덤프트럭)에 적재하는 장비이다.
④ 적하 방식에 따라 프런트 엔드형, 사이드 덤프형 등으로 구분할 수 있다.

해설▷ 로더의 동력전달 순서
: 기관 → 토크컨버터 → 변속기 → 트랜스퍼 기어
→ 추진축과 자재이음 → 차동장치 → 종감속기어
→ 바퀴(휠)

문제 14. 금속의 기계가공 시 절삭성이 우수한 강재가 요구되어 개발된 것으로서 S(황)을 첨가하거나 Pb(납)을 첨가한 강재는?

① 내식강　　　　　② 내열강
③ 쾌삭강　　　　　④ 불변강

해설▷ 쾌삭강 : 절삭성을 향상시키기 위해 탄소강에 S, Pb, 흑연 등을 첨가한 것으로, 황쾌삭강, 납쾌삭강, 흑연쾌삭강이 있다.

문제 15. 건설기계관리업무처리규정에 따른 굴착기(굴삭기)의 규격표시 방법은?

① 작업가능상태의 중량 (t)
② 볼의 평적용량 (m³)
③ 유제탱크의 용량 (ℓ)
④ 표준 배토판의 길이 (m)

해설▷ 굴착기(굴삭기)의 규격표시 방법
: 작업가능 상태의 중량(ton)으로 표시한다.

해답▷ 10. ②　11. ①　12. ②　13. ②　14. ③　15. ①

문제 16. 무한궤도식 건설기계의 주행장치에서 하부 구동체의 구성품이 아닌 것은?

① 트랙 롤러
② 캐리어 롤러
③ 스프로킷
④ 클러치 요크

해설 하부구동체(under carriager)의 구성품
: 트랙롤러(하부롤러), 캐리어롤러(상부롤러), 트랙프레임, 트랙릴리이스(트랙조정기구), 트랙아이들러(전부유도륜), 리코일스프링, 스프로켓, 트랙 등으로 구성되어 있다.

문제 17. 아스팔트 피니셔의 평균 작업 속도가 3 m/min, 공사의 폭이 3 m, 완성 두께가 6 cm, 작업 효율이 65 %이고, 다져진 후의 밀도는 2.2 t/m³일 때 시간당 포설량은 약 몇 t/h인가?

① 0.72
② 19.66
③ 46.33
④ 72.07

해설 $Q = \rho A V \eta = \rho b t V \eta$
$= 2.2 \times 3 \times 0.06 \times 3 \times 60 \times 0.65 = 46.332 \, t/h$

문제 18. 기체 수송 설비 및 압축기에 대한 설명으로 적절하지 않은 것은?

① 기체를 수송하는 장치는 그 압력차에 의하여 환풍기, 송풍기, 압축기 등으로 나눌 수 있다.
② 터보형 압축기에는 원심식, 축류식, 혼류식 등이 있다.
③ 왕복식 압축기는 피스톤으로 실린더 내의 기체를 압축하고 원심식 압축기는 펌프와 원심력을 이용하여 기체를 압축하는 방식이다.
④ 팬(fan)은 송풍기보다 높은 사용압력에서 사용된다.

해설 · 압력상승범위
① 팬(fan) : 10 kPa 미만
② 송풍기(blower) : 10 kPa ~ 100 kPa
③ 압축기(compressor) : 100 kPa 이상

문제 19. 건설기계 안전기준에 관한 규칙상 지게차의 내부압력을 받는 호스, 배관, 그 밖의 연결 부분 장치는 유압회로가 받을 수 있는 작동압력의 몇 배 이상의 압력을 견딜 수 있어야 하는가?

① 1.5배
② 2배
③ 2.5배
④ 3배

해설 지게차의 내부압력을 받는 호스, 배관, 그 밖의 연결 부분 장치는 유압회로가 받을 수 있는 작동압력의 3배 이상의 압력에 견딜 수 있어야 한다.

문제 20. 모터 그레이더의 작업 내용으로 적절하지 않은 것은?

① 제설작업
② 운동장의 땅을 평평하게 고르는 정지작업
③ 터널 및 암석, 암반지대를 뚫기 위한 천공작업
④ 노면에 뿌려 놓은 자갈, 모래 더미를 골고루 넓게 펴는 산포작업

해설 · 모터 그레이더의 용도
① 제설작업 : 삽이나 제설기구를 부착하여 눈을 제거하는 작업
② 산포작업(살포작업) : 골재나 아스팔트 등을 깔아주는 작업
③ 측구작업 : U형, V형 등 도랑 배수로 작업
④ 도로구축(특히 노상, 노반의 정형) 작업
⑤ 도로유지 보수(노면의 절삭) 작업
⑥ 공항 등 넓은 면적의 정지작업(지균작업)

문제 21. 동력 나사절삭기의 종류가 아닌 것은?

① 오스터식 나사절삭기
② 호브식 나사절삭기
③ 다이헤드식 나사절삭기
④ 그루빙 조인트식 나사절삭기

해설 동력 나사절삭기의 종류
: 오스터식, 다이헤드식, 호브식

해답 16. ④ 17. ③ 18. ④ 19. ④ 20. ③ 21. ④

문제 22. 플랜트 배관에서 운전 중 누설과 관련한 응급 조치방법이 아닌 것은?

① 박스 설치법 ② 인젝션법
③ 천공법 ④ 코킹법

해설 ·배관설비의 응급조치법
① 코킹법 : 배관에서 관 내의 압력과 온도가 비교적 낮고, 누설부분이 작은 경우 정을 대고 때려서 기밀을 유지하는 응급조치 방법이다.
② 인젝션법 : 부식, 마모 등으로 작은 구멍이 생겨 유체가 누설될 경우 고무 제품의 각종 크기로 된 볼을 일정량 넣고, 유체를 채운 후 펌프를 작동시켜 누설 부분을 통과하려는 볼이 누설 부분에 정착, 누설을 미량이 되게 하거나 정지시키는 응급처치 방법이다.
③ 스토핑 박스(stopping box)법 : 밸브류 등의 그랜드 패킹부에서 누설이 발생할 때 조임, 너트를 조여도 조인 여분이 없어 누설이 계속될 때 그랜드 패킹부에 스토핑 박스를 설치하여 누설을 방지하는 방법이다.
④ 박스 설치법 : 내부 압력이 높고, 고온의 유체가 누설되는 부분에 2~3개의 분할 상자를 이용하여 누설 부분에 용접을 하여 누설을 방지하는 방법이다.
⑤ 핫태핑(hot tapping)법과 플러깅(plugging)법 : 장치의 운전을 정지시키지 않고 유체가 흐르는 상태에서 고장을 수리하는 것으로 바이패스를 시키거나 분기하여 유체를 우회 통과시키는 응급조치 방법이다.

문제 23. 강관용 공구 중 바이스의 종류가 아닌 것은?

① 램 바이스 ② 수평 바이스
③ 체인 바이스 ④ 파이프 바이스

해설 강관용 공구 중 바이스의 종류
: 수평 바이스, 파이프 바이스, 체인 바이스

문제 24. 배관의 무게를 위에서 잡아주는데 사용되는 배관지지 장치는?

① 파이프 슈 ② 리지드 행거
③ 롤러 서포트 ④ 리지드 서포트

해설 리지드 행거(rigid hanger)
: I빔(beam)에 턴버클을 이용하여 배관을 달아올리는 것으로서 상·하 방향의 변위가 없는 곳에 사용한다.
지지 간격을 적게 하는 것이 좋으며, 다소의 방진 효과도 얻을 수 있다.
※ 턴버클(turn buckle) : 양 끝에 오른나사와 왼나사가 있어 막대나 로프를 당겨서 수평배관의 구배를 자유롭게 조정할 수 있다.

문제 25. 배관공사에서 배관의 배치에 관한 설명으로 적절하지 않은 것은?

① 경제적인 시공을 고려하여 그룹화 시켜 최단거리로 배치한다.
② 고온·고유속의 배관은 진동의 충격이 감소할 수 있도록 굴곡부나 분기를 가능한 많게 배치한다.
③ 고온·고압배관은 기기와의 접속용 플랜지 이외는 가급적 플랜지 접합을 적게 하고 용접에 의한 접합을 시행한다.
④ 배관은 불필요한 에어 포켓이 생기지 않게 한다.

해설 고온, 고유속의 배관은 진동의 충격이 감소할 수 있도록 굴곡부나 분기를 가능한 적게 배치한다.

문제 26. 배관 공사 중 또는 완공 후에 각종 기기와 배관라인 전반의 이상 유무를 확인하기 위한 배관 시험의 종류가 아닌 것은?

① 수압시험 ② 기압시험
③ 만수시험 ④ 통전시험

해설 배관시험의 종류
: 수압시험, 기압시험, 만수시험, 연기시험, 통수시험

문제 27. 어떤 관을 곡률반경 120 mm로 90° 열간 구부림 할 때 관 중심부의 곡선길이는 약 몇 mm인가?

해답 22. ③ 23. ① 24. ② 25. ② 26. ④ 27. ①

① 188.5   ② 227.5
③ 234.5   ④ 274.5

해설〉 $\ell = 2\pi R \times \dfrac{\theta}{360} = 2\pi \times 120 \times \dfrac{90}{360} = 188.5\,\mathrm{mm}$

문제 28. 보일러, 열 교환기용 합금 강관(KS D 3572)의 기호는?

① STS   ② STHA
③ STWW   ④ SCW

해설〉 STS : 배관용 스테인리스 강관,
STHA : 보일러 열교환기용 합금 강관

문제 29. 관의 끝을 막을 때 사용하는 것이 아닌 것은?

① 캡   ② 플러그
③ 엘보   ④ 맹(블라인드) 플랜지

해설〉 엘보(elbow)는 관의 방향을 바꿀 때 사용되는 관이음쇠이다.

문제 30. 스트레이너의 특징으로 적절하지 않은 것은?

① 밸브, 트랩, 기기 등의 뒤에 스트레이너를 설치하여 관 속의 유체에 섞여 있는 모래, 쇠부스러기 등 이물질을 제거한다.
② Y형은 유체의 마찰저항이 적고, 아래쪽에 있는 플러그를 열어 망을 꺼내 불순물을 제거하도록 되어 있다.
③ U형은 주철제의 본체 안에 원통형 망을 수직으로 넣어 유체가 망의 안쪽에서 바깥쪽으로 흐르고 Y형에 비해 유체저항이 크다.
④ V형은 주철제의 본체 안에 금속여과 망을 끼운 것이며 불순물을 통과하는 것은 Y형, U형과 같으나 유체가 직선적으로 흘러 유체저항이 적다.

해설〉 · 스트레이너(strainer)
: 배관에 설치하는 밸브, 트랩, 기기 등의 앞에 설치하여 관 내의 이물질을 제거하며, 기기의 성능을 보호하는 기구로서 형상에 따라 U형, V형, Y형이 있다.
① U형 : 주철제의 본체 안에 여과망을 설치한 등 근통을 수직으로 넣은 것으로 유체는 망의 안쪽에서 바깥쪽으로 흐른다. 구조상 유체는 직각으로 흐름의 방향이 바뀌므로 Y형 스트레이너에 비하여 유체에 대한 저항은 크나 보수, 점검이 용이하며, 주로 오일 스트레이너가 많다.
② V형 : 주철제의 본체 속에 금속망을 V자 모양으로 넣은 것으로 유체가 이 망을 통과하여 오물이 여과되나 구조상 유체는 스트레이너 속을 직선적으로 흐르므로 Y형이나 U형에 비해 유속에 대한 저항이 적으며 여과망의 교환이나 점검이 편리하다.
③ Y형 : 45° 경사진 Y형 본체에 원통형 금속망을 넣은 것으로 유체에 대한 저항을 적게 하기 위하여 유체는 망의 안쪽에서 바깥쪽으로 흐르게 되어 있으며, 밑부분에 플러그를 설치하여 불순물을 제거하게 되어 있다. 금속망의 개구면적은 호칭지름 단면적의 약 3배이고, 망의 교환이 용이하게 되어 있다.

2022년 제2회 일반기계·건설기계설비 기사

제1과목 재료역학

 1. 그림과 같은 부정정보가 등분포 하중(w)을 받고 있을 때 B점의 반력 R_b는? 【9장】

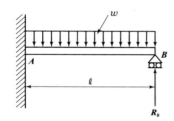

① $\dfrac{1}{8}w\ell$　　　　② $\dfrac{1}{3}w\ell$

③ $\dfrac{3}{8}w\ell$　　　　④ $\dfrac{5}{8}w\ell$

해설> $R_a = \dfrac{5w\ell}{8}$, $R_b = \dfrac{3w\ell}{8}$

 2. 안지름 1 m, 두께 5 mm의 구형 압력 용기에 길이 15 mm 스트레인 게이지를 그림과 같이 부착하고, 압력을 가하였더니 게이지의 길이가 0.009 mm 만큼 증가했을 때, 내압 p의 값은 약 몇 MPa인가? (단, 세로탄성계수는 200 GPa, 포아송 비는 0.3이다.) 【2장】

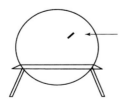

① 3.43 MPa　　② 6.43 MPa
③ 13.4 MPa　　④ 16.4 MPa

해설> $\varepsilon_x = \dfrac{\sigma_x}{E} - \dfrac{\sigma_y}{mE} = \dfrac{\sigma}{E}(1-\nu)$ 에서

$\dfrac{\lambda}{\ell} = \dfrac{pd}{E \times 4t}(1-\nu)$

단, $\begin{cases} \sigma = \dfrac{pd}{4t} \ (\because 구형 압력용기 이므로) \\ \sigma_x = \sigma_y = \sigma \end{cases}$

$\therefore p = \dfrac{4tE\lambda}{d\ell(1-\nu)} = \dfrac{4 \times 5 \times 200 \times 10^3 \times 0.009}{1000 \times 15 \times (1-0.3)}$
$= 3.43\,\text{MPa}$

 3. 비례한도까지 응력을 가할 때 재료의 변형에너지 밀도(탄력계수, modulus of resilience)를 옳게 나타낸 식은? (단, E는 세로탄성계수, σ_{pl}은 비례한도를 나타낸다.) 【2장】

① $\dfrac{E^2}{2\sigma_{pl}}$　　　　② $\dfrac{\sigma_{pl}}{2E^2}$

③ $\dfrac{\sigma_{pl}^2}{2E}$　　　　④ $\dfrac{E}{2\sigma_{pl}^2}$

해설> 최대탄성에너지(=변형에너지 밀도)
: $u = \dfrac{\sigma_{p\ell}^2}{2E} = \dfrac{E\varepsilon^2}{2} = \dfrac{\sigma_{p\ell}\varepsilon}{2}$
여기서, $\sigma_{p\ell}$: 비례한도
E : 세로탄성계수
ε : 종(세로) 변형률

 4. 지름이 d인 중실 환봉에 비틀림 모멘트가 작용하고 있고 환봉의 표면에서 봉의 축에 대하여 45°방향으로 측정한 최대수직변형률이 ε이었다. 환봉의 전단탄성계수를 G라고 한다면 이때 가해진 비틀림 모멘트 T의 식으로 가장 옳은 것은? (단, 발생하는 수직변형률 및 전단변형률은 다른 값에 비해 매우 작은 값으로 가정한다.) 【5장】

해답> **1.** ③　**2.** ①　**3.** ③　**4.** ③

① $\dfrac{\pi G\varepsilon d^3}{2}$　　② $\dfrac{\pi G\varepsilon d^3}{4}$

③ $\dfrac{\pi G\varepsilon d^3}{8}$　　④ $\dfrac{\pi G\varepsilon d^3}{16}$

해설 $\varepsilon = \dfrac{\gamma}{2}$ 에서 $\gamma = 2\varepsilon$

$\tau = G\gamma = G(2\varepsilon)$ 이므로

$\therefore T = \tau Z_P = G(2\varepsilon)\times\dfrac{\pi d^3}{16} = \dfrac{\pi G\varepsilon d^3}{8}$

문제 **5.** 굽힘 모멘트 20.5 kN·m의 굽힘을 받는 보의 단면은 폭 120 mm, 높이 160 mm의 사각단면이다. 이 단면이 받는 최대굽힘응력은 약 몇 MPa인가? 【7장】

① 10 MPa　　② 20 MPa

③ 30 MPa　　④ 40 MPa

해설 $Z = \dfrac{bh^2}{6} = \dfrac{120\times160^2}{6} = 512000\,\mathrm{mm}^3$

$\therefore \sigma_{\max} = \dfrac{M_{\max}}{Z} = \dfrac{20.5\times10^6}{512000} \fallingdotseq 40\,\mathrm{N/mm^2(MPa)}$

문제 **6.** 비틀림 모멘트 T를 받는 평균반지름이 r_m이고 두께가 t인 원형의 박판 튜브에서 발생하는 평균 전단응력의 근사식으로 가장 옳은 것은? 【5장】

① $\dfrac{2T}{\pi t r_m^2}$　　② $\dfrac{4T}{\pi t r_m^2}$

③ $\dfrac{T}{2\pi t r_m^2}$　　④ $\dfrac{T}{4\pi t r_m^2}$

해설

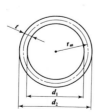

$T = \tau_m Z_P$ 에서

$\tau_m = \dfrac{T}{Z_P} = \dfrac{T}{\left\{\dfrac{\pi(d_2^4 - d_1^4)}{16d_2}\right\}}$

$= \dfrac{T}{\pi\times\dfrac{d_2^2+d_1^2}{2d_2}\times\dfrac{d_2+d_1}{4}\times\dfrac{d_2-d_1}{2}}$

$= \dfrac{T}{\pi\times\dfrac{d_2+d_1}{2}\times\dfrac{d_2+d_1}{4}\times\dfrac{d_2-d_1}{2}}$　$(\because d_2 \approx d_1)$

$= \dfrac{T}{\pi d_m\times\dfrac{d_m}{2}\times t} = \dfrac{T}{\pi\times\dfrac{d_m^2}{2}t} = \dfrac{T}{2\pi r_m^2 t}$

문제 **7.** 한 쪽을 고정한 L형 보에 그림과 같이 분포하중(w)과 집중하중(50 N)이 작용할 때 고정단 A점에서의 모멘트는 얼마인가? 【6장】

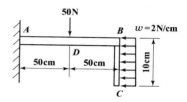

① 2600 N·cm　　② 2900 N·cm

③ 3200 N·cm　　④ 3500 N·cm

해설 $M_A = 50\times50 + (2\times10\times5) = 2600\,\mathrm{N\cdot cm}$

문제 **8.** 한 변의 길이가 10 mm인 정사각형 단면의 막대가 있다. 온도를 초기 온도로부터 60 ℃만큼 상승시켜서 길이가 늘어나지 않게 하기 위해 8 kN의 힘이 필요할 때 막대의 선팽창계수(α)는 약 몇 ℃$^{-1}$인가?

(단, 세로탄성계수 $E = 200$ GPa이다.) 【2장】

① $\dfrac{5}{3}\times10^{-6}$　　② $\dfrac{10}{3}\times10^{-6}$

③ $\dfrac{15}{3}\times10^{-6}$　　④ $\dfrac{20}{3}\times10^{-6}$

해설 $P = E\alpha\Delta t A$ 에서

$\therefore \alpha = \dfrac{P}{E\Delta t A} = \dfrac{8}{200\times10^6\times60\times0.01\times0.01}$

$= \dfrac{20}{3}\times10^{-6}(℃^{-1})$

정답 **5. ④　6. ③　7. ①　8. ④**

문제 9. 다음 단면에서 도심의 y축 좌표는 얼마인가? (단, 길이 단위는 mm이다.) 【4장】

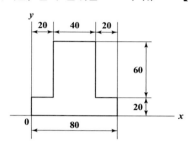

① 32 mm ② 34 mm
③ 36 mm ④ 38 mm

해설

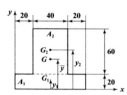

$$A_1 = 20 \times 80 = 1600\,\mathrm{mm}^2$$
$$A_2 = 40 \times 60 = 2400\,\mathrm{mm}^2$$
$$y_1 = 10\,\mathrm{mm}$$
$$y_2 = (30 + 20) = 50\,\mathrm{mm}$$

$$\therefore \bar{y} = \frac{A_1 y_1 + A_2 y_2}{A_1 + A_2} = \frac{(1600 \times 10) + (2400 \times 50)}{1600 + 2400}$$
$$= 34\,\mathrm{mm}$$

문제 10. 다음과 같은 평면응력상태에서 최대전단응력은 약 몇 MPa인가? 【3장】

| x방향 인장응력 : 175 MPa |
| y방향 인장응력 : 35 MPa |
| xy방향 전단응력 : 60 MPa |

① 127 ② 104
③ 76 ④ 92

해설
$$\tau_{\max} = \frac{1}{2}\sqrt{(\sigma_x - \sigma_y)^2 + 4\tau_{xy}^2}$$
$$= \frac{1}{2}\sqrt{(175 - 35)^2 + 4 \times 60^2}$$
$$= 92.2\,\mathrm{MPa}$$

문제 11. 그림과 같은 사각단면보에 100 kN의 인장력이 작용하고 있다. 이 때 부재에 걸리는 인장응력은 약 얼마인가? 【1장】

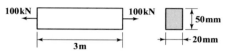

① 100 Pa ② 100 kPa
③ 100 MPa ④ 100 GPa

해설 $\sigma_t = \dfrac{P_t}{A} = \dfrac{100 \times 10^3}{20 \times 50} = 100\,\mathrm{N/mm}^2 (= \mathrm{MPa})$

문제 12. 그림과 같이 강선이 천정에 매달려 100 kN의 무게를 지탱하고 있을 때, AC 강선이 받고 있는 힘은 약 몇 kN인가? 【1장】

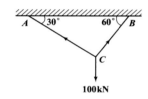

① 50 ② 25
③ 86.6 ④ 13.3

해설 라미의 정리를 적용하면
$$\frac{T_{AC}}{\sin 150°} = \frac{T_{BC}}{\sin 120°} = \frac{100}{\sin 90°} \text{에서}$$
$$\therefore T_{AC} = 100 \times \frac{\sin 150°}{\sin 90°} = 50\,\mathrm{kN}$$

문제 13. 양단이 고정된 막대의 한 점(B점)에 그림과 같이 축방향 하중 P가 작용하고 있다. 막대의 단면적이 A이고 탄성계수가 E일 때, 하중 작용점(B점)의 변위 발생량은? 【6장】

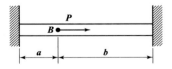

해답 9. ② 10. ④ 11. ③ 12. ① 13. ①

① $\dfrac{abP}{EA(a+b)}$ ② $\dfrac{abP}{2EA(a+b)}$

③ $\dfrac{abP}{EA(b-a)}$ ④ $\dfrac{abP}{2EA(b-a)}$

[해설] 좌·우측의 고정단을 각각 A, C점 이라 하면

우선, $R_A = \dfrac{Pb}{a+b}$, $R_C = \dfrac{Pa}{a+b}$

또한, 하중점(B점)에서 좌·우측의 변형량이 동일하므로

$$\therefore \lambda\left(= \lambda_{AB} = \lambda_{BC}\right) = \frac{R_A a}{AE} = \frac{R_C b}{AE} = \frac{Pab}{AE(a+b)}$$

[문제] **14.** 그림과 같은 분포 하중을 받는 단순보의 반력 R_A, R_B는 각각 몇 kN인가? 【6장】

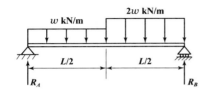

① $R_A = \dfrac{3}{8}wL$, $R_B = \dfrac{9}{8}wL$

② $R_A = \dfrac{5}{8}wL$, $R_B = \dfrac{7}{8}wL$

③ $R_A = \dfrac{9}{8}wL$, $R_B = \dfrac{3}{8}wL$

④ $R_A = \dfrac{7}{8}wL$, $R_B = \dfrac{5}{8}wL$

[해설] 균일분포하중을 집중하중으로 고치면

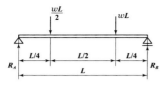

우선, $R_A \times L - \dfrac{w\ell}{2}\left(\dfrac{L}{2}+\dfrac{L}{4}\right) - wL \times \dfrac{L}{4} = 0$

$\therefore R_A = \dfrac{5wL}{8}$

또한, $0 = R_B \times L - wL\left(\dfrac{L}{2}+\dfrac{L}{4}\right) - \dfrac{wL}{2} \times \dfrac{L}{4}$

$\therefore R_B = \dfrac{7wL}{8}$

[문제] **15.** 그림과 같이 크기가 같은 집중하중 P를 받고 있는 외팔보에서 자유단의 처짐값을 구한 식으로 옳은 것은?

(단, 보의 전체 길이는 ℓ이며, 세로탄성계수는 E, 보의 단면2차 모멘트는 I이다.) 【8장】

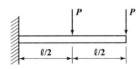

① $\dfrac{2P\ell^3}{3EI}$ ② $\dfrac{5P\ell^3}{8EI}$

③ $\dfrac{7P\ell^3}{16EI}$ ④ $\dfrac{5P\ell^3}{24EI}$

[해설] 우선, 자유단에서 집중하중 P만 받고 있을 때 자유단의 처짐량 δ_1은

$$\delta_1 = \frac{P\ell^3}{3EI}$$

또한, 중앙점에서 집중하중 P만 받고 있을 때 자유단의 처짐량 δ_2은

$$\delta_2 = \frac{5P\ell^3}{48EI}$$

결국, 자유단의 처짐량

$$\delta = \delta_1 + \delta_2 = \frac{P\ell^3}{3EI} + \frac{5P\ell^3}{48EI} = \frac{7P\ell^3}{16EI}$$

[문제] **16.** 가로탄성계수가 5 GPa인 재료로 된 봉의 지름이 4 cm이고, 길이가 1 m이다. 이 봉의 비틀림 강성(단위 회전각을 일으키는데 필요한 토크, torsional stiffness)은 약 몇 kN·m인가? 【5장】

① 1.26

② 1.08

③ 0.74

④ 0.53

[해설] $\theta = \dfrac{T\ell}{GI_P}$ (rad)에서

$$\therefore T = \frac{GI_P \theta}{\ell} = \frac{5 \times 10^6 \times \dfrac{\pi \times 0.04^4}{32} \times 1}{1}$$

$\fallingdotseq 1.26 \, \mathrm{kN \cdot m}$

[정답] **14.** ② **15.** ③ **16.** ①

문제 17. 직사각형 단면을 가진 단순지지보의 중앙에 집중하중 W를 받을 때, 보의 길이 ℓ이 단면의 높이 h의 10배라 하면 보에 생기는 최대굽힘응력 σ_{max}와 최대전단응력 τ_{max}의 비 $\left(\dfrac{\sigma_{max}}{\tau_{max}}\right)$는? 【7장】

① 4   ② 8
③ 16   ④ 20

해설 우선, $M = \sigma Z$에서

$$\therefore\ \sigma_{max} = \frac{M_{max}}{Z} = \frac{\left(\dfrac{W\ell}{4}\right)}{\left(\dfrac{bh^2}{6}\right)} = \frac{3W\ell}{2bh^2}$$

또한, $\tau_{max} = \dfrac{3}{2} \times \dfrac{F_{max}}{A} = \dfrac{3}{2} \times \dfrac{\left(\dfrac{W}{2}\right)}{bh} = \dfrac{3W}{4bh}$

결국, $\dfrac{\sigma_{max}}{\tau_{max}} = \dfrac{\left(\dfrac{3W\ell}{2bh^2}\right)}{\left(\dfrac{3W}{4bh}\right)} = \dfrac{2\ell}{h} = \dfrac{2 \times 10h}{h} = 20$

문제 18. 그림과 같은 단순보에 w의 등분포하중이 작용하고 있을 때 보의 양단에서의 처짐각 (θ)은 얼마인가? (단, E는 세로탄성계수, I는 단면2차 모멘트이다.) 【8장】

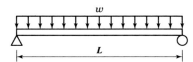

① $\theta = \dfrac{wL^3}{16EI}$ ② $\theta = \dfrac{wL^3}{24EI}$

③ $\theta = \dfrac{wL^3}{48EI}$ ④ $\theta = \dfrac{3wL^3}{128EI}$

해설 $\theta = \dfrac{wL^3}{24EI}$, $\delta_{max} = \dfrac{5wL^4}{384EI}$

문제 19. 단면적이 같은 원형과 정사각형의 도심축을 기준으로 한 단면 계수의 비는? (단, 원형 : 정사각형의 비율이다.) 【4장】

① $1 : 0.509$
② $1 : 1.18$
③ $1 : 2.36$
④ $1 : 4.68$

해설 우선, $\dfrac{\pi d^2}{4} = a^2$에서 $a = \dfrac{\sqrt{\pi}}{2}d$

또한, 원형단면 $Z_1 = \dfrac{\pi d^3}{32} = \dfrac{\pi d^2}{4} \times \dfrac{d}{8}$

정사각형 단면 $Z_2 = \dfrac{a^3}{6} = a^2 \times \dfrac{a}{6}$

결국, $Z_1 / Z_2 = \dfrac{\dfrac{\pi d^2}{4} \times \dfrac{d}{8}}{a^2 \times \dfrac{a}{6}} = \dfrac{3d}{4a} = \dfrac{3d}{4 \times \dfrac{\sqrt{\pi}}{2}d} = \dfrac{1}{1.18}$

$= 1 : 1.18$

문제 20. 그림과 같이 일단 고정 타단 자유인 기둥이 축방향으로 압축력을 받고 있다. 단면은 한쪽 길이가 10 cm의 정사각형이고 길이(ℓ)는 5 m, 세로탄성계수는 10 GPa이다. Euler 공식에 따라 좌굴에 안전하기 위한 하중은 약 몇 kN인가? (단, 안전계수를 10으로 적용한다.) 【10장】

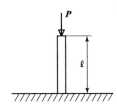

① 0.72
② 0.82
③ 0.92
④ 1.02

해설 우선, $P_B(= P_{cr}) = n\pi^2 \dfrac{EI}{\ell^2}$

$$= \frac{1}{4} \times \pi^2 \times \frac{10 \times 10^6 \times \dfrac{0.1^4}{12}}{5^2}$$

$$= 8.22\,kN$$

결국, $P = \dfrac{P_B(= P_{cr})}{S} = \dfrac{8.22}{10} = 0.822\,kN$

제2과목 기계열역학

문제 21. 온도가 20 ℃, 압력은 100 kPa인 공기 1 kg을 정압과정으로 가열 팽창시켜 체적을 5배로 할 때 온도는 약 몇 ℃가 되는가? (단, 해당 공기는 이상기체이다.) 【3장】

① 1192 ℃
② 1242 ℃
③ 1312 ℃
④ 1442 ℃

해설 "정압과정"이므로 $\dfrac{V}{T}=C$

즉, $\dfrac{V_1}{T_1}=\dfrac{V_2}{T_2}$ 에서 $\dfrac{V_1}{293}=\dfrac{5\,V_1}{T_2}$

∴ $T_2=1465\,\mathrm{K}=1192\,℃$

문제 22. 압력 1 MPa, 온도 50 ℃인 R−134a의 비체적의 실제 측정값이 0.021796 m³/kg이었다. 이상기체 방정식을 이용한 이론적인 비체적과 측정값과의 오차$\left(=\dfrac{\text{이론값}-\text{실제 측정값}}{\text{실제 측정값}}\right)$는 약 몇 %인가? (단, R−134a 이상기체의 기체상수는 0.0815 kPa·m³/(kg·K)이다.) 【3장】

① 5.5 %
② 12.5 %
③ 20.8 %
④ 30.8 %

해설 우선, 이론적인 비체적(v)은

$pv=RT$에서

$v=\dfrac{RT}{p}=\dfrac{0.0815\times323}{1\times10^3}=0.0263245\,\mathrm{m^3/kg}$

결국, $\dfrac{\text{이론값}-\text{실제측정값}}{\text{실제측정값}}=\dfrac{0.0263245-0.021796}{0.021796}$

≒ 0.208 = 20.8 %

문제 23. 공기 표준 사이클로 작동되는 디젤 사이클의 이론적인 열효율은 약 몇 %인가? (단, 비열비는 1.4, 압축비는 16이며, 체절비(cut−off ratio)는 1.8이다.) 【8장】

① 50.1
② 53.2
③ 58.6
④ 62.4

해설 $\eta_d=1-\left(\dfrac{1}{\varepsilon}\right)^{k-1}\cdot\dfrac{\sigma^k-1}{k(\sigma-1)}$

$=1-\left(\dfrac{1}{16}\right)^{1.4-1}\cdot\dfrac{1.8^{1.4}-1}{1.4(1.8-1)}$

≒ 0.624 = 62.4 %

문제 24. 그림과 같은 열기관 사이클이 있을 때 실제 가능한 공급열량(Q_H)과 일량(W)은 얼마인가? (단, Q_L은 방열열량이다.) 【4장】

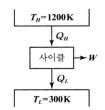

① $Q_H=100\,\mathrm{kJ}$, $W=80\,\mathrm{kJ}$
② $Q_H=110\,\mathrm{kJ}$, $W=80\,\mathrm{kJ}$
③ $Q_H=100\,\mathrm{kJ}$, $W=90\,\mathrm{kJ}$
④ $Q_H=110\,\mathrm{kJ}$, $W=90\,\mathrm{kJ}$

해설 우선, 카르노사이클의 열효율(η_c)은

$\eta_c=1-\dfrac{T_L}{T_H}=1-\dfrac{300}{1200}=0.75$

또한, 열기관의 효율 $\eta=\dfrac{W}{Q_H}$의 값이 $\eta_c=0.75$보다 작아야 실제 가능한 열기관이 되므로 보기에서 ②번이 타당하다.

즉, $\eta=\dfrac{W}{Q_H}=\dfrac{80}{110}=0.727$

문제 25. 다음 압력값 중에서 표준대기압(1 atm)과 차이(절대값)가 가장 큰 압력은? 【1장】

① 1 MPa
② 100 kPa
③ 1 bar
④ 100 hPa

해답 21. ① 22. ③ 23. ④ 24. ② 25. ①

해설 표준대기압

$1\,\text{atm} = 760\,\text{mmHg}(\text{수은주}, \ 0\,℃)$

$= 1.0332\,\text{kg}_\text{f}/\text{cm}^2(0\,℃)$

$= 10.332\,\text{mAq}(\text{수주}, \ 4\,℃)$

$= 1.01325\,\text{bar}$

$= 101325\,\text{Pa} = 101.325\,\text{kPa} = 0.101325\,\text{MPa}$

$= 1013.25\,\text{hPa}$

※ $1\,\text{hPa}(\text{헥토파스칼}) = 100\,\text{Pa}$

문제 26. 어떤 기체 동력장치가 이상적인 브레이턴 사이클로 다음과 같이 작동할 때 이 사이클의 열효율은 약 몇 %인가? (단, 온도(T)-엔트로피(s) 선도에서 $T_1 = 30\,℃$, $T_2 = 200\,℃$, $T_3 = 1060\,℃$, $T_4 = 160\,℃$이다.) 【8장】

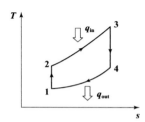

① 81 % ② 85 %

③ 89 % ④ 76 %

해설 $\eta_B = 1 - \dfrac{T_4 - T_1}{T_3 - T_2} = 1 - \dfrac{160 - 30}{1060 - 200}$

$= 0.8488 = 84.88\,\% \fallingdotseq 85\,\%$

문제 27. 어떤 물질 1000 kg이 있고 부피는 1.404 m³이다. 이 물질의 엔탈피가 1344.8 kJ/kg이고 압력이 9 MPa이라면 물질의 내부에너지는 약 몇 kJ/kg인가? 【2장】

① 1332 ② 1284

③ 1048 ④ 875

해설 $h = u + pv$에서

∴ $u = h - pv = h - p\left(\dfrac{V}{m}\right)$

$= 1344.8 - 9 \times 10^3 \times \dfrac{1.404}{1000} = 1332.164\,\text{kJ/kg}$

문제 28. 질량이 m으로 동일하고, 온도가 각각 T_1, $T_2(T_1 > T_2)$인 두 개의 금속덩어리가 있다. 이 두 개의 금속덩어리가 서로 접촉되어 온도가 평형상태에 도달하였을 때 총 엔트로피 변화량(ΔS)은? (단, 두 금속의 비열은 c로 동일하고, 다른 외부로의 열교환은 전혀 없다.) 【4장】

① $mc \times \ln \dfrac{T_1 - T_2}{2\sqrt{T_1 T_2}}$

② $mc \times \ln \dfrac{T_1 - T_2}{\sqrt{T_1 T_2}}$

③ $2mc \times \ln \dfrac{T_1 + T_2}{2\sqrt{T_1 T_2}}$

④ $2mc \times \ln \dfrac{T_1 + T_2}{\sqrt{T_1 T_2}}$

해설 평형상태에 도달한 후의 평균온도

: $T_m = \dfrac{T_1 + T_2}{2}$

$\Delta S_1 = mc\,\ell n\,\dfrac{T_1}{T_m}$

$\Delta S_2 = mc\,\ell n\,\dfrac{T_m}{T_2}$

$\Delta S = \Delta S_2 - \Delta S_1 = mc\left(\ell n\,\dfrac{T_m}{T_2} - \ell n\,\dfrac{T_1}{T_m}\right)$

$= mc\,\ell n\,\dfrac{T_m^2}{T_1 T_2} = mc\,\ell n\,\dfrac{\left(\dfrac{T_1 + T_2}{2}\right)^2}{T_1 T_2}$

$= mc\,\ell n\,\dfrac{(T_1 + T_2)^2}{4\,T_1 T_2} = mc\,\ell n\left[\dfrac{(T_1 + T_2)}{2\sqrt{T_1 T_2}}\right]^2$

$= 2mc\,\ell n\,\dfrac{T_1 + T_2}{2\sqrt{T_1 T_2}}$

문제 29. 3 kg의 공기가 400 K에서 830 K까지 가열될 때 엔트로피 변화량은 약 몇 kJ/K인가? (단, 이 때 압력은 120 kPa에서 480 kPa까지 변화하였고, 공기의 정압비열은 1.005 kJ/(kg·K), 공기의 기체상수는 0.287 kJ/(kg·K)이다.) 【4장】

① 0.584 ② 0.719

③ 0.842 ④ 1.007

해답 26. ② 27. ① 28. ③ 29. ④

해설 $\Delta S = m\,C_p\ell n\dfrac{T_2}{T_1} - m\,R\ell n\dfrac{p_2}{p_1}$

$= 3 \times 1.005\ell n\dfrac{830}{400} - 3 \times 0.287\ell n\dfrac{480}{120}$

$= 1.007\,\mathrm{kJ/K}$

문제 **30.** 그림과 같이 작동하는 냉동사이클(압력(P)–엔탈피(h) 선도)에서 $h_1 = h_4 = 98\,\mathrm{kJ/kg}$, $h_2 = 246\,\mathrm{kJ/kg}$, $h_3 = 298\,\mathrm{kJ/kg}$일 때 이 냉동사이클의 성능계수(COP)는 약 얼마인가?
【9장】

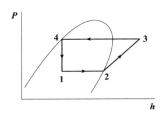

① 4.95   ② 3.85
③ 2.85   ④ 1.95

해설 $\varepsilon_r = \dfrac{h_2 - h_1}{h_3 - h_2} = \dfrac{246 - 98}{298 - 246} \fallingdotseq 2.85$

문제 **31.** 0 ℃, 얼음 1 kg이 열을 받아서 100 ℃ 수증기가 되었다면, 엔트로피 증가량은 약 몇 kJ/K인가? (단, 얼음의 융해열은 336 kJ/kg이고, 물의 기화열은 2264 kJ/kg이며, 물의 정압비열은 4.186 kJ/(kg·K)이다.)
【6장】

① 8.6   ② 10.2
③ 12.8   ④ 14.4

해설 0 ℃ 얼음→0 ℃ 물

: $\Delta S_1 = \dfrac{Q'}{T} = \dfrac{336}{273} = 1.23\,\mathrm{kJ/K}$

0 ℃ 물→100 ℃ 물

: $\Delta S_2 = mc\ell n\dfrac{T_s}{273} = 1 \times 4.186\ell n\dfrac{373}{273} = 1.3\,\mathrm{kJ/K}$

100 ℃ 물→100 ℃ 수증기

: $\Delta S_3 = \dfrac{Q''}{T_s} = \dfrac{2264}{373} = 6.07\,\mathrm{kJ/K}$

결국, $\Delta S = \Delta S_1 + \Delta S_2 + \Delta S_3 = 1.23 + 1.3 + 6.07$
$= 8.6\,\mathrm{kJ/K}$

문제 **32.** 그림과 같이 선형 스프링으로 지지되는 피스톤–실린더 장치 내부에 있는 기체를 가열하여 기체의 체적이 V_1에서 V_2로 증가하였고, 압력은 P_1에서 P_2로 변화하였다. 이 때 기체가 피스톤에 행한 일을 옳게 나타낸 식은? (단, 실린더와 피스톤 사이에 마찰은 무시하며 실린더 내부의 압력(P)은 실린더 내부 부피(V)와 선형관계($P = aV$, a는 상수)에 있다고 본다.)
【2장】

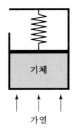

① $P_2 V_2 - P_1 V_1$
② $P_2 V_2 + P_1 V_1$
③ $\dfrac{1}{2}(P_2 + P_1)(V_2 - V_1)$
④ $\dfrac{1}{2}(P_2 + P_1)(V_2 + V_1)$

해설

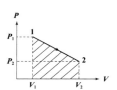

$_1W_2 = \dfrac{1}{2}(V_2 - V_1)(P_1 - P_2) + P_2(V_2 - V_1)$

$= \dfrac{1}{2}(V_2 - V_1)(P_1 - P_2) + \dfrac{2P_2}{2}(V_2 - V_1)$

$= \dfrac{1}{2}(V_2 - V_1)(P_1 - P_2 + 2P_2)$

$= \dfrac{1}{2}(V_2 - V_1)(P_1 + P_2)$

정답 **30.** ③   **31.** ①   **32.** ③

문제 33. 피스톤–실린더 내부에 존재하는 온도 150 ℃, 압력 0.5 MPa의 공기 0.2 kg은 압력이 일정한 과정에서 원래 체적의 2배로 늘어난다. 이 과정에서의 일은 약 몇 kJ인가? (단, 공기는 기체상수가 0.287 kJ/(kg·K)인 이상기체로 가정한다.) 【3장】

① 12.3　　　　② 16.5
③ 20.5　　　　④ 24.3

해설 우선, $P_1 V_1 = m R T_1$에서

$$V_1 = \frac{m R T_1}{P_1} = \frac{0.2 \times 0.287 \times (273 + 150)}{0.5 \times 10^3}$$
$$= 0.0486 \,\mathrm{m}^3$$

결국, $_1 W_2 = P(V_2 - V_1) = P(2V_1 - V_1)$
$$= P V_1 = 0.5 \times 10^3 \times 0.0486 = 24.3 \,\mathrm{kJ}$$

문제 34. 밀폐 시스템에서 가역정압과정이 발생할 때 다음 중 옳은 것은? (단, U는 내부에너지, Q는 열량, H는 엔탈피, S는 엔트로피, W는 일량을 나타낸다.) 【3장】

① $dH = dQ$
② $dU = dQ$
③ $dS = dQ$
④ $dW = dQ$

해설 $\delta q = dh - A v dp$에서 정압이므로
$p = C$ 즉, $dp = 0$
결국, $\delta q = dh$

문제 35. 시간당 380000 kg의 물을 공급하여 수증기를 생산하는 보일러가 있다. 이 보일러에 공급하는 물의 비엔탈피는 830 kJ/kg이고, 생산되는 수증기의 비엔탈피는 3230 kJ/kg이라고 할 때, 발열량이 32000 kJ/kg인 석탄을 시간당 34000 kg씩 보일러에 공급한다면 이 보일러의 효율은 약 몇 %인가? 【1장】

① 66.9 %　　　　② 71.5 %
③ 77.3 %　　　　④ 83.8 %

해설 열효율 $\eta = \dfrac{\text{정미출력}(= \text{동력} = \text{공률})}{\text{저위발열량} \times \text{연료소비율}} \times 100\%$

$$= \frac{380000 \,\mathrm{kg/hr} \times (3230 - 830) \,\mathrm{kJ/kg}}{32000 \,\mathrm{kJ/kg} \times 34000 \,\mathrm{kJ/hr}} \times 100\%$$
$$= 83.8\%$$

문제 36. 밀폐 시스템에서 압력(P)이 아래와 같이 체적(V)에 따라 변한다고 할 때 체적이 0.1 m³에서 0.3 m³로 변하는 동안 이 시스템이 한 일은 약 몇 J인가? (단, P의 단위는 kPa, V의 단위는 m³이다.) 【2장】

$$P = 5 - 15 \times V$$

① 200　　　　② 400
③ 800　　　　④ 1600

해설 $_1 W_2 = \displaystyle\int_1^2 P\,dV = \int_{0.1}^{0.3} (5 - 15V) \times 10^3 \, dV$

$$= \left[5(0.3 - 0.1) - \frac{15(0.3^2 - 0.1^2)}{2} \right] \times 10^3$$
$$= 400 \,\mathrm{J}$$

문제 37. 출력 10000 kW의 터빈 플랜트의 시간당 연료소비량이 5000 kg/h이다. 이 플랜트의 열효율은 약 몇 %인가? (단, 연료의 발열량은 33440 kJ/kg이다.) 【1장】

① 25.4 %　　　　② 21.5 %
③ 10.9 %　　　　④ 40.8 %

해설 $\eta = \dfrac{N_e}{H_\ell \times f_e} \times 100\,(\%)$

$$= \frac{10000 \,\mathrm{kW}}{33440 \,(\mathrm{kJ/kg}) \times 5000 \,(\mathrm{kg/h})} \times 100\,(\%)$$
$$= \frac{10000 \times 3600 \,(\mathrm{kJ/h})}{33440 \times 5000 \,(\mathrm{kJ/h})} \times 100\,(\%) = 21.5\,\%$$

문제 38. 이상적인 증기 압축 냉동 사이클의 과정은? 【9장】

① 정적방열과정 → 등엔트로피 압축과정 → 정적증발과정 → 등엔탈피 팽창과정

해답 33. ④　34. ①　35. ④　36. ②　37. ②　38. ④

② 정압방열과정 → 등엔트로피 압축과정 → 정압증발과정 → 등엔탈피 팽창과정

③ 정적증발과정 → 등엔트로피 압축과정 → 정적방열과정 → 등엔탈피 팽창과정

④ 정압증발과정 → 등엔트로피 압축과정 → 정압방열과정 → 등엔탈피 팽창과정

해설 증발기(정압증발과정) → 압축기(단열압축과정, 등엔트로피과정) → 응축기(정압방열과정) → 팽창밸브(교축과정, 등엔탈피과정)

문제 39. 열교환기를 흐름 배열(flow arrangement)에 따라 분류할 때 그림과 같은 형식은? 【7장】

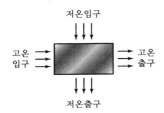

① 평행류 ② 대향류
③ 병행류 ④ 직교류

해설 · 열교환기의 흐름배열에 따른 분류
① 평행류(parallel flow) : 고온유체와 저온유체가 열교환기의 같은쪽에 들어가서 같은방향으로 흐르며 다른쪽으로 같이 나간다.
② 대향류(counter flow) : 고온유체와 저온유체가 열교환기의 반대쪽에 들어가서 반대방향으로 흐른다.
③ 직교류(cross flow) : 두 유체가 보통 서로 직각방향으로 흐른다.

문제 40. −15 ℃와 75 ℃의 열원 사이에서 작동하는 카르노 사이클 열펌프의 난방 성능계수는 얼마인가? 【9장】

① 2.87 ② 3.87
③ 6.16 ④ 7.16

해설 $\varepsilon_h = \dfrac{T_{\mathrm{I}}}{T_{\mathrm{I}} - T_{\mathrm{II}}} = \dfrac{75 + 273}{75 - (-15)} = 3.87$

제3과목 기계유체역학

문제 41. 다음 중 무차원수가 되는 것은?
(단, ρ : 밀도, μ : 점성계수, F : 힘, Q : 부피유량, V : 속도, P : 동력, D : 지름, L : 길이이다.) 【7장】

① $\dfrac{\rho V^2 D^2}{\mu}$ ② $\dfrac{P}{\rho V^3 D^5}$

③ $\dfrac{Q}{VD^3}$ ④ $\dfrac{F}{\mu VL}$

해설 단위환산을 하여 단위가 모두 없어지면 즉, 모두 약분되면 무차원수이다.
여기서, 밀도 $\rho = \mathrm{N \cdot S^2 / m^4}$
점성계수 $\mu = \mathrm{N \cdot S / m^2}$
힘 $F = \mathrm{N}$
부피유량 $Q = \mathrm{m^3 / s}$
속도 $V = \mathrm{m/s}$
동력 $P = \mathrm{N \cdot m / s}$
지름 $D = \mathrm{m}$
길이 $L = \mathrm{m}$

문제 42. 지름 20 cm인 구의 주위에 물이 2 m/s의 속도로 흐르고 있다. 이 때 구의 항력계수가 0.2라고 할 때 구에 작용하는 항력은 약 몇 N인가? 【5장】

① 12.6 ② 204
③ 0.21 ④ 25.1

해설 $D = C_D \dfrac{\rho V^2}{2} A = 0.2 \times \dfrac{1000 \times 2^2}{2} \times \dfrac{\pi \times 0.2^2}{4}$
$≒ 12.6 \,\mathrm{N}$

문제 43. 물의 체적탄성계수가 2×10^9 Pa일 때 물의 체적을 4 % 감소시키려면 약 몇 MPa의 압력을 가해야 하는가? 【1장】

해답 39. ④ 40. ② 41. ④ 42. ① 43. ②

① 40   ② 80   ③ 60   ④ 120

해설 $K = \dfrac{\Delta p}{-\dfrac{\Delta V}{V}}$ 에서

$\therefore \Delta p = K\left(-\dfrac{\Delta V}{V}\right) = 2 \times 10^9 \times 0.04$

$= 80 \times 10^6\,\mathrm{Pa} = 80\,\mathrm{MPa}$

문제 **44.** 손실계수(K_L)가 15인 밸브가 파이프에 설치되어 있다. 이 파이프에 물이 3 m/s의 속도로 흐르고 있다면, 밸브에 의한 손실수두는 약 몇 m인가? 【6장】

① 67.8   ② 22.3

③ 6.89   ④ 11.26

해설 $H_\ell = K_L \dfrac{V^2}{2g} = 15 \times \dfrac{3^2}{2 \times 9.8} \fallingdotseq 6.89\,\mathrm{m}$

문제 **45.** 공기가 게이지 압력 2.06 bar의 상태로 지름이 0.15 m인 관속을 흐르고 있다. 이때 대기압은 1.03 bar이고 공기 유속이 4 m/s라면 질량유량(mass flow rate)은 약 몇 kg/s인가? (단, 공기의 온도는 37 ℃이고, 기체상수는 287.1 J/(kg·K)이다.) 【3장】

① 0.245   ② 2.17

③ 0.026   ④ 32.4

해설 우선, $\rho = \dfrac{P}{RT} = \dfrac{P_o + P_g}{RT} = \dfrac{(2.06 + 1.03) \times 10^5}{287.1 \times 310}$

$= 3.49\,\mathrm{kg/m^3} (= \mathrm{N \cdot S^2/m^4})$

결국, $\dot{M} = \rho A V = 3.49 \times \dfrac{\pi \times 0.15^2}{4} \times 4 = 0.2467\,\mathrm{kg/s}$

문제 **46.** 남극 바다에 비중이 0.917인 해빙이 떠있다. 해빙의 수면 위로 나와 있는 체적이 40 m³일 때 해빙의 전체중량은 약 몇 kN인가? (단, 바닷물의 비중은 1.025이다.) 【2장】

① 2487   ② 2769

③ 3138   ④ 3414

해설

우선, 공기중에서 물체무게(W) = 부력(F_B)

$\gamma_{얼음} V_{얼음} = \gamma_{액체} V_{잠긴}$

$0.917 \times 9800 \times (40 + V_2) = 1.025 \times 9800 \times V_2$

$\therefore V_2 = 339.63\,\mathrm{m^3}$

결국, 얼음의 중량

$W = \gamma_{얼음} V_{얼음} = \gamma_{H_2O} S_{얼음} \times (V_1 + V_2)$

$= 9.8 \times 0.917 \times (40 + 339.63) \fallingdotseq 3412\,\mathrm{kN}$

문제 **47.** 그림과 같은 시차액주계에서 A, B점의 압력차 $P_A - P_B$는? (단, γ_1, γ_2, γ_3는 각 액체의 비중량이다.) 【2장】

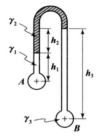

① $\gamma_3 h_3 - \gamma_1 h_1 + \gamma_2 h_2$ ② $\gamma_1 h_1 + \gamma_2 h_2 - \gamma_3 h_3$

③ $\gamma_1 h_1 - \gamma_2 h_2 + \gamma_3 h_3$ ④ $\gamma_3 h_3 - \gamma_1 h_1 - \gamma_2 h_2$

해설 $P_A - \gamma_1 h_1 - \gamma_2 h_2 + \gamma_3 h_3 = P_B$

$\therefore P_A - P_B = \gamma_1 h_1 + \gamma_2 h_2 - \gamma_3 h_3$

문제 **48.** 넓은 평판과 나란한 방향으로 흐르는 유체의 속도 u (m/s)는 평판 벽으로부터의 수직거리 y (m) 만의 함수로 아래와 같이 주어진다. 유체의 점성계수가 1.8×10^{-5} kg/(m·s)이라면 벽면에서의 전단응력은 약 몇 N/m²인가? 【1장】

$$u(y) = 4 + 200 \times y$$

① 1.8×10^{-5} ② 3.6×10^{-5}

③ 1.8×10^{-3} ④ 3.6×10^{-3}

정답 **44.** ③ **45.** ① **46.** ④ **47.** ② **48.** ④

해설 $\tau = \mu \dfrac{du}{dy} = \mu [0 + 200]_{y=0} = 200\mu$

$\qquad = 200 \times 1.8 \times 10^{-5}$

$\qquad = 3.6 \times 10^{-3} \text{N/m}^2$

문제 49. 길이가 50 m인 배가 8 m/s의 속도로 진행하는 경우에 대해 모형 배를 이용하여 조파저항에 관한 실험을 하고자 한다. 모형 배의 길이가 2 m이면 모형 배의 속도는 약 몇 m/s로 하여야 하는가? 【7장】

① 1.60 ② 1.82
③ 2.14 ④ 2.30

해설 $(F_r)_p = (F_r)_m$ 즉, $\left(\dfrac{V}{\sqrt{g\ell}}\right)_p = \left(\dfrac{V}{\sqrt{g\ell}}\right)_m$

$\dfrac{8}{\sqrt{50}} = \dfrac{V_m}{\sqrt{2}}$ $\therefore V_m = 1.6 \,\text{m/s}$

문제 50. 파이프 내의 유동에서 속도함수 V가 파이프 중심에서 반지름방향으로의 거리 r에 대한 함수로 다음과 같이 나타날 때 이에 대한 운동에너지 계수(또는 운동에너지 수정계수, kinetic energy coefficient) α는 약 얼마인가? (단, V_0는 파이프 중심에서의 속도, V_m은 파이프 내의 평균 속도, A는 유동 단면, R은 파이프 안쪽 반지름이고, 유속 방정식과 운동에너지 계수 관련 식은 아래와 같다.) 【3장】

유속 방정식	$\dfrac{V}{V_0} = \left(1 - \dfrac{r}{R}\right)^{1/6}$
운동에너지 계수	$\alpha = \dfrac{1}{A} \displaystyle\int \left(\dfrac{V}{V_m}\right)^3 dA$

① 1.01 ② 1.03
③ 1.08 ④ 1.12

해설 우선, 연속방정식 $Q = A V_m = \displaystyle\int_A V dA$

$\qquad = \displaystyle\int_A V_0 \left(1 - \dfrac{r}{R}\right)^{1/6} dA$

$\qquad = \displaystyle\int_0^R V_0 \left(1 - \dfrac{r}{R}\right)^{1/6} 2\pi r dr$

$\qquad = 2\pi V_0 \displaystyle\int_0^R \left(1 - \dfrac{r}{R}\right)^{1/6} r dr$

여기서, $\left[1 - \dfrac{r}{R} = t\right.$ 라 놓으면

$\left[r = R(1-t), \quad \dfrac{dr}{dt} = -R, \quad dr = -Rdt \right.$

$Q = A V_m = 2\pi V_0 \displaystyle\int_1^0 t^{1/6} \cdot R(1-t) \cdot (-R) dt$

$\qquad = 2\pi R^2 V_0 \displaystyle\int_1^0 (t^{7/6} - t^{1/6}) dt$

$\qquad = 2\pi R^2 V_0 \left[\dfrac{6}{13} t^{13/6} - \dfrac{6}{7} t^{7/6} \right]_1^0$

$\qquad = 2\pi R^2 V_0 \left(\dfrac{6}{7} - \dfrac{6}{13} \right)$

$\qquad = \dfrac{72}{91} \pi R^2 V_0 = \dfrac{72}{91} A V_0$

$\therefore V_m = \dfrac{72}{91} V_0$ 즉, $\dfrac{V_0}{V_m} = \dfrac{91}{72}$

또한, $\alpha = \dfrac{1}{A} \displaystyle\int_A \left(\dfrac{V}{V_m}\right)^3 dA = \dfrac{1}{A} \displaystyle\int_A \dfrac{V^3}{V_m^3} dA$

$\qquad = \dfrac{1}{A} \displaystyle\int_A \dfrac{1}{V_m^3} \times \left[V_0 \left(1 - \dfrac{r}{R}\right)^{1/6} \right]^3 dA$

$\qquad = \dfrac{1}{A} \displaystyle\int_A \dfrac{V_0^3}{V_m^3} \left(1 - \dfrac{r}{R}\right)^{1/2} dA$

$\qquad = \dfrac{1}{A} \left(\dfrac{V_0}{V_m}\right)^2 2\pi \displaystyle\int_0^R \left(1 - \dfrac{r}{R}\right)^{1/2} r dr$

$\qquad = \dfrac{2\pi}{A} \left(\dfrac{V_0}{V_m}\right)^3 \displaystyle\int_1^0 t^{1/2} R(1-t)(-R) dt$

$\qquad = \dfrac{2\pi R^2}{A} \left(\dfrac{V_0}{V_m}\right)^3 \displaystyle\int_1^0 (t^{3/2} - t^{1/2}) dt$

$\qquad = 2 \left(\dfrac{V_0}{V_m}\right)^3 \displaystyle\int_1^0 (t^{3/2} - t^{1/2}) dt \quad (\because A = \pi R^2)$

$\qquad = 2 \left(\dfrac{V_0}{V_m}\right)^3 \left[\dfrac{2}{5} t^{5/2} - \dfrac{2}{3} t^{3/2} \right]_1^0$

$\qquad = 2 \left(\dfrac{V_0}{V_m}\right)^3 \left(\dfrac{2}{3} - \dfrac{2}{5} \right)$

$\qquad = \dfrac{8}{15} \left(\dfrac{V_0}{V_m}\right)^3 = \dfrac{8}{15} \times \left(\dfrac{91}{72}\right)^3$

$\qquad \fallingdotseq 1.08$

문제 51. 다음 중 점성계수(viscosity)의 차원을 옳게 나타낸 것은? (단, M은 질량, L은 길이, T는 시간이다.) 【1장】

① MLT ② $ML^{-1}T^{-1}$
③ MLT^{-2} ④ $ML^{-2}T^{-2}$

해답 49. ① 50. ③ 51. ②

[해설] $\mu = N \cdot s/m^2 = [FL^{-2}T] = [MLT^{-2}L^{-2}T]$
$= [ML^{-1}T^{-1}]$

[문제] **52.** 자동차의 브레이크 시스템의 유압장치에 설치된 피스톤과 실린더 사이의 환형 틈새 사이를 통한 누설유동은 두 개의 무한 평판 사이의 비압축성, 뉴턴유체의 층류유동으로 가정할 수 있다. 실린더 내 피스톤의 고압측과 저압측의 압력차를 2배로 늘렸을 때, 작동유체의 누설유량은 몇 배가 될 것인가? 【5장】

① 2배   ② 4배
③ 8배   ④ 16배

[해설] $Q = \dfrac{\Delta p \pi d^4}{128 \mu \ell}$ 에서 $Q \propto \Delta p = 2$ 배

[문제] **53.** 그림과 같이 폭이 3 m인 수문 AB가 받는 수평성분 F_H와 수직성분 F_V는 각각 약 몇 N인가? 【2장】

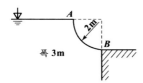

① $F_H = 24400$, $F_V = 46181$
② $F_H = 58800$, $F_V = 46181$
③ $F_H = 58800$, $F_V = 92362$
④ $F_H = 24400$, $F_V = 92362$

[해설] 수평성분 $F_H = \gamma \bar{h} A = 9800 \times 1 \times (2 \times 3)$
$= 58800 \, N$

수직성분 $F_V = \gamma V = 9800 \times \dfrac{\pi \times 2^2}{4} \times 3$
$= 92362 \, N$

[문제] **54.** 그림과 같이 속도 V인 유체가 곡면에 부딪혀 θ의 각도로 유동방향이 바뀌어 같은 속도로 분출된다. 이때 유체가 곡면에 가하는 힘의 크기를 θ에 대한 함수로 옳게 나타낸 것은? (단, 유동단면적은 일정하고, θ의 각도는 $0° \le \theta \le 180°$ 이내에 있다고 가정한다. 또한, Q는 체적 유량, ρ는 유체밀도이다.) 【4장】

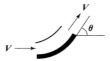

① $F = \dfrac{1}{2} \rho Q V \sqrt{1 - \cos\theta}$

② $F = \dfrac{1}{2} \rho Q V \sqrt{2(1 - \cos\theta)}$

③ $F = \rho Q V \sqrt{1 - \cos\theta}$

④ $F = \rho Q V \sqrt{2(1 - \cos\theta)}$

[해설] $F_x = \rho Q V (1 - \cos\theta)$
$F_y = \rho Q V \sin\theta$
$\therefore F = \sqrt{F_x^2 + F_y^2}$
$= \sqrt{\{\rho Q V(1-\cos\theta)\}^2 + (\rho Q V \sin\theta)^2}$
$= \sqrt{(\rho Q V)^2 \{(1-\cos\theta)^2 + \sin^2\theta\}}$
$= \rho Q V \sqrt{1 - 2\cos\theta + \cos^2\theta + \sin^2\theta}$
$= \rho Q V \sqrt{1 - 2\cos\theta + 1}$
$= \rho Q V \sqrt{2(1 - \cos\theta)}$

[문제] **55.** 극좌표계(r, θ)로 표현되는 2차원 포텐셜유동에서 속도포텐셜(velocity potential, ϕ)이 다음과 같을 때 유동함수(stream function, Ψ)로 가장 적절한 것은? (단, A, B, C는 상수이다.) 【3장】

$$\phi = A \ln r + B r \cos\theta$$

① $\Psi = \dfrac{A}{r} \cos\theta + B r \sin\theta + C$

② $\Psi = \dfrac{A}{r} \sin\theta - B r \cos\theta + C$

③ $\Psi = A\theta + B r \sin\theta + C$

④ $\Psi = A\theta - B r \cos\theta + C$

[해답] **52.** ①   **53.** ③   **54.** ④   **55.** ③

해설 극좌표계는 다음과 같다.

$$u_r = -\frac{1}{r}\frac{\partial \Psi}{\partial \theta} = -\frac{\partial \phi}{\partial r}, \quad u_\theta = \frac{\partial \Psi}{\partial r} = -\frac{1}{r}\frac{\partial \phi}{\partial \theta}$$

$$\frac{\partial \phi}{\partial r} = \frac{A}{r} + B\cos\theta \text{ 이므로}$$

$$-\frac{1}{r}\frac{\partial \Psi}{\partial \theta} = -\left(\frac{A}{r} + B\cos\theta\right)$$

$$\partial \Psi = (A + Br\cos\theta)\partial\theta$$

$$\int \partial \Psi = \int (A + Br\cos\theta)\partial\theta$$

$$\therefore \Psi = A\theta + Br\sin\theta + C$$

문제 56. 그림과 같은 피토관의 액주계 눈금이 $h = 150$ mm이고 관속의 물이 6.09 m/s로 흐르고 있다면 액주계 액체의 비중은 얼마인가? **【10장】**

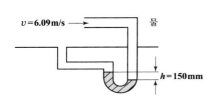

① 8.6 ② 10.8
③ 12.1 ④ 13.6

해설 $V = \sqrt{2gh\left(\dfrac{S_0}{S} - 1\right)}$ 에서

$6.09 = \sqrt{2 \times 9.8 \times 0.15 \times \left(\dfrac{S_0}{1} - 1\right)}$ $\therefore S_0 = 13.6$

문제 57. 원관 내의 완전층류유동에 관한 설명으로 옳지 않은 것은? **【6장】**

① 관 마찰계수는 Reynolds수에 반비례한다.
② 마찰계수는 벽면의 상대조도에 무관하다.
③ 유속은 관 중심을 기준으로 포물선 분포를 보인다.
④ 관 중심에서의 유속은 전체 평균 유속의 $\sqrt{2}$ 배이다.

해설 원관 : $u_{max} = 2V$

수평원관에서 층류유동의 속도분포는 관벽에서 0이며, 관 중심에서 최대이다. 포물선변화의 분포를 갖는다.

문제 58. 정지된 물속의 작은 모래알이 낙하하는 경우 Stokes Flow(스토크스 유동)가 나타날 수 있는데, 이 유동의 특징은 무엇인가? **【5장】**

① 압축성 유동 ② 저속 유동
③ 비점성 유동 ④ 고속 유동

해설 · 스토크스의 법칙(stokes law)
 : 점성계수 μ인 기체나 액체속을 구가 속도 V로 천천히 움직일 때 구둘레의 흐름이 완전히 층류를 이룬다면 구는 다음과 같은 크기의 저항력을 받게 된다.
 즉, 항력 $D = 3\pi\mu Vd = 6\pi\mu Va$
 여기서, d : 구의 직경
   a : 구의 반경

문제 59. 정상 2차원 속도장 $\vec{V} = 2x\vec{i} - 2y\vec{j}$ 내의 한 점 (2, 3)에서 유선의 기울기 $\dfrac{dy}{dx}$는? **【3장】**

① $-\dfrac{3}{2}$ ② $-\dfrac{2}{3}$
③ $\dfrac{2}{3}$ ④ $\dfrac{3}{2}$

해설 $\vec{V} = u\vec{i} + v\vec{j}$ 이므로 $u = 2x, \quad v = -2y$
유선의 방정식 $\dfrac{dx}{u} = \dfrac{dy}{v}$ 에서

$$\therefore \frac{dy}{dx} = \frac{v}{u} = \frac{-2y}{2x} = \frac{-2 \times 3}{2 \times 2} = -\frac{3}{2}$$

문제 60. 그림과 같이 큰 탱크의 수면으로부터 h (m) 아래에 파이프를 연결하여 액체를 배출하고자 한다. 마찰손실을 무시한다고 가정할 때 파이프를 통해서 분출되는 물의 속도(가)를 v라고 할 경우, 같은 조건에서의 오일(비중 0.9) 탱크에서 분출되는 속도(나)는? **【3장】**

정답 **56.** ④ **57.** ④ **58.** ② **59.** ① **60.** ③

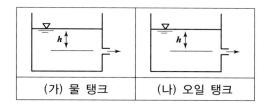

| (가) 물 탱크 | (나) 오일 탱크 |

① 0.81v

② 0.9v

③ v

④ 1.1v

해설 $v = \sqrt{2gh}$ 이므로 h가 동일하면 속도 v도 동일하다.

제4과목 기계재료 및 유압기기

문제 61. 피로 한도에 대한 설명 중 틀린 것은?

① 지름이 크면 피로 한도는 작아진다.

② 노치가 있는 시험편의 피로 한도는 작다.

③ 표면이 거친 것이 고운 것보다 피로 한도가 높아진다.

④ 노치가 없을 때와 있을 때의 피로 한도비를 노치계수라 한다.

해설 표면효과란 표면상태에 따라 피로한도가 변화되는 현상을 말하며, 표면이 거친 경우 미소하게 응력집중이 발생하므로 표면이 거칠수록 피로한도가 작아진다. 표면결함이나 긁힌 자국이 있는 경우도 마찬가지이다.
반면, 연마된 매끈한 면은 피로한도가 증가한다.

문제 62. 알루미늄 합금 중 개량처리(modification)한 Al-Si 합금은?

① 라우탈

② 실루민

③ 두랄루민

④ 하이드로날륨

해설 실루민(일명, "알팩스"라고도 함)
: 개량처리한 Aℓ-Si합금, 주조성은 양호하지만 절삭성은 불량하다.
시효경화성이 없다. 공정반응이 나타난다.
※ 개량처리 : Si의 결정을 미세화 하기 위하여 특수원소를 첨가하는 조작

문제 63. 서브제로(sub-zero) 처리에 관한 설명으로 틀린 것은?

① 내마모성 및 내피로성이 감소한다.

② 잔류오스테나이트를 마텐자이트화 한다.

③ 담금질을 한 강의 조직이 안정화 된다.

④ 시효변화가 적으며 부품의 치수 및 형상이 안정된다.

해설 · 서브제로처리(심냉처리, sub-zero treatment)
① 상온으로 담금질 된 잔류오스테나이트(A)를 0 ℃ 이하의 온도로 냉각하여 마텐자이트(M)화 하는 열처리
② 심냉처리를 하면 공구강의 경도가 증가하여 성능을 향상시킬 수 있고, 측정기기 또는 베어링 등의 정밀기계부품의 조직을 안정하게 하여 시효에 의한 모양 및 치수의 변화를 방지할 수 있다.

문제 64. 플라스틱의 성형 가공성을 좋게 하는 방법이 아닌 것은?

① 가공온도를 높여준다.

② 폴리머의 중합도를 내린다.

③ 성형기의 표면 미끄럼 정도를 좋게 한다.

④ 폴리머의 극성을 높게 하여 분자간 응집력을 크게 한다.

해설 · 플라스틱의 성형가공성을 좋게 하는 방법
① 폴리머(polymer)의 극성을 저하시켜 분자간 응집력을 작게 한다.
② 폴리머의 중합도를 내린다.
③ 흐름이 좋은 폴리머를 첨가한다.
④ 활제, 가소제와 같은 활성을 주는 것을 첨가한다.
⑤ 가공온도를 높인다.
⑥ 성형기의 표면 미끄럼 정도를 좋게 한다.

해답 **61.** ③ **62.** ② **63.** ① **64.** ④

문제 65. 5~20 %의 Zn의 황동을 말하며, 강도는 낮으나 전연성이 좋고 색깔이 금색에 가까우므로, 모조금이나 판 및 선 등에 사용되는 구리 합금은?

① 톰백
② 문쯔메탈
③ 네이벌황동
④ 애드미럴티 메탈

해설 톰백(tombac)
: Cu+Zn 5~20 %으로 강도는 낮으나 전연성이 좋고 색깔이 금색에 가까우므로 모조금(금대용품)이나 화폐, 메달, 금박단추 등에 사용된다.

문제 66. 고망간(Mn)강에 관한 설명으로 틀린 것은?

① 오스테나이트 조직을 갖는다.
② 광석·암석의 파쇄기 부품 등에 사용된다.
③ 열처리에 수인법(water toughening)이 이용된다.
④ 열전도성이 좋고 팽창계수가 작아 열변형을 일으키지 않는다.

해설 고망간(Mn)강
① 일명, 하드필드강(hardifield)이라고 하며, 오스테나이트조직이며, Mn 10~14 %이다.
② 1000~1100 ℃에서 수중 담금질하여 인성을 부여하는 수인법 처리하여 내마모성이 아주 크므로 철도교차점 등에 사용된다.

문제 67. 강의 표면경화처리에서 침탄법과 비교하였을 때 질화법의 특징으로 틀린 것은?

① 침탄 한 것보다 경도가 높다.
② 질화 후에 열처리가 필요 없다.
③ 침탄법보다 경화에 의한 변형이 적다.
④ 침탄법보다 단시간 내에 같은 경화 깊이를 얻을 수 있다.

해설 침탄법과 질화법의 비교

침탄법	질화법
① 경도가 낮다.	① 경도가 높다.
② 침탄후 열처리가 필요하다.	② 질화후 열처리가 필요 없다.
③ 침탄후에도 수정이 가능하다.	③ 질화후 수정이 불가능하다.
④ 단시간에 표면경화할 수 있다.	④ 표면경화시간이 길다.
⑤ 변형이 생긴다.	⑤ 변형이 적다.
⑥ 침탄층은 단단하다.	⑥ 질화층은 여리다.

문제 68. 아공정주철의 탄소함유량은 약 몇 %인가?

① 약 0.025~0.80 % C   ② 약 0.80~2.0 % C
③ 약 2.0~4.3 % C   ④ 약 4.3~6.67 % C

해설 주철의 탄소함유량
① 아공정주철 : 2.11~4.3 % C
② 공정주철 : 4.3 % C
③ 과공정주철 : 4.3~6.68 % C

문제 69. 순철(α-Fe)의 자기변태 온도는 약 몇 ℃인가?

① 210 ℃   ② 768 ℃
③ 910 ℃   ④ 1410 ℃

해설 A_2변태점(768 ℃) : 순철의 자기변태점, 퀴리점

문제 70. 고속도공구강에 대한 설명으로 틀린 것은?

① 2차 경화 현상을 나타낸다.
② 500~600 ℃까지 가열하여도 뜨임에 의해 연화되지 않는다.
③ SKH 2는 Mo가 함유되어 있는 Mo계 고속도공구강 강재이다.
④ 내마모성 및 인성을 가지므로 바이트, 드릴 등의 절삭공구에 사용된다.

해답 65. ① 66. ④ 67. ④ 68. ③ 69. ② 70. ③

해설 고속도강(SKH)
: 주성분이 0.8 % C＋18 % W－4 % Cr－1 % V으로 된
고속도강으로 18(W)－4(Cr)－1(V)형이라고도 한다.
풀림온도는 800~900 ℃, 담금질온도는 1260~1300 ℃
(1차 경화), 뜨임온도는 550~580 ℃(2차 경화)이다.
여기서, 2차 경화란 저온에서 불안정한 탄화물이 형
성되어 경화하는 현상이다.

문제 71. 다음 기호에 대한 설명으로 틀린 것은?

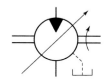

① 유압 모터이다.
② 4방향 유동이다.
③ 가변 용량형이다.
④ 외부 드레인이 있다.

해설 · 명칭 : 유압모터
· 비고 : ① 1방향 유동
② 가변 용량형
③ 조작기구를 특별히 지정하지 않는 경우
④ 외부 드레인
⑤ 1방향 회전형
⑥ 양축형

문제 72. 아래 파일럿 전환 밸브의 포트수, 위치
수로 옳은 것은?

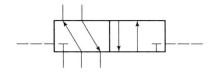

① 2포트 4위치
② 2포트 5위치
③ 5포트 2위치
④ 6포트 2위치

해설 · 명칭 : 5포트 파일럿 전환밸브
· 비고 : ① 2위치 ② 2방향 파일럿조작

문제 73. 두 개의 유입 관로의 압력에 관계없이
정해진 출구 유량이 유지되도록 합류하는 밸
브는?

① 집류 밸브 ② 셔틀 밸브
③ 적층 밸브 ④ 프리필 밸브

해설 집류밸브 : 두 개의 유입관로의 압력에 관계없
이 고정의 출구유량이 유지되도록 합류하는 밸브

문제 74. 속도 제어 회로의 종류가 아닌 것은?

① 미터 인 회로 ② 미터 아웃 회로
③ 블리드 오프 회로 ④ 로크(로킹) 회로

해설 · 유량조절밸브에 의한 속도제어회로
① 미터 인 회로
② 미터 아웃 회로
③ 블리드 오프 회로

문제 75. 스트레이너에 대한 설명으로 적절하지
않은 것은?

① 스트레이너의 연결부는 오일 탱크의 작동
유를 방출하지 않아도 분리가 가능하도록
하여야 한다.
② 스트레이너의 여과 능력은 펌프 흡입량의
1.2배 이하의 용적을 가져야 한다.
③ 스트레이너가 막히면 펌프가 규정 유량을
토출하지 못거나 소음을 발생시킬 수
있다.
④ 스트레이너의 보수는 오일을 교환할 때마
다 완전히 청소하고 주기적으로 여과재를
분리하여 손질하는 것이 좋다.

해설 스트레이너의 여과능력은 펌프 흡입량의 2배 이
상의 용적을 갖게 한다.

문제 76. 일반적인 유압 장치에 대한 설명과 특
징으로 가장 적절하지 않은 것은?

해답 71. ② 72. ③ 73. ① 74. ④ 75. ② 76. ④

① 유압 장치 자체의 자동 제어에 제약이 있
　을 수 있으나 전기, 전자 부품과 조합하여
　사용하면 그 효과를 증대 시킬 수 있다.
② 힘의 증폭 방법이 같은 크기의 기계적 장
　치(기어, 체인 등)에 비해 간단하여 크게
　증폭 시킬 수 있으며 그 예로 소형 유압
　잭, 거대한 건설 기계 등이 있다.
③ 인화의 위험과 이물질에 의한 고장 우려
　가 있다.
④ 점도의 변화에 따른 출력 변화가 없다.

해설 ・유압장치의 일반적인 특징
〈장점〉
① 입력에 대한 출력의 응답이 빠르다.
② 무단변속이 가능하다.
③ 원격조작이 가능하다.
④ 윤활성・방청성이 좋다.
⑤ 전기적인 조작, 조합이 간단하다.
⑥ 적은 장치로 큰 출력을 얻을 수 있다.
⑦ 전기적 신호로 제어할 수 있으므로 자동제어가
　가능하다.
⑧ 수동 또는 자동으로 조작할 수 있다.
〈단점〉
① 기름이 누출될 염려가 많다.
② 유온의 영향을 받으면 점도가 변하여 출력효율이
　변화하기도 한다.

문제 **77.** 유압·공기압 도면 기호(KS B 0054)에
따른 기호에서 필터, 드레인 관로를 나타내는
선의 명칭으로 옳은 것은?

① 파선　　　　　② 실선
③ 1점 이중 쇄선　④ 복선

해설 ① 실선(━━━) : 주관로, 파일럿 밸브에의 공
　급관로, 전기신호선
② 파선(━ ━ ━) : 파일럿 조작관로, 드레인관, 필터,
　밸브의 과도위치

문제 **78.** 일반적인 용적형 펌프의 종류가 아닌
것은?

① 기어 펌프
② 베인 펌프
③ 터빈 펌프
④ 피스톤(플런저) 펌프

해설 ・유압 펌프의 분류
① 용적형 펌프 : 토출량이 일정하며 중압 또는 고
　압에서 압력발생을 주된 목적으로 한다.
　㉠ 회전 펌프(왕복식 펌프) : 기어 펌프, 베인 펌
　　　　　　　　　　　　　　프, 나사 펌프
　㉡ 플런저 펌프(피스톤 펌프)
　㉢ 특수 펌프 : 다단 펌프, 복합 펌프
② 비용적형 펌프 : 토출량이 일정하지 않으며 저압
　에서 대량의 유체를 수송한다.
　㉠ 원심 펌프
　㉡ 축류 펌프
　㉢ 혼류 펌프

문제 **79.** 유압 작동유의 첨가제로 적절하지 않은
것은?

① 산화방지제　　　② 소포제 및 방청제
③ 점도지수 강하제　④ 유동점 강하제

해설 유압유(작동유)의 첨가제
: 산화방지제, 방청제, 점도지수향상제, 소포제, 유성
　향상제, 유동점강하제

문제 **80.** 다음 중 유압을 이용한 기기(기계)의 장
점이 아닌 것은?

① 자동 제어가 가능하다.
② 유압 에너지원을 축적할 수 있다.
③ 힘과 속도를 무단으로 조절할 수 있다.
④ 온도 변화에 대해 안정적이고 고압에서 누
　유의 위험이 없다.

해설 (1) 유압장치의 장점
① 입력에 대한 출력의 응답이 빠르다.
② 힘과 속도를 자유로이 변속시킬 수 있다.
　(무단변속이 가능)
③ 원격조작이 가능하다.
④ 전기적인 조작, 조합이 간단하게 된다.

정답 **77.** ①　**78.** ③　**79.** ③　**80.** ④

⑤ 적은 장치로 큰 출력을 얻을 수 있다.
⑥ 전기적 신호로 제어할 수 있으므로 자동제어
가 가능하다.
⑦ 수동 또는 자동으로 조작할 수 있다.
⑧ 각종 제어밸브에 의한 압력, 유량, 방향 등의
제어가 간단하다.

(2) 유압장치의 단점
유온의 영향을 받으면 점도가 변하여 출력효율
이 변화하기도 한다.

제5과목 기계제작법 및 기계동력학

문제 81. 질량 m의 공이 h의 높이에서 자유 낙
하하여 콘크리트 바닥과 충돌하였다. 공과 바닥
사이의 반발계수를 e라고 할 때, 공이 첫 번째
튀어오른 높이는?

① $\sqrt{2}\,eh$ ② eh

③ $2eh$ ④ $e^2 h$

해설 $e = \dfrac{\text{충돌 후 상대속도}}{\text{충돌 전 상대속도}} = \dfrac{\sqrt{2gh'}}{\sqrt{2gh}}$

$\therefore h' = e^2 h$

문제 82. 조화진동 $x_1 = 4\cos\omega t$와 $x_2 = 5\sin\omega t$
의 합성 진동 진폭은 약 얼마인가?

① 10.2   ② 8.2

③ 6.4   ④ 4.4

해설 $x = x_1 + x_2 = A\cos\omega t + B\sin\omega t$

$\quad = \sqrt{A^2 + B^2}\cos\left(\omega t - \tan^{-1}\dfrac{B}{A}\right)$

$\quad = \sqrt{A^2 + B^2}\sin\left(\omega t + \tan^{-1}\dfrac{A}{B}\right)$

$\therefore$ 진폭 $X = \sqrt{A^2 + B^2} = \sqrt{4^2 + 5^2} = 6.4$

문제 83. 지표면에서 공을 초기속도 v_0로 수직
상방으로 던졌다. 공이 제자리로 돌아올 때까
지 걸린 시간(t)은? (단, g는 중력가속도이고,
공기저항은 무시한다.)

① $t = \dfrac{v_0}{g}$ ② $t = \dfrac{2v_0}{g}$

③ $t = \dfrac{3v_0}{g}$ ④ $t = \dfrac{4v_0}{g}$

해설 $V = V_0 + at$를 적용하여
나중속도 $V = V_0 - gt$에서 $V = 0$이므로
처음속도 $V_0 = gt$이다.

공이 최대높이까지 올라간 시간 $t = \dfrac{V_0}{g}$

결국, 올라갔다가 다시 떨어질 때까지의 시간은

$2t$이므로 $2 \times \dfrac{V_0}{g} = \dfrac{2V_0}{g}$

문제 84. 10 kg의 상자가 경사면 방향으로 초기
속도가 15 m/s인 상태로 올라갔다. 상자와 경
사면 사이의 운동 마찰계수가 0.15일 때 상자가
올라갈 수 있는 최대거리 x는 약 몇 m인가?

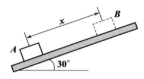

① 13.7   ② 15.7

③ 18.2   ④ 21.2

해설 $\Delta T = \dfrac{1}{2}m\left(V_B^2 - V_A^2\right)$ $(\because V_B = 0)$

$(-mg\sin 30° - \mu mg\cos 30°)x = -\dfrac{1}{2}m V_A^2$

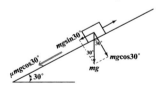

$x(g\sin 30° + \mu g\cos 30°) = \dfrac{1}{2}V_A^2$

$x = \dfrac{\dfrac{1}{2}V_A^2}{g\sin 30° + \mu g\cos 30°}$

$\quad = \dfrac{\dfrac{1}{2} \times 15^2}{9.8\sin 30° + 0.15 \times 9.8\cos 30°}$

$\quad = 18.22\,\text{m}$

애답 **81.** ④ **82.** ③ **83.** ② **84.** ③

문제 85. 그림과 같이 스프링에 질량 m을 달고 상하로 진동시킬 때 주기와 질량(m)과의 관계는? (단, k는 스프링상수이다.)

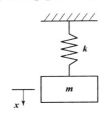

① 주기는 $\sqrt{m}$ 에 반비례한다.

② 주기는 $\sqrt{m}$ 에 비례한다.

③ 주기는 m^2에 반비례한다.

④ 주기는 m^2에 비례한다.

해설 직선운동(예) 스프링)

· 고유각진동수(＝고유원진동수)

$$\omega_n = \sqrt{\frac{k}{m}} = \sqrt{\frac{g}{\delta_{st}}}$$

· 주기 $T = \frac{1}{f_n} = \frac{2\pi}{\omega_n} = 2\pi\sqrt{\frac{m}{k}} = 2\pi\sqrt{\frac{\delta_{st}}{g}}$

결국, 주기(T)는 $\sqrt{m}$ 에 비례한다.

문제 86. 길이가 1 m이고 질량이 5 kg인 균일한 막대가 그림과 같이 지지되어 있다. A점은 힌지로 되어 있어 B점에 연결된 줄이 갑자기 끊어졌을 때 막대는 자유로이 회전한다. 여기서 막대가 수직 위치에 도달한 순간 각속도는 약 몇 rad/s인가?

① 2.62　　　　② 3.43

③ 4.61　　　　④ 5.42

해설 우선, 막대에 작용하는 힘은 막대무게에다 이동한 거리는 $\frac{\ell}{2}$이므로 이루어진 중력포텐셜에너지는

$$V_g = mg \times \frac{\ell}{2} \text{이다.}$$

또한, 운동에너지는

$T_1 = 0$,

$T_2 = \frac{1}{2}J_A\omega^2 = \frac{1}{2}\left(\frac{m\ell^2}{3}\right)\omega^2 = \frac{m\ell^2}{6}\omega^2$이다.

따라서, $V_g = T_2$에서

$$mg \times \frac{\ell}{2} = \frac{m\ell^2}{6}\omega^2$$

$$\therefore \omega = \sqrt{\frac{3g}{\ell}} = \sqrt{\frac{3 \times 9.8}{1}} = 5.42\,(\mathrm{rad/s})$$

문제 87. 정지상태의 비행기가 100 m의 직선 활주로를 달려서 이륙속도 360 km/h에 도달하려고 한다. 가속도의 크기가 일정하다고 가정하면 비행기의 가속도는 약 몇 m/s^{2}인가?

① 10　　　　　② 20

③ 50　　　　　④ 100

해설 우선, $S = S_0^{\nearrow 0} + V_0^{\nearrow 0}t + \frac{1}{2}at^2$

$S = \frac{1}{2}at^2 = \frac{1}{2} \times \frac{V}{t} \times t^2 = \frac{1}{2}Vt$에서

$$\therefore t = \frac{2S}{V} = \frac{2 \times 100}{\left(\frac{360 \times 10^3}{3600}\right)} = 2\sec$$

결국, $S = \frac{1}{2}at^2$에서

$$\therefore a = \frac{2S}{t^2} = \frac{2 \times 100}{2^2} = 50\,\mathrm{m/s^2}$$

문제 88. 비감쇠자유진동수 ω_n와 감쇠자유진동수 ω_d 사이의 관계를 나타낸 식은? (단, ζ는 감쇠비를 나타낸다.)

① $\omega_d = \omega_n\sqrt{1-\zeta^2}$

② $\omega_n = \omega_d\sqrt{1-\zeta}$

③ $\omega_d = \omega_n(1-\zeta^2)$

④ $\omega_n = \omega_d(1-\zeta)$

해설 비감쇠 고유각진동수(ω_n)와 감쇠 고유각진동수 (ω_{nd})의 관계

$$\therefore \omega_{nd}(= \omega_d) = \omega_n\sqrt{1-\zeta^2}$$

여기서, ζ : 감쇠비

해답 85. ②　86. ④　87. ③　88. ①

문제 89. 기계진동의 전달율(transmissibility ratio)을 1이하로 조정하기 위해서는 진동수 비(ω/ω_n)를 얼마로 하면 되는가?

① $\sqrt{2}$ 이상으로 한다.

② $\sqrt{2}$ 이하로 한다.

③ 2 이상으로 한다.

④ 2 이하로 한다.

해설 ① 전달율 $TR = 1$이면

진동수비 $\gamma = \dfrac{\omega}{\omega_n} = \sqrt{2}$: 임계값

② 전달율 $TR < 1$이면

진동수비 $\gamma = \dfrac{\omega}{\omega_n} > \sqrt{2}$: 감쇠비를 감소시킴

즉, 진동절연이 가능하다.

③ 전달율 $TR > 1$이면

진동수비 $\gamma = \dfrac{\omega}{\omega_n} < \sqrt{2}$: 감쇠비를 증가시킴

문제 90. 그림과 같이 막대 AB가 양쪽 벽면을 따라 움직인다. A가 8 m/s의 일정한 속도로 오른쪽으로 이동한다고 할 때 $x = 2$ m인 위치에서 B의 가속도의 크기는 약 몇 m/s²인가?

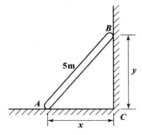

① 10.3 m/s² ② 12.4 m/s²

③ 14.7 m/s² ④ 16.6 m/s²

해설 그림에서 $5^2 = x^2 + y^2$이므로

$y^2 = 5^2 - x^2 = 5^2 - 2^2 = 21$ ∴ $y = \sqrt{21}$ (m)

막대 AB의 길이를 r이라 하면

$r^2 = x^2 + y^2$ ·················· ①식

우선, ①식을 시간(t)에 대하여 미분하면 A와 B의 속도를 결정할 수 있다.

$$\frac{d}{dt}(r^2) = \frac{d}{dt}(x^2) + \frac{d}{dt}(y^2)$$

$$2r\frac{dr}{dt} = 2x\frac{dx}{dt} + 2y\frac{dy}{dt}$$

여기서, r은 일정한 값이므로 $\dfrac{dr}{dt} = 0$으로 놓으면

$$2x\frac{dx}{dt} + 2y\frac{dy}{dt} = 0$$

$$2x V_A + 2y V_B = 0$$

즉, $x V_A + y V_B = 0$ ·················· ②식

$2 \times 8 + \sqrt{21} \times V_B$

∴ $V_B = -3.49 \, \text{m/s}$

또한, ②식을 시간에 대하여 미분하면 A와 B의 가속도를 얻을 수 있다.

$$\frac{d}{dt}(x V_A) + \frac{d}{dt}(y V_B) = 0$$

$$\frac{dx}{dt}V_A + x\frac{dV_A}{dt} + \frac{dy}{dt}V_B + y\frac{dV_B}{dt} = 0$$

$$V_A^2 + xa_A + V_B^2 + ya_B = 0$$

결국, $8^2 + 2 \times 0 + (-3.49)^2 + \sqrt{21}\, a_B = 0$

∴ $a_B ≒ 16.6 \, \text{m/s}^2$

문제 91. 주철과 같이 메진 재료를 저속으로 절삭할 때 일반적인 칩의 모양은?

① 경작형 ② 균열형

③ 유동형 ④ 전단형

해설 · 칩의 형태

① 경작형(=열단형) : 점성재료 절삭시 생긴다.

② 균열형 : 주철과 같은 취성재료 절삭시, 저속절삭시 생긴다.

③ 유동형(=연속형) : 연속적인 칩으로 가장 이상적이다. 연성재료를 고속절삭시, 경사각이 클 때, 절삭깊이가 적을 때 생긴다.

④ 전단형 : 연성재료를 저속절삭시, 경사각이 적을 때, 절삭깊이가 클 때 생긴다.

문제 92. 펀치와 다이를 프레스에 설치하여 판금 재료로부터 목적하는 형상의 제품을 뽑아내는 전단 가공은?

① 스웨이징 ② 엠보싱

③ 블랭킹 ④ 브로칭

해설 ① 펀칭 : 남은 쪽이 제품, 떨어진 쪽이 폐품

② 블랭킹 : 남은 쪽이 폐품, 떨어진 쪽이 제품

정답 89. ① 90. ④ 91. ② 92. ③

문제 93. 래핑 다듬질에 대한 특징 중 틀린 것은?

① 게이지류나 광학렌즈의 표면 다듬질에 사용된다.

② 가공면에 랩제가 잔류하여 표면의 부식과 마모 촉진을 막아준다.

③ 평면도, 진원도, 직선도 등의 이상적인 기하학적 형상을 얻을 수 있다.

④ 가공면의 윤활성 및 내마모성이 좋아진다.

해설 · 래핑(lapping) : 마모현상을 기계가공에 응용한 것으로 그 기본은 마모이며 일반적으로 공작물과 랩공구 사이에 미분말상태의 랩제와 윤활제를 넣어 이들 사이에 상대운동을 시켜 표면을 매끈하게 가공하는 방법이다.
〈장점〉
① 다듬질면이 매끈하고 유리면을 얻을 수 있다.
② 정밀도가 높은 제품을 만들 수 있다.
③ 윤활성이 좋게 된다.
④ 다듬질면은 내식성 및 내마모성이 증가된다.
⑤ 미끄럼면이 원활하게 되고 마찰계수가 적어진다.
〈단점〉
① 비산하는 랩제가 다른기계나 제품에 부착하면 마모시키는 원인이 된다.
② 제품을 사용할 때 남아있는 랩제에 의하여 마모를 촉진시킨다.

문제 94. 밀링가공에서 지름이 50 mm인 밀링커터를 사용하여 60 m/min의 절삭속도로 절삭하는 경우 밀링커터의 회전수는 약 몇 rpm인가?

① 284   ② 382

③ 468   ④ 681

해설 $V = \dfrac{\pi dN}{1000}(\text{m/min})$ 에서

$$\therefore N = \frac{1000\,V}{\pi d} = \frac{1000 \times 60}{\pi \times 50} \fallingdotseq 382\,\text{rpm}$$

문제 95. 다이에 아연, 납, 주석 등의 연질금속을 넣고 제품 형상의 펀치로 타격을 가하여 길이가 짧은 치약튜브, 약품튜브 등을 제작하는 압출 방법은?

① 간접 압출

② 열간 압출

③ 직접 압출

④ 충격 압출

해설 · 압출(extrusion process)
① 직접압출(=전방압출) : 램의 진행방향과 압출재(billet)의 이동방향이 동일한 경우이다. 압출재는 외주의 마찰로 인하여 내부가 효과적으로 압축된다. 압출이 끝나면 20~30 %의 압출재가 잔류한다.
② 간접압출(=역식압출=후방압출) : 램의 진행방향과 압출재(billet)의 이동방향이 반대인 경우이다. 직접압출에 비하여 재료의 손실이 적고 소요동력이 적게 드는 이점이 있으나 조작이 불편하고 표면상태가 좋지 못한 단점이 있다.
③ 충격압출 : 특수압출 방법으로 단시간에 압출완료되는 것으로 보통 크랭크프레스를 사용하며 상온가공으로 작업한다. 충격압출에 사용되는 재료로는 Zn, Sn, Pb, Al, Cu 등의 순금속과 일부합금 등이 사용된다. 이 방법의 제품은 두께가 얇은 원통형상인 치약튜브, 화장품케이스, 건전지케이스용 등의 제작에 사용된다.

문제 96. 300 mm×500 mm인 주철 주물을 만들 때, 필요한 주입 추는 약 몇 kg인가?
(단, 쇳물 아궁이 높이가 120 mm, 주물 밀도는 7200 kg/m³이다.)

① 129.6

② 149.6

③ 169.6

④ 189.6

해설 압상력 $P = \gamma HA - G$
여기서, γ : 주입금속의 비중량 (kg$_f$/m³)
$\qquad\qquad$ H : 주물의 윗면에서 주입구 표면까지의 높이 (m)
$\qquad\qquad$ A : 주물 위에서 본 투영면적 (m²)
$\qquad\qquad$ G : 윗주형상자(상형)의 중량
$\therefore P = \gamma HA - \cancel{G}^{0} = \rho g HA$
$\qquad = 7200 \times 9.8 \times 0.12 \times 0.3 \times 0.5$
$\qquad = 1270.08\,\text{N} = 129.6\,\text{kg}_f$

해답 93. ②   94. ②   95. ④   96. ①

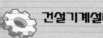
문제 97. 초음파 가공에 대한 설명으로 틀린 것은?

① 가공물 표면에서의 증발 현상을 이용한다.
② 전기 에너지를 기계적 진동 에너지로 변화시켜 가공한다.
③ 혼의 재료는 황동, 연강 등을 사용한다.
④ 입자는 가공물에 연속적인 해머 작용으로 가공한다.

해설 ·초음파가공(ultrasonic machining)
① 물이나 경유 등에 연삭입자(랩제)를 혼합한 가공액을 공구의 진동면과 일감사이에 주입시켜가며 초음파에 의한 상하진동으로 표면을 다듬는 가공법이다.
② 전기에너지를 기계적 진동에너지로 변화시켜 가공하므로 공작물이 전기의 양도체 또는 부도체 여부에 관계없이 가공할 수 있다.
③ 초경합금, 보석류, 세라믹, 유리, 반도체 등 비금속 또는 귀금속의 구멍뚫기, 전단, 평면가공, 표면다듬질 가공 등에 이용된다.

문제 98. 다음 중 나사의 주요 측정 요소가 아닌 것은?

① 피치　　　　② 유효지름
③ 나사의 길이　④ 나사산의 각도

해설 나사의 주요 측정 요소
: 바깥지름, 안지름, 골지름, 유효지름, 피치, 나사산의 각도 등을 측정

문제 99. 전기저항용접과 관계되는 법칙은?

① 줄(Joule)의 법칙　② 뉴턴의 법칙
③ 암페어의 법칙　　④ 플레밍의 법칙

해설 전기저항용접
: 접합하고자 하는 모재에 전극으로 전류를 흐르게 하면 전기저항열에 의하여 고온상태가 되는데 이 때 압력을 가하여 접합하는 용접법으로 이 때 발생하는 저항열(Q)은 줄(Joule)의 법칙에 따른다.
저항열 $Q = 0.24I^2Rt$ (cal)
여기서, I : 전류 (A), R : 저항 (Ω),
t : 통전시간 (sec)

문제 100. 강재의 표면에 Si를 침투시키는 방법으로 내식성, 내열성 등을 향상시키는 방법은?

① 브로나이징
② 칼로라이징
③ 크로마이징
④ 실리코나이징

해설 ·금속침투법 : 고온중에 강의 산화방지법
① 크로마이징 : Cr 침투
② 칼로라이징 : Al 침투
③ 실리코나이징 : Si 침투
④ 보로나이징 : B 침투
⑤ 세라다이징 : Zn 침투

건설기계설비 기사

※ 재료역학, 열역학, 유체역학, 유압기기는 일반기계 기사와 중복됩니다. 나머지 유체기계, 건설기계일반, 플랜트배관의 순서는 1~30번으로 정합니다.

제4과목 유체기계

문제 1. 용적형과 비교해서 터보형 압축기의 일반적인 특징으로 거리가 먼 것은?

① 작동 유체의 맥동이 적다.
② 고압 저속 회전에 적합하다.
③ 전동기나 증기 터빈과 같은 원동기와 직결이 가능하다.
④ 소형으로 할 수 있어서 설치면적이 작아도 된다.

해설 ·터보형 압축기의 특징
① 작동유체의 맥동이 적다.
② 저압, 고속회전에 적합하다.
③ 전동기나 증기터빈 등의 원동기에 직결이 가능하다.
④ 고속회전을 하므로 소형으로 할 수 있고 설치면적이 작아도 되며 공사비도 적게 든다.

해답 97. ① 98. ③ 99. ① 100. ④ ‖ 1. ②

문제 2. 펌프를 분류하는데 있어서 다음 중 터보형 펌프에 속하지 않는 것은?

① 원심식 펌프 　　② 사류식 펌프
③ 회전식 펌프 　　④ 축류식 펌프

해설 · 펌프의 분류
　① 터보형 ┌ · 원심식 : 벌류트펌프, 터빈펌프
　　　　　├ · 사류식 : 사류펌프
　　　　　└ · 축류식 : 축류펌프
　② 용적형 ┌ · 왕복식 : 피스톤펌프, 플런저펌프
　　　　　└ · 회전식 : 기어펌프, 베인펌프
　③ 특수형 : 마찰펌프, 제트펌프, 기포펌프, 수격펌프

문제 3. 펌프를 운전할 때 한숨을 쉬는 것과 같은 소리가 나고 송출유량이 주기적으로 변하는 현상을 무엇이라고 하는가?

① 캐비테이션 　　② 수격작용
③ 모세관현상 　　④ 서징

해설 서징(surging) 현상
　: 펌프, 송풍기 등이 운전 중에 한숨을 쉬는 것과 같은 상태가 되어 펌프인 경우 입구와 출구의 진공계, 압력계의 침이 흔들리고 동시에 송출유량이 변화하는 현상. 즉, 송출압력과 송출유량 사이에 주기적인 변동이 일어나는 현상을 말한다.

문제 4. 어떤 수조에 설치되어 있는 수중 펌프는 양수량이 0.5 m³/min, 배관의 전손실 수두는 6 m이다. 수중 펌프 중심으로부터 1 m 아래에 있는 물을 펌프 중심으로부터 10 m 위에 있는 2층으로 양수하고자 한다. 이 때 펌프에 요구되는 동력은 약 몇 kW인가?
(단, 펌프의 효율은 60 %이다.)

① 1.88 　　② 2.32
③ 3.03 　　④ 3.76

해설 $L = \dfrac{\gamma QH}{\eta} = \dfrac{9.8 \times \dfrac{0.5}{60} \times (6+1+10)}{0.6} = 2.31\,\text{kW}$

문제 5. 다음에서 밑줄이 나타내는 충동수차의 구성장치는?

> 수차에 걸리는 부하가 변하면 <u>이 장치</u>의 배압밸브에서 압유의 공급을 받아 서보모터의 피스톤이 작동하고 노즐 내의 니들 밸브를 이동시켜 유량이 부하에 대응하도록 한다.

① 러너 　　② 조속기
③ 이젝터 　　④ 디플렉터

해설 수차에 걸리는 부하가 변하면 수차의 조속기(governer)의 배압밸브에서 압유의 공급을 받아 서보모터의 피스톤이 작동하고, 노즐 내의 니들(needle)이 움직여 개도가 변하며, 유량이 부하에 대응한 값으로 변하게 된다.

문제 6. 수차의 유효낙차가 120 m이고, 유량이 150 m³/s, 수차 효율이 90 %일 때 수차의 출력은 약 몇 MW인가?

① 94 　　② 128
③ 159 　　④ 196

해설 $L = \gamma QH\eta = 9.8 \times 150 \times 120 \times 0.9$
　　　$= 158760\,\text{kW} \fallingdotseq 159\,\text{MW}$

문제 7. 다음 각 수차에 대한 설명 중 틀린 것은?

① 프로펠러수차 : 물이 낙하할 때 중력과 속도에너지에 의해 회전하는 수차
② 중력수차 : 물이 낙하할 때 중력에 의해 움직이게 되는 수차
③ 충동수차 : 물이 갖는 속도 에너지에 의해 물의 충격으로 회전하는 수차
④ 반동수차 : 물이 갖는 압력과 속도에너지를 이용하여 회전하는 수차

해설 프로펠러 수차(propeller turbine)
　: 프로펠러 수차는 약 80 m 이하(보통 10~60 m)의 저낙차로 비교적 유량이 많은 경우에 사용되며, 날

해답 2.③ 3.④ 4.② 5.② 6.③ 7.①

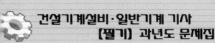
개수는 3~10매가 보통이고, 부하에 의한 날개각도를 조정할 수 있는 가동익형과 부하에 의한 날개각도를 조절할 수 없는 고정익형이 있다. 여기서, 가동익형을 카플란 수차라 하고, 고정익형을 프로펠러 수차라고 부른다. 프로펠러 수차는 물이 날개차로 유입하는 방향과 유출하는 방향이 주축방향인 수차이다.

문제 **8. 유체커플링에 대한 설명으로 옳지 않은 것은?**

① 드래그 토크(drag torque)는 입력 및 출력 회전수가 같은 때의 토크이다.
② 유체커플링의 효율은 입력축 회전수에 대한 출력축 회전수 비율로 표시한다.
③ 유체커플링에서 이론적으로 입력축과 출력축의 토크 차이는 발생하지 않다고 본다.
④ 유체커플링에서 슬립(slip)이 많이 일어날수록 효율은 저하된다.

해설 드래그 토크(drag torque)
  : 원동축은 회전하고, 종동축이 정지해 있을 때 원동축이 최대가 될 때의 토크

문제 **9. 터빈 펌프와 벌류트 펌프의 차이점을 설명한 것으로 옳은 것은?**

① 벌류트 펌프는 회전차의 바깥둘레에 안내날개가 있고, 터빈 펌프는 안내날개가 없다.
② 터빈 펌프는 중앙에 와류실이 있고, 벌류트 펌프는 와류실이 없다.
③ 벌류트 펌프는 중앙에 와류실이 있고, 터빈 펌프는 와류실이 없다.
④ 터빈 펌프는 회전차의 바깥둘레에 안내날개가 있고 벌류트 펌프는 안내날개가 없다.

해설 · 안내날개(guide vane)의 유무에 의한 원심펌프의 분류
① 벌류트 펌프 : 회전차의 바깥둘레에 안내날개가 없는 펌프
② 터빈 펌프 : 회전차의 바깥둘레에 안내날개가 있는 펌프

문제 **10. 진공펌프의 종류 중 액봉형 진공펌프에 속하는 것은?**

① 센코 진공펌프　　② 게더 진공펌프
③ 키니 진공펌프　　④ 너쉬 진공펌프

해설 · 진공펌프의 종류
 ① 저진공펌프
  ㉠ 수봉식(액봉식) 진공펌프(=nush펌프)
  ㉡ 유회전 진공펌프 : 가장 널리 사용되며, 센코형(cenco type), 게데형(geode type), 키니형(kenney type)이 있다.
  ㉢ 루우츠형(roots type) 진공펌프
  ㉣ 나사식 진공펌프
 ② 고진공펌프
  오일확산펌프, 터보분자펌프, 크라이오(cryo)펌프

제5과목　건설기계일반 및 플랜트배관

문제 **11. 쇄석기(크러셔)에서 진동에 의해 골재를 선별하는 일종의 체로 진동식과 회전식이 사용되는 것은?**

① 집진설비　　② 리닝 장치
③ 스크린　　④ 피더 호퍼

해설 스크린 : 진동에 의해 골재를 선별하는 일종의 체로 진동식과 회전식이 있다. 크기는 메시(mesh)로 표시하며, 메시(mesh)란 평방인치당 구멍수(=1 inch당 구멍수)를 의미한다.

문제 **12. 기중기의 인양 능력을 크게 하기 위해서 붐의 길이 및 각도는 어떻게 조정하여 작업하여야 하는가?**

① 붐의 길이는 길고, 붐의 각도는 작게
② 붐의 길이는 길고, 붐의 각도는 크게
③ 붐의 길이는 짧고, 붐의 각도는 작게
④ 붐의 길이는 짧고, 붐의 각도는 크게

해설 기중기(crane) 작업시 물체의 무게가 무거울수록 붐(boom)의 길이는 짧게 하고, 각도는 크게 한다.

정답 **8.** ①　**9.** ④　**10.** ④　**11.** ③　**12.** ④

문제 13. 압력 배관용 탄소강관(KS D 3562)에서 압력 배관용 탄소 강관의 기호는?

① SPPS ② STM
③ STLT ④ STA

해설 SPPS : 압력배관용 탄소강관,
STM : 기계구조용 탄소강관,
STLT : 저온 열교환기용 강관,
STA : 구조용 합금강관

문제 14. 무한궤도식 굴착기에서 주행과 관련 있는 하부구동체의 구성요소가 아닌 것은?

① 트랙 ② 카운터웨이트
③ 하부 롤러 ④ 스프로킷

해설 하부구동체의 구성요소 : 트랙롤러(하부롤러), 캐리어롤러(상부롤러), 트랙아이들러(전부유도륜), 리코일스프링, 스프로킷, 조향장치 등
※ 카운터웨이트(counter weight) : 평형추(균형추)라고도 하며, 크레인이나 지게차 등에 하중을 상부로 올렸을 때 넘어질 우려가 있으므로 이것을 방지하기 위해 넘어질 교차점이 되는 곳에서 되도록 먼 곳에 인양하중에 저항해서 추를 부착해 둔 것을 말한다.

문제 15. 일반적인 지게차에 대한 설명으로 적절하지 않은 것은?

① 작업 용도에 따라 트리플 스테이지 마스터, 로드 스테빌라이저 등으로 분류할 수 있다.
② 리프트 실린더의 역할은 포크를 상승, 하강을 시킨다.
③ 틸트 실린더의 역할은 마스트를 앞 또는 뒤로 기울이는 작동을 하게 한다.
④ 지게차는 앞바퀴로만 방향을 바꾸는 앞바퀴 조향이다.

해설 지게차는 앞바퀴로 구동되고, 뒷바퀴로 방향전환을 하게 되어 있는 전륜구동, 후륜환향(조향)식으로 되어있다.

문제 16. 아스팔트 피니셔의 시간당 포설량과 비례하지 않는 것은?

① 포설면적 ② 붐의 면적
③ 평균작업속도 ④ 작업효율

해설 아스팔트 피니셔의 시간당 포설량(Q)
$$Q = \rho A V \eta \,(\text{ton/hr})$$
여기서, ρ : 밀도 (ton/m^3), $A(=bt)$: 포설면적,
V : 평균작업속도, η : 작업효율

문제 17. 도저의 종류가 아닌 것은?

① 크레인 도저 ② 스트레이트 도저
③ 레이크 도저 ④ 앵글 도저

해설 도저의 종류
: 스트레이트 도저, 앵글 도저, 틸트 도저, 레이크 도저, 트리 도저, 힌지 도저, 푸시 도저, 터나 도저, U 도저, 트리밍 도저 등

문제 18. 플랜트설비에서 집진장치 중 전기 집진법으로 옳은 것은?

① 코트렐 ② 사이클론
③ 백 필터 ④ 스크루버

해설 전기 집진법 : 코트렐에 의해 1906년 만들어져 코트렐 집진법이라고도 하며, 기체 속에 들어있는 고체나 기체의 작은 입자가 전기를 띠는 점을 이용하여 센 전장으로 그 입자를 끌어들여 가라앉히는 방법(=전기 수진법)

문제 19. 건설기계관리업무처리규정에 따른 크롤러(크로울러)식 천공기의 구조 및 규격표시 방법으로 옳은 것은?

① 드럼지름×길이
② 최대굴착지름
③ 착암기의 중량과 매분당 공기소비량 및 유압펌프 토출량
④ 자갈채취량

해답 13. ① 14. ② 15. ④ 16. ② 17. ① 18. ① 19. ③

해설　·천공기(착암기)의 규격표시
① 크롤러식 : 착암기의 중량(kg) 및 매분당 공기
　　　　　　소비량 (m³/min)
② 크롤러 점보식 : 플랜트 롤 단수와 착암기 대수
　　　　　　　　 (단×대)
③ 실드 굴진식 : 사용설비동력 (kW)
④ 터널 굴진식 : 최대굴착치수 (mm)

문제 20. 무한궤도식과 비교한 타이어식 굴착기의 특징이 아닌 것은?

① 견인력이 낮다.
② 습지, 사지에서 작업이 불리하다.
③ 기동성이 낮다.
④ 장거리 이동에 유리하다.

해설　·주행장치에 의한 분류(＝접지압을 고려한 분류)

항　목	무한궤도식 (crawler)	타이어식 (＝차륜식 : wheel type)
토질의 영향	적 다	크 다
연약지반 작업	용 이	곤 란
경사지 작업	용 이	곤 란
작업거리 영향	크 다	적 다
작업속도	느리다	빠르다
주행기동성, 이동성	느리다	빠르다
작업안정성	안 정	조금 떨어진다
견인능력, 등판능력	크 다	작 다
접지압	작 다	크 다

문제 21. 스테인리스 강관용 공구가 아닌 것은?

① 열풍용접기　　　② 절단기
③ 벤딩기　　　　　④ 전용 압착공구

해설　·강관 공작용 공구와 기계
① 강관 공작용 공구 : 파이프 바이스, 파이프 커터, 쇠톱, 파이프 리머, 파이프 렌치, 나사 절삭기(수동 파이프 나사 절삭기)
② 강관 공작용 기계 : 동력 나사 절삭기, 기계톱, 고속 숫돌 절단기, 파이프 벤딩기
※ 열풍용접기 : 합성수지관 접합용 공구로서 경질 염화 비닐관의 접합 및 수리를 위한 용접시 사용

문제 22. 두께 0.5~3 mm 정도의 알런덤(alundum), 카보란덤(carborundum)의 입자를 소결한 얇은 연삭원판을 고속 회전시켜 재료를 절단하는 공작용 기계는?

① 커팅 휠 절단기　　② 고속 숫돌절단기
③ 포터블 소잉 머신　④ 고정식 소잉 머신

해설　고속 숫돌절단기
: 두께 0.5~3 mm 정도의 얇은 연삭 원판을 고속 회전시켜 재료를 절단하는 기계로서 커터 그라인더 머신이라 불리기도 한다.
연삭숫돌은 알런덤(alundum), 카보란덤(carborundum) 등의 입자를 소결한 것이다.

문제 23. 일반적인 체크밸브의 종류가 아닌 것은?

① 스윙형 체크밸브
② 리프트형 체크밸브
③ 해머리스형 체크밸브
④ 벤딩수축형 체크밸브

해설　·체크밸브(check valve) : 유체의 흐름이 한쪽 방향으로 역류를 하면 자동적으로 밸브가 닫혀지게 할 때 사용한다.
① 스윙형 : 핀을 축으로 회전하여 개폐되므로 유수에 대한 마찰저항이 리프트형보다 작고, 수평·수직 어느 배관에도 사용할 수 있다.
② 리프트형 : 유체의 압력에 의해 밸브가 수직으로 올라가게 되어 있다. 밸브의 리프트는 지름의 1/4 정도이며, 흐름에 대한 마찰저항이 크다. 2조이상 수평밸브에만 쓰인다.
③ 스모렌스키형 : 리프트형 체크밸브 내에 날개가 달려 충격을 완화시킨다.
④ 풋형(해머리스형) : 개방식 배관의 펌프 흡입관 선단에 부착하여 사용하는 체크밸브로서 펌프 운전 중에 흡입관 속을 만수상태로 만들도록 고려된 것이다.

문제 24. 동관용 공구 중 동관 끝을 나팔형으로 만들어 압축이음 시 사용하는 공구는?

① 플레어링 툴　　② 사이징 툴
③ 튜브 벤더　　　④ 익스팬더

해답　**20.** ③　**21.** ①　**22.** ②　**23.** ④　**24.** ①

해설 ·동관용 공구
① 확관기(Expander) : 동관 끝의 확관용 공구
② 티뽑기(Extractors) : 직관에서 분기관 성형시 사용하는 공구
③ 굴관기(Bender) : 동관의 전용 굽힘공구
④ 나팔식 확관기(Flaring tool set) : 동관의 끝을 나팔형으로 만들어 압축이음시 사용하는 공구
⑤ 파이프 커터(Pipe cutter) : 동관의 전용절단공구
⑥ 리머(Reamer) : 파이프 절단 후 파이프 가장자리의 거치른 거스러미(Burr) 등을 제거하는 공구
⑦ 사이징 툴(Sizing tool) : 동관의 끝부분을 원형으로 정형하는 공구

문제 25. 배관과 관련한 기압시험의 일반적인 사항으로 적절하지 않은 것은?

① 압축공기를 관속에 압입하여 이음매에서 공기가 새는 것을 조사하는 시험이다.
② 시험용구에는 봄베 속의 탄산가스, 질소가스 등과 압력계, U형 튜브에 물을 넣은 것, 스톱밸브, 체크밸브 등이 있다.
③ 누기 발견 시 다량의 산소를 관내에 출입시켜 누설을 발견하는 방법이 있다.
④ 공기는 온도에 따라 용적변화가 일어나므로 기온이 안정된 시간에 시험할 필요가 있다.

해설 기압시험(＝공기시험)
: 물 대신 압축공기를 관 속에 압입하여 이음매에서 공기가 새는 것을 조사한다.
이 시험은 1차와 2차 시험의 압력이 다르지만 어느 경우나 개구부를 전부 밀폐하고 공기압축기로 공기를 압입한 후 일정시간 유지하여 압력이 떨어지는가를 조사한다.
만일, 압력이 일정하게 유지하지 못하면 공기가 새는 것을 의미하므로 공기가 새는 곳을 조사한다.
조사방법은 비눗물을 관의 외부에 발라서 거품이 생기는 곳이 있으면 그 곳이 새는 곳이다. 가스배관은 최고 사용압력의 2배 이상으로 한다.

문제 26. 다음 중 급배수배관의 기능을 확인하는 배관시험방법으로 적절하지 않은 것은?
① 수압시험　　② 기압시험
③ 연기시험　　④ 피로시험

해설 급·배수 배관시험
: 수압시험, 기압시험, 만수시험, 연기시험, 통수시험

문제 27. 호칭지름 25 mm(바깥지름 34 mm)의 관을 곡률 반경 $R=200$ mm로 90° 구부릴 때 중심부의 곡선 길이 L (mm)은 약 얼마인가?
① 114.16 mm　　② 214.16 mm
③ 314.16 mm　　④ 414.16 mm

해설 $L = 2\pi R \times \dfrac{90}{360} = 2\pi \times 200 \times \dfrac{90}{360} = 314.16\,mm$

문제 28. 스테인리스 강관에 관한 설명으로 적절하지 않은 것은?
① 위생적이며 적수, 백수, 청수의 염려가 없다.
② 일반 강관에 비해 두께가 얇고 가벼워 운반 및 시공이 쉽다.
③ 동결 우려가 있어 한랭지 배관에 적용하기 어렵다.
④ 나사식, 용접식, 몰코식, 플랜지식 이음법이 있다.

해설 ·스테인리스 강관의 특성
① 내식성이 우수하여 계속 사용시 내경의 축소, 저항 증대 현상이 없다.
② 위생적이어서 적수, 백수, 청수의 염려가 없다.
③ 강관에 비해 기계적 성질이 우수하고 두께가 얇아 운반 및 시공이 쉽다.
④ 저온 충격성이 크고 한랭지 배관이 가능하며 동결에 대한 저항은 크다.
⑤ 나사식, 용접식, 몰코식, 플랜지 이음법 등의 특수시공법으로 시공이 간단하다.

문제 29. 방열기의 환수구나 증기배관의 말단에 설치하고 응축수와 증기를 분리하여 자동적으로 환수관에 배출시키고 증기를 통과하지 않게 하는 장치는?
① 신축이음　　② 증기트랩
③ 감압밸브　　④ 스트레이너

해답 25. ③　26. ④　27. ③　28. ③　29. ②

해설 · 트랩(trap)
① 증기트랩 : 방열기 또는 증기관 속에 생긴 응축수 및 공기를 증기로부터 분리하여 증기는 통과시키지 않고 응축수만 환수구로 배출하는 장치
② 배수트랩 : 하수관 속에서 발생한 유취, 유해가스가 배수관을 통해 기구 배수구에서 실내로 역류하는 것을 방지하는 기구

문제 **30. 진동을 억제하는데 사용되는 브레이스의 종류로 옳은 것은?**

① 덕트 　　　　　② 방진기
③ 그랜드 패킹 　　④ 롤러 서포트

해설 · 브레이스(brace) : 펌프, 압축기 등에서 진동을 억제하는데 사용하며, 종류는 다음과 같다.
① 방진기 : 진동을 방지하거나 완화하는 장치
② 완충기 : 충격을 완화하기 위한 장치

해답 **30. ②**

② 수격작용(Water hammer)

　㉠ 플래시 밸브 또는 급속개폐식 밸브를 사용하면 유속이 불규칙하게 변화하여 수격작용이 일어난다. 이때의 압력은 유속을 m/s로 표시한 값의 약 14배에 해당한다.

　㉡ 방지법 : 급속개폐식 밸브와 고층건물일 경우에는 건물 중간층 이하에 설치된 밸브 부근에 공기실(Air chamber)이나 또는, 충격흡수장치를 하고 관지름은 유속이 2~2.5 m/s 이내가 되도록 한다.

③ 수평관 지지

　㉠ 굽힘부분이나 분기부분에는 반드시 받침쇠를 단다.

　㉡ 상향파이프나 하향파이프에는 각층마다 1개소씩 센터레스트(Center rest)를 장치한다.

　㉢ 센터레스트(Center rest) : 관이 축방향으로는 신축할 수 있으나 축의 직각방향으로는 흔들리지 않도록 고정하는 장치이다.

④ 급수관의 매설깊이 : 급수관을 땅속에 매설할 때는 외부로부터의 충격이나 겨울에 동파를 방지하기 위하여 일정한 깊이로 묻어야 한다.

　㉠ 보통평지 : 450 mm 이상

　㉡ 차량통로 : 760 mm 이상

　㉢ 대형차량통로 또는 냉한지대 : 1 m 이상

5) 밸브설치

① 분수콕(=분수전) 설치

　㉠ 각 분수콕 간격은 300 mm 이상으로 하고, 1개소당 4개 이내로 설치한다.

　㉡ 급수전의 지름이 150 mm 이상일 때에는 25 mm의 분수콕을 직접 접속한다.

　㉢ 100 mm 이하의 급수소관에 50 mm의 급수관을 접속할 때에는 T자관과 포금제 이형관(Reducer)을 접속한다.

② 급수밸브의 설치

　㉠ 급수밸브시트는 되도록 벽에 밀착시킨다.

　㉡ 나사를 조일 때 역방향으로 1~2회 돌려 나사자리를 잡은 후 정방향으로 돌려 나사가 어긋남이 없도록 한다.

[2] 배수배관 및 통기관 시공법

1) 배수배관 시공법

① 배수배관을 합류시킬 때에는 45° 이내의 예각으로 하고, 굽힘부에는 배수 분기관을 접속해서는 안된다.

② 배수관의 지지

　㉠ 배수 주철관인 경우

　　ⓐ 수직관 또는 수평관은 1.6 m마다 1개소를 고정

　　ⓑ 분기관이 접속되는 경우에는 1.2 m마다 1개소를 고정

　㉡ 배수연관인 경우

　　ⓐ 수평관과 하향관은 1 m마다 1개소를 고정

　　ⓑ 분기관이 접속되는 경우에는 0.6 m마다 1개소를 고정

2) 통기관 시공법

① **통기관의 설치목적** : 배수트랩의 봉수를 보호하여 배수관에서 발생하는 유취, 유해가스의 옥내 침입을 방지하기 위한 설비를 말한다.

② 통기수직관의 하부는 최저수위의 배수 수평분기점보다 낮은 위치에서 45° Y이음으로 연결한다.

③ 통기수직관의 상부는 단독적으로 대기중에 개구하든지, 최고높이의 기구에서 150 mm 이상 높은 위치에서 접속한다.

④ 한랭지의 통기관 개구부는 동결방지를 위하여 약간 크게 한다.

⑤ 최상층의 단독기구에는 통기관을 설치하지 않는다.

[3] 급탕배관 시공법

1) 배관의 구배

① 중력순환식은 $\frac{1}{150}$, 강제순환식은 $\frac{1}{200}$ 정도

② 상향식일 때 공급관은 상향구배, 복귀관은 하향구배로 하고, 하향식일 때는 공급관, 복귀관 모두 하향구배로 한다.

2) 복귀탕의 역류방지

① **체크밸브설치** : 급탕관과 탕복귀관이 접속된 곳에서는 복귀하는 탕이 급탕관쪽으로 역류할 위험이 있는데 이를 방지하기 위하여 설치한다.

② 체크밸브는 45°로 경사관에 설치하여 스윙밸브가 수직이 되게 하며, 이때 탕의 저항을 적게 하기 위하여 체크밸브는 2개 이상 설치하지 않는다.

3) 팽창탱크와 팽창관

① 팽창탱크의 높이는 최고층 급탕콕보다 5 m 이상 높은 곳에 설치하고, 급수는 볼탭의 자동에 의한 자동급수를 한다.

② 팽창관의 도중에는 절대로 밸브 등을 장치해서는 안된다.

[4] 난방배관 시공법

1) 온수난방배관 시공법

① **배관의 구배** : 공기밸브 또는 팽창밸브를 향해 $\frac{1}{250}$ 이상으로 상향구배를 준다.

　㉠ 단관중력순환식 : 주관에 하향구배를 주며, 공기는 모두 팽창밸브로 빠지게 한다.

　㉡ 복관중력순환식 : 하향공급식은 공급관, 복귀관을 모두 하향구배로 하고, 상향공급식의 공급관은 상향구배, 복귀관은 하향구배로 한다.

　㉢ 강제순환식 : 상향, 하향구배 어느 쪽에라도 무관하다.

② **배관방법**

　㉠ 편심이음 : 수평배관에서 관지름을 변경시 사용하며, 상향구배로 배관할 때는 관의 윗면을 맞추고, 하향구배로 관의 아랫면을 맞추어 배관한다.

　㉡ 배관의 분류 및 합류 : 배관의 분기점이나 합류점에는 티(Tee)를 쓰지 않고 배관한다.

　㉢ 주관에서 분기관 내기 : 분기관이 주관아래로 분기될 경우에는 주관에 대하여 45° 이상의 각도

로 접속하여 지관은 하향구배를 준다. 반대로 주관보다 위로 분기할시는 45° 이상의 각도로 하여 지관은 상향구배를 준다.

ⓔ 방열기의 설치 : 기둥형 방열기는 수평으로 설치하여 벽과의 간격이 50~60 mm가 되도록 하고, 벽걸이형 방열기는 바닥면에서 방열기 밑면까지의 높이가 150 mm가 되도록 설치한다.

ⓜ 팽창탱크의 설치 : 중력순환식의 개방형 팽창탱크는 배관의 최고층 방열기에서 탱크수면까지의 높이가 1 m 이상 되는 곳에 설치한다. 강제순환식에서는 팽창관과 탱크수면과의 간격을 순환펌프의 양정보다 크게 한다.

ⓗ 공기가열기의 주변배관 : 공기가열기는 보통 공기의 흐름방향과 코일을 흐르는 온수의 방향이 반대가 되도록 접합시공하며, 1대마다 공기빼기 밸브를 부착한다.

2) 증기난방배관 시공법

① 배관구배

ⓐ 단관중력환수식 : 기울기를 가급적 크게 하여 하향식, 상향식 모두 하향구배를 준다.

ⓐ 증기와 응축수가 같은 방향(순류관)일 때 : $\dfrac{1}{100} \sim \dfrac{1}{200}$ 구배

ⓑ 증기와 응축수가 반대 방향(역류관)일 때 : $\dfrac{1}{50} \sim \dfrac{1}{100}$ 구배

ⓛ 복관중력환수식

ⓐ 건식환수관 : $\dfrac{1}{200}$ 정도의 선단 하향구배로 배관하며, 환수관의 위치는 보일러 수면보다 높게 설치해준다. 또한 증기관내의 응축수를 복귀관으로 배출할 때에는 반드시 트랩장치를 한다.

ⓑ 습식환수관 : 증기관 내의 응축수를 환수관으로 배출할 때 트랩장치를 사용하지 않고 직접 배출할 수 있다. 또한 증기주관은 환수관의 수면보다 400 mm 이상 높게 설치한다.

ⓒ 진공환수식

ⓐ 증기주관은 흐름방향으로 $\dfrac{1}{200} \sim \dfrac{1}{300}$ 의 선단 하향구배를 주며, 건식환수관을 사용한다.

ⓑ 리프트 피팅은 사용 개소를 가급적 적게 하고, 이것을 사용할 때에는 급수펌프 가까이에서 1개소만 설비하도록 배관한다.

② 배관 시공법

ⓐ 매설배관 : 콘크리트 매설배관은 수분을 함유하면 강관을 부식시키므로 가급적 피하고 부득이하게 배관할 때에는 표면에 내산도료를 바르거나 연관(납관)의 슬리브를 사용해 매설한다.

ⓛ 암거내의 배관 : 밸브, 트랩 등은 가급적 맨홀 부근에 집결시키고, 습기에 의한 관 부식에 주의한다.

ⓒ 편심조인트 : 구경이 다른 파이프를 접속할 때 사용하며, 응축수 고임을 방지한다.

③ 기기주변 배관

ⓐ 보일러 주변배관 : 균형파이프는 환수관이 고장난 경우 보일러의 물이 유출하는 것을 방지하기 위해 배관을 하는데 이를 하트포드(Hart ford) 연결법이라 한다.

ⓛ 방열기 주변배관 : 방열기 지관은 증기관에 있어서는 역구배(선단상향), 환수관에 있어서는 순구배(선단하향)로 배관한다.
벽면에서 50~60 mm 떨어지게 설치하고 베이스 보드히터는 바닥면에서 최대 90 mm 정도 높이로 설치한다.

ⓒ 증발탱크의 주변배관 : 고압증기의 환수관을 그대로 저압증기의 환수관에 접속해서 생기는 증발을 막기 위해 증발탱크를 설치하고 이때 증발탱크의 크기는 일반적으로 지름 100~300 mm, 길이 900~1800 mm 정도이다.

[5] 공기조화설비 시공법

1) 배관 시공법

① 냉·온수배관 : 복관(2관) 강제순환식 온수난방에 준하여 시공한다.

② 냉매배관

  ⓐ 배관은 가능한 한 꺾이는 곳을 적게 하고, 꺾이는 곳은 곡률지름을 크게 한다.

  ⓑ 흡입관 배관 : 흡입관은 증발기 출구에서 압축기 입구까지의 배관으로 냉매가스를 압축기에 보내는 이외에 냉매가스의 속도에 따라 증발기 속에 있는 유환유를 압축기에 복귀시키는 역할을 하므로 기름을 순조롭게 순환시키려면 수평관의 가스속도를 3.75 m/s, 수직관의 가스속도를 7.5 m/s 이상으로 하여야 한다.

  ⓒ 토출관 배관 : 토출관은 압축기에서 응축기 사이의 배관으로 양쪽이 같은 높이이거나 응축기쪽이 낮은 때에는 그 속의 기름이 중력에 의해 자동적으로 응축기쪽으로 흐른다.

  ⓓ 액관의 배관 : 액관은 응축수로부터 증발기까지의 사이를 잇는 것으로 증발기가 응축기보다 아래에 있을 때에는 2 m 이상의 역루프배관으로 시공한다.

    단, 전자밸브 장착시에는 루프배관은 필요없다.

2) 기구설치배관

① **팽창밸브의 설치** : 감온통을 수평흡입관에 설치할 경우 관의 지름이 25 mm 이상이면 아랫방향으로 45° 경사지게 설치하고, 지름이 25 mm 미만이면 흡입관 바로 위에 설치한다. 또한 팽창밸브를 설치할 때에는 모세관이 위로 향하게 하여 수직으로 설치한다.

② **플렉시블조인트의 설치** : 압축기의 진동이 배관에 전해지는 것을 방지하기 위해 압축기 근처에 설치한다.

2 배관지지장치 종류와 설치

[1] 행거(Hanger)

1) 개요 : 배관계 중량을 위에서 달아매어 지지하는 장치

2) 종류

① **리지드 행거(Rigid hanger)** : I빔(Beam)에 턴버클(Turn buckle)을 이용하여 배관을 달아 올리는 것으로서 상·하방향의 변위가 없는 곳에 사용한다.

  지지간격을 적게 하는 것이 좋으며, 다소의 방진효과도 얻을 수 있다.

  ※ 턴버클(Turn buckle) : 양 끝에 오른나사와 왼나사가 있어 막대나 로프를 당겨서 수평배관의 구배를 자유롭게 조정할 수 있다.

② **스프링 행거(Spring hanger)** : 턴버클 대신 스프링을 이용한 것으로 현재 많이 사용되고 있다.

③ **콘스탄트 행거(Constant hanger)** : 스프링 또는 추를 이용하여 배관의 상·하 이동에 관계없이 관의 지지력을 일정하게 한 것으로 스프링을 이용하면 소형이고 취급이 간단하나 추는 지렛대를 이용하므로 넓은 공간이 필요하게 된다.

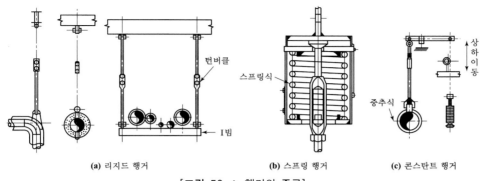

(a) 리지드 행거　　　　　　(b) 스프링 행거　　　　　　(c) 콘스탄트 행거

[그림 56 ❖ 행거의 종류]

[2] 서포트(Support)

1) 개요 : 배관계 중량을 아래에서 위로 떠받쳐 지지하는 장치

2) 종류

① **파이프 슈(Pipe shoe)** : 파이프로 직접 접속하는 지지대로서 배관의 수평부와 곡관부를 지지한다.

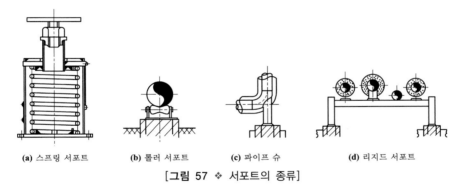

(a) 스프링 서포트　　　(b) 롤러 서포트　　　(c) 파이프 슈　　　(d) 리지드 서포트

[그림 57 ❖ 서포트의 종류]

② **리지드 서포트(Rigid support)** : 큰 빔(Beam : H, I)으로 받침대를 만들고, 그 위에 배관을 올려 놓는다.

③ **롤러 서포트(Roller support)** : 관의 축방향 이동을 자유롭게 하기 위하여 배관을 롤러에 올려놓고 지지하는 것이다.

④ **스프링 서포트(Spring support)** : 스프링의 탄성을 이용하여 파이프의 하중변화에 따라 상·하 이동을 다소 허용한 것이다.

[3] 레스트레인트(Restraint)

1) 개요 : 열팽창에 의한 배관의 자유로운 움직임을 구속하거나 제한하기 위한 장치

2) 종류

① **앵커(Anchor)** : 배관을 지지점 위치에 완전히 고정하는 지지구로서 설치위치는 주관과 분기되어 열팽창되는 부분으로 한다.

② **스토퍼(Stopper)** : 배관의 일정방향의 이동과 회전만 구속하고 다른쪽은 자유롭게 움직이도록 하

는 것으로 노즐부를 열팽창으로부터 보호하고 배관계통에 응력 및 반력이 발생하는 것을 방지한다.

③ 가이드(Guide) : 관이 회전하는 것을 방지하기 위한 장치이며, 축방향의 이동은 방지하는데 사용된다.

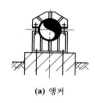 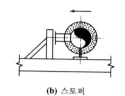 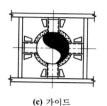

(a) 앵커 　　　**(b)** 스토퍼 　　　**(c)** 가이드

[그림 58 ❖ 레스트레인트 종류]

[4] 브레이스(Brace)

1) 개요 : 펌프, 압축기 등에서 진동을 억제하는데 사용한다.

2) 종류

① 방진기 : 진동을 방지하거나 완화하는 장치

② 완충기 : 충격을 완화하기 위한 장치

4　배관검사

1　급·배수 배관시험

[1] 수압시험

배관이 끝난 후 각종 기기를 접속하기 전에 관 접합부가 누수와 수압에 견디는가를 조사하는 1차 시험으로 많이 사용된다.

[2] 기압시험

"공기시험"이라고도 하며, 물 대신 압축공기를 관속에 압입하여 이음매에서 공기가 새는 것을 조사한다.

[3] 만수시험

배관완료 후 각 기구의 접속부, 기타 개구부를 밀폐하고 배관의 최고부에서 물을 넣어 만수시켜 일정시간 지나서 수위의 변동여부를 조사하는 배관계통의 누수유무를 조사하는 시험이다.

[4] 연기시험

위생기구 설치 후 각 트랩에 봉수하여 제연기 속에서 기름 또는 콜타르를 침투시킨 종이, 면 등을 연기가 많이 나도록 태워 전 계통에 자극성이 짙은 연기를 보내어 연기가 최고높이의 개구부에 나오기 시작할 때 개구부를 밀폐하여 관속의 기압이 일정한 압력까지 올라간 다음 일정시간 계속하여 연기가 새는 것을 조사하는 2차시험으로 연기로 배관계의 기밀을 조사하는 시험이다.

[5] 통수시험

기기와 배관을 접속하여 모든 공사가 완료한 다음 실제로 사용할 때와 같은 상태에서 물을 배출하

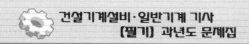
여 배관기능이 충분히 발휘되는가를 조사함과 동시에 기기설치부분의 누수를 점검하는 시험이다.

2 냉·난방 배관시험

[1] 수압시험

각종 기기를 접속하기 전에 배관에 대해서만 시험하는 것으로 냉·난방 배관에서는 냉수, 온수, 증기 등의 급수관과 환수관에 실시한다.

[2] 기밀시험

배관계통에서 냉매가 새는 것을 조사하는 시험으로 냉매와 액체 등이 물의 혼입을 피하는 관에 대한 기밀시험으로 배관시험 후의 1차시험이다.

[3] 진공시험

진공펌프 또는 추기회수장치를 이용하여 관속을 진공으로 만든 다음 일정시간 후 그 진공강하를 검사하는 시험으로 기밀시험에서 누설의 개소가 발견되지 않을 때 시험하는 것이다.

[4] 통기시험

2차시험으로서 기기류와 배관의 접속이 모두 완료한 후 실제 사용 때와 같은 상태에서 증기를 보내어 전 기능이 정상적으로 가동하고 있을 때 기기의 설치부에서 누기가 있는가를 조사한다.

3 기기 및 재료의 시험과 검사

[1] 보일러

최고부의 공기밸브를 열고 내부의 공기를 완전히 배출시켜 만수시킨 다음 공기밸브를 닫고 압력을 서서히 상승시켜 소정의 압력에 도달한 후 30분 이상 유지하여 각부를 조사한다.

[2] 송풍기

성능측정은 규정 회전수로 측정하며, 온도측정은 1℃ 이하의 눈금을 가진 수은 또는 알콜온도계를 사용한다. 또한 온도계는 송풍기의 흡입공기의 온도를 정확하게 측정할 수 있는 곳에 설치한다.

[3] 위생도기

잉크시험, 급랭시험, 침투시험, 세정시험, 배수로시험, 누기시험 등이 있다.

[4] 급수전

외관검사, 니켈·크롬도금검사, 형상·치수검사, 작동검사, 내압검사 등이 있다.

➤ 건설기계일반

① 규격표시
  • 불도저(도저) : 자중(ton 또는 kg)으로 표시. 즉, 자체중량으로 표시
  • 스크레이퍼 : 볼(bowl)의 평적(적재) 용량을 m^3으로 표시
  • 모터그레이더 : 삽날(blade : 배토판)의 길이로 표시

- 백호, 파워셔블, 드래그라인, 클램셀 : 버킷(bucket)의 용량(m)으로 표시
- 크레인(기중기) : 최대권상하중을 ton으로 표시
- 로더 : 표준버킷(bucket) 용량을 m^3으로 표시
- 지게차 : 들어올릴 수 있는 용량을 ton으로 표시
- 진동롤러 : 전장비의 중량
- 콘크리트배칭플랜트 : 시간당 생산량을 톤으로 표시(ton/hr)
- 콘크리트믹서트럭 : 용기내에서 1회 혼합할 수 있는 생산량(m^3)으로 표시
  즉, 혼합 또는 교반장치의 1회 작업능력
- 콘크리트피니셔 : 시공할 수 있는 표준폭(m)으로 표시
- 콘크리트스프레더 : 시공할 수 있는 표준폭(m)으로 표시
- 아스팔트믹싱플랜트 : 아스팔트혼합재(아스콘)의 시간당 생산량(m^3/hr)으로 표시
- 아스팔트피니셔 : 아스팔트콘크리트를 포설할 수 있는 표준포장나비
- 공기압축기 : 매분당 공기토출량(m^3/min)으로 표시. 즉, 실공기량으로 표시
- 쇄석기 : 시간당 쇄석 능력을 톤(ton)으로 표시(T.P.H)

② 도저의 동력전달순서

: 엔진 → 클러치 → 변속기 → 베벨기어 → 스티어링클러치(조향클러치) → 최종감속기어(파이널드라이브기어) → 스프로킷(구동륜, 기동륜) → 트랙

③ 도저의 시간당 작업량

$$Q = \frac{3600qfE}{C_m(\sec)}\,(\text{m}^3/\text{hr}) = \frac{60qfE}{C_m(\min)}\,(\text{m}^3/\text{hr}) = \frac{qfE}{C_m(\text{hr})}\,(\text{m}^3/\text{hr})$$

여기서, q : 토공판 용량(m^3), f : 토량환산계수, E : 작업효율, C_m : 1회 사이클 시간

④ 견인력 $F = \mu W$ 여기서, μ : 마찰계수, W : 차량중량

⑤ 견인마력 $H = FV$ 여기서, F : 견인력, V : 견인속도(m/s)

⑥ 하부구동체(under carriager)의 구성품 : 트랙롤러(하부롤러), 캐리어롤러(상부롤러), 트랙프레임, 트랙릴리이스(트랙조정기구), 리코일스프링, 트랙아이들러(전부유도륜), 스프로켓, 트랙 등으로 구성되어 있다.

⑦ 도저의 작업장치에 의한 분류

ⓐ 스트레이트 도저 : 통상적으로 도저라 하며 삽을 변경할 수 없으며 삽날의 상부를 10°씩 경사지게 조작하여 직선절토, 송토작업에 사용

ⓑ 앵글 도저 : 신설도로 작업장에서 산허리를 깎아 한쪽으로 배토하는데 가장 알맞으며, 불도저의 진행방향에 대하여 블레이드를 임의의 각도로 기울일 수 있으며 산이나 들 등에서 도로공사때 높은 곳의 흙을 낮은 곳으로 밀어내는데 편리하다.

ⓒ 틸트 도저 : 블레이드를 임의로 기울여서 나무뿌리 파내기, 바윗돌 굴리기 등에 사용되며 스트레이트 도저의 역할도 할 수 있다.

⑧ 접지압 $= \dfrac{\text{차량총중량}}{\text{접지면적}}$

ⓐ 크롤러식(무한궤도식) : $0.5\,\text{kg/cm}^2$

ⓑ 휠식(타이어식) : $2.5\,\text{kg/cm}^2$

⑨ 스크레이퍼의 용도 : 굴착, 적재, 성토(흙쌓기, 흙돋우기), 운반 → 밀어서는 운반하지 못한다.

⑩ 스크레이퍼의 작업량 : $W = \dfrac{60QfE}{C_m} (\text{m}^3/\text{hr})$

   여기서, Q : 볼 1회 흙운반 적재량, f : 토량환산계수, E : 작업효율, C_m : 사이클 타임(min)

⑪ 스크레이퍼의 주요구성부분

  ⓐ 볼(bowl)과 커팅에지(cutting edge) : 볼은 흙을 파서 실을 수 있는 상자를 말하는데 이 볼은 유압 혹은 케이블에 의하여 상·하운동을 하게 되어 있다. 앞부분에 커팅에지가 설치되어 마모가 일어나는 것을 방지하고 굴토력을 증가시킨다.

  ⓑ 에이프런(apron) : 에이프런은 메인바디에 고정되어 상·하운동할 수 있게 되어 있는데 흙을 적재할 때와 내릴 때는 열리게 되어 있다. 에이프런은 유압식 또는 케이블식에 의하여 개폐한다.

  ⓒ 이젝터(ejector) : 볼 뒷부분에 설치되어 케이블이나 유압에 의하여 볼내에서 전·후진하게 되어 있으며 흙을 부릴 때 에이프런은 열고, 이젝터 레버를 당기면 앞으로 전진하면서 볼내에 있는 흙을 밀어낸다.

⑫ 모터그레이더 : 토공기계의 대패라 불리우는 장비로서 지면을 매끈하게 다듬어 끝맺음을 할 때 사용하는 장비

⑬ 리닝(leening) 장치 : 그레이더에는 차동기어가 없으며 리닝조작에 의하여 조향하며 리닝장치에는 앞바퀴를 좌우로 경사시키는 장치로 회전반경을 작게하여 선회를 용이하게 하는 역할을 한다.

⑭ 시어핀(shear pin) : 작업조향장치의 안전핀으로서 모터그레이더가 작업도중 무리한 하중이 걸릴 때 스스로 파괴되어 다른 부분의 고장을 방지하는 것으로 재질은 특수연철로 되어 있다.

⑮ 셔블계 프런트 어태치먼트 : 백호, 셔블, 드래그라인, 어스드릴, 크레인, 파일드라이버, 클램셸, 트렌치호 등

  ⓐ 백호 : 작업위치보다 낮은 쪽을 굴삭하여 기계보다 높은 곳에 있는 운반장비에 적재가 가능하다. 주로, 좁은 위치를 굴삭하며 하천, 건축의 기초굴착에 사용된다.

  ⓑ 파워셔블 : 작업위치보다 높은 굴착에 적합하며 산, 절벽 굴착에 사용된다.

  ⓒ 클램셸 : 지반 밑의 좁은 장소에서 깊게 수직굴삭하며 단단한 지반의 굴삭에는 적합하지 않다.

  ⓓ 트렌치호 : 배수로작업, 매몰작업, 굴토작업, 채굴작업, 송유관 매설작업에 적합

  ⓔ 파일드라이버 : 건물기초공사 작업시 기둥박기작업, 교량의 교주항타작업 등에 사용

  ⓕ 어스드릴 : 무소음으로 대구경의 깊은 구멍을 굴착하여 현장박기 조정에 사용된다.

⑯ 유압셔블의 특징

  ⓐ 구조가 간단하다.

  ⓑ 프런트의 교환과 주행이 쉽다.

  ⓒ 보수 및 운전조작이 쉽다.

  ⓓ 모든 면에서 기계로프식보다 우수하다.

⑰ 유압리퍼(hydraulic ripper) : 굳고 단단한 지반에서 블레이드(blade)로는 굴착이 곤란한 지반이나 포장의 분쇄, 뿌리뽑기, 암석긁기 등에 사용

⑱ 굴삭기의 작업범위

  ⓐ 최대굴삭깊이 : 버킷투스의 선단을 최저위치로 내린 경우 지표면에서 버킷투스의 선단까지의 길이

  ⓑ 최대굴삭반경(=최대작업반경) : 선회할 때 그리는 원의 중심에서 버킷투스의 최대수평거리

  ⓒ 최대덤프높이 : 최대지상고

⑲ 타워굴착기(tower excavator) : 하천의 한쪽에 주탑을 세우고 반대쪽에 부탑을 두고 동아줄로 연결한 다음 버킷이 상·하로 조작하게 하여 굴삭하고 끌어당겨부리고 다시 작업하는 식으로 이 작업기계는 굴삭 또는 골재의 채취에 쓰여진다.

⑳ 기중기(crane) : 중량물의 들어올리기와 내리기, 다른작업장치를 이용하여 파쇄작업, 폐철수집과 건축공사 등에 많이 사용

㉑ 크레인의 7가지 기본동작

  ⓐ 호이스트(hoist) : 짐을 올리고 내리는 것

  ⓑ 붐호이스트(boom hoist) : 붐의 상·하운동

  ⓒ 리트랙트(retrect) : 삽(쇼벨)을 당기는 운동

  ⓓ 스윙(swing) : 상부회전체를 돌리는 운동

  ⓔ 크라우드(crawd) : 흙파기 운동

  ⓕ 덤프(dump) : 짐부리기 운동

  ⓖ 트레벨(travel) : 하부추진체의 추진 및 환향운동

㉒ 크레인의 6개 전부장치(작업장치)

  ⓐ 크레인   ⓑ 클램셸

  ⓒ 셔블   ⓓ 드래그라인

  ⓔ 트렌치호   ⓕ 파일드라이버

㉓ 기중기의 권상, 권하 작업시의 안전장치 : 제한스위치, 인터록장치, 기계브레이크

㉔ 기중기의 기중하중을 표시하는 인자

  ⓐ 작업반경

  ⓑ 붐(boom)의 길이와 각도

㉕ 기중기의 데릭의 구성 : 마스트, 붐, 붐휠, 와이어로프

㉖ 타워크레인 : 360° 선회가 가능하며 높은 탑 위에 짧은 지브나 해머헤드식 트러스를 장치한 크레인으로 높이를 필요로 하는 고층빌딩이나 건축현장에 많이 사용된다.

㉗ 케이블 크레인(cable crane)

  ⓐ 구조 및 기능 : 양끝을 타워(tower)에 굵은 케이블을 쳐서 트롤리를 달아올리는 방식

  ⓑ 용도 : 댐(dam) 공사시 콘크리트나 자재운반용으로 사용

㉘ 적재기계 : 로더(loader)가 대표적이며 트랙터 본체 전면에 셔블장치를 하여 건설공사에서 자갈, 모래, 흙 등을 퍼서 운반기계에 적재하는 것이 주용도이며 운반도 가능하다.

㉙ 적하방식에 의한 로더의 분류

  ⓐ 프런트 엔드형 로더 : 앞으로 적하하거나 차체의 전방으로 굴삭을 행하는 것

  ⓑ 사이드 덤프형 로더 : 버킷을 좌우로 기울일 수 있으며 터널공사, 광산 및 탄광의 협소한 장소에서 굴착적재 작업시 사용

  ⓒ 오버 헤드형 로더 : 장비의 위를 넘어서 후면으로 덤프할 수 있는 형

  ⓓ 스윙형 로더 : 프런트 엔드형과 오버 헤드형이 조합된 것으로 앞·뒤 양방에 덤프할 수 있는 형

㉚ 로더의 바켓각

  ⓐ 바켓의 전경각(45° 이상) : 바켓의 최고올림상태에서 이를 가장 앞쪽으로 기울인 경우의 바켓의 밑면과 수평면이 이루는 각

ⓑ 바켓의 후경각(35° 이상) : 바켓의 밑면을 지상수평위치에서 가장 뒤쪽을 기울인 경우 바켓의 밑면과 수평면이 이루는 각

㉛ 덤프트럭의 종류

　ⓐ 리어(rear) 덤프트럭 : 짐칸을 뒤쪽으로 기울게 하여 짐을 부리는 트럭으로 토목공사에서 가장 많이 사용

　ⓑ 사이드(side) 덤프트럭 : 짐칸을 옆쪽으로 기울게 하여 짐을 부리는 트럭

　ⓒ 보텀(bottom) 덤프트럭 : 지브의 밑부분이 열려서 짐을 아래로 부릴 수 있는 것으로 트레일러 덤프차에 많이 사용

　ⓓ 3방 열림 덤프트럭 : 3방향으로 짐을 부릴 수 있는 트럭

㉜ 덤프트럭의 동력전달순서

　: 엔진 → 클러치 → 변속기 → 추진축 → 차동장치 → 차축 → 종감속기 → 구동륜

㉝ 덤프트럭의 작업량 : $W = \dfrac{60\,CE}{C_m}\,(\mathrm{m^3/hr})$

　여기서, C : 적재용량$(\mathrm{m^3})$, C_m : 사이클타임(min), E : 작업효율

㉞ 덤프트럭의 주행저항

　ⓐ 회전저항 : $W_r = \mu G$

　ⓑ 구배저항 : $W_g = G\sin\alpha$

　ⓒ 구동력 : $W_s = W_g + W_r = G\sin\alpha + \mu G$

　　여기서, G : 총중량(ton), μ : 회전저항계수(kg/ton)(노면저항계수),

　　　　　　$\sin\alpha$: 구배저항계수(kg/ton), α : 구배(기울기)

㉟ 운반기계 : 덤프트럭, 덤프터, 기관차, 트랙터, 트레일러, 삭도, 왜건, 지게차, 컨베이어, 특장운반차, 호이스팅머신, …

㊱ 호이스팅머신 : 중량물을 달아올려 운반하는 기계

㊲ 다짐용기계(롤러)의 종류

　ⓐ 전압식 : 로드롤러(머캐덤롤러, 탠덤롤러), 타이어롤러, 탬핑롤러

　ⓑ 충격식 : 진동컴팩터, 소일컴팩터, 탬퍼, 래머

㊳ 로드롤러의 동력전달순서

　: 엔진 → 클러치 → 변속기 → 전·후진기 → 차동장치 → 종감속장치 → 후륜

㊴ 머캐덤롤러(machadam roller) : 2축 3륜으로 되어 있으며 쇄석(자갈)기층, 노상, 노반, 아스팔트 포장시 초기다짐에 적합하다.

㊵ 탠덤롤러(tandem roller) : 찰흙, 점성토 등의 다짐에 적당하고 두꺼운 흙을 다지거나 아스팔트 포장의 끝마무리 작업에 사용. 평활한 철재원통륜으로 2축 탠덤과 3축 탠덤이 있다. 또한, 전·후륜의 조작을 따로 하여 다짐폭을 넓힐 수 있다.

㊶ 탬핑 롤러(tamping roller) : 강제의 원통륜에 다수의 돌기형태의 구조물을 붙여 회전하므로 다짐한다. 주로 피견인식이 많이 사용된다.

㊷ 포장기계

　ⓐ 콘크리트포장기계 : 콘크리트배칭플랜트, 콘크리트믹서, 콘크리트믹서트럭, 콘크리트펌프, 콘크리트피니셔, 콘크리트스프레더

ⓑ 아스팔트포장기계 : 아스팔트믹싱플랜트, 아스팔트피니셔, 아스팔트살포기, 아스팔트커버, 아스팔트스프레이

㊸ 콘크리트펌프
  ⓐ 스퀴즈식 : 펌핑튜브식
  ⓑ 피스톤식 : 기계식, 유압식

㊹ 아스팔트 피니셔의 기구
  ⓐ 스크리드 : 노면에 살포된 혼합재를 매끈하게 다듬질하는 판
  ⓑ 호퍼 : 덤프트럭으로부터 운반된 혼합재(아스팔트)를 저장하는 용기
  ⓒ 피더 : 호퍼바닥에 설치되어 혼합재를 스프레딩 스크루로 보내는 일을 한다.
  ⓓ 범퍼 : 스크리드 전면에 설치되어 노면에 살포된 혼합재를 요구하는 두께로 포장면을 다져주는 일을 한다.

㊺ 회전펌프 : 기어펌프, 베인펌프, 나사펌프

㊻ 펌프에서 소음이 발생하는 원인
  ⓐ 펌프의 회전이 너무 빠른 경우
  ⓑ 작동유의 점도가 너무 큰 경우
  ⓒ 여과기가 너무 작은 경우
  ⓓ 흡입관이 막혀있는 경우
  ⓔ 유중에 기포가 있는 경우
  ⓕ 흡입관의 접합부에서 공기를 빨아들이는 경우
  ⓖ 펌프축과 원동기축의 중심이 맞지 않는 경우

㊼ 준설선의 형식에 의한 분류 : 펌프식, 버킷식, 디퍼식, 그랩식

㊽ 준설선의 종류
  ⓐ 펌프(pump) 준설선 : 배송관의 설치가 곤란하거나 배송거리가 장거리인 경우 저양정펌프선을 이용하여 토사를 토운선으로 수송하거나 흙과 물을 같이 빨아올리는 장비로 항만준설 또는 매립공사에 사용되며 작업시 선체이동범위각도는 70~90°이다.
  ⓑ 버킷(bucket) 준설선 : 해저의 토사를 버킷 컨베이어를 사용하여 연속적으로 토사를 퍼올리는 방식으로 준설선 토사는 토운선에 의하여 수송하며 대규모 항로나 정박지의 준설작업에 사용한다.
  ⓒ 디퍼(dipper) 준설선 : 굴착력이 강하고 견고한 지반이나 깨어진 암석을 준설하는데 사용한다.
  ⓓ 그랩(grab) 준설선 : 선박위에 클램셸을 장치하여 특수한 기중기에 의하여 준설하는 장비로써 소규모의 항로나 정박지의 준설작업에 사용한다.

㊾ 드롭해머 : 금속제 블록을 와이어로프로 들어올렸다가 파일의 머리에 낙하시켜 그 타격력으로 파일을 박는 것. 기초공사용기계 중 원거리에서 소량시공에 있어 동일조건일 경우 설비비, 운전경비를 적게 하고자 할 때 적합하다.
  <장점>
  ⓐ 운전 및 해머조작이 간단하다.
  ⓑ 설비규모가 작아 소요경비가 적게 든다.
  ⓒ 낙하높이의 조정으로 타격에너지의 증가가 가능하다.
  <단점>
  ⓐ 파일 박는 속도가 느리다.

ⓑ 파일을 손상시킬 위험이 있다.
ⓒ 작업시의 진동으로 주위건물에 피해를 주기 쉽다.
ⓓ 수중작업이 불가능하다.

(50) 파일 드라이버(pile driver) : 디젤해머, 증기해머, 진동해머, 드롭해머 등을 총칭하는 것으로 파일을 박을 때에는 드롭해머나 디젤해머 등을 사용하며 그 작업장치를 크레인붐에 설치하는 장비

(51) 로터리 공기압축기의 특징
ⓐ 왕복형에 비해 무게가 가볍다.
ⓑ 출력조절이 쉽고, 내구성이 크다.
ⓒ 공기량이 비교적 균일하다.
ⓓ 구조가 비교적 복잡하다.

(52) 착암기 : 암석이나 지면에 구멍을 뚫는 기계로서 공기압축기나 유압에 의해 작동된다.
ⓐ 종류 : 싱커, 드리프터, 스토퍼, 브레이커, 록크래커, 핸드해머 등
ⓑ 싱커(sinker) : 방음장치가 달린 최신형 착암기로서 갱도의 반하향 작업에 적합하다. 인력으로 조작할 수 있는 소형으로 공기의 힘으로 작동하며 피스톤의 상·하 작동으로 로드에 가격력을 전달하는 기계이다.
ⓒ 브레이커 : 튼튼한 기초물 파괴 등에 사용되며 공기소비량이 적으면서 강력한 파쇄력을 갖고 있다. 주로, 유압백호굴삭기에 부착하여 사용한다.
ⓓ 스토퍼 : 수평에서 하늘을 향해 구멍을 뚫는 기계로서 주로 상향의 구멍을 뚫는데 이용된다.

(53) 쇄석기(crusher)
ⓐ 종류
㉠ 1차 쇄석기 : 조크러셔, 자이레토리크러셔, 임팩트크러셔, 해머크러셔
㉡ 2차 쇄석기 : 콘크러셔, 해머밀크러셔, 더블롤크러셔
㉢ 3차 쇄석기 : 로드밀, 볼밀
ⓑ 쇄석기의 성능에 영향을 주는 인자 : 골재원석의 종류, 파쇄비, 골재의 입도
ⓒ 스크린 : 진동에 의해 골재를 선별하는 일종의 체 → 크기표시 : 메시(mesh)
※ 메시(mesh) : 평방인치당 구멍수

(54) 알루미늄의 성질
ⓐ 열 및 전기의 양도체이다.
ⓑ 전연성이 좋다.
ⓒ 내식성이 우수하다.
ⓓ 주조가 용이하다.
ⓔ 상온·고온가공이 용이하다.
ⓕ 순도가 높을수록 연하다.

(55) 압력배관용 탄소강관
ⓐ 관의 호칭방법은 호칭지름 및 호칭두께(스케줄번호)에 따른다.
ⓑ 스케줄번호는 10, 20, 30, 40, 60, 80으로 표현하고 두께와는 상관이 없다.

(56) 티타늄(titanium : Ti) : 내식재료로서 각종밸브와 그 배관, 계측기류, 비료공장의 합성탑 등에 이용되며, 석유화학공업, 석유정제, 합성섬유공업, 소다공업, 유기약품공업 등에 널리 사용되고 있다. Ti 합금은 450 ℃까지의 온도에서 비강도가 높고, 내식성이 우수해서 항공기의 엔진주위의 기체재

료, 제트엔진의 컴프레서 부품재료, 로켓재료 등에 이용된다.

㊗ 윤활유의 역할 : 윤활작용, 기밀작용(밀봉작용), 냉각작용, 청정작용, 방청작용, 소음방지작용, 응력 분산작용

㊘ 항온항습설비 : 어떤 일정한 기간 동안 정해진 온도, 습도 조건을 정해진 정밀도내로 유지하는 것 으로 정의된다.

㊙ 난방설비 : 난방에 사용하는 장치나 설비를 통틀어 이르는 말로 난방용 보일러설비, 배관과 펌프 설비, 방열기 따위가 이에 속한다.

㊚ 배기설비 : 열기관에서 일을 끝낸 뒤의 쓸데없는 증기나 가스 또는 이것들을 뽑아내는 것

㊛ 건설기술관리법 : 건설기술의 연구, 개발을 촉진하고 이를 효율적으로 이용, 관리하게 함으로써 건 설기술수준의 향상과 건설공사시행의 적정을 기하고 건설공사의 품질과 안전을 확보하여 공공복 리의 증진과 국민경제의 발전에 이바지함을 목적으로 한다.

㊜ 건설산업기본법 : 건설공사의 조사, 설계, 시공, 감리, 유지관리, 기술관리 등에 관한 기본적인 사 항과 건설업의 등록, 건설공사의 도급에 관하여 필요한 사항을 규정함으로써 건설공사의 적정한 시공과 건설산업의 건전한 발전을 도모함을 목적으로 한다.

㊝ 산업안전보건법 : 산업안전·보건에 관한 기준을 확립하고 그 책임의 소재를 명확하게 하여 산업 재해를 예방하고 쾌적한 작업환경을 조성함으로써 근로자의 안전과 보건을 유지, 증진함을 목적으 로 한다.

㊞ 건설기계관리법 : 건설기계의 등록, 검사, 형식승인 및 건설기계사업과 건설기계조정사면허 등에 관한 사항을 정하여 건설기계를 효율적으로 관리하고 건설기계의 안전도를 확보함으로써 건설공 사의 기계화를 촉진함을 목적으로 한다.

㊟ 건설공사의 정의 : 건설산업기본법 제2조제4호의 규정에 의한 토목공사, 건축공사, 산업설비공사, 조경공사 및 환경시설공사 등 시설물을 설치, 유지, 보수하는 공사(시설물을 설치하기 위한 부지 조성공사를 포함한다.), 기계설비 기타 구조물의 설치 및 해체공사를 말한다. 다만, 다음 각 목의 1에 해당공사는 제외
   • 전기공사업에 의한 전기공사
   • 전기통신공사업에 의한 전기통신공사
   • 소방법에 의한 소방설비공사
   • 문화재보호법에 의한 문화재수리공사

㊠ 자격증 대여자 및 대여받은 자에 대한 벌칙
   • 1년 이하의 징역 또는 500만원 이하의 벌금(국가기술자격법 제26조제2항)
   • 자격취소 또는 정지(국가기술자격법 제16조제1항)

㊡ 건설기술경력증 대여자 및 대여받은 자와 경력, 학력, 자격 등을 거짓으로 신고하여 건설기술자가 된 자에 대한 벌칙
   • 1년 이하의 징역 또는 500만원 이하의 벌금(건설기술관리법 제42조의2)

㊢ 자격증(경력증)을 대여받아 건설업등록을 한 업체에 대한 벌칙
   • 1년 이하의 징역 또는 1000만원 이하의 벌금(건설산업기본법 제96조)
   • 건설업등록말소 또는 영업정지(건설산업기본법 제83조)

㊣ 발전, 가스 및 산업설비하자 담보책임기간

ⓐ 압력이 $10 \, \mathrm{kg_f/cm^2}$ 이상의 고압가스관련공사 : 5년

ⓑ 철근콘크리트, 철골구조부 : 7년

ⓒ ⓐ, ⓑ이외의 시설 : 3년

⑩ 건설공사의 안전관리계획의 수립

• 작성대상공사 : 건설기술관리법시행령 제46조의2제1항

1. [시설물의 안전관리에 관한 특별법] 제2조제2호 및 제3호의 규정에 의한 1종 시설물 및 2종 시설물의 건설공사

2. 지하 10 m 이상을 굴착하는 건설공사

3. 폭발물을 사용하는 건설공사로서 20 m 안에 시설물이 있거나 100 m안에 양육하는 가축이 있어서 당해 건설공사로 인한 영향을 받을 것이 예상되는 건설공사

4. 10층 이상 16층 미만인 건축물의 건설공사 또는 10층 이상인 건축물의 리모델링 또는 해체공사

5. 상기이외의 건설공사로서 발주자가 특히 안전관리가 필요하다고 인정하는 건설공사

⑪ 건설기계형식 신고대상 : 법 제18조제2항 단서에서 "대통령령이 정하는 건설기계"라 함은 다음 각 호의 건설기계를 말한다.

• 불도저
• 굴삭기(무한궤도식에 한한다)
• 로더(무한궤도식에 한한다)
• 지게차
• 스크레이퍼
• 기중기(무한궤도식에 한한다)
• 롤러
• 노상안전기
• 콘크리트뱃칭플랜트
• 콘크리트피니셔
• 콘크리트살포기
• 아스팔트믹싱플랜트
• 아스팔트피니셔
• 골재살포기
• 쇄석기
• 공기압축기
• 천공기(무한궤도식에 한한다)
• 항타 및 항발기
• 사리채취기
• 준설선
• 특수건설기계

⑫ 책임감리대상 건설공사의 범위 : 전면 책임감리대상인 건설공사는 총공사비가 100억 이상으로서 다음 각 목에 해당하는 공종의 공사로 한다.

• 길이 10 m 이상의 교량공사를 포함하는 건설공사
• 공항건설공사
• 댐축조공사

- 고속도로공사
- 에너지저장시설공사
- 간척공사
- 항만공사
- 철도공사
- 지하철공사
- 터널공사가 포함된 공사
- 발전소건설공사
- 폐기물처리시설건설공사
- 폐수종말처리시설공사
- 상수도(정수장을 포함한다)건설공사
- 하수관리건설공사
- 관람집회시설공사
- 전시시설공사
- 공용청사건설공사
- 송전공사
- 변전공사
- 공동주택건설공사
- 하수종말처리시설공사

2012년 제1회 일반기계·건설기계설비 기사

제1과목 재료역학

문제 1. 지름 d인 환봉을 처짐이 최소가 되도록 직사각형 단면의 보를 만들 경우 단면의 폭 b와 높이 h의 비(h/b)는?　　【4장】

㉮ 1
㉯ $\sqrt{2}$
㉰ $\sqrt{3}$
㉱ $\sqrt{5}$

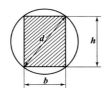

해설 $I = \dfrac{bh^3}{12} = \dfrac{\sqrt{d^2-h^2}\times h^3}{12} = \dfrac{\sqrt{h^6(d^2-h^2)}}{12}$

$= \dfrac{\sqrt{d^2h^6-h^8}}{12} = \dfrac{(d^2h^6-h^8)^{\frac{1}{2}}}{12}$

$[d^2 = b^2+h^2$에서　$b^2 = d^2-h^2$　즉　$b = \sqrt{d^2-h^2}\,]$

$\dfrac{dI}{dh} = 0$에서　$\dfrac{1}{12}\times\dfrac{1}{2}(d^2h^6-h^8)^{-\frac{1}{2}}(6d^2h^5-8h^7) = 0$

$\dfrac{6d^2h^5-8h^7}{24\sqrt{(d^2h^6-h^8)}} = 0$　즉, $6d^2h^5-8h^7 = 0$

$\therefore\ h^2 = \dfrac{3}{4}d^2$에서　$h = \dfrac{\sqrt{3}}{2}d$

또한, $b^2 = d^2-h^2 = d^2-\dfrac{3}{4}d^2 = \dfrac{1}{4}d^2$에서　$b = \dfrac{1}{2}d$

결국, $h/b = \dfrac{\left(\dfrac{\sqrt{3}}{2}d\right)}{\left(\dfrac{1}{2}d\right)} = \sqrt{3}$

문제 2. 굽힘하중을 받고 있는 선형 탄성 균일단면 보의 곡률 및 곡률반경에 대한 설명으로 틀린 것은?　　【7장】

㉮ 곡률은 굽힘모멘트 M에 반비례한다.
㉯ 곡률반경은 탄성계수 E에 비례한다.
㉰ 곡률은 보의 단면 2차 모멘트 I에 반비례

한다.
㉱ 곡률반경은 곡률의 역수이다.

해설 곡률 $\dfrac{1}{\rho} = \dfrac{M}{EI}$, 곡률반경 $\rho = \dfrac{EI}{M}$

문제 3. 단면이 가로 100 mm, 세로 150 mm인 사각 단면보가 그림과 같이 하중(P)을 받고 있다. 허용 전단응력이 τ_a=20 MPa일 때 전단응력에 의한 설계에서 허용하중 P는 몇 kN인가?　　【7장】

㉮ 10
㉯ 20
㉰ 100
㉱ 200

해설 우선, $F_{max} = R_A = R_B = P$

결국, $\tau_{max} = \dfrac{3}{2}\times\dfrac{F_{max}}{A}$에서

$200\times10^3 = \dfrac{3}{2}\times\dfrac{P}{0.1\times0.15}$　　$\therefore\ P = 200\,kN$

문제 4. 양단이 고정된 축을 그림과 같이 $m-n$ 단면에서 비틀면 고정단에서 생기는 저항 비틀림 모멘트의 비 T_B/T_A는?　　【5장】

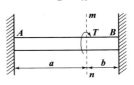

㉮ ab
㉯ b/a
㉰ a/b
㉱ ab^2

해답 1. ㉰　2. ㉮　3. ㉱　4. ㉰

해설 우선, $T_A = \dfrac{Pb}{a+b}$, $T_B = \dfrac{Ta}{a+b}$

결국, $T_B/T_A = \dfrac{\left(\dfrac{Ta}{a+b}\right)}{\left(\dfrac{Tb}{a+b}\right)} = \dfrac{a}{b}$

문제 5. 그림과 같은 1축 응력(응력치 : σ, σ는 y축 방향)상태에서 재료의 $Z-Z$ 단면(x축과 $45°$ 반시계 방향 경사)에 생기는 수직응력 σ_n, 전단응력 τ_n의 값은? 【3장】

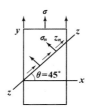

㉮ $\sigma_n = \sigma$, $\tau_n = \sigma$ ㉯ $\sigma_n = \sigma$, $\tau_n = \sigma/2$

㉰ $\sigma_n = \sigma/2$, $\tau_n = \sigma$ ㉱ $\sigma_n = \sigma/2$, $\tau_n = \sigma/2$

해설 우선, $\sigma_n = \sigma_x\cos^2\theta = \sigma\cos^2 45° = \sigma\left(\dfrac{\sqrt{2}}{2}\right)^2 = \dfrac{\sigma}{2}$

또한, $\tau_n = \dfrac{1}{2}\sigma_x\sin 2\theta = \dfrac{1}{2}\sigma\sin 90° = \dfrac{\sigma}{2}$

문제 6. 다음과 같은 압력 기구에 안전 밸브가 장치되어 있다. 이때 스프링 상수가 $k=100$ kN/m이고 자연상태에서의 길이는 240 mm라 한다. 몇 kN/m²의 압력에 밸브가 열리겠는가? 【5장】

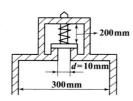

㉮ $\dfrac{16}{\pi} \times 10^4$ ㉯ $\pi \times 10^4$

㉰ $\pi \times 10^2$ ㉱ $\dfrac{16}{\pi} \times 10^2$

해설 우선, 압축된 스프링의 압축력은

$$F_s = k\delta = 100 \times \dfrac{240-200}{1000} = 4\,\text{kN}$$

또한, 용기내의 압력이 밸브를 미는 힘은

$$F_y = PA = P \times \dfrac{\pi \times 0.01^2}{4}\,(\text{kN})$$

결국, 힘-평형의 관계는 $F_s = F_y$이므로

$$4 = P \times \dfrac{\pi \times 0.01^2}{4}\text{에서 } P = \dfrac{16}{\pi} \times 10^4 (\text{kN/m}^2)$$

문제 7. 짧은 주철재 실린더가 축방향 압축 응력과 반경 방향의 압축 응력을 각각 40 MPa과 10 MPa를 받는다. 탄성계수 E=100 GPa, 포아송비 ν=0.25, 직경 d=120 mm, 길이 $L=$ 200 mm일 때 지름의 변화량은 약 몇 mm인가? 【1장】

㉮ 0.001   ㉯ 0.002

㉰ 0.003   ㉱ 0.004

해설 $\mu = \dfrac{\varepsilon'}{\varepsilon} = \dfrac{\left(\dfrac{\delta}{d}\right)}{\left(\dfrac{\sigma}{E}\right)} = \dfrac{E\delta}{d\sigma}$ 에서

$\therefore \delta = \dfrac{\mu d\sigma}{E} = \dfrac{0.25 \times 0.12 \times 10}{100 \times 10^3}$

$= 0.003 \times 10^{-3}\text{m} = 0.003\,\text{mm}$

문제 8. 진변형률(ε_T)과 진응력(σ_T)을 공칭 응력(σ_n)과 공칭변형률(ε_n)로 나타낼 때 옳은 것은? 【1장】

㉮ $\sigma_T = \sigma_n(1+\varepsilon_n)$, $\varepsilon_T = \ln(1+\varepsilon_n)$

㉯ $\sigma_T = \ln(1+\sigma_n)$, $\varepsilon_T = \ln\left(\dfrac{\sigma_T}{\sigma_n}\right)$

㉰ $\sigma_T = \sigma_n\ln(1+\varepsilon_n)$, $\varepsilon_T = \varepsilon_n\ln(1+\sigma_n)$

㉱ $\sigma_T = \ln(1+\varepsilon_n)$, $\varepsilon_T = \varepsilon_n(1+\sigma_n)$

해설 우선, 진응력(true stress)이란 변화된 실제단면적에 대한 하중의 비를 뜻하며

$\therefore \sigma_T = \sigma_n(1+\varepsilon_n)$이다.

또한, 진변형률(true strain)이란 변화된 실제길이에 대한 늘어난 길이의 비를 뜻하며

$\therefore \varepsilon_T = \ell n(1+\varepsilon_n)$이다.

해답 5. ㉱ 6. ㉮ 7. ㉰ 8. ㉮

문제 9. 그림과 같은 직사각형 단면의 보에 $P =$ 4 kN의 하중이 10° 경사진 방향으로 작용한다. A점에서의 길이 방향의 수직응력을 구하면 몇 MPa인가? 【1장】

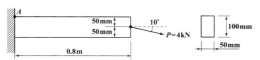

㉮ 5.89(압축) ㉯ 6.67(압축)

㉰ 0.79(인장) ㉱ 7.46(인장)

해설 하중 P를 수직력과 수평력으로 분해하면 A점에서 최대인장응력이 발생한다.

$$\sigma_{A\max} = \sigma' + \sigma'' = \frac{P\cos\theta}{A} + \frac{M}{Z} = \frac{P\cos\theta}{A} + \frac{P\sin\theta \times \ell}{Z}$$

$$= \frac{4 \times 10^{-3} \times \cos 10°}{0.05 \times 0.1} + \frac{4 \times 10^{-3} \times \sin 10° \times 0.8}{\frac{0.05 \times 0.1^2}{6}}$$

$$\fallingdotseq 7.46\,\mathrm{MPa}\,(인장)$$

문제 10. 철도용 레일의 양단을 고정한 후 온도가 30 ℃에서 15 ℃로 내려가면 발생하는 열응력은 몇 MPa인가? (단, 레일재료의 열팽창계수 $\alpha = 0.000012\,/℃$이고, 균일한 온도변화를 가지며, 탄성계수 $E = 210$ GPa이다.) 【2장】

㉮ 50.4 ㉯ 37.8

㉰ 31.2 ㉱ 28.0

해설 $\sigma = E\alpha\Delta t = 210 \times 10^3 \times 0.000012 \times (30 - 15)$
$$= 37.8\,\mathrm{MPa}\,(인장)$$

문제 11. 외경이 내경의 1.5배인 중공축과 재질과 길이가 같고 지름이 중공축의 외경과 같은 중실축이 동일 회전수에 동일 동력을 전달한다면, 이때 중실축에 대한 중공축의 비틀림각의 비는? 【5장】

㉮ 1.25 ㉯ 1.50

㉰ 1.75 ㉱ 2.00

해설

$$\frac{\theta_2(중공축)}{\theta_1(중실축)} = \frac{\left(\frac{T\ell}{GI_{P2}}\right)}{\left(\frac{T\ell}{GI_{P1}}\right)} = \frac{I_{P1}}{I_{P2}} = \frac{\left(\frac{\pi d^4}{32}\right)}{\frac{\pi d_2^4}{32}(1 - x^4)}$$

$$= \frac{1}{(1 - x^4)} = \frac{1}{1 - \left(\frac{1}{1.5}\right)^4} \fallingdotseq 1.25$$

단, $d_2 = 1.5\,d_1$에서 $\dfrac{d_1}{d_2} = x = \dfrac{1}{1.5}$, $d_2 = d$

문제 12. 그림과 같은 단순 지지보에서 길이는 5 m, 중앙에서 집중하중 P가 작용할 때 최대처짐은 약 몇 mm인가? (단, 보의 단면(폭×높이 $= b \times h$)은 5 cm × 12 cm, 탄성계수 $E = $ 210 GPa, $P = 25$ kN으로 한다.) 【8장】

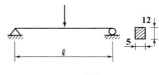

㉮ 83 ㉯ 43

㉰ 28 ㉱ 65

해설 $\delta_{\max} = \dfrac{P\ell^3}{48EI} = \dfrac{25 \times 5^3}{48 \times 210 \times 10^6 \times \dfrac{0.05 \times 0.12^3}{12}}$

$$= 0.043\,\mathrm{m} = 43\,\mathrm{mm}$$

문제 13. 길이가 L인 양단 고정보의 중앙점에 집중하중 P가 작용할 때 중앙점의 최대 처짐은? (단, 보의 굽힘강성 EI는 일정하다.) 【9장】

㉮ $\dfrac{PL^3}{384EI}$ ㉯ $\dfrac{PL^3}{48EI}$

㉰ $\dfrac{PL^3}{96EI}$ ㉱ $\dfrac{PL^3}{192EI}$

해설

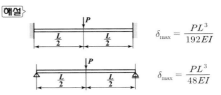

정답 9. ㉱ 10. ㉯ 11. ㉮ 12. ㉯ 13. ㉱

문제 14. 그림과 같이 두께가 20 mm, 외경이 200 mm인 원관을 고정벽으로부터 수평으로 돌출시켜 원관에 물을 충만시켜서 자유단으로부터 물을 방출시킨다. 이 때 자유단의 처짐이 5 mm라면 원관의 길이 ℓ는 약 몇 cm인가? (단, 원관 재료의 탄성계수 $E=200$ GPa, 비중은 7.8이고, 물의 밀도는 1000 kg/m³이다.) 【8장】

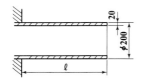

㉮ 130 ㉯ 230
㉰ 330 ㉴ 430

[해설] 우선, $w=(\gamma A)_{원관}+(\gamma A)_물$

$$=(\gamma_{H_2O}SA)_{원관}+(\gamma_{H_2O}A)_물$$

$$=\left[9800\times7.8\times\frac{\pi(0.2^2-0.16^2)}{4}\right]$$

$$+\left[9800\times\frac{\pi\times0.16^2}{4}\right]=1061.6\,\mathrm{N/m}$$

결국, $\delta_{max}=\dfrac{w\ell^4}{48EI}$ 에서

$$\therefore\ \ell=\sqrt[4]{\frac{8EI\delta_{max}}{w}}$$

$$=\sqrt[4]{\frac{8\times200\times10^9\times\pi(0.2^4-0.16^4)\times5\times10^{-3}}{64\times1061.6}}$$

$$=4.32\,\mathrm{m}=432\,\mathrm{cm}$$

문제 15. 코일스프링에서 가하는 힘 P, 코일 반지름 R, 소선의 지름 d, 전단탄성계수 G라면 코일 스프링에 한번 감길때마다 소선의 비틀림각 ϕ를 나타내는 식은? 【5장】

㉮ $\dfrac{32PR}{Gd^2}$ ㉯ $\dfrac{32PR^2}{Gd^2}$

㉰ $\dfrac{64PR}{Gd^4}$ ㉴ $\dfrac{64PR^2}{Gd^4}$

[해설]

우선, 스프링의 처짐량 $\delta=R\theta=\dfrac{64nPR^3}{Gd^4}$ 에서

$$\theta=\frac{64nPR^2}{Gd^4}$$

결국, 한번 감길 때마다 소선의 비틀림각 ϕ는 $n=1$을 대입하면

$$\therefore\ \phi=\frac{64nPR^2}{Gd^4}$$

문제 16. 양단이 고정단이고 길이가 직경의 10배인 주철 재질의 원주가 있다. 이 기둥의 임계응력을 오일러 식을 이용해 구하면 얼마인가? (단, 재료의 탄성계수는 E이다.) 【10장】

㉮ $0.255E$
㉯ $0.0247E$
㉰ $0.00547E$
㉴ $0.00146E$

[해설] $\sigma_{cr}=n\pi^2\dfrac{EI}{\ell^2A}=n\pi^2\times\dfrac{E\times\dfrac{\pi d^4}{64}}{(10d)^2\times\dfrac{\pi d^2}{4}}$

$$=n\pi^2\times\frac{E}{10^2\times16}=4\pi^2\times\frac{E}{10^2\times16}$$

$$=0.0247E$$

문제 17. 길이 1 m인 단순보가 아래 그림처럼 $q=5$ kN/m의 균일분포하중과 $P=1$ kN의 집중하중을 받고 있을 때 최대굽힘 모멘트는 얼마이며 그 발생되는 지점은 A점에서 얼마되는 곳인가? 【6장】

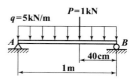

㉮ 48 cm에서 241 N·m
㉯ 58 cm에서 620 N·m
㉰ 48 cm에서 800 N·m
㉴ 58 cm에서 841 N·m

[해답] 14. ㉴ 15. ㉴ 16. ㉯ 17. ㉴

해설> 우선, $R_A \times 1 - 5 \times 1 \times 0.5 - 1 \times 0.4 = 0$

$\therefore R_A = 2.9\,\mathrm{kN}$

또한, M_{max}의 위치는 $F_x = 0$에서 생기므로

$F_x = R_A - qx = 0$

$\therefore x = \dfrac{R_A}{q} = \dfrac{2.9}{5} = 0.58\,\mathrm{m} = 58\,\mathrm{cm}$

결국, $M_{\mathrm{max}} = R_A x - qx\dfrac{x}{2}$

$= 2.9 \times 0.58 - 5 \times 0.58 \times \dfrac{0.58}{2}$

$= 0.841\,\mathrm{kN \cdot m} = 841\,\mathrm{N \cdot m}$

문제 **18.** 그림과 같이 원형단면을 갖는 연강봉이 100 kN의 인장하중을 받을 때 이 봉의 신장량은? (단, 탄성계수 E는 200 GPa이다.) 【1장】

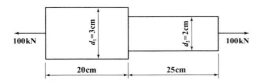

㉮ 0.054 cm

㉯ 0.162 cm

㉰ 0.236 cm

㉱ 0.302 cm

해설> $\lambda = \lambda_1 + \lambda_2 = \dfrac{P\ell_1}{A_1 E} + \dfrac{P\ell_2}{A_2 E} = \dfrac{P}{E}\left(\dfrac{\ell_1}{A_1} + \dfrac{\ell_2}{A_2}\right)$

$= \dfrac{100}{200 \times 10^6}\left[\dfrac{0.2}{\dfrac{\pi}{4} \times 0.03^2} + \dfrac{0.25}{\dfrac{\pi}{4} \times 0.02^2}\right]$

$= 0.00054\,\mathrm{m} = 0.054\,\mathrm{cm}$

문제 **19.** 그림에서 W_1과 W_2가 어느 한쪽도 내려가지 않게 하기 위한 W_1, W_2의 크기의 비는 어느 것인가?

(단, 경사면의 마찰은 무시한다.) 【1장】

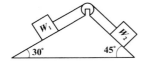

㉮ $W_1 : W_2 = \sin 30° : \sin 45°$

㉯ $W_1 : W_2 = \sin 45° : \sin 30°$

㉰ $W_1 : W_2 = \cos 45° : \cos 30°$

㉱ $W_1 : W_2 = \cos 30° : \cos 45°$

해설>

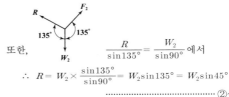

우선, $\dfrac{R}{\sin 150°} = \dfrac{W_1}{\sin 90°}$ 에서

$\therefore R = W_1 \times \dfrac{\sin 150°}{\sin 90°} = W_1 \sin 150° = W_1 \sin 30°$

.... ①식

또한, $\dfrac{R}{\sin 135°} = \dfrac{W_2}{\sin 90°}$ 에서

$\therefore R = W_2 \times \dfrac{\sin 135°}{\sin 90°} = W_2 \sin 135° = W_2 \sin 45°$

.... ②식

결국, ①=②식에서 $W_1 \sin 30° = W_2 \sin 45°$

$\therefore W_1 : W_2 = \sin 45° : \sin 30°$

<다른방법>

라미의 정리에 의해

$\dfrac{W_1}{\sin 45°} = \dfrac{W_2}{\sin 30°}$ 에서 $W_1 : W_2 = \sin 45° : \sin 30°$

문제 **20.** 그림과 같은 집중하중을 받는 단순 지지보의 최대 굽힘모멘트는?

(단, 보의 굽힘강성 EI는 일정하다.) 【6장】

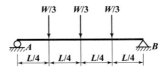

㉮ $\dfrac{1}{8}WL$

㉯ $\dfrac{1}{6}WL$

㉰ $\dfrac{1}{24}WL$

㉱ $\dfrac{1}{12}WL$

해답 **18.** ㉮ **19.** ㉯ **20.** ㉯

해설▶

$$A \xrightarrow[\frac{L}{4}]{} C \xrightarrow[\frac{L}{4}]{\frac{W}{3}} D \xrightarrow[\frac{L}{4}]{\frac{W}{3}} E \xrightarrow[\frac{L}{4}]{\frac{W}{3}} B$$

우선, $R_A = R_B = \dfrac{W}{2}$

또한, $M_A = M_B = 0$

$M_C = R_A \times \dfrac{L}{4} = \dfrac{W}{2} \times \dfrac{L}{4} = \dfrac{WL}{8}$

$M_D = R_A \times \dfrac{L}{2} - \dfrac{W}{3} \times \dfrac{L}{4}$

$\qquad = \dfrac{W}{2} \times \dfrac{L}{2} - \dfrac{WL}{12} = \dfrac{WL}{6}$

$M_E = R_B \times \dfrac{L}{4} = \dfrac{W}{2} \times \dfrac{L}{4} = \dfrac{WL}{8}$

결국, $M_{\max} = M_D = \dfrac{WL}{6}$

제2과목 기계열역학

문제 21. 물질의 상태에 관한 설명으로 옳은 것은? 【6장】

㉠ 압력이 포화압력보다 높으면 과열증기 상태다.

㉡ 온도가 포화온도보다 높으면 압축액체이다.

㉢ 임계압력 이하의 액체를 가열하면 증발현상을 거치지 않는다.

㉣ 포화상태에서 압력과 온도는 종속관계에 있다.

해설▶ 포화상태(포화수, 습증기, 건포화증기)에서는 압력과 온도가 일치한다.

문제 22. 대기압하에서 20 ℃의 물 1 kg을 가열하여 같은 압력의 150 ℃의 과열증기로 만들었다면, 이때 물이 흡수한 열량은 20 ℃와 150 ℃에서 어떠한 양의 차이로 표시되겠는가? 【6장】

㉠ 내부에너지   ㉡ 엔탈피

㉢ 엔트로피   ㉣ 일

해설▶ $\delta q = dh - A v dp$ 에서

"정압"이므로 $p = c$ 즉, $dp = 0$

결국, $\delta q = dh$

문제 23. 에어컨을 이용하여 실내의 열을 외부로 방출하려 한다. 실외 35 ℃, 실내 20 ℃인 조건에서 실내로부터 3 kW의 열을 방출하려 할 때 필요한 에어컨의 동력은 얼마인가?
(단, Carnot cycle을 가정한다.) 【9장】

㉠ 0.154 kW   ㉡ 1.54 kW

㉢ 15.4 kW   ㉣ 154 kW

해설▶ 우선, $\varepsilon_r = \dfrac{T_{\mathrm{II}}}{T_{\mathrm{I}} - T_{\mathrm{II}}} = \dfrac{(20+273)}{35-20} = 19.53$

결국, $\varepsilon_r = \dfrac{Q_2}{W_C}$ 에서 $W_C = \dfrac{Q_2}{\varepsilon_r} = \dfrac{3}{19.53} = 0.154\,\mathrm{kW}$

문제 24. 두 정지 계가 서로 열 교환을 하는 경우에 한쪽 계는 수열에 의한 엔트로피 증가가 있고, 다른 계는 방열에 의한 엔트로피 감소가 있다. 이들 두 계를 합하여 한계로 생각하면 단열된 계가 된다. 이 합성계가 비가역 단열변화를 하면 이 합성계의 엔트로피 변화 dS는? 【4장】

㉠ $dS < 0$ ㉡ $dS > 0$

㉢ $dS = 0$ ㉣ $dS \neq 0$

해설▶ 비가역단열변화에서 엔트로피는 항상 증가한다.

문제 25. 질량 $m = 100$ kg인 물체에 $a = 2.5$ m/s² 의 가속도를 주기 위해 가해야 할 힘(F)은 약 몇 N인가? 【1장】

㉠ 102   ㉡ 205

㉢ 225   ㉣ 250

해설▶ $F = ma = 100 \times 2.5$

$\qquad = 250\,\mathrm{kg \cdot m/s^2} (= \mathrm{N})$

해답▶ 21. ㉣ **22.** ㉡ **23.** ㉠ **24.** ㉡ **25.** ㉣

문제 26. 두께 1 cm, 면적 0.5 m²의 석고판의 뒤에 가열 판이 부착되어 1000 W의 열을 전달한다. 가열 판의 뒤는 완전히 단열되어 열은 앞면으로만 전달된다. 석고판 앞면의 온도는 100 ℃ 이다. 석고의 열전도율이 $k=0.79$ W/m·K일 때 가열 판에 접하는 석고면의 온도는 약 몇 ℃ 인가? 【11장】

㉮ 110
㉯ 125
㉰ 150
㉱ 212

해설 $Q=-KA\dfrac{dT}{dx}$ 에서

$$1000 = 0.79 \times 0.5 \times \frac{T_1 - 100}{0.01} \qquad \therefore\ T_1 = 125.3\,℃$$

문제 27. 다음 사항 중 옳은 것은? 【4장】

㉮ 엔트로피는 상태량이 아니다.
㉯ 엔트로피를 구하는 적분 경로는 반드시 가역변화라야 한다.
㉰ 비가역 사이클에서 클라우지우스(Clausius) 적분은 영이다.
㉱ 가역, 비가역을 포함하는 모든 이상기체의 등온변화에서 압력이 저하하면 엔트로피도 저하한다.

해설 ㉮ 엔트로피는 상태량(=성질=점함수)이다.
㉰ 비가역사이클에서 클라우지우스의 적분값은 0보다 적다.
㉱ 모든 이상기체의 등온변화에서 압력이 저하하면 엔트로피는 증가한다.
$$\left(\because\ \Delta s = -R\ell n\frac{p_2}{p_1} = R\ell n\frac{p_1}{p_2}\right)$$

문제 28. 100 kPa, 20 ℃의 물을 매시간 3000 kg씩 500 kPa로 공급하기 위하여 소요되는 펌프의 동력은 약 몇 kW인가?
(단, 펌프의 효율은 70 %로 물의 비체적은 0.001 m³/kg으로 본다.) 【7장】

㉮ 0.33
㉯ 0.48
㉰ 1.32
㉱ 2.48

해설 우선, 펌프일 $w_P = v'(p_2 - p_1)$
또한, 동력 $P = \dot{m}v'(p_2 - p_1)$
$$= \frac{3000}{3600} \times 0.001 \times (500 - 100)$$
$$= 0.333\,kJ/s\,(= kW)$$
결국, 펌프효율이 70 %이므로
$$\therefore\ \text{동력은}\ \frac{0.333}{0.7} = 0.476 ≒ 0.48\,kW$$

문제 29. 다음 냉동 시스템의 설명 중 틀린 것은? 【9장】

㉮ 왕복동 압축기는 냉매가 낮은 비체적과 높은 압력일 때 적합하며 원심 압축기는 높은 비체적과 낮은 압력일 때 적합하다.
㉯ R−22와 같이 수소를 포함하는 HCFC는 대기 중의 수명이 비교적 짧으므로 성층권에 도달하여 분해되는 양이 적다.
㉰ 냉동 사이클은 동력 사이클의 터빈을 밸브나 긴 모세관 등의 스로틀 기기로 대치하여 작동유체가 고압에서 저압으로 스로틀 팽창하도록 한다.
㉱ 흡수식 시스템은 액체를 가압하므로 소요되는 입력 일이 매우 크다.

해설 흡수식 냉동사이클 : 증기압축 냉동사이클에서는 증발기에서 나온 저온, 저압의 냉매증기를 압축기에 의하여 고온·고압의 과열증기가 되게 하였으나 암모니아 흡수식 냉동사이클에서는 암모니아와 물과의 친화력을 이용하여 물을 암모니아의 흡수제로 사용하고 그 수용액을 가열함으로써 냉매의 증기를 발생시킴과 동시에 압축하는 것이다. 즉, 압축식과 흡수식의 차이점은 냉매를 압축하는데 기계적 에너지를 사용하느냐 또는 열에너지를 사용하느냐 하는 점에 있으며 그 이외의 부분은 별다른 차이점이 없다.

문제 30. 질량 4 kg의 액체를 15 ℃에서 100 ℃ 까지 가열하기 위해 714 kJ의 열을 공급하였다면 액체의 비열(specific heat)은 몇 J/kg·K 인가? 【1장】

㉮ 1100
㉯ 2100
㉰ 3100
㉱ 4100

해답 26.㉯ 27.㉯ 28.㉯ 29.㉱ 30.㉯

$_1Q_2 = mC\Delta t$ 에서

$$\therefore C = \frac{_1Q_2}{m\Delta t} = \frac{714 \times 10^3}{4 \times (100 - 15)} = 2100 \, \text{J/kg K}$$

문제 31. 다음 열기관 사이클의 에너지 전달량으로 적절한 것은? 【4장】

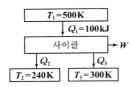

㉮ $Q_2 = 20 \, \text{kJ}$, $Q_3 = 30 \, \text{kJ}$, $W = 50 \, \text{kJ}$
㉯ $Q_2 = 20 \, \text{kJ}$, $Q_3 = 50 \, \text{kJ}$, $W = 30 \, \text{kJ}$
㉰ $Q_2 = 30 \, \text{kJ}$, $Q_3 = 30 \, \text{kJ}$, $W = 50 \, \text{kJ}$
㉱ $Q_2 = 30 \, \text{kJ}$, $Q_3 = 20 \, \text{kJ}$, $W = 50 \, \text{kJ}$

해설 고열원에서 저열원으로 열이 이동하므로 비가역 과정임을 알 수 있다. 즉, 비가역에서는 엔트로피가 증가하므로 보기에서 엔트로피가 증가하는 과정의 타당성을 확인하면 ㉯번이 타당하다.
즉, 우선, 고열원에서 엔트로피 S_1은

$$S_1 = \frac{Q_1}{T_1} = \frac{100}{500} = 0.2 \, \text{kJ/K}$$

저열원에서 엔트로피 S_2, S_3는

$$S_2 = \frac{Q_2}{T_2} = \frac{20}{240} = 0.083 \, \text{kJ/K}$$

$$S_3 = \frac{Q_3}{T_3} = \frac{50}{300} = 0.166 \, \text{kJ/K}$$

$\therefore S_1 < (S_2 + S_3)$ 즉, $0.2 < (0.083 + 0.166 = 0.249)$
∴ 엔트로피가 증가함을 알 수 있다.
또한, $Q_L = Q_2 + Q_3 = 70$ 단, $Q_2 < Q_3$이므로

$$\eta = \frac{W}{Q_H} = \frac{Q_H - Q_L}{Q_H} = \frac{100 - 70}{100} = \frac{30}{100} = 0.3 = 30\%$$

문제 32. 고속주행 시 타이어의 온도는 매우 많이 상승한다. 온도 20 ℃에서 계기압력 0.183 MPa의 타이어가 고속주행으로 온도 80 ℃로 상승할 때 압력 상승한 양(kPa)은? (단, 타이어의 체적은 변하지 않고, 타이어 내의 공기는 이상기체로 가정한다. 대기압은 101.3 kPa이다.) 【3장】

㉮ 약 37 kPa ㉯ 약 58 kPa
㉰ 약 286 kPa ㉱ 약 345 kPa

해설 "정적"이므로 $\dfrac{p_1}{T_1} = \dfrac{p_2}{T_2}$ 에서

$$\frac{(0.183 \times 10^3) + 101.3}{293} = \frac{p_2}{353} \qquad \therefore p_2 = 342.5 \, \text{kPa}$$

결국, 압력상승은

$$p_2 - p_1 = 342.5 - 284.3 = 58.2 \, \text{kPa}$$

문제 33. 그림과 같은 증기압축 냉동사이클이 있다. 1, 2, 3상태의 엔탈피가 다음과 같을 때 냉매의 단위 질량당 소요 동력과 냉각량은 얼마인가? (단, $h_1 = 178.16$, $h_2 = 210.38$, $h_3 = 74.53$, 단위 : kJ/kg) 【9장】

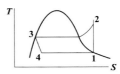

㉮ 32.22 kJ/kg, 103.63 kJ/kg
㉯ 32.22 kJ/kg, 136.85 kJ/kg
㉰ 103.63 kJ/kg, 32.22 kJ/kg
㉱ 136.85 kJ/kg, 32.22 kJ/kg

해설 우선, 소요동력

$$w_c = h_2 - h_1 = 210.38 - 178.16 = 32.22 \, \text{kJ/kg}$$

또한, 냉각량(＝냉각능력)

$$q_2 = h_1 - h_4 (= h_3) = 178.16 - 74.53$$
$$= 103.63 \, \text{kJ/kg}$$

문제 34. 29 ℃와 227 ℃ 사이에서 작동하는 카르노(Carnot) 사이클 열기관의 열효율은? 【4장】

㉮ 60.4 % ㉯ 39.6 %
㉰ 0.604 % ㉱ 0.396 %

해설 $\eta_c = 1 - \dfrac{T_{\mathrm{II}}}{T_1} = 1 - \dfrac{(29 + 273)}{(227 + 273)}$
$\qquad = 0.396 = 39.6\%$

예답 31. ㉯ 32. ㉯ 33. ㉮ 34. ㉯

문제 35. 다음 중 열역학적 상태량이 아닌 것은?
【1장】

㉮ 기체상수　　　　㉯ 정압비열
㉰ 엔트로피　　　　㉱ 압력

[해설] 상태량(quality of state) : 주어진 상태 1에서 2로 변화할 때 그 변화가 오로지 최종상태에 대응하는 양과 최초상태에 대응하는 양과의 차만으로 구해질 때 이 양을 상태량이라고 한다.

문제 36. 어떤 냉장고에서 질량유량 80 kg/hr의 냉매가 17 kJ/kg의 엔탈피로 증발기에 들어가 엔탈피 36 kJ/kg가 되어 나온다. 이 냉장고의 냉동능력은?
【9장】

㉮ 1220 kJ/hr　　　　㉯ 1800 kJ/hr
㉰ 1520 kJ/hr　　　　㉱ 2000 kJ/hr

[해설] 냉동능력 $q_2 = \dot{m}\Delta h = 80 \times (36-17)$
$= 1520\,\text{kJ/hr}$

문제 37. 오토사이클(Otto cycle)의 이론적 열효율 η_{th}를 나타내는 식은?
(단, ε는 압축비, k는 비열비이다.) 【8장】

㉮ $\eta_{th} = 1 - \left(\dfrac{1}{\varepsilon}\right)^{\frac{k}{k-1}}$　　㉯ $\eta_{th} = 1 - \left(\dfrac{k-1}{k}\right)^{\varepsilon}$

㉰ $\eta_{th} = 1 - \left(\dfrac{1}{\varepsilon}\right)^{k-1}$　　㉱ $\eta_{th} = 1 - \left(\dfrac{1}{k}\right)^{\varepsilon}$

[해설] 오토사이클의 이론열효율
$$\eta_{th} = 1 - \left(\frac{1}{\varepsilon}\right)^{k-1} = f(\varepsilon)$$
→ 오토사이클의 열효율은 압축비만의 함수이며, 압축비(ε)가 클수록 열효율이 증가한다.

문제 38. 실린더안에 0.8 kg의 기체를 넣고 이것을 압축하기 위해서는 13 kJ의 일이 필요하며, 또 이 때 실린더를 냉각하기 위해서 10 kJ의 열을 빼앗아야 한다면 이 기체의 비 내부에너지 변화량은?
【2장】

㉮ 3.75 kJ/kg의 증가　　㉯ 28.8 kJ/kg의 증가
㉰ 3.75 kJ/kg의 감소　　㉱ 28.8 kJ/kg의 감소

[해설] 우선, $_1Q_2 = \Delta U + _1W_2$에서 $-10 = \Delta U - 13$
$\therefore \Delta U = 3\,\text{kJ}$

결국, $\Delta u = \dfrac{\Delta U}{m} = \dfrac{3}{0.8} = 3.75\,\text{kJ/kg(증가)}$

문제 39. 800 kPa, 350 ℃의 수증기를 200 kPa로 교축한다. 이 과정에 대하여 운동 에너지의 변화를 무시할 수 있다고 할 때 이 수증기의 Joule–Thomson 계수는?
(단, 교축 후의 온도는 344 ℃이다.) 【6장】

㉮ 0.005 K/kPa　　　　㉯ 0.01 K/kPa
㉰ 0.02 K/kPa　　　　㉱ 0.03 K/kPa

[해설] 줄–톰슨(Joule–Thomson)계수(μ)는 다음과 같다.
$\therefore \mu = \left(\dfrac{\partial T}{\partial p}\right)_h = \dfrac{350-344}{800-200} = 0.01\,\text{K/kPa}$

문제 40. 성능계수(COP)가 0.8인 냉동기로서 7200 kJ/h로 냉동하려면 이에 필요한 동력은?
【9장】

㉮ 약 0.9 kW　　　　㉯ 약 1.6 kW
㉰ 약 2.5 kW　　　　㉱ 약 2.0 kW

[해설] $1\,\text{kW} = 3600\,\text{kJ/hr}$
$\therefore \varepsilon_r = \dfrac{Q_2}{W_c}$에서 $W_c = \dfrac{Q_2}{\varepsilon_r} = \dfrac{7200}{0.8}\,\text{kJ/hr}$
$= \dfrac{7200}{0.8 \times 3600}\,\text{kW} = 0.25\,\text{kW}$

제3과목 기계유체역학

문제 41. 물을 사용하는 원심 펌프의 설계점에서의 전 양정이 30 m이고 유량은 1.2 m³/min이다. 이 펌프를 설계점에서 운전할 때 필요한 축 동력이 7.35 kW라면 이 펌프의 전 효율은? 【3장】

[해답] 35. ㉮　36. ㉰　37. ㉰　38. ㉮　39. ㉯　40. ㉰　41. ㉯

㉮ 70 % ㉯ 80 %

㉰ 90 % ㉱ 100 %

해설 펌프의 전효율

$$\eta_P = \frac{L_P}{L_s} = \frac{\gamma QH}{L_s} = \frac{9.8 \times \frac{1.2}{60} \times 30}{7.35} = 0.8 = 80\%$$

문제 **42.** 피스톤 A_2의 반지름은 A_1 반지름의 2배이며 A_1과 A_2에 작용하는 압력을 각각 P_1, P_2라 하면 P_1과 P_2 사이의 관계는? (단, 두 피스톤은 같은 높이에 위치하고 있다.)【2장】

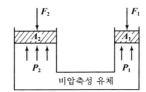

㉮ $P_1 = 2P_2$ ㉯ $P_2 = 4P_1$

㉰ $P_1 = P_2$ ㉱ $P_2 = 2P_1$

해설 파스칼의 원리(=유압기기의 원리)

  : 밀폐된 용기에서 유체에 가한 압력은 모든 방향에서 같은 크기(=세기)로 전달된다. 즉 $P_1 = P_2$

문제 **43.** 직경이 5 mm인 원형 직선관 내를 0.2 L/min의 유량으로 물이 흐르고 있다. 유량을 두 배로 하기 위해서는 몇 배의 압력을 가해 주어야 하는가? (단, 물의 동점성계수는 약 10^{-6} m²/s이다.) 【5장】

㉮ 0.71배 ㉯ 1.41배

㉰ 2배 ㉱ 4배

해설 우선, $Re = \dfrac{Vd}{\nu} = \dfrac{Qd}{A\nu} = \dfrac{\dfrac{0.2 \times 10^{-3}}{60} \times 0.005}{\dfrac{\pi}{4} \times 0.005^2 \times 10^{-6}}$

  $= 848.8$: 층류

또한, $Q = \dfrac{\Delta p \pi d^4}{128 \mu \ell}$에서 $\Delta p = \dfrac{128 \mu \ell Q}{\pi d^4}$

결국, $\Delta p \propto Q$이므로 Q가 2배이면 Δp도 2배이다.

문제 **44.** 공기 중을 10 m/s로 움직이는 소형 비행선의 항력을 구하려고 1/5 축적의 모형을 물 속에서 실험하려고 할 때 모형의 속도는 몇 m/s로 해야 하는가? (단, 밀도 : 물 1000 kg/m³, 공기 1 kg/m³, 점성계수 : 물 1.8×10^{-3} N·s/m², 공기 1×10^{-5} N·s/m²) 【7장】

㉮ 10 ㉯ 2

㉰ 50 ㉱ 9

해설 $(Re)_P = (Re)_m$ 즉, $\left(\dfrac{V\ell}{\nu}\right)_P = \left(\dfrac{V\ell}{\nu}\right)_m$

  $\left(\dfrac{\rho V\ell}{\mu}\right)_P = \left(\dfrac{\rho V\ell}{\mu}\right)_m$

$\dfrac{1 \times 10 \times 5}{1 \times 10^{-5}} = \dfrac{1000 \times V_m \times 1}{1.8 \times 10^{-3}}$ $\therefore V_m = 9\,\text{m/s}$

문제 **45.** 다음 중 밀도가 가장 큰 액체는? 【1장】

㉮ 1 g/cm³ ㉯ 1200 kg/m³

㉰ 비중 1.5 ㉱ 비중량 8000 N/m³

해설 ㉮ $\rho = 1\,\text{g/cm}^3 = 10^{-3} \times 10^6\,\text{kg/m}^3 = 1000\,\text{kg/m}^3$

  ㉯ $\rho = 1200\,\text{kg/m}^3$

  ㉰ $\rho = \rho_{H_2O}S = 1000 \times 1.5 = 1500\,\text{kg/m}^3$

  ㉱ $\gamma = \rho g$에서 $\rho = \dfrac{\gamma}{g} = \dfrac{8000}{9.8} = 816.3\,\text{kg/m}^3$

문제 **46.** 지름 $D = 4$ cm, 무게 $W = 0.4$ N인 골프공이 60 m/s의 속도로 날아가고 있을 때, 골프공이 받는 항력과 항력에 의한 가속도의 크기는 중력가속도의 몇 배인가? (단, 골프공의 항력계수 $C_D = 0.25$이고, 공기의 밀도는 1.2 kg/m³이다.) 【5장】

㉮ 6.78 N, 1.7 배 ㉯ 6.78 N, 0.7 배

㉰ 0.678 N, 1.7 배 ㉱ 0.678 N, 0.7 배

해설 우선, $D = C_D \dfrac{\rho V^2}{2} A$

  $= 0.25 \times \dfrac{1.2 \times 60^2}{2} \times \dfrac{\pi \times 0.04^2}{4}$

  $= 0.678\,\text{N}$

해답 **42.** ㉰ **43.** ㉰ **44.** ㉱ **45.** ㉰ **46.** ㉰

또한, 항력에 의한 가속도는 $D = mg_1$에서

$$g_1 = \frac{D}{m} = \frac{0.678}{m}$$

중력가속도는 $W = mg_2$에서 $g_2 = \frac{W}{m} = \frac{0.4}{m}$

결국, $g_1/g_2 = \frac{\left(\frac{0.678}{m}\right)}{\left(\frac{0.4}{m}\right)} = 1.695 ≒ 1.7$ 배

문제 47. 파이프 유동에 대한 다음 설명 중 틀린 것은? 【6장】

㉮ 레이놀즈수가 1500일 때 관마찰계수는 약 0.043이다.

㉯ 수력반경은 유동의 단면적과 접수 길이에 의하여 결정된다.

㉰ 원형관 속의 손실 수두는 점성유체에서 발생한다.

㉱ 부차적 손실은 관의 거칠기에 의해 주로 발생한다.

해설 ㉮ $f = \frac{64}{Re} = \frac{64}{1500} ≒ 0.043$

㉯ 수력반경 $R_h = \dfrac{\text{유동단면적}(A)}{\text{접수길이}(P)}$

㉰ 원형관속의 손실수두는 점성유체(=실제유체)에서 발생한다.

㉱ 부차적손실은 단면적의 변화나 관부속품 등에 의해 손실이 생긴다.

문제 48. 그림과 같이 고정된 노즐로부터 밀도가 ρ인 액체의 제트가 속도 V로 분출하여 평판에 충돌하고 있다. 이때 제트의 단면적이 A이고 평판이 u인 속도로 분류방향으로 운동할 때 평판에 작용하는 힘 F는? 【4장】

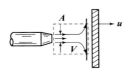

㉮ $F = \rho A(V+u)$ ㉯ $F = \rho A(V+u)^2$

㉰ $F = \rho A(V-u)$ ㉱ $F = \rho A(V-u)^2$

해설 $F = \rho Q(V-u) = \rho A(V-u)^2$

문제 49. 유량이 10 m³/s로 일정하고 수심이 1 m로 일정한 강의 폭이 매 10 m마다 1 m씩 좁아진다. 강 폭이 5 m인 곳에서 강물의 가속도는 몇 m/s²인가? (단, 흐름 방향으로만 속도성분이 있다고 가정한다.) 【3장】

㉮ 0 ㉯ 0.02

㉰ 0.04 ㉱ 0.08

해설

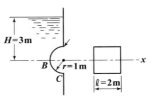

우선, $Q = A_1 V_1 = A_2 V_2$에서

$$V_1 = \frac{Q}{A_1} = \frac{10}{6\times1} = 1.6\,\mathrm{m/s}$$

$$V_2 = \frac{Q}{A_2} = \frac{10}{5\times1} = 2\,\mathrm{m/s}$$

또한, $Q = \mathrm{m^3/s} = \dfrac{\text{체적}}{\text{시간}(t)}$에서

$$t = \frac{\text{체적}}{Q} = \frac{10\times5\times1}{10} = 5\,\sec$$

결국, $a = \dfrac{\Delta V}{t} = \dfrac{V_2 - V_1}{t} = \dfrac{2-1.6}{5} = 0.08\,\mathrm{m/s^2}$

문제 50. 원통형의 면 ABC에 수평방향으로 작용하는 힘은 약 몇 kN인가? (단, 유체의 비중은 1이다.) 【2장】

㉮ 117.6 ㉯ 307.9

㉰ 122 ㉱ 3

해설 $F_x = F_H = \gamma \overline{h} A = 9.8\times3\times(2\times2)$
$= 117.6\,\mathrm{kN}$

해답 47. ㉱ 48. ㉱ 49. ㉱ 50. ㉮

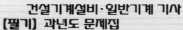

문제 51. x, y좌표계의 비회전 2차원 유동장에서 속도포텐셜(potential) ϕ는 $\phi = 2x^2 y$로 주어진다. 점(3, 2)인 곳에서 속도 벡터는? (단, 속도포텐셜 ϕ는 $\vec{V} \equiv \nabla \phi = grad\,\phi$로 정의된다.) 【3장】

㉮ $24\vec{i} + 18\vec{j}$ ㉯ $-24\vec{i} + 18\vec{j}$

㉰ $12\vec{i} + 9\vec{j}$ ㉱ $-12\vec{i} + 9\vec{j}$

해설 $\phi = 2x^2 y$이므로

속도벡터 $\vec{V} = \nabla \phi = \dfrac{\partial \phi}{\partial x}\vec{i} + \dfrac{\partial \phi}{\partial y}\vec{j} = (4xy)\vec{i} + (2x^2)\vec{j}$
$= (4 \times 3 \times 2)\vec{i} + (2 \times 3^2)\vec{j} = 24\vec{i} + 18\vec{j}$

문제 52. 그림에서 $h = 50\,cm$이다. 액체의 비중이 1.90일 때 A점의 계기압력은 몇 Pa인가? 【2장】

㉮ 9500 ㉯ 950

㉰ 93200 ㉱ 9310

해설 $p_A = \gamma h = \gamma_{H_2O}\,Sh = 9800 \times 1.9 \times 0.5 = 9310\,Pa$

문제 53. 모세관 현상에 대한 설명으로 틀린 것은? 【1장】

㉮ 액체가 관을 적실 때(wet) 액체 기둥은 원래의 표면보다 상승한다.

㉯ 접촉각이 90° 보다 작을 때 관의 직경이 가늘수록 액체는 더 높이 상승한다.

㉰ 접촉각이 90° 보다 클 때 액체 기둥은 원래의 표면보다 상승한다.

㉱ 동일한 조건에서 표면장력만 2배가 되면, 액체 기둥의 상승 높이는 2배가 된다.

해설 $h = \dfrac{4\sigma\cos\beta}{\gamma d}$ 에서 접촉각(β)이 90°이면 $h = 0$이고, 90°보다 작으면 상승하며, 90°보다 크면 하강한다.

문제 54. 온도 25 ℃인 공기의 압력이 200 kPa (abs)일 때 동점성 계수는 0.12 cm²/s이다. 이 온도와 압력에서 공기의 점성계수는 약 몇 kg/m·s인가? (단, 공기의 기체상수는 287 J/kg·K이다.) 【1장】

㉮ 2.338 ㉯ 27.87

㉰ 2.8×10^{-5} ㉱ 0.12×10^{-4}

해설 $\nu = \dfrac{\mu}{\rho}$ 에서

$\mu = \nu\rho = \nu \times \dfrac{p}{RT} = 0.12 \times 10^{-4} \times \dfrac{200 \times 10^3}{287 \times 298}$
$= 2.8 \times 10^{-5}\,\mathrm{N \cdot S/m^2}\,(= \mathrm{kg/m \cdot s})$

문제 55. 중력과 관성력의 비로 정의되는 무차원수는? (단, ρ : 밀도, V : 속도, l : 특성길이, μ : 점성계수, P : 압력, g : 중력가속도, c : 소리의 속도) 【7장】

㉮ $\dfrac{\rho VL}{\mu}$ ㉯ $\dfrac{V}{\sqrt{gl}}$

㉰ $\dfrac{P}{\rho V^2}$ ㉱ $\dfrac{V}{c}$

해설 프루우드수 $F_r = \dfrac{\text{관성력}}{\text{중력}} = \dfrac{V}{\sqrt{g\ell}}$

문제 56. 정압이 100 kPa인 물(밀도 1000 kg/m³)이 20 m/s로 흐르고 있을 때 정체압은 몇 kPa인가? 【3장】

㉮ 150 ㉯ 103

㉰ 200 ㉱ 300

해설 정체점압력＝정압＋동압

즉, $p_s = p + \dfrac{\rho V^2}{2} = 100 + \dfrac{1 \times 20^2}{2} = 300\,kPa$

문제 57. 프란틀의 혼합거리(mixing length)에 대한 설명 중 옳은 것은? 【5장】

㉮ 전단응력과 무관하다.

해답 51. ㉮ 52. ㉱ 53. ㉰ 54. ㉰ 55. ㉯ 56. ㉱ 57. ㉯

㉯ 벽에서 0이다.

㉰ 항상 일정하다.

㉱ 층류 유동문제를 계산하는데 유용하다.

해설 프란틀의 혼합거리는 관벽에서 0이며, 벽면으로부터 잰 수직거리에 비례한다.

문제 58. 다음 중 Moody 선도에 대하여 잘못 설명한 것은? 【6장】

㉮ J.Nikuradse에 의하여 얻어진 자료를 기초로 하였다.

㉯ 압축성 영역의 유동에도 적용이 가능하다.

㉰ 마찰계수와 레이놀즈수와의 관계를 보인다.

㉱ 마찰계수와 상대조도와의 관계를 보인다.

해설 Moody 선도는 비압축성 유체영역의 유동에 적용한다.

문제 59. 공기의 유속을 측정하기 위하여 피토관을 사용했다. 물을 담은 U자관의 수주의 높이의 차가 10 cm라면 공기의 유속은 약 몇 m/s인가? (단, 공기의 밀도는 1.25 kg/m³이다.) 【10장】

㉮ 9.8

㉯ 19.8

㉰ 29.6

㉱ 39.6

해설 $V = \sqrt{2gh\left(\dfrac{\rho_0}{\rho}-1\right)}$

$= \sqrt{2 \times 9.8 \times 0.1 \times \left(\dfrac{1000}{1.25}-1\right)} = 39.6 \, \text{m/s}$

문제 60. 내경 10 cm의 원관 속을 0.1 m³/s의 물이 흐를 때 관속의 평균 유속은 약 몇 m/s인가? 【3장】

㉮ 0.127

㉯ 1.27

㉰ 12.7

㉱ 127

해설 $Q = AV$에서 $V = \dfrac{Q}{A} = \dfrac{4 \times 0.1}{\pi \times 0.1^2} = 12.7 \, \text{m/s}$

제4과목 기계재료 및 유압기기

문제 61. 강의 담금질(quenching) 조직 중에서 경도가 가장 높은 것은?

㉮ 펄라이트

㉯ 오스테나이트

㉰ 페라이트

㉱ 마텐자이트

해설 열처리조직의 강도, 경도순서

: A < M > T > S > P

문제 62. 다음 중 불변강의 종류가 아닌 것은?

㉮ 인바

㉯ 코엘린바

㉰ 쾌스테르바

㉱ 엘린바

해설 불변강의 종류

: 인바, 엘린바, 코엘린바, 초불변강(=초인바), 플래티나이트 등

문제 63. 항온열처리를 하여 마텐자이트와 베이나이트의 혼합조직을 얻는 열처리는?

㉮ 담금질

㉯ 오스템퍼링

㉰ 패턴팅

㉱ 마템퍼링

해설 · 항온 열처리

① 오스템퍼링(austempering) : S곡선에서 코와 M_s점 사이에서 항온변태를 시킨 열처리하는 것으로서 점성이 큰 베이나이트조직을 얻을 수 있어 뜨임이 필요없고, 담금균열과 변형이 발생하지 않는다.

② 마템퍼링(martempering) : M_s점과 M_f점 사이에서 항온변태시킨 후 열처리하여 얻은 마텐자이트와 베이나이트의 혼합조직이다.

③ 마퀜칭(marquenching) : S곡선의 코 아래서 항온열처리 후 뜨임하면 담금균열과 변형이 적어 복잡한 부품의 담금질에 사용한다. 즉, 마텐자이트 변태를 시키는 담금질이다.

④ 오스포밍(ausforming) : 과냉 오스테나이트 상태에서 소성가공하고 그 후의 냉각 중에 마텐자이트화하는 방법을 말하며 인장강도 300 kg/mm², 신장 10%의 초강력성이 발생된다.

정답 58. ㉯ 59. ㉱ 60. ㉰ 61. ㉱ 62. ㉰ 63. ㉱

문제 64. 다음 중 전기전도도가 좋은 순으로 나열된 것은?

㉮ Cu > Al > Ag

㉯ Al > Cu > Ag

㉰ Fe > Ag > Al

㉱ Ag > Cu > Al

해설 전기전도도의 크기

: Ag > Cu > Au > Al > Mg > Zn > Ni > Fe > Pb > Sb

문제 65. 탄소강에서 인(P)의 영향으로 맞는 것은?

㉮ 결정립을 조대화시킨다.

㉯ 연신율, 충격치를 증가시킨다.

㉰ 적열취성을 일으킨다.

㉱ 강도, 경도를 감소시킨다.

해설 · 인(P)의 영향

① 결정립을 조대화시킨다.

② 강도와 경도를 증가시키고 연신율을 감소시킨다.

③ 실온에서 충격치를 저하시켜 상온취성의 원인이 된다.

④ Fe₃P는 MnS, MnO₂ 등과 집합하여 대상 편석인 고스트 선(ghost line)을 형성하여 강의 파괴원인이 된다.

문제 66. 베어링에 사용되는 구리합금인 켈밋의 주성분은?

㉮ 구리－주석

㉯ 구리－납

㉰ 구리－알루미늄

㉱ 구리－니켈

해설 켈밋(kelmet) : 구리(Cu)에 30～40％의 납(Pb)을 첨가한 합금이며, 고속용 베어링으로 항공기, 자동차 등에 널리 사용된다.

문제 67. 강력하고 인성이 있는 기계주철 주물을 얻으려고 할 때 주철 중의 탄소를 어떠한 상태로 하는 것이 가장 적합한가?

㉮ 구상 흑연

㉯ 유리의 편상 흑연

㉰ 탄화물(Fe₃C)의 상태

㉱ 입상 또는 괴상 흑연

해설 구상흑연주철 : 보통 주철(편상흑연)을 용융상태에서 Mg, Ce, Ca 등을 첨가하여 흑연을 구상화한 것으로 강인하고, 주조상태에서 구조용 탄소강이나 주강에 가까운 기계적 성질을 얻을 수 있다.

문제 68. 다음 중 강재의 화학 조성을 변화시키지 않으며 행하는 경화법은?

㉮ 쇼트 피이닝

㉯ 금속 침투법

㉰ 질화법

㉱ 침탄 질화법

해설 숏피닝(shot peening) : 금속재료의 표면에 강이나 주철의 작은 입자들을 고속으로 분사시켜 가공경화에 의하여 표면층의 경도를 높이는 방법이다. 이와 같은 처리를 한 재료는 인장, 압축강도에는 많은 영향을 주지 않으나 휨, 비틀림의 반복하중에 대해서는 피로한도를 현저하게 증가시킨다.

문제 69. 다음 금속 중 재결정 온도가 가장 높은 것은?

㉮ Zn

㉯ Sn

㉰ Au

㉱ Pb

해설 재결정온도 : W(1200 ℃), Mo(900 ℃), Ni(600 ℃), Fe, Pt(450 ℃), Ag, Cu, Au(200 ℃) Al(180 ℃), Zn(18 ℃), Sn(−10 ℃), Pb(−13 ℃)

문제 70. 다음 주철에 관한 설명 중 틀린 것은?

㉮ 주철중에 전 탄소량은 유리탄소와 화합탄소를 합한 것이다.

㉯ 탄소(C)와 규소(Si)의 함량에 따른 주철의 조직관계를 마우러 조직도라 한다.

㉰ 주강은 일반적으로 전기로에서 용해한 용강을 주형에 부어 풀림 열처리 한다.

㉱ C, P양이 적고 냉각이 빠를수록 흑연화하기 쉽다.

해답 64. ㉱ 65. ㉮ 66. ㉯ 67. ㉮ 68. ㉮ 69. ㉰ 70. ㉱

해설 인(P)은 흑연화 촉진제이며, C, P양이 많고 냉각속도가 늦을수록 흑연화하기 쉽다.

문제 71. 다음 유압회로의 명칭으로 옳은 것은?

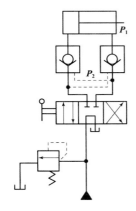

㉠ 로크 회로
㉡ 증압 회로
㉢ 무부하 회로
㉣ 축압 회로

해설

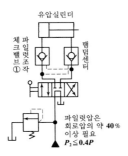

로크회로 : 실린더 행정 중 임의위치에서 또는 행정 끝에서 실린더를 고정시켜 놓을 필요가 있을 따라할지라도 부하가 클 때 또는 장치내의 압력저하에 의하여 실린더 피스톤이 이동되는 경우가 발생한다. 이 피스톤의 이동을 방지하는 회로를 로크회로라 한다.

문제 72. 1개의 유압 실린더에서 전진 및 후진 단에 각각의 리밋 스위치를 부착하는 이유로 가장 적합한 것은?

㉠ 실린더의 위치를 검출하여 제어에 사용하기 위하여
㉡ 실린더 내의 온도를 제어하기 위하여
㉢ 실린더의 속도를 제어하기 위하여
㉣ 실린더 내의 압력을 계측하여 이를 제어하기 위하여

해설 실린더의 행정거리를 제한하기 위하여 또는 실린더의 위치를 검출하여 제어에 사용하기 위하여 리밋스위치를 부착한다.

문제 73. 유압 작동유에 요구되는 성질이 아닌 것은?

㉠ 비 인화성일 것
㉡ 오염물 제거 능력이 클 것
㉢ 체적 탄성계수가 작을 것
㉣ 캐비테이션에 대한 저항이 클 것

해설 체적탄성계수가 클 것

문제 74. 그림과 같은 유압기호는 무슨 밸브의 기호인가?

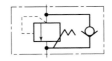

㉠ 카운터 밸런스 밸브
㉡ 무부하 밸브
㉢ 시퀀스 밸브
㉣ 릴리프 밸브

해설 카운터 밸런스밸브
  : 회로의 일부에 배압을 발생시키고자 할 때 사용하는 밸브이다. 예를 들어, 드릴작업이 끝나는 순간 부하저항이 급히 감소할 때 드릴의 돌출을 막기 위하여 실린더에 배압을 주고자 할 때 연직방향으로 작동하는 램이 중력에 의하여 낙하하는 것을 방지하고자 할 경우에 사용한다.

해답 **71.** ㉠ **72.** ㉠ **73.** ㉢ **74.** ㉠

문제 75. 유압펌프의 소음발생 원인으로 거리가 먼 것은?

㉮ 회전수가 규정치를 초과한 경우

㉯ 릴리프 밸브가 닫힌 경우

㉰ 펌프의 흡입이 불량한 경우

㉱ 작동유의 점성이 너무 높은 경우

해설〉·유압펌프의 소음발생원인
① 흡입관이나 흡입여과기의 일부가 막힌 경우
② 펌프흡입관의 결합부에서 공기가 누입되고 있는 경우
③ 펌프의 상부커버 고정볼트가 헐거운 경우
④ 펌프축의 센터와 원동기축의 센터가 맞지 않는 경우
⑤ 흡입오일속에 기포가 있는 경우
⑥ 펌프의 회전이 너무 빠른 경우
⑦ 오일의 점도가 너무 진한 경우
⑧ 여과기가 너무 작은 경우
⑨ 릴리프밸브가 열린 경우

문제 76. 슬라이브 밸브 등에서 밸브가 중립점에 있을 때, 이미 포트가 열리고 유체가 흐르도록 중복된 상태를 의미하는 용어는?

㉮ 제로 랩   ㉯ 오버 랩

㉰ 언더 랩   ㉱ 랜드 랩

해설〉① 랩(lap) : 미끄럼밸브의 랜드부분과 포트부분 사이에 겹친 상태 또는 그 양
② 제로랩(zero lap) : 미끄럼밸브 등으로 밸브가 중립점에 있을 때 포트는 닫혀 있고 밸브가 조금이라도 변위되면 포트가 열려 유체가 흐르게 되어 있는 겹친 상태
③ 오버랩(over lap) : 미끄럼밸브 등으로 밸브가 중립점으로부터 약간 변위하여 처음으로 포트가 열려 유체가 흐르도록 되어 있는 겹친 상태
④ 언더랩(under lap) : 미끄럼밸브 등에서 밸브가 중립점에 있을 때 이미 포트가 열려 있어 유체가 흐르도록 되어 있는 겹친 상태

문제 77. 유압 속도제어 회로 중 미터 아웃 회로의 설치 목적과 관계없는 것은?

㉮ 피스톤이 자주(自走)할 염려를 제거한다.

㉯ 실린더에 배압을 형성한다.

㉰ 실린더의 용량을 변화시킨다.

㉱ 실린더에 유출되는 유량을 제어하여 피스톤 속도를 제어한다.

해설〉·미터아웃회로(meterout circuit)
: 유량제어밸브를 실린더의 출구측에 설치한 회로로서 실린더에서 유출되는 유량은 제어하여 피스톤 속도를 제어하는 회로이다. 이 경우 펌프의 송출압력은 유량제어밸브에 의한 배압과 부하저항에 의해 결정되며, 미터인회로와 마찬가지로 불필요한 압유는 릴리프밸브를 통하여 탱크로 방출되므로 동력손실이 크다. 이 회로는 실린더에 배압이 걸리므로 끌어당기는 하중이 작용해도 자주(自走)할 염려는 없다. 따라서 밀링, 보링머신 등에 사용된다.
※ 실린더의 용량을 변화시키는 것은 블리드오프회로이다.

문제 78. 피스톤 부하가 급격히 제거되었을 때 피스톤이 급진하는 것을 방지하는 등의 속도제어회로로 가장 적합한 것은?

㉮ 카운터 밸런스 회로

㉯ 시퀀스 회로

㉰ 언로드 회로

㉱ 증압 회로

해설〉·카운터밸런스회로
: 실린더의 부하가 급히 감소하더라도 피스톤이 급진하는 것을 방지하거나 자유낙하 하는 것을 방지하기 위해 실린더의 기름탱크 귀환쪽에 일정한 배압을 유지하는 회로 즉, 부하가 급격히 제거되었을 때 관성력 때문에 소정의 제어를 못할 경우 삽입하는 회로이다.

문제 79. 안지름이 10 mm인 파이프에 2×10^4 cm³/min의 유량을 통과시키기 위한 유체의 속도는 약 몇 m/s인가?

㉮ 4.2   ㉯ 5.2

㉰ 6.2   ㉱ 7.2

해답 75. ㉯   76. ㉰   77. ㉰   78. ㉮   79. ㉮

[해설] $Q = AV$에서 $\dfrac{2\times 10^4 \times 10^{-6}}{60} = \dfrac{\pi \times 0.01^2}{4} \times V$

$$\therefore V = 4.2\,\text{m/s}$$

[문제] **80.** 어큐뮬레이터(accumulator)의 주요 용도가 아닌 것은?

㉮ 유압 에너지의 축적

㉯ 펌프의 맥동 흡수

㉰ 충격 압력의 완충

㉱ 유압 장치의 대형화

[해설] ·축압기(accumulator)의 용도
① 에너지의 축적
② 압력보상
③ 서지압력방지
④ 충격압력 흡수
⑤ 유체의 맥동감쇠(맥동흡수)
⑥ 사이클시간의 단축
⑦ 2차 유압회로의 구동
⑧ 펌프대용 및 안전장치의 역학
⑨ 액체수송(펌프작용)
⑩ 에너지의 보조

제5과목 기계제작법 및 기계동력학

[문제] **81.** 주조시 탕구의 높이와 유속과의 관계가 옳은 것은? (단, v : 유속(cm/s), h : 탕구의 높이(쇳물이 채워진 높이, cm), g : 중력 가속도(cm/s^2), C : 유량계수이다.)

㉮ $v = \dfrac{2gh}{C}$ ㉯ $v = C\sqrt{2gh}$

㉰ $v = C(2gh)^2$ ㉱ $v = h\sqrt{2Cg}$

[해설] ·유속 $V = C\sqrt{2gh}$ (cm/s)
·탕구를 통과하는 쇳물의 유량
$$Q = AC\sqrt{2gh}\ (\text{cm}^3/\text{s})$$

[문제] **82.** 지름 4 mm의 가는 봉재를 선재인발

(wire drawing)하에 3.5 mm가 되었다면 단면 감소율은?

㉮ 23.4 %   ㉯ 14.2 %

㉰ 12.5 %   ㉱ 5.7 %

[해설] 단면감소율 $= \dfrac{A_0 - A_1}{A_0} \times 100(\%) = \dfrac{d_0^2 - d_1^2}{d_0^2} \times 100$

$$= \dfrac{4^2 - 3.5^2}{4^2} \times 100 = 23.4\%$$

[문제] **83.** 용접의 분류에서 아크 용접이 아닌 것은?

㉮ MIG 용접   ㉯ TIG 용접

㉰ 테르밋 용접   ㉱ 스터드 용접

[해설]
용접법 ┬ 용접 ┬ 아크용접 ┬ 탄소용접 : 보호아크용접, 맨아크용접
│   │   └ 금속전극 ┬ 보호아크 : 피복아크용접, 가스보호 스터드용접, 서브머지드 아크용접, 불활성가스아크용접(MIG용접, TIG용접), 원자수소용접
│   │   └ 맨용접 : 맨스터드 용접, 맨와이어 아크용접
│   ├ 가스용접 : 산소아세틸렌용접, 공기아세틸렌용접, 산소－수소용접
│   ├ 특수용접 : 테르밋용접, 일렉트로슬래그용접, 전자빔용접
│   ├ 압접 ┬ 단접, 냉간압접, 유도가열용접, 초음파용접, 마찰용접, 가압테르밋용접, 가스압용접
│   │   └ 저항용접 ┬ 겹치기 : 스폿(점)용접, 심용접, 프로젝션용접
│   │   └ 맞대기 : 플래시용접, 업셋용접, 방전충격용접
│   └ 납땜 ┬ 연납땜 : 인두납땜
│   └ 경납땜 : 노내납땜, 저항납땜, 담금납땜, 진공납땜, 유도가열납땜

[해답] **80.** ㉱ **81.** ㉯ **82.** ㉮ **83.** ㉰

문제 84. 최소 측정값이 1/20 mm인 버니어캘리퍼스에 대한 설명으로 옳은 것은?

㉮ 본척의 최소 눈금이 1 mm, 부척의 1눈금은 12 mm를 25등분한 것

㉯ 본척의 최소 눈금이 1 mm, 부척의 1눈금은 19 mm를 20등분한 것

㉰ 본척의 최소 눈금이 0.5 mm, 부척의 1눈금은 19 mm를 25등분한 것

㉱ 본척의 최소 눈금이 0.5 mm, 부척의 1눈금은 24 mm를 20등분한 것

[해설] $\frac{1}{20}$ mm 버니어캘리퍼스

: 본척(어미자)의 눈금이 1 mm, 부척(아들자)의 1눈금은 19 mm를 20등분한 것

문제 85. 200 mm 사인바로 10° 각을 만들려면 사인바 양단의 게이지블록의 높이차는 약 몇 mm이어야 하는가?

(단, 경사면과 측정면이 일치한다.)

㉮ 34.73 mm ㉯ 39.70 mm

㉰ 44.76 mm ㉱ 49.10 mm

[해설] $\sin\theta = \frac{H-h}{L}$ 에서

$\therefore H-h = L\sin\theta = 200 \times \sin 10° = 34.73\,\text{mm}$

문제 86. 두께 2 mm의 연강판에 지름 20 mm의 구멍을 펀칭하는데 소요되는 동력은 약 몇 kW인가? (단, 프레스 평균전단속도는 5 m/min, 판의 전단응력은 275 MPa, 기계효율은 60 %이다.)

㉮ 3.2 ㉯ 3.9

㉰ 4.8 ㉱ 5.4

[해설] 우선, $\tau = \frac{P_s}{A}$ 에서

$P_s = \tau A = \tau \pi d t$

$= 275 \times 10^3 \times \pi \times 0.02 \times 0.002 = 34.56\,\text{kN}$

결국, 동력 $H' = \frac{P_s \cdot V_m}{\eta_m} = \frac{34.56 \times \frac{5}{60}}{0.6} = 4.8\,\text{kW}$

문제 87. 일반적으로 기계가공한 강제품을 열처리하는 목적이 아닌 것은?

㉮ 표면을 경화시키기 위한 것이다.

㉯ 조직을 안정화시키기 위한 것이다.

㉰ 조직을 조재화하여 편석을 발생시키기 위한 것이다.

㉱ 경도 및 강도를 증가시키기 위한 것이다.

[해설] 편석(segregation) : 주물의 일부분에 불순물이 집중하여 석출되든가, 가벼운 부분이 위로 뜨고 무거운 부분이 밑에 가라앉아 굳어지든가 또는 처음 생긴 결정과 나중에 생긴 결정의 배압이 달라질 때(가스의 집중현상)가 있다. 이 현상을 편석이라 한다.

문제 88. 구성인선(Built-up edge)의 방지대책으로 틀린 것은?

㉮ 칩의 두께를 크게 한다.

㉯ 경사각(rake angle)을 크게 한다.

㉰ 절삭속도를 크게 한다.

㉱ 절삭공구의 인선을 예리하게 한다.

[해설] · 구성인선(built-up edge)의 방지법

① 경사각을 크게 한다.
② 절삭속도를 크게 한다.
③ 절삭깊이를 적게 한다.
④ 윤활과 냉각을 위하여 유동성 있는 절삭유를 사용한다.
⑤ 칩과 공구 경사면간의 마찰을 적게 하기 위하여 경사면을 매끄럽게 한다.
⑥ 절삭날을 예리하게 한다.
⑦ 마찰계수가 적은 초경합금과 같은 절삭공구를 사용한다.

보통, 구성인선의 발생이 없어지는 임계절삭속도는 120~150 m/min이다.

문제 89. 센터리스 연삭의 특징에 대한 설명으로 틀린 것은?

[정답] 84. ㉯ 85. ㉮ 86. ㉰ 87. ㉰ 88. ㉮ 89. ㉯

㉮ 연속작업을 할 수 있어 대량 생산이 용이하다.

㉯ 축 방향의 추력이 있으므로 연삭 여유가 커야 한다.

㉰ 높은 숙련도를 요구하지 않는다.

㉱ 키 홈과 같은 긴 홈이 있는 가공물은 연삭이 어렵다.

해설 · 센터리스 연삭기 : 보통 외경연삭기의 일종으로 가공물을 센터나 척으로 지지하지 않고 조정숫돌과 지지판으로 지지하고, 가공물에 회전운동과 이송운동을 동시에 실시하는 연삭으로 가늘고 긴 일감의 원통연삭에 적합하며 다음과 같은 특징이 있다.
① 연속작업을 할 수 있어 대량생산에 적합하다.
② 긴축재료, 중공의 원통연삭에 적합하다.
③ 연삭여유가 작아도 된다.
④ 숫돌의 마멸이 적고, 수명이 길다.
⑤ 자동조절이 가능하므로 작업자의 숙련이 필요없다.

문제 90. 다음 중 정밀입자에 의한 가공이 아닌 것은?

㉮ 호닝   ㉯ 래핑
㉰ 버핑   ㉱ 버니싱

해설 · 정밀입자에 의한 가공 : 호닝, 수퍼피니싱, 버핑, 벨트연삭, 래핑, 배럴가공, 분사가공 등
※ 버니싱(burnishing) : 내경보다 약간 지름이 큰 버니싱공구를 압입하여 내면에 소성변형을 일으키게 하여 매끈하고 정밀도가 높은 면을 얻는 특수 가공법이다.

문제 91. 자동차가 일정한 속력으로 언덕을 넘어 가고 있다. 언덕의 정점에서의 곡률반경은 ρ이다. 중력가속도를 g라 할 때, 이 위치에서 자동차가 지면으로부터 떨어지지 않고 달릴 수 있는 최대속력은 얼마인가?

㉮ ρg ㉯ $\dfrac{g}{\rho^2}$

㉰ $\rho^2 g$ ㉱ $\sqrt{\rho g}$

해설 지면으로부터 떨어지지 않고 달릴려면

법선가속도 $a_n = r\omega^2 = \dfrac{V^2}{r} = g$이어야 하므로

$\therefore\ V = \sqrt{rg} = \sqrt{\rho g}$

문제 92. 2개의 조화운동 $x_1 = 3\sin\omega t$와 $x_2 = 4\cos\omega t$의 합성운동을 나타내는 식은?

㉮ $5\sin(\omega t + 0.869)$

㉯ $25\cos(\omega t - 0.869)$

㉰ $5\sin(\omega t + 0.927)$

㉱ $25\cos(\omega t - 0.927)$

해설

우선, 진폭 $X = \sqrt{A^2 + B^2} = \sqrt{3^2 + 4^2} = 5$
또한, 위상각은 $\tan\phi = \dfrac{B}{A} = \dfrac{4}{3}$에서

$\phi = \tan^{-1}\dfrac{4}{3} = 53.13° = 0.927\,\mathrm{rad}$

결국, $x_1 + x_2 = X\sin(\omega t + \phi) = 5\sin(\omega t + 0.927)$

문제 93. 그림과 같이 5 kg의 칼러(color)가 수직막대의 위를 마찰이 없이 미끄러진다. 칼러에 붙여진 스프링은 변형되지 않았을 때 길이가 10 cm이고 스프링 상수는 500 N/m이다. 칼러가 위치 1에서 정지상태에 놓여 있다가 수직 아래로 위치 2까지 20 cm를 움직인다. 탄성에너지 변화는 몇 J인가?

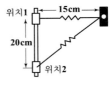

㉮ 7.5
㉯ 5.0
㉰ 2.5
㉱ 10.0

정답 90. ㉱ 91. ㉱ 92. ㉰ 93. ㉯

[해설] 우선, $U_1 = \frac{1}{2}kx_1^2 = \frac{1}{2} \times 500 \times (0.15 - 0.1)^2$
$$= 0.625\,\text{N} \cdot \text{m} (= \text{J})$$

또한, $U_2 = \frac{1}{2}kx_2^2 = \frac{1}{2} \times 500 \times (\sqrt{0.15^2 + 0.2^2} - 0.1)^2$
$$= 5.625\,\text{N} \cdot \text{m} (= \text{J})$$

결국, 탄성에너지의 변화
$$\Delta U = U_2 - U_1 = 5.625 - 0.625 = 5\,\text{J}$$

[문제] 94. 감쇠비가 ζ인 그림과 같이 1자유도 시스템에서, 질량이 외력에 의하여 조화진동을 하고 있다. 질량 m의 변위 진폭을 가장 크게 하는 고유 각진동수는? (단, 감쇠기가 없을 때의 고유진동수는 ω_n이다.)

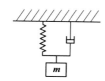

㉮ ω_n

㉯ $\omega_n \sqrt{1 - \zeta^2}$

㉰ $\omega_n \sqrt{1 - 2\zeta^2}$

㉱ $\omega_n \sqrt{1 - 3\zeta^2}$

[해설] 최대진폭이 생기는 진동수비
$$\gamma_P = \frac{\omega}{\omega_n} = \sqrt{1 - 2\xi^2} \qquad \therefore\ \omega = \omega_n \sqrt{1 - 2\xi^2}$$

[문제] 95. 어느 진동계의 운동방정식이 $3\ddot{x} + 75x = 0$으로 주어졌다. 여기에서 시간의 단위는 초이다. 이 진동계의 고유진동수 f는 약 몇 Hz인가?

㉮ 4

㉯ 0.8

㉰ 12

㉱ 36

[해설] 운동방정식 $m\ddot{x} + kx = 0$에서
$m = 3$, $k = 75$이므로
고유진동수 $f_n = \frac{\omega_n}{2\pi} = \frac{1}{2\pi}\sqrt{\frac{k}{m}} = \frac{1}{2\pi}\sqrt{\frac{75}{3}}$
$$= 0.796 \fallingdotseq 8\,\text{HZ} (= \text{C.P.S})$$

[문제] 96. 운동방정식이 $m\ddot{x} + c\dot{x} + kx = 0$인 감쇠진동계에서 감쇠비(damping ratio) ζ를 나타내는 식이 아닌 것은?

㉮ $\dfrac{c}{2m\omega_n}$

㉯ $\dfrac{ck}{2\omega_n}$

㉰ $\dfrac{c\omega_n}{2k}$

㉱ $\dfrac{c}{2\sqrt{mk}}$

[해설] · 임계감쇠계수 $C_{cr} = 2\sqrt{mk} = 2m\omega_n = \dfrac{2k}{\omega_n}$

· 감쇠비 $\xi = \dfrac{C}{C_{cr}} = \dfrac{C}{2\sqrt{mk}} = \dfrac{C}{2m\omega_n} = \dfrac{C}{\left(\dfrac{2k}{\omega_n}\right)}$
$$= \dfrac{C\omega_n}{2k}$$

[문제] 97. 어떤 사람이 정지 상태에서 출발하여 직선 방향으로 등가속도 운동을 하여 5초 만에 10 m/s의 속도가 되었다. 출발하여 5초 동안 이동한 거리는 몇 m인가?

㉮ 5

㉯ 10

㉰ 25

㉱ 50

[해설] $S = \cancel{S_0}^{\,0} + \cancel{V_0 t}^{\,0} + \frac{1}{2}at^2$

여기서, S_0 : 처음변위, S : 나중변위
$$\therefore\ S = \frac{1}{2}at^2 = \frac{1}{2}\frac{V}{t}t^2 = \frac{1}{2}Vt = \frac{1}{2} \times 10 \times 5 = 25\,\text{m}$$

[문제] 98. 다음 그림과 같이 질량이 동일한 두 개의 구슬 A, B가 있다. A의 속도는 v이고 B는 정지되어 있다. 충돌 후 A와 B의 속도에 관한 설명으로 옳은 것은?
(단, 두 구슬 사이의 반발계수는 $e = 1$이다.)

㉮ A와 B 모두 정지한다.

㉯ A는 정지하고 B는 v의 속도를 가진다.

㉰ A와 B 모두 v의 속도를 가진다.

㉱ A와 B 모두 $v/2$의 속도를 가진다.

[해답] 94. ㉰ 95. ㉯ 96. ㉯ 97. ㉰ 98. ㉯

해설 $V_A = V$, $V_B = 0$이므로

우선, $e = \dfrac{V_B' - V_A'}{V_A - V_B} = 1$에서

$$V_B' - V_A' = V_A = V \rightarrow V_B' = V + V_A'$$

또한, $m_A V_A + m_B V_B = m_A V_A' + m_B V_B'$

$$m_A V = m_A V_A' + m_B (V + V_A')$$
$$= m_A V_A' + m_B V + m_B V_A'$$
$$= m_B V + (m_A + m_B) V_A'$$

$$V_A' = \left(\dfrac{m_A - m_B}{m_A + m_B} \right) V = 0 \ (\because \ m_A = m_B)$$

결국, $V_B' = V + V_A' = V + 0 = V$

문제 **99.** 그림과 같이 원판에서 원주에 있는 점 A의 속도가 12 m/s일 때 원판의 각속도는 몇 rad/s인가?

(단, 원판의 반지름 r은 0.3 m이다.)

㉮ 10   ㉯ 20
㉰ 30   ㉱ 40

해설 $V_A = r_A \omega$에서 $\omega = \dfrac{V_A}{r_A} = \dfrac{12}{0.3} = 40\,\mathrm{rad/s}$

문제 **100.** 네 개의 가는 막대로 구성된 정사각 프레임이 있다. 막대 각각의 질량과 길이는 m과 b이고, 프레임은 ω의 각속도로 회전하고 질량 중심 G는 v의 속도로 병진운동하고 있다. 프레임의 병진운동에너지와 회전운동에너지가 같아질 때 질량중심 G의 속도는 얼마인가?

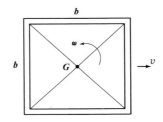

㉮ $\dfrac{b\omega}{\sqrt{2}}$ ㉯ $\dfrac{b\omega}{\sqrt{3}}$

㉰ $\dfrac{b\omega}{2}$ ㉱ $\dfrac{b\omega}{\sqrt{5}}$

해설 $T_1 = T_2$에서 $\dfrac{1}{2}(4m)v^2 = \dfrac{1}{2} J_0 \omega^2$

여기서, $J_0 = \left\{ \dfrac{mb^2}{12} + \left(\dfrac{b}{2} \right)^2 m \right\} \times 4 = \dfrac{4mb^2}{3}$

결국, $2mv^2 = \dfrac{1}{2} \times \dfrac{4mb^2}{3} \times \omega^2$ $\therefore \ v = \dfrac{b\omega}{\sqrt{3}}$

건설기계설비 기사

※ 재료역학, 열역학, 유체역학, 유압기기는 일반기계기사와 중복됩니다. 나머지 유체기계와 건설기계일반의 순서는 1~20번으로 정합니다.
(단, 2014년도부터 유체기계 과목이 포함되었습니다.)

제5과목 건설기계일반

문제 **1.** 크레인의 작업장치 중 배수로 작업, 매몰 작업, 굴토 작업 등에 가장 적합한 것은?

㉮ Hook   ㉯ Pile driver
㉰ Boom   ㉱ Trench hoe

해설 트렌치호(도랑파기 : trench hoe) : 배수로작업, 매몰작업, 굴토작업, 채굴작업, 송유관매설작업 등에 적합하다.

문제 **2.** 무한 궤도식 건설기계에서 지면에 접촉하여 바퀴역할을 하는 트랙(track)의 구성요소에 해당하지 않는 것은?

㉮ 트랙 슈(track shoe)
㉯ 링크(link)
㉰ 부싱(bushing)
㉱ 휠(wheel)

해답 **99.** ㉱   **100.** ㉯ ‖ **1.** ㉱   **2.** ㉱

해설> 트랙(track)이란 독립궤도(crawler belt)로서 지면에 접촉하여 바퀴역할을 하는 것으로 슈판(track shoe), 링크(link), 부싱(bushing), 핀(pin), 볼트(bolt)로 구성되어 있다.

문제 **3.** 건설기계관리법에 따라 무한궤도식 굴삭기의 접지압의 기준으로 틀린 것은?

㉮ 버킷 산적이 $0.2\,m^3$ 이상 $0.5\,m^3$ 이하인 경우 접지압은 $0.5\,kg_f/m^2$ 이하일 것

㉯ 버킷 산적이 $0.5\,m^3$ 초과 $1.0\,m^3$ 이하인 경우 접지압은 $0.75\,kg_f/m^2$ 이하일 것

㉰ 버킷 산적이 $1.0\,m^3$ 초과 $1.5\,m^3$ 이하인 경우 접지압은 $1.0\,kg_f/m^2$ 이하일 것

㉱ 버킷 산적이 $1.5\,m^3$ 초과 $2.5\,m^3$ 이하인 경우 접지압은 $1.25\,kg_f/m^2$ 이하일 것

해설> ・무한궤도식 굴삭기의 접지압
① 버킷산적이 $0.2\,m^3$초과 $0.5\,m^3$이하인 경우 접지압은 $0.5\,kg_f/m^2$이하일 것
② 버킷산적이 $0.5\,m^3$초과 $1.0\,m^3$이하인 경우 접지압은 $0.75\,kg_f/m^2$이하일 것
③ 버킷산적이 $1.0\,m^3$초과 $1.5\,m^3$이하인 경우 접지압은 $1.0\,kg_f/m^2$이하일 것
④ 버킷산적이 $1.5\,m^3$초과 $2.5\,m^3$이하인 경우 접지압은 $1.3\,kg_f/m^2$이하일 것

문제 **4.** 모터 그레이더로 0.15 m 두께로 흙고르기 작업을 할 때의 시간당 작업량은 약 몇 m³/h인가? (단, 1회의 작업거리는 80 m, 토공판의 유효길이는 2.7 m, 토량환산의 계수 1, 작업효율은 70 %이며, 1회 사이클 타임은 2.54분이다.)

㉮ 440   ㉯ 536
㉰ 612   ㉱ 689

해설> 시간당 작업량 $Q = \dfrac{60\ell h D f E}{C_m}$

$\therefore\ Q = \dfrac{60 \times 2.7 \times 0.15 \times 80 \times 1 \times 0.7}{2.54} = 536\,m^3/hr$

여기서, ℓ : Blade의 유효길이
h : 굴착깊이 또는 흙고르기 두께

D : 1회작업거리(편도)
f : 토량환상계수
E : 작업효율

문제 **5.** 다음 중 건설기계관리법에서 규정하는 건설기계의 범위에 해당하지 않는 것은?

㉮ 지게차 : 타이어식으로 들어올림장치를 가진 것. 다만, 전동식으로 솔리드타이어를 부착한 것을 제외한다.

㉯ 준설선 : 펌프식・바켓식・디퍼식 또는 그래브식으로 자항식인 것. 다만, 해상화물운송에 사용하기 위하여 「선박법」에 따른 선박으로 등록된 것은 제외한다.

㉰ 모터 그레이더 : 정지장치를 가진 자주식인 것

㉱ 쇄석기 : 20킬로와트 이상의 원동기를 가진 이동식인 것

해설> 준설선 : 펌프식, 바켓식, 디퍼식 또는 그래브식으로 비자항식인 것

문제 **6.** 아스팔트 피니셔에서 노면에 살포된 아스팔트 혼합재를 매끈하게 다듬질하는 판에 해당하는 것은?

㉮ 스크리드
㉯ 리시빙 호퍼
㉰ 피더
㉱ 스프레이팅 스크루

해설> ・아스팔트 피니셔의 기구
① 스크리드 : 노면에 살포된 혼합재를 매끈하게 다듬질 하는 판
② 리빙호퍼 : 장비의 정면에 5톤 정도의 호퍼가 설치되어 덤프트럭으로 운반된 혼합재(아스팔트)를 저장하는 용기
③ 피더 : 호퍼 바닥에 설치되어 혼합재를 스프레딩 스크루로 보내는 일을 한다.
④ 범퍼 : 스크리드 전면에 설치되어 노면에 살포된 혼합재를 요구하는 두께로 포장면을 다져준다.

애답> **3.** ㉱ **4.** ㉯ **5.** ㉯ **6.** ㉮

[문제] **7.** 다음 중 트리밍 도저(trimming dozer)에 대한 설명으로 옳은 것은?

㉮ 배토판의 좌우 날개부분을 앞쪽으로 일정 각도로 구부려 배토판을 U자 모양으로 한 도저

㉯ 토공판의 중간에 힌지를 둔 것으로 토공판을 펴거나 한쪽으로 꺾을 수 있는 도저

㉰ 토광판과 트랙터 전면과의 거리를 길게 하고 토공판의 설치각도를 변화시킴으로써 좁은 장소나 선창 모퉁이 부위에 쌓여 있는 석탄이나 광석을 끄집어내는데 효과적인 도저

㉱ 토공판 대신 갈퀴모양의 장치를 설치한 것으로 그루터기나 도목, 나무, 전석 등의 제거에 효과적으로 과수원 조성을 위한 제초작업 등에 사용하는 도저

[해설] ㉮ U도저(U-dozer)
㉰ 힌지도저(hinge dozer)
㉰ 트리밍도저(trimming dozer)
㉱ 레이크도저(rake dozer)

[문제] **8.** 롤러의 종류 중 자체 중량을 이용하는 전압식 롤러에 해당하지 않는 것은?

㉮ 탠덤 롤러   ㉯ 진동 롤러
㉰ 머캐덤 롤러   ㉱ 타이어 롤러

[해설] ·롤러의 종류
① 전압식 : 로드롤러(머캐덤롤러, 탠덤롤러), 타이어롤러, 탬핑롤러
② 충격식 : 래머, 탬퍼
③ 진동식 : 진동롤러, 소일콤팩터

[문제] **9.** 굴착 적재기계 중 하나로 버킷래더굴착기와 유사한 구조로서 커터비트(cutter bit)를 규칙적으로 배열한 체인커터를 회전시키는 커터붐을 차체에 설치하고 커터의 회전으로 토사를 굴착하는 것은?

㉮ 트렌처(trencher)

㉯ 크램쉘(clamshell)

㉰ 드래그라인(dragline)

㉱ 백호(back hoe)

[해설] 트렌처(trencher)
: 버킷래더 굴착기(bucket ladder excavator)와 유사한 구조로 된 구굴기이다. 커터비트(cutter bit)를 규칙적으로 배열한 체인커터(chain cutter)를 회전시키는 커터붐(cutter boom)을 차체에 설치하고, 커터의 회전으로 토사를 굴착하도록 되어 있다. 공동구, 가스관, 상·하도수관, 전신관, 송유관 등의 장거리 매설을 위하여 도랑을 파거나 암거(暗渠)를 굴착하는데 유효하게 사용된다.

[문제] **10.** 도저로 작업시 슬롯 압토법(홈 송토법)을 하는 목적으로 가장 가까운 것은?

㉮ 토사를 빨리 적재하기 위하여

㉯ 토사가 흘러넘치는 것을 방지하기 위하여

㉰ 토사를 고르게 다지기 위하여

㉱ 토사 파기를 빨리 하기 위하여

[해설] 슬롯(slot)압토법(=홈통작업법=단독압토법)
: 불도저로 같은 통로를 여러번 반복하여 절삭하면 통로의 양단에는 흙이 쌓여 두둑이 형성된다. 이 두둑은 흙이 배토판 양쪽으로 흘러 넘치지 못하게 하여 작업량을 증가시킨다. 이와 같은 공법을 슬롯 압토법이라 한다.

[정답] **7.** ㉰   **8.** ㉯   **9.** ㉮   **10.** ㉯

2012년 제2회 일반기계·건설기계설비 기사

제1과목 재료역학

문제 1. 길이 3 m의 부재가 하중을 받아 1.2 mm 늘어났다. 이때 선형 탄성 거동을 갖는 부재의 변형률은? 【1장】

㉮ 3.6×10^{-4}

㉯ 3.6×10^{-3}

㉰ 4×10^{-4}

㉱ 4×10^{-3}

해설 $\varepsilon = \dfrac{\lambda}{\ell} = \dfrac{1.2}{3 \times 10^3} = 4 \times 10^{-4}$

문제 2. 길이 3 m의 직사각형 단면을 가진 외팔보에 단위 길이당 ω의 등분포하중이 작용하여 최대 굽힘응력 50 MPa이 발생할 경우 최대 전단응력은 약 몇 MPa인가? (단, 단면의 치수 폭×높이$(b \times h) = 6$ cm×10 cm이다.) 【7장】

㉮ 0.83 ㉯ 1.25

㉰ 0.63 ㉱ 1.45

해설 우선, $M_{max} = \sigma_{max} Z$에서 $\dfrac{w\ell^2}{2} = \sigma_{max} \times \dfrac{bh^2}{6}$

$\dfrac{w \times 3^2}{2} = 50 \times \dfrac{0.06 \times 0.1^2}{6}$ ∴ $w = 0.0011 \, \text{MN/m}$

결국, $\tau_{max} = \dfrac{3}{2} \times \dfrac{F}{A} = \dfrac{3}{2} \times \dfrac{w\ell}{bh}$

$= \dfrac{3}{2} \times \dfrac{0.0011 \times 3}{0.06 \times 0.1} = 0.825 \, \text{MPa} ≒ 0.83 \, \text{MPa}$

문제 3. 그림과 같은 보가 집중하중 P를 받고 있다. 최대 굽힘모멘트의 크기는? 【6장】

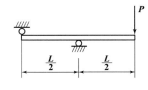

㉮ PL ㉯ $\dfrac{PL}{2}$

㉰ $\dfrac{PL}{4}$ ㉱ $\dfrac{PL}{8}$

해설

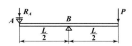

$-R_A \times \dfrac{L}{2} = -P \times \dfrac{L}{2}$ ∴ $R_A = P$

$M_{max} = M_B = P \times \dfrac{L}{2}$ 또는 $R_A \times \dfrac{L}{2} = \dfrac{PL}{2}$

문제 4. 그림과 같이 재료와 단면적이 같고 길이가 서로 다른 강봉에 지지되어 있는 보에 하중을 가해 수평으로 유지하기 위한 비 a/b는? 【6장】

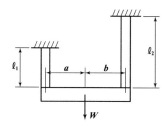

㉮ $\dfrac{\ell_1}{\ell_2}$ ㉯ $\dfrac{\ell_2}{\ell_1}$

㉰ $\dfrac{\ell_1}{(\ell_1 + \ell_2)}$ ㉱ $\dfrac{\ell_2}{(\ell_1 + \ell_2)}$

예답 1. ㉰ 2. ㉮ 3. ㉯ 4. ㉮

【해설】 우선, $\lambda_1 = \lambda_2$

즉, $\dfrac{P_1 \ell_1}{AE} = \dfrac{P_2 \ell_2}{AE}$ $\therefore$ $P_1 \ell_1 = P_2 \ell_2$ ······· ①식

또한, $P_1 a = P_2 b$ ······· ②식

결국, ①, ②식에서 $\dfrac{P_2}{P_1} = \dfrac{a}{b} = \dfrac{\ell_1}{\ell_2}$

문제 5. 길이가 L이고 직경이 d인 축과 동일 재료로 만든 길이 $3L$인 축이 같은 크기의 비틀림모멘트를 받았을 때, 같은 각도만큼 비틀어지게 하려면 직경은 얼마가 되어야 하는가? 【5장】

㉮ $\sqrt{2}\,d$

㉯ $\sqrt[4]{2}\,d$

㉰ $\sqrt{3}\,d$

㉱ $\sqrt[4]{3}\,d$

【해설】 $\theta = \dfrac{T\ell}{GI_P}$ 에서 $\theta_1 = \theta_2$이므로

$\dfrac{T\ell_1}{GI_{P_1}} = \dfrac{T\ell_2}{GI_{P_2}}$ 즉, $\dfrac{\ell_1}{I_{P_1}} = \dfrac{\ell_2}{I_{P_2}}$

$\dfrac{L}{\left(\dfrac{\pi d^4}{32}\right)} = \dfrac{3L}{\left(\dfrac{\pi d_2^4}{32}\right)} \rightarrow d_2^4 = 3d^4$

$\therefore d_2 = \sqrt[4]{3}\,d$

문제 6. 그림에서와 같이 지름이 50 cm, 무게가 100 N의 잔디밭용 롤러를 높이 5 cm의 계단 위로 밀어서 막 움직이게 하는데 필요한 힘 F는 몇 N인가? 【6장】

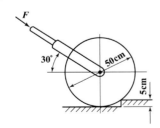

㉮ 200   ㉯ 87

㉰ 125   ㉱ 153

【해설】

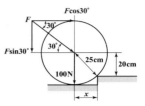

우선, $25^2 = 20^2 + x^2$에서 $x = 15$ cm

결국, $F\cos 30° \times 2 \geq F \sin 30° \times 15 + 100 \times 15$

$F(\cos 30° \times 2 - \sin 30° \times 15) \geq 100 \times 15$

$F \geq 152.74\,N$ $\therefore$ $F ≒ 153\,N$

문제 7. 중앙에 집중 모멘트 M_0 (kN·m)가 작용하는 길이 L의 단순 지지보 내의 최대 굽힘응력은? (단, 보의 단면은 직경이 $2a$인 원이다.) 【6장】

㉮ $\dfrac{M_0}{2\pi a^3}$ ㉯ $\dfrac{M_0}{\pi a^3}$

㉰ $\dfrac{2M_0}{\pi a^3}$ ㉱ $\dfrac{4M_0}{\pi a^3}$

【해설】 $\sigma = \dfrac{M}{Z} = \dfrac{\left(\dfrac{M_0}{2}\right)}{\left[\dfrac{\pi(2a)^3}{32}\right]} = \dfrac{2M_0}{\pi a^3}$

단, 중앙점의 모멘트 $M = R_A \times \dfrac{L}{2} = \dfrac{M_0}{L} \times \dfrac{L}{2} = \dfrac{M_0}{2}$

문제 8. 그림에서 클램프(clamp)의 압축력이 $P = 5$ kN일 때 $m-n$ 단면의 최소두께 h를 구하면 몇 cm인가? (단, 직사각형 단면의 폭 $b = 10$ mm, 편심거리 $e = 50$ mm, 재료의 허용응력 $\sigma_W = 150$ MPa이다.) 【10장】

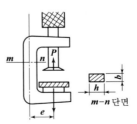

㉮ 1.34   ㉯ 2.34

㉰ 3.34   ㉱ 4.34

해답 5. ㉱ 6. ㉱ 7. ㉰ 8. ㉰

해설 $\sigma_{\max} = \sigma' + \sigma'' = \dfrac{P}{A} + \dfrac{M}{Z}$ 에서

$$150 \times 10^3 = \frac{5}{0.01 \times h} + \frac{5 \times 0.05}{\left(\dfrac{0.01 \times h^2}{6}\right)}$$

$$150 \times 10^3 h^2 - 500h - 150 = 0$$

근의 공식을 이용하면

$$h = \frac{250 \pm \sqrt{250^2 - (150 \times 10^3)(-150)}}{150 \times 10^3}$$

(단, ⊖는 없앤다.) ∴ $h = 0.0333\,\mathrm{m} = 3.33\,\mathrm{cm}$

문제 9. 그림과 같이 10 cm×10 cm의 단면적을 갖고 양단이 회전단으로 된 부재가 중심축 방향으로 압축력 P가 작용하고 있을 때 장주의 길이가 2 m라면 세장비는? 【10장】

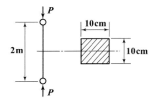

㉮ 890 ㉯ 69

㉰ 49 ㉳ 29

해설 $\lambda = \dfrac{\ell}{K} = \dfrac{200}{\left(\dfrac{10}{2\sqrt{3}}\right)} = 69.28$

단, $K = \sqrt{\dfrac{I}{A}} = \sqrt{\dfrac{\left(\dfrac{10^4}{12}\right)}{10 \times 10}} = \dfrac{10}{2\sqrt{3}}\,(\mathrm{cm})$

문제 10. 다음과 같은 부재에 축 하중 $P = 15\,\mathrm{kN}$이 가해졌을 때, x방향의 길이는 0.003 mm 증가하고, z방향의 길이는 0.0002 mm 감소하였다면 이 선형 탄성 재료의 포아송 비는? 【1장】

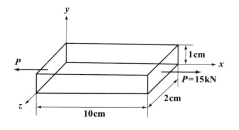

㉮ 0.28 ㉯ 0.30

㉰ 0.33 ㉳ 0.35

해설 $\mu = \dfrac{\varepsilon'}{\varepsilon} = \dfrac{\left(\dfrac{\delta}{b}\right)}{\left(\dfrac{\lambda}{\ell}\right)} = \dfrac{\ell\delta}{b\lambda} = \dfrac{100 \times 0.0002}{20 \times 0.003} = 0.33$

문제 11. 그림과 같이 외팔보의 중아에 집중 하중 P가 작용하며 자유단의 처짐은? (단, 보의 굽힘강성 EI는 일정하고, L은 보의 전체의 길이이다.) 【8장】

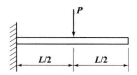

㉮ $\dfrac{PL^3}{3EI}$

㉯ $\dfrac{PL^3}{24EI}$

㉰ $\dfrac{PL^3}{8EI}$

㉳ $\dfrac{5PL^3}{48EI}$

해설

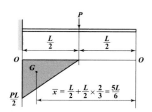

면적모멘트법을 이용하면

$$\delta = \frac{A_M}{EI}\bar{x} = \frac{1}{EI} \times \frac{1}{2} \times \frac{L}{2} \times \frac{PL}{2} \times \frac{5L}{6} = \frac{5PL^3}{48EI}$$

문제 12. 그림과 같은 일단고정 타단 지지보에서 B점에서의 모멘트 M_B는 몇 kN·m인가? (단, 균일단면보이며, 굽힘강성(EI)은 일정하다.) 【9장】

해답 **9.** ㉯ **10.** ㉰ **11.** ㉳ **12.** ㉰

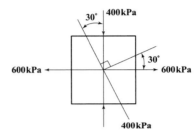

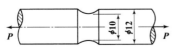

$w = 4[\text{kN/cm}]$

A B

$\ell = 8[\text{m}]$

㉮ 800

㉯ 2000

㉰ 3200

㉱ 4000

해설 $M_B = \dfrac{w\ell^2}{8} = \dfrac{400 \times 8^2}{8} = 3200\,\text{kN} \cdot \text{m}$

문제 **13.** 지름 d인 원형 단면봉이 비틀림 모멘트 T를 받을 때, 봉의 표면에 발생하는 최대 전단응력은? (단, G는 전단 탄성계수, θ는 봉의 단위 길이마다의 비틀림 각이다.) 【5장】

㉮ $\dfrac{1}{2} G^2 \theta d$ ㉯ $\dfrac{1}{2} G \theta^2 d$

㉰ $\dfrac{1}{2} G \theta d^2$ ㉱ $\dfrac{1}{2} G \theta d$

해설 θ는 봉의 단위길이마다의 비틀림각이므로

$\theta = \dfrac{T}{GI_P} = \dfrac{\tau Z_P}{GI_P}$ 에서

$\therefore \ \tau = \dfrac{GI_P \theta}{Z_P} = \dfrac{G \times \frac{\pi d^4}{32} \times \theta}{\left(\frac{\pi d^3}{16}\right)} = \dfrac{G\theta d}{2}$

문제 **14.** 그림과 같이 노치가 있는 둥근봉이 인장력 $P = 10$ kN을 받고 있다. 노치의 응력 집중계수가 $\alpha = 2.5$라면, 노치부의 최대응력은 약 몇 MPa인가? (단위 : mm) 【1장】

P $\phi 10$ $\phi 12$ P

㉮ 3180   ㉯ 51

㉰ 221   ㉱ 318

해설 $\sigma_{\max} = \alpha\sigma_n = \alpha \times \dfrac{P}{A} = 2.5 \times \dfrac{10 \times 10^{-3}}{\frac{\pi}{4} \times 0.01^2}$

$= 318.3\,\text{MPa}$

문제 **15.** 그림과 같이 평면응력 조건하에 600 kPa의 인장응력과 400 kPa의 압축응력이 작용할 때 인장응력이 작용하는 면과 30°의 각도를 이루는 경사면에 생기는 수직응력은 몇 kPa인가? 【3장】

㉮ 150   ㉯ 250

㉰ 350   ㉱ 450

해설 $\sigma_n = \dfrac{1}{2}(\sigma_x + \sigma_y) + \dfrac{1}{2}(\sigma_x - \sigma_y)\cos 2\theta$

$= \dfrac{1}{2}(600 - 400) + \dfrac{1}{2}(600 + 400)\cos 60°$

$= 350\,\text{kPa}$

문제 **16.** 단면적이 일정한 강봉이 인장하중 W를 받아 탄성 한계 내에서 인장응력 σ가 발생하고, 이 때의 변형률이 ε이었다. 이 강봉의 단위체적 속에 저장되는 탄성에너지 U를 나타내는 식은? (단, 강봉의 탄성계수는 E이다.) 【2장】

㉮ $U = \dfrac{1}{2} E\sigma^2$ ㉯ $U = \dfrac{1}{2} \sigma\varepsilon^2$

㉰ $U = \dfrac{1}{2} E\varepsilon^2$ ㉱ $U = \dfrac{1}{2} E\varepsilon$

해설   최대탄성에너지(u)는

$u = \dfrac{\sigma^2}{2E} = \dfrac{E\varepsilon^2}{2} = \dfrac{\sigma\varepsilon}{2}$

해답   **13.** ㉱   **14.** ㉱   **15.** ㉰   **16.** ㉰

문제 17. 두 변의 길이가 각각 b, h인 직사각형의 한 모서리 점에 관한 극관성 모멘트는? 【4장】

㉮ $\dfrac{bh}{3}(b^2+h^2)$ ㉯ $\dfrac{bh}{6}(b^2+h^2)$

㉰ $\dfrac{bh}{12}(b^2+h^2)$ ㉭ $\dfrac{bh}{16}(b^2+h^2)$

해설

우선, 평행축정리를 이용하면

$$I_x = \frac{bh^3}{3}, \quad I_y = \frac{hb^3}{3}$$

결국, $I_P = I_x + I_y = \dfrac{bh^3}{3} + \dfrac{hb^3}{3} = \dfrac{bh}{3}(h^2+b^2)$

문제 18. 동일한 전단력이 작용할 때 원형 단면보의 지름 D를 $3D$로 크게 하면 최대 전단응력 $\tau_{\max}$는 어떻게 되는가? 【7장】

㉮ $9\tau_{\max}$

㉯ $3\tau_{\max}$

㉰ $\dfrac{1}{3}\tau_{\max}$

㉭ $\dfrac{1}{9}\tau_{\max}$

해설 $\tau_{\max} = \dfrac{4}{3} \times \dfrac{F}{A} = \dfrac{4}{3} \times \dfrac{F}{\dfrac{\pi d^2}{4}}$ 에서

$\tau_{\max} \propto \dfrac{1}{d^2} = \dfrac{1}{3^2} = \dfrac{1}{9}$ 배

문제 19. 그림과 같이 지름 6 mm 강선의 상단을 고정하고 하단에 지름 $d_1 =100$ mm의 추를 달고 접선방향에 $F=10$ N의 힘을 작용시켜 비틀면 강선이 $\phi=6.2°$로 비틀어졌다. 이 때 강선의 길이가 $\ell=2$ m라면 이 강선의 전단 탄성계수는 약 몇 GPa인가? 【5장】

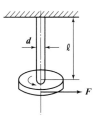

㉮ 12 ㉯ 84

㉰ 18 ㉭ 73

해설 $\theta = \dfrac{180}{\pi} \times \dfrac{T\ell}{GI_P}$ 에서 단, $T = Fr$

$6.2° = \dfrac{180°}{\pi} \times \dfrac{10 \times 10^{-9} \times 0.05 \times 2}{G \times \dfrac{\pi \times 0.006^4}{32}}$

$\therefore\ G = 72.63\,\text{GPa} ≒ 73\,\text{GPa}$

문제 20. 순수굽힘을 받는 선형 탄성 균일단면보의 전단력 F와 굽힘모멘트 M 및 분포하중 ω [N/m] 사이에 옳은 관계식은? 【6장】

㉮ $\omega = \dfrac{d^2 F}{dx^2}$ ㉯ $\omega = \dfrac{dM}{dx}$

㉰ $\omega = \dfrac{d^2 x}{dM^2}$ ㉭ $\omega = \dfrac{dF}{dx}$

해설 $w = \dfrac{dF}{dx} = \dfrac{d^2 M}{dx^2}$ 즉, $F = \dfrac{dM}{dx}$

제2과목 기계열역학

문제 21. 정압비열 209.5 J/kg·K이고, 정적비열 159.6 J/kg·K인 이상기체의 기체상수는? 【3장】

㉮ 11.7 J/kg · K ㉯ 27.4 J/kg · K

㉰ 32.6 J/kg · K ㉭ 49.9 J/kg · K

해설 $R = C_p - C_v = 209.5 - 159.6$
$= 49.9\,\text{J/kg} \cdot \text{K}$

정답 17. ㉮ 18. ㉭ 19. ㉭ 20. ㉭ 21. ㉭

문제 22. 증기압축 냉동기에서 냉매가 순환되는 경로를 올바르게 나타낸 것은? 【9장】

㉮ 증발기 → 압축기 → 응축기 → 수액기 → 팽창밸브

㉯ 증발기 → 응축기 → 수액기 → 팽창밸브 → 압축기

㉰ 압축기 → 수액기 → 응축기 → 증발기 → 팽창밸브

㉱ 압축기 → 증발기 → 팽창밸브 → 수액기 → 응축기

해설 증발기 → 압축기 → 응축기 → 수액기 → 팽창밸브
(정압흡열)(단열압축)(정압방열)　　(교축과정)

문제 23. 대기압 하에서 물질의 질량이 같을 때 엔탈피의 변화가 가장 큰 경우는? 【6장】

㉮ 100 ℃ 물이 100 ℃ 수증기로 변화

㉯ 100 ℃ 공기가 200 ℃ 공기로 변화

㉰ 90 ℃의 물이 91 ℃ 물로 변화

㉱ 80 ℃의 공기가 82 ℃ 공기로 변화

해설 엔탈피(H) : 열량을 공급받은 동작유체에 있어서 내부에너지(U)와 유동에너지(PV)의 합을 말한다.
$$H = U + PV$$
여기서, 엔탈피의 변화가 가장 큰 것은 100 ℃의 물이 100 ℃의 수증기로 변화할 때의 유동에너지 즉, 증발열이다.
증발열(잠열) $r = h'' - h'$

문제 24. A, B 두 종류의 기체가 한 용기 안에서 박막으로 분리되어 있다. A의 체적은 0.1 m^3, 질량은 2 kg이고, B의 체적은 0.4 m^3, 밀도는 1 kg/m^{3}이다. 박막이 파열되고 난 후에 평형에 도달하였을 때 기체 혼합물의 밀도는? 【3장】

㉮ 4.8 kg/m^3　　　㉯ 6.0 kg/m^3

㉰ 7.2 kg/m^3　　　㉱ 8.4 kg/m^3

해설 우선, $\rho_A = \dfrac{m_A}{V_A} = \dfrac{2}{0.1} = 20\,\text{kg/m}^3$

결국, 달톤의 분압법칙에 의해
$$\rho V = \rho_A V_A + \rho_B V_B$$
$$\therefore \rho = \frac{\rho_A V_A + \rho_B V_B}{V(= V_A + V_B)} = \frac{(20 \times 0.1) + (1 \times 0.4)}{0.1 + 0.4}$$
$$= 4.8\,\text{kg/m}^3$$

문제 25. 증기를 가역 단열과정을 거쳐 팽창시키면 증기의 엔트로피는? 【6장】

㉮ 증가한다.

㉯ 감소한다.

㉰ 변하지 않는다.

㉱ 경우에 따라 증가도 하고, 감소도 한다.

해설 가역단열변화에서는 등엔트로피 즉, 엔트로피가 변하지 않는다.

문제 26. 체적이 일정하고 단열된 용기 내에 80 ℃, 320 kPa의 헬륨 2 kg이 들어 있다. 용기 내에 있는 회전날개가 20 W의 동력으로 30분 동안 회전한다. 최종 온도는? (단, 헬륨의 정적비열(C_v) =3.12 kJ/kg·K이다.) 【3장】

㉮ 76.2 ℃　　　㉯ 80.3 ℃

㉰ 82.9 ℃　　　㉱ 85.8 ℃

해설 정적이므로 $\delta q = du + Apdv$에서 $dv = 0$
$$\therefore \delta q = du = C_v dT$$
즉, $\delta Q = m C_v dT$를 이용하면
$$20\,\text{W}(= \text{J/s}) = 0.02\,\text{kJ/s} \times 30 \times 60\,\text{sec}$$
$$= 2 \times 3.12 \times (T_2 - 353)$$
$$\therefore T_2 = 358.77\,\text{K} = 85.77\,℃ ≒ 85.8\,℃$$

문제 27. 해수면 아래 20 m에 있는 수중다이버에게 작용하는 절대압력은 약 얼마인가? (단, 대기압은 101 kPa이고, 해수의 비중은 1.03 이다.) 【1장】

㉮ 202 kPa　　　㉯ 303 kPa

㉰ 101 kPa　　　㉱ 504 kPa

해답 22. ㉮　23. ㉮　24. ㉮　25. ㉰　26. ㉱　27. ㉯

해설 $p = p_0 + \gamma h = p_0 + \gamma_{H_2O} S h$
$\qquad = 101 + (9.8 \times 1.03 \times 20)$
$\qquad = 302.88 \, kPa ≒ 303 \, kPa$

문제 28. 압력 200 kPa, 체적 0.4 m³인 공기가 정압 하에서 체적이 0.6 m³로 팽창하였다. 이 팽창 중에 내부에너지가 100 kJ만큼 증가하였으면 팽창에 필요한 열량은? 【3장】

㉮ 40 kJ ㉯ 60 kJ
㉰ 140 kJ ㉱ 160 kJ

해설 $\delta q = du + A p dv$ 단, SI단위이므로 $A = 1$
$\qquad {}_1 Q_2 = \Delta U + p(V_2 - V_1)$
$\qquad = 100 + 200(0.6 - 0.4) = 140 \, kJ$

문제 29. 밀폐계(closed system)의 가역정압과정에서 열전달량은? 【3장】

㉮ 내부에너지의 변화와 같다.
㉯ 엔탈피의 변화와 같다.
㉰ 엔트로피의 변화와 같다.
㉱ 일과 같다.

해설 정압이므로 $dq = dh - A v dp$에서 $dp = 0$
$\qquad \therefore \ \delta q = dh$ 즉, ${}_1 q_2 = \Delta h$

문제 30. 실린더 내의 이상기체 1 kg이 온도를 27 ℃로 일정하게 유지하면서 200 kPa에서 100 kPa까지 팽창하였다. 기체가 한 일은? (단, 이 기체의 기체상수는 1 kJ/kg·K이다.) 【3장】

㉮ 27 kJ ㉯ 208 kJ
㉰ 300 kJ ㉱ 433 kJ

해설 등온변화이므로
$\qquad {}_1 W_2 = m R T \ln \dfrac{p_1}{p_2} = 1 \times 1 \times 300 \times \ln \dfrac{200}{100}$
$\qquad = 207.944 \, kJ ≒ 208 \, kJ$

문제 31. 어떤 발명가가 태양열 집열판에서 나오

는 77 ℃의 온수에서 1 kW의 열을 받아 동력을 생성하는 열기관을 고안하였다고 주장한다. 이러한 열기관이 생성할 수 있는 최대 출력은? (단, 주위 공기의 온도는 27 ℃라고 가정한다.) 【4장】

㉮ 1000 W ㉯ 649 W
㉰ 333 W ㉱ 143 W

해설 $\eta_c = \dfrac{W}{Q_1} = 1 - \dfrac{T_{II}}{T_I}$에서 $\dfrac{W}{1} = 1 - \dfrac{(27 + 273)}{(77 + 273)}$
$\qquad \therefore \ W = 0.143 \, kW = 143 \, W$

문제 32. 열펌프를 난방에 이용하려 한다. 실내온도는 18 ℃이고 실외온도는 −15 ℃이며 벽을 통한 열손실은 12 kW이다. 열펌프를 구동하기 위해 필요한 최소 일률(동력)은? 【9장】

㉮ 0.65 kW ㉯ 0.74 kW
㉰ 1.36 kW ㉱ 1.53 kW

해설 $\varepsilon_h = \dfrac{Q_1}{W_C} = \dfrac{T_I}{T_I - T_{II}}$에서 $\dfrac{12}{W_C} = \dfrac{291}{291 - 258}$
$\qquad \therefore \ W_C = 1.36 \, kW$

문제 33. 카르노사이클로 작동되는 열기관이 600 K에서 800 kJ의 열을 받아 300 K에서 방출한다면 일은 몇 kJ인가? 【4장】

㉮ 200 ㉯ 400
㉰ 500 ㉱ 900

해설 $\eta_C = \dfrac{W}{Q_1} = 1 - \dfrac{T_{II}}{T_I}$에서 $\dfrac{W}{800} = 1 - \dfrac{300}{600}$
$\qquad \therefore \ W = 400 \, kJ$

문제 34. 출력이 50 kW인 동력 기관이 한 시간에 13 kg의 연료를 소모한다. 연료의 발열량이 45000 kJ/kg이라면, 이 기관의 열효율은 약 얼마인가? 【1장】

㉮ 25 % ㉯ 28 %
㉰ 31 % ㉱ 36 %

해답 28. ㉰ 29. ㉯ 30. ㉯ 31. ㉱ 32. ㉰ 33. ㉯ 34. ㉰

[해설] $\eta = \dfrac{\text{정미출력}(=\text{동력}=\text{공률})}{\text{저위발열량}\times\text{연료소비율}}\times 100\,(\%)$

$= \dfrac{50\,\text{kW}(=\text{kJ/s})}{45000\,\text{kJ/kg}\times 13\,\text{kg}/3600\,\text{sec}}\times 100\,(\%)$

$= 30.77 \fallingdotseq 31\%$

[문제] 35. 랭킨사이클(rankine cycle)에 관한 설명 중 틀린 것은? 【7장】

㉮ 보일러에서 수증기를 과열하면 열효율이 증가한다.

㉯ 응축기 압력이 낮아지면 열효율이 증가한다.

㉰ 보일러에서 수증기를 과열하면 터빈 출구에서 건도가 감소한다.

㉱ 응축기 압력이 낮아지면 터빈 날개가 부식될 가능성이 높아진다.

[해설] 보일러에서 수증기를 과열하면 터빈출구에서 건도가 증가한다.

[문제] 36. 523 ℃의 고열원으로부터 1 MW의 열을 받아서 300 K의 대기로 600 kW의 열을 방출하는 열기관이 있다. 이 열기관의 효율은 약 몇 %인가? 【4장】

㉮ 40

㉯ 45

㉰ 60

㉱ 65

[해설] $\eta = \dfrac{W}{Q_1} = \dfrac{Q_1 - Q_2}{Q_1} = \dfrac{1\times 10^3 - 600}{1\times 10^3} = 0.4 = 40\%$

[문제] 37. 초기 온도와 압력이 50 ℃, 600 kPa인 질소가 100 kPa까지 가역 단열팽창하였다. 이때 온도는 약 몇 K인가?

(단, 비열비 $k=1.4$이다.) 【3장】

㉮ 194

㉯ 294

㉰ 467

㉱ 539

[해설] $\dfrac{T_2}{T_1} = \left(\dfrac{p_2}{p_1}\right)^{\frac{k-1}{k}}$ 에서

$\therefore\ T_2 = T_1 \left(\dfrac{p_2}{p_1}\right)^{\frac{k-1}{k}} = (50+273)\times\left(\dfrac{100}{600}\right)^{\frac{1.4-1}{1.4}}$

$= 193.6\,\text{K} \fallingdotseq 194\,\text{K}$

[문제] 38. 난방용 열펌프가 저온 물체에서 1500 kJ/h로 열을 흡수하여 고온 물체에 2100 kJ/h로 방출한다. 이 열펌프의 성능계수는? 【9장】

㉮ 2.0

㉯ 2.5

㉰ 3.0

㉱ 3.5

[해설] $\varepsilon_h = \dfrac{Q_1}{W_C} = \dfrac{Q_1}{Q_1 - Q_2} = \dfrac{2100}{2100-1500} = 3.5$

[문제] 39. 압력 1000 kPa, 온도 300 ℃ 상태의 수증기[엔탈피(h)=3051.15 kJ/kg, 엔트로피(s)=7.1228 kJ/kg·K]가 증기터빈으로 들어가서 100 kPa 상태로 나온다. 터빈의 출력일은 370 kJ/kg이다. 수증기표를 이용하여 터빈 효율을 구하면 약 얼마인가? 【7장】

수증기의 포화 상태표			
압력=100 kPa,		온도=99.62 ℃	
엔탈피(kJ/kg)		엔트로피(kJ/kg·K)	
포화액체	포화증기	포화액체	포화증기
417.44	2675.46	1.3025	7.3593

㉮ 0.156

㉯ 0.332

㉰ 0.668

㉱ 0.798

[해설] 우선, 터빈은 단열팽창을 하므로 등엔트로피이다.

즉, $s = s_x = s' + x(s'' - s')$ 에서

$x = \dfrac{s_x - s'}{s'' - s'} = \dfrac{7.1228 - 1.3025}{7.3593 - 1.3025} = 0.96$

또한, $h_x = h' + x(h'' - h')$

$= 417.44 + 0.96(2675.46 - 417.44)$

$= 2585.14\,\text{kJ/kg}$

결국, 터빈효율 η_T는

$\eta_T = \dfrac{\text{실질적인 터빈일}(w_T')}{\text{이론적인 터빈일}(w_T)}$

$= \dfrac{w_T'}{h - h_x} = \dfrac{370}{3051.15 - 2585.14} = 0.794$

[해답] **35.** ㉰ **36.** ㉮ **37.** ㉮ **38.** ㉱ **39.** ㉱

문제 40. 어느 내연기관에서 피스톤의 흡기과정으로 실린더 속에 0.2 kg의 기체가 들어 왔다. 이것을 압축할 때 15 kJ의 일이 필요하였고, 10 kJ의 열을 방출하였다고 한다면, 이 기체 1 kg당 내부에너지의 증가량은? **【2장】**

㉮ 10 kJ
㉯ 25 kJ
㉰ 35 kJ
㉱ 50 kJ

해설 우선, $_1Q_2 = \Delta U + _1W_2$에서
$-10 = \Delta U - 15$ $\therefore \Delta U = 5\,\mathrm{kJ}$
결국, $\Delta u = \dfrac{\Delta U}{m} = \dfrac{5}{0.2} = 25\,\mathrm{kJ/kg}$

제3과목 기계유체역학

문제 41. 원관 내의 유동이 완전 발달된 유동일 경우, 수두손실의 설명으로 옳은 것은? **【6장】**

㉮ 벽면 전단응력에 비례한다.
㉯ 벽면 전단응력의 제곱에 비례한다.
㉰ 벽면 전단응력의 제곱근에 비례한다.
㉱ 벽면 전단응력과 무관하다.

해설 $\tau = \dfrac{\Delta p\, d}{4\ell} = \dfrac{\gamma h_\ell d}{4\ell}$에서 $h_\ell = \dfrac{4\ell\tau}{\gamma d}$ $\therefore h_\ell \propto \tau$

문제 42. 체적이 30 m³인 어느 기름의 무게가 247 kN이었다면 비중은? **【1장】**

㉮ 0.80
㉯ 0.82
㉰ 0.84
㉱ 0.86

해설 $\gamma = \dfrac{W}{V}$에서 $\gamma_{H_2O} S = \dfrac{W}{V}$
$\therefore S = \dfrac{W}{\gamma_{H_2O} \cdot V} = \dfrac{247}{9.8 \times 30} = 0.84$

문제 43. 수평으로 놓인 파이프에 면적이 10 cm²인 오리피스가 설치되어 있고 물이 5 kg/s만큼 흐른다. 오리피스 전후의 압력차이가 8 kPa이

면 이 오리피스의 유량계수는? **【3장】**

㉮ 0.63
㉯ 0.72
㉰ 0.88
㉱ 1.25

해설 $\dot{m} = \rho A V = \rho Q$에서 $Q = \dfrac{\dot{m}}{\rho}$
$Q = \dfrac{\dot{m}}{\rho} = C A_0 \sqrt{\dfrac{2(p_1 - p_2)}{\rho}}$
$\dfrac{5}{1000} = C \times 10 \times 10^{-4} \times \sqrt{\dfrac{2 \times 8 \times 10^3}{1000}}$ $\therefore C = 1.25$

문제 44. 계기 압력(gauge pressure)이란 무엇인가? **【2장】**

㉮ 측정위치에서의 대기압을 기준으로 하는 압력
㉯ 표준 대기압을 기준으로 하는 압력
㉰ 절대압력 0(영)을 기준으로 하여 측정하는 압력
㉱ 임의의 압력을 기준으로 하는 압력

해설 계기압력(gauge pressure)이란 측정위치에서의 국소대기압을 기준으로 하여 측정한 압력을 말한다.

문제 45. 수력기울기선(Hydraulic Grade Line)의 설명으로 가장 적당한 것은? **【3장】**

㉮ 에너지선보다 위에 있어야 한다.
㉯ 항상 수평이 된다.
㉰ 위치 수두와 속도 수두의 합을 나타낸다.
㉱ 위치 수두와 압력 수두의 합을 나타낸다.

해설 ① 수력구배선 : $\mathrm{H.G.L} = \dfrac{p}{\gamma} + Z$
② 에너지선 : $\mathrm{E.L} = \dfrac{p}{\gamma} + \dfrac{V^2}{2g} + Z$

문제 46. 길이가 50 m인 배가 8 m/s의 속도로 진행하는 경우를 모형 배로써 조파저항에 관한 실험을 하고자 한다. 모형 배의 길이가 2 m이면 모형 배의 속도는 약 몇 m/s로 하여야 하는가? **【7장】**

정답 40. ㉯ 41. ㉮ 42. ㉰ 43. ㉱ 44. ㉮ 45. ㉱ 46. ㉮

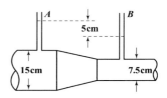

㉮ 1.60　　　　　㉯ 1.82
㉰ 2.14　　　　　㉱ 2.30

[해설] $(Fr)_P = (Fr)_m$　$\left(\dfrac{V}{\sqrt{g\ell}}\right)_P = \left(\dfrac{V}{\sqrt{g\ell}}\right)_m$

$$\dfrac{8}{\sqrt{50}} = \dfrac{V_m}{\sqrt{2}}　\therefore V_m = 1.6\,\mathrm{m/s}$$

[문제] 47. 10 m 입방체의 개방된 탱크에 비중 0.85의 기름이 가득 차 있을 때 탱크 밑면이 받는 압력은 계기압력으로 몇 kPa인가? 【2장】

㉮ 8330　　　　　㉯ 833
㉰ 83.3　　　　　㉱ 0.833

[해설]

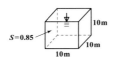

$p = \gamma h = \gamma_{H_2O} \cdot Sh = 9.8 \times 0.85 \times 10 = 83.3\,\mathrm{kPa}$

[문제] 48. 간격 h_0만큼 떨어진 두 평판사이의 유동에서 아래평판으로부터 높이 h인 곳의 속도분포가 다음과 같이 주어졌다. 기준 간격이 $h_0 = 50$ mm, 최대속도가 $V_{max} = 0.3$ m/s일 때, 유동의 평균속도는 몇 m/s인가? 【5장】

$$\dfrac{V}{V_{max}} = 4\dfrac{h}{h_0}\left(1 - \dfrac{h}{h_0}\right)$$

㉮ 0.1　　　　　㉯ 0.2
㉰ 0.25　　　　　㉱ 0.4

[해설] $V_{max} = \dfrac{3}{2}V$에서

$$\therefore V = \dfrac{2}{3}V_{max} = \dfrac{2}{3} \times 0.3 = 0.2\,\mathrm{m/s}$$

[문제] 49. 그림과 같은 관로 내를 흐르는 물의 유량은 몇 m³/s인가? (단, 관 벽에서는 마찰이 없다고 가정한다.) 【3장】

㉮ 0.0175　　　　　㉯ 0.0045
㉰ 0.0017　　　　　㉱ 0.014

[해설] 우선, $\dfrac{p_1}{\gamma} + \dfrac{V_1^2}{2g} + Z_1 = \dfrac{p_2}{\gamma} + \dfrac{V_2^2}{2g} + Z_2$ $(Z_1 = Z_2)$

$$\Delta h = \dfrac{p_1 - p_2}{\gamma} = \dfrac{V_2^2 - V_1^2}{2g} = \dfrac{16V_1^2 - V_1^2}{2g} = \dfrac{15V_1^2}{2g}$$

$$\therefore V_1 = \sqrt{\dfrac{2g\Delta h}{15}} = \sqrt{\dfrac{19.6 \times 0.05}{15}} = 0.2556\,\mathrm{m/s}$$

단, $A_1 V_1 = A_2 V_2$에서 $\dfrac{\pi \times 15^2}{4} \times V_1 = \dfrac{\pi \times 7.5^2}{4} \times V_2$

$$\therefore V_2 = 4V_1$$

결국, $Q = A_1 V_1 = \dfrac{\pi \times 0.15^2}{4} \times 0.2556 = 0.0045\,\mathrm{m^3/s}$

[문제] 50. 지름 0.2 m, 길이 10 m인 파이프에 기름(비중 0.8, 동점성계수 1.2×10^{-4} m²/s)이 0.0188 m³/s의 유량으로 흐른다. 마찰손실 수두는 몇 m인가? 【6장】

㉮ 0.013　　　　　㉯ 0.029
㉰ 0.035　　　　　㉱ 0.059

[해설] 우선, $Q = AV$에서 $V = \dfrac{Q}{A} = \dfrac{0.0188}{\dfrac{\pi}{4} \times 0.2^2}$

$$= 0.6\,\mathrm{m/s}$$

또한, $Re = \dfrac{Vd}{\nu} = \dfrac{0.6 \times 0.2}{1.2 \times 10^{-4}} = 1000$: 층류

$$f = \dfrac{64}{Re} = \dfrac{64}{1000} = 0.064$$

결국, $h_\ell = f\dfrac{\ell}{d} \cdot \dfrac{V^2}{2g} = 0.064 \times \dfrac{10}{0.2} \times \dfrac{0.6^2}{2 \times 9.8}$

$$\fallingdotseq 0.059\,\mathrm{m}$$

[문제] 51. 온도 27 ℃, 절대압력 380 kPa인 이산화탄소가 1.5 m/s로 지름 5 cm인 관속을 흐르고 있을 때 유동상태는? (단, 기체상수 $R = 187.8$ N·m/kg·K, 점성계수 $\mu = 1.77 \times 10^{-5}$ kg

[해답] **47.** ㉰ **48.** ㉯ **49.** ㉯ **50.** ㉱ **51.** ㉯

/m·s, 상임계 레이놀즈수는 4000, 하임계 레이놀즈수는 2130이라 한다.) 【5장】

㉮ 층류 ㉯ 난류
㉰ 천이구역 ㉱ 층류저층

[해설] 우선, $\rho = \dfrac{p}{RT} = \dfrac{380 \times 10^3}{187.8 \times 300} = 6.745\,\mathrm{kg/m^3}$

결국, $Re = \dfrac{\rho V d}{\mu} = \dfrac{6.745 \times 1.5 \times 0.05}{1.77 \times 10^{-5}} = 28580.5$

: 난류

[문제] 52. 어떤 오일의 동점성계수가 $2 \times 10^{-4}\,\mathrm{m^2/s}$ 이고 비중이 0.9라면 점성계수는 몇 kg/(m·s) 인가? (단, 물의 밀도는 1000 kg/m³이다.) 【1장】

㉮ 0.2 ㉯ 2.0
㉰ 0.18 ㉱ 1.8

[해설] $\nu = \dfrac{\mu}{\rho}$ 에서

$\therefore\ \mu = \nu\rho = \nu\rho_{H_2O} \cdot S = 2 \times 10^{-4} \times 1000 \times 0.9$
$\quad = 0.18\,\mathrm{N \cdot S/m^2}(= \mathrm{kg/(m \cdot s)})$

〈참고〉 $1\,\mathrm{N} = 1\,\mathrm{kg \cdot m/s^2}$

[문제] 53. 액체 속에 잠겨있는 곡면에 작용하는 힘의 수평분력에 대한 설명으로 알맞은 것은? 【2장】

㉮ 곡면의 수직방향으로 위쪽에 있는 액체의 무게
㉯ 곡면에 의하여 떠받치고 있는 액체의 무게
㉰ 곡면의 도심에서의 압력과 면적과의 곱
㉱ 곡면을 수직평면에 투영한 평면에 작용하는 힘

[해설] ① 수평분력(F_H) : 곡면의 수평 투영면적에 작용하는 전압력과 같고, 작용선은 투영면적의 압력중심과 일치한다.
② 수직분력(F_V) : 곡면 위에 있는 액체의 무게와 같고, 작용선은 액체의 무게중심을 지난다.

[문제] 54. 경계층의 박리(separation)가 일어나는 주 원인은? 【5장】

㉮ 압력이 증기압 이하로 떨어지기 때문
㉯ 압력 구배가 0으로 감소하기 때문
㉰ 경계층의 두께가 0으로 감소하기 때문
㉱ 역압력 구배 때문

[해설] 박리(separation)는 역압력구배(=역구배)에서 압력이 증가하고, 속도가 감소할 때 유체가 유선상을 이탈하는 현상이다.

[문제] 55. 체적 탄성 계수의 단위는? 【1장】

㉮ 압력 단위와 같다.
㉯ 체적 단위와 같다.
㉰ 압력 단위의 역수이다.
㉱ 체적 단위의 역수이다.

[해설] 체적탄성계수(K)는 압력에 비례하며 압력과 단위, 차원이 같다.

[문제] 56. 경계층의 속도분포가 $u = 10y(1 + 0.05y^3)$ 이고 y 방향의 속도 성분 $v = 0$일 때 벽면으로부터 수직거리 $y = 1\,\mathrm{m}$ 지점에서의 와도(vorticity) 는? 【5장】

㉮ $-6\,\mathrm{s^{-1}}$ ㉯ $-10.5\,\mathrm{s^{-1}}$
㉰ $-12\,\mathrm{s^{-1}}$ ㉱ $-24\,\mathrm{s^{-1}}$

[해설] 와도 $\sum \nabla \times \vec{V}$ 이다.

여기서, $\nabla = \dfrac{\partial}{\partial x}i + \dfrac{\partial}{\partial y}j + \dfrac{\partial}{\partial z}k$

$\vec{V} = ui + vj + wk$

결국, 와도 $\sum = \nabla \times \vec{V} = \begin{vmatrix} i & j & k \\ \frac{\partial}{\partial x} & \frac{\partial}{\partial y} & \frac{\partial}{\partial z} \\ u & v & w \end{vmatrix}$

$= i\left(\dfrac{\partial w}{\partial y} - \dfrac{\partial v}{\partial z}\right) - j\left(\dfrac{\partial w}{\partial x} - \dfrac{\partial u}{\partial z}\right) + k\left(\dfrac{\partial v}{\partial x} - \dfrac{\partial u}{\partial y}\right)$

$= -\left(\dfrac{\partial u}{\partial y}\right)k$

$= -(10 + 0.5 \times 4y^3)k$

$= -(10 + 0.5 \times 4 \times 1^3)k$

$= -12k$

[해답] 52. ㉰ **53.** ㉱ **54.** ㉱ **55.** ㉮ **56.** ㉰

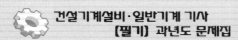

문제 57. 그림과 같이 단면적 A_1은 0.4 m², 단면적 A_2는 0.1 m²인 동일 평면상의 관로에서 물의 유량이 1000 L/s일 때 관을 고정시키는데 필요한 x방향의 힘 F_x의 크기는? (단, 단면 1과 2의 높이차는 1.5 m이고, 단면 2에서 물은 대기로 방출되며, 곡관의 자체 중량, 곡관 내부 물의 중량 및 곡관에서의 마찰손실은 무시한다.) 【4장】

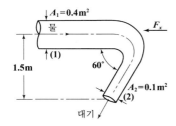

㉮ 10159 N
㉯ 15358 N
㉰ 20370 N
㉱ 24018 N

[해설] 우선, $Q = A_1 V_1 = A_2 V_2$ 에서

$$V_1 = \frac{Q}{A_1} = \frac{1}{0.4} = 2.5\,\text{m/s}$$

$$V_2 = \frac{Q}{A_2} = \frac{1}{0.1} = 10\,\text{m/s}$$

또한, $\dfrac{p_1}{\gamma} + \dfrac{V_1^2}{2g} + Z_1 = \dfrac{p_2}{\gamma} + \dfrac{V_2^2}{2g} + Z_2$

$$\frac{p_1}{9800} + \frac{2.5^2}{2 \times 9.8} + 1.5 = \frac{10^2}{2 \times 9.8}$$

$$\therefore\ p_1 = 32175\,\text{N/m}^2$$

결국,

$$F_x = p_1 A_1 \cos\theta_1 - p_2 A_2 \cos\theta_2 + \rho Q(V_1 \cos\theta_1 - V_2 \cos\theta_2)$$
$$= 32175 \times 0.4 - 0 + 1000 \times 1 \times (2.5 - 10\cos 240°)$$
$$= 20370\,\text{N}$$

문제 58. 공기의 속도 24 m/s인 풍동내에서 익 현길이 1 m, 익의 폭 5 m인 날개에 작용하는 양력은 몇 N인가? (단, 공기의 밀도는 1.2 kg/m³, 양력계수는 0.455이다.) 【5장】

㉮ 1572
㉯ 786
㉰ 393
㉱ 91

[해설] $L = C_L \dfrac{\rho V^2}{2} A = 0.455 \times \dfrac{1.2 \times 24^2}{2} \times (1 \times 5)$
$$= 786.24\,\text{N}$$

문제 59. 다음 설명 중 틀린 것은? 【3장】

㉮ 유선위의 어떤 점에서의 접선방향은 그 점에서의 속도 벡터의 방향과 일치한다.
㉯ 유적선은 유선의 유동 특성이 변하지 않는 선이다.
㉰ 두 점 사이를 지나는 유량은 그 두 점의 유동함수 값의 차이에 비례한다.
㉱ 연속 방정식이란 질량의 보존법칙을 의미한다.

[해설] 유적선은 주어진 시간동안에 유체입자가 유선을 따라 진행한 경로를 말한다.

문제 60. 다음 ΔP, L, Q, ρ를 결합했을 때 무차원항은? (단, ΔP : 압력차, ρ : 밀도, L : 길이, Q : 유량) 【7장】

㉮ $\dfrac{\rho \cdot Q}{\Delta P \cdot L^2}$
㉯ $\dfrac{\rho \cdot L}{\Delta P \cdot Q^2}$
㉰ $\dfrac{\Delta P \cdot L \cdot Q}{\rho}$
㉱ $\dfrac{Q}{L^2}\sqrt{\dfrac{\rho}{\Delta P}}$

[해설] 단위환산을 하여 무차원수를 구한다.

제4과목 기계재료 및 유압기기

문제 61. 고속도강의 제조에 사용되지 않는 원소는?

㉮ 텅스텐(W)
㉯ 바나듐(V)
㉰ 알루미늄(Al)
㉱ 크롬(Cr)

[해설] 표준형 고속도강
: 0.8 % C + W (18 %) − Cr (4 %) − V (1 %)

[해답] 57. ㉰ 58. ㉯ 59. ㉯ 60. ㉱ 61. ㉰

문제 62. 다음 재료 중 고강도 합금으로써 항공기용 재료에 사용되는 것은?

㉮ Naval brass

㉯ 알루미늄 청동

㉰ 베릴륨 동

㉱ Extra Super Duralumin(ESD)

해설> 초초 두랄루민(Extra Super Duralumin : ESD)
: $A\ell - Zn - Mg$계 합금으로 Cu 1.6 %, Zn 5.6 % 이하, Mg 2.5 % 이하, Mn 0.2 %, Cr 0.3 %를 함유하며 주로 항공기용 재료로 사용된다.

문제 63. 탄소공구강 재료의 구비 조건으로 틀린 것은?

㉮ 상온 및 고온경도가 클 것

㉯ 내마모성이 작을 것

㉰ 가공 및 열처리성이 양호할 것

㉱ 강인성 및 내충격성이 우수할 것

해설> ·공구강의 구비조건
① 상온 및 고온에서 경도가 커야 한다.
② 가열에 의하여 경도변화가 작아야 한다.
③ 인성과 마멸저항이 커야 한다.
④ 열처리가 쉬워야 한다.
⑤ 가공이 쉽고 값이 저렴해야 한다.
⑥ 마찰계수가 작아야 한다.
⑦ 제조, 취급, 구입이 용이해야 한다.

문제 64. 금형의 표면과 중심부 또는 얇은부분과 두꺼운부분 등에서 담금질할 때 균열이 발생하는 가장 큰 이유는?

㉮ 마텐자이트 변태 발생 시간이 다르기 때문에

㉯ 오스테나이트 변태 발생 시간이 다르기 때문에

㉰ 트루스타이트 변태 발생 시간이 늦기 때문에

㉱ 솔바이트 변태 발생 시간이 빠르기 때문에

해설> 마텐자이트 변태(martensite transformation)
: 오스테나이트조직이 마텐자이트조직으로 변하는 것을 마텐자이트변태라 하며 Ar''변태라고도 한다. 이때 마텐자이트 변태가 생기는 온도를 M_s, 마텐자이트 변태가 끝나는 온도를 M_f라 한다.

문제 65. 주철의 성장을 방지하는 일반적인 방법이 아닌 것은?

㉮ 흑연을 미세하게 하여 조직을 치밀하게 한다.

㉯ C, Si 량을 감소시킨다.

㉰ 탄화물 안정원소인 Cr, Mn, Mo, V 등을 첨가한다.

㉱ 주철을 720℃ 정도에서 가열, 냉각시킨다.

해설> ·주철의 성장을 방지하는 방법
① 흑연의 미세화로서 조직을 치밀하게 한다.
② C 및 Si량을 적게 한다.
③ 탄화안정화원소인 Cr, Mn, Mo, V 등을 첨가하여 펄라이트 중의 Fe₃C 분해를 막는다.
④ 편상흑연을 구상화시킨다.
㉱번은 주철의 성장이 생기는 원인이다.

문제 66. 구상흑연 주철에서 흑연을 구상으로 만드는데 사용하는 원소는?

㉮ Ni   ㉯ Ti

㉰ Mg   ㉱ Cu

해설> 흑연을 구상화시키는 원소 : Mg, Ce, Ca

문제 67. 담금질 조직 중 가장 경도가 높은 것은?

㉮ 펄라이트

㉯ 마텐자이트

㉰ 솔바이트

㉱ 트루스타이트

해설> 담금질조직의 경도순서
: A < M > T > S > P

정답 62. ㉱   63. ㉯   64. ㉮   65. ㉱   66. ㉰   67. ㉯

문제 68. 노 안에서 페로실리콘(Fe-Si), 알루미늄 등의 강력한 탈산제를 첨가하여 충분히 탈산시킨 강괴는?

㉮ 세미킬드 강괴　　㉯ 림드 강괴
㉰ 캡드 강괴　　　　㉱ 킬드 강괴

해설 킬드강(killed steel)
　: 노속이나 쇳물바가지(ladle)에서 페로실리콘(Fe-Si) 또는 알루미늄(Aℓ) 등의 강력한 탈산제를 첨가하여 충분히 탈산시킨 완전탈산강으로 주형에 주입하면 조용히 응고한다.

문제 69. 강의 쾌삭성을 증가시키기 위하여 첨가하는 원소는?

㉮ Pb, S　　　　㉯ Mo, Ni
㉰ Cr, W　　　　㉱ Si, Mn

해설 쾌삭강(free cutting steel) : 공작기계의 고속, 고능률화에 따라 생산성을 높이고, 가공재료의 피절삭성, 제품의 정밀도 및 절삭공구의 수명 등을 향상하기 위하여 탄소강에 S, Pb, P, Mn을 첨가하여 개선한 구조용 특수강을 말한다.

문제 70. 순철(pure iron)에 없는 변태는?

㉮ A_1　　　　㉯ A_2
㉰ A_3　　　　㉱ A_4

해설 ·순철의 변태
　① 자기변태 : A_2변태점(768 ℃), 일명 퀴리점이라 한다.
　② 동소변태 : A_3변태점(912 ℃), A_4변태점(1400 ℃)
　A_1변태점(723 ℃)은 강에만 있다.

문제 71. 액추에이터의 공급 쪽 관로에 설정된 바이패스 관로의 흐름을 제어함으로써 속도를 제어하는 회로는?

㉮ 미터 인 회로
㉯ 미터 아웃 회로
㉰ 블리드 오프 회로
㉱ 클램프 회로

해설 블리드오프회로(bleed off circuit)
　: 액추에이터로 흐르는 유량의 일부를 탱크로 분기함으로서 작동속도를 조절하는 밸브이다.
　즉, 실린더입구의 분지회로에 유량제어밸브를 설치하여 실린더 입구측의 불필요한 압유를 배출시켜 작동효율을 증진시킨 회로이다.

문제 72. 수 개의 볼트에 의하여 조임이 분할되기 때문에 조임이 용이하여 대형관의 이음에 편리한 관이음 방식은?

㉮ 나사 이음
㉯ 플랜지 이음
㉰ 플레어 이음
㉱ 바이트형 이음

해설 플랜지이음(flange joint)
　: 수개의 볼트에 의하여 조임의 힘이 분할되기 때문에 조임이 용이하여 고압, 저압에 관계없이 대형관의 이음으로 쓰이며 분해, 보수가 용이하다.

문제 73. 그림과 같이 유체가 단면적이 다른 파이프 통과할 때 단면적 A_2지점에서의 유속은 몇 m/s인가? (단, 단면적 A_1에서의 유속 $V_1 = 4$ m/s이고, 각각의 단면적은 $A_1 = 0.2$ cm^2, $A_2 = 0.008$ cm^{2}이며, 연속의 법칙을 만족한다.)

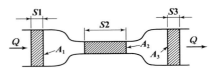

㉮ 100　　　　㉯ 50
㉰ 25　　　　　㉱ 12.5

해설 $Q = A_1 V_1 = A_2 V_2$에서
　$0.2 \times 4 = 0.008 \times V_2$
　$\therefore V_2 = 100 \, \text{m/s}$

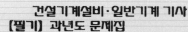
[문제] 74. 유압 시스템에서 조작단이 일을 하지 않을 때 작동유를 탱크로 귀환시켜 펌프를 무부하로 만드는 무부하 회로를 구성할 때의 장점이 아닌 것은?

㉮ 펌프의 구동력 절약
㉯ 유압유의 노화 방지
㉰ 유온 상승을 통한 효율 증대
㉱ 펌프 수명 연장

[해설] · 무부하회로(unloading circuit)
: 반복작업 중 일을 하지 않는 동안 펌프로부터 공급되는 압유를 기름탱크에 저압으로 되돌려보내 유압펌프를 무부하로 만드는 회로로서 다음과 같은 장점이 있다.
① 펌프의 구동력 절약
② 장치의 가열방지로 펌프의 수명연장
③ 유온의 상승방지로 압유의 열화방지
④ 작동장치의 성능저하 및 손상감소

[문제] 75. 어큐뮬레이터(accumulator)의 역할에 해당하지 않는 것은?

㉮ 유압 회로 중 오일 누설 등에 의한 압력강하를 보상하여 준다.
㉯ 갑작스런 충격압력을 막아 주는 역할을 한다.
㉰ 유압 펌프에서 발생하는 맥동을 흡수하여 진동이나 소음을 방지한다.
㉱ 축척된 유압에너지의 방출 사이클 시간을 연장한다.

[해설] · 축압기(accumulator)의 용도
① 유압에너지의 축적
② 압력보상
③ 서지압력방지
④ 충격압력흡수
⑤ 유체의 맥동감쇠(맥동흡수)
⑥ 사이클시간 단축
⑦ 2차 유압회로의 구동
⑧ 펌프대용 및 안전장치의 역할
⑨ 액체수송(펌프작용)
⑩ 에너지의 보조

[문제] 76. 릴리프 밸브(Relief valve)와 리듀싱 밸브(Reducing valve)는 다음 중 어떤 밸브에 속하는가?

㉮ 방향 제어 밸브　　㉯ 압력 제어 밸브
㉰ 유량 제어 밸브　　㉱ 유압 서보 밸브

[해설] 압력제어밸의 종류
: 릴리프밸브, 감압밸브(pressure reducing valve), 시퀸스밸브(순차동작밸브), 카운터밸런스밸브, 무부하밸브(unloading valve), 압력스위치, 유체퓨즈

[문제] 77. 베인 펌프의 일반적인 특징에 해당하지 않는 것은?

㉮ 송출 압력의 맥동이 적다.
㉯ 고장이 적고 보수가 용이하다.
㉰ 압력 저하가 적어서 최고 토출 압력이 210 kg$_f$/cm^2 이상 높게 설정할 수 있다.
㉱ 펌프의 유동력에 비하여 형상치수가 적다.

[해설] · 베인펌프(vane pump)의 특징
① 토출압력의 맥동과 소음이 적다.
② 단위무게당 용량이 커 형상치수가 작다.
③ 베인의 마모로 인한 압력저하가 적어 수명이 길다.
④ 호환성이 좋고, 보수가 용이하다.
⑤ 급속시동이 가능하다.
⑥ 압력저하량과 기통토크가 작다.
⑦ 작동유의 점도, 청정도에 세심한 주의를 요한다.
⑧ 다른 펌프에 비해 부품수가 많다.
⑨ 작동유의 점도에 제한이 있다.
여기서, ㉰번은 피스톤펌프(≒플런저펌프)에 대한 설명이다.

[문제] 78. 구조가 간단하며 값이 싸고 유압유 중의 이물질에 의한 고장이 생기기 어렵고 가혹한 조건에 잘 견디는 유압모터로 가장 적합한 것은?

㉮ 베인 모터
㉯ 기어모터
㉰ 액시얼 피스톤 모터
㉱ 레이디얼 피스톤 모터

[정답] **74.** ㉰　**75.** ㉱　**76.** ㉯　**77.** ㉰　**78.** ㉯

해설> · 기어모터(gear motor) : 주로 평치차를 사용
하나 헬리컬기어도 사용한다.
① 장점
　㉠ 구조가 간단하고 가격이 저렴하다.
　㉡ 유압유 중의 이물질에 의한 고장이 적다.
　㉢ 과도한 운전조건에 잘 견딘다.
　㉣ 정회전, 역회전이 가능하다.
② 단점
　㉠ 누설유량이 많다.
　㉡ 토크변동이 크다.
　㉢ 베어링하중이 크므로 수명이 짧다.

문제 **79.** 유압 장치를 새로 설치하거나 작동유를 교환할 때 관내의 이물질 제거 목적으로 실시하는 파이프 내의 청정작업은?

㋲ 플러싱
㋴ 블랭킹
㋳ 커미싱
㋡ 엠보싱

해설> 플러싱(flushing) : 유압회로내 이물질을 제거하는 것과 작동유 교환시 오래된 오일과 슬러지를 용해하여 오염물의 전량을 회로밖으로 배출시켜서 회로를 깨끗하게 하는 작업을 말한다.

문제 **80.** 유압 펌프에서 유동하고 있는 작동유의 압력이 국부적으로 저하되어, 증기나 함유기체를 포함하는 기포가 발생하는 현상은?

㋲ 폐입 현상
㋴ 숨돌리기 현상
㋳ 캐비테이션 현상
㋡ 유압유의 열화 촉진 현상

해설> 공동현상(cavitation)
: 유동하고 있는 작동유의 압력이 국부적으로 저하되어 포화증기압 또는 공기분리압에 달하여 증기를 발생시키거나 용해공기 등이 분리되어 기포를 일으키는 현상을 말하며 이 기포가 흐르면서 터지게 되면 국부적으로 고압이 생겨 소음을 발생시킨다. 이를 방지하기 위해서는 흡입관내의 평균유속이 3.5 m/s 이하가 되도록 한다.

제5과목 기계제작법 및 기계동력학

문제 **81.** Al_2O_3 분말에 약 70 %의 TiC 또는 TiN 분말을 30 % 정도 혼합하여 수소 분위기 속에서 소결하여 제작한 절삭공구는?

㋲ 서멧(cermet)
㋴ 입방정 질화붕소(CBN)
㋳ 세라믹(ceramic)
㋡ 스텔라이트(stellite)

해설> 서멧(cermet)
: 서멧은 ceramics와 metal의 복합어로 세라믹의 취성을 보완하기 위하여 개발한 내화물과 금속 복합체의 총칭이다. Al_2O_3 분말에 티타늄탄화물(TiC) 또는 티타늄질화물(TiN) 분말을 30 % 정도 혼합하여 수소 분위기 속에서 소결하여 제작한다.

문제 **82.** 일반적으로 초경합금 공구를 원통 연삭할 때 어떤 숫돌입자를 선택하는 것이 좋은가?

㋲ A　　　　　　㋴ WA
㋳ C　　　　　　㋡ GC

해설> · 숫돌입자(abrasive grain)
① 알루미나(Al_2O_3)계
　㉠ A입자 : 일반강재
　㉡ WA입자 : 담금질강, 특수강(합금강), 고속도강
② 탄화규소(SiC)계
　㉠ C입자 : 주철, 비철금속, 고무, 도자기, 플라스틱
　㉡ GC입자 : 초경합금

문제 **83.** 주로 내경측정에 이용되는 측정기는?

㋲ 실린더 게이지
㋴ 하이트 게이지
㋳ 측장기
㋡ 게이지 블록

해설> 실린더게이지 : 2점 접촉식에 의한 지침측미계를 이용한 내경측정기이다.

정답 **79.** ㋲　**80.** ㋳　**81.** ㋲　**82.** ㋡　**83.** ㋲

문제 84. 공구의 재료적 결함이나 미세한 균열이 잠재적 원인이 되며 공구 인선의 일부가 미세하게 파쇄되어 탈락하는 현상은?

㉮ 크레이터 마모(crater wear)
㉯ 플랭크 마모(flank wear)
㉰ 치핑(chipping)
㉱ 온도파손(temperature failure)

[해설] 치핑(chipping, 결손) : 공구 날끝의 일부가 충격에 의하여 떨어져 나가는 것으로서 순간적으로 발생한다. 밀링이나 평삭 등과 같이 절삭날이 충격을 받거나 초경합금공구와 같이 충격에 약한 공구를 사용하는 경우에 많이 발생한다.

문제 85. 아래 그림에서 굽힘가공에 필요한 판재의 길이를 구하는 식으로 맞는 것은?
(단, L은 판재의 전체 길이, a, b는 직선 부분 길이, R은 원호의 안쪽 반지름, θ는 원호의 굽힘각도($^\circ$), t는 판재의 두께이다.)

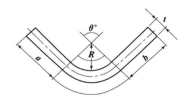

㉮ $L = a + b + \dfrac{\pi\theta^\circ}{360}(R+t)$

㉯ $L = a + b + \dfrac{\pi\theta^\circ}{360}(2R+t)$

㉰ $L = a + b + \dfrac{2\pi\theta^\circ}{360}(R+t)$

㉱ $L = a + b + \dfrac{2\pi\theta^\circ}{360}(2R+t)$

[해설] ・굽힘에 요하는 재료의 길이(L)
: 굽힘을 할 때 전체의 길이 L은 인장과 압축이 작용하지 않는 중립면의 길이를 구한다.
$$L = a + b + \left(R + \frac{t}{2}\right)\theta^\circ \times \frac{\pi}{180}$$
$$= a + b + \frac{\pi\theta^\circ}{360}(2R+t)$$

문제 86. 용접을 압접(壓接)과 융접(融接)으로 분류할 때, 압접에 속하는 것은?

㉮ 불활성 가스 아크 용접
㉯ 산소 아세틸렌 가스 용접
㉰ 플래시 용접
㉱ 테르밋 용접

[해설]
압접 ┬ ① 냉간압접
　　 ├ ② 마찰용접
　　 ├ ③ 전기저항용접 ┬ 겹치기 : 점용접, 심용접, 프로젝션용접
　　 │ 　　　　　　　 └ 맞대기 : 플래시용접, 업셋용접, 방전충격용접
　　 ├ ④ 가스압접
　　 └ ⑤ 단접 : 해머압접, 다이압접, 로울압접

문제 87. 인베스트먼트 주조법과 비교한 셸 몰드법(shell molding process)에 대한 설명으로 틀린 것은?

㉮ 셸 몰드법은 얇은 셸을 사용하므로 조형재가 소량으로 사용된다.
㉯ 주물 온도가 높은 강이나 스텔라이트의 주조에 적합하다.
㉰ 조형 제작방법이 간단해서 고가의 기계설비가 필요 없고 생산성이 높다.
㉱ 이 조형법을 발명한 사람의 이름을 따서 크로닝법(Croning process)이라고도 한다.

[해설] 셸몰드주조(shell mold casting)
: 독일의 croning이 개발한 주조법으로 croning주조법이라고도 한다. 셸몰드 주조는 조형을 위한 금형을 먼저 제작해야 한다. 제작된 금형을 150~300℃의 노안에서 12~14초 동안 경화시키면 조형재료 중의 합성수지가 모형의 열로 녹아서 조형재료에 피막인 셸(shell)이 생기는데 이것을 떼어내어 주형을 만드는 방법이다.

문제 88. 강재의 경화처리 방법 중 표면 경화법에 해당하지 않는 것은?

[정답] 84. ㉰　85. ㉯　86. ㉰　87. ㉯　88. ㉱

㉮ 고주파 경화법
㉯ 가스 침탄법
㉰ 시멘테이션
㉱ 파텐팅

해설 · 파텐팅(patenting)
: 열욕 담금질법의 일종이며 강선제조시에 사용되는 열처리방법이다. 강선을 수증기 또는 용융금속으로 냉각하여 담금질만 하여 강인한 소르바이트조직(미세한 펄라이트조직)으로 변화시키는 방법이다.
〈참고〉금속침투법(metallic cementation) : 철과 친화력이 강한 금속을 표면에 침투시켜 내열층, 내식층을 만드는 방법이다.

문제 89. 외측 마이크로미터 측정면의 평면도 검사에 필요한 기기는?

㉮ 다이얼 게이지
㉯ 옵티컬 플랫
㉰ 컴비네이션 세트
㉱ 플러그 게이지

해설 옵티컬플랫(optical flat, 광선정반)
: 수정 또는 유리로 만들어진 극히 정확한 평행평면판으로 이 면을 측정면에 겹쳐서 이것을 통해서 빛이 반사되게 하면 측정면과의 근소한 간격에 의하여 간섭무늬줄이 생긴다. 즉, 광파간섭현상을 이용하여 평면도를 측정하며 특히 마이크로미터 측정면의 평면도 검사에 많이 쓰인다.

문제 90. 금속재료를 회전하는 롤러(Roller)사이에 넣어 가압함으로써 단면적을 감소시켜 길이 방향으로 늘리는 작업은?

㉮ 압연   ㉯ 압출
㉰ 인발   ㉱ 단조

해설 압연(rolling)
: 회전하는 한쌍의 롤러(roller)사이로 재료를 통과시키며, 압축하중을 가하여 두께를 줄이고 단면의 형상을 변형시켜 각종판재, 봉재, 단면재를 생산하는 가공법을 말한다.

문제 91. 20 t의 철도차량이 0.5 m/s의 속력으로 직선 운동하여 정지되어 있는 30 t의 화물차량과 결합한다. 결합하는 과정에서 차량에 공급되는 동력은 없으며 브레이크도 풀려 있다. 결합 직후의 속력은 몇 m/s인가?

㉮ 0.25   ㉯ 0.20
㉰ 0.15   ㉱ 0.10

해설 · 운동량 보존의 법칙에 의해
$$m_1 V_1 + m_2 V_2 = m_1 V_1' + m_2 V_2'$$
$$m_1 V_1 = (m_1 + m_2) V'$$
$$\frac{W_1}{g} V_1 = \left(\frac{W_1 + W_2}{g}\right) V'$$
$$\frac{20}{9.8} \times 0.5 = \left(\frac{20 + 30}{9.8}\right) \times V' \quad \therefore \ V' = 0.2 \, \text{m/s}$$

문제 92. 질량 100 kg의 상자가 15° 경사면에서 미끄러져 내려간다. 점 B에서의 속도가 4 m/s였다면, 점 A에서의 속도는? (단, 중력가속도는 9.81 m/s², 운동마찰계수는 0.3이다.)

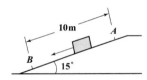

㉮ 2 m/s   ㉯ 3.15 m/s
㉰ 4.7 m/s   ㉱ 9 m/s

해설

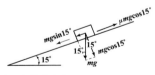

마찰일량=운동에너지
$$\Delta T = \frac{1}{2} m (V_B^2 - V_A^2) \text{에서}$$
$$mg \sin 15° x - \mu mg \cos 15° x = \frac{1}{2} m (V_B^2 - V_A^2)$$
$$gx (\sin 15° - \mu \cos 15°) = \frac{1}{2}(V_B^2 - V_A^2)$$
$$9.81 \times 10 (\sin 15° - 0.3 \cos 15°) = \frac{1}{2}(4^2 - V_A^2)$$
$$\therefore \ V_A \fallingdotseq 4.7 \, \text{m/s}$$

해답 89. ㉯   90. ㉮   91. ㉯   92. ㉰

문제 93. 길이가 1 m이고 질량이 5 kg인 균일한 막대가 그림과 같이 지지되어 있다. C점은 힌지로 되어 있어, B점에 연결된 줄이 갑자기 끊어졌을 때 막대는 자유로이 회전한다. 줄이 끊어지는 순간 C점에 작용하는 반력은 몇 N인가?

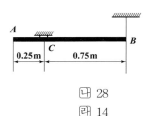

㉮ 49
㉯ 28
㉰ 21
㉰ 14

문제 94. 그림과 같이 스프링상수 10 N/mm인 3개의 스프링이 조립되어 그 끝에 무게 50 N인 추가 달려 있다. 스프링의 처짐량은 몇 mm인가?

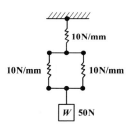

㉮ 1.67
㉯ 3.33
㉰ 7.5
㉰ 2.5

[해설] 우선, $\dfrac{1}{k_{cq}} = \dfrac{1}{10} + \dfrac{1}{20} = \dfrac{3}{20}$

$\therefore k_{cq} = \dfrac{20}{3}\,\text{N/mm}$

결국, $\delta = \dfrac{1}{k_{cq}} = \dfrac{50}{\left(\dfrac{20}{3}\right)} = 7.5\,\text{mm}$

문제 95. 두 개의 조화운동 $x_1 = 4\sin 10t$와 $x_2 = 4\sin 10.2t$를 합성하면 맥놀이(beat)현상이 발생하는데 이 때 맥놀이 진동수(Hz)는?
(단, t의 단위는 s이다.)

㉮ 0.0159
㉯ 0.0318
㉰ 31.4
㉰ 62.8

[해설] ① 조화운동의 합성

$$x = x_1 + x_2 = 4\sin 10t + 4\sin 10.2t$$
$$= 4(\sin 10t + \sin 10.2t)$$
$$= 4\left[2\sin\frac{20.2t}{2}\cos\frac{0.2t}{2}\right]$$
$$= 8\sin 10.1t\cos 0.1t$$

② 맥놀이(=울림 : beat)진동수 f_b는

$$f_b = \frac{\omega_2 - \omega_1}{2\pi} = \frac{10.2 - 10}{2\pi} = \frac{0.2}{2\pi}$$
$$= 0.0318\,\text{HZ} (= \text{C.P.S} = \text{cycle/sec})$$

③ 울림주기 $T = \dfrac{1}{f_b} = \dfrac{2\pi}{0.2}$ (sec)

〈참고〉 $\sin A + \sin B = 2\sin\dfrac{A+B}{2}\cdot\cos\dfrac{A-B}{2}$

문제 96. 질량 0.25 kg의 물체가 스프링상수 0.1533 N/mm인 한쪽이 고정된 스프링에 매달려 있을 때 고유진동수(Hz)와 정적처짐(mm)을 각각 구한 것은?
(단, 스프링의 질량은 무시한다.)

㉮ 3.94, 6
㉯ 3.94, 16
㉰ 0.99, 6
㉰ 0.99, 16

[해설] 우선, 정적처짐량 δ_{st}는

$$\delta_{st} = \frac{W}{k_{cq}} = \frac{mg}{k_{cq}} = \frac{0.25 \times 9.8}{0.1533} = 15.98 \fallingdotseq 16\,\text{mm}$$

또한, 고유진동수 f_n은

$$f_n = \frac{1}{2\pi}\sqrt{\frac{g}{\delta_{st}}} = \frac{1}{2\pi}\sqrt{\frac{9800}{16}} = 3.94\,\text{HZ} (= \text{C.P.S})$$

문제 97. 다음 중 각 물리량에 대한 차원 표시가 틀린 것은? (단, M : 질량, L : 길이, T : 시간)

㉮ 각가속도 : T^{-2}
㉯ 에너지 : $ML^2 T^{-1}$
㉰ 선형운동량 : MLT^{-1}
㉰ 힘 : MLT^{-2}

[해설] 일량, 에너지, 모멘트 = 힘 × 거리 = N · m = [FL]
$$= [MLT^{-2}L] = [ML^2 T^{-2}]$$

[해답] 93. ㉯ 94. ㉰ 95. ㉯ 96. ㉯ 97. ㉯

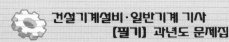

문제 98. 경주용 자동차가 달리는 트랙의 반경은 180 m이다. 속도 30 m/s로 달리기 위한 수평면과 노면의 최적의 경사각은 몇 도 인가?

㉮ 12° ㉯ 18°

㉰ 27° ㉱ 36°

해설▶

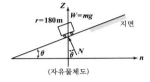

(자유물체도)

우선, Z방향의 운동방정식은

$$\sum F_Z = ma_Z = 0$$
$$-mg + N\cos\theta = 0 \quad \cdots\cdots\cdots\cdots ①식$$

또한, n방향의 운동방정식은

$$\sum F_n = ma_n$$
$$N\sin\theta = ma_n$$

단, $a_n = r\omega^2 = r\left(\dfrac{V}{r}\right)^2 = \dfrac{V^2}{r}$

$$N\sin\theta = m\dfrac{V^2}{r} \quad \cdots\cdots\cdots\cdots ②식$$

결국, ①, ②식을 연립하여 정리하면

$$mg\tan\theta = m\dfrac{V^2}{r}$$
$$9.8\tan\theta = \dfrac{30^2}{180} \quad \therefore \theta = 27°$$

문제 99. 다음 1자유도 감쇠 진동계의 감쇠비는?

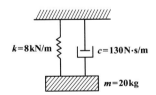

$k=8kN/m$ $c=130N\cdot s/m$ $m=20kg$

㉮ 0.16 ㉯ 0.33

㉰ 0.49 ㉱ 0.65

해설▶ 감쇠비 ξ는

$$\xi = \dfrac{C}{C_c} = \dfrac{C}{2\sqrt{mk}} = \dfrac{130}{2\sqrt{20\times 8000}} = 0.1625$$

문제 100. 원판 A와 B는 중심점이 각각 고정되어 있고, 이 고정점을 중심으로 회전운동을 한다. 원판 A가 정지하고 있다가 일정한 각가속도 $\alpha_A = 2\,rad/s^2$으로 회전한다. 원판 A는 원판 B와 접촉하고 있으며, 두 원판 사이의 미끄럼은 없다. 원판 A가 10회전 하고 난 직후의 원판 B의 각속도는 몇 rad/s인가?
(단, 원판 A의 반경은 20 cm, 원판 B의 반경은 15 cm이다.)

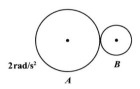

$2rad/s^2$ A B

㉮ 15.9 ㉯ 21.1

㉰ 31.4 ㉱ 62.8

해설▶ 우선, $r_A\alpha_A = r_B\alpha_B$에서

$$\alpha_B = \dfrac{r_A\alpha_A}{r_B} = \dfrac{20\times 2}{15} = 2.67\,rad/s^2$$

또한, 원판 A가 10회전하는데 걸리는 시간(t)은

$$\theta = \theta_0^{\nearrow 0} + \omega_0^{\nearrow 0}t + \dfrac{1}{2}\alpha_A t^2 에서$$

$$t = \sqrt{\dfrac{2\theta}{\alpha_A}} = \sqrt{\dfrac{2\times 2\pi n}{\alpha_A}} = \sqrt{\dfrac{2\times 2\pi\times 10}{2}} = 7.93\,\sec$$

결국, $\omega_B = \omega_0^{\nearrow 0} + \alpha_B t = 2.67\times 7.93 = 21.17\,rad/s$

건설기계설비 기사

※ 재료역학, 열역학, 유체역학, 유압기기는 일반기계기사와 중복됩니다. 나머지 유체기계와 건설기계일반의 순서는 1~20번으로 정합니다.
(단, 2014년도부터 유체기계 과목이 포함되었습니다.)

제5과목 건설기계일반

문제 1. 굴삭기 상부 프레인 지지 장치의 종류가 아닌 것은?

⑦ 롤러(roller)식

⑭ 볼베어링(ball bearing)식

⑭ 링크(link)식

⑭ 포스트(post)식

> **해설** · 굴삭기의 상부프레임 지지장치 : 선회피니언
> 기어와 링기어 치합은 링기어 외부치합형과 링기어
> 내부치합형이 있다. 내부치합형은 먼지, 오물 등이
> 안들어가기 때문에 기어수명이 긴 장점이 있지만
> 정비수리가 어렵다.
> 〈종류〉
> ① 롤러식(roller type)
> ② 볼베어링식(ball bearing type)
> ③ 포스트식(post type)

문제 2. 다음 중 스크레이퍼의 부품에 해당하지
않는 것은?

⑦ 커팅 에지(Cutting edge)

⑭ 탠덤 드라이브(Tandem drive)

⑭ 에이프런(Apron)

⑭ 이젝터(Ejector)

> **해설** · 스크레이퍼의 구성
> : 볼, 에이프런, 커팅에지, 이젝터, 요크
> 〈참고〉 탠덤드라이브 : 모터그레이더에만 있는 최종
> 감속장치이며, 차량의 직진성을 좋게 하고 차
> 체의 충격을 완화한다.

문제 3. 아스팔트 피니셔의 평균 작업 속도가 3 m
/min, 공사의 폭이 2.8 m, 완성 두께가 6 cm,
작업효율이 65 %이고, 다져진 후의 밀도는 2.2
t/m³일 때 한 시간당 포설량은 약 몇 t/h인가?

⑦ 0.72

⑭ 19.66

⑭ 43.24

⑭ 72.07

> **해설** $Q = \rho A V \eta = \rho b t \cdot V \eta$
> $= 2.2 \times 2.8 \times 0.06 \times 3 \times 0.65 \times 60$
> $\fallingdotseq 43.24 \, t/hr$

문제 4. 도저의 작업 장치 별 분류에서 나무뿌리
뽑기, 잡목 등을 제거하며 굳은 땅 파헤치기,
암석 제거 등에도 쓰이는 것은?

⑦ 트리밍 블레이드(trimming blade)

⑭ 푸시 블레이드(push blade)

⑭ 스노우 플로우 블레이드(snow plow blade)

⑭ 레이크 블레이드(rake blade)

> **해설** · 레이크도저(rake dozer)
> ① 삽날 대신에 레이크형(쇠스랑모양)의 부수장치를
> 부착한 도저
> ② 용도 : 농지개간 및 도로공사시 암석골라내기,
> 잡목이나 나무뿌리 뽑기, 댐건설 공사시 큰돌 운
> 반, 굳은땅 파헤치기에 적합

문제 5. 모터 그레이더 작업 시 토공판과 차체의
진행방향이 이루는 각을 토공판의 추진각이라
고 하는데 작업 시 일반적인 추진각의 범위는?

⑦ 10~20°   ⑭ 30~40°

⑭ 45~60°   ⑭ 75~90°

> **해설** 추진각은 일반적으로 그레이더 본체와 배토판과
> 의 각도를 조절하여 흙을 옆으로 밀어낼 때는 45~
> 60° 정도로 하고, 끝마무리에서는 90° 정도로 한다.

문제 6. 지게차의 스티어링 장치는 주로 어떠한
방식을 채택하고 있는가?

⑦ 전륜 조향식

⑭ 포크 조향식

⑭ 마스트 조향식

⑭ 후륜 조향식

> **해설** 지게차의 스티어링장치는 후륜환향(조향)식이다.

문제 7. 쇄석기의 구분에 있어서 2차 파쇄된 석괴
를 3차 파쇄하여 세골재로 만드는 쇄석기를 분
쇄기(粉碎機)라고 하는데 이에 해당하는 것은?

해답 2. ⑭   3. ⑭   4. ⑭   5. ⑭   6. ⑭   7. ⑭

㉠ 죠 크러셔(jaw crusher)

㉡ 자이어러터리 크러셔(gyratory crusher)

㉢ 콘 크러셔(cone crusher)

㉣ 해머 크러셔(hammer crusher)

해설〉 해머크러셔(hammer crusher)
: 회전축의 주위에 망치를 달고 이것을 회전시키므로서 위로부터 내려오는 광석을 공중에서 때려서 파쇄하는 것이다. 또한 충격판을 두어서 파쇄작용이 이중으로 되고, 여기에서 반사되어 나온 덩이는 다음의 망치에 의하여 부서지기도 한다.

문제 8. 건설기계관리법에 따라 특수건설기계의 범위에 속하지 않는 것은?

㉠ 골재 살포기

㉡ 노면 측정 장비

㉢ 콘크리트 믹서 트레일러

㉣ 아스팔트 콘크리트 재생기

해설〉 특수건설기계 : 도로보수트럭, 노면파쇄기, 노면 측정장비, 콘크리트 믹서 트레일러, 아스팔트 콘크리트재생기, 수목이식기

문제 9. 크레인의 어태치먼트에 따라 할 수 있는 작업으로 거리가 먼 것은?

㉠ 드래그라인 작업

㉡ 콘크리트 포설 작업

㉢ 어스(earth) 드릴 작업

㉣ 기둥박기 작업

해설〉 콘크리트 포설작업은 포장기계에서 콘크리트 포설기(concrete spreader)가 한다.

문제 10. 백호(back hoe)를 주행 장치에 따라 구분하여 설명한 내용 중 틀린 것은?

㉠ 주행 장치에 따라 무한궤도식과 고무바퀴식, 트럭 탑재식 등으로 분류한다.

㉡ 무한궤도식은 견인력이 커서 습기나 경사지에서의 작업에 유리하다.

㉢ 고무바퀴식은 이동 속도가 느려서 이동거리가 짧은 작업장에서 작업하는 것이 좋다.

㉣ 트럭 탑재식은 주행속도가 약 60 km/h 정도로 빠른 반면 굴착 깊이 등 작업능력이 고무바퀴식에 비하여 현저히 낮아 요즘은 잘 사용되지 않는다.

해설〉 고무바퀴식(타이어식)은 이동속도가 빨라서 이동거리가 긴 작업장에서 작업하는 것이 좋다.

해답 8. ㉠ 9. ㉡ 10. ㉢

2012년 제3회 건설기계설비 기사

제1과목 재료역학

문제 1. 단면적이 각각 A_1, A_2이고, 탄성계수가 각각 E_1, E_2인 길이 ℓ인 재료가 강성판 사이에서 인장하중 P를 받아 탄성변형을 했을 때, 각 재료 내부에 생기는 수직응력은? (단, 2개의 강성판은 항상 수평을 유지한다.) 【2장】

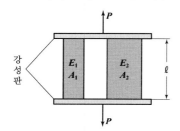

㉮ $\sigma_1 = \dfrac{PE_1}{A_1 + A_2}$, $\sigma_2 = \dfrac{PE_2}{A_1 + A_2}$

㉯ $\sigma_1 = \dfrac{P}{A_1 + A_2\dfrac{E_2}{E_1}}$, $\sigma_2 = \dfrac{P}{A_2 + A_1\dfrac{E_1}{E_2}}$

㉰ $\sigma_1 = \dfrac{PE_2}{A_1E_1 + A_2E_2}$, $\sigma_2 = \dfrac{PE_1}{A_1E_1 + A_2E_2}$

㉱ $\sigma_1 = \dfrac{PE_1}{A_1E_2 + A_2E_1}$, $\sigma_2 = \dfrac{PE_2}{A_1E_2 + A_2E_1}$

[해설] $\sigma_1 = \dfrac{PE_1}{A_1E_1 + A_2E_2} = \dfrac{P}{A_1 + A_2\dfrac{E_2}{E_1}}$

$\sigma_2 = \dfrac{PE_2}{A_1E_1 + A_2E_2} = \dfrac{P}{A_1\dfrac{E_1}{E_2} + A_2}$

문제 2. 강선의 지름이 6 mm이고, 코일의 반지름이 50 mm인 10회 감긴 스프링이 있다. 이

스프링에 100 N의 힘이 작용할 때 처짐량은 약 몇 mm인가? (단, 재료의 전단탄성계수 $G =$ 82 GPa이다.) 【5장】

㉮ 55.3   ㉯ 65.3

㉰ 75.3   ㉱ 85.3

[해설] $\delta = \dfrac{64nPR^3}{Gd^4} = \dfrac{64 \times 10 \times 100 \times 0.05^3}{82 \times 10^9 \times 0.006^4}$
$= 0.0753\,\mathrm{m} = 75.3\,\mathrm{mm}$

문제 3. 폭×높이＝300 mm×300 mm의 단면을 가진 보가 굽힘을 받아 최대 굽힘 응력이 90 MPa이 되었다. 이 단면에 작용한 굽힘 모멘트는 몇 kN·m인가? 【7장】

㉮ 405   ㉯ 505

㉰ 605   ㉱ 705

[해설] $M_{max} = \sigma_{max}Z = \sigma_{max} \times \dfrac{bh^2}{6}$
$= 90 \times 10^3 \times \dfrac{0.3 \times 0.3^2}{6} = 405\,\mathrm{kN \cdot m}$

문제 4. 단면적이 같은 정사각형과 원형단면의 보에서 정사각형 단면의 최대 전단응력은 원형단면의 최대 전단응력의 몇 배인가? (단, 두 단면에 작용하는 전단력의 크기는 같다.) 【7장】

[정답] 1.㉯   2.㉰   3.㉮   4.㉯

㉮ $\dfrac{8}{7}$ 　　　　㉯ $\dfrac{9}{8}$

㉰ $\dfrac{8}{9}$ 　　　　㉳ $\dfrac{7}{8}$

해설 $\dfrac{\tau_{max}(\text{정사각형})}{\tau_{max}(\text{원형단면})} = \dfrac{\left(\dfrac{3}{2}\dfrac{F}{A}\right)}{\left(\dfrac{4}{3}\dfrac{F}{A}\right)} = \dfrac{9}{8}$

∴ 단면적(A)과 전단력(F)이 같으므로

문제 **5.** 그림과 같은 정사각형 단면을 가지는 짧은 기둥의 측면에 홈이 파여 있을 때 도심에 작용하는 축하중 W로 인해 단면 $n-n'$에 발생하는 최대 압축응력의 크기는? 【10장】

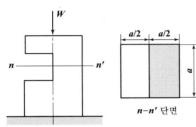

n-n′ 단면

㉮ $\dfrac{8W}{a}$ 　　　　㉯ $\dfrac{8W}{a^2}$

㉰ $\dfrac{Wa^2}{8}$ 　　　　㉳ $\dfrac{8a^2}{W}$

해설 $\sigma_{max} = \sigma' + \sigma'' = \dfrac{W}{A} + \dfrac{M}{Z}$

$= \dfrac{W}{a \times \dfrac{a}{2}} + \dfrac{W}{\dfrac{a}{6}\left(\dfrac{a}{2}\right)^2} = \dfrac{8W}{a^2}$

문제 **6.** 양단 고정보의 중앙에 집중 하중 P가 작용할 때 굽힘 모멘트 선도(BMD)는? 【9장】

해설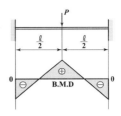

문제 **7.** 45° 각의 로제트 게이지로 측정한 결과 $\varepsilon_x = 400 \times 10^{-6}$, $\varepsilon_y = 200 \times 10^{-6}$, $\gamma_{xy} = 200 \times 10^{-6}$일 때 주응력은 약 몇 MPa인가? (단, 포아송 비 $\nu = 0.3$, 탄성계수 $E = 206$ GPa이다.) 【3장】

㉮ $\sigma_1 = 100$, $\sigma_2 = 56$ 　㉯ $\sigma_1 = 110$, $\sigma_2 = 66$

㉰ $\sigma_1 = 120$, $\sigma_2 = 76$ 　㉳ $\sigma_1 = 130$, $\sigma_2 = 86$

해설 우선, $\varepsilon_1 = \dfrac{1}{2}(\varepsilon_x + \varepsilon_y) + \dfrac{1}{2}\sqrt{(\varepsilon_x - \varepsilon_y)^2 + \gamma_{xy}^2}$

$= 441.42 \times 10^{-6}$

또한, $\varepsilon_2 = \dfrac{1}{2}(\varepsilon_x + \varepsilon_y) - \dfrac{1}{2}\sqrt{(\varepsilon_x - \varepsilon_y)^2 + \gamma_{xy}^2}$

$= 158.58 \times 10^{-6}$

결국, $\sigma_1 = \dfrac{(\varepsilon_1 + \mu\varepsilon_2)E}{1 - \mu^2}$

$= \dfrac{(441.42 + 0.3 \times 158.58) \times 10^{-6} \times 206 \times 10^3}{1 - 0.3^2}$

$= 110.7\,\text{MPa}$

$\sigma_2 = \dfrac{(\varepsilon_2 + \mu\varepsilon_1)E}{1 - \mu^2}$

$= \dfrac{(158.58 + 0.3 \times 441.42) \times 10^{-6} \times 206 \times 10^3}{1 - 0.3^2}$

$= 65.88\,\text{MPa}$

문제 **8.** 단면 치수가 8 mm×24 mm인 강대가 인장력 $P = 15$ kN을 받고 있다. 그림과 같이 30° 경사진 면에 작용하는 전단응력은 약 몇 MPa인가? 【3장】

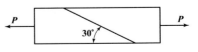

㉮ 19.5 　　　　㉯ 29.3

㉰ 33.8 　　　　㉳ 67.6

해답 **5.** ㉯ **6.** ㉯ **7.** ㉯ **8.** ㉰

해설 $\tau = \dfrac{1}{2}\sigma_r\sin 2\theta = \dfrac{1}{2}\dfrac{P}{A}\sin 2\theta$

$= \dfrac{1}{2}\times\dfrac{15\times 10^{-3}}{0.008\times 0.024}\times\sin 120° = 33.83\,\text{MPa}$

문제 **9.** 원형 단면 기둥 A와 정사각형 단면 기둥 B가 동일한 세장비를 가질 때 기둥의 길이 비 $\dfrac{L_A}{L_B}$은? (단, 각 경우에서 원형 단면의 지름과 정사각형 단면에서 한 변의 길이는 20 cm이다.) 【10장】

㉮ $\dfrac{\sqrt 3}{2}$ ㉯ $\sqrt 5$

㉰ $\sqrt 3$ ㉱ $\dfrac{\sqrt 5}{2}$

해설 원형 $\lambda_A = \dfrac{L_A}{K_A}$, 정사각형 $\lambda_B = \dfrac{L_B}{K_B}$

즉, $\lambda_A = \lambda_B$이므로

$\dfrac{L_A}{K_A} = \dfrac{L_B}{K_B}$ 에서 $\dfrac{L_A}{L_B} = \dfrac{K_A}{K_B} = \dfrac{\sqrt 3}{2}$

문제 **10.** 탄성계수가 E이고, 포아송 비가 ν인 재료의 전단탄성계수 G를 표현한 올바른 식은? 【1장】

㉮ $G = \dfrac{E}{(1+2\nu)}$ ㉯ $G = \dfrac{E}{2(1+\nu)}$

㉰ $G = \dfrac{E}{(2+\nu)}$ ㉱ $G = \dfrac{2E}{(1+\nu)}$

해설 $mE = 2G(m+1) = 3K(m-2)$에서

$\therefore\ G = \dfrac{mE}{2(m+1)} = \dfrac{E}{2(1+\nu)}$

문제 **11.** 원형 단면축이 비틀림 모멘트를 받을 때 최대 전단응력 τ에 대한 설명으로 틀린 것은? 【5장】

㉮ 비틀림 모멘트에 비례한다.

㉯ 축 지름의 3제곱에 반비례한다.

㉰ 극단면계수에 비례한다.

㉱ 극단면 2차모멘트에 반비례한다.

해설 $T = \tau Z_P$에서 $\tau = \dfrac{T}{Z_P} = \dfrac{16T}{\pi d^3}$

단, $Z_P = \dfrac{I_P}{e(=y)}$

문제 **12.** 단면적이 $2\,\text{cm}\times 3\,\text{cm}$이고, 길이 1.5 m 의 연강봉에 인장하중이 작용하여 0.1 cm 늘 어났다. 이때 축적된 탄성에너지의 크기는 몇 $\text{N}\cdot\text{m}$인가? (단, 탄성계수 $E=210\,\text{GPa}$이다.) 【2장】

㉮ 42 ㉯ 420

㉰ 84 ㉱ 126

해설 우선, $\lambda = \dfrac{P\ell}{AE}$에서

$P = \dfrac{AE\lambda}{\ell} = \dfrac{0.02\times 0.03\times 210\times 10^9\times 0.001}{1.5}$

$= 84000\,\text{N}$

결국, $U = \dfrac{1}{2}P\lambda = \dfrac{1}{2}\times 84000\times 0.001 = 42\,\text{Nm}$

문제 **13.** 자유단에 집중하중 P를 받는 외팔보의 최대 처짐 δ_1과 $P=wL$이 되게 균일 분포하중(w)이 작용하는 외팔보의 자유단 처짐 δ_2의 처짐비 δ_2/δ_1는 얼마인가? (단, 보의 굽힘 강성은 EI로 일정하다.) 【8장】

㉮ $\dfrac{8}{3}$ ㉯ $\dfrac{3}{8}$

㉰ $\dfrac{5}{8}$ ㉱ $\dfrac{8}{5}$

해설 $\delta_1 = \dfrac{P\ell^3}{3EI}$, $\delta_2 = \dfrac{w\ell^4}{8EI} = \dfrac{P\ell^3}{8EI}$ $\therefore\ \delta_2/\delta_1 = \dfrac{3}{8}$

문제 **14.** 그림에서 무게 39 N인 물체 W를 비탈 위로 올리기 위한 최소한의 힘 P는 몇 N인가? (단, 마찰계수는 1/3이다.) 【1장】

정답 **9.** ㉮ **10.** ㉯ **11.** ㉰ **12.** ㉮ **13.** ㉯ **14.** ㉰

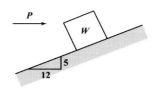

㉎ 22 　　　 ㉏ 30
㉐ 34 　　　 ㉑ 38

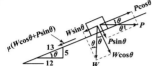

$\sin\theta = \dfrac{5}{13}$

$\cos\theta = \dfrac{12}{13}$

그림에서

$$P\cos\theta \geq W\sin\theta + \mu(W\cos\theta + P\sin\theta)$$

$$P \times \frac{12}{13} \geq 39 \times \frac{5}{13} + \frac{1}{3}\left(39 \times \frac{12}{13} + P \times \frac{5}{13}\right)$$

$$P\left(\frac{12}{13} - \frac{1}{3} \times \frac{5}{13}\right) \geq 39 \times \frac{5}{13} + \frac{1}{3} \times 39 \times \frac{12}{13}$$

$$\therefore \ P \geq 33.97\,\text{N}$$

결국, 최소한의 힘 P 는 34 N

문제 15. 400 rpm으로 회전하는 바깥지름 60 mm, 안지름 40 mm인 중공 단면축이 10 kW의 동력을 전달할 때 비틀림 각도는 약 몇 도인가? (단, 전단 탄성계수 $G=80$ GPa, 축 길이 $L=3$ m이다.) 【5장】

㉎ 0.2° 　　　 ㉏ 0.5°
㉐ 0.7° 　　　 ㉑ 1°

[해설] $\theta = \dfrac{180}{\pi} \times \dfrac{T\ell}{GI_P}$

$$= \frac{180}{\pi} \times \frac{238.73 \times 3}{80 \times 10^9 \times \dfrac{\pi(0.06^4 - 0.04^4)}{32}} \fallingdotseq 0.5°$$

단, 동력 $P = T\omega$ 에서

$$T = \frac{P}{\omega} = \frac{10 \times 10^3}{\left(\dfrac{2\pi \times 400}{60}\right)} = 238.73\,\text{N} \cdot \text{m}$$

문제 16. 그림의 H형 단면의 도심축인 Z축에 관한 회전반지름(radius of gyration)은 얼마인가? 【4장】

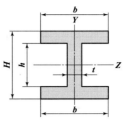

㉎ $\sqrt{\dfrac{bH^3 - (b-t)h^3}{12[bH - (b-t)h]}}$

㉏ $\dfrac{bH^2}{6} - \dfrac{th^2}{6}$

㉐ $\dfrac{bH^3 - (b-t)h^3}{12} \Big/ \dfrac{H}{2}$

㉑ $\sqrt{\dfrac{\dfrac{bH^3}{12}}{2b(H-h) + th}}$

[해설] 우선, $I = \dfrac{bH^3}{12} - \dfrac{(b-t)h^3}{12} = \dfrac{bH^3 - (b-t)h^3}{12}$

$$A = bH - (b-t)h$$

결국, $K = \sqrt{\dfrac{I}{A}} = \sqrt{\dfrac{bH^3 - (b-t)h^3}{12[bH - (b-t)h]}}$

문제 17. 그림과 같은 단순보에서 C지점에 집중하중 W가 작용할 때, 탄성 처짐 곡선에서 처짐각이 가장 큰 위치는? (단, 보의 굽힘강성 EI는 일정하고, $a > b$이다.) 【8장】

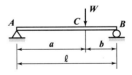

㉎ A점에서
㉏ B점에서
㉐ C점에서
㉑ AC점의 중간점에서

[해설] $\theta_A = \dfrac{Pab(\ell + b)}{6\ell EI}$, $\theta_B = \dfrac{Pab(\ell + a)}{6\ell EI}$

여기서, $a > b$이므로 $\theta_A < \theta_B$임을 알 수 있다.

[해답] **15.** ㉏ **16.** ㉎ **17.** ㉏

문제 18. 그림과 같이 등분포하중이 작용하는 보에서 최대 전단력의 크기는 몇 kN인가? 【7장】

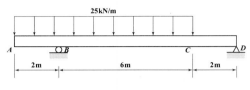

㉮ 50
㉯ 100
㉰ 150
㉱ 200

해설

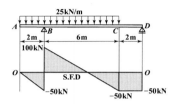

우선, $R_B \times 8 - 25 \times 8 \times 6 = 0$ ∴ $R_B = 150\,\text{kN}$

또한, $-25 \times 2 \times 1 = R_D \times 8 - 25 \times 6 \times 3$

∴ $R_D = 50\,\text{kN}$

i) $\overline{AB}$구간($\xrightarrow{x}$)

$F_x = -25x$ 여기서, $F_{x=0} = 0$

$F_{x=2m} = -50\,\text{kN}$

ii) $\overline{BC}$구간($\xrightarrow{x}$)

$F_x = R_B - 25x$ 여기서, $F_{x=2m} = 100\,\text{kN} = F_{\max}$

$F_{x=8m} = -50\,\text{kN}$

iii) $\overline{CD}$구간($\xleftarrow{x}$)

$F_x = -R_D = -50\,\text{kN}$ (일정)

문제 19. 그림과 같은 보에 하중 P가 작용하고 있을 때, 이 보에 발생하는 최대 굽힘응력은? 【7장】

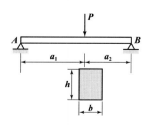

㉮ $\sigma_{\max} = \dfrac{6a_1a_2}{bh^2(a_1+a_2)}P$

㉯ $\sigma_{\max} = \dfrac{6a_1a_2}{bh^3(a_1+a_2)}P$

㉰ $\sigma_{\max} = \dfrac{6a_1a_2}{b^2h(a_1+a_2)}P$

㉱ $\sigma_{\max} = \dfrac{6a_1a_2}{b^3h(a_1+a_2)}P$

해설 $M_{\max} = \dfrac{Pa_1a_2}{a_1+a_2}$ 이므로

∴ $\sigma_{\max} = \dfrac{M_{\max}}{Z} = \dfrac{\left(\dfrac{Pa_1a_2}{a_1+a_2}\right)}{\left(\dfrac{bh^2}{6}\right)} = \dfrac{6a_1 \cdot a_2}{bh^2(a_1+a_2)}P$

문제 20. 막대의 한 끝이 고정되고 다른 끝에 집중 하중이 작용할 때, 막대의 양단에서 국부변형이 발생하고 양단에서 멀어질수록 그 효과가 감소된다는 사실과 관계있는 것은? 【8장】

㉮ 카스틸리아노(Castigliano)의 정리

㉯ 상베낭(Saint-Venant)의 원리

㉰ 트레스카(Tresca)의 원리

㉱ 맥스웰(Maxwell)의 정리

해설 상베낭의 원리(Saint-Venant's principle)

: 「균일단면의 막대나 봉에 있어서 축하중이 작용할 때 응력은 하중이 작용하는 점으로부터 충분히 떨어진 곳에서는 단면위에 균일분포한다.」라는 원리이다. 즉, 그림에서 보는 바와 같이 하중의 작용점에서 길이방향으로 폭 b이상 떨어져야만 응력의 분포가 균일하게 되는 것을 알 수 있다.

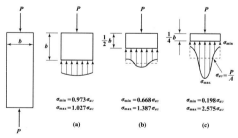

〈균일단면봉에 작용하는 집중하중에 의한 응력분포〉

해답 18. ㉯ 19. ㉮ 20. ㉯

제2과목 기계열역학

문제 21. 보일러 입구의 압력이 $9800 \, kN/m^2$이고, 응축기의 압력이 $4900 \, N/m^2$일 때 펌프 일은 약 몇 kJ/kg인가? (단, 물의 비체적은 $0.001 \, m^3/kg$이다.) 【7장】

㉮ -9.79 　　　㉯ -15.17
㉰ -87.25 　　　㉱ -180.52

[해설] 펌프일 $w_P = v'(P_2 - P_1) = 0.001(4.9 - 9800)$
$$= -9.795 \, kJ/kg$$

문제 22. 피스턴-실린더 장치 내에 있는 공기가 $0.3 \, m^3$에서 $0.1 \, m^3$으로 압축되었다. 압축되는 동안 압력과 체적 사이에 $P = aV^{-2}$의 관계가 성립하며, 계수 $a = 6 \, kPa \cdot m^2$이다. 이 과정 동안 공기가 한 일은 얼마인가? 【2장】

㉮ $-53.3 \, kJ$ 　　　㉯ $-1.1 \, kJ$
㉰ $253 \, kJ$ 　　　　㉱ $-40 \, kJ$

[해설] $P = aV^{-2} = 6V^{-2}$이므로
공기가 한일 $_1W_2 = \int_1^2 PdV = \int_1^2 6V^{-2}dV$
$$= 6\left[\frac{V_2^{-1} - V_1^{-1}}{-1}\right]_{0.3}^{0.1} = 6\left[\frac{1}{0.3} - \frac{1}{0.1}\right]$$
$$= -40 \, kJ$$

문제 23. 어떤 유체의 밀도가 $741 \, kg/m^3$이다. 이 유체의 비체적은 약 몇 m^3/kg인가? 【1장】

㉮ 0.78×10^{-3} 　　　㉯ 1.35×10^{-3}
㉰ 2.35×10^{-3} 　　　㉱ 2.98×10^{-3}

[해설] $v = \dfrac{1}{\rho} = \dfrac{1}{741} = 1.35 \times 10^{-3} \, m^3/kg$

문제 24. 1 kg의 기체가 압력 50 kPa, 체적 2.5 m^3의 상태에서 압력 1.2 MPa, 체적 0.2 m^3의 상태로 변하였다. 엔탈피의 변화량은 약 몇 kJ 인가? (단, 내부에너지의 증가 $U_2 - U_1 = 0$이다.) 【2장】

㉮ 306 　　　㉯ 206
㉰ 155 　　　㉱ 115

[해설] $\Delta H = \Delta U + (P_2 V_2 - P_1 V_1)$
$$= 0 + (1.2 \times 10^3 \times 0.2 - 50 \times 2.5) = 115 \, kJ$$

문제 25. 다음 냉동사이클의 에너지 전달량으로 적절한 것은? 【9장】

㉮ $Q_1 = 20 \, kJ$, $Q_2 = 20 \, kJ$, $W = 20 \, kJ$
㉯ $Q_1 = 20 \, kJ$, $Q_2 = 30 \, kJ$, $W = 20 \, kJ$
㉰ $Q_1 = 20 \, kJ$, $Q_2 = 20 \, kJ$, $W = 10 \, kJ$
㉱ $Q_1 = 20 \, kJ$, $Q_2 = 15 \, kJ$, $W = 5 \, kJ$

[해설] 저열원에서 고열원으로 열이 이동하므로 비가역과정임을 알 수 있다. 즉, 비가역에서는 엔트로피가 증가하므로 보기에서 엔트로피가 증가하는 과정의 타당성을 확인하면 ㉯번이 타당하다.
즉, 우선, 저열원에서 엔트로피 S_3은
$$S_3 = \frac{Q_3}{T_3} = \frac{30}{240} = 0.125 \, kJ/K$$
또한, 고열원에서 엔트로피 S_2, S_3는
$$S_1 = \frac{Q_1}{T_1} = \frac{20}{320} = 0.0625 \, kJ/K$$
$$S_2 = \frac{Q_2}{T_2} = \frac{30}{370} = 0.0811 \, kJ/K$$
결국, $S_3 < (S_1 + S_2)$
즉, $0.125 < (0.0625 + 0.0811 = 0.1436)$
　　　　　　　 ∴ 엔트로피가 증가함을 알 수 있다.

문제 26. 주위의 온도가 27 ℃일 때, -73 ℃에서 1 kJ의 냉동효과를 얻으려 한다. 냉동 사이클을 구동하는데 필요한 최소일은 얼마인가? 【9장】

[정답] **21.** ㉮ **22.** ㉱ **23.** ㉯ **24.** ㉱ **25.** ㉯ **26.** ㉱

㉮ 2 kJ ㉯ 1.5 kJ
㉰ 1 kJ ㉱ 0.5 kJ

[해설] $\varepsilon_r = \dfrac{Q_2}{W_c} = \dfrac{T_{II}}{T_I - T_{II}}$ 에서

$\therefore W_c = Q_2 \times \dfrac{T_I - T_{II}}{T_{II}}$

$= 1 \times \dfrac{(273 + 27) - (273 - 73)}{(273 - 73)} = 0.5 \, kJ$

문제 27. 열교환기의 1차 측에서 100 kPa의 공기가 50 ℃로 들어가서 30 ℃로 나온다. 공기의 질량유량은 0.1 kg/s이고, 정압비열은 1 kJ/kg·K로 가정하다. 2차 측에서 물은 10 ℃로 들어가서 20 ℃로 나온다. 물의 정압비열은 4 kJ/kg·K로 가정한다. 물의 질량유량은? 【7장】

㉮ 0.005 kg/s ㉯ 0.01 kg/s
㉰ 0.05 kg/s ㉱ 0.10 kg/s

[해설] $\dot{Q} = \dot{m}c\Delta t$ 에서 $\dot{Q}_{공기} = \dot{Q}_{물}$

$0.1 \times 1 \times (50 - 30) = \dot{m} \times 4 \times (20 - 10)$

$\therefore \dot{m} = 0.05 \, kg/s$

문제 28. 실린더 지름이 7.5 cm이고, 피스톤 행정이 10 cm인 압축기의 지압선도로부터 구한 평균유효압력이 200 kPa일 때, 한 사이클당 압축일은 약 몇 J인가? 【5장】

㉮ 12.4 ㉯ 22.4
㉰ 88.4 ㉱ 128.4

[해설] $W_c = P_m V = P_m A S$

$= 200 \times 10^3 \times \dfrac{\pi \times 0.075^2}{4} \times 0.1 ≒ 88.4 \, J$

문제 29. 공기를 300 K에서 800 K로 가열하면서 압력은 500 kPa에서 400 kPa로 떨어뜨린다. 단위질량당 엔트로피 변화량은 약 얼마인가? (단, 비열은 일정하다고 가정하며, 300 K에서 공기비열 C_p =1.004 kJ/kg·K이다.) 【4장】

㉮ 0.15 kJ/kg·K ㉯ 1.5 kJ/kg·K
㉰ 1.05 kJ/kg·K ㉱ 0.105 kJ/kg·K

[해설] $\Delta s = C_p \ell n \dfrac{T_2}{T_1} - R\ell n \dfrac{p_2}{p_1}$

$= 1.004 \ell n \dfrac{800}{300} - 0.287 \ell n \dfrac{400}{500} ≒ 1.05 \, kJ/kg·K$

문제 30. 냉동용량이 35 kW인 어느 냉동기의 성능계수가 4.8이라면 이 냉동기를 작동하는데 필요한 동력은? 【9장】

㉮ 약 9.2 kW ㉯ 약 8.3 kW
㉰ 약 7.3 kW ㉱ 약 6.5 kW

[해설] $\varepsilon_r = \dfrac{Q_2}{W_c}$ 에서 $W_c = \dfrac{Q_2}{\varepsilon_r} = \dfrac{35}{4.8} = 7.29 \, kW$

문제 31. 이상적인 냉동사이클의 기본 사이클은? 【9장】

㉮ 브레이톤 사이클 ㉯ 사바테 사이클
㉰ 오토 사이클 ㉱ 역카르노 사이클

[해설] · 카르노사이클 : 이상적인 열기관의 기본사이클
· 역카르노사이클 : 이상적인 냉동기의 기본사이클

문제 32. 밀폐계에서 기체의 압력이 500 kPa로 일정하게 유지되면서 체적이 0.2 m³에서 0.7 m³로 팽창하였다. 이 과정 동안에 내부에너지의 증가가 60 kJ이였다면 계(系)가 한 일은 얼마인가? 【2장】

㉮ 450 kJ ㉯ 350 kJ
㉰ 250 kJ ㉱ 150 kJ

[해설] $_1W_2 = P(V_2 - V_1) = 500(0.7 - 0.2) = 250 \, kJ$

문제 33. 상온의 실내에 있는 수은기압계의 수은주가 730 mm 높이 있다면 이때 대기압은 얼마인가? (단, 25 ℃ 기준, 수은 밀도 = 13534 kg/m³) 【1장】

[정답] **27.** ㉰ **28.** ㉰ **29.** ㉰ **30.** ㉰ **31.** ㉱ **32.** ㉰ **33.** ㉯

㉮ 9.68 kPa ㉯ 96.8 kPa
㉰ 4.34 kPa ㉱ 43.4 kPa

해설> $P = \gamma h = \rho g h = 13.534 \times 9.8 \times 0.73 = 96.8\,kPa$

문제 34. 다음 중 이상기체의 정적비열(C_v)과 정압비열(C_p)에 관한 관계식으로 옳은 것은? (단, R은 기체상수이다.) 【3장】

㉮ $C_v - C_p = 0$ ㉯ $C_v + C_p = R$
㉰ $C_p - C_v = R$ ㉱ $C_v - C_p = R$

해설> $C_p - C_v = R$, $k = \dfrac{C_p}{C_v}$, $C_v = \dfrac{R}{k-1}$, $C_p = \dfrac{kR}{k-1}$

문제 35. 체적이 150 m³인 방 안에 질량이 200 kg이고 온도가 20 ℃인 공기(이상기체상수 = 0.287 kJ/kg·K)가 들어 있을 때 이 공기의 압력은 약 몇 kPa인가? 【3장】

㉮ 112 ㉯ 124
㉰ 162 ㉱ 184

해설> $PV = mRT$에서
∴ $P = \dfrac{mRT}{V} = \dfrac{200 \times 0.287 \times 293}{150} = 122.12\,kPa$

문제 36. 증기압축식 냉동사이클용 냉매의 성질로 적당하지 않은 것은? 【9장】

㉮ 증발잠열이 크다.
㉯ 임계온도가 상온보다 충분히 높다.
㉰ 증발압력이 대기압 이상이다.
㉱ 응고온도가 상온 이상이다.

문제 37. 대류 열전달계수와 관계가 없는 것은? 【11장】

㉮ 유체의 열전도율 ㉯ 유체의 속도
㉰ 고체의 형상 ㉱ 고체의 열전도율

해설> 대류열전달계수는 유체의 종류, 속도, 온도차, 유로의 형상, 흐름의 상태 등에 따라 달라진다.

문제 38. 다음 중 엔트로피에 대한 설명으로 맞는 것은? 【4장】

㉮ 엔트로피의 생성항은 열전달의 방향에 따라 양수 또는 음수일 수 있다.
㉯ 비가역성이 존재하면 동일한 압력 하에 동일한 체적의 변화를 갖는 가역과정에 비해 시스템이 외부에 하는 일이 증가한다.
㉰ 열역학 과정에서 시스템과 주위를 포함한 전체에 대한 순 엔트로피는 절대 감소하지 않는다.
㉱ 엔트로피는 가역과정에 대해서 경로함수이다.

해설> 엔트로피의 생성항은 항상 양수이다.

문제 39. 반데발스(van der waals)의 상태 방정식은
$$\left(P + \frac{a}{v^2}\right)(v - b) = RT$$
로 표시된다. 이 식에서 $\dfrac{a}{v^2}$, b는 각각 무엇을 고려하는 상수인가? 【6장】

㉮ 분자간의 작용 인력, 분자간의 거리
㉯ 분자간의 작용 인력, 분자 자체의 부피
㉰ 분자 자체의 중량, 분자간의 거리
㉱ 부자 자체의 중량, 분자 자체의 부피

해설> 반데발스(Van der waals)의 상태방정식
$$\left(P + \frac{a}{v^2}\right)(v - b) = RT$$
여기서, a, b : 기체의 종류에 따라 정해지는 상수
  $\dfrac{a}{v^2}$: 분자 사이의 인력이 압력에 미치는 영향을 수정한 항
  b : 증기분자 자신이 차지하는 부피(체적)
  $v - b$: 분자 자신의 크기를 배제한 부피(체적)

해답 **34.** ㉰ **35.** ㉮ **36.** ㉱ **37.** ㉱ **38.** ㉰ **39.** ㉯

문제 40. 최고온도 1300 K와 최저온도 300 K 사이에서 작동하는 공기표준 Brayton 사이클의 열효율은 약 얼마인가? (단, 압력비는 9, 공기의 비열비는 1.4이다.)　　【8장】

㉮ 30 %
㉯ 36 %
㉰ 42 %
㉱ 47 %

해설
$$\eta_B = 1 - \left(\frac{1}{\gamma}\right)^{\frac{k-1}{k}} = 1 - \left(\frac{1}{9}\right)^{\frac{1.4-1}{1.4}} \fallingdotseq 0.47 = 47\%$$

제3과목　기계유체역학

문제 41. 일반적인 유체의 유동에서 임계 레이놀즈수는?　　【5장】

㉮ 1차 유동에서 2차 유동으로 바뀔 때의 레이놀즈 수
㉯ 직선 운동에서 회전 운동으로 바뀔 때의 레이놀즈 수
㉰ 저속에서 고속으로 바뀔 때의 레이놀즈 수
㉱ 난류 유동에서 층류 유동으로 바뀔 때의 레이놀즈 수

해설　① 하임계 레이놀즈수 : 난류에서 층류로 바뀌는 임계값($Re = 2100$)
② 상임계 레이놀즈수 : 층류에서 난류로 바뀌는 임계값($Re = 4000$)
여기서, 임계레이놀즈수란 하임계 레이놀즈수를 말한다.

문제 42. 그림과 같이 45° 꺾어진 관에 물이 평균속도 5 m/s로 흐른다. 유체의 분출에 의해 지지점 A가 받는 모멘트는 약 몇 N·m인가? (단, 출구 단면적은 10^{-3} m^{2}이다.)　　【4장】

㉮ 3.5
㉯ 5
㉰ 12.5
㉱ 17.7

해설　우선, 추력 $F = \rho QV = \rho A V^2$
$$= 1000 \times 10^{-3} \times 5^2 = 25\,\text{N}$$
결국, $M_A = F\cos 45° \times 1 = 25 \times \dfrac{\sqrt{2}}{2} \times 1$
$$= 17.68\,\text{N·m} \fallingdotseq 17.7\,\text{N·m}$$

문제 43. 안지름 240 mm인 관속을 흐르고 있는 공기의 평균 풍속이 25 m/s이면 공기는 매초 몇 kg이 흐르겠는가? (단, 관속의 정압은 2.45×10^5 Paabs, 온도는 15 ℃, 공기의 기체상수 $R = 287$ J/kg·K이다.)　　【3장】

㉮ 2.48
㉯ 3.35
㉰ 4.48
㉱ 1.35

해설　$\dot{m} = \rho A V = \dfrac{p}{RT} A V$
$$= \frac{2.45 \times 10^5}{287 \times 288} \times \frac{\pi \times 0.24^2}{4} \times 25 = 3.35\,\text{kg/s}$$

문제 44. 다음 중 레이놀즈수를 표현하는 식이 아닌 것은? (단, V : 속도, D : 지름, ρ : 밀도, μ : 점성계수, γ : 비중량, ν : 동점성계수, g : 중력가속도)　　【7장】

㉮ $\dfrac{\rho V D}{\mu}$
㉯ $\dfrac{V D}{\nu}$
㉰ $\dfrac{\gamma V D}{g\mu}$
㉱ $\dfrac{V D}{\mu}$

해설　$Re = \dfrac{VD}{\nu} = \dfrac{\rho VD}{\mu} = \dfrac{\gamma VD}{g\mu}$
단, $\nu = \dfrac{\mu}{\rho}$, $\gamma = \rho g$

문제 45. 마찰계수가 0.02인 파이프(안지름＝0.1 m, 길이＝50 m) 중간에 손실계수가 5인 밸브가 부착되어 있다. 전체 손실수두 중 밸브에서 발생하는 손실수두는 몇 %인가?　　【6장】

해답　**40.** ㉱　**41.** ㉱　**42.** ㉱　**43.** ㉯　**44.** ㉱　**45.** ㉰

㉮ 20 % ㉯ 25 %
㉰ 33 % ㉱ 40 %

[해설] 우선, 전체의 손실수두

$$h_{\ell \cdot 1} = f\frac{\ell}{d}\frac{V^2}{2g} + K\frac{V^2}{2g} = \left(f\frac{\ell}{d} + K\right)\frac{V^2}{2g}$$
$$= \left(0.02 \times \frac{50}{0.1} + 5\right) \times \frac{V^2}{2g} = 15 \times \frac{V^2}{2g}$$

또한, 밸브에 발생하는 손실수두

$$h_{\ell \cdot 2} = K\frac{V^2}{2g} = 5 \times \frac{V^2}{2g}$$

결국, $\dfrac{h_{\ell \cdot 2}}{h_{\ell \cdot 1}} = \dfrac{5 \times \frac{V^2}{2g}}{15 \times \frac{V^2}{2g}} = 0.33 = 33\%$

[문제] **46.** 그림과 같이 직경 10 cm와 직경 5 cm로 이루어진 관로에 액주계가 설치되어 있을 때 공기의 유량은? (단, 공기의 밀도는 1.2 kg/m³, 오일의 비중은 0.83, 정체점 압력 p_1 = 170 kPa이다.) 【10장】

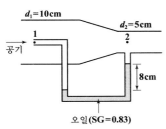

㉮ 0.032 m³/s ㉯ 0.065 m³/s
㉰ 0.144 m³/s ㉱ 0.25 m³/s

[해설] 우선, $V_2 = \sqrt{2gh\left(\dfrac{\rho_0}{\rho} - 1\right)}$

$$= \sqrt{2 \times 9.8 \times 0.08\left(\frac{830}{1.2} - 1\right)} = 32.9\,\text{m/s}$$

결국, $Q = A_2 V_2 = \dfrac{\pi \times 0.05^2}{4} \times 32.9 = 0.065\,\text{m}^3/\text{s}$

[문제] **47.** 그림과 같은 유동장에서 고정된 윗판이 받는 전단응력의 크기와 방향을 구하면? (단, 속도분포는 선형이라 가정한다.) 【1장】

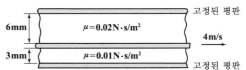

㉮ 26.8 Pa, 좌 → 우 ㉯ 13.3 Pa, 좌 → 우
㉰ 0.0268 Pa, 우 → 좌 ㉱ 26.8 Pa, 우 → 좌

[해설] $\tau = \mu\dfrac{u}{h} = 0.02 \times \dfrac{4}{6 \times 10^{-3}} = 13.3\,\text{Pa}$

[문제] **48.** 풍동 실험에서 모형과 원형 간에 서로 역학적 상사를 이루려면 다음 중 모형과 원형의 어떤 무차원수가 같아야 하는가? 【7장】

㉮ 프루드수, 오일러수
㉯ 마하수, 프루드수
㉰ 레이놀즈수, 웨버수
㉱ 레이놀즈수, 마하수

[해설] 레이놀즈수는 모든 경우에 적용이 가능하며, 마하수는 압축성유동에서 적용이 가능하다.

[문제] **49.** 온도증가에 따른 물과 공기의 점성계수 변화에 대한 설명으로 맞는 것은? 【1장】

㉮ 액체와 기체 모두 증가한다.
㉯ 액체와 기체 모두 감소한다.
㉰ 액체는 증가하고 기체는 감소한다.
㉱ 액체는 감소하고 기체는 증가한다.

[해설] 온도가 상승하면 기체의 점성은 증가하고, 액체의 점성은 감소한다.

[문제] **50.** 물체 주위의 유동에서 후류(wake)에 대한 설명으로 올바른 것은? 【5장】

㉮ 항상 박리점 후방에서 일어난다.
㉯ 고속 영역이다.
㉰ 표면 마찰이 주된 원인이다.
㉱ 항상 변형 저항이 지배적일 때 일어난다.

[정답] **46.** ㉯ **47.** ㉯ **48.** ㉱ **49.** ㉱ **50.** ㉮

해설 후류(wake)

: 날개 윗면과 아랫면을 각각 흘러간 유체의 경계근
방에 박리역이 연장되어 큰 속도구배를 갖는 복잡
한 회전유동역이 생기는데 이것을 후류라 하며,
박리점 후방에서 압력손실로 인해 생긴다.

문제 51. 강제 회전 운동(forced vortex motion)
에 대한 설명으로 옳은 것은? 【3장】

㉮ 자유 회전(free vortex) 운동과 반대 방향
으로 회전한다.

㉯ 유체가 강체(rigid body)처럼 회전할 때
일어난다.

㉰ 항상 자유 회전 운동과 함께 일어난다.

㉱ 속도가 반지름의 증가에 따라서 감소한다.

해설 강제회전운동

: 변기통 물의 순환처럼 유체가 고체처럼 회전할 때
의 운동이다.

문제 52. 1기압에서 수은으로 토리첼리의 실험을
하면 관에서의 수은의 높이는 760 mm이다. 그
렇다면 중력가속도가 2 m/s²이고, 기압이 5 kPa
인 어떤 행성에서 비중이 10인 액체로 토리첼
리의 실험을 한다면 관에서의 이 액체의 높이
는 몇 m인가? (단, 증기압은 무시한다.)
【3장】

㉮ 0.76 ㉯ 7.6
㉰ 2.5 ㉱ 0.25

문제 53. 지름이 305 mm이고, 길이가 3048 m인
주철관으로 기름이 초당 44.4×10⁻³ m³ 정도로
흐르고 있다면 주철관에서의 손실수두는 약 몇
m인가? (단, 레이놀즈수 Re =1580이다.)
【6장】

㉮ 10.53 ㉯ 7.63
㉰ 5.53 ㉱ 4.63

해설 우선, $Q = AV$에서

$$V = \frac{Q}{A} = \frac{44.4 \times 10^{-3}}{\frac{\pi}{4} \times 0.305^2} = 0.61 \, \text{m/s}$$

또한, $f = \frac{64}{Re} = \frac{64}{1580} = 0.0405$

결국, $h_\ell = f\frac{\ell}{d} \cdot \frac{V^2}{2g} = 0.0405 \times \frac{3048}{0.305} \times \frac{0.61^2}{2 \times 9.8}$
$= 7.68 \, \text{m}$

문제 54. 펌프의 입구 및 출구의 조건이 아래와
같고 펌프의 송출유량이 0.2 m³/s이면 펌프의
동력은 약 몇 kW인가? (단, 손실은 무시한다.)
【3장】

입구 : 계기압력 −3 kPa, 직경 0.2 m
기준면으로부터 높이 2 m
출구 : 계기압력 250 kPa, 직경 0.15 m
기준면으로부터 높이 5 m

㉮ 15.7 ㉯ 53.5
㉰ 59.3 ㉱ 65.2

해설 우선, $H = \frac{p_2 - p_1}{\gamma} + \frac{V_2^2 - V_1^2}{2g} + (Z_2 - Z_1)$

$= \frac{(250+3)}{9.8} + \frac{(11.32^2 - 6.37^2)}{2 \times 9.8} + (5-2)$

$= 33.28 \, \text{m}$

단, $Q = A_1 V_1 = A_2 V_2$에서

$V_1 = \frac{Q}{A_1} = \frac{4 \times 0.2}{\pi \times 0.2^2} = 6.37 \, \text{m/s}$

$V_2 = \frac{Q}{A_2} = \frac{4 \times 0.2}{\pi \times 0.15^2} = 11.32 \, \text{m/s}$

결국, 동력 $P = \gamma Q H = 9.8 \times 0.2 \times 33.28 = 65.2 \, \text{kW}$

문제 55. 난류 유동의 특성을 설명한 것 중 틀
린 것은? 【5장】

㉮ 혼합을 촉진시킨다.

㉯ 마찰저항을 증가시킨다.

㉰ 고체 벽쪽으로 갈수록 난류의 특징이 크게
나타난다.

㉱ 대류 열전달을 촉진시킨다.

정답 51. ㉯ 52. ㉱ 53. ㉯ 54. ㉱ 55. ㉰

문제 56. 다음 그림에서 벽 구멍을 통해 분사되는 물의 속도는? 【3장】

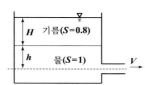

㉮ $\sqrt{2gH}$ ㉯ $\sqrt{2g(H+h)}$

㉰ $\sqrt{2g(0.8H+h)}$ ㉱ $\sqrt{2g(H+0.8h)}$

해설 $V = \sqrt{2g(0.8H+h)}$

문제 57. 그림과 같은 수문 AB가 받는 수평성분 F_H와 수직성분 F_V는 각각 몇 N인가?

【2장】

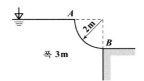

㉮ $F_H = 24400$, $F_V = 46181$

㉯ $F_H = 58800$, $F_V = 46181$

㉰ $F_H = 58800$, $F_V = 92362$

㉱ $F_H = 24400$, $F_V = 92362$

해설
· 수평성분 $F_H = \gamma \bar{h} A = 9800 \times 1 \times (2 \times 3)$
$= 58800\,\mathrm{N}$

· 수직성분 $F_V = W = \gamma V = 9800 \times \dfrac{\pi \times 2^2}{4} \times 3$
$= 92362\,\mathrm{N}$

문제 58. 어떤 물체의 공기중에서의 무게는 1.5 N이고, 물 속에서의 무게는 1.1 N이다. 이 물체의 비중은? 【2장】

㉮ 2.65 ㉯ 1.65

㉰ 3.75 ㉱ 4.50

해설 우선, 공기중에서 물체무게＝부력(F_B)
$+$액체속에서 물체무게
$1.5 = 9800 \times V + 1.1$ ∴ $V = 0.0000408\,\mathrm{m}^3$
결국, 물체무게 $W = \gamma V = \gamma_{H_2O} S V$에서
$1.5 = 9800 \times S \times 0.0000408$ ∴ $S = 3.75$

문제 59. 익폭 50 m, 익현 10 m인 직사각형 익형이 밀도 0.4 kg/m³인 공기 중에서 양력 7000 KN을 받는다. 양력 계수를 0.78로 가정할 때 요구되는 속도는 약 몇 m/s인가? 【5장】

㉮ 176 ㉯ 210

㉰ 300 ㉱ 347

해설 $L = C_L \dfrac{\rho V^2}{2} A$에서

∴ $V = \sqrt{\dfrac{2L}{C_L \rho A}} = \sqrt{\dfrac{2 \times 7000 \times 10^3}{0.78 \times 0.04 \times (50 \times 10)}}$
$\fallingdotseq 300\,\mathrm{m/s}$

문제 60. 어떤 액체의 밀도는 $\rho = 890$ kg/m³, 체적 탄성계수는 $E_V = 2200$ MPa이다. 이 액체속에서 전파되는 소리의 속도는 약 몇 m/s인가? 【1장】

㉮ 1483 ㉯ 1572

㉰ 980 ㉱ 340

해설 $a = \sqrt{\dfrac{K(= E_V)}{\rho}} = \sqrt{\dfrac{2200 \times 10^6}{890}} \fallingdotseq 1572\,\mathrm{m/s}$

제4과목 유압기기

(※ 2014년도부터 유체기계 과목이 포함되었습니다.)

문제 61. 다음 기호를 가진 유압 밸브의 명칭은?

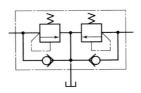

해답 56. ㉰ 57. ㉰ 58. ㉰ 59. ㉰ 60. ㉯ 61. ㉮

㈎ 브레이크 밸브

㈏ 무부하 릴리프 밸브

㈐ 비례 전자식 감압 밸브

㈑ 파이롯 작동형 릴리프 밸브

해설

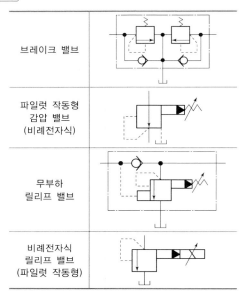

브레이크 밸브	
파일럿 작동형 감압 밸브 (비례전자식)	
무부하 릴리프 밸브	
비례전자식 릴리프 밸브 (파일럿 작동형)	

문제 62. 유압 및 공기압 용어에서 스텝 모양 입력신호의 지령에 따르는 모터로 정의되는 것은?

㈎ 오버 센터 모터

㈏ 다공정 모터

㈐ 유압 스테핑 모터

㈑ 베인 모터

해설 스테핑모터(stepping motor)

: 입력 펄스수에 대응하여 일정 각도씩 움직이는 모터로 펄스모터 혹은 스텝모터라고도 한다. 입력펄스수와 모터의 회전각도가 완전히 비례하므로 회전각도를 정확하게 제어할 수 있다. 이런 특징 때문에 NC공작기계나 산업용로봇, 프린터나 복사기 등의 OA기기에 사용된다. 메카트로닉스 기계에서 중요한 전기모터의 한가지이다. 특히 선형운동을 하는 것을 리니어 스테핑모터라고 한다.

문제 63. 다음 중 펌프 작동 중에 유면을 적절하게 유지하고, 발생하는 열을 방산하여 장치의 가열을 방지하며, 오일 중의 공기나 이물질을 분리시킬 수 있는 기능을 갖춰야 하는 것은?

㈎ 오일 필터

㈏ 오일 제너레이터

㈐ 오일 미스트

㈑ 오일 탱크

해설 오일탱크의 크기

: 오일탱크(oil tank)의 크기는 그 속에 들어가는 유량이 펌프 토출량의 적어도 3배 이상으로 한 것이 표준화되어 있다.

이것은 펌프작동중의 유면을 적정하게 유지하고, 발생하는 열을 방산하여 장치의 가열을 방지하며 오일중에서 공기나 이물질을 분리시키는데 충분한 크기이다.

또한, 운전정지중에는 관로의 오일이 중력에 의해서 넘치지 않고 파이프를 분리할 때에는 오일탱크에서 넘쳐 흐르지 않을 만큼의 크기로 한다.

따라서, 오일탱크의 크기는 냉각장치의 유무, 사용압력, 유압회로의 상태에 따라서 달라진다.

문제 64. 필요에 따라 유체의 일부 또는 전량을 분기시키는 관로는?

㈎ 바이패스관로

㈏ 드레인관로

㈐ 통기관로

㈑ 주관로

해설 ① 바이패스관로(bypass line) : 필요에 따라 유체의 일부 또는 전량을 분기시키는 관로

② 드레인관로(drain line) : 드레인을 귀환관로 또는 탱크 등으로 연결하는 관로

③ 통기관로(vent line) : 대기로 언제나 개방되어 있는 관로

④ 주관로(main line) : 흡입관로, 압력관로 및 귀환관로를 포함하는 주요관로

문제 65. 다음 중 전자석에 의한 조작 방식은?

㈎ 인력 조작

㈏ 기계적 조작

㈐ 파일럿 조작

㈑ 솔레노이드 조작

해설 솔레노이드(solenoid)조작 : 도선을 촘촘하고 균일하게 원통형으로 길게 감아 만든 기기이다. 에너지변환장치 및 전자석으로 이용될 수 있다.

정답 62. ㈐　63. ㈑　64. ㈎　65. ㈑

문제 66. 기어 펌프나 피스톤 펌프와 비교하여 베인 펌프의 특징을 설명한 것 중 틀린 것은?

㉮ 토출 압력의 맥동이 적다.

㉯ 베인의 마모로 인한 압력저하가 적어서 수명이 길다.

㉰ 일반적으로 저속으로 사용하는 경우가 많다.

㉱ 카트리지 방식으로 인하여 호환성이 양호하고 보수가 용이하다.

해설 · 베인펌프의 특징(기어펌프, 피스톤펌프와 비교하여)
① 토출압력의 맥동이 적다.
② 베인의 마모로 인한 압력저하가 적어 수명이 길다.
③ 카트리지방식과 호환성이 양호하고 보수가 용이하다. (카트리지교체로 정비 가능)
④ 동일토출량과 동일마력의 펌프에서의 형상치수가 최소이다. (단위마력당 밀어젖힘용량이 크므로)
⑤ 맥동이 적으므로 소음이 적다.
⑥ 급송시동이 가능하다. (기어펌프는 시동토크는 크지만 베인펌프의 경우 시동토크가 작으므로 급속시동이 가능하다.)

문제 67. 유동하고 있는 액체의 압력이 국부적으로 저하되어, 증기나 함유 기체를 포함하는 기포가 발생하는 현상은?

㉮ 캐비테이션 현상

㉯ 서징 현상

㉰ 채터링 현상

㉱ 역류 현상

해설 공동(cavitaton)현상
: 작동유의 압력이 그 온도에 있어서의 포화증기압 이하가 되면 기름을 증발하여 기포를 발생하게 되는데 이러한 현상을 공동현상이라 한다.
방지책으로는 흡입관내의 평균유속이 3.5 m/s 이하가 되도록 한다.

문제 68. 다음 유압유의 물리적 성질 중에서 동계 운전 시에 가장 중요하게 고려해야 할 성질은?

㉮ 압축성

㉯ 유동점

㉰ 인화점

㉱ 비중과 밀도

해설 유동점 : 응고점보다 25℃ 정도 높은 온도를 나타내며, 유압유를 냉각하였을 때 파라핀외의 고체가 석출 또는 분리되기 시작하는 온도를 말한다. 동계 운전시에 가장 고려해야 할 성질이다.

문제 69. 블리드 오프 회로(bleed off circuit)의 설명으로 다음 중 가장 적합한 것은?

㉮ 액추에이터의 공급 쪽 관로 내의 흐름을 제어함으로써 속도를 제어하는 회로

㉯ 액추에이터의 배출 쪽 관로 내의 흐름을 제어함으로써 속도를 제어하는 회로

㉰ 장치가 위험상태가 되면 자동적으로 또는 인위적으로 장치를 정지시키는 회로

㉱ 액추에이터의 공급 쪽 관로에 설정된 바이패스 관로의 흐름을 제어함으로써 속도를 제어하는 회로

해설 블리드 오프 회로(bleed off circuit)
: 액추에이터로 흐르는 유량의 일부를 탱크로 분기함으로써 작동속도를 조절하는 방식이다. 실린더 입구의 분지회로에 유량제어밸브를 설치하여 실린더 입구측의 불필요한 압유를 배출시켜 작동효율을 증진시킨 회로이다.

문제 70. 펌프의 토출 압력 3.92 MPa이고, 실제 토출 유량은 50 ℓ/min이다. 이 때 펌프의 회전수는 1000 rpm이며, 소비동력이 3.68 kW라 하면 펌프의 전효율은 몇 %인가?

㉮ 80.4 %

㉯ 84.7 %

㉰ 88.8 %

㉱ 92.2 %

해설 $L_P = \dfrac{pQ}{\eta_P}$ 에서

$$\therefore \eta_P = \frac{pQ}{L_P} = \frac{3.92 \times 10^3 \times \dfrac{50 \times 10^{-3}}{60}}{3.68}$$

$$= 0.888 = 88.8\%$$

해답 66. ㉰ 67. ㉮ 68. ㉯ 69. ㉱ 70. ㉰

제5과목 건설기계일반

(※ 2017년도부터 기계제작법이 플랜트배관으로 변경되었습니다.)

문제 71. 버킷 준설선에 관한 설명으로 옳지 않은 것은?

㉮ 버킷의 연결방식에 따라 연속식과 단속식으로 나누어진다.

㉯ 최근에는 연속식이 많이 사용된다.

㉰ 해저의 토사를 버킷 컨베이어로 연속적으로 퍼 올리는 방식이다.

㉱ 협소한 장소에서도 작업이 용이하다.

해설 버킷(bucket) 준설선은 암반준설에는 부적합하며, 작업반경이 크고, 협소한 장소에서는 작업하기가 나쁘다.

문제 72. 머캐덤 롤러는 차동장치를 갖고 있는데 차동장치를 사용하는 목적으로 가장 적합한 것은?

㉮ 좌우 양륜의 회전속도를 일정하게 하기 위해서

㉯ 커브에서 무리한 힘을 가하지 않고 선회하기 위해서

㉰ 연약지반에서 차륜의 공회전을 방지하기 위해서

㉱ 전류과 후륜의 접지압을 같게 하기 위해서

해설 차동장치 : 커브선회시 원활한 선회를 위하여 내륜의 속도를 감속시키기 위한 장치

문제 73. 건설산업기본법에서 정의하는 용어에 대한 설명으로 틀린 것은?

㉮ "건설사업관리"라 함은 건설공사에 관한 기획·타당성조사·분석·설계·조달·계약·시공관리·감리·평가·사후관리 등에 관한 관리업무의 전부 또는 일부를 수행

하는 것을 말한다.

㉯ "건설기술자"라 함은 건설산업기본법 또는 다른 법률에 의하여 등록증을 하고 건설업을 영위하는 자를 말한다.

㉰ "하도급"이라 함은 도급받은 건설공사의 전부 또는 일부를 도급하기 위하여 수급인이 제 3자와 체결하는 계약을 말한다.

㉱ "발주자"라 함은 건설공사를 건설업자에게 도급하는 자를 말한다. 다만, 수급인으로서 도급받은 건설공사를 하도급하는 자를 제외한다.

해설 · 건설산업기본법에서 정의하는 용어

1. "건설산업"이란 건설업과 건설용역업을 말한다.
2. "건설업"이란 건설공사를 하는 업을 말한다.
3. "건설용역업"이란 건설공사에 관한 조사, 설계, 감리, 사업관리, 유지관리 등
4. "건설공사"란 토목공사, 건축공사, 산업설비공사, 조경공사, 환경시설공사, 그 밖에 명칭에 관계없이 시설물을 설치, 유지, 보수하는 공사(시설물을 설치하기 위한 부지조성공사를 포함한다.) 및 기계설비나 그 밖의 구조물의 설치 및 해체공사 등을 말한다. 다만, 다음 각 목의 어느 하나에 해당하는 공사는 포함하지 아니한다.
   가. 「전기공사업법」에 따른 전기공사
   나. 「정보통신공사업법」에 따른 정보통신공사
   다. 「소방시설공사업법」에 따른 소방시설공사
   라. 「문화재 수리 등에 관한 법률」에 따른 문화재 수리공사
5. "종합공사"란 종합적인 계획, 관리 및 조정을 하면서 시설물을 시공하는 건설공사를 말한다.
6. "전문공사"란 시설물의 일부 또는 전문분야에 관한 건설공사를 말한다.
7. "건설업자"란 이 법 또는 다른 법률에 따라 등록 등을 하고 건설업을 하는 자를 말한다.
8. "건설사업관리"란 건설공사에 관한 기획, 타당성 조사, 분석, 설계, 조달, 계약, 시공관리, 감리, 평가 또는 사후관리 등에 관한 관리를 수행하는 것을 말한다.
9. "시공책임형건설사업관리"란 종합공사를 시공하는 업종을 등록한 건설업자가 건설공사에 대하여 시공 이전 단계에서 건설사업관리업무를 수행하고 아울러 시공단계에서 발주자와 시공 및 건설사업관리에 대한 별도의 계약을 통하여 종합적인 계획, 관리 및 조정을 하면서 미리 정한 공사금액과 공사기간 내에 시설물을 시공하는 것을 말한다.

정답 71. ㉱ 72. ㉯ 73. ㉯

10. "발주자"란 건설공사를 건설업자에게 도급하는 자를 말한다. 다만 수급인으로서 도급받는 건설공사를 하도급하는 자는 제외한다.

11. "도급"이란 원도급, 하도급, 위탁 등 명칭에 관계없이 건설공사를 완성할 것을 약정하고 상대방이 그 공사의 결과에 대하여 대가를 지급할 것을 약정하는 계약을 말한다.

12. "하도급"이란 도급받는 건설공사의 전부 또는 일부를 다시 도급하기 위하여 수급인이 제3자와 체결하는 계약을 말한다.

13. "수급인"이란 발주자로부터 건설공사를 도급받은 건설업자를 말하고, 하도급의 경우 하도급하는 건설업자를 포함한다.

14. "하수급인"이란 수급인으로부터 건설공사를 하도급받는 자를 말한다.

15. "건설기술자"란 관계법령에 따라 건설공사에 관한 기술이나 기능을 가졌다고 인정하는 사람을 말한다.

문제 74. 로드 롤러(road roller)의 동력전달 순서로 옳은 것은?

㉮ 엔진 → 변속기 → 주클러치 → 전후진기어 → 구동바퀴

㉯ 엔진 → 주클러치 → 변속기 → 전후진기어 → 구동바퀴

㉰ 엔진 → 변속기 → 주클러치 → 유체커플링 → 구동바퀴

㉱ 엔진 → 주클러치 → 변속기 → 구동바퀴 → 유체커플링

해설 로드롤러의 동력전달순서
: 엔진 → 메인클러치(주클러치) → 변속기 → 전·후진기어 → 차동장치 → 종감속장치 → 후륜

문제 75. 불도저의 규격표시 방법으로 옳은 것은?

㉮ 등판능력
㉯ 견인력
㉰ 도저의 기관 출력
㉱ 작업가능상태의 중량

해설 불도저의 규격표시방법
: 자중(ton 또는 kg)으로 표시. 즉, 자체중량으로 표시

문제 76. 무한궤도식 건설기계의 주행장치에서 하부 구동체(under carriage)의 구성품이 아닌 것은?

㉮ 트랙 롤러(track roller)
㉯ 캐리어 롤러(carrier roller)
㉰ 스프로킷(sprocket)
㉱ 클러치 요크(clutch york)

해설 무한궤도식 건설기계의 주행장치에서 하부구동체(under carriage)의 구성품
: 언더캐리지는 무한궤도에 의하여 이동시키는 장치로 트랙프레임, 트랙롤러, 트랙캐리어롤러, 트랙아이들러, 트랙스프로킷 등으로 구성되어 있다.

문제 77. 모터 그레이더가 가장 효과적으로 할 수 있는 작업은?

㉮ 산지 개간 작업
㉯ 절개지 확장 굴삭
㉰ 적재 작업
㉱ 제설 작업

해설 모터그레이더의 작업
: 정지작업(지균작업), 산포작업, 제방경사작업, 제설작업, 측구작업, 스캐리화이어작업, 도로구축작업, 도로유지보수작업

문제 78. 버킷계수는 1.15, 토량환산계수는 1.1, 작업효율은 80%이고, 1회 사이클 타임은 30초, 버킷 용량은 1.4 m³인 로더의 시간당 작업량은 약 몇 m³/hr인가?

㉮ 141
㉯ 170
㉰ 192
㉱ 215

해설 $Q = \dfrac{3600 \, qfKE}{C_m}$

$= \dfrac{3600 \times 1.4 \times 1.1 \times 1.15 \times 0.8}{30} = 170 \, \text{m}^3/\text{hr}$

해답 74. ㉯ 75. ㉱ 76. ㉱ 77. ㉱ 78. ㉯

문제 79. 압축공기밸브, 해머, 로드, 비트 등으로 구성되어 충격에너지를 로드 끝의 비트를 통해 암석으로 전달하여 착암하는 것은?

㉮ 싱커(sinker) ㉯ 롤러(roller)

㉰ 드릴(drill) ㉱ 로드 밀(rod mill)

해설〉 싱커(sinker)
: 방음장치가 달린 최신형착암기로서 갱도의 반하향 작업에 적합하다. 인력으로 조작할 수 있는 소형으로 공기의 힘으로 작동하며, 피스톤의 상·하작동으로 로드에 가격력을 전달하는 기계이다.

문제 80. 도저용 트랙롤러(track roller)에 대한 설명 중 틀린 것은?

㉮ 트랙롤러 조립체는 롤러, 부싱, 플로팅 시일, 축 및 고정축의 칼라로 구성된다.

㉯ 구형 도저는 벨로스 시일(bellows seal)을 많이 사용했으나, 최근에는 내구성이 좋은 플로팅 시일(floating seal)을 많이 쓴다.

㉰ 일반적으로 하부 롤러에는 테이퍼 롤러 베어링을, 상부 롤러에는 부싱을 주로 사용한다.

㉱ 트랙롤러는 흙탕물, 토사에 묻혀서 회전하므로 윤활제의 누설을 방지하고 흙탕물의 침입을 방지하기 위하여 시일을 사용해야 한다.

해설〉 트랙롤러(track roller)
: 통상 하부롤러라 부르며, 트랙의 전체중량을 지지하며, 균일하게 트랙에 배분하면서 트랙이 늘어나서 처지는 것을 방지하고, 원활히 회전되도록 하여 트랙의 회전위치를 정확하게 유지하는 장치로서 롤러, 부싱, 플로팅시일, 축, 칼라 등으로 구성되어 있다.

정답〉 **79.** ㉮ **80.** ㉰

2012년 제4회 일반기계 기사

 제1과목 재료역학

문제 1. 직경이 2 cm인 원통형 막대에 2 kN의 인장하중이 작용하여 균일하게 신장되었을 때, 단면적의 감소량은 약 몇 cm²인가? (단, 탄성계수는 30 GPa이고, 포아송 비는 0.3이다.) 【1장】

㉮ 0.004　　　　㉯ 0.0004
㉰ 0.002　　　　㉱ 0.0002

해설
$$\Delta A = 2\mu\varepsilon A = 2\mu \times \frac{P}{AE}A = 2\mu\frac{P}{E}$$
$$= 2 \times 0.3 \times \frac{2}{30 \times 10^6} = 0.0004 \times 10^{-4} \mathrm{m}^2$$
$$= 0.0004 \mathrm{cm}^2$$

문제 2. 집중 모멘트 M을 받고 있는 길이(L) 1 m인 외팔보의 최대 처짐량을 1 cm로 제한하려면, 최대 집중 모멘트 M은 몇 N·m인가? (단, 단면은 한 변이 10 cm인 정사각형이고, 탄성계수(E)는 235 GPa이다.) 【8장】

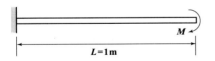

㉮ 24516　　　　㉯ 29419
㉰ 34323　　　　㉱ 39166

해설 $\delta_{\max} = \dfrac{ML^2}{2EI}$ 에서

$$M = \frac{2EI\delta_{\max}}{L^2} = \frac{2 \times 235 \times 10^9 \times \frac{0.1^4}{12} \times 0.01}{1^2}$$
$$= 39166.67 \mathrm{N \cdot m}$$

문제 3. 그림과 같이 변의 길이가 b인 정방향 물체를 P인 힘으로 당겨서 C축 주위로 회전시키고자 한다. 물체의 무게가 200 N이면(무게가 체적에 균일하게 분포된 것으로 가정) 회전시킬 수 있는 최소의 힘 P와 경사각 α로 옳은 것은? (단, 물체와 지면과의 정지마찰계수는 1/3보다 크다.) 【6장】

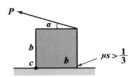

㉮ $\alpha = 60°$, $P = 200\,\mathrm{N}$
㉯ $\alpha = 30°$, $P = 100\,\mathrm{N}$
㉰ $\alpha = 45°$, $P = 50\sqrt{2}\,\mathrm{N}$
㉱ $\alpha = 0°$, $P = 200\,\mathrm{N}$

해설
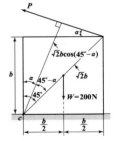

C축 주위로 회전시키고자 하면 C점을 기준으로 하여 다음과 같은 모멘트 관계가 성립한다.
$$P \times \sqrt{2}\,b\cos(45° - \alpha) \geq 200 \times \frac{b}{2}$$
$$P \geq \frac{100}{\sqrt{2}\cos(45° - \alpha)}$$
$$P \geq \frac{50\sqrt{2}}{\cos(45° - \alpha)}$$
우선, P가 최소가 되려면 $\cos(45° - \alpha) = 1$일 때이므로
$$45° - \alpha = 0 \quad \therefore \alpha = 45°$$
또한, P의 최소값 $P = 50\sqrt{2}$ (N)

해답 1. ㉯　2. ㉱　3. ㉰

문제 4. 그림과 같은 양단 고정보에서 최대 굽힘 모멘트와 최대 처짐으로 맞는 것은? (단, 보의 굽힘강성 EI는 일정하다.) 【9장】

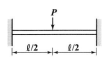

㉮ $M_{\max} = \dfrac{P\ell}{8}$, $\delta_{\max} = \dfrac{P\ell^3}{192EI}$

㉯ $M_{\max} = \dfrac{P\ell^2}{8}$, $\delta_{\max} = \dfrac{P\ell^3}{48EI}$

㉰ $M_{\max} = \dfrac{P\ell}{4}$, $\delta_{\max} = \dfrac{P\ell^3}{3EI}$

㉱ $M_{\max} = \dfrac{P\ell}{2}$, $\delta_{\max} = \dfrac{P\ell^3}{8EI}$

[해설]

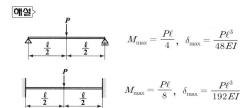

$M_{\max} = \dfrac{P\ell}{4}$, $\delta_{\max} = \dfrac{P\ell^3}{48EI}$

$M_{\max} = \dfrac{P\ell}{8}$, $\delta_{\max} = \dfrac{P\ell^3}{192EI}$

문제 5. 그림과 같이 길이 ℓ인 단순 지지된 보 위를 하중 W가 이동하고 있다. 최대 굽힘모멘트를 발생시키는 위치 x는? 【6장】

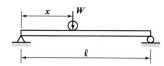

㉮ $\dfrac{\ell}{8}$ ㉯ $\dfrac{\ell}{4}$

㉰ $\dfrac{\ell}{3}$ ㉱ $\dfrac{\ell}{2}$

[해설] 최대굽힘모멘트는 $F_x = 0$인 위치에서 생기므로 하중(W)이 중앙점 $\left(\dfrac{\ell}{2}\right)$에 작용할 때 생긴다. 즉, 그때의 최대굽힘모멘트는 $M_{\max} = \dfrac{W\ell}{4}$ 이다.

문제 6. 그림과 같은 외팔보에 대한 전단력 선도는? 【6장】

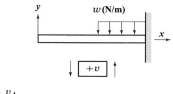

㉮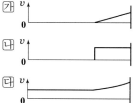

㉯

㉰

㉱

[해설]

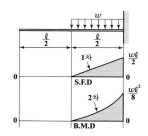

문제 7. 지름 10 cm, 길이 1.5 m의 둥근 막대의 일단을 고정하고 자유단을 10° 비틀었다고 하면, 막대에 생기는 최대 전단응력은 약 몇 MPa인가? (단, 전단 탄성계수 G=8.4 GPa이다.) 【5장】

㉮ 69   ㉯ 59
㉰ 49   ㉱ 39

[해설] $\tau = \dfrac{Gr\theta}{\ell} = \dfrac{8.4 \times 10^3 \times 0.05 \times 10 \times \dfrac{\pi}{180}}{1.5}$
$= 48.87 ≒ 49\,\mathrm{MPa}$

[해답] **4.** ㉮ **5.** ㉱ **6.** ㉮ **7.** ㉰

문제 8. 다음 중 응력에 대한 일반적인 설명으로 틀린 것은? 【1장】

㉮ 내력의 세기(intensity)를 응력으로 나타낼 수 있다.

㉯ 압력도 일종의 응력이다.

㉰ 마찰력에 의해 발생되는 응력은 전단응력이다.

㉱ 인장시험 도중 하중을 제거하여 응력이 0이 되면 변형률도 항상 0이 된다.

해설〉 탄성한도이상의 영역에서는 인장시험도중에 하중을 제거하여 응력이 0이 되더라도 잔류변형이 생긴다.

문제 9. 공칭응력(nominal stress : σ_n)과 진응력(true stress : σ_t)사이의 관계식으로 옳은 것은? (단, ε_n은 공칭 변형률(nominal strain), ε_t는 진변형률(true strain)이다.) 【1장】

㉮ $\sigma_t = \sigma_n(1+\varepsilon_t)$

㉯ $\sigma_t = \sigma_n(1+\varepsilon_n)$

㉰ $\sigma_t = \ell n(1+\sigma_n)$

㉱ $\sigma_t = \ell n(\sigma_n+\varepsilon_n)$

해설〉 ① 공칭변형율(ε_n)과 진변형율(ε_t) 사이의 관계식
: $\varepsilon_t = \ell n(1+\varepsilon_n)$
② 공칭응력(σ_n)과 진응력(σ_t) 사이의 관계식
: $\sigma_t = \sigma_n(1+\varepsilon_n)$

문제 10. 지름이 1.5 m인 두께가 얇은 원통용기에 1.6 MPa의 압력을 갖는 가스를 넣으려고 한다. 필요한 벽 두께는 최소 몇 cm인가? (단, 허용응력은 80 MPa이다.) 【2장】

㉮ 3.3　　　　　㉯ 6.67

㉰ 1.5　　　　　㉱ 0.75

해설〉 $t = \dfrac{pd}{2\sigma_a} = \dfrac{1.6 \times 1.5}{2 \times 80} = 0.015\,\mathrm{m} = 1.5\,\mathrm{cm}$

문제 11. 그림과 같이 한쪽 끝을 지지하고 다른 쪽을 고정한 보에서 보의 단면을 직경 10 cm의 원형으로 하고 보의 길이 2 m의 중앙에 집중하중 P가 작용하고 있다. 재료의 허용 굽힘 응력을 8 MPa로 하면 몇 N의 집중하중을 가할 수 있는가? 【9장】

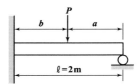

㉮ 2510　　　　　㉯ 2090

㉰ 4200　　　　　㉱ 6200

해설〉 $M_{\max} = \sigma_a Z$에서 $\dfrac{3P\ell}{16} = \sigma_a \times \dfrac{\pi d^3}{32}$

$\dfrac{3 \times P \times 2}{16} = 8 \times 10^6 \times \dfrac{\pi \times 0.1^3}{32}$

$\therefore P = 2094.4\,\mathrm{N}$

문제 12. 단면의 면적이 500 mm²인 강봉이 그림과 같은 힘을 받을 때 강봉의 변형량은 몇 mm인가? (단, 탄성계수는 $E=200$ GPa이다.) 【1장】

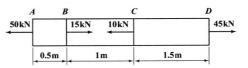

㉮ 1.125　　　　　㉯ 1.275

㉰ 1.55　　　　　㉱ 0.675

해설〉 각 단면을 절단하여 해석한다.

50kN ─ λ₁ ─ 50kN 35kN ─ λ₂ ─ 35kN 45kN ─ λ₃ ─ 45kN
　　0.5m　　　　　　1m　　　　　　1.5m

$\therefore \lambda = \lambda_1 + \lambda_2 + \lambda_3 = \dfrac{P_1 \ell_1}{AE} + \dfrac{P_2 \ell_2}{AE} + \dfrac{P_3 \ell_3}{AE}$

$= \dfrac{1}{AE}(P_1 \ell_1 + P_2 \ell_2 + P_3 \ell_3)$

$= \dfrac{1}{500 \times 10^{-6} \times 200 \times 10^6}(50 \times 0.5 + 35 \times 1 + 45 \times 1.5)$

$= 0.001275\,\mathrm{m} = 1.275\,\mathrm{mm}$

정답 8. ㉱　9. ㉯　10. ㉰　11. ㉯　12. ㉯

문제 13. 그림과 같은 단순보(단면 8 cm×6 cm)에 작용하는 최대 전단응력은 약 몇 kPa인가? 【7장】

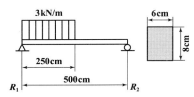

㉮ 620

㉯ 1930

㉰ 1620

㉱ 1170

해설 정답오류

우선, $R_1 \times 5 - 3 \times 2.5 \times (1.25 + 2.5) = 0$

$\therefore R_1 = F_{max} = 5.625\,kN$

결국, $\tau_{max} = \dfrac{3}{2} \dfrac{F_{max}}{A} = \dfrac{3}{2} \times \dfrac{5.625}{0.06 \times 0.08}$

$= 1757.8\,kPa$

문제 14. 그림과 같이 A, B의 원형 단면봉은 길이가 같고, 지름이 다르며, 양단에서 같은 압축하중 P를 받고 있다. 응력은 각 단면에서 균일하게 분포된다고 할 때 저장되는 탄성 변형 에너지의 비 $\dfrac{U_B}{U_A}$는 얼마가 되겠는가? 【2장】

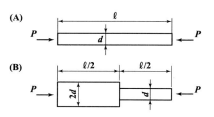

㉮ $\dfrac{1}{2}$

㉯ $\dfrac{5}{8}$

㉰ $\dfrac{8}{5}$

㉱ 2

해설 $U = \dfrac{P^2 \ell}{2AE}$ 꼴에서

우선, $U_A = \dfrac{P^2 \ell}{2 \times \dfrac{\pi d^2}{4} \times E} = \dfrac{2P^2 \ell}{\pi d^2 E}$

또한, $U_B = \dfrac{P^2 \times \dfrac{\ell}{2}}{2 \times \dfrac{\pi d^2}{4} \times E} + \dfrac{P^2 \times \dfrac{\ell}{2}}{2 \times \dfrac{\pi}{4}(2d)^2 \times E}$

$= \dfrac{5P^2 \ell}{4\pi d^2 E}$

결국, $\dfrac{U_B}{U_A} = \dfrac{\left(\dfrac{5P^2 \ell}{4\pi d^2 E} \right)}{\left(\dfrac{2P^2 \ell}{\pi d^2 E} \right)} = \dfrac{5}{8}$

문제 15. 양단이 고정된 직경 40 mm이며 길이가 6 m인 중실축에서 그림과 같이 비틀림모멘트 0.75 kN·m이 작용할 때 모멘트 작용점에서의 비틀림 각을 구하면 약 몇 rad인가? (단, 봉재의 전단탄성계수 G=82 GPa이다.) 【5장】

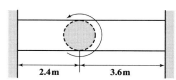

㉮ $\theta = 0.052$

㉯ $\theta = 0.077$

㉰ $\theta = 0.087$

㉱ $\theta = 0.097$

해설

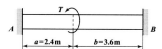

우선, $T_A = \dfrac{Tb}{a+b} = \dfrac{0.75 \times 3.6}{2.4 + 3.6} = 0.45\,kN \cdot m$

$T_B = \dfrac{Ta}{a+b} = \dfrac{0.75 \times 2.4}{2.4 + 3.6} = 0.3\,kN \cdot m$

모멘트 작용점에서 비틀림각(θ)은 동일하므로

$\therefore \theta = \theta_A - \theta_B = \dfrac{T_A a}{GI_P} = \dfrac{T_B b}{GI_P}$

$= \dfrac{0.45 \times 10}{82 \times 10^6 \times \dfrac{\pi \times 0.04^4}{32}} = 0.0524\,rad$

해답 13. 정답오류　14. ㉯　15. ㉮

문제 16. 그림과 같은 치차 전동 장치에서 A치차로부터 D치차로 동력을 전달한다. B와 C 치차의 피치원의 직경의 비는 $\dfrac{D_B}{D_C} = \dfrac{1}{8}$일 때, 두 축의 최대 전단응력을 같게 하는 직경의 비 $\dfrac{d_2}{d_1}$은 얼마인가? 【5장】

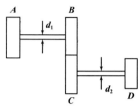

㉮ $\left(\dfrac{1}{8}\right)^{\frac{1}{3}}$ ㉯ $\dfrac{1}{8}$

㉰ 2 ㉱ 8

해설〉

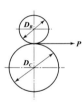

$D_B : D_C = 1 : 8$

우선, 직경 d_1인 축의 전달토크를 T_1, B기어의 전달력을 P_B라 하면

$$T_1 = \tau_1 Z_{P \cdot 1} = \tau_1 \times \frac{\pi d_1^3}{16} = P_B D_B$$

$$\therefore P_B = \frac{T_1}{D_B} = \tau_1 \times \frac{\pi d_1^3}{16} \times \frac{1}{D_B} \cdots\cdots\cdots ①식$$

또한, 직경 d_2인 축의 전달토크를 T_2, C기어의 전달력을 P_C라 하면

$$T_2 = \tau_2 Z_{P \cdot 2} = \tau_2 \times \frac{\pi d_2^3}{16} = P_C D_C$$

$$\therefore P_C = \frac{T_2}{D_C} = \tau_2 \times \frac{\pi d_2^3}{16} \times \frac{1}{D_C} \cdots\cdots\cdots ②식$$

결국, $\tau_1 = \tau_2$, $P_B = P_C$이므로 ①=②식에서

$$\frac{d_1^3}{D_B} = \frac{d_2^3}{D_C} \text{에서} \quad \frac{d_2^3}{d_1^3} = \frac{D_C}{D_B} = \frac{8}{1}$$

$$\therefore \frac{d_2}{d_1} = \sqrt[3]{8} = \sqrt[3]{2^3} = 2$$

문제 17. 다음과 같이 집중하중과 등분포하중을 받는 보의 중앙점 C에서의 처짐의 크기는 약 몇 mm인가? (단, 굽힘강성 $EI = 10 \text{ MN} \cdot \text{m}^2$이다.) 【8장】

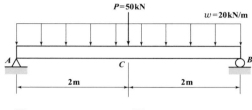

㉮ 13.3 ㉯ 18.6

㉰ 23.4 ㉱ 28.6

해설〉 $\delta_{\max} = \dfrac{P\ell^3}{48EI} + \dfrac{5w\ell^4}{384EI} = \dfrac{\ell^3}{384EI}(8P + 5w\ell)$

$= \dfrac{4^3}{384 \times 10 \times 10^3}(8 \times 50 + 5 \times 20 \times 4)$

$= 0.0133 \text{ m} = 13.3 \text{ mm}$

문제 18. 그림과 같이 직경이 d인 원형단면에서 밑변($X' - X'$)에 대한 단면 2차모멘트는? 【4장】

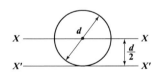

㉮ $\dfrac{\pi d^4}{64}$ ㉯ $\dfrac{5\pi d^4}{64}$

㉰ $\dfrac{9\pi d^4}{64}$ ㉱ $\dfrac{17\pi d^4}{64}$

해설〉 $I_{x'} = I_x + a^2 A = \dfrac{\pi d^4}{64} + \left(\dfrac{d}{2}\right)^2 \times \dfrac{\pi d^2}{4} = \dfrac{5\pi d^4}{64}$

문제 19. 그림과 같이 스트레인 로제트(strain rosette)를 60°로 배열한 경우 각 스트레인 게이지에 나타나는 스트레인량으로부터 구해지는 전단 변형율 γ_{xy}는? 【3장】

해답〉 **16.** ㉰ **17.** ㉮ **18.** ㉯ **19.** ㉯

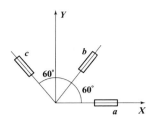

$$\boxed{가}\ \frac{2}{\sqrt{3}}(\varepsilon_a - \varepsilon_b) \qquad \boxed{나}\ \frac{2}{\sqrt{3}}(\varepsilon_b - \varepsilon_c)$$

$$\boxed{다}\ \frac{2}{\sqrt{3}}(\varepsilon_a - \varepsilon_c) \qquad \boxed{라}\ \frac{2}{\sqrt{3}}(\varepsilon_c - \varepsilon_a)$$

[해설]

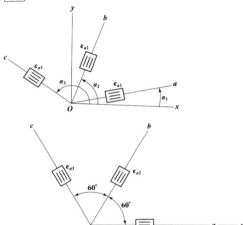

xy축에 관한 수직변형률 ε_x와 ε_y 및 전단변형률 γ_{xy}를 알고 있다고 가정하면

xy축으로부터 반시계방향으로 α_1, α_2, α_3만큼 회전된 축에 관한 수직변형률은 다음과 같다.

$$\varepsilon_{a\cdot1} = \varepsilon_x\cos^2\alpha_1 + \varepsilon_y\sin^2\alpha_1 + \gamma_{xy}\sin\alpha_1\cos\alpha_1 \cdots ①식$$
$$\varepsilon_{a\cdot2} = \varepsilon_x\cos^2\alpha_2 + \varepsilon_y\sin^2\alpha_2 + \gamma_{xy}\sin\alpha_2\cos\alpha_2 \cdots ②식$$
$$\varepsilon_{a\cdot3} = \varepsilon_x\cos^2\alpha_3 + \varepsilon_y\sin^2\alpha_3 + \gamma_{xy}\sin\alpha_3\cos\alpha_3 \cdots ③식$$

여기서는 60° 스트레인로제트 또는 델타로제트 (delta rosette)이므로 $\alpha_1 = 0°$, $\alpha_2 = 60°$, $\alpha_3 = 120°$이다.

우선, $\alpha_1 = 0°$를 ①식에 대입하면

$$\varepsilon_a = \varepsilon_x \cdots\cdots\cdots\cdots\cdots\cdots ④식$$

또한, $\alpha_2 = 60°$를 ②식에 대입하면

$$\varepsilon_x + 3\varepsilon_y = 4\varepsilon_b - \sqrt{3}\,\gamma_{xy} \cdots\cdots\cdots ⑤식$$

결국, $\alpha_3 = 120°$를 ③식에 대입하면

$$4\varepsilon_c = \varepsilon_x + 3\varepsilon_y - \sqrt{3}\,\gamma_{xy} \cdots\cdots\cdots ⑥식$$

여기서, ⑤식을 ⑥식에 대입하면

$$4\varepsilon_c = 4\varepsilon_b - \sqrt{3}\,\gamma_{xy} - \sqrt{3}\,\gamma_{xy}$$

$$\therefore\ \gamma_{xy} = \frac{2}{\sqrt{3}}(\varepsilon_b - \varepsilon_c)$$

[문제] 20. 단면치수에 비해 길이가 큰 길이 L인 기둥 AB가 그림과 같이 한쪽 끝 A에서 고정되고, B의 도심에 작용하는 압축하중 P를 받을 때 오일러식에 의한 임계하중(P_{cr})은? (단, E는 탄성계수, I는 단면 2차 모멘트이다.)

【10장】

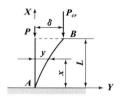

$$\boxed{가}\ P_{cr} = \frac{\pi^2 EI}{4L^2} \qquad \boxed{나}\ P_{cr} = \frac{\pi^2 EI}{2L^2}$$

$$\boxed{다}\ P_{cr} = \frac{\pi^2 EI}{8L^2} \qquad \boxed{라}\ P_{cr} = \frac{\pi^2 EI}{12L^2}$$

[해설] $n = \dfrac{1}{4}$이므로 $\therefore\ P_{cr}(= P_B) = n\pi^2 - \dfrac{EI}{L^2} = \dfrac{\pi^2 EI}{4L^2}$

제2과목 기계열역학

[문제] 21. 1 kg의 공기가 100 ℃를 유지하면서 가역등온 팽창하여 외부에 500 kJ의 일을 하였다. 엔트로피는 얼마만큼 증가하였는가? 【4장】

$$\boxed{가}\ 1.665\ \text{kJ/K} \qquad \boxed{나}\ 1.895\ \text{kJ/K}$$

$$\boxed{다}\ 1.340\ \text{kJ/K} \qquad \boxed{라}\ 1.467\ \text{kJ/K}$$

[해설] "등온변화"이므로 $_1Q_2 = {_1W_2} = W_t$이다.

결국, $dS = \dfrac{\delta Q}{T}$이므로

$$\therefore\ \Delta S = \frac{_1Q_2}{T} = \frac{_1W_2}{T} = \frac{500}{373} = 1.340\,\text{kJ/K}$$

[해답] **20.** 가 **21.** 다

문제 22. 300 K에서 400 K까지의 온도 구간에서 공기의 평균정적 비열은 0.721 kJ/kg·K이다. 이 온도 범위에서 공기의 내부에너지 변화량은? 【3장】

㉠ 0.721 kJ/kg ㉯ 7.21 kJ/kg
㉰ 72.1 kJ/kg ㉱ 721 kJ/kg

해설 $du = C_v dT$에서
$\therefore \Delta u = C_v(T_2 - T_1) = 0.721(400 - 300)$
$= 72.1\,\text{kJ/kg}$

문제 23. 랭킨(Rankine) 사이클의 각 점에서 엔탈피가 (보기)와 같을 때 사이클의 이론 열효율은 약 몇 %인가? 【7장】

(보기)
− 보일러 입구 : 58.6 kJ/kg
− 보일러 출구 : 810.3 kJ/kg
− 응축기 입구 : 614.2 kJ/kg
− 응축기 출구 : 57.4 kJ/kg

㉠ 32 ㉯ 30
㉰ 28 ㉱ 26

해설

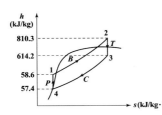

$\eta_R = \dfrac{w_{net}}{q_1} = \dfrac{w_T - w_P}{q_1} = \dfrac{(h_2 - h_3) - (h_1 - h_4)}{h_2 - h_1}$
$= \dfrac{(810.3 - 614.2) - (58.6 - 57.4)}{810.3 - 58.6}$
$= 0.26 = 26\%$

문제 24. 다음 중 가용에너지(유효에너지)가 가장 큰 것은? 【6장】

㉠ 25 ℃의 포화수
㉯ 25 ℃의 포화수증기
㉰ 100 ℃의 포화수
㉱ 100 ℃의 포화수증기

해설 가용에너지(=유효에너지, Q_a)
: 이용 가능한 에너지
$Q_a = \eta_c Q_1 = \left(1 - \dfrac{T_{II}}{T_I}\right)Q_1$

문제 25. 이상냉동사이클에서 응축기 온도가 40 ℃, 증발기 온도가 −10 ℃이면 성능 계수는? 【9장】

㉠ 5.26 ㉯ 4.26
㉰ 2.56 ㉱ 6.26

해설 $\varepsilon_r = \dfrac{T_{II}}{T_I - T_{II}} = \dfrac{263}{313 - 263} = 5.26$

문제 26. 대기 압력이 0.099 MPa일 때 용기 내 기체의 게이지 압력이 1 MPa이었다. 기체의 절대압력은 몇 MPa인가? 【1장】

㉠ 0.901 ㉯ 1.099
㉰ 1.135 ㉱ 1.275

해설 절대압력(p)＝대기압(p_0)＋게이지압력(p_g)
$= 0.099 + 1 = 1.099\,\text{MPa}$

문제 27. 800 ℃의 고열원과 200 ℃의 저열원 사이에서 작동하는 열기관 사이클의 최대 효율은 얼마인가? 【4장】

㉠ 0.33 ㉯ 0.44
㉰ 0.56 ㉱ 0.66

해설 카르노사이클은 열기관에서 최대열효율을 갖는 사이클이므로
$\therefore \eta_c = 1 - \dfrac{T_{II}}{T_I} = 1 - \dfrac{473}{1073} = 0.56 = 56\%$

해답 22. ㉰ 23. ㉱ 24. ㉱ 25. ㉠ 26. ㉯ 27. ㉰

[문제] **28.** 증기터빈에서 증기의 상태변화로서 가장 이상적인 것은? 【7장】

㉮ 폴리트로픽 변화($n=1.3$)

㉯ 폴리트로픽 변화($n=1.5$)

㉰ 가역단열변화

㉱ 비가역단열변화

[해설] 터빈(turbine)은 "단열팽창"을 하므로 가역단열변화이다.

[문제] **29.** 압력 P_1 및 P_2 사이에서 작용하는 카르노 공기 냉동기의 성능계수는 약 얼마인가? (단, $P_1 > P_2$, $P_2/P_1 = 0.5$, $k=1.4$이다.) 【9장】

㉮ 1.22 ㉯ 3.32

㉰ 4.57 ㉱ 5.57

[해설] $\varepsilon_r = \dfrac{T_2}{T_1 - T_2} = \dfrac{1}{\left(\dfrac{T_1}{T_2}\right) - 1} = \dfrac{1}{\left(\dfrac{P_1}{P_2}\right)^{\frac{k-1}{k}} - 1}$

$= \dfrac{1}{\left(\dfrac{1}{0.5}\right)^{\frac{1.4-1}{1.4}} - 1} = 4.57$

[문제] **30.** $t=20\,℃$, $P=100\,kPa$의 공기 1 kg을 정압과정으로 가열 팽창시켜 체적을 5배로 할 때 몇 도(℃)의 온도 상승이 필요한가? 【3장】

㉮ 1172 ℃ ㉯ 1192 ℃

㉰ 1312 ℃ ㉱ 1445 ℃

[해설] "정압과정"이므로 $\dfrac{V}{T} = C$

즉, $\dfrac{V_1}{T_1} = \dfrac{V_2}{T_2}$에서 $\dfrac{V_1}{293} = \dfrac{5\,V_1}{T_2}$

$\therefore T_2 = 5 \times 293 = 1465\,K = 1192\,℃$

[문제] **31.** 완전 단열된 축전지를 전압 12 V, 전류 3 A로 1시간 동안 충전한다. 축전지를 시스템으로 삼아 1시간 동안 행한 일과 열은 약 얼마인가? 【2장】

㉮ 일=36 kJ, 열=0 kJ

㉯ 일=0 kJ, 열=36 kJ

㉰ 일=129.6 kJ, 열=0 kJ

㉱ 일=0 kJ, 열=129.6 kJ

[해설] 우선, 동력(=전력)$= \dfrac{_1W_2(일)}{t(시간)} = IV(J/S = W)$

$= 3 \times 12 = 36\,J/S$

$= 36 \times 10^{-3} \times 3600\,kJ/hr$

$= 129.6\,kJ/hr$

$\therefore$ 1시간동안 행한 일 $_1W_2 = 129.6\,kJ$

또한, "단열"이므로 $_1Q_2(열) = 0$

[문제] **32.** 냉동기 냉매의 일반적인 구비조건으로서 적합하지 않은 사항은? 【9장】

㉮ 임계온도가 높고, 응고온도가 낮을 것

㉯ 증발열이 적고, 증기의 비체적이 클 것

㉰ 증기 및 액체의 점성이 작을 것

㉱ 부식성이 없고, 안정성이 있을 것

[해설] 증발열은 크고, 증기의 비체적은 작아야 한다.

[문제] **33.** 온도 20 ℃의 공기 5 kg을 정적 과정으로 상태 변화시켜 엔트로피가 3 kJ/K 증가했다. 이때 변화 후 온도는 몇 K인가? (단, $C_v = 0.72\,kJ/kg \cdot K$이다.) 【4장】

㉮ 674 ㉯ 774

㉰ 874 ㉱ 974

[해설] "정적과정"이므로

$\Delta S = m\,C_v\,\ell n\dfrac{T_2}{T_1}$에서 $3 = 5 \times 0.72 \times \ell n\dfrac{T_2}{293}$

$\ell n\dfrac{T_2}{293} = 0.833$

$\dfrac{T_2}{293} = e^{0.833}$

$\therefore T_2 = 293 \times e^{0.833} = 674\,K$

[해답] **28.** ㉰ **29.** ㉰ **30.** ㉯ **31.** ㉰ **32.** ㉯ **33.** ㉮

문제 34. 30 ℃에서 비체적(specific volume)이 0.001 m³/kg인 물을 100 kPa의 압력에서 800 kPa의 압력으로 압축한다. 비체적이 일정하다고 할 때, 이 펌프가 하는 일은? 【7장】

㉮ 167 J/kg ㉯ 602 J/kg
㉰ 700 J/kg ㉱ 1400 J/kg

[해설] 펌프일 $w_P = v'(P_2 - P_1) = 0.001(800 - 100)$
$$= 0.7\,\text{kJ/kg} = 700\,\text{J/kg}$$

문제 35. 다음 과정 중 카르노 사이클에 포함되는 것은? 【4장】

㉮ 가역정압과정
㉯ 가역등온과정
㉰ 가역정적과정
㉱ 비가역과정

[해설] 카르노사이클
: 2개의 등온변화와 2개의 단열변화로 구성

문제 36. 실린더 내부의 기체를 일종의 시스템으로 가정한다. 초기압력이 150 kPa이며, 체적은 0.05 m³이다. 압력을 일정하게 유지하면서 기체의 체적을 0.1 m³까지 증가시킬 때 시스템이 한 일은? 【3장】

㉮ 1.5 kJ ㉯ 15 kJ
㉰ 7.5 kJ ㉱ 75 kJ

[해설] "정압변화"이므로
$$\therefore {}_1W_2 = \int_1^2 P\,dV = P(V_2 - V_1) = 150(0.1 - 0.05)$$
$$= 7.5\,\text{kJ}$$

문제 37. 물 2 L을 1 kW의 전열기로 20 ℃로부터 100 ℃까지 가열하는데 소요되는 시간은? (단, 전열기 열량의 50 %가 물을 가열하는데 유효하게 사용되고, 물은 증발하지 않는 것으로 가정한다. 물의 비열은 4.18 kJ/kg·K이다.) 【1장】

㉮ 22분3초
㉯ 27분6초
㉰ 35분4초
㉱ 44분6초

[해설] ${}_1Q_2 = mc\Delta t$ 에서
$$1\,\text{kW}(= 1\,\text{kJ/s}) \times 0.5 \times x\,(\sec)$$
$$= 2 \times 4.18 \times (100 - 20)$$
$$\therefore x = 1337.6\,\sec \risingdotseq 22\text{분}17\text{초}$$

문제 38. 다음 중 이상기체에 대한 성질로 맞는 것은? 【3장】

㉮ 압력이 증가하면 체적은 증가
㉯ 온도가 증가하면 밀도는 증가
㉰ 온도가 증가하면 기체상수는 감소
㉱ 근사적으로 일반기체상수 값은 8.31 J/mol·K이다.

[해설] 일반기체상수 $\overline{R} = 8314\,\text{J/kmol·K}$
$$= 8.314\,\text{J/mol·K}$$

문제 39. 고열원 500 ℃와 저열원 35 ℃ 사이에 열기관을 설치하였을 때, 사이클당 10 MJ의 공급열량에 대해서 7 MJ의 일을 하였다고 주장한다면, 이 주장은? 【4장】

㉮ 타당함
㉯ 가역기관이라면 타당함
㉰ 마찰이 없다면 타당함
㉱ 타당하지 않음

[해설] 우선, 카르노사이클의 열효율
$$\eta_c = 1 - \frac{T_{\mathrm{II}}}{T_{\mathrm{I}}} = 1 - \frac{35 + 273}{500 + 273} = 0.6 = 60\%$$
또한, 열기관의 열효율 $\eta = \dfrac{W}{Q_1} = \dfrac{7}{10} = 0.7 = 70\%$
결국, 열기관의 최대열효율은 카르노사이클인데, 여기서 $\eta_c < \eta$이므로 타당하지 않다.

[정답] 34. ㉰ 35. ㉯ 36. ㉰ 37. ㉮ 38. ㉱ 39. ㉱

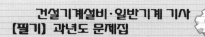

문제 40. 유리창을 통해 실내에서 실외로 열전달이 일어난다. 이 때의 열전달율은 얼마인가? (단, 대류열전달계수 = 50 W/m²k, 유리창 표면온도 = 25 ℃, 외기온도 = 10 ℃, 유리창면적 = 2 m²이다.) 【11장】

㉮ 15 W ㉯ 150 W
㉰ 1500 W ㉱ 15000 W

해설 $Q = \alpha A(t - t_w) = 50 \times 2 \times (25 - 10) = 1500\,\text{W}$

제3과목 기계유체역학

문제 41. 어떤 호수의 최대 깊이는 100 m이고, 평균 대기압은 93 kPa이다. 이 호수의 최대 깊이에서의 절대압력은 몇 kPa인가? (단, 물의 밀도는 1000 kg/m³이다.) 【2장】

㉮ 980 ㉯ 1073
㉰ 98 ㉱ 107

해설 절대압력(p) = 대기압(p_0) + 게이지압력(p_g)
$= p_0 + \gamma h = p_0 + \rho g h$
$= 93 + (1 \times 9.8 \times 100) = 1073\,\text{kPa}$

문제 42. Stokes Flow(스토크스 유동)의 특징은 무엇인가? 【5장】

㉮ 압축성 유동
㉯ 비점성 유동
㉰ 저속 유동
㉱ 고속 유동

해설 · 스토크스의 법칙(stokes law)
: 점성계수 μ인 기체나 액체속을 구가 속도 V로 천천히 움직일 때 구둘레의 흐름이 완전히 층류를 이룬다면 구는 다음과 같은 크기의 저항력을 받게 된다.
즉, 항력 $D = 3\pi \mu V d = 6\pi \mu V a$
여기서, d : 구의 직경, a : 구의 반경

문제 43. 다음과 같이 갑자기 확대된 관에서 생기는 손실 수두는? 【6장】

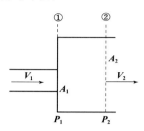

㉮ $\dfrac{V_1^2 - V_2^2}{2g}$ ㉯ $\dfrac{V_1 - V_2}{2g}$

㉰ $\dfrac{(V_1 - V_2)^2}{2g}$ ㉱ $\dfrac{V_1^2}{2g}$

해설 손실수두 $h_\ell = \dfrac{(V_1 - V_2)^2}{2g} = K\dfrac{V_1^2}{2g}$
여기서, K : 확대손실계수

문제 44. 그림과 같은 피스톤 운동에서 윤활유의 동점성계수가 3×10^{-5} m²/s, 비중량이 9025 N/m³, 피스톤의 평균 속도를 6 m/s라 할 때 마찰에 의해 소비되는 동력은 약 몇 kW인가? 【1장】

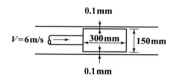

㉮ 0.8 ㉯ 1.4
㉰ 1.9 ㉱ 23.8

해설 우선, $F = \mu \dfrac{V}{h} A = \mu \dfrac{V}{h} \pi d\ell = \nu \dfrac{\gamma}{g} \dfrac{V}{h} \pi d\ell$
$= 3 \times 10^{-5} \times \dfrac{9025}{9.8} \times \dfrac{6}{0.1 \times 10^{-3}} \times \pi \times 0.15 \times 0.3$
$= 234.35\,\text{N}$
결국, 동력 $P = FV = 234.35 \times 6$
$= 1406\,(\text{N} \cdot \text{m/s} = \text{J/S} = \text{W})$
$= 1.406\,\text{kW}$

해답 40. ㉰ 41. ㉯ 42. ㉰ 43. ㉰ 44. ㉯

문제 45. 다음 중 에너지의 차원을 옳게 표시한 것은? (단, F : 힘, M : 질량, L : 거리, T : 시간) 【1장】

㉮ $[ML]$
㉯ $[FLT^{-1}]$
㉰ $[ML^2T^{-2}]$
㉱ $[MLT^{-2}]$

해설 에너지(energy)
  : 힘×거리 = N · m = [FL] = $[MLT^{-2}L]$ = $[ML^2T^{-2}]$

문제 46. 아주 긴 수평 원관 내에 물이 층류로 흐르고 있을 때 평균속도가 10 m/s라면 최대 속도는 몇 m/s인가? 【5장】

㉮ 10
㉯ 15
㉰ 20
㉱ 40

해설 $u_{max} = 2V = 2 \times 10 = 20\,\text{m/s}$

문제 47. 다음 중 비압축성 유동에 해당하는 것은? (단, u, v는 x, y방향의 속도 성분이다.) 【3장】

㉮ $u = x^2 - y^2$, $v = 2xy$
㉯ $u = 2xy - x^2$, $v = xy - y^2$
㉰ $u = xt + 2y^2$, $v = xt^3 - yt$
㉱ $u = (x+y)xt$, $v = (2x-t)yt$

해설 비압축성 연속방정식의 조건 : $\dfrac{\partial u}{\partial x} + \dfrac{\partial v}{\partial y} = 0$

  ㉰ $\dfrac{\partial u}{\partial x} + \dfrac{\partial v}{\partial y} = t + (-t) = 0$

문제 48. 안지름이 1 cm인 파이프에 물이 평균 속도 15 cm/s로 흐를 때, 관마찰계수는 얼마 정도인가? (단, 물의 동점성계수는 10^{-6} m²/s 이다.) 【6장】

㉮ 0.021
㉯ 0.043
㉰ 0.085
㉱ 알 수 없음

해설 우선, $Re = \dfrac{Vd}{\nu} = \dfrac{0.15 \times 0.01}{10^{-6}} = 1500$: 층류

결국, $f = \dfrac{64}{Re} = \dfrac{64}{1500} = 0.043$

문제 49. 바다 속에서 속도 9 km/h로 운항하는 잠수함이 직경이 280 mm인 구형의 음파탐지기를 끌면서 움직일 때 음파탐지기에 작용하는 항력을 풍동실험을 통해 예측하려고 한다. 풍동시험에서 Reynolds 수는 얼마로 맞추어야 하는가? (단, 바닷물의 평균 밀도는 1025 kg/m³이며, 동점성계수는 1.4×10^{-6} m²/s이다.) 【7장】

㉮ 5.0×10^5
㉯ 5.0×10^6
㉰ 5.125×10^8
㉱ 1.8×10^9

해설 $Re = \dfrac{Vd}{\nu} = \dfrac{\frac{9000}{3600} \times 0.28}{1.4 \times 10^{-6}} = 5 \times 10^5$

문제 50. 비누방울의 반지름이 R, 외부 압력이 P_o이다. 비누막의 두께를 무시하면 비누방울의 내부 압력 P는 얼마인가? (단, 표면장력은 σ라 한다.) 【1장】

㉮ $P = P_o + \dfrac{4\sigma}{R}$

㉯ $P = P_o + \dfrac{2\sigma}{R}$

㉰ $P = P_o + \dfrac{4\pi\sigma}{R}$

㉱ $P = P_o + \dfrac{2\pi\sigma}{R}$

해설 비누방울은 매우 얇으므로 표면장력이 작용하는 부분을 비누방울 표면의 안쪽, 바깥쪽 양면으로 해석한다.
  즉, $2\sigma\pi d = \Delta P \times \dfrac{\pi d^2}{4}$

  $\therefore \Delta P = P - P_0 = \dfrac{8\sigma}{d} = \dfrac{4\sigma}{R}$

  $\therefore P = P_0 + \dfrac{4\sigma}{R}$

해답 45. ㉰ 46. ㉰ 47. ㉰ 48. ㉯ 49. ㉮ 50. ㉮

문제 51. 그림과 같이 노즐로부터의 수직 방향으로 분사되는 물의 분류와 무게 600 N의 추가 평형을 유지할 수 있는 분류 속도 V는 약 몇 m/s인가? (단, 물의 무게는 무시한다.)

【4장】

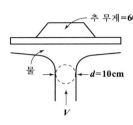

㉮ 3.5 ㉯ 8.7
㉰ 13.1 ㉱ 63.7

해설▷ 추의 무게(W)와 추력(F)이 같으므로

$F = W = \rho Q V = \rho A V^2$에서

$\therefore V = \sqrt{\dfrac{F}{\rho A}} = \sqrt{\dfrac{600}{1000 \times \dfrac{\pi \times 0.1^2}{4}}} = 8.74 \,\text{m/s}$

문제 52. 유효 낙차가 100 m인 댐의 유량이 10 m^3/s일 때 효율 90 %인 수력터빈의 출력은 약 몇 MW인가? 【3장】

㉮ 8.83 ㉯ 9.81
㉰ 10.0 ㉱ 10.9

해설▷ 출력(=동력)

$P = \gamma Q H \eta_T = 9800 \times 10 \times 100 \times 0.9$
$= 8.82 \times 10^6 (\text{N} \cdot \text{m/s} = \text{J/S} = \text{W}) = 8.82 \,\text{MW}$

문제 53. 비점성, 비압축성 유체가 그림과 같이 작은 구멍을 향해 쐐기모양의 벽면 사이를 흐른다. 이 유동을 근사적으로 표현하는 속도 포텐셜이 $\phi = -2\ln r$일 때, 작은 구멍으로 흐르는 단위 깊이 당 체적유량은 몇 m^2/s인가?
(단, $\vec{V} \equiv \nabla\phi = grad\phi$로 정의하고, 음의 부호는 유량의 방향이 구멍을 향한다는 것을 의미한다.) 【3장】

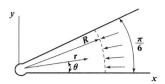

㉮ $-\pi$ ㉯ $-\dfrac{\pi}{2}$
㉰ $-\dfrac{\pi}{3}$ ㉱ $-\dfrac{\pi}{4}$

해설▷ 우선, $V = \dfrac{\partial \phi}{\partial r} = -\dfrac{2}{r}$

결국, $q = r\theta V = r\left(\dfrac{\pi}{6}\right)\left(-\dfrac{2}{r}\right) = -\dfrac{\pi}{3}$

문제 54. 국소 대기압이 1 atm이라고 할 때, 다음 중 가장 높은 압력은? 【2장】

㉮ 1.1 atm ㉯ 0.13 atm(gage)
㉰ 115 kPa ㉱ 11 mH2O

해설▷ $1\,\text{atm} = 760 \,\text{mmHg} = 1.0332 \,\text{kg}_f/\text{cm}^2$
$= 10.332 \,\text{mAq}(= \text{mH}_2\text{O}) = 1.01325 \,\text{bar}$
$= 101325 \,\text{Pa} = 101.325 \,\text{kPa}$

문제 55. 점성 효과가 무시되고 탱크가 크다고 하면 비중이 1.2인 유체 위에 깊이 2 m로 물이 채워져 있을 때, 그림과 같이 직경 10 cm의 탱크 출구로부터 나오는 유체의 평균 속도는 약 몇 m/s인가? 【3장】

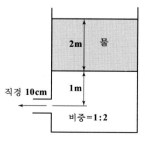

㉮ 3 ㉯ 3.9
㉰ 7.2 ㉱ 7.7

해답▷ **51.** ㉯ **52.** ㉮ **53.** ㉰ **54.** ㉰ **55.** ㉰

해설 비중 1.2인 유체의 평균속도를 구하기 위해서는 물의 높이를 비중 1.2인 유체의 높이로 환산하면 상당깊이 $h_e = \dfrac{2}{1.2} = 1.667 \,\mathrm{m}$ 이다.

즉, $h_e = 1.667\,\mathrm{m}$ 이므로 비중 1.2인 유체의 높이로 환산한 값 h는 다음과 같다.

$$h = 1 + 1.667 = 2.667\,\mathrm{m}$$

따라서, 유체의 속도 V는

$$\therefore\ V = \sqrt{2gh} = \sqrt{2 \times 9.8 \times 2.667} = 7.23\,\mathrm{m/s}$$

문제 56. 그림과 같이 물속에 수직으로 잠겨 있는 삼각형 판재 ABC의 한쪽 면에 작용하는 힘은 얼마인가? 【2장】

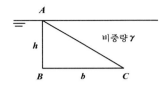

㉮ $\dfrac{2\gamma b h^2}{3}$ ㉯ $\dfrac{\gamma b h^2}{2}$

㉰ $\dfrac{\gamma b h^2}{3}$ ㉱ $\dfrac{\gamma b h^2}{4}$

해설 $F = \gamma \bar{h} A = \gamma \times \dfrac{2h}{3} \times \dfrac{bh}{2} = \dfrac{\gamma b h^2}{3}$

문제 57. 기하학적으로 상사(相似)한 두 물체가 동일 액체 내에서 운동할 때 물체 둘레를 흐르는 유체가 역학적으로 상사를 이루려면 다음 중 무엇이 같아야 하는가? 【7장】

㉮ 프루드 수
㉯ 관성력에 대한 압력의 비
㉰ 점성력에 대한 압력의 비
㉱ 레이놀즈 수

해설 물체둘레를 흐르는 유체는 레이놀즈수가 상사되어야 한다.

문제 58. 석유를 매분 150 L의 비율로 내경 90 mm인 파이프를 통하여 25 m 떨어진 곳으로 수송할 때 관내의 평균 유속은 약 몇 m/s인가? 【3장】

㉮ 0.4   ㉯ 0.8
㉰ 2.5   ㉱ 3.1

해설 우선, $Q = 150\,\ell/\min = \dfrac{150 \times 10^{-3}}{60}\,(\mathrm{m^3/s})$

결국, $Q = AV$ 에서 $\dfrac{150 \times 10^{-3}}{60} = \dfrac{\pi \times 0.09^2}{4} \times V$

$\therefore\ V = 0.393\,\mathrm{m/s} \fallingdotseq 0.4\,\mathrm{m/s}$

문제 59. 유체 유동 속에 잠겨있는 물체에 작용하는 양력은? 【5장】

㉮ 항상 중력의 방향과 반대 방향이다.
㉯ 물체에 작용하는 유체력의 합력이다.
㉰ 접근속도에 직각방향으로 물체에 작용하는 동력학적 유체력의 성분이다.
㉱ 부력이 원인이다.

해설 유동유체내에 잠긴 물체에는 흐름에 따라 압력과 점성력이 작용한다. 이러한 힘들의 합력 중 자유흐름방향에 수직한 성분을 양력(lift)이라 하고, 평행한 성분을 항력(drag)이라 한다.

문제 60. 피토정압관을 이용하여 흐르는 물의 속도를 측정하려고 한다. 액주계에는 비중 13.6인 수은이 들어있고 액주계에서 수은의 높이 차이가 28 cm일 때 흐르는 물의 속도는 약 몇 m/s인가? (단, 피토 정압관의 보정계수 $C = 0.96$이다.) 【10장】

㉮ 7.98   ㉯ 7.54
㉰ 6.87   ㉱ 5.74

해설 $V = C\sqrt{2gh\left(\dfrac{S_0}{S} - 1\right)}$

$$= 0.96\sqrt{2 \times 9.8 \times 0.28\left(\dfrac{13.6}{1} - 1\right)} = 7.98\,\mathrm{m/s}$$

해답 56. ㉰   57. ㉱   58. ㉮   59. ㉰   60. ㉮

제4과목 기계재료 및 유압기기

문제 61. 탄소강에 함유된 인(P)의 영향을 바르게 설명한 것은?

㉮ 강도와 경도를 감소시킨다.
㉯ 결정립을 미세화시킨다.
㉰ 연신율을 증가시킨다.
㉱ 상온 취성의 원인이 된다.

해설 ・탄소강 중에 함유된 인(P)의 영향
① 강도, 경도, 취성을 증가시킨다.
② 연신율, 충격치를 증가시킨다.
③ 결정입자를 조대화(거칠게)한다.
④ 상온취성의 원인이 된다.
⑤ 가공시 균열을 일으킬 염려가 있지만 주물의 경우는 기포를 줄이는 작용을 한다.

문제 62. 압연용 롤, 분쇄기 롤, 철도차량 등 내마멸성이 필요한 기계부품에 사용되는 가장 적합한 주철은?

㉮ 칠드 주철　　㉯ 구상흑연 주철
㉰ 회 주철　　　㉱ 펄라이트 주철

해설 칠드주철(chilled cast iron, 냉경주철)
: 주조할 때 모래주형에 필요한 부분에만 금형을 이용하여 금형에 접촉된 부분만이 급랭에 의하여 경화되는 주철을 말하며, 용도로는 제강용롤, 분쇄기롤, 제지용롤, 철도차량(기차바퀴) 등에 사용된다.

문제 63. Fe−C 평형상태도에서 나타나는 철강의 기본조직이 아닌 것은?

㉮ 페라이트　　㉯ 펄라이트
㉰ 시멘타이트　　㉱ 마텐자이트

해설 탄소강의 주요조직은 다음과 같다.
: 오스테나이트(A), 페라이트(F), 펄라이트(P), 레데뷰라이트(L), 시멘타이트(C)

문제 64. 다음 중 인청동의 특징이 아닌 것은?

㉮ 내식성이 좋다.
㉯ 연성이 좋다.
㉰ 탄성이 좋다.
㉱ 내마멸성이 좋다.

해설 ・인청동(Phosphorus bronze)의 특징
① 내식성, 내마멸성, 탄성, 용접성이 좋다.
② 탄성한도가 높고, 탄성피로가 적다.
③ 자성이 없다.

문제 65. 크롬이 특수강의 재질에 미치는 가장 중요한 영향은?

㉮ 결정립의 성장을 저해
㉯ 내식성을 증가
㉰ 저온취성 촉진
㉱ 내마모성 저하

해설 크롬(Cr)이 특수강의 재질에 미치는 영향은 경도, 강도, 내식성, 내열성, 내마멸성을 증대시킨다.

문제 66. 특수강에서 특수원소를 첨가하는 이유로 적당치 않은 것은?

㉮ 임계냉각속도를 크게 하려고
㉯ 경화능력을 증가
㉰ 질량효과의 감소
㉱ 기계적 성질을 개선

해설 ・특수강에서 합금원소의 주요역할
① 오스테나이트의 입자조정
② 변태속도의 변화
③ 소성가공성의 개량
④ 황(S) 등의 해로운 원소제거
⑤ 질량효과의 감소
⑥ 결정입도의 성장 방지
⑦ 내식성, 내마멸성의 증대
⑧ 단접 및 용접이 용이
⑨ 담금질성의 향상
⑩ 기계적, 물리적, 화학적 성질의 개선

정답 61. ㉱　62. ㉮　63. ㉱　64. ㉯　65. ㉯　66. ㉮

문제 67. 상온에서 탄소강의 현미경 조직으로 탄소가 약 0.8 % 인 강의 조직은?

㉮ 오스테나이트   ㉯ 펄라이트
㉰ 레데뷰라이트   ㉭ 시멘타이트

해설 펄라이트(pearlite) : 0.77 % C의 γ고용체가 723 ℃에서 분열하여 생긴 페라이트와 시멘타이트의 공석조직이다. 강도가 크며, 어느 정도의 연성도 있다.

문제 68. 시계나 정밀계측기 등에 사용되는 스프링을 만드는 재료로 가장 적합한 것은?

㉮ 인청동   ㉯ 미하나이트
㉰ 엘린바   ㉭ 애드미럴티

해설 엘린바(elinvar)
: Fe−Ni 36 %−Cr 12 %의 합금으로써 탄성률은 온도변화에 의해서도 거의 변화하지 않고 선팽창계수도 작다. 엘린바란 탄성불변이라는 의미를 가지고 있으며, 용도로는 고급시계, 정밀저울 등의 스프링 및 기타 정밀기계의 재료에 적합하다.

문제 69. 초경합금 공구강을 구성하는 탄화물이 아닌 것은?

㉮ WC   ㉯ TiC
㉰ TaC   ㉭ Fe_3C

해설 소결초경합금(sintered hard metal, 초경합금)
: 소결초경합금은 탄화텅스텐(WC), 탄화티탄(TiC), 탄화탈탄(TaC) 등의 분말에 코발트(Co)분말을 결합제로 하여 혼합한 다음 금형에 넣고 가압, 성형한 것을 800~1000 ℃에서 예비 소결한 뒤 희망하는 모양으로 가공하고, 이것을 수소기류 중에서 1300~1600 ℃로 가열, 소결시키는 분말야금법으로 만들어진다. 이것을 초경합금이라고도 한다.

문제 70. 일반적으로 금속의 가공성이 가장 좋은 격자는?

㉮ 체심입방격자   ㉯ 조밀육방격자
㉰ 면심입방격자   ㉭ 정방격자

해설 면심입방격자(face centered cubic lattice, FCC)
: 입방체의 각 모서리와 면의 중심에 각각 한 개씩의 원자가 있고, 이것들이 정연하게 쌓이고 겹쳐져서 결정을 만든다. 연성과 전성이 좋아 가공성이 우수하다.

문제 71. 그림과 같은 유압 기호의 명칭은?

㉮ 어큐뮬레이터
㉯ 정용량형 펌프·모터
㉰ 차동실린더
㉭ 가변용량형 펌프·모터

해설

어큐뮬레이터	
정용량 펌프·모터	
가변용량형 펌프·모터 (인력조작)	
차동실린더	(1) (2)

문제 72. 유압작동유의 구비 조건으로 부적당한 것은?

㉮ 비압축성일 것
㉯ 큰 점도를 가질 것
㉰ 온도에 대해 점도변화가 작을 것
㉭ 열전달율이 높을 것

해설 점도가 적당할 것

해답 67. ㉯   68. ㉰   69. ㉭   70. ㉰   71. ㉯   72. ㉯

문제 73. 유압실린더에서 피스톤 로드가 부하를 미는 힘이 50 kN 피스톤 속도가 3.8 m/min인 경우 실린더 내경이 8 cm이라면 소요동력은 약 몇 kW인가? (단, 편로드형 실린더이다.)

㉮ 2.45 ㉯ 3.17
㉱ 4.32 ㉲ 5.89

[해설] 동력 $P = FV = 50 \times \dfrac{3.8}{60}$
$\fallingdotseq 3.17 (\mathrm{kN\,m/s} = \mathrm{kJ/s} = \mathrm{kW})$

문제 74. 주로 오일 탱크 안에서 흡입관과 복귀관 사이에 설치되는 것으로 유압 작동유가 탱크의 벽면에 타고 흐르도록 하여 유압 작동유에 혼입되어 있는 기포와 수분을 제거하는 역할을 하는 것은?

㉮ 배플(baffle)
㉯ 스트레이너(strainer)
㉱ 블래더(bladder)
㉲ 드레인 플러그(drain plug)

문제 75. 유압 시스템의 배관계통과 시스템 구성에 사용되는 유압기기의 이물질을 제거하는 작업으로 유압기계를 처음 설치하였을 때나 오랫동안 사용하지 않던 설비의 운전을 다시 시작하였을 때 하는 작업은?

㉮ 클리닝(cleaning)
㉯ 플러싱(flushing)
㉱ 스위핑(sweeping)
㉲ 크랭킹(cracking)

[해설] 플러싱(flushing) : 유압회로내 이물질을 제거하는 것과 작동유 교환시 오래된 오일과 슬러지를 용해하여 오염물의 전량을 회로밖으로 배출시켜서 회로를 깨끗하게 하는 것

문제 76. 다음 유압회로는 어떤 회로에 속하는가?

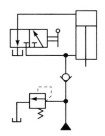

㉮ 미터 아웃 회로 ㉯ 동조 회로
㉱ 로크 회로 ㉲ 무부하 회로

[해설]
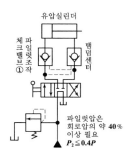
유압실린더

로크회로 : 실린더 행정 중 임의위치에서 또는 행정 끝에서 실린더를 고정시켜 놓을 필요가 있을 때라 할지라도 부하가 클 때 또는 장치내의 압력저하에 의하여 실린더 피스톤이 이동되는 경우가 발생한다. 이 피스톤의 이동을 방지하는 회로를 로크회로라 한다.

문제 77. 그림과 같이 액추에이터의 공급 쪽 관로 내의 흐름을 제어함으로써 속도를 제어하는 회로는?

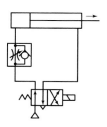

㉮ 인터로크 회로
㉯ 미터 인 회로
㉱ 시퀀스 회로
㉲ 미터 아웃 회로

[정답] 73. ㉯ 74. ㉮ 75. ㉯ 76. ㉱ 77. ㉯

해설 · 미터인회로(meter in circuit) : 액추에이터의 입구쪽 관로에서 유량을 교축시켜 작동속도를 조절하는 방식

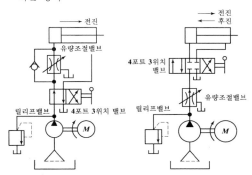

문제 78. 다음 중 일반적으로 가장 높은 압력을 생성할 수 있는 펌프는?

㉮ 베인 펌프   ㉯ 기어 펌프
㉰ 스크루 펌프   ㉱ 피스톤 펌프

해설 피스톤펌프(=플런저펌프)
: 가장 압력이 높으며, 펌프 중 효율이 가장 좋다.

문제 79. 다음 중 점성계수의 차원으로 옳은 것은? (단, M은 질량, L은 길이, T는 시간이다.)

㉮ $ML^{-1}T^{-1}$ ㉯ $ML^{-2}T^{-1}$
㉰ MLT^{-2} ㉱ $ML^{-2}T^{-2}$

해설 점성계수 $\mu = \mathrm{NS/m^2}$
$\qquad = [\mathrm{FL^{-2}T}] = [\mathrm{MLT^{-2}L^{-2}T}]$
$\qquad = [\mathrm{ML^{-1}T^{-1}}]$

문제 80. 자중에 의한 낙하, 운동 물체의 관성에 의한 액추에이터의 자중 등을 방지하기 위해 배압을 생기게 하고, 다른 방향의 흐름이 자유롭게 흐르도록 한 밸브는?

㉮ 카운터 밸런스 밸브
㉯ 감압 밸브

㉰ 릴리프 밸브
㉱ 스로틀 밸브

해설 카운터 밸런스 밸브(counter balance valve)
: 회로의 일부에 배압을 발생시키고자 할 때 사용하는 밸브이다. 예를 들어, 드릴작업이 끝나는 순간 부하저항이 급히 감소할 때 드릴의 돌출을 막기 위하여 실린더에 배압을 주고자 할 때 연직방향으로 작동하는 램이 중력에 의하여 낙하하는 것을 방지하고자 할 경우에 사용한다. 한방향의 흐름에는 설정된 배압을 주고 반대방향의 흐름을 자유흐름으로 하는 밸브이다.

제5과목 기계제작법 및 기계동력학

문제 81. 나사의 유효지름을 측정할 때, 다음 중 가장 정밀도가 높은 측정법은?

㉮ 버니어캘리퍼스에 의한 측정
㉯ 측장기에 의한 측정
㉰ 삼침법에 의한 측정
㉱ 투영기에 의한 측정

해설 삼침법(three wire method)
: 나사게이지와 같이 가장 정밀도가 높은 나사의 유효지름 측정에 쓰인다.

문제 82. 전기저항 용접을 겹치기 용접과 맞대기 용접으로 분류할 때 맞대기 용접에 해당하는 것은?

㉮ 점 용접
㉯ 심 용접
㉰ 플래시 용접
㉱ 프로젝션 용접

해설 · 전기저항용접
① 겹치기용접 : 점용접, 심용접, 프로젝션용접
② 맞대기용접 : 플래시용접, 업셋용접, 방전충격용접

해답 78. ㉱   79. ㉮   80. ㉮   81. ㉰   82. ㉰

문제 83. 절삭 가공 시 발생하는 구성인선(built up edge)에 관한 설명으로 옳은 것은?

㉮ 공구 윗면 경사각이 작을수록 구성인성은 감소한다.

㉯ 고속으로 절삭할수록 구성인선은 감소한다.

㉰ 마찰계수가 큰 절삭공구를 사용하면, 칩의 흐름에 대한 저항을 감소시킬 수 있어 구성인선을 감소시킬 수 있다.

㉱ 칩의 두께를 증가시키면 구성인선을 감소시킬 수 있다.

[해설] · 구성인선(built up edge)의 방지법
① 절삭깊이(칩의 두께)를 작게 한다.
② 공구윗면경사각, 절삭속도를 크게 한다.
③ 절삭공구의 인선을 예리하게 한다.
④ 윤활성이 좋은 절삭유를 사용한다.
⑤ 마찰계수가 적은 초경합금과 같은 절삭공구를 사용한다.

문제 84. 수기(手技) 가공에서 수나사를 가공할 수 있는 공구는?

㉮ 탭(tap)

㉯ 다이스(dies)

㉰ 펀치(punch)

㉱ 바이트(bite)

[해설] ① 탭작업(tapping) : 탭(tap)이라고 하는 공구를 사용하여 암나사를 가공하는 작업이다.
② 다이스(dies) : 수나사를 가공하는 공구를 다이스라 한다.

문제 85. 용접봉의 용융점이 모재의 용융점보다 낮거나 용입이 얕아서 비드가 정상적으로 형성되지 못하고 위로 겹쳐지는 현상은?

㉮ 스패터링   ㉰ 언더컷

㉯ 오버랩   ㉱ 크레이터

[해설] ① 스패터(spatter) : 용융상태의 슬래그와 금속 내의 가스 팽창폭발로 용융금속이 비산하여 용

접부분 주변에 작은 방울형태로 접착되는 현상

② 언더컷(under cut) : 모재의 용접부분에 용착금속이 완전히 채워지지 않아 정상적인 비드가 형성되지 못하고 부분적으로 홈이나 오목한 부분이 생기는 현상

③ 오버랩(overlap) : 용접봉의 용융점이 모재의 용융점보다 낮거나 비드의 용용지가 작고, 용입이 얕아서 비드가 정상적으로 형성되지 못하고 위로 겹쳐지는 현상

④ 크레이터(crater) : 아크용접에서 비드의 끝에 약간 움푹 들어간 부분을 말한다.

문제 86. 다음 중 고속회전 및 정밀한 이송기구를 갖추고 있으며, 다이아몬드 또는 초경합금의 절삭공구로 가공하는 보링머신으로 정밀도가 높고 표면거칠기가 우수한 내연기관 실린더나 베어링 면을 가공하기에 가장 적합한 것은?

㉮ 보통 보링 머신

㉯ 코어 보링 머신

㉰ 정밀 보링 머신

㉱ 드릴 보링 머신

[해설] 정밀보링머신(fine boring machine)
: 다이아몬드바이트나 초경합금바이트로 원통내면을 작은 절삭깊이와 이송량으로 높은 정밀도, 고속으로 보링하는 기계이다.

문제 87. 방전가공에 대한 설명으로 틀린 것은?

㉮ 경도가 높은 재료는 가공이 곤란하다.

㉯ 가공물과 전극사이에 발생하는 아크(arc)열을 이용한다.

㉰ 가공정도는 전극의 정밀도에 따라 영향을 받는다.

㉱ 가공 전극은 동, 흑연 등이 쓰인다.

[해설] 방전가공(EDM, electric discharge machining)
: 불꽃방전에 의하여 가공물을 미소량씩 용해시켜 금속을 절단, 조각, 구멍뚫기, 연마 등을 하는 가공법으로 금속이외에 다이아몬드, 루비, 사파이어 등의 경질비금속재료의 가공에도 응용된다.

[정답] 83. ㉯ 84. ㉯ 85. ㉰ 86. ㉰ 87. ㉮

문제 88. 다음 빈칸에 들어갈 숫자로 옳게 짝지어진 것은?

> 지름 100 mm의 소재를 드로잉하여 지름 60 mm의 원통을 가공할 때 드로잉률은 (A)이다. 또한, 이 60 mm의 용기를 재드로잉률 0.8로 드로잉을 하면 용기의 지름은 (B)mm 가 된다.

㉮ A : 0.60, B : 48
㉯ A : 0.36, B : 48
㉰ A : 0.60, B : 75
㉱ A : 0.36, B : 75

해설 ① 드로잉률$= \dfrac{\text{제품의 지름}(d_1)}{\text{소재의 지름}(d_0)} \times 100$

$= \dfrac{60}{100} \times 100 = 60\% = 0.6$

② 재드로잉률$= \dfrac{\text{용기의 지름}}{\text{제품의 지름}(d_1)}$

∴ 용기의 지름$=$재드로잉률$\times d_1 = 0.8 \times 60$
$= 48\,\text{mm}$

문제 89. 수나사의 바깥지름(호칭지름), 골지름, 유효지름, 나사산의 각도, 피치를 모두 측정할 수 있는 측정기는?

㉮ 나사 마이크로미터
㉯ 피치 게이지
㉰ 나사 게이지
㉱ 투영기

해설 투영기(projector) : 광원을 물체에 투사하여 그 형상을 광학적으로 확대시켜 물체의 형상, 크기, 표면상태를 관찰할 수 있는 광학적 측정기를 투영기라 한다.

문제 90. 점결제로 열경화성 수지를 사용하여 주형을 제작하는 주조법은?

㉮ 다이캐스팅   ㉯ 원심 주조법
㉰ 진공 주조법   ㉱ 셸 몰드법

해설 셸몰드법(shell mold process)
: 규소모래와 열경화성의 합성수지를 배합한 분말(resin sand)을 가열된 금형에 뿌려서 주형을 만들고, 이것을 두 개 합하여 주형을 만들어 여기에 쇳물을 부어서 주물을 만드는 방법이다.

문제 91. 다음 1자유도 진동계의 임계 감쇠는 몇 N·s/m인가?

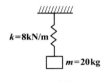

㉮ 80   ㉯ 400
㉰ 800   ㉱ 2000

해설 임계감쇠 : $C = C_{cr}$
여기서, C : 감쇠계수, C_{cr} : 임계감쇠계수
결국, $C = C_{cr} = 2\sqrt{mk} = 2\sqrt{20 \times 8000}$
$= 800\,\text{N} \cdot \text{S/m}$

문제 92. 그림과 같은 진동계의 정적 처짐(static deflection)을 측정하니 0.075 m이고, 물체 B를 제거한 후의 정적 처짐을 측정하니 0.05 m이다. 물체 B의 질량이 3 kg일 때 물체 A의 질량은 몇 kg인가?

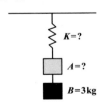

㉮ 9   ㉯ 6
㉰ 3   ㉱ 1.5

해설 우선, 질량이 3 kg일 때 $0.075 - 0.05 = 0.025\,\text{m}$만큼 처짐이 일어난다.
결국, 비례식에 의해
$3\,\text{kg} : 0.025\,\text{m} = A\,(\text{kg}) : 0.05\,\text{m}$
∴ $A = \dfrac{3 \times 0.05}{0.025} = 6\,\text{kg}$

해답 88.㉮ 89.㉱ 90.㉱ 91.㉰ 92.㉯

문제 93. 타격연습용 투구기가 지상 1.5 m 높이에서 수평으로 공을 발사한다. 공이 수평거리 16 m를 날아가 땅에 떨어진다면, 공의 발사속도의 크기는 약 몇 m/s인가?

㉮ 11　　　　　　㉯ 16
㉰ 21　　　　　　㉱ 29

해설

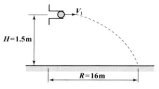

우선, $H = \dfrac{1}{2}gt^2$ 에서 $t = \sqrt{\dfrac{2H}{g}} = \sqrt{\dfrac{2 \times 1.5}{9.8}}$
$$= 0.553 \sec$$

결국, $R = V_{1r}\,t$ 에서

$$\therefore V_{1r} = \frac{R}{t} = \frac{16}{0.553} = 28.93\,\text{m/s} = 29\,\text{m/s}$$

문제 94. 그림은 가속도계의 내부를 1자유도 시스템으로 단순화시킨 모델이며 고유진동수는 $\omega_n \left(= \sqrt{\dfrac{k}{m}}\right)$ 이다. 이 가속도계를 ω의 주파수로 진동하고 있는 물체에 부착하여 가속도의 양을 직접적으로 측정하고자 할 경우 ω와 ω_n은 어떤 관계에 있어야 하는가?

㉮ $\omega \ll \omega_n$　　　㉯ $\omega \simeq \omega_n$
㉰ $\omega \gg \omega_n$　　　㉱ 아무 상관 없다.

해설 가속도계(accelerometer)
: 가속도를 측정하는 기구를 가속도계라 하며, 계기의 고유진동수(ω_n)는 측정할 진동의 진동수(ω)보다 훨씬 크다.
계기읽음에서 진동의 가속도를 구한다.

문제 95. 블록 A와 B의 질량은 각각 11 kg과 5 kg이다. 두 블록 모두 지상으로부터 2 m 높이에 정지해 있는 상태에서 놓았다. 블록 A가 바닥에 부딪히기 직전의 속도가 3 m/s였다면 풀리의 마찰에 의해 손실된 에너지는 몇 J인가?

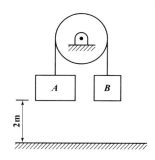

㉮ 35.7　　　　　㉯ 45.7
㉰ 55.7　　　　　㉱ 65.7

해설 위치에너지＝운동에너지＋손실에너지
$$mgh = \frac{1}{2}mV^2 + E_\ell \text{ 에서}$$
$$(11-5) \times 9.8 \times 2 = \frac{1}{2} \times (11+5) \times 3^2 + E_\ell$$
$$\therefore E_\ell = 45.6\,\text{N m}\,(= \text{J})$$

문제 96. 반지름이 0.5 m인 바퀴가 미끄러짐 없이 굴러간다. $V_0 = 20\,i$ m/s이고, $a_0 = 5\,i$ m/s^{2}일 때 지면과 접촉하고 있는 바퀴의 하단점 A의 가속도는 몇 m/s^{2}인가? (단, i, j는 x, y축 각각의 단위 벡터를 나타낸다.)

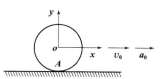

㉮ 0
㉯ $10\,i + 800\,j$
㉰ $800\,j$
㉱ $10\,i - 800\,j$

예답 **93.** ㉱　**94.** ㉮　**95.** ㉯　**96.** ㉰

해설〉 우선, $v_0 = r_0 \omega$에서 $\omega = \dfrac{v_0}{r_0} = \dfrac{20}{0.5} = 40 \, \mathrm{rad/s}$

또한, 가속도 $a_0 = \alpha r_0$에서

각가속도 $\alpha = \dfrac{a_0}{r_0} = \dfrac{5}{0.5} = 10 \, \mathrm{rad/s^2}$

결국, A점의 x방향 가속도 a_x는

$$a_x = a_0 - a_t = a_0 - \alpha r_A = 5 - 10 \times 0.5 = 0 \, \mathrm{m/s^2}$$

A점의 y방향 가속도 a_y는

$$a_y = a_n = r_A \omega^2 = 0.5 \times 40^2 = 800 \, \mathrm{m/s^2}$$

$$\therefore \ \vec{a}_A = a_x i + a_y j = 0i + 800j = 800j$$

문제 **97.** 같은 차종인 자동차 B, C가 브레이크가 풀린 채 정지하고 있다. 이 때 같은 차종의 자동차 A가 1.5 m/s의 속력으로 B와 충돌하면, 이후 B와 C가 다시 충돌하게 되어 결국 3대의 자동차가 연쇄 충돌하게 된다. 이때, B와 C가 충돌한 직후의 자동차 C의 속도는 약 몇 m/s인가?

(단, 범퍼사이의 반발계수는 $e = 0.75$이다.)

<table>
<tr><td>㉮ 0.16</td><td>㉯ 0.19</td></tr>
<tr><td>㉰ 1.15</td><td>㉱ 1.31</td></tr>
</table>

해설〉 ⅰ) A와 B의 관계

우선, $e = \dfrac{V_B' - V_A'}{V_A - V_B}$ $(\because V_B = 0)$

$eV_A = V_B' - V_A'$에서

$0.75 \times 1.5 = V_B' - V_A'$

$\therefore 1.125 = V_B' - V_A'$ ·············①식

또한, $m_A V_A + m_B V_B = m_A V_A' + m_B V_B'$

$(\because m_A = m_B, \ V_B = 0)$

$V_A = V_A' + V_B'$

즉, $1.5 = V_A' + V_B'$ ·············②식

결국, ①+②식을 하면 $\therefore V_B' = 1.3125 \, \mathrm{m/s}$

ⅱ) B와 C의 관계

우선, $e = \dfrac{V_C'' - V_B''}{V_B' - V_C'}$ $(\because V_C' = 0)$

$eV_B' = V_C'' - V_B''$에서

$0.75 \times 1.3125 = V_C'' - V_B''$

$\therefore 0.9843 = V_C'' - V_B''$ ·············③식

또한, $m_B V_B' + m_C V_C' = m_B V_B'' + m_C V_C''$

$(\because m_B = m_C, \ V_C' = 0)$

$V_B' = V_B'' + V_C''$

즉, $1.3125 = V_B'' + V_C''$ ·············④식

결국, ③+④식을 하면

$\therefore V_C'' = 1.1484 \, \mathrm{m/s} \fallingdotseq 1.15 \, \mathrm{m/s}$

문제 **98.** 단진자의 원리를 이용한 추 시계를 가지고 엘리베이터에 탔다. 이 시계가 더 빠르게 가는 순간은?

ㄱ. 엘리베이터가 위로 출발하는 순간 ㄴ. 엘리베이터가 아래로 출발하는 순간 ㄷ. 올라가던 엘리베이터가 정지하는 순간 ㄹ. 내려가던 엘리베이터가 정지하는 순간

<table>
<tr><td>㉮ ㄱ과 ㄷ</td><td>㉯ ㄱ과 ㄹ</td></tr>
<tr><td>㉰ ㄴ과 ㄷ</td><td>㉱ ㄴ과 ㄹ</td></tr>
</table>

해설〉 · 단진자운동

① 고유각진동수 $\omega_n = \sqrt{\dfrac{g}{\ell}}$

② 고유진동수 $f_n = \dfrac{\omega_n}{2\pi} = \dfrac{1}{2\pi}\sqrt{\dfrac{g}{\ell}}$

③ 주기 $T = \dfrac{1}{f_n} = 2\pi\sqrt{\dfrac{\ell}{g}}$

문제 **99.** 크랭크 암(crank arm) AB가 A점을 중심으로 각속도 $\vec{\omega}_{AB} = 100\sqrt{2}\,\vec{k}$ rad/s로 회전한다. 그림의 위치에서 피스톤 핀 P의 속도는?

(단, $\overline{AB} = 1 \, \mathrm{m}$, $\overline{BP}$(connecting rod) $= 1 \, \mathrm{m}$)

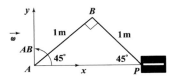

㉮ 왼쪽방향 $100 \, \mathrm{m/s}$

㉯ 왼쪽방향 $200 \, \mathrm{m/s}$

해답 **97.** ㉰ **98.** ㉯ **99.** ㉯

㉯ 오른쪽방향 300 m/s

㉰ 왼쪽방향 400 m/s

해설▷ 우선, $V_B = r\omega_{AB} = 1 \times 100\sqrt{2} = 100\sqrt{2}\,(\text{m/s})$

결국, $V_B = V_P \cos 45°$에서

점 P의 수평방향속도 V_P는

∴ $V_P = \dfrac{V_B}{\cos 45°} = \dfrac{100\sqrt{2}}{\cos 45°} = 200\,\text{m/s}\,(\text{왼쪽방향})$

문제 **100.** 곡선 경로에서의 질점의 운동을 기술한 것 중 맞는 것은?

㉮ 속도의 크기가 일정하면 전체 가속도의 방향은 항상 접선 방향이다.

㉯ 속도의 크기와 상관없이 전체 가속도의 방향은 항상 접선 방향이다.

㉰ 속도의 크기가 일정하면 전체 가속도의 방향은 항상 법선 방향이다.

㉱ 속도의 크기와 상관없이 전체 가속도의 방향은 항상 법선 방향이다.

해설▷ 우선, 접선가속도 $a_t = \alpha r$

나중속도 $V = V_0 + a_t t$에서 $V_0 = V$이면 $a_t = 0$이다.

또한, 법선가속도 $a_n = r\omega^2 = \dfrac{V^2}{r}$

결국, 가속도 $a = \sqrt{a_t^2 + a_n^2} = \sqrt{0 + a_n^2} = a_n$

∴ 속도의 크기가 일정($V_0 = V$)하면 전체가속도(a) =법선가속도(a_n)임을 알 수 있다.

애답▷ **100.** ㉰

2013년 제1회 일반기계·건설기계설비 기사

제1과목 재료역학

문제 1. 두 개의 목재 판재를 못으로 조립하여, 그림과 같은 단면을 갖는 목재 조립 보를 제작하였다. 이 보에 전단력이 작용하여, 두 판재의 접촉면에 보의 길이방향으로 균일하게 200 kPa의 전단응력이 작용하고 있다. 못 하나의 허용 전단력이 2 kN이라 할 때 못의 최소 허용간격은? 【7장】

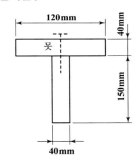

㉠ 0.1 m   ㉡ 0.15 m
㉢ 0.2 m   ㉣ 0.25 m

[해설] 우선, 전단흐름 $f = \tau \times b = 0.2\,\text{MPa} \times 40\,\text{mm}$
$$= 8\,\text{N/mm}$$

또한, 못의 최소간격 $S = \dfrac{nF}{f}$

단, n : 줄수($n=1$), F : 못 하나의 허용전단력(N)

결국, $S = \dfrac{nF}{f} = \dfrac{1 \times 2 \times 10^3}{8} = 250\,\text{mm} = 0.25\,\text{m}$

문제 2. 그림과 같이 양단이 고정된 단면이 균일한 원형단면 봉의 C점 단면에 비틀림 모멘트 T가 작용하고 있다. AC 구간 봉의 비틀림 각을 구하는 미분 방정식은? (단, A, B 고정단에 생기는 고정 비틀림 모멘트는 각각 T_A,

T_B($T_A + T_B = T$)이고, 이 봉의 비틀림 강성은 GI_p이다. 또, 이 문제에 관한한 비틀림 각 θ의 부호는 무시한다.) 【5장】

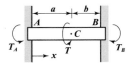

㉠ $\dfrac{d\theta}{dx} = \dfrac{T}{GI_p}$ ㉡ $\dfrac{d\theta}{dx} = \dfrac{T_A}{GI_p}$

㉢ $\dfrac{d\theta}{dx} = \dfrac{T_B}{GI_p}$ ㉣ $\dfrac{d\theta}{dx} = \dfrac{T \cdot x}{GI_p}$

[해설] $d\theta = \dfrac{T_A}{GI_P}dx$에서 $\dfrac{d\theta}{dx} = \dfrac{T_A}{GI_P}$

문제 3. 원형단면을 가진 단순지지 보의 직경을 3배로 늘리고 같은 전단력이 작용한다고 하면, 그 단면에서의 최대 전단응력은 직경을 늘리기 전의 몇 배가 되는가? 【7장】

㉠ $\dfrac{1}{3}$ ㉡ $\dfrac{1}{9}$

㉢ $\dfrac{1}{36}$ ㉣ $\dfrac{1}{81}$

[해설] $\tau_{max} = \dfrac{4}{3} \times \dfrac{F}{A} = \dfrac{4}{3} \times \dfrac{4F}{\pi d^2}$에서
$$\tau_{max} \propto \dfrac{1}{d^2} = \dfrac{1}{3^2} = \dfrac{1}{9}\text{배}$$

문제 4. 지름이 d이고 길이가 L인 강봉에 인장하중 P가 작용하고 있다. 강봉의 탄성계수가 E라 하면 강봉의 전체 탄성에너지 U는 얼마인가? 【2장】

[해답] 1. ㉣ 2. ㉡ 3. ㉡ 4. ㉢

㉮ $\dfrac{P^2L}{2\pi Ed^2}$ ㉯ $\dfrac{P^2L}{\pi Ed^2}$

㉰ $\dfrac{2P^2L}{\pi Ed^2}$ ㉱ $\dfrac{4PL}{\pi Ed^2}$

[해설]

$$U = \frac{P^2L}{2AE} = \frac{P^2L}{2\times\frac{\pi d^2}{4}\times E} = \frac{2P^2L}{\pi d^2 E}$$

[문제] 5. 다음 그림과 같이 인장력 P가 작용하는 봉의 경사 단면 $A-B$에서 발생하는 법선응력과 전단응력이 각각 $\sigma_n=10$ MPa, $\tau=6$ MPa일 때, 경사각 ϕ는 약 몇 도인가? 【3장】

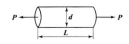

㉮ 25° ㉯ 31°

㉰ 35° ㉱ 41°

[해설]

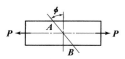

$\tan\phi = \dfrac{\tau}{\sigma_n}$ 에서 $\phi = \tan^{-1}\dfrac{\tau}{\sigma_n} = \tan^{-1}\dfrac{6}{10}$

$\qquad = 30.96° ≒ 31°$

[문제] 6. 그림과 같이 단순화한 길이 1 m의 차축 중심에 집중하중 100 kN이 작용하고, 100 rpm으로 400 kW의 동력을 전달할 때 필요한 차축의 지름은 최소 몇 cm인가? (단, 축의 허용 굽힘응력은 85 MPa로 한다.) 【7장】

㉮ 4.1 ㉯ 8.1

㉰ 12.3 ㉱ 16.3

[해설] 우선, $M = \dfrac{P\ell}{4} = \dfrac{100\times1}{4} = 25\,\mathrm{kN\cdot m}$

동력 $H' = T\omega$ 에서 $T = \dfrac{H'}{\omega} = \dfrac{400}{\left(\dfrac{2\pi\times100}{60}\right)}$

$\qquad = 38.2\,\mathrm{kN\cdot m}$

또한, $M_c = \dfrac{1}{2}(M + \sqrt{M^2+T^2})$

$\qquad = \dfrac{1}{2}(25 + \sqrt{25^2+38.2^2}) = 35.33\,\mathrm{kN\cdot m}$

결국, $M_c = \sigma_a Z = \sigma_a \times \dfrac{\pi d^3}{32}$ 에서

$\therefore\ d = \sqrt[3]{\dfrac{32M_c}{\pi\sigma_a}} = \sqrt[3]{\dfrac{32\times35.33}{\pi\times8.5\times10^3}}$

$\qquad = 0.162\,\mathrm{m} = 16.2\,\mathrm{cm}$

[문제] 7. 지름 8 cm인 차축의 비틀림 각이 1.5 m에 대해 1°를 넘지 않게 하기 위한 최대 비틀림 응력은 몇 MPa인가? (단, 전단 탄성계수 $G=80$ GPa이다.) 【5장】

㉮ 37.2 ㉯ 50.2

㉰ 42.2 ㉱ 30.5

[해설] $\tau = \dfrac{Gr\theta}{\ell}$ 에서 $\theta = \dfrac{\tau\ell}{Gr} \leq 1°\times\dfrac{\pi}{180}$

$\tau \leq 1°\times\dfrac{\pi}{180}\times\dfrac{Gr}{\ell}$

$\tau \leq 1°\times\dfrac{\pi}{180}\times\dfrac{80\times10^3\times0.04}{1.5}$

$\tau \leq 37.2\,\mathrm{MPa}$ 　 결국, $\tau = 37.2\,\mathrm{MPa}$

[문제] 8. 양단 힌지로 지지된 목재의 장주가 200 mm×200 mm의 정사각형 단면을 가질 때 좌굴 하중은 약 몇 kN인가? (단, 길이 $L=5$ m, 탄성계수 $E=10$ GPa, 오일러공식을 적용한다.) 【10장】

㉮ 330 ㉯ 430

㉰ 530 ㉱ 630

[해설] $P_B = n\pi^2\dfrac{EI}{L^2} = 1\times\pi^2\times\dfrac{10\times10^6\times0.2^4}{5^2\times12}$

$\qquad = 526.38\,\mathrm{kN}$

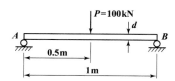

[해답] **5.** ㉯ **6.** ㉱ **7.** ㉮ **8.** ㉰

문제 9. 지름이 2 m이고 1000 kPa 내압이 작용하는 원통형 압력용기의 최대 사용응력이 200 MPa이다. 용기의 두께는 약 몇 mm인가? (단, 안전계수는 2이다.) 【2장】

㉮ 5
㉯ 7.5
㉰ 10
㉱ 12.5

해설 우선, $\sigma_a = \dfrac{\sigma_u}{s} = \dfrac{200}{2} = 100 \, \text{MPa}$

결국, $t = \dfrac{Pd}{2\sigma_a} = \dfrac{1000 \times 2}{2 \times 100 \times 10^3} = 0.01 \, \text{m} = 10 \, \text{mm}$

문제 10. 그림과 같이 균일분포 하중을 받는 보의 지점 B에서의 굽힘모멘트는 몇 kN·m인가? 【6장】

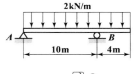

㉮ 16
㉯ 8
㉰ 10
㉱ 1.6

해설 $M_B = 2 \times 4 \times 2 = 16 \, \text{kNm}$

문제 11. 보가 굽었을 때 곡률 반지름에 대한 설명으로 맞는 것은? 【7장】

㉮ 단면 2차모멘트에 반비례한다.
㉯ 굽힘 모멘트에 반비례한다.
㉰ 탄성계수에 반비례한다.
㉱ 하중에 비례한다.

해설 $\dfrac{1}{\rho} = \dfrac{M}{EI}$에서 $\rho = \dfrac{EI}{M}$

문제 12. 그림과 같이 지름 50 mm의 축이 인장하중 $P = 120$ kN과 토크 $T = 2.4$ kN·m를 받고 있다. 최대 주응력은 약 몇 MPa인가? 【7장】

㉮ 61.1
㉯ 97.8
㉰ 133.0
㉱ 158.9

해설 우선, $\sigma_t = \dfrac{P}{A} = \dfrac{4 \times 120 \times 10^{-3}}{\pi \times 0.05^2} = 61.12 \, \text{MPa}$

또한, $T = \tau Z_P$에서

$\tau = \dfrac{T}{Z_P} = \dfrac{16 \times 2.4 \times 10^{-3}}{\pi \times 0.05^3} = 97.78 \, \text{MPa}$

결국, $\sigma_{\max} = \dfrac{1}{2}\sigma_t + \dfrac{1}{2}\sqrt{\sigma_t^2 + 4\tau^2}$

$= \dfrac{1}{2} \times 61.12 + \dfrac{1}{2}\sqrt{61.12^2 + 4 \times 97.78^2}$

$= 133 \, \text{MPa}$

문제 13. 그림에서 A지점에서의 반력 R_A를 구하면 약 몇 N인가? 【6장】

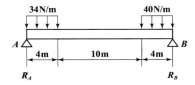

㉮ 107
㉯ 127
㉰ 136
㉱ 139

해설 $R_A \times 18 - 34 \times 4 \times 16 - 40 \times 4 \times 2 = 0$

∴ $R_A = 138.67 ≒ 139 \, \text{N}$

문제 14. 그림에서 784.8 N과 평형을 유지하기 위한 힘 F_1과 F_2는? 【1장】

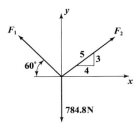

해답 9. ㉰ 10. ㉮ 11. ㉯ 12. ㉰ 13. ㉱ 14. ㉯

㉮ $F_1 = 395.2\,\mathrm{N}$, $F_2 = 632.4\,\mathrm{N}$

㉯ $F_1 = 632.4\,\mathrm{N}$, $F_2 = 395.2\,\mathrm{N}$

㉰ $F_1 = 790.4\,\mathrm{N}$, $F_2 = 632.4\,\mathrm{N}$

㉱ $F_1 = 790.4\,\mathrm{N}$, $F_2 = 395.2\,\mathrm{N}$

[해설]

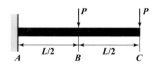

우선, $\sin\theta = \dfrac{3}{5}$ 에서

$$\theta = \sin^{-1}\left(\frac{3}{5}\right) = 36.87°$$

라미의 정리를 적용하면

$$\frac{F_1}{\sin 126.87°} = \frac{F_2}{\sin 150°} = \frac{784.8}{\sin 83.13°}$$

결국, $F_1 = 784.8 \times \dfrac{\sin 126.87°}{\sin 83.13°} = 632.38\,\mathrm{N}$

$$F_2 = 784.8 \times \frac{\sin 150°}{\sin 83.13°} = 395.2\,\mathrm{N}$$

[문제] **15.** 보의 전 길이(L)에 걸쳐 균일 분포하중이 작용하고 있는 단순보와 양단이 고정된 양단 고정보의 중앙($L/2$)에서 발생하는 처짐량의 비는? 【9장】

㉮ 2:1 ㉯ 3:1

㉰ 4:1 ㉱ 5:1

[해설] 단순보 : $\delta_1 = \dfrac{5wL^4}{384EI}$,

양단고정보 : $\delta_2 = \dfrac{wL^4}{384EI}$ 결국, $\delta_1 : \delta_2 = 5:1$

[문제] **16.** 직육면체가 일반적인 3축응력 σ_x, σ_y, σ_z를 받고 있을 때 체적 변형률 ε_v는 대략 어떻게 표현되는가? 【1장】

㉮ $\varepsilon_v = \dfrac{1}{3}(\varepsilon_x + \varepsilon_y + \varepsilon_z)$

㉯ $\varepsilon_v = \varepsilon_x + \varepsilon_y + \varepsilon_z$

㉰ $\varepsilon_v = \varepsilon_x\varepsilon_y + \varepsilon_y\varepsilon_z + \varepsilon_z\varepsilon_x$

㉱ $\varepsilon_v = \dfrac{1}{3}(\varepsilon_x\varepsilon_y + \varepsilon_y\varepsilon_z + \varepsilon_z\varepsilon_x)$

[해설] 체적변형률 $\varepsilon_V = \dfrac{\Delta V}{V} = \varepsilon_x + \varepsilon_y + \varepsilon_z$

[문제] **17.** 그림과 같이 집중 하중 P가 외팔보의 중앙 및 끝단에서 각각 작용할 때, 최대 처짐량은? (단, 보의 굽힘 강성 EI는 일정하고, 자중은 무시한다.) 【8장】

㉮ $\dfrac{5}{48}\dfrac{PL^3}{EI}$ ㉯ $\dfrac{11}{48}\dfrac{PL^3}{EI}$

㉰ $\dfrac{16}{48}\dfrac{PL^3}{EI}$ ㉱ $\dfrac{21}{48}\dfrac{PL^3}{EI}$

[해설] 우선, 자유단 집중하중시 처짐량 $\delta_c' = \dfrac{PL^3}{3EI}$

또한, 중앙점 집중하중시 자유단 처짐량

$$\delta_c'' = \frac{5PL^3}{48EI}$$

결국, $\delta_c = \delta_c' + \delta_c'' = \dfrac{PL^3}{3EI} + \dfrac{5PL^3}{48EI} = \dfrac{21PL^3}{48EI}$

[문제] **18.** 일단은 고정, 타단(B지점)은 스프링(스프링상수 k)으로 지지하고, 이 B점에 하중 P를 작용할 때 B지점의 반력은?
(단, 보의 굽힘강성 EI는 일정하다.) 【8장】

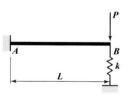

㉮ P ㉯ 0

㉰ $\dfrac{PI^3}{kEI}$ ㉱ $\dfrac{kPL^3}{3EI + kL^3}$

[해답] **15.** ㉱ **16.** ㉯ **17.** ㉱ **18.** ㉱

해설 스프링의 처짐량 $\delta_s = \dfrac{R_B}{k}$

즉, $\delta_B = \delta_s$ 이므로 $\dfrac{(P-R_B)L^3}{3EI} = \dfrac{R_B}{k}$

결국, $R_B = \dfrac{kPL^3}{3EI + kL^3}$

문제 **19.** 지름 4 cm의 둥근 강봉에 60 kN의 인장하중을 작용시키면 지름은 약 몇 mm만큼 감소하는가? (단, 탄성계수 E=200 GPa, 포아송비 ν=0.33이라 한다.) 【1장】

㉮ 0.00513

㉯ 0.00315

㉰ 0.00596

㉱ 0.000596

해설 $\nu = \dfrac{\varepsilon'}{\varepsilon} = \dfrac{\left(\dfrac{\delta}{d}\right)}{\left(\dfrac{P}{AE}\right)} = \dfrac{AE\delta}{dP} = \dfrac{\pi d E\delta}{4P}$ 에서

$\therefore \delta = \dfrac{4P\nu}{\pi d E} = \dfrac{4 \times 60 \times 0.33}{\pi \times 0.04 \times 200 \times 10^6}$

$= 0.003151 \times 10^{-3}\,\text{m} = 0.003151\,\text{mm}$

문제 **20.** 다음 그림과 같은 부채꼴의 도심 (centroid)의 위치 $\bar{x}$는? 【4장】

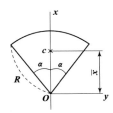

㉮ $\bar{x} = \dfrac{2R}{3\alpha}\sin\alpha$ ㉯ $\bar{x} = \dfrac{2}{3}R$

㉰ $\bar{x} = \dfrac{3}{4}R$ ㉱ $\bar{x} = \dfrac{3}{4}R\sin\alpha$

해설 $\bar{x} = \dfrac{2R}{3\alpha}\sin\alpha$

제2과목 기계열역학

문제 **21.** 기체가 0.3 MPa로 일정한 압력 하에 8 m³에서 4 m³까지 마찰 없이 압축되면서 동시에 500 kJ의 열을 외부에 방출하였다면, 내부에너지(kJ)의 변화는 얼마나 되겠는가? 【2장】

㉮ 약 700   ㉯ 약 1700

㉰ 약 1200   ㉱ 약 1300

해설 $\delta q = du + A p dv$ 에서

$_1Q_2 = \Delta U + P(V_2 - V_1)$

$\therefore \Delta U = {_1}Q_2 - P(V_2 - V_1)$

$= -500 - 0.3 \times 10^3(4-8) = 700\,\text{kJ}$

문제 **22.** 어떤 가스의 비내부에너지 u (kJ/kg), 온도 t (℃), 압력 P (kPa), 비체적 v (m³/kg) 사이에는 다음의 관계식이 성립한다.

$u = 0.28t + 532$

$P_v = 0.560(t + 380)$

이 가스의 정압비열은 얼마 정도이겠는가? 【3장】

㉮ 0.84 kJ/kg℃   ㉯ 0.68 kJ/kg℃

㉰ 0.50 kJ/kg℃   ㉱ 0.28 kJ/kg℃

해설 우선, $du = C_v dt$ 에서 $\dfrac{du}{dt} = C_v = 0.28$

또한, $pv = Rt$ 에서 $\dfrac{d(pv)}{dt} = R = 0.560$

결국, $C_p - C_v = R$ 에서

$\therefore C_p = C_v + R = 0.28 + 0.560 = 0.84\,\text{kJ/kg℃}$

문제 **23.** 잘 단열된 노즐에서 공기가 0.45 MPa에서 0.15 MPa로 팽창한다. 노즐 입구에서 공기의 속도는 50 m/s, 온도는 150 ℃이며 출구에서의 온도는 45 ℃이다. 출구에서의 공기 속도는? (단, 공기의 정압비열과 정적비열은 1.0035 kJ/kg·K, 0.7165 kJ/kg·K이다.) 【10장】

정답 **19.** ㉯   **20.** ㉮   **21.** ㉮   **22.** ㉮   **23.** ㉱

㉠ 약 350 m/s   ㉡ 약 363 m/s

㉢ 약 445 m/s   ㉣ 약 462 m/s

[해설] $_1\dot{Q}_2 = \dot{W}_t + \dfrac{\dot{m}(w_2^2 - w_1^2)}{2 \times 10^3} + \dot{m}(h_2 - h_1)$
$\qquad\qquad + \dot{m}g(Z_2 - Z_1)$

$\dfrac{w_2^2 - w_1^2}{2 \times 10^3} = h_1 - h_2 = C_p(T_1 - T_2)$

$\therefore \ w_2 = \sqrt{w_1^2 + 2 \times 10^3 \times C_p(T_1 - T_2)}$
$\qquad = \sqrt{50^2 + 2 \times 10^3 \times 1.0035(150 - 45)}$
$\qquad \fallingdotseq 462 \, \mathrm{m/s}$

문제 24. 다음 사항은 기계열역학에서 일과 열(熱)에 대한 설명이다. 이 중 틀린 것은? 【1장】

㉠ 일과 열은 전달되는 에너지이지 열역학적 상태량은 아니다.

㉡ 일의 단위는 J(joule)이다.

㉢ 일(work)의 크기는 힘과 그 힘이 작용하여 이동한 거리를 곱한 값이다.

㉣ 일과 열은 점함수이다.

[해설] 일, 열 : 과정(＝경로＝도정)함수

문제 25. 10 kg의 증기가 온도 50 ℃, 압력 38 kPa, 체적 7.5 m³일 때 총 내부에너지는 6700 kJ이다. 이와 같은 상태의 증기가 가지고 있는 엔탈피(enthalpy)는 몇 kJ인가? 【2장】

㉠ 1606   ㉡ 1794

㉢ 2305   ㉣ 6985

[해설] $H = U + PV = 6700 + (38 \times 7.5) = 6985 \, \mathrm{kJ}$

문제 26. 227 ℃의 증기가 500 kJ/kg의 열을 받으면서 가역등온 팽창한다. 이 때 증기의 엔트로피 변화는 약 얼마인가? 【4장】

㉠ 1.0 kJ/kg · K   ㉡ 1.5 kJ/kg · K

㉢ 2.5 kJ/kg · K   ㉣ 2.8 kJ/kg · K

[해설] $\Delta s = \dfrac{_1q_2}{T} = \dfrac{500}{227 + 273} = 1 \, \mathrm{kJ/kg \cdot K}$

문제 27. 가역단열펌프에 100 kPa, 50 ℃의 물이 2 kg/s로 들어가 4 MPa로 압축된다. 이 펌프의 소요 동력은? (단, 50 ℃에서 포화액체(saturated liquid)의 비체적은 0.001 m³/kg이다.) 【7장】

㉠ 3.9 kW   ㉡ 4.0 kW

㉢ 7.8 kW   ㉣ 8.0 kW

[해설] 우선, $w_P = v'(p_2 - p_1)$
$\quad$ 결국, 동력 $W_P = \dot{m}w_P = \dot{m}v'(p_2 - p_1)$
$\qquad\qquad\qquad = 2 \times 0.001 \times (4 \times 10^3 - 100)$
$\qquad\qquad\qquad = 7.8 \, \mathrm{kJ/S} (= \mathrm{kW})$

문제 28. 증기터빈 발전소에서 터빈 입출구의 엔탈피 차이는 130 kJ/kg이고, 터빈에서의 열손실은 10 kJ/kg이었다. 이 터빈에서 얻을 수 있는 최대 일은 얼마인가? 【2장】

㉠ 10 kJ/kg   ㉡ 120 kJ/kg

㉢ 130 kJ/kg   ㉣ 140 kJ/kg

[해설] $h_1 \rightarrow \boxed{\text{터빈}} \rightarrow h_2$
$\qquad\qquad\quad \downarrow$
$\qquad\qquad _1q_2 = 10 \, \mathrm{kJ/kg}$

$\therefore \ w_t = \Delta h - _1q_2$
$\qquad = 130 - 10$
$\qquad = 120 \, \mathrm{kJ/kg}$

문제 29. 어떤 냉장고의 소비전력이 200 W이다. 이 냉장고가 부엌으로 배출하는 열이 500 W라면, 이때 냉장고의 성능계수는 얼마인가? 【9장】

㉠ 1   ㉡ 2

㉢ 0.5   ㉣ 1.5

[해설] 우선, $W_c = Q_1 - Q_2$ 에서
$\qquad Q_2 = Q_1 - W_c = 500 - 200 = 300 \, \mathrm{W}$
$\quad$ 결국, $\varepsilon_r = \dfrac{Q_2}{W_c} = \dfrac{300}{200} = 1.5$

[정답] **24.** ㉣ **25.** ㉣ **26.** ㉠ **27.** ㉢ **28.** ㉡ **29.** ㉣

문제 30. 시스템의 온도가 가열과정에서 10 ℃에서 30 ℃로 상승하였다. 이 과정에서 절대온도는 얼마나 상승하였는가? 【1장】

㉮ 11 K ㉯ 20 K

㉰ 293 K ㉱ 303 K

해설 $\Delta T = (30+273) - (10+273) = 20\,\mathrm{K}$

문제 31. 열펌프의 성능계수를 높이는 방법이 아닌 것은? 【9장】

㉮ 응축 온도를 낮춘다.

㉯ 증발 온도를 낮춘다.

㉰ 손실 일을 줄인다.

㉱ 생성엔트로피를 줄인다.

해설 $\varepsilon_h = \dfrac{T_\mathrm{I}}{T_\mathrm{I} - T_\mathrm{II}} = \dfrac{1}{1 - \dfrac{T_\mathrm{II}}{T_\mathrm{I}}}$

여기서, T_I : 응축기온도, T_II : 증발기온도
결국, 응축기 온도는 낮추고, 증발기 온도를 높일수록 성능계수가 높다.

문제 32. 매시간 20 kg의 연료를 소비하는 100 PS인 가솔린 기관의 열효율은 약 얼마인가? (단, 1 PS = 750 W이고, 가솔린의 저위발열량은 43470 kJ/kg이다.) 【1장】

㉮ 18 % ㉯ 22 %

㉰ 31 % ㉱ 43 %

해설 $\eta = \dfrac{N_e}{H_\ell + f_e} \times 100\,(\%)$

$= \dfrac{100 \times 750\,\mathrm{W}(= \mathrm{J/s})}{43470 \times 20\,(\mathrm{kJ/hr})} \times 100$

$= \dfrac{100 \times 750\,\mathrm{W}(= \mathrm{J/s})}{43470 \times 20 \times \dfrac{10^3}{3600}\,(\mathrm{J/s})} \times 100 \fallingdotseq 31\,\%$

문제 33. 공기 10 kg이 압력 200 kPa, 체적 5 m³인 상태에서 압력 400 kPa, 온도 300 ℃인 상

태로 변했다면 체적의 변화는? (단, 공기의 기체상수 $R = 0.287\,\mathrm{kJ/kg \cdot K}$이다.) 【3장】

㉮ 약 +0.6 m³ ㉯ 약 +0.9 m³

㉰ 약 −0.6 m³ ㉱ 약 −0.9 m³

해설 우선, $p_2 V_2 = m R T_2$에서

$V_2 = \dfrac{m R T_2}{p_2} = \dfrac{10 \times 0.287 \times 573}{400} = 4.11\,\mathrm{m}^3$

결국, $\Delta V = V_2 - V_1 = 4.11 - 5 = -0.89 \fallingdotseq -0.9\,\mathrm{m}^3$

문제 34. 이상기체의 가역단열 변화에서는 압력 P, 체적 V, 절대온도 T 사이에 어떤 관계가 성립 하는가? (단, 비열비 $k = C_p/C_v$이다.) 【3장】

㉮ $PV = $일정

㉯ $PV^{k-1} = $일정

㉰ $PT^k = $일정

㉱ $TV^{k-1} = $일정

해설 가역단열변화 : $pv^k = C, \ Tv^{k-1} = C$

문제 35. 증기동력 사이클에 대한 다음의 언급 중 옳은 것은? 【7장】

㉮ 이상적인 보일러에서는 등온 가열 과정이 진행된다.

㉯ 재열 사이클은 주로 사이클 효율을 낮추기 위해 적용한다.

㉰ 터빈의 토출 압력을 낮추면 사이클 효율도 낮아진다.

㉱ 최고 압력을 높이면 사이클 효율이 높아진다.

해설 ① 보일러 : 가역정압가열
② 재열사이클 : 증기의 초압을 높이고 팽창후 건도를 향상시켜 열효율을 증가시키기 위해 고안된 사이클이다.
③ 터빈의 토출압력을 낮추면 사이클의 열효율이 증가한다.

정답 30. ㉯ 31. ㉯ 32. ㉰ 33. ㉱ 34. ㉱ 35. ㉱

문제 **36.** 압력 5 kPa, 체적이 0.3 m³인 기체가 일정한 압력 하에서 압축되어 0.2 m³로 되었을 때 이 기체가 한 일은? (단, +는 외부로 기체가 일을 한 경우이고, −는 기체가 외부로부터 일을 받은 경우) 【2장】

㉮ 500 J   ㉯ −500 J

㉰ 1000 J   ㉭ −1000 J

해설 $_1W_2 = \int_1^2 PdV = P(V_2 - V_1)$
$= 5 \times 10^3 \times (0.2 - 0.3) = -500\,\text{J}$

문제 **37.** 이상기체 1 kg이 가역등온 과정에 따라 $P_1 = 2\,\text{kPa}$, $V_1 = 0.1\,\text{m}^3$로부터 $V_2 = 0.3\,\text{m}^3$로 변화했을 때 기체가 한 일은 몇 주울(J)인가? 【3장】

㉮ 9540   ㉯ 2200

㉰ 954   ㉭ 220

해설 등온변화이므로
$_1W_2 = P_1 V_1 \ell n \dfrac{V_2}{V_1} = 2 \times 10^3 \times 0.1 \times \ell n \dfrac{0.3}{0.1}$
$= 219.72\,\text{J} ≒ 220\,\text{J}$

문제 **38.** 다음 그림은 오토사이클의 $P - V$ 선도이다. 그림에서 3−4가 나타내는 과정은? 【8장】

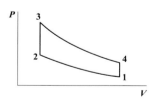

㉮ 단열 압축과정   ㉯ 단열 팽창과정

㉰ 정적 가열과정   ㉭ 정적 방열과정

해설 ① 1→2 : 단열압축, ② 2→3 : 정적가열,
③ 3→4 : 단열팽창, ④ 4→1 : 정적방열

문제 **39.** 공기표준 Carnot 열기관 사이클에서 최저 온도는 280 K이고, 열효율은 60 %이다. 압축전 압력과 열을 방출한 후 압력은 100 kPa이다. 열을 공급하기 전의 온도와 압력은? (단, 공기의 비열비는 1.4이다.) 【4장】

㉮ 700 K, 2470 kPa   ㉯ 700 K, 2200 kPa

㉰ 600 K, 2470 kPa   ㉭ 600 K, 2200 kPa

해설 우선, $\eta = 1 - \dfrac{T_\text{II}}{T_\text{I}}$ 에서
$0.6 = 1 - \dfrac{280}{T_\text{I}}$ ∴ $T_\text{I} = 700\,\text{K}$

또한, 단열압축(1→4)과정에서
$\dfrac{T_\text{II}}{T_\text{I}} = \left(\dfrac{V_1}{V_4}\right)^{k-1} = \left(\dfrac{p_4}{p_1}\right)^{\frac{k-1}{k}}$ 즉, $\dfrac{p_4}{p_1} = \left(\dfrac{T_\text{II}}{T_\text{I}}\right)^{\frac{k}{k-1}}$
$\dfrac{100}{p_1} = \left(\dfrac{280}{700}\right)^{\frac{1.4}{1.4-1}}$ ∴ $p_1 = 2470\,\text{kPa}$

문제 **40.** 400 K의 물 1.0 kg/s와 350 K의 물 0.5 kg/s가 정상과정으로 혼합되어 나온다. 이 과정 중에 300 kJ/s의 열손실이 있다. 출구에서 물의 온도는 약 얼마인가? (단, 물의 비열은 4.18 kJ/kg·K이다.) 【1장】

㉮ 369.2 K   ㉯ 350.1 K

㉰ 335.5 K   ㉭ 320.3 K

해설 우선, $\dot{Q}_2 = \dot{m}c\Delta t$ 에서
$1 \times 4.18 \times (400 - t_m) = 0.5 \times 4.18 \times (t_m - 350)$
∴ $t_m = 383.33\,\text{K}$
또한, $_1\dot{Q}_2 = \dot{m}c\Delta t$ 에서
$-300 = 1.5 \times 4.18 \times (T_2 - 383.33)$
∴ $T_2 = 335.48\,\text{K}$

제3과목 기계유체역학

문제 **41.** 정상상태인 포텐셜 유동에 대한 정지한 경계면에서의 경계조건은? 【3장】

㉮ 경계면에서 속도가 0이다.

정답 **36.** ㉯ **37.** ㉭ **38.** ㉯ **39.** ㉮ **40.** ㉰ **41.** ㉯

㉯ 경계면에서 그 면에 대한 직각 방향의 속도성분이 0이다.

㉰ 경계면에서 그 면에 대한 접선 방향의 속도성분이 0이다.

㉱ 정지한 경계면이 등 포텐셜선이어야 한다.

【해설】 정상상태인 자유흐름(potential flow) 속도 U_∞ 가 작용할 때 경계층이 생기는 지점은 평판선단으로부터 자유흐름속도의 99%인 지점이며 이때 그 지점에서 평판에 대한 직각방향의 속도성분은 0 이다.

【문제】 **42.** 그림과 같이 수두 H m에서 오리피스의 유출속도가 V m/s이라면 유출속도를 $2V$ 로 하기 위해서는 H를 얼마로 해야 하는가?
【3장】

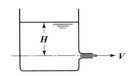

㉠ $2H$ ㉯ $3H$

㉰ $4H$ ㉱ $6H$

【해설】 우선, $V = \sqrt{2gH}$ 에서 $H = \dfrac{V^2}{2g}$

결국, $2V = \sqrt{2gH'}$ 에서 $H' = \dfrac{4V^2}{2g} = 4H$

【문제】 **43.** 평행한 평판 사이의 층류 흐름을 해석하기 위해서 필요한 무차원수와 그 의미를 바르게 나타낸 것은? 【7장】

㉠ 레이놀즈 수＝관성력/점성력

㉯ 레이놀즈 수＝관성력/탄성력

㉰ 프루드 수＝중력/관성력

㉱ 프루드 수＝관성력/점성력

【해설】 $Re = \dfrac{관성력}{점성력} = \dfrac{Vd}{\nu} = \dfrac{\rho Vd}{\mu}$

【문제】 **44.** 원관 내 완전히 발달된 난류 속도분포 $\dfrac{u}{u_0} = \left(1 - \dfrac{r}{R}\right)^{1/7}$ [R : 반지름]에 대한 단면 평균속도는 중심속도 u_0의 몇 배인가? 【5장】

㉠ 0.5   ㉯ 0.571

㉰ 0.667   ㉱ 0.817

【해설】

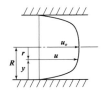

여기서, u_0 : 관중심의 유속, R : 반경,
y : 관벽으로부터 반경방향거리

$r = R - y$ 에서 $\dfrac{dr}{dy} = -1 \to dr = -dy$

$Q = AV$ 에서 $V(\pi R^2) = \displaystyle\int_0^R u(2\pi r)dr$

$\therefore V = \dfrac{2}{R^2}\displaystyle\int_0^R u_0 \dfrac{y^{\frac{1}{7}}}{R^{\frac{1}{7}}} r\,dr = \dfrac{2u_0}{R^{\frac{15}{7}}}\displaystyle\int_0^R y^{\frac{1}{7}}(R-y)dy$

$= \dfrac{49}{60}u_0 = 0.817u_0$

【문제】 **45.** 몸무게가 750 N인 조종사가 지름 5.5 m의 낙하산을 타고 비행기에서 탈출하고 있다. 항력계수가 1.0이고, 낙하산의 무게를 무시한다면 조종사의 최대 종속도는 약 몇 m/s가 되는가? (단, 공기의 밀도는 1.2 kg/m³이다.) 【5장】

㉠ 7.25   ㉯ 8

㉰ 5.26   ㉱ 10

【해설】 $D = W$ 에서 $C_D \dfrac{\rho V^2}{2} A = W$ 이므로

$\therefore V = \sqrt{\dfrac{2W}{C_D \rho A}} = \sqrt{\dfrac{2 \times 750 \times 4}{1 \times 1.2 \times \pi \times 5.5^2}}$

$\fallingdotseq 7.253\,\text{m/s}$

【문제】 **46.** 12 mm의 간격을 가진 평행한 평판 사이에 점성계수가 0.4 N·s/m²인 기름이 가득 차 있다. 아래쪽 판을 고정하고 윗판을 3 m/s인 속

【해답】 **42.** ㉰   **43.** ㉠   **44.** ㉱   **45.** ㉠   **46.** ㉠

도로 움직일 때 발생하는 전단응력은 몇 N/m² 인가? 【1장】

㉮ 100 ㉯ 200
㉰ 300 ㉱ 400

해설 $\tau = \mu \dfrac{u}{h} = 0.4 \times \dfrac{3}{0.012} = 100\,N/m^2$

문제 47. 국소 대기압이 700 mmHg일 때 절대 압력은 40 kPa이다. 이는 게이지 압력으로 얼마인가? 【2장】

㉮ 47.7 kPa 진공 ㉯ 45.3 kPa 진공
㉰ 40.0 kPa 진공 ㉱ 53.3 kPa 진공

해설 $p = p_o + p_g$ 에서

$p_g = p - p_o = 40 - \dfrac{700}{760} \times 101.325$

$\quad = -53.3\,kPa = 53.3\,kPa\,(진공)$

문제 48. 그림과 같이 아주 큰 저수조의 하부에 연결된 터빈이 있다. 직경 $D=10$ cm인 노즐로부터 대기 중으로 분출되는 유량은 0.08 m³/s 이고 터빈 출력이 15 kW일 때 수면 높이 H는 약 몇 m인가? (단, 터빈의 효율은 100 %이고, 수면으로부터 출구 사이의 손실은 무시하며, 수면은 일정하게 유지된다고 가정한다.) 【3장】

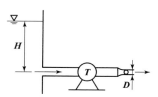

㉮ 17.2 ㉯ 21.7
㉰ 24.4 ㉱ 29.1

해설 우선, 터빈출력에 의한 수면높이 H_1은
동력 $P = \gamma Q H_1$ 에서

$H_1 = \dfrac{P}{\gamma Q} = \dfrac{15}{9.8 \times 0.08} = 19.13\,m$

또한, 출구로 분출할 때의 수면높이 H_2는

$Q = AV$ 에서 $V = \dfrac{Q}{A} = \dfrac{4 \times 0.08}{\pi \times 0.1^2} = 10.19\,m/s$

$V = \sqrt{2gH_2}$ 에서 $H_2 = \dfrac{V^2}{2g} = \dfrac{10.19^2}{2 \times 9.8} = 5.3\,m$

결국, $H = H_1 + H_2 = 19.13 + 5.3 = 24.43\,m$

문제 49. 물을 이용한 기압계는 왜 실제적이지 못한가? 【2장】

㉮ 대기압이 물기둥을 지탱할 수 없다.
㉯ 물기둥의 높이가 너무 높다.
㉰ 표면장력의 영향이 너무 크다.
㉱ 정수역학의 방정식을 적용할 수 없다.

해설 일반적으로 기압계는 수은기압계를 사용한다. 왜냐하면 수은(Hg)은 1 atm 상태에서 760 mm 만큼 올라가지만 물은 1 atm 상태에서 10.332 m 올라간다. 따라서 물을 사용한다는 것은 현실적이지 못하다.

문제 50. $\dfrac{1}{10}$ 크기의 모형 잠수함을 해수 밀도의 $\dfrac{1}{2}$, 해수 점성 계수의 $\dfrac{1}{2}$인 액체 중에서 실험한다. 실제 잠수함을 2 m/s로 운전하려면 모형 잠수함은 몇 m/s의 속도로 실험해야 하는가? 【7장】

㉮ 20 ㉯ 1
㉰ 0.5 ㉱ 4

해설 $(Re)_P = (Re)_m$ 즉, $\left(\dfrac{\rho V \ell}{\mu}\right)_P = \left(\dfrac{\rho V \ell}{\mu}\right)_m$

$\dfrac{\rho \times 2 \times 10}{\mu} = \dfrac{\dfrac{\rho}{2} \times V_m \times 1}{\left(\dfrac{\mu}{2}\right)}$

$\therefore V_m = 20\,m/s$

문제 51. 다음 중 음속의 표현식이 아닌 것은? (단, k=비열비, P=절대압력, ρ=밀도, T=절대온도, E=체적탄성계수, R=기체상수) 【1장】

정답 **47.** ㉱ **48.** ㉰ **49.** ㉯ **50.** ㉮ **51.** ㉮

㉮ $\sqrt{\dfrac{P}{\rho^k}}$ 　　　　㉯ $\sqrt{\dfrac{E}{\rho}}$

㉰ $\sqrt{kRT}$ 　　　　㉱ $\sqrt{\dfrac{\partial P}{\partial \rho}}$

해설 ・음속을 구하는 일반식 $a=\sqrt{\dfrac{\partial p}{\partial \rho}}$

① 액체속에서의 음속 $a=\sqrt{\dfrac{K(=E)}{\rho}}$

② 공기중(＝대기중)에서의 음속 $a=\sqrt{kRT}$

문제 52. 아주 긴 원관에서 유체가 완전 발달된 층류(laminar flow)로 흐를 때 전단응력은 반경 방향으로 어떻게 변화하는가? 【5장】

㉮ 전단응력은 일정하다.

㉯ 관 벽에서 0이고, 중심까지 포물선 형태로 증가한다.

㉰ 관 중심에서 0이고, 관 벽까지 선형적으로 증가한다.

㉱ 관 벽에서 0이고, 중심까지 선형적으로 증가한다.

해설 ・수평원관에서의 층류 유동

① 속도분포 : 관벽에서 0이며, 관 중심에서 최대이다. ⇨ 포물선 변화

② 전단응력분포 : 관 중심에서 0이며, 관벽에서 최대이다. ⇨ 직선적(＝선형적) 변화

문제 53. 난류에서 평균 전단응력과 평균 속도구배의 비를 나타내는 점성계수는? 【5장】

㉮ 유동의 혼합 길이와 평균 속도구배의 함수로 나타낼 수 있다.

㉯ 유체의 성질이므로 온도가 주어지면 일정한 상수이다.

㉰ 뉴턴의 점성법칙으로 구한다.

㉱ 임계 레이놀즈수를 이용하여 결정한다.

해설 와점성계수 $\eta=\rho\ell^2\left(\dfrac{du}{dy}\right)$

여기서, 와점성계수는 난류의 정도를 나타내는 프란

틀의 혼합거리(ℓ)와 유체의 밀도(ρ), 속도구배$\left(\dfrac{du}{dy}\right)$에 의해 결정된다.

문제 54. 다음 중에서 차원이 다른 물리량은? 【2장】

㉮ 압력 　　　　㉯ 전단응력

㉰ 동력 　　　　㉱ 체적탄성계수

해설 ① 압력, 전단응력, 체적탄성계수

: $N/m^2 = [FL^{-2}] = [ML^{-1}T^{-2}]$

② 동력 : $N \cdot m/s = [FLT^{-1}] = [ML^2T^{-3}]$

문제 55. 내경이 50 mm인 180° 곡관(bend)을 통하여 물이 5 m/s의 속도와 0의 계기압력으로 흐르고 있다. 물이 곡관에 작용하는 힘은 약 몇 N인가? 【4장】

㉮ 0 　　　　㉯ 24.5

㉰ 49.1 　　　　㉱ 98.2

해설 $F=\rho QV(1-\cos\theta)=\rho A V^2(1-\cos\theta)$

$= 1000 \times \dfrac{\pi \times 0.05^2}{4} \times 5^2 \times (1-\cos 180°)$

$= 98.17\,\text{N}$

문제 56. 2차원 직각 좌표계 $(x,\ y)$ 상에서 속도 포텐셜(velocity potential)이 $\phi = -3x^2y + y^3$으로 주어지는 어떤 이상유체에 대한 유동장이 있다. 점 $(-1,\ 2)$에서의 유속의 방향이 x축과 이루는 각도(degree)는? 【3장】

㉮ 36.9° 　　　　㉯ 51.5°

㉰ 62.7° 　　　　㉱ 71.6°

해설 x방향의 유속

: $\dfrac{\partial \phi}{\partial x} = -6xy = -6(-1)(2) = -12\,\text{m/s}$

y방향의 유속

: $\dfrac{\partial \phi}{\partial y} = -3x^2 + 3y^2 = -3(-1)^2 + 3 \times 2^2 = 9\,\text{m/s}$

정답 **52.** ㉰　**53.** ㉮　**54.** ㉰　**55.** ㉱　**56.** ㉮

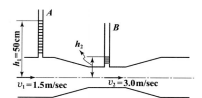

$\tan\theta = \dfrac{9}{12}$ 에서 $\quad \therefore \ \theta = \tan^{-1}\left(\dfrac{9}{12}\right) = 36.87°$

문제 57. 그림과 같은 관에 유리관 A, B를 세우고 물을 흐르게 했을 때 유리관 B의 상승 높이 h_2는 약 몇 cm인가? 【3장】

㉮ 34.4

㉯ 10

㉰ 15.6

㉱ 12.5

해설 $\dfrac{P_1}{\gamma} + \dfrac{V_1^2}{2g} + Z_1 = \dfrac{P_2}{\gamma} + \dfrac{V_2^2}{2g} + Z_2 \ (\because Z_1 = Z_2)$

$0.5 + \dfrac{1.5^2}{2 \times 9.8} = h_2 + \dfrac{3^2}{2 \times 9.8}$

$\therefore \ h_2 = 0.156\,\mathrm{m} = 15.6\,\mathrm{cm}$

문제 58. 수평 파이프의 직경이 입구 D에서 출구 $\dfrac{1}{2}D$로 감소되었을 때 비압축성 유체의 입구 유속 V에 대한 출구 유속으로 맞는 것은? 【3장】

㉮ $\dfrac{1}{2}V$

㉯ $\dfrac{1}{4}V$

㉰ $2V$

㉱ $4V$

해설 $Q = A_1 V_1 = A_2 V_2$에서

$\dfrac{\pi D^2}{4} \times V = \dfrac{\pi}{4}\left(\dfrac{D}{2}\right)^2 \times V_2 \quad \therefore \ V_2 = 4V$

문제 59. 아래 그림과 같이 폭이 3 m이고, 높이

가 4 m인 수문의 상단이 수면 아래 1 m에 놓여있다. 이 수문에 작용하는 물에 의한 전압력의 작용점은 수면 아래로 몇 m 인가? 【2장】

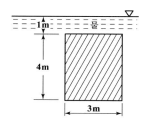

㉮ 3.77

㉯ 3.44

㉰ 3.00

㉱ 2.36

해설 $y_F = \bar{y} + \dfrac{I_G}{A\bar{y}} = 3 + \dfrac{\left(\dfrac{3 \times 4^3}{12}\right)}{(3 \times 4) \times 3} = 3.44\,\mathrm{m}$

문제 60. 그림과 같이 수조에 안지름이 균일한 관을 연결하고 관의 한 점의 정압을 측정할 수 있도록 액주계를 설치하였다. 액주계의 높이 H가 나타내는 것은? 【6장】

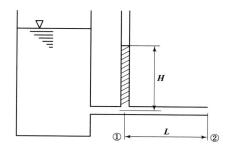

㉮ 관의 길이 L에서 생긴 손실수두와 같다.

㉯ 수조 내의 액체가 갖는 단위 중량당의 총 에너지를 나타낸다.

㉰ 관에 흐른 액체의 전압과 같다.

㉱ 관에 흐르는 액체의 동압을 나타낸다.

해설 $\dfrac{P_1}{\gamma} + \dfrac{V_1^2}{2g} + Z_1 = \dfrac{P_2}{\gamma} + \dfrac{V_2^2}{2g} + Z_2 + h_\ell$ 에서

$V_1 = V_2$, $Z_1 = Z_2$, $P_2 = 0$이므로 $\dfrac{\gamma H}{\gamma} = h_\ell$

$\therefore \ h_\ell = H$

정답 57. ㉰ 58. ㉱ 59. ㉯ 60. ㉮

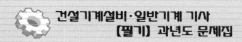
제4과목 기계재료 및 유압기기

문제 61. 특수청동 중 열전대 및 뜨임시효 경화성 합금으로 사용되는 것은?

㉮ 인청동   ㉯ 알루미늄청동
㉲ 베릴륨청동   ㉱ 니켈청동

해설 니켈(Ni)청동 : 주조상태 그대로 또는 열처리하여 각종구조용 주물로서 이용된다.

문제 62. 다음 중 공석강의 탄소함유량으로 가장 적절한 것은?

㉮ 약 0.08 %   ㉯ 약 0.02 %
㉲ 약 0.2 %   ㉱ 약 0.8 %

해설 ・공석강 : 0.77~0.8 % C
・공정주철 : 4.3 % C

문제 63. 주철 중에 함유되어 있는 유리탄소는 무엇인가?

㉮ Fe_3C ㉯ 화합탄소
㉲ 전탄소   ㉱ 흑연

해설 ・주철 중 탄소(C)의 형상
① 유리탄소(free carbon : 흑연) : 탄소가 유리탄소 (흑연)로 존재하는 것을 말하며, Si가 많고, 냉각속도가 느리며 주입온도가 높을 때 생기며 회색을 띠며 경도가 작은 회주철이다.
② 화합탄소(Fe_3C) : 탄소가 화합탄소(Fe_3C)로 존재하는 것을 말하며, Mn이 많고, 냉각속도가 느릴 때 생긴다. 백색을 띠며 경도가 큰 백주철이다.

문제 64. 다음 중 구상흑연 주철을 설명한 것으로 틀린 것은?

㉮ 용선에 마그네슘(Mg)을 첨가함으로써 구상흑연조직을 얻는다.
㉯ 세륨(Ce)을 첨가하여도 구상흑연 조직을 얻는다.
㉲ 구상흑연 주철은 흑연에 의한 노치(notch) 작용이 적기 때문에 강인하다.
㉱ 구상흑연 주철은 편상흑연 주철 보다 연성이 낮다.

해설 구상흑연주철은 보통주철(편상흑연주철)에 비하여 강도뿐만 아니라 내열성, 내마멸성, 내식성 등이 대단히 우수하다.

문제 65. 담금질 균열의 원인이 아닌 것은?

㉮ 담금질온도가 너무 높다.
㉯ 냉각속도가 너무 빠르다.
㉲ 가열이 불균일하다.
㉱ 담금질하기 전에 노멀라이징을 충분히 했다.

해설 담금질균열(quenching crack) : 재료를 경화하기 위하여 급랭하면 재료내부와 외부의 온도차에 의해 열응력과 변태응력으로 인하여 내부변형 또는 균열이 일어나는데 이와 같이 갈라진 금을 담금질균열이라 하며 담금질할 때 작업중이나 담금질 직후 또는 담금질 후 얼마되지 않아 균열이 생기는 경우가 대단히 많이 있다.

문제 66. 특수강의 질량효과(mass effect)와 경화능에 관한 다음 설명 중 옳은 것은?

㉮ 질량효과가 큰 편이 경화능을 높이고 Mn, Cr 등은 질량효과를 크게 한다.
㉯ 질량효과가 큰 편이 경화능을 높이고 Mn, Cr 등은 질량효과를 작게 한다.
㉲ 질량효과가 작은 편이 경화능을 높이고 Mn, Cr 등은 질량효과를 크게 한다.
㉱ 질량효과가 작은 편이 경화능을 높이고 Mn, Cr 등은 질량효과를 작게 한다.

해설 질량효과가 작다는 것은 열처리가 잘 된다는 뜻이다. 즉, 경화능을 높인다는 뜻이며, 질량효과가 큰 재료는 탄소강이다.
질량효과를 줄이려면 Cr, Ni, Mo, Mn 등의 원소를 첨가한다.

정답 **61.** ㉱   **62.** ㉱   **63.** ㉱   **64.** ㉱   **65.** ㉱   **66.** ㉱

문제 67. 다음은 특수강 제조용 첨가원소의 영향들 중에서 고속도강이 고온에서 기계적 성질을 계속 유지하는 것과 가장 관련이 많은 것은?

㉮ 경화능 상승   ㉯ 고용경화

㉰ 탄화물 형성   ㉱ 내식성 상승

해설 고속도강(SKH) : 주성분이 0.8 % C + 18 % W − 4 % Cr − 1 % V으로 된 고속도강으로 18(W) − 4(Cr) − 1(V)형이라고도 한다. 풀림온도는 800~900 ℃, 담금질온도는 1260~1300 ℃(1차 경화), 뜨임온도는 550~580 ℃(2차 경화)이다. 여기서, 2차경화란 저온에서 불안정한 탄화물이 형성되어 경화하는 현상이다.

문제 68. 다음 STC에 관한 설명이 잘못된 것은?

㉮ STC는 탄소 공구강이다.

㉯ 인(P)과 황(S)의 양이 적은 것이 양질이다.

㉰ 주로 림드강으로 만들어진다.

㉱ 탄소의 함량이 0.6~1.5 % 정도이다.

해설 · 탄소공구강(STC)
① 탄소공구강은 7종류의 STC강이 있으며, 탄소함유량이 0.6~1.5 % C이다.
② STC1종에서 STC7종으로 갈수록 탄소량이 작아진다.
③ STC1~STC5종은 과공석강조직, STC6종은 공석강조직, STC7종은 아공석강조직으로 구성되어 있다.
④ 킬드강괴를 열처리하여 제조된다.

문제 69. 구리에 65~70 % Ni을 첨가한 것으로 내열·내식성이 우수하므로 터빈 날개, 펌프 임펠러 등의 재료로 사용되는 합금은?

㉮ 콘스탄탄   ㉯ 모넬메탈

㉰ Y합금   ㉱ 문쯔메탈

해설 · 모넬메탈(monel metal)
① Cu − Ni 65~70 %을 함유한 합금이며 내열성, 내식성, 내마멸성, 연신율이 크다.
② 주조 및 단련이 쉬우므로 고압 및 과열증기밸브, 펌프부품, 열기관부품, 화학기계부품 등의 재료로 널리 사용된다.

문제 70. 다음 금속 중 비중이 가장 큰 것은?

㉮ Fe   ㉯ Al

㉰ Pb   ㉱ Cu

해설 Fe : 7.87, Al : 2.7, Pb : 11.36, Cu : 8.96

문제 71. 단단 베인 펌프 2개를 1개의 본체 내에 직렬로 연결시킨 베인 펌프를 무엇이라 하는가?

㉮ 2단 베인 펌프(two stage vane pump)

㉯ 2중 베인 펌프(double type vane pump)

㉰ 복합 베인 펌프(combination vane pump)

㉱ 가변 용량형 베인 펌프(variable delivery vane pump)

해설 2단베인펌프(two stage vane pump) : 베인펌프의 약점인 고압발생을 가능하게 하기 위하여 2단펌프는 용량이 같은 1단펌프 2개를 1개의 본체내에 분배밸브를 이용하여 직렬로 연결시킨 것으로 고압이므로 대출력이 요구되는 구동에 적합하다. 그러나 소음이 있다는 것이 단점이다.

문제 72. 속도 제어 회로 방식 중 미터−인 회로와 미터−아웃 회로를 비교하는 설명으로 틀린 것은?

㉮ 미터−인 회로는 피스톤 측에만 압력이 형성되나 미터−아웃 회로는 피스톤 측과 피스톤 로드 측 모두 압력이 형성된다.

㉯ 미터−인 회로는 단면적이 넓은 부분을 제어하므로 상대적으로 유리하나, 미터−아웃 회로는 단면적이 좁은 부분을 제어하므로 상대적으로 불리하다.

㉰ 미터−인 회로는 인장력이 작용할 때 속도조절이 불가능하나, 미터−아웃 회로는 부하의 방향에 관계없이 속도조절이 가능하다.

㉱ 미터−인 회로는 탱크로 드레인되는 유압작동유에 열이 발생하나, 미터−아웃 회로는 실린더로 공급되는 유압 작동유에 열이 발생한다.

정답 67. ㉰   68. ㉰   69. ㉯   70. ㉰   71. ㉮   72. ㉱

해설 ・유량조정밸브에 의한 회로
① 미터 인 회로 : 액추에이터의 입구쪽 관로에서 유량을 교축시켜 작동속도를 조절하는 방식
② 미터 아웃 회로 : 액추에이터의 출구쪽 관로에서 유량을 교축시켜 작동속도를 조절하는 방식 즉, 실린더에 유량을 복귀측에 직렬로 유량조절밸브를 설치하여 유량을 제어하는 방식
③ 블리드 오프 회로 : 실린더 입구의 분기회로에 유량제어밸브를 설치하여 실린더입구측의 불필요한 압유를 배출시켜 작동효율을 증진시킨다. 회로연결은 병렬로 연결한다.

문제 73. 방향전환 밸브 중 탠덤 센터형으로 실린더의 임의의 위치에서 고정시킬 수 있고, 펌프를 무부하 운전시킬 수 있는 밸브는?

㉮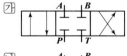

㉯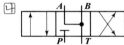

㉰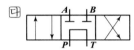

㉱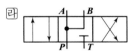

해설 ・3위치 4방향 밸브

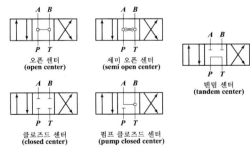

오픈 센터
(open center)

세미 오픈 센터
(semi open center)

텐덤 센터
(tandem center)

클로즈드 센터
(closed center)

펌프 클로즈드 센터
(pump closed center)

① 오픈 센터형(open center type) : 중립위치에서 모든 포트가 서로 통하게 되어 있다. 그러므로 펌프송출유는 탱크로 귀환되어 무부하운전이 된다. 또, 전환시 충격도 적고 성능이 좋으나 실린더를 확실하게 정지시킬 수가 없다.

② 세미 오픈 센터형(semi open center type) : 오픈 센터형의 밸브를 전환시 충격을 완충시킬 목적으로 스풀랜드(spool type)에 테이퍼를 붙여 포트 사이를 교축시킨 밸브이다. 그러므로 대용량의 경우에 완충용으로 사용한다.

③ 클로즈드 센터형(closed center type) : 중립위치에서 모든 포트를 막는 형식이다. 그러므로 이 밸브를 사용하면 실린더를 임의의 위치에서 고정시킬 수 있다. 그러나 밸브의 전환을 급격하게 작동하면 서지압(surge pressure)이 발생하므로 주의를 요한다.

④ 펌프 클로즈드 센터형(pump closed center type) : 중립위치에서 P포트가 막히고 다른 포트들은 서로 통하게끔 되어 있는 밸브이다. 이 형식의 밸브는 3위치 파일럿 조작밸브의 파일럿 밸브로 많이 쓰인다.

⑤ 탠덤 센터형(tandem center type) : 중립위치에서 A, B포트가 모두 닫히면 실린더는 임의의 위치에서 고정된다. 또, P포트와 T포트가 서로 통하게 되므로 펌프를 무부하시킬 수 있다. 일명, 센터 바이 패스형(center by pass type)이라고도 한다.

문제 74. 유압 작동유 선정시 고려되어야 할 사항으로 거리가 먼 것은?

㉮ 화학적으로 안정될 것
㉯ 점도 지수가 작을 것
㉰ 체적 탄성계수가 클 것
㉱ 방열성이 클 것

해설 점도지수는 높아야 한다.

문제 75. 밸브의 전환 도중에서 과도적으로 생기는 밸브 포트 사이의 흐름의 의미하는 용어는?

㉮ 컷오프(cut-off)
㉯ 인터플로(interflow)
㉰ 배압(back pressure)
㉱ 서지압(surge pressure)

해설 인터플로(interflow) : 밸브의 변화도중에서 과도적으로 생기는 밸브포트 사이의 흐름

해답 73. ㉰ 74. ㉯ 75. ㉯

문제 76. 다음 유압 작동유 중 난연성 작동유에 해당하지 않는 것은?

㉮ 물-글리콜형 작동유

㉯ 인산 에스테르형 작동유

㉰ 수중 유형 유화유

㉱ R&O 형 작동유

해설 · 유압작동유의 종류

① 석유계 작동유 : 터빈유, 고점도지수 유압유
(용도) 일반산업용, 저온용, 내마멸성용

② 난연성 작동유

　㉠ 합성계 : 인산에스테르, 염화수소, 탄화수소
(용도) 항공기용, 정밀제어장치용

　㉡ 수성계(함수계) : 물-글리콜계, 유화계
(용도) 다이캐스팅 머신용, 각종 프레스 기계용, 압연기용, 광산기계용

문제 77. 피스톤 펌프의 일반적인 특징을 설명한 것으로 틀린 것은?

㉮ 가변 용량형 펌프로 제작이 가능하다.

㉯ 피스톤의 배열에 따라 외접식과 내접식으로 나눈다.

㉰ 누설이 작아 체적효율이 좋은 편이다.

㉱ 부품수가 많고 구조가 복잡한 편이다.

해설 피스톤펌프는 피스톤의 배열에 따라 액셜형과 레이디얼형으로 나눈다.

※ 기어펌프는 외접식과 내접식으로 나눈다.

문제 78. 채터링(chattering) 현상에 대한 설명으로 옳은 것은?

㉮ 유량제어밸브의 개폐가 연속적으로 반복되어 심한 진동에 의한 밸브 포트에서의 누설 현상

㉯ 유동하고 있는 액체의 압력이 국부적으로 저하되어 증기나 함유 기체를 포함하는 기체가 발생하는 현상

㉰ 감압밸브, 체크밸브, 릴리프밸브 등에서 밸브시트를 두드려 비교적 높은 소음을 내는 자려 진동 현상

㉱ 슬라이드 밸브 등에서 밸브가 중립점에서 조금 변위하여 포트가 열릴 때, 발생하는 압력증가 현상

해설 채터링(chattering) 현상
: 스프링에 의해 작동되는 릴리프밸브에 발생되기 쉬우며 밸브시트를 두들겨서 비교적 높은 음을 발생시키는 일종의 자력진동현상을 말한다.

문제 79. 축압기(어큐뮬레이터)의 용량이 10 L, 기체의 봉입압력이 3.5 MPa일 때 작동유압이 5.9 MPa에서 3.9 MPa까지 변화할 때 가스 방출량은 약 몇 L인가?

㉮ 3.0　　　　㉯ 4.5

㉰ 1.2　　　　㉱ 2.3

해설 $p_0 V_0 = p_1 V_1 = p_2 V_2$ 에서

$3.5 \times 10 = 5.9 V_1 = 3.9 V_2$

$V_1 = \dfrac{3.5 \times 10}{5.9} = 5.932 \ell$

$V_2 = \dfrac{3.5 \times 10}{3.9} = 8.974 \ell$

결국, 방출유량

$\Delta V = V_2 - V_1 = 8.974 - 5.932 = 3.042 \ell$

문제 80. 밸브 몸체의 위치 중 주관로의 압력이 걸리고 나서, 조작력에 의하여 예정 운전 사이클이 시작되기 전의 밸브 몸체 위치에 해당하는 용어는?

㉮ 초기 위치(initial position)

㉯ 중앙 위치(middle position)

㉰ 중간 위치(intermediate position)

㉱ 과도 위치(transient position)

해설 초기위치(initial position)
: 밸브를 시스템 내에 설치하고 압축공기나 전기와 같은 작동매체를 공급하고 작업을 시작하려할 때의 위치를 말한다. 즉, 조작력이 작용하지 않는 때의 밸브 몸체의 위치에 해당한다.

해답 76. ㉱　77. ㉯　78. ㉰　79. ㉮　80. ㉮

제5과목 기계제작법 및 기계동력학

문제 81. 절삭과정에 공구에 열전대를 삽입하기 위한 가공방법으로 다음 중 가장 적합한 것은?

㉮ 화학 연마   ㉯ 전해 연마
㉰ 방전 가공   ㉱ 버핑 가공

[해설] 방전가공 : 공작물을 가공액이 들어있는 탱크속에 가공할 형상의 전극과 공작물 사이에 전압을 주면서 가까운 거리로 접근시키면 아크방전에 의한 열작용과 가공액의 기화폭발작용으로 공작물을 미소량씩 용해하여 용융소모시켜 가공용 전극의 형상에 따라 가공하는 방법이다.

문제 82. 수퍼피니싱(super finishing)의 특징이 아닌 것은?

㉮ 다듬질 면은 평활하고, 방향성이 없다.
㉯ 원통형의 가공물 외면, 내면의 정밀다듬질이 가능하다.
㉰ 가공에 의한 표면변질 층이 극히 미세하다.
㉱ 입도가 비교적 크며, 경한 숫돌에 큰 압력으로 가압한다.

[해설] 수퍼피니싱(super finishing) : 미세하고 비교적 연한 숫돌입자를 공작물의 표면에 낮은 압력으로 가압하면서 공작물에 이송을 주고 또한 숫돌을 좌우로 진동시키면서 매끈하고 고정밀도의 표면으로 공작물을 다듬는 가공방법이다.

문제 83. 선반가공에서 가공시간과 관련성을 가지는 것은?

㉮ 절삭깊이×이송
㉯ 절삭율×절삭원가
㉰ 이송×분당회전수
㉱ 절삭속도×이송×절삭깊이

[해설] 선반의 가공시간(T) : 선삭에서 공작물의 길이를 ℓ이라 하면 바이트가 1분 동안 이송하는 거리는 회전수(N)×이송(S)으로 나타낸다. 따라서 가공시간(T)은 다음과 같다.

$$T = \frac{\ell}{NS} \qquad \text{단}, \ N = \frac{1000V}{\pi d}$$

문제 84. 두께 3 mm, 장경이 50 mm, 단경이 30 mm인 강판을 블랭킹하는데 필요한 펀치력은 얼마인가?
(단, 강판의 전단 저항을 45 N/mm² 로 한다.)

㉮ 약 8.9 N   ㉯ 약 9.8 N
㉰ 약 17 N   ㉱ 약 19 N

[해설] 원둘레 $= \pi(a+b)$
결국, $P = \tau A = \tau \pi(a+b)t = 45 \times \pi \times (25+15) \times 3$
$= 16964.6 \, \text{N} \fallingdotseq 17 \, \text{kN}$

문제 85. H형강을 압연하기 위하여 특별히 구조한 압연기다. 동일 평면에 상하 수평롤러와 좌우 수직롤러의 축심이 있는 압연기는?

㉮ 유니버셜 압연기   ㉯ 플러그 압연기
㉰ 로터리 압연기   ㉱ 릴링 압연기

[해설] 유니버셜 압연기(universal mill)
: 각종형강을 압연하기 위하여 상·하, 좌·우로 각각 소정의 홈형롤러를 조합해서 연속압연을 가능하게한 압연기를 말한다.

문제 86. 열처리 곡선에서 TTT곡선과 관계있는 것은?

㉮ 탄성－소성 곡선   ㉯ 항온－변태 곡선
㉰ 인장－변형 곡선   ㉱ Fe－C 곡선

[해설] 항온변태곡선 $= TTT$곡선 $= S$곡선 $= C$곡선

문제 87. 테일러의 절삭공구 수명식($VT^m = C$)에서 T와 V의 좌표 관계를 모눈종이에 표시하면 기울기는 어떻게 그려지는가? (단, 여기서 T는 공구수명, V는 절삭속도, C는 상수이다.)

[해답] 81. ㉰ 82. ㉱ 83. ㉰ 84. ㉰ 85. ㉮ 86. ㉯ 87. ㉮

⑦ 직선　　　　⑭ 포물선
⑭ 지수곡선　　⑮ 쌍곡선

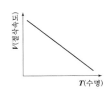

해설〉

문제 88. 구성인선(built up edge)을 감소시키는 다음 방법 중 옳은 것은?

⑦ 절삭속도를 크게 한다.
⑭ 윗면 경사각을 작게 한다.
⑭ 절삭 깊이를 깊게 한다.
⑮ 마찰 저항이 큰 공구를 사용한다.

해설〉 · 구성인선(Built up edge)의 방지법
① 절삭깊이를 작게 한다.
② 윗면 경사각, 절삭속도를 크게 한다.
③ 절삭공구의 인선을 예리하게 한다.
④ 윤활성이 좋은 절삭유를 사용한다.
⑤ 마찰계수가 적은 초경합금과 절삭공구를 사용한다.

문제 89. 주조작업에서 원형 제작시 고려해야 할 사항이 아닌 것은?

⑦ 수축 여유
⑭ 가공 여유
⑭ 구배량(draft)
⑮ 스프링 백(spring back)

해설〉 목형제작상 유의사항 : 수축여유, 가공여유, 목형구배(구배여유, 기울기여유), 코어프린트, 라운딩, 덧붙임 등

문제 90. 프로젝션 용접(projection welding)에 대한 설명이 틀린 것은?

⑦ 돌기부는 모재의 두께가 서로 다를 경우, 얇은 판재에 만든다.
⑭ 돌기부는 모재가 서로 다른 금속일 때, 열전도율이 큰 쪽에 만든다.
⑭ 판의 두께나 열용량이 서로 다른 것을 쉽게 용접할 수 있다.
⑮ 용접속도가 빠르고, 돌기부에 전류와 가압력이 균일해 용접의 신뢰도가 높다.

해설〉 · 프로젝션 용접(projection welding)
① 점용접과 같은 원리로서 접합할 모재의 한쪽판에 돌기(projection)를 만들어 고정전극 위에 겹쳐놓고 가동전극으로 통전과 동시에 가압하여 저항열로 가열된 돌기를 접합시키는 용접법이다.
② 돌기부는 모재의 두께가 서로 다른 경우 두꺼운 판재에 만들며, 모재가 서로 다른 금속일 때 열전도율이 큰 쪽에 만든다.
③ 두께가 다른 판의 용접이 가능하고, 용량이 다른 판을 쉽게 용접할 수 있다.

문제 91. 지표면에서 공을 초가속도 v_0로 수직 상방으로 던졌다. 공이 제자리로 돌아올 때까지 걸린 시간은? (단, 공기저항은 무시한다.)

⑦ $t = \dfrac{v_0}{g}$　　　　⑭ $t = \dfrac{2v_0}{g}$

⑭ $t = \dfrac{3v_0}{g}$　　　　⑮ $t = \dfrac{4v_0}{g}$

해설〉 $V = V_0 + at$를 적용하면
나중속도 $V = V_0 - gt$ 에서 $V = 0$ 이므로 처음속도 $V = gt$ 이다.
공이 최대높이까지 올라간 시간 $t = \dfrac{V_0}{g}$
결국, 올라갔다가 다시 떨어질 때까지의 시간은 $2t$ 이므로
$$2 \times \dfrac{V_0}{g} = \dfrac{2V_0}{g}$$

문제 92. 다음 그림에 나타낸 위치에서 질량 m인 균일한 봉이 병전 운동을 할 때 필요한 힘 P를 구하면? (단, 마찰력은 무시한다.)

애답〉 88. ⑦　89. ⑮　90. ⑦　91. ⑭　92. ⑭

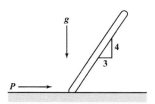

가 $\dfrac{1}{4}mg$ 나 $\dfrac{2}{4}mg$

다 $\dfrac{3}{4}mg$ 라 mg

해설〉 비례식을 적용하면

$3 : 4 = P : mg$에서 $P = \dfrac{3}{4}mg$

문제 93. 질량이 50 kg인 바퀴의 질량관성모멘트가 8 kg·m²이라면 이 바퀴의 회전반경은 몇 m인가?

가 0.2   나 0.3
다 0.4   라 0.5

해설〉 회전반경 $K = \sqrt{\dfrac{J_G}{m}} = \sqrt{\dfrac{8}{50}} = 0.4\,\mathrm{m}$

문제 94. 그림의 진동계를 자유 진동시킬 때 변위 $x(t)$는 $x(t) = Ae^{-\zeta\omega_n t}\sin(\omega_d t - \psi)$로 표시된다. 여기서 감쇠계수 $\zeta = \dfrac{c}{2\sqrt{km}}$, 비감쇠 진동수 $\omega_n = \sqrt{\dfrac{k}{m}}$, 감쇠진동수 ω_d사이에 성립되는 관계식은?

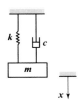

가 $\omega_n = \sqrt{1-\zeta^2}\,\omega_d$
나 $\omega_n = (1-\zeta^2)\omega_d$

다 $\omega_d = \sqrt{1-\zeta^2}\,\omega_n$
라 $\omega_d = \sqrt{\zeta-1}\,\omega_n$

해설〉 비감쇠 고유각진동수(ω_n)와 감쇠고유각진동수(ω_{nd})의 관계

$$\omega_{nd}(=\omega_d) = \omega_n\sqrt{1-\zeta^2}$$

문제 95. 자유도(Degree of Freedom)에 대한 설명 중 옳은 것은?

가 한 주기 동안에 완성된 조화운동
나 단위시간 동안 이루어진 운동의 사이클 수
다 운동을 기술하는데 필요한 최소 좌표의 수
라 운동자체를 반복하는데 필요한 시간

해설〉 자유도(degree of freedom : D.O.F)
: 물체의 운동을 표시하는데 필요한 최소독립좌표수

문제 96. 무게 468 N인 큰 기계가 스프링으로 탄성 지지되어 있다. 이 스프링의 정적 변위 (정적 수축량)가 0.24 cm일 때 비감쇠 고유진동수는 약 몇 Hz인가?

가 6.5   나 10.2
다 8.3   라 7.4

해설〉 $f_n = \dfrac{1}{2\pi}\sqrt{\dfrac{g}{\delta_{st}}} = \dfrac{1}{2\pi}\sqrt{\dfrac{980}{0.24}} = 10.17\,\mathrm{Hz}$

문제 97. 평면상에서 운동하고 있는 로봇 팔의 끝단 P점의 위치를 극좌표계로 나타내면 다음과 같다.

거리 $r(t) = 2 - \sin(\pi t)$,
각 $\theta(t) = 1 - 0.5\cos(2\pi t)$,

$t = 1$일 때 P점의 가속도의 크기로서 맞는 것은?

가 π^2 나 $2\pi^2$
다 $3\pi^2$ 라 $4\pi^2$

해답〉 93. 다   94. 다   95. 다   96. 나   97. 라

해설 우선, $t = 1$초에서

$r(t) = 2 - \sin(\pi t) = 2 - \sin(\pi \times 1) = 2$

$\omega = \dfrac{d\theta}{dt} = \pi \sin(2\pi t) = 0$

$\ddot{\theta} = \alpha = \dfrac{d\omega}{dt} = 2\pi^2 \times \cos(2\pi t) = -2\pi^2$

또한, 접선방향 가속도 $a_t = r\alpha = 2 \times (-2\pi^2) = -4\pi^2$

반경방향 가속도 $a_n = r\omega^2 = 2 \times 0 = 0$

결국, 가속도 $a = \sqrt{a_t^2 + a_n^2} = \sqrt{(-4\pi^2)^2 + 0^2} = 4\pi^2$

문제 98. 감쇠진동계의 조화가진에서 공진이 발생할 때 외력과 변위의 위상각은 서로 몇 도 차이가 나는가?

㉮ 0° ㉯ 30°

㉰ 60° ㉱ 90°

해설 공진일 때는 진폭이 최대가 되고 결국은 파괴에 이른다. 공진현상은 회전각속도(ω)와 고유진동수($\omega_n = \sqrt{\dfrac{k}{m}}$)가 같으며 즉, 진동수비 $\gamma = \dfrac{\omega}{\omega_n} = 1$이다. 또한, 공진위상각 $\phi = 90°$이다.

문제 99. 그림과 같이 줄의 길이 L, 질량 m인 공을 1의 위치에서 놓을 때, 2의 위치까지 공이 오려면 최초의 위치각 α는 몇 도이면 되는가? (단, 마찰력, 공기저항, 줄의 질량은 무시한다.)

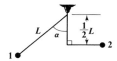

㉮ 30도 ㉯ 45도

㉰ 60도 ㉱ 90도

해설 에너지보존의 법칙에 의해

1의 위치에서 위치에너지=2의 위치에서 위치에너지

즉, $m\vec{g}h_1 = m\vec{g}h_2$ 단, $h_1 = L\cos\alpha$, $h_2 = \dfrac{1}{2}L$

결국, $h_1 = h_2$에서 $L\cos\alpha = \dfrac{1}{2}L$, $\cos\alpha = \dfrac{1}{2}$

$\therefore \alpha = \cos^{-1}\left(\dfrac{1}{2}\right) = 60°$

문제 100. 10 m/s의 속도로 움직이는 10 kg인 물체가 정지하고 있는 5 kg의 물체에 정면 중심 충돌한다면 충돌 후 질량 5 kg인 물체의 속도는 몇 m/s인가? (단, 반발계수는 0.8이다.)

㉮ 4 ㉯ 8

㉰ 10 ㉱ 12

해설 우선, $m_1 V_1 + m_2 V_2 = m_1 V_1' + m_2 V_2'$

$10 \times 10 + 5 \times 0 = 10 \times V_1' + 5 V_2' (\because V_2 = 0)$

$\therefore 2V_1' + V_2' = 20$ ⋯⋯⋯⋯⋯⋯⋯ ①식

또한, $e = \dfrac{V_2' - V_1'}{V_1 - V_2}$에서 $0.8 = \dfrac{V_2' - V_1'}{10 - 0}$

$\therefore V_2' - V_1' = 8$ ⋯⋯⋯⋯⋯⋯⋯ ②식

①－②식 : $3V_1' = 12$ $\therefore V_1' = 4$

결국, $V_2' - V_1' = 8$에서

$\therefore V_2' = 8 + V_1' = 8 + 4 = 12 \, \text{m/s}$

건설기계설비 기사

※ 재료역학, 열역학, 유체역학, 유압기기는 일반기계기사와 중복됩니다. 나머지 유체기계와 건설기계일반의 순서는 1~20번으로 정합니다.
(단, 2014년도부터 유체기계 과목이 포함되었습니다.)

제5과목 건설기계일반

문제 1. 뒷차축 내에 들어 있는 액슬 축(axle shaft)의 지지방식 중 모든 하중을 액슬 하우징(axle housing)이 받고 액슬 축은 동력전달만 하는 구조로 되어 있으며, 대형트럭이나 중장비에 주로 사용하는 형식은?

㉮ 0부동식(zero floating axle type)
㉯ 반부동식(semi－floating axle type)
㉰ 3/4부동식(three quarter floating axle type)
㉱ 전부동식(full floating axle type)

문제 2. 건설기계 장치에서 그 성격이 다른 것은?

해답 98.㉱ 99.㉰ 100.㉱ ‖ 1.㉱ 2.㉯

㉮ 백호
㉯ 지게차
㉰ 클램셸
㉱ 드래그 라인

해설 셔블계 굴착기의 프런트 어태치먼트 종류
: 백호, 파워셔블, 드래그라인, 어스드릴, 크레인, 파
일드라이버, 클램셸, 트렌처
※ 지게차 : 운반기계

문제 3. 버킷 용량은 1.34 m³, 버킷 계수는 1.2, 작업 효율은 0.7, 체적환산계수는 1, 1회 사이클 시간은 38초라고 할 때 이 로더의 운전시간당 작업량은 약 몇 m³/h 인가?

㉮ 24 ㉯ 53
㉰ 84 ㉱ 107

해설 $Q = \dfrac{3600qfKE}{C_m} = \dfrac{3600 \times 1.34 \times 1 \times 1.2 \times 0.7}{38}$
$= 106.64 \, \mathrm{m^3/hr}$

문제 4. 굴삭기의 시간당 작업량[Q, m³/h]을 산정하는 식으로 옳은 것은? (단, q는 버킷 용량 [m³], f는 체적환상계수, E는 작업효율, k는 버킷 계수, cm은 1회 사이클 시간[초] 이다.)

㉮ $Q = \dfrac{60 \cdot q \cdot k \cdot f \cdot E}{cm}$

㉯ $Q = \dfrac{3600 \cdot q \cdot k \cdot f \cdot E}{cm}$

㉰ $Q = \dfrac{60 \cdot E \cdot k \cdot f}{cm \cdot q}$

㉱ $Q = \dfrac{3600 \cdot E \cdot k \cdot f}{cm \cdot q}$

문제 5. 일반적인 지게차 마스트의 전경각 및 후경각의 기준에 관한 설명에서 괄호 안의 A, B, C에 각각 알맞은 것은?

---

1. 카운터밸런스 지게차의 전경각은 (A) 이하, 후경각은 (B) 이하이어야 한다.
2. 사이드포크형 지게차의 전경각 및 후경각은 각각 (C) 이하이어야 한다.

㉮ A : 10도, B : 15도, C : 5도
㉯ A : 10도, B : 15도, C : 10도
㉰ A : 6도, B : 12도, C : 5도
㉱ A : 6도, B : 12도, C : 10도

해설 ・지게차 마스트의 전경각 및 후경각

종 류	전경각(도)	후경각(도)
카운터밸런스형	5~6	10~12
리치형	3	5
사이드포크형	3~5	5

문제 6. 대규모 항로 준설 등에 사용하는 준설선으로 선체 중앙에 진흙 창고를 설치하고 항해하면서 해저의 토사를 준설펌프로 흡상하여 진흙창고에 적재하는 준설선은?

㉮ 드래그 석션 준설선
㉯ 버킷 준설선
㉰ 그래브 준설선
㉱ 디퍼 준설선

해설 드래그 석션(drag suction) 준설선
: 대규모 항로 준설선 등에 사용하는 것으로 선체 중앙에 진흙창고를 설치하고 항해하면서 해저의 토사를 준설펌프로 흡상하여 진흙창고에 적재한다. 만재된 때에는 배토장으로 운반하거나 창고의 흙을 배토 또는 매립지에 자체의 준설펌프를 사용하여 배송한다.

문제 7. 건설기계관리법에 따라 건설기계의 등록 전에 일시적으로 운행을 할 수 있는 경우에 해당하지 않는 것은?

㉮ 등록신청을 하기 위하여 건설기계를 등록지로 운행하는 경우

애답 3. ㉱ 4. ㉯ 5. ㉰ 6. ㉮ 7. ㉱

나 신규등록검사 및 확인검사를 받기 위하여 건설기계를 검사장소로 운행하는 경우

다 신개발 건설기계를 시험·연구의 목적으로 운행하는 경우

라 건설기계 사용을 위해 건설 예정지로 운행하는 경우

해설 ·건설기계의 등록전에 일시적으로 운행할 수 있는 경우는 다음 각 호와 같다.
① 등록신청을 하기 위하여 건설기계를 등록지로 운행하는 경우
② 신규등록검사 및 확인검사를 받기 위하여 건설기계를 검사장소로 운행하는 경우
③ 수출을 하기 위하여 건설기계를 선적지로 운행하는 경우
④ 신개발건설기계를 시험연구의 목적으로 운행하는 경우
⑤ 판매 또는 전시를 위하여 건설기계를 일시적으로 운행하는 경우

문제 8. 다음 중 규격을 시간당 토출량 [m³/h]으로 표시하는 건설기계는?

가 콘크리트 믹서트럭
나 콘크리트 살포기
다 콘크리트 펌프
라 콘크리트 피니셔

해설 ① 콘크리트 믹서트럭 : 용기내에서 1회 혼합할 수 있는 생산량(m³) 즉, 혼합 또는 교반장치의 1회 작업능력
② 콘크리트 살포기 : 시공할 수 있는 표준폭(m)
③ 콘크리트 펌프 : 시간당 배송능력(토출량 : m³/hr)
④ 콘크리트 피니셔 : 시공할 수 있는 표준폭(m)

문제 9. 모터 그레이더의 동력전달장치와 관계없는 것은?

가 탠덤 드라이브 장치
나 운반장치
다 변속장치
라 클러치

해설 모터 그레이더의 동력전달장치
: 엔진 → 클러치 → 변속기 → 감속기어 → 피니언 → 베벨기어 → 최종감속기어 → 탠덤장치 → 휠(기어)

문제 10. 기중기에서 사용하는 붐에서 붐의 끝단에 전장을 연장하는 역할을 하며 훅 작업을 할 때 주로 사용하는 것은?

가 마스터 붐   나 지브 붐
다 보조 붐   라 파일 붐

해설 ① 지브붐 : 전단연장붐으로 일반붐의 끝에 지브를 붙여 일반붐으로서 작업하기 어려운 곳에 쓰인다.
② 마스터붐 : 하부붐과 상수붐연결

정답 8. 다   9. 나   10. 나

2013년 제2회 일반기계 기사

제1과목 재료역학

문제 1. 직경 20 mm, 길이 50 mm의 구리 막대의 양단을 고정하고 막대를 가열하여 40 ℃ 상승했을 때 고정단을 누르는 힘은 약 몇 kN 정도인가? (단, 구리의 선팽창계수 $\alpha = 0.16 \times 10^{-4}$ /℃, 탄성계수 $E = 110$ GPa이다.) 【2장】

㉮ 52 ㉯ 25
㉰ 30 ㉭ 22

[해설] $P = E\alpha\Delta t A$

$$= 110 \times 10^6 \times 0.16 \times 10^{-4} \times 40 \times \frac{\pi \times 0.02^2}{4}$$

$$= 22.12\,\text{kN}$$

문제 2. 피로 한도(fatigue limit)와 가장 관계가 깊은 하중은? 【1장】

㉮ 충격 하중
㉯ 정 하중
㉰ 반복 하중
㉭ 수직 하중

[해설] 피로(fatigue) : 재료는 정하중상태에서 충분한 강도를 가지고 있더라도 반복하중 및 교번하중을 받으면 바로 파괴되는 현상을 피로라 하며 이러한 한계를 피로한도라 한다.

문제 3. 그림과 같은 평면 트러스에서 절점 A에 단일하중 $P = 80$ kN이 작용할 때, 부재 AB에 발생하는 부재력의 크기 및 방향을 구하면? 【1장】

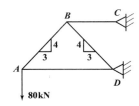

㉮ 60 kN, 압축 ㉯ 100 kN, 압축
㉰ 60 kN, 인장 ㉭ 100 kN, 인장

[해설]

$\sin\theta = \frac{4}{5}$에서 $\theta = \sin^{-1}\left(\frac{4}{5}\right) = 53.13°$

라미의 정리를 적용하면

$$\frac{T_{AB}}{\sin 90°} = \frac{T_{AD}}{\sin 216.87°} = \frac{80}{\sin 53.13°}$$에서

결국, $T_{AB} = 80 \times \frac{\sin 90°}{\sin 53.13°} = 100\,\text{kN (인장)}$

$T_{AD} = 80 \times \frac{\sin 216.87°}{\sin 53.13°} = -60\,\text{kN} = 60\,\text{kN (압축)}$

문제 4. 그림과 같은 직사각형 단면을 갖는 기둥이 단면의 도심에 길이 방향의 압축하중을 받고 있다. $x-x$축 중심의 좌굴과 $y-y$축 중심의 좌굴에 대한 임계하중의 비는? (단, 두 경우에 있어서의 지지조건은 동일하다.) 【10장】

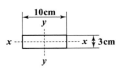

㉮ 0.09 ㉯ 0.18

㉰ 0.21 ㉱ 0.36

해설 $P_B = n\pi^2 \dfrac{EI}{\ell^2} \propto I$

$\therefore\ I_x : I_y = \dfrac{10 \times 3^3}{12} : \dfrac{3 \times 10^3}{12} = 0.09 : 1$

문제 5. 길이 $L = 2\,$m이고 지름 $\phi 25\,$mm인 원형 단면의 단순지지보의 중앙에 집중하중 $400\,$kN 이 작용할 때 최대굽힘응력은 약 몇 kN/mm² 인가? 【7장】

㉮ 65 ㉯ 100

㉰ 130 ㉱ 200

해설 우선, $M_{\max} = \dfrac{P\ell}{4} = \dfrac{400 \times 2000}{4}$

$\qquad\qquad = 2 \times 10^5\,\text{kN} \cdot \text{mm}$

또한, $Z = \dfrac{\pi d^3}{32} = \dfrac{\pi \times 25^3}{32} = 1533.98\,\text{mm}^3$

결국, $\sigma_{\max} = \dfrac{M_{\max}}{Z} = \dfrac{2 \times 10^5}{1533.98} = 130.38\,\text{kN/mm}^2$

문제 6. 단면이 정사각형인 외팔보에서 그림과 같은 하중을 받고 있을 때 허용응력이 σ_w이면 정사각형 단면의 한변의 길이 b는 얼마 이상이 어야 하는가? 【7장】

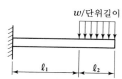

㉮ $b = \left[\dfrac{3w\ell_2(2\ell_1 + \ell_2)}{\sigma_w}\right]^{\frac{1}{3}}$

㉯ $b = \left[\dfrac{8w\ell_2(2\ell_1 + \ell_2)}{\sigma_w}\right]^{\frac{1}{3}}$

㉰ $b = \left[\dfrac{12w\ell_2(2\ell_1 + \ell_2)}{\sigma_w}\right]^{\frac{1}{3}}$

㉱ $b = \left[\dfrac{18w\ell_2(2\ell_1 + \ell_2)}{\sigma_w}\right]^{\frac{1}{3}}$

해설 우선, $M_{\max} = w\ell_2\left(\ell_1 + \dfrac{\ell_2}{2}\right)$

또한, $Z = \dfrac{b^3}{6}$

결국, $M_{\max} = \sigma_w Z$에서 $w\ell_2\left(\ell_1 + \dfrac{\ell_2}{2}\right) = \sigma_w \times \dfrac{b^3}{6}$

$b^3 = \dfrac{6w\ell_2\left(\ell_1 + \dfrac{\ell_2}{2}\right)}{\sigma_w} = \dfrac{3w\ell_2(2\ell_1 + \ell_2)}{\sigma_w}$

$\therefore\ b = \left[\dfrac{3w\ell_2(2\ell_1 + \ell_2)}{\sigma_w}\right]^{\frac{1}{3}}$

문제 7. 재료가 순수 전단력을 받아 선형 탄성적 으로 거동할 때 변형 에너지밀도를 구하는 식 이 아닌 것은? (단, τ : 전단응력, G : 전단 탄성계수, γ : 전단 변형률) 【2장】

㉮ $\dfrac{1}{2}\tau\gamma$ ㉯ $\dfrac{\tau^2}{2G}$

㉰ $\dfrac{1}{2}G\gamma^2$ ㉱ $\dfrac{1}{2}\tau^2\gamma$

해설 변형에너지 밀도(=최대 탄성에너지) u 는

$u = \dfrac{\tau^2}{2G} = \dfrac{G\gamma^2}{2} = \dfrac{\tau\gamma}{2}$

문제 8. 두께 $2\,$mm, 폭 $6\,$mm, 길이 $60\,$m인 강대 (steel band)가 매달려 있을 때 자중에 의해서 몇 cm가 늘어나는가? (단, 강대의 탄성계수 $E = 210\,$GPa, 단위체적당 무게 $\gamma = 78\,$kN/m³ 이다.) 【2장】

㉮ 0.067 ㉯ 0.093

㉰ 0.104 ㉱ 0.127

해설 $\lambda = \dfrac{\gamma\ell^2}{2E} = \dfrac{78 \times 60^2}{2 \times 210 \times 10^6} = 0.067 \times 10^{-2}\,\text{m}$

$\qquad = 0.067\,\text{cm}$

정답 5. ㉰ 6. ㉮ 7. ㉱ 8. ㉮

문제 9. 100 rpm으로 30 kW를 전달시키는 길이 1 m, 지름 7 cm인 둥근 축단의 비틀림각은 약 몇 rad인가?

(단, 전단 탄성계수 $G=83$ GPa이다.)【5장】

㉮ 0.26 　　　　 ㉯ 0.30

㉰ 0.015 　　　　 ㉱ 0.009

해설 우선, 동력 $P = T\omega$에서

$$T = \frac{P}{\omega} = \frac{30}{\left(\frac{2\pi \times 100}{60}\right)} = 2.86\,\text{kN} \cdot \text{m}$$

결국, $\theta = \frac{T\ell}{GI_P} = \frac{32 \times 2.86 \times 1}{83 \times 10^6 \times \pi \times 0.07^4}$

$$= 0.0146\,\text{rad} \fallingdotseq 0.015\,\text{rad}$$

문제 10. 원형단면 보의 지름 D를 $2D$로 2배 크게 하면, 동일한 전단력이 작용하는 경우 그 단면에서의 최대전단응력($\tau_{\max}$)은 어떻게 되는가?

【7장】

㉮ $\frac{1}{2}\tau_{\max}$ 　　　　 ㉯ $\frac{1}{4}\tau_{\max}$

㉰ $\frac{1}{6}\tau_{\max}$ 　　　　 ㉱ $\frac{1}{8}\tau_{\max}$

해설 $\tau_{\max} = \frac{4}{3} \times \frac{F}{A} = \frac{4}{3} \times \frac{F}{\frac{\pi}{4}D^2}$에서

$$\tau_{\max} \propto \frac{1}{D^2} = \frac{1}{2^2} = \frac{1}{4}\,\text{배}$$

문제 11. 회전반경 K, 단면 2차 모멘트 I, 단면적을 A라고 할 때 다음 중 맞는 것은?【4장】

㉮ $K = \frac{A}{I}$ 　　　　 ㉯ $K = \sqrt{\frac{A}{I}}$

㉰ $K = \frac{I}{A}$ 　　　　 ㉱ $K = \sqrt{\frac{I}{A}}$

해설 회전반경 $K = \sqrt{\frac{I}{A}}$, $I = AK^2$

문제 12. 그림과 같이 두 외팔보가 롤러(Roller)를 사이에 두고 접촉되어 있을 때, 이 접촉점 C에서의 반력은?

(단, 두 보의 굽힘강성 EI는 같다.)　　【8장】

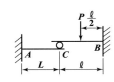

㉮ $\frac{P}{6}$ 　　　　 ㉯ $\frac{P}{24}$

㉰ $\frac{5}{16}\frac{P\ell^3}{(L^3+\ell^3)}$ 　　 ㉱ $\frac{5}{32}\frac{P\ell^3}{(L^3+\ell^3)}$

해설 우선,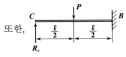

$$\delta_c' = \frac{R_c L^3}{3EI} \quad\cdots\cdots\cdots\cdots ①식$$

또한,

$$\delta_c'' = \frac{5P\ell^3}{48EI} - \frac{R_c \ell^3}{3EI} \quad\cdots\cdots ②식$$

결국, ①=②식 : $\dfrac{R_c L^3}{3EI} = \dfrac{5P\ell^3}{48EI} - \dfrac{R_c \ell^3}{3EI}$

$$\frac{R_c(L^3+\ell^3)}{3EI} = \frac{5P\ell^3}{48EI}$$

$$\therefore R_c = \frac{5}{16}\frac{P\ell^3}{(L^3+\ell^3)}$$

문제 13. 바깥지름 $d_o = 40$ cm, 안지름 $d_i = 20$ cm의 중공축은 동일 단면적을 가진 중실축보다 몇 배의 토크를 견디는가?　　【5장】

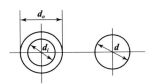

㉮ 1.24 　　　　 ㉯ 1.44

㉰ 1.64 　　　　 ㉱ 1.84

해답 **9.** ㉰ 　**10.** ㉯ 　**11.** ㉱ 　**12.** ㉰ 　**13.** ㉯

[해설] 우선, $d_o = 2d_i$, $A_1 = A_2$이므로

$$\frac{\pi(d_o^2 - d_i^2)}{4} = \frac{\pi d^2}{4} \text{에서}$$

$$d_o^2 - d_i^2 = d^2, \quad (2d_i)^2 - d_i^2 = d^2, \quad d = \sqrt{3}\, d_i$$

결국, $\dfrac{T_1}{T_2} = \dfrac{\tau Z_{P\cdot 1}}{\tau Z_{P\cdot 2}} = \dfrac{\left[\dfrac{\pi d_o^3(1-x^4)}{16}\right]}{\left(\dfrac{\pi d^3}{16}\right)}$

$$= \frac{d_o^3(1-x)^4}{d^3} = \frac{(2d_i)^3(1-0.5^4)}{(\sqrt{3}\, d_i)^3} = 1.44$$

[문제] 14. 지름 D인 두께가 얇은 링(ring)을 수평면 내에서 회전시킬 때, 링에 생기는 인장응력을 나타내는 식은? (단, 링의 단위 길이에 대한 무게를 W, 링의 원주속도를 V, 링의 단면적을 A, 중력 가속도를 g로 한다.) **【1장】**

㉮ $\dfrac{WV^2}{DAg}$ ㉯ $\dfrac{WV^2}{Ag}$

㉰ $\dfrac{WDV^2}{Ag}$ ㉱ $\dfrac{WV^2}{Dg}$

[해설] 단위길이에 대한 무게 $W = \gamma A$ 에서 $\gamma = \dfrac{W}{A}$ 이므로

$$\therefore \sigma_a = \frac{\gamma V^2}{g} = \frac{WV^2}{Ag}$$

[문제] 15. 그림과 같이 균일 분포하중을 받고 있는 돌출보의 굽힘모멘트 선도(BMD)는? **【6장】**

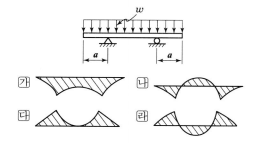

㉮   ㉯

㉰   ㉱

[문제] 16. 평면 변형률 상태에서 변형률 ε_x, ε_y 그리고 γ_{xy}가 주어졌다면 이때 주변형률 ε_1과 ε_2는 어떻게 주어지는가? **【3장】**

㉮ $\varepsilon_{1,2} = \dfrac{\varepsilon_x + \varepsilon_y}{2} \pm \sqrt{\left(\dfrac{\varepsilon_x - \varepsilon_y}{2}\right)^2 + \left(\dfrac{\gamma_{xy}}{2}\right)^2}$

㉯ $\varepsilon_{1,2} = \dfrac{\varepsilon_x - \varepsilon_y}{2} \pm \sqrt{\left(\dfrac{\varepsilon_x + \varepsilon_y}{2}\right)^2 + \left(\dfrac{\gamma_{xy}}{2}\right)^2}$

㉰ $\varepsilon_{1,2} = \dfrac{\varepsilon_x + \varepsilon_y}{2} \pm \sqrt{\left(\dfrac{\varepsilon_x - \varepsilon_y}{2}\right)^2 + \left(\gamma_{xy}\right)^2}$

㉱ $\varepsilon_{1,2} = \dfrac{\varepsilon_x - \varepsilon_y}{2} \pm \sqrt{\left(\dfrac{\varepsilon_x + \varepsilon_y}{2}\right)^2 + \left(\gamma_{xy}\right)^2}$

[해설] $\varepsilon_{1,2} = \dfrac{1}{2}(\varepsilon_x + \varepsilon_y) \pm \dfrac{1}{2}\sqrt{\left(\varepsilon_x - \varepsilon_y\right)^2 + \gamma_{xy}^2}$

$$= \frac{1}{2}(\varepsilon_x + \varepsilon_y) \pm \sqrt{\left(\frac{\varepsilon_x - \varepsilon_y}{2}\right)^2 + \left(\frac{\gamma_{xy}}{2}\right)^2}$$

[문제] 17. 그림과 같은 구조물에서 단면 $m-n$상에 발생하는 최대수직응력의 크기는 몇 MPa인가? **【10장】**

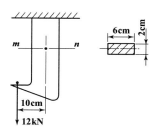

㉮ 10   ㉯ 90

㉰ 100   ㉱ 110

[해설] $\sigma_{max} = \sigma' + \sigma'' = \dfrac{P}{A} + \dfrac{M}{Z}$

$$= \frac{12 \times 10^{-3}}{0.06 \times 0.02} + \frac{12 \times 10^{-3} \times 0.1}{\dfrac{0.02}{6} \times 0.06^2}$$

$$= 110\,\mathrm{MPa}$$

[문제] 18. 길이가 L인 외팔보 AB가 오른쪽 끝 B가 고정되고 전 길이에 w의 균일분포하중이 작용할 때 이 보의 최대처짐은? (단, 보의 굽힘 강성 EI는 일정하고, 자중은 무시한다.) **【8장】**

[해답] **14.** ㉯ **15.** ㉯ **16.** ㉮ **17.** ㉱ **18.** ㉰

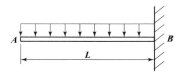

⑦ $\dfrac{wL^4}{4EI}$ ⑭ $\dfrac{2wL^4}{5EI}$

⑮ $\dfrac{wL^4}{8EI}$ ⑯ $\dfrac{5wL^4}{2EI}$

해설▷ $\theta_{\max} = \dfrac{wL^3}{6EI}$, $\delta_{\max} = \dfrac{wL^4}{8EI}$

문제 **19.** 다음 그림과 같이 집중하중을 받는 일단 고정, 타단 지지된 보에서 고정단에서의 모멘트는? 【9장】

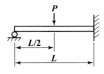

⑦ 0 ⑭ $\dfrac{PL}{2}$

⑮ $\dfrac{3PL}{8}$ ⑯ $\dfrac{3PL}{16}$

해설▷ $M_{\max} = \dfrac{3PL}{16}$, 지지점 반력 $R = \dfrac{5P}{16}$,

고정단 반력 $R = \dfrac{11P}{16}$

문제 **20.** 길이 1 m, 지름 50 mm, 전단탄성계수 G=75 GPa인 환봉축에 800 N·m의 토크가 작용될 때 비틀림각은 약 몇 도인가? 【5장】

⑦ 1° ⑭ 2°

⑮ 3° ⑯ 4°

해설▷ $\theta = \dfrac{180}{\pi} \times \dfrac{T\ell}{GI_P} = \dfrac{180}{\pi} \times \dfrac{32 \times 800 \times 1}{75 \times 10^9 \times \pi \times 0.05^4}$

$= 0.996° \fallingdotseq 1°$

제2과목 기계열역학

문제 **21.** 4 kg의 공기를 온도 15 ℃에서 일정 체적으로 가열하여 엔트로피가 3.35 kJ/K 증가하였다. 가열 후 온도는 어느 것에 가장 가까운가? (단, 공기의 정적 비열은 0.717 kJ/kg℃이다.) 【4장】

⑦ 927 K ⑭ 337 K

⑮ 535 K ⑯ 483 K

해설▷ "정적변화"이므로 $\Delta S = m\,C_v\ell n\dfrac{T_2}{T_1}$에서

$3.35 = 4 \times 0.717 \times \ell n\dfrac{T_2}{(15+273)}$

$\therefore T_2 = 926.14$ K

문제 **22.** 전류 25 A, 전압 13 V를 가하여 축전지를 충전하고 있다. 충전하는 동안 축전지로부터 15 W의 열손실이 있다. 축전지의 내부에너지는 어떤 비율로 변하는가? 【2장】

⑦ +310 J/s ⑭ −310 J/s

⑮ +340 J/s ⑯ −340 J/s

해설▷ 전력(electric power) : P

1 V의 전압하에서 1 A의 전류가 흐른다고 하면 전류는 매초 1 J의 일을 한다고 한다. 따라서, 전압 V (V)하에서 I (A)의 전류가 흐른다고 하면 전류는 매초 VI (J)의 일을 하는 것이 된다. 결국, 전력 $P = VI$(J/sec)= VI(W)이다.

$_1Q_2 = \Delta U + {}_1W_2 = \Delta U + IV$에서

$-15 = \Delta U - (25 \times 13)$

$\therefore \Delta U = 310$ J/s ($=$ W)

문제 **23.** 어떤 사람이 만든 열기관을 대기압 하에서 물의 빙점과 비등점 사이에서 운전할 때 열효율이 28.6 %였다고 한다. 다음에서 옳은 것은? 【4장】

⑦ 이론적으로 판단할 수 없다.

⑭ 경우에 따라 있을 수 있다.

해답▷ **19.** ⑯ **20.** ⑦ **21.** ⑦ **22.** ⑦ **23.** ⑯

四 이론적으로 있을 수 있다.

래 이론적으로 있을 수 없다.

해설> 카르노사이클

$$\eta_c = 1 - \frac{T_{II}}{T_I} = 1 - \frac{273}{373} = 0.268 = 26.8\%$$

결국, 카르노사이클의 효율보다 큰 사이클은 있을 수 없다.

문제 **24.** 1 kg의 공기가 압력 $P_1 = 100$ kPa, 온도 $t_1 = 20$ ℃의 상태로부터 $P_2 = 200$ kPa, 온도 $t_2 = 100$ ℃의 상태로 변화하였다면 체적은 약 몇 배로 되는가? 【3장】

㉮ 0.64 ㉯ 1.57

㉰ 3.64 ㉱ 4.57

해설 $\frac{P_1 V_1}{T_1} = \frac{P_2 V_2}{T_2}$ 에서

$$\therefore \frac{V_2}{V_1} = \frac{T_2}{T_1} \times \frac{P_1}{P_2} = \frac{373}{293} \times \frac{100}{200} = 0.637 ≒ 0.64 \text{ 배}$$

문제 **25.** 기체가 167 kJ의 열을 흡수하고 동시에 외부로 20 kJ의 일을 했을 때, 내부에너지의 변화는? 【2장】

㉮ 약 187 kJ 증가

㉯ 약 187 kJ 감소

㉰ 약 147 kJ 증가

㉱ 약 147 kJ 감소

해설 $_1 Q_2 = \Delta U + _1 W_2$ 에서

$$\therefore \Delta U = _1 Q_2 - _1 W_2 = 167 - 20 = 147 \text{ kJ(증가)}$$

문제 **26.** 성능계수가 3.2인 냉동기가 시간당 20 MJ의 열을 흡수한다. 이 냉동기를 작동하기 위한 동력은 몇 kW인가? 【9장】

㉮ 2.25 ㉯ 1.74

㉰ 2.85 ㉱ 1.45

해설 $\varepsilon_r = \frac{Q_2}{W_c}$ 에서 $W_c = \frac{Q_2}{\varepsilon_r} = \frac{\left(\frac{20 \times 10^3}{3600}\right)}{3.2}$

$$= 1.736 ≒ 1.74 \text{ kW}$$

문제 **27.** 이상기체를 단열팽창시키면 온도는 어떻게 되는가? 【3장】

㉮ 내려간다. ㉯ 올라간다.

㉰ 변화하지 않는다. ㉱ 알 수 없다.

해설>

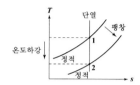

문제 **28.** 가정용 냉장고를 이용하여 겨울에 난방을 할 수 있다고 주장하였다면 이 주장은 이론적으로 열역학 법칙과 어떠한 관계를 갖겠는가? 【4장】

㉮ 열역학 1법칙에 위배된다.

㉯ 열역학 2법칙에 위배된다.

㉰ 열역학 1, 2법칙에 위배된다.

㉱ 열역학 1, 2법칙에 위배되지 않는다.

해설> 성능이 떨어질 뿐이지 에너지보존의 법칙이 성립되고 손실도 고려가 되므로 열역학 1, 2법칙 모두 위배되지 않는다.

문제 **29.** 표준 대기압, 온도 100 ℃하에서 포화액체 물 1 kg이 포화증기로 변하는데 열 2255 kJ이 필요하였다. 이 증발과정에서 엔트로피(entropy)의 증가량은 얼마인가? 【4장】

㉮ 18.6 kJ/kg · K ㉯ 14.4 kJ/kg · K

㉰ 10.2 kJ/kg · K ㉱ 6.0 kJ/kg · K

해설 $\Delta s = \frac{_1 q_2}{T} = \frac{2255}{373} = 6 \text{ kJ/kg · K}$

정답 **24.** ㉮ **25.** ㉰ **26.** ㉯ **27.** ㉮ **28.** ㉱ **29.** ㉱

문제 30. 밀폐시스템에서 초기 상태가 300 K, 0.5 m³인 공기를 등온과정으로 150 kPa에서 600 kPa 까지 천천히 압축하였다. 이 과정에서 공기를 압축하는데 필요한 일은 약 몇 kJ인가? 【3장】

㉮ 104 ㉯ 208
㉰ 304 ㉱ 612

해설 "등온변화"이므로

$$_1W_2 = P_1V_1\ell n\frac{P_1}{P_2} = 150 \times 0.5 \times \ell n\frac{150}{600}$$
$$= -103.97 \fallingdotseq 104\,kJ$$

문제 31. 다음 중 이상적인 오토사이클의 효율을 증가시키는 방안으로 맞는 것은? 【8장】

㉮ 최고온도 증가, 압축비 증가, 비열비 증가
㉯ 최고온도 증가, 압축비 감소, 비열비 증가
㉰ 최고온도 증가, 압축비 증가, 비열비 감소
㉱ 최고온도 감소, 압축비 증가, 비열비 감소

해설 오토사이클의 효율
$$\eta_o = 1 - \frac{T_4 - T_1}{T_3 - T_2} = 1 - \left(\frac{1}{\varepsilon}\right)^{k-1}$$ 단, 압축비 $\varepsilon = \frac{V_1}{V_2}$

문제 32. 25 ℃, 0.01 MPa 압력의 물 1 kg을 5 MPa 압력의 보일러로 공급할 때 펌프가 가역 단열 과정으로 작용한다면 펌프에 필요한 일의 양에 가장 가까운 값은? (단, 물의 비체적은 0.001 m³/kg이다.) 【7장】

㉮ 2.58 kJ ㉯ 4.99 kJ
㉰ 20.10 kJ ㉱ 40.20 kJ

해설 펌프일 $w_P = v'(p_2 - p_1)$
$$= 0.001 \times (5 - 0.01) \times 10^3 = 4.99\,kJ/kg$$
결국, $W_P = mw_P = 1 \times 4.99 = 4.99\,kJ$

문제 33. 출력 10000 kW의 터빈 플랜트의 매시 연료소비량이 5000 kg/hr이다. 이 플랜트의 열효율은? (단, 연료의 발열량은 33440 kJ/kg

이다.) 【1장】

㉮ 25 % ㉯ 21.5 %
㉰ 10.9 % ㉱ 40 %

해설
$$\eta = \frac{N_e}{H_\ell \times f_e} \times 100\,\%$$
$$= \frac{10000\,kW}{33440\,kJ/kg \times 5000\,kg/hr} \times 100\,\%$$
$$= \frac{10000 \times 3600\,(kJ/hr)}{33440 \times 5000\,(kJ/hr)} \times 100\,\% = 21.53\,\%$$

문제 34. 초기에 온도 T, 압력 P 상태의 기체의 질량 m이 들어있는 견고한 용기에 같은 기체를 추가로 주입하여 질량 $3m$이 온도 $2T$ 상태로 들어있게 되었다. 최종상태에서 압력은? (단, 기체는 이상기체이다.) 【3장】

㉮ 6P ㉯ 3P
㉰ 2P ㉱ 3P/2

해설 우선, $P_1V_1 = m_1RT_1$에서 $P \times V_1 = mRT$
$$\therefore V_1 = \frac{mRT}{P}$$
결국, $P_2V_2 = m_2RT_2$에서 "정적변화"이므로
$$\therefore P_2 = \frac{m_2RT_2}{V_2(=V_1)} = \frac{3m \times R \times 2T}{\left(\frac{mRT}{P}\right)} = 6P$$

문제 35. 다음 정상유동 기기에 대한 설명으로 맞는 것은? 【10장】

㉮ 압축기의 가역 단열 공기(이상기체)유동에서 압력이 증가하면 온도는 감소한다.
㉯ 일차원 정상유동 노즐 내 작동 유체의 출구 속도는 가역 단열과정이 비가역 과정보다 빠르다.
㉰ 스로틀(throttle)은 유체의 급격한 압력증가를 위한 장치이다.
㉱ 디퓨저(diffuser)는 저속의 유체를 가속시키는 기기로 압축기 내 과정과 반대이다.

해설 가역과정은 마찰이 없으므로 비가역과정에서보다 출구속도가 빠르다.

정답 **30.** ㉮ **31.** ㉮ **32.** ㉯ **33.** ㉯ **34.** ㉮ **35.** ㉯

문제 36. 온도가 127 ℃, 압력이 0.5 MPa, 비체적이 0.4 m³/kg인 이상기체가 같은 압력 하에서 비체적이 0.3 m³/kg으로 되었다면 온도는 약 몇 ℃인가?　【3장】

㉮ 16　　　　　　㉯ 27

㉰ 96　　　　　　㉱ 300

해설 "정압"이므로 $\dfrac{v_1}{T_1} = \dfrac{v_2}{T_2}$ 에서

$$T_2 = T_1 \times \frac{v_2}{v_1} = (127 + 273) \times \frac{0.3}{0.4} = 300\,\mathrm{K} = 27\,℃$$

문제 37. 온도 5 ℃와 35 ℃ 사이에서 작동되는 냉동기의 최대 성능계수는?　【9장】

㉮ 10.3　　　　　㉯ 5.3

㉰ 7.3　　　　　　㉱ 9.3

해설 $\varepsilon_r = \dfrac{T_{\mathrm{II}}}{T_{\mathrm{I}} - T_{\mathrm{II}}} = \dfrac{273 + 5}{(273 + 35) - (273 + 5)}$
$= 9.267 ≒ 9.3$

문제 38. 흡수식 냉동기에서 고온의 열을 필요로 하는 곳은?　【9장】

㉮ 응축기　　　　㉯ 흡수기

㉰ 재생기　　　　㉱ 증발기

해설 ① 응축기 : 열을 방출하며 기체가 액체로 된다.
② 흡수기 : 주위에 있는 열을 흡수하며 주위의 온도는 내려간다.
③ 재생기 : 고온의 열을 받아들여 냉매를 기체로 만든다.
④ 증발기 : 습증기상태의 냉매가 주위의 열량을 흡수하여 건포화증기로 만든다.

문제 39. 다음의 기본 랭킨 사이클의 보일러에서 가하는 열량을 엔탈피의 값으로 표시하였을 때 올바른 것은? (단, h는 엔탈피이다.)　【7장】

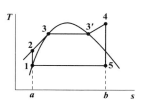

㉮ $h_5 - h_1$　　　㉯ $h_4 - h_5$

㉰ $h_4 - h_2$　　　㉱ $h_2 - h_1$

해설 ① 1→2 : 급수펌프, ② 2→4 : 보일러,
③ 4→5 : 터빈, ④ 5→1 : 복수기

문제 40. 포화상태량 표를 참조하여 온도 −42.5 ℃, 압력 100 kPa 상태의 암모니아 엔탈피를 구하면?　【6장】

암모니아의 포화상태량 표		
온 도 (℃)	압 력 (kPa)	포화액체엔탈피 (kJ/kg)
−45	54.5	−21.94
−40	71.7	0
−35	93.2	22.06
−30	119.5	44.26

㉮ −10.97 kJ/kg　　㉯ 11.03 kJ/kg

㉰ 27.80 kJ/kg　　㉱ 33.16 kJ/kg

해설 · 보간법을 적용하면

온 도	−45 ℃	−42.5 ℃	−40 ℃
포화액체엔탈피	−21.94 kJ/kg	h'	0

$(h' - 0) : (-42.5 + 40) = (-21.94 - 0) : (-45 + 40)$
∴ $h' = -10.97\,\mathrm{kJ/kg}$

제3과목　기계유체역학

문제 41. 다음의 그림과 같이 밑면이 2 m×2 m인 탱크에 비중 0.8인 기름이 떠 있을 때 밑

면이 받는 계기압력(게이지압력)은 몇 kPa인가? (단, 물의 밀도는 1000 kg/m³이고, 중력 가속도는 9.8 m/s²이다.) 【2장】

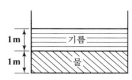

㉮ 22.1   ㉯ 19.6
㉰ 17.64   ㉱ 15.68

[해설] $P = (\gamma_1 h_1)_{기름} + (\gamma_2 h_2)_{물} = (\rho_1 g h_1)_{기름} + (\rho_2 g h_2)_{물}$
$= (\rho_{H_2O} S_1 g h_1)_{기름} + (\rho_2 g h_2)_{물}$
$= (1000 \times 0.8 \times 9.8 \times 1) + (1000 \times 9.8 \times 1)$
$= 17640 \,\text{N/m}^2 (= \text{Pa}) = 17.64 \,\text{kPa}$

[문제] 42. 그림과 같이 비중이 0.83인 기름이 12 m/s의 속도로 수직 고정평판에 직각으로 부딪치고 있다. 판에 작용되는 힘 F는 몇 N인가? 【4장】

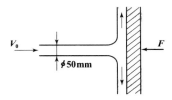

㉮ 23.5   ㉯ 28.9
㉰ 288.6   ㉱ 234.7

[해설] $F = \rho Q V = \rho A V^2 = \rho_{H_2O} S A V^2$
$= 1000 \times 0.83 \times \dfrac{\pi \times 0.05^2}{4} \times 12^2 = 234.68 \,\text{N}$

[문제] 43. 부르돈관 압력계(Bourdon gauge)에서 압력에 대한 설명으로 가장 올바른 것은? 【2장】

㉮ 액주의 중량과 평형을 이룬다.
㉯ 탄성력과 평형을 이룬다.
㉰ 마찰력과 평형을 이룬다.
㉱ 게이지압력과 평형을 이룬다.

[해설] 부르돈관 압력계(bourdon gauge)
: 부르돈관은 타원단면으로 된 금속의 원형관이다. 한쪽은 고정되어 있으며 다른 한쪽은 자유단으로 되어 있다. 압력을 받으면 부르돈관이 늘어나서 부르돈관의 자유단이 움직이고 링크와 기어를 거쳐 지침이 움직인다. 하지만 압력을 받지 않으면 금속관의 탄성에 의해 원래의 상태로 평형을 이룬다.

[문제] 44. 두 유선 사이의 유동함수 차이 값과 가장 관련이 있는 것은? 【3장】

㉮ 질량유량   ㉯ 유량
㉰ 압력수두   ㉱ 속도수두

[해설] 2차원유동에서 유량함수는 기준유선과 점(x, y)를 지나는 유선 사이에 Z축 방향으로 단위높이에 대한 유량으로 정의한다.

[문제] 45. 그림에서 입구 A에서 공기의 압력은 3×10^5 Pa(절대압력), 온도 20 ℃, 속도 5 m/s이다. 그리고 출구 B에서 공기의 압력은 2×10^5 Pa(절대압력), 온도 20 ℃이면 출구 B에서의 속도는 몇 m/s인가?
(단, 공기는 이상기체로 가정한다.) 【3장】

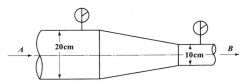

㉮ 13.3   ㉯ 25.2
㉰ 30   ㉱ 36

[해설] 압력이 다르므로 압축성유체임을 알 수 있다.
$\dot{M} = \rho_1 A_1 V_1 = \rho_2 A_2 V_2$에서
$\dfrac{p_1}{RT} A_1 V_1 = \dfrac{p_2}{RT} A_2 V_2$ 여기서, $R = C$, $T = C$
$p_1 A_1 V_1 = p_2 A_2 V_2$
$3 \times 10^5 \times \dfrac{\pi \times 0.2^2}{4} \times 5 = 2 \times 10^5 \times \dfrac{\pi \times 0.1^2}{4} \times V_2$
$\therefore V_2 = 30 \,\text{m/s}$

[해답] 42. ㉱   43. ㉯   44. ㉯   45. ㉰

문제 46. 다음의 그림과 같이 반지름 R인 한 쌍의 평행 원판으로 구성된 점도측정기(parallel plate viscometer)를 사용하여 액체시료의 점성계수를 측정하는 장치가 있다. 위쪽의 원판은 아래쪽 원판과 높이 h를 유지하고 각속도 ω로 회전하고 있으며 갭 사이를 채운 유체의 점도는 위 평판을 정상적으로 돌리는데 필요한 토크를 측정하여 계산한다. 갭 사이의 속도 분포는 선형적이며, Newton 유체일 때, 다음 중 회전하는 원판의 밑면에 작용하는 전단응력의 크기에 대한 설명으로 맞는 것은? 【1장】

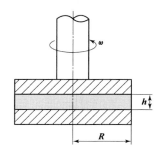

㉮ 중심축으로부터의 거리에 관계없이 일정하다.

㉯ 중심축으로부터의 거리에 비례하여 선형적으로 증가한다.

㉰ 중심축으로부터의 거리의 제곱으로 증가한다.

㉱ 중심축으로부터의 거리에 반비례하여 감소한다.

[해설] $\tau = \mu \dfrac{u}{h} = \mu \dfrac{R\omega}{h}$

문제 47. 공기가 평판 위를 3 m/s의 속도로 흐르고 있다. 선단에서 50 cm 떨어진 곳에서의 경계층 두께는? (단, 공기의 동점성계수 $\nu = 16 \times 10^{-6}$ m²/s이다.) 【5장】

㉮ 0.08 mm ㉯ 0.82 mm

㉰ 8.2 mm ㉱ 82 mm

[해설] 우선, $Re_x = \dfrac{u_\infty x}{\nu} = \dfrac{3 \times 0.5}{16 \times 10^{-6}} = 93750$ ∴ 층류

결국, $\dfrac{\delta}{x} = \dfrac{4.65}{Re_x^{\frac{1}{2}}} ≒ \dfrac{5}{Re_x^{\frac{1}{2}}}$ 에서

∴ $\delta = \dfrac{5x}{Re_x^{\frac{1}{2}}} = \dfrac{5 \times 0.5}{93750^{\frac{1}{2}}} = 8.16 \times 10^{-3} \text{m} = 8.16 \,\text{mm}$

문제 48. 입구 단면적이 20 cm²이고 출구 단면적이 10 cm²인 노즐에서 물의 입구 속도가 1 m/s일 때, 입구와 출구의 압력차이 $P_{입구} - P_{출구}$는 약 몇 kPa인가? (단, 노즐은 수평으로 놓여있고 손실은 무시할 수 있다.) 【3장】

㉮ −1.5 ㉯ 1.5

㉰ −2.0 ㉱ 2.0

[해설] 우선, $Q = A_1 V_1 = A_2 V_2$에서

$20 \times 1 = 10 \times V_2$ ∴ $V_2 = 2 \,\text{m/s}$

결국, $\dfrac{p_1}{\gamma} + \dfrac{V_1^2}{2g} + Z_1 = \dfrac{p_2}{\gamma} + \dfrac{V_2^2}{2g} + Z_2 \ (\because Z_1 = Z_2)$

$\dfrac{p_1 - p_2}{\gamma} = \dfrac{V_2^2 - V_1^2}{2g}$

∴ $p_1 - p_2 = \gamma \left(\dfrac{V_2^2 - V_1^2}{2g} \right) = 9.8 \left(\dfrac{2^2 - 1^2}{2 \times 9.8} \right) = 1.5 \,\text{kPa}$

문제 49. 밸브(지름 0.3 m)에 연결된 수평원관(지름 0.3 m)에 물(동점성계수 $\nu = 1.0 \times 10^{-6}$ m²/s, 밀도 $\rho = 997.4$ kg/m³)이 유속 2.0 m/s로 유동할 때 손실 동력이 5 kW이었다. 이것을 공기 ($\nu = 1.5 \times 10^{-5}$ m²/s, $\rho = 1.177$ kg/m³)로 완전히 상사한 조건에서 지름 0.15 m인 수평원관에서 실험한다면 손실동력은 약 몇 kW인가? 【7장】

㉮ 6.0 ㉯ 39.8

㉰ 51.4 ㉱ 159.0

[해설] 우선, $(Re)_P = (Re)_m$ 즉, $\left(\dfrac{Vd}{\nu} \right)_P = \left(\dfrac{Vd}{\nu} \right)_m$

$\dfrac{2 \times 0.3}{1 \times 10^{-6}} = \dfrac{V_m \times 0.15}{1.5 \times 10^{-5}}$ ∴ $V_m = 60 \,\text{m/s}$

상사조건을 만족하면 실형과 모형사이의 압력계수도 같아야 한다.

$\left(\dfrac{\Delta p}{\rho V^2/2} \right)_P = \left(\dfrac{\Delta p}{\rho V^2/2} \right)_m$

[정답] **46.** ㉯ **47.** ㉰ **48.** ㉯ **49.** ㉯

동력(P)은 $P = FV = \Delta p L^2 V$이므로 이것을 윗식에 대입하면

$$\left(\frac{P}{\rho L^2 V^3}\right)_P = \left(\frac{P}{\rho L^2 V^3}\right)_m$$

따라서, $P_m = P_P \times \dfrac{\rho_m}{\rho_P} \times \left(\dfrac{L_m}{L_P}\right)^2 \times \left(\dfrac{V_m}{V_P}\right)^3$

$$= 5 \times \left(\frac{1.177}{997.4}\right) \times \left(\frac{1}{2}\right)^2 \times \left(\frac{60}{2}\right)^3$$

$$= 39.83\,\text{kW}$$

문제 50. 유체입자가 일정한 기간 내에 이동한 경로를 이은 선은? 【3장】

㉮ 유선 　　　　㉯ 유맥선
㉰ 유적선 　　　　㉱ 시간선

[해설] 유적선(path line) : 주어진 시간 동안에 유체입자가 지나가는 자취를 말한다. 유체입자는 항상 유선의 접선방향으로 운동하므로 정상류에서 유적선은 유선과 일치한다.

문제 51. 가로 5 m, 세로 4 m의 직사각형 평판이 평판 면과 수직한 방향으로 정지된 공기 속에서 10 m/s로 운동할 때 필요한 동력은 약 몇 kW인가? (단, 공기의 밀도는 1.23 kg/m³, 정면도 항력계수는 1.1이다.) 【5장】

㉮ 1.3 　　　　㉯ 13.5
㉰ 18.1 　　　　㉱ 324.1

[해설] 우선, 항력 $D = C_D \dfrac{\rho V^2}{2} A$

$$= 1.1 \times \frac{1.23 \times 10^2}{2} \times (4 \times 5)$$

$$= 1353\,\text{N}$$

결국, 동력 $P = D \cdot V = 1353 \times 10$

$$= 13530\,\text{N} \cdot \text{m/s}\,(= \text{J/S} = \text{W})$$

$$= 13.5\,\text{kW}$$

문제 52. 물을 사용하는 원심 펌프의 설계점에서의 전 양정이 30 m이고 유량은 1.2 m³/min이다. 이 펌프의 전효율이 80 %라면 이 펌프를 1200 rpm의 설계점에서 운전할 때 필요한

축동력을 공급하기 위한 토크는 몇 N·m인가? 【3장】

㉮ 46.7 　　　　㉯ 58.5
㉰ 467 　　　　㉱ 585

[해설] 우선, 동력

$$P = \frac{\gamma Q H}{\eta_P} = \frac{9800 \times \dfrac{1.2}{60} \times 30}{0.8} = 7350\,\text{W}$$

결국, 동력 $P = T\omega$에서

$$T = \frac{P}{\omega} = \frac{7350}{\left(\dfrac{2\pi \times 1200}{60}\right)} = 58.49\,\text{N} \cdot \text{m}\,(= \text{J})$$

문제 53. 지름이 5 cm인 비누풍선 속의 내부 초과 압력은 2.08 Pa이다. 이 비누막의 표면 장력은 몇 N/m인가? 【1장】

㉮ 1.3×10^{-3} 　　　　㉯ 5.2×10^{-3}
㉰ 5.2×10^{-2} 　　　　㉱ 1.3×10^{-2}

[해설] $\sigma = \dfrac{\Delta P d}{8} = \dfrac{2.08 \times 0.05}{8} = 1.3 \times 10^{-2}\,\text{N/m}$

문제 54. 다음 중 물리량의 차원이 틀리게 표시된 것은? (단, F : 힘, M : 질량, L : 길이, T : 시간을 의미한다.) 【4장】

㉮ 선운동량 : MLT^{-1}
㉯ 각운동량 : $ML^2 T^{-1}$
㉰ 동력 : FLT^{-1}
㉱ 에너지 : MLT^{-1}

[해설] ① 선운동량 $= mV = \text{kg} \cdot \text{m/s} = [MLT^{-1}]$
② 각운동량 $= mVr = \text{kg} \cdot \text{m}^2/\text{s} = [ML^2 T^{-1}]$
③ 동력 $=$ 힘$\times$속도 $= \text{N} \cdot \text{m/s} = [FLT^{-1}]$
④ 에너지 $=$ 힘$\times$거리 $= \text{N} \cdot \text{m} = [FL] = [ML^2 T^{-2}]$

문제 55. 그림과 같이 지름 D와 깊이 H의 원통 용기 내에 액체가 가득 차 있다. 수평방향으로의 등가속도 (가속도$=a$) 운동을 하여 내부의

[정답] 50. ㉰ 　51. ㉯ 　52. ㉯ 　53. ㉱ 　54. ㉱ 　55. ㉰

물의 35 %가 흘러 넘쳤다면 가속도 a와 중력 가속도 g의 관계로 올바른 것은? (단, $D = 1.2H$이다.) 【2장】

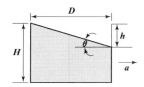

㉮ $a = 1.2g$ ㉯ $a = 0.8g$
㉰ $a = 0.58g$ ㉱ $a = 1.42g$

해설 $\dfrac{\frac{1}{2}Dh}{HD} = 0.35$ 즉, $h = 0.7H$

결국, $\tan\theta = \dfrac{a_x}{g} = \dfrac{h}{D}$ 에서

$a_x = \dfrac{h}{D}g = \dfrac{0.7H}{1.2H} \times g = 0.58g$

문제 56. 지름이 일정하고 수평으로 놓여진 원관 내의 유동이 완전 발달된 층류 유동일 경우 압력은 유동의 진행 방향으로 어떻게 변화하는가? 【5장】

㉮ 선형으로 감소한다.
㉯ 선형으로 증가한다.
㉰ 포물선형으로 증가한다.
㉱ 포물선형으로 감소한다.

해설 $\tau = -\dfrac{dpr}{2d\ell}$ 에서 $dp = -\dfrac{2d\ell\tau}{r}$

결국, 압력은 $d\ell$이 증가함에 따라 선형적으로 감소한다.

문제 57. 어느 장치에서의 유량 $Q\,\mathrm{m^3/s}$는 지름 $D\,\mathrm{cm}$, 높이 $H\,\mathrm{m}$, 중력가속도 $g\,\mathrm{m/s^2}$, 동점성계수 $\nu\,\mathrm{m^2/s}$와 관계가 있다. 차원해석(파이정리)을 하여 무차원수 사이의 관계식으로 나타내고자 할 때 최소한 필요한 무차원수는 몇 개인가? 【7장】

㉮ 2 ㉯ 3
㉰ 4 ㉱ 5

해설 유량 $Q = \mathrm{m^3/s} = [\mathrm{L^3T^{-1}}]$, 지름 $D = \mathrm{cm} = [\mathrm{L}]$, 높이 $H = \mathrm{m} = [\mathrm{L}]$, 중력가속도 $g = \mathrm{m/s^2} = [\mathrm{LT^{-2}}]$, 동점성계수 $\nu = \mathrm{m^2/s} = [\mathrm{L^2T^{-1}}]$
결국, $\pi = n - m = 5 - 2 = 3$ 개

문제 58. 위가 열린 원뿔형 용기에 그림과 같이 물이 채워져 있을 때 아래면(반지름 0.5 m)에 작용하는 정수력은 약 몇 kN인가? 【2장】

㉮ 0.77 ㉯ 2.28
㉰ 3.08 ㉱ 3.84

해설 $F = \gamma hA = 9.8 \times 0.4 \times \pi \times 0.5^2 = 3.08\,\mathrm{kN}$

문제 59. 수평 원관 속을 흐르는 유체의 층류 유동에서 관마찰계수는? 【6장】

㉮ 상대조도만의 함수이다.
㉯ 마하수만의 함수이다.
㉰ 레이놀즈수만의 함수이다.
㉱ 프루드수만의 함수이다.

해설 층류유동에서 관마찰계수 $f = \dfrac{64}{Re}$

문제 60. 안지름이 30 mm, 길이 1.5 m인 파이프 안을 유체가 난류상태로 유동하여 압력손실이 14715 Pa로 나타났다. 관 벽에 나타나는 전단응력은 약 몇 Pa인가? 【5장】

㉮ 7.35×10^{-3} ㉯ 73.5
㉰ 7.35×10^{-5} ㉱ 7350

해설 $\tau_{\max} = \tau_o = \dfrac{\Delta Pd}{4\ell} = \dfrac{14715 \times 0.03}{4 \times 1.5} = 73.575\,\mathrm{Pa}$

정답 56. ㉮ 57. ㉯ 58. ㉰ 59. ㉰ 60. ㉯

제4과목 기계재료 및 유압기기

문제 61. 순철의 자기변태와 동소변태를 설명한 것으로 틀린 것은?

㉮ 동소변태란 결정격자가 변하는 변태를 말한다.

㉯ 자기변태도 결정격자가 변하는 변태이다.

㉰ 동소변태점은 A_3점과 A_4점이 있다.

㉱ 자기변태점은 약 768 ℃정도이며 일명 큐리(curie)점이라 한다.

해설 자기변태 : Fe, Ni, Co 등과 같은 강자성체인 금속을 가열하면 일정한 온도이상에서 금속의 결정 구조는 변하지 않으나 자성을 잃어 상자성체로 변하는데 이와 같은 변태를 자기변태라 한다.

문제 62. 같은 조건하에서 금속의 냉각속도가 빠르면 조직은 어떻게 변하는가?

㉮ 결정입자가 미세해진다.

㉯ 냉각속도와 금속의 조직과는 관계가 없다.

㉰ 금속의 조직이 조대해진다.

㉱ 소수의 핵이 성장해서 응고 된다.

해설 금속의 냉각속도가 느리면 핵발생이 감소하여 조대화(거칠어진다)된다. 또한, 금속의 냉각속도가 빠르면 핵발생이 증가하여 결정입자가 미세해진다.

문제 63. 다음의 탄소강 조직 중 일반적으로 경도가 가장 낮은 것은?

㉮ 페라이트   ㉯ 트루스타이트
㉰ 마텐자이트   ㉱ 시멘타이트

해설 담금질조직의 경도순서 : A < M > T > S > P

문제 64. 금속을 소성가공 할 때에 냉간가공과 열간가공을 구분하는 온도는?

㉮ 담금질온도   ㉯ 변태온도
㉰ 재결정온도   ㉱ 단조온도

해설 ① 냉간가공 : 재결정온도 이하에서 가공하는 것
② 열간가공 : 재결정온도 이상에서 가공하는 것

문제 65. 베이나이트(bainite)조직을 얻기 위한 항온열처리 조직으로 가장 적합한 것은?

㉮ 오스포밍   ㉯ 마아퀜칭
㉰ 오스템퍼링   ㉱ 마템퍼링

해설 오스템퍼링(austempering) : 오스테나이트의 항온변태처리의 일종으로 이때 얻어지는 조직은 베이나이트조직으로 인성이 강하다.

문제 66. 황(S) 성분이 적은 선철을 용해로, 전기로에서 용해한 후 주형에 주입 전 마그네슘, 세륨, 칼슘 등을 첨가시켜 흑연을 구상화한 것은?

㉮ 합금주철   ㉯ 구상흑연주철
㉰ 칠드주철   ㉱ 가단주철

해설 구상흑연주철 : 용융상태에 있는 주철(보통 주철) 중에 Mg, Ce 또는 Ca을 첨가처리하여 흑연(편상흑연)을 구상화한 것이다.

문제 67. 경도가 대단히 높아 압연이나 단조작업을 할 수 없는 조직은?

㉮ 시멘타이트(cementite)

㉯ 오스테나이트(austenite)

㉰ 페라이트(ferrite)

㉱ 펄라이트(pearlite)

해설 시멘타이트(cementite)
: 6.68 % C와 철(Fe)의 화합물(Fe_3C)로서 매우 단단하고 부스러지기 쉽다. 또한, 연성은 거의 없고 상온에서 강자성체이며 담금질하여도 경화하지 않는다.

해답 61. ㉯   62. ㉮   63. ㉮   64. ㉰   65. ㉰   66. ㉯   67. ㉮

문제 68. 특수강에 포함된 Ni원소의 영향이다. 틀린 것은?

⑦ Martensite조직을 안정화시킨다.
㉯ 담금질성이 증대된다.
㉰ 저온 취성을 방지한다.
㉱ 내식성이 증가한다.

해설▷ 특수강에 포함된 Ni의 영향
: 강인성, 내식성, 내산성을 증가, 담금질성 증대, 저온취성을 방지, 페라이트조직을 안정화

문제 69. 탄소강을 풀림(Annealing)하는 목적과 관계없는 것은?

㉮ 결정입도 조절
㉯ 상온가공에서 생긴 내부응력 제거
㉰ 오스테나이트에서 탄소를 유리시킴
㉱ 재료에 취성과 경도부여

해설▷ ·풀림(annealing)의 목적
① 재질을 연화시킨다.
② 기계적 성질을 개선시킨다.
③ 내부응력을 제거한다.
④ 조직을 개선하여 담금질효과를 향상시킨다.
⑤ 결정조직의 불균일을 제거한다.
⑥ 인성을 향상시킨다.

문제 70. 주철에서 쇳물의 유동성을 감소시키는 가장 주된 원소는?

㉮ P ㉯ Mn
㉰ S ㉱ Si

해설▷ 주철의 조직에 미치는 황(S)의 영향
: 유동성을 나쁘게 하여 주조작업이 곤란하다. 취성이 증가하며 강도가 현저히 감소된다.

문제 71. 유압기기에 사용되는 개스킷(gasket)의 용어 설명으로 다음 중 가장 적합한 것은?

㉮ 고정부분에 사용되는 실(seal)

㉯ 운동부분에 사용되는 실(seal)
㉰ 대기로 개방되어 있는 구멍
㉱ 흐름의 단면적을 감소시켜 관로 내 저항을 갖게 하는 기구

해설▷ ① 개스킷(gasket) : 고정부분에 사용되는 실(seal)
② 패킹(packing) : 운동부분에 사용되는 실(seal)

문제 72. 그림의 유압회로는 시퀀스 밸브를 이용한 시퀀스 회로이다. 그림의 상태에서 2위치 4포트 밸브를 조작하여 두 실린더를 작동시킨 후 2위치 4포트 밸브를 반대방향으로 조작하여 두 실린더를 다시 작동시켰을 때 두 실린더의 작동순서(①~④)로 올바른 것은? (단, ①, ②는 A 실린더의 운동방향이고, ③, ④는 B 실린더의 운동방향이다.)

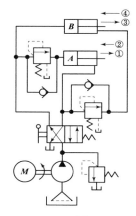

㉮ ①→②→③→④ ㉯ ②→④→①→③
㉰ ③→①→②→④ ㉱ ①→③→④→②

해설▷ 우선, 실린더 B의 전진(③)이 끝나면 실린더 B에 배압이 형성되어 실린더 A의 전진쪽 시퀀스밸브가 열려 실린더 A가 전진(①)이 된다. 또한, 실린더 A에서 나온 작동유는 탱크로 복귀되고 실린더 B에서 나온 작동유는 탱크로 복귀된다.
방향제어밸브를 작동시키면 실린더 A가 후진(②)가 되고 후진이 끝나면 실린더 A에 배압이 형성되어 시퀀스밸브가 열려 실린더 B가 후진(④)된다.
그러므로 실린더의 작동순서는 ③→①→②→④가 됨을 알 수 있다.

해답▷ 68.㉮ 69.㉱ 70.㉰ 71.㉮ 72.㉰

문제 73. 그림과 같은 유압회로의 명칭으로 옳은 것은?

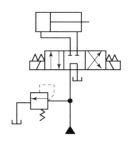

㉮ 임의 위치 로크회로
㉯ 증강 회로
㉱ 독립 작동 시퀀스 회로
㉴ 미터 아웃 회로

해설

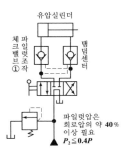

유압실린더
체크밸브조작①
파일럿
탬덤센터

파일럿압은 회로압의 약 **40 %** 이상 필요
$P_2 \leqq 0.4P$

로크회로 : 실린더 행정 중 임의위치에서 또는 행정 끝에서 실린더를 고정시켜 놓을 필요가 있을 때라 할지라도 부하가 클 때 또는 장치내의 압력저하에 의하여 실린더 피스톤이 이동되는 경우가 발생한다. 이 피스톤의 이동을 방지하는 회로를 로크회로라 한다.

문제 74. 그림과 같은 유압기호의 명칭은?

㉮ 필터   ㉯ 드레인 배출기
㉱ 가열기   ㉴ 온도 조절기

문제 75. 유압 펌프에서 토출되는 최대 유량이 50 L/min 일 때 펌프 흡입측의 배관 안지름으로 가장 적합한 것은?

(단, 펌프 흡입측 유속은 0.6 m/s이다.)

㉮ 22 mm   ㉯ 42 mm
㉱ 62 mm   ㉴ 82 mm

해설 $Q = AV = \dfrac{\pi}{4}d^2 \times V$ 에서

$$\therefore\ d = \sqrt{\dfrac{4Q}{\pi V}} = \sqrt{\dfrac{4 \times \dfrac{50 \times 10^{-3}}{60}}{\pi \times 0.6}}$$
$$= 0.042\,\text{m} = 42\,\text{mm}$$

문제 76. 유압밸브의 전환 도중에서 과도적으로 생긴 밸브 포트 사이의 흐름을 의미하는 유압 용어는?

㉮ 랩(lap)
㉯ 풀 컷 오프(pull cut−off)
㉱ 서지 압(surge pressure)
㉴ 인터 플로(inter−flow)

해설 인터플로(inter flow) : 밸브의 변환도중에서 과도적으로 생기는 밸브포트 사이의 흐름

문제 77. 부하의 낙하를 방지하기 위하여 배압 (back pressure)을 부여하는 밸브는?

㉮ 카운터 밸런스 밸브(counter balance valve)
㉯ 릴리프 밸브(relief valve)
㉱ 무부하 밸브(unloading valve)
㉴ 시퀀스 밸브(sequence valve)

해설 카운터 밸런스 밸브(counter balance valve)
: 회로의 일부에 배압을 발생시키고자 할 때 사용하는 밸브이다. 예를 들어, 드릴작업이 끝나는 순간 부하저항이 급히 감소할 때 드릴의 돌출을 막기 위하여 실린더에 배압을 주고자 할 때 연직방향으로 작동하는 램이 중력에 의하여 낙하하는 것을 방지하고자 할 경우에 사용한다. 한방향의 흐름에는 설정된 배압을 주고 반대방향의 흐름을 자유흐름으로 하는 밸브이다.

문제 78. 어큐뮬레이터는 고압 용기이므로 장착

정답 73. ㉮ 74. ㉮ 75. ㉯ 76. ㉴ 77. ㉮ 78. ㉱

과 취급에 각별한 주의가 요망된다. 이에 관련된 설명으로 틀린 것은?

㉮ 점검 및 보수가 편리한 장소에 설치한다.

㉯ 어큐뮬레이터에 용접, 가공, 구멍뚫기 등은 금지한다.

㉰ 충격 완충용으로 사용할 경우는 가급적 충격이 발생하는 곳으로부터 멀리 설치한다.

㉱ 펌프와 어큐뮬레이터와의 사이에는 체크밸브를 설치하여 유압유가 펌프 쪽으로 역류하는 것을 방지한다.

[해설] ·축압기(accumulator) 취급상의 주의사항
① 가스봉입형식인 것은 미리 소량의 작동유(내용적의 약 10 %)를 넣은 다음 가스를 소정의 압력으로 봉입한다.
② 봉입가스는 질소가스 등의 불활성가스 또는 공기압(저압용)을 사용할 것이며 산소 등의 폭발성 기체를 사용해서는 안된다.
③ 펌프와 축압기 사이에는 체크밸브를 설치하여 유압유가 펌프에 역류하지 않도록 한다.
④ 축압기와 관로와의 사이에 스톱밸브를 넣어 토출압력이 봉입가스의 압력보다 낮을 때는 차단한 후 가스를 넣어야 한다.
⑤ 축압기에 부속쇠 등을 용접하거나 가공, 구멍뚫기 등을 해서는 안된다.
⑥ 충격완충용에는 가급적 충격이 발생하는 곳에 가까이 설치한다.
⑦ 봉입가스압은 6개월마다 점검하고, 항상 소정의 압력을 예압시킨다.

[문제] **79.** 유압유의 점도가 낮을 때 유압 장치에 미치는 영향에 대한 설명으로 거리가 먼 것은?

㉮ 내부 및 외부의 기름 누출 증대

㉯ 마모의 증대와 압력 유지 곤란

㉰ 펌프의 용적 효율 저하

㉱ 마찰 증가에 따른 기계 효율의 저하

[해설] ·점도가 너무 낮을 경우
① 내부 및 외부의 오일 누설의 증대
② 압력유지의 곤란
③ 유압펌프, 모터 등의 용적효율 저하
④ 기기마모의 증대
⑤ 압력발생저하로 정확한 작동불가

[문제] **80.** 유압 기본회로 중 미터인 회로에 대한 설명으로 틀린 것은?

㉮ 유량제어 밸브는 실린더 입구 측에 설치한다.

㉯ 펌프의 송출압은 릴리프밸브 설정압으로 정해진다.

㉰ 유량 여분이 필요치 않아 동력손실이 거의 없다.

㉱ 속도제어 회로로 체크밸브에 의하여 한 방향만의 속도가 제어된다.

[해설] ·미터인회로(meter in circuit) : 액추에이터의 입구쪽 관로에서 유량을 교축시켜 작동속도를 조절하는 방식

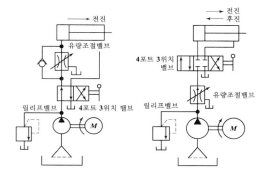

제5과목 기계제작법 및 기계동력학

[문제] **81.** 구성인선(built-up edge)의 방지 대책으로 옳은 것은?

㉮ 절삭깊이를 많게 한다.

㉯ 절삭속도를 느리게 한다.

㉰ 절삭공구 경사각을 작게 한다.

㉱ 절삭공구의 인선을 예리하게 한다.

[해설] ·구성인선(built up edge)의 방지법
① 절삭깊이를 작게 한다.
② 윗면 경사각, 절삭속도를 크게 한다.
③ 절삭공구의 인선을 예리하게 한다.
④ 윤활성이 좋은 절삭유를 사용한다.
⑤ 마찰계수가 적은 초경합금과 같은 절삭공구를 사용한다.

[해답] **79.** ㉱ **80.** ㉰ **81.** ㉱

문제 82. 다음 중 나사의 각도, 피치, 호칭지름의 측정이 가능한 측정기는?

㉮ 사인바　　　　㉯ 정밀수준기
㉰ 공구현미경　　㉱ 버니어캘리퍼스

해설 공구현미경(tool maker's microscope)
: 피측정물을 확대관측하여 나사의 안지름, 바깥지름(호칭지름), 골지름, 유효지름, 중심거리, 테이퍼, 나사의 피치, 나사산의 각도 등을 측정한다.

문제 83. CNC 프로그래밍에서 G 기능이란?

㉮ 보조기능　　　㉯ 이송기능
㉰ 주축기능　　　㉱ 준비기능

해설 보조기능: M, 이송기능 : F, 주축기능 : S, 준비기능 : G

문제 84. 가공액은 물이나 경유를 사용하며 세라믹에 구멍을 가공할 수 있는 것은?

㉮ 래핑 가공　　　㉯ 전주 가공
㉰ 전해 가공　　　㉱ 초음파 가공

해설 · 초음파가공(ultrasonic machining)
① 물이나 경유 등에 연삭입자(랩제)를 혼합한 가공액을 공구의 진동면과 일감사이에 주입시켜가며 초음파에 의한 상하진동으로 표면을 다듬는 가공법이다.
② 전기에너지를 기계적 진동에너지로 변화시켜 가공하므로 공작물이 전기의 양도체 또는 부도체 여부에 관계없이 가공할 수 있다.
③ 초경합금, 보석류, 세라믹, 유리, 반도체 등 비금속 또는 귀금속의 구멍뚫기, 전단, 평면가공, 표면다듬질 가공 등에 이용된다.

문제 85. 밀링작업의 단식 분할법으로 이(tooth) 수가 28개인 스퍼기어를 가공할 때 브라운샤프형 분할판 No2 21구멍 열에서 분할 크랭크의 회전수와 구멍수는?

㉮ 0회전시키고 6구멍씩 전진

㉯ 0회전시키고 9구멍씩 전진
㉰ 1회전시키고 6구멍씩 전진
㉱ 1회전시키고 9구멍씩 전진

해설 $n = \dfrac{40}{N} = \dfrac{40}{28} = 1\dfrac{12}{28} = 1\dfrac{3}{7} = 1\dfrac{3\times3}{7\times3} = 1\dfrac{9}{21}$
∴ 21구멍열, 1회전시키고 9구멍씩 전진

문제 86. 표면이 서로 다른 모양으로 조각된 1쌍의 다이를 이용하며 메달, 주화 등을 가공하는 방법은?

㉮ 벌징(bulging)
㉯ 코이닝(coining)
㉰ 스피닝(spinning)
㉱ 엠보싱(embossing)

해설 압인가공(coining)
: 상·하형이 서로 관계없는 요철을 가지고 있으며 두께 변화가 있는 제품을 얻을 때 이용되며 메달, 주화, 장식품 등의 가공에 이용된다.

문제 87. 납, 주석, 알루미늄 등의 연한 금속이나 얇은 판금의 가장자리를 다듬질 작업할 때 사용하는 줄눈의 모양은?

㉮ 귀목　　　　㉯ 단목
㉰ 복목　　　　㉱ 파목

해설 ① 귀목(라스프줄날) : 가죽, 목재, 파이프 등의 연한 금속 다듬질용
② 단목(홑줄날) : 납, 주석, 알루미늄 등의 연한 금속이나 얇은 판의 측면 다듬질용
③ 복목(두줄날) : 일반 다듬질용
④ 파목(곡선줄날) : 특수 다듬질용

문제 88. 프레스 가공의 보조장치 중 판금재료 바깥둘레의 변형을 방지하기 위하여 사용하는 것은?

㉮ 다이 세트　　　㉯ 다이 홀더
㉰ 판 누르게　　　㉱ 금형 가이드

정답　82. ㉰　83. ㉱　84. ㉱　85. ㉱　86. ㉯　87. ㉯　88. ㉰

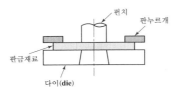

해설> 판누르개는 프레스가공의 보조장치로 판금재료의 바깥둘레의 변형을 방지하기 위한 장치이며 만약, 판누르개를 사용하지 않을시는 판금재료의 바깥둘레에 변형이 생긴다.

문제 89. 금속의 표면을 단단하게 하기 위한 물리적인 표면경화법은?

㉮ 청화법　　　　　㉯ 질화법

㉰ 침탄법　　　　　㉱ 화염 경화법

해설> ·강의 표면경화법
① 화학적 표면경화법 : 침탄법[고체침탄법, 가스침탄법, 액체침탄법(시안화법 또는 청화법)], 질화법
② 물리적 표면경화법 : 화염경화법, 고주파경화법

문제 90. 초음파가공에서 나타나는 현상 및 작용에 대한 설명 중 틀린 것은?

㉮ 공구의 해머링 작용에 의한 가공물의 미세한 파쇄

㉯ 혼의 재료는 황동, 연강, 공구강 등을 사용

㉰ 가공물 표면에서의 증발현상

㉱ 가속된 연삭입자의 충격작용

해설> 초음파가공은 표면다듬질 가공에 이용된다.

문제 91. 높이 $2h$인 창문에서 질량 m인 물체를 떨어뜨렸는데 지상에 있는 사람이 이 물체를 받았을 경우 이 사람이 받은 충격량은 얼마인가?

㉮ mg

㉯ $2m\sqrt{gh}$

㉰ $m\sqrt{2gh}$

㉱ $\frac{1}{2}mgh$

해설> 자유낙하운동이므로 $V^2 = \cancel{V_0^2}^{\,0} + 2a(S - \cancel{S_0}^{\,0})$ 에서
$$V^2 = 2g(2h) \quad \therefore \ V = 2\sqrt{gh}$$
결국, 충격량($=$운동량의 변화)
$$= m(V - \cancel{V_0}^{\,0}) = mV = 2m\sqrt{gh}$$

문제 92. 반경 1 m, 질량 2 kg인 균일한 디스크가 그림과 같은 30도 경사면에 놓여 있다. 정지 상태에서 놓아 주어 10 m 굴러갔을 때 디스크 중심부의 속도는 약 몇 m/s인가?
(단, 디스크와 경사면 사이에는 미끄러짐이 없으며 중력가속도는 10 m/s² 으로 계산한다.)

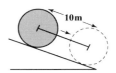

㉮ 4.1　　　　　　㉯ 6.2

㉰ 8.2　　　　　　㉱ 10.4

해설> 우선, 운동에너지(T)는
$$T = \frac{1}{2}mv^2 + \frac{1}{2}J_G\omega^2 = \frac{1}{2}mv^2 + \frac{1}{2} \times \frac{mr^2}{2} \times \left(\frac{v}{r}\right)^2$$
$$= \frac{1}{2}mv^2 + \frac{mv^2}{4} = \frac{3mv^2}{4}$$
또한, 위치에너지(V)는 $V = mgh = mg(\ell\sin 30°)$
결국, $T = V$에서 $\dfrac{3mv^2}{4} = mg(\ell\sin 30°)$
$$\therefore \ v = \sqrt{\frac{4g\ell\sin 30°}{3}} = \sqrt{\frac{4 \times 10 \times 10\sin 30°}{3}}$$
$$= 8.165\,\text{m/s}$$

문제 93. 그림과 같이 길이 L, 질량 m인 일정 단면의 가늘고 긴 봉에서 봉의 한 끝을 지나고 봉에 수직인 축에 대한 질량관성모멘트 I_y는?

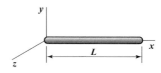

㉮ $\frac{1}{3}mL^2$

㉯ $\frac{1}{6}mL^2$

㉰ $\frac{1}{12}mL^2$

㉱ $\frac{1}{24}mL^2$

해답> 89. ㉱　90. ㉰　91. ㉯　92. ㉰　93. ㉮

해설 우선, 도심축에 관한 질량관성모멘트 $I_G (= J_G)$
$= \dfrac{mL^2}{12}$ 이므로

결국, y축에 관한 질량관성모멘트는 평행축정리에
의해

$$I_y (= J_y) = I_G + m\left(\dfrac{L}{2}\right)^2 = \dfrac{mL^2}{12} + \dfrac{mL^2}{4} = \dfrac{mL^2}{3}$$

문제 94. 반지름이 R인 구가 수평한 평면 위를
그림과 같이 미끄러짐 없이 구르고 있다. 중심
점 0의 속도가 V일 때 A점 속도의 크기는?

㉮ V

㉯ $V + \dfrac{R \cdot V}{L}$

㉰ $\dfrac{R \cdot V}{L}$

㉱ $\dfrac{L \cdot V}{R}$

해설 우선, 중심에서의 속도 $V = r\omega$ 에서
$$\omega = \dfrac{V}{r} = \dfrac{V}{R}$$
결국, A점에서의 속도 $V_A = r_A \omega = L \times \dfrac{V}{R}$

문제 95. 스프링 상수가 1 N/cm인 스프링의 양
끝을 고정시키고 스프링의 중앙점에 질량 1 kg
의 질점을 붙였다. 이 시스템의 주기는?

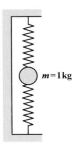

㉮ 0.314 s

㉯ 0.628 s

㉰ 1.257 s

㉱ 1.571 s

해설 우선, $\omega_n = \sqrt{\dfrac{k_e}{m}} = \sqrt{\dfrac{4k}{m}} = \sqrt{\dfrac{4 \times 100}{1}} = 20$

결국, $T = \dfrac{2\pi}{\omega_n} = \dfrac{2\pi}{20} = 0.314 \, \text{sec}$

문제 96. 비감쇠자유진동수 ω_n와 감쇠자유진동수
ω_d 사이의 관계를 정확히 표시한 것은?
(단, ζ는 감쇠비를 나타낸다.)

㉮ $\omega_d = \omega_n \sqrt{1 - \zeta^2}$ ㉯ $\omega_n = \omega_d \sqrt{1 - \zeta}$

㉰ $\omega_d = \omega_n (1 - \zeta^2)$ ㉱ $\omega_n = \omega_d (1 - \zeta)$

해설 비감쇠고유각진동수(ω_n)와 감쇠고유각진동수(ω_{nd})
의 관계
$$\omega_{nd} (= \omega_d) = \omega_d \sqrt{1 - \zeta^2}$$

문제 97. 최대가속도가 720 cm/s²이고, 매분 480
사이클의 진동수로 조화운동을 하고 있는 물
체의 진동 진폭은?

㉮ 2.85 mm

㉯ 5.71 mm

㉰ 11.42 mm

㉱ 28.52 mm

해설 $\ddot{x}_{\max} = X\omega^2$에서
$$\therefore X = \dfrac{\ddot{x}_{\max}}{\omega^2} = \dfrac{7200}{50.27^2} = 2.85 \, \text{mm}$$
단, $\omega = \dfrac{2\pi N}{60} = \dfrac{2\pi \times 480}{60} = 50.27 \, \text{rad/s}$

문제 98. 그림에서 자전거 선수는 2 m/s²의 일정
가속도를 달리고 있다. 만약 정지상태에서 출발
하였다면 5초 후의 위치는?
(단, 지면과 자전거의 마찰은 무시한다.)

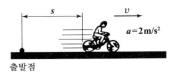

㉮ 10 m

㉯ 12.5 m

㉰ 20 m

㉱ 25 m

해답 **94.** ㉱ **95.** ㉮ **96.** ㉮ **97.** ㉮ **98.** ㉱

해설 우선, $V = V_0^{\nearrow 0} + at = 2 \times 5 = 10\,\mathrm{m/s}$

또한, $V^2 = V_0^{2\nearrow 0} + 2a(S - S_0^{\nearrow 0})$에서

$$\therefore\ S = \frac{V^2}{2a} = \frac{10^2}{2 \times 2} = 25\,\mathrm{m}$$

문제 99. 운동방정식 $m\ddot{x} + c\dot{x} + kx = F\sin\omega t$에서 변위에 대한 식이 $x = Xe^{-\zeta\omega_n t}\sin(\sqrt{1-\zeta^2}\,\omega_n t + \phi_1) + X_0\sin(\omega t - \phi_2)$로 표시될 때 초기조건에 의해 결정되어야 할 임의상수는?

㉮ X와 X_0 ㉯ X와 ϕ_1
㉰ X_0와 ϕ_1 ㉱ X_0와 ϕ_2

해설 감쇠강제진동(기진력이 작용할 때)에서 초기조건에 의해 결정되어야 할 임의상수는 진폭(X)과 위상각(ϕ_1)이다.

문제 100. 질량이 m인 공이 그림과 같이 속력이 v, 각도가 α로 질량이 큰 금속판에 사출되었다. 만일 공과 금속판 사이의 반발계수가 0.8이고, 공과 금속판 사이의 마찰이 무시된다면 입사각 α와 출사각 β의 관계는?

㉮ $\beta = 0$ ㉯ $\alpha > \beta$
㉰ $\alpha = \beta$ ㉱ $\alpha < \beta$

해설 ① $e = 1$이면 $\alpha = \beta$
② $e > 1$이면 $\alpha > \beta$
③ $e < 1$이면 $\alpha < \beta$

해답 **99.** ㉯ **100.** ㉱

2013년 제3회 건설기계설비 기사

제1과목 재료역학

문제 1. 단순인장에 의한 항복이 시작될 때의 응력을 Y 라 할 때 Mises 항복 조건에 따른 Y 를 올바르게 표현한 식은? (단, σ_1, σ_2, σ_3은 주응력을 의미한다.) **【3장】**

㉮ $\sqrt{\dfrac{1}{2}\left[(\sigma_1-\sigma_2)^2+(\sigma_2-\sigma_3)^2+(\sigma_3-\sigma_1)^2\right]}$

㉯ $\sqrt{\dfrac{2}{9}\left[(\sigma_1-\sigma_2)^2+(\sigma_2-\sigma_3)^2+(\sigma_3-\sigma_1)^2 +2(\sigma_1\sigma_2+\sigma_2\sigma_3+\sigma_3\sigma_1)\right]}$

㉰ $\sqrt{\dfrac{2}{9}(\sigma_1\sigma_2+\sigma_2\sigma_3+\sigma_3\sigma_1)^2}$

㉱ $\sqrt{\dfrac{1}{3}(\sigma_1^2+\sigma_2^2+\sigma_3^2)}$

[해설] 미세스의 항복조건식(mises yield criterion) Y는 다음과 같다.
$$Y=\sqrt{\frac{1}{2}(\sigma_1-\sigma_2)^2+(\sigma_2-\sigma_3)^2+(\sigma_3-\sigma_1)^2}$$
단, σ_1, σ_2, σ_3 : 주응력

문제 2. 그림과 같은 응력 상태를 모어(Mohr)의 응력원으로 도시하면 어느 것인가?
(단, $\sigma_2<\sigma_1$이다.) **【3장】**

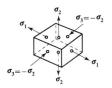

㉮   ㉯

㉰   ㉱

[해설] 3축 응력의 Mohr원은 다음과 같이 해석할 수 있다.

i)

단, $\sigma_2<\sigma_1$

ii)

단, $\sigma_3=-\sigma_2$

iii)

단, $\sigma_3=-\sigma_2$

결국,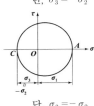

문제 3. 길이가 500 mm인 환봉 시편의 응력−변형률 선도가 그림과 같으며 항복응력 및 변형률이 각각 $\sigma_Y=450$ MPa, $\varepsilon_Y=0.006$ mm/mm이다. 이 시편에 축하중이 가해져 600 MPa의 응력을 받을 때 하중을 제거하면 (B지점) 시편에 남게 될 영구 변형율은? (단, 하중을 제거하는 순간의 시편은 초기 대비 11.5 mm 늘어나 있었다.) **【1장】**

[애답] 1. ㉮ 2. ㉱ 3. ㉰

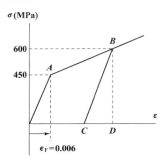

$\sigma\,(\text{MPa})$

$\varepsilon_Y = 0.006$

㉮ 0.006 mm/mm ㉯ 0.008 mm/mm

㉰ 0.015 mm/mm ㉱ 0.023 mm/mm

[해설] 우선, $\sigma = 600\,\text{MPa}$일 때 변형률

$\varepsilon_{OD} = \dfrac{\lambda}{\ell} = \dfrac{11.5}{500} = 0.023\,\text{mm/mm}$

또한, $\overline{OA}$와 $\overline{BC}$는 평행이므로 비례식을 이용하면
탄성변형률 ε_{CD}는

$450 : 0.006 = 600 : \varepsilon_{CD}$

$\therefore\ \varepsilon_{CD} = 0.008\,\text{mm/mm}$

결국, 영구변형률(=잔류변형률)

$\varepsilon_{OC} = \varepsilon_{OD} - \varepsilon_{CD} = 0.023 - 0.008 = 0.015\,\text{mm/mm}$

문제 4. 길이가 L이며, 관성 모멘트가 I_p이고, 전단탄성계수가 G인 부재에 토크 T가 작용될 때 이 부재에 저장된 변형 에너지는? 【5장】

㉮ $\dfrac{TL}{GI_p}$ ㉯ $\dfrac{T^2 L}{2GI_p}$

㉰ $\dfrac{T^2 L}{GI_p}$ ㉱ $\dfrac{TL}{2GI_p}$

[해설] $U = \dfrac{1}{2}T\theta$ 단, $\theta = \dfrac{TL}{GI_P}$

$\therefore\ U = \dfrac{1}{2}T\theta = \dfrac{1}{2}T \times \dfrac{TL}{GI_P} = \dfrac{T^2 L}{2GI_P}$

문제 5. 그림과 같은 단면의 x축에 대한 단면 2차 모멘트는? 【4장】

㉮ a^4 ㉯ $\dfrac{a^4}{12}$

㉰ $\dfrac{a^4}{6}$ ㉱ $\dfrac{a^4}{4}$

[해설] $I_x = I_G + A\bar{y}^2$

$= \dfrac{2a \times a^3}{36} + \left(\dfrac{1}{2} \times 2a \times a\right) \times \left(\dfrac{a}{3}\right)^2 = \dfrac{a^4}{6}$

문제 6. 원형단면축이 비틀림에 의한 전단응력 τ와 τ의 2배 크기인 굽힘에 의한 수직응력 σ_b를 동시에 받고 있을 때 최대 전단응력은 수직응력의 몇 배인가? 【7장】

㉮ $\dfrac{1}{\sqrt{2}}$ ㉯ $\sqrt{2}$

㉰ $\dfrac{1}{\sqrt{3}}$ ㉱ $\sqrt{3}$

[해설] 우선, $\tau = \dfrac{16T}{\pi d^3}$에서 σ_b는 τ의 2배이므로

$\sigma_b = \dfrac{32T}{\pi d^3}$ 이다.

또한, $\tau_{\max} = \dfrac{1}{2}\sqrt{\sigma_b^2 + 4\tau^2}$

$= \dfrac{1}{2}\sqrt{\left(\dfrac{32T}{\pi d^3}\right)^2 + 4\left(\dfrac{16T}{\pi d^3}\right)^2}$

$= \dfrac{1}{2} \times \dfrac{32T}{\pi d^3} \times \sqrt{2} = \dfrac{16T}{\pi d^3} \times \sqrt{2}$

결국, $\dfrac{\tau_{\max}}{\sigma_b} = \dfrac{\left(\dfrac{16T\sqrt{2}}{\pi d^3}\right)}{\left(\dfrac{32T}{\pi d^3}\right)} = \dfrac{\sqrt{2}}{2} = \dfrac{1}{\sqrt{2}}$

문제 7. 그림과 같은 외팔보에서 굽힘 모멘트의 최대값은? 【6장】

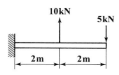

10kN 5kN

2m 2m

㉮ 5 kN·m ㉯ 10 kN·m

㉰ 15 kN·m ㉱ 20 kN·m

[해답] 4. ㉯ 5. ㉰ 6. ㉮ 7. ㉯

해설

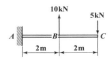

$$M_A = -5 \times 4 + 10 \times 2 = 0$$
$$M_B = -5 \times 2 = |-10\,\text{kN m}| = 10\,\text{kN m} = M_{\max}$$
$$M_C = 0$$

문제 **8.** 그림과 같은 외팔보의 자유단에 집중하중 P가 작용할 때 자유단에서의 기울기의 최대값(θ)과 처짐의 최대값(δ)은? (단, 보의 굽힘 강성 EI는 일정하고, 자중은 무시한다.) 【8장】

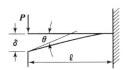

㉮ $\theta = \dfrac{P\ell^2}{2EI}$, $\delta = \dfrac{P\ell^3}{3EI}$

㉯ $\theta = \dfrac{P\ell^3}{6EI}$, $\delta = \dfrac{P\ell^4}{8EI}$

㉰ $\theta = \dfrac{P\ell^2}{EI}$, $\delta = \dfrac{P\ell^3}{2EI}$

㉱ $\theta = \dfrac{P\ell^2}{3EI}$, $\delta = \dfrac{P\ell^3}{6EI}$

해설 $\theta_{\max} = \dfrac{P\ell^2}{2EI}$, $\delta_{\max} = \dfrac{P\ell^3}{3EI}$

문제 **9.** 그림과 같은 직사각형 단면을 갖는 단순지지보에 $3\,\text{kN/m}$의 균일 분포하중과 축방향으로 $50\,\text{kN}$의 인장력이 작용할 때 최대 및 최소 응력은? 【7장】

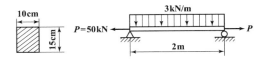

㉮ $4\,\text{MPa}$ 인장, $3.33\,\text{MPa}$ 압축

㉯ $4\,\text{MPa}$ 압축, $3.33\,\text{MPa}$ 인장

㉰ $7.33\,\text{MPa}$ 인장, $0.67\,\text{MPa}$ 압축

㉱ $7.33\,\text{MPa}$ 압축, $0.67\,\text{MPa}$ 인장

해설 우선, 인장응력

$$\sigma_t = \frac{P_t}{A} = \frac{50 \times 10^{-3}}{0.1 \times 0.15} = 3.33\,\text{MPa}$$

또한, 굽힘응력(인장, 압축)

$$\sigma_b = \pm \frac{M}{Z} = \pm \frac{\left(\dfrac{w\ell^2}{8}\right)}{\left(\dfrac{bh^2}{6}\right)} = \pm \frac{3w\ell^2}{4bh^2} = \pm \frac{3 \times 3 \times 10^{-3} \times 2^2}{4 \times 0.1 \times 0.15^2}$$
$$= \pm 4\,\text{MPa}$$

결국, $\sigma_{\max} = \sigma_t + \sigma_b = 3.33 + 4 = 7.33\,\text{MPa}$ (인장)
$$\sigma_{\min} = \sigma_t - \sigma_b = 3.33 - 4 = -0.67\,\text{MPa}$$
$$= 0.67\,\text{MPa}\,(압축)$$

문제 **10.** 지름 $10\,\text{cm}$의 강재축이 $750\,\text{rpm}$으로 회전한다. 안전하게 전달시킬 수 있는 최대 동력은 약 얼마인가? (단, 허용전단응력 $\tau_a = 35\,\text{MPa}$이다.) 【5장】

㉮ $502\,\text{kW}$ ㉯ $539\,\text{kW}$

㉰ $579\,\text{kW}$ ㉱ $659\,\text{kW}$

해설 동력 $P = T\omega = \tau_a Z_P \omega$

$$= 35 \times 10^3 \times \frac{\pi \times 0.1^3}{16} \times \frac{2\pi \times 750}{60}$$
$$= 539.74\,\text{kW}$$

문제 **11.** 지름 $2.5\,\text{cm}$의 연강봉을 상온에서 $30\,\text{°C}$ 높게 가열하여 양단을 고정하여 상온까지 냉각할 때 고정된 벽에서 일어나는 힘은 몇 kN인가? (단, 열팽창 계수 $\alpha = 0.000012/\text{°C}$, $E = 210\,\text{GPa}$이다.) 【2장】

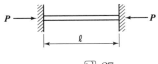

㉮ 17 ㉯ 27

㉰ 37 ㉱ 47

해답 **8.** ㉮ **9.** ㉰ **10.** ㉯ **11.** ㉰

해설> $P = E\alpha\Delta t A$

$$= 210 \times 10^6 \times 0.000012 \times 30 \times \frac{\pi \times 0.025^2}{4}$$

$$= 37.11 \, kN$$

문제 12. 그림과 같이 두 개의 물체가 도르래에 의하여 연결되었을 때 평형을 이루기 위한 힘 P는 몇 kN인가? (단, 경사면과 도르래의 마찰은 무시한다.) 【1장】

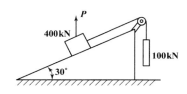

㉮ 100 ㉯ 200

㉰ 300 ㉱ 400

해설>

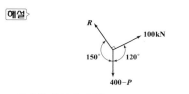

라미의 정리에 의해

$$\frac{400 - P}{\sin 90°} = \frac{R}{\sin 120°} = \frac{100}{\sin 150°} \qquad \therefore \; P = 200 \, kN$$

문제 13. 가로×세로가 30 cm×20 cm의 사각형 단면적을 갖고 있고 양단이 그림과 같이 고정되어 있는 길이 3 m 장주의 중심축에 압축력 P가 작용하고 있을 때 이 장주의 유효세장비는? 【10장】

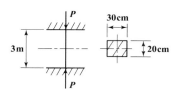

㉮ 78 ㉯ 52

㉰ 17 ㉱ 26

해설> 우선, $K_{\min} = \sqrt{\dfrac{I_{\min}}{A}} = \sqrt{\dfrac{\left(\dfrac{30 \times 20^3}{12}\right)}{20 \times 30}} = \dfrac{10}{\sqrt{3}}$ cm

또한, $\lambda = \dfrac{\ell}{K_{\min}} = \dfrac{300}{\left(\dfrac{10}{\sqrt{3}}\right)} = 30\sqrt{3}$

결국, $\lambda_c = \dfrac{\lambda}{\sqrt{n}} = \dfrac{30\sqrt{3}}{\sqrt{4}} = 25.98 ≒ 26$

문제 14. 연강 1 cm³의 무게는 0.0785 N이다. 길이 15 m의 둥근 봉을 매달 때 봉의 상단 고정부에 발생하는 인장응력은 몇 kPa인가? 【2장】

㉮ 0.118 ㉯ 1177.5

㉰ 117.8 ㉱ 11890

해설> 우선, $\gamma = \dfrac{W}{V} = \dfrac{0.0785 \times 10^{-3}}{1 \times 10^{-6}}$

$$= 0.0785 \times 10^3 \, kN/m^3$$

결국, $\sigma_a = \gamma\ell = 0.0785 \times 10^3 \times 15 = 1177.5 \, kPa$

문제 15. 그림과 같은 단순지지보에서 2 kN/m의 분포하중이 작용할 경우 중앙의 처짐이 0이 되도록 하기 위한 힘 P의 크기는 몇 kN인가? 【8장】

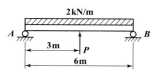

㉮ 6 kN ㉯ 6.5 kN

㉰ 7 kN ㉱ 7.5 kN

해설> $\dfrac{5w\ell^4}{384EI} = \dfrac{P\ell^3}{48EI}$ 에서

$$\therefore \; P = \frac{5w\ell}{8} = \frac{5 \times 2 \times 6}{8} = 7.5 \, kN$$

문제 16. 반지름 a인 원형 단면봉이 단면에 비틀림 모멘트 T를 받고 있을 때, 이 막대의 표면에 생기는 전단응력 τ의 크기를 구하는 식으로 옳은 것은? 【5장】

해답 **12.** ㉯ **13.** ㉱ **14.** ㉯ **15.** ㉱ **16.** ㉱

$$\boxed{가}\ \tau = \frac{T}{\pi a^4} \qquad \boxed{나}\ \tau = \frac{2T}{\pi a^4}$$

$$\boxed{다}\ \tau = \frac{16T}{\pi a^3} \qquad \boxed{라}\ \tau = \frac{2T}{\pi a^3}$$

해설 $T = \tau Z_P$ 에서

$$\tau = \frac{T}{Z_P} = \frac{T}{\frac{\pi}{16} \times (2a)^3} = \frac{2T}{\pi a^3}$$

문제 **17.** 그림과 같이 길이 3 m, 단면적 500 mm²인 재료의 윗부분이 고정되어 있고, 이것에 500 N의 추를 200 mm의 높이에서 낙하시켜 충격을 준다. 재료의 최대 신장량은 약 몇 mm인가? (단, 자중 및 마찰은 무시하고, 재료의 탄성계수는 210 GPa이다.) 【2장】

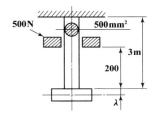

$$\boxed{가}\ 2.8 \qquad\qquad \boxed{나}\ 3.4$$

$$\boxed{다}\ 2.4 \qquad\qquad \boxed{라}\ 3.6$$

해설 우선, $\sigma_o = \frac{W}{A} = \frac{500}{500} = 1\,\mathrm{N/mm^2} = 10^6\,\mathrm{N/m^2}$

또한, $\lambda_o = \frac{W\ell}{AE} = \frac{\sigma_o \ell}{E} = \frac{10^6 \times 3}{210 \times 10^9}$

$$= 0.0143 \times 10^{-3}\,\mathrm{m}$$

결국, $\lambda = \lambda_o \left[1 + \sqrt{1 + \frac{2h}{\lambda_o}}\right]$

$$= 0.0143 \times 10^{-3} \left[1 + \sqrt{\frac{2 \times 0.2}{0.0143 \times 10^{-3}}}\right]$$

$$= 2.4 \times 10^{-3}\,\mathrm{m} = 2.4\,\mathrm{mm}$$

문제 **18.** 그림과 같은 보에 C에서 D까지 균일분포하중 w가 작용하고 있을 때 A점에서의 반력 R_A 및 B점에서의 반력 R_B는? 【6장】

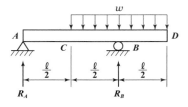

$$\boxed{가}\ R_A = \frac{w\ell}{2},\ R_B = \frac{w\ell}{2}$$

$$\boxed{나}\ R_A = \frac{w\ell}{4},\ R_B = \frac{3w\ell}{4}$$

$$\boxed{다}\ R_A = 0,\ R_B = w\ell$$

$$\boxed{라}\ R_A = -\frac{w\ell}{4},\ R_B = \frac{5w\ell}{4}$$

해설 전체의 균일분포하중을 집중하중으로 고치면 B점에 $w\ell$로 작용하므로

$$R_A = 0,\ R_B = w\ell$$

문제 **19.** 길이가 50 cm인 외팔보의 자유단에 정적인 힘을 가하여 자유단에서의 처짐량이 1 cm가 되도록 외팔보를 탄성변형시키려고 한다. 이때 필요한 최소한의 에너지는? (단, 외팔보의 세로탄성계수는 200 GPa, 단면은 한 변의 길이가 2 cm인 정사각형이라고 한다.) 【8장】

$$\boxed{가}\ 3.2\,\mathrm{J} \qquad \boxed{나}\ 6.4\,\mathrm{J}$$

$$\boxed{다}\ 9.6\,\mathrm{J} \qquad \boxed{라}\ 12.8\,\mathrm{J}$$

해설 우선, $\delta = \frac{P\ell^3}{3EI}$ 에서 $P = \frac{3EI\delta}{\ell^3}$

결국, $U = \frac{P^2 \ell^3}{6EI} = \frac{\left(\frac{3EI\delta}{\ell^3}\right)^2 \ell^3}{6EI} = \frac{3EI\delta^2}{2\ell^3}$

$$= \frac{3 \times 200 \times 10^9 \times \frac{0.02^4}{12} \times 0.01^2}{2 \times 0.5^3}$$

$$= 3.2\,\mathrm{N \cdot m}\,(= \mathrm{J})$$

문제 **20.** 그림과 같은 보는 균일단면 부정정보이다. B점에서의 반력 R_B를 구하는데 필요한 조건은? 【9장】

해답 **17.** 다 **18.** 다 **19.** 가 **20.** 가

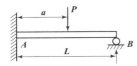

가 지점 B에서의 반력에 의한 처짐
나 지점 A에서의 굽힘모멘트의 방향
다 하중 작용점 P에서의 처짐
라 하중 작용점 P에서의 굽힘응력

[해설] 우선, B점에서 하중 P에 의한 처짐량(δ_1)은

$$\delta_1 = \frac{5PL^3}{48EI}$$

또한, B점에서 반력에 의한 처짐량(δ_2)은

$$\delta_2 = \frac{R_B L^3}{3EI}$$

결국, $\delta_1 = \delta_2$이므로 $\frac{5PL^3}{48EI} = \frac{R_B L^3}{3EI}$ 에서 $R_B = \frac{5P}{16}$

제2과목 기계열역학

[문제] **21.** 온도 600 ℃의 고온 열원에서 열을 받고, 온도 150 ℃의 저온 열원에 방열하면서 5.5 kW의 출력을 내는 카르노기관이 있다면 이 기관의 공급 열량은? 【4장】

가 20.2 kW 나 14.3 kW
다 12.5 kW 라 10.7 kW

[해설] $\eta_c = \dfrac{W}{Q_1} = 1 - \dfrac{T_{\mathbb{I}}}{T_{\mathbb{I}}}$ 에서 $\dfrac{5.5}{Q_1} = 1 - \dfrac{(150+273)}{(600+273)}$

∴ $Q_1 = 10.67 ≒ 10.7$ kW

[문제] **22.** 다음은 증기사이클의 $P-V$ 선도이다. 이는 어떤 종류의 사이클인가? 【7장】

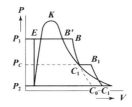

가 재생사이클 나 재생재열사이클
다 재열사이클 라 급수가열사이클

[문제] **23.** 체적 2500 L인 탱크에 압력 294 kPa, 온도 10 ℃의 공기가 들어 있다. 이 공기를 80 ℃까지 가열하는데 필요한 열량은? (단, 공기의 기체상수 $R=0.287$ kJ/kg·K, 정적비열 $C_v = 0.717$ kJ/kg·K이다.) 【3장】

가 약 408 kJ 나 약 432 kJ
다 약 454 kJ 라 약 469 kJ

[해설] 우선, $p_1 V_1 = mRT_1$에서

$$m = \frac{p_1 V_1}{RT_1} = \frac{294 \times 2500 \times 10^{-3}}{0.287 \times 283} = 9.05 \text{ kg}$$

또한, "정적"이므로 $\delta q = du + Apdv$에서 $dv = 0$
결국, $_1Q_2 = m C_v (T_2 - T_1) = 9.05 \times 0.717 \times (80-10)$
$= 454.22$ kJ

[문제] **24.** 시스템의 열역학적 상태를 기술하는데 열역학적 상태량(또는 성질)이 사용된다. 다음 중 열역학적 상태량으로 올바르게 짝지어진 것은? 【1장】

가 열, 일
나 엔탈피, 엔트로피
다 열, 엔탈피
라 일, 엔트로피

[해설] 열과 일은 과정(=경로=도정)함수이며, 열과 일을 제외한 모든 것은 점함수(=상태량=성질)이다.

[문제] **25.** 초기압력 0.5 MPa, 온도 207 ℃ 상태인 공기 4 kg이 정압과정으로 체적이 절반으로 줄었을 때의 열전달량은 약 얼마인가? (단, 공기는 이상기체로 가정하고, 비열비는 1.4, 기체상수는 287 J/kg·K이다.) 【3장】

가 -240 kJ 나 -864 kJ
다 -482 kJ 라 -964 kJ

[해답] **21.** 라 **22.** 다 **23.** 다 **24.** 나 **25.** 라

해설 "정압과정"이므로 $\dfrac{V_1}{T_1} = \dfrac{V_2}{T_2}$ 에서

$$\dfrac{V_1}{(207+273)} = \dfrac{\frac{1}{2}V_1}{T_2} \qquad \therefore \ T_2 = 240\,\mathrm{K}$$

결국, $_1Q_2 = m\,C_p(T_2 - T_1) = m\left(\dfrac{kR}{k-1}\right)(T_2 - T_1)$

$\qquad = 4 \times \left(\dfrac{1.4 \times 0.287}{1.4 - 1}\right)(240 - 480)$

$\qquad = -964.32\,\mathrm{kJ}$

문제 26. 14.33 W의 전등을 매일 7시간 사용하는 집이 있다. 1개월(30일)동안 몇 kJ의 에너지를 사용하는가? 【1장】

㉮ 10830 kJ ㉯ 15020 kJ
㉰ 17.420 kJ ㉱ 10.840 kJ

해설 $14.33 \times 10^{-3}\,\mathrm{kW}(=\mathrm{kJ/S}) \times 7 \times 3600\,\mathrm{sec} \times 30$
$\qquad = 10833.48\,\mathrm{kJ}$

문제 27. 다음 중 정압연소 가스터빈의 표준 사이클이라 할 수 있는 것은? 【8장】

㉮ 랭킨 사이클 ㉯ 오토 사이클
㉰ 디젤 사이클 ㉱ 브레이턴 사이클

해설 브레이턴사이클=가스터빈의 이상사이클
$\qquad$ =줄사이클=정압연소사이클
$\qquad$ =공기냉동기의 역사이클

문제 28. 견고한 단열 용기 안에 온도와 압력이 같은 이상기체 산소 1 kmol과 이상기체 질소 2 kmol이 얇은 막으로 나뉘어져 있다. 막이 터져 두 기체가 혼합될 경우 이 시스템의 엔트로피의 변화는? 【4장】

㉮ 변화가 없다.
㉯ 증가한다.
㉰ 감소한다.
㉱ 증가한 후 감소한다.

해설 혼합은 비가역이므로 엔트로피는 증가한다.

문제 29. 체적이 0.5 m³인 밀폐 압력용기 속에 이상기체가 들어있다. 분자량이 24이고, 질량이 10 kg이라면 기체상수는 몇 kN·m/kg·K인가? (단, 일반기체상수는 8.313 kJ/kmol·K이다.) 【3장】

㉮ 0.3635 ㉯ 0.3464
㉰ 0.3767 ㉱ 0.3237

해설 $R = \dfrac{\overline{R}}{m} = \dfrac{8.313}{m} = \dfrac{8.313}{24}$
$\qquad = 0.3464\,\mathrm{kJ/kg \cdot K}(=\mathrm{kN \cdot m/kg \cdot K})$

문제 30. 압력 250 kPa, 체적 0.35 m³의 공기가 일정 압력 하에서 팽창하여, 체적이 0.5 m³로 되었다. 이때의 내부에너지의 증가가 93.9 kJ이었다면, 팽창에 필요한 열량은 약 몇 kJ인가? 【2장】

㉮ 43.8 ㉯ 56.4
㉰ 131.4 ㉱ 175.2

해설 $\delta q = du + Apdv$ 에서
$\qquad _1Q_2 = \Delta U + p(V_2 - V_1) = 93.9 + 250(0.5 - 0.35)$
$\qquad = 131.4\,\mathrm{kJ}$

문제 31. 냉동기에서 0 ℃의 물로 0 ℃의 얼음 2 ton을 만드는데 50 kWh의 일이 소요된다면 이 냉동기의 성능계수는? (단, 얼음의 융해잠열은 334.94 kJ/kg이다.) 【9장】

㉮ 1.05 ㉯ 2.32
㉰ 2.67 ㉱ 3.72

해설 $\varepsilon_r = \dfrac{Q_2}{W_c} = \dfrac{m q_2}{W_c} = \dfrac{2000 \times 334.94}{50 \times 3600} = 3.72$
$\qquad$ 단, $1\,\mathrm{kWh} = 3600\,\mathrm{kJ}$

해답 26. ㉮ 27. ㉱ 28. ㉯ 29. ㉯ 30. ㉰ 31. ㉱

문제 32. 단열 밀폐된 실내에서 [A]의 경우는 냉장고 문을 닫고, [B]의 경우는 냉장고 문을 연채 냉장고를 작동시켰을 때 실내온도의 변화는? 【9장】

㉮ [A]는 실내온도 상승, [B]는 실내온도 변화 없음
㉯ [A]는 실내온도 변화 없음, [B]는 실내온도 하강
㉰ [A], [B] 모두 실내온도가 상승
㉱ [A]는 실내온도 상승, [B]는 실내온도 하강

해설 냉장고를 작동시켰으므로 에너지 공급이 계속되고 있다. 따라서 에너지가 계속 공급되므로 문을 열고 닫고 관계없이 실내온도는 모두 상승한다.

문제 33. 이상기체의 폴리트로픽 과정을 일반적으로 $Pv^n = C$로 표현할 때 n에 따른 과정을 설명한 것으로 맞는 것은?
(단, C는 상수이다.) 【3장】

㉮ $n = 0$이면 등온과정
㉯ $n = 1$이면 정압과정
㉰ $n = 1.5$이면 등온과정
㉱ $n = k$(비열비)이면 가역단열과정

해설

구분\종류	n	C_n
정압변화	0	C_p
등온변화	1	∞
단열변화	k	0
정적변화	∞	C_v

문제 34. 준평형 정적과정을 거치는 시스템에 대한 열전달량은? (단, 운동에너지와 위치에너지의 변화는 무시한다.) 【3장】

㉮ 0이다.
㉯ 내부에너지 변화량과 같다.

㉰ 이루어진 일량과 같다.
㉱ 엔탈피 변화량과 같다.

해설 "정적과정"이므로 $\delta q = du + Apdv$에서 $dv = 0$이므로
∴ $\delta q = du$ 즉, $_1q_2 = \Delta u$

문제 35. 온도 90℃의 물이 일정 압력 하에서 냉각되어 30℃가 되고 이때 25℃의 주위로 500 kJ의 열이 전달된다. 주위의 엔트로피 증가량은 얼마인가? 【4장】

㉮ 1.50 kJ/K
㉯ 1.68 kJ/K
㉰ 8.33 kJ/℃
㉱ 20.0 kJ/℃

해설 $\Delta S = \dfrac{\Delta Q}{T} = \dfrac{500}{(25+273)} = 1.68 \, \text{kJ/K}$ (증가)

문제 36. 온도가 350 K인 공기의 압력이 0.3 MPa, 체적이 0.3 m³, 엔탈피가 100 kJ이다. 이 공기의 내부에너지는? 【2장】

㉮ 1 kJ
㉯ 10 kJ
㉰ 15 kJ
㉱ 100 kJ

해설 $H = U + pV$에서
∴ $U = H - pV = 100 - 0.3 \times 10^3 \times 0.3 = 10 \, \text{kJ}$

문제 37. 단열 과정으로 25℃의 물과 50℃의 물이 혼합되어 열평형을 이루었다면, 다음 사항 중 올바른 것은? 【4장】

㉮ 열평형에 도달되었으므로 엔트로피의 변화가 없다.
㉯ 전계의 엔트로피는 증가한다.
㉰ 전계의 엔트로피는 감소한다.
㉱ 온도가 높은 쪽의 엔트로피가 증가한다.

해설 혼합은 비가역이므로 엔트로피는 항상 증가한다.

예답 **32.** ㉰ **33.** ㉱ **34.** ㉯ **35.** ㉯ **36.** ㉯ **37.** ㉯

문제 38. 랭킨 사이클의 각 점에서 작동유체의 엔탈피가 다음과 같다면 열효율은 약 얼마인가?

보일러 입구 : $h = 69.4\,kJ/kg$
보일러 출구 : $h = 830.6\,kJ/kg$
응축기 입구 : $h = 626.4\,kJ/kg$
응축기 출구 : $h = 68.6\,kJ/kg$ 【7장】

㉮ 26.7 % ㉯ 28.9 %
㉰ 30.2 % ㉱ 32.4 %

해설 $\eta_R = \dfrac{w_{net}}{q_1} = \dfrac{w_T - w_P}{q_1}$

$\quad = \dfrac{(830.6 - 626.4) - (69.4 - 68.6)}{830.6 - 69.4}$

$\quad = 0.2672 = 26.72\%$

문제 39. 가스 터빈 엔진의 열효율에 대한 다음 설명 중 잘못된 것은? 【8장】

㉮ 압축기 전후의 압력비가 증가할수록 열효율이 증가한다.
㉯ 터빈 입구의 온도가 높을수록 열효율이 증가하나 고온에 견딜 수 있는 터빈 블레이드 개발이 요구된다.
㉰ 역일비는 터빈 일에 대한 압축 일의 비로 정의되며 이것이 높을수록 열효율이 높아진다.
㉱ 가스 터빈 엔진은 증기 터빈 원동소와 결합된 복합 시스템을 구성하여 열효율을 높일 수 있다.

해설 브레이턴 사이클(=가스터빈의 이상 사이클)
$\eta_B = 1 - \left(\dfrac{1}{\gamma}\right)^{\frac{k-1}{k}}$ 에서 압력비(γ)가 클수록 열효율(η_B)은 증가한다.

문제 40. 다음 중 열역학 제1법칙과 관계가 가장 먼 것은? 【2장】

㉮ 밀폐계가 임의의 사이클을 이룰 때 열전달의 합은 이루어진 일의 총합과 같다.
㉯ 열은 본질적으로 일과 같은 에너지의 일

종으로서 일을 열로 변환할 수 있다.
㉰ 어떤 계가 임의의 사이클을 겪는 동안 그 사이클에 따라 열을 적분한 것이 그 사이클에 따라서 일을 적분한 것에 비례한다.
㉱ 두 물체가 제3의 물체와 온도의 동등성을 가질 때는 두 물체도 역시 서로 온도의 동등성을 갖는다.

해설 열역학 제0법칙 : 열평형의 법칙
㉱ 열역학 제0법칙

제3과목 기계유체역학

문제 41. 물이 안지름 50 cm의 수평 원관 내를 흐르고 있다. 입구 구역이 아닌 50 m 길이에서 80 kPa의 압력강하가 생겼다면, 관 벽에서의 전단응력은 약 몇 Pa인가? 【5장】

㉮ 0.002 ㉯ 200
㉰ 8000 ㉱ 0.8

해설 $\tau_{max} = \tau_0 = \dfrac{\Delta P d}{4\ell} = \dfrac{80 \times 10^3 \times 0.5}{4 \times 50} = 200\,Pa$

문제 42. 관내에서 액체가 흐르고 있을 때 관마찰에 가장 많이 관계되는 것은? 【6장】

㉮ 상대조도와 레이놀즈수
㉯ 마하수와 레이놀즈수
㉰ 웨버수와 레이놀즈수
㉱ 프루드수와 레이놀즈수

해설 · 관마찰계수(f)
① 층류 : $f = F(Re)$
② 천이구역 : $f = F\left(Re,\ \dfrac{e}{d}\right)$
③ 난류 : 매끈한 관 $f = F(Re)$, 거친 관 $f = F\left(\dfrac{e}{d}\right)$
결국, 관마찰계수(f)는 레이놀즈수(Re)와 상대조도 $\left(\dfrac{e}{d}\right)$의 함수이다.

해답 38. ㉮ 39. ㉰ 40. ㉱ 41. ㉯ 42. ㉮

문제 43. 어떤 잠수정이 시속 12 km의 속도로 잠항하는 상태를 관찰하기 위하여 실물의 1/10의 길이의 모형을 만들어 같은 바닷물을 넣은 탱크안에서 실험하려고 한다. 모형의 속도는 몇 km/h로 움직여야 상사법칙이 성립하는가? 【7장】

㉮ 1.2   ㉯ 20
㉰ 100   ㉱ 120

해설 $(Re)_P = (Re)_m$ 즉, $\left(\dfrac{Vl}{\nu}\right)_P = \left(\dfrac{Vl}{\nu}\right)_m$

$12 \times 10 = V_m \times 1$ ∴ $V_m = 120\,km/hr$

문제 44. 정지 액체 속에 잠겨진 물체에 작용되는 부력은? 【2장】

㉮ 물체의 중력과 같다.
㉯ 물체의 중력보다 크다.
㉰ 그 물체에 의해서 배제된 액체의 무게와 같다.
㉱ 유체의 비중량과는 관계없다.

해설 부력(F_B) : 정지유체속에서 잠겨있거나 떠있는 물체가 유체로부터 받는 수직상방향의 힘을 말하며, 물체가 밀어낸 부피만큼의 액체의 무게와 같다.

문제 45. 유체를 정의한 것 중 가장 옳은 것은? 【1장】

㉮ 용기 안에 충만될 때까지 항상 팽창하는 물질
㉯ 흐르는 모든 물질
㉰ 흐르는 물질 중 전단 응력이 생기지 않는 물질
㉱ 극히 작은 전단응력이 물질 내부에 생기면 정지 상태로 있을 수 없는 물질

해설 유체의 정의 : 마찰에 의해 전단응력이 존재하는 물질 즉, 아무리 작은 전단력이라도 유체내에 전단응력이 작용하는 한 계속해서 변형하는 물질

문제 46. 공기가 게이지 압력 2.06 bar의 상태로 지름이 0.15 m인 관속을 흐르고 있다. 이때 대기압은 1.03 bar이고 공기 유속이 4 m/s라면 질량유량(mas flow rate)은 약 몇 kg/s인가? (단, 공기의 온도는 37 ℃이고, 기체상수는 287.1 J/kg·K이다.) 【3장】

㉮ 0.245   ㉯ 2.45
㉰ 0.026   ㉱ 32.4

해설 우선, $\rho = \dfrac{P}{RT} = \dfrac{P_o + P_g}{RT} = \dfrac{(2.06 + 1.03) \times 10^5}{287.1 \times 310}$

$= 3.49\,kg/m^3 (= N \cdot S^2/m^4)$

결국, $\dot{M} = \rho A V = 3.49 \times \dfrac{\pi \times 0.15^2}{4} \times 4 = 0.2467\,kg/s$

문제 47. 압축률이 50×10^{-11} m²/N인 물의 체적을 0.8 %만큼 감소시키자면 몇 MPa 정도의 압력을 가해야 하는가? 【1장】

㉮ 10   ㉯ 16
㉰ 18   ㉱ 12

해설 $K = \dfrac{\Delta P}{-\dfrac{\Delta V}{V}} = \dfrac{1}{\beta}$ 에서

$\Delta P = \dfrac{\left(-\dfrac{\Delta V}{V}\right)}{\beta} = \dfrac{\left(\dfrac{0.8}{100}\right)}{50 \times 10^{-11}} = 16 \times 10^6\,Pa = 16\,MPa$

문제 48. 동점성계수가 16×10^{-6} m²/s인 공기가 평판 위를 4 m/s로 흐르고 있다. 선단으로부터 40 cm 되는 곳에서의 경계층 두께는 약 몇 mm인가? (단, 평판의 임계 레이놀즈수는 5×10^5이다.) 【5장】

㉮ 63.2   ㉯ 6.32
㉰ 0.632   ㉱ 0.00632

해설 우선, $Re = \dfrac{u_\infty x}{\nu} = \dfrac{4 \times 0.4}{16 \times 10^{-6}} = 100000$: 층류

결국, $\dfrac{\delta}{x} = \dfrac{5}{Re^{\frac{1}{2}}}$ 에서 ∴ $\delta = \dfrac{5x}{Re^{\frac{1}{2}}} = \dfrac{5 \times 0.4}{\sqrt{100000}}$

$= 0.00632\,m = 6.32\,mm$

정답 **43.** ㉱ **44.** ㉰ **45.** ㉱ **46.** ㉮ **47.** ㉯ **48.** ㉯

문제 49. 질량 10 g이고 단면적이 200 cm²인 물체가 그림과 같이 수평면에 대해 30° 기울어진 평판 위에 두께가 1 mm이고 점성계수가 0.5 N·s/m²인 기름 막에서 일정 속도로 미끄러질 때, 속도는 약 몇 m/s인가? 【1장】

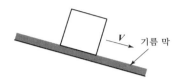

㉮ 0.0018   ㉯ 0.0025
㉰ 0.0049   ㉱ 0.0085

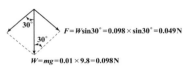

$F = W\sin 30° = 0.098 \times \sin 30° = 0.049 \text{N}$
$W = mg = 0.01 \times 9.8 = 0.098 \text{N}$

결국, $F = \mu \dfrac{u}{h} A$ 에서

$u = \dfrac{Fh}{\mu A} = \dfrac{0.049 \times 0.001}{0.5 \times 200 \times 10^{-4}} = 0.0049 \,\text{m/s}$

문제 50. 동점성계수가 1×10^{-6} m²/s인 물이 직경 50 mm의 원관 내를 흐를 때 층류를 유지할 수 있는 최대 평균속도는 몇 m/s인가? (단, 임계 레이놀즈수는 2100이다.) 【5장】

㉮ 4.2×10^{-3} ㉯ 0.042
㉰ 0.42   ㉱ 4.2

[해설] $Re = \dfrac{Vd}{\nu}$ 에서

$\therefore V = \dfrac{Re\,\nu}{d} = \dfrac{2100 \times 1 \times 10^{-6}}{0.05} = 0.042 \,\text{m/s}$

문제 51. 다음과 같은 수평으로 놓인 노즐이 있다. 노즐의 입구는 면적이 0.1 m²이고 출구의 면적은 0.02 m²이다. 정상, 비압축성이며 점성의 영향이 없다면 출구의 속도가 50 m/s일 때 입구와 출구의 압력차 $(P_1 - P_2)$는 약 몇 kPa

인가? (단, 이 공기의 밀도는 1.23 kg/m³이다.) 【3장】

$A_1 = 0.1 \,\text{m}^2$
$V_1 = ?$
$P_1 = ?$

$A_2 = 0.02 \,\text{m}^2$
$V_2 = 50 \,\text{m/s}$
$P_2 = P_{atm}$

㉮ 1.48   ㉯ 14.8
㉰ 2.96   ㉱ 29.6

[해설] 우선, 연속방정식 $Q = A_1 V_1 = A_2 V_2$ 에서

$0.1 \times V_1 = 0.02 \times 50$ $\therefore V_1 = 10 \,\text{m/s}$

또한, $\dfrac{P_1}{\gamma} + \dfrac{V_1^2}{2g} + Z_1 = \dfrac{P_2}{\gamma} + \dfrac{V_2^2}{2g} + Z_2$ ($\because Z_1 = Z_2$)

$\dfrac{P_1 - P_2}{\gamma} = \dfrac{V_2^2 - V_1^2}{2g}$

$\therefore P_1 - P_2 = \dfrac{\gamma(V_2^2 - V_1^2)}{2g} = \dfrac{\rho(V_2^2 - V_1^2)}{2}$

$= \dfrac{1.23(50^2 - 10^2)}{2} = 1476 \,\text{Pa} = 1.476 \,\text{kPa}$

문제 52. 비행기에 부착되어 비행기의 속도를 측정하기에 가장 적합한 장치는? 【10장】

㉮ 벤투리미터   ㉯ 오리피스
㉰ 피토관   ㉱ 타코미터

[해설] 유속측정
 : 피토관, 피토−정압관, 시차액주계, 열선속도계

문제 53. 그림과 같이 속도의 크기 U로 x축과 임의의 각도 α를 가지고 흐르는 균일 직선유동에 대한 유동함수(stream function) ψ를 극좌표 r, θ로 나타낸 것은? 【3장】

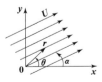

㉮ $\psi = Ur\sin(\theta - \alpha)$ ㉯ $\psi = Ur\sin(\alpha - \theta)$
㉰ $\psi = Ur\cos(\theta - \alpha)$ ㉱ $\psi = Ur\tan(\alpha - \theta)$

[해답] **49.** ㉰ **50.** ㉯ **51.** ㉮ **52.** ㉰ **53.** ㉮

문제 54. 극좌표계(r, θ)에서 정상상태 2차원 이상유체의 연속방정식으로 옳은 것은? (단, v_r, v_θ는 각각 r, θ 방향의 속도성분을 나타내며, 비압축성 유체로 가정한다.) 【3장】

㉮ $\dfrac{\partial v_r}{\partial r} + \dfrac{\partial v_\theta}{\partial \theta} = 0$

㉯ $\dfrac{\partial v_r}{\partial r} + \dfrac{1}{r}\dfrac{\partial v_\theta}{\partial \theta} = 0$

㉰ $\dfrac{1}{r}\dfrac{\partial (rv_r)}{\partial r} + \dfrac{1}{r}\dfrac{\partial v_\theta}{\partial \theta} = 0$

㉱ $\dfrac{1}{r}\dfrac{\partial v_r}{\partial r} + \dfrac{1}{r}\dfrac{\partial (rv_\theta)}{\partial \theta} = 0$

문제 55. 그림과 같이 폭(幅) 1.2 m, 높이 2 m의 수문(水門)이 수압에 의하여 열리지 못하도록 하기 위하여 수문의 하단 B에 받쳐 주어야 할 최소한의 힘 P는 몇 kN 정도인가? 【2장】

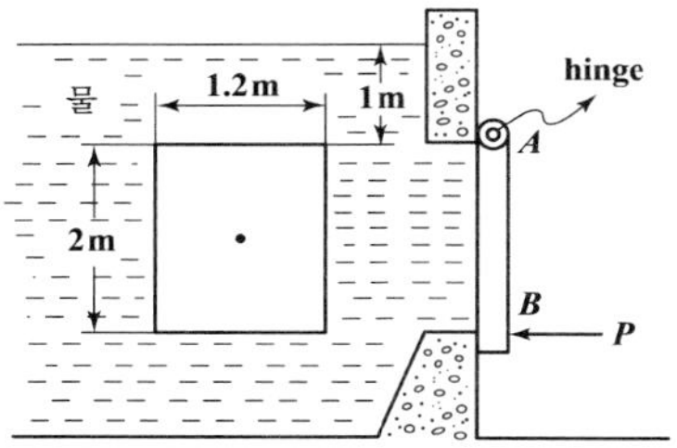

㉮ 4.2

㉯ 19.6

㉰ 27.4

㉱ 51.0

[해설] 우선, 전압력 $F = \gamma \bar{h} A = 9800 \times 2 \times (2 \times 1.2)$
$= 47040\,\text{N} = 47.04\,\text{kN}$

또한, 작용점의 위치 $y_F = \bar{y} + \dfrac{I_G}{A\bar{y}}$

$= 2 + \dfrac{\left(\dfrac{1.2 \times 2^3}{12}\right)}{(2 \times 1.2) \times 2} = 2.17\,\text{m}$

결국, $\sum M_A = 0 : F \times (y_F - 1) = P \times 2$에서

$\therefore P = \dfrac{F(y_F - 1)}{2} = \dfrac{47.02(2.17 - 1)}{2} ≒ 27.5\,\text{kN}$

문제 56. 단면적이 0.005 m²인 물 제트가 4 m/s의 속도로 U자 모양의 깃(vane)을 때리고 나서 방향이 180° 바뀌어 일정하게 흘러나갈 때 깃을 고정시키는데 필요한 힘은 몇 N인가? (단, 중력과 마찰은 무시한다.) 【4장】

㉮ 8

㉯ 20

㉰ 80

㉱ 160

[해설] $F = \rho QV(1 - \cos\theta) = \rho A V^2(1 - \cos\theta)$
$= 1000 \times 0.005 \times 4^2 \times (1 - \cos 180°) = 160\,\text{N}$

문제 57. 골프공의 표면이 요철로 되어 있는 이유에 대한 설명으로 가장 알맞은 것은? 【5장】

㉮ 표면을 경도를 증가시키기 위해서이다.

㉯ 무게를 줄이기 위해서이다.

㉰ 전체 유동 저항을 줄이기 위해서이다.

㉱ 박리를 빨리 일으키기 위해서이다.

문제 58. 바다 속 100 m까지 잠수한 잠수함이 받는 절대 압력은 약 몇 kPa인가? (단, 바닷물의 비중은 1.03이다.) 【2장】

㉮ 101

㉯ 1010

㉰ 1110

㉱ 4040

[해설] $P = P_o + P_g = P_o + \gamma h = P_o + \gamma_{H_2O} Sh$
$= 101.325 + (9.8 \times 1.03 \times 100)$
$= 1110.725\,\text{kPa}$

문제 59. 밀도 890 kg/m³, 점성계수 2.3 kg/m·s인 오일이 직경 40 cm, 길이 100 m인 수평 원관 내를 평균속도 0.5 m/s로 흐른다. 입구의 영향을 무시하고 압력강하를 이길 수 있는 펌프 소요동력은 몇 kW인가? 【5장】

㉮ 0.58

㉯ 1.45

㉰ 2.90

㉱ 3.63

[애답] **54.** ㉰ **55.** ㉰ **56.** ㉱ **57.** ㉰ **58.** ㉰ **59.** ㉯

해설▶ 소요동력

$$P = \gamma Qh = \Delta PQ = \frac{128\mu\ell Q^2}{\pi d^4} = \frac{128\mu\ell(AV)^2}{\pi d^4}$$

$$= \frac{128 \times 2.3 \times 100 \times \left(\frac{\pi \times 0.4^2}{4} \times 0.5\right)^2}{\pi \times 0.4^4}$$

$$= 1445.13\,\text{W} ≒ 1.445\,\text{kW}$$

문제 60. 댐의 낙차가 50 m인 수력발전소에서 유량 240 m³/min로 수력 터빈을 가동하고 있다. 터빈의 유도관에서의 손실수두가 5 m일 때, 터빈에서 얻을 수 있는 축동력이 1.5 MW라면 이 터빈의 전효율은 약 몇 %인가?   【3장】

㉮ 70 %

㉯ 75 %

㉰ 80 %

㉭ 85 %

해설▶ 축동력 $P = \gamma QH\eta_T$에서

$$\therefore\ \eta_T = \frac{P}{\gamma QH} = \frac{1.5 \times 10^6}{9800 \times \frac{240}{60} \times (50-5)}$$

$$= 0.85 = 85\%$$

제4과목 유압기기

(※ 2014년도부터 유체기계 과목이 포함되었습니다.)

문제 61. 유압 장치의 기름 탱크가 갖춰야할 성능에 관한 설명으로 틀린 것은?

㉮ 유압 작동유의 열이 빠져나가지 않도록 충분한 보온 성능이 있어야 한다.

㉯ 기름 내의 기포가 잘 제거될 수 있는 구조로 제작되어야 한다.

㉰ 탱크 내의 침전된 오염 물질을 쉽게 제거할 수 있도록 해야 한다.

㉭ 탱크 내 응축수를 제거할 수 있는 드레인 밸브를 설치해야 한다.

문제 62. 가변 용량형 베인펌프에 대한 일반적인 설명으로 틀린 것은?

㉮ 로터와 링 사이의 편심량을 조절하여 토출량을 변화시킨다.

㉯ 유압회로에 의하여 필요한 만큼의 유량을 토출할 수 있다.

㉰ 펌프의 수명이 길고 소음이 적은 편이다.

㉭ 토출량 변화를 통하여 온도 상승에 억제시킬 수 있다.

해설▶ 가변용량형 베인펌프
: 가변용량형이란 로터와 링의 편심량을 바꿈으로써 1회전당의 토출량을 변동할 수 있는 펌프로 비평형 펌프이며 유압회로의 효율을 증가시킬 수 있을 뿐만 아니라 오일의 온도상승이 억제되어 전에너지를 유효한 열량으로 변화시킬 수 있는 유압펌프이다. 그러나 비평형형이므로 펌프자체 수명이 짧고 소음이 많다는 단점이 있다.

문제 63. 1회전당의 배출유량이 40 cc인 베인모터가 있다. 공급압력을 7.85 MPa, 유량 30 L/min으로 할 때 이 모터의 발생 토크(T)와 회전수(N)는 약 얼마인가?

㉮ $T = 25\,\text{N}\cdot\text{m}$, $N = 750\,\text{rpm}$

㉯ $T = 50\,\text{N}\cdot\text{m}$, $N = 750\,\text{rpm}$

㉰ $T = 25\,\text{N}\cdot\text{m}$, $N = 960\,\text{rpm}$

㉭ $T = 50\,\text{N}\cdot\text{m}$, $N = 960\,\text{rpm}$

해설▶ 우선, $T = \frac{pq}{2\pi} = \frac{7.85 \times 40 \times 10^3}{2\pi}$

$$= 49974.65\,\text{N}\cdot\text{mm} ≒ 50\,\text{N}\cdot\text{m}$$

또한, $Q = qN$에서 $N = \frac{Q}{q} = \frac{30 \times 10^3}{40} = 750\,\text{rpm}$

문제 64. 다음 중 난연성 작동유(fire-resistant fluid)에 속하지 않는 것은?

㉮ 유중수형(water in oil) 작동유

㉯ R&O형(rust and oxidation) 작동유

㉰ 물–글리콜(water–glycol) 작동유

㉭ 인산 에스테르계 작동유

해답▶ 60. ㉭ 61. ㉮ 62. ㉰ 63. ㉯ 64. ㉯

해설 ·유압작동유의 종류
① 석유계 작동유 : 터빈유, 고점도지수 유압유
   (용도) 일반산업용, 저온용, 내마멸성용
② 난연성 작동유
   ㉠ 합성계 : 인산에스테르, 염화수소, 탄화수소
     (용도) 항공기용, 정밀제어장치용
   ㉡ 수성계(함수계) : 물－글리콜계, 유화계
     (용도) 다이캐스팅머신용, 각종프레스기계용,
          압연기용, 광산기계용

문제 65. 중립 위치에서 유압 실린더를 로크 시키기 위하여 그림과 같이 임의 위치 로크 회로를 구성하고자 할 때 그림의 "?" 위치에 사용해야 할 밸브는?

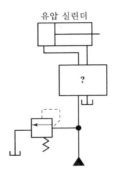

유압 실린더

?

㉮ 릴리프 밸브
㉯ 시퀀스 밸브
㉰ 텐덤 센터 형 3위치 4방향 밸브
㉱ 오픈 센터 형 3위치 4방향 밸브

해설

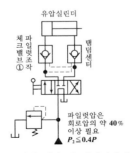

유압실린더

체크밸브
파일럿조작①
탠덤센터

파일럿압은
회로압의 약 **40%**
이상 필요
$P_2 \leqq 0.4P$

로크회로 : 실린더 행정 중 임의위치에서 또는 행정 끝에서 실린더를 고정시켜 놓을 필요가 있을 때라 할지라도 부하가 클 때 또는 장치내의 압력저하에 의하여 실린더 피스톤이 이동되는 경우가 발생한다.

이 피스톤의 이동을 방지하는 회로를 로크회로라 한다.

문제 66. 다음 중 압력 제어 밸브에 속하지 않는 것은?

㉮ 릴리프 밸브   ㉯ 카운터밸런스 밸브
㉰ 시퀀스 밸브   ㉱ 체크 밸브

해설 체크밸브 : 방향제어밸브

문제 67. 유압기기 중 오일의 점성을 이용한 기계, 유속을 이용한 기계, 팽창 수축을 이용한 기계로 분류할 때, 점성을 이용한 기계로 가장 적합한 것은?

㉮ 토크 컨버터(torque converter)
㉯ 쇼크 업소버(shock absorber)
㉰ 압력계(pressure gage)
㉱ 진공 개폐 밸브(vacuum open－closed valve)

해설 쇼크 업소버(shock absorber)
: 기계적 충격을 완화하는 장치로 점성을 이용하여 운동에너지를 흡수한다.

문제 68. 그림과 같은 관에서 d_1(안지름 $\phi4$ cm)의 위치에서의 속도(v_1)는 4 m/s일 때 d_2(안지름 $\phi2$ cm)에서의 속도(v_2)는 약 몇 m/s인가?

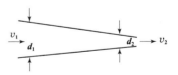

㉮ 16   ㉯ 8
㉰ 2   ㉱ 1

해설 $Q = A_1 V_1 = A_2 V_2$에서
$$\frac{\pi}{4} \times 4^2 \times 4 = \frac{\pi}{4} \times 2^2 \times V_2$$
$$\therefore V_2 = 16 \,\mathrm{m/s}$$

해답 65. ㉰ **66.** ㉱ **67.** ㉯ **68.** ㉮

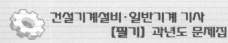

69. 그림과 같은 유압기호의 조작방식에 대한 설명으로 틀린 것은?

㉮ 복동으로 조작할 수 있다.
㉯ 솔레노이드 조작이다.
㉰ 2방향 조작이다.
㉱ 파일럿 조작이다.

70. 유압 필터를 설치하는 방법은 크게 복귀라인에 설치하는 방법, 흡입라인에 설치하는 방법, 압력 라인에 설치하는 방법, 바이패스 필터를 설치하는 방법으로 구분할 수 있는데, 다음 회로는 어디에 속하는가?

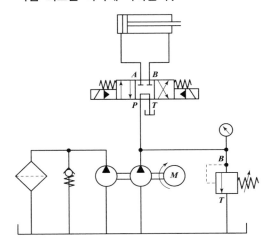

㉮ 복귀라인에 설치하는 방법
㉯ 흡입라인에 설치하는 방법
㉰ 압력 라인에 설치하는 방법
㉱ 바이패스 필터를 설치하는 방법

제5과목 건설기계일반

(※ 2017년도부터 기계제작법이 플랜트배관으로 변경되었습니다.)

71. 버킷(bucket) 준설선의 장점을 설명한 것으로 옳지 않은 것은?

㉮ 준설능력이 크며 대용량 공사에 적합하다.
㉯ 준설과 적재가 동시에 연속적으로 수행되어 준설작업이 신속한 편이다.
㉰ 악천후나 조류 등에 강하다.
㉱ 협소한 장소에서도 작업이 용이하다.

해설 · 버킷(bucket) 준설선의 특징
① 준설능력이 크며 대용량공사에 적합하다.
② 준설단가가 저렴하다.
③ 토질에 영향이 적다.
④ 악천후나 조류 등에 강하다.
⑤ 밑바닥은 평탄하게 시공이 가능하므로 항로, 정박지 등의 대량준설에 적합하다.
⑥ 암반준설에는 부적합하다.
⑦ 작업반경이 크고, 협소한 장소에서는 작업하기 어렵다.

72. 한국산업규격에 따른 압력 배관용 탄소 강관의 기호는?

㉮ SPPS   ㉯ SGP
㉰ SPP   ㉱ STS

해설 SPPS : 압력배관용 탄소강관
SGP : 배관용탄소강관(JIS규격)
SPP : 배관용탄소강관(KS규격)
STS : 합금공구강

73. 건설기계에서 사용하는 브레이크 라이닝(brake lining) 구비 조건으로 틀린 것은?

㉮ 마찰계수가 작을 것
㉯ 페이드(fade) 현상에 견딜 수 있을 것
㉰ 불쾌음의 발생이 없을 것
㉱ 내마모성이 우수할 것

해답 **69.** ㉱ **70.** ㉱ **71.** ㉱ **72.** ㉮ **73.** ㉮

해설 마찰계수가 클 것

문제 74. 모터그레이더에서 토공판에 추진각을 주고 절삭과 운토작업을 하는 경우 차체에 측면으로 이송시키는 힘이 발생하여 앞바퀴가 미끄러질 수 있는데, 이를 방지하기 위하여 사용되는 장치는?

㉮ 리닝(leaning) 장치
㉯ 탠덤 구동(tandom drive) 장치
㉰ 차동(differential drive) 장치
㉱ 전속도조속기(all speed governer) 장치

해설 리닝(leaning)장치 : 그레이더에는 차동기어가 없으며 리닝조작에 의하여 조향하며 리닝장치는 앞바퀴를 좌우로 경사시키는 장치로 회전반경을 작게 하여 선회를 용이하게 하는 역할을 한다.

문제 75. 일반적으로 건설기계의 용도와 그 기계의 연결이 옳지 않은 것은?

㉮ 절삭운반기계 – 불도저
㉯ 정지기계 – 덤퍼터
㉰ 다짐기계 – 래머
㉱ 골재생산기계 – 쇄석기

해설 정지기계 : 모터그레이더
※ 덤퍼터는 운반기계이다.

문제 76. 크레인 붐에 설치되며 말뚝 박기 작업에 이용되고, 붐에 리더, 스트랩, 해머, 로프 등으로 구성되는 건설 기계는?

㉮ 백 호우(back hoe)
㉯ 클램셀(clamshell)
㉰ 파일 드라이버(pile driver)
㉱ 드랙 라인(drag line)

해설 파일드라이버(pile driver) : 항타용기구로서 콘크리트 말뚝이나 시트파일을 박는데 쓰인다.

문제 77. 로더의 형식 중 앞쪽에서 굴착하여 로더 차체 위를 넘어서 뒤쪽에 적재할 수 있는 로더 형식은?

㉮ 리어 덤프 형
㉯ 사이드 덤프 형
㉰ 프런트 엔드 형
㉱ 오버 헤드 형

해설 ·로더의 적하방식에 의한 분류
① 프런트엔드형 : 앞으로 적하하거나 차체의 전방으로 굴삭을 행하는 것
② 사이드덤프형 : 버킷을 좌우로 기울일 수 있으며, 터널공사, 광산 및 탄광의 협소한 장소에서 굴착 적재 작업시 사용
③ 오버헤드형 : 장비의 위를 넘어서 후면으로 덤프할 수 있는 형
④ 스윙형 : 프런트엔드형과 오버헤드형이 조합된 것으로 앞, 뒤 양방에 덤프할 수 있는 형
⑤ 백호셔블형 : 트랙터 후부에 유압식 백호 셔블을 장착하여 굴삭이나 적재시에 사용

문제 78. 건설기계 관리법 시행령 상 대통령령이 정하는 건설기계의 경우에는 그 건설기계의 제작 등을 한 자가 국토교통부령이 정하는 바에 따라 그 형식에 관하여 국토교통부장관에게 신고해야 한다. 이 때 대통령령이 정하는 건설기계에 해당하지 않는 것은?

㉮ 불도저
㉯ 차량식 로더
㉰ 지게차
㉱ 무한궤도식 기중기

해설 ·건설기계형식신고의 대상 : 법 제18조제2항 단서에서 "대통령령이 정하는 건설기계"라 함은 다음 각 호의 건설기계를 말한다.
① 불도저
② 굴삭기(무한궤도식에 한한다.)
③ 로더(무한궤도식에 한한다.)
④ 지게차
⑤ 스크레이퍼
⑥ 기중기(무한궤도식에 한한다.)
⑦ 롤러
⑧ 노상안정기
⑨ 콘크리트뱃칭플랜트
⑩ 콘트리트피니셔
⑪ 콘크리트살포기
⑫ 아스팔트믹싱플랜트
⑬ 아스팔트피니셔

해답 74. ㉮ 75. ㉯ 76. ㉰ 77. ㉱ 78. ㉯

⑭ 골재살포기
⑮ 쇄석기
⑯ 공기압축기
⑰ 천공기(무한궤도식에 한한다.)
⑱ 항타 및 항발기
⑲ 사리채취기
⑳ 준설선
㉑ 특수건설기계

문제 79. 콘크리트 피니셔(concrete finisher)의 규격 표시 방법은?

㉮ 콘크리트의 시간당 토출량(m^3/h)
㉯ 콘크리트를 포설할 수 있는 표준 너비(m)
㉰ 콘크리트를 포설할 수 있는 표준 무게(kg)
㉱ 콘크리트를 1회 포설할 수 있는 작업 능력(m^3)

해설 콘크리트 피니셔의 규격표시
: 시공할 수 있는 표준폭(m)으로 표시

문제 80. 덤프트럭의 시간당 총작업량 산출에 대한 설명으로 틀린 것은?

㉮ 적재용량에 비례한다.
㉯ 작업효율에 비례한다.
㉰ 1회 사이클 시간에 비례한다.
㉱ 가동 덤프트럭의 대수에 비례한다.

해설 덤프트럭의 시간당 총작업량
$$W = \frac{60\,CE}{C_m}\,(\mathrm{m^3/hr})$$
여기서, C : 적재용량(m^3), C_m : 사이클타임(min),
E : 작업효율

해답 79. ㉯ 80. ㉰

2013년 제4회 일반기계 기사

제1과목 재료역학

문제 1. 그림과 같은 풀리에 장력이 작용하고 있을 때 풀리의 회전수가 100 rpm이라면 전달동력은 몇 kW인가? 【5장】

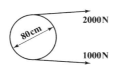

㉠ 2.14 ㉡ 16.55

㉢ 8.32 ㉣ 4.19

해설 우선, $T = (T_t - T_s) \dfrac{D}{2} = (2000 - 1000) \times \dfrac{0.8}{2}$

$= 400\,\mathrm{N \cdot m}$

결국, 동력 $P = T\omega = 400 \times 10^{-3} \times \dfrac{2\pi \times 100}{60}$

$\fallingdotseq 4.19\,\mathrm{kW}$

문제 2. 지름 30 mm의 환봉 시험편에서 표점거리를 10 mm로 하고 스트레인 게이지를 부착하여 신장을 측정한 결과 인장하중 25 kN에서 신장 0.0418 mm가 측정되었다. 이때의 지름은 29.97 mm이었다. 이 재료의 포아송 비(ν)는? 【1장】

㉠ 0.239 ㉡ 0.287

㉢ 0.0239 ㉣ 0.0287

해설 $\nu = \dfrac{\varepsilon'}{\varepsilon} = \dfrac{\left(\dfrac{\delta}{d}\right)}{\left(\dfrac{\lambda}{\ell}\right)} = \dfrac{\ell\delta}{d\lambda} = \dfrac{10 \times (30 - 29.97)}{30 \times 0.0418}$

$= 0.239$

문제 3. 평균 지름 $d = 60$ cm, 두께 $t = 3$ mm인 강관이 $P = 2.1$ MPa의 내압을 받고 있다. 이 관속에 발생하는 원환응력으로 인한 지름의 증가량은 약 몇 mm인가?
(단, 탄성계수 $E = 210$ GPa이다.) 【2장】

㉠ 0.3 ㉡ 0.6

㉢ 1.2 ㉣ 6

해설 우선, $\sigma_1 = \dfrac{Pd}{2t} = \dfrac{2.1 \times 600}{2 \times 3} = 210\,\mathrm{MPa}$

또한, $\sigma_1 = E\varepsilon = E \times \dfrac{\pi d' - \pi d}{\pi d}$ 에서

$\Delta d = d' - d = \dfrac{d\sigma_1}{E} = \dfrac{600 \times 210}{210 \times 10^3} = 0.6\,\mathrm{mm}$

문제 4. 길이가 ℓ인 외팔보에서 그림과 같이 삼각형 분포하중을 받고 있을 때 최대 전단력과 최대 굽힘모멘트는? 【6장】

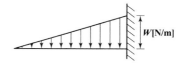

㉠ $\dfrac{w\ell}{2}$, $\dfrac{w\ell^2}{6}$ ㉡ $w\ell$, $\dfrac{w\ell^2}{3}$

㉢ $\dfrac{w\ell}{2}$, $\dfrac{w\ell^2}{3}$ ㉣ $\dfrac{w\ell^2}{2}$, $\dfrac{w\ell}{6}$

해설 $F_{\max} = \left| -\dfrac{w\ell}{2} \right| = \dfrac{w\ell}{2}$

$M_{\max} = -\dfrac{w\ell}{2} \times \dfrac{\ell}{3} = \left| -\dfrac{w\ell^2}{6} \right| = \dfrac{w\ell^2}{6}$

문제 5. 다음 그림과 같이 연속보가 균일 분포하중(q)을 받고 있을 때, A점의 반력은? 【9장】

애답 1. ㉣ 2. ㉠ 3. ㉡ 4. ㉠ 5. ㉢

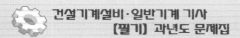
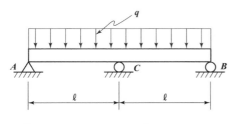

$$\boxed{가}\ \frac{1}{8}q\ell \qquad\qquad \boxed{나}\ \frac{1}{4}q\ell$$

$$\boxed{다}\ \frac{3}{8}q\ell \qquad\qquad \boxed{라}\ \frac{1}{2}q\ell$$

해설> $R_A = R_B = \dfrac{3q\ell}{8}$, $R_C = \dfrac{5q\ell}{4}$

문제 **6.** 하중을 받고 있는 기계요소의 응력 상태는 아래와 같다. 선분 $(a-a)$에서 수직응력(σ_n)과 전단응력(τ)은? 【3장】

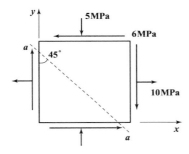

$\boxed{가}\ \sigma_n = 10\,\text{MPa},\ \tau = 7.5\,\text{MPa}$

$\boxed{나}\ \sigma_n = -3.5\,\text{MPa},\ \tau = -7.5\,\text{MPa}$

$\boxed{다}\ \sigma_n = 10\,\text{MPa},\ \tau = -6\,\text{MPa}$

$\boxed{라}\ \sigma_n = -3.5\,\text{MPa},\ \tau = 6\,\text{MPa}$

해설> 우선,

$$\sigma_n = \frac{1}{2}(\sigma_x + \sigma_y) + \frac{1}{2}(\sigma_x - \sigma_y)\cos 2\theta - \tau_{xy}\sin 2\theta$$
$$= \frac{1}{2}(10-5) + \frac{1}{2}(10+5)\cos 90° - 6\sin 90°$$
$$= -3.5\,\text{MPa}$$

또한, $\tau = \dfrac{1}{2}(\sigma_x - \sigma_y)\sin 2\theta + \tau_{xy}\cos 2\theta$
$$= \frac{1}{2}(10+5)\sin 90° + 6\sin 90° = 7.5\,\text{MPa}$$

문제 **7.** 바깥지름 50 cm, 안지름 30 cm의 속이 빈 축은 동일한 단면적을 가지며 같은 재질의 원형축에 비하여 약 몇 배의 비틀림 모멘트에 견딜 수 있는가? 【5장】

$\boxed{가}$ 1.7배 $\qquad\qquad \boxed{나}$ 1.4배

$\boxed{다}$ 1.2배 $\qquad\qquad \boxed{라}$ 0.9배

해설> 우선, $A_1 = A_2$이므로

$$\frac{\pi(50^2 - 30^2)}{4} = \frac{\pi d^2}{4} \quad \therefore\ d = 40\,\text{cm}$$

$$\text{결국,}\ \frac{T_1}{T_2} = \frac{\tau Z_{P\cdot 1}}{\tau Z_{P\cdot 2}} = \frac{\left\{\dfrac{\pi(d_2^4 - d_1^4)}{16d_2}\right\}}{\left(\dfrac{\pi d^3}{16}\right)}$$

$$= \frac{d_2^4 - d_1^4}{d_2 \times d^3} = \frac{50^4 - 30^4}{50 \times 40^3} = 1.7\,\text{배}$$

문제 **8.** 직사각형 단면(가로 3 m, 세로 2 m)의 단주에 150 kN 하중이 중심에서 1 m만큼 편심되어 작용할 때 이 부재 AC에서 생기는 최대 인장응력은 몇 kPa인가? 【10장】

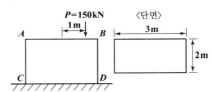

$\boxed{가}$ 25 $\qquad\qquad \boxed{나}$ 50

$\boxed{다}$ 87.5 $\qquad\qquad \boxed{라}$ 100

해설> $\sigma_{\min} = \sigma' - \sigma'' = -\dfrac{P}{A} + \dfrac{M}{Z} = -\dfrac{150}{2 \times 3} + \dfrac{150 \times 1}{\left(\dfrac{2 \times 3^2}{6}\right)}$

$$= 25\,\text{kPa}$$

문제 **9.** 그림과 같이 단순 지지보가 B점에서 반시계 방향의 모멘트를 받고 있다. 이 때 최대의 처짐이 발생하는 곳은 A점으로부터 얼마나 떨어진 거리인가? 【8장】

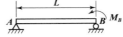

㉮ $\dfrac{L}{2}$ ㉯ $\dfrac{L}{\sqrt{2}}$

㉰ $L\left(1-\dfrac{1}{\sqrt{3}}\right)$ ㉱ $\dfrac{L}{\sqrt{3}}$

[해설] σ_{max}의 위치(A점으로부터) : $x=\dfrac{L}{\sqrt{3}}$

$\delta_{max}=\dfrac{ML^2}{9\sqrt{3}\,EI}$

[문제] 10. 비틀림 모멘트 T를 받고 봉의 길이 L인 부재에 발생하는 순수전단(pure shear) 상태에서의 비틀림 변형 에너지 U는? (단, 비틀림 강성은 GJ이다.) **【5장】**

㉮ $\dfrac{TL}{2GJ}$ ㉯ $\dfrac{T^2L}{2GJ}$

㉰ $\dfrac{TL^2}{2GJ}$ ㉱ $\dfrac{T^2L^2}{2GJ}$

[해설] $U=\dfrac{1}{2}T\theta$ 단, $\theta=\dfrac{TL}{GI_P}=\dfrac{TL}{GJ}$

$\therefore\ U=\dfrac{1}{2}T\theta=\dfrac{1}{2}T\times\dfrac{TL}{GJ}=\dfrac{T^2L}{2GJ}$

[문제] 11. 그림과 같은 외팔보에 저장된 굽힘 변형에너지는? (단, 탄성계수는 E이고, 단면의 관성모멘트는 I이다.) **【8장】**

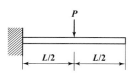

㉮ $\dfrac{P^2L^3}{8EI}$ ㉯ $\dfrac{P^2L^3}{12EI}$

㉰ $\dfrac{P^2L^3}{24EI}$ ㉱ $\dfrac{P^2L^3}{48EI}$

[해설] $U=\dfrac{P^2\ell^3}{6EI}$ 꼴에서 $U=\dfrac{P^2\left(\dfrac{L}{2}\right)^3}{6EI}=\dfrac{P^2L^3}{48EI}$

[문제] 12. 그림과 같이 길이가 동일한 2개의 기둥 상단에 중심 압축하중 2500 N이 작용할 경우 전체 수축량은 약 몇 mm인가? (단, 단면적 $A_1=1000\,mm^2$, $A_2=2000\,mm^2$, 길이 $L=300\,mm$, 재료의 탄성계수 $E=90\,GPa$이다.) **【2장】**

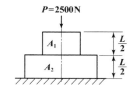

㉮ 0.625

㉯ 0.0625

㉰ 0.00625

㉱ 0.000625

[해설] $\lambda=\lambda_1+\lambda_2=\dfrac{PL_1}{A_1E}+\dfrac{PL_2}{A_2E}$

$=\dfrac{P\times\dfrac{L}{2}}{A_1E}+\dfrac{P\times\dfrac{L}{2}}{A_2E}=\dfrac{PL}{2E}\left(\dfrac{1}{A_1}+\dfrac{1}{A_2}\right)$

$=\dfrac{2500\times0.3}{2\times90\times10^9}\left(\dfrac{1}{1000\times10^{-6}}+\dfrac{1}{2000\times10^{-6}}\right)$

$=0.00625\times10^{-3}\text{m}=0.00625\,\text{mm}$

[문제] 13. 단면 계수에 대한 설명으로 틀린 것은? **【4장】**

㉮ 차원(dimension)은 길이의 3승이다.

㉯ 대칭 도형의 단면 계수 값은 하나밖에 없다.

㉰ 도형의 도심축에 대한 단면 2차모멘트와 면적을 서로 곱한 것을 말한다.

㉱ 단면 계수를 크게 설계하면 보가 강해진다.

[해설] 단면계수(Z) $=\dfrac{\text{단면2차 모멘트}(I)}{\text{최외각거리}(e\ \text{또는}\ y)}$

[문제] 14. 그림과 같이 직선적으로 변하는 불균일 분포하중을 받고 있는 단순보의 전단력선도는? **【6장】**

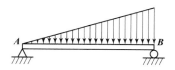

문제 15. 단면적 A, 탄성계수(Young's modulus) E, 길이 L_1인 봉재가 그림과 같이 천정에 매달려 있다. 이 부재의 B점에 하중 P가 작용될 때 B점의 하중방향 변위는? 【1장】

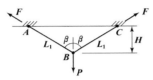

㉮ $\dfrac{P^2 H}{4EA\cos^2\beta}$　　　㉯ $\dfrac{P^2 H}{4EA\cos^3\beta}$

㉰ $\dfrac{PH}{2EA\cos^2\beta}$　　　㉱ $\dfrac{PH}{2EA\cos^3\beta}$

해설 〉

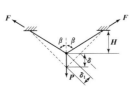

우선, $P = 2F\cos\beta$ 에서 $F = \dfrac{P}{2\cos\beta}$ ·············①식

또한, $H = L_1\cos\beta$ 즉, $L_1 = \dfrac{H}{\cos\beta}$

$\delta_1 = \dfrac{FL_1}{AE} = \dfrac{FH}{AE\cos\beta}$ ························②식

결국, $\delta_1 = \delta\cos\beta$ 에서

$\delta = \dfrac{\delta_1}{\cos\beta} = \dfrac{1}{\cos\beta} \times \dfrac{FH}{AE\cos\beta} = \dfrac{FH}{AE\cos^2\beta}$

$\quad = \dfrac{\dfrac{P}{2\cos\beta} \times H}{AE\cos^2\beta} = \dfrac{PH}{2AE\cos^3\beta}$

문제 16. 상단이 고정된 원추 형체의 단위체적에 대한 중량을 γ라 하고 원추의 밑면의 지름이 d, 높이가 ℓ일 때 이 재료의 최대 인장응력을 나타낸 식은? 【2장】

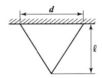

㉮ $\sigma_{\max} = \gamma\ell$

㉯ $\sigma_{\max} = \dfrac{1}{2}\gamma\ell$

㉰ $\sigma_{\max} = \dfrac{1}{3}\gamma\ell$

㉱ $\sigma_{\max} = \dfrac{1}{4}\gamma\ell$

해설 〉 $\sigma_{\max} = \dfrac{\gamma\ell}{3}$, $\lambda = \dfrac{\gamma\ell^2}{6E}$

문제 17. 그림에 표시한 단순 지지보에서의 최대 처짐량은? (단, 보의 굽힘 강성 EI는 일정하고, 자중은 무시한다.) 【8장】

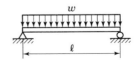

㉮ $\dfrac{w\ell^3}{48EI}$　　　㉯ $\dfrac{w\ell^4}{24EI}$

㉰ $\dfrac{5w\ell^3}{253EI}$　　　㉱ $\dfrac{5w\ell^4}{384EI}$

해설 〉 $\theta_{\max} = \dfrac{w\ell^3}{24EI}$, $\delta_{\max} = \dfrac{5w\ell^4}{384EI}$

문제 18. 그림과 같이 6 cm×12 cm 단면의 직사각형보가 단순지지되어 B단면에 집중하중 5000 N을 받고 있다. B단면에서의 최대굽힘응력은 약 몇 MPa인가? 【7장】

해답 **15.** ㉱ **16.** ㉰ **17.** ㉱ **18.** ㉰

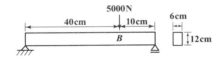

카 400　　　　　나 0.463

다 2.78　　　　　라 57600

해설 우선, $M_{max} = \dfrac{Pab}{\ell} = \dfrac{5000 \times 10^{-6} \times 0.4 \times 0.1}{0.5}$

$= 0.0004\,\text{MN} \cdot \text{m}$

또한, $Z = \dfrac{bh^2}{6} = \dfrac{0.06 \times 0.12^2}{6} = 0.000144\,\text{m}^3$

결국, $\sigma_{max} = \dfrac{M_{max}}{Z} = \dfrac{0.0004}{0.000144} \fallingdotseq 2.78\,\text{MPa}$

문제 **19.** 단면적이 $1\,\text{cm}^2$, 탄성계수가 $200\,\text{GPa}$, 길이가 $10\,\text{m}$인 케이블이 장력을 받아 길이가 $1\,\text{mm}$만큼 늘어났다. 장력의 크기는 몇 N인가? 【1장】

카 1000　　　　　나 2000

다 3000　　　　　라 4000

해설 $\lambda = \dfrac{P\ell}{AE}$ 에서

$P = \dfrac{AE\lambda}{\ell} = \dfrac{1 \times 10^{-4} \times 200 \times 10^9 \times 0.001}{10} = 2000\,\text{N}$

문제 **20.** 한 변의 길이가 $10\,\text{mm}$인 정사각형 단면의 막대가 있다. 온도를 $60\,℃$ 상승시켜서 길이가 늘어나지 않게 하기 위해 $8\,\text{kN}$의 힘이 필요하다. 막대의 선팽창계수(α)는? (단, 탄성계수 $E = 200\,\text{GPa}$이다.) 【2장】

카 $\dfrac{5}{3} \times 10^{-6}$　　　　나 $\dfrac{10}{3} \times 10^{-6}$

다 $\dfrac{15}{3} \times 10^{-6}$　　　　라 $\dfrac{20}{3} \times 10^{-6}$

해설 $P = E\alpha\Delta t A$ 에서

$\therefore \alpha = \dfrac{P}{E\Delta t A} = \dfrac{8}{200 \times 10^6 \times 60 \times 0.01^2}$

$= \dfrac{8}{1.2} \times 10^{-6} = \dfrac{20}{3} \times 10^{-6}\,(1/℃)$

제2과목 **기계열역학**

문제 **21.** 터빈의 효율에 대한 정의로 맞는 것은? 【7장】

카 실제 과정의 일÷등엔트로피 과정의 일

나 등엔트로피 과정의 일÷실제 과정의 일

다 실제 과정의 일×등엔트로피 과정의 일

라 (등엔트로피 과정의 일÷실제과정의 일)^2

해설 터빈효율 $\eta_T = \dfrac{\text{실제단열열낙차}}{\text{이론단열열낙차}}$

$= \dfrac{\text{실제일}}{\text{이론일(= 등엔트로피 과정일)}}$

문제 **22.** 흑체의 온도가 $20\,℃$에서 $80\,℃$로 되었다면 방사하는 복사에너지는 약 몇 배가 되는가? 【11장】

카 1.2　　　　　나 2.1

다 4.0　　　　　라 5.0

해설 스테판－볼츠만의 법칙 : 복사체에서 발산되는 복사열은 복사체의 절대온도의 4제곱(T^4)에 비례한다.

결국, $\left(\dfrac{T_2}{T_1}\right)^4 = \left(\dfrac{80+273}{20+273}\right)^4 \fallingdotseq 2.1$ 배

문제 **23.** 증기터빈에서 질량유량이 $1.5\,\text{kg/s}$이고, 열손실율이 $8.5\,\text{kW}$이다. 터빈으로 출입하는 수증기에 대하여 그림에 표시한 바와 같은 데이터가 주어진다면 터빈의 출력은? (단, 중력 가속도 $g = 9.8\,\text{m/s}^2$이다.) 【2장】

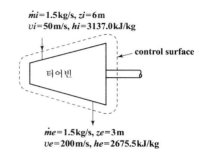

㉮ 약 273 kW ㉯ 약 656 kW

㉰ 약 1357 kW ㉱ 약 2616 kW

[해설] $_1Q_2 = W_t + \dfrac{\dot{m}(w_2^2 - w_1^2)}{2} + \dot{m}(h_2 - h_1)$
$+ \dot{m}g(Z_2 - Z_1)$ 에서

$-8.5 = W_t + \dfrac{1.5(200^2 - 50^2)}{2 \times 10^3} + 1.5(2675.5 - 3137)$
$+ 1.5 \times 9.8 \times (3 - 6) \times 10^{-3}$

$\therefore W_t = 655.67 \, kW \fallingdotseq 656 \, kW$

[문제] **24.** 피스톤–실린더 내에 공기 3 kg이 있다. 공기가 200 kPa, 10 ℃인 상태에서 600 kPa이 될 때까지 "$PV^{1.3}$=일정"인 과정으로 압축된다. 이 과정에서 공기가 한 일은 약 몇 kJ인가? (단, 공기의 기체상수는 0.287 kJ/kg·K이다.) 【3장】

㉮ -285 ㉯ -235

㉰ 13 ㉱ 125

[해설] $PV^{1.3} = C$: 폴리트로프 과정

$_1W_2 = \dfrac{mR}{n-1}(T_1 - T_2) = \dfrac{mRT_1}{n-1}\left[1 - \left(\dfrac{T_2}{T_1}\right)\right]$

$= \dfrac{1}{n-1} \times mRT_1 \left[1 - \left(\dfrac{P_2}{P_1}\right)^{\frac{n-1}{n}}\right]$

$= \dfrac{1}{1.3-1} \times 3 \times 0.287 \times 283 \times \left[1 - \left(\dfrac{600}{200}\right)^{\frac{1.3-1}{1.3}}\right]$

$= -234.37 \, kJ$

[문제] **25.** 마찰이 없는 피스톤과 실린더로 구성된 밀폐계에 분자량이 25인 이상기체가 2 kg 있다. 기체의 압력이 100 kPa로 일정할 때 체적이 1 m³에서 2 m³로 변화한다면 이 과정 중 열 전달량은? (단, 정압비열은 1.0 kJ/kg·K이다.) 【3장】

㉮ 약 150 kJ ㉯ 약 202 kJ

㉰ 약 268 kJ ㉱ 약 300 kJ

[해설] $\delta q = dh - Avdp$ 에서 정압변화이므로 $p = C$
즉, $dp = 0$

$\therefore _1Q_2 = m C_p(T_2 - T_1) = 2 \times 1 \times (300.7 - 150.35)$
$= 300.7 \, kJ$

여기서, 우선, $P_1 V_1 = mRT_1$ 에서

$T_1 = \dfrac{P_1 V_1}{mR} = \dfrac{100 \times 10^3 \times 1}{2 \times \frac{8314}{25}} = 150.35 \, K$

또한, $\dfrac{V_1}{T_1} = \dfrac{V_2}{T_2}$ 에서

$T_2 = T_1 \times \dfrac{V_2}{V_1} = 150.35 \times \dfrac{2}{1} = 300.7 \, K$

[문제] **26.** 33 kW의 동력을 내는 열기관이 1시간 동안 하는 일은 약 얼마인가? 【1장】

㉮ 83600 kJ ㉯ 104500 kJ

㉰ 118800 kJ ㉱ 988780 kJ

[해설] $33 \, kW = 33 \times 3600 \, kJ/hr = 118800 \, kJ/hr$

[문제] **27.** 다음 열과 일에 대한 설명 중 맞는 것은? 【1장】

㉮ 과정에서 열과 일은 모두 경로에 무관하다.

㉯ Watt(W)는 열의 단위이다.

㉰ 열역학 제1법칙은 열과 일의 방향성을 제시한다.

㉱ 사이클에서 시스템의 열전달 양은 곧 시스템이 수행한 일과 같다.

[해설] ① 일과 열은 과정(＝경로＝도정) 함수이다.
② 일과 열의 단위는 J(Joule)이다.
③ 에너지의 방향성을 제시한 것은 열역학 제2법칙이다.

[문제] **28.** 이상기체가 정압 하에서 엔탈피 증가가 939.4 kJ, 내부에너지 증가는 512.4 kJ이었으며, 체적은 0.5 m³ 증가하였다. 이 기체의 압력은? 【2장】

㉮ 665 kPa ㉯ 754 kPa

㉰ 854 kPa ㉱ 786 kPa

[해설] $H = U + PV$ 에서
$939.4 = 512.4 + (P \times 0.5)$ $\therefore P = 854 \, kPa$

[해답] **24.** ㉯ **25.** ㉱ **26.** ㉰ **27.** ㉱ **28.** ㉰

문제 29. 질소의 압축성 인자(계수)에 대한 설명으로 맞는 것은? 【3장】

㉮ 상온 및 상압인 300 K, 1기압 상태에서 압축성 인자는 거의 1에 가까워 이상기체의 거동을 보인다.

㉯ 온도에 관계없이 압력이 0에 가까워지면 압축성 인자도 0에 접근한다.

㉰ 압력이 30 MPa 이상인 초고밀도 영역에서 압축성 인자는 항상 1보다 작다.

㉱ 상온 및 상압인 300 K, 1기압 상태에서 온도가 증가하면 압축성 인자는 감소한다.

[해설] 압축성인자(계수) $Z = \dfrac{pv}{RT}$ 에서 이상기체에 대해서는 압축성인자 $Z = 1$ 이고, Z가 1로부터 벗어남이 실제기체가 이상기체상태방정식으로부터 벗어나는 정도의 척도가 된다.

문제 30. 임계점 및 삼중점에 대한 설명으로 옳은 것은? 【6장】

㉮ 헬륨이 상온에서 기체로 존재하는 이유는 임계 온도가 상온보다 훨씬 높기 때문이다.

㉯ 초임계 압력에서는 두 개의 상이 존재한다.

㉰ 물의 삼중점 온도는 임계 온도보다 높다.

㉱ 임계점에서는 포화액체와 포화증기의 상태가 동일하다.

[해설] ① 3중점 : 임의의 압력하에서 액체, 고체, 기체가 서로 평형을 유지하면서 공존하는 점
② 임계점 : 증발을 시작하는 선(포화액선)과 증발이 끝나는 선(건포화증기선)이 일치하는 점으로 그 이상의 압력에서는 액체와 증기가 서로 평행으로 존재할 수 없는 상태

문제 31. 이상기체 1 kg을 300 K, 100 kPa에서 500 K까지 "$PVn = $일정"의 과정($n = 1.2$)을 따라 변화시켰다. 기체의 비열비는 1.3, 기체상수는 0.287 kJ/kg·K라고 가정한다면 이 기체의 엔트로피 변화량은 약 몇 kJ/K인가? 【4장】

㉮ -0.244 ㉯ -0.287
㉰ -0.344 ㉱ -0.373

[해설] $\Delta S = m C_n \ell n \dfrac{T_2}{T_1} = m \left(\dfrac{n-k}{n-1} \right) C_v \ell n \dfrac{T_2}{T_1}$

$\quad = m \left(\dfrac{n-k}{n-1} \right) \times \dfrac{R}{k-1} \times \ell n \dfrac{T_2}{T_1}$

$\quad = 1 \times \left(\dfrac{1.2 - 1.3}{1.2 - 1} \right) \times \dfrac{0.287}{1.3 - 1} \times \ell n \dfrac{500}{300}$

$\quad = -0.244 \, kJ/K$

문제 32. 다음 열역학 성질(상태량)에 대한 설명 중 맞는 것은? 【1장】

㉮ 엔탈피는 점함수이다.

㉯ 엔트로피는 비가역과정에 대해서 경로함수이다.

㉰ 시스템 내 기체의 열평형은 압력이 시간에 따라 변하지 않을 때를 말한다.

㉱ 비체적은 종량적 상태량이다.

[해설] ① 열량과 일량은 과정(=경로=도정)함수이며, 그 외는 모두 점함수(=상태함수=성질)이다.
② 비체적은 강도성상태량이다.

문제 33. 증기압축 냉동사이클에 대한 설명 중 맞는 것은? 【9장】

㉮ 팽창밸브를 통한 과정은 등엔트로피 과정이다.

㉯ 압축기 단열효율은 100 %보다 클 수 있다.

㉰ 응축 온도는 주위 온도보다 낮을 수 있다.

㉱ 성능계수는 1보다 클 수 있다.

[해설] $\varepsilon_r = \dfrac{Q_2}{W_c} = \dfrac{Q_2}{Q_1 - Q_2} = \dfrac{T_{II}}{T_1 - T_{II}}$

문제 34. 한 시간에 3600 kg의 석탄을 소비하여 6050 kW를 발생하는 증기터빈을 사용하는 화력 발전소가 있다면, 이 발전소의 열효율은? (단, 석탄의 발열량은 29900 kJ/kg이다.) 【1장】

[정답] **29.** ㉮ **30.** ㉱ **31.** ㉮ **32.** ㉮ **33.** ㉱ **34.** ㉮

⑦ 약 20 %　　　　④ 약 30 %

⑤ 약 40 %　　　　⑥ 약 50 %

해설 $\eta = \dfrac{N_e}{H_\ell \times f_e} \times 100\%$

$= \dfrac{6050\,\text{kW}}{29900\,\text{kJ/kg} \times 3600\,\text{kg/hr}} \times 100\%$

$= \dfrac{6050 \times 3600\,\text{kJ/hr}}{29900 \times 3600\,\text{kJ/hr}} \times 100\% = 20.23\%$

문제 **35.** 600 kPa, 300 K 상태의 아르곤(argon) 기체 1 kmol이 엔탈피가 일정한 과정을 거쳐 압력이 원래의 1/3배가 되었다. 일반기체상수 $\overline{R} =$ 8.31451 kJ/kmol·K이다. 이 과정 동안 아르곤(이상기체)의 엔트로피 변화량은? 【4장】

⑦ 0.782 kJ/K　　　④ 8.31 kJ/K

⑤ 9.13 kJ/K　　　⑥ 60.0 kJ/K

해설 줄의 법칙에 의해 엔탈피가 일정하므로 등온으로 간주하면

$\Delta S = mR\ell n \dfrac{p_1}{p_2} = \overline{R}\ell n \dfrac{p_1}{p_2} = 8.31451 \times \ell n \dfrac{600}{200}$

$= 9.13\,\text{kJ/K}$

문제 **36.** 냉동용량 23 kW인 냉동기의 성능계수가 3이다. 이때 필요한 동력은 몇 kW인가? 【9장】

⑦ 4.4　　　　④ 5.7

⑤ 6.7　　　　⑥ 7.7

해설 $\varepsilon_r = \dfrac{Q_2}{W_c}$ 에서 $W_c = \dfrac{Q_2}{\varepsilon_r} = \dfrac{23}{3} = 7.67$

문제 **37.** 상온의 감자를 가열하여 뜨거운 감자로 요리하였다. 감자의 에너지 변동 중 맞는 것은? 【2장】

⑦ 위치에너지가 증가

④ 엔탈피 감소

⑤ 운동에너지 감소

⑥ 내부에너지가 증가

해설 줄의 법칙(Joule's law) : 완전가스에서 내부에너지와 엔탈피는 온도만의 함수이다.

즉, $du = C_v dT = f(T)$

$dh = C_p dT = f(T)$

문제 **38.** 어떤 냉동기에서 0 ℃의 물로 0 ℃의 얼음 2 ton을 만드는데 180 MJ의 일이 소요된다면 이 냉동기의 성능계수는? (단, 물의 융해열은 334 kJ/kg이다.) 【9장】

⑦ 2.05　　　　④ 2.32

⑤ 2.65　　　　⑥ 3.71

해설 $\varepsilon_r = \dfrac{Q_2}{W_c} = \dfrac{2000 \times 334}{180 \times 10^3} = 3.71$

문제 **39.** 이상랭킨(Rankine)사이클에서 정적단열과정이 진행되는 곳은? 【7장】

⑦ 보일러　　　　④ 펌프

⑤ 터빈　　　　⑥ 응축기

해설 급수펌프

: 복수기에서 응축된 포화수를 급수펌프를 이용하여 보일러에 급수하는 과정이다. 이때 물은 급수펌프에 의해서 가역단열압축되지만 물은 비압축성유체로 볼 수 있으므로 정적압축과정으로 생각해도 된다.

문제 **40.** 다음의 설명 중 틀린 것은? 【4장】

⑦ 엔트로피는 종량적 상태량이다.

④ 과정이 비가역으로 되는 요인에는 마찰, 불구속 팽창, 유한 온도차에 의한 열전달 등이 있다.

⑤ Carnot cycle은 비가역이므로 모든 과정을 역으로 운전할 수 없다.

⑥ 시스템의 가역과정은 한번 진행된 과정이 역으로 진행될 수 있으며, 그 때 시스템이나 주위에 아무런 변화를 남기지 않는 과정이다.

해답 **35.** ⑤　**36.** ⑥　**37.** ⑥　**38.** ⑥　**39.** ④　**40.** ⑤

해설▷ 카르노사이클(carnot cycle)은 가역이상열기관사이클이다.

제3과목 기계유체역학

문제 41. 직경이 6 cm이고 속도가 23 m/s인 수평방향 물제트가 고정된 수직평판에 수직으로 충돌한 후 평판면의 주위로 유출된다. 물제트의 유동에 대항하여 평판을 현재의 위치에 유지시키는데 필요한 힘은 약 몇 N인가? 【4장】

㉮ 1200   ㉯ 1300
㉰ 1400   ㉭ 1500

해설▷ $F = \rho Q V = \rho A V^2 = 1000 \times \dfrac{\pi \times 0.06^2}{4} \times 23^2$
$= 1495.7\,\mathrm{N}$

문제 42. 2차원 흐름 속의 한 점 A에 있어서 유선 간격은 4 cm이고 평균 유속은 12 m/s이다. 다른 한 점 B에 있어서의 유선 간격이 2 cm일 때 B의 평균 유속은 얼마인가? (단, 유체의 흐름은 비압축성 유동이다.) 【3장】

㉮ 24 m/s   ㉯ 12 m/s
㉰ 6 m/s   ㉭ 3 m/s

해설▷ 유선사이의 간격을 h라 하면 단위폭당 유량(q)은
$$q = \frac{Q}{b} = \frac{bhV}{b} = hV = C$$
결국, $h_A V_A = h_B V_B$ 에서
$$4 \times 12 = 2 \times V_B \qquad \therefore \quad V_B = 24\,\mathrm{m/s}$$

문제 43. 다음 중 아래의 베르누이 방정식을 적용시킬 수 있는 조건으로만 나열된 것은? 【3장】

$$\frac{P_1}{\rho g} + \frac{V_1}{2g} + z_1 = \frac{P_2}{\rho g} + \frac{V_2}{2g} + z_2$$

㉮ 비정상 유동, 비압축성 유동, 점성 유동
㉯ 정상 유동, 압축성 유동, 비점성 유동
㉰ 비정상 유동, 압축성 유동, 점성 유동
㉭ 정상 유동, 비압축성 유동, 비점성 유동

해설▷ ·베르누이방정식의 가정
① 유체입자는 유선을 따라 움직인다.
② 유체입자는 마찰이 없다. 즉, 비점성유체이다.
③ 정상류이다.
④ 비압축성이다.

문제 44. 물이 들어있는 탱크에 수면으로부터 20 m 깊이에 지름 5 cm의 노즐이 있다. 이 노즐의 송출계수(discharge coefficient)가 0.9일 때 노즐에서의 유속은 몇 m/s인가? 【3장】

㉮ 392   ㉯ 36.4
㉰ 17.8   ㉭ 22.0

해설▷ $V = C\sqrt{2gh} = 0.9\sqrt{2 \times 9.8 \times 20} = 17.82\,\mathrm{m/s}$

문제 45. 그림과 같은 지름이 2 m인 원형수문의 상단이 수면으로부터 6 m 깊이에 놓여 있다. 이 수문에 작용하는 힘과 힘의 작용점의 수면으로부터 깊이는? 【2장】

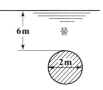

㉮ 188 kN, 6.036 m   ㉯ 216 kN, 6.036 m
㉰ 216 kN, 7.036 m   ㉭ 188 kN, 7.036 m

해설▷ 우선, $F = \gamma \bar{h} A = 9.8 \times 7 \times \dfrac{\pi \times 2^2}{4} = 215.5\,\mathrm{N}$

또한, $y_F = \bar{y} + \dfrac{I_G}{A\bar{y}} = 7 + \dfrac{\left(\dfrac{\pi \times 2^4}{64}\right)}{\dfrac{\pi}{4} \times 2^2 \times 7} = 7.036\,\mathrm{m}$

문제 46. 안지름 40 cm인 관속을 동점성계수 1.2×10^{-3} m²/s의 유체가 흐를 때 임계 레이

놀즈 수(Reynolds number)가 2300이면 임계 속도는 몇 m/s인가? 【5장】

㉮ 1.1 ㉯ 2.3

㉰ 4.7 ㉱ 6.9

해설 $Re = \dfrac{Vd}{\nu}$ 에서

$$V = \dfrac{Re \cdot \nu}{d} = \dfrac{2300 \times 1.2 \times 10^{-3}}{0.4} = 6.9 \, \text{m/s}$$

문제 47. 경계층(boundary layer)에 관한 설명 중 틀린 것은? 【5장】

㉮ 경계층 바깥의 흐름은 포텐셜 흐름에 가깝다.

㉯ 균일 속도가 크고, 유체의 점성이 클수록 경계층의 두께는 얇아진다.

㉰ 경계층 내에서는 점성의 영향이 크다.

㉱ 경계층은 평판 선단으로부터 하류로 갈수록 두꺼워진다.

해설 유체의 점성이 클수록 경계층의 두께는 두꺼워진다.

문제 48. 이상유체 유동에서 원통주위의 순환(circulation)이 없을 때 양력과 항력은 각각 얼마인가? (단, ρ : 밀도, V : 상류 속도, D : 원통의 지름) 【5장】

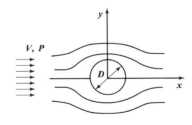

㉮ 양력 $= \rho V^2 D$, 항력 $= \dfrac{1}{2}\rho V^2 D$

㉯ 양력 $= 0$, 항력 $= \dfrac{1}{4}\rho V^2 D$

㉰ 양력 $= \rho V^2 D$, 항력 $= \rho V^2 D$

㉱ 양력 $= 0$, 항력 $= 0$

해설 이상유체의 유동에서는 항력(D)과 양력(L)이 모두 0이다.

문제 49. 수력기울기선(Hydraulic Grade Line : HGL)이 관보다 아래에 있는 곳에서의 압력은? 【3장】

㉮ 완전 진공이다. ㉯ 대기압보다 낮다.

㉰ 대기압과 같다. ㉱ 대기압보다 높다.

해설 수력구배선(=수력기울기선) $H.G.L = \dfrac{P}{\gamma} + Z$이므로 대기압보다 낮은 압력은 수력구배선보다 아래에 있음을 알 수 있다.

문제 50. 그림과 같이 15 ℃인 물(밀도는 998.6 kg/m³)이 200 kg/min의 유량으로 안지름이 5 cm인 관 속을 흐르고 있다. 이 때 관마찰계수 f는? (단, 액주계에 들어있는 액체의 비중(S)는 3.2이다.) 【6장】

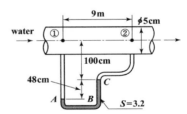

㉮ 0.02 ㉯ 0.04

㉰ 0.07 ㉱ 0.09

해설 우선, $p_1 - p_2 = \Delta p = (\gamma_0 - \gamma)h = \gamma_{H_2O}(S_0 - S)h$
$$= 9800(3.2 - 1) \times 0.48$$
$$= 10348.8 \, \text{Pa}$$

또한, $\dot{M} = \rho A V$에서

$$V = \dfrac{\dot{M}}{\rho A} = \dfrac{\left(\dfrac{200}{60}\right)}{998.6 \times \dfrac{\pi \times 0.05^2}{4}} = 1.7 \, \text{m/s}$$

결국, $\Delta p = f \dfrac{\ell}{d} \dfrac{\gamma V^2}{2g}$ 에서

$$\therefore f = \dfrac{2gd\Delta p}{\gamma \ell V^2} = \dfrac{2 \times 9.8 \times 0.05 \times 10348.8}{9800 \times 9 \times 1.7^2} = 0.04$$

정답 47. ㉯ 48. ㉱ 49. ㉯ 50. ㉯

문제 51. 길이가 5 mm이고 발사속도가 400 m/s인 탄환의 항력을 10배 큰 모형을 사용하여 측정하려고 한다. 모형을 물에서 실험하려면 발사속도는 몇 m/s이어야 하는가? (단, 공기의 점성계수는 2×10^{-5} kg/m·s, 밀도는 1.2 kg/m³이고 물의 점성계수는 0.001 kg/m·s라고 한다.) 【7장】

㉮ 2.0 ㉯ 2.4
㉰ 4.8 ㉱ 9.6

해설 $(Re)_P = (Re)_m$ 에서 $\left(\dfrac{\rho V \ell}{\mu}\right)_P = \left(\dfrac{\rho V \ell}{\mu}\right)_m$

$\dfrac{1.2 \times 400 \times 0.005}{2 \times 10^{-5}} = \dfrac{1000 \times V_m \times 0.05}{0.001}$

∴ $V_m = 2.4 \, \text{m/s}$

문제 52. 그림과 같은 반지름 R인 원관 내의 층류유동 속도분포는 $u(r) = U\left(1 - \dfrac{r^2}{R^2}\right)$으로 나타내어진다. 여기서 원관 내 전체가 아닌 $0 \le r \le \dfrac{R}{2}$인 원형 단면을 흐르는 체적유량 Q를 구하면? 【5장】

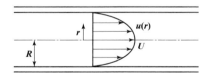

㉮ $Q = \dfrac{5\pi U R^2}{16}$ ㉯ $Q = \dfrac{7\pi U R^2}{16}$

㉰ $Q = \dfrac{5\pi U R^2}{32}$ ㉱ $Q = \dfrac{7\pi U R^2}{32}$

해설 $dQ = U(2\pi r)dr = U\left(1 - \dfrac{r^2}{R^2}\right) 2\pi r dr$

$= U\left(r - \dfrac{r^3}{R^2}\right) 2\pi dr$

$\displaystyle \int_0^{\frac{R}{2}} dQ = 2\pi U \int_0^{\frac{R}{2}} \left(r - \dfrac{r^3}{R^2}\right) dr$

∴ $Q = 2\pi U \left[\dfrac{r^2}{2} - \dfrac{r^4}{4R^2}\right]_0^{\frac{R}{2}}$

$= 2\pi U \left(\dfrac{R^2}{8} - \dfrac{R^2}{4 \times 16}\right) = \dfrac{7\pi U R^2}{32}$

문제 53. 그림과 같이 입구속도 U_o의 비압축성 유체의 유동이 평판위를 지나 출구에서의 속도분포가 $U_o \dfrac{y}{\delta}$가 된다. 검사체적을 $ABCD$로 취한다면 단면 CD를 통과하는 유량은? (단, 그림에서 검사체적의 두께는 δ, 평판의 폭은 b이다.) 【3장】

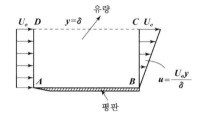

㉮ $\dfrac{U_o b \delta}{2}$ ㉯ $U_o b \delta$

㉰ $\dfrac{U_o b \delta}{4}$ ㉱ $\dfrac{U_o b \delta}{8}$

해설 $dQ = U dA = U_0 \dfrac{y}{\delta} b dy$ 에서 양변을 적분하면

∴ $Q = \displaystyle \int_0^\delta U_0 \dfrac{y}{\delta} b dy = \dfrac{U_0 b}{\delta} \int_0^\delta y dy$

$= \dfrac{U_0 b}{\delta} \left[\dfrac{y^2}{2}\right]_0^\delta = \dfrac{U_0 b \delta}{2}$

문제 54. 그림과 같이 동일한 단면의 U자관에서 상호간 혼합되지 않고 화학작용도 하지 않는 두 종류의 액체가 담겨져 있다. $\rho_A = 1000$ kg/m³, $\ell_A = 50$ cm, $\rho_B = 500$ kg/m³일 때 ℓ_B는 몇 cm인가? 【10장】

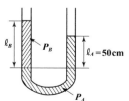

㉮ 100   ㉯ 50
㉰ 75   ㉣ 25

[해설] $\gamma_A \ell_A = \gamma_B \ell_B$에서 $\rho_A g \ell_A = \rho_B g \ell_B$
즉, $\rho_A \ell_A = \rho_B \ell_B$
$1000 \times 50 = 500 \times \ell_B$
$\therefore \ell_B = 100 \, cm$

[문제] **55.** 그림과 같은 원통형 축 틈새에 점성계수 $\mu = 0.51 \, Pa \cdot s$인 윤활유가 채워져 있을 때, 축을 1800 rpm으로 회전시키기 위해서 필요한 동력은 몇 W인가? (단, 틈새에서의 유동은 Couette 유동이라고 간주한다.) 【1장】

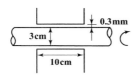

㉮ 45.3   ㉯ 128
㉰ 4807   ㉣ 13610

[해설] 우선, $V = \dfrac{\pi d N}{60} = \dfrac{\pi \times 0.03 \times 1800}{60} = 2.826 \, m/s$
또한, $F = \mu \dfrac{V}{h} A = \mu \dfrac{V}{h} \pi d \ell$
$= 0.51 \times \dfrac{2.826}{0.3 \times 10^{-3}} \times \pi \times 0.03 \times 0.1$
$= 45.28 \, N$
결국, 동력 $P = FV = 45.28 \times 2.826 \doteqdot 128 \, W$

[문제] **56.** 다음 중 차원이 잘못 표시된 것은?
(단, M : 질량, L : 길이, T : 시간) 【2장】

㉮ 압력(pressure) : MLT^{-2}
㉯ 일(work) : $ML^2 T^{-2}$
㉰ 동력(power) : $ML^2 T^{-3}$
㉣ 동점성계수(kinematic viscosity) : $L^2 T^{-1}$

[해설] 압력 $= N/m^2 = [FL^{-2}] = [ML^{-1}T^{-2}]$

[문제] **57.** 질량 60 g, 직경 64 mm인 테니스공이 25 m/s의 속도로 회전하며 날아갈 때, 이 공에 작용하는 공기 역학적 양력은 몇 N인가? (단, 공기의 밀도는 $1.23 \, kg/m^3$, 양력계수는 0.3이다.) 【5장】

㉮ 0.37   ㉯ 0.45
㉰ 1.50   ㉣ 3.63

[해설] $L = C_D \dfrac{\rho V^2}{2} A = 0.3 \times \dfrac{1.23 \times 25^2}{2} \times \dfrac{\pi \times 0.064^2}{4}$
$= 0.37 \, N$

[문제] **58.** 그림과 같이 지름이 D인 물방울을 지름 d인 N개의 작은 물방울로 나누려고 할 때 요구되는 에너지양은?
(단, $D \gg d$이고, 표면장력을 σ이다.) 【1장】

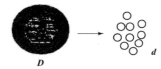

㉮ $4\pi D^2 \left(\dfrac{D}{d} - 1 \right) \sigma$ ㉯ $2\pi D^2 \left(\dfrac{D}{d} - 1 \right) \sigma$

㉰ $\pi D^2 \left(\dfrac{D}{d} - 1 \right) \sigma$ ㉣ $2\pi D^2 \left[\left(\dfrac{D}{d} \right)^2 - 1 \right] \sigma$

[해설] 표면장력(σ)은 직경비에 비례하므로
우선, 큰 물방울이 갖는 표면에너지
$: E_D = (\pi D \times \sigma) \times D = \pi D^2 \sigma$
또한, 작은 물방울이 갖는 표면에너지
$: E_d = E_D \dfrac{D}{d} = \pi D^2 \sigma \times \dfrac{D}{d}$
결국, N개의 작은 물방울로 나눌 때 필요한 에너지 E는
$$E = E_d - E_D = \pi D^2 \sigma \left(\dfrac{D}{d} - 1 \right)$$

[문제] **59.** 그림과 같이 지름 0.1 m인 구멍이 뚫린 철판을 지름 0.2 m, 유속 10 m/s인 분류가 완벽하게 균형이 잡힌 정지 상태로 떠받치고 있다. 이 철판의 질량은 약 몇 kg인가? 【4장】

[해답] **55.** ㉯   **56.** ㉮   **57.** ㉮   **58.** ㉰   **59.** ㉮

가 240
나 320
다 400
라 800

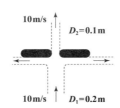

③ 산류, 염류에는 침식되나 알칼리에는 강하다.
④ 용도 : 자동차, 배, 전기기기, 항공기부품, 전자·
전기용 제품의 케이스 등

해설 $\rho_1 Q_1 V_1 = \rho_2 Q_2 V_2 + F$

$\rho_1 A_1 V_1^2 = \rho_2 A_2 V_2^2 + F$

$(\because \rho_1 = \rho_2 = \rho,\ V_1 = V_2 = V)$

$\therefore F = \rho V^2 (A_1 - A_2)$

$= 1000 \times 10^2 \times \left(\dfrac{\pi \times 0.2^2}{4} - \dfrac{\pi \times 0.1^2}{4} \right)$

$= 2356\,\mathrm{N}\ (= \mathrm{kg\,m/s^2})$

결국, $F = mg$에서

$\therefore m = \dfrac{F}{g} = \dfrac{2356}{9.8} = 240.4\,\mathrm{kg}$

문제 60. 유체의 밀도 ρ, 속도 V, 압력강하 ΔP
의 조합으로 얻어지는 무차원 수는? 【7장】

가 $\sqrt{\dfrac{\Delta P}{\rho V}}$

나 $\rho \sqrt{\dfrac{V}{\Delta P}}$

다 $V \sqrt{\dfrac{\rho}{\Delta P}}$

라 $\Delta P \sqrt{\dfrac{V}{\rho}}$

해설 단위환산을 하여 단위가 모두 약분되면 무차원
수이다.

제4과목 기계재료 및 유압기기

문제 61. 실용금속 중 비중이 가장 작아 항공기
부품이나 전자 및 전기용 제품의 케이스 용도
로 사용되고 있는 합금재료는?

가 Ni 합금
나 Cu 합금
다 Pb 합금
라 Mg 합금

해설 ·마그네슘(Mg)
① 비중 1.74로서 실용금속 중 가장 가볍다.
② 절삭성은 좋으나 250 ℃ 이하에서는 소성가공성
이 나쁘다.

문제 62. 흑심가단주철은 풀림온도를 850~950
℃와 680~730 ℃의 2단계로 나누어 각 온도
에서 30~40시간 유지시키는데 제2단계 풀림
의 목적으로 가장 알맞은 것은?

가 펄라이트 중의 시멘타이트의 흑연화
나 유리 시멘타이트의 흑연화
다 흑연의 구상화
라 흑연의 치밀화

해설 ① 1단계 : 유리시멘타이트를 흑연화
② 2단계 : 펄라이트를 흑연화

문제 63. 금속원자의 결정면은 밀러지수(Miller
index)의 기호를 사용하여 표시할 수 있다. 다
음 그림에서 빗금으로 표시한 입방격자면의 밀
러지수는?

가 (100)
나 (010)
다 (110)
라 (111)

해설 ·밀러지수 : 결정면을 정의하는 방법

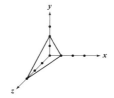

예) 밀러지수 찾는 방법
① x, y, z의 절편값 : 1, 2, 3
② x, y, z의 절편값의 역수 : 1, $\dfrac{1}{2}$, $\dfrac{1}{3}$
③ 역수값의 최소정수비 : $6 \times \left(1,\ \dfrac{1}{2},\ \dfrac{1}{3} \right)$
④ 밀러지수 = 6, 3, 2

정답 **60.** 다 **61.** 라 **62.** 가 **63.** 라

문제 64. 금형부품용도로 사용되고 있는 스프링 강의 설명 중 틀린 것은?

㉮ 탄성한도가 높고 피로에 대한 저항이 크다.

㉯ 솔바이트조직으로 비교적 경도가 높다.

㉰ 정밀한 고급 스프링재료에는 Cr−V강을 사용한다.

㉱ 탄소강에 납(Pb), 황(S)을 많이 첨가시킨 강이다.

해설 탄소강에 S, Pb, P, Mn을 첨가하여 개선한 구조용특수강을 쾌삭강이라 한다.

문제 65. 강의 표면에 탄소를 침투시켜 표면을 경화시키는 방법은?

㉮ 질화법

㉯ 크로마이징

㉰ 침탄법

㉱ 담금질

해설 · 화학적 표면경화법
① 침탄법 : 0.2 % 이하의 저탄소강 또는 저탄소합금강 소재를 침탄제 속에 파묻고 가열하여 그 표면에 탄소(C)를 침입, 고용시키는 방법이다.
② 질화법 : 강을 500~550 ℃의 암모니아(NH₃)가스 중에서 장시간 가열하면 질소(N)가 흡수되어 질화물(Fe₄N, Fe₂N)이 형성된다. 이처럼 질소(N)가 노내에 확산하여 표면에 질화경화층을 만드는 방법이다.

문제 66. 일반적인 합성수지의 공통적인 성질을 설명한 것으로 잘못된 것은?

㉮ 가공성이 크고 성형이 간단하다.

㉯ 열에 강하고 산, 알칼리, 기름, 약품 등에 강하다.

㉰ 투명한 것이 많고, 착색이 용이하다.

㉱ 전기 절연성이 좋다.

해설 합성수지는 내열성이 작으므로 높은 온도에서는 사용할 수 없다.

문제 67. 탄소강에서 탄소량이 증가하면 일반적으로 감소하는 성질은?

㉮ 전기저항

㉯ 열팽창계수

㉰ 항자력

㉱ 비열

해설 탄소함유량의 증가와 더불어 비중, 열팽창계수, 탄성률, 열전도율이 감소되나 비열, 전기저항, 항자력은 증가한다.

문제 68. 과냉 오스테나이트 상태에서 소성가공을 하고 그 후 냉각 중에 마텐자이트화하는 항온열처리 방법을 무엇이라고 하는가?

㉮ 크로마이징

㉯ 오스포밍

㉰ 인덕션하드닝

㉱ 오스템퍼링

해설 · 오스포밍(ausforming)
① 준안정 오스테나이트 영역에서 성형가공한다는 뜻으로 이 방법으로 고강인성의 강을 얻게 된다.
② 가공열처리는 오스테나이트강을 재결정온도 이하의 M_s 이상의 온도범위에서 변태가 일어나기 전에 과냉오스테나이트 상태에서 소성가공을 한 다음 냉각하여 마르텐자이트화하는 조직이다.

문제 69. C와 Si의 함량에 따른 주철의 조직을 나타낸 조직 분포도는?

㉮ Gueiner, Klingenstein 조직도

㉯ 마우러(Maurer) 조직도

㉰ Fe−C 복평형 상태도

㉱ Guilet 조직도

해설 마우러조직도(Maurer's diagram)
: 1924년 Maurer가 만든 것으로 C와 Si량에 따른 주철의 조직도를 나타낸 것이다.

문제 70. 강에 적당한 원소를 첨가하면 기계적 성질을 개선하는데 특히 강인성, 저온 충격 저항을 증가시키기 위하여 어떤 원소를 첨가하는 것이 가장 좋은가?

해답 64. ㉱ 65. ㉰ 66. ㉯ 67. ㉯ 68. ㉯ 69. ㉯ 70. ㉱

㉮ W ㉯ Ag
㉰ S ㉱ Ni

해설> Ni의 영향 : 강인성, 내식성, 내산성을 증가, 담
금질성 증대, 페라이트조직 안정화

문제 **71.** 그림과 같이 파일럿 조작 체크밸브를
사용한 회로는 어떤 회로인가?

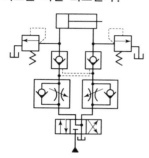

㉮ 동조 회로 ㉯ 시퀀스 회로
㉰ 완전 로크 회로 ㉱ 미터 인 회로

해설>

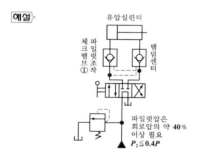

유압실린더

체 파 탠
크 일 덤
밸 럿 센
브 조 터
① 작

파일럿압은
회로압의 약 40%
이상 필요
$P_2 \leqq 0.4P$

로크회로 : 실린더 행정 중 임의위치에서 또는 행정
끝에서 실린더를 고정시켜 놓을 필요가 있을 때라 할
지라도 부하가 클 때 또는 장치내의 압력저하에 의하
여 실린더 피스톤이 이동되는 경우가 발생한다. 이
피스톤의 이동을 방지하는 회로를 로크회로라 한다.

문제 **72.** 그림과 같은 유압기호의 설명으로 틀린
것은?

㉮ 유압 펌프를 의미한다.
㉯ 1방향 유동을 나타낸다.
㉰ 가변 용량형 구조이다.
㉱ 외부 드레인을 가졌다.

해설> ·명칭 : 유압모터
·비고 : ① 1방향유동, ② 가변용량형, ③ 조작기구
를 특별히 지정하지 않는 경우, ④ 외부드
레인, ⑤ 1방향 회전형, ⑥ 양축형

문제 **73.** 작동유를 장시간 사용한 후 육안으로
검사한 결과 흑갈색으로 변화하여 있었다면 작
동유는 어떤 상태로 추정되는가?

㉮ 양호한 상태이다.
㉯ 산화에 의한 열화가 진행되어 있다.
㉰ 수분에 의한 오염이 발생되었다.
㉱ 공기에 의한 오염이 발생되었다.

해설> ·작동유의 색상
① 투명하고 색상의 변화가 없을 때 : 정상상태 작
동유
② 흑갈색 : 산화에 의한 열화가 진행된 상태
③ 암흑색 : 작동유를 장시간 사용하여 교환시기가
지난 상태

문제 **74.** 그림과 같은 4/3-way 솔레노이드 밸
브에서 중립위치의 형식 중 플로트 센터 위치
(float center position)에 대한 설명으로 옳
은 것은?

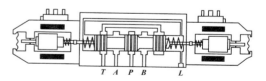

T A P B   L

㉮ 밸브의 중립위치에서 모든 연결구가 닫혀
있다.
㉯ 밸브의 중립위치는 공급라인 P가 두 개의
작업라인 A, B와 연결되어 있고, 드레인
라인은 막혀있는 상태이다.

정답 **71.** ㉰ **72.** ㉮ **73.** ㉯ **74.** ㉱

㉰ 밸브의 중립위치는 두 개의 작업라인은 막혀있고, 공급라인과 드레인 라인이 연결되어 있다.

㉱ 밸브의 중립위치에서 공급라인 P는 막혀있고, 두 개의 작업라인은 모두 드레인 라인과 연결되어 있는 형태이다.

해설 P : 펌프쪽에서 유압이 공급되는 곳
T : 유압탱크로 복귀되는 위치
A, B : 작업라인

문제 75. 유압 실린더의 마운팅(mounting) 구조 중 실린더 튜브에 축과 직각방향으로 피벗(pivot)을 만들어 실린더가 그것을 중심으로 회전할 수 있는 구조는?

㉮ 풋 형(foot mounting type)
㉯ 트러니언 형(trunnion mounting type)
㉰ 플랜지 형(flange mounting type)
㉱ 클레비스 형(clevis mounting type)

해설 · 유압실린더를 고정하는 방법(mounting)에 따른 분류
① 고정형
　㉠ 풋형 : 축에 평행하게 장치하는 축방향형과 축에 수직하게 장치하는 축직각형이 있으며, 볼트를 사용하여 실린더 중심에 대하여 장치면을 평행하게 하여 설치한다.
　㉡ 플랜지형 : 플랜지가 실린더 축과 수직으로 장치되어 실린더를 고정시킨다.
② 요동형
　㉠ 트러니언형 : 실린더 튜브에 축과 직각방향으로 피벗(pivot)을 만들어 실린더가 그것을 중심으로 회전할 수 있게 되어 있다.
　㉡ 클레비스형 : U자형 연결기를 클레비스라 하며 로드의 끝은 트러니언형과 같이 핀을 중심으로 회전한다.
　㉢ 볼형 : 실린더를 자유롭게 움직일 수 있도록 실린더 커버뒤에 볼을 장치하여 실린더를 고정한다.

문제 76. 유압기기에서 실(seal)의 요구 조건과 관계가 먼 것은?

㉮ 압축 복원성이 좋고 압축변형이 적을 것
㉯ 체적변화가 적고 내약품성이 양호할 것
㉰ 마찰저항이 크고 온도에 민감할 것
㉱ 내구성 및 내마모성이 우수할 것

해설 마찰저항이 적고 온도에 민감하지 않을 것

문제 77. 유압장치에서 펌프의 무부하 운전 시 특징으로 틀린 것은?

㉮ 펌프의 수명 연장
㉯ 유온 상승 방지
㉰ 유압유 노화 촉진
㉱ 유압장치의 가열 방지

해설 유압유 노화방지

문제 78. 1회전 당의 유량이 40 cc인 베인모터가 있다. 공급 유압을 600 N/cm², 유량을 30 L/min으로 할 때 발생할 수 있는 최대 토크(torque)는 약 몇 N·m 인가?

㉮ 28.2
㉯ 38.2
㉰ 48.2
㉱ 58.2

해설 $T = \dfrac{pq}{2\pi} = \dfrac{600 \times 40}{2\pi} = 3819.72\,\text{N} \cdot \text{cm}$
$\fallingdotseq 38.2\,\text{N} \cdot \text{m}$

문제 79. 배관 내에서의 유체의 흐름을 결정하는 레이놀즈수(Reynold's Number)가 나타내는 의미는?

㉮ 점성력과 관성력의 비
㉯ 점성력과 중력의 비
㉰ 관성력과 중력의 비
㉱ 압력힘과 점성력의 비

해설 레이놀즈수 $Re = \dfrac{관성력}{점성력} = \dfrac{Vd}{\nu} = \dfrac{\rho Vd}{\mu}$

정답 **75.** ㉯ **76.** ㉰ **77.** ㉰ **78.** ㉯ **79.** ㉮

문제 80. 액추에이터의 공급 쪽 관로에 설정된 바이패스 관로의 흐름을 제어함으로써 속도를 제어하는 회로는?

㉮ 미터 인 회로

㉯ 블리드 오프 회로

㉰ 배압 회로

㉱ 플립 플롭 회로

해설 블리드 오프 회로(bleed off circuit)
: 액추에이터로 흐르는 유량의 일부를 탱크로 분기함으로서 작동속도를 조절하는 밸브 즉, 실린더 입구의 분지회로에 유량제어밸브를 설치하여 실린더입구측의 불필요한 압유를 배출시켜 작동효율을 증진시킨 회로이다. 이 회로는 실린더에 유입하는 유량이 부하에 따라 변하므로 미터인, 미터아웃회로처럼 피스톤 이송을 정확하게 조절하기가 어렵다.

제5과목 기계제작법 및 기계동력학

문제 81. 다음 특수가공 중 화학적 가공의 특징에 대한 설명으로 틀린 것은?

㉮ 재료의 강도나 경도에 관계없이 가공할 수 있다.

㉯ 변형이나 거스러미가 발생하지 않는다.

㉰ 가공경화 또는 표면변질 층이 발생한다.

㉱ 표면 전체를 한번에 가공할 수 있다.

해설 화학가공(chemical machining)
: 공작물을 부식액속에 넣고 화학반응을 일으켜 공작물표면에서 여러 가지 형상으로 파내거나 잘라내는 방법이다. 즉 기계적, 전기적 방법으로는 가공할 수 없는 재료를 용해나 부식 등의 화학적인 방법으로 표면을 깨끗이 다듬는 가공을 말하며 이 가공법은 재료의 경도나 강도에 관계없이 가공할 수 있으며 변형이나 거스러미 등이 나타나지 않으며 가공경화나 표면의 변질층이 생기지 않는다. 또한 곡면, 평면, 복잡한 모양 등에 관계없이 표면 전체를 동시에 가공할 수 있으며 넓은 면적이나 여러개를 동시에 가공도 할 수 있으므로 매우 편리하다.

문제 82. 피스톤링, 실린더 라이너 등의 주물을 주조하는데 쓰이는 적합한 주조법은?

㉮ 셸 주조법

㉯ 탄산가스 주조법

㉰ 원심 주조법

㉱ 인베스트먼트 주조법

해설 ·원심주조법(centrifugal casting)
① 속이 빈 주형을 수평 또는 수직상태로 놓고 중심선을 축으로 회전시키면서 용탕을 주입하여 그때에 작용하는 원심력으로 치밀하고 결함이 없는 주물을 대량생산하는 방법이다.
② 수도용 주철관, 피스톤링, 실린더라이너 등의 재료로 이용된다.

문제 83. 구성인선(built-up edge)이 생기는 것을 방지하기 위한 대책으로 틀린 것은?

㉮ 바이트 윗면 경사각을 크게 한다.

㉯ 절삭 속도를 크게 한다.

㉰ 윤활성이 좋은 절삭유를 준다.

㉱ 절삭 깊이를 크게 한다.

해설 ·구성인선(built up edge)의 방지법
① 절삭깊이를 작게 한다.
② 윗면 경사각, 절삭속도를 크게 한다.
③ 절삭공구의 인선을 예리하게 한다.
④ 윤활성이 좋은 절삭유를 사용한다.
⑤ 마찰계수가 적은 초경합금과 같은 절삭공구를 사용한다.

문제 84. 두께 $t = 1.5$ mm, 탄소 $C = 0.2$ %의 경질탄소 강판에 지름 25 mm의 구멍을 펀치로 뚫을 때 전단하중 $P = 4500$ N이었다. 이 때의 전단강도는?

㉮ 약 19.1 N/mm^2 ㉯ 약 31.2 N/mm^2

㉰ 약 38.2 N/mm^2 ㉱ 약 62.4 N/mm^2

해설 $\tau = \dfrac{P_s}{A} = \dfrac{P_s}{\pi dt} = \dfrac{4500}{\pi \times 25 \times 1.5} \fallingdotseq 38.2 \text{ N/mm}^2$

해답 80. ㉯ 81. ㉰ 82. ㉰ 83. ㉱ 84. ㉰

문제 85. 수정 또는 유리로 만들어진 것으로 광파 간섭 현상을 이용한 측정기는?

㉮ 공구 현미경 ㉯ 실린더 게이지
㉰ 옵티컬 플랫 ㉰ 요한슨식 각도게이지

해설 옵티컬플랫(optical flat, 광선정반)
: 수정 또는 유리로 만들어진 극히 정확한 평형평면판으로 이 면을 측정면에 겹쳐서 이것을 통해서 빛이 반사되게 하면 측정면과의 근소한 간격에 의하여 간섭무늬줄이 생긴다. 즉, 광파간섭현상을 이용하여 평면도를 측정한다. 특히 마이크로미터 측정면의 평면도 검사에 많이 쓰인다.

문제 86. 엠보싱(embossing)은 프레스가공 분류 중 어떤 가공에 해당되는가?

㉮ 전단가공(shearing)
㉯ 압축가공(squeezing)
㉰ 드로잉가공(drawing)
㉰ 절삭가공(cutting)

해설 압축가공 : 압인가공(coining), 엠보싱, 스웨이징

문제 87. 전해연마의 특징 설명 중 틀린 것은?

㉮ 복잡한 형상도 연마가 가능하다.
㉯ 가공 면에 방향성이 없다.
㉰ 탄소량이 많은 강일수록 연마가 용이하다.
㉰ 가공변질 층이 나타나지 않으므로 평활한 면을 얻을 수 있다.

해설 주철은 유리탄소를 함유하고 있어 가공이 불가능하며, 탄소량이 적을수록 연마가 용이하다.

문제 88. 지름 10 mm의 드릴로 연강판에 구멍을 뚫을 때 절삭속도가 62.8 m/min이라면 드릴의 회전수는 약 얼마인가?

㉮ 1000 rpm ㉯ 2000 rpm
㉰ 3000 rpm ㉰ 4000 rpm

해설 $V = \dfrac{\pi d N}{1000}$ 에서 $N = \dfrac{1000\,V}{\pi d} = \dfrac{1000 \times 62.8}{\pi \times 10}$

$\fallingdotseq 2000\,\mathrm{rpm}$

문제 89. 방전가공의 설명으로 잘못된 것은?

㉮ 전극 재료는 전기 전도도가 높아야 한다.
㉯ 방전가공은 가공 변질층이 깊고 가공면에 방향성이 있다.
㉰ 초경공구, 담금질강, 특수강 등도 가공할 수 있다.
㉰ 경도가 높은 공작물의 가공이 용이하다.

해설 방전가공은 열의 영향이 적으므로 가공변질층이 얇고 내마멸성, 내부식성이 높은 표면을 얻을 수 있다.

문제 90. 용접작업을 할 때 금속의 녹는 온도가 가장 낮은 것은?

㉮ 연강 ㉯ 주철
㉰ 동 ㉰ 알루미늄

해설 · 용융점 : ① 연강 : 1300~1500 ℃
② 주철 : 1148~1400 ℃
③ 동(구리) : 1083 ℃
④ 알루미늄 : 660 ℃

문제 91. 그림과 같이 평면상에서 원운동하는 물체가 있다. 물체의 질량(m)은 1 kg이고, 속력(v_0)은 3 m/s이며, 반경(R)은 1 m이다. 이 물체가 운동하는 중에 질량 0.5 kg의 정지하고 있던 진흙덩어리와 달라붙어 같은 반경으로 원운동하게 되었다. 합체된 물체의 속력은 몇 m/s인가?

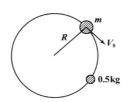

정답 85. ㉰ 86. ㉯ 87. ㉰ 88. ㉯ 89. ㉯ 90. ㉰ 91. ㉰

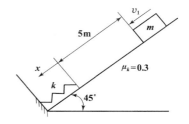

가 4 　　　　　　 나 3

다 2 　　　　　　 라 1

해설 $m_1V_1 + m_2V_2 = (m_1+m_2)V$에서

$$\therefore\ V = \frac{m_1V_1 + m_2V_2}{m_1+m_2} = \frac{(1\times3)+(0.5\times0)}{1+0.5} = 2\,\mathrm{m/s}$$

문제 92. 곡률 반경이 ρ인 커브길을 자동차가 달리고 있다. 자동차의 법선방향(횡방향) 가속도가 $0.5g$를 넘지 않도록 하면서 달릴 수 있는 최대속도는? (여기서, g는 중력가속도이다.)

가 $\sqrt{0.1\rho g}$ 　　　　　 나 $\sqrt{2\rho g}$

다 $\sqrt{\rho g}$ 　　　　　 라 $\sqrt{0.5\rho g}$

해설 우선, 법선가속도 $a_n = r\omega^2 = 0.5g$이므로

$$\omega^2 = \frac{0.5g}{r}\ \ \text{즉,}\ \ \omega = \sqrt{\frac{0.5g}{r}}$$

결국, $v = r\omega = r\times\sqrt{\frac{0.5g}{r}} = \sqrt{0.5rg} = \sqrt{0.5\rho g}$

문제 93. 질량 $20\,\mathrm{kg}$의 기계가 스프링상수 $10\,\mathrm{kN/m}$인 스프링 위에 지지되어 있다. 크기 $100\,\mathrm{N}$의 조화 가진력이 기계에 작용할 때 공진 진폭은 약 몇 cm인가?
(단, 감쇠계수는 $6\,\mathrm{kN\cdot s/m}$이다.)

가 0.75 　　　　　 나 7.5

다 0.0075 　　　　　 라 0.075

해설 우선, $\omega_n = \sqrt{\dfrac{k}{m}} = \sqrt{\dfrac{10\times10^3}{20}} = 22.36\,\mathrm{rad/s}$

결국, 공진진폭 $X_n = \dfrac{F_0}{C\omega_n} = \dfrac{100}{6\times10^3\times22.36}$

$$= 0.000745\,\mathrm{m} = 0.0745\,\mathrm{cm}$$

문제 94. 질량 $m = 10\,\mathrm{kg}$인 질점이 그림의 위치를 지날 때의 속력 $v_1 = 1\,\mathrm{m/s}$이다. 질점이 경사면을 $5\,\mathrm{m}$만큼 내려가 스프링과 충돌한다. 스프링의 최대변형 x_{max}는? (단, 경사면의 동마찰계수 $\mu_k = 0.3$, 스프링 상수 $k = 1000\,\mathrm{N/m}$이다.)

가 0.576 m 　　　　　 나 0.754 m

다 0.875 m 　　　　　 라 0.973 m

해설 우선, 상단(1지점)에서 에너지

$$\begin{aligned}E_1 &= \frac{1}{2}mV_1^2 + mgh_1\\ &= \left(\frac{1}{2}\times10\times1^2\right) + (10\times9.8\times5\sin45°)\\ &= 351.48\,\mathrm{N\cdot m}\end{aligned}$$

또한, 하단에서 에너지

$$\begin{aligned}E_2 &= \frac{1}{2}mV_2^2 + \mu mg\cos45°S\\ &= \left(\frac{1}{2}\times10\times V_2^2\right) + (0.3\times10\times9.8\cos45°\times5)\\ &= 5V_2^2 + 103.94\end{aligned}$$

$E_1 = E_2$에서 $351.48 = 5V_2^2 + 103.94$

$$\therefore\ V_2 = 7.036\,\mathrm{m/s}$$

결국, 충돌후의 관계는

$$\frac{1}{2}mV_2^2 + mg\sin45°x = \frac{1}{2}kx^2 + \mu mg\cos45°x\ \text{에서}$$

$$\left(\frac{1}{2}\times10\times7.036^2\right) + (10\times9.8\sin45°x)$$

$$= \left(\frac{1}{2}\times1000\times x^2\right) + (0.3\times10\times9.8\cos45°x)$$

$$500x^2 - 48.508x - 247.526 = 0$$

근의 공식을 적용하면

$$\begin{aligned}\therefore\ x &= \frac{-b+\sqrt{b^2-4ac}}{2a}\\ &= \frac{48.508+\sqrt{48.508^2+(4\times500\times247.526)}}{2\times500}\\ &= 0.7537\,\mathrm{m}\end{aligned}$$

문제 95. 그림과 같은 진동계에서 임계감쇠치 (C_{cr})는? (단, 막대의 질량은 무시한다.)

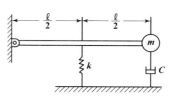

애답 92. 라 　93. 라 　94. 나 　95. 나

㉮ $\dfrac{1}{2}\sqrt{mk}$ ㉯ $\sqrt{mk}$

㉰ $2\sqrt{mk}$ ㉱ $\sqrt{4}\,mk$

[해설]

> 〈참고〉 $m\ddot{x}+c\dot{x}+kx=0$의 형태에서
> $C_{cr}=2\sqrt{mk}$ 즉, $C_{cr}^{\,2}=4mk$

$$\Sigma M = J\ddot{\theta}$$
$$-k\left(\dfrac{\ell}{2}\right)\theta\left(\dfrac{\ell}{2}\right)-C\ell\dot{\theta}\ell=m\ell^2\ddot{\theta}$$
$$m\ell^2\ddot{\theta}+C\ell^2\dot{\theta}+\dfrac{k\ell^2}{4}\theta=0$$
$$m\ddot{\theta}+C\dot{\theta}+\dfrac{k}{4}\theta=0$$
$$C_{cr}^{\,2}=4m\times\dfrac{k}{4}=mk \quad \therefore\ C_{cr}=\sqrt{mk}$$

[문제] **96.** 스프링과 질량으로 구성된 계에서 스프링상수를 k, 스프링의 질량을 m_s, 질량을 M이라 할 때 고유진동수는?

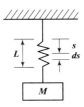

㉮ $\dfrac{1}{2\pi}\sqrt{k/(M+m_s)}$

㉯ $\dfrac{1}{2\pi}\sqrt{k/\left(M+\dfrac{1}{2}m_s\right)}$

㉰ $\dfrac{1}{2\pi}\sqrt{k/\left(M+\dfrac{1}{3}m_s\right)}$

㉱ $\dfrac{1}{2\pi}\sqrt{k/\left(M+\dfrac{1}{4}m_s\right)}$

[해설] · 스프링하단의 최대변위 x_o라 하면
고정단으로부터 S인 거리의 변위 x는 다음과 같다.

변위 $x=\dfrac{S}{\ell}x_o\sin\omega_n t$

속도 $\dot{x}=\dfrac{S}{\ell}\omega_n x_o\cos\omega_n t$

$\cos\omega_n t=1$일 때 $\dot{x}_{max}=V_{max}=\dfrac{S}{\ell}\omega_n x_o$

용수철에서 미소운동에너지를 적분하면

$$T'_{max}=\int\dfrac{1}{2}dm\,V^2=\int\dfrac{1}{2}\times m\times V^2 dS$$
$$=\int_0^\ell\dfrac{m}{2}\times\dfrac{S^2}{\ell^2}\times\omega_n^2\times x_o^2 dS$$
$$=\dfrac{1}{2}\times\dfrac{m\ell}{3}\times\omega_n^2\times x_o^2$$
$$T''_{max}=\dfrac{M}{2}\omega_m^2 x_o^2$$
$$\therefore\ T_{max}=T'_{max}+T''_{max}=\dfrac{1}{2}\omega_n^2 x_o^2\left(\dfrac{m\ell}{3}+M\right)$$

계의 위치에너지 $U_{max}=\dfrac{1}{2}kx_o^2$

결국, $T_{max}=U_{max}$에서

$$\omega_n^2=\dfrac{k}{M+\dfrac{m\ell}{3}}\rightarrow\omega_n=\sqrt{\dfrac{k}{M+\dfrac{m\ell}{3}}}$$
$$\therefore\ f=\dfrac{\omega_n}{2\pi}=\dfrac{1}{2\pi}\sqrt{\dfrac{k}{M+\dfrac{m\ell}{3}}}=\dfrac{1}{2}\sqrt{\dfrac{k}{M+\dfrac{1}{3}m_s}}$$

단, $m_s=m\ell$
여기서, m : 스프링의 단위길이당 질량

[문제] **97.** 지름 $1\,m$의 플라이휠(flywheel)이 등속 회전운동을 하고 있다. 플라이휠 외측의 접선속도가 $4\,m/s$일 때, 회전수는 약 몇 rpm인가?

㉮ 76.4 ㉯ 86.4

㉰ 96.4 ㉱ 106.4

[해설] $V=r\omega=r\times\dfrac{2\pi N}{60}$에서

$\therefore\ N=\dfrac{60\,V}{2\pi r}=\dfrac{60\times 4}{2\pi\times 0.5}=76.39\,\mathrm{rpm}$

[문제] **98.** 질량이 $100\,kg$이고 반지름이 $1\,m$인 구의 중심에 $420\,N$의 힘이 그림과 같이 작용하여 수평면 위에서 미끄러짐 없이 구르고 있다. 바퀴의 각가속도는 몇 rad/s^2인가?

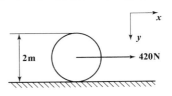

㉮ 2.2 ㉯ 2.8

㉰ 3 ㉱ 3.2

[해답] **96.** ㉰ **97.** ㉮ **98.** ㉯

[해설] $\sum M_0 = J_0 \alpha$ 에서 $Pr = (J_G + mr^2)\alpha$

$$Pr = \left(\frac{mr^2}{2} + mr^2\right)\alpha$$

$$Pr = \frac{3mr^2}{2}\alpha$$

$$\therefore \alpha = \frac{2P}{3m} = \frac{2 \times 420}{3 \times 100} = 2.8\,\mathrm{rad/s^2}$$

[문제] **99.** 다음은 진동수(f), 주기(T), 각 진동수(ω)의 관계를 표시한 식으로 옳은 것은?

㉮ $f = \dfrac{1}{T} = \dfrac{\omega}{2\pi}$ ㉯ $f = T = \dfrac{\omega}{2\pi}$

㉰ $f = \dfrac{1}{T} = \dfrac{2\pi}{\omega}$ ㉱ $f = \dfrac{2\pi}{T} = \omega$

[해설] 주기 $T = \dfrac{2\pi}{\omega}$ (sec 또는 sec/cycle)

진동수 $f = \dfrac{1}{T} = \dfrac{\omega}{2\pi}$ (cycle/sec=C.P.S=Hz)

[문제] **100.** 자동차가 경사진 30도 비탈길에 주차되어 있다. 미끄러지지 않기 위해서는 노면과 바퀴와의 마찰계수 값이 얼마 이상이어야 하는가?

㉮ 0.500   ㉯ 0.578

㉰ 0.366   ㉱ 0.122

[해설]

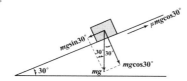

미끄러지지 않기 위해서는

$$\mu mg\cos 30° \geqq mg\sin 30°$$

$$\mu \geqq \frac{\sin 30°}{\cos 30°}$$

$$\therefore \mu \geqq 0.577$$

[해답] **99.** ㉮   **100.** ㉯

2014년 제1회 일반기계·건설기계설비 기사

제1과목 재료역학

문제 1. 평면응력 상태에서 $\sigma_x = 300$ MPa, $\sigma_y = -900$ MPa, $\tau_{xy} = 450$ MPa일 때 최대 주응력 σ_1은 몇 MPa인가? 【3장】

㉮ 1150 ㉯ 300
㉰ 450 ㉱ 750

해설 $\sigma_1 = \dfrac{1}{2}(\sigma_x + \sigma_y) + \dfrac{1}{2}\sqrt{(\sigma_x - \sigma_y)^2 + 4\tau_{xy}^2}$
$= \dfrac{1}{2}(300 - 900) + \dfrac{1}{2}\sqrt{(300 + 900)^2 + (4 \times 450^2)}$
$= 450$ MPa

문제 2. 그림과 같은 부정정보의 전 길이에 균일 분포하중이 작용할 때 전단력이 0이 되고 최대 굽힘모멘트가 작용하는 단면은 B단에서 얼마나 떨어져 있는가? 【9장】

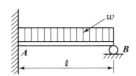

㉮ $\dfrac{2}{3}\ell$ ㉯ $\dfrac{3}{8}\ell$ ㉰ $\dfrac{5}{8}\ell$ ㉱ $\dfrac{3}{4}\ell$

해설 M_{max}의 위치 : ① 고정단으로부터 $\dfrac{5}{8}\ell$지점
② 지지점으로부터 $\dfrac{3}{8}\ell$지점

문제 3. 그림과 같은 보가 분포하중과 집중하중을 받고 있다. 지점 B에서의 반력의 크기를 구하면 몇 kN인가? 【6장】

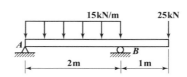

㉮ 28.5 ㉯ 40.0
㉰ 52.5 ㉱ 55.0

해설 $0 = -25 \times 3 + R_B \times 2 - 15 \times 2 \times 1$
$\therefore R_B = 52.5$ N

문제 4. 단면적이 4 cm²인 강봉에 그림과 같이 하중이 작용할 때 이 봉은 약 몇 cm 늘어나는가? (단, 탄성계수 $E = 210$ GPa이다.) 【1장】

㉮ 0.24 ㉯ 0.0028
㉰ 0.80 ㉱ 0.015

해설 각 단면을 절단하여 해석한다.

$$\therefore \lambda = \lambda_1 + \lambda_2 + \lambda_3 = \dfrac{P_1 \ell_1}{AE} + \dfrac{P_2 \ell_2}{AE} + \dfrac{P_3 \ell_3}{AE}$$
$= \dfrac{1}{AE}(P_1 \ell_1 + P_2 \ell_2 + P_3 \ell_3)$
$= \dfrac{1}{4 \times 10^{-4} \times 210 \times 10^6}(60 \times 2 + 20 \times 1 + 40 \times 1.5)$
$= 0.00238$ m $\fallingdotseq 0.24$ cm

문제 5. 그림과 같은 삼각형 단면을 갖는 단주에서 선 $A-A$를 따라 수직 압축 하중이 작용할 때 단면에 인장 응력이 발생하지 않도록 하는 하중 작용점의 범위(d)를 구하면? (단, 그림에서 길이 단위는 mm이다.) 【10장】

해답 1. ㉰ 2. ㉯ 3. ㉰ 4. ㉮ 5. ㉯

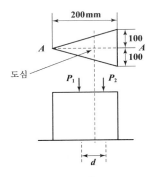

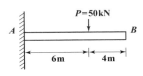

㉮ 2.4 ㉯ 3.6
㉰ 4.8 ㉱ 6.4

해설

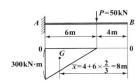

$$\delta_B = \frac{A_M}{EI}\,\bar{x} = \frac{\frac{1}{2}\times 6\times 300}{200\times 10^6 \times 10^5 \times 10^{-8}}\times 8$$
$$= 0.036\,\text{m} = 3.6\,\text{cm}$$

㉮ 25 mm ㉯ 50 mm
㉰ 75 mm ㉱ 100 mm

해설 우선, $K^2 = \dfrac{I}{A} = \dfrac{\left(\dfrac{200\times 200^3}{36}\right)}{\left(\dfrac{1}{2}\times 200\times 200\right)} = \dfrac{200\times 200}{1\cdot 8}$

또한, $a_1 = \dfrac{K^2}{e_1} = \dfrac{\left(\dfrac{200\times 200}{18}\right)}{\left(200\times \dfrac{2}{3}\right)} = \dfrac{600}{36}$

$a_2 = \dfrac{K^2}{e_2} = \dfrac{\left(\dfrac{200\times 200}{18}\right)}{\left(200\times \dfrac{1}{3}\right)} = \dfrac{600}{18}$

결국, $d = a_1 + a_2 = \dfrac{600}{36} + \dfrac{600}{18} = 50\,\text{mm}$

문제 6. 축방향 단면적 A인 임의의 재료를 인장하여 균일한 인장응력이 작용하고 있다. 인장방향 변형률이 ε, 포아송의 비를 ν라 하면 단면적의 변화량은 약 얼마인가? 【1장】

㉮ $\nu\varepsilon A$ ㉯ $2\nu\varepsilon A$
㉰ $3\nu\varepsilon A$ ㉱ $4\nu\varepsilon A$

해설 · 단면적의 변화률 $\dfrac{\Delta A}{A} = 2\nu\varepsilon$
· 단면적의 변화량 $\Delta A = 2\nu\varepsilon A$

문제 7. 그림과 같은 외팔보에서 집중하중 $P = 50$ kN이 작용할 때 자유단의 처짐은 약 몇 cm인가? (단, 탄성계수 $E = 200$ GPa, 단면2차 모멘트 $I = 10^5$ cm^{4}이다.) 【8장】

문제 8. 보의 임의의 점에서 처짐을 평가할 수 있는 방법이 아닌 것은? 【8장】

㉮ 변형에너지법(Strain energy method) 사용
㉯ 불연속 함수(Discontinuity function) 사용
㉰ 중첩법(Method of superposition) 사용
㉱ 시컨트 공식(Secant formula) 사용

해설 시컨트 공식(secant formula)
: 편심하중을 받는 기둥에 대한 식으로 기둥의 최대 압축응력이 평균압축응력 $\dfrac{P}{A}$의 함수임을 보여준다.

문제 9. 강재 나사봉을 기온이 27 ℃일 때에 24 MPa의 인장 응력을 발생시켜 놓고 양단을 고정하였다. 기온이 7 ℃로 되었을 때의 응력은 약 몇 MPa인가? (단, 탄성계수 $E = 210$ GPa, 선팽창계수 $\alpha = 11.3\times 10^{-6}/$℃이다.) 【2장】

㉮ 47.46
㉯ 23.46
㉰ 71.46
㉱ 65.46

해설〉 우선, $\sigma_1 = 24\,\text{MPa}$(인장)

또한, $\sigma_2 = E\alpha\Delta t = 210 \times 10^3 \times 11.3 \times 10^{-6} \times 20$
$= 47.46\,\text{MPa}$(인장)

결국, $\sigma = \sigma_1 + \sigma_2 = 24 + 47.46 = 71.46\,\text{MPa}$(인장)

문제 **10.** 그림과 같은 외팔보에서 고정부에서의 굽힘모멘트를 구하면 약 몇 kN·m인가? 【6장】

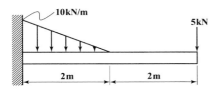

㉮ 26.7(반시계방향) ㉯ 26.7(시계방향)

㉰ 46.7(반시계방향) ㉣ 46.7(시계방향)

해설〉 $M = 5 \times 4 + \dfrac{1}{2} \times 10 \times 2 \times \dfrac{2}{3} ≒ 26.67\,\text{kN·m}$

(반시계방향)

문제 **11.** 무게가 100 N의 강철 구가 그림과 같이 매끄러운 경사면과 유연한 케이블에 의해 매달려 있다. 케이블에 작용하는 응력은 몇 MPa인가? (단, 케이블의 단면적은 2 cm²이다.) 【1장】

㉮ 0.436   ㉯ 4.36

㉰ 5.12   ㉣ 51.2

해설〉

R 70° T
125°   165°
$W = 100\text{N}$

우선, 라미의 정리에 의해

$\dfrac{T}{\sin 125°} = \dfrac{R}{\sin 165°} = \dfrac{100}{\sin 70°}$

$\therefore\ T = 87.17\,\text{N}$

결국, $\sigma = \dfrac{T}{A} = \dfrac{87.17 \times 10^{-6}}{2 \times 10^{-4}} = 0.436\,\text{MPa}$

문제 **12.** 강재 중공축이 25 kN·m의 토크를 전달한다. 중공축의 길이가 3 m이고, 허용전단응력이 90 MPa이며, 축의 비틀림각이 2.5°를 넘지 않아야 할 때 축의 최소 외경과 내경을 구하면 각각 약 몇 mm인가?
(단, 전단탄성계수는 85 GPa이다.) 【5장】

㉮ 146, 124

㉯ 136, 114

㉰ 140, 132

㉣ 133, 112

해설〉 우선, $T = \tau Z_P = \tau \times \dfrac{\pi(d_2^{\,4} - d_1^{\,4})}{16 d_2}$ ⋯⋯⋯⋯⋯ ①식

또한, $\theta = \dfrac{180°}{\pi} \times \dfrac{T\ell}{G I_P} = \dfrac{180°}{\pi} \times \dfrac{T\ell}{G \times \dfrac{\pi(d_2^{\,4} - d_1^{\,4})}{32}}$

⋯⋯⋯⋯⋯ ②식

결국, ①, ②식을 연립하여 d_1, d_2를 구한다.

문제 **13.** 폭 $b = 3$ cm, 높이 $h = 4$ cm의 직사각형 단면을 갖는 외팔보가 자유단에 그림에서와 같이 집중하중을 받을 때 보 속에 발생하는 최대전단응력은 몇 N/cm²인가? 【7장】

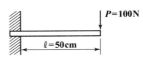

㉮ 12.5   ㉯ 13.5

㉰ 14.5   ㉣ 15.5

해설〉 $\tau_{\max} = \dfrac{3}{2} \times \dfrac{F}{A} = \dfrac{3}{2} \times \dfrac{100}{3 \times 4} = 12.5\,\text{N/cm}^2$

문제 **14.** 지름 7 mm, 길이 250 mm인 연강 시험편으로 비틀림 시험을 하여 얻은 결과, 토크 4.08 N·m에서 비틀림 각이 8°로 기록되었다. 이 재료의 전단탄성계수는 약 몇 GPa인가?
【5장】

㉮ 64   ㉯ 53

㉰ 41   ㉣ 31

정답 **10.** ㉮ **11.** ㉮ **12.** ㉮ **13.** ㉮ **14.** ㉣

해설> $\theta = \dfrac{180}{\pi} \times \dfrac{T\ell}{GI_P}$ 에서

$$8 = \dfrac{180}{\pi} \times \dfrac{4.08 \times 10^{-9} \times 0.25}{G \times \dfrac{\pi \times 0.007^4}{32}} \qquad \therefore \ G \fallingdotseq 31\,\mathrm{GPa}$$

문제 **15.** 지름 d인 강봉의 지름을 2배로 했을 때 비틀림 강도는 몇 배가 되는가?　【5장】

㉮ 2배　　　　　㉯ 4배
㉰ 8배　　　　　㉱ 16배

해설> $T = \tau Z_P = \tau \times \dfrac{\pi d^3}{16}$ 에서 　$\therefore \ T \propto d^3 = 2^3 = 8$ 배

문제 **16.** 그림과 같은 단면의 $x-x$축에 대한 단면 2차 모멘트는?　　　【4장】

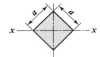

㉮ $\dfrac{a^4}{8}$　　　　㉯ $\dfrac{a^4}{24}$

㉰ $\dfrac{a^4}{32}$　　　　㉱ $\dfrac{a^4}{12}$

해설> 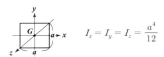 　$I_x = I_y = I_z = \dfrac{a^4}{12}$

문제 **17.** 그림과 같은 단면을 가진 A, B, C의 보가 있다. 이 보들이 동일한 굽힘모멘트를 받을 때 최대 굽힘응력의 비로 옳은 것은?　【7장】

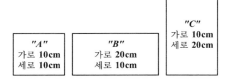

㉮ $A:B:C=3:2:1$
㉯ $A:B:C=4:2:1$
㉰ $A:B:C=16:4:1$
㉱ $A:B:C=9:3:1$

해설> $\sigma_{\max} = \dfrac{M_{\max}}{Z}$ 에서 $M_{\max}$은 일정하므로

$$\sigma_{\max} \propto \dfrac{1}{Z}$$

$$Z_A = \dfrac{10 \times 10^2}{6}, \ Z_B = \dfrac{20 \times 10^2}{6}, \ Z_C = \dfrac{10 \times 20^2}{6}$$

결국, $\sigma_A : \sigma_B : \sigma_C = \dfrac{1}{Z_A} : \dfrac{1}{Z_B} : \dfrac{1}{Z_C} = 1 : \dfrac{1}{2} : \dfrac{1}{4}$

$$= 4 : 2 : 1$$

문제 **18.** 선형 탄성 재질의 정사각형 단면봉에 500 kN의 압축력이 작용할 때 80 MPa의 압축응력이 생기도록 하려면 한 변의 길이를 몇 cm로 해야 하는가?　　【1장】

㉮ 3.9　　　　　㉯ 5.9
㉰ 7.9　　　　　㉱ 9.9

해설> $\sigma_c = \dfrac{P_c}{A} = \dfrac{P_c}{a^2}$ 에서

$$\therefore \ a = \sqrt{\dfrac{P_c}{\sigma_c}} = \sqrt{\dfrac{500}{80 \times 10^3}} = 0.079\,\mathrm{m} = 7.9\,\mathrm{cm}$$

문제 **19.** 아래와 같은 보에서 C점(A에서 4 m 떨어진 점)에서의 굽힘모멘트 값은?　【6장】

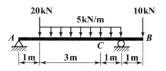

㉮ $5.5\,\mathrm{kN \cdot m}$　　　㉯ $11\,\mathrm{kN \cdot m}$
㉰ $13\,\mathrm{kN \cdot m}$　　　㉱ $22\,\mathrm{kN \cdot m}$

해설> 우선, $R_A \times 5 - 20 \times 4 - 5 \times 4 \times 2 = -10 \times 1$
　　　$\therefore \ R_A = 22\,\mathrm{kN}$
결국, $M_C = R_A \times 4 - 20 \times 3 - 5 \times 3 \times 1.5$
　　　$= 22 \times 4 - 20 \times 3 - 5 \times 3 \times 1.5$
　　　$= 5.5\,\mathrm{kN \cdot m}$

정답> **15.** ㉰　**16.** ㉱　**17.** ㉯　**18.** ㉰　**19.** ㉮

문제 **20.** 그림과 같이 지름 50 mm의 연강봉의 일단을 벽에 고정하고, 자유단에는 50 cm 길이의 레버 끝에 600 N의 하중을 작용시킬 때 연강봉에 발생하는 최대주응력과 최대전단응력은 각각 몇 MPa인가? 【7장】

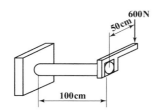

㉮ 최대주응력 : 51.8   최대전단응력 : 27.3
㉯ 최대주응력 : 27.3   최대전단응력 : 51.8
㉰ 최대주응력 : 41.8   최대전단응력 : 27.3
㉱ 최대주응력 : 27.3   최대전단응력 : 41.8

해설 우선, $T = Pr = 600 \times 0.5 = 300\,\mathrm{N\,m}$
$$M = P\ell = 600 \times 1 = 600\,\mathrm{N\,m}$$
또한, $Te = \sqrt{M^2 + T^2} = \sqrt{600^2 + 300^2} = 670.82\,\mathrm{N\,m}$
$$Me = \frac{1}{2}(M + Te) = \frac{1}{2}(600 + 670.82)$$
$$= 635.41\,\mathrm{N\,m}$$
결국, $\sigma_{\max} = \dfrac{Me}{Z} = \dfrac{635.41 \times 10^{-6}}{\frac{\pi}{32} \times 0.05^3} = 51.8\,\mathrm{MPa}$
$$\tau_{\max} = \frac{T}{Z_P} = \frac{670.82 \times 10^{-6}}{\frac{\pi}{16} \times 0.05^3} = 27.3\,\mathrm{MPa}$$

제2과목 기계열역학

문제 **21.** 두께 10 mm, 열전도율 15 W/m·℃인 금속판의 두 면의 온도가 각각 70 ℃와 50 ℃일 때 전열면 1 m^{2}당 1분 동안에 전달되는 열량은 몇 kJ인가? 【11장】

㉮ 1800
㉯ 14000
㉰ 92000
㉱ 162000

해설 $Q = -kA\dfrac{dT}{dx} = 15 \times 1 \times \dfrac{(70-50)}{0.01}$
$$= 30000\,\mathrm{W}\,(=\mathrm{J/s}) = 1800\,\mathrm{kJ/min}$$

문제 **22.** 냉매 R-134a를 사용하는 증기-압축 냉동사이클에서 냉매의 엔트로피가 감소하는 구간은 어디인가? 【9장】

㉮ 증발구간   ㉯ 압축구간
㉰ 팽창구간   ㉱ 응축구간

해설 응축기(정압방열)
　: 압축기에서 토출된 냉매가스를 상온하에서 물이나 공기를 사용하여 열을 제거함으로서 응축액화시키는 역할을 한다.

문제 **23.** 이상기체의 마찰이 없는 정압과정에서 열량 Q는? (단, C_v는 정적비열, C_p는 정압비열, k는 비열비, dT는 임의의 점의 온도변화이다.) 【3장】

㉮ $Q = C_v dT$ ㉯ $Q = k^2 C_v dT$
㉰ $Q = C_p dT$ ㉱ $Q = k C_p dT$

해설 "정압과정"이므로 $p = c$ 즉, $dp = 0$
그러므로, $\delta q = dh - Av\,dp^{\,0} = dh = c_p dT$

문제 **24.** 절대온도 T_1 및 T_2의 두 물체가 있다. T_1에서 T_2로 열량 Q가 이동할 때 이 두 물체가 이루는 계의 엔트로피 변화를 나타내는 식은? (단, $T_1 > T_2$이다.) 【4장】

㉮ $\dfrac{T_1 - T_2}{Q(T_1 \times T_2)}$ ㉯ $\dfrac{Q(T_1 + T_2)}{T_1 \times T_2}$

㉰ $\dfrac{Q(T_1 - T_2)}{T_1 \times T_2}$ ㉱ $\dfrac{T_1 + T_2}{Q(T_1 \times T_2)}$

해설 $\Delta S = \dfrac{Q}{T_2} - \dfrac{Q}{T_1} = \dfrac{Q(T_1 - T_2)}{T_1 T_2}$

정답 **20.** ㉮ **21.** ㉮ **22.** ㉱ **23.** ㉰ **24.** ㉰

문제 25. 온도가 −23 ℃인 냉동실로부터 기온이 27 ℃인 대기 중으로 열을 뽑아내는 가역냉동기가 있다. 이 냉동기의 성능계수는? 【9장】

㉮ 3 ㉯ 4
㉰ 5 ㉱ 6

해설 $\varepsilon_r = \dfrac{T_{\mathrm{II}}}{T_{\mathrm{I}} - T_{\mathrm{II}}} = \dfrac{250}{300 - 250} = 5$

문제 26. 공기는 압력이 일정할 때 그 정압비열이 $C_p = 1.0053 + 0.000079t$ kJ/kg·℃라고 하면 공기 5 kg을 0 ℃에서 100 ℃까지 일정한 압력하에서 가열하는데 필요한 열량은 약 얼마인가? (단, $t = $℃이다.) 【1장】

㉮ 100.5 kJ ㉯ 100.9 kJ
㉰ 502.7 kJ ㉱ 504.6 kJ

해설 우선, $C_m = \dfrac{1}{t_2 - t_1}\displaystyle\int_1^2 C_p\,dt$

$= \dfrac{1}{t_2 - t_1}\displaystyle\int_1^2 (1.0053 + 0.000079t)\,dt$

$= \dfrac{1}{t_2 - t_1}\left[1.0053(t_2 - t_1) + \dfrac{0.000079(t_2^2 - t_1^2)}{2}\right]$

$= 1.0053 + \dfrac{0.000079(t_2 + t_1)}{2}$

$= 1.0053 + \dfrac{0.00079(100 + 0)}{2} = 1.00925\,\text{kJ/kg}\cdot\text{℃}$

결국, $Q_m = m\,C_m(t_2 - t_1) = 5 \times 1.00925 \times (100 - 0)$
$= 504.625\,\text{kJ}$

문제 27. 공기 1 kg를 1 MPa, 250 ℃의 상태로부터 압력 0.2 MPa까지 등온변화한 경우 외부에 대하여 한 일량은 약 몇 kJ인가? (단, 공기의 기체상수는 0.287 kJ/kg·K이다.) 【3장】

㉮ 157 ㉯ 242
㉰ 313 ㉱ 465

해설 $_1W_2 = W_t = mRT\ln\dfrac{p_1}{p_2}$

$= 1 \times 0.287 \times (250 + 273)\ln\dfrac{1}{0.2}$

$= 241.58\,\text{kJ} \fallingdotseq 242\,\text{kJ}$

문제 28. 질량(質量) 50 kg인 계(系)의 내부에너지(u)가 100 kJ/kg이며, 계의 속도는 100 m/s이고, 중력장(重力場)의 기준면으로부터 50 m의 위치에 있다고 할 때, 계에 저장된 에너지(E)는? 【2장】

㉮ 3254.2 kJ ㉯ 4827.7 kJ
㉰ 5274.5 kJ ㉱ 6251.4 kJ

해설 $E = \dfrac{1}{2}mV^2 + mgh + U$

$= \left(\dfrac{1}{2} \times 50 \times 100^2\right) + (50 \times 9.8 \times 50) + (50 \times 100 \times 10^3)$

$= 5274500\,\text{J} = 5274.5\,\text{kJ}$

단, $u = \dfrac{U}{m}$에서 $U = mu$

문제 29. 다음 중 열전달률을 증가시키는 방법이 아닌 것은? 【11장】

㉮ 2중 유리창을 설치한다.
㉯ 엔진실린더의 표면 면적을 증가시킨다.
㉰ 팬의 풍량을 증가시킨다.
㉱ 냉각수 펌프의 유량을 증가시킨다.

해설 ·강제대류
: 펌프, 송풍기 등에 의해 강제적으로 대류를 촉진시키는 것
열전달량 $Q = \alpha A(t_w - t_f)$ (kJ/hr)
여기서, α : 열전달계수(kJ/m²·hr·℃)
↳ 유체의 종류, 속도, 온도차, 유로의 형상, 흐름의 상태 등에 따라 달라진다.
A : 평판의 단면적(m²)
t_f : 유체의 온도(℃)
t_w : 고체의 온도(℃)

문제 30. 준평형 과정으로 실린더 안의 공기를 100 kPa, 300 K 상태에서 400 kPa까지 압축하는 과정 동안 압력과 체적의 관계는 "$PV^n = $일정($n = 1.3$)"이며, 공기의 정적비열은 $C_v = 0.717$ kJ/kg·K, 기체상수(R)=0.287 kJ/kg·K이다. 단위질량당 일과 열의 전달량은?

정답 25. ㉰ 26. ㉱ 27. ㉯ 28. ㉰ 29. ㉮ 30. ㉮

㉮ 일 = $-108.2\,\mathrm{kJ/kg}$, 열 = $-27.11\,\mathrm{kJ/kg}$
㉯ 일 = $-108.2\,\mathrm{kJ/kg}$, 열 = $-189.3\,\mathrm{kJ/kg}$
㉰ 일 = $-125.4\,\mathrm{kJ/kg}$, 열 = $-27.11\,\mathrm{kJ/kg}$
㉱ 일 = $-125.4\,\mathrm{kJ/kg}$, 열 = $-189.3\,\mathrm{kJ/kg}$

해설 $PV^n = C$: 폴리트로프 과정

우선, $_1w_2 = \dfrac{R}{n-1}(T_1 - T_2) = \dfrac{RT_1}{n-1}\left[1 - \left(\dfrac{T_2}{T_1}\right)\right]$

$\qquad = \dfrac{RT_1}{n-1}\left[1 - \left(\dfrac{P_2}{P_1}\right)^{\frac{n-1}{n}}\right]$

$\qquad = \dfrac{0.287 \times 300}{1.3 - 1} \times \left[1 - \left(\dfrac{400}{100}\right)^{\frac{1.3-1}{1.3}}\right]$

$\qquad = -108.2\,\mathrm{kJ/kg}$

또한, $_1q_2 = C_n(T_2 - T_1)$

$\qquad = \left(\dfrac{n-k}{n-1}\right)C_v \times T_1\left[\dfrac{T_2}{T_1} - 1\right]$

$\qquad = \left(\dfrac{n-k}{n-1}\right)C_v \times T_1\left[\left(\dfrac{P_2}{P_1}\right)^{\frac{n-1}{n}} - 1\right]$

$\qquad = \left(\dfrac{1.3 - 1.4}{1.3 - 1}\right) \times 0.717 \times 300$

$\qquad\quad \times \left[\left(\dfrac{400}{100}\right)^{\frac{1.3-1}{1.3}} - 1\right]$

$\qquad = -27.03\,\mathrm{kJ/kg}$

문제 31. 저온실로부터 $46.4\,\mathrm{kW}$의 열을 흡수할 때 $10\,\mathrm{kW}$의 동력을 필요로 하는 냉동기가 있다면, 이 냉동기의 성능계수는? 【9장】

㉮ 4.64 ㉯ 5.65
㉰ 56.5 ㉱ 46.4

해설 $\varepsilon_r = \dfrac{Q_2}{W_c} = \dfrac{46.4}{10} = 4.64$

문제 32. 어떤 시스템이 $100\,\mathrm{kJ}$의 열을 받고, $150\,\mathrm{kJ}$의 일을 하였다면 이 시스템의 엔트로피는? 【4장】

㉮ 증가했다.
㉯ 감소했다.
㉰ 변하지 않았다.
㉱ 시스템의 온도에 따라 증가할 수도 있고 감소할 수도 있다.

해설 우선, $_1Q_2 = \Delta U + {_1W_2}$에서 $\quad 100 = \Delta U + 150$

$\therefore \delta U = -50\,\mathrm{kJ}$이므로 온도가 강하

결국, $dS = \dfrac{\delta Q}{T}$에서 온도가 내려가면 엔트로피는 증가함을 알 수 있다.

문제 33. $500\,\mathrm{W}$의 전열기로 $4\,\mathrm{kg}$의 물을 $20\,\mathrm{℃}$에서 $90\,\mathrm{℃}$까지 가열하는데 몇 분이 소요되는가? (단, 전열기에서 열은 전부 온도 상승에 사용되고 물의 비열은 $4180\,\mathrm{J/kg \cdot K}$이다.) 【1장】

㉮ 16 ㉯ 27
㉰ 39 ㉱ 45

해설 $_1Q_2 = mc\Delta t$ 에서

$500\,\mathrm{W}(= \mathrm{J/s}) \times x\,(\sec) = 4 \times 4180 \times (90 - 20)$

$\therefore x = 2340.8\,\sec ≒ 39\,\min$

문제 34. 밀폐된 실린더 내의 기체를 피스톤으로 압축하는 동안 $300\,\mathrm{kJ}$의 열이 방출되었다. 압축일의 양이 $400\,\mathrm{kJ}$이라면 내부에너지 증가는? 【2장】

㉮ $100\,\mathrm{kJ}$ ㉯ $300\,\mathrm{kJ}$
㉰ $400\,\mathrm{kJ}$ ㉱ $700\,\mathrm{kJ}$

해설 $_1Q_2 = \Delta U + {_1W_2}$에서

$-300 = \Delta u - 400 \quad \therefore \Delta U = 100\,\mathrm{kJ}$

문제 35. 온도 $300\,\mathrm{K}$, 압력 $100\,\mathrm{kPa}$ 상태의 공기 $0.2\,\mathrm{kg}$이 완전히 단열된 강체 용기 안에 있다. 패들(paddle)에 의하여 외부에서 공기에 $5\,\mathrm{kJ}$의 일이 행해진다. 최종 온도는 얼마인가? (단, 공기의 정압비열과 정적비열은 $1.0035\,\mathrm{kJ/kg \cdot K}$, $0.7165\,\mathrm{kJ/kg \cdot K}$이다.) 【3장】

㉮ 약 $325\,\mathrm{K}$
㉯ 약 $275\,\mathrm{K}$
㉰ 약 $335\,\mathrm{K}$
㉱ 약 $265\,\mathrm{K}$

해답 **31.** ㉮ **32.** ㉮ **33.** ㉰ **34.** ㉮ **35.** ㉰

해설 $_1W_2 = \dfrac{mR}{k-1}(T_1 - T_2)$ 에서

$$-5 = \dfrac{0.2 \times 0.287}{1.4 - 1}(300 - T_2)$$

$$\therefore T_2 = 334.84\,\mathrm{K} = 335\,\mathrm{K}$$

단, $C_p - C_v = R,\ k = \dfrac{C_p}{C_v}$

문제 36. 1 kg의 공기를 압력 2 MPa, 온도 20 ℃ 의 상태로부터 4 MPa, 온도 100 ℃의 상태로 변화하였다면 최종체적은 초기체적의 약 몇 배 인가? 【3장】

㉮ 0.125   ㉯ 0.637

㉰ 3.86   ㉱ 5.25

해설 $\dfrac{p_1 V_1}{T_1} = \dfrac{p_2 V_2}{T_2}$ 에서 $\dfrac{2 \times V_1}{293} = \dfrac{4 \times V_2}{373}$

$$\therefore V_2 = 0.637\,V_1$$

문제 37. 카르노 열기관에서 열공급은 다음 중 어 느 가역과정에서 이루어지는가? 【4장】

㉮ 등온팽창   ㉯ 등온압축

㉰ 단열팽창   ㉱ 단열압축

해설 열공급 : 등온팽창, 열방출 : 등온압축

문제 38. 교축과정(throttling process)에서 처음 상태와 최종상태의 엔탈피는 어떻게 되는가? 【6장】

㉮ 처음 상태가 크다.

㉯ 최종 상태가 크다.

㉰ 같다.

㉱ 경우에 따라 다르다.

해설 교축과정은 등엔탈피($h_1 = h_2$)이다.

문제 39. 그림과 같은 공기표준 브레이튼(Brayton) 사이클에서 작동유체 1 kg당 터빈 일은 얼마인 가? (단, $T_1 = 300$ K, $T_2 = 475.1$ K, $T_3 = 1100$ K, $T_4 = 694.5$ K이고, 공기의 정압비열과 정적 비열은 각각 1.0035 kJ/kg·K, 0.7165 kJ/kg·K 이다.) 【9장】

㉮ 406.9 kJ/kg   ㉯ 290.6 kJ/kg

㉰ 627.2 kJ/kg   ㉱ 448.3 kJ/kg

해설 터빈은 "단열팽창"이므로

터빈일 $w_T = h_3 - h_4 = C_p(T_3 - T_4)$
$$= 1.0035(1100 - 694.5) = 406.9\,\mathrm{kJ/kg}$$

문제 40. 서로 같은 단위를 사용할 수 없는 것으 로 나타낸 것은? 【4장】

㉮ 열과 일

㉯ 비내부에너지와 비엔탈피

㉰ 비엔탈피와 비엔트로피

㉱ 비열과 비엔트로피

해설 ① 일, 열 : kJ
② 비엔탈피, 비내부에너지 : kJ/kg
③ 비열, 비엔트로피 : kJ/kg · K

제3과목 기계유체역학

문제 41. 다음 중 유선의 방정식은 어느 것인가? (단, ρ : 밀도, A : 단면적, V : 평균속도, u, v, w는 각각 x, y, z 방향의 속도이다.) 【3장】

㉮ $\dfrac{d\rho}{\rho} + \dfrac{dA}{A} + \dfrac{dV}{V} = 0$

㉯ $\dfrac{\partial u}{\partial x} + \dfrac{\partial v}{\partial y} + \dfrac{\partial_w}{\partial z} = 0$

정답 36. ㉯   37. ㉮   38. ㉰   39. ㉮   40. ㉰   41. ㉰

㉲ $\dfrac{dx}{u} = \dfrac{dy}{v} = \dfrac{dz}{w}$

㉱ $d\left(\dfrac{v^2}{2} + \dfrac{P}{\rho} + gy\right) = 0$

[해설] ㉮ 1차원 연속방정식의 미분형
　　　㉯ 3차원 정상류, 비압축성유동의 연속방정식
　　　㉰ 유선의 방정식

[문제] **42.** 수면차가 15 m인 두 물탱크를 지름 300 mm, 길이 1500 m인 원관으로 연결하고 있다. 관로의 도중에 곡관이 4개 연결되어 있을 때 관로를 흐르는 유량은 몇 L/s인가? (단, 관마찰계수는 0.032, 입구 손실계수는 0.45, 출구 손실계수는 1, 곡관의 손실계수는 0.17이다.) 【6장】

㉮ 89.6　　　　　　㉯ 92.3

㉰ 95.2　　　　　　㉱ 98.5

[해설] 우선, $\dfrac{p_1^{\,0}}{\gamma} + \dfrac{V_1^{2\,0}}{2g} + Z_1 = \dfrac{p_2^{\,0}}{\gamma} + \dfrac{V_2^{2\,0}}{2g} + Z_2 + h_\ell$ 에서

$\therefore h_\ell = Z_1 - Z_2 = 15\,\text{m}$

또한, $h_\ell = \left(K_1\dfrac{V^2}{2g}\right)_{입구} + \left(K_2\dfrac{V^2}{2g}\right)_{출구}$
$\qquad\quad + \left(K_3\dfrac{V^2}{2g}\right)_{곡관} + \left(f\dfrac{\ell}{d}\dfrac{V^2}{2g}\right)_{관마찰}$
$\qquad = \left(K_1 + K_2 + K_3 + f\dfrac{\ell}{d}\right)\dfrac{V^2}{2g}$

$15 = \left(0.45 + 1 + 0.17 + 0.032 \times \dfrac{1500}{0.3}\right) \times \dfrac{V^2}{2 \times 9.8}$

$\therefore V = 1.353\,\text{m/s}$

결국, $Q = AV = \dfrac{\pi \times 0.3^2}{4} \times 1.353$
$\qquad\quad = 0.09564\,\text{m}^3/\text{s} = 95.64\,\text{L/s}$

[문제] **43.** 점성력에 대한 관성력의 비로 나타내는 무차원 수의 명칭은? 【7장】

㉮ 레이놀즈 수　　　㉯ 코우시 수

㉰ 푸르드 수　　　　㉱ 웨버 수

[해설] 레이놀즈수 $Re = \dfrac{관성력}{점성력} = \dfrac{Vd}{\nu} = \dfrac{\rho Vd}{\mu}$

[문제] **44.** 한 변이 2 m인 위가 열려있는 정육면체 통에 물을 가득 담아 수평방향으로 9.8 m/s²의 가속도로 잡아 끌 때 통에 남아 있는 물의 양은 얼마인가? 【2장】

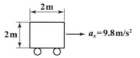

㉮ 8 m³　　　　　　㉯ 4 m³

㉰ 2 m³　　　　　　㉱ 1 m³

[해설] 우선, 처음 물의 양 $= 2 \times 2 \times 2 = 8\,\text{m}^3$

또한, $\tan\theta = \dfrac{a_x}{g} = \dfrac{9.8}{9.8} = 1$　$\therefore \theta = \tan^{-1}1 = 45°$

결국, 통에 남아있는 물의 양 $= \dfrac{8}{2} = 4\,\text{m}^3$

[문제] **45.** $2h$ 떨어진 두 개의 평행 평판 사이에 뉴턴 유체의 속도분포가 $u = u_0[1 - (y/h)^2]$와 같을 때 밑판에 작용하는 전단응력은? (단, μ는 점성계수이고, $y = 0$은 두 평판의 중앙이다.) 【1장】

㉮ $\dfrac{2\mu u_0}{h}$　　　　　　㉯ $\dfrac{\mu u_0}{h}$

㉰ $2\mu u_0 h$　　　　　㉱ $\mu u_0 h$

[해설] $\tau = \mu\dfrac{du}{dy}\Big|_{y=-h} = \mu u_0\left[0 - \dfrac{2y}{h^2}\right]_{y=-h}$
$\qquad = \mu u_0 \times \dfrac{2h}{h^2} = \dfrac{2\mu u_0}{h}$

[문제] **46.** 분수에서 분출되는 물줄기 높이를 2배로 올리려면 노즐로 공급되는 게이지 압력을 몇 배로 올려야 하는가? (단, 이곳에서의 동압은 무시한다.) 【2장】

㉮ 1.414　　　　　　㉯ 2

㉰ 2.828　　　　　　㉱ 4

[해설] $p = \gamma h$ 에서　$p \propto h = 2$배

[해답] **42.** ㉰　**43.** ㉮　**44.** ㉯　**45.** ㉮　**46.** ㉯

문제 47. 다음 중 유량 측정과 직접적인 관련이 없는 것은? 【10장】

㉮ 오리피스(Orifice)

㉯ 벤투리(Venturi)

㉰ 노즐(Nozzle)

㉱ 부르돈관(Bourdon tube)

해설 부르돈관(Bourdon tube)

: 부로돈관은 타원단면으로 된 금속의 원형관이다. 한쪽은 고정되어 있으며 다른 한쪽은 자유단으로 되어 있다. 압력을 받으면 부르돈관이 늘어나서 부르돈관의 자유단이 움직이고 링크와 기어를 거쳐 지침이 움직인다. 하지만 압력을 받지 않으면 금속관의 탄성에 의해 원래의 상태로 평형을 이룬다.

문제 48. 시속 800 km의 속도로 비행하는 제트기가 400 m/s의 상대속도로 배기가스를 노즐에서 분출할 때의 추진력은? (단, 이때 흡기량은 25 kg/s이고, 배기되는 연소가스는 흡기량에 비해 2.5 % 증가하는 것으로 본다.) 【4장】

㉮ 3920 N

㉯ 4694 N

㉰ 4870 N

㉱ 7340 N

해설 추진력 $F = \rho_2 Q_2 V_2 - \rho_1 Q_1 V_1 = \dot{m_2} V_2 - \dot{m_1} V_1$

$= \left(25 + 25 \times \dfrac{2.5}{100}\right) \times 400 - 25 \times \dfrac{800000}{3600}$

$= 4694.5 \, N$

문제 49. 비중 0.85인 기름의 자유표면으로부터 10 m 아래에서의 계기압력은 약 몇 kPa인가? 【2장】

㉮ 83

㉯ 830

㉰ 98

㉱ 980

해설 $p = \gamma h = \gamma_{H_2O} s h = 9.8 \times 0.85 \times 10 = 83.3 \, kPa$

문제 50. 다음 후류(wake)에 관한 설명 중 옳은 것은? 【5장】

㉮ 표면마찰이 주원인이다.

㉯ $(dp/dx) < 0$인 영역에서 일어난다.

㉰ 박리점 후방에서 생긴다.

㉱ 압력이 높은 구역이다.

해설 후류(wake) : 박리점 후방에서 소용돌이치는 불규칙한 흐름을 말하며 압력항력이 생기는 주원인이다.

문제 51. 포텐셜 유동 중 2차원 자유와류(free vortex)의 속도 포텐셜은 $\phi = K\theta$로 주어지고, K는 상수이다. 중심에서의 거리 $r = 10 \, m$에서의 속도가 20 m/s이라면 $r = 5 \, m$에서의 계기압력은 몇 Pa인가? (단, 중심에서 멀리 떨어진 곳에서의 압력은 대기압이며 이 유체의 밀도는 1.2 kg/m³이다.) 【3장】

㉮ -60

㉯ -240

㉰ -960

㉱ 240

문제 52. 동점성계수의 차원을 $[M]^a[L]^b[T]^c$로 나타낼 때, $a+b+c$의 값은? 【7장】

㉮ -1

㉯ 0

㉰ 1

㉱ 3

해설 동점성계수 $= m^2/s = [L^2 T^{-1}]$

또는 $[M^0 L^2 T^{-1}]$이므로

$\therefore a + b + c = 0 + 2 + (-1) = 1$

문제 53. 지름 5 cm의 구가 공기 중에서 매초 40 m의 속도로 날아갈 때 항력은 약 몇 N인가? (단, 공기의 밀도는 1.23 kg/m³이고, 항력계수는 0.6이다.) 【5장】

㉮ 1.16

㉯ 3.22

㉰ 6.35

㉱ 9.23

해설 $D = C_D \dfrac{\rho V^2}{2} A = 0.6 \times \dfrac{1.23 \times 40^2}{2} \times \dfrac{\pi \times 0.05^2}{4}$

$\fallingdotseq 1.16 \, N$

정답 47. ㉱ 48. ㉯ 49. ㉮ 50. ㉰ 51. ㉰ 52. ㉰ 53. ㉮

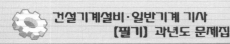
문제 54. 점성계수 $\mu = 1.1 \times 10^{-3}$ N·s/m²인 물이 직경 2 cm인 수평원관 내를 층류로 흐를 때, 관의 길이가 1000 m, 압력 강하는 8800 Pa이면 유량 Q는 약 몇 m3/s인가? 【5장】

㉮ 3.14×10^{-5} ㉯ 3.14×10^{-2}

㉰ 3.14 ㉱ 314

해설 $Q = \dfrac{\Delta p \pi d^4}{128 \mu \ell} = \dfrac{8800 \times \pi \times 0.02^4}{128 \times 1.1 \times 10^{-3} \times 1000}$
$\qquad = 3.14 \times 10^{-5}\,\text{m}^3/\text{s}$

문제 55. 절대압력 700 kPa의 공기를 담고 있고 체적은 0.1 m³, 온도는 20 ℃인 탱크가 있다. 순간적으로 공기는 밸브를 통해 바깥으로 단면적 75 mm²를 통해 방출되기 시작한다. 이 공기의 유속은 310 m/s이고, 밀도는 6 kg/m³이며 탱크 내의 모든 물성치는 균일한 분포를 갖는다고 가정한다. 방출하기 시작하는 시각에 탱크 내 밀도의 시간에 따른 변화율은 몇 kg/(m³·s)인가? 【3장】

㉮ -12.338 ㉯ -2.582

㉰ -20.381 ㉱ -1.395

해설 우선, $Q = AV = 75 \times 10^{-6} \times 310$
$\qquad = 0.02325\,\text{m}^3/\text{sec}$

또한, 유량 $Q = \dfrac{체적}{시간(t)}$에서

$\quad 시간(t) = \dfrac{체적}{유량} = \dfrac{0.1}{0.02325} = 4.3초$

$\quad 결국, \rho/t = \dfrac{6}{4.3} = 1.395\,\text{kg/(m}^3 \cdot \text{s)}$

문제 56. 100 m 높이에 있는 물의 낙차를 이용하여 20 MW의 발전을 하기 위해서 필요한 유량은 약 m³/s인가? (단, 터빈의 효율은 90 %이고, 모든 마찰손실은 무시한다.) 【3장】

㉮ 18.4 ㉯ 22.7

㉰ 180 ㉱ 222

해설 동력 $P = \gamma Q H \eta_t$에서
$\quad 20 \times 10^6 = 9800 \times Q \times 100 \times 0.9$
$\quad \therefore\ Q \fallingdotseq 22.7\,\text{m}^3/\text{s}$

문제 57. 길이 150 m의 배가 8 m/s의 속도로 항해한다. 배가 받는 조파 저항을 연구하는 경우, 길이 1.5 m의 기하학적으로 닮은 모형의 속도는 몇 m/s인가? 【7장】

㉮ 12 ㉯ 80

㉰ 1 ㉱ 0.8

해설 $(Fr)_P = (Fr)_m$ 즉, $\left(\dfrac{V}{\sqrt{g\ell}}\right)_P = \left(\dfrac{V}{\sqrt{g\ell}}\right)_m$

$\quad \dfrac{8}{\sqrt{150}} = \dfrac{V_m}{\sqrt{1.5}}$ $\therefore\ V_m = 0.8\,\text{m/s}$

문제 58. 점도가 0.101 N·s/m², 비중이 0.85인 기름이 내경 300 mm, 길이 3 km의 주철관 내부를 흐르며, 유량은 0.0444 m³/s이다. 이 관을 흐르는 동안 기름 유동이 겪은 수두 손실은 약 몇 m인가? 【6장】

㉮ 7.14 ㉯ 8.12

㉰ 7.76 ㉱ 8.44

해설 우선, $Q = AV$에서

$\quad V = \dfrac{Q}{A} = \dfrac{0.0444}{\frac{\pi}{4} \times 0.3^2} = 0.628\,\text{m/s}$

$\quad 또한, Re = \dfrac{\rho V d}{\mu} = \dfrac{850 \times 0.628 \times 0.3}{0.101} = 1585.5 : 층류$

$\quad f = \dfrac{64}{Re} = \dfrac{64}{1585.5} = 0.04037$

$\quad 결국, h_\ell = f\dfrac{\ell}{d} \times \dfrac{V^2}{2g} = 0.04037 \times \dfrac{3 \times 10^3}{0.3} \times \dfrac{0.628}{2 \times 9.8}$
$\qquad = 8.12\,\text{m}$

문제 59. 관내의 층류 유동에서 관마찰계수 f는? 【6장】

㉮ 조도만의 함수이다.

㉯ 오일러수의 함수이다.

해답 54. ㉮ 55. ㉱ 56. ㉯ 57. ㉱ 58. ㉯ 59. ㉱

뗘 상대조도와 레이놀즈수의 함수이다.

㉣ 레이놀즈수만의 함수이다.

[해설] 층류유동에서의 관마찰계수 $f = \dfrac{64}{Re}$

문제 60. 기온이 27 ℃인 여름날 공기속에서의 음속은 −3 ℃인 겨울날에 비해 몇 배나 빠른가? (단, 공기의 비열비의 변화는 무시한다.)

【1장】

㉮ 1.00 ㉯ 1.05

㉰ 1.11 ㉣ 1.23

[해설] $a = \sqrt{kRT}$ 에서 $a \propto \sqrt{T}$ 이므로

결국, $\dfrac{a_1}{a_2} = \dfrac{\sqrt{T_1}}{\sqrt{T_2}} = \sqrt{\dfrac{T_1}{T_2}} = \sqrt{\dfrac{(27+273)}{(-3+273)}}$

$= 1.054$ 배

제4과목 기계재료 및 유압기기

문제 61. 미하나이트 주철(Meehanite cast iron)의 바탕조직은?

㉮ 오스테나이트 ㉯ 펄라이트

㉰ 시멘타이트 ㉣ 페라이트

[해설] 미하나이트 주철(meehanite cast iron)
: 저탄소, 저규소의 보통주철에 규소철(Fe−Si) 또는 칼슘실리케이트(Ca−Si)를 접종(inoculation)하여 흑연을 미세화시켜 강도를 높인 펄라이트주철이다.

문제 62. 내열성과 인성이 좋고 강한 충격이 가해지는 곳에 적합한 스프링강계는?

㉮ 고탄소

㉯ 망간−크롬

㉰ 규소−크롬

㉣ 크롬−바나듐

[해설] ·스프링강(SPS)
① 규소(Si)−망간(Mn)강 : 항복점, 탄성한계가 높은 것으로 규소가 많으면 결정입자가 거칠어지고 충격값이 낮아지며 표면은 탈탄하기 쉬워 탈탄층이 나타나 피로파괴의 원인이 되므로 망간(Mn)을 첨가하여 보완한다.
② 크롬(Cr)−바나듐(V)강 : 소형 스프링 재료로 많이 사용되며 같은 인장강도의 Si−Mn강에 비하여 피로한계가 높으며 탈탄이 적게되어 충격이 가해지는 곳에 적합하다.

문제 63. 다음 중 Mn 26.3 %, Al 13 % 나머지가 구리인 합금으로 강자성체인 것은?

㉮ 스테인레스강

㉯ 고망간강

㉰ 포금

㉣ 호이슬러 합금

[해설] 호이슬러 합금(Heusler's magnetic alloy)
: Mn 26.3 %, Al 13 %, 나머지 Cu 등 2~3개로 된 합금으로 강자성체이다.

문제 64. 마그네슘(Mg)을 설명한 것 중 틀린 것은?

㉮ 마그네슘(Mg)의 비중은 알루미늄의 약 2/3 정도이다.

㉯ 구상흑연주철의 첨가제로도 사용된다.

㉰ 용융점은 약 930 ℃로 산화가 잘된다.

㉣ 전기전도도는 알루미늄보다 낮으나 절삭성은 좋다.

[해설] ·마그네슘(Mg)
① 비중이 상온에서 1.74이며, 실용금속 중에서 가장 가볍고 Al의 2/3 정도이다.
② Ce, Ca 등과 함께 구상흑연주철의 첨가제로 사용된다.
③ 용융점(융점)은 650 ℃이다.
④ 전기전도율은 Cu, Al보다 낮고, 강도도 작으나 절삭성은 우수하다.
⑤ 알칼리에는 잘 견디나 일반적으로 산이나 염류에는 침식되며, 또한 산화하기 쉽다.

[해답] 60. ㉯ 61. ㉯ 62. ㉣ 63. ㉣ 64. ㉰

문제 65. 다음 중 가단주철을 설명한 것으로 가장 적합한 것은?

㉮ 기계적 특성과 내식성, 내열성을 향상시키기 위해 Mn, Si, Ni, Cr, Mo, V, Al, Cu 등의 합금원소를 첨가한 것이다.

㉯ 탄소량 2.5 % 이상의 주철을 주형에 주입한 그 상태로 흑연을 구상화한 것이다.

㉰ 표면을 칠(chill)상에서 경화시키고 내부조직은 펄라이트와 흑연인 회주철로 해서 전체적으로 인성을 확보한 것이다.

㉱ 백주철을 고온도로 장시간 풀림해서 시멘타이트를 분해 또는 감소시키고 인성이나 연성을 증가시킨 것이다.

해설 가단주철(malleable cast iron)
: 보통주철의 결점인 여리고 약한 인성을 개선하기 위하여 백주철을 장시간 열처리(풀림)하여 탄소(C)의 상태를 분해 또는 소실시켜 인성 또는 연성을 증가시킨 주철이다.

문제 66. 다음 중 플라스틱 재료 중에서 내충격성이 가장 좋은 것은?

㉮ 폴리스틸렌   ㉯ 폴리카보네이트

㉰ 폴리에틸렌   ㉱ 폴리프로필렌

해설 · 폴리카보네이트(Polycarbonate, PC)
① 충격강도가 플라스틱 중에서 가장 크다.
② 빛에도 안정되고, 치수 안정성이 좋다.
③ 내열성이 크고, 저온특성도 좋다.
④ 전기적 특성이 우수하다.

문제 67. 순철에서 온도변화에 따라 원자배열의 변화가 일어나는 것은?

㉮ 소성변형   ㉯ 동소변태

㉰ 자기변태   ㉱ 황온변태

해설 · 금속의 변태
① 동소변태 : 고체내에서 원자의 배열상태의 변화

가 생기는 현상. 즉, 결정격자가 바뀌는 현상
② 자기변태 : 금속의 결정격자의 모양은 변화되지 않고 자성만 변하는 현상

문제 68. 담금질에 의한 변형에 관한 설명 중 틀린 것은?

㉮ 열응력으로 생김

㉯ 경화 상태의 불균일로 생김

㉰ 탄소함유량 변화

㉱ 변태 응력으로 생김

해설 담금질 균열(quenching crack)
: 재료를 경화하기 위하여 급랭하면 재료 내부와 외부의 온도차에 의해 열응력과 변태응력으로 인하여 내부변형 또는 균열이 일어나는데 이와같이 갈라진 금을 담금질 균열이라 한다.

문제 69. 다음 중 일반적으로 담금질에서 요구되지 않는 것은?

㉮ 담금질 경도가 높을 것

㉯ 경화 깊이가 깊을 것

㉰ 담금질 균열의 발생이 없을 것

㉱ 담금질 연화가 잘 될 것

해설 담금질(quenching)의 목적
: 오스테나이트 상태를 마텐자이트 조직으로 변태시켜 재질을 경화(hardening)시키는 것이 목적

문제 70. 게이지강이 갖추어야 할 조건으로 틀린 것은?

㉮ 내마모성이 크고, HRC55 이상의 경도를 가질 것

㉯ 담금질에 의한 변형 및 균열이 적을 것

㉰ 오랜 시간 경과하여도 치수의 변화가 적을 것

㉱ 열팽창계수는 구리와 유사하며 취성이 좋을 것

정답 65. ㉱ 66. ㉯ 67. ㉯ 68. ㉰ 69. ㉱ 70. ㉱

해설 · 게이지강(gauge steel)
① 내마모성이 크고, 경도가 높을 것
② 열팽창계수는 강과 유사하며 내식성이 좋을 것
③ 오랜시간 경과하여도 치수의 변화가 적을 것
④ 담금질에 의한 변형 및 담금질 균열이 적을 것

문제 71. 일반적으로 저점도유를 사용하며 유압 시스템의 온도도 60~80 ℃ 정도로 높은 상태에서 운전하여 유압시스템 구성기기의 이물질을 제거하는 작업은?

㉮ 엠보싱　　　　　㉯ 블랭킹
㉰ 커미싱　　　　　㉱ 플러싱

해설 플러싱(flushing)
: 유압회로내 이물질을 제거하는 것과 작동유 교환시 오래된 오일과 슬러지를 용해하여 오염물의 전량을 회로밖으로 배출시켜서 회로를 깨끗하게 하는 것

문제 72. 방향전환 밸브에서 밸브와 관로가 접속되는 통로의 수를 무엇이라고 하는가?

㉮ 방수(number of way)
㉯ 포트수(number of port)
㉰ 스풀수(number of spool)
㉱ 위치수(number of position)

해설 ① 포트수(number of port) : 방향제어밸브에 있어서 밸브와 주관로(파일럿과 드레인 포트는 제외)와 접속구수를 말하며 유로전환의 형을 한정한다.
② 위치수(number of position) : 방향제어밸브 내에서 다양한 유로를 형성하기 위하여 밸브기구가 작동하여야 할 위치를 밸브위치라 하며 위치수는 1위치, 2위치, 3위치의 것이 있고, 3위치의 것이 가장 많이 사용되고 있다.

문제 73. 기어펌프에서 발생하는 폐입현상을 방지하기 위한 방법으로 가장 적절한 것은?

㉮ 오일을 보충한다.
㉯ 베인을 교환한다.

㉰ 베어링을 교환한다.
㉱ 릴리프 홈이 적용된 기어를 사용한다.

해설 토출구에 릴리프홈을 만들거나 높은 압력의 기름을 베어링 윤활에 사용한다.

문제 74. 유압호스에 관한 설명으로 옳지 않은 것은?

㉮ 진동을 흡수한다.
㉯ 유압회로의 서지 압력을 흡수한다.
㉰ 고압 회로로 변환하기 위해 사용한다.
㉱ 결합부의 상대 위치가 변하는 경우 사용한다.

해설 유압호스
: 합성고무로 만든 유압호스에는 저압, 중압, 고압용의 3종류가 있다. 유압호스는 주로 금속관을 쓰기 곤란한 곳, 진동의 영향을 방지하고자 하는 곳, 연결부의 상대위치가 변하는 곳에 사용한다.

문제 75. 다음 중 오일의 점성을 이용한 유압응용장치는?

㉮ 압력계　　　　　㉯ 토크 컨버터
㉰ 진동개폐밸브　　㉱ 쇼크 업소버

해설 쇼크업소버(shock absorber)
: 기계적 충격을 완화하는 장치로 점성을 이용하여 운동에너지를 흡수한다.

문제 76. 작동유의 압력이 700 N/cm²이고, 유량이 30 ℓ/min인 유압모터의 출력토크는 약 몇 N·m인가?
(단, 1회전당 배출유량은 25 cc/rev이다.)

㉮ 28　　　　　　㉯ 42
㉰ 56　　　　　　㉱ 74

해설 $T = \dfrac{pq}{2\pi} = \dfrac{700 \times 25}{2\pi} = 2785.2\,\text{N} \cdot \text{cm} \fallingdotseq 28\,\text{N m}$

정답 **71.** ㉱　**72.** ㉯　**73.** ㉱　**74.** ㉰　**75.** ㉱　**76.** ㉮

문제 **77.** 유압장치의 특징으로 옳지 않은 것은?

㉮ 자동제어가 가능하다.

㉯ 공기압보다 작동속도가 빠르다.

㉰ 소형장치로 큰 출력을 얻을 수 있다.

㉱ 유온의 변화에 따라 출력 효율이 변화된다.

해설 공기압보다 작동속도가 떨어진다.

문제 **78.** 유압회로의 액추에이터(actuator)에 걸리는 부하의 변동, 회로압의 변화, 기타의 조작에 관계없이 유압 실린더를 필요한 위치에 고정하고 자유운동이 일어나지 못하도록 방지하기 위한 회로는?

㉮ 증압회로

㉯ 로크회로

㉰ 감압회로

㉱ 무부하회로

해설 로크회로(lock circuit)
: 실린더 행정 중 임의 위치에서 또는 행정끝에서 실린더를 고정시켜 놓을 필요가 있을 때라 할지라도 부하가 클 때 또는 장치내의 압력저하에 의하여 실린더 피스톤이 이동되는 경우가 발생하는데 이 피스톤의 이동을 방지하는 회로를 말한다.

문제 **79.** 유압장치에 사용되는 밸브를 압력제어밸브, 방향제어밸브, 유량제어밸브 등으로 분류하였다면, 이는 어떤 기준에 의해 분류한 것인가?

㉮ 기능상의 분류

㉯ 조작 방식상의 분류

㉰ 구조상의 분류

㉱ 접속 형식상의 분류

해설 · 유압제어밸브의 기능상의 분류
① 압력제어밸브 : 일의 크기를 결정
② 유량제어밸브 : 일의 속도를 결정
③ 방향제어밸브 : 일의 방향을 결정

문제 **80.** 그림에서 표기하고 있는 밸브의 명칭은 무엇인가?

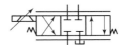

㉮ 셔틀밸브 ㉯ 파일럿밸브

㉰ 서보밸브 ㉱ 교축전환밸브

해설 서보밸브 : 전기 또는 그밖의 입력신호에 따라 유량 또는 유압을 제어해주는 밸브

제5과목 기계제작법 및 기계동력학

문제 **81.** 딥 드로잉(deep drawing) 가공의 특징이 아닌 것은?

㉮ 큰 단면감소율을 얻을 수 있다.

㉯ 복잡한 형상에서도 금속의 유동이 잘된다.

㉰ 중간에 어닐링(annealing)이 필요 없다.

㉱ 압판압력을 정확히 조정할 필요가 없다.

해설 딥드로잉가공(deep drawing work)
: 편평한 판금재를 펀치로 다이구멍에 밀어넣어 이음매가 없고 밑바닥이 있는 용기를 만드는 작업으로서 압판압력을 정확히 조정할 필요가 있다.
주로 음료용캔, 주방기구, 싱크대 등 각종용기의 제작에 이용된다.

문제 **82.** 평면도를 측정할 때, 가장 관계가 적은 측정기는?

㉮ 수준기

㉯ 광선정반

㉰ 오토콜리메이터

㉱ 공구현미경

해설 평면측정
: 광선정반(optical flat), 수준기, 스트레이트에지, 오토콜리메이터

해답 **77.** ㉯ **78.** ㉯ **79.** ㉮ **80.** ㉰ **81.** ㉱ **82.** ㉱

문제 83. 절삭가공을 할 때 발생하는 가공변질층에 관한 설명 중 틀린 것은?

㉮ 가공변질층은 절삭저항의 크기에는 관계가 없다.

㉯ 가공변질층은 내식성과 내마모성이 좋지 않다.

㉰ 가공변질층은 흔히 잔류응력이 남는다.

㉱ 절삭온도는 가공변질층에 영향을 미친다.

해설 가공변질층은 절삭저항의 크기에 영향을 미친다.

문제 84. 선반에서 절삭비(cutting ratio, γ)의 표현식으로 옳은 것은? (단, ϕ는 전단각, α는 공구 윗면 경사각이다.)

㉮ $r = \dfrac{\cos(\phi-\alpha)}{\sin\phi}$ ㉯ $r = \dfrac{\sin(\phi-\alpha)}{\cos\phi}$

㉰ $r = \dfrac{\cos\phi}{\sin(\phi-\alpha)}$ ㉱ $r = \dfrac{\sin\phi}{\cos(\phi-\alpha)}$

해설 절삭비(γ_c)는 공작물을 절삭할 때 가공이 용이한 정도를 나타낸다. 절삭깊이를 t_1, 칩두께를 t_2라 하면 절삭비(γ_c)는 다음과 같으며 절삭비가 1에 가까울수록 절삭성이 좋다고 판단한다.

즉, $\gamma_c = \dfrac{t_1}{t_2} = \dfrac{\sin\phi}{\cos(\phi-\alpha)}$

문제 85. 방전가공의 전극 재질로 적합한 것은?

㉮ 아연 ㉯ 구리

㉰ 연강 ㉱ 다이아몬드

해설 방전가공시 전극재질
: 청동, 황동, 구리, 흑연, 텅스텐 등

문제 86. 용접의 종류 중 불활성가스 분위기 내에서 모재와 동일 또는 유사한 금속을 전극으로 하여 모재와의 사이에 아크를 발생시켜 용접하는 것은?

㉮ 피복아크용접

㉯ MIG 용접

㉰ 서브머지드 용접

㉱ CO_2 가스 용접

해설 · 불활성가스 아크용접
① 불활성가스 금속아크용접(MIG 용접)
② 불활성가스 텅스텐아크용접(TIG 용접)

문제 87. 목형에 라카나 니스 등의 도료를 칠하는 이유로 가장 적합한 이유는?

㉮ 건조가 잘되게 하기 위하여

㉯ 습기를 방지하고 모래의 분리를 쉽게 하기 위하여

㉰ 보기 좋게 하기 위하여

㉱ 주물사의 강도에 잘 견디게 하기 위하여

해설 목재는 습기를 흡수하여 변형되기 쉽기 때문에 목형에 도장(paint)을 한다. 도장을 하면 표면이 매끈하여 모래와의 분리도 잘되고 병충해도 방지할 수 있다.

문제 88. 압연공정에서 압연하기 전 원재료의 두께를 40 mm, 압연후 재료의 두께를 20 mm로 한다면 압하율(draft percent)은 얼마인가?

㉮ 20 % ㉯ 30 %

㉰ 40 % ㉱ 50 %

해설 압하율 $= \dfrac{H_0 - H_1}{H_0} \times 100 = \dfrac{40-20}{40} \times 100 = 50 \%$

문제 89. 방전가공의 특징 설명으로 틀린 것은?

㉮ 전극의 형상대로 정밀하게 가공할 수 있다.

㉯ 숙련된 전문 기술자만 할 수 있다.

㉰ 전극 및 가공물에 큰 힘이 가해지지 않는다.

㉱ 가공물의 경도와 관계없이 가공이 가능하다.

해답 83. ㉮ 84. ㉱ 85. ㉯ 86. ㉰ 87. ㉯ 88. ㉱ 89. ㉯

[해설] 방전가공(EDM, electric discharge marching)
: 공작물을 가공액이 들어있는 탱크속에 가공할 형상의 전극과 공작물 사이에 전압을 주면서 가까운 거리로 접근시키면 아크(arc) 방전에 의한 열작용과 가공액의 기화폭발작용으로 공작물은 미소량씩 용해하여 용융소모시켜 가공용 전극의 형상에 따라 가공하는 방법이다.

[문제] **90.** CNC선반에서 프로그램으로 사용할 수 없는 기능은?

㉮ 이송속도의 선정

㉯ 절삭속도와 주축회전수의 선정

㉰ 공구의 교환

㉱ 가공물의 장착, 제거

[문제] **91.** 반경 r인 균일한 원판이 평면위에서 미끄럼 없이 각속도 ω, 각가속도 α로 굴러가고 있다. 이 원판 중심점의 수평방향의 가속도 성분의 크기는?

㉮ $r\alpha$ 　　　　㉯ $r\omega$

㉰ ω^2/r 　　　㉱ α^2/r

[해설] ① 접선가속도 $a_t = \alpha r$

② 법선가속도(=구심가속도) $a_n = r\omega^2 = \dfrac{V^2}{r}$

단, $V = r\omega$

[문제] **92.** 질량 0.6 kg인 강철 블록이 오른쪽으로 4 m/s의 속도로 이동하고, 질량 0.9 kg인 강철 블록이 왼쪽으로 2 m/s의 속도로 이동하다가 정면으로 충돌하였다. 반발계수가 0.75일 때 충돌하는 동안 손실된 에너지는 약 몇 J인가?

㉮ 2.8 　　　　㉯ 3.8

㉰ 6.6 　　　　㉱ 10.4

[해설] 우선, 충돌후의 속도(V_1', V_2')는

$$V_1' = V_1 - \frac{m_2}{m_1+m_2}(1+e)(V_1 - V_2)$$

$$= 4 - \frac{0.9}{0.6+0.9}(1+0.75)(4+2) = -2.3\,\text{m/s}$$

$$V_2' = V_2 + \frac{m_1}{m_1+m_2}(1+e)(V_1 - V_2)$$

$$= -2 + \frac{0.6}{0.6+0.9}(1+0.75)(4+2) = 2.2\,\text{m/s}$$

또한, ⅰ) 충돌전 각각의 운동에너지(T_1, T_2)는

$$T_1 = \frac{1}{2}m_1 V_1^2 = \frac{1}{2}\times 0.6 \times 4^2 = 4.8\,\text{J}$$

$$T_2 = \frac{1}{2}m_2 V_2^2 = \frac{1}{2}\times 0.9 \times 2^2 = 1.8\,\text{J}$$

ⅱ) 충돌후 각각의 운동에너지(T_1', T_2')는

$$T_1' = \frac{1}{2}m_1 V_1'^2 = \frac{1}{2}\times 0.6 \times (-2.3)^2$$
$$= 1.587\,\text{J}$$

$$T_2' = \frac{1}{2}m_2 V_2'^2 = \frac{1}{2}\times 0.9 \times (2.2)^2 = 2.178\,\text{J}$$

ⅲ) 충돌전, 후 각각의 운동에너지 차이(ΔT_1, ΔT_2)는

$$\Delta T_1 = T_1 - T_1' = 4.8 - 1.587 = 3.213\,\text{J}$$

$$\Delta T_2 = T_2 - T_2' = 1.8 - 2.178 = -0.378\,\text{J}$$

결국, 손실된 에너지(ΔT)는

$$\Delta T = \Delta T_1 + \Delta T_2 = 3.213 + (-0.378) = 2.835\,\text{J}$$

[문제] **93.** 질량이 2500 kg인 화물차가 수평면에서 견인되고 있다. 정지 상태로부터 일정한 가속도로 견인되어 150 m를 움직였을 때, 속도가 8 m/s이었다면, 화물차에 가해진 수평견인력의 크기는 약 몇 N인가?

㉮ 443 　　　　㉯ 533

㉰ 622 　　　　㉱ 712

[해설] $T = U$에서 　$\dfrac{1}{2}m(V_2^2 - V_1^2) = F \times S$

$$\frac{1}{2}\times 2500 \times 8^2 = F \times 150 \quad \therefore \ F = 533.33\,\text{N}$$

[문제] **94.** 중량 2400 N, 회전수 1500 rpm인 공기압축기가 있다. 스프링으로 균등하게 6개소를 지지시켜 진동수비를 2.4로 할 때, 스프링 1개의 스프링 상수를 구하면 약 몇 kN/m인가? (단, 감쇠비는 무시한다.)

㉮ 175 　　　　㉯ 165

㉰ 194 　　　　㉱ 125

[해답] **90.** ㉱ **91.** ㉮ **92.** ㉮ **93.** ㉯ **94.** ㉮

해설 우선, $\omega = \dfrac{2\pi N}{60} = \dfrac{2\pi \times 1500}{60} = 157\,\mathrm{rad/s}$

또한, 진동수비 $\gamma = \dfrac{\omega}{\omega_n}$ 에서 $\omega_n = \dfrac{\omega}{\gamma} = \dfrac{157}{2.4}$

$$= 65.4\,\mathrm{rad/s}$$

결국, $\omega_n = \sqrt{\dfrac{k}{m}}$ 에서

$$\therefore\ k = m\omega_n^2 = \dfrac{W}{g \times 6} \times \omega_n^2 = \dfrac{2400}{9.8 \times 6} \times 65.4^2$$

$$= 174577.9\,\mathrm{N/m} \fallingdotseq 175\,\mathrm{kN/m}$$

문제 95. 회전하는 원판 위의 점 P에서 접선 가속도가 10 m/s², 법선 가속도가 5 m/s²일 때, 이 점 P에서의 가속도의 크기는 몇 m/s²인가?

㉮ 2.2 ㉯ 3.9

㉰ 7.1 ㉱ 11.2

해설 $a = \sqrt{a_t^2 + a_n^2} = \sqrt{10^2 + 5^2} = 11.18\,\mathrm{m/s^2}$

문제 96. 다음 1자유도계의 감쇠 고유진동수는 몇 Hz인가?

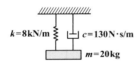

㉮ 1.14 ㉯ 2.14

㉰ 3.14 ㉱ 4.14

해설 $f_n = \dfrac{\omega_n}{2\pi} = \dfrac{1}{2\pi}\sqrt{\dfrac{k}{m}} = \dfrac{1}{2\pi}\sqrt{\dfrac{8 \times 10^3}{20}} = 3.18\,\mathrm{Hz}$

문제 97. 무게 10 kN의 구를 위치 A에서 정지 상태로부터 놓았을 때, 구가 위치 B를 통과할 때의 속도는 약 몇 cm/s인가?

㉮ 102 ㉯ 105

㉰ 107 ㉱ 110

해설 우선, AB의 수직거리(h)는

$$h = 20 - 20\cos 45° = 5.85\,\mathrm{cm}$$

결국, $V^2 = \cancel{V_0^2} + 2a(s - \cancel{s_0})$ 에서 $V^2 = 2gh$

$$\therefore\ V = \sqrt{2gh} = \sqrt{2 \times 9.8 \times 0.0585}$$

$$= 1.07\,\mathrm{m/s} = 107\,\mathrm{cm/s}$$

문제 98. 그림과 같이 한 개의 움직 도르래와 한 개의 고정 도르래로 연결된 시스템의 고유 각진동수는? (단, 도르래의 질량은 무시한다.)

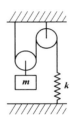

㉮ $\sqrt{\dfrac{k}{m}}$ ㉯ $\sqrt{\dfrac{2k}{m}}$

㉰ $\sqrt{\dfrac{3k}{m}}$ ㉱ $\sqrt{\dfrac{4k}{m}}$

해설 우선, $T = \dfrac{1}{2}m\dot{x}^2$, $U = \dfrac{1}{2}k(2x)^2 = 2kx^2$

또한, $\dfrac{d(T+U)}{dt} = 2\left(\dfrac{1}{2}m\ddot{x}\dot{x}\right) + 4kx\dot{x} = 0$

$$m\ddot{x} + 4kx = 0,\ \ \ddot{x} + \dfrac{4k}{m}x = 0$$

결국, $\omega_n^2 = \dfrac{4k}{m}$ $\quad \therefore\ \omega_n = \sqrt{\dfrac{4k}{m}}$

문제 99. 질량 관성모멘트가 20 kg·m²인 플라이 휠(flywheel)을 정지 상태로부터 10초 후 3600 rpm으로 회전시키기 위해 일정한 비율로 가속하였다. 이때 필요한 토크는 약 몇 N·m인가?

㉮ 654 ㉯ 754

㉰ 854 ㉱ 954

정답 95. ㉱ 96. ㉰ 97. ㉰ 98. ㉱ 99. ㉯

해설 $\sum M_0 = J_0 \alpha = J_0 \ddot{\theta} = J_0 \times \dfrac{\omega}{t} = J_0 \times \dfrac{1}{t} \times \dfrac{2\pi N}{60}$

$= 20 \times \dfrac{1}{10} \times \dfrac{2\pi \times 3600}{60}$

$= 753.98\,\text{N}\cdot\text{m}$

문제 100. 두 파동 $x_1 = \sin\omega t$, $x_2 = \cos\omega t$를 합성하였을 때, 진폭과 위상각으로 옳은 것은?

㉮ 진폭은 $\sqrt{2}$, 위상각은 90°

㉯ 진폭은 2, 위상각은 45°

㉰ 진폭은 $\sqrt{2}$, 위상각은 60°

㉱ 진폭은 $\sqrt{2}$, 위상각은 45°

해설 진동수가 같은 두 개의 조화운동의 합성은

$x_1 = A\sin\omega t$, $x_2 = B\cos\omega t$ 일 때

$\therefore\ x = x_1 + x_2 = A\sin\omega t + B\cos\omega t$

$= \sqrt{A^2 + B^2}\sin\left(\omega t + \tan^{-1}\dfrac{A}{B}\right)$

또는 $\sqrt{A^2 + B^2}\cos\left(\omega t - \tan^{-1}\dfrac{B}{A}\right)$

여기서, 진폭 : $\sqrt{A^2 + B^2} = \sqrt{1^2 + 1^2} = \sqrt{2}$

위상각 : $\phi = \tan^{-1}\dfrac{A}{B}$ 또는

$\tan^{-1}\dfrac{B}{A} = \tan^{-1}\left(\dfrac{1}{1}\right) = \tan^{-1}1$

$= 45°$

건설기계설비 기사

※ 재료역학, 열역학, 유체역학, 유압기기는 일반기계기사와 중복됩니다. 나머지 유체기계와 건설기계일반의 순서는 1~20번으로 정합니다.

제4과목 유체기계

문제 1. 다음 중 카플란 수차에 대한 설명으로 가장 옳은 것은?

㉮ 가동 날개 프로펠러 수차이다.

㉯ 안내 깃이 설치된 프로펠러 수차이다.

㉰ 가동 날개 프랜시스 수차이다.

㉱ 안내 깃이 설치된 프랜시스 수차이다.

해설 · 프로펠러 수차(propeller turbine)

① 카플란 수차 : 부하에 의한 날개각도를 조정할 수 있는 가동익형

② 프로펠러 수차 : 부하에 의한 날개각도를 조정할 수 없는 고정익형

문제 2. 유체커플링에는 없으나, 토크 컨버터에는 있는 구성품은?

㉮ 케이싱(Casing)   ㉯ 러너(Runner)

㉰ 회전차(Impeller)   ㉱ 스테이터(Stator)

해설 ① 유체 커플링 : 입력축을 회전하면 이축에 붙어있는 펌프의 회전차(impeller)가 회전하고, 액체는 회전차에서 유출하여 출력축에 붙어있는 수차의 깃차(runner)에 유입하여 출력축을 회전시킨다.

② 토크 컨버터 : 입력축의 회전에 의하여 회전차(impeller)에서 나온 작동유는 깃차(runner)를 지나 출력축을 회전시키고, 다음에 안내깃(stator)을 거쳐서 회전차로 되돌아온다. 이 안내깃은 토크를 받아 그 맡은 토크만큼 입력축과 출력축 사이에 토크차를 생기게 한다.

문제 3. 유회전 진공펌프(Oil–sealed rotary vacuum pump)의 종류가 아닌 것은?

㉮ 너시(Nush)형 진공펌프

㉯ 게데(Gaede)형 진공펌프

㉰ 키니(Kinney)형 진공펌프

㉱ 센코(Senko)형 진공펌프

해설 · 진공펌프의 종류

① 저진공펌프

㉠ 수봉식(액봉식) 진공펌프(＝nush펌프)

㉡ 유회전 진공펌프 : 가장 널리 사용되며, 센코형(cenco type), 게데형(geode type), 키니형(kenney type)이 있다.

㉢ 루우츠형(roots type) 진공펌프

㉣ 나사식 진공펌프

② 고진공펌프

오일확산펌프, 터보분자펌프, 크라이오(cryo)펌프

해답 **100.** ㉱ || **1.** ㉮ **2.** ㉱ **3.** ㉮

[문제] **4.** 펌프에서 발생하는 축추력의 방지책으로 거리가 먼 것은?

㉮ 평형판을 사용

㉯ 밸런스 홀을 설치

㉰ 단방향 흡입형 회전차를 채용

㉱ 스러스트 베어링을 사용

[해설] ·축추력(axial thrust)의 방지법

① 스러스트베어링(thrust bearing)을 장치하여 사용한다.

② 양흡입형의 회전차를 채용한다.

③ 평형공(balance hole)을 설치한다.

④ 후면측벽에 방사상의 리브(rib)를 설치한다.

⑤ 다단펌프에서는 단수만큼의 회전차를 반대방향으로 배열한다.
이런 방식을 자기평형(self balance)이라고 한다.

⑥ 평형원판(balance disk)을 사용한다.

[문제] **5.** 다음 원심펌프의 기본 구성품 중에서 펌프의 종류에 따라서는 없어도 가능한 구성품은?

㉮ 회전차(Impeller)

㉯ 안내깃(Guide vane)

㉰ 케이싱(Casing)

㉱ 펌프축(Pump shaft)

[해설] ·안내날개(guide vane)의 유무에 의한 원심펌프의 종류

① 벌류트펌프 : 회전차의 바깥둘레에 안내날개가 없는 펌프

② 터빈펌프 : 회전차의 바깥둘레에 안내날개가 있는 펌프

[문제] **6.** 프로펠러 풍차에서 이론효율이 최대로 되는 조건은 다음 중 어느 조건인가?
(단, V_0는 풍속, V_2는 풍창 후류의 풍속이다.)

㉮ $V_2 = V_0/3$

㉯ $V_2 = V_0/2$

㉰ $V_2 = V_0^3$

㉱ $V_2 = V_0$

[해설] 풍차의 이론효율(η_{th})

$$\eta_{th} = \frac{L}{L_0} = \frac{(V_0 - V_2)(V_0 + V_2)^2}{2V_0^3}$$

여기서, L_0 : 바람이 갖고 있는 동력,
L : 풍차가 얻은 동력,
V_0 : 풍속, V_2 : 풍차 후류의 풍속

또한, 이론효율(η_{th})이 최대가 되는 조건은 $\frac{d\eta_{th}}{dV_2} = 0$ 인 경우이므로

즉, $V_2 = \frac{V_0}{3}$ 인 경우이다.

[문제] **7.** 펌프보다 낮은 수위에서 액체를 퍼 올릴 때 풋 밸브(foot valve)를 설치하는 이유로 가장 옳은 것은?

㉮ 관내 수격작용을 방지하기 위하여

㉯ 펌프의 한계 유량을 넘지 않도록 하기 위해

㉰ 펌프 내에 공동현상을 방지하기 위하여

㉱ 운전이 정지되더라도 흡입관 내에 물이 역류하는 것을 방지하기 위해

[해설] 풋밸브(foot valve)

: 흡입관의 하단에 끼어 물속에 담겨있고, 체크밸브가 달려 있어서 펌프의 운전이 정지하였을 때 흡입관내의 물의 역류를 방지한다. 밸브의 하부는 스트레이너를 달아 불순물의 침입을 방지한다.

[문제] **8.** 반동 수차에서 전효율은 일반적으로 세 가지 효율의 곱으로 구성되는데 다음 중 세 가지 효율에 속하지 않는 것은?

㉮ 수력효율

㉯ 체적효율

㉰ 기계효율

㉱ 마찰효율

[해설] 반동수차의 전효율(η)

$\eta = \eta_v \times \eta_h \times \eta_m$

여기서, η_v : 체적효율,
η_h : 수력효율,
η_m : 기계효율

[해답] **4.** ㉰ **5.** ㉯ **6.** ㉮ **7.** ㉱ **8.** ㉱

문제 9. 펌프는 크게 터보형과 용적형, 특수형으로 구분하는데, 다음 중 터보형 펌프에 속하지 않는 것은?

㉮ 원심식 펌프
㉯ 사류식 펌프
㉰ 왕복식 펌프
㉱ 축류식 펌프

해설 ・펌프의 분류
① 터보형 ┬ ㉠ 원심식 : 벌류트펌프, 터빈펌프
　　　　　├ ㉡ 사류식 : 사류펌프
　　　　　└ ㉢ 축류식 : 축류펌프
② 용적형 ┬ ㉠ 왕복식 : 피스톤펌프, 플런저펌프
　　　　　└ ㉡ 회전식 : 기어펌프, 베인펌프
③ 특수형 : 마찰펌프, 제트펌프, 기포펌프, 수격펌프

문제 10. 펠톤 수차의 노즐 입구에서 유효 낙차가 700 m이고, 노즐 속도계수가 0.98이면 수축부에서 속도는 얼마인가?

㉮ 82.8 m/s
㉯ 114.8 m/s
㉰ 165.7 m/s
㉱ 686 m/s

해설 $v_0 = C_v \sqrt{2gH} = 0.98 \sqrt{2 \times 9.8 \times 700}$
　　　　$≒ 114.8 \, \text{m/s}$

제5과목 건설기계일반

문제 11. 크레인의 작업 시 물체의 무게가 무거울수록 붐의 길이 및 지면과의 각도는 어떻게 하는 것이 가장 좋은가?

㉮ 붐의 길이는 짧게 지면과의 각도는 작게
㉯ 붐의 길이는 짧게 지면과의 각도는 크게
㉰ 붐의 길이는 길게 지면과의 각도는 작게
㉱ 붐의 길이는 길게 지면과의 각도는 크게

해설 크레인(기중기)작업시 물체의 무게가 무거울수록 붐(boom)의 길이는 짧게 하고, 각도는 크게 한다.

문제 12. 착암기에서 직접 암반을 파쇄해 나가는 비트(bit)의 형태에 속하지 않는 것은?

㉮ 일자형
㉯ 테이퍼형
㉰ 버튼형
㉱ 스파이크형

해설 ・비트(bit)
① 개요 : 직접 암반을 파쇄해 나가는 착암기의 핵심적인 부분
② 형태에 따른 구분 : 일자형, 십자(cross)형, 버튼(button)형, 스파이크(spike)형

문제 13. 다음과 같은 지역의 공사에 사용하는 운반기계로 가장 적절한 것은?

ⓐ 홍수나 적설로 인한 피해가 많은 장소이다.
ⓑ 주변지역의 땅값이 매우 비싸다.
ⓒ 지형적 특성상 운반로의 건설이 쉽지 않다.

㉮ 컨베이어(conveyer)
㉯ 트레일러(trailer)
㉰ 가공삭도(架空索道)
㉱ 덤프트럭(dump truck)

해설 가공삭도
: 노선설치가 곤란한 산간이나 계곡 등을 횡단하는 곳에서 채택되는 운반수단으로 산간양쪽에 철탑을 세우고 케이블을 가설한 후 여기에 운반기를 설치하여 하물을 운반하도록한 기계설비를 말한다.

문제 14. 롤러의 규격을 표시하는 방법은?

㉮ 선압(線壓)
㉯ 다짐폭(幅)
㉰ 엔진출력(出力)
㉱ 중량(重量)

해설 롤러의 규격
: 롤러의 중량을 톤(ton)으로 표시

해답 **9.** ㉰ **10.** ㉯ **11.** ㉯ **12.** ㉯ **13.** ㉰ **14.** ㉱

문제 **15.** 46 kW/2400 rpm의 디젤엔진을 장착한 지게차가 평균 부하율이 75 %이고, 운전시간율은 83 %로 건설자재의 운반작업을 할 때 시간당 연료소비량은 약 몇 L/h인가? (단, 디젤엔진의 평균연료소비량은 0.299 $\dfrac{L}{kW \cdot h}$ 이다.)

㉎ 1.89

㉏ 4.22

㉐ 6.54

㉑ 8.56

해설 시간당 연료소비량

= 평균부하율×운전시간율×동력×평균연료소비량
= $0.75 \times 0.83 \times 46 \times 0.299 = 8.56 \, \text{L/hr}$

문제 **16.** 타이어 형 불도저와 비교하여 무한궤도형(혹은 크롤러형) 불도저의 특징에 관한 설명으로 틀린 것은?

㉎ 견인력이 작다.

㉏ 수중 작업 시 상부롤러까지 작업이 가능하다.

㉐ 기동성이 낮다.

㉑ 접지압이 작아 습지(濕地)·사지(沙地) 등에서 작업에 유리하다.

해설 무한궤도형(crawler type)

: 접지면적이 넓고 접지압력이 적어 나쁜 지형에서도 강력한 작업이 가능하며 등판능력이 좋다. 습지용 트랙슈를 사용하면 접지압이 낮아서 습지작업에 아주 적합하며 트랙이 잠길 수 있는 깊이까지는 수중작업이 용이하다.

문제 **17.** 건설기계관리법에 따라 국토교통부령으로 정하는 소형건설기계의 기준으로 틀린 것은?

㉎ 이동식 콘크리트 펌프

㉏ 5톤 미만의 불도저

㉐ 5톤 미만의 로더

㉑ 5톤 미만의 지게차

해설 "국토교통부령으로 정하는 소형 건설기계"란 다음 각 호의 건설기계를 말한다.

① 5톤 미만의 불도저

② 5톤 미만의 로더

③ 3톤 미만의 지게차

④ 3톤 미만의 굴삭기

⑤ 공기압축기

⑥ 콘크리트 펌프, 다만, 이동식에 한정한다.

⑦ 쇄석기

⑧ 준설선

문제 **18.** 유압식 셔블계 굴삭기에 사용되는 작업장치 중 작업반경이 크고 작업 장소보다 낮은 장소의 굴삭에 주로 사용되며 하천 보수나 수중 굴착에 적합한 장치는?

㉎ 파워 셔블   ㉏ 드래그라인

㉐ 엑스카베이터   ㉑ 클램셸

해설 · 드래그라인(drag line)

① 작업반경이 크며, 수중굴착에도 용이하다.

② 지면보다 낮은 곳을 넓게 굴삭하는데 사용한다.

③ 하천의 사리채취에도 사용된다.

④ 단단하게 다져진 토질이나 자갈채취에는 적합하지 않다.

문제 **19.** 준설선은 이동방법에 따라 자항식과 비자항식으로 구분하는데 자항식과 비교하여 비자항식의 특징에 해당하지 않는 것은?

㉎ 구조가 간단하며 가격이 싼 편이다.

㉏ 펌프식의 경우 파이프를 통해 송토하므로 거리에 제한을 받는다.

㉐ 토운선이나 예인선이 필요 없다.

㉑ 경토질 이외에는 준설능력이 큰 편이다.

해설 · 이동방법에 의한 분류

① 자항식 준설선 : 일명 호파준설선이라고도 하며, 준설선 자체의 토창을 가지고 펌프로 흡입된 토사와 물을 차체 토창에 받아 투기장까지 자항하여 투기하고 다시 제위치로 돌아와 작업을 한다.

㉠ 장점

ⓐ 예인선, 토운선 등이 필요없다.

ⓑ 펌프식의 경우 항로가 좁거나 이질의 토

정답 **15.** ㉑ **16.** ㉎ **17.** ㉑ **18.** ㉏ **19.** ㉐

　　질작업이 가능하다.
　　ⓒ 송토거리에 제약을 받지 않는다.
　ⓛ 단점
　　ⓐ 준설시간이 길며, 경토질에 나쁘다.
　　ⓑ 침전이 나쁜 토질은 물을 많이 운반해야
　　　한다.
　　ⓒ 매립용으로 부적합하고, 숙련된 기술을 요
　　　한다.
　　ⓓ 가격이 고가이다.
　② 비 자항식 준설선 : 선수에 설치된 래더(ladder)
　　전단의 커터를 회전시켜 토사를 펌프로 흡힙하
　　여 물과 함께 배토관을 통해 투기장까지 운반하
　　는 작업을 한다.
　㉠ 장점
　　ⓐ 경토질 이외에는 준설능력이 크다.
　　ⓑ 구조가 간단하고 가격이 싸다.
　　ⓒ 펌프식인 경우 매립성이 좋다.
　㉡ 단점
　　ⓐ 예인선, 토운선 등이 필요하다.
　　ⓑ 펌프식인 경우 파이프를 통해 송토하므로
　　　거리에 제한을 받는다.
　　ⓒ 펌프식인 경우 경토질에 부적합하며, 파이
　　　프를 수면에 띄우므로 파도의 영향을 받
　　　는다.

문제 20. 플랜트 기계설비용 알루미늄계 재료의
특징으로 틀린 것은?

㉮ 내식성이 양호하다.
㉯ 열과 전기의 전도성이 나쁘다.
㉰ 가공성, 성형성이 양호하다.
㉱ 빛이나 열의 반사율이 높다.

해설 ·알루미늄(Al)의 특징
　① 열 및 전기의 양도체이다.
　② 전연성이 좋다.
　③ 내식성이 우수하다.
　④ 주조가 용이하다.
　⑤ 상온, 고온가공이 용이하다.
　⑥ 순도가 높을수록 연하다.

해답 **20.** ㉯

2014년 제2회 일반기계·건설기계설비 기사

제1과목 재료역학

문제 1. 다음과 같은 외팔보에 집중하중과 모멘트가 자유단 B에 작용할 때 B점의 처짐은 몇 mm인가? (단, 굽힘강성 $EI = 10\,\text{MN}\cdot\text{m}^2$이고, 처짐 δ의 부호가 $+$이면 위로, $-$이면 아래로 처짐을 의미한다.) 【8장】

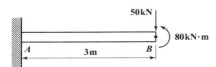

㉮ $+81$ ㉯ -81

㉰ $+9$ ㉱ -9

<해설> $\delta_B = \dfrac{M\ell^2}{2EI} - \dfrac{P\ell^3}{3EI} = \dfrac{\ell^2}{EI}\left(\dfrac{M}{2} - \dfrac{P\ell}{3}\right)$

$= \dfrac{3^2}{10 \times 10^3}\left(\dfrac{80}{2} - \dfrac{50 \times 3}{3}\right)$

$= -0.009\,\text{m} = -9\,\text{mm}$

문제 2. 다음과 같은 단면에 대한 2차 모멘트 I_z는? 【4장】

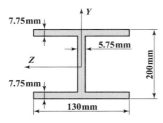

㉮ $18.6 \times 10^6\,\text{mm}^4$

㉯ $21.6 \times 10^6\,\text{mm}^4$

㉰ $24.6 \times 10^6\,\text{mm}^4$

㉱ $27.6 \times 10^6\,\text{mm}^4$

<해설> $I_z = \dfrac{130 \times 200^3}{12} - \dfrac{124.25 \times 184.5^3}{12}$

$= 21.64 \times 10^6\,\text{mm}^4$

문제 3. 평면응력 상태에 있는 어떤 재료가 2축 방향에 응력 $\sigma_x > \sigma_y > 0$가 작용하고 있을 때 임의의 경사 단면에 발생하는 법선 응력 σ_n은? 【3장】

㉮ $\sigma_x \cos 2\theta + \sigma_y \sin 2\theta$ ㉯ $\sigma_x \sin 2\theta + \sigma_y \cos 2\theta$

㉰ $\sigma_x \cos \theta + \sigma_y \sin \theta$ ㉱ $\sigma_x \cos^2 \theta + \sigma_y \sin^2 \theta$

<해설> $\sigma_n = \sigma_x \cos^2 \theta + \sigma_y \sin^2 \theta$

$= \dfrac{1}{2}(\sigma_x + \sigma_y) + \dfrac{1}{2}(\sigma_x - \sigma_y)\cos 2\theta$

문제 4. 단면적이 $2\,\text{cm}^2$이고 길이가 4 m인 환봉에 10 kN의 축 방향 하중을 가하였다. 이 때 환봉에 발생한 응력은? 【1장】

㉮ $5000\,\text{N/m}^2$ ㉯ $2500\,\text{N/m}^2$

㉰ $5 \times 10^7\,\text{N/m}^2$ ㉱ $5 \times 10^5\,\text{N/m}^2$

<해설> $\sigma = \dfrac{P}{A} = \dfrac{10 \times 10^3}{2 \times 10^{-4}} = 5 \times 10^7\,\text{N/m}^2$

문제 5. 단면계수가 $0.01\,\text{m}^3$인 사각형 단면의 양단 고정보가 2 m의 길이를 가지고 있다. 중앙에 최대 몇 kN의 집중하중을 가할 수 있는가? (단, 재료의 허용 굽힘응력은 80 MPa이다.) 【9장】

㉮ 800   ㉯ 1600

㉰ 2400   ㉱ 3200

<답> **1.** ㉱   **2.** ㉯   **3.** ㉱   **4.** ㉰   **5.** ㉱

해설 $M_{max} = \sigma_a Z$에서

$\dfrac{P\ell}{8} = \sigma_a Z$ 즉, $\dfrac{P \times 2}{8} = 80 \times 10^3 \times 0.01$

$\therefore P = 3200\,kN$

문제 6. 일정한 두께를 갖는 반원통이 핀에 의해서 A점에서 지지되고 있다. 이 때 B점에서 마찰이 존재하지 않는다고 가정할 때 A점에서의 반력은? (단, 원통 무게는 W, 반지름은 r이며, A, 0, B점은 지구중심방향으로 일직선에 놓여있다.) 【6장】

㉮ 1.80 W
㉯ 1.05 W
㉰ 0.80 W
㉱ 0.50 W

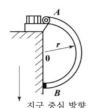

해설

우선, $\sum M_B = 0 : F_x \times 2r = W \times \dfrac{4r}{3\pi}$

$\therefore F_x = 0.2122\,W$

또한, $F_y = W$

결국, $F = \sqrt{F_x^2 + F_y^2}$

$= \sqrt{(0.2122\,W)^2 + W^2}$

$= 1.022\,W$

문제 7. 다음 금속재료의 거동에 대한 일반적인 설명으로 틀린 것은? 【1장】

㉮ 재료에 가해지는 응력이 일정하더라도 오랜 시간이 경과하면 변형률이 증가할 수 있다.

㉯ 재료의 거동이 탄성한도로 국한된다고 하더라도 반복하중이 작용하면 재료의 강도가 저하될 수 있다.

㉰ 일반적으로 크리프는 고온보다 저온상태에서 더 잘 발생한다.

㉱ 응력–변형률 곡선에서 하중을 가할 때와 제거할 때의 경로가 다르게 되는 현상을 히스테리시스라 한다.

해설 크리프(creep)

: 재료에 어떤 일정한 하중을 가하거나 어떤 온도에서 장시간동안 유지하면 시간이 경과함에 따라 변형이 증가하는 현상

문제 8. 길이가 L이고 직경이 d인 강봉을 벽 사이에 고정하였다. 그리고 온도를 ΔT만큼 상승시켰다면 이때 벽에 작용하는 힘은 어떻게 표현되나? (단, 강봉의 탄성계수는 E이고, 선팽창계수는 α이다.) 【2장】

㉮ $\dfrac{\pi E \alpha \Delta T d^2}{2}$ ㉯ $\dfrac{\pi E \alpha \Delta T d^2}{4}$

㉰ $\dfrac{\pi E \alpha \Delta T d^2 L}{8}$ ㉱ $\dfrac{\pi E \alpha \Delta T d^2 L}{16}$

해설 $P = \sigma A = E \alpha \Delta t A = E \alpha \Delta t \times \dfrac{\pi d^2}{4}$

문제 9. 그림과 같이 사각형 단면을 가진 단순보에서 최대굽힘응력은 약 몇 MPa인가? (단, 보의 굽힘강성 EI는 일정하다.) 【7장】

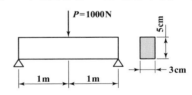

㉮ 80 ㉯ 74.5
㉰ 60 ㉱ 40

해설 $\sigma_{max} = \dfrac{M_{max}}{Z} = \dfrac{\left(\dfrac{P\ell}{4}\right)}{\left(\dfrac{bh^2}{6}\right)} = \dfrac{3P\ell}{2bh^2}$

$= \dfrac{3 \times 1000 \times 10^{-6} \times 2}{2 \times 0.03 \times 0.05^2} = 40\,MPa$

문제 10. 길이 3 m이고, 지름이 16 mm인 원형단면봉에 30 kN의 축하중을 작용시켰을 때 탄성 신장량 2.2 mm가 생겼다. 이 재료의 탄성계수는 약 몇 GPa인가? 【1장】

해답 **6.** ㉯ **7.** ㉰ **8.** ㉯ **9.** ㉱ **10.** ㉮

㉮ 203 ㉯ 20.3

㉰ 136 ㉱ 13.7

[해설] $\lambda = \dfrac{P\ell}{AE}$ 에서

$$\therefore E = \frac{P\ell}{A\lambda} = \frac{30 \times 10^{-6} \times 3}{\frac{\pi}{4} \times 0.016^2 \times 2.2 \times 10^{-3}}$$

$$= 203.47\,\mathrm{GPa}$$

[문제] 11. 재료의 허용 전단응력이 150 N/mm²인 보에 굽힘 하중이 작용하여 전단력이 발생한다. 이 보의 단면은 정사각형으로 가로, 세로의 길이가 각각 5 mm이다. 단면에 발생하는 최대 전단응력이 허용 전단응력보다 작게 되기 위한 전단력의 최대치는 몇 N인가? 【7장】

㉮ 2500 ㉯ 3000

㉰ 3750 ㉱ 5625

[해설] $\tau_{\max} = \dfrac{3}{2}\dfrac{F}{A} \le \tau_a$

즉, $\dfrac{3}{2} \times \dfrac{F}{5 \times 5} \le 150 \qquad F \le 2500\,\mathrm{N}$

결국, F 의 최대치 $= 2500\,\mathrm{N}$

[문제] 12. 원통형 압력용기에 내압 P가 작용할 때, 원통부에 발생하는 축 방향의 변형률 ε_x 및 원주 방향 변형률 ε_y는? (단, 강판의 두께 t는 원통의 지름 D에 비하여 충분히 작고, 강판 재료의 탄성계수 및 포아송 비는 각각 E, ν이다.) 【2장】

㉮ $\varepsilon_x = \dfrac{PD}{4tE}(1-2\nu)$, $\varepsilon_y = \dfrac{PD}{4tE}(1-\nu)$

㉯ $\varepsilon_x = \dfrac{PD}{4tE}(1-2\nu)$, $\varepsilon_y = \dfrac{PD}{4tE}(2-\nu)$

㉰ $\varepsilon_x = \dfrac{PD}{4tE}(2-\nu)$, $\varepsilon_y = \dfrac{PD}{4tE}(1-\nu)$

㉱ $\varepsilon_x = \dfrac{PD}{4tE}(1-\nu)$, $\varepsilon_y = \dfrac{PD}{4tE}(2-\nu)$

[해설] 우선, $\varepsilon_x = \dfrac{\sigma_x}{E} - \varepsilon' = \dfrac{\sigma_x}{E} - \dfrac{\sigma_y}{mE}$

$$= \frac{1}{E} \times \frac{PD}{4t} - \frac{\nu}{E} \times \left(\frac{PD}{2t}\right) = \frac{PD}{4tE}(1-2\nu)$$

또한, $\varepsilon_y = \dfrac{\sigma_y}{E} - \varepsilon' = \dfrac{\sigma_y}{E} - \dfrac{\sigma_x}{mE}$

$$= \frac{1}{E} \times \frac{PD}{2t} - \frac{\nu}{E} \times \left(\frac{PD}{4t}\right) = \frac{PD}{4tE}(2-\nu)$$

[문제] 13. 그림과 같이 등분포하중 w가 가해지고 B점에서 지지되어 있는 고정 지지보가 있다. A점에 존재하는 반력 중 모멘트는? 【9장】

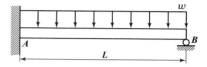

㉮ $\dfrac{1}{8}wL^2$ (시계방향) ㉯ $\dfrac{1}{8}wL^2$ (반시계방향)

㉰ $\dfrac{7}{8}wL^2$ (시계방향) ㉱ $\dfrac{7}{8}wL^2$ (반시계방향)

[해설] $R_A = \dfrac{5wL}{8}$, $R_B = \dfrac{3wL}{8}$, $M_A = \dfrac{wL^2}{8}$

(반시계방향)

[문제] 14. 그림과 같이 비틀림 하중을 받고 있는 중공축의 $a-a$ 단면에서 비틀림 모멘트에 의한 최대 전단응력은? (단, 축의 외경은 10 cm, 내경은 6 cm이다.) 【5장】

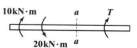

㉮ 25.5 MPa ㉯ 36.5 MPa

㉰ 47.5 MPa ㉱ 58.5 MPa

[해설] 우선, $T = 20 - 10 = 10\,\mathrm{kN \cdot m}$

결국, $T = \tau Z_P = \tau \times \dfrac{\pi(d_2^4 - d_1^4)}{16d_2}$ 에서

$$10 \times 10^{-3} = \tau \times \frac{\pi(0.1^4 - 0.06^4)}{16 \times 0.1}$$

$$\therefore \tau = 58.51\,\mathrm{MPa}$$

[정답] 11. ㉮ **12.** ㉯ **13.** ㉯ **14.** ㉱

문제 **15.** 그림과 같이 서로 다른 2개의 봉에 의하여 AB봉이 수평으로 있다. AB봉을 수평으로 유지하기 위한 하중 P의 작용점의 위치 x의 값은? (단, A단에 연결된 봉의 세로탄성계수는 210 GPa, 길이는 3 m, 단면적은 2 cm² 이고, B단에 연결된 봉의 세로탄성계수는 70 GPa, 길이는 1.5 m, 단면적은 4 cm²이며, 봉의 자중은 무시한다.) **【6장】**

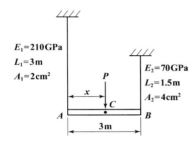

㉮ 144.6 cm   ㉯ 171.4 cm

㉰ 191.5 cm   ㉱ 213.2 cm

해설 우선, $\lambda_1 = \lambda_2$에서

$$\frac{P_1 L_1}{A_1 E_1} = \frac{P_2 L_2}{A_2 E_1} \quad 즉, \quad \frac{P_1 \times 3}{2 \times 210} = \frac{P_2 \times 1.5}{4 \times 70}$$

$$\therefore P_2 = \frac{4}{3} P_1$$

또한, 하중 P가 작용하는 C점에서 모멘트는 평형이 되므로

$$P_1 x = P_2 (3 - x)$$

$$즉, \quad P_1 x = \frac{4}{3} P_1 (3 - x)$$

$$\therefore x = 1.714 \, \text{m} = 171.4 \, \text{cm}$$

문제 **16.** 길이 L, 단면 2차 모멘트 I, 탄성 계수 E인 긴 기둥의 좌굴 하중 공식은 $\dfrac{\pi^2 EI}{(kL)^2}$ 이다. 여기서 k의 값은 기둥의 지지조건에 따른 유효 길이 계수라 한다. 양단 고정일 때 k의 값은? **【10장】**

㉮ 2   ㉯ 1

㉰ 0.7   ㉱ 0.5

해설 좌굴하중 $P_B = n\pi^2 \dfrac{EI}{\ell^2}$에서 양단고정일 때 $n = 4$ 이다.

결국, $n = \dfrac{1}{k^2}$에서 $k^2 = \dfrac{1}{n}$

$$\therefore k = \frac{1}{\sqrt{n}} = \frac{1}{\sqrt{4}} = 0.5$$

문제 **17.** 그림과 같은 형태로 분포하중을 받고 있는 단순지지보가 있다. 지지점 A에서의 반력 R_A는 얼마인가?

(단, 분포하중 $w(x) = w_o \sin \dfrac{\pi x}{L}$)   **【6장】**

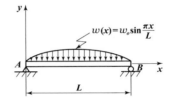

㉮ $\dfrac{2 w_o L}{\pi}$ ㉯ $\dfrac{w_o L}{\pi}$

㉰ $\dfrac{w_o L}{2\pi}$ ㉱ $\dfrac{w_o L}{2}$

해설 $dF_x = wdx = w_0 \sin \dfrac{\pi x}{L} dx$

$$\int_0^L dF_x = \int_0^L w_0 \sin \frac{\pi x}{L} dx$$

$$\therefore F = \left[-w_0 \cos \frac{\pi x}{L} \Big/ \frac{\pi}{L} \right]_0^L = -\frac{w_0 L}{\pi} \cos \frac{\pi L}{L} + \frac{w_0 L}{\pi}$$

$$= -\frac{w_0 L}{\pi}(\cos \pi - 1) = \frac{2 w_0 L}{\pi}$$

결국, $R_A = R_B = \dfrac{F}{2} = \dfrac{w_0 L}{\pi}$

문제 **18.** 지름 10 mm이고, 길이가 3 m인 원형 축이 716 rpm으로 회전하고 있다. 이 축의 허용 전단응력이 160 MPa인 경우 전달할 수 있는 최대 동력은 약 몇 kW인가? **【5장】**

㉮ 2.36   ㉯ 3.15

㉰ 6.28   ㉱ 9.42

해답 **15.** ㉯ **16.** ㉱ **17.** ㉯ **18.** ㉮

해설 동력 $P = T\omega = \tau Z_p \omega$

$$= 160 \times 10^3 \times \frac{\pi \times 0.01^3}{16} \times \frac{2\pi \times 716}{60}$$

$$\fallingdotseq 2.36\,\mathrm{kW}$$

문제 19. 다음 그림과 같은 구조물에서 비틀림 각 θ는 약 몇 rad인가? (단, 봉의 전단탄성계수 G=120 GPa이다.) 【5장】

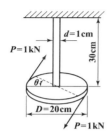

㉮ 0.12

㉯ 0.5

㉰ 0.05

㉱ 0.032

해설 $\theta = \dfrac{T\ell}{GI_P} = \dfrac{1 \times 0.1 \times 2 \times 0.3}{120 \times 10^6 \times \dfrac{\pi \times 0.01^4}{32}} \fallingdotseq 0.5\,\mathrm{rad}$

문제 20. 그림과 같은 보에서 균일 분포하중(w)과 집중하중(P)이 동시에 작용할 때 굽힘 모멘트의 최대값은? 【6장】

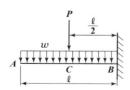

㉮ $\ell(P - w\ell)$

㉯ $\dfrac{\ell}{2}(P - w\ell)$

㉰ $\ell(P + w\ell)$

㉱ $\dfrac{\ell}{2}(P + w\ell)$

해설 $M_{\max} = P \times \dfrac{\ell}{2} + \dfrac{w\ell^2}{2} = \dfrac{\ell}{2}(P + w\ell)$

제2과목 기계열역학

문제 21. 완전히 단열된 실린더 안의 공기가 피스톤을 밀어 외부로 일을 하였다. 이 때 일의 양은? (단, 절대량을 기준으로 한다.) 【3장】

㉮ 공기의 내부에너지 차

㉯ 공기의 엔탈피 차

㉰ 공기의 엔트로피 차

㉱ 단열되었으므로 일의 수행은 없다.

해설 $\delta q = du + Apdv = du + A\delta w$에서

"단열"이므로 $q = c$ 즉, $\delta q = 0$이다.

그러므로, $\Delta u = -A_1w_2$ 즉, $A_1w_2 = |\Delta u|$

문제 22. 카르노 열기관의 열효율(η)식으로 옳은 것은? (단, 공급열량은 Q_1, 방열량은 Q_2) 【4장】

㉮ $\eta = 1 - \dfrac{Q_2}{Q_1}$

㉯ $\eta = 1 + \dfrac{Q_2}{Q_1}$

㉰ $\eta = 1 - \dfrac{Q_1}{Q_2}$

㉱ $\eta = 1 + \dfrac{Q_1}{Q_2}$

해설 $\eta_c = \dfrac{W}{Q_1} = \dfrac{Q_1 - Q_2}{Q_1} = 1 - \dfrac{Q_2}{Q_1} = 1 - \dfrac{T_{II}}{T_1}$

문제 23. 200 m의 높이로부터 250 kg의 물체가 땅으로 떨어질 경우 일을 열량으로 환산하면 약 몇 kJ인가? (단, 중력가속도는 9.8 m/s²이다.) 【2장】

㉮ 79 ㉯ 117

㉰ 203 ㉱ 490

해설 $E_P = mgh = 250 \times 9.8 \times 200 = 490000\,\mathrm{J} = 490\,\mathrm{kJ}$

문제 24. 경로 함수(path function)인 것은? 【1장】

해답 **19.** ㉯ **20.** ㉱ **21.** ㉮ **22.** ㉮ **23.** ㉱ **24.** ㉯

㉮ 엔탈피   ㉯ 열

㉰ 압력   ㉱ 엔트로피

해설 과정(＝경로＝도정) 함수 : 일(W), 열(Q)

문제 25. 압력이 일정할 때 공기 5 kg을 0 ℃에서 100 ℃까지 가열하는데 필요한 열량은 약 몇 kJ인가? (단, 공기비열 C_p(kJ/kg ℃)=1.01 +0.000079t(℃)이다.) **【1장】**

㉮ 102   ㉯ 476

㉰ 490   ㉱ 507

해설 우선, $C_m = \dfrac{1}{t_2 - t_1}\displaystyle\int_1^2 C_p dt$

$= \dfrac{1}{t_2 - t_1}\displaystyle\int_1^2 (1.01 + 0.000079t)\,dt$

$= \dfrac{1}{t_2 - t_1}\left[1.01(t_2 - t_1) + \dfrac{0.000079(t_2^{\,2} - t_1^{\,2})}{2}\right]$

$= 1.01 + \dfrac{0.000079(t_2 + t_1)}{2}$

$= 1.01 + \dfrac{0.000079(100 + 0)}{2}$

$= 1.01395\,\text{kJ/kg}\cdot\text{℃}$

결국, $Q_m = m\,C_m(t_2 - t_1) = 5 \times 1.01395 \times (100 - 0)$
$= 506.975 ≒ 507\,\text{kJ}$

문제 26. 이상적인 냉동사이클을 따르는 증기압축 냉동장치에서 증발기를 지나는 냉매의 물리적 변화로 옳은 것은? **【9장】**

㉮ 압력이 증가한다.

㉯ 엔트로피가 감소한다.

㉰ 엔탈피가 증가한다.

㉱ 비체적이 감소한다.

해설 증발기 : 등온·정압 흡열
          (∵ 습증기 구역하에서 이루어지므로)
↳ 저온, 저압의 냉매가 피냉각물체로부터 열을 흡수하여 저온, 저압의 가스로 되는 부분이며 실질적으로 냉동의 목적을 달성하는 곳이다.

문제 27. 일반적으로 증기압축식 냉동기에서 사

용되지 않는 것은? **【9장】**

㉮ 응축기   ㉯ 압축기

㉰ 터빈   ㉱ 팽창밸브

해설 증기압축식 냉동사이클
  : 증발기 → 압축기 → 응축기 → 수액기 → 팽창밸브

문제 28. 과열과 과냉이 없는 증기 압축 냉동 사이클에서 응축온도가 일정할 때 증발온도가 높을수록 성능계수는? **【9장】**

㉮ 증가한다.

㉯ 감소한다.

㉰ 증가할 수도 있고, 감소할 수도 있다.

㉱ 증발온도는 성능계수와 관계없다.

해설 응축기의 온도가 일정하고
     증발기의 온도가 높을수록 성적계수는 증가하고
     증발기의 온도가 낮을수록 성적계수는 감소한다.

문제 29. 아래 보기 중 가장 큰 에너지는?
【2장】

㉮ 100 kW 출력의 엔진이 10시간 동안 한 일

㉯ 발열량 10000 kJ/kg의 연료를 100 kg 연소시켜 나오는 열량

㉰ 대기압 하에서 10 ℃ 물 10 m³를 90 ℃로 가열하는데 필요한 열량(물의 비열은 4.2 kJ/kg ℃이다.)

㉱ 시속 100 km로 주행하는 총 질량 2000 kg인 자동차의 운동에너지

해설 ① $100\,\text{kW}(= \text{kJ/s}) \times 10\,\text{hr}$
    $= 100\,kW(= kJ/s) \times 10 \times 3600\,\text{sec}$
    $= 3{,}600{,}000\,\text{kJ}$

② $10000\,\text{kJ/kg} \times 100\,\text{kg} = 1{,}000{,}000\,\text{kJ}$

③ $_1Q_2 = mc\Delta t = 10 \times 10^3 \times 4.2 \times (90 - 10)$
    $= 3{,}360{,}000\,\text{kJ}$
    단, 물 $1\ell = 10^{-3}\text{m}^3 = 10^3\text{cm}^3 = 1\,\text{kg}$

④ $E_K = \dfrac{1}{2}m\,V^2 = \dfrac{1}{2} \times 2000 \times \left(\dfrac{100 \times 10^3}{3600}\right)^2$
    $= 771604.94\,\text{J} ≒ 771.6\,\text{kJ}$

해답 **25.** ㉱   **26.** ㉰   **27.** ㉰   **28.** ㉮   **29.** ㉮

문제 30. 열병합발전시스템에 대한 설명으로 옳은 것은? 【9장】

㉮ 증기 동력 시스템에서 전기와 함께 공정용 또는 난방용 스팀을 생산하는 시스템이다.

㉯ 증기 동력 사이클 상부에 고온에서 작동하는 수은 동력 사이클을 결합한 시스템이다.

㉰ 가스 터빈에서 방출되는 폐열을 증기 동력 사이클의 열원으로 사용하는 시스템이다.

㉱ 한 단의 재열사이클과 여러 단의 재생사이클의 복합 시스템이다.

[해설] 열병합발전
: 전기생산과 열의 공급 즉, 난방을 동시에 진행하여 종합적인 에너지 이용률을 높이는 발전을 말한다.

문제 31. 피스톤이 끼워진 실린더 내에 들어있는 기체가 계로 있다. 이 계에 열이 전달되는 동안 "$PV^{1.3}$＝일정"하게 압력과 체적의 관계가 유지될 경우 기체의 최초압력 및 체적이 200 kPa 및 0.04 m³이였다면 체적이 0.1 m³로 되었을 때 계가 한 일(kJ)은? 【3장】

㉮ 약 4.35 ㉯ 약 6.41
㉰ 약 10.56 ㉱ 약 12.37

[해설] $PV^{1.3} = C$: 폴리트로프 과정
$$_1W_2 = \frac{mR}{n-1}(T_1 - T_2) = \frac{1}{n-1}(P_1V_1 - P_2V_2)$$
$$= \frac{1}{1.3-1}(200 \times 0.04 - 60.77 \times 0.1) = 6.41\,\text{kJ}$$
단, $P_2 = P_1\left(\dfrac{V_1}{V_2}\right)^n = 200 \times \left(\dfrac{0.04}{0.10}\right)^{1.3} = 60.77\,\text{kPa}$

문제 32. 27 ℃의 물 1 kg과 87 ℃의 물 1 kg이 열의 손실 없이 직접 혼합될 때 생기는 엔트로피의 차는 다음 중 어느 것에 가장 가까운가? (단, 물의 비열은 4.18 kJ/kg K로 한다.) 【4장】

㉮ 0.035 kJ/K
㉯ 1.36 kJ/K
㉰ 4.22 kJ/K
㉱ 5.02 kJ/K

[해설] 평균온도 T_m은 같은 질량을 혼합하므로
$$T_m = \frac{27+87}{2} = 57\,℃$$
우선, $\Delta S_1 = m_1 C \ell n \dfrac{T_m}{T_1} = 1 \times 4.18 \times \ell n \dfrac{(57+273)}{(27+273)}$
$$= 0.3984\,\text{kJ/K}$$
또한, $\Delta S_2 = m_2 C \ell n \dfrac{T_2}{T_m} = 1 \times 4.18 \times \ell n \dfrac{(87+273)}{(57+273)}$
$$= 0.3637\,\text{kJ/K}$$
결국, $\Delta S = \Delta S_1 - \Delta S_2 = 0.3984 - 0.3637$
$$= 0.0347\,\text{kJ/K}$$

문제 33. 이상기체의 비열에 대한 설명으로 옳은 것은? 【2장】

㉮ 정적비열과 정압비열의 절대값의 차이가 엔탈피이다.

㉯ 비열비는 기체의 종류에 관계없이 일정하다.

㉰ 정압비열은 정적비열보다 크다.

㉱ 일반적으로 압력은 비열보다 온도의 변화에 민감하다.

[해설] 비열비 $k = \dfrac{C_p}{C_v}$이며, 여기서, $C_p > C_v$이므로 비열비(k)는 항상 1보다 크다.

문제 34. 이상기체의 내부에너지 및 엔탈피는? 【2장】

㉮ 압력만의 함수이다.

㉯ 체적만의 함수이다.

㉰ 온도만의 함수이다.

㉱ 온도 및 압력의 함수이다.

[해설] 줄의 법칙(Joule's law) : 완전가스(이상기체)에서 내부에너지와 엔탈피는 온도만의 함수이다.

[해답] **30.** ㉮ **31.** ㉯ **32.** ㉮ **33.** ㉰ **34.** ㉰

문제 **35.** 수은주에 의해 측정된 대기압이 753 mmHg일 때 진공도 90 %의 절대압력은? (단, 수은의 밀도는 13600 kg/m³, 중력가속도는 9.8 m/s²이다.) 【1장】

㉮ 약 200.08 kPa ㉯ 약 190.08 kPa
㉲ 약 100.04 kPa ㉭ 약 10.04 kPa

해설 우선, 진공도 $= \dfrac{진공압\,(p_g)}{대기압\,(P_o)} \times 100\,(\%)$ 에서

$$90 = \dfrac{p_g}{\dfrac{753}{760} \times 101.325} \times 100 \qquad \therefore\ p_g = 90.35\,\text{kPa}$$

결국, $p = p_0 - p_g = \dfrac{753}{760} \times 101.325 - 90.35$
$$\fallingdotseq 10.04\,\text{kPa}$$

문제 **36.** 액체 상태 물 2 kg을 30 ℃에서 80 ℃로 가열하였다. 이 과정 동안 물의 엔트로피 변화량을 구하면? (단, 액체 상태 물의 비열은 4.184 kJ/kg K로 일정하다.) 【4장】

㉮ 0.6391 kJ/K ㉯ 1.278 kJ/K
㉲ 4.100 kJ/K ㉭ 8.208 kJ/K

해설 $\Delta S = m\,C \ell n \dfrac{T_2}{T_1} = 2 \times 4.184 \ell n \dfrac{(80+273)}{(30+273)}$
$$= 1.278\,\text{kJ/K}$$

문제 **37.** 시간당 380000 kg의 물을 공급하여 수증기를 생산하는 보일러가 있다. 이 보일러에 공급하는 물의 엔탈피는 830 kJ/kg이고, 생산되는 수증기의 엔탈피는 3230 kJ/kg이라고 할 때, 발열량이 32000 kJ/kg인 석탄을 시간당 34000 kg씩 보일러에 공급한다면 이 보일러의 효율은 얼마인가? 【1장】

㉮ 22.6 % ㉯ 39.5 %
㉲ 72.3 % ㉭ 83.8 %

해설 열효율 $\eta = \dfrac{정미출력(= 동력 = 공률)}{저위발열량 \times 연료소비율} \times 100\,(\%)$
$$= \dfrac{380000\,\text{kg/hr} \times (3230-830)\,\text{kJ/kg}}{32000\,\text{kJ/kg} \times 34000\,\text{kg/hr}} \times 100\,(\%)$$
$$= 83.8\,\%$$

문제 **38.** 실린더 내의 유체가 68 kJ/kg의 일을 받고 주위에 36 kJ/kg의 열을 방출하였다. 내부에너지의 변화는? 【2장】

㉮ 32 kJ/kg 증가 ㉯ 32 kJ/kg 감소
㉲ 104 kJ/kg 증가 ㉭ 104 kJ/kg 감소

해설 $_1q_2 = \Delta u + {_1}w_2$ 에서
$$-36 = \Delta u - 68 \quad \therefore\ \Delta u = 32\,\text{kJ/kg}\,(증가)$$

문제 **39.** 10 ℃에서 160 ℃까지의 공기의 평균 정적비열은 0.7315 kJ/kg℃이다. 이 온도변화에서 공기 1 kg의 내부에너지 변화는? 【2장】

㉮ 107.1 kJ ㉯ 109.7 kJ
㉲ 120.6 kJ ㉭ 121.7 kJ

해설 $\Delta U = m\,Cv\,(T_2 - T_1) = 1 \times 0.7315 \times (160 - 10)$
$$= 109.725\,\text{kJ}$$

문제 **40.** 어떤 가솔린기관의 실린더 내경이 6.8 cm, 행정이 8 cm일 때 평균유효압력 1200 kPa이다. 이 기관의 1행정당 출력(kJ)은? 【5장】

㉮ 0.04 ㉯ 0.14
㉲ 0.35 ㉭ 0.44

해설 $_1W_2 = P_m\,(V_2 - V_1) = P_m \times \dfrac{\pi D^2}{4} \times S$
$$= 1200 \times \dfrac{\pi \times 0.068^2}{4} \times 0.08 \fallingdotseq 0.35\,\text{kJ}$$

제3과목 기계유체역학

문제 **41.** 흐르는 물의 유속을 측정하기 위해 피토정압관을 사용하고 있다. 압력 측정 결과, 전압력수두가 15 m이고 정압수두가 7 m일 때, 이 위치에서의 유속은? 【3장】

㉮ 5.91 m/s ㉯ 9.75 m/s
㉲ 10.58 m/s ㉭ 12.52 m/s

해답 **35.** ㉭ **36.** ㉯ **37.** ㉭ **38.** ㉮ **39.** ㉯ **40.** ㉲ **41.** ㉭

[해설] "정체점 압력＝정압＋동압"에서
정체점 압력수두＝정압수두＋동압수두
즉, $15 = 7 + \Delta h$ ∴ $\Delta h = 8\,\text{m}$
결국, $V = \sqrt{2g\Delta h} = \sqrt{2 \times 9.8 \times 8} = 12.52\,\text{m}$

또한, $3F = C_D \dfrac{\rho(2V)^2}{2}A$ 에서
$3 \times 4 \times \dfrac{\rho V^2}{2}A = C_D \dfrac{\rho(2V)^2}{2}A$ 이므로
∴ $C_D = 3$

[문제] **42.** 한 변의 길이가 3 m인 뚜껑이 없는 정육면체 통에 물이 가득 담겨있다. 이 통을 수평방향으로 9.8 m/s²으로 잡아끌어 물이 넘쳤을 때, 통에 남아 있는 물의 양은 몇 m³인가? 【2장】

㉮ 13.5 　　㉯ 27.0
㉰ 9.0 　　㉱ 18.5

[해설] 우선, 처음 물의 양 $= 3 \times 3 \times 3 = 27\,\text{m}^3$
또한, $\tan\theta = \dfrac{a_x}{g} = \dfrac{9.8}{9.8} = 1$ ∴ $\theta = \tan^{-1}1 = 45°$
결국, 통에 남아있는 물의 양 $= \dfrac{27}{2} = 13.5\,\text{m}^3$

[문제] **43.** 어떤 윤활유의 비중이 0.89이고 점성계수가 0.29 kg/m·s이다. 이 윤활유의 동점성계수는 약 몇 m²/s인가? 【1장】

㉮ 3.26×10^{-5} 　　㉯ 3.26×10^{-4}
㉰ 0.258 　　㉱ 2.581

[해설] $\nu = \dfrac{\mu}{\rho} = \dfrac{0.29}{890} = 3.26 \times 10^{-4}\,\text{m}^2/\text{s}$

[문제] **44.** 지름 D인 구가 V로 흐르는 유체 속에 놓여 있을 때 받는 항력이 F이고, 이 때의 항력계수(drag coefficient)가 4이다. 속도가 $2V$일 때 받는 항력이 $3F$라면 이 때의 항력계수는 얼마인가? 【5장】

㉮ 3 　　㉯ 4.5
㉰ 8 　　㉱ 12

[해설] 항력 $D = C_D \dfrac{\rho V^2}{2}A$ 이므로
우선, $F = 4 \times \dfrac{\rho V^2}{2}A$

[문제] **45.** 정지해 있는 평판에 층류가 흐를 때 평판 표면에서 박리(separation)가 일어나기 시작할 조건은? (단, P는 압력, u는 속도, ρ는 밀도를 나타낸다.) 【5장】

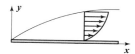

㉮ $u = 0$ 　　㉯ $\dfrac{\partial u}{\partial y} = 0$
㉰ $\dfrac{\partial u}{\partial x} = 0$ 　　㉱ $\rho u \dfrac{\partial u}{\partial x} = \dfrac{\partial P}{\partial x}$

[해설] 박리가 일어나기 시작할 조건 : $\dfrac{\partial u}{\partial y} = 0$

[문제] **46.** 2차원 공간에서 속도장이 $\vec{V} = 2xt\vec{i} - 4y\vec{j}$로 주어질 때, 가속도 $\vec{a}$는 어떻게 나타나는가? (여기서, t는 시간을 나타낸다.) 【3장】

㉮ $4xt\vec{i} - 16y\vec{j}$
㉯ $4xt\vec{i} + 16y\vec{j}$
㉰ $2x(1+2t^2)\vec{i} - 16y\vec{j}$
㉱ $2x(1+2t^2)\vec{i} + 16y\vec{j}$

[해설] 가속도 $a = u\dfrac{\partial \vec{V}}{\partial x} + v\dfrac{\partial \vec{V}}{\partial y} + w\dfrac{\partial \vec{V}}{\partial z} + \dfrac{\partial \vec{V}}{\partial t}$
$= 2xt(2t\vec{i}) + (-4y)(-4\vec{j}) + 2x\vec{i}$
$= 2xt\vec{i} + 4xt^2\vec{i} + 16y\vec{j}$
$= 2x(1+2t^2)\vec{i} + 16y\vec{j}$

[문제] **47.** 다음 중 2차원 비압축성 유동이 가능한 유동은 어떤 것인가? (단, u는 x방향 속도 성분이고, v는 y방향 속도 성분이다.) 【3장】

[예답] **42.** ㉮ **43.** ㉯ **44.** ㉮ **45.** ㉯ **46.** ㉱ **47.** ㉮

㉮ $u = x^2 - y^2$, $v = -2xy$

㉯ $u = 2x^2 - y^2$, $y = 4xy$

㉰ $u = x^2 + y^2$, $v = 3x^2 - 2y^2$

㉱ $u = 2x + 3xy$, $v = -4xy + 3y$

해설 ① $\dfrac{\partial u}{\partial x} + \dfrac{\partial v}{\partial y} = 2x + (-2x) = 0$

② $\dfrac{\partial u}{\partial x} + \dfrac{\partial v}{\partial y} = 4x + 4x = 8x$

③ $\dfrac{\partial u}{\partial x} + \dfrac{\partial v}{\partial y} = 2x + (-4y)$

④ $\dfrac{\partial u}{\partial x} + \dfrac{\partial v}{\partial y} = 2 + 3x + (-4x) + 3 = 5 - x$

문제 48. 액체의 표면 장력에 관한 일반적인 설명으로 틀린 것은? **【1장】**

㉮ 표면 장력은 온도가 증가하면 감소한다.

㉯ 표면 장력의 단위는 N/m이다.

㉰ 표면 장력은 분자력에 의해 생긴다.

㉱ 구형 액체 방울의 내외부 압력차는 $P = \dfrac{\sigma}{R}$ 이다. (단, 여기서 σ는 표면 장력이고, R은 반지름이다.

해설 구형액체방울의 표면장력 $\sigma = \dfrac{\Delta P d}{4}$ 에서

∴ $\Delta P = \dfrac{4\sigma}{d} = \dfrac{2\sigma}{R}$

문제 49. 수평 원관(圓管)내에서 유체가 완전 발달한 층류 유동할 때의 유량은? **【5장】**

㉮ 압력강하에 반비례한다.

㉯ 관 안지름의 4승에 반비례한다.

㉰ 점성계수에 반비례한다.

㉱ 관의 길이에 비례한다.

해설 유량 $Q = \dfrac{\Delta P \pi d^4}{128 \mu \ell}$: 하겐-포아젤방정식

문제 50. Buckingham의 파이(pi)정리를 바르게 설명한 것은? (단, k는 변수의 개수, r은 변수를 표현하는데 필요한 최소한의 기준차원의 개수이다.) **【7장】**

㉮ $(k-r)$개의 독립적인 무차원수의 관계식으로 만들 수 있다.

㉯ $(k+r)$개의 독립적인 무차원수의 관계식으로 만들 수 있다.

㉰ $(k-r+1)$개의 독립적인 무차원수의 관계식으로 만들 수 있다.

㉱ $(k+r+1)$개의 독립적인 무차원수의 관계식으로 만들 수 있다.

해설 버킹함의 π정리
: 자연의 어떤 물리적 현상에 관여하는 물리량을 n개, 이들 물리량들의 기본차원의 수를 m개라 할 때 물리현상을 나타내는 독립무차원수의 개수는 다음과 같다.
결국, 독립무차원수 $\pi = n - m = k - r$

문제 51. 어떤 온도의 공기가 50 m/s의 속도로 흐르는 곳에서 정압(static pressure)이 120 kPa이고, 정체압(stagnation pressure)이 121 kPa일 때, 이곳을 흐르는 공기의 온도는 약 몇 ℃인가? (단, 공기의 기체상수는 287 J/kg·K이다.) **【3장】**

㉮ 249   ㉯ 278

㉰ 522   ㉱ 556

해설 우선, 정체점 압력=정압+동압

즉, $p_s = p_1 + \dfrac{\rho V^2}{2}$ 에서 $121 = 120 + \dfrac{\rho \times 50^2}{2}$

∴ $\rho = 8 \times 10^{-4} \text{kN} \cdot \text{s}^2/\text{m}^4$

결국, $\rho = \dfrac{p_1}{RT}$ 에서 $T = \dfrac{p_1}{\rho R} = \dfrac{120}{8 \times 10^{-4} \times 287}$

$= 522.648 \text{K} ≒ 249.65 \, ℃$

문제 52. 일반적으로 뉴턴 유체에서 온도 상승에 따른 액체의 점성계수 변화를 가장 바르게 설명한 것은? **【1장】**

해답 48. ㉱ 49. ㉰ 50. ㉮ 51. ㉮ 52. ㉱

㉮ 분자의 무질서한 운동이 커지므로 점성계
수가 증가한다.

㉯ 분자의 무질서한 운동이 커지므로 점성계
수가 감소한다.

㉰ 분자간의 응집력이 약해지므로 점성계수
가 증가한다.

㉱ 분자간의 응집력이 약해지므로 점성계수
가 감소한다.

[해설] 액체의 점성은 온도가 상승하면 감소하는데 이
는 액체의 점성을 지배하는 분자의 응집력이 온도
상승에 따라 감소하기 때문이다.

[문제] **53.** 다음 그림에서 A점과 B점의 압력차
는 약 얼마인가? (단, A는 비중 1의 물, B는
비중 0.899의 벤젠이고, 그 중간에 비중 13.6
의 수은이 있다.) 【2장】

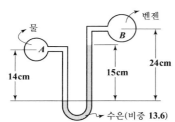

㉮ 22.17 kPa ㉯ 19.4 kPa

㉰ 278.7 kPa ㉱ 191.4 kPa

[해설] $p = \gamma h = \gamma_{H_2O} Sh = 9800 Sh \,(\text{Pa}) = 9.8\, Sh \,(\text{kPa})$
을 적용하면

$p_A + (9.8 \times 1 \times 0.14) - (9.8 \times 13.6 \times 0.15)$
$\qquad\qquad - (9.8 \times 0.899 \times 0.09) = p_B$

$\therefore\; p_A - p_B ≒ 19.4\,\text{kPa}$

[문제] **54.** 속도 3 m/s로 움직이는 평판에 이것과
같은 방향으로 수직하게 10 m/s의 속도를 가
진 제트가 충돌한다. 이 제트가 평판에 미치는
힘 F는 얼마인가? (단, 유체의 밀도를 ρ라
하고 제트의 단면적을 A라 한다.) 【4장】

㉮ $F = 10\rho A$ ㉯ $F = 100\rho A$

㉰ $F = 49\rho A$ ㉱ $F = 7\rho A$

[해설] $F = \rho A (V - u)^2 = \rho A (10 - 3)^2 = 49\rho A$

[문제] **55.** 지름 2 cm인 관에 부착되어 있는 밸브
의 부차적 손실계수 K가 5일 때 이것을 관
상당길이로 환산하면 몇 m인가?
(단, 관마찰계수 $f = 0.025$이다.) 【6장】

㉮ 2 ㉯ 2.5

㉰ 4 ㉱ 5

[해설] $\ell_e = \dfrac{Kd}{f} = \dfrac{5 \times 0.02}{0.025} = 4\,\text{m}$

[문제] **56.** 폭이 2 m, 길이가 3 m인 평판이 물속
에 수직으로 잠겨있다. 이 평판의 한쪽 면에
작용하는 전체 압력에 의한 힘은 약 얼마인가?
【2장】

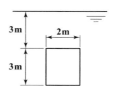

㉮ 88 kN ㉯ 176 kN

㉰ 265 kN ㉱ 353 kN

[해설] $F = \gamma \bar{h} A = 9.8 \times (3 - 1.5) \times (2 \times 3)$
$\qquad = 264.6\,\text{kN}$

[문제] **57.** 그림과 같은 펌프를 이용하여 0.2 m³/s
의 물을 퍼 올리고 있다. 흡입부(①)와 배출부
(②)의 고도 차이는 3 m이고, ①에서의 압력은
-20 kPa, ②에서의 압력은 150 kPa이다. 펌
프의 효율이 70 %이면 펌프에 공급해야할 동
력(kW)은? (단, 흡입관과 배출관의 지름은 같
고 마찰 손실은 무시한다.) 【3장】

[해답] **53.** ㉯ **54.** ㉰ **55.** ㉰ **56.** ㉰ **57.** ㉱

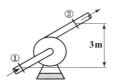

㉮ 34 ㉯ 40

㉰ 49 ㉱ 57

[해설] 우선, $H = \frac{p_2 - p_1}{\gamma} + \frac{V_2^2 - V_1^2}{2g} + (Z_2 - Z_1)$

$= \frac{150 + 20}{9.8} + (3 - 0) = 20.347 \, \text{m}$

$(\because V_1 = V_2)$

결국, 동력 $P = \frac{\gamma Q H}{\eta_P} = \frac{9.8 \times 0.2 \times 20.347}{0.7}$

$= 56.97 \, \text{kW} \fallingdotseq 57 \, \text{kW}$

[문제] 58. 길이 100 m인 배가 10 m/s의 속도로 항해한다. 길이 1 m인 모형 배를 만들어 조파 저항을 측정한 후 원형 배의 조파저항을 구하고자 동일한 조건의 해수에서 실험할 경우 모형 배의 속도를 약 몇 m/s로 하면 되겠는가? 【7장】

㉮ 1 ㉯ 10

㉰ 100 ㉱ 200

[해설] $(Fr)_P = (Fr)_m$ 즉, $\left(\frac{V}{\sqrt{g\ell}}\right)_P = \left(\frac{V}{\sqrt{g\ell}}\right)_m$ 에서

$\frac{10}{\sqrt{100}} = \frac{V_m}{\sqrt{1}}$ $\therefore V_m = 1 \, \text{m/s}$

[문제] 59. 그림과 같이 안지름이 2 m인 원관의 하단에 0.4 m/s의 평균 속도로 물이 흐를 때, 체적유량은 약 몇 m³/s인가? (단, 그림에서 θ 는 120°이다.) 【3장】

㉮ 0.25 ㉯ 0.36

㉰ 0.61 ㉱ 0.83

[해설]

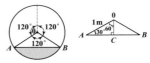

$\overline{AC} = 1 \times \cos 30° = 0.866 \, \text{m}$

$\overline{OC} = 1 \times \cos 60° = 0.5 \, \text{m}$

$\triangle OAB$의 면적 $= \frac{1}{2} \times (0.866 \times 2) \times 0.5 = 0.433 \, \text{m}^2$

우선, 원의 면적 $= \pi r^2 = \pi \times 1^2 = \pi \, (\text{m}^2)$

또한, 부채꼴의 면적 $= \frac{\pi}{3} \, (\text{m}^2)$

그러므로 의 면적 $= \frac{\pi}{3} - 0.433 = 0.614 \, \text{m}^2$

결국, 체적유량 $Q = AV = 0.614 \times 0.4$

$= 0.2456 \, (\text{m}^3/\text{s}) \fallingdotseq 0.25 \, (\text{m}^3/\text{s})$

[문제] 60. 안지름이 250 mm인 원형관 속을 평균 속도 1.2 m/s로 유체가 흐르고 있다. 흐름 상태가 완전 발달된 층류라면 단면 최대유속은 몇 m/s인가? 【5장】

㉮ 1.2 ㉯ 2.4

㉰ 1.8 ㉱ 3.6

[해설] 원관이므로 $u_{max} = 2V = 2 \times 1.2 = 2.4 \, \text{m/s}$

제4과목 기계재료 및 유압기기

[문제] 61. 편석의 균일화 및 황화물의 편석을 제거하는 열처리 방법으로 가장 적합한 것은?

㉮ 노멀라이징 ㉯ 변태점 이하 풀림

㉰ 재결정 풀림 ㉱ 확산 풀림

[해설] 확산풀림(diffusion annealing)
: 황화물의 편석을 없애며 Ni강에 있어서 망상으로 석출한 황화물의 적열취성을 방지하기 위하여 1100 ~1150 ℃에서 행한다.

[정답] 58. ㉮ 59. ㉮ 60. ㉯ 61. ㉱

문제 62. 다음 중 Ni–Fe계 합금인 인바(invar)를 바르게 설명한 것은?

㉮ Ni 35~36 %, C 0.1~0.3 %, Mn 0.4 %와 Fe의 합금으로 내식성이 우수하고, 상온 부근에서 열팽창계수가 매우 작아 길이측정용 표준자, 시계의 추, 바이메탈 등에 사용된다.

㉯ Ni 50 %, Fe 50 % 합금으로 초투자율, 포화 자기, 전기 저항이 크므로 저출력 변성기, 저주파 변성기 등의 자심으로 널리 사용된다.

㉰ Ni에 Cr 13~21 %, Fe 6.5 %를 함유한 강으로 내식성, 내열성 우수하여 다이얼게이지, 유량계 등에 사용된다.

㉱ Ni 40~45 %, Mo 1.4 %~2.0 %에 나머지 Fe의 합금으로 내식성이 우수하여 조선에 사용되는 부품의 재료로 이용된다.

[해설] 인바(invar) : Fe–Ni 36 %의 합금으로서 상온에 있어서 선팽창계수가 대단히 적고, 내식성이 매우 좋아 줄자, 표준자, 시계의 추, 온도조절용 바이메탈 등의 재료로 쓰인다.

문제 63. 피아노선의 조직으로 가장 적당한 것은?

㉮ austenite ㉯ ferrite
㉰ sorbite ㉱ martensite

[해설] 피아노선재 : 피아노선은 탄소함유량이 0.55~0.95 % 정도의 대단히 강인한 탄소강선으로서 잡아 뽑는 중에 열처리하여 소르바이트(sorbite) 조직으로 만든 것으로서 탄소량이 많고 P, S 등 불순물이 적다.

문제 64. 재료의 표면을 경화시키기 위해 침탄을 하고자 한다. 침탄효과가 가장 좋은 재료는?

㉮ 구상흑연 주철
㉯ Ferrite형 스테인리스강
㉰ 피아노선
㉱ 고탄소강

문제 65. 다음 중 불변강의 종류가 아닌 것은?

㉮ 인바 ㉯ 코엘린바
㉰ 쾌스테르바 ㉱ 엘린바

[해설] 불변강(고 Ni강)의 종류
: 인바, 엘린바, 코엘린바, 초인바, 플래티나이트

문제 66. 다음 합금 중 다이캐스팅용 아연합금은?

㉮ Zamak ㉯ Y합금
㉰ RR 50 ㉱ Lo–Ex

[해설] 다이캐스팅용 아연합금
: Al 4 %–Mg 0.4 %–Cu 1 %의 합금으로 자마크(Zamak)계 합금이 널리 사용된다.

문제 67. Mo 금속은 어떤 결정격자로 되어 있는가?

㉮ 면심입방격자 ㉯ 체심입방격자
㉰ 조밀육방격자 ㉱ 정방격자

[해설] 체심입방격자 : Cr, Mo, α–Fe, δ–Fe, Li, Ta, W, K, V, Ba(바륨)

문제 68. Fe–C 상태도에서 공석강의 탄소함유량은 약 얼마인가?

㉮ 0.5 % ㉯ 0.8 %
㉰ 1.0 % ㉱ 1.5 %

[해설] ·페라이트계 스테인리스강(Cr계)
: 강인성과 내식성이 있고 열처리에 의하여 경화할 수 있는 것으로 다음과 같은 특징이 있다.
① 표면을 잘 연마한 것은 공기중 또는 수중에서 녹슬지 않는다.
② 유기산과 질산에는 침식하지 않으나 다른 산류에는 침식된다.
③ 오스테나이트계에 비하여 내산성이 작다.
④ 담금질 상태의 것은 내식성이 좋으나 풀림상태 또는 잘 연마하지 않은 것은 녹슬기 쉽다.

[해답] 62. ㉮ 63. ㉰ 64. ㉰ 65. ㉰ 66. ㉮ 67. ㉯ 68. ㉯

해설 공석강 : 0.8 % C, 공정주철 : 4.3 % C

문제 69. 특수강에 첨가되는 특수원소의 효과가 아닌 것은?

㉮ Ms, Mf점을 상승시킨다.
㉯ 질량효과를 적게 한다.
㉰ 담금질성을 좋게 한다.
㉱ 상부 임계 냉각속도를 저하시킨다.

해설 ·특수강에서 합금원소의 주요역할
① 오스테나이트의 입자조정
② 변태속도의 변화
③ 소성가공성의 개량
④ 황(S) 등의 해로운 원소제거
⑤ 기계적, 물리적, 화학적 성질의 개선
⑥ 결정입도의 성장 방지
⑦ 내식성, 내마멸성의 증대
⑧ 단접 및 용접이 용이
⑨ 담금질성의 향상

문제 70. 산화알루미나(Al_2O_3) 등을 주성분으로 하며 철과 친화력이 없고, 열을 흡수하지 않으므로 공구를 과열시키지 않아 고속 정밀가공에 적합한 공구의 재질은?

㉮ 세라믹   ㉯ 인코넬
㉰ 고속도강   ㉱ 탄소공구강

해설 세라믹(ceramics)
 : 알루미나(Al_2O_3)를 주성분으로 하고 결합제를 거의 사용하지 않은 소결공구로 산화가 안되며 열을 흡수하지 않아 절삭공구자체가 과열되지 않는다. 또한, 철과 친화력이 없으므로 구성인선이 발생하지 않으며, 고속정밀가공에 사용한다.

문제 71. 다음 기호에 대한 명칭은?

㉮ 비례전자식 릴리프 밸브

㉯ 릴리프붙이 시퀀스 밸브
㉰ 파일럿 작동형 감압 밸브
㉱ 파일럿 작동형 릴리프 밸브

문제 72. 유압시스템에서 비압축성 유체를 사용하기 때문에 얻어지는 가장 중요한 특성은?

㉮ 무단변속이 가능하다.
㉯ 운동방향의 전환이 용이하다.
㉰ 과부하에 대한 안전성이 좋다.
㉱ 정확한 위치 및 속도 제어가 가능하다.

해설 확실한 동력전달을 위하여 비압축성이어야 한다.

문제 73. 그림은 유압모터를 이용한 수동 유압 원치의 회로이다. 이 회로의 명칭은 무엇인가?

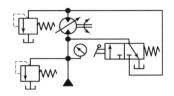

㉮ 직렬 배치 회로
㉯ 탠덤형 배치 회로
㉰ 병렬 배치 회로
㉱ 정출력 구동 회로

해설 정출력 구동회로(일정마력 구동회로)
 : 펌프의 송출압력과 송출유량을 일정히 하고 정변위 유압모터의 변위량을 변화시켜 유압모터의 속도를 변화시키면서 정마력구동이 얻어진다.

문제 74. 그림과 같은 실린더에서 A측에서 3 MPa의 압력으로 기름을 보낼 때 B측 출구를 막으면 B측에 발생하는 압력 P_B는 몇 MPa인가? (단, 실린더 안지름은 50 mm, 로드 지름은 25 mm이며, 로드에는 부하가 없는 것으로 가정한다.)

해답 **69.** ㉮ **70.** ㉮ **71.** ㉰ **72.** ㉱ **73.** ㉱ **74.** ㉰

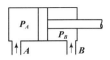

㉑ 1.5　　　　　　㉯ 3.0
㉰ 4.0　　　　　　㉴ 6.0

해설> $P_A A_A = P_B A_B$에서

$$3 \times \frac{\pi \times 0.05^2}{4} = P_B \times \frac{\pi}{4}(0.05^2 - 0.025^2)$$

$$\therefore P_B = 4 \text{MPa}$$

문제 **75.** 유압 작동유에 수분이 많이 혼입되었을 때 발생되는 현상으로 옳지 않은 것은?

㉑ 윤활작용이 저하된다.
㉯ 산화촉진을 막아준다.
㉰ 작동유의 방청성을 저하시킨다.
㉴ 유압펌프의 캐비테이션 발생 원인이 된다.

해설> · 작동유에 수분이 혼입될 때의 영향
① 작동유의 열화 촉진
② 공동현상(caviation) 발생
③ 유압기기의 마모 촉진
④ 작동유의 방청성, 윤활성을 저하
⑤ 작동유의 산화를 촉진

문제 **76.** 다음 중 실린더에 배압이 걸리므로 끌어당기는 힘이 작용해도 자주(自走)할 염려가 없어서 밀링이나 보링머신 등에 사용하는 회로는?

㉑ 미터 인 회로　　㉯ 어큐뮬레이터 회로
㉰ 미터 아웃 회로　㉴ 싱크로나이즈 회로

해설> 미터아웃회로(meter out circuit)
: 액추에이터의 출구쪽 관로에서 유량을 교축시켜 작동속도를 조절하는 방식
즉, 유량제어밸브를 실린더의 출구측에 설치한 회로로서 실린더에 유출되는 유량은 제어하여 피스톤 속도를 제어하는 회로이다. 이 회로는 실린더에 배압이 걸리므로 끌어당기는 하중이 작용해도 자주(自走)할 염려가 없다.

문제 **77.** 분말 성형프레스에서 유압을 한층 더 증대시키는 작용을 하는 장치는?

㉑ 유압 부스터(hydraulic booster)
㉯ 유압 컨버터(hydraulic converter)
㉰ 유니버셜 조인트(universal joint)
㉴ 유압 피트먼 암(hydraulic pitman arm)

해설> 유압부스터(hydraulic booster)
: 일반적으로 유체흐름의 중간에 설치하여 그 흐름의 압력을 높이기 위해서 사용하는 기계를 말한다.

문제 **78.** 그림의 회로가 가진 특징에 관한 설명으로 옳은 것은?

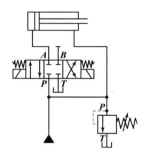

㉑ 전진운동시 속도는 느려진다.
㉯ 후진운동시 속도가 빨라진다.
㉰ 전진운동시 작용력은 작아진다.
㉴ 밸브의 작동시 한 가지 속도만 가능하다.

문제 **79.** 실(seal)의 구비조건으로 옳지 않은 것은?

㉑ 마찰계수가 커야 한다.
㉯ 내유성이 좋아야 한다.
㉰ 내마모성이 우수해야 한다.
㉴ 복원성이 양호하고 압축변형이 작아야 한다.

해설> 실(seal)은 밀봉장치로서 패킹과 개스킷을 총칭하고 고정부분에 사용되는 실을 개스킷(gasket), 운동부분에 사용되는 실을 패킹(packing)이라 한다.

정답> **75.** ㉯　**76.** ㉰　**77.** ㉑　**78.** ㉰　**79.** ㉑

문제 80. 3위치 밸브에서 사용하는 용어로 밸브의 작동신호가 없을 때 유압배관이 연결되는 밸브 몸체 위치에 해당하는 용어는?

㉮ 초기 위치(Initial position)
㉯ 중앙 위치(Middle position)
㉰ 중간 위치(Intermediate position)
㉱ 과도 위치(Transient position)

제5과목 기계제작법 및 기계동력학

문제 81. 숏피닝(shot peening)에 대한 설명으로 틀린 것은?

㉮ 숏피닝은 두꺼운 공작물일수록 효과가 적다.
㉯ 가공물 표면에 작은 해머와 같은 작용을 하는 형태로 일종의 열간 가공법이다.
㉰ 가공물 표면에 가공경화된 압축잔류응력층이 형성된다.
㉱ 반복하중에 대한 피로한도를 증가시킬 수 있어서 각종 스프링에 널리 이용되고 있다.

[해설] 숏피닝(shot peening)
: 금속재료의 표면에 강이나 주철의 작은입자들을 고속으로 분사시켜 가공경화에 의하여 표면층의 경도를 높이는 냉간가공법이다.

문제 82. 절삭 바이트에서 마찰력의 결정에 영향을 미치는 요인이 아닌 것은?

㉮ 공구의 형상   ㉯ 절삭속도
㉰ 공구의 재질   ㉱ 모터 동력

문제 83. 선반에서 절삭속도 120 m/min, 이송속도 0.25 mm/rev로 지름 80 mm의 환봉을 선삭하려고 할 때 500 mm 길이를 1회 선삭하는 데 필요한 가공시간은?

㉮ 약 1.5분   ㉯ 약 4.2분
㉰ 약 7.3분   ㉱ 약 10.1분

[해설] 우선, $N = \dfrac{1000\,V}{\pi d} = \dfrac{1000 \times 120}{\pi \times 80} = 477.46\,\mathrm{r\,pm}$

결국, $T = \dfrac{\ell}{NS} = \dfrac{500}{477.46 \times 0.25} \fallingdotseq 4.2\,\mathrm{min}$

문제 84. 저온 뜨임을 설명한 것 중 틀린 것은?

㉮ 담금질에 의한 응력 제거
㉯ 치수의 경년 변화 방지
㉰ 연마균열 생성
㉱ 내마모성 향상

[해설] · 사용목적에 따른 뜨임의 종류
① 저온뜨임 : 담금질에 의해 생긴 재료내부의 잔류응력을 제거하고, 주로 경도를 필요로 할 경우에 약 150 ℃ 부근에서 뜨임하는 것을 말한다.
② 고온뜨임 : 담금질한 강을 500~600 ℃ 부근에서 뜨임하는 것으로 강인성을 주기위한 것이다.

문제 85. 전단가공의 종류에 해당하지 않는 것은?

㉮ 비딩(beading)   ㉯ 펀칭(punching)
㉰ 트리밍(trimming)   ㉱ 블랭킹(blanking)

[해설] 전단가공의 종류
: 블랭킹, 펀칭, 전단, 트리밍, 셰이빙, 노칭, 분단
여기서, 비딩은 성형가공이다.

문제 86. 봉재의 지름이나 판재의 두께를 측정하는 게이지는?

㉮ 와이어 게이지(wire gauge)
㉯ 틈새 게이지(thickness gauge)
㉰ 반지름 게이지(radius gauge)
㉱ 센터 게이지(center gauge)

[해설] 와이어게이지(wire gauge)
: 각종 철강선의 굵기 및 박강판의 두께를 측정하며 번호로 표시된다.

[해답] 80. ㉯   81. ㉯   82. ㉱   83. ㉯   84. ㉰   85. ㉮   86. ㉮

문제 87. 압연가공에서 압하율을 나타내는 공식은? (단, H_o는 압연전의 두께, H_1은 압연후의 두께이다.)

㉮ $\dfrac{H_o - H_1}{H_o} \times 100(\%)$

㉯ $\dfrac{H_1 - H_o}{H_1} \times 100(\%)$

㉰ $\dfrac{H_1 + H_o}{H_o} \times 100(\%)$

㉱ $\dfrac{H_1}{H_o} \times 100(\%)$

해설 ① 압하량 $= H_0 - H_1$

② 압하율 $= \dfrac{H_0 - H_1}{H_0} \times 100(\%)$

문제 88. 사형(砂型)과 금속형(金屬型)을 사용하며 내마모성이 큰 주물을 제작할 때 표면은 백주철이 되고 내부는 회주철이 되는 주조 방법은?

㉮ 다이캐스팅법 ㉯ 원심주조법
㉰ 칠드주조법 ㉱ 셀주조법

해설 칠드주조법(chilled casting process)
: 사형과 금형을 사용하며 용융금속을 급냉하여 표면을 시멘타이트 조직으로 만든 것으로서 표면은 경도가 높은 백주철이며, 내부는 경도가 낮은 회주철로 되어있다.

문제 89. 산소 - 아세틸렌 가스용접에서 표준불꽃(중성불꽃)의 화학반응식은?

㉮ $H_2 + \dfrac{1}{2} O_2 \rightarrow H_2O$

㉯ $C_2H_2 + O_2 \rightarrow 2CO + H_2$

㉰ $2CO + O_2 \rightarrow 2CO_2$

㉱ $CaC_2 + 2H_2O \rightarrow C_2H_2 + Ca(OH)_2$

해설 산소 - 아세틸렌 가스용접에서 표준불꽃
: 산소와 아세틸렌(C_2H_2)의 혼합비가 $1:1$로 가장 적합한 불꽃이다.
즉, $C_2H_2 + O_2 \rightarrow 2CO + H_2$

문제 90. 다음 중 화학적 가공공정 순서가 올바른 것은?

㉮ 청정 - 마스킹(masking) - 에칭(etching) - 피막제거 - 수세

㉯ 청정 - 수세 - 마스킹(masking) - 피막제거 - 에칭(etching)

㉰ 마스킹(masking) - 에칭(etching) - 피막제거 - 청정 - 수세

㉱ 에칭(etching) - 마스킹(masking) - 청정 - 피막제거 - 수세

문제 91. 그림과 같이 질량 $1\,kg$인 블록이 궤도를 마찰 없이 움직일 때 A점에서 표면과 접촉을 유지하면서 통과할 수 있는 A 지점에서의 블록의 최대 속도 V는 몇 m/s인가? (단, A점의 곡률반경(ρ)은 $10\,m$, 중력가속도(g)는 $10\,m/s^2$로 본다.)

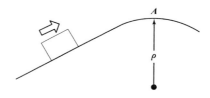

㉮ 100 ㉯ 10000
㉰ 0.01 ㉱ 10

해설 $F = ma_n = mr\omega^2 = m\dfrac{V^2}{r} = mg$ 에서

$\therefore V = \sqrt{gr} = \sqrt{g\rho} = \sqrt{10 \times 10} = 10\,m/s$

문제 92. 물방울이 떨어지기 시작하여 3초 후의 속도는 약 몇 m/s인가? (단, 공기의 저항은 무시하고, 초기속도는 0으로 한다.)

해답 87. ㉮ 88. ㉰ 89. ㉯ 90. ㉮ 91. ㉱ 92. ㉱

㉮ 3 ㉯ 9.8

㉰ 19.6 ㉱ 29.4

[해설] $V = V_0^{\,0} + gt = 0 + (9.8 \times 3) = 29.4 \,\text{m/s}$

[문제] **93.** 6 kg의 물체 A가 마찰이 없는 표면 위를 정지 상태에서 미끄러져 내려가 정지하고 있던 4 kg의 물체 B와 충돌한 후 두 물체가 붙어서 함께 움직였다. 이 때의 속도는 몇 m/s인가? (단, 두 물체 사이의 수직 방향 거리 차이는 5 m이고, 중력가속도는 10 m/s²로 본다.)

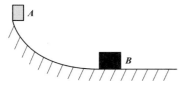

㉮ 3 ㉯ 4

㉰ 5 ㉱ 6

[해설] A는 마찰이 없으므로 자유낙하로 간주한다.

그러므로 $V_A = \sqrt{2gh} = \sqrt{2 \times 10 \times 5} = 10 \,\text{m/s}$

따라서, 운동량 보존의 법칙에 의해

$m_A V_A + m_B V_B^{\,0} = (m_A + m_B) V$

$6 \times 10 = (6 + 4) V$

$\therefore \ V = 6 \,\text{m/s}$

[문제] **94.** 회전속도가 2000 rpm인 원심 팬이 있다. 방진고무로 비감쇠 탄성 지지시켜 진동 전달률을 0.3으로 하고자 할 때, 이 팬의 고유진동수는 약 몇 Hz인가?

㉮ 26 ㉯ 12

㉰ 16 ㉱ 24

[해설] 우선, 전달률 $TR = \dfrac{1}{\gamma^2 - 1}$ 에서

$\gamma^2 = 1 + \dfrac{1}{TR} = 1 + \dfrac{1}{0.3}$ 즉, $\gamma = 2.08$

또한, 진동수비 $\gamma = \dfrac{\omega}{\omega_n}$ 에서

$\omega_n = \dfrac{\omega}{\gamma} = \dfrac{\left(\dfrac{2\pi N}{60}\right)}{\gamma} = \dfrac{\left(\dfrac{2\pi \times 2000}{60}\right)}{2.08}$

$= 100.7 \,\text{rad/s}$

결국, 고유진동수 $f_n = \dfrac{\omega_n}{2\pi} = \dfrac{100.7}{2\pi} = 16.03 \,\text{Hz}$

[문제] **95.** 질량 m, 반경 r인 균질한 구(球)의 질량중심을 지나는 축에 대한 관성모멘트는?

㉮ $\dfrac{2}{5}mr^2$ ㉯ $\dfrac{1}{3}mr^2$

㉰ $\dfrac{1}{2}mr^2$ ㉱ $\dfrac{2}{3}mr^2$

[해설] · 도심축에 관한 질량관성모멘트(J_G)

① 막대(=봉) : $J_G = \dfrac{m\ell^2}{12}$ 단, ℓ : 막대의 길이

② 원판 또는 원통 : $J_G = \dfrac{mr^2}{2}$

③ 구 : $J_G = \dfrac{2mr^2}{5}$

[문제] **96.** 외력이 없는 다음과 같은 계의 운동방정식은 어느 것인가?

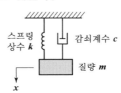

㉮ $m\ddot{x} + c\dot{x} + kx = 0$ ㉯ $m\dot{x} + cx + k = 0$

㉰ $c\ddot{x} + k\dot{x} + mx = 0$ ㉱ $c\ddot{x} + kx + m = 0$

[해설] 감쇠자유진동에서 운동방정식은

$\sum F_x = m\ddot{x}$

$-kx - c\dot{x} = m\ddot{x}$

결국, $m\ddot{x} + c\dot{x} + kx = 0$

[문제] **97.** 작은 공이 그림과 같이 수평면에 비스듬히 충돌한 후 튕겨져 나갔을 경우의 설명으로 틀린 것은? (단, 공과 수평면 사이의 마찰, 그리고 공의 회전은 무시하며 반발계수는 1이다.)

[해답] **93.** ㉱ **94.** ㉰ **95.** ㉮ **96.** ㉮ **97.** ㉮

㉮ 충돌 직전 직후 공의 운동량은 같다.

㉯ 충돌 직전 직후에 공의 운동에너지는 보존된다.

㉰ 충돌과정에서 공이 받은 충격량과 수평면이 받은 충격량의 크기는 같다.

㉱ 공의 운동방향이 수평면과 이루는 각의 크기는 충돌 직전과 직후가 같다.

[해설] 완전탄성충돌($e=1$일 때)

　: 충돌 전·후의 전체에너지(운동에너지와 운동량)가 보존된다.

　　또한, 충돌전·후의 속도와 각의 크기는 같다.

[문제] 98. 직선 진동계에서 질량 98 kg의 물체가 16초간에 10회 진동하였다. 이 진동계의 스프링 상수는 몇 N/cm인가?

㉮ 37.8　　　　㉯ 15.1

㉰ 22.7　　　　㉱ 30.2

[해설] 고유진동수 $f_n = \frac{1}{2\pi}\sqrt{\frac{k}{m}}$ (cycle/s 즉 Hz)이므로

$$\frac{10}{16} = \frac{1}{2\pi}\sqrt{\frac{k}{98}}$$

$$\therefore\ k = 1511.28\,\text{N/m} ≒ 15.1\,\text{N/cm}$$

[문제] 99. 고유 진동수 f (Hz), 고유 원진동수 ω (rad/s), 고유 주기 T (s) 사이의 관계를 바르게 나타낸 식은?

㉮ $T = \dfrac{\omega}{2\pi}$

㉯ $Tf = 1$

㉰ $T\omega = f$

㉱ $f\omega = 2\pi$

[해설] $T = \frac{2\pi}{\omega}$, $f = \frac{1}{T} = \frac{\omega}{2\pi}$

[문제] 100. 질량이 50 kg이고 반경이 2 m인 원판의 중심에 1000 N의 힘이 그림과 같이 작용하여 수평면 위를 구르고 있다. 미끄럼이 없이 굴러간다고 가정할 때 각가속도는?

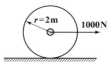

㉮ $3.34\,\text{rad/s}^2$　　　㉯ $4.91\,\text{rad/s}^2$

㉰ $6.67\,\text{rad/s}^2$　　　㉱ $10\,\text{rad/s}^2$

[해설] $\sum M_0 = J_0\alpha$에서　$Pr = (J_G + mr^2)\alpha$

$$Pr = \left(\frac{mr^2}{2} + mr^2\right)\alpha \qquad Pr = \frac{3mr^2}{2}\alpha$$

$$\therefore\ \alpha = \frac{2P}{3mr} = \frac{2 \times 1000}{3 \times 50 \times 2} = 6.67\,\text{rad/s}^2$$

건설기계설비 기사

※ 재료역학, 열역학, 유체역학, 유압기기는 일반기계기사와 중복됩니다. 나머지 유체기계와 건설기계일반의 순서는 1~20번으로 정합니다.

제4과목　유체기계

[문제] 1. 펌프, 송풍기 등이 운전 중에 한숨을 쉬는 것과 같은 상태가 되어, 펌프인 경우 입구와 출구의 진공계, 압력계의 바늘이 흔들리고 동시에 송출유량이 변화하는 현상은?

㉮ 수격현상　　　　㉯ 서징현상

㉰ 공동현상　　　　㉱ 과열현상

[해설] 서징(surging) 현상

　: 펌프, 송풍기 등이 운전 중에 한숨을 쉬는 것과 같은 상태가 되어 펌프인 경우 입구와 출구의 진공계, 압력계의 침이 흔들리고 동시에 송출유량이 변화하는 현상. 즉, 송출압력과 송출유량 사이에 주기적인 변동이 일어나는 현상을 말한다.

[정답] 98. ㉯　 99. ㉯　 100. ㉰ ‖ 1. ㉯

문제 2. 송풍기를 압력에 따라 분류할 때 Blower의 압력범위로 옳은 것은?

㉮ 1 kPa 미만

㉯ 1 kPa～10 kPa

㉰ 10 kPa～100 kPa

㉱ 100 kPa～1000 kPa

해설 · 압력상승범위

① 팬(fan)의 압력상승범위 : 10 kPa 미만

② 송풍기(blower)의 압력상승범위
: 10 kPa～100 kPa

③ 압축기(compressor)의 압력상승범위
: 100 kPa 이상

문제 3. 다음 중 왕복 펌프의 양수량 Q [m³/min]를 구하는 식으로 옳은 것은? (단, 실린더 지름을 D [m], 행정을 L [m], 크랭크 회전수를 n [rpm], 체적효율을 η_v, 크랭크 각속도를 ω [s^{-1}]라 한다.)

㉮ $Q = \eta_v \dfrac{\pi}{4} DLn$

㉯ $Q = \dfrac{\pi}{4} D^2 Ln$

㉰ $Q = \eta_v \dfrac{\pi}{4} D^2 Ln$

㉱ $Q = \eta_v \dfrac{\pi}{4} D^2 L\omega$

해설 왕복펌프의 양수량(실제양수량 : Q)

$$Q = \eta_v \dfrac{\pi D^2}{4} Ln \, (\mathrm{m^3/min})$$

여기서, η_v : 체적효율, D : 플런저 직경(m),
L : 행정(m), n : 크랭크회전수(rpm)

단, 체적효율 $\eta_v = \dfrac{Q}{Q_{th}}$

여기서, Q_{th} : 이론양수량

문제 4. 다음 중 10^{-1} Pa 이하의 고진공 영역까지 작동할 수 있는 고진공 펌프에 속하지 않는 것은?

㉮ 너시(nush) 펌프

㉯ 오일 확산 펌프

㉰ 터보 분자 펌프

㉱ 크라이오(cryo) 펌프

해설 · 진공펌프의 종류

① 저진공펌프

㉠ 수봉식(액봉식) 진공펌프(＝nush펌프)

㉡ 유회전 진공펌프 : 가장 널리 사용되며, 센코형(cenco type), 게데형(geode type), 키니형(kenney type)이 있다.

㉢ 루우츠형(roots type) 진공펌프

㉣ 나사식 진공펌프

② 고진공펌프
오일확산펌프, 터보분자펌프, 크라이오(cryo)펌프

문제 5. 유체기계란 액체와 기체를 이용하여 에너지의 변환을 이루는 기계이다. 다음 중 유체기계로 보기에 거리가 먼 것은?

㉮ 펌프

㉯ 벨트 컨베이어

㉰ 수차

㉱ 토크 컨버터

해설 · 유체기계의 분류

① 수력기계 : 펌프, 수차

② 공기기계 : 저압식(송풍기, 풍차), 고압식(압축기, 진공펌프, 압축공기기계)

③ 유압기기 : 유압펌프, 유압액추에이터, 제어밸브

④ 액체전동장치 : 유체커플링, 토크컨버터

⑤ 유체수송장치 : 수력수송장치, 공기수송장치

문제 6. 수차의 전효율(η)이 0.80이고 수력효율(η_h)이 0.93, 체적효율(η_v)이 0.96일 때에 이 수차의 기계효율(η_m)은?

㉮ 0.867

㉯ 0.896

㉰ 0.902

㉱ 0.927

해설 수차의 전효율 $\eta = \eta_v \times \eta_h \times \eta_m$에서

$$\therefore \ \eta_m = \frac{\eta}{\eta_v \times \eta_h} = \frac{0.80}{0.96 \times 0.93} = 0.896$$

문제 7. 물이 수차의 회전차를 흐르는 사이에 물의 압력에너지와 속도에너지는 감소되고 그 반동으로 회전차를 구동하는 수차는?

㉮ 중력 수차

㉯ 펠톤 수차

㉰ 충격 수차

㉱ 프란시스 수차

해답 2. ㉰ 3. ㉰ 4. ㉮ 5. ㉯ 6. ㉯ 7. ㉱

해설▷ 프란시스 수차(francis turbine)

: 반동수차의 대표적인 것으로 물이 처음 상수탱크에 있을 때에는 위치에너지만 가지고 있으나 수압관 속을 흐르는 사이에 위치에너지 및 속도에너지, 압력에너지를 가지고 흐르게 된다. 그러나 점차 수압관을 흐르면서 위치에너지가 감소하고 압력에너지가 증가하면서 스파이럴케이싱(spiral casing)의 온둘레로부터 주축을 향하여 직각방향으로 물이 유입된다.

문제 8. 수차에서 캐비테이션이 발생되기 쉬운 곳에 해당하지 않는 것은?

㉮ 펠톤 수차 이외에는 흡출관(draft tube) 하부

㉯ 펠톤 수차에서는 노즐의 팁(tip) 부분

㉰ 펠톤 수차에서는 버킷의 리지(ridge) 선단

㉱ 프로펠러 수차에서는 회전차 바깥둘레의 깃 이면쪽

해설▷ 흡출관(draft tube)의 설치목적

: 회전차 출구의 위치 수두, 회전차에서 유출한 물의 속도수두를 유효한 에너지로 이용하기 위하여 설치한다.

문제 9. 다음 토크 컨버터에 대한 설명으로 틀린 것은?

㉮ 유체 커플링과는 달리 입력축과 출력축의 토크 차를 발생하게 하는 장치이다.

㉯ 토크 컨버터는 유체 커플링의 설계점 효율에 비하여 다소 낮은 편이다.

㉰ 러너의 출력축 토크(T_2)는 회전차의 토크(T_1)에 스테이터의 토크(T_s)를 뺀 값으로 나타난다.

㉱ 토크 컨버터의 동력 손실은 열에너지로 전환되어 작동유체의 온도 상승에 영향을 미친다.

해설▷ 토크컨버터의 이론

: 회전차(impeller)가 작동유에 준 토크(T_1), 깃차(runner)의 출력축 토크(T_2), 안내깃(stator)이 작동유에 준 토크(T_s)라 하면 이 밖의 토크는 없으

므로 이들의 총합은 0이 된다.

즉, $T_1 + T_s - T_2 = 0$ ∴ $T_1 + T_s = T_2$

출력축의 토크(T_2)는 입력축의 토크(T_1)보다는 안내깃(T_s)의 토크만큼 크게 된다.

문제 10. 원심펌프의 특성 곡선(characteristic curve)에 대한 설명 중 틀린 것은?

㉮ 유량에 대하여 전양정, 효율, 축동력에 대한 관계를 알 수 있다.

㉯ 효율이 최대일 때를 설계점으로 설정하여 이때의 양정을 규정양정(normal head)이라 한다.

㉰ 유량과 양정의 관계곡선에서 서징(surging) 현상을 고려할 때 왼편하강 특성곡선 구간에서 운전하는 것은 피하는 것이 좋다.

㉱ 유량이 최대일 때의 양정을 체절양정(shut off head)이라 한다.

해설▷ 유량(Q)이 0일 때의 양정을 체절양정(shut off head)이라 한다.

제5과목 건설기계일반

문제 11. 건설기계관리법에 따라 건설기계의 소유자는 그 건설기계에 대하여 국토교통부령으로 정하는 바에 따라 국토교통부 장관이 실시하는 검사를 받아야 한다. 이 때 검사 대상에 해당하는 건설기계에 해당하지 않는 것은?

㉮ 정격하중 6톤 타워크레인

㉯ 자체중량 3톤의 로더

㉰ 무한궤도식 불도저

㉱ 적재용량 10톤 덤프트럭

해설▷ · 건설기계형식 신고대상 : 법 제18조 제2항 단서에서 "대통령령이 정하는 건설기계"라 함은 다음 각 호의 건설기계를 말한다.
① 불도저
② 굴삭기(무한궤도식에 한한다.)

정답 8. ㉮ 9. ㉰ 10. ㉱ 11. ㉱

③ 로더(무한궤도식에 한한다.)
④ 지게차
⑤ 스크레이퍼
⑥ 기중기(무한궤도식에 한한다.)
⑦ 롤러
⑧ 노상안전기
⑨ 콘크리트뱃칭플랜트
⑩ 콘크리트피니셔
⑪ 콘크리트살포기
⑫ 아스팔트믹싱플랜트
⑬ 아스팔트피니셔
⑭ 골재살포기
⑮ 쇄석기
⑯ 공기압축기
⑰ 천공기(무한궤도식에 한한다.)
⑱ 항타 및 항발기
⑲ 사리채취기
⑳ 준설선
㉑ 특수건설기계
여기서, 덤프트럭은 건설기계에 해당되지 않는다.

문제 12. 다음 중 적재(摘載) 능력이 없는 건설기계는?

㉮ 로더　　　　　　㉯ 머캐덤 롤러
㉰ 덤프트럭　　　　㉱ 지게차

해설 롤러는 다짐기계이다.

문제 13. 휠 크레인의 아웃 리거(Out-Rigger)의 주된 용도는?

㉮ 주행용 엔진의 보호 장치이다.
㉯ 와이어로프의 보호 장치이다.
㉰ 붐과 후크의 절단 또는 굴곡을 방지하는 장치이다.
㉱ 크레인의 안정성을 유지하고 타이어를 보호하는 장치이다.

해설 아웃리거(out rigger)
: 안정성을 유지해주고 타이어에 하중을 받는 것을 방지하여 타이어 및 스프링 등 하중으로 인하여 마모 파손되는 것을 방지해주는 역할을 한다.

문제 14. 불도저에서 거리를 고려하지 않은 삽날의 용량은 $2\,m^3$, 운반거리계수는 0.96, 체적환산계수는 1.1, 작업효율은 0.85, 1회 사이클 시간은 6.8분이 소요된다고 하면 이 불도저의 시간당 작업량은 약 몇 m^3/h 얼마인가?

㉮ 6.44　　　　　　㉯ 15.84
㉰ 18.12　　　　　㉱ 24.58

해설 $Q = \dfrac{60KqfE}{C_m}$

　여기서, q : 토공판용량(m^3)
　　　　　K : 운반거리계수
　　　　　f : 토량환산계수
　　　　　E : 작업효율
　　　　　C_m : 1회 사이클시간(min)

　결국, $Q = \dfrac{60 \times 0.96 \times 2 \times 1.1 \times 0.85}{6.8} = 15.84\,m^3/hr$

문제 15. 아스팔트 포장의 표층 다짐에 적합하여 아스팔트의 끝마무리 작업에 가장 적합한 장비는?

㉮ 탬퍼　　　　　　㉯ 진동 롤러
㉰ 탠덤 롤러　　　　㉱ 탬핑 롤러

해설 탠덤롤러(tandem roller)
: 찰흙, 점성토 등의 다짐에 적당하고 두꺼운 흙을 다지거나 아스팔트 포장의 끝마무리 작업에 사용한다.

문제 16. 비금속재료인 합성수지는 크게 열가소성 수지와 열경화성 수지로 구분하는데 다음 중 열가소성 수지에 속하는 것은?

㉮ 페놀 수지　　　　㉯ 멜라민 수지
㉰ 아크릴 수지　　　㉱ 실리콘 수지

해설 · 합성수지의 종류
① 열경화성 수지 : 페놀수지, 요소수지, 멜라민수지, 규소수지, 폴리에스테르수지, 폴리우레탄수지, 푸란수지 등
② 열가소성 수지 : 폴리에틸렌, 폴리프로필렌, 폴리스티렌, 폴리염화비닐, 폴리아미드, 아크릴수지, 플루오르수지 등

해답 12. ㉯　13. ㉱　14. ㉯　15. ㉰　16. ㉰

문제 17. 다음 중 불도저로 작업하기에 적합하지 않는 것은?

㉮ 교각공사의 교각용 기초 바닥파기

㉯ 잡종지의 개간과 뿌리제거

㉰ 토사에 대한 굴토와 운반

㉱ 나무뿌리 뽑기 작업

해설 불도저(bulldozer) : 트랙터 앞면에 배토판(토공판 : blade)을 설치하여 흙의 절삭, 단거리 구간의 운반, 성토(盛土), 정지 및 스크레이퍼 등의 견인작업을 수행하는 트랙터계의 대표적인 건설기계이다.

문제 18. 조향장치에서 조향력을 바퀴에 전달하는 부품 중에 바퀴의 토(toe) 값을 조정할 수 있는 것은?

㉮ 피트먼 암(pitman arm)

㉯ 너클 암(knuckle arm)

㉰ 드래그 링크(drag link)

㉱ 타이 로드(tie rod)

해설 ① 피트먼암(pitman arm) : 핸들의 움직임을 드래그링크 또는 릴레이로드에 전달하는 것
② 너클암(knuckle arm) : 크롬(Cr)강 등의 단조품으로 되어 있고, 드래그링크가 결합되는 쪽은 일반적으로 제3암(third rm)이라 한다. 너클에는 테이퍼와 키를 이용하여 결합하며 볼트로 죄는 형식도 있다.
③ 드래그링크(drag link) : 피트먼암과 너클암을 연결하는 로드
④ 타이로드(tie rod) : 좌우의 너클암과 연결되어 제3암의 작동을 다른쪽 너클암에 전달하며 좌우 바퀴의 관계위치를 정확하게 유지하는 역할을 한다.

문제 19. 높은 탑 위에 자유로이 360° 선회가 가능한 크레인으로 작업반경이 넓고 주로 높이를 필요로 하는 중, 고층 건축 현장에 많이 사용되는 것은?

㉮ 케이블 크레인(cable crane)

㉯ 데릭 크레인(derrick crane)

㉰ 타워 크레인(tower crane)

㉱ 휠 크레인(wheel crane)

해설 타워크레인(tower crane)
: 360° 선회가 가능하며 높은 탑 위에 짧은 지브나 해머헤드식 트러스를 장치한 크레인으로 높이를 필요로 하는 고층빌딩이나 건축현장에 많이 사용된다.

문제 20. 커터식 펌프 준설선에 대한 설명으로 틀린 것은?

㉮ 선내에 샌드 펌프를 적재하고 동력에 의해 물속의 토사를 커터로 절삭하여 물과 함께 퍼올려서 선체 밖으로 배출하는 작업선이다.

㉯ 크게 자항식과 비자항식으로 구분하는데, 자항식은 내항의 준설작업에 비 자항식은 외항의 준설작업에 주로 이용된다.

㉰ 펌프 준설선의 크기는 주 펌프의 구동동력에 따라 소형부터 초대형으로 구분할 수 있다.

㉱ 최근에는 커터를 개량하여 초경질의 점토나 사질토의 준설에도 이용된다.

해설 · 커터식 펌프 준설선(cutter suction dredger)
① 개요 : 선체내에 대용량의 샌드펌프를 적재하고 동력에 의해 수저의 토사를 커터로 절삭하여 물과 함께 퍼올려 배송관에 의해 선체밖으로 배출하는 작업선이다.
최근에는 커터를 개량하여 초경질의 점토나 사토질의 준설에도 사용되고 있다.
② 자항식과 비자항식으로 구분된다.
㉠ 자항식 : 선체가 자항(self propelled) 능력을 가진 것으로 주로 대형이며 선박형태의 몸체를 가진 외항용이다.
㉡ 비자항식 : 자항능력이 없어 주로 내항에 예인되어 준설과 매립에 사용되거나 하상(河床)의 모래채취에 많이 사용되고 있다.
③ 크기 : 주펌프(main pump)의 구동마력수에 따라 소형, 중형, 대형, 초대형으로 구분

해답 17. ㉮ 18. ㉱ 19. ㉰ 20. ㉯

2014년 제3회 건설기계설비 기사

제1과목 재료역학

문제 1. 그림과 같이 플랜지와 웨브로 구성된 I형 보 단면에 아랫방향으로 횡전단력 V가 작용하고 있다. 이 단면에서 V에 의해 발생되는 전단응력이 가장 큰 점의 위치는? 【7장】

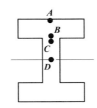

㉮ A　　　　　㉯ B
㉰ C　　　　　㉱ D

해설 수평전단응력

: 굽힘응력이 0인 중립축에서 최대가 되며, 굽힘응력이 최대가 되는 상·하 단면에서 0이다. 결국, 중립축 D에서 수평전단응력이 최대이다.

문제 2. 그림과 같이 길이(L)가 같은 두 외팔보에서 자유단에서의 최대 처짐은 각각 δ_1, δ_2라 할 때 처짐의 비 δ_2/δ_1의 값은?

(단, 아래쪽 외팔보에서 작용하는 분포하중(w)은 $P=wL$을 만족한다.) 【8장】

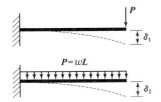

㉮ $\dfrac{2}{3}$　　　　㉯ $\dfrac{3}{8}$

㉰ $\dfrac{2}{5}$　　　　㉱ $\dfrac{5}{16}$

해설 우선, $\delta_1 = \dfrac{PL^3}{3EI} = \dfrac{wL^4}{3EI}$

또한, $\delta_2 = \dfrac{wL^4}{8EI}$

결국, $\delta_2/\delta_1 = \left(\dfrac{wL^4}{8EI}\right) \Big/ \left(\dfrac{wL^4}{3EI}\right) = \dfrac{3}{8}$

문제 3. 어떤 요소가 평면 응력 상태 하에 $\sigma_x = 60$ MPa, $\sigma_y = 50$ MPa, $\tau_{xy} = 30$ MPa을 받고 있다. 이때 주응력 σ_1과 σ_2는 각각 약 몇 MPa인가? 【3장】

㉮ $\sigma_1 \fallingdotseq 67.9$, $\sigma_2 \fallingdotseq 51.3$

㉯ $\sigma_1 \fallingdotseq 62.4$, $\sigma_2 \fallingdotseq 45.6$

㉰ $\sigma_1 \fallingdotseq 85.4$, $\sigma_2 \fallingdotseq 24.6$

㉱ $\sigma_1 \fallingdotseq 88.9$, $\sigma_2 \fallingdotseq 32.6$

해설 우선, $\sigma_1 = \dfrac{1}{2}(\sigma_x + \sigma_y) + \dfrac{1}{2}\sqrt{(\sigma_x - \sigma_y)^2 + 4\tau_{xy}^2}$

$= \dfrac{1}{2}(60 + 50) + \dfrac{1}{2}\sqrt{(60 - 50)^2 + 4 \times 30^2}$

$\fallingdotseq 85.4\,\text{MPa}$

또한, $\sigma_2 = \dfrac{1}{2}(\sigma_x + \sigma_y) - \dfrac{1}{2}\sqrt{(\sigma_x - \sigma_y)^2 + 4\tau_{xy}^2}$

$= \dfrac{1}{2}(60 + 50) - \dfrac{1}{2}\sqrt{(60 - 50)^2 + 4 \times 30^2}$

$\fallingdotseq 24.6\,\text{MPa}$

문제 4. 단면적이 2 cm×3 cm이고, 길이 1.5 m의 연강봉에 인장하중이 작용하였을 때 축적된 탄성 에너지의 크기는 42 N·m이다. 이때 늘어난 길이는 몇 cm인가?

(단, 탄성계수 $E=210$ GPa이다.) 【2장】

해답 1. ㉱　2. ㉯　3. ㉰　4. ㉮

㉮ 0.1 ㉯ 0.15

㉰ 0.2 ㉱ 0.25

해설> 우선, $U = \dfrac{P^2 \ell}{2AE}$ 에서

$$\therefore P = \sqrt{\frac{2AEU}{\ell}}$$

$$= \sqrt{\frac{2 \times 0.02 \times 0.03 \times 210 \times 10^9 \times 42}{1.5}} = 84000 \, \text{N}$$

결국, $U = \dfrac{1}{2} P\lambda$ 에서

$$\therefore \lambda = \frac{2U}{P} = \frac{2 \times 42}{84000} = 0.001 \, \text{m} = 0.1 \, \text{cm}$$

문제 **5.** 지름이 22 mm인 막대에 25 kN의 전단 하중이 작용할 때 0.00075 rad의 전단변형율이 생긴다. 이 재료의 전단탄성계수는 약 몇 GPa인가? 【1장】

㉮ 87.7 ㉯ 114

㉰ 33 ㉱ 29.3

해설> $\tau = \dfrac{P_s}{A} = G\gamma$ 에서

$$\therefore G = \frac{P_s}{A\gamma} = \frac{25 \times 10^{-6}}{\frac{\pi}{4} \times 0.022^2 \times 0.00075} \fallingdotseq 87.7 \, \text{GPa}$$

문제 **6.** 다음 중 체적계수(bulk modulus)를 나타낸 식은? (단, E는 탄성계수, G는 전단탄성계수, ν는 포아송비이다.) 【1장】

㉮ $\dfrac{E}{3(1-2\nu)}$ ㉯ $\dfrac{E}{2(1+\nu)}$

㉰ $\dfrac{G}{2(1+\nu)}$ ㉱ $\dfrac{(1-2\nu)(1+\nu)}{E}$

해설> $mE = 2G(m+1) = 3K(m-2)$ 에서

$$\therefore K = \frac{mE}{3(m-2)} = \frac{E}{3(1-2\nu)}$$

문제 **7.** 그림과 같이 2개의 봉 AC, BC를 힌지로 연결한 구조물에 연직하중(P) 800 N이 작용할 때, 봉 AC 및 BC에 작용하는 하중의 크

기 T_1, T_2는 각각 몇 N인가? (단, 봉 AC와 BC의 길이는 각각 4 m와 3 m이며, A와 B의 길이는 5 m이다. 또한 봉의 자중은 무시한다.) 【1장】

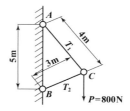

㉮ $T_1 = 640$, $T_2 = 480$

㉯ $T_1 = 480$, $T_2 = 640$

㉰ $T_1 = 800$, $T_2 = 640$

㉱ $T_1 = 800$, $T_2 = 480$

해설>

우선, $\cos\theta_1 = \dfrac{4}{5}$ 에서 $\theta_1 = \cos^{-1}\left(\dfrac{4}{5}\right) = 36.87°$

$\cos\theta_2 = \dfrac{3}{5}$ 에서 $\theta_2 = \cos^{-1}\left(\dfrac{3}{5}\right) = 53.13°$

라미의 정리에 의해

$$\frac{T_1}{\sin 53.13°} = \frac{T_2}{\sin 216.87°} = \frac{800}{\sin 90°}$$

$$\therefore T_1 = 800 \times \frac{\sin 53.13°}{\sin 90°} \fallingdotseq 640 \, \text{N} \, (\text{인장})$$

$$T_2 = 800 \times \frac{\sin 216.87°}{\sin 90°} \fallingdotseq -480 \, \text{N}$$

$$= 480 \, \text{N} \, (\text{압축})$$

문제 **8.** 직경이 d인 중실축에 비틀림 모멘트 T가 작용하고 있다면 이 중실축에 작용하고 있는 비틀림 응력 τ은 얼마인가? 【5장】

예답> **5.** ㉮ **6.** ㉮ **7.** ㉮ **8.** ㉯

가 $\dfrac{8T}{\pi d^3}$ 나 $\dfrac{16T}{\pi d^3}$

다 $\dfrac{24T}{\pi d^3}$ 라 $\dfrac{32T}{\pi d^3}$

해설 $T = \tau Z_P$에서 $\therefore \ \tau = \dfrac{T}{Z_P} = \dfrac{T}{\left(\dfrac{\pi d^3}{16}\right)} = \dfrac{16T}{\pi d^3}$

문제 **9.** 5 cm×10 cm 단면의 3개의 목재를 목재용 접착제로 접착하여 그림과 같은 10 cm×15 cm의 사각 단면을 갖는 합성보를 만들었다. 접착부에 발생하는 전단응력은 약 몇 kPa인가? (단, 이 보의 길이는 2 m이고, 양단은 단순지지이며 중앙에 $P=800$ N의 집중하중을 받는다.) 【7장】

가 77.6   나 35.5

다 82.4   라 160.8

해설 $\tau = \dfrac{FQ}{bI} = \dfrac{400 \times 0.1 \times 0.05 \times 0.05}{0.1 \times \dfrac{0.1 \times 0.15^3}{12}}$

$= 35555.5 \, \text{N/m}^2 (= \text{Pa}) ≒ 35.5 \, \text{kPa}$

문제 **10.** 그림과 같은 삼각형 단면의 $X-X$축에 대한 관성모멘트(단면 2차모멘트)는? 【4장】

가 $\dfrac{1}{4}bh^3$ 나 $\dfrac{1}{6}bh^3$

다 $\dfrac{1}{12}bh^3$ 라 $\dfrac{1}{24}bh^3$

해설 $I_x = I_G + a^2 A$ 단, a : 축의 평행이동거리

$\therefore \ I_x = \dfrac{bh^3}{36} + \left(\dfrac{2h}{3}\right)^2 \times \dfrac{bh}{2} = \dfrac{bh^3}{4}$

문제 **11.** 그림과 같이 길이 ℓ의 레일(rail)이 단순지지 되어 있다. 차륜사이의 거리 d, 무게 W의 차량이 레일 위를 이동할 때 앞 차륜이 어느 위치에 올 때 최대 굽힘 모멘트가 일어나는가? 【6장】

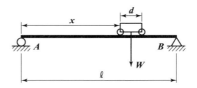

가 $x = \ell - \dfrac{d}{2}$ 나 $x = \dfrac{\ell}{3} - \dfrac{d}{2}$

다 $x = \ell - 2d$ 라 $x = \dfrac{\ell}{2} - \dfrac{d}{4}$

해설

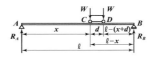

우선, $R_A \times \ell - W(\ell - x) - W\{\ell - (x+d)\} = 0$

$R_A = \dfrac{W(\ell - x)}{\ell} + \dfrac{W\{\ell - (x+d)\}}{\ell}$

$= \dfrac{2W\left(\ell - x - \dfrac{d}{2}\right)}{\ell}$

만약, $x > (\ell - d)$일 때는 x가 보의 우측단(B점)을 넘어서 이동하게 되면 우측 차륜은 보의 바깥쪽으로 떨어지게 되므로 이동하중 1개인 경우와 같아야 한다.

또한, 좌측차륜 C점의 모멘트(M_c)는

$M_c = R_A x = \dfrac{2W\left(\ell - x - \dfrac{d}{2}\right) x}{\ell}$

결국, 모멘트(M_c)가 최대가 되는 위치는 $\dfrac{dM_c}{dx} = 0$ 이므로

$\dfrac{dM_c}{dx} = \dfrac{2W}{\ell}\left(\ell - 2x - \dfrac{d}{2}\right) = 0$

$\therefore \ x = \dfrac{\ell}{2} - \dfrac{d}{4}$

문제 12. 길이가 ℓ인 단순보 AB의 한 단에 그림과 같이 모멘트 M이 작용할 때, A단의 처짐각 θ_A는? (단, 탄성계수는 E, 단면 2차 모멘트는 I이다.) 【3장】

㉮ $\dfrac{M\ell}{8EI}$ ㉯ $\dfrac{M\ell}{6EI}$

㉰ $\dfrac{M\ell}{3EI}$ ㉱ $\dfrac{M\ell}{2EI}$

[해설] $\theta_A = \dfrac{M\ell}{6EI}$, $\theta_B = \dfrac{M\ell}{3EI}$, $\delta_{max} = \dfrac{M\ell^2}{9\sqrt{3}\,EI}$

문제 13. 높이 L, 단면적 A인 장주의 세장비는? (단, I는 단면 2차모멘트이다.) 【4장】

㉮ $\dfrac{L}{\sqrt{\dfrac{I}{A}}}$ ㉯ $\dfrac{AL}{I}$

㉰ $\dfrac{I}{AL}$ ㉱ $\dfrac{I}{\sqrt{AL}}$

[해설] $\lambda = \dfrac{L}{K} = \dfrac{L}{\sqrt{\dfrac{I}{A}}}$

문제 14. 카스틸리아노(castigliano) 정리의 일반형을 표시한 식으로 옳은 것은? (단, δ=처짐량, U=변형에너지, E=탄성계수, I=단면2차모멘트, P=작용하중이다.) 【8장】

㉮ $\delta = \dfrac{\partial U}{\partial I}$ ㉯ $\delta = \dfrac{\partial U}{\partial E}$

㉰ $\delta = \dfrac{\partial I}{\partial P}$ ㉱ $\delta = \dfrac{\partial U}{\partial P}$

[해설] 처짐각 $\theta = \dfrac{\partial U}{\partial M}$, 처짐량 $\delta = \dfrac{\partial U}{\partial P}$

여기서, M : 모멘트

       P : 작용하중

문제 15. 400 rpm으로 회전하는 바깥지름 60 mm, 안지름 40 mm인 중공 단면축의 허용 비틀림 각도가 1°일 때 이 축이 전달할 수 있는 동력의 크기는 몇 kW인가? (단, 전단 탄성계수 G=80 GPa, 축 길이 L=3 m이다.) 【5장】

㉮ 15   ㉯ 20

㉰ 25   ㉱ 30

[해설] 우선, $\theta = \dfrac{180}{\pi} \times \dfrac{TL}{GI_P}$ 에서

$$\therefore \ T = \dfrac{\pi G I_P \theta}{180L}$$

$$= \dfrac{\pi \times 80 \times 16^6 \times \dfrac{\pi \times (0.06^4 - 0.04^4)}{32} \times 1}{180 \times 3}$$

$$= 0.4752\,\text{kN} \cdot \text{m}$$

결국, 동력 $P = T\omega = 0.4752 \times \dfrac{2\pi \times 400}{60}$

$$= 19.792\,\text{kW} = 20\,\text{kW}$$

문제 16. 그림과 같은 분포 하중을 받는 단순보의 반력 R_A, R_B는? 【6장】

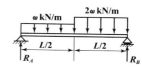

㉮ $R_A = \dfrac{2}{5}\omega L$ (kN), $R_B = \dfrac{7}{8}\omega L$ (kN)

㉯ $R_A = \dfrac{5}{8}\omega L$ (kN), $R_B = \dfrac{7}{8}\omega L$ (kN)

㉰ $R_A = \dfrac{5}{8}\omega L$ (kN), $R_B = \dfrac{3}{4}\omega L$ (kN)

㉱ $R_A = \dfrac{3}{4}\omega L$ (kN), $R_B = \dfrac{7}{8}\omega L$ (kN)

[해설] 분포하중을 집중하중으로 고치면

우선, $R_A \times L - \dfrac{wL}{2}\left(\dfrac{L}{2} + \dfrac{L}{4}\right) - wL \times \dfrac{L}{4} = 0$

$$\therefore \ R_A = \dfrac{5wL}{8}$$

[정답] **12.** ㉯   **13.** ㉮   **14.** ㉱   **15.** ㉯   **16.** ㉯   **17.** ㉰

또한, $0 = R_B \times L - wL\left(\frac{L}{2} + \frac{L}{4}\right) - \frac{wL}{2} \times \frac{L}{4}$

$$\therefore R_B = \frac{7wL}{8}$$

문제 17. 그림과 같은 하중을 받는 정사각형(10 cm×10 cm) 단면봉의 최대인장응력은 몇 MPa 인가? 【10장】

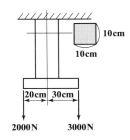

가 2.3 　　　　나 3.1

다 3.5 　　　　라 4.1

해설 $\sigma_{\max} = \dfrac{P}{A} + \dfrac{M}{Z} = \dfrac{5000}{0.1 \times 0.1} + \dfrac{500}{\left(\dfrac{0.1^3}{6}\right)}$

$\qquad = 3.5 \times 10^6\,\mathrm{Pa} = 3.5\,\mathrm{MPa}$

단, $\begin{cases} P = 2000 + 3000 = 5000\,\mathrm{N} \\ Z = \dfrac{a^3}{6} = \dfrac{0.1^3}{6} \\ M = 3000 \times 0.3 - 2000 \times 0.2 = 500\,\mathrm{N \cdot m} \end{cases}$

문제 18. 극한강도가 210 MPa인 회주철 축이 안전계수 Sf =1.2일 때 토크 500 N·m를 전달한다. 요구되는 축의 최소 지름 d (mm)는? 【5장】

가 12 mm 　　　　나 18 mm

다 25 mm 　　　　라 30 mm

해설 우선, $\tau_a = \dfrac{\tau_u}{S} = \dfrac{210}{1.2} = 175\,\mathrm{MPa}$

또한, $T = \tau Z_P$에서 $\tau = \dfrac{T}{Z_P} = \dfrac{16T}{\pi d^3} \le \tau_a$이므로

$\therefore d \ge \sqrt[3]{\dfrac{16T}{\pi \tau_a}} \ge \sqrt[3]{\dfrac{16 \times 500}{\pi \times 175 \times 10^6}}$

$\qquad \ge 0.0244\,\mathrm{m} \ge 24.4\,\mathrm{mm}$

결국, 축의 최소직경 $d = 25\,\mathrm{mm}$

문제 19. 지름 12 mm, 표점거리 200 mm의 연강재 시험편에 대한 인장시험을 수행하였다. 시험편의 표점거리가 250 mm로 늘어났을 때, 이 연강재의 신장율 [%]은? 【1장】

가 10 % 　　　　나 20 %

다 25 % 　　　　라 50 %

해설 $\varepsilon = \dfrac{\lambda}{\ell_0} = \dfrac{\ell - \ell_0}{\ell_0} = \dfrac{250 - 200}{200} = 0.25 = 25\,\%$

문제 20. 길이 15 m, 지름 10 mm의 강봉에 8 kN 의 인장 하중을 걸었더니 탄성 변형이 생겼다. 이때 늘어난 길이는? (단, 이 강재의 탄성계수 E =210 GPa이다.) 【1장】

가 0.073 mm 　　　　나 7.3 cm

다 0.73 mm 　　　　라 7.3 mm

해설 $\lambda = \dfrac{P\ell}{AE} = \dfrac{8 \times 15}{\dfrac{\pi}{4} \times 0.01^2 \times 210 \times 10^6} = 0.00728\,\mathrm{m}$

$\qquad = 7.28\,\mathrm{mm} \fallingdotseq 7.3\,\mathrm{mm}$

제2과목　기계열역학

문제 21. 피스톤－실린더 시스템에 100 kPa의 압력을 갖는 1 kg의 공기가 들어 있다. 초기 체적은 0.5 m³이고 이 시스템에 온도가 일정한 상태에서 열을 가하여 부피가 1.0 m³이 되었다. 이 과정 중 전달된 열량(kJ)은 얼마인가? 【3장】

가 32.7 　　　　나 34.7

다 44.8 　　　　라 50.0

해설 등온변화이므로

$\qquad {}_1Q_2 = {}_1W_1 = W_t = P_1 V_1 \ell n \dfrac{V_2}{V_1} = 100 \times 0.5 \ell n \dfrac{1}{0.5}$

$\qquad = 34.66\,\mathrm{kJ} \fallingdotseq 34.7\,\mathrm{kJ}$

해답 18. 다　19. 다　20. 라　21. 나

문제 22. $PV^n =$일정$(n \neq 1)$인 가역과정에서 밀폐계(비유동계)가 하는 일은? 【3장】

㉮ $\dfrac{P_1 V_1 (V_2 - V_1)}{n}$

㉯ $\dfrac{P_2 V_2{}^{n-1} - P_1 V_1{}^{n-1}}{n-1}$

㉰ $\dfrac{P_2 V_2{}^{n} - P_1 V_1{}^{n}}{n-1}$

㉱ $\dfrac{P_1 V_1 - P_2 V_2}{n-1}$

해설 폴리트로픽(polytryopic) 과정이므로

$$_1 W_2 = \frac{mR}{n-1}(T_1 - T_2) = \frac{1}{n-1}(P_1 V_1 - P_2 V_2)$$

문제 23. 작동 유체가 상태 1부터 상태 2까지 가역 변화할 때의 엔트로피 변화로 옳은 것은? 【4장】

㉮ $S_2 - S_1 \geq -\displaystyle\int_1^2 \frac{\delta Q}{T}$

㉯ $S_2 - S_1 > \displaystyle\int_1^2 \frac{\delta Q}{T}$

㉰ $S_2 - S_1 = \displaystyle\int_1^2 \frac{\delta Q}{T}$

㉱ $S_2 - S_1 < \displaystyle\int_1^2 \frac{\delta Q}{T}$

해설 $\Delta S = \dfrac{\delta Q}{T}$에서 $\Delta S = S_2 - S_1 = \displaystyle\int_1^2 \frac{\delta Q}{T}$

문제 24. 공기압축기로 매초 2 kg의 공기가 연속적으로 유입된다. 공기에 50 kW의 일을 투입하여 공기의 비엔탈피가 20 kJ/kg 증가하면, 이 과정동안 공기로부터 방출된 열량은 얼마인가? 【2장】

㉮ 105 kW   ㉯ 90 kW

㉰ 15 kW   ㉱ 10 kW

해설 $\delta q = dh - Avdp$에서

$$_1 Q_2 = \Delta H + W_c$$

단, $\Delta h = \dfrac{\Delta H}{m}$에서 $\Delta H = m\,\Delta h$

$\therefore\ _1 Q_2 = 2 \times 20 - 50 = -10\,\text{kW} = 10\,\text{kW}$ (방출)

〈참고〉 일은 계에 공급될 때 $(-)$, 계에서 나올 때 $(+)$값을 가진다.

문제 25. 단열된 노즐에 유체가 10 m/s의 속도로 들어와서 200 m/s의 속도로 가속되어 나간다. 출구에서의 엔탈피가 $h_e = 2770$ kJ/kg일 때 입구에서의 엔탈피는 얼마인가? 【10장】

㉮ 4370 kJ/kg   ㉯ 4210 kJ/kg

㉰ 2850 kJ/kg   ㉱ 2790 kJ/kg

해설 $\Delta h = h_2 - h_1 = \dfrac{1}{2}(w_1^2 - w_2^2)$에서

$$\therefore\ h_1 = h_2 - \frac{1}{2}(w_1^2 - w_2^2) = 2770 - \frac{(10^2 - 200^2)}{2 \times 10^3}$$

$$= 2789.95\,\text{kJ/kg} \fallingdotseq 2790\,\text{kJ/kg}$$

문제 26. 100 kg의 물체가 해발 60 m에 떠 있다. 이 물체의 위치 에너지는 해수면 기준으로 약 몇 kJ인가? (단, 중력가속도 9.8 m/s²이다.) 【2장】

㉮ 58.8   ㉯ 73.4

㉰ 98.0   ㉱ 122.1

해설 $E_P = mgh = 100 \times 9.8 \times 60$

$$= 58800\,\text{N}\cdot\text{m}\,(= \text{J}) = 58.8\,\text{kJ}$$

문제 27. 5 kg의 산소가 정압 하에서 체적이 0.2 m³에서 0.6 m³로 증가했다. 산소를 이상기체로 보고 정압비열 $Cp = 0.92$ kJ/kg ℃로 하여 엔트로피의 변화를 구하였을 때 그 값은 얼마인가? 【4장】

㉮ 1.857 kJ/K   ㉯ 2.746 kJ/K

㉰ 5.054 kJ/K   ㉱ 6.507 kJ/K

예답 22. ㉱   23. ㉰   24. ㉱   25. ㉱   26. ㉮   27. ㉰

해설 $\Delta S = m\,C_p \ell n \dfrac{V_2}{V_1} = 5 \times 0.92 \times \ell n \dfrac{0.6}{0.2}$
$= 5.054\,\mathrm{kJ/K}$

문제 28. 열효율이 30 %인 증기사이클에서 1 kWh의 출력을 얻기 위하여 공급되어야 할 열량은 약 몇 kWh인가? 【7장】

㉮ 1.25 ㉯ 2.51
㉰ 3.33 ㉱ 4.90

해설 $\eta = \dfrac{W}{Q_1}$ 에서 $\therefore\ Q_1 = \dfrac{W}{\eta} = \dfrac{1}{0.3} \fallingdotseq 3.33\,\mathrm{kWh}$

문제 29. 다음 중 이상 랭킨 사이클과 카르노 사이클의 유사성이 가장 큰 두 과정은? 【7장】

㉮ 등온가열, 등압방열
㉯ 단열팽창, 등온방열
㉰ 단열압축, 등온가열
㉱ 단열팽창, 등적가열

해설 ① 랭킨사이클 : 단열압축 → 정압가열 → 단열팽창 → 정압방열(등온방열)
② 카르노사이클 : 등온팽창(등온흡열) → 단열팽창 → 등온압축(등온방열) → 단열압축

문제 30. 효율이 85 %인 터빈에 들어갈 때의 증기의 엔탈피가 3390 kJ/kg이고, 가역 단열 과정에 의해 팽창할 경우에 출구에서의 엔탈피가 2135 kJ/kg이 된다고 한다. 운동에너지의 변화를 무시할 경우 이 터빈의 실제 일은 약 몇 kJ/kg인가? 【7장】

㉮ 1476 ㉯ 1255
㉰ 1067 ㉱ 906

해설 터빈효율
$\eta_T = \dfrac{\text{실질적인 터빈열}(Aw_T{}')}{\text{이론적인 터빈열}(Aw_T)} = \dfrac{h_2 - h_3{}'}{h_2 - h_3}$ 에서
$\therefore\ Aw_T{}' = \eta_T \times (h_2 - h_3) = 0.85 \times (3390 - 2135)$
$= 1066.75\,\mathrm{kJ/kg}$

문제 31. 압축비가 7.5이고, 비열비 $k = 1.4$인 오토 사이클의 열효율은? 【8장】

㉮ 48.7 % ㉯ 51.2 %
㉰ 55.3 % ㉱ 57.6 %

해설 $\eta_0 = 1 - \left(\dfrac{1}{\varepsilon}\right)^{k-1} = 1 - \left(\dfrac{1}{7.5}\right)^{1.4-1}$
$= 0.553 = 55.3\,\%$

문제 32. 표준 증기압축식 냉동사이클에서 압축기 입구와 출구의 엔탈피가 각각 105 kJ/kg 및 125 kJ/kg이다. 응축기 출구의 엔탈피가 43 kJ/kg이라면 이 냉동사이클의 성능계수(COP)는 얼마인가? 【9장】

㉮ 2.3 ㉯ 2.6
㉰ 3.1 ㉱ 4.3

해설 $\varepsilon_r = \dfrac{q_2}{w_c} = \dfrac{105 - 43}{125 - 105} = 3.1$

문제 33. 카르노 사이클이 500 K의 고온체에서 360 kJ의 열을 받아서 300 K의 저온체에 열을 방출한다면 이 카르노 사이클의 출력일은 얼마인가? 【4장】

㉮ 120 kJ ㉯ 144 kJ
㉰ 216 kJ ㉱ 599 kJ

해설 $\eta_c = \dfrac{W}{Q_1} = 1 - \dfrac{T_{\mathrm{II}}}{T_{\mathrm{I}}}$ 에서
$\therefore\ W = Q_1\left(1 - \dfrac{T_{\mathrm{II}}}{T_{\mathrm{I}}}\right) = 360\left(1 - \dfrac{300}{500}\right) = 144\,\mathrm{kJ}$

문제 34. 열역학 제 1법칙은 다음의 어떤 과정에서 성립하는가? 【1장】

㉮ 가역 과정에서만 성립한다.
㉯ 비가역 과정에서만 성립한다.
㉰ 가역 등온 과정에서만 성립한다.
㉱ 가역이나 비가역 과정을 막론하고 성립한다.

해답 **28.** ㉰ **29.** ㉯ **30.** ㉰ **31.** ㉰ **32.** ㉰ **33.** ㉯ **34.** ㉱

해설 열역학 제1법칙(에너지 보존의 법칙)은 가역법칙으로 실제 자연현상에서도 적용된다. 결국, 가역이나 비가역과정을 막론하고 모두 성립한다.

문제 35. 체적이 $0.1\,m^3$인 피스톤-실린더 장치 안에 질량 $0.5\,kg$의 공기가 $430.5\,kPa$하에 있다. 정압과정으로 가열하여 온도가 $400\,K$가 되었다. 이 과정동안의 일과 열전달량은? (단, 공기는 이상기체이며, 기체상수는 $0.287\,kJ/kg\cdot K$, 정압비열은 $1.004\,kJ/kg\cdot K$이다.) 【3장】

㉮ $14.35\,kJ$, $35.85\,kJ$
㉯ $14.35\,kJ$, $50.20\,kJ$
㉰ $43.05\,kJ$, $78.90\,kJ$
㉱ $43.05\,kJ$, $64.55\,kJ$

해설 우선, $_1W_2 = \int_1^2 PdV = P(V_2 - V_1)$
$= mR(T_2 - T_1)$
$= 0.5 \times 0.287 \times (400 - 300)$
$= 14.35\,kJ$
단, $P_1V_1 = mRT_1$에서
$T_1 = \dfrac{P_1V_1}{mR} = \dfrac{430.5 \times 0.1}{0.5 \times 0.287} = 300\,K$
또한, $_1Q_2 = mC_p(T_2 - T_1)$
$= 0.5 \times 1.004 \times (400 - 300) = 50.2\,kJ$

문제 36. $T-S$ 선도에서 어느 가역 상태변화를 표시하는 곡선과 S축 사이의 면적은 무엇을 표시하는가? 【4장】

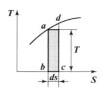

㉮ 힘
㉯ 열량
㉰ 압력
㉱ 비체적

해설 ① $P-V$ 선도 : 일량 선도
② $T-S$ 선도 : 열량 선도

문제 37. 체적이 $500\,cm^3$인 풍선이 있다. 이 풍선에 압력 $0.1\,MPa$, 온도 $288\,K$의 공기가 가득 채워져 있다. 압력이 일정한 상태에서 풍선 속 공기 온도가 $300\,K$로 상승했을 때 공기에 가해진 열량은? (단, 공기의 정압비열은 $1.005\,kJ/kg\cdot K$, 기체상수 $0.287\,kJ/kg\cdot K$이다.) 【3장】

㉮ $7.3\,J$
㉯ $7.3\,kJ$
㉰ $73\,J$
㉱ $73\,kJ$

해설 우선, $P_1V_1 = mRT_1$에서
$m = \dfrac{P_1V_1}{RT_1} = \dfrac{0.1 \times 10^3 \times 500 \times 10^{-6}}{0.287 \times 288} = 0.0006\,kg$
결국, 정압과정이므로 $\delta q = dh - Avdp$에서
$\therefore\ _1Q_2 = \Delta H = mC_p(T_2 - T_1)$
$= 0.0006 \times 1.005 \times (300 - 288)$
$= 0.007236\,kJ = 7.236\,J$

문제 38. 이상기체 프로판(C_3H_8, 분자량 $M=44$)의 상태는 온도 $20\,℃$, 압력 $300\,kPa$이다. 이것을 $52\,L(liter)$의 내압 용기에 넣을 경우 적당한 프로판의 질량은? (단, 일반기체상수는 $8.314\,kJ/kmol\cdot K$이다.) 【3장】

㉮ $0.282\,kg$
㉯ $0.182\,kg$
㉰ $0.414\,kg$
㉱ $0.318\,kg$

해설 우선, $R = \dfrac{\overline{R}}{M} = \dfrac{8.314}{44} = 0.189\,kJ/kg\cdot K$
결국, $PV = mRT$에서
$\therefore\ m = \dfrac{PV}{RT} = \dfrac{300 \times 52 \times 10^{-3}}{0.189 \times 293} ≒ 0.282\,kg$

문제 39. 두께가 $10\,cm$이고, 내·외측 표면온도가 각각 $20\,℃$와 $-5\,℃$인 벽이 있다. 정상상태일 때 벽의 중심온도는 몇 $℃$인가? 【11장】

㉮ 4.5
㉯ 5.5
㉰ 7.5
㉱ 12.5

해설 $t = \dfrac{20 + (-5)}{2} = 7.5\,℃$

정답 35. ㉯ 36. ㉯ 37. ㉮ 38. ㉮ 39. ㉰

문제 40. 다음 그림과 같은 오토사이클의 열효율은? (단, $T_1 = 300$ K, $T_2 = 689$ K, $T_3 = 2364$ K, $T_4 = 1029$ K이고, 정적비열은 일정하다.) 【8장】

㉮ 37.5 %

㉯ 43.5 %

㉰ 56.5 %

㉱ 62.5 %

해설 $\eta_0 = 1 - \dfrac{T_4 - T_1}{T_3 - T_2} = 1 - \dfrac{1029 - 300}{2364 - 689}$

$\qquad \coloneqq 0.565 = 56.5 \%$

제3과목 기계유체역학

문제 41. 지름이 0.4 m인 관속을 유량 3 m^3/s로 흐를 때 평균속도는 약 몇 m/s인가? 【3장】

㉮ 13.9　　　　　㉯ 43.9

㉰ 33.9　　　　　㉱ 23.9

해설 $Q = AV$에서

$\qquad \therefore V = \dfrac{Q}{A} = \dfrac{3}{\frac{\pi}{4} \times 0.4^2} \coloneqq 23.9 \,\text{m/s}$

문제 42. 풍동 속에서 피토관으로 유속을 측정하고자 한다. 마노미터로 측정한 압력차이가 물 액주로 24.4 mm일 때 공기의 유속은 약 몇 m/s인가? (단, 공기의 밀도는 1.2 kg/m^{3}이고 물의 밀도는 1000 kg/m^3, 중력가속도는 9.81 m/s^{2}이다.) 【10장】

㉮ 10　　　　　㉯ 15

㉰ 20　　　　　㉱ 25

해설 $V = \sqrt{2gh\left(\dfrac{\rho_0}{\rho} - 1\right)}$

$\qquad = \sqrt{2 \times 9.81 \times 0.0244 \times \left(\dfrac{1000}{1.2} - 1\right)}$

$\qquad = 19.96 \,\text{m/s} \coloneqq 20 \,\text{m/s}$

문제 43. 정상, 2차원, 비압축성 유동장의 속도성분이 아래와 같이 주어질 때 가장 간단한 유동함수(Ψ)의 형태는? (단, u, v는 x, y방향의 속도성분이다.) 【3장】

$$u = 2y, \quad v = 4x$$

㉮ $\Psi = -2x^2 + y^2$　　㉯ $\Psi = -x^2 + y^2$

㉰ $\Psi = -x^2 + 2y^2$　　㉱ $\Psi = -4x^2 + 4y^2$

해설 우선, $u = \dfrac{\partial \psi}{\partial y}$에서　　$\partial \psi = u \partial y = 2y \partial y$

$\qquad \therefore \psi = y^2$

$\qquad$ 또한, $v = -\dfrac{\partial \psi}{\partial x}$에서　　$\partial \psi = -v \partial x = -4x \partial x$

$\qquad \therefore \psi = -2x^2$

$\qquad$ 결국, $\psi = -2x^2 + y^2$

문제 44. 세 액체가 그림과 같은 U자관에 들어 있고, $h_1 = 20$ cm, $h_2 = 40$ cm, $h_3 = 50$ cm이고, 비중 $S_1 = 0.8$, $S_3 = 2$일 때, 비중 S_2는 얼마인가? 【10장】

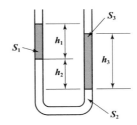

㉮ 1.2　　　　　㉯ 1.8

㉰ 2.1　　　　　㉱ 2.9

해설 $S_1 h_1 + S_2 h_2 = S_3 h_3$에서

$\qquad (0.8 \times 0.2) + (S_2 \times 0.4) = 2 \times 0.5$

$\qquad \therefore S_2 = 2.1$

해답 40. ㉰　41. ㉱　42. ㉰　43. ㉮　44. ㉰

문제 45. 골프 공에 홈(딤플)이 나 있는 이유를 유체역학적으로 가장 잘 설명한 것은? 【5장】

㉮ 미관상 보기 좋아서

㉯ 점성저항을 줄여 공을 멀리 날아가게 하기 위하여

㉰ 압력저항을 줄여 공을 멀리 날아가게 하기 위하여

㉱ 재료 절약을 통해 중량을 감소시켜 멀리 날아가게 하기 위하여

문제 46. 물 위를 3 m/s의 속도로 항진하는 길이 2 m인 모형선에 작용하는 조파저항이 54 N이다. 길이 50 m인 실선을 이것과 상사한 조파상태인 해상에서 항진시킬 때 조파저항은 약 얼마가 발생하는가? (단, 해수의 비중량은 $\gamma_p =$ 10075 N/m³이다.) 【7장】

㉮ 867 N ㉯ 8825 N

㉰ 86 kN ㉱ 867 kN

해설 우선, $(Fr)_P = (Fr)_m$에서

$$\left(\frac{V}{\sqrt{g\ell}}\right)_P = \left(\frac{V}{\sqrt{g\ell}}\right)_m$$

$$\frac{V_P}{\sqrt{50}} = \frac{3}{\sqrt{2}} \qquad \therefore V_P = 15\,\text{m/s}$$

또한, $D = C_D \dfrac{\gamma V^2}{2g} A$에서 $C_D = \dfrac{2gD}{\gamma V^2 A}$

결국, $(C_D)_P = (C_D)_m$이므로

$$\left(\frac{2gD}{\gamma V^2 A}\right)_P = \left(\frac{2gD}{\gamma V^2 A}\right)_m$$

$$\left(\frac{2gD}{\gamma V^2 \ell^2}\right)_P = \left(\frac{2gD}{\gamma V^2 \ell^2}\right)_m$$

$$\frac{D_P}{10075 \times 15^2 \times 50^2} = \frac{54}{9800 \times 3^2 \times 2^2}$$

$$\therefore D_P = 867 \times 10^3\,\text{N} = 867\,\text{kN}$$

문제 47. 안지름이 0.2 m인 원관 속에 비중이 0.8인 기름이 유량 0.02 m³/s로 흐르고 있다. 이 기름의 동점성계수가 1×10^{-4} m²/s이고, 외부교란이 없다고 가정하면 이 흐름의 상태는? 【5장】

㉮ 난류

㉯ 층류

㉰ 천이구역

㉱ 이 조건만으로는 알 수 없다.

해설 우선, $Q = AV$에서

$$V = \frac{Q}{A} = \frac{0.02}{\frac{\pi}{4} \times 0.2^2} = 0.637\,\text{m/s}$$

또한, $Re = \dfrac{Vd}{\nu} = \dfrac{0.637 \times 0.2}{1 \times 10^{-4}} = 1274$

결국, $Re = 1274 < 2100$이므로 "층류"이다.

문제 48. 직경 D인 구가 점성계수 μ인 유체 속에서, 관성을 무시할 수 있을 정도로 느린 속도 V로 움직일 때 받는 힘 F를 D, μ, V의 함수로 가정하여 차원해석 하였을 때 얻는 식은? 【7장】

㉮ $\dfrac{F}{(D\mu V)^{1/2}} =$ 상수 ㉯ $\dfrac{F}{D\mu V} =$ 상수

㉰ $\dfrac{F}{D\mu V^2} =$ 상수 ㉱ $\dfrac{F}{(D\mu V)^2} =$ 상수

해설 단위환산을 하여 무차원수를 찾는다.

여기서, D (m), μ (N·S/m²), F (N), V (m/s)

문제 49. 다음의 유량 측정장치 중 관의 단면에 축소부분이 있어서 유체를 그 단면에서 가속시킴으로서 생기는 압력강하를 이용하지 않는 것은? 【10장】

㉮ 노즐 ㉯ 오리피스

㉰ 로터 미터 ㉱ 벤투리 미터

해설 로타미터(rotameter)

: 점차적으로 확대된 단면을 가지는 투명관과 계측용 부자로 구성된 유량계이다.

이 부자는 유체보다 무거우며 유량이 없을 때에는 바닥에 정지하고 있다가 유체가 많을수록 위쪽으로 부자를 올려 밀게 된다. 따라서 유량은 환경이 변하는 관의 단면적과 관련되며 투명관에 눈금을 넣어서 직접 유량을 측정하게 되어 있다.

해답 45. ㉰ 46. ㉱ 47. ㉯ 48. ㉯ 49. ㉰

문제 50. 유속 u가 시간 t와 임의 방향의 좌표 s의 함수일 때 비정상 균일 유동(unsteady uniform flow)을 나타내는 것은? 【3장】

㉮ $\dfrac{\partial u}{\partial t}=0,\ \dfrac{\partial u}{\partial s}=0$ ㉯ $\dfrac{\partial u}{\partial t}\neq 0,\ \dfrac{\partial u}{\partial s}=0$

㉰ $\dfrac{\partial u}{\partial t}=0,\ \dfrac{\partial u}{\partial s}\neq 0$ ㉱ $\dfrac{\partial u}{\partial t}\neq 0,\ \dfrac{\partial u}{\partial s}\neq 0$

해설 ① 비정상류

: $\dfrac{\partial P}{\partial t}\neq 0,\ \dfrac{\partial u}{\partial t}\neq 0,\ \dfrac{\partial \rho}{\partial t}\neq 0,\ \dfrac{\partial T}{\partial t}\neq 0$

② 균일유동(＝균속도유동＝등류) : $\dfrac{\partial u}{\partial s}=0$

문제 51. 그림과 같이 날카로운 사각 모서리 입출구를 갖는 관로에서 전수두 H는? (단, 관의 길이를 ℓ, 지름은 d, 관 마찰계수는 f, 속도수두는 $V^2/2g$이고, 입구손실계수는 0.5, 출구손실계수는 1.0이다.) 【6장】

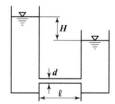

㉮ $H=\left(1.5+f\dfrac{\ell}{d}\right)\dfrac{V^2}{2g}$

㉯ $H=\left(1+f\dfrac{\ell}{d}\right)\dfrac{V^2}{2g}$

㉰ $H=\left(0.5+f\dfrac{\ell}{d}\right)\dfrac{V^2}{2g}$

㉱ $H=f\dfrac{\ell}{d}\dfrac{V^2}{2g}$

해설 우선, 양 수면에 베르누이방정식을 적용하면

$\dfrac{P_1}{\gamma}+\dfrac{V_1^2}{2g}+Z_1=\dfrac{P_2}{\gamma}+\dfrac{V_2^2}{2g}+Z_2+h_\ell$에서

$h_\ell=Z_1-Z_2=h$임을 알 수 있다.

또한, ① 돌연 축소관에서의 손실수두 $h_{\ell \cdot 1}=K\dfrac{V^2}{2g}$

② 관마찰에 의한 손실수두 $h_{\ell \cdot 2}=f\dfrac{\ell}{d}\dfrac{V^2}{2g}$

③ 돌연 확대관에서의 손실수두 $h_{\ell \cdot 3}=K\dfrac{V^2}{2g}$

결국, $h_\ell=H=h_{\ell \cdot 1}+h_{\ell \cdot 2}+h_{\ell \cdot 3}$

$=\left(0.5\times\dfrac{V^2}{2g}+f\dfrac{\ell}{d}\dfrac{V^2}{2g}+1\times\dfrac{V^2}{2g}\right)$

$=\left(1.5+f\dfrac{\ell}{d}\right)\dfrac{V^2}{2g}$

문제 52. 표면장력이 0.07 N/m인 물방울의 내부 압력이 외부압력보다 10 N/m^2 크게 되려면 물방울의 지름은 몇 cm인가? 【1장】

㉮ 1.4 ㉯ 0.28

㉰ 0.14 ㉱ 2.8

해설 $\sigma=\dfrac{\Delta P d}{4}$에서 $\therefore\ d=\dfrac{4\sigma}{\Delta P}=\dfrac{4\times 0.07}{10}$

$=0.028\,\text{m}=2.8\,\text{cm}$

문제 53. 5.65 m/s^{2}의 일정한 수평방향 가속도로 가속되고 있는 비행기 속에 물그릇이 놓여 있다면 물의 자유표면은 수평에 대해서 약 몇 도로 기울어지는가? 【2장】

㉮ 30° ㉯ 60°

㉰ 45° ㉱ 0°

해설 $\tan\theta=\dfrac{a_x}{g}=\dfrac{5.65}{9.8}$에서

$\therefore\ \theta=\tan^{-1}\left(\dfrac{5.65}{9.8}\right)\fallingdotseq 30°$

문제 54. 동점성계수가 1×10^{-4} m^2/s인 기름이 내경 50 mm의 관을 3 m/s의 속도로 흐를 때 관의마찰계수는? 【6장】

㉮ 0.015 ㉯ 0.027

㉰ 0.043 ㉱ 0.061

해설 우선, $Re=\dfrac{Vd}{\nu}=\dfrac{3\times 0.05}{1\times 10^{-4}}=1500$: 층류

결국, $f=\dfrac{64}{Re}=\dfrac{64}{1500}=0.043$

해답 ▶ **50.** ㉯ **51.** ㉮ **52.** ㉱ **53.** ㉮ **54.** ㉰

문제 55. 그림과 같이 곡면판이 제트를 받고 있다. 제트속도 V(m/s), 유량 Q(m³/s), 밀도 ρ (kg/m³), 유출방향을 θ라 하면 제트가 곡면판에 주는 x방향의 힘을 나타내는 식은? 【4장】

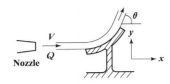

㉮ $\rho Q V^2 \cos\theta$

㉯ $\rho Q V \cos\theta$

㉰ $\rho Q V \sin\theta$

㉱ $\rho Q V(1-\cos\theta)$

【해설】 $F_x = \rho Q V(1-\cos\theta) = \rho A V^2(1-\cos\alpha)$
$F_y = \rho Q V \sin\theta = \rho A V^2 \sin\theta$

문제 56. 그림과 같이 물이 고여있는 큰 댐 아래에 터빈이 설치되어 있고, 터빈의 효율이 85 %이다. 터빈 이외에서의 다른 모든 손실을 무시할 때 터빈의 출력은 약 몇 kW인가? (단, 터빈 출구관의 지름은 0.8 m, 출구속도 V는 10 m/s이고 출구압력은 대기압이다.) 【3장】

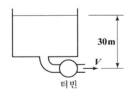

터빈

㉮ 1043

㉯ 1227

㉰ 1470

㉱ 1730

【해설】 우선, $\dfrac{P_1^{\nearrow 0}}{\gamma} + \dfrac{V_1^{2 \nearrow 0}}{2g} + Z_1 = \dfrac{P_2^{\nearrow 0}}{\gamma} + \dfrac{V_2^2}{2g} + Z_2 + H_T$

$\therefore H_T = (Z_1 - Z_2) - \dfrac{V_2^2}{2g} = 30 - \dfrac{10^2}{2 \times 9.8} = 24.9\,\text{m}$

결국, 동력 $P = \gamma Q H_T \eta_T = \gamma A V H_T \eta_T$

$= 9.8 \times \dfrac{\pi \times 0.8^2}{4} \times 10 \times 24.9 \times 0.85$

$= 1042.59\,\text{kW} \fallingdotseq 1043\,\text{kW}$

문제 57. 점성계수가 $0.3\,\text{N} \cdot \text{s/m}^2$이고 비중이 0.9인 뉴턴유체가 지름 30 mm인 파이프를 통해 3 m/s의 속도로 흐를 때 Reynolds수는? 【5장】

㉮ 24.3

㉯ 270

㉰ 2700

㉱ 26460

【해설】 $Re = \dfrac{\rho V d}{\mu} = \dfrac{900 \times 3 \times 0.03}{0.3} = 270$

문제 58. 균일 유동 속에 놓인 평판에서의 경계층과 관련하여 옳은 설명을 모두 고른 것은? 【5장】

> ① 유체의 점성이 클수록 경계층 두께는 커진다.
> ② 평판에서 멀리 떨어진 자유 유동 속도가 클수록 경계층 두께는 커진다.
> ③ 평판의 뒤로 갈수록 경계층 두께는 선형적으로 증가한다.
> ④ 경계층 외부의 유동은 비점성 유동으로 취급할 수 있다.

㉮ ①, ②

㉯ ①, ④

㉰ ②, ④

㉱ ③, ④

【해설】 ① 경계층 외부에서의 속도는 자유흐름(potential flow) 속도이다.
② 평판의 뒤로 갈수록 경계층 두께는 비선형적으로 증가한다.

문제 59. 그림과 같이 원판 수문이 물속에 설치되어 있다. 그림 중 C는 압력의 중심이고, G는 원판의 도심이다. 원판의 지름을 d라 하면 작용점의 위치 η는? 【2장】

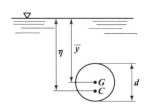

| 정답 | 55. ㉱ | 56. ㉮ | 57. ㉯ | 58. ㉯ | 59. ㉯ |

㉮ $\eta = \bar{y} + \dfrac{d^2}{12\bar{y}}$　　㉯ $\eta = \bar{y} + \dfrac{d^2}{16\bar{y}}$

㉰ $\eta = \bar{y} + \dfrac{d^2}{32\bar{y}}$　　㉱ $\eta = \bar{y} + \dfrac{d^2}{64\bar{y}}$

해설 $\eta(=\eta_F) = \bar{y} + \dfrac{I_G}{A\bar{y}} = \bar{y} + \dfrac{\dfrac{\pi d^4}{64}}{\dfrac{\pi}{4}d^2 \times \bar{y}} = \bar{y} + \dfrac{d^2}{16\bar{y}}$

문제 60. 그림과 같이 지름이 30 cm인 축이 5 m/s의 속도로 축방향으로 운동하고 있다. 축과 하우징 사이에는 0.25 mm 두께의 윤활유가 있고, 이 윤활유의 점성계수는 0.005 N·s/m² 일 때 이 축을 일정한 속도로 유지하기 위하여 축방향으로 몇 N의 힘을 가해야 하는가? (단, 유막내의 속도분포는 선형분포라 가정한다.) 【1장】

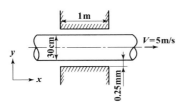

㉮ 0.25　　　　㉯ 100

㉰ 94.4　　　　㉱ 10

해설 $F = \mu \dfrac{u}{h} A = \mu \dfrac{u}{h} \pi d\ell$

$= 0.005 \times \dfrac{5}{0.25 \times 10^{-3}} \times \pi \times 0.3 \times 1$

$= 94.25\,\mathrm{N}$

제4과목 유체기계 및 유압기기

문제 61. 펌프설비의 수격작용(water hammering)에 의한 피해에서 제 1기간에 해당하는 것은?

㉮ 제동 특성 범위

㉯ 펌프 특성 범위

㉰ 수차 특성 범위

㉱ 모터 특성 범위

해설 수격작용(water hammering)
: 관속을 충만하게 흐르고 있는 액체의 속도를 급격히 변화시키면 액체에 과도한 압력의 변화가 생기는 현상을 수격작용이라 한다. 펌프장치에 있어서 수격작용에 의한 피해는 제1기간(펌프특성범위)에서 일어나는 압력강하와 제2기간(제동특성범위) 이후에 일어나는 압력상승이 원인이다.

문제 62. 다음 중 대기압보다 낮은 압력의 기체를 대기압까지 압축하는 공기기계는?

㉮ 왕복 압축기

㉯ 축류 압축기

㉰ 풍차

㉱ 진공펌프

해설 진공펌프(vacuum pump)
: 대기압 이하의 저압력 기체를 대기압까지 압축하여 송출시키는 일종의 압축기이다.

문제 63. 터보형 유체 전동장치의 장점이 아닌 것은?

㉮ 구조가 간단하다.

㉯ 기계를 시동할 때 원동기에 무리가 생기지 않는다.

㉰ 부하토크의 변동에 따라 자동적으로 변속이 이루어진다.

㉱ 출력축의 양방향 회전이 가능하다.

문제 64. 다음 중 수차의 정미 출력의 차원은? (단, F는 힘, L은 길이, T는 시간을 의미한다.)

㉮ FT^{-1}　　　　㉯ FL^{-1}

㉰ FLT^{-1}　　　㉱ FLT^{-2}

해설 출력 $L = \gamma QH(\mathrm{N \cdot m/s}) = [FLT^{-1}]$

해답 **60.** ㉰　**61.** ㉯　**62.** ㉱　**63.** ㉱　**64.** ㉰

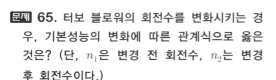

문제 65. 터보 블로워의 회전수를 변화시키는 경우, 기본성능의 변화에 따른 관계식으로 옳은 것은? (단, n_1은 변경 전 회전수, n_2는 변경 후 회전수이다.)

㉮ 변경 후 풍량

$\quad Q_2 = (n_2/n_1)^3 \times$ 변경 전 풍량 Q_1

㉯ 변경 후 압력

$\quad p_2 = (n_2/n_1)^2 \times$ 변경 전 압력 p_1

㉰ 변경 후 축동력

$\quad L_2 = (n_2/n_1) \times$ 변경 전 축동력 L_1

㉱ 변경 후 밀도

$\quad \rho_2 = (n_2/n_1)^2 \times$ 변경 전 밀도 ρ_1

해설 원심송풍기와 축류송풍기에 적용되는 상사율은 원심펌프와 축류펌프의 상사율과 같다. 즉,

① 풍량 $Q_2 = Q_1 \left(\dfrac{D_2}{D_1}\right)^3 \left(\dfrac{n_2}{n_1}\right)$

② 풍압 $p_2 = p_1 \left(\dfrac{\gamma_2}{\gamma_1}\right) \left(\dfrac{D_2}{D_1}\right)^2 \left(\dfrac{n_2}{n_1}\right)^2$

③ 축동력 $L_2 = L_1 \left(\dfrac{\gamma_2}{\gamma_1}\right) \left(\dfrac{D_2}{D_1}\right)^5 \left(\dfrac{n_2}{n_1}\right)^3$

여기서, D_1, D_2 : 회전차 지름
$\qquad n_1, n_2$: 회전수
$\qquad \gamma_1, \gamma_2$: 유체 비중량
$\qquad p_1, p_2$: 풍압
$\qquad L_1, L_2$: 축동력
$\qquad Q_1, Q_2$: 성능곡선상의 서로 대응하는 위치의 풍량

문제 66. 댐의 물을 2 km 하류에 있는 발전소까지 관로를 설치하여 10 MW의 발전을 할 계획이다. 댐의 유효낙차가 50 m이고, 수차와 발전기의 전 효율을 80 %라 할 때 수차 유량은 약 몇 m³/s인가?

㉮ 2.55 ㉯ 3.92

㉰ 25.5 ㉱ 39.2

해설 $L = \gamma Q H \eta$ 에서

$\therefore \ Q = \dfrac{L}{\gamma H \eta} = \dfrac{10 \times 10^6}{9800 \times 50 \times 0.8} = 25.51 \,\mathrm{m^3/s}$

문제 67. 동일한 펌프에서 임펠러 외경을 변경했을 때 가장 적합한 설명은?

㉮ 양정은 임펠러 외경의 자승에 비례한다.
㉯ 동력은 임펠러 외경의 3승에 비례한다.
㉰ 토출량은 임펠러 외경에 비례한다.
㉱ 토출량과 양정은 임펠러 외경에 비례하고, 동력은 임펠러 외경의 자승에 비례한다.

해설 ·형상이 상사한 2개의 회전차의 경우 상사법칙

① 유량 $Q_2 = Q_1 \left(\dfrac{D_2}{D_1}\right)^3 \left(\dfrac{n_2}{n_1}\right)$

② 양정 $H_2 = H_1 \left(\dfrac{D_2}{D_1}\right)^2 \left(\dfrac{n_2}{n_1}\right)^2$

③ 축동력 $L_2 = L_1 \left(\dfrac{D_2}{D_1}\right)^5 \left(\dfrac{n_2}{n_1}\right)^3$

여기서, ·회전차의 회전수가 n_1으로 회전할 때
$\qquad$: 유량 Q_1, 양정 H_1
$\qquad$ ·회전차의 회전수가 n_2으로 회전할 때
$\qquad$: 유량 Q_2, 양정 H_2

문제 68. 다음 중 원심펌프에 대한 설명으로 옳은 것은?

㉮ 회전차의 원심력을 이용한다.
㉯ 원심펌프를 펠톤 수차라고도 한다.
㉰ 익형의 회전차의 양력과 원심력을 이용한다.
㉱ 원심펌프의 양정을 만드는 것은 양력이다.

해설 원심펌프(centrifugal pump)
: 한 개 또는 여러개의 회전하는 회전차(impeller)에 의하여 액체의 펌프작용
즉, 액체의 수송작용을 하거나 압력을 발생시키는 펌프이다.

문제 69. 1개의 회전차에 여러 개의 분사노즐을 둘 수 있으며, 에너지의 대부분을 회전차로 전달하는 펠톤(Pelton) 수차의 특징이 아닌 것은?

㉮ 비교 회전속도가 적고, 높은 낙차에 적합하다.
㉯ 부하가 급 감소하였을 때 수압관 내의 수격현상을 방지하는 디플렉터를 두고 있다.

정답 65. ㉯ 66. ㉰ 67. ㉮ 68. ㉮ 69. ㉱

㉓ 유량을 조절하는 니들 밸브(Needle Valve)를 사용한다.
㉔ 배출 손실이 적고, 적용 낙차 범위가 넓다.

해설〉 펠톤수차는 배출손실이 크며 낙차가 큰 곳에 쓰이는 충격수차이다.

문제 **70.** 유체기계는 작동유체에 따라 수력기계와 공기기계로 구별된다. 다음 중 공기기계에 해당되는 것은?

㉮ 원심펌프   ㉯ 사류펌프
㉰ 축류펌프   ㉱ 진공펌프

해설〉 ·공기기계
① 저압식 : 송풍기, 풍차
② 고압식 : 압축기, 진공펌프, 압축공기기계

문제 **71.** 유압기기에 사용하는 베인펌프에 관한 설명으로 옳지 않은 것은?

㉮ 작동유의 점도에 제한이 있다.
㉯ 펌프 출력 크기에 비하여 형상치수가 작다.
㉰ 다른 유압펌프에 비해 토출압력의 맥동이 크다.
㉱ 베인의 마모에 의한 압력저하가 발생되지 않는다.

해설〉 토출압력이 최대인 펌프는 피스톤펌프(=플런저펌프)이다.

문제 **72.** Hi-Lo 회로는?

㉮ 감압회로   ㉯ 시퀀스회로
㉰ 증압회로   ㉱ 무부하회로

해설〉 Hi-Low 회로 : 저압 대용량 펌프와 고압 소용량 펌프를 동시에 사용한 경우의 무부하 회로로 공작기계나 프레스 등에서 급속이송과 절삭이송의 경우 이러한 회로를 사용한다.
급속이송시에는 저압유량의 유압이 필요하므로 저

압 대용량 펌프에 의하여 이송되다가 피스톤의 끝이 공작물에 닿아서 절삭이송이 시작될 때는 고압 소량의 유압이 필요하게 된다.

문제 **73.** 그림과 같은 유압 회로도의 명칭으로 가장 적합한 것은?

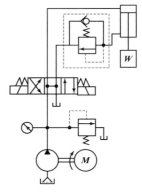

㉮ 미터 인 회로
㉯ 미터 아웃 회로
㉰ 카운터 밸런스 회로
㉱ 시퀀스 밸브의 응용회로

해설〉

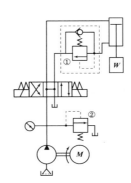

·카운터 밸런스 회로 : 부하가 급히 제거된 경우 그 자중이나 관성력 등으로 인하여 소정제어의 불가능, 램의 자유낙하, 폭주 등을 방지하기 위하여 탱크로의 귀환측 유량에 관계없이 필요한 일정의 배압을 주는 회로를 말한다.
그림은 수직으로 놓여진 비교적 자중이 큰 실린더 피스톤의 귀환에 그 중량에 상당하는 배압을 주는 카운터 밸런스 밸브(①)를 설치하여 자유강하를 방지하고 필요한 피스톤력을 릴리프 밸브(②)에 의하여 규제하는 전형적인 회로이다.

해답〉 **70.** ㉱ **71.** ㉰ **72.** ㉱ **73.** ㉰

문제 74. 유압기기의 작동 유체로서 물과 기름에 관한 설명으로 옳지 않은 것은?

㉮ 기름은 윤활성이 있어 수명이 길다.
㉯ 물은 녹이 잘 슬고, 고압에서 누설이 쉽다.
㉰ 기름은 열에 민감하나 녹이 잘 슬고 마모의 촉진이 쉽다.
㉱ 물은 점성이 작고, 마모도 촉진하게 되므로 특별한 재료를 사용하여야 한다.

해설 기름은 녹이 잘 슬지 않고, 윤활성이 있어 마모에 강하다.

문제 75. 축압기(accumulator)의 기능이 아닌 것은?

㉮ 맥동 제거
㉯ 최고압력 제한
㉰ 압력 보상
㉱ 충격압력의 흡수

해설 축압기(accumulator)
: 유압회로 중에서 기름이 누출될 때 기름 부족으로 압력이 저하하지 않도록 누출된 양만큼 기름을 보급해 주는 작용을 하며 갑작스런 충격압력을 예방하는 역할도 하는 안전보장장치이다.
즉, 작동유가 갖고 있는 에너지를 잠시 축적했다가 이것을 이용하여 완충작용도 할 수 있다.

문제 76. 다음 그림은 유압 기호에서 무엇을 나타내는 것인가?

㉮ 감압 밸브
㉯ 집류 밸브
㉰ 릴리프 밸브
㉱ 바이패스형 유량조정 밸브

해설 유량조정밸브
: 압력보상기구를 내장하고 있으므로 밸브 입구 및 출구의 압력에 변동이 있더라도 압력의 변동에 의하여 유량이 변동되지 않도록 회로에 흐르는 유량을 항상 일정하게 자동적으로 유지시켜 준다.

문제 77. 어큐뮬레이터는 고압 용기이므로 장착과 취급에 각별한 주의가 요망된다. 이와 관련된 설명으로 틀린 것은?

㉮ 점검 및 보수가 편리한 장소에 설치한다.
㉯ 어큐뮬레이터에 용접, 가공, 구멍뚫기 등을 통해 설치에 유연성을 부여한다.
㉰ 충격 완충용으로 사용할 경우는 가급적 충격이 발생하는 곳으로부터 가까운 곳에 설치한다.
㉱ 펌프와 어큐뮬레이터와의 사이에는 체크밸브를 설치하여 유압유가 펌프 쪽으로 역류하는 것을 방지한다.

해설 축압기(accumulator)에 용접, 가공, 구멍뚫기 등은 금지한다.

문제 78. 다음 그림의 기호는 어떤 밸브를 나타내는 기호인가?

㉮ 시퀀스 밸브   ㉯ 일정비율 감압밸브
㉰ 무부하 밸브   ㉱ 카운터 밸런스 밸브

해설 감압밸브(리듀싱밸브 : pressure reducing valve)
: 유압회로에서 어떤 부분회로의 압력을 주회로의 압력보다 저압으로 해서 사용하고자 할 때 사용하는 밸브

문제 79. 언로딩 밸브에 관한 설명으로 옳지 않은 것은?

정답 74. ㉰   75. ㉯   76. ㉱   77. ㉯   78. ㉯   79. ㉮

㉠ 유압회로의 일부를 설정압력 이하로 감압
시킬 때 사용한다.

㉡ 동력의 절감과 유압의 상승을 방지한다.

㉢ 고압, 소용량 펌프와 저압, 대용량 펌프를
조합해서 사용할 때도 쓰인다.

㉣ 회로 내 압력이 설정압력에 이르렀을 때
펌프송출량을 그대로 탱크에 되돌린다.

해설 무부하밸브(unloading valve)
: 회로 내의 압력이 설정압력에 이르렀을 때 이 압
력을 떨어뜨리지 않고 펌프 송출량을 그대로 기름
탱크에 되돌리기 위하여 사용하는 밸브로서 동력
절감을 시도하고자 할 때 사용한다.

문제 80. 안지름 0.1 m인 배관 내를 평균유속 5
m/s로 물이 흐르고 있다. 배관길이 10 m 사이
에 나타나는 손실수두는 약 얼마인가?
(단, 배관의 마찰계수는 0.013이다.)

㉠ 1.7 m 　　㉡ 2.3 m
㉢ 3.3 m 　　㉣ 4.1 m

해설 $h_\ell = f \dfrac{\ell}{d} \dfrac{V^2}{2g} = 0.013 \times \dfrac{10}{0.1} \times \dfrac{5^2}{2 \times 9.8}$
$= 1.658\,\text{m} \fallingdotseq 1.7\,\text{m}$

제5과목 건설기계일반

(※ 2017년도부터 기계제작법이 플랜트배관으로 변경되었습니다.)

문제 81. 공기 압축기에 압축 공기의 수분을 제
거하여 공기 압축기의 부식을 방지하는 역할
을 하는 장치는 무엇인가?

㉠ 공기 압력 조절기 　㉡ 공기 청정기
㉢ 인터 쿨러 　　　　㉣ 애프터 쿨러

해설 애프터쿨러(after cooler)
: 공기 통로에 습기(수분)가 흡입되면 기계수명에 지
장을 주고 윤활유를 부식시키는 역할을 하는데 이
수분을 제거하는 역할과 부식되는 것을 방지하는
역할을 한다.

문제 82. 로더(loader)에 대한 설명으로 옳지 않
은 것은?

㉠ 휠형 로더(wheel type loader)는 이동성이
좋아 고속작업이 용이하다.

㉡ 쿠션형 로더(cushion type loader)는 튜브
리스 타이어 대신 강철제 트랙을 사용한다.

㉢ 크롤러형 로더(crawler type loader)는 습
지 작업이 용이하나 기동성이 떨어진다.

㉣ 휠형 로더의 구동 형식에는 앞바퀴 구동형
과 4륜 구동형이 있으며 어느 것이나 차동
장치가 있다.

해설 쿠션형 로더(cushion type loader)
: 튜브리스타이어(tubeless tire)에 강철제 트랙을 감
은 것으로 무한궤도형(crawler type)과 휠형(wheel
type)의 단점을 보완한 것이다.

문제 83. 굴삭기의 시간당 작업량 [Q, m³/h]을
산정하는 식으로 옳은 것은?
(단, q는 버킷 용량 [m³], f는 체적환산계수,
E는 작업효율, k는 버킷 계수, cm은 1회 사
이클 시간[초] 이다.)

㉠ $Q = \dfrac{3600 \cdot q \cdot k \cdot f}{E \cdot cm}$

㉡ $Q = \dfrac{3600 \cdot q \cdot k \cdot f \cdot E}{cm}$

㉢ $Q = \dfrac{3600 \cdot E \cdot k \cdot f}{cm \cdot q}$

㉣ $Q = \dfrac{E \cdot k \cdot f \cdot q}{3600 \cdot cm}$

해설 $Q = \dfrac{3600 qfKE}{C_m(\text{sec})} (\text{m}^3/\text{hr}) = \dfrac{60 qfKE}{C_m(\text{min})} (\text{m}^3/\text{hr})$

문제 84. 플랜트 기계설비에 사용되는 티타늄과
그 합금에 관한 설명으로 틀린 것은?

㉠ 가볍고 강하며 녹슬지 않는 금속이다.

㉡ 티타늄 합금은 실용 금속 중 최고 수준의
기계적 성질과 금속학적 특성이 있다.

정답 80. ㉠　81. ㉣　82. ㉡　83. ㉡　84. ㉢

㉲ 석유화학 공업, 합성섬유 공업, 유기약품 공업에서는 사용할 수 없다.

㉣ 생체와의 친화성이 대단히 좋고, 알레르기도 거의 일어나지 않아 의치, 인공뼈 등에도 이용된다.

해설 · 티타늄(titanium, Ti)
① 내식재료로서 각종밸브와 그 배관, 계측기류, 비료공장의 합성탑 등에 이용되며, 석유화학공업, 석유정제, 합성섬유공업, 소다공업, 유기약품공업 등에 널리 사용되고 있다.
② Ti 합금은 450℃까지의 온도에서 비강도가 높고, 내식성이 우수해서 항공기의 엔진주위의 기체재료, 제트엔진의 컴프레서 부품재료, 로켓재료, 의치, 인공뼈 등에도 이용된다.

문제 85. 굴삭기 상부 프레임 지지 장치의 종류가 아닌 것은?

㉮ 롤러(roller)식
㉯ 볼베어링(ball bearing)식
㉰ 포스트(post)식
㉱ 링크(link)식

해설 · 굴삭기의 상부 프레임 지지장치
: 선회 피니언 기어와 링기어 치합은 링기어 외부치합형과 링기어 내부치합형이 있다. 내부치합형은 먼지, 오물 등이 안들어가기 때문에 기어수명이 긴 장점이 있지만 정비수리가 어렵다.
〈종류〉
① 롤러식(roller type)
② 볼베어링식(ball bearing type)
③ 포스트식(post type)

문제 86. 굴삭기의 상부 회전체가 하부 프레임의 스윙 베어링에 지지되어 있다. 상부 회전체의 무게(W)=5 t, 선회속도(V)=3 m/s, 마찰계수(μ)=0.1일 경우 선회동력(H)은?

㉮ 14.7 kW
㉯ 17.3 kW
㉰ 20.1 kW
㉱ 23.8 kW

해설 $H = \dfrac{\mu WV}{102} = \dfrac{0.1 \times 5000 \times 3}{102} = 14.7\,\text{kW}$

문제 87. 모터 그레이더의 규격 표시로 가장 적합한 것은?

㉮ 스캐리 파이어(Scarifier)의 발톱(teeth) 수로 나타낸다.
㉯ 엔진정격 마력(HP)으로 나타낸다.
㉰ 표준 배토판의 길이(m)로 나타낸다.
㉱ 모터 그레이더의 자중(kgf)으로 나타낸다.

해설 모터그레이더의 규격표시
: 삽날(blade, 배토판)의 길이로 표시(m)

문제 88. 건설공사의 조사, 설계, 시공, 감리, 유지관리, 기술관리 등에 관한 기본적인 사항과 건설업의 등록, 건설공사의 도급에 관하여 필요한 사항을 규정한 법은?

㉮ 건설기술진흥법　㉯ 건설산업기본법
㉰ 산업안전보건법　㉱ 건설기계관리법

해설 ① 건설기술관리법 : 건설기술의 연구, 개발을 촉진하고, 이를 효율적으로 이용·관리하게 함으로써 건설기술수준의 향상과 건설공사시행의 적정을 기하고 건설공사의 품질과 안전을 확보하여 공공복리의 증진과 국민경제의 발전에 이바지함을 목적으로 한다.
② 건설산업기본법 : 건설공사의 조사, 설계, 시공, 감리, 유지관리, 기술관리 등에 관한 기본적인 사항과 건설업의 등록, 건설공사의 도급에 관하여 필요한 사항을 규정함으로써 건설공사의 적정한 시공과 건설산업의 건전한 발전을 도모함을 목적으로 한다.
③ 산업안전보건법 : 산업안전, 보건에 관한 기준을 확립하고 그 책임의 소재를 명확하게 하여 산업재해를 예방하고 쾌적한 작업환경을 조성함으로써 근로자의 안전과 보건을 유지, 증진함을 목적으로 한다.
④ 건설기계관리법 : 건설기계의 등록, 검사, 형식승인 및 건설기계사업과 건설기계조종사면허 등에 관한 사항을 정하여 건설기계를 효율적으로 관리하고 건설기계의 안전도를 확보함으로써 건설공사의 기계화를 촉진함을 목적으로 한다.

정답 85. ㉱ 86. ㉮ 87. ㉰ 88. ㉯

문제 89. 도로의 아스팔트 포장을 위한 기계가 아닌 것은?

㉮ 아스팔트 클리너

㉯ 아스팔트 피니셔

㉰ 아스팔트 믹싱 플랜트

㉱ 아스팔트 디스트리뷰터

해설 아스팔트 포장기계
  : 아스팔트믹싱플랜트, 아스팔트피니셔, 아스팔트살
  포기(distributor), 아스팔트커버, 아스팔트스프레이

문제 90. 머캐덤 롤러의 용도로 가장 적합한 작업은?

㉮ 아스팔트의 마지막 끝마무리에 적합하다.

㉯ 고층 건물의 철골 조립, 자재의 적재 운반, 항만 하역 작업 등에 적합하다.

㉰ 쇄석(자갈)기층, 노상, 노반, 아스팔트 포장 시 초기 다짐에 적합하다.

㉱ 제설 작업, 매몰 작업에 적합하다.

해설 머캐덤 롤러(machadam roller)
  : 2축3륜으로 되어 있으며, 쇄석(자갈)기층, 노상, 노
  반, 아스팔트 포장시 초기다짐에 적합하다.

해답 89. ㉮ 90. ㉰

2014년 제4회 일반기계 기사

제1과목 재료역학

문제 1. 아래 그림과 같은 보에 대한 굽힘 모멘트 선도로 옳은 것은? **【6장】**

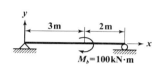

해설

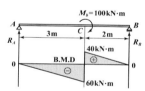

우선, $R_A \times 5 + 100 = 0$ $\therefore R_A = -20\,\mathrm{kN}$
또한, $0 = R_B \times 5 - 100$ $\therefore R_B = 20\,\mathrm{kN}$

① $\overline{AC}$구간($\xrightarrow{x}$)

$M_x = R_A x = -20x$

ㄱ $M_{x=0} = 0$

ㄴ $M_{x=3m} = -60\,\mathrm{kN \cdot m}$

② $\overline{CB}$구간($\xleftarrow{x}$)

$M_x = R_B x = 20x$

ㄱ $M_{x=0} = 0$

ㄴ $M_{x=2m} = 40\,\mathrm{kN \cdot m}$

문제 2. 지름이 d이고 길이가 L인 환축에 비틀림 모멘트가 작용하여 비틀림각 ϕ가 발생하였다. 이때 환축의 최대전단응력 τ은 얼마인가? (단, G는 전단탄성계수) **【5장】**

㉮ $\dfrac{Gd}{L\phi}$

㉯ $\dfrac{Gd}{2L\phi}$

㉰ $\dfrac{Gd\phi}{L}$

㉱ $\dfrac{Gd\phi}{2L}$

해설 $\phi = \dfrac{TL}{GI_P} = \dfrac{\tau Z_P L}{GI_P}$ 에서

$\therefore \tau = \dfrac{GI_P \phi}{Z_P L} = \dfrac{G \times \dfrac{\pi d^4}{32} \phi}{\dfrac{\pi d^3}{16} \times L} = \dfrac{Gd\phi}{2L}$

〈다른 방법〉

$\tau = \dfrac{Gr\phi}{L} = \dfrac{G\dfrac{d}{2}\phi}{L} = \dfrac{Gd\phi}{2L}$

문제 3. 어떤 축이 동력마력 H (kW)를 전달할 때 비틀림 모멘트 T (N·m)가 발생하였다면 이 때 축의 회전수를 구하는 식은? **【5장】**

㉮ $N = 7160\dfrac{H}{T}$ (rpm)

㉯ $N = 7160\dfrac{T}{H}$ (rpm)

㉰ $N = 9550\dfrac{T}{H}$ (rpm)

㉱ $N = 9550\dfrac{H}{T}$ (rpm)

해설 $T = 974\dfrac{H}{N}$ (kg$_\mathrm{f}$ · m)$= 974 \times 9.8 \dfrac{H}{N}$ (N · m)에서

$\therefore N = \dfrac{974 \times 9.8 H}{T} = 9545.2\dfrac{H}{T}$

예답 **1.** ㉰ **2.** ㉱ **3.** ㉱

문제 4. 길이 5 m인 양단고정 보의 중앙에서 집중하중이 작용할 때 최대 처짐이 10 cm 발생하였다면, 같은 조건에서 양단지지보로 하면 처짐은 얼마가 되겠는가? 【9장】

㉮ 20 cm ㉯ 27 cm
㉰ 30 cm ㉴ 40 cm

[해설] 중앙 집중하중이 작용할 때

우선, 양단고정보 $\delta_1 = \dfrac{P\ell^3}{192EI}$

또한, 양단지지보 $\delta_2 = \dfrac{P\ell^3}{48EI}$

결국, $\delta_2 = 4\delta_1 = 4 \times 10 = 40\,\text{cm}$

문제 5. 바깥지름 $d_2 = 30$ cm, 안지름 $d_1 = 20$ cm 의 속이 빈 원형단면의 단면 2차모멘트는? 【4장】

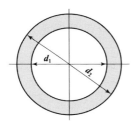

㉮ 27850 cm⁴ ㉯ 29800 cm⁴
㉰ 30120 cm⁴ ㉴ 31906 cm⁴

[해설] $I = \dfrac{\pi(d_2{}^4 - d_1{}^4)}{64} = \dfrac{\pi(30^4 - 20^4)}{64} = 31906.8\,\text{cm}^4$

문제 6. 안지름 80 cm의 얇은 원통에 내압 1 MPa 이 작용할 때 원통의 최소 두께는 몇 mm인가? (단, 재료의 허용응력은 80 MPa이다.) 【2장】

㉮ 2.5 ㉯ 5
㉰ 8 ㉴ 10

[해설] $t \geq \dfrac{pd}{2\sigma_a}$에서 $t \geq \dfrac{1 \times 0.8}{2 \times 80}$

$t \geq 0.005\,\text{m}$ 즉, $t \geq 5\,\text{mm}$
결국, 최소두께 $t = 5\,\text{mm}$

문제 7. 그림과 같은 정사각형 판이 변형되어, 네 변이 직선을 유지한 채로 A, B 점이 모두 수평 방향 우측으로 1 mm만큼 이동되었다. D 점에서의 전단변형률 γ_{xy}는? 【1장】

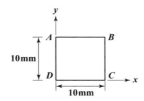

㉮ 0.01
㉯ 0.05
㉰ 0.1
㉴ 0.15

[해설] $\gamma_{xy} = \dfrac{\lambda_s}{\ell} = \dfrac{1}{10} = 0.1$

문제 8. 외팔보 AB의 자유단에 브라켓 BCD가 붙어 있으며 D점에 하중 P가 작용하고 있다. B점에서의 처짐이 0이 되기 위한 a/L의 비는 얼마인가? 【8장】

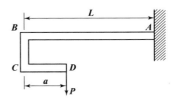

㉮ $\dfrac{1}{4}$ ㉯ $\dfrac{2}{3}$
㉰ $\dfrac{1}{2}$ ㉴ $\dfrac{3}{4}$

[해설]

$\delta_b = \dfrac{PL^3}{3EI} - \dfrac{M(=Pa)L^2}{2EI} = 0$이므로

$\dfrac{L}{3} = \dfrac{a}{2}$ ∴ $\dfrac{a}{L} = \dfrac{2}{3}$

[해답] 4. ㉴ 5. ㉴ 6. ㉯ 7. ㉰ 8. ㉯

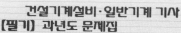

문제 9. 지름이 50 mm이고 길이가 200 mm인 시편으로 비틀림 실험을 하여 얻은 결과, 토크 30.6 N·m에서 전 비틀림 각이 7°로 기록되었다. 이 재료의 전단 탄성계수 G는 약 몇 MPa인가?　　　　　　　　　　【5장】

㉮ 81.6　　　　　　㉯ 40.6

㉰ 66.6　　　　　　㉱ 97.6

[해설] $\theta = \dfrac{180}{\pi} \times \dfrac{T\ell}{GI_P}$ 에서

$7 = \dfrac{180}{\pi} \times \dfrac{30.6 \times 10^{-6} \times 0.2}{G \times \dfrac{\pi \times 0.05^4}{32}}$

$\therefore G = 81.64\,\mathrm{MPa}$

문제 10. $\sigma_x = \sigma_y = 0$, $\tau_{xy} = 0.1$ GPa일 때 두 주응력의 크기 σ_1, σ_2는?　　【3장】

㉮ $\sigma_1 = 0.25$ GPa, $\sigma_2 = 0.1$ GPa

㉯ $\sigma_1 = 0.2$ GPa, $\sigma_2 = 0.05$ GPa

㉰ $\sigma_1 = 0.1$ GPa, $\sigma_2 = -0.1$ GPa

㉱ $\sigma_1 = 0.075$ GPa, $\sigma_2 = -0.05$ GPa

[해설] 우선, $\sigma_1 = \dfrac{1}{2}(\sigma_x + \sigma_y) + \dfrac{1}{2}\sqrt{(\sigma_x - \sigma_y)^2 + 4\tau_{xy}^2}$

$\qquad = \dfrac{1}{2}\sqrt{4\tau_{xy}^2} = \tau_{xy} = 0.1\,\mathrm{GPa}$

또한, $\sigma_1 = \dfrac{1}{2}(\sigma_x + \sigma_y) - \dfrac{1}{2}\sqrt{(\sigma_x - \sigma_y)^2 + 4\tau_{xy}^2}$

$\qquad = -\dfrac{1}{2}\sqrt{4\tau_{xy}^2} = -\tau_{xy} = -0.1\,\mathrm{GPa}$

문제 11. 다음 그림에서 최대굽힘응력은?
　　　　　　　　　　　　　　　【9장】

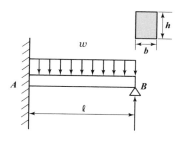

㉮ $\dfrac{27}{64}\dfrac{w\ell^2}{bh^2}$　　　㉯ $\dfrac{64}{27}\dfrac{w\ell^2}{bh^2}$

㉰ $\dfrac{7}{128}\dfrac{w\ell^2}{bh^2}$　　　㉱ $\dfrac{64}{128}\dfrac{w\ell^2}{bh^2}$

[해설] $M = \sigma Z$에서

$\therefore \sigma_{\max} = \dfrac{M_{\max}}{Z} = \dfrac{\left(\dfrac{9w\ell^2}{128}\right)}{\left(\dfrac{bh^2}{6}\right)} = \dfrac{54w\ell^2}{128bh^2} = \dfrac{27w\ell^2}{64bh^2}$

문제 12. 단면의 형상이 일정한 재료에 노치(notch)부분을 만들어 인장할 때 응력의 분포 상태는?　　　　　　　　　　　　【1장】

㉮

㉯

㉰

㉱

[해설]

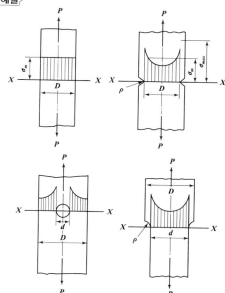

| 정답 | 9. ㉮ | 10. ㉰ | 11. ㉮ | 12. ㉱ |

문제 13. 봉의 온도가 25 ℃일 때 양쪽의 강성지점들에 끼워 맞추어져 있다. 봉의 온도가 100 ℃일 때 AC 부분의 응력은 몇 MPa인가? (단, 봉 재료의 $E = 200$ GPa, $\alpha = 12 \times 10^{-6}$/℃, $L_1 = L_2 = 0.5$ m, $A_1 = 1000$ mm², $A_2 = 500$ mm²)
【2장】

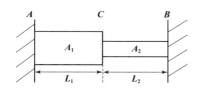

㉮ 120 　　　 ㉯ 150
㉰ 220 　　　 ㉱ 250

해설〉 우선, $\sigma_1 A_1 = \sigma_2 A_2$ ·············· ①식

$$\lambda_1 = \varepsilon_1 L_1 = \frac{\sigma_1}{E_1} L_1, \quad \lambda_2 = \varepsilon_2 L_2 = \frac{\sigma_2}{E_2} L_2$$

$$\lambda_1 + \lambda_2 = \frac{\sigma_1}{E_1} L_1 + \frac{\sigma_2}{E_2} L_2 \quad\text{·············· ②식}$$

또한, 열에 의한 자유신장량은

$$\lambda = \alpha_1 (t_2 - t_1) L_1 + \alpha_2 (t_2 - t_1) L_2 \quad\text{·············· ③식}$$

②식과 ③식의 절대치가 동일하여야 하므로

$$\frac{\sigma_1 L_1}{E_1} + \frac{\sigma_2 L_2}{E_2} = (t_2 - t_1)(\alpha_1 L_1 + \alpha_2 L_2) \quad\text{·········· ④식}$$

결국, ①식과 ④식을 연립하면

$$\sigma_1 = \frac{(t_2 - t_1)(\alpha_1 L_1 + \alpha_2 L_2)}{\dfrac{L_1}{E_1} + \dfrac{A_1 L_2}{A_2 E_2}},$$

$$\sigma_2 = \frac{(t_2 - t_1)(\alpha_1 L_1 + \alpha_2 L_2)}{\dfrac{L_2}{E_2} + \dfrac{A_2 L_1}{A_1 E_1}}$$

그러므로,

$$\sigma_1 = \sigma_{AC}$$
$$= \frac{(100 - 25)(12 \times 10^{-6} \times 0.5 + 12 \times 10^{-6} \times 0.5)}{\dfrac{0.5}{200 \times 10^3} + \dfrac{1000 \times 10^{-6} \times 0.5}{500 \times 10^{-6} \times 200 \times 10^3}}$$
$$= 120\,\text{MPa}$$

문제 14. 그림과 같은 단순보에서 보 중앙의 처짐으로 옳은 것은? (단, 보의 굽힘 강성 EI는 일정하고, M_0는 모멘트, ℓ은 보의 길이이다.)
【8장】

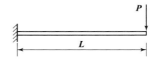

㉮ $\dfrac{M_0 \ell^2}{16EI}$ 　　　 ㉯ $\dfrac{M_0 \ell^2}{48EI}$

㉰ $\dfrac{M_0 \ell^2}{120EI}$ 　　　 ㉱ $\dfrac{5M_0 \ell^2}{384EI}$

해설〉 우선, $\delta_{\max}$의 위치 : A점으로부터 $\dfrac{\ell}{\sqrt{3}}$ 지점

$$\delta_{\max} = \frac{M_0 \ell^2}{9\sqrt{3}\,EI}$$

또한, 중앙점의 처짐량 : $\delta = \dfrac{M_0 \ell^2}{16EI}$

문제 15. 외팔보의 자유단에 하중 P가 작용할 때, 이 보의 굽힘에 의한 탄성 변형에너지를 구하면? (단, 보의 굽힘강성 EI는 일정하다.)
【8장】

㉮ $\dfrac{PL^3}{6EI}$ 　　　 ㉯ $\dfrac{PL^3}{3EI}$

㉰ $\dfrac{P^2 L^3}{6EI}$ 　　　 ㉱ $\dfrac{P^2 L^3}{3EI}$

해설〉 $U = \displaystyle\int_0^L \frac{M_x^2}{2EI} dx = \int_0^L \frac{(-Px)^2}{2EI} dx = \frac{P^2}{2EI} \left[\frac{x^3}{3} \right]_0^L$

$$= \frac{P^2 L^3}{6EI}$$

문제 16. $b \times h = 20$ cm $\times 40$ cm의 외팔보가 두 가지 하중을 받고 있을 때 분포하중 w를 얼마로 하면 안전하게 지지할 수 있는가? (단, 허용굽힘응력 $\sigma_a = 10$ MPa이다.) 【7장】

해답 **13.** ㉮ 　 **14.** ㉮ 　 **15.** ㉰ 　 **16.** ㉮

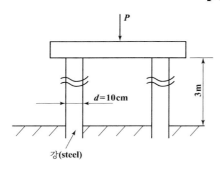

㉮ 22 kN/m

㉯ 35 kN/m

㉰ 53 kN/m

㉱ 55 kN/m

[해설] 우선, $M_{max} = w(1+0.5) + P \times 1$

$= 1.5w + P(\text{kN} \cdot \text{m})$

결국, $M = \sigma Z$에서 $\sigma_{max} = \dfrac{M_{max}}{Z} \leq \sigma_a$

$\dfrac{1.5w+P}{\left(\dfrac{bh^2}{6}\right)} \leq 10 \times 10^3$, $\dfrac{1.5w+20}{\left(\dfrac{0.2 \times 0.4^2}{6}\right)} \leq 10 \times 10^3$

$\therefore w \leq 22.22 \text{kN/m}$

[문제] **17.** 직경 10 cm, 길이 3 m인 양단의 고정된 2개의 원형기둥에 가해줄 수 있는 최대하중은? (단, E=200000 MPa, σ_r=280 MPa) 【1장】

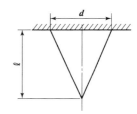

㉮ 2800 kN　　㉯ 4400 kN

㉰ 7800 kN　　㉱ 8770 kN

[해설] $\sigma = \dfrac{P}{2A}$에서

$\therefore P = 2\sigma A = 2 \times 280 \times 10^3 \times \dfrac{\pi \times 0.1^2}{4}$

$= 4398.23 \text{kN} \fallingdotseq 4400 \text{kN}$

[문제] **18.** 포아송(Poission)비가 0.3인 재료에서 탄성계수(E)와 전단탄성계수(G)의 비(E/G)는? 【1장】

㉮ 0.15　　㉯ 1.5

㉰ 2.6　　㉱ 3.2

[해설] $mE = 2G(m+1) = 3K(m-2)$에서

$\therefore \dfrac{E}{G} = \dfrac{2(m+1)}{m} = 2(1+\mu) = 2(1+0.3)$

$= 2.6$

[문제] **19.** 그림에서 윗면의 지름이 d, 높이가 ℓ인 원추형의 상단을 고정할 때 이 재료에 발생하는 신장량 δ의 값은? (단, 단위 체적당의 중량을 γ, 탄성계수를 E라 함) 【2장】

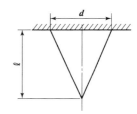

㉮ $\delta = \gamma\ell^2/2E$　　㉯ $\delta = \gamma\ell^2/3E$

㉰ $\delta = \gamma\ell^2/6E$　　㉱ $\delta = \gamma\ell^2/8E$

[해설] $\sigma = \dfrac{\gamma\ell}{3}$, $\lambda(=\delta) = \dfrac{\gamma\ell^2}{6E}$

[문제] **20.** 그림과 같은 구조물에서 AB 부재에 미치는 힘은? 【6장】

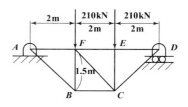

㉮ 250 kN　　㉯ 350 kN

㉰ 450 kN　　㉱ 150 kN

해설

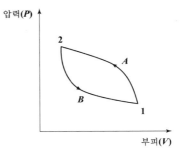

비례식을 적용하면

$$1.5 : 2.5 = R_A : F_{AB}$$

$$\therefore F_{AB} = \frac{2.5 R_A}{1.5} = \frac{2.5 \times 210}{1.5} = 350\,\text{kN}$$

제2과목 기계열역학

문제 21. 외부에서 받은 열량이 모두 내부에너지 변화만을 가져오는 완전가스의 상태변화는?
【3장】

㉮ 정적변화 ㉯ 정압변화
㉰ 등온변화 ㉱ 단열변화

해설 $\delta q = du + A p dv$ 에서
만약, 정적변화이면 $v = c$ 즉, $dv = 0$이므로
$$\therefore \delta q = du$$

문제 22. 질량 4 kg의 액체를 15 ℃에서 100 ℃까지 가열하기 위해 714 kJ의 열을 공급하였다면 액체의 비열은 몇 J/kg·K인가? 【1장】

㉮ 1100 ㉯ 2100
㉰ 3100 ㉱ 4100

해설 $_1Q_2 = mc\Delta t$에서
$$\therefore C = \frac{_1Q_2}{m\,\Delta t} = \frac{714 \times 10^3}{4 \times (100 - 15)} = 2100\,\text{J/kg} \cdot \text{K}$$

문제 23. 50 ℃, 25 ℃, 10 ℃의 온도인 3가지 종류의 액체 A, B, C가 있다. A와 B를 동일 중량으로 혼합하면 40 ℃로 되고, A와 C를 동일중량으로 혼합하면 30 ℃로 된다. B와 C를 동일 중량으로 혼합할 때는 몇 ℃로 되겠는가?
【1장】

㉮ 16.0 ℃ ㉯ 18.4 ℃
㉰ 20.0 ℃ ㉱ 22.5 ℃

해설 $_1Q_2 = mc\Delta t$에서
우선, $Q_A = Q_B : C_A(50 - 40) = C_B(40 - 25)$
$$\therefore C_A = 1.5 C_B$$
또한, $Q_A = Q_C : C_A(50 - 30) = C_C(30 - 10)$
$$\therefore C_A = C_C$$
결국, $Q_B = Q_C : C_B(25 - t_m) = C_C(t_m - 10)$
$C_B(25 - t_m) = 1.5 C_B(t_m - 10)$ $\therefore t_m = 16\,℃$

문제 24. 응축기 온도가 40 ℃이고, 증발기 온도가 −20 ℃인 이상 냉동사이클의 성능계수(COP)는? 【9장】

㉮ 5.22 ㉯ 4.22
㉰ 4.02 ㉱ 3.22

해설 $\varepsilon_r (= \text{COP}) = \dfrac{T_{II}}{T_I - T_{II}} = \dfrac{253}{313 - 253} ≒ 4.22$

문제 25. 상태 1에서 경로 A를 따라 상태 2로 변화하고 경로 B를 따라 다시 상태 1로 돌아오는 사이클이 있다. 아래의 사이클에 대한 설명으로 틀린 것은? 【4장】

㉮ 사이클 과정 동안 시스템의 내부에너지 변화량은 0이다.
㉯ 사이클 과정동안 시스템은 외부로부터 순(net) 일을 받았다.
㉰ 사이클 과정 동안 시스템의 내부에서 외부로 순(net) 열이 전달되었다.

정답 **21.** ㉮ **22.** ㉯ **23.** ㉮ **24.** ㉯ **25.** ㉱

라 이 그림으로 사이클 과정 동안 총 엔트로 피 변화량을 알 수 없다.

[해설] 일을 받고 열이 전달되므로 엔트로피의 변화량 을 알 수 있다.

[문제] 26. 다음 $P-h$ 선도를 이용한 증기압축 냉동기의 성능계수는 얼마인가? **【9장】**

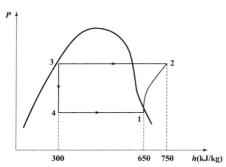

㉮ 3.5　　　　㉯ 4.5
㉰ 5.5　　　　㉱ 6.5

[해설] $\varepsilon_r = \dfrac{Q_2}{W_c} = \dfrac{650-300}{750-650} = 3.5$

[문제] 27. 이상기체의 내부에너지는 무엇의 함수인가? **【2장】**

㉮ 온도만의 함수이다.
㉯ 압력만의 함수이다.
㉰ 온도와 압력의 함수이다.
㉱ 비체적만의 함수이다.

[해설] 줄의 법칙(Joule's law)
 : 완전가스(＝이상기체)에서 내부에너지와 엔탈피는 온도만의 함수이다.

[문제] 28. 한 밀폐계가 190 kJ의 열을 받으면서 외부에 20 kJ의 일을 한다면 이 계의 내부에너지의 변화는 약 얼마인가? **【2장】**

㉮ 210 kJ 만큼 증가한다.
㉯ 210 kJ 만큼 감소한다.
㉰ 170 kJ 만큼 증가한다.
㉱ 170 kJ 만큼 감소한다.

[해설] $_1Q_2 = \Delta U + {}_1W_2$에서
　　 $190 = \Delta U + 20$　∴ $\Delta U = 170\,\text{kJ}$(증가)

[문제] 29. 시속 30 km로 주행하고 있는 질량 306 kg의 자동차가 브레이크를 밟았더니 8.8 m에서 정지했다. 베어링 마찰을 무시하고 브레이크에 의해서 제동된 것으로 보았을 때, 브레이크로부터 발생한 열량은 얼마인가? (단, 차륜과 도로면의 마찰계수는 0.4로 한다.) **【1장】**

㉮ 약 25.6 kJ　　　㉯ 약 20.6 kJ
㉰ 약 15.6 kJ　　　㉱ 약 10.6 kJ

[해설] 발생열량 $Q =$ 마찰일 $W = \mu PS = \mu mgS$
　　　 $= 0.4 \times 306 \times 9.8 \times 8.8$
　　　 $= 10555.776\,(\text{N}\cdot\text{m} = \text{J}) ≒ 10.6\,\text{kJ}$

[문제] 30. 랭킨 사이클을 터빈 입구 상태와 응축기 압력을 그대로 두고 재생 사이클로 바꾸었을 때 랭킨 사이클과 비교한 재생 사이클의 특징에 대한 설명으로 틀린 것은? **【7장】**

㉮ 터빈일이 크다.
㉯ 사이클 효율이 높다.
㉰ 응축기의 방열량이 작다.
㉱ 보일러에서 가해야 할 열량이 작다.

[문제] 31. 밀폐계에서 기체의 압력이 100 kPa으로 일정하게 유지되면서 체적이 1 m³에서 2 m³으로 증가되었을 때 옳은 설명은? **【2장】**

㉮ 밀폐계의 에너지 변화는 없다.
㉯ 외부로 행한 일은 100 kJ이다.
㉰ 기체가 이상기체라면 온도가 일정하다.
㉱ 기체가 받은 열은 100 kJ이다.

[해답] **26.** ㉮　**27.** ㉮　**28.** ㉰　**29.** ㉱　**30.** ㉮　**31.** ㉯

해설 $_1W_2 = \int_1^2 pdV = p(V_2 - V_1) = 100 \times (2-1)$
$= 100\,\mathrm{kJ}$
정(+)의 값이므로 외부로 행한 일이 $100\,\mathrm{kJ}$임을 알 수 있다.

문제 32. 비열이 $0.475\,\mathrm{kJ/kg \cdot K}$인 철 $10\,\mathrm{kg}$을 $20\,℃$에서 $80\,℃$로 올리는데 필요한 열량은 몇 kJ인가? **【1장】**

㉮ 222 ㉯ 232
㉰ 285 ㉭ 315

해설 $_1Q_2 = mc\Delta t = 10 \times 0.475 \times (80-20) = 285\,\mathrm{kJ}$

문제 33. 어느 발명가가 바닷물로부터 매시간 $1800\,\mathrm{kJ}$의 열량을 공급받아 $0.5\,\mathrm{kW}$ 출력의 열기관을 만들었다고 주장한다면, 이 사실은 열역학 제 몇 법칙에 위반 되겠는가? **【4장】**

㉮ 제 0법칙 ㉯ 제 1법칙
㉰ 제 2법칙 ㉭ 제 3법칙

해설 $\eta = \dfrac{W}{Q_1} = \dfrac{0.5\,\mathrm{kW}}{1800\,\mathrm{kJ/hr}} = \dfrac{0.5 \times 3600\,\mathrm{kJ/hr}}{1800\,\mathrm{kJ/hr}}$
$= 1 = 100\,\%$
즉, 열효율이 $100\,\%$이므로 제2종 영구기관이다.
결국, 제2종 영구기관은 열역학 제2법칙에 위배된다.

문제 34. 과열과 과냉이 없는 증기압축 냉동사이클에서 응축온도가 일정하고 증발온도가 낮을수록 성능계수는 어떻게 되겠는가? **【1장】**

㉮ 증가한다.
㉯ 감소한다.
㉰ 일정하다.
㉭ 성능계수와 응축온도는 무관하다.

해설 응축기의 온도가 일정하고
증발기의 온도가 높을수록 성적계수는 증가하고
증발기의 온도가 낮을수록 성적계수는 감소한다.

문제 35. 어떤 유체의 밀도가 $741\,\mathrm{kg/m^3}$이다. 이 유체의 비체적은 약 몇 $\mathrm{m^3/kg}$인가? **【1장】**

㉮ 0.78×10^{-3} ㉯ 1.35×10^{-3}
㉰ 2.35×10^{-3} ㉭ 2.98×10^{-3}

해설 $v = \dfrac{1}{\rho} = \dfrac{1}{741} ≒ 1.35 \times 10^{-3}(\mathrm{m^3/kg})$

문제 36. 공기 $10\,\mathrm{kg}$이 정적 과정으로 $20\,℃$에서 $250\,℃$까지 온도가 변하였다. 이 경우 엔트로피의 변화량은? (단, 공기의 $C_v = 0.717\,\mathrm{kJ/kg \cdot K}$이다.) **【4장】**

㉮ 약 $2.39\,\mathrm{kJ/K}$ ㉯ 약 $3.07\,\mathrm{kJ/K}$
㉰ 약 $4.15\,\mathrm{kJ/K}$ ㉭ 약 $5.81\,\mathrm{kJ/K}$

해설 $\Delta S = mC_v \ell n \dfrac{T_2}{T_1} = 10 \times 0.717 \times \ell n \dfrac{(250+273)}{(20+273)}$
$≒ 4.15\,\mathrm{kJ/K}$

문제 37. $100\,℃$와 $50\,℃$ 사이에서 작동되는 가역열기관의 최대 열효율은 약 얼마인가? **【4장】**

㉮ $55.0\,\%$ ㉯ $16.7\,\%$
㉰ $13.4\,\%$ ㉭ $8.3\,\%$

해설 가역열기관의 최대효율은 카르노사이클이므로
$\eta_c = 1 - \dfrac{T_{\mathrm{II}}}{T_1} = 1 - \dfrac{(50+273)}{(100+273)} = 0.134 = 13.4\,\%$

문제 38. $27\,\mathrm{kPa}$의 압력차는 수은주로 어느 정도 높이가 되겠는가? (단, 수은의 밀도는 $13590\,\mathrm{kg/m^3}$이다.) **【1장】**

㉮ 약 $158\,\mathrm{mm}$ ㉯ 약 $203\,\mathrm{mm}$
㉰ 약 $265\,\mathrm{mm}$ ㉭ 약 $557\,\mathrm{mm}$

해설 $27\,\mathrm{kPa} = \dfrac{27}{101.325} \times 760 = 202.5\,\mathrm{mmHg}$

해답 32. ㉰ 33. ㉰ 34. ㉯ 35. ㉯ 36. ㉰ 37. ㉰ 38. ㉯

문제 39. 어떤 작동 유체가 550 K의 고열원으로부터 20 kJ의 열량을 공급받아 250 K의 저열원에 14 kJ의 열량을 방출할 때 이 사이클은? 【4장】

㉮ 가역이다.

㉯ 비가역이다.

㉰ 가역 또는 비가역이다.

㉱ 가역도 비가역도 아니다.

해설 우선, $\eta_1 = 1 - \dfrac{T_{\mathbb{I}}}{T_{\mathbb{I}}} = 1 - \dfrac{250}{550} = 0.5455$

또한, $\eta_2 = 1 - \dfrac{Q_2}{Q_1} = 1 - \dfrac{14}{20} = 0.3$

결국, $\eta_1 \neq \eta_2$이므로 비가역이다.

문제 40. 냉동기의 효율은 성능 계수로 나타낸다. 냉동기의 성능 계수에 대한 설명 중 잘못된 것은? 【9장】

㉮ 성능 계수는 증발기에서 흡수된 열량과 압축기에 공급된 일량의 비로 정의된다.

㉯ 성능 계수는 일반적으로 1보다 작다.

㉰ 냉동기의 작동 온도에 따라 성능 계수는 변한다.

㉱ 동일한 작동 온도에서 운전되는 냉동기라도 사용되는 냉매에 따라 성능 계수는 달라질 수 있다.

해설 $\varepsilon_r = \dfrac{Q_2}{W_c} = \dfrac{Q_2}{Q_1 - Q_2} = \dfrac{T_{\mathbb{I}}}{T_{\mathbb{I}} - T_{\mathbb{I}}}$

제3과목 기계유체역학

문제 41. 다음 중 무차원에 해당하는 것은? 【1장】

㉮ 비중 ㉯ 비중량

㉰ 점성계수 ㉱ 동점성계수

해설 비중량 : N/m³, 점성계수 : N·s/m²,
동점성계수 : m²/s
결국, 비중은 단위가 없으므로 무차원수이다.

문제 42. 4 ℃ 물의 체적 탄성계수는 2.0×10^9 N/m²이다. 이 물에서의 음속은 약 몇 m/s인가? 【1장】

㉮ 141 ㉯ 341

㉰ 19300 ㉱ 1414

해설 $a = \sqrt{\dfrac{K}{\rho}} = \sqrt{\dfrac{2 \times 10^9}{1000}} = 1414.2\,\text{m/s}$

문제 43. 바다 속 임의의 한 지점에서 측정한 계기압력이 98.7 MPa이다. 이 지점의 깊이는 몇 m인가? (단, 해수의 비중량은 10 kN/m³이다.) 【2장】

㉮ 9540 ㉯ 9635

㉰ 9680 ㉱ 9870

해설 $p = \gamma h$에서

$\therefore h = \dfrac{p}{\gamma} = \dfrac{98.7 \times 10^3}{10} = 9870\,\text{m}$

문제 44. 수면의 높이가 지면에서 h인 물통 벽의 측면에 구멍을 뚫고 물을 지면으로 분출시킬 때 지면을 기준으로 물이 가장 멀리 떨어지게 하는 구멍의 높이는? 【3장】

㉮ $\dfrac{3}{4} h$ ㉯ $\dfrac{1}{2} h$

㉰ $\dfrac{1}{4} h$ ㉱ $\dfrac{1}{3} h$

해설

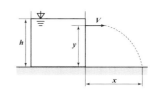

정답 39. ㉯ 40. ㉯ 41. ㉮ 42. ㉱ 43. ㉱ 44. ㉯

토리첼리공식에서 유속 $V = \sqrt{2g(h-y)}$

여기서, 자유낙하높이 $y = \frac{1}{2}gt^2$, $V = \frac{x}{t}$ 이므로

$\frac{x}{t} = \sqrt{2g(h-y)}$ 에서

$$x = t\sqrt{2g(h-y)} = \sqrt{\frac{2y}{g}} \cdot \sqrt{2g(h-y)}$$

$$= 2\sqrt{y(h-y)} = 2[y(h-y)]^{\frac{1}{2}}$$

x를 y에 관해 미분하면 $\frac{dx}{dy} = \frac{h-2y}{\sqrt{y(h-y)}}$

결국, x가 최대가 되기 위해서는 $\frac{dx}{dy} = 0$이어야 하

므로 $\therefore y = \frac{h}{2}$

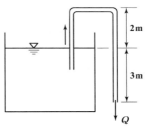

문제 45. 30명의 흡연가가 피우는 담배연기를 처리할 수 있는 흡연실에서 1인당 최소 30 L/s의 신선한 공기를 필요로 할 때, 공급되어야 할 공기의 최소 유량은 몇 m³/s인가? 【3장】

㉮ 0.9 ㉯ 1.6
㉰ 2.0 ㉱ 2.3

해설 $Q = 30\,\mathrm{L/s} \times 30$명 $= 900\,\mathrm{L/s} = 0.9\,\mathrm{m^3/s}$
〈참고〉 $1\,\mathrm{L} = 10^{-3}\mathrm{m^3}$

문제 46. 원관내를 완전한 층류로 흐를 경우 관마찰계수 f는? 【6장】

㉮ 상대 조도만의 함수가 된다.
㉯ 마하수만의 함수이다.
㉰ 오일러수만의 함수이다.
㉱ 레이놀즈수만의 함수이다.

해설 $f = \frac{64}{Re}$이므로 레이놀즈수(Re)만의 함수이다.

문제 47. 그림과 같은 사이펀에 물이 흐르고 있다. 사이펀의 안지름은 5 cm이고, 물탱크의 수면은 항상 일정하게 유지된다고 가정한다. 수면으로부터 출구 사이의 총 손실 수두가 1.5 m이면, 사이펀을 통해 나오는 유량은 약 몇 m³/min인가? 【3장】

㉮ 0.38 ㉯ 0.41
㉰ 0.64 ㉱ 0.92

해설 우선, $V = \sqrt{2g(h-h_\ell)} = \sqrt{2 \times 9.8 \times (3-1.5)}$
$= 5.422\,\mathrm{m/s}$

결국, $Q = AV = \frac{\pi}{4} \times 0.05^2 \times 5.422$
$= 0.010646\,\mathrm{m^3/s} \fallingdotseq 0.64\,\mathrm{m^3/min}$

문제 48. 유속 V의 균일 유동장에 놓인 물체 둘레의 순환이 Γ일 때, 이 물체에 발생하는 양력 L(Kutta-Joukowski의 정리)은? (단, 유체의 밀도는 ρ라 한다.) 【5장】

㉮ $L = \frac{\Gamma}{\rho V}$ ㉯ $L = \frac{\rho\Gamma}{V}$
㉰ $L = \frac{VT}{\rho}$ ㉱ $L = \rho V\Gamma$

해설 Kutta-Joukowski(쿠타-쥬코프스키)의 정리
: 양력 $L = \rho VT$

문제 49. 다음 중 경계층에서 유동박리 현상이 발생할 수 있는 조건은? 【5장】

㉮ 유체가 가속될 때
㉯ 순압력구배가 존재할 때
㉰ 역압력구배가 존재할 때
㉱ 유체의 속도가 일정할 때

해설 박리는 압력이 증가하고 속도가 감소하는 역압력구배에서 발생한다.

해답 45. ㉮ 46. ㉱ 47. ㉰ 48. ㉱ 49. ㉰

문제 50. 밀도가 ρ_1, ρ_2인 두 종류의 액체 속에 완전히 잠긴 물체의 무게를 스프링 저울로 측정한 결과 각각 W_1, W_2이었다. 공기 중에서 이 물체의 무게 G는? 【2장】

㉮ $G = \dfrac{W_1\rho_2 + W_2\rho_1}{\rho_2 - \rho_1}$ ㉯ $G = \dfrac{W_1\rho_2 - W_2\rho_1}{\rho_2 - \rho_1}$

㉰ $G = \dfrac{W_1\rho_2 + W_2\rho_1}{\rho_2 + \rho_1}$ ㉱ $G = \dfrac{W_1\rho_2 - W_2\rho_1}{\rho_2 + \rho_1}$

해설 우선, 밀도 ρ_1인 액체속에서의 무게

$$W_1 = G - \gamma_1 V = G - \rho_1 g V \quad \cdots\cdots\cdots ①식$$

또한, 밀도 ρ_2인 액체속에서의 무게

$$W_2 = G - \gamma_2 V = G - \rho_2 g V \quad \cdots\cdots\cdots ②식$$

①식에서 $V = \dfrac{G - W_1}{\rho_1 g}$을 ②식에 대입하면

$$W_2 = G - \rho_2 g \left(\frac{G - W_1}{\rho_1 g} \right) = G - \left(\frac{\rho_2 G - \rho_2 W_1}{\rho_1} \right)$$

$$= \frac{\rho_1 G - \rho_2 G + \rho_2 W_1}{\rho_1} = \frac{G(\rho_1 - \rho_2) + \rho_2 W_1}{\rho_1}$$

결국, $W_2 \rho_1 = G(\rho_1 - \rho_2) + \rho_2 W_1$에서

$$G = \frac{W_2 \rho_1 - \rho_2 W_1}{\rho_1 - \rho_2} = \frac{\rho_2 W_1 - \rho_1 W_2}{\rho_2 - \rho_1}$$

문제 51. 다음 그림에서 관입구의 부차적 손실 계수 K는? (단, 관의 안지름은 20 mm, 관마찰계수는 0.0188이다.) 【6장】

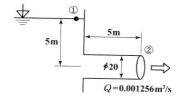

$Q = 0.001256\,\mathrm{m^3/s}$

㉮ 0.0188 ㉯ 0.273
㉰ 0.425 ㉱ 0.621

해설 ①, ② 단면에 베르누이방정식을 적용하면

$$\frac{P_1^{\,\nearrow 0}}{\gamma} + \frac{V_1^{2\,\nearrow 0}}{2g} + Z_1 = \frac{P_2^{\,\nearrow 0}}{\gamma} + \frac{V_2^2}{2g} + Z_2^{\,\nearrow 0} + h_\ell$$

$$0 + 0 + 5 = 0 + \frac{V^2}{2g} + 0 + h_\ell$$

$$5 = \frac{V^2}{2g} + K\frac{V^2}{2g} + f\frac{\ell}{d}\frac{V^2}{2g}$$

$$5 = \frac{4^2}{19.6} + K\frac{4^2}{19.6} + 0.0188 \times \frac{5}{0.02} \times \frac{4^2}{19.6}$$

$$\therefore \ K = 0.425$$

단, $Q = AV$에서 $V = \dfrac{Q}{A} = \dfrac{0.001256}{\frac{\pi}{4} \times 0.02^2} ≒ 4\,\mathrm{m/s}$

문제 52. 2차원 유동 중 속도포텐셜이 존재하는 것은? (단, $\vec{V} = (u,\ v)$이다.) 【3장】

㉮ $\vec{V} = (x^2 - y^2,\ 2xy)$

㉯ $\vec{V} = (x^2 - y^2,\ -2xy)$

㉰ $\vec{V} = (x^2 + y^2,\ -2xy)$

㉱ $\vec{V} = (x^2 + y^2,\ xy)$

해설 속도장 $\vec{V} = (u,\ v)$에서

비회전 유동조건은 $\dfrac{\partial u}{\partial y} - \dfrac{\partial v}{\partial x} = 0$이다.

또한, 속도포텐셜(ϕ)은 비회전유동일 때 존재한다.

결국, ㉯에서 $\dfrac{\partial u}{\partial y} - \dfrac{\partial v}{\partial x} = -2y - (-2y) = 0$

문제 53. 압력과 밀도를 각각 P, ρ라 할 때 $\sqrt{\dfrac{\Delta P}{\rho}}$ 의 차원은? (단, M, L, T는 각각 질량, 길이, 시간의 차원을 나타낸다.) 【7장】

㉮ $\dfrac{M}{LT}$ ㉯ $\dfrac{M}{L^2 T}$

㉰ $\dfrac{L}{T}$ ㉱ $\dfrac{L}{T^2}$

해설 $\sqrt{\dfrac{\Delta P}{\rho}} = \sqrt{\dfrac{\mathrm{N/m^2}}{\mathrm{N \cdot s^2/m^4}}} = \mathrm{m/s} = \left[\dfrac{L}{T} \right]$

문제 54. 유체 속에 잠겨있는 경사진 판의 윗면에 작용하는 압력 힘의 작용점에 대한 설명 중 맞는 것은? 【2장】

㉮ 판의 도심보다 위에 있다.
㉯ 판의 도심에 있다.
㉰ 판의 도심보다 아래에 있다.
㉱ 판의 도심과는 관계가 없다.

정답 **50.** ㉯ **51.** ㉰ **52.** ㉯ **53.** ㉰ **54.** ㉰

해설 경사면에 작용하는 작용점의 위치(압력 힘의 작용점)는 판의 도심보다 $\dfrac{I_G}{A\,y}$ 만큼 아래에 있다.

문제 **55.** 다음 중 원관 내 층류유동의 전단응력 분포로 옳은 것은? 【5장】

가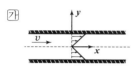

나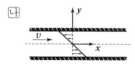

다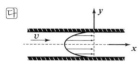

라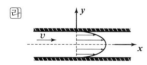

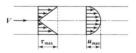

문제 **56.** 직경이 30 mm이고, 틈새가 0.2 mm가 슬라이딩 베어링이 1800 rpm으로 회전할 때 윤활유에 작용하는 전단응력은 약 몇 Pa인가? (단, 윤활유의 점성계수 $\mu = 0.38\,N \cdot s/m^2$이다.)
【1장】

가 5372　　　　　　나 8550

다 10744　　　　　라 17100

해설 $\tau = \mu \dfrac{u}{h} = \mu \dfrac{r\omega}{h} = 0.38 \times \dfrac{0.015 \times \dfrac{2\pi \times 1800}{60}}{0.2 \times 10^{-3}}$
$\fallingdotseq 5372\,N/m^2 (= Pa)$

문제 **57.** 유량계수가 0.75이고, 목지름이 0.5 m 인 벤투리미터를 사용하여 안지름이 1 m인 송 유관 내의 유량을 측정하고 있다. 벤투리 입구 와 목의 압력차가 수은주 80 mm이면 기름의 질량유량은 몇 kg/s인가? (단, 기름의 비중은 0.9, 수은의 비중은 13.6이다.) 【10장】

가 158　　　　　　나 166

다 666　　　　　　라 739

문제 **58.** 길이 125 m, 속도 9 m/s인 선박의 모형 실험을 길이 5 m인 모형선으로 프루드(Froude) 상사가 성립되게 실험하려면 모형선의 속도는 약 몇 m/s로 해야 하는가? 【7장】

가 1.80　　　　　　나 4.02

다 0.36　　　　　　라 36

해설 $(Fr)_P = (Fr)_m$에서 $\left(\dfrac{V}{\sqrt{g\ell}}\right)_P = \left(\dfrac{V}{\sqrt{g\ell}}\right)_m$
$\dfrac{9}{\sqrt{125}} = \dfrac{V_m}{\sqrt{5}}$ ∴ $V_m = 1.8\,m/s$

문제 **59.** 그림과 같이 유량 $Q = 0.03\,m^3/s$의 물 분류가 $V = 40\,m/s$의 속도로 곡면판에 충돌하 고 있다. 판은 고정되어 있고 휘어진 각도가 135°일 때 분류로부터 판이 받는 충격력의 크 기는 약 몇 N인가? 【4장】

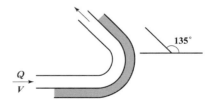

가 2049　　　　　　나 2217

다 2638　　　　　라 2898

해설 우선, $F_x = \rho Q V(1 - \cos\theta)$
$= 1000 \times 0.03 \times 40 \times (1 - \cos 135°)$
$= 2048.53\,N$

해답 **55.** 가 　**56.** 가 　**57.** 다 　**58.** 가 　**59.** 나

또한, $F_y = \rho Q V \sin\theta = 1000 \times 0.03 \times 40 \times \sin 135°$
$= 848.53\,\text{N}$

결국, $F = \sqrt{F_x^2 + F_y^2} = \sqrt{2048.53^2 + 848.53^2}$
$= 2217.3\,\text{N}$

문제 60. 2차원 유동장에서 속도벡터가 $\vec{V} = 6y\vec{i}$ $+2x\vec{j}$일 때 점(3, 5)을 지나는 유선의 기울기는? (단, $\vec{i}$, $\vec{j}$는 x, y 방향의 단위벡터이다.)
【3장】

㉮ $\dfrac{1}{3}$ ㉯ $\dfrac{1}{5}$

㉰ $\dfrac{1}{9}$ ㉱ $\dfrac{1}{12}$

해설> $\dfrac{dx}{u} = \dfrac{dy}{v}$ 에서

$\therefore\ \dfrac{dy}{dx} = \dfrac{v}{u} = \dfrac{2x}{6y}\Big|_{(3,\,5)} = \dfrac{2 \times 3}{6 \times 5} = \dfrac{1}{5}$

제4과목 기계재료 및 유압기기

문제 61. 강에서 열처리 조직으로 경도가 가장 큰 것은?

㉮ 펄라이트
㉯ 페라이트
㉰ 마텐자이트
㉱ 오스테나이트

해설> 열처리조직의 경도순서
: 오스테나이트(A) < 마텐자이트(M) > 트루스타이트(T) > 소르바이트(S) > 펄라이트(P)

문제 62. 자기변태의 설명으로 옳은 것은?

㉮ 상은 변하지 않고 자기적 성질만 변한다.
㉯ 자기변태점에서는 열을 흡수하거나 방출한다.
㉰ 자기변태점에서는 자유도가 0이므로 온도

가 정체된다.
㉱ 원자내부의 변화로 자기적 성질이 비연속적으로 변화한다.

해설> ·금속의 변태
① 동소변태 : 고체 내에서 온도변화에 따라 결정격자(원자배열)가 변하는 현상
② 자기변태 : 결정격자(원자배열)는 변하지 않고, 강도만 변하는 현상. 즉, 원자내부에서만 변화

문제 63. 질화법과 침탄법을 비교 설명한 것으로 틀린 것은?

㉮ 침탄법보다 질화법이 경도가 높다.
㉯ 침탄법은 침탄 후에도 수정이 가능하지만, 질화법은 질화 후의 수정은 불가능하다.
㉰ 침탄법은 침탄 후에도 열처리가 필요없고, 질화법은 질화 후에는 열처리가 필요하다.
㉱ 침탄법은 경화에 의한 변형이 생기지만, 질화법은 경화에 의한 변형이 적다.

해설> 침탄법은 침탄후 열처리(담금질)가 필요하고,
질화법은 질화후 열처리(담금질)가 필요없다.

문제 64. 델타 메탈이라고도 하며 강도가 크고 내식성이 좋아 광산 기계, 선박용 기계, 화학 기계 등에 사용되는 것은?

㉮ 철 황동
㉯ 규소 황동
㉰ 네이벌 황동
㉱ 애드미럴티 황동

해설> 델타메탈(=철황동)
: 6·4황동+Fe 1~2%, 강도가 크고 내식성이 좋아 광산기계, 선박용기계, 화학기계 등에 사용

문제 65. 탄소강에 미치는 인(P)의 영향으로 옳은 것은?

해답▶ 60. ㉯ **61.** ㉰ **62.** ㉮ **63.** ㉰ **64.** ㉮ **65.** ㉱

㉮ 인성과 내식성을 주는 효과는 있으나 청열취성을 준다.

㉯ 강도와 경도는 감소시키고, 고온취성이 있어 가공이 곤란하다.

㉰ 경화능이 감소하는 것 이외에는 기계적 성질에 해로운 원소이다.

㉱ 강도와 경도를 증가시키고 연신율을 감소시키며 상온취성을 일으킨다.

해설 · 인(P)의 영향
① 강도와 경도를 증가시켜 상온취성의 원인이 됨
② 제강시 편석을 일으키며 담금균열의 원인이 됨
③ 주물의 경우 기포를 줄이는 작용을 함
④ 결정립을 조대화시킴

문제 66. 주조성, 가공성, 내마멸성 및 강도가 우수하고 인성, 연성, 가공성 및 경화능 등이 강의 성질과 비슷하며 자동차용 주물로 가장 적합한 주철은?

㉮ 내열주철

㉯ 보통주철

㉰ 칠드주철

㉱ 구상흑연주철

해설 · 구상흑연주철
① 용융상태에 있는 주철(보통주철) 중에 Mg, Ce, Ca 등을 첨가 처리하여 흑연(편상흑연)을 구상화한 것
② 내열성, 내식성, 내마멸성, 주조성, 가공성이 우수
③ 용도 : 자동차의 크랭크축, 캠축, 브레이크드럼 등의 자동차용 주물이나 주조용 재료로 사용

문제 67. 고속도공구강에서 요구되는 일반적 성질과 관련이 없는 것은?

㉮ 전연성   ㉯ 고온경도

㉰ 내마모성   ㉱ 내충격성

해설 고속도강에서 요구되는 성질
: 고온경도, 내마멸성, 내충격성

문제 68. 지름 15 mm의 연강 봉에 5000 kgf의 인장하중이 작용할 때 생기는 응력은 약 몇 kgf/mm²인가?

㉮ 10   ㉯ 18

㉰ 24   ㉱ 28

해설 $\sigma_t = \dfrac{P_t}{A} = \dfrac{5000}{\dfrac{\pi}{4} \times 15^2} = 28.29 \,\mathrm{kg_f/mm^2}$

문제 69. 일반적인 주철의 장점이 아닌 것은?

㉮ 주조성이 우수하다.

㉯ 고온에서 쉽게 소성변형 되지 않는다.

㉰ 가격이 강에 비해 저렴하여 널리 이용된다.

㉱ 복잡한 형상으로도 쉽게 주조된다.

해설 · 주철의 장점
① 용융점이 낮고, 유동성이 좋다.
② 주조성이 양호하고, 마찰저항이 우수하다.
③ 절삭성이 우수하고, 압축강도가 크다.
④ 녹 발생이 적으며, 값이 싸다.

문제 70. 톱날이나 줄의 재료로 가장 적합한 합금은?

㉮ 황동   ㉯ 고탄소강

㉰ 알루미늄   ㉱ 보통주철

해설 · 탄소공구강(=고탄소강 : STC)
① 탄소함량 0.6~1.5 % 정도이며, 인(P), 황(S)의 양이 적은 것이 양질이다.
② 용도 : 줄, 정, 펀치, 쇠톱날 등의 재질로 쓰임

문제 71. 전기모터나 내연기관 등의 원동기로부터 공급받은 동력을 기계적 유압에너지로 변환시켜 작동매체인 작동유(압축유)를 통하여 유압계통에 에너지를 가해주는 기기는?

㉮ 유압 모터   ㉯ 유압 밸브

㉰ 유압 펌프   ㉱ 유압 실린더

정답 **66.** ㉱ **67.** ㉮ **68.** ㉱ **69.** ㉯ **70.** ㉯ **71.** ㉰

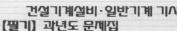

해설▷ 유압펌프 : 전동기나 엔진 등에 의하여 얻어진 기계적 에너지를 유압에너지로 바꾸는 장치

문제 72. 다음 중 압력단위의 환산이 잘못된 것은?

㉮ 1 bar=9.80665 Pa
㉯ 1 mmH₂O=9.80665 Pa
㉰ 1 atm=1.01325×10⁵ Pa
㉱ 1 Pa=1.01972×10⁻⁵ kgf/cm²

해설▷ $1\,\mathrm{bar}=10^5\,\mathrm{Pa}\,(=\mathrm{N/m}^2)$

문제 73. 유압유를 이용하여 진동을 흡수하거나 충격을 완화시키는 기기는?

㉮ 유체 클러치(fluid clutch)
㉯ 유체 커플링(fluid coupling)
㉰ 쇼크 업소버(shock absorber)
㉱ 토크 컨버터(torque converter)

해설▷ 쇼크업소버(shock absorber)
 : 기계적 충격을 완화하는 장치로 점성을 이용하여 운동에너지를 흡수한다.

문제 74. 기름의 압축률이 6.8×10^{-5} cm²/kg일 때 압력을 0에서 100 kgf/cm²까지 압축하면 체적은 몇 % 감소하는가?

㉮ 0.48 %　　㉯ 0.68 %
㉰ 0.89 %　　㉱ 1.46 %

해설▷ 체적탄성계수 $K=\dfrac{\Delta P}{-\dfrac{\Delta V}{V}}=\dfrac{1}{\beta}$ 에서

$\therefore\ -\dfrac{\Delta V}{V}=\beta\Delta P=6.8\times10^{-5}\times100=6.8\times10^{-3}$
$=6.8\times10^{-3}\times100(\%)=0.68\%$

문제 75. 작동유가 갖고 있는 에너지를 잠시 저축했다가 이것을 이용하여 완충작용도 할 수

있는 부품은?

㉮ 축압기　　㉯ 제어밸브
㉰ 스테이터　　㉱ 유체커플링

해설▷ 축압기(accumulator)
 : 유압회로 중에서 기름이 누출될 때 기름 부족으로 압력이 저하하지 않도록 누출된 양만큼 기름을 보급해 주는 작용을 하며 갑작스런 충격압력을 예방하는 역할도 하는 안전보장장치이다.

문제 76. 유압기기의 통로(또는 관로)에서 탱크(또는 매니폴드 등)로 돌아오는 액체 또는 액체가 돌아오는 현상을 나타내는 용어는?

㉮ 누설　　㉯ 드레인(drain)
㉰ 컷오프(cut off)　　㉱ 인터플로(interflow)

해설▷ ① 누설(leakage) : 정상상태로는 흐름을 폐지시킨 장소 또는 흐르는 것이 좋지 않은 장소를 통하여 비교적 적은 흐름
② 컷오프(cut off) : 펌프 출구측 압력이 설정압력에 가깝게 되었을 때 가변 토출량 제거가 작용하여 유량을 감소시키는 것
③ 인터플로(inter flow) : 밸브의 변환 도중에서 과도적으로 생기는 밸브 포트 사이의 흐름

문제 77. 다음 기호 중 유량계를 표시하는 것은?

해설▷ ㉮ 압력계 ㉰ 온도계 ㉱ 차압계

문제 78. 유압회로에서 정규 조작방법에 우선하여 조작할 수 있는 대체 조작수단으로 정의되는 에너지 제어·조작방식 일반에 관한 용어는?

㉮ 직접 파일럿 조작　㉯ 솔레노이드 조작
㉰ 간접 파일럿 조작　㉱ 오버라이드 조작

해답 **72.** ㉮ **73.** ㉰ **74.** ㉯ **75.** ㉮ **76.** ㉯ **77.** ㉯ **78.** ㉱

해설 ① 파일럿 조작(pilot operated) : 큰 조작력이 얻어지는 점에서 대용량에 적합하다. 파일럿 유량의 조정으로 밸브의 동작속도를 조정할 수 있고, 파일럿 유압으로 밸브의 조작력을 조정할 수 있다.
② 솔레노이드 조작(solenoid operated) : 코일에 전류를 흘러서 전자석을 만들고 그 흡인력으로 가동편을 움직여서 끌어당기거나 밀어내는 등의 직선운동을 수행한다.

문제 79. 오일 탱크의 구비 조건에 관한 설명으로 옳지 않은 것은?

㉮ 오일 탱크의 바닥면은 바닥에서 일정 간격 이상을 유지하는 것이 바람직하다.

㉯ 오일 탱크는 스트레이너의 삽입이나 분리를 용이하게 할 수 있는 출입구를 만든다.

㉰ 오일 탱크 내에 방해판은 오일의 순환거리를 짧게 하고 기포의 방출이나 오일의 냉각을 보존한다.

㉱ 오일 탱크의 용량은 장치의 운전중지 중 장치 내의 작동유가 복귀하여도 지장이 없을 만큼의 크기를 가져야 한다.

해설 오일탱크 내에는 격판으로 펌프 흡입측과 복귀측을 구별하여 오일탱크 내에서의 오일의 순환거리를 길게 하고 기포의 방출이나 오일의 냉각을 보존하며 먼지의 일부를 침전케 할 수 있도록 한다.

문제 80. 구조가 가장 간단하며 값이 싸고 유압유에 섞인 이물질에 의한 고장 발생이 적고 가혹한 조건에 잘 견디는 유압모터로 가장 적합한 것은?

㉮ 기어 모터
㉯ 볼 피스톤 모터
㉰ 액시얼 피스톤 모터
㉱ 레이디얼 피스톤 모터

해설 · 기어모터 : 주로 평치차를 사용하나 헬리컬기어도 사용한다.

〈장점〉
① 구조가 간단하고 가격이 저렴하다.
② 유압유 중의 이물질에 의한 고장이 적다.
③ 과도한 운전조건에 잘 견딘다.
〈단점〉
① 누설유량이 많다.
② 토크변동이 크다.
③ 베어링 하중이 크므로 수명이 짧다.
· 용도 : 건설기계, 산업기계, 공작기계 등에 사용

제5과목 기계제작법 및 기계동력학

문제 81. 상온에서 가공할 수 없는 내열합금이나 담금질 강과 같은 강한 재질의 고온가공(hot machining) 특징이 아닌 것은?

㉮ 소비동력이 감소한다.
㉯ 공구 수명이 연장된다.
㉰ 공작물의 피삭성이 증가한다.
㉱ 빌트 업 에지가 발생하여 가공면이 나쁘게 된다.

해설 열간가공(=고온가공)
: 재결정온도 이상의 온도에서 작업하는 가공을 말하며 대부분의 금속재료는 재결정온도 이상에서 소성이 커서 성형하기 쉬우며 가공경화가 되지 않는 특성 때문에 큰 변형이 요구되는 소성가공은 주로 고온에서 이루어진다.

문제 82. 서보제어방식 중 아래 그림과 같이 모터에 내장된 펄스 제너레이터에서 속도를 검출하고, 엔코더에서 위치를 검출하여 피드백하는 제어방식은?

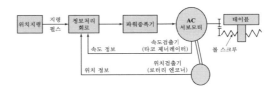

㉮ 개방회로 방식　　㉯ 복합회로 방식
㉰ 폐쇄회로 방식　　㉱ 반 폐쇄회로 방식

해답 **79.** ㉰　**80.** ㉮　**81.** ㉱　**82.** ㉱

해설 반폐쇄회로방식
: AC(교류) 서보모터에 내장된 디지털형 검출기인 로터리엔코더에서 위치정보를 피드백하고 타코 제너레이터 또는 펄스 제너레이터에서 전류를 피드백하여 속도를 제어하는 방식

문제 83. 절삭유제를 사용하는 목적이 아닌 것은?

㉮ 공작물과 공구의 냉각
㉯ 공구 윗면과 칩 사이의 마찰계수 증대
㉰ 능률적인 칩 제거
㉱ 절삭열에 의한 정밀도 저하 방지

해설 · 절삭유의 사용목적
① 절삭공구와 칩 사이의 마찰저항이 감소하고 절삭열을 감소시킨다.
② 공구의 연화를 방지하고 공작물의 정밀도 저하를 방지함으로써 공구수명이 연장되며 절삭성능도 향상된다.
③ 칩을 제거하고 공작물의 표면이 산화되는 것을 방지한다.

문제 84. 삼침법으로 나사를 측정할 때 유효지름 (mm)은 약 얼마인가? (단, 외측마이크로미터로 측정한 외경은 38.256 mm, 피치 3 mm의 나사이며, 준비된 핀의 지름은 1.8 mm로 한다.)

㉮ 35.33　　㉯ 35.45
㉰ 35.65　　㉱ 35.76

해설 $d_2 = M - 3d + 0.866025p$
$= 38.256 - (3 \times 1.8) + (0.866025 \times 3)$
$≒ 35.45 \, mm$

문제 85. 보석, 유리, 자기 등을 정밀 가공하는 데 가장 적합한 가공 방법은?

㉮ 전해 연삭　　㉯ 방전 가공
㉰ 전해 연마　　㉱ 초음파 가공

해설 · 초음파 가공
① 개요 : 물이나 경유 등에 연삭입자(랩제)를 혼합

한 가공액을 공구의 진동면과 일감 사이에 주입시켜 가며 초음파에 의한 상·하 진동으로 표면을 다듬는 가공법
② 용도 : 초경합금, 보석류, 세라믹, 유리, 반도체 등 비금속 또는 귀금속의 구멍뚫기, 절단, 평면가공, 표면다듬질가공 등에 이용

문제 86. 용접봉의 기호 중 E4324에서 세 번째 숫자 2의 표시는 용접자세를 나타낸다. 어떠한 자세인가?

㉮ 전 자세
㉯ 아래보기 자세
㉰ 전 자세 또는 특정자세
㉱ 아래보기와 수평 필릿자세

해설 E 43 △ □
여기서, E : 전기용접봉(electrode)
43 : 용착금속의 최저인장강도(kg_f/mm^2)
△ : 용접자세(0, 1 : 전자세,
2 : 하향 및 수평자세,
3 : 하향자세,
4 : 전자세 및 특정자세)
□ : 피복제의 종류

문제 87. 주물의 후처리 작업이 아닌 것은?

㉮ 주물표면을 깨끗이 청소한다.
㉯ 쇳물아궁이와 라이저를 절단한다.
㉰ 주형의 각부로부터 가스빼기를 한다.
㉱ 주입금속이 응고되면 주형을 해체한다.

해설 주형에 쇳물을 주입할 때 가스빼기를 한다.

문제 88. 곧은 날을 갖는 직선 절단기에서 전단각에 관한 설명으로 틀린 것은?

㉮ 전단각이란 아랫날에 대한 윗날의 기울기 각도이다.
㉯ 전단각이 크면 절단된 판재의 끝면이 고르지 못하다.
㉰ 전단각은 일반적으로 박판에는 크게, 후

정답 83. ㉯　84. ㉯　85. ㉱　86. ㉱　87. ㉰　88. ㉰

판에는 작게 한다.

라 절단 날에 전단각을 두는 것은 절단할 때, 충격을 감소시키고 절단소요력을 감소시키기 위한 것이다.

해설 · 전단각(시어각 : shear angle)
: 아래날에 대한 윗날의 기울기
① 박판에는 작게, 후판에는 크게 한다.
② 필요성 : 절단시 충격 감소, 절단소요력(=전단하중) 감소를 위해 둔다.

문제 89. 프레스가공에서 전단가공에 해당하는 것은?

가 펀칭　　　　　나 비딩
다 시밍　　　　　라 업세팅

해설 · 프레스가공의 종류
① 전단가공 : 펀칭, 블랭킹, 전단, 트리밍, 셰이빙, 노칭, 분단 등
② 성형가공 : 스피닝, 시밍, 컬링, 벌징, 비딩, 마폼법, 하이드로폼법, 드로잉, 굽힘 등
③ 압축가공 : 코이닝(압인), 엠보싱, 스웨이징
※ 업세팅(up-setting : 축박기, 눌러붙이기)
: 자유단조의 일종으로 소재를 축방향으로 압축하여 길이를 짧게 하고, 단면을 크게하는 작업

문제 90. 두께 50 mm의 연강판을 압연 롤러를 통과시켜 40 mm가 되었을 때 압하율(%)은?

가 10　　　　　나 15
다 20　　　　　라 25

해설 압하율 = $\dfrac{H_0 - H_1}{H_0} \times 100\,\% = \dfrac{50-40}{50} \times 100$
= 20 %

문제 91. 강체의 평면운동에 대한 설명 중 옳지 않은 것은?

가 평면운동은 병진과 회전으로 구분할 수 있다.

나 평면운동은 순간중심점에 대한 회전으로 생각할 수 있다.

다 순간중심점은 위치가 고정된 점이다.

라 곡선경로를 움직이더라도 병진운동이 가능하다.

해설 · 강체의 평면운동
: 강체내의 모든 질점들이 고정된 평면으로부터 일정한 거리를 유지할 경우 발생한다.
① 종류
㉠ 병진운동
ⓐ 직선 병진운동 : 강체내의 모든 질점들이 직선상에서 이동
ⓑ 곡선 병진운동 : 강체내의 모든 질점들이 곡선상에서 이동
㉡ 고정축에 대한 회전운동 : 강체가 하나의 고정된 축 주위로 회전할 때 회전축 상의 점을 제외한 다른 질점들은 원형 경로를 따라 움직인다.
㉢ 일반 평면운동 : 병진운동과 회전운동이 동시에 일어난다. 기준면내에서의 병진운동과 기준면에 수직인 축 주위의 회전운동이 생긴다.
② 순간중심(IC : instantaneous center)
: 강체가 어느 한축을 기준으로 회전운동을 할 때 속도가 0인 지점을 기준으로 운동이 이루어진다. 이 때 속도가 0인 지점을 순간중심(IC)이라 한다.
평면운동을 하는 물체는 매순간마다 위치를 바꾸기 때문에 각 위치마다 순간중심이 바뀐다.

문제 92. 질량 30 kg의 물체를 담은 두레박 B가 레일을 따라 이동하는 크레인 A에 수직으로 매달려 이동하고 있다. 매단 줄의 길이는 6 m이다. 일정한 속도로 이동하던 크레인이 갑자기 정지하자, 두레박 B가 수평으로 3 m까지 흔들렸다. 크레인 A의 이동 속력은 몇 m/s인가?

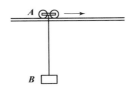

가 1　　　　　나 2
다 3　　　　　라 4

해답 89. 가　90. 다　91. 다　92. 라

문제 93. 계의 등가 스프링 상수 값은 어떤 것인가?

㉮ $\dfrac{2k_1k_2}{k_1+2k_2}$ ㉯ $\dfrac{2k_1k_2}{2k_1+k_2}$

㉰ $\dfrac{k_1+2k_2}{2k_1k_2}$ ㉱ $\dfrac{k_1k_2}{2k_1+k_2}$

[해설] 우선, 병렬연결인 경우

$$k = k_2 + k_2 = 2k_2$$

결국, $\dfrac{1}{k_{eq}} = \dfrac{1}{k_1} + \dfrac{1}{k} = \dfrac{k_1+k}{k_1 k}$

$$\therefore k_{eq} = \dfrac{k_1 k}{k_1 + k} = \dfrac{k_1 \times 2k_2}{k_1 + 2k_2} = \dfrac{2k_1 k_2}{k_1 + 2k_2}$$

문제 94. 스프링으로 지지되어 있는 질량의 정적처짐이 0.05 cm일 때 스프링의 고유진동수는 얼마인가?

㉮ 22.3 Hz ㉯ 223 Hz

㉰ 310 Hz ㉱ 3100 Hz

[해설] $f_n = \dfrac{1}{2\pi}\sqrt{\dfrac{g}{\delta_{st}}} = \dfrac{1}{2\pi}\sqrt{\dfrac{980}{0.05}} = 22.28\,\text{Hz}$

문제 95. 총포류의 반동을 감소시키는 제동장치는 피스톤과 포신의 이동속도(v)에 비례하여 감속하게 된다. 즉, 가속도 $a = -kv$의 관계로 나타날 때 속도 v를 시간 t에 대한 함수로 나타내는 수식은? (단, 초기 속도는 v_0, 초기 위치는 0이라고 가정한다.)

㉮ $v = v_0 t$ ㉯ $v = v_0 e^{-kt}$

㉰ $v = v_0 - kt$ ㉱ $v = v_0(1 - e^{-kt})$

문제 96. 각각 중량이 10 kN인 객차 10량이 2 m/s^{2}의 가속도로 직선주로를 달리고 있을 때, 5번째와 6번째 차량사이의 연결부에 작용하는 힘은?

㉮ 8.2 kN

㉯ 9.2 kN

㉰ 10.2 kN

㉱ 11.2 kN

문제 97. 계의 고유진동수에 영향을 미치지 않는 것은?

㉮ 진동물체의 질량

㉯ 계의 스프링 계수

㉰ 계의 초기조건

㉱ 계를 형성하는 재료의 탄성계수

[해설] 고유진동수 $f_n = \dfrac{\omega_n}{2\pi} = \dfrac{1}{2\pi}\sqrt{\dfrac{k}{m}} = \dfrac{1}{2\pi}\sqrt{\dfrac{g}{\delta_{st}}}$

여기서, δ_{st} : 정적 처짐량

만약, 단순보의 중앙에 집중하중이 작용하면

$$\delta_{st} = \dfrac{P\ell^3}{48EI}$$

문제 98. 1자유도 시스템 A, B의 전달률을 나타낸 그래프에서 두 시스템의 감쇠비 ζ의 관계로 옳은 것은?

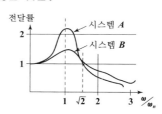

㉮ $\zeta_A < \zeta_B$ ㉯ $\zeta_B < \zeta_A$

㉰ $\zeta_A = \zeta_B$ ㉱ $|\zeta_A| = |\zeta_B|$

[해설] 감쇠비(ζ)는 그래프의 기울기가 적을수록 크다. 즉, 시스템 A보다 시스템 B의 감쇠비가 더 크다는 것을 알 수 있다.

[해답] 93. ㉮ 94. ㉮ 95. ㉯ 96. ㉰ 97. ㉰ 98. ㉮

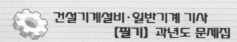

문제 99. 길이 l, 질량 m인 균일한 막대가 ω의 각속도로 회전하고 있다. 막대의 운동에너지는 얼마인가?

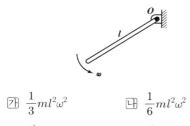

가 $\dfrac{1}{3}ml^2\omega^2$ 나 $\dfrac{1}{6}ml^2\omega^2$

다 $\dfrac{1}{12}ml^2\omega^2$ 라 $\dfrac{1}{24}ml^2\omega^2$

해설 $T = \dfrac{1}{2}J_0\omega^2 = \dfrac{1}{2}\left(\dfrac{m\ell^2}{3}\right)\omega^2 = \dfrac{1}{6}m\ell^2\omega^2$

문제 100. 20 m/s의 같은 속력으로 달리던 자동차 A, B가 교차로에서 직각으로 충돌되었다. 충돌 직후 자동차 A의 속력은 몇 m/s인가? (단, 자동차 A, B의 질량은 동일하며 반발계수 e =0.7, 마찰은 무시한다.)

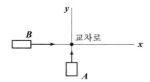

가 17.3 나 18.7
다 19.2 라 20.4

2015년 제1회 일반기계·건설기계설비 기사

제1과목 재료역학

문제 1. 균일 분포하중(q)을 받는 보가 그림과 같이 지지되어 있을 때, 전단력 선도는? (단, A지점은 핀, B지점은 롤러로 지지되어 있다.) 【6장】

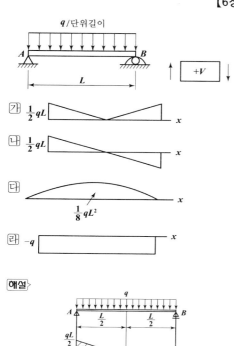

해설▷

문제 2. 높이 h, 폭 b인 직사각형 단면을 가진 보 A와 높이 b, 폭 h인 직사각형 단면을 가진 보 B의 단면 2차 모멘트의 비는?
(단, $h = 1.5b$) 【4장】

㉮ $1.5 : 1$ ㉯ $2.25 : 1$

㉰ $3.375 : 1$ ㉱ $5.06 : 1$

해설
$$I_A : I_B = \frac{bh^3}{12} : \frac{hb^3}{12}$$
$$= h^2 : b^2 = (1.5b)^2 : b^2$$
$$= 2.25 : 1$$

문제 3. 안지름 1 m, 두께 5 mm의 구형 압력 용기에 길이 15 mm 스트레인 게이지를 그림과 같이 부착하고, 압력을 가하였더니 게이지의 길이가 0.009 mm 만큼 증가했을 때, 내압 p의 값은? (단, $E = 200$ GPa, $\nu = 0.3$) 【2장】

㉮ 3.43 MPa   ㉯ 6.43 MPa

㉰ 13.4 MPa   ㉱ 16.4 MPa

해설▷ $\varepsilon_x = \dfrac{\sigma_x}{E} - \dfrac{\sigma_y}{mE} = \dfrac{\sigma}{E}(1 - \nu)$ 에서
$$\frac{\lambda}{\ell} = \frac{pd}{E \times 4t}(1 - \nu)$$
단, $\begin{cases} \sigma = \dfrac{pd}{4t} (\because 구형압력용기이므로) \\ \sigma_x = \sigma_y = \sigma \end{cases}$
$$\therefore p = \frac{4tE\lambda}{d\ell(1-\nu)} = \frac{4 \times 5 \times 200 \times 10^3 \times 0.009}{1000 \times 15 \times (1 - 0.3)}$$
$$= 3.43 \, \text{MPa}$$

정답 1. ㉯ 2. ㉯ 3. ㉮

문제 4. 비틀림 모멘트를 T, 극관성 모멘트를 I_P, 축의 길이를 L, 전단 탄성계수를 G라 할 때, 단위 길이당 비틀림각은? 【5장】

㉮ $\dfrac{TG}{I_P}$ 　　㉯ $\dfrac{T}{GI_P}$

㉰ $\dfrac{L^2}{I_P}$ 　　㉱ $\dfrac{T}{I_P}$

해설 $\theta = \dfrac{TL}{GI_P}$ 에서 $\therefore \dfrac{\theta}{L} = \dfrac{T}{GI_P}$

문제 5. 그림과 같이 자유단에 $M = 40\,\text{N·m}$의 모멘트를 받는 외팔보의 최대 처짐량은? (단, 탄성계수 $E = 200\,\text{GPa}$, 단면2차 모멘트 $I = 50\,\text{cm}^4$) 【8장】

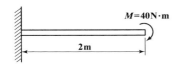

㉮ 0.08 cm

㉯ 0.16 cm

㉰ 8.00 cm

㉱ 10.67 cm

해설 $\delta_{\max} = \dfrac{M\ell^2}{2EI} = \dfrac{40 \times 2^2}{2 \times 200 \times 10^9 \times 50 \times 10^{-8}}$
$= 0.0008\,\text{m} = 0.08\,\text{cm}$

문제 6. 그림과 같은 보에서 발생하는 최대굽힘 모멘트는? 【6장】

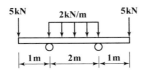

㉮ 2 kN·m

㉯ 5 kN·m

㉰ 7 kN·m

㉱ 10 kN·m

해설 우선, 양지점의 반력 $R = 7\,\text{kN}$
또한, 지점의 모멘트
　$M_1 = -5 \times 1 = |-5\,\text{kN·m}| = 5\,\text{kN·m}$
중앙점의 모멘트
　$M_2 = (-5 \times 2) + (7 \times 1) - (2 \times 1 \times 0.5)$
　$= |-4\,\text{kN·m}| = 4\,\text{kN·m}$
결국, $M_{\max} = M_1 = 5\,\text{kN·m}$

문제 7. 그림과 같이 전길이에 걸쳐 균일 분포하중 w를 받는 보에서 최대처짐 $\delta_{\max}$를 나타내는 식은? (단, 보의 굽힘강성 EI는 일정하다.) 【9장】

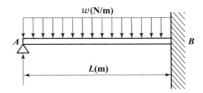

㉮ $\dfrac{wL^4}{64EI}$ 　　㉯ $\dfrac{wL^4}{128.5EI}$

㉰ $\dfrac{wL^4}{184.6EI}$ 　　㉱ $\dfrac{wL^4}{192EI}$

해설 $\delta_{\max} = \dfrac{wL^4}{185EI} = 0.0054\dfrac{wL^4}{EI}$

문제 8. 2축 응력에 대한 모어(Mohr)원의 설명으로 틀린 것은? 【3장】

㉮ 원의 중심은 원점의 상하 어디라도 놓일 수 있다.

㉯ 원의 중심은 원점좌우의 응력축상에 어디라도 놓일 수 있다.

㉰ 이 원에서 임의의 경사면상의 응력에 관한 가능한 모든 지식을 얻을 수 있다.

㉱ 공액응력 σ_n과 $\sigma_n{'}$의 합은 주어진 두 응력의 합 $\sigma_x + \sigma_y$와 같다.

해설 원의 중심은 원점을 제외한 원점좌우의 응력축상에 어디라도 놓일 수 있다.

해답 4. ㉯ 5. ㉮ 6. ㉯ 7. ㉰ 8. ㉮

문제 9. 안지름이 80 mm, 바깥지름이 90 mm이고 길이가 3 m인 좌굴 하중을 받는 파이프 압축 부재의 세장비는 얼마 정도인가? 【10장】

㉮ 100
㉯ 103
㉰ 110
㉱ 113

해설 우선,

$$K = \sqrt{\frac{I}{A}} = \sqrt{\frac{\frac{\pi}{64}(d_2^4 - d_1^4)}{\frac{\pi}{4}(d_2^2 - d_1^2)}}$$

$$= \sqrt{\frac{d_2^2 + d_1^2}{16}} = \sqrt{\frac{0.09^2 + 0.08^2}{16}}$$

$$= 0.03\,\text{m}$$

결국, $\lambda = \dfrac{\ell}{K} = \dfrac{3}{0.03} = 100$

문제 10. 주철제 환봉이 축방향 압축응력 40 MPa과 모든 반경방향으로 압축응력 10 MPa를 받는다. 탄성계수 E=100 GPa, 포아송비 ν=0.25, 환봉의 직경 d=120 mm, 길이 L=200 mm일 때, 실린더 체적의 변화량 ΔV는 몇 mm³인가? 【3장】

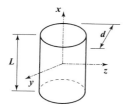

㉮ −121
㉯ −254
㉰ −428
㉱ −679

해설 σ_x, σ_y, σ_z가 작용하는 각 방향변형률은

$$\varepsilon_x = \frac{\sigma_x}{E} - \frac{\sigma_y}{mE} - \frac{\sigma_z}{mE} = \frac{\sigma_x}{E} - \frac{\mu}{E}(\sigma_y + \sigma_z)$$

$$\varepsilon_y = \frac{\sigma_y}{E} - \frac{\sigma_x}{mE} - \frac{\sigma_z}{mE} = \frac{\sigma_y}{E} - \frac{\mu}{E}(\sigma_x + \sigma_z)$$

$$\varepsilon_z = \frac{\sigma_z}{E} - \frac{\sigma_x}{mE} - \frac{\sigma_y}{mE} = \frac{\sigma_z}{E} - \frac{\mu}{E}(\sigma_x + \sigma_y)$$

따라서, 체적변형률은

$$\varepsilon_v = \frac{\Delta V}{V} = \varepsilon_x + \varepsilon_y + \varepsilon_z = \frac{\sigma_x + \sigma_y + \sigma_z}{E}(1 - 2\mu)$$

결국, $\Delta V = V\left[\left(\dfrac{\sigma_x + \sigma_y + \sigma_z}{E}\right)(1 - 2\mu)\right]$

$$= \frac{\pi \times 0.12^2}{4} \times 0.2 \left[\left(\frac{-40-10-10}{100 \times 10^3}\right)(1 - 2 \times 0.25)\right]$$

$$= -678 \times 10^{-9}\,\text{m}^3 = -678\,\text{mm}^3$$

문제 11. 최대 굽힘모멘트 8 kN·m를 받는 원형 단면의 굽힘응력을 60 MPa로 하려면 지름을 약 몇 cm로 해야 하는가? 【7장】

㉮ 1.11
㉯ 11.1
㉰ 3.01
㉱ 30.1

해설 $M = \sigma Z = \sigma \times \dfrac{\pi d^3}{32}$ 에서

$$\therefore d = \sqrt[3]{\frac{32 M_{max}}{\pi \sigma_a}} = \sqrt[3]{\frac{32 \times 8}{\pi \times 60 \times 10^3}} = 0.1107\,\text{m}$$

$$= 11.07\,\text{cm}$$

문제 12. 지름 10 mm 스프링강으로 만든 코일 스프링에 2 kN의 하중을 작용시켜 전단 응력이 250 MPa을 초과하지 않도록 하려면 코일의 지름을 어느 정도로 하면 되는가? 【5장】

㉮ 4 cm
㉯ 5 cm
㉰ 6 cm
㉱ 7 cm

해설 $T = \tau Z_P$에서

$$\tau = \frac{T}{Z_P} = \frac{16PR}{\pi d^3} = \frac{8PD}{\pi d^3} \leq 250 \times 10^3$$

$$D \leq \frac{\pi d^3}{8P} \times 250 \times 10^3$$

$$D \leq \frac{\pi \times 0.01^3}{8 \times 2} \times 250 \times 10^3$$

$$D \leq 0.049\,\text{m}$$

$$D \leq 4.9\,\text{cm}$$

결국, $D = 4$ cm

문제 13. 다음 그림 중 봉속에 저장된 탄성에너지가 가장 큰 것은? (단, $E = 2E_1$이다.) 【2장】

【해설】 $U = \dfrac{P^2 \ell}{2AE}$ 을 이용하여 각각 구한다.

문제 14. 지름이 25 mm이고 길이가 6 m인 강봉의 양쪽 단에 100 kN의 인장력이 작용하여 6 mm가 늘어났다. 이 때의 응력과 변형률은? (단, 재료는 선형 탄성 거동을 한다.) 【1장】

㉮ 203.7 MPa, 0.01

㉯ 203.7 kPa, 0.01

㉰ 203.7 MPa, 0.001

㉱ 203.7 kPa, 0.001

【해설】 우선, $\sigma_t = \dfrac{P}{A} = \dfrac{100 \times 10^{-3}}{\dfrac{\pi}{4} \times 0.025^2} = 203.7\,\text{MPa}$

또한, $\varepsilon = \dfrac{\lambda}{\ell} = \dfrac{6}{6000} = 0.001$

문제 15. 그림과 같은 트러스에서 부재 AB가 받고 있는 힘의 크기는 약 몇 N정도인가? 【1장】

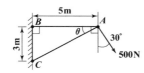

㉮ 781

㉯ 894

㉰ 972

㉱ 1081

【해설】 우선, $\tan\theta = \dfrac{3}{5}$에서

$\theta = \tan^{-1}\dfrac{3}{5} = 30.96°$

결국, 라미의 정리를 이용하면

$\dfrac{T_{AB}}{\sin 89.04°} = \dfrac{500}{\sin 30.96°}$에서

$\therefore\ T_{AB} = 971.795\,\text{N} \fallingdotseq 972\,\text{N}$

문제 16. 그림과 같이 두께가 20 mm, 외경이 200 mm인 원관을 고정벽으로부터 수평으로 4 m만큼 돌출시켜 물을 방출한다. 원관내에 물이 가득차서 방출될 때 자유단의 처짐은 몇 mm인가? (단, 원관 재료의 탄성계수 $E = 200$ GPa, 비중은 7.8이고 물의 밀도는 1000 kg/m^{3}이다.) 【8장】

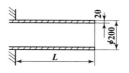

㉮ 9.66   ㉯ 7.66

㉰ 5.66   ㉱ 3.66

【해설】 우선, $w = (\gamma A)_{원관} + (\gamma A)_{물}$

$= (\gamma_{H_2O} SA)_{원관} + (\gamma_{H_2O} A)_{물}$

$= \left[9800 \times 7.8 \times \dfrac{\pi (0.2^2 - 0.16^2)}{4} \right] + \left[9800 \times \dfrac{\pi \times 0.16^2}{4} \right]$

$= 1061.6\,\text{N/m}$

결국, $\delta_{\max} = \dfrac{w\ell^4}{8EI} = \dfrac{1061.6 \times 4^4}{8 \times 200 \times 10^9 \times \dfrac{\pi(0.2^4 - 0.16^4)}{64}}$

$= 0.00366\,\text{m} = 3.66\,\text{mm}$

문제 17. 포아송의 비 0.3, 길이 3 m인 원형단면의 막대에 축방향의 하중이 가해진다. 이 막대의 표면에 원주방향으로 부착된 스트레인 게이지가 -1.5×10^{-4}의 변형률을 나타낼 때, 이 막대의 길이 변화로 옳은 것은? 【1장】

㉮ 0.135 mm 압축   ㉯ 0.135 mm 인장

㉰ 1.5 mm 압축   ㉱ 1.5 mm 인장

【해답】 **14.** ㉰ **15.** ㉰ **16.** ㉱ **17.** ㉱

해설 우선, $\mu = \dfrac{\varepsilon'}{\varepsilon}$ 에서

$$\varepsilon = \frac{\varepsilon'}{\mu} = \frac{1.5 \times 10^{-4}}{0.3} = 5 \times 10^{-4}$$

결국, $\varepsilon = \dfrac{\lambda}{\ell}$ 에서

$$\lambda = \varepsilon \ell = 5 \times 10^{-4} \times 3000 = 1.5\,\mathrm{mm}\,(인장)$$

여기서, 원주방향으로 부착된 스트레인게이지가 음 (−)의 값 즉, 압축이므로 막대의 길이변화는 인장 임을 알 수 있다.

문제 18. 탄성(elasticity)에 대한 설명으로 옳은 것은? 【1장】

㉮ 물체의 변형율을 표시하는 것

㉯ 물체에 작용하는 외력의 크기

㉰ 물체에 영구변형을 일어나게 하는 성질

㉱ 물체에 가해진 외력이 제거되는 동시에 원 형으로 되돌아가려는 성질

해설 탄성 : 물체에 외력의 크기가 탄성한도내에서 작용하면 변형을 일으키고, 외력이 제거되면 처음의 상태로 되돌아가려는 성질

문제 19. 직경이 d이고 길이가 L인 균일한 단 면을 가진 직선축이 전체 길이에 걸쳐 토크 t_0 가 작용할 때, 최대 전단응력은? 【5장】

㉮ $\dfrac{2t_0 L}{\pi d^3}$

㉯ $\dfrac{4t_0 L}{\pi d^3}$

㉰ $\dfrac{16t_0 L}{\pi d^3}$

㉱ $\dfrac{32t_0 L}{\pi d^3}$

해설 $T = \tau Z_P$ 에서 $\quad \tau_{\max} = \dfrac{T}{Z_P} = \dfrac{t_0 L}{\left(\dfrac{\pi d^3}{16}\right)} = \dfrac{16 t_0 L}{\pi d^3}$

문제 20. 길이가 L인 균일단면 막대기에 굽힘 모멘트 M이 그림과 같이 작용하고 있을 때, 막대에 저장된 탄성 변형 에너지는? (단, 막대기의 굽힘강성 EI는 일정하고, 단면 적은 A이다.) 【8장】

$$\left(\begin{array}{cc} M & M \\ \hline & L \end{array} \right)$$

㉮ $\dfrac{M^2 L}{2AE^2}$

㉯ $\dfrac{L^3}{4EI}$

㉰ $\dfrac{M^2 L}{2AE}$

㉱ $\dfrac{M^2 L}{2EI}$

해설 굽힘탄성에너지 $U = \dfrac{M^2 L}{2EI}$

제2과목 기계열역학

문제 21. 냉동 효과가 70 kW인 카르노 냉동기의 방열기 온도가 20 ℃, 흡열기 온도가 −10℃이 다. 이 냉동기를 운전하는데 필요한 이론 동력 (일률)은? 【9장】

㉮ 약 6.02 kW

㉯ 약 6.98 kW

㉰ 약 7.98 kW

㉱ 약 8.99 kW

해설 우선, $\varepsilon_r = \dfrac{T_{II}}{T_I - T_{II}} = \dfrac{263}{293 - 263} = 8.77$

결국, $\varepsilon_r = \dfrac{Q_2}{W_c}$ 에서

$$\therefore\ W_c = \frac{Q_2}{\varepsilon_r} = \frac{70}{8.77} \fallingdotseq 7.98\,\mathrm{kW}$$

문제 22. 저온 열원의 온도가 T_L, 고온 열원의 온도가 T_H인 두 열원 사이에서 작동하는 이 상적인 냉동 사이클의 성능계수를 향상시키는 방법으로 옳은 것은? 【9장】

㉮ T_L을 올리고 $(T_H - T_L)$을 올린다.

㉯ T_L을 올리고 $(T_H - T_L)$을 줄인다.

㉰ T_L을 내리고 $(T_H - T_L)$을 올린다.

㉱ T_L을 내리고 $(T_H - T_L)$을 줄인다.

예답 18. ㉱ 19. ㉰ 20. ㉱ 21. ㉰ 22. ㉯

해설〉 $\varepsilon_r = \dfrac{T_L}{T_H - T_L} = \dfrac{1}{\dfrac{T_H}{T_L} - 1}$ 에서 성능계수를 향상시

키려면 T_L은 올리고, T_H는 내린다.

문제 23. 대기압 하에서 물의 어는 점과 끓는 점 사이에서 작동하는 카르노 사이클(Carnot cycle) 열기관의 열효율은 약 몇 %인가? 【4장】

㉮ 2.7 ㉯ 10.5

㉰ 13.2 ㉱ 26.8

해설〉 $\eta_c = 1 - \dfrac{T_{II}}{T_I} = 1 - \dfrac{0 + 273}{100 + 273} = 0.268 = 26.8\,\%$

문제 24. 과열기가 있는 랭킨 사이클에 이상적인 재열사이클을 적용할 경우에 대한 설명으로 틀린 것은? 【7장】

㉮ 이상 재열사이클의 열효율이 더 높다.

㉯ 이상 재열사이클의 경우 터빈 출구 건도 가 증가한다.

㉰ 이상 재열사이클의 기기 비용이 더 많이 요구된다.

㉱ 이상 재열사이클의 경우 터빈 입구 온도 를 더 높일 수 있다.

해설〉 이상재열사이클의 경우 터빈출구의 온도를 더 높일 수 있다.

문제 25. 20 ℃의 공기(기체상수 $R = 0.287\,kJ/ kg \cdot K$, 정압비열 $C_P = 1.004\,kJ/kg \cdot K$) 3 kg이 압력 0.1 MPa에서 등압 팽창하여 부피가 두 배 로 되었다. 이 과정에서 공급된 열량은 대략 얼 마인가? 【3장】

㉮ 약 252 kJ

㉯ 약 833 kJ

㉰ 약 441 kJ

㉱ 약 1765 kJ

해설〉 우선, "정압과정"이므로 $\dfrac{V}{T} = C$

즉, $\dfrac{V_1}{T_1} = \dfrac{V_2}{T_2}$ 에서 $\dfrac{V_1}{293} = \dfrac{2\,V_1}{T_2}$

$\therefore\ T_2 = 586\,K$

결국, $_1Q_2 = m\,C_p\,(T_2 - T_1)$

$= 3 \times 1.004 \times (586 - 293) = 882.52\,kJ$

문제 26. 단열된 용기 안에 두 개의 구리 블록이 있다. 블록 A는 10 kg, 온도 300 k이고, 블록 B는 10 kg, 900 K이다. 구리의 비열은 0.4 kJ /kg · K일 때, 두 블록을 접촉시켜 열교환이 가 능하게 하고 장시간 놓아두어 최종 상태에서 두 구리 블록의 온도가 같아졌다. 이 과정 동안 시스템의 엔트로피 증가량(kJ/K)은? 【4장】

㉮ 1.15 ㉯ 2.04

㉰ 2.77 ㉱ 4.82

해설〉 우선, $m_A C_A(t_m - t_A) = m_B C_B(t_B - t_m)$ 에서

$10 \times 0.4 \times (t_m - 300) = 10 \times 0.4 \times (900 - t_m)$

$\therefore\ t_m = 600\,K$

또한, $\Delta S = m\,C\ell n\dfrac{T_2}{T_1}$ 을 이용하면

$\Delta S_1 = m\,C\ell n\dfrac{T_m}{T_A} = 10 \times 0.4 \times \ell n\dfrac{600}{300} = 2.77\,kJ/K$

$\Delta S_2 = m\,C\ell n\dfrac{T_B}{T_m} = 10 \times 0.4 \times \ell n\dfrac{900}{600} = 1.62\,kJ/K$

결국, $\Delta S = \Delta S_1 - \Delta S_2 = 2.77 - 1.62 = 1.15\,kJ/K$

문제 27. 오토사이클에 관한 설명 중 틀린 것은? 【8장】

㉮ 압축비가 커지면 열효율이 증가한다.

㉯ 열효율이 디젤사이클 보다 좋다.

㉰ 불꽃점화 기관의 이상사이클이다.

㉱ 열의 공급(연소)이 일정한 체적하에 일어 난다.

해설〉 · 내연기관사이클의 열효율 비교

① 가열량 및 압축비가 일정한 경우 : $\eta_o > \eta_s > \eta_d$

② 가열량 및 최고압력이 일정한 경우

: $\eta_o < \eta_s < \eta_d$

해답 **23.** ㉱ **24.** ㉱ **25.** ㉯ **26.** ㉮ **27.** ㉯

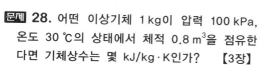

문제 28. 어떤 이상기체 1 kg이 압력 100 kPa, 온도 30 ℃의 상태에서 체적 0.8 m³을 점유한다면 기체상수는 몇 kJ/kg·K인가? 【3장】

㉮ 0.251 ㉯ 0.264

㉰ 0.275 ㉱ 0.293

해설 $pV = mRT$에서

$$\therefore R = \frac{pV}{mT} = \frac{100 \times 0.8}{1 \times 303} = 0.264 \, kJ/kg \cdot K$$

문제 29. 카르노 사이클에 대한 설명으로 옳은 것은? 【4장】

㉮ 이상적인 2개의 등온과정과 이상적인 2개의 정압과정으로 이루어진다.

㉯ 이상적인 2개의 정압과정과 이상적인 2개의 단열과정으로 이루어진다.

㉰ 이상적인 2개의 정압과정과 이상적인 2개의 정적과정으로 이루어진다.

㉱ 이상적인 2개의 등온과정과 이상적인 2개의 단열과정으로 이루어진다.

해설 카르노사이클

: 2개의 등온과정과 2개의 단열과정으로 이루어지는 가역이상 열기관 사이클로서 최고의 효율을 갖는다.

문제 30. 최고온도 1300 K와 최저온도 300 K 사이에서 작동하는 공기표준 Brayton 사이클의 열효율은 약 얼마인가? (단, 압력비는 9, 공기의 비열비는 1.4이다.) 【8장】

㉮ 30 % ㉯ 36 %

㉰ 42 % ㉱ 47 %

해설 $\eta_B = 1 - \left(\frac{1}{\gamma}\right)^{\frac{k-1}{k}} = 1 - \left(\frac{1}{9}\right)^{\frac{1.4-1}{1.4}} \fallingdotseq 0.47 = 47\%$

문제 31. 한 사이클 동안 열역학계로 전달되는 모든 에너지의 합은? 【2장】

㉮ 0이다.

㉯ 내부에너지 변화량과 같다.

㉰ 내부에너지 및 일량의 합과 같다.

㉱ 내부에너지 및 전달열량의 합과 같다.

해설 에너지 보존의 법칙에서 상태변화 전, 후의 에너지 변화의 총합은 같다.
즉, 이것을 더하면 항상 0이 된다.

문제 32. 전동기에 브레이크를 설치하여 출력 시험을 하는 경우, 축 출력 10 kW의 상태에서 1시간 운전을 하고, 이때 마찰열을 20 ℃의 주위에 전할 때 주위의 엔트로피는 어느 정도 증가하는가? 【4장】

㉮ 123 kJ/K ㉯ 133 kJ/K

㉰ 143 kJ/K ㉱ 153 kJ/K

해설 $\Delta S = \frac{{}_1Q_2}{T} = \frac{10 \times 3600}{(20 + 273)} = 122.87 \fallingdotseq 123 \, kJ/K$

〈참고〉 1 kWh = 3600 kJ

문제 33. 밀폐계에서 기체의 압력이 500 kPa로 일정하게 유지되면서 체적이 0.2 m³에서 0.7 m³로 팽창하였다. 이 과정 동안에 내부에너지의 증가가 60 kJ이라면 계가 한 일은? 【2장】

㉮ 450 kJ ㉯ 350 kJ

㉰ 250 kJ ㉱ 150 kJ

해설 ${}_1W_2 = P(V_2 - V_1) = 500(0.7 - 0.2) = 250 \, kJ$

문제 34. 성능계수(COP)가 0.8인 냉동기로서 7200 kJ/h로 냉동하려면, 이에 필요한 동력은? 【9장】

㉮ 약 0.9 kW

㉯ 약 1.6 kW

㉰ 약 2.0 kW

㉱ 약 2.5 kW

해답 28. ㉯ 29. ㉱ 30. ㉱ 31. ㉮ 32. ㉮ 33. ㉰ 34. ㉱

해설▷ $1\,\text{kW} = 3600\,\text{kJ/hr}$ 이므로

$\varepsilon_r = \dfrac{Q_2}{W_c}$ 에서

$\therefore\ W_c = \dfrac{Q_2}{\varepsilon_r} = \dfrac{7200}{0.8}\,\text{kJ/hr}$

$= \dfrac{7200}{0.8 \times 3600}\,\text{kW}$

$= 2.5\,\text{kW}$

문제 **35.** 대기압 하에서 물질의 질량이 같을 때 엔탈피의 변화가 가장 큰 경우는? 【6장】

㉮ 100℃ 물이 100℃ 수증기로 변화

㉯ 100℃ 공기가 200℃ 공기로 변화

㉰ 90℃ 물이 91℃ 물로 변화

㉱ 80℃ 공기가 82℃ 공기로 변화

해설▷ ·엔탈피(H) : 열량을 공급받는 동작유체에 있어서 내부에너지(U)와 유동에너지(PV)의 합을 말한다.
　　　즉, $H = U + PV$
여기서, 엔탈피가 가장 큰 것은 100℃의 물이 100℃의 수증기로 변화할 때의 유동에너지 즉, 증발열이다.

문제 **36.** 증기압축 냉동기에는 다양한 냉매가 사용된다. 이러한 냉매의 특징에 대한 설명으로 틀린 것은? 【9장】

㉮ 냉매는 냉동기의 성능에 영향을 미친다.

㉯ 냉매는 무독성, 안정성, 저가격 등의 조건을 갖추어야 한다.

㉰ 우수한 냉매로 알려져 널리 사용되던 염화불화 탄화수소(CFC) 냉매는 오존층을 파괴한다는 사실이 밝혀진 이후 사용이 제한되고 있다.

㉱ 현재 CFC 냉매 대신에 $R-12(CCl_2F_2)$가 냉매로 사용되고 있다.

해설▷ CFC(염화불화탄소)는 오존층을 파괴하는 주범으로 현재 대체 냉매로 HFC(수소화불화탄소)가 사용되고 있다.

문제 **37.** 난방용 열펌프가 저온 물체에서 1500 kJ/h의 열을 흡수하여 고온 물체에 2100 kJ/h로 방출한다. 이 열펌프의 성능계수는? 【9장】

㉮ 2.0 ㉯ 2.5

㉰ 3.0 ㉱ 3.5

해설▷ $\varepsilon_h = \dfrac{T_{\text{I}}}{T_{\text{I}} - T_{\text{II}}} = \dfrac{q_1}{q_1 - q_2} = \dfrac{2100}{2100 - 1500} = 3.5$

문제 **38.** 밀폐 시스템의 가역 정압 변화에 관한 다음 사항 중 옳은 것은?
(단, U : 내부에너지, Q : 전달열, H : 엔탈피, V : 체적, W : 일이다.) 【3장】

㉮ $dU = dQ$ ㉯ $dH = dQ$

㉰ $dV = dQ$ ㉱ $dW = dQ$

해설▷ $\delta q = dh - Avdp$ 에서 "정압"이므로
　　$p = c$ 즉, $dp = 0$
결국, $\delta q = dh$ 또는 $\delta Q = dH$

문제 **39.** 물질의 양을 1/2로 줄이면 강도성(강성적) 상태량의 값은? 【1장】

㉮ 1/2로 줄어든다.

㉯ 1/4로 줄어든다.

㉰ 변화가 없다.

㉱ 2배로 늘어난다.

해설▷ ·상태량의 종류
① 강도성 상태량 : 물질의 질량에 관계없이 그 크기가 결정되는 상태량
　예) 온도, 압력, 비체적, 밀도
② 종량성 상태량 : 물질의 질량에 따라 그 크기가 결정되는 상태량
　예) 내부에너지, 엔탈피, 엔트로피, 체적, 질량

문제 **40.** 온도 T_1의 고온열원으로부터 온도 T_2의 저온열원으로 열량 Q가 전달될 때 두 열원의 총 에너지 변화량을 옳게 표현한 것은?
【4장】

해답 **35.** ㉮ **36.** ㉱ **37.** ㉱ **38.** ㉯ **39.** ㉰ **40.** ㉮

$$\text{가} -\frac{Q}{T_1}+\frac{Q}{T_2} \qquad \text{나} \frac{Q}{T_1}-\frac{Q}{T_2}$$

$$\text{다} \frac{Q(T_1+T_2)}{T_1 \cdot T_2} \qquad \text{라} \frac{T_1-T_2}{Q(T_1 \cdot T_2)}$$

[해설] $\Delta S = S_2 - S_1 = \dfrac{Q}{T_2} - \dfrac{Q}{T_1} = Q\left(\dfrac{T_1-T_2}{T_1 T_2}\right)$

제3과목 기계유체역학

[문제] **41.** 파이프 내에 점성유체가 흐른다. 다음 중 파이프 내의 압력 분포를 지배하는 힘은? 【7장】

㉮ 관성력과 중력

㉯ 관성력과 표면장력

㉰ 관성력과 탄성력

㉱ 관성력과 점성력

[해설] 원관(Pipe)운동에서의 무차원수는 레이놀즈수이다.

즉, 레이놀즈수 $Re = \dfrac{\text{관성력}}{\text{점성력}}$

[문제] **42.** 역학적 상사성(相似性)이 성립하기 위해 프루드(Froude)수를 같게 해야 되는 흐름은? 【7장】

㉮ 점성 계수가 큰 유체의 흐름

㉯ 표면 장력이 문제가 되는 흐름

㉰ 자유표면을 가지는 유체의 흐름

㉱ 압축성을 고려해야 되는 유체의 흐름

[해설] 프루우드(Froude)수는 수차, 선박의 파고저항 (wave drag), 조파저항, 개수로, 댐공사, 강에서의 모형실험, 수력도약 등의 자유표면을 갖는 모형실험에 있어서 매우 중요한 무차원수이다.

[문제] **43.** 비중이 0.8인 오일을 직경이 10 cm인 수평원관을 통하여 1 km 떨어진 곳까지 수송하려고 한다. 유량이 0.02 m³/s, 동점성계수가 2×10^{-4} m²/s라면 관 1 km에서의 손실 수두는 약 얼마인가? 【6장】

㉮ 33.2 m ㉯ 332 m

㉰ 16.6 m ㉱ 166 m

[해설] $Q=AV$ 에서 $\quad V=\dfrac{Q}{A}=\dfrac{0.02}{\dfrac{\pi}{4}\times 0.1^2}=2.55\,\text{m/s}$

$Re=\dfrac{Vd}{\nu}=\dfrac{2.55\times0.1}{2\times10^{-4}}=1275$

$f=\dfrac{64}{Re}=\dfrac{64}{1275}=0.05$

$\therefore\ h_\ell=f\dfrac{\ell}{d}\dfrac{V^2}{2g}=0.05\times\dfrac{1000}{0.1}\times\dfrac{2.55^2}{2\times9.8}$

$\qquad =165.88 \fallingdotseq 166\,\text{m}$

[문제] **44.** 지름 20 cm인 구의 주위에 밀도가 1000 kg/m³, 점성계수는 1.8×10^{-3} Pa·s인 물이 2 m/s의 속도로 흐르고 있다. 항력계수가 0.2인 경우 구에 작용하는 항력은 약 몇 N인가? 【5장】

㉮ 12.6 ㉯ 200

㉰ 0.2 ㉱ 25.12

[해설] $D=C_D\dfrac{\rho V^2}{2}A=0.2\times\dfrac{1000\times2^2}{2}\times\dfrac{\pi\times0.2^2}{4}$

$\qquad \fallingdotseq 12.6\,\text{N}$

[문제] **45.** 산 정상에서의 기압은 93.8 kPa이고, 온도는 11 ℃이다. 이때 공기의 밀도는 약 몇 kg/m³인가? (단, 공기의 기체상수는 287 J/kg·℃이다.) 【1장】

㉮ 0.00012 ㉯ 1.15

㉰ 29.7 ㉱ 1150

[해설] $\rho=\dfrac{p}{RT}=\dfrac{93.8\times10^3}{287\times284}$

$\qquad =1.15\,\text{N}\cdot\text{S}^2/\text{m}^4(=\text{kg/m}^3)$

[해답] **41.** ㉱ **42.** ㉰ **43.** ㉱ **44.** ㉮ **45.** ㉯

문제 46. 다음 중 유동장에 입자가 포함되어 있어야 유속을 측정할 수 있는 것은? 【10장】

㉮ 열선속도계
㉯ 정압피토관
㉰ 프로펠러 속도계
㉱ 레이저 도플러 속도계

해설 레이저 도플러 속도계

 : 레이저광의 도플러 효과에 의한 속도계를 말하며 도플러 효과란 운동하는 물체로부터 산란되는 빛의 주파수가 물체의 운동속도에 따라 입사광의 주파수에서 시프트하는 현상을 말한다.

 이 원리를 이용하여 관속을 흐르는 물이나 공기에 미립자를 혼입시켜 그 유속을 측정하는 장치가 레이저 도플러 속도계이다.

문제 47. 비중이 0.8인 기름이 지름 80 mm인 곧은 원관 속을 90 L/min로 흐른다. 이때의 레이놀즈수는 약 얼마인가? (단, 이 기름의 점성계수는 5×10^{-4} kg/(s·m)이다.) 【5장】

㉮ 38200
㉯ 19100
㉰ 3820
㉱ 1910

해설 우선, $Q = AV$에서

$$V = \frac{Q}{A} = \frac{\left(\frac{90 \times 10^{-3}}{60}\right)}{\frac{\pi}{4} \times 0.08^2} = 0.298\,\text{m/s}$$

결국, $Re = \frac{\rho V d}{\mu} = \frac{800 \times 0.298 \times 0.08}{5 \times 10^{-4}} = 38144$

문제 48. 그림과 같은 노즐에서 나오는 유량이 0.078 m^3/s일 때 수위(H)는 얼마인가? (단, 노즐 출구의 안지름은 0.1 m이다.) 【3장】

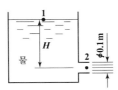

㉮ 5 m
㉯ 10 m
㉰ 0.5 m
㉱ 1 m

해설 $Q = A_2 V_2$에서

$$V_2 = \frac{Q}{A_2} = \frac{0.078}{\frac{\pi}{4} \times 0.1^2} = 9.93\,\text{m/s}$$

결국, $V_2 = \sqrt{2gH}$에서

$$\therefore H = \frac{V_2^2}{2g} = \frac{9.93^2}{2 \times 9.8} = 5\,\text{m}$$

문제 49. 정지상태의 거대한 두 평판 사이로 유체가 흐르고 있다. 이 때 유체의 속도분포(u)가 $u = V\left[1 - \left(\frac{y}{h}\right)^2\right]$일 때, 벽면 전단응력은 약 몇 N/$\text{m}^2$인가? (단, 유체의 점성계수는 4 N·s/$\text{m}^2$이며, 평균속도 V는 0.5 m/s, 유로 중심으로부터 벽면까지의 거리 h는 0.01 m이며, 속도 분포는 유체 중심으로부터의 거리(y)의 함수이다.) 【1장】

㉮ 200
㉯ 300
㉰ 400
㉱ 500

해설 우선, $u = V\left(1 - \frac{y^2}{h^2}\right) = V - \frac{Vy^2}{h^2}$에서

$$\frac{du}{dy}\bigg|_{y=-h} = -\frac{2Vy}{h^2}\bigg|_{y=-h} = \frac{2V}{h} = \frac{2 \times 0.5}{0.01}$$
$$= 100\,(1/\text{s})$$

결국, $\tau = \mu \frac{du}{dy} = 4 \times 100 = 400\,\text{N/m}^2$

문제 50. 검사체적에 대한 설명으로 옳은 것은? 【3장】

㉮ 검사체적은 항상 직육면체로 이루어진다.
㉯ 검사체적은 공간상에서 등속 이동하도록 설정해도 무방하다.
㉰ 검사체적내의 질량은 변화하지 않는다.
㉱ 검사체적을 통해서 유체가 흐를 수 없다.

해설 검사체적이란 시간에 따라 변하지 않는 공간을 말한다.
즉, 부피만이 고정된 것이며 다른 물리량(질량, 운동량, 에너지 등)은 유동적인 공간을 말한다.

애답 46. ㉱ 47. ㉮ 48. ㉮ 49. ㉰ 50. ㉯

문제 51. 다음 중 기체상수가 가장 큰 기체는?

【1장】

㉮ 산소　　　　　　　㉯ 수소
㉰ 질소　　　　　　　㉱ 공기

해설 $R = \dfrac{8314}{m}$ 이므로 분자량(m)이 작을수록 기체상수(R)는 크다.

문제 52. 그림과 같이 큰 댐 아래에 터빈이 설치되어 있을 때, 마찰손실 등을 무시한 최대 발생 가능한 터빈의 동력은 약 얼마인가? (단, 터빈 출구관의 안지름은 1 m이고, 수면과 터빈 출구관 중심까지의 높이차는 20 m이며, 출구속도는 10 m/s이고, 출구압력은 대기압이다.)

【3장】

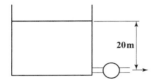

㉮ 1150 kW　　　　　㉯ 1930 kW
㉰ 1540 kW　　　　　㉱ 2310 kW

해설 우선, $\dfrac{p_A^{\nearrow 0}}{\gamma} + \dfrac{V_A^{\nearrow 0}}{2g} + Z_1 = \dfrac{p_2^{\nearrow 0}}{\gamma} + \dfrac{V_2^2}{2g} + Z_2 + H_T$ 에서

$\therefore H_T = (Z_1 - Z_2) - \dfrac{V_2^2}{2g} = 20 - \dfrac{10^2}{2 \times 9.8} = 14.9\,\text{m}$

결국, 동력 $P = \gamma Q H_T = \gamma A V H_T$

$\qquad = 9.8 \times \dfrac{\pi \times 1^2}{4} \times 10 \times 14.9$

$\qquad = 1146.84\,\text{kW}$

문제 53. 경계층 내의 무차원 속도분포가 경계층 끝에서 속도 구배가 없는 2차원 함수로 주어졌을 때 경계층의 배제두께(δ_t)와 경계층 두께(δ)의 관계로 올바른 것은?

【5장】

㉮ $\delta_t = \delta$　　　　　㉯ $\delta_t = \dfrac{\delta}{2}$

㉰ $\delta_t = \dfrac{\delta}{3}$　　　　　㉱ $\delta_t = \dfrac{\delta}{4}$

해설 속도구배가 1차함수로 주어졌을 때 : $\delta_t = \dfrac{\delta}{2}$

속도구배가 2차함수로 주어졌을 때 : $\delta_t = \dfrac{\delta}{3}$

여기서, δ_t : 배제두께,
　　　　δ : 경계층두께

문제 54. 2차원 직각좌표계(x, y)에서 속도장이 다음과 같은 유동이 있다. 유동장 내의 점 (L, L)에서의 유속의 크기는? (단, $\vec{i}$, $\vec{j}$는 각각 x, y방향의 단위벡터를 나타낸다.)

【3장】

$$\vec{V}(x,\ y) = \dfrac{U}{L}(-x\vec{i} + y\vec{j})$$

㉮ 0　　　　　　　　㉯ U
㉰ $2U$　　　　　　　㉱ $\sqrt{2}\,U$

해설 $\vec{V} = \nabla\phi = \dfrac{\partial\phi}{\partial x}\vec{i} + \dfrac{\partial\phi}{\partial y}\vec{j}$　단, ϕ : 속도포텐셜

우선, x방향의 유속 : $\dfrac{\partial\phi}{\partial x} = -\dfrac{U}{L}x = -\dfrac{U}{L} \times L = -U$

또한, y방향의 유속 : $\dfrac{\partial\phi}{\partial y} = \dfrac{U}{L}y = \dfrac{U}{L} \times L = U$

결국, 유속 $V = \sqrt{U^2 + U^2} = \sqrt{2}\,U$

문제 55. 그림과 같은 수문에서 멈춤장치 A가 받는 힘은 약 몇 kN인가? (단, 수문의 폭은 3 m이고, 수은의 비중은 13.6이다.)

【2장】

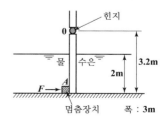

멈춤장치　　　폭 : 3m

해답 **51.** ㉯　**52.** ㉮　**53.** ㉰　**54.** ㉱　**55.** ㉰

㉮ 37 ㉯ 510
㉰ 586 ㉱ 879

해설 우선, 물에 의한 전압력 F_1은
$$F_1 = \gamma_{H_2O}\bar{h}A = 9.8 \times 1 \times 2 \times 3 = 58.5\,\mathrm{kN}$$
또한, 수은에 의한 전압력 F_2는
$$F_2 = \gamma_{Hg}\bar{h}A = \gamma_{H_2O}S_{Hg}\bar{h}A = 9.8 \times 13.6 \times 1 \times 2 \times 3$$
$$= 799.68\,\mathrm{kN}$$
결국, 힌지를 기준으로 모멘트를 성립시키면
$$\sum M_0 = 0$$
즉, $F_1 \times \left(1.2 + 2 \times \dfrac{2}{3}\right) + F \times 3.2 = F_2 \times \left(1.2 + 2 \times \dfrac{2}{3}\right)$
$$\therefore\ F = 586.45\,\mathrm{kN}$$

문제 56. 용기에 너비 4 m, 깊이 2 m인 물이 채워져 있다. 이 용기가 수직 상방향으로 9.8 m/s² 로 가속될 때, B점과 A점의 압력차 $P_B - P_A$는 몇 kPa인가? 【2장】

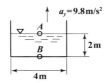

㉮ 9.8 ㉯ 19.6
㉰ 39.2 ㉱ 78.4

해설 $P_B - P_A = \gamma h\left(1 + \dfrac{a_y}{g}\right) = 9.8 \times 2 \times \left(1 + \dfrac{9.8}{9.8}\right)$
$$= 39.2\,\mathrm{kPa}$$

문제 57. 프로펠러 이전 유속을 u_0, 이후 유속을 u_2라 할 때 프로펠러의 추진력 F는 얼마인가? (단, 유체의 밀도와 유량 및 비중량을 ρ, Q, γ라 한다.) 【4장】

㉮ $F = \rho Q(u_2 - u_0)$ ㉯ $F = \rho Q(u_0 - u_2)$
㉰ $F = \gamma Q(u_2 - u_0)$ ㉱ $F = \gamma Q(u_0 - u_2)$

해설 프로펠러의 추력 $F = \rho Q(V_2 - V_1)$
여기서, 유량 $Q = AV = \dfrac{\pi D^2}{4} \times \dfrac{V_1 + V_2}{2}$

문제 58. 2차원 비압축성 정상류에서 x, y의 속도 성분이 각각 $u = 4y$, $v = 6x$로 표시될 때, 유선의 방정식은 어떤 형태를 나타내는가? 【2장】

㉮ 직선 ㉯ 포물선
㉰ 타원 ㉱ 쌍곡선

해설 유선의 방정식은 $\dfrac{dx}{u} = \dfrac{dy}{v}$ 이므로
만약, $u = ay$, $v = bx$라 하면
$$\dfrac{dx}{ay} = \dfrac{dy}{bx} \quad 즉, \ bxdx - aydy = 0$$
양변을 적분하면
$$bx^2 - ay^2 = 0$$
여기서, a와 b가 같은 부호일 때는 쌍곡선이 되고,
a와 b가 다른 부호일 때는 타원이 된다.

문제 59. 반지름 3 cm, 길이 15 m, 관마찰계수 0.025인 수평원관 속을 물이 난류로 흐를 때 관 출구와 입구의 압력차가 9810 Pa이면 유량은? 【6장】

㉮ $5.0\,\mathrm{m^3/s}$ ㉯ $5.0\,\mathrm{L/s}$
㉰ $5.0\,\mathrm{cm^3/s}$ ㉱ $0.5\,\mathrm{L/s}$

해설 우선, $h_\ell = \dfrac{\Delta p}{\gamma} = \dfrac{9810}{9800} \fallingdotseq 1\,\mathrm{m}$
또한, $h_\ell = f\dfrac{\ell}{d}\dfrac{V^2}{2g}$ 에서
$$V = \sqrt{\dfrac{2gdh_\ell}{f\ell}} = \sqrt{\dfrac{2 \times 9.8 \times 0.06 \times 1}{0.025 \times 15}} = 1.77\,\mathrm{m/s}$$
결국, $Q = AV = \pi r^2 V = \pi \times 0.03^2 \times 1.77$
$$= 0.005\,\mathrm{m^3/s} = 5\,\ell/s$$

문제 60. 다음 중 점성계수 μ의 차원으로 옳은 것은? (단, M: 질량, L: 길이, T: 시간이다.) 【1장】

㉮ $ML^{-1}T^{-2}$ ㉯ $ML^{-2}T^{-2}$
㉰ $ML^{-1}T^{-1}$ ㉱ $ML^{-2}T$

해설 $1\,\mathrm{poise} = \dfrac{1}{10}\,\mathrm{N \cdot S/m^2} = [FL^{-2}T]$
$$= [MLT^{-2}L^{-2}T] = [ML^{-1}T^{-1}]$$

해답 56. ㉰ 57. ㉮ 58. ㉱ 59. ㉯ 60. ㉰

제4과목 기계재료 및 유압기기

문제 61. 탄소강에 함유된 인(P)의 영향을 바르게 설명한 것은?

㉮ 강도와 경도를 감소시킨다.
㉯ 결정립을 미세화시킨다.
㉰ 연신율을 증가시킨다.
㉱ 상온 취성의 원인이 된다.

> **해설** · 인(P)의 영향
> ① 강도, 경도를 증가시켜 상온취성의 원인이 됨
> ② 제강시 편석을 일으키며, 담금균열의 원인이 됨
> ③ 주물의 경우 기포를 줄이는 작용을 함
> ④ 결정립을 조대화시킨다.

문제 62. 심냉(sub-zero)처리의 목적의 설명으로 옳은 것은?

㉮ 자경강에 인성을 부여하기 위함
㉯ 급열·급냉시 온도 이력현상을 관찰하기 위함
㉰ 항온 담금질하여 베이나이트 조직을 얻기 위함
㉱ 담금질 후 시효변형을 방지하기 위해 잔류 오스테나이트를 마텐자이트 조직으로 얻기 위함

> **해설** 심냉(Sub-Zero)처리
> : 담금질된 잔류오스테나이트(A)를 0 ℃ 이하의 온도로 냉각시켜 마텐자이트(M)화 하는 열처리

문제 63. 합금과 특성의 관계가 옳은 것은?

㉮ 규소강 : 초내열성
㉯ 스텔라이트(stellite) : 자성
㉰ 모넬금속(monel metal) : 내식용
㉱ 엘린바(Fe-Ni-Cr) : 내화학성

> **해설** · 모넬메탈(monel metal)

① Cu-Ni 65~70 % 함유
② 내열성, 내식성, 내마멸성, 연신율이 크다.

문제 64. 일정 중량의 추를 일정 높이에서 떨어뜨려 그 반발하는 높이로 경도를 나타내는 방법은?

㉮ 브리넬 경도시험   ㉯ 로크웰 경도시험
㉰ 비커즈 경도시험   ㉱ 쇼어 경도시험

> **해설** 쇼어경도시험 : 압입체를 사용하지 않고, 낙하체를 이용하는 반발경도시험법

문제 65. 표준형 고속도 공구강의 주성분으로 옳은 것은?

㉮ 18% W, 4% Cr, 1% V, 0.8~0.9% C
㉯ 18% C, 4% Mo, 1% V, 0.8~0.9% Cu
㉰ 18% W, 4% V, 1% Ni, 0.8~0.9% C
㉱ 18% C, 4% Mo, 1% Cr, 0.8~0.9% Mg

> **해설** 표준형 고속도강
> : 0.8%C+18(W, 18%)-4(Cr, 4%)-1(V, 1%)

문제 66. 다음 중 ESD(Extra Super Duralumin) 합금계는?

㉮ Al-Cu-Zn-Ni-Mg-Co
㉯ Al-Cu-Zn-Ti-Mn-Co
㉰ Al-Cu-Sn-Si-Mn-Cr
㉱ Al-Cu-Zn-Mg-Mn-Cr

> **해설** 초초두랄루민(Extra super duralumin, ESD)
> : Al-Cu-Mg-Mn-Zn-Cr계 합금, 항공기 재료

문제 67. 금형재료로서 경도와 내마모성이 우수하고 대량 생산에 적합한 소결합금은?

㉮ 주철   ㉯ 초경합금
㉰ Y합금강   ㉱ 탄소공구강

정답 61. ㉱ 62. ㉱ 63. ㉰ 64. ㉱ 65. ㉮ 66. ㉱ 67. ㉯

해설> 초경합금
: 금속탄화물(WC, Tic, TaC)을 Co분말과 혼합하여 프레스로 성형한 뒤 고온에서 소결하는 것으로 고온, 고속절삭에 있어서 높은 경도를 유지한다.

문제 68. 조선 압연판으로 쓰이는 것으로 편석과 불순물이 적은 균질의 강은?

㉮ 림드강 ㉯ 킬드강
㉰ 캡트강 ㉱ 세미킬드강

해설> 킬드강(killed steel)
: 노 속이나 쇳물바가지에서 페로실리콘(Fe-Si) 또는 알루미늄(Al) 등의 강력한 탈산제를 첨가하여 충분히 탈산시킨 완전탈산강으로 주형에 주입하면 조용히 응고한다.
기포나 편석은 없으나 표면에 수소가스에 의해 머리칼모양의 미세한 균열인 헤어크랙이 생기기 쉬우며, 또한 상부에 수축공이 생기기 쉽다.

문제 69. Fe-C 상태도에서 온도가 가장 낮은 것은?

㉮ 공석점 ㉯ 포정점
㉰ 공정점 ㉱ 순철의 자기변태점

해설> 공석점(723 ℃), 순철의 자기변태점(768 ℃), 공정점(1130 ℃), 포정점(1495 ℃)

문제 70. 특수강에서 합금원소의 영향에 대한 설명으로 옳은 것은?

㉮ Ni은 결정입자의 조절
㉯ Si는 인성 증가, 저온 충격 저항 증가
㉰ V, Ti는 전자기적 특성, 내열성 우수
㉱ Mn, W은 고온에 있어서의 경도와 인장 강도 증가

해설> ① Ni : 강인성, 내식성, 내산성을 증가, 담금질성 증대, 페라이트 조직 안정화
② Si : 적은 양은 다소 경도와 인장강도를 증가시키고, 함유량이 많아지면 내식성과 내열성을 증가시키며 전자기적 성질을 개선한다.

③ V : 몰리브덴(Mo)과 비슷한 성질이나 경화능은 Mo보다 훨씬 크다.
④ Ti : Si, V와 비슷하며, 입자사이의 부식에 대한 저항을 증가시켜 탄화물을 만들기 쉽다.

문제 71. 다음 중 펌프에서 토출된 유량의 맥동을 흡수하고, 토출된 압유를 축적하여 간헐적으로 요구되는 부하에 대해서 압유를 방출하여 펌프를 소경량화 할 수 있는 기기는?

㉮ 필터 ㉯ 스트레이너
㉰ 오일 냉각기 ㉱ 어큐뮬레이터

해설> 축압기(Accumulator)
: 유압회로 중에서 기름이 누출될 때 기름 부족으로 압력이 저하되지 않도록 누출된 양만큼 기름을 보급해주는 작용을 하며, 갑작스런 충격압력을 예방하는 역할을 하는 안전보장장치이다.

문제 72. 펌프의 토출 압력 3.92 MPa, 실제 토출 유량은 50 ℓ/min이다. 이때 펌프의 회전수는 1000 rpm, 소비동력은 3.68 kW라고 하면 펌프의 전효율은 얼마인가?

㉮ 80.4 % ㉯ 84.7 %
㉰ 88.8 % ㉱ 92.2 %

해설> $L_p = \dfrac{pQ}{\eta_p}$ 에서

$$\therefore \eta_p = \frac{pQ}{L_p} = \frac{3.92 \times \dfrac{50 \times 10^{-3}}{60}}{3.68} = 0.888 = 88.8\,\%$$

문제 73. 배관용 플랜지 등과 같이 정지 부분의 밀봉에 사용되는 실(seal)의 총칭으로 정지용 실이라고도 하는 것은?

㉮ 초크(choke) ㉯ 개스킷(gasket)
㉰ 패킹(packing) ㉱ 슬리브(sleeve)

해설> ① 개스킷(gasket) : 고정부분에 사용되는 실(seal)
② 패킹(packing) : 운동부분에 사용되는 실(seal)

해답 **68.** ㉯ **69.** ㉮ **70.** ㉱ **71.** ㉱ **72.** ㉰ **73.** ㉯

문제 74. 액추에이터에 관한 설명으로 가장 적합한 것은?

㉮ 공기 베어링의 일종이다.

㉯ 전기에너지를 유체에너지로 변환시키는 기기이다.

㉰ 압력에너지를 속도에너지로 변화시키는 기기이다.

㉱ 유체에너지를 이용하여 기계적인 일을 하는 기기이다.

해설〉 액추에이터

: 유압펌프에 의하여 공급되는 유체의 압력에너지를 회전운동(유압모터) 및 직선왕복운동(유압실린더) 등의 기계적인 에너지로 변환시키는 기기
즉, 유압을 일로 바꾸는 장치

문제 75. 점성계수(coefficient of viscosity)는 기름의 중요 성질이다. 점성이 지나치게 클 경우 유압기기에 나타나는 현상이 아닌 것은?

㉮ 유동저항이 지나치게 커진다.

㉯ 마찰에 의한 동력손실이 증대된다.

㉰ 부품 사이에 윤활작용을 하지 못한다.

㉱ 밸브나 파이프를 통과할 때 압력손실이 커진다.

해설〉 ·점도가 너무 높을 경우의 영향
① 동력손실증가로 기계효율의 저하
② 소음이나 공동현상 발생
③ 유동저항의 증가로 인한 압력손실의 증대
④ 내부마찰의 증대에 의한 온도의 상승
⑤ 유압기기 작동의 불활발

문제 76. 길이가 단면 치수에 비해서 비교적 짧은 죔구(restriction)는?

㉮ 초크(choke)

㉯ 오리피스(orifice)

㉰ 벤트 관로(vent line)

㉱ 휨 관로(flexible line)

해설〉 ① 초크(choke) : 면적을 감소시킨 통로로서 그 길이가 단면치수에 비해서 비교적 긴 경우의 흐름의 조임

② 오리피스(orifice) : 면적을 감소시킨 통로로서 그 길이가 단면치수에 비해서 비교적 짧은 경우의 흐름의 조임

문제 77. 유압모터의 종류가 아닌 것은?

㉮ 나사 모터

㉯ 베인 모터

㉰ 기어 모터

㉱ 회전피스톤 모터

해설〉 유압모터 : 기어형, 베인형, 회전피스톤형

문제 78. 피스톤 부하가 급격히 제거되었을 때 피스톤이 급진하는 것을 방지하는 등의 속도 제어회로로 가장 적합한 것은?

㉮ 증압 회로

㉯ 시퀀스 회로

㉰ 언로드 회로

㉱ 카운터 밸런스 회로

해설〉 카운터밸런스회로

: 실린더의 부하가 급히 감소하더라도 피스톤이 급진하는 것을 방지하거나 자유낙하하는 것을 방지하기 위해 실린더 기름탱크의 귀환쪽에 일정한 배압을 유지하는 회로

문제 79. 다음 중 상시 개방형 밸브는?

㉮ 감압 밸브

㉯ 언로드 밸브

㉰ 릴리프 밸브

㉱ 시퀀스 밸브

해설〉 ① 감압밸브 : 상시 개방형 밸브로 압력이 걸리면 닫힘

② 릴리프밸브 : 상시 밀폐형 밸브로 압력이 걸리면 열림

정답 **74.** ㉱ **75.** ㉰ **76.** ㉯ **77.** ㉮ **78.** ㉱ **79.** ㉮

문제 80. 유압장치에서 실시하는 플러싱에 대한 설명으로 옳지 않은 것은?

㉮ 플러싱하는 방법은 플러싱 오일을 사용하는 방법과 산세정법 등이 있다.

㉯ 플러싱은 유압 시스템의 배관 계통과 시스템 구성에 사용되는 유압 기기의 이물질을 제거하는 작업이다.

㉰ 플러싱 작업을 할 때 플러싱 유의 온도는 일반적인 유압시스템의 유압유 온도보다 낮은 20~30 ℃ 정도로 한다.

㉱ 플러싱 작업은 유압기계를 처음 설치하였을 때, 유압작동유를 교환할 때, 오랫동안 사용하지 않던 설비의 운전을 다시 시작할 때, 부품의 분해 및 청소 후 재조립하였을 때 실시한다.

해설 플러싱유의 온도는 일반적으로 유압시스템의 유압유 온도보다 높다.

제5과목 기계제작법 및 기계동력학

문제 81. 주조의 탕구계 시스템에서 라이저(riser)의 역할로서 틀린 것은?

㉮ 수축으로 인한 쇳물 부족을 보충한다.

㉯ 주형 내의 가스, 기포 등을 밖으로 배출한다.

㉰ 주형내의 쇳물에 압력을 가해 조직을 치밀화 한다.

㉱ 주물의 냉각도에 따른 균열이 발생되는 것을 방지한다.

해설 · 덧쇳물(riser)의 역할
① 주형내의 쇳물에 압력을 준다.
② 금속이 응고할 때 체적감소로 인한 쇳물부족을 보충한다.
③ 공기를 제거하며 쇳물의 주입량을 알 수 있다.
④ 주형내에 가스를 방출시켜 수축공현상을 방지한다.
⑤ 주형내의 불순물과 용제의 일부를 밖으로 내보낸다.

문제 82. Taylor의 공구 수명에 관한 실험식에서 세라믹 공구를 사용하고자 할 때 적합한 절삭속도 [m/min]는 약 얼마인가?

(단, $VT^n = C$에서 n=0.5, C=200이고 공구 수명은 40분이다.)

㉮ 31.6 ㉯ 32.6
㉰ 33.6 ㉱ 35.6

해설 $VT^n = C$에서

$$\therefore V = \frac{C}{T^n} = \frac{200}{40^{0.5}} = 31.6\, \text{m/min}$$

문제 83. 강관을 길이방향으로 이음매 용접하는데, 가장 적합한 용접은?

㉮ 심 용접

㉯ 점 용접

㉰ 프로젝션 용접

㉱ 업셋 맞대기용접

해설 심용접(Seam welding)
: 회전하는 두 개의 롤러 전극 사이에 모재를 넣어 통전, 가압하면서 점(spot)용접을 연속적으로 하는 방법으로 강관을 길이방향으로 이음매 용접하는데 적합하다.

문제 84. 특수가공 중에서 초경합금, 유리 등을 가공하는 방법은?

㉮ 래핑

㉯ 전해 가공

㉰ 액체 호닝

㉱ 초음파 가공

해설 · 초음파가공
① 개요 : 물이나 경유(가공액) 등에 연삭입자(랩제)를 혼합한 가공액을 공구의 진동면과 일감 사이에 주입시켜 가며 초음파에 의한 상하진동으로 표면을 다듬는 가공법
② 용도 : 초경합금, 보석류, 세라믹, 유리, 반도체 등 비금속, 또는 귀금속의 구멍뚫기, 절단, 평면가공, 표면다듬질 가공 등에 이용

해답 80. ㉰ 81. ㉱ 82. ㉮ 83. ㉮ 84. ㉱

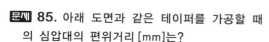

문제 85. 아래 도면과 같은 테이퍼를 가공할 때의 심압대의 편위거리 [mm]는?

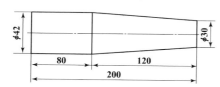

㉮ 6 ㉯ 10
㉰ 12 ㉱ 20

해설 편위량

$$x = \frac{(D-d)L}{2\ell} = \frac{(42-30) \times 200}{2 \times 120} = 10\,\text{mm}$$

문제 86. 두께가 다른 여러 장의 강재 박판(薄板)을 겹쳐서 부채살 모양으로 모은 것이며 물체 사이에 삽입하여 측정하는 기구는?

㉮ 와이어 게이지
㉯ 롤러 게이지
㉰ 틈새 게이지
㉱ 드릴 게이지

해설 틈새게이지 : 여러장의 강(steel) 박판을 겹쳐서 부채살 모양으로 모은 것으로 부품 사이의 틈새에 삽입하여 틈새를 측정

문제 87. 단조의 기본 작업 방법에 해당하지 않는 것은?

㉮ 늘리기(drawing)
㉯ 업세팅(up-setting)
㉰ 굽히기(bending)
㉱ 스피닝(spinning)

해설 ・자유단조의 기본작업
: 업셋팅(up-setting, 축박기), 늘리기, 단짓기, 굽히기, 구멍뚫기, 절단
※ 스피닝(spinning) : 비교적 얇은 판을 회전하는 틀인 금형에 밀어붙여 성형하는 가공법으로 이음매가 없는 국그릇 모양의 몸체를 가공한다.

문제 88. 두께 4 [mm]인 탄소강판에 지름 1000 [mm]의 펀칭을 할 때 소요되는 동력 [kW]은 약 얼마인가? (단, 소재의 전단저항은 245.25 [MPa], 프레스 슬라이드의 평균속도는 5 [m/min], 프레스의 기계효율(η)은 65 %이다.)

㉮ 146 ㉯ 280
㉰ 396 ㉱ 538

해설 우선, $\tau = \dfrac{P_s}{A}$ 에서

$$P_s = \tau A = \tau \pi dt = 245.25 \times 10^3 \times \pi \times 1 \times 0.004$$
$$= 3081.9\,\text{kN}$$

결국, 동력 $H = \dfrac{P_s V}{\eta_m} = \dfrac{3081.9 \times \frac{5}{60}}{0.65} = 395.12\,\text{kW}$

문제 89. 방전가공에 대한 설명으로 틀린 것은?

㉮ 경도가 높은 재료는 가공이 곤란하다.
㉯ 가공 전극은 동, 흑연 등이 쓰인다.
㉰ 가공정도는 전극의 정밀도에 따라 영향을 받는다.
㉱ 가공물과 전극사이에 발생하는 아크(arc) 열을 이용한다.

해설 방전가공은 재료의 강도, 경도, 인성 등이 가공에 특별한 제한을 주지 않는다.

문제 90. Al을 강의 표면에 침투시켜 내스케일성을 증가시키는 금속 침투 방법은?

㉮ 파커라이징(parkerizing)
㉯ 카롤라이징(calorizing)
㉰ 크로마이징(chromizing)
㉱ 금속용사법(metal spraying)

해설 ・금속침투법
① 크로마이징 : Cr침투
② 칼로라이징 : Al침투
③ 실리콘나이징 : Si침투
④ 보로나이징 : B침투
⑤ 세라다이징 : Zn침투

예답 85. ㉯ 86. ㉰ 87. ㉱ 88. ㉰ 89. ㉮ 90. ㉯

문제 91. 그림과 같은 용수철-질량계의 고유진동수는 약 몇 Hz인가? (단, $m = 5$ kg, $k_1 = 15$ N/m, $k_2 = 8$ N/m이다.)

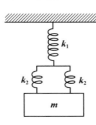

㉮ 0.1 Hz   ㉯ 0.2 Hz

㉰ 0.3 Hz   ㉱ 0.4 Hz

해설 우선, $\dfrac{1}{k_e} = \dfrac{1}{k_1} + \dfrac{1}{2k_2} = \dfrac{1}{15} + \dfrac{1}{2 \times 8}$

$\therefore k_e = 7.742$ N/m

결국, 고유진동수

$f_n = \dfrac{\omega_n}{2\pi} = \dfrac{1}{2\pi}\sqrt{\dfrac{k_e}{m}} = \dfrac{1}{2\pi}\sqrt{\dfrac{7.742}{5}}$

$= 0.198$ Hz $\fallingdotseq 0.2$ Hz

문제 92. 타격연습용 투구기가 지상 1.5 m 높이에서 수평으로 공을 발사한다. 공이 수평거리 16 m를 날아가 땅에 떨어진다면, 공의 발사속도의 크기는 약 몇 m/s인가?

㉮ 11   ㉯ 16

㉰ 21   ㉱ 29

해설

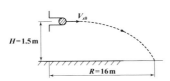

우선, 수직운동은 자유낙하운동이므로

$S_y = \cancel{S_{y0}}^0 + \cancel{V_{y0}t}^0 + \dfrac{1}{2}at^2$에서 $H = \dfrac{1}{2}gt^2$

$t = \sqrt{\dfrac{2H}{g}} = \sqrt{\dfrac{2 \times 1.5}{9.8}} = 0.553$ sec

결국, 수평운동은 등속도운동이므로

$S_x = \cancel{S_{x0}}^0 + V_{x0}t + \dfrac{1}{2}\cancel{at^2}^0$에서 $R = V_{x0}t$

$\therefore V_{x0} = \dfrac{R}{t} = \dfrac{16}{0.553} = 28.93$ m/s $\fallingdotseq 29$ m/s

문제 93. 그림에서 질량 100 kg의 물체 A와 수평면 사이의 마찰계수는 0.3이며 물체 B의 질량은 30 kg이다. 힘 Py의 크기는 시간(t [s]의 함수이며 Py [N] $= 15t^2$이다. t는 Os에서 물체 A가 오른쪽으로 2.0 m/s로 운동을 시작한다면 t가 $5s$일 때 이 물체의 속도는 약 몇 m/s인가?

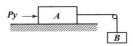

㉮ 6.81   ㉯ 6.92

㉰ 7.31   ㉱ 7.54

해설 $\Sigma F = ma = m\dfrac{dV}{dt}$에서 $\sum Fdt = mdV$

$(P_y - \mu W_A + W_B)dt = (m_A + m_B)dV$

$(15t^2 - \mu m_A g + m_B g)dt = (m_A + m_B)dV$

$\displaystyle\int_0^5 (15t^2 - \mu m_A g + m_B g)dt = \int_{V_1}^{V_2}(m_A + m_B)dV$

$\left[\dfrac{15t^3}{3} - \mu m_A gt + m_B gt\right]_0^5 = (m_A + m_B)(V_2 - V_1)$

$5 \times 5^3 - 0.3 \times 100 \times 9.8 \times 5 + 30 \times 9.8 \times 5$

$= (100 + 30) \times (V_2 - 2)$ $\therefore V_2 = 6.81$ m/s

문제 94. $x = Ae^{j\omega t}$인 조화운동의 가속도 진폭의 크기는?

㉮ $\omega^2 A$ ㉯ ωA

㉰ ωA^2 ㉱ $\omega^2 A^2$

해설 변위 $x = Ae^{j\omega t}$

속도 $V = \dot{x} = j\omega Ae^{j\omega t}$

가속도 $a = \ddot{x} = (j\omega)^2 Ae^{j\omega t}$

결국, 가속도 진폭은 $\omega^2 A$이다.

문제 95. 인장코일 스프링에서 100 N의 힘으로 10 cm 늘어나는 스프링을 평형 상태에서 5 cm 만큼 늘어나게 하려면 몇 J의 일이 필요한가?

㉮ 10   ㉯ 5

㉰ 2.5   ㉱ 1.25

해답 91. ㉯   92. ㉱   93. ㉮   94. ㉮   95. ㉱

[해설] 우선, $k = \dfrac{P}{x} = \dfrac{100}{10} = 10\,\text{N/cm}$

결국, 스프링의 탄성에너지(V_e)는

$\therefore\ V_e = \dfrac{1}{2}kx^2 = \dfrac{1}{2} \times 10 \times 5^2 = 125\,\text{N} \cdot \text{cm}$

$\qquad = 1.25\,\text{N} \cdot \text{m}\,(= \text{J})$

[해설] $T = \dfrac{1}{2}J_G\omega^2 = \dfrac{1}{2} \times 7.036 \times \left(\dfrac{2\pi \times 3600}{60}\right)^2$

$\qquad \fallingdotseq 500 \times 10^3\,\text{N} \cdot \text{m}\,(= \text{J}) = 500\,\text{kJ}$

[문제] 96. 반경이 R인 바퀴가 미끄러지지 않고 구른다. O점의 속도(V_0)에 대한 A점의 속도(V_A)의 비는 얼마인가?

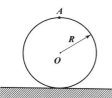

㉮ $V_A / V_0 = 1$ 　　　 ㉯ $V_A / V_0 = \sqrt{2}$

㉰ $V_A / V_0 = 2$ 　　　 ㉱ $V_A / V_0 = 4$

[해설] 우선, $V_0 = R\omega$, 　 $V_A = 2R\omega$

결국, $\dfrac{V_A}{V_0} = \dfrac{2R\omega}{R\omega} = 2$

[문제] 97. 반경이 r인 원을 따라서 각속도 ω, 각가속도 α로 회전할 때 법선방향 가속도의 크기는?

㉮ $r\alpha$ 　　　 ㉯ $r\omega$

㉰ $r\omega^2$ 　　　 ㉱ $r\alpha^2$

[해설] ① 접선가속도 $a_t = \alpha r$

② 법선가속도 $a_n = r\omega^2$

[문제] 98. 질량 관성모멘트가 $7.036\,\text{kg} \cdot \text{m}^2$인 플라이휠이 $3600\,\text{rpm}$으로 회전할 때, 이 휠이 갖는 운동에너지는 약 몇 kJ인가?

㉮ 300 　　　 ㉯ 400

㉰ 500 　　　 ㉱ 600

[문제] 99. 두 질점의 완전소성충돌에 대한 설명 중 틀린 것은?

㉮ 반발계수가 0이다.

㉯ 두 질점의 전체에너지가 보존된다.

㉰ 두 질점의 전체운동량이 보존된다.

㉱ 충돌 후, 두 질점의 속도는 서로 같다.

[해설] · 반발계수(e)

: 충돌후의 속도(V')와 충돌전의 속도(V)의 비

$\therefore\ e = -\dfrac{V'}{V} = \dfrac{V_2' - V_1'}{V_1 - V_2}$

여기서, V : 충돌전 상대속도

$\qquad\quad V'$: 충돌후 상대속도

$\qquad\quad V_1,\ V_2$: 충돌전 속도

$\qquad\quad V_1',\ V_2'$: 충돌후 속도

① 완전탄성충돌($e = 1$)

충돌전·후 운동량과 운동에너지가 보존된다. 에너지손실이 전혀 없다.

② 완전비탄성충돌(완전소성충돌 : $e = 0$)

충돌전·후 운동량과 운동에너지가 보존된다. 하지만, 에너지 손실이 최대가 된다. 또한, 충돌후 반발됨이 전혀없이 한 덩어리가 되어 상대속도가 0이 된다.

③ 불완전탄성충돌($0 < e < 1$)

운동량은 보존되지만 운동에너지는 보존이 되지 않는다. 즉, 일부의 에너지가 소리, 진동 또는 영구변형에 의해 소모된다.

[문제] 100. 회전속도가 $2000\,\text{rpm}$인 원심 팬이 있다. 방진고무로 탄성 지지시켜 진동 전달률을 0.3으로 하고자 할 때, 정적수축량은 약 몇 mm인가?

(단, 방진고무의 감쇠계수는 0으로 가정한다.)

㉮ 0.71

㉯ 0.97

㉰ 1.41

㉱ 2.20

[해답] **96.** ㉰ 　 **97.** ㉰ 　 **98.** ㉰ 　 **99.** ㉯ 　 **100.** ㉯

해설 우선, 전달률 $TR = \dfrac{1}{\gamma^2 - 1}$ 에서

$\gamma^2 = 1 + \dfrac{1}{TR} = 1 + \dfrac{1}{0.3}$ 에서 $\gamma = 2.08$

또한, 진동수비 $\gamma = \dfrac{\omega}{\omega_n}$ 에서

$\omega_n = \dfrac{\omega}{\gamma} = \dfrac{\left(\dfrac{2\pi N}{60}\right)}{\gamma} = \dfrac{\left(\dfrac{2\pi \times 2000}{60}\right)}{2.08} = 100.7\,\mathrm{rad/s}$

결국, $\omega_n = \sqrt{\dfrac{g}{\delta_{st}}}$ 에서

$\therefore \delta_{st} = \dfrac{g}{\omega_n^2} = \dfrac{980}{100.7^2} \fallingdotseq 0.097\,\mathrm{cm} = 0.97\,\mathrm{mm}$

건설기계설비 기사

※ 재료역학, 열역학, 유체역학, 유압기기는 일반기계기사와 중복됩니다. 나머지 유체기계와 건설기계일반의 순서는 1~20번으로 정합니다.

제4과목 유체기계

문제 1. 프란시스수차에서 스파이럴(spiral)형에 속하지 않는 것은?

㉮ 횡축단륜단류수차

㉯ 횡축이륜단류수차

㉰ 입축단륜단류수차

㉱ 입축이륜단류수차

해설 · 프란시스수차의 구조상으로 분류
① 횡축단륜단사형
② 횡축단륜복사형
③ 횡축2륜단사형
④ 입축단륜단사형

문제 2. 다음 중 공기기계를 고압 공기기계로 분류한 것은?

㉮ 팬, 송풍기, 진공펌프

㉯ 송풍기, 압축기, 진공펌프

㉰ 팬, 진공펌프, 왕복형압축기

㉱ 회전형압축기, 왕복형압축기, 진공펌프

해설 · 공기기계의 분류
① 저압식 : 송풍기, 풍차
② 고압식 : 압축기, 진공펌프, 압축공기기계

문제 3. 다음 중 충격(충동)수차에 해당하는 것은?

㉮ 펠톤수차

㉯ 카플란수차

㉰ 프로펠라수차

㉱ 프란시스수차

해설 · 수차의 종류
① 충격수차 : 펠톤수차
② 반동수차 : 프란시스수차, 프로펠러수차, 카플란수차

문제 4. 축류펌프의 익형에서 실속(stall) 현상으로 옳은 것은?

㉮ 익형의 영각 증가에 따라 양력계수가 갑자기 증가한다.

㉯ 익형의 영각 증가에 따라 항력계수와 양력계수가 함께 감소한다.

㉰ 익형의 영각 증가에 따라 양력계수가 직선적으로 증가하여 최대값에 달한 후 급격히 감소한다.

㉱ 익형의 영각 증가에 따라 양력계수가 직선적으로 증가하여 최대값에 달한 후 급격히 증가한다.

해설 실속(stall) : 익형의 영각이 증가함에 따라 양력계수가 직선적으로 증가하다가 최대값에 이른 후 갑자기 감소하는 상태를 말한다.

문제 5. 대기압 이하의 저압력 기체를 대기압까지 압축하여 송출시키는 일종의 압축기인 진공펌프의 종류로 틀린 것은?

㉮ 왕복형 진공펌프

㉯ 루츠형 진공펌프

㉰ 액봉형 진공펌프

㉱ 원심식 진공펌프

해답 1. ㉱ 2. ㉱ 3. ㉮ 4. ㉰ 5. ㉱

해설▷ ·진공펌프의 종류
① 저진공펌프
　㉠ 수봉식(액봉식)진공펌프(＝Nush펌프)
　㉡ 유회전 진공펌프 : 가장 널리 사용되며, 센코
　　형(Cenco type), 게데형(Geode type), 키니형
　　(Kenney type)이 있다.
　㉢ 루츠형(Roots type) 진공펌프
　㉣ 나사식 진공펌프
② 고진공펌프 : 오일확산펌프, 터보분자펌프, 크라
　이오(Cryo)펌프

문제 **6.** 플런저(plunger)펌프는 어느 형식에 속하는가?

㉮ 원심식

㉯ 축류식

㉰ 왕복식

㉱ 회전식

해설▷ ·용적식 펌프의 종류
① 왕복식 : 피스톤펌프, 플런저펌프
② 회전식 : 기어펌프, 베인펌프

문제 **7.** 원심펌프에서 회전차(impeller)가 마모되었을 때, 일어날 수 있는 징후는?

㉮ 배출압력이 급격히 감소하고, 흡입압력이
　감소 가능하다.

㉯ 배출압력이 급격히 감소하고, 흡입압력이
　증가 가능하다.

㉰ 배출압력이 서서히 증가하고, 흡입압력이
　감소 가능하다.

㉱ 배출압력이 서서히 감소하고, 흡입압력이
　감소 가능하다.

해설▷ 원심펌프의 원리
: 회전차(impeller)를 고속회전시키면 액체가 회전차
의 중심에서 흡입되어 원심력에 의해 바깥둘레를
향하게 된다. 따라서 중심부에 있던 액체가 원심
력에 의하여 바깥쪽으로 흘러나가 중심부의 압력
은 낮아져서 진공에 가까워지고 흡입관 안의 액체
는 대기압력에 의해 중심을 향해 흘러들어오게
된다.

문제 **8.** 터보형 펌프에서 회전차를 통과하는 유체의 방향이 회전차축의 축방향과 반지름 방향의 중간인 펌프형식은?

㉮ 원심식　　　　㉯ 축류식

㉰ 사류식　　　　㉱ 반경류식

해설▷ ·터보형 펌프
① 원심식 : 액체가 회전차 입구에서 반지름방향 또
　는 경사방향에서 유입하고, 회전차 출구에서 반지
　름방향으로 유출하는 구조(벌류트펌프, 터빈펌프)
② 사류식 : 액체가 회전차 입구, 출구에서 다같이
　경사방향으로 유입하여 경사방향으로 유출하는
　구조(사류펌프)
③ 축류식 : 액체가 회전차 입구, 출구에서 다같이
　축방향으로 유입하여 축방향으로 유출하는 구조
　(축류펌프)

문제 **9.** 수차에서 캐비테이션이 발생하기 쉬운 곳의 설명으로 틀린 것은?

㉮ 펠톤수차에서 날개 부근의 보스면

㉯ 펠톤수차에서 노즐의 팁(tip)부분

㉰ 프로펠러수차에서 회전차 바깥둘레의 깃
　이면쪽 부분

㉱ 비속도가 100이하의 프란시스수차에서 깃
　입구쪽의 이면

해설▷ ·수차에서 캐비테이션이 발생하기 쉬운 곳
① 펠톤수차에서 노즐의 팁(tip)부분 또는 버킷의 리
　지(ridge)선단
② 프로펠러수차에서 회전차 바깥둘레의 깃 이면쪽
③ 비속도가 100이하의 프란시스수차에서 깃 입구
　쪽의 이면

문제 **10.** 캐비테이션을 방지하기 위해서는 유효 흡입수두($NPSH_{aV}$)가 필요흡입수두($NPSH_{req}$) 보다 30% 이상의 여유가 있어야 한다. 대기에 개방된 흡수정으로부터 흡입양정 5 m로 흡입하는 물펌프계에서 최대로 허용되는 $NPSH_{req}$ 의 값은? (단, 물의 포화증기압과 흡입손실양정을 무시한다.)

예답▷ **6.** ㉰ **7.** ㉱ **8.** ㉰ **9.** ㉮ **10.** ㉮

㉮ 4.1 m   ㉯ 5.3 m
㉰ 5.0 m   ㉱ 10.3 m

해설 $NPSH_{aV} = \dfrac{p_a}{\gamma} - \dfrac{p_S}{\gamma} - Z_S - h_{LS}$

여기서, p_a : 수면상의 대기압,
      p_S : 물의 포화증기압,
      Z_S : 흡입양정,
      h_{LS} : 흡입손실양정

$\therefore NPSH_{aV} = 10.332(\because mAq$로 환산$) - 0 - 5 - 0$
            $= 5.332$ m

결국, $NPSH_{aV} = (1 + 0.3)NPSH_{req}$에서

$\therefore NPSH_{req} = \dfrac{NPSH_{aV}}{1 + 0.3} = \dfrac{5.332}{1.3} = 4.1$ m

---

제5과목 건설기계일반

문제 11. 불도저의 시간당 작업량 계산에 필요한 사이클 타임 C_m (min)은 다음 중 어느 것인가? (단, ℓ =운반거리 (m), v_1 =전진속도 (m/min), v_2 =후진속도 (m/min), t =기어변속시간 (min)이다.)

㉮ $C_m = \dfrac{60}{v_1} + \dfrac{60}{v_2} - t$

㉯ $C_m = \dfrac{\ell}{v_1} + \dfrac{\ell}{v_2} - t$

㉰ $C_m = \dfrac{\ell}{v_1} - \dfrac{\ell}{v_2} + t$

㉱ $C_m = \dfrac{\ell}{v_1} + \dfrac{\ell}{v_2} + t$

문제 12. 크롤러(crawler)식 천공기의 규격으로 옳은 것은?

㉮ 프레트롤 단수와 착암기 대수(○단×○대)
㉯ 최대 굴착지름 (mm)
㉰ 착암기의 중량 (kg)과 매분당 공기소비량 (m^3/min) 및 유압펌프토출량 (L/min)
㉱ 최대 굴삭중량 (kg)

해설 · 착암기의 규격표시
① 크롤러식 : 착암기의 중량 및 분당 공기소비량 (m^3/min)
② 크롤러 점보식 : 프레트롤 단수와 착암기의 대수 (단×대)
③ 실드굴진식 : 사용설비동력 (kW)
④ 터널굴진식 : 최대굴착지수 (mm)

문제 13. 앞바퀴와 뒷바퀴가 일직선으로 되어 있는 것을 말하며 2바퀴식과 3바퀴 방식으로 구분할 수 있고, 아스팔트 마지막 다짐에 효과적이나 자갈이나 쇄석골재의 다짐작업에 적합하지 않은 롤러는?

㉮ 탠덤롤러(tandem roller)
㉯ 타이어롤러(tire roller)
㉰ 머캐덤롤러(macadam roller)
㉱ 진동롤러(vibration roller)

해설 탠덤롤러(tandem roller)
: 아스팔트 포장의 끝마무리 작업에 적합하며, 평활한 철재 원통륜으로 2축 탠덤과 3축 탠덤이 있다. 또한, 전·후륜의 조작을 따로하여 다짐폭을 넓힐 수 있다.

문제 14. 롤러의 다짐압력(선압)을 표시하는 지수로서 올바른 것은?

㉮ 선압$=\dfrac{롤 \ 폭}{바퀴 \ 접지 \ 중량}$

㉯ 선압$=\dfrac{바퀴 \ 접지 \ 중량}{롤 \ 폭}$

㉰ 선압$=\dfrac{롤 \ 면적}{바퀴 \ 접지 \ 중량}$

㉱ 선압$=\dfrac{바퀴 \ 접지 \ 중량}{롤 \ 면적}$

해설 선압
: 바퀴의 접지중량을 그 바퀴의 폭으로 나눈 값 (kg/cm)

정답 **11.** ㉱   **12.** ㉰   **13.** ㉮   **14.** ㉯

문제 15. 건설산업기본법에 따라 건설업의 업종 구분을 종합공사를 시공하는 업종과 전문공사를 시공하는 업종으로 구분할 때 전문공사를 시공하는 업종에 해당하는 건설업종은?

㉮ 토목공사업
㉯ 토공사업
㉰ 산업·환경설비공사업
㉱ 조경공사업

해설> · 건설업종 종류
　① 일반건설업종(종합공사업종, 5개)
　　㉠ 토목공사업
　　㉡ 건축공사업
　　㉢ 토목건축공사업
　　㉣ 산업·환경설비공사업
　　㉤ 조경공사업
　② 전문건설업종(25개)
　　일반건설업종을 제외한 나머지

문제 16. 알루미늄 합금의 종류 중 알루미늄에 마그네슘이 약 최대 10 %까지 함유된 합금으로 내식성 알루미늄 합금에 속하며 선박용품이나 화학용품에 주로 사용되는 것은?

㉮ 실루민
㉯ 라우탈
㉰ 하이드로날륨
㉱ 로엑스(Lo-Ex)

해설> ① 하이드로날륨 : Al-Mg(12 % 이하)계 합금으로 Mg의 첨가로 내식성이 가장 우수하다.
② 실루민(일명, "알팩스"라고도 함) : Al-Si계 합금
③ 라우탈 : Al-Cu-Si계 합금
④ 로엑스(Lo-Ex) : Al-Si계 합금에 Cu, Mg, Ni을 첨가한 것

문제 17. 불도저의 부속장치(attachment) 중 굳고 단단한 지반에서 블레이드(blade)로는 굴착이 곤란한 지반이나 포장의 분쇄, 뿌리뽑기 등에 사용하는 것은?

㉮ back hoe
㉯ skit loader
㉰ towing winch
㉱ hydraulic ripper

해설> 유압리퍼(hydraulic ripper)
: 굳고 단단한 지반에서 블레이드(blade)로는 굴착이 곤란한 지반이나 포장의 분쇄, 뿌리뽑기, 암석 긁기 등에 사용

문제 18. 덤프트럭의 동력전달계통과 직접적인 관계가 없는 것은?

㉮ 배전기
㉯ 변속기
㉰ 구동륜
㉱ 클러치

해설> 덤프트럭의 동력전달순서
: 엔진 → 클러치 → 변속기 → 추진축 → 차동장치 → 차축 → 종감속기 → 구동륜

문제 19. 건설기계에서 무한궤도식(crawler type)과 차륜식(wheel type)을 비교할 때, 무한궤도식(crawler type)의 설명으로 옳은 것은?

㉮ 토질(연약지반)의 영향을 많이 받는다.
㉯ 경사 작업에 부적당하다.
㉰ 기동성이 좋다.
㉱ 견인능력이 우수하다.

해설> · 주행장치에 의한 분류(=접지압을 고려한 분류)

항 목	무한궤도식 (crawler)	타이어식 (=차륜식 : wheel type)
토질의 영향	적 다	크 다
연약지반 작업	용 이	곤 란
경사지 작업	용 이	곤 란
작업거리 영향	크 다	적 다
작업속도	느리다	빠르다
주행기동성, 이동성	느리다	빠르다
작업안정성	안 정	조금 떨어진다
견인능력, 등판능력	크 다	작 다
접지압	작 다	크 다

정답 15. ㉯　16. ㉰　17. ㉱　18. ㉮　19. ㉱

문제 20. 다음 중 버킷준설선의 특징에 관한 설명으로 틀린 것은?

㉮ 30~70여개 정도의 연속된 버킷을 수저에 내려 회전시키면서 토사를 연속적으로 절삭하여 올리는 구조를 가진다.

㉯ 소음과 진동이 매우 적어서 도시에 인접한 항만의 준설작업에 적합하다.

㉰ 소형은 대부분이 스퍼드가 장착된 비자항식이지만, 중형이상은 스퍼드가 없이 자체 동력을 가진 자항식이 주를 이룬다.

㉱ 점토, 모래, 자갈, 연암 등 광범위한 토질에 적용이 가능하다.

해설 · 버킷(bucket)준설선
① 개요 : 해저의 토사를 버킷 컨베이어를 사용하여 연속적으로 토사를 퍼올리는 방식으로 준설선 또는 토운선에 의하여 수송하며 대규모의 항로나 정박지의 준설작업에 사용
② 장·단점
　㉠ 장점
　　ⓐ 준설능력이 크며 대용량공사에 적합하다.
　　ⓑ 준설단가가 저렴하다.
　　ⓒ 토질에 영향이 적다.
　　ⓓ 악천후나 조류 등에 강하다.
　　ⓔ 밑바닥은 평탄하게 시공이 가능하므로 항로, 정박지 등의 대량준설에 적합하다.
　㉡ 단점
　　ⓐ 암반준설에는 부적합하다.
　　ⓑ 작업반경이 크고, 협소한 장소에서는 작업하기 어렵다.

해답 20. ㉯

 2015년 제2회 일반기계·건설기계설비 기사

제1과목 재료역학

문제 1. 단면이 가로 100 mm, 세로 150 mm인 사각 단면보가 그림과 같이 하중(P)을 받고 있다. 전단응력에 의한 설계에서 P는 각각 100 kN씩 작용할 때 안전계수를 2로 설계하였다고 하면, 이 재료의 허용전단응력은 약 몇 MPa인가? 【7장】

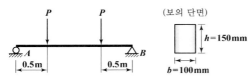

(보의 단면) $h=150\,\text{mm}$ $b=100\,\text{mm}$

㉮ 10　　　㉯ 15
㉰ 18　　　㉱ 20

해설 우선, $F_{\max} = R_A = R_B = P = 100\,\text{kN}$
$\qquad\qquad = 100 \times 10^{-3}\,\text{MN}$

또한, $\tau_{\max} = \dfrac{3}{2} \times \dfrac{F_{\max}}{A} = \dfrac{3}{2} \times \dfrac{100 \times 10^{-3}}{0.1 \times 0.15} = 10\,\text{MPa}$

결국, $\tau_a = \tau_{\max} S = 10 \times 2 = 20\,\text{MPa}$

문제 2. 그림과 같은 직사각형 단면의 단순보 AB에 하중이 작용할 때, A단에서 20 cm 떨어진 곳의 굽힘 응력은 몇 MPa인가? (단, 보의 폭은 6 cm이고, 높이는 12 cm이다.) 【7장】

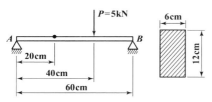

㉮ 2.3　　　㉯ 1.9
㉰ 3.7　　　㉱ 2.9

해설 우선, $R_A \times 60 - 5 \times 20 = 0$
$\qquad R_A = \dfrac{5}{3}\,\text{kN} = \dfrac{5}{3} \times 10^{-3}\,\text{MN}$

또한, $M_{x=0.2\text{m}} = R_A \times 0.2 = \dfrac{5}{3} \times 10^{-3} \times 0.2$
$\qquad\qquad\qquad = \dfrac{10}{3} \times 10^{-4}\,\text{MN} \cdot \text{m}$

결국, $\sigma = \dfrac{M}{Z} = \dfrac{\dfrac{10}{3} \times 10^{-4}}{\dfrac{0.06 \times 0.12^2}{6}} = 2.3\,\text{MPa}$

문제 3. 길이가 2 m인 환봉에 인장하중을 가하여 변화된 길이가 0.14 cm일 때 변형률은? 【1장】

㉮ 70×10^{-6}　　　㉯ 700×10^{-6}
㉰ 70×10^{-3}　　　㉱ 700×10^{-3}

해설 $\varepsilon = \dfrac{\lambda}{\ell} = \dfrac{0.14}{200} = 700 \times 10^{-6}$

문제 4. 그림과 같이 단순보의 지점 B에 M_0의 모멘트가 작용할 때 최대 굽힘 모멘트가 발생되는 A단에서부터 거리 x는? 【6장】

㉮ $x = \dfrac{\ell}{5}$　　　㉯ $x = \ell$

㉰ $x = \dfrac{\ell}{2}$　　　㉱ $x = \dfrac{3}{4\ell}$

정답 1. ㉱　2. ㉮　3. ㉯　4. ㉯

해설▷ 우선, $R_A \times \ell = M_0$에서 $R_A = \dfrac{M_0}{\ell}$

또한, $M_A = 0$

$$M_B = R_A \times \ell = \frac{M_0}{\ell} \times \ell = M_0 = M_{max}$$

결국, M_{max}의 위치는 B점이므로 $x = \ell$이다.

문제 5. 지름 3 mm의 철사로 평균지름 75 mm의 압축코일 스프링을 만들고 하중 10 N에 대하여 3 cm의 처짐량을 생기게 하려면 감은 회수(n)는 대략 얼마로 해야 하는가?
(단, 전단 탄성계수 $G=88$ GPa이다.) 【5장】

㉮ $n=8.9$ ㉯ $n=8.5$

㉰ $n=5.2$ ㉱ $n=6.3$

해설▷ $\delta = \dfrac{8nPD^3}{Gd^4}$에서

$\therefore \ n = \dfrac{Gd^4\delta}{8PD^3} = \dfrac{88 \times 10^9 \times 0.003^4 \times 0.03}{8 \times 10 \times 0.075^3}$

$\fallingdotseq 6.3$ 회

문제 6. 그림과 같은 계단 단면의 중실 원형축의 양단을 고정하고 계단 단면부에 비틀림 모멘트 T가 작용할 경우 지름 D_1과 D_2의 축에 작용하는 비틀림 모멘트의 비 T_1 / T_2은?
(단, $D_1 =8$ cm, $D_2 =4$ cm, $\ell_1 =40$ cm, $\ell_2 = 10$ cm이다.) 【5장】

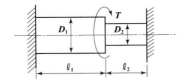

㉮ 2   ㉯ 4

㉰ 8   ㉱ 16

해설▷ 우선, $T_1 + T_2 = T$ ············· ①식
또한, $\theta_1 = \theta_2$
즉, $\dfrac{T_1 \ell_1}{GI_{P \cdot 1}} = \dfrac{T_2 \ell_2}{GI_{P \cdot 2}}$에서 $\dfrac{T_1}{T_2} = \dfrac{I_{P \cdot 1} \ell_2}{I_{P \cdot 2} \ell_1}$ ······ ②식
결국, ①, ②식을 연립하면

$$T_1 = \frac{T}{1 + \dfrac{I_{P \cdot 2} \ell_1}{I_{P \cdot 1} \ell_2}}, \quad T_2 = \frac{T}{1 + \dfrac{I_{P \cdot 1} \ell_2}{I_{P \cdot 2} \ell_1}}$$

$\therefore \ T_1 / T_2$를 구하면 된다.

문제 7. 그림과 같은 단면에서 가로방향 중립축에 대한 단면 2차모멘트는? 【4장】

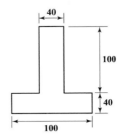

㉮ 10.67×10^6 mm⁴   ㉯ 13.67×10^6 mm⁴

㉰ 20.67×10^6 mm⁴   ㉱ 23.67×10^6 mm⁴

해설▷

저변을 기준으로 하면
우선, $\bar{y} = \dfrac{A_1 y_1 + A_2 y_2}{A_1 + A_2}$

$= \dfrac{(100 \times 40 \times 20) + (100 \times 40 \times 90)}{(100 \times 40) + (100 \times 40)} = 55$ mm

결국, 평행축 정리를 A_1, A_2에 적용하면

$I_G = \left[\dfrac{100 \times 40^3}{12} + 100 \times 40 \times 35^2 \right]$

$\quad + \left[\dfrac{40 \times 100^3}{12} + 100 \times 40 \times 35^2 \right]$

$\fallingdotseq 13.67 \times 10^6$ mm⁴

문제 8. 두께 8 mm의 강판으로 만든 안지름 40 cm의 얇은 원통에 1 MPa의 내압이 작용할 때 강판에 발생하는 후프 응력(원주 응력)은 몇 MPa인가? 【2장】

㉮ 25   ㉯ 37.5

㉰ 12.5   ㉱ 50

해답 **5.** ㉱ **6.** ㉯ **7.** ㉯ **8.** ㉮

[해설] $\sigma_1 = \dfrac{pd}{2t} = \dfrac{1 \times 0.4}{2 \times 0.008} = 25\,\text{MPa}$

문제 9. 무게가 각각 300 N, 100 N인 물체 A, B가 경사면 위에 놓여있다. 물체 B와 경사면과는 마찰이 없다고 할 때 미끄러지지 않을 물체 A와 경사면과의 최소 마찰 계수는 얼마인가? 【1장】

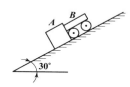

㉮ 0.19   ㉯ 0.58

㉰ 0.77   ㉱ 0.94

[해설]

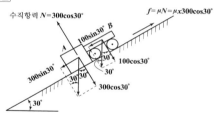

$f \geqq 300\sin30° + 100\sin30°$

즉, $\mu(300\cos30°) \geqq 300\sin30° + 100\sin30°$

$\mu \geqq \dfrac{300\sin30° + 100\sin30°}{300\cos30°}$

$\mu \geqq 0.77$

결국, 최소마찰계수 $\mu = 0.77$

〈참고〉 수직항력(N)은 경사면과 마찰이 있는 부분만 고려한다.

문제 10. $\sigma_x = 400$ MPa, $\sigma_y = 300$ MPa, $\tau_{xy} = 200$ MPa가 작용하는 재료 내에 발생하는 최대 주응력의 크기는? 【3장】

㉮ 206 MPa

㉯ 556 MPa

㉰ 350 MPa

㉱ 753 MPa

[해설] $\sigma_1 = \dfrac{1}{2}(\sigma_x + \sigma_y) + \dfrac{1}{2}\sqrt{(\sigma_x - \sigma_y)^2 + 4\tau_{xy}^2}$

$= \dfrac{1}{2}(400 + 300) + \dfrac{1}{2}\sqrt{(400-300)^2 + 4\times200^2}$

$= 556\,\text{MPa}$

문제 11. 그림과 같은 트러스가 점 B에서 그림과 같은 방향으로 5 kN의 힘을 받을 때 트러스에 저장되는 탄성에너지는 몇 kJ인가? (단, 트러스의 단면적은 1.2 cm², 탄성계수는 10^6 Pa이다.) 【2장】

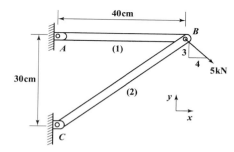

㉮ 52.1   ㉯ 106.7

㉰ 159.0   ㉱ 267.7

[해설] 우선,

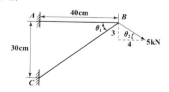

$\tan\theta_1 = \dfrac{30}{40}$ 에서 $\theta_1 = \tan^{-1}\left(\dfrac{30}{40}\right) = 36.87°$

$\tan\theta_2 = \dfrac{3}{4}$ 에서 $\theta_2 = \tan^{-1}\left(\dfrac{3}{4}\right) = 36.87°$

또한,

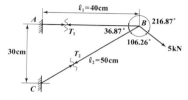

라미의 정리에 의해

$\dfrac{T_1}{\sin106.26°} = \dfrac{T_2}{\sin216.87°} = \dfrac{5}{\sin36.87°}$ 에서

$T_1 = 8\,\text{kN (인장)}, \quad T_2 = -5\,\text{kN} = 5\,\text{kN (압축)}$

결국, $U = \dfrac{P^2\ell}{2AE}$ 에서

$$\therefore \ U = U_{AB} + U_{BC} = \frac{T_1^2\ell_1}{2AE} + \frac{T_2^2\ell_2}{2AE}$$

$$= \frac{1}{2AE}(T_1^2\ell_1 + T_2^2\ell_2)$$

$$= \frac{1}{2 \times 1.2 \times 10^{-4} \times 10^6 \times 10^{-3}}$$

$$[8^2 \times 0.4 + 5^2 \times 0.5]$$

$$= 158.75 \fallingdotseq 159\,\text{kN}\cdot\text{m}\,(=\text{kJ})$$

문제 12. 바깥지름 50 cm, 안지름 40 cm의 중공 원통에 500 kN의 압축하중이 작용했을 때 발생하는 압축응력은 약 몇 MPa인가? 【1장】

㉮ 5.6　　　　㉯ 7.1

㉰ 8.4　　　　㉱ 10.8

해설 $\sigma_c = \dfrac{P_c}{A} = \dfrac{P_c}{\dfrac{\pi}{4}(d_2^2 - d_1^2)} = \dfrac{4 \times 500 \times 10^{-3}}{\pi(0.5^2 - 0.4^2)}$

$\fallingdotseq 7.1\,\text{MPa}$

문제 13. 양단이 힌지인 기둥의 길이가 2 m이고, 단면이 직사각형(30 mm×20 mm)인 압축 부재의 좌굴하중을 오일러 공식으로 구하면 몇 kN인가? (단, 부재의 탄성 계수는 200 GPa이다.) 【10장】

㉮ 9.8 kN　　　　㉯ 11.1 kN

㉰ 19.7 kN　　　　㉱ 22.2 kN

해설 $P_B = n\pi^2 \dfrac{EI_{\min}}{\ell^2}$

$$= 1 \times \pi^2 \times \frac{200 \times 10^6 \times \dfrac{0.03 \times 0.02^3}{12}}{2^2}$$

$$= 9.87 \fallingdotseq 9.9\,\text{kN}$$

문제 14. 그림과 같은 외팔보가 집중 하중 P를 받고 있을 때, 자유단에서의 처짐 σ_A는? (단, 보의 굽힘 강성 EI는 일정하고, 자중은 무시한다.) 【8장】

$$\begin{array}{c}
\downarrow P \\
A \underset{\ell/2}{\overset{EI}{\rule{2cm}{0.4pt}}} B \underset{\ell/2}{\overset{2EI}{\rule{2cm}{0.8pt}}} C
\end{array}$$

㉮ $\dfrac{5P\ell^3}{16EI}$　　　　㉯ $\dfrac{7P\ell^3}{16EI}$

㉰ $\dfrac{9P\ell^3}{16EI}$　　　　㉱ $\dfrac{3P\ell^3}{16EI}$

해설 우선, AB부분에 대해 고려하면

$$\delta_1 = \frac{P\left(\dfrac{\ell}{2}\right)^3}{3EI} = \frac{P\ell^3}{24EI}$$

또한, BC부분에 대해 고려하면

$$\delta_B = \frac{P\left(\dfrac{\ell}{2}\right)^3}{3(2EI)} + \frac{\left(\dfrac{P\ell}{2}\right) \times \left(\dfrac{\ell}{2}\right)^2}{2(2EI)} = \frac{5P\ell^3}{96EI}$$

$$\theta_B = \frac{P\left(\dfrac{\ell}{2}\right)^2}{2(2EI)} + \frac{\left(\dfrac{P\ell}{2}\right) \times \left(\dfrac{\ell}{2}\right)}{2EI} = \frac{3P\ell^2}{16EI}$$

$$\delta_2 = \delta_B + \left(\frac{\ell}{2}\right)\theta_B = \frac{5P\ell^3}{96EI} + \left(\frac{\ell}{2}\right) \times \frac{3P\ell^2}{16EI} = \frac{14P\ell^3}{96EI}$$

결국, 자유단 A점에서의 전체 처짐량은

$$\delta_A = \delta_1 + \delta_2 = \frac{P\ell^3}{24EI} + \frac{14P\ell^3}{96EI} = \frac{3P\ell^3}{16EI}$$

문제 15. 그림과 같은 가는 곡선보가 1/4 원 형태로 있다. 이 보의 B단에 Mo의 모멘트를 받을 때, 자유단의 기울기는? (단, 보의 굽힘 강성 EI는 일정하고, 자중은 무시한다.) 【8장】

㉮ $\dfrac{\pi MoR}{2EI}$

㉯ $\dfrac{\pi Mo}{2EI}$

㉰ $\dfrac{MoR}{2EI}\left(\dfrac{\pi}{2}+1\right)$

㉱ $\dfrac{\pi MoR^2}{4EI}$

정답 12. ㉯　13. ㉮　14. ㉱　15. ㉮

[해설] 우선, $U = \int_0^\ell \frac{M_x^2}{2EI} dx$ 꼴에서

$$U = \int_0^{\frac{\pi}{2}} \frac{M_0^2}{2EI} dS = \int_0^{\frac{\pi}{2}} \frac{M_0^2 R}{2EI} d\theta = \frac{M_0^2 R}{2EI}[\theta]_0^{\frac{\pi}{2}}$$

$$= \frac{\pi M_0^2 R}{4EI}$$

결국, 카스틸리아노의 정리에 의해

처짐각(기울기) $\theta = \frac{\partial U}{\partial M_0} = \frac{\pi 2 M_0 R}{4EI} = \frac{\pi M_0 R}{2EI}$

[문제] **16.** 왼쪽이 고정단인 길이 ℓ의 외팔보가 w의 균일분포하중을 받을 때, 굽힘모멘트 선도(BMD)의 모양은? 【6장】

[가]    [나]

[다]   [라]

[해설]

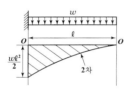

[문제] **17.** 길이가 L (m)이고, 일단 고정에 타단 지지인 그림과 같은 보에 자중에 의한 분포하중 w (N/m)가 보의 전체에 가해질 때 점 B에서의 반력의 크기는? 【9장】

[가] $\frac{wL}{4}$ [나] $\frac{3}{8}wL$

[다] $\frac{5}{16}wL$ [라] $\frac{7}{16}wL$

[해설] $R_A = \frac{5wL}{8}$, $R_B = \frac{3wL}{8}$

[문제] **18.** 강체로 된 봉 CD가 그림과 같이 같은 단면적과 재료가 같은 케이블 ①, ②와 C점에서 힌지로 지지되어 있다. 힘 P에 의해 케이블 ①에 발생하는 응력(σ)은 어떻게 표현되는가? (단, A는 케이블의 단면적이며 자중은 무시하고, a는 각 지점간의 거리이고 케이블 ①, ②의 길이 ℓ은 같다.) 【6장】

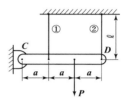

[가] $\frac{2P}{3A}$ [나] $\frac{P}{3A}$

[다] $\frac{4P}{5A}$ [라] $\frac{P}{5A}$

[해설] 우선, $\Sigma M_C = 0 : S_1 a + S_2 \times 3a = P \times 2a$

$\therefore S_1 + 3S_2 = 2P$ ·········①식

또한, 비례식에 의해

$a : \lambda_1 = 3a : \lambda_2$에서

$a : \frac{S_1 \ell}{AE} = 3a : \frac{S_2 \ell}{AE}$

$a : S_1 = 3a : S_2$

$aS_2 = 3aS_1 \rightarrow S_2 = 3S_1$ ·········②식

②식을 ①식에 대입하면

$S_1 + 3 \times 3S_1 = 2P$ $\therefore S_1 = \frac{P}{5}$

결국, ①지점의 응력은

$\sigma_1 = \frac{S_1}{A} = \frac{\left(\frac{P}{5}\right)}{A} = \frac{P}{5A}$

[문제] **19.** 원형막대의 비틀림을 이용한 토션바(torsion bar) 스프링에서 길이와 지름을 모두 10%씩 증가시킨다면 토션바의 비틀림 스프링 상수 $\left(\frac{비틀림\ 토크}{비틀림\ 각도}\right)$는 몇 배로 되겠는가? 【5장】

[가] 1.1^{-2}배   [나] 1.1^2배

[다] 1.1^3배   [라] 1.1^4배

[해답] **16.** 다 **17.** 나 **18.** 라 **19.** 다

해설 $\dfrac{T}{\theta} = \dfrac{T}{\left(\dfrac{T\ell}{GI_P}\right)} = \dfrac{GI_P}{\ell} = \dfrac{G \times \dfrac{\pi d^4}{32}}{\ell} \propto \dfrac{d^4}{\ell} = \dfrac{1.1^4}{1.1}$

$\quad\quad = 1.1^3$ 배

문제 20. 재료가 전단 변형을 일으켰을 때, 이 재료의 단위 체적당 저장된 탄성에너지는?
(단, τ는 전단응력, G는 전단 탄성계수이다.)
【2장】

㉮ $\dfrac{\tau^2}{2G}$ ㉯ $\dfrac{\tau}{2G}$

㉰ $\dfrac{\tau^4}{2G}$ ㉴ $\dfrac{\tau^2}{4G}$

해설 $u = \dfrac{U}{V} = \dfrac{\left(\dfrac{\tau^2 V}{2G}\right)}{V} = \dfrac{\tau^2}{2G}$

제2과목 기계열역학

문제 21. 상태와 상태량과의 관계에 대한 설명 중 틀린 것은? 【6장】

㉮ 순수물질 단순 압축성 시스템의 상태는 2개의 독립적 강도성 상태량에 의해 완전하게 결정된다.
㉯ 상변화를 포함하는 물과 수증기의 상태는 압력과 온도에 의해 완전하게 결정된다.
㉰ 상변화를 포함하는 물과 수증기의 상태는 온도와 비체적에 의해 완전하게 결정된다.
㉴ 상변화를 포함하는 물과 수증기의 상태는 압력과 비체적에 의해 완전하게 결정된다.

해설 상변화를 포함하는 물과 수증기의 상태는 압력과 비체적 또는 온도와 비체적에 의해 완전하게 결정된다. 하지만, 습증기 구역에서는 온도와 압력이 일치하므로 온도와 압력에 의해서는 결정되지 않는다.

문제 22. 기본 Rankine 사이클의 터빈 출구 엔탈피 h_{te}=1200 kJ/kg, 응축기 방열량 q_L=1000 kJ/kg, 펌프 출구 엔탈피 h_{pe}=210 kJ/kg, 보일러 가열량 q_H=1210 kJ/kg이다. 이 사이클의 출력일은? 【7장】

㉮ 210 kJ/kg ㉯ 220 kJ/kg
㉰ 230 kJ/kg ㉴ 420 kJ/kg

해설 $w_{net} = q_H - q_L = 1210 - 1000 = 210\,\text{kJ/kg}$

문제 23. 분자량이 30인 C_2H_6(에탄)의 기체상수는 몇 kJ/kg·K인가? 【1장】

㉮ 0.277 ㉯ 2.013
㉰ 19.33 ㉴ 265.43

해설 $R = \dfrac{8314}{m}\,(\text{J/kg} \cdot \text{K}) = \dfrac{8.314}{m}\,(\text{kJ/kg} \cdot \text{K})$

$\quad\quad = \dfrac{8.314}{30} = 0.277\,\text{kJ/kg} \cdot \text{K}$

문제 24. 펌프를 사용하여 150 kPa, 26 ℃의 물을 가역 단열과정으로 650 kPa로 올리려고 한다. 26 ℃의 포화액의 비체적이 0.001 m³/kg이면 펌프일은? 【7장】

㉮ 0.4 kJ/kg ㉯ 0.5 kJ/kg
㉰ 0.6 kJ/kg ㉴ 0.7 kJ/kg

해설 펌프일 $w_P = v'(P_2 - P_1) = 0.001 \times (650 - 150)$
$\quad\quad = 0.5\,\text{kJ/kg}$

문제 25. 클라우지우스(Clausius) 부등식을 표현한 것으로 옳은 것은? (단, T는 절대 온도, Q는 열량을 표시한다.) 【4장】

㉮ $\oint \dfrac{\delta Q}{T} \geq 0$ ㉯ $\oint \dfrac{\delta Q}{T} \leq 0$

㉰ $\oint \delta Q \geq 0$ ㉴ $\oint \delta Q \leq 0$

해답 **20.** ㉮ **21.** ㉯ **22.** ㉮ **23.** ㉮ **24.** ㉯ **25.** ㉯

해설 클라우지우스의 적분값 : $\oint \frac{\delta Q}{T} \leqq 0$

① 가역사이클 : $\oint \frac{\delta Q}{T} = 0$

② 비가역사이클 : $\oint \frac{\delta Q}{T} < 0$

문제 26. 공기 2 kg이 300 K, 600 kPa 상태에서 500 K, 400 kPa 상태로 가열된다. 이 과정 동안의 엔트로피 변화량은 약 얼마인가? (단, 공기의 정적비열과 정압비열은 각각 0.717 kJ/kg·K과 1.004 kJ/kg·K로 일정하다.) 【4장】

㉮ 0.73 kJ/K   ㉯ 1.83 kJ/K

㉰ 1.02 kJ/K   ㉱ 1.26 kJ/K

해설 $\Delta s = C_p \ell n \frac{T_2}{T_1} - A R \ell n \frac{p_2}{p_1}$ 꼴에서

$$\Delta S = m C_p \ell n \frac{T_2}{T_1} - m R \ell n \frac{p_2}{p_1}$$

$$= 2 \times 1.004 \times \ell n \frac{500}{300} - 2 \times (1.004 - 0.717) \times \ell n \frac{400}{600}$$

$$= 1.26 \, kJ/K$$

문제 27. 역 카르노사이클로 작동하는 증기압축 냉동 사이클에서 고열원의 절대온도를 T_H, 저열원의 절대온도를 T_L이라 할 때, $\frac{T_H}{T_L}$=1.6 이다. 이 냉동사이클이 저열원으로부터 2.0 kW 의 열을 흡수한다면 소요 동력은? 【9장】

㉮ 0.7 kW   ㉯ 1.2 kW

㉰ 2.3 kW   ㉱ 3.9 kW

해설 $\varepsilon_r = \frac{Q_2}{W_c} = \frac{T_L}{T_H - T_L}$ 에서

$$\frac{2}{W_c} = \frac{T_L}{1.6 T_L - T_L} = \frac{1}{0.6} \quad \therefore \quad W_c = 1.2 \, kW$$

문제 28. 용기에 부착된 압력계에 읽힌 계기압력이 150 kPa이고 국소대기압이 100 kPa일 때 용기 안의 절대압력은? 【1장】

㉮ 250 kPa   ㉯ 150 kPa

㉰ 100 kPa   ㉱ 50 kPa

해설 $p = p_o + p_g = 100 + 150 = 250 \, kPa$

문제 29. 자연계의 비가역 변화와 관련 있는 법칙은? 【4장】

㉮ 제 0법칙

㉯ 제 1법칙

㉰ 제 2법칙

㉱ 제 3법칙

해설 ① 열역학 제1법칙 : 가역법칙
② 열역학 제2법칙 : 비가역법칙

문제 30. 이상기체의 등온과정에 관한 설명 중 옳은 것은? 【3장】

㉮ 엔트로피 변화가 없다.

㉯ 엔탈피 변화가 없다.

㉰ 열 이동이 없다.

㉱ 일이 없다.

해설 완전가스(이상기체)에서 등온변화시 내부에너지와 엔탈피의 변화는 없다.
$dU = m C_v dT = 0, \quad dH = m C_p dT = 0$
($\because \ T = C$ 즉, $dT = 0$이므로)

문제 31. 오토사이클(Otto cycle)의 압축비 ε=8이라고 하면 이론 열효율은 약 몇 %인가? (단, k=1.4이다.) 【8장】

㉮ 36.8 %

㉯ 46.7 %

㉰ 56.5 %

㉱ 66.6 %

해설 $\eta_0 = 1 - \left(\frac{1}{\varepsilon} \right)^{k-1} = 1 - \left(\frac{1}{8} \right)^{1.4-1} = 0.5647 \fallingdotseq 56.5\%$

해답 26. ㉱   27. ㉯   28. ㉮   29. ㉰   30. ㉯   31. ㉰

문제 32. 두께 1 cm, 면적 0.5 m²의 석고판의 뒤에 가열판이 부착되어 1000 W의 열을 전달한다. 가열판의 뒤는 완전히 단열되어 열은 앞면으로만 전달된다. 석고판 앞면의 온도는 100 ℃이다. 석고의 열전도율이 k＝0.79 W/m·K일 때 가열 판에 접하는 석고 면의 온도는 약 몇 ℃인가? 【11장】

㉮ 110   ㉯ 125
㉰ 150   ㉭ 212

해설》 $Q = -KA \dfrac{dT}{dx}$ 에서

$$1000 = 0.79 \times 0.5 \times \frac{(T_1 - 100)}{0.01} \quad \therefore \quad T_1 = 125.3℃$$

문제 33. 어떤 냉장고에서 엔탈피 17 kJ/kg의 냉매가 질량 유량 80 kg/hr로 증발기에 들어가 엔탈피 36 kJ/kg가 되어 나온다. 이 냉장고의 냉동능력은? 【9장】

㉮ 1220 kJ/hr
㉯ 1800 kJ/hr
㉰ 1520 kJ/hr
㉭ 2000 kJ/hr

해설》 냉동능력 $q_2 = \dot{m} \Delta h = 80 \times (36 - 17)$
$= 1520 \, kJ/hr$

문제 34. 출력이 50 kW인 동력 기관이 한 시간에 13 kg의 연료를 소모한다. 연료의 발열량이 45000 kJ/kg이라면, 이 기관의 열효율은 약 얼마인가? 【1장】

㉮ 25%   ㉯ 28%
㉰ 31%   ㉭ 36%

해설》 $\eta = \dfrac{정미출력(＝동력＝공률)}{저위발열량 \times 연료소비율} \times 100\%$

$= \dfrac{50 kW(＝kJ/s)}{45000 (kJ/kg) \times 13 (kg/3600sec)} \times 100\%$

$= 30.77 ≒ 31\%$

문제 35. 해수면 아래 20 m에 있는 수중다이버에게 작용하는 절대압력은 약 얼마인가? (단, 대기압은 101 kPa이고, 해수의 비중은 1.03이다.) 【1장】

㉮ 101 kPa   ㉯ 202 kPa
㉰ 303 kPa   ㉭ 504 kPa

해설》 $p = p_o + p_g = p_o + \gamma h = 101 + (1.03 \times 9.8 \times 20)$
$= 302.88 ≒ 303 \, kPa$

문제 36. 실린더에 밀폐된 8 kg의 공기가 그림과 같이 P_1＝800 kPa, 체적 V_1＝0.27 m³에서 P_2＝350 kPa, 체적 V_2＝0.80 m³으로 직선 변화하였다. 이 과정에서 공기가 한 일은 약 몇 kJ인가? 【2장】

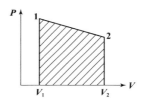

㉮ 254   ㉯ 305
㉰ 382   ㉭ 390

해설》 $P-V$ 선도에서 V축으로 투영한 면적이 절대일(＝밀폐계의 일)이므로

$_1W_2 = \dfrac{1}{2} \times (V_2 - V_1) \times (P_1 - P_2) + (V_2 - V_1) \times P_2$

$= \dfrac{1}{2} \times (0.8 - 0.27) \times (800 - 350)$
$\quad + (0.8 - 0.27) \times 350$
$= 304.75 ≒ 305 \, kJ$

문제 37. 대기압 하에서 물을 20 ℃에서 90 ℃로 가열하는 동안의 엔트로피 변화량은 약 얼마인가? (단, 물의 비열은 4.184 kJ/kg·K로 일정하다.) 【4장】

㉮ 0.8 kJ/kg·K   ㉯ 0.9 kJ/kg·K
㉰ 1.0 kJ/kg·K   ㉭ 1.2 kJ/kg·K

해답》 32. ㉯   33. ㉰   34. ㉰   35. ㉰   36. ㉯   37. ㉯

해설 $\Delta s = C\ell n \dfrac{T_2}{T_1} = 4.184 \times \ell n \dfrac{(90+273)}{(20+273)}$

$= 0.896 ≒ 0.9\,\text{kJ/kg} \cdot \text{K}$

문제 38. 절대 온도가 0에 접근할수록 순수 물질의 엔트로피는 0에 접근한다는 절대 엔트로피 값의 기준을 규정한 법칙은? 【4장】

㉮ 열역학 제0법칙이다.

㉯ 열역학 제1법칙이다.

㉰ 열역학 제2법칙이다.

㉱ 열역학 제3법칙이다.

해설 열역학 제3법칙 : 어떠한 이상적인 방법으로도 어떤계를 절대온도 0°K(=−273 ℃)에는 이르게 할 수 없다. 즉, 온도가 절대 0 (K)에 근접하면 엔트로피는 0에 근접한다.

문제 39. 압축기 입구 온도가 −10 ℃, 압축기 출구 온도가 100 ℃, 팽창기 입구 온도가 5 ℃, 팽창기 출구온도가 −75 ℃로 작동되는 공기 냉동기의 성능계수는? (단, 공기의 C_p는 1.0035 kJ/kg·℃로서 일정하다.) 【9장】

㉮ 0.56

㉯ 2.17

㉰ 2.34

㉱ 3.17

해설 역브레이튼 사이클(=공기 냉동사이클)에서

$\begin{cases} T_1 = 5\ ℃ \\ T_2 = -75\ ℃ \\ T_3 = -10\ ℃ \\ T_4 = 100\ ℃ \end{cases}$

성적계수 $\varepsilon_B = \dfrac{q_2}{w_c} = \dfrac{q_2}{q_1 - q_2}$

$= \dfrac{C_p(T_3 - T_2)}{C_p(T_4 - T_1) - C_p(T_3 - T_2)}$

$= \dfrac{T_3 - T_2}{(T_4 - T_1) - (T_3 - T_2)}$

$= \dfrac{-10 + 75}{(100 - 5) - (-10 + 75)} ≒ 2.17$

문제 40. 배기체적이 1200 cc, 간극체적이 200 cc의 가솔린 기관의 압축비는 얼마인가? 【8장】

㉮ 5

㉯ 6

㉰ 7

㉱ 8

해설 $\varepsilon = \dfrac{V}{V_c} = \dfrac{V_c + V_s}{V_c} = \dfrac{200 + 1200}{200} = 7$

제3과목 기계유체역학

문제 41. 길이 20 m의 매끈한 원관에 비중 0.8의 유체가 평균속도 0.3 m/s로 흐를 때, 압력 손실은 약 얼마인가? (단, 원관의 안지름은 50 mm, 점성계수는 8×10^{-3} Pa·s이다.) 【6장】

㉮ 614 Pa

㉯ 734 Pa

㉰ 1235 Pa

㉱ 1440 Pa

해설 우선, $Re = \dfrac{\rho V d}{\mu} = \dfrac{800 \times 0.3 \times 0.05}{8 \times 10^{-3}} = 1500$

∴ 층류

또한, $f = \dfrac{64}{Re} = \dfrac{64}{1500} = 0.0427$

결국, $\Delta p = f \dfrac{\ell}{d} \dfrac{\gamma V^2}{2g} = f \dfrac{\ell}{d} \dfrac{\rho V^2}{2}$

$= 0.0427 \times \dfrac{20}{0.05} \times \dfrac{800 \times 0.3^2}{2} = 614.88\,\text{Pa}$

문제 42. 속도 15 m/s로 항해하는 길이 80 m의 화물선의 조파 저항에 관한 성능을 조사하기 위하여 수조에서 길이 3.2 m인 모형 배로 실험을 할 때 필요한 모형 배의 속도는 몇 m/s 인가? 【7장】

㉮ 9.0

㉯ 3.0

㉰ 0.33

㉱ 0.11

해설 $(Fr)_P = (Fr)_m$ 즉, $\left(\dfrac{V}{\sqrt{g\ell}}\right)_P = \left(\dfrac{V}{\sqrt{g\ell}}\right)_m$

$\dfrac{15}{\sqrt{80}} = \dfrac{V_m}{\sqrt{3.2}}$ ∴ $V_m = 3\,\text{m/s}$

예답 **38.** ㉱ **39.** ㉯ **40.** ㉰ **41.** ㉮ **42.** ㉯

문제 43. 한 변이 1 m인 정육면체 나무토막의 아랫면에 1080 N의 납을 매달아 물속에 넣었을 때, 물 위로 떠오르는 나무토막의 높이는 몇 cm인가? (단, 나무토막의 비중은 0.45, 납의 비중은 11이고, 나무토막의 밑면은 수평을 유지한다.)　【2장】

㉮ 55　　　　　㉯ 48
㉰ 45　　　　　㉱ 42

해설 "공기 중에서 물체무게(W)＝부력"에서

물체무게(나무토막＋납)＝부력(나무토막＋납)

$\gamma_{나무} V_{나무} + \gamma_{납} V_{납} = \gamma_{액체}(V_{잠긴} + V_{납})$

$(9800 \times 0.45 \times 1 \times 1 \times 1) + 1080$

$= 9800[(1 \times 1 \times y) + 0.01]$

$\therefore y = 0.55 \,\text{m}$ ($\because y$: 잠긴 깊이)

단, 납의 무게 $W = \gamma V$에서

$V = \dfrac{W}{\gamma} = \dfrac{1080}{9800 \times 11} = 0.01 \,\text{m}^3$

결국, 물 위로 떠오르는 나무토막의 길이는

$1 - 0.55 = 0.45 \,\text{m} = 45 \,\text{cm}$

문제 44. 공기가 기압 200 kPa일 때, 20 ℃에서의 공기의 밀도는 약 몇 kg/m³인가? (단, 이상기체이며, 공기의 기체상수 $R = 287$ J/kg·K이다.)　【1장】

㉮ 1.2　　　　　㉯ 2.38
㉰ 1.0　　　　　㉱ 999

해설 $\rho = \dfrac{p}{RT} = \dfrac{200 \times 10^3}{287 \times 293}$

$= 2.38 \,\text{kg/m}^3 (= \text{N} \cdot \text{S}^2/\text{m}^4)$

문제 45. 정상, 균일유동장 속에 유동 방향과 평행하게 놓여진 평판 위에 발생하는 층류 경계층의 두께 δ는 x를 평판 선단으로부터의 거리라 할 때, 비례값은?　【5장】

㉮ x^1　　　　　㉯ $x^{\frac{1}{2}}$
㉰ $x^{\frac{1}{3}}$　　　　　㉱ $x^{\frac{1}{4}}$

해설 ① 층류 경계층 두께(δ)는 $x^{\frac{1}{2}}$에 비례한다.

② 난류 경계층 두께(δ)는 $x^{\frac{4}{5}}$에 비례한다.

문제 46. 원관에서 난류로 흐르는 어떤 유체의 속도가 2배가 되었을 때, 마찰계수가 $\dfrac{1}{\sqrt{2}}$ 배로 줄었다. 이 때 압력손실은 몇 배인가?　【6장】

㉮ $2^{\frac{1}{2}}$ 배

㉯ $2^{\frac{3}{2}}$ 배

㉰ 2배

㉱ 4배

해설 $\Delta P = f \dfrac{\ell}{d} \times \dfrac{\gamma V^2}{2g}$ 꼴에서

$\Delta P' = \dfrac{f}{\sqrt{2}} \times \dfrac{\ell}{d} \times \dfrac{\gamma (2V)^2}{2g} = f \dfrac{\ell}{d} \times \dfrac{\gamma V^2}{2g} \times \dfrac{4}{\sqrt{2}}$

$= f \times \dfrac{\ell}{d} \times \dfrac{\gamma V^2}{2g} \times \dfrac{\sqrt{2}}{2} \times 4$

$= \Delta P \times 2\sqrt{2} = 2^{\frac{3}{2}} \Delta P$

문제 47. 비점성, 비압축성 유체가 그림과 같이 작은 구멍을 향해 쐐기모양의 벽면 사이를 흐른다. 이 유동을 근사적으로 표현하는 무차원 속도 포텐셜이 $\phi = -2\ln r$로 주어질 때, $r = 1$인 지점에서의 유속 V는 몇 m/s인가? (단, $\vec{V} \equiv \nabla \phi = grad\phi$로 정의한다.)　【3장】

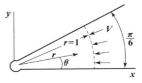

㉮ 0　　　　　㉯ 1
㉰ 2　　　　　㉱ π

해설 $V = \dfrac{\partial \phi}{\partial r} = -\dfrac{2}{r} = -\dfrac{2}{1} = -2 \,\text{m/s}$

정답 43. ㉰　44. ㉯　45. ㉯　46. ㉯　47. ㉰

문제 48. 그림과 같은 노즐을 통하여 유량 Q만큼의 유체가 대기로 분출될 때, 노즐에 미치는 유체의 힘 F는? (단, A_1, A_2는 노즐의 단면 1, 2에서의 단면적이고 ρ는 유체의 밀도이다.)
【4장】

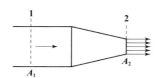

㉮ $F = \dfrac{\rho A_2 Q^2}{2}\left(\dfrac{A_2 - A_1}{A_1 A_2}\right)^2$

㉯ $F = \dfrac{\rho A_2 Q^2}{2}\left(\dfrac{A_1 + A_2}{A_1 A_2}\right)^2$

㉰ $F = \dfrac{\rho A_1 Q^2}{2}\left(\dfrac{A_1 + A_2}{A_1 A_2}\right)^2$

㉱ $F = \dfrac{\rho A_1 Q^2}{2}\left(\dfrac{A_1 - A_2}{A_1 A_2}\right)^2$

[해설] 우선, $F_x = F = p_1 A_1 \cos\theta_1 - \cancel{p_1 A_2 \cos\theta_2}^{\nearrow 0}$
$\qquad\qquad\qquad + \rho Q(V_1 \cos\theta_1 - V_2 \cos\theta_2)$
$\qquad\quad = p_1 A_1 + \rho Q(V_1 - V_2)$
$\qquad\quad = p_1 A_1 + \rho Q\left(\dfrac{Q}{A_1} - \dfrac{Q}{A_2}\right)$ ········· ①식

또한, $\dfrac{p_1}{\gamma} + \dfrac{V_1^2}{2g} + \cancel{Z_1}^{\nearrow 0} = \dfrac{\cancel{p_2}^{\nearrow 0}}{\gamma} + \dfrac{V_2^2}{2g} + \cancel{Z_2}^{\nearrow 0}$에서

$p_1 + \dfrac{\gamma V_1^2}{2g} = \dfrac{\gamma V_2^2}{2g}$

$p_1 = \dfrac{\gamma V_2^2}{2g} - \dfrac{\gamma V_1^2}{2g} = \dfrac{\rho V_2^2}{2} - \dfrac{\rho V_1^2}{2} = \dfrac{\rho}{2}(V_2^2 - V_1^2)$

$\qquad = \dfrac{\rho}{2}\left[\left(\dfrac{Q}{A_2}\right)^2 - \left(\dfrac{Q}{A_1}\right)^2\right]$ ·············· ②식

결국, ①, ②식에서

$F = \dfrac{\rho A_2}{2}\left[\left(\dfrac{Q}{A_2}\right)^2 - \left(\dfrac{Q}{A_1}\right)^2\right] + \rho Q\left(\dfrac{Q}{A_1} - \dfrac{Q}{A_2}\right)$

$\quad = \dfrac{\rho A_1 Q^2}{2}\left[\left(\dfrac{1}{A_2^2}\right) - \left(\dfrac{1}{A_1^2}\right)\right]$
$\qquad + \dfrac{\rho A_1 Q^2}{2}\left(\dfrac{2}{A_1^2} - \dfrac{2}{A_1 A_2}\right)$

$\quad = \dfrac{\rho A_1 Q^2}{2}\left(\dfrac{1}{A_2^2} - \dfrac{1}{A_1^2} + \dfrac{2}{A_1^2} - \dfrac{2}{A_1 A_2}\right)$

$\quad = \dfrac{\rho A_1 Q^2}{2}\left(\dfrac{1}{A_1^2} - \dfrac{2}{A_1 A_2} + \dfrac{1}{A_2^2}\right)$

분모, 분자에 $A_1^2 A_2^2$을 곱하면

$F = \dfrac{\rho A_1 Q^2}{2}\left[\left(\dfrac{1}{A_1^2} - \dfrac{2}{A_1 A_2} + \dfrac{1}{A_2^2}\right) \times \left(\dfrac{A_1^2 A_2^2}{A_1^2 A_2^2}\right)\right]$

$\quad = \dfrac{\rho A_1 Q^2}{2}\left[\dfrac{A_1^2 - 2A_1 A_2 + A_2^2}{A_1^2 A_2^2}\right]$

$\quad = \dfrac{\rho A_1 Q^2}{2}\left[\dfrac{(A_1 - A_2)^2}{(A_1 A_2)^2}\right] = \dfrac{\rho A_1 Q^2}{2}\left(\dfrac{A_1 - A_2}{A_1 A_2}\right)^2$

문제 49. 중력과 관성력의 비로 정의되는 무차원수는? (단, ρ : 밀도, V : 속도, l : 특성 길이, μ : 점성계수, P : 압력, g : 중력가속도, c : 소리의 속도)
【7장】

㉮ $\dfrac{\rho V l}{\mu}$ ㉯ $\dfrac{V}{\sqrt{gl}}$

㉰ $\dfrac{P}{\rho V^2}$ ㉱ $\dfrac{V}{c}$

[해설] 프루우드수 $Fr = \dfrac{\text{관성력}}{\text{중력}} = \dfrac{V}{\sqrt{g\ell}}$

문제 50. 아래 그림과 같이 직경이 2 m, 길이가 1 m인 관에 비중량 9800 N/m³인 물이 반 차 있다. 이 관의 아래쪽 사분면 AB 부분에 작용하는 정수력의 크기는?
【2장】

㉮ 4900 N ㉯ 7700 N
㉰ 9120 N ㉱ 12600 N

[해설] 우선, $F_x(= F_H) = \gamma \bar{h} A = 9800 \times 0.5 \times (1 \times 1)$
$\qquad\qquad\qquad = 4900\,\text{N}$

또한, $F_y(= F_V)$
$\qquad = W = \gamma V = \gamma A \ell = 9800 \times \dfrac{\pi \times 1^2}{4} \times 1$
$\qquad = 7696.9\,\text{N}$

결국, $F = \sqrt{F_x^2 + F_y^2} = \sqrt{4900^2 + 7696.9^2} = 9124.3\,\text{N}$

[정답] **48.** ㉱ **49.** ㉯ **50.** ㉰

문제 51. 그림과 같이 경사관 마노미터의 직경 $D=10d$이고 경사관은 수평면에 대해 θ만큼 기울여져 있으며 대기 중에 노출되어 있다. 대기압보다 Δp의 큰 압력이 작용할 때, L과 Δp와 관계로 옳은 것은?
(단, 점선은 압력이 가해지기 전 액체의 높이이고, 액체의 밀도는 ρ, $\theta=30°$이다.) 【2장】

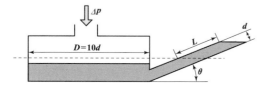

㉮ $L=\dfrac{201}{2}\dfrac{\Delta p}{\rho g}$ ㉯ $L=\dfrac{100}{51}\dfrac{\Delta p}{\rho g}$

㉰ $L=\dfrac{51}{100}\dfrac{\Delta p}{\rho g}$ ㉱ $L=\dfrac{2}{201}\dfrac{\Delta p}{\rho g}$

해설 우선, 압력차 $p=0$일 때의 액면에서 L만큼 변위했을 때의 그릇 액면 변위를 h라 하면, 점선으로부터 h만큼 내려간 체적과 경사면을 따라 올라간 체적은 동일하므로

$$\frac{\pi D^2}{4}h=\frac{\pi d^2}{4}\times L \text{에서}$$

$$h=\frac{d^2}{D^2}\times L=\frac{d^2}{(10d)^2}\times L=\frac{L}{100}$$

결국, $\Delta p-\gamma h-\gamma L\sin\theta=0$

$$\Delta p=\gamma(h+L\sin\theta)=\rho g\left(\frac{L}{100}+L\sin30°\right)$$

$$=\rho g L\left(\frac{1}{100}+\frac{1}{2}\right)=\frac{51\rho g L}{100}$$

$$\therefore L=\frac{100}{51}\times\frac{\Delta p}{\rho g}$$

문제 52. 유선(streamline)에 관한 설명으로 틀린 것은? 【3장】

㉮ 유선으로 만들어지는 관을 유관(streamtube)이라 부르며, 두께가 없는 관벽을 형성한다.

㉯ 유선 위에 있는 유체의 속도 벡터는 유선의 접선방향이다.

㉰ 비정상 유동에서 속도는 유선에 따라 시간적으로 변화할 수 있으나, 유선 자체는 움직일 수 없다.

㉱ 정상유동일 때 유선은 유체의 입자가 움직이는 궤적이다.

해설 유선(stream line) : 유체흐름의 공간에서 임의의 한 가상적인 곡선을 그을 때 그 곡선상의 임의의 점에서 그은 접선방향이 그 점위에 있는 유체입자의 속도방향과 일치하도록 그려진 곡선을 유선이라 하며, 비정상유동에서는 유체의 흐름이 시간에 따라 변화하므로 유선도 시간에 따라 변화한다. 하지만 정상유동에서는 유선은 시간에 따라 변하지 않는다.

문제 53. 다음 중 체적 탄성계수와 차원이 같은 것은? 【1장】

㉮ 힘 ㉯ 체적
㉰ 속도 ㉱ 전단응력

해설 ① 힘=N=[F]=[MLT^{-2}]
② 체적=m^3=[L^3]
③ 속도=m/s=[LT^{-1}]
④ 전단응력 또는 체적탄성계수=N/m^2=[FL^{-2}] =[MLT^{-2}L^{-2}]=[ML^{-1}T^{-2}]

문제 54. 다음 중 유체에 대한 일반적인 설명으로 틀린 것은? 【1장】

㉮ 점성은 유체의 운동을 방해하는 저항의 척도로서 유속에 비례한다.

㉯ 비점성유체 내에서는 전단응력이 작용하지 않는다.

㉰ 정지유체 내에서는 전단응력이 작용하지 않는다.

㉱ 점성이 클수록 전단응력이 크다.

해설 $\tau=\mu\dfrac{u}{h}$에서 $\mu=\dfrac{\tau h}{u}$이므로 점성은 유체의 유속에 반비례한다.

문제 55. 관로내 물(밀도 1000 kg/m^3)이 30 m/s로 흐르고 있으며 그 지점의 정압이 100 kPa일 때, 정체압은 몇 kPa인가? 【3장】

정답 51. ㉯ 52. ㉰ 53. ㉱ 54. ㉮ 55. ㉱

㉮ 0.45 ㉯ 100
㉰ 450 ㉱ 550

[해설] 정체점 압력＝정압＋동압

즉, $p_s = p + \dfrac{\rho V^2}{2} = 100 + \dfrac{1 \times 30^2}{2} = 550\,\text{kPa}$

[문제] 56. 유속 3 m/s로 흐르는 물속에 흐름방향의 직각으로 피토관을 세웠을 때, 유속에 의해 올라가는 수주의 높이는 약 몇 m인가? **【3장】**

㉮ 0.46 ㉯ 0.92
㉰ 4.6 ㉱ 9.2

[해설] $V = \sqrt{2g\Delta h}$ 에서

$\therefore \Delta h = \dfrac{V^2}{2g} = \dfrac{3^2}{2 \times 9.8} \fallingdotseq 0.46\,\text{m}$

[문제] 57. 다음 중 질량 보존을 표현한 것으로 가장 거리가 먼 것은? (단, ρ는 유체의 밀도, A는 관의 단면적, V는 유체의 속도이다.)
【3장】

㉮ $\rho A V = 0$ ㉯ $\rho A V =$ 일정
㉰ $d(\rho A V) = 0$ ㉱ $\dfrac{d\rho}{\rho} + \dfrac{dA}{A} + \dfrac{dV}{V} = 0$

[해설] 연속방정식 : 흐르는 유체에 질량보존의 법칙을 적용하여 얻는 방정식

[문제] 58. 안지름 0.1 m인 파이프 내를 평균 유속 5 m/s로 어떤 액체가 흐르고 있다. 길이 100 m 사이의 손실수두는 약 몇 m인가? (단, 관내의 흐름으로 레이놀즈수는 1000이다.) **【6장】**

㉮ 81.6 ㉯ 50
㉰ 40 ㉱ 16.32

[해설] 우선, $f = \dfrac{64}{Re} = \dfrac{64}{1000} = 0.064$

결국, $h_f = f\dfrac{\ell}{d}\dfrac{V^2}{2g} = 0.064 \times \dfrac{100}{0.1} \times \dfrac{5^2}{2 \times 9.8} \fallingdotseq 81.6\,\text{m}$

[문제] 59. 항력에 관한 일반적인 설명 중 틀린 것은? **【5장】**

㉮ 난류는 항상 항력을 증가시킨다.
㉯ 거친 표면은 항력을 감소시킬 수 있다.
㉰ 항력은 압력과 마찰력에 의해서 발생한다.
㉱ 레이놀즈수가 아주 작은 유동에서 구의 항력은 유체의 점성계수에 비례한다.

[해설] 항력(Drag)은 마찰항력과 압력항력으로 되어 있으며, 거친 표면은 항력을 감소시킬 수 있다. 특히 구 주위의 점성, 비압축성유체의 유동에서 $Re \leq 1$ 정도이면 박리가 존재하지 않으므로 항력은 마찰항력이 지배적이며 이때의 항력은 stokes의 법칙($D = 3\pi\mu Vd$)에 따른다.

[문제] 60. 압력구배가 영인 평판위의 경계층 유동과 관련된 설명 중 틀린 것은? **【5장】**

㉮ 표면조도가 천이에 영향을 미친다.
㉯ 경계층 외부유동에서의 교란정도가 천이에 영향을 미친다.
㉰ 층류에서 난류로의 천이는 거리를 기준으로 하는 Reynolds수의 영향을 받는다.
㉱ 난류의 속도 분포는 층류보다 덜 평평하고 층류경계층보다 다소 얇은 경계층을 형성한다.

[해설] 경계층(boundary layer)
: 유체가 유동할 때 점성의 영향으로 생긴 얇은 층을 경계층이라 하며 평판선단으로부터 "층류경계층 → 천이구역 → 난류경계층"의 순으로 형성된다. 층류에서 속도는 거의 포물선이고, 난류의 벽면 근처에서 속도는 선형적이다. 또한, 난류경계층은 층류경계층보다 다소 두꺼운 경계층을 형성한다.

제4과목 기계재료 및 유압기기

[문제] 61. 탄소강에 함유되어 있는 원소 중 많이 함유되면 적열 취성의 원인이 되는 것은?

[정답] **56.** ㉮ **57.** ㉮ **58.** ㉮ **59.** ㉮ **60.** ㉱ **61.** ㉱

② 인   ② 규소
③ 구리   ③ 황

해설▶ ·취성(메짐성)의 종류
① 청열취성 : 200~300 ℃의 강에서 일어남
② 적열취성 : 황(S)이 원인
③ 상온취성(=냉간취성) : 인(P)인 원인
④ 고온취성 : 구리(Cu)가 원인

문제 62. 충격에는 약하나 압축강도는 크므로 공작기계의 베드, 프레임, 기계 구조물의 몸체 등에 가장 적합한 재질은?

② 합금공구강
③ 탄소강
③ 고속도강
③ 주철

해설▶ ·주철의 특징
〈장점〉
① 용융점이 낮고 유동성이 좋다.
② 주조성이 양호하고 마찰저항이 좋다.
③ 절삭성이 우수하고 압축강도가 크다.
④ 녹발생이 적다.
⑤ 값이 싸다.
〈단점〉
① 인장강도, 휨강도가 적다.
② 충격값, 연신율이 작다.
③ 가공이 어렵다.
〈용도〉
공작기계의 베드, 프레임, 기계구조물의 몸체, 실린더, ……

문제 63. 철강재료의 열처리에서 많이 이용되는 S곡선이란 어떤 것을 의미하는가?

② T.T.L 곡선
③ S.C.C 곡선
③ T.T.T 곡선
③ S.T.S 곡선

해설▶ 항온변태곡선=T.T.T곡선(시간, 온도, 변태)
=S곡선=C곡선

문제 64. 백주철을 열처리로에서 가열한 후 탈탄시켜, 인성을 증가시킨 주철은?

② 가단주철
③ 회주철
③ 보통주철
③ 구상흑연주철

해설▶ 가단주철 : 보통주철의 결점인 여리고 약한 인성을 개선하기 위하여 백주철을 장시간 열처리(풀림)하여 탄소(C)의 상태를 분해 또는 소실시켜 인성 또는 연성을 증가시킨 주철

문제 65. 특수강인 Elinvar의 성질은 어느 것인가?

② 열팽창계수가 크다.
③ 온도에 따른 탄성률의 변화가 적다.
③ 소결합금이다.
③ 전기전도도가 아주 좋다.

해설▶ 엘린바 : Fe−Ni 36 %−Cr 12 %,
탄성률(=탄성계수)불변
〈용도〉 고급시계, 정밀저울 등의 스프링, 기타 정밀계기의 재료에 적합

문제 66. 탄소강을 경화 열처리 할 때 균열을 일으키지 않게 하는 가장 안전한 방법은?

② Ms점까지는 급냉하고 Ms, Mf사이는 서냉한다.
③ Mf점 이하까지 급냉한 후 저온도로 뜨임한다.
③ Ms점까지 서냉하여 내외부가 동일온도가 된 후 급냉한다.
③ Ms, Mf 사이의 온도까지 서냉한 후 급냉한다.

해설▶ ① M_s점 : 마텐자이트 변태가 시작되는 점
② M_f점 : 마텐자이트 변태가 끝나는 점

해답 62. ③ 63. ③ 64. ② 65. ③ 66. ②

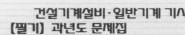

문제 67. 배빗메탈 이라고도 하는 베어링용 합금인 화이트 메탈의 주요성분으로 옳은 것은?

㉠ Pb−W−Sn

㉡ Fe−Sn−Cu

㉢ Sn−Sb−Cu

㉣ Zn−Sn−Cr

해설 베빗메탈의 주성분 : Sn−Sb−Zn−Cu

문제 68. 고속도강의 특징을 설명한 것 중 틀린 것은?

㉠ 열처리에 의하여 경화하는 성질이 있다.

㉡ 내마모성이 크다.

㉢ 마텐자이트(martensite)가 안정되어, 600 ℃ 까지는 고속으로 절삭이 가능하다.

㉣ 고Mn강, 칠드주철, 경질유리 등의 절삭에 적합하다.

해설 초경합금
 : 금속탄화물(WC, TiC, TaC)을 코발트(Co)분말과 혼합하여 프레스로 성형한 뒤 고온에서 소결하는 것으로 고속도강으로도 절삭하기 곤란한 고Mn강, 칠드주철, 경질유리 등도 쉽게 절삭할 수 있다.

문제 69. 오일리스 베어링과 관계가 없는 것은?

㉠ 구리와 납의 합금이다.

㉡ 기름보급이 곤란한 곳에 적당하다.

㉢ 너무 큰 하중이나 고속회전부에는 부적당하다.

㉣ 구리, 주석, 흑연의 분말을 혼합 성형한 것이다.

해설 · 오일리스 베어링(oilless bearing)
① Cu+Sn+흑연분말 → 소결시킴
② 기름 보급이 곤란한 곳
③ 고속, 중하중용에는 부적당
④ 용도 : 식품기계, 인쇄기계, 가전제품

문제 70. 쾌삭강(Free cutting steel)에 절삭속도를 크게 하기 위하여 첨가하는 주된 원소는?

㉠ Ni　　　　㉡ Mn

㉢ W　　　　㉣ S

해설 쾌삭강 : 절삭성을 향상시키기 위하여 S, Pb 등을 첨가한다.

문제 71. 그림과 같은 압력제어 밸브의 기호가 의미하는 것은?

㉠ 정압 밸브

㉡ 2−way 감압 밸브

㉢ 릴리프 밸브

㉣ 3−way 감압 밸브

문제 72. 유압기기와 관련된 유체의 동역학에 관한 설명으로 옳은 것은?

㉠ 유체의 속도는 단면적이 큰 곳에서는 빠르다.

㉡ 유속이 작고 가는 관을 통과할 때 난류가 발생한다.

㉢ 유속이 크고 굵은 관을 통과할 때 층류가 발생한다.

㉣ 점성이 없는 비압축성의 액체가 수평관을 흐를 때, 압력수두와 위치수두 및 속도수두의 합은 일정하다.

해설 ① 유체의 속도는 단면적이 큰 곳에서는 느리다. ($Q=AV$)
② 유속이 작고 가는 관을 통과할 때 층류가 발생한다.
③ 유속이 크고 굵은 관을 통과할 때 난류가 발생한다.
④ 베르누이 방정식 : $\dfrac{p}{\gamma}+\dfrac{V^2}{2g}+Z=C=H$

해답 67. ㉢ 68. ㉣ 69. ㉠ 70. ㉣ 71. ㉢ 72. ㉣

문제 73. 유압펌프에 있어서 체적효율이 90 %이고 기계효율이 80 %일 때 유압펌프의 전효율은?

㉮ 23.7 %   ㉯ 72 %

㉰ 88.8 %   ㉱ 90 %

해설 $\eta = \eta_V \times \eta_m = 0.9 \times 0.8 = 0.72 = 72\%$

문제 74. 그림과 같은 유압 잭에서 지름이 $D_2 = 2D_1$일 때 누르는 힘 F_1과 F_2의 관계를 나타낸 식으로 옳은 것은?

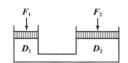

㉮ $F_2 = F_1$ ㉯ $F_2 = 2F_1$

㉰ $F_2 = 4F_1$ ㉱ $F_2 = 8F_1$

해설 $p_1 = p_2$에서

$$\frac{F_1}{A_1} = \frac{F_2}{A_2} \rightarrow \frac{F_1}{\frac{\pi}{4}D_1^2} = \frac{F_2}{\frac{\pi}{4}D_2^2}$$

$$\rightarrow \frac{F_1}{D_1^2} = \frac{F_2}{D_2^2} \rightarrow \frac{F_1}{D_1^2} = \frac{F_2}{2(D_1)^2}$$

$$\rightarrow \therefore \ F_2 = 4F_1$$

문제 75. 다음 중 작동유의 방청제로서 가장 적당한 것은?

㉮ 실리콘유

㉯ 이온화합물

㉰ 에나멜화합물

㉱ 유기산 에스테르

해설 ① 방청제 : 유기산에스테르, 지방산염, 유기인화합물
② 소포제 : 실리콘유 또는 실리콘의 유기화합물

문제 76. 펌프의 무부하 운전에 대한 장점이 아닌 것은?

㉮ 작업시간 단축

㉯ 구동동력 경감

㉰ 유압유의 열화 방지

㉱ 고장방지 및 펌프의 수명 연장

해설 펌프의 무부하 운전시 작업시간이 연장된다.

문제 77. 그림과 같은 회로도는 크기가 같은 실린더로 동조하는 회로이다. 이 동조회로의 명칭으로 가장 적합한 것은?

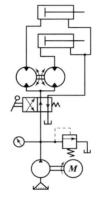

㉮ 래크와 피니언을 사용한 동조회로

㉯ 2개의 유압모터를 사용한 동조회로

㉰ 2개의 릴리프 밸브를 사용한 동조회로

㉱ 2개의 유량제어 밸브를 사용한 동조회로

해설 실린더 아래에 2개의 유압모터가 있다.
· 동조회로 : 같은 크기의 2개의 유압실린더에 같은 양의 압유를 유입시키면 이들 실린더는 동조운동을 할 것으로 생각되나 실제로는 유압실린더의 치수, 누유량, 마찰 등이 완전히 일치하지 않기 때문에 완전한 동조운동이란 불가능한 일이다. 또 같은 양의 압유를 2개의 실린더에 공급한다는 것도 어려운 일이다.

문제 78. 램이 수직으로 설치된 유압 프레스에서 램의 자중에 의한 하강을 막기 위해 배압을 주고자 설치하는 밸브로 적절한 것은?

해답 73. ㉯ 74. ㉰ 75. ㉱ 76. ㉮ 77. ㉯ 78. ㉱

⑦ 로터리 베인 밸브

⑭ 파일럿 체크 밸브

⑮ 블리드 오프 밸브

⑯ 카운터 밸런스 밸브

[해설] 카운터 밸런스 밸브
: 회로의 일부에 배압을 발생시키고자 할 때 사용하는 밸브이다. 예를 들어, 드릴작업이 끝나는 순간 부하저항이 급히 감소할 때 드릴의 돌출을 막기 위하여 실린더에 배압을 주고자 할 때 또는, 연직방향으로 작동하는 램이 중력에 의하여 낙하하는 것을 방지하고자 할 경우에 사용한다.

[문제] 79. 유압 배관 중 석유계 작동유에 대하여 산화작용을 조장하는 촉매역할을 하기 때문에 내부에 카드뮴 또는 니켈을 도금하여 사용하여야 하는 것은?

⑦ 동관　　　　⑭ PPC관

⑮ 엑셀관　　　⑯ 고무관

[해설] 동관 : 동관은 풀림을 하면 상온가공이 용이하므로 $20\,kg_f/cm^2$이하의 저압관이나 드레인관에 많이 사용된다. 보통은 동관 또는 동합금류는 석유계 작동유에는 사용하면 안된다. 동은 오일의 산화에 대하여 촉매작용을 하기 때문이다. 따라서, 카드뮴 또는 니켈도금을 하여 사용하는 것이 바람직하다.

[문제] 80. 베인모터의 장점에 관한 설명으로 옳지 않은 것은?

⑦ 베어링 하중이 작다.

⑭ 정·역회전이 가능하다.

⑮ 토크 변동이 비교적 작다.

⑯ 기동시나 저속 운전시 효율이 높다.

[해설] ·베인모터
① 기동시 토크효율이 높고, 저속시 토크효율이 낮다.
② 토크변동은 작다.
③ 로터에 작용하는 압력의 평형이 유지되고 있으므로 베어링 하중이 적다.
④ 정·역회전이 가능하다.

제5과목　기계제작법 및 기계동력학

[문제] 81. 고상용접(Solid-State Welding) 형식이 아닌 것은?

⑦ 롤 용접

⑭ 고온압접

⑮ 압출용접

⑯ 전자빔 용접

[해설] 고상용접 : 롤용접, 냉간압접, 열간압접(=고온압접), 마찰용접, 초음파용접, 폭발용접, 확산용접
→ 확산용접(=압출용접) : 접촉면에 압력을 가하여 밀착시키고 온도를 올려 확산으로 접합하는 용접

[문제] 82. 주조에서 열점(hot sopt)의 정의로 옳은 것은?

⑦ 유로의 확대부

⑭ 응고가 가장 더딘 부분

⑮ 유로 단면적이 가장 좁은 부분

⑯ 주조시 가장 고온이 되는 부분

[해설] 열점(hot spot)
: 주조에서 응고가 가장 더딘 부분

[문제] 83. 조립형 프레임이 주조 프레임과 비교할 때 장점이 아닌 것은?

⑦ 무게가 1/4정도 감소된다.

⑭ 파손된 프레임의 수리가 비교적 용이하다.

⑮ 기계가공이나 설계 후 오차 수정이 용이하다.

⑯ 프레임이 복잡하거나 무게가 비교적 큰 경우에 적합하다.

[해설] 조립형 프레임은 프레임이 간단하거나 무게가 비교적 작은 경우에 적합하다.

[정답] 79. ⑦　80. ⑯　81. ⑯　82. ⑭　83. ⑯

문제 84. 판재의 두께 6 mm, 원통의 바깥지름 500 mm인 원통의 마름질한 판뜨기의 길이[mm]는 약 얼마인가?

㉮ 1532   ㉯ 1542

㉰ 1552   ㉱ 1562

[해설] 판뜨기의 길이(L)는
$$L = (d_2 - t)\pi = (500 - 6)\pi = 1551\,\mathrm{mm}$$

문제 85. 측정기의 구조상에서 일어나는 오차로서 눈금 또는 피치의 불균일이나 마찰, 측정압 등의 변화 등에 의해 발생하는 오차는?

㉮ 개인 오차   ㉯ 기기 오차

㉰ 우연 오차   ㉱ 불합리 오차

[해설] · 측정오차＝측정값－참값
① 계기오차(＝기기오차 : 측정기의 오차) : 온도, 압력, 마모 등
② 시차(＝개인오차) : 측정자의 버릇, 부주의, 숙련 등
③ 우연오차 : 소음, 진동, 자연현상 등, 우연오차를 줄이려면 여러번 반복측정하여 평균값을 얻는다.

문제 86. 슈퍼 피니싱에 관한 내용으로 틀린 것은?

㉮ 숫돌 길이는 일감 길이와 같은 것을 일반적으로 사용한다.

㉯ 숫돌의 폭은 일감의 지름과 같은 정도의 것이 일반적으로 쓰인다.

㉰ 원통의 외면, 내면, 평면을 다듬을 수 있으므로 많은 기계 부품의 정밀 다듬질에 응용된다.

㉱ 접촉면적이 넓으므로 연삭작업에서 나타난 이송선, 숫돌이 떨림으로 나타난 자리는 완전히 없앨 수 없다.

[해설] 숫돌의 폭은 일감의 지름보다 약간 적으며, 숫돌의 길이는 일감의 길이와 같게 하는 것이 일반적이다.

문제 87. 단조를 위한 재료의 가열법 중 틀린 것은?

㉮ 너무 과열되지 않게 한다.

㉯ 될수록 급격히 가열하여야 한다.

㉰ 너무 장시간 가열하지 않도록 한다.

㉱ 재료의 내외부를 균일하게 가열한다.

[해설] · 단조를 위한 재료 가열시 주의사항
① 너무 급하게 고온도로 가열하지 말 것 (재질이 변하기 쉬우므로)
② 균일하게 가열할 것 (정확하고 균일한 형상이 되며 변형이 작으므로)
③ 필요이상의 고온으로 너무 오래 가열하지 말 것 (산화가 심하고 내부조직이 변질되므로)

문제 88. 밀링작업에서 분할대를 사용하여 원주를 $7\frac{1}{2}°$씩 등분하는 방법으로 옳은 것은?

㉮ 18구멍짜리에서 15구멍씩 돌린다.

㉯ 15구멍짜리에서 18구멍씩 돌린다.

㉰ 36구멍짜리에서 15구멍씩 돌린다.

㉱ 36구멍짜리에서 18구멍씩 돌린다.

[해설] $t = \dfrac{D°}{9} = \dfrac{7\frac{1}{2}}{9} = \dfrac{15}{18}$
∴ 18구멍 분할판에서 15구멍씩 이동시킨다.

문제 89. 방전가공에서 가장 기본적인 회로는?

㉮ RC 회로

㉯ 고전압법 회로

㉰ 트랜지스터 회로

㉱ 임펄스 발전기회로

[해설] · 방전회로
① RC회로(콘덴서 방전회로)
    : 가장 기본적인 회로
② TR회로(트렌지스터 방전회로)
    : 일반 방전가공기에서 많이 사용
③ TR을 부착한 RC회로 : 현재 가장 많이 사용

[해답] 84. ㉰   85. ㉯   86. ㉯   87. ㉯   88. ㉮   89. ㉮

문제 90. 금속표면에 크롬을 고온에서 확산 침투 시키는 것을 크로마이징(cromizing)이라 한다. 이는 주로 어떤 성질을 향상시키기 위함인가?

㉮ 인성 ㉯ 내식성
㉰ 전연성 ㉱ 내충격성

[해설] 크로마이징

: 저탄소강의 표면에 크롬(Cr)을 침투시키면 내부에 인성이 있으며, 표면은 고크롬강으로 되어서 스테인리스강의 성질(내식성)을 갖추므로 스테인리스강의 장점을 지니는 값싼 기계부품을 만들 수 가 있다.

문제 91. 1자유도 진동계에서 다음 수식 중 옳은 것은?

㉮ $\omega = 2\pi f$ ㉯ $c_{cr} = \sqrt{2mk}$
㉰ $\omega_n = \dfrac{k}{m}$ ㉱ $T = \omega f$

[해설] ① 진동수 $f = \dfrac{\omega}{2\pi}$ 에서 $\omega = 2\pi f$

② 임계감쇠계수 $C_{cr} = 2\sqrt{mk} = 2m\omega_n = \dfrac{2k}{\omega_n}$

③ 고유각진동수 $\omega_n = \sqrt{\dfrac{k}{m}} = \sqrt{\dfrac{g}{\delta_{st}}}$

④ 주기 $T = \dfrac{1}{f} = \dfrac{2\pi}{\omega}$

문제 92. 직선운동을 하고 있는 한 질점의 위치 가 $s = 2t^3 - 24t + 6$ 으로 주어졌다. 이 때 $t=0$ 의 초기상태로부터 126 m/s의 속도가 될 때까지의 걸린 시간은 얼마인가?
(단, s는 임의의 고정으로부터의 거리이고 단위는 m이며, 시간의 단위는 초(sec)이다.)

㉮ 2초 ㉯ 4초
㉰ 5초 ㉱ 6초

[해설] $V = \dfrac{dS}{dt} = 6t^2 - 24 = 126$

$\therefore t = 5 \sec$

문제 93. 진자형 충격시험장치에 외부 작용력 P 가 작용할 때, 물체의 회전축에 있는 베어링에 반작용력이 작용하지 않기 위한 점 A는?

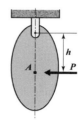

㉮ 회전반경(radius of gyration)
㉯ 질량중심(center of mass)
㉰ 질량관성모멘트(mass momnet of inertia)
㉱ 충격중심(center of percussion)

[해설] 충격중심(center of percussion)

: 무게중심과 떨어진 위치이며 물체의 무게중심이 아닌 곳에 힘을 가하면 선형운동과 회전운동이 동시에 발생하는데 이때 물체 자체가 갖고 있는 선형운동과 회전운동의 운동량이 상쇄되는 위치를 충격중심이라 한다. 또한, 물체의 무게중심에 힘이 가해지면 물체는 회전없이 직선운동을 한다.

문제 94. 자동차 운전자가 정지된 차의 속도를 42 km/h로 증가시켰다. 그 후 다른 차를 추월하기 위해 속도를 84 km/h로 높였다. 그렇다면 42 km/h에서 84 km/h의 속도로 증가시킬 때 필요한 에너지는 처음 정지해 있던 차의 속도를 42 km/h로 증가하는데 필요한 에너지의 몇 배인가? (단, 마찰로 인한 모든 에너지 손실은 무시한다.)

㉮ 1배 ㉯ 2배
㉰ 3배 ㉱ 4배

[해설] 우선, $T_1 = \dfrac{1}{2}m V_1^2 \propto V_1^2 = 42^2$

또한, $T_2 = \dfrac{1}{2}m(V_2^2 - V_1^2) \propto (V_2^2 - V_1^2) = 84^2 - 42^2$

결국, $\dfrac{T_2}{T_1} = \dfrac{84^2 - 42^2}{42^2} = 3$ 배

[예답] **90.** ㉯ **91.** ㉮ **92.** ㉰ **93.** ㉱ **94.** ㉰

문제 95. 다음 그림과 같은 두 개의 질량이 스프링에 연결되어 있다. 이 시스템의 고유진동수는?

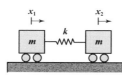

㉮ 0, $\sqrt{\dfrac{k}{m}}$ ㉯ $\sqrt{\dfrac{k}{m}}$, $\sqrt{\dfrac{2k}{m}}$

㉰ 0, $\sqrt{\dfrac{2k}{m}}$ ㉱ $\sqrt{\dfrac{k}{m}}$, $\sqrt{\dfrac{3k}{m}}$

해설

〈자유물체도〉

우선, ①일 때, $\sum F_x = m\ddot{x}$에서

$$k(x_2 - x_1) = m\ddot{x}_1$$
$$m\ddot{x}_1 - k(x_2 - x_1) = 0$$

여기서, 상대변위를 $x_2 - x_1 = x$라 하면

$$m\ddot{x}_1 - kx = 0 \quad \cdots\cdots\cdots ①식$$

또한, ②일 때, $\sum F_x = m\ddot{x}$에서

$$-k(x_2 - x_1) = m\ddot{x}_2$$
$$m\ddot{x}_2 + k(x_2 - x_1) = 0$$
$$m\ddot{x}_2 + kx = 0 \quad \cdots\cdots\cdots ②식$$

②식 - ①식 : $m(\ddot{x}_2 - \ddot{x}_1) + 2kx = 0$

$$m\ddot{x} + 2kx = 0$$
$$\ddot{x} + \frac{2k}{m}x = 0$$

결국, $\omega_n^2 = \dfrac{2k}{m}$

∴ 고유각진동수 $\omega_n = \sqrt{\dfrac{2k}{m}}$

고유진동수 $f_n = \dfrac{\omega_n}{2\pi} = \dfrac{1}{2\pi}\sqrt{\dfrac{2k}{m}}$

문제 96. 진폭 2 mm, 진동수 250 Hz로 진동하고 있는 물체의 최대 속도는 몇 m/s인가?

㉮ 1.57 ㉯ 3.14
㉰ 4.71 ㉱ 6.28

해설 진동수 $f = \dfrac{\omega}{2\pi}$에서

$$\omega = 2\pi f = 2\pi \times 250 = 1570.8\,\mathrm{rad/s}$$
$$x = X\sin\omega t$$
$$\dot{x} = X\omega\cos\omega t$$

결국, $\dot{x}_{\max} = X\omega = 0.002 \times 1570.8 = 3.14\,\mathrm{m/s}$

문제 97. 질량이 m인 쇠공을 높이 A에서 떨어뜨린다. 쇠공과 바닥 사이의 반발계수 e가 "0"이라면 충돌 후 쇠공이 튀어 오르는 높이 B는?

㉮ $B = 0$ ㉯ $B < A$
㉰ $B = A$ ㉱ $B > A$

해설 ① $e = 0$이면 $B = 0$
② $e = 1$이면 $B = A$
③ $0 < e < 1$이면 $0 < B < A$

문제 98. 직경 600 mm인 플라이휠이 z축을 중심으로 회전하고 있다. 플라이휠의 원주상의 점 P의 가속도가 그림과 같은 위치에서 "$a = -1.8i - 4.8j$"라면 이 순간 플라이휠의 각가속도 α는 얼마인가?
(단, i, j는 각각 x, y방향의 단위벡터이다.)

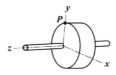

㉮ 3 rad/s²
㉯ 4 rad/s²
㉰ 5 rad/s²
㉱ 6 rad/s²

해답 95. ㉰ 96. ㉯ 97. ㉮ 98. ㉱

해설▷ 우선, P점에서의 접선가속도(a_t)는 x방향이므로
$a_t = 1.8 \, \text{m/s}^2$임을 알 수 있다.

따라서, $a_t = \alpha r$에서

$$\therefore \ \alpha = \frac{a_t}{r} = \frac{1.8}{0.3} = 6 \, \text{rad/s}^2$$

문제 **99.** 질량과 탄성스프링으로 이루어진 시스템이 그림과 같이 자유낙하하고 평면에 도달한 후 스프링의 반력에 의해 다시 튀어 오른다. 질량 "m"의 속도가 최대가 될 때, 탄성스프링의 변형량(x)은? (단, 탄성스프링의 질량은 무시하며, 스프링상수는 k, 스프링의 바닥은 지면과 분리되지 않는다.)

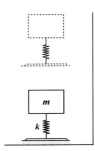

㉮ 0 ㉯ $\dfrac{mg}{2k}$

㉰ $\dfrac{mg}{k}$ ㉱ $\dfrac{2mg}{k}$

해설▷ $W = mg = kx$에서 $\ \therefore \ x = \dfrac{mg}{k}$

문제 **100.** 질량 2000 kg의 자동차가 평평한 길을 시속 90 km/h로 달리다 급제동을 걸었다. 바퀴와 노면사이의 동마찰계수가 0.45일 때 자동차의 정지거리는 몇 m인가?

㉮ 60   ㉯ 71

㉰ 81   ㉱ 86

해설▷ 우선, 운동에너지 $T = \dfrac{1}{2} m V^2$

또한, 마찰일량 $U = \mu FS = \mu mgS$

결국, $T = U$에서 $\ \dfrac{1}{2} m V^2 = \mu mgS$

$$\frac{1}{2} \times \left(\frac{90 \times 10^3}{3600} \right)^2 = 0.45 \times 9.8 \times S$$

$$\therefore \ S = 70.86 \fallingdotseq 71 \, \text{m}$$

건설기계설비 기사

※ 재료역학, 열역학, 유체역학, 유압기기는 일반기계기사와 중복됩니다. 나머지 유체기계와 건설기계일반의 순서는 1~20번으로 정합니다.

제4과목 유체기계

문제 **1.** 원심펌프에서 발생하는 여러 가지 손실 중 원심펌프의 성능, 효율에 가장 큰 영향을 미치는 손실은?

㉮ 기계 손실

㉯ 누설 손실

㉰ 수력 손실

㉱ 원판 마찰 손실

해설▷ ·수력손실
① 회전차 유로에서 마찰에 의한 손실 : 펌프의 흡입노즐에서 송출노즐까지에 이르는 유로전체에 일어나는 손실을 말한다.
② 부차적 손실 : 회전차, 안내날개, 스파이럴 케이싱, 송출노즐을 흐르는 사이의 손실을 말한다.
③ 충돌손실 : 회전차 깃의 입구와 출구에 있어서의 손실을 말한다.

문제 **2.** 다음 중 유체기계로 분류할 수 없는 것은?

㉮ 유압 기계   ㉯ 공기 기계

㉰ 공작 기계   ㉱ 유체 전송 장치

해설▷ 유체기계
: 수력기계, 공기기계, 유압기기(기계), 액체전동장치, 유체수송(전송)장치

정답 **99.** ㉰   **100.** ㉯ ‖ **1.** ㉰   **2.** ㉰

문제 3. 수차의 형식 중에서 유량변화가 심한 곳에 사용할 수 있도록 가동익을 설치하여, 부분 부하에 대하여 높은 효율을 얻을 수 있는 수차는?

㉮ 펠턴 수차 ㉯ 지라르 수차
㉰ 프란시스 수차 ㉱ 카플란 수차

해설 ·프로펠러수차(propeller turbine)
① 카플란수차 : 부하에 의한 날개각도를 조정할 수 있는 가동익형
② 프로펠러수차 : 부하에 의한 날개각도를 조정할 수 없는 고정익형

문제 4. 펌프 운전 중 수격현상을 방지하기 위한 대책으로 틀린 것은?

㉮ 관내의 유속을 작게 한다.
㉯ 밸브를 펌프 송출구에서 멀리 설치한다.
㉰ 펌프에 플라이 휠을 설치한다.
㉱ 조압수조를 관로에 설치한다.

해설 ·수격작용의 방지법
① 관의 직경을 크게 하여 관내의 유속을 낮게 한다. 즉, 유량, 양정을 급격히 변화시키지 말 것
② 펌프의 플라이휠을 설치하여 펌프의 속도가 급격히 변화하는 것을 막는다.
③ 조압수조(surge tank)를 관선에 설치한다.
④ 밸브는 펌프 송출구 가까이에 설치하고 적당히 제어한다.

문제 5. 유효 낙차 70 m, 유량 95 m³/s인 하천에서 수차를 이용하여 발생한 동력이 58600 kW일 때 이 수차의 효율은 약 몇 % 인가?

㉮ 79 ㉯ 85
㉰ 90 ㉱ 94

해설 $L = \gamma QH\eta$에서
$$\therefore \eta = \frac{L}{\gamma QH} = \frac{58600}{9.8 \times 95 \times 70}$$
$$= 0.899 = 89.9\% = 90\%$$

문제 6. 입력축과 출력축의 토크를 변환시키기 위해 펌프 회전차와 터빈 회전차 중간에 스테이터를 설치한 유체전동기구는?

㉮ 토크 컨버터
㉯ 유체 커플링
㉰ 축압기
㉱ 서보 밸브

해설 토크 컨버터(torque converter)
: 입력축의 회전에 의하여 회전차(impeller)에서 나온 작동유는 깃차(runner)를 지나 출력축을 회전시키고 다음에 안내깃(stator)을 거쳐서 회전차로 되돌아온다. 이 안내깃은 토크를 받아 그 맡은 토크만큼 입력축과 출력축 사이에 토크차를 생기게 한다.

문제 7. 다음 중 수차를 가장 올바르게 설명한 것은?

㉮ 물의 위치에너지를 기계적 에너지로 변환하는 기계
㉯ 물의 위치에너지를 열 에너지로 변환하는 기계
㉰ 물의 위치에너지를 화학적 에너지로 변환하는 기계
㉱ 물의 위치에너지를 전기 에너지로 변환하는 기계

해설 수차(hydraulic turbine)
: 물이 가지고 있는 에너지를 운동에너지 및 압력에너지로 바꾸어 이를 다시 기계적 에너지로 변환시키는 기계

문제 8. 사류 펌프(diagonal flow pump)의 특징에 관한 설명 중 틀린 것은?

㉮ 원심력과 양력을 이용한 터보형 펌프이다.
㉯ 구동 동력은 송출량에 따라 크게 변화한다.
㉰ 임의의 송출량에서도 안전한 운전을 할 수 있고, 체절운전도 가능하다.
㉱ 원심 펌프보다 고속 회전할 수 있다.

정답 3. ㉱ 4. ㉯ 5. ㉰ 6. ㉮ 7. ㉮ 8. ㉯

해설 사류 펌프(diagonal flow pump)

: 터보형 펌프로 유체가 회전축에 대하여 비스듬히 흘러 원심력을 받음과 동시에 축방향으로도 가속되는 펌프이다. 원심펌프보다 고속으로 운전할 수 있기 때문에 소형·경량이고 높은 양정에도 사용이 가능하다.

문제 9. 다음 중 그 구조나 사용 용도, 사용 빈도 등의 관점에서 볼 때 일반펌프가 아닌 특수펌프만으로 구성된 것은?

㉮ 마찰 펌프, 제트 펌프, 기포 펌프, 수격 펌프

㉯ 용적형 펌프, 재생 펌프, 축류 펌프, 볼류트 펌프

㉰ 피스톤 펌프, 플런저 펌프, 기어 펌프, 베인 펌프

㉱ 회전형 펌프, 프로펠러 펌프, 원심 펌프, 수격 펌프

해설 · 펌프의 종류

① 터보형

　㉠ 원심식 : 벌류트펌프, 터빈펌프

　㉡ 사류식 : 사류펌프

　㉢ 축류식 : 축류펌프

② 용적형

　㉠ 왕복식 : 피스톤펌프, 플런저펌프

　㉡ 회전식 : 기어펌프, 베인펌프

③ 특수형 : 마찰펌프, 제트펌프, 기포펌프, 수격펌프

문제 10. 관류형 송풍기에 관한 설명으로 틀린 것은?

㉮ 날개 깃의 길이가 길고, 폭이 다소 좁으며 압력이 15 mmAq~75 mmAq의 낮은 정압을 발생시킬 수 있다.

㉯ 날개 깃면이 회전 방향과 동일한 전향깃이다.

㉰ 덕트나 관류 안에 연결해 원심력을 이용하여 배출되는 기류가 축방향으로 이송되는 구조이다.

㉱ 설치 공간은 다른 기종에 비해 적은 편이며, 소음이 적고 운전상태는 정숙한 편이다.

해설 관류형 송풍기(tubular fan)

: 회전날개는 후곡형이며 원심력으로 빠져나간 기류는 축방향으로 안내되어 나간다. 정압이 비교적 낮고 송풍량도 적은 환기팬으로 옥상에 많이 설치된다.

※ 후곡형(turbo fan) : 블래이드(blade)의 끝부분이 회전방향의 뒤쪽으로 굽은 후곡형으로 날개가 곡선으로 된 것과 직선으로 된 것이 있다. 후곡형은 효율이 높고, 고속에서도 비교적 정숙한 운전을 할 수 있는 것으로 터보형 송풍기에 적용된다.

제5과목 건설기계일반

문제 11. 불도저를 이용한 확토작업에서 작업거리(L) = 100 m, 전진속도(V_1) = 10 m/min, 후진속도(V_2) = 8 m/min, 기어변환 소요시간(t) = 20 sec일 경우 1회 작업 사이클 시간(Cm)은 약 몇 min인가?

㉮ 23　　　　㉯ 33

㉰ 43　　　　㉱ 53

해설
$$C_m = \frac{L}{V_1} + \frac{L}{V_2} + t = \frac{100}{10} + \frac{100}{8} + \frac{20}{60}$$
$$= 22.83 \, \text{min} ≒ 23 \, \text{min}$$

문제 12. 콘크리트를 구성하는 재료를 저장하고 소정의 배합 비율대로 계량하고 MIXER에 투입하여 요구되는 품질의 콘크리트를 생산하는 설비는?

㉮ ASPHALT PLANT

㉯ BATCHER PLANT

㉰ CRUSHING PLANT

㉱ CHEMICAL PLANT

해설 콘크리트 배칭 플랜트(concrete batching plant)

: 골재 저장통, 개량장치 및 혼합장치를 가지고 있고 원동기가 달린 것으로 각 재료를 소정의 배합률로 콘크리트를 제조·생산하는 장치

예답 9. ㉮　10. ㉯　11. ㉮　12. ㉯

문제 13. 시가지의 큰 건물이나 구조물 등의 기초공사 작업 시, 회전식 버킷에 의해 지반을 천공하여 소음과 진동이 작고 큰 지름의 깊은 구멍을 뚫는데 가장 적합한 굴착 기계는?

㉮ 어스 드릴(earth drill)
㉯ 굴삭기(excavator)
㉰ 크레인(crane)
㉱ 드래그 라인(drag line)

해설 어스드릴(earth drill) : 시가지의 큰 건물이나 구조물 등의 기초공사 작업시 소음과 진동이 작고 큰 지름의 깊은 구멍을 뚫는데 적합한 굴착기계이다.

문제 14. 머캐덤 롤러는 차동장치를 갖고 있는데 차동장치를 사용하는 목적으로 가장 적합한 것은?

㉮ 좌우 양륜의 회전속도를 일정하게 하기 위해서
㉯ 커브에서 무리한 힘을 가하지 않고 선회하기 위해서
㉰ 연약지반에서 차륜의 공회전을 방지하기 위해서
㉱ 전륜과 후륜의 접지압을 같게 하기 위해서

해설 차동장치 : 커브 선회시 원활한 선회를 위하여 내륜의 속도를 감속시키기 위한 장치

문제 15. 건설기계 기관에서 윤활유의 역할이 아닌 것은?

㉮ 밀봉 작용
㉯ 냉각 작용
㉰ 세척 작용
㉱ 응착 작용

해설 · 윤활유의 역할
① 윤활작용
② 기밀작용(밀봉작용)
③ 냉각작용
④ 청정작용
⑤ 방청작용
⑥ 소음방지작용
⑦ 응력분산작용

문제 16. 1차 쇄석기(crusher)는 어느 것인가?

㉮ 조(jaw) 쇄석기
㉯ 콘(con) 쇄석기
㉰ 로드 밀(rod mill) 쇄석기
㉱ 해머 밀(hammer mill) 쇄석기

해설 · 쇄석기의 종류
① 1차 쇄석기 : 조쇄석기, 자이레토리쇄석기, 임팩트쇄석기, 해머밀쇄석기
② 2차 쇄석기 : 콘쇄석기, 해머쇄석기, 더블롤쇄석기
③ 3차 쇄석기 : 로드밀, 볼밀

문제 17. 모터 그레이더가 가장 효과적으로 할 수 있는 작업은?

㉮ 산지 개간 작업
㉯ 절개지 확장 굴삭
㉰ 적재 작업
㉱ 제설 작업

해설 모터그레이더의 작업
: 정지작업(지균작업), 산포작업, 제방경사작업, 제설작업, 측구작업, 스캐리화이어작업, 도로구축작업, 도로유지보수작업

문제 18. 공기 압축기에 관한 설명으로 틀린 것은?

㉮ 공기 압축기는 구동유닛, 압축유닛 및 그 밖의 부품으로 구성되어 있다.
㉯ 공기 압축기는 착암기, 바이브레이터 등의 동력이 되는 압축공기를 만드는 기계이다.
㉰ 압축유닛은 압축기를 작동시키는 동력을 공급하는 주요부로서 가솔린기관 또는 디젤기관에 사용된다.
㉱ 일반적으로 공기 압축기는 현장에 설치하여 놓은 고정식과 자유로이 이동시킬 수 있는 이동식 있다.

해설 공기압축기의 구동장치는 압축기를 작동시키는 동력을 공급하는 가솔린 또는 디젤기관이다.

해답 13. ㉮ 14. ㉯ 15. ㉱ 16. ㉮ 17. ㉱ 18. ㉰

문제 **19.** 카운터 밸런스 지게차의 마스트 후경 각의 범위로 가장 알맞은 것은?

㉮ 5~10도 ㉯ 15~20도

㉰ 25~30도 ㉺ 30~35도

해설 · 지게차 마스트의 전경각 및 후경각

종 류	전경각(도)	후경각(도)
카운터밸런스형	5~6	10~12
리치형	3	5
사이드포크형	3~5	5

문제 **20.** 오스테나이트 스테인리스강의 설명으로 틀린 것은?

㉮ 18-8 스테인리스강으로 통용된다.

㉯ 비자성체이며 열처리하여도 경화되지 않는다.

㉰ 저온에서는 취성이 크며 크리프강도가 낮다.

㉺ 인장강도에 비하여 낮은 내력을 가지며, 가공 경화성이 높다.

해설 · 오스테나이트 스테인리스강(18-8형 스테인리스강)의 특징
① 비자성체이다.
② 내산성 및 내식성이 13%Cr 스테인리스강보다 우수하다.
③ 인성이 좋으므로 가공이 용이하다.
④ 산과 알칼리에 강하다.
⑤ 용접하기 쉽다.
⑥ 탄화물이 결정립계에 석출하기 쉽다.

정답 **19.** ㉮ **20.** ㉰

2015년 제3회 건설기계설비 기사

 제1과목 재료역학

문제 1. 알루미늄봉이 그림과 같이 축하중을 받고 있다. BC간에 작용하고 있는 하중은? 【1장】

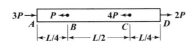

㉮ $-3P$ ㉯ $-2P$
㉰ $-4P$ ㉱ $-8P$

[해설]

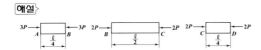

문제 2. 그림과 같은 10 mm×10 mm의 정사각형 단면을 가진 강봉이 축압축력 $P = 60$ kN을 받고 있을 때 사각형 요소 A가 30° 경사되었을 때 그 표면에 발생하는 수직 응력은 약 몇 MPa인가? 【3장】

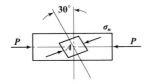

㉮ -120 ㉯ -150
㉰ -300 ㉱ -450

[해설] $\sigma_n = \sigma_x \cos^2\theta = \dfrac{P}{A}\cos^2\theta$
$\qquad = \dfrac{-60 \times 10^{-3}}{0.01 \times 0.01} \times \cos^2 30°$
$\qquad = -450\,\mathrm{MPa}$

문제 3. 그림과 같이 두 외팔보가 롤러(Roller)를 사이에 두고 접촉되어 있을 때, 이 접촉점 C 에서의 반력은?
(단, 두 보의 굽힘강성 EI는 같다.) 【8장】

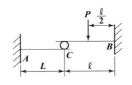

㉮ $\dfrac{P}{6}$ ㉯ $\dfrac{P}{24}$

㉰ $\dfrac{5}{16}\dfrac{P\ell^3}{(L^3+\ell^3)}$ ㉱ $\dfrac{5}{32}\dfrac{P\ell^3}{(L^3+\ell^3)}$

[해설] 우선, A ━━━━ C R_c
$\qquad\qquad\qquad L$

$\delta_c' = \dfrac{R_c L^3}{3EI}$ .... ①식

또한, C ━━━ P ━━━ B
$\qquad\quad R_c \quad \frac{\ell}{2} \quad \frac{\ell}{2}$

$\delta_c'' = \dfrac{5P\ell^3}{48EI} - \dfrac{R_c \ell^3}{3EI}$ .... ②식

결국, ①=②식 : $\dfrac{R_c L^3}{3EI} = \dfrac{5P\ell^3}{48EI} - \dfrac{R_c \ell^3}{3EI}$

$\dfrac{R_c(L^3+\ell^3)}{3EI} = \dfrac{5P\ell^3}{48EI}$ ∴ $R_c = \dfrac{5}{16}\dfrac{P\ell^3}{(L^3+\ell^3)}$

문제 4. 비틀림 모멘트 T를 받는 길이 L인 봉의 비틀림 변형 에너지 U는? (단, G : 전단탄성계수, J : 극관성모멘트) 【5장】

㉮ $\dfrac{TL}{2GJ}$ ㉯ $\dfrac{T^2 L}{2GJ}$

㉰ $\dfrac{TL^2}{2GJ}$ ㉱ $\dfrac{T^2 L^2}{2GJ}$

[해답] **1.** ㉯ **2.** ㉱ **3.** ㉰ **4.** ㉯

[해설] $U = \frac{1}{2} T\theta = \frac{1}{2} T \times \frac{TL}{GI_P} = \frac{T^2 L}{2GI_P} = \frac{T^2 L}{2GJ}$

[문제] **5.** 원형 단면인 외팔보의 자유단에 연직하 방으로 작용하는 집중하중과 비틀림 모멘트가 동시에 작용하고 있다면 고정단의 윗부분의 요소에 생기는 응력상태는 어떻게 되는가?
【7장】

⑦ 인장 굽힘응력만 생긴다.

⑭ 압축 굽힘응력만 생긴다.

⑭ 전단응력만 생긴다.

⑭ 인장 굽힘응력과 전단응력이 생긴다.

[해설] 집중하중에 의해 인장굽힘응력이 생기며 비틀림 모멘트에 의해 비틀림응력. 즉, 전단응력이 생긴다.

[문제] **6.** 두께 1 cm, 폭 5 cm의 강판에 $P = 10.4$ kN이 작용한다. 이 판 중심에 원형구멍이 있을 경우 안전율을 고려한 최대 지름(d)은 약 몇 cm인가? (단, 강판의 강도 390 MPa, 안전율 5, 응력집중계수 $\alpha = 3$으로 한다.)
【1장】

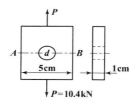

⑦ 0.5

⑭ 1

⑭ 1.5

⑭ 2

[해설] 우선, $\sigma_a = \frac{\sigma_u}{S} = \frac{390}{5} = 78\,\text{MPa}$

또한, $\sigma_{\max} = \alpha\sigma_n = \alpha \times \frac{P}{A} = \alpha \times \frac{P}{(b-d)t} \leq \sigma_a$에서

$3 \times \frac{10.4 \times 10^3}{(50-d) \times 10} \leq 78$

$\therefore\ d \leq 10\,\text{mm}$

결국, 최대지름 $d = 10\,\text{mm} = 1\,\text{cm}$

[문제] **7.** 길이 10 m의 열차 레일이 0 ℃일 때 3 mm의 간격을 두고 가설되었다. 온도가 35 ℃로 상승하면 응력은 얼마나 생기는가?
(단, 열팽창계수 $\alpha = 1.2 \times 10^{-5}$/℃이고, 탄성계수 $E = 210$ GPa이다.)
【2장】

⑦ 25.2 MPa 인장

⑭ 36.5 MPa 인장

⑭ 36.5 MPa 압축

⑭ 25.2 MPa 압축

[해설] 우선, $\lambda = \alpha\Delta t\ell = 1.2 \times 10^{-5} \times 35 \times 10000$
$= 4.2\,\text{mm}$

또한, $\Delta\lambda = 4.2 - 3 = 1.2\,\text{mm}$

결국, $\sigma = E\varepsilon = E \times \frac{\Delta\lambda}{\ell} = 210 \times 10^3 \times \frac{1.2 \times 10^{-3}}{10}$
$= 25.2\,\text{MPa(압축)}$

[문제] **8.** 그림과 같이 균일분포 하중을 받는 외팔 보에 대해 굽힘에 의한 탄성변형에너지는?
(단, 굽힘강성 EI는 일정하다.)
【8장】

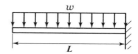

⑦ $\frac{w^2 L^5}{20EI}$

⑭ $\frac{w^2 L^5}{40EI}$

⑭ $\frac{w^2 L^5}{80EI}$

⑭ $\frac{w^2 L^5}{160EI}$

[해설] $U = \int_0^L \frac{Mx^2}{2EI}dx = \int_0^L \frac{\left(-\frac{wx^2}{2}\right)^2}{2EI}dx$
$= \frac{w^2}{8EI}\int_0^L x^4 dx = \frac{w^2}{8EI}\left[\frac{x^5}{5}\right]_0^L = \frac{w^2 L^5}{40EI}$

[문제] **9.** 재료의 비례한도 내에서 기둥의 좌굴에 대한 설명 중 틀린 것은?
【10장】

⑦ 좌굴응력에 직접 고려되는 유일한 재료의 성질은 탄성계수(E) 뿐이다.

[정답] **5.** ⑭ **6.** ⑭ **7.** ⑭ **8.** ⑭ **9.** ⑭

나 좌굴응력은 기둥의 길이 L의 제곱에 반비례한다.

다 세장비가 클수록 좌굴응력은 작아진다.

라 관성 모멘트(I)가 작아질수록 좌굴하중은 커진다.

해설> 좌굴하중 $P_B = n\pi^2 \dfrac{EI}{L^2}$

좌굴응력 $\sigma_B = \dfrac{P_B}{A} = n\pi^2 \dfrac{EI}{AL^2} = n\pi^2 \dfrac{EK^2}{L^2} = n\pi^2 \dfrac{E}{\lambda^2}$

문제 **10.** 그림과 같이 지름 d의 원형 단면의 원목으로부터 최대 굽힘강도를 갖도록 직사각형 단면으로 나무를 잘라내려고 한다. 보의 치수의 비 b/h는 얼마인가? 【4장】

가 $\dfrac{b}{h} = \dfrac{1}{\sqrt{2}}$　　　　나 $\dfrac{b}{h} = \dfrac{1}{\sqrt{3}}$

다 $\dfrac{b}{h} = \dfrac{1}{2}$　　　　라 $\dfrac{b}{h} = \dfrac{1}{3}$

해설> $Z = \dfrac{bh^2}{6} = \dfrac{b}{6}(d^2 - b^2) = \dfrac{bd^2 - b^3}{6} = f(b)$

$[d^2 = b^2 + h^2 \rightarrow h^2 = d^2 - b^2]$

$\dfrac{dZ}{db} = 0 : \dfrac{1}{6}(d^2 - 3b^2) = 0$

$\therefore d^2 - 3b^2 = 0 \rightarrow b^2 = \dfrac{d^2}{3}$ $\therefore b = \dfrac{d}{\sqrt{3}}$

또한, $h^2 = d^2 - b^2 = d^2 - \dfrac{d^2}{3} = \dfrac{2d^2}{3}$ $\therefore h = \dfrac{\sqrt{2}}{\sqrt{3}}d$

결국, $b/h = \dfrac{1}{\sqrt{2}}$

문제 **11.** 반지름이 r인 중실축에 토크 T가 작용하고 있다. 작용 토크의 1/3을 지지하는 내부 코어(inner core)의 반지름(r')을 구하면? (단, 재질은 선형 탄성 균질재이다.) 【5장】

가 $r' = \dfrac{r}{4^{\frac{1}{4}}}$　　　　나 $r' = \dfrac{r}{3^{\frac{1}{4}}}$

다 $r' = \dfrac{r}{4^{\frac{1}{3}}}$　　　　라 $r' = \dfrac{r}{3^{\frac{1}{3}}}$

해설> 동일축이므로 비틀림각(θ)이 같아야 한다.

$\theta_1 = \theta_2$　즉, $\dfrac{T_1\ell}{GI_{P_1}} = \dfrac{T_2\ell}{GI_{P_2}}$에서　$\dfrac{T}{\dfrac{\pi r^4}{2}} = \dfrac{\dfrac{1}{3}T}{\dfrac{\pi r'^4}{2}}$

$\dfrac{1}{r^4} = \dfrac{1}{3r'^4} \rightarrow 3r'^4 = r^4 \rightarrow r'^4 = \dfrac{r^4}{3}$ $\therefore r' = \dfrac{r}{3^{\frac{1}{4}}}$

문제 **12.** 길이 L이고, 단면적이 A인 탄성 막대에 축하중 P를 작용시켜 탄성 변형량 δ가 생겼을 때, 후크의 법칙은? (단, E는 막대의 탄성계수이다.) 【1장】

가 $P = E \cdot \delta$　　　　나 $\dfrac{P}{A} = \dfrac{E}{L} \cdot \delta$

다 $\dfrac{L}{\delta} = \dfrac{P}{A} \cdot E$　　　　라 $\delta = E \cdot P$

해설> $\lambda = \delta = \dfrac{PL}{AE}$에서　$\dfrac{P}{A} = \dfrac{E}{L} \times \delta$

문제 **13.** 다음과 같은 부정정(不靜定)보에서 고정단의 모멘트 Mo의 값은 어느 것인가? (단, $B.M.D$를 참조하라.) 【9장】

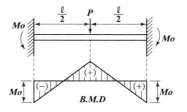

해답> **10.** 가 **11.** 나 **12.** 나 **13.** 라

㉮ $\dfrac{1}{2}P\ell$ ㉯ $\dfrac{1}{4}P\ell$

㉰ $\dfrac{1}{6}P\ell$ ㉱ $\dfrac{1}{8}P\ell$

[해설] $M_0 = M_{max} = \dfrac{P\ell}{8}$

[문제] **14.** 직경이 d인 원형축의 허용전단응력을 τ_a라 한다면 이 축에 가해질 수 있는 최대 비틀림 모멘트 T는 어떻게 표현되는가? 【5장】

㉮ $\tau_a \times \dfrac{\pi d^3}{8}$ ㉯ $\tau_a \times \dfrac{\pi d^3}{16}$

㉰ $\tau_a \times \dfrac{\pi d^3}{32}$ ㉱ $\tau_a \times \dfrac{\pi d^3}{64}$

[해설] $T = \tau_a Z_P = \tau_a \times \dfrac{\pi d^3}{16}$

[문제] **15.** 그림과 같이 직사각형 단면을 가진 단순보에 600 N의 집중하중이 작용할 때 보에 생기는 최대 굽힘응력은? 【7장】

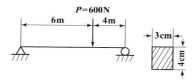

㉮ 130 MPa ㉯ 180 MPa
㉰ 220 MPa ㉱ 250 MPa

[해설] 우선, $M_{max} = \dfrac{Pab}{\ell} = \dfrac{600 \times 6 \times 4}{10} = 1440\,\text{N·m}$

결국, $\sigma_{max} = \dfrac{M_{max}}{Z} = \dfrac{1440 \times 10^3}{\left(\dfrac{30 \times 40^2}{6}\right)} = 180\,\text{MPa}$

[문제] **16.** 보속의 굽힘응력의 크기에 대한 설명 중 옳은 것은? (단, 작용하는 굽힘모멘트와 단면은 일정하다.) 【7장】

㉮ 중립면으로부터의 거리에 정비례한다.

㉯ 중립면에서 최대가 된다.

㉰ 중립면으로부터의 거리의 제곱에 비례한다.

㉱ 중립면으로부터의 거리의 제곱에 반비례한다.

[해설] 보속의 굽힘응력은 중립축에서 0이며, 상·하 표면에서 최대로 나타난다.
또한, 중립축에서 상·하 표면으로 직선적(=선형적)으로 변화한다.

[문제] **17.** 그림과 같은 외팔보에 대한 전단력 선도로 옳은 것은? (단, 아래방향을 양으로 본다.) 【6장】

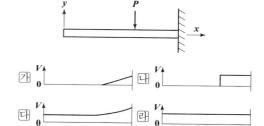

[해설]

[문제] **18.** 다음과 같은 부정정 막대에서 양단에 작용하는 반력은? 【6장】

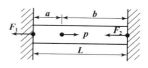

㉮ $F_1 = \dfrac{Pb}{L}$, $F_2 = \dfrac{Pa}{L}$

[정답] **14.** ㉯ **15.** ㉯ **16.** ㉮ **17.** ㉯ **18.** ㉮

㉯ $F_1 = \dfrac{Pa}{L}$, $F_2 = \dfrac{Pb}{L}$

㉰ $F_1 = \dfrac{PL}{a}$, $F_2 = \dfrac{PL}{b}$

㉱ $F_1 = \dfrac{PL}{b}$, $F_2 = \dfrac{PL}{a}$

[해설] 우선, $\sum X = 0 : P - F_1 - F_2 = 0$

$\therefore P = F_1 + F_2$ ······························ ①식

또한, $\lambda_1 = \lambda_2$ 즉, $\dfrac{F_1 a}{AE} = \dfrac{F_2 b}{AE}$ ··············· ②식

결국, ①, ②식을 연립하면

$\therefore F_1 = \dfrac{Pb}{L}$, $F_2 = \dfrac{Pa}{L}$

[문제] 19. 일반적으로 연성재료에 인장 축하중이 작용할 때 나타나는 재료의 거동을 설명한 것 중 틀린 것은? **【3장】**

㉮ 파단이 발생할 때까지의 축방향의 수직변형률이 취성 재료보다 크게 나타남

㉯ 축방향의 수직방향으로 파단면이 발생함

㉰ 대체적으로 취성재료보다 낮은 인장강도를 가짐

㉱ 파단이 발생할 때까지의 단면수축률이 취성재료보다 크게 나타남

[해설] 인장축하중이 작용하면 인장응력 또는 임의의 경사면에서 전단응력이 발생한다.

[문제] 20. 그림과 같은 단면이 균일하고 굽힘강성 EI인 외팔보의 자유단에 하중 P가 작용할 때 탄성곡선의 식은? **【8장】**

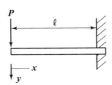

㉮ $y = \dfrac{P}{6EI}(x^3 - 3\ell^2 x + 2\ell^3)$

㉯ $y = \dfrac{6P}{EI}(x^3 - 3\ell^2 x + 2\ell^3)$

㉰ $y = \dfrac{P}{3EI}(x^3 - 3x + 2\ell^3)$

㉱ $y = \dfrac{P}{12EI}(x^3 - 3\ell^2 x + 2\ell^3)$

[해설] $y = \dfrac{P}{6EI}(x^3 - 3\ell^2 x + 2\ell^3)$

만약, $x = 0$이면 $\delta_{max} = y_{max} = \dfrac{P\ell^3}{3EI}$

제2과목 기계열역학

[문제] 21. 어느 내연기관에서 피스톤의 흡기과정으로 실린더 속에 0.2 kg의 기체가 들어 왔다. 이것을 압축할 때 15 kJ의 일이 필요하였고, 10 kJ의 열을 방출하였다고 한다면, 이 기체 1 kg당 내부에너지의 증가량은? **【2장】**

㉮ 10 kJ ㉯ 25 kJ

㉰ 35 kJ ㉱ 50 kJ

[해설] 우선, $_1Q_2 = \Delta U + {_1W_2}$에서

$\Delta U = {_1Q_2} - {_1W_2} = -10 + 15 = 5\,\text{kJ}$

결국, $\Delta u = \dfrac{\Delta U}{m} = \dfrac{5}{0.2} = 25\,\text{kJ/kg}$

[문제] 22. 직경 20 cm, 길이 5 m인 원통 외부에 두께 5 cm의 석면이 씌워져 있다. 석면 내면과 외면의 온도가 각각 100 ℃, 20 ℃이면 손실되는 열량은 약 몇 kJ/h인가? (단, 석면의 열전도율은 0.418 kJ/m·h·℃로 가정한다.) **【11장】**

㉮ 2591 ㉯ 3011

㉰ 3431 ㉱ 3851

[해설] $Q = \dfrac{2\pi \ell k \Delta T}{\ell n \dfrac{r_2}{r_1}} = \dfrac{2\pi \times 5 \times 0.418 \times 80}{\ell n\left(\dfrac{0.15}{0.1}\right)}$

$\fallingdotseq 2591\,\text{kJ/h}$

[해답] **19.** ㉯ **20.** ㉮ **21.** ㉯ **22.** ㉮

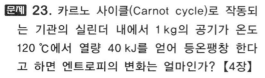
문제 23. 카르노 사이클(Carnot cycle)로 작동되는 기관의 실린더 내에서 1 kg의 공기가 온도 120 ℃에서 열량 40 kJ를 얻어 등온팽창 한다고 하면 엔트로피의 변화는 얼마인가? 【4장】

㉮ 0.102 kJ/kg · K

㉯ 0.132 kJ/kg · K

㉰ 0.162 kJ/kg · K

㉱ 0.192 kJ/kg · K

해설 $\Delta s = \dfrac{\Delta q}{T} = \dfrac{40}{(120+273)} ≒ 0.102\,\text{kJ/kg} \cdot \text{K}$

문제 24. 500 ℃와 20 ℃의 두 열원 사이에 설치되는 열기관이 가질 수 있는 최대의 이론 열효율은 약 몇 %인가? 【4장】

㉮ 4 ㉯ 38

㉰ 62 ㉱ 96

해설 열기관에서 최대의 열효율은 카르노사이클이다.

즉, $\eta_c = 1 - \dfrac{T_{II}}{T_1} = 1 - \dfrac{(20+273)}{(500+273)} = 0.62 = 62\,\%$

문제 25. 마찰이 없는 피스톤에 12 ℃, 150 kPa의 공기 1.2 kg이 들어있다. 이 공기가 600 kPa로 압축되는 동안 외부로 열이 전달되어 온도는 일정하게 유지되었다. 이 과정에서 공기가 한 일은 약 얼마인가? (단, 공기의 기체상수는 0.287 kJ/kg·K이며, 이상기체로 가정한다.) 【3장】

㉮ −136 kJ ㉯ −100 kJ

㉰ −13.6 kJ ㉱ −10 kJ

해설 "등온변화"이므로

$_1W_2 = W_t = mRT\ell n\dfrac{p_1}{p_2}$

$= 1.2 \times 0.287 \times (12+273) \times \ell n\dfrac{150}{600}$

$= -136\,\text{kJ}$

문제 26. 어떤 시스템이 변화를 겪는 동안 주위의 엔트로피가 5 kJ/K 감소하였다. 시스템의 엔트로피 변화는? 【4장】

㉮ 2 kJ/K 감소

㉯ 5 kJ/K 감소

㉰ 3 kJ/K 증가

㉱ 6 kJ/K 증가

해설 자연계에서 엔트로피의 총화는 항상 증가한다. 즉, 0보다 커야 한다.

그러므로 −5와 비교하여 총화가 항상 증가하려면 +5보다 커야 한다.

즉, 열역학적 시스템에서 엔트로피 변화는 적어도 +5보다는 커야 하므로 +6 kJ/K이 정답이다.

문제 27. 압력이 0.2 MPa, 온도가 20 ℃의 공기를 압력이 2 MPa로 될 때까지 가역단열 압축했을 때 온도는 약 몇 (℃) 인가? (단, 비열비 $k = 1.40$이다.) 【3장】

㉮ 225.7 ℃

㉯ 273.7 ℃

㉰ 292.7 ℃

㉱ 358.7 ℃

해설 단열지수관계 $\dfrac{T_2}{T_1} = \left(\dfrac{V_1}{V_2}\right)^{k-1} = \left(\dfrac{p_2}{p_1}\right)^{\frac{k-1}{k}}$ 에서

$\therefore T_2 = T_1\left(\dfrac{p_2}{p_1}\right)^{\frac{k-1}{k}} = (20+273) \times \left(\dfrac{2}{0.2}\right)^{\frac{1.4-1}{1.4}}$

$= 565.7\,\text{K} = 292.7\,℃$

문제 28. Otto 사이클에서 열효율이 35 %가 되려면 압축비를 얼마로 하여야 하는가? (단, $k = 1.3$이다.) 【8장】

㉮ 3.0 ㉯ 3.5

㉰ 4.2 ㉱ 6.3

해설 $\varepsilon = {}^{k-1}\sqrt{\dfrac{1}{1-\eta_0}} = {}^{1.3-1}\sqrt{\dfrac{1}{1-0.35}} = 4.2$

정답 23. ㉮ 24. ㉰ 25. ㉮ 26. ㉱ 27. ㉰ 28. ㉰

문제 29. 폴리트로프 변화를 표시하는 식 PV^n $= C$에서 $n = k$일 때의 변화는? (단, k는 비열비다.) 【3장】

㉮ 등압변화 ㉯ 등온변화
㉰ 등적변화 ㉭ 가역단열변화

해설

구분 종류	n	C_n
정압변화	0	C_p
등온변화	1	∞
단열변화	k	0
정적변화	∞	C_v

문제 30. 과열, 과냉이 없는 이상적인 증기압축 냉동사이클에서 증발온도가 일정하고 응축온도가 내려 갈수록 성능계수는? 【9장】

㉮ 증가한다.
㉯ 감소한다.
㉰ 일정하다.
㉭ 증가하기도 하고 감소하기도 한다.

해설 ① 증발기의 온도가 일정하고
응축기의 온도가 높을수록 성적계수는 감소하고
응축기의 온도가 낮을수록 성적계수는 증가한다.
② 응축기의 온도가 일정하고
증발기의 온도가 높을수록 성적계수는 증가하고
증발기의 온도가 낮을수록 성적계수는 감소한다.

문제 31. 처음의 압력이 500 kPa이고, 체적이 $2\,\text{m}^3$인 기체가 "$PV =$일정"인 과정으로 압력이 100 kPa까지 팽창할 때 밀폐계가 하는 일(kJ)을 나타내는 식은? 【3장】

㉮ $1000\ln\dfrac{2}{5}$ ㉯ $1000\ln\dfrac{5}{2}$

㉰ $1000\ln 5$ ㉭ $1000\ln\dfrac{1}{5}$

해설 $PV = C$: 등온변화
$$_1W_2 = P_1V_1\ell n\frac{P_1}{P_2} = 500 \times 2 \times \ell n\frac{500}{100} = 1000\,\ell n5\,(\text{kJ})$$

문제 32. 효율이 40 %인 열기관에서 유효하게 발생되는 동력이 110 kW라면 주위로 방출되는 총 열량은 약 몇 kW인가? 【3장】

㉮ 375 ㉯ 165
㉰ 155 ㉭ 110

해설 $\eta = \dfrac{W}{Q_1}$에서 $Q_1 = \dfrac{W}{\eta} = \dfrac{110}{0.4} = 275\,\text{kW}$
결국, $W = Q_1 - Q_2$에서
∴ $Q_2 = Q_1 - W = 275 - 110 = 165\,\text{kW}$

문제 33. 밀폐계 안의 유체가 상태 1에서 상태 2로 가역압축될 때, 하는 일을 나타내는 식은? (단, P는 압력, V는 체적, T는 온도이다.) 【2장】

㉮ $W = \displaystyle\int_1^2 PdV$ ㉯ $W = \displaystyle\int_1^2 V^2 dP$

㉰ $W = \displaystyle\int_1^2 VdT$ ㉭ $W = -\displaystyle\int_1^2 TdP$

해설 · 밀폐계의 일 : $_1W_2 = \displaystyle\int_1^2 PdV$

· 개방계의 일 : $W_t = -\displaystyle\int_1^2 VdP$

문제 34. 피스톤－실린더로 구성된 용기 안에 300 kPa, 100 ℃ 상태의 CO_2가 $0.2\,\text{m}^3$ 들어 있다. 이 기체를 "$PV^{1.2} =$일정"인 관계가 만족되도록 피스톤 위에 추를 더해가며 온도가 200 ℃가 될 때까지 압축하였다. 이 과정 동안 기체가 한 일을 구하면? (단, CO_2의 기체상수는 0.189 kJ/kg·K이다.) 【3장】

㉮ −20 kJ ㉯ −60 kJ
㉰ −80 kJ ㉭ −120 kJ

해답 **29.** ㉭ **30.** ㉮ **31.** ㉰ **32.** ㉯ **33.** ㉮ **34.** ㉰

해설▷ $PV^{1.2}$＝일정 : 폴리트로프 과정

우선, $P_1 V_1 = m R T_1$에서

$$\therefore \ m = \frac{P_1 V_1}{R T_1} = \frac{300 \times 0.2}{0.189 \times 373} = 0.85\,\text{kg}$$

결국, $_1 W_2 = \frac{mR}{n-1}(T_1 - T_2)$

$$= \frac{0.85 \times 0.189}{1.2 - 1}(100 - 200)$$

$$= -80.325\,\text{kJ}$$

문제▷ **35.** 1 kg의 헬륨이 100 kPa하에서 정압 가열되어 온도가 300 K에서 350 K로 변하였을 때 엔트로피의 변화량은 몇 kJ/K인가?
(단, $h = 5.238\,T$의 관계를 갖는다. 엔탈피 h의 단위는 kJ/kg, 온도 T의 단위는 K이다.)
【4장】

㉑ 0.694 　　　　㉯ 0.756

㉓ 0.807 　　　　㉣ 0.968

해설▷ $h = 5.238\,T$에서 　　$dh = 5.238\,dT$

$$\therefore \ ds = \frac{\delta q}{T} = \frac{dh}{T} = \frac{5.238}{T}dT$$

$\begin{cases} \text{"정압"이므로 } P = C \quad \text{즉, } dP = 0 \\ \delta q = dh - A v dP \text{에서} \quad \therefore \ \delta q = dh \end{cases}$

결국, $\Delta s = 5.238 \int_{300}^{350} \frac{dT}{T} = 5.238 \ell n \frac{350}{300}$

$$= 0.807\,\text{kJ/kg·K}$$

문제▷ **36.** 순수물질의 압력을 일정하게 유지하면서 엔트로피를 증가시킬 때 엔탈피는 어떻게 되는가?
【4장】

㉑ 증가한다.

㉯ 감소한다.

㉓ 변함없다.

㉣ 경우에 따라 다르다.

해설▷ "정압"이므로 $P = C$ 즉, $dP = 0$

$\delta q = dh - A v dP$에서 　$\therefore \ \delta q = dh$

결국, $ds = \frac{\delta q}{T} = \frac{dh}{T}$에서

엔트로피(s)를 증가시키면 엔탈피(h)도 증가한다.

문제▷ **37.** 공기표준 Brayton 사이클에 대한 설명 중 틀린 것은?
【8장】

㉑ 단순가스터빈에 대한 이상사이클이다.

㉯ 열교환기에서의 과정은 등온과정으로 가정한다.

㉓ 터빈에서의 과정은 가역 단열팽창과정으로 가정한다.

㉣ 터빈에서 생산되는 일의 40 % 내지 80 %를 압축기에서 소모한다.

해설▷ 열교환기에서의 과정은 정압방열과정이다.

문제▷ **38.** 냉동용량이 35 kW인 어느 냉동기의 성능계수가 4.8이라면 이 냉동기를 작동하는 데 필요한 동력은?
【9장】

㉑ 약 9.2 kW 　　　㉯ 약 8.3 kW

㉓ 약 7.3 kW 　　　㉣ 약 6.5 kW

해설▷ $\varepsilon_r = \frac{Q_2}{W_c}$에서 　　$W_c = \frac{Q_2}{\varepsilon_r} = \frac{35}{4.8} = 7.3\,\text{kW}$

문제▷ **39.** 물 1 kg이 압력 300 kPa에서 증발할 때 증가한 체적이 0.8 m³이었다면, 이때의 외부 일은? (단, 온도는 일정하다고 가정한다.)
【7장】

㉑ 140 kJ 　　　㉯ 240 kJ

㉓ 320 kJ 　　　㉣ 420 kJ

해설▷ 외부증발열(＝외부일)

$$\therefore \ \phi = p(v'' - v') = 300 \times 0.8 = 240\,\text{kJ}$$

문제▷ **40.** 8 ℃의 이상기체를 가역 단열 압축하여 그 체적을 1/5로 줄였을 때 기체의 온도는 몇 ℃인가? (단, $k = 1.4$이다.)
【3장】

㉑ 313 ℃ 　　　㉯ 295 ℃

㉓ 262 ℃ 　　　㉣ 222 ℃

정답▷ **35.** ㉓ 　**36.** ㉑ 　**37.** ㉯ 　**38.** ㉓ 　**39.** ㉯ 　**40.** ㉓

해설▷ "단열"이므로 $\dfrac{T_2}{T_1}=\left(\dfrac{V_1}{V_2}\right)^{k-1}$ 에서

$\therefore\ T_2=T_1\left(\dfrac{V_1}{V_2}\right)^{k-1}=(8+273)\times\left[\dfrac{1}{\left(\dfrac{1}{5}\right)}\right]^{1.4-1}$

$\qquad = 534.93\,\mathrm{K}=261.93\,℃$

제3과목 기계유체역학

문제 41. 그림과 같이 수두 H (m)에서 오리피스의 유출속도가 V (m/s)이라면 유출속도를 $2V$로 하기 위해서는 H를 얼마로 해야 하는가? 【3장】

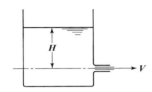

㉮ $2H$ ㉯ $3H$
㉰ $4H$ ㉱ $6H$

해설▷ 우선, $V=\sqrt{2gH}$ 에서 $H=\dfrac{V^2}{2g}$

결국, $2V=\sqrt{2gH'}$ 에서 $H'=\dfrac{4V^2}{2g}=4H$

문제 42. 비중이 0.877인 기름이 단면적이 변하는 원관을 흐르고 있으며 체적유량은 0.146 m³/s이다. A점에서는 내경이 150 mm, 압력이 91 kPa이고, B점에서는 내경이 450 mm, 압력이 60.3 kPa이다. 또한 B점은 A점보다 3.66 m 높은 곳에 위치할 때, 기름이 A점에서 B점까지 흐르는 동안 잃어버린 수두는 약 얼마인가? 【6장】

㉮ 3.4 m
㉯ 3.9 m
㉰ 4.3 m
㉱ 4.9 m

해설▷ 우선, $V_A=\dfrac{Q}{A_A}=\dfrac{4\times0.146}{\pi\times0.15^2}=8.262\,\mathrm{m/s}$

$V_B=\dfrac{Q}{A_B}=\dfrac{4\times0.146}{\pi\times0.45^2}=0.9184\,\mathrm{m/s}$

결국, $\dfrac{P_A}{\gamma}+\dfrac{V_A^2}{2g}+Z_A=\dfrac{P_B}{\gamma}+\dfrac{V_B^2}{2g}+Z_B+h_\ell$

$\therefore\ h_\ell=\dfrac{(P_A-P_B)}{\gamma}+\dfrac{(V_A^2-V_B^2)}{2g}+(Z_A-Z_B)$

$\qquad=\dfrac{(91-60.3)\times10^3}{9800\times0.877}+\dfrac{(8.262^2-0.9184^2)}{2\times9.8}$
$\qquad\quad+(0-3.66)$

$\qquad≒3.4\,\mathrm{m}$

문제 43. 유량 Q가 점성계수 μ, 관지름 D, 압력구배 $\dfrac{dP}{dx}$의 함수일 경우 차원해석을 이용한 관계식으로 옳은 것은? 【7장】

㉮ $Q=f\left(\dfrac{D}{\mu}\left(\dfrac{dP}{dx}\right)\right)$ ㉯ $Q=f\left(\dfrac{D^5}{\mu^2}\left(\dfrac{dP}{dx}\right)\right)$

㉰ $Q=f\left(\dfrac{D^2}{\mu}\dfrac{dP}{dx}\right)$ ㉱ $Q=f\left(\dfrac{D^4}{\mu}\dfrac{dP}{dx}\right)$

해설▷ $Q=\dfrac{\Delta P\pi D^4}{128\mu\ell}$ ➡ 하겐-포아젤방정식

문제 44. 그림과 같은 U자형 관내 유동에 의하여 이음매에 작용하는 힘은 얼마인가?
(단, ρ는 유체 밀도이고 V는 이음매 부근에서의 유속이며, 관로내의 마찰손실과 중력의 영향은 무시한다.) 【4장】

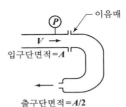

㉮ $\dfrac{1}{2}\rho V^2 A$ ㉯ $\dfrac{3}{2}\rho V^2 A$

㉰ $3\rho V^2 A$ ㉱ $\dfrac{9}{2}\rho V^2 A$

정답▷ **41.** ㉰ **42.** ㉮ **43.** ㉱ **44.** ㉱

[해설] 우선, $Q = A_1 V_1 = A_2 V_2$ 에서

$$A V = \frac{A}{2} \times V_2 \qquad \therefore \quad V_2 = 2V$$

또한, $\dfrac{p_1}{\gamma} + \dfrac{V_1^2}{2g} + Z_1^{\nearrow 0} = \dfrac{p_2^{\nearrow 0}}{\gamma} + \dfrac{V_2^2}{2g} + Z_2^{\nearrow 0}$ 에서

$$\frac{p_1}{\rho g} + \frac{V^2}{2g} = \frac{(2V)^2}{2g} \qquad \therefore \quad p_1 = \frac{3\rho V^2}{2}$$

결국,

$$F_x = p_1 A_1 \cos\theta_1 - p_2^{\nearrow 0} A_2 \cos\theta_2 + \rho Q(V_1 \cos\theta_1 - V_2 \cos\theta_2)$$
$$= p_1 A_1 + \rho Q(V_1 - V_2 \cos 180°)$$
$$= \frac{3\rho V^2}{2} A + \rho A V(V - 2V \cos 180°)$$
$$= \frac{9}{2}\rho V^2 A$$

[문제] 45. 직경이 5 m이고, 길이가 60 m인 소형 비행선의 항력 특성에 대한 풍동실험을 하고자 한다. 공기 중에서의 소형 비행선 속도가 5 m/s이고, 1/10 축적의 모형실험을 한다면 동역학적 상사조건을 만족하기 위한 풍동에서의 공기 속도는 몇 m/s인가? (단, 모형과 원형에서의 온도와 기압은 같다고 가정한다.) **【7장】**

㉮ 10   ㉯ 50
㉰ 110   ㉱ 120

[해설] $(Re)_p = (Re)_m$ 즉, $\left(\dfrac{Vd}{\nu}\right)_p = \left(\dfrac{Vd}{\nu}\right)_m$

$$5 \times 5 = V_m \times 0.5 \qquad \therefore \quad V_m = 50\,\text{m/s}$$

[문제] 46. 물을 사용하는 원심 펌프의 설계점에서의 전 양정이 30 m이고 유량이 1.2 m³/min이다. 이 펌프를 설계점에서 운전할 때 필요한 축동력이 7.35 kW라며 이 펌프의 전 효율은? **【3장】**

㉮ 70 %   ㉯ 80 %
㉰ 90 %   ㉱ 100 %

[해설] "펌프"의 경우 동력 $P = \dfrac{\gamma Q H}{\eta_P}$ 에서

$$\therefore \quad \eta_P = \frac{\gamma Q H}{P} = \frac{9.8 \times \dfrac{1.2}{60} \times 30}{7.35} = 0.8 = 80\%$$

[문제] 47. 동점성계수가 $1.31 \times 10^{-6}\,\text{m}^2/\text{s}$인 물이 내경 30 mm의 원관속을 3 m/s의 속도로 흐르고 있다. 이 흐름은 일반적으로 어떤 상태의 흐름인가? **【5장】**

㉮ 층류   ㉯ 비등속류
㉰ 난류   ㉱ 비점성류

[해설] $Re = \dfrac{Vd}{\nu} = \dfrac{3 \times 0.03}{1.31 \times 10^{-6}}$

$$= 68702.3 > 4000 \; : \; 난류$$

[문제] 48. (r, θ) 극좌표계에서 속도포텐셜 $\phi = 2\theta$에 대응하는 원주방향 속도(v_θ)은? (단, 속도포텐셜 ϕ는 $\vec{V} = \nabla\phi$로 정의된다.) **【3장】**

㉮ $\dfrac{4\pi}{r}$ ㉯ $\dfrac{2}{r}$
㉰ $2r$ ㉱ $4\pi r$

[해설] $V_\theta = \dfrac{1}{r}\dfrac{\partial \phi}{\partial \theta} = \dfrac{1}{r} \times 2 = \dfrac{2}{r}$

[문제] 49. 소방용 노즐로부터 높이 50 m의 건물 옥상을 향하여 수직방향으로 물을 방출하여 도달시키고자 한다. 물의 분출속도는 약 몇 m/s 이상으로 해야 하는가? (단, 공기의 마찰은 무시한다.) **【3장】**

㉮ 28.7   ㉯ 31.3
㉰ 12.6   ㉱ 22.7

[해설] $V = \sqrt{2gh} = \sqrt{2 \times 9.8 \times 50} = 31.3\,\text{m/s}$

[문제] 50. 이상 유체를 정의한 것 중 가장 옳은 것은? **【1장】**

㉮ 실제 유체이다.
㉯ 뉴턴 유체이다.
㉰ 점성만 없는 유체이다.
㉱ 점성이 없는 비압축성 유체이다.

[정답] 45. ㉯   **46.** ㉯   **47.** ㉰   **48.** ㉯   **49.** ㉯   **50.** ㉱

해설> 이상유체
: 마찰이 없고(비점성), 비압축성인 유체

해설> $Re = \dfrac{u_\infty x}{\nu} = \dfrac{1.5 \times 0.3}{15.68 \times 10^{-6}} \fallingdotseq 28700$

문제 51. 반경 2 m인 실린더에 담겨진 물이 실린더의 중심축에 대하여 일정한 각속도 60 rpm으로 회전하고 있다. 실린더에서 물이 넘쳐흐르지 않을 경우 물 표면의 최고점과 최저점의 높이차는 몇 m인가? 【2장】

㉮ 8.04 　　　　㉯ 4.02
㉰ 2.42 　　　　㉱ 1.84

해설> $h_0 = \dfrac{r_0^2 \omega^2}{2g} = \dfrac{2^2 \times \left(\dfrac{2\pi \times 60}{60}\right)^2}{2 \times 9.8} \fallingdotseq 8.06\,\text{m}$

문제 52. 어떤 개방된 탱크에 비중이 1.5인 액체 400 mm 위에 물 200 mm가 있다. 이때 탱크 밑면에 작용하는 계기압력은 몇 Pa인가? 【2장】

㉮ 0.6 　　　　㉯ 7.84
㉰ 6000 　　　　㉱ 7840

해설>

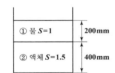

$p = \gamma_1 h_1 + \gamma_2 h_2 = \gamma_{\text{H}_2\text{O}}(S_1 h_1 + S_2 h_2)$
$= 9800(1 \times 0.2 + 1.5 \times 0.4)$
$= 7840\,\text{Pa}$

문제 53. 동점성계수가 15.68×10^{-6} m²/s인 유체가 평판위를 1.5 m/s의 속도로 흐르고 있다. 평판의 선단으로부터 0.3 m 되는 곳에서의 레이놀즈수는? 【5장】

㉮ 28700 　　　　㉯ 25400
㉰ 22400 　　　　㉱ 20400

문제 54. 안지름 240 mm인 관속을 흐르고 있는 공기의 평균 풍속이 10 m/s이면, 공기는 매초 몇 kg이 흐르겠는가? (단, 관속의 정압은 2.45 $\times 10^5$ Pa$_{\text{abs}}$, 온도는 15 ℃, 공기의 기체상수 R = 287 J/kg·K이다.) 【3장】

㉮ 1.34 　　　　㉯ 2.96
㉰ 3.35 　　　　㉱ 4.12

해설> $\dot{M} = \rho A V = \dfrac{p}{RT} A V$
$= \dfrac{2.45 \times 10^5}{287 \times 288} \times \dfrac{\pi \times 0.24^2}{4} \times 10 = 1.34\,\text{kg/s}$

문제 55. 압력이 200 kPa에서 메탄가스의 밀도가 1.1 kg/m³이었다면 이때의 온도는 약 몇 K인가? (단, 일반 기체상수(universal gas constant)는 8.314 kJ/kmol·K, 메탄가스의 분자량은 16이다.) 【1장】

㉮ 25 　　　　㉯ 35
㉰ 250 　　　　㉱ 350

해설> 우선, $R = \dfrac{\overline{R}}{m} = \dfrac{8314}{16} = 519.625\,\text{kJ/kg} \cdot \text{K}$
결국, $\rho = \dfrac{p}{RT}$ 에서
$\therefore\ T = \dfrac{p}{\rho R} = \dfrac{200 \times 10^3}{1.1 \times 519.625} \fallingdotseq 350\,\text{K}$

문제 56. 피토정압관의 두 구멍 사이에 차압계를 연결하여 풍동시험에 사용했는데 ΔP가 700 Pa이었다. 풍동에서의 공기속도는 몇 m/s인가? (단, 풍동에서의 압력과 온도는 각각 98 kPa과 20 ℃이고 공기의 기체상수는 287 J/kg·K이다.) 【3장】

㉮ 32.53 　　　　㉯ 34.67
㉰ 36.85 　　　　㉱ 38.94

해답> 51. ㉮　52. ㉱　53. ㉮　54. ㉮　55. ㉱　56. ㉯

해설 우선, $\rho = \dfrac{p}{RT} = \dfrac{98 \times 10^3}{287 \times 293} = 1.1654 \, \text{kg/m}^3$

결국, $V = \sqrt{2g\Delta h} = \sqrt{2 \times \dfrac{\Delta p}{\rho}} = \sqrt{2 \times \dfrac{700}{1.1654}}$

$\qquad = 34.66 \, \text{m/s}$

문제 57. 어떤 기름의 동점성계수가 2.5 stokes 이고, 비중은 2.45이다. 점성계수는 몇 $N \cdot s/m^2$ 인가? (단, 1 stoke는 $1 \, cm^2/s$이다.) 【1장】

㉮ 0.001　　　　㉯ 0.01

㉱ 0.6125　　　㉲ 6.125

해설 $\nu = \dfrac{\mu}{\rho}$ 에서

$\therefore \ \mu = \nu\rho = \nu\rho_{H_2O}S = 2.5 \times 10^{-4} \times 1000 \times 2.45$

$\qquad = 0.6125 \, N \cdot S/m^2$

문제 58. 다음 중 비압축성 유동에 관하여 가장 올바르게 설명한 것은? 【1장】

㉮ 모든 실제 유동을 말한다.

㉯ 액체만의 유동을 말한다.

㉱ 유체 내의 모든 곳에서 압력이 일정하다.

㉲ 유체의 속도나 압력의 변화에 관계없이 밀도가 일정하다.

해설 비압축성유체

　: 압력변화에 대하여 변수(밀도, 비중량, 체적 등)의 변화를 무시할 수 있는 유체

　즉, 변화하지 않는 유체

문제 59. 하겐－포아젤(Hagen－Poiseuille) 유동에서, 관의 지름이 반으로 줄어들 때, 원래와 동일한 속도를 얻으려면, 관 양쪽에서의 압력차이를 몇 배로 증가시켜야 하는가? 【5장】

㉮ 2　　　　㉯ 4

㉱ 16　　　㉲ 32

해설 $Q = \dfrac{\Delta p \pi d^4}{128\mu\ell} = AV = \dfrac{\pi d^2}{4} \times V$ 에서

$\Delta p = \dfrac{32 V\mu\ell}{d^2} \quad \therefore \ \Delta p \propto \dfrac{1}{d^2} = \dfrac{1}{\left(\frac{1}{2}\right)} = 4 \, \text{배}$

문제 60. 그림과 같은 수문이 열리지 않도록 하기 위하여 하단 A점에서 받쳐 주어야 할 힘 F_p는 몇 kN인가? (단, 수문의 폭은 1 m, 유체의 비중량은 9800 N/m^3이다.) 【2장】

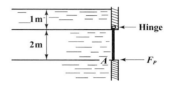

㉮ 13.07　　　㉯ 22.86

㉱ 26.13　　　㉲ 42.45

해설 우선, $F = \gamma\bar{h}A = 9.8 \times 2 \times (1 \times 2) = 39.2 \, kN$

또한, $y_F = \bar{y} + \dfrac{I_G}{A\bar{y}} = 2 + \dfrac{\left(\frac{1 \times 2^3}{12}\right)}{1 \times 2 \times 2} \fallingdotseq 2.167 \, m$

결국, 힌지(hinge)를 기준으로 하면

$\qquad F \times (y_F - 1) = F_p \times 2$

$\therefore \ F_p = \dfrac{F \times (y_F - 1)}{2} = \dfrac{39.2 \times (2.167 - 1)}{2}$

$\qquad \fallingdotseq 22.87 \, kN$

제4과목 유체기계 및 유압기기

문제 61. 왕복압축기에서 총 배출 유량 0.8 $m^3/$ min, 실린더 지름 10 cm, 피스톤 행정 20 cm, 체적효율 0.8, 실린더 수가 5일 때 회전수 (rpm)은?

㉮ 85　　　　㉯ 127

㉱ 154　　　㉲ 185

해설 $Q = \eta_V \dfrac{\pi D^2}{4} LnZ$ 에서

$\therefore \ n = \dfrac{4Q}{\eta_V \pi D^2 LZ} = \dfrac{4 \times 0.8}{0.8 \times \pi \times 0.1^2 \times 0.2 \times 5}$

$\qquad \fallingdotseq 127 \, rpm$

정답 57. ㉱　58. ㉲　59. ㉯　60. ㉯　61. ㉯

문제 62. 클러치 점(clutch point) 이상의 속도비에서 운전되는 토크 컨버터의 성능을 개선하는 방법으로 거리가 먼 것은?

㉮ 토크 컨버터를 사용하지 않고 기계적으로 직결한다.

㉯ 유체 커플링과 조합시킨다.

㉰ 토크 컨버터 커플링을 사용한다.

㉱ 가변 안내깃을 고정시킨다.

해설 · 클러치점 이상의 속도비에서 운전되는 토크컨버터의 성능을 개선하는 방법

① 토크컨버터를 쓰지 않고 기계적으로 직결해서 사용하는 방법

② 유체커플링과 조합하는 방법

③ 토크컨버터 커플링을 사용하는 방법

④ 토크컨버터의 가동안내깃에 의한 방법

⑤ 안내깃을 역전하는 방법

문제 63. 원심펌프에서 축추력(axial thrust) 방지법으로 거리가 먼 것은?

㉮ 브레이크다운 부시 사용

㉯ 스러스트 베어링 사용

㉰ 웨어링 링의 사용

㉱ 밸런스 홀의 설치

해설 · 축추력방지법

① 스러스트베어링(thrust bearing)을 장치하여 사용한다.

② 양흡입형의 회전차를 채용한다.

③ 평형공(balance hole)을 설치한다.

④ 후면측벽에 방사상의 리브(rib)를 설치한다.

⑤ 다단펌프에서는 단수만큼의 회전차를 반대방향으로 배열한다. 이러한 방식을 자기평형(self balance)이라고 한다.

⑥ 평형원판(balance disk)을 사용한다.

⑦ 웨어링(wearing; 펌프마모방지링)링을 사용한다.

문제 64. 원심펌프의 케이싱에 의한 분류에 포함되지 않는 것은?

㉮ 원추형   ㉯ 원통형

㉰ 배럴형   ㉱ 상하분할형

해설 케이싱(casing)에 의한 분류

: 상하분할형, 분할형, 원통형, 배럴형

문제 65. 다음 중 유체가 갖는 에너지를 기계적인 에너지로 변환하는 유체기계는?

㉮ 축류 펌프   ㉯ 터보 블로워

㉰ 펠턴 수차   ㉱ 기어 펌프

해설 펠톤수차(pelton turbine)

: 분류(jet)가 수차의 접선방향으로 작용하여 날개차를 회전시켜서 기계적인 일을 얻는 충격수차로서 주로 낙차가 클 경우에 사용한다.

문제 66. 다음 중 펌프의 작용도 하고, 수차의 역할도 하는 펌프 수차(pump-turbine)가 주로 이용되는 발전 분야는?

㉮ 댐 발전

㉯ 수로식 발전

㉰ 양수식 발전

㉱ 저수식 발전

해설 양수식발전(펌프양수식)

: 1년 중 홍수기나 하루 중 심야에는 전력의 수요가 감소하게 되는데 이때 남은 전력으로 펌프를 운전하여 하류의 물을 높은 위치에 있는 저수지에 양수해 두었다가 전력의 수요가 증가하거나 필요할 때에 물을 방출하여 전력을 얻는 방식

문제 67. 출력을 L (kW), 유효 낙차를 H (m), 유량을 Q (m³/min), 매 분 회전수를 n (rpm)이라 할 때, 수차의 비교회전도(혹은 비속도[specific speed], n_s)를 구하는 식으로 옳은 것은?

㉮ $n_s = \dfrac{n(L)^{\frac{1}{2}}}{H^{\frac{5}{4}}}$ ㉯ $n_s = \dfrac{n(L)^{\frac{1}{2}}}{H^{\frac{4}{5}}}$

㉰ $n_s = \dfrac{n(L)^{\frac{1}{2}}}{H^{\frac{3}{4}}}$ ㉱ $n_s = \dfrac{n(L)^{\frac{1}{3}}}{H^{\frac{3}{4}}}$

정답 62. ㉱ 63. ㉮ 64. ㉮ 65. ㉰ 66. ㉰ 67. ㉮

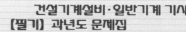

해설》 ① 펌프의 비교회전도

$$n_s = \frac{n\sqrt{Q}}{H^{\frac{3}{4}}} \quad 단, \ H : 양정 (m)$$

② 수차의 비교회전도

$$n_s = \frac{n\sqrt{L}}{H^{\frac{5}{4}}} \quad 단, \ H : 낙차 (m)$$

여기서, n : 회전수 (rpm)
L : 출력 (PS 또는 kW)
Q : 유량 (m³/s)

문제 68. 어떤 수차의 비교 회전도(또는 비속도, specific speed)를 계산하여 보니 100 (rpm, kW, m)가 되었다. 이 수차는 어떤 종류의 수차로 볼 수 있는가?

㉮ 펠턴 수차　　　㉯ 프란시스 수차
㉰ 카플란 수차　　㉱ 프로펠러 수차

해설》 ・비교회전도(=비속도 : rpm, kW, m) : n_s
① 펠톤수차 : $n_s = 8 \sim 30$(고낙차용)
② 프란시스수차 : $n_s = 40 \sim 350$(중낙차용)
③ 프로펠러수차(=축류수차)
　: $n_s = 400 \sim 800$(저낙차용)
　㉠ 가동익형 : 카플란수차
　㉡ 고정익형 : 프로펠러수차

문제 69. 펌프의 캐비테이션(Cavitation) 방지 대책으로 볼 수 없는 것은?

㉮ 흡입관은 가능한 짧게 한다.
㉯ 가능한 회전수가 낮은 펌프를 사용한다.
㉰ 회전차를 수중에 넣지 않고 운전한다.
㉱ 편흡입 보다는 양흡입 펌프를 사용한다.

해설》 ・공동현상(cavitation)의 방지법
① 펌프의 설치높이를 될 수 있는 대로 낮추어 흡입양정을 짧게 한다.
② 배관을 완만하고 짧게 한다.
③ 입축(立軸)펌프를 사용하고, 회전차를 수중에 완전히 잠기게 한다.
④ 펌프의 회전수를 낮추어 흡입 비교회전도를 적게 한다.
⑤ 마찰저항이 작은 흡입관을 사용하여 흡입관 손실을 줄인다.

⑥ 양흡입펌프를 사용한다.
⑦ 두대 이상의 펌프를 사용한다.

문제 70. 왕복식 진공펌프의 구성 부품으로 거리가 먼 것은?

㉮ 크랭크축　　　㉯ 크로스 헤드
㉰ 블레이드　　　㉱ 실린더

해설》 왕복식 진공펌프 : 실린더 체적이 크다는 것 외에는 왕복식압축기와 구조상 차이가 없으며 구성부품은 크랭크축, 크로스헤드, 실린더, 피스톤, 피스톤링, 피스톤로드, 흡·배기밸브 등이 있다.

문제 71. 그림에서 A는 저압 대용량, B는 고압 소용량 펌프이다. 70 kg${}_f$/cm²의 부하가 걸릴 때, 펌프 A의 동력량을 감소시킬 목적으로 C에 유압 밸브를 설치하고자 할 때 어떤 밸브를 설치하는 것이 가장 적당한가?

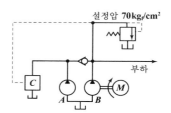

㉮ 감압밸브　　　㉯ 시퀀스밸브
㉰ 언로드밸브　　㉱ 카운터밸런스밸브

해설》 무부하밸브(unloading valve)
: 회로내의 압력이 설정압력에 이르렀을 때 이 압력을 떨어뜨리지 않고 펌프송출량을 그대로 기름탱크에 되돌리기 위하여 사용하는 밸브로서 동력절감을 시도하고자 할 때 사용한다.

문제 72. 유압장치 내에서 요구된 일을 하며 유압 에너지를 기계적 동력으로 바꾸는 역할을 하는 유압 요소는?

㉮ 유압 탱크　　　㉯ 압력 게이지
㉰ 에어 탱크　　　㉱ 유압 액추에이터

해답》 **68.** ㉯　**69.** ㉰　**70.** ㉰　**71.** ㉰　**72.** ㉱

[해설] 유압액추에이터
: 유압펌프에 의하여 공급되는 유체의 압력에너지를 회전운동(유압모터) 및 직선왕복운동(유압실린더) 등의 기계적인 에너지로 변화시키는 기기

[문제] **73.** 모듈이 10, 잇수가 30개, 이의 폭이 50 mm일 때, 회전수가 600 rpm, 체적 효율은 80 %인 기어펌프의 송출 유량은 약 몇 m^3/min인가?

[가] 0.45   [나] 0.27
[다] 0.64   [라] 0.77

[해설] $Q = Q_{th} \times \eta_V = 2\pi m^2 ZbN \times 10^{-6} \times \eta_V (\ell/min)$
$= 2\pi \times 10^2 \times 30 \times 50 \times 600 \times 10^{-6} \times 0.8$
$= 452.16 (\ell/min) \fallingdotseq 0.45 (m^3/min)$

[문제] **74.** 그림과 같은 유압회로의 사용목적으로 옳은 것은?

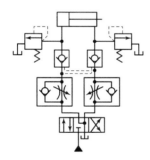

[가] 압력의 증대   [나] 유압에너지의 저장
[다] 펌프의 부하 감소   [라] 실린더의 중간정지

[해설]
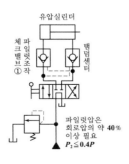

유압실린더
체크밸브 조작 ①
파일럿
탬덤센터
파일럿압은 회로압의 약 **40%** 이상 필요
$P_2 \leqq 0.4P$

로크회로 : 실린더 행정 중 임의위치에서 또는 행정 끝에서 실린더를 고정시켜 놓을 필요가 있을 때라 할 지라도 부하가 클 때 또는 장치내의 압력저하에 의하여 실린더 피스톤이 이동되는 경우가 발생한다. 이 피스톤의 이동을 방지하는 회로를 로크회로라 한다.

[문제] **75.** 유압기계를 처음 운전할 때 또는 유압장치 내의 이물질을 제거하여 오염물을 배출시키고자 할 때 슬러지를 용해하는 작업은?

[가] 필터링   [나] 플래싱
[다] 플래이트   [라] 엘레멘트

[해설] 플래싱(flushing) : 유압회로내 이물질을 제거하는 것과 작동유 교환시 오래된 오일과 슬러지를 용해하여 오염물의 전량을 회로밖으로 배출시켜서 회로를 깨끗하게 하는 것

[문제] **76.** 압력이 70 kg_f/cm^2, 유량이 30 ℓ/min인 유압모터에서 1분간의 회전수는 몇 rpm인가? (단, 유압모터의 1회당 배출량은 20 cc/rev이다.)

[가] 500   [나] 1000
[다] 1500   [라] 2000

[해설] $Q = qN$ 에서
$\therefore N = \dfrac{Q}{q} = \dfrac{30 \times 10^3}{20} = 1500\,rpm$

[문제] **77.** 다음 유압회로는 어떤 회로에 속하는가?

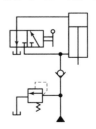

[가] 로크 회로   [나] 무부하 회로
[다] 블리드 오프 회로   [라] 어큐뮬레이터 회로

[해답] **73.** [가]   **74.** [라]   **75.** [나]   **76.** [다]   **77.** [가]

해설〉・로크 회로(lock circuit) : 실린더 행정 중 임의 위치에서 또는 행정 끝에서 실린더를 고정시켜 놓을 필요가 있을 때라 할지라도 부하가 클 때 또는 장치내의 압력저하에 의하여 실린더피스톤이 이동되는 경우가 발생한다. 이 피스톤의 이동을 방지하는 회로를 로킹회로라 한다.

〈임의 위치 로크 회로〉

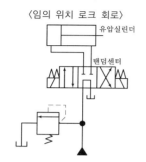

〈체크 밸브를 이용한 로크 회로〉

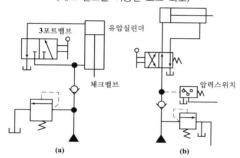

문제 78. 열교환기에서 유온을 항상 적당한 온도로 유지하기 위하여 사용되는 오일쿨러(oil cooler) 중 수냉식에 관한 설명으로 옳지 않은 것은?

㉮ 소형으로 냉각능력이 크다.

㉯ 종류로는 흡입형과 토출형이 있다.

㉰ 기름 중에 물이 혼입할 우려가 있다.

㉱ 10 ℃ 전후의 온도가 낮은 물이 사용될 수 있어야 한다.

해설〉・오일쿨러(oil cooler)의 종류
① 수냉식
  ㉠ 종류 : 다관식, 수냉식, 이중관식, 평판식
  ㉡ 장점 : ─ 소형으로 냉각능력이 크다.

─ 자동유로조정이 가능하다.
─ 경음이 적다.
  ㉢ 단점 : ─ 기름 중에 물이 혼입할 우려가 있다.
─ 냉각수의 설비가 요구된다.
  ㉣ 선정방법 : 10 ℃ 전후의 온도가 낮은 물이 사용될 수 있어야 한다.
② 공랭식
  ㉠ 종류 : 흡입형, 토출형
  ㉡ 장점 : ─ 냉각수 설비가 필요없다.
─ 보수비가 적다.
  ㉢ 단점 : ─ 냉각식에 비하여 대형이며 고가이다.
─ 경음이 적다.
  ㉣ 선정방법 : 교환열량이 적은 곳에서 사용된다.
③ 냉동식
  ㉠ 종류 : 프레온가스, 암모니아가스
  ㉡ 장점 : ─ 냉각수와 환기설비가 필요없다.
─ 운반이 용이하며 대기온도나 물의 온도이하의 냉각이 용이하다.
─ 자동유온조정에 적합하다.
  ㉢ 단점 : 대형으로 고가이다.
  ㉣ 선정방법 : 일반적으로 히터와 같이 가용되며 이동형 열교환기로서 사용된다.

문제 79. 유압 실린더의 피스톤 링이 하는 역할에 해당되지 않는 것은?

㉮ 열 전도

㉯ 기밀 유지

㉰ 기름 제거

㉱ 누설 방지

해설〉 피스톤링(piston ring)
  : 피스톤과 실린더 사이에서 기밀을 유지하고 피스톤의 열을 실린더벽에 방출하는 매개체적 역할을 하는 압축링과 실린더벽 여분의 윤활유를 정확히 긁어내는 작용을 하는 오일링으로 나누어진다.

문제 80. 다음 기호 중 체크밸브를 나타내는 것은?

㉮   ㉯

㉰   ㉱

예답 78. ㉯ 79. ㉮ 80. ㉱

제5과목 건설기계일반

(※ 2017년도부터 기계제작법이 플랜트배관으로 변경되었습니다.)

문제 81. 다이렉트 드라이브 변속기가 장착된 무한궤도식 불도저가 작업 중에 과부하로 인하여 작업속도가 급격히 떨어졌으나 엔진 회전 속도는 저하되지 않았다고 하면 우선 점검할 장치는?

㉮ 내연 기관(engine)
㉯ 변속기(transmission)
㉰ 메인 클러치(main clutch)
㉱ 최종 구동장치(final drive system)

문제 82. 굴삭기에서 버킷을 떼어내고 부착, 사용하는 착암기는?

㉮ 스토퍼(Stopper)
㉯ 브레이커(Braker)
㉰ 드리프터(Drifter)
㉱ 잭 해머(Jack hammer)

[해설] 브레이커(braker)
: 튼튼한 기초물 파괴에 사용되며, 공기소비량이 적으면서 강력한 파쇄력을 갖고 있으며 주로, 유압 백호 굴삭기에 부착하여 사용한다.

문제 83. 크레인 붐에 부속 장치를 붙이고 드롭 해머 디젤 해머 등을 사용하여 말뚝박기 작업에 이용되는 것은?

㉮ 콘크리트 버킷(concrete bucket)
㉯ 파일 드라이버(pile driver)
㉰ 마그넷(magnet)
㉱ 어스 드릴(earth drill)

[해설] 파일드라이버(pile driver)
: 건물 기초공사 작업시 기둥박기 작업, 교량의 교주 항타작업 등에 사용

문제 84. 스트레이트 도저를 사용하여 산허리를 절토하고 있다. 도저의 견인력이 20 kN이고, 주행 속도가 5 m/s이면 이 도저의 견인동력은 몇 kW인가?

㉮ 100
㉯ 120
㉰ 1000
㉱ 1020

[해설] $H = FV = 20 \times 5 = 100 \, kW$

문제 85. 아스팔트 피니셔(asphalt finisher)의 주요 장치 중 덤프트럭으로 운반된 혼합물을 받는 장치로서, 덤프트럭에서 혼합물을 내리는 데 편리하도록 낮게 설치되어 있는 것을 무엇이라 하는가?

㉮ 탬퍼(tamper)
㉯ 피더(feeder)
㉰ 스크리드(screed)
㉱ 호퍼(hopper)

[해설] ① 피더 : 호퍼 바닥에 설치되어 혼합재를 스프레딩 스크루로 보내는 일을 한다.
② 스크리드 : 노면에 살포된 혼합재를 균일한 두께로 매끈하게 다듬질하는 판
③ 호퍼 : 덤프트럭으로 운반된 혼합재를 저장하는 용기
④ 템퍼 : 스크리드 전면에 설치되어 노면에 살포된 혼합재를 요구하는 두께로 포장면을 다져주는 일을 한다.

문제 86. 증기사용설비 중 응축수를 자동적으로 외부로 배출하는 장치로서 응축수에 의한 효율 저하를 방지하기 위한 장치는?

㉮ 증발기
㉯ 탈기기
㉰ 인젝터
㉱ 증기트랩

[해설] 증기트랩(steam trap)
: 증기보일러에서 발생한 증기는 열사용설비에서 일을 하고 나올 때에는 응축수로 배출된다. 이때 응축수는 배관밖으로 자동배출시키고 증기는 차단하는 역할을 자동으로 하는 것을 말한다.

[해답] 81. ㉰ 82. ㉯ 83. ㉯ 84. ㉮ 85. ㉱ 86. ㉱

문제 87. 대규모 항로 준설 등에 사용하는 것으로 선체에 펌프를 설치하고 항해하면서 동력에 의해 해저의 토사를 흡상 하는 방식의 준설선은?

㉮ 버킷 준설선　　㉯ 펌프 준설선
㉰ 디퍼 준설선　　㉱ 그래브 준설선

해설 펌프 준설선 : 배송관의 설치가 곤란하거나 배송거리나 장거리인 경우 저양정 펌프선을 이용하여 토사를 토운선으로 수송하거나 흙과 물을 같이 빨아올리는 장비로 항만준설 또는 매립공사에 사용하며, 작업시 선체이동 범위 각도는 70~90°이다.

문제 88. 붐(boom)의 끝단에 중간 붐이 추가로 설치된 기중기(crane)이며, 작업 반경을 조정하면서 작업을 하게 되어 아파트, 교량 등의 건설 공사시 적합하고 경사각도에 따라 작업 반경과 인상능력의 차가 발생하는 기중기(crane)은?

㉮ 집 기중기(jib crane)
㉯ 트럭 기중기(truck crane)
㉰ 크롤러 기중기(crawler crane)
㉱ 오버헤드 기중기(overhead crane)

해설 지브기중기(jib crane)
: 지브(jib)가 달린 크레인으로 수직축을 중심으로 원을 그리며 도는 것이 많아 선회크레인이라고도 한다. 대차위에 설치하여 회전하거나 경사각을 변화시키며 하역한다.

문제 89. 건설기계의 규격표시 방법으로 틀린 것은?

㉮ 덤프트럭은 최대 적재중량(t)으로 표시한다.
㉯ 지게차는 최대 들어올림용량(t)으로 표시한다.
㉰ 불도저는 표준 배토판의 길이(m)로 표시한다.
㉱ 로더는 표준 버킷의 산적용량(m³)으로 표시한다.

해설 불도저의 규격표시방법
: 자중(ton 또는 kg)으로 표시
즉, 자체중량으로 표시

문제 90. 기계부품에서 예리한 모서리가 있으면 국부적인 집중응력이 생겨 파괴되기 쉬워지는 것으로 강도가 감소하는 것은 무슨 현상인가?

㉮ 잔류응력
㉯ 노치효과
㉰ 질량효과
㉱ 단류선(metal flow)

해설 노치효과
: 단면의 형상이 급격히 변화하는 부분에는 응력집중이 일어나므로 피로한도도 저하하는데 이러한 현상을 노치효과라 한다.

정답 87. ㉯　88. ㉮　89. ㉰　90. ㉯

2015년 제4회 일반기계 기사

제1과목 재료역학

문제 1. 그림과 같이 지름과 재질이 다른 3개의 원통을 끼워 조합된 구조물을 만들어 강판 사이에 P의 압축하중을 작용시키면 ①번 림의 재료에 발생되는 응력(σ_1)은? (단, E_1, E_2, E_3와 A_1, A_2, A_3는 각각 ①, ②, ③번의 세로탄성계수와 단면적이다.) 【2장】

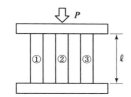

㉮ $\sigma_1 = \dfrac{PA_1}{A_1E_1 + A_2E_2 + A_3E_3}$

㉯ $\sigma_1 = \dfrac{P\ell}{A_1E_1 + A_2E_2 + A_3E_3}$

㉰ $\sigma_1 = \dfrac{PE_1}{A_1E_1 + A_2E_2 + A_3E_3}$

㉱ $\sigma_1 = \dfrac{PE_2}{A_1E_2 + A_2E_3 + A_3E_1}$

해설 $\sigma_1 = \dfrac{PE_1}{A_1E_1 + A_2E_2 + A_3E_3}$,

$\sigma_2 = \dfrac{PE_2}{A_1E_1 + A_2E_2 + A_3E_3}$,

$\sigma_3 = \dfrac{PE_3}{A_1E_1 + A_2E_2 + A_3E_3}$

문제 2. 사각단면의 폭이 10 cm이고 높이가 8 cm 이며, 길이가 2 m인 장주의 양 끝이 회전형으로 고정되어 있다. 이 장주의 좌굴하중은 약 몇 kN인가? (단, 장주의 세로탄성계수는 10 GPa 이다.) 【10장】

㉮ 67.45 ㉯ 106.28
㉰ 186.88 ㉱ 257.64

해설 $P_B = n\pi^2 \dfrac{EI_{\min}}{\ell^2}$

$= 1 \times \pi^2 \times \dfrac{10 \times 10^6 \times \frac{0.1 \times 0.08^3}{12}}{2^2}$

$= 105.28\,\text{kN}$

문제 3. 원통형 코일스프링에서 코일 반지름 R, 소선의 지름 d, 전단탄성계수 G라고 하면 코일스프링 한 권에 대해서 하중 P가 작용할 때 비틀림 각도 ϕ를 나타내는 식은? 【5장】

㉮ $\dfrac{32PR}{Gd^2}$ ㉯ $\dfrac{32PR^2}{Gd^2}$

㉰ $\dfrac{64PR}{Gd^4}$ ㉱ $\dfrac{64PR^2}{Gd^4}$

해설 우선, 스프링의 처짐량 $\delta = R\theta = \dfrac{64nPR^3}{Gd^4}$에서

$\theta = \dfrac{64nPR^2}{Gd^4}$

결국, 한번 감길때마다 소선의 비틀림각 ϕ는 $n = 1$을 대입하면

$\therefore \ \phi = \dfrac{64PR^2}{Gd^4}$

문제 4. 그림과 같은 균일단면을 갖는 부정정보가 단순지지단에서 모멘트 M_0를 받는다. 단순지지단에서의 반력 R_a는? (단, 굽힘강성 EI는 일정하고, 자중은 무시한다.) 【9장】

해답 1. ㉰ 2. ㉯ 3. ㉱ 4. ㉯

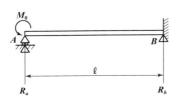

$$R_a \qquad R_b$$

㉮ $\dfrac{3M_0}{4\ell}$ ㉯ $\dfrac{3M_0}{2\ell}$

㉰ $\dfrac{2M_0}{3\ell}$ ㉱ $\dfrac{4M_0}{3\ell}$

해설▷

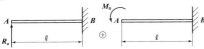

다음과 같은 두 정정보의 합으로 표현할 수 있다.
결국, A점에서 처짐이 0이 되기 위해서는

$$\dfrac{R_a \ell^3}{3EI} = \dfrac{M_0 \ell^2}{2EI} \qquad \therefore \ R_a = \dfrac{3M_0}{2\ell}$$

문제 5. 그림과 같은 외팔보가 균일분포하중 w를 받고 있을 때 자유단의 처짐 δ는 얼마인가? (단, 보의 굽힘 강성 EI는 일정하고, 자중은 무시한다.) 【8장】

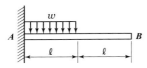

㉮ $\dfrac{3}{24EI} w\ell^4$ ㉯ $\dfrac{5}{24EI} w\ell^4$

㉰ $\dfrac{7}{24EI} w\ell^4$ ㉱ $\dfrac{9}{24EI} w\ell^4$

해설▷

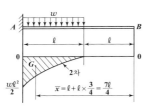

우선, $A_M = \dfrac{1}{3} \times \ell \times \dfrac{w\ell^2}{2} = \dfrac{w\ell^3}{6}$

결국, $\delta_B = \dfrac{A_M}{EI} \bar{x} = \dfrac{1}{EI} \times \dfrac{w\ell^3}{6} \times \dfrac{7\ell}{4} = \dfrac{7w\ell^4}{24EI}$

문제 6. 그림과 같은 보에 C에서 D까지 균일분포하중 w가 작용하고 있을 때, A점에서의 반력 R_A 및 B점에서의 반력 R_B는? 【6장】

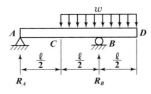

㉮ $R_A = \dfrac{w\ell}{2}$, $R_B = \dfrac{w\ell}{2}$

㉯ $R_A = \dfrac{w\ell}{4}$, $R_B = \dfrac{3w\ell}{4}$

㉰ $R_A = 0$, $R_B = w\ell$

㉱ $R_A = -\dfrac{w\ell}{2}$, $R_B = \dfrac{5w\ell}{2}$

해설▷ 균일분포하중(w)을 집중하중으로 고치면 $w\ell$로서 B점에 작용한다.
그러므로 $R_A = 0$, $R_B = w\ell$

문제 7. 보에서 원형과 정사각형의 단면적이 같을 때, 단면계수의 비 Z_1/Z_2는 약 얼마인가? (단, 여기에서 Z_1은 원형 단면의 단면계수, Z_2는 정사각형 단면의 단면계수이다.) 【4장】

㉮ 0.531 ㉯ 0.846

㉰ 1.258 ㉱ 1.182

해설▷ $\dfrac{\pi d^2}{4} = a^2$ 즉, $a = \dfrac{\sqrt{\pi}}{2} d$

$$Z_1 / Z_2 = \dfrac{\left(\dfrac{\pi d^3}{32}\right)}{\left(\dfrac{a^3}{6}\right)} = \dfrac{\left(\dfrac{\pi d^2 \times d}{4 \times 8}\right)}{\left(\dfrac{a^2 \times a}{6}\right)} = \dfrac{3d}{4a} = \dfrac{3d}{4 \times \dfrac{\sqrt{\pi}}{2} d}$$

$$= 0.846$$

정답 **5.** ㉰ **6.** ㉰ **7.** ㉯

문제 8. 직사각형[$b \times h$] 단면을 가진 보의 곡률 $\left(\dfrac{1}{\rho}\right)$에 관한 설명으로 옳은 것은? 【7장】

㉮ 폭(b)의 2승에 반비례한다.

㉯ 폭(b)의 3승에 반비례한다.

㉰ 높이(h)의 2승에 반비례한다.

㉱ 높이(h)의 3승에 반비례한다.

[해설] 곡률 $\dfrac{1}{\rho} = \dfrac{M}{EI} = \dfrac{M}{E \times \dfrac{bh^3}{12}}$ 이므로 곡률 $\left(\dfrac{1}{\rho}\right)$은 b

에 반비례하고 h의 3승에 반비례한다.

문제 9. 균일 분포하중 $w = 200$ N/m가 작용하는 단순지지보의 최대 굽힘응력은 몇 MPa인가? (단, 보의 길이는 2 m이고, 폭×높이＝3 cm × 4 cm인 사각형 단면이다.) 【7장】

㉮ 12.5 　　　 ㉯ 25.0

㉰ 14.9 　　　 ㉱ 17.0

[해설] $\sigma_{\max} = \dfrac{M_{\max}}{Z} = \dfrac{\left(\dfrac{w\ell^2}{8}\right)}{\left(\dfrac{bh^2}{6}\right)} = \dfrac{3w\ell^2}{4bh^2}$

$= \dfrac{3 \times 200 \times 10^{-6} \times 2^2}{4 \times 0.03 \times 0.04^2} = 12.5 \,\text{MPa}$

문제 10. 원형 단면축이 비틀림을 받을 때, 그 속에 저장되는 탄성 변형에너지 U는 얼마인가? (단, T : 토크, L : 길이, G : 가로탄성계수, I_P : 극관성모멘트, I : 관성모멘트, E : 세로 탄성계수) 【5장】

㉮ $U = \dfrac{T^2 L}{2GI}$ 　　　 ㉯ $U = \dfrac{T^2 L}{2EI}$

㉰ $U = \dfrac{T^2 L}{2EI_P}$ 　　　 ㉱ $U = \dfrac{T^2 L}{2GI_P}$

[해설] $U = \dfrac{1}{2}T\theta$ 　단, $\theta = \dfrac{TL}{GI_P}$

결국, $U = \dfrac{T^2 L}{2GI_P}$

문제 11. 보에 작용하는 수직전단력을 V, 단면 2차 모멘트는 I, 단면 1차 모멘트는 Q, 단면 폭을 b라고 할 때 단면에 작용하는 전단응력 (τ)의 크기는? (단, 단면은 직사각형이다.) 【7장】

㉮ $\tau = \dfrac{VQ}{Ib}$ 　　　 ㉯ $\tau = \dfrac{IV}{Qb}$

㉰ $\tau = \dfrac{Ib}{QV}$ 　　　 ㉱ $\tau = \dfrac{Qb}{IV}$

[해설] $\tau = \dfrac{F(=V)Q}{bI}$ ➪ (일반식)

① 사각형 단면 : $\tau_{\max} = \dfrac{3}{2}\dfrac{F(=V)}{A}$ 　단, $A = bh$

② 원형 단면 : $\tau_{\max} = \dfrac{4}{3}\dfrac{F(=V)}{A}$ 　단, $A = \dfrac{\pi d^2}{4}$

문제 12. 그림과 같은 분포하중을 받는 단순보의 $m - n$ 단면에 생기는 전단력의 크기는 얼마인가? (단, $q = 300$ N/m이다.) 【6장】

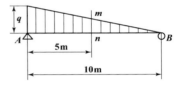

㉮ 300 N 　　　 ㉯ 250 N

㉰ 167 N 　　　 ㉱ 125 N

[해설] 우선, $0 = R_B \times 10 - \dfrac{1}{2} \times 300 \times 10 \times \left(10 \times \dfrac{1}{3}\right)$

$\therefore R_B = 500 \,\text{N}$

결국, $F_{m-n} = -R_B + \dfrac{1}{2} \times 5 \times 150$

$= -500 + 375 = |-125 \,\text{N}| = 125 \,\text{N}$

문제 13. 지름이 d인 연강환봉에 인장하중 P가 주어졌다면 지름 감소량(δ)은? (단, 재료의 탄성계수는 E, 포아송비는 ν이다.) 【1장】

㉮ $\delta = \dfrac{P\nu}{\pi E d}$ 　　　 ㉯ $\delta = \dfrac{P\nu}{2\pi E d}$

㉰ $\delta = \dfrac{P\nu}{4\pi E d}$ 　　　 ㉱ $\delta = \dfrac{4P\nu}{\pi E d}$

[해답] **8.** ㉱ **9.** ㉮ **10.** ㉱ **11.** ㉮ **12.** ㉱ **13.** ㉱

해설 우선, $\varepsilon = \dfrac{\sigma}{E} = \dfrac{P}{AE} = \dfrac{4P}{\pi d^2 E}$, $\varepsilon' = \dfrac{\delta}{d}$

결국, $\nu = \dfrac{\varepsilon'}{\varepsilon} = \dfrac{\left(\dfrac{\delta}{d}\right)}{\left(\dfrac{4P}{\pi d^2 E}\right)} = \dfrac{\pi d E \delta}{4P}$ 에서 $\therefore \delta = \dfrac{4P\nu}{\pi E d}$

문제 14. 그림과 같이 축방향으로 인장하중을 받고 있는 원형 단면봉에서 θ의 각도를 가진 경사단면에 전단응력(τ)과 수직응력(σ)이 작용하고 있다. 이 때 전단응력 τ가 수직응력 σ의 $\dfrac{1}{2}$이 되는 경사단면의 경사각(θ)은? 【3장】

가 $\theta = \tan^{-1}\left(\dfrac{1}{2}\right)$ 　나 $\theta = \tan^{-1}(1)$

다 $\theta = \tan^{-1}(2)$ 　라 $\theta = \tan^{-1}(4)$

해설 $\tan\theta = \dfrac{\tau}{\sigma_n} = \dfrac{\dfrac{1}{2}\sigma_n}{\sigma_n} = \dfrac{1}{2}$ $\therefore \theta = \tan^{-1}\left(\dfrac{1}{2}\right)$

문제 15. 그림과 같이 지름이 다른 두 부분으로 된 원형축에 비틀림 토크(T) 680 N·m가 B점에 작용할 때, 최대 전단응력은 얼마인가? (단, 전단탄성계수 G=80 GPa이다.) 【5장】

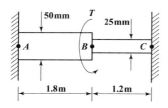

가 19.0 MPa 　나 38.1 MPa
다 50.6 MPa 　라 25.3 MPa

해설 우선, $A-B$ 단면에 1첨자, $B-C$ 단면에 2첨자를 붙이면
$T_1 + T_2 = T$ ……………………… ①식

또한, $\theta_1 = \theta_2$ 즉, $\dfrac{T_1 \ell_1}{GI_{P1}} = \dfrac{T_2 \ell_2}{GI_{P2}}$ 에서

$\dfrac{T_1}{T_2} = \dfrac{I_{P1}\ell_2}{I_{P2}\ell_1}$ …………………………… ②식

①, ②식을 연립하면

$T_1 = \dfrac{T}{1 + \dfrac{I_{P2}\ell_1}{I_{P1}\ell_2}} = \dfrac{680 \times 10^{-6}}{1 + \dfrac{0.025^4 \times 1.8}{0.05^4 \times 1.2}}$

$= 0.000622 \,\mathrm{MN\,m}$

$T_2 = \dfrac{T}{1 + \dfrac{I_{P1}\ell_2}{I_{P2}\ell_1}} = \dfrac{680 \times 10^{-6}}{1 + \dfrac{0.05^4 \times 1.2}{0.025^4 \times 1.8}}$

$= 0.000058 \,\mathrm{MN\,m}$

따라서, $\tau_1 = \dfrac{T_1}{Z_{P1}} = \dfrac{16 \times 0.000622}{\pi \times 0.05^3} = 25.33 \,\mathrm{MPa}$

$\tau_2 = \dfrac{T_2}{Z_{P2}} = \dfrac{16 \times 0.000058}{\pi \times 0.025^3} = 18.9 \,\mathrm{MPa}$

결국, $\tau_{\max} = \tau_1 = 25.33 \,\mathrm{MPa}$

문제 16. 단면적이 30 cm², 길이가 30 cm인 강봉이 축방향으로 압축력 P=21 kN을 받고 있을 때, 그 봉속에 저장되는 변형 에너지의 값은 약 몇 N·m인가? (단, 강봉의 세로탄성계수는 210 GPa이다.) 【2장】

가 0.085 　나 0.105
다 0.135 　라 0.195

해설 $U = \dfrac{P^2 \ell}{2AE} = \dfrac{(21 \times 10^3)^2 \times 0.3}{2 \times 30 \times 10^{-4} \times 210 \times 10^9}$

$= 0.105 \,\mathrm{N\,m}$

문제 17. 폭이 2 cm이고 높이가 3 cm인 직사각형 단면을 가진 길이 50 cm의 외팔보의 고정단에서 40 cm 되는 곳에 800 N의 집중 하중을 작용시킬 때 자유단의 처짐은 약 몇 μm인가? (단, 외팔보의 세로탄성계수는 210 GPa이다.) 【8장】

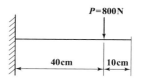

㉮ 0.074   ㉯ 0.25

㉰ 1.48   ㉱ 12.52

[해설]

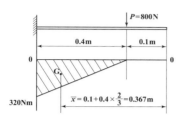

우선, $A_M = \frac{1}{2} \times 0.4 \times 320 = 640\,\mathrm{N\,m^2}$

결국, $\delta = \frac{A_M}{EI}\bar{x} = \frac{64}{210 \times 10^9 \times \frac{0.02 \times 0.03^3}{12}} \times 0.367$

$\doteqdot 0.0025\,\mathrm{m} = 0.25 \times 10^4\,\mu m$

[문제] **18.** 지름 10 mm인 환봉에 1 kN의 전단력이 작용할 때 이 환봉에 걸리는 전단응력은 약 몇 MPa인가? 【1장】

㉮ 6.36   ㉯ 12.73

㉰ 24.56   ㉱ 32.22

[해설] $\tau = \frac{P_s}{A} = \frac{4P}{\pi d^2} = \frac{4 \times 1 \times 10^3}{\pi \times 10^2}$

$= 12.73\,\mathrm{N/mm^2}(=\mathrm{MPa})$

[문제] **19.** 지름 2 cm, 길이 20 cm인 연강봉이 인장하중을 받을 때 길이는 0.016 cm 만큼 늘어나고 지름은 0.0004 cm 만큼 줄었다. 이 연강봉의 포아송비는? 【1장】

㉮ 0.25   ㉯ 0.3

㉰ 0.33   ㉱ 4

[해설] $\mu = \frac{\varepsilon'}{\varepsilon} = \frac{\left(\frac{\delta}{d}\right)}{\left(\frac{\lambda}{\ell}\right)} = \frac{\ell\delta}{d\lambda} = \frac{20 \times 0.0004}{2 \times 0.016} = 0.25$

[문제] **20.** 반원 부재에 그림과 같이 $0.5R$ 지점에

하중 P가 작용할 때 지지점 B에서의 반력은? 【6장】

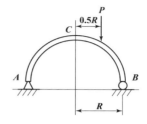

㉮ $\frac{P}{4}$ ㉯ $\frac{P}{2}$

㉰ $\frac{3P}{4}$ ㉱ P

[해설] 우선, $\Sigma M_A = 0 : 0 = R_B \times 2R - P \times \frac{3R}{2}$

$\therefore R_B = \frac{3P}{4}$

또한, $\Sigma M_B = 0 : R_A \times 2R - P \times \frac{R}{2} = 0$

$\therefore R_A = \frac{P}{4}$

제2과목 기계열역학

[문제] **21.** 이상기체의 엔탈피가 변하지 않는 과정은? 【6장】

㉮ 가역단열과정   ㉯ 비가역단열과정

㉰ 교축과정   ㉱ 정적과정

[해설] 교축과정 : 등엔탈피과정($h_1 = h_2$)

[문제] **22.** 어느 이상기체 1 kg을 일정 체적 하에 20 ℃로부터 100 ℃로 가열하는데 836 kJ의 열량이 소요되었다. 이 가스의 분자량이 2라고 한다면 정압비열은? 【3장】

㉮ 약 2.09 kJ/kg℃   ㉯ 약 6.27 kJ/kg℃

㉰ 약 10.5 kJ/kg℃   ㉱ 약 14.6 kJ/kg℃

[정답] **18.** ㉯   **19.** ㉮   **20.** ㉰   **21.** ㉰   **22.** ㉱

해설 우선, $\delta q = du + Apdv$에서 정적이므로 $dv = 0$

$\therefore {}_1Q_2 = mC_v(T_2 - T_1)$에서

$$C_v = \frac{{}_1Q_2}{m(T_2 - T_1)} = \frac{836}{1 \times (100 - 20)}$$

$$= 10.45 \, kJ/kg \cdot ℃$$

결국, $C_p - C_v = R$에서

$\therefore C_p = C_v + R = C_v + \dfrac{8.314}{m} = 10.45 + \dfrac{8.314}{2}$

$$= 14.607 \, kJ/kg℃$$

문제 23. 증기터빈으로 질량 유량 1 kg/s, 엔탈피 h_1=3500 kJ/kg의 수증기가 들어온다. 중간 단에서 h_2=3100 kJ/kg의 수증기가 추출되며 나머지는 계속 팽창하여 h_3=2500 kJ/kg 상태로 출구에서 나온다면, 중간 단에서 추출되는 수증기의 질량유량은? (단, 열손실은 없으며, 위치에너지 및 운동에너지의 변화가 없고, 총 터빈 출력은 900 kW이다.) 【7장】

㉮ 0.167 kg/s ㉯ 0.323 kg/s

㉰ 0.714 kg/s ㉱ 0.886 kg/s

해설 터빈에서 한일

$W_T = 1 \times (h_1 - h_2) + (1-m)(h_2 - h_3)$

$900 = 1 \times (3500 - 3100) + (1-m)(3100 - 2500)$

결국, $m = 0.167 \, kg/s$

문제 24. 열역학 제2법칙에 대한 설명 중 틀린 것은? 【4장】

㉮ 효율이 100 %인 열기관은 얻을 수 없다.

㉯ 제2종의 영구 기관은 작동 물질의 종류에 따라 가능하다.

㉰ 열은 스스로 저온의 물질에서 고온의 물질로 이동하지 않는다.

㉱ 열기관에서 작동 물질이 일을 하게 하려면 그보다 더 저온인 물질이 필요하다.

해설 ① 제1종 영구기관 : 열효율이 100 %이상인 기관으로 열역학 제1법칙에 위배

② 제2종 영구기관 : 열효율이 100 %인 기관으로 열역학 제2법칙에 위배

문제 25. 튼튼한 용기 안에 100 kPa, 30 ℃의 공기가 5 kg 들어있다. 이 공기를 가열하여 온도를 150 ℃로 높였다. 이 과정 동안에 공기에 가해 준 열량을 구하면? (단, 공기의 정적 비열 및 정압 비열은 각각 0.717 kJ/kg·K와 1.004 kJ/kg·K이다.) 【3장】

㉮ 86.0 kJ

㉯ 120.5 kJ

㉰ 430.2 kJ

㉱ 602.4 kJ

해설 "정적변화"이므로

${}_1Q_2 = mC_v(T_2 - T_1) = 5 \times 0.717 \times (150 - 30)$

$$= 430.2 \, kJ$$

문제 26. 이상기체의 등온 과정에서 압력이 증가하면 엔탈피는? 【3장】

㉮ 증가 또는 감소

㉯ 증가

㉰ 불변

㉱ 감소

해설 완전가스(이상기체)에서 등온변화시 내부에너지와 엔탈피의 변화는 없다.

$dU = mC_v dT = 0, \quad dH = mC_p dT = 0$

$(\because T = C$ 즉, $dT = 0$이므로$)$

문제 27. 절대온도가 T_1, T_2인 두 물체 사이에 열량 Q가 전달될 때 이 두 물체가 이루는 계의 엔트로피 변화는? (단, $T_1 > T_2$이다.) 【4장】

㉮ $\dfrac{T_1 - T_2}{QT_1}$ ㉯ $\dfrac{T_1 - T_2}{QT_2}$

㉰ $\dfrac{Q}{T_1} - \dfrac{Q}{T_2}$ ㉱ $\dfrac{Q}{T_2} - \dfrac{Q}{T_1}$

해설 $\Delta S = \dfrac{Q}{T_2} - \dfrac{Q}{T_1} = \dfrac{Q(T_1 - T_2)}{T_1 T_2}$

정답 23. ㉮ 24. ㉯ 25. ㉰ 26. ㉰ 27. ㉱

문제 28. 시스템의 경계 안에 비가역성이 존재하지 않는 내적 가역과정을 온도-엔트로피 선도 상에 표시하였을 때, 이 과정 아래의 면적은 무엇을 나타내는가? 【4장】

㉮ 일량

㉯ 내부에너지 변화량

㉰ 열전달량

㉱ 엔탈피 변화량

해설 ① $P-V$ 선도의 면적 : 일량을 나타낸다.
② $T-S$ 선도의 면적 : 열량을 나타낸다.

문제 29. 정압비열이 0.931 kJ/kg·K이고, 정적비열이 0.666 kJ/kg·K인 이상기체를 압력 400 kPa, 온도 20℃로서 0.25 kg을 담은 용기의 체적은 약 몇 m³인가? 【3장】

㉮ 0.0213

㉯ 0.0265

㉰ 0.0381

㉱ 0.0485

해설 $PV = mRT$에서

$$\therefore V = \frac{mRT}{P} = \frac{m(C_p - C_v)T}{P}$$

$$= \frac{0.25 \times (0.931 - 0.666) \times 293}{400}$$

$$\approx 0.0485 \, \text{m}^3$$

문제 30. 기체의 초기압력이 20 kPa, 초기체적이 0.1 m³인 상태에서부터 "PV=일정"인 과정으로 체적이 0.3 m³로 변했을 때의 일량은 약 얼마인가? 【3장】

㉮ 2200 J

㉯ 4000 J

㉰ 2200 kJ

㉱ 4000 kJ

해설 PV = 일정 : 등온과정

$$_1W_2 = P_1V_1 \ln\frac{V_2}{V_1} = 20 \times 10^3 \times 0.1 \times \ln\frac{0.3}{0.1} \approx 2200 \, \text{J}$$

문제 31. 분자량이 28.5인 이상기체가 압력 200 kPa, 온도 100℃ 상태에 있을 때 비체적은? (단, 일반기체상수=8.314 kJ/kmol·K이다.) 【3장】

㉮ 0.146 kg/m³

㉯ 0.545 kg/m³

㉰ 0.146 m³/kg

㉱ 0.545 m³/kg

해설 $Pv = RT$에서

$$\therefore v = \frac{RT}{P} = \frac{\dfrac{\overline{R}}{m} \times T}{P} = \frac{\dfrac{8.314}{28.5} \times 373}{200} = 0.544 \, \text{m}^3/\text{kg}$$

문제 32. 고온 측이 20℃, 저온 측이 -15℃인 Carnot 열펌프의 성능계수(COP_H)를 구하면? 【9장】

㉮ 8.38

㉯ 7.38

㉰ 6.58

㉱ 4.28

해설 $\varepsilon_h = \dfrac{T_{\text{I}}}{T_{\text{I}} - T_{\text{II}}} = \dfrac{(20 + 273)}{20 - (-15)} = 8.37$

문제 33. 밀폐 단열된 방에 다음 두 경우에 대하여 가정용 냉장고를 가동시키고 방안의 평균온도를 관찰한 결과 가장 합당한 것은? 【9장】

> a) 냉장고의 문을 열었을 경우
> b) 냉장고의 문을 닫았을 경우

㉮ a), b) 경우 모두 방안의 평균온도는 감소한다.

㉯ a), b) 경우 모두 방안의 평균온도는 상승한다.

㉰ a), b)의 경우 모두 방안의 평균온도는 변하지 않는다.

㉱ a)의 경우는 방안의 평균온도는 변하지 않고, b)의 경우는 상승한다.

해설 냉장고를 작동시켰으므로 에너지 공급이 계속되고 있다. 따라서 에너지가 계속 공급되므로 문을 열고 닫고 관계없이 실내온도는 모두 상승한다.

해답 28. ㉰ 29. ㉱ 30. ㉮ 31. ㉱ 32. ㉮ 33. ㉯

문제 34. 피스톤 – 실린더 장치 안에 300 kPa, 100 ℃의 이산화탄소 2 kg이 들어있다. 이 가스를 $PV^{1.2}=$constant인 관계를 만족하도록 피스톤 위에 추를 더해가며 온도가 200 ℃가 될 때까지 압축하였다. 이 과정 동안의 열전달량은 약 몇 kJ인가? (단, 이산화탄소의 정적비열(C_v) = 0.653 kJ/kg·K이고, 정압비열(C_p) = 0.842 kJ/kg·K이며, 각각 일정하다.) 【3장】

㉮ −189 　　　㉯ −58
㉰ −20 　　　㉲ 130

해설　$PV^{1.2}=C$: 폴리트로프 과정

우선, $k=\dfrac{C_p}{C_v}=\dfrac{0.842}{0.653}=1.29$

또한, $C_n=\left(\dfrac{n-k}{n-1}\right)C_v=\left(\dfrac{1.2-1.29}{1.2-1}\right)\times0.653$

$\qquad =-0.29385 \,\text{kJ/kg·K}$

결국, $_1Q_2=mC_n(T_2-T_1)$

$\qquad =2\times(-0.29385)\times(200-100)$

$\qquad =-58.77 \,\text{kJ}$

문제 35. 이상 냉동기의 작동을 위해 두 열원이 있다. 고열원이 100 ℃이고, 저열원이 50 ℃이라면 성능계수는? 【9장】

㉮ 1.00 　　　㉯ 2.00
㉰ 4.25 　　　㉲ 6.46

해설　$\varepsilon_r=\dfrac{T_\text{II}}{T_\text{I}-T_\text{II}}=\dfrac{(50+273)}{100-50}=6.46$

문제 36. −10 ℃와 30 ℃ 사이에서 작동되는 냉동기의 최대성능계수로 적합한 것은? 【9장】

㉮ 8.8
㉯ 6.6
㉰ 3.3
㉲ 2.8

해설　$\varepsilon_r=\dfrac{T_\text{II}}{T_\text{I}-T_\text{II}}=\dfrac{(-10+273)}{30-(-10)}=6.575$

문제 37. 이상기체의 폴리트로프(polytrope) 변화에 대한 식이 $PV^n=C$라고 할 때 다음의 변화에 대하여 표현이 틀린 것은? 【3장】

㉮ $n=0$일 때는 정압변화를 한다.
㉯ $n=1$일 때는 등온변화를 한다.
㉰ $n=\infty$일 때는 정적변화를 한다.
㉲ $n=k$일 때는 등온 및 정압변화를 한다.
　(단, $k=$비열비이다.)

해설

상태＼구분	n	C_n
정압변화	0	C_p
등온변화	1	∞
단열변화	k	0
정적변화	∞	C_v

문제 38. 실제 가스터빈 사이클에서 최고온도가 630 ℃이고, 터빈효율이 80 %이다. 손실 없이 단열팽창 한다고 가정했을 때의 온도가 290 ℃라면 실제 터빈출구에서의 온도는? (단, 가스의 비열은 일정하다고 가정한다.) 【7장】

㉮ 348 ℃ 　　　㉯ 358 ℃
㉰ 368 ℃ 　　　㉲ 378 ℃

해설　$\eta_T=\dfrac{T_2-T_3'}{T_2-T_3}$에서　$0.8=\dfrac{903-T_3'}{903-563}$

$\therefore\ T_3'=631\,\text{K}=358\,℃$

문제 39. 밀폐용기에 비내부에너지가 200 kJ/kg인 기체 0.5 kg이 있다. 이 기체를 용량이 500 W인 전기가열기로 2분 동안 가열한다면 최종 상태에서 기체의 내부에너지는? (단, 열량은 기체로만 전달된다고 한다.) 【2장】

㉮ 20 kJ 　　　㉯ 100 kJ
㉰ 120 kJ 　　　㉲ 160 kJ

해답 34. ㉯　35. ㉲　36. ㉯　37. ㉲　38. ㉯　39. ㉲

해설 우선, $U_1 = 0.5 \times 200 = 100 \text{ kJ}$
결국, $U_2 - U_1 = 500 \times 10^{-3} \times 2 \times 60$
$\therefore U_2 = U_1 + 500 \times 10^{-3} \times 2 \times 60$
$= 100 + 500 \times 10^{-3} \times 2 \times 60$
$= 160 \text{ kJ}$

문제 **40.** 클라우지우스(Clausius)의 부등식이 옳은 것은? (단, T는 절대온도, Q는 열량을 표시한다.) 【4장】

㉮ $\oint \delta Q \leq 0$ ㉯ $\oint \delta Q \geq 0$

㉰ $\oint \dfrac{\delta Q}{T} \leq 0$ ㉱ $\oint \dfrac{\delta Q}{T} \geq 0$

해설 · 클라우지우스의 적분값 : $\oint \dfrac{\delta Q}{T} \leq 0$
① 가역사이클 : $\oint \dfrac{\delta Q}{T} = 0$
② 비가역사이클 : $\oint \dfrac{\delta Q}{T} < 0$

제3과목 기계유체역학

문제 **41.** 물의 높이 8 cm와 비중 2.94인 액주계 유체의 높이 6 cm를 합한 압력은 수은주(비중 13.6) 높이의 약 몇 cm에 상당하는가? 【2장】

㉮ 1.03 ㉯ 1.89
㉰ 2.24 ㉱ 3.06

해설 $S_1 h_1 + S_2 h_2 = Sh$ 에서
$(1 \times 8) + (2.94 \times 6) = 13.6 \times h$
$\therefore h \fallingdotseq 1.89 \text{ cm}$

문제 **42.** 선운동량의 차원으로 옳은 것은?
(단, M : 질량, L : 길이, T : 시간이다.) 【4장】

㉮ MLT ㉯ $ML^{-1}T$
㉰ MLT^{-1} ㉱ MLT^{-2}

해설 선운동량 $= mV = \text{kg} \cdot \text{m/s} = [MLT^{-1}]$

문제 **43.** 비중이 0.65인 물체를 물에 띄우면 전체 체적의 몇 %가 물속에 잠기는가? 【2장】

㉮ 12 ㉯ 35
㉰ 42 ㉱ 65

해설 공기중에서 물체무게(W) = 부력(F_B)
즉, $\gamma_{물체} V_{물체} = \gamma_{액체} V_{잠긴}$
$\gamma_{H_2O} S_{물체} V_{물체} = \gamma_{H_2O} S_{물} V_{잠긴}$
$0.65 \times V_{물체} = 1 \times V_{잠긴}$
$\therefore \dfrac{V_{잠긴}}{V_{물체}} = 0.65 = 65\%$

문제 **44.** $2 \text{ m} \times 2 \text{ m} \times 2 \text{ m}$의 정육면체로 된 탱크 안에 비중이 0.8인 기름이 가득 차 있고, 위 뚜껑이 없을 때 탱크의 옆 한면에 작용하는 전체 압력에 의한 힘은 약 몇 kN인가? 【2장】

㉮ 1.6 ㉯ 15.7
㉰ 31.4 ㉱ 62.8

해설 $F = \gamma \bar{h} A = \gamma_{H_2O} S \bar{h} A = 9.8 \times 0.8 \times 1 \times 2 \times 2$
$= 31.36 \text{ kN}$

문제 **45.** 그림과 같이 노즐이 달린 수평관에서 압력계 읽음이 0.49 MPa이었다. 이 관의 안지름이 6 cm이고 관의 끝에 달린 노즐의 출구 지름이 2 cm라면 노즐 출구에서 물의 분출속도는 약 몇 m/s인가? (단, 노즐에서의 손실은 무시하고, 관마찰계수는 0.025로 한다.) 【6장】

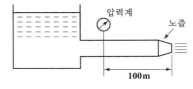

㉮ 16.8 ㉯ 20.4
㉰ 25.5 ㉱ 28.4

해답 **40.** ㉰ **41.** ㉯ **42.** ㉰ **43.** ㉱ **44.** ㉰ **45.** ㉰

[해설] 우선, $Q = A_1 V_1 = A_2 V_2$에서

$$\frac{\pi \times 6^2}{4} \times V_1 = \frac{\pi \times 2^2}{4} \times V_2$$

$$\therefore V_2 = 9 V_1, \quad V_1 = \frac{1}{9} V_2$$

또한, $h_\ell = f \frac{\ell}{d} \times \frac{V_1^2}{2g} = f \frac{\ell}{d} \times \frac{1}{2g} \times \left(\frac{V_2^2}{81} \right)$ ········· ①식

$$\frac{p_1}{\gamma} + \frac{V_1^2}{2g} + Z_1 = \frac{p_2}{\gamma} + \frac{V_2^2}{2g} + Z_2 + h_\ell$$

$$(\because Z_1 = Z_2, \ p_2 = 0)$$

$$\therefore h_\ell = \frac{p_1}{\gamma} + \frac{V_1^2 - V_2^2}{2g} = \frac{p_1}{\gamma} + \frac{1}{2g} \left[\left(\frac{1}{9} V_2 \right)^2 - V_2^2 \right]$$

$$= \frac{p_1}{\gamma} - \frac{80 V_2^2}{2g \times 81}$$ ················· ②식

결국, ①=②식

$$f \frac{\ell}{d} \times \frac{V_2^2}{2g \times 81} = \frac{p_1}{\gamma} - \frac{80 V_2^2}{2g \times 81}$$

$$f \frac{\ell}{d} \times \frac{V_2^2}{2g \times 81} + \frac{80 V_2^2}{2g \times 81} = \frac{p_1}{\gamma}$$

$$\frac{V_2^2}{2g \times 81} \left(f \frac{\ell}{d} + 80 \right) = \frac{p_1}{\gamma}$$

$$\frac{V_2^2}{19.6 \times 81} \left(0.025 \times \frac{100}{0.06} + 80 \right) = \frac{0.49 \times 10^6}{9800}$$

$$\therefore V_2 = 25.5 \, \text{m/s}$$

[문제] **46.** 다음 ΔP, L, Q, ρ 변수들을 이용하여 만든 무차원수로 옳은 것은? (단, ΔP : 압력차, ρ : 밀도, L : 길이, Q : 유량) 【7장】

㉮ $\dfrac{\rho \cdot Q}{\Delta P \cdot L^2}$

㉯ $\dfrac{\rho \cdot L}{\Delta P \cdot Q^2}$

㉰ $\dfrac{\Delta P \cdot L \cdot Q}{\rho}$

㉱ $\dfrac{Q}{L^2} \sqrt{\dfrac{\rho}{\Delta P}}$

[해설] 단위환산을 하여 단위가 모두 약분되면 무차원수이다.

[문제] **47.** 그림과 같은 원통 주위의 포텐셜 유동이 있다. 원통 표면상에서 상류 유속과 동일한 유속이 나타나는 위치(θ)는? 【5장】

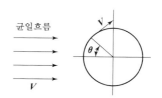

㉮ 0°　　　　　　　　㉯ 30°

㉰ 45°　　　　　　　㉱ 90°

[해설] $V_0 = V \left(1 + \dfrac{r_0^2}{r^2} \right) \sin\theta = 2V\sin\theta$

여기서, r : 임의의 지점에서의 반경

$V_0 = 2V\sin\theta$ ($\because$ 원주표면상이므로 $r = r_0$)

결국, $V = V_0$에서이므로 　 $\sin\theta = \dfrac{1}{2}$ 　$\therefore \theta = 30°$

[문제] **48.** 다음 중 유선(stream line)에 대한 설명으로 옳은 것은? 【3장】

㉮ 유체의 흐름에 있어서 속도 벡터에 대하여 수직한 방향을 갖는 선이다.

㉯ 유체의 흐름에 있어서 유동단면의 중심을 연결한 선이다.

㉰ 유체의 흐름에 있어서 모든 점에서 접선 방향이 속도 벡터의 방향을 갖는 연속적인 선이다.

㉱ 비정상류 흐름에서만 유동의 특성을 보여주는 선이다.

[해설] 유선(stream line) : 임의의 유동장내에서 유체입자가 곡선을 따라 움직인다고 할 때 그 곡선이 갖는 접선과 유체입자가 갖는 속도벡터의 방향이 일치하도록 운동해석을 할 때 그 곡선을 유선이라 한다.

[문제] **49.** 비중 0.8의 알콜이 든 U 자관 압력계가 있다. 이 압력계의 한 끝은 피토관의 전압부에 다른 끝은 정압부에 연결하여 피토관으로 기류의 속도를 재려고 한다. U 자관의 읽음의 차가 78.8 mm, 대기압력이 1.0266×10^5 Pa abs, 온도 21 ℃일 때 기류의 속도는? (단, 기체상수 $R = 287$ N·m/kg·K이다.) 【10장】

[예답] **46.** ㉱ 　**47.** ㉯ 　**48.** ㉰ 　**49.** ㉱

㉮ 38.8 m/s ㉯ 27.5 m/s
㉰ 43.5 m/s ㉱ 31.8 m/s

[해설] 우선, $\rho = \dfrac{P}{RT} = \dfrac{1.0266 \times 10^5}{287 \times 294} = 1.2166\,\mathrm{kg/m^3}$

결국, $V = \sqrt{2gh\left(\dfrac{\rho_0}{\rho} - 1\right)}$

$= \sqrt{2 \times 9.8 \times 0.0788\left(\dfrac{800}{1.2166} - 1\right)}$

$= 31.84\,\mathrm{m/s}$

[문제] **50.** 안지름이 50 mm인 180° 곡관(bend)을 통하여 물이 5 m/s의 속도와 0의 계기압력으로 흐르고 있다. 물이 곡관에 작용하는 힘은 약 몇 N인가? 【4장】

㉮ 0 ㉯ 24.5
㉰ 49.1 ㉱ 98.2

[해설] $F_x = \rho Q V(1 - \cos\theta) = \rho A V^2 (1 - \cos\theta)$

$= 1000 \times \dfrac{\pi \times 0.05^2}{4} \times 5^2 \times (1 - \cos 180°)$

$\fallingdotseq 98.2\,\mathrm{N}$

[문제] **51.** 한 변이 30 cm인 윗면이 개방된 정육면체 용기에 물을 가득 채우고 일정 가속도(9.8 m/s^2)로 수평으로 끌 때 용기 밑면의 좌측 끝단(A부분)에서의 게이지 압력은? 【2장】

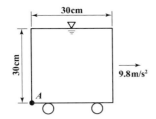

㉮ 1470 N/m^2 ㉯ 2079 N/m^2
㉰ 2940 N/m^2 ㉱ 4158 N/m^2

[해설] $P = \gamma h = 9800 \times 0.3$
$= 2940\,\mathrm{N/m^2}(= \mathrm{Pa})$

[문제] **52.** 지름 5 cm인 원관 내 완전발달 층류유동에서 벽면에 걸리는 전단응력이 4 Pa이라면 중심축과 거리가 1 cm인 곳에서의 전단응력은 몇 Pa인가? 【5장】

㉮ 0.8 ㉯ 1
㉰ 1.6 ㉱ 2

[해설] 우선, $\tau_{\max} = \dfrac{\Delta P d}{4\ell}$ 에서

$\dfrac{\Delta P}{\ell} = \dfrac{4\tau_{\max}}{d} = \dfrac{4 \times 4}{0.05} = 320\,\mathrm{N/m^3}$

결국, $\tau = \dfrac{\Delta P d}{4\ell} = \dfrac{\Delta P r}{2\ell} = \dfrac{0.01}{2} \times 320$

$= 1.6\,\mathrm{N/m^2}(= \mathrm{Pa})$

[문제] **53.** 익폭 10 m, 익현의 길이 1.8 m인 날개로 된 비행기가 112 m/s의 속도로 날고 있다. 익현의 받음각이 1°, 양력계수 0.326, 항력계수 0.0761일 때 비행에 필요한 동력은 약 몇 kW인가? (단, 공기의 밀도는 1.2173 kg/m^{3}이다.) 【5장】

㉮ 1172 ㉯ 1343
㉰ 1570 ㉱ 6730

[해설] 동력 $P = D \cdot V = C_D \dfrac{\rho V^2}{2} A \times V = C_D \dfrac{\rho V^3}{2} A$

$= 0.0761 \times \dfrac{1.2173 \times 112^3}{2} \times 10 \times 1.8$

$= 1171 \times 10^3\,\mathrm{W} = 1171\,\mathrm{kW}$

[문제] **54.** 수력 기울기선과 에너지 기울기선에 관한 설명 중 틀린 것은? 【3장】

㉮ 수력 기울기선의 변화는 총 에너지의 변화를 나타낸다.

㉯ 수력 기울기선은 에너지 기울기선의 크기보다 작거나 같다.

㉰ 정압은 수력 기울기선과 에너지 기울기선에 모두 영향을 미친다.

㉱ 관의 진행방향으로 유속이 일정한 경우 부차적 손실에 의한 수력 기울기선과 에너지 기울기선의 변화는 같다.

[정답] **50.** ㉱ **51.** ㉰ **52.** ㉰ **53.** ㉮ **54.** ㉮

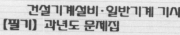

해설〉① 수력구배(기울기)선 : $H.G.L = \dfrac{P}{\gamma} + Z$

② 에너지선 : $E.L = \dfrac{P}{\gamma} + \dfrac{V^2}{2g} + Z$

해설〉운동량두께 $\delta_m = \displaystyle\int_0^{\delta} \dfrac{u}{u_\infty}\left(1 - \dfrac{u}{u_\infty}\right)dy$ 에서

$$\delta_m = \int_0^{\delta} \dfrac{y}{\delta}\left(1 - \dfrac{y}{\delta}\right)dy = \int_0^{\delta}\left(\dfrac{y}{\delta} - \dfrac{y^2}{\delta^2}\right)dy$$

$$= \left[\dfrac{y^2}{2\delta} - \dfrac{y^3}{3\delta^2}\right]_0^{\delta} = \dfrac{\delta}{2} - \dfrac{\delta}{3} = \dfrac{\delta}{6}$$

문제 **55.** 파이프 내 유동에 대한 설명 중 틀린 것은? 【5장】

㉮ 층류인 경우 파이프 내에 주입된 염료는 관을 따라 하나의 선을 이룬다.

㉯ 레이놀즈 수가 특정 범위를 넘어가면 유체 내의 불규칙한 혼합이 증가한다.

㉰ 입구 길이란 파이프 입구부터 완전 발달된 유동이 시작하는 위치까지의 거리이다.

㉱ 유동이 완전 발달되면 속도분포는 반지름 방향으로 균일(uniform)하다.

해설〉유동이 완전발달(난류유동)되면 속도분포는 반지름방향으로 불균일하다.

문제 **56.** 다음 중 질량보존의 법칙과 가장 관련이 깊은 방정식을 어느 것인가? 【3장】

㉮ 연속 방정식

㉯ 상태 방정식

㉰ 운동량 방정식

㉱ 에너지 방정식

해설〉연속방정식 : 흐르는 유체에 질량보존의 법칙을 적용하여 얻는 방정식

문제 **57.** 평판을 지나는 경계층 유동에서 속도 분포를 경계층 내에서는 $u = U\dfrac{y}{\delta}$, 경계층 밖에서는 $u = U$로 가정할 때, 경계층 운동량 두께 (boundary layer momentum thickness)는 경계층 두께 δ의 몇 배인가? (단, U=자유흐름 속도, y=평판으로부터의 수직거리) 【5장】

㉮ 1/6   ㉯ 1/3

㉰ 1/2   ㉱ 7/6

문제 **58.** 간격이 10 mm인 평행 평판 사이에 점성계수가 14.2 poise인 기름이 가득 차있다. 아래쪽 판을 고정하고 위의 평판을 2.5 m/s인 속도로 움직일 때, 평판 면에 발생되는 전단응력은? 【1장】

㉮ 316 N/cm²

㉯ 316 N/m²

㉰ 355 N/m²

㉱ 355 N/cm²

해설〉$\tau = \mu \dfrac{u}{h} = 14.2 \times \dfrac{1}{10} \times \dfrac{2.5}{10 \times 10^{-3}}$

$= 355\,\mathrm{N/m^2}(= \mathrm{Pa})$

문제 **59.** 어뢰의 성능을 시험하기 위해 모형을 만들어서 수조 안에서 24.4 m/s의 속도로 끌면서 실험하고 있다. 원형(prototype)의 속도가 6.1 m/s라면 모형과 원형의 크기 비는 얼마인가? 【7장】

㉮ 1 : 2   ㉯ 1 : 4

㉰ 1 : 8   ㉱ 1 : 10

해설〉$(Re)_P = (Re)_m$ 즉, $\left(\dfrac{V\ell}{\nu}\right)_P = \left(\dfrac{V\ell}{\nu}\right)_m$

$6.1 \times \ell_P = 24.4 \times \ell_m$, $\dfrac{\ell_m}{\ell_P} = \dfrac{6.1}{24.4} = \dfrac{1}{4}$

결국, $\ell_m : \ell_P = 1 : 4$

문제 **60.** $\dfrac{P}{\gamma} + \dfrac{v^2}{2g} + z =$ Const로 표시되는 Bernoulli의 방정식에서 우변의 상수값에 대한 설명으로 가장 옳은 것은? 【3장】

해답 **55.** ㉱ **56.** ㉮ **57.** ㉮ **58.** ㉰ **59.** ㉯ **60.** ㉱

㉮ 지면에서 동일한 높이에서는 같은 값을 가진다.

㉯ 유체 흐름의 단면상의 모든 점에서 같은 값을 가진다.

㉰ 유체 내의 모든 점에서 같은 값을 가진다.

㉱ 동일 유선에 대해서는 같은 값을 가진다.

해설 베르누이방정식의 정의
: 모든 단면에서 압력수두, 속도수두, 위치수두의 합은 동일 유선에 대해서는 같은 값을 가진다.

제4과목 기계재료 및 유압기기

문제 61. 탄소강의 기계적 성질에 대한 설명으로 틀린 것은?

㉮ 아공석강의 인장강도, 항복점은 탄소함유량의 증가에 따라 증가한다.

㉯ 인장강도는 공석강이 최고이고, 연신율 및 단면수축률은 탄소량과 더불어 감소한다.

㉰ 온도가 증가함에 따라 인장강도, 경도, 항복점은 항상 저하한다.

㉱ 재료의 온도가 300 ℃ 부근으로 되면 충격치는 최소치를 나타낸다.

해설 · 온도상승에 따라
① 인성, 연신률, 단면수축률 ⇨ 증가
② 탄성률(탄성한계), 항복점, 강도, 경도 ⇨ 감소

문제 62. 구상흑연 주철에서 흑연을 구상으로 만드는 데 사용하는 원소는?

㉮ Cu ㉯ Mg
㉰ Ni ㉱ Ti

해설 구상흑연주철 : 용융상태에 있는 주철(보통주철) 중에 Mg, Ce, Ca 등을 첨가처리하여 흑연(편상흑연)을 구상화 한 것

문제 63. 다음 중 강의 상온 취성을 일으키는 원소는?

㉮ P ㉯ Si
㉰ S ㉱ Cu

해설 상온취성(cold shortness)
: 탄소강은 상온에서도 인(P)을 많이 함유하면 인성이 낮아지는 성질이 있는데 이를 탄소강의 상온취성이라 한다.

문제 64. 담금질한 강의 여린 성질을 개선하는 데 쓰이는 열처리법은?

㉮ 뜨임처리 ㉯ 불림처리
㉰ 풀림처리 ㉱ 침탄처리

해설 뜨임(tempering)
: 담금질한 강은 경도는 크나 반면 취성을 가지게 되므로 경도는 다소 저하되더라도 인성을 증가시키기 위해 A_1 변태점이하에서 재가열하여 재료에 알맞은 속도로 냉각시켜주는 열처리

문제 65. 고속도강에 대한 설명으로 틀린 것은?

㉮ 고온 및 마모저항이 크고 보통강에 비하여 고온에서 3~4배의 강도를 갖는다.

㉯ 600 ℃ 이상에서도 경도 저하 없이 고속절삭이 가능하며 고온경도가 크다.

㉰ 18−4−1형을 주조한 것은 오스테나이트와 마텐자이트 기지에 망상을 한 오스테나이트와 복합탄화물의 혼합조직이다.

㉱ 열전달이 좋아 담금질을 위한 예열이 필요 없이 가열을 하여도 좋다.

해설 · 표준형 고속도강(SKH)
: 0.8 % C−W(18 %)−Cr(4 %)−V(1 %)
① 예열 : 800~900 ℃(풀림)
② 담금질온도 : 1260~1300 ℃(1차 경화)
③ 뜨임온도 : 550~580 ℃(2차 경화)
여기서, 2차 경화란 저온에서 불안정한 탄화물이 형성되어 경화하는 현상이다.

해답 61. ㉰ 62. ㉯ 63. ㉮ 64. ㉮ 65. ㉱

문제 66. 다음 중 가공성이 가장 우수한 결정격자는?

㉮ 면심입방격자

㉯ 체심입방격자

㉰ 정방격자

㉱ 조밀육방격자

[해설] · 금속의 결정구조
① 체심입방격자(BCC) : 강도·경도가 크다, 용융점이 높다, 연성이 떨어진다.
② 면심입방격자(FCC) : 연성·전성이 좋아 가공성이 우수하다, 강도·경도가 충분하지 않다.
③ 조밀육방격자(HCP) : 연성·전성이 나쁘다, 취성이 있다.

문제 67. 고강도 합금으로 항공기용 재료에 사용되는 것은?

㉮ 베릴륨 동

㉯ 알루미늄 청동

㉰ Naval brass

㉱ Extra Super Duralumin(ESD)

[해설] 초초 두랄루민(Extra Super Duralumin : ESD)
: $Al - Zn - Mg$계 합금으로 Cu 1.6 %, Zn 5.6 % 이하, Mg 2.5 % 이하, Mn 0.2 %, Cr 0.3 %를 함유하며 주로 항공기용 재료로 사용된다.

문제 68. 고체 내에서 온도변화에 따라 일어나는 동소변태는?

㉮ 첨가원소가 일정량 초과할 때 일어나는 변태

㉯ 단일한 고상에서 2개의 고상이 석출되는 변태

㉰ 단일한 액상에서 2개의 고상이 석출되는 변태

㉱ 한 결정구조가 다른 결정구조로 변하는 변태

[해설] · 금속의 변태
① 동소변태 : 고체내에서 온도변화에 따라 결정격자(원자배열)가 변하는 현상
② 자기변태 : 결정격자(원자배열)는 변하지 않고, 강도만 변하는 현상
즉, 원자내부에서만 변화

문제 69. 오스테나이트형 스테인리스강의 대표적인 강종은?

㉮ S80

㉯ V2B

㉰ 18−8형

㉱ 17−10P

[해설] · 스테인리스강의 금속 조직상의 분류
① 페라이트계(Cr계)
② 마텐자이트계(Cr계)
③ 오스테나이트계(Cr−Ni계) : Cr(18 %)−Ni(8 %)로서 일명, 18−8형 스테인리스강이라고도 한다.

문제 70. 합금주철에서 특수합금 원소의 영향을 설명한 것으로 틀린 것은?

㉮ Ni은 흑연화를 방지한다.

㉯ Ti은 강한 탈산제이다.

㉰ V은 강한 흑연화 방지 원소이다.

㉱ Cr은 흑연화를 방지하고 탄화물을 안정화한다.

[해설] ① 흑연화촉진제 : Si, Ni, Al, Ti, Co
② 흑연화방지제 : Mo, S, Cr, Mn, V, W

문제 71. 작동 순서의 규제를 위해 사용되는 밸브는?

㉮ 안전 밸브

㉯ 릴리프 밸브

㉰ 감압 밸브

㉱ 시퀀스 밸브

[해설] 시퀀스밸브(=순차동작밸브)
: 둘 이상의 분기회로가 있는 회로내에서 그 작동 순서를 회로의 압력 등에 의해 제어하는 밸브. 즉, 주회로에서 몇 개의 실린더를 순차적으로 작동시키기 위해 사용되는 밸브

[해답] **66.** ㉮ **67.** ㉱ **68.** ㉱ **69.** ㉰ **70.** ㉮ **71.** ㉱

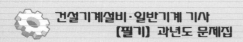
문제 72. 그림과 같은 무부하 회로의 명칭은 무엇인가?

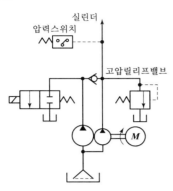

⑦ 전환밸브에 의한 무부하 회로

⑭ 파일럿 조작 릴리프 밸브에 의한 무부하 회로

⑮ 압력 스위치와 솔레노이드밸브에 의한 무부하 회로

㉑ 압력 보상 가변 용량형 펌프에 의한 무부하 회로

문제 73. 유압 펌프에서 토출되는 최대 유량이 100 L/min일 때 펌프 흡입측의 배관 안지름으로 가장 적합한 것은?
(단, 펌프 흡입측 유속은 0.6 m/s이다.)

⑦ 60 mm

⑭ 65 mm

⑮ 73 mm

㉑ 84 mm

해설 $Q = AV = \dfrac{\pi d^2}{4} V$ 에서

$\therefore d = \sqrt{\dfrac{4Q}{\pi V}} = \sqrt{\dfrac{4 \times \dfrac{100 \times 10^{-3}}{60}}{\pi \times 0.6}}$

$= 0.05947\,\mathrm{m} = 59.47\,\mathrm{mm}$

문제 74. 크래킹 압력(cracking pressure)에 관한 설명으로 가장 적합한 것은?

⑦ 파일럿 관로에 작용시키는 압력

⑭ 압력 제어 밸브 등에서 조절되는 압력

⑮ 체크 밸브, 릴리프 밸브 등에서 압력이 상승하고 밸브가 열리기 시작하여 어느 일정한 흐름의 양이 인정되는 압력

㉑ 체크 밸브, 릴리프 밸브 등의 입구 쪽 압력이 강하하고, 밸브가 닫히기 시작하여 밸브의 누설량이 어느 규정의 양까지 감소했을 때의 압력

해설 ① 크래킹압력 : 체크밸브 또는 릴리프밸브 등으로 압력이 상승하여 밸브가 열리기 시작하고 어떤 일정한 흐름의 양이 확인되는 압력
② 리시트압력 : 체크밸브 또는 릴리프밸브 등으로 입구쪽 압력이 강하하여 밸브가 닫히기 시작하여 밸브의 누설량이 어떤 규정된 양까지 감소되었을 때의 압력

문제 75. 주로 펌프의 흡입구에 설치되어 유압 작동유의 이물질을 제거하는 용도로 사용하는 기기는?

⑦ 배플(baffle)

⑭ 블래더(bladder)

⑮ 스트레이너(strainer)

㉑ 드레인 플러그(drain plug)

해설 스트레이너(strainer)
: 탱크내의 펌프 흡입구 쪽에 설치하며 펌프 및 회로의 불순물을 제거하기 위해 흡입을 막는다.

문제 76. 밸브의 전환 도중에서 과도적으로 생긴 밸브 포트간의 흐름을 의미하는 유압 용어는?

⑦ 인터플로(interflow)

⑭ 자유 흐름(free flow)

⑮ 제어 흐름(controlled flow)

㉑ 아음속 흐름(subsonic flow)

해설 인터플로(inter flow) : 밸브의 변환도중에서 과도적으로 생기는 밸브포트 사이의 흐름

답 **72.** ⑮ **73.** ⑦ **74.** ⑮ **75.** ⑮ **76.** ⑦

문제 77. 그림의 유압회로는 시퀀스 밸브를 이용한 시퀀스 회로이다. 그림의 상태에서 2위치 4포트 밸브를 조작하여 두 실린더를 작동시킨 후 2위치 4포트 밸브를 반대방향으로 조작하여 두 실린더를 다시 작동시켰을 때 두 실린더의 작동순서(ⓐ~ⓓ)로 올바른 것은?
(단, ⓐ, ⓑ는 A 실린더의 운동방향이고, ⓒ, ⓓ는 B 실린더의 운동방향이다.)

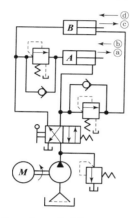

㉮ ⓐ→ⓓ→ⓑ→ⓒ ㉯ ⓒ→ⓐ→ⓑ→ⓓ
㉰ ⓓ→ⓑ→ⓒ→ⓐ ㉱ ⓓ→ⓐ→ⓒ→ⓑ

해설 우선, 실린더 B 의 전진(ⓒ)이 끝나면 실린더 B 에 배압이 형성되어 실린더 A 의 전진쪽 시퀀스밸브가 열려 실린더 A 가 전진(ⓐ)이 된다. 또한, 실린더 A 에서 나온 작동유는 탱크로 복귀되고 실린더 B 에서 나온 작동유는 탱크로 복귀된다.
또한, 방향제어밸브를 작동시키면 실린더 A 가 후진(ⓑ)이 되고 후진이 끝나면 실린더 A 에 배압이 형성되어 시퀀스밸브가 열려 실린더 B 가 후진(ⓓ)이 된다.
그러므로 실린더의 작동순서는 ⓒ→ⓐ→ⓑ→ⓓ가 됨을 알 수 있다.

문제 78. 피스톤 펌프의 일반적인 특징에 관한 설명으로 옳은 것은?

㉮ 누설이 많아 체적효율이 나쁜 편이다.
㉯ 부품수가 적고 구조가 간단한 편이다.
㉰ 가변 용량형 펌프로 제작이 불가능하다.
㉱ 피스톤의 배열에 따라 사축식과 사판식으로 나눈다.

해설 · 피스톤펌프의 특징
① 누설이 작아 체적효율이 좋은 편이다.
② 부품수가 많고 구조가 복잡한 편이다.
③ 가변용량형 펌프로 제작이 가능하다.
④ 피스톤의 배열에 따라 액셜형(사축식, 사판식)과 레이디얼형으로 나눈다.

문제 79. 다음 중 유압기기의 장점이 아닌 것은?

㉮ 정확한 위치 제어가 가능하다.
㉯ 온도 변화에 대해 안정적이다.
㉰ 유압에너지원을 축적할 수 있다.
㉱ 힘과 속도를 무단으로 조절할 수 있다.

해설 유온의 영향을 받으면 점도가 변하여 출력효율이 변화하기도 한다.

문제 80. 기어 펌프나 피스톤 펌프와 비교하여 베인 펌프의 특징을 설명한 것으로 옳지 않은 것은?

㉮ 토출 압력의 맥동이 적다.
㉯ 일반적으로 저속으로 사용하는 경우가 많다.
㉰ 베인의 마모로 인한 압력 저하가 적어 수명이 길다.
㉱ 카트리지 방식으로 인하여 호환성이 양호하고 보수가 용이하다.

해설 · 베인펌프의 특징
(기어펌프, 피스톤펌프와 비교하여)
① 토출압력의 맥동이 적다.
② 베인의 마모로 인한 압력저하가 적어 수명이 길다.
③ 카트리지방식과 호환성이 양호하고 보수가 용이하다. (카트리지교체로 정비 가능)
④ 동일토출량과 동일마력의 펌프에서의 형상치수가 최소이다. (단위마력당 밀어젖힘용량이 크므로)
⑤ 맥동이 적으므로 소음이 적다.
⑥ 급송시동이 가능하다.
(기어펌프는 시동토크는 크지만 베인펌프의 경우 시동토크가 작으므로 급속시동이 가능하다.)

정답 77. ㉯ 78. ㉱ 79. ㉯ 80. ㉯

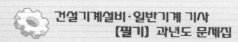
제5과목 기계제작법 및 기계동력학

문제 81. 큐폴라(cupola)의 유효 높이에 대한 설명으로 옳은 것은?

㉮ 유효높이는 송풍구에서 장입구까지의 높이이다.

㉯ 유효높이는 출탕구에서 송풍구까지의 높이를 말한다.

㉰ 출탕구에서 굴뚝 끝까지의 높이를 직경으로 나눈 값이다.

㉱ 열효율이 높아지므로, 유효높이는 가급적 낮추는 것이 바람직하다.

해설 큐폴라(용선로)의 유효높이
 : 송풍구에서 장입구까지의 높이

문제 82. 주형 내에 코어가 설치되어 있는 경우 주형에 필요한 압상력(F)을 구하는 식으로 옳은 것은? (단, 투영면적은 S, 주입금속의 비중량은 P, 주물의 윗면에서 주입구 면까지의 높이는 H, 코어의 체적은 V이다.)

㉮ $F = \left(S \cdot P \cdot H + \dfrac{1}{2} V \cdot P \right)$

㉯ $F = \left(S \cdot P \cdot H - \dfrac{1}{2} V \cdot P \right)$

㉰ $F = \left(S \cdot P \cdot H + \dfrac{3}{4} V \cdot P \right)$

㉱ $F = \left(S \cdot P \cdot H - \dfrac{3}{4} V \cdot P \right)$

해설 우선, 압상력 $F = SPH - G$
 만약, 윗주형상자(상형)의 중량(G)을 무시하면
  압상력 $F = SPH$
 또한, 주형내에 코어가 설치되어 있으면 코어의 부력을 고려하므로
  압상력 $F = (SPH + \dfrac{3}{4} VP) - G$
 만약, 윗주형상자(상형)의 중량(G)을 무시하면
  압상력 $F = (SPH + \dfrac{3}{4} VP)$

문제 83. CNC 공작기계에서 서보기구의 형식 중 모터에 내장된 타코 제너레이터에서 속도를 검출하고 엔코더에서 위치를 검출하여 피드백하는 제어방식은?

㉮ 개방회로 방식   ㉯ 폐쇄회로 방식

㉰ 반 폐쇄회로 방식 ㉱ 하이브리드 방식

해설 ·서보기구의 종류
 ① 개방회로방식 : 구동전동기로 펄스전동기를 이용하며 제어장치로 입력된 펄스수만큼 움직이고 검출기나 피드백회로가 없으므로 구조가 간단하며 펄스전동기의 회전정밀도와 볼나사의 정밀도에 직접적인 영향을 받는다.
 ② 반폐쇄회로방식 : 위치와 속도의 검출을 서보모터의 축이나 볼나사의 회전각도로 검출하는 방식으로 최근에는 고정밀도의 볼나사 생산과 백래쉬(backlash) 보정 및 피치오차보정이 가능하게 되어 대부분의 CNC공작기계에서 이 방식을 채택하고 있다.
 ③ 폐쇄회로방식 : 기계의 테이블 등에 스케일을 부착해 위치를 검출하여 피드백하는 방식으로 높은 정밀도를 요구하는 공작기계나 대형기계에 많이 이용된다.
 ④ 하이브리드서보방식 : 반폐쇄회로방식과 폐쇄회로방식을 합하여 사용하는 방식으로서 반폐쇄회로방식의 높은 게인(gain)으로 제어하고 기계의 오차를 스케일에 의한 폐쇄회로방식으로 보정하여 정밀도를 향상시킬 수 있어 높은 정밀도가 요구되고 공작기계의 중량이 커서 기계의 강성을 높이기 어려운 경우와 안정된 제어가 어려운 경우에 이용된다.

문제 84. 피복 아크 용접봉의 피복제(flux)의 역할로 틀린 것은?

㉮ 아크를 안정시킨다.

㉯ 모재 표면에 산화물을 제거한다.

㉰ 용착금속의 탈산 정력작용을 한다.

㉱ 용착금속의 냉각속도를 빠르게 한다.

해설 ·피복제의 역할
 ① 대기 중의 산소, 질소의 침입을 방지하고 용융금속을 보호
 ② 아크를 안정
 ③ 모재표면의 산화물을 제거

정답 81. ㉮ 82. ㉰ 83. ㉰ 84. ㉱

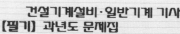

④ 탈산 및 정련작용
⑤ 응고와 냉각속도를 지연
⑥ 전기절연 작용
⑦ 용착효율을 높인다.

문제 85. 가스침탄법에서 침탄층의 깊이를 증가 시킬 수 있는 첨가원소는?

㉮ Si   ㉯ Mn

㉰ Al   ㉱ N

해설 침탄에 사용되는 강철을 침탄강이라 하며, C, Mn, Ni, Cr, Mo 등이 있다.

문제 86. 두께 2 mm, 지름이 30 mm인 구멍을 탄소강판에 펀칭할 때, 프레스의 슬라이드 평균속도 4 m/min, 기계효율 η=70 %이면 소요동력 (PS)은 약 얼마인가? (단, 강판의 전단 저항은 25 kg$_f$/mm^2, 보정계수는 1로 한다.)

㉮ 3.2   ㉯ 6.0

㉰ 8.2   ㉱ 10.6

해설 우선, $\tau = \dfrac{P_s}{A}$ 에서

$$P_s = \tau A = \tau \pi dt = 25 \times \pi \times 30 \times 2 = 4712.39\, \text{kg}_f$$

결국, 동력 $H = \dfrac{P_s V_m}{75 \eta_m} = \dfrac{4712.39 \times \frac{4}{60}}{75 \times 0.7} = 5.98$

$\fallingdotseq 6\, \text{PS}$

문제 87. 전해연마의 특징에 대한 설명으로 틀린 것은?

㉮ 가공 변질층이 없다.

㉯ 내부식성이 좋아진다.

㉰ 가공면에 방향성이 생긴다.

㉱ 복잡한 형상을 가진 공작물의 연마도 가능하다.

해설 · 전해연마의 특징
① 가공변질층이 나타나지 않으므로 평활한 면을 얻을 수 있다.

② 복잡한 형상의 연마도 할 수 있다.
③ 가공면에는 방향성이 없다.
④ 내마모성, 내부식성이 향상된다.
⑤ 연질의 금속, 알루미늄, 동, 황동, 청동, 코발트, 크롬, 탄소강, 니켈 등도 쉽게 연마할 수 있다.

문제 88. 절삭가공할 때 유동형 칩이 발생하는 조건으로 틀린 것은?

㉮ 절삭깊이가 적을 때

㉯ 절삭속도가 느릴 때

㉰ 바이트 인선의 경사삭이 클 때

㉱ 연성의 재료(구리, 알루미늄 등)를 가공할 때

해설 유동형 칩
: 연성재료(연강, 구리, 알루미늄 등)를 고속절삭시, 윗면경사각이 클 때, 절삭깊이가 작을 때, 유동성 있는 절삭유를 사용할 때
→ 연속적인 칩, 가장 이상적인 칩

문제 89. 소성가공에 속하지 않는 것은?

㉮ 압연가공

㉯ 인발가공

㉰ 단조가공

㉱ 선반가공

해설 소성가공의 종류
: 단조, 압연, 인발, 압출, 제관, 전조, 프레스가공 등

문제 90. 스핀들과 앤빌의 측정면이 뾰족한 마이크로미터로서 드릴의 웨브(web), 나사의 골지름 측정에 주로 사용되는 마이크로미터는?

㉮ 깊이 마이크로미터

㉯ 내측 마이크로미터

㉰ 포인트 마이크로미터

㉱ V-앤빌 마이크로미터

해설 포인트 마이크로미터 : 트위스트드릴이나 앤드밀 등의 나선홈두께(웨브두께)를 측정할 수 있다.

예답 85. ㉯   86. ㉯   87. ㉰   88. ㉯   89. ㉱   90. ㉰

문제 91. 자동차 A는 시속 60 km로 달리고 있으며, 자동차 B는 A의 바로 앞에서 같은 방향으로 시속 80 km로 달리고 있다. 자동차 A에 타고 있는 사람이 본 자동차 B의 속도는?

㉮ 20 km/h   ㉯ 60 km/h

㉰ −20 km/h   ㉭ −60 km/h

[해설] $\overrightarrow{V_{B/A}} = \overrightarrow{V_B} + (-\overrightarrow{V_A}) = 80 - 60 = 20\,\mathrm{km/h}$

문제 92. 100 kg의 균일한 원통(반지름 2 m)이 그림과 같이 수평면 위를 미끄럼없이 구른다. 이 원통에 연결된 스프링의 탄성계수는 300 N/m, 초기 변위 $x(0) = 0$ m이며, 초기속도는 $\dot{x}(0) = 2$ m/s일 때 변위 $x(t)$를 시간의 함수로 옳게 표현한 것은? (단, 스프링은 시작점에서는 늘어나지 않은 상태로 있다고 가정한다.)

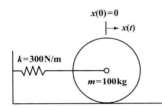

㉮ $1.15\cos(\sqrt{3}\,t)$

㉯ $1.15\sin(\sqrt{3}\,t)$

㉰ $3.46\cos(\sqrt{2}\,t)$

㉭ $3.46\sin(\sqrt{2}\,t)$

[해설] 우선, $\omega = \sqrt{\dfrac{k}{m}} = \sqrt{\dfrac{300}{100}} = \sqrt{3}\,\mathrm{rad/s}$

또한, $x = X\sin\omega t$

$\dot{x} = X\omega\cos\omega t$

$\dot{x}(0) = X\omega = 2$에서 $X = \dfrac{2}{\omega} = \dfrac{2}{\sqrt{3}} = 1.15$

결국, $x = X\sin\omega t = 1.15\sin(\sqrt{3}\,t)$

문제 93. 1자유도계에서 질량을 m, 감쇠계수를 c, 스프링상수를 k라 할 때, 임펄스 응답이 그림과 같기 위한 조건은?

㉮ $c > 2\sqrt{mk}$ ㉯ $c > 2mk$

㉰ $c < 4mk$ ㉭ $c < 2\sqrt{mk}$

[해설] · 임계상태에 따른 변위

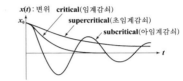

① $C > 2\sqrt{mk}$: 초임계감쇠(과도감쇠)

② $C = 2\sqrt{mk}$: 임계감쇠

③ $C < 2\sqrt{mk}$: 아임계감쇠(부족감쇠)

문제 94. 전동기를 이용하여 무게 9800 N의 물체를 속도 0.3 m/s로 끌어올리려 한다. 장치의 기계적 효율을 80 %로 하면 최소 몇 kW의 동력이 필요한가?

㉮ 3.2   ㉯ 3.7

㉰ 4.9   ㉭ 6.2

[해설] 동력 $H = \dfrac{FV}{\eta} = \dfrac{9.8 \times 0.3}{0.8} = 3.675\,\mathrm{kW}$

문제 95. 길이 ℓ의 가는 막대가 O점에 고정되어 회전한다. 수평위치에서 막대를 놓아 수직위치에 왔을 때, 막대의 각속도는 얼마인가? (단, g는 중력가속도이다.)

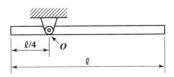

㉮ $\sqrt{\dfrac{7\ell}{24g}}$ ㉯ $\sqrt{\dfrac{24g}{7\ell}}$

㉰ $\sqrt{\dfrac{9\ell}{32g}}$ ㉭ $\sqrt{\dfrac{32g}{9\ell}}$

[정답] **91.** ㉮   **92.** ㉯   **93.** ㉭   **94.** ㉯   **95.** ㉯

해설 우선, $V_g = mg \times \dfrac{3\ell}{8} - mg \times \dfrac{\ell}{8} = \dfrac{mg\ell}{4}$

또한, $T_2 = \dfrac{1}{2} J_0 \omega^2 = \dfrac{1}{2} \times \dfrac{7m\ell^2}{48} \omega^2 = \dfrac{7m\ell^2}{96} \omega^2$

단, $J_0 = J_G + m\left(\dfrac{\ell}{4}\right)^2 = \dfrac{m\ell^2}{12} + m\left(\dfrac{\ell}{4}\right)^2 = \dfrac{7m\ell^2}{48}$

결국, $V_g = T_2$ 에서 $\dfrac{mg\ell}{4} = \dfrac{7m\ell^2}{96} \omega^2$

$\therefore \ \omega = \sqrt{\dfrac{24g}{7\ell}}$

문제 96. 12000 N의 차량이 20 m/s의 속도로 평지를 달리고 있다. 자동차의 제동력이 6000 N이라고 할 때, 정지하는데 걸리는 시간은?

㉮ 4.1초 　　　　　㉯ 6.8초
㉰ 8.2초 　　　　　㉱ 10.5초

해설 $Ft = mV$ 에서 　$Ft = \dfrac{W}{g}V$

$6000 \times t = \dfrac{12000}{9.8} \times 20$ 　$\therefore \ t = 4.08 = 4.1$초

문제 97. 고정축에 대하여 등속회전운동을 하는 강체 내부에 두 점 A, B가 있다. 축으로부터 점 A까지의 거리는 축으로부터 점 B까지 거리의 3배이다. 점 A의 선속도는 점 B의 선속도의 몇 배인가?

㉮ 같다 　　　　　㉯ 1/3배
㉰ 3배 　　　　　㉱ 9배

해설 선속도 $V = r\omega$ 에서 ω가 일정하면 $V \propto r = 3$ 배

문제 98. 무게 10 kN의 해머(hammer)를 10 m의 높이에서 자유 낙하시켜서 무게 300 N의 말뚝을 50 cm 박았다. 충돌한 직후에 해머와 말뚝은 일체가 된다고 볼 때 충돌 직후의 속도는 몇 m/s인가?

㉮ 50.4 　　　　　㉯ 20.4
㉰ 13.6 　　　　　㉱ 6.7

해설 우선, 해머의 낙하속도

$V_1^2 = V_0^2 + 2a(S - S_0)$ 에서　$V_1^2 = 2gh$

$V_1 = \sqrt{2gh} = \sqrt{2 \times 9.8 \times 10} = 14\,\text{m/s}$

또한, $W = mg$ 에서 　$m = \dfrac{W}{g}$

해머의 질량 $m_1 = \dfrac{W_1}{g} = \dfrac{10 \times 10^3}{9.8} = 1020\,\text{kg}$

말뚝의 질량 $m_2 = \dfrac{W_2}{g} = \dfrac{300}{9.8} = 30.6\,\text{kg}$

결국, $m_1 V_1 + m_2 V_2 = m_1 V_1' + m_2 V_2'$

$m_1 V_1 = (m_1 + m_2) V'$ 에서

$\therefore \ V' = \dfrac{m_1 V_1}{m(= m_1 + m_2)} = \dfrac{1020 \times 14}{1020 + 30.6}$

$= 13.59\,\text{m/s}$

문제 99. 다음 중 감쇠 형태의 종류가 아닌 것은?

㉮ Hysteretic damping
㉯ Coulomb damping
㉰ Viscous damping
㉱ Critical damping

해설 · 감쇠(damping) : 에너지의 소실로 진동운동이 점차적으로 감소되어 가는 과정을 감쇠라 하며 에너지 소실장치를 감쇠기라 한다.
① 점성감쇠(viscous damping) : 유체감쇠로 감쇠력이 속도에 비례한다.
② 쿨롬감쇠(coulomb damping) : 건조된 면 사이에 동마찰로 인한 감쇠로 감쇠력이 일정하다.
③ 고체감쇠(hysteric damping) : 고체가 변형할 때 내부마찰이나 고체에 의해서 생긴다.

문제 100. 스프링 정수 2.4 N/cm인 스프링 4개가 병렬로 어떤 물체를 지지하고 있다. 스프링의 변위가 1 cm라면 지지된 물체의 무게는 몇 N인가?

㉮ 7.6 　　　　　㉯ 9.6
㉰ 18.2 　　　　　㉱ 20.4

해설 우선, 각각의 스프링 상수를 k_1이라 하면 전체의 스프링 상수 k는 병렬이므로 　$k = 4k_1$
결국, $k = \dfrac{W}{\delta}$ 에서

$\therefore \ W = k\delta = 4k_1\delta = 4 \times 2.4 \times 1 = 9.6\,\text{N}$

정답 **96.** ㉮ 　**97.** ㉰ 　**98.** ㉰ 　**99.** ㉱ 　**100.** ㉯

2016년 제1회 일반기계·건설기계설비 기사

제1과목 재료역학

문제 1. 그림과 같이 최대 q_o인 삼각형 분포하중을 받는 버팀 외팔보에서 B 지점의 반력 R_B를 구하면? 【9장】

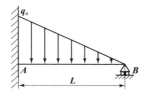

① $\dfrac{q_o L}{4}$

② $\dfrac{q_o L}{6}$

③ $\dfrac{q_o L}{8}$

④ $\dfrac{q_o L}{10}$

해설 보(Beam)가 수평상태를 유지하려면 B점에서 처짐량이 같아야 하므로

$$\frac{q_0 L^4}{30EI} = \frac{R_P L^3}{3EI} \quad \therefore \ R_B = \frac{q_0 L}{10}$$

문제 2. 그림과 같은 장주(long column)에 하중 Pcr을 가했더니 오른쪽 그림과 같이 좌굴이 일어났다. 이 때 오일러 좌굴응력 σ_{cr}은?
(단, 세로탄성계수는 E, 기둥 단면의 회전반경(radius of gyration)은 r, 길이는 L이다.) 【10장】

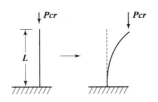

① $\dfrac{\pi^2 Er^2}{4L^2}$

② $\dfrac{\pi^2 Er^2}{L^2}$

③ $\dfrac{\pi Er^2}{4L^2}$

④ $\dfrac{\pi Er^2}{L^2}$

해설 일단고정, 타단자유 : $n = \dfrac{1}{4}$

$$\sigma_{cr} = \frac{P_{cr}}{A} = n\pi^2 \frac{EI}{L^2 A} = \frac{1}{4}\pi^2 \frac{Er^2}{L^2} = \frac{\pi^2 Er^2}{4L^2}$$

단, $r = \sqrt{\dfrac{I}{A}}$

문제 3. 다음과 같은 평면응력상태에서 최대전단응력은 약 몇 MPa인가? 【3장】

| x 방향 인장응력 : 175 MPa |
| y 방향 인장응력 : 35 MPa |
| xy 방향 전단응력 : 60 MPa |

① 38

② 53

③ 92

④ 108

해설 $\tau_{\max} = \dfrac{1}{2}\sqrt{(\sigma_x - \sigma_y)^2 + 4\tau_{xy}^2}$

$\qquad = \dfrac{1}{2}\sqrt{(175 - 35)^2 + 4 \times 60^2} = 92.2\,\mathrm{MPa}$

문제 4. 반지름이 r인 원형 단면의 단순보에 전단력 F가 가해졌다면, 이 때 단순보에 발생하는 최대전단응력은? 【7장】

① $\dfrac{2F}{3\pi r^2}$

② $\dfrac{3F}{2\pi r^2}$

③ $\dfrac{4F}{3\pi r^2}$

④ $\dfrac{5F}{3\pi r^2}$

해설 $\tau_{\max} = \dfrac{4}{3}\dfrac{F}{A} = \dfrac{4F}{3\pi r^2}$

해답 1. ④ 2. ① 3. ③ 4. ③

문제 5. 바깥지름이 46 mm인 속이 빈 축이 120 kW의 동력을 전달하는데 이 때의 각속도는 40 rev/s이다. 이 축의 허용비틀림응력이 80 MPa일 때, 안지름은 약 몇 mm 이하이어야 하는가? 【5장】

① 29.8 　　② 41.8
③ 36.8 　　④ 48.8

해설 우선, $\omega = 40\,\mathrm{rev/s} = 40 \times 2\pi\,(\mathrm{rad/s})$

또한, 동력 $P = T\omega$ 에서

$$T = \frac{P}{\omega} = \frac{120 \times 10^3}{40 \times 2\pi} = 477.46\,\mathrm{N \cdot m}$$

결국, $T = \tau_a Z_P = \tau_a \times \dfrac{\pi(d_2^4 - d_1^4)}{16 d_2}$ 에서 d_1을 구한다.

문제 6. 지름 d인 원형단면으로부터 절취하여 단면 2차 모멘트 I가 가장 크도록 사각형 단면 [폭(b)×높이(h)]을 만들 때 단면 2차 모멘트를 사각형 폭(b)에 관한 식으로 옳게 나타낸 것은? 【4장】

① $\dfrac{\sqrt{3}}{4}b^4$ 　　② $\dfrac{\sqrt{3}}{4}b^3$

③ $\dfrac{4}{\sqrt{3}}b^3$ 　　④ $\dfrac{4}{\sqrt{3}}b^4$

해설 $I = \dfrac{bh^3}{12} = \dfrac{\sqrt{d^2 - h^2} \times h^3}{12} = \dfrac{\sqrt{h^6(d^2 - h^2)}}{12}$

$\quad = \dfrac{\sqrt{d^2h^6 - h^8}}{12} = \dfrac{(d^2h^6 - h^8)^{\frac{1}{2}}}{12}$

$[d^2 = b^2 + h^2$ 에서 $\quad b^2 = d^2 - h^2$ 즉, $b = \sqrt{d^2 - h^2}\,]$

$\dfrac{dI}{dh} = 0$ 에서 $\quad \dfrac{1}{12} \times \dfrac{1}{2}(d^2h^6 - h^8)^{-\frac{1}{2}}(6d^2h^5 - 8h^7) = 0$

$\dfrac{6d^2h^5 - 8h^7}{24\sqrt{(d^2h^6 - h^8)}} = 0$ 즉, $6d^2h^5 - 8h^7 = 0$

$\therefore h^2 = \dfrac{3}{4}d^2$ 에서 $\quad h = \dfrac{\sqrt{3}}{2}d$

즉, $d = \dfrac{2}{\sqrt{3}}h$ ┈┈┈┈┈┈①식

또한, $b^2 = d^2 - h^2 = d^2 - \dfrac{3}{4}d^2 = \dfrac{d^2}{4}$ 에서 $\quad b = \dfrac{d}{2}$

즉, $d = 2b$ ┈┈┈┈┈┈②식

①=②식 : $\dfrac{2}{\sqrt{3}}h = 2b$ 에서 $\quad h = \sqrt{3}\,b$

결국, $I = \dfrac{bh^3}{12} = \dfrac{b}{12}(\sqrt{3}\,b)^3 = \dfrac{b^4}{12} \times 3\sqrt{3} = \dfrac{\sqrt{3}}{4}b^4$

문제 7. 그림과 같은 외팔보가 하중을 받고 있다. 고정단에 발생하는 최대굽힘 모멘트는 몇 N·m인가? 【6장】

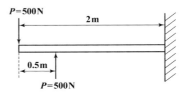

① 250 　　② 500
③ 750 　　④ 1000

해설 $M_{max} = -500 \times 2 + 500 \times 1.5$

$\quad = |-250\,\mathrm{N \cdot m}| = 250\,\mathrm{N \cdot m}$

문제 8. 재료시험에서 연강재료의 세로탄성계수가 210 GPa로 나타났을 때 포아송 비(ν)가 0.303이면 이 재료의 전단탄성계수 G는 몇 GPa인가? 【1장】

① 8.05 　　② 10.51
③ 35.21 　　④ 80.58

해설 $mE = 2G(m+1) = 3K(m-2)$ 에서

양변을 m으로 나누면

$E = 2G(1+\nu) = 3K(1-2\nu)$

$\therefore G = \dfrac{E}{2(1+\nu)} = \dfrac{210}{2(1+0.303)} = 80.58\,\mathrm{GPa}$

문제 9. 그림과 같이 강봉에서 A, B가 고정되어 있고 25 ℃에서 내부응력은 0인 상태이다. 온도가 −40 ℃로 내려갔을 때 AC 부분에서 발생하는 응력은 약 몇 MPa인가? (단, 그림에서 A_1은 AC 부분에서의 단면적이고 A_2는 BC 부분에서의 단면적이다. 그리고 강봉의 탄성계수는 200 GPa이고, 열팽창계수는 12×10^{-6} /℃이다.) 【2장】

──────────────────────────────

정답 5. ② 　6. ① 　7. ① 　8. ④ 　9. ③

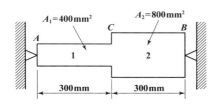

① 416　　　　② 350

③ 208　　　　④ 154

해설 우선, 1, 2부에 발생하는 응력을 σ_1, σ_2 라 하고, 각 재료의 요소를 A_1, E_1, α_1 또는 A_2, E_2, α_2라 하면

$$\sigma_1 A_1 = \sigma_2 A_2 \quad \cdots\cdots\cdots ①식$$

또한, $\lambda_1 = \varepsilon_1 \ell_1 = \dfrac{\sigma_1}{E_1}\ell_1$, $\quad \lambda_2 = \varepsilon_2 \ell_2 = \dfrac{\sigma_2}{E_2}\ell_2$

$$\lambda = \lambda_1 + \lambda_2 = \frac{\sigma_1}{E_1}\ell_1 + \frac{\sigma_2}{E_2}\ell_2 \quad \cdots\cdots ②식$$

열에 의한 자유팽창량 λ는

$$\lambda = \alpha_1(t_2 - t_1)\ell_1 + \alpha_2(t_2 - t_1)\ell_2 \quad \cdots\cdots ③식$$

②식과 ③식의 절대치가 동일하여야 하므로

$$\frac{\sigma_1}{E_1}\ell_1 + \frac{\sigma_2}{E_2}\ell_2 = (t_2 - t_1)(\alpha_1\ell_1 + \alpha_2\ell_2) \quad \cdots\cdots ④식$$

결국, ①식과 ④식을 연립하면

$$\therefore \sigma_1 = \frac{(t_2 - t_1)(\alpha_1\ell_1 + \alpha_2\ell_2)}{\dfrac{\ell_1}{E_1} + \dfrac{A_1\ell_2}{A_2 E_2}}$$

$$= \frac{65 \times (12 \times 10^{-6} \times 0.3 + 12 \times 10^{-6} \times 0.3)}{\dfrac{0.3}{200 \times 10^3} + \dfrac{400 \times 10^{-9} \times 0.3}{800 \times 10^{-9} \times 200 \times 10^3}}$$

$$= 208\,\mathrm{MPa}$$

〈참고〉 $\sigma_2 = \dfrac{(t_2 - t_1)(\alpha_1\ell_1 + \alpha_2\ell_2)}{\dfrac{\ell_2}{E_2} + \dfrac{A_2\ell_1}{A_1 E_1}}$

문제 10. 그림과 같은 트러스 구조물의 AC, BC 부재가 핀 C에서 수직하중 $P=1000$ N의 하중을 받고 있을 때 AC부재의 인장력은 약 몇 N 인가? 【1장】

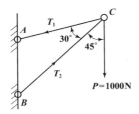

① 141　　　　② 707

③ 1414　　　　④ 1732

해설

라미의 정리를 이용하면

$$\frac{T_1}{\sin 45°} = \frac{T_2}{\sin 285°} = \frac{P(=1000\,\mathrm{N})}{\sin 30°} \text{에서}$$

$$\therefore T_1 = 1000 \times \frac{\sin 45°}{\sin 30°} = 1414.2\,\mathrm{N}$$

문제 11. 보의 길이 ℓ에 등분포하중 w를 받는 직사각형 단순보의 최대 처짐량에 대하여 옳게 설명한 것은? (단, 보의 자중은 무시한다.) 【8장】

① 보의 폭에 정비례한다.

② ℓ의 3승에 정비례한다.

③ 보의 높이의 2승에 반비례한다.

④ 세로탄성계수에 반비례한다.

해설 $\delta_{max} = \dfrac{5w\ell^4}{384EI} = \dfrac{5w\ell^4}{384E \times \dfrac{bh^3}{12}} = \dfrac{5w\ell^4}{32Ebh^3}$

문제 12. 양단이 고정된 축을 그림과 같이 $m-n$ 단면에서 T만큼 비틀면 고정단 AB에서 생기는 저항 비틀림 모멘트의 비 T_A/T_B는? 【5장】

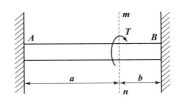

① $\dfrac{b^2}{a^2}$　　　　② $\dfrac{b}{a}$

③ $\dfrac{a}{b}$　　　　④ $\dfrac{a^2}{b^2}$

해답 10. ③　11. ④　12. ②

해설 $m-n$ 단면(하중점)에서 비틀림각(θ)은 서로 같아야 하므로

$$\theta_A = \theta_B \quad 즉, \quad \frac{T_A a}{GI_P} = \frac{T_B b}{GI_P} 에서 \quad \therefore \frac{T_A}{T_B} = \frac{b}{a}$$

문제 13. 그림과 같은 원형 단면봉에 하중 P가 작용할 때 이 봉의 신장량은? (단, 봉의 단면적은 A, 길이는 L, 세로탄성계수는 E이고, 자중 W를 고려해야 한다.) **【2장】**

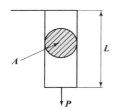

① $\dfrac{PL}{AE} + \dfrac{WL}{2AE}$ ② $\dfrac{2PL}{AE} + \dfrac{2WL}{AE}$

③ $\dfrac{PL}{2AE} + \dfrac{WL}{AE}$ ④ $\dfrac{PL}{AE} + \dfrac{WL}{AE}$

해설 $\lambda = \dfrac{PL}{AE} + \dfrac{\gamma L^2}{2E} = \dfrac{PL}{AE} + \dfrac{WL}{2AE}$

단, $W = \gamma A L$에서 $\gamma = \dfrac{W}{AL}$

문제 14. 직사각형 단면(폭×높이)이 $4\,\text{cm} \times 8\,\text{cm}$이고 길이 $1\,\text{m}$의 외팔보의 전 길이에 $6\,\text{kN/m}$의 등분포하중이 작용할 때 보의 최대 처짐각은? (단, 탄성계수 $E = 210\,\text{GPa}$이고 보의 자중은 무시한다.) **【8장】**

① 0.0028 rad
② 0.0028°
③ 0.0008 rad
④ 0.0008°

해설 $\delta_{\max} = \dfrac{w\ell^3}{6EI} = \dfrac{6 \times 1^3}{6 \times 210 \times 10^6 \times \dfrac{0.04 \times 0.08^3}{12}}$

$= 0.0028\,\text{rad}$

문제 15. 다음 중 수직응력(normal stress)을 발생시키지 않는 것은? **【7장】**

① 인장력 ② 압축력
③ 비틀림 모멘트 ④ 굽힘 모멘트

해설 · 수직(인장, 압축)응력 : $\sigma = \dfrac{P}{A}$

여기서, P : 인장력 또는 압축력, A : 단면적

· 굽힘(인장굽힘, 압축굽힘)응력 : $\sigma_b = \dfrac{M}{Z}$

여기서, M : 굽힘모멘트, Z : 단면계수

문제 16. 그림과 같은 일단 고정 타단지지 보에 등분포하중 w가 작용하고 있다. 이 경우 반력 R_A와 R_B는?

(단, 보의 굽힘강성 EI는 일정하다.) **【9장】**

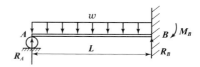

① $R_A = \dfrac{4}{7}wL$, $R_B = \dfrac{3}{7}wL$

② $R_A = \dfrac{3}{7}wL$, $R_B = \dfrac{4}{7}wL$

③ $R_A = \dfrac{5}{8}wL$, $R_B = \dfrac{3}{8}wL$

④ $R_A = \dfrac{3}{8}wL$, $R_B = \dfrac{5}{8}wL$

해설 우선, 보가 수평상태를 유지하려면 A점에서 처짐량이 같아야 하므로

$$\dfrac{wL^4}{8EI} = \dfrac{R_A L^3}{3EI} \quad \therefore R_A = \dfrac{3wL}{8}$$

또한, $R_A + R_B = wL$이므로 $\therefore R_B = \dfrac{5wL}{8}$

문제 17. 그림과 같은 블록의 한쪽 모서리에 수직력 10 kN이 가해질 경우, 그림에서 위치한 A점에서의 수직응력 분포는 약 몇 kPa인가? **【10장】**

해답 13. ① 14. ① 15. ③ 16. ④ 17. ①

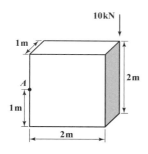

① 25   ② 30

③ 35   ④ 40

해설 $\sigma_A = \sigma_{min} = \dfrac{P}{A} - \dfrac{M}{Z} = \dfrac{10}{2 \times 1} - \dfrac{10 \times 2}{\left(\dfrac{1 \times 2^2}{6}\right)}$

$= -25 \text{kPa} = 25 \text{kPa(인장)}$

문제 **18.** 길이가 3.14 m인 원형 단면의 축 지름이 40 mm일 때 이 축이 비틀림 모멘트 100 N·m를 받는다면 비틀림각은?
(단, 전단 탄성계수는 80 GPa이다.)　【5장】

① 0.156°   ② 0.251°

③ 0.895°   ④ 0.625°

해설 $\theta = \dfrac{180}{\pi} \times \dfrac{T\ell}{GI_P}(°)$

$= \dfrac{180}{\pi} \times \dfrac{100 \times 3.14}{80 \times 10^9 \times \dfrac{\pi \times 0.04^4}{32}} = 0.895°$

문제 **19.** 단면의 치수가 $b \times h = 6\,\text{cm} \times 3\,\text{cm}$인 강철보가 그림과 같이 하중을 받고 있다. 보에 작용하는 최대 굽힘응력은 약 몇 N/cm²인가?
　【7장】

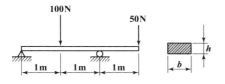

① 278   ② 556

③ 1111   ④ 2222

해설 (그림)

우선, $R_A \times 2 - 100 \times 1 = -50 \times 1$　$\therefore R_A = 25\,\text{N}$

또한, $0 = -50 \times 3 + R_B \times 2 - 100 \times 1$

$\therefore R_B = 125\,\text{N}$

따라서, $\begin{cases} M_A = 0 \\ M_C = R_A \times 1 = 25 \times 1 = 25\,\text{N} \cdot \text{m} \\ M_B = R_A \times 2 - 100 \times 1 = 25 \times 2 - 100 \times 1 \\ \quad = |-50\,\text{N} \cdot \text{m}| = 50\,\text{N} \cdot \text{m} \\ \quad = 5000\,\text{N} \cdot \text{cm} = M_{max} \\ M_D = 0 \end{cases}$

결국, $\sigma_{max} = \dfrac{M_{max}}{Z} = \dfrac{5000}{\left(\dfrac{6 \times 3^2}{6}\right)} = 556\,\text{N/cm}^2$

문제 **20.** 힘에 의한 재료의 변형이 그 힘의 제거(除去)와 동시에 원형(原形)으로 복귀하는 재료의 성질은?　【1장】

① 소성(plasticity)

② 탄성(elasticity)

③ 연성(ductility)

④ 취성(brittleness)

해설 ① 소성 : 외력의 크기가 탄성한도를 초과하여 물체에 작용하면 외력을 제거한 후에도 변형의 일부분이 발생하는 성질
② 탄성 : 물체에 외력의 크기가 탄성한도내에서 작용하면 변형을 일으키고, 외력이 제거되면 처음의 상태로 되돌아가는 성질
③ 연성 : 가느다란 선으로 늘어나는 성질
④ 취성(메짐) : 잘 부서지고 깨지는 성질

제2과목　기계열역학

문제 **21.** 랭킨 사이클의 열효율 증대 방법에 해당하지 않는 것은?　【7장】

① 복수기(응축기) 압력 저하

② 보일러 압력 증가

③ 터빈의 질량유량 증가

④ 보일러에서 증기를 고온으로 과열

해답 **18.** ③　**19.** ②　**20.** ②　**21.** ③

[해설] 랭킨사이클의 열효율은 보일러의 압력은 높고, 복수기의 압력은 낮을수록, 터빈의 초온, 초압이 클수록, 터빈출구에서 압력이 낮을수록 증가한다.

[문제] **22.** 질량이 m이고 비체적이 v인 구(sphere)의 반지름이 R이면, 질량이 $4\,m$이고, 비체적이 $2v$인 구의 반지름은? 【1장】

① $2R$　　　　　② $\sqrt{2}\,R$
③ $\sqrt[3]{2}\,R$　　　　④ $\sqrt[3]{4}\,R$

[해설] 비체적 $v = \dfrac{V}{m}$을 적용, 단, 구의 체적

$$V = \frac{4}{3}\pi R^3$$

우선, $v = \dfrac{V}{m} = \dfrac{\frac{4}{3}\pi R^3}{m} = \dfrac{4\pi R^3}{3m}$ 에서 $R^3 = \dfrac{3mv}{4\pi}$

또한, $2v = \dfrac{\frac{4}{3}\pi R'^3}{4m} = \dfrac{\pi R'^3}{3m}$ 에서

$R'^3 = \dfrac{6mv}{\pi} = 8 \times \dfrac{3mv}{4\pi} = 8R^3$ ∴ $R' = 2R$

[문제] **23.** 내부에너지가 40 kJ, 절대압력이 200 kPa, 체적이 0.1 m³, 절대온도가 300 K인 계의 엔탈피는 약 몇 kJ인가? 【2장】

① 42　　　　　② 60
③ 80　　　　　④ 240

[해설] $H = U + PV = 40 + 200 \times 0.1 = 60\,\mathrm{kJ}$

[문제] **24.** 비열비가 1.29, 분자량이 44인 이상 기체의 정압비열은 약 몇 kJ/kg·K인가? (단, 일반기체상수는 8.314 kJ/kmol·K이다.) 【3장】

① 0.51　　　　② 0.69
③ 0.84　　　　④ 0.91

[해설] 우선, $R = \dfrac{\overline{R}}{m} = \dfrac{8.314}{44} = 0.189\,\mathrm{kJ/kg \cdot K}$

결국, $C_p = \dfrac{kR}{k-1} = \dfrac{1.29 \times 0.189}{1.29 - 1} = 0.84\,\mathrm{kJ/kg \cdot K}$

[문제] **25.** 기체가 열량 80 kJ을 흡수하여 외부에 대하여 20 kJ의 일을 하였다면 내부에너지 변화는 몇 kJ인가? 【2장】

① 20
② 60
③ 80
④ 100

[해설] $_1Q_2 = \Delta U + {}_1W_2$에서
$80 = \Delta U + 20$ ∴ $\Delta U = 60\,\mathrm{kJ}$

[문제] **26.** 다음 중 폐쇄계의 정의를 올바르게 설명한 것은? 【1장】

① 동작물질 및 일과 열이 그 경계를 통과하지 아니하는 특정 공간
② 동작물질은 계의 경계를 통과할 수 없으나 열과 일은 경계를 통과할 수 있는 특정 공간
③ 동작물질은 계의 경계를 통과할 수 있으나 열과 일은 경계를 통과할 수 없는 특정 공간
④ 동작물질 및 일과 열이 모두 그 경계를 통과할 수 있는 특정 공간

[해설] 폐쇄계(밀폐계) : 계의 경계를 통하여 질량유동은 없으나 에너지(열, 일)의 교환은 있는 계

[문제] **27.** 실린더 내부에 기체가 채워져 있고 실린더에는 피스톤이 끼워져 있다. 초기 압력 50 kPa, 초기 체적 0.05 m³인 기체를 버너로 $PV^{1.4} = \mathrm{constant}$가 되도록 가열하여 기체 체적이 0.2 m³이 되었다면, 이 과정 동안 시스템이 한 일은? 【3장】

① 1.33 kJ
② 2.66 kJ
③ 3.99 kJ
④ 5.32 kJ

[정답] **22.** ①　**23.** ②　**24.** ③　**25.** ②　**26.** ②　**27.** ②

해설 $PV^{1.4} = C$: 폴리트로픽 변화

$$_1W_2 = \frac{mR}{n-1}(T_1 - T_2) = \frac{mR}{n-1}T_1\left[1 - \left(\frac{T_2}{T_1}\right)\right]$$
$$= \frac{p_1V_1}{n-1}\left[1 - \left(\frac{V_1}{V_2}\right)^{n-1}\right]$$
$$= \frac{50 \times 0.05}{1.4 - 1}\left[1 - \left(\frac{0.05}{0.2}\right)^{1.4-1}\right] = 2.66\,\text{kJ}$$

문제 28. 체적이 $0.01\,\text{m}^3$인 밀폐용기에 대기압의 포화혼합물이 들어있다. 용기 체적의 반은 포화액체, 나머지 반은 포화증기가 차지하고 있다면, 포화혼합물 전체의 질량과 건도는? (단, 대기압에서 포화액체와 포화증기의 비체적은 각각 $0.001044\,\text{m}^3/\text{kg}$, $1.6729\,\text{m}^3/\text{kg}$이다.) 【6장】

① 전체질량 : $0.0119\,\text{kg}$, 건도 : 0.50
② 전체질량 : $0.0119\,\text{kg}$, 건도 : 0.00062
③ 전체질량 : $4.792\,\text{kg}$, 건도 : 0.50
④ 전체질량 : $4.792\,\text{kg}$, 건도 : 0.00062

해설 우선, 포화수의 체적 $V = \frac{0.01}{2} = 0.005\,\text{m}^3$

포화수의 질량은 $v = \frac{V}{m}$에서

$$\therefore\ m = \frac{V}{v} = \frac{0.005}{0.001044} = 4.7892\,\text{kg}$$

또한, 건포화증기의 질량

$$m = \frac{V}{v} = \frac{0.005}{1.6729} = 0.003\,\text{kg}$$

$$\therefore\ \text{건도}\ x = \frac{\text{건포화증기량}}{\text{습증기량(포화수량 + 건포화증기량)}}$$
$$= \frac{0.003}{4.7892 + 0.003} = 0.000626$$

문제 29. 여름철 외기의 온도가 $30\,℃$일 때 김치 냉장고의 내부를 $5\,℃$로 유지하기 위해 $3\,\text{kW}$의 열을 제거해야 한다. 필요한 최소 동력은 약 몇 kW인가? (단, 이 냉장고는 카르노 냉동기이다.) 【9장】

① 0.27 ② 0.54
③ 1.54 ④ 2.73

해설 우선, $\varepsilon_r = \frac{T_{\text{II}}}{T_1 - T_{\text{II}}} = \frac{278}{303 - 278} = 11.2$

결국, $W_C = \frac{Q_2}{\varepsilon_r} = \frac{3}{11.2} ≒ 0.27\,\text{kW}$

문제 30. 준평형 정적과정을 거치는 시스템에 대한 열전달량은? (단, 운동에너지와 위치에너지의 변화는 무시한다.) 【3장】

① 0이다.
② 이루어진 일량과 같다.
③ 엔탈피 변화량과 같다.
④ 내부에너지 변화량과 같다.

해설 $\delta q = du + Apdv$에서
"정적"이므로 $v = C$ 즉, $dv = 0$
결국, $\delta q = du$ $\therefore\ _1q_2 = \Delta u$

문제 31. 2개의 정적과정과 2개의 등온과정으로 구성된 동력 사이클은? 【8장】

① 브레이턴(brayton)사이클
② 에릭슨(ericsson)사이클
③ 스털링(stirling)사이클
④ 오토(otto)사이클

해설 ① 브레이턴사이클 : 2개의 정압과정, 2개의 단열과정
② 에릭슨사이클 : 2개의 정압과정, 2개의 등온과정
③ 스털링사이클 : 2개의 정적과정, 2개의 등온과정
④ 오토사이클 : 2개의 정적과정, 2개의 단열과정

문제 32. $4\,\text{kg}$의 공기가 들어 있는 용기 A(체적 $0.5\,\text{m}^3$)와 진공 용기 B(체적 $0.3\,\text{m}^3$) 사이를 밸브로 연결하였다. 이 밸브를 열어서 공기가 자유팽창하여 평형에 도달했을 경우 엔트로피 증가량은 약 몇 kJ/K인가? (단, 온도 변화는 없으며 공기의 기체상수는 $0.287\,\text{kJ/kg·K}$이다.) 【4장】

① 0.54 ② 0.49
③ 0.42 ④ 0.37

해답 28. ④ 29. ① 30. ④ 31. ③ 32. ①

해설 "등온"이므로

$$\Delta S = m R \ell n \frac{V_2}{V_1} = 4 \times 0.287 \times \ell n \frac{0.8}{0.5} = 0.54 \, \text{kJ/K}$$

문제 33. 물 2 kg을 20 ℃에서 60 ℃가 될 때까지 가열할 경우 엔트로피 변화량은 약 몇 kJ/K인가? (단, 물의 비열은 4.184 kJ/kg·K이고, 온도 변화과정에서 체적은 거의 변화가 없다고 가정한다.) 【4장】

① 0.78   ② 1.07

③ 1.45   ④ 1.96

해설 "정적"이므로

$$\Delta S = m \, C_v \ell n \frac{T_2}{T_1} = 2 \times 4.184 \times \ell n \frac{333}{293} = 1.07 \, \text{kJ/K}$$

문제 34. 밀폐 시스템이 압력 $P_1 = 200 \, \text{kPa}$, 체적 $V_1 = 0.1 \, \text{m}^3$인 상태에서 $P_2 = 100 \, \text{kPa}$, $V_2 = 0.3 \, \text{m}^3$인 상태까지 가역팽창되었다. 이 과정이 $P - V$ 선도에서 직선으로 표시된다면 이 과정 동안 시스템이 한 일은 약 몇 kJ인가?【2장】

① 10   ② 20

③ 30   ④ 45

해설

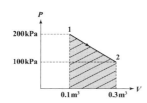

· 팽창일(＝절대일＝밀폐계의 일)은 $P - V$선도에서 V축으로 투영한 면적이므로

결국, $_1 W_2 = \left[\frac{1}{2} \times (0.3 - 0.1) \times (200 - 100) \right]$
$+ \left[(0.3 - 0.1) \times 100 \right]$
$= 30 \, \text{kJ}$

문제 35. 랭킨 사이클을 구성하는 요소는 펌프, 보일러, 터빈, 응축기로 구성된다. 각 구성 요소가 수행하는 열역학적 변화 과정으로 틀린 것은? 【7장】

① 펌프 : 단열 압축

② 보일러 : 정압 가열

③ 터빈 : 단열 팽창

④ 응축기 : 정적 냉각

해설 복수기(＝응축기＝열교환기 : condenser)
: 정압방열

문제 36. 온도 600 ℃의 구리 7 kg을 8 kg의 물 속에 넣어 열적 평형을 이룬 후 구리와 물의 온도가 64.2 ℃가 되었다면 물의 처음 온도는 약 몇 ℃인가? (단, 이 과정 중 열손실은 없고, 구리의 비열은 0.386 kJ/kg·K이며 물의 비열은 4.184 kJ/kg·K이다.) 【1장】

① 6 ℃   ② 15 ℃

③ 21 ℃   ④ 84 ℃

해설 $_1 Q_2 = mc \Delta t$를 이용하면 $Q_{물} = Q_{구리}$
즉, $8 \times 4.184 \times (64.2 - t) = 7 \times 0.386 \times (600 - 64.2)$
∴ $t = 20.95 \, ℃ ≒ 21 \, ℃$

문제 37. 한 시간에 3600 kg의 석탄을 소비하여 6050 kW를 발생하는 증기터빈을 사용하는 화력발전소가 있다면, 이 발전소의 열효율은 약 몇 %인가? (단, 석탄의 발열량은 29900 kJ/kg이다.) 【1장】

① 약 20 %

② 약 30 %

③ 약 40 %

④ 약 50 %

해설 $\eta = \frac{Ne}{H_\ell \times f_e} \times 100 \, (\%)$

$= \frac{6050 \, (\text{kW})}{29900 \, (\text{kJ/kg}) \times 3600 \, (\text{kg/hr})} \times 100 \, (\%)$

$= \frac{6050 \times 3600 \, (\text{kJ/hr})}{29900 \times 3600 \, (\text{kJ/hr})} \times 100 \, (\%)$

$= 20.23 ≒ 20 \, \%$

정답 **33.** ②   **34.** ③   **35.** ④   **36.** ③   **37.** ①

문제 38. 증기 압축 냉동기에서 냉매가 순환되는 경로를 올바르게 나타낸 것은? 【9장】

① 증발기 → 팽창밸브 → 응축기 → 압축기
② 증발기 → 압축기 → 응축기 → 팽창밸브
③ 팽창밸브 → 압축기 → 응축기 → 증발기
④ 응축기 → 증발기 → 압축기 → 팽창밸브

해설 증발기 → 압축기 → 응축기 → 수액기 → 팽창밸브

문제 39. 고온 400 ℃, 저온 50 ℃의 온도 범위에서 작동하는 Carnot 사이클 열기관의 열효율을 구하면 몇 %인가? 【4장】

① 37　　② 42
③ 47　　④ 52

해설 $\eta_C = 1 - \dfrac{T_{II}}{T_I} = 1 - \dfrac{323}{673} = 0.52 = 52\%$

문제 40. 계가 비가역 사이클을 이룰 때 클라우지우스(Clausius)의 적분을 옳게 나타낸 것은? (단, T는 온도, Q는 열량이다.) 【4장】

① $\oint \dfrac{\delta Q}{T} < 0$　　② $\oint \dfrac{\delta Q}{T} > 0$
③ $\oint \dfrac{\delta Q}{T} \geq 0$　　④ $\oint \dfrac{\delta Q}{T} \leq 0$

해설 · 클라우지우스의 적분값 : $\oint \dfrac{\delta Q}{T} \leq 0$
① 가역사이클 : $\oint \dfrac{\delta Q}{T} = 0$
② 비가역사이클 : $\oint \dfrac{\delta Q}{T} < 0$

제3과목 기계유체역학

문제 41. 그림과 같이 수평 원관 속에서 완전히 발달된 층류 유동이라고 할 때 유량 Q의 식으로 옳은 것은? (단, μ는 점성계수, Q는 유량,

P_1과 P_2는 1과 2지점에서의 압력을 나타낸다.) 【5장】

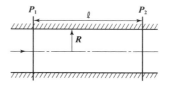

① $Q = \dfrac{\pi R^4}{8\mu\ell}(P_1 - P_2)$
② $Q = \dfrac{\pi R^3}{6\mu\ell}(P_1 - P_2)$
③ $Q = \dfrac{8\pi R^4}{\mu\ell}(P_1 - P_2)$
④ $Q = \dfrac{6\pi R^2}{\mu\ell}(P_1 - P_2)$

해설 하겐 – 포아젤 방정식
$Q = \dfrac{\Delta P \pi d^4}{128\mu\ell} = \dfrac{\pi R^4}{8\mu\ell}(P_1 - P_2)$

문제 42. 골프공(지름 $D=4\,cm$, 무게 $W=0.4\,N$)이 50 m/s의 속도로 날아가고 있을 때, 골프공이 받는 항력은 골프공 무게의 몇 배인가? (단, 골프공의 항력계수 $C_D=0.24$이고, 공기의 밀도는 1.2 kg/m³이다.) 【5장】

① 4.52배　　② 1.7배
③ 1.13배　　④ 0.452배

해설 $D = C_D \dfrac{\rho V^2}{2} A = 0.24 \times \dfrac{1.2 \times 50^2}{2} \times \dfrac{\pi \times 0.04^2}{4}$
$= 0.452\,N$
결국, $\dfrac{D}{W} = \dfrac{0.452}{0.4} = 1.13$배

문제 43. Navier – Stokes 방정식을 이용하여, 정상, 2차원, 비압축성 속도장 $V = axi - ayj$에서 압력을 x, y의 방정식으로 옳게 나타낸 것은? (단, a는 상수이고, 원점에서의 압력은 0이다.) 【3장】

정답 38. ②　39. ④　40. ①　41. ①　42. ③　43. ①

2016년 제1회 일반기계·건설기계설비 기사 … 461

① $P = -\dfrac{\rho a^2}{2}(x^2 + y^2)$

② $P = -\dfrac{\rho a}{2}(x^2 + y^2)$

③ $P = \dfrac{\rho a^2}{2}(x^2 + y^2)$

④ $P = \dfrac{\rho a}{2}(x^2 + y^2)$

해설 $u = ax$, $v = -ay$ 이므로

우선, x 성분: $u\dfrac{\partial u}{\partial x} + v\dfrac{\partial u}{\partial y}^{0} = -\dfrac{1}{\rho}\dfrac{\partial P_1}{\partial x}$

$ax \cdot a = -\dfrac{1}{\rho}\dfrac{\partial P_1}{\partial x}$ $\quad \therefore P_1 = -\dfrac{\rho a^2 x^2}{2}$

또한, y 성분: $u\dfrac{\partial v}{\partial x}^{0} + v\dfrac{\partial v}{\partial y} = -\dfrac{1}{\rho}\dfrac{\partial P_2}{\partial y}$

$-ay(-a) = -\dfrac{1}{\rho}\dfrac{\partial P_2}{\partial y}$ $\quad \therefore P_2 = -\dfrac{\rho a^2 y^2}{2}$

결국, $P = P_1 + P_2 = -\dfrac{\rho a^2}{2}(x^2 + y^2)$

문제 44. 물이 흐르는 관의 중심에 피토관을 삽입하여 압력을 측정하였다. 전압력은 20 mAq, 정압은 5 mAq일 때 관 중심에서 물의 유속은 약 몇 m/s인가? 【3장】

① 10.7   ② 17.2

③ 5.4   ④ 8.6

해설 "정체점 압력＝정압＋동압"에서
정체점 압력수두＝정압수두＋동압수두
즉, $20 = 5 + \Delta h$ $\quad \therefore \Delta h = 15\,\text{m}$
결국, $V = \sqrt{2g\Delta h} = \sqrt{2 \times 9.8 \times 15}$
$\qquad\qquad = 17.15\,\text{m} \approx 17.2\,\text{m}$

문제 45. 어떤 액체가 800 kPa의 압력을 받아 체적이 0.05 % 감소한다면, 이 액체의 체적탄성계수는 얼마인가? 【1장】

① 1265 kPa   ② 1.6×10^4 kPa

③ 1.6×10^6 kPa   ④ 2.2×10^6 kPa

해설 $K = \dfrac{\Delta P}{-\dfrac{\Delta V}{V}} = \dfrac{800}{0.05 \times 10^{-2}} = 1.6 \times 10^6\,\text{kPa}$

문제 46. 30 m의 폭을 가진 개수로(open channel)에 20 cm의 수심과 5 m/s의 유속으로 물이 흐르고 있다. 이 흐름의 Froude수는 얼마인가? 【7장】

① 0.57   ② 1.57

③ 2.57   ④ 3.57

해설 $F_r = \dfrac{V}{\sqrt{g\ell}} = \dfrac{5}{\sqrt{9.8 \times 0.2}} = 3.57$

문제 47. 수평으로 놓인 지름 10 cm, 길이 200 m인 파이프에 완전히 열린 글로브 밸브가 설치되어 있고, 흐르는 물의 평균속도는 2 m/s이다. 파이프의 관 마찰계수가 0.02이고, 전체 수두 손실이 10 m이면, 글로브 밸브의 손실계수는? 【6장】

① 0.4   ② 1.8

③ 5.8   ④ 9.0

해설 $h_\ell = \left(f\dfrac{\ell}{d} + K\right)\dfrac{V^2}{2g}$ 에서

$10 = \left(0.02 \times \dfrac{200}{0.1} + K\right) \times \dfrac{2^2}{2 \times 9.8}$ $\quad \therefore K = 9$

문제 48. 점성계수는 0.3 poise, 동점성계수는 2 stokes인 유체의 비중은? 【1장】

① 6.7   ② 1.5

③ 0.67   ④ 0.15

해설 $\nu = \dfrac{\mu}{\rho} = \dfrac{\mu}{\rho_{H_2O} \cdot S}$ 에서

$\therefore S = \dfrac{\mu}{\nu \rho_{H_2O}} = \dfrac{0.3 \times \dfrac{1}{10}}{2 \times 10^{-4} \times 1000} = 0.15$

문제 49. 그림에서 $h = 100$ cm이다. 액체의 비중이 1.50일 때 A점의 계기압력은 몇 kPa인가? 【2장】

예답 44. ②   45. ③   46. ④   47. ④   48. ④   49. ②

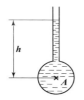

① 9.8　　　　　② 14.7
③ 9800　　　　④ 14700

해설 $P_A = \gamma h = \gamma_{\mathrm{H_2O}} Sh = 9.8 \times 1.5 \times 1 = 14.7\,\mathrm{kPa}$

문제 **50.** 비중 0.9, 점성계수 $5 \times 10^{-3}\,\mathrm{N \cdot s/m^2}$의 기름이 안지름 15 cm의 원형관 속을 0.6 m/s의 속도로 흐를 경우 레이놀즈수는 약 얼마인가? 【5장】

① 16200
② 2755
③ 1651
④ 3120

해설 $R_e = \dfrac{\rho Vd}{\mu} = \dfrac{\rho_{\mathrm{H_2O}} SVd}{\mu} = \dfrac{1000 \times 0.9 \times 0.6 \times 0.15}{5 \times 10^{-3}}$
　　　$= 16200$

문제 **51.** 그림과 같이 비점성, 비압축성 유체가 쐐기 모양의 벽면 사이를 흘러 작은 구멍을 통해 나간다. 이 유동을 극좌표계$(r,\ \theta)$에서 근사적으로 표현한 속도포텐셜은 $\phi = 3\ln r$일 때 원호 $r = 2(0 \le \theta \le \pi/2)$를 통과하는 단위길이당 체적유량은 얼마인가? 【3장】

① $\dfrac{\pi}{4}$　　　　② $\dfrac{3}{4}\pi$

③ π　　　　　④ $\dfrac{3}{2}\pi$

해설 우선, $V = \dfrac{\partial \phi}{\partial r} = \dfrac{3}{r} = \dfrac{3}{2}$

결국, $q = r\theta V = 2 \times \dfrac{\pi}{2} \times \dfrac{3}{2} = \dfrac{3\pi}{2}$

문제 **52.** 평판에서 층류 경계층의 두께는 다음 중 어느 값에 비례하는가? (단, 여기서 x는 평판의 선단으로부터의 거리이다.) 【5장】

① $x^{-\frac{1}{2}}$　　　　② $x^{\frac{1}{4}}$

③ $x^{\frac{1}{7}}$　　　　　④ $x^{\frac{1}{2}}$

해설 ① 층류경계층 두께 : $\delta \propto x^{\frac{1}{2}}$
　　② 난류경계층 두께 : $\delta \propto x^{\frac{4}{5}}$

문제 **53.** 다음 중 동점성계수(kinematic viscosity)의 단위는? 【1장】

① $\mathrm{N \cdot s/m^2}$　　　② $\mathrm{kg/(m \cdot s)}$
③ $\mathrm{m^2/s}$　　　　　④ $\mathrm{m/s^2}$

해설 동점성계수(ν)의 단위
　　: $1\,\mathrm{stokes} = 1\,\mathrm{cm^2/s} = 10^{-4}\,\mathrm{m^2/s}$

문제 **54.** 물제트가 연직하 방향으로 떨어지고 있다. 높이 12 m 지점에서의 제트 지름은 5 cm, 속도는 24 m/s였다. 높이 4.5 m 지점에서의 물제트의 속도는 약 몇 m/s인가? (단, 손실수두는 무시한다.) 【3장】

① 53.9　　　　② 42.7
③ 35.4　　　　④ 26.9

해설 $V^2 = V_0^2 + 2a(S - S_0)$에서 연직하방향으로 떨어지므로 $a = g,\ \ S_0 = 0$
　　따라서, $V^2 = V_0^2 + 2gh$
　　$\therefore\ V = \sqrt{V_0^2 + 2gh}$
　　　　$= \sqrt{24^2 + (2 \times 9.8 \times 7.5)}$
　　　　$= 26.9\,\mathrm{m/s}$

정답 　**50.** ①　**51.** ④　**52.** ④　**53.** ③　**54.** ④

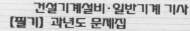

문제 55. 반지름 R인 원형 수문이 수직으로 설치되어 있다. 수면으로부터 수문에 작용하는 물에 의한 전압력의 작용점까지의 수직거리는? (단, 수문의 최상단은 수면과 동일 위치에 있으며 h는 수면으로부터 원판의 중심(도심)까지의 수직거리이다.) 【2장】

① $h + \dfrac{R^2}{16h}$ ② $h + \dfrac{R^2}{8h}$

③ $h + \dfrac{R^2}{4h}$ ④ $h + \dfrac{R^2}{2h}$

해설 $y_F = \bar{y} + \dfrac{I_G}{A\bar{y}} = h + \dfrac{\left(\dfrac{\pi R^4}{4}\right)}{\pi R^2 h} = h + \dfrac{R^2}{4h}$

문제 56. 다음 중 수력기울기선(Hydraulic Grade Line)은 에너지구배선(Energy Grade Line)에서 어떤 것을 뺀 값인가? 【3장】

① 위치 수두 값
② 속도 수두 값
③ 압력 수두 값
④ 위치 수두와 압력 수두를 합한 값

해설 ① 에너지 구배선 : $E \cdot L = \dfrac{P}{\gamma} + \dfrac{V^2}{2g} + Z$

② 수력기울기선 : $H \cdot G \cdot L = \dfrac{P}{\gamma} + Z$

결국, $E \cdot L - H \cdot G \cdot L = \dfrac{V^2}{2g}$

문제 57. 그림과 같은 통에 물이 가득차 있고 이것이 공중에서 자유낙하할 때, 통에서 A점의 압력과 B점의 압력은? 【2장】

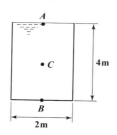

문제 58. 1/10 크기의 모형 잠수함을 해수에서 실험한다. 실제 잠수함을 2 m/s로 운전하려면 모형 잠수함은 약 몇 m/s의 속도로 실험하여야 하는가? 【7장】

① 20 ② 5
③ 0.2 ④ 0.5

해설 $(Re)_P = (Re)_m$ 즉, $\left(\dfrac{Vd}{\nu}\right)_P = \left(\dfrac{Vd}{\nu}\right)_m$

$2 \times 10 = V_m \times 1$ $\therefore$ $V_m = 20 \,\mathrm{m/s}$

① A점의 압력은 B점의 압력의 1/2이다.
② A점의 압력은 B점의 압력의 1/4이다.
③ A점의 압력은 B점의 압력의 2배이다.
④ A점의 압력은 B점의 압력과 같다.

해설 $P_B - P_A = \gamma h\left(1 + \dfrac{a_y}{g}\right)$에서

만약, "자유낙하"이면 $a_y = -g = -9.8 \,\mathrm{m/s^2}$이므로

$\therefore$ $P_B - P_A = \gamma h\left(1 + \dfrac{-g}{g}\right) = 0$

결국, $P_A = P_B$

문제 59. 안지름 D_1, D_2의 관이 직렬로 연결되어 있다. 비압축성 유체가 관 내부를 흐를 때 지름 D_1인 관과 D_2인 관에서의 평균유속이 각각 V_1, V_2이면 D_1/D_2은? 【3장】

① V_1/V_2 ② $\sqrt{V_1/V_2}$

③ V_2/V_1 ④ $\sqrt{V_2/V_1}$

해설 $Q = A_1 V_1 = A_2 V_2$에서 $\dfrac{\pi D_1^2}{4} \times V_1 = \dfrac{\pi D_2^2}{4} \times V_2$

$\dfrac{D_1^2}{D_2^2} = \dfrac{V_2}{V_1}$ $\therefore$ $\dfrac{D_1}{D_2} = \sqrt{\dfrac{V_2}{V_1}}$

문제 60. 그림과 같이 속도 3 m/s로 운동하는 평판에 속도 10 m/s인 물 분류가 직각으로 충돌하고 있다. 분류의 단면적이 0.01 m²이라고 하면 평판이 받는 힘은 몇 N이 되겠는가? 【4장】

해답 55.③ 56.② 57.④ 58.① 59.④ 60.②

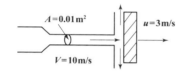

① 295   ② 490
③ 980   ④ 16900

해설> $F = \rho Q(V-u) = \rho A(V-u)^2$
$= 1000 \times 0.01 \times (10-3)^2 = 490\,N$

제4과목 기계재료 및 유압기기

문제 **61.** 가공 열처리 방법에 해당되는 것은?

① 마퀜칭(marquenching)
② 오스포밍(ausforming)
③ 마템퍼링(martempering)
④ 오스템퍼링(austempering)

해설> 오스포밍(ausforming) : 준안정 오스테나이트
영역에서 성형가공(forming)한다는 뜻으로 이 방법
으로 고강인성의 강을 얻게 된다.

문제 **62.** 니켈-크롬 합금강에서 뜨임 메짐을 방
지하는 원소는?

① Cu   ② Mo
③ Ti   ④ Zr

해설> · 몰리브덴(Mo)
① 강인성을 증가시키고, 질량효과를 감소시킴
② 고온에서 강도, 경도의 저하가 적으며 담금질성
을 증가
③ 뜨임메짐(취성)을 방지

문제 **63.** 재료의 연성을 알기 위해 구리판, 알루
미늄관 및 그 밖의 연성판재를 가압 형성하여
변형능력을 시험하는 것은?

① 굽힘 시험   ② 압축 시험
③ 비틀림 시험   ④ 에릭센 시험

해설> 에릭센시험(erichsen test)
: 재료의 연성(ductility)을 알기 위한 것으로 구리판,
알루미늄판 및 기타 연성판재를 가압성형하여 변
형능력을 시험하는 것이며, 커핑시험(cupping test)
이라고도 한다.

문제 **64.** Y합금의 주성분으로 옳은 것은?

① Al+Cu+Ni+Mg   ② Al+Cu+Mn+Mg
③ Al+Cu+Sn+Zn   ④ Al+Cu+Si+Mg

해설> Y합금 : Al-Cu-Ni-Mg계 합금으로 주로 내
연기관의 피스톤, 실린더에 사용

문제 **65.** 다음 중 비중이 가장 작아 항공기 부품
이나 전자 및 전기용 제품의 케이스 용도로 사
용되고 있는 합금재료는?

① Ni 합금   ② Cu 합금
③ Pb 합금   ④ Mg 합금

해설> · 마그네슘(Mg)
① 비중 1.74로서 실용금속 중 가장 가볍다.
② 절삭성은 좋으나 250 ℃ 이하에서는 소성가공성
이 나쁘다.
③ 산류, 염류에는 침식되나 알칼리에는 강하다.
④ 용도 : 자동차, 배, 전기기기, 항공기부품, 전기·
전자용 제품의 케이스 등

문제 **66.** 그림은 3성분계를 표시하는 다이아그램
이다. X합금에 속하는 B의 성분은?

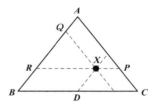

해답 **61.** ② **62.** ② **63.** ④ **64.** ① **65.** ④ **66.** ④

① $\overline{XD}$ 이다.　　② $\overline{XR}$ 이다.

③ $\overline{XQ}$ 이다.　　④ $\overline{XP}$ 이다.

[해설] · 3성분의 농도표시법

: 3성분의 농도를 표시하는 점을 정삼각형안의 점으로 보통 나타낸다.

예를 들면, A, B, C 3합금의 임의의 성분을 X라 하면 X는 정삼각형 ABC안의 한점으로 표시되며 이 경우에 X의 농도를 표시하는 방법에는 루즈붐의 방법이 많이 이용되며 다음과 같다.

〈루즈붐(Roozeboom)의 3성분 농도 표시법〉

이 방법은 정삼각형의 한변의 길이가 100 %를 나타낸다. 정삼각형의 각변에 X에서 평행선을 그은 직선이 삼각형의 각 변을 끊는 길이가 각 성분의 조성 100 %를 나타낸다.

즉, $XD = A\%$, $XP = B\%$, $XQ = C\%$

$XD + XP + XQ = AB = BC = CA = 100\%$

[문제] 67. 주철에 대한 설명으로 틀린 것은?

① 흑연이 많을 경우에는 그 파단면이 회색을 띤다.

② C와 P의 양이 적고 냉각이 빠를수록 흑연화하기 쉽다.

③ 주철 중에 전 탄소량은 유리탄소와 화합탄소를 합한 것이다.

④ C와 Si의 함량에 따른 주철의 조직관계를 마우러 조직도라 한다.

[해설] 인(P)은 흑연화촉진제이며, C, P양이 많고 냉각 속도가 늦을수록 흑연화하기 쉽다.

[문제] 68. 금속재료에서 단위격자 소속 원자수가 2이고, 충전율이 68 %인 결정구조는?

① 단순입방격자　　② 면심입방격자

③ 체심입방격자　　④ 조밀육방격자

[해설]

결정격자	격자내의 원자수	충전율
체심입방격자	2개	68 %
면심입방격자	4개	74 %
조밀육방격자	2개	74 %

[문제] 69. 순철의 변태점이 아닌 것은?

① A_1　　　　② A_2

③ A_3　　　　④ A_4

[해설] A_1변태점 : 723 ℃, 순철에는 없고, 강에만 존재한다.

[문제] 70. 오스테나이트형 스테인리스강의 예민화 (sensitize)를 방지하기 위하여 Ti, Nb 등의 원소를 함유시키는 이유는?

① 입계부식을 촉진한다.

② 강중의 질소(N)와 질화물을 만들어 안정화시킨다.

③ 탄화물을 형성하여 크롬 탄화물의 생성을 억제한다.

④ 강중의 산소(O)와 산화물을 형성하여 예민화를 방지한다.

[해설] 오스테나이트형 스테인리스강(Cr−Ni계)

: Cr 18 %−Ni 8 %인 18−8형 스테인리스강으로 용접 등으로 가공온도가 650 ℃ 전후의 온도가 되면 오스테나이트 결정립사이에 탄화물이 석출되어 연신율과 인성이 감소하고 약산에도 결정립의 경계가 부식되는 현상(입계부식)에 의하여 갈라진다.

[문제] 71. 방향제어밸브 기호 중 다음과 같은 설명에 해당하는 기호는?

> 1. 3/2−way 밸브이다.
> 2. 정상상태에서 P는 외부와 차단된 상태이다.

① 　　②

③ 　　④

[해답] **67.** ② **68.** ③ **69.** ① **70.** ③ **71.** ②

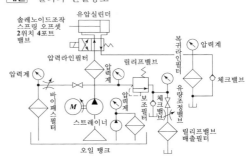

해설 필터의 연결장소

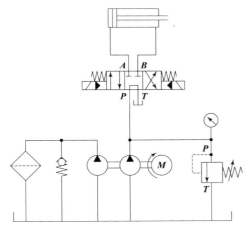

해설 ① 2위치 2포트 1방밸브
② 2위치 3포트 3방밸브
③ 2위치 4포트 4방밸브

문제 72. 주로 시스템의 작동이 정부하일 때 사용되며, 실린더의 속도 제어를 실린더에 공급되는 입구측 유량을 조절하여 제어하는 회로는?

① 로크 회로
② 무부하 회로
③ 미터인 회로
④ 미터아웃 회로

해설 미터 인 회로 : 액추에이터의 입구쪽 관로에서 유량을 교축시켜 작동속도를 조절하는 방식

문제 73. 유압 필터를 설치하는 방법은 크게 복귀라인에 설치하는 방법, 흡입라인에 설치하는 방법, 압력라인에 설치하는 방법, 바이패스 필터를 설치하는 방법으로 구분할 수 있는데, 다음 회로는 어디에 속하는가?

① 복귀라인에 설치하는 방법
② 흡입라인에 설치하는 방법
③ 압력라인에 설치하는 방법
④ 바이패스 필터를 설치하는 방법

문제 74. 그림과 같은 유압회로의 명칭으로 옳은 것은?

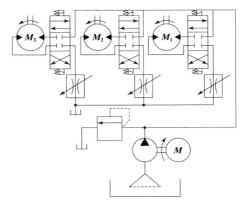

① 유압모터 병렬배치 미터인 회로
② 유압모터 병렬배치 미터아웃 회로
③ 유압모터 직렬배치 미터인 회로
④ 유압모터 직렬배치 미터아웃 회로

해설

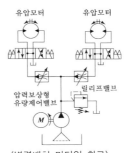

〈병렬배치 미터인 회로〉

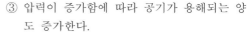

〈병렬배치 미터아웃 회로〉

문제 75. 유압실린더로 작동되는 리프터에 작용하는 하중이 15000 N이고 유압의 압력이 7.5 MPa일 때 이 실린더 내부의 유체가 하중을 받는 단면적은 약 몇 cm²인가?

① 5
② 20
③ 500
④ 2000

해설 $p = \dfrac{F}{A}$ 에서

$A = \dfrac{F}{p} = \dfrac{15000}{7.5} = 2000\,\mathrm{mm^2} = 20\,\mathrm{cm^2}$

〈참고〉 $1\,\mathrm{MPa} = 1\,\mathrm{N/mm^2}$

문제 76. 그림과 같은 유압기호의 설명으로 틀린 것은?

① 유압 펌프를 의미한다.
② 1방향 유동을 나타낸다.
③ 가변 용량형 구조이다.
④ 외부 드레인을 가졌다.

해설 유압모터, 1방향유동, 가변용량형, 외부드레인, 1방향회전형, 양축형을 의미한다.

문제 77. 유압 작동유에서 공기의 혼입(용해)에 관한 설명으로 옳지 않은 것은?

① 공기 혼입 시 스폰지 현상이 발생할 수 있다.

② 공기 혼입 시 펌프의 캐비테이션 현상을 일으킬 수 있다.
③ 압력이 증가함에 따라 공기가 용해되는 양도 증가한다.
④ 온도가 증가함에 따라 공기가 용해되는 양도 증가한다.

해설 ·작동유에 공기가 혼입될 때의 영향
① 실린더의 숨돌리기 현상발생
② 공동현상(캐비테이션) 발생
③ 작동유의 산화촉진
④ 실린더의 작동불량
⑤ 윤활작용이 저하된다.
⑥ 압축성이 증대되어 유압기기의 작동이 불규칙하다.

문제 78. 유압 및 공기압 용어에서 스텝 모양 입력신호의 지령에 따르는 모터로 정의되는 것은?

① 오버 센터 모터
② 다공정 모터
③ 유압 스테핑 모터
④ 베인 모터

해설 스테핑모터(stepping motor)
: 입력 펄스수에 대응하여 일정 각도씩 움직이는 모터로 펄스모터 혹은 스텝모터라고도 한다. 입력펄스수와 모터의 회전각도가 완전히 비례하므로 회전각도를 정확하게 제어할 수 있다. 이런 특징 때문에 NC공작기계나 산업용로봇, 프린터나 복사기 등의 OA기기에 사용된다. 메카트로닉스 기계에서 중요한 전기모터의 한가지이다. 특히 선형운동을 하는 것을 리니어 스테핑모터라고 한다.

문제 79. 그림의 유압 회로는 펌프 출구 직후에 릴리프 밸브를 설치한 회로로서 안전 측면을 고려하여 제작된 회로이다. 이 회로의 명칭으로 옳은 것은?

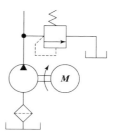

① 압력 설정 회로   ② 카운터 밸런스 회로
③ 시퀀스 회로   ④ 감압 회로

해설 압력설정회로

모든 유압회로의 기본이며 회로내의 압력을 설정압력으로 조정하는 회로로서 압력이 설정압력 이상시는 릴리프밸브가 열려 탱크에 작동유를 귀환시키는 회로이다. 그래서 때로는 안전측면에서도 필수적인 것이라고도 말할 수 있다.

문제 80. 다음 중 펌프 작동 중에 유면을 적절하게 유지하고, 발생하는 열을 방산하여 장치의 가열을 방지하며, 오일 중의 공기나 이물질을 분리시킬 수 있는 기능을 갖춰야 하는 것은?

① 오일 필터   ② 오일 제너레이터
③ 오일 미스트   ④ 오일 탱크

해설 오일탱크의 크기
: 오일탱크(oil tank)의 크기는 그 속에 들어가는 유량이 펌프 토출량의 적어도 3배 이상으로 한 것이 표준화되어 있다.
이것은 펌프작동중의 유면을 적정하게 유지하고, 발생하는 열을 방산하여 장치의 가열을 방지하며 오일중에서 공기나 이물질을 분리시키는데 충분한 크기이다.
또한, 운전정지중에는 관로의 오일이 중력에 의해서 넘치지 않고 파이프를 분리할 때에는 오일탱크에서 넘쳐 흐르지 않을 만큼의 크기로 한다.
따라서, 오일탱크의 크기는 냉각장치의 유무, 사용압력, 유압회로의 상태에 따라서 달라진다.

제5과목 기계제작법 및 기계동력학

문제 81. 공작물의 길이가 600 mm, 지름이 25 mm인 강재를 아래의 조건으로 선반 가공할 때

소요되는 가공시간(t)은 약 몇 분인가?
(단, 1회 가공이다.)

- 절삭속도 : 180 m/min
- 절삭깊이 : 2.5 mm
- 이송속도 : 0.24 mm/rev

① 1.1   ② 2.1
③ 3.1   ④ 4.1

해설 $t = \dfrac{\ell}{NS}(\min) = \dfrac{600}{2291.83 \times 0.24} ≒ 1.1\,\min$

단, $N = \dfrac{1000\,V}{\pi d} = \dfrac{1000 \times 180}{\pi \times 25} = 2291.83\,\mathrm{rpm}$

문제 82. 압출 가공(extrusion)에 관한 일반적인 설명으로 틀린 것은?

① 직접 압출보다 간접 압출에서 마찰력이 적다.
② 직접 압출보다 간접 압출에서 소요동력이 적게 든다.
③ 압출 방식으로는 직접(전방) 압출과 간접(후방) 압출 등이 있다.
④ 직접 압출이 간접 압출보다 압출 종료시 콘테이너에 남는 소재량이 적다.

해설 ·압출(extrusion process)
① 직접압출(＝전방압출) : 램의 진행방향과 압출재(billet)의 이동방향이 동일한 경우이다. 압출재는 외주의 마찰로 인하여 내부가 효과적으로 압축된다. 압출이 끝나면 20~30 %의 압출재가 잔류한다.
② 간접압출(＝역식압출＝후방압출) : 램의 진행방향과 압출재(billet)의 이동방향이 반대인 경우이다. 직접압출에 비하여 재료의 손실이 적고 소요동력이 적게 드는 이점이 있으나 조작이 불편하고 표면상태가 좋지 못한 단점이 있다.
③ 충격압출 : 특수압출 방법으로 단시간에 압출완료되는 것으로 보통 크랭크프레스를 사용하며 상온가공으로 작업한다. 충격압출에 사용되는 재료로는 Zn, Sn, Pb, Al, Cu 등의 순금속과 일부 합금 등이 사용된다. 이 방법의 제품은 두께가 얇은 원통형상인 치약튜브, 화장품케이스, 건전지케이스용 등의 제작에 사용된다.

해답 80. ④   81. ①   82. ④

문제 83. 와이어 방전 가공액 비저항값에 대한 설명으로 틀린 것은?

① 비저항값이 낮을 때에는 수돗물을 첨가한다.

② 일반적으로 방전가공에서는 $10 \sim 100 \, k\Omega \cdot cm$의 비저항값을 설정한다

③ 비저항값이 높을 때에는 가공액을 이온교환장치로 통과시켜 이온을 제거한다.

④ 비저항값이 과다하게 높을 때에는 방전간격이 넓어져서 방전효율이 저하된다.

해설 비저항값이 낮으면 방전간격(gap)은 넓어져서 방전효율이 향상된다.

문제 84. 전기 저항 용접 중 맞대기 용접의 종류가 아닌 것은?

① 업셋 용접　　② 퍼커션 용접

③ 플래시 용접　　④ 프로젝션 용접

해설 ·전기저항용접의 종류

① 겹치기 저항용접 : 점용접, 프로젝션용접, 심용접

② 맞대기 저항용접 : 업셋용접, 플래시용접, 맞대기 심용접, 퍼커션용접

※ 퍼커션용접(percussion welding) : 축전기에 충전된 에너지를 $\frac{1}{1000}$초 이내의 극히 짧은 시간에 방출시켜 이때 생기는 아크로 접합부를 집중 가열한 직후 강력한 압력을 가해서 접합시키는 방법

문제 85. 질화법에 관한 설명 중 틀린 것은?

① 경화층은 비교적 얇고, 경도는 침탄한 것보다 크다.

② 질화법은 재료 중심까지 경화하는데 그 목적이 있다.

③ 질화법의 기본적인 화학반응식은 $2NH_3 \rightarrow 2N + 3H_2$이다.

④ 질화법의 효과를 높이기 위해 첨가되는 원소는 Al, Cr, Mo 등이 있다.

해설 질화법은 표면경화법으로 표면을 경화시키는 것이 목적이다.

문제 86. 주물사로 사용되는 모래에 수지, 시멘트, 석고 등의 점결제를 사용하며, 경화시간을 단축하기 위하여 경화촉진제를 사용하여 조형하는 주형법은?

① 원심 주형법

② 셀몰드 주형법

③ 자경성 주형법

④ 인베스트먼트 주형법

해설 ·자경성 주형법의 특징

〈장점〉

① 소량의 점결제로 높은 주형강도를 얻을 수 있다.

② 주물사의 유동성이 좋고, 주형건조가 필요없으며, 조형공정수를 줄일 수 있다.

③ 내열성이 높고, 가스발생량이 적어 주조결함이 적다.

④ 주입 후 주물사의 붕괴성이 우수하고, 주물사의 회수가 높아 자원절약 및 공해를 방지할 수 있다.

⑤ 조형작업에 숙련도가 필요치 않다.

〈단점〉

① 주물사 배합후 경화시간에 제한이 있으므로 빠른시간에 주형을 만들어야 한다.

② 수지의 경화수축 및 열팽창성이 크다.

③ 조형 후 원형을 빼내는데까지 시간이 걸린다.

문제 87. 절삭유가 갖추어야 할 조건으로 틀린 내용은?

① 마찰계수가 적고 인화점, 발화점이 높을 것

② 냉각성이 우수하고 윤활성, 유동성이 좋을 것

③ 장시간 사용해도 변질되지 않고 인체에 무해할 것

④ 절삭유의 표면장력이 크고 칩의 생성부에는 침투되지 않을 것

해설 ·절삭유가 갖추어야 할 조건

① 마찰계수가 작고, 유막의 내압력이 높을 것

② 절삭유의 표면장력이 작고, 칩의 발생부까지 잘 침투할 수 있을 것

해답 83. ④　84. ④　85. ②　86. ③　87. ④

③ 칩분리가 용이하여 회수가 쉬울 것
④ 공작물과 공구에 녹이 슬지 않을 것
⑤ 윤활성, 냉각성, 유동성이 좋을 것
⑥ 화학적으로 안전하고, 위생상 해롭지 않을 것
⑦ 휘발성이 없고, 인화점, 발화점이 높을 것
⑧ 담색투명하며, 절삭부분이 잘 보일 것
⑨ 가격이 저렴하고, 쉽게 구할 수 있을 것

문제 88. 유압프레스에서 램의 유효단면적이 50 cm², 유효단면적에 작용하는 최고 유압이 40 kgf/cm²일 때 유압프레스의 용량(ton)은?

① 1 ② 1.5
③ 2 ④ 2.5

해설 $p = \dfrac{F}{A}$ 에서

$F = pA = 40 \times 50 = 2000\,\mathrm{kg_f} = 2\,\mathrm{ton}$

문제 89. 플러그 게이지에 대한 설명으로 옳은 것은?

① 진원도도 검사할 수 있다.
② 통과측이 통과되지 않을 경우는 기준 구멍보다 큰 구멍이다.
③ 플러그 게이지는 치수공차의 합격 유·무만을 검사할 수 있다.
④ 정지측이 통과할 때에는 기준 구멍보다 작고, 통과측보다 마멸이 심하다.

해설 플러그게이지 : 구멍용 한계게이지로서 보통 링 게이지와 한조로 되어 있다. 직접 공작품의 구멍이나 지름을 검사하는데 사용하며 치수공차의 합격 유·무만을 검사할 수 있다.

문제 90. 다음 중 다이아몬드, 수정 등 보석류 가공에 가장 적합한 가공법은?

① 방전 가공
② 전해 가공
③ 초음파 가공
④ 슈퍼 피니싱 가공

해설 · 초음파가공의 특징

① 전기에너지를 기계적 진동에너지로 변화시켜 가공하므로 전기의 양도체, 부도체 여부에 관계없이 가공할 수 있다.
② 경질재료, 비금속재료의 가공에 적합하다.
③ 용도 : 초경합금, 세라믹, 유리, 다이아몬드, 수정, 천연 및 인조 보석류 등의 가공

문제 91. 다음 1자유도 진동계의 고유 각진동수는? (단, 3개의 스프링에 대한 스프링 상수는 k이며 물체의 질량은 m이다.)

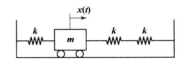

① $\sqrt{\dfrac{2m}{3k}}$ ② $\sqrt{\dfrac{3k}{2m}}$

③ $\sqrt{\dfrac{2k}{3m}}$ ④ $\sqrt{\dfrac{3m}{2k}}$

해설 우선, $k_c = k + \dfrac{1}{\dfrac{1}{k} + \dfrac{1}{k}} = \dfrac{3}{2}k$

결국, 고유 각진동수 $\omega_n = \sqrt{\dfrac{k_c}{m}} = \sqrt{\dfrac{3k}{2m}}$

문제 92. 3 kg의 칼라 C가 고정된 막대 A, B에 초기에 정지해 있다가 그림과 같이 변동하는 힘 Q에 의해 움직인다. 막대 AB와 칼라 C 사이의 마찰계수가 0.3일 때 시각 $t = 1$초일 때의 칼라의 속도는?

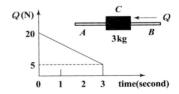

① 2.89 m/s
② 5.25 m/s
③ 7.26 m/s
④ 9.32 m/s

정답 88. ③ 89. ③ 90. ③ 91. ② 92. ①

해설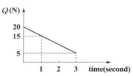

"역적(Qt) = 운동량의 변화(mv)"를 이용하면

우선, 역적(Qt) $= \left(\dfrac{1}{2} \times 5 \times 1\right) + (15 \times 1) - (\mu mg \times t)$

$\qquad\qquad = \left(\dfrac{1}{2} \times 5 \times 1\right) + (15 \times 1) - (0.3 \times 3 \times 9.8 \times 1)$

$\qquad\qquad = 8.68\,(\mathrm{N \cdot s})$

또한, 운동량의 변화 : $m(v_2 - v_1)$

$\qquad\qquad\qquad = 3 \times (v_2 - 0) = 3v_2$

결국, $8.68 = 3v_2$ $\quad \therefore v_2 = \dfrac{8.68}{3} ≒ 2.89\,(\mathrm{m/s})$

문제 **93.** 질점의 단순조화진동을 $y = C\cos(\omega_n t - \phi)$라 할 때 이 진동의 주기는?

① $\dfrac{\pi}{\omega_n}$ 　　　　　② $\dfrac{2\pi}{\omega_n}$

③ $\dfrac{\omega_n}{2\pi}$ 　　　　　④ $2\pi\omega_n$

해설 주기 $T = \dfrac{2\pi}{\omega_n}$, 진동수 $f = \dfrac{1}{T} = \dfrac{\omega_n}{2\pi}$

문제 **94.** 질량이 10 t인 항공기가 활주로에서 착륙을 시작할 때 속도는 100 m/s이다. 착륙부터 정지시까지 항공기는 $\sum F_x = -1000v_x\,N$ (v_x는 비행기 속도 [m/s]의 힘을 받으며 $+x$ 방향의 직선운동을 한다. 착륙부터 정지 시까지 항공기가 활주한 거리는?

① 500 m 　　　　　② 750 m

③ 900 m 　　　　　④ 1000 m

해설 우선, $\sum F_x t = \Delta(m V_x) = 10 \times 10^3 \times 100$

$\qquad\qquad = 10^6\,(\mathrm{kg \cdot m/s})$ ·················①식

또한, $\sum F_x = -1000 V_x = -1000 \dfrac{S_x}{t}$에서

$\quad \sum F_x t = -1000 S_x$ ·························②식

결국, ①=②식 : $10^6 = -1000 S_x$

$\qquad \therefore S_x = 1000\,(\mathrm{m})$

문제 **95.** 반경이 r인 실린더가 위치 1의 정지상태에서 경사를 따라 높이 h만큼 굴러 내려갔을 때, 실린더 중심의 속도는? (단, g는 중력 가속도이며, 미끄러짐은 없다고 가정한다.)

① $0.707\sqrt{2gh}$

② $0.816\sqrt{2gh}$

③ $0.845\sqrt{2gh}$

④ $\sqrt{2gh}$

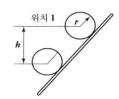

해설 경사면에서의 평면운동이므로 에너지 보존의 법칙을 적용하면

우선, 경사면에서의 운동에너지는

$T = T_1 + T_2$이므로

$T = \dfrac{1}{2}mv^2 + \dfrac{1}{2}J_G\omega^2 = \dfrac{1}{2}mv^2 + \dfrac{1}{2} \times \dfrac{1}{2}mr^2 \times \left(\dfrac{v}{r}\right)^2$

$\quad = \dfrac{1}{2}mv^2 + \dfrac{1}{4}mv^2 = \dfrac{3}{4}mv^2$

또한, 중력포텐셜에너지는 $V_g = mgh$

결국, 에너지 보존의 법칙에 의해

$\quad T = V_g$에서 $\quad \dfrac{3}{4}mv^2 = mgh$

$\quad v^2 = \dfrac{2}{3} \times 2gh$ $\quad \therefore v = 0.816\sqrt{2gh}$

문제 **96.** 등가속도 운동에 관한 설명으로 옳은 것은?

① 속도는 시간에 대하여 선형적으로 증가하거나 감소한다.

② 변위는 시간에 대하여 선형적으로 증가하거나 감소한다.

③ 속도는 시간의 제곱에 비례하여 증가하거나 감소한다.

④ 변위는 속도의 세제곱에 비례하여 증가하거나 감소한다.

해설 · 등가속도 운동

① 속도(V) : $V = V_0 + at$

② 변위(S) : $S = S_0 + V_0 t + \dfrac{1}{2}at^2$

여기서, V_0 : 초기속도, a : 가속도,

$\qquad\quad t$: 시간, S_0 : 초기변위

해답 **93.** ② **94.** ④ **95.** ② **96.** ①

문제 **97.** 두 질점이 충돌할 때 반발계수가 1인 경우에 대한 설명 중 옳은 것은?

① 두 질점의 상대적 접근속도와 이탈속도의 크기는 다르다.
② 두 질점의 운동량의 합은 증가한다.
③ 두 질점의 운동에너지의 합은 보존된다.
④ 충돌 후에 열에너지나 탄성파 발생 등에 의한 에너지 소실이 발생한다.

해설 완전탄성충돌($e = 1$)
: 충돌 전, 후 운동량과 운동에너지가 보존된다.

문제 **98.** 질량이 12 kg, 스프링 상수가 150 N/m, 감쇠비가 0.033인 진동계를 자유진동시키면 5회 진동후 진폭은 최초 진폭의 몇 %인가?

① 15 %   ② 25 %
③ 35 %   ④ 45 %

해설 우선, $\delta = \dfrac{2\pi\xi}{\sqrt{1-\xi^2}} = \dfrac{2\pi \times 0.033}{\sqrt{1-0.033^2}} = 0.21$

결국, $\dfrac{X_0}{X_n} = e^{n\delta}$에서

※ $\dfrac{X_n}{X_0} = \dfrac{1}{e^{n\delta}} = \dfrac{1}{e^{5\times 0.21}} \fallingdotseq 0.35 = 35\,\%$

문제 **99.** 평면에서 강체가 그림과 같이 오른쪽에서 왼쪽으로 운동하였을 때 이 운동의 명칭으로 가장 옳은 것은?

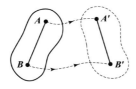

① 직선병진운동
② 곡선병진운동
③ 고정축회전운동
④ 일반평면운동

해설 ① 병진운동 : 물체내의 모든 성분들이 운동하는 동안 평행한 경로를 따라 움직일 때의 운동
　　㉠ 직선병진운동 : 물체내의 모든 질점의 운동경로가 평행한 직선을 따라 이루어질 때의 운동
　　㉡ 곡선병진운동 : 운동이 평행한 곡선을 따라 일어나는 운동
② 고정축에 대한 회전운동 : 강체가 하나의 고정된 축 주위로 회전할 때 회전축상의 점을 제외한 다른 질점들은 원형경로를 따라 움직일 때의 운동
③ 일반 평면운동 : 병진운동과 회전운동이 동시에 일어나며, 기준면내에서의 병진운동과 기준면에 수직인 축 주위의 회전운동이 생기는 운동

강체의 운동학	평면운동의 형태	보 기
병진 운동	직선 병진 운동	로켓시험
	곡선 병진 운동	판의 회전수
고정축에 대한 회전운동		진자
일반 평면운동		피스톤 연결봉

문제 **100.** 질량 m인 기계가 강성계수 $k/2$인 2개의 스프링에 의해 바닥에 지지되어 있다. 바닥이 $y = 6\sin\sqrt{\dfrac{4k}{m}}\,t$ mm로 진동하고 있다면 기계의 진폭은 얼마인가? (단, t는 시간이다.)

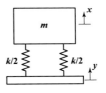

① 1 mm   ② 2 mm
③ 3 mm   ④ 6 mm

해답 **97.** ③ **98.** ③ **99.** ④ **100.** ②

해설> 진폭 $X = \dfrac{X_0}{\gamma^2 - 1} = \dfrac{6}{2^2 - 1} = 2\,\text{mm}$

단, $\gamma = \dfrac{\omega}{\omega_n} = \dfrac{\sqrt{\dfrac{4k}{m}}}{\sqrt{\dfrac{k}{m}}} = 2$

건설기계설비 기사

※ 재료역학, 열역학, 유체역학, 유압기기는 일반기계기사와 중복됩니다. 나머지 유체기계와 건설기계일반의 순서는 1~20번으로 정합니다.

제4과목 유체기계

문제 1. 진공펌프는 기체를 대기압 이하의 저압에서 대기압까지 압축하는 압축기의 일종이다. 다음 중 일반 압축기와 다른 점을 설명한 것으로 옳지 않은 것은?

① 흡입압력을 진공으로 함에 따라 압력비는 상당히 커지므로 격간용적, 기체누설을 가급적 줄여야 한다.
② 진공화에 따라서 외부의 액체, 증기, 기체를 빨아들이기 쉬워서 진공도를 저하시킬 수 있으므로 이에 주의를 요한다.
③ 기체의 밀도가 낮으므로 실린더 체적은 축동력에 비해 크다.
④ 송출압력과 흡입압력의 차이가 작으므로 기체의 유로 저항이 커져도 손실동력이 비교적 적게 발생한다.

해설> ·진공펌프와 압축기의 차이점
① 흡입기체의 압력이 낮은 경우에는 압력비가 매우 크다.
② 기체의 밀도가 작기 때문에 실린더의 크기가 동력에 비하여 크다.
③ 이론동력의 최대점은 압력비의 중간 즉, 중간진공에서 흡입하는 쪽에 있게 된다.
④ 고압이 됨에 따라 다단압축기의 경우에는 실린더의 직경이 적어지지만 진공펌프는 통상 같은

치수이다.
⑤ 밸브 등의 공기저항이 되는 부분을 될수록 적게 하며 특히, 동력이 증가하는 것을 피한다.

문제 2. 유체 커플링에서 drag torque란 무엇인가?

① 종동축과 원동축의 토크가 동일할 때의 토크
② 종동축과 원동축의 회전 속도가 동일할 때의 토크
③ 원동축이 회전하고 종동축이 정지한 상태에서 발생하는 토크
④ 종동축에 부하가 걸리지 않을 때 원동축에 발생하는 최대 토크

해설> Drag torque : 종동축이 정지되어 원동축이 최대토크가 될 때 토크

문제 3. 펌프의 성능 곡선에서 체절 양정(shut off head)이란 무엇을 뜻하는가?

① 유량 $Q = 0$일 때의 양정
② 유량 $Q = $최대일 때의 양정
③ 축동력이 최소일 때의 양정
④ 축동력이 최대일 때의 양정

해설> ① 체절양정 : 유량(Q)이 0일 때의 양정
② 규정양정 : 효율이 최대일 때를 설계점으로 설정하여 이때의 양정

문제 4. 유체기계에 있어서 다음 중 유체로부터 에너지를 받아서 기계적 에너지로 변환시키는 장치로 볼 수 없는 것은?

① 송풍기　　　　② 수차
③ 유압모터　　　④ 풍차

해설> 송풍기 : 기계적 에너지를 기체에 공급하여 기체의 압력 및 속도에너지로 변환시키는 기계

정답 **1.**④ **2.**③ **3.**① **4.**①

문제 5. 다음 중 프란시스 수차에서 유량을 조정하는 장치는?

① 흡출관(draft tube)
② 안내깃(guide vane)
③ 전향기(deflector)
④ 니들 밸브(niddle valve)

해설 안내날개(안내깃 : guide vane)
: 스피드링과 날개차의 중간에 설치되어 있으며, 날개차로 들어오는 물의 방향을 안내하는 역할을 한다. 수차출력은 조속기의 작용으로 안내날개의 각도를 조정하여 수량을 조절함에 따라 제어된다.

문제 6. 비교회전도 176 [m³/min, m, rpm], 회전수 2900 rpm, 양정 220 m인 4단 원심펌프에서 유량은 약 몇 m³/min인가?
(단, 여기서 비교회전도 값은 유량의 단위가 m³/min, 양정의 단위는 m, 회전수 단위는 rpm일 때를 기준으로 한 값이다.)

① 2.3
② 2.7
③ 1.5
④ 1.9

해설 $n_s = \dfrac{n\sqrt{Q}}{\left(\dfrac{H}{i}\right)^{\frac{3}{4}}}$ 에서 $176 = \dfrac{2900\sqrt{Q}}{\left(\dfrac{220}{4}\right)^{\frac{3}{4}}}$

∴ $Q = 1.5\,\mathrm{m^3/min}$

문제 7. 다음 각 수차들에 관한 설명 중 옳지 않은 것은?

① 펠턴 수차는 비속도가 가장 높은 형식의 수차이다.
② 프란시스 수차는 반동형으로서 혼류수차에 해당한다.
③ 프로펠러 수차는 저낙차 대유량인 곳에 주로 사용된다.
④ 카플란 수차는 반동형으로서 축류수차에 해당한다.

해설 ·펠톤수차(Pelton turbine)는 고낙차용에 쓰여지고, 유량이 비교적 적은 경우에 가장 적합한 충격수차이다.

〈수차별 비교회전도(비속도 : n_s)의 범위〉
① 프란시스수차 : $n_s = 50 \sim 300$
② 축류수차 : $n_s = 200 \sim 900$
③ 펠톤수차 : $n_s = 8 \sim 25$
④ 사류수차 : $n_s = 100 \sim 350$

문제 8. 반동수차에 설치되는 흡출관의 사용목적으로 가장 옳은 것은?

① 회전차 출구와 방수면 사이의 낙차 및 회전차에서 유출되는 물의 속도수두를 유효하게 이용하기 위하여 설치한다.
② 상부 수면에서 회전차 입구까지의 위치수두를 최대한 이용하여 회전차 출구의 속도수두를 높이기 위해서 설치한다.
③ 반동수차는 낙차가 커서 반동력이 매우 크므로 수차의 출구에 견고하게 설치하여 수차를 보호하기 위하여 설치한다.
④ 반동수차는 낙차가 커서 회전차 출구와 방수면사이의 낙차를 최소화하여 반동력을 줄이기 위하여 설치한다.

해설 반동수차에서 흡출관의 설치목적
: 회전차 출구의 위치수두, 회전차에서 유출한 물의 속도수두를 유효한 에너지로 이용하기 위하여 흡출관을 설치한다.

문제 9. 다음 중 원심펌프에서 사용되는 구성요소로 볼 수 없는 것은?

① 엄펠러
② 케이싱
③ 버킷
④ 디퓨저

해설 원심펌프를 구성하는 기본요소
: 회전차(impeller), 펌프본체(vortex or whirl pool chamber), 안내깃(guide vane, diffuser vane), 와류실(spiral, volute casing), 주축(mainshaft), 축이음(shaft coupling), 베어링본체, 패킹상자, 베어링 등

해답 5. ② 6. ③ 7. ① 8. ① 9. ③

문제 10. 팬(fan)의 종류 중 날개 길이가 길고 폭이 좁으며 날개의 형상이 후향깃으로 회전방향에 대하여 뒤쪽으로 기울어져 있는 것은?

① 다익 팬　　　　② 터보 팬
③ 레이디얼 팬　　④ 익형 팬

해설> 터보팬(turbo fan) : 다른 팬에 비하여 구조가 상당히 크고 효율이 가장 좋으며 용도가 가장 많다. 케이싱은 연강제이고, 이를 보강하기 위하여 형강을 리베팅이나 용접을 하며 본체는 나선형으로 만든다.

제5과목 건설기계일반

문제 11. 휠 크레인에 대한 설명으로 틀린 것은?

① 고무바퀴식 셔블계 굴착기의 작업장치에 크레인 장치를 장착한 형태로 볼 수 있다.
② 지면과의 접지면적이 크기 때문에 연약지반에서의 작업에 적합하다.
③ 일반적으로 트럭 크레인보다 소형이며 하나의 엔진으로 크레인의 주행과 크레인 작업을 수행할 수 있다.
④ 경우에 따라 모빌 크레인, 휠타입 트랙터 크레인 등으로 불리기도 한다.

해설> 휠크레인 : 지면과의 접지면적 적고 접지압력이 커서 습지, 사지에의 작업이 불가능하지만 무한궤도식보다는 기동성, 이동성이 양호하며 평탄지면이나 포장도로에서 작업하기에 효과적이다.

문제 12. 다음 건설기계의 규격 표시방법이 잘못 연결된 것은?

① 불도저 : 작업가능상태의 중량(t)
② 로더 : 표준버킷의 산적용량(m^3)
③ 지게차 : 최대 들어올림 용량(t)
④ 모터그레이더 : 시간당 작업능력(m^3/h)

해설> 모터그레이더 : 삽날(blade)의 길이로 표시(m)

문제 13. 지게차의 스티어링 장치는 주로 어떠한 방식을 채택하고 있는가?

① 전륜 조향식　　② 포크 조향식
③ 마스트 조향식　④ 후륜 조향식

해설> 지게차의 스티어링장치 : 후륜환향(조향)식

문제 14. 크레인의 여러 가지 작업장치를 가지고 수행가능한 작업에 해당하지 않는 것은?

① 드래그라인 작업　② 아스팔트 다짐 작업
③ 어스 드릴 작업　　④ 기둥박기 작업

해설> 크레인의 작업장치 : 클램셸작업, 드래그라인작업, 파일드라이버(기둥박기)작업, 어스드릴작업, 트렌치호작업, 셔블작업 등
※ 다짐작업 : 롤러(roller)

문제 15. 비 자항식 준설선의 장단점에 대한 설명으로 틀린 것은?

① 펌프식으로 운용할 경우 거리에 제한을 받지 않고 비교적 먼 거리를 송토할 수 있다.
② 이동시 예인선 등이 필요하다.
③ 자항식에 비해 구조가 간단하고 가격이 싸다.
④ 펌프식인 경우 경토질에 부적합하며, 파이프를 수면에 띄우므로 파도의 영향을 받는다.

해설> ·이동방식에 의한 준설선의 분류
① 비자항식 준설선 : 선수에 설치된 래더(ladder) 전단의 커터를 회전시켜 펌프로 흡입하여 물과 함께 배토관을 통해 투기장까지로 운반하는 것으로 작업 중 선체이동은 선미에 설치된 스퍼드(spud)를 중심으로 선수에 있는 스윙용 윈치(winch)를 조작하여 선체를 좌우로 이동하여 작업한다.
② 자항식 준설선 : 준설선 자체의 토창을 가지고 펌프로 흡입된 토사와 물을 자체 토창에 받아 투기장까지 자항하여 투기하고 다시 제위치로 돌아와 작업을 하는 건설기계이다. 일명 호퍼 준설선이라고도 한다.

정답> 10. ②　11. ②　12. ④　13. ④　14. ②　15. ①

문제 16. 36 % Ni 성분을 지니는 Fe−Ni 합금으로 상온에서 열 팽창율이 탄소강의 약 1/10에 불과하여 불변강에 해당하는 합금은?

① 쾌삭강

② 인바(Invar)

③ 단조강

④ 서멧(Cermet)

해설 인바(invar) : Fe−Ni 36 %, 불변강으로서 선팽창계수가 적다.
〈용도〉줄자, 표준자, 시계추, 온도바이메탈 등

문제 17. 굴착 적재기계 중 하나로 버킷래더굴착기와 유사한 구조로서 커터비트(cutter bit)를 규칙적으로 배열한 체인커터를 회전시키는 커터붐을 차체에 설치하고 커터의 회전으로 토사를 굴착하는 것은?

① 트렌처(trencher)

② 크램쉘(clamshell)

③ 드래그라인(dragline)

④ 백호(back hoe)

해설 트렌처(trencher) : 버킷래더 굴착기(bucket ladder excavator)와 유사한 구조로 된 구굴기이다. 커터비트(cutter bit)를 규칙적으로 배열한 체인커터(chain cutter)를 회전시키는 커터붐(cutter boom)을 차체에 설치하고, 커터의 회전으로 토사를 굴착하도록 되어 있다. 공동구, 가스관, 상·하도수관, 전신관, 송유관 등의 장거리 매설을 위하여 도랑을 파거나 암거(暗渠)를 굴착하는데 유효하게 사용된다.

문제 18. 건설기계관리법에서 규정하는 건설기계의 범위에 해당하지 않는 것은?

① 모터 그레이더 : 정지장치를 가진 자주식인 것

② 쇄석기 : 20킬로와트 이상의 원동기를 가진 이동식인 것

③ 지게차 : 무한궤도식으로 들어올림 장치와 조종석을 가진 것

④ 준설선 : 펌프식·바켓식·디퍼식 또는 그래브식으로 비자항식인 것(해상화물운송에 사용하기 위하여 「선박법」에 따른 선박으로 등록된 것은 제외)

해설 ·건설기계의 범위

1. 불도저 : 무한궤도 또는 타이어식인 것
2. 굴삭기 : 무한궤도 또는 타이어식으로 굴삭장치를 가진 자체중량 1톤 이상인 것
3. 로더 : 무한궤도 또는 타이어식으로 적재장치를 가진 자체중량 2톤 이상인 것
4. 지게차 : 타이어식으로 들어올림장치와 조종석을 가진 것
5. 스크레이퍼 : 흙, 모래의 굴삭 및 운반장치를 가진 자주식인 것
6. 덤프트럭 : 적재용량 12톤 이상인 것
7. 기중기 : 무한궤도 또는 타이어식으로 강재의 지주 및 선회장치를 가진 것
   다만, 궤도(레일)식인 것을 제외한다.
8. 모터그레이더 : 정지장치를 가진 자주식인 것
9. 롤러 : ① 조종석과 전압장치를 가진 자주식인 것
   　　　 ② 피견인 진동식인 것
10. 노상안정기 : 노상안정장치를 가진 자주식인 것
11. 콘크리트 뱃칭플랜트 : 골재저장통, 계량장치 및 혼합장치를 가진 것으로 원동기를 가진 이동식인 것
12. 콘크리트 피니셔 : 정리 및 사상장치를 가진 것으로 원동기를 가진 것
13. 콘크리트 살포기 : 정리장치를 가진 것으로 원동기를 가진 것
14. 콘크리트 믹서트럭 : 혼합장치를 가진 자주식인 것
15. 콘크리트 펌프 : 콘크리트 배송능력이 매시간당 5세제곱미터 이상으로 원동기를 가진 이동식과 트럭적재식인 것
16. 아스팔트 믹싱플랜트 : 골재공급장치, 건조가열장치, 혼합장치, 아스팔트공급장치를 가진 것으로 원동기를 가진 이동식인 것
17. 아스팔트 피니셔 : 정리 및 사상장치를 가진 것으로 원동기를 가진 것
18. 아스팔트 살포기 : 아스팔트 살포장치를 가진 자주식인 것
19. 골재살포기 : 골재살포장치를 가진 자주식인 것
20. 쇄석기 : 20킬로와트 이상의 원동기를 가진 이동식인 것
21. 공기압축기 : 공기토출량이 매분당 2.83세제곱미터(매제곱센티미터당 7킬로그램 기준)이상의 이동식인 것
22. 천공기 : 천공장치를 가진 자주식인 것

해답 16. ② 17. ① 18. ③

23. 항타 및 항발기 : 원동기를 가진 것으로 헤머 또는 뽑는 장치의 중량이 0.5톤 이상인 것
24. 자갈채취기 : 자갈채취장치를 가진 것으로 원동기를 가진 것
25. 준설선 : 펌프식, 바켓식, 디퍼식 또는 그래브식으로 비자항식인 것
   다만, 해상화물운송에 사용하기 위하여 「선박법」에 따른 선박으로 등록된 것은 제외
26. 특수건설기계 : 제1호부터 제25호까지의 규정 및 제27호에 따른 건설기계와 유사한 구조 및 기능을 가진 기계류로서 국토교통부장관이 따로 정하는 것
27. 타워크레인 : 수직타워의 상부에 위치한 지브(jib)를 선회시켜 중량물을 상하, 전후 또는 좌우로 이동시킬 수 있는 것으로서 원동기 또는 전동기를 가진 것

문제 **19.** 다음 중 운반기계에 해당되지 않는 것은?

① 왜곤
② 덤프 트럭
③ 어스 오거
④ 모노레일

해설 · 어스오거(earth auger)
: 땅에 구멍을 뚫는 기구(bit)의 회전에 의해 흙을 굴착함과 동시에 이것을 지표로 배제하면서 소정의 깊이까지 착공하고 이어서 오거를 끌어올리면서 그 아래공간에 오거의 중공축을 통해 어거헤드(auger head)의 사출노즐로부터 모르타르 등을 압송주입해서 파일을 박아 시공하는 것이다.
※ 어스드릴(earth drill) : 시가지의 큰 건물이나 구조물 등의 기초공사 작업시 소음과 진동이 작고 큰 지름의 깊은 구멍을 뚫는데 적합한 굴착기계이다.

문제 **20.** 파워셔블의 작업에 있어서 버킷 용량은 1.5 m^3, 체적환산계수는 0.95, 작업 효율은 0.7, 버킷계수는 1.2, 1회 사이클 시간은 140초일 때 시간당 작업량(m^3/h)은?

① 7.3
② 14.6
③ 21.9
④ 29.2

해설 $Q = \dfrac{3600qkfE}{C_m} = \dfrac{3600 \times 1.5 \times 1.2 \times 0.95 \times 0.7}{140}$
$= 30.78 \, \mathrm{m}^3/\mathrm{h}$

해답 **19.** ③ **20.** ④

2016년 제2회 일반기계 기사

문제 1. 그림과 같이 균일분포 하중 w를 받는 보에서 굽힘 모멘트 선도는? 【6장】

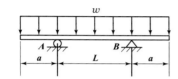

①    ②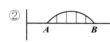

③    ④

[해설]

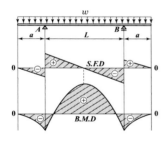

문제 2. 일단 고정 타단 롤러 지지된 부정정보의 중앙에 집중하중 P를 받고 있을 때, 롤러 지지점의 반력은 얼마인가? 【9장】

① $\dfrac{3}{16}P$ ② $\dfrac{5}{16}P$

③ $\dfrac{7}{16}P$ ④ $\dfrac{9}{16}P$

[해설]

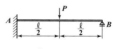

$$R_A = \frac{11}{16}P, \quad R_B = \frac{5}{16}P$$

문제 3. 지름이 d인 짧은 환봉의 축 중심으로부터 a만큼 떨어진 지점에 편심압축하중이 P가 작용할 때 단면상에서 인장응력이 일어나지 않는 a 범위는? 【10장】

① $\dfrac{d}{8}$ 이내   ② $\dfrac{d}{6}$ 이내

③ $\dfrac{d}{4}$ 이내   ④ $\dfrac{d}{2}$ 이내

[해설] 핵반경(a) : 압축응력만 일어나고, 인장응력은 일어나지 않는다.

① 원형단면 : $a = \dfrac{d}{8}$

② 사각형단면 : $a = \dfrac{b}{6}$ 또는 $\dfrac{h}{6}$

문제 4. 바깥지름 30 cm, 안지름 10 cm인 중공 원형 단면의 단면계수는 약 몇 cm³인가? 【4장】

① 2618   ② 3927

③ 6584   ④ 1309

[해설] $Z = \dfrac{\pi(d_2{}^4 - d_1{}^4)}{32 d_2} = \dfrac{\pi(30^4 - 10^4)}{32 \times 30} = 2618\,\text{cm}^3$

[해답] **1.** ④   **2.** ②   **3.** ①   **4.** ①

문제 5. 그림과 같이 하중을 받는 보에서 전단력의 최대값은 약 몇 kN인가? 【6장】

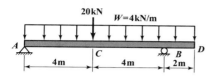

① 11 kN

② 25 kN

③ 27 kN

④ 35 kN

해설> 우선, $\sum M_B = 0$: $R_A \times 8 - 20 \times 4 - 4 \times 8 \times 4$
$$= -4 \times 2 \times 1$$
$$\therefore R_A = 25\,\mathrm{kN}$$
또한, $\overline{CB}$구간에서 임의의 x점의 전단력을 구하면
$$F_x = R_A - 20 - 4x$$
결국, B점에서 최대전단력이 생기므로
$$F_{\max} = F_{x=8m} = 25 - 20 - 4 \times 8 = |-27\,\mathrm{kN}|$$
$$= 27\,\mathrm{kN}$$

문제 6. 그림과 같은 일단 고정 타단 롤러로 지지된 등분포하중을 받는 부정정보의 B단에서 반력은 얼마인가? 【9장】

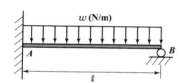

① $\dfrac{W\ell}{3}$

② $\dfrac{5}{8} W\ell$

③ $\dfrac{2}{3} W\ell$

④ $\dfrac{3}{8} W\ell$

해설> $R_A = \dfrac{5}{8}w\ell$, $R_B = \dfrac{3}{8}w\ell$

문제 7. 그림과 같이 단붙이 원형축(Stepped Circular Shaft)의 풀리에 토크가 작용하여 평형상태에 있다. 이 축에 발생하는 최대 전단응력은 몇 MPa인가? 【5장】

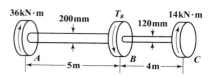

① 18.2

② 22.9

③ 41.3

④ 147.4

해설> 우선, $\tau = \dfrac{T}{Z_P} = \dfrac{16\,T}{\pi d^3}$에서
$$\tau_1 = \dfrac{T_1}{Z_{P \cdot 1}} = \dfrac{16 \times 36 \times 10^{-3}}{\pi \times 0.2^3} = 22.9\,\mathrm{MPa}$$
$$\tau_2 = \dfrac{T_2}{Z_{P \cdot 2}} = \dfrac{16 \times 14 \times 10^{-3}}{\pi \times 0.12^3} = 41.26\,\mathrm{MPa}$$
결국, $\tau_{\max} = \tau_2 = 41.26\,\mathrm{MPa}$

문제 8. 그림의 구조물이 수직하중 $2P$를 받을 때 구조물 속에 저장되는 탄성변형에너지는? (단, 단면적 A, 탄성계수 E는 모두 같다.) 【2장】

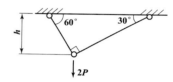

① $\dfrac{P^2 h}{4AE}(1 + \sqrt{3})$

② $\dfrac{P^2 h}{2AE}(1 + \sqrt{3})$

③ $\dfrac{P^2 h}{AE}(1 + \sqrt{3})$

④ $\dfrac{2P^2 h}{AE}(1 + \sqrt{3})$

해설> 우선, $\sin 60° = \dfrac{h}{\ell_{AC}}$에서 $\ell_{AC} = \dfrac{h}{\sin 60°} = \dfrac{2h}{\sqrt{3}}$
$$\sin 30° = \dfrac{h}{\ell_{BC}}$$에서 $\ell_{BC} = 2h$
또한, 라미의 정리에 의해
$$\dfrac{T_{AC}}{\sin 120°} = \dfrac{T_{BC}}{\sin 150°} = \dfrac{2P}{\sin 90°}$$에서
$$T_{AC} = \sqrt{3}\,P, \quad T_{BC} = P$$
결국, $U = \dfrac{P^2 \ell}{2AE}$ 꼴에서
$$U = U_{AC} + U_{BC} = \dfrac{(\sqrt{3}\,P)^2 \times \dfrac{2h}{\sqrt{3}}}{2AE} + \dfrac{P^2 \times 2h}{2AE}$$
$$= \dfrac{P^2 h}{AE}(1 + \sqrt{3})$$

정답> 5. ③ 6. ④ 7. ③ 8. ③

문제 9. 지름이 동일한 봉에 위 그림과 같이 하중이 작용할 때 단면에 발생하는 축 하중 선도는 아래 그림과 같다. 단면 C에 작용하는 하중(F)는 얼마인가? 【6장】

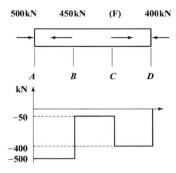

① 150   ② 250

③ 350   ④ 450

해설 $F_A = 500\,\text{kN}, \quad F_B = 450\,\text{kN},$
$F_C = 350\,\text{kN}, \quad F_D = 400\,\text{kN}$

문제 10. 강재의 인장시험 후 얻어진 응력−변형률 선도로부터 구할 수 없는 것은? 【1장】

① 안전계수   ② 탄성계수

③ 인장강도   ④ 비례한도

해설 응력−변형률선도로부터 구할 수 있는 것은 비례한도, 탄성한도, 항복점강도, 극한강도(인장강도), 파괴강도(파괴점) 등이다.

문제 11. 두께 1.0 mm의 강판에 한 변의 길이가 25 mm인 정사각형 구멍을 펀칭하려고 한다. 이 강판의 전단 파괴응력이 250 MPa일 때 필요한 압축력은 몇 kN인가? 【1장】

① 6.25   ② 12.5

③ 25.0   ④ 156.2

해설 $P = \tau A = \tau(4at) = 250 \times 4 \times 25 \times 1$
$= 25000\,\text{N} = 25\,\text{kN}$
〈참고〉 $1\,\text{MPa} = 1\,\text{N/mm}^2$

문제 12. 정육면체 형상의 짧은 기둥에 그림과 같이 측면에 홈이 파여져 있다. 도심에 작용하는 하중 P로 인하여 단면 $m-n$에 발생하는 최대압축응력은 홈이 없을 때 압축응력의 몇 배인가? 【10장】

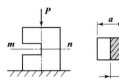

① 2   ② 4

③ 8   ④ 12

해설 우선, 홈이 없을 때 응력 $\sigma_c = \dfrac{P}{A} = \dfrac{P}{a^2}$

또한, 홈이 있을 때 응력은 편심이 작용하므로

$\sigma_{\max} = \sigma' + \sigma'' = \dfrac{P}{A} + \dfrac{M}{Z}$

$= \dfrac{P}{a \times \dfrac{a}{2}} + \dfrac{P \times \dfrac{a}{4}}{\dfrac{a}{6}\left(\dfrac{a}{2}\right)^2} = \dfrac{8P}{a^2}$

$= 8\sigma_c$

문제 13. 길이가 L이고 지름이 d_0인 원통형의 나사를 끼워 넣을 때 나사의 단위 길이 당 t_0의 토크가 필요하다. 나사 재질의 전단탄성계수가 G일 때 나사 끝단 간의 비틀림 회전량(rad)은 얼마인가? 【5장】

① $\dfrac{16t_o L^2}{\pi d_o^4 G}$ ② $\dfrac{32t_o L^2}{\pi d_o^4 G}$

③ $\dfrac{t_o L^2}{16\pi d_o^4 G}$ ④ $\dfrac{t_o L^2}{32\pi d_o^4 G}$

해설 우선, $\theta = \dfrac{TL}{GI_P} = \dfrac{TL}{G \times \dfrac{\pi d_o^4}{32}} = \dfrac{32\,TL}{G\pi d_o^4} = \dfrac{32t_o L^2}{G\pi d_o^4}$

$(\because T = t_0 L)$

결국, 나사끝단간의 비틀림 회전량은 비틀림각의 반각이므로 $\therefore \dfrac{\theta}{2} = \dfrac{16t_0 L^2}{G\pi d_0^4}$

해답 9. ③ 10. ① 11. ③ 12. ③ 13. ①

문제 14. 그림과 같이 순수 전단을 받는 요소에서 발생하는 전단응력 $\tau = 70\,\mathrm{MPa}$, 재료의 세로탄성계수는 200 GPa, 포아송의 비는 0.25일 때 전단 변형률은 약 몇 rad인가? **【3장】**

① 8.75×10^{-4} ② 8.75×10^{-3}
③ 4.38×10^{-4} ④ 4.38×10^{-3}

해설〉 우선, $mE = 2G(m+1) = 3K(m-2)$ 에서

$$G = \frac{mE}{2(m+1)} = \frac{E}{2(1+\mu)} = \frac{200 \times 10^3}{2(1+0.25)}$$
$$= 80000\,\mathrm{MPa}$$

결국, $\tau = G\gamma$ 에서

$$\therefore \gamma_{\max} = \frac{\tau_{\max}}{G} = \frac{70}{80000} = 8.75 \times 10^{-4}$$

문제 15. 그림과 같은 단순 지지보의 중앙에 집중하중 P가 작용할 때 단면이 (가)일 경우의 처짐 y_1은 단면이 (나)일 경우의 처짐 y_2의 몇 배인가? (단, 보의 전체 길이 및 보의 굽힘 강성은 일정하며 자중은 무시한다.) **【8장】**

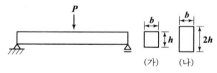

① 4 ② 8
③ 16 ④ 32

해설〉 $\delta_{\max} = y = \dfrac{P\ell^3}{48EI} \propto \dfrac{1}{I}$ 이므로

$$\therefore y_1/y_2 = \frac{\left(\dfrac{1}{I_1}\right)}{\left(\dfrac{1}{I_2}\right)} = \frac{\left[\dfrac{b(2h)^3}{12}\right]}{\left[\dfrac{bh^3}{12}\right]} = 8\,\text{배}$$

문제 16. 지름 35 cm의 차축이 0.2° 만큼 비틀렸다. 이때 최대 전단응력이 49 MPa이고, 재료

의 전단탄성계수가 80 GPa이라고 하면 이 차축의 길이는 약 몇 m인가? **【5장】**

① 2.0 ② 2.5
③ 1.5 ④ 1.0

해설〉 $\theta = \dfrac{180}{\pi} \times \dfrac{T\ell}{GI_P} = \dfrac{180}{\pi} \times \dfrac{(\tau Z_P)\ell}{GI_P}$

$$= \frac{180}{\pi} \times \frac{\tau \times \dfrac{\pi d^3}{16} \times \ell}{G \times \dfrac{\pi d^4}{32}} = \frac{180}{\pi} \times \frac{2\tau\ell}{Gd}\ \text{에서}$$

$$\therefore \ell = \frac{\theta \pi G d}{180 \times 2\tau} = \frac{0.2 \times \pi \times 80 \times 10^3 \times 0.35}{180 \times 2 \times 49}$$
$$= 0.997 \fallingdotseq 1\,\mathrm{m}$$

문제 17. 그림과 같이 벽돌을 쌓아 올릴 때 최하단 벽돌의 안전계수를 20으로 하면 벽돌의 높이 h를 얼마만큼 높이 쌓을 수 있는가?
(단, 벽돌의 비중량은 16 kN/m³, 파괴압축응력을 11 MPa로 한다.) **【2장】**

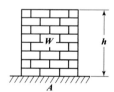

① 34.3 m ② 25.5 m
③ 45.0 m ④ 23.8 m

해설〉 우선, $\sigma_a = \dfrac{\sigma_u(=\sigma_c)}{S} = \dfrac{11 \times 10^3}{20}$

$$= 550\,\mathrm{kPa}(= \mathrm{kN/m^2})$$

결국, $\sigma_a = \gamma h$ 에서 $\therefore h = \dfrac{\sigma_a}{\gamma} = \dfrac{550}{16} = 34.375\,\mathrm{m}$

문제 18. 평면 응력상태에서 σ_x와 σ_y만이 작용하는 2축 응력에서 모어원의 반지름이 되는 것은? (단, $\sigma_x > \sigma_y$이다.) **【3장】**

① $(\sigma_x + \sigma_y)$ ② $(\sigma_x - \sigma_y)$
③ $\dfrac{1}{2}(\sigma_x + \sigma_y)$ ④ $\dfrac{1}{2}(\sigma_x - \sigma_y)$

정답〉 **14.** ① **15.** ② **16.** ④ **17.** ① **18.** ④

[해설] $\tau_{\max} = $ 모어원의 반경 $= \frac{1}{2}(\sigma_x - \sigma_y)$

[문제] 19. 전단력 10 kN이 작용하는 지름 10 cm인 원형단면의 보에서 그 중립축 위에 발생하는 최대 전단응력은 약 몇 MPa인가? 【7장】

① 1.3   ② 1.7

③ 130   ④ 170

[해설] $\tau_{\max} = \frac{4}{3} \times \frac{F}{A} = \frac{4}{3} \times \frac{10 \times 10^{-3}}{\frac{\pi}{4} \times 0.1^2} \fallingdotseq 1.7\,\text{MPa}$

[문제] 20. 지름 100 mm의 양단 지지보의 중앙에 2 kN의 집중하중이 작용할 때 보 속의 최대굽힘응력이 16 MPa일 경우 보의 길이는 약 몇 m인가? 【7장】

① 1.51   ② 3.14

③ 4.22   ④ 5.86

[해설] $M = \sigma Z$ 에서 $\frac{P\ell}{4} = \sigma \times \frac{\pi d^3}{32}$

$\therefore \ \ell = \frac{\sigma \pi d^3}{8P} = \frac{16 \times 10^3 \times \pi \times 0.1^3}{8 \times 2} = 3.14\,\text{m}$

제2과목 기계열역학

[문제] 21. 질량 1 kg의 공기가 밀폐계에서 압력과 체적이 100 kPa, 1 m^{3}이었는데 폴리트로픽 과정($PV^n =$ 일정)을 거쳐 체적이 0.5 m^{3}이 되었다. 최종 온도(T_2)와 내부 에너지의 변화량(ΔU)은 각각 얼마인가? (단, 공기의 기체상수는 287 J/kg·K, 정적비열은 718 J/kg·K, 정압비열은 1005 J/kg·K, 폴리트로프 지수는 1.3이다.) 【3장】

① $T_2 = 459.7$ K, $\Delta U = 111.3$ kJ

② $T_2 = 459.7$ K, $\Delta U = 79.9$ kJ

③ $T_2 = 428.9$ K, $\Delta U = 80.5$ kJ

④ $T_2 = 428.9$ K, $\Delta U = 57.8$ kJ

[해설] 우선, $P_1 V_1 = m R T_1$ 에서

$T_1 = \frac{P_1 V_1}{m R} = \frac{100 \times 1}{1 \times 0.287} = 348.43\,\text{K}$

$\frac{T_2}{T_1} = \left(\frac{V_1}{V_2}\right)^{n-1}$ 에서

$T_2 = T_1 \times \left(\frac{V_1}{V_2}\right)^{n-1} = 348.43 \times \left(\frac{1}{0.5}\right)^{1.3-1}$

$= 428.97\,\text{K}$

또한, $dU = m\,C_v\,dT$ 에서

$\Delta U = m\,C_v(T_2 - T_1)$

$= 1 \times 0.718 \times (428.97 - 348.43) = 57.83\,\text{kJ}$

[문제] 22. 카르노 열기관 사이클 A는 0 ℃와 100 ℃ 사이에서 작동되며 카르노 열기관 사이클 B는 100 ℃와 200 ℃ 사이에서 작동된다. 사이클 A의 효율(η_A)과 사이클 B의 효율(η_B)을 각각 구하면? 【4장】

① $\eta_A = 26.80$ %, $\eta_B = 50.00$ %

② $\eta_A = 26.80$ %, $\eta_B = 21.14$ %

③ $\eta_A = 38.75$ %, $\eta_B = 50.00$ %

④ $\eta_A = 38.75$ %, $\eta_B = 21.14$ %

[해설] $\eta_A = 1 - \frac{T_{\mathbb{I}}}{T_{\mathbb{I}}} = 1 - \frac{273}{373} = 0.268 = 26.8\,\%$

$\eta_B = 1 - \frac{T_{\mathbb{I}}}{T_{\mathbb{I}}} = 1 - \frac{373}{473} = 0.211 = 21.1\,\%$

[문제] 23. 대기압 100 kPa에서 용기에 가득 채운 프로판을 일정한 온도에서 진공펌프를 사용하여 2 kPa까지 배기하였다. 용기 내에 남은 프로판의 중량은 처음 중량의 몇 % 정도 되는가? 【3장】

① 20 %   ② 2 %

③ 50 %   ④ 5 %

[해설] $pV = GRT$ 에서 $G \propto p$ 이므로

$\therefore \ \frac{G_2}{G_1} = \frac{p_2}{p_1} = \frac{2}{100} = 0.02 = 2\,\%$

[해답] **19.** ②   **20.** ②   **21.** ④   **22.** ②   **23.** ②

문제 24. 이상기체에서 엔탈피 h와 내부에너지 u, 엔트로피 s 사이에 성립하는 식으로 옳은 것은? (단, T는 온도, v는 체적, P는 압력이다.) 【4장】

① $Tds = dh + vdP$ ② $Tds = dh - vdP$

③ $Tds = du - Pdv$ ④ $Tds = dh + d(Pv)$

해설 $\delta q = du + APdv = dh - AvdP$에서
$\delta q = Tds$이므로
$\therefore\ Tds = du + APdv$ 또는, $Tds = dh - AvdP$
단, S·I단위일 때는 A가 빠진다.

문제 25. 온도 T_2인 저온체에서 열량 Q_A를 흡수해서 온도가 T_1인 고온체로 열량 Q_R를 방출할 때 냉동기의 성능계수(coefficient of performance)는? 【9장】

① $\dfrac{Q_R - Q_A}{Q_A}$ ② $\dfrac{Q_R}{Q_A}$

③ $\dfrac{Q_A}{Q_R - Q_A}$ ④ $\dfrac{Q_A}{Q_R}$

해설 · 성적(＝성능)계수 : ε
① 냉동기 : $\varepsilon_r = \dfrac{Q_A}{W_C} = \dfrac{Q_A}{Q_R - Q_A}$
② 열펌프 : $\varepsilon_h = \dfrac{Q_R}{W_C} = \dfrac{Q_R}{Q_R - Q_A}$

문제 26. 비열비가 k인 이상기체로 이루어진 시스템이 정압과정으로 부피가 2배로 팽창할 때 시스템이 한 일이 W, 시스템에 전달된 열이 Q일 때, $\dfrac{W}{Q}$는 얼마인가?

(단, 비열은 일정하다.) 【3장】

① k ② $\dfrac{1}{k}$

③ $\dfrac{k}{k-1}$ ④ $\dfrac{k-1}{k}$

해설 "정압과정"이므로 $p = C$ 즉, $dp = 0$
우선, $W = \displaystyle\int_1^2 pdV = p(V_2 - V_1) = mR(T_2 - T_1)$
또한, $\delta q = dh - Avdp^{\,0} = C_p dT$에서
$Q = mC_p(T_2 - T_1) = m \times \dfrac{kR}{k-1}(T_2 - T_1)$
결국, $\dfrac{W}{Q} = \dfrac{mR(T_2 - T_1)}{m \times \dfrac{kR}{k-1}(T_2 - T_1)} = \dfrac{k-1}{k}$

문제 27. 냉동기 냉매의 일반적인 구비조건으로서 적합하지 않은 사항은? 【9장】

① 임계 온도가 높고, 응고 온도가 낮을 것
② 증발열이 적고, 증기의 비체적이 클 것
③ 증기 및 액체의 점성이 작을 것
④ 부식성이 없고, 안정성이 있을 것

해설 증발열이 크고, 증기의 비체적이 작을 것

문제 28. 공기 1 kg을 정적과정으로 40 ℃에서 120 ℃까지 가열하고, 다음에 정압과정으로 120 ℃에서 220 ℃까지 가열한다면 전체 가열에 필요한 열량은 약 얼마인가? (단, 정압비열은 1.00 kJ/kg·K, 정적비열은 0.71 kJ/kg·K이다.) 【3장】

① 127.8 kJ/kg   ② 141.5 kJ/kg
③ 156.8 kJ/kg   ④ 185.2 kJ/kg

해설 $\delta q = du + Apdv = dh - Avdp$에서
$\therefore\ _1q_3 = _1q_2 + _2q_3 = C_v(T_2 - T_1) + C_p(T_3 - T_2)$
$= 0.71(120 - 40) + 1 \times (220 - 120)$
$= 156.8 \text{ kJ/kg}$

문제 29. 열역학적 상태량은 일반적으로 강도성 상태량과 용량성 상태량으로 분류할 수 있다. 강도성 상태량에 속하지 않는 것은? 【1장】

① 압력   ② 온도
③ 밀도   ④ 체적

정답 24. ②   25. ③   26. ④   27. ②   28. ③   29. ④

해설 · 상태량의 종류

① 강도성 상태량 : 물질의 질량에 관계없이 그 크기가 결정되는 상태량
예) 온도, 압력, 비체적, 밀도

② 종량성 상태량 : 물질의 질량에 따라 그 크기가 결정되는 상태량, 즉 질량의 크기에 비례한다.
예) 내부에너지, 엔탈피, 엔트로피, 체적, 질량

〈참고〉 절반으로 나누었을 때 그 값이 일정하면 강도성 상태량이 되고, 그 값이 절반으로 줄면 종량성 상태량이 된다.

문제 30. 그림과 같이 중간에 격벽이 설치된 계에서 A에는 이상기체가 충만되어 있고, B는 진공이며, A와 B의 체적은 같다. A와 B 사이의 격벽을 제거하면 A의 기체는 단열비가역 자유팽창을 하여 어느 시간 후에 평형에 도달하였다. 이 경우의 엔트로피 변화 Δs는?
(단, C_v는 정적비열, C_p는 정압비열, R은 기체상수이다.) 【4장】

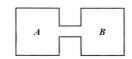

① $\Delta s = C_v \times \ln 2$ ② $\Delta s = C_p \times \ln 2$

③ $\Delta s = 0$ ④ $\Delta s = R \times \ln 2$

해설 가스가 이상기체라면 손실일(lost work)의 개념에서 격벽을 제거하면 가스가 전체의 체적을 채우고, 또한 외부로부터 최종온도가 최초온도와 같게 될 만큼의 열전달이 있었다고 가정한다.
따라서, "등온"이므로

$$\Delta s = R \ell n \frac{v_2}{v_1} = R \ell n \frac{2v_1}{v_1} = R \ell n 2$$

여기서, v_1 : A. B부분의 각각의 체적
v_2 : 격벽을 제거한 후에 전체체적($= 2v_1$)

문제 31. 수소(H_2)를 이상기체로 생각하였을 때, 절대압력 1 MPa, 온도 100 ℃에서의 비체적은 약 몇 m³/kg인가? (단, 일반기체상수는 8.3145 kJ/kmol·K이다.) 【3장】

① 0.781 ② 1.26

③ 1.55 ④ 3.46

해설 $pv = RT$에서

$$\therefore v = \frac{RT}{p} = \frac{\frac{\overline{R}}{m} \times T}{p} = \frac{\overline{R}T}{mp}$$
$$= \frac{8.3145 \times 373}{2 \times 1 \times 10^3} = 1.55 \, \text{m}^3/\text{kg}$$

문제 32. 그림과 같은 Rankine 사이클의 열효율은 약 몇 %인가? (단, $h1 = 191.8$ kJ/kg, $h2 = 193.8$ kJ/kg, $h3 = 2799.5$ kJ/kg, $h4 = 2007.5$ kJ/kg이다.) 【7장】

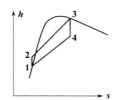

① 30.3 % ② 39.7 %
③ 46.9 % ④ 54.1 %

해설
$$\eta_R = \frac{(h_3 - h_4) - (h_2 - h_1)}{h_3 - h_2}$$
$$= \frac{(2799.5 - 2007.5) - (193.8 - 191.8)}{2799.5 - 193.8}$$
$$= 0.303 = 30.3\%$$

문제 33. 20 ℃의 공기 5 kg이 정압 과정을 거쳐 체적이 2배가 되었다. 공급한 열량은 몇 약 kJ인가? (단, 정압비열은 1 kJ/kg·K이다.) 【3장】

① 1465 ② 2198
③ 2931 ④ 4397

해설 "정압과정"이므로 $p = C$ 즉, $dp = 0$
우선, $\dfrac{V}{T} = C$ 즉, $\dfrac{V_1}{T_1} = \dfrac{V_2}{T_2}$ 에서 $\dfrac{T_1}{293} = \dfrac{2V_1}{T_2}$

$\therefore T_2 = 586 \, K$

또한, $\delta q = dh - Avd\cancel{p}^{0} = dh = C_p dT$에서
결국, $_1Q_2 = m C_p (T_2 - T_1) = 5 \times 1 \times (586 - 293)$
$= 1465 \, kJ$

해답 30. ④ 31. ③ 32. ① 33. ①

 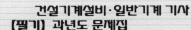
문제 34. 밀도 1000 kg/m³인 물이 단면적 0.01 m²인 관속을 2 m/s의 속도로 흐를 때, 질량유량은? 【10장】

① 20 kg/s　　② 2.0 kg/s

③ 50 kg/s　　④ 5.0 kg/s

[해설] $\dot{m} = \rho A V = 1000 \times 0.01 \times 2 = 20\,\text{kg/s}$

〈참고〉 중량유량 $\dot{G} = \gamma A V$

문제 35. 온도가 150 ℃인 공기 3 kg이 정압 냉각되어 엔트로피가 1.063 kJ/K만큼 감소되었다. 이때 방출된 열량은 약 몇 kJ인가? (단, 공기의 정압비열은 1.01 kJ/kg·K이다.) 【4장】

① 27　　② 379

③ 538　　④ 715

[해설] "정압"이므로 $\Delta S = m C_p \ln \dfrac{T_2}{T_1}$ 에서

$$-1.063 = 3 \times 1.01 \times \ln\frac{T_2}{T_1}$$

$$\ln\frac{T_2}{T_1} = -0.35 \quad 즉, \quad \frac{T_2}{T_1} = e^{-0.35} = 0.705$$

$$\therefore \ T_2 = 0.705\,T_1 = 0.705 \times (150 + 273)$$
$$= 298.215\,\text{K}$$

결국 $_1 Q_2 = m C_p (T_2 - T_1)$
$$= 3 \times 1.01 \times (298.215 - 423) = -378.1\,\text{kJ}$$

문제 36. 밀폐계의 가역 정적변화에서 다음 중 옳은 것은? (단, U : 내부에너지, Q : 전달된 열, H : 엔탈피, V : 체적, W : 일이다.) 【3장】

① $dU = dQ$　　② $dH = dQ$

③ $dV = dQ$　　④ $dW = dQ$

[해설] $\delta q = du + A p dv$에서 "정적"이므로 $v = c$

즉 $dv = 0$

$\therefore \ \delta q = du \quad 즉, \ \delta Q = dU$

문제 37. 과열증기를 냉각시켰더니 포화영역 안으로 들어와서 비체적이 0.2327 m³/kg이 되었

다. 이때의 포화액과 포화증기의 비체적이 각각 1.079×10⁻³ m³/kg, 0.5243 m³/kg이라면 건도는? 【6장】

① 0.964　　② 0.772

③ 0.653　　④ 0.443

[해설] $v = v' + x(v'' - v')$에서

$$\therefore \ x = \frac{v - v'}{v'' - v'} = \frac{0.2327 - 1.079 \times 10^{-3}}{0.5243 - 1.079 \times 10^{-3}} \fallingdotseq 0.443$$

문제 38. 오토 사이클의 압축비가 6인 경우 이론 열효율은 약 몇 %인가?
(단, 비열비=1.4이다.) 【8장】

① 51　　② 54

③ 59　　④ 62

[해설] $\eta_0 = 1 - \left(\dfrac{1}{\varepsilon}\right)^{k-1} = 1 - \left(\dfrac{1}{6}\right)^{1.4-1} = 0.51 = 51\,\%$

문제 39. 30 ℃, 100 kPa의 물을 800 kPa까지 압축한다. 물의 비체적이 0.001 m³/kg로 일정하다고 할 때, 단위 질량당 소요된 일(공업일)은? 【7장】

① 167 J/kg　　② 602 J/kg

③ 700 J/kg　　④ 1400 J/kg

[해설] 펌프는 단열압축을 하며, 여기서는 펌프일(공업일)을 의미한다.

즉, 펌프일 $w_P = v'(P_2 - P_1) = 0.001 \times (800 - 100)$
$$= 0.7\,\text{kJ/kg} = 700\,\text{J/kg}$$

문제 40. 냉동실에서의 흡수 열량이 5 냉동톤(RT)인 냉동기의 성능계수(COP)가 2, 냉동기를 구동하는 가솔린 엔진의 열효율이 20 %, 가솔린의 발열량이 43000 kJ/kg일 경우, 냉동기 구동에 소요되는 가솔린의 소비율은 약 몇 kg/h인가? (단, 1냉동톤(RT)은 약 3.86 kW이다.) 【9장】

[정답] **34.** ①　**35.** ②　**36.** ①　**37.** ④　**38.** ①　**39.** ③　**40.** ③

① 1.28 kg/h   ② 2.54 kg/h

③ 4.04 kg/h   ④ 4.85 kg/h

해설> 우선, $\varepsilon_r = \dfrac{Q_2}{Q_1 - Q_2}$ 에서 $2 = \dfrac{5 \times 3.86}{Q_1 - 5 \times 3.86}$

$\therefore Q_1 = 28.95 \, \text{kW}$

결국, $\eta = \dfrac{W_{net}}{H_\ell \times f_e} = \dfrac{Q_1 - Q_2}{H_\ell \times f_e}$ 에서

$\therefore f_e = \dfrac{Q_1 - Q_2}{H_\ell \times \eta} = \dfrac{(28.95 - 5 \times 3.86) \times 3600}{43000 \times 0.2}$

$= 4.04 \, \text{kg/hr}$

〈참고〉 $1 \, \text{kW} = 3600 \, \text{kJ/hr}$

제3과목 기계유체역학

문제 **41.** 무차원수인 스트라홀 수(Strouhal number)와 가장 관계가 먼 항목은? 【7장】

① 점도   ② 속도

③ 길이   ④ 진동흐름의 주파수

해설> 스트라홀수 $S_t = \dfrac{\ell \omega}{V} = \dfrac{d\omega}{V}$

여기서, ℓ : 관의 길이, d : 관의 지름,
V : 속도, ω : 주파수

문제 **42.** 수면의 높이 차이가 H인 두 저수지 사이에 지름 d, 길이 ℓ인 관로가 연결되어 있을 때 관로에서의 평균 유속(V)을 나타내는 식은? (단, f는 관마찰계수이고, g는 중력가속도이며, K_1, K_2는 관입구와 출구에서 부차적 손실계수이다.) 【6장】

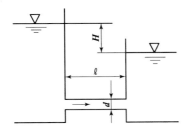

① $V = \sqrt{\dfrac{2gdH}{K_1 + f\ell + K_2}}$

② $V = \sqrt{\dfrac{2gH}{K_1 + f + K_2}}$

③ $V = \sqrt{\dfrac{2gH}{K_1 + \dfrac{f}{\ell} + K_2}}$

④ $V = \sqrt{\dfrac{2gH}{K_1 + f\dfrac{\ell}{d} + K_2}}$

해설> 우선, 좌·우수면에 베르누이 방정식을 적용하면

$\dfrac{P_1}{\gamma}^{\nearrow 0} + \dfrac{V_1^2}{2g}^{\nearrow 0} + Z_1 = \dfrac{P_2}{\gamma}^{\nearrow 0} + \dfrac{V_2^2}{2g}^{\nearrow 0} + Z_2 + h_\ell$ 에서

$h_\ell = Z_1 - Z_2 = H$임을 알 수 있다.

또한, 돌연축소관에서의 손실수두 $h_{\ell \cdot 1} = K_1 \dfrac{V^2}{2g}$

관마찰에 의한 손실수두 $h_{\ell \cdot 2} = f \dfrac{\ell}{d} \dfrac{V^2}{2g}$

돌연확대관에서의 손실수두 $h_{\ell \cdot 3} = K_2 \dfrac{V^2}{2g}$

결국, $h_\ell = H = h_{\ell \cdot 1} + h_{\ell \cdot 2} + h_{\ell \cdot 3}$

$= \dfrac{V^2}{2g}\left(K_1 + f\dfrac{\ell}{d} + K_2\right)$

$\therefore V = \sqrt{\dfrac{2gH}{K_1 + f\dfrac{\ell}{d} + K_2}}$

문제 **43.** 다음 〈보기〉 중 무차원수를 모두 고른 것은? 【7장】

〈보기〉	
a. Reynolds 수	b. 관마찰계수
c. 상대조도	d. 일반기체상수

① a, c   ② a, b

③ a, b, c   ④ b, c, d

해설> 일반기체상수 : $R(\text{N} \cdot \text{m/kg} \cdot \text{K})$

문제 **44.** 정지된 액체 속에 잠겨있는 평면이 받는 압력에 의해 발생하는 합력에 대한 설명으로 옳은 것은? 【2장】

해답 **41.** ①   **42.** ④   **43.** ③   **44.** ②

① 크기가 액체의 비중량에 반비례한다.

② 크기는 도심에서의 압력에 면적을 곱한 것과 같다.

③ 작용점은 평면의 도심과 일치한다.

④ 수직평면의 경우 작용점이 도심보다 위쪽에 있다.

해설 전압력 $F = \gamma h A$ (수평면일 때)

또는, $\gamma \overline{h} A$ (경사면일 때)

＝도심점 압력×평판의 단면적

문제 45. 평판으로부터의 거리를 y라고 할 때 평판에 평행한 방향의 속도 분포($u(y)$)가 아래와 같은 식으로 주어지는 유동장이 있다. 여기에서 U와 L은 각각 유동장의 특성속도와 특성길이를 나타낸다. 유동장에서는 속도 $u(y)$만 있고, 유체는 점성계수가 μ인 뉴턴 유체일 때 $y = L/8$에서의 전단응력은? 【1장】

$$u(y) = U\left(\frac{y}{L}\right)^{2/3}$$

① $\dfrac{2\mu U}{3L}$ ② $\dfrac{4\mu U}{3L}$

③ $\dfrac{8\mu U}{3L}$ ④ $\dfrac{16\mu U}{3L}$

해설 $u = U \times \dfrac{y^{2/3}}{L^{2/3}}$ 이므로

$$\tau = \mu\frac{du}{dy} = \mu U \times \frac{\frac{2}{3}y^{-\frac{1}{3}}}{L^{2/3}}\bigg|_{y=\frac{L}{8}} = \frac{2}{3}\mu U \times \frac{\left(\frac{L}{8}\right)^{-\frac{1}{3}}}{L^{2/3}}$$

$$= \frac{2}{3}\mu U \times \left(\frac{1}{8}\right)^{-\frac{1}{3}} \times L^{-\frac{1}{3}} \times L^{-\frac{2}{3}}$$

$$= \frac{2}{3}\mu U \times 2 \times L^{-1} = \frac{4\mu U}{3L}$$

문제 46. 다음 중 단위계(System of Unit)가 다른 것은? 【5장】

① 항력(Drag)

② 응력(Stress)

③ 압력(Pressure)

④ 단위 면적 당 작용하는 힘

해설 ·항력 : N

·응력, 압력 : 단위면적당 작용하는 힘(N/m²)

문제 47. 지름비가 1 : 2 : 3인 모세관의 상승높이 비는 얼마인가? (단, 다른 조건은 모두 동일하다고 가정한다.) 【1장】

① 1 : 2 : 3 ② 1 : 4 : 9

③ 3 : 2 : 1 ④ 6 : 3 : 2

해설 $h = \dfrac{4\sigma\cos\beta}{\gamma d} \propto \dfrac{1}{d}$

결국, $h_1 : h_2 : h_3 = \dfrac{1}{d_1} : \dfrac{1}{d_2} : \dfrac{1}{d_3} = \dfrac{1}{1} : \dfrac{1}{2} : \dfrac{1}{3}$

$= 6 : 3 : 2$

문제 48. 다음 중 유량을 측정하기 위한 장치가 아닌 것은? 【10장】

① 위어(weir)

② 오리피스(orifice)

③ 피에조미터(piezo meter)

④ 벤투리미터(venturi meter)

해설 ·정압측정 : 피에조미터, 정압관

·유량측정 : 벤투리미터, 노즐, 오리피스, 위어

문제 49. 국소 대기압이 710 mmHg일 때, 절대압력 50 kPa은 게이지 압력으로 약 얼마인가? 【2장】

① 44.7 Pa 진공 ② 44.7 Pa

③ 44.7 kPa 진공 ④ 44.7 kPa

해설 $p = p_0 + p_g$에서

$\therefore p_g = p - p_0 = 50\,\text{kPa} - 710\,\text{mmHg}$

$= 50\,\text{kPa} - \dfrac{710}{760} \times 101.325\,\text{kPa}$

$= -44.7\,\text{kPa} = 44.7\,\text{kPa}\,(진공)$

정답 **45.** ② **46.** ① **47.** ④ **48.** ③ **49.** ③

문제 50. 지름은 200 mm에서 지름 100 mm로 단면적이 변하는 원형관 내의 유체 흐름이 있다. 단면적 변화에 따라 유체 밀도가 변경 전 밀도의 106 %로 커졌다면, 단면적이 변한 후의 유체 속도는 약 몇 m/s인가? (단, 지름 200 mm에서 유체의 밀도는 800 kg/m³, 평균 속도는 20 m/s이다.) 【3장】

① 52 　　　　　② 66
③ 75 　　　　　④ 89

해설> $\dot{M} = \rho A V = C$에서 　　$\rho_1 A_1 V_1 = \rho_2 A_2 V_2$

$800 \times \dfrac{\pi \times 0.2^2}{4} \times 20 = 800 \times 1.06 \times \dfrac{\pi \times 0.1^2}{4} \times V_2$

$\therefore \ V_2 = 75.47 \, \text{m/s}$

문제 51. 지름이 0.01 m인 관 내로 점성계수 0.005 N·s/m², 밀도 800 kg/m³인 유체가 1 m/s의 속도로 흐를 때 이 유동의 특성은? 【5장】

① 층류 유동
② 난류 유동
③ 천이 유동
④ 위 조건으로는 알 수 없다.

해설> $R_e = \dfrac{\rho V d}{\mu} = \dfrac{800 \times 1 \times 0.01}{0.005} = 1600 < 2100$ 이므로 "층류유동"이다.

문제 52. 스프링 상수가 10 N/cm인 4개의 스프링으로 평판 A를 벽 B에 그림과 같이 장착하였다. 유량 0.01 m³/s, 속도 10 m/s인 물 제트가 평판 A의 중앙에 직각으로 충돌할 때, 평판과 벽 사이에서 줄어드는 거리는 약 몇 cm인가? 【4장】

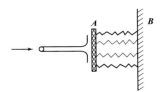

① 2.5 　　　　　② 1.25
③ 10.0 　　　　　④ 5.0

해설> 우선, 병렬연결이므로 $k = 4k_1 = 4 \times 10$
　　　　　　　　　　$= 40 \, \text{N/cm}$

또한, $F = \rho Q V = 1000 \times 0.01 \times 10 = 100 \, \text{N}$

결국, $k = \dfrac{F}{\delta}$에서 　　$\therefore \ \delta = \dfrac{F}{k} = \dfrac{100}{40} = 2.5 \, \text{cm}$

문제 53. 2차원 속도장이 $\vec{V} = y^2 \hat{i} - xy \hat{j}$로 주어질 때 (1, 2) 위치에서의 가속도의 크기는 약 얼마인가? 【3장】

① 4 　　　　　② 6
③ 8 　　　　　④ 10

해설> $\vec{V} = u\vec{i} = v\vec{j} = y^2\vec{i} - xy\vec{j}$이므로 　　$u = y^2, \ v = -xy$

가속도 $a = u\dfrac{\partial \vec{V}}{\partial x} + v\dfrac{\partial \vec{V}}{\partial y}$
$= y^2(-y\vec{i}) + (-xy)(2y\vec{i} - x\vec{j})$
$= -y^3\vec{j} - 2xy^2\vec{i} + x^2y\vec{j}$
$= -2xy^2\vec{i} + (x^2y - y^3)\vec{j}$
$= (-2 \times 1 \times 2^2)\vec{i} + (1^2 \times 2 - 2^3)\vec{j}$
$= -8\vec{i} - 6\vec{j}$

결국, 　　$\therefore \ a = \sqrt{8^2 + 6^2} = 10 \, \text{m/s}^2$

문제 54. 낙차가 100 m이고 유량이 500 m³/s인 수력발전소에서 얻을 수 있는 최대발전용량은? 【3장】

① 50 kW 　　　　　② 50 MW
③ 490 kW 　　　　　④ 490 MW

해설> 동력 $P = \gamma Q H = 9800 \times 10^{-6} \times 500 \times 100$
　　　　$= 490 \, \text{MW}$

문제 55. 노즐을 통하여 풍량 $Q = 0.8$ m³/s일 때 마노미터수두 높이차 h는 약 몇 m인가? (단, 공기의 밀도는 1.2 kg/m³, 물의 밀도는

───────────────────────────────

해답> **50.** ③ 　**51.** ① 　**52.** ① 　**53.** ④ 　**54.** ④ 　**55.** ②

1000 kg/m^{3}이며, 노즐 유량계의 송출계수는 1
로 가정한다.)　　　　　　　　　【10장】

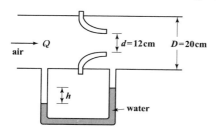

① 0.13　　　　　　② 0.27
③ 0.48　　　　　　④ 0.62

해설 $Q = CA_1 V = \dfrac{\pi d^2}{4} \times \sqrt{2gh\left(\dfrac{\rho_0}{\rho} - 1\right)}$ 에서

$0.8 = 1 \times \dfrac{\pi \times 0.12^2}{4} \times \sqrt{2 \times 9.8 \times \left(\dfrac{1000}{1.2} - 1\right)}$

∴ $h = 0.3067\,\mathrm{m}$

문제 **56.** Blasius의 해석결과에 따라 평판 주위
의 유동에 있어서 경계층 두께에 관한 설명으
로 틀린 것은?　　　　　　　　　【5장】

① 유체 속도가 빠를수록 경계층 두께는 작
　아진다.
② 밀도가 클수록 경계층 두께는 작아진다.
③ 평판 길이가 길수록 평판 끝단부의 경계
　층 두께는 커진다.
④ 점성이 클수록 경계층 두께는 작아진다.

해설 점성이 클수록 경계층 두께는 커진다.

문제 **57.** 포텐셜 함수가 $K\theta$인 선와류 유동이 있
다. 중심에서 반지름 1 m인 원주를 따라 계산
한 순환(circulation)은?

(단, $\vec{V} = \nabla\phi = \dfrac{\partial\phi}{\partial r}\hat{i}_r + \dfrac{1}{r}\dfrac{\partial\phi}{\partial\theta}\hat{i}_\theta$이다.)　【3장】

① 0　　　　　　② K
③ πK　　　　　④ $2\pi K$

해설 우선 $\phi = K\theta$이므로

$\vec{V} = \nabla\phi = \dfrac{\partial\phi^{\,0}}{\partial r}\vec{i}_r + \dfrac{1}{r}\dfrac{\partial\phi}{\partial\theta}\vec{i}_\theta = \dfrac{K}{r}\vec{i}_\theta$

결국, 순환 $\Gamma = \oint \vec{V}\cdot d\vec{S} = \displaystyle\int_0^{2\pi} \dfrac{K}{r}\vec{i}_\theta \cdot r\,d\theta\,\vec{i}_\theta$

$= K\displaystyle\int_0^{2\pi} d\theta \ (\because \ \vec{i}_\theta \cdot \vec{i}_\theta = 1)$

$= K\,[\,\theta\,]_0^{2\pi} = 2\pi K$

문제 **58.** 수면에 떠 있는 배의 저항문제에 있어
서 모형과 원형 사이에 역학적 상사(相似)를 이
루려면 다음 중 어느 것이 중요한 요소가 되는
가?　　　　　　　　　　　　　　【7장】

① Reynolds number, Mach number
② Reynolds number, Froude number
③ Weber number, Euler number
④ Mach number, Weber number

해설 "배"의 저항문제이므로 프루우드수(Froude Number)
가 매우 중요하다.

문제 **59.** 지름 D인 파이프 내에 점성 μ인 유체
가 층류로 흐르고 있다. 파이프 길이가 L일 때,
유량과 압력 손실 Δp의 관계로 옳은 것은?
　　　　　　　　　　　　　　　【5장】

① $Q = \dfrac{\pi\Delta p D^2}{128\mu L}$　　　② $Q = \dfrac{\pi\Delta p D^2}{256\mu L}$

③ $Q = \dfrac{\pi\Delta p D^4}{128\mu L}$　　　④ $Q = \dfrac{\pi\Delta p D^4}{256\mu L}$

해설 하겐-포아젤방정식 : $Q = \dfrac{\Delta p\pi D^4}{128\mu L}$

문제 **60.** 조종사가 2000 m의 상공을 일정속도
로 낙하산으로 강하하고 있다. 조종사의 무게가
1000 N, 낙하산 지름이 7 m, 항력계수가 1.3
일 때 낙하 속도는 약 몇 m/s인가?
(단, 공기 밀도는 1 kg/m^{3}이다.)　【5장】

정답 **56.** ④　**57.** ④　**58.** ②　**59.** ③　**60.** ②

① 5.0   ② 6.3

③ 7.5   ④ 8.2

해설〉 항력 $D = W = C_D \dfrac{\rho V^2}{2} A$ 에서

$$1000 = 1.3 \times \dfrac{1 \times V^2}{2} \times \dfrac{\pi \times 7^2}{4} \quad \therefore \ V = 6.3 \, \mathrm{m/s}$$

제4과목 기계재료 및 유압기기

문제 61. 대표적인 주조경질 합금으로 코발트를 주성분으로 한 Co−Cr−W−C계 합금은?

① 라우탈(lutal)   ② 실루민(silumin)

③ 세라믹(ceramic)   ④ 스텔라이트(stellite)

해설〉 주조경질합금(상품명 : 스텔라이트)
: 주조한 상태로 연삭하여 사용하는 공구로 열처리가 불필요하며 W−Co−Cr−C계 합금이다.

문제 62. 두랄루민의 합금 조성으로 옳은 것은?

① Al−Cu−Zn−Pb   ② Al−Cu−Mg−Mn

③ Al−Zn−Si−Sn   ④ Al−Zn−Ni−Mn

해설〉 두랄루민(D) : Al−Cu−Mg−Mn계 합금으로 시효경화시키면 기계적 성질이 향상된다. 용도로는 항공기, 자동차 등의 재료로 사용

문제 63. 강의 열처리 방법 중 표면경화법에 해당하는 것은?

① 마퀜칭   ② 오스포밍

③ 침탄질화법   ④ 오스템퍼링

해설〉 · 강의 표면경화법
① 물리적 표면경화법 : 고주파경화법, 화염경화법
② 화학적 표면경화법 : 침탄법, 질화법, 청화법
③ 금속침투법 : 세라다이징, 크로마이징, 칼로라이징, 실리콘나이징, 보로나이징
④ 기타 표면경화법 : 숏피닝, 방전경화법

문제 64. 고속도공구강(SKH2)의 표준조성에 해당되지 않는 것은?

① W   ② V

③ Al   ④ Cr

해설〉 · 표준형 고속도강
: 0.8 %C＋W(18 %)−Cr(4 %)−V(1 %)
① 담금질 온도 : 1260∼1300 ℃(1차 경화)
② 뜨임 온도 : 550∼580 ℃(2차 경화)

문제 65. 다음 중 비중이 가장 큰 금속은?

① Fe   ② Al

③ Pb   ④ Cu

해설〉 Fe : 7.87, Al : 2.7, Pb : 11.36, Cu : 8.96

문제 66. 서브제로(sub−Zero)처리 관한 설명으로 틀린 것은?

① 마모성 및 피로성이 향상된다.
② 잔류오스테나이트를 마텐자이트화 한다.
③ 담금질을 한 강의 조직이 안정화 된다.
④ 시효변화가 적으며 부품의 치수 및 형상이 안정된다.

해설〉 · 서브제로처리(sub−zero treatment)(＝심냉처리)
서브(sub)는 하(下), 제로(zero)는 0의 뜻이며 즉, 0 ℃보다 낮은 온도로 처리하는 것을 서브제로처리라 한다.
서브제로처리는
① 담금질한 조직의 안정화(stabilization)
② 게이지강 등의 자연시효(seasoning)
③ 공구강의 경도증가와 성능향상
④ 수축끼워맞춤(shrink fit) 등을 위해서 하게 된다.
일반적으로 담금질한 강에는 약간(5∼20 %)의 오스테나이트가 잔류하는 것이 되므로 이것이 시일이 경과되면 마텐자이트로 변화하기 때문에 모양과 치수 그리고 경도에 변화가 생긴다. 이것을 경년변화라고 한다. 서브제로처리를 하면 잔류오스테나이트가 마텐자이트로 변해 경도가 커지고 치수변화가 없어진다. 게이지류에 서브제로처리를 하면 시효변형을 방지할 수 있으며, 공구강 특히 고속도강을 처리하면 경도가 증가해서 절삭성능이 향상된다.

해답〉 **61.** ④   **62.** ②   **63.** ③   **64.** ③   **65.** ③   **66.** ①

문제 67. 고 망간강에 관한 설명으로 틀린 것은?

① 오스테나이트 조직을 갖는다.
② 광석·암석의 파쇄기의 부품 등에 사용된다.
③ 열처리에 수인법(water toughening)이 이용된다.
④ 열전도성이 좋고 팽창계수가 작아 열변형을 일으키지 않는다.

해설 · 망간(Mn)강 : Mn을 다량으로 첨가한 Mn강은 공기 중에서 냉각하여도 쉽게 마텐자이트 또는 오스테나이트 조직으로 된다.
① 저Mn강(ducole steel ; 펄라이트계, 1~2 % Mn) : 항복점과 인장강도가 대단히 크다. 전연성의 감소가 비교적 적다.
〈용도〉 조선, 차량, 건축, 교량, 토목구조물 등에 사용된다.
② 고Mn강(hard field steel ; 오스테나이트계, 10~14 % Mn) : 경도는 낮으나 내마모성이 크다.
〈용도〉 기차레일의 교차점, 분쇄기롤러, 광산기계 등에 사용된다.

문제 68. 강의 5대 원소만을 나열한 것은?

① Fe, C, Ni, Si, Au
② Ag, C, Si, Co, P
③ C, Si, Mn, P, S
④ Ni, C, Si, Cu, S

해설 탄소강 중에 함유된 5대 원소 : C, Si, Mn, P, S

문제 69. C와 Si의 함량에 따른 주철의 조직을 나타낸 조직 분포도는?

① Gueiner, Klingenstein 조직도
② 마우러(Maurer) 조직도
③ Fe−C 복평형 상태도
④ Guilet 조직도

해설 마우러조직도(Maurer's diagram)
: 1924년 Maurer가 만든 것으로 C와 Si량에 따른 주철의 조직도를 나타낸 것이다.

문제 70. 과공석강의 탄소함유량(%)으로 옳은 것은?

① 약 0.01~0.02 %   ② 약 0.02~0.80 %
③ 약 0.80~2.0 %   ④ 약 2.0~4.3 %

해설 · 탄소함유량에 따른 강의 분류
① 아공석강 : 0.02~0.77 %C
② 공석강 : 0.77 %C
③ 과공석강 : 0.77~2.11 %C

문제 71. 그림과 같이 P_3의 압력은 실린더에 작용하는 부하의 크기 혹은 방향에 따라 달라질 수 있다. 그러나 중앙의 "A"에 특정 밸브를 연결하면 P_3의 압력 변화에 대하여 밸브 내부에서 P_2의 압력을 변화시켜 ΔP를 항상 일정하게 유지시킬 수 있는데 "A"에 들어갈 수 있는 밸브는 무엇인가?

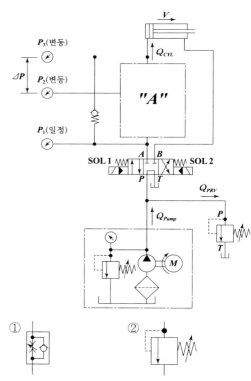

③ ④

해설▶ 유량조정밸브 : 유압실린더나 유압모터 등 유압 작동기의 운동속도를 제어하기 위하여 유량을 조정하는 밸브이며, 관로 일부의 단면적을 줄여서 저항을 주어 유압회로의 유량을 제어하는 것으로 일명, 속도제어밸브라고도 한다.

문제 **72.** 유량제어 밸브를 실린더 출구 측에 설치한 회로로서 실린더에서 유출되는 유량을 제어하는 피스톤 속도를 제어하는 회로는?

① 미터 인 회로 ② 카운터 밸런스 회로
③ 미터 아웃 회로 ④ 블리드 오프 회로

해설▶ ·유량조정밸브에 의한 회로
① 미터 인 회로 : 액추에이터의 입구쪽 관로에서 유량을 교축시켜 작동속도를 조절하는 방식
② 미터 아웃 회로 : 유량제어밸브를 실린더의 출구 측에 설치한 회로로서 실린더에서 유출되는 유량을 제어하여 피스톤 속도를 제어하는 회로
③ 블리드 오프 회로 : 실린더 입구의 분지회로에 유량제어밸브를 설치하여 실린더 입구측의 불필요한 압유를 배출시켜 작동효율을 증진시킨 회로

문제 **73.** 그림과 같은 방향 제어 밸브의 명칭으로 옳은 것은?

① 4 ports−4 control position valve
② 5 ports−4 control position valve
③ 4 ports−2 control position valve
④ 5 ports−2 control position valve

해설▶ 포트수(=접속수) : 밸브와 주관로와의 접속구구단, 파일럿과 드레인 포트는 제외

문제 **74.** 다음 유압 작동유 중 난연성 작동유에 해당하지 않는 것은?

① 물−글리콜형 작동유
② 인산 에스테르형 작동유
③ 수중 유형 유화유
④ R&O형 작동유

해설▶ ·유압작동유의 종류
① 석유계 작동유 : 터빈유, 고점도지수 유압유
〈용도〉 일반산업용, 저온용, 내마멸성용
② 난연성 작동유
㉠ 합성계 : 인산에스테르, 염화수소, 탄화수소
〈용도〉 항공기용, 정밀제어장치용
㉡ 수성계(함수계) : 물−글리콜계, 유화계
〈용도〉 다이캐스팅머신용, 각종프레스기계용, 압연기용, 광산기계용

문제 **75.** 유입관로의 유량이 25 L/min일 때 내경이 10.9 mm라면 관내 유속은 약 몇 m/s인가?

① 4.47 ② 14.62
③ 6.32 ④ 10.27

해설▶ $Q = AV$에서

$$\therefore V = \frac{Q}{A} = \frac{\left(\frac{25 \times 10^{-3}}{60}\right)}{\frac{\pi}{4} \times 0.0109^2} ≒ 4.47 \,\text{m/s}$$

문제 **76.** 일반적으로 저점도유를 사용하며 유압시스템의 온도도 60~80 ℃ 정도로 높은 상태에서 운전하여 유압시스템 구성기기의 이물질을 제거하는 작업은?

① 엠보싱
② 블랭킹
③ 플러싱
④ 커미싱

해설▶ 플러싱(flushing) : 유압회로내 이물질을 제거하는 것과 작동유 교환시 오래된 오일과 슬러지를 용해하여 오염물의 전량을 회로밖으로 배출시켜서 회로를 깨끗하게 하는 작업을 말한다.

해답 **72.** ③ **73.** ④ **74.** ④ **75.** ① **76.** ③

문제 77. 실린더 안을 왕복 운동하면서, 유체의 압력과 힘의 주고 받음을 하기 위한 지름에 비하여 길이가 긴 기계 부품은?

① spool

② land

③ port

④ plunger

> **해설** ① 스풀(spool) : 원통형 미끄럼면에 내접하여 축방향으로 이동하여 유로를 개폐하는 꼬챙이 모양의 구성부품
> ② 랜드(land) : 스풀의 밸브작용을 하는 미끄럼면
> ③ 포트(port) : 작동유체통로의 열린 부분

문제 78. 한 쪽 방향으로 흐름은 자유로우나 역방향의 흐름을 허용하지 않는 밸브는?

① 셔틀 밸브

② 체크 밸브

③ 스로틀 밸브

④ 릴리프 밸브

> **해설** 체크밸브(역지밸브) : 한 방향의 유동은 허용하나 역방향의 유동은 완전히 저지하는 역할을 하는 밸브

문제 79. 유압회로에서 감속회로를 구성할 때 사용되는 밸브로 가장 적합한 것은?

① 디셀러레이션 밸브

② 시퀀스 밸브

③ 저압우선형 셔틀 밸브

④ 파일럿 조작형 체크 밸브

> **해설** 감속밸브(deceleration valve) : 유압실린더나 유압모터의 속도를 감속하기 위한 밸브이다.

문제 80. 그림과 같은 유압 회로도에서 릴리프 밸브는?

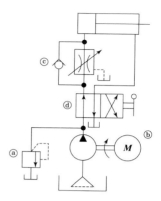

① ⓐ

② ⓑ

③ ⓒ

④ ⓓ

> **해설** ⓐ 릴리프 밸브, ⓑ 전동기, ⓒ 체크밸브, ⓓ 4포트 2위치 4방밸브

제5과목 기계제작법 및 기계동력학

문제 81. x방향에 대한 운동 방정식이 다음과 같이 나타날 때 이 진동계에서의 감쇠 고유진동수(damped natural frequency)는 약 몇 rad/s 인가?

$$2\ddot{x} + 3\dot{x} + 8x = 0$$

① 2.75

② 1.35

③ 2.25

④ 1.85

> **해설** $m = 2, \quad c = 3, \quad k = 8$
> $$\omega_n = \sqrt{\frac{k}{m}} = \sqrt{\frac{8}{2}} = 2$$
> $$\xi = \frac{c}{c_{cr}} = \frac{c}{2\sqrt{mk}} = \frac{3}{2\sqrt{2 \times 8}} = 0.375$$
> $$\therefore \omega_{nd} = \omega_n \sqrt{1 - \xi^2} = 2 \times \sqrt{1 - 0.375^2} = 1.854\,\mathrm{rad/s}$$

정답 77.④ 78.② 79.① 80.① 81.④

문제 82. 감쇠비 ζ가 일정할 때 전달률을 1보다 작게 하려면 진동수비는 얼마의 크기를 가지고 있어야 하는가?

① 1보다 작아야 한다.
② 1보다 커야 한다.
③ $\sqrt{2}$ 보다 작아야 한다.
④ $\sqrt{2}$ 보다 커야 한다.

해설
· 전달률(TR)과 진동수비 $\left(\gamma = \dfrac{\omega}{\omega_n}\right)$의 관계
① $TR = 1$이면 $\gamma = \sqrt{2}$
② $TR < 1$이면 $\gamma > \sqrt{2}$
③ $TR > 1$이면 $\gamma < \sqrt{2}$

강체의 운동학	평면운동의 형태	보 기
병진운동	직선병진운동	로켓시험
	곡선병진운동	판의 회전수
고정축에 대한 회전운동		진자
일반평면운동		피스톤 연결봉

문제 83. 그림과 같이 길이가 서로 같고 평행인 두 개의 부재에 매달려 운동하는 평판의 운동의 형태는?

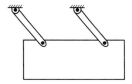

① 병진운동
② 고정축에 대한 회전운동
③ 고정점에 대한 회전운동
④ 일반적인 평면운동(회전운동 및 병진운동이 아닌 평면운동)

해설 ① 병진운동 : 물체내의 모든 성분들이 운동하는 동안 평행한 경로를 따라 움직일 때의 운동
ㄱ 직선병진운동 : 물체내의 모든 질점의 운동경로가 평행한 직선을 따라 이루어질 때의 운동
ㄴ 곡선병진운동 : 운동이 평행한 곡선을 따라 일어나는 운동
② 고정축에 대한 회전운동 : 강체가 하나의 고정된 축 주위로 회전할 때 회전축상의 점을 제외한 다른 질점들은 원형경로를 따라 움직일 때의 운동
③ 일반 평면운동 : 병진운동과 회전운동이 동시에 일어나며, 기준면내에서의 병진운동과 기준면에 수직인 축 주위의 회전운동이 생기는 운동

문제 84. 질량 10 kg인 상자가 정지한 상태에서 경사면을 따라 A지점에서 B지점까지 미끄러져 내려왔다. 이 상자의 B지점에서의 속도는 약 몇 m/s인가? (단, 상자와 경사면 사이의 동마찰계수(μ_k)는 0.3이다.)

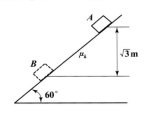

① 5.3   ② 3.9
③ 7.2   ④ 4.6

해설

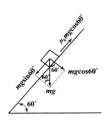

우선, $A \cdot B$ 사이의 경사거리를 x라 하면

$\sin 60° = \dfrac{\sqrt{3}}{x}$ 에서　　$x = \dfrac{\sqrt{3}}{\sin 60°} = 2 m$

또한,　마찰일량=운동에너지　$\Delta T = \dfrac{1}{2} m (V_B^2 - V_A^2)$

에서

$$(mg\sin 60° - \mu_k mg\cos 60°)x = \dfrac{1}{2} m (V_B^2 - V_A^2)$$

$$gx(\sin 60° - \mu_k\cos 60°) = \dfrac{1}{2}(V_B^2 - V_A^2)$$

$$9.8 \times 2(\sin 60° - 0.3\cos 60°) = \dfrac{1}{2}(V_B^2 - 0)$$

$$\therefore V_B \fallingdotseq 5.3\,m/s$$

문제 85. 질량이 100 kg이고 반지름이 1 m인 구의 중심에 420 N의 힘이 그림과 같이 작용하여 수평면 위에서 미끄러짐 없이 구르고 있다. 바퀴의 각가속도는 몇 rad/s²인가?

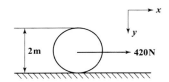

① 2.2　　　　　　② 2.8

③ 3　　　　　　　④ 3.2

해설 $\sum M_0 = J_0\alpha$ 에서　　$Pr = (J_G + mr^2)\alpha$

$$Pr = \left(\dfrac{2mr^2}{5} + mr^2\right)\alpha$$

$$Pr = \dfrac{7mr^2}{5}\alpha$$

$$\therefore \alpha = \dfrac{5P}{7m} = \dfrac{5 \times 420}{7 \times 100} = 3\,rad/s^2$$

문제 86. 주기운동의 변위 $x(t)$가 $x(t) = A\sin\omega t$로 주어졌을 때 가속도의 최대값은 얼마인가?

① A　　　　　　② ωA

③ $\omega^2 A$　　　　　④ $\omega^3 A$

해설 변위　$x = A\sin\omega t$

속도　$V = \dot{x} = A\omega\cos\omega t$

　　　→ 최대속도　$V_{max} = A\omega$

가속도　$a = \ddot{x} = -A\omega^2\sin\omega t$

　　　→ 최대가속도　$a_{max} = -A\omega^2$

문제 87. 36 km/h의 속력으로 달리던 자동차 A가, 정지하고 있던 자동차 B와 충돌하였다. 충돌 후 자동차 B는 2 m만큼 미끄러진 후 정지하였다. 두 자동차 사이의 반발계수 e는 얼마인가? (단, 자동차 A, B의 질량은 동일하며 타이어와 노면의 동마찰계수는 0.8이다.)

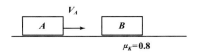

① 0.06　　　　　　② 0.08

③ 0.10　　　　　　④ 0.12

해설 우선, 충돌전의 속도(V_A, V_B)는

$$V_A = 36\,km/hr = \dfrac{36 \times 10^3}{3600}\,m/s = 10\,m/s$$

$$V_B = 0$$

또한, 충돌후의 속도(V_A', V_B')는

$$V_A' = 10 - 5.6 = 4.4\,m/s$$

$$V_B' = 5.6\,m/s$$

$$\therefore \begin{cases} E = \mu mgS = \dfrac{1}{2}m\,V_B'^2 \text{에서} \quad \mu gS = \dfrac{1}{2}V_B'^2 \\[6pt] 0.8 \times 9.8 \times 2 = \dfrac{1}{2}V_B'^2 \\[6pt] \therefore V_B' = 5.6\,m/s \end{cases}$$

결국, $e = \dfrac{V_B' - V_A'}{V_A - V_B} = \dfrac{5.6 - 4.4}{10 - 0} = 0.12$

문제 88. 기중기 줄에 200 N과 160 N의 일정한 힘이 작용하고 있다. 처음에 물체의 속도는 밑으로 2 m/s였는데, 5초 후에 물체 속도의 크기는 약 몇 m/s인가?

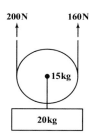

① 0.18 m/s

② 0.28 m/s

③ 0.38 m/s

④ 0.48 m/s

해설 우선, $\sum F = ma$에서

$$360 - 35 \times 9.81 = 35 \times a \quad \therefore a = 0.476\,m/s^2$$

결국, $V = V_0 + at$에서

$$\therefore V = -2 + 0.476 \times 5 = 0.38\,m/s$$

정답 85. ③　86. ③　87. ④　88. ③

문제 89. 스프링으로 지지되어 있는 질량의 정적 처짐이 0.5 cm일 때 이 진동계의 고유진동수는 몇 Hz인가?

① 3.53
② 7.05
③ 14.09
④ 21.15

해설 $f_n = \dfrac{1}{2\pi}\sqrt{\dfrac{g}{\delta_{st}}} = \dfrac{1}{2\pi}\sqrt{\dfrac{980}{0.5}} = 7.05\,\text{Hz}$

문제 90. 어떤 사람이 정지 상태에서 출발하여 직선방향으로 등가속도 운동을 하여 5초 만에 10 m/s의 속도가 되었다. 출발하여 5초 동안 이동한 거리는 몇 m인가?

① 5
② 10
③ 25
④ 50

해설 $S = \cancel{S_0}^{\,0} + \cancel{V_0}^{\,0}t + \dfrac{1}{2}at^2$

여기서, S_0 : 처음변위, S : 나중변위

$\therefore\ S = \dfrac{1}{2}at^2 = \dfrac{1}{2}\dfrac{V}{t}t^2 = \dfrac{1}{2}Vt = \dfrac{1}{2}\times 10\times 5 = 25\,\text{m}$

문제 91. 다음 중 열처리(담금질)에서의 냉각능력이 가장 우수한 냉각제는?

① 비눗물
② 글리세린
③ 18 ℃의 물
④ 10 % NaCl액

해설 담금질의 냉각제로는 보통 물과 기름이 많이 사용되며, 물보다 냉각능력이 큰 것은 소금물(식염수), NaOH용액, 황산 등이 있고, 물보다 냉각능력이 적은 것은 각종 기름이나 비눗물 등이 있다.

문제 92. 경화된 작은 철구(鐵球)를 피가공물에 고압으로 분사하여 표면의 경도를 증가시켜 기계적 성질, 특히 피로강도를 향상시키는 가공법은?

① 버핑
② 버니싱
③ 숏 피닝
④ 슈퍼 피니싱

해설 숏피닝(Shot Peening) : 금속으로 만든 경화된 작은 구를 고속으로 가공물 표면에 분사하여 피로강도, 표면경화, 기계적 성질 등을 향상시키기 위한 일종의 냉간가공법이다.

문제 93. 허용동력이 3.6 kW인 선반의 출력을 최대한으로 이용하기 위하여 취할 수 있는 허용 최대 절삭면적은 몇 mm²인가?
(단, 경제적 절삭속도는 120 m/min을 사용하며, 피삭재의 비절삭 저항이 45 kg_f/mm², 선반의 기계 효율이 0.80이다.)

① 3.26
② 6.26
③ 9.26
④ 12.26

해설 동력 $H' = \dfrac{FV}{\eta_m} = \dfrac{\tau A V}{\eta_m}$ 에서

$3.6\times 10^3 = \dfrac{45\times 9.8\times A\times \dfrac{120}{60}}{0.8}$

$\therefore\ A = 3.26\,\text{mm}^2$

문제 94. 용제와 와이어가 분리되어 공급되고 아크가 용제 속에서 발생되므로 불가시 아크 용접이라고 불리는 용접법은?

① 피복 아크 용접
② 탄산가스 아크 용접
③ 가스텅스텐 아크 용접
④ 서브머지드 아크 용접

해설 서브머지드 아크 용접(=잠호 용접=유니언멜트 용접=링컨 용접) : 아크나 발생가스가 다 같이 용제 속에 잠겨 있어서 잠호 용접이라고 하며 상품명으로는 링컨 용접법이라고도 한다. 용제를 살포하고 이 용제속에 용접봉을 꽂아 넣어 용접하는 방법으로 아크가 눈에 보이지 않으며 열에너지 손실이 가장 적다.

문제 95. 주조에서 주물의 중심부까지의 응고시간(t), 주물의 체적(V), 표면적(S)과의 관계로 옳은 것은? (단, K는 주형상수이다.)

해답 89. ② 90. ③ 91. ④ 92. ③ 93. ① 94. ④ 95. ②

① $t = K\dfrac{V}{S}$　　② $t = K\left(\dfrac{V}{S}\right)^2$

③ $t = K\sqrt{\dfrac{V}{S}}$　　④ $t = K\left(\dfrac{V}{S}\right)^3$

[해설] 중심부까지의 응고시간 t는 주물의 체적(V)과 표면적(S)과의 비의 제곱에 비례한다.

즉, $t \propto \left(\dfrac{V}{S}\right)^2$

결국, $t = K\left(\dfrac{V}{S}\right)^2$　여기서, K : 주형상수

[문제] 96. CNC 공작기계의 이동량을 전기적인 신호로 표시하는 회전 피드백 장치는?

① 리졸버　　② 볼 스크루

③ 리밋 스위치　　④ 초음파 센서

[해설] 리졸버(resolver) : CNC 공작기계의 움직임을 전기적인 신호로 표시하는 일종의 회전피드백장치

[문제] 97. 소성가공에 포함되지 않는 가공법은?

① 널링가공　　② 보링가공

③ 압출가공　　④ 전조가공

[해설] ・소성가공의 종류 : 단조, 압연, 인발, 압출, 제관, 전조, 널링, 프레스가공 등
※ 보링가공 : 드릴로 이미 뚫어져 있는 구멍을 넓히는 작업

[문제] 98. 절삭가공 시 절삭유(cutting fluid)의 역할로 틀린 것은?

① 공구와 칩의 친화력을 돕는다.

② 공구나 공작물의 냉각을 돕는다.

③ 공작물의 표면조도 향상을 돕는다.

④ 공작물과 공구의 마찰감소를 돕는다.

[해설] 절삭유의 역할 : 금속을 기계가공하는 작업에서 공구와 칩, 또는 공작물과의 경계면에서 마모, 마찰, 용착 등을 방지하고 또한, 발열의 억제와 제거에 의

해서 공구의 수명을 연장하고, 다듬질면의 향상과 공작물의 정도를 유지하는데 있다.

[문제] 99. 판 두께 5 mm인 연강 판에 직경 10 mm의 구멍을 프레스로 블랭킹하려고 할 때, 총소요동력(Pt)은 약 몇 kW인가? (단, 프레스의 평균속도는 7 m/min, 재료의 전단강도는 300 N/mm², 기계의 효율은 80 %이다.)

① 5.5　　② 6.9

③ 26.9　　④ 68.7

[해설] 우선, $\tau = \dfrac{P_S}{A}$에서

$P_S = \tau A = \tau\pi dt = 300 \times \pi \times 10 \times 5$
　　$= 47123.9\,\text{N}$

결국, 동력 $H' = \dfrac{P_S V_m}{\eta_m} = \dfrac{47123.9 \times 10^{-3} \times \dfrac{7}{60}}{0.8}$
　　$= 6.87 \fallingdotseq 6.9\,\text{kW}$

[문제] 100. 래핑 다듬질에 대한 특징 중 틀린 것은?

① 내식성이 증가된다.

② 마멸성이 증가된다.

③ 윤활성이 좋게 된다.

④ 마찰계수가 적어진다.

[해설] ・래핑(lapping) : 마모현상을 기계가공에 응용한 것으로 그 기본은 마모이며 일반적으로 공작물과 랩공구 사이에 미분말상태의 랩제와 윤활제를 넣어 이들 사이에 상대운동을 시켜 표면을 매끈하게 가공하는 방법이다.
⟨장점⟩
① 다듬질면이 매끈하고 유리면을 얻을 수 있다.
② 정밀도가 높은 제품을 만들 수 있다.
③ 윤활성이 좋게 된다.
④ 다듬질면은 내식성 및 내마모성이 증가된다.
⑤ 미끄럼면이 원활하게 되고 마찰계수가 적어진다.
⟨단점⟩
① 비산하는 랩제가 다른기계나 제품에 부착하면 마모시키는 원인이 된다.
② 제품을 사용할 때 남아있는 랩제에 의하여 마모를 촉진시킨다.

[해답] **96.** ①　**97.** ②　**98.** ①　**99.** ②　**100.** ②

2016년 제3회 건설기계설비 기사

제1과목 재료역학

문제 1. 15 ℃에서 양단을 고정한 둥근 막대에 발생하는 열응력이 85 MPa을 넘지 않도록 하려고 할 때 온도의 허용범위는?
(단, 재료의 세로탄성계수는 210 GPa이고, 열팽창계수는 11.5×10^{-6}/K이다.) 【2장】

① -9.5 ℃~39.5 ℃
② -20.2 ℃~50.2 ℃
③ -33.2 ℃~63.2 ℃
④ -41.9 ℃~71.9 ℃

[해설] 우선, $\sigma = E\alpha\Delta t$에서
$$\Delta t = \frac{\sigma}{E\alpha} = \frac{\pm 85}{210 \times 10^3 \times 11.5 \times 10^{-6}} = \pm 35.2 ℃$$
결국, $15 - 35.2 ℃ \leq t \leq 15 + 35.2 ℃$
$-20.2 ℃ \leq t \leq 50.2 ℃$

문제 2. 공학적 변형률(engineering strain) e와 진변형률(true strain) ε 사이의 관계식으로 맞는 것은? 【1장】

① $\varepsilon = \ln(e+1)$
② $\varepsilon = e \times \ln(e)$
③ $\varepsilon = \ln(e)$
④ $\varepsilon = 3e$

[해설] $\varepsilon = \ln(e+1)$
단, e : 공칭변형률(=공학적 변형률)

문제 3. 평면 응력상태에서 $\sigma_x = 100$ MPa, $\sigma_y = 50$ MPa일 때 x방향과 y방향의 변형률 ε_x, ε_y는 약 얼마인가? (단, 이 재료의 세로탄성계수는 210 GPa, 포와송 비 $\nu = 0.3$이다.) 【3장】

① $\varepsilon_x = 202 \times 10^{-6}$ $\varepsilon_y = 46 \times 10^{-6}$
② $\varepsilon_x = 405 \times 10^{-6}$ $\varepsilon_y = 95 \times 10^{-6}$
③ $\varepsilon_x = 405 \times 10^{-6}$ $\varepsilon_y = 405 \times 10^{-6}$
④ $\varepsilon_x = 808 \times 10^{-6}$ $\varepsilon_y = 190 \times 10^{-6}$

[해설] 우선, $\varepsilon_x = \dfrac{\sigma_x}{E} - \dfrac{\sigma_y}{mE} = \dfrac{\sigma_x}{E} - \dfrac{\mu\sigma_y}{E} = \dfrac{\sigma_x - \mu\sigma_y}{E}$
$= \dfrac{100 - 0.3 \times 50}{210 \times 10^3} = 404 \times 10^{-6}$

또한, $\varepsilon_y = \dfrac{\sigma_y}{E} - \dfrac{\sigma_x}{mE} = \dfrac{\sigma_y}{E} - \dfrac{\mu\sigma_x}{E} = \dfrac{\sigma_y - \mu\sigma_x}{E}$
$= \dfrac{50 - 0.3 \times 100}{210 \times 10^3} = 95 \times 10^{-6}$

문제 4. 길이가 ℓ인 양단고정보의 중앙에 집중하중 P를 받고 있을 때, C점에서의 굽힘모멘트 Mc는? 【9장】

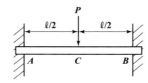

① $\dfrac{P\ell}{10}$
② $\dfrac{P\ell}{8}$
③ $\dfrac{P\ell}{6}$
④ $\dfrac{P\ell}{4}$

[해설] $M_c = M_{\max} = \dfrac{P\ell}{8}$, $\delta_{\max} = \dfrac{P\ell^3}{192EI}$

문제 5. 50 kW의 동력을 초당 10회전으로 전달하려고 한다. 이 때 축에 작용하는 토크(N·m)는 약 얼마인가? 【5장】

① 200 N·m
② 400 N·m
③ 600 N·m
④ 800 N·m

[애답] 1.② 2.① 3.② 4.② 5.④

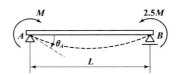

①
②
③
④

해설〉 동력 $P = T\omega$ 에서

$$T = \frac{P}{\omega} = \frac{50 \times 10^3}{20\pi} = 795.8\,\mathrm{N \cdot m} \fallingdotseq 800\,\mathrm{N \cdot m}$$

단, $N = 10\,\mathrm{rev/s} = 10 \times 60\,\mathrm{rev/min}\,(=\mathrm{rpm})$
$$= 600\,\mathrm{rpm}$$

$$\omega = \frac{2\pi N}{60} = \frac{2\pi \times 600}{60} = 20\pi$$

문제 **6.** 양단 회전 기둥과 일단고정 타단자유 기둥의 좌굴하중을 각각 P_1 및 P_2라 하면 이들의 비 P_2/P_1는 얼마인가? (단, 재질, 길이(L), 단면 형상 조건은 모두 동일하다고 가정한다.) 【10장】

 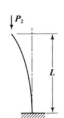

① 1/3 ② 1/4
③ 1/8 ④ 1/2

해설〉 양단회전 : $n_1 = 1$,

일단고정, 타단자유 : $n_2 = \dfrac{1}{4}$

우선, $P_1 = n_1 \pi^2 \dfrac{EI}{L^2}$

또한, $P_2 = n_2 \pi^2 \dfrac{EI}{L^2}$

결국, $P_2/P_1 = \dfrac{n_2}{n_1} = \dfrac{\left(\frac{1}{4}\right)}{1} = \dfrac{1}{4}$

문제 **7.** 그림과 같이 균일 분포하중을 받고 있는 돌출보의 굽힘모멘트 선도(BMD)는? 【6장】

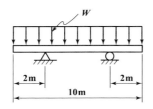

해설〉 S.F.D와 B.M.D의 차수

작용하중	S.F.D	B.M.D
우 력		0차
집중하중	0차	1차
균일분포하중	1차	2차
3각형분포하중	2차	3차

문제 **8.** 그림과 같이 양단에서 모멘트가 작용할 경우 A지점의 처짐각 θ_A는? (단, 보의 굽힘 강성 EI는 일정하고, 자중은 무시한다.) 【8장】

① $\dfrac{ML}{2EI}$ ② $\dfrac{2ML}{5EI}$
③ $\dfrac{ML}{6EI}$ ④ $\dfrac{3ML}{4EI}$

해설〉 중첩법을 이용하면

우선, $\theta_A = \dfrac{ML}{3EI} + \dfrac{(2.5M)L}{6EI} = \dfrac{4.5ML}{6EI} = \dfrac{3ML}{4EI}$

또한, $\theta_B = \dfrac{ML}{6EI} + \dfrac{(2.5M)L}{3EI} = \dfrac{ML}{EI}$

문제 **9.** 그림과 같이 길이가 다르고 지름이 같은 동일 재질의 강봉에 강체로 된 보가 달려 있다. 이 보가 힘 P를 받아도 힘을 받기 전과 동일하게 수평을 유지하고 있을 때 강봉 AB에 작용하는 힘은 강봉 CD에 작용하는 힘의 몇 배가 되는가? 【6장】

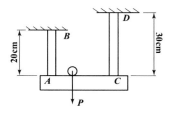

① 2.25배   ② 1.67배

③ 1.50배   ④ 1.25배

해설 $\lambda_{AB} = \lambda_{CD}$이므로 $\dfrac{P_{AB}\ell_{AB}}{AE} = \dfrac{P_{CD}\ell_{CD}}{AE}$ 에서

$P_{AB} \times 20 = P_{CD} \times 30$ $\therefore \dfrac{P_{AB}}{P_{CD}} = \dfrac{30}{20} = 1.5$ 배

문제 10. 그림과 같은 두 개의 판재가 볼트로 체결된 채 500 N의 인장력을 받고 있다. 볼트의 중간단면에 작용하는 전단응력은?
(단, 볼트의 골지름은 1 cm이다.) 【1장】

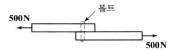

① 5.25 MPa   ② 6.37 MPa

③ 7.43 MPa   ④ 8.76 MPa

해설 $\tau = \dfrac{P_S}{A} = \dfrac{P_S}{\frac{\pi}{4}d^2} = \dfrac{500 \times 10^{-6}}{\frac{\pi}{4} \times 0.01^2} = 6.37\,\text{MPa}$

문제 11. 폭 b가 일정하고 길이가 L인 4각형 단면 외팔보의 자유단에 집중하중 P가 작용하고 있다. 외팔보 내부의 최대굽힘응력을 균일하게 유지하기 위한 보의 높이 h를 벽으로부터의 거리 x에 대한 함수로 옳게 나타낸 것은?
(단, 여기서 C는 상수이다.) 【7장】

① $h = C\sqrt{L-x}$

② $h = C(L-x)$

③ $h = C(L-x)^2$

④ $h = C(L-x)^3$

해설 $M = \sigma Z$ 에서 $P(L-x) = \sigma \times \dfrac{bh^2}{6}$

$h^2 = \dfrac{6P}{\sigma b}(L-x)$

$\therefore h = C\sqrt{L-x}$

문제 12. 길이가 ℓ인 외팔보에 균일분포 하중 w가 작용하고 있을 때 최대 처짐량은?
(단, 보의 굽힘 강성 EI는 일정하고, 자중은 무시한다.) 【8장】

① $\dfrac{w\ell^4}{6EI}$ ② $\dfrac{w\ell^4}{8EI}$

③ $\dfrac{w\ell^4}{3EI}$ ④ $\dfrac{5w\ell^4}{384EI}$

해설 $\theta_{\max} = \dfrac{w\ell^3}{6EI}$, $\delta_{\max} = \dfrac{w\ell^4}{8EI}$

문제 13. 속이 찬 원형축을 비틀 때 다음 중 어느 경우가 가장 비틀기 어려운가?
(단, G는 재료의 전단탄성계수이며, 비틀림 각도와 축의 길이는 일정하다.) 【5장】

① 축 지름이 크고, G의 값이 작을수록 어렵다.

② 축 지름이 작고, G의 값이 클수록 어렵다.

③ 축 지름이 크고, G의 값이 클수록 어렵다.

④ 축 지름이 작고, G의 값이 작을수록 어렵다.

해설 비틀림각 $\theta = \dfrac{T\ell}{GI_P}(\text{rad}) = \dfrac{T\ell}{G \times \frac{\pi d^4}{32}}$ 에서

직경(d)과 G의 값이 클수록 비틀기가 어렵다.

문제 14. 그림과 같은 균일 단면 단순보의 일부에 균일 분포하중이 작용할 때 중앙점 C에서의 굽힘모멘트는 약 몇 kN·m인가? (단, 굽힘 강성 EI는 일정하고, 보의 자중은 무시한다.) 【6장】

해답   **10.** ②   **11.** ①   **12.** ②   **13.** ③   **14.** ②

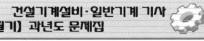
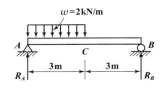

① 5   ② 4.5

③ 4   ④ 3.5

해설 우선, B점의 반력을 구하면

$$O = R_B \times 6 - 2 \times 3 \times 1.5 \quad \therefore R_B = 1.5\,\text{kN}$$

결국, $M_C = R_B \times 3 = 1.5 \times 3 = 4.5\,\text{kN} \cdot \text{m}$

문제 **15.** 포와송 비를 ν, 전단탄성계수를 G라 할 때, 세로탄성계수 E를 나타내는 식은? 【1장】

① $\dfrac{2G(1-\nu)}{\nu}$ ② $2G(1-\nu)$

③ $\dfrac{2G(1+\nu)}{\nu}$ ④ $2G(1+\nu)$

해설 $mE = 2G(m+1) = 3K(m-2)$에서 m으로 나누면

$$\therefore E = 2G(1+\nu) = 3K(1-2\nu)$$

문제 **16.** 안지름이 2 m이고 1000 kPa 내압이 작용하는 원통형 압력 용기의 최대 사용응력이 200 MPa이다. 용기의 두께는 약 몇 mm인가? (단, 안전계수는 2이다.) 【2장】

① 5   ② 7.5

③ 10   ④ 12.5

해설 우선, $\sigma_a = \dfrac{\sigma_{\max}(=\sigma_u)}{S} = \dfrac{200 \times 10^3}{2}$

$$= 100 \times 10^3\,\text{kPa}$$

결국, $t = \dfrac{pd}{2\sigma_a} = \dfrac{1000 \times 2}{2 \times 100 \times 10^3} = 0.01\,\text{m} = 10\,\text{mm}$

문제 **17.** 그림과 같이 수평 강체봉 AB의 한쪽을 벽에 힌지로 연결하고 죄임봉 CD로 매단 구조물이 있다. 죄임봉의 단면적은 1 cm², 허

용 인장응력은 100 MPa일 때 B단의 최대 안전하중은 P는 몇 kN인가? 【6장】

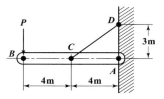

① 3   ② 3.75

③ 6   ④ 8.33

해설 우선, $\tan\theta = \dfrac{3}{4}$에서 $\theta = 36.87°$

$$T_{CD} = \sigma_a A_{CD} = 100 \times 10^3 \times 1 \times 10^{-4} = 10\,\text{kN}$$

또한, $T_y = T_{CD}\sin 36.87° = 10 \times \sin 36.87° = 6\,\text{kN}$

결국, $\Sigma M_A = 0$

$$P \times 8 = T_y \times 4 \text{에서} \quad P = 3\,\text{kN}$$

문제 **18.** 폭이 3 cm이고, 높이가 4 cm인 직사각형 단면보에 수직방향으로 전단력이 800 N 작용할 때 이 보 속의 최대전단응력은 몇 MPa인가? 【7장】

① 0.7 MPa   ② 1.0 MPa

③ 1.3 MPa   ④ 1.6 MPa

해설 $\tau_{\max} = \dfrac{3}{2} \times \dfrac{F}{A} = \dfrac{3}{2} \times \dfrac{800 \times 10^{-6}}{0.03 \times 0.04} = 1\,\text{MPa}$

문제 **19.** 지름 10 cm, 길이 1.2 m의 둥근 막대의 일단을 고정하고 자유단을 10° 비틀었다고 하면, 막대에 생기는 최대전단응력은 약 몇 MPa인가? (단, 막대의 전단탄성계수 $G=8.4$ GPa이다.) 【5장】

① 81   ② 71

③ 61   ④ 41

해설 $\tau = \dfrac{Gr\theta}{\ell} = \dfrac{8.4 \times 10^3 \times 0.05 \times 10 \times \dfrac{\pi}{180}}{1.2}$

$$\fallingdotseq 61\,\text{MPa}$$

정답 **15.** ④   **16.** ③   **17.** ①   **18.** ②   **19.** ③

문제 20. 그림과 같은 단면의 x축에 대한 단면 2차 모멘트는? 【4장】

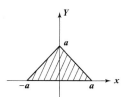

① a^2

② $\dfrac{a^4}{12}$

③ $\dfrac{a^4}{6}$

④ $\dfrac{a^4}{4}$

해설 $I_x = I_G + A\overline{y}^2$

$$= \frac{2a \times a^3}{36} + \left(\frac{1}{2} \times 2a \times a\right) \times \left(\frac{a}{3}\right)^2 = \frac{a^4}{6}$$

제2과목 기계열역학

문제 21. 다음 온도–엔트로피 선도($T-S$ 선도)에서 과정 1–2가 가역일 때 빗금 친 부분은 무엇을 나타내는가? 【4장】

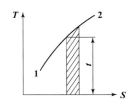

① 공업일   ② 절대일
③ 열량   ④ 내부에너지

해설 $P-V$선도 : 일량선도, $T-S$선도 : 열량선도

문제 22. 온도 200 ℃, 압력 500 kPa, 비체적 0.6 m³/kg의 산소가 정압 하에서 비체적이 0.4 m³/kg으로 되었다면, 변화 후의 온도는 약 얼마인가? 【3장】

① 42 ℃

② 55 ℃

③ 315 ℃

④ 437 ℃

해설 정압이므로 $\dfrac{v}{T} = C$

즉, $\dfrac{v_1}{T_1} = \dfrac{v_2}{T_2}$ 에서 $\dfrac{0.6}{(200+273)} = \dfrac{0.4}{T_2}$

∴ $T_2 = 315.33\,\mathrm{K} = 42.33\,℃$

문제 23. 카르노 사이클로 작동되는 열기관이 600 K에서 800 kJ의 열을 받아 300 K에서 방출한다면 일은 약 몇 kJ인가? 【4장】

① 200

② 400

③ 500

④ 900

해설 $\eta_c = \dfrac{W}{Q_1} = 1 - \dfrac{T_{\mathrm{II}}}{T_1}$ 에서

$\dfrac{W}{800} = 1 - \dfrac{300}{600}$ ∴ $W = 400\,\mathrm{kJ}$

문제 24. 시스템 내의 임의의 이상기체 1 kg이 채워져 있다. 이 기체의 정압비열은 1.0 kJ/kg·K 이고, 초기 온도가 50 ℃인 상태에서 323 kJ의 열량을 가하여 팽창시킬 때 변경 후 체적은 변경 전 체적의 약 몇 배가 되는가?
(단, 정압과정으로 팽창한다.) 【3장】

① 1.5배   ② 2배
③ 2.5배   ④ 3배

해설 우선, 정압과정이므로 $p = C$, $dp = 0$

따라서, $\delta q = dh - Avdp^{\nearrow 0} = dh = C_p dT$

$_1Q_2 = mC_p(T_2 - T_1)$

$323 = 1 \times 1 \times (T_2 - 323)$ ∴ $T_2 = 646\,\mathrm{K}$

결국, $\dfrac{V_1}{T_1} = \dfrac{V_2}{T_2}$ 에서

∴ $\dfrac{V_2}{V_1} = \dfrac{T_2}{T_1} = \dfrac{646}{(50+273)} = 2$ 배

해답 **20.** ③ **21.** ③ **22.** ① **23.** ② **24.** ②

문제 25. 다음 중 강도성 상태량(intensive property)이 아닌 것은?　　　　【1장】

① 온도　　　　　　② 압력

③ 체적　　　　　　④ 비체적

해설　·상태량의 종류
① 강도성 상태량 : 물질의 질량에 관계없이 그 크기가 결정되는 상태량
예) 온도, 압력, 비체적, 밀도
② 종량성 상태량 : 물질의 질량에 따라 그 크기가 결정되는 상태량, 즉 물질의 질량에 비례한다.
예) 내부에너지, 엔탈피, 엔트로피, 체적, 질량

문제 26. 이상기체의 압력(P), 체적(V)의 관계식 "PV^n =일정"에서 가역단열과정을 나타내는 n의 값은? (단, Cp는 정압비열, Cv는 정적비열이다.)　　　　【3장】

① 0

② 1

③ 정적비열에 대한 정압비열의 비(Cp/Cv)

④ 무한대

해설

구분 종류	n	C_n
정압변화	0	C_p
등온변화	1	∞
단열변화	k	0
정적변화	∞	C_v

단열변화이므로 n값은 k이다.

즉, $k = \dfrac{C_p}{C_v}$

문제 27. 다음 중 단열과정과 정적과정만으로 이루어진 사이클(cycle)은?　　　　【8장】

① Otto cycle

② Diesel cycle

③ Sabathe cycle

④ Rankine cycle

해설　·디젤사이클 : 2개의 단열과정, 1개의 정압과정, 1개의 정적과정
·사바테사이클 : 2개의 단열과정, 1개의 정압과정, 2개의 정적과정
·랭킨사이클 : 2개의 단열과정, 2개의 정압과정

문제 28. 일정한 정적비열 c_v와 정압비열 c_p를 가진 이상기체 1 kg의 절대온도와 체적이 각각 2배로 되었을 때 엔트로피의 변화량으로 옳은 것은?　　　　【4장】

① $c_v \ln 2$

② $c_p \ln 2$

③ $(c_p - c_v)\ln 2$

④ $(c_p + c_v)\ln 2$

해설
$$\Delta S = C_v \ell n \frac{T_2}{T_1} + AR\ell n \frac{v_2}{v_1}$$
$$= C_v \ell n \frac{2T_1}{T_1} + AR\ell n \frac{2v_1}{v_1}$$
$$= (C_v + AR)\ell n 2 = C_p \ell n 2$$

문제 29. 온도 150 ℃, 압력 0.5 MPa의 이상기체 0.287 kg이 정압과정에서 원래 체적의 2배로 늘어난다. 이 과정에서 가해진 열량은 약 얼마인가? (단, 공기의 기체 상수는 0.287 kJ/kg·K이고, 정압 비열은 1.004 kJ/kg·K이다.)　　　　【3장】

① 98.8 kJ

② 111.8 kJ

③ 121.9 kJ

④ 134.9 kJ

해설　$\delta q = dh - Avdp$에서　$p = c$　즉, $dp = 0$이므로
$$_1 Q_2 = mC_p(T_2 - T_1)$$
$$= 0.287 \times 1.004 \times (846 - 423)$$
$$= 121.9 \, \text{kJ}$$

단, "정압"이므로　$\dfrac{V_1}{T_1} = \dfrac{V_2}{T_2}$ 에서

$$T_2 = T_1 \times \frac{V_2}{V_1} = (150 + 273) \times \frac{2V_1}{V_1} = 846 \, \text{K}$$

애답 **25.** ③　**26.** ③　**27.** ①　**28.** ②　**29.** ③

문제 30. 2 MPa 압력에서 작동하는 가역 보일러에 포화수가 들어가 포화증기가 되어서 나온다. 보일러의 물 1 kg당 가한 열량은 약 몇 kJ인가? (단, 2 MPa 압력에서 포화온도는 212.4 ℃이고 이 온도는 일정하다. 그리고 포화수 비엔트로피는 2.4473 kJ/kg·K, 포화증기 비엔트로피는 6.3408 kJ/kg·K이다.) 【6장】

① 295   ② 827
③ 1890   ④ 2423

해설 $ds = \dfrac{\delta q}{T}$ 에서 $\delta q = Tds$

$$\therefore q_1 = T\Delta s = T(s'' - s')$$
$$= (212.4 + 273) \times (6.3408 - 2.4473)$$
$$\fallingdotseq 1890\,\text{kJ/kg}$$

문제 31. 체적이 150 m³인 방 안에 질량이 200 kg이고, 온도가 20 ℃인 공기(이상기체상수= 0.287 kJ/kg·K)가 들어 있을 때 이 공기의 압력은 약 몇 kPa인가? 【3장】

① 112   ② 124
③ 162   ④ 184

해설 $PV = mRT$ 에서

$$\therefore P = \dfrac{mRT}{V} = \dfrac{200 \times 0.287 \times 293}{150} \fallingdotseq 112\,\text{kPa}$$

문제 32. 카르노 열펌프와 카르노 냉동기가 있는데, 카르노 열펌프의 고열원 온도는 카르노 냉동기의 고열원 온도와 같고, 카르노 열펌프의 저열원 온도는 카르노 냉동기의 저열원 온도와 같다. 이 때 카르노 열펌프의 성적계수(COP_{HP})와 카르노 냉동기의 성적계수(COP_R)의 관계로 옳은 것은? 【9장】

① $COP_{HP} = COP_R + 1$

② $COP_{HP} = COP_R - 1$

③ $COP_{HP} = \dfrac{1}{COP_R + 1}$

④ $COP_{HP} = \dfrac{1}{COP_R - 1}$

해설 · 냉동기의 성적계수

$$COP_R = \dfrac{Q_2}{W_c} = \dfrac{Q_2}{Q_1 - Q_2} = \dfrac{T_{\mathrm{II}}}{T_{\mathrm{I}} - T_{\mathrm{II}}}$$

· 열펌프의 성적계수

$$COP_{HP} = \dfrac{Q_1}{W_c} = \dfrac{Q_1}{Q_1 - Q_2} = \dfrac{T_{\mathrm{I}}}{T_{\mathrm{I}} - T_{\mathrm{II}}}$$

결국, $COP_{HP} = COP_R + 1$
즉, $COP_{HP} - COP_R = 1$

문제 33. 질량이 m이고 한 변의 길이가 a인 정육면체의 밀도가 ρ이면, 질량이 $2m$이고 한 변의 길이가 $2a$인 정육면체의 밀도는? 【1장】

① ρ ② $\dfrac{1}{2}\rho$

③ $\dfrac{1}{4}\rho$ ④ $\dfrac{1}{8}\rho$

해설 우선, $\rho = \dfrac{m}{V} = \dfrac{m}{a^3}$

결국, $\rho_2 = \dfrac{m_2}{V_2} = \dfrac{2m}{(2a)^3} = \dfrac{m}{4a^3} = \dfrac{1}{4}\rho$

문제 34. Carnot 냉동사이클에서 응축기 온도가 50 ℃, 증발기 온도가 −20 ℃이면, 냉동기의 성능계수는 얼마인가? 【9장】

① 5.26   ② 3.61
③ 2.65   ④ 1.26

해설 $\varepsilon_r = \dfrac{T_{\mathrm{II}}}{T_{\mathrm{I}} - T_{\mathrm{II}}} = \dfrac{253}{323 - 253} = 3.61$

문제 35. 질량 유량이 10 kg/s인 터빈에서 수증기의 엔탈피가 800 kJ/kg 감소한다면 출력은 몇 kW인가? (단, 역학적 손실, 열손실은 모두 무시한다.) 【7장】

① 80   ② 160
③ 1600   ④ 8000

해답 **30.** ③   **31.** ①   **32.** ①   **33.** ③   **34.** ②   **35.** ④

해설〉 출력 $W_t = \dot{m} \Delta h = 10 \times 800 = 8000 \, \text{kJ/s} (= \text{kW})$

문제 36. 순수한 물질로 되어 있는 밀폐계가 단열과정 중에 수행한 일의 절대값에 관련된 설명으로 옳은 것은? (단, 운동에너지와 위치에너지의 변화는 무시한다.) 【3장】

① 엔탈피의 변화량과 같다.
② 내부 에너지의 변화량과 같다.
③ 단열과정 중의 일은 0이 된다.
④ 외부로부터 받은 열량과 같다.

해설〉 $\delta q = du + Apdv = du + A\delta w$ 에서
"단열"이므로 $q = c$ 즉, $\delta q = 0$
$\therefore \ 0 = \Delta u + A_1 w_2$
결국, $A_1 w_2 = |-\Delta u| = \Delta u$

문제 37. 복사열을 방사하는 방사율과 면적이 같은 2개의 방열판이 있다. 각각의 온도가 A 방열판은 120 ℃, B 방열판은 80 ℃일 때 단위면적당 복사 열전달량(Q_A / Q_B)의 비는? 【11장】

① 1.08
② 1.22
③ 1.54
④ 2.42

해설〉 스테판-볼츠만의 법칙 : 복사체에서 발산되는 복사열은 복사체의 절대온도의 4제곱(T^4)에 비례한다.
즉, $Q_A / Q_B = \left(\dfrac{T_A}{T_B} \right)^4 = \left(\dfrac{120 + 273}{80 + 273} \right)^4 ≒ 1.54$

문제 38. 압력 200 kPa, 체적 0.4 m³인 공기가 정압하에서 체적이 0.6 m³로 팽창하였다. 이 팽창 중에 내부에너지가 100 kJ 만큼 증가하였으면 팽창에 필요한 열량은? 【2장】

① 40 kJ
② 60 kJ
③ 140 kJ
④ 160 kJ

해설〉 $\delta q = du + Apdv$ 에서
$_1 Q_2 = \Delta U + P(V_2 - V_1)$
$= 100 + 200(0.6 - 0.4)$
$= 140 \, \text{kJ}$

문제 39. 그림에서 $T_1 = 561$ K, $T_2 = 1010$ K, $T_3 = 690$ K, $T_4 = 383$ K인 공기를 작동 유체로 하는 브레이턴 사이클의 이론 열효율은? 【8장】

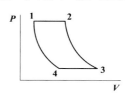

① 0.388
② 0.465
③ 0.316
④ 0.412

해설〉

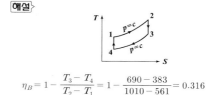

$\eta_B = 1 - \dfrac{T_3 - T_4}{T_2 - T_1} = 1 - \dfrac{690 - 383}{1010 - 561} = 0.316$

문제 40. 그림과 같이 선형 스프링으로 지지되는 피스톤-실린더 장치 내부에 있는 기체를 가열하여 기체의 체적이 V_1에서 V_2로 증가하였고, 압력은 P_1에서 P_2로 변화하였다. 이때 기체가 피스톤에 행한 일은? (단, 실린더 내부의 압력(P)은 실린더 내부 부피(V)와 선형관계($P = aV$, a는 상수)에 있다고 본다.) 【2장】

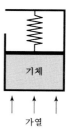

기체

가열

정답 36. ② 37. ③ 38. ③ 39. ③ 40. ③

① $P_2 V_2 - P_1 V_1$

② $P_2 V_2 + P_1 V_1$

③ $\dfrac{1}{2}(P_2 + P_1)(V_2 - V_1)$

④ $\dfrac{1}{2}(P_2 + P_1)(V_2 + V_1)$

해설

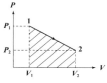

$$_1 W_2 = \frac{1}{2}(V_2 - V_1)(P_1 - P_2) + P_2(V_2 - V_1)$$
$$= \frac{1}{2}(V_2 - V_1)(P_1 - P_2) + \frac{2P_2}{2}(V_2 - V_1)$$
$$= \frac{1}{2}(V_2 - V_1)(P_1 - P_2 + 2P_2)$$
$$= \frac{1}{2}(V_2 - V_1)(P_1 + P_2)$$

제3과목 기계유체역학

문제 41. 길이가 50 m인 배가 8 m/s의 속도로 진행하는 경우를 모형 배를 이용하여 조파저항에 관한 실험을 하고자 한다. 모형 배의 길이가 2 m이면 모형 배의 속도는 약 몇 m/s로 하여야 하는가? 【7장】

① 1.60   ② 1.82

③ 2.14   ④ 2.30

해설 $(Fr)_P = (Fr)_m$ 즉, $\left(\dfrac{V}{\sqrt{g\ell}}\right)_P = \left(\dfrac{V}{\sqrt{g\ell}}\right)_m$

$\dfrac{8}{\sqrt{50}} = \dfrac{V_m}{\sqrt{2}}$ ∴ $V_m = 1.6\,\text{m/s}$

문제 42. 수평 원관 내의 층류 유동에서 유량이 일정할 때 압력 강하는? 【5장】

① 관의 지름에 비례한다.

② 관의 지름에 반비례한다.

③ 관의 지름의 제곱에 반비례한다.

④ 관의 지름의 4승에 반비례한다.

해설 $Q = \dfrac{\Delta P \pi d^4}{128\mu\ell}$ 에서 $\Delta P = \dfrac{128\mu\ell Q}{\pi d^4}$

문제 43. 그림과 같이 반지름 R인 한 쌍의 평행 원판으로 구성된 점도측정기(parallel plate visc-ometer)를 사용하여 액체시료의 점성계수를 측정하는 장치가 있다. 아래쪽 원판은 고정되어 있고 위쪽의 원판은 아래쪽 원판과 높이 h를 유지한 상태에서 각속도 ω로 회전하고 있으며 갭 사이를 채운 유체의 점도는 위 평판을 정상적으로 돌리는데 필요한 토크를 측정하여 계산한다. 갭 사이의 속도 분포는 선형적이며, Newton 유체일 때, 다음 중 회전하는 원판의 밑면에 작용하는 전단응력의 크기에 대한 설명으로 맞는 것은? 【1장】

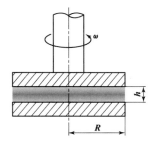

① 중심축으로부터의 거리에 관계없이 일정하다.

② 중심축으로부터의 거리에 비례하여 선형적으로 증가한다.

③ 중심축으로부터의 거리의 제곱에 비례하여 증가한다.

④ 중심축으로부터의 거리에 반비례하여 감소한다.

해설 $\tau = \mu\dfrac{u}{h} = \mu\dfrac{R\omega}{h}$

즉, 전단응력은 중심축으로부터의 거리(R)에 비례하여 선형적으로 증가한다.

해답 **41.** ①   **42.** ④   **43.** ②

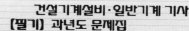
문제 44. 원통 주위를 흐르는 비점성 유동(등류 유입 속도는 V_0)에서 원통 표면에서의 자유류 속도 최대값은? 【5장】

① $\sqrt{2}\, V_0$　　　　② $1.5\, V_0$
③ $2\, V_0$　　　　④ $3\, V_0$

해설〉 $v = 2V_0 \sin\theta$ 에서 　$\sin\theta = 1$ 일 때 v_{max} 이므로
　∴ $v_{max} = 2V_o$

문제 45. 사염화탄소를 분무하여 0.2 mm 지름의 액적이 형성되었다. 액체의 표면장력은 0.026 N/m일 때, 이 액적의 내외부 압력 차이는? 【1장】

① 520 Pa　　　　② 52 Pa
③ 260 Pa　　　　④ 26 Pa

해설〉 $\sigma = \dfrac{\Delta p d}{4}$ 에서
　∴ $\Delta p = \dfrac{4\sigma}{d} = \dfrac{4 \times 0.026}{0.2 \times 10^{-3}} = 520\,\mathrm{Pa}$

문제 46. 그림과 같이 물 제트가 정지판에 수직으로 부딪힌다. 마찰을 무시할 때, 제트에 의해 정지판이 받는 힘은?
(단, 물 제트의 분사속도(V_j)는 10 m/s이고, 제트 단면적은 0.01 m²이다.) 【4장】

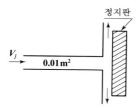

① 10 kN　　　　② 10 N
③ 100 kN　　　　④ 1000 N

해설〉 $F = \rho Q V = \rho A V^2 = 1000 \times 0.01 \times 10^2 = 1000\,\mathrm{N}$

문제 47. 그림과 같이 거대한 물탱크 하부에 마찰을 무시할 수 있는 매끄럽고 둥근 출구를 통하여 물이 유출되고 있다. 만약 출구로부터 수면까지의 수직거리 h가 4배로 증가한다면, 물의 유출속도는 몇 배 증가하겠는가? 【3장】

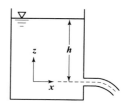

① 2　　　　② $2\sqrt{2}$
③ 4　　　　④ 8

해설〉 우선, $V = \sqrt{2gh}$
　또한, $V' = \sqrt{2g(4h)} = 2\sqrt{2gh} = 2\,\mathrm{V}$

문제 48. 다음 중 유량 측정과 직접적인 관련이 없는 것은? 【10장】

① 오리피스(Orifice)
② 벤투리(Venturi)
③ 노즐(Nozzle)
④ 부르돈관(Bourdon tube)

해설〉 ·유량측정 : 벤투리미터, 노즐, 오리피스, 로타미터, 위어
　※ 부르돈관(Bourdon tube) : 부르돈관은 타원단면으로 된 금속의 원형관이다. 한쪽은 고정되어 있으며 다른 한쪽은 자유단으로 되어 있다. 압력을 받으면 부르돈관이 늘어나서 부르돈관의 자유단이 움직이고 링크와 기어를 거쳐 지침이 움직인다. 하지만 압력을 받지 않으면 금속관의 탄성에 의해 원래의 상태로 평형을 이룬다.

문제 49. 저수지의 물을 0.05 m³/s의 유량으로 10 m 위쪽 저수지로 끌어올리는데 필요한 펌프의 동력이 7 kW라면 마찰손실수두는 몇 m 인가? 【6장】

정답 **44.** ③　**45.** ①　**46.** ④　**47.** ①　**48.** ④　**49.** ①

① 4.3

② 5.7

③ 14.3

④ 130

해설 우선, 동력 $P = \gamma QH$에서

$$H = \frac{P}{\gamma Q} = \frac{7 \times 10^3}{9800 \times 0.05} = 14.3\,\mathrm{m}$$

결국, 마찰손실수두 $H_\ell = 14.3 - 10 = 4.3\,\mathrm{m}$

문제 50. 유량이 $10\,\mathrm{m^3/s}$로 일정하고 수심이 $1\,\mathrm{m}$로 일정한 강의 폭이 매 $10\,\mathrm{m}$마다 $1\,\mathrm{m}$씩 선형적으로 좁아진다. 강 폭이 $5\,\mathrm{m}$인 곳에서 강물의 가속도는 몇 $\mathrm{m/s^2}$인가? (단, 흐름 방향으로만 속도성분이 있다고 가정한다.) **【3장】**

① 0   ② 0.02

③ 0.04   ④ 0.08

해설

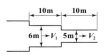

우선, $Q = A_1 V_1 = A_2 V_2$에서

$$V_1 = \frac{Q}{A_1} = \frac{10}{6 \times 1} = 1.6\,\mathrm{m/s}$$

$$V_2 = \frac{Q}{A_2} = \frac{10}{5 \times 1} = 2\,\mathrm{m/s}$$

또한, $Q = \mathrm{m^3/s} = \dfrac{체적}{시간(t)}$에서

$$t = \frac{체적}{Q} = \frac{10 \times 5 \times 1}{10} = 5\,\sec$$

결국, $a = \dfrac{\Delta V}{t} = \dfrac{V_2 - V_1}{t} = \dfrac{2 - 1.6}{5} = 0.08\,\mathrm{m/s^2}$

문제 51. 정상상태이고 비압축성인 2차원 유동장의 속도성분이 각각 $u = kxy$와 $v = a^2 + x^2 - y^2$일 때 연속방정식을 만족하기 위한 k는? (단, u는 x방향 속도성분이고, v는 y방향 속도성분이며, a는 상수이다.) **【3장】**

① 2   ② 3

③ 4   ④ 6

해설 2차원 정상류, 비압축성 유동의 연속방정식을 만족할 조건은

$$\frac{\partial u}{\partial x} + \frac{\partial v}{\partial y} = 0$$이므로

$$ky + (-2y) = 0 \quad \therefore\ k = 2$$

문제 52. 한 변의 길이가 $10\,\mathrm{m}$인 정육면체의 개방된 탱크에 비중 0.8의 기름이 반만 차 있을 때 탱크 밑면이 받는 압력은 계기압력으로 약 몇 kPa인가? **【2장】**

① 78.4

② 7.84

③ 39.2

④ 3.92

해설 $p = \gamma h = \gamma_{\mathrm{H_2O}} Sh = 9.8 \times 0.8 \times 5 = 39.2\,\mathrm{kPa}$

문제 53. 깊이가 $10\,\mathrm{cm}$이고 지름이 $6\,\mathrm{cm}$인 물컵에 정지상태에서 $7\,\mathrm{cm}$ 높이로 물이 담겨 있다. 이 컵을 회전반 위의 중심축에 올려놓고 서서히 회전속도를 증가시킬 때 물이 넘치기 시작하는 때의 회전반의 각속도는 약 몇 rad/s 인가? **【2장】**

① 345   ② 36.2

③ 72.4   ④ 690

해설

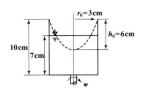

$$\omega = \frac{1}{r_0}\sqrt{2gh_0} = \frac{1}{0.03}\sqrt{2 \times 9.8 \times 0.06} = 36.15\,\mathrm{rad/s}$$

문제 54. Buckingham의 파이(pi)정리를 바르게 설명한 것은? (단, k는 변수의 개수, r은 변수를 표현하는데 필요한 최소한의 기준차원의 개수이다.) **【7장】**

정답   50. ④   51. ①   52. ③   53. ②   54. ①

① $(k-r)$개의 독립적인 무차원수의 관계식으로 만들 수 있다.

② $(k+r)$개의 독립적인 무차원수의 관계식으로 만들 수 있다.

③ $(k-r+1)$개의 독립적인 무차원수의 관계식으로 만들 수 있다.

④ $(k+r+1)$개의 독립적인 무차원수의 관계식으로 만들 수 있다.

해설 버킹함의 π정리 : 자연의 어떤 물리적 현상에 관여하는 물리량을 n개, 이들 물리량들의 기본차원의 수를 m개라 할 때 물리현상을 나타내는 독립무차원수의 개수는 다음과 같다.
결국, 독립무차원수 $\pi = n - m = k - r$

문제 55. 안지름 5 cm, 길이 20 m, 관마찰계수 0.02인 수평 원관 속을 난류로 물이 흐른다. 관 출구와 입구의 압력차가 20 kPa이면 유량은 약 몇 L/s인가? 【7장】

① 4.4 　　　　② 6.3
③ 8.2 　　　　④ 10.8

해설 우선, $\Delta P = f \dfrac{\ell}{d} \dfrac{\gamma V^2}{2g}$ 에서

$$20 \times 10^3 = 0.02 \times \frac{20}{0.05} \times \frac{9800 \times V^2}{2 \times 9.8}$$

$$\therefore \ V = 2.236 \, \text{m/s}$$

결국, $Q = AV = \dfrac{\pi}{4} \times 0.05^2 \times 2.236$

$$≒ 0.0044 \, \text{m}^3/\text{s} = 4.4 \, \text{L/s}$$

문제 56. 다음 중 차원이 잘못 표시된 것은?
(단, M : 질량, L : 길이, T : 시간) 【2장】

① 압력(pressure) : MLT^{-2}

② 일(work) : ML^2T^{-2}

③ 동력(power) : ML^2T^{-3}

④ 동점성계수(kinematic viscosity) : L^2T^{-1}

해설 압력 $= \text{N}/\text{m}^2 = [\text{FL}^{-2}] = [\text{MLT}^{-2}\text{L}^{-2}]$
$\qquad = [\text{ML}^{-1}\text{T}^{-2}]$

문제 57. 경계층에 대한 설명으로 가장 적절한 것은? 【5장】

① 점성 유동 영역과 비점성 유동 영역의 경계를 이루는 층

② 층류영역과 난류영역의 경계를 이루는 층

③ 정상유동과 비정상유동의 경계를 이루는 층

④ 아음속 유동과 초음속 유동사이의 변화에 의하여 발생하는 층

해설 경계층(boundary layer)
: 균일한 흐름 속에 놓인 물체둘레의 유체흐름은 유체의 점성 때문에 물체표면에 접하여 일어나는 속도변화가 현저한 얇은 유체층을 말한다. 즉, 경계층안에 점성유동영역이며, 경계층밖은 비점성유동영역이다.

문제 58. 수평 원관 내의 유동에 관한 설명 중 옳은 것은? 【6장】

① 완전 발달한 층류유동에서 압력강하는 관 길이의 제곱에 비례한다.

② 완전 발달한 층류유동에서의 마찰계수는 관의 거칠기(조도)와는 무관하다.

③ 레이놀즈 수가 매우 큰 완전난류유동에서 마찰계수는 상대조도보다는 레이놀즈 수의 영향을 크게 받는다.

④ 수력학적으로 매끄러운 파이프(즉 상대조도가 0)일 경우 마찰계수는 0이 된다.

해설 층류유동에서 관마찰계수는 레이놀즈수만의 함수이다.

문제 59. 지름 6 cm의 공이 공기 속을 35 m/s의 속도로 비행할 때 소요 동력은 약 몇 W인가?
(단, 항력계수는 0.74, 공기의 밀도는 1.23 kg/m³이다.) 【5장】

① 68 　　　　② 62
③ 55 　　　　④ 47

정답 **55.** ① **56.** ① **57.** ① **58.** ② **59.** ③

[해설] 우선, $D = C_D \dfrac{\rho V^2}{2} A$

$$= 0.74 \times \frac{1.23 \times 35^2}{2} \times \frac{\pi \times 0.06^2}{4}$$
$$= 1.576\,\text{N}$$

결국, 동력 $P = DV = 1.576 \times 35$
$$= 55.16\,\text{W}\,(= \text{N} \cdot \text{m/s} = \text{J/s})$$

[문제] **60.** 그림과 같이 입구속도 U_o의 비압축성 유체의 유동이 평판 위를 지나 출구에서의 속도분포가 $U_o \dfrac{y}{\delta}$가 된다. 검사체적을 $ABCD$로 취한다면 단면 CD를 통과하는 유량은?
(단, 그림에서 검사체적의 두께는 δ, 평판의 폭은 b이다.) 【3장】

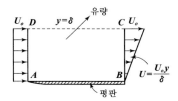

① $\dfrac{U_o b \delta}{2}$ ② $U_o b \delta$

③ $\dfrac{U_o b \delta}{4}$ ④ $\dfrac{U_o b \delta}{8}$

[해설] $dQ = UdA = U_o \dfrac{y}{\delta} bdy$에서 양변을 적분하면

$$Q = \int_0^\delta U_o \frac{y}{\delta} bdy = \frac{U_o b}{\delta} \int_0^\delta ydy = \frac{U_o b}{\delta} \left[\frac{y^2}{2} \right]_0^\delta$$
$$= \frac{U_o b}{\delta} \times \frac{\delta^2}{2} = \frac{U_o b \delta}{2}$$

제4과목 유체기계 및 유압기기

[문제] **61.** 동일한 물에서 운전되는 두 개의 수차가 서로 상사법칙이 설립할 때 관계식으로 옳은 것은? (단, Q : 유량, D : 수차의 지름, n : 회전수이다.)

① $\dfrac{Q_1}{D_1^3 n_1} = \dfrac{Q_2}{D_2^3 n_2}$ ② $\dfrac{Q_1}{D_1^3 n_1^2} = \dfrac{Q_2}{D_2^3 n_2^2}$

③ $\dfrac{Q_1}{D_1^2 n_1} = \dfrac{Q_2}{D_2^2 n_2}$ ④ $\dfrac{Q_1}{D_1^2 n_1^2} = \dfrac{Q_2}{D_2^2 n_2^2}$

[해설] 2개의 회전차의 경우 상사법칙

유량(Q_2)	양정(H_2)	축동력(L_2)
$Q_2 =$ $Q_1 \left(\dfrac{D_2}{D_1}\right)^3 \left(\dfrac{n_2}{n_1}\right)$	$H_2 =$ $H_1 \left(\dfrac{D_2}{D_1}\right)^2 \left(\dfrac{n_2}{n_1}\right)^2$	$L_2 =$ $L_1 \left(\dfrac{D_2}{D_1}\right)^5 \left(\dfrac{n_2}{n_1}\right)^3$

[문제] **62.** 수차에서 낙차 및 안내깃의 개도 등 유량의 가감장치를 일정하게 하여 수차의 부하를 감소시키면 정격 회전 속도 이상으로 속도가 상승하게 되는데 이 속도를 무엇이라고 하는가?

① bypass speed
② specific speed
③ discharge limit speed
④ run away speed

[해설] · 무구속도(run away speed) : 수차를 지정된 유효낙차에서 무부하 운전을 하면서 조속기를 작동시키지 않고 최대유량으로 운전할 때 수차가 도달할 수 있는 최고속도
· 비속도(specific speed) : 어느 수차와 기하학적으로 닮은 수차를 가정하여 이를 단위낙차에서 단위출력을 발생하는데 필요한 1분간의 회전수

[문제] **63.** 펌프에서의 서징(Surging) 발생 원인으로 거리가 먼 것은?

① 펌프의 특성곡선($H-Q$곡선)이 우향상승(산형) 구배일 것
② 무단 변속기가 장착된 경우
③ 배관 중에 물탱크나 공기탱크가 있는 경우
④ 유량조절 밸브가 탱크의 뒤쪽에 있는 경우

[해설] · 서징(surging) 발생원인
① 펌프의 양정곡선($H-Q$곡선)이 산고곡선이고, 곡

[해답] **60.** ① **61.** ① **62.** ④ **63.** ②

선의 산고상승부에서 운전했을 때
② 배관중에 물탱크나 공기탱크가 있을 때
③ 유량조절밸브가 탱크뒤쪽에 있을 때

문제 64. 유회전 진공펌프(Oil−sealed rotary vacuum pump)의 종류가 아닌 것은?

① 게데(Gaede)형 진공펌프
② 너시(Nush)형 진공펌프
③ 키니(Kinney)형 진공펌프
④ 센코(Cenco)형 진공펌프

해설 · 진공펌프의 종류
① 저진공펌프
  ㉠ 수봉식(액봉식) 진공펌프(＝nush펌프)
  ㉡ 유회전 진공펌프 : 가장 널리 사용되며, 센코형(cenco type), 게데형(geode type), 키니형(kenney type)이 있다.
  ㉢ 루우츠형(roots type) 진공펌프
  ㉣ 나사식 진공펌프
② 고진공펌프
  오일확산펌프, 터보분자펌프, 크라이오(cryo)펌프

문제 65. 토크 컨버터의 토크비, 속도비, 효율에 대한 특성 곡선과 관련한 설명 중 옳지 않은 것은?

① 스테이터(안내깃)가 있어서 최대 효율을 약 97％까지 끌어올릴 수 있다.
② 속도비 0에서 토크비가 가장 크다.
③ 속도비가 증가하면 효율은 일정부분 증가하다가 다시 감소한다.
④ 토크비가 1이 되는 점을 클러치 점(clutch point)이라고 한다.

해설 토크컨버터는 유체커플링의 설계점 효율에 비하여 다소 낮은 편이다.

문제 66. 기계적 에너지를 유체 에너지(주로 압력에너지 형태)로 변환시키는 장치를 보기에서 모두 고른 것은?

<보기>
㉠ 펌프   ㉡ 송풍기
㉢ 압축기   ㉣ 수차

① ㉠, ㉡, ㉣   ② ㉠, ㉢
③ ㉠, ㉡, ㉢   ④ ㉢, ㉣

해설 · 펌프 : 동력을 사용하여 물 또는 기타 액체에 에너지를 주는 기계
· 송풍기, 압축기 : 공기기계로서 기계적인 에너지를 기체에 주어서 압력과 속도에너지로 변환시켜주는 기계
· 수차 : 물이 가지고 있는 위치에너지를 운동에너지 및 압력에너지로 바꾸어 이를 다시 기계적에너지로 변환시키는 기계

문제 67. 일반적으로 압력상승의 정도에 따라 송풍기와 압축기로 분류되는데 다음 중 압축기의 압력 범위는?

① 0.1 kg_f/cm^2 이하
② 0.1 kg_f/cm^2 ~ 0.5 kg_f/cm^2
③ 0.5 kg_f/cm^2 ~ 0.9 kg_f/cm^2
④ 1.0 kg_f/cm^2 이상

해설 · 압력상승범위
① 팬(fan) : 10 kPa(＝0.1 kg_f/cm^2) 미만
② 송풍기(blower) : 10 kPa~100 kPa (＝0.1 kg_f/cm^2~1 kg_f/cm^2)
③ 압축기(compressor) : 100 kPa(＝1 kg_f/cm^2) 이상

문제 68. 흡입 실양정 35 m, 송출 실양정 7 m인 펌프장치에서 전양정은 약 몇 m인가? (단, 손실수두는 없다.)

① 28   ② 35
③ 7   ④ 42

해설 우선,
실양정 $H_a = H_s$(흡입실양정)$+ H_d$(송출실양정)
$= 35 + 7 = 42\,m$
결국, 전양정 $H = H_a$(실양정)$+ H_\ell$(총손실수두)
$= 42 + 0 = 42\,m$

해답 64. ② 65. ① 66. ③ 67. ④ 68. ④

문제 69. 축류펌프의 익형에서 종횡비(aspect ratio)란?

① 익폭과 익현의 길이의 비
② 익폭과 익 두께의 비
③ 익 두께와 익의 휨량의 비
④ 골결선 길이와 익폭의 비

해설 종횡비(aspect ratio)
  : 익폭(b)과 익현길이(ℓ)와의 비

문제 70. 수차의 분류에 있어서 다음 중 반동 수차에 속하지 않는 것은?

① 프란시스 수차   ② 카플란 수차
③ 펠톤 수차   ④ 톰린 수차

해설 ·수차(hydraulic turbine)
  ① 충격수차 : 펠톤수차
  ② 반동수차 : 프란시스수차, 프로펠러수차, 카플란 수차, 톰린수차

문제 71. 그림은 조작단이 일을 하지 않을 때 작동유를 탱크로 귀환시켜 무부하 운전을 하기 위한 무부하 회로의 일부이다. 이 때 A 위치에 어떤 방향제어밸브를 사용해야 하는가?

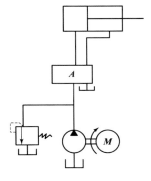

① 클로즈드 센터형 3위치 4포트 밸브
② 텐덤 센터형 3위치 4포트 밸브
③ 오픈 센터형 3위치 4포트 밸브
④ 세미 오픈 센터형 3위치 4포트 밸브

해설
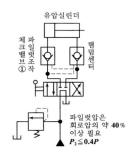

로크회로 : 실린더 행정 중 임의위치에서 또는 행정 끝에서 실린더를 고정시켜 놓을 필요가 있을 때라 할지라도 부하가 클 때 또는 장치내의 압력저하에 의하여 실린더 피스톤이 이동되는 경우가 발생한다. 이 피스톤의 이동을 방지하는 회로를 로크회로라 한다.

문제 72. 다음 중 일반적으로 가장 높은 압력을 생성할 수 있는 펌프는?

① 베인 펌프
② 기어 펌프
③ 스크루 펌프
④ 피스톤 펌프

해설 피스톤펌프(=플런저펌프)
  : 가장 압력이 높으며, 펌프 중 효율이 가장 좋다.

문제 73. 유압기기 중 작동유가 가지고 있는 에너지를 잠시 저축했다가 사용하며, 이것을 이용하여 갑작스런 충격 압력에 대한 완충작용도 할 수 있는 것은?

① 어큐뮬레이터
② 글랜드 패킹
③ 스테이터
④ 토크 컨버터

해설 축압기(accumulator) : 유압회로 중에서 기름이 누출될 때 기름 부족으로 압력이 저하하지 않도록 누출된 양만큼 기름을 보급해 주는 작용을 하며 갑작스런 충격압력을 예방하는 역할도 하는 안전보장 장치이다.

해답 69. ①   70. ③   71. ②   72. ④   73. ①

문제 74. 기어 펌프에서 1회전당 이송체적이 3.5 cm³/rev이고 펌프의 회전수가 1200 rpm일 때 펌프의 이론 토출량은? (단, 효율은 무시한다.)

① 3.5 L/min   ② 35 L/min

③ 4.2 L/min   ④ 42 L/min

해설 $Q_{th} = qN = 3.5 \times 10^{-6} \, \mathrm{m^3/rev} \times 1200 \, \mathrm{rpm}$
$\qquad = 3.5 \times 10^{-6} \times 10^3 \times 1200 \, \mathrm{L/min}$
$\qquad = 4.2 \, \mathrm{L/min}$
〈참고〉 $1 \, \mathrm{L} = 10^{-3} \, \mathrm{m^3}$ 즉, $1 \, \mathrm{m^3} = 10^3 \mathrm{L}$

문제 75. 펌프의 효율과 관련하여 이론적인 펌프의 토출량(L/min)에 대한 실제 토출량(L/min)의 비를 의미하는 것은?

① 용적 효율   ② 기계 효율

③ 전 효율   ④ 압력 효율

해설 체적(용적)효율 $\eta_V = \dfrac{Q(\text{실제토출량})}{Q_{th}(\text{이론토출량})}$

문제 76. 부하의 낙하를 방지하기 위해서 배압을 유지하는 압력 제어 밸브는?

① 카운터 밸런스 밸브(counter balance valve)

② 감압 밸브(pressure−reducing valve)

③ 시퀀스 밸브(sequence valve)

④ 언로딩 밸브(unloading valve)

해설 카운터 밸런스 밸브
: 부하(추)의 낙하를 방지하기 위하여 배압을 부여하는 밸브로서 한방향의 흐름에는 설정된 배압을 주고 반대방향의 흐름을 자유흐름으로 하는 밸브

문제 77. 유압 실린더에서 오일에 의해 피스톤에 15 MPa의 압력이 가해지고 피스톤 속도가 3.5 cm/s일 때 이 실린더에서 발생하는 동력은 약 몇 kW인가? (단, 실린더 안지름은 100 mm이다.)

① 2.88   ② 4.12

③ 6.86   ④ 9.95

해설 동력 $L = FV = pAV$
$\qquad = 15 \times 10^3 \times \dfrac{\pi \times 0.1^2}{4} \times 3.5 \times 10^{-2}$
$\qquad ≒ 4.12 \, \mathrm{kW}$

문제 78. 유압 펌프가 기름을 토출하지 않고 있을 때 검사해야 할 사항으로 거리가 먼 것은?

① 펌프의 회전 방향을 확인한다.

② 릴리프 밸브의 설정압력이 올바른지 확인한다.

③ 석션 스트레이너가 막혀 있는지 확인한다.

④ 펌프 축이 파손되지 않았는지 확인한다.

해설 릴리프밸브는 최고압력이 밸브의 설정값에 도달했을 경우 기름의 일부 또는 전량을 복귀쪽으로 도피시켜 회로내의 압력을 설정값 이하로 제한하는 밸브로서 운전 중에 점검해야 될 사항이다.

문제 79. 액추에이터의 공급 쪽 관로에 설정된 바이패스 관로의 흐름을 제어함으로써 속도를 제어하는 회로는?

① 미터 인 회로   ② 미터 아웃 회로

③ 어큐뮬레이터 회로 ④ 블리드 오프 회로

해설 ·유량조정밸브에 의한 회로
① 미터 인 회로 : 액추에이터의 입구쪽 관로에서 유량을 교축시켜 작동속도를 조절하는 방식
② 미터 아웃 회로 : 액추에이터의 출구쪽 관로에서 유량을 교축시켜 작동속도를 조절하는 방식 즉, 실린더에서 유량을 복귀측에 직렬로 유량조절밸브를 설치하여 유량을 제어하는 방식
③ 블리드 오프 회로 : 실린더 입구의 분기회로에 유량제어밸브를 설치하여 실린더 입구측의 불필요한 압유를 배출시켜 작동효율을 증진시킨다. 회로연결은 병렬로 연결한다.

문제 80. 유압 실린더의 마운팅(mounting) 구조 중 실린더 튜브에 축과 직각방향으로 피벗(pivot)을 만들어 실린더가 그것을 중심으로 회전할 수 있는 구조는?

애답 74. ③   75. ①   76. ①   77. ②   78. ②   79. ④   80. ②

① 풋 형(foot mounting type)

② 트러니언 형(trunnion mounting type)

③ 플랜지 형(flange mounting type)

④ 클레비스 형(clevis mounting type)

해설 · 유압실린더를 고정하는 방법(mounting)에 따른 분류
① 고정형
　ⓐ 풋형 : 축에 평행하게 장치하는 축방향형과 축에 수직하게 장치하는 축직각형이 있으며, 볼트를 사용하여 실린더 중심에 대하여 장치면을 평행하게 하여 설치한다.
　ⓑ 플랜지형 : 플랜지가 실린더 축과 수직으로 장치되어 실린더를 고정시킨다.
② 요동형
　ⓐ 트러니언형 : 실린더 튜브에 축과 직각방향으로 피벗(pivot)을 만들어 실린더가 그것을 중심으로 회전할 수 있게 되어 있다.
　ⓑ 클레비스형 : U자형 연결기를 클레비스라 하며 로드의 끝은 트러니언형과 같이 핀을 중심으로 회전한다.
　ⓒ 볼형 : 실린더를 자유롭게 움직일 수 있도록 실린더 커버뒤에 볼을 장치하여 실린더를 고정한다.

제5과목　건설기계일반

(※ 2017년도부터 기계제작법이 플랜트배관으로 변경되었습니다.)

문제 81. 건설장비 중 롤러(Roller)에 관한 설명으로 틀린 것은?

① 앞바퀴와 뒷바퀴가 각각 1개씩 일직선으로 되어 있는 롤러를 머캐덤 롤러라고 한다.

② 탬핑 롤러는 댐의 축제공사와 제방, 도로, 비행장 등의 다짐작업에 쓰인다.

③ 진동 롤러는 조종사가 진동에 따른 피로감으로 인해 장시간 작업을 하기 힘들다.

④ 타이어 롤러는 공기타이어의 특성을 이용한 것으로, 탠덤 롤러에 비하여 기동성이 좋다.

해설 머캐덤롤러 : 2축3륜으로 되어 있으며 쇄석(자갈)기층, 노상, 노반, 아스팔트 포장시 초기다짐에 적합하다. 1개의 안내륜(전륜)과 2개의 구동륜(후륜)을 가지고 있고 3개의 바퀴가 삼각형 형태로 이루어져 있다.

문제 82. 플랜트 기계설비에서 액체형 물질을 운반하기 위한 파이프 재질 선정 시 고려할 사항으로 거리가 먼 것은?

① 유체의 온도　　　② 유체의 압력

③ 유체의 화학적 성질④ 유체의 압축성

해설 유체의 비압축성

문제 83. 건설기계에서 사용하는 브레이크 라이닝의 구비 조건으로 틀린 것은?

① 마찰계수가 작을 것

② 페이드(fade) 현상에 견딜 수 있을 것

③ 불쾌음의 발생이 없을 것

④ 내마모성이 우수할 것

해설 마찰계수가 클 것

문제 84. 불도저가 30 m 떨어진 곳에 흙을 운반할 때 사이클 시간(Cm)은 약 얼마인가?
(단, 전진속도는 2.4 km/h, 후진속도는 3.6 km/h, 변속에 요하는 시간은 12초이다.)

① 1분 15초　　　② 1분 20초

③ 1분 27초　　　④ 1분 36초

해설
$$C_m = \frac{\ell}{V_1} + \frac{\ell}{V_2} + t$$
$$= \frac{30}{\left(\frac{2.4 \times 10^3}{3600}\right)} + \frac{30}{\left(\frac{3.6 \times 10^3}{3600}\right)} + 12$$
$$= 87초 = 1분 27초$$

문제 85. 로더 버킷의 전경각과 후경각 기준으로 옳은 것은?
(단, 로더의 출입문은 차량 옆면에 설치되어 있고, 적재물 배출장치(이젝터)는 없다.)

① 전경각은 30도 이상, 후경각은 25도 이상

② 전경각은 45도 이상, 후경각은 35도 이상

③ 전경각은 30도 이하, 후경각은 25도 이하

④ 전경각은 45도 이하, 후경각은 35도 이하

[해설] ·로더 바켓의 전·후경각
① 바켓의 전경각(45°이상) : 바켓의 최고올림상태에서 이를 가장 앞쪽으로 기울인 경우의 바켓의 밑면과 수평면이 이루는 각(G)으로 한다.
② 바켓의 후경각(35°이상) : 바켓의 밑면을 지상수평위치에서 가장 뒤쪽을 기울인 경우 바켓의 밑면과 수평면이 이루는 각(H)으로 한다.

[문제] **86.** 건설기계관리법에 따라 정기검사를 하는 경우 관련 규정에 의한 시설을 갖춘 검사소에서 검사를 해야 하나 특정 경우에 따라 검사소가 아닌 그 건설기계가 위치한 장소에서 검사를 할 수 있다. 다음 중 그 경우에 해당하지 않는 것은?

① 최고속도가 35 km/h 이상인 경우

② 도서지역에 있는 경우

③ 너비가 2.5미터를 초과하는 경우

④ 자체중량이 40톤을 초과하거나 축중이 10톤을 초과하는 경우

[해설] ① 규정에 의한 시설을 갖춘 검사장소에서 검사를 하는 경우
㉠ 덤프트럭
㉡ 콘크리트 믹서트럭
㉢ 콘크리트 펌프(트럭적재식)
㉣ 아스팔트 살포기
㉤ 트럭 지게차
② 규정에 불구하고 당해 건설기계가 위치한 장소에서 검사를 하는 경우
㉠ 도서지역에 있는 경우
㉡ 자체중량이 40톤을 초과하거나 축중이 10톤을 초과하는 경우
㉢ 너비가 2.5미터를 초과하는 경우
㉣ 최고속도가 시간당 35킬로미터 미만인 경우

[문제] **87.** 공기압축기의 규격을 표시하는 단위는?

① m³/min   ② mm

③ kW   ④ L

[해설] 공기압축기의 규격표시 : 매분당 공기토출량(m³/min)으로 표시 즉, 실공기량으로 표시

[문제] **88.** 모터 그레이더에서 회전반경을 작게 하여 선회가 용이하도록 하기 위한 장치는?

① 리닝 장치

② 아티큘레이트 장치

③ 스캐리 파이어 장치

④ 피드 호퍼 장치

[해설] 리닝(leaning)장치 : 그레이더에는 차동기어가 없으며 리닝조작에 의하여 조향하며 리닝장치는 앞바퀴를 좌우로 경사시키는 장치로 회전반경을 작게 하여 선회를 용이하게 하는 역할

[문제] **89.** 무한궤도식 굴삭기는 최대 몇 % 구배의 지면을 등판할 수 있는 능력이 있어야 하는가?

① 15 %   ② 20 %

③ 25 %   ④ 30 %

[해설] ·등판능력 : ① 무한궤도식 : 30 % 정도
② 타이어식(휠식) : 25 % 정도

[문제] **90.** 진동 해머(vibro hammer)에 대한 설명으로 틀린 것은?

① 말뚝에 진동을 가하여 말뚝의 주변 마찰을 경감함과 동시에 말뚝의 자중과 해머의 중량에 의해 항타한다.

② 단면적이 큰 말뚝과 같이 선단의 관입저항이 큰 경우에도 효율적으로 사용할 수 있다.

③ 진동 해머의 규격은 모터의 출력(kW)이나 기진력(t)으로 표시한다.

④ 크레인에 부착하여 사용할 경우 크레인 손상을 방지하기 위하여 완충장치를 사용한다.

[해설] 단면적이 큰 말뚝과 같이 선단의 관입저항이 큰 경우에는 효율적으로 사용할 수 없다.

[정답] **86.** ① **87.** ① **88.** ① **89.** ④ **90.** ②

 건설기계설비·일반기계 기사
[필기] 과년도 문제집

2016년 제4회 일반기계 기사

제1과목 재료역학

문제 1. 5 cm×4 cm 블록이 x축을 따라 0.05 cm만큼 인장되었다. y방향으로 수축되는 변형률(ε_y)은? (단, 푸아송 비(ν)는 0.3이다.)

【1장】

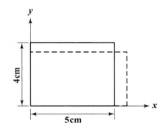

① 0.00015
② 0.0015
③ 0.003
④ 0.03

해설 $\nu = \dfrac{\varepsilon'(=\varepsilon_y)}{\varepsilon(=\varepsilon_x)}$ 에서

$\therefore \ \varepsilon_y(=\varepsilon') = \nu\varepsilon_x = \nu \times \dfrac{\lambda}{b} = 0.3 \times \dfrac{0.05}{5} = 0.003$

문제 2. 그림과 같이 지름 d인 강철봉이 안지름 d, 바깥지름 D인 동관에 끼워져서 두 강체 평판 사이에서 압축되고 있다. 강철봉 및 동관에 생기는 응력을 각각 σ_s, σ_c라고 하면 응력의 비(σ_s/σ_c)의 값은?
(단, 강철(Es) 및 동(Ec)의 탄성계수는 각각 $Es=200$ GPa, $Ec=120$ GPa이다.) 【2장】

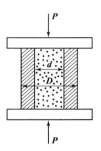

① $\dfrac{3}{5}$
② $\dfrac{4}{5}$
③ $\dfrac{5}{4}$
④ $\dfrac{5}{3}$

해설 $\sigma_s/\sigma_c = \dfrac{E_s}{E_c} = \dfrac{200}{120} = \dfrac{5}{3}$

문제 3. 동일 재료로 만든 길이 L, 지름 D인 축 A와 길이 $2L$, 지름 $2D$인 축 B를 동일각도만큼 비트는 데 필요한 비틀림 모멘트의 비 T_A/T_B의 값은 얼마인가? 【5장】

① $\dfrac{1}{4}$

② $\dfrac{1}{8}$

③ $\dfrac{1}{16}$

④ $\dfrac{1}{32}$

해설 $\theta_A = \theta_B$이므로 $\dfrac{T_A\ell}{GI_{P \cdot A}} = \dfrac{T_B\ell}{GI_{P \cdot B}}$ 에서

$\therefore \ T_A/T_B = \dfrac{\ell_B \cdot I_{P \cdot A}}{\ell_A \cdot I_{P \cdot B}} = \dfrac{2L \times \dfrac{\pi D^4}{32}}{L \times \dfrac{\pi}{32}(2D)^4} = \dfrac{1}{8}$

해답 1. ③ 2. ④ 3. ②

문제 4. 지름 d인 원형단면 기둥에 대하여 오일러 좌굴식의 회전반경은 얼마인가? 【10장】

① $\dfrac{d}{2}$　　　　② $\dfrac{d}{3}$

③ $\dfrac{d}{4}$　　　　④ $\dfrac{d}{6}$

해설 $K = \sqrt{\dfrac{I}{A}} = \sqrt{\dfrac{\dfrac{\pi d^4}{64}}{\dfrac{\pi d^2}{4}}} = \dfrac{d}{4}$

문제 5. 지름 2 cm, 길이 1 m의 원형단면 외팔보의 자유단에 집중하중이 작용할 때, 최대 처짐량이 2 cm가 되었다면, 최대 굽힘응력은 약 몇 MPa인가? (단, 보의 세로탄성계수는 200 GPa이다.) 【8장】

① 80　　　　② 120

③ 180　　　　④ 220

해설 $\delta_{max} = \dfrac{P\ell^3}{3EI} = \dfrac{M_{max}\ell^2}{3EI} = \dfrac{\sigma_a Z \ell^2}{3EI}$ 에서

$\therefore \ \sigma_a = \sigma_{max} = \dfrac{3EI\delta_{max}}{Z\ell^2}$

$= \dfrac{3 \times 200 \times 10^3 \times \dfrac{\pi \times 0.02^4}{64} \times 0.02}{\dfrac{\pi}{32} \times 0.02^3 \times 1^2} = 120\,\text{MPa}$

문제 6. 지름 d인 원형 단면보에 가해지는 전단력을 V라 할 때 단면의 중립축에 일어나는 최대전단 응력은? 【7장】

① $\dfrac{3}{2}\dfrac{V}{\pi d^2}$　　　　② $\dfrac{4}{3}\dfrac{V}{\pi d^2}$

③ $\dfrac{5}{3}\dfrac{V}{\pi d^2}$　　　　④ $\dfrac{16}{3}\dfrac{V}{\pi d^2}$

해설 $\tau_{max} = \dfrac{4}{3} \times \dfrac{V}{A} = \dfrac{4}{3} \times \dfrac{V}{\left(\dfrac{\pi d^2}{4}\right)} = \dfrac{16}{3}\dfrac{V}{\pi d^2}$

문제 7. 오일러 공식이 세장비 $\dfrac{\ell}{k} > 100$에 대해 성립한다고 할 때, 양단이 힌지인 원형단면 기둥에서 오일러 공식이 성립하기 위한 길이 "ℓ"과 지름 "d"와의 관계가 옳은 것은? 【10장】

① $\ell > 4d$　　　　② $\ell > 25d$

③ $\ell > 50d$　　　　④ $\ell > 100d$

해설 $\lambda = \dfrac{\ell}{K} = \dfrac{\ell}{\sqrt{\dfrac{I}{A}}} = \dfrac{4\ell}{d} > 100 \quad \therefore \ \ell > 25d$

문제 8. 2축 응력 상태의 재료 내에서 서로 직각 방향으로 400 MPa의 인장응력과 300 MPa의 압축응력이 작용할 때 재료 내에 생기는 최대 수직응력은 몇 MPa인가? 【3장】

① 500　　　　② 300

③ 400　　　　④ 350

해설 $\theta = 0°$인 경우

우선, $\sigma_n \cdot_{max}$(최대주응력)$= \sigma_x = 400\,\text{MPa}$

또한, $\sigma_n \cdot_{max}$(최소주응력)$= \sigma_y = -300\,\text{MPa}$

문제 9. 그림과 같은 벨트 구조물에서 하중 W가 작용할 때 P값은?

(단, 벨트는 하중 W의 위치를 기준으로 좌우 대칭이며 $0° < \alpha < 180°$이다.) 【7장】

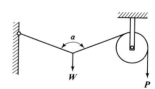

① $P = \dfrac{2W}{\cos\dfrac{\alpha}{2}}$　　　　② $P = \dfrac{W}{\cos\dfrac{\alpha}{2}}$

③ $P = \dfrac{W}{2\cos\alpha}$　　　　④ $P = \dfrac{2W}{2\cos\dfrac{\alpha}{2}}$

정답 **4.**③ **5.**② **6.**④ **7.**② **8.**③ **9.**④

해설 줄에 걸리는 힘이 P이므로

결국, $\sum Y = 0 : \overset{\oplus}{\uparrow} \overset{\ominus}{\downarrow}$

$2P\cos\frac{\alpha}{2} - W = 0$　　$\therefore P = \dfrac{W}{2\cos\frac{\alpha}{2}}$

해설 길이, 재질, 하중이 일정하므로 $\delta_{max} = \dfrac{P\ell^3}{3EI} \propto \dfrac{1}{I}$

결국, $\delta_1/\delta_2 = \dfrac{(1/I_1)}{(1/I_2)} = \dfrac{I_2}{I_1} = \dfrac{\left[\dfrac{b\times(2h)^3}{12}\right]}{\left(\dfrac{bh^3}{12}\right)} = 8$

문제 10. 그림과 같이 분포하중이 작용할 때 최대 굽힘모멘트가 일어나는 곳은 보의 좌측으로부터 얼마나 떨어진 곳에 위치하는가?　【6장】

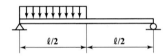

① $\dfrac{1}{4}\ell$　　　　② $\dfrac{3}{8}\ell$

③ $\dfrac{5}{12}\ell$　　　④ $\dfrac{7}{16}\ell$

해설 $R_A \times \ell - w \times \dfrac{\ell}{2} \times \left(\dfrac{\ell}{4} + \dfrac{\ell}{2}\right) = 0$　$\therefore R_A = \dfrac{3w\ell}{8}$

$F_x = R_A - wx = 0$　$\therefore x = \dfrac{3}{8}\ell \Rightarrow M_{max}$의 위치

문제 11. 그림과 같이 길이와 재질이 같은 두 개의 외팔보가 자유단에 각각 집중하중 P를 받고 있다. 첫째 보(1)의 단면 치수는 $b \times h$이고, 둘째 보(2)의 단면치수는 $b \times 2h$라면, 보(1)의 최대 처짐 δ_1과 보(2)의 최대 처짐 δ_2의 비 (δ_1/δ_2)는 얼마인가?　【8장】

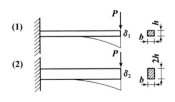

① 1/8　　　　② 1/4
③ 4　　　　　④ 8

문제 12. 어떤 직육면체에서 x방향으로 40 MPa의 압축응력이 작용하고 y방향과 z방향으로 각각 10 MPa씩 압축응력이 작용한다. 이 재료의 세로탄성계수는 100 GPa, 푸아송 비는 0.25, x방향 길이는 200 mm일 때 x방향 길이의 변화량은?　【1장】

① $-0.07\,\text{mm}$　　　② $0.07\,\text{mm}$
③ $-0.085\,\text{mm}$　　④ $0.085\,\text{mm}$

해설 $\varepsilon_x = -\dfrac{\sigma_x}{E} + \dfrac{\sigma_y}{mE} + \dfrac{\sigma_z}{mE}$

즉, $\dfrac{\lambda_x}{\ell_x} = \dfrac{1}{E}(-\sigma_x + \mu\sigma_y + \mu\sigma_z)$

$\therefore \lambda_x = \dfrac{\ell_x}{E}(-\sigma_x + \mu\sigma_y + \mu\sigma_z)$

$\qquad = \dfrac{200}{100\times10^3}(-40 + 0.25\times10 + 0.25\times10)$

$\qquad = -0.07\,\text{mm}$

문제 13. 길이가 L인 봉 AB가 그 양단에 고정된 두 개의 연직강선에 의하여 그림과 같이 수평으로 매달려 있다. 봉 AB의 자중은 무시하고, 봉이 수평을 유지하기 위한 연직하중 P의 작용점까지의 거리 x는? (단, 강선들은 단면적은 같지만 A단의 강선은 탄성계수 E_1, 길이 ℓ_1이고, B단의 강선은 탄성계수 E_2, 길이 ℓ_2이다.)　【6장】

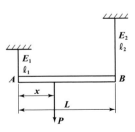

해답 10. ②　11. ④　12. ①　13. ④

① $x = \dfrac{E_1\ell_2 L}{E_1\ell_2 + E_2\ell_1}$ ② $x = \dfrac{2E_1\ell_2 L}{E_1\ell_2 + E_2\ell_1}$

③ $x = \dfrac{2E_2\ell_1 L}{E_1\ell_2 + E_2\ell_1}$ ④ $x = \dfrac{E_2\ell_1 L}{E_1\ell_2 + E_2\ell_1}$

[해설] 우선, $\lambda_1 = \lambda_2$ 에서

$\dfrac{P_1\ell_1}{AE_1} = \dfrac{P_2\ell_2}{AE_2} \rightarrow \dfrac{P_1\ell_1}{E_1} = \dfrac{P_2\ell_2}{E_2} \rightarrow \dfrac{P_1}{P_2} = \dfrac{\ell_2 E_1}{\ell_1 E_2}$ ······ ①식

또한, 하중 P가 작용하는 점에서 모멘트는 평형이
되므로

$P_1 x = P_2(L-x)$ 에서 $\dfrac{P_1}{P_2} = \dfrac{L-x}{x}$ ················· ②식

결국, ①=②식 : $\dfrac{\ell_2 E_1}{\ell_1 E_2} = \dfrac{L-x}{x}$

$\therefore\ x = \dfrac{E_2\ell_1 L}{E_1\ell_2 + E_2\ell_1}$

[문제] **14.** 지름 4 cm의 원형 알루미늄 봉을 비틀
림 재료시험기에 걸어 표면의 45° 나선에 부
착한 스트레인 게이지로 변형도를 측정하였더니
토크 120 N·m일 때 변형률 $\varepsilon = 150 \times 10^{-6}$을
얻었다. 이 재료의 전단탄성계수는?   【5장】

① 31.8 GPa

② 38.4 GPa

③ 43.1 GPa

④ 51.2 GPa

[해설] 우선, $\varepsilon = \dfrac{\gamma}{2}$ 에서 $\gamma = 2\varepsilon$

또한, $\tau = G\gamma = G(2\varepsilon) = 2G\varepsilon$
결국, $T = \tau Z_P = 2G\varepsilon Z_P$ 에서

$\therefore\ G = \dfrac{T}{2\varepsilon Z_P} = \dfrac{120 \times 10^{-9}}{2 \times 150 \times 10^{-6} \times \dfrac{\pi \times 0.04^3}{16}}$

$= 31.8\,\text{GPa}$

[문제] **15.** 그림과 같이 4 kN/cm의 균일분포하중
을 받는 일단 고정 타단 지지보에서 B점에서
의 모멘트 M_B는 약 몇 kN·m인가?
(단, 균일단면보이며, 굽힘강성(EI)은 일정하다.)
【9장】

① 800   ② 2000

③ 3200   ④ 4000

[해설] $M_B = \dfrac{w\ell^2}{8} = \dfrac{400 \times 8^2}{8} = 3200\,\text{kN·m}$

[문제] **16.** 회전수 120 rpm과 35 kW를 전달할 수
있는 원형 단면축의 길이가 2 m이고, 지름이
6 cm일 때 축단(軸端)의 비틀림 각도는 약 몇
rad인가? (단, 이 재료의 가로탄성계수는 83
GPa이다.)   【5장】

① 0.019   ② 0.036

③ 0.053   ④ 0.078

[해설] 우선, 동력 $P = T\omega$ 에서

$T = \dfrac{P}{\omega} = \dfrac{35}{\left(\dfrac{2\pi \times 120}{60}\right)} = 2.79\,\text{kN·m}$

결국, $\theta = \dfrac{T\ell}{GI_P} = \dfrac{2.79 \times 2}{83 \times 10^6 \times \dfrac{\pi \times 0.06^4}{32}} \fallingdotseq 0.053\,\text{rad}$

[문제] **17.** 균일분포하중을 받고 있는 길이가 L
인 단순보의 처짐량을 δ로 제한한다면 균일분
포하중의 크기는 어떻게 표현되겠는가?
(단, 보의 단면은 폭이 b이고 높이가 h인 직
사각형이고 탄성계수는 E이다.)   【8장】

① $\dfrac{32Ebh^3\delta}{5L^4}$ ② $\dfrac{32Ebh^3\delta}{7L^4}$

③ $\dfrac{16Ebh^3\delta}{5L^4}$ ④ $\dfrac{16Ebh^3\delta}{7L^4}$

[해설] $\delta = \dfrac{5wL^4}{384EI}$ 에서

$\therefore\ w = \dfrac{384EI\delta}{5L^4} = \dfrac{384E \times \dfrac{bh^3}{12} \times \delta}{5L^4} = \dfrac{32Ebh^3\delta}{5L^4}$

[해답] **14.** ① **15.** ③ **16.** ③ **17.** ①

문제 **18.** 단면적이 A, 탄성계수가 E, 길이가 L인 막대에 길이방향의 인장하중을 가하여 그 길이가 δ만큼 늘어났다면, 이 때 저장된 탄성변형에너지는? 【2장】

① $\dfrac{AE\delta^2}{L}$ ② $\dfrac{AE\delta^2}{2L}$

③ $\dfrac{EL^3\delta^2}{A}$ ④ $\dfrac{EL^3\delta^2}{2A}$

해설 우선, $\delta(=\lambda)=\dfrac{PL}{AE}$ 에서 $P=\dfrac{AE\delta}{L}$

결국, $U=\dfrac{1}{2}P\lambda(=\delta)=\dfrac{1}{2}\times\dfrac{AE\delta}{L}\times\delta=\dfrac{AE\delta^2}{2L}$

문제 **19.** 지름이 1.2 m, 두께가 10 mm인 구형 압력용기가 있다. 용기 재질의 허용인장응력이 42 MPa일 때 안전하게 사용할 수 있는 최대 내압은 약 몇 MPa인가? 【2장】

① 1.1 ② 1.4
③ 1.7 ④ 2.1

해설 구형압력용기이므로 $\sigma=\dfrac{Pd}{4t}$ 에서

$\therefore P=\dfrac{4t\sigma}{d}=\dfrac{4\times0.01\times42}{1.2}=1.4\,\mathrm{MPa}$

문제 **20.** 그림과 같은 단순보의 중앙점(C)에서 굽힘모멘트는? 【6장】

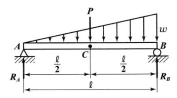

① $\dfrac{Pl}{2}+\dfrac{wl^2}{8}$ ② $\dfrac{Pl}{4}+\dfrac{wl^2}{16}$

③ $\dfrac{Pl}{2}+\dfrac{wl^2}{48}$ ④ $\dfrac{Pl}{4}+\dfrac{5}{48}wl^2$

해설 우선, $R_A\times\ell-P\times\dfrac{\ell}{2}-\dfrac{w\ell}{2}\times\dfrac{\ell}{3}=0$

$\therefore R_A=\dfrac{P}{2}\times\dfrac{w\ell}{6}$

결국, $M_C=R_A\times\dfrac{\ell}{2}-\dfrac{1}{2}\times\dfrac{\ell}{2}\times\dfrac{w}{2}\times\left(\dfrac{\ell}{2}\times\dfrac{1}{3}\right)$

$=\left(\dfrac{P}{2}+\dfrac{w\ell}{6}\right)\times\dfrac{\ell}{2}-\dfrac{w\ell}{8}\times\dfrac{\ell}{6}$

$=\dfrac{P\ell}{4}+\dfrac{w\ell^2}{2}-\dfrac{w\ell^2}{48}=\dfrac{P\ell}{4}+\dfrac{w\ell^2}{16}$

제2과목 기계열역학

문제 **21.** 압력(P)과 부피(V)의 관계가 '$PV^k=$일정하다'고 할 때 절대일(W_{12})와 공업일(W_t)의 관계로 옳은 것은? 【3장】

① $W_t=kW_{12}$ ② $W_t=\dfrac{1}{k}W_{12}$

③ $W_t=(k-1)W_{12}$ ④ $W_t=\dfrac{1}{(k-1)}W_{12}$

해설 단열변화($PV^k=C$) : $W_t=k_1W_2$
폴리트로픽변화($PV^n=C$) : $W_t=n_1W_2$

문제 **22.** 분자량이 29이고, 정압비열이 1005 J/(kg·K)인 이상기체의 정적비열은 약 몇 J/(kg·K)인가? (단, 일반기체상수는 8314.5 J/(kmol·K)이다.) 【3장】

① 976 ② 287
③ 718 ④ 546

해설 $C_p-C_v=R=\dfrac{\overline{R}}{m}$ 에서

$\therefore C_v=C_p-\dfrac{\overline{R}}{m}=1005-\dfrac{8314.5}{29}≒718.3\,\mathrm{J/(kg\cdot K)}$

문제 **23.** 다음 중 비체적의 단위는? 【1장】

① kg/m^3 ② m^3/kg
③ m^3/(kg·s) ④ m^3/(kg·s^2)

해설 $v=\dfrac{V}{m}=\dfrac{1}{\rho}\,(\mathrm{m^3/kg})$

정답 **18.** ② **19.** ② **20.** ② **21.** ① **22.** ③ **23.** ②

문제 24. 성능계수가 3.2인 냉동기가 시간당 20 MJ의 열을 흡수한다. 이 냉동기를 작동하기 위한 동력은 몇 kW인가? 【9장】

① 2.25
② 1.74
③ 2.85
④ 1.45

해설> $\varepsilon_r = \dfrac{Q_2}{W_c}$ 에서

$$\therefore W_c = \dfrac{Q_2}{\varepsilon_r} = \dfrac{20\,\mathrm{MJ/hr}}{3.2}$$

$$= \dfrac{20 \times \dfrac{10^3}{3600}\,\mathrm{kJ/s}\,(=\mathrm{kW})}{3.2} = 1.736\,\mathrm{kW}$$

문제 25. 폴리트로픽 변화의 관계식 "PV^n=일정"에 있어서 n이 무한대로 되면 어느 과정이 되는가? 【3장】

① 정압과정
② 등온과정
③ 정적과정
④ 단열과정

해설>

구분 종류	n	C_n
정압변화	0	C_p
등온변화	1	∞
단열변화	k	0
정적변화	∞	C_v

문제 26. 실린더 내의 공기가 100 kPa, 20℃ 상태에서 300 kPa이 될 때까지 가역단열 과정으로 압축된다. 이 과정에서 실린더 내의 계에서 엔트로피의 변화는?
(단, 공기의 비열비 k=1.4이다.) 【4장】

① $-1.35\,\mathrm{kJ/(kg \cdot K)}$
② $0\,\mathrm{kJ/(kg \cdot K)}$
③ $1.35\,\mathrm{kJ/(kg \cdot K)}$
④ $13.5\,\mathrm{kJ/(kg \cdot K)}$

해설> 가역단열과정=등엔트로피 변화($S_1 = S_2$) 즉, 엔트로피의 변화가 없다.

문제 27. 5 kg의 산소가 정압하에서 체적이 0.2 m³에서 0.6 m³로 증가했다. 산소를 이상기체로 보고 정압비열 Cp=0.92 kJ/(kg·K)로 하여 엔트로피의 변화를 구하였을 때 그 값은 약 얼마인가? 【4장】

① 1.857 kJ/K
② 2.746 kJ/K
③ 5.054 kJ/K
④ 6.507 kJ/K

해설> "정압변화"이므로
$$\therefore \Delta S = m\,C_p \ell n \dfrac{V_2}{V_1} = 5 \times 0.92 \times \ell n \dfrac{0.6}{0.2} = 5.054\,\mathrm{kJ/K}$$

문제 28. 이상적인 증기 압축 냉동 사이클의 과정은? 【9장】

① 정적방열과정 → 등엔트로피 압축과정 → 정적증발과정 → 등엔탈피 팽창과정
② 정압방열과정 → 등엔트로피 압축과정 → 정압증발과정 → 등엔탈피 팽창과정
③ 정적증발과정 → 등엔트로피 압축과정 → 정적방열과정 → 등엔탈피 팽창과정
④ 정압증발과정 → 등엔트로피 압축과정 → 정압방열과정 → 등엔탈피 팽창과정

해설> 증기냉동사이클 : 증발기(등온 또는 정압흡열) → 압축기(단열압축 즉, 등엔트로피 과정) → 응축기(정압방열) → 팽창밸브(교축과정 즉, 등엔탈피 과정)

문제 29. 고열원의 온도가 157℃이고, 저열원의 온도가 27℃인 카르노 냉동기의 성적계수는 약 얼마인가? 【9장】

① 1.5
② 1.8
③ 2.3
④ 3.2

해설> $\varepsilon_r = \dfrac{T_{\mathrm{II}}}{T_{\mathrm{I}} - T_{\mathrm{II}}} = \dfrac{27 + 273}{(157+273) - (27+273)} = 2.3$

정답 24.② 25.③ 26.② 27.③ 28.④ 29.③

문제 30. 0.6 MPa, 200 ℃의 수증기가 50 m/s의 속도로 단열 노즐로 유입되어 0.15 MPa, 건도 0.99인 상태로 팽창하였다. 증기의 유출 속도는? (단, 노즐 입구의 엔탈피는 2850 kJ/kg, 출구에서 포화액의 엔탈피는 467 kJ/kg, 증발잠열은 2227 kJ/kg이다.) 【10장】

① 약 600 m/s
② 약 700 m/s
③ 약 800 m/s
④ 약 900 m/s

해설 우선, $h_2 = 2227x + 467 = 2227 \times 0.99 + 467$
$= 2671.73\,kJ/kg$

결국, $\cancel{\dot{Q}_2}^{\nearrow 0} = \cancel{\dot{W}_t}^{\nearrow 0} + \dfrac{\dot{m}(w_2^2 - w_1^2)}{2 \times 10^3} + \dot{m}(h_2 - h_1)$
$+ \dot{m}g(\cancel{Z_2 - Z_1})^{\nearrow 0} \times 10^{-3}$에서

$\dfrac{w_2^2 - w_1^2}{2 \times 10^3} = h_1 - h_2$

$\therefore\ w_2 = \sqrt{w_1^2 + 2 \times 10^3(h_1 - h_2)}$
$= \sqrt{50^2 + 2 \times 10^3(2850 - 2671.73)} = 599.2$
$\fallingdotseq 600\,m/s$

문제 31. 물질의 양에 따라 변화하는 종량적 상태량(extensive property)은? 【1장】

① 밀도
② 체적
③ 온도
④ 압력

해설 ·상태량의 종류
① 강도성 상태량 : 물질의 질량에 관계없이 그 크기가 결정되는 상태량
예) 온도, 압력, 비체적, 밀도
② 종량성 상태량 : 물질의 질량에 따라 그 크기가 결정되는 상태량
예) 내부에너지, 엔탈피, 엔트로피, 체적, 질량

문제 32. 열역학적 관점에서 일과 열에 관한 설명 중 틀린 것은? 【1장】

① 일과 열은 온도와 같은 열역학적 상태량이 아니다.

② 일의 단위는 J(joule)이다.
③ 일의 크기는 힘과 그 힘이 작용하여 이동한 거리를 곱한 값이다.
④ 일과 열은 점함수(point function)이다.

해설 열, 일 : 과정(=경로=도정) 함수

문제 33. 그림과 같은 이상적인 Rankine cycle에서 각각의 엔탈피는 $h_1 = 168\,kJ/kg$, $h_2 = 173\,kJ/kg$, $h_3 = 3195\,kJ/kg$, $h_4 = 2071\,kJ/kg$일 때, 이 사이클의 열효율은 약 얼마인가? 【7장】

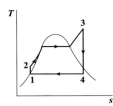

① 30 %
② 34 %
③ 37 %
④ 43 %

해설 $\eta_R = \dfrac{(h_3 - h_4) - (h_2 - h_1)}{h_3 - h_2}$
$= \dfrac{(3195 - 2071) - (173 - 168)}{3195 - 173}$
$= 0.37 = 37\%$

문제 34. 다음에 제시된 에너지 값 중 가장 크기가 작은 것은? 【1장】

① 400 N·cm
② 4 cal
③ 40 J
④ 4000 Pa·m³

해설 ① $400\,N \cdot cm = 4\,N \cdot m = 4\,J$
② $4\,cal = 4 \times 10^{-3}\,kcal = 4 \times 10^{-3} \times 4185.5\,J = 16.742\,J$
③ $40\,J$
④ $4000\,Pa \cdot m^3 = 4000\,N/m^2 \cdot m^3 = 4000\,N \cdot m = 4000\,J$

정답 30.① 31.② 32.④ 33.③ 34.①

문제 **35.** 공기 표준 Brayton 사이클 기관에서 최고압력이 500 kPa, 최저압력은 100 kPa이다. 비열비(k)는 1.4일 때, 이 사이클의 열효율은? 【8장】

① 약 3.9 % 　　　　② 약 18.9 %
③ 약 36.9 % 　　　　④ 약 26.9 %

해설 우선, 압력비 $\gamma = \dfrac{\text{최고압력}}{\text{최저압력}} = \dfrac{500}{100} = 5$

결국, $\eta_B = 1 - \left(\dfrac{1}{\gamma}\right)^{\frac{k-1}{k}} = 1 - \left(\dfrac{1}{5}\right)^{\frac{1.4-1}{1.4}}$

$\qquad\quad\ \fallingdotseq 0.369 = 36.9\%$

문제 **36.** 피스톤－실린더 장치에 들어있는 100 kPa, 26.85 ℃의 공기가 600 kPa까지 가역단열과정으로 압축된다. 비열비 $k=1.4$로 일정하다면 이 과정 동안에 공기가 받은 일은 약 얼마인가? (단, 공기의 기체상수는 0.287 kJ/(kg·K)이다.) 【3장】

① 263 kJ/kg 　　　　② 171 kJ/kg
③ 144 kJ/kg 　　　　④ 116 kJ/kg

해설 $_1w_2 = \dfrac{R}{k-1}(T_1 - T_2) = \dfrac{RT_1}{k-1}\left(1 - \dfrac{T_2}{T_1}\right)$

$\qquad = \dfrac{RT_1}{k-1}\left[1 - \left(\dfrac{p_2}{p_1}\right)^{\frac{k-1}{k}}\right]$

$\qquad = \dfrac{0.287 \times (26.85 + 273)}{1.4 - 1}\left[1 - \left(\dfrac{600}{100}\right)^{\frac{1.4-1}{1.4}}\right]$

$\qquad \fallingdotseq -144 \, \text{kJ/kg}$

문제 **37.** 1 kg의 기체가 압력 50 kPa, 체적 2.5 m³의 상태에서 압력 1.2 MPa, 체적 0.2 m³의 상태로 변하였다. 엔탈피의 변화량은 약 몇 kJ인가? (단, 내부에너지의 변화는 없다.) 【2장】

① 365 　　　　② 206
③ 155 　　　　④ 115

해설 $\Delta H = \Delta U + (P_2V_2 - P_1V_1)$ 　단, $\Delta U = 0$
$\qquad = (1.2 \times 10^3 \times 0.2) - (50 \times 2.5) = 115 \, \text{kJ}$

문제 **38.** 공기 1 kg을 $t_1 = 10$ ℃, $P_1 = 0.1$ MPa, $V_1 = 0.8$ m³ 상태에서 단열 과정으로 $t_2 = 167$ ℃, $P_2 = 0.7$ MPa까지 압축시킬 때 압축에 필요한 일량은 약 얼마인가? (단, 공기의 정압비열과 정적비열은 각각 1.0035 kJ/(kg·K), 0.7165 kJ(kg·K)이고, t는 온도, P는 압력, V는 체적을 나타낸다.) 【3장】

① 112.5 J 　　　　② 112.5 kJ
③ 157.5 J 　　　　④ 157.5 kJ

해설 $W_t = \dfrac{mkR}{k-1}(T_1 - T_2)$

$\qquad = \dfrac{1 \times 1.4 \times 0.287}{1.4 - 1}[(10 + 273) - (167 + 273)]$

$\qquad = -157.7 \, \text{kJ}$

문제 **39.** 온도가 300 K이고, 체적이 1 m³, 압력이 10^5 N/m²인 이상기체가 일정한 온도에서 3×10^4 J의 일을 하였다. 계의 엔트로피 변화량은? 【4장】

① 0.1 J/K 　　　　② 0.5 J/K
③ 50 J/K 　　　　④ 100 J/K

해설 "등온변화"이므로 $_1Q_2 = {_1}W_2 = W_t$이다.

결국, $dS = \dfrac{\delta Q}{T}$에서

$\therefore \ \Delta S = \dfrac{_1Q_2}{T} = \dfrac{_1W_2}{T} = \dfrac{3 \times 10^4}{300} = 100 \, \text{J/K}$

문제 **40.** 어느 이상기체 2 kg이 압력 200 kPa, 온도 30 ℃의 상태에서 체적 0.8 m³를 차지한다. 이 기체의 기체상수는 약 몇 kJ/(kg·K)인가? 【3장】

① 0.264 　　　　② 0.528
③ 2.67 　　　　④ 3.53

해설 $pV = mRT$에서

$\therefore \ R = \dfrac{pV}{mT} = \dfrac{200 \times 0.8}{2 \times 303} = 0.264 \, \text{kJ/(kg·K)}$

예답 **35.** ③ **36.** ③ **37.** ④ **38.** ④ **39.** ④ **40.** ①

제3과목 기계유체역학

문제 41. 잠수함의 거동을 조사하기 위해 바닷물 속에서 모형으로 실험을 하고자 한다. 잠수함의 실형과 모형의 크기 비율은 7:1이며, 실제 잠수함이 8 m/s로 운전한다면 모형의 속도는 약 몇 m/s인가? 【7장】

① 28 　　　　　　　 ② 56
③ 87 　　　　　　　 ④ 132

[해설] $(Re)_P = (Re)_m$ 즉, $\left(\dfrac{V\ell}{\nu}\right)_P = \left(\dfrac{V\ell}{\nu}\right)_m$

$8 \times 7 = V_m \times 1$ ∴ $V_m = 56\,\text{m/s}$

문제 42. 그림과 같이 45° 꺾어진 관에 물이 평균속도 5 m/s로 흐른다. 유체의 분출에 의해 지지점 A가 받는 모멘트는 약 몇 N·m인가? (단, 출구 단면적은 10^{-3} m²이다.) 【4장】

① 3.5 　　　　　　　 ② 5
③ 12.5 　　　　　　 ④ 17.7

[해설] 우선, 추력

$F = \rho QV = \rho A V^2 = 1000 \times 10^{-3} \times 5^2 = 25\,\text{N}$

결국, $M_A = F\cos 45° \times 1 = 25 \times \dfrac{\sqrt{2}}{2} \times 1$

$= 17.68\,\text{N}\cdot\text{m} ≒ 17.7\,\text{N}\cdot\text{m}$

문제 43. 주 날개의 평면도 면적이 21.6 m²이고 무게가 20 kN인 경비행기의 이륙속도는 약 몇 km/h 이상이어야 하는가? (단, 공기의 밀도는 1.2 kg/m³, 주 날개의 양력계수는 1.2이고, 항력은 무시한다.) 【5장】

① 41 　　　　　　　 ② 91

③ 129 　　　　　　　 ④ 141

[해설] 양력 $L = C_L \dfrac{\rho V^2}{2} A$에서

$V = \sqrt{\dfrac{2L}{C_L \rho A}} = \sqrt{\dfrac{2 \times 20 \times 10^3}{1.2 \times 1.2 \times 21.6}} = 35.86\,\text{m/s}$

$= 35.86 \times 10^{-3} \times 3600\,\text{km/hr} = 129\,\text{km/hr}$

문제 44. 물이 흐르는 어떤 관에서 압력이 120 kPa, 속도가 4 m/s일 때, 에너지선(Energy line)과 수력기울기선(Hydraulic grade line)의 차이는 약 몇 cm인가? 【3장】

① 41 　　　　　　　 ② 65
③ 71 　　　　　　　 ④ 82

[해설] 에너지선과 수력구배선의 차이는 속도수두 $\left(\dfrac{V^2}{2g}\right)$이다.

결국, $\dfrac{V^2}{2g} = \dfrac{4^2}{2 \times 9.8} = 0.816\,\text{m} ≒ 81.6\,\text{cm}$

문제 45. 뉴턴의 점성법칙은 어떤 변수(물리량)들의 관계를 나타낸 것인가? 【1장】

① 압력, 속도, 점성계수
② 압력, 속도기울기, 동점성계수
③ 전단응력, 속도기울기, 점성계수
④ 전단응력, 속도, 동점성계수

[해설] $\tau = \mu \dfrac{du}{dy}$에서 τ : 전단응력, μ : 점성계수,

$\dfrac{du}{dy}$: 속도구배(=속도기울기)

문제 46. 관로 내에 흐르는 완전발달 층류유동에서 유속을 1/2로 줄이면 관로 내 마찰손실수두는 어떻게 되는가? 【6장】

① 1/4로 줄어든다.
② 1/2로 줄어든다.
③ 변하지 않는다.
④ 2배로 늘어난다.

[해답] 41. ② 42. ④ 43. ③ 44. ④ 45. ③ 46. ②

해설 $h_\ell = f \dfrac{\ell}{d} \dfrac{V^2}{2g} = \dfrac{64}{Re} \times \dfrac{\ell}{d} \times \dfrac{V^2}{2g}$

$= \dfrac{64}{\left(\dfrac{Vd}{\nu}\right)} \times \dfrac{\ell}{d} \times \dfrac{V^2}{2g} = \dfrac{32\nu\ell V}{d^2 g}$ 에서

$h_\ell \propto V = \dfrac{1}{2}$ 배

문제 47. 유체 내에 수직으로 잠겨있는 원형판에 작용하는 정수력학적 힘의 작용점에 관한 설명으로 옳은 것은? 【2장】

① 원형판의 도심에 위치한다.
② 원형판의 도심 위쪽에 위치한다.
③ 원형판의 도심 아래쪽에 위치한다.
④ 원형판의 최하단에 위치한다.

해설 작용점의 위치 $y_F = \bar{y} + \dfrac{I_G}{A\bar{y}}$ 에서 작용점의 위치는 도심까지의 거리 $(\bar{y})$보다 $\dfrac{I_G}{A\bar{y}}$ 만큼 아래에 위치한다.

문제 48. 동점성 계수가 $15.68 \times 10^{-6}\ \text{m}^2/\text{s}$인 공기가 평판 위를 길이 방향으로 $0.5\ \text{m/s}$의 속도로 흐르고 있다. 선단으로부터 10 cm 되는 곳의 경계층 두께의 2배가 되는 경계층의 두께를 가지는 곳은 선단으로부터 몇 cm 되는 곳인가? 【5장】

① 14.14
② 20
③ 40
④ 80

해설 $Re_x = \dfrac{u_\infty x}{\nu} = \dfrac{0.5 \times 0.1}{15.68 \times 10^{-6}} = 3188.78$: 층류

층류이므로 경계층 두께(δ)는 $\delta \propto x^{\frac{1}{2}}$

$\therefore \delta \propto 10^{\frac{1}{2}} \quad 2\delta = x'^{\frac{1}{2}}$

$2 \times 10^{\frac{1}{2}} = x'^{\frac{1}{2}} \quad \therefore \ x' = 40\,\text{cm}$

문제 49. 비중 8.16의 금속을 비중 13.6의 수은에 담근다면 수은 속에 잠기는 금속의 체적은 전체 체적의 약 몇 %인가? 【2장】

① 40 %
② 50 %
③ 60 %
④ 70 %

해설 공기 중에서 물체무게(W)=부력(F_B)

즉, $\gamma_{금속} V_{금속} = \gamma_{액체} V_{잠긴}$

$\gamma_{H_2O} S_{금속} V_{금속} = \gamma_{H_2O} S_{수은} V_{잠긴}$

$8.16 \times V_{금속} = 13.6 \times V_{잠긴}$

$\therefore \dfrac{V_{잠긴}}{V_{금속}} = \dfrac{8.16}{13.6} = 0.6 = 60\,\%$

문제 50. 그림과 같이 비중 0.85인 기름이 흐르고 있는 개수로에 피토관을 설치하였다. $\Delta h = 30\ \text{mm}$, $h = 100\ \text{mm}$일 때 기름의 유속은 약 몇 m/s인가? 【3장】

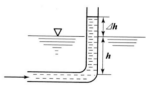

① 0.767
② 0.976
③ 6.25
④ 1.59

해설 $V = \sqrt{2g\Delta h} = \sqrt{2 \times 9.8 \times 0.03} = 0.767\,\text{m/s}$

문제 51. 안지름 0.25 m, 길이 100 m인 매끄러운 수평강관으로 비중 0.8, 점성계수 0.1 Pa·s인 기름을 수송한다. 유량이 100 L/s일 때의 관 마찰손실수두는 유량이 50 L/s일 때의 몇 배 정도가 되는가? (단, 층류의 관 마찰계수는 64/Re이고, 난류일 때의 관 마찰계수는 0.3164 Re$^{-1/4}$이며, 임계레이놀즈 수는 2300이다.) 【6장】

① 1.55
② 2.12
③ 4.13
④ 5.04

해답 47. ③ 48. ③ 49. ③ 50. ① 51. ④

해설 우선, 유량이 $100\,\text{L/s}$ 일 때

$$Re = \frac{\rho Vd}{\mu} = \frac{\rho Qd}{\mu A} = \frac{800 \times 100 \times 10^{-3} \times 0.25}{0.1 \times \frac{\pi \times 0.25^2}{4}}$$

$$= 4074.37 : 난류$$

$$f = 0.3164 Re^{-\frac{1}{4}} = 0.3164 \times (4074.37)^{-\frac{1}{4}}$$
$$= 0.0396$$

$$h_{\ell 1} = f\frac{\ell}{d}\frac{V^2}{2g} = f\frac{\ell}{d} \times \frac{\left(\frac{Q}{A}\right)^2}{2g}$$

$$= 0.0396 \times \frac{100}{0.25} \times \frac{1}{2 \times 9.8} \times \left(\frac{4 \times 100 \times 10^{-3}}{\pi \times 0.25^2}\right)^2$$

$$= 3.354\,\text{m}$$

또한, 유량이 $50\,\text{L/s}$ 일 때

$$Re = \frac{\rho Vd}{\mu} = \frac{\rho Qd}{\mu A} = \frac{800 \times 50 \times 10^{-3} \times 0.25}{0.1 \times \frac{\pi \times 0.25^2}{4}}$$

$$= 2037.18 : 층류$$

$$f = \frac{64}{Re} = \frac{64}{2037.18} = 0.03142$$

$$h_{\ell 2} = f\frac{\ell}{d}\frac{V^2}{2g} = f\frac{\ell}{d} \times \frac{\left(\frac{Q}{A}\right)^2}{2g}$$

$$= 0.03142 \times \frac{100}{0.25} \times \frac{1}{2 \times 9.8} \times \left(\frac{4 \times 50 \times 10^{-3}}{\pi \times 0.25^2}\right)^2$$

$$= 0.6653\,\text{m}$$

결국, $\dfrac{h_{\ell 1}}{h_{\ell 2}} = \dfrac{3.354}{0.6653} = 5.0413$

문제 52. 일률(power)을 기본 차원인 M(질량), L(길이), T(시간)로 나타내면? 【1장】

① $L^2 T^{-2}$
② $MT^{-2}L^{-1}$
③ $ML^2 T^{-2}$
④ $ML^2 T^{-3}$

해설 일률(=동력)=힘×속도
$$= \text{N}\cdot\text{m/s} = [\text{FLT}^{-1}]$$
$$= [\text{MLT}^{-2}\text{LT}^{-1}] = [\text{ML}^2\text{T}^{-3}]$$

문제 53. 그림과 같이 U자 관 액주계가 x방향으로 등가속 운동하는 경우 x방향 가속도 a_x는 약 몇 m/s²인가?
(단, 수은의 비중은 13.6이다.) 【2장】

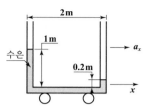

① 0.4 ② 0.98
③ 3.92 ④ 4.9

해설 $\tan\theta = \dfrac{a_x}{g} = \dfrac{0.8}{2}$ 에서
$$a_x = g \times \frac{0.8}{2} = 9.8 \times \frac{0.8}{2} = 3.92\,\text{m/s}^2$$

문제 54. 지름이 $2\,\text{cm}$인 관에 밀도 $1000\,\text{kg/m}^3$, 점성계수 $0.4\,\text{N}\cdot\text{s/m}^2$인 기름이 수평면과 일정한 각도로 기울어진 관에서 아래로 흐르고 있다. 초기 유량 측정위치의 유량이 $1\times10^{-5}\,\text{m}^3/\text{s}$ 이었고, 초기 측정위치에서 10 m 떨어진 곳에서의 유량도 동일하다고 하면, 이 관은 수평면에 대해 약 몇 ° 기울어져 있는가? (단, 관 내 흐름은 완전발달 층류유동이다.) 【5장】

① 6° ② 8°
③ 10° ④ 12°

해설

단, $\begin{cases} \Delta p = \gamma h = \gamma\ell\sin\theta \\ \gamma = \rho g \end{cases}$

$$Q = \frac{\Delta p \pi d^4}{128\mu\ell} = \frac{\gamma\ell\sin\theta\pi d^4}{128\mu\ell} = \frac{\gamma\sin\theta\pi d^4}{128\mu}$$ 에서

$$\sin\theta = \frac{128\mu Q}{\gamma\pi d^4} = \frac{128 \times 0.4 \times 1 \times 10^{-5}}{9800 \times \pi \times 0.02^4} = 0.1039$$

$$\therefore \theta = \sin^{-1} 0.1039 = 6°$$

문제 55. 원관(pipe) 내에 유체가 완전 발달한 층류 유동일 때 유체 유동에 관계한 가장 중요한 힘은 다음 중 어느 것인가? 【7장】

① 관성력과 점성력 ② 압력과 관성력
③ 중력과 압력 ④ 표면장력과 점성력

해답 52. ④ 53. ③ 54. ① 55. ①

해설 레이놀즈 수 : 관유동, 잠수함, 잠수정, 잠항정, 파이프

$$Re = \frac{관성력}{점성력} = \frac{Vd}{\nu}$$

문제 56. 다음과 같은 수평으로 놓인 노즐이 있다. 노즐의 입구는 면적이 $0.1\,\mathrm{m}^2$이고 출구의 면적은 $0.02\,\mathrm{m}^2$이다. 정상, 비압축성이며 점성의 영향이 없다면 출구의 속도가 $50\,\mathrm{m/s}$일 때 입구와 출구의 압력차 $(P_1 - P_2)$는 약 몇 kPa 인가? (단, 이 공기의 밀도는 $1.23\,\mathrm{kg/m}^3$이다.) 【3장】

$A_1 = 0.1\,\mathrm{m}^2$
$V_1 = ?$
$P_1 = ?$

$A_2 = 0.02\,\mathrm{m}^2$
$V_2 = 50\,\mathrm{m/s}$
$P_1 = P_{atm}$

① 1.48 ② 14.8
③ 2.96 ④ 29.6

해설 우선, 연속방정식 $Q = A_1 V_1 = A_2 V_2$에서

$$0.1 \times V_1 = 0.02 \times 50 \quad \therefore \ V_1 = 10\,\mathrm{m/s}$$

또한, $\dfrac{P_1}{\gamma} + \dfrac{V_1^2}{2g} + Z_1 = \dfrac{P_2}{\gamma} + \dfrac{V_2^2}{2g} + Z_2 \ (\because Z_1 = Z_2)$

$$\frac{P_1 - P_2}{\gamma} = \frac{V_2^2 - V_1^2}{2g}$$

$$\therefore \ P_1 - P_2 = \frac{\gamma(V_2^2 - V_1^2)}{2g} = \frac{\rho(V_2^2 - V_1^2)}{2}$$

$$= \frac{1.23(50^2 - 10^2)}{2} = 1476\,\mathrm{Pa}$$

$$= 1.476\,\mathrm{kPa}$$

문제 57. 절대압력 $700\,\mathrm{kPa}$의 공기를 담고 있고 체적은 $0.1\,\mathrm{m}^3$, 온도는 $20\,^{\circ}\mathrm{C}$인 탱크가 있다. 순간적으로 공기는 밸브를 통해 바깥으로 단면적 $75\,\mathrm{mm}^2$를 통해 방출되기 시작한다. 이 공기의 유속은 $310\,\mathrm{m/s}$이고, 밀도는 $6\,\mathrm{kg/m}^3$이며 탱크 내의 모든 물성치는 균일한 분포를 갖는다고 가정한다. 방출하기 시작하는 시각에 탱크 내 밀도의 시간에 따른 변화율은 몇 kg/$(\mathrm{m}^3 \cdot \mathrm{s})$인가? 【3장】

① -12.338 ② -2.582
③ -20.381 ④ -1.395

해설 우선, $Q = AV = 75 \times 10^{-6} \times 310$
$$= 0.02325\,\mathrm{m}^3/\mathrm{s}$$

또한, 유량 $Q = \dfrac{체적}{시간(t)}$에서

시간 $t = \dfrac{체적}{유량} = \dfrac{0.1}{0.02325} = 4.3$초

결국, $\rho/t = \dfrac{6}{4.3} = 1.395\,\mathrm{kg/(m}^3 \cdot \mathrm{s})$

문제 58. 비점성, 비압축성 유체의 균일한 유동장에 유동방향과 직각으로 정지된 원형 실린더가 놓여있다고 할 때, 실린더에 작용하는 힘에 관하여 설명한 것으로 옳은 것은? 【5장】

① 항력과 양력이 모두 영(0)이다.
② 항력은 영(0)이고, 양력은 영(0)이 아니다.
③ 양력은 영(0)이고, 항력은 영(0)이 아니다.
④ 항력과 양력 모두 영(0)이 아니다.

해설 비점성, 비압축성유체는 이상유체이다.
이상유체의 유동에서는 항력(D)과 양력(L)이 모두 0이다.

문제 59. 다음 중 2차원 비압축성 유동의 연속 방정식을 만족하지 않는 속도 벡터는? 【3장】

① $V = (16y - 12x)i + (12y - 9x)j$
② $V = -5xi + 5yj$
③ $V = (2x^2 + y^2)i + (-4xy)j$
④ $V = (4xy + y)i + (6xy + 3x)j$

해설 비압축성 연속방정식의 조건은 $\dfrac{\partial u}{\partial x} + \dfrac{\partial v}{\partial y} = 0$이다.

또한, 속도벡터 $\vec{V} = u\vec{i} + v\vec{j}$이다.

① $\dfrac{\partial u}{\partial x} + \dfrac{\partial v}{\partial y} = -12 + 12 = 0$

② $\dfrac{\partial u}{\partial x} + \dfrac{\partial v}{\partial y} = -5 + 5 = 0$

③ $\dfrac{\partial u}{\partial x} + \dfrac{\partial v}{\partial y} = 4x - 4x = 0$

④ $\dfrac{\partial u}{\partial x} + \dfrac{\partial v}{\partial y} = 4y + 6x \neq 0$

해답 56. ① 57. ④ 58. ① 59. ④

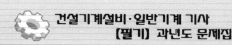

문제 60. 그림과 같은 밀폐된 탱크 안에 각각 비중이 0.7, 1.0인 액체가 채워져 있다. 여기서 각도 θ가 20°로 기울어진 경사관에서 3 m 길이까지 비중 1.0인 액체가 채워져 있을 때 점 A의 압력과 점 B의 압력 차이는 약 몇 kPa인가? 【2장】

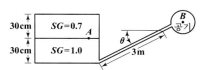

① 0.8   ② 2.7
③ 5.8   ④ 7.1

[해설] $p = \gamma h = \gamma_{H_2O} sh = 9.8sh\,(\mathrm{kPa})$을 이용하면
$p_B + (9.8 \times 1 \times 3\sin 20°) - (9.8 \times 1 \times 0.3) = p_A$
∴ $p_A - p_B ≒ 7.1\,\mathrm{kPa}$

제4과목 기계재료 및 유압기기

문제 61. 탄소를 제품에 침투시키기 위해 목탄을 부품과 함께 침탄상자 속에 넣고 900~950 ℃의 온도 범위로 가열로 속에서 가열 유지시키는 처리법은?

① 질화법
② 가스 침탄법
③ 시멘테이션에 의한 경화법
④ 고주파 유도 가열 경화법

[해설] 침탄법 : 0.2 % 이하의 저탄소강을 침탄제 속에 파묻고 가열하여 그 표면에 탄소(C)를 침입, 고용시키는 방법으로 내마모성, 인성, 기계적 성질을 개선하며 종류로는 고체침탄법, 가스침탄법, 액체침탄법(＝시안화법＝청화법) 등이 있다.

문제 62. 베이나이트(bainite) 조직을 얻기 위한 항온열처리 조작으로 가장 적합한 것은?

① 마퀜칭   ② 소성가공
③ 노멀라이징   ④ 오스템퍼링

[해설] 오스템퍼링(austempering) : 오스템퍼는 일명 하부 베이나이트 담금질이라고 부르며 오스테나이트 상태에서 $\mathrm{Ar'}$와 $\mathrm{Ar''}$의 중간온도로 유지된 용융열 욕속에서 담금질하여 강인한 하부 베이나이트로 만든다. 또한, 오스템퍼는 담금질 변형과 균열을 방지하고 피아노선과 같이 냉간인발로 제조하는 과정에서 조직을 균일하게 하고 인발작업을 쉽게 하기 위한 목적으로 패턴팅 처리를 한다.

문제 63. 면심입방격자(FCC) 금속의 원자수는?

① 2   ② 4
③ 6   ④ 8

[해설] · 격자 내의 원자수
① 체심입방격자(BCC) : 2원자
② 면심입방격자(FCC) : 4원자
③ 조밀육방격자(HCP) : 2원자

문제 64. 철과 아연을 접촉시켜 가열하면 양자의 친화력에 의하여 원자 간의 상호 확산이 일어나서 합금화하므로 내식성이 좋은 표면을 얻는 방법은?

① 칼로라이징   ② 크로마이징
③ 세러다이징   ④ 보로나이징

[해설] 세라다이징(Sheradizing, Zn침투) : 철(Fe)과 아연(Zn)을 접촉시켜서 가열하면 양자의 친화력에 의하여 원자간의 상호확산이 일어나서 합금화하므로 내식성이 좋은 표면층을 형성하는데 이와같이 고체아연(Zn)을 침투시키는 방법을 세라다이징이라 한다.

문제 65. 담금질 조직 중 가장 경도가 높은 것은?

① 펄라이트   ② 마텐자이트
③ 소르바이트   ④ 트루스타이트

[해설] 담금질 조직의 경도순서 : $A < M > T > S > P$

[해답] 60. ④   61. ②   62. ④   63. ②   64. ③   65. ②

문제 66. 다음 중 금속의 변태점 측정방법이 아닌 것은?

① 열분석법　　　　② 자기분석법

③ 전기저항법　　　④ 정점분석법

해설 금속의 변태점 측정방법 : 열분석법, 시차열분석법, 비열법, 전기저항법, 열팽창법, 자기분석법, X선분석법

문제 67. Al에 10~13 % Si를 함유한 합금은?

① 실루민

② 라우탈

③ 두랄루민

④ 하이드로 날륨

해설 실루민 : Al에 10~13 % Si를 합금한 것으로 "알팩스"라고도 한다.
주조성은 좋으나 절삭성은 좋지 않다.

문제 68. 다음 중 Ni-Fe계 합금이 아닌 것은?

① 인바　　　　　② 톰백

③ 엘린바　　　　④ 플래티나이트

해설 불변강(＝고Ni강) : 온도가 변해도 선팽창계수, 탄성률이 변하지 않는 강으로 인바, 엘린바, 플래티나이트, 초인바, 코엘린바 등이 있다.
※ 톰백 : Cu+Zn 5~20 %, 황금색, 강도는 낮으나 전연성이 좋다.
금대용품, 화폐, 메달, 금박단추, 악세사리

문제 69. 탄소강에서 인(P)으로 인하여 발생하는 취성은?

① 고온 취성　　　② 불림 취성

③ 상온 취성　　　④ 뜨임 취성

해설 상온취성(cold shortness) : 탄소강은 상온에서도 인(P)을 많이 함유하면 인성이 낮아지는 성질이 있는데 이를 탄소강의 상온취성이라 한다.

문제 70. 구리합금 중에서 가장 높은 경도와 강도를 가지며, 피로한도가 우수하여 고급스프링 등에 쓰이는 것은?

① Cu-Be 합금

② Cu-Cd 합금

③ Cu-Si 합금

④ Cu-Ag 합금

해설 베릴륨 청동
: 청동(Cu+Sn)＋베릴륨(Be)합금으로 뜨임시효 경화성이 있어 내식성, 내열성, 내피로성이 좋으므로 베어링이나 고급스프링에 이용된다.

문제 71. 유압회로에서 캐비테이션이 발생하지 않도록 하기 위한 방지대책으로 가장 적합한 것은?

① 흡입관에 급속 차단장치를 설치한다.

② 흡입 유체의 유온을 높게 하여 흡입한다.

③ 과부하 시는 패킹부에서 공기가 흡입되도록 한다.

④ 흡입관 내에 평균유속이 3.5 m/s 이하가 되도록 한다.

해설 ·공동현상(cavitation)의 방지책
① 기름탱크내의 기름의 점도는 800 ct를 넘지 않도록 할 것
② 흡입구 양정은 1 m 이하로 할 것
③ 흡입관의 굵기는 유압펌프 본체의 연결구의 크기와 같은 것을 사용할 것
④ 펌프의 운전속도는 규정속도(3.5 m/s)이상으로 해서는 안된다.

문제 72. 유압 작동유의 점도가 너무 높은 경우 발생되는 현상으로 거리가 먼 것은?

① 내부마찰이 증가하고 온도가 상승한다.

② 마찰손실에 의한 펌프동력 소모가 크다.

③ 마찰부분의 마모가 증대된다.

④ 유동저항이 증대하여 압력손실이 증가된다.

해답 66. ④　67. ①　68. ②　69. ③　70. ①　71. ④　72. ③

해설> · 점도가 너무 높을 경우의 영향
① 동력손실증가로 기계효율의 저하
② 소음이나 공동현상 발생
③ 유동저항의 증가로 인한 압력손실의 증대
④ 내부마찰의 증대에 의한 온도의 상승
⑤ 유압기기 작동의 불활발
※ 마찰부분의 마모가 증대되는 경우는 점도가 너무 낮은 경우이다.

문제 **73.** 속도 제어 회로 방식 중 미터-인 회로와 미터-아웃 회로를 비교하는 설명으로 틀린 것은?

① 미터-인 회로는 피스톤 측에만 압력이 형성되나 미터-아웃 회로는 피스톤 측과 피스톤 로드 측 모두 압력이 형성된다.
② 미터-인 회로는 단면적이 넓은 부분을 제어하므로 상대적으로 속도조절에 유리하나, 미터-아웃 회로는 단면적이 좁은 부분을 제어하므로 상대적으로 불리하다.
③ 미터-인 회로는 인장력이 작용할 때 속도조절이 불가능하나, 미터-아웃 회로는 부하의 방향에 관계없이 속도조절이 가능하다.
④ 미터-인 회로는 탱크로 드레인되는 유압 작동유에 주로 열이 발생하나 미터-아웃 회로는 실린더로 공급되는 유압 작동유에 주로 열이 발생한다.

해설> · 유량조정밸브에 의한 회로
① 미터 인 회로 : 액추에이터의 입구쪽 관로에서 유량을 교축시켜 작동속도를 조절하는 방식
② 미터 아웃 회로 : 액추에이터의 출구쪽 관로에서 유량을 교축시켜 작동속도를 조절하는 방식 즉, 실린더에 유량을 복귀측에 직렬로 유량조절밸브를 설치하여 유량을 제어하는 방식
③ 블리드 오프 회로 : 실린더 입구의 분기회로에 유량제어밸브를 설치하여 실린더입구측의 불필요한 압유를 배출시켜 작동효율을 증진시킨다. 회로연결은 병렬로 연결한다.

문제 **74.** 다음 중 유량제어밸브에 속하는 것은?

① 릴리프 밸브   ② 시퀀스 밸브
③ 교축 밸브   ④ 체크 밸브

해설> 유량제어밸브 : 교축밸브, 유량조절밸브, 분류밸브, 집류밸브, 스톱밸브(정지밸브)

문제 **75.** 다음과 같은 특징을 가진 유압유는?

```
─ 난연성 작동유에 속함
─ 내마모성이 우수하여 저압에서 고압까지
  각종 유압펌프에 사용됨
─ 점도지수가 낮고 비중이 커서 저온에서 펌
  프 시동시 캐비테이션이 발생하기 쉬움
```

① 인산 에스테르형 작동유
② 수중 유형 유화유
③ 순광유
④ 유중 수형 유화유

해설> · 유압작동유의 종류
① 석유계 작동유 : 터빈유, 고점도지수 유압유
  〈용도〉 일반산업용, 저온용, 내마멸성용
② 난연성 작동유
  ㉠ 합성계 : 인산에스테르, 염화수소, 탄화수소
    〈용도〉 항공기용, 정밀제어장치용
  ㉡ 수성계(함수계) : 물-글리콜계, 유화계
    〈용도〉 다이캐스팅머신용, 각종 프레스기계용, 압연기용, 광산기계용

문제 **76.** 다음 보기와 같은 유압기호가 나타내는 것은?

〈보기〉

① 가변 교축 밸브
② 무부하 릴리프 밸브
③ 직렬형 유량조정 밸브
④ 바이패스형 유량조정 밸브

해답> **73.** ④   **74.** ③   **75.** ①   **76.** ④

해설

	상세기호	간략기호
교축밸브 가변교축밸브		
	상세기호	간략기호
직렬형 유량조정밸브 (온도보상붙이)		
	상세기호	간략기호
바이패스형 유량조정밸브		

문제 77. 채터링(chattering) 현상에 대한 설명으로 틀린 것은?

① 일종의 자려진동현상이다.

② 소음을 수반한다.

③ 압력이 감소하는 현상이다.

④ 릴리프 밸브 등에서 발생한다.

해설 채터링(chattering) : 스프링에 의해 작동되는 릴리프밸브에 발생되기 쉬우며 밸브시트를 두들겨서 비교적 높은 음을 발생시키는 일종의 자려진동현상을 말한다.

문제 78. 베인 펌프의 1회전당 유량이 40 cc일 때, 1분당 이론 토출유량이 25리터이면 회전수는 약 몇 rpm인가?

(단, 내부누설량과 흡입저항은 무시한다.)

① 62

② 625

③ 125

④ 745

해설 $Q = qN$에서

$$\therefore N = \frac{Q}{q} = \frac{25 \times 10^{-3}}{40 \times 10^{-6}} = 625\, \mathrm{rpm}$$

문제 79. 유압 모터에서 1회전당 배출유량이 60 cm³/rev이고 유압유의 공급압력은 7 MPa일 때 이론 토크는 약 몇 N·m인가?

① 668.8

② 66.8

③ 1137.5

④ 113.8

해설 $T = \dfrac{pq}{2\pi} = \dfrac{7 \times 10^6 \times 60 \times 10^{-6}}{2\pi} = 66.8\,\mathrm{N \cdot m}$

문제 80. 유압유의 여과방식 중 유압펌프에서 나온 유압유의 일부만을 여과하고 나머지는 그대로 탱크로 가도록 하는 형식은?

① 바이패스 필터(by-pass filter)

② 전류식 필터(full-flow filter)

③ 샨트식 필터(shunt flow filter)

④ 원심식 필터(centrifugal filter)

해설 바이패스 필터(by-pass filter)

: 전 유량을 여과할 필요가 없는 경우에는 펌프토출량의 10 % 정도를 흡수형 필터로 항시 여과하는 방법이 사용된다. 이 연결위치는 압력관로의 어느곳이나 가능하며 비교적 작은 필터로서도 충분하다.

제5과목 기계제작법 및 기계동력학

문제 81. 고유진동수가 1 Hz인 진동측정기를 사용하여 2.2 Hz의 진동을 측정하려고 한다. 측정기에 의해 기록된 진폭이 0.05 cm라면 실제 진폭은 약 몇 cm인가? (단, 감쇠는 무시한다.)

① 0.01 cm

② 0.02 cm

③ 0.03 cm

④ 0.04 cm

해설 진동수비 $\gamma = \dfrac{\omega}{\omega_n} = \dfrac{2.2}{1} = 2.2$

진폭비 $\dfrac{Z}{Y} = \dfrac{\gamma^2}{\gamma^2 - 1} = \dfrac{2.2^2}{2.2^2 - 1} = 1.26$

여기서, Z : 계기읽음, Y : 진동의 변위

따라서, $Z = 0.05\,\mathrm{cm}$ 이므로

결국, $Y = \dfrac{Z}{1.26} = \dfrac{0.05}{1.26} = 0.04\,\mathrm{cm}$

해답 77. ③ 78. ② 79. ② 80. ① 81. ④

문제 82. 20 Mg의 철도차량이 0.5 m/s의 속력으로 직선 운동하여 정지되어 있는 30 Mg의 화물차량과 결합한다. 결합하는 과정에서 차량에 공급되는 동력은 없으며 브레이크도 풀려 있다. 결합직후의 속력은 약 몇 m/s인가?

① 0.25　　　　　② 0.20
③ 0.15　　　　　④ 0.10

해설 운동량 보존의 법칙에 의해
$$m_1 V_1 + m_2 V_2 = (m_1 + m_2) V'$$
$$20 \times 0.5 = (20 + 30) \times V' \quad \therefore \quad V' = 0.2 \, \text{m/s}$$

문제 83. 질량 관성모멘트가 20 kg·m²인 플라이휠(fly wheel)을 정지 상태로부터 10초 후 3600 rpm으로 회전시키기 위해 일정한 비율로 가속하였다. 이때 필요한 토크는 약 몇 N·m인가?

① 654　　　　　② 754
③ 854　　　　　④ 954

해설
$$\sum M_0 = J_0 \alpha = J_0 \ddot{\theta} = J_0 \times \frac{\omega}{t} = J_0 \times \frac{1}{t} \times \frac{2\pi N}{60}$$
$$= 20 \times \frac{1}{10} \times \frac{2\pi \times 3600}{60} \fallingdotseq 754 \, \text{N} \cdot \text{m}$$

문제 84. 고유 진동수 f (Hz), 고유 원진동수 w (rad/s), 고유 주기 T (s) 사이의 관계를 바르게 나타낸 식은?

① $T = \dfrac{\omega}{2\pi}$　　　② $T\omega = f$
③ $Tf = 1$　　　　④ $f\omega = 2\pi$

해설 $f = \dfrac{1}{T} = \dfrac{\omega}{2\pi}$

문제 85. 그림과 같이 질량 100 kg의 상자를 동마찰계수가 $\mu_1 = 0.2$인 길이 2.0 m의 바닥 a와 동마찰계수가 $\mu_2 = 0.3$인 길이 2.5 m의 바닥 b를 지나 A지점에서 C지점까지 밀려고 한다. 사람이 하여야 할 일은 약 몇 J인가?

① 1128 J　　　　② 2256 J
③ 3760 J　　　　④ 5640 J

해설 마찰일량 $U_f = fS = \mu m g S$에서
$$\therefore \quad U_f = \mu_1 m g S_1 + \mu_2 m g S_2$$
$$= (0.2 \times 100 \times 9.81 \times 2) + (0.3 \times 100 \times 9.81 \times 2.5)$$
$$= 1128.15 \, \text{J}$$

문제 86. 1자유도 질량-스프링계에서 초기조건으로 변위 x_0가 주어진 상태에서 가만히 놓아 진동이 일어난다면 진동변위를 나타내는 식은? (단, w_n은 계의 고유진동수이고, t는 시간이다.)

① $x_0 \cos w_n t$　　　② $x_0 \sin w_n t$
③ $x_0 \cos^2 w_n t$　　④ $x_0 \sin^2 w_n t$

해설 초기조건으로 변위 x_0가 주어졌다면 진동변위 (x)는 cosine함수로 나타낼 수 있다.
즉, $x = x_0 \cos w_n t$

문제 87. 그림과 같이 바퀴가 가로방향(x축 방향)으로 미끄러지지 않고 굴러가고 있을 때 A점의 속력과 그 방향은? (단, 바퀴 중심점의 속도는 v이다.)

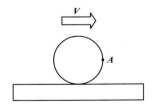

① 속력 : v,　방향 x축 방향
② 속력 : v,　방향 $-y$축 방향
③ 속력 : $\sqrt{2}\,v$,　방향 $-y$축 방향
④ 속력 : $\sqrt{2}\,v$
　방향 x축 방향에서 아래로 45° 방향

정답 82. ②　83. ②　84. ③　85. ①　86. ①　87. ④

해설

중심에서의 속도 $V = r\omega$ 즉, $\omega = \dfrac{V}{r}$

단, r : 지면에서 중심까지의 반경

지면에서 A점까지의 거리 $r_A = \sqrt{r^2+r^2} = \sqrt{2}\,r$

결국, A점의 속력 $V_A = r_A\omega = \sqrt{2}\,r \times \dfrac{V}{r} = \sqrt{2}\,V$

또한, 바퀴가 가로방향으로 미끄러지지 않고 굴러가므로 A점 속력의 방향은 x축 방향에서 아래로 45° 방향이다.

문제 88. 질량 70 kg인 군인이 고공에서 낙하산을 펼치고 10 m/s의 초기 속도로 낙하하였다. 공기의 저항이 350 N일 때 20 m 낙하한 후의 속도는 약 몇 m/s인가?

① 16.4 m/s   ② 17.1 m/s
③ 18.9 m/s   ④ 20.0 m/s

해설 저항일량(U)=운동에너지(T)에서

$$FS = \frac{1}{2}m(V_2^2 - V_1^2)$$

$$350 \times 20 = \frac{1}{2} \times 70 \times (V_2^2 - 10^2)$$

$$\therefore V_2 = 17.32 \, \text{m/s}$$

문제 89. 정지된 물에서 0.5 m/s의 속도를 낼 수 있는 뱃사공이 있다. 이 뱃사공이 0.1 m/s로 흐르는 강물을 거슬러 400 m를 올라가는 데 걸리는 시간은?

① 10분   ② 13분 20초
③ 16분 40초   ④ 22분 13초

해설 $mV_1 = mV_2$에서 $V_1 = \dfrac{S}{t}$

즉, $(0.5 - 0.1) = \dfrac{400}{t}$

$\therefore t = 10000 \, \text{sec} = 16분 \, 40초$

문제 90. 질량, 스프링, 댐퍼로 구성된 단순화된 1자유도 감쇠계에서 다음 중 그 값만으로 직접 감쇠비(damped ratio, ζ)를 구할 수 있는 것은?

① 대수 감소율(logarithmic decrement)
② 감쇠 고유 진동수(damped natural frequency)
③ 스프링 상수(spring coefficient)
④ 주기(period)

해설 대수감소율(δ)과 감쇠비(ζ)의 관계식은 다음과 같다.

$$\delta = \frac{2\pi\zeta}{\sqrt{1-\zeta^2}} \quad 단, \; 감쇠비 \; \zeta = \frac{C}{C_{cr}}$$

만약, $\zeta \ll 1$이면 $\delta \fallingdotseq 2\pi\zeta$

문제 91. 오토콜리메이터의 부속품이 아닌 것은?

① 평면경   ② 콜리 프리즘
③ 펜타 프리즘   ④ 폴리곤 프리즘

해설 오토콜리메이터(auto collimator)
: 수준기와 망원경을 조합한 것으로 미소각도를 측정하는 광학적 측정기로서 부속품으로는 평면경프리즘, 펜타프리즘, 폴리곤프리즘 등이 있다.

문제 92. 이미 가공되어 있는 구멍에 다소 큰 강철 볼을 압입하여 통과시켜서 가공물의 표면을 소성 변형시켜 정밀도가 높은 면을 얻는 가공법은?

① 버핑(buffing)
② 버니싱(burnishing)
③ 숏 피닝(shot peening)
④ 배럴 다듬질(barrel finishing)

해설 ·버니싱(burnishing) : 버니싱은 원통의 내면을 다듬질하기 위해 원통안지름보다 약간 큰 지름의 강구를 압입하여 다듬질면의 요철을 매끈하게 하는 방법이며 다음과 같은 특징이 있다.
① 간단한 장치로 단시간에 정밀도가 높은 가공이 가능하다.

해답 88. ②   89. ③   90. ①   91. ②   92. ②

② 압입강구의 마멸 때문에 주로 동, 알루미늄과 같이 경도가 낮은 비철금속에 이용된다.
③ 표면거칠기는 향상되나 형상정밀도는 개선되지 않는다.
④ 공작물의 두께가 얇으면 소성변형이 적어 버니싱효과가 떨어진다.

문제 93. 공작물을 양극으로 하고 전기저항이 적은 Cu, Zn을 음극으로 하여 전해액 속에 넣고 전기를 통하면, 가공물 표면이 전기에 의한 화학적 작용으로 매끈하게 가공되는 가공법은?

① 전해연마
② 전해연삭
③ 워터젯가공
④ 초음파가공

해설 전해연마 : 전해액 중에 공작물을 양극에, 불용해성이며 전기저항이 작은 구리, 아연 등을 음극으로 하고 전류를 통할 때 공작물의 표면을 매끈하고 광택이 있는 면으로 만드는 작업으로 전해액은 과염소산, 황산, 인산, 청화알칼리 등을 사용한다.

문제 94. 다음 빈칸에 들어갈 숫자가 옳게 짝지어진 것은?

> 지름 100 mm의 소재를 드로잉하여 지름 60 mm의 원통을 가공할 때 드로잉률은 (A)이다. 또한, 이 60 mm의 용기를 재드로잉률 0.8로 드로잉을 하면 용기의 지름은 (B) mm가 된다.

① A : 0.36, B : 48
② A : 0.36, B : 75
③ A : 0.6, B : 48
④ A : 0.6, B : 75

해설 ① 드로잉률 $= \dfrac{\text{제품의 지름}(d_1)}{\text{소재의 지름}(d_0)} \times 100$

$\qquad = \dfrac{60}{100} \times 100 = 60\% = 0.6$

② 재드로잉률 $= \dfrac{\text{용기의 지름}}{\text{제품의 지름}(d_1)}$

$\therefore$ 용기의 지름 = 재드로잉률 $\times d_1 = 0.8 \times 60$
$\qquad = 48 \text{mm}$

문제 95. 호브 절삭날의 나사를 여러 줄로 한 것으로 거친 절삭에 주로 쓰이는 호브는?

① 다줄 호브
② 단체 호브
③ 조립 호브
④ 초경 호브

해설 · 호브(hob) : 일정한 치형곡선을 가지고 있고 절삭날은 일줄 또는 다중나사로 된 원이라고 볼 수 있다. 각각의 절삭날은 커터의 날과 같이 여러 각도들이 있다.
① 단체호브 : 가장 간단한 호브이고, 고속도강 재료로 단조하여 만든다.
② 조립호브 : 합금강 본체의 홈에 고속도강의 플레이트를 심은 호브이다.
③ 초경호브 : 초경합금팁을 가진 플레이트를 심은 호브로서 합성섬유재료나 비철금속재료의 기어 절삭에 유리하며 경도가 높은 강재기어 절삭에도 양호하다.
④ 다중호브 : 호브절삭날의 나사를 여러줄로 한 것으로 2줄과 3줄인 것이 많다. 거친 절삭에 쓰이는 경우가 많고 가공시간을 단축할 수가 있어서 편리하다.

문제 96. 다이에 아연, 납, 주석 등의 연질금속을 넣고 제품 형상의 펀치로 타격을 가하여 길이가 짧은 치약튜브, 약품튜브 등을 제작하는 압출 방법은?

① 간접 압출
② 열간 압출
③ 직접 압출
④ 충격 압출

해설 충격 압출 : Zn, Pb, Sn, Al, Cu와 같은 연질금속을 다이에 놓고 충격을 가하여 치약튜브, 크림튜브, 화장품, 약품 등의 용기, 건전지 케이스 등 연한 금속의 짧고 얇은 관 제작에 사용된다.

문제 97. 용접을 기계적인 접합 방법과 비교할 때 우수한 점이 아닌 것은?

① 기밀, 수밀, 유밀성이 우수하다.
② 공정 수가 감소되고 작업시간이 단축된다.
③ 열에 의한 변질이 없으며 품질검사가 쉽다.
④ 재료가 절약되므로 공작물의 중량을 가볍게 할 수 있다.

해답 93. ①　94. ③　95. ①　96. ④　97. ③

해설 열영향을 받아 변형이 생기며, 품질검사가 곤란하다.

문제 98. 제작 개수가 적고, 큰 주물품을 만들 때 재료와 제작비를 절약하기 위해 골격만 목재로 만들고 골격 사이를 점토로 메워 만든 모형은?

① 현형
② 골격형
③ 긁기형
④ 코어형

해설 골격형 : 주조품의 수량이 적고, 그 형상이 대형일 때에는 제작비를 절약하기 위하여 중요부분의 골조만을 만들고, 공간은 점토 및 석고로 채워 주형을 만드는 것을 말한다.

문제 99. 절삭가공 시 발생하는 절삭온도 측정방법이 아닌 것은?

① 부식을 이용하는 방법
② 복사고온계를 이용하는 방법
③ 열전대(thermocouple)에 의한 방법
④ 칼로리미터(calorimeter)에 의한 방법

해설 · 절삭온도의 측정방법
① 칩의 색깔에 의한 방법
② 열량계(calorimeter, 칼로리미터)에 의한 측정
③ 열전대(thermo couple)에 의한 측정
④ 복사고온계에 의한 측정
⑤ 공구와 공작물간 열전대 접촉에 의한 측정
⑥ 시온도료에 의한 측정
⑦ Pbs 광전지를 이용한 측정

문제 100. 나사측정 방법 중 삼침법(Three wire method)에 대한 설명으로 옳은 것은?

① 나사의 길이를 측정하는 법
② 나사의 골지름을 측정하는 법
③ 나사의 바깥지름을 측정하는 법
④ 나사의 유효지름을 측정하는 법

해설 삼침법 : 지름이 같은 3개의 와이어를 나사산에 대고 와이어의 바깥쪽을 마이크로미터로 측정하는 방법이며, 나사의 유효지름을 측정하는 방법 중 가장 정밀도가 높다.

정답 98. ② 99. ① 100. ④

2017년 제1회 일반기계·건설기계설비 기사

제1과목 재료역학

문제 1. 단면 2차모멘트가 $251\,\mathrm{cm}^4$인 I형강 보가 있다. 이 단면의 높이가 $20\,\mathrm{cm}$라면, 굽힘 모멘트 $M=2510\,\mathrm{N\cdot m}$을 받을 때 최대 굽힘 응력은 몇 MPa인가? 【7장】

① 100 　　　　　　② 50
③ 20 　　　　　　④ 5

해설 $M=\sigma Z$에서 $\quad M_{\max}=\sigma_{\max}\times\dfrac{I}{y(=e)}$

$$2510\times10^3=\sigma_{\max}\times\frac{250\times10^4}{100}$$
$$\therefore\ \sigma_{\max}=100.4\,\mathrm{MPa}(=\mathrm{N/mm}^2)$$

문제 2. 그림과 같은 구조물에서 AB 부재에 미치는 힘은 몇 kN인가? 【6장】

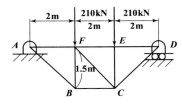

① 450 　　　　　　② 350
③ 250 　　　　　　④ 150

해설

비례식을 적용하면

$$1.5:2.5=R_A:F_{AB}$$
$$\therefore\ F_{AB}=\frac{2.5R_A}{1.5}=\frac{2.5\times210}{1.5}=350\,\mathrm{kN}$$

문제 3. 다음 그림과 같은 외팔보에 하중 P_1, P_2가 작용될 때 최대 굽힘 모멘트의 크기는? 【6장】

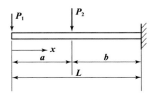

① $P_1\cdot a+P_2\cdot b$ 　　② $P_1\cdot b+P_2\cdot a$
③ $(P_1+P_2)\cdot L$ 　　④ $P_1\cdot L+P_2\cdot b$

해설 최대굽힘모멘트는 고정단에서 발생한다.
즉, $M_{\max}=P_1L+P_2b$

문제 4. 열응력에 대한 다음 설명 중 틀린 것은? 【2장】

① 재료의 선팽창 계수와 관계있다.
② 세로 탄성계수와 관계있다.
③ 재료의 비중과 관계있다.
④ 온도차와 관계있다.

해설 열응력 $\sigma=E\alpha\Delta t$
여기서, E : 세로탄성계수, α : 선팽창계수,
Δt : 온도의 변화량

문제 5. 중공 원형 축에 비틀림 모멘트 $T=100$ $\mathrm{N\cdot m}$가 작용할 때, 안지름이 $20\,\mathrm{mm}$, 바깥지름이 $25\,\mathrm{mm}$라면 최대 전단응력은 약 몇 MPa인가? 【5장】

① 42.2 　　　　　　② 55.2
③ 77.2 　　　　　　④ 91.2

해답 1. ① 　2. ② 　3. ④ 　4. ③ 　5. ②

해설> $T = \tau_{\max} Z_P = \tau_{\max} \times \dfrac{\pi(d_2^4 - d_1^4)}{16 d_2}$ 에서

$$100 \times 10^3 = \tau_{\max} \times \dfrac{\pi(25^4 - 20^4)}{16 \times 25}$$

$$\therefore \tau_{\max} = 55.2\,\mathrm{MPa}(= \mathrm{N/mm^2})$$

해설> $\sigma_n = \sigma_{x'}$

$$= \frac{1}{2}(\sigma_x + \sigma_y) + \frac{1}{2}(\sigma_x - \sigma_y)\cos 2\theta - \tau_{xy}\sin 2\theta$$

$$= \frac{1}{2}(20 - 10) + \frac{1}{2}(20 + 10)\cos 60° - 10\sin 60°$$

$$= 3.84\,\mathrm{MPa}$$

문제 **6.** 그림과 같이 원형 단면의 원주에 접하는 $x-x$축에 관한 단면 2차모멘트는? 【4장】

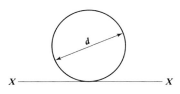

① $\dfrac{\pi d^4}{32}$ ② $\dfrac{\pi d^4}{64}$

③ $\dfrac{3\pi d^4}{64}$ ④ $\dfrac{5\pi d^4}{64}$

해설> 평행축 정리를 적용하면

$$I_x = I_G + a^2 A = \frac{\pi d^4}{64} + \left(\frac{d}{2}\right)^2 \times \frac{\pi d^2}{4} = \frac{5\pi d^4}{64}$$

문제 **7.** 다음과 같은 평면응력상태에서 X축으로부터 반시계방향으로 30° 회전된 X'축 상의 수직응력($\sigma_{x'}$)은 약 몇 MPa인가? 【3장】

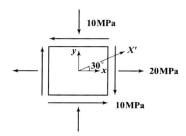

① $\sigma_{x'} = 3.84$

② $\sigma_{x'} = -3.84$

③ $\sigma_{x'} = 17.99$

④ $\sigma_{x'} = -17.99$

문제 **8.** 직경 20 mm인 구리합금 봉에 30 kN의 축 방향인장하중이 작용할 때 체적 변형률은 대략 얼마인가? (단, 탄성계수 E=100 GPa, 포와송비 μ=0.3) 【1장】

① 0.38   ② 0.038

③ 0.0038   ④ 0.00038

해설> $\varepsilon_V = \dfrac{\Delta V}{V} = \varepsilon(1 - 2\mu) = \dfrac{P}{AE}(1 - 2\mu)$

$$= \frac{4 \times 30}{\pi \times 0.02^2 \times 100 \times 10^6} \times (1 - 2 \times 0.3)$$

$$= 0.00038$$

문제 **9.** 그림과 같이 하중 P가 작용할 때 스프링의 변위 δ는? (단, 스프링 상수는 k이다.) 【6장】

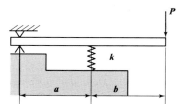

① $\delta = \dfrac{(a+b)}{bk}P$ ② $\delta = \dfrac{(a+b)}{ak}P$

③ $\delta = \dfrac{ak}{(a+b)}P$ ④ $\delta = \dfrac{bk}{(a+b)}P$

해설> 우선, 스프링에 작용하는 하중을 F라 하면

$$k = \frac{F}{\delta}\text{에서} \quad F = k\delta$$

또한, 왼쪽 끝지점을 기준으로 모멘트의 합은 0이므로

$$P(a+b) = Fa \quad P(a+b) = k\delta a$$

$$\therefore \delta = \frac{P(a+b)}{ak}$$

애답> **6.** ④   **7.** ①   **8.** ④   **9.** ②

문제 10. 그림과 같은 하중을 받고 있는 수직 봉의 자중을 고려한 총 신장량은?

(단, 하중= P, 막대 단면적= A, 비중량= γ, 탄성계수= E이다.) 【2장】

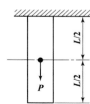

① $\dfrac{L}{E}\left(\gamma L + \dfrac{P}{A}\right)$ ② $\dfrac{L}{2E}\left(\gamma L + \dfrac{P}{A}\right)$

③ $\dfrac{L^2}{2E}\left(\gamma L + \dfrac{P}{A}\right)$ ④ $\dfrac{L^2}{E}\left(\gamma L + \dfrac{P}{A}\right)$

해설 $\lambda = \dfrac{P\ell}{AE} + \dfrac{\gamma \ell^2}{2E}$ 꼴에서

$\therefore\ \lambda = \dfrac{P\left(\dfrac{L}{2}\right)}{AE} + \dfrac{\gamma L^2}{2E} = \dfrac{PL}{2AE} + \dfrac{\gamma L^2}{2E} = \dfrac{L}{2E}\left(\dfrac{P}{A} + \gamma L\right)$

문제 11. 다음 그림과 같은 양단 고정보 AB에 집중하중 P=14 kN이 작용할 때 B점의 반력 R_B(kN)는? 【9장】

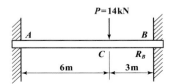

① R_B=8.06 ② R_B=9.25

③ R_B=10.37 ④ R_B=11.08

해설

우선, $M_A = \dfrac{Pab^2}{\ell^2}$, $M_B = \dfrac{Pa^2b}{\ell^2}$

또한, 반력은 $\sum M = 0$을 적용하면

ⅰ) B점을 기준으로 하면

$R_A\ell - Pb - M_A = -M_B$ $\therefore\ R_A = \dfrac{Pb^2(b+3a)}{\ell^3}$

ⅱ) A점을 기준으로 하면

$-M_A = -M_B + R_B\ell - Pa$ $\therefore\ R_B = \dfrac{Pa^2(a+3b)}{\ell^3}$

결국, $R_B = \dfrac{Pa^2(a+3b)}{\ell^3} = \dfrac{14 \times 6^2 \times (6 + 3 \times 3)}{9^3}$

$= 10.37\,\mathrm{kN}$

문제 12. 다음 중 좌굴(buckling) 현상에 대한 설명으로 가장 알맞은 것은? 【10장】

① 보에 휨하중이 작용할 때 굽어지는 현상

② 트러스의 부재에 전단하중이 작용할 때 굽어지는 현상

③ 단주에 축방향의 인장하중을 받을 때 기둥이 굽어지는 현상

④ 장주에 축방향의 압축하중을 받을 때 기둥이 굽어지는 현상

해설 좌굴(buckling) 현상 : 장주에서 축방향으로 압축하중을 받을 때 기둥이 굽혀지는 현상

문제 13. 두께 10 mm의 강판을 사용하여 직경 2.5 m의 원통형 압력용기를 제작하였다. 용기에 작용하는 최대 내부 압력이 1200 kPa일 때 원주 응력(후프 응력)은 몇 MPa인가? 【2장】

① 50 ② 100

③ 150 ④ 200

해설 $\sigma_1 = \dfrac{Pd}{2t} = \dfrac{1200 \times 10^{-3} \times 2.5}{2 \times 0.01} = 150\,\mathrm{MPa}$

문제 14. 길이가 l이고 원형 단면의 직경이 d인 외팔보의 자유단에 하중 P가 가해진다면, 이 외팔보의 전체 탄성에너지는?

(단, 재료의 탄성계수는 E이다.) 【8장】

① $U = \dfrac{3P^2l^3}{64\pi Ed^4}$ ② $U = \dfrac{62P^2l^3}{9\pi Ed^4}$

③ $U = \dfrac{32P^2l^3}{3\pi Ed^4}$ ④ $U = \dfrac{64P^2l^3}{3\pi Ed^4}$

해답 **10.** ② **11.** ③ **12.** ④ **13.** ③ **14.** ③

[해설] $U = \int_0^\ell \frac{M_r^2}{2EI}dx = \int_0^\ell \frac{(-Px)^2}{2EI}dx$

$= \frac{P^2}{2EI}\left[\frac{x^3}{3}\right]_0^\ell = \frac{P^2\ell^3}{6EI}$

$= \frac{P^2\ell^3}{6E \times \frac{\pi d^4}{64}} = \frac{32P^2\ell^3}{3E\pi d^4}$

③ 12.5×10^{-9} ④ 12.5×10^{-12}

[해설] $\tau = G\gamma$에서

$\therefore \gamma = \frac{\tau}{G} = \frac{1}{80 \times 10^6} = 12.5 \times 10^{-9}$

문제 15. 직경 20 mm인 와이어 로프에 매달린 1000 N의 중량물(W)이 낙하하고 있을 때, A점에서 갑자기 정지시키면 와이어 로프에 생기는 최대응력은 약 몇 GPa인가? (단, 와이어 로프의 탄성계수 E=20 GPa이다.) 【2장】

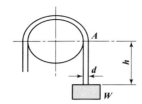

① 0.93   ② 1.13
③ 1.72   ④ 1.93

[해설] · 위치에너지 $E_P = W(h+\lambda)$ ·········①식
· 저장가능한 탄성에너지 $U = \frac{\sigma^2 A\ell}{2E}$ ·······②식

우선, ①=②식 : $W(h+\lambda) = \frac{\sigma^2 A\ell}{2E}$

$\therefore \sigma = \sqrt{\frac{2EW(h+\lambda)}{A\ell}}$

만약, $\lambda \fallingdotseq 0$이면 $\sigma = \sqrt{\frac{2EWh}{A\ell}}$

여기서, $h = \ell$이므로

결국, $\sigma = \sqrt{\frac{2EW}{A}} = \sqrt{\frac{2 \times 20 \times 1000 \times 10^{-9}}{\frac{\pi}{4} \times 0.02^2}}$

$= 0.36\,GPa$

〈보기에 답이 없음〉

문제 16. 전단 탄성계수가 80 GPa인 강봉(steel bar)에 전단응력이 1 kPa로 발생했다면 이 부재에 발생한 전단변형률은? 【1장】

① 12.5×10^{-3} ② 12.5×10^{-6}

문제 17. 단순지지보의 중앙에 집중하중(P)이 작용한다. 점 C에서의 기울기를 $\frac{M}{EI}$선도를 이용하여 구하면? (단, E=재료의 종탄성계수, I=단면 2차모멘트) 【8장】

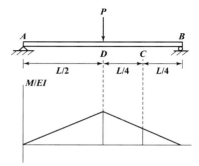

① $\frac{1}{64}\frac{PL^2}{EI}$ ② $\frac{1}{32}\frac{PL^2}{EI}$
③ $\frac{3}{64}\frac{PL^2}{EI}$ ④ $\frac{1}{16}\frac{PL^2}{EI}$

[해설]

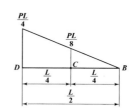

우선, $\theta_D = 0$

또한, $\theta_C = \frac{A_M}{EI} = \frac{1}{EI}($ ▲ $-$ ▲ $)$

$= \frac{1}{EI}\left[\left(\frac{1}{2} \times \frac{L}{2} \times \frac{PL}{4}\right) - \left(\frac{1}{2} \times \frac{L}{4} \times \frac{PL}{8}\right)\right]$

$= \frac{3PL^2}{64EI}$

[정답] **15.** 전항정답 **16.** ③ **17.** ③

문제 18. 그림과 같은 단순보에서 보 중앙의 처짐으로 옳은 것은? (단, 보의 굽힘 강성 EI는 일정하고, M_0는 모멘트, ℓ은 보의 길이이다.) 【8장】

① $\dfrac{M_0 \ell^2}{16EI}$ ② $\dfrac{M_0 \ell^2}{48EI}$

③ $\dfrac{M_0 \ell^2}{120EI}$ ④ $\dfrac{5M_0 \ell^2}{384EI}$

[해설] 우선, δ_{max}의 위치는 A점으로부터 $\dfrac{\ell}{\sqrt{3}}$ 지점이

며 $\delta_{max} = \dfrac{M_0 \ell^2}{9\sqrt{3}\,EI}$ 이다.

또한, 중앙점의 처짐량 $\delta = \dfrac{M_0 \ell^2}{16EI}$ 이다.

문제 19. 그림과 같이 등분포하중이 작용하는 보에서 최대 전단력의 크기는 몇 kN인가? 【7장】

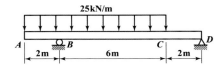

① 50   ② 100

③ 150   ④ 200

[해설] 우선, $R_B \times 8 - 200 \times 6 = 0$ ∴ $R_B = 150\,kN$
또한, $0 = R_D \times 8 - 200 \times 2$ ∴ $R_D = 50\,kN$

i) $\overline{AB}$구간($\xrightarrow{x}$)

  $F_x = -25x$ 이므로 $\begin{cases} F_{x=0} = 0 \\ F_{x=2m} = -50\,kN \end{cases}$

ii) $\overline{BC}$구간($\xrightarrow{x}$)

  $F_x = R_B - 25x = 150 - 25x$ 이므로

  $\begin{cases} F_{x=2m} = 100\,kN = F_{max} \\ F_{x=8m} = -50\,kN \end{cases}$

iii) $\overline{CD}$구간($\xrightarrow{x}$)

  $F_x = -R_D = -50\,kN$ (일정)

결국, 최대전단력 $F_{max} = 100\,kN$

문제 20. 동일한 길이와 재질로 만들어진 두 개의 원형단면 축이 있다. 각각의 지름이 d_1, d_2일 때 각 축에 저장되는 변형에너지 u_1, u_2의 비는? (단, 두 축은 모두 비틀림 모멘트 T를 받고 있다.) 【5장】

① $\dfrac{u_1}{u_2} = \left(\dfrac{d_2}{d_1}\right)^4$ ② $\dfrac{u_2}{u_1} = \left(\dfrac{d_2}{d_1}\right)^3$

③ $\dfrac{u_1}{u_2} = \left(\dfrac{d_2}{d_1}\right)^3$ ④ $\dfrac{u_2}{u_1} = \left(\dfrac{d_2}{d_1}\right)^4$

[해설] 비틀림에 의한 탄성에너지

$$u = \frac{1}{2}T\theta = \frac{1}{2}T \times \frac{T\ell}{GI_P} = \frac{T^2\ell}{2GI_P}$$

여기서, ℓ, T, G가 일정하므로 $u \propto \dfrac{1}{I_P}$

$$u_1 : u_2 = \frac{1}{I_{P1}} : \frac{1}{I_{P2}} = I_{P2} : I_{P1} = \frac{\pi d_2^4}{32} : \frac{\pi d_1^4}{32}$$
$$= d_2^4 : d_1^4$$

$$\therefore \frac{u_1}{u_2} = \left(\frac{d_2}{d_1}\right)^4$$

제2과목 기계열역학

문제 21. 4 kg의 공기가 들어 있는 체적 0.4 m³의 용기(A)와 체적이 0.2 m³인 진공의 용기(B)를 밸브로 연결하였다. 두 용기의 온도가 같을 때 밸브를 열어 용기 A와 B의 압력이 평형에 도달했을 경우, 이 계의 엔트로피 증가량은 약 몇 J/K인가? (단, 공기의 기체상수는 0.287 kJ /(kg·K)이다.) 【4장】

① 712.8   ② 595.7

③ 465.5   ④ 348.2

[해설] 등온변화이므로

$$\Delta S = mR\ell n\frac{V_2}{V_1} = 4 \times 287 \times \ell n\frac{0.6}{0.4} = 465.47\,J/K$$

[해답] **18.** ①   **19.** ②   **20.** ①   **21.** ③

문제 22. 이상적인 증기-압축 냉동사이클에서 엔트로피가 감소하는 과정은? 【9장】

① 증발과정　　　　② 압축과정
③ 팽창과정　　　　④ 응축과정

해설 응축기
: 압축기에 의하여 고온·고압의 냉매는 응축기에서 냉각수 또는 공기에 의해 냉각되어 액화한다.
즉, 과열증기가 냉각됨으로써 엔트로피는 감소한다.

문제 23. 다음 냉동 사이클에서 열역학 제1법칙과 제2법칙을 모두 만족하는 Q_1, Q_2, W는? 【9장】

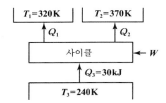

① $Q_1 = 20\,\text{kJ}$, $Q_2 = 20\,\text{kJ}$, $W = 20\,\text{kJ}$
② $Q_1 = 20\,\text{kJ}$, $Q_2 = 30\,\text{kJ}$, $W = 20\,\text{kJ}$
③ $Q_1 = 20\,\text{kJ}$, $Q_2 = 20\,\text{kJ}$, $W = 10\,\text{kJ}$
④ $Q_1 = 20\,\text{kJ}$, $Q_2 = 15\,\text{kJ}$, $W = 5\,\text{kJ}$

해설 우선, 열역학 제1법칙 즉, 에너지보존의 법칙에 의해 $Q_3 + W = Q_1 + Q_2$이고, $T_2 > T_1$이므로 $Q_2 > Q_1$이다. 또한, 열역학 제2법칙은 비가역과정임을 알 수 있다. 즉, 비가역에서는 엔트로피가 증가하므로 보기에서 엔트로피가 증가하는 과정의 타당성을 확인하면 ②번이 타당하다.
즉, 우선, 저열원에서 엔트로피 S_3은

$$S_3 = \frac{Q_3}{T_3} = \frac{30}{240} = 0.125\,\text{kJ/K}$$

또한, 고열원에서 엔트로피 S_2, S_3는

$$S_1 = \frac{Q_1}{T_1} = \frac{20}{320} = 0.0625\,\text{kJ/K}$$

$$S_2 = \frac{Q_2}{T_2} = \frac{30}{370} = 0.0811\,\text{kJ/K}$$

결국, $S_3 < (S_1 + S_2)$
즉, $0.125 < (0.0625 + 0.0811 = 0.1436)$
　　　　　: 엔트로피가 증가함을 알 수 있다.

문제 24. 증기 터빈의 입구 조건은 3 MPa, 350 ℃이고 출구의 압력은 30 kPa이다. 이 때 정상 등엔트로피 과정으로 가정할 경우, 유체의 단위질량당 터빈에서 발생되는 출력은 약 몇 kJ/kg인가? (단, 표에서 h는 단위질량당 엔탈피, s는 단위질량당 엔트로피이다.) 【7장】

	h(kJ/kg)	s(kJ/(kg·K))
터빈입구	3115.3	6.7428

	엔트로피(kJ/(kg·K))		
	포화액 s_f	증발 s_{fg}	포화증기 s_g
터빈출구	0.9439	6.8247	7.7686

	엔탈피(kJ/kg)		
	포화액 h_f	증발 h_{fg}	포화증기 h_g
터빈출구	289.2	2336.1	2625.3

① 679.2　　　　② 490.3
③ 841.1　　　　④ 970.4

해설 우선, 등엔트로피 과정이므로 $s_1 = s_2 = 6.7428$이다.
따라서, $s_1 = s_2 = s_f + x(s_g - s_f)$에서

$$\therefore x = \frac{s_2 - s_f}{s_g - s_f} = \frac{6.7428 - 0.9439}{7.7686 - 0.9439} ≒ 0.8497$$

또한, 터빈출구에서 엔탈피 h_2는

$$h_2 = h_f + x(h_g - h_f)$$
$$= 289.2 + 0.8497(2625.3 - 289.2)$$
$$= 2274.184\,\text{kJ/kg}$$

결국, 터빈에서 발생되는 출력은 터빈에서의 엔탈피 변화량이므로

$$w_T = \Delta h = h_1 - h_2 = 3115.3 - 2274.184$$
$$= 841.116\,\text{kJ/kg}$$

문제 25. 폴리트로픽 과정 $PV^n = C$에서 지수 $n = \infty$인 경우는 어떤 과정인가? 【3장】

① 등온과정　　　　② 정적과정
③ 정압과정　　　　④ 단열과정

해답 22. ④　23. ②　24. ③　25. ②

해설

구분 종류	n	C_n
정압변화	0	C_p
등온변화	1	∞
단열변화	k	0
정적변화	∞	C_v

문제 26. 300 L 체적의 진공인 탱크가 25 ℃, 6 MPa의 공기를 공급하는 관에 연결된다. 밸브를 열어 탱크 안의 공기 압력이 5 MPa이 될 때까지 공기를 채우고 밸브를 닫았다. 이 과정이 단열이고 운동에너지와 위치에너지의 변화는 무시해도 좋을 경우에 탱크 안의 공기의 온도는 약 몇 ℃가 되는가?
(단, 공기의 비열비는 1.4이다.) 【2장】

① 1.5 ℃
② 25.0 ℃
③ 84.4 ℃
④ 144.3 ℃

해설 열역학 제1법칙에서 에너지보존의 법칙을 적용하면

$$_1\dot{Q}_2^{\,0} + \dot{m}u_1 + \frac{\dot{m}w_1^2}{2}^{\,0} + \dot{m}p_1v_1 + \dot{m}Z_1^{\,0}$$
$$= \dot{W}_t^{\,0} + \dot{m}u_2 + \frac{\dot{m}w_2^2}{2}^{\,0} + \dot{m}p_2v_2 + \dot{m}Z_2^{\,0}$$
$$\dot{m}(u_1 + p_1v_1) = \dot{m}u_2$$
$$\dot{m}h_1 = \dot{m}u_2$$
$$\dot{m}C_pT_1 = \dot{m}C_vT_2$$
$$\therefore \ T_2 = \frac{C_p}{C_v}T_1 = kT_1 = 1.4 \times (25 + 273)$$
$$= 417.2\,\mathrm{K} = 144.2\,℃$$

문제 27. 분자량이 M이고 질량이 $2V$인 이상기체 A가 압력 p, 온도 T(절대온도)일 때 부피가 V이다. 동일한 질량의 다른 이상기체 B가 압력 $2p$, 온도 $2T$(절대온도)일 때 부피가 $2V$이면 이 기체의 분자량은 얼마인가? 【3장】

① 0.5M
② M
③ 2M
④ 4M

해설 완전가스 상태방정식 $pV = mRT$
즉, $pV = m\dfrac{\bar{R}}{M}T$를 적용하면
우선, A의 경우

$$pV = 2V \times \frac{\bar{R}}{M_A} \times T \quad \cdots\cdots\cdots ①식$$

또한, B의 경우

$$2p \times 2V = 2V \times \frac{\bar{R}}{M_B} \times 2T \text{에서}$$
$$pV = V \times \frac{\bar{R}}{M_B} \times T \quad \cdots\cdots\cdots ②식$$

①=②식이므로

$$2V \times \frac{\bar{R}}{M_A} \times T = V \times \frac{\bar{R}}{M_B} \times T$$
$$M_B = \frac{M_A}{2} \quad \text{여기서, } M_A = M \text{이므로}$$
$$\therefore \ M_B = \frac{M}{2} = 0.5M$$

문제 28. 열역학 제1법칙에 관한 설명으로 거리가 먼 것은? 【4장】

① 열역학적계에 대한 에너지 보존법칙을 나타낸다.
② 외부에 어떠한 영향을 남기지 않고 계가 열원으로부터 받은 열을 모두 일로 바꾸는 것은 불가능하다.
③ 열은 에너지의 한 형태로서 일을 열로 변환하거나 열을 일로 변환하는 것이 가능하다.
④ 열을 일로 변환하거나 일을 열로 변환할 때, 에너지의 총량은 변하지 않고 일정하다.

해설 ②번은 열역학 제2법칙

문제 29. 압력 5 kPa, 체적이 0.3 m³인 기체가 일정한 압력하에서 압축되어 0.2 m²로 되었을 때 이 기체가 한 일은? (단, +는 외부로 기체가 일을 한 경우이고, −는 기체가 외부로부터 일을 받은 경우이다.) 【2장】

① −1000 J
② 1000 J
③ −500 J
④ 500 J

해답 26.④ 27.① 28.② 29.③

해설 $_1W_2 = \int_1^2 PdV = P(V_2 - V_1)$
$= 5 \times 10^3 \times (0.2 - 0.3) = -500\,J$

해설 $_1Q_2 = 0.01433\,kW \times 7\,hr \times 30 = 3.0093\,kWh$
$= 3.0093 \times 3600\,kJ = 10833.48\,kJ$
〈참고〉 $1\,kWh = 3600\,kJ$

문제 30. 온도 300 K, 압력 100 kPa 상태의 공기 0.2 kg이 완전히 단열된 강체 용기 안에 있다. 패들(paddle)에 의하여 외부로부터 공기에 5 kJ의 일이 행해질 때 최종 온도는 약 몇 K 인가? (단, 공기의 정압비열과 정적비열은 각각 1.0035 kJ/(kg·K), 0.7165 kJ/(kg·K)이다.) 【3장】

① 315　　　　② 275
③ 335　　　　④ 255

해설 "강체용기"이므로 정적변화이다.
따라서, $_1Q_2 = m\,C_v(T_2 - T_1)$
$5 = 0.2 \times 0.7165 \times (T_2 - 300)$
$\therefore\ T_2 = 334.89 ≒ 335\,K$

문제 31. 오토 사이클로 작동되는 기관에서 실린 더의 간극 체적이 행정 체적의 15 %라고 하면 이론 열효율은 약 얼마인가?
(단, 비열비 $k = 1.4$이다.) 【8장】

① 45.2 %　　　　② 50.6 %
③ 55.7 %　　　　④ 61.4 %

해설 우선, $\varepsilon = 1 + \dfrac{V_s}{V_c} = 1 + \dfrac{1}{0.15} = 7.67$
결국, $\eta_0 = 1 - \left(\dfrac{1}{\varepsilon}\right)^{k-1} = 1 - \left(\dfrac{1}{7.67}\right)^{1.4-1}$
$= 0.557 = 55.7\,\%$

문제 32. 14.33 W의 전등을 매일 7시간 사용하는 집이 있다. 1개월(30일) 동안 약 몇 kJ의 에너지를 사용하는가? 【1장】

① 10830　　　　② 15020
③ 17420　　　　④ 22840

문제 33. 10 ℃에서 160 ℃까지 공기의 평균 정적비열은 0.7315 kJ/(kg·K)이다. 이 온도 변화에서 공기 1 kg의 내부에너지 변화는 약 몇 kJ 인가? 【2장】

① 101.1 kJ
② 109.7 kJ
③ 120.6 kJ
④ 131.7 kJ

해설 $\Delta U = m\,C_v(T_2 - T_1) = 1 \times 0.7315 \times (160 - 10)$
$= 109.725\,kJ$

문제 34. 물 1 kg이 포화온도 120 ℃에서 증발할 때, 증발잠열은 2203 kJ이다. 증발하는 동안 물의 엔트로피 증가량은 약 몇 kJ/K인가? 【6장】

① 4.3
② 5.6
③ 6.5
④ 7.4

해설 $\Delta S = \dfrac{_1Q_2}{T_s} = \dfrac{2203}{(120+273)} = 5.6\,kJ/K$

문제 35. Rankine 사이클에 대한 설명으로 틀린 것은? 【7장】
① 응축기에서의 열방출 온도가 낮을수록 열효율이 좋다.
② 증기의 최고온도는 터빈 재료의 내열특성에 의하여 제한된다.
③ 팽창일에 비하여 압축일이 적은 편이다.
④ 터빈 출구에서 건도가 낮을수록 효율이 좋아진다.

[해답] 30. ③　31. ③　32. ①　33. ②　34. ②　35. ④

해설▷ 랭킨사이클의 열효율 보일러의 압력은 높고, 복수기의 압력은 낮을수록 터빈의 초온·초압이 클수록 터빈출구에서 압력이 낮을수록 증가한다.
그러나 터빈출구에서 온도를 낮게 하면 터빈깃을 부식시키므로 열효율이 감소한다. 즉, 터빈출구에서 건도가 낮을수록 효율이 감소한다.

문제 36. 단열된 가스터빈의 입구 측에서 가스가 압력 2 MPa, 온도 1200 K로 유입되어 출구 측에서 압력 100 kPa, 온도 600 K로 유출된다. 5 MW의 출력을 얻기 위한 가스의 질량유량은 약 몇 kg/s인가? (단, 터빈의 효율은 100 %이고, 가스의 정압비열은 1.12 kJ/(kg·K)이다.) 【8장】

① 6.44 ② 7.44
③ 8.44 ④ 9.44

해설▷ 출력 $W_t = \dot{m}\Delta h = \dot{m}C_p(T_1 - T_2)$ 에서
$$\therefore \dot{m} = \frac{W_t}{C_p(T_1 - T_2)} = \frac{5 \times 10^3}{1.12 \times (1200 - 600)}$$
$$= 7.44 \, \text{kg/s}$$

문제 37. 다음에 열거한 시스템의 상태량 중 종량적 상태량인 것은? 【1장】

① 엔탈피 ② 온도
③ 압력 ④ 비체적

해설▷ ·상태량의 종류
① 강도성 상태량 : 물질의 질량에 관계없이 그 크기가 결정되는 상태량
예) 온도, 압력, 비체적, 밀도
② 종량성 상태량 : 물질의 질량에 따라 그 크기가 결정되는 상태량
예) 내부에너지, 엔탈피, 엔트로피, 체적, 질량

문제 38. 다음 압력값 중에서 표준대기압(1 atm)과 차이가 가장 큰 압력은? 【1장】

① 1 MPa ② 100 kPa
③ 1 bar ④ 100 hPa

해설▷ ① $1\,\text{MPa} = 10^6\,\text{Pa}$, ② $1\,\text{kPa} = 10^3\,\text{Pa}$,
③ $1\,\text{bar} = 10^5\,\text{Pa}$, ④ $1\,\text{hPa}$(헥토파스칼)$= 10^2\,\text{Pa}$

문제 39. 1 kg의 공기가 100 ℃를 유지하면서 등온팽창하여 외부에 100 kJ의 일을 하였다. 이때 엔트로피의 변화량은 약 몇 kJ/(kg·K)인가? 【4장】

① 0.268 ② 0.373
③ 1.00 ④ 1.54

해설▷ $\Delta s = \dfrac{{}_1 q_2}{T} = \dfrac{{}_1 w_2}{T} = \dfrac{100}{373} = 0.268\,\text{kJ/kg·K}$

문제 40. 피스톤-실린더 시스템에 100 kPa의 압력을 갖는 1 kg의 공기가 들어있다. 초기 체적은 0.5 m³이고, 이 시스템에 온도가 일정한 상태에서 열을 가하여 부피가 1.0 m³이 되었다. 이 과정 중 전달된 에너지는 약 몇 kJ인가? 【3장】

① 30.7 ② 34.7
③ 44.8 ④ 50.0

해설▷ 등온변화이므로
$${}_1 W_2 = P_1 V_1 \ell n \frac{V_2}{V_1} = 100 \times 0.5 \times \ell n \frac{1}{0.5} = 34.66\,\text{kJ}$$

제3과목 기계유체역학

문제 41. 체적 2×10^{-3} m³의 돌이 물속에서 무게가 40 N이었다면 공기 중에서의 무게는 약 몇 N인가? 【2장】

① 2 ② 19.6
③ 42 ④ 59.6

해설▷ 공기 중에서 무게＝부력＋액체속에서 무게
$$= 9800 \times 2 \times 10^{-3} + 40$$
$$= 59.6\,\text{N}$$

정답▷ **36.** ② **37.** ① **38.** ① **39.** ① **40.** ② **41.** ④

문제 42. 안지름 35 cm인 원관으로 수평거리 2000 m 떨어진 곳에 물을 수송하려고 한다. 24시간 동안 15000 m³을 보내는 데 필요한 압력은 약 몇 kPa인가?
(단, 관마찰계수는 0.032이고, 유속은 일정하게 송출한다고 가정한다.)　【6장】

① 296　　　　　② 423
③ 537　　　　　④ 351

해설 우선, $Q = AV(\text{m}^3/\text{s}) = \dfrac{\text{체적}}{\text{시간}}$ 이므로

$$\frac{\pi \times 0.35^2}{4} \times V = \frac{15000}{24 \times 3600}$$

$$\therefore \ V = 1.8 \,\text{m/s}$$

결국, $\Delta p = f\dfrac{\ell}{d}\dfrac{\gamma V^2}{2g} = 0.032 \times \dfrac{2000}{0.35} \times \dfrac{9.8 \times 1.8^2}{2 \times 9.8}$

$$\fallingdotseq 296.33 \,\text{kPa}$$

문제 43. 지름 5 cm의 구가 공기 중에서 매초 40 m의 속도로 날아갈 때 항력은 약 몇 N인가? (단, 공기의 밀도는 1.23 kg/m³이고, 항력계수는 0.6이다.)　【5장】

① 1.16　　　　　② 3.22
③ 6.35　　　　　④ 9.23

해설 $D = C_D \dfrac{\rho V^2}{2} A = 0.6 \times \dfrac{1.23 \times 40^2}{2} \times \dfrac{\pi \times 0.05^2}{4}$

$$\fallingdotseq 1.16 \,\text{N}$$

문제 44. 경계층 밖에서 퍼텐셜 흐름의 속도가 10 m/s일 때, 경계층의 두께는 속도가 얼마일 때의 값으로 잡아야 하는가? (단, 일반적으로 정의하는 경계층 두께를 기준으로 삼는다.)　【5장】

① 10 m/s　　　　② 7.9 m/s
③ 8.9 m/s　　　　④ 9.9 m/s

해설 $U = 0.99 U_\infty = 0.99 \times 10 = 9.9 \,\text{m/s}$

문제 45. 지름 0.1 mm이고 비중이 7인 작은 입자가 비중이 0.8인 기름 속에서 0.01 m/s의 일정한 속도로 낙하하고 있다. 이 때 기름의 점성계수는 약 몇 kg/(m·s)인가?
(단, 이 입자는 기름 속에서 Stokes 법칙을 만족한다고 가정한다.)　【10장】

① 0.003379　　　② 0.009542
③ 0.02486　　　　④ 0.1237

해설

$D + F_B = W$에서

$$3\pi\mu Vd + \gamma_\ell \frac{\pi d^3}{6} = \gamma_s \frac{\pi d^3}{6}$$

$$3\pi\mu Vd = \frac{\pi d^3}{6}(\gamma_s - \gamma_\ell)$$

$$\therefore \ \mu = \frac{d^2(\gamma_s - \gamma_\ell)}{18\,V} = \frac{d^2(\rho_s - \rho_\ell)g}{18\,V}$$

$$= \frac{(0.1 \times 10^{-3})^2 \times (7000 - 800) \times 9.8}{18 \times 0.01}$$

$$= 0.0033756 \,\text{kg/(m·s)}$$

문제 46. 유체의 정의를 가장 올바르게 나타낸 것은?　【1장】

① 아무리 작은 전단응력에도 저항할 수 없어 연속적으로 변형하는 물질
② 탄성계수가 0을 초과하는 물질
③ 수직응력을 가해도 물체가 변하지 않는 물질
④ 전단응력이 가해질 때 일정한 양의 변형이 유지되는 물질

해설 유체의 정의
　: 유체(액체, 기체)는 아무리 작은 힘이라도 외부로부터 전단력을 받으면 비교적 큰 변형을 일으키고 유체 내부에 전단응력이 작용하는 한 변형이 계속된다. 그러므로 유체는 아무리 작은 전단력이라도 저항하지 못하고 계속해서 변형하는 물질로 정의된다.

예답 42. ①　43. ①　44. ④　45. ①　46. ①

문제 47. 새로 개발한 스포츠카의 공기역학적 항력을 기온 25 ℃(밀도는 1.184 kg/m³, 점성계수는 1.849×10⁻⁵ kg/(m·s)), 100 km/h 속력에서 예측하고자 한다. 1/3 축척 모형을 사용하여 기온이 5 ℃(밀도는 1.269 kg/m³, 점성계수는 1.754×10⁻⁵ kg/(m·s))인 풍동에서 항력을 측정할 때 모형과 원형 사이의 상사를 유지하기 위해 풍동 내 공기의 유속은 약 몇 km/h가 되어야 하는가? 【7장】

① 153   ② 266
③ 442   ④ 549

해설 $(Re)_P = (Re)_m$ 즉, $\left(\dfrac{\rho V\ell}{\mu}\right)_P = \left(\dfrac{\rho V\ell}{\mu}\right)_m$

$$\dfrac{1.184 \times 100 \times \ell}{1.849 \times 10^{-5}} = \dfrac{1.269 \times V_m \times \dfrac{\ell}{3}}{1.754 \times 10^{-5}}$$

$$\therefore \ V_m \fallingdotseq 265.5\,\mathrm{km/hr}$$

문제 48. 다음 무차원 수 중 역학적 상사(inertia force) 개념이 포함되어있지 않은 것은? 【7장】

① Froude number
② Reynolds number
③ Mach number
④ Fourier number

해설 푸리에수(Fourier number)(F)
: 부정상 열전도의 상태를 나타내는 무차원수로서
$F = at/\ell^2$
여기서, t : 기준시간 간격
　　　　a : 온도전파율
　　　　ℓ : 기준길이

문제 49. 그림과 같은 (1), (2), (3), (4)의 용기에 동일한 액체가 동일한 높이로 채워져 있다. 각 용기의 밑바닥에서 측정한 압력에 관한 설명으로 옳은 것은? (단, 가로 방향 길이는 모두 다르나, 세로 방향 길이는 모두 동일하다.) 【2장】

① (2)의 경우가 가장 낮다.
② 모두 동일하다.
③ (3)의 경우가 가장 높다.
④ (4)의 경우가 가장 낮다.

해설 $p = \gamma h$에서 h가 같으므로 p는 모두 동일하다.

문제 50. 안지름이 20 mm인 수평으로 놓인 곧은 파이프 속에 점성계수 0.4 N·s/m², 밀도 900 kg/m³인 기름이 유량 2×10⁻⁵ m³/s로 흐르고 있을 때, 파이프 내의 10 m 떨어진 두 지점 간의 압력강하는 약 몇 kPa인가? 【6장】

① 10.2   ② 20.4
③ 30.6   ④ 40.8

해설 우선, $Q = AV$에서

$$V = \dfrac{Q}{A} = \dfrac{4 \times 2 \times 10^{-5}}{\pi \times 0.02^2} = 0.064\,\mathrm{m/s}$$

$$Re = \dfrac{\rho V d}{\mu} = \dfrac{900 \times 0.064 \times 0.02}{0.4} = 2.88 \ : 층류$$

$$f = \dfrac{64}{Re} = \dfrac{64}{2.88} = 22.22$$

결국, $\Delta p = f\dfrac{\ell}{d}\dfrac{\gamma V^2}{2g} = f\dfrac{\ell}{d}\dfrac{\rho V^2}{2}$

$$= 22.22 \times \dfrac{10}{0.02} \times \dfrac{0.9 \times 0.064^2}{2} \fallingdotseq 20.48\,\mathrm{kPa}$$

문제 51. 원관 내의 완전 발달된 층류 유동에서 유체의 최대 속도(V_c)와 평균 속도(V)의 관계는? 【5장】

① $V_c = 1.5\,V$ ② $V_c = 2\,V$
③ $V_c = 4\,V$ ④ $V_c = 8\,V$

해설 "원관"일 때 : $V_c = 2\,V$
　　　"평판"일 때 : $V_c = 1.5\,V$

정답 47. ② 48. ④ 49. ② 50. ② 51. ②

문제 **52.** 지름의 비가 1 : 2인 2개의 모세관을 물속에 수직으로 세울 때, 모세관 현상으로 물이 관 속으로 올라가는 높이의 비는? 【1장】

① 1 : 4 　　② 1 : 2

③ 2 : 1 　　④ 4 : 1

해설 $h = \dfrac{4\sigma\cos\beta}{\gamma d} \propto \dfrac{1}{d}$ 이므로

$\therefore \ h_1 : h_2 = \dfrac{1}{d_1} : \dfrac{1}{d_2} = d_2 : d_1 = 2 : 1$

문제 **53.** 비압축성 유동에 대한 Navier－Stokes 방정식에서 나타나지 않는 힘은? 【3장】

① 체적력(중력) 　　② 압력

③ 점성력 　　④ 표면장력

해설 · 표면장력 : 액체내부의 분자는 분자간 인력 즉, 응집력으로 인하여 평형상태에 있으나 자유표면의 분자는 외부로부터 인력을 받지 않기 때문에 수축하려는 장력이 작용하는데 이러한 단위길이당 장력을 표면장력이라 한다.
· Navier－Stokes 방정식 : 점성유동을 하는 유체에 뉴톤의 점성법칙을 적용한 운동방정식이다.

문제 **54.** 다음과 같은 비회전 속도장의 속도 퍼텐셜을 옳게 나타낸 것은?

(단, 속도 퍼텐셜 ϕ는 $\vec{V} \equiv \nabla\phi = grad\phi$로 정의되며, a와 C는 상수이다.) 【3장】

$$u = a(x^2 - y^2), \ v = -2axy$$

① $\phi = \dfrac{ax^4}{4} - axy^2 + C$

② $\phi = \dfrac{ax^3}{3} - \dfrac{axy^2}{2} + C$

③ $\phi = \dfrac{ax^4}{4} - \dfrac{axy^2}{2} + C$

④ $\phi = \dfrac{ax^3}{3} - axy^2 + C$

해설 $\vec{V} = \nabla\phi$ 에서 $\quad ui + vj = \dfrac{\partial\phi}{\partial x}i + \dfrac{\partial\phi}{\partial y}j$

따라서, $\phi = \displaystyle\int u\,dx = \int a(x^2 - y^2)dx$

$\qquad = \dfrac{ax^3}{3} - axy^2 + C$

또는, $\phi = \displaystyle\int v\,dy = \int(-2axy)dy = -axy^2 + C$

문제 **55.** 지면에서 계기압력이 200 kPa인 급수관에 연결된 호스를 통하여 임의의 각도로 물이 분사될 때, 물이 최대로 멀리 도달할 수 있는 수평거리는 약 몇 m인가? (단, 공기저항은 무시하고, 발사점과 도달점의 고도는 같다.) 【3장】

① 20.4 　　② 40.8

③ 61.2 　　④ 81.6

해설 우선, $\dfrac{p}{\gamma} + \cancel{\dfrac{V^2}{2g}}^{0} + \cancel{Z}^{0} = \cancel{\dfrac{p_0}{\gamma}}^{0} + \dfrac{V_0^2}{2g} + \cancel{Z_0}^{0}$

$\dfrac{200}{9.8} = \dfrac{V_0^2}{2 \times 9.8} \quad \therefore \ V_0 = 20\,\text{m/s}$

최대로 멀리 도달할 수 있는 각도는 45°이므로

$V_x = V_0\cos 45° = 20\cos 45° = 14.14\,\text{m/s}$

$V_y = V_0\sin 45° = 20\sin 45° = 14.14\,\text{m/s}$

또한, 최고점에 도달했을 경우 시간(t_a)은

$\cancel{V}^{0} = V_0 + at$ 에서 $\quad 0 = V_y - gt_a$

$\therefore \ t_a = \dfrac{V_y}{g} = \dfrac{14.14}{9.8} = 1.44\,\text{sec}$

따라서, 물이 낙하할 때까지의 시간(t_b)은 t_a의 2배와 같으므로

$t_b = 2t_a = 2 \times 1.44 = 2.88\,\text{sec}$

결국, 최대수평도달거리(R)는

$S = \cancel{S_0}^{0} + V_0 t + \cancel{\dfrac{1}{2}at^2}^{0}$ 에서

$\therefore \ S = R = V_x t_b = 14.14 \times 2.88 = 40.72\,\text{m}$

문제 **56.** 안지름 10 cm의 원관 속을 0.0314 m³/s의 물이 흐를 때 관 속의 평균 유속은 약 몇 m/s인가? 【3장】

① 1.0 　② 2.0 　③ 4.0 　④ 8.0

해설 $Q = AV$ 에서 $\quad \therefore \ V = \dfrac{Q}{A} = \dfrac{0.0314}{\dfrac{\pi}{4} \times 0.1^2} = 4\,\text{m/s}$

정답 **52.** ③ 　**53.** ④ 　**54.** ④ 　**55.** ② 　**56.** ③

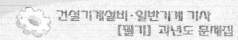
문제 57. 그림과 같이 속도 V인 유체가 속도 U로 움직이는 곡면에 부딪쳐 90°의 각도로 유동방향이 바뀐다. 다음 중 유체가 곡면에 가하는 힘의 수평방향 성분 크기가 가장 큰 것은? (단, 유체의 유동단면적은 일정하다.) 【4장】

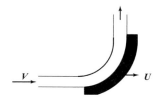

① $V=10\,\text{m/s}$, $U=5\,\text{m/s}$
② $V=20\,\text{m/s}$, $U=15\,\text{m/s}$
③ $V=10\,\text{m/s}$, $U=4\,\text{m/s}$
④ $V=25\,\text{m/s}$, $U=20\,\text{m/s}$

해설 $F_x = \rho A(V-U)^2(1-\cos\theta)$ 에서
　$\theta = 90°$ 이므로 $\cos\theta = 0$
따라서, $F_x = \rho A(V-U)^2$
F_x의 크기가 가장 큰 것은 $V-U$의 값이 가장 큰 값임을 알 수 있다.
결국, $V-U = 10-4 = 6\,\text{m/s}$ 일 때이다.

문제 58. 뉴턴 유체(Newtonian fluid)에 대한 설명으로 가장 옳은 것은? 【1장】

① 유체 유동에서 마찰 전단응력이 속도구배에 비례하는 유체이다.
② 유체 유동에서 마찰 전단응력이 속도구배에 반비례하는 유체이다.
③ 유체 유동에서 마찰 전단응력이 일정한 유체이다.
④ 유체 유동에서 마찰 전단응력이 존재하지 않는 유체이다.

해설 뉴턴유체
　: 뉴턴의 점성법칙($\tau = \mu\dfrac{du}{dy}$)을 만족시키는 유체이다.

문제 59. 입구 단면적이 20 cm²이고 출구 단면적이 10 cm²인 노즐에서 물의 입구 속도가 1 m/s일 때, 입구와 출구의 압력차인 $P_\text{입구} - P_\text{출구}$는 약 몇 kPa인가? (단, 노즐은 수평으로 놓여 있고 손실은 무시할 수 있다.) 【3장】

① -1.5　　　② 1.5
③ -2.0　　　④ 2.0

해설 우선, $Q = A_1 V_1 = A_2 V_2$ 에서
　$20\times 1 = 10\times V_2$ ∴ $V_2 = 2\,\text{m/s}$
또한, $\dfrac{p_1}{\gamma} + \dfrac{V_1^2}{2g} + Z_1^{\,0} = \dfrac{p_2}{\gamma} + \dfrac{V_2^2}{2g} + Z_2^{\,0}$
　$\dfrac{p_1 - p_2}{\gamma} = \dfrac{V_2^2 - V_1^2}{2g}$
∴ $p_1 - p_2 (= p_\text{입구} - p_\text{출구}) = \gamma\left(\dfrac{V_2^2 - V_1^2}{2g}\right)$
　　$= 9.8\left(\dfrac{2^2 - 1^2}{2\times 9.8}\right) = 1.5\,\text{kPa}$

문제 60. 공기 중에서 질량이 166 kg인 통나무가 물에 떠 있다. 통나무에 납을 매달아 통나무가 완전히 물속에 잠기게 하고자 하는 데 필요한 납(비중 : 11.3)의 최소질량이 34 kg이라면 통나무의 비중은 얼마인가? 【2장】

① 0.600　　　② 0.670
③ 0.817　　　④ 0.843

해설 우선, "통나무"의 경우
　$W_\text{통} = \gamma_\text{통} V_\text{통} = m_\text{통} g = 166 \times 9.8 = 1626.8\,\text{N}$
또한, "납"의 경우
　$\rho_\text{납} = \rho_{H_2O} S_\text{납} = 1000 \times 11.3$
　　$= 11300\,\text{kg/m}^3 (= \text{N} \cdot \text{S}^2/\text{m}^4)$
　$\rho = \dfrac{m}{V}$ 에서　$V_\text{납} = \dfrac{m_\text{납}}{\rho_\text{납}} = \dfrac{34}{11300} ≒ 3\times 10^{-3}\,\text{m}^3$
　$W_\text{납} = \gamma_\text{납} V_\text{납} = \rho_\text{납} g V_\text{납} = 11300 \times 9.8 \times 3\times 10^{-3}$
　　$= 332.22\,\text{N}$
결국, 공기중에서 물체무게(W)=부력(F_B)
즉, $W_\text{통} + W_\text{납} = \gamma_{H_2O}(V_\text{통} + V_\text{납})$
　$1626.8 + 332.22 = 9800(V_\text{통} + 3\times 10^{-3})$
　∴ $V_\text{통} = 0.1969\,\text{m}^3$
따라서, $W_\text{통} = \gamma_\text{통} V_\text{통} = \gamma_{H_2O} S_\text{통} V_\text{통}$ 에서
　$1626.8 = 9800 \times S_\text{통} \times 0.1969$　∴ $S_\text{통} = 0.843$

해답 57. ③　58. ①　59. ②　60. ④

제4과목 기계재료 및 유압기기

문제 61. 마그네슘(Mg)의 특징을 설명한 것 중 틀린 것은?

① 감쇠능이 주철보다 크다.
② 소성가공성이 높아 상온변형이 쉽다.
③ 마그네슘(Mg)의 비중은 약 1.74이다.
④ 비강도가 커서 휴대용 기기 등에 사용된다.

해설 마그네슘(Mg) : 절삭성은 좋으나 조밀육방격자이므로 250℃ 이하에서는 소성가공성이 나쁘다. 그러나 250℃ 범위에서는 내크리프성이 Al보다 우수하므로 단조는 350~450℃의 비교적 높은 온도에서 하게 되며, 압출은 550℃ 정도의 온도에서 하는 것이 적당하다.

문제 62. 자기변태의 설명으로 옳은 것은?

① 상은 변하지 않고 자기적 성질만 변한다.
② Fe—C 상태도에서 자기변태점은 A_3, A_4 이다.
③ 한 원소로 이루어진 물질에서 결정 구조가 바뀌는 것이다.
④ 원자 내부의 변화로 자기적 성질이 비연속적으로 변화한다.

해설 자기변태 : Fe, Ni, Co 등과 같은 강자성체인 금속을 가열하면 일정한 온도이상에서 금속의 결정구조는 변하지 않으나 자성을 잃어 상자성체로 변하는데 이와 같은 변태를 자기변태라 한다. 따라서 자기변태는 상(phase)의 변화가 아닌 단순한 물리적 변화인 것이다.

문제 63. A_1 변태점 이하에서 인성을 부여하기 위하여 실시하는 가장 적합한 열처리는?

① 뜨임   ② 풀림
③ 담금질   ④ 노멀라이징

해설 뜨임(tempering) : 담금질한 강은 경도는 크나 반면 취성을 가지게 되므로 경도는 다소 저하되더

라도 인성을 증가시키기 위해 A_1 변태점(723℃) 이하에서 재가열하여 재료에 알맞은 속도로 냉각시켜 주는 처리를 말한다.

문제 64. 다음 중 비파괴 시험방법이 아닌 것은?

① 충격 시험법
② 자기 탐상 시험법
③ 방사선 비파괴 시험법
④ 초음파 탐상 시험범

해설 "충격시험"은 파괴시험(기계적시험)이다.

문제 65. 공정주철(eutectic cast iron)의 탄소 함량은 약 몇 %인가?

① 4.3%   ② 0.80~2.0%
③ 0.025~0.80%   ④ 0.025% 이하

해설 공정주철 : 4.3%C, 레데뷰라이트

문제 66. 플라스틱을 결정성 플라스틱과 비결정성 플라스틱으로 나눌 때, 결정성 플라스틱의 특성에 대한 설명 중 틀린 것은?

① 수지가 불투명하다.
② 배향(Orientation)의 특성이 작다.
③ 굽힘, 휨, 뒤틀림 등의 변형이 크다.
④ 수지 용융시 많은 열량이 필요하다.

해설 · 결정성 플라스틱과 비결정성 플라스틱의 비교

항 목	결정성 플라스틱	비결정성 플라스틱
수지현상	불투명	투명
강도, 수축률, 변형률	높다	낮다
치수정밀도	낮다	높다
금형냉각시간	길다	짧다
수지용융시 열량	많은 열량 필요	적은 열량 필요
용 도	약품용기나 내마모성 제품	정밀기계부품

해답 61. ②   62. ①   63. ①   64. ①   65. ①   66. ②

문제 67. 같은 조건하에서 금속의 냉각 속도가 빠르면 조직은 어떻게 변화하는가?

① 결정 입자가 미세해진다.
② 금속의 조직이 조대해진다.
③ 소수의 핵이 성장해서 응고된다.
④ 냉각 속도와 금속의 조직과는 관계가 없다.

해설 금속의 냉각속도가 느리면 핵발생이 감소하여 조대화(거칠어진다) 된다. 또한, 금속의 냉각속도가 빠르면 핵발생이 증가하여 결정입자가 미세해진다.

문제 68. Al-Cu-Si계 합금의 명칭은?

① 실루민   ② 라우탈
③ Y합금   ④ 두랄루민

해설 라우탈 : Al-Cu-Si계 합금으로 Cu는 절삭성을 향상, Si는 주조성을 개선한다.

문제 69. 고속도강(SKH51)을 퀜칭, 템퍼링하여 HRC 64 이상으로 하려면 퀜칭 온도(quenching temperature)는 약 몇 ℃인가?

① 720 ℃   ② 910 ℃
③ 1220 ℃   ④ 1580 ℃

해설 ·고속도강
① 풀림온도 : 800~900 ℃(예열)
② 담금질온도 : 1250~1300 ℃(1차경화)
③ 뜨임온도 : 550~580 ℃(2차경화)
여기서, 2차경화란 저온에서 불안정한 탄화물이 형성되어 경화하는 현상을 말한다.

문제 70. 탄소강이 950 ℃ 전후의 고온에서 적열메짐(red brittleness)을 일으키는 원인이 되는 것은?

① Si   ② P
③ Cu   ④ S

해설 적열취성(메짐) : 황(S)을 많이 함유한 탄소강은 약 950 ℃에서 인성이 저하되어 메지게 되는 성질이 나타나게 되는데 이를 탄소강의 적열취성이라 한다.

문제 71. 유압실린더에서 유압유 출구 측에 유량 제어밸브를 직렬로 설치하여 제어하는 속도제어 회로의 명칭은?

① 미터 인 회로
② 미터 아웃 회로
③ 블리드 온 회로
④ 블리드 오프 회로

해설 ·유량조정밸브에 의한 회로
① 미터 인 회로 : 액추에이터의 입구쪽 관로에서 유량을 교축시켜 작동속도를 조절하는 방식
② 미터 아웃 회로 : 액추에이터의 출구쪽 관로에서 유량을 교축시켜 작동속도를 조절하는 방식 즉, 실린더에서 유출하는 유량을 복귀측에 직렬로 유량조절밸브를 설치하여 유량을 제어하는 방식
③ 블리드 오프 회로 : 액추에이터로 흐르는 유량의 일부를 탱크로 분리함으로서 작동속도를 조절하는 방식

문제 72. 유압 프레스의 작동원리는 다음 중 어느 이론에 바탕을 둔 것인가?

① 파스칼의 원리
② 보일의 법칙
③ 토리첼리의 원리
④ 아르키메데스의 원리

해설 파스칼의 원리 : 밀폐된 용기속에 있는 액체에 가한 압력은 모든 방향에서 같은 크기(세기)로 작용한다. (예) 유압잭)

문제 73. 유압 용어를 설명한 것으로 올바른 것은?

① 서지압력 : 계통 내 흐름의 과도적인 변동으로 인해 발생하는 압력

해답 67. ① 68. ② 69. ③ 70. ④ 71. ② 72. ① 73. ①

② 오리피스 : 길이가 단면 치수에 비해서 비교적 긴 쥠구

③ 초크 : 길이가 단면 치수에 비해서 비교적 짧은 쥠구

④ 크래킹 압력 : 체크 밸브, 릴리프 밸브 등의 입구 쪽 압력이 강하하고, 밸브가 닫히기 시작하여 밸브의 누설량이 규정량까지 감소했을 때의 압력

해설 ② 초크, ③ 오리피스, ④ 리시트압력

㉮ 오리피스(orifice) : 면적을 감소시킨 통로로서 그 길이가 단면치수에 비해서 비교적 짧은 경우의 조임. 이 경우에 압력강하는 유체점도에 따라 크게 영향받지 않는다.

㉯ 초크(choke) : 면적을 감소시킨 통로로서 그 길이가 단면치수에 비해서 비교적 긴 경우의 흐름의 조임. 이 경우에 압력강하는 유체점도에 따라 크게 영향을 받는다.

㉰ 크래킹 압력(cracking pressure) : 체크밸브 또는 릴리프밸브 등으로 압력이 상승하여 밸브가 열리기 시작하고 어떤 일정한 흐름의 양이 확인되는 압력

문제 74. 그림과 같은 실린더에서 A측에서 3 MPa의 압력으로 기름을 보낼 때 B측 출구를 막으면 B측에 발생하는 압력 P_B는 몇 MPa 인가? (단, 실린더 안지름은 50 mm, 로드 지름은 25 mm이며, 로드에는 부하가 없는 것으로 가정한다.)

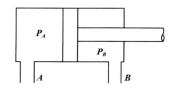

① 1.5
② 3.0
③ 4.0
④ 6.0

해설 $P_A A_A = P_B A_B$에서

$$3 \times \frac{\pi \times 0.05^2}{4} = P_B \times \frac{\pi (0.05^2 - 0.025^2)}{4}$$

$$\therefore P_B = 4\,\text{MPa}$$

문제 75. 다음 중 점성계수의 차원으로 옳은 것은? (단, M은 질량, L은 길이, T는 시간이다.)

① $ML^{-2}T^{-1}$
② $ML^{-1}T^{-1}$
③ MLT^{-2}
④ $ML^{-2}T^{-2}$

해설 점성계수 $\mu = \text{N} \cdot \text{S/m}^2 = [FL^{-2}T]$
$= [MLT^{-2}L^{-2}T]$
$= [ML^{-1}T^{-1}]$

문제 76. 그림에서 표기하고 있는 밸브의 명칭은?

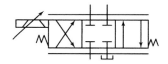

① 셔틀 밸브
② 파일럿 밸브
③ 서보 밸브
④ 교축전환 밸브

문제 77. 오일 탱크의 구비 조건에 관한 설명으로 옳지 않은 것은?

① 오일 탱크의 바닥면은 바닥에서 일정 간격 이상을 유지하는 것이 바람직하다.

② 오일 탱크는 스트레이너의 삽입이나 분리를 용이하게 할 수 있는 출입구를 만든다.

③ 오일 탱크 내에 방해판은 오일의 순환거리를 짧게 하고 기포의 방출이나 오일의 냉각을 보존한다.

④ 오일 탱크의 용량은 장치의 운전중지 중 장치 내의 작동유가 복귀하여도 지장이 없을 만큼의 크기를 가져야 한다.

해설 오일탱크내에는 격판으로 펌프흡입측과 복귀측을 구별하여 오일탱크내에서의 오일의 순환거리를 길게하고 기포의 방출이나 오일의 냉각을 보존하며 먼지의 일부를 침전케 할 수 있도록 한다. 복귀유를 오일탱크의 측벽에 따라서 흐르도록 하는 것은 좋은 방법이다.

정답 **74.** ③ **75.** ② **76.** ③ **77.** ③

문제 78. 다음 필터 중 유압유에 혼입된 자성 고형물을 여과하는 데 가장 적합한 것은?

① 표면식 필터
② 적층식 필터
③ 다공체식 필터
④ 자기식 필터

해설 자기식 필터

: 오일 중에 흡입되고 있는 자성고형물을 자석에 흡착시키는 것에 의하여 여과하는 것이다.

문제 79. 가변 용량형 베인 펌프에 대한 일반적인 설명으로 틀린 것은?

① 로터와 링 사이의 편심량을 조절하여 토출량을 변화시킨다.
② 유압회로에 의하여 필요한 만큼의 유량을 토출할 수 있다.
③ 토출량 변화를 통하여 온도 상승을 억제시킬 수 있다.
④ 펌프의 수명이 길고 소음이 적은 편이다.

해설 가변용량형 베인펌프

: 가변용량형이란 로터와 링의 편심량을 바꿈으로서 1회전당의 토출량을 변동할 수 있는 펌프로 비평형형 펌프이며 유압회로의 효율을 증가시킬 수 있을 뿐만 아니라 오일의 온도상승이 억제되어 전에 너지를 유효한 열량으로 변화시킬 수 있는 유압펌프이다. 그러나 비평형형이므로 펌프자체 수명이 짧고, 소음이 많다는 단점이 있다.

문제 80. 방향전환밸브에 있어서 밸브와 주 관로를 접속시키는 구멍을 무엇이라 하는가?

① port
② way
③ spool
④ position

해설 포트(port)

: 방향제어밸브에 있어서 밸브와 주관로를 접속시키는 구멍을 말하며, 유로전환의 형을 한정한다.

제5과목 기계제작법 및 기계동력학

문제 81. 무게가 5.3 kN인 자동차가 시속 80 km로 달릴 때 선형운동량의 크기는 약 몇 N·s인가?

① 4240
② 8480
③ 12010
④ 16020

해설 선운동량 $= mV = \dfrac{WV}{g} = \dfrac{5.3 \times 10^3}{9.8} \times \dfrac{80 \times 10^3}{3600}$
$= 12018.14 \, \text{N} \cdot \text{S}$

문제 82. 질량과 탄성스프링으로 이루어진 시스템이 그림과 같이 높이 h에서 자유낙하를 하였다. 그후 스프링의 반력에 의해 다시 튀어 오른다고 할 때 탄성스프링의 최대 변형량($x_{\max}$)은? (단, 탄성스프링 및 밑판의 질량은 무시하고 스프링 상수는 k, 질량은 m, 중력가속도는 g이다. 또한 아래 그림은 스프링의 변형이 없는 상태를 나타낸다.)

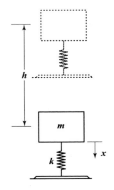

① $\sqrt{2gh}$

② $\sqrt{\dfrac{2mgh}{k}}$

③ $\dfrac{mg + \sqrt{(mg)^2 + 2kmgh}}{k}$

④ $\dfrac{mg + \sqrt{(mg)^2 + kmgh}}{k}$

해답 78. ④ 79. ④ 80. ① 81. ③ 82. ③

해설▷ 초기위치를 물체가 떨어져 지면에 접하는 순간으로 하고, 최종위치를 스프링이 최대변위를 일으켰을 때라고 하면 물체의 속도(V)는 초기속도(V_1)나 최종속도(V_2) 모두 0이므로

$$T_1 = \frac{1}{2}m V_1^2 = 0, \ T_2 = \frac{1}{2}m V_2^2 = 0 \ \text{이 된다.}$$

따라서, $U_{12} = T_2 - T_1 = 0$ 이다.

우선, 스프링이 하는 일(U_1)은

$$U_1 = -\int_0^{x_{\max}} kx\,dx = -\frac{kx_{\max}^2}{2}$$

물체가 하는 일(U_2)은

$$U_2 = mg(h + x_{\max})$$

따라서, $U_{12} = U_1 + U_2 = -\dfrac{kx_{\max}^2}{2} + mg(h + x_{\max}) = 0$

$$kx_{\max}^2 - 2mgx_{\max} - 2mgh = 0$$

근의 공식을 이용하면

$$x_{\max} = \frac{mg \pm \sqrt{(-mg)^2 - k(-2mgh)}}{k}$$
$$= \frac{mg \pm \sqrt{(mg)^2 + 2kmgh}}{k}$$

여기서, 변형량(x)을 최대로 하므로 $-$ 를 없앤다.

결국, $x_{\max} = \dfrac{mg + \sqrt{(mg)^2 + 2kmgh}}{k}$

문제 83. 회전하는 막대의 홈을 따라 움직이는 미끄럼 블록 P의 운동을 r과 θ로 나타낼 수 있다. 현재 위치에서 $r = 300$ mm, $\dot{r} = 40$ mm/s (일정), $\dot{\theta} = 0.1$ rad/s, $\ddot{\theta} = -0.04$ rad/s^{2}이다. 미끄럼 블록 P의 가속도는 약 몇 m/s^{2}인가?

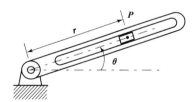

① 0.01 ② 0.001
③ 0.002 ④ 0.005

해설▷ 우선, 반경방향 가속도
$$a_r = \ddot{r} - r\dot{\theta}^2 = 0 - 300 \times 0.1^2 = -3\,\text{mm/s}^2$$
또한, 횡방향 가속도
$$a_\theta = r\ddot{\theta} + 2\dot{r}\dot{\theta} = 300 \times (-0.04) + (2 \times 40 \times 0.1)$$
$$= -4\,\text{mm/s}^2$$

결국, 가속도 $\vec{a} = \sqrt{a_r^2 + a_\theta^2} = \sqrt{(-3)^2 + (-4)^2}$
$$= 5\,\text{mm/s}^2 = 0.005\,\text{m/s}^2$$

문제 84. 같은 차종인 자동차 B, C가 브레이크가 풀린 채 정지하고 있다. 이 때 같은 차종의 자동차 A가 1.5 m/s의 속력으로 B와 충돌하면, 이후 B와 C가 다시 충돌하게 되어 결국 3대의 자동차가 연쇄 충돌하게 된다. 이때, B와 C가 충돌한 직후 자동차 C의 속도는 약 몇 m/s인가? (단, 모든 자동차 간 반발계수는 $e = 0.75$이다.)

① 0.16 ② 0.39
③ 1.15 ④ 1.31

해설▷ 우선, $V_B' = \cancel{V_B^0} + \dfrac{m_A}{m_A + m_B}(1+e)(V_A - \cancel{V_B^0})$
$$= \frac{1}{2} \times (1 + 0.75) \times 1.5$$
$$= 1.3125\,\text{m/s}$$
또한, $V_C' = \cancel{V_C^0} + \dfrac{m_B'}{m_B' + m_C}(1+e)(V_B' - \cancel{V_C^0})$
$$= \frac{1}{2} \times (1 + 0.75) \times 1.3125$$
$$= 1.1484\,\text{m/s}$$

문제 85. 1자유도 진동시스템의 운동방정식은 $m\ddot{x} + c\dot{x} + kx = 0$으로 나타내고 고유 진동수가 ω_n일 때 임계감쇠계수로 옳은 것은?

(단, m은 질량, c는 감쇠계수, k는 스프링상수를 나타낸다.)

① $2\sqrt{mk}$ ② $\sqrt{\dfrac{\omega_n}{2k}}$

③ $\sqrt{2m\omega_n}$ ④ $\sqrt{\dfrac{2k}{\omega_n}}$

해설▷ 임계감쇠계수 $C_{cr} = 2\sqrt{mk} = 2m\omega_n = \dfrac{2k}{\omega_n}$

해답 83. ④ 84. ③ 85. ①

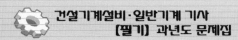
문제 86. 질량이 m, 길이가 L인 균일하고 가는 막대 AB가 A점을 중심으로 회전한다. $\theta = 60°$에서 정지 상태인 막대를 놓는 순간 막대 AB의 각가속도(α)는?
(단, g는 중력가속도이다.)

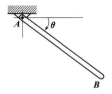

① $\alpha = \dfrac{3}{2}\dfrac{g}{L}$ ② $\alpha = \dfrac{3}{4}\dfrac{g}{L}$

③ $\alpha = \dfrac{3}{2}\dfrac{g}{L^2}$ ④ $\alpha = \dfrac{3}{4}\dfrac{g}{L^2}$

해설 $\sum M_A = J_A\ddot{\theta}$에서 $mg \times \dfrac{L}{2}\cos 60° = \dfrac{mL^2}{3}\ddot{\theta}$

결국, 각가속도 $\ddot{\theta}(= \alpha) = \dfrac{3}{4}\dfrac{g}{L}$

문제 87. 작은 공이 그림과 같이 수평면에 비스듬히 충돌한 후 튕겨 나갔을 경우에 대한 설명으로 틀린 것은? (단, 공과 수평면 사이의 마찰, 그리고 공의 회전은 무시하며 반발계수는 1이다.)

① 충돌 직전과 직후, 공의 운동량은 같다.
② 충돌 직전과 직후, 공의 운동에너지는 보존된다.
③ 충돌 과정에서 공이 받은 충격량과 수평면이 받은 충격량의 크기는 같다.
④ 공의 운동 방향이 수평면과 이루는 각의 크기는 충돌 직전과 직후가 같다.

해설 우선, 충돌 직전과 직후 공의 x방향 운동량은 같다. 하지만, 충돌 직전과 직후 공의 y방향 운동량은 다르다. 운동량은 벡터로 표시되므로 방향이 다르기 때문이다. 따라서 운동량의 부호가 다르다.
참고로, ③번이 맞는 이유는 3법칙(작용과 반작용법칙)이 성립하기 때문이다.

문제 88. 질량 20 kg의 기계가 스프링상수 10 kN/m인 스프링 위에 지지되어 있다. 100 N의 조화 가진력이 기계에 작용할 때 공진 진폭은 약 몇 cm인가? (단, 감쇠계수는 6 kN·s/m이다.)

① 0.75 ② 7.5
③ 0.0075 ④ 0.075

해설 우선, $\omega_n = \sqrt{\dfrac{k}{m}} = \sqrt{\dfrac{10 \times 10^3}{20}} = 22.36\,\mathrm{rad/s}$

결국, 공진진폭 $X_n = \dfrac{F_0}{C\omega_n} = \dfrac{100}{6 \times 10^3 \times 22.36}$
$= 0.000745\,\mathrm{m} = 0.0745\,\mathrm{cm}$

문제 89. 원판 A와 B는 중심점이 각각 고정되어 있고, 고정점을 중심으로 회전운동을 한다. 원판 A가 정지하고 있다가 일정한 각가속도 $\alpha_A = 2\,\mathrm{rad/s^2}$으로 회전한다. 이 과정에서 원판 A는 원판 B와 접촉하고 있으며, 두 원판 사이에 미끄럼은 없다고 가정한다. 원판 A가 10회전하고 난 직후 원판 B의 각속도는 약 몇 rad/s인가? (단, 원판 A의 반지름은 20 cm, 원판 B의 반지름은 15 cm이다.)

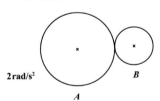

① 15.9 ② 21.1
③ 31.4 ④ 62.8

해설 우선, $r_A\alpha_A = r_B\alpha_B$에서
$\alpha_B = \dfrac{r_A\alpha_A}{r_B} = \dfrac{20 \times 2}{15} = 2.67\,\mathrm{rad/s^2}$
또한, 원판 A가 10회전하는데 걸리는 시간(t)은
$\theta = \cancel{\theta_0} + \cancel{\omega_0 t} + \dfrac{1}{2}\alpha_A t^2$에서
$t = \sqrt{\dfrac{2\theta}{\alpha_A}} = \sqrt{\dfrac{2 \times 2\pi n}{\alpha_A}} = \sqrt{\dfrac{2 \times 2\pi \times 10}{2}}$
$= 7.93\,\mathrm{sec}$
결국, $\omega_B = \cancel{\omega_0} + \alpha_B t = 2.67 \times 7.93 = 21.17\,\mathrm{rad/s}$

해답 86. ② 87. ① 88. ④ 89. ②

문제 90. 스프링으로 지지되어 있는 어떤 물체가 매분 60회 반복하면서 상하로 진동한다. 만약 조화운동으로 움직인다면, 이 진동수를 rad/s 단위와 Hz로 옳게 나타낸 것은?

① 6.28 rad/s, 0.5 Hz
② 6.28 rad/s, 1 Hz
③ 12.56 rad/s, 0.5 Hz
④ 12.56 rad/s, 1 Hz

해설 진동수 $f = \dfrac{1}{T} = \dfrac{\omega}{2\pi} = \dfrac{60}{60} = 1\,\text{cycle/s}\,(=\text{Hz})$

고유각진동수 $\omega = 2\pi f = 2\pi \times 1 = 6.28\,\text{rad/s}$

문제 91. 버니싱 가공에 관한 설명으로 틀린 것은?

① 주철만을 가공할 수 있다.
② 작은 지름의 구멍을 매끈하게 마무리할 수 있다.
③ 드릴, 리머 등 전단계의 기계가공에서 생긴 스크래치 등을 제거하는 작업이다.
④ 공작물 지름보다 약간 더 큰 지름의 볼(ball)을 압입 통과시켜 구멍내면을 가공한다.

해설 버니싱(burnishing) : 원통의 내면을 다듬질하기 위하여 원통의 안지름보다 약간 지름이 큰 강구를 압입함으로써 소성변형을 시켜 매끈한 면으로 다듬질하는 방법이다.
드릴 또는 리머 가공한 구멍의 치수 정도를 높이고 다듬질 면을 매끄럽게 하는데 시간이 적게 걸린다. 또한, 스프링백을 고려해서 작업을 해야 한다.

문제 92. 용접 시 발생하는 불량(결함)에 해당하지 않는 것은?

① 오버랩
② 언더컷
③ 용입불량
④ 콤퍼지션

해설 용접결함의 종류 : 스패터, 오버랩, 언더컷, 균열, 기공, 슬래그 섞임, 용입불량, 은점, …

문제 93. 단조에 관한 설명 중 틀린 것은?

① 열간단조에는 콜드 헤딩, 코이닝, 스웨이징이 있다.
② 자유 단조는 앤빌 위에 단조물을 고정하고 해머로 타격하여 필요한 형상으로 가공한다.
③ 형단조는 제품의 형상을 조형한 한 쌍의 다이 사이에 가열한 소재를 넣고 타격이나 높은 압력을 가하여 제품을 성형한다.
④ 업셋단조는 가열된 재료를 수평틀에 고정하고 한 쪽 끝을 돌출시키고 돌출부를 축 방향으로 압축하여 성형한다.

해설 · 단조재의 온도에 따른 분류
① 열간단조 : 해머단조, 프레스단조, 업셋단조, 압연단조
② 냉간단조 : 콜드헤딩, 코이닝(압인), 스웨이징

문제 94. 공작물의 길이가 340 mm이고, 행정여유가 25 mm, 절삭 평균속도가 15 m/min일 때 셰이퍼의 1분간 바이트 왕복 횟수는 약 얼마인가? (단, 바이트 1왕복 시간에 대한 절삭 행정시간의 비는 3/5이다.)

① 20회
② 25회
③ 30회
④ 35회

해설 $V = \dfrac{N\ell}{1000a}$ 에서

$\therefore N = \dfrac{1000aV}{\ell} = \dfrac{1000 \times \frac{3}{5} \times 15}{340}$
$= 26.47\,(\text{회/min})$

문제 95. 방전가공의 특징으로 틀린 것은?

① 전극이 필요하다.
② 가공 부분에 변질 층이 남는다.
③ 전극 및 가공물에 큰 힘이 가해진다.
④ 통전되는 가공물은 경도와 관계없이 가공이 가능하다.

정답 **90.** ② **91.** ① **92.** ④ **93.** ① **94.** ② **95.** ③

해설 방전가공 : 공작물을 가공액이 들어있는 탱크속에 가공할 형상의 전극과 공작물사이에 전압을 주면서 가까운 거리로 접근시키면 아크방전에 의한 열작용과 가공액의 기화폭발작용으로 공작물을 미소량씩 용해하여 용융소모시켜 가공용 전극의 형상에 따라 가공하는 방법이다.

문제 96. 얇은 판재로 된 목형은 변형되기 쉽고 주물의 두께가 균일하지 않으면 용융금속이 냉각 응고시에 내부응력에 의해 변형 및 균열이 발생 할 수 있으므로, 이를 방지하기 위한 목적으로 쓰고 사용한 후에 제거하는 것은?

① 구배   ② 덧붙임
③ 수축 여유   ④ 코어 프린트

해설 덧붙임(stop off) : 두께가 균일하지 않거나 형상이 복잡한 주물은 냉각시에 내부응력에 의하여 변형되고 파손되기 쉬우므로 이를 방지하기 위하여 휨방지 보강대를 설치한다. 이를 덧붙임이라 한다. 덧붙임은 냉각후에 잘라낸다.

문제 97. 밀링머신에서 직경 100 mm, 날수 8인 평면커터로 절삭속도 30 m/min, 절삭깊이 4 mm, 이송속도 240 mm/min에서 절삭할 때 칩의 평균두께 t_m (mm)는?

① 0.0584   ② 0.0596
③ 0.0625   ④ 0.0734

해설 우선, $V = \dfrac{\pi d N}{1000}$ 에서

$N = \dfrac{1000\,V}{\pi d} = \dfrac{1000 \times 30}{\pi \times 100} = 95.5\,\mathrm{rpm}$

또한, $f = f_z N Z$ 에서

$f_z = \dfrac{f}{NZ} = \dfrac{240}{95.5 \times 8} = 0.314\,\mathrm{mm}$

결국, $t_m = f_z \sqrt{\dfrac{t}{d}} = 0.314 \sqrt{\dfrac{4}{100}} = 0.0628\,\mathrm{mm}$

문제 98. 인발가공 시 다이의 압력과 마찰력을 감소시키고 표면을 매끈하게 하기 위해 사용하는 윤활제가 아닌 것은?

① 비누   ② 석회
③ 흑연   ④ 사염화탄소

해설 인발가공에서 윤활법
 : 마찰력 감소, 다이의 마모감소, 냉각효과를 주기 위해 석회, 그리이스, 비누, 흑연 등의 윤활제를 사용하며, 경질금속은 Pb, Zn을 도금하여 사용한다.

문제 99. 빌트 업 에지(built up edge)의 크기를 좌우하는 인자에 관한 설명으로 틀린 것은?

① 절삭속도 : 고속으로 절삭할수록 빌트 업 에지는 감소된다.
② 칩 두께 : 칩 두께를 감소시키면 빌트 업 에지의 발생이 감소한다.
③ 윗면 경사각 : 공구의 윗면 경사각이 클수록 빌트 업 에지는 커진다.
④ 칩의 흐름에 대한 저항 : 칩의 흐름에 대한 저항이 클수록 빌트 업 에지는 커진다.

해설 · 구성인선(built−up edge)의 방지법
 ① 경사각을 크게 한다.
 ② 절삭속도를 크게 한다.
 ③ 절삭깊이를 적게 한다.
 ④ 윤활과 냉각을 위하여 유동성 있는 절삭유를 사용한다.
 ⑤ 칩과 공구 경사면간의 마찰을 적게 하기 위하여 경사면을 매끄럽게 한다.
 ⑥ 절삭날을 예리하게 한다.
 ⑦ 마찰계수가 적은 초경합금과 같은 절삭공구를 사용한다.
 보통, 구성인선의 발생이 없어지는 임계절삭속도는 120∼150 m/min이다.

문제 100. 담금질한 강을 상온 이하의 적합한 온도로 냉각시켜 잔류 오스테나이트를 마르텐사이트 조직으로 변화시키는 것을 목적으로 하는 열처리 방법은?

① 심냉 처리
② 가공 경화법 처리
③ 가스 침탄법 처리
④ 석출 경화법 처리

정답 96. ②   97. ③   98. ④   99. ③   100. ①

[해설] 서브제로(sub – zero) 처리(＝심냉처리)
: 잔류오스테나이트(A)를 0 ℃ 이하로 냉각하여 마텐자이트(M)화 하는 열처리 방법

건설기계설비 기사

※ 재료역학, 열역학, 유체역학, 유압기기는 일반기계 기사와 중복됩니다. 나머지 유체기계, 건설기계일반, 플랜트배관의 순서는 1~30번으로 정합니다.

제4과목 유체기계

[문제] **1.** 다음 중 유체 커플링의 구성요소가 아닌 것은?

① 스테이터　　　② 펌프의 임펠러
③ 수차의 러너　　④ 케이싱

[해설] ① 유체 커플링 : 입력축을 회전하면 이축에 붙어있는 펌프의 회전차(impeller)가 회전하고, 액체는 회전차에서 유출하여 출력축에 붙어있는 수차의 깃차(runner)에 유입하여 출력축을 회전시킨다.
② 토크 컨버터 : 입력축의 회전에 의하여 회전차(impeller)에서 나온 작동유는 깃차(runner)를 지나 출력축을 회전시키고, 다음에 안내깃(stator)을 거쳐서 회전차로 되돌아온다. 이 안내깃은 토크를 받아 그 맡은 토크만큼 입력축과 출력축 사이에 토크차를 생기게 한다.

[문제] **2.** 프란시스 수차에서 사용하는 흡출관에 대한 설명으로 틀린 것은?

① 흡출관은 회전차에서 나온 물이 가진 속도수두와 방수면 사이의 낙차를 유효하게 이용하기 위해 사용한다.
② 캐비테이션을 일으키지 않기 위해서 흡출관의 높이는 일반적으로 7 m 이하로 한다.
③ 흡출관 입구의 속도가 빠를수록 흡출관의 효율은 커진다.

④ 흡출관은 일반적으로 원심형, 무디형, 엘보형이 있고, 이 중 엘보형의 효율이 제일 높다.

[해설] · 흡출관(draft tube)
① 개요 : 프란시스 수차와 프로펠러 수차에서는 회전차에서 나온 물이 가지는 속도수두와 회전차와 방수면 사이의 낙차를 유효하게 이용하기 위하여 회전차 출구와 방수면 사이를 연결하는 흡출관을 설치한다.
② 종류 : 원심형($\eta = 90 \%$), 무디형($\eta = 85 \%$), 엘보형($\eta = 60 \%$)

[문제] **3.** 수차에서 캐비테이션이 발생되기 쉬운 곳에 해당하지 않는 것은?

① 펠톤 수차 이외에서는 흡출관(draft tube) 하부
② 펠톤 수차에서는 노즐의 팁(tip) 부분
③ 펠톤 수차에서는 버킷의 리지(ridge) 선단
④ 프로펠러 수차에서는 회전차 바깥둘레의 깃 이면쪽

[해설] 흡출관(draft tube)의 설치 목적 : 회전차 출구의 위치수두, 회전차에서 유출한 물의 속도수두를 유효한 에너지로 이용하기 위하여 설치한다.

[문제] **4.** 펌프 한 대에 회전차(impeller) 한 개를 단 펌프는 다음 중 어느 것인가?

① 2단 펌프　　　② 3단 펌프
③ 다단 펌프　　　④ 단단 펌프

[해설] · 단(stage) 수에 따른 분류
① 단단펌프(single stage pump) : 펌프 1대에 회전차 1개를 가진 펌프로 양정이 작은 경우에 사용된다.
② 다단펌프(multi stage pump) : 회전차 여러개를 같은 축에 배치해서 제1단에서 상당한 압력을 얻은 액체를 제2단에서 더욱 압력을 증가시키는 방법으로 압송하는 펌프로서 단이 지속될수록 압력이 증가되어 높은 양정을 필요로 하는 경우에 사용된다.

[해답] **1.** ①　**2.** ④　**3.** ①　**4.** ④

문제 5. 다음 중 용적형 압축기가 아닌 것은?

① 루츠(roots) 압축기

② 축류 압축기

③ 가동익(sliding vane) 압축기

④ 나사 압축기

해설 ·공기압축기의 압축방법에 의한 분류

① 용적형 ┬ ㉠ 왕복압축기

　　　　└ ㉡ 회전압축기 : 루츠압축기, 나사압축기,

　　　　　　　　　　　　　　가동익압축기

② 터보형 : 축류압축기, 원심압축기

문제 6. 유체기계란 액체와 기체를 이용하여 에너지의 변환을 이루는 기계이다. 다음 중 유체기계와 가장 거리가 먼 것은?

① 펌프　　　　　② 벨트 컨베이어

③ 수차　　　　　④ 토크 컨버터

해설

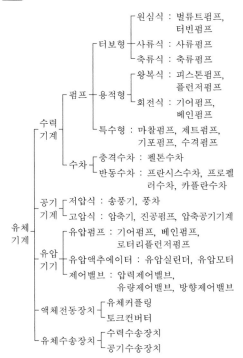

문제 7. 펌프의 유량 15 m³/min, 흡입실 양정 5 m, 토출실 양정 45 m인 물펌프계가 있다. 여기서 손실양정은 흡입실과 토출실 양정의 합과 같은 값이고, 펌프효율이 75 %인 경우 펌프에 요구되는 축동력은 약 몇 kW인가?

① 245　　② 163　　③ 327　　④ 490

해설 전양정(H)＝실양정(H_n)＋총손실수두(H_l)

$\qquad$＝흡입실양정(H_s)＋송출실양정(H_d)

$\qquad\quad$＋총손실수두

$\qquad$＝ $5 + 45 + 50 = 100\,\text{m}$

결국, $L_w = \dfrac{\gamma QH}{\eta} = \dfrac{9.8 \times \dfrac{15}{60} \times 100}{0.75} ≒ 326.7\,\text{kW}$

문제 8. 펌프의 양수량 Q(m³/min), 양정 H(m), 회전수 n(rpm)인 원심 펌프의 비교 회전도(specific speed) 식으로 옳은 것은?

① $n\dfrac{Q^{1/2}}{H^{2/3}}$　　　　② $n\dfrac{Q^{1/2}}{H^{3/4}}$

③ $n\dfrac{Q^{2/3}}{H^{3/4}}$　　　　④ $n\dfrac{Q^{2/3}}{H^{4/5}}$

해설 원심펌프의 비교회전도(＝비속도, n_s)는

$$n_s = \frac{n\sqrt{Q}}{H^{\frac{3}{4}}}$$

단, 양흡입이므로 Q대신 $\dfrac{Q}{2}$가 들어간다.

만일, 단수를 i라 하면 $n_s = \dfrac{n\sqrt{Q}}{\left(\dfrac{H}{i}\right)^{\frac{3}{4}}}$

문제 9. 루츠형 진공펌프가 동일한 사용 압력 범위의 다른 기계적 진공펌프에 비해 갖는 장점이 아닌 것은?

① 1회전의 배기 용적이 비교적 크므로 소형에서도 큰 배기 속도가 얻어진다.

② 넓은 압력 범위에서도 양호한 배기 성능이 발휘된다.

③ 배기 밸브가 없으므로 진동이 적다.

애답 5. ②　6. ②　7. ③　8. ②　9. ④

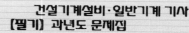

④ 높은 압력에서도 요구되는 모터 용량이 크지 않아 1000 Pa 이상의 압력에서 단독으로 사용하기 적합하다.

해설> ·루츠형 진공펌프가 동일한 사용압력범위의 다른 기계적 진공펌프와 비교시 장점
① 실린더 안에 섭동부가 없고, 로터는 축에 대해서 대칭형이며, 정밀한 균형을 갖고 있으므로 고속 회전이 가능하다.
② 1회전의 배기용적이 크므로 소형에서도 큰 배기속도가 얻어진다.
③ 넓은 압력범위에서도 양호한 배기성능이 발휘된다.
④ 배기밸브가 없으므로 진동이 적다.
⑤ 실린더 안의 기름을 사용하지 않으므로 동력이 적다.

문제 10. 수차의 유효 낙차(effective head)를 가장 올바르게 설명한 것은?

① 총 낙차에서 도수로와 방수로의 손실 수두를 뺀 것
② 총 낙차에서 수압관 내의 손실 수두를 뺀 것
③ 총 낙차에서 도수로, 수압관, 방수로의 손실 수두를 뺀 것
④ 총 낙차에서 터빈의 손실 수두를 뺀 것

해설> 수차의 유효낙차(H)
: $H = H_g - (h_1 + h_2 + h_3)$
여기서, H_g : 방수로에서 취수구의 수면까지의 높이 (=총낙차=자연낙차)
h_1 : 도수관을 지날 때의 손실수두 (=도수로의 손실수두)
h_2 : 수압관 안의 손실수두
h_3 : 방수로의 손실수두

제5과목 건설기계일반 및 플랜트배관

문제 11. 항만 공사 등에 사용하는 준설선을 형식에 따라 분류하는 방식이 아닌 것은?

① 디젤(diesel)식
② 디퍼(dipper)식
③ 버킷(bucket)식
④ 펌프(pump)식

해설> 준설선의 형식에 의한 분류
: 펌프식, 버킷식, 디퍼식, 그래브식

문제 12. 도저의 종류가 아닌 것은?

① 크레인 도저
② 스트레이트 도저
③ 레이크 도저
④ 앵글 도저

해설> 도저의 종류 : 스트레이트도저, 앵글도저, 틸트도저, 레이크도저, 트리도저, 힌지도저, 푸시도저, 터나도저, U도저, 트리밍도저 등

문제 13. 덤프트럭의 시간당 총 작업량 산출에 대한 설명으로 틀린 것은?

① 적재용량에 비례한다.
② 작업효율에 비례한다.
③ 1회 사이클 시간에 비례한다.
④ 가동 덤프트럭의 대수에 비례한다.

해설> $Q = \dfrac{60qnE}{C_m}$ (m³/hr)
여기서, Q : 시간당 총 작업량
q : 적재용량(m³)
n : 가동 덤프트럭의 대수
E : 작업효율
C_m : 사이클 타임

문제 14. 모터 그레이더의 동력전달장치와 관계 없는 것은?

① 탠덤 드라이브 장치
② 삽날(블레이드)
③ 변속장치
④ 클러치

해설> 모터 그레이더의 동력전달장치
: 엔진 → 클러치 → 변속기 → 감속기어 → 피니언 → 베벨기어 → 최종감속기어 → 탠덤장치 → 휠(기어)

해답 10. ③ 11. ① 12. ① 13. ③ 14. ②

문제 **15.** 무한궤도식 건설기계에서 지면에 접촉하여 바퀴 역할을 하는 트랙 어셈블리의 구성 요소에 해당하지 않는 것은?

① 링크
② 부싱
③ 트랙 슈
④ 세그먼트

해설》 트랙(track)이란 독립궤도(crawler belt)로서 지면에 접촉하여 바퀴역할을 하는 것으로 슈판(track shoe), 링크(link), 부싱(bushing), 핀(pin), 볼트(bolt)로 구성되어 있다.

문제 **16.** 도저에서 캐리어 롤러(carrier roller)의 역할은?

① 트랙 아이들러와 스프로킷 사이에서 트랙이 처지는 것을 방지하는 동시에 트랙의 회전 위치를 정확하게 유지하는 일을 한다.
② 최종 구동기어 위치와 스프로킷 안쪽이 접촉하여 최종 구동의 동력을 트랙으로 전해주는 역할을 한다.
③ 스프로킷에 의한 트랙의 회전을 정확하게 유지하기 위한 것이다.
④ 강판을 겹쳐 만들어 트랙터 앞부분의 중량을 받는다.

해설》 · 트랙장치(track system)
① 트랙 롤러(track roller : 하부롤러) : 트랙 프레임 아래에 좌·우 각각 3~7개 설치되며 트랙터의 전중량을 균등하게 트랙위에 분배하면서 전동하고, 트랙의 회전위치를 정확히 유지한다.
② 캐리어 롤러(carrier roller) : 트랙 아이들러와 스프로킷 사이에서 트랙이 처지는 것을 방지함과 동시에 트랙의 회전위치를 정확하게 유지하는 일을 한다.
③ 트랙 아이들러(전부 유동륜) : 트랙 프레임 위를 전·후로 섭동할 수 있는 요크에 설치되어 있으며 스프로킷에 의해 회전하는 앞바퀴이며 트랙의 진행방향을 유도해주는 역할을 한다.
④ 리코일 스프링(recoil spring) : 인너 스프링(inner spring)과 아웃 스프링(out spring)으로 되어 있으며, 주행중 트랙전면에서 오는 충격을 완화하여 차체의 파손을 방지하고 원활한 운전이 될 수 있도록 해주는 역할을 한다.

⑤ 스프로킷(sproket) : 기관의 동력이 최종감속기어를 거쳐 스프로킷에 전달되면 최종적으로 트랙에 동력을 전달해 주는 역할을 한다.

문제 **17.** 아스팔트 믹싱플랜트의 생산능력 단위는?

① m^2/h
② m^3/h
③ m^3
④ ton/s

해설》 아스팔트 믹싱플랜트의 규격 표시 : 아스팔트혼합재(아스콘)의 시간당 생산량(m^3/hr)으로 표시

문제 **18.** 비금속 재료인 합성수지는 크게 열가소성 수지와 열경화성 수지로 구분하는 데, 다음 중 열가소성 수지에 속하는 것은?

① 페놀 수지
② 멜라민 수지
③ 아크릴 수지
④ 실리콘 수지

해설》 · 합성수지의 종류
① 열경화성수지 : 페놀수지, 요소수지, 멜라민수지, 실리콘수지(=규소수지), 푸란수지, 폴리에스테르수지, 폴리우레탄수지
② 열가소성수지 : 폴리에틸렌, 폴리프로필렌, 폴리스티렌, 폴리염화비닐(PVC), 폴리아미드, 아크릴수지, 플루오르수지

문제 **19.** 건설플랜트용 공조설비를 건설할 때 합성섬유의 방사, 사진필름 제로, 정밀기계 가공 공정과 같이 일정 온도와 일정 습도를 유지할 필요가 있는 경우 적용하여야 하는 설비는?

① 난방설비
② 배기설비
③ 제빙설비
④ 항온항습설비

해설》 ① 항온항습설비 : 어떤 일정한 기간동안 정해진 온도, 습도 조건을 정해진 정밀도내로 유지하는 것으로 정의된다.
② 난방설비 : 난방에 사용하는 장치나 설비를 통틀어 이르는 말로 난방용 보일러설비, 배관과 펌프설비, 방열기 따위가 이에 속한다.
③ 배기설비 : 열기관에서 일을 끝낸 뒤의 쓸데없는 증기나 가스 또는 그것들을 뽑아내는 일

해답 **15.** ④ **16.** ① **17.** ② **18.** ③ **19.** ④

 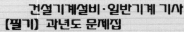

문제 20. 표준 버킷(bucket)의 산적용량(m³)으로 그 규격을 나타내는 건설기계는?

① 모터 그레이더   ② 기중기
③ 지게차   ④ 로더

해설〉 · 성능(규격)표시
① 모터 그레이드 : 삽날(blade)의 길이로 표시(m)
② 기중기 : 최대 권상하중을 톤(ton)으로 표시
③ 지게차 : 최대 들어올릴 수 있는 용량을 톤(ton)으로 표시
④ 로더 : 표준버킷 용량을 m³으로 표시

문제 21. 배관공사 완료 후 이상 유무를 확인하기 위해 배관의 압력시험을 한다. 공사 표준시방서에서 압력시험의 기준은 사용 압력의 1.5~2배로 표기되어 있다. 설계 압력은 $2\,\text{N/mm}^2$, 허용응력은 $0.3\,\text{N/mm}^2$일 때, 최소시험압력은 약 몇 N/mm^2인가?

① 0.3   ② 0.6
③ 0.9   ④ 1.2

문제 22. 파이프로 배관에 직접 접속하는 지지대로서 배관의 수평부와 곡관부를 지지하는 데 사용하는 서포트는?

① 파이프 슈   ② 롤러 서포트
③ 스프링 서포트   ④ 리지드 서포트

해설〉 · 서포트(support) : 배관계 중량을 아래에서 위로 떠받쳐 지지하는 장치
① 파이프 슈(pipe shoe) : 파이프로 직접 접속하는 지지대로서 배관의 수평부와 곡관부를 지지한다.
② 롤러 서포트(roller support) : 관의 축방향이동을 자유롭게 하기 위하여 배관을 롤러에 올려놓고 지지하는 것이다.
③ 스프링 서포트(spring support) : 스프링의 탄성을 이용하여 파이프의 하중변화에 따라 상·하 이동을 다소 허용한 것이다.
④ 리지드 서포트(rigid support) : 큰빔(beam : H.I)으로 받침대를 만들고 그 위에 배관을 올려 놓는다.

문제 23. 유체의 흐름을 한쪽 방향으로만 흐르게 하고 역류 방지를 위해 수평·수직배관에 사용하는 체크밸브의 형식은?

① 풋형   ② 스윙형
③ 리프트형   ④ 다이아프램형

해설〉 · 체크밸브(check valve) : 유체의 흐름이 한쪽 방향으로 역류를 하면 자동적으로 밸브가 닫혀지게 할 때 사용한다.
① 스윙형 : 핀을 축으로 회전하여 개폐되므로 유수에 대한 마찰저항이 리프트형보다 작고, 수평·수직 어느 배관에도 사용할 수 있다.
② 리프트형 : 유체의 압력에 의해 밸브가 수직으로 올라가게 되어 있다. 밸브의 리프트는 지름의 1/4 정도이며, 흐름에 대한 마찰저항이 크다. 2조이상 수평밸브에만 쓰인다.
③ 스모렌스키형 : 리프트형 체크밸브 내에 날개가 달려 충격을 완화시킨다.

문제 24. 빙점(0 ℃) 이하의 낮은 온도에 사용하며 화학공업, LPG, LNG탱크 배관에 적합한 배관용 강관은?

① 배관용 탄소강관(SPP)
② 저온 배관용 강관(SPLT)
③ 압력배관용 탄소강관(SPPS)
④ 고온배관용 탄소강관(SPHT)

해설〉 저온 배관용 강관(SPLT)
: LPG 탱크용 배관, 냉동기 배관 등의 빙점(0 ℃) 이하의 온도에서만 사용되며 두께를 스케줄번호로 나타낸다.

문제 25. 스테인리스 강관용 공구가 아닌 것은?

① 절단기   ② 벤딩기
③ 열풍용접기   ④ 전용 압착공구

해설〉 ① 강관 공작용 공구 : 파이프바이스, 파이프커터, 쇠톱, 파이프리머, 파이프렌치, 나사절삭기(수동파이프 나사절삭기)
② 강관 공작용 기계 : 동력나사절삭기, 기계톱, 고속숫돌절단기, 파이프벤딩기

예답 20. ④   21. ③   22. ①   23. ②   24. ②   25. ③

문제 26. 작업장에서 재해 발생을 줄이기 위한 조치 사항으로 틀린 것은?

① 안전모 및 안전화를 착용한다.
② 작업장의 특성에 따라 환기설비를 하고 소화기를 배치한다.
③ 작업복으로 소매가 짧은 옷과 긴 바지를 착용한다.
④ 파이프는 종류별, 규격별로 정리정돈한다.

해설 작업복으로 소매가 긴 옷과 긴 바지를 착용한다.

문제 27. 관의 절단과 나사 절삭 및 조립 시 관을 고정시키는 데 사용되는 배관용 공구는?

① 파이프 커터
② 파이프 리머
③ 파이프 렌치
④ 파이프 바이스

해설 ① 파이프 커터 : 동관의 전용절단공구
② 파이프 리머 : 파이프 절단 후 파이프 가장자리의 거치른 거스러미 등을 제거하는 공구
③ 파이프 렌치 : 관을 회전시키거나 나사를 죌 때 사용하는 공구
④ 파이프 바이스 : 관의 절단과 나사절삭 및 조립 시 관을 고정하는데 사용하는 공구

문제 28. 열팽창에 의한 배관의 측면이동을 막아주는 배관의 지지물은?

① 행거　　　　　② 서포트
③ 레스트레인트　④ 브레이스

해설 ① 행거 : 배관계 중량을 위에서 달아매어 지지하는 장치
② 서포트 : 배관계 중량을 아래에서 위로 떠받쳐 지지하는 장치
③ 레스트레인트 : 열팽창에 의한 배관의 자유로운 움직임을 구속하거나 제한하기 위한 장치
④ 브레이스 : 펌프, 압축기 등에서 진동을 억제하는데 사용

문제 29. 내식성이 우수하고 위생적이며 저온 충격성이 크고 나사식, 용접식, 몰코식 등으로 시공하는 강관은?

① 동관
② 탄소 강관
③ 라이닝 강관
④ 스테인리스 강관

해설 ·스테인리스 강관의 특징
① 내식성이 우수하여 계속 사용시 내경의 축소, 저항증대현상이 없다.
② 강관에 비해 기계적 성질이 우수하고, 두께가 얇아 가벼우므로 운반 및 시공이 쉽다.
③ 저온 충격성이 크고, 한랭지 배관이 가능하며, 동결에 대한 저항은 크다.
④ 관의 두께가 얇으므로 관 도중에서의 열손실이 적고, 관의 외면, 기체에의 열전달도 같은 구경의 강관과 거의 같다.
⑤ 나사식, 용접식, 몰코식, 플랜식 이음법 등의 특수시공법으로 시공이 간단하다.

문제 30. 스트레이너의 특징으로 틀린 것은?

① 밸브, 트랩, 기기 등의 뒤에 스트레이너를 설치하여 관 속의 유체에 섞여 있는 모래, 쇠부스러기 등 이물질을 제거한다.
② Y형은 유체의 마찰저항이 적고, 아래쪽에 있는 플러그를 열어 망을 꺼내 불순물을 제거하도록 되어 있다.
③ U형은 주철제의 본체 안에 원통형 망을 수직으로 넣어 유체가 망의 안쪽에서 바깥쪽으로 흐르고 Y형에 비해 유체저항이 크다.
④ V형은 주철제의 본체 안에 금속여과 망을 끼운 것이며 불순물을 통과하는 것은 Y형, U형과 같으나 유체가 직선적으로 흘러 유체저항이 적다.

해설 ·스트레이너(strainer) : 배관에 설치하는 밸브, 트랩, 기기 등의 앞에 설치하여 관 내의 이물질을 제거하며, 기기의 성능을 보호하는 기구로서 형상에 따라 U형, V형, Y형이 있다.

해답 26. ③　27. ④　28. ③　29. ④

① U형 : 주철제의 본체 안에 여과망을 설치한 둥
근통을 수직으로 넣은 것으로 유체는 망의 안쪽
에서 바깥쪽으로 흐른다. 구조상 유체는 직각으
로 흐름의 방향이 바뀌므로 Y형 스트레이너에
비하여 유체에 대한 저항은 크나 보수, 점검이
용이하며, 주로 오일 스트레이너가 많다.

② V형 : 주철제의 본체 속에 금속망을 V자 모양
으로 넣은 것으로 유체가 이 망을 통과하여 오
물이 여과되나 구조상 유체는 스트레이너 속을
직선적으로 흐르므로 Y형이나 U형에 비해 유속
에 대한 저항이 적으며 여과망의 교환이나 점검
이 편리하다.

③ Y형 : 45° 경사진 Y형 본체에 원통형 금속망을
넣은 것으로 유체에 대한 저항을 적게 하기 위
하여 유체는 망의 안쪽에서 바깥쪽으로 흐르게
되어 있으며, 밑부분에 플러그를 설치하여 불순
물을 제거하게 되어 있다. 금속망의 개구면적은
호칭지름 단면적의 약 3배이고, 망의 교환이 용
이하게 되어 있다.

2017년 제2회 일반기계·건설기계설비 기사

제1과목 재료역학

문제 1. 길이 15 m, 봉의 지름 10 mm인 강봉에 $P=8$ kN을 작용시킬 때 이 봉의 길이방향 변형량은 약 몇 cm인가? (단, 이 재료의 세로탄성계수는 210 GPa이다.) 【1장】

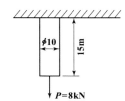

① 0.52   ② 0.64
③ 0.73   ④ 0.85

[해설] $\lambda = \dfrac{P\ell}{AE} = \dfrac{8 \times 15}{\dfrac{\pi}{4} \times 0.01^2 \times 210 \times 10^6}$

$= 0.0073\,\mathrm{m} = 0.73\,\mathrm{cm}$

문제 2. 그림과 같은 일단고정 타단지지보의 중앙에 $P=4800$ N의 하중이 작용하면 지지점의 반력(R_B)은 약 몇 kN인가? 【9장】

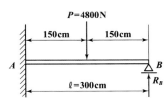

① 3.2   ② 2.6
③ 1.5   ④ 1.2

[해설] $R_B = \dfrac{5P}{16} = \dfrac{5 \times 4.8}{16} = 1.5\,\mathrm{kN}$

문제 3. 정사각형의 단면을 가진 기둥에 $P=80$ kN의 압축하중이 작용할 때 6 MPa의 압축응력이 발생하였다면 단면의 한 변의 길이는 몇 cm인가? 【1장】

① 11.5   ② 15.4
③ 20.1   ④ 23.1

[해설] $\sigma_c = \dfrac{P_c}{A} = \dfrac{P_c}{a^2}$ 에서

$\therefore\ a = \sqrt{\dfrac{P_c}{\sigma_c}} = \sqrt{\dfrac{80}{6 \times 10^3}} = 0.115\,\mathrm{m} = 11.5\,\mathrm{cm}$

문제 4. 다음 막대의 z방향으로 80 kN의 인장력이 작용할 때 x방향의 변형량은 몇 μm 인가? (단, 탄성계수 $E=200$ GPa, 포아송 비 $v=0.32$, 막대크기 $x=100$ mm, $y=50$ mm, $z=1.5$ m이다.) 【1장】

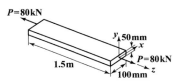

① 2.56   ② 25.6
③ -2.56 ④ -25.6

[해설] 우선, $\varepsilon_x = \dfrac{\sigma_x^{\ 0}}{E} - \dfrac{\sigma_y^{\ 0}}{mE} - \dfrac{\sigma_z}{mE}$

$= -\dfrac{\sigma_z}{mE} = -\dfrac{\nu\sigma_z}{E} = -\dfrac{\nu P_z}{AE}$

$= -\dfrac{0.32 \times 80}{0.1 \times 0.05 \times 200 \times 10^6}$

$= -0.0000256$

결국, $\lambda_x = \varepsilon_x \ell_x = -0.0000256 \times 100$

$= -0.00256\,\mathrm{mm}$

$= -2.56\,\mu\mathrm{m}$

〈참고〉 $1\,\mathrm{mm} = 10^3\,\mu\mathrm{m}$

[정답] 1. ③   2. ③   3. ①   4. ③

문제 5. 그림과 같은 단순보(단면 $8\,cm \times 6\,cm$)에 작용하는 최대 전단응력은 몇 kPa인가? 【7장】

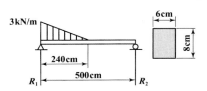

① 315 　　　　　② 630
③ 945 　　　　　④ 1260

해설 $R_1 > R_2$이므로 $R_1 = F_{max}$임을 알 수 있다.

따라서, $R_1 \times 5 - \dfrac{1}{2} \times 2.4 \times 3 \times 4.2 = 0$

$\therefore R_1 = F_{max} = 3.024\,kN$

결국, $\tau_{max} = \dfrac{3}{2}\dfrac{F_{max}}{A} = \dfrac{3}{2} \times \dfrac{3.024}{0.06 \times 0.08}$

$= 945\,kPa$

문제 6. 그림과 같은 단순보에서 전단력이 0이 되는 위치는 A지점에서 몇 m 거리에 있는가? 【6장】

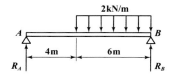

① 4.8 　　　　　② 5.8
③ 6.8 　　　　　④ 7.8

해설 우선, $R_A \times 10 - 2 \times 6 \times 3 = 0$

$\therefore R_A = 3.6\,kN$

결국, $F_x = R_A - 2(x-4) = 0$

$3.6 - 2(x-4) = 0$

$\therefore x = 5.8\,m$

문제 7. 그림과 같은 직사각형 단면의 보에 $P = 4\,kN$의 하중이 $10°$ 경사진 방향으로 작용한다. A점에서의 길이 방향의 수직응력을 구하면 약 몇 MPa인가? 【10장】

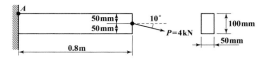

① 3.89 　　　　　② 5.67
③ 0.79 　　　　　④ 7.46

해설 하중 P를 수직력과 수평력으로 분해하면 A점에서 최대인장응력이 발생한다.

$\sigma_{A\,max} = \sigma' + \sigma''$

$= \dfrac{P\cos\theta}{A} + \dfrac{M}{Z}$

$= \dfrac{P\cos\theta}{A} + \dfrac{P\sin\theta \times \ell}{Z}$

$= \dfrac{4 \times 10^{-3} \times \cos 10°}{0.05 \times 0.1} + \dfrac{4 \times 10^{-3} \times \sin 10° \times 0.8}{\dfrac{0.05 \times 0.1^2}{6}}$

$\fallingdotseq 7.46\,MPa$(인장)

문제 8. 두께가 $1\,cm$, 지름 $25\,cm$의 원통형 보일러에 내압이 작용하고 있을 때, 면내 최대 전단응력이 $-62.5\,MPa$이었다면 내압 P는 몇 MPa인가? 【3장】

① 5 　　　　　② 10
③ 15 　　　　　④ 20

해설 우선, $\sigma_1 = \sigma_x = \dfrac{pd}{2t}$, $\sigma_2 = \sigma_y = \dfrac{pd}{4t}$이므로

결국, $\tau_{max} = \dfrac{1}{2}(\sigma_x - \sigma_y) = \dfrac{1}{2}\left(\dfrac{pd}{2t} - \dfrac{pd}{4t}\right) = \dfrac{pd}{8t}$에서

$\therefore p = \dfrac{8t\tau_{max}}{d} = \dfrac{8 \times 0.01 \times 62.5}{0.25}$

$= 20\,MPa$

문제 9. 그림과 같이 전체 길이가 $3L$인 외팔보에 하중 P가 B점과 C점에 작용할 때 자유단 B에서의 처짐량은? (단, 보의 굽힘강성 EI는 일정하고, 자중은 무시한다.) 【8장】

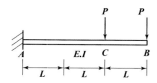

정답 5. ③ 　6. ② 　7. ④ 　8. ④ 　9. ③

① $\dfrac{35}{3}\dfrac{PL^3}{EI}$ ② $\dfrac{37}{3}\dfrac{PL^3}{EI}$

③ $\dfrac{41}{3}\dfrac{PL^3}{EI}$ ④ $\dfrac{44}{3}\dfrac{PL^3}{EI}$

해설 우선,

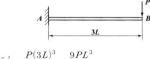

$$\delta_B{}' = \frac{P(3L)^3}{3EI} = \frac{9PL^3}{EI}$$

또한,

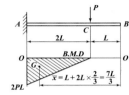

$$\bar{x} = L + 2L \times \frac{2}{3} = \frac{7L}{3}$$

$$\delta_B{}'' = \frac{A_M}{EI}\bar{x} = \frac{1}{EI} \times \frac{1}{2} \times 2L \times 2PL \times \frac{7L}{3}$$

$$= \frac{14PL^3}{3EI}$$

결국, $\delta_B = \delta_B{}' + \delta_B{}'' = \dfrac{9PL^3}{EI} + \dfrac{14PL^3}{3EI} = \dfrac{41PL^3}{3EI}$

문제 10. 세로탄성계수가 210 GPa인 재료에 200 MPa의 인장응력을 가했을 때 재료 내부에 저장되는 단위 체적당 탄성변형에너지는 약 몇 N·m /m³인가? 【2장】

① 95.238

② 95238

③ 18.538

④ 185380

해설 $u = \dfrac{\sigma^2}{2E} = \dfrac{(200 \times 10^6)^2}{2 \times 210 \times 10^9}$

$\quad\quad = 95238\,\mathrm{N \cdot m/m^3}$

문제 11. 그림과 같이 한변의 길이가 d인 정사각형 단면의 $Z-Z$ 축에 관한 단면계수는? 【4장】

① $\dfrac{\sqrt{2}}{6}d^3$ ② $\dfrac{\sqrt{2}}{12}d^3$

③ $\dfrac{d^3}{24}$ ④ $\dfrac{\sqrt{2}}{24}d^3$

해설 $Z_Z = \dfrac{I}{e} = \dfrac{\left(\dfrac{d^4}{12}\right)}{d\cos 45°} = \dfrac{\left(\dfrac{d^4}{12}\right)}{\dfrac{\sqrt{2}}{2} \times d} = \dfrac{d^3}{6\sqrt{2}} = \dfrac{\sqrt{2}}{12}d^3$

문제 12. J를 극단면 2차 모멘트, G를 전단탄성계수, ℓ을 축의 길이, T를 비틀림모멘트라 할 때 비틀림각을 나타내는 식은? 【5장】

① $\dfrac{\ell}{GT}$ ② $\dfrac{TJ}{G\ell}$

③ $\dfrac{J\ell}{GT}$ ④ $\dfrac{T\ell}{GJ}$

해설 $\theta = \dfrac{T\ell}{GI_P} = \dfrac{T\ell}{GJ}$ 여기서, $I_P = J$

문제 13. 직경 d, 길이 ℓ인 봉의 양단을 고정하고 단면 $m-n$의 위치에 비틀림모멘트 T를 작용시킬 때 봉의 A부분에 작용하는 비틀림모멘트는? 【5장】

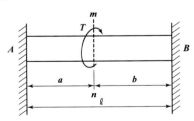

① $T_A = \dfrac{a}{\ell + a} T$ ② $T_A = \dfrac{a}{a + b} T$

③ $T_A = \dfrac{b}{a + b} T$ ④ $T_A = \dfrac{a}{\ell + b} T$

해설 $T_A = \dfrac{Tb}{a + b}$, $T_B = \dfrac{Ta}{a + b}$

문제 **14.** 그림과 같은 직사각형 단면을 갖는 단순지지보에 3 kN/m의 균일 분포하중과 축방향으로 50 kN의 인장력이 작용할 때 단면에 발생하는 최대 인장 응력은 약 몇 MPa인가? 【7장】

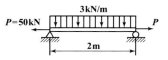

① 0.67   ② 3.33

③ 4   ④ 7.33

해설 우선, 인장응력

$$\sigma_t = \frac{P_t}{A} = \frac{50 \times 10^{-3}}{0.1 \times 0.15} = 3.33\,\mathrm{MPa}$$

또한, 굽힘응력(인장, 압축)

$$\sigma_b = \pm \frac{M}{Z} = \pm \frac{\left(\dfrac{w\ell^2}{8}\right)}{\left(\dfrac{bh^2}{6}\right)}$$

$$= \pm \frac{3w\ell^2}{4bh^2} = \pm \frac{3 \times 3 \times 10^{-3} \times 2^2}{4 \times 0.1 \times 0.15^2}$$

$$= \pm 4\,\mathrm{MPa}$$

결국, $\sigma_{\max} = \sigma_t + \sigma_b = 3.33 + 4 = 7.33\,\mathrm{MPa}$(인장)

$\quad\quad \sigma_{\min} = \sigma_t - \sigma_b = 3.33 - 4 = -0.67\,\mathrm{MPa}$

$\quad\quad\quad\quad = 0.67\,\mathrm{MPa}$(압축)

문제 **15.** 공칭응력(nominal stress : σ_n)과 진응력(true stress : σ_t) 사이의 관계식으로 옳은 것은? (단, ε_n은 공칭변형율(nominal strain), ε_t는 진변형율(true strain)이다.) 【1장】

① $\sigma_t = \sigma_n (1 + \varepsilon_t)$

② $\sigma_t = \sigma_n (1 + \varepsilon_n)$

③ $\sigma_t = \ln(1 + \sigma_n)$

④ $\sigma_t = \ln(\sigma_n + \varepsilon_n)$

해설 우선, 진응력(true stress)이란 변화된 실제단면적에 대한 하중의 비를 뜻하며

$\quad\quad \therefore\ \sigma_T = \sigma_n (1 + \varepsilon_n)$이다.

또한, 진변형률(true strain)이란 변화된 실제길이에 대한 늘어난 길이의 비를 뜻하며

$\quad\quad \therefore\ \varepsilon_T = \ell n (1 + \varepsilon_n)$이다.

문제 **16.** 그림과 같은 부정정보의 전 길이에 균일 분포하중이 작용할 때 전단력이 0이 되고 최대 굽힘모멘트가 작용하는 단면은 B단에서 얼마나 떨어져 있는가? 【9장】

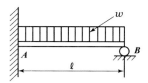

① $\dfrac{2}{3}\ell$ ② $\dfrac{3}{8}\ell$

③ $\dfrac{5}{8}\ell$ ④ $\dfrac{3}{4}\ell$

해설 우선, $R_A = \dfrac{5w\ell}{8}$이므로 고정단으로부터 임의의 거리 x라 하면

$\quad\quad F_x = R_A - wx = 0$

$\quad\quad \therefore\ x = \dfrac{R_A}{w} = \dfrac{1}{w} \times \dfrac{5w\ell}{8} = \dfrac{5}{8}\ell$

결국, 지지점 B단으로부터는 $\dfrac{3}{8}\ell$임을 알 수 있다.

문제 **17.** 동일한 전단력이 작용할 때 원형 단면보의 지름을 d에서 $3d$로 하면 최대 전단응력의 크기는? (단, $\tau_{\max}$는 지름이 d일 때의 최대 전단응력이다.) 【7장】

① $9\tau_{\max}$ ② $3\tau_{\max}$

③ $\dfrac{1}{3}\tau_{\max}$ ④ $\dfrac{1}{9}\tau_{\max}$

정답 **14.** ④ **15.** ② **16.** ② **17.** ④

해설 $\tau_{\max} = \dfrac{4}{3} \cdot \dfrac{F}{A}$ 에서

우선, 지름 d일 때, $\tau_{\max} = \dfrac{4}{3} \times \dfrac{F}{\frac{\pi}{4} d^2} = \dfrac{4}{3} \times \dfrac{4F}{\pi d^2}$

또한, 지름 $3d$일 때,

$\tau = \dfrac{4}{3} \times \dfrac{F}{\frac{\pi}{4} \times (3d)^2} = \dfrac{4}{3} \times \dfrac{4F}{9\pi d^2} = \dfrac{1}{9}\tau_{\max}$

문제 18. 오일러의 좌굴 응력에 대한 설명으로 틀린 것은? 【10장】

① 단면의 회전반경의 제곱에 비례한다.

② 길이의 제곱에 반비례한다.

③ 세장비의 제곱에 비례한다.

④ 탄성계수에 비례한다.

해설 좌굴응력 $\sigma_B = \dfrac{P_B}{A} = \dfrac{n\pi^2 EI}{A\ell^2} = \dfrac{n\pi^2 E}{\left(\dfrac{\ell^2}{K^2}\right)} = \dfrac{n\pi^2 E}{\lambda^2}$

문제 19. 그림과 같이 단순화한 길이 1 m의 차축 중심에 집중하중 100 kN이 작용하고, 100 rpm으로 400 kW의 동력을 전달할 때 필요한 차축의 지름은 최소 몇 cm인가? (단, 축의 허용 굽힘응력은 85 MPa로 한다.) 【7장】

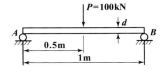

① 4.1   ② 8.1

③ 12.3   ④ 16.3

해설 우선, $M = \dfrac{P\ell}{4} = \dfrac{100 \times 1}{4} = 25 \, \mathrm{kN \cdot m}$

동력 $H' = T\omega$에서

$T = \dfrac{H'}{\omega} = \dfrac{400}{\left(\dfrac{2\pi \times 100}{60}\right)} = 38.2 \, \mathrm{kN \cdot m}$

또한, $M_e = \dfrac{1}{2}(M + \sqrt{M^2 + T^2})$

$= \dfrac{1}{2}(25 + \sqrt{25^2 + 38.2^2}) = 35.33 \, \mathrm{kN \cdot m}$

결국, $M_e = \sigma_a Z = \sigma_a \times \dfrac{\pi d^3}{32}$ 에서

$\therefore d = \sqrt[3]{\dfrac{32 M_e}{\pi \sigma_a}} = \sqrt[3]{\dfrac{32 \times 35.33}{\pi \times 8.5 \times 10^3}}$

$= 0.162 \, \mathrm{m} = 16.2 \, \mathrm{cm}$

문제 20. 그림과 같이 강선이 천정에 매달려 100 kN의 무게를 지탱하고 있을 때, AC 강선이 받고 있는 힘은 약 몇 kN인가? 【1장】

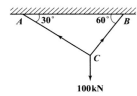

① 30   ② 40

③ 50   ④ 60

해설 라미의 정리를 이용하면

$\dfrac{T_{AC}}{\sin 150°} = \dfrac{T_{BC}}{\sin 120°} = \dfrac{100}{\sin 90°}$ 에서

$\therefore T_{AC} = 100 \times \dfrac{\sin 150°}{\sin 90°} = 50 \, \mathrm{kN}$

제2과목 기계열역학

문제 21. 역 Carnot cycle로 300 K와 240 K 사이에서 작동하고 있는 냉동기가 있다. 이 냉동기의 성능계수는? 【9장】

① 3   ② 4

③ 5   ④ 6

해설 $\varepsilon_r = \dfrac{T_{\mathrm{II}}}{T_{\mathrm{I}} - T_{\mathrm{II}}} = \dfrac{240}{300 - 240} = 4$

문제 22. 그림의 랭킨 사이클(온도(T)-엔트로피(s) 선도)에서 각각의 지점에서 엔탈피는 표와 같을 때 이 사이클의 효율은 약 몇 %인가? 【7장】

해답 18. ③   19. ④   20. ③   21. ②   22. ①

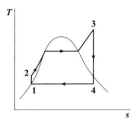

	엔탈피 (kJ/kg)
1지점	185
2지점	210
3지점	3100
4지점	2100

① 33.7 % ② 28.4 %
③ 25.2 % ④ 22.9 %

해설 $\eta_R = \dfrac{T-P}{B} = \dfrac{(h_3-h_4)-(h_2-h_1)}{h_3-h_2}$

$= \dfrac{(3100-2100)-(210-185)}{3100-210}$

$= 0.337 = 33.7\%$

문제 23. 보일러 입구의 압력이 9800 kN/m²이
고, 응축기의 압력이 4900 N/m²일 때 펌프가
수행한 일은 약 몇 kJ/kg인가?
(단, 물의 비체적은 0.001 m³/kg이다.) 【7장】

① 9.79 ② 15.17
③ 87.25 ④ 180.52

해설 펌프일 $w_P = v'(p_2 - p_1) = 0.001 \times (4.9 - 9800)$
$= -9.795 \, kJ/kg$

문제 24. 다음 중 정확하게 표기된 SI 기본단위
(7가지)의 개수가 가장 많은 것은? (단, SI 유
도단위 및 그 외 단위는 제외한다.) 【1장】

① A, Cd, ℃, kg, m, Mol, N, s
② cd, J, K, kg, m, Mol, Pa, s
③ A, J, ℃, kg, km, mol, S, W
④ K, kg, km, mol, N, Pa, S, W

해설 Cd(칸델라) : 광도, J(줄) : 에너지, 일량, 열량,
K(캘빈) : 열역학온도, kg(킬로그램) : 질량,
m(미터) : 길이, Mol(몰) : 물질의 양,
Pa(파스칼) : 압력, 응력, S(초) : 시간,
A(암페어) : 전류

문제 25. 압력이 10⁶ N/m², 체적이 1 m³인 공기
가 압력이 일정한 상태에서 400 kJ의 일을 하
였다. 변화 후의 체적은 약 몇 m³인가? 【2장】

① 1.4 ② 1.0
③ 0.6 ④ 0.4

해설 $_1W_2 = \int_1^2 pdV = p(V_2 - V_1)$에서
$400 \times 10^3 = 10^6(V_2 - 1)$ ∴ $V_2 = 1.4 \, m^3$

문제 26. 8 ℃의 이상기체를 가역단열 압축하여
그 체적을 1/5로 하였을 때 기체의 온도는 약
몇 ℃인가? (단, 이 기체의 비열비는 1.4이다.)
【3장】

① -125 ℃ ② 294 ℃
③ 222 ℃ ④ 262 ℃

해설 $\dfrac{T_2}{T_1} = \left(\dfrac{V_1}{V_2}\right)^{k-1} = \left(\dfrac{p_2}{p_1}\right)^{\frac{k-1}{k}}$에서
∴ $T_2 = T_1\left(\dfrac{V_1}{V_2}\right)^{k-1} = (8+273) \times \left(\dfrac{V_1}{\frac{1}{5}V_1}\right)^{1.4-1}$
$= 535 K = 262 ℃$

문제 27. 그림과 같이 상태 1, 2 사이에서 계가
$1 \to A \to 2 \to B \to 1$과 같은 사이클을 이루고
있을 때, 열역학 제1법칙에 가장 적합한 표현
은? (단, 여기서 Q는 열량, W는 계가 하는
일, U는 내부에너지를 나타낸다.) 【2장】

정답 23. ① 24. ② 25. ① 26. ④ 27. ③

① $dU = \delta Q + \delta W$
② $\Delta U = Q - W$
③ $\oint \delta Q = \oint \delta W$
④ $\oint \delta Q = \oint \delta U$

해설▷ 열역학 제1법칙은 "밀폐계가 임의의 사이클을 이룰 때 열전달의 총화는 이루어진 일의 총화와 같다." 라는 표현으로 정의된다.

문제 28. 열교환기를 흐름 배열(flow arrangement)에 따라 분류할 때 그림과 같은 형식은? 【7장】

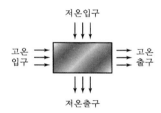

저온입구
고온입구 → → 고온출구
저온출구

① 평행류   ② 대향류
③ 병행류   ④ 직교류

해설▷ ·열교환기의 흐름배열에 따른 분류
　① 평행류(parallel flow) : 고온유체와 저온유체가 열교환기의 같은쪽에 들어가서 같은방향으로 흐르며 다른쪽으로 같이 나간다.
　② 대향류(counter flow) : 고온유체와 저온유체가 열교환기의 반대쪽에 들어가서 반대방향으로 흐른다.
　③ 직교류(cross flow) : 두 유체가 보통 서로 직각 방향으로 흐른다.

문제 29. 100 kPa, 25 ℃ 상태의 공기가 있다. 이 공기의 엔탈피가 298.615 kJ/kg이라면 내부에너지는 약 몇 kJ/kg인가? (단, 공기는 분자량 28.97인 이상기체로 가정한다.) 【3장】

① 213.05 kJ/kg   ② 241.07 kJ/kg
③ 298.15 kJ/kg   ④ 383.72 kJ/kg

해설▷ 우선, $pv = RT$에서
$$v = \frac{RT}{p} = \frac{\frac{8.314}{m} \times T}{p} = \frac{\frac{8.314}{28.97} \times 298}{100}$$
$$= 0.855 \, \text{m}^3/\text{kg}$$
결국, $h = u + pv$에서
$$\therefore \ u = h - pv$$
$$= 298.615 - 100 \times 0.855$$
$$= 213.115 \, \text{kJ/kg}$$

문제 30. 다음 중 비가역 과정으로 볼 수 없는 것은? 【4장】

① 마찰 현상
② 낮은 압력으로의 자유 팽창
③ 등온 열전달
④ 상이한 조성물질의 혼합

해설▷ 비가역과정의 예 : 마찰, 혼합, 교축, 열의 이동, 화학반응, 삼투압, 확산, 압축과 팽창

문제 31. 열역학 제2법칙과 관련된 설명으로 옳지 않은 것은? 【4장】

① 열효율이 100 %인 열기관은 없다.
② 저온 물체에서 고온 물체로 열은 자연적으로 전달되지 않는다.
③ 폐쇄계와 그 주변계가 열교환이 일어날 경우 폐쇄계와 주변계 각각의 엔트로피는 모두 상승한다.
④ 동일한 온도 범위에서 작동되는 가역 열기관은 비가역 열기관보다 열효율이 높다.

문제 32. 온도 15 ℃, 압력 100 kPa 상태의 체적이 일정한 용기 안에 어떤 이상 기체 5 kg이 들어있다. 이 기체가 50 ℃가 될 때까지 가열되는 동안의 엔트로피 증가량은 약 몇 kJ/K인가?
(단, 이 기체의 정압비열과 정적비열은 각각 1.001 kJ/(kg·K), 0.7171 kJ/(kg·K)이다.) 【4장】

해답 28. ④ 29. ① 30. ③ 31. ③ 32. ①

① 0.411　　　　② 0.486

③ 0.575　　　　④ 0.732

【해설】 "정적"이므로

$$\Delta S = m\,C_v \ell n \frac{T_2}{T_1} = 5 \times 0.7171 \times \ell n \frac{(50+273)}{(15+273)}$$
$$= 0.411\,\mathrm{kJ/K}\,(증가)$$

【문제】 **33.** 저열원 20 ℃와 고열원 700 ℃ 사이에서 작동하는 카르노 열기관의 열효율은 약 몇 %인가?　　　　【4장】

① 30.1 %　　　　② 69.9 %

③ 52.9 %　　　　④ 74.1 %

【해설】 $\eta_c = 1 - \dfrac{T_{\mathrm{II}}}{T_1} = 1 - \dfrac{(20+273)}{(700+273)}$

$\qquad\quad = 0.699 = 69.9\,\%$

【문제】 **34.** 어느 증기터빈에 0.4 kg/s로 증기가 공급되어 260 kW의 출력을 낸다. 입구의 증기 엔탈피 및 속도는 각각 3000 kJ/kg, 720 m/s, 출구의 증기엔탈피 및 속도는 각각 2500 kJ/kg, 120 m/s이면, 이 터빈의 열손실은 약 몇 kW가 되는가?　　　　【2장】

① 15.9　　　　② 40.8

③ 20.0　　　　④ 104

【해설】 ${}_1 Q_2$

$$= W_t + \frac{\dot{m}(w_2^2 - w_1^2)}{2} + \dot{m}(h_2 - h_1) + \dot{m}(\cancel{Z_2} - \cancel{Z_1})^{0}$$
$$= 260 + \frac{0.4(120^2 - 720^2)}{2 \times 10^3} + 0.4(2500 - 3000)$$
$$= 40.8\,\mathrm{kW}$$

【문제】 **35.** 압력이 일정할 때 공기 5 kg을 0 ℃에서 100 ℃까지 가열하는데 필요한 열량은 약 몇 kJ인가? (단, 비열(Cp)은 온도 T(℃)에 관계한 함수로 Cp (kJ/(kg·℃))$= 1.01 + 0.000079 \times T$이다.)　　　　【1장】

① 365　　　　② 436

③ 480　　　　④ 507

【해설】 우선, $C_m = \dfrac{1}{t_2 - t_1} \displaystyle\int_1^2 C_p\,dt$

$$= \frac{1}{t_2 - t_1} \int_1^2 (1.01 + 0.000079t)\,dt$$
$$= \frac{1}{t_2 - t_1} \left[1.01(t_2 - t_1) + \frac{0.000079(t_2^2 - t_1^2)}{2} \right]$$
$$= 1.01 + \frac{0.000079(t_2 + t_1)}{2}$$
$$= 1.01 + \frac{0.000079(100 + 0)}{2}$$
$$= 1.01395\,\mathrm{kJ/kg \cdot ℃}$$

결국, $Q_m = m\,C_m(t_2 - t_1)$
$$= 5 \times 1.01395 \times (100 - 0)$$
$$= 506.975$$
$$\fallingdotseq 507\,\mathrm{kJ}$$

【문제】 **36.** 다음 온도에 관한 설명 중 틀린 것은?　　　　【1장】

① 온도는 뜨겁거나 차가운 정도를 나타낸다.

② 열역학 제0법칙은 온도 측정과 관계된 법칙이다.

③ 섭씨온도는 표준 기압하에서 물의 어는 점과 끓는 점을 각각 0과 100으로 부여한 온도 척도이다.

④ 화씨온도 F와 절대온도 K 사이에는 K = F + 273.15의 관계가 성립한다.

【해설】 ① 섭씨온도(℃)와 절대온도(K)의 관계
: $T = t\,℃ + 273.15\,(\mathrm{K})$
② 화씨온도(F)와 절대온도(R)의 관계
: $T = t\,℉ + 459.67\,(\mathrm{R})$

【문제】 **37.** 오토(Otto) 사이클에 관한 일반적인 설명 중 틀린 것은?　　　　【8장】

① 불꽃 점화 기관의 공기 표준 사이클이다.

② 연소과정을 정적 가열과정으로 간주한다.

③ 압축비가 클수록 효율이 높다.

④ 효율은 작업기체의 종류와 무관하다.

【해답】 **33.** ②　**34.** ②　**35.** ④　**36.** ④　**37.** ④

해설> 오토사이클 $\eta_0 = 1 - \left(\dfrac{1}{\varepsilon}\right)^{k-1}$

즉, 오토사이클은 공기와 가솔린으로 이루어진 사이클이므로 작업기체의 비열비의 값에 따라 열효율은 변한다. 그러므로 작업기체의 종류에 무관하지 않다.

문제 38. 출력 10000 kW의 터빈 플랜트의 시간 당 연료소비량이 5000 kg/h이다. 이 플랜트의 열효율은 약 몇 %인가? (단, 연료의 발열량은 33440 kJ/kg이다.) 【1장】

① 25.4 %　　　　② 21.5 %
③ 10.9 %　　　　④ 40.8 %

해설> $\eta = \dfrac{N_e}{H_\ell \times f_e} \times 100\%$

$= \dfrac{10000\,\text{kW}}{33440\,\text{kJ/kg} \times 5000\,\text{kg/hr}} \times 100\%$

$= \dfrac{10000 \times 3600\,\text{kJ/hr}}{33440 \times 5000\,\text{kJ/hr}} \times 100\% = 21.5\%$

문제 39. 밀폐계에서 기체의 압력이 100 kPa으로 일정하게 유지되면서 체적이 1 m³에서 2 m³으로 증가되었을 때 옳은 설명은? 【2장】

① 밀폐계의 에너지 변화는 없다.
② 외부로 행한 일은 100 kJ이다.
③ 기체가 이상기체라면 온도가 일정하다.
④ 기체가 받은 열은 100 kJ이다.

해설> $_1W_2 = \displaystyle\int_1^2 p\,dV = p(V_2 - V_1) = 100(2-1)$
$= 100\,\text{kJ}$

결국, 외부로 행한 일이 100 kJ임을 알 수 있다.

문제 40. 10 kg의 증기가 온도 50 ℃, 압력 38 kPa, 체적 7.5 m³일 때 총 내부에너지는 6700 kJ이다. 이와 같은 상태의 증기가 가지고 있는 엔탈피는 약 몇 kJ인가? 【2장】

① 606　　　　② 1794
③ 3305　　　　④ 6985

해설> $H = U + PV = 6700 + (38 \times 7.5) = 6985\,\text{kJ}$

제3과목　기계유체역학

문제 41. 압력 용기에 장착된 게이지 압력계의 눈금이 400 kPa를 나타내고 있다. 이 때 실험실에 놓여진 수은 기압계에서 수은의 높이는 750 mm이었다면 압력 용기의 절대압력은 약 몇 kPa인가? (단, 수은의 비중은 13.6이다.) 【2장】

① 300　　　　② 500
③ 410　　　　④ 620

해설> $p = p_o + p_g = 750\,\text{mmHg} + 400\,\text{kPa}$
$= \dfrac{750}{760} \times 101.325 + 400$
$\fallingdotseq 500\,\text{kPa}$

문제 42. 나란히 놓인 두 개의 무한한 평판 사이의 층류 유동에서 속도 분포는 포물선 형태를 보인다. 이 때 유동의 평균 속도(V_{av})와 중심에서의 최대 속도(V_{max})의 관계는? 【5장】

① $V_{av} = \dfrac{1}{2}V_{max}$　　② $V_{av} = \dfrac{2}{3}V_{max}$

③ $V_{av} = \dfrac{3}{4}V_{max}$　　④ $V_{av} = \dfrac{\pi}{4}V_{max}$

해설> ·원관 : $V_{max} = 2V_{mean}$ 즉, $V_{mean} = \dfrac{1}{2}V_{max}$

·평판 : $V_{max} = \dfrac{3}{2}V_{mean}$ 즉, $V_{mean} = \dfrac{2}{3}V_{max}$

문제 43. 점성계수의 차원으로 옳은 것은? (단, F는 힘, L은 길이, T는 시간의 차원이다.) 【1장】

① FLT^{-2}　　　　② FL^2T
③ $FL^{-1}T^{-1}$　　　④ $FL^{-2}T$

해답> **38.** ②　**39.** ②　**40.** ④　**41.** ②　**42.** ②　**43.** ④

해설 $\mu = N \cdot S/m^2$
$= [FL^{-2}T] = [MLT^{-2}L^{-2}T] = [ML^{-1}T^{-1}]$

문제 **44.** 무게가 $1000\,N$인 물체를 지름 $5\,m$인 낙하산에 매달아 낙하할 때 종속도는 몇 m/s가 되는가? (단, 낙하산의 항력계수는 0.8, 공기의 밀도는 $1.2\,kg/m^3$이다.) 【5장】

① 5.3 ② 10.3

③ 18.3 ④ 32.2

해설 $D = C_D \dfrac{\rho V^2}{2} A$ 에서

$\therefore V = \sqrt{\dfrac{2D}{C_D \rho A}} = \sqrt{\dfrac{2 \times 1000}{0.8 \times 1.2 \times \dfrac{\pi \times 5^2}{4}}}$

$= 10.3\,m/s$

문제 **45.** $2\,m/s$의 속도로 물이 흐를 때 피토관 수두 높이 h는? 【3장】

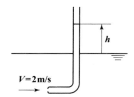

① 0.053 m ② 0.102 m

③ 0.204 m ④ 0.412 m

해설 $V = \sqrt{2gh}$ 에서

$\therefore h = \dfrac{V^2}{2g} = \dfrac{2^2}{2 \times 9.8} = 0.204\,m$

문제 **46.** 안지름 $10\,cm$인 파이프에 물이 평균속도 $1.5\,cm/s$로 흐를 때(경우 ⓐ)와 비중이 0.6이고 점성계수가 물의 1/5인 유체 A가 물과 같은 평균속도로 동일한 관에 흐를 때(경우 ⓑ), 파이프 중심에서 최고속도는 어느 경우가 더 빠른가? (단, 물의 점성계수는 $0.001\,kg/(m \cdot s)$이다.) 【3장】

① 경우 ⓐ

② 경우 ⓑ

③ 두 경우 모두 최고속도가 같다.

④ 어느 경우가 더 빠른지 알 수 없다.

해설 우선, ⓐ의 경우는

$Re = \dfrac{\rho Vd}{\mu} = \dfrac{1000 \times 0.015 \times 0.1}{0.001}$

$= 1500 : 층류$

또한, ⓑ의 경우는

$Re = \dfrac{\rho Vd}{\mu} = \dfrac{\rho_{H_2O} SVd}{\mu} = \dfrac{1000 \times 0.6 \times 0.015 \times 0.1}{\left(\dfrac{0.001}{5}\right)}$

$= 4500 : 난류$

결국, 최대속도는 층류일 때가 더 빠르므로 ⓐ가 더 빠르다.

문제 **47.** 다음 중 2차원 비압축성 유동이 가능한 유동은 어떤 것인가? (단, u는 x방향 속도 성분이고, v는 y방향 속도 성분이다.) 【3장】

① $u = x^2 - y^2$, $v = -2xy$

② $u = 2x^2 - y^2$, $v = 4xy$

③ $u = x^2 + y^2$, $v = 3x^2 - 2y^2$

④ $u = 2x + 3xy$, $v = -4xy + 3y$

해설 2차원 비압축성 연속방정식의 조건은 $\dfrac{\partial u}{\partial x} + \dfrac{\partial v}{\partial y}$

$= 0$이므로 ①번에서 $\dfrac{\partial u}{\partial x} + \dfrac{\partial v}{\partial y} = 2x + (-2x) = 0$임을 알 수 있다.

문제 **48.** 유량 측정 장치 중 관의 단면에 축소부분이 있어서 유체를 그 단면에서 가속시킴으로써 생기는 압력강하를 이용하여 측정하는 것이 있다. 다음 중 이러한 방식을 사용한 측정 장치가 아닌 것은? 【10장】

① 노즐 ② 오리피스

③ 로터미터 ④ 벤투리미터

해설 로터미터(rotameter) : 점차적으로 확대된 단면을 가지는 투명관과 계측용 부자로 구성된 유량계

정답 **44.** ② **45.** ③ **46.** ① **47.** ① **48.** ③

이다. 이 부자는 유체보다 무거우며 유량이 없을 때에는 바닥에 정지하고 있다가 유체가 많을수록 위쪽으로 부자를 올려 밀게 된다. 따라서 유량은 관경이 변하는 관의 단면적과 관련되며 투명관에 눈금을 넣어서 직접유량을 측정하게 되어 있다.

문제 49. 그림과 같이 폭이 2 m, 길이가 3 m인 평판이 물속에 수직으로 잠겨있다. 이 평판의 한쪽면에 작용하는 전체 압력에 의한 힘은 약 얼마인가? 【2장】

① 88 kN ② 176 kN
③ 265 kN ④ 353 kN

[해설] $F = \gamma \overline{h} A = 9.8 \times 4.5 \times (2 \times 3) = 264.6 \, \text{kN}$

문제 50. 정상 2차원 속도장 $\vec{V} = 2x\vec{i} - 2y\vec{j}$ 내의 한 점 (2, 3)에서 유선의 기울기 $\frac{dy}{dx}$는? 【3장】

① $-3/2$ ② $-2/3$
③ $2/3$ ④ $3/2$

[해설] $\frac{dx}{u} = \frac{dy}{v}$에서 $\frac{dx}{2x} = \frac{dy}{-2y}$

$\therefore \frac{dy}{dx} = -\frac{y}{x}\Big|_{(2,3)} = -\frac{3}{2}$

문제 51. 동점성계수가 $0.1 \times 10^{-5} \, \text{m}^2/\text{s}$인 유체가 안지름 10 cm인 원관 내에 1 m/s로 흐르고 있다. 관마찰계수가 0.022이며 관의 길이가 200 m일 때의 손실수두는 약 몇 m인가? (단, 유체의 비중량은 9800 N/m³이다.) 【6장】

① 22.2 ② 11.0
③ 6.58 ④ 2.24

[해설] $h_\ell = f\frac{\ell}{d}\frac{V^2}{2g} = 0.022 \times \frac{200}{0.1} \times \frac{1^2}{2 \times 9.8} = 2.24 \, \text{m}$

문제 52. 평판 위의 경계층 내에서의 속도분포 (u)가 $\frac{u}{U} = \left(\frac{y}{\delta}\right)^{1/7}$일 때 경계층 배제두께 (boundary layer displacement thickness)는 얼마인가? (단, y는 평판에서 수직한 방향으로의 거리이며, U는 자유유동의 속도, δ는 경계층의 두께이다.) 【5장】

① $\frac{\delta}{8}$ ② $\frac{\delta}{7}$
③ $\frac{6}{7}\delta$ ④ $\frac{7}{8}\delta$

[해설] 배제두께 $\delta^* = \int_0^\delta \left(1 - \frac{u}{U}\right)dy = \int_0^\delta \left(1 - \frac{y^{\frac{1}{7}}}{\delta^{\frac{1}{7}}}\right)dy$

$= \left[y - \frac{1}{\delta^{\frac{1}{7}}} \times \frac{7}{8}y^{\left(\frac{1}{7}+1\right)}\right]_0^\delta = \delta - \frac{7\delta^{\frac{8}{7}}}{8\delta^{\frac{1}{7}}}$

$= \delta - \frac{7}{8}\delta^{\left(\frac{8}{7}-\frac{1}{7}\right)} = \delta - \frac{7}{8}\delta = \frac{\delta}{8}$

문제 53. 다음 변수 중에서 무차원 수는 어느 것인가? 【1장】

① 가속도 ② 동점성계수
③ 비중 ④ 비중량

[해설] 비중은 단위가 없으므로 무차원수이다.

문제 54. 그림과 같이 반지름 R인 원추와 평판으로 구성된 점도측정기(cone and plate viscometer)를 사용하여 액체시료의 점성계수를 측정하는 장치가 있다. 위쪽의 원추는 아래쪽 원판과의 각도를 0.5° 미만으로 유지하고 일정한 각속도 ω로 회전하고 있으며 갭 사이를 채운 유체의 점도는 위 평판을 정상적으로 돌리는데 필요한 토크를 측정하여 계산한다. 여

[해답] 49. ③ 50. ① 51. ④ 52. ① 53. ③ 54. ①

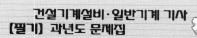

기서 갭 사이의 속도 분포가 반지름 방향 길이에 선형적일 때, 원추의 밑면에 작용하는 전단응력의 크기에 관한 설명으로 옳은 것은?

【1장】

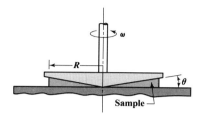

① 전단응력의 크기는 반지름 방향 길이에 관계없이 일정하다.
② 전단응력의 크기는 반지름 방향 길이에 비례하여 증가한다.
③ 전단응력의 크기는 반지름 방향 길이의 제곱에 비례하여 증가한다.
④ 전단응력의 크기는 반지름 방향 길이의 1/2승에 비례하여 증가한다.

해설 $\tau = \mu \dfrac{u}{h} = \mu \dfrac{R\omega}{h}$ 에서 R이 증가함에 따라 h 값도 커지므로 전단응력(τ)의 크기는 반지름방향 길이(R)에 관계없이 일정하다.

문제 **55.** 5 ℃의 물(밀도 1000 kg/m³, 점성계수 1.5×10^{-3} kg/(m·s))이 안지름 3 mm, 길이 9 m인 수평 파이프 내부를 평균속도 0.9 m/s로 흐르게 하는데 필요한 동력은 약 몇 W인가?

【5장】

① 0.14   ② 0.28
③ 0.42   ④ 0.56

해설 동력

$$P = \gamma Q h = \Delta p Q = \frac{128\mu\ell Q^2}{\pi d^4} = \frac{128\mu\ell(A V)^2}{\pi d^4}$$

$$= \frac{128 \times 1.5 \times 10^{-3} \times 9 \times \left(\frac{\pi \times 0.003^2}{4} \times 0.9\right)^2}{\pi \times 0.003^4}$$

$$\fallingdotseq 0.28 \, \text{W}$$

문제 **56.** 유효 낙차가 100 m인 댐의 유량이 10 m³/s일 때 효율 90 %인 수력터빈의 출력은 약 몇 MW인가?   【3장】

① 8.83
② 9.81
③ 10.9
④ 12.4

해설 동력 $P = \gamma Q H \eta_T = 9800 \times 10 \times 100 \times 0.9$
$= 8.82 \times 10^6 (\text{N} \cdot \text{m/s} = \text{J/s} = \text{W})$
$= 8.82 \, \text{MW}$

문제 **57.** 그림과 같은 수압기에서 피스톤의 지름이 $d_1 = 300$ mm, 이것과 연결된 램(ram)의 지름이 $d_2 = 200$ mm이다. 압력 P_1이 1 MPa의 압력을 피스톤에 작용시킬 때 주램의 지름이 $d_3 = 400$ mm이면 주램에서 발생하는 힘(W)은 약 몇 kN인가?   【2장】

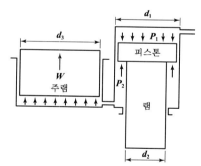

① 226   ② 284
③ 334   ④ 438

해설 우선, $p = \dfrac{F}{A}$ 에서 $F = pA$
$p_1 A_1 = p_2 A_2$ 이므로
$1 \times \dfrac{\pi \times 0.3^2}{4} = p_2 \times \dfrac{\pi(0.3^2 - 0.2^2)}{4}$
$\therefore \ p_2 = 1.8 \, \text{MPa}$

결국, $p_2 = p_3$ 에서 $p_2 = \dfrac{W}{A_3}$ 이므로
$\therefore \ W = p_2 A_3 = 1.8 \times 10^3 \times \dfrac{\pi \times 0.4^2}{4} \fallingdotseq 226 \, \text{kN}$

정답 **55.** ② **56.** ① **57.** ①

문제 58. 스프링클러의 중심축을 통해 공급되는 유량은 총 3 L/s이고 네 개의 회전이 가능한 관을 통해 유출된다. 출구 부분은 접선 방향과 30°의 경사를 이루고 있고 회전 반지름은 0.3 m이고 각 출구 지름은 1.5 cm로 동일하다. 작동과정에서 스프링클러의 회전에 대한 저항토크가 없을 때 회전 각속도는 약 몇 rad/s인가? (단, 회전축상의 마찰은 무시한다.)　　　【4장】

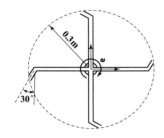

① 1.225　　　　② 42.4

③ 4.24　　　　④ 12.25

해설> 우선, $Q = AV$에서

$$V = \frac{Q}{A} = \frac{\left(\frac{3 \times 10^{-3}}{4}\right)}{\frac{\pi}{4} \times 0.015^2} = 4.24 \,\text{m/s}$$

(∵ 출구가 4군데이므로)

결국, 접선속도 $V_t = V\cos 30° = r \cdot \omega$에서

$$\omega = \frac{V\cos 30°}{r} = \frac{4.24 \times \cos 30°}{0.3} = 12.24 \,\text{rad/s}$$

문제 59. 높이 1.5 m의 자동차가 108 km/h의 속도로 주행할 때의 공기흐름 상태를 높이 1 m의 모형을 사용해서 풍동 실험하여 알아보고자 한다. 여기서 상사법칙을 만족시키기 위한 풍동의 공기 속도는 약 몇 m/s인가? (단, 그 외 조건은 동일하다고 가정한다.)　　　【7장】

① 20　　　　② 30

③ 45　　　　④ 67

해설> $(Re)_P = (Re)_m$에서　$\left(\frac{Vh}{\nu}\right)_P = \left(\frac{Vh}{\nu}\right)_m$

$108 \times 1.5 = V_m \times 1$　∴ $V_m = 162 \,\text{km/hr} = 45 \,\text{m/s}$

문제 60. 밀도가 ρ인 액체와 접촉하고 있는 기체 사이의 표면장력이 σ라고 할 때 그림과 같은 지름 d의 원통 모세관에서 액주의 높이 h를 구하는 식은? (단, g는 중력가속도이다.)【1장】

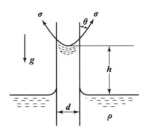

① $\dfrac{\sigma \sin\theta}{\rho g d}$　　　　② $\dfrac{\sigma \cos\theta}{\rho g d}$

③ $\dfrac{4\sigma \sin\theta}{\rho g d}$　　　　④ $\dfrac{4\sigma \cos\theta}{\rho g d}$

해설> $h = \dfrac{4\sigma \cos\beta}{\gamma d} = \dfrac{4\sigma \cos\beta}{\rho g d}$

제4과목　기계재료 및 유압기기

문제 61. 경도가 매우 큰 담금질한 강에 적당한 강인성을 부여할 목적으로 A_1 변태점 이하의 일정온도로 가열 조작하는 열처리법은?

① 퀜칭(quenching)

② 템퍼링(tempering)

③ 노멀라이징(normalizing)

④ 마퀜칭(marquenching)

해설> 뜨임(tempering : 소려)
: 담금질한 강은 경도는 크나 반면 취성을 가지게 되므로 경도는 다소 저하되더라도 인성을 증가시키기 위해 A_1 변태점이하에서 재가열하여 재료에 알맞은 속도로 냉각시켜주는 처리를 말한다.

문제 62. 피아노선재의 조직으로 가장 적당한 것은?

애답 58. ④　59. ③　60. ④　61. ②　62. ②

① 페라이트(ferrite)

② 소르바이트(sorbite)

③ 오스테나이트(austenite)

④ 마텐자이트(martensite)

> 해설> 피아노선재 : 피아노선은 탄소함유량이 0.55～0.95 % 정도의 대단히 강인한 탄소강선으로서 잡아 뽑는 중에 열처리하여 소르바이트 조직으로 만든 것으로 탄소량이 많고, P, S 등 불순물이 적다.

> 문제 **63.** 마텐자이트(martensite) 변태의 특징에 대한 설명으로 틀린 것은?

① 마텐자이트는 고용체의 단일상이다.

② 마텐자이트 변태는 확산 변태이다.

③ 마텐자이트 변태는 협동적 원자운동에 의한 변태이다.

④ 마텐자이트의 결정 내에는 격자결함이 존재한다.

> 해설> 마텐자이트 변태
> : 오스테나이트 조직이 냉각에 의해 마텐자이트 조직으로 변하는 것을 마텐자이트 변태라 하며 Ar'' 변태라고도 한다.
> 이때 마텐자이트 변태가 시작되는 온도를 M_s, 마텐자이트 변태가 끝나는 온도를 M_f라 한다.

> 문제 **64.** 순철(α-Fe)의 자기변태 온도는 약 몇 ℃인가?

① 210 ℃ ② 768 ℃

③ 910 ℃ ④ 1410 ℃

> 해설> A_2 변태점 : 768 ℃, 순철의 자기변태점, 퀴리점

> 문제 **65.** 황동 가공재 특히 관·봉 등에서 잔류응력에 기인하여 균열이 발생하는 현상은?

① 자연균열 ② 시효경화

③ 탈아연부식 ④ 저온풀림경화

> 해설> 자연균열(＝응력부식균열)
> : 냉간가공을 한 황동이 잔류응력에 의해 저장중에 자연히 균열이 생기는 것으로 방지법으로는 도금, 도색, 풀림처리를 한다.

> 문제 **66.** 빗금으로 표시한 입방격자면의 밀러지수는?

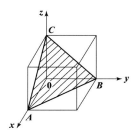

① (100) ② (010)

③ (110) ④ (111)

> 해설> · 밀러지수 : 결정면을 정의하는 방법

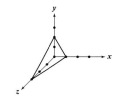

> 예) 밀러지수 찾는 방법
> ① x, y, z의 절편값 : 1, 2, 3
> ② x, y, z의 절편값의 역수 : 1, $\frac{1}{2}$, $\frac{1}{3}$
> ③ 역수값의 최소정수비 : $6 \times \left(1, \frac{1}{2}, \frac{1}{3}\right)$
> ④ 밀러지수＝6, 3, 2

> 문제 **67.** Fe-C 평형상태도에서 나타나는 철강의 기본조직이 아닌 것은?

① 페라이트 ② 펄라이트

③ 시멘타이트 ④ 마텐자이트

> 해설> 탄소강의 주요조직은 다음과 같다.
> : 오스테나이트(A), 페라이트(F), 펄라이트(P), 레데뷰라이트(L), 시멘타이트(C)

애답> **63.** ② **64.** ② **65.** ① **66.** ④ **67.** ④

문제 68. 6 : 4황동에 Pb을 약 1.5~3.0 %를 첨가한 합금으로 정밀가공을 필요로 하는 부품 등에 사용되는 합금은?

① 쾌삭황동   ② 강력황동

③ 델타메탈   ④ 애드미럴티 황동

해설 ① 쾌삭황동 : 6·4황동+Pb 1.5~3 %
② 강력황동 : 6·4황동+Mn, Fe, Ni, Al, Sn 첨가
③ 델타메탈 : 6·4황동+Fe 1~2 %
④ 애드미럴티 황동 : 7·3황동+Sn 1 %

문제 69. 고속도 공구강재를 나타내는 한국산업표준 기호로 옳은 것은?

① SM20C   ② STC

③ STD   ④ SKH

해설 SM20C ┌ SM : 기계구조용 탄소강
└ 20C : 탄소함유량 0.2 %
STC : 탄소공구강, STD : 다이스강, SKH : 고속도강

문제 70. 스테인리스강을 조직에 따라 분류한 것 중 틀린 것은?

① 페라이트계   ② 마텐자이트계

③ 시멘타이트계   ④ 오스테나이트계

해설 ·스테인리스강의 금속조직상 분류
① 페라이트계(Cr계 스테인리스강)
② 마텐자이트계(Cr계 스테인리스강)
③ 오스테나이트계(Cr-Ni계 스테인리스강)

문제 71. 기름의 압축률이 6.8×10^{-5} cm²/kgf일 때 압력을 0에서 100 kgf/cm²까지 압축하면 체적은 몇 % 감소하는가?

① 0.48   ② 0.68

③ 0.89   ④ 1.46

해설 $K = \dfrac{\Delta P}{-\dfrac{\Delta V}{V}} = \dfrac{1}{\beta}$ 에서

$$\therefore -\frac{\Delta V}{V} = \beta \Delta P = 6.8\times10^{-5}\times100$$
$$= 0.0068 = 0.68\,\%$$

문제 72. 그림의 유압 회로도에서 ①의 밸브 명칭으로 옳은 것은?

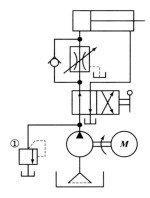

① 스톱 밸브   ② 릴리프 밸브

③ 무부하 밸브   ④ 카운터 밸런스 밸브

해설 릴리프 밸브 : 회로의 최고압력을 제한하는 밸브로서 과부하를 제거해주고, 유압회로의 압력을 설정치까지 일정하게 유지시켜주는 밸브이다.

문제 73. 그림과 같이 액추에이터의 공급 쪽 관로 내의 흐름을 제어함으로써 속도를 제어하는 회로는?

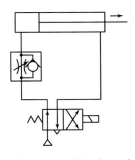

① 시퀀스 회로   ② 체크 백 회로

③ 미터 인 회로   ④ 미터 아웃 회로

정답 68. ① 69. ④ 70. ③ 71. ② 72. ② 73. ③

해설 · 미터인회로(meter in circuit)
: 액추에이터의 입구쪽 관로에서 유량을 교축시켜 작동속도를 조절하는 방식

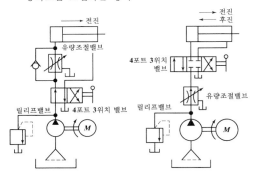

문제 74. 공기압 장치와 비교하여 유압장치의 일반적인 특징에 대한 설명 중 틀린 것은?

① 인화에 따른 폭발의 위험이 적다.
② 작은 장치로 큰 힘을 얻을 수 있다.
③ 입력에 대한 출력의 응답이 빠르다.
④ 방청과 윤활이 자동적으로 이루어진다.

해설 · 유압장치의 일반적인 특징
〈장점〉
① 입력에 대한 출력의 응답이 빠르다.
② 무단변속이 가능하다.
③ 원격조작이 가능하다.
④ 윤활성·방청성이 좋다.
⑤ 전기적인 조작, 조합이 간단하다.
⑥ 적은 장치로 큰 출력을 얻을 수 있다.
⑦ 전기적 신호로 제어할 수 있으므로 자동제어가 가능하다.
⑧ 수동 또는 자동으로 조작할 수 있다.
〈단점〉
① 기름이 누출될 염려가 많다.
② 유온의 영향을 받으면 점도가 변하여 출력효율이 변화하기도 한다.

문제 75. 4포트 3위치 방향밸브에서 일명 센터 바이패스형이라고도 하며, 중립위치에서 A, B 포트가 모두 닫히면 실린더는 임의의 위치에서 고정되고, 또 P 포트와 T 포트가 서로 통하게 되므로 펌프를 무부하 시킬 수 있는 형식은?

① 탠덤 센터형
② 오픈 센터형
③ 클로즈드 센터형
④ 펌프 클로즈드 센터형

해설 · 3위치 4방향 밸브

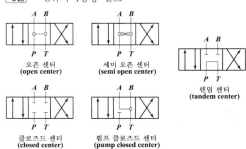

① 오픈 센터형(open center type) : 중립위치에서 모든 포트가 서로 통하게 되어 있다. 그러므로 펌프송출유는 탱크로 귀환되어 무부하운전이 된다. 또, 전환시 충격도 적고 성능이 좋으나 실린더를 확실하게 정지시킬 수가 없다.
② 세미 오픈 센터형(semi open center type) : 오픈 센터형의 밸브를 전환시 충격을 완충시킬 목적으로 스풀랜드(spool type)에 테이퍼를 붙여 포트 사이를 교축시킨 밸브이다. 그러므로 대용량의 경우에 완충용으로 사용한다.
③ 클로즈드 센터형(closed center type) : 중립위치에서 모든 포트를 막는 형식이다. 그러므로 이 밸브를 사용하면 실린더를 임의의 위치에서 고정시킬 수 있다. 그러나 밸브의 전환을 급격하게 작동하면 서지압(surge pressure)이 발생하므로 주의를 요한다.
④ 펌프 클로즈드 센터형(pump closed center type) : 중립위치에서 P 포트가 막히고 다른 포트들은 서로 통하게끔 되어 있는 밸브이다. 이 형식의 밸브는 3위치 파일럿 조작밸브의 파일럿 밸브로 많이 쓰인다.
⑤ 탠덤 센터형(tandem center type) : 중립위치에서 A, B 포트가 모두 닫히면 실린더는 임의의 위치에서 고정된다. 또, P 포트와 T 포트가 서로 통하게 되므로 펌프를 무부하시킬 수 있다. 일명, 센터 바이 패스형(center by pass type)이라고도 한다.

문제 76. 그림과 같은 유압기호의 조작방식에 대한 설명으로 옳지 않은 것은?

해답 74. ① 75. ① 76. ②

① 2방향 조작이다.
② 파일럿 조작이다.
③ 솔레노이드 조작이다.
④ 복동으로 조작할 수 있다.

문제 77. 관(튜브)의 끝을 넓히지 않고 관과 슬리브의 먹힘 또는 마찰에 의하여 관을 유지하는 관 이음쇠는?

① 스위블 이음쇠
② 플랜지 관 이음쇠
③ 플레어드 관 이음쇠
④ 플레어리스 관 이음쇠

해설 ① 플랜지 관 이음쇠 : 고압, 저압에 관계없이 대관경의 관로용에 쓰이며, 분해, 보수가 용이하다.
② 플레어 관 이음쇠 : 관의 선단부를 나팔형으로 넓혀서 이음 본체의 원뿔면에 슬리브와 너트에 의해 체결한다.
③ 플레어리스 관 이음쇠 : 관의 끝을 넓히지 않고 관과 슬리브의 먹힘 또는 마찰에 의하여 관을 유지하는 관이음쇠이다.

문제 78. 비중량(specific weight)의 MLT계 차원은? (단, M : 질량, L : 길이, T : 시간)

① $ML^{-1}T^{-1}$ ② ML^2T^{-3}
③ $ML^{-2}T^{-2}$ ④ ML^2T^{-2}

해설 $\gamma = \dfrac{W}{V} = \mathrm{N/m^3}$
$= [FL^{-3}] = [MLT^{-2}L^{-3}]$
$= [ML^{-2}T^{-2}]$

문제 79. 다음 중 일반적으로 가변 용량형 펌프로 사용할 수 없는 것은?

① 내접 기어 펌프
② 축류형 피스톤 펌프
③ 반경류형 피스톤 펌프
④ 압력 불평형형 베인 펌프

해설 ① 정용량형 펌프 : 기어펌프, 나사펌프, 베인펌프, 피스톤펌프
② 가변용량형 펌프 : 베인펌프, 피스톤펌프

문제 80. 다음 중 드레인 배출기 붙이 필터를 나타내는 공유압 기호는?

①   ②
③   ④

해설 ① 필터(자석붙이)
② 필터(눈막힘 표시기 붙이)
③ 드레인 배출기(수동배출)
④ 드레인 배출기 분리 필터(수동배출)

제5과목 기계제작법 및 기계동력학

문제 81. w인 진동수를 가진 기저 진동에 대한 전달률(TR, transmissibility)을 1미만으로 하기 위한 조건으로 가장 옳은 것은?
(단, 진동계의 고유진동수는 w_n이다.)

① $\dfrac{w}{w_n} < 2$ ② $\dfrac{w}{w_n} > \sqrt{2}$
③ $\dfrac{w}{w_n} > 2$ ④ $\dfrac{w}{w_n} < \sqrt{2}$

해설 · 전달률(TR)과 진동수비(γ)의 관계
① $TR = 1$이면 $\gamma = \dfrac{\omega}{\omega_n} = \sqrt{2}$: 임계값
② $TR < 1$이면 $\gamma = \dfrac{\omega}{\omega_n} > \sqrt{2}$: 진동절연, 감쇠비(ξ)감소
③ $TR > 1$이면 $\gamma = \dfrac{\omega}{\omega_n} < \sqrt{2}$: 감쇠비(ξ)증가

해답 **77.** ④ **78.** ③ **79.** ① **80.** ④ **81.** ②

문제 82. 스프링으로 지지되어 있는 어느 물체가 매분 120회를 진동할 때 진동수는 약 몇 rad/s인가?

① 3.14   ② 6.28

③ 9.42   ④ 12.57

해설 고유각진동수(=원진동수=각속도)

$$\omega_n = \frac{2\pi N}{60} = \frac{2\pi \times 120}{60} = 12.56 \, \text{rad/s}$$

문제 83. 질량이 m인 공이 그림과 같이 속력이 v, 각도가 α로 질량이 큰 금속판에 사출되었다. 만일 공과 금속판 사이의 반발계수가 0.8이고, 공과 금속판 사이의 마찰이 무시된다면 입사각 α와 출사각 β의 관계는?

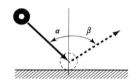

① α에 관계없이 $\beta = 0$

② $\alpha > \beta$

③ $\alpha = \beta$

④ $\alpha < \beta$

해설 불완전탄성충돌(비탄성충돌 : $0 < e < 1$일 때)
: 운동량은 보존되지만 운동에너지는 보존되지 않는다.

문제 84. 10°의 기울기를 가진 경사면에 놓인 질량 100 kg인 물체에 수평방향의 힘 500 N을 가하여 경사면 위로 물체를 밀어올린다. 경사면의 마찰계수가 0.2라면 경사면 방향으로 2 m를 움직인 위치에서 물체의 속도는 약 얼마인가?

① 1.1 m/s   ② 2.1 m/s

③ 3.1 m/s   ④ 4.1 m/s

해설 우선, 경사방향의 전체 힘 F는

$$F = 500\cos 10° - mg\sin 10°$$
$$\quad - \mu(mg\cos 10° + 500\sin 10°)$$
$$= 500\cos 10° - 100 \times 9.8 \times \sin 10°$$
$$\quad - 0.2(100 \times 9.8 \times \cos 10° + 500\sin 10°)$$
$$= 118.84 \, \text{N}$$

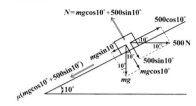

결국, 운동에너지(T)=경사방향일량(U)

$$\frac{1}{2}m(V_2^2 - V_1^2) = FS$$

$$\frac{1}{2} \times 100 \times V_2^2 = 118.84 \times 2 \quad \therefore \ V_2 = 2.18 \, \text{m/s}$$

문제 85. 그림과 같은 1자유도 진동 시스템에서 임계 감쇠계수는 약 몇 N·s/m인가?

① 80   ② 400

③ 800   ④ 2000

해설 $C_{cr} = 2\sqrt{mk} = 2\sqrt{20 \times 8 \times 10^3} = 800 \, \text{N·s/m}$

문제 86. 길이가 1 m이고 질량이 5 kg인 균일한 막대가 그림과 같이 지지되어 있다. A점은 힌지로 되어 있어 B점에 연결된 줄이 갑자기 끊어졌을 때 막대는 자유로이 회전한다. 여기서 막대가 수직위치에 도달한 순간 각속도는 약 몇 rad/s인가?

① 2.62   ② 3.43   ③ 3.91   ④ 5.42

정답 82. ④   83. ④   84. ②   85. ③   86. ④

해설> 우선, 막대에 작용하는 힘은 막대무게에다 이동한 거리는 $\frac{\ell}{2}$이므로 이루어진 중력포텐셜에너지는

$$V_g = mg \times \frac{\ell}{2}$$ 이다.

또한, 운동에너지는

$$T_1 = 0, \quad T_2 = \frac{1}{2} J_A \omega^2 = \frac{1}{2}\left(\frac{m\ell^2}{3}\right)\omega^2 = \frac{m\ell^2}{6}\omega^2$$ 이다.

따라서, $V_g = T_2$에서

$$mg \times \frac{\ell}{2} = \frac{m\ell^2}{6}\omega^2$$

$$\therefore \omega = \sqrt{\frac{3g}{\ell}} = \sqrt{\frac{3 \times 9.8}{1}} = 5.42 \,(\text{rad/s})$$

문제 **87.** 그림과 같이 질량이 m이고 길이가 L인 균일한 막대에 대하여 A점을 기준으로 한 질량 관성모멘트를 나타내는 식은?

① mL^2 ② $\frac{1}{3}mL^2$

③ $\frac{1}{4}mL^2$ ④ $\frac{1}{12}mL^2$

해설> $J_A = J_G + m\left(\frac{L}{2}\right)^2 = \frac{mL^2}{12} + \frac{mL^2}{4} = \frac{mL^2}{3}$

문제 **88.** x방향에 대한 비감쇠 자유진동 식은 다음과 같이 나타난다. 여기서 시간$(t) = 0$일 때의 변위를 x_0, 속도를 v_0라 하면 이 진동의 진폭을 옳게 나타낸 것은?

(단, m은 질량, k는 스프링 상수이다.)

$$m\ddot{x} + kx = 0$$

① $\sqrt{\frac{m}{k}x_0^2 + v_0^2}$ ② $\sqrt{\frac{k}{m}x_0^2 + v_0^2}$

③ $\sqrt{x_0^2 + \frac{m}{k}v_0^2}$ ④ $\sqrt{x_0^2 + \frac{k}{m}v_0^2}$

해설> $x(t) = A\cos\omega_n t + B\sin\omega_n t$ ·············· ①식

$x(0) = x_0, \quad \dot{x}(0) = v_0$를 ①식에 대입하면

$A = x_0, \quad B = \frac{v_0}{\omega_n}$ 임을 알 수 있다.

결국, $X = \sqrt{A^2 + B^2} = \sqrt{x_0^2 + \left(\frac{v_0}{\omega_n}\right)^2} = \sqrt{x_0^2 + \frac{m}{k}v_0^2}$

문제 **89.** 북극과 남극이 일직선으로 관통된 구멍을 통하여, 북극에서 지구 내부를 향하여 초기속도 $v_o = 10$ m/s로 한 질점을 던졌다. 그 질점이 A점$(S = R/2)$을 통과할 때의 속력은 약 얼마인가? (단, 지구내부는 균일한 물질로 채워져 있으며, 중력가속도는 O점에서 0이고, O점으로부터의 위치 S에 비례한다고 가정한다. 그리고 지표면에서 중력가속도는 9.8 m/s², 지구 반지름은 $R = 6371$ km이다.)

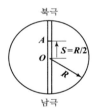

① 6.84 km/s ② 7.90 km/s
③ 8.44 km/s ④ 9.81 km/s

해설>

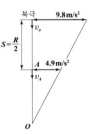

우선, 북극과 A점 사이에서 평균중력가속도는

$$g = \frac{9.8 + 4.9}{2} = 7.35 \,\text{m/s}$$

결국, $v_A^2 = v_o^2 + 2a(S - S_0^{\,0})$에서

$$v_A^2 = v_o^2 + 2gS$$

$$\therefore v_A = \sqrt{v_o^2 + 2gS} = \sqrt{10^2 + 2 \times 7.35 \times \frac{6371 \times 10^3}{2}}$$

$$= 6843 \,\text{m/s} \fallingdotseq 6.84 \,\text{km/s}$$

해답 **87.** ② **88.** ③ **89.** ①

문제 90. 물방울이 떨어지기 시작하여 3초 후의 속도는 약 몇 m/s인가? (단, 공기의 저항은 무시하고, 초기속도는 0으로 한다.)

① 29.4

② 19.6

③ 9.8

④ 3

해설 $V = V_0^{\nearrow 0} + gt = 0 + (9.8 \times 3) = 29.4\,\mathrm{m/s}$

문제 91. 피복 아크용접에서 피복제의 주된 역할이 아닌 것은?

① 용착효율을 높인다.

② 아크를 안정하게 한다.

③ 질화를 촉진한다.

④ 스패터를 적게 발생시킨다.

해설 · 피복제의 역할
  ① 대기 중의 산소, 질소의 침입을 방지하고 용융금속을 보호
  ② 아크를 안정
  ③ 모재표면의 산화물을 제거
  ④ 탈산 및 정련작용
  ⑤ 응고와 냉각속도를 지연
  ⑥ 전기절연 작용
  ⑦ 용착효율을 높인다.

문제 92. 선반에서 절삭비(cutting ratio, γ)의 표현식으로 옳은 것은?
(단, ϕ는 전단각, α는 공구 윗면 경사각이다.)

① $r = \dfrac{\cos(\phi - \alpha)}{\sin\phi}$ ② $r = \dfrac{\sin(\phi - \alpha)}{\cos\phi}$

③ $r = \dfrac{\cos\phi}{\sin(\phi - \alpha)}$ ④ $r = \dfrac{\sin\phi}{\cos(\phi - \alpha)}$

해설 · 절삭비(γ)와 전단각(ϕ)
  : 절삭비(γ)는 공작물을 절삭할 때 가공이 용이한 정도를 나타낸다. 절삭깊이를 t_1, 칩두께를 t_2라 하면 절삭비(γ)는 다음과 같으며, 절삭비가 1에 가

까울수록 절삭성이 좋다고 판단한다.

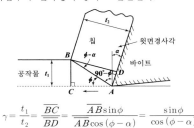

$$\gamma = \frac{t_1}{t_2} = \frac{\overline{BC}}{\overline{BD}} = \frac{\overline{AB}\sin\phi}{\overline{AB}\cos(\phi - \alpha)} = \frac{\sin\phi}{\cos(\phi - \alpha)}$$

문제 93. 표면경화법에서 금속침투법 중 아연을 침투시키는 것은?

① 칼로라이징 ② 세라다이징

③ 크로마이징 ④ 실리코나이징

해설 · 금속침투법 : 고온 중에 강의 산화방지법
  ① 크로마이징 : Cr 침투
  ② 칼로라이징 : Al 침투
  ③ 실리콘나이징 : Si 침투
  ④ 보로나이징 : B 침투
  ⑤ 세라다이징 : Zn 침투

문제 94. 테르밋 용접(thermit welding)의 일반적인 특징으로 틀린 것은?

① 전력 소모가 크다.

② 용접시간이 비교적 짧다.

③ 용접작업 후의 변형이 작다.

④ 용접 작업장소의 이동이 쉽다.

해설 · 테르밋용접의 특징
  ① 전력이 필요없다.
  ② 용접변형이 적다.
  ③ 작업장소의 이동이 용이하다.
  ④ 접합강도가 낮다.
  ⑤ 작업이 간단하며, 용접시간이 짧다.
  ⑥ 용접용 기구가 간단하고, 설비비가 싸다.

문제 95. 4개의 조가 각각 단독으로 이동하여 불규칙한 공작물의 고정에 적합하고 편심가공이 가능한 선반척은?

해답 90. ① 91. ③ 92. ④ 93. ② 94. ① 95. ③

① 연동척 　　　　② 유압척

③ 단동척 　　　　④ 콜릿척

해설 · 척의 종류
① 단동척 : Jaw 4개, 개별적으로 움직임, 불규칙한 공작물
② 연동척 : Jaw 3개, 동시에 움직임, 규칙적인 공작물
③ 콜릿척 : 샤프연필의 끝처럼 갈라진 틈을 조여 공작물을 물리는 척으로 터릿선반에서 대량생산 시 사용

문제 96. 프레스 가공에서 전단가공의 종류가 아닌 것은?

① 세이빙 　　　　② 블랭킹

③ 트리밍 　　　　④ 스웨이징

해설 · 프레스가공
① 전단가공 : 펀칭, 블랭킹, 전단, 분단, 노칭, 트리밍, 세이빙
② 성형가공 : 드로잉, 스피닝, 비딩, 시밍, 컬링, 벌징, 굽힘, 하이드로폼법
③ 압축가공 : 코이닝(압인), 엠보싱, 스웨이징, 충격압출

문제 97. 초음파 가공의 특징으로 틀린 것은?

① 부도체도 가공이 가능하다.
② 납, 구리, 연강의 가공이 쉽다.
③ 복잡한 형상도 쉽게 가공한다.
④ 공작물에 가공 변형이 남지 않는다.

해설 · 초음파가공(ultrasonic machining)
① 물이나 경유 등에 연삭입자(랩제)를 혼합한 가공액을 공구의 진동면과 일감사이에 주입시켜가며 초음파에 의한 상하진동으로 표면을 다듬는 가공법이다.
② 전기에너지를 기계적 진동에너지로 변화시켜 가공하므로 공작물이 전기의 양도체 또는 부도체 여부에 관계없이 가공할 수 있다.
③ 초경합금, 보석류, 세라믹, 유리, 반도체 등 비금속 또는 귀금속의 구멍뚫기, 전단, 평면가공, 표면다듬질 가공 등에 이용된다.

문제 98. 지름 100 mm, 판의 두께 3 mm, 전단 저항 45 kg$_f$/mm^{2}인 SM40C 강판을 전단할 때 전단하중은 약 몇 kg$_f$인가?

① 42410 　　　　② 53240

③ 67420 　　　　④ 70680

해설 $P_S = \tau A = \tau \pi dt = 45 \times \pi \times 100 \times 3$
　　　$= 42411.5 \, \mathrm{kg_f}$

문제 99. 용탕의 충전 시에 모래의 팽창력에 의해 주형이 팽창하여 발생하는 것으로, 주물 표면에 생기는 불규칙한 형상의 크고 작은 돌기 모양을 하는 주물 결함은?

① 스캡
② 탕경
③ 블로홀
④ 수축공

해설 · 주물표면불량에서 국부적으로 생기는 결함
① 와시(wash) : 주물사의 결합력 부족으로 생긴다.
② 스캡(scab) : 주형의 팽창이 크거나 주형의 일부 과열로 생긴다.
③ 버클(buckle) : 주형강도 부족 또는 쇳물과 주형의 충돌로 생긴다.

문제 100. 와이어 컷(wire cut) 방전가공의 특징으로 틀린 것은?

① 표면거칠기가 양호하다.
② 담금질강과 초경합금의 가공이 가능하다.
③ 복잡한 형상의 가공물을 높은 정밀도로 가공할 수 있다.
④ 가공물의 형상이 복잡함에 따라 가공속도가 변한다.

해설 와이어 컷 방전가공은 일반공작기계로는 가공이 곤란한 미세가공이나 복잡한 형상을 쉽게 가공할 수 있다. 또한 열처리되거나 고경도의 재료를 열변형이나 기계적인 힘을 가하지 않고도 가공할 수 있다.

정답 96. ④　97. ②　98. ①　99. ①　100. ④

건설기계설비 기사

※ 재료역학, 열역학, 유체역학, 유압기기는 일반기계 기사와 중복됩니다. 나머지 유체기계, 건설기계일반, 플랜트배관의 순서는 1~30번으로 정합니다.

제4과목 유체기계

문제 1. 절대 진공에 가까운 저압의 기체를 대기압까지 압축하는 펌프는?

① 왕복 펌프　　② 진공 펌프
③ 나사 펌프　　④ 축류 펌프

해설〉 진공펌프(vacuum pump)
: 대기압 이하의 저압력 기체를 대기압까지 압축하여 송출시키는 일종의 압축기이다.

문제 2. 수차 중 물의 송출 방향이 축방향이 아닌 것은?

① 펠턴 수차　　② 프란시스 수차
③ 사류 수차　　④ 프로펠러 수차

해설〉 펠턴수차(pelton turbine)
: 분류가 수차의 접선방향으로 작용하여 날개차를 회전시켜서 기계적인 일을 얻는 충동수차로서 주로 낙차가 클 경우에 사용한다.

문제 3. 다음 중 유체기계의 분류에 대한 설명으로 옳지 않은 것은?

① 유체기계는 취급되는 유체에 따라 수력기계, 공기기계로 구분된다.
② 공기기계는 송풍기, 압축기, 수차 등이 있으며 원심형, 횡류형, 사류형 등으로 구분된다.
③ 수차는 크게 중력수차, 충동수차, 반동수차로 구분할 수 있다.
④ 유체기계는 작동원리에 따라 터보형 기계,

용적형 기계, 그 외 특수형 기계로 분류할 수 있다.

해설〉·공기기계의 분류
① 저압식 공기기계 : 송풍기, 풍차
② 고압식 공기기계 : 압축기, 진공펌프, 압축공기기계
③ 압축방법에 의한 구분방법
　㉠ 용적형
　㉡ 터보형(축류식, 원심식)

문제 4. 펌프에서 발생하는 축추력의 방지책으로 거리가 먼 것은?

① 평형판을 사용
② 밸런스 홀을 설치
③ 단방향 흡입형 회전차를 채용
④ 스러스트 베어링을 사용

해설〉·축추력(axial thrust)의 방지법
① 스러스트 베어링(thrust bearing)을 장치하여 사용한다.
② 양흡입형의 회전차를 채용한다.
③ 평형공(balance hole)을 설치한다.
④ 후면측벽에 방사상의 리브(rib)를 설치한다.
⑤ 다단펌프에서는 단수만큼의 회전차를 반대방향으로 배열한다. 이런 방식을 자기평형(self balance)이라고 한다.
⑥ 평형원판(balance disk)을 사용한다.

문제 5. 토크컨버터의 기본 구성 요소에 포함되지 않는 것은?

① 임펠러　　② 러너
③ 안내깃　　④ 흡출관

해설〉 토크컨버터의 기본구성요소
: 회전차(impeller), 깃차(runner), 안내깃(stator)

문제 6. 압축기의 손실을 기계손실과 유체손실로 구분할 때 다음 중 유체손실에 속하지 않는 것은?

해답〉 1. ②　2. ①　3. ②　4. ③　5. ④　6. ③

① 흡입구에서 송출구에 이르기까지 유체 전체에 관한 마찰 손실
② 곡관이나 단면변화에 의한 손실
③ 베어링, 패킹상자 및 기밀장치 등에 의한 손실
④ 회전차 입구 및 출구에서의 충돌손실

해설 유체손실 : 마찰손실, 부차적손실, 충돌손실

문제 7. 수차의 유효낙차는 총낙차에서 여러 가지 손실수두를 제외한 값을 의미하는데 다음 중 이 손실수두에 속하지 않는 것은?

① 도수로에서의 손실수두
② 수압관 속의 마찰손실수두
③ 수차에서의 기계 손실수두
④ 방수로에서의 손실수두

해설 $H = H_g - (h_1 + h_2 + h_3)$
여기서, H : 유효낙차 (m)
H_g : 자연낙차(=총낙차 : m)
h_1 : 도수로의 손실수두 (m)
h_2 : 수압관안의 손실수두 (m)
h_3 : 방수로의 손실수두 (m)

문제 8. 펌프에서 공동현상(cavitation)이 주로 일어나는 곳을 옳게 설명한 것은?

① 회전차 날개의 입구를 조금 지나 날개의 표면(front)에서 일어난다.
② 펌프의 흡입구에서 일어난다.
③ 흡입구 바로 앞에 있는 곡관부에서 일어난다.
④ 회전차 날개의 입구를 조금 지나 날개의 이면(back)에서 일어난다.

해설 공동현상(cavitation)
: 물이 관 속을 유동하고 있을 때 흐르는 물 속의 어느 부분의 정압이 그때 물의 온도에 해당하는 증기압 이하로 되면 부분적으로 증기가 발생하는

데 이러한 현상을 공동현상이라 한다. 원심펌프에서 회전차(impeller) 날개의 입구를 조금 지난 날개의 이면에서 일어난다.

문제 9. 970 rpm으로 0.6 m³/min의 수량을 방출할 수 있는 펌프가 있는데 이를 1450 rpm으로 운전할 때 수량은 약 몇 m³/min인가?
(단, 이 펌프는 상사법칙이 적용된다.)

① 0.9 　　② 1.5
③ 1.9 　　④ 2.5

해설 원심펌프의 상사법칙에서
$$Q_2 = Q_1 \times \frac{n_2}{n_1} = 0.6 \times \frac{1450}{970} = 0.9\,\text{m}^3/\text{min}$$

문제 10. 다음 중 반동수차에 속하지 않는 것은?

① 펠턴 수차
② 카플란 수차
③ 프란시스 수차
④ 프로펠러 수차

해설 · 수차(hydraulic turbine)
① 충격 수차 : 펠톤 수차
② 반동 수차 : 프란시스 수차, 프로펠러 수차, 카플란 수차

제5과목 건설기계일반 및 플랜트배관

문제 11. 다음 중 스크레이퍼의 작업 가능 범위로 거리가 먼 것은?

① 굴착 　　② 운반
③ 적재 　　④ 파쇄

해설 스크레이퍼의 용도
: 토사를 절토(굴착), 적재, 운반, 성토(흙을 쌓는 것) 작업을 할 수 있으며, 주용도는 토사운반작업이다. 단, 밀어서는 운반하지 못한다.

해답 7. ③ 　8. ④ 　9. ① 　10. ① 　11. ④

문제 12. 아스팔트 피니셔의 규격표시 방법은?

① 아스팔트 콘크리트를 포설할 수 있는 표준 포장너비
② 아스팔트를 포설할 수 있는 아스팔트의 무게
③ 아스팔트 콘크리트를 포설할 수 있는 도로의 너비
④ 아스팔트 콘크리트를 포설할 수 있는 타이어의 접지너비

해설 아스팔트 피니셔의 규격표시
: 최대포장나비 (m) 및 포장능력 (ton/hr)으로 표시
즉, 아스팔트 콘크리트를 포설할 수 있는 표준포장 나비

문제 13. 버킷계수는 1.15, 토량환산계수는 1.1, 작업효율은 80 %이고, 1회 사이클 타임은 30초, 버킷 용량은 1.4인 로더의 시간당 작업량은 약 몇 m³/hr인가?

① 141   ② 170
③ 192   ④ 215

해설 $Q = \dfrac{3600 qfKE}{C_m} = \dfrac{3600 \times 1.4 \times 1.1 \times 1.15 \times 0.8}{30}$
$= 170 \, \text{m}^3/\text{hr}$

문제 14. 굴삭기의 작업 장치 중 유압 셔블(shovel)에 대한 설명으로 틀린 것은?

① 장비가 있는 지면보다 낮은 곳을 굴삭하기에 적합하다.
② 산악지역에서 토사, 암반 등을 굴삭하여 트럭에 싣기에 적합한 장치이다.
③ 페이스 셔블(face shovel)이라고도 한다.
④ 백호 버킷을 뒤집어 사용하기도 한다.

해설 ·유압셔블(＝페이스셔블 : face shovel)
① 백호셔블을 뒤집어 사용한 형상으로 작업위치보다 높은 굴착에 적합하다.

② 산악지역에서 토사, 암반 등을 굴착하여 트럭에 싣기에 적합하다.

문제 15. 다음 중 모터 스크레이퍼(자주식 스크레이퍼)의 특징에 대한 설명으로 틀린 것은?

① 피견인식에 비해 이동속도가 빠르다.
② 피견인식에 비해 작업범위가 넓다.
③ 볼의 용량이 6~9 m³ 정도이다.
④ 험난지 작업이 곤란하다.

해설 ·스크레이퍼의 분류

견인식 (＝비자주식)	동력식 (자주식＝모터스크레이퍼)
트랙터나 도저에 의해 견인	자신의 동력으로 스스로 이동
볼의 용량 : 6~9 m³	볼의 용량 : 10~20 m³
작업거리 : 50~500 m	작업거리 : 500~1500 m 이내
험난지 작업 용이	험난지 작업 곤란
굴토력이 크다.	굴토력이 작아 푸싱작업이 필요
이동속도가 느리다.	이동속도가 빠르다.

문제 16. 무한궤도식 건설기계의 주행장치에서 하부 구동체의 구성품이 아닌 것은?

① 트랙 롤러   ② 캐리어 롤러
③ 스프로킷   ④ 클러치 요크

해설 하부구동체(under carriager)의 구성품
: 트랙롤러(하부롤러), 캐리어롤러(상부롤러), 트랙프레임, 트랙릴리이스(트랙조정기구), 트랙아이들러(전부유도륜), 리코일스프링, 스프로킷, 트랙 등으로 구성되어 있다.

문제 17. 로더를 적재방식에 따라 분류한 것으로 틀린 것은?

① 스윙 로더   ② 리어 엔드 로더
③ 오버 헤드 로더   ④ 사이드 덤프형 로더

정답 12.① 13.② 14.① 15.③ 16.④ 17.②

해설 ·로더의 적하방식에 의한 분류
① 프런트엔드형 : 앞으로 적하하거나 차체의 전방으로 굴삭을 행하는 것
② 사이드덤프형 : 버킷을 좌우로 기울일 수 있으며, 터널공사, 광산 및 탄광의 협소한 장소에서 굴착 적재 작업시 사용
③ 오버헤드형 : 장비의 위를 넘어서 후면으로 덤프할 수 있는 형
④ 스윙형 : 프런트엔드형과 오버헤드형이 조합된 것으로 앞, 뒤 양방에 덤프할 수 있는 형
⑤ 백호셔블형 : 트랙터 후부에 유압식 백호 셔블을 장착하여 굴삭이나 적재시에 사용

문제 18. 굴착력이 강력하여 견고한 지반이나 깨어진 암석 등을 준설하는데 가장 적합한 준설선은?

① 버킷 준설선(bucket dredger)
② 펌프 준설선(pump dredger)
③ 디퍼 준설선(dipper dredger)
④ 그래브 준설선(grab dredger)

해설 ·준설선의 종류
① 펌프(pump) 준설선 : 배송관의 설치가 곤란하거나 배송거리가 장거리인 경우 저양정 펌프선을 이용하여 토사를 토운선으로 수송하거나 흙과 물을 같이 빨아올리는 장비로 항만준설 또는 매립공사에 사용되며, 작업시 선체이동범위각도는 70~90°이다.
② 버킷(bucket) 준설선 : 해저의 토사를 버킷 컨베이어를 사용하여 연속적으로 토사를 퍼올리는 방식으로 준설선 또는 토운선에 의하여 수송하며 대규모의 항로나 정박지의 준설작업에 사용
③ 디퍼(dipper) 준설선 : 굴착력이 강하고 견고한 지반이나 깨어진 암석을 준설하는데 사용
④ 그랩(grab) 준설선 : 선박위에 클램셸을 장치하여 특수한 기중기에 의하여 준설하는 장비로서 소규모의 항로나 정박지의 준설작업에 사용

문제 19. 플랜트 배관설비에서 열응력이 주요 요인이 되는 경우의 파이프 래크상의 배관 배치에 관한 설명으로 틀린 것은?

① 루프형 신축 곡관을 많이 사용한다.
② 온도가 높은 배관일수록 내측(안쪽)에 배치한다.
③ 관 지름이 큰 것일수록 외측(바깥쪽)에 배치한다.
④ 루프형 신축 곡관은 파이프 래크상의 다른 배관보다 높게 배치한다.

해설 온도가 높은 배관일수록 외측(바깥쪽)에 배치한다.

문제 20. 6-4황동이라고도 하는 문즈 메탈의 주요 성분은?

① Cu : 40 %, Zn : 60 %
② Cu : 40 %, Sn : 60 %
③ Cu : 60 %, Zn : 40 %
④ Cu : 60 %, Sn : 40 %

해설 ① 6-4황동(muntz metal) : Cu 60 %-Zn 40 %
② 7-3황동(cartridge brass) : Cu 70 %-Zn 30 %

문제 21. 배관 공사 중 또는 완공 후에 각종 기기와 배관라인 전반의 이상 유무를 확인하기 위한 배관 시험의 종류가 아닌 것은?

① 수압시험   ② 기압시험
③ 만수시험   ④ 통전시험

해설 ·배관검사
① 급·배수 배관시험 : 수압시험, 기압시험, 만수시험, 연기시험, 통수시험
② 냉·난방 배관시험 : 수압시험, 기밀시험, 진공시험, 통기시험

문제 22. 다음 중 동관용 공구로 가장 거리가 먼 것은?

① 리머
② 사이징 툴
③ 플레어링 툴
④ 링크형 파이프커터

해답 18. ③ 19. ② 20. ③ 21. ④ 22. ④

해설 동관용 공구
: 확산기(expander), 티뽑기(extractors), 굴관기(bender), 나팔관 확산기(flaring too set), 파이프커터(pipe cutter), 리머(reamer), 사이징툴(sizing tool)
※ 링크형 파이프커터는 주철관용 공구이다.

문제 **23.** 펌프에서 발생하는 진동 및 밸브의 급격한 폐쇄에서 발생하는 수격작용을 방지하거나 억제시키는 지지 장치는?

① 서포트
② 행거
③ 브레이스
④ 레스트레인트

해설 ① 서포트(support) : 배관계 중량을 아래에서 위로 떠받쳐 지지하는 장치
② 행거(hanger) : 배관계 중량을 위에서 달아매어 지지하는 장치
③ 브레이스(brace) : 펌프, 압축기 등에서 진동을 억제하는데 사용한다.
④ 레스트레인트(restraint) : 열팽창에 의한 배관의 자유로운 움직임을 구속하거나 제한하기 위한 장치

문제 **24.** 사용압력 50 kg$_f$/cm^2, 배관의 호칭지름 50 A, 관의 인장강도 20 kg$_f$/mm^{2}인 압력 배관용 탄소강관의 스케줄 번호는?
(단, 안전율은 4이다.)

① 80
② 100
③ 120
④ 140

해설 우선, 허용응력(S)= $\dfrac{인장강도}{안전율}$ (kg$_f$/mm^2)

즉, $S = \dfrac{20}{4} = 5$ kg$_f$/mm^2

결국, 스케줄번호(SCH)= $10 \times \dfrac{p}{S} = 10 \times \dfrac{50}{5} = 100$

문제 **25.** 가단 주철제 나사식 관 이음재의 부속품과 명칭의 연결로 틀린 것은?

① 티(Tee)

② 90도 엘보

③ 캡

④ 45도 엘보

해설 · 나사식 가단 주철제 관이음재

엘보   리듀싱 엘보   45° 엘보

45° 스트리트 엘보   스트리트 엘보   티

리듀싱 티   소켓   리듀싱 소켓

크로스   부싱   니플

캡   플러그   유니언

문제 **26.** 배관 유지관리의 효율화 및 안전을 위해 색채로 배관을 표시하고 있다. 배관 내 흐름 유체가 가스일 경우 식별색은?

① 파랑색
② 빨강색
③ 백색
④ 노랑색

해답 23. ③ 24. ② 25. ③ 26. ④

해설 · 물질의 종류와 식별색

종 류	식별색	종 류	식별색
물	파랑색	산 또는 알칼리	회자색
증기	어두운 적색	기름	어두운 황적색
공기	백색	전기	연한 황적색
가스	노랑색		

문제 **27.** 평면상의 변위뿐만 아니라 입체적인 변위까지도 안전하게 흡수하므로 어떠한 형상에 의한 신축에도 배관이 안전하며 설치 공간이 적은 신축이음은?

① 슬리브형 신축이음
② 벨로즈형 신축이음
③ 볼조인트형 신축이음
④ 스위블형 신축이음

해설 · 볼조인트
① 평면상의 변위뿐만 아니라 입체적인 변위까지도 안전하게 흡수하므로 볼이음쇠를 2개 이상 사용하면 회전과 움직임이 동시에 가능하다.
② 배관계의 축방향힘과 굽힘부분에 작용하는 회전력을 동시에 처리할 수 있으므로 고온수 배관 등에 많이 사용된다.
③ 극히 간단히 설치할 수 있고, 면적도 작게 소요된다.

문제 **28.** 배관의 지지장치 중 행거의 종류가 아닌 것은?

① 리지드 행거   ② 스프링 행거
③ 콘스턴트 행거   ④ 스토퍼 행거

해설 행거(hanger)의 종류
: 리지드 행거, 스프링 행거, 콘스턴트 행거

문제 **29.** 일반적으로 배관용 가스절단기의 절단 조건이 아닌 것은?

① 모재의 성분 중 연소를 방해하는 원소가 적어야 한다.
② 모재의 연소온도가 모재의 용융온도보다 높아야 한다.
③ 금속 산화물의 용융온도가 모재의 용융온도보다 낮아야 한다.
④ 금속 산화물의 유동성이 좋으며, 모재로부터 쉽게 이탈될 수 있어야 한다.

해설 모재의 연소온도가 모재의 용융온도보다 낮아야 한다.

문제 **30.** 덕타일 주철관은 구상흑연 주철관이라고도 하며 물 수송에 사용하는 관이다. 이 관의 특징으로 틀린 것은?

① 보통 회주철관보다 관의 수명이 길다.
② 강관과 같은 높은 강도와 인성이 있다.
③ 변형에 대한 높은 가요성과 가공성이 있다.
④ 보통 주철관과 같이 내식성이 풍부하지 않다.

해설 · 덕타일 주철관(=구상흑연 주철관)의 특징
① 보통 회주철관보다 관의 수명이 길다.
② 고압에 견디는 높은 강도와 인성을 갖고 있다.
③ 변형에 대한 가요성, 가공성이 있다.
④ 내식성이 좋으며, 충격에 높은 연성을 갖고 있다.

해답 **27. ③ 28. ④ 29. ② 30. ④**

2017년 제3회 건설기계설비 기사

제1과목 재료역학

문제 1. 단면 지름이 3 cm인 환봉이 25 kN의 전단하중을 받아서 0.00075 rad의 전단변형률을 발생시켰다. 이때 재료의 세로탄성계수는 약 몇 GPa인가?
(단, 이 재료의 포아송 비는 0.3이다.) 【1장】

① 75.5 　　　　　② 94.4

③ 122.6 　　　　　④ 157.2

해설 우선, $\tau = G\gamma$에서

$$G = \frac{\tau}{\gamma} = \frac{P_s}{A\gamma} = \frac{25 \times 10^{-6}}{\frac{\pi}{4} \times 0.03^2 \times 0.00075}$$

$$= 47.157 \,\text{GPa}$$

결국, $mE = 2G(m+1) = 3K(m-2)$에서

$$\therefore \ E = \frac{2G(m+1)}{m} = 2G(1+\mu)$$

$$= 2 \times 47.157(1+0.3) = 122.6 \,\text{MPa}$$

문제 2. 비중량 $\gamma = 7.85 \times 10^4$ N/m³인 강선을 연직으로 매달려고 할 때 자중에 의해서 견딜 수 있는 최대길이는 약 몇 m인가? (단, 강선의 허용인장응력은 12 MPa이다.) 【2장】

① 152 　　　　　② 228

③ 305 　　　　　④ 382

해설 $\sigma_a = \gamma \ell$에서

$$\therefore \ \ell = \frac{\sigma_a}{\gamma} = \frac{12 \times 10^6}{7.85 \times 10^4} = 152.87 \,\text{m}$$

문제 3. 그림과 같이 일단고정 타단자유단인 기둥의 좌굴에 대한 임계하중(buckling load)은

약 몇 kN인가?
(단, 기둥의 세로탄성계수는 300 GPa이고 단면(폭×높이)은 2 cm×2 cm의 정사각형이다. 오일러의 좌굴하중을 적용한다.) 【10장】

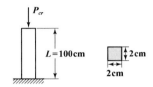

① 34 　　　　　② 20.2

③ 9.8 　　　　　④ 5.8

해설 $P_B(= P_{cr}) = n\pi^2 \dfrac{EI}{\ell^2}$

$$= \frac{1}{4} \times \pi^2 \times \frac{300 \times 10^6 \times 0.02^4}{1^2 \times 12}$$

$$\fallingdotseq 9.87 \,\text{kN}$$

문제 4. 그림과 같이 반지름이 5 cm인 원형 단면을 갖는 ㄱ자 프레임의 A점 단면의 수직응력(σ)은 약 몇 MPa인가? 【10장】

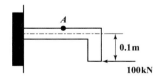

① 79.1 　　　　　② 89.1

③ 99.1 　　　　　④ 109.1

해설 $\sigma_{\max} = \sigma' + \sigma'' = \dfrac{P}{A} + \dfrac{M}{Z}$ (압축)

$$\sigma_{\min} = \sigma_A = \sigma' - \sigma'' = \frac{P}{A} - \frac{M}{Z}$$

$$= \frac{100 \times 10^{-3}}{\pi \times 0.05^2} - \frac{100 \times 10^{-3} \times 0.1}{\frac{\pi \times 0.1^3}{32}} = -89.1 \,\text{MPa}$$

정답 1. ③ 　2. ① 　3. ③ 　4. ②

문제 5. 그림과 같이 재료와 단면이 같고 길이가 서로 다른 강봉에 지지되어 있는 강체 보에 하중을 가했을 때 A, B에서의 변위의 비 δ_A/δ_B는?　【6장】

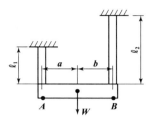

① $\dfrac{b\ell_1}{a\ell_2}$　② $\dfrac{a\ell_1}{b\ell_2}$

③ $\dfrac{b\ell_2}{a\ell_1}$　④ $\dfrac{a\ell_2}{b\ell_1}$

해설 우선, $P_1 a = P_2 b$에서　$\dfrac{P_1}{P_2} = \dfrac{b}{a}$

또한, $\delta_A = \dfrac{P_1 \ell_1}{AE}$,　$\delta_B = \dfrac{P_2 \ell_2}{AE}$

결국, $\delta_A/\delta_B = \dfrac{P_1 \ell_1}{P_2 \ell_2} = \dfrac{b\ell_1}{a\ell_2}$

문제 6. 지름 2 cm, 길이 50 cm인 원형단면의 외팔보 자유단에 수직하중 P=1.5 kN이 작용할 때, 하중 P로 인해 생기는 보속의 최대전단응력은 약 몇 MPa인가?　【7장】

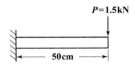

① 3.19　② 6.37

③ 12.74　④ 15.94

해설 $\tau_{max} = \dfrac{4}{3}\dfrac{F_{max}}{A} = \dfrac{4}{3} \times \dfrac{1.5 \times 10^{-3}}{\dfrac{\pi}{4} \times 0.02^2} = 6.37\,\text{MPa}$

문제 7. 그림과 같은 평면응력상태에서 σ_x=300 MPa, σ_y=200 MPa이 작용하고 있을 때 재료

내에 생기는 최대전단응력(τ_{max})의 크기와 그 방향(θ)은?　【3장】

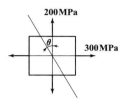

① τ_{max}=300 MPa, θ=90°

② τ_{max}=200 MPa, θ=0°

③ τ_{max}=100 MPa, θ=22.5°

④ τ_{max}=50 MPa, θ=45°

해설 우선, τ_{max}=모어원의 반경

$= \dfrac{1}{2}(\sigma_x - \sigma_y) = \dfrac{1}{2}(300 - 200)$

$= 50\,\text{MPa}$

또한, $\tau = \dfrac{1}{2}(\sigma_x - \sigma_y)\sin 2\theta$에서 $\theta = 45°$일 때

$\tau_{max} = \dfrac{1}{2}(\sigma_x - \sigma_y) =$ "모어원의 반경"

이 됨을 알 수 있다.

문제 8. 그림과 같이 선형적으로 증가하는 불균일 분포하중을 받고 있는 단순보의 전단력선도로 적합한 것은?　【6장】

①
②
③
④

해설 · 3각형분포하중의 단순보

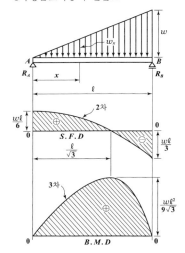

해설 $T = \tau Z_P = \tau \times \dfrac{\pi d^3}{16}$ 에서 $\therefore d = \sqrt[3]{\dfrac{16\,T}{\pi\tau}}$

문제 11. 단면계수가 0.01 m³인 사각형 단면의 양단 고정보가 2 m의 길이를 가지고 있다. 중앙에 최대 몇 kN의 집중하중을 가할 수 있는가? (단, 재료의 허용굽힘응력은 80 MPa이다.) 【9장】

① 800 ② 1600
③ 2400 ④ 3200

해설 $M = \sigma_a Z$에서 $\dfrac{P\ell}{8} = \sigma_a Z$

$\therefore P = \dfrac{8\sigma_a Z}{\ell} = \dfrac{8 \times 80 \times 10^3 \times 0.01}{2} = 3200\,\text{kN}$

문제 9. 그림과 같은 외팔보에서 허용굽힘응력은 50 kN/cm²이라 할 때, 최대 하중 P는 약 몇 kN인가?
(단, 보의 단면은 10 cm×10 cm이다.) 【7장】

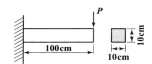

① 110.5 ② 100.0
③ 95.6 ④ 83.3

해설 $M = \sigma_a Z$에서 $P\ell = \sigma_a \times \dfrac{a^3}{6}$

즉, $P \times 100 = 50 \times \dfrac{10^3}{6}$ $\therefore P \fallingdotseq 83.3\,\text{kN}$

문제 12. 다음 부정정보에서 B점에서의 반력은? (단, 보의 굽힘강성 EI는 일정하다.) 【9장】

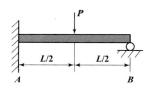

① $\dfrac{5}{48}P$ ② $\dfrac{5}{24}P$
③ $\dfrac{5}{16}P$ ④ $\dfrac{5}{12}P$

해설 $R_A = \dfrac{11P}{16}$, $R_B = \dfrac{5P}{16}$

문제 10. 축에 발생하는 전단응력은 τ, 축에 가해진 비틀림 모멘트는 T라 할 때 축 지름 d를 나타내는 식은? 【5장】

① $d = \sqrt[3]{\dfrac{32\,T}{\pi\tau}}$ ② $d = \sqrt[3]{\dfrac{\pi\tau}{16\,T}}$
③ $d = \sqrt[3]{\dfrac{\pi\tau}{32\,T}}$ ④ $d = \sqrt[3]{\dfrac{16\,T}{\pi\tau}}$

문제 13. 다음 그림과 같이 2가지 재료로 이루어진 길이 L의 환봉이 있다. 이 봉에 비틀림 모멘트 T가 작용할 때 이 환봉은 몇 rad로 비틀림이 발생하는가? (단, 재료 a의 가로탄성계수는 G_a, 재질 a의 극관성모멘트는 I_{pa}이고, 재질 b의 가로탄성계수는 G_b, 재질 b의 극관성모멘트는 I_{pb}이다.) 【5장】

정답 9. ④ 10. ④ 11. ④ 12. ③ 13. ④

$$① \quad \frac{2TL}{G_aI_{pa}} + \frac{2TL}{G_bI_{pb}} \qquad ② \quad \frac{2TL}{G_aI_{pa} + G_bI_{pb}}$$

$$③ \quad \frac{TL}{G_aI_{pa}} + \frac{TL}{G_bI_{pb}} \qquad ④ \quad \frac{TL}{G_aI_{pa} + G_bI_{pb}}$$

해설 우선, 재질 a, b에 발생된 비틀림모멘트를 각각 T_a, T_b라 하면

$$T = T_a + T_b \ \cdots\cdots\cdots\cdots\cdots\cdots\cdots\cdots ①식$$

또한, 동일축이므로 비틀림각(θ)이 같아야 한다.

$$\theta = \theta_a = \theta_b \quad 즉, \quad \frac{T_aL}{G_aI_{Pb}} = \frac{T_bL}{G_bI_{Pb}} \ \cdots\cdots\cdots ②식$$

따라서, ①, ②식에서 다음을 얻을 수 있다.

$$T_a = T\left(\frac{G_aI_{Pb}}{G_aI_{Pb} + G_bI_{Pb}}\right),$$

$$T_b = T\left(\frac{G_bI_{Pb}}{G_aI_{Pb} + G_bI_{Pb}}\right) \ \cdots\cdots ③식$$

결국, ③식을 ②식에 대입하면

$$\therefore \ \theta = \theta_a = \theta_b = \frac{TL}{G_aI_{Pb} + G_bI_{Pb}}$$

문제 **14.** 안지름이 25 mm, 바깥지름이 30 mm인 중공 강철관에 10 kN의 축인장 하중을 가할 때 인장응력은 몇 MPa인가? 【1장】

① 14.2

② 20.3

③ 46.3

④ 145.5

해설 $\sigma_t = \dfrac{P_t}{A} = \dfrac{4P}{\pi(d_2^2 - d_1^2)} = \dfrac{4 \times 10 \times 10^3}{\pi(30^2 - 25^2)}$

$\qquad = 46.3\,\mathrm{MPa}$

〈참고〉 $1\,\mathrm{MPa} = 1\,\mathrm{N/mm^2}$

문제 **15.** 철도용 레일의 양단을 고정한 후 온도가 20 ℃에서 5 ℃로 내려가면 발생하는 열응력은 약 몇 MPa인가? (단, 레일재료의 열팽창계수 $\alpha = 0.000012/℃$이고, 균일한 온도 변화를 가지며, 탄성계수 $E = 210\,\mathrm{GPa}$이다.) 【2장】

① 50.4

② 37.8

③ 31.2

④ 28.0

해설 $\sigma = E\alpha\Delta t = 210 \times 10^3 \times 0.000012 \times 15$

$\qquad = 37.8\,\mathrm{MPa}$(인장)

문제 **16.** 지름 50 mm의 속이 찬 환봉축이 1228 N·m의 비틀림 모멘트를 받을 때 이 축에 생기는 최대 비틀림 응력은 약 몇 MPa인가? 【5장】

① 20 ② 30

③ 40 ④ 50

해설 $T = \tau_{max}Z_P = \tau_{max} \times \dfrac{\pi d^3}{16}$ 에서

$\qquad \therefore \ \tau_{max} = \dfrac{16T}{\pi d^3} = \dfrac{16 \times 1228 \times 10^3}{\pi \times 50^3} = 50\,\mathrm{MPa}$

문제 **17.** 그림과 같은 외팔보의 C점에 100 kN의 하중이 걸릴 때 B점의 처짐량은 약 몇 cm인가? (단, 이 보의 굽힘강성(EI)는 10 kN·m^{2}이다.) 【8장】

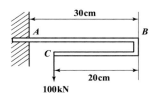

① 0 ② 0.09

③ 0.16 ④ 0.64

해설

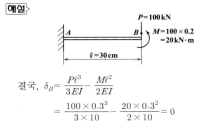

결국, $\delta_B = \dfrac{P\ell^3}{3EI} - \dfrac{M\ell^2}{2EI}$

$\qquad = \dfrac{100 \times 0.3^3}{3 \times 10} - \dfrac{20 \times 0.3^2}{2 \times 10} = 0$

정답 **14.** ③ **15.** ② **16.** ④ **17.** ①

문제 18. 그림과 같은 구조물에 C점과 D점에 각각 20 kN, 40 kN의 하중이 아랫방향으로 작용할 때 상단의 반력 Ra는 약 몇 kN인가? 【6장】

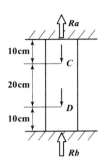

① 25
② 30
③ 20
④ 35

해설
$$R_a = \frac{(20 \times 30) + (40 \times 10)}{40} = 25 \, \text{kN}$$
$$R_b = \frac{(40 \times 30) + (20 \times 10)}{40} = 35 \, \text{kN}$$

문제 19. 길이 ℓ의 외팔보의 전 길이에 걸쳐서 w의 등분포 하중이 작용할 때 최대 굽힘모멘트($M_{\max}$)의 값은? 【6장】

① $\dfrac{w\ell^2}{8}$
② $\dfrac{w\ell^2}{4}$
③ $\dfrac{w\ell^2}{2}$
④ $\dfrac{w\ell^2}{12}$

해설

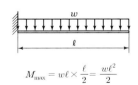

$$M_{\max} = w\ell \times \frac{\ell}{2} = \frac{w\ell^2}{2}$$

문제 20. 폭과 높이가 80 mm인 정사각형 단면의 회전 반지름(radius of gyration)은 약 몇 m 인가? 【4장】

① 0.034
② 0.046
③ 0.023
④ 0.017

해설
$$K = \sqrt{\frac{I}{A}} = \sqrt{\frac{\left(\frac{a^4}{12}\right)}{a^2}} = \sqrt{\frac{a^2}{12}} = \sqrt{\frac{0.08^2}{12}}$$
$$= 0.023 \, \text{m}$$

제2과목 기계열역학

문제 21. 어느 발명가가 바닷물로부터 매시간 1800 kJ의 열량을 공급받아 0.5 kW 출력의 열기관을 만들었다고 주장한다면, 이 사실은 열역학 제 몇 법칙에 위반 되겠는가? 【4장】

① 제 0법칙
② 제 1법칙
③ 제 2법칙
④ 제 3법칙

해설
$$\eta = \frac{W}{Q_1} = \frac{0.5 \, \text{kW}}{1800 \, \text{kJ/hr}} = \frac{0.5 \times 3600 \, \text{kJ/hr}}{1800 \, \text{kJ/hr}}$$
$$= 1 = 100\%$$

즉, 열효율이 100 %이므로 제2종 영구기관이다.
결국, 제2종 영구기관은 열역학 제2법칙에 위배된다.

문제 22. 랭킨 사이클로 작동되는 증기동력 발전소에서 20 MPa, 45 ℃의 물이 보일러에 공급되고, 응축기 출구에서의 온도는 20 ℃, 압력은 2.339 kPa이다. 이 때 급수펌프에서 수행하는 단위질량당 일은 약 몇 kJ/kg인가?
(단, 20 ℃에서 포화액 비체적은 0.001002 m³/kg, 포화증기 비체적은 57.79 m³/kg이며, 급수펌프에서는 등엔트로피 과정으로 변화한다고 가정한다.) 【7장】

① 0.4681
② 20.04
③ 27.14
④ 1020.6

해설 펌프일 $w_P = v'(p_2 - p_1)$
$$= 0.001002(20 \times 10^3 - 2.339)$$
$$= 20.04 \, \text{kJ/kg}$$

해답 18. ①　19. ③　20. ③　21. ③　22. ②

문제 23. 다음 중 이론적인 카르노 사이클 과정 (순서)을 옳게 나타낸 것은?
(단, 모든 사이클은 가역 사이클이다.) 【4장】

① 단열압축 → 정적가열 → 단열팽창 → 정적방열
② 단열압축 → 단열팽창 → 정적가열 → 정적방열
③ 등온팽창 → 등온압축 → 단열팽창 → 단열압축
④ 등온팽창 → 단열팽창 → 등온압축 → 단열압축

해설〉 등온팽창 → 단열팽창(=등엔트로피) → 등온압축 → 단열압축(=등엔트로피)

문제 24. 1 kg의 기체로 구성되는 밀폐계가 50 kJ의 열을 받아 15 kJ의 일을 했을 때 내부에너지 변화량은 얼마인가?
(단, 운동에너지의 변화는 무시한다.) 【2장】

① 65 kJ   ② 35 kJ
③ 26 kJ   ④ 15 kJ

해설〉 $_1Q_2 = \Delta U + _1W_2$에서 $50 = \Delta U + 15$
$$\therefore \Delta U = 35\,kJ$$

문제 25. 체적이 0.1 m³인 용기 안에 압력 1 MPa, 온도 250 ℃의 공기가 들어 있다. 정적과정을 거쳐 압력이 0.35 MPa로 될 때 이 용기에서 일어난 열전달 과정으로 옳은 것은?
(단, 공기의 기체상수는 0.287 kJ/(kg·K), 정압비열은 1.0035 kJ/(kg·K), 정적비열은 0.7165 kJ/(kg·K)이다.) 【3장】

① 약 162 kJ의 열이 용기에서 나간다.
② 약 162 kJ의 열이 용기로 들어간다.
③ 약 227 kJ의 열이 용기에서 나간다.
④ 약 227 kJ의 열이 용기로 들어간다.

해설〉 우선, $P_1V_1 = mRT_1$에서
$$m = \frac{P_1V_1}{RT_1} = \frac{1 \times 10^3 \times 0.1}{0.287 \times (250+273)} = 0.666\,kg$$

또한, $\dfrac{P_1}{T_1} = \dfrac{P_2}{T_2}$에서
$$T_2 = T_1 \times \frac{P_2}{P_1} = 523 \times \frac{0.35}{1} = 183.05\,K$$

결국, $_1Q_2 = mC_v(T_2 - T_1)$
$$= 0.666 \times 0.7165 \times (183.05 - 523)$$
$$= -162.2\,kJ\,(용기에서 밖으로 나간다.)$$

문제 26. 체적이 0.5 m³, 온도가 80 ℃인 밀폐 압력용기 속에 이상기체가 들어 있다. 이 기체의 분자량이 24이고, 질량이 10 kg이라면 용기 속의 압력은 약 몇 kPa인가? 【3장】

① 1845.4   ② 2446.9
③ 3169.2   ④ 3885.7

해설〉 $pV = mRT$ 단, $R = \dfrac{8.314}{m}\,(kJ/kg \cdot K)$

$$\therefore p = \frac{mRT}{V} = \frac{10 \times \frac{8.314}{24} \times (80+273)}{0.5}$$
$$\fallingdotseq 2445.7\,kPa$$

문제 27. 오토사이클(Otto cycle) 기관에서 헬륨 (비열비=1.66)을 사용하는 경우의 효율(η_{He})과 공기(비열비=1.4)를 사용하는 경우의 효율(η_{air})을 비교하고자 한다. 이 때 η_{He}/η_{air}값은?
(단, 오토 사이클의 압축비는 10이다.) 【8장】

① 0.681   ② 0.770
③ 1.298   ④ 1.468

해설〉 우선, $k = 1.66$일 경우
$$\eta_{He} = 1 - \left(\frac{1}{\varepsilon}\right)^{k-1} = 1 - \left(\frac{1}{10}\right)^{1.66-1} = 0.78$$

또한, $k = 1.4$인 경우
$$\eta_{air} = 1 - \left(\frac{1}{\varepsilon}\right)^{k-1} = 1 - \left(\frac{1}{10}\right)^{1.4-1} = 0.6$$

결국, $\eta_{He}/\eta_{air} = \dfrac{0.78}{0.6} = 1.3$

해답〉 23. ④   24. ②   25. ①   26. ②   27. ③

문제 28. 가스터빈으로 구동되는 동력 발전소의 출력이 10 MW이고 열효율이 25 %라고 한다. 연료의 발열량이 45000 kJ/kg이라면 시간당 공급해야 할 연료량은 약 몇 kg/h인가? 【1장】

① 3200
② 6400
③ 8320
④ 12800

해설▷ $\eta = \dfrac{N_e}{H_l \times f_e} \times 100\%$ 에서

$25 = \dfrac{10 \times 10^3 \times 3600}{4500 \times f_e} \times 100$ ∴ $f_e = 3200\,\text{kg/hr}$

문제 29. 3 kg의 공기가 들어있는 실린더가 있다. 이 공기가 200 kPa, 10 ℃인 상태에서 600 kPa이 될 때까지 압축할 때 공기가 한 일은 약 몇 kJ인가? (단, 이 과정은 폴리트로프 변화로서 폴리트로프 지수는 1.3이다. 또한 공기의 기체상수는 0.287 kJ/(kg·K)이다.) 【3장】

① −285
② −235
③ 13
④ 125

해설▷ 우선, $\dfrac{T_2}{T_1} = \left(\dfrac{p_2}{p_1}\right)^{\frac{n-1}{n}}$ 에서

$T_2 = T_1\left(\dfrac{p_2}{p_1}\right)^{\frac{n-1}{n}} = (10+273)\times\left(\dfrac{600}{200}\right)^{\frac{1.3-1}{1.3}}$
$= 369.8\,\text{K}$

결국, $_1W_2 = \dfrac{mR}{n-1}(T_1 - T_2)$
$= \dfrac{3 \times 0.287}{1.3-1} \times (283 - 369.8) ≒ -249.12\,\text{kJ}$

문제 30. 그림과 같이 다수의 추를 올려놓은 피스톤이 설치된 실린더 안에 가스가 들어 있다. 이 때 가스의 최초압력이 300 kPa이고, 초기 체적은 0.05 m³이다. 여기에 열을 가하여 피스톤을 상승시킴과 동시에 피스톤 추를 덜어내어 가스온도를 일정하게 유지하여 실린더 내부의 체적을 증가시킬 경우 이 과정에서 가스가 한 일은 약 몇 kJ인가? (단, 이상기체 모델로 간주하고, 상승 후의 체적은 0.2 m³이다.) 【3장】

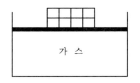

① 10.79 kJ
② 15.79 kJ
③ 20.79 kJ
④ 25.79 kJ

해설▷ $_1W_2 = P_1 V_1 \ell n \dfrac{V_2}{V_1}$
$= 300 \times 0.05 \times \ell n \dfrac{0.2}{0.05}$
$= 20.79\,\text{kJ}$

문제 31. 물 2 L를 1 kW의 전열기를 사용하여 20 ℃로부터 100 ℃까지 가열하는데 소요되는 시간은 약 몇 분(min)인가? (단, 전열기 열량의 50 %가 물을 가열하는데 유효하게 사용되고, 물은 증발하지 않는 것으로 가정한다. 물의 비열은 4.18 kJ/(kg·K)이다.) 【1장】

① 22.3
② 27.6
③ 35.4
④ 44.6

해설▷ $1\,\text{kW} = 3600\,\text{kJ/hr}$, $_1Q_2 = mc\Delta t$ 에서
$3600 \times 0.5 \times x\,(\text{hr}) = 2 \times 4.18 \times (100 - 20)$
∴ $x = 0.37\,\text{hr} ≒ 22.3\,\text{min}$

문제 32. 다음 중 강도성 상태량(intensive property)에 속하는 것은? 【1장】

① 온도
② 체적
③ 질량
④ 내부에너지

해설▷ ① 강도성 상태량 : 물질의 질량에 관계없이 그 크기가 결정되는 상태량
예) 온도, 압력, 비체적, 밀도
② 종량성 상태량 : 물질의 질량에 따라 그 크기가 결정되는 상태량
예) 체적, 내부에너지, 엔탈피, 엔트로피, 질량

정답 28. ① 29. ② 30. ③ 31. ① 32. ①

문제 33. 그림과 같이 A, B 두 종류의 기체가 한 용기 안에서 박막으로 분리되어 있다. A의 체적은 $0.1\,\text{m}^3$, 질량은 $2\,\text{kg}$이고, B의 체적은 $0.4\,\text{m}^3$, 밀도는 $1\,\text{kg/m}^3$이다. 박막이 파열되고 난 후에 평형에 도달하였을 때 기체 혼합물의 밀도는 약 몇 kg/m^3인가? 【3장】

① 4.8 　　　　　② 6.0
③ 7.2 　　　　　④ 8.4

해설 우선, $\rho_1 = \dfrac{m_1}{V_1} = \dfrac{2}{0.1} = 20\,\text{kg/m}^3$

결국, $\rho V = \rho_1 V_1 + \rho_2 V_2$에서

$\therefore \rho = \dfrac{\rho_1 V_1 + \rho_2 V_2}{V(= V_1 + V_2)} = \dfrac{(20 \times 0.1) + (1 \times 0.4)}{0.1 + 0.4}$

$\quad = 4.8\,\text{kg/m}^3$

문제 34. 초기에 온도 T, 압력 P 상태의 기체 (질량 m)가 들어있는 견고한 용기에 같은 기체를 추가로 주입하여 최종적으로 질량 $3m$, 온도 $2T$ 상태가 되었다. 이 때 최종 상태에서의 압력은? (단, 기체는 이상기체이고, 온도는 절대온도를 나타낸다.) 【3장】

① $6P$ 　　　　　② $3P$
③ $2P$ 　　　　　④ $\dfrac{3P}{2}$

해설 "견고한 용기에~"에서 보듯이 정적변화임을 알 수 있다.

우선, $P_1 V = m_1 R T_1$에서 　 $V = \dfrac{m_1 R T_1}{P_1} = \dfrac{mRT}{P}$

결국, $P_2 V = m_2 R T_2$에서

$\therefore P_2 = \dfrac{m_2 R T_2}{V} = \dfrac{3m \times R \times 2T}{\left(\dfrac{mRT}{P}\right)} = 6\,\text{P}$

문제 35. $1\,\text{kg}$의 이상기체가 압력 $100\,\text{kPa}$, 온도 $20\,℃$의 상태에서 압력 $200\,\text{kPa}$, 온도 $100\,℃$

의 상태로 변화하였다면 체적은 어떻게 되는가? (단, 변화전 체적을 V라고 한다.) 【3장】

① $0.64\,V$
② $1.57\,V$
③ $3.64\,V$
④ $4.57\,V$

해설 $\dfrac{P_1 V_1}{T_1} = \dfrac{P_2 V_2}{T_2}$에서

$\dfrac{100 \times V}{293} = \dfrac{200 \times V_2}{373}$ 　 $\therefore V_2 ≒ 0.64\,\text{V}$

문제 36. 이론적인 카르노 열기관의 효율(η)을 구하는 식으로 옳은 것은? (단, 고열원의 절대온도는 T_H, 저열원의 절대온도는 T_L이다.) 【4장】

① $\eta = 1 - \dfrac{T_H}{T_L}$ 　　　② $\eta = 1 + \dfrac{T_L}{T_H}$

③ $\eta = 1 - \dfrac{T_L}{T_H}$ 　　　④ $\eta = 1 + \dfrac{T_H}{T_L}$

해설 카르노사이클의 효율(η_c)은 다음과 같다.

$\eta_c = \dfrac{W}{Q_1} = \dfrac{Q_1 - Q_2}{Q_1} = 1 - \dfrac{Q_2}{Q_1} = 1 - \dfrac{T_L}{T_H}$

문제 37. 출력 $15\,\text{kW}$의 디젤 기관에서 마찰 손실이 그 출력의 $15\,\%$일 때 그 마찰 손실에 의해서 시간당 발생하는 열량은 약 몇 kJ인가? 【1장】

① 2.25 　　　　　② 25
③ 810 　　　　　④ 8100

해설 $Q = 15\,\text{kW} \times 0.15 = 2.25\,\text{kW}(= \text{kJ/s})$
$\quad = 2.25 \times 3600\,\text{kJ/hr} = 8100\,\text{kJ/hr}$

문제 38. 다음 중 냉매의 구비조건으로 틀린 것은? 【9장】

해답 33. ①　34. ①　35. ①　36. ③　37. ④　38. ①

① 증발 압력이 대기압보다 낮을 것
② 응축 압력이 높지 않을 것
③ 비열비가 작을 것
④ 증발열이 클 것

해설 · 냉매의 일반적인 구비조건
  1) 물리적 조건
    ① 증발압력과 응축압력이 적당할 것
    ② 증발열과 증기의 비열은 크고 액체의 비열은 작을 것
    ③ 응고점이 낮을 것
    ④ 증기의 비체적이 작을 것
    ⑤ 점성계수가 작고, 열전도계수가 클 것
  2) 화학적 조건
    ① 부식성이 없고 안정성이 있을 것
    ② 증기 및 액체의 점성이 작을 것
    ③ 가능한 한 윤활유에 녹지 않을 것
    ④ 인화나 폭발의 위험성이 없을 것
    ⑤ 전기저항이 클 것
    ⑥ 불활성이고 안정하며 비가연성일 것

문제 39. 어떤 냉장고의 소비전력이 2 kW이고, 이 냉장고의 응축기에서 방열되는 열량이 5 kW라면, 냉장고의 성적계수는 얼마인가?
(단, 이론적인 증기압축 냉동사이클로 운전된다고 가정한다.) 【9장】

① 0.4
② 1.0
③ 1.5
④ 2.5

해설 우선, $W_C = Q_1 - Q_2$에서
$$Q_2 = Q_1 - W_C = 5 - 2 = 3\,\text{kW}$$
결국, $\varepsilon_r = \dfrac{Q_2}{W_C} = \dfrac{3}{2} = 1.5$

문제 40. 어떤 물질 1 kg이 20 ℃에서 30 ℃로 되기 위해 필요한 열량은 약 몇 kJ인가?
(단, 비열(C, kJ/(kg·K))은 온도에 대한 함수로서 $C = 3.594 + 0.0372\,T$이며, 여기서 온도(T)의 단위는 K이다.) 【1장】

① 4
② 24
③ 45
④ 147

해설 우선,
$$C_m = \frac{1}{T_2 - T_1} \int_1^2 C\,dT$$
$$= \frac{1}{T_2 - T_1} \int_1^2 (3.594 + 0.0372\,T)\,dT$$
$$= \frac{1}{T_2 - T_1} \left[3.594(T_2 - T_1) + \frac{0.0372(T_2^2 - T_1^2)}{2} \right]$$
$$= 3.594 + \frac{0.037(T_2 + T_1)}{2}$$
$$= 3.594 + \frac{0.0372(303 + 293)}{2}$$
$$= 14.6796\,\text{kJ/kg} \cdot \text{K}$$
결국, $Q_m = m\,C_m(T_2 - T_1) = 1 \times 14.6796(30 - 10)$
$$= 146.796\,\text{kJ} ≒ 147\,\text{kJ}$$

제3과목 기계유체역학

문제 41. 그림과 같이 속도 V인 유체가 곡면에 부딪혀 θ의 각도로 유동방향이 바뀌어 같은 속도로 분출된다. 이때 유체가 곡면에 가하는 힘의 크기를 θ에 대한 함수로 옳게 나타낸 것은? (단, 유동단면적은 일정하고, θ의 각도는 $0° \le \theta \le 180°$ 이내에 있다고 가정한다. 또한 Q는 유량, ρ는 유체밀도이다.) 【4장】

① $F = \dfrac{1}{2}\rho QV\sqrt{1 - \cos\theta}$

② $F = \dfrac{1}{2}\rho QV\sqrt{2(1 - \cos\theta)}$

③ $F = \rho QV\sqrt{1 - \cos\theta}$

④ $F = \rho QV\sqrt{2(1 - \cos\theta)}$

해설 우선, $F_x = \rho QV(1 - \cos\theta)$
$$F_y = \rho QV \sin\theta$$
결국, $F = \sqrt{F_x^2 + F_y^2}$
$$= \sqrt{[\rho QV(1 - \cos\theta)]^2 + [\rho QV \sin\theta]^2}$$
$$= \rho QV\sqrt{1 - 2\cos\theta + \cos^2\theta + \sin^2\theta}$$
$$= \rho QV\sqrt{2 - 2\cos\theta} = \rho QV\sqrt{2(1 - \cos\theta)}$$

해답 39. ③ 40. ④ 41. ④

문제 **42.** 어떤 오일의 점성계수가 $0.3\,\mathrm{kg/(m \cdot s)}$ 이고 비중이 0.3이라면 동점성계수는 약 몇 $\mathrm{m^2/s}$인가? 【1장】

① 0.1 ② 0.5
③ 0.001 ④ 0.005

해설 $\nu = \dfrac{\mu}{\rho} = \dfrac{\mu}{\rho_{H_2O}\,S} = \dfrac{0.3}{1000 \times 0.3} = 0.001\,\mathrm{m^2/s}$

문제 **43.** 공기 중에서 무게가 900 N인 돌이 물에 완전히 잠겨 있다. 물속에서의 무게가 400 N 이라면, 이 돌의 체적(V)과 비중(SG)은 약 얼마인가? 【2장】

① $V=0.051\,\mathrm{m^3}$, $SG=1.8$
② $V=0.51\,\mathrm{m^3}$, $SG=1.8$
③ $V=0.051\,\mathrm{m^3}$, $SG=3.6$
④ $V=0.51\,\mathrm{m^3}$, $SG=3.6$

해설 우선, 공기중에서 물체무게
$\quad\quad$= 액체속에서 물체무게 + 부력
$\quad 900 = 400 + 9800\,V$
$\quad \therefore V = 0.051\,\mathrm{m^3}$
또한, 돌의 무게 $W = \gamma V = \gamma_{H_2O}\,SV$에서
$\quad W_{돌} = \gamma_{H_2O}\,S_{돌}\,V$ 즉, $900 = 9800 \times S_{돌} \times 0.051$
$\quad \therefore S_{돌} = S_G = 1.8$

문제 **44.** 바다 속에서 속도 9 km/h로 운항하는 잠수함이 지름 280 mm인 구형의 음파탐지기를 끌면서 움직일 때 음파탐지기에 작용하는 항력을 풍동실험을 통해 예측하려고 한다. 풍동실험에서 Reynolds 수는 얼마로 맞추어야 하는가? (단, 바닷물의 평균 밀도는 $1025\,\mathrm{kg/m^3}$이며, 동점성계수는 $1.4 \times 10^{-6}\,\mathrm{m^2/s}$이다.) 【7장】

① 5.0×10^{5} ② 5.8×10^{6}
③ 5.2×10^{8} ④ 1.87×10^{9}

해설 $Re = \dfrac{Vd}{\nu} = \dfrac{\dfrac{9 \times 10^3}{3600} \times 0.28}{1.4 \times 10^{-6}} = 5 \times 10^{5}$

문제 **45.** 다음 중 이상기체에 대한 음속(acoustic velocity)의 식으로 거리가 먼 것은? (단, ρ는 밀도, P는 압력, k는 비열비, R은 기체상수, T는 절대온도, s는 엔트로피이다.) 【1장】

① $\sqrt{\dfrac{PT}{\rho}}$ ② $\sqrt{\left(\dfrac{\partial P}{\partial \rho}\right)_s}$
③ $\sqrt{\dfrac{kP}{\rho}}$ ④ $\sqrt{kRT}$

해설 ① 음속을 구하는 일반식 : $a = \sqrt{\dfrac{\partial P}{\partial \rho}}$
$\quad$② 액체속에서의 음속 : $a = \sqrt{\dfrac{K}{\rho}}$
$\quad$③ 공기중(대기중)에서의 음속 : $a = \sqrt{kRT}$

문제 **46.** 피토관으로 가스의 유속을 측정하였는데 정체압과 정압의 차이가 100 Pa이었다. 가스의 밀도가 $1\,\mathrm{kg/m^3}$이라면 가스의 속도는 약 몇 m/s인가? 【10장】

① 0.45 m/s ② 0.9 m/s
③ 10 m/s ④ 14 m/s

해설 $V = \sqrt{2g\Delta h} = \sqrt{2g\dfrac{\Delta p}{\gamma (=\rho g)}}$
$\quad\quad = \sqrt{2 \times \dfrac{\Delta p}{\rho}} = \sqrt{2 \times \dfrac{100}{1}}$
$\quad\quad = 14.14\,\mathrm{m/s}$

문제 **47.** 항구의 모형을 400 : 1로 축소 제작하려고 한다. 조수 간만의 주기가 12시간이면 모형 항구의 조수 간만의 주기는 몇 시간이 되어야 하는가? 【7장】

① 0.05 ② 0.1
③ 0.4 ④ 0.6

해설 조파저항은 프루우드수가 상사되어야 한다.
$\quad$우선, $\left(\dfrac{V}{\sqrt{g\ell}}\right)_P = \left(\dfrac{V}{\sqrt{g\ell}}\right)_m$에서
$\quad \dfrac{V_P^{\,2}}{V_m^{\,2}} = \dfrac{\ell_P}{\ell_m} = \dfrac{400}{1}$ $\quad \therefore \dfrac{V_P}{V_m} = 20$

해답 **42.** ③ **43.** ① **44.** ① **45.** ① **46.** ④ **47.** ④

결국, 속도 = $\dfrac{거리}{시간}$ 이므로

$$\dfrac{V_P}{V_m} = \dfrac{\left(\dfrac{\ell_P}{T_P}\right)}{\left(\dfrac{\ell_m}{T_m}\right)} 에서 \quad \dfrac{20}{1} = \dfrac{\left(\dfrac{400}{12}\right)}{\left(\dfrac{1}{T_m}\right)} = \dfrac{400\,T_m}{12}$$

$$\therefore \quad T_m = 0.6 시간$$

문제 48. 다음 경계층에 관한 설명으로 옳지 않은 것은? 【5장】

① 경계층은 물체가 유체유동에서 받는 마찰저항에 관계한다.

② 경계층은 얇은 층이지만 매우 큰 속도구배가 나타나는 곳이다.

③ 경계층은 오일러 방정식으로 취급할 수 있다.

④ 일반적으로 평판 위의 경계층 두께는 평판으로부터 상류속도의 99 % 속도가 나타나는 곳까지의 수직거리로 한다.

해설 경계층은 오일러 방정식과는 무관하다.

문제 49. 그림과 같이 직각으로 된 유리관을 수면으로부터 3 cm 아래에 놓았을 때 수면으로부터 올라온 물의 높이가 10 cm이다. 이곳에서 흐르는 물의 평균 속도는 약 몇 m/s인가? 【3장】

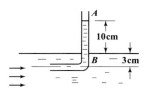

① 0.72

② 1.40

③ 1.59

④ 2.52

해설 $V = \sqrt{2g\Delta h} = \sqrt{2\times 9.8 \times 0.1} = 1.4\,\mathrm{m/s}$

문제 50. 반지름 R인 하수도관의 절반이 비중량 (specific weight) γ인 물로 채워져 있을 때 하수도관의 1 m 길이 당 받는 수직력의 크기는? (단, 하수도관은 수평으로 놓여있다.) 【2장】

① $\gamma\left(2 - \dfrac{\pi}{2}\right)R^2$ ② $\gamma\left(1 + \dfrac{\pi}{2}\right)R^2$

③ $\dfrac{\gamma \pi R^2}{2}$ ④ $\gamma\left(1 + \dfrac{\pi}{4}\right)R^2$

해설 수직(연직)성분

$: F_V = W = \gamma V = \gamma A \ell = \gamma \dfrac{\pi R^2}{2} \times 1 = \dfrac{\gamma \pi R^2}{2}$

문제 51. 원통 좌표계$(r,\ \theta,\ z)$에서 무차원 속도 포텐셜이 $\phi = 2r$일 때, $r = 2$에서의 반지름 방향(r 방향) 속도 성분의 크기는? 【3장】

① 0.5 ② 1

③ 2 ④ 4

해설 반경방향속도성분 $V = \dfrac{\partial \phi}{\partial r} = 2$

문제 52. 지름이 5 cm인 원형관에 비중이 0.7인 오일이 3 m/s의 속도로 흐를 때, 체적유량(Q)과 질량유량($\dot{m}$)은 각각 얼마인가? 【3장】

① $Q = 0.59\,\mathrm{m^3/s}$, $\dot{m} = 41.2\,\mathrm{kg/s}$

② $Q = 0.0059\,\mathrm{m^3/s}$, $\dot{m} = 41.2\,\mathrm{kg/s}$

③ $Q = 0.0059\,\mathrm{m^3/s}$, $\dot{m} = 4.12\,\mathrm{kg/s}$

④ $Q = 0.59\,\mathrm{m^3/s}$, $\dot{m} = 4.12\,\mathrm{kg/s}$

해설 우선, $Q = AV = \dfrac{\pi \times 0.05^2}{4} \times 3 = 0.0059\,\mathrm{m^3/s}$

또한, $\dot{m} = \rho A V = \rho Q = \rho_{\mathrm{H_2O}} S Q$
$= 1000 \times 0.7 \times 0.0059 = 4.13\,\mathrm{kg/s}$

문제 53. 수평 원관 속을 유체가 층류(laminar flow)로 흐르고 있을 때 유량에 대한 설명으로 옳은 것은? 【5장】

정답 48. ③ 49. ② 50. ③ 51. ③ 52. ③ 53. ①

① 관 지름의 4제곱에 비례한다.
② 점성계수에 비례한다.
③ 관의 길이에 비례한다.
④ 압력 강하에 반비례한다.

해설 하겐－포아젤방정식은

$$Q = \frac{\Delta P \pi d^4}{128 \mu \ell}$$ 단, "층류"일 때 적용가능

문제 54. 비압축성, 비점성 유체가 그림과 같이 반지름 a인 구(sphere) 주위를 일정하게 흐른다. 유동해석에 의해 유선 $A-B$상에서의 유체속도(V)가 다음과 같이 주어질 때 유체입자가 이 유선 $A-B$를 따라 흐를 때의 x방향 가속도(a_x)를 구하면? (단, V_0는 구로부터 먼 상류의 속도이다.) 【3장】

$$V = u(x)\,\vec{i} = V_0\left(1 + \frac{a^3}{x^3}\right)\vec{i}$$

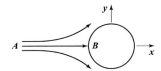

① $a_x = -(V_0^2/a)\dfrac{1+(a/x)^3}{(x/a)^4}$

② $a_x = -3(V_0^2/a)\dfrac{1+(a/x)^3}{(x/a)^4}$

③ $a_x = -(V_0^2/a)\dfrac{1+(a/x)^2}{(x/a)^3}$

④ $a_x = -3(V_0^2/a)\dfrac{1+(a/x)^2}{(x/a)^4}$

해설 $a_x = V\dfrac{\partial V}{\partial x} + \dfrac{\partial V}{\partial t}^0 = V_0\left(1+\dfrac{a^3}{x^3}\right)V_0\left(0-\dfrac{3a^3}{x^4}\right)$

$= -3V_0^2\left(1+\dfrac{a^3}{x^3}\right)\times\dfrac{a^3}{x^4}$

여기서, 분모, 분자에 a를 곱하여 정리하면

$a_x = -3(V_0^2/a)\dfrac{1+(a/x)^3}{(x/a)^4}$

문제 55. 비행기 이착륙 시 플랩(flap)을 주날개에서 내려 날개의 넓이를 늘리는 이유(목적)로 가장 옳게 설명한 것은? 【5장】

① 양력을 증가시켜 조정을 용의하게 하기 위해
② 항력을 증가시켜 조정을 용의하게 하기 위해
③ 양력을 감소시켜 조정을 용의하게 하기 위해
④ 항력을 감소시켜 조정을 용의하게 하기 위해

해설 양력 $L = C_L\dfrac{\gamma V^2}{2g}A$에서 양력을 증가시키기 위해서는 면적($A$)이 커야 한다.

문제 56. 밀도 890 kg/m³, 점성계수 2.3 kg/(m·s)인 오일이 지름 40 cm, 길이 100 m인 수평 원관 내를 평균속도 0.5 m/s로 흐른다. 입구의 영향을 무시하고 압력강하를 이길 수 있는 펌프 소요동력은 약 몇 kW인가? 【5장】

① 0.58   ② 1.45
③ 2.90   ④ 3.63

해설 동력 $P = \gamma Qh = \Delta p Q$

$= \dfrac{128\mu\ell Q^2}{\pi d^4} = \dfrac{128\mu\ell}{\pi d^4}\times(AV)^2$

$= \dfrac{128\mu\ell}{\pi d^4}\times\left(\dfrac{\pi d^2}{4}\right)^2 V^2 = \dfrac{128\mu\ell\pi V^2}{16}$

$= \dfrac{128\times2.3\times100\times\pi\times0.5^2}{16}$

$= 1445\,\text{W} \fallingdotseq 1.45\,\text{kW}$

문제 57. 그림과 같은 밀폐된 탱크 용기에 압축공기와 물이 담겨 있다. 비중 13.6인 수은을 사용한 마노미터가 대기 중에 노출되어 있으며 대기압이 100 kPa이고, 압축공기의 절대압력이 114 kPa이라면 수은의 높이 h는 약 몇 cm인가? 【2장】

해답 54. ② 55. ① 56. ② 57. ③

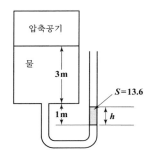

① 20　　　　② 30
③ 40　　　　④ 50

해설 $p = \gamma h = \rho g h = \rho_{\mathrm{H_2O}} S g h$ 를 적용하면

$114 + (1 \times 1 \times 9.8 \times 4) - (1 \times 13.6 \times 9.8 \times h) = 100$

$\therefore \; h = 0.399\,\mathrm{m} \doteqdot 40\,\mathrm{cm}$

〈참고〉 $\rho_{\mathrm{H_2O}} = 1000\,\mathrm{N \cdot s^2/m^4} = 1\,\mathrm{kN \cdot s^2/m^4}$

문제 **58.** 다음 중 수력 기울기선(Hydraulic Grade Line)이란?　　　　【3장】

① 위치수두, 압력수두 및 속도수두의 합을 연결한 선
② 위치수두와 속도수두의 합을 연결한 선
③ 압력수두와 속도수두의 합을 연결한 선
④ 압력수두와 위치수두의 합을 연결한 선

해설 수력구배선 : $H.G.L = \dfrac{p}{\gamma} + Z$

에너지선 : $E.L = \dfrac{p}{\gamma} + \dfrac{V^2}{2g} + Z$

문제 **59.** 안지름 1 cm의 원관 내를 유동하는 0 ℃의 물의 층류 임계 레이놀즈 수가 2100일 때 임계속도는 약 몇 cm/s인가? (단, 0 ℃ 물의 동점성계수는 0.01787 cm²/s이다.)　【5장】

① 75.1　　　　② 751
③ 37.5　　　　④ 375

해설 $R_c = \dfrac{Vd}{\nu}$ 에서

$\therefore \; V = \dfrac{R_c \cdot \nu}{d} = \dfrac{2100 \times 0.01787}{1} \doteqdot 37.5\,\mathrm{cm/s}$

문제 **60.** 다음 중 밀도가 가장 큰 액체는?
　　　　【1장】

① 1 g/cm³
② 비중 1.5
③ 1200 kg/m³
④ 비중량 8000 N/m³

해설 ① $1\,\mathrm{g/cm^3} = 10^3\,\mathrm{kg/m^3}$

② $\rho = \rho_{\mathrm{H_2O}} S = 1000 \times 1.5 = 1500\,\mathrm{kg/m^3}$

③ $1200\,\mathrm{kg/m^3}$

④ $\gamma = \rho g$ 에서　　$\rho = \dfrac{\gamma}{g} = \dfrac{8000}{9.8} = 816.3\,\mathrm{kg/m^3}$

제4과목 유체기계 및 유압기기

문제 **61.** 다음 중 왕복 펌프의 양수량 $Q\,(\mathrm{m^3/min})$를 구하는 식으로 옳은 것은?
(단, 실린더 지름을 $D\,(\mathrm{m})$, 행정을 $L\,(\mathrm{m})$, 크랭크 회전수를 $n\,(\mathrm{rpm})$, 체적효율을 η_v, 크랭크 각속도를 $\omega\,(\mathrm{s^{-1}})$라 한다.)

① $Q = \eta_v \dfrac{\pi}{4} D L n$　　② $Q = \dfrac{\pi}{4} D^2 L \omega$

③ $Q = \eta_v \dfrac{\pi}{4} D^2 L n$　　④ $Q = \eta_v \dfrac{\pi}{4} D^2 L \omega$

해설 왕복펌프의 양수량 : $Q = \eta_v \dfrac{\pi D^2}{4} L n\,(\mathrm{m^3/min})$

단, 체적효율 $\eta_v = \dfrac{Q}{Q_{th}}$　여기서, Q_{th} : 이론양수량

문제 **62.** 다음 중 펌프의 비속도(specific speed)를 나타낸 것은?
(단, Q는 유량, H는 양정, N는 회전수이다.)

① $\dfrac{NH^{1/3}}{Q^{4/3}}$　　　　② $\dfrac{NQ^{1/2}}{H^{3/4}}$

③ $\dfrac{QH^{1/2}}{N^{3/4}}$　　　　④ $\dfrac{NH^{1/2}}{Q^{3/4}}$

해설 펌프의 비속도(비교회전도) : $n_s = \dfrac{n\sqrt{Q}}{H^{3/4}}$

만약, 단수를 i 라 하면 $n_s = \dfrac{n\sqrt{Q}}{\left(\dfrac{H}{i}\right)^{3/4}}$

문제 63. 유체기계의 에너지 교환 방식은 크게 유체로부터 에너지를 받아 동력을 생산하는 방식과 외부로부터 에너지를 받아서 유체를 운송하거나 압력을 발생하는 등의 방식으로 나눌 수 있다. 다음 유체기계 중 에너지 교환 방식이 나머지 셋과 다른 하나는?

① 펠톤 수차   ② 확산 펌프
③ 축류 송풍기   ④ 원심 압축기

해설 ① 수차 : 물이 가지고 있는 위치에너지를 운동에너지 및 압력에너지로 바꾸어 이를 다시 기계적 에너지로 변환시키는 기계
② 공기기계 : 기계적 에너지를 기체에 주어서 압력과 운동에너지로 변화시켜주는 기계

문제 64. 다음 중 진공펌프의 종류가 아닌 것은?

① 너쉬 진공펌프
② 유회전 진공펌프
③ 확산 펌프
④ 벌류트 진공펌프

해설 · 진공펌프의 종류
① 저진공펌프
  ㉠ 수봉식(액봉식) 진공펌프(=nush펌프)
  ㉡ 유회전 진공펌프 : 가장 널리 사용되며, 센코형(cenco type), 게데형(geode type), 키니형(kenney type)이 있다.
  ㉢ 루우츠형(roots type) 진공펌프
  ㉣ 나사식 진공펌프
② 고진공펌프
  오일확산펌프, 터보분자펌프, 크라이오(cryo)펌프

문제 65. 프란시스 수차의 형식 중 그림과 같은 구조를 가진 형식은?

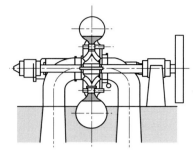

① 횡축 단륜 단류 원심형 수차
② 횡축 이륜 단류 원심형 수차
③ 입축 단륜 단류 원심형 수차
④ 횡축 단륜 복류 원심형 수차

문제 66. 유효낙차 40 m, 유량 50 m³/s 하천을 이용하여 정미 출력 1.5×10^4 kW를 발생하는 수차의 효율은 약 몇 %인가?

① 67.2 %
② 72.1 %
③ 76.5 %
④ 81.4 %

해설 $L = \gamma Q H \eta$ 에서
$$\therefore \eta = \frac{L}{\gamma Q H} = \frac{1.5 \times 10^4}{9.8 \times 50 \times 40} = 0.765 = 76.5\,\%$$

문제 67. 유체 커플링에 대한 일반적인 설명 중 옳지 않은 것은?

① 시동 시 원동기의 부하를 경감시킬 수 있다.
② 부하측에서 되돌아오는 진동을 흡수하여 원활하게 운전할 수 있다.
③ 원동기측에 충격이 전달되는 것을 방지할 수 있다.
④ 출력축 회전수를 입력축 회전수보다 초과하여 올릴 수 있다.

해설 유체커플링은 입력축과 출력축에 토크의 차가 생기지 않는다.

정답 63. ① 64. ④ 65. ④ 66. ③ 67. ④

문제 68. 반동수차의 회전차에서 나온 물의 속도 수두와 방수면 사이의 낙차를 유효하게 이용하기 위하여 설치하는 것은?

① 흡출관
② 안내깃
③ 니들밸브
④ 제트브레이크

해설 반동수차에서 흡출관의 설치목적
: 회전차 출구의 위치수두, 회전차에서 유출한 물의 속도수두를 유효한 에너지로 이용하기 위하여 흡출관을 설치한다.

문제 69. 용적형과 비교해서 터보형 압축기의 일반적인 특징으로 거리가 먼 것은?

① 작동 유체의 맥동이 적다.
② 고압 저속 회전에 적합하다.
③ 전동기나 증기 터빈과 같은 원동기와 직결이 가능하다.
④ 소형으로 할 수 있어서 설치면적이 작아도 된다.

해설 · 터보형 압축기의 특징
① 작동유체의 맥동이 적다.
② 저압, 고속회전에 적합하다.
③ 전동기나 증기터빈 등의 원동기에 직결이 가능하다.
④ 고속회전을 하므로 소형으로 할 수 있고 설치면적이 작아도 되며 공사비도 적게 든다.

문제 70. 펌프에서 캐비테이션을 방지하기 위한 방법으로 거리가 먼 것은?

① 펌프의 설치 높이를 될 수 있는대로 낮추어 흡입양정을 짧게 한다.
② 펌프의 회전수를 낮추어 흡입 비속도를 적게 한다.
③ 양흡입펌프보다는 단흡입펌프를 사용한다.
④ 흡입관의 지름을 크게 하고 밸브, 플랜지 등의 부속품 수를 최대한 줄인다.

해설 · 공동현상(cavitation)의 방지법
① 펌프의 설치높이를 될 수 있는 대로 낮추어 흡입양정을 짧게 한다.
② 배관을 완만하고 짧게 한다.
③ 입축(立軸)펌프를 사용하고, 회전차를 수중에 완전히 잠기게 한다.
④ 펌프의 회전수를 낮추어 흡입 비교 회전도를 적게 한다.
⑤ 마찰저항이 작은 흡입관을 사용하여 흡입관 손실을 줄인다.
⑥ 양흡입펌프를 사용한다.
⑦ 두 대 이상의 펌프를 사용한다.

문제 71. 피스톤 면적비를 이용하여 큰 압력을 얻을 수 있는 유압기기의 특성은 다음 중 어떠한 원리와 관계가 있는가?

① 베르누이 정리   ② 파스칼의 원리
③ 연속의 법칙   ④ 샤를의 법칙

해설 파스칼의 원리
: 밀폐된 용기속에 있는 액체에 가한 압력은 모든 방향에서 같은 크기(세기)로 작용한다. (예) 유압잭)

문제 72. 실린더 입구 분기 회로에 유량 제어 밸브를 설치하여 실린더 입구측의 불필요한 압유를 배출시켜 작동효율을 증진시키는 회로는?

① 미터－인 회로
② 미터－아웃 회로
③ 블리드 오프 회로
④ 카운터 밸런스 회로

해설 · 유량조정밸브에 의한 회로
① 미터 인 회로 : 액추에이터의 입구쪽 관로에서 유량을 교축시켜 작동속도를 조절하는 방식
② 미터 아웃 회로 : 액추에이터의 출구쪽 관로에서 유량을 교축시켜 작동속도를 조절하는 방식 즉, 실린더에서 유량을 복귀측에 직렬로 유량조절밸브를 설치하여 유량을 제어하는 방식
③ 블리드 오프 회로 : 실린더 입구의 분기회로에 유량제어밸브를 설치하여 실린더 입구측의 불필요한 압유를 배출시켜 작동효율을 증진시킨다. 회로연결은 병렬로 연결한다.

해답 68. ① 69. ② 70. ③ 71. ② 72. ③

문제 73. 유압장치에서 펌프의 무부하 운전시 특징으로 옳지 않은 것은?

① 펌프의 수명 연장
② 유온 상승 방지
③ 유압유 노화 촉진
④ 유압장치의 가열 방지

해설 유압유 노화방지

문제 74. 작동유가 가지고 있는 에너지를 잠시 저축하였다가 이것을 이용하여 완충 작용도 할 수 있는 부품은?

① 제어밸브　　　　② 유체 커플링
③ 스테이터　　　　④ 축압기

해설 축압기(accumulator)
: 유압회로 중에서 기름이 누출될 때 기름 부족으로 압력이 저하하지 않도록 누출된 양만큼 기름을 보급해 주는 작용을 하며 갑작스런 충격압력을 예방하는 역할도 하는 안전보장장치이다.

문제 75. 유압회로에서 정규 조작방법에 우선하여 조작할 수 있는 대체 조작수단으로 정의되는 에너지 제어·조작방식 일반에 관한 용어는?

① 직접 파일럿 조작　② 솔레노이드 조작
③ 간접 파일럿 조작　④ 오버라이드 조작

문제 76. 실린더를 임의의 위치에서 고정시킬 수 있고, 펌프를 무부하 운전시킬 수 있는 탠덤 센터형 방향전환 밸브는?

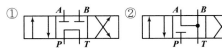
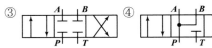

해설

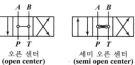

오픈 센터　　세미 오픈 센터　　실린더 클로즈드 센터
(open center)　(semi open center)　(cylinder closed center)

클로즈드 센터　　펌프 클로즈드 센터　　탠덤 센터
(closed center)　(pump closed center)　(tandem center)

탱크 클로즈드 센터　　오픈 탠덤 센터
(tank closed center)　(open tandem center)

문제 77. 다음 중 실린더에 배압이 걸리므로 끌어당기는 힘이 작용해도 자주할 염려가 없어서 밀링이나 보링머신 등에 사용하는 회로는?

① 미터 인 회로
② 미터 아웃 회로
③ 어큐뮬레이터 회로
④ 싱크로나이즈 회로

해설 미터 아웃 회로(meter out circuit)
: 액추에이터의 출구쪽 관로에서 유량을 교축시켜 작동속도를 조절하는 방식 즉, 실린더에서 유량을 복귀측에 직렬로 유량조절밸브를 설치하여 유량을 제어하는 방식이다. 이 회로는 실린더에 배압이 걸리므로 끌어당기는 하중이 작용해도 자주(自走)할 염려가 없다. 따라서, 밀링, 보링머신 등에 사용된다.

문제 78. 다음 중 유압기기에서 유량제어 밸브에 속하는 것은?

① 릴리프 밸브　　② 체크 밸브
③ 감압 밸브　　　④ 스로틀 밸브

해설 유량제어밸브
: 스로틀밸브(교축밸브), 유량조절밸브, 분류밸브, 집류밸브, 스톱밸브(정지밸브)

정답 73. ③　74. ④　75. ④　76. ①　77. ②　78. ④

문제 79. 다음 중 베인펌프의 특징으로 옳지 않은 것은?

① 기어펌프나 피스톤 펌프에 비하여 토출 압력의 맥동이 거의 없다.

② 상대적으로 작은 크기로 큰 동력을 낼 수 있다.

③ 고장이 적으나 소음이 크다.

④ 부품의 수가 많아 보수 유지에 주의할 필요가 있다.

해설 ・베인펌프의 특징
① 토출압력의 맥동이 적다.
② 압력저하량이 적다.
③ 소음이 적다.
④ 형상치수가 적다.
⑤ 기동토크가 작다.
⑥ 호환성이 좋고, 보수가 용이하다.
⑦ 베인에 의한 압력발생을 하므로 베인수명이 짧다.
⑧ 작동유의 점도, 청정도 등에 세심한 주의를 요한다.
⑨ 다른 펌프에 비해 부품수가 많은 것이 결점이다.
⑩ 작동유의 점도에 제한이 있다.

문제 80. 유압모터 한 회전당 배출유량이 50 cc인 베인모터가 있다. 이 모터에 압력 7 MPa의 압유를 공급할 때 발생되는 최대 토크는 몇 N·m인가?

① 55.7
② 557
③ 35
④ 350

해설 $T = \dfrac{pq}{2\pi} = \dfrac{7 \times 10^6 \times 50 \times 10^{-6}}{2\pi} = 55.7\,\text{N} \cdot \text{m}$

제5과목 건설기계일반 및 플랜트배관

문제 81. 다음 중 벨트 컨베이어의 운반 능력 계산에서 고려할 필요가 없는 것은?

① 벨트의 폭

② 벨트 속도

③ 벨트의 거리

④ 운반물의 적재 단면적

해설 벨트컨베이어의 운반능력
: $W = 60A\,VE\,(\text{m}^3/\text{hr})$
여기서, A : 운반물의 적재단면적 (m²)
V : 컨베이어의 속도 (m/min)
E : 작업효율
단, 운반물의 적재단면적(A)은 벨트의 폭, trough각도 등에 따라 정해진다.

문제 82. 다음 보기는 불도저의 작업량에 영향을 주는 변수들이다. 이들 중 작업량에 비례하는 변수로 짝지어진 것은?

ⓐ 블레이드 폭   ⓑ 토공판 용량
ⓒ 작업 효율   ⓓ 토량 환산계수
ⓔ 사이클 타임(1 순환 소요시간)

① ⓐ, ⓑ, ⓒ, ⓓ, ⓔ
② ⓐ, ⓑ, ⓒ, ⓓ
③ ⓐ, ⓑ, ⓒ, ⓔ
④ ⓐ, ⓑ, ⓔ

해설 불도저의 작업량 : $Q = \dfrac{60qfE}{C_m}\,(\text{m}^3/\text{hr})$
여기서, q : 토공판(blade)용량 (m³)
$q = BH^2$
B : 토공판(blade) 폭 (m)
H : 토공판(blade) 높이 (m)
f : 토량환산계수
E : 작업효율
C_m : 1회 사이클 시간 (min)

문제 83. 백호 크램셀, 드래그 라인 등의 작업량 산정식으로 옳은 것은?
(단, Q : 시간당 작업량 (m³/hr), q : 버켓용량 (m³), f : 토량환산계수, E : 작업효율, K : 버켓계수, C_m : 1회 사이클시간 (sec)이다.)

정답 79. ③ 80. ① 81. ③ 82. ② 83. ②

① $Q = \dfrac{C_m \cdot q}{3600 \cdot K \cdot f \cdot E}$

② $Q = \dfrac{3600 \cdot q \cdot K \cdot f \cdot E}{C_m}$

③ $Q = \dfrac{3600 \cdot q \cdot K \cdot f}{C_m \cdot E}$

④ $Q = \dfrac{C_m \cdot E}{3600 \cdot q \cdot K \cdot f}$

해설 작업량 $Q = \dfrac{3600 q f K E}{C_m} \ (\mathrm{m^3/hr})$

문제 84. 다음 중 수동변속기가 장착된 덤프트럭 (dump truck)의 동력전달계통이 아닌 것은?

① 클러치 ② 트랜스미션
③ 분할 장치 ④ 차동기어 장치

해설 덤프트럭의 동력전달순서 : 엔진 → 클러치 → 변속기 → 차동장치 → 차축 → 종감속기 → 구동륜

문제 85. 콘 크러셔(cone crusher)의 규격을 나타내는 것은?

① 베드의 지름 (mm)
② 드럼의 지름 (mm)×드럼길이 (mm)
③ 베드의 두께 (mm)
④ 시간당 쇄석능력 (ton/h)

해설 ·규격표시
① 콘크러셔 : 베드의 지름 (mm)
② 로드밀 크러셔 : 드럼지름 (mm)×드럼길이 (mm)
③ 임팩트 크러셔 : 시간당 쇄석능력 (ton/hr)

문제 86. 금속의 기계가공시 절삭성이 우수한 강재가 요구되어 개발된 것으로서 S(황)을 첨가하거나 Pb(납)을 첨가한 강재는?

① 내식강 ② 내열강
③ 쾌삭강 ④ 불변강

해설 쾌삭강(free cutting steel)
: 탄소강에 S, Pb, 흑연을 첨가시킨 것으로 절삭성이 크며, 황쾌삭강과 납쾌삭강이 있다.

문제 87. 다음 중 플랜트 기계설비에 사용되는 티타늄과 그 합금에 관한 설명으로 가장 거리가 먼 것은?

① 가볍고 강하며 녹슬지 않는 금속이다.
② 티타늄 합금은 실용 금속 중 높은 수준의 기계적 성질과 금속학적 특성이 있다.
③ 석유화학 공업, 합성섬유 공업, 유기약품 공업에서는 사용할 수 없다.
④ 생체와의 친화성이 대단히 좋고, 알레르기도 거의 일어나지 않아 의치, 인공뼈 등에도 이용된다.

해설 티타늄(titanium, Ti)
: 내식재료로서 각종밸브와 그 배관, 계측기류, 비료공장의 합성탑 등에 이용되며, 석유화학공업, 석유정제, 합성섬유공업, 소다공업, 유기약품공업 등에 널리 사용되고 있다. Ti 합금은 450 ℃까지의 온도에서 비강도가 높고 내식성이 우수해서 항공기의 엔진주위의 기체재료, 제트엔진의 컴프레서 부품재료, 로켓재료 등에 이용된다.

문제 88. 공기 압축기에서 압축 공기의 수분을 제거하여 공기 압축기의 부식을 방지하는 역할을 하는 장치는 무엇인가?

① 공기 압력 조절기
② 공기 청정기
③ 인터 쿨러
④ 드라이어

해설 드라이어(건조기)
: 공기를 압축할 때 공기중의 수분이 응축되어 압축공기 중에 물이 고이는 경우가 있다. 그래서 수분을 제거할 필요가 있을 때 공기압축기에 드라이어를 접속하는 경우가 있다.

해답 84. ③ 85. ① 86. ③ 87. ③ 88. ④

문제 89. 다음 로더의 치수에 대한 설명으로 옳지 않은 것은?

① 덤프 높이는 기준 무부하 상태에서 버킷을 최고 올림 상태로 하여 45° 앞으로 기울인 경우 지면에서 버킷 투스까지의 높이로 한다.

② 덤프 거리는 기준 무부하 상태에서 버킷을 최고 올림 상태로 하여 45° 앞으로 기울인 경우 버킷의 선단과 차체의 앞부분에서 지표면과 수직으로 그은 선과의 수평거리로 한다.

③ 덤프 거리 산정 시 버킷의 치수는 포함하지 않는다.

④ 덤프높이 산정 시 슈판의 돌기를 포함한다.

해설 덤프높이 산정시 슈판의 돌기는 포함하지 않는다.

문제 90. 다음 중 모터 그레이더에서 앞바퀴를 좌우로 경사시켜 회전 반지름을 작게 하기 위해 설치하는 것은?

① 리닝 장치　② 브레이크 장치
③ 감속 장치　④ 클러치

해설 리닝(leeining) 장치
: 그레이더에는 차동기어가 없으며 리닝 조작에 의하여 조향하며 리닝장치에는 앞바퀴를 좌우로 경사시키는 장치로 회전반경을 작게 하여 선회를 용이하는 역할을 한다.

문제 91. 각종 수용액과 유기화합물의 내식성이 우수하며 열 및 전기전도성이 높아 일상생활과 공업용으로 널리 사용되는 배관은?

① 합성수지관　② 탄소강관
③ 주철관　　　④ 동관

해설 · 동관의 특징
① 담수에 대하여 내식성은 크나 연수에는 부식된다.
② 경수에는 아연화동, 탄산칼슘의 보호피막이 생겨

보호작용을 한다.
③ 알칼리(가성소다, 가성칼리)에는 내식성이 크나 초산, 진한황산, 암모니아수에는 심하게 침식된다.
④ 전연성이 풍부하고 마찰저항이 적다.
⑤ 가볍고 가공이 용이하며 동파되지 않는다.
⑥ 전기 및 열전도율이 좋다.
⑦ 용도 : 전기재료, 열교환기, 급수관 등에 사용

문제 92. 다음 중 덕타일 주철관의 이음방법으로 가장 거리가 먼 것은?

① 타이튼 조인트
② 메커니컬 조인트
③ 압축 조인트
④ KP 메커니컬 조인트

해설 · 주철관의 접합법
① 소켓 접합(socket joint)(=연납접합 : lead joint)
② 기계적 접합(mechanical joint)
③ 빅토릭 접합(victoric joint)
④ 타이톤 접합(tyton joint)
⑤ 플랜지 접합(flanged joint)

문제 93. 다음 중 신축이음의 종류가 아닌 것은?

① 슬리브형 신축이음
② 벨로즈형 신축이음
③ 볼조인트형 신축이음
④ 글로브형 신축이음

해설 · 신축이음의 종류
① 슬리브형 신축이음
② 벨로즈형 신축이음
③ 루프형 신축이음(=신축곡관)
④ 볼조인트
⑤ 스위블형 신축이음(=스윙조인트 또는 지웰조인트)

문제 94. 지상 20 m의 높이에 지름이 4 m, 높이 5 m인 물 탱크에 물이 가득 채워져 있을 때 물이 가지고 있는 위치에너지는 몇 kJ인가?
(단, 물의 밀도는 1000 kg/m^3, 중력가속도는 9.81 m/s^{2}로 한다.)

① 10107　　　② 12327
③ 16907　　　④ 20021

해설 $E_P = mgH$　단, $\rho = \dfrac{m}{V}$ 에서　$m = \rho V$

∴ $E_P = mgH = \rho Vgh = \rho AhgH$

$= 1000 \times \dfrac{\pi \times 4^2}{4} \times 5 \times 9.81 \times 20$

$= 12327609.57\,J ≒ 12327\,kJ$

문제 **95.** 레스트레인트는 열팽창에 의한 배관의 이동을 구속 또는 제한하는 배관지지 장치이다. 레스트레인트의 종류로 옳은 것은?

① 앵커, 스토퍼
② 방진기, 완충기
③ 파이프 슈, 리지드 서포트
④ 스프링행거, 콘스탄트행거

해설 레스트레인트(restraint)의 종류
: 앵커, 스토퍼, 가이드

문제 **96.** 다음 배관용 공구에서 측정용 공구가 아닌 것은?

① 리머　　　② 직각자
③ 수준기　　　④ 버니어캘리퍼스

해설 리머(reamer)는 배관용공구에서 공작용공구이다.

문제 **97.** 다음 중 슬리브에 대한 일반적인 설명으로 틀린 것은?

① 벽, 바닥, 보를 관통할 때는 콘크리트를 치고 난 뒤에 슬리브를 설치한다.
② 수조나 풀 등의 벽이나 바닥을 관통할 때 충분한 방수를 고려한 뒤 시공한다.
③ 방수층이 있는 바닥을 관통할 때는 변소, 욕실 바닥 마무리 면보다 5mm 전후로 늘려 놓는다.

④ 옥상을 관통할 때는 파이프 샤프트의 크기만큼 옥상에 콘크리트 샤프트를 연장하여 옥외로 낸다.

문제 **98.** 다음 중 급배수배관의 기능을 확인하는 배관시험방법으로 적절하지 않은 것은?

① 수압시험　　　② 기압시험
③ 연기시험　　　④ 진공시험

해설 ① 급·배수 배관시험 : 수압시험, 기압시험, 만수시험, 연기시험, 통수시험
② 냉·난방 배관시험 : 수압시험, 기밀시험, 진공시험, 통기시험

문제 **99.** 배관의 종류 중 배관용 탄소강관의 KS 규격 기호는?

① SPA　　　② STS
③ SPP　　　④ STH

해설 SPA : 배관용 합금강 강관
STS : 배관용 스테인리스 강관
SPP : 배관용 탄소강 강관
STH : 보일러 열교환기용 탄소강 강관

문제 **100.** 다음 중 배관이 접속하고 있을 때를 도시하는 기호는?

①　　　②
③　　　④

해설 ①, ④ : 배관이 접속하지 않을 때
③ : 용접식 캡

정답 **95.** ①　**96.** ①　**97.** ①　**98.** ④　**99.** ③　**100.** ②

2017년 제4회 일반기계 기사

제1과목 재료역학

문제 **1.** 길이가 L인 양단 고정보의 중앙점에 집중하중 P가 작용할 때 모멘트가 0이 되는 지점에서의 처짐량은 얼마인가?
(단, 보의 굽힘강성 EI는 일정하다.) 【9장】

① $\dfrac{PL^3}{384EI}$　　　② $\dfrac{PL^3}{192EI}$

③ $\dfrac{PL^3}{96EI}$　　　④ $\dfrac{PL^3}{48EI}$

해설▷ 우선, 양단의 반력이 $\dfrac{P}{2}$이고,

양단의 모멘트 $M = \dfrac{PL}{8}$이므로

임의의 x점의 모멘트 $M_x = \dfrac{Px}{2} - \dfrac{PL}{8}$

따라서, 굽힘모멘트가 0이 되는 곳은

$\dfrac{Px}{2} - \dfrac{PL}{8} = 0$ ∴ $x = \dfrac{L}{4}$

또한, 미분방정식의 해법에 의해 임의의 x점에 대한 처짐량은

$\delta_x = \dfrac{Px^2}{48EI}(3L - 4x)$

단, $0 \le x \le \dfrac{L}{2}$

결국, $\delta_{x=\frac{L}{4}} = \dfrac{P\left(\dfrac{L}{4}\right)^2}{48EI}\left(3L - 4 \times \dfrac{L}{4}\right) = \dfrac{PL^3}{384EI}$

문제 **2.** 길이가 L인 외팔보의 자유단에 집중하중 P가 작용할 때 최대 처짐량은? (단, E : 탄성계수, I : 단면2차모멘트이다.) 【8장】

① $\dfrac{PL^3}{8EI}$　　　② $\dfrac{PL^3}{4EI}$

③ $\dfrac{PL^3}{3EI}$　　　④ $\dfrac{PL^3}{2EI}$

해설▷ $\theta_{max} = \dfrac{PL^2}{2EI}$,　$\delta_{max} = \dfrac{PL^3}{3EI}$

문제 **3.** 다음 그림과 같은 사각단면의 상승 모멘트(Product of inertia) I_{xy}는 얼마인가? 【4장】

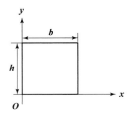

① $\dfrac{b^2h^2}{4}$　　　② $\dfrac{b^2h^2}{3}$

③ $\dfrac{b^2h^3}{4}$　　　④ $\dfrac{bh^3}{3}$

해설▷ $I_{xy} = \displaystyle\int_A xy\,dA = \bar{x}\,\bar{y}\,A = \dfrac{b}{2} \times \dfrac{h}{2} \times bh = \dfrac{b^2h^2}{4}$

문제 **4.** 바깥지름 50 cm, 안지름 40 cm의 중공원통에 500 kN의 압축하중이 작용했을 때 발생하는 압축응력은 약 몇 MPa인가? 【1장】

① 5.6　　　② 7.1

③ 8.4　　　④ 10.8

해설▷ $\sigma_c = \dfrac{P_c}{A} = \dfrac{4P_c}{\pi(d_2^2 - d_1^2)} = \dfrac{4 \times 500 \times 10^3}{\pi(500^2 - 400^2)}$

≒ 7.1 MPa
〈참고〉 1 MPa = 1 N/mm²

문제 **5.** 두께 10 mm인 강판으로 직경 2.5 m의 원통형 압력용기를 제작하였다. 최대 내부 압력이

정답 1.① 2.③ 3.① 4.② 5.①

1200 kPa일 때 축방향 응력은 몇 MPa인가?
【2장】

① 75   ② 100

③ 125   ④ 150

해설 $\sigma_2 = \dfrac{pd}{4t} = \dfrac{1200 \times 10^{-3} \times 2.5}{4 \times 0.01} = 75\,\mathrm{MPa}$

문제 6. 지름 50 mm인 중실축 ABC가 A에서 모터에 의해 구동된다. 모터는 600 rpm으로 50 kW의 동력을 전달한다. 기계를 구동하기 위해서 기어 B는 35 kW, 기어 C는 15 kW를 필요로 한다. 축 ABC에 발생하는 최대 전단응력은 몇 MPa인가? **【5장】**

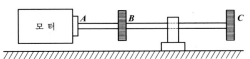

① 9.73   ② 22.7

③ 32.4   ④ 64.8

해설 동력 $P = T\omega$에서 $T = \dfrac{P}{\omega} = \dfrac{P}{\left(\dfrac{2\pi N}{60}\right)} = \dfrac{60P}{2\pi N}$에서

T는 동력(P)에 비례함을 알 수 있다.
따라서, $T_{\max}$은 $P_{\max}$일 때 생김을 알 수 있다.

즉, $T_{\max} = T_A = \dfrac{60 P_A}{2\pi N} = \dfrac{60 \times 50}{2\pi \times 600} = 0.796\,\mathrm{kN \cdot m}$

결국, $\tau_{\max} = \tau_A = \dfrac{16\,T_A}{\pi d^3} = \dfrac{16 \times 0.796}{\pi \times 0.05^3}$

$\qquad = 32431.95\,\mathrm{kPa} \fallingdotseq 32.4\,\mathrm{MPa}$

문제 7. 그림과 같은 두 평면응력 상태의 합에서 최대전단응력은? **【3장】**

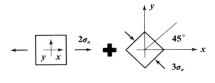

① $\dfrac{\sqrt{3}}{2}\sigma_o$ ② $\dfrac{\sqrt{6}}{2}\sigma_o$

③ $\dfrac{\sqrt{13}}{2}\sigma_o$ ④ $\dfrac{\sqrt{16}}{2}\sigma_o$

해설 우선, 두 번째 그림의 값을 모어원에서 x, y축으로 변환한다.

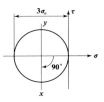

$\sigma_x = \dfrac{-3\sigma_o}{2} + \dfrac{-3\sigma_o}{2}\cos(-90°) = -1.5\sigma_o$

$\sigma_y = \dfrac{-3\sigma_o}{2} - \dfrac{-3\sigma_o}{2}\cos(-90°) = -1.5\sigma_o$

$\tau_{xy} = -\left(\dfrac{-3\sigma_o}{2}\right) = 1.5\sigma_o$

또한, 변환된 값을 첫 번째 그림의 값과 합하면

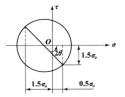

$\sigma_x = -1.5\sigma_o \qquad \sigma_y = 0.5\sigma_o \qquad \tau_{xy} = 1.5\sigma_o = \dfrac{3}{2}\sigma_o$

결국, $\tau_{\max} = \dfrac{1}{2}\sqrt{(\sigma_x - \sigma_y)^2 + 4\tau_{xy}^2}$

$\qquad = \dfrac{1}{2}\sqrt{(-1.5\sigma_o - 0.5\sigma_o)^2 + 4\left(\dfrac{3}{2}\sigma_o\right)^2}$

$\qquad = \dfrac{1}{2}\sqrt{4\sigma_o^2 + 9\sigma_o^2} = \dfrac{\sqrt{13}}{2}\sigma_o$

문제 8. 그림에서 블록 A를 이동시키는 데 필요한 힘 P는 몇 N이상인가? (단, 블록과 접촉면과의 마찰계수 $\mu = 0.4$이다.) **【6장】**

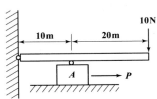

① 4   ② 8

③ 10   ④ 12

해답 6.③ 7.③ 8.④

건설기계설비·일반기계 기사
[필기] 과년도 문제집

[해설] 우선, 마찰면 A 점에 작용하는 수직력을 F_V라 하면 $\Sigma M = 0$(고정단 기준)

$$F_V \times 10 - 10 \times 30 = 0 \quad \therefore F_V = 30\,\text{N}(\uparrow)$$

결국, $P > \mu F_V$이어야 하므로

$$P > 0.4 \times 30 \quad \text{즉, } P > 12\,(\text{N})$$

[문제] 9. 최대 굽힘모멘트 $M = 8\,\text{kN·m}$를 받는 단면의 굽힘응력을 60 MPa로 하려면 정사각단면에서 한 변의 길이는 약 몇 cm인가? 【7장】

① 8.2 　　　　② 9.3

③ 10.1 　　　　④ 12.0

[해설] $M = \sigma Z$에서　$M_{\max} = \sigma_a \times \dfrac{a^3}{6}$

$$\therefore a = \sqrt[3]{\dfrac{6 M_{\max}}{\sigma_a}} = \sqrt[3]{\dfrac{6 \times 8}{60 \times 10^3}} = 0.0928\,\text{m}$$
$$\fallingdotseq 9.3\,\text{cm}$$

[문제] 10. T형 단면을 갖는 외팔보에 5 kN·m의 굽힘모멘트가 작용하고 있다. 이 보의 탄성선에 대한 곡률 반지름은 몇 m인가?
(단, 탄성계수 $E = 150\,\text{GPa}$, 중립축에 대한 2차 모멘트 $I = 868 \times 10^{-9}\,\text{m}^4$이다.) 【7장】

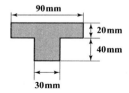

① 26.04 　　　　② 36.04

③ 46.04 　　　　④ 56.04

[해설] $\dfrac{1}{\rho} = \dfrac{M}{EI}$에서

$$\therefore \rho = \dfrac{EI}{M} = \dfrac{150 \times 10^6 \times 868 \times 10^{-9}}{5} = 26.04\,\text{m}$$

[문제] 11. 그림과 같은 단순지지보에서 반력 R_A는 몇 kN인가? 【6장】

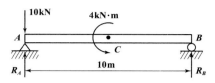

① 8 　　　　② 8.4

③ 10 　　　　④ 10.4

[해설] $\sum M_B = 0 : R_A \times 10 - 10 \times 10 - 4 = 0$

$$\therefore R_A = 10.4\,\text{kN}$$

[문제] 12. 원형단면의 단순보가 그림과 같이 등분포하중 50 N/m을 받고 허용굽힘응력이 400 MPa일 때 단면의 지름은 최소 약 몇 mm가 되어야 하는가? 【7장】

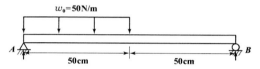

① 4.1 　　　　② 4.3

③ 4.5 　　　　④ 4.7

[해설] 우선, $R_A \times 1 - 50 \times 0.5 \times 0.75 = 0$

$$\therefore R_A = 18.75\,\text{N}$$

또한, A점으로부터 x만큼 떨어진 곳의 전단력(F_x)은

$$F_x = R_A - w_0 x = 18.75 - 50x$$

$M_{\max}$의 위치는 $F_x = 0$인 곳에서 생기므로

$$18.75 - 50x = 0$$
즉, $x = 0.375\,\text{m}$

$M_x = R_A x - w_0 x \dfrac{x}{2} = R_A x - \dfrac{w_0 x^2}{2}$이므로

$$M_{\max} = M_{x=0.375\,\text{m}} = 18.75 \times 0.375 - \dfrac{50 \times 0.375^2}{2}$$
$$= 3.5\,\text{N·m} = 3.5 \times 10^3\,\text{N·mm}$$

결국, $M = \sigma Z$에서　$M_{\max} = \sigma_a \times \dfrac{\pi d^3}{32}$

$$\therefore d = \sqrt[3]{\dfrac{32 M_{\max}}{\pi \sigma_a}} = \sqrt[3]{\dfrac{32 \times 3.5 \times 10^3}{\pi \times 400}}$$
$$= 4.47\,\text{mm}$$

[정답] 9.② 　10.① 　11.④ 　12.③

614 ··· 2017년 제4회 일반기계 기사

문제 13. 그림과 같이 두 가지 재료로 된 봉이 하중 P를 받으면서 강체로 된 보를 수평으로 유지시키고 있다. 강봉에 작용하는 응력이 150 MPa일 때 Al봉에 작용하는 응력은 몇 MPa인가? (단, 강과 Al의 탄성계수의 비는 Es/Ea =3이다.) 【6장】

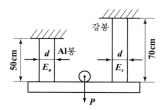

① 70   ② 270
③ 555   ④ 875

해설 우선, $\lambda_1 = \lambda_2$에서

$$\frac{P_1\ell_1}{A_1E_1} = \frac{P_2\ell_2}{A_2E_2} \rightarrow \frac{\sigma_1\ell_1}{E_1} = \frac{\sigma_2\ell_2}{E_2}$$

$$\rightarrow \frac{\sigma_1 \times 50}{E_1} = \frac{\sigma_2 \times 70}{E_2}$$

결국, $\sigma_1 = \frac{70}{50} \times \sigma_2 \times \frac{E_1}{E_2} = \frac{70}{50} \times 150 \times \frac{1}{3} = 70\,\mathrm{MPa}$

문제 14. 바깥지름이 46 mm인 중공축이 120 kW의 동력을 전달하는데 이때의 각속도는 40 rev/s이다. 이 축의 허용비틀림 응력이 τ_a =80 MPa일 때, 최대 안지름은 약 몇 mm인가? 【5장】

① 35.9   ② 41.9
③ 45.9   ④ 51.9

해설 우선 $\omega = 40\,\mathrm{rev/s} = 40 \times 2\pi\,(\mathrm{rad/s})$

또한, 동력 $P = T\omega$에서

$$T = \frac{P}{\omega} = \frac{120 \times 10^3}{40 \times 2\pi} = 477.46\,\mathrm{N \cdot m}$$

결국, $T = \tau_a Z_P = \tau_a \times \dfrac{\pi(d_2^4 - d_1^4)}{16d_2}$에서 d_1을 구한다.

문제 15. 그림과 같은 반지름 a인 원형 단면축에 비틀림모멘트 T가 작용한다. 단면의 임의

의 위치 $r(0 < r < a)$에서 발생하는 전단응력은 얼마인가? (단, $I_o = I_x + I_y$이고, I는 단면 2차모멘트이다.) 【5장】

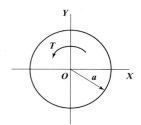

① 0   ② $\dfrac{T}{I_o}r$
③ $\dfrac{T}{I_x}r$ ④ $\dfrac{T}{I_y}r$

해설 우선, $I_P = I_x + I_y = I_o$

$$Z_P = \frac{I_P}{e} = \frac{I_o}{a} = \frac{I_o}{r}$$

결국, $T = \tau Z_P$에서 $\therefore \tau = \dfrac{T}{Z_P} = \dfrac{T}{\left(\dfrac{I_o}{r}\right)} = \dfrac{Tr}{I_o}$

문제 16. 탄성(elasticity)에 대한 설명으로 옳은 것은? 【1장】

① 물체의 변형율을 표시하는 것
② 물체에 작용하는 외력의 크기
③ 물체에 영구변형을 일어나게 하는 성질
④ 물체에 가해진 외력이 제거되는 동시에 원형으로 되돌아가려는 성질

해설 ① 탄성 : 물체에 외력의 크기가 탄성한도 내에서 작용하면 변형을 일으키고 외력이 제거 되면 처음의 상태로 되돌아가는 성질
② 소성 : 외력의 크기가 탄성한도를 초과하여 물체에 작용하면 외력을 제거한 후에도 변형의 일부분이 발생하는 성질
③ 비례한도(Proportional limit) : 응력과 변형률이 직선비례하는 한계응력
④ 바우싱거효과(Baushinger effect) : 금속재료가 먼저 받은 하중과 반대방향의 하중에 따른 변형에 대하여 탄성한도나 항복점 등이 저하되는 현상

정답 **13.** ①   **14.** ②   **15.** ②   **16.** ④

문제 17. 길이가 L인 균일단면 막대기에 굽힘 모멘트 M이 그림과 같이 작용하고 있을 때, 막대에 저장된 탄성 변형 에너지는? (단, 막대기의 굽힘강성 EI는 일정하고, 단면적은 A이다.) 【8장】

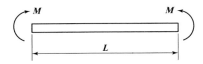

① $\dfrac{M^2 L}{2AE^2}$ ② $\dfrac{L^3}{4EI}$

③ $\dfrac{M^2 L}{2AE}$ ④ $\dfrac{M^2 L}{2EI}$

해설 $U = \dfrac{M\theta}{2}$ 단, $\theta = \dfrac{ML}{EI}$

결국, $U = \dfrac{M\theta}{2} = \dfrac{M}{2} \times \dfrac{ML}{EI} = \dfrac{M^2 L}{2EI}$

문제 18. 직경이 2 cm인 원통형 막대에 2 kN의 인장하중이 작용하여 균일하게 신장되었을 때, 변형 후 직경의 감소량은 약 몇 mm인가? (단, 탄성계수는 30 GPa이고, 포아송 비는 0.3이다.) 【1장】

① 0.0128 ② 0.00128
③ 0.064   ④ 0.0064

해설 $\mu = \dfrac{\varepsilon'}{\varepsilon} = \dfrac{\left(\dfrac{\delta}{d}\right)}{\left(\dfrac{P}{AE}\right)} = \dfrac{AE\delta}{dP} = \dfrac{\dfrac{\pi}{4}d^2 E\delta}{dP} = \dfrac{\pi dE\delta}{4P}$

$\therefore \delta = \dfrac{4P\mu}{\pi dE} = \dfrac{4 \times 2 \times 0.3}{\pi \times 0.02 \times 30 \times 10^6}$

$= 0.00000127\,\text{m}$

$= 0.00127\,\text{mm}$

문제 19. 그림과 같이 20 cm×10 cm의 단면적을 갖고 양단이 회전단으로 된 부재가 중심축 방향으로 압축력 P가 작용하고 있을 때 장주의 길이가 2 m라면 세장비는? 【10장】

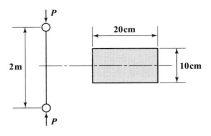

① 89 ② 69
③ 49 ④ 29

해설 우선, $K_{\min} = \sqrt{\dfrac{I_{\min}}{A}} = \sqrt{\dfrac{\left(\dfrac{20 \times 10^3}{12}\right)}{10 \times 20}} = 2.89\,\text{cm}$

결국, $\lambda = \dfrac{\ell}{K_{\min}} = \dfrac{200}{2.89} = 69.2$

문제 20. 길이가 L이고 직경이 d인 강봉을 벽 사이에 고정하고 온도를 ΔT만큼 상승시켰다. 이 때 벽에 작용하는 힘은 어떻게 표현되나? (단, 강봉의 탄성계수는 E이고, 선팽창계수는 α이다.) 【2장】

① $\dfrac{\pi E\alpha\Delta T d^2 L}{16}$ ② $\dfrac{\pi E\alpha\Delta T d^2}{2}$

③ $\dfrac{\pi E\alpha\Delta T d^2 L}{8}$ ④ $\dfrac{\pi E\alpha\Delta T d^2}{4}$

해설 $P = E\alpha\Delta TA = E\alpha\Delta T \times \dfrac{\pi d^2}{4} = \dfrac{\pi E\alpha\Delta T d^2}{4}$

제2과목 기계열역학

문제 21. 다음 중 등 엔트로피(entropy) 과정에 해당하는 것은? 【4장】

① 가역 단열 과정
② polytropic 과정
③ Joule－Thomson 교축 과정
④ 등온 팽창 과정

정답 17. ④ 18. ② 19. ② 20. ④ 21. ①

건설기계설비·일반기계 기사
[필기] 과년도 문제집

해설 가역단열과정은 엔트로피의 변화가 없다.
즉, 등엔트로피 변화

문제 22. 227 ℃의 증기가 500 kJ/kg의 열을 받으면서 가역 등온 팽창한다. 이때 증기의 엔트로피 변화는 약 몇 kJ/(kg·K)인가? 【4장】

① 1.0   ② 1.5
③ 2.5   ④ 2.8

해설 $\Delta s = \frac{_1 q_2}{T} = \frac{500}{227+273} = 1\,\text{kJ/kg·K}$

문제 23. 최고온도 1300 K와 최저온도 300 K 사이에서 작동하는 공기표준 Brayton 사이클의 열효율은 약 얼마인가? (단, 압력비는 9, 공기의 비열비는 1.4이다.) 【8장】

① 30 %   ② 36 %
③ 42 %   ④ 47 %

해설 $\eta_B = 1 - \left(\frac{1}{\gamma}\right)^{\frac{k-1}{k}} = 1 - \left(\frac{1}{9}\right)^{\frac{1.4-1}{1.4}} ≒ 0.47 = 47\,\%$

문제 24. 포화증기를 단열상태에서 압축시킬 때 일어나는 일반적인 현상 중 옳은 것은? 【6장】

① 과열증기가 된다.
② 온도가 떨어진다.
③ 포화수가 된다.
④ 습증기가 된다.

해설

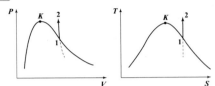

포화증기(건포화증기)를 단열압축시키면 압력과 온도가 높아져 과열증기가 된다.

문제 25. 물의 증발열은 101.325 kPa에서 2257 kJ/kg이고, 이 때 비체적은 0.00104 m³/kg에서 1.67 m³/kg으로 변화한다. 이 증발 과정에 있어서 내부에너지의 변화량(kJ/kg)은? 【6장】

① 237.5   ② 2375   ③ 208.8   ④ 2088

해설 $r = u'' - u' + p(v'' - v')$ 에서
$\therefore \Delta u = u'' - u' = r - p(v'' - v')$
$= 2257 - 101.325(1.67 - 0.00104)$
$= 2087.9\,\text{kJ/kg}$

문제 26. 가스 터빈 엔진의 열효율에 대한 다음 설명 중 잘못된 것은? 【7장】

① 압축기 전후의 압력비가 증가할수록 열효율이 증가한다.
② 터빈 입구의 온도가 높을수록 열효율은 증가하나 고온에 견딜 수 있는 터빈 블레이드 개발이 요구된다.
③ 터빈 일에 대한 압축기 일의 비를 back work ratio라고 하며, 이 비가 클수록 열효율이 높아진다.
④ 가스 터빈 엔진은 증기 터빈 원동소와 결합된 복합시스템을 구성하여 열효율을 높일 수 있다.

해설 브레이튼 사이클(=가스터빈의 이상 사이클)
$\eta_B = 1 - \left(\frac{1}{\gamma}\right)^{\frac{k-1}{k}}$ 에서, 압력비(γ)가 클수록 열효율(η_B)은 증가한다.

문제 27. 1 MPa의 일정한 압력(이 때의 포화온도는 180 ℃) 하에서 물이 포화액에서 포화증기로 상변화를 하는 경우 포화액의 비체적과 엔탈피는 각각 0.00113 m³/kg, 763 kJ/kg이고, 포화증기의 비체적과 엔탈피는 각각 0.1944 m³/kg, 2778 kJ/kg이다. 이 때 증발에 따른 내부에너지 변화(u_{fg})와 엔트로피 변화(s_{fg})는 약 얼마인가? 【6장】

해답 22. ①   23. ④   24. ①   25. ④   26. ③   27. ③

① $u_{fg} = 1822 \text{ kJ/kg}$, $s_{fg} = 3.704 \text{ kJ/(kg} \cdot \text{K)}$

② $u_{fg} = 2002 \text{ kJ/kg}$, $s_{fg} = 3.704 \text{ kJ/(kg} \cdot \text{K)}$

③ $u_{fg} = 1822 \text{ kJ/kg}$, $s_{fg} = 4.447 \text{ kJ/(kg} \cdot \text{K)}$

④ $u_{fg} = 2002 \text{ kJ/kg}$, $s_{fg} = 4.447 \text{ kJ/(kg} \cdot \text{K)}$

해설 우선, $r = h'' - h' = (u'' - u') + p(v'' - v')$ 에서

$\therefore \Delta u = u'' - u' = (h'' - h') - p(v'' - v')$

$= (2778 - 763) - 1 \times 10^3 (0.1944 - 0.00113)$

$\fallingdotseq 1822 \text{ kJ/kg}$

또한, $\Delta s = \dfrac{r}{T} = \dfrac{h'' - h'}{T} = \dfrac{2778 - 763}{(180 + 273)}$

$= 4.448 \text{ kJ/(kg} \cdot \text{K)}$

문제 28. 온도 5 ℃와 35 ℃ 사이에서 역카르노 사이클로 운전하는 냉동기의 최대 성적 계수는 약 얼마인가? 【9장】

① 12.3 　　　　② 5.3

③ 7.3 　　　　④ 9.3

해설 $\varepsilon_r = \dfrac{T_{\text{II}}}{T_{\text{I}} - T_{\text{II}}} = \dfrac{5 + 273}{(35 + 273) - (5 + 273)}$

$= 9.27 \fallingdotseq 9.3$

문제 29. 압력 1 N/cm^2, 체적 0.5 m^3인 기체 1 kg을 가역과정으로 압축하여 압력이 2 N/cm^2, 체적이 0.3 m^3로 변화되었다. 이 과정이 압력-체적($P-V$)선도에서 선형적으로 변화되었다면 이 때 외부로부터 받은 일은 약 몇 N·m인가? 【2장】

① 2000 　　　　② 3000

③ 4000 　　　　④ 5000

해설

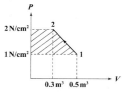

압축일($=$공업일$=$개방계의 일) : P축으로 투영한 면적이다.

결국, $W_t = \left(\dfrac{1}{2} \times 0.2 \times 1 \times 10^4 \right) + (0.3 \times 1 \times 10^4)$

$= 4000 \text{ N} \cdot \text{m}$

문제 30. 밀폐된 실린더 내의 기체를 피스톤으로 압축하는 동안 300 kJ의 열이 방출되었다. 압축일의 양이 400 kJ이라면 내부에너지 변화량은 약 몇 kJ인가? 【2장】

① 100 　　　　② 300

③ 400 　　　　④ 700

해설 $_1Q_2 = \Delta U + _1W_2$ 에서 　$-300 = \Delta U - 400$

$\therefore \Delta U = 100 \text{ kJ}$

문제 31. 두께가 4 cm인 무한히 넓은 금속 평판에서 가열면의 온도를 200 ℃, 냉각면의 온도를 50 ℃로 유지하였을 때 금속판을 통한 정상상태의 열유속이 300 kW/m^2이면 금속판의 열전도율(thermal conductivity)은 약 몇 W/(m·K)인가? (단, 금속판에서의 열전달은 Fourier 법칙을 따른다고 가정한다.) 【11장】

① 20 　　② 40 　　③ 60 　　④ 80

해설 "평판"인 경우

① 열전달량 : $Q = -kA \dfrac{dT}{dx}$

② 열플럭스 : $q = \dfrac{Q}{A} = -k \dfrac{dT}{dx}$

결국, $q = -k \dfrac{dT}{dx}$ 에서 　$300 \times 10^3 = k \times \dfrac{200 - 50}{0.04}$

$\therefore k = 80 \text{ W/(m} \cdot \text{K)}$

문제 32. 고열원과 저열원 사이에서 작동하는 카르노사이클 열기관이 있다. 이 열기관에서 60 kJ의 일을 얻기 위하여 100 kJ의 열을 공급하고 있다. 저열원의 온도가 15 ℃라고 하면 고열원의 온도는? 【4장】

① 128 ℃ 　　　　② 288 ℃

③ 447 ℃ 　　　　④ 720 ℃

해답 28. ④ 　 29. ③ 　 30. ① 　 31. ④ 　 32. ③

해설 $\eta_c = \dfrac{W}{Q_1} = 1 - \dfrac{T_{II}}{T_I}$ 에서 $\dfrac{60}{100} = 1 - \dfrac{288}{T_I}$

$\therefore T_I = 720\,K = 447\,℃$

문제 33. 20 ℃, 400 kPa의 공기가 들어 있는 1 m³의 용기와 30 ℃, 150 kPa의 공기 5 kg이 들어 있는 용기가 밸브로 연결되어 있다. 밸브가 열려서 전체 공기가 섞인 후 25 ℃의 주위와 열적 평형을 이룰 때 공기의 압력은 약 몇 kPa인가? (단, 공기의 기체상수는 0.287 kJ/(kg·K)이다.) 【3장】

① 110 　　② 214
③ 319 　　④ 417

해설 우선, $p_1 V_1 = m_1 R T_1$ 에서

$m_1 = \dfrac{p_1 V_1}{R T_1} = \dfrac{400 \times 1}{0.287 \times 293} = 4.757\,kg$

또한, $p_2 V_2 = m_2 R T_2$ 에서

$V_2 = \dfrac{m_2 R T_2}{p_2} = \dfrac{5 \times 0.287 \times 303}{150} = 2.8987\,m^3$

결국, $pV = mRT$ 에서

$\therefore p = \dfrac{mRT}{V} = \dfrac{(m_1 + m_2)RT}{V_1 + V_2}$

$= \dfrac{(4.757 + 5) \times 0.287 \times 298}{1 + 2.8987}$

$= 214\,kPa$

문제 34. 다음 장치들에 대한 열역학적 관점의 설명으로 옳은 것은? 【10장】

① 노즐은 유체를 서서히 낮은 압력으로 팽창하여 속도를 감소시키는 기구이다.
② 디퓨저는 저속의 유체를 가속하는 기구이며 그 결과 유체의 압력이 증가한다.
③ 터빈은 작동유체의 압력을 이용하여 열을 생성하는 회전식 기계이다.
④ 압축기의 목적은 외부에서 유입된 동력을 이용하여 유체의 압력을 높이는 것이다.

해설 ① 노즐(nozzle) : 단면적의 변화로 열에너지 또는 압력에너지를 운동에너지로 바꾸는 기구이며,

고속의 유체분류를 내어 운동에너지를 증가 즉, 속도를 증가시키는 것이 목적이다.
② 디퓨저(diffuser) : 속도를 감소시켜 유체의 정압력을 증가시키는 것이 목적이며, 노즐과 반대 기능을 지닌다.
③ 터빈(turbine) : 작동유체가 가지는 에너지를 유용한 기계적인 일로 변환시키는 기계이다.

문제 35. 상온(25 ℃)의 실내에 있는 수은 기압계에서 수은주의 높이가 730 mm라면, 이때 기압은 약 몇 kPa인가? (단, 25 ℃ 기준, 수은 밀도는 13534 kg/m³이다.) 【1장】

① 91.4 　　② 96.9
③ 99.8 　　④ 104.2

해설 $p = \gamma h = \rho g h = 13534 \times 9.8 \times 0.73$
$= 96822.24\,Pa ≒ 96.8\,kPa$

문제 36. 자동차 엔진을 수리한 후 실린더 블록과 헤드 사이에 수리 전과 비교하여 더 두꺼운 개스킷을 넣었다면 압축비와 열효율은 어떻게 되겠는가? 【8장】

① 압축비는 감소하고, 열효율도 감소한다.
② 압축비는 감소하고, 열효율은 증가한다.
③ 압축비는 증가하고, 열효율은 감소한다.
④ 압축비는 증가하고, 열효율도 증가한다.

해설 개스킷을 넣으면 실린더의 부피가 작아져서 압축비가 감소하고, 이로 인하여 열효율도 감소한다.

문제 37. 100 ℃와 50 ℃ 사이에서 작동되는 가역 열기관의 최대 열효율은 약 얼마인가? 【4장】

① 55.0 % 　　② 16.7 %
③ 13.4 % 　　④ 8.3 %

해설 열기관에서 최대의 효율은 카르노사이클이다.
즉, $\eta_c = 1 - \dfrac{T_{II}}{T_I} = 1 - \dfrac{(50+273)}{(100+273)} = 0.134 = 13.4\,\%$

정답 33. ② 34. ④ 35. ② 36. ① 37. ③

문제 38. 냉매의 요구조건으로 옳은 것은?

【9장】

① 비체적이 커야 한다.
② 증발압력이 대기압보다 낮아야 한다.
③ 응고점이 높아야 한다.
④ 증발열이 커야 한다.

해설 ・냉매의 일반적인 구비조건
　1) 물리적 조건
　　① 증발압력과 응축압력이 적당할 것
　　② 증발열과 증기의 비열은 크고 액체의 비열은
　　　작을 것
　　③ 응고점이 낮을 것
　　④ 증기의 비체적이 작을 것
　　⑤ 점성계수가 작고, 열전도계수가 클 것
　2) 화학적 조건
　　① 부식성이 없고 안정성이 있을 것
　　② 증기 및 액체의 점성이 작을 것
　　③ 가능한 한 윤활유에 녹지 않을 것
　　④ 인화나 폭발의 위험성이 없을 것
　　⑤ 전기저항이 클 것
　　⑥ 불활성이고 안정하며 비가연성일 것

문제 39. 섭씨온도 $-40\,^\circ\text{C}$를 화씨온도($^\circ\text{F}$)로 환산하면 약 얼마인가?

【1장】

① $-16\,^\circ\text{F}$
② $-24\,^\circ\text{F}$
③ $-32\,^\circ\text{F}$
④ $-40\,^\circ\text{F}$

해설 $t_\text{F} = \dfrac{9}{5}t_\text{C} + 32 = \dfrac{9}{5} \times (-40) + 32 = -40\,^\circ\text{F}$

문제 40. 어떤 냉매를 사용하는 냉동기의 압력-엔탈피 선도($P-h$ 선도)가 다음과 같다. 여기서 각각의 엔탈피는 $h_1 = 1638$ kJ/kg, $h_2 = 1983$ kJ/kg, $h_3 = h_4 = 559$ kJ/kg일 때 성적계수는 약 얼마인가? (단, h_1, h_2, h_3, h_4는 $P-h$ 선도에서 각각 1, 2, 3, 4에서의 엔탈피를 나타낸다.)

【9장】

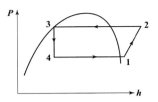

① 1.5
② 3.1
③ 5.2
④ 7.9

해설 $\varepsilon_r = \dfrac{h_1 - h_4}{h_2 - h_1} = \dfrac{1638 - 559}{1983 - 1638} = 3.13$

제3과목　기계유체역학

문제 41. 그림과 같이 유량 $Q = 0.03$ m³/s의 물 분류가 $V = 40$ m/s의 속도로 곡면판에 충돌하고 있다. 판은 고정되어 있고 휘어진 각도가 135°일 때 분류로부터 판이 받는 총 힘의 크기는 약 몇 N인가?

【4장】

① 2049
② 2217
③ 2638
④ 2898

해설 우선, $F_x = \rho QV(1 - \cos\theta)$
　　　　$= 1000 \times 0.03 \times 40 \times (1 - \cos 135^\circ)$
　　　　$= 2048.53\,\text{N}$
　또한, $F_y = \rho QV\sin\theta = 1000 \times 0.03 \times 40 \times \sin 135^\circ$
　　　　$= 848.53\,\text{N}$
　결국, $F = \sqrt{F_x^2 + F_y^2} = \sqrt{2048.53^2 + 848.53^2}$
　　　　$= 2217.3\,\text{N}$

문제 42. 대기압을 측정하는 기압계에서 수은을 사용하는 가장 큰 이유는?

【2장】

해답　38. ④　39. ④　40. ②　41. ②　42. ④

① 수은의 점성계수가 작기 때문에

② 수은의 동점성계수가 크기 때문에

③ 수은의 비중량이 작기 때문에

④ 수은의 비중이 크기 때문에

해설 표준대기압 $1\,atm = 760\,mm\,Hg(수은주)$
$$= 10.332\,m\,Aq(수주)$$
즉, 물의 비중은 1이고, 수은의 비중은 13.6으로서 표준대기압을 기준으로 하면 수은의 높이로 재면 760 mm=0.76 m이지만 물의 높이로 측정하면 10.332 m 나 된다.

따라서 수은의 비중이 크기 때문에 대기압을 측정하는데 수은기압계가 널리 사용된다.

문제 **43.** 단면적이 10 cm²인 관에, 매분 6 kg의 질량유량으로 비중 0.8인 액체가 흐르고 있을 때 액체의 평균속도는 약 몇 m/s인가? 【3장】

① 0.075   ② 0.125

③ 6.66   ④ 7.50

해설 $\dot{m} = \rho A V = \rho_{H_2O} S A V$에서
$$\frac{6}{60} = 1000 \times 0.8 \times 10 \times 10^{-4} \times V$$
$$\therefore V = 0.125\,m/s$$

문제 **44.** 그림과 같이 지름이 D 인 물방울을 지름 d 인 N 개의 작은 물방울로 나누려고 할 때 요구되는 에너지양은? (단, $D \gg d$ 이고, 물방울의 표면장력은 σ 이다.) 【1장】

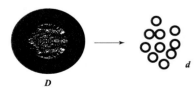

D → d

① $4\pi D^2 \left(\frac{D}{d} - 1 \right) \sigma$ ② $2\pi D^2 \left(\frac{D}{d} - 1 \right) \sigma$

③ $\pi D^2 \left(\frac{D}{d} - 1 \right) \sigma$ ④ $2\pi D^2 \left[\left(\frac{D}{d} \right)^2 - 1 \right] \sigma$

해설 표면장력(σ)은 직경비에 비례하므로
우선, 큰 물방울이 갖는 표면에너지
: $E_D = (\pi D \times \sigma) \times D = \pi D^2 \sigma$
또한, 작은 물방울이 갖는 표면에너지
: $E_d = E_D \times \frac{D}{d} = \pi D^2 \sigma \times \frac{D}{d}$
결국, N 개의 작은 물방울로 나눌 때 필요한 에너지 E 는
$$E = E_d - E_D = \pi D^2 \sigma \left(\frac{D}{d} - 1 \right)$$

문제 **45.** 그림과 같은 원통형 축 틈새에 점성계수가 0.51 Pa·s인 윤활유가 채워져 있을 때, 축을 1800 rpm으로 회전시키기 위해서 필요한 동력은 약 몇 W인가? (단, 틈새에서의 유동은 Couette 유동이라고 간주한다.) 【1장】

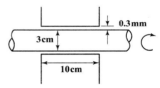

0.3mm

3cm

10cm

① 45.3

② 128

③ 4807

④ 13610

해설 우선, $V = \frac{\pi d N}{60} = \frac{\pi \times 0.03 \times 1800}{60} = 2.826\,m/s$
또한, $F = \mu \frac{V}{h} A = \mu \frac{V}{h} \pi d l$
$$= 0.51 \times \frac{2.826}{0.3 \times 10^{-3}} \times \pi \times 0.03 \times 0.1$$
$$= 45.28\,N$$
결국, 동력 $P = FV = 45.28 \times 2.826 \fallingdotseq 128\,W$

문제 **46.** 관마찰계수가 거의 상대조도(relative roughness)에만 의존하는 경우는? 【6장】

① 완전난류유동

② 완전층류유동

③ 임계유동

④ 천이유동

해답 **43.** ② **44.** ③ **45.** ② **46.** ①

해설 · 관마찰계수(f)
① 층류 : $f = F(Re)$
② 천이구역 : $f = F\left(Re, \dfrac{e}{d}\right)$
③ 난류 : 매끈한 관 $f = F(Re)$,
　　　거친 관 $f = F\left(\dfrac{e}{d}\right)$

문제 47. 안지름 20 cm의 원통형 용기의 축을 수직으로 놓고 물을 넣어 축을 중심으로 300 rpm의 회전수로 용기를 회전시키면 수면의 최고점과 최저점의 높이 차(H)는 약 몇 cm인가?　【2장】

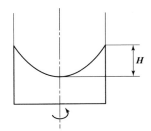

① 40.3 cm ② 50.3 cm
③ 60.3 cm ④ 70.3 cm

해설 $H = \dfrac{r_0^2 \omega^2}{2g} = \dfrac{r_0^2 \left(\dfrac{2\pi N}{60}\right)^2}{2g} = \dfrac{r_0^2 \times (2\pi)^2 \times N^2}{2g \times 60^2}$

$= \dfrac{10^2 \times (2\pi)^2 \times 300^2}{2 \times 980 \times 60^2} = 50.36 \text{ cm}$

문제 48. 물이 5 m/s로 흐르는 관에서 에너지선($E.L.$)과 수력기울기선($H.G.L.$)의 높이 차이는 약 몇 m인가?　【3장】

① 1.27 ② 2.24
③ 3.82 ④ 6.45

해설 에너지선($E.L$)과 수력구배선($H.G.L$)의 높이차이는 속도구배만큼이다.

즉, $E.L - H.G.L = \dfrac{V^2}{2g} = \dfrac{5^2}{2 \times 9.8} = 1.27 \text{ m}$

문제 49. 그림과 같은 물탱크에 Q의 유량으로 물이 공급되고 있다. 물탱크의 측면에 설치한 지름 10 cm의 파이프를 통해 물이 배출될 때, 배출구로부터의 수위 h를 3 m로 일정하게 유지하려면 유량 Q는 약 몇 m³/s이어야 하는가? (단, 물탱크의 지름은 3 m이다.)　【3장】

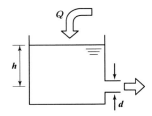

① 0.03 ② 0.04
③ 0.05 ④ 0.06

해설 $Q = AV = \dfrac{\pi d^2}{4} \times \sqrt{2gh}$

$= \dfrac{\pi \times 0.1^2}{4} \times \sqrt{2 \times 9.8 \times 3} = 0.06 \text{ m}^3/\text{s}$

문제 50. 다음 중 유체 속도를 측정할 수 있는 장치로 볼 수 없는 것은?　【10장】

① Pitot-static tube
② Laser Doppler Velocimetry
③ Hot Wire
④ Piezometer

해설 유속측정 : 피토관(pitot tube), 피토－정압관(pitot static tube), 시차액주계(differential manometer), 열선속도계(hot wire velocimetry), 레이저 도플러 속도계(laser doppler velocimetry)
　※ 정압측정 : 정압관(static tube),
　　　　　피에조미터(piezometer)

문제 51. 레이놀즈수가 매우 작은 느린 유동(creeping flow)에서 물체의 항력 F는 속도 V, 크기 D, 그리고 유체의 점성계수 μ에 의존한다. 이와 관계하여 유도되는 무차원수는?　【7장】

해답 **47.** ② **48.** ① **49.** ④ **50.** ④ **51.** ①

① $\dfrac{F}{\mu VD}$ ② $\dfrac{VD}{F\mu}$

③ $\dfrac{FD}{\mu V}$ ④ $\dfrac{F}{\mu DV^2}$

[해설] 단위환산을 하여 단위가 모두 약분되면 무차원 수이다.

[문제] 52. 정상, 비압축성 상태의 2차원 속도장이 (x, y) 좌표계에서 다음과 같이 주어졌을 때 유선의 방정식으로 옳은 것은?

(단, u와 v는 각각 x, y방향의 속도성분이고, C는 상수이다.) **【3장】**

$$u = -2x, \quad v = 2y$$

① $x^2 y = C$ ② $xy^2 = C$

③ $xy = C$ ④ $\dfrac{x}{y} = C$

[해설] $\dfrac{dx}{u} = \dfrac{dy}{v}$ 에서 $\dfrac{dx}{-2x} = \dfrac{dy}{2y}$

$\dfrac{dx}{x} + \dfrac{dy}{y} = 0$ 양변을 적분하면

$\ln x + \ln y = \ln C$ $\ln(xy) = \ln C$

결국, $xy = C$

[문제] 53. 부차적 손실계수가 4.5인 밸브를 관마찰계수가 0.02이고, 지름이 5 cm인 관으로 환산한다면 관의 상당길이는 약 몇 m인가?

【6장】

① 9.34   ② 11.25

③ 15.37   ④ 19.11

[해설] $\ell_e = \dfrac{Kd}{f} = \dfrac{4.5 \times 0.05}{0.02} = 11.25\,\text{m}$

[문제] 54. 어떤 물체의 속도가 초기 속도의 2배가 되었을 때 항력계수가 초기 항력계수의 $\dfrac{1}{2}$로

줄었다. 초기에 물체가 받는 저항력이 D라고 할 때 변화된 저항력은 얼마가 되는가? **【5장】**

① $\dfrac{1}{2}D$ ② $\sqrt{2}\,D$

③ $2D$ ④ $4D$

[해설] 우선, $D = C_D \dfrac{\gamma V^2}{2g} A$

또한, $D' = \dfrac{C_D}{2} \times \dfrac{\gamma(2V)^2}{2g} A = 2C_D \dfrac{\gamma V^2}{2g} A = 2D$

[문제] 55. 자동차의 브레이크 시스템의 유압장치에 설치된 피스톤과 실린더 사이의 환형 틈새 사이를 통한 누설유동은 두 개의 무한 평판 사이의 비압축성, 뉴턴유체의 층류유동으로 가정할 수 있다. 실린더 내 피스톤의 고압측과 저압측과의 압력차를 2배로 늘렸을 때, 작동유체의 누설유량은 몇 배가 될 것인가? **【5장】**

① 2배   ② 4배

③ 8배   ④ 16배

[해설] 층류유동에서 평판에서 유량(Q)은 다음과 같다.

$Q = \dfrac{\Delta p b h^3}{12\mu\ell}$ 에서 Q와 Δp는 비례하므로 압력차(Δp)가 2배이면 누설유량(Q)도 2배이다.

[문제] 56. 속도성분이 $u = 2x$, $v = -2y$인 2차원 유동의 속도 포텐셜 함수 ϕ로 옳은 것은?

(단, 속도 포텐셜 ϕ는 $\vec{V} = \nabla\phi$로 정의된다.) **【3장】**

① $2x - 2y$ ② $x^3 - y^3$

③ $-2xy$ ④ $x^2 - y^2$

[해설] $\vec{V} = \nabla\phi$ 즉, $u\vec{i} + v\vec{j} = \dfrac{\partial\phi_1}{\partial x}\vec{i} + \dfrac{\partial\phi_2}{\partial y}\vec{j}$

따라서, $\partial\phi_1 = u\,\partial x$ 즉, $\phi_1 = \int u\,dx = x^2$

$\partial\phi_2 = v\,\partial y$ 즉, $\phi_2 = \int v\,dy = -y^2$

결국, $\phi = \phi_1 + \phi_2 = x^2 - y^2$

[정답] **52.** ③   **53.** ②   **54.** ③   **55.** ①   **56.** ④

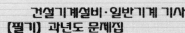
문제 57. 평판 위에서 이상적인 층류 경계층 유동을 해석하고자 할 때 다음 중 옳은 설명을 모두 고른 것은? 【5장】

> ㉮ 속도가 커질수록 경계층 두께는 커진다.
> ㉯ 경계층 밖의 외부유동은 비점성유동으로 취급할 수 있다.
> ㉰ 동일한 속도 및 밀도일 때 점성계수가 커질수록 경계층 두께는 커진다.

① ㉯　　　　　　　② ㉮, ㉯
③ ㉮, ㉰　　　　　④ ㉯, ㉰

해설 속도가 커질수록 경계층 두께는 작아지고, 속도가 작을수록 경계층 두께는 커진다.

문제 58. 다음 중 체적탄성계수와 차원이 같은 것은? 【1장】

① 체적
② 힘
③ 압력
④ 레이놀드(Reynolds) 수

해설 체적탄성계수 $K = \dfrac{\Delta P}{-\dfrac{\Delta V}{V}} = \dfrac{1}{\beta}$ 에서 체적탄성계수(K)는 압력(ΔP)에 비례하며, 압력과 차원이 같다.

문제 59. 실제 잠수함 크기의 1/25인 모형 잠수함을 해수에서 실험하고자 한다. 만일 실형 잠수함을 5 m/s로 운전하고자 할 때 모형 잠수함의 속도는 몇 m/s로 실험해야 하는가? 【7장】

① 0.2　　　　　　② 3.3
③ 50　　　　　　　④ 125

해설 $(Re)_P = (Re)_m$ 에서 $\left(\dfrac{V\ell}{\nu}\right)_P = \left(\dfrac{V\ell}{\nu}\right)_m$ 이므로

$5 \times 25 = V_m \times 1$ ∴ $V_m = 125\,\mathrm{m/s}$

문제 60. 액체 속에 잠겨진 경사면에 작용되는 힘의 크기는? (단, 면적을 A, 액체의 비중량을 γ, 면의 도심까지의 깊이를 h_c라 한다.) 【2장】

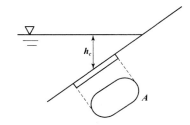

① $\dfrac{1}{3}\gamma h_c A$　　　　② $\dfrac{1}{2}\gamma h_c A$
③ $\gamma h_c A$　　　　　　　④ $2\gamma h_c A$

해설 · 전압력 $F = \gamma h_c A$

· 작용점의 위치 $y_F = \bar{y} + \dfrac{I_G}{A\bar{y}}$

제4과목 기계재료 및 유압기기

문제 61. 전기 전도율이 높은 것에서 낮은 순으로 나열된 것은?

① Al > Au > Cu > Ag
② Au > Cu > Ag > Al
③ Cu > Au > Al > Ag
④ Ag > Cu > Au > Al

해설 전기 전도율 크기
: Ag > Cu > Au > Al > Mg > Zn > Ni > Fe > Pb > Sb

문제 62. 철강을 부식시키기 위한 부식제로 옳은 것은?

① 왕수　　　　　　② 질산 용액
③ 나이탈 용액　　　④ 염화제2철 용액

해설 문제오류 ⇒ "전항정답"으로 함

예답 57. ④　58. ③　59. ④　60. ③　61. ④　62. 전항정답

문제 63. α−Fe과 Fe₃C의 층상조직은?

① 펄라이트 ② 시멘타이트

③ 오스테나이트 ④ 레데뷰라이트

해설 ·탄소강의 표준조직

강을 Ac₃선 또는 Acm선 이상 40~50 ℃까지 가열후 서냉시켜서 조직의 평준화를 기한 것으로 불림 (Normalizing)에 의해서 얻는 조직

① 오스테나이트(A) : γ고용체, 면심입방격자(FCC), 인성이 크다.

② 페라이트(F) : α고용체(순철), 체심입방격자(BCC), 열처리가 되지 않는다.

대단히 연하고, 전성, 연성이 크다.

③ 펄라이트(P) : 탄소 약 0.8 %의 γ고용체가 723 ℃ (A₁변태점)에서 분열하여 생긴 페라이트(F)와 시멘타이트(C)의 공석조직으로 페라이트와 시멘타이트가 층상으로 나타나는 강인한 조직이다.

④ 레데뷰라이트(L) : γ철(오스테나이트)+Fe₃C(시멘타이트), 공정조직(4.3 %C)

⑤ 시멘타이트(C) : Fe₃C(탄화철), 백색침상의 금속 간화합물, 취성이 있다.

상온에서 강자성체이나 210 ℃가 넘으면 상자성체로 변하여 A₀변태를 한다.

6.68 %C, 경도가 대단히 높아 압연이나 단조 작업을 할 수 없다. 연성은 거의 없으며 인장강도에는 약하다.

문제 64. 구상 흑연주철의 구상화 첨가제로 주로 사용되는 것은?

① Mg, Ca ② Ni, Co

③ Cr, Pb ④ Mn, Mo

해설 구상흑연주철은 보통주철(편상흑연)을 용융상태에서 Mg, Ca, Ce를 첨가하여 흑연을 구상화한 것이다.

문제 65. 심냉처리를 하는 주요 목적으로 옳은 것은?

① 오스테나이트 조직을 유지시키기 위해

② 시멘타이트 변태를 촉진시키기 위해

③ 베이나이트 변태를 진행시키기 위해

④ 마텐자이트 변태를 완전히 진행시키기 위해

해설 심냉처리(sub−zero treatment)

: 담금질된 잔류오스테나이트(A)를 0 ℃ 이하의 온도로 냉각시켜 마텐자이트(M)화 하는 열처리이다.

문제 66. 배빗메탈 이라고도 하는 베어링용 합금인 화이트 메탈의 주요성분으로 옳은 것은?

① Pb−W−Sn

② Fe−Sn−Al

③ Sn−Sb−Cu

④ Zn−Sn−Cr

해설 ·베어링용합금

① 화이트메탈 : Sn−Sb−Zn−Cu

ㄱ 주석계 화이트메탈(＝배빗메탈)

ㄴ 납(＝연)계 화이트메탈

ㄷ 아연계 화이트메탈

② 구리(＝동)계 화이트메탈(＝켈멧)

③ 알루미늄계합금

※ 6·4황동(Muntz metal) : Cu 60 %−Zn 40 %

문제 67. 게이지용강이 갖추어야 할 조건으로 틀린 것은?

① HRC55 이상의 경도를 가져야 한다.

② 담금질에 의한 변형 및 균열이 적어야 한다.

③ 오랜 시간 경과하여도 치수의 변화가 적어야 한다.

④ 열팽창계수는 구리와 유사하며 취성이 커야 한다.

해설 ·게이지용강이 갖추어야 할 조건

① 내마모성이 크고, HRC55 이상의 경도를 가져야 한다.

② 담금질에 의한 변형 및 담금질 균열이 적어야 한다.

③ 오랜시간 경과하여도 치수의 변화가 적어야 한다.

④ 열팽창계수는 강과 유사하며 내식성이 좋아야 한다.

문제 68. 마템퍼링(martempering)에 대한 설명으로 옳은 것은?

정답 63. ① 64. ① 65. ④ 66. ③ 67. ④ 68. ②

① 조직은 완전한 펄라이트가 된다.
② 조직은 베이나이트와 마텐자이트가 된다.
③ M_s점 직상의 온도까지 급냉한 후 그 온도에서 변태를 완료시키는 것이다.
④ M_f점 이하의 온도까지 급냉한 후 그 온도에서 변태를 완료시키는 것이다.

해설 마텐퍼링(martempering)
: M_s점과 M_f점 사이에서 항온처리하는 열처리 방법으로 마텐자이트와 베이나이트의 혼합조직을 얻는다.

문제 69. Ni-Fe 합금으로 불변강이라 불리우는 것이 아닌 것은?

① 인바   ② 엘린바
③ 콘스탄탄   ④ 플래티나이트

해설 불변강(=고Ni강) : 온도가 변해도 선팽창계수, 탄성률이 변하지 않는 강으로 종류에는 인바, 엘린바, 초인바, 코엘린바, 플래티나이트 등이 있다.
※ 콘스탄탄 : 니켈-구리계 합금으로 Cu-Ni 40~50%를 함유하며, 전기저항이 크고 온도계수가 작다. 전기저항선, 열전쌍재료로 사용한다.

문제 70. 열경화성 수지에 해당하는 것은?

① ABS 수지
② 폴리스티렌
③ 폴리에틸렌
④ 에폭시 수지

해설 열경화성수지
: 페놀수지, 요소수지, 에폭시수지, 멜라민수지, 규소수지, 폴리에스테르수지, 푸란수지, 폴리우레탄수지

문제 71. 그림과 같은 실린더를 사용하여 $F=3$ kN의 힘을 발생시키는데 최소한 몇 MPa의 유압이 필요한가?
(단, 실린더의 내경은 45 mm이다.)

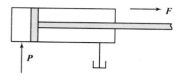

① 1.89   ② 2.14
③ 3.88   ④ 4.14

해설 $P = \dfrac{F}{A} = \dfrac{3 \times 10^{-3}}{\dfrac{\pi}{4} \times 0.045^2} = 1.89\,\mathrm{MPa}$

문제 72. 축압기 특성에 대한 설명으로 옳지 않은 것은?

① 중추형 축압기 안에 유압유 압력은 항상 일정하다.
② 스프링 내장형 축압기인 경우 일반적으로 소형이며 가격이 저렴하다.
③ 피스톤형 가스 충진 축압기의 경우 사용 온도 범위가 블래더형에 비하여 넓다.
④ 다이어프램 충진 축압기의 경우 일반적으로 대형이다.

해설 · 축압기(accumulator)의 종류
① 중추형 ┌ ㉠ 일정유압을 공급할 수 있다.
           └ ㉡ 일반적으로 크고 무거워 외부 누설 방지가 곤란하다.
② 다이어프램형 ┌ ㉠ 유실에 가스침입의 염려가 없다.
                      └ ㉡ 구형각의 용기를 사용하므로 소형고압용에 적당하다.
③ 스프링형 ┌ ㉠ 저압용에 사용되며 일반적으로 소형이다.
              └ ㉡ 가격이 저렴하다.
④ 고무튜브형 ┌ ㉠ 배관의 일부분에 연결, 맥동방지에 사용된다.
                      └ ㉡ 축유량이 적으므로 동력원에는 이용할 수 없다.
⑤ 피스톤형 ┌ ㉠ 형상이 간단하고 구성품이 적다.
             ├ ㉡ 대형도 제작이 용이하다.
             ├ ㉢ 축유량을 크게 잡을 수 있다.
             └ ㉣ 유실에 가스침입의 염려가 있다.
⑥ 브러더형 ┌ ㉠ 유실에 가스침입의 염려가 있다.
             ├ ㉡ 대형도 제작이 용이하다.
             └ ㉢ 비교적 가볍게 만들어진다.

해답 **69.** ③   **70.** ④   **71.** ①   **72.** ④

문제 73. 그림과 같은 유압 기호의 명칭은?

① 공기압 모터
② 요동형 엑추에이터
③ 정용량형 펌프·모터
④ 가변용량형 펌프·모터

문제 74. 유압밸브의 전환 도중에 과도하게 생기는 밸브포트 간의 흐름을 무엇이라고 하는가?

① 랩
② 풀 컷 오프
③ 서지 압
④ 인터플로

해설 ① 랩(lap) : 미끄럼밸브의 랜드 부분과 포트 부분 사이에 겹친 상태 또는 그 양
② 풀 컷 오프(pull cut off) : 펌프의 컷 오프 상태에서 유량이 0(영)이 되는 것
③ 서지 압(surge pressure) : 과도적으로 상승한 압력의 최대값

문제 75. 유압 펌프의 토출 압력이 6 MPa, 토출 유량이 40 cm³/min일 때 소요 동력은 몇 W 인가?

① 240
② 4
③ 0.24
④ 0.4

해설 동력 $L_P = pQ = 6 \times 10^6 \times \dfrac{40 \times 10^{-6}}{60} = 4\,\text{W}$

문제 76. 압력 제어 밸브에서 어느 최소 유량에서 어느 최대 유량까지의 사이에 증대하는 압력은?

① 오버라이드 압력
② 전량 압력
③ 정격 압력
④ 서지 압력

해설 오버라이드 압력(override pressure)
: 설정압력과 크래킹압력의 차이를 말하며, 이 압력 차가 클수록 릴리프밸브의 성능이 나쁘고 포핏을 진동시키는 원인이 된다.

문제 77. 밸브 입구측 압력이 밸브 내 스프링 힘을 초과하여 포펫의 이동이 시작되는 압력을 의미하는 용어는?

① 배압
② 컷 오프
③ 크래킹
④ 인터플로

해설 크래킹 압력(cracking pressure)
: 체크밸브 또는 릴리프밸브 등으로 압력이 상승하여 밸브가 열리기 시작하고 어떤 일정한 흐름의 양이 확인되는 압력

문제 78. 액추에이터의 배출 쪽 관로내의 공기의 흐름을 제어함으로써 속도를 제어하는 회로는?

① 클램프 회로
② 미터 인 회로
③ 미터 아웃 회로
④ 블리드 오프 회로

해설 ·유량조정밸브에 의한 회로
① 미터 인 회로 : 액추에이터의 입구쪽 관로에서 유량을 교축시켜 작동속도를 조절하는 방식
② 미터 아웃 회로 : 액추에이터의 출구쪽 관로에서 유량을 교축시켜 작동속도를 조절하는 방식. 즉, 실린더에서 유출하는 유량을 복귀측에 직렬로 유량조절밸브를 설치하여 유량을 제어하는 방식
③ 블리드 오프 회로 : 액추에이터로 흐르는 유량의 일부를 탱크로 분기함으로서 작동속도를 조절하는 방식. 회로연결은 병렬로 연결한다.

문제 79. 다음 중 압력 제어 밸브들로만 구성되어 있는 것은?

① 릴리프 밸브, 무부하 밸브, 스로틀 밸브
② 무부하 밸브, 체크 밸브, 감압 밸브
③ 셔틀 밸브, 릴리프 밸브, 시퀀스 밸브
④ 카운터 밸런스 밸브, 시퀀스 밸브, 릴리프 밸브

해답 **73.** ③ **74.** ④ **75.** ② **76.** ① **77.** ③ **78.** ③ **79.** ④

해설> 압력제어밸브
: 릴리프밸브, 시퀀스밸브, 무부하밸브(=언로딩밸브),
카운터밸런스밸브, 감압밸브, 압력스위치, 유체퓨즈

문제 80. 유압기기의 통로(또는 관로)에서 탱크
(또는 매니폴드 등)로 돌아오는 액체 또는 액
체가 돌아오는 현상을 나타내는 용어는?

① 누설 ② 드레인
③ 컷오프 ④ 토출량

해설> ① 누설(leakage) : 정상상태로는 흐름을 폐지
시킨 장소 또는 흐르는 것이 좋지 않은 장소를
통하는 비교적 적은 양의 흐름
② 컷오프(cut off) : 펌프 출구측 압력이 설정압력
에 가깝게 되었을 때 가변 토출량 제어가 작동
하여 유량을 감소시키는 것
③ 토출량 : 일반적으로 펌프가 단위 시간에 토출시
키는 액체의 체적

제5과목 기계제작법 및 기계동력학

문제 81. 수평 직선 도로에서 일정한 속도로 주
행하던 승용차의 운전자가 앞에 놓인 장애물을
보고 급제동을 하여 정지하였다. 바퀴자국으로
파악한 제동거리가 25 m이고, 승용차 바퀴와
도로의 운동마찰계수는 0.35일 때 제동하기 직
전의 속력은 약 몇 m/s인가?

① 11.4 ② 13.1
③ 15.9 ④ 18.6

해설> 운동에너지＝마찰일

즉, $\frac{1}{2}mV^2 = \mu mgs$

$\therefore V = \sqrt{2\mu gs} = \sqrt{2 \times 0.35 \times 9.8 \times 25} = 13.1\,\text{m/s}$

문제 82. 그림과 같이 경사진 표면에 50 kg의 블
록이 놓여있고 이 블록은 질량이 m인 추와 연
결되어 있다. 경사진 표면과 블록사이의 마찰

계수를 0.5라 할 때 이 블록을 경사면으로 끌
어올리기 위한 추의 최소 질량 (m)은 약 몇 kg
인가?

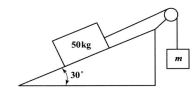

① 36.5 ② 41.8
③ 46.7 ④ 54.2

해설>

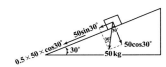

추에 의한 경사면에 작용하는 힘 ≥ 빗면을 내려가려
고 하는 힘

즉, $mg \geq (0.5 \times 50 \times \cos 30° \times g) + (50 \times \sin 30° \times g)$

$\therefore m \geq 46.6\,\text{kg}$

문제 83. 두 조화운동 $x_1 = 4\sin 10t$와 $x_2 = 4\sin 10.2t$를 합성하면 맥놀이(beat)현상이 발
생하는데 이 때 맥놀이 진동수 (Hz)는?
(단, t의 단위는 s이다.)

① 31.4 ② 62.8
③ 0.0159 ④ 0.0318

해설> ① 조화운동의 합성

$x = x_1 + x_2 = 4\sin 10t + 4\sin 10.2t$

$= 4(\sin 10t + \sin 10.2t)$

$= 4\left[2\sin\frac{20.2t}{2}\cos\frac{0.2t}{2}\right]$

$= 8\sin 10.1t \cos 0.1t$

② 맥놀이(＝울림 : beat)진동수 f_b는

$f_b = \frac{\omega_2 - \omega_1}{2\pi} = \frac{10.2 - 10}{2\pi} = \frac{0.2}{2\pi}$

$= 0.0318\,\text{HZ}\,(= \text{C.P.S} = \text{cycle/sec})$

③ 울림주기 $T = \frac{1}{f_b} = \frac{2\pi}{0.2}\,(\text{sec})$

〈참고〉 $\sin A + \sin B = 2\sin\frac{A+B}{2} \cdot \cos\frac{A-B}{2}$

정답> **80.** ② **81.** ② **82.** ③ **83.** ④

문제 84. 외력이 가해지지 않고 오직 초기조건에 의하여 운동한다고 할 때 그림의 계가 지속적으로 진동하면서 감쇠하는 부족감쇠운동(underdamped motion)을 나타내는 조건으로 가장 옳은 것은?

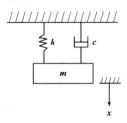

① $0 < \dfrac{c}{\sqrt{km}} < 1$ ② $\dfrac{c}{\sqrt{km}} > 1$

③ $0 < \dfrac{c}{\sqrt{km}} < 2$ ④ $\dfrac{c}{\sqrt{km}} > 2$

해설 · 임계상태에 따른 변위

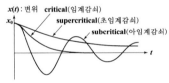

① $C > 2\sqrt{mk}$: 초임계감쇠(과도감쇠)
② $C = 2\sqrt{mk}$: 임계감쇠
③ $C < 2\sqrt{mk}$: 아임계감쇠(부족감쇠)

문제 85. 보 AB는 질량을 무시할 수 있는 강체이고 A점은 마찰 없는 힌지(hinge)로 지지되어 있다. 보의 중점 C와 끝점 B에 각각 질량 m_1과 m_2가 놓여 있을 때 이 진동계의 운동방정식을 $m\ddot{x} + kx = 0$이라고 하면 m의 값으로 옳은 것은?

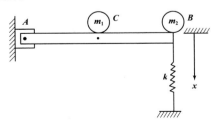

① $m = \dfrac{m_1}{4} + m_2$ ② $m = m_1 + \dfrac{m_2}{2}$

③ $m = m_1 + m_2$ ④ $m = \dfrac{m_1 - m_2}{2}$

해설 $m_1 \times \dfrac{\ell}{2} \times \dfrac{\ell}{2} + m_2 \times \ell \times \ell = m\ell^2$ 에서

$\therefore\; m = \dfrac{m_1}{4} + m_2$

문제 86. 그림은 2톤의 질량을 가진 자동차가 18 km/h의 속력으로 벽에 충돌하는 상황을 위에서 본 것이며 범퍼를 병렬 스프링 2개로 가정하였다. 충돌과정에서 스프링의 최대 압축량이 0.2 m라면 스프링 상수 k는 얼마인가? (단, 타이어와 노면의 마찰은 무시한다.)

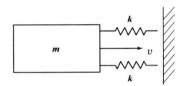

① 625 kN/m   ② 312.5 kN/m
③ 725 kN/m   ④ 1450 kN/m

해설 운동에너지 = 탄성에너지

즉, $\dfrac{1}{2}mV^2 = \dfrac{1}{2}(k+k)x^2$

$\dfrac{1}{2}mV^2 = kx^2$

$\dfrac{1}{2} \times 2000 \times \left(\dfrac{18 \times 10^3}{3600}\right)^2 = k \times 0.2^2$

$\therefore\; k = 625 \times 10^3\,\mathrm{N/m} = 625\,\mathrm{kN/m}$

문제 87. 그림과 같이 질량이 동일한 두 개의 구슬 A, B가 있다. 초기에 A의 속도는 v이고 B는 정지되어 있다. 충돌 후 A와 B의 속도에 관한 설명으로 옳은 것은? (단, 두 구슬 사이의 반발계수는 1이다.)

해답 **84.** ③ **85.** ① **86.** ① **87.** ④

① A와 B 모두 정지한다.

② A와 B 모두 v의 속도를 가진다.

③ A와 B 모두 $\dfrac{v}{2}$의 속도를 가진다.

④ A는 정지하고 B는 v의 속도를 가진다.

[해설] 우선, $V_A' = V_A - \dfrac{m_B}{m_A + m_B}(1+e)(V_A - \cancel{V_B}^{0})$

$\qquad = V - \dfrac{m}{m+m}(1+1) \times V = 0\,(정지)$

또한, $V_B' = \cancel{V_B}^{0} + \dfrac{m_A}{m_A + m_B}(1+e)(V_A - \cancel{V_B}^{0})$

$\qquad = \dfrac{m}{m+m}(1+1) \times V = V = 0$

문제 88. 그림과 같이 길이 $1\,\mathrm{m}$, 질량 $20\,\mathrm{kg}$인 봉으로 구성된 기구가 있다. 봉은 A점에서 카트에 핀으로 연결되어 있고, 처음에는 움직이지 않고 있었으나 하중 P가 작용하여 카트가 왼쪽방향으로 $4\,\mathrm{m/s^2}$의 가속도가 발생하였다. 이 때 봉의 초기 각가속도는?

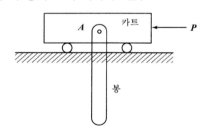

① $6.0\,\mathrm{rad/s^2}$, 시계방향

② $6.0\,\mathrm{rad/s^2}$, 반시계방향

③ $7.3\,\mathrm{rad/s^2}$, 시계방향

④ $7.3\,\mathrm{rad/s^2}$, 반시계방향

[해설] $\sum M_A = J_A \ddot{\theta}$ 에서 $m\ddot{x}\dfrac{\ell}{2}\cos\theta = \dfrac{m\ell^2}{3}\ddot{\theta}$

결국, 각가속도 $\ddot{\theta}(=\alpha) = \dfrac{3\ddot{x}\cos\theta}{2} = \dfrac{3 \times 4 \times \cos 0°}{2}$

$\qquad\qquad = 6\,\mathrm{rad/s^2}\,(반시계방향)$

문제 89. 질량이 $30\,\mathrm{kg}$인 모형 자동차가 반경 $40\,\mathrm{m}$인 원형경로를 $20\,\mathrm{m/s}$의 일정한 속력으로

돌고 있을 때 이 자동차가 법선방향으로 받는 힘은 약 몇 N인가?

① 100 　　　　② 200

③ 300 　　　　④ 600

[해설] $F_n = ma_n = mr\omega^2 = m\dfrac{V^2}{r} = 30 \times \dfrac{20^2}{40} = 300\,\mathrm{N}$

문제 90. OA와 AB의 길이가 각각 $1\,\mathrm{m}$인 강체막대 OAB가 $x-y$ 평면 내에서 O점을 중심으로 회전하고 있다. 그림의 위치에서 막대 OAB의 각속도는 반시계 방향으로 $5\,\mathrm{rad/s}$이다. 이 때 A에서 측정한 B점의 상대속도 $\overrightarrow{v_{B/A}}$의 크기는?

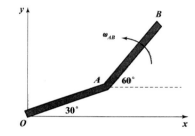

① $4\,\mathrm{m/s}$ 　　　② $5\,\mathrm{m/s}$

③ $6\,\mathrm{m/s}$ 　　　④ $7\,\mathrm{m/s}$

[해설] $\overrightarrow{V_{B/A}} = r\omega = 1 \times 5 = 5\,\mathrm{m/s}$

문제 91. 기계 부품, 식기, 전기 저항선 등을 만드는데 사용되는 양은의 성분으로 적절한 것은?

① Al의 합금

② Ni와 Ag의 합금

③ Zn과 Sn의 합금

④ Cu, Zn 및 Ni의 합금

[해설] · 양은(=양백=백동=니켈황동)

① 7-3황동(Cu 70 %−Zn 30 %)+Ni 10~20 %

② 색깔이 은(Ag)과 비슷하여 장식용, 식기, 악기, 기타 은그릇 대용으로 사용

[해답] **88.** ② **89.** ③ **90.** ② **91.** ④

문제 **92.** 버니어캘리퍼스에서 어미자 49 mm를 50등분한 경우 최소 읽기 값은 몇 mm인가? (단, 어미자의 최소눈금은 1.0 mm이다.)

① $\dfrac{1}{50}$　　　　② $\dfrac{1}{25}$

③ $\dfrac{1}{24.5}$　　　④ $\dfrac{1}{20}$

해설 최소측정값 $=\dfrac{\text{어미자의 눈금}(A)}{\text{등분수}(n)}=\dfrac{1}{50}$

문제 **93.** Fe-C 평형상태도에서 탄소함유량이 약 0.80 %인 강을 무엇이라고 하는가?

① 공석강
② 공정주철
③ 아공정주철
④ 과공정주철

해설 · 탄소함유량
① 공석강 : 0.8 %
② 공정주철 : 4.3 %
③ 아공정주철 : 2.11~4.3 %
④ 과공정주철 : 4.3~6.68 %

문제 **94.** 펀치와 다이를 프레스에 설치하여 판금 재료로부터 목적하는 형상의 제품을 뽑아내는 전단가공은?

① 스웨이징
② 엠보싱
③ 브로칭
④ 블랭킹

해설 블랭킹 : 판재에서 소정의 제품을 따내는 가공으로 남은 쪽이 폐품, 떨어진 쪽이 제품이 된다.

문제 **95.** 방전가공에서 전극 재료의 구비조건으로 가장 거리가 먼 것은?

① 기계가공이 쉬워야 한다.
② 가공 전극의 소모가 커야 한다.
③ 가공 정밀도가 높아야 한다.
④ 방전이 안전하고 가공속도가 빨라야 한다.

해설 · 방전가공에서 전극재질의 구비조건
① 기계가공이 쉬울 것
② 안정된 방전이 생길 것
③ 가공 정밀도가 높을 것
④ 전극소모가 적을 것
⑤ 구하기 쉽고 값이 저렴할 것
⑥ 절삭·연삭가공이 쉬울 것
⑦ 가공속도가 빠를 것

문제 **96.** 연삭 중 숫돌의 떨림 현상이 발생하는 원인으로 가장 거리가 먼 것은?

① 숫돌의 결합도가 약할 때
② 숫돌축이 편심되어 있을 때
③ 숫돌의 평형상태가 불량할 때
④ 연삭기 자체에서 진동이 있을 때

해설 · 연삭작업 중 떨림의 원인
① 숫돌이 불균형일 때
② 숫돌이 진원이 아닐 때
③ 센터 및 방진구가 부적당할 때
④ 숫돌의 측면에 무리한 압력이 가해졌을 때
※ 숫돌의 결합도 : 입자를 결합하고 있는 결합제의 세기

문제 **97.** 주조에 사용되는 주물사의 구비조건으로 옳지 않은 것은?

① 통기성이 좋을 것
② 내화성이 적을 것
③ 주형 제작이 용이할 것
④ 주물 표면에서 이탈이 용이할 것

해설 · 주물사의 구비조건
① 성형성, 내열성, 통기성, 내화성, 내압성, 복용성, 신축성(가축성), 경제성이 있을 것
② 열전도율이 불량할 것(보온성)
③ 주물표면에서 이탈이 용이할 것

해답 **92.** ①　**93.** ①　**94.** ④　**95.** ②　**96.** ①　**97.** ②

문제 98. 전기 저항 용접의 종류에 해당하지 않는 것은?

① 심 용접
② 스폿 용접
③ 테르밋 용접
④ 프로젝션 용접

해설 · 전기저항용접
① 겹치기용접 : 점용접, 프로젝션용접, 심용접
② 맞대기용접 : 업셋용접, 플래시용접

문제 99. 전기 도금의 반대현상으로 가공물을 양극, 전기저항이 적은 구리, 아연을 음극에 연결한 후 용액에 침지하고 통전하여 금속표면의 미소 돌기부분을 용해하여 거울면과 같이 광택이 있는 면을 가공할 수 있는 특수가공은?

① 방전가공
② 전주가공
③ 전해연마
④ 슈퍼피니싱

해설 전해연마
: 전기분해현상을 이용하여 금속표면의 미소돌기부분을 용해하여 매끈하게 가공하는 전기화학적 가공법

문제 100. Taylor의 공구 수명에 관한 실험식에서 세라믹 공구를 사용하여 지수(n)=0.5, 상수(C)=200, 공구 수명(T)을 30 (min)으로 조건을 주었을 때, 적합한 절삭속도는 약 몇 m/min인가?

① 30.3
② 32.6
③ 34.4
④ 36.5

해설 $VT^n = C$에서
$V \times (30)^{0.5} = 200$ ∴ $V = 36.5\,\mathrm{m/min}$

정답 **98.** ③ **99.** ③ **100.** ④

2018년 제1회 일반기계·건설기계설비 기사

제1과목 재료역학

문제 1. 최대 사용강도($\sigma_{\max}$)=240 MPa, 내경 1.5 m, 두께 3 mm의 강재 원통형 용기가 견딜 수 있는 최대 압력은 몇 kPa인가?
(단, 안전계수는 2이다.) 【2장】

① 240   ② 480
③ 960   ④ 1920

해설 우선, $\sigma_a = \dfrac{\sigma_u}{S} = \dfrac{240}{2} = 120\,\text{MPa} = 120 \times 10^3\,\text{kPa}$

또한, $\sigma_1 = \dfrac{pd}{2t} \leq \sigma_a$에서

$p \leq \dfrac{2t\sigma_a}{d}$이므로 $p \leq \dfrac{2 \times 0.003 \times 120 \times 10^3}{1.5}$

$\therefore\ p \leq 480\,\text{kPa}$

결국, p의 최대값은 $p = 480\,\text{kPa}$

문제 2. 그림과 같은 직사각형 단면의 목재 외팔보에 집중하중 P가 C점에 작용하고 있다. 목재의 허용압축응력을 8 MPa, 끝단 B점에서의 허용 처짐량을 23.9 mm라고 할 때 허용압축응력과 허용 처짐량을 모두 고려하여 이 목재에 가할 수 있는 집중하중 P의 최대값은 약 몇 kN인가? (단, 목재의 탄성계수는 12 GPa, 단면 2차모멘트 $1022 \times 10^{-6}\,\text{m}^4$, 단면계수는 $4.601 \times 10^{-3}\,\text{m}^3$이다.) 【8장】

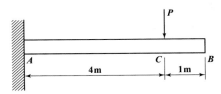

① 7.8   ② 8.5
③ 9.2   ④ 10.0

해설 우선, $M = \sigma_a Z$에서

$P \times 4 = 8 \times 10^3 \times 4.601 \times 10^{-3}$

$\therefore\ P = 9.2\,\text{kN}$

또한,

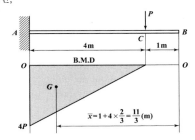

$\delta_B = \dfrac{A_M}{EI}\bar{x}$에서

$23.9 \times 10^{-3} = \dfrac{\dfrac{1}{2} \times 4 \times 4P}{12 \times 10^6 \times 1022 \times 10^{-6}} \times \dfrac{11}{3}$

$\therefore\ P = 9.99\,\text{kN} \fallingdotseq 10\,\text{kN}$

결국, 안전을 고려하여 두 값 중에서 작은 값이 안전하중이므로 집중하중 P의 최대값은 $P = 9.2\,\text{kN}$임을 알 수 있다.

문제 3. 길이가 $\ell + 2a$인 균일 단면 봉의 양단에 인장력 P가 작용하고, 양 단에서의 거리가 a인 단면에 Q의 축 하중이 가하여 인장될 때 봉에 일어나는 변형량은 약 몇 cm인가?
(단, $\ell = 60$ cm, $a = 30$ cm, $P = 10$ kN, $Q = 5$ kN, 단면적 $A = 4$ cm^2, 탄성계수는 210 GPa이다.) 【1장】

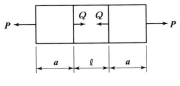

① 0.0107   ② 0.0207
③ 0.0307   ④ 0.0407

해답 1. ②   2. ③   3. ①

[해설]
$$\lambda = \lambda_1 - \lambda_2 = \frac{P(2a+\ell)}{AE} - \frac{Q\ell}{AE}$$
$$= \frac{1}{AE}[P(2a+\ell) - Q\ell]$$
$$= \frac{1}{4\times10^{-4}\times210\times10^6}[10(2\times0.3+0.6) - (5\times0.6)]$$
$$= 0.0107\times10^{-2}\text{m} = 0.0107\,\text{cm}$$

[문제] 4. 양단이 힌지로 지지되어 있고 길이가 1 m인 기둥이 있다. 단면이 30 mm×30 mm인 정사각형이라면 임계하중은 약 몇 kN인가?
(단, 탄성계수는 210 GPa이고, Euler의 공식을 적용한다.) 【10장】

① 133 ② 137
③ 140 ④ 146

[해설]
$$P_{cr} = n\pi^2\frac{EI}{\ell^2} = 1\times\pi^2\times\frac{210\times10^6\times\frac{0.03^4}{12}}{1^2}$$
$$= 139.9\,\text{kN} ≒ 140\,\text{kN}$$

[문제] 5. 직사각형 단면(폭×높이=12 cm×5 cm)이고, 길이 1 m인 외팔보가 있다. 이 보의 허용 굽힘응력이 500 MPa이라면 높이와 폭의 치수를 서로 바꾸면 받을 수 있는 하중의 크기는 어떻게 변화하는가? 【7장】

① 1.2배 증가
② 2.4배 증가
③ 1.2배 감소
④ 변화없다.

[해설] $M = \sigma Z$에서 $P\ell = \sigma Z$이므로 $P \propto Z$
결국, 단면계수(Z)의 비
$$\therefore \frac{Z_1}{Z_2} = \frac{\left(\frac{5\times12^2}{6}\right)}{\left(\frac{12\times5^2}{6}\right)} = 2.4배 증가$$

[문제] 6. 아래 그림과 같은 보에 대한 굽힘 모멘트 선도로 옳은 것은? 【6장】

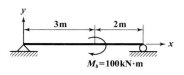

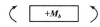

①

②

③

④

[해설] 우선, 좌·우측 지점을 A, B점이라 하면
$$R_A \times 5 + 100 = 0 \quad \therefore R_A = -20\,\text{kN}$$
$$0 = -100 + R_B \times 5 \quad \therefore R_B = 20\,\text{kN}$$
따라서,

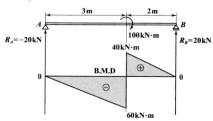

[문제] 7. 코일스프링의 권수를 n, 코일의 지름 D, 소선의 지름 d인 코일스프링의 전체처짐 δ는?
(단, 이 코일에 작용하는 힘은 P, 가로탄성계수는 G이다.) 【5장】

① $\dfrac{8nPD^3}{Gd^4}$ ② $\dfrac{8nPD^2}{Gd}$

③ $\dfrac{8nPD^2}{Gd^2}$ ④ $\dfrac{8nPD}{Gd^2}$

[해답] 4. ③ 5. ② 6. ③ 7. ①

해설 $\delta = \dfrac{64nPR^3}{Gd^4} = \dfrac{8nPD^3}{Gd^4}$

문제 8. 그림과 같은 정삼각형 트러스의 B점에 수직으로, C점에 수평으로 하중이 작용하고 있을 때, 부재 AB에 작용하는 하중은? 【1장】

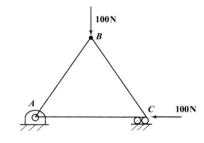

① $\dfrac{100}{\sqrt{3}} N$ ② $\dfrac{100}{3} N$

③ $100\sqrt{3}\,N$ ④ $50N$

해설

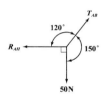

라미의 정리를 이용하면

$\dfrac{T_{AB}}{\sin 90°} = \dfrac{50}{\sin 120°}$

$\therefore\ T_{AB} = 50 \times \dfrac{\sin 90°}{\sin 120°} = 50 \times \dfrac{1}{\left(\dfrac{\sqrt{3}}{2}\right)} = \dfrac{100}{\sqrt{3}}\,(\mathrm{N})$

문제 9. σ_x =700 MPa, σ_y =−300 MPa가 작용하는 평면응력 상태에서 최대 수직응력($\sigma_{\max}$)과 최대 전단응력($\tau_{\max}$)은 각각 몇 MPa인가? 【3장】

① $\sigma_{\max}$ =700, $\tau_{\max}$ =300

② $\sigma_{\max}$ =600, $\tau_{\max}$ =400

③ $\sigma_{\max}$ =500, $\tau_{\max}$ =700

④ $\sigma_{\max}$ =700, $\tau_{\max}$ =500

해설 우선, $\sigma_{n\,\cdot\,\max} = \sigma_x = 700\,\mathrm{MPa}$

또한, $\tau_{\max} = $ 모어원의 반경

$= \dfrac{1}{2}(\sigma_x - \sigma_y) = \dfrac{1}{2}(700 + 300) = 500\,\mathrm{MPa}$

문제 10. 그림과 같이 초기온도 20 ℃, 초기길이 19.95 cm, 지름 5 cm인 봉을 간격이 20 cm인 두 벽면 사이에 넣고 봉의 온도를 220 ℃로 가열했을 때 봉에 발생되는 응력은 몇 MPa인가? (단, 탄성계수 E=210 GPa이고, 균일 단면을 갖는 봉의 선팽창계수 α =1.2×10^{-5} /℃이다.) 【2장】

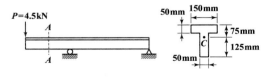

① 0 ② 25.2

③ 257 ④ 504

해설 $\lambda = \alpha\,\Delta t\,\ell = 1.2 \times 10^{-5} \times (220 - 20) \times 19.95$

$= 0.04788\,\mathrm{cm}$

현재 봉과 벽면 사이의 간격은 $20 - 19.95 = 0.05\,\mathrm{cm}$ 이다. 하지만, 온도를 20 ℃에서 220 ℃까지 가열하였을 때 봉의 늘어난 양은 0.04788 cm이다. 결국, 봉과 벽면사이의 간격 0.05 cm 보다 작으므로 봉은 벽에 구속되지 않는다. 그러므로 봉에는 응력이 발생하지 않는다.

문제 11. 그림과 같은 T형 단면을 갖는 돌출보의 끝에 집중하중 P=4.5 kN이 작용한다. 단면 $A-A$에서의 최대 전단응력은 약 몇 kPa인가? (단, 보의 단면2차 모멘트는 5313 cm⁴이고, 밑면에서 도심까지의 거리는 125 mm이다.) 【7장】

① 421　　② 521
③ 662　　④ 721

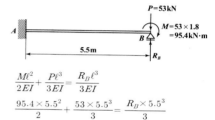

해설> $\tau_{A-A} = \dfrac{F_{A-A}Q}{bI}$ 에서

$$Q = A\bar{y} = 0.05 \times 0.125 \times \frac{0.125}{2}\,(\mathrm{m}^3)$$

$F_{A-A} = 4.5\,\mathrm{kN},\ b = 0.05\,\mathrm{m}$ 이므로

$$\therefore \tau_{A-A} = \frac{4.5 \times 0.05 \times 0.125 \times \frac{0.125}{2}}{0.05 \times 5313 \times 10^{-8}}$$
$$= 661.7\,\mathrm{kPa} \fallingdotseq 662\,\mathrm{kPa}$$

① 54.2　　② 62.4
③ 70.3　　④ 79.0

해설> 우선, 집중하중(P)이 작용할 때 미분방정식의 해법을 적용하면

$$\delta = y = \frac{1}{EI}\left(\frac{Px^3}{6} - \frac{P\ell^2}{2}x + \frac{P\ell^3}{3}\right)$$

여기서, $x = 1.8\,\mathrm{m}$ 를 대입하면

$$\delta_B = \frac{1}{EI}\left(\frac{53 \times 1.8^3}{6} - \frac{53 \times 7.3^2}{2} \times 1.8 + \frac{53 \times 7.3^3}{3}\right)$$
$$= \frac{4382.22}{EI} \quad\cdots\cdots\cdots\cdots ①식$$

또한, R_B만 작용할 때의 처짐은

$$\delta_B = \frac{R_B \times 5.5^3}{3EI} \quad\cdots\cdots\cdots\cdots ②식$$

결국, ①=②식에서 $\dfrac{4382.22}{EI} = \dfrac{R_B \times 5.5^3}{3EI}$

$$\therefore R_B \fallingdotseq 79\,\mathrm{kN}$$

$$\frac{M\ell^2}{2EI} + \frac{P\ell^3}{3EI} = \frac{R_B\ell^3}{3EI}$$
$$\frac{95.4 \times 5.5^2}{2} + \frac{53 \times 5.5^3}{3} = \frac{R_B \times 5.5^3}{3}$$
$$\therefore R_B \fallingdotseq 79\,\mathrm{kN}$$

문제 12. 다음 금속재료의 거동에 대한 일반적인 설명으로 틀린 것은? 【1장】

① 재료에 가해지는 응력이 일정하더라도 오랜시간이 경과하면 변형률이 증가할 수 있다.
② 재료의 거동이 탄성한도로 국한된다고 하더라도 반복하중이 작용하면 재료의 강도가 저하될 수 있다.
③ 응력-변형률 곡선에서 하중을 가할 때와 제거할 때의 경로가 다르게 되는 현상을 히스테리시스라 한다.
④ 일반적으로 크리프는 고온보다 저온상태에서 더 잘 발생한다.

해설> 크리프(creep)
: 재료에 높은 온도로 큰 하중을 일정하게 작용시키면 재료내의 응력이 일정함에도 불구하고 시간의 경과에 따라 변형률이 점차 증가하는 현상을 말한다.

문제 13. 다음 그림과 같이 집중하중 P를 받고 있는 고정 지지보가 있다. B점에서의 반력의 크기를 구하면 몇 kN인가? 【9장】

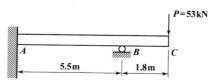

문제 14. 지름 80 mm의 원형단면의 중립축에 대한 관성모멘트는 약 몇 mm⁴인가? 【4장】

① 0.5×10^6　　② 1×10^6
③ 2×10^6　　④ 4×10^6

해설> $I = \dfrac{\pi d^4}{64} = \dfrac{\pi \times 0.08^4}{64} \fallingdotseq 2 \times 10^6\,(\mathrm{mm}^4)$

문제 15. 길이가 L이며, 관성 모멘트가 I_p이고, 전단탄성계수가 G인 부재에 토크 T가 작용될 때 이 부재에 저장된 변형 에너지는? 【5장】

① $\dfrac{TL}{GI_p}$　　② $\dfrac{T^2L}{2GI_p}$
③ $\dfrac{T^2L}{GI_p}$　　④ $\dfrac{TL}{2GI_p}$

정답> **12.** ④　**13.** ④　**14.** ③　**15.** ②

[해설] $U = \dfrac{1}{2}T\theta = \dfrac{1}{2}T \times \dfrac{TL}{GI_P} = \dfrac{T^2 L}{2GI_P}$

[문제] 16. 지름 50 mm의 알루미늄 봉에 100 kN의 인장하중이 작용할 때 300 mm의 표점거리에서 0.219 mm의 신장이 측정되고, 지름은 0.01215 mm만큼 감소되었다. 이 재료의 전단탄성계수 G는 약 몇 GPa인가? (단, 알루미늄 재료는 탄성거동 범위 내에 있다.) **【1장】**

① 21.2
② 26.2
③ 31.2
④ 36.2

[해설] $\varepsilon = \dfrac{\lambda}{\ell} = \dfrac{0.219}{300} = 0.00073$

$\varepsilon' = \dfrac{\delta}{d} = \dfrac{0.01215}{50} = 0.000243$

$\mu = \dfrac{\varepsilon'}{\varepsilon} = \dfrac{0.000243}{0.00073} = 0.333$

$\sigma = E\varepsilon$에서 $E = \dfrac{\sigma}{\varepsilon} = \dfrac{P}{A\varepsilon} = \dfrac{100 \times 10^{-6}}{\dfrac{\pi}{4} \times 0.05^2 \times 0.00073}$

$\qquad\qquad = 69.77 \,\text{GPa}$

결국, $mE = 2G(m+1) = 3K(m-2)$에서

$\therefore\ G = \dfrac{mE}{2(m+1)} = \dfrac{E}{2(1+\mu)} = \dfrac{69.77}{2(1+0.333)}$

$\qquad\quad = 26.17\,\text{GPa}$

[문제] 17. 비틀림 모멘트 T를 받고 있는 직경이 d인 원형축의 최대전단응력은? **【5장】**

① $\tau = \dfrac{8T}{\pi d^3}$ ② $\tau = \dfrac{16T}{\pi d^3}$

③ $\tau = \dfrac{32T}{\pi d^3}$ ④ $\tau = \dfrac{64T}{\pi d^3}$

[해설] $T = \tau Z_P = \tau \times \dfrac{\pi d^3}{16}$에서 $\therefore\ \tau = \dfrac{16T}{\pi d^3}$

[문제] 18. 그림과 같은 외팔보가 있다. 보의 굽힘에 대한 허용응력을 80 MPa로 하고, 자유단 B

로부터 보의 중앙점 C사이에 등분포하중 w를 작용시킬 때, w의 허용 최대값은 몇 kN/m인가? (단, 외팔보의 폭×높이는 5 cm×9 cm이다.) **【7장】**

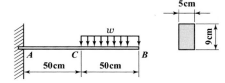

① 12.4 ② 13.4
③ 14.4 ④ 15.4

[해설] $M_{\max} = 0.5w \times 0.75 = 0.375w$

$\quad M_{\max} = \sigma_a Z$에서

$\qquad 0.375w = 80 \times 10^3 \times \dfrac{0.05 \times 0.09^2}{6}$

$\qquad \therefore\ w = 14.4\,\text{kN/m}$

[문제] 19. 다음 정사각형 단면(40 mm×40 mm)을 가진 외팔보가 있다. $a-a$면에서의 수직응력(σ_n)과 전단응력(τ_s)은 각각 몇 kPa인가?
【3장】

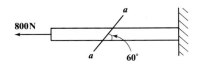

① $\sigma_n = 693$, $\tau_s = 400$
② $\sigma_n = 400$, $\tau_s = 693$
③ $\sigma_n = 375$, $\tau_s = 217$
④ $\sigma_n = 217$, $\tau_s = 375$

[해설] 우선, $\sigma_n = \sigma_x \cos^2\theta = \dfrac{P}{A}\cos^2\theta$

$\qquad\qquad = \dfrac{0.8}{0.04^2} \times \cos^2 30°$

$\qquad\qquad = 375\,\text{kPa}$

또한, $\tau_s = \dfrac{1}{2}\sigma_x \sin 2\theta = \dfrac{1}{2} \times \dfrac{P}{A}\sin 2\theta$

$\qquad\quad = \dfrac{1}{2} \times \dfrac{0.8}{0.04^2} \times \sin 60°$

$\qquad\quad = 216.5 \fallingdotseq 217\,\text{kPa}$

[해답] 16. ② 17. ② 18. ③ 19. ③

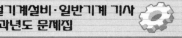
문제 20. 다음 보의 자유단 A지점에서 발생하는 처짐은 얼마인가? (단, EI는 굽힘강성이다.) 【8장】

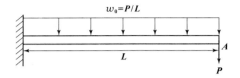

① $\dfrac{5PL^3}{6EI}$

② $\dfrac{7PL^3}{12EI}$

③ $\dfrac{11PL^3}{24EI}$

④ $\dfrac{17PL^3}{48EI}$

해설> $\delta = \dfrac{PL^3}{3EI} + \dfrac{w_0 L^4}{8EI} = \dfrac{PL^3}{3EI} + \dfrac{\dfrac{P}{L} \times L^4}{8EI} = \dfrac{11PL^3}{24EI}$

제2과목 기계열역학

문제 21. 이상적인 오토 사이클에서 단열압축되기 전 공기가 101.3 kPa, 21 ℃이며, 압축비 7로 운전할 때 이 사이클의 효율은 약 몇 %인가? (단, 공기의 비열비는 1.4이다.) 【8장】

① 62 %

② 54 %

③ 46 %

④ 42 %

해설> $\eta_0 = 1 - \left(\dfrac{1}{\varepsilon}\right)^{k-1} = 1 - \left(\dfrac{1}{7}\right)^{1.4-1} = 0.54 = 54\%$

문제 22. 다음 중 강성적(강도성, intensive) 상태량이 아닌 것은? 【1장】

① 압력

② 온도

③ 엔탈피

④ 비체적

해설> ·상태량의 종류
① 강도성 상태량 : 물질의 질량에 관계없이 그 크기가 결정되는 상태량
예) 온도, 압력, 비체적, 밀도

② 종량성 상태량 : 물질의 질량에 따라 그 크기가 결정되는 상태량
예) 내부에너지, 엔탈피, 엔트로피, 체적, 질량

문제 23. 이상기체 공기가 안지름 0.1 m인 관을 통하여 0.2 m/s로 흐르고 있다. 공기의 온도는 20 ℃, 압력은 100 kPa, 기체상수는 0.287 kJ/(kg·K)라면 질량유량은 약 몇 kg/s인가? 【10장】

① 0.0019

② 0.0099

③ 0.0119

④ 0.0199

해설> $\dot{M} = \rho A V = \dfrac{p}{RT} A V$

$\qquad = \dfrac{100}{0.287 \times 293} \times \dfrac{\pi \times 0.1^2}{4} \times 0.2$

$\qquad = 0.00187 ≒ 0.0019 \, kg/s$

문제 24. 이상기체가 정압과정으로 dT만큼 온도가 변하였을 때 1 kg당 변화된 열량 Q는? (단, C_v는 정적비열, C_p는 정압비열, k는 비열비를 나타낸다.) 【3장】

① $Q = C_v dT$

② $Q = k^2 C_v dT$

③ $Q = C_p dT$

④ $Q = k C_p dT$

해설> $\delta q = dh - A v dp$에서 "정압"이므로 $p = c$
즉, $dp = 0$
따라서, 양변을 적분하면
$_1 q_2 = \Delta h = C_p (T_2 - T_1)$

문제 25. 열역학적 변화와 관련하여 다음 설명 중 옳지 않은 것은? 【3장】

① 단위 질량당 물질의 온도를 1 ℃ 올리는데 필요한 열량을 비열이라 한다.

② 정압과정으로 시스템에 전달된 열량은 엔트로피 변화량과 같다.

③ 내부 에너지는 시스템의 질량에 비례하므로 종량적(extensive) 상태량이다.

정답 **20.** ③ **21.** ② **22.** ③ **23.** ① **24.** ③ **25.** ②

④ 어떤 고체가 액체로 변화할 때 융해(Melting)라고 하고, 어떤 고체가 기체로 바로 변화할 때 승화(Sublimation)라고 한다.

해설 $\delta q = dh - Avdp$에서 "정압"일 때 $p = c$
즉, $dp = 0$이므로 $\therefore \delta q = dh$

문제 26. 저온실로부터 46.4 kW의 열을 흡수할 때 10 kW의 동력을 필요로 하는 냉동기가 있다면, 이 냉동기의 성능계수는? **【9장】**
① 4.64　　　　② 5.65
③ 7.49　　　　④ 8.82

해설 $\varepsilon_r = \dfrac{Q_2}{W_c} = \dfrac{46.4}{10} = 4.64$

문제 27. 엔트로피(s) 변화 등과 같은 직접 측정할 수 없는 양들을 압력(P), 비체적(v), 온도(T)와 같은 측정 가능한 상태량으로 나타내는 Maxwell 관계식과 관련하여 다음 중 틀린 것은? **【4장】**

① $\left(\dfrac{\partial T}{\partial P}\right)_s = \left(\dfrac{\partial v}{\partial s}\right)_P$

② $\left(\dfrac{\partial T}{\partial v}\right)_s = -\left(\dfrac{\partial P}{\partial s}\right)_v$

③ $\left(\dfrac{\partial v}{\partial T}\right)_P = -\left(\dfrac{\partial s}{\partial P}\right)_T$

④ $\left(\dfrac{\partial P}{\partial v}\right)_T = \left(\dfrac{\partial s}{\partial T}\right)_v$

해설 Maxwell 관계식은 다음과 같다.
$$\left(\dfrac{\partial T}{\partial S}\right)_S = -\left(\dfrac{\partial P}{\partial S}\right)_v, \quad \left(\dfrac{\partial T}{\partial P}\right)_S = \left(\dfrac{\partial v}{\partial S}\right)_P$$
$$\left(\dfrac{\partial P}{\partial T}\right)_v = -\left(\dfrac{\partial s}{\partial v}\right)_T, \quad \left(\dfrac{\partial v}{\partial T}\right)_P = -\left(\dfrac{\partial s}{\partial P}\right)_T$$

문제 28. 다음 4가지 경우에서 ( ) 안의 물질이 보유한 엔트로피가 증가한 경우는? **【4장】**

ⓐ 컵에 있는 (물)이 증발하였다.
ⓑ 목욕탕의 (수증기)가 차가운 타일벽에서 물로 응결되었다.
ⓒ 실린더 안의 (공기)가 가역 단열적으로 팽창되었다.
ⓓ 뜨거운 (커피)가 식어서 주위온도와 같게 되었다.

① ⓐ　　　　　② ⓑ
③ ⓒ　　　　　④ ⓓ

해설 저온에서 고온으로 열이 이동하면 엔트로피가 증가하고, 고온에서 저온으로 열이 이동하면 엔트로피가 감소한다.

문제 29. 공기압축기에서 입구 공기의 온도와 압력은 각각 27 ℃, 100 kPa이고, 체적유량은 0.01 m³/s이다. 출구에서 압력이 400 kPa이고, 이 압축기의 등엔트로피 효율이 0.8일 때, 압축기의 소요 동력은 약 몇 kW인가? (단, 공기의 정압비열과 기체상수는 각각 1 kJ/(kg·K), 0.287 kJ/(kg·K)이고, 비열비는 1.4이다.) **【5장】**
① 0.9　　　　② 1.7
③ 2.1　　　　④ 3.8

해설 우선, 단열압축동력
$$N_{ad} = \dfrac{k}{k-1} P_1 \dot{V}_1 \left[\left(\dfrac{P_2}{P_1}\right)^{\frac{k-1}{k}} - 1 \right]$$
$$= \dfrac{1.4}{1.4-1} \times 100 \times 0.01 \times \left[\left(\dfrac{400}{100}\right)^{\frac{1.4-1}{1.4}} - 1 \right]$$
$$= 1.7 \,\text{kN} \cdot \text{m/s} \,(= \text{kJ/s} = \text{kW})$$

결국, 전단열효율 $\eta_{0ad} = \dfrac{단열압축마력}{정미압축마력} = \dfrac{N_{ad}}{Ne}$에서

$\therefore Ne = \dfrac{N_{ad}}{\eta_{0ad}} = \dfrac{1.7}{0.8} = 2.125 \,\text{kW}$

문제 30. 초기 압력 100 kPa, 초기 체적 0.1 m³인 기체를 버너로 가열하여 기체 체적이 정압과정으로 0.5 m³이 되었다면 이 과정 동안 시스템이 외부에 한 일은 약 몇 kJ인가? **【3장】**

애답 26. ①　27. ④　28. ①　29. ③　30. ④

① 10   ② 20

③ 30   ④ 40

[해설] $_1W_2 = \int_1^2 PdV = P(V_2 - V_1) = 100 \times (0.5 - 0.1)$

$\qquad = 40\,\mathrm{kJ}$

문제 31. 증기터빈 발전소에서 터빈 입구의 증기 엔탈피는 출구의 엔탈피보다 136 kJ/kg 높고, 터빈에서의 열손실은 10 kJ/kg이다. 증기속도는 터빈 입구에서 10 m/s이고, 출구에서 110 m/s일 때 이 터빈에서 발생시킬 수 있는 일은 약 몇 kJ/kg인가? 【10장】

① 10   ② 90

③ 120   ④ 140

[해설] $_1Q_2 = W_t + \dfrac{\dot{m}(w_2^2 - w_1^2)}{2 \times 10^3} + \dot{m}(h_2 - h_1)$

$\qquad\qquad + \dot{m}g(Z_2 - Z_1) \times 10^{-3}\,(\mathrm{kW} = \mathrm{kJ/S})$

$_1q_2 = w_t + \dfrac{(w_2^2 - w_1^2)}{2 \times 10^3} + (h_2 - h_1) + g(Z_2 - Z_1^{\nearrow 0})$

$\qquad\qquad\qquad\qquad \times 10^{-3}\,(\mathrm{kJ/kg})$ 에서

$-10 = w_t + \dfrac{110^2 - 10^2}{2 \times 10^3} + (-136)$

$\therefore\ w_t = 120\,\mathrm{kJ/kg}$

문제 32. 그림과 같이 온도(T)–엔트로피(S)로 표시된 이상적인 랭킨사이클에서 각 상태의 엔탈피(h)가 다음과 같다면, 이 사이클의 효율은 약 몇 %인가? (단, $h_1 = 30$ kJ/kg, $h_2 = 31$ kJ/kg, $h_3 = 274$ kJ/kg, $h_4 = 668$ kJ/kg, $h_5 = 764$ kJ/kg, $h_6 = 478$ kJ/kg이다.) 【7장】

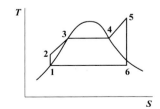

① 39   ② 42

③ 53   ④ 58

[해설] $\eta_R = \dfrac{T - P}{B} = \dfrac{(h_5 - h_6) - (h_2 - h_1)}{(h_5 - h_2)}$

$\qquad = \dfrac{(764 - 478) - (31 - 30)}{764 - 31} = 0.39 = 39\%$

문제 33. 이상적인 복합 사이클(사바테 사이클)에서 압축비는 16, 최고압력비(압력상승비)는 2.3, 체절비는 1.6이고, 공기의 비열비는 1.4일 때 이 사이클의 효율은 약 몇 %인가? 【8장】

① 55.52   ② 58.41

③ 61.54   ④ 64.88

[해설] $\eta_S = 1 - \left(\dfrac{1}{\varepsilon}\right)^{k-1} \cdot \dfrac{\rho\sigma^k - 1}{(\rho - 1) + k\rho(\sigma - 1)}$

$\qquad = 1 - \left(\dfrac{1}{16}\right)^{1.4-1} \cdot \dfrac{2.3 \times 1.6^{1.4} - 1}{(2.3 - 1) + 1.4 \times 2.3 \times (1.6 - 1)}$

$\qquad = 0.6488 = 64.88\%$

문제 34. 단위질량의 이상기체가 정적과정 하에서 온도가 T_1에서 T_2로 변하였고, 압력도 P_1에서 P_2로 변하였다면, 엔트로피 변화량 ΔS는? (단, C_v와 C_p는 각각 정적비열과 정압비열이다.) 【4장】

① $\Delta S = C_v \ln \dfrac{P_1}{P_2}$ ② $\Delta S = C_p \ln \dfrac{P_2}{P_1}$

③ $\Delta S = C_v \ln \dfrac{T_2}{T_1}$ ④ $\Delta S = C_p \ln \dfrac{T_1}{T_2}$

[해설] $\Delta s = C_v \ln \dfrac{T_2}{T_1} + AR \ln \dfrac{v_2}{v_1}$

$\qquad = C_p \ln \dfrac{T_2}{T_1} - AR \ln \dfrac{p_2}{p_1}$

$\qquad = C_p \ln \dfrac{v_2}{v_1} + C_v \ln \dfrac{p_2}{p_1}$ 에서

정적과정이므로 $v = C$ 즉, $v_1 = v_2$

따라서 $\ln \dfrac{v_2}{v_1} = \ln 1 = 0$임을 알 수 있다.

결국, $\Delta s = C_v \ln \dfrac{T_2}{T_1} = C_p \ln \dfrac{T_2}{T_1} - AR \ln \dfrac{p_2}{p_1} = C_v \ln \dfrac{p_2}{p_1}$

[해답] **31.** ③   **32.** ①   **33.** ④   **34.** ③

문제 35. 온도가 각기 다른 액체 $A(50\,℃)$, B $(25\,℃)$, $C(10\,℃)$가 있다. A와 B를 동일질량으로 혼합하면 $40\,℃$로 되고, A와 C를 동일질량으로 혼합하면 $30\,℃$로 된다. B와 C를 동일질량으로 혼합할 때는 몇 ℃로 되겠는가? 【1장】

① 16.0 ℃

② 18.4 ℃

③ 20.0 ℃

④ 22.5 ℃

해설 $_1Q_2 = mc\Delta t$ 를 이용하면

우선, $Q_A = Q_B : C_A(50-40) = C_B(40-25)$
$$\therefore\ C_A = 1.5 C_B$$
또한, $Q_A = Q_C : C_A(50-30) = C_C(30-10)$
$$\therefore\ C_A = C_C$$
결국, $Q_B = Q_C : C_B(25-t_m) = C_C(t_m-10)$
$$C_B(25-t_m) = 1.5C_B(t_m-10)$$
$$\therefore\ t_m = 16\,℃$$

문제 36. 어떤 기체가 $5\,kJ$의 열을 받고 $0.18\,kN$ $\cdot m$의 일을 외부로 하였다. 이때의 내부에너지의 변화량은? 【2장】

① 3.24 kJ

② 4.82 kJ

③ 5.18 kJ

④ 6.14 kJ

해설 $_1Q_2 = \Delta U + _1W_2$에서 $5 = \Delta U + 0.18$
$$\therefore\ \Delta U = 4.82\,kJ$$

문제 37. 대기압이 $100\,kPa$일 때, 계기 압력이 $5.23\,MPa$인 증기의 절대 압력은 약 몇 MPa인가? 【1장】

① 3.02 ② 4.12

③ 5.33 ④ 6.43

해설 $p = p_o + p_g = 100 \times 10^{-3} + 5.23 = 5.33\,MPa$

문제 38. 압력 $2\,MPa$, 온도 $300\,℃$의 수증기가 $20\,m/s$ 속도로 증기터빈으로 들어간다. 터빈 출구에서 수증기 압력이 $100\,kPa$, 속도는 $100\,m/s$이다. 가역단열과정으로 가정 시, 터빈을 통과하는 수증기 $1\,kg$당 출력일은 약 몇 kJ/kg인가? (단, 수증기표로부터 $2\,MPa$, $300\,℃$에서 비엔탈피는 $3023.5\,kJ/kg$, 비엔트로피는 6.7663 $kJ/(kg \cdot K)$이고, 출구에서의 비엔탈피 및 비엔트로피는 아래 표와 같다.) 【7장】

출구	포화액	포화증기
비엔트로피 $[kJ/(kg \cdot K)]$	1.3025	7.3593
비엔탈피 $[kJ/kg]$	417.44	2675.46

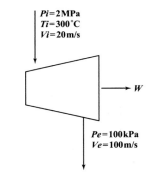

① 1534 ② 564.3

③ 153.4 ④ 764.5

해설

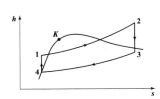

우선, $s_2 = s_3 = s_3' + x_3(s_3'' - s_3')$에서
$$\therefore\ x_3 = \frac{s_2 - s_3'}{s_3'' - s_3'} = \frac{6.7663 - 1.3025}{7.3593 - 1.3025} = 0.9$$
또한, $h_3 = h_3' + x_3(h_3'' - h_3')$
$$= 417.44 + 0.9(2675.46 - 417.44)$$
$$= 2449.66\,kJ/kg$$
결국, $w_T = h_2 - h_3 = 3023.5 - 2449.66$
$$= 573.84\,kJ/kg$$

정답 35. ① 36. ② 37. ③ 38. ②

문제 39. 520 K의 고온 열원으로부터 18.4 kJ 열량을 받고 273 K의 저온 열원에 13 kJ의 열량 방출하는 열기관에 대하여 옳은 설명은? 【4장】

① Clausius 적분값은 -0.0122 kJ/K이고, 가역 과정이다.

② Clausius 적분값은 -0.0122 kJ/K이고, 비가역 과정이다.

③ Clausius 적분값은 $+0.0122$ kJ/K이고, 가역 과정이다.

④ Clausius 적분값은 $+0.0122$ kJ/K이고, 비가역 과정이다.

[해설] 우선, $\sum \dfrac{Q}{T} = \dfrac{Q_1}{T_1} + \dfrac{Q_2}{T_\text{II}} = \dfrac{18.4}{520} + \dfrac{(-13)}{273}$

$\qquad\qquad = -0.0122 \, \text{kJ/K}$

결국, $\sum \dfrac{Q}{T} < 0$이므로 비가역과정이다.

문제 40. 랭킨 사이클에서 25 ℃, 0.01 MPa 압력의 물 1 kg을 5 MPa 압력의 보일러로 공급한다. 이 때 펌프가 가역단열과정으로 작용한다고 가정할 경우 펌프가 한 일은 약 몇 kJ인가? (단, 물의 비체적은 0.001 m³/kg이다.) 【7장】

① 2.58　　　　② 4.99

③ 20.10　　　④ 40.20

[해설] 펌프일 $w_p = v'(p_2 - p_1)$

$\qquad\qquad = 0.001 \times (5 - 0.01) \times 10^3 = 4.99 \, \text{kJ/kg}$

결국, $W_P = m w_P = 1 \times (4.99) = 4.99 \, \text{kJ}$

제3과목　기계유체역학

문제 41. 지름 0.1 mm, 비중 2.3인 작은 모래알이 호수 바닥으로 가라앉을 때, 잔잔한 물 속에서 가라앉는 속도는 약 몇 mm/s인가? (단, 물의 점성계수는 1.12×10^{-3} N·s/m²이다.) 【10장】

① 6.32　　　　② 4.96

③ 3.17　　　④ 2.24

[해설] 낙구식 점도계에서

자유물체도에서 평형방정식을 적용하면

$D + F_B = W$에서 　$3\pi\mu Vd + \gamma_\ell \times \dfrac{\pi d^3}{6} = \gamma_s \times \dfrac{\pi d^3}{6}$

$\qquad\qquad\qquad 3\pi\mu Vd = \dfrac{\pi d^3}{6}(\gamma_s - \gamma_\ell)$

$\therefore\ V = \dfrac{d^2(\gamma_s - \gamma_\ell)}{18\mu} = \dfrac{0.0001^2 \times (9800 \times 2.3 - 9800)}{18 \times 1.12 \times 10^{-3}}$

$\qquad = 0.00632 \, \text{m/s} = 6.32 \, \text{mm/s}$

문제 42. 반지름 R인 파이프 내에 점도 μ인 유체가 완전발달 층류유동으로 흐르고 있다. 길이 L을 흐르는데 압력 손실이 Δp만큼 발생했을 때, 파이프 벽면에서의 평균전단응력은 얼마인가? 【5장】

① $\mu \dfrac{R}{4} \dfrac{\Delta p}{L}$

② $\mu \dfrac{R}{2} \dfrac{\Delta p}{L}$

③ $\dfrac{R}{4} \dfrac{\Delta p}{L}$

④ $\dfrac{R}{2} \dfrac{\Delta p}{L}$

[해설] $\tau_\text{max} = \dfrac{\Delta p d}{4L} = \dfrac{\Delta p R}{2L}$

문제 43. 어느 물리법칙이 $F(a,\ V,\ \nu,\ L) = 0$과 같은 식으로 주어졌다. 이 식을 무차원수의 함수로 표시하고자 할 때 이에 관계되는 무차원수는 몇 개인가? (단, $a,\ V,\ \nu,\ L$은 각각 가속도, 속도, 동점성계수, 길이이다.) 【7장】

① 4　　　　　② 3

③ 2　　　　　④ 1

[정답] **39.** ②　**40.** ②　**41.** ①　**42.** ④　**43.** ③

해설
a : 가속도 $= \text{m/s}^2 = [LT^{-2}]$
V : 속도 $= \text{m/s} = [LT^{-1}]$
ν : 동점성계수 $= \text{m}^2/\text{s} = [L^2 T^{-1}]$
L : 길이 $= \text{m} = [L]$
결국, 얻을 수 있는 무차원의 수
$\pi = n - m = 4 - 2 = 2$개

문제 44. 평균 반지름이 R인 얇은 막 형태의 작은 비누방울의 내부 압력을 P_i, 외부 압력을 P_o라고 할 경우, 표면 장력(σ)에 의한 압력차 ($|P_i - P_o|$)는? **【1장】**

① $\dfrac{\sigma}{4R}$ ② $\dfrac{\sigma}{R}$

③ $\dfrac{4\sigma}{R}$ ④ $\dfrac{2\sigma}{R}$

해설 표면장력이 작용하는 부분은 매우 얇으므로 비누방울 표면의 안쪽, 바깥쪽 양면으로 해석한다.
즉, $2\sigma \pi d = \Delta P \times \dfrac{\pi d^2}{4}$
$\therefore \Delta P = |P_i - P_o| = \dfrac{8\sigma}{d} = \dfrac{4\sigma}{R}$

문제 45. $\dfrac{1}{20}$로 축소한 모형 수력 발전 댐과 역학적으로 상사한 실제 수력 발전 댐이 생성할 수 있는 동력의 비(모형 : 실제)는 약 얼마인가? **【7장】**

① $1 : 1800$ ② $1 : 8000$

③ $1 : 35800$ ④ $1 : 160000$

해설 우선, $(Fr)_P = (Fr)_m$ 즉, $\left(\dfrac{V}{\sqrt{g\ell}}\right)_P = \left(\dfrac{V}{\sqrt{g\ell}}\right)_m$
$\dfrac{V_P}{\sqrt{20}} = \dfrac{V_m}{\sqrt{1}}$ $\therefore V_P = V_m \sqrt{20}$
또한, 동력 $H = \gamma Q h = \gamma A V h = \gamma \ell^2 V \ell$에서
$\gamma = \dfrac{H}{\ell^3 V}$
결국, $\gamma_P = \gamma_m$ 즉 $\left(\dfrac{H}{\ell^3 V}\right)_P = \left(\dfrac{H}{\ell^3 V}\right)_m$
$\dfrac{H_P}{20^3 \times V_m \sqrt{20}} = \dfrac{H_m}{1^3 \times V_m}$
$\therefore H_m : H_P = 1^3 : 20^3 \sqrt{20} \fallingdotseq 1 : 35800$

문제 46. 비압축성 유체의 2차원 유동 속도성분이 $u = x^2 t$, $v = x^2 - 2xyt$이다. 시간(t)이 2일 때, $(x, y) = (2, -1)$에서 x방향 가속도(a_x)는 약 얼마인가? (단, u, v는 각각 x, y방향 속도성분이고, 단위는 모두 표준단위이다.) **【3장】**

① 32 ② 34

③ 64 ④ 68

해설
$a_x = u\dfrac{\partial u}{\partial x} + \dfrac{\partial u}{\partial t} = x^2 t(2xt) + x^2$
$= 2^2 \times 2 \times (2 \times 2 \times 2) + 2^2 = 68$
〈참고〉 $a_y = v\dfrac{\partial v}{\partial y} + \dfrac{\partial v}{\partial t}$
$= (x^2 - 2xyt) \times (-2xt) + (-2xy)$
$= (2^2 - 2 \times 2 \times 1 \times 2) \times (-2 \times 2 \times 2)$
$\quad - (2 \times 2 \times 1)$
$= 28$

문제 47. 다음과 같이 유체의 정의를 설명할 때 괄호 속에 가장 알맞은 용어는 무엇인가? **【1장】**

> 유체란 아무리 작은 (　)에도 저항할 수 없어 연속적으로 변형하는 물질이다.

① 수직응력 ② 중력

③ 압력 ④ 전단응력

해설 유체의 정의 : 유체는 아무리 작은 전단응력을 받더라도 저항하지 못하고 연속적으로 변형하는 물질로 정의할 수 있다.

문제 48. 안지름 100 mm인 파이프 안에 2.3 m³/min의 유량으로 물이 흐르고 있다. 관 길이가 15 m라고 할 때 이 사이에서 나타나는 손실수두는 약 몇 m인가? (단, 관마찰계수는 0.01로 한다.) **【6장】**

① 0.92 ② 1.82

③ 2.13 ④ 1.22

해답 44. ③ 45. ③ 46. ④ 47. ④ 48. ②

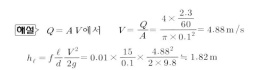

해설 $Q = AV$에서 $V = \dfrac{Q}{A} = \dfrac{4 \times \dfrac{2.3}{60}}{\pi \times 0.1^2} = 4.88 \, \text{m/s}$

$$h_\ell = f \frac{\ell}{d} \frac{V^2}{2g} = 0.01 \times \frac{15}{0.1} \times \frac{4.88^2}{2 \times 9.8} ≒ 1.82 \, \text{m}$$

문제 **49.** 지름 20 cm, 속도 1 m/s인 물 제트가 그림과 같이 넓은 평판에 60° 경사하여 충돌한다. 분류가 평판에 작용하는 수직방향 힘 F_N은 약 몇 N인가? (단, 중력에 대한 영향은 고려하지 않는다.)　　　　　【4장】

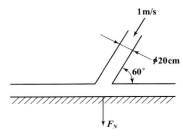

① 27.2　　　　　② 31.4
③ 2.72　　　　　④ 3.14

해설 $F_N = \rho Q V \sin\theta = \rho A V^2 \sin\theta$
$\qquad = 1000 \times \dfrac{\pi \times 0.2^2}{4} \times 1^2 \times \sin 60°$
$\qquad = 27.2 \, \text{N}$

문제 **50.** 경계층(boundary layer)에 관한 설명 중 틀린 것은?　　　　　【5장】

① 경계층 바깥의 흐름은 포텐셜 흐름에 가깝다.
② 균일 속도가 크고, 유체의 점성이 클수록 경계층의 두께는 얇아진다.
③ 경계층 내에서는 점성의 영향이 크다.
④ 경계층은 평판 선단으로부터 하류로 갈수록 두꺼워진다.

해설 균일속도가 크고, 유체의 점성이 클수록 경계층의 두께는 두꺼워진다.

문제 **51.** 안지름이 20 cm, 높이가 60 cm인 수직 원통형 용기에 밀도 850 kg/m³인 액체가 밑면으로부터 50 cm 높이만큼 채워져 있다. 원통형 용기와 액체가 일정한 각속도로 회전할 때, 액체가 넘치기 시작하는 각속도는 약 몇 rpm인가?　　　　　【2장】

① 134　　　　　② 189
③ 276　　　　　④ 392

해설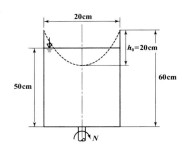

우선, $h_0 = \dfrac{r_0^2 \omega^2}{2g}$ 에서

$\quad \omega = \dfrac{1}{r_0} \sqrt{2 g h_0} = \dfrac{1}{0.1} \sqrt{2 \times 9.8 \times 0.2} = 19.8 \, \text{rad/s}$

결국, $\omega = \dfrac{2\pi N}{60}$ 에서

$\quad \therefore N = \dfrac{60\omega}{2\pi} = \dfrac{60 \times 19.8}{2\pi} = 189 \, \text{rpm}$

문제 **52.** 유체 계측과 관련하여 크게 유체의 국소속도를 측정하는 것과 체적유량을 측정하는 것으로 구분할 때 다음 중 유체의 국소속도를 측정하는 계측기는?　　　　　【10장】

① 벤투리미터
② 얇은 판 오리피스
③ 열선 속도계
④ 로터미터

해설 열선속도계(hot wire anemometer)
　: 두 개의 작은 지지대 사이에 연결된 금속선에 전류가 흐를 때 일어나는 선의 온도와 전기저항의 관계를 이용하여 유속을 측정하는 것으로 난류유동과 같이 매우 빠르게 변하는 유속을 측정할 수 있다.

해답 **49.** ①　**50.** ②　**51.** ②　**52.** ③

문제 53. 유체(비중량 10 N/m³)가 중량유량 6.28 N/s로 지름 40 cm인 관을 흐르고 있다. 이 관 내부의 평균 유속은 약 몇 m/s인가? 【3장】

① 50.0　　　　② 5.0
③ 0.2　　　　④ 0.8

[해설] $\dot{G} = \gamma A V$ 에서

$$V = \frac{\dot{G}}{\gamma A} = \frac{6.28}{10 \times \frac{\pi \times 0.4^2}{4}} \fallingdotseq 5\,\mathrm{m/s}$$

문제 54. (x, y) 좌표계의 비회전 2차원 유동장에서 속도 포텐셜(potential) ϕ는 $\phi = 2x^2 y$로 주어졌다. 이 때 점(3, 2)인 곳에서 속도 벡터는? (단, 속도포텐셜 ϕ는 $\vec{V} \equiv \nabla \phi = grad\phi$로 정의된다.) 【3장】

① $24\vec{i} + 18\vec{j}$　　　② $-24\vec{i} + 18\vec{j}$
③ $12\vec{i} + 9\vec{j}$　　　④ $-12\vec{i} + 9\vec{j}$

[해설] 속도벡터 $\vec{V} = \nabla \phi = \frac{\partial \phi}{\partial x}\vec{i} + \frac{\partial \phi}{\partial y}\vec{j} = 4xy\vec{i} + 2x^2\vec{j}$
$= (4 \times 3 \times 2)\vec{i} + (2 \times 3^2)\vec{j} = 24\vec{i} + 18\vec{j}$

문제 55. 수평면과 60° 기울어진 벽에 지름이 4 m인 원형창이 있다. 창의 중심으로부터 5 m 높이에 물이 차있을 때 창에 작용하는 합력의 작용점과 원형창의 중심(도심)과의 거리(C)는 약 몇 m인가? (단, 원의 2차 면적 모멘트는 $\frac{\pi R^4}{4}$ 이고, 여기서 R은 원의 반지름이다.) 【2장】

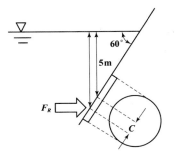

① 0.0866　　　　② 0.173
③ 0.866　　　　④ 1.73

[해설] 우선, $\bar{h} = \bar{y} \sin\theta$ 에서

$$\bar{y} = \frac{\bar{h}}{\sin\theta} = \frac{5}{\sin 60°} = 5.77\,\mathrm{m}$$

결국, $C = \frac{I_G}{A\bar{y}} = \frac{\frac{\pi \times 2^4}{4}}{\frac{\pi}{4} \times 4^2 \times 5.77} = 0.173\,\mathrm{m}$

문제 56. 연직하방으로 내려가는 물제트에서 높이 10 m인 곳에서 속도는 20 m/s였다. 높이 5 m인 곳에서의 물의 속도는 약 몇 m/s인가? 【3장】

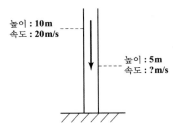

① 29.45　　　　② 26.34
③ 23.88　　　　④ 22.32

[해설] $V^2 = V_0^2 + 2a(S - S_0)$ 에서　　$V^2 = V_0^2 + 2gh$
$\therefore V = \sqrt{V_0^2 + 2gh} = \sqrt{20^2 + (2 \times 9.8 \times 5)}$
$= 22.32\,\mathrm{m/s}$

문제 57. 그림에서 압력차($P_x - P_y$)는 약 몇 kPa인가? 【2장】

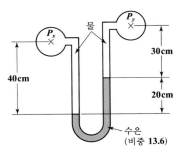

① 25.67   ② 2.57

③ 51.34   ④ 5.13

[해설] $P = \gamma h = \gamma_{H_2O} Sh$ 를 이용하면

$P_x + 9.8 \times 1 \times 0.4 - 9.8 \times 13.6 \times 0.2 - 9.8 \times 1 \times 0.3$
$= P_y$

$\therefore \ P_x - P_y = 25.676 \, kPa$

문제 58. 공기로 채워진 $0.189 \, m^3$의 오일 드럼통을 사용하여 잠수부가 해저 바닥으로부터 오래된 배의 닻을 끌어올리려 한다. 바닷물 속에서 닻을 들어 올리는데 필요한 힘은 1780 N이고, 공기 중에서 드럼통을 들어 올리는데 필요한 힘은 222 N이다. 공기로 채워진 드럼통을 닻에 연결한 후 잠수부가 이 닻을 끌어올리는 데 필요한 최소 힘은 약 몇 N인가?
(단, 바닷물의 비중은 1.025이다.)   【2장】

① 72.8   ② 83.4

③ 92.5   ④ 103.5

[해설] 물 속에서 드럼통의 부력

$F_B = \gamma V = \gamma_{H_2O} SV = 9800 \times 1.025 \times 0.189$
$= 1898.5 \, N$

공기 중에서 드럼통을 올리는 힘 $= 222 \, N$
결국, 잠수부가 닻을 올리는 최소 힘
$F = 1780 + 222 - 1898.5 = 103.5 \, N$

문제 59. 수력기울기선(Hydraulic Grade Line; HGL)이 관보다 아래에 있는 곳에서의 압력은?   【3장】

① 완전 진공이다.

② 대기압보다 낮다.

③ 대기압과 같다.

④ 대기압보다 높다.

[해설] 수력구배선(HGL)은 에너지선(EL)보다 속도수두 $\left(\dfrac{V^2}{2g}\right)$ 만큼 아래에 있다.

문제 60. 원관 내부의 흐름이 층류 정상 유동일 때 유체의 전단응력 분포에 대한 설명으로 알맞은 것은?   【5장】

① 중심축에서 0이고, 반지름 방향 거리에 따라 선형적으로 증가한다.

② 관 벽에서 0이고, 중심축까지 선형적으로 증가한다.

③ 단면에서 중심축을 기준으로 포물선 분포를 가진다.

④ 단면적 전체에서 일정하다.

[해설] · 수평원관에서 층류유동
① 속도 분포 : 관벽에서 0이며, 관중심에서 최대이다. ⇨ 포물선 변화
② 전단응력 분포 : 관중심에서 0이며, 관벽에서 최대이다. ⇨ 직선적(=선형적) 변화

제4과목 기계재료 및 유압기기

문제 61. 플라스틱 재료의 일반적인 특징을 설명한 것 중 틀린 것은?

① 완충성이 크다.

② 성형성이 우수하다.

③ 자기 윤활성이 풍부하다.

④ 내식성은 낮으나, 내구성이 높다.

[해설] 플라스틱은 내식성은 우수하나, 내구성은 낮다.
※ 내구성 : 물질이 원래의 상태에서 변질되거나 변형됨이 없이 오래 견디는 성질

문제 62. 주조용 알루미늄 합금의 질별 기호 중 T6가 의미하는 것은?

① 어닐링 한 것

② 제조한 그대로의 것

③ 용체화 처리 후 인공시효 경화 처리한 것

④ 고온 가공에서 냉각 후 자연 시효 시킨 것

[정답] 58. ④   59. ②   60. ①   61. ④   62. ③

해설 T_6 : 담금질 처리(용체화 처리)후 인공시효경화
처리한 것

문제 63. 주철에 대한 설명으로 옳은 것은?

① 주철은 액상일 때 유동성이 좋다.
② 주철은 C와 Si 등이 많을수록 비중이 커
진다.
③ 주철은 C와 Si 등이 많을수록 용융점이 높
아진다.
④ 흑연이 많을 경우 그 파단면은 백색을 띠
며 백주철이라 한다.

해설 ·주철(cast iron)
① 주철은 액상일 때 유동성이 좋고, C와 Si 등이
많을수록 비중이 작아지며, 용융점도 낮아진다.
② 주철 중 탄소(C)의 형상
㉠ 유리탄소(흑연) : 탄소가 유리탄소(흑연)로 존
재하고 그 파단면은 회색을 띠며, 회주철이라
한다.
㉡ 화합탄소(탄화철 : Fe₃C) : 탄소가 화합탄소
(Fe₃C)로 존재하고 그 파단면은 백색을 띠며,
백주철이라 한다.

문제 64. 특수강을 제조하는 목적이 아닌 것은?

① 절삭성 개선
② 고온강도 저하
③ 담금질성 향상
④ 내마멸성, 내식성 개선

해설 ·특수강의 목적
① 기계적, 물리적, 화학적 성질의 개선
② 소성가공의 개량
③ 결정입도의 성장방지
④ 내식성, 내마멸성의 증대
⑤ 담금질성의 향상
⑥ 고온에서 기계적 성질의 저하방지
⑦ 단접, 용접이 용이

문제 65. 확산에 의한 경화 방법이 아닌 것은?

① 고체 침탄법   ② 가스 질화법

③ 쇼트 피이닝   ④ 침탄 질화법

해설 ·화학적 표면경화법(=확산에 의한 표면경화법)
① 개요 : 강인성 있는 재료(저탄소강)에 특수열처리
를 하여 강재표면층의 화학조성을 첨가원소의 확
산으로 변화시켜 경화층을 얻는 방법이다.
② 종류
㉠ 침탄법(고체침탄법, 가스침탄법, 액체침탄법)
㉡ 질화법

문제 66. 조미니 시험(Jominy test)은 무엇을 알
기 위한 시험 방법인가?

① 부식성   ② 마모성
③ 충격인성   ④ 담금질성

해설 ·강의 경화능(hardenability)
: 담금질성이라고도 하며 급랭경화된 깊이로서 나타
내며, 질량효과와 상반되는 성질로서 질량효과가
작으면 경화능은 크다.
또한, 결정입도는 조대한 것이 담금질성을 향상시
키는 성질을 갖고 있으며 그로스맨시험, 조미니시
험으로 측정한다.

문제 67. 기계태엽, 정밀계측기, 다이얼 게이지
등을 만드는 재료로 가장 적합한 것은?

① 인청동   ② 엘린바
③ 미하나이트   ④ 애드미럴티

해설 엘린바(elinvar)
: Fe－Ni 36%－Cr 12%의 합금으로서 탄성률은 온
도변화에 의해서도 거의 변화하지 않고 선팽창계수
도 작다. 엘린바란 탄성불변이라는 의미를 가지고
있다. 용도로는 고급시계, 정밀거울 등의 스프링
및 기타 정밀기계의 재료에 적합하다.

문제 68. 금속재료에 외력을 가했을 때 미끄럼이
일어나는 과정에서 생긴 국부적인 격자 배열의
선결함은?

① 전위   ② 공공
③ 적층결함   ④ 결정립 경계

해답 **63.** ① **64.** ② **65.** ③ **66.** ④ **67.** ② **68.** ①

해설 전위(dislocation)
: 금속의 결정격자는 규칙적으로 배열되어 있는 것
이 정상이지만 불완전하거나 결함이 있을 때 외력
이 작용하면 불완전한 곳이나 결함이 있는 곳에서
부터 이동이 생기게 되는데 이를 전위라 한다.

문제 **69.** 배빗메탈(babbit metal)에 관한 설명으로 옳은 것은?

① Sn−Sb−Cu계 합금으로서 베어링재료로 사용된다.
② Cu−Ni−Si계 합금으로서 도전율이 좋으므로 강력 도전 재료로 이용된다.
③ Zn−Cu−Ti계 합금으로서 강도가 현저히 개선된 경화형 합금이다.
④ Al−Cu−Mg계 합금으로서 상온시효처리하여 기계적 성질을 개선시킨 합금이다.

해설 · 베어링용합금
① 화이트메탈 : Sn−Sb−Zn−Cu
  ㉠ 주석계 화이트메탈(＝배빗메탈)
  ㉡ 납(＝연)계 화이트메탈
  ㉢ 아연계 화이트메탈
② 구리(＝동)계 화이트메탈(＝켈멧)
③ 알루미늄계합금
※ 6·4황동(Muntz metal) : Cu 60 %−Zn 40 %

문제 **70.** Fe−C 평형 상태도에서 나타날 수 있는 반응이 아닌 것은?

① 포정반응   ② 공정반응
③ 공석반응   ④ 편정반응

해설 Fe−C 평형상태도에서 합금이 되는 금속의 반응
: 공정반응, 공석반응, 포정반응

문제 **71.** 부하가 급격히 변화하였을 때 그 자중이나 관성력 때문에 소정의 제어를 못하게 된 경우 배압을 걸어주어 자유낙하를 방지하는 역할을 하는 유압제어 밸브로 체크밸브가 내장된 것은?

① 카운터 밸런스 밸브
② 릴리프 밸브
③ 스로틀 밸브
④ 감압 밸브

해설 카운터 밸런스 밸브
: 회로의 일부에 배압을 발생시키고자 할 때 사용하는 밸브이다. 예를 들어, 드릴작업이 끝나는 순간 부하저항이 급히 감소할 때 드릴의 돌출을 막기 위하여 실린더에 배압을 주고자 할 때 또는, 연직 방향으로 작동하는 램이 중력에 의하여 낙하하는 것을 방지하고자 할 경우에 사용한다.

문제 **72.** 다음 중 유압장치의 운동부분에 사용되는 실(seal)의 일반적인 명칭은?

① 심레스(seamless)   ② 개스킷(gasket)
③ 패킹(packing)   ④ 필터(filter)

해설 · 개스킷(gasket) : 고정부분에 사용되는 실(seal)
· 패킹(packing) : 운동부분에 사용되는 실(seal)

문제 **73.** 미터-아웃(meter-out) 유량 제어 시스템에 대한 설명으로 옳은 것은?

① 실린더로 유입하는 유량을 제어한다.
② 실린더의 출구 관로에 위치하여 실린더로부터 유출되는 유량을 제어한다.
③ 부하가 급격히 감소되더라도 피스톤이 급진되지 않도록 제어한다.
④ 순간적으로 고압을 필요로 할 때 사용한다.

해설 · 유량조정밸브에 의한 회로
① 미터 인 회로 : 액추에이터의 입구쪽 관로에서 유량을 교축시켜 작동속도를 조절하는 방식
② 미터 아웃 회로 : 액추에이터의 출구쪽 관로에서 유량을 교축시켜 작동속도를 조절하는 방식. 즉, 실린더에서 유출하는 유량을 복귀측에 직렬로 유량조절밸브를 설치하여 유량을 제어하는 방식
③ 블리드 오프 회로 : 액추에이터로 흐르는 유량의 일부를 탱크로 분기함으로서 작동속도를 조절하는 방식. 회로연결은 병렬로 연결한다.

정답 **69.** ① **70.** ④ **71.** ① **72.** ③ **73.** ②

문제 74. 다음 기호에 대한 명칭은?

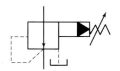

① 비례전자식 릴리프 밸브
② 릴리프 붙이 시퀀스 밸브
③ 파일럿 작동형 감압 밸브
④ 파일럿 작동형 릴리프 밸브

해설

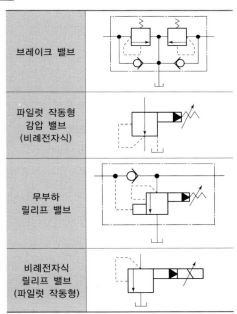

브레이크 밸브	
파일럿 작동형 감압 밸브 (비례전자식)	
무부하 릴리프 밸브	
비례전자식 릴리프 밸브 (파일럿 작동형)	

문제 75. 다음 중 어큐뮬레이터 용도에 대한 설명으로 틀린 것은?

① 에너지 축적용
② 펌프 맥동 흡수용
③ 충격압력의 완충용
④ 유압유 냉각 및 가열용

해설 ·축압기(accumulator)의 용도
① 에너지의 축적
② 압력보상
③ 서지압력방지
④ 충격압력 흡수
⑤ 유체의 맥동감쇄(맥동흡수)
⑥ 사이클시간의 단축
⑦ 2차 유압회로의 구동
⑧ 펌프대용 및 안전장치의 역할
⑨ 액체수송(펌프작용)
⑩ 에너지의 보조

문제 76. 온도 상승에 의하여 윤활유의 점도가 낮아질 때 나타나는 현상이 아닌 것은?

① 누설이 잘된다.
② 기포의 제거가 어렵다.
③ 마찰 부분의 마모가 증대된다.
④ 펌프의 용적 효율이 저하된다.

해설 ·점도가 너무 낮을 경우
① 내부 및 외부의 오일 누설의 증대
② 압력유지의 곤란
③ 유압펌프, 모터 등의 용적효율 저하
④ 기기마모의 증대
⑤ 압력발생저하로 정확한 작동불가

문제 77. 그림과 같은 유압회로의 명칭으로 옳은 것은?

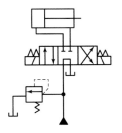

① 브레이크 회로
② 압력 설정 회로
③ 최대압력 제한 회로
④ 임의 위치 로크 회로

정답 74. ③ 75. ④ 76. ② 77. ④

해설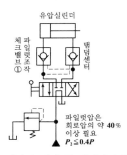

로크회로 : 실린더 행정 중 임의위치에서 또는 행정 끝에서 실린더를 고정시켜 놓을 필요가 있을 때라 할지라도 부하가 클 때 또는 장치내의 압력저하에 의하여 실린더 피스톤이 이동되는 경우가 발생한다. 이 피스톤의 이동을 방지하는 회로를 로크회로라 한다.

문제 78. 크래킹 압력(cracking pressure)에 관한 설명으로 가장 적합한 것은?

① 파일럿 관로에 작용시키는 압력

② 압력 제어 밸브 등에서 조절되는 압력

③ 체크 밸브, 릴리프 밸브 등에서 압력이 상승하고 밸브가 열리기 시작하여 어느 일정한 흐름의 양이 인정되는 압력

④ 체크 밸브, 릴리프 밸브 등의 입구 쪽 압력이 강하하고, 밸브가 닫히기 시작하여 밸브의 누설량이 어느 규정의 양까지 감소했을 때의 압력

해설 · 크랭킹 압력 : 체크밸브 또는 릴리프밸브 등으로 압력이 상승하여 밸브가 열리기 시작하고 어떤 일정한 흐름의 양이 확인되는 압력
· 리시트 압력 : 체크밸브 또는 릴리프 밸브 등으로 입구쪽 압력이 강하하여 밸브가 닫히기 시작하여 밸브의 누설량이 어떤 규정된 양까지 감소되었을 때의 압력

문제 79. 다음 중 기어 모터의 특성에 관한 설명으로 가장 거리가 먼 것은?

① 정회전, 역회전이 가능하다.

② 일반적으로 평기어를 사용한다.

③ 비교적 소형이며 구조가 간단하기 때문에

값이 싸다.

④ 누설량이 적고 토크 변동이 작아서 건설기계에 많이 이용된다.

해설 · 기어 모터 : 주로 평치차를 사용하나 헬리컬 기어도 사용한다.
〈장점〉
① 구조가 간단하고 가격이 저렴하다.
② 유압유 중의 이물질에 의한 고장이 적다.
③ 과도한 운전조건에 잘 견딘다.
〈단점〉
① 누설유량이 많다.
② 토크변동이 크다.
③ 베어링 하중이 크므로 수명이 짧다.
〈용도〉
건설기계, 산업기계, 공작기계에 사용한다.

문제 80. 펌프의 압력이 50 Pa, 토출유량은 40 m³/min인 레이디얼 피스톤 펌프의 축동력은 약 몇 W인가? (단, 펌프의 전효율은 0.85이다.)

① 3921　　　② 39.21

③ 2352　　　④ 23.52

해설 전효율 $\eta = \dfrac{\text{펌프동력}(L_P)}{\text{축동력}(L_S)}$ 에서

$$\therefore L_s = \frac{L_P}{\eta} = \frac{pQ}{\eta} = \frac{50 \times \dfrac{40}{60}}{0.85} = 39.2\,\text{kW} (= \text{J/s})$$

제5과목 기계제작법 및 기계동력학

문제 81. 반지름이 1 m인 원을 각속도 60 rpm으로 회전하는 1 kg 질량의 선형운동량(linear momentum)은 몇 kg·m/s인가?

① 6.28　　　② 1.0

③ 62.8　　　④ 10.0

해설 선운동량(=선형운동량)

$$= mV = mr\omega = mr \times \frac{2\pi N}{60}$$

$$= 1 \times 1 \times \frac{2\pi \times 60}{60} = 6.28\,\text{kg} \cdot \text{m/s}$$

정답 78. ③　79. ④　80. ②　81. ①

문제 82. 질량 m인 물체가 h의 높이에서 자유낙하한다. 공기 저항을 무시할 때, 이 물체가 도달할 수 있는 최대 속력은?
(단, g는 중력가속도이다.)

① $\sqrt{mgh}$ ② $\sqrt{mh}$
③ $\sqrt{gh}$ ④ $\sqrt{2gh}$

해설 $V^2 = V_0^{\cancel{2}} + 2a(S - \cancel{S_0})$ 에서 $V^2 = 2gh$
$$\therefore V = \sqrt{2gh}$$

문제 83. 그림과 같이 0.6 m 길이에 질량 5 kg의 균질봉이 축의 직각방향으로 30 N의 힘을 받고 있다. 봉이 $\theta = 0°$일 때 시계방향으로 초기 각속도 $\omega_1 = 10$ rad/s이면 $\theta = 90°$일 때 봉의 각속도는? (단, 중력의 영향을 고려한다.)

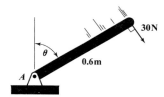

① 12.6 rad/s ② 14.2 rad/s
③ 15.6 rad/s ④ 17.2 rad/s

해설

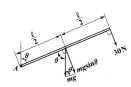

우선, $\sum M_A = J_A \alpha$ 에서

$$mg\sin\theta \times \frac{\ell}{2} + 30\ell = \frac{m\ell^2}{3} \times \alpha$$

$$5 \times 9.8 \times \sin\theta \times \frac{0.6}{2} + 30 \times 0.6 = \frac{5 \times 0.6^2}{3} \times \alpha$$

$$\therefore \alpha = 24.5\sin\theta + 30$$

또한, $\omega d\omega = \alpha d\theta$ 에서

$$\int_{\omega_1}^{\omega_2} \omega d\omega = \int_0^{\frac{\pi}{2}(=90°)} (24.5\sin\theta + 30) d\theta$$

$$\frac{\omega_2^2 - \omega_1^2}{2} = [-24.5\cos\theta + 30\theta]_0^{\frac{\pi}{2}(=90°)}$$

$$\frac{\omega_2^2 - 10^2}{2} = -24.5(\cos 90° - \cos 0°) + 30\left(\frac{\pi}{2} - 0\right)$$

$$\therefore \omega_2 \fallingdotseq 15.6\,\mathrm{rad/s}$$

문제 84. 국제단위체계(SI)에서 1 N에 대한 설명으로 옳은 것은?

① 1 g의 질량에 1 m/s²의 가속도를 주는 힘이다.
② 1 g의 질량에 1 m/s의 속도를 주는 힘이다.
③ 1 kg의 질량에 1 m/s²의 가속도를 주는 힘이다.
④ 1 kg의 질량에 1 m/s의 속도를 주는 힘이다.

해설 1 N : 1 kg의 질량인 물체에 1 m/s²의 가속도를 일으킬 수 있는 힘으로 정의된다.
즉, $1\,\mathrm{N} = 1\,\mathrm{kg} \times 1\,\mathrm{m/s^2} = 1\,\mathrm{kg \cdot m/s^2}$

문제 85. 전기모터의 회전자가 3450 rpm으로 회전하고 있다. 전기를 차단했을 때 회전자는 일정한 각가속도로 속도가 감소하여 정지할 때까지 40초가 걸렸다. 이 때 각가속도의 크기는 약 몇 rad/s²인가?

① 361.0 ② 180.5 ③ 86.25 ④ 9.03

해설 우선, 각속도 $\omega = \dfrac{d\theta}{dt} = \dfrac{2\pi N}{60} = \dfrac{2\pi \times 3450}{60}$
$$= 361.3\,\mathrm{rad/s}$$
결국, 각가속도 $\alpha = \dfrac{d\omega}{dt} = \dfrac{\omega}{t} = \dfrac{361.3}{40} = 9.03\,\mathrm{rad/s^2}$

문제 86. 20 m/s의 속도를 가지고 직선으로 날아오는 무게 9.8 N의 공을 0.1초 사이에 멈추게 하려면 약 몇 N의 힘이 필요한가?

① 20 ② 200 ③ 9.8 ④ 98

해설 $Ft = mV$ 즉, $Ft = \dfrac{W}{g} V$ 에서
$$F \times 0.1 = \frac{9.8}{9.8} \times 20 \quad \therefore F = 200\,\mathrm{N}$$

해답 82. ④ 83. ③ 84. ③ 85. ④ 86. ②

문제 87. 기계진동의 전달율(transmissibility ratio)을 1 이하로 조정하기 위해서는 진동수 비 (ω/ω_n)를 얼마로 하면 되는가?

① $\sqrt{2}$ 이하로 한다.　② 1 이상으로 한다.

③ 2 이상으로 한다.　④ $\sqrt{2}$ 이상으로 한다.

해설 전달률(TR)과 진동수비$\left(\gamma = \dfrac{\omega}{\omega_n}\right)$의 관계

① $TR=1$이면 $\gamma = \sqrt{2}$
② $TR<1$이면 $\gamma > \sqrt{2}$
③ $TR>1$이면 $\gamma < \sqrt{2}$

문제 88. 동일한 질량과 스프링 상수를 가진 2개의 시스템에서 하나는 감쇠가 없고, 다른 하나는 감쇠비가 0.12인 점성감쇠가 있다. 이 때 감쇠진동 시스템의 감쇠 고유진동수와 비감쇠진동 시스템의 고유진동수의 차이는 비감쇠진동 시스템 고유진동수의 약 몇 %인가?

① 0.72 %　　② 1.24 %

③ 2.15 %　　④ 4.24 %

해설 $\omega_{nd} = \omega_d\sqrt{1-\xi^2}$ 에서

$\therefore \dfrac{\omega_{nd}}{\omega_d} = \sqrt{1-\xi^2} = \sqrt{1-0.12^2} = 0.9928 = \dfrac{0.9928}{1}$

$\omega_d - \omega_{nd} = 1 - 0.9928 = 0.0072 = 0.72\%$

문제 89. 스프링상수가 20 N/cm와 30 N/cm인 두 개의 스프링을 직렬로 연결했을 때 등가스프링 상수 값은 몇 N/cm인가?

① 50　　② 12　　③ 10　　④ 25

해설 $\dfrac{1}{k_e} = \dfrac{1}{k_1} + \dfrac{1}{k_2} = \dfrac{k_1+k_2}{k_1 k_2}$ 에서

$\therefore k_e = \dfrac{k_1 \cdot k_2}{k_1+k_2} = \dfrac{20 \times 30}{20+30} = 12\,\text{N/cm}$

문제 90. 그림과 같이 스프링상수는 400 N/m, 질량은 100 kg인 1자유도계 시스템이 있다. 초기에 변위는 0이고 스프링 변형량도 없는 상태

에서 x방향으로 3 m/s의 속도로 움직이기 시작한다고 가정할 때 이 질량체의 속도 v를 위치 x에 관한 함수로 나타내면?

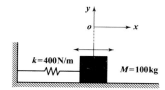

①　$\pm\,(9-4x^2)$　　②　$\pm\sqrt{(9-4x^2)}$

③　$\pm\,(16-9x^2)$　　④　$\pm\sqrt{(16-9x^2)}$

해설 $T = V_e$ 에서 $\dfrac{1}{2}m(v_0^2 - v^2) = \dfrac{1}{2}kx^2$

$\dfrac{1}{2} \times 100(3^2 - v^2) = \dfrac{1}{2} \times 400x^2$

$v^2 = 3^2 - 4x^2 = 9 - 4x^2 \quad \therefore v = \pm\sqrt{(9-4x^2)}$

문제 91. 다음 가공법 중 연삭 입자를 사용하지 않는 것은?

① 초음파가공　　② 방전가공

③ 액체호닝　　　④ 래핑

해설 ① 연삭입자에 의한 가공 : 연삭, 호닝, 래핑, 수퍼피니싱, 초음파가공
② 초음파가공 : 기계적 진동을 하는 공구와 공작물 사이에 입자와 공작액을 주입한 후 급격한 타격 작용에 의해 공작물의 표면으로부터 미세한 칩을 제거해 내는 가공법이다.
③ 방전가공 : 공작물의 가공모양에 따라 적당한 모양으로 만든 전극과 공작물 사이에 전기를 통하여 불꽃 방전을 일으켜서 공작물을 미소량씩 용해하여 구멍뚫기, 절단, 조각 등을 하는 방법이다.

문제 92. 다음 중 주물의 첫 단계인 모형(pattern)을 만들 때 고려사항으로 가장 거리가 먼 것은?

① 목형 구배　　② 수축 여유

③ 팽창 여유　　④ 기계가공 여유

해설 목형제작상 유의사항
: 수축여유, 가공여유, 기울기여유(=구배여유=목형구배), 코어프린트, 라운딩, 덧붙임

애답 87. ④　88. ①　89. ②　90. ②　91. ②　92. ③

문제 93. 선반에서 주분력이 1.8 kN, 절삭속도가 150 m/min일 때, 절삭동력은 약 몇 kW인가?

① 4.5　　② 6　　③ 7.5　　④ 9

해설 절삭동력 $H' = P \times V = 1.8 \times \dfrac{150}{60}$
$$= 4.5\,\mathrm{kN \cdot m/s}\,(= \mathrm{kJ/s} = \mathrm{kW})$$

문제 94. 정격 2차 전류 300 A인 용접기를 이용하여 실제 270 A의 전류로 용접을 하였을 때, 허용사용률이 94 %이었다면 정격 사용률은 약 몇 %인가?

① 68　　② 72　　③ 76　　④ 80

해설 허용사용률

$$= \frac{(\text{정격2차전류})^2}{(\text{실제의 용접전류})^2} \times \text{정격사용률(\%)}$$

$$\therefore \ \text{정격사용률} = \frac{(\text{실제의 용접전류})^2}{(\text{정격2차전류})^2} \times \text{허용사용률}$$

$$= \frac{270^2}{300^2} \times 94 = 76.14\,\%$$

문제 95. 다음 중 심냉 처리(sub-zero treatment)에 대한 설명으로 가장 적절한 것은?

① 강철을 담금질하기 전에 표면에 붙은 불순물을 화학적으로 제거시키는 것
② 처음에 기름으로 냉각한 다음 계속하여 물 속에 담그고 냉각하는 것
③ 담금질 직후 바로 템퍼링 하기 전에 얼마 동안 0 ℃에 두었다가 템퍼링 하는 것
④ 담금질 후 0 ℃ 이하의 온도까지 냉각시켜 잔류 오스테나이트를 마텐자이트화 하는 것

해설 서브제로(sub-zero)처리(=심냉처리)
: 잔류오스테나이트(A)를 0 ℃ 이하로 냉각시켜 마르텐자이트(M)화하는 열처리

문제 96. 다음 측정기구 중 진직도를 측정하기에 적합하지 않은 것은?

① 실린더 게이지　　② 오토콜리메이터
③ 측미 현미경　　④ 정밀 수준기

해설 실린더게이지 : 2점 접촉식에 의한 지침측미계를 이용한 내경측정기이다.

문제 97. 전해연마의 특징에 대한 설명으로 틀린 것은?

① 가공 변질 층이 없다.
② 내부식성이 좋아진다.
③ 가공면에는 방향성이 있다.
④ 복잡한 형상을 가진 공작물의 연마도 가능하다.

해설 · 전해연마의 특징
① 가공변질층이 나타나지 않으므로 평활한 면을 얻을 수 있다.
② 복잡한 형상의 연마도 할 수 있다.
③ 가공면에는 방향성이 없다.
④ 내마모성, 내부식성이 향상된다.
⑤ 연질의 금속, 알루미늄, 동, 황동, 청동, 코발트, 크롬, 탄소강, 니켈 등도 쉽게 연마할 수 있다.

문제 98. 냉간가공에 의하여 경도 및 항복강도가 증가하나 연신율은 감소하는데 이 현상을 무엇이라 하는가?

① 가공경화　　② 탄성경화
③ 표면경화　　④ 시효경화

해설 가공경화 : 재결정 온도이하에서 가공(냉간가공)하면 할수록 단단해지는 것으로 결정결함수의 밀도 증가 때문에 일어난다. 강도·경도는 증가하며, 연신율, 단면수축율, 인성은 감소한다.

문제 99. 절삭유제를 사용하는 목적이 아닌 것은?

① 능률적인 칩 제거
② 공작물과 공구의 냉각
③ 절삭열에 의한 정밀도 저하 방지
④ 공구 윗면과 칩 사이의 마찰계수 증대

해답 **93.** ①　**94.** ③　**95.** ④　**96.** ①　**97.** ③　**98.** ①　**99.** ④

해설▷ 절삭유의 역할 : 금속을 기계가공하는 작업에서 공구와 칩, 또는 공작물과의 경계면에서 마모, 마찰, 용착 등을 방지하고 또한, 발열의 억제와 제거에 의해서 공구의 수명을 연장하고, 다듬질면의 향상과 공작물의 정도를 유지하는데 있다.

문제 **100.** 다음 중 자유단조에 속하지 않는 것은?

① 업세팅(up-setting) ② 블랭킹(blanking)
③ 늘리기(drawing) ④ 굽히기(bending)

해설▷ ・단조방법에 따른 종류
  ① 자유단조 : 업세팅(=축박기), 늘리기, 절단, 굽히기, 구멍뚫기, 단짓기, 비틀기, 펀칭
  ② 형단조

건설기계설비 기사

※ 재료역학, 열역학, 유체역학, 유압기기는 일반기계 기사와 중복됩니다. 나머지 유체기계, 건설기계일반, 플랜트배관의 순서는 1~30번으로 정합니다.

제4과목 유체기계

문제 **1.** 유량은 20 m³/min, 양정은 50 m, 펌프 회전수는 1800 rpm인 2단 편흡입 원심펌프의 비속도(specific speed, (m³/min, m, rpm))는 약 얼마인가?

① 303 ② 428 ③ 720 ④ 1048

해설▷ $n_S = \dfrac{n\sqrt{Q}}{\left(\dfrac{H}{i}\right)^{3/4}} = \dfrac{1800\sqrt{20}}{\left(\dfrac{50}{2}\right)^{3/4}}$

$= 720\,(\text{m}^3/\text{min} \cdot \text{m} \cdot \text{rpm})$

문제 **2.** 다음 중 풍차의 축 방향이 다른 종류는?

① 네델란드형 ② 다리우스형
③ 패들형 ④ 사보니우스형

해설▷ 풍차는 회전축의 방향에 따라 수평축형과 수직축형으로 분류된다.
  ① 수평축형 : 그리스형, 네델란드형, 다익형, 1장 브레이드, 2장 브레이드, 3장 브레이드
  ② 수직축형 : 패들형, 사보니우스형, 크로스프로형, 다리우스형, 진직 다리우스형, 헤릭스터빈(비튼 다리우스형)

문제 **3.** 터보형 펌프의 분류에 속하지 않는 것은?

① 원심식 ② 사류식
③ 왕복식 ④ 축류식

해설▷ ・펌프의 분류
  ① 터보형 ┌ 원심식 : 벌류트펌프, 터빈펌프
       ├ 사류식 : 사류펌프
       └ 축류식 : 축류펌프
  ② 용적형 ┌ 왕복식 : 피스톤펌프, 플런저펌프
       └ 회전식 : 기어펌프, 베인펌프
  ③ 특수형 : 마찰펌프, 제트펌프, 기포펌프, 수격펌프

문제 **4.** 유체 커플링의 구조에 대한 설명 중 옳지 않은 것은?

① 유체 커플링의 일반적인 구조 요소는 입력축에 펌프, 출력축에 터빈을 설치한다.
② 펌프와 터빈의 회전차는 서로 맞대서 케이싱 내에 다수의 깃이 반지름 방향으로 달려 있다.
③ 입력축을 회전하면 그 축에 달린 펌프의 회전차가 회전하며 액체는 임펠러로부터 유출하여 출력축에 달린 터빈의 러너에 유입하여 출력축을 회전시킨다.
④ 펌프와 터빈으로 두 개의 별도 회로로 구성되어 있으므로 일정시간 작동 후 펌프가 정지하더라도 터빈은 독자적으로 작동할 수 있다.

해설▷ ・유체커플링(fluid coupling)의 구조
  ① 입력축에 펌프를 설치하고 출력축에 터빈을 설치한다.
  ② 펌프와 터빈의 회전차는 서로 맞서는 케이싱 내에서 다수의 깃을 반지름방향으로 붙인 상태로

해답 **100.**② ‖ **1.**③ **2.**① **3.**③ **4.**④

되어 있으며, 이들 내부에 액체가 채워져 있다.
③ 입력축을 회전하면 이 축에 붙어있는 펌프의 회전차(impeller)가 회전하고, 액체는 회전차에서 유출하여 출력축에 붙어있는 수차의 깃차(runner)에 유입하여 출력축을 회전시킨다.
④ 펌프와 수차(터빈)로서 하나의 회로를 형성하고 있으므로 일정량의 회류(순환류)가 일어나서 전동할 수 있게 된다.

문제 5. 반동수차 중 하나로 프로펠러 수차와 비슷하나 유량변화가 심한 곳에 사용할 수 있도록 가동익을 설치하여, 부분부하에 대하여 높은 효율을 얻을 수 있는 수차는?

① 카플란 수차   ② 펠턴 수차
③ 지라르 수차   ④ 프란시스 수차

해설 프로펠러 수차(propeller turbine)
: 프로펠러 수차는 약 80 m 이하(보통 10~60 m)의 저낙차로 비교적 유량이 많은 경우에 사용되며, 날개수는 3~10매가 보통이고, 부하에 의한 날개각도를 조정할 수 있는 가동익형과 부하에 의한 날개각도를 조절할 수 없는 고정익형이 있다. 여기서 가동익형을 카플란(kaplan) 수차라 하고, 고정익형을 프로펠러(propeller) 수차라고 부른다.

문제 6. 루츠형 진공 펌프가 동일한 압력 사용 범위에서 다른 진공 펌프와 비교하여 가지는 장점이 아닌 것은?

① 고속 회전이 가능하다.
② 넓은 압력 범위에서도 양호한 배기성능이 발휘된다.
③ 고압으로 갈수록 모터 용량의 상승폭이 크지 않아 고압에서의 작동에 유리하다.
④ 실린더 안에 오일을 사용하지 않으므로 소요 동력이 적다.

해설 루츠형 진공펌프가 동일한 사용압력범위의 다른 기계적 진공펌프와 비교하여 다음과 같은 이점이 있다.
① 실린더안에 섭동부가 없고, 로터는 축에 대해서 대칭형이며, 정밀한 균형을 갖고 있으므로 고속 회전이 가능하다.
② 1회전의 배기용적이 비교적 크므로 소형에서도 큰 배기속도가 얻어진다.

③ 넓은 압력 범위에서도 양호한 배기성능이 발휘된다.
④ 배기밸브가 없으므로 수음, 진동이 적다.
⑤ 실린더 안의 기름을 사용하지 않으므로 동력이 적다.

문제 7. 수차의 수격현상에 대한 설명으로 옳지 않은 것은?

① 기동이나 정지 또는 부하가 갑자기 변화할 경우 유입수량이 급변함에 따라 수격현상이 발생하게 된다.
② 수격현상은 진동의 원인이 되고 경우에 따라서는 수관을 파괴시키기도 한다.
③ 수차 케이싱에 압력조절기를 설치하여 부하가 급변할 경우 방출유량을 조절하여 수격현상을 방지한다.
④ 수차에 서지탱크를 설치하여 관내 압력변화를 크게 하여 수격현상을 방지할 수 있다.

해설 ・수차의 수격현상(water hammer)
① 기동이나 정지 또는 부하가 갑자기 변화할 경우 유입수량이 급변함에 따라 관내에 큰 압력변동이 생겨서 소위 수격현상이 발생된다.
② 수격현상을 방지하기 위하여 서지탱크(surge tank)를 설치하여 관내의 압력을 적게 한다.
③ 수격현상은 진동의 원인이 되고 경우에 따라서는 수관을 파괴시키는 일도 있다.
④ 수차 케이싱에 압력조절기를 설치하여 부하가 급변할 때나 수차의 회전수가 변화할 때 조절기에 의해 방출유량을 조절하여 수격현상을 방지한다.

문제 8. 물이 수차의 회전차를 흐르는 사이에 물의 압력에너지와 속도에너지는 감소되고 그 반동으로 회전차를 구동하는 수차는?

① 중력 수차   ② 펠턴 수차
③ 충격 수차   ④ 프란시스 수차

해설 프란시스 수차(francis turbine)
: 프란시스 수차는 반동수차의 대표적인 것으로서 물이 회전차의 깃 사이를 지나는 사이에 그 속도에너지와 압력에너지는 기계적 에너지로 변화되고, 압력은 대기압 이하로 떨어져서 흡출관으로 유입하며, 그 압력 회복작용에 의하여 미약한 속도에너지만을 가지고 방수된다.

해답 5. ① 6. ③ 7. ④ 8. ④

문제 9. 다음 중 벌류트 펌프(volute pump)의 구성 요소가 아닌 것은?

① 임펠러   ② 안내깃

③ 와류실   ④ 와실

해설 · 안내날개(안내깃)의 유무에 의한 분류
  ① 벌류트펌프 : 회전차의 바깥둘레에 안내날개가 없는 펌프를 말하며, 양정이 작은 경우에 사용된다.
  ② 터빈펌프 : 회전차의 바깥둘레에 안내날개가 있는 펌프를 말하며, 양정이 큰 경우에 사용된다.

문제 10. 다음 중 원심 펌프에서 축추력의 평형을 이루는 방법으로 거리가 먼 것은?

① 스러스트 베어링의 사용

② 그랜드 패킹 사용

③ 회전차 후면에 이면깃 사용

④ 밸런스 디스크 사용

해설 · 원심펌프에서 축추력의 방지법
  ① 스러스트 베어링(thrust bearing)을 장치하여 사용한다.
  ② 양흡입형의 회전차를 채용한다.
  ③ 평형공(balance hole)을 설치한다.
  ④ 후면측벽에 방사상의 리브(rib)를 설치한다.
  ⑤ 다단펌프에서는 단수만큼의 회전차를 반대방향으로 배열한다. 이런 방식을 자기평형(self balance)이라고 한다.
  ⑥ 평형원판(balance disk)을 사용한다.

제5과목 건설기계일반 및 플랜트배관

문제 11. 다음 중 도로포장을 위한 다짐작업에 주로 쓰이는 건설기계는?

① 롤러   ② 로더

③ 지게차   ④ 덤프트럭

해설 · 롤러(roller)
  : 전압장치를 가진 자주적인 것으로 2개 이상의 매끈한 드럼롤러를 바퀴로 하는 다짐용 기계로 전압

기계라고도 하며, 주로 도로, 제방, 비행장, 활주로 등의 공사의 마지막 작업으로 노면을 다져주는 건설장비

문제 12. 자주식 로드 롤러(road roller)를 축의 배열과 바퀴의 배열로 구분할 때 머캐덤(Macadam)롤러에 해당되는 것은?

① 1축 1륜   ② 2축 2륜

③ 2축 3륜   ④ 3축 3륜

해설 · 로드롤러(road roller)
  ① 머캐덤롤러 : 2축 3륜
  ② 탠덤롤러 : 2륜 탠덤롤러, 3륜 탠덤롤러

문제 13. 탄소강과 철강의 5대 원소가 아닌 것은?

① C   ② Si

③ Mn   ④ Mg

해설 탄소강과 철강의 5대 원소
  : 탄소(C), 규소(Si), 망간(Mn), 인(P), 황(S)

문제 14. 불도저의 시간당 작업량 계산에 필요한 사이클 타임 C_m (min)은 다음 중 어느 것인가? (단, ℓ =운반거리 (m), v_1 =전진속도 (m/min), v_2 =후진속도 (m/min), t =기어변속시간 (min)이다.)

① $C_m = \dfrac{v_1}{\ell} + \dfrac{v_2}{\ell} - t$

② $C_m = \dfrac{\ell}{v_1} + \dfrac{\ell}{v_2} - t$

③ $C_m = \dfrac{\ell}{v_1} + \dfrac{\ell}{v_2} + t$

④ $C_m = \dfrac{\ell}{v_1} - \dfrac{\ell}{v_2} - t$

해설 1회 사이클 시간 : $C_m = \dfrac{\ell}{v_1} + \dfrac{\ell}{v_2} + t$

정답 9. ②   10. ②   11. ①   12. ③   13. ④   14. ③

문제 15. 다음 중 전압식 롤러에 해당하지 않는 것은?

① 머캐덤 롤러(Macadam Roller)
② 타이어 롤러(Tire Roller)
③ 탬핑 롤러(Tamping Roller)
④ 탬퍼(Tamper)

해설 · 롤러의 종류
① 전압식 : 로드롤러(머캐덤롤러, 탠덤롤러), 타이어롤러, 탬핑롤러
② 충격식 : 진동콤팩터, 소일콤팩터, 탬퍼, 래머

문제 16. 난방과 온수공급에 쓰이는 대규모 보일러설비의 주요 부분 중 포화증기를 과열증기로 가열시키는 장치의 이름은 무엇인가?

① 과열기
② 절탄기
③ 통풍장치
④ 공기예열기

해설 ① 과열기(superheater) : 보일러 본체에서 발생한 증기는 건도가 거의 1에 가까운 습증기(습포화증기)로서 난방용과 공장용 등에서는 보일러에서 나오는 상태 그대로 사용한다. 그러나 동력발생용에서는 과열증기를 사용하므로 습포화증기에서의 수분을 증발시키고 나아가서 온도를 상승시켜서 과열증기를 만들기 위해 사용하는 장치이다.
② 절탄기(economizer) : 연소가스는 보일러 본체나 과열기를 가열한 후에도 상당히 높은 온도를 가진다. 따라서 연소가스로 배출되는 나머지 열을 회수하여 열효율을 높이기 위해서 급수를 가열하는 장치이다.
③ 통풍장치 : 보일러에 필요한 공기를 공급하고 연소가스를 배출시키는 장치로 구성된다.
④ 공기예열기(air preheater) : 연소가스의 보일러 출구쪽의 최종위치에 설치하여 굴뚝으로 배출하기 전의 연소가스로 연소용 공기를 예열하여 배열을 회수하는 장치 즉, 노에 공급되는 공기를 예열하는 장치를 말한다.

문제 17. 일반적으로 지게차 조향장치는 어떠한 방식을 사용하는가?

① 전륜 조향식에 유압식으로 제어
② 후륜 조향식에 유압식으로 제어
③ 전륜 조향식에 공압식으로 제어
④ 후륜 조향식에 공압식으로 제어

해설 지게차의 스티어링 장치는 후륜환향(조향)식이다.

문제 18. 굴삭기의 시간당 작업량(Q, m³/h)을 산정하는 식으로 옳은 것은?
(단, q는 버킷 용량(m³), f는 토량환산계수, E는 작업효율, k는 버킷 계수, cm은 1회 사이클 시간(초)이다.)

① $Q = \dfrac{3600 \cdot q \cdot k \cdot f}{E \cdot cm}$

② $Q = \dfrac{3600 \cdot q \cdot k \cdot f \cdot E}{cm}$

③ $Q = \dfrac{3600 \cdot E \cdot k \cdot f}{cm \cdot q}$

④ $Q = \dfrac{E \cdot k \cdot f \cdot q}{3600 \cdot cm}$

해설 굴삭기의 시간당 작업량
: $Q = \dfrac{3600qkfE}{C_m}$ (m³/hr)

문제 19. 모터그레이더의 동력전달 순서로 옳은 것은?

① 클러치 − 탠덤드라이브 − 피니언베벨기어 − 감속기어 − 변속기 − 휠
② 기관 − 클러치 − 감속기어 − 변속기 − 탠덤드라이브 − 피니언베벨기어 − 휠
③ 기관 − 클러치 − 변속기 − 감속기어 − 피니언베벨기어 − 탠덤드라이브 − 휠
④ 감속기어 − 클러치 − 탠덤드라이브 − 피니언베벨기어 − 변속기 − 휠

해설 모터그레이더의 동력전달순서
: 기관(엔진) → 클러치 → 변속기 → 감속기어 → 피니언 → 베벨기어 → 최종감속기어 → 탠덤장치 → 휠

해답 **15.** ④ **16.** ① **17.** ② **18.** ② **19.** ③

문제 20. 유압식 크로울러 드릴 작업 시 주의사항으로 옳지 않은 것은?

① 천공 방법을 확인한다.
② 천공작업장의 수평상태를 확인한다.
③ 천공작업 중 암석가루가 밖으로 잘 나오는지 확인한다.
④ 천공작업 시 다른 크로울러 드릴 장비가 이미 천공한 구멍을 다시 천공해도 된다.

해설 유압식 크로울러 드릴에서 천공작업시 다른 크로울러 드릴장비가 이미 천공한 구멍은 다시 천공하지 않는다.

문제 21. 다음 배관 이름에 관한 설명으로 틀린 것은?

① 유니언은 기계적 강도가 크다.
② 부싱은 이경 소켓에 비해 강도가 약하다.
③ 부싱은 한쪽은 암나사, 다른 쪽은 수나사로 되어 있다.
④ 유니언은 소구경관에 사용하고, 플랜지는 대구경관에 사용한다.

해설 부싱, 유니언 모두 기계적 강도가 적으며, 부싱에서 액체가 고여 다시 저항손실이 크다. 그러므로 부싱에는 이경소켓을, 유니언을 사용하는 곳에는 플랜지를 가급적 사용해야 한다.

문제 22. 증기온도 102 ℃, 실내온도 21 ℃로 증기난방을 하고자 할 때 방열면적 1 m²당 표준방열량은 몇 kcal/h인가?

① 450
② 550
③ 650
④ 750

해설 $S = \dfrac{H_L}{650}(\text{m}^2)$

여기서, S : 필요방열면적(m²)
H_L : 손실열량(방열량, kcal/hr)
결국, $H_L = 650S = 650 \times 1 = 650\,\text{kcal/hr}$

문제 23. 배관용 탄소강관 또는 아크용접 탄소강관에 콜타르에나멜이나 폴리에틸렌 등으로 피복한 관으로 수도, 하수도 등의 매설 배관에 주로 사용되는 강관은?

① 배관용 합금강 관
② 수도용 아연도금 강관
③ 압력 배관용 탄소강관
④ 상수도용 도복장 강관

해설 상수도용 도복장 강관(기호 : STPW)
: 배관용 탄소강 강관(SPP) 또는 아크용접 탄소강 강관에 피복한 관으로 정수두 100 m 이하의 급수용 배관에 사용된다.

문제 24. 다음 중 배관의 끝을 막을 때 사용하는 부속은?

① 플러그
② 유니언
③ 부싱
④ 소켓

해설 ·이음쇠의 사용목적에 따른 분류
① 관의 방향을 바꿀 때 : 엘보(elbow), 밴드(bend) 등
② 관의 도중에서 분기할 때 : 티(tee), 와이(Y), 크로스(cross) 등
③ 동경의 관을 직선 연결할 때 : 소켓(socket), 유니언(union), 플랜지(flange), 니플(nipple) 등
④ 이경관을 연결할 때 : 이경엘보, 이경소켓, 이경티, 부싱(bushing) 등
⑤ 관의 끝을 막을 때 : 캡(cap), 플러그(plug) 등
⑥ 관의 분해수리 교체가 필요할 때 : 유니언, 플랜지 등

문제 25. 동력 나사절삭기의 종류가 아닌 것은?

① 호브식
② 로터리식
③ 오스터식
④ 다이헤드식

해설 ·동력 나사절삭기의 종류
① 오스터식 : 동력으로 관을 저속회전시키며 나사절삭기를 밀어넣는 방법으로 나사가 절삭된다.
② 다이헤드식 : 관의 절단, 나사절삭, 거스러미 제거 등의 일을 연속적으로 할 수 있기 때문에 다이헤드를 관에 밀어넣어 나사를 가공한다.

해답 20. ④ 21. ① 22. ③ 23. ④ 24. ① 25. ②

③ 호브형 : 나사절삭 전용기계로서 호브를 저속으로 회전시키면 관은 어미나사와 척의 연결에 의해 1회전할 때마다 1피치만큼 이동나사가 절삭된다.

문제 26. 다음 중 스트레이너를 방치했을 때 발생하는 현상 중 가장 큰 문제점은?

① 진동이나 발열
② 유체의 흐름장애
③ 불완전 연소나 폭발
④ 보일러부식 및 슬러지 생성

해설 스트레이너(strainer)
: 관내의 이물질을 제거하여 기기의 성능을 보호하는 기구로서 형상에 따라 U형, V형, Y형이 있다. 여과망을 자주 꺼내어 청소하지 않으면 눈망이 막혀 저항이 커지므로 유체의 흐름장애를 야기한다.

문제 27. 방열기의 환수구나 증기배관의 말단에 설치하고 응축수와 증기를 분리하여 자동으로 환수관에 배출시키고, 증기를 통과하지 않게 하는 장치는?

① 신축이음
② 증기트랩
③ 감압밸브
④ 스트레이너

해설 증기트랩(steam trap)
: 방열기 또는 증기관 속에 생긴 응축수 및 공기를 증기로부터 분리하여 증기는 통과시키지 않고 응축수만 환수관으로 배출하는 장치이다.

문제 28. 일반 배관용 스테인리스강관의 종류로 옳은 것은?

① STS 304 TPD, STS 316 TPD
② STS 304 TPD, STS 415 TPD
③ STS 316 TPD, STS 404 TPD
④ STS 404 TPD, STS 415 TPD

해설 ·일반 배관용 스테인리스강관의 종류
① STS 304 TPD
② STS 316 TPD

문제 29. 배수 직수관, 배수 횡수관 및 기구 배수관의 완료 지점에서 각 층마다 분류하여 배관의 최상부로 물을 넣어 이상여부를 확인하는 시험은?

① 수압시험
② 통수시험
③ 만수시험
④ 기압시험

해설 ① 수압시험 : 배관이 끝난 후 각종 기기를 접속하기 전에 관 접합부가 누수와 수압에 견디는가를 조사하는 1차시험으로 많이 사용된다.
② 통수시험 : 기기와 배관을 접속하여 모든 공사가 완료한 다음 실제로 사용할 때와 같은 상태에서 물을 배출하여 배관기능이 충분히 발휘되는가를 조사함과 동시에 기기 설치부분의 누수를 점검하는 시험이다.
③ 만수시험 : 배관완료후 각 기구의 접속부, 기타 개구부를 밀폐하고 배관의 최고부에서 물을 넣어 만수시켜 일정시간 지나서 수위의 변동여부를 조사하는 배관계통의 누수유무를 조사하는 시험이다.
④ 기압시험 : 공기시험이라고도 하며, 물대신 압축공기를 관속에 압입하여 이음매에서 공기가 새는 것을 조사한다.

문제 30. 관 접합부의 이음쇠 및 부속류 분해 또는 이음 시 사용되는 공구는?

① 파이프 커터
② 파이프 리머
③ 파이프 바이스
④ 파이프 렌치

해설 ① 파이프 커터 : 관을 절단할 때 사용한다.
② 파이프 리머 : 관 절단후 관단면의 안쪽에 생기는 거스러미를 제거하는 공구이다.
③ 파이프 바이스 : 관의 절단과 나사절삭 및 조립시 관을 고정하는데 사용한다.
④ 파이프 렌치 : 관을 회전시키거나 나사를 칠 때 사용하는 공구이다.

해답 26. ② 27. ② 28. ① 29. ③ 30. ④

2018년 제2회 일반기계·건설기계설비 기사

제1과목 재료역학

문제 1. 그림과 같이 A, B의 원형 단면봉은 길이가 같고, 지름이 다르며, 양단에서 같은 압축하중 P를 받고 있다. 응력은 각 단면에서 균일하게 분포된다고 할 때 저장되는 탄성 변형 에너지의 비 $\dfrac{U_B}{U_A}$는 얼마가 되겠는가? 【2장】

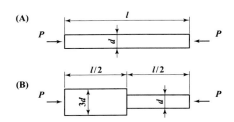

① $\dfrac{1}{3}$

② $\dfrac{5}{9}$

③ 2

④ $\dfrac{9}{5}$

[해설] 수직응력에 의한 탄성에너지 $U = \dfrac{P^2 \ell}{2AE}$ 을 이용하면

우선, $U_A = \dfrac{P^2 \ell}{2 \times \dfrac{\pi d^2}{4} \times E} = \dfrac{2P^2 \ell}{\pi d^2 E}$

또한, $U_B = \dfrac{P^2 \times \dfrac{\ell}{2}}{2 \times \dfrac{\pi (3d)^2}{4} \times E} + \dfrac{P^2 \times \dfrac{\ell}{2}}{2 \times \dfrac{\pi d^2}{4} \times E} = \dfrac{10 P^2 \ell}{9 \pi d^2 E}$

결국, $\dfrac{U_B}{U_A} = \dfrac{5}{9}$

문제 2. 보의 자중을 무시할 때 그림과 같이 자유단 C에 집중하중 $2P$가 작용할 때 B점에서 처짐 곡선의 기울기각은? (단, 세로탄성계수 E, 단면 2차모멘트를 I라고 한다.) 【8장】

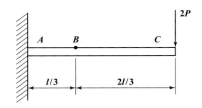

① $\dfrac{5}{9} \dfrac{Pl^2}{EI}$

② $\dfrac{5}{18} \dfrac{Pl^2}{EI}$

③ $\dfrac{5}{27} \dfrac{Pl^2}{EI}$

④ $\dfrac{5}{36} \dfrac{Pl^2}{EI}$

[해설] 중첩법을 이용하면

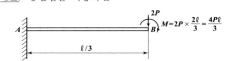

우선, 하중 $2P$에 의한 처짐각

$\theta_1 = \dfrac{2P \left(\dfrac{\ell}{3} \right)^2}{2EI} = \dfrac{P\ell^2}{9EI}$

또한, 우력(M)에 의한 처짐각

$\theta_2 = \dfrac{M \left(\dfrac{\ell}{3} \right)}{EI} = \dfrac{\dfrac{4P\ell}{3} \times \dfrac{\ell}{3}}{EI} = \dfrac{4P\ell^2}{9EI}$

결국, $\theta = \theta_1 + \theta_2 = \dfrac{P\ell^2}{9EI} + \dfrac{4P\ell^2}{9EI} = \dfrac{5P\ell^2}{9EI}$

문제 3. 다음과 같이 3개의 링크를 핀을 이용하여 연결하였다. 2000 N의 하중 P가 작용할 경우 핀에 작용되는 전단응력은 약 몇 MPa인가? (단, 핀의 직경은 1 cm이다.) 【1장】

[해답] 1.② 2.① 3.①

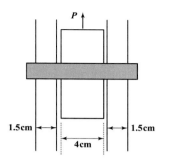

① 12.73　　　　② 13.24

③ 15.63　　　　④ 16.56

해설▷ 가로로 되어 있는 핀은 하중 P에 의해 2군데 전단을 받는다.

따라서, $\tau = \dfrac{P_s}{A} = \dfrac{P}{\dfrac{\pi d^2}{4} \times 2} = \dfrac{2P}{\pi d^2} = \dfrac{2 \times 2000}{\pi \times 10^2}$

$= 12.73\,\mathrm{MPa}$

〈참고〉 $1\,\mathrm{MPa} = 1\,\mathrm{N/mm^2}$

문제 4. 그림과 같은 외팔보에 대한 전단력 선도로 옳은 것은? (단, 아랫방향을 양(+)으로 본다.) 【6장】

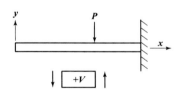

①

②

③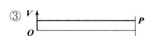

④

해설▷ 집중하중(P) 작용시 전단력선도(S.F.D)는 0차, 굽힘모멘트선도(B.M.D)는 1차 형태로 나타난다.

즉, 아랫방향을 양(+)으로 하므로 다음과 같이 나타난다.

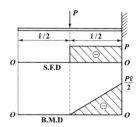

문제 5. 폭 3 cm, 높이 4 cm의 직사각형 단면을 갖는 외팔보가 자유단에 그림에서와 같이 집중하중을 받을 때 보 속에 발생하는 최대전단응력은 몇 N/cm²인가? 【7장】

P=100N

ℓ=50cm

① 12.5

② 13.5

③ 14.5

④ 15.5

해설▷ $\tau_{\max} = \dfrac{3}{2}\dfrac{F}{A} = \dfrac{3}{2} \times \dfrac{100}{3 \times 4} = 12.5\,\mathrm{N/cm^2}$

문제 6. 지름이 0.1 m이고 길이가 15 m인 양단힌지인 원형강 장주의 좌굴임계하중은 약 몇 kN인가? (단, 장주의 탄성계수는 200 GPa이다.) 【10장】

① 43　　　　② 55

③ 67　　　　④ 79

해설▷ $P_B(= P_{cr}) = n\pi^2 \dfrac{EI}{\ell^2}$

$= 1 \times \pi^2 \times \dfrac{200 \times 10^6 \times \dfrac{\pi \times 0.1^4}{64}}{15^2}$

$= 43\,\mathrm{kN}$

정답▷ **4.** ④　**5.** ①　**6.** ①

문제 7. 그림의 H형 단면의 도심축인 Z축에 관한 회전반경(radius of gyration)은 얼마인가? 【4장】

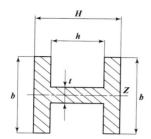

① $K_z = \sqrt{\dfrac{Hb^3 - (b-t)^3 b}{12(bH - bh + th)}}$

② $K_z = \sqrt{\dfrac{12Hb^3 + (b-t)^3 b}{(bH + bh + th)}}$

③ $K_z = \sqrt{\dfrac{ht^3 + Hb^3 - hb^3}{12(bH - bh + th)}}$

④ $K_z = \sqrt{\dfrac{12Hb^3 + (b+t)^3 b}{(bH + bh - th)}}$

해설 우선, $I = \dfrac{(H-h)b^3}{12} + \dfrac{ht^3}{12} = \dfrac{ht^3 + Hb^3 - hb^3}{12}$

또한, $A = (H-h)b + th = bH - bh + th$

결국, $K_Z = \sqrt{\dfrac{I}{A}} = \sqrt{\dfrac{ht^3 + Hb^3 - hb^3}{12(bH - bh + th)}}$

문제 8. 원통형 압력용기에 내압 P가 작용할 때, 원통부에 발생하는 축 방향의 변형률 ε_x 및 원주 방향 변형률 ε_y는?

(단, 강판의 두께 t는 원통의 지름 D에 비하여 충분히 작고, 강판 재료의 탄성계수 및 포아송 비는 각 E, ν이다.) 【2장】

① $\varepsilon_x = \dfrac{PD}{4tE}(1-2\nu)$, $\varepsilon_y = \dfrac{PD}{4tE}(1-\nu)$

② $\varepsilon_x = \dfrac{PD}{4tE}(1-2\nu)$, $\varepsilon_y = \dfrac{PD}{4tE}(2-\nu)$

③ $\varepsilon_x = \dfrac{PD}{4tE}(2-\nu)$, $\varepsilon_y = \dfrac{PD}{4tE}(1-\nu)$

④ $\varepsilon_x = \dfrac{PD}{4tE}(1-\nu)$, $\varepsilon_y = \dfrac{PD}{4tE}(2-\nu)$

해설 우선, $\varepsilon_x = \dfrac{\sigma_x}{E} - \varepsilon' = \dfrac{\sigma_x}{E} - \dfrac{\sigma_y}{mE}$

$= \dfrac{1}{E} \times \dfrac{PD}{4t} - \dfrac{\nu}{E} \times \left(\dfrac{PD}{2t}\right)$

$= \dfrac{PD}{4tE}(1-2\nu)$

또한, $\varepsilon_y = \dfrac{\sigma_y}{E} - \varepsilon' = \dfrac{\sigma_y}{E} - \dfrac{\sigma_x}{mE}$

$= \dfrac{1}{E} \times \dfrac{PD}{2t} - \dfrac{\nu}{E} \times \left(\dfrac{PD}{4t}\right)$

$= \dfrac{PD}{4tE}(2-\nu)$

문제 9. 평면 응력 상태에서 $\varepsilon_x = -150 \times 10^{-6}$, $\varepsilon_y = -280 \times 10^{-6}$, $\gamma_{xy} = 850 \times 10^{-6}$일 때, 최대 주변형률($\varepsilon_1$)과 최소주변형률($\varepsilon_2$)은 각각 약 얼마인가? 【3장】

① $\varepsilon_1 = 215 \times 10^{-6}$, $\varepsilon_2 = -645 \times 10^{-6}$

② $\varepsilon_1 = 645 \times 10^{-6}$, $\varepsilon_2 = 215 \times 10^{-6}$

③ $\varepsilon_1 = 315 \times 10^{-6}$, $\varepsilon_2 = -645 \times 10^{-6}$

④ $\varepsilon_1 = -545 \times 10^{-6}$, $\varepsilon_2 = 315 \times 10^{-6}$

해설 $\varepsilon_1 = \dfrac{1}{2}(\varepsilon_x + \varepsilon_y) + \dfrac{1}{2}\sqrt{(\varepsilon_x - \varepsilon_y)^2 + \gamma_{xy}^2}$

$\varepsilon_2 = \dfrac{1}{2}(\varepsilon_x + \varepsilon_y) - \dfrac{1}{2}\sqrt{(\varepsilon_x - \varepsilon_y)^2 + \gamma_{xy}^2}$

문제 10. 지름 20 mm, 길이 1000 mm의 연강봉이 50 kN의 인장하중을 받을 때 발생하는 신장량은 약 몇 mm인가?

(단, 탄성계수 $E = 210$ GPa이다.) 【1장】

① 7.58   ② 0.758

③ 0.0758   ④ 0.00758

해설 $\lambda = \dfrac{P\ell}{AE} = \dfrac{4 \times 50 \times 10^3 \times 1000}{\pi \times 20^2 \times 210 \times 10^3} = 0.758\,\mathrm{mm}$

〈참고〉 $1\,\mathrm{MPa} = 1\,\mathrm{N/mm^2}$

문제 11. 지름 3 cm인 강축이 26.5 rev/s의 각속도로 26.5 kW의 동력을 전달하고 있다. 이 축에 발생하는 최대 전단응력은 약 몇 MPa인가? 【5장】

정답 7. ③   8. ②   9. ①   10. ②   11. ①

① 30　　　　② 40

③ 50　　　　④ 60

① $F_1 = 395.2\,\text{N},\ F_2 = 632.4\,\text{N}$

② $F_1 = 790.4\,\text{N},\ F_2 = 632.4\,\text{N}$

③ $F_1 = 790.4\,\text{N},\ F_2 = 395.2\,\text{N}$

④ $F_1 = 632.4\,\text{N},\ F_2 = 395.2\,\text{N}$

해설 우선, $\omega = 26.5\,\text{rev/s} = 26.5 \times 2\pi\,(\text{rad/s})$

또한, 동력 $P = T\omega$ 에서

$$T = \frac{P}{\omega} = \frac{26.5 \times 10^3}{26.5 \times 2\pi} = 159.15\,\text{N·m}$$

결국, $\tau_{\max} = \dfrac{T}{Z_P} = \dfrac{159.15 \times 10^3}{\left(\dfrac{\pi \times 30^3}{16}\right)} = 30\,\text{MPa}$

해설

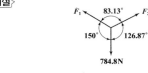

우선, $\sin\theta = \dfrac{3}{5}$ 에서

$$\theta = \sin^{-1}\left(\frac{3}{5}\right) = 36.87°$$

라미의 정리를 적용하면

$$\frac{F_1}{\sin 126.87°} = \frac{F_2}{\sin 150°} = \frac{784.8}{\sin 83.13°}$$

결국, $F_1 = 784.8 \times \dfrac{\sin 126.87°}{\sin 83.13°} = 632.38\,\text{N}$

$$F_2 = 784.8 \times \frac{\sin 150°}{\sin 83.13°} = 395.2\,\text{N}$$

문제 12. 그림과 같이 전길이에 걸쳐 균일 분포 하중 w를 받는 보에서 최대처짐 $\delta_{\max}$를 나타 내는 식은?

(단, 보의 굽힘 강성계수는 EI이다.) **【9장】**

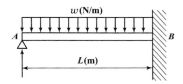

① $\dfrac{wL^4}{64EI}$　　　② $\dfrac{wL^4}{128.5EI}$

③ $\dfrac{wL^4}{184.6EI}$　　　④ $\dfrac{wL^4}{192EI}$

해설 $\theta_{\max} = \dfrac{wL^3}{48EI}$

$$\delta_{\max} = \frac{wL^4}{184.6EI} ≒ \frac{wL^4}{185EI} = 0.0054\frac{wL^4}{EI}$$

문제 14. 최대 사용강도 400 MPa의 연강봉에 30 kN의 축방향의 인장하중이 가해질 경우 강봉의 최소지름은 몇 cm까지 가능한가?

(단, 안전율은 5이다.) **【1장】**

① 2.69　　　　② 2.99

③ 2.19　　　　④ 3.02

해설 $\sigma_a = \dfrac{\sigma_u}{s} = \dfrac{400}{5} = 80\,\text{MPa}$, $\sigma = \dfrac{P}{A} = \dfrac{4P}{\pi d^2} \leq \sigma_a$

$$\therefore d \geq \sqrt{\frac{4P}{\pi\sigma_a}} = \sqrt{\frac{4 \times 30 \times 10^3}{\pi \times 80}}$$

$$= 21.85\,\text{mm} = 2.185\,\text{cm} ≒ 2.19\,\text{cm}$$

문제 13. 그림에서 784.8 N과 평형을 유지하기 위한 힘 F_1과 F_2는? **【1장】**

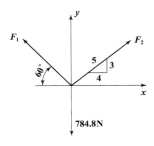

문제 15. 그림과 같이 길이가 동일한 2개의 기둥 상단에 중심 압축 하중 2500 N이 작용할 경우 전체 수축량은 약 몇 mm인가?

(단, 단면적 $A_1 = 1000\,\text{mm}^2$, $A_2 = 2000\,\text{mm}^2$, 길이 $L = 300\,\text{mm}$, 재료의 탄성계수 $E = 90$ GPa이다.) **【2장】**

해답 12. ③　13. ④　14. ③　15. ③

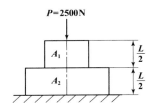

$P = 2500\,\mathrm{N}$

① 0.625   ② 0.0625

③ 0.00625   ④ 0.000625

해설> $\lambda = \lambda_1 + \lambda_2 = \dfrac{PL_1}{A_1 E} + \dfrac{PL_2}{A_2 E} = \dfrac{P}{E}\left(\dfrac{L_1}{A_1} + \dfrac{L_2}{A_2}\right)$

$= \dfrac{2500}{90\times 10^9}\left(\dfrac{0.15}{1000\times 10^{-6}} + \dfrac{0.15}{2000\times 10^{-6}}\right)$

$= 0.00625\times 10^{-3}\,\mathrm{m} = 0.00625\,\mathrm{mm}$

문제 **16.** 원형 단면축이 비틀림을 받을 때, 그 속에 저장되는 탄성 변형에너지 U는 얼마인가? (단, T : 토크, L : 길이, G : 가로탄성계수, I_P : 극관성모멘트, I : 관성모멘트, E : 세로탄성계수이다.) **【5장】**

① $U = \dfrac{T^2 L}{2GI}$ ② $U = \dfrac{T^2 L}{2EI}$

③ $U = \dfrac{T^2 L}{2EI_P}$ ④ $U = \dfrac{T^2 L}{2GI_P}$

해설> $U = \dfrac{1}{2}T\theta$ 단, $\theta = \dfrac{TL}{GI_P}$

$\therefore U = \dfrac{1}{2}T\theta = \dfrac{1}{2}\times T\times \dfrac{TL}{GI_P} = \dfrac{T^2 L}{2GI_P}$

문제 **17.** 그림과 같은 보에서 발생하는 최대굽힘모멘트는 몇 kN·m인가? **【6장】**

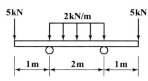

① 2   ② 5

③ 7   ④ 10

해설> 양지점의 반력 $R = 7\,\mathrm{kN}$

우선, 양지점의 모멘트

$M = -5\times 1 = |-5\,\mathrm{kN\cdot m}| = 5\,\mathrm{kN\cdot m}$

$= M_{max}$

또한, 보의 중앙점에서 모멘트

$M = (-5\times 2) + (7\times 1) - (2\times 1\times 0.5)$

$= |-4\,\mathrm{kN\cdot m}| = 4\,\mathrm{kN\cdot m}$

문제 **18.** 길이 6 m인 단순 지지보에 등분포하중 q가 작용할 때 단면에 발생하는 최대 굽힘응력이 337.5 MPa이라면 등분포하중 q는 약 몇 kN/m인가? (단, 보의 단면은 폭×높이=40 mm×100 mm이다.) **【7장】**

① 4   ② 5

③ 6   ④ 7

해설> $M_{max} = \sigma_{max}Z$에서   단, $M_{max} = \dfrac{ql^2}{8}$, $Z = \dfrac{bh^2}{6}$

$\dfrac{q\times 6^2}{8} = 337.5\times 10^3\times \dfrac{0.04\times 0.1^2}{6}$

$\therefore q = 5\,\mathrm{kN/m}$

문제 **19.** 그림에 표시한 단순 지지보에서의 최대 처짐량은? (단, 보의 굽힘 강성은 EI이고, 자중은 무시한다.) **【8장】**

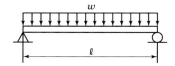

① $\dfrac{wl^3}{48EI}$

② $\dfrac{wl^4}{24EI}$

③ $\dfrac{5wl^3}{253EI}$

④ $\dfrac{5wl^4}{384EI}$

해설> $\theta_{max} = \dfrac{wl^3}{24EI}$, $\delta_{max} = \dfrac{5wl^4}{384EI}$

정답> **16.** ④   **17.** ②   **18.** ②   **19.** ④

문제 20. 지름이 60 mm인 연강축이 있다. 이 축의 허용 전단응력은 40 MPa이며 단위 길이 1 m 당 허용 회전각도는 1.5°이다. 연강의 전단 탄성계수를 80 GPa이라 할 때 이 축의 최대 허용 토크는 약 몇 N·m인가? 【5장】

① 696

② 1696

③ 2664

④ 3664

해설 우선, $\theta = \dfrac{T\ell}{GI_P}$ 에서

$$T = \frac{GI_P\theta}{\ell} = \frac{80 \times 10^9 \times \dfrac{\pi \times 0.06^4}{32} \times 1.5 \times \dfrac{\pi}{180}}{1}$$

$$= 2664.8\,\mathrm{N \cdot m}$$

또한, $T = \tau Z_P = \tau \times \dfrac{\pi d^3}{16} = 40 \times 10^6 \times \dfrac{\pi \times 0.06^3}{16}$

$$= 1696.64\,\mathrm{N \cdot m}$$

결국, 안전을 고려하여 허용토크는 작은 값을 택하므로

$$\therefore\ T = 1696.46\,\mathrm{N \cdot m}$$

제2과목 기계열역학

문제 21. 내부 에너지가 30 kJ인 물체에 열을 가하여 내부 에너지가 50 kJ이 되는 동안에 외부에 대하여 10 kJ의 일을 하였다. 이 물체에 가해진 열량은? 【2장】

① 10 kJ

② 20 kJ

③ 30 kJ

④ 60 kJ

해설 $_1Q_2 = \Delta U + {_1W_2} = (50 - 30) + 10 = 30\,\mathrm{kJ}$

문제 22. 습증기 상태에서 엔탈피 h를 구하는 식은? (단, h_f는 포화액의 엔탈피, h_g는 포화증기의 엔탈피, x는 건도이다.) 【6장】

① $h = h_f + (xh_g - h_f)$

② $h = h_f + x(h_g - h_f)$

③ $h = h_g + (xh_f - h_g)$

④ $h = h_g + x(h_g - h_f)$

해설 습증기의 상태량공식은 다음과 같다.

비엔탈피 : $h = h_f + x(h_g - h_f)$

비체적 : $v = v_f + x(v_g - v_f)$

비내부에너지 : $u = u_f + x(u_g - u_f)$

비엔트로피 : $s = s_f + x(s_g - s_f)$

문제 23. 온도 150 ℃, 압력 0.5 MPa의 공기 0.2 kg이 압력이 일정한 과정에서 원래 체적의 2배로 늘어난다. 이 과정에서의 일은 약 몇 kJ인가? (단, 공기는 기체상수가 0.287 kJ/(kg·K)인 이상기체로 가정한다.) 【3장】

① 12.3 kJ　　　　② 16.5 kJ

③ 20.5 kJ　　　　④ 24.3 kJ

해설 우선, $P_1 V_1 = mRT_1$에서

$$V_1 = \frac{mRT_1}{P_1} = \frac{0.2 \times 0.287 \times (273 + 150)}{0.5 \times 10^3}$$

$$= 0.0486\,\mathrm{m}^3$$

결국, $_1W_2 = P(V_2 - V_1) = P(2V_1 - V_1)$

$$= PV_1 = 0.5 \times 10^3 \times 0.0486$$

$$= 24.3\,\mathrm{kJ}$$

문제 24. 온도가 T_1인 고열원으로부터 온도가 T_2인 저열원으로 열전도, 대류, 복사 등에 의해 Q만큼 열전달이 이루어졌을 때 전체 엔트로피 변화량을 나타내는 식은? 【4장】

① $\dfrac{T_1 - T_2}{Q(T_1 \times T_2)}$　　② $\dfrac{Q(T_1 + T_2)}{T_1 \times T_2}$

③ $\dfrac{Q(T_1 - T_2)}{T_1 \times T_2}$　　④ $\dfrac{T_1 + T_2}{Q(T_1 \times T_2)}$

해설 $\Delta S = S_2 - S_1 = \dfrac{Q}{T_2} - \dfrac{Q}{T_1} = Q\left(\dfrac{T_1 - T_2}{T_1 \times T_2}\right)$

해답 **20.** ②　**21.** ③　**22.** ②　**23.** ④　**24.** ③

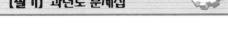
문제 25. 다음의 열역학 상태량 중 종량적 상태량(extensive property)에 속하는 것은?

【1장】

① 압력　　　　　② 체적
③ 온도　　　　　④ 밀도

해설 ·상태량의 종류
① 강도성 상태량 : 물질의 질량에 관계없이 그 크기가 결정되는 상태량
예) 온도, 압력, 비체적, 밀도
② 종량성 상태량 : 물질의 질량에 따라 그 크기가 결정되는 상태량
예) 내부에너지, 엔탈피, 엔트로피, 체적, 질량

문제 26. 피스톤-실린더 장치 내에 있는 공기가 $0.3 \, m^3$에서 $0.1 \, m^3$으로 압축되었다. 압축되는 동안 압력(P)과 체적(V) 사이에 $P = aV^{-2}$의 관계가 성립하며, 계수 $a = 6 \, kPa \cdot m^6$이다. 이 과정 동안 공기가 한 일은 약 얼마인가?

【2장】

① $-53.3 \, kJ$　　　② $-1.1 \, kJ$
③ $253 \, kJ$　　　　④ $-40 \, kJ$

해설 $P = aV^{-2} = 6V^{-2}$이므로

공기가 한 일 $_1W_2 = \int_1^2 PdV = \int_1^2 6V^{-2}dV$

$\qquad = 6\left[\dfrac{V_2^{-1} - V_1^{-1}}{-1}\right] = 6\left[\dfrac{1}{0.1} - \dfrac{1}{0.3}\right]$

$\qquad = -40 \, kJ$

문제 27. 다음 중 이상적인 증기 터빈의 사이클인 랭킨사이클을 옳게 나타낸 것은?　【7장】

① 가역등온압축 → 정압가열 → 가역등온팽창 → 정압냉각
② 가역단열압축 → 정압가열 → 가역단열팽창 → 정압냉각
③ 가역등온압축 → 정적가열 → 가역등온팽창 → 정적냉각
④ 가역단열압축 → 정적가열 → 가역단열팽창 → 정적냉각

해설 랭킨사이클의 순서
: 급수펌프(가역단열압축) → 보일러(정압가열) → 터빈(가역단열팽창) → 복수기(정압방열)

문제 28. 어떤 카르노 열기관이 100 ℃와 30 ℃ 사이에서 작동되며 100 ℃의 고온에서 100 kJ의 열을 받아 40 kJ의 유용한 일을 한다면 이 열기관에 대하여 가장 옳게 설명한 것은?

【4장】

① 열역학 제1법칙에 위배된다.
② 열역학 제2법칙에 위배된다.
③ 열역학 제1법칙과 제2법칙에 모두 위배되지 않는다.
④ 열역학 제1법칙과 제2법칙에 모두 위배된다.

해설 우선, 카르노사이클의 열효율(η_c)은

$\eta_c = 1 - \dfrac{T_{II}}{T_I} = 1 - \dfrac{303}{373} = 0.188 = 18.8 \, \%$

또한, 기관효율 $\eta = \dfrac{W}{Q_1} = \dfrac{40}{100} = 0.4 = 40 \, \%$

결국, $\eta_c < \eta$이므로 불가능한 열기관이다.
즉, 열역학 제2법칙에 위배된다.

문제 29. 이상적인 카르노 사이클의 열기관이 500 ℃인 열원으로부터 500 kJ을 받고, 25 ℃에 열을 방출한다. 이 사이클의 일(W)과 효율(η_{th})은 얼마인가?　【4장】

① $W = 307.2 \, kJ$, $\eta_{th} = 0.6143$
② $W = 207.2 \, kJ$, $\eta_{th} = 0.5748$
③ $W = 250.3 \, kJ$, $\eta_{th} = 0.8316$
④ $W = 401.5 \, kJ$, $\eta_{th} = 0.6517$

해설 우선, $1 - \dfrac{T_{II}}{T_I} = \dfrac{W}{Q_1}$에서

$1 - \dfrac{298}{773} = \dfrac{W}{500}$　$\therefore \ W = 307.2 \, kJ$

또한, $\eta_{th} = 1 - \dfrac{T_{II}}{T_I} = 1 - \dfrac{298}{773} = 0.6145$

해답 25. ②　26. ④　27. ②　28. ②　29. ①

문제 30. 온도 20 ℃에서 계기압력 0.183 MPa의 타이어가 고속주행으로 온도 80 ℃로 상승할 때 압력은 주행 전과 비교하여 약 몇 kPa 상승하는가? (단, 타이어의 체적은 변하지 않고, 타이어 내의 공기는 이상기체로 가정한다. 그리고 대기압은 101.3 kPa이다.) 【3장】

① 37 kPa ② 58 kPa
③ 286 kPa ④ 445 kPa

해설 $p = p_o + p_g$이며, 정적이므로
$$\frac{p_1}{T_1} = \frac{p_2}{T_2}$$ 에서 $\frac{101.3 + 0.183 \times 10^3}{293} = \frac{p_2}{353}$
$$\therefore\ p_2 = 342.5\,\text{kPa}$$
결국, $\Delta p = p_2 - p_1 = 342.5 - (101.3 + 0.183 \times 10^3)$
$$= 58.2\,\text{kPa}$$

문제 31. 1 kg의 공기가 100 ℃를 유지하면서 가역등온팽창하여 외부에 500 kJ의 일을 하였다. 이 때 엔트로피의 변화량은 약 몇 kJ/K인가? 【4장】

① 1.895 ② 1.665
③ 1.467 ④ 1.340

해설 $\Delta S = \dfrac{{}_1Q_2}{T} = \dfrac{500}{373} = 1.340\,\text{kJ/K}$

문제 32. 매시간 20 kg의 연료를 소비하여 74 kW의 동력을 생산하는 가솔린 기관의 열효율은 약 몇 %인가? (단, 가솔린의 저위발열량은 43470 kJ/kg이다.) 【1장】

① 18 ② 22
③ 31 ④ 43

해설 $\eta = \dfrac{N_e}{H_\ell \times f_c} \times 100\,\%$
단, $N_e = 74\,\text{kW} = 74 \times 3600\,\text{kJ/hr}$
$$\eta = \frac{74 \times 3600\,\text{kJ/hr}}{43470\,\text{kJ/kg} \times 20\,\text{kg/hr}} \times 100\,\%$$
$$= 0.3064 = 30.64\,\%$$

문제 33. 마찰이 없는 실린더 내에 온도 500 K, 비엔트로피 3 kJ/(kg·K)인 이상기체가 2 kg 들어있다. 이 기체의 비엔트로피가 10 kJ/(kg·K)이 될 때까지 등온과정으로 가열한다면 가열량은 약 몇 kJ인가? 【4장】

① 1400 kJ ② 2000 kJ
③ 3500 kJ ④ 7000 kJ

해설 $\Delta S = \dfrac{Q_1}{T}$ 에서
$$\therefore\ Q_1 = \Delta S T = m \Delta s\, T = 2 \times (10-3) \times 500$$
$$= 7000\,\text{kJ}$$

문제 34. 천제연 폭포의 높이가 55 m이고 주위와 열교환을 무시한다면 폭포수가 낙하한 후 수면에 도달할 때까지 온도 상승은 약 몇 K인가? (단, 폭포수의 비열은 4.2 kJ/(kg·K)이다.) 【2장】

① 0.87 ② 0.31
③ 0.13 ④ 0.68

해설 $mgh = mc\Delta t$ 에서
$$\therefore\ \Delta t = \frac{gh}{c} = \frac{9.8 \times 55}{4.2 \times 10^3} \fallingdotseq 0.13\,\text{K}$$

문제 35. 증기 압축 냉동 사이클로 운전하는 냉동기에서 압축기 입구, 응축기 입구, 증발기 입구의 엔탈피가 각각 387.2 kJ/kg, 435.1 kJ/kg, 241.8 kJ/kg일 경우 성능계수는 약 얼마인가? 【9장】

① 3.0 ② 4.0 ③ 5.0 ④ 6.0

해설

$$\varepsilon_r = \frac{Q_2}{W_c} = \frac{h_1 - h_4}{h_2 - h_1} = \frac{387.2 - 241.8}{435.1 - 387.2} = 3$$

해답 30. ② 31. ④ 32. ③ 33. ④ 34. ③ 35. ①

문제 36. 유체의 교축과정에서 Joule−Thomson 계수(μ_J)가 중요하게 고려되는데 이에 대한 설명으로 옳은 것은? 【11장】

① 등엔탈피 과정에 대한 온도변화와 압력변화의 비를 나타내며 $\mu_J < 0$인 경우 온도 상승을 의미한다.

② 등엔탈피 과정에 대한 온도변화와 압력변화의 비를 나타내며 $\mu_J < 0$인 경우 온도 강하를 의미한다.

③ 정적 과정에 대한 온도변화와 압력변화의 비를 나타내며 $\mu_J < 0$인 경우 온도 상승을 의미한다.

④ 정적 과정에 대한 온도변화와 압력변화의 비를 나타내며 $\mu_J < 0$인 경우 온도 강하를 의미한다.

해설 줄−톰슨(Joule−Thomson) 계수 : μ_J

Joule−Thomson 계수 μ_J는 다음 관계에 의해서 정의한다.

$$\mu_J = \left(\frac{\partial T}{\partial p} \right)_h$$

Joule−Thomson 계수의 의미는 유체가 단면적이 좁혀진 곳을 정상상태, 정상유동 과정으로 지날 때 압력의 저하를 일으키는 교축과정을 고려하면 설명될 수 있다. 그 전형적인 예는 일부만 열려져 있는 밸브 또는 관로의 좁혀진 곳을 지나는 유동이다. 대부분의 경우 이것은 매우 급속하게 그리고 매우 좁은 장소에서 일어나기 때문에 많은 열을 전달할 만한 충분한 시간도 면적도 없다. 그러므로 우리는 이와 같은 과정을 보통 단열과정이라 가정한다.
또한, Joule−Thomson 계수가 양(+)이면 교축중에 온도가 떨어진다는 것을 의미하며, 음(−)이면 교축 중에 온도가 올라간다는 것을 의미한다.

문제 37. Brayton 사이클에서 압축기 소요일은 175 kJ/kg, 공급열은 627 kJ/kg, 터빈 발생일은 406 kJ/kg로 작동될 때 열효율은 약 얼마인가? 【8장】

① 0.28 ② 0.37
③ 0.42 ④ 0.48

해설 $\eta_B = \dfrac{w_{net}}{q_1} = \dfrac{w_T - w_c}{q_1} = \dfrac{406 - 175}{627} = 0.368 ≒ 0.37$

문제 38. 그림과 같이 다수의 추를 올려놓은 피스톤이 장착된 실린더가 있는데, 실린더 내의 초기 압력은 300 kPa, 초기 체적은 0.05 m³이다. 이 실린더에 열을 가하면서 적절히 추를 제거하여 폴리트로픽 지수가 1.3인 폴리트로픽 변화가 일어나도록 하여 최종적으로 실린더 내의 체적이 0.2 m³이 되었다면 가스가 한 일은 약 몇 kJ인가? 【3장】

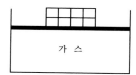

가 스

① 17 ② 18
③ 19 ④ 20

해설 $_1W_2 = \dfrac{mR}{n-1}(T_1 - T_2) = \dfrac{1}{n-1}(P_1 V_1 - P_2 V_2)$

$= \dfrac{1}{1.3-1}(300 \times 0.05 - 49.48 \times 0.2) = 17 \, kJ$

단, $P_2 = P_1 \left(\dfrac{V_1}{V_2} \right)^n = 300 \left(\dfrac{0.05}{0.2} \right)^{1.3} = 49.48 \, kPa$

문제 39. 랭킨 사이클의 열효율을 높이는 방법으로 틀린 것은? 【7장】

① 복수기의 압력을 저하시킨다.
② 보일러 압력을 상승시킨다.
③ 재열(reheat) 장치를 사용한다.
④ 터빈 출구 온도를 높인다.

해설 · 랭킨사이클의 열효율을 높이는 방법
① 보일러의 압력은 높고, 복수기의 압력은 낮을수록 증가한다.
② 터빈의 초온, 초압이 클수록, 터빈출구에서 압력이 낮을수록 증가한다. 그러나 터빈출구에서 온도를 낮게 하면 터빈 깃을 부식시키므로 열효율이 감소한다.
③ 재열(reheat) 장치를 이용한다.

해답 **36.** ① **37.** ② **38.** ① **39.** ④

문제 40. 이상기체에 대한 관계식 중 옳은 것은? (단, Cp, Cv는 정압 및 정적 비열, k는 비열비이고, R은 기체 상수이다.) 【3장】

① $Cp = Cv - R$ ② $Cv = \dfrac{k-1}{k}R$

③ $Cp = \dfrac{k}{k-1}R$ ④ $R = \dfrac{Cp+Cv}{2}$

해설 $C_p - C_v = R$ ················ ①식

$k = \dfrac{C_p}{C_v}$ 즉, $C_p = kC_v$ ················ ②식

①, ②식을 연립하면

$C_v = \dfrac{R}{k-1}$, $C_p = kC_v = \dfrac{kR}{k-1}$

제3과목 기계유체역학

문제 41. 그림과 같은 수문(폭×높이 = 3 m × 2 m)이 있을 경우 수문에 작용하는 힘의 작용점은 수면에서 몇 m 깊이에 있는가? 【2장】

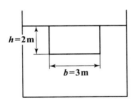

① 약 0.7 m ② 약 1.1 m

③ 약 1.3 m ④ 약 1.5 m

해설 $y_F = \bar{y} + \dfrac{I_G}{A\bar{y}} = 1 + \dfrac{\left(\dfrac{3\times2^3}{12}\right)}{(3\times2)\times1} = 1.33\,\mathrm{m}$

문제 42. 개방된 탱크 내에 비중이 0.8인 오일이 가득 차 있다. 대기압이 101 kPa라면, 오일 탱크 수면으로부터 3 m 깊이에서 절대압력은 약 몇 kPa인가? 【2장】

① 25 ② 249

③ 12.5 ④ 125

해설 $p = p_o + p_g(= \gamma h) = p_o + \gamma_{\mathrm{H_2O}} Sh$
$= 101 + (9.8 \times 0.8 \times 3) = 124.52\,\mathrm{kPa}$

문제 43. 길이 150 m의 배가 10 m/s의 속도로 항해하는 경우를 길이 4 m의 모형 배로 실험하고자 할 때 모형 배의 속도는 약 몇 m/s로 해야 하는가? 【7장】

① 0.133 ② 0.534

③ 1.068 ④ 1.633

해설 $(Fr)_p = (Fr)_m$ 즉, $\left(\dfrac{V}{\sqrt{g\ell}}\right)_p = \left(\dfrac{V}{\sqrt{g\ell}}\right)_m$

$\dfrac{10}{\sqrt{150}} = \dfrac{V_m}{\sqrt{4}}$ ∴ $V_m = 1.633\,\mathrm{m/s}$

문제 44. 표면장력의 차원으로 맞는 것은? (단, M : 질량, L : 길이, T : 시간) 【1장】

① MLT^{-2}

② ML^2T^{-1}

③ $ML^{-1}T^{-2}$

④ MT^{-2}

해설 표면장력
$\sigma = \mathrm{N/m} = [FL^{-1}] = [MLT^{-2}L^1] = [MT^{-2}]$

문제 45. x, y평면의 2차원 비압축성 유동장에서 유동함수(stream function) ψ는 $\psi = 3xy$로 주어진다. 점(6, 2)과 점(4, 2)사이를 흐르는 유량은? 【3장】

① 6 ② 12

③ 16 ④ 24

해설 2차원 유동에서 유동(유량)함수(ψ)는 기준유선과 점(x, y)를 지나는 유선사이에 Z축 방향으로 단위높이에 대한 유량(q)으로 정의한다.
따라서, 점(6, 2)일 때 $\psi_1 = 3xy = 3\times6\times2 = 36$
점(4, 2)일 때 $\psi_2 = 3xy = 3\times4\times2 = 24$
결국, $q = \psi_1 - \psi_2 = 36 - 24 = 12$

해답 40. ③ 41. ③ 42. ④ 43. ④ 44. ④ 45. ②

문제 46. 다음의 무차원수 중 개수로와 같은 자유표면 유동과 가장 밀접한 관련이 있는 것은? 【7장】

① Euler수 ② Froude수
③ Mach수 ④ Plandtl수

해설 프루우드수(Fr)

: 자유표면을 갖는 유동은 프루우드수와 밀접한 관계를 갖는다. 프루우드수는 수차, 선박의 파고저항(wave drag), 조파현상, 강에서 모형실험, 수력도약 등 자유표면을 갖는 모형실험에 있어서 매우 중요한 무차원수이다.

문제 47. 지름이 10 mm의 매끄러운 관을 통해서 유량 0.02 L/s의 물이 흐를 때 길이 10 m에 대한 압력손실은 약 몇 Pa인가? (단, 물의 동점성계수는 1.4×10^{-6} m²/s이다.) 【6장】

① 1.140 Pa ② 1.819 Pa
③ 1140 Pa ④ 1819 Pa

해설 $Q = AV$에서

$$V = \frac{Q}{A} = \frac{4Q}{\pi d^2} = \frac{4 \times 0.02 \times 10^{-3}}{\pi \times 0.01^2} = 0.255 \, \text{m/s}$$

$$R_e = \frac{Vd}{\nu} = \frac{0.255 \times 0.01}{1.4 \times 10^{-6}} = 1821.4 \; : \text{층류}$$

$$f = \frac{64}{R_e} = \frac{64}{1821.4} = 0.035$$

결국, $\Delta p = f \dfrac{\ell}{d} \dfrac{\gamma V^2}{2g} = 0.035 \times \dfrac{10}{0.01} \times \dfrac{9800 \times 0.255^2}{2 \times 9.8}$

$$= 1137.9 \fallingdotseq 1140 \, \text{Pa}$$

문제 48. 구형 물체 주위의 비압축성 점성 유체의 흐름에서 유속이 대단히 느릴 때(레이놀즈수가 1보다 작을 경우) 구형 물체에 작용하는 항력 D_r은? (단, 구의 지름은 d, 유체의 점성계수를 μ, 유체의 평균속도를 V라 한다.) 【5장】

① $D_r = 3\pi\mu d V$ ② $D_r = 6\pi\mu d V$

③ $D_r = \dfrac{3\pi\mu d V}{g}$ ④ $D_r = \dfrac{3\pi d V}{\mu g}$

해설 · Stokes의 법칙 : 점성계수(μ)를 측정하기 위하여 구를 액체속에서 항력실험한 것
① 조건 : $Re \leqq 1$
② 항력 : $D = 3\pi\mu V d$ ·········· 실험식

문제 49. 경계층의 박리(separation)현상이 일어나기 시작하는 위치는? 【5장】

① 하류방향으로 유속이 증가할 때
② 하류방향으로 압력이 감소할 때
③ 경계층 두께가 0으로 감소될 때
④ 하류방향의 압력기울기가 역으로 될 때

해설 박리(separation) 현상

: 유선상을 운동하는 유체가 압력이 증가하고 속도가 감소하면 유선을 이탈한다.
이러한 현상을 박리라 하며, 이때 이탈하는 점을 박리점이라 한다. 박리는 압력항력과 밀접한 관계가 있으며 역압력구배에 의해 일어난다.

문제 50. 원통 속의 물이 중심축에 대하여 ω의 각속도로 강체와 같이 등속회전하고 있을 때 가장 압력이 높은 지점은? 【2장】

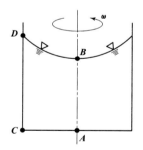

① 바닥면의 중심점 A
② 액체 표면의 중심점 B
③ 바닥면의 가장자리 C
④ 액체 표면의 가장자리 D

해설 압력 $P = \gamma h$에서 h가 클수록 압력이 높다.

해답 46. ② 47. ③ 48. ① 49. ④ 50. ③

문제 51. 원관 내의 완전발달 층류유동에서 유량에 대한 설명으로 옳은 것은? **【5장】**

① 관의 길이에 비례한다.
② 관 지름의 제곱에 반비례한다.
③ 압력강하에 반비례한다.
④ 점성계수에 반비례한다.

해설 하겐-포아젤방정식 : $Q = \dfrac{\Delta p \pi d^4}{128 \mu \ell}$

문제 52. 여객기가 888 km/h로 비행하고 있다. 엔진의 노즐에서 연소가스를 375 m/s로 분출하고, 엔진의 흡기량과 배출되는 연소가스의 양은 같다고 가정한다면 엔진의 추진력은 약 몇 N인가? (단, 엔진의 흡기량은 30 kg/s이다.) **【4장】**

① 3850 N   ② 5325 N
③ 7400 N   ④ 11250 N

해설 우선, $V_1 = 888 \,\text{km/hr} = \dfrac{888 \times 10^3}{3600} \,(\text{m/s})$
$\qquad\qquad = 246.67 \,\text{m/s}$
결국, $F = \rho Q (V_2 - V_1) = \dot{m}(V_2 - V_1)$
$\qquad\quad = 30 \times (375 - 246.67)$
$\qquad\quad = 3849.9 \fallingdotseq 3850 \,\text{N}$

문제 53. 체적탄성계수가 2.086 GPa인 기름의 체적을 1 % 감소시키려면 가해야 할 압력은 몇 Pa인가? **【1장】**

① 2.086×10^7
② 2.086×10^4
③ 2.086×10^3
④ 2.086×10^2

해설 $K = \dfrac{\Delta P}{-\dfrac{\Delta V}{V}}$ 에서
$\therefore \Delta P = K \left(-\dfrac{\Delta V}{V} \right) = 2.086 \times 10^9 \times 0.01$
$\qquad\qquad = 2.086 \times 10^7 \,\text{Pa}$

문제 54. 수평으로 놓인 안지름 5 cm인 곧은 원관속에서 점성계수 0.4 Pa·s의 유체가 흐르고 있다. 관의 길이 1 m당 압력강하가 8 kPa이고 흐름 상태가 층류일 때 관 중심부에서의 최대 유속 (m/s)은? **【6장】**

① 3.125   ② 5.217
③ 7.312   ④ 9.714

해설 우선, $f = \dfrac{64}{Re} = \dfrac{64}{\left(\dfrac{\rho V d}{\mu} \right)} = \dfrac{64 \mu}{\rho V d}$

$\Delta P = f \dfrac{\ell}{d} \dfrac{\rho V^2}{2} = \dfrac{64 \mu}{\rho V d} \times \dfrac{\ell}{d} \times \dfrac{\rho V^2}{2} = \dfrac{32 \mu \ell V}{d^2}$

$\therefore V = \dfrac{\Delta P d^2}{32 \mu \ell} = \dfrac{8 \times 10^3 \times 0.05^2}{32 \times 0.4 \times 1} = 1.5625 \,\text{m/s}$

결국, $V_{\max} = 2V = 2 \times 1.562 = 3.125 \,\text{m/s}$

문제 55. 그림과 같이 물이 고여있는 큰 댐 아래에 터빈이 설치되어 있고, 터빈의 효율이 85 %이다. 터빈 이외에서의 다른 모든 손실을 무시할 때 터빈의 출력은 약 몇 kW인가?
(단, 터빈 출구관의 지름은 0.8 m, 출구속도 V는 10 m/s이고 출구압력은 대기압이다.)**【3장】**

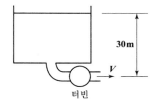

① 1043   ② 1227
③ 1470   ④ 1732

해설 우선, $\dfrac{\cancel{p_1}^{\,0}}{\gamma} + \dfrac{\cancel{V_1^2}^{\,0}}{2g} + Z_1 = \dfrac{\cancel{p_2}^{\,0}}{\gamma} + \dfrac{V_2^2}{2g} + Z_2 + H_T$

$\therefore H_T = (Z_1 - Z_2) - \dfrac{V_2^2}{2g} = 30 - \dfrac{10^2}{2 \times 9.8} = 24.9 \,\text{m}$

결국, 동력(=출력)
$\qquad P = \gamma Q H_T \eta_T = \gamma A V H_T \eta_T$

$\qquad\quad = 9.8 \times \dfrac{\pi \times 0.8^2}{4} \times 10 \times 24.9 \times 0.85$

$\qquad\quad = 1042.59 \fallingdotseq 1043 \,\text{kW}$

해답 **51.** ④ **52.** ① **53.** ① **54.** ① **55.** ①

문제 56. 지름 2 cm의 노즐을 통하여 평균속도 0.5 m/s로 자동차의 연료 탱크에 비중 0.9인 휘발유 20 kg을 채우는데 걸리는 시간은 약 몇 s인가? 【3장】

① 66   ② 78
③ 102   ④ 141

해설 $\dot{M} = \rho A V (\text{kg/s}) = \dfrac{m}{t}$ 에서

$\rho_{\text{H}_2\text{O}} S A V = \dfrac{m}{t}$ 이므로

$1000 \times 0.9 \times \dfrac{\pi \times 0.02^2}{4} \times 0.5 = \dfrac{20}{t}$

$\therefore \ t = 141.47 \,\text{sec}$

문제 57. 2차원 정상유동의 속도 방정식이 $V = 3(-xi + yj)$ 라고 할 때, 이 유동의 유선의 방정식은? (단, C는 상수를 의미한다.) 【3장】

① $xy = C$ ② $y/x = C$
③ $x^2 y = C$ ④ $x^3 y = C$

해설 $u = -3x$, $v = 3y$ 이므로

$\dfrac{dx}{u} = \dfrac{dy}{v}$ 에서 $\dfrac{dx}{-3x} = \dfrac{dy}{3y}$

$\dfrac{dx}{x} + \dfrac{dy}{y} = 0$

양변을 적분하면

$\ell n\,x + \ell n\,y = \ell n\,C$ $\ell n\,xy = \ell n\,C$ $\therefore \ xy = C$

문제 58. 그림과 같이 비중 0.8인 기름이 흐르고 있는 개수로에 단순 피토관을 설치하였다. $\Delta h = 20$ mm, $h = 30$ mm일 때 속도 V는 약 몇 m/s인가? 【3장】

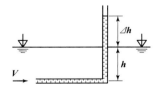

① 0.56   ② 0.63
③ 0.77   ④ 0.99

해설 $V = \sqrt{2g\Delta h} = \sqrt{2 \times 9.8 \times 0.02}$
$= 0.626 \,\text{m/s} = 0.63 \,\text{m/s}$

문제 59. 벽면에 평행한 방향의 속도(u) 성분만이 있는 유동장에서 전단응력을 τ, 점성 계수를 μ, 벽면으로부터의 거리를 y로 표시하면 뉴턴의 점성법칙을 옳게 나타낸 식은? 【1장】

① $\tau = \mu \dfrac{dy}{du}$ ② $\tau = \mu \dfrac{du}{dy}$
③ $\tau = \dfrac{1}{\mu} \dfrac{du}{dy}$ ④ $\mu = \tau \sqrt{\dfrac{du}{dy}}$

해설 · 뉴턴의 점성법칙

① 평판을 움직이는 힘 : $F = \mu \dfrac{uA}{h}$

② 전단응력 : $\tau = \mu \dfrac{u}{h}$

③ 전단응력의 미분형 : $\tau = \mu \dfrac{du}{dy}$

여기서, $\dfrac{du}{dy}$: 속도구배

문제 60. 흐르는 물의 속도가 1.4 m/s일 때 속도수두는 약 몇 m인가? 【3장】

① 0.2   ② 10
③ 0.1   ④ 1

해설 속도수두 : $\dfrac{V^2}{2g} = \dfrac{1.4^2}{2 \times 9.8} = 0.1 \,\text{m}$

제4과목 기계재료 및 유압기기

문제 61. 탄소함유량이 0.8 %가 넘는 고탄소강의 담금질 온도로 가장 적당한 것은?

① A_1 온도보다 30~50 ℃ 정도 높은 온도
② A_2 온도보다 30~50 ℃ 정도 높은 온도
③ A_3 온도보다 30~50 ℃ 정도 높은 온도
④ A_4 온도보다 30~50 ℃ 정도 높은 온도

정답   56. ④   57. ①   58. ②   59. ②   60. ③   61. ①

해설〉 · 담금질온도
① 아공석강(0.025~0.8 % C) : A_3변태점(912 ℃)보다 30~50 ℃ 높게 가열후 냉각
② 과공석강(0.8~2.11 % C) : A_1변태점(723 ℃)보다 30~50 ℃ 높게 가열후 냉각

문제 62. 다음은 일반적으로 수지에 나타나는 배향 특성에 대한 설명으로 틀린 것은?

① 금형온도가 높을수록 배향은 커진다.
② 수지의 온도가 높을수록 배향이 작아진다.
③ 사출 시간이 증가할수록 배향이 증대된다.
④ 성형품의 살두께가 얇아질수록 배향이 커진다.

문제 63. 다음 합금 중 베어링용 합금이 아닌 것은?

① 화이트메탈   ② 켈밋합금
③ 배빗메탈   ④ 문쯔메탈

해설〉 · 베어링용 합금
① 화이트 메탈 : Sn-Sb-Zn-Cu
  ㉠ 주석계 화이트 메탈(=배빗 메탈)
  ㉡ 납(=연)계 화이트 메탈
  ㉢ 아연계 화이트 메탈
② 구리(=동)계 화이트 메탈(=켈밋)
③ 알루미늄계 합금
※ 6·4 황동(Muntz metal) : Cu 60 %-Zn 40 %

문제 64. 황(S) 성분이 적은 선철을 용해로에서 용해한 후 주형에 주입 전 Mg, Ca 등을 첨가시켜 흑연을 구상화한 주철은?

① 합금주철   ② 칠드주철
③ 가단주철   ④ 구상흑연주철

해설〉 구상흑연주철
: 보통주철(편상흑연)은 용융상태에서 Mg, Ce, Ca을 첨가하여 편상흑연을 구상화한 주철을 말하며 인장강도가 가장 크다.

문제 65. 상온에서 순철의 결정격자는?

① 체심입방격자   ② 면심입방격자
③ 조밀육방격자   ④ 정방격자

해설〉 상온에서 순철은 α고용체로서 체심입방격자이다.

문제 66. 금속나트륨 또는 플루오르화 알칼리 등의 첨가에 의해 조직이 미세화 되어 기계적 성질의 개선 및 가공성이 증대되는 합금은?

① Al-Si   ② Cu-Sn
③ Ti-Zr   ④ Cu-Zn

해설〉 · 실루민(일명, "알팩스"라고도 함)
① Al-Si계 합금의 공정조직으로 주조성은 좋으나 절삭성은 좋지 못하다.
② 개량처리 : Si의 결정을 미세화하기 위하여 금속나트륨, 플루오르화알칼리, 수산화나트륨, 알칼리 염류 등을 첨가한다.

문제 67. 금속침투법 중 Zn을 강 표면에 침투 확산시키는 표면처리법은?

① 크로마이징   ② 세라다이징
③ 칼로라이징   ④ 보로나이징

해설〉 · 금속침투법 : 고온중에 강의 산화방지법
① 크로마이징 : Cr 침투
② 칼로라이징 : Al 침투
③ 실리콘나이징 : Si 침투
④ 보로나이징 : B 침투
⑤ 세라다이징 : Zn 침투

문제 68. 영구 자석강이 갖추어야 할 조건으로 가장 적당한 것은?

① 잔류자속 밀도 및 보자력이 모두 클 것
② 잔류자속 밀도 및 보자력이 모두 작을 것
③ 잔류자속 밀도가 작고 보자력이 클 것
④ 잔류자속 밀도가 크고 보자력이 작을 것

해답 **62.** ① **63.** ④ **64.** ④ **65.** ① **66.** ① **67.** ② **68.** ①

해설 영구 자석강
: 잔류자속밀도(=잔류자기) 및 보자력(=항자력)이 크고, 기계적 경도가 커야 한다.
온도, 진동 및 자장의 산란 등에 의하여 자기를 상실하지 않는 영속성이 필요한 강으로 텅스텐, 코발트, 크롬 등을 함유한 것을 사용한다.
종류에는 KS강, MK강이 있다.

문제 69. 다음 그림과 같은 상태도의 명칭은?

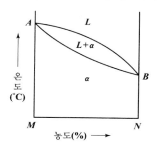

① 편정형 고용체 상태도
② 전율 고용체 상태도
③ 공정형 한율 상태도
④ 부분 고용체 상태도

해설 전율고용체 : 고용체를 만드는 용매와 용질 원자간에 있어서의 모든 비율
즉, 전체도에 걸쳐 고용체를 만드는 경우를 말한다.

문제 70. 표점거리가 100 mm, 시험편의 평행부 지름이 14 mm인 시험편을 최대하중 6400 kgf로 인장한 후 표점거리가 120 mm로 변화 되었을 때 인장강도는 약 몇 kgf/mm²인가?

① 10.4
② 32.7
③ 41.6
④ 61.4

해설 인장강도

$$\sigma_t = \frac{P_{max}(최대하중)}{A_o(시험편최초단면적)}$$
$$= \frac{6400}{\frac{\pi}{4} \times 14^2}$$
$$= 41.58 \, kg_f/mm^2$$

문제 71. 유압 기본회로 중 미터인 회로에 대한 설명으로 옳은 것은?

① 유량제어 밸브는 실린더에서 유압작동유의 출구 측에 설치한다.
② 유량제어 밸브를 탱크로 바이패스 되는 관로 쪽에 설치한다.
③ 릴리프밸브를 통하여 분기되는 유량으로 인한 동력손실이 크다.
④ 압력설정 회로로 체크밸브에 의하여 양방향만의 속도가 제어된다.

해설 미터인 회로(meter in circuit)
: 유량제어밸브를 실린더의 입구측에 설치한 회로로서 이 밸브가 압력보상형이면 실린더 속도는 펌프 송출량에 무관하고 일정하다. 이 경우 펌프송출압은 릴리프밸브의 설정압으로 정해지고, 펌프에서 송출되는 여분의 유량은 릴리프밸브를 통하여 탱크에 방출되므로 동력손실이 크다.

문제 72. 체크밸브, 릴리프 밸브 등에서 압력이 상승하고 밸브가 열리기 시작하여 어느 일정한 흐름의 양이 인정되는 압력은?

① 토출 압력
② 서지 압력
③ 크래킹 압력
④ 오버라이드 압력

해설 ① 서지 압력 : 과도적으로 상승한 압력의 최대값
② 크랭킹 압력 : 체크밸브 또는 릴리프밸브 등으로 압력이 상승하여 밸브가 열리기 시작하고 어떤 일정한 흐름의 양이 확인되는 압력
③ 리시트 압력 : 체크밸브 또는 릴리프밸브 등으로 입구쪽 압력이 강하하여 밸브가 닫히기 시작하여 밸브의 누설량이 어떤 규정된 양까지 감소되었을 때의 압력

문제 73. 카운터 밸런스 밸브에 관한 설명으로 옳은 것은?

① 두 개 이상의 분기 회로를 가질 때 각 유압 실린더를 일정한 순서로 순차 작동시킨다.

정답 **69.** ② **70.** ③ **71.** ③ **72.** ③ **73.** ②

② 부하의 낙하를 방지하기 위해서, 배압을 유지하는 압력제어 밸브이다.

③ 회로 내의 최고 압력을 설정해 준다.

④ 펌프를 무부하 운전시켜 동력을 절감시킨다.

해설〉 카운터 밸런스 밸브
: 추의 낙하를 방지하기 위하여 배압을 부여하는 밸브이며, 한방향의 흐름에는 설정된 배압을 주고 반대방향의 흐름을 자유흐름으로 하는 밸브이다. 예를 들어, 드릴작업이 끝나는 순간 부하저항이 급히 감소할 때 드릴의 돌출을 막기 위하여 실린더에 배압을 주고자 할 때 또는 연직방향으로 작동하는 램이 중력에 의하여 낙하하는 것을 방지하고자 할 경우에 사용한다.

문제 **74.** 유압모터의 종류가 아닌 것은?

① 회전피스톤 모터

② 베인 모터

③ 기어 모터

④ 나사 모터

해설〉 ·유압모터의 종류
① 기어모터 : 외접형, 내접형
② 베인모터
③ 회전피스톤모터 : 액셜형, 레이디얼형

문제 **75.** 다음 어큐뮬레이터의 종류 중 피스톤형의 특징에 대한 설명으로 가장 적절하지 않은 것은?

① 대형도 제작이 용이하다.

② 축유량을 크게 잡을 수 있다.

③ 형상이 간단하고 구성품이 적다.

④ 유실에 가스 침입의 염려가 없다.

해설〉 ·축압기(accumulator)의 종류 중 피스톤 형의 특징
① 형상이 간단하고 구성품이 적다.
② 대형도 제작이 용이하다.
③ 축유량을 크게 잡을 수 있다.
④ 유실에 가스 침입의 염려가 있다.

문제 **76.** 유압 베인 모터의 1회전 당 유량이 50 cc일 때, 공급 압력을 800 N/cm², 유량을 30 L/min으로 할 경우 베인 모터의 회전수는 약 몇 rpm인가? (단, 누설량은 무시한다.)

① 600 ② 1200
③ 2666 ④ 5333

해설〉 $Q = qN$ 에서
$$\therefore \ N = \frac{Q}{q} = \frac{30 \times 10^3 \, \text{cm}^3/\text{min}}{50 \, \text{cc}(= \text{cm}^3)} = 600 \, \text{rpm}$$

문제 **77.** 그림과 같은 유압 잭에서 지름이 $D_2 = 2D_1$일 때 누르는 힘 F_1과 F_2의 관계를 나타낸 식으로 옳은 것은?

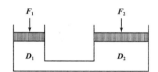

① $F_2 = F_1$ ② $F_2 = 2F_1$
③ $F_2 = 4F_1$ ④ $F_2 = 8F_1$

해설〉 $p_1 = p_2$ 에서 $\dfrac{F_1}{A_1} = \dfrac{F_2}{A_2} \rightarrow \dfrac{F_1}{\frac{\pi}{4}D_1^2} = \dfrac{F_2}{\frac{\pi}{4}D_2^2}$

$\rightarrow \dfrac{F_1}{D_1^2} = \dfrac{F_2}{D_2^2} \rightarrow \dfrac{F_1}{D_1^2} = \dfrac{F_2}{(2D_1)^2} \rightarrow F_2 = 4F_1$

문제 **78.** 다음 유압회로는 어떤 회로에 속하는가?

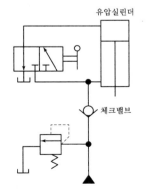

① 로크 회로   ② 무부하 회로

③ 블리드 오프 회로 ④ 어큐뮬레이터 회로

해설 · 로크 회로(lock circuit)

: 실린더 행정 중 임의 위치에서 또는 행정 끝에서 실린더를 고정시켜 놓을 필요가 있을 때 할지라도 부하가 클 때 또는 장치내의 압력저하에 의하여 실린더피스톤이 이동되는 경우가 발생한다. 이 피스톤의 이동을 방지하는 회로를 로킹회로라 한다.

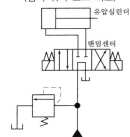

〈임의 위치 로크 회로〉

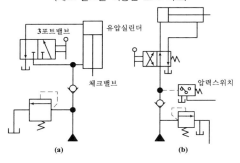

〈체크 밸브를 이용한 로크 회로〉

(a)   (b)

문제 79. 주로 펌프의 흡입구에 설치되어 유압 작동유의 이물질을 제거하는 용도로 사용하는 기기는?

① 드레인 플러그   ② 스트레이너

③ 블래더   ④ 배플

해설 스트레이너

: 탱크내의 펌프 흡입구에 설치하며 펌프 및 회로의 불순물을 제거하기 위한 용도로 사용하는 기기이다.
스트레이너의 여과능력은 펌프 흡입량의 2배 이상의 용적을 갖게 한다.

문제 80. 그림은 KS 유압 도면기호에서 어떤 밸브를 나타낸 것인가?

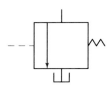

① 릴리프 밸브

② 무부하 밸브

③ 시퀀스 밸브

④ 감압 밸브

해설 무부하 밸브(unloading valve)

: 회로내의 압력이 설정압력에 이르렀을 때 이 압력을 떨어뜨리지 않고 펌프송출량을 그대로 기름탱크에 되돌리기 위하여 사용하는 밸브

제5과목 기계제작법 및 기계동력학

문제 81. 펌프가 견고한 지면 위의 네 모서리에 하나씩 총 4개의 동일한 스프링으로 지지되어 있다. 이 스프링의 정적 처짐이 3 cm일 때, 이 기계의 고유진동수는 약 몇 Hz인가?

① 3.5   ② 7.6

③ 2.9   ④ 4.8

해설 $f_n = \dfrac{1}{2\pi}\sqrt{\dfrac{g}{\delta_{st}}} = \dfrac{1}{2\pi}\sqrt{\dfrac{980}{3}}$

$= 2.876 ≒ 2.9\,\mathrm{Hz}\,(= \mathrm{C.P.S})$

문제 82. 경사면에 질량 M의 균일한 원기둥이 있다. 이 원기둥에 감겨 있는 실을 경사면과 동일한 방향으로 위쪽으로 잡아당길 때, 미끄럼이 일어나지 않기 위한 실의 장력 T의 조건은? (단, 경사면의 각도를 α, 경사면과 원기둥사이의 마찰계수를 μ_s, 중력가속도를 g라 한다.)

정답 79. ② 80. ② 81. ③ 82. ④

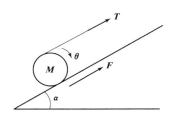

① $T \leq Mg(3\mu_s \sin\alpha + \cos\alpha)$

② $T \leq Mg(3\mu_s \sin\alpha - \cos\alpha)$

③ $T \leq Mg(3\mu_s \cos\alpha + \sin\alpha)$

④ $T \leq Mg(3\mu_s \cos\alpha - \sin\alpha)$

해설▶

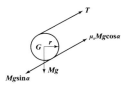

우선, $\sum F_t = ma_t$에서

$T + \mu_s Mg\cos\alpha - Mg\sin\alpha = Ma_r$ ·················①식

또한, $\sum M_G = I_G\alpha$에서

$Tr - \mu_s Mg\cos\alpha \cdot r + Mg\sin\alpha \cdot r = \frac{1}{2}Mr^2\alpha$

r에 대해 약분하면

$T - \mu_s Mg\cos\alpha + Mg\sin\alpha = \frac{1}{2}Mr\alpha$

여기서, 장력 T에 의한 회전시 마찰에 의한 토크만 발생하므로 $Mg\sin\alpha$는 무시하면

$T - \mu_s Mg\cos\alpha = \frac{1}{2}Mr\alpha$

즉, $2T - 2\mu_s Mg\cos\alpha = Mr\alpha$ ·························②식

①식을 ②식에 대입하면

$2T - 2\mu_s Mg\cos\alpha = T + \mu_s Mg\cos\alpha - Mg\sin\alpha$

$T = 3\mu_s Mg\cos\alpha - Mg\sin\alpha$

$\quad = Mg(3\mu_s \cos\alpha - \sin\alpha)$

그런데, T가 $Mg(3\mu_s \cos\alpha - \sin\alpha)$보다 크면 미끄럼이 발생하므로

결국, 미끄럼이 일어나지 않기 위해서는

∴ $T \leq Mg(3\mu_s \cos\alpha - \sin\alpha)$

문제 83. 엔진(질량 m)의 진동이 공장바닥에 직접 전달될 때 바닥에는 힘이 $F_0\sin\omega t$로 전달된다. 이 때 전달되는 힘을 감소시키기 위해 엔진과 바닥 사이에 스프링(스프링상수 k)과 댐퍼(감쇠계수 c)를 달았다. 이를 위해 진동계의 고유진동수(ω_n)와 외력의 진동수(ω)는 어떤 관계를 가져야 하는가?

(단, $\omega_n = \sqrt{\dfrac{k}{m}}$ 이고, t는 시간을 의미한다.)

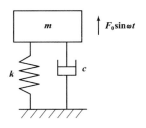

① $\omega_n < \omega$ 　　② $\omega_n > \omega$

③ $\omega_n < \dfrac{\omega}{\sqrt{2}}$ 　　④ $\omega_n > \dfrac{\omega}{\sqrt{2}}$

해설▶ 전달률(TR)은 진동수비(γ)가 $\gamma = \dfrac{\omega}{\omega_n} > \sqrt{2}$ 일

때 1보다 작다.

결국, $\omega_n < \dfrac{\omega}{\sqrt{2}}$

∴ 진동절연이 되려면 $TR < 1$

즉, $\gamma = \dfrac{\omega}{\omega_n} > \sqrt{2}$ 이어야 한다.

문제 84. 그림과 같은 질량 3 kg인 원판의 반지름이 0.2 m일 때, $x-x'$축에 대한 질량 관성모멘트의 크기는 약 몇 kg·m²인가?

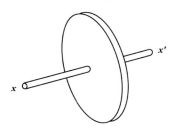

① 0.03 　　② 0.04

③ 0.05 　　④ 0.06

해설▶ "원판"이므로 질량관성모멘트(J_G)는

$$J_G = \frac{mr^2}{2} = \frac{3 \times 0.2^2}{2} = 0.06 \, \text{kg} \cdot \text{m}^2$$

해답▶ 83. ③　84. ④

문제 85. 그림(a)를 그림(b)와 같이 모형화 했을 때 성립되는 관계식은?

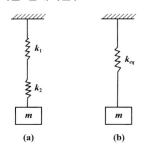

(a)　　　(b)

① $\dfrac{1}{k_{eq}} = \dfrac{1}{k_1} + \dfrac{1}{k_2}$　　② $k_{eq} = k_1 + k_2$

③ $k_{eq} = k_1 + \dfrac{1}{k_2}$　　④ $k_{eq} = \dfrac{1}{k_1} + \dfrac{1}{k_2}$

해설 직렬스프링이므로

$\dfrac{1}{k_{eq}} = \dfrac{1}{k_1} + \dfrac{1}{k_2} = \dfrac{k_1 + k_2}{k_1 \cdot k_2}$　　즉, $k_{eq} = \dfrac{k_1 \cdot k_2}{k_1 + k_2}$

문제 86. 그림과 같은 진동계에서 무게 W는 22.68 N, 댐핑계수 C는 0.0579 N·s/cm, 스링정수 K가 0.357 N/cm일 때 감쇠비(damping ratio)는 약 얼마인가?

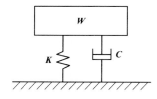

① 0.19　　　　② 0.22
③ 0.27　　　　④ 0.32

해설 우선, $W = mg$에서

$m = \dfrac{W}{g} = \dfrac{22.68}{9.8} = 2.314 \,\text{kg}$

또한, 임계감쇠계수(C_{cr})는

$C_{cr} = 2\sqrt{mk} = 2 \times \sqrt{2.314 \times 0.357 \times 10^2} = 18.18$

결국, 감쇠비(damping ratio) ζ는

$\zeta = \dfrac{C}{C_{cr}} = \dfrac{0.0579 \times 10^2}{18.18} \fallingdotseq 0.32$

문제 87. 그림과 같이 2개의 질량이 수평으로 놓인 마찰이 없는 막대 위를 미끄러진다. 두 질량의 반발계수가 0.6일 때 충돌 후 A의 속도(v_A)와 B의 속도(v_B)로 옳은 것은? (단, 오른쪽 방향이 +이다.)

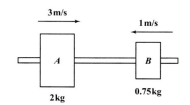

① $v_A = 3.65 \,\text{m/s}$, $v_B = 1.25 \,\text{m/s}$

② $v_A = 1.25 \,\text{m/s}$, $v_B = 3.65 \,\text{m/s}$

③ $v_A = 3.25 \,\text{m/s}$, $v_B = 1.65 \,\text{m/s}$

④ $v_A = 1.65 \,\text{m/s}$, $v_B = 3.25 \,\text{m/s}$

해설 충돌전 A, B의 속도를 V_A, V_B라 하고 충돌후 A, B의 속도를 v_A, v_B라 하면

우선, $v_A = V_A - \dfrac{m_B}{m_A + m_B}(1+e)(V_A - V_B)$

$= 3 - \dfrac{0.75}{2 + 0.75}(1 + 0.6)(3 + 1)$

$= 1.25 \,\text{m/s}$

〈참고〉 V_B는 왼쪽방향이므로 $V_B = -1 \,\text{m/s}$를 대입한다.

또한, $v_B = V_B + \dfrac{m_A}{m_A + m_B}(1+e)(V_A - V_B)$

$= -1 + \dfrac{2}{2 + 0.75}(1 + 0.6)(3 + 1)$

$= 3.65 \,\text{m/s}$

문제 88. 다음 설명 중 뉴턴(Newton)의 제1법칙으로 맞는 것은?

① 질점의 가속도는 작용하고 있는 합력에 비례하고 그 합력의 방향과 같은 방향에 있다.

② 질점에 외력이 작용하지 않으면, 정지상태를 유지하거나 일정한 속도로 일직선상에서 운동을 계속한다.

③ 상호작용하고 있는 물체간의 작용력과 반작용력은 크기가 같고 방향이 반대이며, 동일직선상에 있다.

해답 **85.** ①　**86.** ④　**87.** ②　**88.** ②

④ 자유낙하하는 모든 물체는 같은 가속도를 가진다.

해설 · Newton의 법칙
① 제1법칙 : 관성의 법칙으로 물체가 외부로부터 운동상태를 변화시키려는 힘이 작용되지 않는 한 정지하거나 등속운동상태를 유지하게 되는 법칙이다.
② 제2법칙 : 가속도의 법칙으로 물체의 가속도는 그 질점에 작용하는 힘의 크기에 비례하고 그 힘이 작용하는 방향으로 가속도가 일어나며, 그 관계식은 $F = ma$이다.
③ 제3법칙 : 작용과 반작용의 법칙으로 상호작용하는 물체 사이의 작용과 반작용의 힘은 그 크기가 같고 방향이 서로 반대이며, 같은 작용선상에 있다는 것이다.

문제 89. 공을 지면에서 수직방향으로 9.81 m/s의 속도로 던져졌을 때 최대 도달 높이는 지면으로부터 약 몇 m인가?

① 4.9
② 9.8
③ 14.7
④ 19.6

해설 $H = \dfrac{V_0^2}{2g} = \dfrac{9.81^2}{2 \times 9.81} = 4.905\,m$

문제 90. 압축된 스프링으로 100 g의 추를 밀어 올려 위에 있는 종을 치는 완구를 설계하려고 한다. 스프링 상수가 80 N/m라면 종을 치게 하기 위한 최소의 스프링 압축량은 약 몇 cm인가?
(단, 그림의 상태는 스프링이 전혀 변형되지 않은 상태이며 추가 종을 칠 때는 이미 추와 스프링은 분리된 상태이다. 또한 중력은 아래로 작용하고 스프링의 질량은 무시한다.)

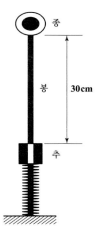

① 8.5 cm
② 9.9 cm
③ 10.6 cm
④ 12.4 cm

해설 "위치에너지(V_g)＝탄성에너지(V_e)"에서
$$mg(h+x) = \frac{1}{2}kx^2$$
$$0.1 \times 9.8(0.3+x) = \frac{1}{2} \times 80 \times x^2$$
$$40x^2 - 0.98x - 0.294 = 0$$
근의 공식 $x = \dfrac{-b \pm \sqrt{b^2 - 4ac}}{2a}$ 을 적용하면
$$x = \frac{0.98 \pm \sqrt{(-0.98)^2 - 4(40)(-0.294)}}{2 \times 40}$$
(∵ ⊖는 없앤다.)
결국, $x = 0.0988\,m = 9.88\,cm ≒ 9.9\,cm$

문제 91. 사형(砂型)과 금속형(金屬型)을 사용하며 내마모성이 큰 주물을 제작할 때 표면은 백주철이 되고 내부는 회주철이 되는 주조 방법은?

① 다이캐스팅법
② 원심주조법
③ 칠드주조법
④ 셀주조법

해설 칠드주조법
: 용융된 주철을 서서히 냉각시키면 탄소가 흑연으로 되어 연하며, 급속히 냉각시키면 탄소는 탄화철(Fe_3C, 시멘타이트)이 되어 경도가 높고, 메짐(취성)이 많은 백주철이 된다. 이같이 주철을 급냉시켜 경도를 높이는 것을 칠(chill)이라 하며, 이 방법으로 만드는 주철을 칠드주물이라 한다.
칠드주조법은 용융금속을 급냉하여 표면을 시멘타이트 조직으로 만든 것으로서 표면은 경도가 높은 백주철이고, 내부는 경도가 낮은 회주철로 되어 있다.

문제 92. 연삭가공을 한 후 가공표면을 검사한 결과 연삭 크랙(crack)이 발생되었다. 이 때 조치하여야 할 사항으로 옳지 않은 것은?

① 비교적 경(硬)하고 연삭성이 좋은 지석을 사용하고 이송을 느리게 한다.
② 연삭액을 사용하여 충분히 냉각시킨다.
③ 결합도가 연한 숫돌을 사용한다.
④ 연삭 깊이를 적게 한다.

해답 89. ① 90. ② 91. ③ 92. ①

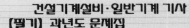
해설〉 연삭균열(grinding crack)
: 공작물 표면에 생기는 연삭내부응력이 그 재료의
강도보다 크게 되면 표면에 균열을 일으키고 응력
을 완화시켜 평형에 도달시키고자 한다. 이것을 연
삭균열이라 한다.

문제 93. 다음 중 연삭숫돌의 결합제(bond)로 주
성분이 점토와 장석이고, 열에 강하고 연삭액
에 대해서도 안전하므로 광범위하게 사용되는
결합제는?

① 비트리파이드　　② 실리케이트

③ 레지노이드　　　④ 셀락

해설〉 ·결합제의 종류
① 비트리파이드(V) : 점토, 장석을 주성분으로 하
여 구워서 굳힌 것으로 결합도를 광범위하게 조
절할 수 있다. 다공성이어서 연삭력이 강한 숫돌
을 제작할 수 있으나 충격에 의해 파괴되기 쉬
우므로 주의를 요한다.
② 실리케이트(S) : 규산나트륨을 주재료로 한 결합
제로 대형의 연삭숫돌을 만들 수 있다. 비트리파
이드 숫돌보다 결합도가 낮으나 연삭에 의한 발
열을 피해야 할 경우에 사용한다.
③ 레지노이드(B) : 합성수지가 주성분이며, 결합이
강하고 탄성이 풍부하여 절단작업용 및 정밀연
삭용으로 적합하다.
④ 셀락(E) : 천연셀락이 주성분이며, 고무숫돌보다
탄성이 크다.

문제 94. 0 ℃이하의 온도에서 냉각시키는 조직
으로 공구강의 경도 증가 및 성능을 향상시킬
수 있으며, 담금질된 오스테나이트를 마텐자이
트화하는 열처리법은?

① 질량 효과(mass effect)

② 완전 풀림(full annealing)

③ 화염 경화(frame hardening)

④ 심냉 처리(sub−zero treatment)

해설〉 서브제로(sub−zero) 처리(＝심냉처리)
: 잔류오스테나이트(A)를 0 ℃ 이하로 냉각하여 마텐
자이트(M)화하는 열처리

문제 95. 불활성 가스가 공급되면서 용가재인 소
모성 전극와이어를 연속적으로 보내서 아크를
발생시켜 용접하는 불활성 가스 아크 용접법은?

① MIG 용접　　　② TIG 용접

③ 스터드 용접　　④ 레이저 용접

해설〉 ·불활성가스아크용접
: 불활성가스(Ar, He)를 공급하면서 용접
① MIG용접(불활성가스금속아크용접)
⇨ 전극 : 금속용접봉(소모식)
② TIG용접(불활성가스텅스텐아크용접)
⇨ 전극 : 텅스텐전극봉(비소모식)

문제 96. 회전하는 상자 속에 공작물과 숫돌입자,
공작액, 콤파운드 등을 넣고 서로 충돌시켜 표
면의 요철을 제거하며 매끈한 가공면을 얻는 가
공법은?

① 호닝(honing)

② 배럴(barrel) 가공

③ 숏 피닝(shot peening)

④ 슈퍼 피니싱(super finishing)

해설〉 배럴가공(barrel finishing)
: 상자내부용적의 약 1/2 정도의 공작물과 공작액, 콤
파운드를 상자속에 넣고 회전 또는 진동시키면 공
작물과 연삭입자와 충돌하여 공작물 표면의 요철
을 없애고 평활한 다듬질면을 얻는 가공방법이다.

문제 97. 두께 4 mm인 탄소강판에 지름 1000
mm의 펀칭을 할 때 소요되는 동력은 약 몇
kW인가? (단, 소재의 전단저항은 245.25 MPa,
프레스 슬라이드의 평균속도는 5 m/min, 프레
스의 기계효율(η)은 65 %이다.)

① 146　　② 280　　③ 396　　④ 538

해설〉 우선, $P_s = \tau A = \tau \pi d t = 245.25 \times \pi \times 1000 \times 4$
$= 3081.9 \times 10^3 \text{N} = 3081.9 \text{kN}$

결국, 동력 $H = \dfrac{P_s V}{\eta_m} = \dfrac{3081.9 \times \frac{5}{60}}{0.65} = 395 \text{kW}$

정답 93. ①　94. ④　95. ①　96. ②　97. ③

문제 98. 압연가공에서 압하율을 나타내는 공식은? (단, H_0는 압연전의 두께, H_1은 압연후의 두께이다.)

① $\dfrac{H_1 - H_0}{H_1} \times 100\,(\%)$

② $\dfrac{H_0 - H_1}{H_0} \times 100\,(\%)$

③ $\dfrac{H_1 + H_0}{H_0} \times 100\,(\%)$

④ $\dfrac{H_1}{H_0} \times 100\,(\%)$

해설 · 압하량 $= H_0 - H_1$
· 압하율 $= \dfrac{H_0 - H_1}{H_0} \times 100\,\%$

문제 99. 절삭 공구에 발생하는 구성 인선의 방지법이 아닌 것은?

① 절삭 깊이를 작게 할 것
② 절삭 속도를 느리게 할 것
③ 절삭 공구의 인선을 예리하게 할 것
④ 공구 윗면 경사각(rake angle)을 크게 할 것

해설 · 구성인선(built up edge)의 방지법
① 절삭깊이를 작게 할 것
즉, 칩의 두께를 적게 할 것
② 공구의 윗면 경사각을 크게 할 것
③ 공구의 인성을 예리하게 할 것
④ 절삭속도를 크게 할 것
⑤ 칩과 바이트 사이의 윤활
⑥ 초경합금공구를 사용할 것

문제 100. 다음 중 아크(Arc) 용접봉의 피복제 역할에 대한 설명으로 가장 적절한 것은?

① 용착효율을 낮춘다.
② 전기 통전 작용을 한다.
③ 응고와 냉각속도를 촉진시킨다.
④ 산화방지와 산화물의 제거작용을 한다.

해설 · 피복제의 역할
① 대기 중의 산소, 질소의 침입을 방지하고 용융금속을 보호
② 아크를 안정
③ 모재표면의 산화물을 제거
④ 탈산 및 정련작용
⑤ 응고와 냉각속도를 지연
⑥ 전기절연 작용
⑦ 용착효율을 높인다.

건설기계설비 기사

※ 재료역학, 열역학, 유체역학, 유압기기는 일반기계 기사와 중복됩니다. 나머지 유체기계, 건설기계일반, 플랜트배관의 순서는 1~30번으로 정합니다.

제4과목　유체기계

문제 1. 펌프의 운전 중 관로에 장치된 밸브를 급폐쇄시키면 관로 내 압력이 변화(상승, 하강 반복)되면서 충격파가 발생하는 현상을 무엇이라고 하는가?

① 공동 현상
② 수격 작용
③ 서징 현상
④ 부식 작용

해설 수격작용(water hammering)
: 긴 관로속을 액체가 흐르고 있을 때 관로의 끝에 있는 밸브를 갑자기 닫으면 운동하고 있는 물체를 갑자기 정지시킬 때와 같은 심한 충격을 받게 되는데 이 현상을 수격작용이라 한다.

문제 2. 다음 각 수차에 대한 설명 중 틀린 것은?

① 중력수차 : 물이 낙하할 때 중력에 의해 움직이게 되는 수차
② 충동수차 : 물이 갖는 속도 에너지에 의해 물이 충격으로 회전하는 수차
③ 반동수차 : 물이 갖는 압력과 속도에너지를 이용하여 회전하는 수차

해답 98. ② 99. ② 100. ④ ∥ 1. ② 2. ④

④ 프로펠러수차 : 물이 낙하할 때 중력과 속
도에너지에 의해 회전하는 수차

해설 프로펠러 수차(propeller turbine) : 프로펠러 수
차는 약 80 m 이하(보통 10~60 m)의 저낙차로 비교
적 유량이 많은 경우에 사용되며, 날개수는 3~10매
가 보통이고, 부하에 의한 날개각도를 조정할 수 있
는 가동익형과 부하에 의한 날개각도를 조절할 수
없는 고정익형이 있다. 여기서, 가동익형을 카플란
수차라 하고, 고정익형을 프로펠러 수차라고 부른
다. 프로펠러 수차는 물이 날개차로 유입하는 방향
과 유출하는 방향이 주축방향인 수차이다.

문제 3. 토마계수 σ를 사용하여 펌프의 캐비테이
션이 발생하는 한계를 표시할 때, 캐비테이션이
발생하지 않는 영역을 바르게 표시한 것은?
(단, H는 유효낙차, Ha는 대기압 수두, Hv는
포화증기압 수두, Hs는 흡출고를 나타낸다. 또
한, 펌프가 흡출하는 수면은 펌프 아래에 있다.)

① $Ha - Hv - Hs > \sigma \times H$
② $Ha + Hv - Hs > \sigma \times H$
③ $Ha - Hv - Hs < \sigma \times H$
④ $Ha + Hv - Hs < \sigma \times H$

해설 캐비테이션이 발생하지 않는 영역은 토오마의 캐
비테이션 계수(σ)
즉, $\sigma = \dfrac{\Delta h}{H}$에서 $\Delta h > \sigma H$일 때이다.
여기서, Δh : 유효흡입수두($NPSH$)
$\Delta h = Ha - Hv - Hs$
결국, $Ha - Hv - Hs > \sigma H$

문제 4. 토크 컨버터에 대한 설명으로 틀린 것은?

① 유체 커플링과는 달리 입력축과 출력축의
토크 차를 발생하게 하는 장치이다.
② 토크 컨버터는 유체 커플링의 설계점 효율
에 비하여 다소 낮은 편이다.
③ 러너의 출력축 토크는 회전차의 토크에 스
테이터의 토크를 뺀 값으로 나타난다.
④ 토크 컨버터의 동력 손실은 열에너지로 전환
되어 작동 유체의 온도 상승에 영향을 미친다.

해설 토크컨버터의 이론
: 회전차(impeller)가 작동유에 준 토크(T_1), 깃차
(runner)의 출력축 토크(T_2), 안내깃(stator)이 작
동유에 준 토크(T_s)라 하면 이 밖의 토크는 없으
므로 이들의 총합은 0이 된다.
즉, $T_1 + T_s - T_2 = 0$ ∴ $T_1 + T_s = T_2$
출력축의 토크(T_2)는 입력축의 토크(T_1)보다도 안
내깃의 토크(T_s)만큼 크게 된다.

문제 5. 터빈 펌프와 비교하여 벌류트 펌프가 일
반적으로 가지는 특성에 대한 설명으로 옳지 않
은 것은?

① 안내깃이 없다.
② 구조가 간단하고 소형이다.
③ 고양정에 적합하다.
④ 캐비테이션이 일어나기 쉽다.

해설 · 안내날개(안내깃)의 유무에 의한 분류
① 벌류트펌프 : 회전차의 바깥둘레에 안내날개가 없
는 펌프를 말하며, 양정이 작은 경우에 사용된다.
② 터빈펌프 : 회전차의 바깥둘레에 안내날개가 있
는 펌프를 말하며, 양정이 큰 경우에 사용된다.

문제 6. 수차는 펌프와 마찬가지로 동일한 상사법
칙이 성립하는데, 다음 중 유량(Q)과 관계된
상사법칙으로 옳은 것은? (단, D는 수차의 크
기를 의미하며, N은 회전수를 나타낸다.)

① $\dfrac{Q_1}{D_1^4 N_1^2} = \dfrac{Q_2}{D_2^4 N_2^2}$　② $\dfrac{Q_1}{D_1^4 N_1} = \dfrac{Q_2}{D_2^4 N_2}$

③ $\dfrac{Q_1}{D_1^3 N_1^2} = \dfrac{Q_2}{D_2^3 N_2^2}$　④ $\dfrac{Q_1}{D_1^3 N_1} = \dfrac{Q_2}{D_2^3 N_2}$

해설 · 형상이 상사한 2개의 회전차의 경우 상사법칙

유량(Q_2)	$Q_2 = Q_1 \left(\dfrac{D_2}{D_1}\right)^3 \left(\dfrac{N_2}{N_1}\right)$
양정(H_2)	$H_2 = H_1 \left(\dfrac{D_2}{D_1}\right)^2 \left(\dfrac{N_2}{N_1}\right)^2$
축동력(L_2)	$L_2 = L_1 \left(\dfrac{D_2}{D_1}\right)^5 \left(\dfrac{N_2}{N_1}\right)^3$

해답 3. ① 4. ③ 5. ③ 6. ④

문제 7. 펌프는 크게 터보형과 용적형, 특수형으로 구분하는데, 다음 중 터보형 펌프에 속하지 않는 것은?

① 원심식 펌프
② 사류식 펌프
③ 왕복식 펌프
④ 축류식 펌프

해설 · 펌프의 분류
① 터보형 ┌ 원심식 : 벌류트펌프, 터빈펌프
         ├ 사류식 : 사류펌프
         └ 축류식 : 축류펌프
② 용적형 ┌ 왕복식 : 피스톤펌프, 플런저펌프
         └ 회전식 : 기어펌프, 베인펌프
③ 특수형 : 마찰펌프, 제트펌프, 기포펌프, 수격펌프

문제 8. 유회전 진공펌프(Oil-sealed rotary vacuum pump)의 종류가 아닌 것은?

① 너시(Nush)형 진공펌프
② 게데(Gaede)형 진공펌프
③ 키니(Kinney)형 진공펌프
④ 센코(Senko)형 진공펌프

해설 · 진공펌프의 종류
① 저진공펌프
  ㉠ 수봉식(액봉식) 진공펌프(=nush펌프)
  ㉡ 유회전 진공펌프 : 가장 널리 사용되며, 센코형(cenco type), 게데형(geode type), 키니형(kenney type)이 있다.
  ㉢ 루우츠형(roots type) 진공펌프
  ㉣ 나사식 진공펌프
② 고진공펌프 : 오일확산펌프, 터보분자펌프, 크라이오(cryo)펌프

문제 9. 송풍기에서 발생하는 공기가 전압 400 mmAq, 풍량 30 m³/min이고, 송풍기의 전압효율이 70 %라면 이 송풍기의 축동력은 약 몇 kW인가?

① 1.7   ② 2.8
③ 17   ④ 28

해설 $L = \dfrac{L_t}{102\eta} = \dfrac{P_t Q}{102\eta} = \dfrac{400 \times \frac{30}{60}}{102 \times 0.7} \fallingdotseq 2.8 \, \text{kW}$

문제 10. 다음 중 캐비테이션 방지법에 대한 설명으로 틀린 것은?

① 펌프의 설치높이를 최대로 높게 설정하여 흡입양정을 길게 한다.
② 펌프의 회전수를 낮추어 흡입 비속도를 작게 한다.
③ 양흡입펌프를 사용한다.
④ 입축펌프를 사용하고, 회전차를 수중에 완전히 잠기게 한다.

해설 · 공동현상(cavitation)의 방지법
① 펌프의 설치높이를 될 수 있는 대로 낮추어 흡입양정을 짧게 한다.
② 배관을 완만하고 짧게 한다.
③ 입축펌프를 사용하고, 회전차를 수중에 완전히 잠기게 한다.
④ 펌프의 회전수를 낮추어 흡입 비교 회전도를 작게 한다.
⑤ 마찰저항이 작은 흡입관을 사용하여 흡입관 손실을 줄인다.
⑥ 양흡입펌프를 사용한다.
⑦ 두 대 이상의 펌프를 사용한다.

제5과목   건설기계일반 및 플랜트배관

문제 11. 굴삭기 상부 프레임 지지 장치의 종류가 아닌 것은?

① 볼 베어링식
② 포스트식
③ 롤러식
④ 링크식

해설 · 굴삭기의 상부 프레임 지지 장치 종류
① 롤러식(roller type)
② 볼베어링식(ball bearing type)
③ 포스트식(post type)

해답 7. ③ 8. ① 9. ② 10. ① 11. ④

[문제] **12.** 중량물을 달아 올려서, 운반하는 건설 기계의 명칭은?

① 컨베이어 벨트　　② 풀 트레일러
③ 기중기　　　　　④ 트랙터

[해설] 기중기(crane)
: 중량물의 들어올리기와 내리기, 다른 작업장치를 이용하여 파쇄작업, 폐철수집과 건축공사 등에 많이 사용된다.

[문제] **13.** 아스팔트 피니셔에서 아스팔트 혼합재를 균일한 두께로 다듬질 하는 기구는?

① 스크리드　　　　② 드라이어
③ 호퍼　　　　　　④ 피더

[해설] ① 스크리드 : 노면에 살포된 혼합재를 균일한 두께로 다듬질하는 판
② 호퍼 : 덤프트럭으로 운반된 혼합재(아스팔트)를 저장하는 용기
③ 피더 : 호퍼 바닥에 설치되어 혼합재를 스프레딩 스크루로 보내는 일을 한다.

[문제] **14.** 로더에 대한 설명으로 옳지 않은 것은?

① 타이어식 로더는 이동성이 좋아 고속작업이 용이하다.
② 쿠션형 로더는 튜브리스 타이어 대신 강철제 트랙을 사용한다.
③ 무한궤도식 로더는 습지 작업이 용이하다.
④ 무한궤도식 로더는 기동성이 떨어진다.

[해설] 쿠션형 로더는 튜브리스 타이어(tubeless tire)에 강철제 트랙을 감은 것으로 무한궤도식과 휠식의 단점을 보완한 것이다.

[문제] **15.** 다음 재료 중 일반 구조용 압연강재는?

① SM490A　　　　② SM45C
③ SS400　　　　　④ HT50

[해설] · SM : 일반 구조용 탄소강재
· SS : 일반 구조용 압연강재
· HT : 뜨임(tempering) 기호

[문제] **16.** 셔블계 굴삭기를 이용한 굴착작업에서 아래와 같을 때, 이 굴삭기의 예상작업량(Q)는 약 몇 m³/hr인가?
(단, 버킷용량(q)=1 m³, 1회 사이클시간(C_m)= 20 s, 버킷계수(K)=0.7, 토량환산계수(f)=0.9, 작업효율(E)=0.8이다.)

① 61　　　　　　② 71
③ 81　　　　　　④ 91

[해설] $Q = \dfrac{3600qfkE}{C_m} = \dfrac{3600 \times 1 \times 0.9 \times 0.7 \times 0.8}{20}$
$= 90.72 \, \text{m}^3/\text{hr}$

[문제] **17.** 대규모 항로준설 등에 사용하는 것으로 선체에 펌프를 설치하고 항해하면서 동력에 의해 해저의 토사를 흡상하는 방식의 준설선은?

① 버킷 준설선
② 펌프 준설선
③ 디퍼 준설선
④ 그랩 준설선

[해설] 펌프 준설선 : 배송관의 설치가 곤란하거나 배송거리가 장거리인 경우 저양정 펌프선을 이용하여 토사를 토운선으로 수송하거나 흙과 물을 같이 빨아올리는 장비로 항만준설 또는 매립공사에 사용하며, 작업시 선체이동범위 각도는 70~90°이다.

[문제] **18.** 증기사용설비 중 응축수를 자동적으로 외부로 배출하는 장치로서 응축수에 의한 효율 저하를 방지하기 위한 장치는?

① 증발기
② 탈기기
③ 인젝터
④ 증기트랩

[해답] **12.** ③　**13.** ①　**14.** ②　**15.** ③　**16.** ④　**17.** ②　**18.** ④

해설> ·증기트랩의 기능
① 증기송기관이나 증기사용설비에서 발생한 드레인을 신속하고 자동적으로 배출
② 증기를 누설하지 않는다.
③ 공기 등의 불응축가스를 신속하고 자동적으로 배출

문제 **19.** 콘크리트 말뚝을 박기 위한 천공작업에 사용되는 작업장치는?

① 파일 드라이버
② 드래그 라인
③ 백 호우
④ 클램셸

해설> 파일 드라이버(pile driver)
: 항타용 기구로서 콘크리트 말뚝이나 시트파일을 박는데 쓰인다.

문제 **20.** 도저의 트랙 슈(shoe)에 대한 설명으로 틀린 것은?

① 습지용 슈 : 접지면적을 작게 하여 연약지반에서 작업하기 좋다.
② 스노 슈 : 눈이나 얼음판의 현장작업에 적합하다.
③ 고무 슈 : 노면보호 및 소음방지를 할 수 있다.
④ 평활 슈 : 도로파손을 방지할 수 있다.

해설> 습지용 슈
: 슈 나비를 넓게 하여 접지면적을 크게 할 수 있도록 단면을 삼각형이나 원호형으로 만들며, 수렁이나 습지에서 작업시 빠지지 않게 되어 있고 견인력이 크다.

문제 **21.** 다음 중 사용압력에 따른 동관의 종류가 아닌 것은?

① K형   ② L형
③ H형   ④ M형

해설> ·두께에 의한 동관의 분류

종류	기호(또는 원어)	특성 및 용도
K	heavy wall	두께가 두꺼울수록 높은 압력에 사용할 수 있으므로 시스템의 상용압력을 고려하여 적정 두께의 규격을 선정 사용한다.
M	medium wall	
L	light wall	

문제 **22.** 일반적으로 배관의 위치를 결정할 때 기능적인 면과 시공적 또는 유지관리의 관점에서 가장 적절하지 않은 것은?

① 급수배관은 항상 아래쪽으로 배관해야 한다.
② 전기배선, 덕트 및 연도 등은 위쪽에 설치한다.
③ 자연중력식 배관은 배관구배를 엄격히 지켜야 하며 굽힘부를 적게 하여야 한다.
④ 파손 등에 의해 누수가 염려되는 배관의 위치는 위쪽으로 하는 것이 유지관리상 편리하다.

해설> 파손 등에 의해 누수가 염려되는 배관의 위치는 아래쪽으로 하는 것이 유지관리상 편리하다.

문제 **23.** 호칭지름 40 mm(바깥지름 48.6 mm)의 관을 곡률반경(R) 120 mm로 90° 열간 구부림할 때 중심부의 곡선길이(L)는 약 몇 mm인가?

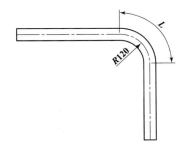

① 188.5   ② 227.5
③ 234.5   ④ 274.5

해설> $L = 2\pi R \times \dfrac{\theta}{360} = 2\pi \times 120 \times \dfrac{90}{360} ≒ 188.5\,\text{mm}$

해답> **19.** ① **20.** ① **21.** ③ **22.** ④ **23.** ①

문제 24. 유량조절이 용이하고 유체가 밸브의 아래로부터 유입하여 밸브 시트의 사이를 통해 흐르는 밸브는?

① 콕크
② 체크 밸브
③ 글로브 밸브
④ 게이트 밸브

해설 ① 콕(cock) : 유체를 직선상으로 흐르게 하고 콕을 1/4 회전시키면 완전히 통로가 열리므로 개폐가 빠르다.
② 체크밸브(check valve) : 유체의 흐름이 한쪽방향으로 역류를 하면 자동적으로 밸브가 닫혀지게 할 때 사용한다.
③ 글로브밸브(glove valve) : 유체가 흐르는 방향에 따라 입구와 출구가 일직선상에 있는 것을 글로브밸브라 하고, 또한 입구와 출구가 직각인 것을 앵글밸브라고 한다. 유체의 흐름방향은 일반적으로 밸브 몸체의 아래쪽으로부터 들어가므로 압력이 아래쪽에서 걸린다.
④ 게이트밸브(gate valve) : 밸브를 나사봉에 의하여 파이프의 횡단면과 평행하게 개폐하는 것을 말한다.

문제 25. 다음 중 냉·난방배관 시험인 기밀시험에 사용하는 가스의 종류가 아닌 것은?

① 탄산가스
② 염소가스
③ 질소가스
④ 건조공기

해설 냉·난방배관 시험인 기밀시험
: 이 시험은 배관계통에서 냉매가 새는 것을 조사하는 시험이다. 이 시험은 냉매와 액체 등이 물의 혼입을 피하는 관에 대한 기밀시험으로 배관시험후의 1차시험이다. 배관속에 탄산가스, 질소가스 또는 건조공기 등의 무해가스체를 넣어 압력시험을 한다.

문제 26. 구상흑연 주철관이라고 하며, 땅속 또는 지상에 배관하여 압력 상태 또는 무압력 상태에서 물의 수송 등에 사용하는 주철관은?

① 원심력 사형 주철관
② 원심력 금형 주철관
③ 입형 주철 직관
④ 덕타일 주철관

해설 ·구상흑연 주철관(덕타일 주철관)
: 기계식 이음으로 제조하며, 사용정수두에 따라 고압관, 보통압관, 저압관으로 나뉜다. 종류로는 1~3종이 있으며 다음과 같은 특징이 있다.
① 고압에 견디는 높은 강도와 인성을 갖고 있다.
② 변형에 대한 가요성, 가공성이 있다.
③ 내식성이 좋으며, 충격에 높은 연성을 갖고 있다.

문제 27. 일반적으로 이음매 없는 관이 사용되며 사용온도가 350 ℃ 이하, 압력이 9.8 MPa까지의 보일러 증기관 또는 유압관에 사용되는 강관은?

① 배관용 탄소강관
② 압력 배관용 탄소강관
③ 일반 배관용 탄소강관
④ 일반 구조용 탄소강관

해설 압력 배관용 탄소강 강관(기호 : SPPS)
: 350 ℃ 이하에서 사용압력이 9.8 MPa까지의 보일러 증기관, 수압관, 유압관 등에 사용된다. 호칭방법은 호칭지름과 두께(스케줄번호)로 나타낸다.

문제 28. 옥내 및 옥외소화전의 시험으로 수원으로부터 가장 높은 위치와 가장 먼 거리에 대하여 규정된 호스와 노즐을 접속하여 실시하는 시험은?

① 통기 및 수압시험
② 내압 및 기밀시험
③ 연기 및 박하시험
④ 방수 및 방출시험

문제 29. 관 또는 환봉을 절단하는 기계로서 절삭 시는 톱날에 하중이 걸리고 귀환 시는 하중이 걸리지 않는 공작용 기계는?

① 기계톱
② 파이프 벤딩기
③ 휠 고속절단기
④ 동력 나사 절삭기

해답 24. ③ 25. ② 26. ④ 27. ② 28. ④ 29. ①

해설> ·강관 공작용 기계
① 기계톱 : 절삭시는 톱날에 하중이 걸리고, 귀환
시는 하중이 걸리지 않는다. 또한, 작동시 단단
한 재료일수록 톱날의 왕복운동은 천천히 한다.
② 파이프벤딩기 : 램식, 로터리식, 수동롤러식이
있다.
③ 고속숫돌절단기 : 커터그라인더머신이라고도 하
며, 두께 0.5~3 mm 정도의 얇은 연삭원판을 고
속회전시켜 재료를 절단하는 기계이다.
④ 동력나사절삭기 : 동력을 이용하여 나사를 절삭
하는 기계이다.

문제 **30. 강관용 공구 중 바이스의 종류가 아닌
것은?**

① 램 바이스　　　　② 수평 바이스
③ 체인 바이스　　　　④ 파이프 바이스

해설> 바이스의 종류
: 파이프 바이스, 체인 바이스, 기계 바이스, 수평
바이스

정답 **30. ①**

2018년 제3회 건설기계설비 기사

제1과목 재료역학

문제 1. 그림과 같이 길이 $\ell = 3$ m의 단순보가 균일 분포하중 $w = 5$ kN/m의 작용을 받고 있다. 보의 단면이 폭(b)×높이$(h) = 10$ cm×20 cm, 탄성계수 $E = 10$ GPa일 때, 이 보의 최대 처짐량과 지점 A에서의 기울기는? (단, 보의 굽힘강성 EI는 일정하다.) 【8장】

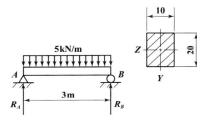

① $\delta_{max} = 0.79$ cm, $\theta = 0.483°$
② $\delta_{max} = 0.89$ cm, $\theta = 0.483°$
③ $\delta_{max} = 0.79$ cm, $\theta = 0.683°$
④ $\delta_{max} = 0.89$ cm, $\theta = 0.683°$

해설 우선, $\delta_{max} = \dfrac{5w\ell^4}{384EI}$

$$= \frac{5 \times 5 \times 3^4}{384 \times 10 \times 10^6 \times \frac{0.1 \times 0.2^3}{12}}$$

$$= 0.0079\,\text{m} = 0.79\,\text{cm}$$

또한, $\theta = \dfrac{w\ell^3}{24EI} = \dfrac{5 \times 3^3}{24 \times 10 \times 10^6 \times \frac{0.1 \times 0.2^3}{12}}$

$$= 0.00844\,\text{rad} = 0.483°$$

문제 2. 그림과 같은 단면의 $x-x$축에 대한 단면 2차 모멘트는? 【4장】

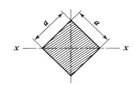

① $\dfrac{a^4}{8}$ ② $\dfrac{a^4}{12}$

③ $\dfrac{a^4}{24}$ ④ $\dfrac{a^4}{32}$

해설

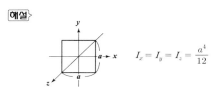

$$I_x = I_y = I_z = \frac{a^4}{12}$$

문제 3. 지름이 10 mm이고, 길이가 3 m인 원형 축이 957 rpm으로 회전하고 있다. 이 축의 허용전단응력이 160 MPa인 경우 전달할 수 있는 최대 동력은 약 몇 kW인가? 【5장】

① 2.36   ② 3.15
③ 6.28   ④ 9.42

해설 동력 $P = T\omega = \tau_a Z_P \omega = \tau_a \times \dfrac{\pi d^3}{16} \times \dfrac{2\pi N}{60}$

$$= 160 \times 10^3 \times \frac{\pi \times 0.01^3}{16} \times \frac{2\pi \times 957}{60}$$

$$\fallingdotseq 3.15\,\text{kW}$$

문제 4. 단면 치수가 8 mm×24 mm인 강대가 인장력 $P = 15$ kN을 받고 있다. 그림과 같이 30° 경사진 면에 작용하는 수직응력은 약 몇 MPa인가? 【3장】

해답 1. ①   2. ②   3. ②   4. ③

688 ··· 2018년 제3회 건설기계설비 기사

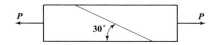

① 29.5   ② 45.3
③ 58.6   ④ 72.6

$\boxed{해설}$ $\sigma_n' = \sigma_x \sin^2\theta = \dfrac{P}{A}\sin^2\theta$

$$= \dfrac{15 \times 10^3}{8 \times 24} \times \sin^2 60°$$

$$= 58.6\,\mathrm{MPa}$$

〈참고〉 $1\mathrm{MPa} = 1\,\mathrm{N/mm^2}$

$\boxed{문제}$ **5.** 길이 4 m인 단순보의 중앙에 500 N의 집중하중이 작용하고 있다. 10 cm×10 cm의 4각 단면보라고 하면 굽힘응력은 몇 N/cm²인가? 【7장】

① 300   ② 400
③ 500   ④ 600

$\boxed{해설}$ $M = \sigma Z$에서

$$\therefore \sigma_{max} = \dfrac{M_{max}}{Z} = \dfrac{\left(\dfrac{P\ell}{4}\right)}{\left(\dfrac{bh^2}{6}\right)} = \dfrac{3P\ell}{2bh^2} = \dfrac{3 \times 500 \times 400}{2 \times 10 \times 10^2}$$

$$= 300\,\mathrm{N/cm^2}$$

$\boxed{문제}$ **6.** 길이가 2 m인 환봉에 인장하중을 가하여 변화된 길이가 0.14 cm일 때 변형률은? 【1장】

① 70×10^{-6} ② 700×10^{-6}
③ 70×10^{-3} ④ 700×10^{-3}

$\boxed{해설}$ $\varepsilon = \dfrac{\lambda}{\ell} = \dfrac{0.14}{200} = 700 \times 10^{-6}$

$\boxed{문제}$ **7.** 반지름 1 cm, 길이 150 cm, 탄성계수 200 GPa의 강봉이 90 kN의 인장하중을 받을 때 탄성에너지는 약 몇 N·m인가? 【2장】

① 129   ② 112
③ 97   ④ 85

$\boxed{해설}$ $U = \dfrac{1}{2}P\lambda = \dfrac{1}{2}P \times \dfrac{P\ell}{AE} = \dfrac{P^2\ell}{2AE} = \dfrac{P^2\ell}{2\pi r^2 E}$

$$= \dfrac{(90 \times 10^3)^2 \times 1.5}{2 \times \pi \times 0.01^2 \times 200 \times 10^9} \fallingdotseq 97\,\mathrm{N \cdot m}$$

$\boxed{문제}$ **8.** 다음 보에 발생하는 최대 굽힘 모멘트는? 【6장】

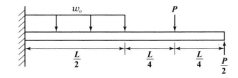

① $\dfrac{L}{8}(w_o L - 2P)$ ② $\dfrac{L}{8}(w_o L + 2P)$

③ $\dfrac{L}{4}(w_o L - 2P)$ ④ $\dfrac{L}{4}(w_o L + 2P)$

$\boxed{해설}$ $M_{max} = \dfrac{P}{2} \times L - P \times \left(\dfrac{L}{2} + \dfrac{L}{4}\right) - w_o \times \dfrac{L}{2} \times \dfrac{L}{4}$

$$= \dfrac{PL}{2} - \dfrac{3PL}{4} - \dfrac{w_o L^2}{8} = -\dfrac{w_o L^2}{8} - \dfrac{PL}{4}$$

$$= \left|-\dfrac{L}{8}(w_o L + 2P)\right| = \dfrac{L}{8}(w_o L + 2P)$$

$\boxed{문제}$ **9.** 다음 자유 물체도에서 경사하중 P가 작용할 경우 수직반력(R_A) 및 수평반력(R_H)은 각각 얼마인가? (단, 그림에서 보 AB와 하중 P가 이루는 각도는 30°이다.) 【6장】

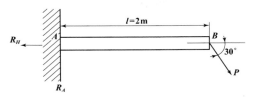

① $R_A = \dfrac{\sqrt{3}}{2}P,\ R_H = \dfrac{P}{4}$

② $R_A = \dfrac{2}{\sqrt{3}}P,\ R_H = \dfrac{P}{2}$

③ $R_A = \dfrac{\sqrt{3}}{2}P,\ R_H = \dfrac{P}{2}$

④ $R_A = \dfrac{1}{2}P,\ R_H = \dfrac{\sqrt{3}}{2}P$

$\boxed{해답}$ **5.** ① **6.** ② **7.** ③ **8.** ② **9.** ④

해설

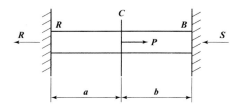

$$R_H = P\cos 30° = P \times \frac{\sqrt{3}}{2} = \frac{\sqrt{3}}{2}P$$

$$R_A = P\sin 30° = P \times \frac{1}{2} = \frac{1}{2}P$$

문제 **10.** 양단이 고정된 균일 단면봉의 중간단면 C에 축하중 P를 작용시킬 때 A, B에서 반력은? 【6장】

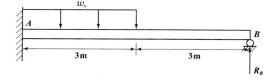

① $R = \dfrac{P(a+b^2)}{a+b}$, $S = \dfrac{P(a^2+b)}{a+b}$

② $R = \dfrac{Pb^2}{a+b}$, $S = \dfrac{Pa^2}{a+b}$

③ $R = \dfrac{Pb}{a+b}$, $S = \dfrac{Pa}{a+b}$

④ $R = \dfrac{Pa}{a+b}$, $S = \dfrac{Pb}{a+b}$

해설 우선, $R + S = P$ ······························ ①식

또한, $\lambda_{RC} = \lambda_{CB}$

즉, $\dfrac{Ra}{AE} = \dfrac{Sb}{AE}$ 에서 $Ra = Sb$ ·········· ②식

결국, ①, ②식을 연립하면

∴ $R = \dfrac{Pb}{a+b}$, $S = \dfrac{Pa}{a+b}$

문제 **11.** 다음 보에서 B점의 반력 R_B는 얼마인가? 【9장】

① $\dfrac{21}{64}w_o$ ② $\dfrac{63}{64}w_o$

③ $\dfrac{7}{128}w_o$ ④ $\dfrac{15}{128}w_o$

해설 B점에서의 반력은 보가 수평상태를 유지하려면 B점에서 처짐량이 같아야 한다.

따라서, $\dfrac{7w_o\ell^4}{384EI} = \dfrac{R_B\ell^3}{3EI}$

∴ $R_B = \dfrac{21w_o\ell}{384} = \dfrac{21w_o \times 6}{384} = \dfrac{21w_o}{64}$

문제 **12.** 직경이 d이고 길이가 L인 균일한 단면을 가진 직선축이 전체 길이에 걸쳐 토크 t_0가 작용할 때, 최대 전단응력은? 【5장】

① $\dfrac{2t_0L}{\pi d^3}$ ② $\dfrac{4t_0L}{\pi d^3}$

③ $\dfrac{16t_0L}{\pi d^3}$ ④ $\dfrac{32t_0L}{\pi d^3}$

해설 $T = \tau Z_P$ 에서

∴ $\tau_{max} = \dfrac{T}{Z_P} = \dfrac{t_0L}{\left(\dfrac{\pi d^3}{16}\right)} = \dfrac{16t_0L}{\pi d^3}$

여기서, $T = t_0L$

문제 **13.** 속이 빈 주철재 기둥에 100 kN의 축방향 압축하중이 걸릴 때 오일러의 좌굴 길이를 구하면 약 몇 cm인가? (단, 양단은 회전상태이며, $E = 105$ GPa, $I = 260$ cm^{4}이다.) 【10장】

① 319 ② 419

③ 519 ④ 619

해설 "양단회전"이므로 $n = 1$

$P_B = n\pi^2\dfrac{EI}{\ell^2}$ 에서

∴ $\ell = \sqrt{\dfrac{n\pi^2EI}{P_B}}$

$= \sqrt{\dfrac{1 \times \pi^2 \times 105 \times 10^6 \times 260 \times 10^{-8}}{100}}$

$= 5.19\,\text{m} = 519\,\text{cm}$

정답 **10.** ③ **11.** ① **12.** ③ **13.** ③

문제 14. 그림과 같은 외팔보의 임의의 거리 C 되는 점에 집중하중 P가 작용할 때 최대 처짐량은? (단, 보의 굽힘 강성 EI는 일정하고, 자중은 무시한다.)【8장】

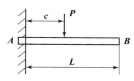

① $\dfrac{Pc^2}{3EI}(3L-c)$

② $\dfrac{Pc^2}{3EI}\left(L-\dfrac{c}{3}\right)$

③ $\dfrac{Pc^2}{6EI}(L-3c)$

④ $\dfrac{Pc^2}{6EI}(3L-c)$

해설 >

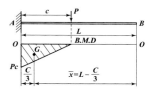

우선, $A_M = \dfrac{1}{2} \times Pc \times c = \dfrac{Pc^2}{2}$

결국, $\delta_{\max} = \delta_B = \dfrac{A_M}{EI}\bar{x} = \dfrac{1}{EI} \times \dfrac{Pc^2}{2}\left(L-\dfrac{c}{3}\right)$

$\qquad = \dfrac{Pc^2}{6EI}(3L-c)$

문제 15. 45° 각의 로제트 게이지로 측정한 결과가 $\varepsilon_{0°} = 400 \times 10^{-6}$, $\varepsilon_{45°} = 400 \times 10^{-6}$, $\varepsilon_{90°} = 200 \times 10^{-6}$일 때, 주응력은 약 몇 MPa인가? (단, 포아송 비 $\nu = 0.3$, 탄성계수 $E = 206$ GPa 이다.)【3장】

① $\sigma_1 = 100$, $\sigma_2 = 56$

② $\sigma_1 = 110$, $\sigma_2 = 66$

③ $\sigma_1 = 120$, $\sigma_2 = 76$

④ $\sigma_1 = 130$, $\sigma_2 = 86$

해설 $\varepsilon_{0°} = \varepsilon_x$, $\varepsilon_{90°} = \varepsilon_y$ 이므로 우선,

$\varepsilon_{45°} = \dfrac{1}{2}(\varepsilon_x + \varepsilon_y) + \dfrac{1}{2}(\varepsilon_x - \varepsilon_y)\cos 2\theta + \dfrac{\gamma_{xy}}{2}\sin 2\theta$

$\qquad = \dfrac{1}{2}(\varepsilon_x + \varepsilon_y) + \dfrac{1}{2}(\varepsilon_x - \varepsilon_y)\cos 90° + \dfrac{\gamma_{xy}}{2}\sin 90°$

$2\varepsilon_{45°} = \varepsilon_x + \varepsilon_y + \gamma_{xy}$

$\therefore \gamma_{xy} = 2\varepsilon_{45°} - \varepsilon_x - \varepsilon_y$

$\qquad = 2 \times 400 \times 10^{-6} - 400 \times 10^{-6} - 200 \times 10^{-6}$

$\qquad = 200 \times 10^{-6}$

또한, ⅰ) 최대 주변형률(ε_1)

$\varepsilon_1 = \dfrac{1}{2}(\varepsilon_x + \varepsilon_y) + \dfrac{1}{2}\sqrt{(\varepsilon_x - \varepsilon_y)^2 + \gamma_{xy}^2}$

$\qquad = \dfrac{1}{2}(400 \times 10^{-6} + 200 \times 10^{-6})$

$\qquad + \dfrac{1}{2}\sqrt{\begin{array}{l}(400 \times 10^{-6} - 200 \times 10^{-6})^2 \\ + (200 \times 10^{-6})^2\end{array}}$

$\qquad = 441.42 \times 10^{-6}$

ⅱ) 최소 주변형률(ε_2)

$\varepsilon_2 = \dfrac{1}{2}(\varepsilon_x + \varepsilon_y) - \dfrac{1}{2}\sqrt{(\varepsilon_x - \varepsilon_y)^2 + \gamma_{xy}^2}$

$\qquad = \dfrac{1}{2}(400 \times 10^{-6} + 200 \times 10^{-6})$

$\qquad - \dfrac{1}{2}\sqrt{\begin{array}{l}(400 \times 10^{-6} - 200 \times 10^{-6})^2 \\ + (200 \times 10^{-6})^2\end{array}}$

$\qquad = 158.58 \times 10^{-6}$

결국, $\cdot \sigma_1 = \left(\dfrac{\varepsilon_1 + \nu\varepsilon_2}{1 - \nu^2}\right)E$

$\qquad = \left(\dfrac{441.42 \times 10^{-6} + 0.3 \times 158.58 \times 10^{-6}}{1 - 0.3^2}\right)$

$\qquad\qquad \times 206 \times 10^3$

$\qquad = 110.7\,\text{MPa} ≒ 110\,\text{MPa}$

$\cdot \sigma_2 = \left(\dfrac{\varepsilon_2 + \nu\varepsilon_1}{1 - \nu^2}\right)E$

$\qquad = \left(\dfrac{158.58 \times 10^{-6} + 0.3 \times 441.42 \times 10^{-6}}{1 - 0.3^2}\right)$

$\qquad\qquad \times 206 \times 10^3$

$\qquad = 65.8\,\text{MPa} ≒ 66\,\text{MPa}$

문제 16. 축방향 단면적 A인 임의의 재료를 인장하여 균일한 인장응력이 작용하고 있다. 인장방향 변형률이 ε, 포아송의 비를 ν라 하면 단면적의 변화량은 약 얼마인가?【1장】

① $\nu\varepsilon A$　　　② $2\nu\varepsilon A$

③ $3\nu\varepsilon A$　　　④ $4\nu\varepsilon A$

해설 > ·단면적 변화율 : $\dfrac{\Delta A}{A} = 2\nu\varepsilon$

·단면적 변화량 : $\Delta A = 2\nu\varepsilon A$

해답 **14.** ④ **15.** ② **16.** ②

문제 17. 그림에서 P가 1800 N, $b=3$ cm, $h=$ 4 cm, $e=1$ cm라 할 때 최대 압축응력은 몇 N/cm²인가? 【10장】

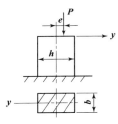

① 375
② 275
③ 250
④ 175

해설 $\sigma_{c \cdot \max} = \sigma' + \sigma'' = \dfrac{P}{A} + \dfrac{M}{Z} = \dfrac{1800}{3 \times 4} + \dfrac{1800 \times 1}{\left(\dfrac{3 \times 4^2}{6}\right)}$

$= 375 \, \text{N/cm}^2$

문제 18. 재료와 단면이 같은 두 축의 길이가 각각 ℓ과 2ℓ일 때 길이가 ℓ인 축에 비틀림 모멘트 T가 작용하고 길이가 2ℓ인 축에 비틀림 모멘트 $2T$가 각각 작용한다면 비틀림 각의 크기 비는? 【5장】

① $1:\sqrt{2}$
② $1:2\sqrt{2}$
③ $1:2$
④ $1:4$

해설 $\theta_1 : \theta_2 = \dfrac{T_1 \ell_1}{GI_P} : \dfrac{T_2 \ell_2}{GI_P} = T_1 \ell_1 : T_2 \ell_2$

$= T \times \ell : 2T \times 2\ell = 1 : 4$

문제 19. 그림과 같은 보가 분포하중과 집중하중을 받고 있다. 지점 B에서의 반력의 크기를 구하면 몇 kN인가? 【6장】

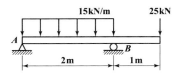

① 28.5
② 40.0
③ 52.5
④ 55.0

해설 우선, $R_A \times 2 - 15 \times 2 \times 1 = -25 \times 1$

$\therefore R_A = 2.5 \, \text{kN}$

또한, $0 = -25 \times 3 + R_B \times 2 - 15 \times 2 \times 1$

$\therefore R_B = 52.5 \, \text{kN}$

문제 20. 원형 단면보의 임의 단면에 걸리는 전체 전단력이 $3V$일 때, 단면에 생기는 최대 전단응력은? (단, A는 원형단면의 면적이다.) 【7장】

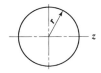

① $\dfrac{4}{3}\dfrac{V}{A}$
② $2\dfrac{V}{A}$
③ $\dfrac{3}{2}\dfrac{V}{A}$
④ $4\dfrac{V}{A}$

해설 $\tau_{\max} = \dfrac{4}{3} \cdot \dfrac{F_{\max}}{A} = \dfrac{4}{3} \times \dfrac{3V}{A} = 4\dfrac{V}{A}$

제2과목 기계열역학

문제 21. 클라우지우스(Clausius) 적분 중 비가역 사이클에 대하여 옳은 식은? (단, Q는 시스템에 공급되는 열, T는 절대 온도를 나타낸다.) 【4장】

① $\displaystyle\oint \dfrac{dQ}{T} = 0$
② $\displaystyle\oint \dfrac{dQ}{T} < 0$
③ $\displaystyle\oint \dfrac{dQ}{T} > 0$
④ $\displaystyle\oint \dfrac{dQ}{T} \geq 0$

해설 · 클라우지우스의 적분값

① 가역사이클 : $\displaystyle\oint \dfrac{\delta Q}{T} = 0$

② 비가역사이클 : $\displaystyle\oint \dfrac{\delta Q}{T} < 0$

해답 17. ①   18. ④   19. ③   20. ④   21. ②

문제 22. 다음 중 이상적인 스로틀 과정에서 일정하게 유지되는 양은? 【6장】

① 압력 ② 엔탈피
③ 엔트로피 ④ 온도

해설> 교축과정(throttling process)
: 등엔탈피($h = c$) 변화

문제 23. 70 kPa에서 어떤 기체의 체적이 12 m³이었다. 이 기체를 800 kPa까지 폴리트로픽 과정으로 압축했을 때 체적이 2 m³으로 변화했다면, 이 기체의 폴리트로프 지수는 약 얼마인가? 【3장】

① 1.21 ② 1.28
③ 1.36 ④ 1.43

해설> $\dfrac{T_2}{T_1} = \left(\dfrac{V_1}{V_2}\right)^{n-1} = \left(\dfrac{p_2}{p_1}\right)^{\frac{n-1}{n}}$ 에서

$\left(\dfrac{V_1}{V_2}\right)^n = \left(\dfrac{p_2}{p_1}\right)$, 양변에 지수를 취하면

$n\,ln\left(\dfrac{V_1}{V_2}\right) = ln\left(\dfrac{p_2}{p_1}\right)$

$\therefore \ n = \dfrac{ln\left(\dfrac{p_2}{p_1}\right)}{ln\left(\dfrac{V_1}{V_2}\right)} = \dfrac{ln\left(\dfrac{800}{70}\right)}{ln\left(\dfrac{12}{2}\right)} = 1.36$

문제 24. 이상기체의 가역 폴리트로픽 과정은 다음과 같다. 이에 대한 설명으로 옳은 것은? (단, P는 압력, v는 비체적, C는 상수이다.) 【3장】

$$Pv^n = C$$

① $n = 0$이면 등온과정
② $n = 1$이면 정적과정
③ $n = \infty$이면 정압과정
④ $n = k$(비열비)이면 단열과정

해설>

구분	n	C_n
정압변화	0	C_p
등온변화	1	∞
단열변화	k	0
정적변화	∞	C_v

문제 25. 공기 표준 사이클로 운전하는 디젤 사이클 엔진에서 압축비는 18, 체절비(분사 단절비)는 2일 때 이 엔진의 효율은 약 몇 %인가? (단, 비열비는 1.4이다.) 【8장】

① 63 % ② 68 %
③ 73 % ④ 78 %

해설> $\eta_d = 1 - \left(\dfrac{1}{\varepsilon}\right)^{k-1} \cdot \dfrac{\sigma^k - 1}{k(\sigma - 1)}$

$= 1 - \left(\dfrac{1}{18}\right)^{1.4-1} \cdot \dfrac{2^{1.4} - 1}{1.4(2 - 1)}$

$= 0.63 = 63\%$

문제 26. 압력 250 kPa, 체적 0.35 m³의 공기가 일정 압력 하에서 팽창하여, 체적이 0.5 m³로 되었다. 이 때 내부에너지의 증가가 93.9 kJ이었다면, 팽창에 필요한 열량은 약 몇 kJ인가? 【2장】

① 43.8 ② 56.4
③ 131.4 ④ 175.2

해설> $_1Q_2 = \Delta U + _1W_2 = \Delta U + P(V_2 - V_1)$
$= 93.9 + 250(0.5 - 0.35)$
$= 131.4\,kJ$

문제 27. 이상기체가 등온 과정으로 부피가 2배로 팽창할 때 한 일이 W_1이다. 이 이상기체가 같은 초기조건 하에서 폴리트로픽 과정(지수=2)으로 부피가 2배로 팽창할 때 한 일은? 【3장】

해답> 22. ② 23. ③ 24. ④ 25. ① 26. ③ 27. ①

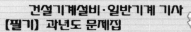

① $\dfrac{1}{2\ln 2}\times W_1$　　② $\dfrac{2}{\ln 2}\times W_1$

③ $\dfrac{\ln 2}{2}\times W_1$　　④ $2\ln 2\times W_1$

[해설] 우선, 등온과정일 때

$$W_1 = mRT\ell n\frac{V_2}{V_1} = mRT\ell n\frac{2V_1}{V_1} = mRT\ell n2$$

따라서, $mRT = \dfrac{W_1}{\ell n2}$

또한, 폴리트로픽 과정일 때

$$_1W_2 = \frac{mR}{n-1}(T_1 - T_2) = \frac{mRT_1}{n-1}\left[1-\left(\frac{T_2}{T_1}\right)\right]$$

$$= \frac{mRT_1}{n-1}\left[1-\left(\frac{V_1}{V_2}\right)^{n-1}\right]$$

여기서, 등온과정과 같은 초기조건하이므로 $T_1 = T$ 이다.

결국, $_1W_2 = \dfrac{mRT}{n-1}\left[1-\left(\dfrac{V_1}{V_2}\right)^{n-1}\right]$

$$= \frac{\left(\dfrac{W_1}{\ell n2}\right)}{2-1}\left[1-\left(\frac{V_1}{2V_1}\right)^{2-1}\right] = \frac{1}{2\ell n2}\times W_1$$

문제 28. 역카르노 사이클로 운전하는 이상적인 냉동사이클에서 응축기 온도가 40 ℃, 증발기 온도가 −10 ℃이면 성능 계수는?　【9장】

① 4.26　　　② 5.26

③ 3.56　　　④ 6.56

[해설] $\varepsilon_r = \dfrac{T_\text{Ⅱ}}{T_1 - T_\text{Ⅱ}} = \dfrac{263}{313-263} = 5.26$

문제 29. 이상기체가 등온과정으로 체적이 감소할 때 엔탈피는 어떻게 되는가?　【3장】

① 변하지 않는다.

② 체적에 비례하여 감소한다.

③ 체적에 반비례하여 증가한다.

④ 체적의 제곱에 비례하여 감소한다.

[해설] 등온과정에서는 내부에너지와 엔탈피의 변화가 없다.

문제 30. 밀폐시스템에서 초기 상태가 300 K, 0.5 m³인 이상기체를 등온과정으로 150 kPa에서 600 kPa까지 천천히 압축하였다. 이 압축과정에 필요한 일은 약 몇 kJ인가?　【3장】

① 104　　　② 208

③ 304　　　④ 612

[해설] $_1W_2 = p_1V_1\ell n\dfrac{p_1}{p_2} = 150\times 0.5\times \ell n\dfrac{150}{600}$

$\fallingdotseq -104\,\text{kJ}$

문제 31. 이상적인 디젤 기관의 압축비가 16일 때 압축전의 공기 온도가 90 ℃라면, 압축후의 공기의 온도는 약 몇 ℃인가?
(단, 공기의 비열비는 1.4이다.)　【8장】

① 1101 ℃

② 718 ℃

③ 808 ℃

④ 828 ℃

[해설] $\dfrac{T_2}{T_1} = \left(\dfrac{v_1}{v_2}\right)^{k-1}$ 에서

$\therefore\ T_2 = T_1\left(\dfrac{v_1}{v_2}\right)^{k-1} = T_1\varepsilon^{k-1} = (90+273)\times 16^{1.4-1}$

$= 1100.4\,\text{K} = 827.4\,℃$

문제 32. 공기의 정압비열(Cp, kJ/(kg·℃))이 다음과 같다고 가정한다. 이 때 공기 5 kg을 0 ℃에서 100 ℃까지 일정한 압력하에서 가열하는데 필요한 열량은 약 몇 kJ인가? (단, 다음 식에서 t는 섭씨온도를 나타낸다.)　【1장】

$$Cp = 1.0053 + 0.000079\times t\,[\text{kJ}/(\text{kg}\cdot℃)]$$

① 85.5

② 100.9

③ 312.7

④ 504.6

[해답]　**28.** ②　**29.** ①　**30.** ①　**31.** ④　**32.** ④

해설 우선,

$$C_m = \frac{1}{t_2 - t_1} \int_1^2 C_p \, dt$$

$$= \frac{1}{t_2 - t_1} \int_1^2 (1.0053 + 0.000079 t) \, dt$$

$$= \frac{1}{t_2 - t_1} \left[1.0053(t_2 - t_1) + \frac{0.000079(t_2^2 - t_1^2)}{2} \right]$$

$$= 1.0053 + \frac{0.000079(t_2 + t_1)}{2}$$

$$= 1.0053 + \frac{0.000079(100 + 0)}{2}$$

$$= 1.00925 \, \text{kJ/kg} \cdot \text{℃}$$

결국, $Q_m = m \, C_m (t_2 - t_1) = 5 \times 1.00925(100 - 0)$

$$\fallingdotseq 504.6 \, \text{kJ}$$

문제 33. 500 ℃의 고온부와 50 ℃의 저온부 사이에서 작동하는 Carnot 사이클 열기관의 열효율은 얼마인가? 【4장】

① 10 %   ② 42 %
③ 58 %   ④ 90 %

해설 $\eta_c = 1 - \dfrac{T_{\text{II}}}{T_{\text{I}}} = 1 - \dfrac{(50 + 273)}{(500 + 273)}$

$$= 0.582 = 58.2 \%$$

문제 34. 어떤 기체 1 kg이 압력 50 kPa, 체적 2.0 m³의 상태에서 압력 1000 kPa, 체적 0.2 m³의 상태로 변화하였다. 이 경우 내부에너지의 변화가 없다고 한다면, 엔탈피의 변화는 얼마나 되겠는가? 【2장】

① 57 kJ   ② 79 kJ
③ 91 kJ   ④ 100 kJ

해설 $\Delta H = \Delta U + (P_2 V_2 - P_1 V_1) \quad (\because \Delta U = 0)$
$$= (1000 \times 0.2 - 50 \times 2) = 100 \, \text{kJ}$$

문제 35. 두 물체가 각각 제3의 물체와 온도가 같을 때는 두 물체도 역시 서로 온도가 같다는 것을 말하는 법칙으로 온도측정의 기초가 되는 것은? 【1장】

① 열역학 제0법칙   ② 열역학 제1법칙
③ 열역학 제2법칙   ④ 열역학 제3법칙

해설 열역학 제0법칙 : 열평형의 법칙

문제 36. 그림과 같이 카르노 사이클로 운전하는 기관 2개가 직렬로 연결되어 있는 시스템에서 두 열기관의 효율이 똑같다고 하면 중간 온도 T는 약 몇 K인가? 【4장】

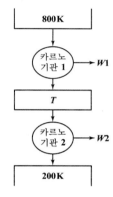

① 330 K   ② 400 K
③ 500 K   ④ 660 K

해설 우선, $\eta_1 = 1 - \dfrac{T}{800}$, $\eta_2 = 1 - \dfrac{200}{T}$

결국, $\eta_1 = \eta_2$이므로, $1 - \dfrac{T}{800} = 1 - \dfrac{200}{T}$ 에서

$$\frac{T}{800} = \frac{200}{T} \qquad T^2 = 160000 \qquad \therefore T = 400 \, \text{K}$$

문제 37. 카르노 냉동기 사이클과 카르노 열펌프 사이클에서 최고 온도와 최소 온도가 서로 같다. 카르노 냉동기의 성적 계수는 COP_R이라고 하고, 카르노 열펌프의 성적계수는 COP_{HP}라고 할 때 다음 중 옳은 것은? 【9장】

① $COP_{HP} + COP_R = 1$

② $COP_{HP} + COP_R = 0$

③ $COP_R - COP_{HP} = 1$

④ $COP_{HP} - COP_R = 1$

해답 **33.** ③   **34.** ④   **35.** ①   **36.** ②   **37.** ④

[해설] $COP_{HP} = 1 + COP_R$ 즉, $COP_{HP} - COP_R = 1$

[문제] 38. 에어컨을 이용하여 실내의 열을 외부로 방출하려 한다. 실외 35 ℃, 실내 20 ℃인 조건에서 실내로부터 3 kW의 열을 방출하려 할 때 필요한 에어컨의 최소 동력은 약 몇 kW인가?
【9장】

① 0.154 　　② 1.54
③ 0.308 　　④ 3.08

[해설] 우선, $\varepsilon_r = \dfrac{T_{\mathrm{II}}}{T_1 - T_{\mathrm{II}}} = \dfrac{293}{308 - 293} = 19.53$

결국, $W_C = \dfrac{Q_2}{\varepsilon_r} = \dfrac{3}{19.53} = 0.154\,\mathrm{kW}$

[문제] 39. 랭킨 사이클의 각각의 지점에서 엔탈피는 다음과 같다. 이 사이클의 효율은 약 몇 %인가? (단, 펌프일은 무시한다.)
【7장】

보일러 입구 : 290.5 kJ/kg
보일러 출구 : 3476.9 kJ/kg
응축기 입구 : 2622.1 kJ/kg
응축기 출구 : 286.3 kJ/kg

① 32.4 % 　　② 29.8 %
③ 26.7 % 　　④ 23.8 %

[해설] $\eta_R = \dfrac{T - P}{B} = \dfrac{(h_2 - h_3) - (h_1 - h_4)}{h_2 - h_1}$ 에서

펌프일을 무시하므로 $h_1 ≒ h_4$

∴ $\eta_R = \dfrac{h_2 - h_3}{h_2 - h_4} = \dfrac{3476.9 - 2622.1}{3476.9 - 286.3}$

$= 0.268 = 26.8\,\%$

[문제] 40. 열과 일에 대한 설명 중 옳은 것은?
【1장】

① 열역학적 과정에서 열과 일은 모두 경로에 무관한 상태함수로 나타낸다.
② 일과 열의 단위는 대표적으로 Watt(W)를 사용한다.

③ 열역학 제1법칙은 열과 일의 방향성을 제시한다.
④ 한 사이클 과정을 지나 원래 상태로 돌아왔을 때 시스템에 가해진 전체 열량은 시스템이 수행한 전체 일의 양과 같다.

[해설] ① 열과 일은 과정(=경로=도정)함수이다.
　　② 일과 열의 단위는 J(=N·m) 이다.
　　〈참고〉 1 W = 1 J/S
　　③ 열역학 제2법칙은 에너지(일, 열)의 방향성을 제시한다.
　　④ $\oint Q = \oint W$

제3과목　기계유체역학

[문제] 41. 유체 경계층 밖의 유동에 대한 설명으로 가장 알맞은 것은?
【5장】

① 포텐셜(potential) 유동으로 가정할 수 있다.
② 전단응력이 크게 작용한다.
③ 각속도 성분이 항상 양의 값을 갖는다.
④ 항상 와류가 발생한다.

[해설] 경계층 바깥은 비점성유동영역으로 포텐셜(potential)유동 즉, 자유흐름으로 가정한다.

[문제] 42. 다음 중 점성계수를 측정하는 점도계의 종류에 속하지 않는 것은?
【10장】

① 오스트발트(Ostwald) 점도계
② 세이볼트(Saybolt) 점도계
③ 낙구식 점도계
④ 마노미터식 점도계

[해설] · 점성계수(μ)의 측정
　　① 낙구식 점도계 : stokes법칙을 이용
　　② Macmichael 점도계, stomer 점도계
　　　 : 뉴톤의 점성법칙을 이용
　　③ Ostwald 점도계, saybolt 점도계
　　　 : 하겐–포아젤 방정식을 이용

[해답] **38.** ① **39.** ③ **40.** ④ **41.** ① **42.** ④

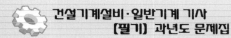
문제 43. 개방된 물탱크 속에 지름 1 m의 원판이 잠겨있다. 이 원판의 도심이 자유표면보다 1 m 아래쪽에 있고, 수평 상태로 있다. 이때 도심의 깊이를 바꾸지 않은 상태에서 원판을 수직으로 세우면 원판의 한쪽 면이 받는 정수력학적 합력의 크기와 합력의 작용점은 어떻게 달라지는가? (단, 평판의 두께는 무시한다.)　　【2장】

① 합력의 크기는 커지고 작용점은 도심 아래로 내려간다.

② 합력의 크기는 안변하고 작용점은 도심 아래로 내려간다.

③ 합력의 크기는 커지고 작용점은 안변한다.

④ 합력의 크기와 작용점 모두 안변한다.

해설 경사면에서 작용점의 위치(y_F)는 $y_F = \bar{y} + \dfrac{I_G}{A\bar{y}}$

로서 도심점보다 $\dfrac{I_G}{A\bar{y}}$만큼 아래에 있다.

하지만, 수평면이나 경사면일 때 전압력의 크기(F)는 변함이 없다.

문제 44. 체적 0.2 m³인 물체를 물속에 잠겨 있게 하는데 300 N의 힘이 필요하다. 만약 이 물체를 어떤 유체 속에 잠겨 있게 하는데 200 N의 힘이 필요하다면 이 유체의 비중은 약 얼마인가?　　【2장】

① 0.79

② 0.86

③ 0.91

④ 0.95

해설 $\Delta W = \Delta \gamma V$에서

$W_{물} - W_{유체} = (\gamma_{물} - \gamma_{유체})V$

즉, $W_{물} - W_{유체} = 9800(S_{물} - S_{유체})V$

$300 - 200 = 9800(1 - S_{유체}) \times 0.2$

$\therefore S_{유체} = 0.95$

문제 45. 공기 중에서 무게가 1540 N인 통나무가 있다. 이 통나무를 물속에 잠겨 평형이 되도

록 하기 위해 34 kg의 납(밀도 11300 kg/m³)이 필요하다고 할 때 통나무의 평균 밀도는 약 몇 kg/m³인가?　　【2장】

① 782

② 835

③ 891

④ 982

해설 우선, "납"의 경우

$$V_{납} = \frac{m_{납}}{\rho_{납}} = \frac{34}{11300} = 0.003 \,\text{m}^3$$

$$W_{납} = \gamma_{납}V_{납} = \rho_{납}g V_{납}$$

$$= 11300 \times 9.8 \times 0.003 = 332.22 \,\text{N}$$

또한, 공기중에서 물체무게(W) = 부력(F_B)

즉, $W_{통} + W_{납} = \gamma_{H_2O}(V_{통} + V_{납})$

$1540 + 332.22 = 9800(V_{통} + 0.003)$

$\therefore V_{통} = 0.188 \,\text{m}^3$

결국, $W_{통} = \gamma_{통}V_{통} = \rho_{통}g V_{통}$에서

$$\therefore \rho_{통} = \frac{W_{통}}{g V_{통}} = \frac{1540}{9.8 \times 0.188}$$

$$= 835.87 \,\text{kg/m}^3$$

문제 46. 유체의 체적탄성계수와 같은 차원을 갖는 것은?　　【1장】

① 부피

② 속도

③ 가속도

④ 압력

해설 체적탄성계수(K)는 $K = \dfrac{\Delta P}{-\dfrac{\Delta V}{V}}$ 로서 압력에 비례하며, 압력과 단위와 차원이 같다.

문제 47. 실온에서 공기의 점성계수는 1.8×10^{-5} Pa·s, 밀도는 1.2 kg/m³이고, 물의 점성계수가 1.0×10^{-3} Pa·s, 밀도는 1000 kg/m³이다. 지름이 25 mm인 파이프 내의 유동을 고려할 때, 층류 상태를 유지할 수 있는 최대 Reynolds 수가 2300이라면, 층류유동 시 공기의 최대 평균 속도는 물의 최대 평균 속도의 약 몇 배인가?　　【5장】

① 3.2

② 8.4

③ 15

④ 180

해답 43. ② 　 44. ④ 　 45. ② 　 46. ④ 　 47. ③

해설 우선, "공기"의 경우

$Re = \dfrac{\rho Vd}{\mu}$ 에서 $V = \dfrac{Re\,\mu}{\rho d} = \dfrac{2300 \times 1.8 \times 10^{-5}}{1.2 \times 0.025}$

$= 1.38 \, \text{m/s}$

또한, "물"의 경우

$Re = \dfrac{\rho Vd}{\mu}$ 에서 $V = \dfrac{Re\,\mu}{\rho d} = \dfrac{2300 \times 1 \times 10^{-3}}{1000 \times 0.025}$

$= 0.092 \, \text{m/s}$

결국, $\dfrac{V_{공기}}{V_{물}} = \dfrac{1.38}{0.092} = 15$ 배

문제 48. 유량이 일정한 완전난류유동에서 파이프의 마찰 손실을 줄이기 위한 방법으로 가장 거리가 먼 것은?   【6장】

① 레이놀즈수를 감소시킨다.

② 관 지름을 높인다.

③ 상대조도를 낮춘다.

④ 곡관의 사용을 줄인다.

해설 완전한 난류유동(거친관)에서는 관마찰계수(f)가 상대조도$\left(\dfrac{e}{d}\right)$만의 함수로서 상대조도$\left(\dfrac{e}{d}\right)$를 낮추고, 관지름($d$)을 높임으로서 마찰손실(관마찰)을 줄일 수 있다. 또한, 곡관의 사용을 피함으로서 마찰손실을 최소화할 수 있다.

문제 49. 입출구의 지름과 높이가 같은 팬을 통해 공기(밀도 1.2 kg/m³)가 0.01 kg/s의 유량으로 송출될 때, 압력 상승이 100 Pa이다. 팬에 공급되는 동력이 1 W일 때 팬의 동력 손실은 약 몇 W인가? (단, 유입 및 유출 공기 속도가 균일하다.)   【5장】

① 0.17   ② 0.83

③ 1.7   ④ 8.3

해설 우선, $\dot{m} = \rho A V = \rho Q$에서

$\therefore Q = \dfrac{\dot{m}}{\rho} = \dfrac{0.01}{1.2} = 0.0083 \, \text{m}^3/\text{s}$

또한, 송출동력 $P = \gamma Q H = \Delta P Q = 100 \times 0.0083$

$= 0.83 \, \text{W}$

결국, 동력손실 $P_\ell = 1\,\text{W} - 0.83\,\text{W} = 0.17\,\text{W}$

문제 50. 단면적이 0.005 m²인 물 제트가 4 m/s의 속도로 U자 모양의 깃(vane)을 때리고 나서 방향이 180° 바뀌어 일정하게 흘러나갈 때 깃을 고정시키는데 필요한 힘은 몇 N인가? (단, 중력과 마찰은 무시하고 물 제트의 단면적은 변함이 없다.)   【4장】

① 8   ② 20

③ 80   ④ 160

해설 $F_x = \rho A V^2 (1 - \cos\theta)$

$= 1000 \times 0.005 \times 4^2 \times (1 - \cos 180°) = 160 \, \text{N}$

문제 51. 지름이 1 m인 원형 탱크에 단면적이 0.1 m²인 관을 통해 물이 0.5 m/s의 평균 속도로 유입되고, 같은 단면적의 관을 통해 1 m/s의 속도로 유출된다. 이때 탱크 수위의 변화 속도는 약 얼마인가?   【3장】

① $-0.032 \, \text{m/s}$ ② $-0.064 \, \text{m/s}$

③ $-0.128 \, \text{m/s}$ ④ $-0.256 \, \text{m/s}$

해설 우선, $Q = A_1 V_1 - A_2 V_2 = 0.1 \times 0.5 - 0.1 \times 1$

$= -0.05 \, \text{m}^3/\text{s}$

결국, $Q = A V$에서

$\therefore V = \dfrac{Q}{A} = \dfrac{-0.05}{\left(\dfrac{\pi \times 1^2}{4}\right)} = -0.064 \, \text{m/s}$

문제 52. 극좌표계(r, θ)에서 정상상태 2차원 이상유체의 연속방정식으로 옳은 것은? (단, v_r, v_θ는 각각 r, θ방향의 속도성분을 나타내며, 비압축성 유체로 가정한다.)   【3장】

① $\dfrac{\partial v_r}{\partial r} + \dfrac{\partial v_\theta}{\partial \theta} = 0$

② $\dfrac{\partial v_r}{\partial r} + \dfrac{1}{r}\dfrac{\partial v_\theta}{\partial \theta} = 0$

③ $\dfrac{1}{r}\dfrac{\partial (r v_r)}{\partial r} + \dfrac{1}{r}\dfrac{\partial v_\theta}{\partial \theta} = 0$

④ $\dfrac{1}{r}\dfrac{\partial v_r}{\partial r} + \dfrac{1}{r}\dfrac{\partial (r v_\theta)}{\partial \theta} = 0$

해답 48. ①   49. ①   50. ④   51. ②   52. ③

[해설] 극좌표계에서 정상상태 2차원 연속방정식

$$: \frac{1}{r}\frac{\partial(rv_r)}{\partial r}+\frac{1}{r}\frac{\partial v_\theta}{\partial \theta}=0$$

[문제] 53. 그림과 같은 사이펀에서 마찰손실을 무시할 때, 흐를 수 있는 이론적인 최대 유속은 약 몇 m/s인가?　　　【3장】

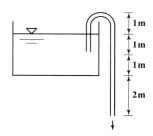

① 6.26　　　　　② 7.67
③ 8.85　　　　　④ 9.90

[해설] $V=\sqrt{2gh}=\sqrt{2\times9.8\times4}=8.85\,\mathrm{m/s}$

[문제] 54. 다음 중 무차원수인 것만을 모두 고른 것은? (단, p는 압력, ρ는 밀도, V는 속도, H는 높이, g는 중력가속도, μ는 점성계수, a는 음속이다.)　　　【7장】

㉮ $\frac{p}{\rho V^2}$	㉯ $\sqrt{\frac{V}{gH}}$	㉰ $\frac{\rho VH}{\mu}$	㉱ $\frac{V}{a}$

① ㉮, ㉯　　　　　② ㉮, ㉯, ㉱
③ ㉮, ㉰, ㉱　　　④ ㉮, ㉯, ㉰, ㉱

[해설] 단위환산을 해서 단위가 모두 약분되면 무차원수가 된다.

[문제] 55. 지름 D인 구가 밀도 ρ, 점성계수 μ인 유체 속에서 느린 속도 V로 움직일 때 구가 받는 항력은 $3\pi\mu VD$이다. 이 구의 항력계수는 얼마인가? (단, Re는 레이놀즈수($\mathrm{Re}=\frac{\rho VD}{\mu}$)

를 나타낸다.)　　　【5장】

① $\frac{6}{\mathrm{Re}}$　　　　　② $\frac{12}{\mathrm{Re}}$
③ $\frac{24}{\mathrm{Re}}$　　　　　④ $\frac{64}{\mathrm{Re}}$

[해설] 항력 $D=3\pi\mu VD=C_D\frac{\rho V^2}{2}A$ 에서

$$\therefore C_D=\frac{6\pi\mu D}{\rho VA}=\frac{6\times4\pi\mu D}{\rho V\times\pi D^2}=\frac{24\mu}{\rho VD}=\frac{24}{\mathrm{Re}}$$

[문제] 56. 다음 중 포텐셜 유동장에 관한 설명으로 옳지 않은 것은?　　　【3장】

① 포텐셜 유동장은 비점성 유동장이다.
② 등 포텐셜 선(equipotential line)은 유선과 평행하다.
③ 포텐셜 유동장에서는 모든 두 점에 대해 베르누이 정리를 적용할 수 있다.
④ 포텐셜 유동장의 와도(vorticity)는 0이다.

[해설] 유체의 속도벡터는 등포텐셜선에 수직한 방향으로 향한다. 즉, 유체는 등포텐셜선에 수직한 방향으로 흐른다. 그런데 속도벡터는 유선의 접선방향과 일치하므로 유선과 등포텐셜선과는 항상 직교한다는 것을 알 수 있다.

[문제] 57. 위가 열린 원뿔형 용기에 그림과 같이 물이 채워져 있을 때 아래 면에 작용하는 정수압은 약 몇 Pa인가? (단, 물이 채워진 공간의 높이는 0.4 m, 윗면 반지름은 0.3 m, 아래면 반지름은 0.5 m이다.)　　　【2장】

① 1944　　　　　② 2920
③ 3920　　　　　④ 4925

[해답]　53. ③　54. ③　55. ③　56. ②　57. ③

$\boxed{\text{해설}}$ $p = \gamma h = 9800 \times 0.4 = 3920 \, \mathrm{Pa}$

$\boxed{\text{문제}}$ **58.** 안지름이 30 mm, 길이 1.5 m인 파이프 안을 유체가 난류 상태로 유동하여 압력손실이 14715 Pa로 나타났다. 관 벽에 작용하는 평균전단응력은 약 몇 Pa인가? 【5장】

① 7.36×10^{-3}

② 73.6

③ 1.47×10^{-2}

④ 147

$\boxed{\text{해설}}$ $\tau = \dfrac{\Delta P d}{4\ell} = \dfrac{14715 \times 0.03}{4 \times 1.5} = 73.6 \, \mathrm{Pa}$

$\boxed{\text{문제}}$ **59.** 두 원관 내에 비압축성 액체가 흐르고 있을 때 역학적 상사를 이루려면 어떤 무차원수가 같아야 하는가? 【7장】

① Reynolds number

② Froude number

③ Mach number

④ Weber number

$\boxed{\text{해설}}$ 레이놀즈수(Re)
: 비압축성 유동장에 놓인 물체에 작용하는 항력, 관로내에서의 마찰손실, 비행체의 양력과 항력, 경계층 문제 등이 대표적인 레이놀즈 모형이다.

$\boxed{\text{문제}}$ **60.** 길이 125 m, 속도 9 m/s인 선박이 있다. 이를 길이 5 m인 모형선으로 프루드(Froude) 상사가 성립되게 실험하려면 모형선의 속도는 약 몇 m/s로 해야 하는가? 【7장】

① 1.8   ② 4.0

③ 0.36   ④ 36

$\boxed{\text{해설}}$ $(Fr)_P = (Fr)_m$ 즉, $\left(\dfrac{V}{\sqrt{g\ell}}\right)_P = \left(\dfrac{V}{\sqrt{g\ell}}\right)_m$ 에서

$\dfrac{9}{\sqrt{125}} = \dfrac{V_m}{\sqrt{5}}$ $\therefore V_m = 1.8 \, \mathrm{m/s}$

제4과목 유체기계 및 유압기기

$\boxed{\text{문제}}$ **61.** 원심펌프에서 축추력(axial thrust) 방지법으로 거리가 먼 것은?

① 브레이크다운 부시 설치

② 스러스트 베어링 사용

③ 웨어링 링의 사용

④ 밸런스 홀의 설치

$\boxed{\text{해설}}$ · 축추력의 방지법
① 스러스트 베어링(thrust bearing)을 장치하여 사용한다.
② 양흡입형의 회전차를 채용한다.
③ 회전차의 전후 측벽에 각각 웨어링 링을 붙이고, 후면측벽과 케이싱과의 틈에 흡입압력을 유도하여 양측벽간의 압력차를 경감시킨다.
④ 평형공(balance hole)을 설치한다.
⑤ 후면측벽에 방사상의 리브(rib)를 설치한다.
⑥ 다단펌프에서는 단수만큼의 회전차를 반대방향으로 배열한다. 이런 방식을 자기평형(self balance)이라고 한다.
⑦ 평형원판(balance disk)을 사용한다.

$\boxed{\text{문제}}$ **62.** 터보팬에서 송풍기 전압이 150 mmAq 일 때 풍량은 4 m³/min이고, 이 때의 축동력은 0.59 kW이다. 이 때 전압 효율은 약 몇 %인가?

① 16.6   ② 21.7

③ 31.6   ④ 48.7

$\boxed{\text{해설}}$ $L = \dfrac{pQ}{102\eta}$ 에서 $\therefore \eta = \dfrac{pQ}{102L} = \dfrac{150 \times \dfrac{4}{60}}{102 \times 0.59}$

$\qquad\qquad = 0.166 = 16.6\%$

$\boxed{\text{문제}}$ **63.** 수차에서 무구속 속도(run away speed)에 관한 설명으로 옳지 않은 것은?

① 밸브의 열림 정도를 일정하게 유지하면서 수차가 무부하 운전에 도달하는 최대 회전수를 무구속 속도(run away speed)라고 한다.

$\boxed{\text{해답}}$ **58.** ② **59.** ① **60.** ① **61.** ① **62.** ① **63.** ②

② 프로펠러 수차의 무구속 속도는 정격 속도의 1.2~1.5배 정도이다.

③ 펠톤 수차의 무구속 속도는 정격 속도의 1.8~1.9배 정도이다.

④ 프란시스 수차의 무구속 속도는 정격 속도의 1.6~2.2배 정도이다.

해설 무구속속도(run away speed)
 : 수차를 지정된 유효낙차에서 무부하운전을 하면서 조속기를 작동시키지 않고 최대유량으로 운전할 때 수차가 도달할 수 있는 최고속도를 무구속속도라 한다. 이 속도는 정격회전속도에 대하여 펠톤 수차에서는 1.8~1.9배, 프란시스 수차에서는 1.6~2.2배, 프로펠러 수차에서는 2~2.5배 정도의 값이 된다.

문제 64. 펠톤 수차에서 전향기(deflector)를 설치하는 목적은?

① 유량방향 전환

② 수격작용 방지

③ 유량 확대

④ 동력 효율 증대

해설 펠톤 수차에서 전향기(deflector)의 설치목적
 : 수격작용(water hammering)의 방지

문제 65. 펌프에서 발생하는 공동현상의 영향으로 거리가 먼 것은?

① 유동깃 침식

② 손실 수두의 감소

③ 소음과 진동이 수반

④ 양정이 낮아지고 효율은 감소

해설 ·공동현상(cavitation) 발생에 따르는 여러가지 현상(영향)
 ① 소음과 진동이 생긴다.
 ② 양정곡선과 효율곡선의 저하를 가져온다.
 ③ 깃에 대한 침식(부식)이 생긴다.
 ④ 펌프의 효율이 감소한다.
 ⑤ 심한 충격이 발생한다.

문제 66. 대기압 이하의 저압력 기체를 대기압까지 압축하여 송출시키는 일종의 압축기인 진공 펌프의 종류로 틀린 것은?

① 왕복형 진공펌프   ② 루츠형 진공펌프

③ 액봉형 진공펌프   ④ 원심형 진공펌프

해설 ·진공펌프의 종류
 ① 저진공펌프
   ㉠ 수봉식(액봉식) 진공펌프(=nush펌프)
   ㉡ 유회전 진공펌프 : 가장 널리 사용되며, 센코형(cenco type), 게데형(geode type), 키니형(kenney type)이 있다.
   ㉢ 루우츠형(roots type) 진공펌프
   ㉣ 나사식 진공펌프
 ② 고진공펌프
   오일확산펌프, 터보분자펌프, 크라이오(cryo)펌프

문제 67. 유체커플링에서 드래그 토크(drag torque)란 무엇인가?

① 원동축은 회전하고 종동축이 정지해 있을 때의 토크

② 종동축과 원동축의 토크 비가 1일 때의 토크

③ 종동축에 부하가 걸리지 않을 때의 토크

④ 종동축의 속도가 원동축의 속도보다 커지기 시작할 때의 토크

해설 Drag torque
 : 종동축이 정지되어 원동축이 최대토크가 될 때의 토크

문제 68. 펌프의 분류에서 터보형에 속하지 않는 것은?

① 원심식   ② 사류식

③ 왕복식   ④ 축류식

해설 ·펌프의 분류
 ① 터보형 : 원심식, 사류식, 축류식
 ② 용적형 : 왕복식, 회전식
 ③ 특수형

해답 64. ② 65. ② 66. ④ 67. ① 68. ③

문제 69. 회전차를 정방향과 역방향으로 자유롭게 변경하여 펌프의 작용도 하고, 수차의 역할도 하는 펌프 수차(pump-turbine)가 주로 이용되는 발전 분야는?

① 댐 발전 ② 수로식 발전

③ 양수식 발전 ④ 저수식 발전

해설> 펌프수차(pump turbine)
: 펌프수차는 펌프와 수차의 두 기능을 모두 겸비한 수력기계이다. 펌프 및 수차의 중간에 속하는 형태를 지니고 있으며, 수차보다 펌프에 가까운 구조로 되어 있다. 주로 양수발전소에 사용된다.

문제 70. 왕복펌프에서 공기실의 역할을 가장 옳게 설명한 것은?

① 펌프에서 사용하는 유체의 온도를 일정하게 하기 위해

② 펌프의 효율을 증대시키기 위해

③ 송출되는 유량의 변동을 일정하게 하기 위해

④ 피스톤 또는 플런저의 운동을 원활하게 하기 위해

해설> 왕복펌프에서 공기실(air chamber)의 역할
: 왕복펌프에서의 송출량의 변동량을 완화시켜서 송출관 안의 유량을 일정하게 유지시키는 작용을 한다.

문제 71. 어큐뮬레이터의 사용 목적이 아닌 것은?

① 맥동의 증가

② 충격 압력의 완화

③ 유압에너지의 축적

④ 유해성 액체의 수송

해설> · 축압기(accumulator)의 용도
① 에너지의 축적
② 압력보상
③ 서지압력방지
④ 충격압력 흡수
⑤ 유체의 맥동감쇠(맥동흡수)

⑥ 사이클시간의 단축
⑦ 2차 유압회로의 구동
⑧ 펌프대용 및 안전장치의 역학
⑨ 액체수송(펌프작용)
⑩ 에너지의 보조

문제 72. 다음 중 점성 및 점도에 관한 설명으로 틀린 것은?

① 동점성계수의 단위는 [stokes]이다.

② 유압 작동유의 점도는 온도에 따라 변한다.

③ 점성계수의 단위는 [poise]이다.

④ 점성계수의 차원은 $[ML^{-1}T]$이다.
(M : 질량, L : 길이, T : 시간)

해설> 점성계수 $\mu = N \cdot S/m^2 = [FL^{-2}T]$
$= [MLT^{-2}L^{-2}T] = [ML^{-1}T^{-1}]$

문제 73. 유압장치에서 조작 사이클의 일부에서 짧은 행정 또는 순간적으로 고압을 필요로 할 경우에 사용하는 회로는?

① 감압 회로 ② 로킹 회로

③ 증압 회로 ④ 동기 회로

해설> 증압회로 및 증강회로
: 계의 일부압력을 높이는 회로를 증압 또는 증강회로라 말한다.
고압력으로 수초이상 유지하여야 할 경우 또는 공기유압의 조합기구에서 현장의 압축공기를 사용하여 큰 힘을 얻고자 할 때 사용한다.

문제 74. 그림과 같은 유압기호는 무슨 밸브의 기호인가?

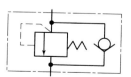

① 무부하 밸브 ② 시퀀스 밸브

③ 릴리프 밸브 ④ 카운터 밸런스 밸브

정답 **69.** ③ **70.** ③ **71.** ① **72.** ④ **73.** ③ **74.** ④

문제 75. 유압회로에서 분기 회로의 압력을 주회로의 압력보다 저압으로 사용하려 할 때 사용되는 밸브는?

① 리밋 밸브
② 리듀싱 밸브
③ 시퀀스 밸브
④ 카운터 밸런스 밸브

해설 감압밸브(리듀싱밸브 : pressure reducing valve)
 : 유압회로에서 어떤 부분 회로의 압력을 주회로의 압력보다 저압으로 해서 사용하고자 할 때 사용하는 밸브이며, 예를 들면 절삭과 급속귀환공정을 하는 공작기계에서 절삭시 사용할 고압펌프와 귀환시 사용할 저압대용량펌프를 병행해서 동력을 최대로 절감하려고 할 때 사용하는 밸브이다.

문제 76. 유압 신호를 전기 신호로 전환시키는 일종의 스위치로 전동기의 기동, 솔레노이드 조작밸브의 개폐 등의 목적에 사용되는 유압 기기인 것은?

① 축압기(accumulator)
② 유압 퓨즈(fluid fuse)
③ 압력스위치(pressure switch)
④ 배압형 센서(back pressure sensor)

해설 압력스위치(pressure switch)
 : 회로내의 압력이 어떤 설정압력에 도달하면 전기적 신호를 발생시켜 펌프의 기동, 정지 혹은 전자식 밸브를 개폐시키는 역할을 하는 일종의 전기식 전환스위치이다.

문제 77. 지름이 15 cm인 램의 머리부에 2 MPa의 압력이 작용할 때 프레스의 작용하는 힘은 약 몇 N인가?

① 35342   ② 42525
③ 23535   ④ 62555

해설 $F = pA = 2 \times 10^6 \times \dfrac{\pi \times 0.15^2}{4} = 35342.9\,\text{N}$

문제 78. 유압 펌프의 전 효율을 정의한 것은?

① 축 출력과 유체 입력의 비
② 실 토크와 이론 토크의 비
③ 유체 출력과 축 쪽 입력의 비
④ 실제 토출량과 이론 토출량의 비

해설 펌프의 전효율(η)은 유체출력(펌프동력 : L_P)과 축쪽입력(축동력 : L_S)의 비, 즉 $\eta = \dfrac{L_P}{L_S}$

문제 79. 유압 부속장치인 스풀 밸브 등에서 마찰, 고착 현상 등의 영향을 감소시켜, 그 특성을 개선하기 위해서 주는 비교적 높은 주파수의 진동을 나타내는 용어는?

① chatter
② dither
③ surge
④ cut-in

해설 ① 디더(dither) : 스풀밸브 등으로 마찰 및 고착 현상 등의 영향을 감소시켜서 그 특성을 개선시키기 위하여 가하는 비교적 높은 주파수의 진동
② 채터링(chatting) : 감압밸브, 체크밸브, 릴리프밸브 등으로 밸브시트를 두들겨서 비교적 높은 음을 발생시키는 일종의 자력진동현상
③ 서지압력(surge pressure) : 과도적으로 상승한 압력의 최대값
④ 컷인(cut in) : 언로드밸브 등으로 펌프에 부하를 가하는 것

문제 80. 모듈이 10, 잇수가 30개, 이의 폭이 50 mm일 때, 회전수가 600 rpm, 체적 효율은 80%인 기어펌프의 송출 유량은 약 몇 m³/min인가?

① 0.45   ② 0.27
③ 0.64   ④ 0.77

해설 $Q = Q_{th} \times \eta_V = 2\pi m^2 ZbN \times 10^{-6} \times \eta_v\,(\ell/min)$
$= 2\pi \times 10^2 \times 30 \times 50 \times 600 \times 10^{-6} \times 0.8$
$= 452.4\,\ell/min = 0.4524\,m^3/min$

해답 75. ② 76. ③ 77. ① 78. ③ 79. ② 80. ①

제5과목 건설기계일반 및 플랜트배관

문제 81. 도저의 작업 장치별 분류에서 삽날면 각을 변화시킬 수 있으며 광석이나 석탄 등을 긁어모을 때 주로 사용하는 것은?

① 푸시 블레이드
② 레이크 블레이드
③ 트리밍 블레이드
④ 스노우 플로우 블레이드

해설 트리밍 도저(trimming dozer)
: 토공판과 트랙터 전면과의 거리를 길게 하고, 토공판과 설치각도를 변화시킴으로써 좁은 장소나 선창 모퉁이 부위에 쌓여 있는 석탄이나 광석을 끄집어내는데 효과적인 도저

문제 82. 강재의 크기에 따라 담금질 효과가 달라지는 것은?

① 단류선   ② 잔류응력
③ 노치효과   ④ 질량효과

해설 질량효과
: 같은 조성의 강을 같은 방법으로 담금질해도 그 재료의 굵기와 질량에 따라 담금질 효과가 달라진다. 이와 같이 질량의 크기에 따라 담금질의 효과가 달라지는 것을 말하며, 소재의 두께가 두꺼울수록 질량효과가 크다.

문제 83. 건설기계 기관에서 윤활유의 역할이 아닌 것은?

① 밀봉 작용
② 냉각 작용
③ 방청 작용
④ 응착 작용

해설 윤활유의 역할
: 윤활작용, 방청작용, 기밀작용(밀봉작용), 냉각작용, 청정작용, 소음방지작용, 응력분산작용

문제 84. 롤러의 다짐방법에 따른 분류에서 전압식에 속하며 아스팔트 포장의 표층 다짐에 적합하여 아스팔트의 끝마무리 작업에 가장 적합한 장비는?

① 탬퍼
② 진동 롤러
③ 탠덤 롤러
④ 탬핑 롤러

해설 탠덤 롤러(tandem roller)
: 찰흙, 점성토 등의 다짐에 적당하고 두꺼운 흙을 다지거나 아스팔트 포장의 끝마무리 작업에 사용

문제 85. 다음의 지게차 중 선내하역 작업이나 천정이 낮은 장소에 적합한 형식은?

① 프리 리프트 마스트
② 로테이팅 포크
③ 드럼 클램프
④ 힌지드 버킷

해설 ① 프리 리프트 마스트(free lift mast) : 마스트의 상승이 불가능한 곳에서 사용되며, 선내하역 작업이나 천정이 낮은 장소에 적합하다.
② 로테이팅 포크(rotating fork) : 포크를 좌우로 360° 회전시킬 수 있으며, 용기에 들어있는 제품을 운반하는데 아주 용이하다.
③ 드럼 클램프(drum clamp) : 드럼을 신속하고 안전하게 운반하여 주는 것으로 일반공장 등에서 많이 사용된다.
④ 힌지드 버킷(hinged bucket) : 포크자리에 버킷을 끼워 흘러내리기 쉬운 물건 또는 흐트러진 물건을 운반 하차한다.

문제 86. 버킷 평적 용량이 $0.4\ m^3$인 굴삭기로 30초에 1회의 속도로 작업을 하고 있을 때 1시간 동안의 이론 작업량은 약 몇 m^3/h인가? (단, 버킷 계수는 0.7, 작업효율은 0.6, 토량환산계수는 0.9이다.)

① 15.1   ② 18.1
③ 30.2   ④ 36.2

애답 81. ③   82. ④   83. ④   84. ③   85. ①   86. ②

해설 $Q = \dfrac{3600qfKE}{C_m} = \dfrac{3600 \times 0.4 \times 0.9 \times 0.7 \times 0.6}{30}$
$= 18.1\,\mathrm{m^3/hr}$

문제 87. 대규모 항로 준설 등에 사용하는 준설선으로 선체 중앙에 진흙창고를 설치하고 항해하면서 해저의 토사를 준설 펌프로 흡상하여 진흙창고에 적재하는 준설선은?

① 드래그 블로어 준설선

② 드래그 석션 준설선

③ 버킷 준설선

④ 디퍼 준설선

해설 드래그 석션(drag suction) 준설선
: 대규모 항로 준설 등에 사용하는 것으로 선체 중앙에 진흙창고를 설치하고 항해하면서 해저의 토사를 준설펌프로 흡상하여 진흙창고에 적재한다. 만재된 때에는 배토장으로 운반하거나 창고의 흙을 배토 또는 매립지에 자체의 준설펌프를 사용하여 배송한다.

문제 88. 휠 크레인의 아웃 리거(Out-Rigger)의 주된 용도는?

① 주행용 엔진의 보호 장치이다.

② 와이어 로프의 보호 장치이다.

③ 붐과 후크의 절단 또는 굴곡을 방지하는 장치이다.

④ 크레인의 안정성을 유지하고 전도를 방지하는 장치이다.

해설 아웃 리거(out-rigger)
: 크레인의 안정성을 유지해주고 타이어에 하중을 받는 것을 방지하여 타이어 및 스프링 등 하중으로 인하여 마모 파손되는 것을 방지해주는 역할을 한다.

문제 89. 아스팔트 피니셔에서 호퍼 바닥에 설치되어 혼합재를 스프레딩 스크루로 보내는 역할을 하는 것은?

① 피더

② 댐퍼

③ 스크리드

④ 리시빙 호퍼

해설 ① 피더 : 호퍼바닥에 설치되어 혼합재를 스프레딩 스크루로 보내는 일을 한다.
② 댐퍼 : 충격흡수장치
③ 스크리드 : 노면에 살포된 혼합재를 균일한 두께로 매끈하게 다듬질하는 판
④ 리빙호퍼 : 장비의 정면에 5톤 이상의 호퍼가 설치되어 덤프트럭으로 운반된 혼합재(아스팔트)를 저장하는 용기

문제 90. 플랜트 배관설비의 제작, 설치 시에 발생한 녹이나 배관계통에 침입한 분진, 유지분 등을 제거하고 플랜트의 고효율 및 안전운전을 위한 세정작업으로 화학세정방법인 것은?

① 순환 세정법

② 물분사 세정법

③ 피그 세정법

④ 숏블라스트 세정법

해설 ·화학세정방법
① 침적법 : 세정할 대상물에 세정액을 채우고 필요에 따라 온도를 가하는 방법
② 서징법 : 세정할 대상물에 세정액을 채우고, 일정 시간 후 전 세정액을 빼내고 다시 세정액을 채워 세정액의 교반을 도모하는 방법
③ 순환법 : 펌프를 사용하여 강제적으로 순환시켜 세정하는 방법
위의 3가지 방법 중 순환법이 가장 우수한데 그 이유는 세정액을 순환시킴으로써 약액의 농도와 온도가 균일화되고 약액이 효과적으로 이용되며, 스케일의 분리가 쉽게 이루어진다.

문제 91. 밸브를 완전히 열면 유체 흐름의 저항이 다른 밸브에 비해 아주 적어 큰 관에서 완전히 열거나 막을 때 적합한 밸브는?

① 게이트 밸브

② 글로브 밸브

③ 안전 밸브

④ 콕 밸브

해답 87. ② 88. ④ 89. ① 90. ① 91. ①

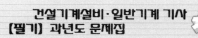

해설 게이트 밸브(gate valve)

: 밸브를 나사봉에 의하여 파이프의 횡단면과 평행하게 개폐하는 것으로 슬루스밸브라고도 한다. 완전히 밸브를 열면 유체흐름의 저항이 다른 밸브에 비하여 아주 적다. 밸브실내에는 유체가 남지 않으며 구경은 보통 50~1000 mm 정도이고, 대형은 동력으로 조달한다.

그러나 값이 비싸며, 밸브의 개폐에 시간이 걸리는 결점이 있다. 그러므로 발전소의 수도관, 상수도의 수도관과 같이 지름이 크고, 자주 개폐할 필요가 없을 때 사용한다.

문제 92. 동관의 두께별 분류가 아닌 것은?

① K type
② L type
③ M type
④ H type

해설 ·동관의 두께에 의한 분류

종류	기호(또는 원어)	특성 및 용도
K	heavy wall	두께가 두꺼울수록 높은 압력에 사용할 수 있으므로 시스템의 상용압력을 고려하여 적정 두께의 규격을 선정 사용한다.
M	medium wall	
L	light wall	

문제 93. 배관 시공계획에 따라 관 재료를 선택할 때 물리적 성질이 아닌 것은?

① 수송유체에 따른 관의 내식성
② 지중 매설배관일 때 외압으로 인한 강도
③ 유체의 온도 변화에 따른 물리적 성질의 변화
④ 유체의 맥동이나 수격작용이 발생할 때 내압강도

해설 유체의 화학적 성질에 따라 배관의 부식문제가 발생하고, 물리적 성질에 따라 마모현상이 달라진다. 따라서 "수송유체에 따른 관의 내식성"은 화학적 성질이다.

문제 94. 유체에 의한 진동 등에 의해 배관이 움직이거나 진동되는 것을 막아주는 배관의 지지장치는?

① 행거
② 스폿
③ 브레이스
④ 리스트레인트

해설 ① 행거(hanger) : 배관계 중량을 위에서 달아매어 지지하는 장치
② 서포트(support) : 배관계 중량을 아래에서 위로 떠받쳐 지지하는 장치
③ 브레이스(brace) : 펌프, 압축기 등에서 진동을 억제하는데 사용한다.
④ 레스트레인트(restraint) : 열팽창에 의한 배관의 자유로운 움직임을 구속하거나 제한하기 위한 장치

문제 95. 고가 탱크식 급수설비 방식에 대한 설명으로 틀린 것은?

① 대규모 급수설비에 적합하다.
② 일정한 수압으로 급수할 수 있다.
③ 국부적으로 고압을 필요로 하는데 적합하다.
④ 저수량을 확보할 수 있어 단수가 되지 않는다.

해설 ·고가(옥상) 탱크식 급수법

: 대형건물의 급수방법으로 많이 사용되며, 우물 또는 상수를 일단 지하탱크에 저장하였다가 이것을 양수펌프에 의해 건물 옥상 또는 높은 곳에 설치된 탱크로 양수하여 그 수위를 이용하여 탱크에서 밑으로 세운 급수관에 의해 공급되는 방식이다.
특징은 다음과 같다.
① 대규모 급수설비에 적합하다.
② 항상 일정한 수압으로 급수할 수 있다.
③ 수압의 과다 등에 따른 밸브류 등 배관 부속품의 손실이 적다.
④ 저수량을 언제나 확보할 수 있어 단수가 되지 는다.

정답 92. ④ 93. ① 94. ③ 95. ③

문제 96. 배관 지지 장치의 필요조건으로 거리가 먼 것은?

① 관내의 유체 및 피복제의 합계 중량을 지지하는데 충분한 재료일 것
② 외부에서의 진동과 충격에 대해서도 견고할 것
③ 배관 시공에 있어서 기울기의 조정이 용이하게 될 수 있는 구조일 것
④ 압력 변화에 따른 관의 신축과 관계없고, 관의 지지 간격이 좁을 것

해설 · 배관 지지 장치의 필요조건
① 관과 관내의 유체 및 피복재의 합계중량을 지지하는데 충분한 재료일 것
② 외부에서의 진동과 충격에 대해서도 견고할 것
③ 배관 시공에 있어서 구배의 조정이 간단하게 될 수 있는 구조일 것
④ 온도변화에 따른 관의 신축에 대하여 적합할 것
⑤ 관의 지지 간격이 적당할 것

문제 97. 두께 0.5~3 mm 정도의 알런덤(alundum), 카보란덤(carborundum)의 입자를 소결한 얇은 연삭원판을 고속 회전시켜 재료를 절단하는 공작용 기계는?

① 커팅 휠 절단기　② 고속 숫돌 절단기
③ 포터블 소잉 머신 ④ 고정식 소잉 머신

문제 98. 밸브 몸통 내에서 밸브대를 축으로 하여 원판 형태의 디스크가 회전함에 따라서 개폐하는 밸브는?

① 다이어프램 밸브　② 버터플라이 밸브
③ 플랩 밸브　　　　④ 볼 밸브

해설 버터 플라이 밸브(butter fly valve)
: 원통형의 몸체 속에서 밸브봉을 축으로 하여 평판이 회전함으로써 개폐된다. 저압에 널리 사용되고 있으며 완전개폐가 어려운 단점이 있으나, 최근 개발되어 배관장치의 대형화에 따라 많이 사용된다.

문제 99. 감압 밸브를 작동방법에 따라 분류할 때 속하지 않는 것은?

① 다이어프램식　② 벨로우즈식
③ 파일럿식　　　④ 피스톤식

해설 감압밸브의 작동방법에 따른 분류
: 벨로우즈식, 다이어프램식, 피스톤식

문제 100. 공기시험이라고 하며 물 대신 압축공기를 관 속에 삽입하여 이음매에서 공기가 새는 것을 조사하는 시험은?

① 수밀시험　　　② 진공시험
③ 통기시험　　　④ 기압시험

해설 기압시험
: "공기시험"이라고도 하며, 물 대신 압축공기를 관 속에 압입하여 이음매에서 공기가 새는 것을 조사한다.

해답 96.④　97.②　98.②　99.③　100.④

2018년 제4회 일반기계 기사

제1과목 재료역학

문제 1. 다음 단면에서 도심의 y축 좌표는 얼마인가? 【4장】

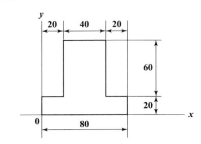

① 30 ② 34
③ 40 ④ 44

해설> $\bar{y} = \dfrac{A_1 y_1 + A_2 y_2}{A_1 + A_2}$

$= \dfrac{(80 \times 20 \times 10) + (60 \times 40 \times 50)}{(80 \times 20) + (60 \times 40)}$

$= 34$

문제 2. 그림과 같이 원형 단면을 갖는 외팔보에 발생하는 최대 굽힘응력 σ_b는? 【7장】

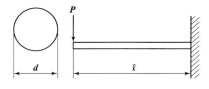

① $\dfrac{32P\ell}{\pi d^3}$ ② $\dfrac{32P\ell}{\pi d^4}$

③ $\dfrac{6P\ell}{\pi d^2}$ ④ $\dfrac{\pi d}{6P\ell}$

해설> $M = P\ell$에서 $\therefore \sigma_b = \dfrac{M_{max}}{Z} = \dfrac{P\ell}{\left(\dfrac{\pi d^3}{32}\right)} = \dfrac{32P\ell}{\pi d^3}$

문제 3. 양단이 힌지로 된 길이 4 m인 기둥의 임계하중을 오일러 공식을 사용하여 구하면 약 몇 N인가? (단, 기둥의 세로탄성계수 E=200 GPa이다.) 【10장】

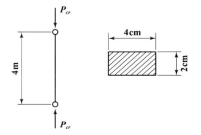

① 1645 ② 3290
③ 6580 ④ 13160

해설> $P_B(= P_{cr}) = n\pi^2 \dfrac{EI}{\ell^2}$

$= 1 \times \pi^2 \times \dfrac{200 \times 10^9 \times \dfrac{0.04 \times 0.02^3}{12}}{4^2}$

$\fallingdotseq 3290\,N$

문제 4. 길이가 50 cm인 외팔보의 자유단에 정적인 힘을 가하여 자유단에서의 처짐량이 1 cm가 되도록 외팔보를 탄성변형 시키려고 한다. 이 때 필요한 최소한의 에너지는 약 몇 J인가? (단, 외팔보의 세로탄성계수는 200 GPa, 단면은 한 변의 길이가 2 cm인 정사각형이라고 한다.) 【8장】

① 3.2 ② 6.4
③ 9.6 ④ 12.8

해답 1. ② 2. ① 3. ② 4. ①

해설 우선, $\delta_{\max} = \dfrac{P\ell^3}{3EI}$ 에서

$$P = \frac{3EI\delta_{\max}}{\ell^3} = \frac{3 \times 200 \times 10^9 \times \dfrac{0.02^4}{12} \times 0.01}{0.5^3}$$

$$= 640\,\text{N}$$

결국, $U = \dfrac{P^2\ell^3}{6EI} = \dfrac{640^2 \times 0.5^3}{6 \times 200 \times 10^9 \times \dfrac{0.02^4}{12}}$

$$= 3.2\,\text{N} \cdot \text{m}\,(=\text{J})$$

문제 5. 그림에서 클램프(clamp)의 압축력이 $P=$ 5 kN일 때 $m-n$ 단면의 최소두께 h를 구하면 약 몇 cm인가? (단, 직사각형 단면의 폭 $b=10$ mm, 편심거리 $e=50$ mm, 재료의 허용응력 $\sigma_w=200$ MPa이다.) **【10장】**

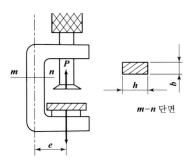

① 1.34 　　　　② 2.34
③ 2.86 　　　　④ 3.34

해설 $\sigma_{\max} = \sigma' + \sigma'' = \dfrac{P}{A} + \dfrac{M}{Z}$ 에서

$$200 \times 10^3 = \frac{5}{0.01 \times h} + \frac{5 \times 0.05}{\dfrac{0.01 \times h^2}{6}}$$

$$200 \times 10^3 h^2 - 500h - 150 = 0$$

근의 공식을 이용하면

$$h = \frac{250 \pm \sqrt{250^2 - (200 \times 10^3)(-150)}}{200 \times 10^3}$$

(단, ⊖는 없앤다.)

$$\therefore\ h = 0.0286\,\text{m} = 2.86\,\text{cm}$$

문제 6. 강선의 지름이 5 mm이고 코일의 반지름이 50 mm인 15회 감긴 스프링이 잇다. 이 스프링에 힘이 작용할 때 처짐량이 50 mm일 때,

P는 약 몇 N인가? (단, 재료의 전단탄성계수 $G=100$ GPa이다.) **【5장】**

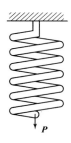

① 18.32 　　　　② 22.08
③ 26.04 　　　　④ 28.43

해설 $\delta = \dfrac{64nPR^3}{Gd^4}$ 에서

$$\therefore\ P = \frac{Gd^4\delta}{64nR^3} = \frac{100 \times 10^3 \times 5^4 \times 50}{64 \times 15 \times 50^3} = 26.04\,\text{N}$$

〈참고〉 $1\,\text{MPa} = 1\,\text{N}/\text{mm}^2$

문제 7. 지름 d인 강봉의 지름을 2배로 했을 때 비틀림 강도는 몇 배가 되는가? **【5장】**

① 2배 　　　　② 4배
③ 8배 　　　　④ 16배

해설 $T = \tau Z_P = \tau \times \dfrac{\pi d^3}{16}$ 에서

$$\therefore\ T \propto d^3 = 2^3 = 8\,\text{배}$$

문제 8. 그림과 같이 단순 지지보가 B점에서 반시계방향의 모멘트를 받고 있다. 이때 최대의 처짐이 발생하는 곳은 A점으로부터 얼마나 떨어진 거리인가? **【8장】**

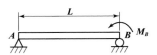

① $\dfrac{L}{2}$ 　　　　② $\dfrac{L}{\sqrt{2}}$

③ $L\left(1 - \dfrac{1}{\sqrt{3}}\right)$ 　　　　④ $\dfrac{L}{\sqrt{3}}$

해답 5. ③　6. ③　7. ③　8. ④

해설 $\theta_A = \dfrac{M_B L}{6EI}$, $\theta_B = \theta_{max} = \dfrac{M_B L}{3EI}$

δ_{max}의 위치(A점으로부터) $= \dfrac{L}{\sqrt{3}}$

$\delta_{max} = \dfrac{M_B L^2}{9\sqrt{3}\,EI}$

문제 9. 포아송(Poission)비가 0.3인 재료에서 세로탄성계수(E)와 가로탄성계수(G)의 비(E/G)는? 【1장】

① 0.15 ② 1.5
③ 2.6 ④ 3.2

해설 $mE = 2G(m+1) = 3K(m-2)$에서
양변을 m으로 나누면
$E = 2G(1+\mu) = 3K(1-2\mu)$
∴ $E/G = 2(1+\mu) = 2(1+0.3) = 2.6$

문제 10. 그림과 같은 양단 고정보에서 고정단 A에서 발생하는 굽힘 모멘트는?
(단, 보의 굽힘 강성계수는 EI이다.) 【9장】

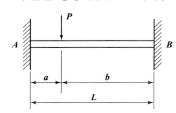

① $M_A = \dfrac{Pab}{L}$ ② $M_A = \dfrac{Pab(a-b)}{L}$
③ $M_A = \dfrac{Pab}{L} \times \dfrac{a}{L}$ ④ $M_A = \dfrac{Pab}{L} \times \dfrac{b}{L}$

해설 $M_A = \dfrac{Pab^2}{L^2}$, $M_B = \dfrac{Pa^2 b}{L^2}$

문제 11. 그림과 같은 선형 탄성 균일단면 외팔보의 굽힘 모멘트 선도로 가장 적당한 것은?
【6장】

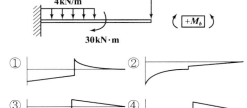

해설 예를 들면

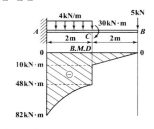

ⅰ) $\overline{BC}$ 구간($\xleftarrow{x}$)
$M_x = -5x$ $\begin{cases} M_{x=0} = 0 \\ M_{x=2m} = -10\,kN\cdot m \end{cases}$

ⅱ) $\overline{AC}$ 구간($\xleftarrow{x}$)
$M_x = -5x - 30 - 4x \cdot \dfrac{x}{2} = -2x^2 - 5x - 30$
$\begin{cases} M_{x=2m} = -48\,kN\cdot m \\ M_{x=4m} = -82\,kN\cdot m \end{cases}$

문제 12. 다음 단면의 도심 축($X-X$)에 대한 관성모멘트는 약 몇 m^4인가? 【4장】

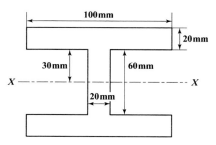

① 3.627×10^{-6}
② 4.267×10^{-7}
③ 4.933×10^{-7}
④ 6.893×10^{-6}

정답 **9.** ③ **10.** ④ **11.** ② **12.** ④

해설

$$I_{X-X} = \text{(도형)} \times 2$$

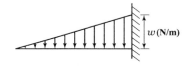

$$= \frac{0.1^4}{12} - \frac{0.04 \times 0.06^3}{12} \times 2$$
$$= 6.893 \times 10^{-6} (\text{m}^4)$$

문제 **13.** 한 변의 길이가 10 mm인 정사각형 단면의 막대가 있다. 온도를 60 ℃ 상승시켜서 길이가 늘어나지 않게 하기 위해 8 kN의 힘이 필요할 때 막대의 선팽창계수(α)는 약 몇 ℃$^{-1}$인가? (단, 탄성계수 $E=200$ GPa이다.) 【2장】

① $\frac{5}{3} \times 10^{-6}$

② $\frac{10}{3} \times 10^{-6}$

③ $\frac{15}{3} \times 10^{-6}$

④ $\frac{20}{3} \times 10^{-6}$

해설 $P = E\alpha(t_2 - t_1)A$ 에서

$$\therefore \alpha = \frac{P}{E(t_2 - t_1)A} = \frac{8}{200 \times 10^6 \times 60 \times 0.01^2}$$
$$= \frac{20}{3} \times 10^{-6} (1/℃)$$

문제 **14.** 그림과 같은 단순 지지보에서 길이(ℓ)는 5 m, 중앙에서 집중하중 P가 작용할 때 최대처짐이 43 mm라면 이때 집중하중 P의 값은 약 몇 kN인가? (단, 보의 단면(폭(b)×높이(h)=5 cm×12 cm), 탄성계수 $E=210$ GPa로 한다.) 【8장】

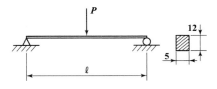

① 50   ② 38

③ 25   ④ 16

해설 $\delta_{\max} = \frac{P\ell^3}{48EI}$ 에서

$$\therefore P = \frac{48EI\delta_{\max}}{\ell^3}$$

$$= \frac{48 \times 210 \times 10^6 \times \frac{0.05 \times 0.12^3}{12} \times 0.043}{5^3}$$

$$= 24.966 \doteqdot 25 \, \text{kN}$$

문제 **15.** 길이가 ℓ인 외팔보에서 그림과 같이 삼각형 분포하중을 받고 있을 때 최대 전단력과 최대 굽힘모멘트는? 【6장】

① $\frac{w\ell}{2}, \frac{w\ell^2}{6}$

② $w\ell, \frac{w\ell^2}{3}$

③ $\frac{w\ell}{2}, \frac{w\ell^2}{3}$

④ $\frac{w\ell^2}{2}, \frac{w\ell}{6}$

해설 우선, 임의의 x 단면에서 분포하중 w_x를 구해보면

$$x : w_x = \ell : w \quad \therefore w_x = \frac{wx}{\ell}$$

① $F_x = -\frac{1}{2}w_x \cdot x = -\frac{1}{2} \times \frac{wx}{\ell} \times x = -\frac{wx^2}{2\ell}$ 에서

$$\begin{cases} F_{x=0} = 0 \\ F_{x=\ell} = F_{\max} = \left| -\frac{w\ell}{2} \right| = \frac{w\ell}{2} \end{cases}$$

② $M_x = -\frac{1}{2}w_x \cdot x \cdot \frac{x}{3} = -\frac{1}{2} \times \frac{wx}{\ell} \times x \times \frac{x}{3}$

$$= -\frac{wx^3}{6\ell}$$ 에서

$$\begin{cases} M_{x=0} = 0 \\ M_{x=\ell} = M_{\max} = \left| -\frac{w\ell^2}{6} \right| = \frac{w\ell^2}{6} \end{cases}$$

해답 **13.** ④ **14.** ③ **15.** ①

문제 16. 볼트에 7200 N의 인장하중을 작용시키면 머리부에 생기는 전단응력은 몇 MPa인가? 【1장】

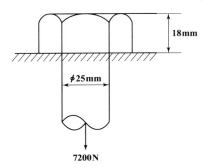

① 2.55

② 3.1

③ 5.1

④ 6.25

해설 $\tau = \dfrac{P_S}{A} = \dfrac{P_S}{\pi dH} = \dfrac{7200}{\pi \times 25 \times 18} ≒ 5.1\,\text{MPa}$

〈참고〉 $1\,\text{MPa} = 1\,\text{N/mm}^2$

문제 17. 400 rpm으로 회전하는 바깥지름 60 mm, 안지름 40 mm인 중공 단면축의 허용 비틀림 각도가 1°일 때 이 축이 전달할 수 있는 동력의 크기는 약 몇 kW인가? (단, 전단 탄성계수 $G = 80\,\text{GPa}$, 축 길이 $L = 3\,\text{m}$이다.) 【5장】

① 15   ② 20

③ 25   ④ 30

해설 우선, $\theta = \dfrac{180}{\pi} \times \dfrac{T\ell}{GI_P}$ 에서

$T = \dfrac{\pi G I_P \theta}{180\ell}$

$= \dfrac{\pi \times 180 \times 10^6 \times \dfrac{\pi(0.06^4 - 0.04^4)}{32} \times 1}{180 \times 3}$

$= 0.475\,\text{kN·m}$

결국, 동력 $P = T\omega = 0.475 \times \dfrac{2\pi \times 400}{60}$

$= 19.897 ≒ 20\,\text{kW}$

문제 18. 그림과 같은 구조물에 1000 N의 물체가 매달려 있을 때 두 개의 강선 AB와 AC에 작용하는 힘의 크기는 약 몇 N인가? 【1장】

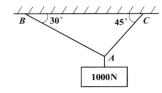

① $AB = 732,\ AC = 897$

② $AB = 707,\ AC = 500$

③ $AB = 500,\ AC = 707$

④ $AB = 897,\ AC = 732$

해설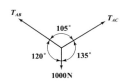

라미의 정리를 이용하면

$\dfrac{T_{AB}}{\sin 135°} = \dfrac{T_{AC}}{\sin 120°} = \dfrac{1000}{\sin 105°}$

∴ $T_{AB} ≒ 732\,\text{N}$, $T_{AC} ≒ 897\,\text{N}$

문제 19. 그림과 같이 스트레인 로제트(strain rosette)를 45°로 배열한 경우 각 스트레인 게이지에 나타나는 스트레인량을 이용하여 구해지는 전단 변형률 γ_{xy}는? 【3장】

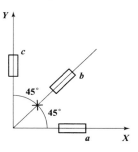

① $\sqrt{2}\,\varepsilon_b - \varepsilon_a - \varepsilon_c$ ② $2\varepsilon_b - \varepsilon_a - \varepsilon_c$

③ $\sqrt{3}\,\varepsilon_b - \varepsilon_a - \varepsilon_c$ ④ $3\varepsilon_b - \varepsilon_a - \varepsilon_c$

해답 **16.** ③ **17.** ② **18.** ① **19.** ②

해설 $\varepsilon_a = \varepsilon_x$, $\varepsilon_c = \varepsilon_y$ 이므로

$\varepsilon_b = \dfrac{1}{2}(\varepsilon_x + \varepsilon_y) + \dfrac{1}{2}(\varepsilon_x - \varepsilon_y)\cos 2\theta + \dfrac{\gamma_{xy}}{2}\sin 2\theta$

$\quad = \dfrac{1}{2}(\varepsilon_a + \varepsilon_c) + \dfrac{1}{2}(\varepsilon_a - \varepsilon_c)\cos 90° + \dfrac{\gamma_{xy}}{2}\sin 90°$

$2\varepsilon_b = \varepsilon_a + \varepsilon_c + \gamma_{xy}$

$\therefore \gamma_{xy} = 2\varepsilon_b - \varepsilon_a - \varepsilon_c$

문제 20. 단면적이 $4\,cm^2$인 강봉에 그림과 같이 하중이 작용할 때 이 봉은 약 몇 cm 늘어나는가? (단, 세로탄성계수 $E=210\,GPa$이다.) 【1장】

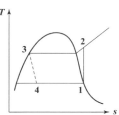

① 0.80

② 0.24

③ 0.0028

④ 0.015

해설 각 단면을 절단하여 해석한다.

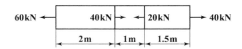

$\therefore \lambda = \lambda_1 + \lambda_2 + \lambda_3 = \dfrac{P_1 \ell_1}{AE} + \dfrac{P_2 \ell_2}{AE} + \dfrac{P_3 \ell_3}{AE}$

$\quad = \dfrac{1}{AE}(P_1 \ell_1 + P_2 \ell_2 + P_3 \ell_3)$

$\quad = \dfrac{1}{4 \times 10^{-4} \times 210 \times 10^6}(60 \times 2 + 20 \times 1 + 40 \times 1.5)$

$\quad = 0.00238\,m ≒ 0.24\,cm$

제2과목 기계열역학

문제 21. 그림의 증기압축 냉동사이클(온도(T)-엔트로피(s) 선도)이 열펌프로 사용될 때의 성능계수는 냉동기로 사용될 때의 성능계수의 몇 배인가? (단, 각 지점에서의 엔탈피는 $h_1 = 180$ kJ/kg, $h_2 = 210$ kJ/kg, $h_3 = h_4 = 50$ kJ/kg이다.) 【9장】

① 0.81

② 1.23

③ 1.63

④ 2.12

해설 우선, 열펌프 : $\varepsilon_h = \dfrac{h_2 - h_3}{h_2 - h_1} = \dfrac{210 - 50}{210 - 180} = 5.33$

또한, 냉동기 : $\varepsilon_r = \dfrac{h_1 - h_4}{h_2 - h_1} = \dfrac{180 - 50}{210 - 180} = 4.33$

결국, $\dfrac{\varepsilon_h}{\varepsilon_r} = \dfrac{5.33}{4.33} = 1.23$ 배

문제 22. 물질이 액체에서 기체로 변해 가는 과정과 관련하여 다음 설명 중 옳지 않은 것은? 【6장】

① 물질의 포화온도는 주어진 압력 하에서 그 물질의 증발이 일어나는 온도이다.

② 물의 포화온도가 올라가면 포화압력도 올라간다.

③ 액체의 온도가 현재 압력에 대한 포화온도보다 낮을 때 그 액체를 압축액 또는 과냉각액이라 한다.

④ 어떤 물질이 포화온도 하에서 일부는 액체로 존재하고 일부는 증기로 존재할 때, 전체 질량에 대한 액체 질량의 비를 건도로 정의한다.

해설 ① 건도(x) : 어떤 물질이 포화온도하에서 일부는 액체로 존재하고, 일부는 증기로 존재할 때 전체질량에 대한 증기질량의 비

② 습기도($1-x$) : 어떤 물질이 포화온도하에서 일부는 액체로 존재하고, 일부는 증기로 존재할 때 전체질량에 대한 액체질량의 비

해답 **20.** ② **21.** ② **22.** ④

문제 23. 공기 1 kg을 1 MPa, 250 ℃의 상태로부터 등온과정으로 0.2 MPa까지 압력 변화를 할 때 외부에 대하여 한 일은 약 몇 kJ인가? (단, 공기는 기체상수가 0.287 kJ/(kg·K)인 이상기체이다.) 【3장】

① 157

② 242

③ 313

④ 465

해설 $_1W_2 = W_t = mRT \ell n \dfrac{p_1}{p_2}$

$$= 1 \times 0.287 \times (273 + 250) \times \ell n \dfrac{1}{0.2}$$

$$= 241.6 \, \text{kJ}$$

문제 24. 100 kPa의 대기압 하에서 용기 속 기체의 진공압이 15 kPa이었다. 이 용기 속 기체의 절대압력은 약 몇 kPa인가? 【1장】

① 85

② 90

③ 95

④ 115

해설 $p = p_o - p_g = 100 - 15 = 85 \, \text{kPa}$

문제 25. 다음 열역학 성질(상태량)에 대한 설명 중 옳은 것은? 【1장】

① 엔탈피는 점함수(point function)이다.

② 엔트로피는 비가역과정에 대해서 경로함수이다.

③ 시스템 내 기체가 열평형(thermal equilibrium) 상태라 함은 압력이 시간에 따라 변하지 않는 상태를 말한다.

④ 비체적은 종량적(extensive) 상태량이다.

해설 ② 엔트로피는 점함수(상태량)이다.
③ 시스템 내 기체가 열평형 상태라 함은 온도가 시간에 따라 변하지 않는 상태를 말한다.
④ 비체적은 강도성 상태량이다.

문제 26. 피스톤–실린더로 구성된 용기 안에 이상 기체 공기 1 kg이 400 K, 200 kPa 상태로 들어있다. 이 공기가 300 K의 충분히 큰 주위로 열을 빼앗겨 온도가 양쪽 다 300 K가 되었다. 그동안 압력은 일정하다고 가정하고, 공기의 정압 비열은 1.004 kJ/(kg·K)일 때 공기와 주위를 합친 총 엔트로피 증가량은 약 몇 kJ/K 인가? 【4장】

① 0.0229

② 0.0458

③ 0.1674

④ 0.3347

해설 "정압변화"이므로

우선, 공기의 엔트로피 ΔS_1은

$$\Delta S_1 = mC_p \ell n \dfrac{T_2}{T_1} = 1 \times 1.004 \times \ell n \dfrac{300}{400}$$

$$= -0.2888 \, \text{kJ/K}$$

또한, 주위의 엔트로피 ΔS_2는

"정압"이므로 $_1Q_2 = \Delta H = mC_p(T_2 - T_1)$에서 열을 빼앗겼으므로

$$-_1Q_2 = 1 \times 1.004 \times (300 - 400)$$

$$_1Q_2 = 100.4 \, \text{kJ}$$

$$\Delta S_2 = \dfrac{_1Q_2}{T} = \dfrac{100.4}{300} = 0.3347 \, \text{kJ/K}$$

결국, $\Delta S = \Delta S_1 + \Delta S_2 = -0.2888 + 0.3347$

$$= 0.0459 \, \text{kJ/K}$$

문제 27. 폴리트로프 지수가 1.33인 기체가 폴리트로프 과정으로 압력이 2배가 되도록 압축된다면 절대온도는 약 몇 배가 되는가? 【3장】

① 1.19배

② 1.42배

③ 1.85배

④ 2.24배

해설 $\dfrac{T_2}{T_1} = \left(\dfrac{p_2}{p_1}\right)^{\frac{n-1}{n}} = \left(\dfrac{2p_1}{p_1}\right)^{\frac{1.33-1}{1.33}} \fallingdotseq 1.19$ 배

문제 28. 비열이 0.475 kJ/(kg·K)인 철 10 kg을 20 ℃에서 80 ℃로 올리는데 필요한 열량은 몇 kJ인가? 【1장】

① 222

② 252

③ 285

④ 315

해설〉 $_1Q_2 = mc(t_2 - t_1) = 10 \times 0.475 \times (80 - 20)$
$= 285\,\text{kJ}$

$$= \frac{(4 \times 0.26) + (6 \times 0.297) + (2 \times 0.189)}{4 + 6 + 2}$$
$$\fallingdotseq 0.267\,\text{kJ/kg} \cdot \text{K}$$

문제 29. 압축비가 7.5이고, 비열비가 1.4인 이상적인 오토 사이클의 열효율은 약 몇 %인가? 【8장】

① 55.3　　　　② 57.6
③ 48.7　　　　④ 51.2

해설〉 $\eta_o = 1 - \left(\dfrac{1}{\varepsilon}\right)^{k-1} = 1 - \left(\dfrac{1}{7.5}\right)^{1.4-1}$
$= 0.553 = 55.3\,\%$

문제 30. 정압비열이 $0.8418\,\text{kJ/(kg} \cdot \text{K)}$이고, 기체상수가 $0.1889\,\text{kJ/(kg} \cdot \text{K)}$인 이상기체의 정적비열은 약 몇 kJ/(kg·K)인가? 【3장】

① 4.456　　　　② 1.220
③ 1.031　　　　④ 0.653

해설〉 $C_p - C_v = R$에서
$\therefore C_v = C_p - R = 0.8418 - 0.1889$
$\fallingdotseq 0.653\,\text{kJ/kg} \cdot \text{K}$

문제 31. 산소(O_2) 4 kg, 질소(N_2) 6 kg, 이산화탄소(CO_2) 2 kg으로 구성된 기체혼합물의 기체상수(kJ/(kg·K))는 약 얼마인가? 【3장】

① 0.328　　　　② 0.294
③ 0.267　　　　④ 0.241

해설〉 우선, $R = \dfrac{8.314}{m}$ (kJ/kg · K)에서

산소(O_2) : $R_1 = \dfrac{8.314}{32} = 0.26\,\text{kJ/kg} \cdot \text{K}$

질소(N_2) : $R_2 = \dfrac{8.314}{28} = 0.297\,\text{kJ/kg} \cdot \text{K}$

이산화탄소(CO_2) : $R_3 = \dfrac{8.314}{44}$
$= 0.189\,\text{kJ/kg} \cdot \text{K}$

결국, $mR = m_1R_1 + m_2R_2 + m_3R_3$에서
$\therefore R = \dfrac{m_1R_1 + m_2R_2 + m_3R_3}{m(=m_1 + m_2 + m_3)}$

문제 32. 열기관이 1100 K인 고온열원으로부터 1000 kJ의 열을 받아서 온도가 320 K인 저온열원에서 600 kJ의 열을 방출한다고 한다. 이 열기관이 클라우지우스 부등식($\oint \dfrac{\delta Q}{T} \leq 0$)을 만족하는지 여부와 동일온도 범위에서 작동하는 카르노 열기관과 비교하여 효율은 어떠한가? 【4장】

① 클라우지우스 부등식을 만족하지 않고, 이론적인 카르노열기관과 효율이 같다.
② 클라우지우스 부등식을 만족하지 않고, 이론적인 카르노열기관보다 효율이 크다.
③ 클라우지우스 부등식을 만족하고, 이론적인 카르노열기관과 효율이 같다.
④ 클라우지우스 부등식을 만족하고, 이론적인 카르노열기관보다 효율이 작다.

해설〉 우선, 카르노사이클의 열효율(η_c)은
$$\eta_c = 1 - \frac{T_\text{II}}{T_\text{I}} = 1 - \frac{320}{1100} = 0.709 = 70.9\,\%$$
또한, 열기관의 효율(η)은
$$\eta = 1 - \frac{Q_2}{Q_1} = 1 - \frac{600}{1000} = 0.4 = 40\,\%$$
결국, $\eta_c > \eta$이므로 이론적으로 타당하다.

문제 33. 실린더 내부의 기체의 압력을 150 kPa로 유지하면서 체적을 $0.05\,\text{m}^3$에서 $0.1\,\text{m}^3$까지 증가시킬 때 실린더가 한 일은 약 몇 kJ인가? 【2장】

① 1.5　　　　② 15
③ 7.5　　　　④ 75

해설〉 $_1W_2 = \displaystyle\int_1^2 pdV = p(V_2 - V_1)$
$= 150 \times (0.1 - 0.05)$
$= 7.5\,\text{kJ}$

해답 **29.** ①　**30.** ④　**31.** ③　**32.** ④　**33.** ③

[문제] **34.** 4 kg의 공기를 압축하는데 300 kJ의 일을 소비함과 동시에 110 kJ의 열량이 방출되었다. 공기온도가 초기에는 20 ℃이었을 때 압축 후의 공기온도는 약 몇 ℃인가?
(단, 공기는 정적비열이 0.716 kJ/(kg·K)인 이상기체로 간주한다.) 【2장】

① 78.4

② 71.7

③ 93.5

④ 86.3

[해설] 우선, $_1Q_2 = \Delta U + _1W_2$에서
$$-110 = \Delta U - 300 \quad \therefore \Delta U = 190 \, \text{kJ}$$
결국, $\Delta U = m\,C_v(T_2 - T_1)$에서
$$190 = 4 \times 0.716 \times (T_2 - 20) \quad \therefore T_2 = 86.34 \, \text{℃}$$

[문제] **35.** 체적이 200 L인 용기 속에 기체가 3 kg 들어있다. 압력이 1 MPa, 비내부에너지가 219 kJ/kg일 때 비엔탈피는 약 몇 kJ/kg인가? 【2장】

① 286

② 258

③ 419

④ 442

[해설] $v = \dfrac{V}{m} = \dfrac{200 \times 10^{-3}}{3} \, (\text{m}^3/\text{kg})$ 이므로
$$\therefore h = u + pv = 219 + 1 \times 10^3 \times \frac{200 \times 10^{-3}}{3}$$
$$= 285.67 \, \text{kJ/kg}$$

[문제] **36.** 위치에너지의 변화를 무시할 수 있는 단열노즐 내를 흐르는 공기의 출구속도가 600 m/s이고 노즐 출구에서의 엔탈피가 입구에 비해 179.2 kJ/kg 감소할 때 공기의 입구속도는 약 몇 m/s인가? 【10장】

① 16   ② 40

③ 225   ④ 425

[해설] $_1\cancel{Q_2}^{0} = \cancel{W_1}^{0} + \dfrac{\dot{m}(w_2^2 - w_1^2)}{2 \times 10^3} + \dot{m}(h_2 - h_1)$
$$\qquad + \dot{m}g(\cancel{Z_2}^{0} - Z_1)$$ 에서
$$0 = \frac{\dot{m}(w_2^2 - w_1^2)}{2 \times 10^3} + \dot{m}(h_2 - h_1)$$
$$0 = \frac{(600^2 - w_1^2)}{2 \times 10^3} - 179.2$$
$$\therefore w_1 = 40 \, \text{m/s}$$

[문제] **37.** 그림과 같은 압력(P)−부피(V) 선도에서 $T_1 = 561$ K, $T_2 = 1010$ K, $T_3 = 690$ K, $T_4 = 383$ K인 공기(정압비열 1 kJ/(kg·K))를 작동유체로 하는 이상적인 브레이턴 사이클(Brayton cycle)의 열효율은? 【8장】

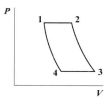

① 0.388   ② 0.444

③ 0.316   ④ 0.412

[해설]

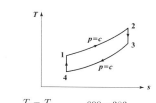

$$\eta_B = 1 - \frac{T_3 - T_4}{T_2 - T_1} = 1 - \frac{690 - 383}{1010 - 561} = 0.316$$

[문제] **38.** 효율이 30 %인 증기동력 사이클에서 1 kW의 출력을 얻기 위하여 공급되어야 할 열량은 약 몇 kW인가? 【7장】

① 1.25   ② 2.51

③ 3.33   ④ 4.90

[해설] $\eta = \dfrac{W}{Q_1}$에서 $\quad \therefore Q_1 = \dfrac{W}{\eta} = \dfrac{1}{0.3} = 3.33 \, \text{kW}$

[정답] **34.** ④ **35.** ① **36.** ② **37.** ③ **38.** ③

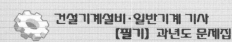
문제 **39.** 질량이 4 kg인 단열된 강재 용기 속에 온도 25 ℃의 물 18 L가 들어가 있다. 이 속에 200 ℃의 물체 8 kg을 넣었더니 열평형에 도달하여 온도가 30 ℃가 되었다. 물의 비열은 4.187 kJ/(kg·K)이고, 강재의 비열은 0.4648 kJ/(kg·K)일 때 이 물체의 비열은 약 몇 kJ/(kg·K)인가? (단, 외부와의 열교환은 없다고 가정한다.) 【3장】

① 0.244

② 0.267

③ 0.284

④ 0.302

해설 우선, 강재의 질량과 비열은 m_1, C_1이고
물의 질량과 비열은 m_2, C_2라면

$mC = m_1C_1 + m_2C_2$에서

$$C = \frac{m_1C_1 + m_2C_2}{m(=m_1+m_2)}$$

$$= \frac{(4 \times 0.4648) + (18 + 4.187)}{4 + 18}$$

$$= 3.51 \text{ kJ/kg} \cdot \text{K}$$

결국, $_1Q_2 = mC\Delta t$에서 $Q_{(강재+물)} = Q_{물체}$

$22 \times 3.51 \times (30 - 25) = 8 \times C_{물체} \times (200 - 30)$

$\therefore C_{물체} \fallingdotseq 0.284 \text{ kJ/kg} \cdot \text{K}$

문제 **40.** 엔트로피에 관한 설명 중 옳지 않은 것은? 【4장】

① 열역학 제2법칙과 관련한 개념이다.

② 우주 전체의 엔트로피는 증가하는 방향으로 변화한다.

③ 엔트로피는 자연현상의 비가역성을 측정하는 척도이다.

④ 비가역현상은 엔트로피가 감소하는 방향으로 일어난다.

해설 비가역현상은 엔트로피가 증가하는 방향으로 일어난다.

문제 **41.** 지름 200 mm 원형관에 비중 0.9, 점성계수 0.52 poise인 유체가 평균속도 0.48 m/s로 흐를 때 유체 흐름의 상태는?
(단, 레이놀즈 수(Re)가 $2100 \leq Re \leq 4000$일 때 천이 구간으로 한다.) 【5장】

① 층류   ② 천이

③ 난류   ④ 맥동

해설 $Re = \dfrac{\rho Vd}{\mu} = \dfrac{\rho_{H_2O} S Vd}{\mu}$

$$= \frac{1000 \times 0.9 \times 0.48 \times 0.2}{0.52 \times \frac{1}{10}}$$

$$= 1661.54 : 층류$$

문제 **42.** 시속 800 km의 속도로 비행하는 제트기가 400 m/s의 상대 속도로 배기가스를 노즐에서 분출할 때의 추진력은? (단, 이때 흡기량은 25 kg/s이고, 배기되는 연소가스는 흡기량에 비해 2.5 % 증가하는 것으로 본다.)【4장】

① 3922 N   ② 4694 N

③ 4875 N   ④ 6346 N

해설 추진력

$$F = \rho_2 Q_2 V_2 - \rho_1 Q_1 V_1 = \dot{m_2} V_2 - \dot{m_1} V_1$$

$$= \left(25 + 25 \times \frac{2.5}{100}\right) \times 400 - 25 \times \frac{800 \times 10^3}{3600}$$

$$= 4694.5 \text{ N}$$

문제 **43.** 온도 25 ℃인 공기에서의 음속은 약 몇 m/s인가? (단, 공기의 비열비는 1.4, 기체상수는 287 J/(kg·K)이다.) 【1장】

① 312   ② 346

③ 388   ④ 433

해설 $a = \sqrt{kRT} = \sqrt{1.4 \times 287 \times 298} = 346 \text{ m/s}$

해답 **39.** ③   **40.** ④   **41.** ①   **42.** ②   **43.** ②

문제 44. 다음 4가지의 유체 중에서 점성계수가 가장 큰 뉴턴 유체는? 【1장】

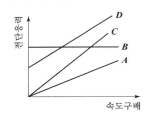

① A 　　② B
③ C 　　④ D

해설 뉴턴유체란 뉴턴의 점성법칙을 만족하며 원점을 지나는 직선으로 나타난다. 그림에서 A, C가 뉴턴 유체로서 C가 A보다 점성계수가 더 크다.

문제 45. 함수 $f(a, V, t, \nu, L) = 0$을 무차원 변수로 표시하는데 필요한 독립 무차원수 π는 몇 개인가? (단, a는 음속, V는 속도, t는 시간, ν는 동점성계수, L은 특성길이이다.) 【7장】

① 1 　　② 2
③ 3 　　④ 4

해설 a : 음속 = m/s = $[LT^{-1}]$
V : 속도 = m/s = $[LT^{-1}]$
t : 시간 = sec = $[T]$
ν : 동점성계수 = m²/s = $[L^2T^{-1}]$
L : 길이 = m = $[L]$
결국, 독립무차원수 $\pi = n - m = 5 - 2 = 3$ 개

문제 46. 수두 차를 읽어 관내 유체의 속도를 측정할 때 U자관(U tube) 액주계 대신 역 U자관(inverted U tube) 액주계가 사용되었다면 그 이유로 가장 적절한 것은? 【2장】

① 계기 유체(gauge fluid)의 비중이 관내 유체보다 작기 때문에
② 계기 유체(gauge fluid)의 비중이 관내 유체보다 크기 때문에
③ 계기 유체(gauge fluid)의 점성계수가 관

내 유체보다 작기 때문에
④ 계기 유체(gauge fluid)의 점성계수가 관내 유체보다 크기 때문에

해설 U자관을 사용하면 비중이 큰 유체가 아래로 흘러서 읽을 수가 없다.
따라서 계측유체가 관내의 유체보다 비중이 작아서 위에 떠 있어야 하므로 역U자관을 사용한다.

문제 47. 안지름이 50 cm인 원관에 물이 2 m/s의 속도로 흐르고 있다. 역학적 상사를 위해 관성력과 점성력만을 고려하여 $\frac{1}{5}$로 축소된 모형에서 같은 물로 실험할 경우 모형에서의 유량은 약 몇 L/s인가? (단, 물의 동점계수는 1 $\times 10^{-6}$ m²/s이다.) 【7장】

① 34 　　② 79
③ 118 　　④ 256

해설 우선, $(Re)_P = (Re)_m$에서 $\left(\frac{Vd}{\nu}\right)_P = \left(\frac{Vd}{\nu}\right)_m$
$2 \times 0.5 = V_m \times 0.5 \times \frac{1}{5}$ ∴ $V_m = 10$ m/s
결국, $Q_m = A_m V_m = \frac{\pi}{4} \times 0.1^2 \times 10 = 0.07854$ m³/s
$= 78.54 \ell/s ≒ 79 \ell/s$

문제 48. 다음 그림에서 벽 구멍을 통해 분사되는 물의 속도(V)는?
(단, 그림에서 S는 비중을 나타낸다.) 【3장】

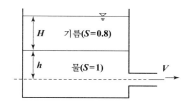

① $\sqrt{2gH}$ 　　② $\sqrt{2g(H+h)}$
③ $\sqrt{2g(0.8H+h)}$ 　　④ $\sqrt{2g(H+0.8h)}$

해설 $V = \sqrt{2g(0.8H+h)}$

해답 44. ③ 45. ③ 46. ① 47. ② 48. ③

문제 49. 정지 유체 속에 잠겨 있는 평면이 받는 힘에 관한 내용 중 틀린 것은? 【2장】

① 깊게 잠길수록 받는 힘이 커진다.

② 크기는 도심에서의 압력에 전체 면적을 곱한 것과 같다.

③ 수평으로 잠긴 경우, 압력중심은 도심과 일치한다.

④ 수직으로 잠긴 경우, 압력중심은 도심보다 약간 위쪽에 있다.

해설 경사 또는 수직으로 잠긴 경우 압력중심은 도심보다 $\dfrac{I_G}{Ay}$ 만큼 아래에 있다.

문제 50. 다음 물리량을 질량, 길이, 시간의 차원을 이용하여 나타내고자 한다. 이 중 질량의 차원을 포함하는 물리량은? 【7장】

㉠ 속도	㉡ 가속도
㉢ 동점성계수	㉣ 체적탄성계수

① ㉠   ② ㉡   ③ ㉢   ④ ㉣

해설 속도 $V = \mathrm{m/s} = [LT^{-1}]$
가속도 $a = \mathrm{m/s^2} = [LT^{-2}]$
동점성계수 $\nu = \mathrm{m^2/s} = [L^2T^{-1}]$
체적탄성계수 $K = \mathrm{N/m^2} = (\mathrm{kg_m \cdot m/s^2})/\mathrm{m^2}$
$= \mathrm{kg_m \cdot m^3/s^2}$

문제 51. 극좌표계$(r,\ \theta)$로 표현되는 2차원 포텐셜유동(potential flow)에서 속도포텐셜(velocity potential, ϕ)이 다음과 같을 때 유동함수(stream function, Ψ)로 가장 적절한 것은? (단, A, B, C는 상수이다.) 【3장】

$$\phi = A\ln r + Br\cos\theta$$

① $\Psi = \dfrac{A}{r}\cos\theta + Br\sin\theta + C$

② $\Psi = \dfrac{A}{r}\sin\theta - Br\cos\theta + C$

③ $\Psi = A\theta + Br\sin\theta + C$

④ $\Psi = A\theta - Br\cos\theta + C$

해설 극좌표계는 다음과 같다.
$$u_r = -\frac{1}{r}\frac{\partial\Psi}{\partial\theta} = -\frac{\partial\phi}{\partial r}, \quad u_\theta = \frac{\partial\Psi}{\partial r} = -\frac{1}{r}\frac{\partial\phi}{\partial\theta}$$
$\dfrac{\partial\phi}{\partial r} = \dfrac{A}{r} + B\cos\theta$ 이므로
$$-\frac{1}{r}\frac{\partial\Psi}{\partial\theta} = -\left(\frac{A}{r} + B\cos\theta\right)$$
$$\partial\Psi = (A + Br\cos\theta)\partial\theta$$
$$\int\partial\Psi = \int(A + Br\cos\theta)\partial\theta$$
$$\therefore\ \Psi = A\theta + Br\sin\theta + C$$

문제 52. 지름 2 mm인 구가 밀도 0.4 kg/m³, 동점성계수 1.0×10^{-4} m²/s인 기체 속을 0.03 m/s로 운동한다고 하면 항력은 약 몇 N인가? 【5장】

① 2.26×10^{-8} ② 3.52×10^{-7}

③ 4.54×10^{-8} ④ 5.86×10^{-7}

해설 우선, $Re = \dfrac{Vd}{\nu} = \dfrac{0.03 \times 0.002}{1 \times 10^{-4}} = 0.6$
결국, 1보다 작으므로 Stoke's law을 적용하면
$$\therefore\ D = 3\pi\mu Vd = 3\pi\nu\rho Vd$$
$$= 3\pi \times 1 \times 10^{-4} \times 0.4 \times 0.03 \times 0.002$$
$$= 2.26 \times 10^{-8}\mathrm{N}$$

문제 53. 60 N의 무게를 가진 물체를 물속에서 측정하였을 때 무게가 10 N이었다. 이 물체의 비중은 약 얼마인가? (단, 물속에서 측정할 시 물체는 완전히 잠겼다고 가정한다.) 【2장】

① 1.0   ② 1.2

③ 1.4   ④ 1.6

해설 우선, 공기중 물체무게=부력+액체속 물체무게
$60 = 9800 \times V + 10 \quad \therefore\ V = 0.005\,\mathrm{m^3}$
또한, 물체무게 $W = \gamma V = \gamma_{\mathrm{H_2O}} S_{물체} V$ 에서
$60 = 9800 \times S_{물체} \times 0.005 \quad \therefore\ S_{물체} ≒ 1.2$

해답   **49.** ④   **50.** ④   **51.** ③   **52.** ①   **53.** ②

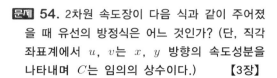

문제 54. 2차원 속도장이 다음 식과 같이 주어졌을 때 유선의 방정식은 어느 것인가? (단, 직각좌표계에서 u, v는 x, y 방향의 속도성분을 나타내며 C는 임의의 상수이다.) 【3장】

$$u = x, \quad v = -y$$

① $xy = C$ 　　　② $\dfrac{x}{y} = C$

③ $x^2 y = C$ 　　　④ $xy^2 = C$

해설 $\dfrac{dx}{u} = \dfrac{dy}{v}$ 에서　$\dfrac{dx}{x} = \dfrac{dy}{-y}$, $\dfrac{dx}{x} + \dfrac{dy}{y} = 0$

양변을 적분하면 $\ln x + \ln y = \ln C$

$\ln xy = \ln C$ 　　∴　$xy = C$

문제 55. 물 펌프의 입구 및 출구의 조건이 아래와 같고 펌프의 송출 유량이 $0.2 \, \text{m}^3/\text{s}$이면 펌프의 동력은 약 몇 kW인가? (단, 손실은 무시한다.) 【3장】

입구 : 계기 압력 $-3 \, \text{kPa}$, 안지름 $0.2 \, \text{m}$,
기준면으로부터 높이 $+2 \, \text{m}$
출구 : 계기 압력 $250 \, \text{kPa}$, 안지름 $0.15 \, \text{m}$,
기준면으로부터 높이 $+5 \, \text{m}$

① 45.7 　　　② 53.5

③ 59.3 　　　④ 65.2

해설 우선, $Q = A_1 V_1 = A_2 V_2$에서

$V_1 = \dfrac{Q}{A_1} = \dfrac{4 \times 0.2}{\pi \times 0.2^2} = 6.37 \, \text{m/s}$

$V_2 = \dfrac{Q}{A_2} = \dfrac{4 \times 0.2}{\pi \times 0.15^2} = 11.32 \, \text{m/s}$

또한, $\dfrac{P_1}{\gamma} + \dfrac{V_1^2}{2g} + Z_1 + H_P = \dfrac{P_2}{\gamma} + \dfrac{V_2^2}{2g} + Z_2$

∴ $H_P = \dfrac{P_2 - P_1}{\gamma} + \dfrac{V_2^2 - V_1^2}{2g} + (Z_2 - Z_1)$

$= \dfrac{(250 + 3) \times 10^3}{9800} + \dfrac{(11.32^2 - 6.37^2)}{2 \times 9.8} + (5 - 2)$

$= 33.284 \, \text{m}$

결국, 동력 $P = \gamma Q H_P = 9.8 \times 0.2 \times 33.284$
$= 65.2 \, \text{kW}$

문제 56. 경계층의 박리(separation)가 일어나는 주원인은? 【5장】

① 압력이 증기압 이하로 떨어지기 때문에

② 유동방향으로 밀도가 감소하기 때문에

③ 경계층의 두께가 0으로 수렴하기 때문에

④ 유동과정에 역압력 구배가 발생하기 때문에

해설 박리(separation) : 유선상을 운동하는 유체가 압력이 증가하고 속도가 감소하면 유선을 이탈한다. 이러한 현상을 박리라 하며, 이때 이탈하는 점을 박리점이라 한다. 또한, 박리는 압력항력과 밀접한 관계가 있으며 역압력구배에 의해 일어난다.

문제 57. 안지름이 각각 $2 \, \text{cm}$, $3 \, \text{cm}$인 두 파이프를 통하여 속도가 같은 물이 유입되어 하나의 파이프로 합쳐져서 흘러나간다. 유출되는 속도가 유입속도와 같다면 유출 파이프의 안지름은 약 몇 cm인가? 【3장】

① 3.61 　　　② 4.24

③ 5.00 　　　④ 5.85

해설 $Q_1 + Q_2 = Q_3$에서

$A_1 V_1 + A_2 V_2 = A_3 V_3$ 　단, $V_1 = V_2 = V_3$

$A_1 + A_2 = A_3$

$\dfrac{\pi \times 2^2}{4} + \dfrac{\pi \times 3^2}{4} = \dfrac{\pi \times d_3^2}{4}$ 　∴ $d_3 ≒ 3.61 \, \text{cm}$

문제 58. 원관 내 완전발달 층류 유동에 관한 설명으로 옳지 않은 것은? 【5장】

① 관 중심에서 속도가 가장 크다.

② 평균속도는 관 중심 속도의 절반이다.

③ 관 중심에서 전단응력이 최대값을 갖는다.

④ 전단응력은 반지름 방향으로 선형적으로 변화한다.

해설 ·수평원관에서의 층류 유동

① 속도분포 : 관벽에서 0이며, 관 중심에서 최대이다. ⇨ 포물선 변화

② 전단응력분포 : 관 중심에서 0이며, 관벽에서 최대이다. ⇨ 직선적(=선형적) 변화

해답 54. ① 　55. ④ 　56. ④ 　57. ① 　58. ③

문제 59. 안지름 0.1 m의 물이 흐르는 관로에서 관 벽의 마찰손실수두가 물의 속도수두와 같다면 그 관로의 길이는 약 몇 m인가? (단, 관마찰계수는 0.03이다.) 【6장】

① 1.58   ② 2.54
③ 3.33   ④ 4.52

해설 $f\dfrac{\ell}{d}\cdot\dfrac{V^2}{2g}=\dfrac{V^2}{2g}$ 에서

$\therefore \ell = \dfrac{d}{f} = \dfrac{0.1}{0.03} = 3.33\,\text{m}$

문제 60. 그림과 같이 용기에 물과 휘발유가 주입되어 있을 때, 용기 바닥면에서의 게이지압력은 약 몇 kPa인가? (단, 휘발유의 비중은 0.7이다.) 【2장】

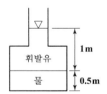

① 1.59   ② 3.64
③ 6.86   ④ 11.77

해설 $p = p_{물} + p_{휘발유} = (\gamma_1 h_1)_물 + (\gamma_2 h_2)_{휘발유}$
$= \gamma_{H_2O} h_1 + \gamma_{H_2O} S_2 h_2$
$= (9.8 \times 0.5) + (9.8 \times 0.7 \times 1)$
$= 11.76\,\text{kPa}$

제4과목 기계재료 및 유압기기

문제 61. 0 ℃ 이하의 온도로 냉각하는 작업으로 강의 잔류 오스테나이트를 마텐자이트로 변태시키는 것을 목적으로 하는 열처리는?

① 마퀜칭   ② 마템퍼링
③ 오스포밍   ④ 심랭처리

해설 서브제로(Sub-Zero)처리(=심랭처리)
 : 잔류오스테나이트(A)를 0 ℃ 이하로 냉각하여 마텐자이트(M) 조직을 얻기 위한 열처리

문제 62. 다음 금속 중 자기변태점이 가장 높은 것은?

① Fe
② Co
③ Ni
④ Fe₃C

해설 자기변태점
 : Fe(768 ℃), Ni(358 ℃), Co(1150 ℃)

문제 63. 산화알루미나(Al₂O₃) 등을 주성분으로 하며 철과 친화력이 없고, 열을 흡수하지 않으므로 공구를 과열시키지 않아 고속 정밀 가공에 적합한 공구의 재질은?

① 세라믹
② 인코넬
③ 고속도강
④ 탄소공구강

해설 ·세라믹(ceramics) 공구
 ① 주성분 : 산화 알루미나(Al₂O₃)
 ② 내열, 고온경도, 내마모성이 크다.
 ③ 충격에 약하다.
 ④ 1200 ℃까지 경도변화가 없다.
 ⑤ 구성인선이 생기지 않는다.
 ⑥ 절삭속도 : 300 m/min 정도

문제 64. 구상흑연주철을 제조하기 위한 접종제가 아닌 것은?

① Mg   ② Sn
③ Ce   ④ Ca

해설 흑연(편상흑연)을 구상화시키는 원소
 : Mg, Ce, Ca

해답 59. ③   60. ④   61. ④   62. ②   63. ①   64. ②

문제 65. 다음 조직 중 경도가 가장 낮은 것은?

① 페라이트　　　　② 마텐자이트
③ 시멘타이트　　　④ 트루스타이트

해설 경도, 강도순서 : A＜M＞T＞S＞P＞F

문제 66. 금속을 소성가공 할 때에 냉간가공과 열간가공을 구분하는 온도는?

① 변태온도　　　　② 단조온도
③ 재결정온도　　　④ 담금질온도

해설 ·재결정온도 : 냉간가공과 열간가공을 구별하는 온도
　　① 냉간가공 : 재결정온도 이하에서 가공
　　② 열간가공 : 재결정온도 이상에서 가공

문제 67. 금속에서 자유도(F)를 구하는 식으로 옳은 것은? (단, 압력은 일정하며, C : 성분, P : 상의수이다.)

① $F = C - P + 1$　　② $F = C + P + 1$
③ $F = C - P + 2$　　④ $F = C + P + 2$

해설 상률 : 물질이 여러 가지 상으로 되어 있을 때 상들 사이의 열적평형관계를 표시하는 것을 말한다. 깁스의 일반계의 상률은 다음과 같다.
　　자유도 $F = C - P + 2$
금속재료는 대기압하에서 취급하므로 기압에는 관계가 없다고 생각하여 -1을 감해준다.
　　즉, 자유도 $F = C - P + 1$
　　여기서, C : 성분수, P : 상의수

문제 68. 켈밋 합금(kelmet alloy)의 주요 성분으로 옳은 것은?

① Pb－Sn　　　　② Cu－Pb
③ Sn－Sb　　　　④ Zn－Al

해설 켈밋(kelmet) : 구리(Cu)에 30~40 %의 납(Pb)을 첨가한 합금이며, 고속용 베어링으로 항공기, 자동차 등에 널리 사용된다.

문제 69. 저탄소강 기어(gear)의 표면에 내마모성을 향상시키기 위해 붕소(B)를 기어 표면에 확산 침투시키는 처리는?

① 세러다이징(sherardizing)
② 아노다이징(anodizing)
③ 보로나이징(boronizing)
④ 칼로라이징(calorizing)

해설 ·금속침투법 : 고온 중에 강의 산화방지법
　　① 크로마이징 : Cr 침투
　　② 칼로라이징 : Al 침투
　　③ 실리콘나이징 : Si 침투
　　④ 보로나이징 : B 침투
　　⑤ 세라다이징 : Zn 침투
※ 화학적 표면경화법
　　① 침탄법 : C 침투
　　② 질화법 : N 침투
　　③ 청화법(시안화법) : C와 N를 침투

문제 70. 60~70 % Ni에 Cu를 첨가한 것으로 내열·내식성이 우수하므로 터빈 날개, 펌프 임펠러 등의 재료로 사용되는 합금은?

① Y 합금　　　　② 모넬메탈
③ 콘스탄탄　　　④ 문쯔메탈

해설 ·모넬메탈(monel metal)
　　① Cu－Ni 65~70 %을 함유한 합금이며 내열성, 내식성, 내마멸성, 연신율이 크다.
　　② 주조 및 단련이 쉬우므로 고압 및 과열증기밸브, 펌프부품, 열기관부품, 화학기계부품 등의 재료로 널리 사용된다.

문제 71. 두 개의 유입 관로의 압력에 관계없이 정해진 출구 유량이 유지되도록 합류하는 밸브는?

① 집류 밸브　　　② 셔틀 밸브
③ 적층 밸브　　　④ 프리필 밸브

해설 집류밸브 : 두 개의 유입관로의 압력에 관계없이 고정의 출구 유량이 유지되도록 합류하는 밸브

정답 **65.** ①　**66.** ③　**67.** ①　**68.** ②　**69.** ③　**70.** ②　**71.** ①

문제 72. 유압펌프의 종류가 아닌 것은?

① 기어펌프　　　　② 베인펌프

③ 피스톤펌프　　　④ 마찰펌프

해설 ·유압 펌프의 분류

① 용적형 펌프 : 토출량이 일정하며 중압 또는 고압에서 압력발생을 주된 목적으로 한다.

　㉠ 회전 펌프(왕복식 펌프) : 기어 펌프, 베인 펌프, 나사 펌프

　㉡ 플런저 펌프(피스톤 펌프)

　㉢ 특수 펌프 : 다단 펌프, 복합 펌프

② 비용적형 펌프 : 토출량이 일정하지 않으며 저압에서 대량의 유체를 수송한다.

　㉠ 원심 펌프　㉡ 축류 펌프　㉢ 혼류 펌프

문제 73. 그림과 같은 유압 회로도에서 릴리프 밸브는?

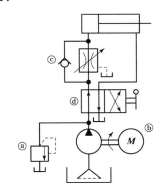

① ⓐ　　　　　　② ⓑ

③ ⓒ　　　　　　④ ⓓ

해설

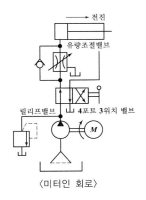

〈미터인 회로〉

실린더 입구측에 유량제어밸브와 체크밸브를 붙여 단로드 실린더의 전진행정만을 제어하고 후진행정에서 피스톤측으로부터 귀환되는 압유는 체크밸브를 통하여 자유로이 흐를 수 있도록 한 회로이다.

문제 74. 다음의 설명에 맞는 원리는?

> 정지하고 있는 유체 중의 압력은 모든 방향에 대하여 같은 압력으로 작용한다.

① 보일의 원리　　　② 샤를의 원리

③ 파스칼의 원리　　④ 아르키메데스의 원리

해설 파스칼의 원리

: 밀폐된 용기속에 있는 액체에 가한 압력은 모든 방향에서 같은 크기(세기)로 작용한다. (예) 유압잭)

문제 75. 유압펌프에 있어서 체적효율이 90 % 이고 기계효율이 80 %일 때 유압펌프의 전효율은?

① 90 %　　　　　② 88.8 %

③ 72 %　　　　　④ 23.7 %

해설 전효율 $\eta = \eta_v$(체적효율)$\times \eta_m$(기계효율)

$= 0.9 \times 0.8 = 0.72 = 72\%$

문제 76. 다음 유압 기호는 어떤 밸브의 상세기호인가?

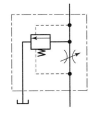

① 직렬형 유량조정 밸브

② 바이패스형 유량조정 밸브

③ 체크밸브 붙이 유량조절 밸브

④ 기계조작 가변 교축밸브

해답 72. ④　73. ①　74. ③　75. ③　76. ②

해설

	상세기호	간략기호
교축밸브 가변교축밸브		
	상세기호	간략기호
직렬형 유량조정밸브 (온도보상붙이)		
	상세기호	간략기호
바이패스형 유량조정밸브		

문제 77. 그림과 같은 유압기호의 명칭은?

① 모터 ② 필터
③ 가열기 ④ 분류밸브

해설

명 칭	기 호	비 고
필 터	(1)	(1) 일반 기호
	(2)	(2) 자석 붙이
	(3)	(3) 눈막힘 표시기 붙이
드레인 배출기	(1)	(1) 수동 배출
	(2)	(2) 자동 배출
드레인 배출기 분 리 필 터	(1)	(1) 수동 배출
	(2)	(2) 자동 배출
기름 분무 분리기	(1)	(1) 수동 배출
	(2)	(2) 자동 배출

문제 78. 동일 축상에 2개 이상의 펌프 작용 요소를 가지고, 각각 독립한 펌프 작용을 하는 형식의 펌프는?

① 다단 펌프 ② 다련 펌프
③ 오버 센터 펌프 ④ 가역회전형 펌프

해설 ① 다단펌프(Staged pump) : 2개 이상의 펌프작용 요소가 직렬로 작동하는 펌프
② 다련펌프(multiple pump) : 동일축 상에 2개 이상의 펌프작용 요소를 가지고, 각각 독립한 펌프작용을 하는 형식의 펌프
③ 오버센터펌프(over center pump) : 구동축의 회전방향을 바꾸지 않고 흐름의 방향을 반전시키는 펌프
④ 가역회전형펌프(reversible pump) : 오버센터펌프와 같다.

문제 79. 유압펌프에서 실제 토출량과 이론 토출량의 비를 나타내는 용어는?

① 펌프의 토크효율 ② 펌프의 전효율
③ 펌프의 입력효율 ④ 펌프의 용적효율

해설 ① 펌프의 토크효율 : 이론토크와 실제토크의 비
② 펌프의 전효율 : 유체출력과 축쪽입력의 비
③ 펌프의 용적효율 : 실제토출량과 이론토출량의 비

문제 80. 다음 중 어큐뮬레이터 회로(accumulator circuit)의 특징에 해당되지 않는 것은?

① 사이클 시간 단축과 펌프 용량 저감
② 배관 파손 방지
③ 서지압의 방지
④ 맥동의 발생

해설 · 축압기(accumulator)의 용도
① 에너지의 축적
② 압력보상
③ 서지압력방지
④ 충격압력 흡수
⑤ 유체의 맥동감쇠(맥동흡수)
⑥ 사이클시간의 단축
⑦ 2차 유압회로의 구동

정답 **77.** ② **78.** ② **79.** ④ **80.** ④

⑧ 펌프대용 및 안전장치의 역학
⑨ 액체수송(펌프작용)
⑩ 에너지의 보조

제5과목 기계제작법 및 기계동력학

문제 81. 스프링과 질량만으로 이루어진 1자유도 진동시스템에 대한 설명으로 옳은 것은?

① 질량이 커질수록 시스템의 고유진동수는 커지게 된다.

② 스프링 상수가 클수록 움직이기가 힘들어져서 진동 주기가 길어진다.

③ 외력을 가하는 주기와 시스템의 고유주기가 일치하면 이론적으로는 응답변위는 무한대로 커진다.

④ 외력의 최대 진폭의 크기에 따라 시스템의 응답 주기는 변한다.

해설 1자유도계

: 운동을 표시하는데 필요한 독립좌표가 1개인 진동으로 외력을 가하는 주기와 시스템의 고유주기가 일치하면 이론적으로는 응답변위는 무한대로 커진다.

문제 82. 공 A가 v_0의 속도로 그림과 같이 정지된 공 B와 C지점에서 부딪힌다. 두 공 사이의 반발계수가 1이고 충돌각도가 θ일 때 충돌 후에 공 B의 속도의 크기는? (단, 두 공의 질량은 같고, 마찰은 없다고 가정한다.)

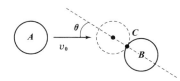

① $\dfrac{1}{2}v_0\sin\theta$ ② $\dfrac{1}{2}v_0\cos\theta$

③ $v_0\sin\theta$ ④ $v_0\cos\theta$

해설

우선, $e = \dfrac{v_B{}' - v_C{}'}{v_C - v_B} = 1$에서

$v_C - v_B = v_B{}' - v_C{}'$

여기서, $v_B = 0$, $v_C{}' = 0$이므로

결국, $v_B{}' = v_C = v_0\cos\theta$

문제 83. 그림에서 질량 100 kg의 물체 A와 수평면 사이의 마찰계수는 0.3이며 물체 B의 질량은 30 kg이다. 힘 Py의 크기는 시간($t[s]$)의 함수이며 $Py[N] = 15t^2$이다. t는 0 s에서 물체 A가 오른쪽으로 2 m/s로 운동을 시작한다면 t가 5 s일 때 이 물체(A)의 속도는 약 몇 m/s 인가?

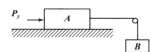

① 6.81
② 7.22
③ 7.81
④ 8.64

해설 $\Sigma F = ma = m\dfrac{dV}{dt}$에서

$\sum F dt = m\,dV$

$(P_y - \mu W_A + W_B)dt = (m_A + m_B)dV$

$(15t^2 - \mu m_A g + m_B g)dt = (m_A + m_B)dV$

$\displaystyle\int_0^5 (15t^2 - \mu m_A g + m_B g)dt = \int_{V_1}^{V_2}(m_A + m_B)dV$

$\left[\dfrac{15t^3}{3} - \mu m_A gt + m_B gt\right]_0^5 = (m_A + m_B)(V_2 - V_1)$

$5\times 5^3 - 0.3\times 100\times 9.8\times 5 + 30\times 9.8\times 5$

$= (100 + 30)\times(V_2 - 2)$

$\therefore\ V_2 = 6.81\,\text{m/s}$

문제 84. 다음 그림은 시간(t)에 대한 가속도(a) 변화를 나타낸 그래프이다. 가속도를 시간에 대한 함수식으로 옳게 나타낸 것은?

해답 81.③ 82.④ 83.① 84.①

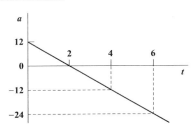

① $a = 12 - 6t$

② $a = 12 + 6t$

③ $a = 12 - 12t$

④ $a = 12 + 12t$

해설 기울기 : -6, y절편 : $+12$
결국, $a = -6t + 12$

문제 85. 다음과 같은 운동방정식을 갖는 진동시스템에서 감쇠비(damping ratio)를 나타내는 식은?

$$m\ddot{x} + c\dot{x} + kx = 0$$

① $\dfrac{c}{2\sqrt{mk}}$　　　② $\dfrac{k}{2\sqrt{mc}}$

③ $\dfrac{m}{2\sqrt{ck}}$　　　④ $2\sqrt{mck}$

해설 · 임계감쇠계수 $C_{cr} = 2\sqrt{mk} = 2m\omega_n = \dfrac{2k}{\omega_n}$

· 감쇠비 $\xi = \dfrac{C}{C_{cr}} = \dfrac{C}{2\sqrt{mk}} = \dfrac{C}{2m\omega_n} = \dfrac{C}{\left(\dfrac{2k}{\omega_n}\right)}$

$= \dfrac{C\omega_n}{2k}$

문제 86. 원판의 각속도가 5초 만에 0부터 1800 rpm까지 일정하게 증가하였다. 이 때 원판의 각가속도는 몇 rad/s²인가?

① 360　　　　② 60

③ 37.7　　　　④ 3.77

해설 각가속도(α)는

$$\alpha = \ddot{\theta} = \dot{\omega} = \frac{\omega}{t} = \frac{1}{t} \times \frac{2\pi N}{60} = \frac{1}{5} \times \frac{2\pi \times 1800}{60}$$

$$= 37.7 \, \mathrm{rad/s^2}$$

문제 87. 물체의 최대 가속도가 680 cm/s², 매분 480사이클의 진동수로 조화운동을 한다면 물체의 진동 진폭은 약 몇 mm인가?

① 1.8 mm　　　② 1.2 mm

③ 2.4 mm　　　④ 2.7 mm

해설 우선, $\omega = \dfrac{2\pi N}{60} = \dfrac{2\pi \times 480}{60} = 50.27 \, \mathrm{rad/s}$

결국, $\ddot{x}_{max} = a_{max} = X\omega^2$에서

$\therefore X = \dfrac{a_{max}}{\omega^2} = \dfrac{6800}{50.27^2} = 2.69 \, \mathrm{mm} \fallingdotseq 2.7 \, \mathrm{mm}$

문제 88. 스프링 상수가 k인 스프링을 4등분하여 자른 후 각각의 스프링을 그림과 같이 연결하였을 때, 이 시스템의 고유 진동수(ω_n)는 약 몇 rad/s인가?

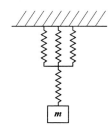

① $\omega_n = \sqrt{\dfrac{2k}{m}}$　　　② $\omega_n = \sqrt{\dfrac{3k}{m}}$

③ $\omega_n = 2\sqrt{\dfrac{k}{m}}$　　　④ $\omega_n = \sqrt{\dfrac{5k}{m}}$

해설 우선, $\dfrac{1}{k_c} = \dfrac{1}{3k} + \dfrac{1}{k} = \dfrac{4}{3k}$　$\therefore k_c = \dfrac{3k}{4}$

또한, 스프링 상수가 k인 스프링을 4등분했으므로 스프링 1개당 질량(m')은 $\dfrac{m}{4}$에 해당된다.

결국, $\omega_n = \sqrt{\dfrac{k_c}{m'}} = \sqrt{\dfrac{\left(\dfrac{3k}{4}\right)}{\left(\dfrac{m}{4}\right)}} = \sqrt{\dfrac{3k}{m}}$

정답 85. ① 86. ③ 87. ④ 88. ②

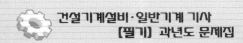

문제 89. 네 개의 가는 막대로 구성된 정사각 프레임이 있다. 막대 각각의 질량과 길이는 m과 b이고, 프레임은 w의 각속도로 회전하고 질량중심 G는 v의 속도로 병진운동하고 있다. 프레임의 병진운동에너지와 회전운동에너지가 같아질 때 질량중심 G의 속도(v)는 얼마인가?

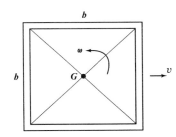

① $\dfrac{b\omega}{\sqrt{2}}$ ② $\dfrac{b\omega}{\sqrt{3}}$

③ $\dfrac{b\omega}{2}$ ④ $\dfrac{b\omega}{\sqrt{5}}$

해설〉 $T_1 = T_2$에서 $\dfrac{1}{2}(4m)v^2 = \dfrac{1}{2}J_0\omega^2$

여기서, $J_0 = \left\{ \dfrac{mb^2}{12} + \left(\dfrac{b}{2} \right)^2 m \right\} \times 4 = \dfrac{4mb^2}{3}$

결국, $2mv^2 = \dfrac{1}{2} \times \dfrac{4mb^2}{3} \times \omega^2$

∴ $v = \dfrac{b\omega}{\sqrt{3}}$

문제 90. 20 g의 탄환이 수평으로 1200 m/s의 속도로 발사되어 정지해 있던 300 g의 블록에 박힌다. 이 후 스프링에 발생한 최대 압축 길이는 약 몇 m인가? (단, 스프링상수는 200 N/m 이고 처음에 변형되지 않은 상태였다. 바닥과 블록 사이의 마찰은 무시한다.)

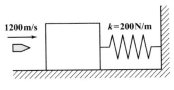

① 2.5 ② 3.0

③ 3.5 ④ 4.0

해설〉 우선, 탄환의 운동에너지(①)
　　　　＝블록의 운동에너지(②)

즉, $\dfrac{1}{2}m_1V_1^2 = \dfrac{1}{2}m_2V_2^2$에서

$20 \times 1200^2 = 300 \times V_2^2$ ∴ $V_2 = 309.8$ m/s

결국, 에너지보존의 법칙에 의해
탄환에 의한 블록의 운동에너지＝탄성위치에너지

즉, $\dfrac{1}{2}m_1V_2^2 = \dfrac{1}{2}kx^2$에서

$0.02 \times 309.8^2 = 200 \times x^2$ ∴ $x ≒ 3$ m

〈주의〉 탄환이 블록에 박혀 스프링이 압축되므로 탄환의 질량(m_1)이 들어가고, 블록의 움직이는 속도(V_2)가 들어가야 한다.

문제 91. 강의 열처리에서 탄소(C)가 고용된 면심입방격자 구조의 γ철로서 매우 안정된 비자성체인 급냉조직은?

① 오스테나이트(Austenite)

② 마텐자이트(Martensite)

③ 트루스타이트(Troostite)

④ 소르바이트(sorbite)

해설〉 오스테나이트(Austenite)
 : γ고용체라고도 하는데 γ철에 최대 2.11 %C까지 고용되어 있는 고용체이다. A_1점(723 ℃) 이상에서 안정된 조직으로 상자성체이며 인성이 크다. 결정구조는 면심입방격자(FCC)이다.

문제 92. 단식분할법을 이용하여 밀링가공으로 원을 중심각 $5\dfrac{2}{3}$°씩 분할하고자 한다. 분할판 27구멍을 사용하면 가장 적합한 가공법은?

① 분할판 27구멍을 사용하여 17구멍씩 돌리면서 가공한다.

② 분할판 27구멍을 사용하여 20구멍씩 돌리면서 가공한다.

③ 분할판 27구멍을 사용하여 12구멍씩 돌리면서 가공한다.

④ 분할판 27구멍을 사용하여 8구멍씩 돌리면서 가공한다.

해답〉 89. ② 90. ② 91. ① 92. ①

해설 $n = \dfrac{D°}{9} = \dfrac{5\frac{2}{3}}{9} = \dfrac{\left(\frac{17}{3}\right)}{9} = \dfrac{17}{27}$

즉, 분할판 27구멍을 사용하여 17구멍씩 돌리면서 가공한다.

문제 93. 선반에서 연동척에 대한 설명으로 옳은 것은?

① 4개의 돌려 맞출 수 있는 조(jaw)가 있고, 조는 각각 개별적으로 조절된다.

② 원형 또는 6각형 단면을 가진 공작물을 신속히 고정할 수 있는 척이며, 조(jaw)는 3개가 있고, 동시에 작동한다.

③ 스핀들 테이퍼 구멍에 슬리브를 꽂고, 여기에 척을 꽂은 것으로 가는 지름 고정에 편리하다.

④ 원판 안에 전자석을 장입하고, 이것에 직류 전류를 보내어 척(chuck)을 자화시켜 공작물을 고정한다.

해설 · 척의 종류
① 단동척 : Jaw 4개, 개별적으로 움직임, 불규칙한 공작물
② 연동척 : Jaw 3개, 동시에 움직임, 규칙적인 공작물(원형, 정삼각형, 육각형)
③ 복동척(양용척) : 단동척과 연동척의 기능을 가짐, 불규칙한 공작물을 다수 가공
④ 마그네틱척(자기척) : 두께가 얇은 자성체 고정에 용이
⑤ 콜릿척 : 샤프연필의 끝처럼 갈라진 틈을 조여 공작물을 물리는 척으로 터릿선반에서 대량생산시 사용
⑥ 공기척 : 운전중에도 작업이 가능한 척으로 지름 10 mm 정도의 균일한 가공물의 대량 생산에 적합

문제 94. 1차로 가공된 가공물의 안지름보다 다소 큰 강구를 압입하여 통과시켜서 가공물의 표면을 소성 변형시켜 가공하는 방법으로 표면 거칠기가 우수하고 정밀도를 높이는 것은?

① 래핑　　　　② 호닝
③ 버니싱　　　④ 슈퍼 피니싱

해설 · 버니싱(burnishing) : 버니싱은 원통의 내면을 다듬질하기 위해 원통안지름보다 약간 큰 지름의 강구를 압입하여 다듬질면의 요철을 매끈하게 하는 방법이며 다음과 같은 특징이 있다.
① 간단한 장치로 단시간에 정밀도가 높은 가공이 가능하다.
② 압입강구의 마멸 때문에 주로 동, 알루미늄과 같이 경도가 낮은 비철금속에 이용된다.
③ 표면거칠기는 향상되나 형상정밀도는 개선되지 않는다.
④ 공작물의 두께가 얇으면 소성변형이 적어 버니싱 효과가 떨어진다.

문제 95. 특수 윤활제로 분류되는 극압 윤활유에 첨가하는 극압물이 아닌 것은?

① 염소
② 유황
③ 인
④ 동

해설 극압윤활유
: 기계의 마찰면에 특히 큰 압력이 걸려 미끄럼 마찰에 의해 발열이 커지고 유막이 파괴되기 쉬운 윤활상태에 대응하기 위해 극압첨가제를 첨가한 윤활유를 말한다.
이때의 극압첨가제로는 염소, 황, 인의 화합물이나 납비누가 사용된다.

문제 96. 지름이 50 mm인 연삭숫돌로 지름이 10 mm인 공작물을 연삭할 때 숫돌바퀴의 회전수는 약 몇 rpm인가?
(단, 숫돌의 원주속도는 1500 m/min이다.)

① 4759
② 5809
③ 7449
④ 9549

해설 $V = \dfrac{\pi D N}{1000}$ 에서
$\therefore N = \dfrac{1000 V}{\pi D} = \dfrac{1000 \times 1500}{\pi \times 50} = 9549 \, \mathrm{rpm}$
⟨주의⟩ 숫돌바퀴의 회전수를 요구하므로 연삭숫돌의 지름(D)이 들어간다.

정답 93. ②　94. ③　95. ④　96. ④

문제 97. 스폿용접과 같은 원리로 접합할 모재의 한쪽판에 돌기를 만들어 고정전극위에 겹쳐놓고 가동전극으로 통전과 동시에 가압하여 저항열로 가열된 돌기를 접합시키는 용접법은?

① 플래시 버트 용접　② 프로젝션 용접
③ 업셋 용접　　　　　④ 단접

해설 · 프로젝션 용접(projection welding)
① 점용접과 같은 원리로서 접합할 모재의 한쪽판에 돌기(projection)를 만들어 고정전극 위에 겹쳐놓고 가동전극으로 통전과 동시에 가압하여 저항열로 가열된 돌기를 접합시키는 용접법이다.
② 돌기부는 모재의 두께가 서로 다른 경우 두꺼운 판재에 만들며, 모재가 서로 다른 금속일 때 열전도율이 큰 쪽에 만든다.
③ 두께가 다른 판의 용접이 가능하고, 용량이 다른 판을 쉽게 용접할 수 있다.

문제 98. 용융금속에 압력을 가하여 주조하는 방법으로 주형을 회전시켜 주형 내면을 균일하게 압착시키는 주조법은?

① 셸 몰드법　　　　② 원심주조법
③ 저압주조법　　　　④ 진공주조법

해설 · 원심주조법(centrifugal casting)
① 속이 빈 주형을 수평 또는 수직상태로 놓고 중심선을 축으로 회전시키면서 용탕을 주입하여 그때에 작용하는 원심력으로 치밀하고 결함이 없는 주물을 대량생산하는 방법이다.
② 수도용 주철관, 피스톤링, 실린더라이너 등의 재료로 이용된다.

문제 99. 압연공정에서 압연하기 전 원재료의 두께를 50 mm, 압연 후 재료의 두께를 30 mm로 한다면 압하율(draft percent)은 얼마인가?

① 20 %　　　　② 30 %
③ 40 %　　　　④ 50 %

해설 압하율 $= \dfrac{H_0 - H}{H_0} \times 100\% = \dfrac{50 - 30}{50} \times 100 = 40\%$

문제 100. 내경 측정용 게이지가 아닌 것은?

① 게이지 블록
② 실린더 게이지
③ 버니어 켈리퍼스
④ 내경 마이크로미터

해설 블록게이지
: 게이지블록이라고도 하며, 길이측정의 기준으로 사용하며, 주로 목재테이블이나 천, 가죽 위에서 사용한다.
여러개를 조합하여 원하는 치수를 얻을 수 있으며 광파장으로 정밀도가 높은 길이를 측정할 수 있다.

애답 **97.** ②　**98.** ②　**99.** ③　**100.** ①

2019년 제1회 일반기계·건설기계설비 기사

문제 1. 그림과 같은 막대가 있다. 길이는 4 m이고 힘은 지면에 평행하게 200 N만큼 주었을 때 o점에 작용하는 힘과 모멘트는? 【6장】

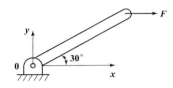

① $F_{ox} = 0$, $F_{oy} = 200\,\mathrm{N}$, $M_z = 200\,\mathrm{N} \cdot \mathrm{m}$

② $F_{ox} = 200\,\mathrm{N}$, $F_{oy} = 0$, $M_z = 400\,\mathrm{N} \cdot \mathrm{m}$

③ $F_{ox} = 200\,\mathrm{N}$, $F_{oy} = 200\,\mathrm{N}$, $M_z = 200\,\mathrm{N} \cdot \mathrm{m}$

④ $F_{ox} = 0$, $F_{oy} = 0$, $M_z = 400\,\mathrm{N} \cdot \mathrm{m}$

해설

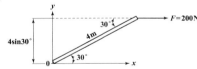

$F_{ox} = F = 200\,\mathrm{N}$

$F_{oy} = 0$

$M_Z = F \times 4\sin 30° = 200 \times 4 \times \dfrac{1}{2}$

$\quad = 400\,\mathrm{N} \cdot \mathrm{m}$

문제 2. 두께 8 mm의 강판으로 만든 안지름 40 cm의 얇은 원통에 1 MPa의 내압이 작용할 때 강판에 발생하는 후프 응력(원주 응력)은 몇 MPa인가? 【2장】

① 25   ② 37.5

③ 12.5   ④ 50

해설 원주방향의 응력 $\sigma_1 = \dfrac{pd}{2t} = \dfrac{1 \times 400}{2 \times 8} = 25\,\mathrm{MPa}$

문제 3. 그림과 같은 균일단면을 갖는 부정정보가 단순 지지단에서 모멘트 M_0를 받는다. 단순 지지단에서의 반력 R_a는? (단, 굽힘강성 EI는 일정하고, 자중은 무시한다.) 【9장】

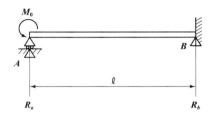

① $\dfrac{3M_0}{2\ell}$ ② $\dfrac{3M_0}{4\ell}$

③ $\dfrac{2M_0}{3\ell}$ ④ $\dfrac{4M_0}{3\ell}$

해설

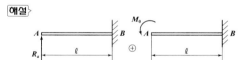

다음과 같은 두 정정보의 합으로 표현할 수 있다. 결국, A점에서 처짐이 0이 되기 위해서는

$$\dfrac{R_a\ell^3}{3EI} = \dfrac{M_0\ell^2}{2EI} \quad \therefore \ R_a = \dfrac{3M_0}{2\ell}$$

문제 4. 진변형률(ε_T)과 진응력(σ_T)를 공칭 응력(σ_n)과 공칭 변형률(ε_n)로 나타낼 때 옳은 것은? 【1장】

① $\sigma_T = \ln(1 + \sigma_n)$, $\varepsilon_T = \ln(1 + \varepsilon_n)$

② $\sigma_T = \ln(1 + \sigma_n)$, $\varepsilon_T = \ln\left(\dfrac{\sigma_T}{\sigma_n}\right)$

해답 1. ②   2. ①   3. ①   4. ③

③ $\sigma_T = \sigma_n(1+\varepsilon_n)$, $\varepsilon_T = \ln(1+\varepsilon_n)$

④ $\sigma_T = \ln(1+\varepsilon_n)$, $\varepsilon_T = \varepsilon_n(1+\sigma_n)$

[해설] 우선, 진응력(true stress)이란 변화된 실제단면적에 대한 하중의 비를 뜻하며

∴ $\sigma_T = \sigma_n(1+\varepsilon_n)$ 이다.

또한, 진변형률(true strain)이란 변화된 실제길이에 대한 늘어난 길이의 비를 뜻하며

∴ $\varepsilon_T = \ln(1+\varepsilon_n)$ 이다.

[문제] **5.** 폭 b=60 mm, 길이 L=340 mm의 균일강도 외팔보의 자유단에 집중하중 P=3 kN이 작용한다. 허용 굽힘응력을 65 MPa이라 하면 자유단에서 250 mm되는 지점의 두께 h는 약 몇 mm인가? (단, 보의 단면은 두께는 변하지만 일정한 폭 b를 갖는 직사각형이다.) 【9장】

① 24

② 34

③ 44

④ 54

[해설]

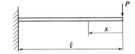

우선, 그림에서 자유단으로부터 x만큼 떨어진 곳의 모멘트(M_x)를 구하면 $M_x = Px$ 이다.

$M_x = \sigma Z$ 에서 $Px = \sigma \times \dfrac{bh^2}{6}$

즉, $bh^2 = \dfrac{6P}{\sigma}x$ ·················①식

①식에서 σ와 P, b가 일정하면 x값에 따라 h가 변화한다.

따라서, h의 변화를 구하면 응력이 일정한 균일강도의 보가 된다.

①식에서 $h^2 = \dfrac{6P}{\sigma b}x$ ·················②식

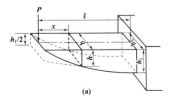

(a)

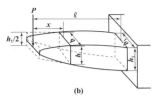

(b)

또한, h^2은 x에 비례하여 변하므로 보의 모양은 자유단에 정점을 갖는 포물선이 된다.

여기서, $x = \ell$에서 $h = h_1$, $b = b_1$이라 하면

$h_1^2 = \dfrac{6P\ell}{\sigma b_1}$ ·················③식

즉, $h_1 = \sqrt{\dfrac{6P\ell}{\sigma b_1}} = \sqrt{\dfrac{6 \times 3 \times 10^3 \times 340}{65 \times 60}}$

$= 39.6\,\mathrm{mm}$

결국, 임의의 x단면에서는 다음과 같다.

②, ③식에서 $\dfrac{h^2}{h_1^2} = \dfrac{x}{\ell}$ 즉, $\dfrac{h}{h_1} = \sqrt{\dfrac{x}{\ell}}$

∴ $h = h_1\sqrt{\dfrac{x}{\ell}} = 39.6\sqrt{\dfrac{250}{340}} = 34\,\mathrm{mm}$

[문제] **6.** 부재의 양단이 자유롭게 회전할 수 있도록 되어있고, 길이가 4 m인 압축 부재의 좌굴하중을 오일러 공식으로 구하면 약 몇 kN인가? (단, 세로탄성계수는 100 GPa이고, 단면 $b \times h$=100 mm×50 mm이다.) 【10장】

① 52.4

② 64.4

③ 72.4

④ 84.4

[해설] $P_B = n\pi^2\dfrac{EI}{\ell^2} = 1 \times \pi^2 \times \dfrac{100 \times 10^6 \times \dfrac{0.1 \times 0.05^3}{12}}{4^2}$

$= 64.26\,\mathrm{kN}$

[문제] **7.** 평면 응력상태의 한 요소에 σ_x=100 MPa, σ_y=−50 MPa, τ_{xy}=0을 받는 평판에서 평면내에서 발생하는 최대 전단응력은 몇 MPa인가? 【3장】

① 75

② 50

③ 25

④ 0

[해답] **5.**② **6.**② **7.**①

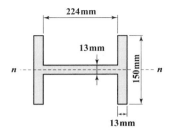

해설〉 $\tau_{\max}=$ 모어원의 반경

$$= \frac{1}{2}(\sigma_x - \sigma_y) = \frac{1}{2}(100 + 50) = 75\,\mathrm{MPa}$$

문제 **8.** 탄성 계수(영계수) E, 전단 탄성 계수 G, 체적 탄성 계수 K 사이에 성립되는 관계식은? 【1장】

① $E = \dfrac{9KG}{2K+G}$ ② $E = \dfrac{3K-2G}{6K+2G}$

③ $K = \dfrac{EG}{3(3G-E)}$ ④ $K = \dfrac{9EG}{3E+G}$

해설〉 $mE = 2G(m+1) = 3K(m-2)$에서

우선, $mE = 2G(m+1)$ ·············①식

또한, $mE = 3K(m-2)$ ·············②식

①, ②식을 m에 관하여 정리하여 연립하면

$$\therefore\ K = \frac{GE}{9G-3E} = \frac{GE}{3(3G-E)}$$

문제 **9.** 바깥지름 50 cm, 안지름 30 cm의 속이 빈 축은 동일한 단면적을 가지며 같은 재질의 원형축에 비하여 약 몇 배의 비틀림 모멘트에 견딜 수 있는가? (단, 중공축과 중실축의 전단 응력은 같다.) 【5장】

① 1.1배 ② 1.2배

③ 1.4배 ④ 1.7배

해설〉 우선, $A_1 = A_2$이므로 $\dfrac{\pi d^2}{4} = \dfrac{\pi(d_2^2 - d_1^2)}{4}$

즉, $d = \sqrt{d_2^2 - d_1^2} = \sqrt{50^2 - 30^2} = 40\,\mathrm{cm}$

결국, $\dfrac{T_2}{T_1} = \dfrac{\tau Z_{P2}}{\tau Z_{P1}} = \dfrac{\tau \times \dfrac{\pi(d_2^4 - d_1^4)}{16 d_2}}{\tau \times \dfrac{\pi d^3}{16}}$

$$= \frac{d_2^4 - d_1^4}{d^3 \times d_2} = \frac{50^4 - 30^4}{40^3 \times 50} = 1.7\ \text{배}$$

문제 **10.** 그림과 같은 단면에서 대칭축 $n-n$에 대한 단면 2차 모멘트는 약 몇 cm^{4}인가? 【4장】

① 535 ② 635

③ 735 ④ 835

해설〉 $I = \dfrac{1.3 \times 15^3}{12} \times 2 + \dfrac{22.4 \times 1.3^3}{12} = 735.35\,\mathrm{cm}^4$

문제 **11.** 단면적이 2 cm^{2}이고 길이가 4 m인 환봉에 10 kN의 축 방향 하중을 가하였다. 이때 환봉에 발생한 응력은 몇 N/m^{2}인가? 【1장】

① 5000

② 2500

③ 5×10^5

④ 5×10^7

해설〉 $\sigma = \dfrac{P}{A} = \dfrac{10 \times 10^3}{2 \times 10^{-4}} = 5 \times 10^7\,\mathrm{N/m}^2 (= \mathrm{Pa})$

문제 **12.** 양단이 고정된 직경 30 mm, 길이가 10 m인 중실축에서 그림과 같이 비틀림 모멘트 1.5 kN·m가 작용할 때 모멘트 작용점에서의 비틀림 각은 약 몇 rad인가? (단, 봉재의 전단탄성계수 $G=100$ GPa이다.) 【5장】

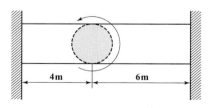

① 0.45 ② 0.56

③ 0.63 ④ 0.77

해답 8. ③ 9. ④ 10. ③ 11. ④ 12. ①

해설

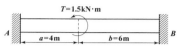

우선, $T_A = \dfrac{Tb}{a+b} = \dfrac{1.5 \times 6}{4+6} = 0.9 \, \text{kN} \cdot \text{m}$

$\qquad T_B = \dfrac{Ta}{a+b} = \dfrac{1.5 \times 4}{4+6} = 0.6 \, \text{kN} \cdot \text{m}$

모멘트 작용점에서 비틀림각(θ)은 동일하므로

$\therefore \theta = \theta_A = \theta_B = \dfrac{T_A a}{G I_P} = \dfrac{T_B b}{G I_P}$

$\qquad = \dfrac{0.9 \times 4}{100 \times 10^6 \times \dfrac{\pi \times 0.03^4}{32}}$

$\qquad \fallingdotseq 0.45 \, \text{rad}$

문제 13. 그림과 같이 길이 ℓ인 단순 지지된 보위를 하중 W가 이동하고 있다. 최대 굽힘응력은? 【7장】

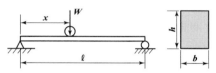

① $\dfrac{W\ell}{bh^2}$ 　② $\dfrac{9\,W\ell}{4bh^3}$

③ $\dfrac{W\ell}{2bh^2}$ 　④ $\dfrac{3\,W\ell}{2bh^2}$

해설 우선, 최대굽힘모멘트는 $F_x = 0$인 위치에서 생기므로 $x = \dfrac{\ell}{2}$(중앙점)에서 발생한다.

따라서, $M_{\max} = \dfrac{W\ell}{4}$

결국, $M = \sigma Z$에서

$\therefore \sigma_{\max} = \dfrac{M_{\max}}{Z} = \dfrac{\left(\dfrac{W\ell}{4}\right)}{\left(\dfrac{bh^2}{6}\right)} = \dfrac{3\,W\ell}{2bh^2}$

문제 14. 그림과 같은 트러스가 점 B에서 그림과 같은 방향으로 5 kN의 힘을 받을 때 트러스에 저장되는 탄성에너지는 약 몇 kJ인가? (단, 트러스의 단면적은 1.2 cm², 탄성계수는 10^6 Pa이다.) 【2장】

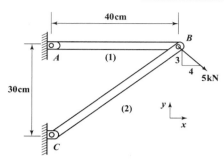

① 52.1 　② 106.7

③ 159.0 　④ 267.7

해설 우선,

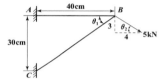

$\tan\theta_1 = \dfrac{30}{40}$에서 $\theta_1 = \tan^{-1}\left(\dfrac{30}{40}\right) = 36.87°$

$\tan\theta_2 = \dfrac{3}{4}$에서 $\theta_2 = \tan^{-1}\left(\dfrac{3}{4}\right) = 36.87°$

또한,

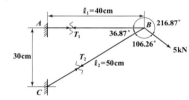

라미의 정리에 의해

$\dfrac{T_1}{\sin 106.26°} = \dfrac{T_2}{\sin 216.87°} = \dfrac{5}{\sin 36.87°}$에서

$T_1 = 8 \, \text{kN}$ (인장),

$T_2 = -5 \, \text{kN} = 5 \, \text{kN}$ (압축)

결국, $U = \dfrac{P^2 \ell}{2AE}$에서

$\therefore U = U_{AB} + U_{BC} = \dfrac{T_1^2 \ell_1}{2AE} + \dfrac{T_2^2 \ell_2}{2AE}$

$\qquad = \dfrac{1}{2AE}(T_1^2 \ell_1 + T_2^2 \ell_2)$

$\qquad = \dfrac{1}{2 \times 1.2 \times 10^{-4} \times 10^6 \times 10^{-3}}$
$\qquad \quad [8^2 \times 0.4 + 5^2 \times 0.5]$

$\qquad = 158.75$

$\qquad \fallingdotseq 159 \, \text{kN} \cdot \text{m} \, (= \text{kJ})$

해답 13. ④　14. ③

문제 15. 길이 1 m인 외팔보가 아래 그림처럼 q =5 kN/m의 균일 분포하중과 P=1 kN의 집중하중을 받고 있을 때 B점에서의 회전각은 얼마인가? (단, 보의 굽힘강성은 EI이다.) 【8장】

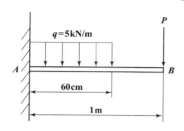

① $\dfrac{120}{EI}$ ② $\dfrac{260}{EI}$

③ $\dfrac{486}{EI}$ ④ $\dfrac{680}{EI}$

해설 우선,

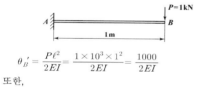

$$\theta_B' = \frac{P\ell^2}{2EI} = \frac{1 \times 10^3 \times 1^2}{2EI} = \frac{1000}{2EI}$$

또한,

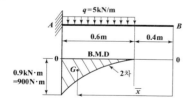

$$\theta_B'' = \frac{A_M}{EI} = \frac{1}{EI} \times \frac{1}{3} \times 0.6 \times 900 = \frac{540}{3EI}$$

결국, $\theta_B = \theta_B' + \theta_B'' = \dfrac{1000}{2EI} + \dfrac{540}{3EI} = \dfrac{3000+1080}{6EI}$

$$= \frac{680}{EI}$$

문제 16. 그림과 같은 단순지지보에서 2 kN/m의 분포하중이 작용할 경우 중앙의 처짐이 0이 되도록 하기 위한 힘 P의 크기는 몇 kN인가? 【8장】

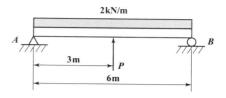

① 6.0

② 6.5

③ 7.0

④ 7.5

해설 $\dfrac{5w\ell^4}{384EI} = \dfrac{P\ell^3}{48EI}$ 에서

$$\therefore P = \frac{5w\ell}{8} = \frac{5 \times 2 \times 6}{8} = 7.5\,\text{kN}$$

문제 17. 그림과 같이 길이 ℓ =4 m의 단순보에 균일 분포하중 w가 작용하고 있으며 보의 최대 굽힘응력 $\sigma_{\max}$ =85 N/cm^{2}일 때 최대 전단응력은 약 몇 kPa인가? (단, 보의 단면적은 지름이 11 cm인 원형단면이다.) 【7장】

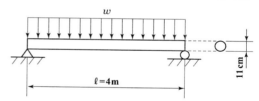

① 1.7

② 15.6

③ 22.9

④ 25.5

해설 우선, $M_{\max} = \sigma_{\max} Z$ 에서 $\dfrac{w\ell^2}{8} = \sigma_{\max} \times \dfrac{\pi d^3}{32}$

$$\therefore w = \frac{\sigma_{\max}\pi d^3}{4\ell^2} = \frac{85 \times 10^4 \times \pi \times 0.11^3}{4 \times 4^2}$$

$$= 55.535\,\text{N/m}$$

결국, $\tau_{\max} = \dfrac{4}{3}\dfrac{F_{\max}}{A} = \dfrac{4}{3} \times \dfrac{0.11}{\dfrac{\pi}{4} \times 0.11^2} = 15.57\,\text{kPa}$

단, $F_{\max} = \dfrac{w\ell}{2} = \dfrac{55.535 \times 10^{-3} \times 4}{2} = 0.111\,\text{kN}$

정답 **15.** ④ **16.** ④ **17.** ②

문제 18. 그림과 같은 치차 전동 장치에서 A치차로부터 D치차로 동력을 전달한다. B와 C치차의 피치원의 직경의 비가 $\dfrac{D_B}{D_C} = \dfrac{1}{9}$일 때, 두 축의 최대 전단응력들이 같아지게 되는 직경의 비 $\dfrac{d_2}{d_1}$은 얼마인가? 【5장】

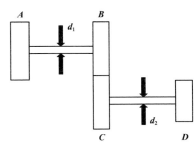

① $\left(\dfrac{1}{9}\right)^{\frac{1}{3}}$ 　　　　② $\dfrac{1}{9}$

③ $9^{\frac{1}{3}}$ 　　　　④ $9^{\frac{2}{3}}$

해설〉 우선, AB축에 전달되는 토크를 T_1이라 하면

$$T_1 = F\dfrac{D_B}{2} \quad 즉, \quad F = \dfrac{2T_1}{D_B} \cdots\cdots ①식$$

또한, CD축에 전달되는 토크를 T_2라 하면

$$T_2 = F\dfrac{D_C}{2} \quad 즉, \quad F = \dfrac{2T_2}{D_C} \cdots\cdots ②식$$

①=②식이므로 $\dfrac{2T_1}{D_B} = \dfrac{2T_2}{D_C}$에서 $\dfrac{T_2}{T_1} = \dfrac{D_C}{D_B} = 9$

결국, $T = \tau Z_P = \tau \times \dfrac{\pi d^3}{16}$에서 $\tau_{max} = \dfrac{16T}{\pi d^3}$

τ_{max}이 같으므로 $\dfrac{16T_1}{\pi d_1^3} = \dfrac{16T_2}{\pi d_2^3}$

$$\dfrac{d_2^3}{d_1^3} = \dfrac{T_2}{T_1} = 9$$

$$\therefore \dfrac{d_2}{d_1} = \sqrt[3]{9} = 9^{\frac{1}{3}}$$

문제 19. 그림과 같은 외팔보에 균일분포하중 w가 전 길이에 걸쳐 작용할 때 자유단의 처짐 δ는 얼마인가? (단, E : 탄성계수, I : 단면2차모멘트이다.) 【8장】

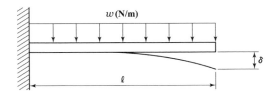

① $\dfrac{w\ell^4}{3EI}$

② $\dfrac{w\ell^4}{6EI}$

③ $\dfrac{w\ell^4}{8EI}$

④ $\dfrac{w\ell^4}{24EI}$

해설〉 $\theta = \dfrac{w\ell^3}{6EI}, \quad \delta = \dfrac{w\ell^4}{8EI}$

문제 20. 그림과 같이 단면적이 2 cm²인 AB 및 CD 막대의 B점과 C점이 1 cm만큼 떨어져 있다. 두 막대에 인장력을 가하여 늘인 후 B점과 C점에 핀을 끼워 두 막대를 연결하려고 한다. 연결 후 두 막대에 작용하는 인장력은 약 몇 kN인가? (단, 재료의 세로탄성계수는 200 GPa이다.) 【1장】

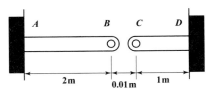

① 33.3

② 66.6

③ 99.9

④ 133.3

해설〉 $\lambda = \dfrac{P\ell}{AE}$에서

$$\therefore P = \dfrac{AE\lambda}{\ell} = \dfrac{2\times10^{-4}\times200\times10^9\times0.01}{3}$$
$$= 133.3\times10^3\,\text{N} = 133.3\,\text{kN}$$

정답〉 **18.** ③ **19.** ③ **20.** ④

제2과목 기계열역학

문제 21. 압력 2 MPa, 300 ℃의 공기 0.3 kg이 폴리트로픽 과정으로 팽창하여, 압력이 0.5 MPa로 변화하였다. 이때 공기가 한 일은 약 몇 kJ인가? (단, 공기는 기체상수가 0.287 kJ/(kg·K)인 이상기체이고, 폴리트로픽 지수는 1.30이다.) 【3장】

① 416 ② 157
③ 573 ④ 45

해설 $_1W_2 = \dfrac{mR}{n-1}(T_1 - T_2) = \dfrac{mRT_1}{n-1}\left[1 - \left(\dfrac{T_2}{T_1}\right)\right]$

$\quad = \dfrac{mRT_1}{n-1}\left[1 - \left(\dfrac{p_2}{p_1}\right)^{\frac{n-1}{n}}\right]$

$\quad = \dfrac{0.3 \times 0.287 \times 573}{1.3 - 1}\left[1 - \left(\dfrac{0.5}{2}\right)^{\frac{1.3-1}{1.3}}\right]$

$\quad ≒ 45 \text{ kJ}$

문제 22. 다음 중 기체상수(gas constant, R [kJ/(kg·K)] 값이 가장 큰 기체는? 【3장】

① 산소(O_2)
② 수소(H_2)
③ 일산화탄소(CO)
④ 이산화탄소(CO_2)

해설 기체상수 $R = \dfrac{8314}{m}$ 이므로 R은 분자량(m)이 작을수록 크다.
분자량 : H_2(2), O_2(32), CO(28), CO_2(44)

문제 23. 이상기체 1 kg이 초기에 압력 2 kPa, 부피 0.1 m³를 차지하고 있다. 가역등온과정에 따라 부피가 0.3 m³로 변화했을 때 기체가 한 일은 약 몇 J인가? 【3장】

① 9540 ② 2200
③ 954 ④ 220

해설 "등온과정"이므로
$_1W_2 = P_1 V_1 \ell n \dfrac{V_2}{V_1} = 2 \times 10^3 \times 0.1 \times \ell n \dfrac{0.3}{0.1}$
$\quad = 219.7 ≒ 220 \text{ J}$

문제 24. 이상적인 오토사이클에서 열효율을 55%로 하려면 압축비를 약 얼마로 하면 되겠는가? (단, 기체의 비열비는 1.4이다.) 【8장】

① 5.9 ② 6.8
③ 7.4 ④ 8.5

해설 $\varepsilon = {}^{k-1}\sqrt{\dfrac{1}{1-\eta_o}} = {}^{1.4-1}\sqrt{\dfrac{1}{1-0.55}}$
$\quad = 7.36$

문제 25. 밀폐계가 가역정압 변화를 할 때 계가 받은 열량은? 【3장】

① 계의 엔탈피 변화량과 같다.
② 계의 내부에너지 변화량과 같다.
③ 계의 엔트로피 변화량과 같다.
④ 계가 주위에 대해 한 일과 같다.

해설 $\delta q = dh - Avdp$에서
정압이므로 $p = c$ 즉, $dp = 0$
결국, $\delta q = dh$

문제 26. 유리창을 통해 실내에서 실외로 열전달이 일어난다. 이때 열전달량은 약 몇 W인가? (단, 대류열전달계수는 50 W/(m²·K), 유리창 표면온도는 25 ℃, 외기온도는 10 ℃, 유리창면적은 2 m²이다.) 【11장】

① 150
② 500
③ 1500
④ 5000

해설 $Q = \alpha A (t - t_w) = 50 \times 2 \times (25 - 10)$
$\quad = 1500 \text{ W}$

해답 21. ④ 22. ② 23. ④ 24. ③ 25. ① 26. ③

문제 27. 어느 내연기관에서 피스톤의 흡기과정으로 실린더 속에 0.2 kg의 기체가 들어 왔다. 이것을 압축할 때 15 kJ의 일이 필요하였고, 10 kJ의 열을 방출하였다고 한다면, 이 기체 1 kg 당 내부에너지의 증가량은? 【2장】

① 10 kJ/kg　　　② 25 kJ/kg
③ 35 kJ/kg　　　④ 50 kJ/kg

해설 우선, $_1Q_2 = \Delta U + {_1W_2}$에서
　　　$-10 = \Delta U - 15$　　∴ $\Delta U = 5\,kJ$
　　결국, $\Delta U = \dfrac{\Delta U}{m} = \dfrac{5}{0.2} = 25\,kJ/kg$

문제 28. 다음 중 강도성 상태량(intensive property)이 아닌 것은? 【1장】

① 온도　　　② 압력
③ 체적　　　④ 밀도

해설 ·상태량의 종류
① 강도성 상태량 : 물질의 질량에 관계없이 그 크기가 결정되는 상태량
예) 온도, 압력, 비체적, 밀도
② 종량성 상태량 : 물질의 질량에 따라 그 크기가 결정되는 상태량, 즉 물질의 질량에 비례한다.
예) 내부에너지, 엔탈피, 엔트로피, 체적, 질량

문제 29. 600 kPa, 300 K 상태의 이상기체 1 kmol이 엔탈피가 등온과정을 거쳐 압력이 200 kPa로 변했다. 이 과정동안의 엔트로피 변화량은 약 몇 kJ/K인가? (단, 일반기체상수($\overline{R}$)은 8.31451 kJ/(kmol·K)이다.) 【4장】

① 0.782　　　② 6.31
③ 9.13　　　④ 18.6

해설 "등온과정"이므로
　$\Delta S = mR\ln\dfrac{p_1}{p_2} = \overline{R}\ln\dfrac{p_1}{p_2} = 8.31451 \times \ln\dfrac{600}{200}$
　　　$= 9.13\,kJ/K$

문제 30. 그림과 같은 단열된 용기 안에 25 ℃의 물이 0.8 m³ 들어있다. 이 용기 안에 100 ℃, 50 kg의 쇳덩어리를 넣은 후 열적 평형이 이루어졌을 때 최종 온도는 약 몇 ℃인가? (단, 물의 비열은 4.18 kJ/(kg·K), 철의 비열은 0.45 kJ/(kg·K)이다.) 【1장】

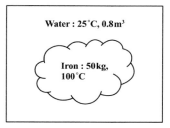

Water : 25℃, 0.8m³

Iron : 50kg, 100℃

① 25.5　　　② 27.4
③ 29.2　　　④ 31.4

해설 $Q = mc\Delta t$를 이용하면 $Q_물 = Q_{쇳덩어리}$
　$800 \times 4.18 \times (t_m - 25) = 50 \times 0.45 \times (100 - t_m)$
　　∴ $t_m = 25.5\,℃$
〈참고〉 "순수한 물"의 의미
　　$1\,\ell = 1000\,cc = 1000\,cm^3 = 10^{-3}\,m^3$
　　　········· 액체, 고체, 기체 모두 성립
　　$= 1\,kg$ ·············· "물"일 때만 가능

문제 31. 실린더에 밀폐된 8 kg의 공기가 그림과 같이 $P_1 = 800$ kPa, 체적 $V_1 = 0.27$ m³에서 $P_2 = 350$ kPa, 체적 $V_2 = 0.80$ m³으로 직선 변화하였다. 이 과정에서 공기가 한 일은 약 몇 kJ 인가? 【2장】

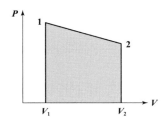

① 305　　　② 334
③ 362　　　④ 390

해설▷ $P-V$선도에서 V축으로 투영한 면적이 절대일이다.

즉, $_1W_2 = \dfrac{1}{2}(800-350)(0.8-0.27)$
$\qquad\qquad + 350(0.8-0.27)$
$\qquad = 304.75 \fallingdotseq 305\,\text{kJ}$

문제 **32.** 어떤 기체 동력장치가 이상적인 브레이턴 사이클로 다음과 같이 작동할 때 이 사이클의 열효율은 약 몇 %인가? (단, 온도(T)-엔트로피(s) 선도에서 T_1=30 ℃, T_2=200 ℃, T_3=1060 ℃, T_4=160 ℃이다.) 【8장】

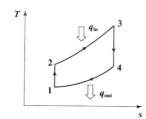

① 81 %
② 85 %
③ 89 %
④ 92 %

해설▷ $\eta_B = 1 - \dfrac{T_4 - T_1}{T_3 - T_2} = 1 - \dfrac{160-30}{1060-200}$
$\qquad = 0.849 \fallingdotseq 85\%$

문제 **33.** 이상기체에 대한 다음 관계식 중 잘못된 것은? (단, Cv는 정적비열, Cp는 정압비열, u는 내부에너지, T는 온도, V는 부피, h는 엔탈피, R은 기체상수, k는 비열비이다.) 【3장】

① $Cv = \left(\dfrac{\partial u}{\partial T}\right)_V$
② $Cp = \left(\dfrac{\partial h}{\partial T}\right)_V$

③ $Cp - Cv = R$
④ $Cp = \dfrac{kR}{k-1}$

해설▷ $C_v = \left(\dfrac{\partial q}{\partial T}\right)_v = \left(\dfrac{du}{dT}\right)_v = T\left(\dfrac{\partial s}{\partial T}\right)_v$
$C_p = \left(\dfrac{\partial q}{\partial T}\right)_p = \left(\dfrac{dh}{dT}\right)_p = T\left(\dfrac{\partial s}{\partial T}\right)_p$

문제 **34.** 열역학 제2법칙에 관해서는 여러 가지 표현으로 나타낼 수 있는데, 다음 중 열역학 제2법칙과 관계되는 설명으로 볼 수 없는 것은? 【4장】

① 열을 일로 변환하는 것은 불가능하다.
② 열효율이 100 %인 열기관을 만들 수 없다.
③ 열은 저온 물체로부터 고온 물체로 자연적으로 전달되지 않는다.
④ 입력되는 일 없이 작용하는 냉동기를 만들수 없다.

해설▷ 열역학 제2법칙은 자연계에 아무런 변화도 남기지 않고 어느 열원의 열을 계속하여 일로 바꿀 수 없다는 뜻이지 열을 일로 변환하는 것이 불가능하다는 것은 아니다.

문제 **35.** 계의 엔트로피 변화에 대한 열역학적 관계식 중 옳은 것은? (단, T는 온도, S는 엔트로피, U는 내부에너지, V는 체적, P는 압력, H는 엔탈피를 나타낸다.) 【4장】

① $TdS = dU - PdV$
② $TdS = dH - PdV$
③ $TdS = dU - VdP$
④ $TdS = dH - VdP$

해설▷ $dS = \dfrac{\delta Q}{T}$에서 $\quad \delta Q = TdS$
우선, 열역학 제1법칙의 미분형 제1식에서
$\qquad \delta Q = dU + PdV \quad \therefore\ TdS = dU + PdV$
또한, 열역학 제1법칙의 미분형 제2식에서
$\qquad \delta Q = dH - VdP \quad \therefore\ TdS = dH - VdP$

문제 **36.** 공기 1 kg이 압력 50 kPa, 부피 3 m³인 상태에서 압력 900 kPa, 부피 0.5 m³인 상태로 변화할 때 내부 에너지가 160 kJ 증가하였다. 이 때 엔탈피는 약 몇 kJ이 증가하였는가? 【2장】

① 30
② 185
③ 235
④ 460

해설 $h = u + pv$ 에서

$$\therefore \; \Delta H = \Delta U + (P_2 V_2 - P_1 V_1)$$
$$= 160 + (900 \times 0.5 - 50 \times 3)$$
$$= 460 \, kJ$$

문제 37. 체적이 일정하고 단열된 용기 내에 80 ℃, 320 kPa의 헬륨 2 kg이 들어 있다. 용기 내에 있는 회전날개가 20 W의 동력으로 30분 동안 회전한다고 할 때 용기 내의 최종 온도는 약 몇 ℃인가? (단, 헬륨의 정적비열은 3.12 kJ/(kg·K)이다.)　　　　　　【3장】

① 81.9 ℃　　　　　② 83.3 ℃
③ 84.9 ℃　　　　　④ 85.8 ℃

해설 $\delta q = dU + A p \, dv$ 에서

　"정적"이므로　$v = c$　즉, $dv = 0$
$$\therefore \; \delta q = dU = C_v \, dT$$
$$_1Q_2 = m C_v (T_2 - T_1)$$
$$0.02 \times 30 \times 60 \, (kJ) = 2 \times 3.12 \times (T_2 - 80)$$
$$\therefore \; T_2 = 85.77 \fallingdotseq 85.8 \, ℃$$

문제 38. 그림과 같은 Rankine 사이클로 작동하는 터빈에서 발생하는 일은 약 몇 kJ/kg인가? (단, h는 엔탈피, s는 엔트로피를 나타내며, h_1 =191.8 kJ/kg, h_2 =193.8 kJ/kg, h_3 =2799.5 kJ/kg, h_4 =2007.5 kJ/kg이다.)　　【7장】

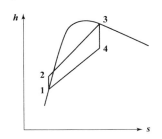

① 2.0 kJ/kg　　　　② 792.0 kJ/kg
③ 2605.7 kJ/kg　　④ 1815.7 kJ/kg

해설 $w_T = h_3 - h_4 = 2799.5 - 2007.5$
$$= 792 \, kJ/kg$$

문제 39. 시간당 380000 kg의 물을 공급하여 수증기를 생산하는 보일러가 있다. 이 보일러에 공급하는 물의 엔탈피는 830 kJ/kg이고, 생산되는 수증기의 엔탈피는 3230 kJ/kg이라고 할 때, 발열량이 32000 kJ/kg인 석탄을 시간당 34000 kg씩 보일러에 공급한다면 이 보일러의 효율은 약 몇 %인가?　　　　　【1장】

① 66.9 %　② 71.5 %　③ 77.3 %　④ 83.8 %

해설 열효율

$$\eta = \frac{정미출력(=동력=공률)}{저위발열량 \times 연료소비율} \times 100 \, (\%)$$
$$= \frac{380000 \, kg/hr \times (3230 - 830) \, kJ/kg}{32000 \, kJ/kg \times 34000 \, kg/hr} \times 100 \, (\%)$$
$$= 83.8 \, \%$$

문제 40. 터빈, 압축기, 노즐과 같은 정상 유동 장치의 해석에 유용한 몰리에(Mollier) 선도를 옳게 설명한 것은?　　　　　　【6장】

① 가로축에 엔트로피, 세로축에 엔탈피를 나타내는 선도이다.
② 가로축에 엔탈피, 세로축에 온도를 나타내는 선도이다.
③ 가로축에 엔트로피, 세로축에 밀도를 나타내는 선도이다.
④ 가로축에 비체적, 세로축에 압력을 나타내는 선도이다.

해설 $h - s$ 선도(엔탈피 - 엔트로피 선도)
　: 몰리에(Mollier) 선도

제3과목　기계유체역학

문제 41. 원관에서 난류로 흐르는 어떤 유체의 속도가 2배로 변하였을 때, 마찰계수가 변경 전 마찰계수의 $\dfrac{1}{\sqrt{2}}$로 줄었다. 이때 압력손실은 몇 배로 변하는가?　　　　　【6장】

해답 37. ④　38. ②　39. ④　40. ①　41. ②

① $\sqrt{2}$ 배 ② $2\sqrt{2}$ 배
③ 2배 ④ 4배

해설 $\Delta P = f\dfrac{\ell}{d} \times \dfrac{\gamma V^2}{2g}$ 꼴에서

$\Delta P' = \dfrac{f}{\sqrt{2}} \times \dfrac{\ell}{d} \times \dfrac{\gamma(2V)^2}{2g} = f\dfrac{\ell}{d} \times \dfrac{\gamma V^2}{2g} \times \dfrac{4}{\sqrt{2}}$

$= f \times \dfrac{\ell}{d} \times \dfrac{\gamma V^2}{2g} \times \dfrac{\sqrt{2}}{2} \times 4$

$= \Delta P \times 2\sqrt{2} = 2^{\frac{3}{2}} \Delta P$

문제 42. 점성계수가 $0.3\,\mathrm{N \cdot s/m^2}$이고, 비중이 0.9 인 뉴턴유체가 지름 30 mm인 파이프를 통해 3 m/s의 속도로 흐를 때 Reynolds수는? 【5장】

① 24.3 ② 270
③ 2700 ④ 26460

해설 $Re = \dfrac{\rho V d}{\mu} = \dfrac{\rho_{\mathrm{H_2O}} S V d}{\mu} = \dfrac{1000 \times 0.9 \times 3 \times 0.03}{0.3}$
$= 270$

문제 43. 어떤 액체의 밀도는 $890\,\mathrm{kg/m^3}$, 체적 탄성계수는 2200 MPa이다. 이 액체 속에서 전 파되는 소리의 속도는 약 몇 m/s인가? 【1장】

① 1572 ② 1483
③ 981 ④ 345

해설 $a = \sqrt{\dfrac{K(= E_V)}{\rho}} = \sqrt{\dfrac{2200 \times 10^6}{890}} \fallingdotseq 1572\,\mathrm{m/s}$

문제 44. 펌프로 물을 양수할 때 흡입측에서의 압력이 진공 압력계로 75 mmHg(부압)이다. 이 압력은 절대 압력으로 약 몇 kPa인가? (단, 수은의 비중은 13.6이고, 대기압은 760 mmHg이다.) 【2장】

① 91.3 ② 10.4
③ 84.5 ④ 23.6

해설 $p = p_o - p_g(\text{진공}) = 760 - 75 = 685\,\mathrm{mmHg}$
$= \dfrac{685}{760} \times 101.325 \fallingdotseq 91.3\,\mathrm{kPa}$

문제 45. 동점성계수가 $10\,\mathrm{cm^2/s}$이고 비중이 1.2 인 유체의 점성계수는 몇 Pa·s인가? 【1장】

① 0.12 ② 0.24
③ 1.2 ④ 2.4

해설 $\nu = \dfrac{\mu}{\rho} = \dfrac{\mu}{\rho_{\mathrm{H_2O}} S}$ 에서
$\therefore \mu = \nu \rho_{\mathrm{H_2O}} S = 10 \times 10^{-4} \times 1000 \times 1.2$
$= 1.2\,\mathrm{Pa \cdot S}$

문제 46. 평판 위를 어떤 유체가 층류로 흐를 때, 선단으로부터 10 cm 지점에서 경계층두께가 1 mm일 때, 20 cm 지점에서의 경계층두께는 얼 마인가? 【5장】

① 1 mm ② $\sqrt{2}\,\mathrm{mm}$
③ $\sqrt{3}\,\mathrm{mm}$ ④ 2 mm

해설 층류 : $\delta \propto x^{\frac{1}{2}} (= \sqrt{x})$ 이므로
$1 : \sqrt{10} = \delta : \sqrt{20}$ $\therefore \delta = \sqrt{2}\,(\mathrm{mm})$

문제 47. 온도 27 ℃, 절대압력 380 kPa인 기체 가 6 m/s로 지름 5 cm인 매끈한 원관 속을 흐 르고 있을 때 유동상태는? (단, 기체상수는 $187.8\,\mathrm{N \cdot m/(kg \cdot K)}$, 점성계수 는 $1.77 \times 10^{-5}\,\mathrm{kg/(m \cdot s)}$, 상, 하 임계 레이놀즈 수는 각각 4000, 2100이라 한다.) 【5장】

① 층류영역 ② 천이영역
③ 난류영역 ④ 포텐셜영역

해설 우선, $\rho = \dfrac{p}{RT} = \dfrac{380 \times 10^3}{187.8 \times 300} = 6.745\,\mathrm{kg/m^3}$

결국, $Re = \dfrac{\rho V d}{\mu} = \dfrac{6.745 \times 6 \times 0.05}{1.77 \times 10^{-5}} = 114322$

: 난류영역

해답 **42.** ② **43.** ① **44.** ① **45.** ③ **46.** ② **47.** ③

문제 48. 2 m×2 m×2 m의 정육면체로 된 탱크 안에 비중이 0.8인 기름이 가득 차 있고, 위 뚜껑이 없을 때 탱크의 한 옆면에 작용하는 전체 압력에 의한 힘은 약 몇 kN인가? 【2장】

① 7.6 ② 15.7

③ 31.4 ④ 62.8

해설 $F = \gamma \bar{h} A = \gamma_{H_2O} S \bar{h} A = 9.8 \times 0.8 \times 1 \times (2 \times 2)$
$= 31.36 \, kN$

문제 49. 일정 간격의 두 평판 사이에 흐르는 완전 발달된 비압축성 정상유동에서 x는 유동방향, y는 평판 중심을 0으로 하여 x방향에 직교하는 방향의 좌표를 나타낼 때 압력강하와 마찰손실의 관계로 옳은 것은? (단, P는 압력, τ는 전단응력, μ는 점성계수(상수)이다.) 【5장】

① $\dfrac{dP}{dy} = \mu \dfrac{d\tau}{dx}$ ② $\dfrac{dP}{dy} = \dfrac{d\tau}{dx}$

③ $\dfrac{dP}{dx} = \dfrac{d\tau}{dy}$ ④ $\dfrac{dP}{dx} = \dfrac{1}{\mu} \dfrac{d\tau}{dy}$

해설
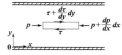

유동중에 발생하는 점성의 영향은 임의로 선택한 유체의 미소입방체의 상·하면에 생기는 압력차로 나타나게 된다.
미소입방체의 각 면에 작용하는 전(全)힘은 정상류의 경우 다음과 같은 평형방정식이 성립한다.
그런데, 정상유동이고 완전히 발달된 흐름영역에서는 가속도가 발생하지 않으므로 미소입방체의 각 면에 작용하는 전 힘은 0이 되어야 한다.
즉, $pdy - \left(p + \dfrac{dp}{dx}dx\right)dy - \tau dx + \left(\tau + \dfrac{d\tau}{dy}dy\right)dx$
$= 0$
정리하면 $-dpdy + d\tau dx = 0$
$\therefore \dfrac{dp}{dx} = \dfrac{d\tau}{dy}$

문제 50. 비중 0.85인 기름의 자유표면으로부터

10 m 아래에서의 계기압력은 약 몇 kPa인가? 【2장】

① 83 ② 830

③ 98 ④ 980

해설 $p = \gamma h = \gamma_{H_2O} Sh = 9.8 \times 0.85 \times 10 = 83.3 \, kPa$

문제 51. 물을 사용하는 원심 펌프의 설계점에서의 전양정이 30 m이고, 유량은 1.2 m³/min이다. 이 펌프를 설계점에서 운전할 때 필요한 축 동력이 7.35 kW라면 이 펌프의 효율은 약 얼마인가? 【3장】

① 75 % ② 80 %

③ 85 % ④ 90 %

해설 축동력 $L_S = \dfrac{\gamma QH}{\eta_P}$ 에서

$\therefore \eta_P = \dfrac{\gamma QH}{L_S} = \dfrac{9.8 \times \frac{1.2}{60} \times 30}{7.35} = 0.8 = 80\%$

문제 52. 그림과 같은 원형관에 비압축성 유체가 흐를 때 A단면의 평균속도가 V_1일 때 B단면에서의 평균속도 V는? 【3장】

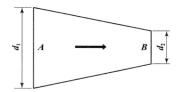

① $V = \left(\dfrac{d_1}{d_2}\right)^2 V_1$ ② $V = \dfrac{d_1}{d_2} V_1$

③ $V = \left(\dfrac{d_2}{d_1}\right)^2 V_1$ ④ $V = \dfrac{d_2}{d_1} V_1$

해설 $Q = A_1 V_1 = A_2 V_2$에서 $\dfrac{\pi d_1^2}{4} V_1 = \dfrac{\pi d_2^2}{4} \times V$

$\therefore V = \left(\dfrac{d_1}{d_2}\right)^2 V_1$

해답 48. ③ 49. ③ 50. ① 51. ② 52. ①

문제 53. 유속 3 m/s로 흐르는 물 속에 흐름방향의 직각으로 피토관을 세웠을 때, 유속에 의해 올라가는 수주의 높이는 약 몇 m인가? 【3장】

① 0.46   ② 0.92
③ 4.6   ④ 9.2

해설 $V = \sqrt{2g\Delta h}$ 에서

$$\therefore \Delta h = \frac{V^2}{2g} = \frac{3^2}{2 \times 9.8} = 0.46 \, \text{m}$$

문제 54. 2차원 유동장이 $\vec{V}(x, y) = cx\vec{i} - cy\vec{j}$로 주어질 때, 가속도장 $\vec{a}(x, y)$는 어떻게 표시되는가? (단, 유동장에서 c는 상수를 나타낸다.) 【3장】

① $\vec{a}(x, y) = cx^2\vec{i} - cy^2\vec{j}$
② $\vec{a}(x, y) = cx^2\vec{i} + cy^2\vec{j}$
③ $\vec{a}(x, y) = c^2x\vec{i} - c^2y\vec{j}$
④ $\vec{a}(x, y) = c^2x\vec{i} + c^2y\vec{j}$

해설 $\vec{V} = cx\vec{i} - cy\vec{j}$이므로 $u = cx$, $v = -cy$

결국, 가속도장 $\vec{a} = u\dfrac{\partial \vec{V}}{\partial x} + u\dfrac{\partial \vec{V}}{\partial y}$

$$= cx \cdot c\vec{i} + (-cy)(-c\vec{j})$$
$$= c^2x\vec{i} + c^2y\vec{j}$$

문제 55. 그림과 같이 유속 10 m/s인 물 분류에 대하여 평판을 3 m/s의 속도로 접근하기 위하여 필요한 힘은 약 몇 N인가?
(단, 분류의 단면적은 0.01 m²이다.) 【4장】

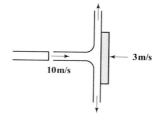

① 130   ② 490
③ 1350   ④ 1690

해설 $F = \rho Q(V - u) = \rho A(V - u)^2$
$$= 1000 \times 0.01 \times (10 + 3)^2$$
$$= 1690 \, \text{N}$$

문제 56. 물(비중량 9800 N/m³) 위를 3 m/s의 속도로 항진하는 길이 2 m인 모형선에 작용하는 조파저항이 54 N이다. 길이 50 m인 실선을 이것과 상사한 조파상태인 해상에서 항진시킬 때 조파 저항은 약 얼마인가? (단, 해수의 비중량은 10075 N/m³이다.) 【7장】

① 43 kN   ② 433 kN
③ 87 kN   ④ 867 kN

해설 우선, $(Fr)_P = (Fr)_m$에서 $\left(\dfrac{V}{\sqrt{g\ell}}\right)_P = \left(\dfrac{V}{\sqrt{g\ell}}\right)_m$

$$\frac{V_P}{\sqrt{50}} = \frac{3}{\sqrt{2}} \quad \therefore V_P = 15 \, \text{m/s}$$

결국, $D = C_D\dfrac{\gamma V^2}{2g}A$에서 $C_D = \dfrac{2gD}{\gamma V^2 A}$

$(C_D)_P = (C_D)_m$이므로 $\left(\dfrac{2gD}{\gamma V^2 A}\right)_P = \left(\dfrac{2gD}{\gamma V^2 A}\right)_m$

$$\left(\frac{2gD}{\gamma V^2 \ell^2}\right)_P = \left(\frac{2gD}{\gamma V^2 \ell^2}\right)_m$$

$$\frac{D_P}{10075 \times 15^2 \times 50^2} = \frac{54}{9800 \times 3^2 \times 2^2}$$

$$\therefore D_P = 867 \times 10^3 \text{N} = 867 \, \text{kN}$$

문제 57. 골프공 표면의 딤플(dimple, 표면 굴곡)이 항력에 미치는 영향에 대한 설명으로 잘못된 것은? 【5장】

① 딤플은 경계층의 박리를 지연시킨다.
② 딤플이 층류경계층을 난류경계층으로 천이시키는 역할을 한다.
③ 딤플이 골프공의 전체적인 항력을 감소시킨다.
④ 딤플은 압력저항보다 점성저항을 줄이는데 효과적이다.

해답 **53.** ①   **54.** ④   **55.** ④   **56.** ④   **57.** ④

해설> 딤플(dimple)은 압력저항을 줄여 공을 멀리 날아 가게 하기 위함이다.

문제 **58.** 다음과 같은 베르누이 방정식을 적용하기 위해 필요한 가정과 관계가 먼 것은? (단, 식에서 P는 압력, ρ는 밀도, V는 유속, γ는 비중량, Z는 유체의 높이를 나타낸다.) 【3장】

$$P_1 + \frac{1}{2}\rho V_1^2 + \gamma Z_1 = P_2 + \frac{1}{2}\rho V_2^2 + \gamma Z_2$$

① 정상 유동
② 압축성 유체
③ 비점성 유체
④ 동일한 유선

해설> · 베르누이 방정식의 가정
① 유체입자는 유선을 따라 움직인다.
② 유체입자는 마찰이 없다. 즉, 비점성유체이다.
③ 정상유동이다.
④ 비압축성이다.

문제 **59.** 중력은 무시할 수 있으나 관성력과 점성력 및 표면장력이 중요한 역할을 하는 미세구조물 중 마이크로 채널 내부의 유동을 해석하는데 중요한 역할을 하는 무차원 수만으로 짝지어진 것은? 【7장】

① Reynolds 수, Froude 수
② Reynolds 수, Mach 수
③ Reynolds 수, Weber 수
④ Reynolds 수, Cauchy 수

해설> · 레이놀즈수 $Re = \dfrac{관성력}{점성력}$,

프루우드수 $Fr = \dfrac{관성력}{중력}$,

웨버수 $We = \dfrac{관성력}{표면장력}$

· 마하수 $M = \dfrac{속도}{음속}$ 또는 $\dfrac{관성력}{탄성력}$,

코시수 $C = \dfrac{관성력}{탄성력}$

문제 **60.** 정상, 2차원, 비압축성 유동장의 속도성분이 아래와 같이 주어질 때 가장 간단한 유동함수(Ψ)의 형태는? (단, u는 x방향, v는 y방향의 속도성분이다.) 【3장】

$$u = 2y, \quad v = 4x$$

① $\Psi = -2x^2 + y^2$
② $\Psi = -x^2 + y^2$
③ $\Psi = -x^2 + 2y^2$
④ $\Psi = -4x^2 + 4y^2$

해설> 우선, $u = \dfrac{\partial\Psi}{\partial y}$에서 $\partial\Psi = u\partial y = 2y\partial y$

$$\therefore \ \Psi = y^2$$

또한, $v = -\dfrac{\partial\Psi}{\partial x}$에서 $\partial\Psi = -v\partial x = -4x\partial x$

$$\therefore \ \Psi = -2x^2$$

결국, $\Psi = -2x^2 + y^2$

제4과목 기계재료 및 유압기기

문제 **61.** S곡선에 영향을 주는 요소들을 설명한 것 중 틀린 것은?

① Ti, Al 등이 강재에 많이 함유될수록 S곡선은 좌측으로 이동된다.
② 강중에 첨가원소로 인하여 편석이 존재하면 S곡선의 위치도 변화한다.
③ 강재가 오스테나이트 상태에서 가열온도가 상당히 높으면 높을수록 오스테나이트 결정립은 미세해지고, S곡선의 코(nose) 부근도 왼쪽으로 이동한다.
④ 강이 오스테나이트 상태에서 외부로부터 응력을 받으면 응력이 커지게 되어 변태 시간이 짧아져 S곡선의 변태 개시선은 좌측으로 이동한다.

해설> 강재가 오스테나이트 상태에서 가열온도가 상당히 높으면 높을수록 오스테나이트의 결정립은 거칠어지고 S곡선의 코(nose) 부근도 오른쪽으로 이동한다.

해답> **58.** ② **59.** ③ **60.** ① **61.** ③

문제 62. 구상흑연주철에서 나타나는 페딩(Fading) 현상이란?

① Ce, Mg첨가에 의해 구상 흑연화를 촉진하는 것

② 구상화처리 후 용탕상태로 방치하면 흑연 구상화 효과가 소멸하는 것

③ 코크스비를 낮추어 고온 용해하므로 용탕에 산소 및 황의 성분이 낮게 되는 것

④ 두께가 두꺼운 주물이 흑연 구상화처리 후에도 냉각속도가 늦어 편상흑연조직으로 되는 것

해설 페딩(Fading) 현상 : 구상화 처리후 용탕상태로 방치하면 흑연구상화의 효과가 소실되어 다시 편상흑연주철로 복귀되는 현상

문제 63. 순철의 변태에 대한 설명 중 틀린 것은?

① 동소변태점은 A_3점과 A_4점이 있다.

② Fe의 자기변태점은 약 768 ℃ 정도이며, 퀴리(curie)점이라고도 한다.

③ 동소변태는 결정격자가 변화하는 변태를 말한다.

④ 자기변태는 일정온도에서 급격히 비연속으로 일어난다.

해설 자기변태
: Fe, Ni, Co 등과 같은 강자성체인 금속을 가열하면 일정한 온도 이상에서 금속의 결정구조는 변하지 않으나 자성을 잃어 상자성체로 변하는데 이와 같은 변태를 자기변태라 한다.
순철의 경우는 768 ℃에서 일어나며, 일명 퀴리점(curie point)이라고도 한다.
또한 Ni(358 ℃), Co(1150 ℃)이다.

문제 64. Fe-C 평형 상태도에서 γ고용체가 시멘타이트를 석출 개시하는 온도선은?

① A_{cm}선   ② A_3선

③ 공석선   ④ A_2선

해설 A_{cm}선
: γ고용체로부터 시멘타이트의 석출을 개시하는 선 즉, γ고용체에 대한 시멘타이트의 용해도를 나타내는 선

문제 65. Mg-Al계 합금에 소량의 Zn과 Mn을 넣은 합금은?

① 엘렉트론(elektron) 합금

② 스텔라이트(stellite) 합금

③ 알클래드(alclad) 합금

④ 자마크(zamak) 합금

해설 ① 엘렉트론 : Mg-Al계 합금에 소량의 Zn과 Mg, Si, Cd, Ca 등을 넣은 합금으로 320~400 ℃ 온도에서 봉, 관, 형봉, 피스톤 등으로 압축가공이 가능하다.
② 스텔라이트 : Co-Cr-W-C 합금으로 주조경질 합금이다.
③ 알클래드 : 내식용 알루미늄 합금으로 두랄루민에 내식성 Al합금을 피복한 합판재이다.
④ 자마크 : 다이캐스팅용 합금이다.

문제 66. 경도시험에서 압입체의 다이아몬드 원추각이 120°이며, 기준하중이 10 kgf인 시험법은?

① 쇼어 경도시험

② 브리넬 경도시험

③ 비커스 경도시험

④ 로크웰 경도시험

해설 ·로크웰 경도시험
① B스케일 : $\frac{1}{16}''$ 강구 사용
② C스케일 : 꼭지각 120°인 다이아몬드원뿔을 사용

문제 67. 다음 금속 중 재결정 온도가 가장 높은 것은?

① Zn   ② Sn

③ Fe   ④ Pb

해답 62. ② 63. ④ 64. ① 65. ① 66. ④ 67. ③

해설

금속원소	재결정 온도(℃)	금속원소	재결정 온도(℃)
Au(금)	200	Al(알루미늄)	150~240
Ag(은)	200	Zn(아연)	5~25
Cu(구리)	200~300	Sn(주석)	-7~25
Fe(철)	350~450	Pb(납)	-3
Ni(니켈)	530~660	Pt(백금)	450
W(텅스텐)	1,000	Mg(마그네슘)	150

문제 68. 아름답고 매끈한 플라스틱 제품을 생산하기 위한 금형재료의 요구되는 특성이 아닌 것은?

① 결정입도가 클 것
② 편석 등이 적을 것
③ 핀홀 및 흠이 없을 것
④ 비금속 개재물이 적을 것

해설 결정입도가 작을 것

문제 69. 심냉(sub-zero) 처리의 목적을 설명한 것 중 옳은 것은?

① 자경강에 인성을 부여하기 위한 방법이다.
② 급열·급냉 시 온도 이력현상을 관찰하기 위한 것이다.
③ 항온 담금질하여 베이나이트 조직을 얻기 위한 방법이다.
④ 담금질 후 변형을 방지하기 위해 잔류 오스테나이트를 마텐자이트 조직으로 얻기 위한 방법이다.

해설 · 서브제로처리(sub-zero treatment)
　(=심냉처리)
서브(sub)는 하(下), 제로(zero)는 0의 뜻이며 즉, 0℃보다 낮은 온도로 처리하는 것을 서브제로처리라 한다.
서브제로처리는
① 담금질한 조직의 안정화(stabilization)
② 게이지강 등의 자연시효(seasoning)
③ 공구강의 경도증가와 성능향상

④ 수축끼워맞춤(shrink fit) 등을 위해서 하게 된다. 일반적으로 담금질한 강에는 약간(5~20 %)의 오스테나이트가 잔류하는 것이 되므로 이것이 시일이 경과되면 마텐자이트로 변화하기 때문에 모양과 치수 그리고 경도에 변화가 생긴다. 이것을 경년변화라고 한다. 서브제로처리를 하면 잔류오스테나이트가 마텐자이트로 변해 경도가 커지고 치수변화가 없어진다. 게이지류에 서브제로처리를 하면 시효변형을 방지할 수 있으며, 공구강 특히 고속도강을 처리하면 경도가 증가해서 절삭성능이 향상된다.

문제 70. Al합금 중 개량처리를 통해 Si의 조대한 육각 판상을 미세화시킨 합금의 명칭은?

① 라우탈　　　　② 실루민
③ 문쯔메탈　　　④ 두랄루민

해설 실루민
: 일명, 알팩스라고도 하며 Al-Si계 합금이다. 주조성은 좋으나 절삭성이 좋지 않다. 또한, Al-Si계 합금은 공정반응이 나타난다.

문제 71. 감압밸브, 체크밸브, 릴리프밸브 등에서 밸브시트를 두드려 비교적 높은 음을 내는 일종의 자려 진동 현상은?

① 유격 현상
② 채터링 현상
③ 폐입 현상
④ 캐비테이션 현상

해설 채터링(chattering) 현상
: 스프링에 의해 작동되는 릴리프밸브에 발생되기 쉬우며 밸브시트를 두들겨서 비교적 높은 음을 발생시키는 일종의 자려진동현상을 말한다.

문제 72. 유압 파워유닛의 펌프에서 이상 소음 발생의 원인이 아닌 것은?

① 흡입관의 막힘
② 유압유에 공기 혼입
③ 스트레이너가 너무 큼
④ 펌프의 회전이 너무 빠름

해답 68. ① 　 69. ④ 　 70. ② 　 71. ② 　 72. ③

해설 · 유압펌프의 소음이 발생하는 원인
① 흡입관이나 흡입여과기의 일부가 막힌다.
② 펌프 흡입관의 결합부에서 공기가 누입되고 있다.
③ 펌프의 상부커버(top cover)의 고정볼트가 헐겁다.
④ 펌프축의 센터와 원동기축의 센터가 맞지 않다.
⑤ 흡입오일속에 기포가 있다.
⑥ 펌프의 회전이 너무 빠르다.
⑦ 오일의 점도가 너무 진하다.
⑧ 여과기가 너무 작다.

문제 73. 지름이 2 cm인 관속을 흐르는 물의 속도가 1 m/s이면 유량은 약 몇 cm³/s인가?

① 3.14
② 31.4
③ 314
④ 3140

해설 $Q = AV = \dfrac{\pi \times 2^2}{4} \times 100 = 314\,\mathrm{cm}^3/\mathrm{s}$

문제 74. 한 쪽 방향으로 흐름은 자유로우나 역방향의 흐름을 허용하지 않는 밸브는?

① 체크 밸브
② 셔틀 밸브
③ 스로틀 밸브
④ 릴리프 밸브

해설 체크밸브(역지밸브 : check valve)
: 한방향의 유동을 허용하나 역방향의 유동은 완전히 저지하는 역할을 하는 밸브

문제 75. 다음 중 유량제어밸브에 의한 속도제어 회로를 나타낸 것이 아닌 것은?

① 미터 인 회로
② 블리드 오프 회로
③ 미터 아웃 회로
④ 카운터 회로

해설 속도제어회로
: 미터인회로, 미터아웃회로, 블리드오프회로

문제 76. 유체를 에너지원 등으로 사용하기 위하여 가압 상태로 저장하는 용기는?

① 디퓨져
② 액추에이터
③ 스로틀
④ 어큐뮬레이터

해설 축압기(accumulator)
: 유압회로 중에서 기름이 누출될 때 기름 부족으로 압력이 저하되지 않도록 누출된 양만큼 기름을 보급해주는 작용을 하며, 갑작스런 충격압력을 예방하는 역할도 하는 안전보장장치이다. 또한 작동유가 갖고 있는 에너지를 잠시 축적했다가 이것을 이용하여 완충작용도 할 수 있다.

문제 77. 점성계수(coefficient of viscosity)는 기름의 중요 성질이다. 점도가 너무 낮을 경우 유압기기에 나타나는 현상은?

① 유동저항이 지나치게 커진다.
② 마찰에 의한 동력손실이 증대된다.
③ 각 부품 사이에서 누출 손실이 커진다.
④ 밸브나 파이프를 통과할 때 압력손실이 커진다.

해설 · 점도가 너무 낮을 경우의 영향
① 내부 및 외부의 오일 누설의 증대
② 압력유지의 곤란
③ 유압펌프, 모터 등의 용적효율의 저하
④ 기기 마모의 증대
⑤ 압력발생 저하로 정확한 작동 불가
· 점도가 너무 높을 경우의 영향
① 동력손실증가로 기계효율의 저하
② 소음이나 공동현상 발생
③ 유동저항의 증가로 인한 압력손실의 증대
④ 내부마찰의 증대로 인한 온도의 상승
⑤ 유압기기 작동의 불활발

문제 78. 저 압력을 어떤 정해진 높은 출력으로 증폭하는 회로의 명칭은?

① 부스터 회로
② 플립플롭 회로
③ 온오프제어 회로
④ 레지스터 회로

정답 73. ③ 74. ① 75. ④ 76. ④ 77. ③ 78. ①

해설 ① 플립플롭 회로(flip-flop circuit) : 2개의 안정한 정기적 상태를 지닌 회로
② 온오프제어 회로(on-off control circuit) : 제어장치는 그 대상에 대해서 제어하는 양을 목표로 하는 값에 일치시키도록 조작하는데 그 조작량이 1이나 0 즉, 목표값을 증가시키거나 감소시키는 두 가지 정보에 의해서 제어하는 방식이다.
③ 레지스터 회로(register circuit) : 플립플롭회로를 많이 연결한 형태를 하고 있는 회로이다.

문제 79. 베인펌프의 일반적인 구성 요소가 아닌 것은?

① 캠링　　　　　　② 베인
③ 로터　　　　　　④ 모터

해설 베인펌프의 주요구성요소
: 입구나 출구포트(ports), 로터(rotor), 베인(vane), 캠링(camring) 등

문제 80. 유공압 실린더의 미끄러짐 면의 운동이 간헐적으로 되는 현상은?

① 모노 피딩(Mono-feeding)
② 스틱 슬립(Stick-slip)
③ 컷 인 다운(Cut in-down)
④ 듀얼 액팅(Dual acting)

해설 스틱슬립(stick-slip)
: 원활하지 못하고 어딘가 무엇이 걸린듯한 진동을 동반하는 마찰현상으로서 이동테이블과 안내면 사이에서 일어나고, 이송기구에서 발생하는 탄성변형과 그 복원의 반복현상을 말한다.

제5과목　기계제작법 및 기계동력학

문제 81. 무게 20 N인 물체가 2개의 용수철에 의하여 그림과 같이 놓여 있다. 한 용수철은 1 cm 늘어나는데 1.7 N이 필요하며 다른 용수철은 1 cm 늘어나는데 1.3 N이 필요하다. 변위 진폭이

1.25 cm가 되려면 정적 평형 위치에 있는 물체는 약 얼마의 초기속도 (cm/s)를 주어야 하는가? (단, 이 물체는 수직 운동만 한다고 가정한다.)

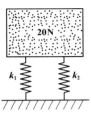

① 11.5　　　　　　② 18.1
③ 12.4　　　　　　④ 15.2

해설 우선, $k_1 = \dfrac{W_1}{\delta_1} = \dfrac{1.7}{1} = 1.7\,\text{N/cm}$

$\quad k_2 = \dfrac{W_2}{\delta_2} = \dfrac{1.3}{1} = 1.3\,\text{N/cm}$

병렬연결이므로 $k = k_1 + k_2 = 1.7 + 1.3 = 3\,\text{N/cm}$

또한, $\omega = \sqrt{\dfrac{k}{m}} = \sqrt{\dfrac{gk}{W}} = \sqrt{\dfrac{980 \times 3}{20}}$
$\qquad = 12.124\,(\text{rad/s})$

결국, 속도 $V = \dot{x} = X\omega = 1.25 \times 12.125$
$\qquad\qquad = 15.155 \fallingdotseq 15.2\,(\text{cm/s})$

문제 82. 전동기를 이용하여 무게 9800 N의 물체를 속도 0.3 m/s로 끌어올리려 한다. 장치의 기계적 효율을 80 %로 하면 최소 몇 kW의 동력이 필요한가?

① 3.2　　　　　　② 3.7
③ 4.9　　　　　　④ 6.2

해설 동력 $H = \dfrac{Fv}{\eta} = \dfrac{9.8 \times 0.3}{0.8} = 3.675\,\text{kW} \fallingdotseq 3.7\,\text{kW}$

문제 83. 그림과 같이 Coulomb 감쇠를 일으키는 진동계에서 지면과의 마찰계수는 0.1, 질량 $m = 100\,\text{kg}$, 스프링 상수 $k = 981\,\text{N/cm}$이다. 정지상태에서 초기 변위를 2 cm 주었다가 놓을 때 4 cycle후의 진폭은 약 몇 cm가 되겠는가?

해답 79. ④　80. ②　81. ④　82. ②　83. ①

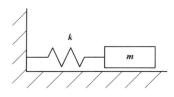

① 0.4   ② 0.1

③ 1.2   ④ 0.8

해설〉우선, $a = \dfrac{\mu m g}{k} = \dfrac{0.1 \times 100 \times 981}{981 \times 10^2} = 0.1$

결국, $x_n = x_0 - 2an = 2 - 2 \times 0.1 \times 8 = 0.4\,\text{cm}$

〈참고〉$1\,\text{N} = 1\,\text{kg} \cdot \text{m/s}^2 = 10^2\,\text{kgcm/s}^2$

$\qquad g = 9.81\,\text{m/s}^2 = 981\,\text{cm/s}^2$

$\qquad n$: 반사이클수

즉, 반사이클수란 1사이클이면 반사이클수

$\qquad n = 2$ 개라는 의미이다.

문제 84. 단순조화운동(Harmonic motions)일 때 속도와 가속도의 위상차는 얼마인가?

① $\dfrac{\pi}{2}$ ② π

③ 2π ④ 0

해설〉속도($X\omega$)는 회전벡터(=변위 : X) 보다 $\dfrac{\pi}{2}$ 만큼 앞선 위상을 갖으며, 가속도($X\omega^2$)는 속도($X\omega$)보다 $\dfrac{\pi}{2}$ 만큼 앞선 위상을 갖는다.

문제 85. 어떤 물체가 정지 상태로부터 다음 그 래프와 같은 가속도(a)로 속도가 변화한다. 이 때 20초 경과 후의 속도는 약 몇 m/s인가?

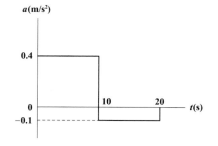

① 1   ② 2

③ 3   ④ 4

해설〉$V = V_0 + at$ 에서 $V_0 = 0$ 이므로

∴ $V = at = (0.4 \times 10) + (-0.1 \times 10) = 3\,\text{m/s}$

문제 86. 그림은 스프링과 감쇠기로 지지된 기관 (engine, 총 질량 m)이며, m_1은 크랭크 기구 의 불평형 회전 질량으로 회전 중심으로부터 r 만큼 떨어져 있고, 회전주파수는 ω이다. 이 기 관의 운동 방정식을 $m\ddot{x} + c\dot{x} + kx = F(t)$ 라고 할 때 $F(t)$로 옳은 것은?

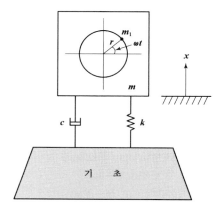

① $F(t) = \dfrac{1}{2} m_1 r \omega^2 \sin\omega t$

② $F(t) = \dfrac{1}{2} m_1 r \omega^2 \cos\omega t$

③ $F(t) = m_1 r \omega^2 \sin\omega t$

④ $F(t) = m_1 r \omega^2 \cos\omega t$

해설〉편심질량 m_1의 변위는 $x + r\sin\omega t$ 이므로

$(m - m_1)\ddot{x} + m_1 \dfrac{d^2}{dt^2}(x + r\sin\omega t) + kx = 0$

$m\ddot{x} - m_1\ddot{x} + m_1\ddot{x} + m_1 r(-\omega^2\sin\omega t) + kx = 0$

$m\ddot{x} + kx = m_1 r \omega^2 \sin\omega t$

비감쇠 강제진동의 운동방정식은

$\qquad m\ddot{x} + kx = F(t)$ 이므로

결국, $F(t) = m_1 r \omega^2 \sin\omega t$

여기서, $m_1 r \omega^2$을 회전불균형힘이라 한다.

정답   84. ①   85. ③   86. ③

문제 87. 반지름이 r인 균일한 원판의 중심에 200 N의 힘이 수평방향으로 가해진다. 원판의 미끄러짐을 방지하는데 필요한 최소 마찰력(F)은?

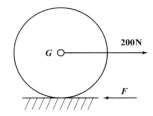

① 200 N

② 100 N

③ 66.67 N

④ 33.33 N

해설 원판과 지면과의 접촉점을 0점이라 하면

$$\sum M_0 = J_0 \alpha \text{에서} \quad Pr = (J_G + mr^2)\alpha$$

$$Pr = \left(\frac{mr^2}{2} + mr^2\right)\alpha \quad \text{즉, } Pr = \frac{3mr^2}{2}\alpha$$

$$\therefore \alpha = \frac{2P}{3mr}$$

결국, $\sum F_x = ma_x$ 단, $a_x = \alpha r$

$$P - F = m\alpha r$$

$$\therefore F = P - m\alpha r = P - m \times \frac{2P}{3mr} \times r = \frac{P}{3} = \frac{200}{3}$$

$$= 66.67 \text{N}$$

문제 88. 축구공을 지면으로부터 1 m의 높이에서 자유낙하 시켰더니 0.8 m 높이까지 다시 튀어 올랐다. 이 공의 반발계수는 얼마인가?

① 0.89

② 0.83

③ 0.80

④ 0.77

해설 우선, 충돌전의 상대속도

$$V = \sqrt{2gh} = \sqrt{2 \times 9.8 \times 1} = 4.427 \text{m/s}$$

또한, 충돌후의 상대속도

$$V' = \sqrt{2gh'} = \sqrt{2 \times 9.8 \times 0.8} = 3.96 \text{m/s}$$

결국, 반발계수 $e = \dfrac{V'}{V} = \dfrac{3.96}{4.427} = 0.89$

문제 89. 길이가 1 m이고 질량이 3 kg인 가느다란 막대에서 막대 중심축과 수직하면서 질량 중심을 지나는 축에 대한 질량 관성모멘트는 몇 $kg \cdot m^2$인가?

① 0.20

② 0.25

③ 0.30

④ 0.40

해설 막대($=$봉)의 도심축에 관한 질량관성모멘트(J_G)는

$$J_G = \frac{1}{12}m\ell^2 = \frac{1}{12} \times 3 \times 1^2 = 0.25 \text{kg} \cdot \text{m}^2$$

문제 90. 아이스하키 선수가 친 퍽이 얼음 바닥 위에서 30 m를 가서 정지하였는데, 그 시간이 9초가 걸렸다. 퍽과 얼음 사이의 마찰계수는 얼마인가?

① 0.046

② 0.056

③ 0.066

④ 0.076

해설 우선, $S = \overset{\nearrow 0}{S_0} + \overset{\nearrow 0}{V_0}t + \frac{1}{2}at^2$에서

$$30 = \frac{1}{2}a \times 9^2 \quad \therefore a = 0.741 \text{m/s}^2$$

또한, $V = \overset{\nearrow 0}{V_0} + at = at = 0.741 \times 9 = 6.67 \text{m/s}$

결국, 마찰일량(U)$=$운동에너지(T)에서

$$\mu mgS = \frac{1}{2}mV^2$$

$$\therefore \mu = \frac{V^2}{2gS} = \frac{6.67^2}{2 \times 9.8 \times 30} = 0.076$$

문제 91. 다음 인발가공에서 인발 조건의 인자로 가장 거리가 먼 것은?

① 절곡력(folding force)

② 역장력(back tension)

③ 마찰력(friction force)

④ 다이각(die angle)

해설 인발에 관계되는 인자
: 단면감소율, 다이각, 윤활, 마찰력, 인발속도, 인발재료, 인발률, 인발력, 역장력 등

해답   87. ③   88. ①   89. ②   90. ④   91. ①

문제 92. 다음 중 나사의 유효지름 측정과 가장 거리가 먼 것은?

① 나사 마이크로미터 ② 센터게이지
③ 공구현미경   ④ 삼침법

해설 유효지름의 측정
: 나사마이크로미터, 삼침법, 공구현미경, 만능측장기

문제 93. 구성인선(built up edge)의 방지 대책으로 틀린 것은?

① 공구 경사각을 크게 한다.
② 절삭 깊이를 작게 한다.
③ 절삭 속도를 낮게 한다.
④ 윤활성이 좋은 절삭유제를 사용한다.

해설 · 구성인선(built-up edge)의 방지법
① 경사각을 크게 한다.
② 절삭속도를 크게 한다.
③ 절삭깊이를 적게 한다.
④ 윤활과 냉각을 위하여 유동성 있는 절삭유를 사용한다.
⑤ 칩과 공구 경사면간의 마찰을 적게 하기 위하여 경사면을 매끄럽게 한다.
⑥ 절삭날을 예리하게 한다.
⑦ 마찰계수가 적은 초경합금과 같은 절삭공구를 사용한다.
보통, 구성인선의 발생이 없어지는 임계절삭속도는 120~150 m/min이다.

문제 94. 다음 중 전주가공의 특징으로 가장 거리가 먼 것은?

① 가공시간이 길다.
② 복잡한 형상, 중공축 등을 가공할 수 있다.
③ 모형과의 오차를 줄일 수 있어 가공 정밀도가 높다.
④ 모형 전체면에 균일한 두께로 전착이 쉽게 이루어진다.

해설 · 전주가공(electroforming)
: 전해액 중에서 음극과 양극을 대향시켜 통전하면 양극쪽에서는 전해용출이 일어나지만, 음극에서는 금속이온이 방전하여 전착현상을 일으킨다. 이와같은 전착현상을 이용하여 전착층을 두껍게 해서 원형과 반대형상의 제품을 만드는 가공이다.
① 장점
  ㉠ 모형과의 오차를 작게 할 수 있어 가공정밀도가 높다.
  ㉡ 가공형상 및 제품치수에 제한이 없다.
  ㉢ 전착금속의 기계적 성질은 첨가제와 전주조건에 의해 쉽게 조정될 수 있다.
  ㉣ 내구 모형을 사용하여 대량생산이 가능하다.
② 단점
  ㉠ 전착속도가 느리고, 다른 가공법에 비해 가공시간이 길다.
  ㉡ 모형 전면에 균일한 두께로 전착이 어렵다.
  ㉢ 금속의 재종에 따라서는 가공이 곤란한 것이 많다.
  ㉣ 가공비용이 다른 가공법에 비해 비싸다.

문제 95. 주조에서 탕구계의 구성요소가 아닌 것은?

① 쇳물받이   ② 탕도
③ 피이더   ④ 주입구

해설 · 탕구계 : 쇳물받이 → 탕구 → 탕도 → 주입구
① 탕구 : 주형에 쇳물이 유입되는 통로
② 탕도 : 용융금속을 주형내부의 각 부분으로 유도 및 배분해주는 통로

문제 96. 다음 중 저온 뜨임의 특성으로 가장 거리가 먼 것은?

① 내마모성 저하
② 연마균열 방지
③ 치수의 경년 변화 방지
④ 담금질에 의한 응력 제거

해설 저온뜨임 : 담금질한 강을 A_1 이하의 적당한 온도로 뜨임해서 사용하는 것이 원칙이며 공구, 베어링, 게이지 등의 경도와 내마모성을 중시하는 것에서는 고탄소강을 사용해서 담금질 경화후 주로 150~200 ℃에서 저온뜨임을 한다. 저온뜨임을 행하면 경도와 내마모성은 저하하지 않고 잔류응력은 경감된다. 또한, 강도, 탄성한도가 향상되고 충격치도 조금 높아지게 된다. 특히, 조직이 안정하게 되어 게이지나 정밀부품에 대한 치수의 경년변화를 방지한다.

정답 92. ② 93. ③ 94. ④ 95. ③ 96. ①

문제 **97.** TIG 용접과 MIG 용접에 해당하는 용접은?

① 불활성가스 아크 용접
② 서브머지드 아크 용접
③ 교류 아크 셀룰로스계 피복 용접
④ 직류 아크 일미나이트계 피복 용접

해설 ·불활성가스 아크용접
: 불활성가스(Ar, He)를 공급하면서 용접
① MIG용접 : 불활성가스 금속 아크용접
② TIG용접 : 불활성가스 텅스텐 아크용접

문제 **98.** 다이(die)에 탄성이 뛰어난 고무를 적층으로 두고 가공 소재를 형상을 지닌 펀치로 가압하여 가공하는 성형가공법은?

① 전자력 성형법
② 폭발 성형법
③ 엠보싱법
④ 마폼법

해설 마폼법(marforming)
: 용기 모양의 홈안에 고무를 넣고 고무를 다이 대신 사용하는 것으로 베드에 설치되어 있는 펀치가 소재판을 위에 고정되어 있는 고무에 밀어넣어 성형 가공하는 방법이다.

문제 **99.** 연강을 고속도강 바이트로 세이퍼 가공할 때 바이트의 1분간 왕복횟수는?
(단, 절삭속도=15 m/min이고 공작물의 길이(행정의 길이)는 150 mm, 절삭행정의 시간과 바이트 1왕복의 시간과의 비 $k=3/5$이다.)

① 10회
② 15회
③ 30회
④ 60회

해설 $V = \dfrac{N\ell}{1000a}\,(\mathrm{m/min})$ 에서

$\therefore N = \dfrac{1000aV}{\ell} = \dfrac{1000 \times \frac{3}{5} \times 15}{150} = 60$ 회

여기서, $a(=k)$: 행정시간비(=급속귀환비)

문제 **100.** 드릴링 머신으로 할 수 있는 기본 작업 중 접시머리 볼트의 머리 부분이 묻히도록 원뿔자리 파기 작업을 하는 가공은?

① 태핑
② 카운터 싱킹
③ 심공 드릴링
④ 리밍

해설 ① 태핑 : 탭을 이용하여 암나사를 가공하는 작업
② 카운터싱킹 : 접시머리나사의 머리부를 묻히게 하기 위해 원뿔자리를 만드는 작업
③ 심공드릴링머신 : 구멍의 지름에 비해 깊은 구멍을 뚫을 때 사용하는 드릴링머신
④ 리밍 : 드릴로 이미 뚫은 구멍의 내면을 정밀하게 다듬는 작업

건설기계설비 기사

※ 재료역학, 열역학, 유체역학, 유압기기는 일반기계 기사와 중복됩니다. 나머지 유체기계, 건설기계일반, 플랜트배관의 순서는 1~30번으로 정합니다.

제4과목 유체기계

문제 **1.** 유체기계의 일종인 공기기계에 관한 설명으로 옳지 않은 것은?

① 기체의 단위체적당 중량이 물의 약 $\dfrac{1}{830}$ (20 ℃ 기준)로서 작은 편이다.
② 기체는 압축성이므로 압축, 팽창을 할 때 거의 온도변화가 발생하지 않는다.
③ 각 유로나 관로에서의 유속은 물인 경우보다 수배 이상으로 높일 수 있다.
④ 공기기계의 일종인 압축기는 보통 압력 상승이 $1\,\mathrm{kg_f/cm^2}$ 이상인 것을 말한다.

해설 ·공기기계
① 기체의 단위체적당 중량이 물의 약 $\dfrac{1}{830}$ (20 ℃ 기준)로서 적다.

② 기체는 압축성이므로 압축, 팽창을 할 때 온도의 변화가 따른다.

③ 각 유로나 관로에서의 유속은 물인 경우보다 약 10배 이상으로 할 수 있다.

④ 압력상승이 $0 \sim 0.1\,kg_f/cm^2$의 범위의 것을 팬(fan), $0.1 \sim 1\,kg_f/cm^2$의 범위의 것을 송풍기(blower), $1\,kg_f/cm^2$ 이상의 것을 압축기(compressor)라 한다.

문제 2. 다음 중 프로펠러 수차에 관한 설명으로 옳지 않은 것은?

① 일반적으로 $3 \sim 90\,m$의 저낙차로서 유량이 큰 곳에 사용한다.

② 반동 수차에 속하며, 물이 미치는 형식은 축류 형식에 속한다.

③ 회전차의 형식에서 고정익의 형태를 가지면 카플란 수차, 가동익의 형태를 가지면 지라르 수차라고 한다.

④ 프로펠러 수차의 형식은 축류 펌프와 같고, 다만 에너지의 주고 받는 방향이 반대일 뿐이다.

[해설] 프로펠러 수차는 회전차의 형식에서 가동익형을 카플란(kaplan) 수차라 하고, 고정익형을 프로펠러(propeller) 수차라고 부른다.

문제 3. 토크 컨버터의 주요 구성요소들을 나타낸 것은?

① 구동기어, 종동기어, 버킷

② 피스톤, 실린더, 체크밸브

③ 밸런스디스크, 베어링, 프로펠러

④ 펌프회전차, 터빈회전차, 안내깃(스테이터)

[해설] 토크컨버터의 구성요소
: 회전차(impeller), 깃차(runner), 안내깃(stator)

문제 4. 진공펌프는 기체를 대기압 이하의 저압에서 대기압까지 압축하는 압축기의 일종이다. 다음 중 일반 압축기와 다른 점을 설명한 것

으로 옳지 않은 것은?

① 흡입압력을 진공으로 함에 따라 압력비는 상당히 커지므로 격간용적, 기체누설을 가급적 줄여야 한다.

② 진공화에 따라서 외부의 액체, 증기, 기체를 빨아들이기 쉬워서 진공도를 저하시킬 수 있으므로 이에 주의를 요한다.

③ 기체의 밀도가 낮으므로 실린더 체적은 축동력에 비해 크다.

④ 송출압력과 흡입압력의 차이가 작으므로 기체의 유로 저항이 커져도 손실동력이 비교적 적게 발생한다.

[해설] · 진공펌프가 보통의 압축기와 다른점
① 흡입과 송출의 압력차는 $1\,kg_f/cm^2$에 지나지 않지만, 흡입압력을 진공으로 함에 따라 즉, 진공 100%에 가까운 상태로부터 흡입하는 경우 압력비는 상당히 크게 된다. 그러므로 격간용적, 기체누설을 가급적 줄여야 한다.
② 진공화에 따라 액체, 기체, 증기를 빨아들이기 쉽게 된다. 그 결과 도달 진공도를 저하시키게 되므로 주의를 요한다.
③ 취급기계의 비체적이 크므로 즉, 기체의 밀도가 작으므로 실린더 체적은 축동력에 비해 크게 된다. 단단압축기에서는 고압이 될수록 실린더 지름은 작게 하지만, 다단진공펌프는 보통 같은 지름으로 한다.
④ 송출압력과 흡입압력의 압력차가 작으므로 기체의 유로저항을 작게 하지 않으면 손실동력이 증대한다.
⑤ 최대 압축일은 중간진공이 되었을 때 흡입하는 경우 일어난다.

문제 5. 다음 각 수차들에 관한 설명 중 옳지 않은 것은?

① 펠턴 수차는 비속도가 가장 높은 형식의 수차이다.

② 프란시스 수차는 반동형 수차에 속한다.

③ 프로펠러 수차는 저낙차 대유량인 곳에 주로 사용된다.

④ 카플란 수차는 축류 수차에 해당한다.

[해답] 2. ③ 3. ④ 4. ④ 5. ①

해설 · 비교회전도(=비속도 : n_S)
① 펠톤수차 : $n_S = 8 \sim 30$(고낙차용)
② 프란시스수차 : $n_S = 40 \sim 350$(중낙차용)
③ 축류수차 : $n_S = 400 \sim 800$(저낙차용)

문제 **6.** 다음 중 일반적으로 유체기계에 속하지 않는 것은?

① 유압 기계
② 공기 기계
③ 공작 기계
④ 유체 전송 장치

해설 유체기계
: 수력기계(유압기계), 공기기계, 유체전송(수송)장치

문제 **7.** 공동현상(Cavitation)이 발생했을 때 일어나는 현상이 아닌 것은?

① 압력의 급변화로 소음과 진동이 발생한다.
② 펌프 흡입관의 손실수두나 부차적 손실이 큰 경우 공동현상이 발생되기 쉽다.
③ 양정, 효율 및 축동력이 동시에 급격히 상승한다.
④ 깃의 벽면에 부식(Pitting)이 일어나 사고로 이어질 수 있다.

해설 · 공동현상(cavitation) 발생에 따르는 여러 가지 현상
① 소음과 진동 : 기포의 생성과 파괴가 순식간에 반복되므로 그것에 의한 충격파에 의하여 소음과 진동이 수반되고, 때로는 운전불능의 상태가 되는 경우도 있다.
② 성능의 저하 : 캐비테이션은 펌프의 회전차 깃 뒷면에서 발생하게 되므로 회전차 내의 유동이 흐트러지고 양정, 효율, 축동력이 함께 급격히 저하한다. 이러한 경향은 깃의 통로가 폭이 넓고 길이가 짧은 비속도가 큰 펌프일수록 영향을 크게 받는다.
③ 깃의 손상 : 깃의 침식은 성능을 저하시킬 뿐만 아니라 특히 깃의 벽면 부분 결손은 중대한 사고로 이어질 염려가 있기 때문에 캐비테이션이 발생된 그대로 장시간 운전하는 것은 매우 큰 위험을 초래하게 된다.

문제 **8.** 다음 왕복펌프의 효율에 관한 설명 중 옳지 않은 것은?

① 피스톤 1회 왕복중의 실제 흡입량 V와 행정체적 V_0의 비를 체적효율(η_v)이라고 하며, $\eta_v = \dfrac{V}{V_0}$로 나타낸다.
② 피스톤이 유체에 주는 도시동력 L과 펌프의 축동력 L_1과의 비를 기계효율(η_m)이라고 하며, $\eta_m = \dfrac{L_1}{L}$로 나타낸다.
③ 펌프에 의하여 최종적으로 얻어지는 압력 증가량 p와 흡입 행정 중에 피스톤 작동면에 작용하는 평균유효압력 p_m의 비를 수력효율(η_h)이라고 하며, $\eta_h = \dfrac{p}{p_m}$으로 나타낸다.
④ 펌프의 전효율 η는 체적효율, 기계효율, 수력효율의 전체 곱으로 나타낸다.

해설 기계효율 $\eta_m = \dfrac{p_m Q_{th}}{L}$
여기서, L : 축동력, p_m : 평균유효압력,
Q_{th} : 이론양수량

문제 **9.** 수차에 직결되는 교류 발전기에 대해서 주파수를 f (Hz), 발전기의 극수를 p라고 할 때 회전수 n (rpm)을 구하는 식은?

① $n = 60\dfrac{p}{f}$ ② $n = 60\dfrac{f}{p}$

③ $n = 120\dfrac{p}{f}$ ④ $n = 120\dfrac{f}{p}$

해설 $f = \dfrac{pn}{120}$ 즉, $n = 120\dfrac{f}{p}$
여기서, f : 주파수 (Hz), p : 발전기의 극수,
n : 회전수 (rpm)

문제 **10.** 양정 20 m, 송출량 0.3 m³/min, 효율 70 %인 물펌프의 축동력은 약 얼마인가?

① 1.4 kW   ② 4.2 kW

③ 1.4 MW   ④ 4.2 MW

[해설] 우선, 수동력 $L_w = \dfrac{\gamma QH}{102} = \dfrac{1000 \times \frac{0.3}{60} \times 20}{102}$

$\qquad\qquad = 0.98\,kW$

결국, 전효율 $\eta = \dfrac{\text{수동력}(L_w)}{\text{축동력}(L)}$ 에서

$\qquad \therefore\ L = \dfrac{L_w}{\eta} = \dfrac{0.98}{0.7} = 1.4\,kW$

제5과목 건설기계일반 및 플랜트배관

문제 11. 타이어식과 비교한 무한궤도식 불도저의 특징으로 틀린 것은?

① 접지압이 작다.

② 견인력이 강하다.

③ 기동성이 빠르다.

④ 습지, 사지에서 작업이 용이하다.

[해설] ·주행장치에 의한 분류
(＝접지압을 고려한 분류)

항 목	무한궤도식 (crawler)	타이어식 (＝차륜식 : wheel type)
토질의 영향	적 다	크 다
연약지반 작업	용 이	곤 란
경사지 작업	용 이	곤 란
작업거리 영향	크 다	적 다
작업속도	느리다	빠르다
주행기동성, 이동성	느리다	빠르다
작업안정성	안 정	조금 떨어진다
견인능력, 등판능력	크 다	작 다
접지압	작 다	크 다

문제 12. 버킷 용량은 1.34 m³, 버킷 계수는 1.2, 작업효율은 0.8, 체적환산계수는 1, 1회 사이클 시간은 40초라고 할 때 이 로더의 운전시간당 작업량은 약 몇 m³/h인가?

① 24   ② 53

③ 84   ④ 116

[해설] $Q = \dfrac{3600qfkE}{C_m}$

$\qquad = \dfrac{3600 \times 1.34 \times 1 \times 1.2 \times 0.8}{40}$

$\qquad \fallingdotseq 116\,m^3/hr$

문제 13. 쇼벨계 굴삭기계의 작업구동방식에서 기계 로프식과 유압식을 비교한 것 중 틀린 것은?

① 기계 로프식은 굴삭력이 크다.

② 유압식은 구조가 복잡하여 고장이 많다.

③ 유압식은 운전조작이 용이하다.

④ 기계 로프식은 작업성이 나쁘다.

[해설] ·유압셔블의 특징
① 구조가 간단하다.
② 프론트의 교환과 주행이 쉽다.
③ 보수 및 운전조작이 쉽다.
④ 모든 면에서 기계 로프식보다 우수하다.

문제 14. 짐칸을 옆으로 기울게 하여 짐을 부리는 트럭은?

① 사이드(side)덤프트럭

② 리어(rear)덤프트럭

③ 다운(down)덤프트럭

④ 버텀(bottom)덤프트럭

[해설] ·덤프트럭의 종류
① 리어(rear) 덤프트럭 : 짐칸을 뒤쪽으로 기울게 (후방 60° 경사) 하여 짐을 부리는 트럭으로 토목공사에서 가장 많이 사용
② 사이드(side) 덤프트럭 : 짐칸을 옆쪽으로 기울게 하여 짐을 부리는 트럭
③ 보텀(bottom) 덤프트럭 : 지브의 밑부분이 열려서 짐을 아래로 부릴 수 있는 것으로 트레일러 덤프차에 많이 사용
④ 3방 열림 덤프트럭 : 3방향으로 짐을 부릴 수 있는 트럭

[해답] **11.** ③   **12.** ④   **13.** ②   **14.** ①

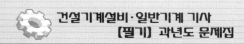
문제 15. 콘크리트를 구성하는 재료를 저장하고 소정의 배합 비율대로 계량하고 MIXER에 투입하여 요구되는 품질의 콘크리트를 생산하는 설비는?

① ASPHALT PLANT
② BATCHER PLANT
③ CRUSHING PLANT
④ CHEMICAL PLANT

해설 · 콘크리트배칭플랜트(concrete batching plant)
 ① 개요 : 골재저장통, 개량장치 및 혼합장치를 가지고 있고 원동기가 달린 것으로서 각 재료를 소정의 배합률로 콘크리트를 제조·생산하는 장치
 ② 규격표시 : 시간당 생산량을 톤으로 표시 (ton/hr)

문제 16. 건설기계의 내연기관에서 연소실의 체적이 30 cc이고 행정체적이 240 cc인 경우, 압축비는 얼마인가?

① 6 : 1
② 7 : 1
③ 8 : 1
④ 9 : 1

해설 $\varepsilon = \dfrac{V}{V_C} = \dfrac{V_C + V_S}{V_C} = 1 + \dfrac{V_S}{V_C} = 1 + \dfrac{240}{30}$
$= 9 = 9 : 1$

문제 17. 다음 중 1차 쇄석기(crusher)는?

① 조(jaw) 쇄석기
② 콘(cone) 쇄석기
③ 로드 밀(rod mill) 쇄석기
④ 해머 밀(hammer mill) 쇄석기

해설 · 쇄석기의 종류
 ① 1차 쇄석기 : 조 크러셔, 자이레토리 크러셔, 임팩트 크러셔
 ② 2차 쇄석기 : 콘 크러셔, 해머 크러셔, 더블 롤 크러셔
 ③ 3차 쇄석기 : 로드밀, 볼밀

문제 18. 버킷 준설선에 관한 설명으로 옳지 않은 것은?

① 토질에 영향이 적다.
② 암반 준설에는 부적합하다.
③ 준선 능력이 크며 대용량 공사에 적합하다.
④ 협소한 장소에서도 작업이 용이하다.

해설 · 버킷(bucket) 준설선의 특징
 <장점>
 ① 준설능력이 크며 대용량공사에 적합하다.
 ② 준설단가가 저렴하다.
 ③ 토질에 영향이 적다.
 ④ 악천후나 조류 등에 강하다.
 ⑤ 밑바닥은 평탄하게 시공이 가능하므로 항로, 정박지 등의 대량준설에 적합하다.
 <단점>
 ① 암반준설에는 부적합하다.
 ② 작업반경이 크고, 협소한 장소에서는 작업하기 어렵다.

문제 19. 기계부품에서 예리한 모서리가 있으면 국부적인 집중응력이 생겨 파괴되기 쉬워지는 것으로 강도가 감소하는 것은?

① 잔류응력 ② 노치효과
③ 질량효과 ④ 단류선

해설 ① 잔류응력 : 물체가 외력도 없이 상온인데도 불구하고 재료 내부에 잔존하고 있는 응력을 말한다.
 ② 노치효과 : 단면의 형상이 급격히 변화하는 부분에는 응력집중이 일어나므로 피로한도는 저하한다. 이러한 현상을 노치효과라 한다.
 ③ 질량효과 : 강을 담금질할 때 재료의 표면은 급랭에 의해 담금질이 잘 되는데 반해 재료의 중심에 가까울수록 담금질이 잘되지 않는다. 따라서 같은 조성의 강을 같은 방법으로 담금질해도 그 재료의 굵기나 두께가 다르면 냉각속도가 다르게 되므로 담금질 깊이도 달라지게 된다. 이처럼 질량의 크기에 따라 담금질의 효과에 미치는 영향을 질량효과라 한다.
 ④ 단류선 : 강재의 결정립이 외부로부터 단조 또는 압연 등의 응력을 받아 변형된 결정립의 흐름을 말한다.

해답 15. ② 16. ④ 17. ① 18. ④ 19. ②

문제 20. 기중기의 작업장치(전부장치)에 대한 설명으로 옳지 않은 것은?

① 드래그라인 : 수중굴착에 용이
② 백호 : 지면보다 아래 굴착에 용이
③ 셔블 : 지면보다 낮은 곳의 굴착에 용이
④ 크램셸 : 수중굴착 및 깊은 구멍 굴착에 용이

해설 셔블(shovel)
: 지면보다 높은 곳의 굴착에 용이하다.

문제 21. 슬루스 밸브라고 하며, 유체의 흐름을 단속하려고 할 때 사용하는 밸브는?

① 글로브밸브   ② 게이트밸브
③ 볼 밸브   ④ 버터플라이밸브

해설 ① 슬루스밸브(sluice valve) : 게이트밸브(gate valve)라고도 하며, 밸브디스크가 유체의 관로를 수직으로 막아서 개폐하고, 유체의 흐름이 일직선을 이루는 밸브이다.
② 글로브밸브(glove valve) : 둥근 모양의 밸브 몸통을 가지며, 입구와 출구의 중심선이 일직선 위에 있고, 유체의 흐름이 S자 모양으로 된다.
③ 볼밸브(ball valve) : 밸브의 개폐 부분에는 구멍이 뚫린 공 모양의 밸브가 있으며, 이것을 회전시킴에 의해 구멍을 막거나 열어 밸브를 개폐하는 것으로 콕과 유사한 밸브이다.
④ 버터플라이밸브(butterfly valve) : 밸브 관내 원판형상의 밸브 본체를 돌려 관로의 유량을 조절하는 밸브를 말한다.

문제 22. 동관용 공작용 공구가 아닌 것은?

① 링크형 파이프커터
② 플레어링 툴 세트
③ 사이징 툴
④ 익스팬더

해설 동관용 공구
: 확산기(expander), 티뽑기(extractors), 굴관기(bender), 나팔관 확산기(flaring too set), 리머(reamer), 파이프커터(pipe cutter), 사이징 툴(sizing tool)

문제 23. 관 또는 환봉을 동력에 의해 톱날이 상하 또는 좌우 왕복을 하며 공작물을 한쪽 방향으로 절단하는 기계는?

① 동력 나사 절삭기   ② 파이프 가스 절단기
③ 숫돌 절단기   ④ 핵 소잉 머신

해설 기계활톱(power hacksaw)
: 주로 원주모양의 재료를 절단할 때 사용하는 공작기계로서 핵소잉머신(hacksawing machine)이라고도 한다. 톱날이 상하왕복으로 절단한다.

문제 24. 최고사용 압력이 5 MPa인 배관에서 압력 배관용 탄소강관의 인장강도가 38 kg/mm² 인 것을 사용할 때 스케줄 번호(sch No.)는? (단, 안전율 5이며, SPPS-38의 sch No. 10, 20, 40, 60, 80이다.)

① 20   ② 40   ③ 60   ④ 80

해설 우선, 허용응력

$$\sigma_a(=\sigma_w) = \frac{\text{인장강도}}{\text{안전율}} = \frac{\frac{38}{9.8}(\text{MPa})}{5} ≒ 0.78\,\text{MPa}$$

결국, 스케줄 번호(SCH)

$$= 10 \times \frac{\text{사용응력}(p : \text{MPa})}{\text{허용응력}(\sigma_a : \text{MPa})} = 10 \times \frac{5}{0.78}$$

$$= 64.1$$

∴ SCH = 64.1보다 큰 값은 80이다.

문제 25. 나사 내는 탭(tap)의 재질은 탄소공구강, 합금공구강, 고속도강이 있는데 표준경도로 적당한 것은?

① Hrc 40   ② Hrc 50
③ Hrc 60   ④ Hrc 70

해설 탭의 재질
: 탭의 재질은 탄소공구강(STC3), 합금공구강(STS2), 고속도강(SKH3) 등이 사용되고 있으며 경도는 H_{RC} (로크웰경도, C스케일) 60을 표준으로 하고 있다. 또한, 나사부의 정밀도에 따라 1급 a, b, 2급, 3급, 4급의 5종류가 있으며, 1급 a가 가장 높고, 4급이 가장 낮다.

정답 20. ③   21. ②   22. ①   23. ④   24. ④   25. ③

문제 26. 배관 용접부의 비파괴 검사방법 중에서 널리 사용하고 있는 방법으로 물질을 통과하기 쉬운 X선 등을 사용하며 균열, 융합 불량, 용입 불량, 기공, 슬래그 섞임, 언더컷 등의 결함을 검출할 때 가장 적절한 방법은?

① 누설검사　　　　② 육안검사
③ 초음파검사　　　④ 방사선투과검사

해설 방사선투과검사 : X선이나 방사성동위원소를 시험대상물에 투과해 필름에 나타나는 상을 판별하여 결함을 검출하는 방법이다.

문제 27. 강관의 표시 방법 중 냉간가공 아크용접 강관은?

① −S−H　　　　② −A−C
③ −E−C　　　　④ −S−C

해설 ·제조방법을 표시하는 기호
　　　(다만, −는 공백이어도 좋다.)
① 열간가공 이음매 없는 강관 : −S−H
② 냉간가공 이음매 없는 강관 : −S−C
③ 자동아크용접강관 : −A
④ 냉간가공 자동아크용접강관 : −A−C
⑤ 용접부가공 자동아크용접강관 : −A−B
⑥ 레이저용접강관 : −L
⑦ 냉간가공 레이저용접강관 : −L−C
⑧ 용접부가공 레이저용접강관 : −L−B
⑨ 열간가공, 냉간가공 이외의 전기저항용접강관
　　 : −E−G
⑩ 냉간가공 전기저항용접강관 : −E−C

문제 28. 글로브 밸브(globe valve)에 관한 설명으로 틀린 것은?

① 유체의 흐름에 따른 관내 마찰 저항 손실이 작다.
② 개폐가 쉽고 유량 조절용으로 적합하다.
③ 평면형, 원뿔형, 반구형, 반원형 디스크가 있다.
④ 50 mm 이하는 나사형, 65 mm 이상은 플랜지형 이음을 사용한다.

해설 ·글로브밸브(globe valve)
① 밸브가 구형이며 직선배관 중간에 설치한다.
② 유입방향과 유출방향은 같으나 유체가 밸브의 아래로부터 유입하여 밸브시트의 사이를 통해 흐르게 되어 있어 유체의 흐름이 갑자기 바뀌기 때문에 유체에 대한 저항은 크나 개폐가 쉽고, 유량조절이 용이하다.
③ 보통 50 mm 이하는 포금제 나사형, 65 mm 이상은 플랜지 이음형이다.
④ 밸브 디스크 모양은 평면형, 반구형, 원뿔형, 반원형 등이 있다.

문제 29. 유류배관설비의 기밀시험을 할 때 사용해서는 안 되는 가스는?

① 질소가스　　　　② 수소
③ 탄산가스　　　　④ 아르곤

해설 기밀시험
: 배관 속에 탄산가스, 질소가스, 아르곤 또는 건조공기 등의 무해 가스체를 넣어 압력 시험을 한다.

문제 30. 스테인리스 강관의 용접 시 열 영향 방지 대책으로 옳은 것은?

① 용접봉은 가능한 한 직경이 작은 것을 사용하여 모재에 입열을 적게 하는 것이 좋다.
② 티타늄(Ti) 등의 안정화 원소를 첨가하여 니켈 탄화물의 형성을 방지한다.
③ 탄소(C)가 0.1 % 이상 함유된 오스테나이트 스테인리스강에는 일반적으로 304 L, 316 L 등의 용접봉이 사용된다.
④ 탄화물 석출의 억제를 위해 모재 및 용착금속의 탄화물 석출온도 범위를 가능한 장시간에 걸쳐 냉각시킨다.

해답 26. ④　27. ②　28. ①　29. ②　30. ①

2019년 제2회 일반기계·건설기계설비 기사

제1과목 재료역학

문제 1. 끝이 닫혀있는 얇은 벽의 둥근 원통형 압력 용기에 내압 p가 작용한다. 용기의 벽의 안쪽 표면 응력상태에서 일어나는 절대 최대전단응력을 구하면?
(단, 탱크의 반경 = r, 벽 두께 = t이다.) 【3장】

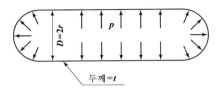

① $\dfrac{pr}{2t} - \dfrac{p}{2}$ ② $\dfrac{pr}{4t} - \dfrac{p}{2}$

③ $\dfrac{pr}{4t} + \dfrac{p}{2}$ ④ $\dfrac{pr}{2t} + \dfrac{p}{2}$

해설 용기의 바깥 표면에서는 제3의 주응력이 0이지만, 용기의 안쪽 표면에서는 $-p$가 되므로 모어원에서는 C점으로 표시된다.

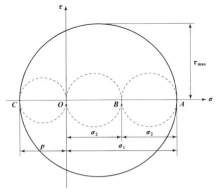

따라서 용기의 안쪽 표면에 근접해서는 최대전단응력은 지름 CA인 원의 반지름과 같다.

$$\tau_{\max} = \frac{1}{2}(\sigma_1 + p) = \frac{1}{2}\left(\frac{pr}{t} + p\right) = \frac{pr}{2t} + \frac{p}{2}$$

단, $\sigma_1 = \dfrac{pr}{t}$, $\sigma_2 = \dfrac{pr}{2t}$

〈참고〉 제3의 주응력 : 2차원에서 주응력이 작용하는 두면에서 전단응력은 0이다. 즉, 전단응력이 0인 평면은 주평면이 된다. 하지만 2차원에 한정되는 것만이 아니라 3차원(Z축)으로 발생할 수 있다. Z축의 면에서도 당연히 전단응력의 크기가 0인데 이 면 또한 제3의 주평면으로 이러한 제3의 주평면에서 발생하는 제3의 주응력은 0이다.

문제 2. 그림과 같은 평면 응력 상태에서 최대 주응력은 약 몇 MPa인가? (단, σ_x =500 MPa, σ_y =−300 MPa, τ_{xy} =−300 MPa이다.)

【3장】

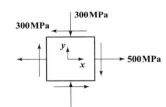

① 500   ② 600
③ 700   ④ 800

해설
$$\sigma_1 = \frac{1}{2}(\sigma_x + \sigma_y) + \frac{1}{2}\sqrt{(\sigma_x - \sigma_y)^2 + 4\tau_{xy}^2}$$
$$= \frac{1}{2}(500 - 300) + \frac{1}{2}\sqrt{(500 + 300)^2 + 4 \times 300^2}$$
$$= 600\,\mathrm{MPa}$$

문제 3. 길이 3 m의 직사각형 단면 $b \times h$ =5 cm ×10 cm을 가진 외팔보에 w의 균일분포하중이 작용하여 최대굽힘응력 500 N/cm²이 발생할 때, 최대전단응력은 약 몇 N/cm²인가?

【7장】

해답 1. ④   2. ②   3. ③

① 20.2　　　　② 16.5

③ 8.3　　　　④ 5.4

해설 우선, $M = \sigma Z$에서

$$300w \times 150 = 500 \times \frac{5 \times 10^2}{6}$$

$$\therefore \ w = 0.926 \, \mathrm{N/cm}$$

결국, $\tau_{max} = \frac{3}{2} \times \frac{F}{A} = \frac{3}{2} \times \frac{277.8}{5 \times 10}$

$$\doteqdot 8.3 \, \mathrm{N/cm^2}$$

단, $F = w\ell = 0.926 \times 300 = 277.8 \, \mathrm{N}$

문제 4. 두께 10 mm의 강판에 지름 23 mm의 구멍을 만드는데 필요한 하중은 약 몇 kN인가? (단, 강판의 전단응력 τ=750 MPa이다.) 【1장】

① 243　　　　② 352

③ 473　　　　④ 542

해설 $\tau = \frac{P_s}{A}$에서

$$\therefore \ P_s = \tau A = \tau \pi d t = 750 \times \pi \times 23 \times 10$$

$$= 541.925 \times 10^3 \, \mathrm{N}$$

$$\doteqdot 542 \, \mathrm{kN}$$

〈참고〉$1 \, \mathrm{MPa} = 1 \, \mathrm{N/mm^2}$

문제 5. 포아송의 비 0.3, 길이 3 m인 원형단면의 막대에 축방향의 하중이 가해진다. 이 막대의 표면에 원주방향으로 부착된 스트레인 게이지가 -1.5×10^{-4}의 변형률을 나타낼 때, 이 막대의 길이 변화로 옳은 것은? 【1장】

① 0.135 mm 압축

② 0.135 mm 인장

③ 1.5 mm 압축

④ 1.5 mm 인장

해설 우선, $\mu = -\frac{\varepsilon'}{\varepsilon}$에서

$$\varepsilon = -\frac{\varepsilon'}{\mu} = -\frac{(-1.5 \times 10^{-4})}{0.3} = 0.0005$$

결국, $\varepsilon = \frac{\lambda}{\ell}$에서

$$\lambda = \varepsilon \ell = 0.0005 \times 3000 = 1.5 \, \mathrm{mm} \,(\text{인장})$$

〈참고〉 프와송의 비는 항상 양수이므로 $-$를 붙이고 계산한다.

왜냐하면 축방향의 변형률(ε)과 가로방향의 변형률(ε')의 값은 축방향이 인장($+$)이면, 가로방향은 압축($-$)이기 때문이다.

문제 6. 원형축(바깥지름 d)을 재질이 같은 속이 빈 원형축(바깥지름 d, 안지름 $d/2$)으로 교체하였을 경우 받을 수 있는 비틀림 모멘트는 몇 % 감소하는가? 【5장】

① 6.25　　　　② 8.25

③ 25.6　　　　④ 52.6

해설

$$\frac{T_2}{T_1} = \frac{\tau Z_{P2}}{\tau Z_{P1}} = \frac{\dfrac{\pi(d_2^4 - d_1^4)}{16 d_2}}{\left(\dfrac{\pi d^3}{16}\right)} = \frac{d_2^4 - d_1^4}{d_2 \times d^3}$$

$$= \frac{d^4 - \left(\dfrac{d}{2}\right)^4}{d \times d^3} = \frac{d^4 - \left(\dfrac{d^4}{16}\right)}{d^4}$$

$$= 1 - \frac{1}{16} = \frac{15}{16} = 0.9375$$

$$= 93.75 \, \%$$

결국, $100\% - 93.75\% = 6.25\%$ 감소

문제 7. 지름 4 cm, 길이 3 m인 선형 탄성 원형축이 800 rpm으로 3.6 kW를 전달할 때 비틀림 각은 약 몇 도(°)인가? (단, 전단 탄성계수는 84 GPa이다.) 【5장】

① 0.0085°

② 0.35°

③ 0.48°

④ 5.08°

해설 $\theta = \dfrac{180}{\pi} \times \dfrac{T\ell}{GI_P} = \dfrac{180}{\pi} \times \dfrac{42.97 \times 3}{84 \times 10^9 \times \dfrac{\pi \times 0.04^4}{32}}$

$$\doteqdot 0.35°$$

단, 동력 $P = T\omega$에서

$$T = \frac{P}{\omega} = \frac{3.6 \times 10^3}{\left(\dfrac{2\pi \times 800}{60}\right)} = 42.97 \, \mathrm{Nm}$$

정답 **4.** ④　**5.** ④　**6.** ①　**7.** ②

문제 8. 그림과 같은 형태로 분포하중을 받고 있는 단순지지보가 있다. 지지점 A에서의 반력 R_A는 얼마인가?

(단, 분포하중 $w(x) = w_0 \sin \frac{\pi x}{L}$ 이다.) 【6장】

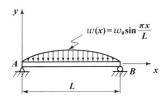

① $\dfrac{2w_0 L}{\pi}$　　　　② $\dfrac{w_0 L}{\pi}$

③ $\dfrac{w_0 L}{2\pi}$　　　　④ $\dfrac{w_0 L}{2}$

해설〉 $dF_x = wdx = w_o \sin \dfrac{\pi x}{L} dx$

$\displaystyle \int_0^L dF_x = \int_0^L w_o \sin \dfrac{\pi x}{L} dx$

$\therefore \ F = \left[-w_o \cos \dfrac{\pi x}{L} \Big/ \dfrac{\pi}{L} \right]_o^L = -\dfrac{w_o L}{\pi} \cos \dfrac{\pi L}{L} + \dfrac{w_o L}{\pi}$

$= -\dfrac{w_o L}{\pi} (\cos \pi - 1) = \dfrac{2 w_o L}{\pi}$

결국, $R_A = R_B = \dfrac{F}{2} = \dfrac{w_o L}{\pi}$

문제 9. 지름 30 mm의 환봉 시험편에서 표점거리를 10 mm로 하고 스트레인 게이지를 부착하여 신장을 측정한 결과 인장하중 25 kN에서 신장 0.0418 mm가 측정되었다. 이때의 지름은 29.97 mm이었다. 이 재료의 포아송 비(ν)는? 【1장】

① 0.239　　　　② 0.287

③ 0.0239　　　　④ 0.0287

해설〉 $\nu = \dfrac{\varepsilon'}{\varepsilon} = \dfrac{\left(\dfrac{\delta}{d} \right)}{\left(\dfrac{\lambda}{\ell} \right)} = \dfrac{\ell \delta}{d \lambda}$

$= \dfrac{10 \times (30 - 29.97)}{30 \times 0.0418}$

$= 0.239$

문제 10. 다음과 같은 단면에 대한 2차 모멘트 I_z는 약 몇 mm^{4}인가? 【4장】

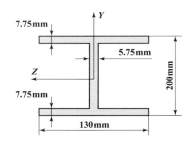

① 18.6×10^6　　　　② 21.6×10^6

③ 24.6×10^6　　　　④ 27.6×10^6

해설〉 $I_z =$
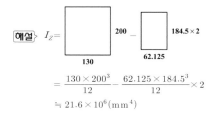

$= \dfrac{130 \times 200^3}{12} - \dfrac{62.125 \times 184.5^3}{12} \times 2$

$\fallingdotseq 21.6 \times 10^6 (\text{mm}^4)$

문제 11. 단면 20 cm×30 cm, 길이 6 m의 목재로 된 단순보의 중앙에 20 kN의 집중하중이 작용할 때, 최대 처짐은 약 몇 cm인가?
(단, 세로탄성계수 $E = 10$ GPa이다.) 【8장】

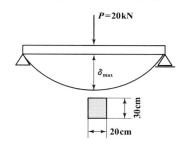

① 1.0　　　　② 1.5

③ 2.0　　　　④ 2.5

해설〉 $\delta_{\max} = \dfrac{P \ell^3}{48 EI} = \dfrac{20 \times 6^3}{48 \times 10 \times 10^6 \times \dfrac{0.2 \times 0.3^3}{12}}$

$= 0.02 \, \text{m} = 2 \, \text{cm}$

정답〉 8. ②　9. ①　10. ②　11. ③

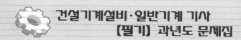
문제 12. 다음과 같이 길이 L인 일단고정, 타단 지지보에 등분포 하중 w가 작용할 때, 고정단 A로부터 전단력이 0이 되는 거리(X)는 얼마인가? 【9장】

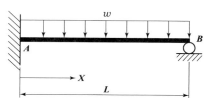

① $\dfrac{2}{3}L$ ② $\dfrac{3}{4}L$

③ $\dfrac{5}{8}L$ ④ $\dfrac{3}{8}L$

[해설] $F_x = 0$인 위치($= M_{max}$의 위치)는 고정단(A점)으로부터 $x = \dfrac{5}{8}L$지점이며, 지지점(B점)으로부터는 $\dfrac{3}{8}L$지점이다.

문제 13. 안지름이 80 mm, 바깥지름이 90 mm이고 길이가 3 m인 좌굴 하중을 받는 파이프 압축 부재의 세장비는 얼마 정도인가? 【10장】

① 100   ② 110
③ 120   ④ 130

[해설] 우선, $K = \sqrt{\dfrac{I}{A}} = \sqrt{\dfrac{\dfrac{\pi}{64}(d_2^4 - d_1^4)}{\dfrac{\pi}{4}(d_2^2 - d_1^2)}}$

$= \sqrt{\dfrac{d_2^2 + d_1^2}{16}} = \sqrt{\dfrac{0.09^2 + 0.08^2}{16}}$

$= 0.03 \text{ m}$

결국, $\lambda = \dfrac{\ell}{K} = \dfrac{3}{0.03} = 100$

문제 14. 그림과 같은 구조물에서 점 A에 하중 $P = 50$ kN이 작용하고 A점에서 오른편으로 $F = 10$ kN이 작용할 때 평형위치의 변위 x는 몇 cm인가? (단, 스프링탄성계수(k)=5 kN/cm이다.) 【6장】

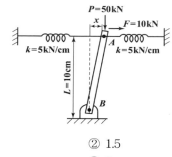

① 1   ② 1.5
③ 2   ④ 3

[해설] "전도 모멘트＝복원 모멘트"에서
$FL + Px = 2kxL$
$10 \times 10 + 50x = 2 \times 5 \times x \times 10$ ∴ $x = 2 \text{ cm}$

문제 15. 단면적이 7 cm²이고, 길이가 10 m인 환봉의 온도를 10 ℃ 올렸더니 길이가 1 mm 증가했다. 이 환봉의 열팽창계수는? 【2장】

① $10^{-2}/℃$ ② $10^{-3}/℃$
③ $10^{-4}/℃$ ④ $10^{-5}/℃$

[해설] $\lambda = \alpha \Delta t \ell$에서
∴ $\alpha = \dfrac{\lambda}{\Delta t \cdot \ell} = \dfrac{1}{10 \times 10 \times 10^3} = 10^{-5}/℃$

문제 16. 그림과 같이 한쪽 끝을 지지하고 다른 쪽을 고정한 보가 있다. 보의 단면은 직경 10 cm의 원형이고 보의 길이는 L이며, 보의 중앙에 2094 N의 집중하중 P가 작용하고 있다. 이때 보에 작용하는 최대굽힘응력이 8 MPa라고 한다면, 보의 길이 L은 약 몇 m인가? 【7장】

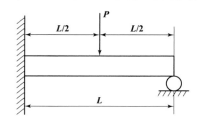

① 2.0   ② 1.5
③ 1.0   ④ 0.7

[해답] **12.** ③ **13.** ① **14.** ③ **15.** ④ **16.** ①

해설> $M = \sigma Z$ 에서 $\dfrac{3}{16} PL = \sigma_a \times \dfrac{\pi d^3}{32}$

$\dfrac{3}{16} \times 2094 \times L = 8 \times 10^6 \times \dfrac{\pi \times 0.1^3}{32}$ $\therefore L = 2\,\text{m}$

문제 **17.** 그림에서 C점에서 작용하는 굽힘모멘트는 몇 N·m인가? 【6장】

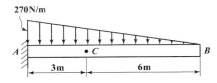

① 270

② 810

③ 540

④ 1080

해설> 우선, $270 : w_x = 9 : 6$ 에서 $w_x = 180\,\text{N/m}$

결국, $M_c = \dfrac{w_c \times 6}{2} \times 6 \times \dfrac{1}{3} = 1080\,\text{N} \cdot \text{m}$

문제 **18.** 다음 그림과 같이 C점에 집중하중 P가 작용하고 있는 외팔보의 자유단에서 경사각 θ를 구하는 식은? (단, 보의 굽힘 강성 EI는 일정하고, 자중은 무시한다.) 【8장】

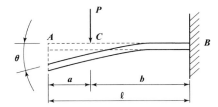

① $\theta = \dfrac{P\ell^2}{2EI}$

② $\theta = \dfrac{3P\ell^2}{2EI}$

③ $\theta = \dfrac{Pa^2}{2EI}$

④ $\theta = \dfrac{Pb^2}{2EI}$

해설>

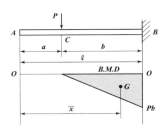

$\theta_A = \dfrac{A_M}{EI} = \dfrac{1}{EI} \times \dfrac{1}{2} \times b \times Pb = \dfrac{Pb^2}{2EI}$

$\delta_A = \theta_A \bar{x} = \dfrac{Pb^2}{2EI}\left(a + \dfrac{2b}{3}\right)$

문제 **19.** 직육면체가 일반적인 3축 응력 σ_x, σ_y, σ_z를 받고 있을 때 체적 변형률 ε_v는 대략 어떻게 표현되는가? 【3장】

① $\varepsilon_v \simeq \dfrac{1}{3}(\varepsilon_x + \varepsilon_y + \varepsilon_z)$

② $\varepsilon_v \simeq \varepsilon_x + \varepsilon_y + \varepsilon_z$

③ $\varepsilon_v \simeq \varepsilon_x \varepsilon_y + \varepsilon_y \varepsilon_z + \varepsilon_z \varepsilon_x$

④ $\varepsilon_v \simeq \dfrac{1}{3}(\varepsilon_x \varepsilon_y + \varepsilon_y \varepsilon_z + \varepsilon_z \varepsilon_x)$

해설> 체적변형률

$\varepsilon_V = \dfrac{\Delta V}{V} \fallingdotseq \varepsilon_x + \varepsilon_y + \varepsilon_z$

문제 **20.** 강재 중공축이 25 kN·m의 토크를 전달한다. 중공축의 길이가 3 m이고, 이 때 축에 발생하는 최대전단응력이 90 MPa이며, 축에 발생된 비틀림각이 2.5°라 할 때 축의 외경과 내경을 구하면 각각 약 몇 mm인가? (단, 축 재료의 전단탄성계수는 85 GPa이다.) 【5장】

① 146, 124

② 136, 114

③ 140, 132

④ 133, 112

정답 **17.** ④ **18.** ④ **19.** ② **20.** ①

해설 우선, $\theta = \dfrac{180}{\pi} \times \dfrac{T\ell}{GI_P}$ 에서

$$2.5° = \frac{180}{\pi} \times \frac{32 \times 25 \times 3}{85 \times 10^6 \times \pi (d_2^4 - d_1^4)} \quad \cdots\cdots\cdots\cdots ①식$$

또한, $T = \tau Z_P$에서 $\quad 25 = 90 \times 10^3 \times \dfrac{\pi(d_2^4 - d_1^4)}{16 d_2}$

$$\therefore \pi(d_2^4 - d_1^4) = \frac{25 \times 16 d_2}{90 \times 10^3} \Rightarrow ①식에 \ 대입$$

$$2.5 = \frac{180}{\pi} \times \frac{32 \times 25 \times 3}{85 \times 10^6 \times \dfrac{25 \times 16 \times d_2}{90 \times 10^3}} \ 에서$$

$$\therefore d_2 = 0.1456\,\mathrm{m} = 145.6\,\mathrm{mm} ≒ 146\,\mathrm{mm}$$

$$d_1 = 124\,\mathrm{mm}$$

제2과목 기계열역학

문제 21. 압력이 100 kPa이며 온도가 25 ℃인 방의 크기가 240 m³이다. 이 방에 들어있는 공기의 질량은 약 몇 kg인가?
(단, 공기는 이상기체로 가정하며, 공기의 기체상수는 0.287 kJ/(kg·K)이다.) 【3장】

① 0.00357   ② 0.28
③ 3.57   ④ 280

해설 $pV = mRT$에서

$$\therefore m = \frac{pV}{RT} = \frac{100 \times 240}{0.287 \times 298} = 280.6\,\mathrm{kg}$$

문제 22. 클라우지우스(Clausius) 부등식을 옳게 표현한 것은? (단, T는 절대 온도, Q는 시스템으로 공급된 전체 열량을 표시한다.) 【4장】

① $\displaystyle\oint \frac{\delta Q}{T} \geq 0$ ② $\displaystyle\oint \frac{\delta Q}{T} \leq 0$

③ $\displaystyle\oint T\delta Q \geq 0$ ④ $\displaystyle\oint T\delta Q \leq 0$

해설 ·클라우지우스의 적분값 : $\displaystyle\oint \frac{\delta Q}{T} \leq 0$

① 가역사이클 : $\displaystyle\oint \frac{\delta Q}{T} = 0$

② 비가역사이클 : $\displaystyle\oint \frac{\delta Q}{T} < 0$

문제 23. 어떤 시스템에서 유체는 외부로부터 19 kJ의 일을 받으면서 167 kJ의 열을 흡수하였다. 이 때 내부에너지의 변화는 어떻게 되는가? 【2장】

① 148 kJ 상승한다.
② 186 kJ 상승한다.
③ 148 kJ 감소한다.
④ 186 kJ 감소한다.

해설 $_1Q_2 = \Delta U + _1W_2$에서
$167 = \Delta U - 19 \quad \therefore \Delta U = 186\,\mathrm{kJ}$ 상승한다.

문제 24. 용기에 부착된 압력계에 읽힌 계기압력이 150 kPa이고 국소대기압이 100 kPa일 때 용기 안의 절대압력은? 【1장】

① 250 kPa
② 150 kPa
③ 100 kPa
④ 50 kPa

해설 $p = p_o + p_g = 100 + 150 = 250\,\mathrm{kPa}$

문제 25. 어떤 사이클이 다음 온도(T)-엔트로피(s) 선도와 같을 때 작동 유체에 주어진 열량은 약 몇 kJ/kg인가? 【4장】

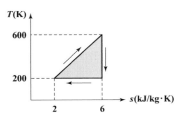

① 4   ② 400
③ 800   ④ 1600

해설 $T-s$ 선도의 면적은 열량(q)을 의미하므로

$$q = \frac{1}{2} \times 4 \times 400 = 800\,\mathrm{kJ/kg \cdot K}$$

해답 **21.** ④   **22.** ②   **23.** ②   **24.** ①   **25.** ③

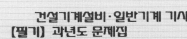

 26. $R-12$를 작동 유체로 사용하는 이상적인 증기압축 냉동 사이클이 있다. 여기서 증발기 출구 엔탈피는 229 kJ/kg, 팽창밸브 출구 엔탈피는 81 kJ/kg, 응축기 입구 엔탈피는 255 kJ/kg일 때 이 냉동기의 성적계수는 약 얼마인가? 【9장】

① 4.1 ② 4.9
③ 5.7 ④ 6.8

해설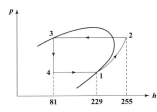

$$\varepsilon_r = \frac{h_1 - h_4}{h_2 - h_1} = \frac{229 - 81}{255 - 229} \fallingdotseq 5.7$$

27. 체적이 500 cm³인 풍선에 압력 0.1 MPa, 온도 288 K의 공기가 가득 채워져 있다. 압력이 일정한 상태에서 풍선 속 공기 온도가 300 K로 상승했을 때 공기에 가해진 열량은 약 얼마인가? (단, 공기는 정압비열이 1.005 kJ/(kg·K), 기체상수가 0.287 kJ/(kg·K)인 이상기체로 간주한다.) 【3장】

① 7.3 J ② 7.3 kJ
③ 14.6 J ④ 14.6 kJ

해설 우선, $pV_1 = mRT_1$에서

$$m = \frac{pV_1}{RT_1} = \frac{0.1 \times 10^3 \times 500 \times 10^{-6}}{0.287 \times 288}$$
$$= 0.0006 \, \text{kg}$$

결국, $_1Q_2 = mC_p(T_2 - T_1)$
$$= 0.0006 \times 1.005 \times 10^3 \times (300 - 288)$$
$$\fallingdotseq 7.3 \, \text{J}$$

28. 500 W의 전열기로 4 kg의 물을 20 ℃에서 90 ℃까지 가열하는데 몇 분이 소요되는

가? (단, 전열기에서 열은 전부 온도 상승에 사용되고 물의 비열은 4180 J/(kg·K)이다.) 【1장】

① 16 ② 27
③ 39 ④ 45

해설 $_1Q_2 = mc\Delta t$에서
$$500 \, \text{W} (= \text{J/s}) \times x \, (\text{sec}) = 4 \times 4180 \times (90 - 20)$$
$$\therefore x = 2340.8 \, \text{sec} \fallingdotseq 39 \, \text{min}$$

29. 효율이 40 %인 열기관에서 유효하게 발생되는 동력이 110 kW라면 주위로 방출되는 총 열량은 약 몇 kW인가? 【4장】

① 375 ② 165
③ 135 ④ 85

해설 우선, $\eta = \frac{W}{Q_1}$에서

$$Q_1 = \frac{W}{\eta} = \frac{110}{0.4} = 275 \, \text{kW}$$

결국, $W = Q_1 - Q_2$에서
$$Q_2 = Q_1 - W = 275 - 110 = 165 \, \text{kW}$$

30. 카르노 사이클로 작동되는 열기관이 고온체에서 100 kJ의 열을 받고 있다. 이 기관의 열효율이 30 %라면 방출되는 열량은 약 몇 kJ인가? 【4장】

① 30 ② 50
③ 60 ④ 70

해설 $\eta_c = \frac{Q_1 - Q_2}{Q_1}$에서

$$\therefore Q_2 = Q_1 - \eta_c Q_1 = Q_1(1 - \eta_c)$$
$$= 100(1 - 0.3) = 70 \, \text{kJ}$$

31. 그림과 같이 실린더 내의 공기가 상태 1에서 상태 2로 변화할 때 공기가 한 일은? (단, P는 압력, V는 부피를 나타낸다.) 【2장】

정답 26. ③ 27. ① 28. ③ 29. ② 30. ④ 31. ④

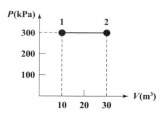

① 30 kJ   ② 60 kJ

③ 3000 kJ   ④ 6000 kJ

해설 $_1W_2 = \int_1^2 pdV = p(V_2 - V_1) = 300 \times (30 - 10)$

$\qquad\qquad = 6000\,\text{kJ}$

문제 32. 수증기가 정상과정으로 40 m/s의 속도로 노즐에 유입되어 275 m/s로 빠져나간다. 유입되는 수증기의 엔탈피는 3300 kJ/kg, 노즐로부터 발생되는 열손실은 5.9 kJ/kg일 때 노즐 출구에서의 수증기 엔탈피는 약 몇 kJ/kg인가? 【10장】

① 3257   ② 3024

③ 2795   ④ 2612

해설 $_1Q_2 = \cancel{\dot{W_t}}^{0} + \dfrac{\dot{m}(w_2^2 - w_1^2)}{2 \times 10^3} + \dot{m}(h_2 - h_1)$

$\qquad\qquad\qquad\qquad\qquad + \dot{m}g(\cancel{\vec{Z_2}}^{0} - Z_1)$

$\dot{m}_1 q_2 = \dfrac{\dot{m}(w_2^2 - w_1^2)}{2 \times 10^3} + \dot{m}(h_2 - h_1)$

$_1q_2 = \dfrac{w_2^2 - w_1^2}{2 \times 10^3} + (h_2 - h_1)$

$-5.9 = \dfrac{275^2 - 40^2}{2 \times 10^3} + (h_2 - 3300)$

$\therefore\ h_2 = 3257\,\text{kJ/kg}$

문제 33. 어떤 시스템에서 공기가 초기에 290 K에서 330 K로 변화하였고, 이 때 압력은 200

kPa에서 600 kPa로 변화하였다. 이 때 단위질량당 엔트로피 변화는 약 몇 kJ/(kg·K)인가? (단, 공기는 정압비열이 1.006 kJ/(kg·K)이고, 기체상수가 0.287 kJ/(kg·K)인 이상기체로 간주한다.) 【4장】

① 0.445   ② −0.445

③ 0.185   ④ −0.185

해설 $\Delta s = C_p \ell n\left(\dfrac{T_2}{T_1}\right) - R \ell n\left(\dfrac{p_2}{p_1}\right)$

$\qquad = 1.006 \times \ell n\left(\dfrac{330}{290}\right) - 0.287 \ell n\left(\dfrac{600}{200}\right)$

$\qquad = -0.185\,\text{kJ/(kg·K)}$

문제 34. Van der Waals 상태 방정식은 다음과 같이 나타낸다. 이 식에서 $\dfrac{a}{v^2}$, b는 각각 무엇을 의미하는 것인가? (단, P는 압력, v는 비체적, R은 기체상수, T는 온도를 나타낸다.) 【6장】

$$\left(P + \dfrac{a}{v^2}\right) \times (v - b) = RT$$

① 분자간의 작용 인력, 분자 내부 에너지

② 분자간의 작용 인력, 기체 분자들이 차지하는 체적

③ 분자 자체의 질량, 분자 내부 에너지

④ 분자 자체의 질량, 기체 분자들이 차지하는 체적

해설 반데발스(Van der waals)의 상태방정식

$\qquad \left(P + \dfrac{a}{v^2}\right)(v - b) = RT$

여기서, a, b : 기체의 종류에 따라 정해지는 상수

$\qquad \dfrac{a}{v^2}$: 분자 사이의 인력이 압력에 미치는 영향을 수정한 항

$\qquad b$: 증기분자 자신이 차지하는 부피(체적)

$\qquad v - b$: 분자 자신의 크기를 배제한 부피(체적)

애답 32. ①   33. ④   34. ②

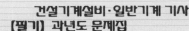

문제 35. 보일러에 물(온도 20 ℃, 엔탈피 84 kJ /kg)이 유입되어 600 kPa의 포화증기(온도 159 ℃, 엔탈피 2757 kJ/kg) 상태로 유출된다. 물의 질량유량이 300 kg/h이라면 보일러에 공급된 열량은 약 몇 kW인가? 【7장】

① 121   ② 140

③ 223   ④ 345

해설 보일러는 "정압가열"이므로

$$\delta q = dh - Avdp$$ 에서 $$p = c$$ 즉, $$dp = 0$$

$$\therefore \ q_1 = h_2 - h_1$$

결국, $$Q_1 = \dot{m}(h_2 - h_1)$$

$$= 300 \times \frac{1}{3600}\,(\text{kg/s}) \times (2757 - 84)\,(\text{kJ/kg})$$

$$= 222.75 ≒ 223\,\text{kJ/S}\,(= \text{kW})$$

문제 36. 가역 과정으로 실린더 안의 공기를 50 kPa, 10 ℃ 상태에서 300 kPa까지 압력(P)과 체적(V)의 관계가 다음과 같은 과정으로 압축할 때 단위 질량당 방출되는 열량은 약 몇 kJ/kg인가? (단, 기체 상수는 0.287 kJ/(kg·K)이고, 정적비열은 0.7 kJ/(kg·K)이다.) 【3장】

$PV^{1.3} =$ 일정

① 17.2   ② 37.2

③ 57.2   ④ 77.2

해설 우선, $$C_p - C_v = R$$ 에서

$$C_p = C_v + R = 0.7 + 0.287 = 0.987\,\text{kJ/(kg·K)}$$

$$k = \frac{C_p}{C_v} = \frac{0.987}{0.7} = 1.41$$

또한, $$\frac{T_2}{T_1} = \left(\frac{p_2}{p_1}\right)^{\frac{n-1}{n}}$$ 에서

$$T_2 = T_1 \left(\frac{p_2}{p_1}\right)^{\frac{n-1}{n}} = 283 \times \left(\frac{300}{50}\right)^{\frac{1.3-1}{1.3}} = 428\,\text{K}$$

결국, $$_1 q_2 = C_n(T_2 - T_1) = \left(\frac{n-k}{n-1}\right) C_v (T_2 - T_1)$$

$$= \left(\frac{1.3 - 1.41}{1.3 - 1}\right) \times 0.7 \times (428 - 283)$$

$$= -37.2\,(\text{kJ/kg})$$

$$= 37.2\,(\text{kJ/kg}) : 방출$$

문제 37. 등엔트로피 효율이 80 %인 소형 공기터 빈의 출력이 270 kJ/kg이다. 입구 온도는 600 K이며, 출구 압력은 100 kPa이다. 공기의 정압 비열은 1.004 kJ/(kg·K), 비열비는 1.4일 때, 입구 압력 (kPa)은 약 몇 kPa인가? (단, 공기는 이상기체로 간주한다.) 【7장】

① 1984   ② 1842

③ 1773   ④ 1621

해설 ① $$w = \frac{kR}{k-1}(T_2 - T_3')$$ 에서

$$\therefore \ T_3' = T_2 - \frac{w(k-1)}{kR} = 600 - \frac{270 \times (1.4 - 1)}{1.4 \times 0.287}$$

$$= 331.2\,\text{K}$$

② 우선, $$\eta_T = \frac{T_2 - T_3}{T_2 - T_3'}$$ 에서 $$T_2 - T_3 = \frac{T_2 - T_3'}{\eta}$$

$$\therefore \ T_3 = T_2 - \frac{T_2 - T_3'}{\eta} = 600 - \frac{600 \times 331.2}{0.8}$$

$$= 264\,\text{K}$$

결국, $$\frac{T_2}{T_3} = \left(\frac{p_2}{p_3}\right)^{\frac{k-1}{k}}$$ 에서 $$\frac{p_2}{p_3} = \left(\frac{T_2}{T_3}\right)^{\frac{k}{k-1}}$$

$$\therefore \ p_2 = p_3 \left(\frac{T_2}{T_3}\right)^{\frac{k}{k-1}} = 100 \times \left(\frac{600}{264}\right)^{\frac{1.4}{1.4-1}}$$

$$= 1769.76\,\text{kPa}$$

문제 38. 압력이 0.2 MPa이고, 초기 온도가 120 ℃인 1 kg의 공기를 압축비 18로 가역 단열 압축하는 경우 최종온도는 약 몇 ℃인가? (단, 공기는 비열비가 1.4인 이상기체이다.) 【8장】

① 676 ℃   ② 776 ℃

③ 876 ℃   ④ 976 ℃

해설 $$\frac{T_2}{T_1} = \left(\frac{v_1}{v_2}\right)^{k-1}$$ 즉, $$\frac{T_2}{T_1} = \varepsilon^{k-1}$$

$$\therefore \ T_2 = T_1 \varepsilon^{k-1} = (120 + 273) \times 18^{1.4-1} = 1248.8\,\text{K}$$

$$= 975.8 ≒ 976\,℃$$

문제 39. 100 ℃와 50 ℃ 사이에서 작동하는 냉 동기로 가능한 최대성능계수(COP)는 약 얼마 인가? 【9장】

① 7.46   ② 2.54

③ 4.25   ④ 6.46

해설▷ $\varepsilon_r(= COP) = \dfrac{T_{\mathrm{II}}}{T_{\mathrm{I}} - T_{\mathrm{II}}} = \dfrac{323}{373 - 323} = 6.46$

문제 **40.** 화씨 온도가 86 ℉일 때 섭씨 온도는 몇 ℃인가? 【1장】

① 30   ② 45

③ 60   ④ 75

해설▷ $t_{\mathbb{C}} = \dfrac{5}{9}(t_{\mathrm{F}} - 32) = \dfrac{5}{9}(86 - 32) = 30\,℃$

제3과목 기계유체역학

문제 **41.** 다음 중 유선(stream line)을 가장 올바르게 설명한 것은? 【3장】

① 에너지가 같은 점을 이은 선이다.

② 유체 입자가 시간에 따라 움직인 궤적이다.

③ 유체 입자의 속도벡터와 접선이 되는 가상 곡선이다.

④ 비정상유동 때의 유동을 나타내는 곡선이다.

해설▷ 유선(stream line)
: 임의의 유동장내에서 유체입자가 곡선을 따라 움직인다고 할 때 곡선이 갖는 접선과 유체입자가 갖는 속도벡터의 방향이 일치하도록 운동해석할 때 그 곡선을 유선이라 한다.

문제 **42.** 물을 담은 그릇을 수평방향으로 4.2 m/s²으로 운동시킬 때 물은 수평에 대하여 약 몇 도(°) 기울어지겠는가? 【2장】

① 18.4°   ② 23.2°

③ 35.6°   ④ 42.9°

해설▷ $\tan\theta = \dfrac{a_x}{g}$ 에서

$\therefore\ \theta = \tan^{-1}\!\left(\dfrac{a_x}{g}\right) = \tan^{-1}\!\left(\dfrac{4.2}{9.8}\right) \fallingdotseq 23.2°$

문제 **43.** 정지된 액체 속에 잠겨있는 평면이 받는 압력에 의해 발생하는 합력에 대한 설명으로 옳은 것은? 【2장】

① 크기가 액체의 비중량에 반비례한다.

② 크기는 도심에서의 압력에 전체면적을 곱한 것과 같다.

③ 경사진 평면에서의 작용점은 평면의 도심과 일치한다.

④ 수직평면의 경우 작용점에 도심보다 위쪽에 있다.

해설▷ 전압력
$F = \gamma \bar{h} A$(수평면일 때) 또는 $\gamma \bar{h} A$(경사면일 때)
$\quad$ = 도심점 압력×평판의 단면적

문제 **44.** 바닷물 밀도는 수면에서 1025 kg/m³이고 깊이 100 m마다 0.5 kg/m³씩 증가한다. 깊이 1000 m에서 압력은 계기압력으로 약 몇 kPa인가? 【2장】

① 9560   ② 10080

③ 10240   ④ 10800

해설▷ 깊이 1000 m 이므로 $0.5 \times 10 = 5\,\mathrm{kg/m^3}$ 증가한다.
$p = \gamma h = \rho g h = (1025 + 5) \times 9.8 \times 1000$
$\quad = 10094 \times 10^3\,\mathrm{Pa} = 10094\,\mathrm{kPa}$

문제 **45.** 경계층 밖에서 퍼텐셜 흐름의 속도가 10 m/s일 때, 경계층의 두께는 속도가 얼마일 때의 값으로 잡아야 하는가? (단, 일반적으로 정의하는 경계층 두께를 기준으로 삼는다.) 【5장】

① 10 m/s   ② 7.9 m/s

③ 8.9 m/s   ④ 9.9 m/s

해답▷ **40.** ①   **41.** ③   **42.** ②   **43.** ②   **44.** ②   **45.** ④

해설 $\dfrac{u}{u_\infty} = 0.99$ 에서

$$\therefore u = 0.99 u_\infty = 0.99 \times 10 = 9.9 \,\mathrm{m/s}$$

문제 **46.** 수면의 높이 차이가 10 m인 두 개의 호수 사이에 손실수두가 2 m인 관로를 통해 펌프로 물을 양수할 때 3 kW의 동력이 필요하다면 이 때 유량은 약 몇 L/s인가? 【3장】

① 18.4   ② 25.5

③ 32.3   ④ 45.8

해설 동력 $P = \gamma QH$ 에서

$$\therefore Q = \frac{P}{\gamma H} = \frac{3}{9.8 \times (10+2)} = 0.0255 \,\mathrm{m^3/s}$$
$$= 25.5 \,\mathrm{L/S}$$

〈참고〉 $1 \,\mathrm{L} = 10^{-3} \,\mathrm{m^3}$

문제 **47.** 속도 포텐셜이 $\phi = x^2 - y^2$ 인 2차원 유동에 해당하는 유동함수로 가장 옳은 것은? 【3장】

① $x^2 + y^2$ ② $2xy$

③ $-3xy$ ④ $2x(y-1)$

해설 유량함수(Ψ)와 속도포텐셜(ϕ) 사이에 다음과 같은 관계를 얻는다.

$$\frac{\partial \phi}{\partial x} = \frac{\partial \Psi}{\partial y} \quad \text{또는} \quad \frac{\partial \phi}{\partial y} = -\frac{\partial \Psi}{\partial x}$$

$\phi = x^2 - y^2$ 이므로

$$\frac{\partial \phi}{\partial x} = \frac{\partial \Psi}{\partial y} \text{에서} \quad 2x = \frac{\partial \Psi}{\partial y}, \quad \partial \Psi = 2x \partial y$$
$$\therefore \Psi = 2xy$$

문제 **48.** 평행한 평판 사이의 층류 흐름을 해석하기 위해서 필요한 무차원수와 그 의미를 바르게 나타낸 것은? 【7장】

① 레이놀즈 수=관성력 / 점성력

② 레이놀즈 수=관성력 / 탄성력

③ 프루드 수=중력 / 관성력

④ 프루드 수=관성력 / 점성력

해설 레이놀즈수 $Re = \dfrac{\text{관성력}}{\text{점성력}} = \dfrac{Vd}{\nu} = \dfrac{\rho Vd}{\mu}$

문제 **49.** 동점성계수가 $1.5 \times 10^{-5} \,\mathrm{m^2/s}$인 공기 중에서 30 m/s의 속도로 비행하는 비행기의 모형을 만들어, 동점성계수가 $1.0 \times 10^{-6} \,\mathrm{m^2/s}$인 물속에서 6 m/s의 속도로 모형시험을 하려 한다. 모형(L_m)과 실형(L_p)의 길이비(L_m/L_p)를 얼마로 해야 되는가? 【7장】

① $\dfrac{1}{75}$ ② $\dfrac{1}{15}$

③ $\dfrac{1}{5}$ ④ $\dfrac{1}{3}$

해설 $(Re)_P = (Re)_m$ 즉, $\left(\dfrac{VL}{\nu}\right)_P = \left(\dfrac{VL}{\nu}\right)_m$

$$\frac{30 \times L_P}{1.5 \times 10^{-5}} = \frac{6 \times L_m}{1 \times 10^{-6}} \quad \therefore \frac{L_m}{L_P} = \frac{1}{3}$$

문제 **50.** 동점성계수가 $1.5 \times 10^{-5} \,\mathrm{m^2/s}$인 유체가 안지름이 10 cm인 관 속을 흐르고 있을 때 층류 임계속도 (cm/s)는? (단, 층류 임계레이놀즈수는 2100이다.) 【5장】

① 24.7   ② 31.5

③ 43.6   ④ 52.3

해설 $Re = \dfrac{Vd}{\nu}$ 에서

$$V = \frac{Re\,\nu}{d} = \frac{2100 \times 1.5 \times 10^{-5} \times 10^4}{10}$$
$$= 31.5 \,\mathrm{cm/s}$$

문제 **51.** 관속에 흐르는 물의 유속을 측정하기 위하여 삽입한 피토 정압관에 비중이 3인 액체를 사용하는 마노미터를 연결하여 측정한 결과 액주의 높이 차이가 10 cm로 나타났다면 유속은 약 몇 m/s인가? 【10장】

① 0.99   ② 1.40

③ 1.98   ④ 2.43

해답 **46.** ② **47.** ② **48.** ① **49.** ④ **50.** ② **51.** ③

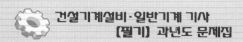

해설 $V = \sqrt{2gR\left(\dfrac{S_o}{S} - 1\right)}$

$= \sqrt{2 \times 9.8 \times 0.1 \times \left(\dfrac{3}{1} - 1\right)}$

$\fallingdotseq 1.98\,\mathrm{m/s}$

문제 **52.** 물이 지름이 0.4 m인 노즐을 통해 20 m/s의 속도로 맞은편 수직벽에 수평으로 분사된다. 수직벽에는 지름 0.2 m의 구멍이 있으며 뚫린 구멍으로 유량의 25 %가 흘러나가고 나머지 75 %는 반경 방향으로 균일하게 유출된다. 이때 물에 의해 벽면이 받는 수평 방향의 힘은 약 몇 kN인가? 【4장】

① 0　　　　　　　② 9.4
③ 18.9　　　　　　④ 37.7

해설 우선, $Q = AV \times 0.75$

$= \dfrac{\pi \times 0.4^2}{4} \times 20 \times 0.75$

$= 1.885\,\mathrm{m^3/s}$

결국, $F = \rho QV = 1 \times 1.885 \times 20 = 37.7\,\mathrm{kN}$

문제 **53.** 일반적으로 뉴턴 유체에서 온도 상승에 따른 액체의 점성계수 변화에 대한 설명으로 옳은 것은? 【1장】

① 분자의 무질서한 운동이 커지므로 점성계수가 증가한다.
② 분자의 무질서한 운동이 커지므로 점성계수가 감소한다.
③ 분자간의 결합력이 약해지므로 점성계수가 증가한다.
④ 분자간의 결합력이 약해지므로 점성계수가 감소한다.

해설 액체의 점성은 온도가 상승하면 감소하고, 기체의 점성은 온도가 상승하면 증가한다. 왜냐하면, 액체의 점성을 지배하는 분자의 응집력(결합력)은 온도상승에 따라 감소하지만, 기체의 점성을 지배하는 분자의 운동량은 온도상승에 따라 증가하기 때문이다.

문제 **54.** 분수에서 분출되는 물줄기 높이를 2배로 올리려면 노즐 입구에서의 게이지 압력을 약 몇 배로 올려야 하는가? (단, 노즐 입구에서의 동압은 무시한다.) 【2장】

① 1.414　　　　　　② 2
③ 2.828　　　　　　④ 4

해설 $p = \gamma h$　　단, $h = \dfrac{V^2}{2g}$　　$\therefore p \propto h = 2$ 배

문제 **55.** 몸무게가 750 N인 조종사가 지름 5.5 m의 낙하산을 타고 비행기에서 탈출하였다. 항력계수가 1.0이고, 낙하산의 무게를 무시한다면 조종사의 최대 종속도는 약 몇 m/s가 되는가? (단, 공기의 밀도는 1.2 kg/m³이다.) 【5장】

① 7.25　　　　　　② 8.00
③ 5.26　　　　　　④ 10.04

해설 $D = W$에서　　$C_D \dfrac{\rho V^2}{2} A = W$ 이므로

$\therefore V = \sqrt{\dfrac{2W}{C_D \rho A}} = \sqrt{\dfrac{2 \times 750 \times 4}{1 \times 1.2 \times \pi \times 5.5^2}} = 7.25\,\mathrm{m/s}$

문제 **56.** 높이가 0.7 m, 폭이 1.8 m인 직사각형 덕트에 유체가 가득차서 흐른다. 이때 수력직경은 약 몇 m인가? 【6장】

① 1.01　　　　　　② 2.02
③ 3.14　　　　　　④ 5.04

해설 우선, 수력반경 $R_h = \dfrac{A}{P} = \dfrac{0.7 \times 1.8}{(0.7 \times 2) + (1.8 \times 2)}$

$= 0.252\,\mathrm{m}$

결국, 수력지름 $d = 4R_h = 4 \times 0.252 = 1.008\,\mathrm{m}$

문제 **57.** 점성계수(μ)가 0.005 Pa·s인 유체가 수평으로 놓인 안지름이 4 cm인 곧은 관을 30 cm/s의 평균속도로 흘러가고 있다. 흐름 상태가 층류일 때 수평 길이 800 cm 사이에서의 압력강하 (Pa)는? 【5장】

정답 **52.** ④　**53.** ④　**54.** ②　**55.** ①　**56.** ①　**57.** ②

① 120 　　　② 240

③ 360 　　　④ 480

[해설] $Q = \dfrac{\Delta p \pi d^4}{128 \mu \ell}$ 에서

$$\therefore \Delta p = \dfrac{128 \mu \ell Q}{\pi d^4} = \dfrac{128 \mu \ell A V}{\pi d^4} = \dfrac{128 \mu \ell \times \frac{\pi d^2}{4} \times V}{\pi d^4}$$

$$= \dfrac{32 \mu \ell V}{d^2} = \dfrac{32 \times 0.005 \times 8 \times 0.3}{0.04^2} = 240 \, \mathrm{Pa}$$

[문제] 58. 다음 중 유체의 속도구배와 전단응력이 선형적으로 비례하는 유체를 설명한 가장 알맞은 용어는 무엇인가? 【1장】

① 점성유체 　　　② 뉴턴유체

③ 비압축성 유체 　　　④ 정상유동 유체

[해설] 뉴턴유체 : $\tau = \mu \dfrac{du}{dy}$

즉, 전단응력(τ)은 속도구배$\left(\dfrac{du}{dy}\right)$에 비례한다.

[문제] 59. 경사가 30°인 수로에 물이 흐르고 있다. 유속이 12 m/s로 흐름이 균일하다고 가정하며 연직방향으로 측정한 수심이 60 cm이다. 수로의 폭을 1 m로 한다면 유량은 약 몇 m³/s인가? 【3장】

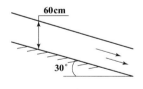

① 5.87 　　　② 6.24

③ 6.82 　　　④ 7.26

[해설]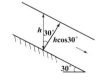

$Q = A V = bh V = C$ 에서

단위폭당 유량 $q = \dfrac{Q}{b} = \dfrac{bh V}{b} = h V = C$꼴을 이용하면

결국, $q = h \cos 30° \times V = 0.6 \times \cos 30° \times 12$

$$\fallingdotseq 6.24 \, \mathrm{m^3/(s \cdot m)}$$

[문제] 60. 체적탄성계수가 2×10^9 N/m²인 유체를 2 % 압축하는데 필요한 압력은? 【1장】

① 1 GPa 　　　② 10 MPa

③ 4 GPa 　　　④ 40 MPa

[해설] $K = \dfrac{\Delta p}{-\dfrac{\Delta V}{V}}$ 에서

$$\therefore \Delta p = K\left(-\dfrac{\Delta V}{V}\right) = 2 \times 10^9 \times 0.02$$

$$= 40 \times 10^6 \, \mathrm{Pa} = 40 \, \mathrm{MPa}$$

제4과목 기계재료 및 유압기기

[문제] 61. 다음 중 비중이 가장 작고, 항공기 부품이나 전자 및 전기용 제품의 케이스 용도로 사용되고 있는 합금 재료는?

① Ni 합금 　　　② Cu 합금

③ Pb 합금 　　　④ Mg 합금

[해설] · 마그네슘(Mg)

① 비중 1.74로서 실용금속 중 가장 가볍다.

② 절삭성은 좋으나 250℃ 이하에서는 소성가공성이 나쁘다.

③ 산류, 염류에는 침식되나 알칼리에는 강하다.

④ 용도 : 자동차, 배, 전기기기, 항공기부품, 전자·전기용 제품의 케이스 등

[문제] 62. 다음의 조직 중 경도가 가장 높은 것은?

① 펄라이트(pearlite)

② 페라이트(ferrite)

③ 마텐자이트(martensite)

④ 오스테나이트(austenite)

[정답] **58.** ② 　**59.** ② 　**60.** ④ 　**61.** ④ 　**62.** ③

해설 경도, 강도순서 : A<M>T>S>P>F

문제 63. 강의 열처리 방법 중 표면경화법에 해당하는 것은?

① 마퀜칭
② 오스포밍
③ 침탄질화법
④ 오스템퍼링

해설 ·강의 표면경화법
① 물리적 표면경화법 : 고주파경화법, 화염경화법
② 화학적 표면경화법 : 침탄법, 질화법, 청화법
③ 금속침투법 : 세라다이징, 크로마이징, 칼로라이징, 실리콘나이징, 보로나이징
④ 기타 표면경화법 : 숏피닝, 방전경화법

문제 64. 칼로라이징은 어떤 원소를 금속표면에 확산 침투시키는 방법인가?

① Zn
② Si
③ Al
④ Cr

해설 ·금속침투법 : 고온 중에 강의 산화방지법
① 크로마이징 : Cr 침투
② 칼로라이징 : Al 침투
③ 실리콘나이징 : Si 침투
④ 보로나이징 : B 침투
⑤ 세라다이징 : Zn 침투
※ 화학적 표면경화법
① 침탄법 : C 침투
② 질화법 : N 침투
③ 청화법(시안화법) : C와 N를 침투

문제 65. Fe-C 평형상태도에서 온도가 가장 낮은 것은?

① 공석점
② 포정점
③ 공정점
④ Fe의 자기변태점

해설 공석점 : 723 ℃,
공정점 : 1130 ℃,
포정점 : 1495 ℃,
자기변태점(강 : 770 ℃, 순철 : 768 ℃)

문제 66. 열경화성 수지에 해당되는 것은?

① ABS 수지
② 에폭시 수지
③ 폴리아미드
④ 염화비닐 수지

해설 ·합성수지의 종류
① 열경화성 수지 : 에폭시 수지, 페놀 수지, 요소 수지, 멜라민 수지, 규소 수지, 폴리에스테르 수지, 푸란 수지, 폴리우레탄 수지 등
② 열가소성 수지 : 폴리에틸렌(PE) 수지, 폴리프로필렌(PP) 수지, 폴리스틸렌 수지, 염화비닐(PVC) 수지, 폴리아미드, 아크릴 수지, 플루오르 수지 등

문제 67. 다음 중 반발을 이용하여 경도를 측정하는 시험법은?

① 쇼어경도시험
② 마이어경도시험
③ 비커즈경도시험
④ 로크웰경도시험

해설 쇼어 경도
: 압입체를 사용하지 않고 낙하체를 이용하는 반발경도 시험법. 주로, 완성된 제품의 경도측정에 적당한다.
$$h_s = \frac{10000}{65} \times \frac{h}{h_0}$$
여기서, h_0 : 낙하체의 높이
h : 반발하여 올라간 높이

문제 68. 구리(Cu)합금에 대한 설명 중 옳은 것은?

① 청동은 Cu+Zn 합금이다.
② 베릴륨 청동은 시효경화성이 강력한 Cu 합금이다.
③ 애드미럴티 황동은 6-4황동에 Sb을 첨가한 합금이다.
④ 네이벌 황동은 7-3황동에 Ti을 첨가한 합금이다.

해답 63. ③ 64. ③ 65. ① 66. ② 67. ① 68. ②

해설 ① 청동은 Cu＋Sn 합금이다.
② 베릴륨(Be) 청동은 Cu에 2~3%의 소량의 Be를 첨가한 것으로서 뜨임시효경화성이 있어 내식성, 내열성, 내피로성이 좋으므로 베어링이나 고급스프링에 이용된다.
③ 애드미럴티 황동은 7－3 황동에 Sn 1%를 첨가한 합금이다.
④ 네이벌 황동은 6－4 황동에 Sn 1%를 첨가한 합금이다.

문제 **69.** 면심입방격자(FCC)의 단위격자 내에 원자수는 몇 개인가?

① 2개   ② 4개
③ 6개   ④ 8개

해설

결정격자	기호	배위수	격자내의 원자수
체심입방격자	BCC	8개	2개
면심입방격자	FCC	12개	4개
조밀육방격자	HCP	12개	2개

문제 **70.** 합금주철에서 특수합금 원소의 영향을 설명한 것 중 틀린 것은?

① Ni은 흑연화를 방지한다.
② Ti은 강한 탈산제이다.
③ V은 강한 흑연화 방지 원소이다.
④ Cr은 흑연화를 방지하고, 탄화물을 안정화한다.

해설 ① 흑연화 촉진제 : Si, Ni, Aℓ, Ti, CO
② 흑연화 방지제 : Mo, Mn, Cr, S, V, W
※ 티탄(Ti)은 강한 탈산제인 동시에 흑연화 촉진제로서, 오히려 많은 양을 첨가하면 흑연화를 방지한다.

문제 **71.** 부하의 하중에 의한 자유낙하를 방지하기 위해 배압(back pressure)을 부여하는 밸브는?

① 체크 밸브   ② 감압 밸브
③ 릴리프 밸브   ④ 카운터 밸런스 밸브

해설 카운터 밸런스 밸브
: 회로의 일부에 배압을 발생시키고자 할 때 사용하는 밸브이다. 예를 들어, 드릴작업이 끝나는 순간 부하저항이 급히 감소할 때 드릴의 돌출을 막기 위하여 실린더에 배압을 주고자 할 때 연직방향으로 작동하는 램이 중력에 의하여 낙하하는 것을 방지하고자 할 경우에 사용한다.

문제 **72.** 다음 기어펌프에서 발생하는 폐입 현상을 방지하기 위한 방법으로 가장 적절한 것은?

① 오일을 보충한다.
② 베인을 교환한다.
③ 베어링을 교환한다.
④ 릴리프 홈이 적용된 기어를 사용한다.

해설 기어펌프에서 폐입현상
: 두 개의 기어가 물리기 시작하여 (압축) 중간에서 최소가 되며 끝날 때 (팽창)까지의 둘러싸인 공간이 흡입측이나 토출측에 통하지 않는 상태의 용적이 생길 때의 현상으로 이 영향으로 기어의 진동 및 소음의 원인이 되고 오일 중에 녹아 있던 공기가 분리되어 기포가 형성(공동현상 : cavitation)되어 불규칙한 맥동의 원인이 된다.
⇨ 방지책 : 릴리프 홈이 적용된 기어를 사용한다.

문제 **73.** 유동하고 있는 액체의 압력이 국부적으로 저하되어, 증기나 함유 기체를 포함하는 기포가 발생하는 현상은?

① 캐비테이션 현상   ② 채터링 현상
③ 서징 현상   ④ 역류 현상

해설 공동현상(cavitation)
: 유동하고 있는 작동유의 압력이 국부적으로 저하되어 포화증기압 또는 공기분리압에 달하여 증기를 발생시키거나 용해공기 등이 분리되어 기포를 일으키는 현상을 말하며 이 기포가 흐르면서 터지게 되면 국부적으로 고압이 생겨 소음을 발생시킨다. 이를 방지하기 위해서는 흡입관내의 평균유속이 3.5 m/s 이하가 되도록 한다.

정답 **69.** ②   **70.** ①   **71.** ④   **72.** ④   **73.** ①

문제 74. 다음 중 오일의 점성을 이용하여 진동을 흡수하거나 충격을 완화시킬 수 있는 유압 응용장치는?

① 압력계
② 토크 컨버터
③ 쇼크 업소버
④ 진동개폐밸브

해설 쇼크 업소버(shock absorber)
: 기계적 충격을 완화하는 장치로 점성을 이용하여 운동에너지를 흡수한다.

문제 75. 액추에이터의 공급 쪽 관로에 설정된 바이패스 관로의 흐름을 제어함으로써 속도를 제어하는 회로는?

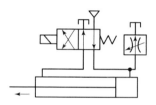

① 배압 회로
② 미터 인 회로
③ 플립 플롭 회로
④ 블리드 오프 회로

해설 ·유량을 제어하는 속도 제어 회로 방식
① 미터 인 회로 : 액추에이터의 입구쪽 관로에서 유량을 교축시켜 작동속도를 조절하는 방식
② 미터 아웃 회로 : 액추에이터의 출구쪽 관로에서 유량을 교축시켜 작동속도를 조절하는 방식으로 실린더에서 유출하는 유량을 복귀측에 직렬로 유량조절밸브를 설치하여 유량을 제어하는 방식
③ 블리드 오프 회로 : 액추에이터로 흐르는 유량의 일부를 탱크로 분기함으로서 작동속도를 조절하는 방식 즉, 실린더 입구의 분기회로로 유량제어밸브를 설치하여 실린더입구측의 불필요한 압유를 배출시켜 작동효율을 증진시킨다. 회로연결은 병렬로 연결한다.

문제 76. 어큐뮬레이터(accumulator)의 역할에 해당하지 않는 것은?

① 갑작스런 충격압력을 막아 주는 역할을 한다.
② 축척된 유압에너지의 방출 사이클 시간을 연장한다.
③ 유압 회로 중 오일 누설 등에 의한 압력 강하를 보상하여 준다.
④ 유압 펌프에서 발생하는 맥동을 흡수하여 진동이나 소음을 방지한다.

해설 ·축압기(accumulator)의 용도
① 에너지의 축적
② 압력보상
③ 서지압력방지
④ 충격압력 흡수
⑤ 유체의 맥동감쇠(맥동흡수)
⑥ 사이클시간의 단축
⑦ 2차 유압회로의 구동
⑧ 펌프대용 및 안전장치의 역학
⑨ 액체수송(펌프작용)
⑩ 에너지의 보조

문제 77. 유압실린더에서 피스톤 로드가 부하를 미는 힘이 50 kN, 피스톤 속도가 5 m/min인 경우 실린더 내경이 8 cm이라면 소요동력은 약 몇 kW인가? (단, 편로드형 실린더이다.)

① 2.5
② 3.17
③ 4.17
④ 5.3

해설 동력 $P = FV = 50 \times \dfrac{5}{60}$
$$\fallingdotseq 4.17(\text{kN} \cdot \text{m/s} = \text{kJ/s} = \text{kW})$$

문제 78. 유압 시스템의 배관계통과 시스템 구성에 사용되는 유압기기의 이물질을 제거하는 작업으로 오랫동안 사용하지 않던 설비의 운전을 다시 시작하였을 때나 유압 기계를 처음 설치하였을 때 수행하는 작업은?

① 펌핑
② 플러싱
③ 스위핑
④ 클리닝

해답 **74.** ③ **75.** ④ **76.** ② **77.** ③ **78.** ②

해설 플러싱(flushing)

: 유압회로내 이물질을 제거하는 것과 작동유 교환 시 오래된 오일과 슬러지를 용해하여 오염물의 전 량을 회로밖으로 배출시켜서 회로를 깨끗하게 하 는 것

문제 79. 유압 작동유에서 요구되는 특성이 아닌 것은?

① 인화점이 낮고, 증기 분리압이 클 것
② 유동성이 좋고, 관로 저항이 적을 것
③ 화학적으로 안정될 것
④ 비압축성일 것

해설 · 유압작동유의 구비조건
① 확실한 동력전달을 위하여 비압축성이어야 한다.
② 장치의 운전온도범위에서 회로내를 유연하게 유 동할 수 있는 적절한 점도가 유지되어야 한다. (동력손실방지, 운동부의 마모방지, 누유방지 등 을 위해)
③ 인화점과 발화점이 높아야 한다.
④ 소포성(기포방지성)과 윤활성, 방청성이 좋아야 한다.
⑤ 장시간 사용하여도 물리적, 화학적으로 안정하여 야 한다.
⑥ 녹이나 부식발생 등이 방지되어야 한다. (산화안정성)
⑦ 열을 방출시킬 수 있어야 한다. (방열성)
⑧ 비중과 열팽창계수가 적고, 비열은 커야 한다.
⑨ 온도에 의한 점도변화가 작아야 하며 점도지수 는 높아야 한다.
⑩ 체적탄성계수가 커야 한다.
⑪ 항유화성, 항착화성이 있어야 한다.
⑫ 증기압이 낮고, 비등점이 높아야 한다.

문제 80. 그림과 같은 유압 기호가 나타내는 명 칭은?

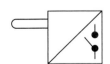

① 전자 변환기   ② 압력 스위치
③ 리밋 스위치   ④ 아날로그 변환기

해설

명 칭	기 호
압력 스위치	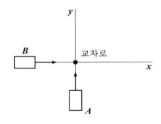
리밋 스위치	
아날로그 변환기	
소음기	
경음기	
마그넷 세퍼레이터	

제5과목 기계제작법 및 기계동력학

문제 81. 20 m/s의 같은 속력으로 달리던 자동 차 A, B가 교차로에서 직각으로 충돌하였다. 충돌 직후 자동차 A의 속력은 약 몇 m/s인가? (단, 자동차 A, B의 질량은 동일하며 반발계 수는 0.7, 마찰은 무시한다.)

① 17.3   ② 18.7
③ 19.2   ④ 20.4

해설 우선, x방향 운동에 대하여 살펴보면

$$e = \frac{V_{Bx}{}' - V_{Ax}{}'}{V_{Ax}^{0} - V_{Bx}} = 0.7 에서$$

$$\therefore V_{Ax}{}' - V_{Bx}{}' = 0.7 V_{Bx}$$

즉 $V_{Bx}{}' = V_{Ax}{}' - 0.7 V_{Bx}$

$$m_A V_{Ax}^{0} + m_B V_{Bx} = m_A V_{Ax}{}' + m_B V_{Bx}{}'$$

$$V_{Bx} = V_{Ax}{}' + V_{Bx}{}' = V_{Ax}{}' + (V_{Ax}{}' - 0.7 V_{Bx})$$

$$= 2 V_{Ax}{}' - 0.7 V_{Bx}$$

해답 **79.** ① **80.** ③ **81.** ①

$$\therefore \ V_{Ax}{}' = \frac{1.7\,V_{Bx}}{2} = \frac{1.7 \times 20}{2} = 17\,\mathrm{m/s}$$

또한, y방향에 대하여 살펴보면

$$e = \frac{V_{By}{}' - V_{Ay}{}'}{V_{Ay} - V_{By}^{\cancel{0}}} = 0.7\,\text{에서}$$

$$\therefore \ V_{By}{}' - V_{Ay}{}' = 0.7\,V_{Ay}$$

즉 $V_{By}{}' = V_{Ay}{}' + 0.7\,V_{Ay}$

$$m_A V_{Ay} + m_B V_{By}^{\cancel{0}} = m_A V_{Ay}{}' + m_B V_{By}{}'$$

$$V_{Ay} = V_{Ay}{}' + V_{By}{}' = V_{Ay}{}' + (V_{Ay}{}' + 0.7\,V_{Ay})$$

$$= 2\,V_{Ay}{}' + 0.7\,V_{Ay}$$

$$\therefore \ V_{Ay}{}' = \frac{0.3\,V_{Ay}}{2} = \frac{0.3 \times 20}{2} = 3\,\mathrm{m/s}$$

결국, $V_A = \sqrt{V_{Ax}{}^2 + V_{Ay}{}^2} = \sqrt{17^2 + 3^2} = 17.26\,\mathrm{m/s}$

문제 82. 80 rad/s로 회전하던 세탁기의 전원을 끈 후 20초가 경과하여 정지하였다면 세탁기가 정지할 때까지 약 몇 바퀴를 회전하였는가?

① 127　　　　　② 254

③ 542　　　　　④ 7620

해설 우선, $\omega_1 = \dfrac{2\pi N_1}{60} = 80\,\mathrm{rad/s}$

$$N_1 = 763.94\,\mathrm{rpm} = \frac{763.94}{60}\,\mathrm{CPS} = 12.73\,\mathrm{CPS}$$

$$= 12.73 \times 20\,(\mathrm{cycle}) \fallingdotseq 254.65\,\mathrm{cycle}$$

결국, 회전$(n) = \dfrac{N_1 + N_2}{2} = \dfrac{254.65 + 0}{2} \fallingdotseq 127\,$회전

문제 83. 시간 t에 따른 변위 $x(t)$가 다음과 같은 관계식을 가질 때 가속도 $a(t)$에 대한 식으로 옳은 것은?

$$x(t) = X_0 \sin \omega t$$

① $a(t) = \omega^2 X_0 \sin \omega t$

② $a(t) = \omega^2 X_0 \cos \omega t$

③ $a(t) = -\omega^2 X_0 \sin \omega t$

④ $a(t) = -\omega^2 X_0 \cos \omega t$

해설 변위 $x(t) = X_0 \sin \omega t$

속도 $V(t) = \dot{x} = X_0 \omega \cos \omega t$

가속도 $a(t) = \ddot{x} = -X_0 \omega^2 \sin \omega t$

문제 84. 체중이 600 N인 사람이 타고 있는 무게 5000 N의 엘리베이터가 200 m의 케이블에 매달려 있다. 이 케이블을 모두 감아올리는데 필요한 일은 몇 kJ인가?

① 1120　　　　　② 1220

③ 1320　　　　　④ 1420

해설 일량 $U = Wh = (600 + 5000) \times 200$

$$= 1120000\,\mathrm{N \cdot m}\,(= \mathrm{J}) = 1120\,\mathrm{kJ}$$

문제 85. $2\ddot{x} + 3\dot{x} + 8x = 0$으로 주어지는 진동계에서 대수 감소율(logarithmic decrement)은?

① 1.28　　　　　② 1.58

③ 2.18　　　　　④ 2.54

해설 운동방정식 $m\ddot{x} + c\dot{x} + kx = 0$에서

$$m = 2, \quad c = 3, \quad k = 8$$

우선, 임계감쇠계수 $C_c = 2\sqrt{mk} = 2\sqrt{2 \times 8} = 8$

또한, 감쇠비 $\zeta = \dfrac{C}{C_{cr}} = \dfrac{3}{8} = 0.375$

결국, 대수감쇠율 $\delta = \dfrac{2\pi\zeta}{\sqrt{1 - \zeta^2}} = \dfrac{2\pi \times 0.375}{\sqrt{1 - 0.375^2}}$

$$= 2.54$$

문제 86. 다음 그림은 물체 운동의 $v-t$선도(속도−시간선도)이다. 그래프에서 시간 t_1에서의 접선의 기울기는 무엇을 나타내는가?

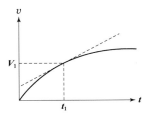

① 변위　　　　　② 속도

③ 가속도　　　　④ 총 움직인 거리

해설 $a = \dfrac{V}{t}\,(\mathrm{m/s^2})$ 이므로 $V-t$ 선도에서 접선의 기울기는 가속도(a)를 의미한다.

해답 **82.** ①　**83.** ③　**84.** ①　**85.** ④　**86.** ③

문제 **87.** 달 표면에서 중력 가속도는 지구 표면에서의 $\frac{1}{6}$이다. 지구 표면에서 주기가 T인 단진자를 달로 가져가면, 그 주기는 어떻게 변하는가?

① $\frac{1}{6}T$ ② $\frac{1}{\sqrt{6}}T$

③ $\sqrt{6}\,T$ ④ $6\,T$

해설> 주기(T)는 $T=2\pi\sqrt{\dfrac{\ell}{g}}\propto\sqrt{\dfrac{1}{g}}$ 이므로
우선, 지구에서의 경우
$$T\propto\sqrt{\frac{1}{g}}$$
또한, 달에서의 경우
$$T_1\propto\sqrt{\frac{1}{\left(\frac{1}{6}g\right)}}=\sqrt{6}\times\sqrt{\frac{1}{g}}=\sqrt{6}\,T$$

문제 **88.** 감쇠비 ζ가 일정할 때 전달률을 1보다 작게 하려면 진동수비는 얼마의 크기를 가지고 있어야 하는가?

① 1보다 작아야 한다.
② 1보다 커야 한다.
③ $\sqrt{2}$ 보다 작아야 한다.
④ $\sqrt{2}$ 보다 커야 한다.

해설> · 전달률(TR)과 진동수비($\gamma=\dfrac{\omega}{\omega_n}$)의 관계
① $TR=1$이면 $\gamma=\sqrt{2}$
② $TR<1$이면 $\gamma>\sqrt{2}$
③ $TR>1$이면 $\gamma<\sqrt{2}$

문제 **89.** y축 방향으로 움직이는 질량 m인 질점이 그림과 같은 위치에서 v의 속도를 갖고 있다. O점에 대한 각운동량은 얼마인가?
(단, a, b, c는 원점에서 질점까지의 x, y, z 방향의 거리이다.)

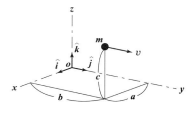

① $mv(c\hat{i}-a\hat{k})$
② $mv(-c\hat{i}+a\hat{k})$
③ $mv(c\hat{i}+a\hat{k})$
④ $mv(-c\hat{i}-a\hat{k})$

해설> 각운동량 $H=mv\{c(\vec{k}\times\vec{j})+a(\vec{i}\times\vec{j})\}$
$=mv(-c\hat{i}+a\hat{k})$

문제 **90.** 질량 50 kg의 상자가 넘어가지 않도록 하면서 질량 10 kg의 수레에 가할 수 있는 힘 P의 최댓값은 얼마인가? (단, 상자는 수레 위에서 미끄러지지 않는다고 가정한다.)

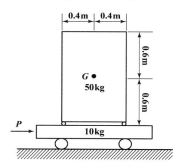

① 292 N   ② 392 N
③ 492 N   ④ 592 N

해설>

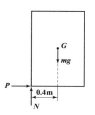

우선, $\sum Y=0 : N-mg=0$

$$\therefore N = mg = (50+10)\times 9.8 = 588\,(N)$$

결국, $\sum M_G = 0 : P\times 0.6 \le N\times 0.4$

$$\therefore P \le \frac{N\times 0.4}{0.6}, \quad P \le \frac{588\times 0.4}{0.6}$$

$$P \le 392\,(N)$$

결국, P의 최대값은 $392\,(N)$이다.

문제 91. 레이저(laser) 가공에 대한 특징으로 틀린 것은?

① 밀도가 높은 단색성과 평행도가 높은 지향성을 이용한다.

② 가공물에 빛을 쏘이면 순간적으로 일부분이 가열되어, 용해되거나 증발되는 원리이다.

③ 초경합금, 스테인리스강의 가공은 불가능한 단점이 있다.

④ 유리, 플라스틱 판의 절단이 가능하다.

해설 ・레이저 가공
① 밀도가 대단히 높은 단색성과 평행도가 높은 지향성을 이용한다.
② 렌즈나 반사경을 통해 집적하여 공작물에 빛을 쐬면 전자빔 가공과 같이 순간적으로 국부에 가열되어 용해 또는 증발된다.
③ 레이저 구멍 가공은 보석, 집적회로, 세라믹, 초경합금, 스테인리스강 등 금속 및 비금속재료에 미세한 구멍을 가공할 수 있다.
④ 레이저 절단은 변형이나 거스러미가 없어 목재나 종이절단은 물론 반도체기판, 세라믹판, 유리, 플라스틱판의 절단에 이용된다.

문제 92. 다음 표준 고속도강의 함유량 표기에서 "18"의 의미는?

18 - 4 - 1

① 탄소의 함유량   ② 텅스텐의 함유량
③ 크롬의 함유량   ④ 바나듐의 함유량

해설 표준 고속도강(W계) : 18−4−1형
여기서, 18 : W 18 %, 4 : Cr 4 %, 1 : V 1 %

문제 93. 피복 아크 용접에서 피복제의 역할로 틀린 것은?

① 아크를 안정시킨다.

② 용착금속을 보호한다.

③ 용착금속의 급랭을 방지한다.

④ 용착금속의 흐름을 억제한다.

해설 ・피복제의 역할
① 대기 중의 산소, 질소의 침입을 방지하고 용융금속을 보호
② 아크를 안정
③ 모재표면의 산화물을 제거
④ 탈산 및 정련작용
⑤ 응고와 냉각속도를 지연
⑥ 전기절연 작용
⑦ 용착효율을 높인다.

문제 94. 절삭가공을 할 때 절삭온도를 측정하는 방법으로 사용하지 않는 것은?

① 부식을 이용하는 방법

② 복사고온계를 이용하는 방법

③ 열전대(thermo couple)에 의한 방법

④ 칼로리미터(calorimeter)에 의한 방법

해설 ・절삭온도의 측정법
① 칩의 색깔로 측정하는 방법
② 온도지시 페인트에 의한 측정
③ 칼로리미터에 의한 측정
④ 공구와 공작물을 열전대로 하는 측정
⑤ 삽입된 열전대에 의한 측정
⑥ 복사고온계에 의한 측정

문제 95. 선반가공에서 직경 60 mm 길이 100 mm의 탄소강 재료 환봉을 초경바이트를 사용하여 1회 절삭 시 가공시간은 약 몇 초인가? (단, 절삭깊이 1.5 mm, 절삭속도 150 m/min, 이송은 0.2 mm/rev이다.)

① 38초   ② 42초
③ 48초   ④ 52초

해답 91. ③ 92. ② 93. ④ 94. ① 95. ①

해설 우선, $V = \dfrac{\pi dN}{1000}(\text{m/min})$ 에서

$N = \dfrac{1000\,V}{\pi d} = \dfrac{1000 \times 150}{\pi \times 60} = 795.77\,\text{rpm}$

결국, $T = \dfrac{\ell}{Nf} = \dfrac{100}{795.77 \times 0.2} = 0.628\,\text{min} ≒ 38\,\text{초}$

문제 **96.** 300 mm×500 mm인 주철 주물을 만들 때, 필요한 주입 추의 무게는 약 몇 kg인가? (단, 쇳물 아궁이 높이가 120 mm, 주물 밀도는 7200 kg/m³이다.)

① 129.6   ② 149.6
③ 169.6   ④ 189.6

해설 주물의 밀도 $\rho = 7200\,\text{kg/m}^3$이므로

비중량 $\gamma = 7200\,\text{kg}_f$이다.

따라서, 압상력 $P = \gamma HA = 7200 \times 0.12 \times (0.3 \times 0.5)$
$= 129.6\,\text{kg}_f$

문제 **97.** 프레스 작업에서 전단가공이 아닌 것은?

① 트리밍(trimming)
② 컬링(curling)
③ 셰이빙(shaving)
④ 블랭킹(blanking)

해설 ・프레스가공
① 전단가공 : 펀칭, 블랭킹, 전단, 분단, 노칭, 트리밍, 세이빙
② 성형가공 : 시밍, 컬링, 벌징, 마폼법, 하이드로폼법, 비딩, 스피닝
③ 압축가공 : 코이닝, 엠보싱, 스웨이징

문제 **98.** 다음 중 직접 측정기가 아닌 것은?

① 측장기   ② 마이크로미터
③ 버니어캘리퍼스   ④ 공기 마이크로미터

해설 ・측정의 종류
① 직접측정 : 버니어캘리퍼스, 마이크로미터, 하이트게이지, 측장기, 각도자 등
② 비교측정 : 다이얼게이지, 미니미터, 옵티미터, 옵

티컬 컴퍼레이터, 전기마이크로미터, 공기마이크로미터, 전기저항 스트레인게이지, 길이변위계 등

문제 **99.** 스프링 백(spring back)에 대한 설명으로 틀린 것은?

① 경도가 클수록 스프링 백의 변화도 커진다.
② 스프링 백의 양은 가공조건에 의해 영향을 받는다.
③ 같은 두께의 판재에서 굽힘 반지름이 작을수록 스프링 백의 양은 커진다.
④ 같은 두께의 판재에서 굽힘 각도가 작을수록 스프링 백의 양은 커진다.

해설 ・스프링 백(spring back)
: 굽힘가공을 할 때 굽힘힘을 제거하면 관의 탄성 때문에 변형부분이 원상태로 되돌아가는 현상
<스프링 백의 양이 커지려면>
① 탄성한계, 피로한계, 항복점이 높아야 한다.
② 구부림 각도가 작아야 한다.
③ 굽힘 반지름이 커야 한다.
④ 판 두께가 얇아야 한다.

문제 **100.** 내접기어 및 자동차의 3단 기어와 같은 단이 있는 기어를 깎을 수 있는 원통형 기어절삭기계로 옳은 것은?

① 호빙 머신
② 그라인딩 머신
③ 마그기어 셰이퍼
④ 펠로즈기어 셰이퍼

해설 ・원통형 기어절삭 공작기계
① 호브를 사용한 것(예 : 호빙 머신) : 호브를 사용한 호빙 머신은 스퍼기어, 헬리컬기어, 웜기어 등을 깎을 수 있다.
② 피니언 커터를 사용한 것(예 : 펠로즈기어 셰이퍼) : 피니언 커터를 사용한 기어 셰이퍼는 스퍼기어, 헬리컬기어, 내접기어 및 자동차의 3단기어와 같은 단이 있는 기어를 깎을 수 있다.
③ 랙 커터를 사용한 것(예 : 마그기어 셰이퍼) : 랙 커터를 사용한 것은 내접기어를 깎을 수 없으나 피니언 커터를 갖는 기어절삭기계와 같은 장점이 있다.

정답 **96.**①   **97.**②   **98.**④   **99.**③   **100.**④

건설기계설비 기사

※ 재료역학, 열역학, 유체역학, 유압기기는 일반기계 기사와 중복됩니다. 나머지 유체기계, 건설기계일반, 플랜트배관의 순서는 1~30번으로 정합니다.

제4과목 유체기계

문제 1. 피스톤 또는 플런저에서 송출하는 유량 변동을 최소화하기 위하여 실린더 바로 뒤쪽에 설치하는 것은?

① 서지 탱크(surge tank)
② 체크 밸브(check valve)
③ 에어 챔버(air chamber)
④ 축압기(accumulator)

문제 2. 원심펌프의 전효율(η)을 구하는 식으로 옳은 것은? (단, η_m은 기계효율, η_v는 체적효율, η_h는 수력효율이다.)

① $\eta = \eta_v \times \eta_h \div \eta_m$
② $\eta = \eta_m \times \eta_v \div \eta_h$
③ $\eta = \eta_m \times \eta_v \times \eta_h$
④ $\eta = \eta_m \times \eta_v$

해설 펌프의 전효율
$\eta = \eta_m(기계효율) \times \eta_h(수력효율) \times \eta_v(체적효율)$

문제 3. 유체 커플링의 입력축의 회전수 1180 rpm, 출력축의 회전수 1140 rpm일 때 효율(%)은?

① 65.5
② 76.6
③ 85.5
④ 96.6

해설 전동효율
$\eta_c = \dfrac{N_2}{N_1} \times 100(\%) = \dfrac{1140}{1180} \times 100 = 96.6\%$

문제 4. 특히 높은 진공도용으로 적합하며 일반적으로 보조 진공펌프를 필요로 하는 진공펌프는?

① 확산 펌프
② 액봉형 진공펌프
③ 루츠형 진공펌프
④ 유회전 진공펌프

해설 확산펌프
: 확산펌프는 특히 높은 진공도용에 적합하다. 그러나 이 펌프는 보조진공펌프를 필요로 한다.

문제 5. 다음 중 물의 흐름 방향이 사류(mixed flow) 형태로 진행되는 수차는 무엇인가?

① 펠톤 수차
② 프란시스 수차
③ 데리아 수차
④ 프로펠러 수차

해설 데리아 수차
: 사용수량에 따라 회전날개의 각도가 안내날개의 열린 각도와 관련되어 자동적으로 변화하는 사류수차

문제 6. 회전차 속의 흐름이 어디에서나 깃과 같은 유선을 가지고, 또 유체가 마찰이나 충돌 등으로 인하여 생기는 에너지 손실이 없을 경우의 흐름은?

① 폐입흐름
② 테일러 유체흐름
③ 깃 수 유한흐름
④ 깃 수 무한흐름

문제 7. 다음 중 카플란 수차에 대한 설명으로 옳은 것은?

① 자동 조절식 가동깃의 프로펠러 수차이다.
② 원통형 케이싱을 사용하는 횡축형이다.
③ 노즐을 사용한다.
④ 200~2000 m의 낙차를 사용한다.

해설 ·프로펠러수차
① 카플란수차 : 가동익형
② 프로펠러수차 : 고정익형

해답 1.③ 2.③ 3.④ 4.① 5.③ 6.④ 7.①

문제 8. 사류 펌프(diagonal flow pump)의 특징에 관한 설명으로 틀린 것은?

① 원심력과 양력을 이용한 터보형 펌프이다.
② 구동 동력은 송출량에 따라 크게 변화한다.
③ 임의의 송출량에서도 안전한 운전을 할 수 있고, 체절운전도 가능하다.
④ 원심 펌프보다 고속 회전할 수 있다.

해설 · 사류펌프
: 터보형 펌프깃을 가진 임펠러의 회전에 의해 유입된 액체에 운동에너지를 부여하고 다시 와류실 등의 구조에 의해 압력에너지로 변환시키는 형식의 펌프로 다음과 같은 특징이 있다.
① 운전시 동력이 일정한 광범위한 양정변화에 대해서도 양수가 가능하다.
② 원심펌프보다 소형이기 때문에 설치면적도 작고 기초공사비가 절약된다.
③ 흡입양정 변화에 대하여 수량 변동이 적고 수량 변동에 대해 동력의 변화도 적으므로 우수용 펌프 등 수위변동이 큰 곳에 적합하다.
④ 축류펌프보다 캐비테이션(공동현상)이 적게 일어나며, 같은 양정일 때 흡입양정을 크게 할 수 있다.
⑤ 흡입성능은 원심펌프보다 떨어지지만 축류펌프보다 우수하다.
⑥ 체절운전이 가능하고, 전동기 등 구동부가 상부에 설치되므로 침수 우려가 없다.
⑦ 안내날개, 중간베어링이 있으므로 소구경에서는 폐쇄될 우려가 있다.
⑧ 회전차가 수중에 있어 기동은 용이하지만 점검이나 수중베어링의 보수가 어렵다.

문제 9. 어떤 수차의 비교 회전도(또는 비속도, specific speed)를 계산하여 보니 100 (rpm, kW,m)가 되었다. 이 수차는 어떤 종류의 수차로 볼 수 있는가?

① 펠턴 수차
② 프란시스 수차
③ 카플란 수차
④ 프로펠러 수차

해설 · 수차의 비교회전도(η_s)
① 펠턴수차 : $\eta_s = 8 \sim 30$(고낙차용)
② 프란시스수차 : $\eta_s = 40 \sim 350$(중낙차용)
③ 축류수차 : $\eta_s = 400 \sim 800$(저낙차용)

문제 10. 다음 중 수평축형 풍차에 해당하지 않는 것은 무엇인가?

① 그리스 풍차
② 네덜란드 풍차
③ 다익형 풍차
④ 사보니우스 풍차

해설 · 풍차는 회전축의 방향에 따라 수평축형과 수직축형으로 분류된다.
① 수평축형 : 그리스형, 네덜란드형, 다익형, 1장 브레이드, 2장 브레이드, 3장 브레이드
② 수직축형 : 패들형, 사보니우스형, 크로스프로형, 다리우스형, 진직 다리우스형, 해릭스터빈(비튼 다리우스형)

제5과목 건설기계일반 및 플랜트배관

문제 11. 고탄소강에 W, Cr, V, Mo 등을 다량 첨가하여 강도와 인성을 높여 고속절삭이 가능하게 하고 내마멸성을 높인 재료는?

① 고속도강
② 불변강
③ 스프링강
④ 스테인리스강

해설 고속도강(SKH) : 주성분이 $0.8\% C + 18\% W - 4\% Cr - 1\% V$으로 된 고속도강으로 $18(W) - 4(Cr) - 1(V)$형이라고도 한다. 풀림온도는 $800 \sim 900 ℃$, 담금질온도는 $1260 \sim 1300 ℃$(1차 경화), 뜨임온도는 $550 \sim 580 ℃$(2차 경화)이다. 여기서, 2차경화란 저온에서 불안정한 탄화물이 형성되어 경화하는 현상이다.

문제 12. 펌프 준설선에 대한 설명으로 틀린 것은?

① 펌프는 샌드 펌프를 설치한다.
② 크게 자항식과 비자항식으로 구분하는데, 자항식은 내항의 준설작업에 비자항식은 외항의 준설작업에 주로 이용된다.
③ 펌프 준설선의 크기는 주 펌프의 구동동력에 따라 소형부터 초대형으로 구분할 수 있다.
④ 펌프 준설선의 작업 능력을 결정하는 주 요소는 흙을 퍼올리고 보내는 거리 및 준설 깊이 등이다.

해답 8. ② 9. ② 10. ④ 11. ① 12. ②

해설 · 펌프준설선(pump dredger)
① 개요 : 선체에 펌프를 적재하고 동력에 의해 수저의 토사를 물과 함께 퍼올리는 작업을 하는 작업선을 지칭한다. 따라서 펌프준설선을 펌프선 또는 샌드펌프선이라고도 한다.
② 커터식 펌프준설선은 자항식과 비자항식으로 구분된다.
　㉠ 자항식 : 선체가 자항능력을 가진 것으로 주로 대형이며, 선박형태의 몸체를 가진 외항용이다.
　㉡ 비자항식 : 자항능력이 없어 주로 내항에 예인되어 준설과 매립에 사용되거나 모래채취에 많이 사용되고 있다.
③ 준설선의 크기는 주펌프의 구동마력수에 따라 소형, 중형, 대형, 초대형으로 구분된다.
④ 작업능력은 토질과 배송거리 및 운전기술 등에 따라 차이가 있으며, 굴착능력, 배송능력(m^3/hr)으로 나타낸다.

문제 13. 모터 그레이더로 자갈이 많이 섞인 건조포장도로의 굴삭작업을 할 경우 스케리파이어의 절삭각도로 적합한 것은?
① 30~46°　　② 45~56°
③ 60~66°　　④ 76~86°

해설 · 스케리파이어의 절삭각도

	절삭각도	노면상태
최대	67°~86°	아스팔트 도로 등을 파 일으키는 작업
표준	60°~66°	자갈이 많이 섞인 건조한 도로를 파 일으키는 작업
최소	51°~60°	부드러운 흙에 작은 돌이 섞인 도로 등을 파 일으키는 작업

문제 14. 도저에서 무한궤도식과 차륜식을 비교할 때, 무한궤도식의 특징으로 틀린 것은?
① 접지면적이 크다.
② 기동성과 이동성이 양호하다.
③ 수중 작업 시 상부 롤러까지 작업이 가능하다.
④ 습지, 사지, 부정지에서 작업이 용이하다.

해설 · 주행장치에 의한 분류(=접지압을 고려한 분류)

항 목	무한궤도식 (crawler)	타이어식 (=차륜식 : wheel type)
토질의 영향	적 다	크 다
연약지반 작업	용 이	곤 란
경사지 작업	용 이	곤 란
작업거리 영향	크 다	적 다
작업속도	느리다	빠르다
주행기동성, 이동성	느리다	빠르다
작업안정성	안 정	조금 떨어진다
견인능력, 등판능력	크 다	작 다
접지압	작 다	크 다

문제 15. 모터 스크레이퍼(scraper)의 작업량과 밀접한 관계가 없는 것은?
① 토량환산계수
② 작업 효율
③ 사이클 시간
④ 스크레이퍼 자중

해설 스크레이퍼의 작업량(W)
$$W = \frac{60QfE}{C_m}\,(m^3/hr)$$
여기서, Q : 볼 1회 흙운반 적재량
　　　　f : 토량환산계수
　　　　E : 작업효율
　　　　C_m : 사이클 타임

문제 16. 불도저의 부속장치 중 굳고 단단한 지반에서 블레이드로는 굴착이 곤란한 지반이나 포장의 분쇄, 뿌리 뽑기 등에 사용하는 것은?
① 스윙 고정 장치　　② 유압 리퍼
③ 스키 로더　　　　④ 토잉 윈치

해설 · 리퍼(ripper)
① 지반이 단단하고 견고하여 굴착이 곤란한 경우에 사용
② 불도저의 토공판(blade)으로 굴착이 곤란한 경우나 발파가 곤란한 암석 또는 옥석류의 제거, 아스팔트 포장 파괴, 나무뿌리 파기 등에 사용

해답 **13.** ③　**14.** ②　**15.** ④　**16.** ②

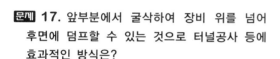
문제 **17.** 앞부분에서 굴삭하여 장비 위를 넘어 후면에 덤프할 수 있는 것으로 터널공사 등에 효과적인 방식은?

① 스윙 로더
② 측면 덤프 로더
③ 프런트 엔드 로더
④ 오버 헤드 로더

해설 · 로더의 적하방식에 의한 분류
① 프런트엔드형 : 앞으로 적하하거나 차체의 전방으로 굴삭을 행하는 것
② 사이드덤프형 : 버킷을 좌우로 기울일 수 있으며, 터널공사, 광산 및 탄광의 협소한 장소에서 굴착 적재 작업시 사용
③ 오버헤드형 : 장비의 위를 넘어서 후면으로 덤프할 수 있는 형
④ 스윙형 : 프런트엔드형과 오버헤드형이 조합된 것으로 앞, 뒤 양방에 덤프할 수 있는 형
⑤ 백호셔블형 : 트랙터 후부에 유압식 백호 셔블을 장착하여 굴삭이나 적재시에 사용

문제 **18.** 디젤엔진에 있어서 거버너(governor)의 역할은?

① 분사량 조정
② 분사위치 조정
③ 분사입자 조정
④ 분사시기 조정

해설 거버너(governor : 조속기)
: 디젤엔진에서 엔진의 회전과 부하에 따라 연료량을 조절해주는 장치로서 기계식과 자동식이 있다.

문제 **19.** 플랜트 기계설비에 사용되는 일반적인 건식집진장치가 아닌 세정식 집진법의 종류인 것은?

① 사이클론
② 백 필터
③ 멀티클론
④ 벤투리 스크러버

해설 · 집진기(dust collector)
① 개요 : 배출가스에 포함되어 있는 여러 유해입자 또는 각종 물질을 일정조건에 따라 분리하여 포집하는 장치

② 집진장치의 종류
㉠ 여과식 집진기(bag filter) : 배출가스를 수개의 백필터(여과포)에 통과시키면서 분진이 여과포에 부착되어 포집되는 장치이다.
㉡ 사이클론 원심력 집진기(cyclone) : 사이클론 원심력을 이용하여 배출되는 가스 중의 물질을 분리하여 포집하는 장치이다.
㉢ 습식 집진기(scrubber) : 물이나 약액을 습식 분무상태로 변환시킨 뒤 가스기류 중에 송입하고 분진입자를 부착하거나 용해시켜 제거하는 장치이다.
㉣ 전기식 집진기(electric precipitator) : 전기적인 방식을 통해 부유하는 고체나 액체 입자를 제거하거나 포집하는 장치이다.

문제 **20.** 쇼벨계 굴삭기에 사용되는 작업장치(프런트 어태치먼트) 중 작업 장소보다 낮은 장소의 단단한 토질의 굴착에 적합한 것은?

① 파워셔블
② 드랙라인
③ 백호우
④ 클램셸

해설 ① 파워셔블(power shovel) : 작업위치보다 높은 굴착에 적합하며 산, 절벽굴착에 사용된다.
② 드랙라인(drag line) : 굴삭기가 위치한 지면보다 낮은 곳을 굴삭하는데 적합하며 정확한 굴삭작업은 기대할 수 없지만 굴삭반경이 커 굴삭지역이 넓다.
수중굴착, 모래채취와 같이 단순한 굴착작업에 많이 사용되나 단단하고 다져진 토질이나 자갈 채취에는 적합하지 않다.
③ 백호우(back hoe) : 작업위치보다 낮은 쪽을 굴삭하여 기계보다 높은 곳에 있는 운반장비에 적재가 가능하다. 주로 좁은 위치를 굴삭하며 건축의 기초굴착에 사용된다.
④ 클램셸(clam shell) : 지반 밑의 좁은장소에서 깊게 수직굴착하며 단단한 지반의 굴착에는 적합하지 않다.

문제 **21.** 다음 중 현장에서 관(pipe)의 평면가공, 베벨 각 가공 등에 가장 많이 사용하는 것은?

① 디스크 그라인더
② 벤치 그라인더
③ 집진형 그라인더
④ 탁상 그라인더

정답 **17.** ④ **18.** ① **19.** ④ **20.** ③ **21.** ①

문제 22. 다음 중 기계적 세정 방법이 아닌 것은?

① 물분사기 세정법
② 샌드블라스트 세정법
③ 피그 세정법
④ 순환 세정법

해설 ・세정방법
① 기계적 세정방법 : 주로 와이어 브러시나 스크레이퍼로 손작업을 하나 손작업으로 제거하기 곤란한 곳은 클리너(cleaner)나 스케일 해머를 사용하여 세정한다.
② 화학적 세정방법 : 기계적인 방법으로 세정이 곤란한 경우 산, 알칼리, 유기제 등의 약액을 사용하여 세정하는 방법으로 침적법, 서징법, 순환법이 있다.

문제 23. 최고사용 압력이 40 kg/cm², 관의 인장강도가 20 kg/cm²일 때, 스케줄 번호(sch No.)는? (단, 안전율은 4이다.)

① 60
② 80
③ 120
④ 160

해설 우선, 허용응력 $S = \dfrac{인장강도}{안전율} = \dfrac{20}{4} = 5\,\text{kg/cm}^2$

결국, 스케줄번호$(SCH) = 10 \times \dfrac{p}{S} = 10 \times \dfrac{40}{5} = 80$

문제 24. 배관 지지의 필요조건이 아닌 것은?

① 관의 지지간격은 적당하게 할 것
② 외부의 진동과 충격에 대해서도 견고할 것
③ 온도변화에 대해 관의 신축은 고려하지 말 것
④ 배관시공에 있어서 구배의 조정이 용이하게 될 수 있는 구조일 것

해설 ・배관지지의 필요조건
① 관과 관내의 유체 및 피복재의 합계중량을 지지하는데 충분한 재료일 것
② 외부에서의 진동과 충격에 대해서도 견고할 것
③ 배관시공에 있어서 구배의 조정이 간단하게 될 수 있는 구조일 것

④ 온도변화에 따른 관의 신축에 대하여 적합할 것
⑤ 관의 지지 간격이 적당할 것

문제 25. 관 이음쇠에서 관의 방향을 바꿀 때 사용되는 것은?

① 소켓
② 유니언
③ 엘보
④ 캡

해설 ・이음쇠의 사용목적에 따른 분류
① 관의 방향을 바꿀 때 : 엘보(elbow), 밴드(bend) 등
② 관의 도중에서 분기할 때 : 티(tee), 와이(Y), 크로스(cross) 등
③ 동경의 관을 직선 연결할 때 : 소켓(socket), 유니언(union), 플랜지(flange), 니플(nipple) 등
④ 이경관을 연결할 때 : 이경엘보, 이경소켓, 이경티, 부싱(bushing) 등
⑤ 관의 끝을 막을 때 : 캡(cap), 플러그(plug) 등
⑥ 관의 분해수리 교체가 필요할 때 : 유니언, 플랜지 등

문제 26. 관의 종류 중 구조용 강관이 아닌 것은?

① 일반 구조용 탄소강관
② 기계 구조용 탄소강관
③ 일반 구조용 각형 강관
④ 용접 구조용 원심력 주강관

해설 ・구조용 강관의 종류
① 일반구조용 탄소강관(SPS)
② 기계구조용 탄소강관(STM)
③ 구조용 합금강관(STA)
④ 일반구조용 각형 강관(SPSR)

문제 27. 온도조절기나 압력조절기 등에 의해 신호 전류를 받아 전자코일의 전자력을 이용하여 자동적으로 밸브를 개폐시키는 밸브는?

① 전자밸브
② 2-way 전동밸브
③ 3-way 전동밸브
④ 압력조절밸브

애답 22. ④ 23. ② 24. ③ 25. ③ 26. ④ 27. ①

해설 전자밸브(solenoid valve)
: 온도조절기나 압력조절기 등에 의해 신호전류를 받아 전자코일의 전자력을 이용 자동적으로 밸브를 개폐시키는 것으로서 증기용, 물, 연료용, 냉매용 등이 있고, 용도에 따라 구조가 다르다.

문제 **28.** 부식, 마모 등으로 작은 구멍이 생겨 누설될 경우 다른 방법으로는 누설을 막기 곤란할 때 사용하는 응급 조치법은?

① 코킹법   ② 인젝션법
③ 박스설치법   ④ 스토핑박스법

문제 **29.** 스테인리스 강관에 관한 설명으로 틀린 것은?

① 동결 우려가 있어 한랭지 배관에 적용하기 어렵다.
② 강관에 비해 두께가 얇고 가벼워 운반 및 시공이 쉽다.
③ 위생적이며 적수, 백수, 청수의 염려가 없다.
④ 나사식, 용접식, 몰코식, 플랜지식 이음법이 있다.

해설 · 스테인리스 강관의 특성
① 내식성이 우수하여 계속 사용시 내경의 축소, 저항 증대 현상이 없다.
② 위생적이어서 적수, 백수, 청수의 염려가 없다.
③ 강관에 비해 기계적 성질이 우수하고 두께가 얇아 운반 및 시공이 쉽다.
④ 저온 충격성이 크고 한랭지 배관이 가능하며 동결에 대한 저항은 크다.
⑤ 나사식, 용접식, 몰코식, 플랜지 이음법 등의 특수시공법으로 시공이 간단하다.

문제 **30.** 주철관에 비해 가볍고 인장강도가 크며 각종 수송관 또는 일반 배관용으로 사용되는 관은?

① 탄소강관   ② 스테인리스강관
③ 동관   ④ 라이닝강관

해설 · 강관의 특징
① 연관, 주철관에 비해 가볍고, 인장강도가 크며, 가격이 저렴하다.
② 굴요성이 풍부하며 충격에 강하고, 관의 접합이 쉽다.
③ 주철관에 비해 내식성이 적고, 사용연한이 짧다.
④ 각종 수송관 또는 일반배관용으로 널리 사용된다.

정답 **28.** ② **29.** ① **30.** ①

2019년 제3회 건설기계설비 기사

제1과목 재료역학

문제 1. 그림과 같이 두께가 20 mm, 외경이 200 mm인 원관을 고정벽으로부터 수평으로 4 m만큼 돌출시켜 물을 방출한다. 원관 내에 물이 가득차서 방출될 때 자유단의 처짐은 약 몇 mm인가? (단, 원관 재료의 세로탄성계수는 200 GPa, 비중은 7.8이고 물의 밀도는 1000 kg/m³이다.) 【8장】

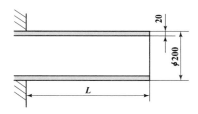

① 9.66 ② 7.66
③ 5.66 ④ 3.66

[해설] 우선, $w = (\gamma A)_{원관} + (\gamma A)_{물}$

$= (\gamma_{H_2O} S A)_{원관} + (\gamma_{H_2O} A)_{물}$

$= \left[9800 \times 7.8 \times \frac{\pi (0.2^2 - 0.16^2)}{4} \right] + \left[9800 \times \frac{\pi \times 0.16^2}{4} \right]$

$= 1061.6 \, \text{N/m}$

결국, $\delta_{max} = \frac{w \ell^4}{8EI} = \dfrac{1061.6 \times 4^4}{8 \times 200 \times 10^9 \times \dfrac{\pi (0.2^4 - 0.16^4)}{64}}$

$= 0.00366 \, \text{m} = 3.66 \, \text{mm}$

문제 2. 평면응력 상태에서 $\sigma_x = 1750$ MPa, $\sigma_y = 350$ MPa, $\tau_{xy} = -600$ MPa일 때 최대전단응력 τ_{max}은 약 몇 MPa인가? 【3장】

① 634 ② 740
③ 826 ④ 922

[해설] $\tau_{max} = \frac{1}{2} \sqrt{(\sigma_x - \sigma_y)^2 + 4\tau_{xy}^2}$

$= \frac{1}{2} \sqrt{(1750 - 350)^2 + 4(-600)^2}$

$= 921.95 \fallingdotseq 922 \, \text{MPa}$

문제 3. 그림과 같은 볼트에 축 하중 Q가 작용할 때, 볼트 머리부의 높이 H는? (단, d : 볼트 지름, 볼트 머리부에서 축 하중 방향으로의 전단응력은 볼트 축에 작용하는 인장 응력의 1/2까지 허용한다.) 【1장】

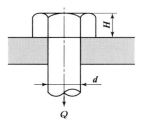

① $\frac{1}{4}d$ ② $\frac{3}{5}d$ ③ $\frac{3}{8}d$ ④ $\frac{1}{2}d$

[해설] $\tau = \frac{1}{2}\sigma_t$에서 $\frac{P_s}{A} = \frac{1}{2} \times \frac{P_t}{A}$

$\frac{Q}{\pi d H} = \frac{1}{2} \times \frac{Q}{\frac{\pi}{4}d^2}$ $\therefore \, H = \frac{1}{2}d$

문제 4. 그림과 같이 한 끝이 고정된 지름 15 mm인 원형단면 축에 두 개의 토크가 작용하고 있다. 고정단에서 축에 작용하는 전단응력은 약 몇 MPa인가? 【5장】

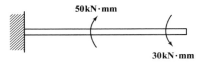

50kN·mm

30kN·mm

① 10　　　　　　　② 20

③ 30　　　　　　　④ 40

해설〉 우선, $T = 50 - 30 = 20\,\text{kN} \cdot \text{mm}$

결국, $T = \tau Z_P = \tau \times \dfrac{\pi d^3}{16}$ 에서

$$\therefore\ \tau = \frac{16\,T}{\pi d^3} = \frac{16 \times 20 \times 10^3}{\pi \times 15^3}$$
$$= 30.18\,\text{N/mm}^2 (= \text{MPa})$$

문제 **5.** 길이가 500 mm, 단면적 500 mm²인 환봉이 인장하중을 받고 1.0 mm 신장되었다. 봉에 저장된 탄성에너지는 약 몇 N·m인가?
(단, 봉의 세로탄성계수는 200 GPa이다.)
【2장】

① 100　　　　　　② 300

③ 500　　　　　　④ 1000

해설〉 $U = \dfrac{1}{2}P\lambda = \dfrac{1}{2} \times \dfrac{AE\lambda}{\ell} \times \lambda = \dfrac{AE\lambda^2}{2\ell}$

$$= \frac{500 \times 10^{-6} \times 200 \times 10^9 \times 0.001^2}{2 \times 0.5}$$
$$= 100\,\text{N} \cdot \text{m}$$

단, $\lambda = \dfrac{P\ell}{AE}$ 에서　$P = \dfrac{AE\lambda}{\ell}$

문제 **6.** 단면의 폭과 높이가 $b \times h$이고 길이가 L인 연강 사각형 단면의 기둥이 양단에서 핀으로 지지되어 있을 때 좌굴응력은?
(단, 재료의 세로탄성계수는 E이다.) 【10장】

① $\dfrac{\pi^2 E h^2}{L^2}$　　　　② $\dfrac{\pi^2 E h^2}{3L^2}$

③ $\dfrac{\pi^2 E h^2}{6L^2}$　　　　④ $\dfrac{\pi^2 E h^2}{12L^2}$

해설〉 $\sigma_B = n\pi^2 \dfrac{EI}{AL^2} = 1 \times \pi^2 \times \dfrac{E \times \dfrac{bh^3}{12}}{bhL^2}$

$$= \frac{\pi^2 E h^2}{12L^2}$$

단, 양단이 핀 : $n = 1$

문제 **7.** 그림과 같은 구조물의 부재 BC에 작용하는 힘은 얼마인가? 【1장】

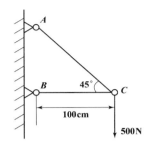

① 500 N 압축　　　② 500 N 인장

③ 707 N 압축　　　④ 707 N 인장

해설〉 라미의 정리에 의해

$$\frac{T_{AC}}{\sin 90°} = \frac{T_{BC}}{\sin 225°} = \frac{500}{\sin 45°}$$ 에서

$$\therefore\ T_{BC} = 500 \times \frac{\sin 225°}{\sin 45°}$$
$$= -500\,\text{N} = 500\,\text{N}(\text{압축})$$

문제 **8.** 그림과 같이 삼각형으로 분포하는 하중을 받고 있는 단순보에서 지점 A의 반력은 얼마인가? 【6장】

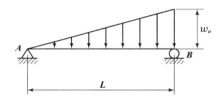

① $\dfrac{w_o L}{6}$　　　　　② $\dfrac{w_o L}{3}$

③ $\dfrac{w_o L}{2}$　　　　　④ $w_o L$

해설〉 우선, $R_A L - \dfrac{1}{2} w_o L \times \dfrac{L}{3} = 0$

$$\therefore\ R_A = \frac{w_o L}{6}$$

또한, $0 = R_B L - \dfrac{1}{2} w_o L \times \dfrac{2L}{3}$

$$\therefore\ R_B = \frac{w_o L}{3}$$

해답 **5.** ①　**6.** ④　**7.** ①　**8.** ①

문제 9. 바깥지름 d, 안지름 $\dfrac{d}{3}$ 인 중공원형 단면의 단면계수는 얼마인가? 【4장】

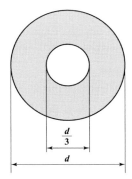

① $\dfrac{5\pi d^3}{9}$

② $\dfrac{5\pi d^3}{81}$

③ $\dfrac{5\pi d^3}{162}$

④ $\dfrac{5\pi d^3}{324}$

[해설] $Z = \dfrac{I}{e} = \dfrac{\dfrac{\pi(d_2^4 - d_1^4)}{64}}{\left(\dfrac{d_2}{2}\right)} = \dfrac{\pi(d_2^4 - d_1^4)}{32 d_2}$

$= \dfrac{\pi\left[d^4 - \left(\dfrac{d}{3}\right)^4\right]}{32d} = \dfrac{5\pi d^3}{162}$

문제 10. 보의 중앙부에 집중하중을 받는 일단고정, 타단지지보에서 A점의 반력은? (단, 보의 굽힘강성 EI는 일정하다.) 【9장】

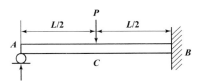

① $R_A = \dfrac{3}{16}P$

② $R_A = \dfrac{5}{16}P$

③ $R_A = \dfrac{7}{16}P$

④ $R_A = \dfrac{11}{16}P$

[해설] $R_A = \dfrac{5P}{16}$, $R_B = \dfrac{11P}{16}$

문제 11. 직경 2 cm의 원형 단면축을 1800 rpm으로 회전시킬 때 최대 전달 마력은 약 몇 kW인가? (단, 재료의 허용전단응력은 20 MPa이다.) 【5장】

① 3.59

② 4.62

③ 5.92

④ 7.13

[해설] 동력 $P = T\omega = \tau Z_P \times \dfrac{2\pi N}{60}$

$= 20 \times 10^3 \times \dfrac{\pi \times 0.02^3}{16} \times \dfrac{2\pi \times 1800}{60}$

$= 5.92\,\text{kW}$

문제 12. 길이가 L인 외팔보의 중앙에 그림과 같이 M_B가 작용할 때, C점에서의 처짐량은? (단, 보의 굽힘 강성 EI는 일정하고, 자중은 무시한다.) 【8장】

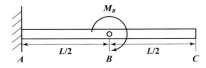

① $\dfrac{M_B L^2}{2EI}$

② $\dfrac{M_B L^2}{4EI}$

③ $\dfrac{M_B L^2}{8EI}$

④ $\dfrac{3M_B L^2}{8EI}$

[해설]

$\delta_C = \dfrac{A_M}{EI}\bar{x} = \dfrac{1}{EI} \times \dfrac{L}{2} \times M_B \times \dfrac{3L}{4} = \dfrac{3M_B L^2}{8EI}$

애답 9.③ 10.② 11.③ 12.④

문제 13. 다음과 같은 길이 4.5 m의 보에 분포하중 3 kN/m가 작용된다. 이 보에 작용되는 굽힘모멘트 절대값의 최대치는 약 몇 kN·m인가? 【6장】

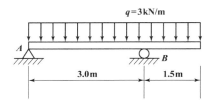

① 1.898 ② 3.375
③ 18.98 ④ 33.75

해설 우선, $R_A \times 3 - 3 \times 3 \times 1.5 = -3 \times 1.5 \times 0.75$

$\therefore R_A = 3.375 \, kN$

또한, $F_x = R_A - qx = 0$

$\therefore x = \dfrac{R_A}{q} = \dfrac{3.375}{3} = 1.125 \, m$

결국, $M_x = R_A x - qx \dfrac{x}{2} = R_A x - \dfrac{qx^2}{2}$

$M_{x=1.125m} = 3.375 \times 1.125 - \dfrac{3 \times 1.125^2}{2}$

$\qquad\qquad = 1.898 \, kN \cdot m$

$M_{x=3m} = 3.375 \times 3 - \dfrac{3 \times 3^2}{2} = |-3.375 \, kN \cdot m|$

$\qquad\qquad = 3.375 \, kN \cdot m = M_{max}$

문제 14. 지름이 50 mm이고 길이가 200 mm인 시편으로 비틀림 실험을 하여 얻은 결과, 토크 30.6 N·m에서 전 비틀림 각이 7°로 기록되었다. 이 재료의 전단 탄성계수는 약 몇 MPa인가? 【5장】

① 81.6 ② 40.6
③ 66.6 ④ 97.6

해설 비틀림 각 $\theta = \dfrac{180}{\pi} \times \dfrac{T\ell}{GI_P}$ 에서

$\therefore G = \dfrac{180 \, T\ell}{\pi\theta I_P} = \dfrac{180 \times 30.6 \times 10^3 \times 200}{\pi \times 7 \times \dfrac{\pi \times 50^4}{32}}$

$\qquad = 81.64 \, N/mm^2 (= MPa)$

문제 15. 그림과 같이 정사각형 단면을 갖는 외팔보에 작용하는 최대 굽힘응력은? 【7장】

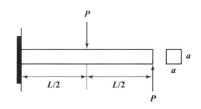

① $\dfrac{2PL}{a^3}$ ② $\dfrac{3PL}{a^3}$
③ $\dfrac{4PL}{a^3}$ ④ $\dfrac{5PL}{a^3}$

해설 $M_{max}(중앙점 또는 고정단) = \dfrac{PL}{2}$ 이므로

$\therefore \sigma_{max} = \dfrac{M_{max}}{Z} = \dfrac{\left(\dfrac{PL}{2}\right)}{\left(\dfrac{a^3}{6}\right)} = \dfrac{3PL}{a^3}$

문제 16. 다음과 같은 균일 단면보가 순수 굽힘 작용을 받을 때 이 보에 저장된 탄성 변형에너지는? (단, 굽힘강성 EI는 일정하다.) 【8장】

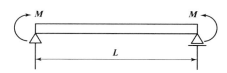

① $\dfrac{M^2L}{2EI}$ ② $\dfrac{M^2L}{3EI}$
③ $\dfrac{3M^2L}{4EI}$ ④ $\dfrac{4M^2L}{3EI}$

해설 $U = \dfrac{1}{2}M\theta = \dfrac{1}{2}M \times \dfrac{ML}{EI} = \dfrac{M^2L}{2EI}$

문제 17. 그림과 같이 노치가 있는 원형 단면 봉이 인장력 $P = 9.5$ kN을 받고 있다. 노치의 응력집중계수가 $\alpha = 2.5$라면, 노치부에서 발생하는 최대응력은 약 몇 MPa인가?
(단, 그림의 단위는 mm이다.) 【1장】

정답 13. ② 14. ① 15. ② 16. ① 17. ②

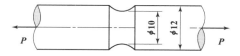

① 3024   ② 302

③ 221   ④ 51

[해설] $\sigma_{max} = \alpha\sigma_n = \alpha \times \dfrac{P}{A} = 2.5 \times \dfrac{9.5 \times 10^3}{\dfrac{\pi}{4} \times 10^2}$

$\qquad\qquad = 302.4\,\text{N/mm}^2 (= \text{MPa})$

[문제] 18. 길이 ℓ인 막대의 일단에 축방향 하중 P가 작용하여 인장 응력이 발생하고 있는 재료의 세로탄성계수는? (단, A는 막대의 단면적, δ는 신장량이다.) **【1장】**

① $\dfrac{P\delta}{A\ell}$ ② $\dfrac{P\ell}{A\delta}$

③ $\dfrac{P\ell\delta}{A}$ ④ $\dfrac{A\delta}{P\ell}$

[해설] $\lambda = \delta = \dfrac{P\ell}{AE}$ 에서 $\quad\therefore\ E = \dfrac{P\ell}{A\delta}$

[문제] 19. 그림과 같은 하중을 받는 단면봉의 최대인장응력은 약 몇 MPa인가? (단, 한 변의 길이가 10 cm인 정사각형이다.) **【10장】**

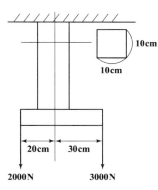

① 2.3   ② 3.1

③ 3.5   ④ 4.1

[해설] $M = 3000 \times 300 - 2000 \times 200 = 5 \times 10^5\,\text{N} \cdot \text{mm}$ 이므로

$\therefore\ \sigma_{max} = \sigma' + \sigma'' = \dfrac{P}{A} + \dfrac{M}{Z}$

$\qquad = \dfrac{(2000 + 3000)}{100 \times 100} + \dfrac{5 \times 10^5}{\left(\dfrac{100^3}{6}\right)}$

$\qquad = 3.5\,\text{N/mm}^2 (= \text{MPa})$

[문제] 20. 선형 탄성 재질의 정사각형 단면봉에 500 kN의 압축력이 작용할 때 80 MPa의 압축응력이 생기도록 하려면 한 변의 길이를 약 몇 cm로 해야 하는가? **【1장】**

① 3.9   ② 5.9

③ 7.9   ④ 9.9

[해설] $\sigma_c = \dfrac{P_c}{A} = \dfrac{P_c}{a^2}$ 에서

$\therefore\ a = \sqrt{\dfrac{P_c}{\sigma_c}} = \sqrt{\dfrac{500}{80 \times 10^3}} \fallingdotseq 0.079\,\text{m} = 7.9\,\text{cm}$

제2과목 기계열역학

[문제] 21. 체적이 $1\,\text{m}^3$인 용기에 물이 5 kg 들어 있으며 그 압력을 측정해보니 500 kPa이었다. 이 용기에 있는 물 중에 증기량(kg)은 얼마인가? (단, 500 kPa에서 포화액체와 포화증기의 비체적은 각각 $0.001093\,\text{m}^3/\text{kg}$, $0.37489\,\text{m}^3/\text{kg}$이다.) **【6장】**

① 0.005   ② 0.94

③ 1.87   ④ 2.66

[해설] 우선, $v = \dfrac{V}{m} = \dfrac{1}{5} = 0.2\,\text{m}^3/\text{kg}$

또한, $v = v' + x(v'' - v')$ 에서

$x = \dfrac{v - v'}{v'' - v'} = \dfrac{0.2 - 0.001093}{0.37489 - 0.001093} = 0.532$

결국, 건도란 습증기구역 하에서 건포화증기의 함유량이 얼마인지를 나타내는 값이므로

즉, $x = \dfrac{\text{건포화증기량}}{\text{습증기량}}$ 이므로

건포화증기량 $= x \times$ 습증기량 $= 0.532 \times 5 = 2.66\,\text{kg}$

[해답] 18. ②   19. ③   20. ③   21. ④

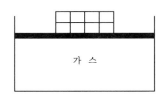

문제 22. 5 kg의 산소가 정압하에서 체적이 0.2 m³에서 0.6 m³로 증가했다. 이 때의 엔트로피의 변화량(kJ/K)은 얼마인가? (단, 산소는 이상기체이며, 정압비열은 0.92 kJ/kg·K이다.) 【4장】

① 1.857 ② 2.746
③ 5.054 ④ 6.507

해설〉 $\Delta S = GC_p \ell n \dfrac{V_2}{V_1} = 5 \times 0.92 \times \ell n \dfrac{0.6}{0.2}$

$\qquad \fallingdotseq 5.054 \, \text{kJ/K}$

문제 23. 증기가 디퓨저를 통하여 0.1 MPa, 150 ℃, 200 m/s의 속도로 유입되어 출구에서 50 m/s의 속도로 빠져나간다. 이 때 외부로 방열된 열량이 500 J/kg일 때 출구 엔탈피(kJ/kg)는 얼마인가? (단, 입구의 0.1 MPa, 150 ℃ 상태에서 엔탈피는 2776.4 kJ/kg이다.) 【10장】

① 2751.3 ② 2778.2
③ 2794.7 ④ 2812.4

해설〉 정상유동의 에너지방정식에서

$_1Q_2 = \cancel{W_t}^{0} + \dfrac{\dot{m}(w_2^2 - w_1^2)}{2 \times 10^3} + \dot{m}(h_2 - h_1) + \cancel{\dot{m}g(Z_2 - Z_1)}^{0}$

$\dot{m}\,_1q_2 = \dfrac{\dot{m}(w_2^2 - w_1^2)}{2 \times 10^3} + \dot{m}(h_2 - h_1)$

$_1q_2 = \dfrac{w_2^2 - w_1^2}{2 \times 10^3} + (h_2 - h_1)$

$-0.5 = \dfrac{50^2 - 200^2}{2 \times 10^3} + (h_2 - 2776.4)$

$\therefore \; h_2 = 2794.65 \fallingdotseq 2794.7 \, (\text{kJ/kg})$

문제 24. 그림과 같이 다수의 추를 올려놓은 피스톤이 끼워져 있는 실린더에 들어있는 가스를 계로 생각한다. 초기 압력이 300 kPa이고, 초기 체적은 0.05 m³이다. 피스톤을 고정하여 체적을 일정하게 유지하면서 압력이 200 kPa로 떨어질 때까지 계에서 열을 제거한다. 이 때 계가 외부에 한 일(kJ)은 얼마인가? 【3장】

① 0 ② 5
③ 10 ④ 15

해설〉 정적이므로 $V = C$ 즉, $dV = 0$

결국, $_1W_2 = \displaystyle\int_1^2 P \cancel{dV}^{0} = 0$

문제 25. 표준대기압 상태에서 물 1 kg이 100 ℃로부터 전부 증기로 변하는 데 필요한 열량이 0.652 kJ이다. 이 증발과정에서의 엔트로피 증가량(J/K)은 얼마인가? 【4장】

① 1.75 ② 2.75
③ 3.75 ④ 4.00

해설〉 $\Delta S = \dfrac{_1Q_2}{T} = \dfrac{0.652 \times 10^3}{(100 + 273)} \fallingdotseq 1.75 \, \text{J/K}$

문제 26. 체적이 0.5 m³인 탱크에 분자량이 24 kg/kmol인 이상기체 10 kg이 들어있다. 이 기체의 온도가 25 ℃일 때 압력(kPa)은 얼마인가? (단, 일반기체상수는 8.3143 kJ/kmol·K이다.) 【3장】

① 126 ② 845
③ 2066 ④ 49578

해설〉 $pV = mRT$에서 $\quad pV = m \times \dfrac{\overline{R}}{M} \times T$

$p \times 0.5 = 10 \times \dfrac{8.3143}{24} \times (25 + 273)$

$\therefore \; p = 2064.7 \, \text{kPa}$

문제 27. 질량 4 kg의 액체를 15 ℃에서 100 ℃까지 가열하기 위해 714 kJ의 열을 공급하였다면 액체의 비열(kJ/kg·K)은 얼마인가? 【1장】

정답 22. ③ 23. ③ 24. ① 25. ① 26. ③ 27. ②

① 1.1   ② 2.1

③ 3.1   ④ 4.1

해설 $_1Q_2 = m\,C(t_2 - t_1)$ 에서

$$\therefore\ C = \frac{_1Q_2}{m(t_2 - t_1)} = \frac{714}{4(100-15)} = 2.1\,\text{kJ/kg}\cdot\text{K}$$

문제 28. 배기량(displacement volume)이 1200 cc, 극간체적(clearance volume)이 200 cc인 가솔린 기관의 압축비는 얼마인가? 【5장】

① 5   ② 6

③ 7   ④ 8

해설 $\varepsilon = \dfrac{V}{V_C} = \dfrac{V_C + V_S}{V_C} = \dfrac{200+1200}{200} = 7$

문제 29. 열역학적 상태량은 일반적으로 강도성 상태량과 용량성 상태량으로 분류할 수 있다. 강도성 상태량에 속하지 않는 것은? 【1장】

① 압력   ② 온도

③ 밀도   ④ 체적

해설 ·상태량의 종류
① 강도성 상태량 : 물질의 질량에 관계없이 그 크기가 결정되는 상태량
예) 온도, 압력, 비체적, 밀도
② 종량성 상태량 : 물질의 질량에 따라 그 크기가 결정되는 상태량
예) 내부에너지, 엔탈피, 엔트로피, 체적, 질량

문제 30. 두께 10 mm, 열전도율 15 W/m·℃인 금속판 두 면의 온도가 각각 70 ℃와 50 ℃일 때 전열면 1 m²당 1분 동안에 전달되는 열량(kJ)은 얼마인가? 【11장】

① 1800

② 14000

③ 92000

④ 162000

해설 $Q = -KA\dfrac{dT}{dx} = 0.015 \times 1 \times \dfrac{20}{10 \times 10^{-3}}$

$$= 30\,\text{kJ/S} = 1800\,\text{kJ/min}$$

문제 31. 공기 3 kg이 300 K에서 650 K까지 온도가 올라갈 때 엔트로피 변화량 (J/K)은 얼마인가?
(단, 이 때 압력은 100 kPa에서 550 kPa로 상승하고, 공기의 정압비열은 1.005 kJ/kg·K, 기체상수는 0.287 kJ/kg·K이다.) 【4장】

① 712   ② 863

③ 924   ④ 966

해설 $\Delta S = m\,C_p \ell n\dfrac{T_2}{T_1} - m R \ell n\dfrac{p_2}{p_1}$

$$= 3 \times 1.005 \times 10^3 \times \ell n\frac{650}{300} - 3 \times 0.287 \times 10^3 \times \ell n\frac{550}{100}$$

$$\fallingdotseq 863\,\text{J/K}$$

문제 32. 압축비가 18인 오토사이클의 효율 (%)은? (단, 기체의 비열비는 1.41이다.) 【8장】

① 65.7   ② 69.4

③ 71.3   ④ 74.6

해설 $\eta_o = 1 - \left(\dfrac{1}{\varepsilon}\right)^{k-1} = 1 - \left(\dfrac{1}{18}\right)^{1.41-1}$

$$= 0.694 = 69.4\,\%$$

문제 33. 공기 표준 브레이튼(Brayton) 사이클 기관에서 최고압력이 500 kPa, 최저압력이 100 kPa이다. 비열비(k)가 1.4일 때, 이 사이클의 열효율 (%)은? 【8장】

① 3.9   ② 18.9

③ 36.9   ④ 26.9

해설 우선, 압력비 $\gamma = \dfrac{\text{최고압력}}{\text{최저압력}} = \dfrac{500}{100} = 5$

결국, $\eta_B = 1 - \left(\dfrac{1}{\gamma}\right)^{\frac{k-1}{k}} = 1 - \left(\dfrac{1}{5}\right)^{\frac{1.4-1}{1.4}}$

$$= 0.3686 = 36.86\,\%$$

정답 **28.** ③   **29.** ④   **30.** ①   **31.** ②   **32.** ②   **33.** ③

문제 34. 800 kPa, 350 ℃의 수증기를 200 kPa로 교축한다. 이 과정에 대하여 운동 에너지의 변화를 무시할 수 있다고 할 때 이 수증기의 Joule-Thomson 계수 (K/kPa)는 얼마인가? (단, 교축 후의 온도는 344 ℃이다.) 【11장】

① 0.005
② 0.01
③ 0.02
④ 0.03

해설 줄-톰슨계수 $\mu_J = \left(\dfrac{\partial T}{\partial p}\right)_h = \dfrac{350 - 344}{800 - 200}$
$= 0.01 \, (\text{K/kPa})$

문제 35. 최고온도(T_H)와 최저온도(T_L)가 모두 동일한 이상적인 가열사이클 중 효율이 다른 하나는? (단, 사이클 작동에 사용되는 가스(기체)는 모두 동일하다.) 【8장】

① 카르노 사이클
② 브레이튼 사이클
③ 스털링 사이클
④ 에릭슨 사이클

해설 카르노 사이클, 스털링 사이클, 에릭슨 사이클은 모두 등온가열, 등온방열이지만, 브레이튼 사이클은 정압가열, 정압방열이다.

문제 36. 이상적인 카르노 사이클 열기관에서 사이클당 585.5 J의 일을 얻기 위하여 필요로 하는 열량이 1 kJ이다. 저열원의 온도가 15 ℃라면 고열원의 온도 (℃)는 얼마인가? 【4장】

① 422
② 595
③ 695
④ 722

해설 $\eta_c = \dfrac{W}{Q_1} = 1 - \dfrac{T_{\mathrm{II}}}{T_1}$ 에서
$\dfrac{585.5}{1 \times 10^3} = 1 - \dfrac{(15 + 273)}{T_1}$
$\therefore \; T_1 = 694.8 \, \text{K} = 421.8 \, ℃$

문제 37. 다음 냉동 사이클에서 열역학 제1법칙과 제2법칙을 모두 만족하는 Q_1, Q_2, W는? 【9장】

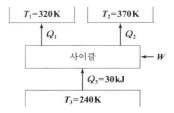

① $Q_1 = 20 \, \text{kJ}$, $Q_2 = 20 \, \text{kJ}$, $W = 20 \, \text{kJ}$
② $Q_1 = 20 \, \text{kJ}$, $Q_2 = 30 \, \text{kJ}$, $W = 20 \, \text{kJ}$
③ $Q_1 = 20 \, \text{kJ}$, $Q_2 = 20 \, \text{kJ}$, $W = 10 \, \text{kJ}$
④ $Q_1 = 20 \, \text{kJ}$, $Q_2 = 15 \, \text{kJ}$, $W = 5 \, \text{kJ}$

해설 우선, 열역학 제1법칙 즉, 에너지보존의 법칙에 의해 $Q_3 + W = Q_1 + Q_2$이고, $T_2 > T_1$이므로 $Q_2 > Q_1$이다. 또한, 열역학 제2법칙은 비가역과정임을 알 수 있다. 즉, 비가역에서는 엔트로피가 증가하므로 보기에서 엔트로피가 증가하는 과정의 타당성을 확인하면 ②번이 타당하다.

즉, 우선, 저열원에서 엔트로피 S_1은

$$S_3 = \frac{Q_3}{T_3} = \frac{30}{240} = 0.125 \, \text{kJ/K}$$

또한, 고열원에서 엔트로피 S_2, S_3는

$$S_1 = \frac{Q_1}{T_1} = \frac{20}{320} = 0.0625 \, \text{kJ/K}$$

$$S_2 = \frac{Q_2}{T_2} = \frac{30}{370} = 0.0811 \, \text{kJ/K}$$

결국, $S_3 < (S_1 + S_2)$
즉, $0.125 < (0.0625 + 0.0811 = 0.1436)$
∴ 엔트로피가 증가함을 알 수 있다.

문제 38. 냉동효과가 70 kW인 냉동기의 방열기 온도가 20 ℃, 흡열기 온도가 -10 ℃이다. 이 냉동기를 운전하는데 필요한 압축기의 이론 동력 (kW)은 얼마인가? 【9장】

① 6.02
② 6.98
③ 7.98
④ 8.99

해설 $\varepsilon_r = \dfrac{Q_2}{W_c} = \dfrac{T_{\mathrm{II}}}{T_1 - T_{\mathrm{II}}}$ 에서
$\therefore \; W_c = Q_2 \times \dfrac{T_1 - T_{\mathrm{II}}}{T_{\mathrm{II}}} = 70 \times \dfrac{293 - 263}{263}$
$= 7.98 \, \text{kW}$

해답 34. ②　35. ②　36. ①　37. ②　38. ③

문제 39. 냉동기 팽창밸브 장치에서 교축과정을 일반적으로 어떤 과정이라고 하는가? (단, 이 때 일반적으로 운동에너지 차이를 무시한다.) 【9장】

① 정압과정
② 등엔탈피 과정
③ 등엔트로피 과정
④ 등온과정

해설 ※ 증기냉동사이클
  ① 압축기 : 단열압축(=등엔트로피 과정)
  ② 응축기 : 정압방열
  ③ 팽창밸브 : 교축과정(=등엔탈피 과정)
  ④ 증발기 : 등온 또는 정압흡열(∵ 습증기 구역하에서 이루어지므로)

문제 40. 국소 대기압력이 0.099 MPa일 때 용기내 기체의 게이지 압력이 1 MPa이었다. 기체의 절대압력 (MPa)은 얼마인가? 【1장】

① 0.901　　　　② 1.099
③ 1.135　　　　④ 1.275

해설 $p = p_o + p_g = 0.099 + 1$
　　　　$= 1.099 \, \text{MPa}$

제3과목　기계유체역학

문제 41. 다음 중 유체의 중량(weight)당 가지는 에너지(energy)와 같은 차원을 갖는 것을 모두 고른 것은? (단, P는 압력, ρ는 밀도, v는 속도, z는 높이를 나타낸다.) 【7장】

| ㉠ $\dfrac{P}{\rho}$ | ㉡ $\dfrac{\rho v^2}{2}$ | ㉢ z |

① ㉠　　　　　　② ㉢
③ ㉠, ㉡　　　　④ ㉡, ㉢

해설 · 중량(N)당 가지는 에너지(N·m)
　　　$= \dfrac{\text{N} \cdot \text{m}}{\text{N}} = \text{m} = [\text{L}]$

㉠ $\dfrac{P}{\rho} = \dfrac{(\text{N/m}^2)}{(\text{N} \cdot \text{S}^2/\text{m}^4)} = \text{m}^2/\text{S}^2 = [\text{L}^2\text{T}^{-2}]$

㉡ $\dfrac{\rho v^2}{2} = (\text{N} \cdot \text{S}^2/\text{m}^4) \times (\text{m/s})^2 = \text{N/m}^2 = [\text{F}\,\text{L}^{-2}]$

㉢ $z = \text{m} = [\text{L}]$

문제 42. 깊이가 10 cm이고 지름이 6 cm인 물컵에 물이 바닥으로부터 일정 높이만큼 담겨있다. 이 컵을 회전반 위의 중심축에 올려놓고 서서히 각속도를 올리면서 회전한 결과 40 rad/s의 각속도가 되었을 때 물이 막 넘치게 된다면 초기에 물은 바닥으로부터 몇 cm 높이까지 담겨 있었는가? 【2장】

① 6.33
② 5.46
③ 4.75
④ 7.84

해설 우선, $h = \dfrac{r^2 \omega^2}{2g} = \dfrac{0.03^2 \times 40^2}{2 \times 9.8}$
　　　　$= 0.0734 \, \text{m} = 7.34 \, \text{cm}$

결국, 물의 깊이 $H = 10 - \dfrac{h}{2} = 10 - \dfrac{7.34}{2}$
　　　　$= 6.33 \, \text{cm}$

문제 43. (x, y) 평면에서 다음과 같은 속도 포텐셜 함수가 2차원 포텐셜 유동이 되려면 상수 A, B, C, D, E가 만족시켜야 하는 조건은? 【3장】

$$\varnothing = Ax + By + Cx^2 + Dxy + Ey^2$$

① $A = B = 0$
② $D = 0$
③ $C + E = 0$
④ $2C + D + 2E = $ 상수(constant)

해답 39. ② 　 40. ② 　 41. ② 　 42. ① 　 43. ③

문제 44. 점성계수가 0.01 kg/m·s인 유체가 지면과 수평으로 놓인 평판 위를 흐른다. 평판 위의 속도분포가 $u = 2.5 - 10(0.5 - y)^2$일 때 평판면에서의 전단응력은 약 몇 Pa인가? (단, y(m)는 평판면에서 수직방향으로의 거리이고, u(m/s)는 평판과 평행한 방향의 속도이다.) 【1장】

① 0.1　　　　② 0.5

③ 1　　　　④ 5

해설 $\tau = \mu \dfrac{du}{dy}\bigg|_{y=0} = \mu [-10 \times 2(0.5-y)(-1)]_{y=0}$
$= 10\mu$
$= 10 \times 0.01 = 0.1\,\mathrm{Pa}$

문제 45. 지름이 0.5 m인 원형 교통표지판이 그림과 같이 1.5 m 지지대에 부착되어 있다. 평균속력 20 m/s의 강풍이 불 때, 교통표지판에 의해 발생하는 최대 모멘트는 약 몇 N·m인가? (단, 원판의 항력계수는 1.17이고 공기의 밀도는 1.2 kg/m³이다. 지지대에 의한 항력은 무시한다.) 【5장】

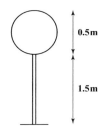

0.5m

1.5m

① 55　　　　② 83

③ 96　　　　④ 128

해설 우선, 항력 $D = C_D \dfrac{\rho V^2}{2} A$
$= 1.17 \times \dfrac{1.2 \times 20^2}{2} \times \dfrac{\pi \times 0.5^2}{4}$
$= 55.13\,\mathrm{N}$
결국, $M_{max} = D \times (0.25 + 1.5) = 55.13 \times 1.75$
$= 96.48\,\mathrm{N \cdot m}$

문제 46. 어떤 2차원 유동장 내에서 속도 벡터는 다음과 같을 때 점 (1, 1)을 지나는 유선의 방정식은? 【3장】

$$\vec{V} = -x\vec{i} + y\vec{j}$$

① $y = x$　　　　② $y = \dfrac{1}{x}$

③ $y = x^2$　　　　④ $y = \dfrac{1}{x^2}$

해설 유선의 방정식에서
$-\dfrac{dx}{x} = \dfrac{dy}{y}$이므로　$\dfrac{dx}{x} + \dfrac{dy}{y} = 0$
양변을 적분하면 $\ln x + \ln y = \ln C$
$\ln xy = \ln C$
$\therefore xy = C$
여기서, 점(1, 1)을 지나므로 $C=1$임을 알 수 있다.
결국, $y = \dfrac{1}{x}$

문제 47. 공기의 유속을 측정하기 위하여 피토관을 사용했다. 피토관 내에 물을 담은 U자관 수주의 높이 차가 2.5 cm라면 공기의 유속은 약 몇 m/s인가? (단, 공기의 밀도는 1.25 kg/m³이다.) 【10장】

① 9.8　　　　② 19.8

③ 29.6　　　　④ 39.6

해설 $V = \sqrt{2gh\left(\dfrac{\rho_{H_2O}}{\rho_a} - 1\right)}$
$= \sqrt{2 \times 9.8 \times 0.025 \times \left(\dfrac{1000}{1.25} - 1\right)} = 19.79\,\mathrm{m/s}$

문제 48. 모세관을 이용한 점도계에서 원형관 내의 유동은 비압축성 뉴턴 유체의 층류유동으로 가정할 수 있다. 여기에 두 모세관이 있는데 큰 모세관 지름은 작은 모세관 지름의 2배이고 길이는 동일하다. 두 모세관의 입구 측과 출구 측의 압력차가 동일할 때 큰 모세관에서의 유량은 작은 모세관 유량의 약 몇 배인가?

예답 44. ①　45. ③　46. ②　47. ②　48. ④

(단, 두 모세관에서 흐르는 유체는 동일하다.)

【5장】

① 2배 ② 4배

③ 8배 ④ 16배

해설> $Q = \dfrac{\Delta p \pi d^4}{128 \mu \ell} \propto d^4 = 2^4 = 16$ 배

문제 **49.** 폭 a, 높이 b인 직사각형 수문이 수직으로 물 속에 서 있다. 수문의 도심이 수면에서 h의 깊이에 있을 때 힘의 작용점의 위치는 수면 아래 어디에 위치하겠는가?　【2장】

① $h + \dfrac{b^2}{6h}$ ② $h + \dfrac{b^2}{3h}$

③ $h + \dfrac{b^2}{24h}$ ④ $h + \dfrac{b^2}{12h}$

해설> $y_F = \bar{y} + \dfrac{I_G}{A\bar{y}} = h + \dfrac{\left(\dfrac{ab^3}{12}\right)}{ab \times h} = h + \dfrac{b^2}{12h}$

문제 **50.** 밀도가 $800\,\mathrm{kg/m^3}$인 원통형 물체가 그림과 같이 1/3이 수면 위에 떠있는 것으로 관측되었다. 이 액체의 비중은 약 얼마인가?

【2장】

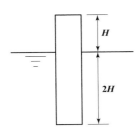

① 0.2 ② 0.67

③ 1.2 ④ 1.5

해설> 공기 중에서 물체무게(W)=부력(F_B)

즉, $\gamma_{물체} V_{물체} = \gamma_{액체} V_{잠긴}$

$\rho_{물체}\, g\, V_{물체} = \rho_{H_2O}\, S_{액체}\, g\, V_{잠긴}$

$800 \times 3H \times A = 1000 \times S_{액체} \times 2H \times A$ ∴ $S_{액체} = 1.2$

문제 **51.** 물리량과 차원이 바르게 연결된 것은?

(단, M : 질량, L : 길이, T : 시간) 【1장】

① 동력 : $ML^2 T^{-3}$

② 점성계수 : $ML^{-2} T$

③ 에너지 : $ML^2 T^{-1}$

④ 압력 : $ML^{-2} T^{-1}$

해설> ① 동력=힘×속도=$\mathrm{N \cdot m/s} = [\mathrm{FLT}^{-1}]$
$= [\mathrm{MLT}^{-2} \mathrm{LT}^{-1}] = [\mathrm{ML}^2 \mathrm{T}^{-3}]$

② 점성계수=$\mathrm{N \cdot s/m^2} = [\mathrm{FL}^{-2} \mathrm{T}]$
$= [\mathrm{MLT}^{-2} \mathrm{L}^{-2} \mathrm{T}] = [\mathrm{ML}^{-1} \mathrm{T}^{-1}]$

③ 에너지=힘×거리=$\mathrm{N \cdot m} = [\mathrm{FL}] = [\mathrm{MLT}^{-2} \mathrm{L}]$
$= [\mathrm{ML}^2 \mathrm{T}^{-2}]$

④ 압력=$\mathrm{N/m^2} = [\mathrm{FL}^{-2}] = [\mathrm{MLT}^{-2} \mathrm{L}^{-2}]$
$= [\mathrm{ML}^{-1} \mathrm{T}^{-2}]$

문제 **52.** 안지름이 $100\,\mathrm{mm}$인 파이프에 비중 0.8인 기름이 평균속도 $4\,\mathrm{m/s}$로 흐를 때 질량유량은 몇 kg/s인가?　【3장】

① 2.56 ② 4.25

③ 25.1 ④ 44.8

해설> $\dot{M} = \rho A V = \rho_{H_2O} S A V$
$= 1000 \times 0.8 \times \dfrac{\pi \times 0.1^2}{4} \times 4$
$= 25.13\,\mathrm{kg/s}$

문제 **53.** 어떤 잠수정이 시속 $12\,\mathrm{km}$의 속도로 잠항하는 상태를 관찰하기 위하여 실물의 1/10 길이의 모형을 만들어 같은 바닷물을 넣은 탱크 안에서 실험하려고 한다. 모형의 속도는 몇 km/h로 움직여야 상사법칙이 성립하는가?

【7장】

① 1.2 ② 20

③ 100 ④ 120

해설> $(Re)_p = (Re)_m$ 즉, $\left(\dfrac{V\ell}{\nu}\right)_p = \left(\dfrac{V\ell}{\nu}\right)_m$

$12 \times 10 = V_m \times 1$ ∴ $V_m = 120\,\mathrm{km/h}$

해답> **49.** ④ **50.** ③ **51.** ① **52.** ③ **53.** ④

문제 54. 그림과 같은 U자관 액주계에서 두 지점의 압력차 $P_x - P_y$는?
(단, γ_1, γ_2, γ_3는 액체의 비중량이다.) 【2장】

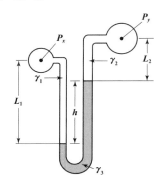

① $P_x - P_y = \gamma_2 L_2 + \gamma_3 h - \gamma_1 L_1$

② $P_x - P_y = \gamma_2 L_2 - \gamma_3 h + \gamma_1 L_1$

③ $P_x - P_y = \gamma_1 L_1 - \gamma_2 L_2 + \gamma_3 h$

④ $P_x - P_y = \gamma_1 L_1 + \gamma_2 L_2 + \gamma_3 h$

해설 $P_x + \gamma_1 L_1 - \gamma_3 h - \gamma_2 L_2 = P_y$
$\therefore \ P_x - P_y = \gamma_2 L_2 + \gamma_3 h - \gamma_1 L_1$

문제 55. 노즐에서 분사된 물이 고정된 평판에 수직으로 충돌하고 있다. 물제트의 지름은 20 mm이고 유속이 30 m/s일 때 평판이 물제트로부터 받는 힘은 약 몇 N인가? 【4장】

① 283 ② 372

③ 435 ④ 527

해설 $F = \rho QV = \rho A V^2$
$= 1000 \times \dfrac{\pi \times 0.02^2}{4} \times 30^2$
$= 282.74 \, \text{N}$

문제 56. 평판 위를 지나는 경계층 유동에서 레이놀즈 수는? (단, ν는 동점성계수, u_∞는 자유흐름 속도, μ는 점성계수, x는 평판 선단으로부터의 거리, ρ는 밀도이다.) 【5장】

① $\dfrac{\rho u_\infty x}{\nu}$ ② $\dfrac{u_\infty x}{\mu}$

③ $\dfrac{\rho u_\infty}{\nu}$ ④ $\dfrac{u_\infty x}{\nu}$

해설 평판에서의 레이놀즈수(Re_x)
$Re_x = \dfrac{u_\infty x}{\nu} = \dfrac{\rho u_\infty x}{\mu}$

문제 57. 다음 중 관성력과 중력의 상대적 크기에 의해 정해지는 무차원수는? 【7장】

① Froude 수 ② Euler 수

③ Weber 수 ④ Mach 수

해설 ① Froude 수 $= \dfrac{\text{관성력}}{\text{중력}}$

② Euler 수 $= \dfrac{\text{압축력}}{\text{관성력}}$

③ Weber 수 $= \dfrac{\text{관성력}}{\text{표면장력}}$

④ Mach 수 $= \dfrac{\text{속도}}{\text{음속}}$ 또는 $\dfrac{\text{관성력}}{\text{탄성력}}$

문제 58. 20 ℃의 물이 지면에 대해 30° 경사진 파이프의 A지점에서 파이프 방향으로 30 m 떨어진 B지점으로 흘러내린다. 파이프 안지름은 200 mm이며 A와 B지점에서 압력이 같도록 유량을 조절할 때 A와 B 사이에서 발생하는 손실수두 (m)는 약 얼마인가? 【3장】

① 0 ② 15

③ 25.9 ④ 30

해설

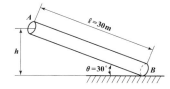

$\dfrac{p_A}{\gamma} + \dfrac{V_A^2}{2g} + Z_A = \dfrac{p_B}{\gamma} + \dfrac{V_B^2}{2g} + Z_B + h_\ell$ 에서
$V_A = V_B$, $p_A = p_B$이므로
$\therefore \ h_\ell = Z_A - Z_B = h = \ell \sin\theta = 30 \sin 30° = 15 \, \text{m}$

정답 **54.** ① **55.** ① **56.** ④ **57.** ① **58.** ②

문제 59. 파이프 유동의 해석에 있어서 완전난류 영역에서의 관마찰계수 f에 대한 설명으로 가장 옳은 것은? 【6장】

① 레이놀즈수만의 함수가 된다.
② 상대조도와 오일러수의 함수가 된다.
③ 마하수와 코우시수의 함수가 된다.
④ 상대조도만의 함수가 된다.

해설 · 관마찰계수(f)
① 층류 : $f = F(Re)$
② 천이구역 : $f = F(Re, \frac{e}{d})$
③ 난류 ┌ 매끈한 관 : $f = F(Re)$
　　　　└ 거친관(완전난류 영역) : $f = F(\frac{e}{d})$

문제 60. 물이 30 m/s의 속도로 수직 방향 위로 분출되고 있다. 이 때 물의 최고 도달 높이는 약 몇 m인가? 【3장】

① 11.5 ② 22.9
③ 45.9 ④ 91.7

해설 $h = \dfrac{V^2}{2g} = \dfrac{30^2}{2 \times 9.8} = 45.9 \text{ m}$

제4과목 유체기계 및 유압기기

문제 61. 원심펌프의 특성 곡선(characteristic curve)에 대한 설명 중 틀린 것은?

① 유량이 최대일 때의 양정을 체절양정(shut off head)이라 한다.
② 유량에 대하여 전양정, 효율, 축동력에 대한 관계를 알 수 있다.
③ 효율이 최대일 때를 설계점으로 설정하여 이때의 양정을 규정양정(normal head)이라 한다.
④ 유량과 양정의 관계곡선에서 서징(surging) 현상을 고려할 때 왼편하강 특성곡선 구간

에서 운전하는 것은 피하는 것이 좋다.

해설 · 원심펌프의 특성 곡선

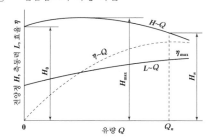

여기서, $H \sim Q$곡선 : 양정곡선
　　　 $L \sim Q$곡선 : 축동력곡선
　　　 $\eta \sim Q$곡선 : 효율곡선
　　　 Q_n : 규정유량
　　　 H_n : 규정양정(효율이 최대일 때를 설계점으로 설정하여 이때의 양정)
　　　 H_{max} : 최고체절양정
　　　 H_0 : 체절양정(단, 유량이 $Q=0$일 때)

문제 62. 다음 중 사류수차에 대한 설명으로 틀린 것은?

① 프란시스 수차와 프로펠러 수차 사이의 비속도와 유효낙차를 가진다.
② 비교적 유량이 많은 댐식에 주로 사용된다.
③ 프란시스 수차와는 다르게 흡출관이 없다.
④ 러너 베인의 기울어진 각도는 고낙차용은 축방향과 45° 정도이고, 저낙차용은 60° 정도이다.

해설 사류수차는 임펠러에 대한 물의 움직임이 프란시스 수차와 프로펠러 수차의 중간 형식인 수차로서 낙차는 50~150 m의 중낙차용이다.
구조적으로는 프란시스 수차 또는 카플란 수차와 같다. 따라서 흡출관이 있다.

문제 63. 다음 수력기계에서 특수형 펌프에 속하지 않는 것은?

① 진공 펌프 ② 재생 펌프
③ 분사 펌프 ④ 수격 펌프

해답 **59.** ④ **60.** ③ **61.** ① **62.** ③ **63.** ①

해설 특수 펌프 : 재생 펌프, 점성 펌프, 분사 펌프, 기포 펌프, 수격 펌프

문제 64. 수차에 대하여 일반적으로 운전하는 비속도가 작은 것으로부터 큰 순으로 바르게 나타낸 것은?

① 프로펠러 수차 < 프란시스 수차 < 펠톤 수차
② 프로펠러 수차 < 펠톤 수차 < 프란시스 수차
③ 프란시스 수차 < 펠톤 수차 < 프로펠러 수차
④ 펠톤 수차 < 프란시스 수차 < 프로펠러 수차

해설 • 비속도(n_s)
① 펠톤 수차 : $n_s = 8 \sim 30$(고낙차용)
② 프란시스 수차 : $n_s = 40 \sim 350$(중낙차용)
③ 축류 수차(프로펠러 수차) : $n_s = 400 \sim 800$(저낙차용)

문제 65. 일반적인 토크 컨버터의 최고 효율은 약 몇 % 수준인가?

① 97
② 90
③ 83
④ 75

해설 유체 커플링 구성요소는 회전차가 주이고, 보통의 펌프, 수차와 같은 손실이 일어나기 쉬운 안내깃, 와류실이 없으므로 손실이 적어 보통 효율은 97 % 정도이다. 하지만, 토크 컨버터의 효율은 유체 커플링과는 달리 회로내에 안내깃(stator)이 있어서 저항이 증가하므로 90 % 이상의 효율을 얻기는 힘들다.

문제 66. 유회전식 진공 펌프(oil rotary vacuum pump)에 해당하지 않는 것은?

① 엘모형(Elmo type)
② 센코형(Cenco type)
③ 게데형(Gaede type)
④ 키니형(Kinney type)

해설 • 진공펌프의 종류
① 저진공펌프
  ㉠ 수봉식(액봉식) 진공펌프(=nush펌프)
  ㉡ 유회전 진공펌프 : 가장 널리 사용되며, 센코형(cenco type), 게데형(geode type), 키니형(kenney type)이 있다.
  ㉢ 루우츠형(roots type) 진공펌프
  ㉣ 나사식 진공펌프
② 고진공펌프
  오일확산펌프, 터보분자펌프, 크라이오(cryo)펌프

문제 67. 펌프보다 낮은 수위에서 액체를 퍼 올릴 때 풋 밸브(foot valve)를 설치하는 이유로 가장 옳은 것은?

① 관내 수격작용을 방지하기 위하여
② 펌프의 한계 유량을 넘지 않도록 하기 위해
③ 펌프 내에 공동현상을 방지하기 위하여
④ 운전이 정지되더라도 흡입관 내에 물이 역류하는 것을 방지하기 위해

해설 풋 밸브(foot valve)
: 흡입관의 하단에 끼어 물속에 담겨있고, 체크밸브가 달려 있어서 펌프의 운전이 정지하였을 때 흡입관내의 물의 역류를 방지한다. 밸브의 하부는 스트레이너를 달아 불순물의 침입을 방지한다.

문제 68. 시로코 팬(sirocco fan)의 일반적인 특징에 대한 설명으로 옳지 않은 것은?

① 회전차의 깃이 회전방향으로 경사되어 있다.
② 익현 길이가 짧다.
③ 풍량이 적다.
④ 깃폭이 넓은 깃을 다수 부착한다.

해설 • 시로코 팬(sirocco fan)의 특징
① 회전차의 깃이 회전방향으로 경사되어 있다.
② 익현길이가 짧다.
③ 풍량이 많다.
④ 넓은 깃 폭이 많이 부착되어 있다.

정답 64. ④ 65. ② 66. ① 67. ④ 68. ③

문제 69. 수차에 작용하는 물의 에너지 종류에 따라 수차를 구분하였을 때, 물레방아가 해당되는 수차의 형식은?

① 충격 수차
② 중력 수차
③ 펠톤 수차
④ 반동 수차

해설 중력 수차 : 물이 낙하될 때 중력에 의해 회전력을 얻는 수차로서 물레방아처럼 위에서 떨어지는 물의 힘으로 바퀴를 돌린다.

문제 70. 운전 중인 급수펌프의 유량이 4 m³/min, 흡입관에서의 게이지 압력이 −40 kPa, 송출관에서의 게이지 압력이 400 kPa이다. 흡입관경과 송출관경이 같고, 송출관의 압력 측정 장치는 흡입관의 압력 측정 장치의 설치 위치보다 30 cm 높게 설치가 되어있다면, 이 펌프의 전양정 (m)과 동력 (kW)은 각각 얼마 정도인가?

① 27.2 m, 27.3 kW
② 45.2 m, 45.4 kW
③ 27.2 m, 57.3 kW
④ 45.2 m, 29.5 kW

해설 우선, $\dfrac{p_1}{\gamma} + \dfrac{V_1^2}{2g} + Z_1 + H_P = \dfrac{p_2}{\gamma} + \dfrac{V_2^2}{2g} + Z_2$

여기서, $d_1 = d_2$이므로 $V_1 = V_2$임을 알 수 있다.

전양정 $H_P = \dfrac{p_2 - p_1}{\gamma} + \dfrac{V_2^2 - V_1^2}{2g}^{0} + (Z_2 - Z_1)$

$= \dfrac{400 - (-40)}{9.8} + 0.3 ≒ 45.2 \text{ m}$

또한, 동력 $P = \gamma Q H_P = 9.8 \times \dfrac{4}{60} \times 45.2 = 29.53 \text{ kW}$

문제 71. 베인 펌프의 일반적인 특징으로 옳지 않은 것은?

① 송출 압력의 맥동이 적다.
② 고장이 적고 보수가 용이하다.

③ 펌프의 유동력에 비하여 형상치수가 적다.
④ 베인의 마모로 인하여 압력저하가 커진다.

해설 · 베인펌프(vane pump)의 특징
① 토출압력의 맥동과 소음이 적다.
② 단위무게당 용량이 커 형상치수가 작다.
③ 베인의 마모로 인한 압력저하가 적어 수명이 길다.
④ 호환성이 좋고, 보수가 용이하다.
⑤ 급속시동이 가능하다.
⑥ 압력저하량과 기동토크가 작다.
⑦ 작동유의 점도, 청정도에 세심한 주의를 요한다.
⑧ 다른 펌프에 비해 부품수가 많다.
⑨ 작동유의 점도에 제한이 있다.

문제 72. 그림과 같은 도시기호로 표시된 밸브의 명칭은?

① 직접 작동형 릴리프 밸브
② 파일럿 작동형 릴리프 밸브
③ 2방향 감압 밸브
④ 시퀀스 밸브

문제 73. 단단 베인 펌프 2개를 1개의 본체 내에 직렬로 연결시킨 베인 펌프는?

① 2중 베인 펌프(double type vane pump)
② 2단 베인 펌프(two stage vane pump)
③ 복합 베인 펌프(combination vane pump)
④ 가변 용량형 베인 펌프(variable delivery vane pump)

해설 2단베인펌프(two stage vane pump)
: 베인펌프의 약점인 고압발생을 가능하게 하기 위하여 2단펌프는 용량이 같은 1단펌프 2개를 1개의 본체내에 분배밸브를 이용하여 직렬로 연결시킨 것으로 고압이므로 대출력이 요구되는 구동에 적합하다. 그러나 소음이 있다는 것이 단점이다.

해답 69. ② 70. ④ 71. ④ 72. ④ 73. ②

문제 **74.** 펌프의 무부하 운전에 대한 장점이 아닌 것은?

① 작업시간 단축
② 구동동력 경감
③ 유압유의 열화 방지
④ 고장방지 및 펌프의 수명 연장

해설 · 펌프의 무부하 운전에 대한 장점
① 고장방지 및 펌프의 수명 연장
② 유온상승 방지
③ 유압장치의 가열방지
④ 구동동력 경감
⑤ 유압유의 열화방지 및 노화방지

문제 **75.** 슬라이드 밸브 등에서 밸브가 중립점에 있을 때, 이미 포트가 열리고, 유체가 흐르도록 중복된 상태를 의미하는 용어는?

① 제로 랩   ② 오버 랩
③ 언더 랩   ④ 랜드 랩

해설 ① 랩(lap) : 미끄럼밸브의 랜드부분과 포트부분 사이에 겹친 상태 또는 그 양
② 제로랩(zero lap) : 미끄럼밸브 등으로 밸브가 중립점에 있을 때 포트는 닫혀 있고 밸브가 조금이라도 변위되면 포트가 열려 유체가 흐르게 되어 있는 겹친 상태
③ 오버랩(over lap) : 미끄럼밸브 등으로 밸브가 중립점으로부터 약간 변위하여 처음으로 포트가 열려 유체가 흐르도록 되어 있는 겹친 상태
④ 언더랩(under lap) : 미끄럼밸브 등에서 밸브가 중립점에 있을 때 이미 포트가 열려 있어 유체가 흐르도록 되어 있는 겹친 상태

문제 **76.** 1개의 유압 실린더에서 전진 및 후진 단에 각각의 리밋 스위치를 부착하는 이유로 가장 적합한 것은?

① 실린더의 위치를 검출하여 제어에 사용하기 위하여
② 실린더 내의 온도를 제어하기 위하여
③ 실린더의 속도를 제어하기 위하여
④ 실린더 내의 압력을 계측하고 제어하기 위하여

해설 실린더의 행정거리를 제한하기 위하여 또는 실린더의 위치를 검출하여 제어에 사용하기 위하여 리밋스위치를 부착한다.

문제 **77.** 기능적으로 구분할 때 릴리프 밸브와 리듀싱 밸브는 어떤 밸브에 속하는가?

① 방향 제어 밸브   ② 압력 제어 밸브
③ 비례 제어 밸브   ④ 유량 제어 밸브

해설 압력제어밸브의 종류
: 릴리프밸브, 감압밸브(pressure reducing valve), 시퀀스밸브(순차동작밸브), 카운터밸런스밸브, 무부하밸브(unloading valve), 압력스위치, 유체퓨즈

문제 **78.** 일정한 유량(Q) 및 유속(V)으로 유체가 흐르고 있는 관의 지름 D를 $5D$로 크게 하면 유속은 어떻게 변화하는가?

① $\dfrac{1}{5}V$ ② $25V$

③ $5V$ ④ $\dfrac{1}{25}V$

해설 우선, $Q = AV = \dfrac{\pi D^2}{4}V$에서 $V = \dfrac{4Q}{\pi D^2}$
결국, $V' = \dfrac{4Q}{\pi(5D)^2} = \dfrac{1}{25} \times \dfrac{4Q}{\pi D^2} = \dfrac{1}{25}V$

문제 **79.** 유압기기에서 실(seal)의 요구 조건과 관계가 먼 것은?

① 압축 복원성이 좋고 압축변형이 적을 것
② 체적변화가 적고 내약품성이 양호할 것
③ 마찰저항이 크고 온도에 민감할 것
④ 내구성 및 내마모성이 우수할 것

해설 실(seal)은 작동유에 대하여 적당한 저항성이 있고, 온도, 압력의 변화에 충분히 견딜 수 있어야 한다.

정답 **74.** ① **75.** ③ **76.** ① **77.** ② **78.** ④ **79.** ③

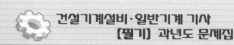

문제 80. 그림과 같이 유체가 단면적이 다른 파이프를 통과할 때 단면적 A_2지점에서의 유량은 몇 ℓ/s인가? (단, 단면적 A_1에서의 유속 $V_1 = 4\,\text{m/s}$이고, 단면적은 $A_1 = 0.2\,\text{cm}^2$이며, 연속의 법칙을 만족한다.)

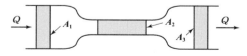

① 0.008
② 0.08
③ 0.8
④ 8

해설 $Q = Q_1 = Q_2 = Q_3$이므로
$$\therefore \; Q_2 = Q_1 = A_1 V_1$$
$$= 0.2 \times 10^{-4} \times 4 = 0.8 \times 10^{-4}\,\text{m}^3/\text{s}$$
$$= 0.08\,\ell/s$$
※ $1\,\ell = 10^{-3}\,\text{m}^3$ 즉, $1\,\text{m}^3 = 10^3\,\ell$

제5과목 건설기계일반 및 플랜트배관

문제 81. 무한궤도식 불도저의 트랙프레임 구성요소가 아닌 것은?

① 프런트 아이들러
② 리코일 스프링
③ 블레이드
④ 상부롤러

해설 블레이드는 전부장치이다.

문제 82. 플랜트 기계설비용 알루미늄계 재료의 특징으로 틀린 것은?

① 내식성이 양호하다.
② 열과 전기의 전도성이 나쁘다.
③ 가공성, 성형성이 양호하다.
④ 빛이나 열의 반사율이 높다.

해설 알루미늄($A\ell$)은 열과 전기의 양도체이다.

문제 83. 다음 중 건설기계의 규격을 설명한 것으로 틀린 것은?

① 아스팔트 피니셔 : 시공할 수 있는 표준 폭 (m)
② 아스팔트 믹싱 플랜트 : 혼합 용기 내에서 1회 혼합할 수 있는 탱크 용량(m^3)
③ 아스팔트 살포기 : 탱크 용량(m^3)
④ 콘크리트 살포기 : 시공할 수 있는 표준 폭 (m)

해설 아스팔트 믹싱 플랜트의 규격 표시 : 아스팔트 혼합재(아스콘)의 시간당 생산량(m^3/hr)으로 표시

문제 84. 다음 중 도랑파기 작업에 가장 적합한 건설기계는?

① 로더
② 굴삭기
③ 지게차
④ 천공기

해설 ① 로더 : 적재기계
② 지게차 : 운반기계
③ 천공기(착암기) : 암석이나 지면에 구멍을 뚫는 기계

문제 85. 다음 중 전압식 롤러에 속하지 않는 것은?

① 타이어 롤러
② 머캐덤 롤러
③ 탠덤 롤러
④ 탬퍼

해설 ·롤러의 종류
① 전압식 : 로드롤러(머캐덤롤러, 탠덤롤러), 타이어롤러, 탬핑롤러
② 충격식 : 래머, 탬퍼
③ 진동식 : 진동롤러, 소일콤팩터

해답 80. ② 81. ③ 82. ② 83. ② 84. ② 85. ④

문제 86. 트랙터에 고정시키는 작업장치의 용도에 대한 설명으로 틀린 것은?

① 트리밍 도저는 토공용이다.

② 레이크 도저는 뿌리를 뽑고, 개간하는데 쓰인다.

③ 앵글 도저는 토사를 한쪽 방향으로 밀어낼 수 있다.

④ 틸트 도저는 굳은 땅 파기 작업이 가능하다.

해설 트리밍 도저(trimming dozer)

: 토공판과 트랙터 전면과의 거리를 길게 하고 토공판과 설치각도를 변화시킴으로써 좁은 장소나 선창 모퉁이 부위에 쌓여있는 석탄이나 광석을 끄집어내는데 효과적인 도저

문제 87. 피견인 스크레이퍼에서 흙의 운반량 (m³/h) Q를 구하는 식으로 옳은 것은?
(단, q : 볼의 1회 운반량 (m³), f : 토량환산계수, E : 스크레이퍼의 작업효율, C_m : 사이클 시간 (min)이다.)

① $Q = \dfrac{C_m}{60q \cdot f \cdot E}$ ② $Q = \dfrac{60q \cdot C_m}{f \cdot E}$

③ $Q = \dfrac{60q \cdot f \cdot E}{C_m}$ ④ $Q = \dfrac{f \cdot E}{60q \cdot C_m}$

해설 $Q = \dfrac{60qfE}{C_m} \,(\mathrm{m^3/h})$

단, $C_m = \dfrac{L}{V_1} + \dfrac{L}{V_2} + t$

문제 88. 다음 중 앞쪽에서 굴착하여 로더 차체 위를 넘어서 뒤쪽에 적재할 수 있는 로더 형식은?

① 사이드 덤프 형 ② 프런트 엔드 형

③ 리어 덤프 형 ④ 오버 헤드 형

해설 ·로더의 적하방식에 의한 분류

① 프런트엔드형 : 앞으로 적하하거나 차체의 전방으로 굴삭을 행하는 것

② 사이드덤프형 : 버킷을 좌우로 기울일 수 있으며, 터널공사, 광산 및 탄광의 협소한 장소에서 굴착 적재 작업시 사용

③ 오버헤드형 : 장비의 위를 넘어서 후면으로 덤프할 수 있는 형

④ 스윙형 : 프런트엔드형과 오버헤드형이 조합된 것으로 앞, 뒤 양방에 덤프할 수 있는 형

⑤ 백호셔블형 : 트랙터 후부에 유압식 백호 셔블을 장착하여 굴삭이나 적재시에 사용

문제 89. 지게차에서 하중을 실어 오르내리게 하는 유압장치로 단동 실린더로 되어 있는 것은?

① 마스터 실린더 ② 틸트 실린더

③ 조향 부스터 ④ 스티어링 실린더

해설 마스터 실린더는 단동식으로 되어 있으며, 포크를 상·하강시킨다.

※ 틸트 실린더 : 마스터를 앞뒤로 움직인다.

문제 90. 다음 중 건설기계에 쓰이는 터빈 펌프의 구조와 관계없는 것은?

① 와류실 ② 임펠러

③ 안내날개 ④ 스파크 플러그

해설 터빈 펌프(turbine pump)

: 원심 펌프에 있어서 임펠러의 외측에 유선형의 고정날개 즉, 안내날개를 설치한 것으로 구조는 임펠러, 안내날개, 와류실로 되어 있다.

문제 91. 루프형 신축 이음재의 곡률 반경은 일반적으로 관 지름의 몇 배인가?

① 2배 ② 4배

③ 6배 ④ 8배

해설 ·루프형 신축이음

강관 또는 동관 등을 루프(Loop) 모양으로 구부려 그 휨에 의해서 신축을 흡수하는 방식이다.

① 설치공간을 많이 차지하고, 신축에 따른 자체응력이 생긴다.

② 고온, 고압증기의 옥외배관에 많이 쓰인다.

③ 곡률반경은 관지름의 6배 이상이 좋다.

예답 86. ① 87. ③ 88. ④ 89. ① 90. ④ 91. ③

문제 92. 관 속을 흐르는 유체의 온도와 관 벽에 접하는 외부 온도의 변화에 따른 관은 팽창, 수축을 하게 되는데 이러한 사고를 미연에 방지하기 위한 신축 이음쇠의 종류가 아닌 것은?

① 슬리브형(sleeve type) 신축 이음쇠
② 벨로스형(bellows type) 신축 이음쇠
③ 루프형(loop type) 신축 이음쇠
④ 슬라이드형(slide type) 신축 이음쇠

해설 · 신축 이음쇠의 종류
① 슬리브형 신축 이음쇠
② 벨로스형 신축 이음쇠
③ 루프형 신축 이음쇠(=신축 곡관)
④ 스위블형 신축 이음쇠(=스윙조인트=지웰조인트)
⑤ 볼조인트

문제 93. 다음 파이프 래크의 설명에서 Ⓐ, Ⓑ 에 적절한 간격은?

일반적으로 파이프 래크(pipe rack)의 폭을 결정할 때 고려할 사항으로 인접하는 파이프의 외측과 외측과의 최소간격 (Ⓐ)mm이고, 인접하는 플랜지 외측과 외측과의 최소간격 (Ⓑ)mm로 한다.

① Ⓐ : 75 mm, Ⓑ : 25 mm
② Ⓐ : 25 mm, Ⓑ : 25 mm
③ Ⓐ : 25 mm, Ⓑ : 75 mm
④ Ⓐ : 75 mm, Ⓑ : 75 mm

해설 파이프 래크(pipe rack)
: 여러가닥의 파이프를 지지하기 위한 지지대

문제 94. 가스절단 시 가스절단 조건에 대한 설명 중 틀린 것은?

① 모재의 연소온도가 모재의 용융온도보다 낮아야 한다.
② 모재의 성분 중 연소를 방해하는 원소가 적어야 한다.

③ 금속 산화물의 용융온도가 모재의 용융온도보다 높아야 한다.
④ 금속 산화물의 유동성이 좋아야 한다.

해설 가스절단 시 금속산화물의 용융온도가 모재의 용융온도보다 낮아야 한다.

문제 95. 다음 중 배관지지 장치를 설치할 때 고려사항으로 거리가 먼 것은?

① 유체 및 피복제의 합계 중량
② 공기 및 유해가스 발생 여부
③ 온도변화에 따른 관의 신축
④ 외부에서의 진동과 충격

해설 · 배관지지의 필요조건(고려사항)
① 관과 관 내의 유체 및 피복재의 합계 중량을 지지하는데 충분한 재료일 것
② 외부에서의 진동과 충격에 대해서도 견고할 것
③ 배관시공에 있어서 구배의 조정이 간단하게 될 수 있는 구조일 것
④ 온도변화에 따른 관의 신축에 대하여 적합할 것
⑤ 관의 지지 간격이 적당할 것

문제 96. 동관 연결 부속인 90° 엘보의 접합부 기호가 $C \times C$라 할 때 "C"에 대한 설명으로 옳은 것은?

① 이음쇠 내로 관이 들어가 접합되는 형태
② 나사가 안으로 난 나사이음용 부속의 끝부분
③ 나사가 밖으로 난 나사이음용 부속의 끝부분
④ 이음쇠 바깥지름이 동관의 안지름 치수에 맞게 만들어진 부속의 끝부분

해설 C : 이음쇠 내로 관이 들어가 접합되는 형태
Ftg : 이음쇠 외로 관이 들어가 접합되는 형태

해답 92. ④ 93. ① 94. ③ 95. ② 96. ①

문제 97. 배관용 공구에 대한 설명으로 옳은 것은?

① 수직바이스의 크기는 조우의 폭으로 나타낸다.

② 손톱 날의 크기는 전체 길이로 나타낸다.

③ 강관을 절단 시 사용하는 쇠톱 날의 산수는 1인치 당 14~18산이 적당하다.

④ 줄의 종류는 줄 날의 크기에 따라 황목, 중목, 세목, 유목으로 나눈다.

해설> ① 바이스의 크기는 고정 가능한 관경의 치수로 나타낸다.
② 쇠톱의 크기는 피팅홀(fiting hole)의 간격에 따라 200 mm, 250 mm, 300 mm의 3종류가 있다.
③ 재질별 톱날의 산수

톱날의 산수 inch당	재 질
14	동합금, 주철, 경합금
18	경강, 동, 납, 탄소강
24	강관, 합금강, 형강
32	박관, 구도용 강관, 소경합금강

문제 98. 실린더의 직경이 500 mm이고 높이가 1 m일 때 실린더 내 유체질량이 200 kg이면 밀도는 약 몇 kg/m³인가?

① 39.2 ② 100

③ 1020 ④ 3900

해설> 밀도 $\rho = \dfrac{m}{V} = \dfrac{m}{Ah} = \dfrac{200}{\dfrac{\pi}{4} \times 0.5^2 \times 1}$

$= 1018.6 \, \text{kg/m}^3$

문제 99. 다음 중 배관 내 기기 및 라인 점검 방법으로 거리가 먼 것은?

① 드레인 배출은 완전한지 확인한다.

② 도면과 시방서의 기준에 맞도록 설비가 되었는지 확인한다.

③ 각종 기기 및 자재와 부속품은 시방서에 명시된 규격품인지 확인한다.

④ 각 배관의 기울기는 급경사로 하고 에어포켓(air pocket)부는 없는지 확인한다.

해설> 각 배관의 기울기는 완만하게 한다.

문제 100. 동관에 관한 일반적인 설명으로 틀린 것은?

① 두께별로 분류할 때 K, L, M형으로 구분한다.

② 알카리성에는 내식성이 약하나, 산성에는 강하다.

③ 열 및 전기의 전도율이 양호하다.

④ 전연성이 풍부하고 마찰저항이 적다.

해설> 알카리성에는 내식성이 강하나, 산성에는 약하다.

해답 97. ④ 98. ③ 99. ④ 100. ②

2019년 제4회 일반기계 기사

제1과목 재료역학

문제 1. 단면이 가로 100 mm, 세로 150 mm인 사각 단면보가 그림과 같이 하중(P)을 받고 있다. 전단응력에 의한 설계에서 P는 각각 100 kN씩 작용할 때, 이 재료의 허용전단응력은 약 몇 MPa인가? (단, 안전계수는 2이다.) 【7장】

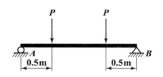

(보의 단면)

$h = 150\,\text{mm}$

$b = 100\,\text{mm}$

① 10 ② 15
③ 18 ④ 20

해설 $R_A = R_B = F_{\max} = 100\,\text{kN}$

$$\tau_{\max} = \frac{3}{2} \times \frac{F_{\max}}{A} = \frac{3}{2} \times \frac{100 \times 10^3}{100 \times 150}$$

$$= 10\,\text{N/mm}^2 (= \text{MPa})$$

결국, $\tau_a = \tau_{\max} S = 10 \times 2 = 20\,\text{MPa}$

문제 2. 그림과 같이 봉이 평형상태를 유지하기 위해 O점에 작용시켜야 하는 모멘트는 약 몇 N·m인가? (단, 봉의 자중은 무시한다.) 【6장】

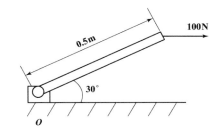

① 0 ② 25
③ 35 ④ 50

해설

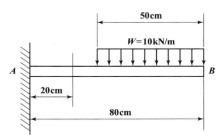

우선, $y = \ell \sin 30°$
결국, $M_0 = Py = P\ell \sin 30° = 100 \times 0.5 \times \sin 30°$
$= 25\,\text{N} \cdot \text{m}$

문제 3. 그림과 같은 외팔보에 있어서 고정단에서 20 cm되는 지점의 굽힘모멘트 M은 약 몇 kN·m인가? 【6장】

50 cm

$W = 10\,\text{kN/m}$

A   B

20 cm

80 cm

① 1.6 ② 1.75
③ 2.2 ④ 2.75

해설 $M = 10 \times 0.5 \times 0.35 = 1.75\,\text{kN} \cdot \text{m}$

문제 4. 안지름 80 cm의 얇은 원통에 내압 1 MPa이 작용할 때 원통의 최소 두께는 몇 mm인가? (단, 재료의 허용응력은 80 MPa이다.) 【2장】

① 1.5 ② 5
③ 8 ④ 10

해설 $t = \dfrac{pd}{2\sigma_a} = \dfrac{1 \times 800}{2 \times 80} = 5\,\text{mm}$

정답 1. ④ 2. ② 3. ② 4. ②

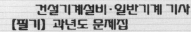

문제 5. 길이가 L이고 직경이 d인 축과 동일 재료로 만든 길이 $2L$인 축이 같은 크기의 비틀림 모멘트를 받았을 때, 같은 각도만큼 비틀어지게 하려면 직경은 얼마가 되어야 하는가? 【5장】

① $\sqrt{3}\,d$

② $\sqrt[4]{3}\,d$

③ $\sqrt{2}\,d$

④ $\sqrt[4]{2}\,d$

해설 $\theta = \dfrac{T\ell}{GI_P}$ 에서 $\theta_1 = \theta_2$ 이므로 $\dfrac{T\ell_1}{GI_{P1}} = \dfrac{T\ell_2}{GI_{P2}}$

즉, $\dfrac{\ell_1}{I_{P1}} = \dfrac{\ell_2}{I_{P2}}$, $\dfrac{L}{\left(\dfrac{\pi d^4}{32}\right)} = \dfrac{2L}{\left(\dfrac{\pi d_2^4}{32}\right)}$, $d_2^4 = 2d^4$

$\therefore\ d_2 = \sqrt[4]{2}\,d$

문제 6. 그림과 같은 비틀림 모멘트가 $1\,\mathrm{kN \cdot m}$에서 축적되는 비틀림 변형에너지는 약 몇 $\mathrm{N \cdot m}$인가? (단, 세로탄성계수는 $100\,\mathrm{GPa}$이고, 포아송의 비는 0.25이다.) 【5장】

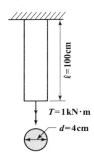

$\ell = 100\,\mathrm{cm}$

$T = 1\,\mathrm{kN \cdot m}$

$d = 4\,\mathrm{cm}$

① 0.5

② 5

③ 50

④ 500

해설 우선, $mE = 2G(m+1) = 3K(m-2)$ 에서

$G = \dfrac{mE}{2(m+1)} = \dfrac{E}{2(1+\mu)} = \dfrac{100}{2(1+0.25)}$

$= 40\,\mathrm{GPa}$

결국, $U = \dfrac{1}{2}T\theta = \dfrac{1}{2}T \times \dfrac{T\ell}{GI_P} = \dfrac{T^2\ell}{2GI_P}$

$= \dfrac{(1 \times 10^3)^2 \times 1}{2 \times 40 \times 10^9 \times \dfrac{\pi \times 0.04^4}{32}}$

$= 49.74 \fallingdotseq 50\,\mathrm{N m}$

문제 7. 철도 레일을 20 ℃에서 침목에 고정하였는데, 레일의 온도가 60 ℃가 되면 레일에 작용하는 힘은 약 몇 kN인가? (단, 선팽창계수 $\alpha = 1.2 \times 10^{-6}\,/℃$, 레일의 단면적은 $5000\,\mathrm{mm}^2$, 세로탄성계수는 $210\,\mathrm{GPa}$이다.) 【2장】

① 40.4

② 50.4

③ 60.4

④ 70.4

해설 $P = E\alpha \Delta t A$

$= 210 \times 10^6 \times 1.2 \times 10^{-6} \times (60-20)$
$\qquad\qquad \times 5000 \times 10^{-6}$

$= 50.4\,\mathrm{kN}$

문제 8. 단면의 폭(b)과 높이(h)가 $6\,\mathrm{cm} \times 10\,\mathrm{cm}$인 직사각형이고, 길이가 $100\,\mathrm{cm}$인 외팔보 자유단에 $10\,\mathrm{kN}$의 집중 하중이 작용할 경우 최대 처짐은 약 몇 cm인가? (단, 세로탄성계수는 $210\,\mathrm{GPa}$이다.) 【8장】

① 0.104

② 0.254

③ 0.317

④ 0.542

해설 $\delta_{\max} = \dfrac{P\ell^3}{3EI} = \dfrac{10 \times 1^3}{3 \times 210 \times 10^6 \times \dfrac{0.06 \times 0.1^3}{12}}$

$= 0.00317\,\mathrm{m} = 0.317\,\mathrm{cm}$

문제 9. 평면 응력상태에 있는 재료 내부에 서로 직각인 두 방향에서 수직 응력 σ_x, σ_y가 작용할 때 생기는 최대 주응력과 최소 주응력을 각각 σ_1, σ_2라 하면 다음 중 어느 관계식이 성립하는가? 【3장】

① $\sigma_1 + \sigma_2 = \dfrac{\sigma_x + \sigma_y}{2}$

② $\sigma_1 + \sigma_2 = \dfrac{\sigma_x + \sigma_y}{4}$

③ $\sigma_1 + \sigma_2 = \sigma_x + \sigma_y$

④ $\sigma_1 + \sigma_2 = 2(\sigma_x + \sigma_y)$

정답 **5.** ④ **6.** ③ **7.** ② **8.** ③ **9.** ③

해설▷ $\sigma_1 = \dfrac{1}{2}(\sigma_x + \sigma_y) + \dfrac{1}{2}\sqrt{(\sigma_x - \sigma_y)^2 + 4\tau_{xy}^2}$

$\sigma_2 = \dfrac{1}{2}(\sigma_x + \sigma_y) - \dfrac{1}{2}\sqrt{(\sigma_x - \sigma_y)^2 + 4\tau_{xy}^2}$

$\therefore \ \sigma_1 + \sigma_2 = \sigma_x + \sigma_y$

문제 10. 단면의 도심 o를 지나는 단면 2차 모멘트 I_x는 약 얼마인가? 【4장】

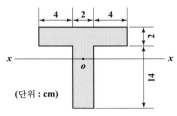

(단위 : cm)

① 1210 mm^4　　② 120.9 mm^4
③ 1210 cm^4　　④ 120.9 cm^4

해설▷ 우선, 저변을 기준점으로 하여 도심까지의 거리를 $\bar{y}$라 하면

$\bar{y} = \dfrac{A_1 y_1 + A_2 y_2}{A_1 + A_2} = \dfrac{10 \times 2 \times 15 + 2 \times 14 \times 7}{10 \times 2 + 2 \times 14}$

$= 10.33\,\text{cm}$

결국, 평행축 정리를 이용하면

$I_x = \left(\dfrac{10 \times 2^3}{12} + 4.67^2 \times 10 \times 2 \right)$

$\qquad + \left(\dfrac{2 \times 14^3}{12} + 3.33^2 \times 2 \times 14 \right)$

$= 1210.67\,\text{cm}^4$

문제 11. 그림과 같은 외팔보에서 고정부에서의 굽힘모멘트를 구하면 약 몇 kN·m인가?
【6장】

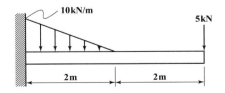

① 26.7(반시계 방향)　② 26.7(시계 방향)
③ 46.7(반시계 방향)　④ 46.7(시계 방향)

해설▷ $M = 5 \times 4 + \left(\dfrac{1}{2} \times 10 \times 2 \right) \times \left(2 \times \dfrac{1}{3} \right)$

$\qquad = 26.7\,\text{kN} \cdot \text{m}$

우측에 작용하는 모멘트는 시계방향이므로 고정단에서는 이에 대한 저항모멘트이므로 반시계방향임을 알 수 있다.

문제 12. 지름이 d인 원형단면 봉이 비틀림 모멘트 T를 받을 때, 발생되는 최대 전단응력 τ를 나타내는 식은? (단, I_P는 단면의 극단면 2차 모멘트이다.) 【5장】

① $\dfrac{Td}{2I_P}$　　　　② $\dfrac{I_P d}{2T}$

③ $\dfrac{TI_P}{2d}$　　　　④ $\dfrac{2T}{I_P d}$

해설▷ 우선, $Z_P = \dfrac{I_P}{e} = \dfrac{I_P}{\left(\dfrac{d}{2}\right)} = \dfrac{2I_P}{d}$

결국, $T = \tau Z_P$에서　$\therefore \ \tau = \dfrac{T}{Z_P} = \dfrac{T}{\left(\dfrac{2I_P}{d}\right)} = \dfrac{Td}{2I_P}$

문제 13. 그림과 같이 원형단면을 갖는 연강봉이 100 kN의 인장하중을 받을 때 이 봉의 신장량은 약 몇 cm인가?
(단, 세로탄성계수는 200 GPa이다.)　【1장】

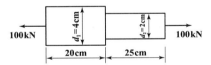

① 0.0478　　　　② 0.0956
③ 0.143　　　　④ 0.191

해설▷ $\lambda = \lambda_1 + \lambda_2 = \dfrac{P\ell_1}{A_1 E} + \dfrac{P\ell_2}{A_2 E}$

$= \dfrac{P}{E}\left(\dfrac{\ell_1}{A_1} + \dfrac{\ell_2}{A_2} \right)$

$= \dfrac{100}{200 \times 10^6}\left(\dfrac{4 \times 0.2}{\pi \times 0.04^2} + \dfrac{4 \times 0.25}{\pi \times 0.02^2} \right)$

$= 0.0004775\,\text{m}$

$= 0.0478\,\text{cm}$

정답▷ **10.** ③　**11.** ①　**12.** ①　**13.** ①

문제 14. 다음 그림에서 최대굽힘응력은? 【9장】

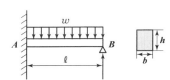

① $\dfrac{27}{64}\dfrac{w\ell^2}{bh^2}$ ② $\dfrac{64}{27}\dfrac{w\ell^2}{bh^2}$

③ $\dfrac{7}{128}\dfrac{w\ell^2}{bh^2}$ ④ $\dfrac{64}{128}\dfrac{w\ell^2}{bh^2}$

해설 $M_{max}=\dfrac{w\ell^2}{128}$ 이므로

$\therefore\ \sigma_{max}=\dfrac{M_{max}}{Z}=\dfrac{\left(\dfrac{9w\ell^2}{128}\right)}{\left(\dfrac{bh^2}{6}\right)}=\dfrac{27}{64}\dfrac{w\ell^2}{bh^2}$

문제 15. 그림과 같은 양단이 지지된 단순보의 전 길이에 4 kN/m의 등분포하중이 작용할 때, 중앙에서의 처짐이 0이 되기 위한 P의 값은 몇 kN인가? (단, 보의 굽힘강성 EI는 일정하다.) 【8장】

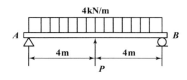

① 15 ② 18

③ 20 ④ 25

해설 $\dfrac{5w\ell^4}{384EI}=\dfrac{P\ell^3}{48EI}$ 에서

$\therefore\ P=\dfrac{5w\ell}{8}=\dfrac{5\times4\times8}{8}=20\,\text{kN}$

문제 16. 세로탄성계수가 200 GPa, 포아송의 비가 0.3인 판재에 평면하중이 가해지고 있다. 이 판재의 표면에 스트레인 게이지를 부착하고 측정한 결과 $\varepsilon_x=5\times10^{-4}$, $\varepsilon_y=3\times10^{-4}$일 때, σ_x는 약 몇 MPa인가? (단, x축과 y축이 이루

는 각은 90도이다.) 【3장】

① 99 ② 100

③ 118 ④ 130

해설 우선, $\varepsilon_x=\dfrac{\sigma_x}{E}-\dfrac{\sigma_y}{mE}=\dfrac{\sigma_x}{E}-\dfrac{\mu\sigma_y}{E}$ ·········· ①식

또한, $\varepsilon_y=\dfrac{\sigma_y}{E}-\dfrac{\sigma_x}{mE}=\dfrac{\sigma_y}{E}-\dfrac{\mu\sigma_x}{E}$ 에서

$\dfrac{\sigma_y}{E}=\varepsilon_y+\dfrac{\mu\sigma_x}{E}$ 를 ①식에 대입하면

$\varepsilon_x=\dfrac{\sigma_x}{E}-\mu\left(\varepsilon_y+\dfrac{\mu\sigma_x}{E}\right)$

$\therefore\ \sigma_x=\dfrac{E(\varepsilon_x+\mu\varepsilon_y)}{1-\mu^2}$

$=\dfrac{200\times10^3(5\times10^{-4}+0.3\times3\times10^{-4})}{1-0.3^2}$

$=129.67\fallingdotseq130\,\text{MPa}$

문제 17. 그림과 같이 양단이 고정된 단면적 1 cm^2, 길이 2 m의 케이블을 B점에서 아래로 10 mm만큼 잡아당기는 데 필요한 힘 P는 약 몇 N인가? (단, 케이블 재료의 세로탄성계수는 200 GPa이며, 자중은 무시한다.) 【1장】

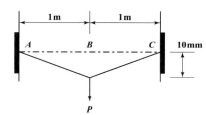

① 10 ② 20

③ 30 ④ 40

해설

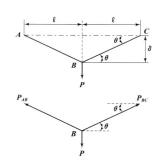

θ값이 미소할 때 근사치를 사용하면

$$\sin\theta \fallingdotseq \tan\theta = \frac{\delta}{\ell}$$

우선, $\sum Y = 0 : P_{AB}\sin\theta + P_{BC}\cdot\sin\theta = P$

그런데, $P_{AB} = P_{BC}$이므로

$$P = 2P_{AB}\sin\theta$$

$$\therefore P_{AB} = \frac{P}{2\sin\theta} = \frac{P\ell}{2\delta}$$

또한, 변형량 $\delta_{AB} = \dfrac{P_{AB}\ell}{AE} = \dfrac{\left(\dfrac{P\ell}{2\delta}\right)\ell}{AE} = \dfrac{P\ell^2}{2AE\delta}$

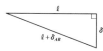

그림에서, $(\ell + \delta_{AB})^2 = \ell^2 + \delta^2$

$$\ell^2 + 2\ell\delta_{AB} + \delta_{AB}^2 = \ell^2 + \delta^2$$

$$\delta^2 = 2\ell\delta_{AB} + \delta_{AB}^2 = 2\ell\delta_{AB}\left(1 + \frac{\delta_{AB}}{2\ell}\right)$$

여기서, $1 + \dfrac{\delta_{AB}}{2\ell} \fallingdotseq 1$이므로

$$\delta^2 = 2\ell\delta_{AB} = 2\ell \times \frac{P\ell^2}{2AE\delta} = \frac{P\ell^3}{AE\delta}$$

결국, $P = \dfrac{AE\delta^3}{\ell^3} = \dfrac{1 \times 10^{-4} \times 200 \times 10^9 \times 0.01^3}{1^3}$

$$= 20\,\text{N}$$

문제 18. 다음 그림에서 단순보의 최대 처짐량 (δ_1)과 양단고정보의 최대 처짐량(δ_2)의 비 (δ_1/δ_2)는 얼마인가? (단, 보의 굽힘강성 EI는 일정하고, 자중은 무시한다.) **【9장】**

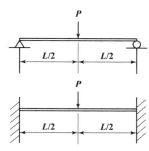

① 1　　　　　　② 2
③ 3　　　　　　④ 4

해설 $\delta_1 = \dfrac{PL^3}{48EI}$, $\delta_2 = \dfrac{PL^3}{192EI}$

문제 19. 8 cm×12 cm인 직사각형 단면의 기둥 길이를 L_1, 지름 20 cm인 원형 단면의 기둥 길이를 L_2라 하고 세장비가 같다면, 두 기둥의 길이의 비(L_2/L_1)는 얼마인가? **【10장】**

① 1.44　　　　　② 2.16
③ 2.5　　　　　④ 3.2

해설 $\lambda_1 = \lambda_2 : \dfrac{\ell_1}{K_1} = \dfrac{\ell_2}{K_2}$

$$\therefore \frac{\ell_2}{\ell_1} = \frac{K_2}{K_1} = \frac{\sqrt{\dfrac{I_2}{A_2}}}{\sqrt{\dfrac{I_1}{A_1}}} = \frac{\sqrt{\dfrac{4 \times \pi \times 20^4}{\pi \times 20^2 \times 64}}}{\sqrt{\dfrac{12 \times 8^3}{8 \times 12 \times 12}}} = 2.16$$

문제 20. 지름이 2 cm, 길이가 20 cm인 연강봉이 인장하중을 받을 때 길이는 0.016 cm만큼 늘어나고 지름은 0.0004 cm만큼 줄었다. 이 연강봉의 포아송 비는? **【1장】**

① 0.25　　　　　② 0.5
③ 0.75　　　　　④ 4

해설 $\mu = \dfrac{\varepsilon'}{\varepsilon} = \dfrac{\left(\dfrac{\delta}{d}\right)}{\left(\dfrac{\lambda}{\ell}\right)} = \dfrac{\ell\delta}{d\lambda} = \dfrac{20 \times 0.0004}{2 \times 0.016} = 0.25$

제2과목　기계열역학

문제 21. 포화액의 비체적은 0.001242 m³/kg이고, 포화증기의 비체적은 0.3469 m³/kg인 어떤 물질이 있다. 이 물질이 건도 0.65 상태로 2 m³인 공간에 있다고 할 때 이 공간 안에 차지한 물질의 질량 (kg)은? **【6장】**

① 8.85
② 9.42
③ 10.08
④ 10.84

해답 **18.** ④　**19.** ②　**20.** ①　**21.** ①

해설> 우선, $v = v' + x(v'' - v')$
$= 0.001242 + 0.65(0.3469 - 0.001242)$
$= 0.2259197 \, \text{m}^3/\text{kg}$

결국, $v = \dfrac{V}{m}$ 에서 $\therefore \ m = \dfrac{V}{v} = \dfrac{2}{0.2259197}$
$\fallingdotseq 8.85 \, \text{kg}$

해설> 브레이턴 사이클(가스터빈의 이상 사이클)
: 단열압축 → 정압가열 → 단열팽창 → 정압방열

문제 22. 열역학적 관점에서 일과 열에 관한 설명으로 틀린 것은? 【1장】

① 일과 열은 온도와 같은 열역학적 상태량이 아니다.

② 일의 단위는 J (joule)이다.

③ 일의 크기는 힘과 그 힘이 작용하여 이동한 거리를 곱한 값이다.

④ 일과 열은 점 함수(point function)이다.

해설> 일량(W)과 열량(Q)은 과정(=경로=도정) 함수이다.

문제 23. 기체가 열량 80 kJ 흡수하여 외부에 대하여 20 kJ 일을 하였다면 내부에너지 변화 (kJ)는? 【2장】

① 20   ② 60

③ 80   ④ 100

해설> $_1Q_2 = \Delta U + {}_1W_2$에서
$\Delta U = {}_1Q_2 - {}_1W_2 = 80 - 20 = 60 \, \text{kJ}$

문제 24. 다음 중 브레이턴 사이클의 과정으로 옳은 것은? 【7장】

① 단열 압축 → 정적 가열 → 단열 팽창 → 정적 방열

② 단열 압축 → 정압 가열 → 단열 팽창 → 정적 방열

③ 단열 압축 → 정적 가열 → 단열 팽창 → 정압 방열

④ 단열 압축 → 정압 가열 → 단열 팽창 → 정압 방열

문제 25. 압력이 200 kPa인 공기가 압력이 일정한 상태에서 400 kcal의 열을 받으면서 팽창하였다. 이러한 과정에서 공기의 내부에너지가 250 kcal만큼 증가하였을 때, 공기의 부피변화 (m³)는 얼마인가?
(단, 1 kcal은 4.186 kJ이다.) 【2장】

① 0.98   ② 1.21

③ 2.86   ④ 3.14

해설> $_1Q_2 = \Delta U + p\Delta V$에서
$400 \times 4.186 = 250 \times 4.186 + 200 \Delta V$
$\therefore \ \Delta V = 3.1395 \, \text{m}^3$

문제 26. 오토 사이클의 효율이 55 %일 때 101.3 kPa, 20 ℃의 공기가 압축되는 압축비는 얼마인가? (단, 공기의 비열비는 1.4이다.) 【8장】

① 5.28   ② 6.32

③ 7.36   ④ 8.18

해설> $\varepsilon = {}^{k-1}\sqrt{\dfrac{1}{1-\eta_0}} = {}^{1.4-1}\sqrt{\dfrac{1}{1-0.55}} = 7.36$

문제 27. 분자량이 32인 기체의 정적비열이 0.714 kJ/kg·K일 때 이 기체의 비열비는? (단, 일반기체상수는 8.314 kJ/kmol·K이다.) 【3장】

① 1.364

② 1.382

③ 1.414

④ 1.446

해설> 우선, $R = \dfrac{\overline{R}}{m} = \dfrac{8.314}{32} = 0.2598 \, \text{kJ/kg} \cdot \text{K}$

결국, $C_v = \dfrac{R}{k-1}$ 에서

$\therefore \ k = 1 + \dfrac{R}{C_v} = 1 + \dfrac{0.2598}{0.714} \fallingdotseq 1.364$

정답> **22.** ④   **23.** ②   **24.** ④   **25.** ④   **26.** ③   **27.** ①

문제 28. 다음 그림과 같은 오토 사이클의 효율(%)은? (단, $T_1 = 300$ K, $T_2 = 689$ K, $T_3 = 2364$ K, $T_4 = 1029$ K이고, 정적비열은 일정하다.) **【8장】**

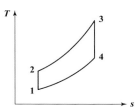

① 42.5   ② 48.5

③ 56.5   ④ 62.5

해설
$$\eta_0 = 1 - \frac{T_4 - T_1}{T_3 - T_2} = 1 - \frac{1029 - 300}{2364 - 689}$$
$$= 0.5647 = 56.47\%$$

문제 29. 1000 K의 고열원으로부터 750 kJ의 에너지를 받아서 300 K의 저열원으로 550 kJ의 에너지를 방출하는 열기관이 있다. 이 기관의 효율(η)과 Clausius 부등식의 만족 여부는? **【4장】**

① $\eta = 26.7\%$이고, Clausius 부등식을 만족한다.

② $\eta = 26.7\%$이고, Clausius 부등식을 만족하지 않는다.

③ $\eta = 73.3\%$이고, Clausius 부등식을 만족한다.

④ $\eta = 73.3\%$이고, Clausius 부등식을 만족하지 않는다.

해설 우선, 카르노사이클의 열효율(η_c)은
$$\eta_c = 1 - \frac{T_{II}}{T_I} = 1 - \frac{300}{1000} = 0.7 = 70\%$$
또한, 열기관의 열효율(η)은
$$\eta = 1 - \frac{Q_2}{Q_1} = 1 - \frac{550}{750} = 0.267 = 26.7\%$$
결국, 열기관의 열효율은 26.7%이며, $\eta < \eta_c$이므로 클라우지우스의 부등식을 만족한다.

문제 30. 메탄올의 정압비열(Cp)이 다음과 같은 온도 T(K)에 의한 함수로 나타날 때 메탄올 1 kg을 200 K에서 400 K까지 정압과정으로 가열하는데 필요한 열량(kJ)은? (단, Cp의 단위는 kJ/kg·K이다.) **【1장】**

$$Cp = a + bT + cT^2$$
$$(a = 3.51, \ b = -0.00135, \ c = 3.47 \times 10^{-5})$$

① 722.9   ② 1311.2

③ 1268.7   ④ 866.2

해설 우선,
$$C_m = \frac{1}{T_2 - T_1} \int_1^2 C_p \, dT$$
$$= \frac{1}{T_2 - T_1} \int_1^2 (a + bT + cT^2) \, dT$$
$$= \frac{1}{T_2 - T_1} \left[a(T_2 - T_1) + \frac{b(T_2^2 - T_1^2)}{2} + \frac{c(T_2^3 - T_1^3)}{3} \right]$$
$$= a + \frac{b(T_2 + T_1)}{2} + \frac{c(T_2^2 + T_1 T_2 + T_1^2)}{3}$$
$$= 3.51 + \frac{-0.00135(400 + 200)}{2}$$
$$+ \frac{3.47 \times 10^{-5}(400^2 + 200 \times 400 + 200^2)}{3}$$
$$= 6.34367 \, \text{kJ/kg} \cdot \text{K}$$
결국, $Q_m = m \, C_m (T_2 - T_1)$
$$= 1 \times 6.34367 \times (400 - 200)$$
$$\fallingdotseq 1268.7 \, \text{kJ}$$
〈참고〉 $a^2 - b^2 = (a - b)(a + b)$
$$a^3 - b^3 = (a - b)(a^2 + ab + b^2)$$

문제 31. 질량 유량이 10 kg/s인 터빈에서 수증기의 엔탈피가 800 kJ/kg 감소한다면 출력(kW)은 얼마인가? (단, 역학적 손실, 열손실은 모두 무시한다.) **【7장】**

① 80   ② 160

③ 1600   ④ 8000

해설 출력 $W_t = \dot{m} \Delta h = 10 \times 800$
$$= 8000 \, \text{kJ/s} \, (= \text{kW})$$

정답 28. ③   29. ①   30. ③   31. ④

문제 32. 내부에너지가 40 kJ, 절대압력이 200 kPa, 체적이 0.1 m³, 절대온도가 300 K인 계의 엔탈피 (kJ)는? 【2장】

① 42
② 60
③ 80
④ 240

해설 $H = U + PV = 40 + (200 \times 0.1) = 60\,\text{kJ}$

문제 33. 열역학 제2법칙에 대한 설명으로 옳은 것은? 【4장】

① 과정(process)의 방향성을 제시한다.
② 에너지의 양을 결정한다.
③ 에너지의 종류를 판단할 수 있다.
④ 공학적 장치의 크기를 알 수 있다.

해설 <열역학 제2법칙의 표현>
"클라우지우스"의 표현 : 에너지의 방향성을 제시

문제 34. 공기 1 kg을 정압과정으로 20 ℃에서 100 ℃까지 가열하고, 다음에 정적과정으로 100 ℃에서 200 ℃까지 가열한다면, 전체 가열에 필요한 총에너지 (kJ)는? (단, 정압비열은 1.009 kJ/kg·K, 정적비열은 0.72 kJ/kg·K이다.) 【3장】

① 152.7
② 162.8
③ 139.8
④ 146.7

해설 $\delta q = du + A p dv = dh - A v dp$에서
$\therefore {}_1 Q_3 = m\,C_p(T_2 - T_1) + m\,C_v(T_3 - T_2)$
$= 1 \times 1.009(100 - 20) + 1 \times 0.72(200 - 100)$
$= 152.72\,\text{kJ}$

문제 35. 카르노 냉동기에서 흡열부와 방열부의 온도가 각각 −20 ℃와 30 ℃인 경우, 이 냉동기에 40 kW의 동력을 투입하면 냉동기가 흡수하는 열량 (RT)은 얼마인가?
(단, 1 RT=3.86 kW이다.) 【9장】

① 23.62
② 52.48
③ 78.36
④ 126.48

해설 $\varepsilon_r = \dfrac{Q_2}{W_c} = \dfrac{T_{\mathrm{II}}}{T_{\mathrm{I}} - T_{\mathrm{II}}}$ 에서

$\therefore Q_2 = W_c \left(\dfrac{T_{\mathrm{II}}}{T_{\mathrm{I}} - T_{\mathrm{II}}} \right) = 40 \left(\dfrac{253}{303 - 253} \right) = 202.4\,\text{kW}$

$= \dfrac{202.4}{3.86}\,\text{RT} = 52.435\,\text{RT}$

문제 36. 질량이 m이고 비체적이 v인 구(sphere)의 반지름이 R이다. 이때 질량이 $4m$, 비체적이 $2v$로 변화한다면 구의 반지름은 얼마인가? 【3장】

① $2R$
② $\sqrt{2}\,R$
③ $\sqrt[3]{2}\,R$
④ $\sqrt[3]{4}\,R$

해설 우선, $v = \dfrac{V}{m} = \dfrac{\frac{4}{3}\pi R^3}{m}$에서 $R^3 = \dfrac{3mv}{4\pi}$

결국, $2v = \dfrac{\frac{4}{3}\pi R'^3}{4m}$에서 $R'^3 = 8 \times \dfrac{3mv}{4\pi} = 8R^3$

$\therefore R' = \sqrt[3]{8}\,R = 2R$

문제 37. 100 ℃의 수증기 10 kg이 100 ℃의 물로 응축되었다. 수증기의 엔트로피 변화량 (kJ/K)은? (단, 물의 잠열은 100 ℃에서 2257 kJ/kg이다.) 【6장】

① 14.5
② 5390
③ −22570
④ −60.5

해설 $\Delta S = \dfrac{{}_1 Q_2}{T} = \dfrac{mr}{T} = \dfrac{-10 \times 2257}{373} = -60.5\,\text{kJ/K}$

문제 38. 입구 엔탈피 3155 kJ/kg, 입구 속도 24 m/s, 출구 엔탈피 2385 kJ/kg, 출구 속도 98 m/s인 증기 터빈이 있다. 증기 유량이 1.5 kg/s이고, 터빈의 축 출력이 900 kW일 때 터빈과 주위 사이의 열전달량은 어떻게 되는가? 【2장】

해답 32. ② 33. ① 34. ① 35. ② 36. ① 37. ④ 38. ③

① 약 124 kW의 열을 주위로 방열한다.

② 주위로부터 약 124 kW의 열을 받는다.

③ 약 248 kW의 열을 주위로 방열한다.

④ 주위로부터 약 248 kW의 열을 받는다.

해설 $_1Q_2 = W_t + \dfrac{\dot{m}(w_2^2 - w_1^2)}{2} + \dot{m}(h_2 - h_1)$
$$+ \dot{m}g(Z_2 - Z_1)^{\nearrow 0}$$

$$= 900 + \frac{1.5(98^2 - 24^2)}{2 \times 10^3} + 1.5(2385 - 3155)$$

$$= -248.23\,\text{kW}$$

$$= 248.23\,\text{kW (방열)}$$

결국, 약 248 kW의 열($_1Q_2$)을 주위로 방열한다.

문제 **39.** 증기압축 냉동기에 사용되는 냉매의 특징에 대한 설명으로 틀린 것은?　**【9장】**

① 냉매는 냉동기의 성능에 영향에 미친다.

② 냉매는 무독성, 안정성, 저가격 등의 조건을 갖추어야 한다.

③ 무기화합물 냉매인 암모니아는 열역학적 특성이 우수하고, 가격이 비교적 저렴하여 널리 사용되고 있다.

④ 최근에는 오존파괴 문제로 CFC 냉매 대신에 R-12(CCl_2F_2)가 냉매로 사용되고 있다.

해설 CFC(염화불화탄소)는 오존층을 파괴하는 주범이므로 현재 대체 냉매로 HFC(수소화불화탄소)가 사용되고 있다.

문제 **40.** 공기가 등온과정을 통해 압력이 200 kPa, 비체적이 0.02 m^3/kg인 상태에서 압력이 100 kPa인 상태로 팽창하였다. 공기를 이상기체로 가정할 때 시스템이 이 과정에서 한 단위 질량당 일 (kJ/kg)은 약 얼마인가?　**【3장】**

① 1.4

② 2.0

③ 2.8

④ 5.6

해설 "등온과정"이므로

$$_1w_2 = p_1v_1 \ell n\frac{p_1}{p_2} = 200 \times 0.02 \times \ell n\frac{200}{100}$$

$$= 2.77 \fallingdotseq 2.8\,\text{kJ/kg}$$

제3과목　기계유체역학

문제 **41.** 표준대기압 상태인 어떤 지방의 호수에서 지름이 d인 공기의 기포가 수면으로 올라오면서 지름이 2배로 팽창하였다. 이 때 기포의 최초 위치는 수면으로부터 약 몇 m 아래인가? (단, 기포 내의 공기는 Boyle법칙에 따르며, 수중의 온도도 일정하다고 가정한다. 또한 수면의 기압(표준대기압)은 101.325 kPa이다.)　**【2장】**

① 70.8　　　　② 72.3

③ 74.6　　　　④ 77.5

해설 우선, $P_1V_1 = P_2V_2$에서

$$P_1 \times \frac{\pi d^3}{6} = 101.325 \times \frac{\pi (2d)^3}{6}$$

$$\therefore\ P_1 = 810.6\,\text{kPa}$$

또한, $\Delta P = P_1 - P_2 = 810.6 - 101.325 = 709.275\,\text{kPa}$

결국, $\Delta P = \gamma h$에서

$$\therefore\ h = \frac{\Delta P}{\gamma} = \frac{709.275}{9.8} = 72.375\,\text{m}$$

문제 **42.** 그림과 같이 비중 0.85인 기름이 흐르고 있는 개수로에 피토관을 설치하였다. $\Delta h = 30$ mm, $h = 100$ mm일 때 기름의 유속은 약 몇 m/s인가? (단, Δh 부분에도 기름이 차 있는 상태이다.)　**【3장】**

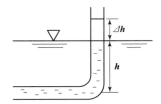

① 0.767　　　② 0.976

③ 1.59　　　　④ 6.25

해답 **39.** ④　**40.** ③　**41.** ②　**42.** ①

해설 $V = \sqrt{2g\Delta h} = \sqrt{2 \times 9.8 \times 0.03} = 0.767\,\text{m/s}$

문제 43. 마찰계수가 0.02인 파이프(안지름 0.1 m, 길이 50 m) 중간에 부차적 손실계수가 5인 밸브가 부착되어 있다. 밸브에서 발생하는 손실수두는 총 손실수두의 약 몇 %인가? 【6장】

① 20 ② 25
③ 33 ④ 50

해설 우선, $h_1(\text{파이프}) = f\dfrac{\ell}{d}\dfrac{V^2}{2g}$, $h_2(\text{밸브}) = K\dfrac{V^2}{2g}$

결국, $\dfrac{h_2(\text{밸브})}{\text{총손실수두}(h_1+h_2)} = \dfrac{K\dfrac{V^2}{2g}}{\left(f\dfrac{\ell}{d}+K\right)\dfrac{V^2}{2g}}$

$= \dfrac{K}{f\dfrac{\ell}{d}+K} = \dfrac{5}{0.02 \times \dfrac{50}{0.1}+5}$

$\fallingdotseq 0.33 = 33\,\%$

문제 44. 2차원 극좌표계(r, θ)에서 속도 포텐셜이 다음과 같을 때 원주방향 속도(v_θ)은? (단, 속도 포텐셜 ϕ는 $\vec{V} = \nabla\phi$로 정의된다.) 【3장】

$$\phi = 2\theta$$

① $4\pi r$ ② $2r$
③ $\dfrac{4\pi}{r}$ ④ $\dfrac{2}{r}$

해설 $v_\theta = \dfrac{1}{r}\dfrac{\partial\phi}{\partial\theta} = \dfrac{1}{r} \times 2 = \dfrac{2}{r}$

문제 45. 지름이 0.01 m인 구 주위를 공기가 0.001 m/s로 흐르고 있다. 항력계수 $C_D = \dfrac{24}{Re}$로 정의할 때 구에 작용하는 항력은 약 몇 N인가? (단, 공기의 밀도는 1.1774 kg/m³, 점성계수는 1.983×10^{-5} kg/m·s이며, Re는 레이놀즈 수를 나타낸다.) 【5장】

① 1.9×10^{-9}
② 3.9×10^{-9}
③ 5.9×10^{-9}
④ 7.9×10^{-9}

해설 우선, $Re = \dfrac{\rho Vd}{\mu} = \dfrac{1.1774 \times 0.001 \times 0.01}{1.983 \times 10^{-5}}$

$= 0.594$

결국, Re이 1보다 작으므로 Stoke's law을 적용

$\therefore D = 3\pi\mu Vd$

$= 3\pi \times 1.983 \times 10^{-5} \times 0.001 \times 0.01$

$\fallingdotseq 1.9 \times 10^{-9}\,\text{N}$

문제 46. 원유를 매분 240 L의 비율로 안지름 80 mm인 파이프를 통하여 100 m 떨어진 곳으로 수송할 때 관내의 평균 유속은 약 몇 m/s인가? 【3장】

① 0.4
② 0.8
③ 2.5
④ 3.1

해설 $Q = AV = \dfrac{\pi d^2}{4} \times V$에서

$\therefore V = \dfrac{4Q}{\pi d^2} = \dfrac{4 \times \dfrac{240 \times 10^{-3}}{60}}{\pi \times 0.08^2} \fallingdotseq 0.8\,\text{m/s}$

문제 47. 역학적 상사성이 성립하기 위해 무차원수인 프루드수를 같게 해야 되는 흐름은? 【7장】

① 점성계수가 큰 유체의 흐름
② 표면 장력이 문제가 되는 흐름
③ 자유표면을 가지는 유체의 흐름
④ 압축성을 고려해야 되는 유체의 흐름

해설 프루드(Froude)수는 수차, 선박의 파고저항(wave drag), 조파저항, 개수로, 댐공사, 강의 모형실험, 수력도약 등의 자유표면을 갖는 모형실험에 있어서 매우 중요한 무차원수이다.

정답 43. ③ 44. ④ 45. ① 46. ② 47. ③

문제 48. 평판 위를 공기가 유속 15 m/s로 흐르고 있다. 선단으로부터 10 cm인 지점의 경계층 두께는 약 몇 mm인가? (단, 공기의 동점성계수는 1.6×10^{-5} m²/s이다.) 【5장】

① 0.75　　　　② 0.98
③ 1.36　　　　④ 1.63

해설 우선, $Re = \dfrac{u_\infty x}{\nu} = \dfrac{15 \times 0.1}{1.6 \times 10^{-5}} = 93750$: 층류

결국, $\dfrac{\delta}{x} = \dfrac{5}{Re^{\frac{1}{2}}}$ 에서

$\therefore \delta = \dfrac{5x}{Re^{\frac{1}{2}}} = \dfrac{5 \times 0.1}{93750^{\frac{1}{2}}}$

$= 0.00163\,\mathrm{m} = 1.63\,\mathrm{mm}$

문제 49. 그림과 같이 고정된 노즐로부터 밀도가 ρ인 액체의 제트가 속도 V로 분출하여 평판에 충돌하고 있다. 이때 제트의 단면적이 A이고 평판이 u인 속도로 제트와 반대 방향으로 운동할 때 평판에 작용하는 힘 F는? 【4장】

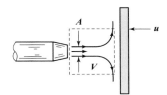

① $F = \rho A (V - u)$
② $F = \rho A (V - u)^2$
③ $F = \rho A (V + u)$
④ $F = \rho A (V + u)^2$

해설 $F = p_1 \cancel{A_1} \cos\theta_1 - p_2 \cancel{A_2} \cos\theta_2$
$\qquad\qquad + \rho Q(V_1 \cos\theta_1 - V_2 \cancel{\cos\theta_2})$

여기서, $p_1 = p_2 = p_0($대기압$) = 0$
$\qquad V_1 = V_2 = V + u$
$\qquad \theta_1 = 0°$
$\qquad \theta_2 = 90°$
$\qquad Q = A(V + u)$

$\therefore F = \rho Q V_1 \cos\theta_1 = \rho Q(V + u)\cos 0°$
$\qquad = \rho Q(V + u) = \rho A(V + u)^2$

문제 50. 비행기 날개에 작용하는 양력 F에 영향을 주는 요소는 날개의 코드길이 L, 받음각 α, 자유유동 속도 V, 유체의 밀도 ρ, 점성계수 μ, 유체 내에서의 음속 c이다. 이 변수들로 만들 수 있는 독립 무차원 매개변수는 몇 개인가? 【7장】

① 2　　　　② 3
③ 4　　　　④ 5

해설 양력 $F(\mathrm{N}) = [F] = [MLT^{-2}]$
코드길이 $L(\mathrm{m}) = [L]$
받음각 $\alpha(°) = $ 무차원 $= [M^0 L^0 T^0]$
자유유동속도 $V(\mathrm{m/s}) = [LT^{-1}]$
밀도 $\rho(\mathrm{kg/m^3}) = [ML^{-3}]$
점성계수 $\mu(\mathrm{kg/m \cdot s}) = [ML^{-1}T^{-1}]$
음속 $C(\mathrm{m/s}) = [LT^{-1}]$
결국, 얻을 수 있는 무차원의 수
$\pi = n - m = 7 - 3 = 4$ 개

문제 51. 안지름이 4 mm이고, 길이가 10 m인 수평 원형관 속을 20 ℃의 물이 층류로 흐르고 있다. 배관 10 m의 길이에서 압력 강하가 10 kPa이 발생하며, 이때 점성계수는 1.02×10^{-3} N·s/m²일 때 유량은 약 몇 cm³/s인가? 【5장】

① 6.16　　　　② 8.52
③ 9.52　　　　④ 12.16

해설 $Q = \dfrac{\Delta p \pi d^4}{128 \mu \ell} = \dfrac{10 \times 10^3 \times \pi \times 0.004^4}{128 \times 1.02 \times 10^{-3} \times 10}$

$= 6.159 \times 10^{-6}\,\mathrm{m^3/s} = 6.159\,\mathrm{cm^3/s}$

문제 52. 안지름이 0.01 m인 관내로 점성계수가 0.005 N·s/m², 밀도가 800 kg/m³인 유체가 1 m/s의 속도로 흐를 때, 이 유동의 특성은? (단, 천이 구간은 레이놀즈수가 2100~4000에 포함될 때를 기준으로 한다.) 【5장】

① 층류 유동
② 난류 유동
③ 천이 유동
④ 위 조건으로는 알 수 없다.

정답 48. ④　49. ④　50. ③　51. ①　52. ①

해설 $Re = \dfrac{\rho Vd}{\mu} = \dfrac{800 \times 1 \times 0.01}{0.005}$
$= 1600 < 2100$ 이므로
∴ 층류유동

해설 · 압력, 전단응력, 체적탄성계수
: $N/m^2 = [FL^{-2}] = [MLT^{-2}L^{-2}] = [ML^{-1}T^{-2}]$
· 동력 : $N \cdot m/s = [FLT^{-1}] = [MLT^{-2}LT^{-1}]$
$= [ML^2T^{-3}]$

문제 53. 밀도가 $500\ kg/m^3$인 원기둥이 $\dfrac{1}{3}$ 만큼 액체면 위로 나온 상태로 떠있다. 이 액체의 비중은? 【2장】

① 0.33   ② 0.5
③ 0.75   ④ 1.5

해설 "공기중에서 물체무게(W) = 부력(F_B)"
$\gamma_{원기둥} V_{원기둥} = \gamma_{액체} V_{잠긴\ 체적}$
$\rho_{원기둥}g\,V_{원기둥} = \gamma_{H_2O} S_{액체} V_{잠긴\ 체적}$
$500 \times 9.8 \times V = 9800 \times S_{액체} \times \dfrac{2V}{3}$
∴ $S_{액체} = 0.75$

문제 54. 다음 중 유선(stream line)에 대한 설명으로 옳은 것은? 【3장】

① 유체의 흐름에 있어서 속도 벡터에 대하여 수직한 방향을 갖는 선이다.
② 유체의 흐름에 있어서 유동단면의 중심을 연결한 선이다.
③ 비정상류 흐름에서만 유동의 특성을 보여주는 선이다.
④ 속도 벡터에 접하는 방향을 가지는 연속적인 선이다.

해설 유선(stream line) : 임의의 유동장 내에서 유체입자가 곡선을 따라 움직인다고 할 때, 그 곡선이 갖는 접선과 유체입자가 갖는 속도벡터의 방향을 일치하도록 운동해석을 할 때 그 곡선을 유선이라 한다.

문제 55. 다음 중에서 차원이 다른 물리량은? 【2장】

① 압력   ② 전단응력
③ 동력   ④ 체적탄성계수

문제 56. 비중이 0.8인 액체를 $10\ m/s$ 속도로 수직 방향으로 분사하였을 때, 도달할 수 있는 최고 높이는 약 몇 m인가? (단, 액체는 비압축성, 비점성 유체이다.) 【3장】

① 3.1   ② 5.1
③ 7.4   ④ 10.2

해설 $h = \dfrac{V^2}{2g} = \dfrac{10^2}{2 \times 9.8} ≒ 5.1\,m$

문제 57. 유체 속에 잠겨있는 경사진 판의 윗면에 작용하는 압력 힘의 작용점에 대한 설명 중 옳은 것은? 【2장】

① 판의 도심보다 위에 있다.
② 판의 도심에 있다.
③ 판의 도심보다 아래에 있다.
④ 판의 도심과는 관계가 없다.

해설 작용점의 위치는 수면으로부터 $y_F = \overline{y} + \dfrac{I_G}{A\,\overline{y}}$ 아래에 있다.
결국, 판의 도심보다 $\dfrac{I_G}{A\,\overline{y}}$ 아래에 있음을 알 수 있다.
여기서, $\overline{y}$는 수면으로부터 판의 도심점까지의 거리

문제 58. 지상에서의 압력은 P_1, 지상 1000 m 높이에서의 압력을 P_2라고 할 때 압력비 $\left(\dfrac{P_2}{P_1}\right)$는? (단, 온도가 15 ℃로 높이에 상관없이 일정하다고 가정하고, 공기의 밀도는 기체상수가 287 J/kg·K인 이상기체 법칙을 따른다.) 【2장】

① 0.80   ② 0.89
③ 0.95   ④ 1.1

해답 53. ③   54. ④   55. ③   56. ②   57. ③   58. ②

해설 $\therefore \dfrac{P_2}{P_1} = \dfrac{P_2}{P_2 + \gamma h \,(= \rho g h)} = \dfrac{P_2}{P_2 + \dfrac{P_2}{RT} g h}$

$\qquad = \dfrac{P_2}{P_2 \left(1 + \dfrac{gh}{RT}\right)} = \dfrac{1}{1 + \dfrac{gh}{RT}}$

$\qquad = \dfrac{1}{1 + \dfrac{9.8 \times 1000}{287 \times 288}} = 0.894$

문제 59. 점성계수(μ)가 0.098 N·s/m^{2}인 유체가 평판 위를 $u(y) = 750y - 2.5 \times 10^{-6} y^3$ (m/s)의 속도 분포로 흐를 때 평판면($y=0$)에서의 전단응력은 약 몇 N/m^{2}인가? (단, y는 평판면으로부터 m 단위로 잰 수직거리이다.) 【1장】

① 7.35   ② 73.5
③ 14.7   ④ 147

해설 $\tau = \mu \left(\dfrac{du}{dy}\right)_{y=0}$

$\qquad = \mu \left[750 - 2.5 \times 10^{-6} \times 3y^2\right]_{y=0}$

$\qquad = 750 \mu = 750 \times 0.098$

$\qquad = 73.5 \,\text{N/m}^2 (= \text{Pa})$

문제 60. 그림과 같이 설치된 펌프에서 물의 유입지점 1의 압력은 98 kPa, 방출지점 2의 압력은 105 kPa이고, 유입지점으로부터 방출지점까지의 높이는 20 m이다. 배관 요소에 따른 전체 수두손실은 4 m이고 관 지름이 일정할 때 물을 양수하기 위해서 펌프가 공급해야 할 압력은 약 몇 kPa인가? 【3장】

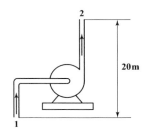

① 242   ② 324
③ 431   ④ 514

해설 우선, $\dfrac{p_1}{\gamma} + \dfrac{V_1^2}{2g} + Z_1 + H_P = \dfrac{p_2}{\gamma} + \dfrac{V_2^2}{2g} + Z_2 + H_\ell$

$\qquad H_P = \dfrac{p_2 - p_1}{\gamma} + \dfrac{V_2^2 - V_1^2}{2g} + (Z_2 - Z_1) + H_\ell$

여기서, 지름이 일정하므로 $V_1 = V_2$이다.

$\qquad \therefore H_P = \dfrac{105 - 98}{9.8} + 20 + 4 = 24.7\,\text{m}$

결국, 펌프가 공급해야 할 압력

$\qquad p_P = \gamma H_P = 9.8 \times 24.7 ≒ 242\,\text{kPa}$

제4과목 기계재료 및 유압기기

문제 61. 보자력이 작고, 미세한 외부 자기장의 변화에도 크게 자화되는 특징을 가진 연질 자성 재료는?

① 센더스트   ② 알니코자석
③ 페라이트자석   ④ 희토류계자석

해설 연질자성재료 : 일반적으로 투자율이 크고, 보자력이 적은 자성재료의 통칭으로 센더스트, 퍼멀로이, 규소강판 등이 있다.

문제 62. 레데뷰라이트에 대한 설명으로 옳은 것은?

① α와 Fe의 혼합물이다.
② γ와 Fe$_3$C의 혼합물이다.
③ δ와 Fe의 혼합물이다.
④ α와 Fe$_3$C의 혼합물이다.

해설 레데뷰라이트(ledeburite)
: 2.11 % C의 γ고용체(오스테나이트)와 탄화철(Fe$_3$C, 시멘타이트)과의 혼합물로서 4.3 % C인 공정조직이다.

문제 63. 다음 중 공구강 강재의 종류에 해당되지 않는 것은?

① STS 3   ② SM25C
③ STC 105   ④ SKH 51

해답 59. ②   60. ①   61. ①   62. ②   63. ②

해설 STS : 합금공구강
SM : 일반구조용 탄소강재
STC : 탄소공구강
SKH : 고속도강

문제 64. 다음 중 알루미늄 합금계가 아닌 것은?

① 라우탈
② 실루민
③ 하스텔로이
④ 하이드로날륨

해설 하스텔로이(hastelloy)
: Ni+Fe+Mo로서 니켈계 합금이다. 내식성이 우수하며, 내열용에도 사용

문제 65. 다음의 조직 중 경도가 가장 높은 것은?

① 펄라이트
② 마텐자이트
③ 소르바이트
④ 트루스타이트

해설 담금질 조직의 경도순서 : A < M > T > S > P

문제 66. 황동의 화학적 성질과 관계없는 것은?

① 탈아연부식
② 고온탈아연
③ 자연균열
④ 가공경화

해설 ·황동의 화학적 성질
① 자연균열(=응력부식균열)
② 탈아연현상(=탈아연부식)
③ 고온탈아연

문제 67. 베이나이트(bainite) 조직을 얻기 위한 항온열처리 조작으로 옳은 것은?

① 마퀜칭
② 소성가공
③ 노멀라이징
④ 오스템퍼링

해설 오스템퍼링(austempering)
: 오스템퍼는 일명 하부 베이나이트 담금질이라고 부르며 오스테나이트 상태에서 Ar'와 Ar''의 중간온도로 유지된 용융열욕속에서 담금질하여 강인한 하부 베이나이트로 만든다. 또한, 오스템퍼는 담금질 변형과 균열을 방지하고 피아노선과 같이 냉간인발로 제조하는 과정에서 조직을 균일하게 하고 인발작업을 쉽게 하기 위한 목적으로 패턴팅 처리를 한다.

문제 68. 재료의 전연성을 알기 위해 구리판, 알루미늄판 및 그 밖의 연성 판재를 가압하여 변형 능력을 시험하는 것은?

① 굽힘시험
② 압축시험
③ 커핑시험
④ 비틀림시험

해설 커핑시험(cupping test)
: 금속 박판의 연성을 비교하는데 사용되는 시험법으로 반구상의 凹형용 공구로 박판을 구부리고 균열이 생길때까지 오목하게 된 깊이에 따라서 결정하는 것이다. 이른바 엘릭센시험은 커핑시험의 일종이다.

문제 69. 회복 과정에서의 축적에너지에 대한 설명으로 옳은 것은?

① 가공도가 적을수록 축적에너지의 양은 증가한다.
② 결정입도가 작을수록 축적에너지의 양은 증가한다.
③ 불순물 원자의 첨가가 많을수록 축적에너지의 양은 감소한다.
④ 낮은 가공온도에서의 변형은 축적에너지의 양을 감소시킨다.

해설 회복(recovery)
: 금속의 재결정온도 이하의 특정한 온도범위에서 일어나며, 이 과정에서 심하게 변형된 영역의 응력이 완화되고, 이동하는 전위의 수가 감소된다. 경도나 강도 같은 기계적 성질에는 큰 변화가 없고, 연성은 약간 회복된다.
결정입도가 작을수록 축적에너지의 양은 증가한다.

정답 64. ③ 65. ② 66. ④ 67. ④ 68. ③ 69. ②

문제 70. 주철의 특징을 설명한 것 중 틀린 것은?

① 백주철은 Si 함량이 적고, Mn 함량이 많아 화합탄소로 존재한다.

② 회주철은 C, Si 함량이 많고, Mn 함량이 적은 파면이 회색을 나타내는 것이다.

③ 구상흑연주철은 흑연의 형상에 따라 판상, 구상, 공정상흑연주철로 나눌 수 있다.

④ 냉경주철은 주물 표면을 회주철로 인성을 높게 하고, 내부는 Fe_3C로 단단한 조직으로 만든다.

해설 · 칠드주철(냉경주철)

① 주조시 모래주형에 필요한 부분에만 금형을 이용하여 금형에 접촉된 부분만이 급냉에 의하여 경화되는 주철

② 외부 : 칠드층~백주철(시멘타이트 조직, Fe_3C), 단단하다.
내부 : 회주철(보통주철), 연하다.

③ 용도 : 기차바퀴, 제강용롤, 분쇄기롤, 제지용롤 등

문제 71. 액추에이터의 배출 쪽 관로 내의 흐름을 제어함으로써 속도를 제어하는 회로는?

① 방향 제어회로   ② 미터 인 회로

③ 미터 아웃 회로   ④ 압력 제어회로

해설 · 유량조정밸브에 의한 회로

① 미터 인 회로 : 액추에이터의 입구쪽 관로에서 유량을 교축시켜 작동속도를 조절하는 방식

② 미터 아웃 회로 : 액추에이터의 출구쪽 관로에서 유량을 교축시켜 작동속도를 조절하는 방식. 즉, 실린더에서 유출하는 유량을 복귀쪽에 직렬로 유량조절밸브를 설치하여 유량을 제어하는 방식

③ 블리드 오프 회로 : 액추에이터로 흐르는 유량의 일부를 탱크로 분기함으로서 작동속도를 조절하는 방식. 회로연결은 병렬로 연결한다.

문제 72. 유압 작동유의 구비조건에 대한 설명으로 틀린 것은?

① 인화점 및 발화점이 낮을 것

② 산화 안정성이 좋을 것

③ 점도지수가 높을 것

④ 방청성이 좋을 것

해설 인화점과 발화점이 높을 것

문제 73. 실린더 행정 중 임의의 위치에서 실린더를 고정시킬 필요가 있을 때라 할지라도, 부하가 클 때 또는 장치 내의 압력저하로 실린더 피스톤이 이동하는 것을 방지하기 위한 회로로 가장 적합한 것은?

① 축압기 회로   ② 로킹 회로

③ 무부하 회로   ④ 압력설정 회로

해설 로크 회로(lock circuit)

: 실린더 행정 중 임의 위치에서 또는 행정 끝에서 실린더를 고정시켜 놓을 필요가 있을 때라 할지라도 부하가 클 때 또는 장치내의 압력저하에 의하여 실린더피스톤이 이동되는 경우가 발생한다. 이 피스톤의 이동을 방지하는 회로를 로킹회로라 한다.

문제 74. 긴 스트로크를 줄 수 있는 다단 튜브형의 로드를 가진 실린더는?

① 벨로스형 실린더

② 탠덤형 실린더

③ 가변 스트로크 실린더

④ 텔레스코프형 실린더

해설 텔레스코프형 실린더

: 유압실린더 내의 수개의 실린더가 내장되어 있어 압력이 실린더에 작용하면 순차적으로 실린더가 이동하여 실린더 길이에 비하여 긴 행정거리를 얻을 수 있는 엘리베이터와 덤프트럭 등에서 사용된다.

문제 75. 압력 6.86 MPa, 토출량 50 L/min이고, 운전 시 소요 동력이 7 kW인 유압펌프의 효율은 약 몇 %인가?

① 78   ② 82

③ 87   ④ 92

예답 **70.** ④ **71.** ③ **72.** ① **73.** ② **74.** ④ **75.** ②

[해설] $L_P = \dfrac{pQ}{\eta_P}$ 에서

$$\therefore \eta_P = \frac{pQ}{L_P} = \frac{6.86 \times 10^3 \times \dfrac{50 \times 10^{-3}}{60}}{7}$$

$$= 0.8166 = 81.66\% ≒ 82\%$$

[문제] 76. 유압펌프에서 유동하고 있는 작동유의 압력이 국부적으로 저하되어, 증기나 함유 기체를 포함하는 기포가 발생하는 현상은?

① 폐입 현상

② 공진 현상

③ 캐비테이션 현상

④ 유압유의 열화 촉진 현상

[해설] 공동현상(cavitation)
: 유동하고 있는 작동유의 압력이 국부적으로 저하되어 포화증기압 또는 공기분리압에 달하여 증기를 발생시키거나 용해공기 등이 분리되어 기포를 일으키는 현상을 말하며 이 기포가 흐르면서 터지게 되면 국부적으로 고압이 생겨 소음을 발생시킨다. 이를 방지하기 위해서는 흡입관내의 평균유속이 3.5 m/s 이하가 되도록 한다.

[문제] 77. 다음 중 압력 제어 밸브에 속하지 않는 것은?

① 카운터 밸런스 밸브

② 릴리프 밸브

③ 시퀀스 밸브

④ 체크 밸브

[해설] ① 방향제어밸브 : 체크밸브, 스풀밸브, 감속밸브, 셔틀밸브, 전환밸브
② 압력제어밸브 : 릴리프밸브, 시퀀스밸브, 무부하밸브, 카운터밸런스밸브, 감압밸브
③ 유량제어밸브 : 교축밸브, 유량조절밸브, 분류밸브, 집류밸브, 스톱밸브(정지밸브)

[문제] 78. 유압 속도 제어 회로 중 미터 아웃 회로의 설치 목적과 관계없는 것은?

① 피스톤이 자주할 염려를 제거한다.

② 실린더에 배압을 형성한다.

③ 유압 작동유의 온도를 낮춘다.

④ 실린더에서 유출되는 유량을 제어하여 피스톤 속도를 제어한다.

[해설] · 미터아웃회로(meterout circuit)
: 유량제어밸브를 실린더의 출구측에 설치한 회로로서 실린더에서 유출되는 유량을 제어하여 피스톤 속도를 제어하는 회로이다. 이 경우 펌프의 송출압력은 유량제어밸브에 의한 배압과 부하저항에 의해 결정되며, 미터인회로와 마찬가지로 불필요한 압유는 릴리프밸브를 통하여 탱크로 방출되므로 동력 손실이 크다. 이 회로는 실린더에 배압이 걸리므로 끌어당기는 하중이 작용해도 자주(自走)할 염려는 없다. 따라서 밀링, 보링머신 등에 사용된다.
※ 실린더의 용량을 변화시키는 것은 블리드오프회로이다.

[문제] 79. 필요에 따라 작동 유체의 일부 또는 전량을 분기시키는 관로는?

① 바이패스 관로

② 드레인 관로

③ 통기관로

④ 주관로

[해설] ① 바이패스관로(bypass line) : 필요에 따라 유체의 일부 또는 전량을 분기시키는 관로
② 드레인관로(drain line) : 드레인을 귀환관로 또는 탱크 등으로 연결하는 관로
③ 통기관로(vent line) : 대기로 언제나 개방되어 있는 관로
④ 주관로(main line) : 흡입관로, 압력관로 및 귀환관로를 포함하는 주요관로

[문제] 80. 그림과 같은 유압 기호의 설명이 아닌 것은?

[해답] 76. ③ 77. ④ 78. ③ 79. ① 80. ①

① 유압 펌프를 의미한다.
② 1방향 유동을 나타낸다.
③ 가변 용량형 구조이다.
④ 외부 드레인을 가졌다.

해설 · 명칭 : 유압모터
· 비고 : ① 1방향유동, ② 가변용량형,
③ 조작기구를 특별히 지정하지 않는 경우,
④ 외부드레인, ⑤ 1방향 회전형,
⑥ 양축형

제5과목 기계제작법 및 기계동력학

문제 81. 다음 식과 같은 단순조화운동(simple harmonic motion)에 대한 설명으로 틀린 것은? (단, 변위 x는 시간 t에 대한 함수이고, A, ω, ϕ는 상수이다.)

$$x(t) = A\sin(\omega t + \phi)$$

① 변위와 속도 사이에 위상차가 없다.
② 주기적으로 같은 운동이 반복된다.
③ 가속도의 진폭은 변위의 진폭에 비례한다.
④ 가속도의 주기와 변위의 주기는 동일하다.

해설 변위 $x = A\sin(\omega t + \phi)$
여기서, A : 진폭, ω : 원진동수, ϕ : 위상각
속도 $V = \dot{x} = A\omega\cos(\omega t + \phi)$
가속도 $a = \ddot{x} = -A\omega^2\sin(\omega t + \phi)$

문제 82. 지면으로부터 경사각이 30°인 경사면에 정지된 블록이 미끄러지기 시작하여 10 m/s의 속력이 될 때까지 걸린 시간은 약 몇 초인가? (단, 경사면과 블록과의 동마찰계수는 0.3이라고 한다.)

① 1.42   ② 2.13
③ 2.84   ④ 4.24

해설
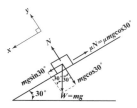

우선, $\sum F_y = N - mg\cos 30° = 0$
$\therefore N = mg\cos 30°$
또한, 병진운동의 운동방정식
$\int_{t_1}^{t_2}\sum F_x dt = m(V_{x2} - V_{x1})$ 에서
$t_1 = 0$, $t_2 = t$, $V_{x1} = 0$이므로
$\sum F_x t = m V_{x2}$
$(mg\sin 30° - \mu mg\cos 30°)t = m V_{x2}$
$\therefore t = \dfrac{V_{x2}}{g\sin 30° - \mu g\cos 30°}$
$= \dfrac{10}{9.8 \times \sin 30° - 0.3 \times 9.8 \times \cos 30°} ≒ 4.24$ 초

문제 83. 물리량에 대한 차원 표시가 틀린 것은? (단, M : 질량, L : 길이, T : 시간)

① 힘 : MLT^{-2}
② 각가속도 : T^{-2}
③ 에너지 : $ML^2 T^{-1}$
④ 선형운동량 : MLT^{-1}

해설 일량, 에너지, 모멘트 = 힘×거리
$= N \cdot m = [FL]$
$= [MLT^{-2}L] = [ML^2 T^{-2}]$

문제 84. A에서 던진 공이 L_1만큼 날아간 후 B에서 튀어 올라 다시 날아간다. B에서의 반발계수를 e라 하면 다시 날아간 거리 L_2는? (단, 공과 바닥 사이에서 마찰은 없다고 가정한다.)

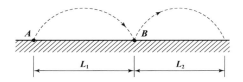

해답 81. ①   82. ④   83. ③   84. ③

① $\dfrac{L_1}{e}$ ② $\dfrac{L_1}{e^2}$

③ eL_1 ④ e^2L_1

해설 B에서 x방향으로 날아간 거리를 $V_x t$라면 V_x는 일정한데 t는 반발계수(e)에 의해 짧아진다. 그런데, t는 y축 속력에 비례하고, 속력 V_{y2}는 eV_{y1}이므로 L_2는 eL_1이 됨을 알 수 있다.

문제 85. 그림과 같은 단진자 운동에서 길이 L이 4배로 늘어나면 진동주기는 약 몇 배로 변하는가? (단, 운동은 단일 평면상에서만 한다고 가정하고, 진동 각변위(θ)는 충분히 작다고 가정한다.)

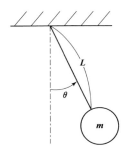

① $\sqrt{2}$ ② 2

③ 4 ④ 16

해설 진동주기 T는

우선, 길이 L일 때 $T_1 = 2\pi\sqrt{\dfrac{L}{g}}$

또한, 길이 $4L$일 때

$$T_2 = 2\pi\sqrt{\dfrac{4L}{g}} = 2 \times 2\pi\sqrt{\dfrac{L}{g}} = 2T_1$$

문제 86. 길이가 L인 가늘고 긴 일정한 단면의 봉이 좌측단에서 핀으로 지지되어 있다. 봉을 그림과 같이 수평으로 정지시킨 후, 이를 놓아서 중력에 의해 회전시킨다면, 봉의 위치가 수직이 되는 순간에 봉의 각속도는?

(단, g는 중력가속도를 나타내고, 핀 부분의 마찰은 무시한다.)

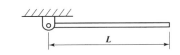

① $\sqrt{\dfrac{g}{L}}$ ② $\sqrt{\dfrac{2g}{L}}$

③ $\sqrt{\dfrac{3g}{L}}$ ④ $\sqrt{\dfrac{5g}{L}}$

해설

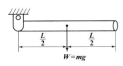

우선, 막대에 작용하는 힘은 막대무게에다 이동한 거리는 $\dfrac{\ell}{2}$이므로 이루어진 중력포텐셜에너지는 $V_g = mg \times \dfrac{\ell}{2}$이다.

또한, 운동에너지는
$$T_1 = 0,$$
$$T_2 = \frac{1}{2}J_A\omega^2 = \frac{1}{2}\left(\frac{m\ell^2}{3}\right)\omega^2 = \frac{m\ell^2}{6}\omega^2$$이다.

따라서, $V_g = T_2$에서
$$mg \times \frac{\ell}{2} = \frac{m\ell^2}{6}\omega^2 \quad \therefore \ \omega = \sqrt{\frac{3g}{\ell}}$$

문제 87. 장력이 100 N 걸려 있는 줄을 모터가 지속적으로 5 m/s의 속력으로 끌어당기고 있다면 사용된 모터의 일률(Power)은 몇 W인가?

① 51 ② 250

③ 350 ④ 500

해설 동력(power, 일률)
  : $H = FV = 100 \times 5$
    $= 500\,\mathrm{N\,m/s}\,(= \mathrm{J/s} = \mathrm{W})$

문제 88. x방향에 대한 운동 방정식이 다음과 같이 나타날 때 이 진동계에서의 감쇠 고유진동수(damped natural frequency)는 약 몇 rad/s 인가?

$$2\ddot{x} + 3\dot{x} + 8x = 0$$

정답 85. ② 86. ③ 87. ④ 88. ②

① 1.35   ② 1.85

③ 2.25   ④ 2.75

해설 운동방정식 $m\ddot{x} + c\dot{x} + kx = 0$에서

$m = 2, \quad c = 3, \quad k = 8$

우선, $\omega_n = \sqrt{\dfrac{k}{m}} = \sqrt{\dfrac{8}{2}} = 2$

또한, $\zeta = \dfrac{C}{2\sqrt{mk}} = \dfrac{3}{2\sqrt{2 \times 8}} = 0.375$

결국, $\omega_{nd} = \omega_n \sqrt{1 - \zeta^2} = 2\sqrt{1 - 0.375^2}$

$\qquad = 1.854\,\mathrm{rad/s}$

문제 **89.** 그림과 같이 반지름이 45 mm인 바퀴가 미끄럼이 없이 왼쪽으로 구르고 있다. 바퀴 중심의 속력은 0.9 m/s로 일정하다고 할 때, 바퀴 끝단의 한 점(A)의 속도(v_A, m/s)와 가속도(a_A, m/s^2)의 크기는?

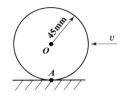

① $v_A = 0, \ a_A = 0$

② $v_A = 0, \ a_A = 18$

③ $v_A = 0.9, \ a_A = 0$

④ $v_A = 0.9, \ a_A = 18$

해설 중심 O에서 속도 $v_o = r_o\omega$에서

$\omega = \dfrac{v_o}{r_o} = \dfrac{0.9}{0.045} = 20\,\mathrm{rad/s}$

우선, $v_A = r_A\omega = 0 \times 20 = 0\,(\mathrm{m/s})$

또한, $a_A = r_A\omega^2 = 0.045 \times 20^2 = 18\,(\mathrm{m/s^2})$

문제 **90.** 회전속도가 2000 rpm인 원심 팬이 있다. 방진고무로 탄성 지지시켜 진동 전달률을 0.3으로 하고자 할 때, 방진고무의 정적 수축량은 약 몇 mm인가?
(단, 방진고무의 감쇠계수는 0으로 가정한다.)

① 0.71   ② 0.97

③ 1.41   ④ 2.20

해설 우선, 전달률 $TR = \dfrac{1}{\gamma^2 - 1}$에서

$\gamma^2 = 1 + \dfrac{1}{TR} = 1 + \dfrac{1}{0.3}$에서 $\quad \gamma = 2.08$

또한, 진동수비 $\gamma = \dfrac{\omega}{\omega_n}$에서

$\omega_n = \dfrac{\omega}{\gamma} = \dfrac{\left(\dfrac{2\pi N}{60}\right)}{\gamma} = \dfrac{\left(\dfrac{2\pi \times 2000}{60}\right)}{2.08} = 100.7\,\mathrm{rad/s}$

결국, $\omega_n = \sqrt{\dfrac{g}{\delta_{st}}}$에서

$\therefore \ \delta_{st} = \dfrac{g}{\omega_n^2} = \dfrac{980}{100.7^2} \fallingdotseq 0.097\,\mathrm{cm} = 0.97\,\mathrm{mm}$

문제 **91.** 강재의 표면에 Si를 침투시키는 방법으로 내식성, 내열성 등을 향상시키는 방법은?

① 브로나이징

② 칼로라이징

③ 크로마이징

④ 실리코나이징

해설 · 금속침투법 : 고온 중에 강의 산화방지법

① 크로마이징 : Cr 침투

② 칼로라이징 : Aℓ 침투

③ 실리콘나이징 : Si 침투

④ 보로나이징 : B 침투

⑤ 세라다이징 : Zn 침투

문제 **92.** 일반적으로 보통 선반의 크기를 표시하는 방법이 아닌 것은?

① 스핀들의 회전속도

② 왕복대 위의 스윙

③ 베드 위의 스윙

④ 주축대와 심압대 양 센터 간 최대거리

해설 · 선반의 크기를 표시하는 방법

① 베드 위의 스윙(공작물의 최대지름)

② 왕복대 상의 스윙

③ 양센터 사이의 최대거리(공작물의 최대길이)

해답 **89.** ②   **90.** ②   **91.** ④   **92.** ①

문제 93. 유성형(planetary type) 내면 연삭기를 사용한 가공으로 가장 적합한 것은?

① 암나사의 연삭

② 호브(hob)의 치형 연삭

③ 블록게이지의 끝마무리 연삭

④ 내연기관 실린더의 내면 연삭

해설 · 내면연삭방식

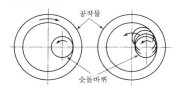

① 공작물 회전형 : 공작물에 회전운동을 주어 연삭하는 방식으로 일반적으로 공작물이 작고, 균형이 잡혀있는 것에 적합하다.

② 공작물 고정형 : 공작물은 고정시키고 숫돌축이 회전운동과 동시에 공전운동을 하는 방식으로 유성형 또는 플래니터리(planetary)형이라고도 한다. 내연기관의 실린더와 같이 대형이고, 균형이 잡히지 않은 것에 적합하며, 바깥지름 연삭도 할 수 있다.

③ 센터리스형 : 특수한 연삭기를 사용하여 공작물을 고정하지 않은 상태에서 연삭하는 방식으로 전용연삭기에 의한 소형, 대량생산에 이용된다.

문제 94. 버니어캘리퍼스의 눈금 24.5 mm를 25 등분한 경우 최소 측정값은 몇 mm인가? (단, 본척의 눈금간격은 0.5 mm이다.)

① 0.01 　　　　② 0.02

③ 0.05 　　　　④ 0.1

해설 최소측정값 $= \dfrac{\text{본척}(= \text{어미자})\text{의 한 눈금}(A)}{\text{등분수}(n)}$

$\qquad = \dfrac{0.5}{25} = \dfrac{1}{50} = 0.02\,\text{mm}$

문제 95. 방전가공(Electro Discharge Machining)에서 전극재료의 구비조건으로 적절하지 않은 것은?

① 기계가공이 쉬울 것

② 가공 속도가 빠를 것

③ 전극소모량이 많을 것

④ 가공 정밀도가 높을 것

해설 · 방전가공식 전극재료의 구비조건

① 기계가공이 쉬울 것

② 안정된 방전이 생길 것

③ 가공정밀도가 높을 것

④ 전극소모가 적을 것

⑤ 구하기 쉽고 값이 저렴할 것

⑥ 절삭, 연삭가공이 쉬울 것

⑦ 가공속도가 빠를 것

문제 96. 렌치, 스패너 등 작은 공구를 단조할 때 다음 중 가장 적합한 것은?

① 로터리 스웨이징　　② 프레스 가공

③ 형 단조　　　　　　④ 자유단조

해설 형단조(die forging)

: 상·하 2개의 단조다이(forging die) 사이에 가열된 소재를 넣고 순간적인 타격이나 높은 압력을 가하여 소재를 단조다이 내부의 형상태로 성형가공하는 방법이다.

용도는 스패너 등 내마모성공구와 자동차의 커넥팅로드, 크랭크샤프트, 차축 등의 성형가공에 이용된다.

문제 97. 용접 시 발생하는 불량(결함)에 해당하지 않는 것은?

① 오버랩　　　　　② 언더컷

③ 콤퍼지션　　　　④ 용입불량

해답 93. ④　94. ②　95. ③　96. ③　97. ③

해설 용접시 발생되는 결함

: 오버랩, 언더컷, 용입불량, 기공, 균열, 슬래그섞임
(혼입)

문제 98. 주물용으로 가장 많이 사용하는 주물사의 주성분은?

① Al_2O_3

② SiO_2

③ MgO

④ FeO_3

해설 주물사의 주성분 : 규사(SiO_2)

문제 99. 지름 400 mm의 롤러를 이용하여, 폭 300 mm, 두께 25 mm의 판재를 열간 압연하여 두께 20 mm가 되었을 때, 압하량과 압하율은?

① 압하량 : 5 mm, 압하율 : 20 %

② 압하량 : 5 mm, 압하율 : 25 %

③ 압하량 : 20 mm, 압하율 : 25 %

④ 압하량 : 100 mm, 압하율 : 20 %

해설 · 압하량 $= H_0 - H_1 = 25 - 20 = 5\,\mathrm{mm}$

· 압하율 $= \dfrac{H_0 - H_1}{H_0} \times 100\,(\%)$

$= \dfrac{25 - 20}{25} \times 100\,(\%) = 20\,\%$

여기서, H_0 : 롤러 통과전 두께

H_1 : 롤러 통과후 두께

문제 100. 절삭유가 갖추어야 할 조건으로 틀린 것은?

① 마찰계수가 적고 인화점이 높을 것

② 냉각성이 우수하고 윤활성이 좋을 것

③ 장시간 사용해도 변질되지 않고 인체에 무해할 것

④ 절삭유의 표면장력이 크고 칩의 생성부에는 침투되지 않을 것

해설 · 절삭유가 갖추어야 할 조건

① 마찰계수가 적고, 유막의 내압력이 높아야 한다.

② 절삭유의 표면장력이 작고, 칩의 발생부(생성부)까지 잘 침투할 수 있어야 한다.

③ 칩분리가 용이하여 회수가 쉬워야 한다.

④ 공작물과 공구에 녹이 슬지 않아야 한다.

⑤ 윤활성, 냉각성, 유동성이 좋아야 한다.

⑥ 화학적으로 안전하고, 위생상 해롭지 않아야 한다.

⑦ 휘발성이 없고, 인화점이 높아야 한다.

⑧ 담색투명하며, 절삭부분이 잘 보여야 한다.

⑨ 가격이 저렴하고, 쉽게 구할 수 있어야 한다.

해답 98. ② 99. ① 100. ④

2020년 제1·2회 통합 일반기계·건설기계설비 기사

제1과목 재료역학

문제 1. 직사각형 단면의 단주에 150 kN 하중이 중심에서 1 m만큼 편심되어 작용할 때 이 부재 BD에서 생기는 최대 압축응력은 약 몇 kPa인가? 【10장】

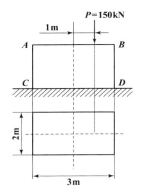

① 25　　　　　　　② 50

③ 75　　　　　　　④ 100

[해설] $\sigma_{BD} = \sigma_{\max} = \sigma' + \sigma'' = \dfrac{P}{A} + \dfrac{M}{Z}$

$= \dfrac{150}{2 \times 3} + \dfrac{150 \times 1}{\left(\dfrac{2 \times 3^2}{6}\right)}$

$= 75 \, \text{kPa}(압축)$

〈참고〉 $\sigma_{AC} = \sigma_{\min} = \sigma' - \sigma'' = \dfrac{P}{A} - \dfrac{M}{Z}$

$= \dfrac{150}{2 \times 3} - \dfrac{150 \times 1}{\left(\dfrac{2 \times 3^2}{6}\right)}$

$= -25 \, \text{kPa} = 25 \, \text{kPa}(인장)$

문제 2. 오일러 공식이 세장비 $\dfrac{\ell}{k} > 100$에 대해 성립한다고 할 때, 양단이 힌지인 원형단면 기

둥에서 오일러 공식이 성립하기 위한 길이 "ℓ"과 지름 "d"와의 관계가 옳은 것은? (단, 단면의 회전반경을 k라 한다.) 【10장】

① $\ell > 4d$

② $\ell > 25d$

③ $\ell > 50d$

④ $\ell > 100d$

[해설] $\lambda = \dfrac{\ell}{K} = \dfrac{\ell}{\sqrt{\dfrac{I}{A}}} = \dfrac{4\ell}{d} > 100$　∴ $\ell > 25d$

문제 3. 원형 봉에 축방향 인장하중 $P = 88$ kN이 작용할 때, 직경의 감소량은 약 몇 mm인가? (단, 봉은 길이 $L = 2$ m, 직경 $d = 40$ mm, 세로탄성계수는 70 GPa, 포아송비 $\mu = 0.3$이다.) 【1장】

① 0.006　　　　　② 0.012

③ 0.018　　　　　④ 0.036

[해설] $\mu = \dfrac{\varepsilon'}{\varepsilon} = \dfrac{\left(\dfrac{\delta}{d}\right)}{\left(\dfrac{P}{AE}\right)} = \dfrac{AE\delta}{dP} = \dfrac{\pi dE\delta}{4P}$ 에서

$\therefore \delta = \dfrac{4P\mu}{\pi dE} = \dfrac{4 \times 88 \times 0.3}{\pi \times 0.04 \times 70 \times 10^6}$

$= 0.012 \times 10^{-3} \, \text{m} = 0.012 \, \text{mm}$

문제 4. 원형단면 축에 147 kW의 동력을 회전수 2000 rpm으로 전달시키고자 한다. 축 지름은 약 몇 cm로 해야 하는가? (단, 허용전단응력은 $\tau_w = 50$ MPa이다.) 【5장】

① 4.2　　　　　　② 4.6

③ 8.5　　　　　　④ 9.9

[정답] 1. ③　2. ②　3. ②　4. ①

[해설] 동력 $P = T\omega = \tau_w Z_p \omega$ 에서

$$147 = 50 \times 10^3 \times \frac{\pi d^3}{16} \times \frac{2\pi \times 2000}{60}$$

$$\therefore d = 0.0415\,\text{m} = 4.15\,\text{cm} \fallingdotseq 4.2\,\text{cm}$$

[문제] **5.** 양단이 고정된 축을 그림과 같이 $m-n$ 단면에서 T만큼 비틀면 고정단 AB에서 생기는 저항 비틀림 모멘트의 비 T_A/T_B는?

【5장】

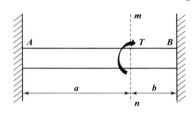

① $\dfrac{b^2}{a^2}$ ② $\dfrac{b}{a}$

③ $\dfrac{a}{b}$ ④ $\dfrac{a^2}{b^2}$

[해설] $T_A = \dfrac{Tb}{a+b}$, $T_B = \dfrac{Ta}{a+b}$ 이므로

$$\therefore T_A/T_B = \frac{b}{a}$$

[문제] **6.** 외팔보의 자유단에 연직 방향으로 10 kN 의 집중 하중이 작용하면 고정단에 생기는 굽힘 응력은 약 몇 MPa인가?

(단, 단면(폭×높이) $b \times h = 10\,\text{cm} \times 15\,\text{cm}$, 길이 1.5 m이다.)

【7장】

① 0.9 ② 5.3

③ 40 ④ 100

[해설] $M = \sigma Z$ 에서

$$\therefore \sigma_{\max} = \frac{M_{\max}}{Z} = \frac{P\ell}{\left(\dfrac{bh^2}{6}\right)} = \frac{6P\ell}{bh^2}$$

$$= \frac{6 \times 10 \times 10^3 \times 1500}{100 \times 150^2} = 40\,\text{N/mm}^2 (= \text{MPa})$$

〈참고〉 $1\,\text{MPa} = 1\,\text{N/mm}^2$

[문제] **7.** 지름 300 mm의 단면을 가진 속이 찬 원형보가 굽힘을 받아 최대 굽힘 응력이 100 MPa이 되었다. 이 단면에 작용한 굽힘 모멘트는 약 몇 kN·m인가?

【7장】

① 265 ② 315

③ 360 ④ 425

[해설] $M_{\max} = \sigma_{\max} Z = 100 \times 10^3 \times \dfrac{\pi \times 0.3^3}{32}$

$$\fallingdotseq 265\,\text{kN} \cdot \text{m}$$

[문제] **8.** 철도 레일의 온도가 50 ℃에서 15 ℃로 떨어졌을 때 레일에 생기는 열응력은 약 몇 MPa인가? (단, 선팽창계수는 0.000012 /℃, 세로 탄성계수는 210 GPa이다.)

【2장】

① 4.41 ② 8.82

③ 44.1 ④ 88.2

[해설] $\sigma = E\alpha\Delta t = 210 \times 10^3 \times 0.000012 \times (50 - 15)$

$$= 88.2\,\text{MPa}$$

[문제] **9.** 그림과 같은 트러스 구조물에서 B점에서 10 kN의 수직 하중을 받으면 BC에 작용하는 힘은 몇 kN인가?

【1장】

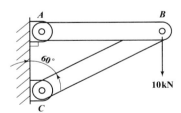

① 20 ② 17.32

③ 10 ④ 8.66

[해설]

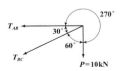

라미의 정리에 의해

$$\frac{T_{AB}}{\sin 60°} = \frac{T_{DC}}{\sin 270°} = \frac{P(=10\,\text{kN})}{\sin 30°}$$

결국, $T_{AB} = 17.32\,\text{kN}$ (인장)

$$T_{DC} = -20\,\text{kN} = 20\,\text{kN}\ (압축)$$

문제 10. 지름 D인 두께가 얇은 링(ring)을 수평면 내에서 회전시킬 때, 링에 생기는 인장응력을 나타내는 식은? (단, 링의 단위 길이에 대한 무게를 W, 링의 원주속도를 V, 링의 단면적을 A, 중력가속도를 g로 한다.) 【2장】

① $\dfrac{WV^2}{DAg}$ ② $\dfrac{WDV^2}{Ag}$

③ $\dfrac{WV^2}{Ag}$ ④ $\dfrac{WV^2}{Dg}$

[해설] 단위길이에 대한 무게 $W = \gamma A$에서

$\gamma = \dfrac{W}{A}$ 이므로 $\therefore \sigma_a = \dfrac{\gamma V^2}{g} = \dfrac{WV^2}{Ag}$

문제 11. 그림의 평면응력상태에서 최대 주응력은 약 몇 MPa인가? (단, $\sigma_x = 175\,\text{MPa}$, $\sigma_y = 35\,\text{MPa}$, $\tau_{xy} = 60\,\text{MPa}$이다.) 【3장】

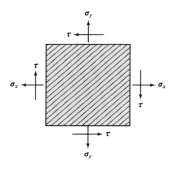

① 92 ② 105

③ 163 ④ 197

[해설] $\sigma_1 = \dfrac{1}{2}(\sigma_x + \sigma_y) + \dfrac{1}{2}\sqrt{(\sigma_x - \sigma_y)^2 + 4\tau_{xy}^2}$

$= \dfrac{1}{2}(175 + 35) + \dfrac{1}{2}\sqrt{(175 - 35)^2 + 4 \times 60^2}$

$= 197.2\,\text{MPa}$

문제 12. 그림과 같이 외팔보의 중앙에 집중하중 P가 작용하는 경우 집중하중 P가 작용하는 지점에서의 처짐은? (단, 보의 굽힘강성 EI는 일정하고, L은 보의 전체의 길이이다.) 【8장】

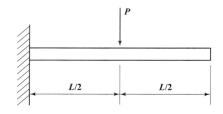

① $\dfrac{PL^3}{3EI}$ ② $\dfrac{PL^3}{24EI}$

③ $\dfrac{PL^3}{8EI}$ ④ $\dfrac{5PL^3}{48EI}$

[해설] $\delta = \dfrac{P\ell^3}{3EI}$ 꼴에서

집중하중 P가 작용하는 지점에서의 처짐은

$$\delta = \frac{P\left(\dfrac{L}{2}\right)^3}{3EI} = \frac{PL^3}{24EI}$$

문제 13. 전체 길이가 L이고, 일단 지지 및 타단 고정 보에서 삼각형 분포하중이 작용할 때, 지지점 A에서의 반력은? (단, 보의 굽힘강성 EI는 일정하다.) 【9장】

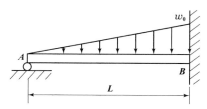

① $\dfrac{1}{2}w_0 L$

② $\dfrac{1}{3}w_0 L$

③ $\dfrac{1}{5}w_0 L$

④ $\dfrac{1}{10}w_0 L$

[해답] **10.** ③ **11.** ④ **12.** ② **13.** ④

해설〉 우선, A점으로부터 임의의 x점에 대한 모멘트 M_x는

$$M_x = R_A x - \frac{1}{2}\left(\frac{w_0 x}{L}\right)x \cdot \frac{x}{3} = R_A x - \frac{w_0 x^3}{6L}$$

또한, 탄성곡선(=처짐곡선)의 미분방정식에서

$$EI\frac{d^2 y}{dx^2} = R_A x - \frac{w_0 x^3}{6L}$$

굽힘강성 EI가 일정하므로 x에 관해서 두 번 적분하면

$$EI\frac{dy}{dx} = EI\theta = \frac{1}{2}R_A x^2 - \frac{w_0 x^4}{24L} + c_1 \cdots\cdots\cdots ①식$$

$$EIy = EI\delta = \frac{1}{6}R_A x^3 - \frac{w_0 x^5}{120L} + c_1 x + c_2 \cdots ②식$$

적분상수 c_1, c_2를 구하기 위한 경계조건은

ⅰ) $x = 0$일 때 $y = \delta = 0$이므로

$$c_2 = 0 \cdots\cdots\cdots\cdots\cdots\cdots\cdots\cdots\cdots ③식$$

ⅱ) $x = L$일 때 $\theta = 0$이므로

$$0 = \frac{1}{2}R_A L^2 - \frac{w_0 L^3}{24} + c_1 \cdots\cdots\cdots\cdots ④식$$

ⅲ) $x = L$일 때 $y = \delta = 0$이므로

$$0 = \frac{1}{6}R_A L^3 - \frac{w_0 L^4}{120} + c_1 L \cdots\cdots\cdots\cdots ⑤식$$

결국, ④식에 L을 곱하고, 이 식으로부터 ⑤식을 빼면

$$\frac{1}{3}R_A L^3 - \frac{1}{30}w_0 L^4 = 0$$

$$\therefore R_A = \frac{1}{10}w_0 L$$

문제 **14.** 동일한 길이와 재질로 만들어진 두 개의 원형단면 축이 있다. 각각의 지름이 d_1, d_2일 때 각 축에 저장되는 변형에너지 u_1, u_2의 비는? (단, 두 축은 모두 비틀림 모멘트 T를 받고 있다.) 【5장】

① $\dfrac{u_1}{u_2} = \left(\dfrac{d_2}{d_1}\right)^4$　　② $\dfrac{u_2}{u_1} = \left(\dfrac{d_2}{d_1}\right)^3$

③ $\dfrac{u_1}{u_2} = \left(\dfrac{d_2}{d_1}\right)^3$　　④ $\dfrac{u_2}{u_1} = \left(\dfrac{d_2}{d_1}\right)^4$

해설〉 $u = \dfrac{1}{2}T\theta = \dfrac{1}{2}T \times \dfrac{T\ell}{GI_P} = \dfrac{T^2\ell}{2GI_P}$

$\qquad = \dfrac{T^2\ell}{2G \times \dfrac{\pi d^4}{32}} = \dfrac{16\,T^2\ell}{G\pi d^4}$ 에서

$u \propto \dfrac{1}{d^4}$ 이므로　$u_1 : u_2 = \dfrac{1}{d_1^4} : \dfrac{1}{d_2^4} = d_2^4 : d_1^4$

결국, $u_1/u_2 = \left(\dfrac{d_2}{d_1}\right)^4$

문제 **15.** 그림과 같은 균일 단면의 돌출보에서 반력 R_A는? (단, 보의 자중은 무시한다.) 【6장】

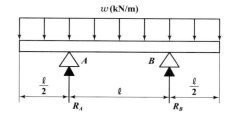

① $w\ell$　　　　　　② $\dfrac{w\ell}{4}$

③ $\dfrac{w\ell}{3}$　　　　　④ $\dfrac{w\ell}{2}$

해설〉 $R_A + R_B = 2w\ell$

$\qquad R_A = R_B$이므로,　결국 $R_A = R_B = w\ell$

문제 **16.** 그림과 같이 양단에서 모멘트가 작용할 경우 A지점의 처짐각 θ_A는? (단, 보의 굽힘 강성 EI는 일정하고, 자중은 무시한다.) 【8장】

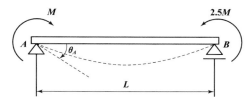

① $\dfrac{ML}{2EI}$　　　　② $\dfrac{2ML}{5EI}$

③ $\dfrac{ML}{6EI}$　　　　④ $\dfrac{3ML}{4EI}$

해설〉 중첩법을 이용하면

우선, $\theta_A = \dfrac{ML}{3EI} + \dfrac{(2.5M)L}{6EI} = \dfrac{4.5ML}{6EI} = \dfrac{3ML}{4EI}$

또한, $\theta_B = \dfrac{ML}{6EI} + \dfrac{(2.5M)L}{3EI} = \dfrac{ML}{EI}$

정답 **14.** ①　**15.** ①　**16.** ④

문제 17. 그림과 같은 빗금 친 단면을 갖는 중공 축이 있다. 이 단면의 O점에 관한 극단면 2차 모멘트는? 【4장】

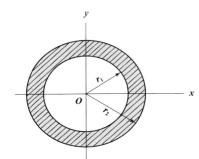

① $\pi(r_2^4 - r_1^4)$ ② $\dfrac{\pi}{2}(r_2^4 - r_1^4)$

③ $\dfrac{\pi}{4}(r_2^4 - r_1^4)$ ④ $\dfrac{\pi}{16}(r_2^4 - r_1^4)$

해설 $I_P = 2I_x = 2I_y = 2 \times \dfrac{\pi(r_2^4 - r_1^4)}{4} = \dfrac{\pi}{2}(r_2^4 - r_1^4)$

문제 18. 그림과 같이 길고 얇은 평판이 평면 변형률 상태로 σ_x를 받고 있을 때, ε_x는? 【1장】

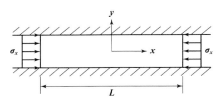

① $\varepsilon_x = \dfrac{1-\nu}{E}\sigma_x$ ② $\varepsilon_x = \dfrac{1+\nu}{E}\sigma_x$

③ $\varepsilon_x = \left(\dfrac{1-\nu^2}{E}\right)\sigma_x$ ④ $\varepsilon_x = \left(\dfrac{1+\nu^2}{E}\right)\sigma_x$

해설 우선, $\varepsilon_x = \dfrac{\sigma_x}{E} - \dfrac{\nu\sigma_y}{E}$ ·················①식

또한, $\varepsilon_y = \dfrac{\sigma_y}{E} - \dfrac{\nu\sigma_x}{E}$에서 $\varepsilon_y = 0$이므로

$\dfrac{\sigma_y}{E} = \dfrac{\nu\sigma_x}{E}$ ⇨ ①식에 대입하면

$\varepsilon_x = \dfrac{\sigma_x}{E} - \nu\left(\dfrac{\nu\sigma_x}{E}\right) = \left(\dfrac{1-\nu^2}{E}\right)\sigma_x$

문제 19. 그림과 같은 단면을 가진 외팔보가 있다. 그 단면의 자유단에 전단력 $V = 40$ kN이 발생한다면 단면 $a-b$ 위에 발생하는 전단응력은 약 몇 MPa인가? 【7장】

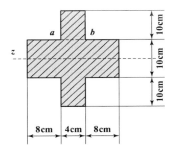

① 4.57

② 4.22

③ 3.87

④ 3.14

해설 $F = V = 40$ kN

$Q = A\bar{y} = 0.04 \times 0.1 \times 0.1 = 0.0004 \text{ m}^3$

$I = \dfrac{0.04 \times 0.3^3}{12} + \dfrac{0.08 \times 0.1^3}{12} \times 2$

$\quad = 10.3333 \times 10^{-5} \text{ m}^4$

결국, $\tau_{ab} = \dfrac{FQ}{bI} = \dfrac{40 \times 10^{-3} \times 0.0004}{0.04 \times 10.3333 \times 10^{-5}}$

$\quad\quad = 3.87 \text{ MPa}$

문제 20. 단면적이 4 cm^2인 강봉에 그림과 같은 하중이 작용하고 있다. $W = 60$ kN, $P = 25$ kN, $\ell = 20$ cm일 때 BC 부분의 변형률 ε은 약 얼마인가? (단, 세로탄성계수는 200 GPa이다.) 【1장】

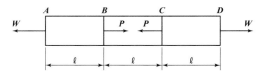

① 0.00043

② 0.0043

③ 0.043

④ 0.43

해답 **17.** ②   **18.** ③   **19.** ③   **20.** ①

해설▶

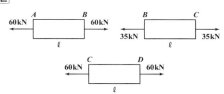

$\lambda = \dfrac{P\ell}{AE}$ 꼴에서

$\lambda_{BC} = \dfrac{35 \times 0.2}{4 \times 10^{-4} \times 200 \times 10^{6}} = 0.0000875\,\mathrm{m}$

결국, $\varepsilon_{BC} = \dfrac{\lambda_{BC}}{\ell} = \dfrac{0.0000875}{0.2} = 0.0004375$

제2과목 기계열역학

문제 21. 압력 1000 kPa, 온도 300 ℃ 상태의 수증기(엔탈피 3051.15 kJ/kg, 엔트로피 7.1228 kJ/kg·K)가 증기터빈으로 들어가서 100 kPa 상태로 나온다. 터빈의 출력 일이 370 kJ/kg일 때 터빈의 효율(%)은? 【7장】

수증기의 포화 상태표			
(압력 100 kPa / 온도 99.62 ℃)			
엔탈피 (kJ/kg)		엔트로피 (kJ/kg·K)	
포화액체	포화증기	포화액체	포화증기
417.44	2675.46	1.3025	7.3593

① 15.6 ② 33.2
③ 66.8 ④ 79.8

해설▶ 우선, 터빈은 단열팽창이므로 $s = \mathrm{constant}$(일정)

따라서, $s = s' + x(s'' - s')$ 에서

$x = \dfrac{s - s'}{s'' - s'} = \dfrac{7.1228 - 1.3025}{7.3593 - 1.3025} = 0.961$

또한, $h_2 = h' + x(h'' - h')$
$\quad = 417.44 + 0.961(2675.46 - 417.44)$
$\quad = 2587.4\,\mathrm{kJ/kg}$

따라서, $_1q_2 = \Delta h = h_1 - h_2 = 3051.15 - 2587.4$
$\quad = 463.75\,\mathrm{kJ/kg}$

결국, $\eta_T = \dfrac{W}{_1q_2} = \dfrac{370}{463.75}$
$\quad = 0.7978 = 79.78\,\% \fallingdotseq 79.8\,\%$

문제 22. 피스톤-실린더 장치에 들어있는 100 kPa, 27 ℃의 공기가 600 kPa까지 가역단열과정으로 압축된다. 비열비가 1.4로 일정하다면 이 과정 동안에 공기가 받은 일(kJ/kg)은? (단, 공기의 기체상수는 0.287 kJ/(kg·K)이다.) 【3장】

① 263.6 ② 171.8
③ 143.5 ④ 116.9

해설▶ $_1w_2 = \dfrac{R}{k-1}(T_1 - T_2) = \dfrac{R}{k-1}T_1\left[1 - \left(\dfrac{T_2}{T_1}\right)\right]$

$\quad = \dfrac{R}{k-1}T_1\left[1 - \left(\dfrac{P_2}{P_1}\right)^{\frac{k-1}{k}}\right]$

$\quad = \dfrac{0.287}{1.4-1} \times (27 + 273) \times \left[1 - \left(\dfrac{600}{100}\right)^{\frac{1.4-1}{1.4}}\right]$

$\quad = -143.9\,\mathrm{kJ/kg}$

결국, $_1w_2 = 143.9\,\mathrm{kJ/kg}$의 일을 공급받았음을 알 수 있다.

문제 23. 다음은 시스템(계)과 경계에 대한 설명이다. 옳은 내용을 모두 고른 것은? 【1장】

가. 검사하기 위하여 선택한 물질의 양이나 공간 내의 영역을 시스템(계)이라 한다. 나. 밀폐계는 일정한 양의 체적으로 구성된다. 다. 고립계의 경계를 통한 에너지 출입은 불가능하다. 라. 경계는 두께가 없으므로 체적을 차지하지 않는다.

① 가, 다
② 나, 라
③ 가, 다, 라
④ 가, 나, 다, 라

해설▶ 밀폐계(closed system)
: 계의 목적이 성취되기 위해서는 반드시 밀폐의 조건이 요구되는 경우의 계로서 계의 경계를 통하여 질량의 유동이 없는 계이다.
일명, 비유동계라 한다.

해답 21. ④ 22. ③ 23. ③

문제 24. 보일러에 온도 40 ℃, 엔탈피 167 kJ/kg 인 물이 공급되어 온도 350 ℃, 엔탈피 3115 kJ/kg인 수증기가 발생한다. 입구와 출구에서의 유속은 각각 5 m/s, 50 m/s이고, 공급되는 물의 양이 2000 kg/h일 때, 보일러에 공급해야 할 열량(kW)은?
(단, 위치에너지 변화는 무시한다.) 【2장】

① 631
② 832
③ 1237
④ 1638

[해설] $_1Q_2 = \overset{0}{\cancel{W_t}} + \dfrac{\dot{m}(w_2^2 - w_1^2)}{2} + \dot{m}(h_2 - h_1)$
$$\qquad\qquad\qquad\qquad + \dot{m}g\overset{0}{\cancel{(Z_2 - Z_1)}}$$
$$= \dfrac{\dfrac{2000}{3600}(50^2 - 5^2)}{2 \times 10^3} + \dfrac{2000}{3600}(3115 - 167)$$
$$= 1638.47\,\text{kW} (= \text{kJ/s})$$
〈참고〉 가역정상류 과정에서 운동 및 위치에너지가 0인 경우의 일을 공업일(W_t)이라 한다.

문제 25. 실린더 내의 공기가 100 kPa, 20 ℃ 상태에서 300 kPa이 될 때까지 가역단열 과정으로 압축된다. 이 과정에서 실린더 내의 계에서 엔트로피의 변화(kJ/(kg·K))는?
(단, 공기의 비열비(k)는 1.4이다.) 【4장】

① −1.35
② 0
③ 1.35
④ 13.5

[해설] 가역단열과정에서는 엔트로피의 변화가 없다. 즉, 등엔트로피($S_1 = S_2$)이다.

문제 26. 초기 압력 100 kPa, 초기 체적 0.1 m³ 인 기체를 버너로 가열하여 기체 체적이 정압 과정으로 0.5 m³이 되었다면 이 과정 동안 시스템이 외부에 한 일(kJ)은? 【2장】

① 10
② 20
③ 30
④ 40

[해설] $_1w_2 = \int_1^2 pdv$에서 정압이므로 $p = c$
$$\therefore\ _1w_2 = p(V_2 - V_1) = 100(0.5 - 0.1) = 40\,\text{kJ}$$

문제 27. 단열된 가스터빈의 입구 측에서 압력 2 MPa, 온도 1200 K인 가스가 유입되어 출구 측에서 압력 100 kPa, 온도 600 K로 유출된다. 5 MW의 출력을 얻기 위해 가스의 질량유량(kg/s)은 얼마이어야 하는가?
(단, 터빈의 효율은 100 %이고, 가스의 정압비열은 1.12 kJ/(kg·K)이다.) 【7장】

① 6.44
② 7.44
③ 8.44
④ 9.44

[해설] 출력 $W_t = \dot{m}\Delta h = \dot{m}C_p\Delta T$에서
$$\therefore\ \dot{m} = \dfrac{W_t}{C_p\Delta T} = \dfrac{5 \times 10^3}{1.12 \times (1200 - 600)} = 7.44\,\text{kg/s}$$

문제 28. 이상적인 냉동사이클에서 응축기 온도가 30 ℃, 증발기 온도가 −10 ℃일 때 성적 계수는? 【9장】

① 4.6
② 5.2
③ 6.6
④ 7.5

[해설] $\varepsilon_r = \dfrac{T_{\mathrm{II}}}{T_1 - T_{\mathrm{II}}} = \dfrac{(-10 + 273)}{(30 + 273) - (-10 + 273)}$
$$= 6.575 \fallingdotseq 6.6$$

문제 29. 1 kW의 전기히터를 이용하여 101 kPa, 15 ℃의 공기로 차 있는 100 m³의 공간을 난방하려고 한다. 이 공간은 견고하고 밀폐되어 있으며 단열되어 있다. 히터를 10분 동안 작동시킨 경우, 이 공간의 최종온도(℃)는?
(단, 공기의 정적비열은 0.718 kJ/kg·K이고, 기체상수는 0.287 kJ/kg·K이다.) 【3장】

① 18.1
② 21.8
③ 25.3
④ 29.4

[해답] 24. ④ 25. ② 26. ④ 27. ② 28. ③ 29. ②

해설〉 우선, $_1Q_2 = 1\,\mathrm{kW} \times 10\,\mathrm{min} = 1\,\mathrm{kJ/s} \times 10 \times 60\,\mathrm{sec}$
$\qquad = 600\,\mathrm{kJ}$

또한, $pV = mRT$에서

$\qquad m = \dfrac{pV}{RT} = \dfrac{101 \times 100}{0.287 \times 288} = 122.19\,\mathrm{kg}$

결국, 정적이므로 $\delta Q = dU + ApdV$에서 $\quad dV = 0$

$\qquad _1Q_2 = m\,C_v\,(T_2 - T_1)$에서

$\qquad 600 = 122.19 \times 0.718 \times (T_2 - 288)$

$\qquad \therefore\ T_2 = 294.8\,\mathrm{K} = 21.8\,℃$

문제 **30.** 용기 안에 있는 유체의 초기 내부에너지는 700 kJ이다. 냉각과정 동안 250 kJ의 열을 잃고, 용기 내에 설치된 회전날개로 유체에 100 kJ의 일을 한다. 최종상태의 유체의 내부에너지 (kJ)는 얼마인가? 【2장】

① 350 　　　　　② 450

③ 550 　　　　　④ 650

해설〉 $_1Q_2 = (U_2 - U_1) + _1W_2$에서

$\quad -250 = (U_2 - 700) - 100 \quad \therefore\ U_2 = 550\,\mathrm{kJ}$

문제 **31.** 랭킨사이클에서 보일러 입구 엔탈피 192.5 kJ/kg, 터빈 입구 엔탈피 3002.5 kJ/kg, 응축기 입구 엔탈피 2361.8 kJ/kg일 때 열효율 (%)은? (단, 펌프의 동력은 무시한다.)【7장】

① 20.3 　　　　　② 22.8

③ 25.7 　　　　　④ 29.5

해설〉 $\eta_R = \dfrac{(h_2 - h_3) - (h_1 - h_4)}{h_2 - h_1}$에서

만약, 펌프일을 무시하면 $h_1 ≒ h_4$이므로

$\quad \therefore\ \eta_R = \dfrac{h_2 - h_3}{h_2 - h_4} = \dfrac{3002.5 - 2361.8}{3002.5 - 192.5}$

$\qquad = 0.228 = 22.8\,\%$

문제 **32.** 공기 10 kg이 압력 200 kPa, 체적 5 m³인 상태에서 압력 400 kPa, 온도 300 ℃인 상태로 변한 경우 최종 체적 (m³)은 얼마인가? (단, 공기의 기체상수는 0.287 kJ/kg·K이다.)
【3장】

---

① 10.7 　　　　　② 8.3

③ 6.8 　　　　　④ 4.1

해설〉 $p_2 V_2 = mRT_2$에서

$\quad \therefore\ V_2 = \dfrac{mRT_2}{p_2} = \dfrac{10 \times 0.287 \times 573}{400} = 4.1\,\mathrm{m}^3$

문제 **33.** 300 L 체적의 진공인 탱크가 25 ℃, 6 MPa의 공기를 공급하는 관에 연결된다. 밸브를 열어 탱크 안의 공기 압력이 5 MPa이 될 때까지 공기를 채우고 밸브를 닫았다. 이 과정이 단열이고 운동에너지와 위치에너지의 변화를 무시한다면 탱크 안의 공기의 온도 (℃)는 얼마가 되는가? (단, 공기의 비열비는 1.4이다.)【3장】

① 1.5 　　　　　② 25.0

③ 84.4 　　　　　④ 144.2

해설〉 유입측에서는 운동에너지가 있고, 유출측에서는 운동에너지가 없다.

따라서, 유입측의 총에너지는 운동에너지까지 고려한 에너지인 엔탈피를 고려하고, 유출측은 운동이 없는 에너지인 내부에너지를 고려하여 에너지 보존의 법칙을 적용한다.

결국, "25 ℃인 기체의 엔탈피($C_p\,dT$)
$\qquad$ =탱크안 기체의 내부에너지($C_v\,dT$)"

즉, $C_p \times 298 = C_v\,T$에서

$\qquad T = \dfrac{C_p}{C_v} \times 298 = k \times 298 = 1.4 \times 298$

$\qquad = 417.2\,\mathrm{K} = 144.2\,℃$

문제 **34.** 열역학적 관점에서 다음 장치들에 대한 설명으로 옳은 것은? 【10장】

① 노즐은 유체를 서서히 낮은 압력으로 팽창하여 속도를 감속시키는 기구이다.

② 디퓨저는 저속의 유체를 가속하는 기구이며 그 결과 유체의 압력이 증가한다.

③ 터빈은 작동유체의 압력을 이용하여 열을 생성하는 회전식 기계이다.

④ 압축기의 목적은 외부에서 유입된 동력을 이용하여 유체의 압력을 높이는 것이다.

해답 **30.** ③ **31.** ② **32.** ④ **33.** ④ **34.** ④

해설 ① 노즐(nozzle) : 단면적의 변화로 열에너지 또는 압력에너지를 운동에너지로 바꾸는 기구이며, 고속의 유체 분류를 내어 운동에너지를 증가 즉, 속도를 증가시키는 것이 목적이다.
② 디퓨저(diffuser) : 속도를 감소시켜 유체의 정압력을 증가시키는 것이 목적이며, 노즐과 방향이 반대인 기구로서 기능도 반대이다. 유체 압축기 등에 많이 이용된다.
③ 터빈(turbine) : 직선운동을 하는 유동으로부터 에너지를 받아 회전력으로 유용한 일로 변환하는 회전식 기계장치이다.

문제 35. 그림과 같은 공기표준 브레이튼(Brayton) 사이클에서 작동유체 1 kg당 터빈 일 (kJ/kg)은? (단, T_1 =300 K, T_2 =475.1 K, T_3 =1100 K, T_4 =694.5 K이고, 공기의 정압비열과 정적비열은 각각 1.0035 kJ/(kg·K), 0.7165 kJ/(kg·K)이다.) 【9장】

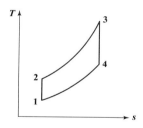

① 290   ② 407
③ 448   ④ 627

해설 $W_T = h_3 - h_4 = C_p(T_3 - T_4)$
$= 1.0035 \times (1100 - 694.5)$
$≒ 407 \, kJ/kg$

문제 36. 다음 중 가장 큰 에너지는? 【1장】

① 100 kW 출력의 엔진이 10시간 동안 한 일
② 발열량 10000 kJ/kg의 연료를 100 kg 연소시켜 나오는 열량
③ 대기압 하에서 10 ℃의 물 10 m³를 90 ℃로 가열하는데 필요한 열량
(단, 물의 비열은 4.2 kJ/(kg · K)이다.)

④ 시속 100 km로 주행하는 총 질량 2000 kg인 자동차의 운동에너지

해설 ① $100 \, kW (= kJ/s) \times 10 \times 3600 \, sec$
$= 3.6 \times 10^6 \, kJ$
② $10000 \, kJ/kg \times 100 \, kg = 1.0 \times 10^6 \, kJ$
③ $1 \ell = 10^{-3} m^3 = 10^3 cm^3 = 1 kg$("물"일 때)이므로
$10 \, m^3 = 10 \times 10^3 \, kg = 10000 \, kg$
결국, $_1Q_2 = mc\Delta t = 10000 \times 4.2 \times (90-1)$
$= 3.36 \times 10^6 \, kJ$
④ $E_K = \frac{1}{2}m V^2 = \frac{1}{2} \times 2000 \times \left(\frac{100 \times 10^3}{3600}\right)^2$
$= 771.6 \times 10^3 N \cdot m (= J) = 771.6 \, kJ$

문제 37. 열역학 제 2법칙에 대한 설명으로 틀린 것은? 【4장】

① 효율이 100 %인 열기관은 얻을 수 없다.
② 제 2종의 영구 기관은 작동 물질의 종류에 따라 가능하다.
③ 열은 스스로 저온의 물질에서 고온의 물질로 이동하지 않는다.
④ 열기관에서 작동 물질이 일을 하게 하려면 그 보다 더 저온인 물질이 필요하다.

해설 ① 제1종 영구기관 : 열효율이 100 % 이상인 기관으로 열역학 제1법칙에 위배
② 제2종 영구기관 : 열효율이 100 %인 기관으로 열역학 제2법칙에 위배

문제 38. 준평형 정적과정을 거치는 시스템에 대한 열전달량은? (단, 운동에너지와 위치에너지의 변화는 무시한다.) 【3장】

① 0이다.
② 이루어진 일량과 같다.
③ 엔탈피 변화량과 같다.
④ 내부에너지 변화량과 같다.

해설 $\delta q = du + Apdv$에서 "정적"이므로 $v = c$
즉, $dv = 0$
결국, $\delta q = du$

정답 35. ②   36. ①   37. ②   38. ④

문제 **39.** 이상기체 1 kg을 300 K, 100 kPa에서 500 K까지 "PV^n=일정"의 과정(n =1.2)을 따라 변화시켰다. 이 기체의 엔트로피 변화량(kJ /K)은? (단, 기체의 비열비는 1.3, 기체상수는 0.287 kJ/(kg·K)이다.) **【4장】**

① -0.244 ② -0.287
③ -0.344 ④ -0.373

해설 $\Delta S = m c_n \ell n \dfrac{T_2}{T_1} = m\left(\dfrac{n-k}{n-1}\right) c_v \ell n \dfrac{T_2}{T_1}$

$= m\left(\dfrac{n-k}{n-1}\right)\left(\dfrac{R}{k-1}\right) \ell n \dfrac{T_2}{T_1}$

$= 1 \times \left(\dfrac{1.2-1.3}{1.2-1}\right) \times \left(\dfrac{0.287}{1.3-1}\right) \times \ell n \dfrac{500}{300}$

$= -0.244 \, \text{kJ/K}$

문제 **40.** 펌프를 사용하여 150 kPa, 26 ℃의 물을 가역단열과정으로 650 kPa까지 변화시킨 경우, 펌프의 일(kJ/kg)은? (단, 26 ℃의 포화액의 비체적은 0.001 m³/kg이다.) **【7장】**

① 0.4 ② 0.5
③ 0.6 ④ 0.7

해설 펌프일 $w_P = v'(p_2 - p_1) = 0.001 \times (650 - 150)$
$= 0.5 \, \text{kJ/kg}$

제3과목 기계유체역학

문제 **41.** 담배연기가 비정상 유동으로 흐를 때 순간적으로 눈에 보이는 담배연기는 다음 중 어떤 것에 해당하는가? **【3장】**

① 유맥선
② 유적선
③ 유선
④ 유선, 유적선, 유맥선 모두에 해당됨

해설 유맥선(streak line) : 공간내의 한점을 지나는 모든 유체입자들의 순간궤적(예) 담배연기)

문제 **42.** 중력가속도 g, 체적유량 Q, 길이 L로 얻을 수 있는 무차원수는? **【7장】**

① $\dfrac{Q}{\sqrt{gL}}$ ② $\dfrac{Q}{\sqrt{gL^3}}$
③ $\dfrac{Q}{\sqrt{gL^5}}$ ④ $Q\sqrt{gL^3}$

해설 단위환산하여 단위가 모두 약분되면 무차원수이다.

문제 **43.** 속도 포텐셜 $\phi = K\theta$인 와류 유동이 있다. 중심에서 반지름 r인 원주에 따른 순환(circulation) 식으로 옳은 것은? (단, K는 상수이다.) **【3장】**

① 0 ② K
③ πK ④ $2\pi K$

해설 우선, $\phi = K\theta$이므로

$\vec{V} = \nabla \phi = \overset{0}{\dfrac{\partial \vec{\phi}}{\partial r}}\vec{i_r} + \dfrac{1}{r} \cdot \dfrac{\partial \phi}{\partial \theta} \vec{i_\theta} = \dfrac{K}{r}\vec{i_\theta}$

결국, 순환 $\Gamma = \oint \vec{V} \cdot dS = \int_0^{2\pi} \dfrac{K}{r}\vec{i_\theta} \cdot rd\theta \vec{i_\theta}$

$= K\int_0^{2\pi} d\theta \, (\because \ \vec{i_\theta} \cdot \vec{i_\theta} = 1)$

$= K[\theta]_0^{2\pi} = 2\pi K$

문제 **44.** 그림과 같이 평행한 두 원판 사이에 점성계수 $\mu = 0.2 \, \text{N·s/m}^2$인 유체가 채워져 있다. 아래판은 정지되어 있고 윗 판은 1800 rpm으로 회전할 때 작용하는 돌림힘은 약 몇 N·m인가? **【1장】**

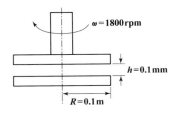

① 9.4 ② 38.3
③ 46.3 ④ 59.2

해답 **39.** ① **40.** ② **41.** ① **42.** ③ **43.** ④ **44.** ④

해설

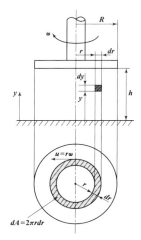

미소 단면적 dA에 작용하는 전단력에 의한 미소 회전토크는

$$dT = dFr = (\tau dA)r = \mu \frac{u}{h} dA \times r$$

$$= \mu \frac{r\omega}{h} \times 2\pi r dr \times r = 2\pi \mu \frac{r^3 \omega}{h} dr$$

$$\therefore \ T = 2\pi \mu \frac{\omega}{h} \int_0^R r^3 dr$$

$$= 2\pi \mu \frac{\omega}{h} \left[\frac{r^4}{4} \right]_0^R = \frac{\pi}{2} \mu \frac{\omega}{h} R^4$$

$$= \frac{\pi}{2} \times 0.2 \times \frac{1}{0.1 \times 10^{-3}} \times \frac{2\pi \times 1800}{60} \times 0.1^4$$

$$= 59.2 \,\mathrm{N \cdot m}$$

문제 45. 평판 위에 점성, 비압축성 유체가 흐르고 있다. 경계층 두께 δ에 대하여 유체의 속도 u의 분포는 아래와 같다. 이때, 경계층 운동량 두께에 대한 식으로 옳은 것은? (단, U는 상류 속도, y는 평판과의 수직거리이다.) 【5장】

$$0 \le y \le \delta : \ \frac{u}{U} = \frac{2y}{\delta} - \left(\frac{y}{\delta} \right)^2$$

$$y > \delta : \ u = U$$

① 0.1δ

② 0.125δ

③ 0.133δ

④ 0.166δ

해설 운동량 두께

$$\delta_m = \int_0^\delta \frac{u}{u_\infty} \left(1 - \frac{u}{u_\infty} \right) dy = \int_0^\delta \left[\frac{u}{u_\infty} - \left(\frac{u}{u_\infty} \right)^2 \right] dy$$

$$= \int_0^\delta \left[\left(\frac{2y}{\delta} - \frac{y^2}{\delta^2} \right) - \left(\frac{2y}{\delta} - \frac{y^2}{\delta^2} \right)^2 \right] dy$$

$$= \int_0^\delta \left(\frac{2y}{\delta} - \frac{y^2}{\delta^2} - \frac{4y^2}{\delta^2} + 2 \times \frac{2y}{\delta} \times \frac{y^2}{\delta^2} - \frac{y^4}{\delta^4} \right) dy$$

$$= \left[\frac{2y^2}{2\delta} - \frac{y^3}{3\delta^2} - \frac{4y^3}{3\delta^2} + \frac{4y^4}{4\delta^3} - \frac{y^5}{5\delta^4} \right]_0^\delta$$

$$= \delta - \frac{\delta}{3} - \frac{4\delta}{3} + \delta - \frac{\delta}{5}$$

$$= \left(1 - \frac{1}{3} - \frac{4}{3} + 1 - \frac{1}{5} \right)\delta$$

$$= 0.133\delta$$

문제 46. 지름이 10 cm인 원통에 물이 담겨져 있다. 수직인 중심축에 대하여 300 rpm의 속도로 원통을 회전시킬 때 수면의 최고점과 최저점의 수직 높이차는 약 몇 cm인가? 【2장】

① 0.126

② 4.2

③ 8.4

④ 12.6

해설 $h_0 = \dfrac{r_0^2 \omega^2}{2g} = \dfrac{5^2 \times \left(\dfrac{2\pi \times 300}{60} \right)^2}{2 \times 980} \fallingdotseq 12.6 \,\mathrm{cm}$

문제 47. 밀도가 $0.84 \,\mathrm{kg/m^3}$이고 압력이 87.6 kPa인 이상기체가 있다. 이 이상기체의 절대온도를 2배 증가시킬 때, 이 기체에서의 음속은 약 몇 m/s인가? (단, 비열비는 1.4이다.) 【9장】

① 280

② 340

③ 540

④ 720

해설 우선, $\rho = \dfrac{p}{RT}$에서

$$T = \frac{p}{\rho R} = \frac{87.6}{0.84 \times 0.287} = 363.36 \,\mathrm{K}$$

절대온도를 2배 증가시키므로

$$T = 363.36 \times 2 = 726.72 \,\mathrm{K}$$

결국, 음속 $a = \sqrt{kRT} = \sqrt{1.4 \times 287 \times 726.72}$

$$\fallingdotseq 540 \,\mathrm{m/s}$$

해답 45. ③ 46. ④ 47. ③

문제 48. 지름 100 mm 관에 글리세린이 9.42 L /min의 유량으로 흐른다. 이 유동은? (단, 글리세린의 비중은 1.26, 점성계수는 $\mu = 2.9 \times 10^{-4}$ kg/m·s이다.) 【5장】

① 난류유동
② 층류유동
③ 천이유동
④ 경계층유동

해설 $Re = \dfrac{\rho Vd}{\mu} = \dfrac{\rho Qd}{\mu A} = \dfrac{\rho Qd}{\mu \times \dfrac{\pi d^2}{4}} = \dfrac{4\rho Q}{\mu \pi d}$

$= \dfrac{4 \times 1260 \times \dfrac{9.42 \times 10^{-3}}{60}}{2.9 \times 10^{-4} \times \pi \times 0.1}$

$= 8685.45 > 2100$

이므로 "난류유동"임을 알 수 있다.

문제 49. 그림과 같이 날카로운 사각 모서리 입출구를 갖는 관로에서 전수두 H는? (단, 관의 길이를 ℓ, 지름은 d, 관 마찰계수는 f, 속도수두는 $\dfrac{V^2}{2g}$이고, 입구 손실계수는 0.5, 출구 손실계수는 1.0이다.) 【6장】

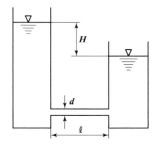

① $H = \left(1.5 + f\dfrac{\ell}{d}\right)\dfrac{V^2}{2g}$

② $H = \left(1 + f\dfrac{\ell}{d}\right)\dfrac{V^2}{2g}$

③ $H = \left(0.5 + f\dfrac{\ell}{d}\right)\dfrac{V^2}{2g}$

④ $H = f\dfrac{\ell}{d}\dfrac{V^2}{2g}$

해설 우선, 양 수면에 베르누이 방정식을 적용하면

$\dfrac{p_1^{\nearrow 0}}{\gamma} + \dfrac{V_1^{\nearrow 0}}{2g} + Z_1 = \dfrac{p_2^{\nearrow 0}}{\gamma} + \dfrac{V_2^{\nearrow 0}}{2g} + Z_2 + h_\ell$에서

$h_\ell = Z_1 - Z_2 = H$임을 알 수 있다.

또한, 돌연축소관에서의 손실수두

$h_{\ell \cdot 1} = K\dfrac{V^2}{2g} = 0.5 \times \dfrac{V^2}{2g}$

관마찰에 의한 손실수두

$h_{\ell \cdot 2} = f\dfrac{\ell}{d} - \dfrac{V_2}{2g}$

돌연확대관에서의 손실수두

$h_{\ell \cdot 2} = K\dfrac{V^2}{2g} = 1 \times \dfrac{V^2}{2g}$

결국, $h_\ell = H = h_{\ell \cdot 1} + h_{\ell \cdot 2} + h_{\ell \cdot 3}$

$= \left(0.5 + f\dfrac{\ell}{d} + 1\right)\dfrac{V^2}{2g} = \left(1.5 + f\dfrac{\ell}{d}\right)\dfrac{V^2}{2g}$

문제 50. 현의 길이가 7 m인 날개의 속력이 500 km/h로 비행할 때 이 날개가 받는 양력이 4200 kN이라고 하면 날개의 폭은 약 몇 m인가? (단, 양력계수 $C_L = 1$, 항력계수 $C_D = 0.02$, 밀도 $\rho = 1.2$ kg/m³이다.) 【5장】

① 51.84
② 63.17
③ 70.99
④ 82.36

해설 양력 $L = C_L\dfrac{\rho V^2}{2}A = C_L\dfrac{\rho V^2}{2} \times (b\ell)$에서

$4200 \times 10^3 = 1 \times \dfrac{1.2 \times \left(\dfrac{500 \times 10^3}{3600}\right)^2}{2} \times b \times 7$

$\therefore b = 51.84$ m

문제 51. 길이 150 m인 배를 길이 10 m인 모형으로 조파 저항에 관한 실험을 하고자 한다. 실형의 배가 70 km/h로 움직인다면, 실형과 모형 사이의 역학적 상사를 만족하기 위한 모형의 속도는 약 몇 km/h인가? 【7장】

① 271   ② 56
③ 18   ④ 10

정답 48. ①   49. ①   50. ①   51. ③

해설 "배"는 프루우드수가 상사되어야 하므로

$$(Fr)_P = (Fr)_m \quad 즉, \left(\frac{V}{\sqrt{g\ell}}\right)_P = \left(\frac{V}{\sqrt{g\ell}}\right)_m$$

$$\frac{70}{\sqrt{150}} = \frac{V_m}{\sqrt{10}} \quad \therefore \ V_m = 18\,\text{km/h}$$

문제 **52.** 그림과 같이 물이 유량 Q로 저수조로 들어가고, 속도 $V = \sqrt{2gh}$ 로 저수조 바닥에 있는 면적 A_2의 구멍을 통하여 나간다. 저수조의 수면 높이가 변화하는 속도 $\dfrac{dh}{dt}$ 는? 【3장】

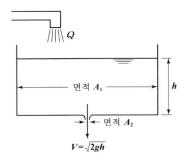

① $\dfrac{Q}{A_2}$

② $\dfrac{A_2\sqrt{2gh}}{A_1}$

③ $\dfrac{Q - A_2\sqrt{2gh}}{A_2}$

④ $\dfrac{Q - A_2\sqrt{2gh}}{A_1}$

해설 우선, 실제 저수조의 유량은 출구로 빠져나가는 유량과 저수조로 들어오는 유량의 차이임을 알 수 있다.

즉, $A_2V_2 - Q = A_2\sqrt{2gh} - Q$ ·················①식

또한, 수면의 높이는 시간 t에 따라 감소됨을 알 수 있다.

즉, $A_1V_1 = A_1\left(-\dfrac{dh}{dt}\right)$ ·····················②식

결국, ①=②식에서

$$A_2\sqrt{2gh} - Q = A_1\left(-\frac{dh}{dt}\right)$$

$$\therefore \ \frac{dh}{dt} = \frac{Q - A_2\sqrt{2gh}}{A_1}$$

문제 **53.** 그림과 같이 오일이 흐르는 수평관로 두 지점의 압력차 $p_1 - p_2$를 측정하기 위하여 오리피스와 수은을 넣은 U자관을 설치하였다. $p_1 - p_2$로 옳은 것은? (단, 오일의 비중량은 γ_{oil} 이며, 수은의 비중량은 γ_{Hg}이다.) 【2장】

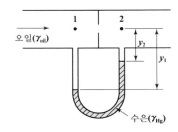

① $(y_1 - y_2)(\gamma_{\text{Hg}} - \gamma_{\text{oil}})$

② $y_2(\gamma_{\text{Hg}} - \gamma_{\text{oil}})$

③ $y_1(\gamma_{\text{Hg}} - \gamma_{\text{oil}})$

④ $(y_1 - y_2)(\gamma_{\text{oil}} - \gamma_{\text{Hg}})$

해설 $p_1 + \gamma_{\text{oil}} y_1 - \gamma_{\text{Hg}}(y_1 - y_2) - \gamma_{\text{oil}} y_2 = p_2$

$\therefore \ p_1 - p_2 = \gamma_{\text{Hg}}(y_1 - y_2) - \gamma_{\text{oil}}(y_1 - y_2)$

$\qquad\qquad = (y_1 - y_2)(\gamma_{\text{Hg}} - \gamma_{\text{oil}})$

문제 **54.** 그림과 같이 비중이 1.3인 유체 위에 깊이 1.1 m로 물이 채워져 있을 때, 직경 5 cm 의 탱크 출구로 나오는 유체의 평균속도는 약 몇 m/s인가? (단, 탱크의 크기는 충분히 크고 마찰손실은 무시한다.) 【3장】

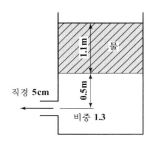

① 3.9

② 5.1

③ 7.2

④ 7.7

해설 비중 1.3인 유체의 평균속도를 구하기 위해서는 물의 높이를 비중 1.3인 유체의 높이로 환산하면 상당깊이 $h_e = \dfrac{1.1\,\mathrm{m}}{1.3} = 0.846\,\mathrm{m}$ 이다.

즉, $h_e = 0.846\,\mathrm{m}$ 이므로 비중 1.3인 유체의 높이로 환산한 값은 다음과 같다.

$$h = 0.5 + h_e = 0.5 + 0.846 = 1.346\,\mathrm{m}$$

따라서, 유체의 속도 V 는

$$\therefore V = \sqrt{2gh} = \sqrt{2 \times 9.8 \times 1.346} = 5.1\,\mathrm{m/s}$$

문제 55. 그림과 같이 폭이 2 m인 수문 ABC 가 A점에서 힌지로 연결되어 있다. 그림과 같이 수문이 고정될 때 수평인 케이블 CD에 걸리는 장력은 약 몇 kN인가?
(단, 수문의 무게는 무시한다.) **【2장】**

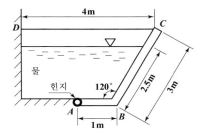

① 38.3　　　　② 35.4
③ 25.2　　　　④ 22.9

해설
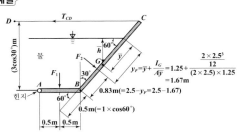

우선, $F_1 = \gamma h A = 9.8 \times 2.5\cos 30° \times (2 \times 1)$
$= 42.44\,\mathrm{kN}$

또한, $F_2 = \gamma \bar{h} A = \gamma \bar{y} \sin 60° A$
$= 9.8 \times 1.25 \times \sin 60° \times (2 \times 2.5) = 53\,\mathrm{kN}$

결국, $\sum M_A = 0$
$T_{CD} \times 3\cos 30° = F_1 \times 0.5 + F_2(0.83 + 0.5)$
$= (42.44 \times 0.5) + 53(0.83 + 0.5)$
$\therefore T_{CD} = 35.3\,\mathrm{kN}$

문제 56. 관로의 전 손실수두가 10 m인 펌프로부터 21 m 지하에 있는 물을 지상 25 m의 송출 액면에 10 m³/min의 유량으로 수송할 때 축동력이 124.5 kW이다. 이 펌프의 효율은 약 얼마인가? **【3장】**

① 0.70　　　　② 0.73
③ 0.76　　　　④ 0.80

해설 동력 $P = \dfrac{\gamma Q H}{\eta_P}$ 에서

$$\therefore \eta_P = \frac{\gamma Q H}{P} = \frac{9.8 \times \dfrac{10}{60} \times 56}{124.5}$$
$$= 0.7346 = 0.73$$
단, $H = 10\,\mathrm{m} + 21\,\mathrm{m} + 25\,\mathrm{m} = 56\,\mathrm{m}$

문제 57. 모세관을 이용한 점도계에서 원형관 내의 유동은 비압축성 뉴턴 유체의 층류유동으로 가정할 수 있다. 원형관의 입구 측과 출구 측의 압력차를 2배로 늘렸을 때, 동일한 유체의 유량은 몇 배가 되는가? **【5장】**

① 2배　　　　② 4배
③ 8배　　　　④ 16배

해설 $Q = \dfrac{\Delta p \pi d^4}{128 \mu \ell}$ 에서 $Q \propto \Delta p$ 이므로 Δp 가 2배임을 Q 도 2배임을 알 수 있다.

문제 58. 다음 유체역학적 양 중 질량차원을 포함하지 않는 양은 어느 것인가?
(단, MLT 기본차원을 기준으로 한다.) **【2장】**

① 압력　　　　② 동점성계수
③ 모멘트　　　　④ 점성계수

해설 ① 압력 $= \mathrm{N/m^2} = [\mathrm{FL^{-2}}] = [\mathrm{MLT^{-2}L^{-2}}]$
　　　　　$= [\mathrm{ML^{-1}T^{-2}}]$
② 동점성계수 $= \mathrm{m^2/S} = [\mathrm{L^2 T^{-1}}]$
③ 모멘트 $= \mathrm{N \cdot m} = [\mathrm{FL}] = [\mathrm{MLT^{-2}L}] = [\mathrm{ML^2 T^{-2}}]$
④ 점성계수 $= \mathrm{N \cdot S/m^2} = [\mathrm{FL^{-2}T}]$
　　　　　$= [\mathrm{MLT^{-2}L^{-2}T}] = [\mathrm{ML^{-1}T^{-1}}]$

해답 55. ②　　56. ②　　57. ①　　58. ②

문제 59. 그림과 같이 속도가 V인 유체가 속도 U로 움직이는 곡면에 부딪혀 90°의 각도로 유동방향이 바뀐다. 다음 중 유체가 곡면에 가하는 힘의 수평방향 성분 크기가 가장 큰 것은? (단, 유체의 유동단면적은 일정하다.) 【4장】

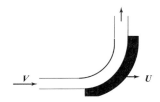

① $V=10\,\text{m/s}$, $U=5\,\text{m/s}$
② $V=20\,\text{m/s}$, $U=15\,\text{m/s}$
③ $V=10\,\text{m/s}$, $U=4\,\text{m/s}$
④ $V=25\,\text{m/s}$, $U=20\,\text{m/s}$

해설 $F_x = \rho Q (V - U)(1 - \cos\theta)$
$\qquad = \rho A (V - U)^2 (1 - \cos\theta)$
에서 $(V - U)$값이 클수록 F_x값이 크다는 것을 알 수 있다.
따라서, $V = 10\,\text{m/s}$, $U = 4\,\text{m/s}$일 때
$\qquad V - U = 10 - 4 = 6\,\text{m/s}$로서 가장 크다.

문제 60. 피에조미터관에 대한 설명으로 틀린 것은? 【10장】
① 계기유체가 필요 없다.
② U자관에 비해 구조가 단순하다.
③ 기체의 압력 측정에 사용할 수 있다.
④ 대기압 이상의 압력 측정에 사용할 수 있다.

해설 피에조미터(piezometer)
: 매끄러운 표면에 수직하게 작은 구멍을 뚫어 액주계와 연결하여 액주계의 높이로 정압을 측정한다.

제4과목 기계재료 및 유압기기

문제 61. 배빗메탈(babbit metal)에 관한 설명으로 옳은 것은?

① $Sn-Sb-Cu$계 합금으로서 베어링재료로 사용된다.
② $Cu-Ni-Si$계 합금으로서 도전율이 좋으므로 강력 도전 재료로 이용된다.
③ $Zn-Cu-Ti$계 합금으로서 강도가 현저히 개선된 경화형 합금이다.
④ $Al-Cu-Mg$계 합금으로서 상온시효처리하여 기계적 성질을 개선시킨 합금이다.

해설 배빗메탈(babbit metal)
: 주석계 화이트메탈로서 Sn을 주성분으로 하여 여기에 Cu와 Sb, Zn을 넣은 것이다.
즉, $Sn-Cu-Sb$(안티몬)$-Zn$계 합금이다.

문제 62. 담금질한 공석강의 냉각 곡선에서 시편을 20℃의 물 속에 넣었을 때 ㉮와 같은 곡선을 나타낼 때의 조직은?

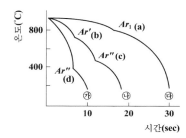

① 펄라이트
② 오스테나이트
③ 마텐자이트
④ 베이나이트+펄라이트

해설 Ar'변태 : 오스테나이트 → 트루스타이트
Ar''변태 : 오스테나이트 → 마텐자이트

문제 63. 고강도 합금으로써 항공기용 재료에 사용되는 것은?
① 베릴륨 동
② Naval brass
③ 알루미늄 청동
④ Extra Super Duralumin

해답 59. ③ 60. ③ 61. ① 62. ③ 63. ④

해설 초초 두랄루민(Extra Super Duralumin, ESD)
: $A\ell-Cu-Mg-Mn-Zn-Cr$계 합금으로 주로 항공기용 재료로 사용된다.

문제 64. 플라스틱 재료의 일반적인 특징으로 옳은 것은?

① 내구성이 매우 높다.
② 완충성이 매우 낮다.
③ 자기 윤활성이 거의 없다.
④ 복합화에 의한 재질의 개량이 가능하다.

해설 ·플라스틱 재료의 일반적 특징
① 완충성이 크다.
② 성형성이 우수하다.
③ 자기 윤활성이 풍부하다.
④ 내식성은 우수하나 내구성은 낮다.
※ 내구성 : 물질이 원래의 상태에서 변질되거나 변형됨이 없이 오래 견디는 성질

문제 65. 고 Mn강(hadfield steel)에 대한 설명으로 옳은 것은?

① 고온에서 서냉하면 M_3C가 석출하여 취약해진다.
② 소성 변형 중 가공경화성이 없으며, 인장강도가 낮다.
③ 1200 ℃ 부근에서 급랭하여 마텐자이트 단상으로 하는 수인법을 이용한다.
④ 열전도성이 좋고 팽창계수가 작아 열변형을 일으키지 않는다.

해설 고 망간강 : 일명, 하드필드강(hardifield)이라고 하고, 오스테나이트 조직이며 Mn 10~14 %이다. 용도는 내마멸성이 우수하고 경도가 크므로 각종 광산기계, 기차레일의 교차점 재료로 사용한다.

문제 66. 현미경 조직 검사를 실시하기 위한 철강용 부식제로 옳은 것은?

① 왕수
② 질산 용액
③ 나이탈 용액
④ 염화제2철 용액

해설 문제오류로 2017년 제4회－62번에서 "전항정답"으로 했음
※ 현미경 조직 검사를 할 때 부식제(＝부식액)
① 철강 : 질산알콜, 피크린산 알콜용액
② 구리와 그 합금 : 드리드씨액(염화제2철＋진한 염산＋물)
③ 니켈과 그 합금 : 질산, 초산용액
④ 알루미늄과 그 합금 : 수산화나트륨용액, 불화 수소산(플루오르화수소산)용액

문제 67. 고용체합금의 시효경화를 위한 조건으로서 옳은 것은?

① 급냉에 의해 제2상의 석출이 잘 이루어져야 한다.
② 고용체의 용해도 한계가 온도가 낮아짐에 따라 증가해야만 한다.
③ 기지상은 단단하여야 하며, 석출물은 연한 상이어야 한다.
④ 최대 강도 및 경도를 얻기 위해서는 기지 조직과 정합상태를 이루어야만 한다.

해설 시효경화(Age hardening)
: 어느 종류의 금속이나 합금은 가공경화한 직후부터 시간의 경과와 더불어 기계적 성질이 변화하나 나중에는 일정한 값을 나타내는 현상으로 강철, 황동, 두랄루민 등은 시효경화를 일으키기 쉬운 재료이다.

문제 68. 상온의 금속(Fe)을 가열하였을 때 체심입방격자에서 면심입방격자로 변하는 점은?

① A_0변태점
② A_2변태점
③ A_3변태점
④ A_4변태점

해설 ① A_0변태점 : 210 ℃, 시멘타이트의 자기변태점
② A_1변태점 : 723 ℃, 강에만 있고, 순철에는 없다.
③ A_2변태점 : 순철인 경우는 768 ℃, 강인 경우는 770 ℃, 자기변태점, 퀴리점
④ A_3변태점 : 912 ℃, 동소변태점, 체심입방격자에서 면심입방격자로 변함
⑤ A_4변태점 : 1400 ℃, 동소변태점, 면심입방격자에서 체심입방격자로 변함

해답 **64.** ④ **65.** ① **66.** 모두정답 **67.** ④ **68.** ③

문제 69. 스테인리스강을 조직에 따라 분류할 때의 기준 조직이 아닌 것은?

① 페라이트계
② 마텐자이트계
③ 시멘타이트계
④ 오스테나이트계

해설 ・스테인리스강(stainless steel)
: 탄소공구강+Ni 또는 Cr을 다량 함유
<금속조직상 분류>
① 페라이트계(Cr계 스테인리스강)
② 마텐자이트계(Cr계 스테인리스강)
③ 오스테나이트계(Cr-Ni계 스테인리스강)

문제 70. 항온 열처리 방법에 해당하는 것은?

① 뜨임(tempering)
② 어닐링(annealing)
③ 마퀜칭(marquenching)
④ 노멀라이징(normalizing)

해설 항온열처리 방법
: 항온담금질(오스템퍼링, 마템퍼링, 마퀜칭, M_S퀜칭), 항온풀림, 항온뜨임, 오스포밍

문제 71. 유체 토크 컨버터의 주요 구성 요소가 아닌 것은?

① 펌프
② 터빈
③ 스테이터
④ 릴리프 밸브

해설 유체 토크 컨버터
: 토크를 변환하여 동력을 전달하는 장치로 유체이음과 비슷하나 펌프날개차, 터빈날개차, 정지스테이터 등으로 구성된다.

문제 72. 유압 장치의 특징으로 적절하지 않은 것은?

① 원격 제어가 가능하다.
② 소형 장치로 큰 출력을 얻을 수 있다.
③ 먼지나 이물질에 의한 고장의 우려가 없다.
④ 오일에 기포가 섞여 작동이 불량할 수 있다.

해설 ・유압장치의 특징
① 장점
㉠ 입력에 대한 출력의 응답이 빠르다.
㉡ 유량의 조절을 통해 무단변속이 가능하다.
㉢ 소형장치로 큰 출력을 얻을 수 있다.
㉣ 제어가 쉽고 조작이 간단하다.
㉤ 자동제어 및 원격제어가 가능하다.
㉥ 방청과 윤활이 자동적으로 이루어진다.
㉦ 수동 또는 자동으로 조작할 수 있다.
㉧ 각종제어밸브에 의한 압력, 유량, 방향 등의 제어가 간단하다.
㉨ 과부하에 대해서 안전장치로 만드는 것이 용이하다.
㉩ 에너지의 축적이 가능하다.
② 단점
㉠ 유온의 영향을 받으면 점도가 변하여 출력효율이 변화하기도 한다.
㉡ 고압에서 누유의 위험이 있다.
㉢ 기름 속에 공기가 포함되면 압축성이 커져서 유압장치의 동작이 불량해진다.
㉣ 인화의 위험이 있다.
㉤ 전기회로에 비해 구성작업이 어렵다.
㉥ 먼지나 이물질에 의한 고장의 우려가 있다.
㉦ 공기압보다 작동속도가 떨어진다.

문제 73. 채터링 현상에 대한 설명으로 적절하지 않은 것은?

① 소음을 수반한다.
② 일종의 자려 진동현상이다.
③ 감압 밸브, 릴리프 밸브 등에서 발생한다.
④ 압력, 속도 변화에 의한 것이 아닌 스프링의 강성에 의한 것이다.

해설 채터링(chattering) 현상
: 스프링에 의해 작동되는 릴리프밸브에 발생되기 쉬우며, 밸브시트를 두들겨서 비교적 높은 음을 발생시키는 일종의 자려진동현상을 말한다.

해답 69. ③ 70. ③ 71. ④ 72. ③ 73. ④

문제 74. 그림의 유압 회로도에서 ①의 밸브 명칭으로 옳은 것은?

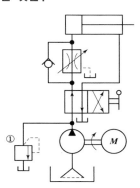

① 스톱 밸브   ② 릴리프 밸브
③ 무부하 밸브   ④ 카운터 밸런스 밸브

해설 · 미터인회로

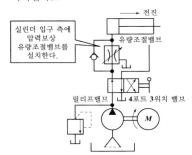

문제 75. 압력 제어 밸브의 종류가 아닌 것은?

① 체크 밸브   ② 감압 밸브
③ 릴리프 밸브   ④ 카운터 밸런스 밸브

해설 · 유압제어밸브의 종류

압력제어밸브	릴리프밸브, 시퀀스밸브, 감압밸브, 무부하밸브, 카운터밸런스밸브, 압력스위치, 유체퓨즈, 안전밸브, 에스케이프밸브
방향제어밸브	체크밸브, 셔틀밸브, 감속밸브, 스풀밸브, 전환밸브, 포핏밸브
유량제어밸브	교축밸브(스로틀밸브), 유량조절밸브(압력보상), 바이패스유량제어밸브, 유량분류밸브, 집류밸브정지밸브(스톱밸브)

문제 76. 유압유의 구비조건으로 적절하지 않은 것은?

① 압축성이어야 한다.
② 점도 지수가 커야 한다.
③ 열을 방출시킬 수 있어야 한다.
④ 기름중의 공기를 분리시킬 수 있어야 한다.

해설 · 유압작동유의 구비조건
① 비압축성이어야 한다.
(동력전달 확실성 요구 때문)
② 장치의 운전온도범위에서 회로내를 유연하게 유동할 수 있는 적절한 점도가 유지되어야 한다.
(동력손실 방지, 운동부의 마모방지, 누유방지 등을 위해)
③ 장시간 사용하여도 화학적으로 안정하여야 한다.
(노화현상)
④ 녹이나 부식 발생 등이 방지되어야 한다.
(산화안정성)
⑤ 열을 방출시킬 수 있어야 한다. (방열성)
⑥ 외부로부터 침입한 불순물을 침전분리시킬 수 있고, 또 기름 중의 공기를 속히 분리시킬 수 있어야 한다.

문제 77. 그림과 같은 유압 기호의 명칭은?

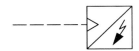

① 경음기   ② 소음기
③ 리밋 스위치   ④ 아날로그 변환기

해설

명 칭	기 호
압력 스위치	
리밋 스위치	
아날로그 변환기	
소음기	
경음기	
마그넷 세퍼레이터	

문제 78. 펌프에 대한 설명으로 틀린 것은?

① 피스톤 펌프는 피스톤을 경사판, 캠, 크랭크 등에 의해서 왕복 운동시켜, 액체를 흡입 쪽에서 토출 쪽으로 밀어내는 형식의 펌프이다.

② 레이디얼 피스톤 펌프는 피스톤의 왕복 운동 방향이 구동축에 거의 직각인 피스톤 펌프이다.

③ 기어 펌프는 케이싱 내에 물리는 2개 이상의 기어에 의해 액체를 흡입 쪽에서 토출 쪽으로 밀어내는 형식의 펌프이다.

④ 터보 펌프는 덮개차를 케이싱 외에 회전시켜, 액체로부터 운동 에너지를 뺏어 액체를 토출하는 형식의 펌프이다.

[해설] 터보펌프(turbo pump) : 날개차의 회전에 의하여 운동에너지가 압력에너지로 변환하여 작동하는 펌프이다. 토출량이 크고, 낮은 점도 액체용이며, 저양정 시동시 물이 필요한 단점이 있다.

문제 79. 미터 아웃 회로에 대한 설명으로 틀린 것은?

① 피스톤 속도를 제어하는 회로이다.

② 유량 제어 밸브를 실린더의 입구측에 설치한 회로이다.

③ 기본형은 부하변동이 심한 공작기계의 이송에 사용된다.

④ 실린더에 배압이 걸리므로 끌어당기는 하중이 작용해도 자주 할 염려가 없다.

[해설] · 미터아웃회로(meterout circuit)

: 유량제어밸브를 실린더의 출구측에 설치한 회로로서 실린더에서 유출되는 유량은 제어하여 피스톤속도를 제어하는 회로이다. 이 경우 펌프의 송출압력은 유량제어밸브에 의한 배압과 부하저항에 의해 결정되며, 미터인회로와 마찬가지로 불필요한 압유는 릴리프밸브를 통하여 탱크로 방출되므로 동력손실이 크다. 이 회로는 실린더에 배압이 걸리므로 끌어당기는 하중이 작용해도 자주(自走)할 염려는 없다. 따라서 밀링, 보링머신 등에 사용된다.

※ 실린더의 용량을 변화시키는 것은 블리드오프회로이다.

문제 80. 유압 실린더 취급 및 설계 시 주의사항으로 적절하지 않은 것은?

① 적당한 위치에 공기구멍을 장치한다.

② 쿠션 장치인 쿠션 밸브는 감속범위의 조정용으로 사용된다.

③ 쿠션 장치인 쿠션링은 헤드 엔드축에 흐르는 오일을 촉진한다.

④ 원칙적으로 더스트 와이퍼를 연결해야 한다.

[해설] · 유압실린더 취급 및 설계시 주의사항

① 피스톤이 실린더 양단부에 도달하여도 실린더 튜브내에 유압이 걸리게 할 수 있고, 피스톤의 구동에 지장이 없도록 한다.
또한, 피스톤 행정의 양단에는 필요하다면 쿠션기구를 부착한다.
   ㉠ 쿠션링 : 로드 엔드축에 흐르는 오일을 폐지한다.
   ㉡ 쿠션플런저 : 헤드 엔드축에 흐르는 오일을 폐지한다.
   ㉢ 쿠션밸브 : 감속범위의 조정용으로 사용된다.

② 유압실린더를 가볍게 만들기 위해서는 강 대신 양극 산화알루미늄의 실린더와 피스톤 로드를 사용하면 좋다.

③ 하중이 주로 축방향에 걸리는 경우에는 축받이의 길이는 피스톤로드 지름의 약 1.5배 정도가 적당한 것으로 되어 있다.

④ 유압실린더의 전 압축에서 전 인장까지의 과정 중 작용압력이 크게 변화하고 지름이 방향의 굽힘이 문제가 되지 않는 경우에는 압력변화에 따라서 실린더튜브 외벽에 테이퍼를 준다.

⑤ 실린더 안지름 및 봉지름의 결정에 있어서는 규격화된 실린더 튜브재가 실을 사용할 수 있도록 배려하는 것이 좋다.

⑥ 적당한 위치에 공기구멍을 장치한다.

⑦ 원칙적으로 더스트와이퍼를 연결해야 한다.

제5과목 기계제작법 및 기계동력학

문제 81. 다음 중 계의 고유진동수에 영향을 미치지 않는 것은?

[해답] **78.** ④ **79.** ② **80.** ③ **81.** ①

① 계의 초기조건
② 진동물체의 질량
③ 계의 스프링 계수
④ 계를 형성하는 재료의 탄성계수

[해설] 고유진동수 $f_n = \dfrac{\omega_n}{2\pi} = \dfrac{1}{2\pi}\sqrt{\dfrac{k}{m}} = \dfrac{1}{2\pi}\sqrt{\dfrac{g}{\delta_{st}}}$

여기서, ω_n : 고유각진동수(=고유원진동수),
m : 질량, k : 스프링상수,
g : 중력가속도, δ_{st} : 정적처짐량

또한, 관성과 탄성은 진동계의 2대요소이며, 탄성이 없으면 복원할 수 없고, 탄성이 클수록 진동수가 큰 즉, 빠른 진동이 되고, 관성이 클수록 진동수가 작은 느린 진동이 된다.

[문제] 82. 엔진(질량 m)의 진동이 공장 바닥에 직접 전달될 때 바닥에 힘이 $F_0\sin\omega t$로 전달된다. 이때 전달되는 힘을 감소시키기 위해 엔진과 바닥 사이에 스프링(스프링상수 k)과 댐프(감쇠계수 c)를 달았다. 이를 위해 진동계의 고유진동수(ω_n)와 외력의 진동수(ω)는 어떤 관계를 가져야 하는가?

(단, $\omega_n = \sqrt{\dfrac{k}{m}}$ 이고, t는 시간을 의미한다.)

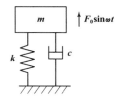

① $\omega_n > \omega$
② $\omega_n < 2\omega$
③ $\omega_n < \dfrac{\omega}{\sqrt{2}}$
④ $\omega_n > \dfrac{\omega}{\sqrt{2}}$

[해설] 전달률(TR)은 진동수비(γ)가 $\gamma = \dfrac{\omega}{\omega_n} > \sqrt{2}$ 일 때 1보다 작다.

결국, $\omega_n < \dfrac{\omega}{\sqrt{2}}$

∴ 진동절연이 되려면 $TR < 1$

즉, $\gamma = \dfrac{\omega}{\omega_n} > \sqrt{2}$ 이어야 한다.

[문제] 83. 스프링상수가 20 N/cm와 30 N/cm인 두 개의 스프링을 직렬로 연결했을 때 등가스프링 상수 값은 몇 N/cm인가?

① 10
② 12
③ 25
④ 50

[해설] $\dfrac{1}{k_e} = \dfrac{1}{k_1} + \dfrac{1}{k_2} = \dfrac{k_1 + k_2}{k_1 \cdot k_2}$ 에서

∴ $k_e = \dfrac{k_1 \cdot k_2}{k_1 + k_2} = \dfrac{20 \times 30}{20 + 30} = 12\,\text{N/cm}$

[문제] 84. 그림과 같이 질량이 10 kg인 봉의 끝단이 홈을 따라 움직이는 블록 A, B에 구속되어 있다. 초기에 $\theta = 0°$에서 정지하여 있다가 블록 B에 수평력 $P = 50$ N이 작용하여 $\theta = 45°$가 되는 순간에 봉의 각속도는 약 몇 rad/s인가? (단, 블록 A와 B의 질량과 마찰은 무시하고, 중력가속도 $g = 9.81$ m/s²이다.)

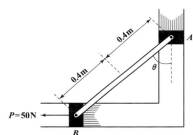

① 3.11
② 4.11
③ 5.11
④ 6.11

[해설]

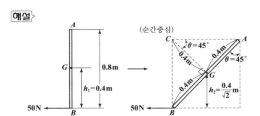

우선, $V_{g1} = mgh_1 = 10 \times 9.81 \times 0.4 = 39.24\,\text{J}$

$V_{g2} = mgh_2 = 10 \times 9.81 \times \dfrac{0.4}{\sqrt{2}} = 27.747\,\text{J}$

$V_{1 \to 2} = 50 \times \dfrac{0.8}{\sqrt{2}} = 28.284\,\text{J}$

[해답] 82. ③ 83. ② 84. ④

또한, $\theta = 0°$ 일 때 $T_1 = \frac{1}{2}mV^2 + \frac{1}{2}J_G\omega^2 = 0$

$\theta = 45°$ 일 때

$$T_2 = \frac{1}{2}mV^2 + \frac{1}{2}J_G\omega^2$$
$$= \frac{1}{2} \times 10 \times (r\omega)^2 + \frac{1}{2} \cdot \frac{m\ell^2}{12}\omega^2$$
$$= \frac{1}{2} \times 10 \times (0.4\omega)^2 + \frac{1}{2} \times \frac{10 \times 0.8^2}{12}\omega^2$$
$$= 1.067\omega^2$$

결국, 에너지 보존의 법칙에 의해

$$V_{g1} + V_{1 \to 2} + T_1 = V_{g2} + T_2$$
$$39.24 + 28.284 + 0 = 27.747 + 1.067\omega^2$$
$$\therefore \omega = \dot{\theta} \fallingdotseq 6.11\,\mathrm{rad/s}$$

문제 **85.** 그림과 같이 최초정지상태에 있는 바퀴에 줄이 감겨있다. 힘을 가하여 줄의 가속도(a)가 $a = 4t$ (m/s²)일 때 바퀴의 각속도(ω)를 시간의 함수로 나타내면 몇 rad/s인가?

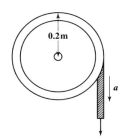

① $8t^2$　　　　② $9t^2$

③ $10t^2$　　　　④ $11t^2$

해설 우선, P점에서 줄은 바퀴의 접선방향이므로

$a_t = \alpha r$ 에서　　$4t = \alpha \times 0.2$

$\therefore$ 각가속도 $\alpha = 20t\,(\mathrm{rad/s^2})$

결국, $\alpha = \dfrac{d\omega}{dt} = 20t$ 에서　　$d\omega = 20t\,dt$

양변을 적분하면 $\displaystyle\int_0^\omega d\omega = \int_0^t 20t\,dt$

$$\therefore \omega = 10t^2\,(\mathrm{rad/s})$$

문제 **86.** 그림과 같이 질량이 동일한 두 개의 구슬 A, B가 있다. 초기에 A의 속도는 v이고 B는 정지되어 있다. 충돌 후 A와 B의 속도에 관한 설명으로 맞는 것은?

(단, 두 구슬 사이의 반발계수는 1이다.)

$$\boxed{A} \xrightarrow{\quad V \quad} \boxed{B}$$

① A와 B 모두 정지한다.

② A와 B 모두 v의 속도를 가진다.

③ A와 B 모두 $\dfrac{v}{2}$의 속도를 가진다.

④ A는 정지하고 B는 v의 속도를 가진다.

해설 우선, $V_A' = V_A - \dfrac{m_B}{m_A + m_B}(1+e)(V_A - \cancel{V_B}^0)$

$$= V - \frac{m}{m+m}(1+1) \times V = 0\,(정지)$$

또한, $V_B' = \cancel{V_B}^0 + \dfrac{m_A}{m_A + m_B}(1+e)(V_A - \cancel{V_B}^0)$

$$= \frac{m}{m+m}(1+1) \times V = V = 0$$

문제 **87.** 90 km/h의 속력으로 달리던 자동차가 100 m 전방의 장애물을 발견한 후 제동을 하여 장애물 바로 앞에 정지하기 위해 필요한 제동력의 크기는 몇 N인가?

(단, 자동차의 질량은 1000 kg이다.)

① 3125　　　　② 6250

③ 40500　　　　④ 81000

해설 우선, $\cancel{V^2}^0 - V_0^2 = -2aS$ 에서

$$\therefore a = \frac{V_0^2}{2S} = \frac{\left(\dfrac{90 \times 10^3}{3600}\right)^2}{2 \times 100} = 3.125\,\mathrm{m/s^2}$$

결국, $F = ma = 1000 \times 3.125 = 3125\,\mathrm{kg \cdot m/s^2}\,(= \mathrm{N})$

문제 **88.** 국제단위체계(SI)에서 1 N에 대한 설명으로 맞는 것은?

① 1 g의 질량에 1 m/s²의 가속도를 주는 힘이다.

② 1 g의 질량에 1 m/s의 속도를 주는 힘이다.

③ 1 kg의 질량에 1 m/s²의 가속도를 주는 힘이다.

④ 1 kg의 질량에 1 m/s의 속도를 주는 힘이다.

정답 **85.** ③　**86.** ④　**87.** ①　**88.** ③

[해설] 1 N=1 kg·m/s²으로서 1 kg의 질량(mass)에 1 m/s²의 가속도를 주는 힘이다.

[문제] **89.** 그림과 같이 질량이 m인 물체가 탄성 스프링으로 지지되어 있다. 초기위치에서 자유 낙하를 시작하고, 초기 스프링의 변형량이 0일 때, 스프링의 최대 변형량(x)은?
(단, 스프링의 질량은 무시하고, 스프링상수는 k, 중력가속도는 g이다.)

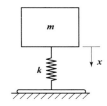

① $\dfrac{mg}{k}$ ② $\dfrac{2mg}{k}$

③ $\sqrt{\dfrac{mg}{k}}$ ④ $\sqrt{\dfrac{2mg}{k}}$

[해설] 에너지 보존의 법칙에 의해
"위치에너지(V_g) = 탄성에너지(V_e)"
즉, $mgx = \dfrac{1}{2}kx^2$ ∴ $x = \dfrac{2mg}{k}$

[문제] **90.** 30°로 기울어진 표면에 질량 50 kg인 블록이 질량 m인 추와 그림과 같이 연결되어 있다. 경사 표면과 블록 사이의 마찰계수가 0.5일 때 이 블록을 경사면으로 끌어올리기 위한 추의 최소 질량은 약 몇 kg인가?

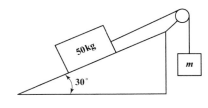

① 36.5   ② 41.8
③ 46.7   ④ 54.2

[해설]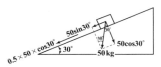

추에 의한 경사면에 작용하는 힘 ≥ 빗면을 내려가려고 하는 힘
즉, $mg \geq (0.5 \times 50 \times \cos 30° \times g) + (50 \times \sin 30° \times g)$
∴ $m \geq 46.6$ kg

[문제] **91.** 전기 도금의 반대현상으로 가공물을 양극, 전기저항이 적은 구리, 아연을 음극에 연결한 후 용액에 침지하고 통전하여 금속표면의 미소 돌기부분을 용해하여 거울면과 같이 광택이 있는 면을 가공할 수 있는 특수가공은?

① 방전가공
② 전주가공
③ 전해연마
④ 슈퍼피니싱

[해설] 전해연마
: 전해액 중에 공작물을 양극에, 불용해성이며 전기저항이 작은 구리, 아연 등을 음극으로 하고 전류를 통할 때 공작물의 표면을 매끈하고 광택이 있는 면으로 만드는 작업으로 전해액은 과염소산, 황산, 인산, 청화알칼리 등을 사용한다.

[문제] **92.** 주물사에서 가스 및 공기에 해당하는 기체가 통과하여 빠져나가는 성질은?

① 보온성   ② 반복성
③ 내구성   ④ 통기성

[해설] 통기성
: 공기가 통할 수 있는 성질이나 정도

[문제] **93.** 프레스가공에서 전단가공의 종류가 아닌 것은?

① 블랭킹   ② 트리밍
③ 스웨이징   ④ 셰이빙

[해답] **89.** ②   **90.** ③   **91.** ③   **92.** ④   **93.** ③

해설 · 프레스가공
① 전단가공 : 펀칭, 블랭킹, 전단, 분단, 노칭, 트리밍, 세이빙
② 성형가공 : 시밍, 컬링, 벌징, 마폼법, 하이드로폼법, 비딩, 스피닝
③ 압축가공 : 코이닝, 엠보싱, 스웨이징

문제 94. 침탄법에 비하여 경화층은 얇으나, 경도가 크고, 담금질이 필요 없으며, 내식성 및 내마모성이 커서 고온에도 변화되지 않지만 처리시간이 길고 생산비가 많이 드는 표면 경화법은?

① 마퀜칭
② 질화법
③ 화염 경화법
④ 고주파 경화법

해설 · 침탄법과 질화법의 비교

침탄법	질화법
① 경도가 낮다.	① 경도가 높다.
② 침탄후 열처리(담금질)가 필요하다.	② 질화후 열처리(담금질)가 필요없다.
③ 침탄후에도 수정이 가능하다.	③ 질화후 수정이 불가능하다.
④ 표면경화를 짧은시간에 할 수 있다.	④ 표면경화시간이 길다.
⑤ 변형이 생긴다.	⑤ 변형이 적다.
⑥ 침탄층은 단단하다	⑥ 질화층은 여리다.

문제 95. 두께 50 mm의 연강판을 압연 롤러를 통과시켜 40 mm가 되었을 때 압하율은 몇 %인가?

① 10
② 15
③ 20
④ 25

해설 압하율 $= \dfrac{H_0 - H_1}{H_0} \times 100$

$= \dfrac{50 - 40}{50} \times 100$

$= 20\,\%$

문제 96. 숏피닝(shot peening)에 대한 설명으로 틀린 것은?

① 숏피닝은 얇은 공작물일수록 효과가 크다.
② 가공물 표면에 작은 해머와 같은 작용을 하는 형태로 일종의 열간 가공법이다.
③ 가공물 표면에 가공경화 된 잔류 압축응력층이 형성된다.
④ 반복하중에 대한 피로파괴에 큰 저항을 갖고 있기 때문에 각종 스프링에 널리 이용된다.

해설 · 숏피닝
① 개요 : 금속으로 만든 경화된 작은 구를 고속으로 가공물 표면에 분사하여 피로강도, 표면경화, 기계적성질 등을 향상시키기 위한 일종의 냉간 가공법
② 숏피닝작업 : 피닝(Peening)작업, 청정작업
③ 숏의 재질 : 칠드주철(냉간주철), 주강, 강철 등으로 대부분 환형으로 되어 있다.
④ 두께가 큰 재료에는 효과가 적으며, 부적당한 숏피닝은 연성을 감소시켜 균열의 원인이 된다.
⑤ 용도 : 반복하중을 받는 각종스프링, 크랭크축, 커넥팅로드, 기어, 로커암 등에 널리 사용

문제 97. 오스테나이트 조직을 굳은 조직인 베이나이트로 변환시키는 항온 변태열처리법은?

① 서브제로
② 마템퍼링
③ 오스포밍
④ 오스템퍼링

해설 오스템퍼링(Austempering)
: 오스테나이트에서 베이나이트로 완전한 항온변태가 일어날 때까지 특정온도로 유지후 공기중에서 냉각하는 열처리로 베이나이트 조직을 얻는다. 뜨임이 필요없고, 담금균열과 변형이 없다.

문제 98. 주철과 같은 강하고 깨지기 쉬운 재료(메진 재료)를 저속으로 절삭할 때 생기는 칩의 형태는?

① 균열형 칩
② 유동형 칩
③ 열단형 칩
④ 전단형 칩

정답 **94.** ② **95.** ③ **96.** ② **97.** ④ **98.** ①

[해설] ・칩의 형태

① 유동형 : 연속적인 칩으로 가장 이상적이다. 연성재료를 고속절삭시, 경사각이 클 때, 절삭깊이가 적을 때 생긴다.

② 전단형 : 연성재료를 저속절삭시, 경사각이 적을 때, 절삭깊이가 클 때 생긴다.

③ 균열형 : 주철과 같은 취성재료 절삭시, 저속절삭 시 생긴다.

④ 열단형 : 점성재료 절삭시 생긴다.

[문제] 99. 선반가공에서 직경 60 mm, 길이 100 mm의 탄소강 재료 환봉을 초경바이트를 사용하여 1회 절삭 시 가공시간은 약 몇 초인가? (단, 절삭 깊이 1.5 mm, 절삭속도 150 m/min, 이송은 0.2 mm/rev이다.)

① 38   ② 42

③ 48   ④ 52

[해설] 우선, $V = \dfrac{\pi d N}{1000}$ 에서

$$\therefore N = \frac{1000\,V}{\pi d} = \frac{1000 \times 150}{\pi \times 60} = 795.77\,\text{rpm}$$

결국, $T = \dfrac{\ell}{Nf} = \dfrac{100}{795.77 \times 0.2} = 0.628\,\text{min}$

$$= 37.68\,\text{초} ≒ 38\,\text{초}$$

[문제] 100. 용접의 일반적인 장점으로 틀린 것은?

① 품질검사가 쉽고 잔류응력이 발생하지 않는다.

② 재료가 절약되고 중량이 가벼워진다.

③ 작업 공정수가 감소한다.

④ 기밀성이 우수하며 이음 효율이 향상된다.

[해설] ・용접의 장・단점

① 장점

 ㉠ 이음효율(기밀성, 수밀성)이 향상

 ㉡ 자재가 절약, 중량을 경감

 ㉢ 제품의 성능과 수명의 향상

 ㉣ 공정수가 감소

 ㉤ 두께에 제한이 없다.

② 단점

 ㉠ 품질검사가 곤란

 ㉡ 응력집중, 잔류응력에 민감

 ㉢ 열영향을 받아 변형

 ㉣ 분해, 조립이 곤란

 ㉤ 용접 모재의 재질에 영향이 큼

건설기계설비 기사

※ 재료역학, 열역학, 유체역학, 유압기기는 일반기계 기사와 중복됩니다. 나머지 유체기계, 건설기계일반, 플랜트배관의 순서는 1~30번으로 정합니다.

제4과목 유체기계

[문제] 1. 다음 중 액체에 에너지를 주어 이것을 저압부(낮은 곳)에서 고압부(높은 곳)로 송출하는 기계를 무엇이라고 하는가?

① 수차

② 펌프

③ 송풍기

④ 컨베이어

[해설] 펌프(pump)

: 동력을 사용하여 물 또는 기타 액체에 에너지를 주어 이것을 저압부(낮은 곳)에서 고압부(높은 곳)로 송출하는 기계

[문제] 2. 원심펌프의 송출유량이 0.7 m³/min이고, 관로의 손실수두가 7 m이었다. 이 펌프로 펌프 중심에서 1 m 아래에 있는 저수조에서 물을 흡입하여 26 m의 높이에 있는 송출 탱크면으로 양수하려고 할 때, 이 펌프의 수동력 (kW)은?

① 3.9   ② 5.1

③ 7.4   ④ 9.6

[해설] 수동력 $L_w = \gamma Q H$

$$= 9.8 \times \frac{0.7}{60} \times (7 + 1 + 26)$$

$$≒ 3.9\,\text{kW}$$

[해답] 99. ①   100. ① ‖ 1. ②   2. ①

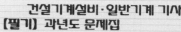

문제 3. 풍차에 관한 설명으로 틀린 것은?

① 후단의 방향날개로서 풍차축의 방향조정을 하는 형식을 미국형 풍차라고 한다.

② 보조풍차가 회전하기 시작하여 터빈축의 방향을 바람의 방향에 맞추는 형식을 유럽형 풍차라고 한다.

③ 바람의 방향이 바뀌어도 회전수를 일정하게 유지하기 위해서는 깃 각도를 조절하는 방식이 유용하다.

④ 풍속을 일정하게 하여 회전수를 줄이면 바람에 대한 영각이 감소하여 흡수동력이 감소한다.

해설 영각이 작을수록 흡수동력이 증가한다.

문제 4. 터보형 유체 전동장치의 장점으로 틀린 것은?

① 구조가 비교적 간단하다.

② 기계를 시동할 때 원동기에 무리가 생기지 않는다.

③ 부하토크의 변동에 따라 자동적으로 변속이 이루어진다.

④ 출력축의 양방향 회전이 가능하다.

해설 · 터보형(turbo type)

① 원심식 : 액체가 회전차 입구에서 반지름방향 또는 경사방향에서 유입하고, 회전차 출구에서 반지름방향으로 유출하는 구조

② 사류식 : 액체가 회전차 입구, 출구에서 다같이 경사방향으로 유입하여 경사방향으로 유출하는 구조

③ 축류식 : 액체가 회전차 입구, 출구에서 다같이 축방향으로 유입하여 축방향으로 유출하는 구조

문제 5. 유효 낙차를 $H(\text{m})$, 유량을 $Q(\text{m}^3/\text{s})$, 물의 비중량을 $\gamma(\text{kg/m}^3)$라고 할 때 수차의 이론출력 $L_{th}(\text{kW})$을 나타내는 식으로 옳은 것은?

① $L_{th} = \dfrac{\gamma QH}{75}$

② $L_{th} = \dfrac{\gamma QH}{102}$

③ $L_{th} = \gamma QH$

④ $L_{th} = 102\gamma QH$

해설 수차에서 발생하는 이론출력(L_{th})

$$L_{th} = \gamma QH(\text{kg}_\text{f} \cdot \text{m/s}) = \frac{\gamma QH}{75}(\text{PS}) = \frac{\gamma QH}{102}(\text{kW})$$

여기서, γ : 물의 비중량 $(\text{kg}_\text{f}/\text{m}^3)$

　　　　Q : 유량 (m^3/s)

　　　　H : 유효낙차 (m)

문제 6. 펌프계에서 발생할 수 있는 수격작용 (water hammer)의 방지대책으로 틀린 것은?

① 토출배관은 가능한 적은 구경을 사용한다.

② 펌프에 플라이휠을 설치한다.

③ 펌프가 급정지 하지 않도록 한다.

④ 토출 관로에 서지탱크 또는 서지밸브를 설치한다.

해설 · 수격작용의 방지법

① 관의 직경을 크게 하여 관내의 유속을 낮게 한다. 즉, 양정, 유량을 급격히 변화시키지 말 것

② 펌프에 플라이휠을 설치하여 펌프의 속도가 급격히 변화하는 것을 막는다.

③ 조압수조(Surge tank)를 관로에 설치한다.

④ 밸브는 펌프 송출구 가까이에 설치하고 적당히 제어한다.

여기서, ②, ③은 제1기간의 압력강하에 대한 대책이고,

　　　　④는 제2기간의 압력상승에 대한 대책으로 일반적으로 후자를 많이 사용한다.

문제 7. 펠톤 수차의 니들밸브가 주로 조절하는 것은 무엇인가?

① 노즐에서의 분류 속도

② 분류의 방향

③ 유량

④ 버킷의 각도

해답 3.④ 4.④ 5.② 6.① 7.③

해설 펠톤수차에서 노즐은 물을 버킷에 분사하여 충동력을 얻는 부분으로서 노즐로부터 분출되는 유량은 니들밸브(needle valve)로 제어하여 수차의 출력을 조절하도록 되어 있다.

문제 8. 베인 펌프의 장점으로 틀린 것은?

① 송출 압력의 맥동이 거의 없다.
② 깃의 마모에 의한 압력 저하가 일어나지 않는다.
③ 펌프의 유동력에 비하여 형상치수가 크다.
④ 구성 부품 수가 적고 단순한 형상을 하고 있으므로 고장이 적다.

해설 ·베인펌프(vane pump)의 특징
① 토출압력의 맥동과 소음이 적다.
② 단위무게당 용량이 커 형상치수가 작다.
③ 베인의 마모로 인한 압력저하가 적어 수명이 길다.
④ 호환성이 좋고, 보수가 용이하다.
⑤ 급속시동이 가능하다.
⑥ 압력 저하량과 기동토크가 작다.
⑦ 작동유의 점도, 청정도에 세심한 주의를 요한다.
⑧ 다른 펌프에 비해 부품수가 적다.
⑨ 작동유의 점도에 제한이 있다.

문제 9. 펌프를 회전차의 형상에 따라 분류할 때, 다음 중 펌프의 분류가 다른 하나는?

① 피스톤 펌프
② 플런저 펌프
③ 베인 펌프
④ 사류 펌프

해설

```
        ┌ 터보형 ┬ 원심식 : 벌류트펌프, 터빈펌프
        │        ├ 사류식 : 사류펌프
        │        └ 축류식 : 축류펌프
·펌프 ┼ 용적형 ┬ 왕복식 : 피스톤펌프, 플런저펌프
        │        └ 회전식 : 기어펌프, 베인펌프
        └ 특수형 : 마찰펌프, 제트펌프, 기포펌프, 수격펌프
```

문제 10. 프란시스 수차에서 스파이럴(spiral)형에 속하지 않는 것은?

① 횡축 단륜 단사 수차
② 횡축 단륜 복사 수차
③ 입축 단륜 단사 수차
④ 입축 이륜 단륜 수차

해설 ·프란시스 수차의 형식
① 케이싱(casing)의 유무에 따른 분류
    ㉠ 노출형
    ㉡ 전구형
    ㉢ 횡구형
    ㉣ 원심형
② 구조상으로 분류(스파이럴형)
    ㉠ 횡축 단륜 단사형
    ㉡ 횡축 단륜 복사형
    ㉢ 횡축 2륜 단사형
    ㉣ 입축 단륜 단사형

제5과목 건설기계일반 및 플랜트배관

문제 11. 오스테나이트계 스테인리스강의 설명으로 틀린 것은?

① 18-8 스테인리스강으로 통용된다.
② 비자성체이며 열처리하여도 경화되지 않는다.
③ 저온에서는 취성이 크며 크리프강도가 낮다.
④ 인장강도에 비하여 낮은 내력을 가지며, 가공 경화성이 높다.

해설 ·오스테나이트계 스테인리스강(Cr-Ni계)
① 18% Cr, 8% Ni이므로 18-8형 스테인리스강이라고 한다.
② 내산 및 내식성이 13% Cr 스테인리스강 보다 우수하다.
③ 비자성체이며, 열처리하여도 경화되지 않는다.
④ 인성이 좋으므로 가공이 용이하다.
⑤ 산과 알칼리에 강하다.
⑥ 인장강도에 비하여 낮은 내력을 가지며, 가공경화성이 높다.

해답 8. ③ 9. ④ 10. ④ 11. ③

문제 12. 굴삭기의 3대 주요 구성요소가 아닌 것은?

① 작업장치
② 상부 회전체
③ 중간 선회체
④ 하부 구동체

해설 · 굴삭기의 3대 구성요소
① 작업장치(전면부 장치) : 프런트어태치먼트
② 하부추진체 : 주행장치, 상부선회체의 지지장치, 프레임
③ 상부 선회체(회전체) : 원동기, 동력전달장치, 권상장치, 선회장치, 선회붐장치, 붐(boom)대, 조작장치

문제 13. 타이어식 굴삭기와 무한궤도식 굴삭기를 비교할 때, 타이어식 굴삭기의 특징으로 틀린 것은?

① 기동성이 나쁘다.
② 견인력이 약하다.
③ 습지, 사지, 활지의 운행이 곤란하다.
④ 암석지에서 작업 시 타이어가 손상되기 쉽다.

해설 타이어식 굴삭기는 기동성이 우수하다.

문제 14. 덤프트럭의 축간거리가 1.2 m인 차를 왼쪽으로 완전히 꺾을 때 오른쪽 바퀴의 각도가 45°이고, 왼쪽바퀴의 각도가 30°일 때, 이 덤프트럭의 최소 회전 반경은 약 몇 m인가?
(단, 킹핀과 타이어 중심간의 거리는 무시한다.)

① 1.7 　　　② 3.4
③ 5.4 　　　④ 7.8

해설 $R = \dfrac{L}{\sin\alpha} + \gamma = \dfrac{1.2}{\sin 45°} = 1.7$
여기서, L : 축간거리
　　　　α : 외측바퀴각
　　　　γ : 킹핀

문제 15. 수중의 토사, 암반 등을 파내는 건설기계로 항만, 항로, 선착장 등의 축항 및 기초공사에 사용되는 것은?

① 준설선 　　　② 쇄석기
③ 노상 안정기 　　　④ 스크레이퍼

해설 준설선
: 물 속의 흙을 파내는 작업을 하는 장비로 항만공사에서 항로, 선착장, 항만, 하천, 수로 등의 수심증가 및 수심유지를 위하여 공유수면의 매립과 암벽, 방파제 등 축항공사의 기초공사까지 작업하는 것을 말한다.

문제 16. 조향장치에서 조향력을 바퀴에 전달하는 부품 중에 바퀴의 토(toe) 값을 조정할 수 있는 것은?

① 피트먼 암 　　　② 너클 암
③ 드래그 링크 　　　④ 타이 로드

해설 ① 피트만암(pitman arm) : 핸들의 움직임을 드래그링크 또는 릴레이로드에 전달하는 것
② 너클암(knuckle arm) : 크롬(Cr)강 등의 단조품으로 되어있고, 드래그링크가 결합되는 쪽은 일반적으로 제3암(third arm)이라 한다. 너클에는 테이퍼와 키를 이용하여 결합하며 볼트로 죄는 형식도 있다.
③ 드래그링크(drag link) : 피트만암과 너클암을 연결하는 로드

문제 17. 표준 버킷용량 (m³)으로 규격을 나타내는 건설기계는?

① 모터 그레이더 　　　② 기중기
③ 지게차 　　　④ 로더

해설 · 규격(성능)
① 모터 그레이더 : 삽날(blade)의 길이로 표시 (m)
② 기중기 : 최대 권상하중을 톤 (ton)으로 표시
③ 지게차 : 최대 들어올릴 수 있는 용량을 톤 (ton)으로 표시
④ 로더 : 표준 버킷(bucket) 용량을 m³으로 표시

정답 **12.** ③ **13.** ① **14.** ① **15.** ① **16.** ④ **17.** ④

문제 18. 쇄석기의 종류 중 임팩트 크러셔의 규격은?

① 시간당 쇄석능력 (ton/h)
② 시간당 이동거리 (km/h)
③ 롤의 지름 (mm)×길이 (mm)
④ 쇄석 판의 폭 (mm)×길이 (mm)

해설 임팩트 크러셔(impact crusher)
: 타격판을 장치한 로터를 고속회전시켜서 충격력으로 파쇄하는 기계이며, 규격은 시간당 쇄석능력 (ton/hr)으로 나타낸다.

문제 19. 아스팔트 피니셔의 각 부속장치에 대한 설명으로 틀린 것은?

① 리시빙 호퍼 : 운반된 혼합재(아스팔트)를 저장하는 용기이다.
② 피더 : 노면에 살포된 혼합재를 매끈하게 다듬는 판이다.
③ 스프레이팅 스크루 : 스크리드에 설치되어 혼합재를 균일하게 살포하는 장치이다.
④ 댐퍼 : 스크리드 앞쪽에 설치되어 노면에 살포된 혼합재를 요구되는 두께로 다져주는 장치이다.

해설 · 아스팔트 피니셔의 기구
① 스크리드 : 노면에 살포된 혼합재를 매끈하게 다듬질하는 판
② 리빙 호퍼 : 장비의 정면에 5톤 정도의 호퍼가 설치되어 덤프트럭으로 운반된 혼합재(아스팔트)를 저장하는 용기
③ 피더 : 호퍼 바닥에 설치되어 혼합재를 스프레딩 스크루로 보내는 일을 한다.
④ 램퍼 : 스크리드 전면에 설치되어 노면에 살포된 혼합재를 요구하는 두께로 포장면을 다져준다.

문제 20. 플랜트 배관설비에서 열응력이 주요 요인이 되는 경우의 파이프 래크상의 배관 배치에 관한 설명으로 틀린 것은?

① 루프형 신축 곡관을 많이 사용한다.
② 온도가 높은 배관일수록 내측(안쪽)에 배치

한다.
③ 관 지름이 큰 것일수록 외측(바깥쪽)에 배치한다.
④ 루프형 신축 곡관은 파이프 래크상의 다른 배관보다 높게 배치한다.

해설 온도가 높은 배관일수록 외측(바깥쪽)에 배치한다.

문제 21. 배관 지지장치인 브레이스에 대한 설명으로 적절하지 않은 것은?

① 방진 효과를 높이려면 스프링 정수를 낮춰야 한다.
② 진동을 억제하는데 사용되는 지지장치이다.
③ 완충기는 수격작용, 안전밸브의 반력 등의 충격을 완화하여 준다.
④ 유압식은 구조상 배관의 이동에 대하여 저항이 없고 방진효과도 크므로 규모가 큰 배관에 많이 사용한다.

해설 방진효과를 높이려면 스프링 정수를 크게 한다.

문제 22. 감압밸브 설치 시 주의사항으로 적절하지 않은 것은?

① 감압밸브는 수평배관에 수평으로 설치하여야 한다.
② 배관의 열응력이 직접 감압 밸브에 가해지지 않도록 전후 배관에 고정이나 지지를 한다.
③ 감압밸브에 드레인이 들어오지 않는 배관 또는 드레인 빼기를 행하여 설치해야 한다.
④ 감압밸브의 전후에 압력계를 설치하고 입구측에는 글로브 밸브를 설치한다.

해설 감압밸브 : 고압관과 저압관 사이에 설치하여 고압측 압력을 필요한 압력으로 낮추어 저압측의 압력을 항상 일정하게 유지시키는 밸브이다. 고압측과 저압측의 압력비를 2:1 이내로 하고 초과할 경우에는 2개의 감압밸브를 직렬로 사용한다.
또한, 감압밸브는 수평배관에 수직으로 설치한다.

해답 18. ① 19. ② 20. ② 21. ① 22. ①

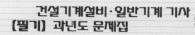

문제 23. 물의 비중량이 9810 N/m³이며, 500 kPa의 압력이 작용할 때 압력수두는 약 몇 m 인가?

① 1.962   ② 19.62
③ 5.097   ④ 50.97

[해설] 압력수두 $= \dfrac{p}{\gamma} = \dfrac{500 \times 10^3}{9810} = 50.97\,\mathrm{m}$

문제 24. 빙점(0 ℃) 이하의 낮은 온도에 사용하며 저온에서도 인성이 감소되지 않아 각종 화학공업, LPG, LNG탱크 배관에 적합한 배관용 강관은?

① 배관용 탄소강관
② 저온 배관용 강관
③ 압력배관용 탄소강관
④ 고온배관용 탄소강관

[해설] 저온배관용 강관(SPLT)
: 빙점(0 ℃) 이하의 낮은 온도에서도 사용하는 강관이며, 저온에서도 인성이 감소되지 않아 섬유화학공업 등의 각종 화학공업, 기타 LPG, LNG탱크 배관에 많이 사용된다.

문제 25. KS 규격에 따른 고압 배관용 탄소강관의 기호로 옳은 것은?

① SPHL
② SPHT
③ SPPH
④ SPPS

[해설] SPHT : 고온배관용 탄소강관
SPPH : 고압배관용 탄소강관
SPPS : 압력배관용 탄소강관

문제 26. 호브식 나사절삭기에 대한 설명으로 적절하지 않은 것은?

① 나사절삭 전용 기계로서 호브를 저속으로 회전시키면서 나사절삭을 한다.
② 관은 어미나사와 척의 연결에 의해 1회전 할 때 마다 1피치만큼 이동하여 나사가 절삭된다.
③ 이 기계에 호브와 파이프 커터를 함께 장착하면 관의 나사절삭과 절단을 동시에 할 수 있다.
④ 관의 절단, 나사절삭, 거스러미 제거 등의 일을 연속적으로 할 수 있기 때문에 현장에서 가장 많이 사용된다.

[해설] 호브식 나사절삭기는 나사절삭 전용기계로서 현장에서는 사용할 수 없다.
호브를 저속으로 회전시키면 관은 어미나사와 척의 연결에 의해 1회전할 때마다 1피치만큼 이동나사가 절삭된다.

문제 27. 일반적으로 배관의 위치를 결정할 때 기능, 시공, 유지관리의 관점에서 적절하지 않은 것은?

① 급수배관은 아래쪽으로 배관해야 한다.
② 전기배선, 덕트 및 연도 등은 위쪽에 설치한다.
③ 자연중력식 배관은 배관구배를 엄격히 지켜야 하며 굽힘부를 적게 하여야 한다.
④ 파손 등에 의해 누수가 염려되는 배관의 위치는 위쪽으로 하는 것이 유지관리상 편리하다.

[해설] 파손 등에 의해 누수가 염려되는 배관의 위치는 아래쪽으로 하는 것이 유지관리상 편리하다.

문제 28. 관 절단 후 관 단면의 안쪽에 생기는 거스러미(쇳밥)를 제거하는 공구는?

① 파이프 커터   ② 파이프 리머
③ 파이프 렌치   ④ 바이스

[정답] 23. ④   24. ②   25. ③   26. ④   27. ④   28. ②

해설 ·강관 공작용 공구
① 파이프 바이스 : 관의 절단과 나사 절삭 및 조립 시 관을 고정하는데 사용
② 파이프 커터 : 관을 절단할 때 사용
③ 파이프 리머 : 관 절단후 관 단면의 안쪽에 생기는 거스러미를 제거하는 공구
④ 파이프 렌치 : 관을 회전시키거나 나사를 죌 때 사용하는 공구
⑤ 나사 절삭기 : 수동으로 나사를 절삭할 때 사용하는 공구

문제 29. 배관의 부식 및 마모 등으로 작은 구멍이 생겨 유체가 누설될 경우에 다른 방법으로는 누설을 막기가 곤란할 때 사용하는 응급조치법은?

① 하트태핑법
② 인젝션법
③ 박스 설치법
④ 스토핑 박스법

문제 30. 평면상의 변위뿐 아니라 입체적인 변위까지 안전하게 흡수하므로 어떠한 형상에 의한 신축에도 배관이 안전하며 설치 공간이 적은 신축이음의 형태는?

① 슬리브형
② 벨로즈형
③ 스위블형
④ 볼조인트형

해설 ·신축이음(expansion joint)
① 슬리브형 : 이음본체와 슬리브관으로 되어 있으며, 관의 팽창과 수축은 본체속을 미끄러지는 슬리브관에 의해 흡수된다.
② 벨로즈형 : 일명 "팩리스(packless) 신축이음"이라고도 하며, 온도변화에 의한 관의 신축을 벨로즈(파형주름관)의 신축변형에 의해서 흡수시키는 방식이다.
③ 루프형 : 강관 또는 동관 등을 루프(loop) 모양으로 구부려 그 휨에 의해서 신축을 흡수하는 방식이다.
④ 스위블형 : 온수 또는 저압증기의 분기점을 2개 이상의 엘보로 연결하여 한쪽이 팽창하면 비틀림이 일어나 팽창을 흡수하여 온수급탕배관에 주로 사용한다.

⑤ 볼조인트형
㉠ 평면상의 변위 뿐만 아니라 입체적인 변위까지도 안전하게 흡수하므로 볼 이음쇠를 2개 이상 사용하면 회전과 기울임이 동시에 가능하다.
㉡ 배관계에 축방향 힘과 굽힘부분에 작용하는 회전력을 동시에 처리할 수 있으므로 고온수 배관 등에 많이 사용된다.
㉢ 극히 간단히 설치할 수 있고, 면적도 작게 소요된다.

정답 29. ② 30. ④

2020년 제3회 일반기계·건설기계설비 기사

제1과목 재료역학

 1. 다음 외팔보가 균일분포 하중을 받을 때, 굽힘에 의한 탄성변형 에너지는?
(단, 굽힘강성 EI는 일정하다.) 【8장】

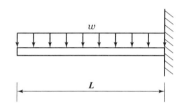

① $U=\dfrac{w^2L^5}{20EI}$ ② $U=\dfrac{w^2L^5}{30EI}$

③ $U=\dfrac{w^2L^5}{40EI}$ ④ $U=\dfrac{w^2L^5}{50EI}$

해설 $M_x=-wx\dfrac{x}{2}=-\dfrac{wx^2}{2}$

$U=\displaystyle\int_0^L \dfrac{M_x^2}{2EI}dx=\int_0^L \dfrac{1}{2EI}\left(-\dfrac{wx^2}{2}\right)^2 dx$

$=\dfrac{w^2}{8EI}\displaystyle\int_0^L x^4 dx=\dfrac{w^2}{8EI}\left[\dfrac{x^5}{5}\right]_0^L$

$=\dfrac{w^2L^5}{40EI}$

 2. 길이 10 m, 단면적 2 cm^{2}인 철봉을 100 ℃에서 그림과 같이 양단을 고정했다. 이 봉의 온도가 20 ℃로 되었을 때 인장력은 약 몇 kN 인가? (단, 세로탄성계수는 200 GPa, 선팽창 계수 $\alpha=0.000012/$℃이다.) 【2장】

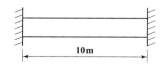

① 19.2   ② 25.5

③ 38.4   ④ 48.5

해설 $P=E\alpha\Delta tA$

$=200\times10^6\times0.000012\times(100-20)\times2\times10^{-4}$

$=38.4\,\text{kN}$

 3. 그림과 같은 단순 지지보에 모멘트(M)와 균일분포하중(w)이 작용할 때, A점의 반력은? 【6장】

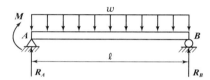

① $\dfrac{w\ell}{2}-\dfrac{M}{\ell}$ ② $\dfrac{w\ell}{2}-M$

③ $\dfrac{w\ell}{2}+M$ ④ $\dfrac{w\ell}{2}+\dfrac{M}{\ell}$

해설 $\sum M_B=0:M+R_A\ell-w\ell\times\dfrac{\ell}{2}=0$

$\therefore R_A=\dfrac{w\ell}{2}-\dfrac{M}{\ell}$

 4. 그림과 같이 원형단면을 가진 보가 인장하중 $P=90$ kN을 받는다. 이 보는 강(steel)으로 이루어져 있고, 세로탄성계수는 210 GPa 이며 포와송비 $\mu=1/3$이다. 이 보의 체적변화 ΔV는 약 몇 mm^{3}인가? (단, 보의 직경 $d=$ 30 mm, 길이 $L=5$ m이다.) 【1장】

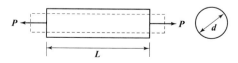

① 114.28

② 314.28

③ 514.28

④ 714.28

해설 체적변화율 $\varepsilon_V = \dfrac{\Delta V}{V} = \varepsilon(1-2\mu)$

$\qquad\qquad = \dfrac{P}{AE}(1-2\mu)$ 에서

$\therefore \Delta V = \dfrac{P}{AE}(1-2\mu)V = \dfrac{P}{AE}(1-2\mu)A\ell$

$\qquad = \dfrac{P\ell}{E}(1-2\mu) = \dfrac{90\times 5}{210\times 10^6}\left(1-2\times\dfrac{1}{3}\right)$

$\qquad = 0.71428\times 10^{-6}\,\mathrm{m}^3$

$\qquad = 714.28\,\mathrm{mm}^3$

문제 5. 길이 3 m, 단면의 지름이 3 cm인 균일 단면의 알루미늄 봉이 있다. 이 봉에 인장하중 20 kN이 걸리면 봉은 약 몇 cm 늘어나는가? (단, 세로탄성계수는 72 GPa이다.) 【1장】

① 0.118

② 0.239

③ 1.18

④ 2.39

해설 $\lambda = \dfrac{P\ell}{AE} = \dfrac{20\times 3}{\dfrac{\pi}{4}\times 0.03^2\times 72\times 10^6}$

$\qquad \fallingdotseq 0.00118\,\mathrm{m} = 0.118\,\mathrm{cm}$

문제 6. 판 두께 3 mm를 사용하여 내압 20 kN/cm²을 받을 수 있는 구형(spherical) 내압용기를 만들려고 할 때, 이 용기의 최대 안전내경 d 를 구하면 몇 cm인가? (단, 이 재료의 허용 인장응력을 $\sigma_w = 800$ kN /cm²으로 한다.) 【2장】

① 24

② 48

③ 72

④ 96

해설 구형압력용기이므로 $\sigma_w = \dfrac{Pd}{4t}$ 에서

$\therefore d = \dfrac{4t\sigma_w}{P} = \dfrac{4\times 0.3\times 800}{20} = 48\,\mathrm{cm}$

문제 7. 그림과 같은 돌출보에서 $w = 120$ kN/m의 등분포 하중이 작용할 때, 중앙 부분에서의 최대 굽힘응력은 약 몇 MPa인가? (단, 단면은 표준 I형 보로 높이 $h = 60$ cm이고, 단면 2차 모멘트 $I = 98200$ cm⁴이다.) 【6장】

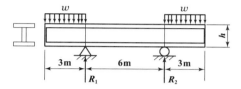

① 125

② 165

③ 185

④ 195

해설 $R_1 = R_2 = 120\times 3 = 360\,\mathrm{kN}$

우선, 최대굽힘모멘트(M_{max})는 양지점과 중앙점에서 동일하게 나타난다.

- $M(중앙점) = R_1\times 3 - 120\times 3\times(1.5+3)$

$\qquad = 360\times 3 - 120\times 3\times 4.5$

$\qquad = |-540\,\mathrm{kN\cdot m}| = 540\,\mathrm{kN\cdot m}$

- $M(양지점) = -120\times 3\times 1.5$

$\qquad = |-540\,\mathrm{kN\cdot m}| = 540\,\mathrm{kN\cdot m}$

또한, $Z = \dfrac{I}{e(=y)} = \dfrac{98200}{30} = 3273.33\,\mathrm{cm}^3$

결국, $\sigma_{max} = \dfrac{M_{max}}{Z} = \dfrac{540\times 10^{-3}}{3273.33\times 10^{-6}}$

$\qquad = 164.97 \fallingdotseq 165\,\mathrm{MPa}$

문제 8. 다음과 같이 스팬(span) 중앙에 힌지(hinge)를 가진 보의 최대 굽힘모멘트는 얼마인가? 【9장】

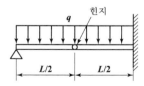

① $\dfrac{qL^2}{4}$

② $\dfrac{qL^2}{6}$

③ $\dfrac{qL^2}{8}$

④ $\dfrac{qL^2}{12}$

해답 5. ① 6. ② 7. ② 8. ①

해설> 우선,

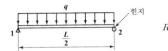

$$R_1 = R_2 = \frac{qL}{4}$$

또한, 2지점에 있는 힌지쪽의 반력을 거꾸로 뒤집는다.

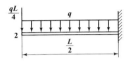

최대 굽힘모멘트는 고정단에서 생긴다.

즉, $M_{max} = -\frac{qL}{4} \times \frac{L}{2} - q \times \frac{L}{2} \times \frac{L}{4} = \left| -\frac{qL^2}{4} \right| = \frac{qL^2}{4}$

문제 **9.** 다음 그림과 같은 부채꼴의 도심(centroid)의 위치 $\bar{x}$는? 【4장】

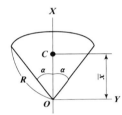

① $\bar{x} = \frac{2}{3}R$

② $\bar{x} = \frac{3}{4}R$

③ $\bar{x} = \frac{3}{4}R\sin\alpha$

④ $\bar{x} = \frac{2R}{3\alpha}\sin\alpha$

해설> 부채꼴의 도심위치 $\bar{x} = \frac{2R}{3\alpha}\sin\alpha$

문제 **10.** 그림과 같이 800 N의 힘이 브래킷의 A에 작용하고 있다. 이 힘의 점 B에 대한 모멘트는 약 몇 N·m인가? 【6장】

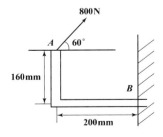

① 160.6

② 202.6

③ 238.6

④ 253.6

해설> $M_B = 800\sin 60° \times 0.2 + 800\cos 60° \times 0.16$
$= 202.56\,N \cdot m$

문제 **11.** 다음과 같은 평면응력 상태에서 최대 주응력 σ_1은? 【3장】

$$\sigma_x = \tau, \quad \sigma_y = 0, \quad \tau_{xy} = -\tau$$

① 1.414τ

② 1.80τ

③ 1.618τ

④ 2.828τ

해설> $\sigma_1 = \frac{1}{2}(\sigma_x + \sigma_y) + \frac{1}{2}\sqrt{(\sigma_x - \sigma_y)^2 + 4\tau^2}$
$= \frac{1}{2}(\tau + 0) + \frac{1}{2}\sqrt{(\tau - 0)^2 + 4(-\tau)^2}$
$= \frac{\tau}{2} + \frac{\sqrt{5}}{2}\tau = \left(\frac{1}{2} + \frac{\sqrt{5}}{2}\right)\tau = 1.618\tau$

문제 **12.** 0.4 m×0.4 m인 정사각형 $ABCD$를 아래 그림에 나타내었다. 하중을 가한 후의 변형 상태는 점선으로 나타내었다. 이때 A지점에서 전단 변형률 성분의 평균값(γ_{xy})는? 【3장】

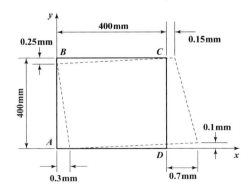

① 0.001

② 0.000625

③ −0.0005

④ −0.000625

해답 **9.** ④　**10.** ②　**11.** ③　**12.** ③

해설 · 전단변형률 $\gamma_{xy} \fallingdotseq \tan\gamma_{xy} = \dfrac{\lambda_s}{\ell}$

단, λ_s : 전단변형량

① $\gamma_{xy \cdot A} = \dfrac{0.3}{400} = 0.00075\,\mathrm{rad}$

② $\gamma_{xy \cdot B} = \dfrac{0.25}{400} = 0.000625\,\mathrm{rad}$

③ $\gamma_{xy \cdot C} = \dfrac{0.15}{400} = 0.000375\,\mathrm{rad}$

④ $\gamma_{xy \cdot D} = \dfrac{0.1}{400} = 0.00025\,\mathrm{rad}$

결국, $\gamma_{xy} = \dfrac{\gamma_{xy \cdot A} + \gamma_{xy \cdot B} + \gamma_{xy \cdot C} + \gamma_{xy \cdot D}}{4}$

$\qquad = -0.0005\,\mathrm{rad}$

〈참고〉 γ_{xy}의 부호

문제 **13.** 비틀림모멘트 2 kN·m가 지름 50 mm
인 축에 작용하고 있다. 축의 길이가 2 m일 때
축의 비틀림각은 약 몇 rad인가? (단, 축의 전
단탄성계수는 85 GPa이다.)　　　　【5장】

① 0.019　　　　② 0.028

③ 0.054　　　　④ 0.077

해설 $\theta = \dfrac{T\ell}{GI_P} = \dfrac{2 \times 2}{85 \times 10^6 \times \dfrac{\pi \times 0.05^4}{32}} = 0.0767\,\mathrm{rad}$

문제 **14.** 그림과 같이 외팔보의 끝에 집중하중 P
가 작용할 때 자유단에서의 처짐각 θ는?
(단, 보의 굽힘강성 EI는 일정하다.)　【8장】

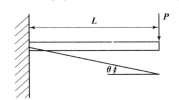

① $\dfrac{PL^2}{2EI}$　　　　② $\dfrac{PL^3}{6EI}$

③ $\dfrac{PL^2}{8EI}$　　　　④ $\dfrac{PL^2}{12EI}$

해설 $\theta = \dfrac{PL^2}{2EI}$, $\qquad \delta = \dfrac{PL^3}{3EI}$

문제 **15.** 지름 70 mm인 환봉에 20 MPa의 최대
전단응력이 생겼을 때 비틀림모멘트는 약 몇
kN·m인가?　　　　　　　　　　　　【5장】

① 4.50　　　　② 3.60

③ 2.70　　　　④ 1.35

해설 $T = \tau Z_P = 20 \times 10^3 \times \dfrac{\pi \times 0.07^3}{16}$

$\qquad = 1.347\,\mathrm{kN \cdot m}$

문제 **16.** 다음 구조물에 하중 $P=1$ kN이 작용할
때 연결핀에 걸리는 전단응력은 약 얼마인가?
(단, 연결핀의 지름은 5 mm이다.)　【1장】

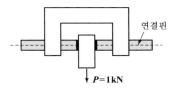

① 25.46 kPa

② 50.92 kPa

③ 25.46 MPa

④ 50.92 MPa

해설 전단을 받는 부분이 두 곳이므로

$\tau = \dfrac{P}{2A} = \dfrac{1 \times 10^{-3}}{2 \times \dfrac{\pi \times 0.005^2}{4}} = 25.46\,\mathrm{MPa}$

문제 **17.** 100 rpm으로 30 kW를 전달시키는 길
이 1 m, 지름 7 cm인 둥근 축단의 비틀림각은
약 몇 rad인가?
(단, 전단탄성계수는 83 GPa이다.)　【5장】

① 0.26　　　　② 0.30

③ 0.015　　　　④ 0.009

해답　**13.** ④　**14.** ①　**15.** ④　**16.** ③　**17.** ③

해설 우선, 동력 $P = T\omega$에서

$$T = \frac{P}{\omega} = \frac{30}{\left(\frac{2\pi \times 100}{60}\right)} = 2.86\,\mathrm{kN \cdot m}$$

결국, $\theta = \frac{T\ell}{GI_P} = \frac{2.86 \times 1}{83 \times 10^6 \times \frac{\pi \times 0.07^4}{32}}$

$$= 0.0146\,\mathrm{rad} ≒ 0.015\,\mathrm{rad}$$

문제 18. 그림과 같이 균일단면을 가진 단순보에 균일하중 w kN/m이 작용할 때, 이 보의 탄성곡선식은? (단, 보의 굽힘 강성 EI는 일정하고, 자중은 무시한다.)　　　　【8장】

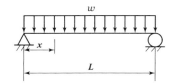

① $y = \dfrac{wx}{24EI}(L^3 - 2Lx^2 + x^3)$

② $y = \dfrac{w}{24EI}(L^3 - Lx^2 + x^3)$

③ $y = \dfrac{w}{24EI}(L^3x - Lx^2 + x^3)$

④ $y = \dfrac{wx}{24EI}(L^3 - 2x^2 + x^3)$

해설 $M_x = R_A x - wx \cdot \dfrac{x}{2} = \dfrac{w\ell}{2}x - \dfrac{wx^2}{2}$

$EI\dfrac{d^2y}{dx^2} = -M_x = \dfrac{wx^2}{2} - \dfrac{w\ell x}{2}$

$EI\dfrac{dy}{dx} = \dfrac{wx^3}{6} - \dfrac{w\ell x^2}{4} + C_1$ ·············①식

$EIy = \dfrac{wx^4}{24} - \dfrac{w\ell x^3}{12} + C_1 x + C_2$ ·····················②식

C_1, C_2를 구하기 위한 경계조건

ⅰ) $x = 0$이면 $y = 0$ → ②식에 대입

$\therefore C_2 = 0$

ⅱ) $x = \ell$이면 $y = 0$ → ②식에 대입

$O = \dfrac{w\ell^4}{24} - \dfrac{w\ell^4}{12} + c_1\ell$　$\therefore C_1 = \dfrac{w\ell^3}{24}$

결국, $EIy = \dfrac{wx^4}{24} - \dfrac{w\ell x^3}{12} + \dfrac{w\ell^3 x}{24}$

$\therefore y = \dfrac{wx}{24EI}(x^3 - 2\ell x^2 + \ell^3)$

문제 19. 길이가 5 m이고 직경이 0.1 m인 양단고정보 중앙에 200 N의 집중하중이 작용할 경우 보의 중앙에서의 처짐은 약 몇 m인가? (단, 보의 세로탄성계수는 200 GPa이다.)　　　　【9장】

① 2.36×10^{-5}

② 1.33×10^{-4}

③ 4.58×10^{-4}

④ 1.06×10^{-3}

해설 $\delta_{\max} = \dfrac{P\ell^3}{192EI} = \dfrac{200 \times 5^3}{192 \times 200 \times 10^9 \times \frac{\pi \times 0.1^4}{64}}$

$$= 1.326 \times 10^{-4}\,\mathrm{m} ≒ 1.33 \times 10^{-4}\,\mathrm{m}$$

문제 20. 그림과 같은 단주에서 편심거리 e에 압축하중 $P = 80$ kN이 작용할 때 단면에 인장응력이 생기지 않기 위한 e의 한계는 몇 cm인가? (단, G는 편심 하중이 작용하는 단주 끝단의 평면상 위치를 의미한다.)　　　　【10장】

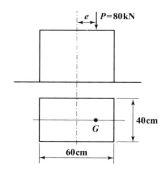

① 8

② 10

③ 12

④ 14

해설 인장응력이 생기지 않기 위해서는 핵반경 내에 있어야 한다.

즉, $e = \dfrac{h}{6} = \dfrac{60}{6} = 10\,\mathrm{cm}$

해답 18. ①　**19.** ②　**20.** ②

제2과목 기계열역학

문제 21. 단열된 노즐에 유체가 10 m/s의 속도로 들어와서 200 m/s의 속도로 가속되어 나간다. 출구에서의 엔탈피가 2770 kJ/kg일 때 입구에서의 엔탈피는 약 몇 kJ/kg인가? **【10장】**

① 4370 ② 4210

③ 2850 ④ 2790

[해설] $\Delta h = h_2 - h_1 = \dfrac{1}{2}(w_1^2 - w_2^2)$ 에서

$$\therefore h_1 = h_2 - \dfrac{1}{2}(w_1^2 - w_2^2) = 2770 - \dfrac{10^2 - 200^2}{2 \times 10^3}$$

$$= 2789.95 \, \text{kJ/kg}$$

문제 22. 이상적인 교축과정(throttling process)을 해석하는데 있어서 다음 설명 중 옳지 않은 것은? **【6장】**

① 엔트로피는 증가한다.

② 엔탈피의 변화가 없다고 본다.

③ 정압과정으로 간주한다.

④ 냉동기의 팽창밸브의 이론적인 해석에 적용될 수 있다.

[해설] 교축과정은 등엔탈피과정($h_1 = h_2$)이며, 비가역 정상류과정이므로 엔트로피는 항상 증가한다.

문제 23. 다음은 오토(Otto) 사이클의 온도-엔트로피($T-S$) 선도이다. 이 사이클의 열효율을 온도를 이용하여 나타낼 때 옳은 것은? (단, 공기의 비열은 일정한 것으로 본다.) **【8장】**

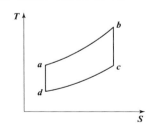

① $1 - \dfrac{T_c - T_d}{T_b - T_a}$

② $1 - \dfrac{T_b - T_a}{T_c - T_d}$

③ $1 - \dfrac{T_a - T_d}{T_b - T_c}$

④ $1 - \dfrac{T_b - T_c}{T_a - T_d}$

[해설] $\eta_0 = 1 - \dfrac{T_c - T_d}{T_b - T_a} = 1 - \left(\dfrac{1}{\varepsilon}\right)^{k-1}$

단, ε : 압축비

문제 24. 전류 25 A, 전압 13 V를 가하여 축전지를 충전하고 있다. 충전하는 동안 축전지로부터 15 W의 열손실이 있다. 축전지의 내부에너지 변화율은 약 몇 W인가? **【2장】**

① 310 ② 340

③ 370 ④ 420

[해설] 전력(electric power) : P

1 V의 전압하에서 1 A의 전류가 흐른다고 하면 전류는 매초 1 J의 일을 한다고 한다. 따라서, 전압 V (V)하에서 I (A)의 전류가 흐른다고 하면 전류는 매초 VI (J)의 일을 하는 것이 된다.

결국, 전력 $P = VI(\text{J/sec}) = VI(\text{W})$이다.

$_1 Q_2 = \Delta U + {}_1 W_2 = \Delta U + IV$에서

$-15 = \Delta U - (25 \times 13)$

$\therefore \Delta U = 310 \, \text{J/s} (= \text{W})$

문제 25. 이상적인 랭킨사이클에서 터빈 입구 온도가 350 ℃이고, 75 kPa과 3 MPa의 압력범위에서 작동한다. 펌프 입구와 출구, 터빈 입구와 출구에서 엔탈피는 각각 384.4 kJ/kg, 387.5 kJ/kg, 3116 kJ/kg, 2403 kJ/kg이다. 펌프일을 고려한 사이클의 열효율과 펌프일을 무시한 사이클의 열효율 차이는 약 몇 %인가? **【7장】**

① 0.0011 ② 0.092

③ 0.11 ④ 0.18

[해답] **21.** ④ **22.** ③ **23.** ① **24.** ① **25.** ③

해설

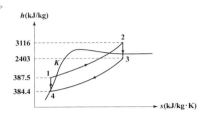

우선, 펌프일을 고려한 경우

$$\eta_{R \cdot 1} = \frac{(h_2 - h_3) - (h_1 - h_4)}{h_2 - h_1}$$

$$= \frac{(3116 - 2403) - (387.5 - 384.4)}{3116 - 387.5}$$

$$= 0.2601$$

또한, 펌프일을 무시한 경우

$$\eta_{R \cdot 2} = \frac{h_2 - h_3}{h_2 - h_1} = \frac{3116 - 2403}{3116 - 387.5} = 0.2613$$

결국, $\eta_{R \cdot 2} - \eta_{R \cdot 1} = 0.2613 - 0.2601$

$$= 0.0012 = 0.12\%$$

문제 26. 다음 중 강도성 상태량(intensive property)이 아닌 것은? **【1장】**

① 온도　　　　　② 내부에너지
③ 밀도　　　　　④ 압력

해설 · 상태량의 종류
① 강도성 상태량 : 물질의 질량에 관계없이 그 크기가 결정되는 상태량
예) 온도, 압력, 비체적, 밀도
② 종량성 상태량 : 물질의 질량에 따라 그 크기가 결정되는 상태량, 즉 물질의 질량에 비례한다.
예) 내부에너지, 엔탈피, 엔트로피, 체적, 질량

문제 27. 압력이 0.2 MPa, 온도가 20 ℃의 공기를 압력이 2 MPa로 될 때까지 가역단열 압축했을 때 온도는 약 몇 ℃인가? (단, 공기는 비열비가 1.4인 이상기체로 간주한다.) **【3장】**

① 225.7　　　　② 273.7
③ 292.7　　　　④ 358.7

해설 $\dfrac{T_2}{T_1} = \left(\dfrac{v_1}{v_2}\right)^{k-1} = \left(\dfrac{p_2}{p_1}\right)^{\frac{k-1}{k}}$ 에서

$$\therefore \ T_2 = T_1 \left(\frac{p_2}{p_1}\right)^{\frac{k-1}{k}} = (20 + 273)\left(\frac{2}{0.2}\right)^{\frac{1.4-1}{1.4}}$$

$$= 565.69\,\text{K} = 292.69\,℃$$

문제 28. 100 ℃의 구리 10 kg을 20 ℃의 물 2 kg이 들어있는 단열 용기에 넣었다. 물과 구리 사이의 열전달을 통한 평형 온도는 약 몇 ℃인가? (단, 구리 비열은 0.45 kJ/(kg·K), 물 비열은 4.2 kJ/(kg·K)이다.) **【1장】**

① 48　　　　　② 54
③ 60　　　　　④ 68

해설 $_1Q_2 = mc\Delta t$ 를 이용하면 $Q_물 = Q_{구리}$
$2 \times 4.2 \times (t_m - 20) = 10 \times 0.45 \times (100 - t_m)$
$\therefore \ t_m = 47.9\,℃ ≒ 48\,℃$

문제 29. 고온열원(T_1)과 저온열원(T_2) 사이에서 작동하는 역카르노 사이클에 의한 열펌프(heat pump)의 성능계수는? **【9장】**

① $\dfrac{T_1 - T_2}{T_1}$　　　② $\dfrac{T_2}{T_1 - T_2}$

③ $\dfrac{T_1}{T_1 - T_2}$　　　④ $\dfrac{T_1 - T_2}{T_2}$

해설 · 냉동기의 성적계수 $\varepsilon_r = \dfrac{T_2}{T_1 - T_2}$

· 열펌프의 성적계수 $\varepsilon_h = \dfrac{T_2}{T_1 - T_2}$

문제 30. 다음 중 스테판-볼츠만의 법칙과 관련이 있는 열전달은? **【11장】**

① 대류　　　　　② 복사
③ 전도　　　　　④ 응축

해설 스테판-볼츠만의 법칙
: 복사체에서 발산되는 복사열은 복사체의 절대온도의 4제곱(T^4)에 비례한다.
복사에너지 $Q = \sigma A T^4 (\text{kW}) \propto T^4$

정답 **26.** ② **27.** ③ **28.** ① **29.** ③ **30.** ②

문제 31. 이상기체로 작동하는 어떤 기관의 압축비가 17이다. 압축 전의 압력 및 온도는 112 kPa, 25 ℃이고 압축 후의 압력은 4350 kPa이었다. 압축 후의 온도는 약 몇 ℃인가? 【8장】

① 53.7 ② 180.2
③ 236.4 ④ 407.8

해설> $\dfrac{T_2}{T_1} = \left(\dfrac{V_1}{V_2}\right)^{k-1} = \left(\dfrac{P_2}{P_1}\right)^{\frac{k-1}{k}}$

우선, $\left(\dfrac{V_1}{V_2}\right)^{k-1} = \left(\dfrac{P_2}{P_1}\right)^{\frac{k-1}{k}}$ 에서 $\varepsilon^k = \dfrac{P_2}{P_1}$

양변에 대수를 취하면 $k\ell n\varepsilon = \ell n\left(\dfrac{P_2}{P_1}\right)$

$\therefore k = \dfrac{\ell n\left(\dfrac{P_2}{P_1}\right)}{\ell n\varepsilon} = \dfrac{\ell n\left(\dfrac{4350}{112}\right)}{\ell n 17} = 1.2916$

결국, $T_2 = T_1\left(\dfrac{V_1}{V_2}\right)^{k-1} = T_1 \cdot \varepsilon^{k-1}$

$\qquad = 298 \times 17^{1.2916 - 1}$

$\qquad = 680.79\,\text{K} \fallingdotseq 407.8\,℃$

문제 32. 어떤 물질에서 기체상수(R)가 0.189 kJ/(kg·K), 임계온도가 305 K, 임계압력이 7380 kPa이다. 이 기체의 압축성 인자(compressibility factor, Z)가 다음과 같은 관계식을 나타낸다고 할 때 이 물질의 20 ℃, 1000 kPa 상태에서의 비체적(v)은 약 몇 m³/kg인가?
(단, P는 압력, T는 절대온도, P_r은 환산압력, T_r은 환산온도를 나타낸다.) 【3장】

$$Z = \frac{Pv}{RT} = 1 - 0.8\frac{P_r}{T_r}$$

① 0.0111 ② 0.0303
③ 0.0491 ④ 0.0554

해설> 환산압력과 환산온도는 상태 1과 상태 2를 비교한다.

즉, $P_r = \dfrac{1000}{7380} = 0.136$

$T_r = \dfrac{(20+273)}{305} = 0.961$

결국, $Z = \dfrac{Pv}{RT} = 1 - 0.8\dfrac{P_r}{T_r}$ 에서

$\dfrac{1000 \times v}{0.189 \times (20+273)} = 1 - 0.8 \times \dfrac{0.136}{0.961}$

$\therefore v = 0.0491\,\text{m}^3/\text{kg}$

문제 33. 어떤 유체의 밀도가 741 kg/m³이다. 이 유체의 비체적은 약 몇 m³/kg인가? 【1장】

① 0.78×10^{-3} ② 1.35×10^{-3}
③ 2.35×10^{-3} ④ 2.98×10^{-3}

해설> $v = \dfrac{1}{\rho} = \dfrac{1}{741} = 1.35 \times 10^{-3}\,\text{m}^3/\text{kg}$

문제 34. 클라우지우스(Clausius)의 부등식을 옳게 나타낸 것은? (단, T는 절대온도, Q는 시스템으로 공급된 전체 열량을 나타낸다.) 【4장】

① $\displaystyle\oint T\delta Q \le 0$ ② $\displaystyle\oint T\delta Q \ge 0$

③ $\displaystyle\oint \frac{\delta Q}{T} \le 0$ ④ $\displaystyle\oint \frac{\delta Q}{T} \ge 0$

해설> · 클라우지우스의 적분값 : $\displaystyle\oint \frac{\delta Q}{T} \le 0$

① 가역사이클 : $\displaystyle\oint \frac{\delta Q}{T} = 0$

② 비가역사이클 : $\displaystyle\oint \frac{\delta Q}{T} < 0$

문제 35. 이상기체 2 kg이 압력 98 kPa, 온도 25 ℃ 상태에서 체적이 0.5 m³였다면 이 이상기체의 기체상수는 약 몇 J/(kg·K)인가? 【3장】

① 79 ② 82
③ 97 ④ 102

해설> $PV = mRT$에서

$\therefore R = \dfrac{PV}{mT} = \dfrac{98 \times 10^3 \times 0.5}{2 \times (25+273)}$

$\qquad = 82.2\,\text{J/kg} \cdot \text{K}$

해답 31. ④ 32. ③ 33. ② 34. ③ 35. ②

문제 36. 압력(P)–부피(V) 선도에서 이상기체가 그림과 같은 사이클로 작동한다고 할 때 한 사이클 동안 행한 일은 어떻게 나타내는가? 【2장】

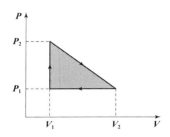

① $\dfrac{(P_2+P_1)(V_2+V_1)}{2}$

② $\dfrac{(P_2-P_1)(V_2+V_1)}{2}$

③ $\dfrac{(P_2+P_1)(V_2-V_1)}{2}$

④ $\dfrac{(P_2-P_1)(V_2-V_1)}{2}$

해설 1 cycle이 한 일은 3각형의 면적을 의미하므로
$$W = \frac{1}{2}(P_2-P_1)(V_2-V_1)$$

문제 37. 기체가 0.3 MPa로 일정한 압력 하에 8 m³에서 4 m³까지 마찰없이 압축되면서 동시에 500 kJ의 열을 외부로 방출하였다면, 내부에너지의 변화는 약 몇 kJ인가? 【2장】

① 700
② 1700
③ 1200
④ 1400

해설 $\delta q = du + Apdv$에서
$$_1Q_2 = \Delta U + P(V_2-V_1)$$
$$\therefore\ \Delta U = {_1Q_2} - P(V_2-V_1)$$
$$= -500 - 0.3 \times 10^3 (4-8)$$
$$= 700\,\mathrm{kJ}$$

문제 38. 카르노사이클로 작동하는 열기관이 1000 ℃의 열원과 300 K의 대기 사이에서 작동한다. 이 열기관이 사이클 당 100 kJ의 일을 할 경우 사이클 당 1000 ℃의 열원으로부터 받은 열량은 약 몇 kJ인가? 【4장】

① 70.0
② 76.4
③ 130.8
④ 142.9

해설 $\eta_c = \dfrac{W}{Q_1} = 1 - \dfrac{T_\mathrm{II}}{T_1}$에서
$$\frac{100}{Q_1} = 1 - \frac{300}{(1000+273)} \qquad \therefore\ Q_1 = 130.8\,\mathrm{kJ}$$

문제 39. 냉매가 갖추어야 할 요건으로 틀린 것은? 【9장】

① 증발온도에서 높은 잠열을 가져야 한다.
② 열전도율이 커야 한다.
③ 표면장력이 커야 한다.
④ 불활성이고 안전하며 비가연성이어야 한다.

해설 ·냉매의 일반적인 구비조건
　① 물리적 조건
　　㉠ 증발압력과 응축압력이 적당할 것
　　㉡ 증발열과 증기의 비열은 크고 액체의 비열은 작을 것
　　㉢ 응고점이 낮을 것
　　㉣ 증기의 비체적이 작을 것
　　㉤ 점성계수가 작고, 열전도계수가 클 것
　② 화학적 조건
　　㉠ 부식성이 없고 안정성이 있을 것
　　㉡ 증기 및 액체의 점성이 작을 것
　　㉢ 가능한 한 윤활유에 녹지 않을 것
　　㉣ 인화나 폭발의 위험성이 없을 것
　　㉤ 전기저항이 클 것
　　㉥ 불활성이고 안정하며 비가연성일 것

문제 40. 어떤 습증기의 엔트로피가 6.78 kJ/(kg·K)라고 할 때 이 습증기의 엔탈피는 약 몇 kJ/kg인가? (단, 이 기체의 포화액 및 포화증기의 엔탈피와 엔트로피는 다음과 같다.) 【6장】

정답 **36.** ④ **37.** ① **38.** ③ **39.** ③ **40.** ①

	포화액	포화증기
엔탈피 (kJ/kg)	384	2666
엔트로피 (kJ/(kg · K))	1.25	7.62

① 2365　　　　② 2402

③ 2473　　　　④ 2511

해설> 우선, $s_x = s' + x(s'' - s')$ 에서

$$x = \frac{s_x - s'}{s'' - s'} = \frac{6.78 - 1.25}{7.62 - 1.25} = 0.868$$

결국, $h_x = h' + x(h'' - h')$

$$= 384 + 0.868(2666 - 384)$$
$$= 2364.78 \, \text{kJ/kg}$$

제3과목 기계유체역학

문제 **41.** 유체의 정의를 가장 올바르게 나타낸 것은? 【1장】

① 아무리 작은 전단응력에도 저항할 수 없어 연속적으로 변형하는 물질

② 탄성계수가 0을 초과하는 물질

③ 수직응력을 가해도 물체가 변하지 않는 물질

④ 전단응력이 가해질 때 일정한 양의 변형이 유지되는 물질

해설> 유체의 정의
 : 마찰에 의해 전단응력이 존재하는 물질. 즉, 아무리 작은 전단력이라도 유체내에 전단응력이 작용하는 한 계속해서 변형하는 물질을 말한다.

문제 **42.** 비압축성 유체가 그림과 같이 단면적 $A(x) = 1 - 0.04x$ (m^2)로 변화하는 통로 내를 정상상태로 흐를 때 P점($x = 0$)에서의 가속도 (m/s^2)는 얼마인가? (단, P점에서의 속도는 2 m/s, 단면적은 1 m^{2}이며, 각 단면에서 유속은 균일하다고 가정한다.) 【3장】

$A(x) = 1 - 0.04x$

P ○ → $V = 2$ m/s

→ X

① −0.08　　　　② 0

③ 0.08　　　　④ 0.16

해설> $Q = AV = 1 \times 2 = 2\,\text{m}^3 = $ 일정(C)

$$\frac{dQ}{dt} = V\frac{dA}{dt} + A\frac{dV}{dt} = 0 \quad \therefore \quad \frac{dV}{dt} = -\frac{V}{A}\frac{dA}{dt}$$

즉, $a = \frac{dV}{dt} = -\frac{V}{A}\frac{dA}{dt} = -\frac{V}{A}\frac{dA}{dx}\cdot\frac{dx}{dt}$

$$= -\frac{\left(\frac{Q}{A}\right)}{A}\frac{dA}{dx}V = -\frac{Q}{A^2}\frac{dA}{dx}V$$

결국, $x = 0$일 때 가속도(a)는

$$a = \frac{dV}{dt} = -\frac{Q}{A^2}\frac{dA}{dx}V = -\frac{2}{12}\times(-0.04)\times 2$$
$$= 0.16\,\text{m/s}^2$$

문제 **43.** 낙차가 100 m인 수력발전소에서 유량이 5 m^3/s이면 수력터빈에서 발생하는 동력 (MW)은 얼마인가? (단, 유도관의 마찰손실은 10 m이고, 터빈의 효율은 80 %이다.) 【3장】

① 3.53　　　　② 3.92

③ 4.41　　　　④ 5.52

해설> 동력 $P = \gamma Q H \eta_T = 9800 \times 5 \times (100 - 10) \times 0.8$
$$= 3.528 \times 10^6 (\text{N}\cdot\text{m/s} = \text{J/s} = \text{W})$$
$$= 3.528\,\text{MW}$$

문제 **44.** 공기의 속도 24 m/s인 풍동 내에서 익현길이 1 m, 익의 폭 5 m인 날개에 작용하는 양력 (N)은 얼마인가? (단, 공기의 밀도는 1.2 kg/m^3, 양력계수는 0.455이다.) 【5장】

① 1572　　　　② 786

③ 393　　　　④ 91

해설> $L = C_L \frac{\rho V^2}{2} A = 0.455 \times \frac{1.2 \times 24^2}{2} \times (1 \times 5)$
$$= 786.24\,\text{N}$$

해답 **41.** ①　**42.** ④　**43.** ①　**44.** ②

문제 45. 그림과 같이 유리관 A, B 부분의 안지름은 각각 30 cm, 10 cm이다. 이 관에 물을 흐르게 하였더니 A에 세운 관에는 물이 60 cm, B에 세운 관에는 물이 30 cm 올라갔다. A와 B 각 부분에서 물의 속도 (m/s)는? 【3장】

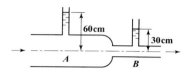

① $V_A = 2.73$, $V_B = 24.5$
② $V_A = 2.44$, $V_B = 22.0$
③ $V_A = 0.542$, $V_B = 4.88$
④ $V_A = 0.271$, $V_B = 2.44$

해설 우선, $Q = A_A V_A = A_B V_B$에서

$$\frac{\pi}{4} \times 0.3^2 \times V_A = \frac{\pi}{4} \times 0.1^2 \times V_B$$

$$\therefore V_B = 9 V_A \text{ ……………………………① 식}$$

또한, $\dfrac{P_A}{\gamma} + \dfrac{V_A^2}{2g} + Z_A = \dfrac{P_B}{\gamma} + \dfrac{V_B^2}{2g} + Z_B$

$(\because Z_A = Z_B)$

$$\frac{9800 \times 0.6}{9800} + \frac{V_A^2}{2 \times 9.8} = \frac{9800 \times 0.3}{9800} + \frac{(9V_A)^2}{2 \times 9.8}$$

$$\therefore V_A = 0.271 \, \text{m/s}$$

$$V_B = 9 V_A = 9 \times 0.271 = 2.439 \, \text{m/s}$$

문제 46. 직경 1 cm인 원형관 내의 물의 유동에 대한 천이 레이놀즈수는 2300이다. 천이가 일어날 때 물의 평균유속 (m/s)은 얼마인가? (단, 물의 동점성계수는 10^{-6} m^2/s이다.) 【5장】

① 0.23
② 0.46
③ 2.3
④ 4.6

해설 $R_e = \dfrac{Vd}{\nu}$에서 $\therefore V = \dfrac{R_e \nu}{d} = \dfrac{2300 \times 10^{-6}}{0.01}$

$$= 0.23 \, \text{m/s}$$

문제 47. 해수의 비중은 1.025이다. 바닷물 속 10 m 깊이에서 작업하는 해녀가 받는 계기압력 (kPa)은 약 얼마인가? 【2장】

① 94.4
② 100.5
③ 105.6
④ 112.7

해설 $p = \gamma h = \gamma_{\text{H}_2\text{O}} S h = 9.8 \times 1.025 \times 10$

$$= 100.45 \, \text{kPa}$$

문제 48. 체적이 30 m^3인 어느 기름의 무게가 247 kN이었다면 비중은 얼마인가? (단, 물의 밀도는 1000 kg/m^3이다.) 【1장】

① 0.80
② 0.82
③ 0.84
④ 0.86

해설 $W = \gamma V = \gamma_{\text{H}_2\text{O}} S V$에서

$$\therefore S = \frac{W}{\gamma_{\text{H}_2\text{O}} V} = \frac{247}{9.8 \times 30} = 0.84$$

문제 49. 3.6 m^3/min을 양수하는 펌프의 송출구의 안지름이 23 cm일 때 평균 유속 (m/s)은 얼마인가? 【3장】

① 0.96
② 1.20
③ 1.32
④ 1.44

해설 $Q = A V$에서

$$\therefore V = \frac{\left(\dfrac{3.6}{60}\right)}{\dfrac{\pi}{4} \times 0.23^2} = 1.44 \, \text{m/s}$$

문제 50. 어떤 물리적인 계(system)에서 물리량 F가 물리량 A, B, C, D의 함수 관계가 있다고 할 때, 차원해석을 한 결과 두 개의 무차원수, $\dfrac{F}{AB^2}$와 $\dfrac{B}{CD^2}$를 구할 수 있었다. 그리고 모형실험을 하여 $A = 1$, $B = 1$, $C = 1$, $D = 1$일 때 $F = F_1$을 구할 수 있었다. 여기서 $A = 2$, $B = 4$, $C = 1$, $D = 2$인 원형의 F는 어떤 값을 가지는가? (단, 모든 값들은 SI단위를 가진다.) 【7장】

예답 45. ④ 46. ① 47. ② 48. ③ 49. ④ 50. ③

① F_1

② $16F_1$

③ $32F_1$

④ 위의 자료만으로는 예측할 수 없다.

해설> 무차원수 $\dfrac{F}{AB^2}$, $\dfrac{B}{CD^2}$ 에서

우선, 모형일 때($A=1$, $B=1$, $C=1$, $D=1$)

$$\dfrac{F}{AB^2}=\dfrac{F_1}{1\times 1^2}=F_1, \quad \dfrac{B}{CD^2}=\dfrac{1}{1\times 1^2}=1$$

또한, 원형일 때($A=2$, $B=4$, $C=1$, $D=2$)

$$\dfrac{F}{AB^2}=\dfrac{F}{2\times 4^2}=\dfrac{F}{32}, \quad \dfrac{B}{CD^2}=\dfrac{4}{1\times 2^2}=1$$

결국, $\left(\dfrac{F}{AB^2}\right)_{원형}=\left(\dfrac{F}{AB^2}\right)_{모형}$ 이므로 $\dfrac{F}{32}=F_1$

$\therefore\ F=32F_1$

문제 51. $(x,\ y)$평면에서의 유동함수(정상, 비압축성 유동)가 다음과 같이 정의된다면 $x=4$ m, $y=6$ m의 위치에서의 속도 (m/s)는 얼마인가? 【3장】

$$\psi=3x^2y-y^3$$

① 156 ② 92 ③ 52 ④ 38

해설> 우선, 속도장은

$$u=-\dfrac{\partial\psi}{\partial y}=-3x^2+3y^2, \quad v=\dfrac{\partial\psi}{\partial x}=6xy$$

결국, 속도(V)의 크기는

$$\therefore\ V=\sqrt{u^2+v^2}=\sqrt{(-3x^2+3y^2)^2+(6xy)^2}$$
$$=\sqrt{9x^4+2(-3x^2)(3y^2)+9y^4+36x^2y^2}$$
$$=\sqrt{9x^4+18x^2y^2+9y^4}$$
$$=\sqrt{9(x^4+2x^2y^2+y^4)}$$
$$=\sqrt{3^2(x^2+y^2)^2}=3(x^2+y^2)$$
$$=3(4^2+6^2)=156\,\text{m/s}$$

문제 52. 수면의 차이가 H인 두 저수지 사이에 지름 d, 길이 ℓ인 관로가 연결되어 있을 때 관로에서의 평균 유속(V)을 나타내는 식은? (단, f는 관마찰계수이고, g는 중력가속도이며, K_1, K_2는 관입구와 출구에서의 부차적 손실계수이다.) 【6장】

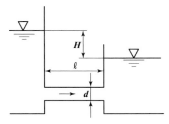

① $V=\sqrt{\dfrac{2gdH}{K_1+f\ell+K_2}}$

② $V=\sqrt{\dfrac{2gH}{K_1+fd\ell+K_2}}$

③ $V=\sqrt{\dfrac{2gdH}{K_1+\dfrac{f}{\ell}+K_2}}$

④ $V=\sqrt{\dfrac{2gH}{K_1+f\dfrac{\ell}{d}+K_2}}$

해설> 우선, 좌·우수면에 베르누이 방정식을 적용하면

$$\dfrac{P_1^{\nearrow 0}}{\gamma}+\dfrac{V_1^{2\nearrow 0}}{2g}+Z_1=\dfrac{P_2^{\nearrow 0}}{\gamma}+\dfrac{V_2^{2\nearrow 0}}{2g}+Z_2+h_\ell$$ 에서

$h_\ell=Z_1-Z_2=H$임을 알 수 있다.

또한, 돌연축소관에서의 손실수두 $h_{\ell\cdot 1}=K_1\dfrac{V^2}{2g}$

관마찰에 의한 손실수두 $h_{\ell\cdot 2}=f\dfrac{\ell}{d}\dfrac{V^2}{2g}$

돌연확대관에서의 손실수두 $h_{\ell\cdot 3}=K_2\dfrac{V^2}{2g}$

결국, $h_\ell=H=h_{\ell\cdot 1}+h_{\ell\cdot 2}+h_{\ell\cdot 3}$

$$=\dfrac{V^2}{2g}\left(K_1+f\dfrac{\ell}{d}+K_2\right)$$

$$\therefore\ V=\sqrt{\dfrac{2gH}{K_1+f\dfrac{\ell}{d}+K_2}}$$

문제 53. 그림과 같은 두 개의 고정된 평판 사이에 얇은 판이 있다. 얇은 판 상부에는 점성계수가 0.05 N·s/m²인 유체가 있고 하부에는 점성계수가 0.1 N·s/m²인 유체가 있다. 이 판을 일정속도 0.5 m/s로 끌 때, 끄는 힘이 최소가 되는 거리 y는? (단, 고정 평판사이의 폭은 h (m), 평판들 사이의 속도분포는 선형이라고 가정한다.) 【1장】

해답 **51.** ① **52.** ④ **53.** ③

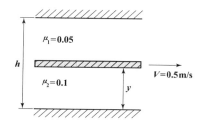

① $0.293h$

② $0.482h$

③ $0.586h$

④ $0.879h$

해설 $\tau_1 A = \mu_1 \dfrac{V}{h_1} A = \mu_1 \dfrac{V}{h-y} A$

$\tau_2 A = \mu_2 \dfrac{V}{h_2} A = \mu_2 \dfrac{V}{y} A$

평판을 끄는데 필요한 힘 F는

$F = $ 윗면이 받는 전단력 + 아랫면이 받는 전단력

$\quad = \mu_1 \dfrac{V}{h-y} A + \mu_2 \dfrac{V}{y} A$

F를 최소로 하는 것은 $\dfrac{dF}{dy} = 0$ 이어야 하므로

$\mu_1 \dfrac{V}{(h-y)^2} A - \mu_2 \dfrac{V}{y^2} A = 0$

$\mu_1 y^2 = \mu_2 (h-y)^2$

$\mu_1 y^2 = \mu_2 (h^2 - 2hy + y^2)$

$\mu_1 y^2 = \mu_2 h^2 - 2\mu_2 hy + \mu_2 y^2$

$(\mu_2 - \mu_1)y^2 - 2\mu_2 hy + \mu_2 h^2 = 0$

$(0.1 - 0.05)y^2 - 2 \times 0.1 hy + 0.1 h^2 = 0$

근의 공식을 이용하면

$\quad y = 3.414h$ 또는 $y = 0.586h$ 가 나온다.

여기서, $3.414h$는 전체의 폭보다 크므로

결국, $y = 0.586h$ 가 된다.

문제 **54.** 어떤 물리량 사이의 함수관계가 다음과 같이 주어졌을 때, 독립 무차원수 Pi항은 몇 개인가? (단, a는 가속도, V는 속도, t는 시간, ν는 동점성계수, L은 길이이다.) 【7장】

$$F(a, V, t, \nu, L) = 0$$

① 1   ② 2

③ 3   ④ 4

해설 가속도 $a = \mathrm{m/s^2} = [\mathrm{LT^{-2}}]$

속도 $V = \mathrm{m/s} = [\mathrm{LT^{-1}}]$

시간 $t = \sec = [\mathrm{T}]$

동점성계수 $\nu = \mathrm{m^2/s} = [\mathrm{L^2 T^{-1}}]$

길이 $L = \mathrm{m} = [\mathrm{L}]$

결국, 얻을 수 있는 무차원의 수

$\pi = n - m = 5 - 2 = 3$ 개

문제 **55.** 그림과 같은 노즐을 통하여 유량 Q만큼의 유체가 대기로 분출될 때, 노즐에 미치는 유체의 힘 F는? (단, A_1, A_2는 노즐의 단면 1, 2에서의 단면적이고 ρ는 유체의 밀도이다.)

【4장】

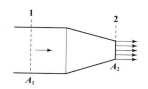

① $F = \dfrac{\rho A_2 Q^2}{2}\left(\dfrac{A_2 - A_1}{A_1 A_2}\right)^2$

② $F = \dfrac{\rho A_2 Q^2}{2}\left(\dfrac{A_1 + A_2}{A_1 A_2}\right)^2$

③ $F = \dfrac{\rho A_1 Q^2}{2}\left(\dfrac{A_1 + A_2}{A_1 A_2}\right)^2$

④ $F = \dfrac{\rho A_1 Q^2}{2}\left(\dfrac{A_1 - A_2}{A_1 A_2}\right)^2$

해설 우선, $F_x = F = p_1 A_1 \cos\theta_1 - \cancel{p_1 A_2 \cos\theta_2}^{0}$

$\qquad\qquad + \rho Q(V_1 \cos\theta_1 - V_2 \cos\theta_2)$

$\qquad = p_1 A_1 + \rho Q(V_1 - V_2)$

$\qquad = p_1 A_1 + \rho Q\left(\dfrac{Q}{A_1} - \dfrac{Q}{A_2}\right)$ ·········①식

또한, $\dfrac{p_1}{\gamma} + \dfrac{V_1^2}{2g} + \cancel{Z_1}^{0} = \dfrac{\cancel{p_2}^{0}}{\gamma} + \dfrac{V_2^2}{2g} + \cancel{Z_2}^{0}$ 에서

$p_1 + \dfrac{\gamma V_1^2}{2g} = \dfrac{\gamma V_2^2}{2g}$

$p_1 = \dfrac{\gamma V_2^2}{2g} - \dfrac{\gamma V_1^2}{2g} = \dfrac{\rho V_2^2}{2} - \dfrac{\rho V_1^2}{2}$

$\quad = \dfrac{\rho}{2}(V_2^2 - V_1^2)$

$\quad = \dfrac{\rho}{2}\left[\left(\dfrac{Q}{A_2}\right)^2 - \left(\dfrac{Q}{A_1}\right)^2\right]$ ·····················②식

정답 **54.** ③   **55.** ④

결국, ①, ②식에서

$$F = \frac{\rho A_2}{2}\left[\left(\frac{Q}{A_2}\right)^2 - \left(\frac{Q}{A_1}\right)^2\right] + \rho Q\left(\frac{Q}{A_1} - \frac{Q}{A_2}\right)$$

$$= \frac{\rho A_1 Q^2}{2}\left[\left(\frac{1}{A_2^2}\right) - \left(\frac{1}{A_1^2}\right)\right]$$

$$\quad + \frac{\rho A_1 Q^2}{2}\left(\frac{2}{A_1^2} - \frac{2}{A_1 A_2}\right)$$

$$= \frac{\rho A_1 Q^2}{2}\left(\frac{1}{A_2^2} - \frac{1}{A_1^2} + \frac{2}{A_1^2} - \frac{2}{A_1 A_2}\right)$$

$$= \frac{\rho A_1 Q^2}{2}\left(\frac{1}{A_1^2} - \frac{2}{A_1 A_2} + \frac{1}{A_2^2}\right)$$

분모, 분자에 $A_1^2 A_2^2$을 곱하면

$$F = \frac{\rho A_1 Q^2}{2}\left[\left(\frac{1}{A_1^2} - \frac{2}{A_1 A_2} + \frac{1}{A_2^2}\right) \times \left(\frac{A_1^2 A_2^2}{A_1^2 A_2^2}\right)\right]$$

$$= \frac{\rho A_1 Q^2}{2}\left[\frac{A_1^2 - 2A_1 A_2 + A_2^2}{A_1^2 A_2^2}\right]$$

$$= \frac{\rho A_1 Q^2}{2}\left[\frac{(A_1 - A_2)^2}{(A_1 A_2)^2}\right]$$

$$= \frac{\rho A_1 Q^2}{2}\left(\frac{A_1 - A_2}{A_1 A_2}\right)^2$$

문제 56. 국소 대기압이 1 atm이라고 할 때, 다음 중 가장 높은 압력은? 【2장】

① 0.13 atm(gage pressure)

② 115 kPa(absolute pressure)

③ 1.1 atm(absolute pressure)

④ 11 mH₂O(absolute pressure)

해설 · 절대압력(p) = 대기압(p_o) + 게이지압력(p_g)

① $p = p_o + p_g = 1\,\text{atm} + 0.13\,\text{atm} = 1.13\,\text{atm}$

② $p = 115\,\text{kPa} \frac{115}{101.325} \times 1 = 1.135\,\text{atm}$

③ $p = 1.1\,\text{atm}$

④ $p = 11\,\text{m}\,\text{H}_2\text{O} = \frac{11}{10.332} \times 1 = 1.065\,\text{atm}$

문제 57. 프란틀의 혼합거리(mixing length)에 대한 설명으로 옳은 것은? 【5장】

① 전단응력과 무관하다.

② 벽에서 0이다.

③ 항상 일정하다.

④ 층류 유동문제를 계산하는데 유용하다.

해설 프란틀의 혼합거리 $\ell = ky$

여기서, k : 난류(=난동)상수

y : 관벽으로부터 떨어진 임의의 거리

결국, $y = 0$(벽면)에서는 프란틀의 혼합거리(ℓ)가 0이다.

문제 58. 수평원관 속에 정상류의 층류흐름이 있을 때 전단응력에 대한 설명으로 옳은 것은? 【5장】

① 단면 전체에서 일정하다.

② 벽면에서 0이고 관 중심까지 선형적으로 증가한다.

③ 관 중심에서 0이고 반지름 방향으로 선형적으로 증가한다.

④ 관 중심에서 0이고 반지름 방향으로 중심으로부터 거리의 제곱에 비례하여 증가한다.

해설 · 수평원관에서의 층류유동

① 속도분포 : 관벽에서 0이며, 관중심에서 최대이다.
   ⇨ 포물선(=비선형적) 변화

② 전단응력분포 : 관중심에서 0이며, 관벽에서 최대이다.
   ⇨ 직선적(=선형적) 변화

문제 59. 밀도 1.6 kg/m³인 기체가 흐르는 관에 설치한 피토 정압관(Pitot-static tube)의 두 단자 간 압력차가 4 cmH₂O이었다면 기체의 속도(m/s)는 얼마인가? 【10장】

① 7

② 14

③ 22

④ 28

해설 $V = \sqrt{2gh\left(\frac{\rho_0}{\rho} - 1\right)}$

$$= \sqrt{2 \times 9.8 \times 0.04 \times \left(\frac{1000}{1.6} - 1\right)}$$

$$= 22.12\,\text{m/s}$$

해답 **56.** ② **57.** ② **58.** ③ **59.** ③

문제 60. 그림과 같이 원판 수문이 물속에 설치되어 있다. 그림 중 C는 압력의 중심이고, G는 원판의 도심이다. 원판의 지름을 d라 하면 작용점의 위치 η는? 【2장】

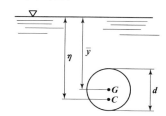

① $\eta = \bar{y} + \dfrac{d^2}{8\bar{y}}$ ② $\eta = \bar{y} + \dfrac{d^2}{16\bar{y}}$

③ $\eta = \bar{y} + \dfrac{d^2}{32\bar{y}}$ ④ $\eta = \bar{y} + \dfrac{d^2}{64\bar{y}}$

해설》 $\eta = y_F = \bar{y} + \dfrac{I_G}{A\bar{y}} = \bar{y} + \dfrac{\left(\dfrac{\pi d^4}{64}\right)}{\dfrac{\pi}{4}d^2 \times \bar{y}}$

$= \bar{y} + \dfrac{d^2}{16\bar{y}}$

제4과목 기계재료 및 유압기기

문제 61. 다음의 강종 중 탄소의 함유량이 가장 많은 것은?

① SM25C ② SKH51
③ STC105 ④ STD11

해설》 ① SM25C : 0.25 % C
② SKH51 : 0.8~0.88 % C
③ STC105 : 1~1.1 % C
④ STD11 : 1.4~1.6 % C

문제 62. 주철의 조직을 지배하는 요소로 옳은 것은?

① S, Si의 양과 냉각 속도
② C, Si의 양과 냉각 속도

③ P, Cr의 양과 냉각 속도
④ Cr, Mg의 양과 냉각 속도

해설》 마우러 조직도(Maurer's diagram)
: C와 Si량에 따른 주철의 조직도를 나타낸 것이다. 이것은 1400 ℃에서 용융된 주철을 1250 ℃에서 75 mm의 건조상형에 주입한 주물의 시편으로 측정하였다.

문제 63. 강을 생산하는 제강로를 염기성과 산성으로 구분하는데 이것은 무엇으로 구분하는가?

① 로 내의 내화물
② 사용되는 철광석
③ 발생하는 가스의 성질
④ 주입하는 용제의 성질

해설》 로 내의 내화물의 종류에 따라서 산성과 염기성으로 구분한다.

문제 64. 염욕의 관리에서 강박 시험에 대한 다음 ( )안에 알맞은 내용은?

> 강박 시험 후 강박을 손으로 구부려서 휘어지면 이 염욕은 ( ) 작용을 한 것으로 판단한다.

① 산화 ② 환원
③ 탈탄 ④ 촉매

해설》 강박시험
: 강박은 1.0 % C, 두께 0.05 mm, 폭 30 mm, 길이 100 mm 정도로 만들어진 철사를 염욕에 담근 후 일정한 온도에서 유지한 후 꺼내어 구부림 시험을 하는 것을 말하며, 염욕의 탈탄작용 판정에 사용된다.

문제 65. 5~20 % Zn의 황동을 말하며, 강도는 낮으나 전연성이 좋고, 색깔이 금에 가까우므로 모조금이나 판 및 선 등에 사용되는 것은?

정답》 **60.** ② **61.** ④ **62.** ② **63.** ① **64.** ③ **65.** ①

① 톰백　　　　　② 두랄루민
③ 문쯔메탈　　　④ Y-합금

해설> ① 톰백 : Cu+Zn 5~20%으로 강도는 낮으나 전연성이 좋고, 색깔이 금색에 가까우므로 모조금(금대용품)이나 화폐, 메달, 금박단추 등에 사용된다.
② 두랄루민 : Aℓ-Cu-Mg-Mn계 합금
③ 문쯔메탈 : Cu 60%+Zn 40% 합금
④ Y합금 : Aℓ-Cu-Ni-Mg계 합금

문제 66. 다음 중 결합력이 가장 약한 것은?

① 이온결합(ionic bond)
② 공유결합(covalent bond)
③ 금속결합(metallic bond)
④ 반데발스결합(Van der Waals bond)

해설> ① 이온결합 : 금속과 비금속간의 결합
② 공유결합 : 비금속과 비금속간의 결합
③ 금속결합 : 금속과 금속간의 결합
④ 반데르발스 결합 : 비극성 물질들 사이의 상호작용으로 두 비극성 분자가 근접하여 생기는 반데르발스 힘에 의한 결합으로 보기 중에서 결합력이 가장 약하다.

문제 67. Ni-Fe계 합금에 대한 설명으로 틀린 것은?

① 엘린바는 온도에 따른 탄성율의 변화가 거의 없다.
② 슈퍼인바는 20℃에서 팽창계수가 거의 0(zero)에 가깝다.
③ 인바는 열팽창계수가 상온부근에서 매우 작아 길이의 변화가 거의 없다.
④ 플래티나이트는 60% Ni와 15% Sn 및 Fe의 조성을 갖는 소결합금이다.

해설> 플래티나이트(Platinite)
: Fe-Ni 44~48%의 합금으로서 열팽창계수가 9×10^{-6} 정도로 유리나 백금과 거의 동일하므로 전구의 도입선으로 널리 사용된다.

문제 68. Fe-Fe₃C 평형상태도에서 A_{cm}선 이란?

① 마텐자이트가 석출되는 온도선을 말한다.
② 트루스타이트가 석출되는 온도선을 말한다.
③ 시멘타이트가 석출되는 온도선을 말한다.
④ 소르바이트가 석출되는 온도선을 말한다.

해설> A_{cm}선
: γ고용체(오스테나이트)로부터 시멘타이트의 석출을 개시하는 선. 즉, γ고용체에 대한 시멘타이트의 용해도를 나타내는 선

문제 69. 피로 한도에 대한 설명으로 옳은 것은?

① 지름이 크면 피로한도는 커진다.
② 노치가 있는 시험편의 피로한도는 크다.
③ 표면이 거친 것이 고온 것보다 피로한도가 커진다.
④ 노치가 있을 때와 없을 때의 피로한도 비를 노치 계수라 한다.

해설> ① 피로한도 : 어느 한계값 이하의 반복응력에서는 무수히 많은 반복을 하여도 피로파괴가 일어나지 않는 한계응력값을 말한다.
② 노치계수= $\dfrac{\text{노치가 없는 시편의 피로한도}}{\text{노치가 있는 시편의 피로한도}}$

문제 70. 유화물 계통의 편석 및 수지상 조직을 제거하여 연신율을 향상시킬 수 있는 열처리 방법으로 가장 적합한 것은?

① 퀜칭
② 템퍼링
③ 확산 풀림
④ 재결정 풀림

해설> 확산풀림
: 단조품에 생긴 응고 편석을 확산 소실시켜 이것을 균질화하기 위해하는 풀림으로 결정내부의 확산을 도와줄 뿐 아니라 결정입계에 존재하는 편석대도 확산시키는 작용을 한다.
특히 P나 S의 편석. 즉 황화물의 분포상태를 개선하는데 효과적이다.

해답> 66. ④　67. ④　68. ③　69. ④　70. ③

문제 71. 상시 개방형 밸브로 옳은 것은?

① 감압 밸브
② 무부하 밸브
③ 릴리프 밸브
④ 카운터 밸런스 밸브

해설 감압밸브
: 유압회로에서 어떤 부분회로의 압력을 주회로의 압력보다 저압으로 해서 사용하고자 할 때 사용하는 밸브로서 상시 열려있다.

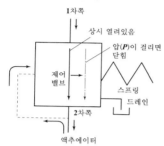

문제 72. 그림과 같은 단동실린더에서 피스톤에 $F=500\,N$의 힘이 발생하면, 압력 P는 약 몇 kPa이 필요한가?
(단, 실린더의 직경은 40 mm이다.)

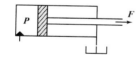

① 39.8
② 398
③ 79.6
④ 796

해설 $P=\dfrac{F}{A}=\dfrac{500\times10^{-3}}{\dfrac{\pi}{4}\times0.04^{4}}=397.9\,kPa$

문제 73. 실린더 입구의 분기 회로에 유량 제어 밸브를 설치하여 실린더 입구측의 불필요한 압유를 배출시켜 작동 효율을 증진시키는 회로는?

① 로킹 회로
② 증강 회로
③ 동조 회로
④ 블리드 오프 회로

해설 블리드 오프 회로(bleed off circuit)
: 액추에이터로 흐르는 유량의 일부를 탱크로 분기함으로써 작동속도를 조절하는 방식이다. 실린더 입구의 분지회로에 유량제어밸브를 설치하여 실린더 입구측의 불필요한 압유를 배출시켜 작동효율을 증진시킨 회로이다.

문제 74. 감압 밸브, 체크 밸브, 릴리프 밸브 등에서 밸브시트를 두드려 비교적 높은 음을 내는 일종의 자려진동 현상은?

① 컷인
② 점핑
③ 채터링
④ 디컴프레션

해설 ① 컷인 : 언로드밸브 등으로 펌프에 부하를 가하는 것. 그 한계압력을 컷인 압력이라 한다.
② 점핑 : 유량제어밸브(압력보상붙이)에서 유체가 흐르기 시작할 때 유량이 과도적으로 설정값을 넘어서는 현상
③ 채터링 : 감압밸브, 릴리프밸브, 체크밸브 등으로 밸브시트를 두들겨서 비교적 높은 음을 발생시키는 일종의 자력진동현상
④ 디컴프레션 : 프레스 등으로 유압실린더의 압력을 천천히 빼어 기계손상의 원인이 되는 회로의 충격을 작게하는 것

문제 75. 그림과 같은 유압기호가 나타내는 것은? (단, 그림의 기호는 간략 기호이며, 간략 기호에서 유로의 화살표는 압력의 보상을 나타낸다.)

① 가변 교축 밸브
② 무부하 릴리프 밸브
③ 직렬형 유량조정 밸브
④ 바이패스형 유량조정 밸브

해답 71. ① 72. ② 73. ④ 74. ③ 75. ④

해설▶

교축밸브 가변교축밸브	상세기호	간략기호
직렬형 유량조정밸브 (온도보상붙이)	상세기호	간략기호
바이패스형 유량조정밸브	상세기호	간략기호

문제 76. 기어펌프의 폐입 현상에 관한 설명으로 적절하지 않은 것은?

① 진동, 소음의 원인이 된다.
② 한 쌍의 이가 맞물려 회전할 경우 발생한다.
③ 폐입 부분에서 팽창 시 고압이, 압축 시 진공이 형성된다.
④ 방지책으로 릴리프 홈에 의한 방법이 있다.

해설▶ 기어펌프에서 폐입현상
: 두 개의 기어가 물리기 시작하여 (압축) 중간에서 최소가 되며 끝날 때 (팽창)까지의 둘러싸인 공간이 흡입측이나 토출측에 통하지 않는 상태의 용적이 생길 때의 현상으로 이 영향으로 기어의 진동 및 소음의 원인이 되고 오일 중에 녹아 있던 공기가 분리되어 기포가 형성(공동현상 : cavitation)되어 불규칙한 맥동의 원인이 된다.
⇨ 방지책 : 릴리프 홈이 적용된 기어를 사용한다.

문제 77. 어큐뮬레이터의 용도와 취급에 대한 설명으로 틀린 것은?

① 누설유량을 보충해 주는 펌프 대용 역할을 한다.
② 어큐뮬레이터에 부속쇠 등을 용접하거나 가공, 구멍 뚫기 등을 해서는 안된다.
③ 어큐뮬레이터를 운반, 결합, 분리 등을 할

때는 봉입가스를 유지하여야 한다.
④ 유압 펌프에 발생하는 맥동을 흡수하여 이상 압력을 억제하여 진동이나 소음을 방지한다.

해설▶ · 축압기(accumulator) 취급상의 주의사항
① 가스봉입형식인 것은 미리 소량의 작동유(내용적의 약 10 %)를 넣은 다음 가스를 소정의 압력으로 봉입한다.
② 봉입가스는 질소가스 등의 불활성가스 또는 공기압(저압용)을 사용할 것이며 산소 등의 폭발성 기체를 사용해서는 안된다.
③ 펌프와 축압기 사이에는 체크밸브를 설치하여 유압유가 펌프에 역류하지 않도록 한다.
④ 축압기와 관로와의 사이에 스톱밸브를 넣어 토출압력이 봉입가스의 압력보다 낮을 때는 차단한 후 가스를 넣어야 한다.
⑤ 축압기에 부속쇠 등을 용접하거나 가공, 구멍뚫기 등을 해서는 안된다.
⑥ 충격완충용에는 가급적 충격이 발생하는 곳에 가까이 설치한다.
⑦ 봉입가스압은 6개월마다 점검하고, 항상 소정의 압력을 예압시킨다.
⑧ 축압기는 점검, 보수에 편리한 장소에 결합한다.
⑨ 운반, 결합, 분리 등의 경우에는 반드시 봉입가스를 빼고 그때의 취급에는 특히 주의한다.

문제 78. 유압 회로에서 속도 제어 회로의 종류가 아닌 것은?

① 미터 인 회로　　② 미터 아웃 회로
③ 블리드 오프 회로　④ 최대 압력 제한 회로

해설▶ · 유량조절밸브에 의한 속도제어회로
① 미터 인 회로
② 미터 아웃 회로
③ 블리드 오프 회로

문제 79. 유압유의 점도가 낮을 때 유압 장치에 미치는 영향으로 적절하지 않은 것은?

① 배관 저항 증대
② 유압유의 누설 증가
③ 펌프의 용적 효율 저하
④ 정확한 작동과 정밀한 제어의 곤란

해답▶ 76. ③　77. ③　78. ④　79. ①

해설 · 점도가 너무 낮을 경우
① 내부 및 외부의 오일 누설의 증대
② 압력유지의 곤란
③ 유압펌프, 모터 등의 용적효율 저하
④ 기기마모의 증대
⑤ 압력발생저하로 정확한 작동불가

문제 80. 일반적인 베인 펌프의 특징으로 적절하지 않은 것은?

① 부품수가 많다.
② 비교적 고장이 적고 보수가 용이하다.
③ 펌프의 구동 동력에 비해 형상이 소형이다.
④ 기어 펌프나 피스톤 펌프에 비해 토출압력의 맥동이 크다.

해설 · 베인펌프의 특징
  (기어펌프, 피스톤펌프와 비교하여)
① 토출압력의 맥동이 적다.
② 베인의 마모로 인한 압력저하가 적어 수명이 길다.
③ 카트리지방식과 호환성이 양호하고 보수가 용이하다. (카트리지교체로 정비 가능)
④ 동일토출량과 동일마력의 펌프에서의 형상치수가 최소이다. (단위마력당 밀어젖힘용량이 크므로)
⑤ 맥동이 적으므로 소음이 적다.
⑥ 급송시동이 가능하다.
  (기어펌프는 시동토크는 크지만 베인펌프의 경우 시동토크가 작으므로 급속시동이 가능하다.)

제5과목 기계제작법 및 기계동력학

문제 81. 다음 그림과 같은 조건에서 어떤 투사체가 초기속도 360 m/s로 수평방향과 30°의 각도로 발사되었다. 이때 2초 후 수직방향에 대한 속도는 약 몇 m/s인가? (단, 공기저항 무시, 중력가속도는 9.81 m/s²이다.)

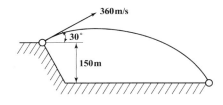

① 40.1　② 80.2　③ 160　④ 321

해설
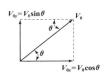

$V = V_0 + at$ 꼴에서
수직방향속도 $V_y = V_{0y} - gt = V_0\sin\theta - gt$
$= 360\sin30° - 9.81 \times 2$
$= 160.38 \, \text{m/s}$

문제 82. 1자유도의 질량-스프링계에서 스프링상수 k가 2 kN/m, 질량 m이 20 kg일 때, 이 계의 고유주기는 약 몇 초인가? (단, 마찰은 무시한다.)

① 0.63　② 1.54　③ 1.93　④ 2.34

해설 $T = \dfrac{1}{f_n} = \dfrac{2\pi}{\omega_n} = 2\pi\sqrt{\dfrac{m}{k}} = 2\pi\sqrt{\dfrac{20}{2 \times 10^3}}$
$= 0.63 \sec$

문제 83. 두 조화운동 $x_1 = 4\sin10t$와 $x_2 = 4\sin10.2t$를 합성하면 맥놀이(beat)현상이 발생하는데 이때 맥놀이 진동수(Hz)는 약 얼마인가? (단, t의 단위는 s이다.)

① 31.4
② 62.8
③ 0.0159
④ 0.0318

해설 ① 조화운동의 합성
$x = x_1 + x_2 = 4\sin10t + 4\sin10.2t$
$= 4(\sin10t + \sin10.2t)$
$= 4\left[2\sin\dfrac{20.2t}{2}\cos\dfrac{0.2t}{2}\right]$
$= 8\sin10.1t\cos0.1t$
② 맥놀이(=울림 : beat)진동수 f_b는
$f_b = \dfrac{\omega_2 - \omega_1}{2\pi} = \dfrac{10.2 - 10}{2\pi} = \dfrac{0.2}{2\pi}$
$= 0.0318 \, \text{HZ}(= \text{C.P.S} = \text{cycle/sec})$
③ 울림주기 $T = \dfrac{1}{f_b} = \dfrac{2\pi}{0.2}(\sec)$
〈참고〉 $\sin A + \sin B = 2\sin\dfrac{A+B}{2}\cdot\cos\dfrac{A-B}{2}$

해답 80. ④　81. ③　82. ①　83. ④

문제 84. 어떤 물체가 $x(t) = A\sin(4t+\phi)$로 진동할 때 진동주기 T (s)는 약 얼마인가?

① 1.57 ② 2.54

③ 4.71 ④ 6.28

해설 $x(t) = X\sin(\omega t + \phi)$에서

X : 진폭, ω : 각진동수($=$원진동수),

ϕ : 위상각

결국, 주기 $T = \dfrac{2\pi}{\omega} = \dfrac{2\pi}{4} = 1.57\,\sec$

문제 85. 200 kg의 파일을 땅속으로 박고자 한다. 파일 위의 1.2 m 지점에서 무게가 1 t인 해머가 떨어질 때 완전 소성 충돌이라고 한다면 이 때 파일이 땅속으로 들어가는 거리는 약 몇 m인가? (단, 파일에 가해지는 땅의 저항력은 150 kN이고, 중력가속도는 9.81 m/s²이다.)

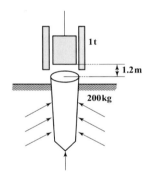

① 0.07 ② 0.09

③ 0.14 ④ 0.19

해설 우선, 운동량 보존의 법칙에 의해

$m_1 V_1 = m_2 V_2$

$m_1 \times \sqrt{2gH} = m_2 V_2$

$1000 \times \sqrt{2 \times 9.81 \times 1.2} = (1000 + 200) \times V_2$

$\therefore V_2 \fallingdotseq 4.04\,\mathrm{m/s}$

또한, ⌈ 충돌 직후 에너지 $E_1 = \dfrac{1}{2}m_1 V_2^2 + m_1 gh$

　　　 정지후 에너지 $E_2 = 0$

　　　⌊ 일량 $U = Wh$

결국, $\Delta E = U$에서

$\dfrac{1}{2}m_1 V_2^2 + m_1 gh = Wh$

$\dfrac{1}{2} \times 1200 \times 4.04^4 + 1200 \times 9.81 \times h$

$= 150 \times 10^3 \times h$

$\therefore h = 0.07\,\mathrm{m}$

문제 86. 1자유도 시스템에서 감쇠비가 0.1인 경우 대수감소율은?

① 0.2315 ② 0.4315

③ 0.6315 ④ 0.8315

해설 대수감쇠율(δ)과 감쇠비(φ)의 관계식

$\delta = \dfrac{2\pi\zeta}{\sqrt{1 - \zeta^2}} = \dfrac{2\pi \times 0.1}{\sqrt{1 - 0.1^2}} = 0.6315$

문제 87. 수평면과 a의 각을 이루는 마찰이 있는 (마찰계수 μ) 경사면에서 무게가 W인 물체를 힘 P를 가하여 등속력으로 끌어올릴 때, 힘 P가 한 일에 대한 무게 W인 물체를 끌어올리는 일의 비, 즉 효율은?

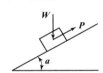

① $\dfrac{1}{1 + \mu\cot(a)}$ ② $\dfrac{1}{1 - \mu\cot(a)}$

③ $\dfrac{1}{1 + \mu\cos(a)}$ ④ $\dfrac{1}{1 - \mu\sin(a)}$

해설

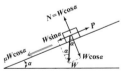

$\eta = \dfrac{\text{마찰이 없을 때 } W \text{를 올리는데 한 일}}{\text{마찰이 있을 때 } W \text{를 올리는데 한 일}}$

$= \dfrac{\text{무게 } W \text{를 들어올리는 힘}}{\text{인장력 } P \text{가 한 일}}$

$= \dfrac{W\sin\alpha \times S}{W\sin\alpha \times S + \mu W\cos\alpha \times S}$

$= \dfrac{\sin\alpha}{\sin\alpha + \mu\cos\alpha} = \dfrac{1}{1 + \mu\cot\alpha}$

해답 84. ① 85. ① 86. ③ 87. ①

문제 **88.** 반경이 r인 실린더가 위치 1의 정지상태에서 경사를 따라 높이 h만큼 굴러 내려갔을 때, 실린더 중심의 속도는? (단, g는 중력가속도이며, 미끄러짐은 없다고 가정한다.)

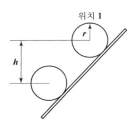

① $\sqrt{2gh}$
② $0.707\sqrt{2gh}$
③ $0.816\sqrt{2gh}$
④ $0.845\sqrt{2gh}$

해설 경사면에서의 평면운동이므로 에너지 보존의 법칙을 적용하면
우선, 경사면에서의 운동에너지는
$T = T_1 + T_2$이므로
$$T = \frac{1}{2}mv^2 + \frac{1}{2}J_G\omega^2$$
$$= \frac{1}{2}mv^2 + \frac{1}{2}\times\frac{1}{2}mr^2\times\left(\frac{v}{r}\right)^2$$
$$= \frac{1}{2}mv^2 + \frac{1}{4}mv^2 = \frac{3}{4}mv^2$$
또한, 중력포텐셜에너지는 $V_g = mgh$
결국, 에너지 보존의 법칙에 의해
$T = V_g$에서 $\frac{3}{4}mv^2 = mgh$
$$v^2 = \frac{2}{3}\times 2gh$$
$$\therefore v = 0.816\sqrt{2gh}$$

문제 **89.** 평탄한 지면 위를 미끄럼이 없이 구르는 원통 중심의 가속도가 $1\,\text{m/s}^2$일 때 이 원통의 각가속도는 몇 rad/s^2인가?
(단, 반지름 r은 $2\,\text{m}$이다.)

① 0.2
② 0.5
③ 5
④ 10

해설 $a = \alpha r$에서
$$\therefore \alpha = \frac{a}{r} = \frac{1}{2} = 0.5\,\text{rad/s}^2$$

문제 **90.** 자동차가 반경 50 m의 원형도로를 25 m/s의 속도로 달리고 있을 때, 반경방향으로 작용하는 가속도는 몇 m/s^2인가?

① 9.8
② 10.0
③ 12.5
④ 25.0

해설 $a_n = r\omega^2 = r\left(\frac{V}{r}\right)^2 = \frac{V^2}{r} = \frac{25^2}{50} = 12.5\,\text{m/s}^2$

문제 **91.** 3차원 측정기에서 측정물의 측정위치를 감지하여 X, Y, Z축의 위치 데이터를 컴퓨터에 전송하는 기능을 가진 것은?

① 프로브
② 측정암
③ 컬럼
④ 정반

해설 프로브(probe)
: 측정물의 측정위치를 감지하여 X, Y, Z축의 위치 데이터를 컴퓨터에 전송하는 중요한 기능을 가지고 있다. 3차원 측정기에서 사용하는 프로브는 측정물과 접촉하는 부분으로 크게 나누어 접촉식과 비접촉식이 있다.

문제 **92.** 피복아크용접봉의 피복제 역할로 틀린 것은?

① 아크를 안정시킨다.
② 모재 표면의 산화물을 제거한다.
③ 용착금속의 급랭을 방지한다.
④ 용착금속의 흐름을 억제한다.

해설 · 피복제의 역할
① 대기 중의 산소, 질소의 침입을 방지하고 용융금속을 보호
② 아크를 안정
③ 모재표면의 산화물을 제거
④ 탈산 및 정련작용
⑤ 응고와 냉각속도를 지연
⑥ 전기절연 작용
⑦ 용착효율을 높인다.

해답 **88.** ③ **89.** ② **90.** ③ **91.** ① **92.** ④

문제 93. 와이어 컷 방전가공에서 와이어 이송 속도 0.2 mm/min, 가공물 두께가 10 mm일 때 가공속도는 몇 mm²/min인가?

① 0.02   ② 0.2

③ 2   ④ 20

해설 와이어 컷 방전가공에서 가공속도(절삭속도)는 단위시간당 절삭면적으로 보통 표시한다.

따라서, 가공속도 $V = St$

여기서, S : 와이어의 이송속도 (mm/min)

t : 가공물 두께 (mm)

$\therefore V = St = 0.2 \times 10 = 2\,\mathrm{mm^2/min}$

문제 94. 단조용 공구 중 소재를 올려놓고 타격을 가할 때 받침대로 사용하며 크기는 중량으로 표시하는 것은?

① 대뫼   ② 앤빌

③ 정반   ④ 단조용 탭

해설 ① 앤빌(anvil) : 금속을 타격하거나 가공변형시키는데 사용하며, 크기는 중량으로 표시한다.

② 정반(surface plate) : 측정 기준면으로 사용하며, 앤빌대용으로 사용한다.

③ 단조용 탭(forging tap) : 스웨이지 공구라고도 하며, 환봉, 6각, 8각 등을 가공하는 형틀형상을 갖는 공구

문제 95. 두께 5 mm의 연강판에 직경 10 mm의 펀칭 작업을 하는데 크랭크 프레스 램의 속도가 10 m/min이라면 이 때 프레스에 공급되어야 할 동력은 약 몇 kW인가?

(단, 연강판의 전단강도는 294.3 MPa이고, 프레스의 기계적 효율은 80 %이다.)

① 21.32   ② 15.54

③ 13.52   ④ 9.63

해설 우선, $P_S = \tau A = \tau\pi dt = 294.3 \times \pi \times 10 \times 5$

$= 46228.5\,\mathrm{N} ≒ 46.23\,\mathrm{kN}$

결국, 동력 $H = \dfrac{P_S V}{\eta_m} = \dfrac{46.23 \times 10}{0.8 \times 60} = 9.63\,\mathrm{kW}$

문제 96. 목재의 건조방법에서 자연건조법에 해당하는 것은?

① 야적법   ② 침재법

③ 자재법   ④ 증재법

해설 · 목재의 건조법

① 자연건조법 : 야적법, 가옥적법

② 인공건조법 : 침재법, 훈재법, 자재법, 전기건조법, 증재법, 열풍건조법, 진공건조법

문제 97. 전해연마 가공법의 특징이 아닌 것은?

① 가공면에 방향성이 없다.

② 복잡한 형상의 제품도 연마가 가능하다.

③ 가공 변질층이 있고 평활한 가공면을 얻을 수 있다.

④ 연질의 알루미늄, 구리 등도 쉽게 광택면을 얻을 수 있다.

해설 · 전해연마의 특징

① 가공변질층이 나타나지 않으므로 평활한 면을 얻을 수 있다.

② 복잡한 형상의 연마도 할 수 있다.

③ 가공면에는 방향성이 없다.

④ 내마모성, 내부식성이 향상된다.

⑤ 연질의 금속, 알루미늄, 동, 황동, 청동, 코발트, 크롬, 탄소강, 니켈 등도 쉽게 연마할 수 있다.

문제 98. 절연성 가공액 내에 도전성 재료의 전극과 공작물을 넣고 약 60~300 V의 펄스 전압을 걸어 약 5~50 μm까지 접근시켜 발생하는 스파크에 의한 가공방법은?

① 방전가공   ② 전해가공

③ 전해연마   ④ 초음파가공

해설 방전가공법

: 가공전극과 공작물을 등유와 같은 액중에서 0.04 ~0.05 mm 정도의 간격을 두고 100 V 정도의 전압을 걸어주면 표면의 소돌기부에서 방전이 일어나 공작물 표면을 용융시켜 가공하는 방법

해답 93. ③   94. ②   95. ④   96. ①   97. ③   98. ①

문제 99. 다음 공작기계에 사용되는 속도열 중 일반적으로 가장 많이 사용되고 있는 속도열은?

① 대수급수 속도열   ② 등비급수 속도열
③ 등차급수 속도열   ④ 조화급수 속도열

해설 · 회전속도열 : 공작기계가 낼 수 있는 최대회전수 N_{max}와 최소회전수 N_{min}과의 비 $R_{max} = \dfrac{N_{max}}{N_{min}}$을 공작기계의 속도역비라 하며, 종류로는
① 등차급수 속도열, ② 등비급수 속도열,
③ 대수급수 속도열, ④ 조화급수 속도열,
⑤ 복합 등비급수 속도열
등이 있다. 이 중에서 등비급수 속도열이 널리 사용된다.

문제 100. 저온 뜨임에 대한 설명으로 틀린 것은?

① 담금질에 의한 응력 제거
② 치수의 경년 변화 방지
③ 연마균열 생성
④ 내마모성 향상

해설 · 저온뜨임의 목적
① 연마균열 방지
② 내마모성 향상
③ 담금질에 의한 응력제거
④ 치수의 경년변화 방지
⑤ 트루스타이트 조직 생성

건설기계설비 기사

※ 재료역학, 열역학, 유체역학, 유압기기는 일반기계 기사와 중복됩니다. 나머지 유체기계, 건설기계일반, 플랜트배관의 순서는 1~30번으로 정합니다.

제4과목 유체기계

문제 1. 진공펌프의 설치 목적에 대한 설명으로 옳은 것은?

① 용기에 있는 공기 분자를 펌프를 통해 배기시키는 것. 즉, 용기내의 기체 밀도를 감소시키는 것이 펌프의 목적이다.
② 용기에 있는 물을 펌프를 통해 배기시키는 것. 즉, 용기내 유체의 체적을 감소시키는 것이 펌프의 목적이다.
③ 용기에 있는 공기 분자를 펌프를 통해 흡입시키는 것. 즉, 용기내의 기체 밀도를 증가시키는 것이 펌프의 목적이고 기체 밀도가 클수록 좋은 진공이라 할 수 있다.
④ 용기에 있는 물을 펌프를 통해 배기시키는 것. 즉, 용기내 유체의 체적을 증가시키는 것이 펌프의 목적이다.

해설 진공펌프
: 대기압 이하의 저압력 기체를 대기압까지 압축하여 송출시키는 일종의 압축기이다. 즉, 용기내의 기체 밀도를 감소시키는 것이 목적이다.

문제 2. 수차 중 물의 송출 방향이 축방향이 아닌 것은?

① 펠톤 수차
② 프란시스 수차
③ 사류 수차
④ 프로펠러 수차

해설 펠톤수차 : 분류(jet)가 수차의 접선방향으로 작용하여 날개차를 회전시켜서 기계적인 일을 얻는 충격수차로서 주로 낙차가 클 경우에 사용한다.

문제 3. 송풍기를 특성곡선의 꼭짓점 이하 닫힘 상태점 근방에서 풍량을 조정할 때 풍압이 진동하고 풍량에 맥동이 일어나며, 격렬한 소음과 운전불능에 빠질 수 있게 되는 현상은?

① 서징 현상
② 선회 실속 현상
③ 수격 현상
④ 쵸킹 현상

해답 99. ②   100. ③ ‖ 1. ①   2. ①   3. ①

> **해설** 서징현상
> : 원심식, 축류식의 송풍기 및 압축기에서는 송출쪽의 저항이 크게 되면 풍량이 감소하고, 어느 풍량에 대하여 일정압력으로 운전되지만 우향 상승 특성의 풍량까지 감소하면 관로에 격심한 공기의 맥동과 진동이 발생하여 불안정운전으로 되는 현상을 말한다.

문제 4. 토크컨버터에서 임펠러가 작동유에 준 토크를 Tp, 스테이터가 작동유에 준 토크를 Ts, 런너가 받는 토크를 Tt 라고 할 때 이들의 관계를 바르게 표현한 것은?

① $Tp = Ts + Tt$
② $Ts = Tp + Tt$
③ $Tt = Tp + Ts$
④ $Tt = Tp - Ts$

> **해설** 토크컨버터의 이론
> : 회전차(impeller)가 작동유에 준 토크(T_p), 깃차(runner)의 출력축 토크(T_t), 안내깃(stator)이 작동유에 준 토크(T_S)라 하면 그 밖의 토크는 없으므로 이들의 총합은 0이 된다.
> $$T_p + T_S - T_t = 0$$
> $$\therefore\ T_t = T_p + T_S$$

문제 5. 수차의 에너지 변환과정으로 옳은 것은?

① 위치 에너지 → 기계 에너지
② 기계 에너지 → 위치 에너지
③ 열 에너지 → 기계 에너지
④ 기계 에너지 → 열 에너지

> **해설** 수차(hydraulic turbine)
> : 물이 가지고 있는 위치에너지를 운동에너지 및 압력에너지로 바꾸어 이를 다시 기계적 에너지로 변환시키는 기계를 말한다.

문제 6. 프란시스 수차에서 사용하는 흡출관에 대한 설명으로 틀린 것은?

① 흡출관은 회전차에서 나온 물이 가진 속도수두와 방수면 사이의 낙차를 유효하게 이용하기 위해 사용한다.

② 캐비테이션을 일으키지 않기 위해서 흡출관의 높이는 일반적으로 7 m 이하로 한다.
③ 흡출관 입구의 속도가 빠를수록 흡출관의 효율은 커진다.
④ 흡출관은 일반적으로 원심형, 무디형, 엘보형이 있고, 이 중 엘보형의 효율이 제일 높다.

> **해설** · 흡출관의 모양 및 효율
> ① 원심형 : $\eta = 90\%$
> ② 무디형 : $\eta = 85\%$
> ③ 엘보형 : $\eta = 60\%$

문제 7. 원심펌프 회전차 출구의 직경 450 mm, 회전수 1200 rpm, 유체의 유입각도(α_1) 90°, 유체의 유출각도(β_2) 25°, 유속은 12 m/s일 때, 이론양정(m)은 얼마인가?

① 32.5
② 41.7
③ 48.6
④ 50.3

> **해설** $\alpha_1 = 90°$이므로 이때 이론양정은 최대양정이다.
> $$u_2 = \frac{\pi DN}{60} = \frac{\pi \times 0.45 \times 1200}{60} = 28.27\,\text{m/s}$$
> $$H_{\max} = \frac{1}{g} u_2 (u_2 - w_2 \cos\beta_2)$$
> $$= \frac{1}{9.8} \times 28.27 \times (28.27 - 12 \times \cos 25°) = 50.18\,\text{m}$$

문제 8. 원심펌프의 원리와 구조에 관한 설명으로 틀린 것은?

① 변곡된 다수의 깃(blade)이 달린 회전차가 밀폐된 케이싱 내에서 회전함으로써 발생하는 원심력의 작용에 따라 송수된다.
② 액체(주로 물)는 회전차의 중심에서 흡입되어 반지름 방향으로 흐른다.
③ 와류실은 와실에서 나온 물을 모아서 송출관쪽으로 보내는 스파이럴형의 동체이다.
④ 와실은 송출되는 물의 압력에너지를 되도록 손실을 적게 하여 속도에너지를 변환하는 역할을 한다.

해답 4.③ 5.① 6.④ 7.④ 8.④

해설〉 와실(casing)
: 회전차(impeller)의 바깥둘레에 배치된 환상부분으로서 그 내부에 안내깃이 있다. 안내깃은 회전차에서 송출되는 물을 와류실로 유도하여 속도에너지를 될 수 있는 대로 손실을 적게 하여 압력에너지로 변환하는 역할을 한다.

문제 **9.** 다음 수력기기 중 반동 수차에 해당하는 것은?

① 펠톤 수차, 프란시스 수차
② 프란시스 수차, 프로펠러 수차
③ 카플란 수차, 펠톤 수차
④ 펠톤 수차, 프로펠러 수차

해설〉 반동 수차 : 프란시스 수차, 프로펠러 수차

문제 **10.** 다음 중 기어펌프는 어느 형식의 펌프에 해당하는가?

① 축류펌프
② 원심펌프
③ 왕복식펌프
④ 회전펌프

해설〉 기어펌프(gear pump)
: 케이싱 속에 1쌍의 스퍼기어가 밀폐된 용적을 갖는 밀실 속에서 회전할 때 기어의 물림에 의한 운동으로 진공부분에서 흡입한 후에 기어의 계속적인 회전에 의해 토출구를 통해 유체를 토출하는 원리이다.

제5과목 건설기계일반 및 플랜트배관

문제 **11.** 타이어식 기중기에서 전후, 좌우 방향에 안전성을 주어 기중 작업 시 전도되는 것을 방지해 주는 안전장치는?

① 아우트리거
② 종감속 장치
③ 과권 경보장치
④ 과부하 방지장치

해설〉 아웃리거
: 안전성을 유지해 주고 타이어에 하중을 받는 것을 방지하여 타이어 및 스프링 등 하중으로 인하여 마모 파손되는 것을 방지해 주는 역할을 한다.

문제 **12.** 열팽창에 의한 배관의 이동을 제한하는 레스트레인트의 종류가 아닌 것은?

① 앵커
② 스토퍼
③ 가이드
④ 파이프슈

해설〉 · 레스트레인트(restraint)
① 개요 : 열팽창에 의한 배관의 자유로운 움직임을 구속하거나 제한하기 위한 장치
② 종류 : 앵커, 스토퍼, 가이드
※ 파이프 슈(pipe shoe) : 파이프로 직접 접속하는 지지대로서 배관의 수평부와 곡관부를 지지한다.

문제 **13.** 아스팔트 피니셔에 대한 설명으로 적절하지 않은 것은?

① 혼합재료를 균일한 두께로 포장폭만큼 노면 위에 깔고 다듬는 건설기계이다.
② 주행방식에 따라 타이어식과 무한궤도식으로 분류할 수 있다.
③ 피더는 혼합재료를 이동시키는 역할을 한다.
④ 스크리드는 운반된 혼합재료(아스팔트)를 저장하는 용기이다.

해설〉 · 아스팔트 피니셔의 기구
① 스크리드 : 노면에 살포된 혼합재를 매끈하게 다듬질하는 판
② 리빙 호퍼 : 장비의 정면에 5톤 정도의 호퍼가 설치되어 덤프트럭으로 운반된 혼합재(아스팔트)를 저장하는 용기
③ 피더 : 호퍼 바닥에 설치되어 혼합재를 스프레딩 스크루로 보내는 일을 한다.
④ 범퍼 : 스크리드 전면에 설치되어 노면에 살포된 혼합재를 요구하는 두께로 포장면을 다져준다.

문제 **14.** 스크레이퍼의 흙 운반량 (m³/h)에 대한 설명으로 틀린 것은?

정답 **9.** ② **10.** ④ **11.** ① **12.** ④ **13.** ④ **14.** ③

① 볼의 용량에 비례한다.
② 사이클 시간에 반비례한다.
③ 흙(토량) 환산계수에 반비례한다.
④ 스크레이퍼 작업 효율에 비례한다.

해설 $W = \dfrac{60\,QfE}{C_m}\,(\mathrm{m^3/hr})$

여기서, W : 스크레이퍼의 작업량
E : 스크레이퍼의 작업효율
C_m : 사이클시간
Q : 볼1회 흙운반 적재량
f : 토량환산계수

문제 15. 트랙터의 앞에 블레이드(배토판)를 설치한 것으로 송토, 굴토, 확토 작업을 하는 건설기계는?

① 굴삭기   ② 지게차
③ 도저   ④ 컨베이어

해설 도저(dozer)
: 트랙터(tractor)의 전면부에 배토판(blade)을 장착하고 후면에 리퍼(ripper), 루터(rooter) 등 부수장치를 부착하여 흙, 암반 등을 깎아 밀어내는 토공용 건설기계이다.

문제 16. 일반적으로 지게차에서 사용하는 조향방식은?

① 전륜 조향방식
② 포크 조향방식
③ 후륜 조향방식
④ 마스트 조향방식

해설 지게차(forklift)의 스티어링 장치
: 후륜환향(조향)식

문제 17. 도로포장을 위한 다짐작업에 사용되는 건설기계는?

① 롤러   ② 로더
③ 지게차   ④ 덤프트럭

해설 ① 롤러 : 다짐기계
② 로더 : 적재기계
③ 지게차, 덤프트럭 : 운반기계

문제 18. 강재의 크기에 따라 담금질 효과가 달라지는 현상을 의미하는 용어는?

① 단류선   ② 질량효과
③ 잔류응력   ④ 노치효과

해설 질량효과
: 같은 조성의 강을 같은 방법으로 담금질해도 그 재료의 굵기와 질량에 따라 담금질 효과가 달라진다. 이와 같이 질량의 크기에 따라 담금질의 효과가 달라지는 것을 말하며, 소재의 두께가 두꺼울수록 질량효과가 크다.

문제 19. 굴삭기를 주행 장치에 따라 구분하여 설명한 내용으로 적절하지 않은 것은?

① 주행 장치에 따라 무한궤도식과 타이어식으로 분류할 수 있다.
② 타이어식은 이동거리가 긴 작업장에서 작업능률이 좋다.
③ 타이어식은 주행저항이 적으며 기동성이 좋다.
④ 무한궤도식은 습지나 경사지에서의 작업이 곤란하다.

해설 · 굴삭기의 주행장치에 따른 분류
① 크롤러형(crawler type, 무한궤도식)
ㄱ 견인력이 크고 협소한 장소에서의 작업이 용이하며, 습지, 사지, 활지의 운행이 용이하고 안정성이 아주 좋다.
ㄴ 포장도로 운행이 곤란하고 주행속도가 느리다.
ㄷ 등판능력은 30 % 정도이다.
② 타이어형(wheel type)
ㄱ 포장도로와 교량 등의 운행이 좋고, 작업장의 이동이 용이한 형식으로 주행속도가 빠르다.
ㄴ 등판능력은 25 % 정도이다.
③ 트럭 탑재형 : 주행속도가 가장 빨라 기동성은 좋으나 작업능률이 나쁘다.

해답 **15.** ③   **16.** ③   **17.** ①   **18.** ②   **19.** ④

문제 20. 모터 그레이더에서 사용하는 리닝 장치에 대한 설명으로 옳은 것은?

① 블레이드를 올리고 내리는 장치이다.
② 앞바퀴를 좌우로 경사시키는 장치이다.
③ 기관의 가동시간을 기록하는 장치이다.
④ 큰 견인력을 얻기 위해 저압 타이어를 사용하는 장치이다.

해설 리닝(leaning)장치
　: 그레이더에는 차동기어가 없으며 리닝조작에 의하여 조향하며, 리닝장치는 앞바퀴를 좌우로 경사시키는 장치로 회전반경을 작게 하여 선회를 용이하게 하는 역할을 한다.

문제 21. 관 공작용 기계가 아닌 것은?

① 로터리식 파이프 벤딩기
② 동력 나사 절삭기
③ 파이프 렌치
④ 기계톱

해설 강관 공작용 기계 : 동력 나사절삭기, 기계톱, 고속 숫돌절단기, 파이프 밴딩기
　※ 파이프 렌치(pipe wrench) : 강관 공작용 공구로서 관을 회전시키거나 나사를 될 때 사용하는 공구이다.

문제 22. 동력을 이용하여 나사를 절삭하는 동력 나사 절삭기의 종류가 아닌 것은?

① 호브식
② 램식
③ 오스터식
④ 다이헤드식

해설 ・동력 나사 절삭기
① 개요 : 동력을 이용하여 나사를 절삭하는 기계이다.
② 종류
　㉠ 오스터식 : 동력으로 관을 저속 회전시키며, 나사절삭기를 밀어넣는 방법으로 나사가 절삭된다.
　㉡ 다이헤드식 : 관의 절단, 나사절삭, 거스러미 제거 등의 일을 연속적으로 할 수 있기 때문에 다이헤드를 관에 밀어넣어 나사를 가공한다.

㉢ 호브식 : 나사절삭 전용기계로서 호브를 저속으로 회전시키면 관은 어미나사와 척의 연결에 의해 1회전 할 때마다 1피치만큼 이동나사가 절삭된다.

문제 23. 부식의 외관상 분류 중 국부부식의 종류가 아닌 것은?

① 전면부식
② 입계부식
③ 선택부식
④ 극간부식

해설 국부부식 : 짧은 시간동안 금속면의 일부분에 집중적으로 일어나는 부식현상으로 접촉부식, 전식, 틈새(극간)부식, 입계부식, 선택부식 등이 있다.
　※ 전면부식 : 금속표면이 전면에 걸쳐 균등하게 부식되는 것을 말하며, 균일부식이라고도 한다.

문제 24. 밸브를 나사봉에 의하여 파이프의 횡단면과 평행하게 개폐하는 것으로 슬루스 밸브라고 불리는 밸브는?

① 게이트 밸브
② 앵글 밸브
③ 체크 밸브
④ 콕

해설 ① 슬루스 밸브 : 밸브를 나사봉에 의하여 파이프의 횡단면과 평행하게 개폐하는 것으로 게이트 밸브라고도 한다.
② 글로브 밸브(스톱 밸브) : 유체가 흐르는 방향에 따라 입구와 출구가 일직선 상에 있는 것을 글로브 밸브라 하고, 또한 입구와 출구가 직각인 것을 앵글 밸브라고 한다.
③ 체크 밸브 : 유체의 흐름이 한쪽방향으로 역류를 하면 자동적으로 밸브가 닫혀지게 할 때 사용한다. 즉, 역류를 방지하는 밸브이다.
④ 콕 : 구멍이 있는 원추모양의 마개(plug)를 회전시켜 유체의 통로를 개폐하여 유체를 차단할 수 있는 밸브를 말한다.

문제 25. 배수배관의 구배에 대한 설명 중 틀린 것은?

① 물 포켓이나 에어포켓이 만들어지는 요철 배관의 시공은 하지 않도록 한다.

정답 20. ② 21. ③ 22. ② 23. ① 24. ① 25. ②

② 배수배관과 중력식 증기배관의 환수관은 일정한 구배로 관 말단까지 상향구배로 한다.

③ 배수배관은 구배의 경사가 완만하면 유속이 떨어져 밀어내는 힘이 감소하여 고형물이 남게 된다.

④ 배수배관은 구배를 급경사지게 하면 물이 관 바닥을 급속히 흐르게 되므로 고형물을 부유시키지 않는다.

해설 ① 배수배관 : 배수 수평관을 합류시킬 때에는 45° 이내의 예각으로 하고, 수평에 가까운 구배로 접속한다.

② 증기배관 : 하향식, 상향식 모두 하향구배를 준다.

문제 **26.** 15 ℃인 강관 25 m가 있다. 이 강관에 온수 60 ℃의 온수를 공급할 때 강관의 신축량은 몇 mm인가? (단, 강관의 열팽창 계수는 0.012 mm/m·℃이다.)

① 5.5　　　　② 8.5

③ 13.5　　　　④ 16.5

해설 $\lambda = \alpha \Delta t \cdot \ell = 0.012 \times (60 - 15) \times 25 = 13.5 \, \mathrm{mm}$

문제 **27.** 주철관의 인장강도가 낮기 때문에 피해야 하는 관 이음방법은?

① 용접 이음　　　　② 소켓 이음

③ 플랜지 이음　　　　④ 기계식 이음

해설 주철관의 접합법
: 소켓접합(＝연납접합), 기계적 접합, 빅토릭 접합, 타이톤 접합, 플랜지 접합

문제 **28.** 탄소강관의 내면 또는 외면을 폴리에틸렌이나 경질 염화비닐로 피복하여 내구성과 내식성이 우수한 관은?

① 주철관　　　　② 탄소강관

③ 라이닝 강관　　　　④ 스테인리스강관

해설 라이닝 강관 : 방식, 내마모 등을 목적으로 강관 내벽 면에 얇은 유기피막을 부착시킨 것으로 라이닝 재료로서 경질 염화비닐, 타르 에폭시수지, 폴리에틸렌 분체 등이 사용된다.

문제 **29.** 배관용 탄소강관의 설명으로 틀린 것은?

① 종류에는 흑관과 백관이 있다.

② 고압 배관용으로 주로 사용된다.

③ 호칭지름은 6∼600 A까지가 있다.

④ KS 규격 기호는 SPP이다.

해설 배관용 탄소강관(기호 : SPP)
: 일명 "가스관"이라 하며, 350 ℃ 이하에서 사용압력이 비교적 낮은 증기, 물, 기름, 가스, 공기 등의 배관용으로 사용된다.
호칭지름은 6∼500 A까지 24종이 있다.
종류에는 흑관과 백관이 있다.

문제 **30.** 배수관 시공완료 후 각 기구의 접속부 기타 개구부를 밀폐하고, 배관의 최고부에서 물을 가득 넣어 누수 유무를 판정하는 시험은?

① 응력시험　　　　② 통수시험

③ 연기시험　　　　④ 만수시험

해설 ① 통수시험 : 기기와 배관을 접속하여 모든 공사가 완료한 다음 실제로 사용할 때와 같은 상태에서 물을 배출하여 배관기능이 충분히 발휘되는가를 조사함과 동시에 기기 설치 부분의 누수를 점검하는 시험이다.

② 연기시험 : 위생기구 설치 후 각 트랩에 봉수하여 제연기 속에서 기름 또는 콜타르를 침투시킨 종이, 면 등을 연기가 많이 나도록 태워 전 계통에 자극성이 짙은 연기를 보내어 연기가 최고높이의 개구부에 나오기 시작할 때 개구부를 밀폐하여 관속의 기압이 일정한 압력까지 올라간 다음 일정시간 계속하여 연기가 새는 것을 조사하는 2차 시험으로 연기로 배관계의 기밀을 조사하는 시험이다.

③ 만수시험 : 배관완료 후 각 기구의 접속부, 기타 개구부를 밀폐하고 배관의 최고부에서 물을 넣어 만수시켜 일정시간 지나서 수위의 변동여부를 조사하는 배관계통의 누수유무를 조사하는 시험이다.

해답 **26.** ③　**27.** ①　**28.** ③　**29.** ②　**30.** ④

2020년 제4회 일반기계·건설기계설비 기사

제1과목 재료역학

문제 1. 자유단에 집중하중 P를 받는 외팔보의 최대 처짐 δ_1과 $W = wL$이 되게 균일분포하중 (w)이 작용하는 외팔보의 자유단 처짐 δ_2가 동일하다면 두 하중들의 비 W/P는 얼마인가? (단, 보의 굽힘 강성은 EI로 일정하다.) 【8장】

① $\dfrac{8}{3}$ ② $\dfrac{3}{8}$

③ $\dfrac{5}{8}$ ④ $\dfrac{8}{5}$

[해설] $\delta_1 = \dfrac{PL^3}{3EI}$, $\delta_2 = \dfrac{wL^4}{8EI} = \dfrac{WL^3}{8EI}$

$\delta_1 = \delta_2$이므로 $\dfrac{PL^3}{3EI} = \dfrac{WL^3}{8EI}$

$\therefore W/P = \dfrac{8}{3}$

문제 2. 다음 부정정보에서 고정단의 모멘트 M_0는? 【9장】

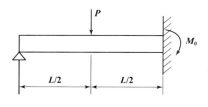

① $\dfrac{PL}{3}$ ② $\dfrac{PL}{4}$

③ $\dfrac{PL}{6}$ ④ $\dfrac{3PL}{16}$

[해설] $M_0 = M_{max} = \dfrac{3PL}{16}$

문제 3. 그림과 같은 외팔보에 저장된 굽힘 변형 에너지는? (단, 세로탄성계수는 E이고, 단면의 관성모멘트는 I이다.) 【8장】

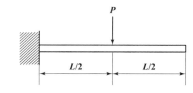

① $\dfrac{P^2 L^3}{8EI}$ ② $\dfrac{P^2 L^3}{12EI}$

③ $\dfrac{P^2 L^3}{24EI}$ ④ $\dfrac{P^2 L^3}{48EI}$

[해설] $U = \dfrac{P^2 \ell^3}{6EI}$ 꼴에서 $U = \dfrac{P^2 \left(\dfrac{L}{2}\right)^3}{6EI} = \dfrac{P^2 L^3}{48EI}$

문제 4. 지름 7 mm, 길이 250 mm인 연강 시험 편으로 비틀림 시험을 하여 얻은 결과, 토크 4.08 N·m에서 비틀림 각이 8°로 기록되었다. 이 재료의 전단탄성계수는 약 몇 GPa인가? 【5장】

① 64 ② 53
③ 41 ④ 31

[해설] 비틀림각 $\theta = \dfrac{180}{\pi} \times \dfrac{T\ell}{GI_P}$ 에서

$8 = \dfrac{180}{\pi} \times \dfrac{4.08 \times 10^{-9} \times 0.25}{G \times \dfrac{\pi \times 0.007^4}{32}}$ $\therefore G ≒ 31\,\mathrm{GPa}$

문제 5. 그림과 같은 보에 하중 P가 작용하고 있을 때 이 보에 발생하는 최대 굽힘응력이 σ_{max}라면 하중 P는? 【7장】

[해답] 1. ① 2. ④ 3. ④ 4. ④ 5. ①

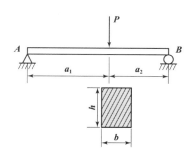

① $P = \dfrac{bh^2(a_1 + a_2)\sigma_{\max}}{6a_1 a_2}$

② $P = \dfrac{bh^3(a_1 + a_2)\sigma_{\max}}{6a_1 a_2}$

③ $P = \dfrac{b^2 h(a_1 + a_2)\sigma_{\max}}{6a_1 a_2}$

④ $P = \dfrac{b^3 h(a_1 + a_2)\sigma_{\max}}{6a_1 a_2}$

해설 $M_{\max} = R_A a_1 = \dfrac{Pa_1 a_2}{a_1 + a_2}$

결국, $M_{\max} = \sigma_{\max} Z$에서 $\dfrac{Pa_1 a_2}{a_1 + a_2} = \sigma_{\max} \times \dfrac{bh^2}{6}$

$\therefore P = \dfrac{bh^2(a_1 + a_2)\sigma_{\max}}{6a_1 a_2}$

문제 **6.** 그림과 같이 수평 강체봉 AB의 한쪽을 벽에 힌지로 연결하고 죄임봉 CD로 매단 구조물이 있다. 죄임봉의 단면적은 $1\,\text{cm}^2$, 허용 인장응력은 $100\,\text{MPa}$일 때 B단의 최대 안전하중 P는 몇 kN인가? 【6장】

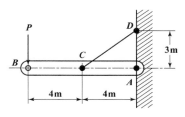

① 3   ② 3.75

③ 6   ④ 8.33

해설 $T_{CD} = \sigma_a A_{CD} = 100 \times 10^3 \times 1 \times 10^{-4} = 10\,\text{kN}$

결국, $\sum M_A = 0 : P \times 8 = T_{CD} \times \dfrac{3}{5} \times 4$

$P \times 8 = 10 \times \dfrac{3}{5} \times 4$

$\therefore P = 3\,\text{kN}$

문제 **7.** 지름 $35\,\text{cm}$의 차축이 $0.2°$만큼 비틀렸다. 이때 최대 전단응력이 $49\,\text{MPa}$이라고 하면 이 차축의 길이는 약 몇 m인가? (단, 재료의 전단탄성계수는 $80\,\text{GPa}$이다.) 【5장】

① 2.5   ② 2.0

③ 1.5   ④ 1

해설 $\theta = \dfrac{180}{\pi} \times \dfrac{T\ell}{GI_P} = \dfrac{180}{\pi} \times \dfrac{\tau Z_P \ell}{GI_P}$에서

$0.2 = \dfrac{180}{\pi} \times \dfrac{49 \times 10^6 \times \dfrac{\pi \times 0.35^3}{16} \times \ell}{80 \times 10^9 \times \dfrac{\pi \times 0.35^4}{32}}$

$\therefore \ell = 0.997\,\text{m} = 1\,\text{m}$

문제 **8.** 양단이 고정된 균일 단면봉의 중간단면 C에 축하중 P를 작용시킬 때 A, B에서 반력은? 【6장】

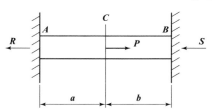

① $R = \dfrac{P(a + b^2)}{a + b}$, $S = \dfrac{P(a^2 + b)}{a + b}$

② $R = \dfrac{Pb^2}{a + b}$, $S = \dfrac{Pa^2}{a + b}$

③ $R = \dfrac{Pb}{a + b}$, $S = \dfrac{Pa}{a + b}$

④ $R = \dfrac{Pa}{a + b}$, $S = \dfrac{Pb}{a + b}$

해답 **6.** ①   **7.** ④   **8.** ③

[해설] 우선, $\sum F_x = 0$ 에서 $R + S = P$ .... ① 식

또한, $\lambda_{AC} = \lambda_{CB}$ 에서 $\dfrac{Ra}{AE} = \dfrac{Sb}{AE}$

즉, $Ra = Sb$ .... ② 식

결국, ①, ②식을 연립하면

$\therefore R = \dfrac{Pb}{a+b}, \quad S = \dfrac{Pa}{a+b}$

[문제] **9.** 아래와 같은 보에서 C점(A에서 4 m 떨어진 점)에서의 굽힘모멘트 값은 약 몇 kN·m 인가? 【6장】

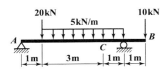

① 5.5   ② 11

③ 13   ④ 22

[해설] 우선, $(R_A \times 5) - (20 \times 4) - (5 \times 4 \times 2) = -10 \times 1$

$\therefore R_A = 22 \, \text{kN}$

결국, $M_C = (R_A \times 4) - (20 \times 3) - (5 \times 3 \times 1.5)$

$= (22 \times 4) - (20 \times 3) - (5 \times 3 \times 1.5)$

$= 5.5 \, \text{kN} \cdot \text{m}$

[문제] **10.** 그림과 같은 직사각형 단면에서 $y_1 = (2/3)h$의 위쪽 면적(빗금 부분)의 중립축에 대한 단면 1차모멘트 Q는? 【4장】

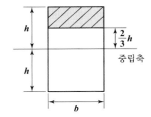

① $\dfrac{3}{8} bh^2$ ② $\dfrac{3}{8} bh^3$

③ $\dfrac{5}{18} bh^2$ ④ $\dfrac{5}{18} bh^3$

[해설] $Q_x = A \bar{y} = b \times \dfrac{h}{3} \times \left(\dfrac{2h}{3} + \dfrac{h}{3} \times \dfrac{1}{2} \right) = \dfrac{5bh^2}{18}$

[문제] **11.** 공칭응력(nominal stress : σ_n)과 진응력(true stress : σ_t) 사이의 관계식으로 옳은 것은? (단, ε_n은 공칭변형율(nominal strain), ε_t는 진변형율(true strain)이다.) 【1장】

① $\sigma_t = \sigma_n (1 + \varepsilon_t)$

② $\sigma_t = \sigma_n (1 + \varepsilon_n)$

③ $\sigma_t = \ln (1 + \sigma_n)$

④ $\sigma_t = \ln (\sigma_n + \varepsilon_n)$

[해설] 우선, 진응력(true stress)이란 변화된 실제 단면적에 대한 하중의 비를 뜻하며

$\therefore \sigma_t = \sigma_n (1 + \varepsilon_n)$ 이다.

또한, 진변형률(true strain)이란 변화된 실제길이에 대한 늘어난 길이의 비를 뜻하며

$\therefore \varepsilon_t = \ell n (1 + \varepsilon_n)$ 이다.

[문제] **12.** 그림과 같이 등분포하중이 작용하는 보에서 최대 전단력의 크기는 몇 kN인가? 【6장】

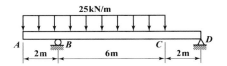

① 50   ② 100

③ 150   ④ 200

[해설] 우선, $\sum M_D = 0 : (-25 \times 8 \times 6) + (R_B \times 8) = 0$

$\therefore R_B = 150 \, \text{kN}$

따라서, $R_D = 50 \, \text{kN}$

또한,

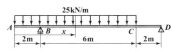

A점으로부터 x만큼 떨어진 임의의 지점의 전단력은

$F_x = R_B - 25x = 150 - 25x$

결국, A점의 전단력 $F_{x=0} = 0$

B점의 전단력 $F_{x=2\text{m}} = 150 - (25 \times 2) = 100 \, \text{kN}$

$= F_{\max}$

C점의 전단력 $F_{x=8\text{m}} = 150 - (25 \times 8) = -50 \, \text{kN}$

D점의 전단력 $F_D = R_D = 50 \, \text{kN}$

[정답] **9.** ①   **10.** ③   **11.** ②   **12.** ②

문제 13. $\sigma_x = 700\,\mathrm{MPa}$, $\sigma_y = -300\,\mathrm{MPa}$이 작용하는 평면응력 상태에서 최대 수직응력($\sigma_{\max}$)과 최대 전단응력($\tau_{\max}$)은 각각 몇 MPa인가? 【3장】

① $\sigma_{\max} = 700$, $\tau_{\max} = 300$

② $\sigma_{\max} = 700$, $\tau_{\max} = 500$

③ $\sigma_{\max} = 600$, $\tau_{\max} = 400$

④ $\sigma_{\max} = 500$, $\tau_{\max} = 700$

해설 $\sigma_{n\cdot\max} = \sigma_x = 700\,\mathrm{MPa}$

$\tau_{\max} = $ 모어원의 반경 $= \dfrac{1}{2}(\sigma_x - \sigma_y) = \dfrac{1}{2}(700 + 300)$

$= 500\,\mathrm{MPa}$

문제 14. 안지름이 2 m이고 1000 kPa의 내압이 작용하는 원통형 압력 용기의 최대 사용응력이 200 MPa이다. 용기의 두께는 약 몇 mm인가? (단, 안전계수는 2이다.) 【2장】

① 5　　　　　　② 7.5

③ 10　　　　　④ 12.5

해설 우선, $\sigma_a = \dfrac{\sigma_u}{S} = \dfrac{200}{2} = 100\,\mathrm{MPa}$

결국, $t = \dfrac{Pd}{2\sigma_a} = \dfrac{1000 \times 2}{2 \times 100 \times 10^3} = 0.01\,\mathrm{m} = 10\,\mathrm{mm}$

문제 15. 양단이 고정단인 주철 재질의 원주가 있다. 이 기둥의 임계응력을 오일러 식에 의해 계산한 결과 $0.0247E$로 얻어졌다면 이 기둥의 길이는 원주 직경의 몇 배인가? (단, E는 재료의 세로탄성계수이다.) 【10장】

① 12　　　　　　② 10

③ 0.05　　　　④ 0.001

해설 $\sigma_{cr} = \dfrac{P_{cr}}{A} = n\pi^2 \dfrac{EI}{A\ell^2}$ 에서

$0.0247E = 4\pi^2 \times \dfrac{E \times \dfrac{\pi d^4}{64}}{\dfrac{\pi}{4}d^2 \times \ell^2}$　　∴ $\ell = 9.99d \fallingdotseq 10d$

문제 16. 높이가 L이고 저면의 지름이 D, 단위 체적당 중량 γ의 그림과 같은 원추형의 재료가 자중에 의해 변형될 때 저장된 변형에너지 값은? (단, 세로탄성계수는 E이다.) 【2장】

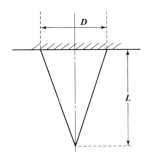

① $\dfrac{\pi\gamma D^2 L^3}{24E}$　　　② $\dfrac{(\pi\gamma^2\pi^2 D^3)^2}{72E}$

③ $\dfrac{\pi\gamma DL^2}{96E}$　　　④ $\dfrac{\gamma^2\pi D^2 L^3}{360E}$

해설

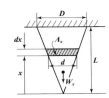

우선, $W_x = \gamma V_x = \gamma \cdot \dfrac{A_x x}{3}$

$\lambda = \dfrac{W\ell}{AE}$ 에서　$d\lambda = \dfrac{W_x dx}{A_x E} = \dfrac{\dfrac{\gamma \dfrac{A_x x}{3}}{}dx}{A_x E} = \dfrac{\gamma x}{3E}dx$

또한, 미소저장탄성에너지는 $U = \dfrac{1}{2}W\lambda$ 에서

$dU = \dfrac{1}{2}W_x d\lambda = \dfrac{1}{2} \times \gamma \dfrac{A_x x}{3} \times \dfrac{\gamma x}{3E}dx$

그런데, 그림에서

$x : L = d : D$　　∴ $d = \dfrac{Dx}{L}$

$A_x = \dfrac{\pi d^2}{4} = \dfrac{\pi}{4}\left(\dfrac{Dx}{L}\right)^2 = \dfrac{\pi D^2 x^2}{4L^2}$

$dU = \dfrac{1}{2} \times \dfrac{\gamma}{3} \times \dfrac{\pi D^2 x^2}{4L^2} \times x \times \dfrac{\gamma x}{3E}dx = \dfrac{\gamma^2\pi D^2 x^4}{72EL^2}dx$

결국, 양변을 적분하면

$U = \dfrac{\gamma^2\pi D^2}{72EL^2}\displaystyle\int_0^L x^4 dx = \dfrac{\gamma^2\pi D^2}{72EL^2}\left[\dfrac{x^5}{5}\right]_0^L$

$= \dfrac{\gamma^2\pi D^2}{72EL^2} \times \dfrac{L^5}{5} = \dfrac{\gamma^2\pi D^2 L^3}{360E}$

해답 13. ② 　14. ③ 　15. ② 　16. ④

문제 17. 그림과 같은 단면의 축이 전달할 토크가 동일하다면 각 축의 재료 선정에 있어서 허용 전단응력의 비 τ_A/τ_B의 값은 얼마인가? 【5장】

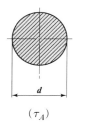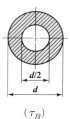

① $\dfrac{15}{16}$

② $\dfrac{9}{16}$

③ $\dfrac{16}{15}$

④ $\dfrac{16}{9}$

해설 $T = \tau Z_P$에서

$T_A = T_B$이므로 $\tau_A Z_{P \cdot A} = \tau_B Z_{P \cdot B}$

$$\therefore \ \tau_A/\tau_B = \frac{Z_{P \cdot B}}{Z_{P \cdot A}} = \frac{\left[\dfrac{\pi(d_2^4 - d_1^4)}{16 d_2}\right]}{\dfrac{\pi d^3}{16}} = \frac{d_2^4 - d_1^4}{d_2 \times d^3}$$

$$= \frac{d^4 - \left(\dfrac{d}{2}\right)^4}{d \times d^3} = \frac{15}{16}$$

문제 18. 단면 지름이 3 cm인 환봉이 25 kN의 전단하중을 받아서 0.00075 rad의 전단변형률을 발생시켰다. 이때 재료의 세로탄성계수는 약 몇 GPa인가?
(단, 이 재료의 포아송 비는 0.3이다.) 【1장】

① 75.5

② 94.4

③ 122.6

④ 157.2

해설 우선, $\tau = G\gamma$에서

$$G = \frac{\tau}{\gamma} = \frac{P_s}{A\gamma} = \frac{25 \times 10^{-6}}{\dfrac{\pi}{4} \times 0.03^2 \times 0.00075} = 47.2\,\mathrm{GPa}$$

결국, $mE = 2G(m+1)$에서

$$E = 2G(1 + \mu) = 2 \times 47.2 \times (1 + 0.3)$$
$$= 122.72\,\mathrm{GPa}$$

문제 19. 원형단면의 단순보가 그림과 같이 등분포하중 $w = 10$ N/m를 받고 허용응력이 800 Pa일 때, 단면의 지름은 최소 몇 mm가 되어야 되는가? 【7장】

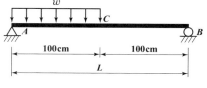

① 330

② 430

③ 550

④ 650

해설 우선, $R_A \times 2 - 10 \times 1 \times 1.5 = 0$

$\therefore R_A = 7.5\,\mathrm{N}$

또한, A점으로부터 x만큼 떨어진 곳의 전단력(F_x)은

$$F_x = R_A - wx = 7.5 - 10x$$

$M_{\max}$의 위치는 $F_x = 0$인 곳에서 생기므로

$$7.5 - 10x = 0$$

즉, $x = 0.75\,\mathrm{m}$

$M_x = R_A x - wx\dfrac{x}{2}$이므로

$$M_{\max} = M_{x = 0.75\mathrm{m}} = 7.5 \times 0.75 - 10 \times \frac{0.75^2}{2}$$
$$= 2.8125\,\mathrm{N \cdot m}$$

결국, $M = \sigma Z$에서 $M_{\max} = \sigma_a \times \dfrac{\pi d^3}{32}$

즉, $d = \sqrt[3]{\dfrac{32 M_{\max}}{\pi \sigma_a}} = \sqrt[3]{\dfrac{32 \times 2.8125}{\pi \times 800}}$

$$= 0.3296\,\mathrm{m} \fallingdotseq 330\,\mathrm{mm}$$

문제 20. 그림과 같이 지름 d인 강철봉이 안지름 d, 바깥지름 D인 동관에 끼워져서 두 강체 평판 사이에서 압축되고 있다. 강철봉 및 동관에 생기는 응력을 각각 σ_s, σ_c라고 하면 응력의 비 (σ_s/σ_c)의 값은?
(단, 강철(Es) 및 동(Ec)의 탄성계수는 각각 $Es = 200$ GPa, $Ec = 120$ GPa이다.)

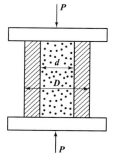

【2장】

① $\dfrac{3}{5}$ ② $\dfrac{4}{5}$

③ $\dfrac{5}{4}$ ④ $\dfrac{5}{3}$

[해설] $\sigma_s / \sigma_c = \dfrac{E_s}{E_c} = \dfrac{200}{120} = \dfrac{5}{3}$

제2과목　기계열역학

[문제] 21. 비가역 단열변화에 있어서 엔트로피 변화량은 어떻게 되는가? 【4장】

① 증가한다.

② 감소한다.

③ 변화량은 없다.

④ 증가할 수도 감소할 수도 있다.

[해설] · 엔트로피 변화량
　① 가역 단열변화 : 등엔트로피 변화
　　　　　　　　　　즉, 엔트로피가 불변
　② 비가역 단열변화 : 항상 증가한다.

[문제] 22. 그림과 같이 A, B 두 종류의 기체가 한 용기 안에서 박막으로 분리되어 있다. A의 체적은 0.1 m³, 질량은 2 kg이고, B의 체적은 0.4 m³, 밀도는 1 kg/m³이다. 박막이 파열되고 난 후에 평형에 도달하였을 때 기체 혼합물의 밀도 (kg/m³)는 얼마인가? 【3장】

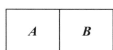

A	B

① 4.8   ② 6.0

③ 7.2   ④ 8.4

[해설] 우선, $\rho_1 = \dfrac{m_1}{V_1} = \dfrac{2}{0.1} = 20\,\text{kg/m}^3$

결국, $\rho V = \rho_1 V_1 + \rho_2 V_2$에서

$\therefore \rho = \dfrac{\rho_1 V_1 + \rho_2 V_2}{V(=V_1+V_2)} = \dfrac{(20 \times 0.1) + (1 \times 0.4)}{0.1 + 0.4}$

$\quad = 4.8\,\text{kg/m}^3$

[문제] 23. 엔트로피(s) 변화 등과 같은 직접 측정할 수 없는 양들을 압력(P), 비체적(v), 온도(T)와 같은 측정 가능한 상태량으로 나타내는 Maxwell 관계식과 관련하여 다음 중 틀린 것은? 【4장】

① $\left(\dfrac{\partial T}{\partial P}\right)_s = \left(\dfrac{\partial v}{\partial s}\right)_P$ ② $\left(\dfrac{\partial T}{\partial v}\right)_s = -\left(\dfrac{\partial P}{\partial s}\right)_v$

③ $\left(\dfrac{\partial v}{\partial T}\right)_P = -\left(\dfrac{\partial s}{\partial P}\right)_T$ ④ $\left(\dfrac{\partial P}{\partial v}\right)_T = \left(\dfrac{\partial s}{\partial T}\right)_v$

[해설] Maxwell 관계식은 다음과 같다.

$\left(\dfrac{\partial T}{\partial S}\right)_s = -\left(\dfrac{\partial P}{\partial S}\right)_v, \quad \left(\dfrac{\partial T}{\partial P}\right)_s = \left(\dfrac{\partial v}{\partial S}\right)_P$

$\left(\dfrac{\partial P}{\partial T}\right)_v = -\left(\dfrac{\partial S}{\partial v}\right)_T, \quad \left(\dfrac{\partial v}{\partial T}\right)_P = -\left(\dfrac{\partial S}{\partial P}\right)_T$

[문제] 24. 냉매로서 갖추어야 될 요구 조건으로 적합하지 않은 것은? 【9장】

① 불활성이고 안정하며 비가연성 이어야 한다.

② 비체적이 커야 한다.

③ 증발 온도에서 높은 잠열을 가져야 한다.

④ 열전도율이 커야 한다.

[해설] 증기의 비체적이 작아야 한다.

[문제] 25. 어떤 이상기체 1 kg이 압력 100 kPa, 온도 30 ℃의 상태에서 체적 0.8 m³을 점유한다면 기체상수 (kJ/kg·K)는 얼마인가? 【3장】

① 0.251   ② 0.264

③ 0.275   ④ 0.293

[해설] $PV = mRT$에서

$\therefore R = \dfrac{PV}{mT} = \dfrac{100 \times 0.8}{1 \times 303} = 0.264\,\text{kJ/kg} \cdot \text{K}$

[정답] 21. ①   22. ①   23. ④   24. ②   25. ②

문제 26. 어떤 가스의 비내부에너지 u (kJ/kg), 온도 t (℃), 압력 P (kPa), 비체적 v (m³/kg) 사이에는 아래의 관계식이 성립한다면, 이 가스의 정압비열 (kJ/kg·℃)은 얼마인가? 【2장】

$$u = 0.28t + 532$$
$$Pv = 0.560(t + 380)$$

① 0.84 ② 0.68
③ 0.50 ④ 0.28

해설 $h = u + Pv$ 에서
$$dh = du + d(Pv)$$
$$C_p dt = du + d(Pv)$$
$$C_p dt = d(0.28t + 532) + d[0.560(t + 380)]$$
t 에 대하여 미분하면
$$\therefore C_p = 0.28 + 0.560 = 0.84 \text{ kJ/kg} \cdot ℃$$

문제 27. 이상적인 가역과정에서 열량 ΔQ 가 전달될 때, 온도 T 가 일정하면 엔트로피 변화 ΔS 를 구하는 계산식으로 옳은 것은? 【4장】

① $\Delta S = 1 - \dfrac{\Delta Q}{T}$

② $\Delta S = 1 - \dfrac{T}{\Delta Q}$

③ $\Delta S = \dfrac{\Delta Q}{T}$

④ $\Delta S = \dfrac{T}{\Delta Q}$

해설 $dS = \dfrac{\delta Q}{T}$ 즉, $\Delta S = \dfrac{\Delta Q}{T}$

문제 28. 다음 중 경로함수(path function)는? 【1장】

① 엔탈피 ② 엔트로피
③ 내부에너지 ④ 일

해설 과정(＝경로＝도정)함수 : 열량, 일량

문제 29. 랭킨사이클의 각 점에서의 엔탈피 아래와 같을 때 사이클의 이론 열효율 (%)은? 【7장】

보일러 입구 :	58.6 kJ/kg
보일러 출구 :	810.3 kJ/kg
응축기 입구 :	614.2 kJ/kg
응축기 출구 :	57.4 kJ/kg

① 32 ② 30
③ 28 ④ 26

해설
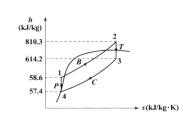

$$\eta_R = \frac{w_{net}}{q_1} = \frac{w_T - w_P}{q_1} = \frac{(h_2 - h_3) - (h_1 - h_4)}{h_2 - h_1}$$
$$= \frac{(810.3 - 614.2) - (58.6 - 57.4)}{810.3 - 58.6} = 0.26 = 26\%$$

문제 30. 원형 실린더를 마찰 없는 피스톤이 덮고 있다. 피스톤에 비선형 스프링이 연결되고 실린더 내의 기체가 팽창하면서 스프링이 압축된다. 스프링의 압축 길이가 X m일 때 피스톤에는 $kX^{1.5}$ N의 힘이 걸린다. 스프링의 압축 길이가 0 m에서 0.1 m로 변하는 동안에 피스톤이 하는 일이 Wa 이고, 0.1 m에서 0.2 m로 변하는 동안에 하는 일이 Wb 라면 Wa/Wb 는 얼마인가? 【2장】

① 0.083 ② 0.158
③ 0.214 ④ 0.333

해설 일 $W = $ 힘×거리 $= kX^{1.5} \cdot X = kX^{2.5}$ 이므로
우선, $W_a = kX^{2.5} = k(0.1^{2.5} - 0^{2.5}) = 0.1^{2.5}k$
또한, $W_b = kX^{2.5} = k(0.2^{2.5} - 0.1^{2.5})$
결국, $W_a / W_b = \dfrac{0.1^{2.5}k}{k(0.2^{2.5} - 0.1^{2.5})} = 0.214$

해답 26. ① 27. ③ 28. ④ 29. ④ 30. ③

문제 31. 내부 에너지가 30 kJ인 물체에 열을 가하여 내부 에너지가 50 kJ이 되는 동안에 외부에 대하여 10 kJ의 일을 하였다. 이 물체에 가해진 열량(kJ)은? 【2장】

① 10   ② 20
③ 30   ④ 60

해설 $_1Q_2 = (U_2 - U_1) + _1W_2 = (50 - 30) + 10 = 30 \,\text{kJ}$

문제 32. 풍선에 공기 2 kg이 들어 있다. 일정 압력 500 kPa 하에서 가열 팽창하여 체적이 1.2배가 되었다. 공기의 초기온도가 20 ℃일 때 최종온도 (℃)는 얼마인가? 【3장】

① 32.4   ② 53.7
③ 78.6   ④ 92.3

해설 $\dfrac{V_1}{T_1} = \dfrac{V_2}{T_2}$ 에서 $\dfrac{V_1}{293} = \dfrac{1.2 \, V_1}{T_2}$
$\therefore \; T_2 = 351.6 \,\text{K} = 78.6 \,℃$

문제 33. 처음 압력이 500 kPa이고, 체적이 2 m³인 기체가 "PV=일정"인 과정으로 압력이 100 kPa까지 팽창할 때 밀폐계가 하는 일 (kJ)을 나타내는 계산식으로 옳은 것은? 【3장】

① $1000 \ln \dfrac{2}{5}$ ② $1000 \ln \dfrac{5}{2}$

③ $1000 \ln 5$ ④ $1000 \ln \dfrac{1}{5}$

해설 $PV = C$: 등온
$\therefore \; _1W_2 = P_1 V_1 \ell n \dfrac{V_2}{V_1} = P_1 V_1 \ell n \dfrac{P_1}{P_2}$
$= 500 \times 2 \times \ell n \dfrac{500}{100} = 1000 \ell n 5 \,(\text{kJ})$

문제 34. 자동차 엔진을 수리한 후 실린더 블록과 헤드 사이에 수리 전과 비교하여 더 두꺼운 개스킷을 넣었다면 압축비와 열효율은 어떻게 되겠는가? 【8장】

① 압축비는 감소하고, 열효율도 감소한다.
② 압축비는 감소하고, 열효율은 증가한다.
③ 압축비는 증가하고, 열효율은 감소한다.
④ 압축비는 증가하고, 열효율도 증가한다.

해설 오토사이클의 열효율 $\eta_0 = 1 - \left(\dfrac{1}{\varepsilon}\right)^{k-1}$ 에서 더 두꺼운 개스킷을 넣었다면 압축비 $\varepsilon = \dfrac{V_1}{V_2} = \dfrac{\text{최대체적}}{\text{최소체적}}$ 는 감소함을 알 수 있으며, 그로 인하여 열효율(η_0)도 감소함을 알 수 있다.

문제 35. 고온 열원의 온도가 700 ℃이고, 저온 열원의 온도가 50 ℃인 카르노 열기관의 열효율 (%)은? 【4장】

① 33.4   ② 50.1
③ 66.8   ④ 78.9

해설 $\eta_c = 1 - \dfrac{T_{\mathrm{II}}}{T_1} = 1 - \dfrac{(273 + 50)}{(273 + 700)} = 0.668 = 66.8 \%$

문제 36. 밀폐계에서 기체의 압력이 100 kPa으로 일정하게 유지되면서 체적이 1 m³에서 2 m³으로 증가되었을 때 옳은 설명은? 【2장】

① 밀폐계의 에너지 변화는 없다.
② 외부로 행한 일은 100 kJ이다.
③ 기체가 이상기체라면 온도가 일정하다.
④ 기체가 받은 열은 100 kJ이다.

해설 $_1W_2 = \displaystyle\int_1^2 PdV = P(V_2 - V_1)$
$= 100(2 - 1) = 100 \,\text{kJ}$
결국, 외부로 100 kJ의 일을 함을 알 수 있다.

문제 37. 최고온도 1300 K와 최저온도 300 K 사이에서 작동하는 공기표준 Brayton 사이클의 열효율 (%)은? (단, 압력비는 9, 공기의 비열비는 1.4이다.) 【8장】

① 30.4   ② 36.5   ③ 42.1   ④ 46.6

정답 31. ③ 32. ③ 33. ③ 34. ① 35. ③ 36. ② 37. ④

해설 $\eta_B = 1 - \left(\dfrac{1}{\gamma}\right)^{\frac{k-1}{k}} = 1 - \left(\dfrac{1}{9}\right)^{\frac{1.4-1}{1.4}}$
$= 0.466 = 46.6\%$

$\therefore T_2 = T_1\left(\dfrac{v_1}{v_2}\right)^{k-1} = T_1\varepsilon^{k-1}$
$= (273+90) \times 16^{1.4-1} = 1100.4\,\mathrm{K} = 827.4\,\mathrm{℃}$

문제 **38.** 랭킨사이클에서 25 ℃, 0.01 MPa 압력의 물 1 kg을 5 MPa 압력의 보일러로 공급한다. 이때 펌프가 가역단열과정으로 작용한다고 가정할 경우 펌프가 한 일(kJ)은?
(단, 물의 비체적은 0.001 m³/kg이다.) 【7장】

① 2.58   ② 4.99
③ 20.12   ④ 40.24

해설 펌프일 $w_P = v'(p_2 - p_1)$
$= 0.001 \times (5 - 0.01) \times 10^3$
$= 4.99\,\mathrm{kJ/kg}$
결국, $W_P = m w_P = 1 \times 4.99 = 4.99\,\mathrm{kJ}$

문제 **39.** 성능계수가 3.2인 냉동기가 시간당 20 MJ의 열을 흡수한다면 이 냉동기의 소비동력 (kW)은? 【9장】

① 2.25   ② 1.74
③ 2.85   ④ 1.45

해설 $\varepsilon_r = \dfrac{Q_2}{W_c}$ 에서 $\therefore W_c = \dfrac{Q_2}{\varepsilon_r} = \dfrac{\left(\dfrac{20 \times 10^3}{3600}\right)}{3.2}$
$= 1.736 ≒ 1.74\,\mathrm{kW}$

문제 **40.** 이상적인 디젤 기관의 압축비가 16일 때 압축 전의 공기 온도가 90 ℃라면 압축 후의 공기 온도 (℃)는 얼마인가?
(단, 공기의 비열비는 1.4이다.) 【8장】

① 1101.9   ② 718.7
③ 808.2   ④ 827.4

해설 1→2 과정 : "단열압축"이므로
$\dfrac{T_2}{T_1} = \left(\dfrac{v_1}{v_2}\right)^{k-1}$ 에서

제3과목 기계유체역학

문제 **41.** 효율 80 %인 펌프를 이용하여 저수지에서 유량 0.05 m³/s으로 물을 5 m 위에 있는 논으로 올리기 위하여 효율 95 %의 전기모터를 사용한다. 전기모터의 최소동력은 몇 kW인가? 【3장】

① 2.45   ② 2.91
③ 3.06   ④ 3.22

해설 동력 $P = \dfrac{\gamma Q H}{\eta} = \dfrac{9.8 \times 0.05 \times 5}{0.8 \times 0.95} = 3.22\,\mathrm{kW}$

문제 **42.** 그림에서 입구 A에서 공기의 압력은 3×10^5 Pa, 온도 20 ℃, 속도 5 m/s이다. 그리고 출구 B에서 공기의 압력은 2×10^5 Pa, 온도 20 ℃이면 출구 B에서의 속도는 몇 m/s인가? (단, 압력 값은 모두 절대압력이며, 공기는 이상기체로 가정한다.) 【3장】

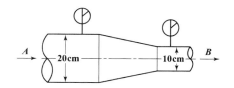

① 10   ② 25
③ 30   ④ 36

해설 우선, $\gamma_A = \dfrac{P_A}{RT_A} = \dfrac{3 \times 10^5}{287 \times 293} = 3.567\,\mathrm{N/m^3}$
$\gamma_B = \dfrac{P_B}{RT_B} = \dfrac{2 \times 10^5}{287 \times 293} = 2.378\,\mathrm{N/m^3}$
결국, $\dot{G} = \gamma A V$ 에서 $\gamma_A A_A V_A = \gamma_B A_B V_B$
즉, $3.567 \times \dfrac{\pi \times 0.2^2}{4} \times 5 = 2.378 \times \dfrac{\pi \times 0.1^2}{4} \times V_B$
$\therefore V_B = 30\,\mathrm{m/s}$

애답 **38.** ②   **39.** ②   **40.** ④   **41.** ④   **42.** ③

문제 43. 세 변의 길이가 a, $2a$, $3a$인 작은 직육면체가 점도 μ인 유체 속에서 매우 느린 속도 V로 움직일 때, 항력 F는 $F = F(a, \ \mu, \ V)$로 가정할 수 있다. 차원해석을 통하여 얻을 수 있는 F에 대한 표현식으로 옳은 것은? 【7장】

① $\dfrac{F}{\mu Va}=$상수

② $\dfrac{F}{\mu V^2 a}=$상수

③ $\dfrac{F}{\mu^2 V}=f\left(\dfrac{V}{a}\right)$

④ $\dfrac{F}{\mu Va}=f\left(\dfrac{a}{\mu V}\right)$

해설 단위 환산하여 좌·우측이 동일한 것을 고르면 된다.

따라서, $\dfrac{F}{\mu Va} = \dfrac{N}{N \cdot s/m^2 \cdot m/s \cdot m} = 1 = $상수

문제 44. 온도증가에 따른 일반적인 점성계수 변화에 대한 설명으로 옳은 것은? 【1장】

① 액체와 기체 모두 증가한다.
② 액체와 기체 모두 감소한다.
③ 액체는 증가하고 기체는 감소한다.
④ 액체는 감소하고 기체는 증가한다.

해설 온도가 상승하면 기체의 점성은 증가하고, 액체의 점성은 감소한다.

문제 45. 그림과 같이 지름 D와 깊이 H의 원통 용기 내에 액체가 가득 차 있다. 수평방향으로의 등가속도(가속도$= a$) 운동을 하여 내부의 물의 35 %가 흘러 넘쳤다면 가속도 a와 중력가속도 g의 관계로 옳은 것은?
(단, $D = 1.2H$이다.) 【2장】

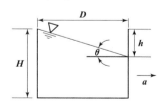

① $a = 0.58g$
② $a = 0.85g$
③ $a = 1.35g$
④ $a = 1.42g$

해설 넘쳐흐른 체적을 V_s, 원통의 체적을 V_o라 하면

$V_s = 0.35V_o$에서 $\dfrac{1}{2} \times \dfrac{\pi D^2}{4} \times h = 0.35 \times \dfrac{\pi D^2}{4} \times H$

$h = 0.7H$

$\tan\theta = \dfrac{h}{D} = \dfrac{0.7H}{1.2H} = \dfrac{0.7}{1.2}$

결국, $\tan\theta = \dfrac{a}{g}$에서

$\therefore \ a = g\tan\theta = g \times \dfrac{0.7}{1.2} \fallingdotseq 0.58g$

문제 46. 다음 U자관 압력계에서 A와 B의 압력차는 몇 kPa인가?
(단, $H_1 = 250 \ \text{mm}$, $H_2 = 200 \ \text{mm}$, $H_3 = 600 \ \text{mm}$이고 수은의 비중은 13.6이다.) 【2장】

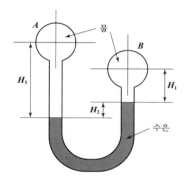

① 3.50
② 23.2
③ 35.0
④ 232

해설 $\gamma = \gamma_{H_2O}S = 9800S(\text{N}/\text{m}^3) = 9.8S(\text{kN}/\text{m}^3)$

$p_A + \gamma_3 H_3 - \gamma_2 H_2 - \gamma_1 H_1 = p_B$

$\therefore \ p_A - p_B = \gamma_1 H_1 + \gamma_2 H_2 - \gamma_3 H_3$

$= (9.8 \times 0.25) + (9.8 \times 13.6 \times 0.2)$

$- (9.8 \times 0.6)$

$= 23.226 (\text{kPa})$

문제 47. 물($\mu = 1.519 \times 10^{-3} \ \text{kg/m} \cdot \text{s}$)이 직경 0.3 cm, 길이 9 m인 수평 파이프 내부를 평균속도 0.9 m/s로 흐를 때, 어떤 유동이 되는가? 【5장】

① 난류유동
② 층류유동
③ 등류유동
④ 천이유동

정답 43. ① 44. ④ 45. ① 46. ② 47. ②

<보기>해설> $Re = \dfrac{\rho Vd}{\mu} = \dfrac{1000 \times 0.9 \times 0.3 \times 10^{-2}}{1.519 \times 10^{-3}}$

$\qquad = 1777.485 < 2100$ 이므로 $\quad \therefore$ 층류유동

문제 48. 정상 2차원 포텐셜 유동의 속도장이 $u = -6y$, $v = -4x$일 때, 이 유동의 유동함수가 될 수 있는 것은? (단, C는 상수이다.) 【3장】

① $-2x^2 - 3y^2 + C$ ② $2x^2 - 3y^2 + C$

③ $-2x^2 + 3y^2 + C$ ④ $2x^2 + 3y^2 + C$

해설> 우선, $u = \dfrac{\partial \psi_1}{2y}$ 에서 $\quad \partial \psi_1 = u \partial y = -6y \partial y$

$\qquad\qquad\qquad\qquad \therefore \psi_1 = -3y^2 + C_1$

또한, $v = -\dfrac{\partial \psi_2}{2x}$ 에서 $\quad \partial \psi_2 = -v \partial x = 4x \partial x$

$\qquad\qquad\qquad\qquad \therefore \psi_2 = 2x^2 + C_2$

결국, 유동함수 $\psi = \psi_1 + \psi_2 = 2x^2 - 3y^2 + C_1 + C_2$

$\qquad\qquad\qquad\qquad = 2x^2 - 3y^2 + C$

문제 49. 2차원 직각좌표계$(x,\ y)$에서 속도장이 다음과 같은 유동이 있다. 유동장 내의 점 $(L,\ L)$에서 유속의 크기는? (단, $\vec{i}$, $\vec{j}$는 각각 x, y 방향의 단위벡터를 나타낸다.) 【3장】

$$\vec{V}(x,\ y) = \dfrac{U}{L}(-x\vec{i} + y\vec{j})$$

① 0 ② U

③ $2U$ ④ $\sqrt{2}\,U$

해설> 속도장 $\vec{V} = \dfrac{U}{L}(-x\vec{i} + y\vec{j}) = \dfrac{U}{L}(-L\vec{i} + L\vec{j})$

$\qquad\qquad = -U\vec{i} + U\vec{j}$

결국, 유속 $V = \sqrt{u^2 + v^2} = \sqrt{(-U)^2 + (U)^2}$

$\qquad\qquad = \sqrt{2}\,U$

문제 50. 표준공기 중에서 속도 V로 낙하하는 구형의 작은 빗방울이 받는 항력은 $F_D = 3\pi \mu VD$로 표시할 수 있다. 여기에서 μ는 공기의 점성

계수이며, D는 빗방울의 지름이다. 정지상태에서 빗방울 입자가 떨어지기 시작했다고 가정할 때, 이 빗방울의 최대속도(종속도, terminal velocity)는 지름 D의 몇 제곱에 비례하는가? 【10장】

① 3 ② 2

③ 1 ④ 0.5

해설>

$W(= \gamma V)$: 빗방울의 무게
γ : 빗방울의 비중량
V : 빗방울의 체적

$F_D = V(= \gamma V)$ 에서

$3\pi \mu VD = \gamma \times \dfrac{\pi D^3}{6}$ 에서 $\quad \therefore V = \dfrac{\gamma D^2}{18\mu} \propto D^2$

문제 51. 지름이 10 cm인 원 관에서 유체가 층류로 흐를 수 있는 임계 레이놀즈수를 2100으로 할 때 층류로 흐를 수 있는 최대 평균속도는 몇 m/s인가? (단, 흐르는 유체의 동점성계수는 1.8×10^{-6} m²/s이다.) 【5장】

① 1.89×10^{-3} ② 3.78×10^{-2}

③ 1.89 ④ 3.78

해설> $Re = \dfrac{Vd}{\nu}$ 에서

$\therefore V = \dfrac{Re\nu}{d} = \dfrac{2100 \times 1.8 \times 10^{-6}}{0.1}$

$\qquad = 3.78 \times 10^{-2}\,(\text{m/s})$

문제 52. 계기압 10 kPa의 공기로 채워진 탱크에서 지름 0.02 m인 수평관을 통해 출구 지름 0.01 m인 노즐로 대기 (101 kPa) 중으로 분사된다. 공기 밀도가 1.2 kg/m³으로 일정할 때, 0.02 m인 관 내부 계기압력은 약 몇 kPa인가? (단, 위치에너지는 무시한다.) 【3장】

① 9.4 ② 9.0

③ 8.6 ④ 8.2

정답> **48.** ② **49.** ④ **50.** ② **51.** ② **52.** ①

문제 53. 피토정압관을 이용하여 흐르는 물의 속도를 측정하려고 한다. 액주계에는 비중 13.6인 수은이 들어있고 액주계에서 수은의 높이 차이가 20 cm일 때 흐르는 물의 속도는 몇 m/s인가? (단, 피토정압관의 보정계수는 $C = 0.96$이다.) 【10장】

① 6.75
② 6.87
③ 7.54
④ 7.84

해설
$$V = C\sqrt{2gh\left(\frac{S_0}{S} - 1\right)}$$
$$= 0.96\sqrt{2 \times 9.8 \times 0.2 \times \left(\frac{13.6}{1} - 1\right)} = 6.75\,\text{m/s}$$

문제 54. 점성계수 $\mu = 0.98\,\text{N·s/m}^2$인 뉴턴 유체가 수평 벽면 위를 평행하게 흐른다. 벽면($y=0$) 근방에서의 속도 분포가 $u = 0.5 - 150(0.1 - y)^2$이라고 할 때 벽면에서의 전단응력은 몇 Pa인가? (단, y (m)는 벽면에 수직한 방향의 좌표를 나타내며, u는 벽면 근방에서의 접선속도 (m/s)이다.) 【1장】

① 0
② 0.306
③ 3.12
④ 29.4

해설
$$\tau = \mu\left(\frac{du}{dy}\right)_{y=0} = \mu\left[-150 \times 2(0.1-y)(-1)\right]_{y=0}$$
$$= 30\mu = 30 \times 0.98 = 29.4\,\text{N/m}^2$$

문제 55. 점성·비압축성 유체가 수평방향으로 균일 속도로 흘러와서 두께가 얇은 수평 평판 위를 흘러 갈 때 Blasius의 해석에 따라 평판에서의 층류 경계층의 두께에 대한 설명으로 옳은 것을 모두 고르면? 【5장】

> ㄱ. 상류의 유속이 클수록 경계층의 두께가 커진다.
> ㄴ. 유체의 동점성계수가 클수록 경계층의 두께가 커진다.
> ㄷ. 평판의 상단으로부터 멀어질수록 경계층의 두께가 커진다.

① ㄱ, ㄴ
② ㄱ, ㄷ
③ ㄴ, ㄷ
④ ㄱ, ㄴ, ㄷ

해설 층류 경계층일 때 경계층 내의 속도분포가 포물선일 때 Blasius의 식은 다음과 같다.
즉, 경계층 두께 $\delta = 4.91\sqrt{\dfrac{\nu x}{u_\infty}}$

문제 56. 액체 제트가 깃(vane)에 수평방향으로 분사되어 θ만큼 방향을 바꾸어 진행할 때 깃을 고정시키는 데 필요한 힘의 합력의 크기를 $F(\theta)$라고 한다. $\dfrac{F(\pi)}{F\left(\dfrac{\pi}{2}\right)}$는 얼마인가?

(단, 중력과 마찰은 무시한다.) 【4장】

① $\dfrac{1}{\sqrt{2}}$
② 1
③ $\sqrt{2}$
④ 2

해설 $F_x = \rho Q V(1 - \cos\theta)$ $F_y = \rho Q V \sin\theta$
우선, $\theta = \pi$일 때 $F_x = 2\rho Q V$, $F_y = 0$
$$\therefore F(\pi) = \sqrt{F_x^2 + F_y^2} = \sqrt{(2\rho Q V)^2 + 0^2} = 2\rho Q V$$
또한, $\theta = \dfrac{\pi}{2}$일 때 $F_x = \rho Q V$, $F_y = \rho Q V$
$$\therefore F\left(\frac{\pi}{2}\right) = \sqrt{F_x^2 + F_y^2} = \sqrt{(\rho Q V)^2 + (\rho Q V)^2}$$
$$= \sqrt{2}\,\rho Q V$$
결국, $\dfrac{F(\pi)}{F\left(\dfrac{\pi}{2}\right)} = \dfrac{2\rho Q V}{\sqrt{2}\,\rho Q V} = \dfrac{2}{\sqrt{2}} = \sqrt{2}$

문제 57. 그림과 같은 수문(ABC)에서 A점은 힌지로 연결되어 있다. 수문을 그림과 같은 닫은 상태로 유지하기 위해 필요한 힘 F는 몇 kN인가? 【2장】

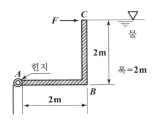

① 78.4   ② 58.8

③ 52.3   ④ 39.2

해설> 우선, 경사면의 전압력

$$F_1 = \gamma \bar{h} A = 9.8 \times 1 \times 2 \times 2 = 39.2 \, \text{kN}$$

또한, 수평면의 전압력

$$F_2 = \gamma h A = 9.8 \times 2 \times 2 \times 2 = 78.4 \, \text{kN}$$

결국, $\Sigma M_A = 0 : F \times 2 = F_1 \times \dfrac{2}{3} + F_2 \times 1$

$$F \times 2 = 39.2 \times \frac{2}{3} + 78.4 \times 1$$

$$\therefore F = 52.26 \, \text{kN}$$

문제 **58.** 관내의 부차적 손실에 관한 설명 중 틀린 것은? 【6장】

① 부차적 손실에 의한 수두는 손실계수에 속도수두를 곱해서 계산한다.

② 부차적 손실은 배관 요소에서 발생한다.

③ 배관의 크기 변화가 심하면 배관 요소의 부차적 손실이 커진다.

④ 일반적으로 짧은 배관계에서 부차적 손실은 마찰손실에 비해 상대적으로 작다.

해설> · 부차적 손실

① 단면적의 변화에 의한 손실 : 돌연확대관, 돌연축소관, 점차확대관, 점차축소관에서의 손실

② 관 부속품에 의한 손실
　: 밸브, 엘보우, 콕, 티, … 등

③ 부차적 손실수두 : $h_\ell = K \dfrac{V^2}{2g}$
　　　　단, K : 손실계수

문제 **59.** 공기 중을 20 m/s로 움직이는 소형 비행선의 항력을 구하려고 $\dfrac{1}{4}$ 축척의 모형을 물 속에서 실험하려고 할 때 모형의 속도는 몇 m/s로 해야 하는가? 【7장】

	물	공기
밀도 (kg/m³)	1000	1
점성계수 (N·s/m²)	1.8×10^{-3}	1×10^{-5}

① 4.9   ② 9.8

③ 14.4   ④ 20

해설> $(Re)_P = (Re)_m$, $\left(\dfrac{\rho V \ell}{\mu}\right)_P = \left(\dfrac{\rho V \ell}{\mu}\right)_m$

$$\frac{1 \times 20 \times 4}{1 \times 10^{-5}} = \frac{1000 \times V_m \times 1}{1.8 \times 10^{-3}}$$

$$\therefore V_m = 14.4 \, \text{m/s}$$

문제 **60.** 지름이 8 mm인 물방울의 내부 압력(게이지 압력)은 몇 Pa인가? (단, 물의 표면 장력은 0.075 N/m이다.) 【1장】

① 0.037   ② 0.075

③ 37.5   ④ 75

해설> $\sigma = \dfrac{pd}{4}$ 에서 $p = \dfrac{4\sigma}{d} = \dfrac{4 \times 0.075}{0.008} = 37.5 \, \text{Pa}$

제4과목 기계재료 및 유압기기

문제 **61.** 베어링에 사용되는 구리합금인 켈밋의 주성분은?

① $Cu-Sn$

② $Cu-Pb$

③ $Cu-Al$

④ $Cu-Ni$

해설> 켈밋(Kelmet)
　: $Cu+Pb$ 30~40 %, 고속·고하중용 베어링용 합금 재료

문제 **62.** 알루미늄 및 그 합금의 질별 기호 중 H가 의미하는 것은?

① 어닐링한 것

② 용체화처리한 것

③ 가공 경화한 것

④ 제조한 그대로의 것

정답 **58.** ④   **59.** ③   **60.** ③   **61.** ②   **62.** ③

해설 · 알루미늄(Al) 열처리기호

기 호	내 용
F	제품그대로(즉, 압연, 압축·주조한 그대로)
O	풀림한 재질(압연한 것에만 사용)
H	가공경화한 재질
W	담금질 처리후 시효경화가 진행중인 재료
T	F, O, H 이외의 열처리를 받는 재질
T_2	풀림한 재질(주물에만 사용)
T_3	담금질 처리후 상온가공경화를 받은 재질 단, 이것은 굽힌 것을 펴는 정도의 가공이고, 가공도가 클 때는 T_{36}을 사용한다.
T_4	담금질 처리후 상온시효가 완료된 재질
T_5	담금질 처리후 생략하고 뜨임처리만을 받은 재질
T_6	담금질 처리후 뜨임된 재질
T_7	담금질 처리후 안정화처리를 받은 재질
T_8	담금질 처리후 상온가공경화, 다음에 뜨임된 재질
T_9	담금질 처리후 뜨임처리, 그 다음에 상온가공경화를 받은 재질
T_{10}	담금질 처리후 생략하고 뜨임한 다음에 상온가공경화를 받은 재질

문제 63. 다음 중 용융점이 가장 낮은 것은?

① Al ② Sn
③ Ni ④ Mo

해설 Aℓ(660 ℃), Sn(232 ℃), Ni(1455 ℃), Mo(2610 ℃)

문제 64. 표면은 단단하고 내부는 인성을 가지는 주철로 압연용 롤, 분쇄기 롤, 철도차량 등 내마멸성이 필요한 기계부품에 사용되는 것은?

① 회주철 ② 칠드주철
③ 구상흑연주철 ④ 펄라이트주철

해설 · 칠드주철(냉경주철)
① 주조시 모래 주형에 필요한 부분에만 금형을 이용하여 금형에 접촉된 부분만이 급냉에 의하여 경화되는 주철
② 외부 : 칠드층, 백주철, 시멘타이트조직, 단단하다.

내부 : 회주철(보통주철), 연하다.
③ 용도 : 기차바퀴, 제강용롤, 분쇄기롤, 제지용롤 등

문제 65. 체심입방격자(BCC)의 인접 원자수(배위수)는 몇 개인가?

① 6개 ② 8개
③ 10개 ④ 12개

해설 · 각종원소의 결정격자

결정격자	원 소	배위수	격자내의 원자수
체심입방 격자	Cr, Mo, $\alpha-$Fe, $\delta-$Fe, Li, Ta, W, K, V, Ba	8개	2개
면심입방 격자	Au, Ag, Al, Cu, $\gamma-$Fe, Ca, Ni, Pb, Pt	12개	4개
조밀육방 격자	Cd, Co, Mg, Zn, Ti, Be, Te, La, Zr	12개	2개

문제 66. 탄소강이 950 ℃ 전후의 고온에서 적열메짐(red brittleness)을 일으키는 원인이 되는 것은?

① Si ② P
③ Cu ④ S

해설 · 취성(메짐성)의 종류
① 청열취성 : 200∼300 ℃의 강에서 일어남
② 적열취성 : 황(S)이 원인
③ 상온취성(=냉간취성) : 인(P)이 원인
④ 고온취성 : 황(S)이 원인

문제 67. 금속 재료의 파괴 형태를 설명한 것 중 다른 하나는?

① 외부 힘에 의해 국부수축 없이 갑자기 발생되는 단계로 취성 파단이 나타난다.
② 균열의 전파 전 또는 전파 중에 상당한 소성변형을 유발한다.
③ 인장시험 시 컵−콘(원뿔) 형태로 파괴된다.
④ 미세한 공공 형태의 딤플 형상이 나타난다.

해답 63. ② 64. ② 65. ② 66. ④ 67. ①

문제 68. 열경화성 수지에 해당하는 것은?

① ABS수지　　② 폴리스티렌

③ 폴리에틸렌　　④ 에폭시수지

[해설] ·합성수지의 종류
① 열경화성수지 : 에폭시수지, 페놀수지, 요소수지, 멜라민수지, 규소수지, 푸란수지, 폴리에스테르수지, 폴리우레탄수지 등
② 열가소성수지 : 폴리에틸렌(PE)수지, 폴리프로필렌(PP)수지, 폴리스틸렌수지, 염화비닐(PVC)수지, 폴리아미드, 아크릴수지, 플루오르수지 등

문제 69. $Fe-Fe_3C$ 평형상태도에 대한 설명으로 옳은 것은?

① A_0는 철의 자기변태점이다.

② A_1 변태선을 공석선이라 한다.

③ A_2는 시멘타이트의 자기변태점이다.

④ A_3는 약 1400 ℃이며, 탄소의 함유량이 약 4.3 % C이다.

[해설] ·변태점
① A_0 변태점 : 210 ℃, 시멘타이트의 자기변태점
② A_1 변태점 : 723 ℃, 공석선, 강에만 존재하고 순철에는 없다.
③ A_2 변태점 : 순철(768 ℃), 강(770 ℃), 자기변태점, 퀴리점
④ A_3 변태점 : 912 ℃, 동소변태점
⑤ A_4 변태점 : 1400 ℃, 동소변태점

문제 70. 오스테나이트형 스테인리스강에 대한 설명으로 틀린 것은?

① 내식성이 우수하다.

② 공식을 방지하기 위해 할로겐 이온의 고농도를 피한다.

③ 자성을 띠고 있으며, 18 % Co와 8 % Cr을 함유한 합금이다.

④ 입계부식 방지를 위하여 고용화처리를 하거나, Nb 또는 Ti을 첨가한다.

[해설] 오스테나이트계 스테인리스강(Cr−Ni계)
: Cr(18 %)−Ni(8 %), 18−8형 스테인리스강

문제 71. 유압장치의 운동부분에 사용되는 실(seal)의 일반적인 명칭은?

① 심레스(seamless)　② 개스킷(gasket)

③ 패킹(packing)　④ 필터(filter)

[해설] ·실(seal)
① 개스킷(gasket) : 고정부분에 사용되는 실
② 패킹(packing) : 운동부분에 사용되는 실

문제 72. 유압 회로 중 미터 인 회로에 대한 설명으로 옳은 것은?

① 유량제어 밸브는 실린더에서 유압작동유의 출구 측에 설치한다.

② 유량제어 밸브는 탱크로 바이패스 되는 관로 쪽에 설치한다.

③ 릴리프밸브를 통하여 분기되는 유량으로 인한 동력손실이 있다.

④ 압력설정 회로로 체크밸브에 의하여 양방향만의 속도가 제어된다.

[해설] 미터 인 회로(meter in circuit)
: 유량제어밸브를 실린더의 입구측에 설치한 회로로서 이 밸브가 압력보상형이면 실린더 속도는 펌프 송출량에 무관하고 일정하다. 이 경우 펌프 송출압은 릴리프밸브의 설정압으로 정해지고, 펌프에서 송출되는 여분의 유량은 릴리프밸브를 통하여 탱크에 방유되므로 동력손실이 크다.

문제 73. 그림과 같은 전환 밸브의 포트수와 위치에 대한 명칭으로 옳은 것은?

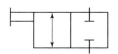

① 2/2−way 밸브　② 2/4−way 밸브

③ 4/2−way 밸브　④ 4/4−way 밸브

[해답] 68. ④　69. ②　70. ③　71. ③　72. ③　73. ①

해설 · 방향제어밸브의 포트수와 위치수

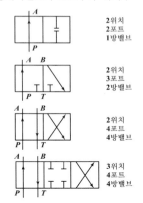

2위치
2포트
1방밸브

2위치
3포트
2방밸브

2위치
4포트
4방밸브

3위치
4포트
4방밸브

문제 **74.** KS 규격에 따른 유면계의 기호로 옳은 것은?

① ② ③ ④

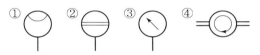

해설

명칭	기호
압력계측기, 압력표시기	※ ⊗
압력계	※
차압계	※
유면계	
온도계	
유량계측계, 검류기	※
유량계	※
적산유량계	※
회전속도계	※
토크계	※

문제 **75.** 유압장치의 각 구성요소에 대한 기능의 설명으로 적절하지 않은 것은?

① 오일 탱크는 유압 작동유의 저장기능, 유압 부품의 설치 공간을 제공한다.
② 유압제어밸브에는 압력제어밸브, 유량제어 밸브, 방향제어밸브 등이 있다.
③ 유압 작동체(유압 구동기)는 유압 장치내에서 요구된 일을 하며 유체동력을 기계적 동력으로 바꾸는 역할을 한다.
④ 유압 작동체(유압 구동기)에는 고무호스, 이음쇠, 필터, 열교환기 등이 있다.

해설 · 유압기기의 분류
① 유압발생부 : 유압펌프, 구동용전동기 등 유압을 발생시키는 부분
② 유압제어부 : 제어밸브(압력, 유량, 방향)로 발생된 유압을 제어하는 부분
③ 유압구동부 : 액츄에이터(유압실린더, 유압모터)로 유압을 기계적인 일로 바꾸는 장치
④ 부속기기 : 축압기(어큐뮬레이터), 냉각기, 오일 탱크, 스트레이너, 라인필터, 온도계, 압력계, 배관 및 부속품

문제 **76.** 속도 제어 회로의 종류가 아닌 것은?

① 미터 인 회로 ② 미터 아웃 회로
③ 로킹 회로 ④ 블리드 오프 회로

해설 · 유량조절밸브에 의한 속도제어회로
① 미터 인 회로
② 미터 아웃 회로
③ 블리드 오프 회로

문제 **77.** 어큐뮬레이터 종류인 피스톤 형의 특징에 대한 설명으로 적절하지 않은 것은?

① 대형도 제작이 용이하다.
② 축 유량을 크게 잡을 수 있다.
③ 형상이 간단하고 구성품이 적다.
④ 유실에 가스 침입의 염려가 없다.

정답 **74.** ② **75.** ④ **76.** ③ **77.** ④

해설 · 축압기(accumulator)의 종류 중 피스톤형의 특징
① 형상이 간단하고, 구성품이 적다.
② 대형도 제작이 용이하다.
③ 축 유량을 크게 잡을 수 있다.
④ 유실에 가스 침입의 염려가 있다.

문제 **78.** 유압펌프에서 실제 토출량과 이론 토출량의 비를 나타내는 용어는?

① 펌프의 토크 효율 ② 펌프의 전 효율
③ 펌프의 입력 효율 ④ 펌프의 용적 효율

해설 체적효율(=용적효율 : η_V) = $\dfrac{실제송출량(Q)}{이론송출량(Q_{th})}$

문제 **79.** 난연성 작동유의 종류가 아닌 것은?

① R&O형 작동유
② 수중 유형 유화유
③ 물−글리콜형 작동유
④ 인산 에스테르형 작동유

해설 · 유압작동유의 종류
① 석유계 작동유 : 터빈유, 고점도지수 유압유
  (용도) 일반산업용, 저온용, 내마멸성용
② 난연성 작동유
  ㉠ 합성계 : 인산에스테르, 염화수소, 탄화수소
    (용도) 항공기용, 정밀제어장치용
  ㉡ 수성계(함수계) : 물−글리콜계, 유화계
    (용도) 다이캐스팅머신용, 각종프레스기계용,
    압연기용, 광산기계용

문제 **80.** 작동유 속의 불순물을 제거하기 위하여 사용하는 부품은?

① 패킹   ② 스트레이너
③ 어큐뮬레이터   ④ 유체 커플링

해설 스트레이너(strainer)
: 탱크내의 펌프 흡입구에 설치하며, 펌프 및 회로의 불순물을 제거하기 위해 흡입을 막는다. 스트레이너의 여과능력은 펌프흡입량의 2배 이상의 용적을 가지며, 흡입저항이 적은 것이 바람직하다.

제5과목 기계제작법 및 기계동력학

문제 **81.** 등가속도 운동에 관한 설명으로 옳은 것은?

① 속도는 시간에 대하여 선형적으로 증가하거나 감소한다.
② 변위는 시간에 대하여 선형적으로 증가하거나 감소한다.
③ 속도는 시간의 제곱에 비례하여 증가하거나 감소한다.
④ 변위는 속도의 세제곱에 비례하여 증가하거나 감소한다.

해설 · 등가속도 운동($a = c$)

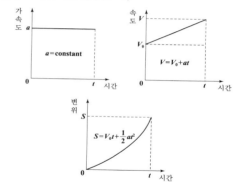

문제 **82.** 그림과 같이 원판에서 원주에 있는 점 A의 속도가 12 m/s일 때 원판의 각속도는 약 몇 rad/s인가?
(단, 원판의 반지름 r은 0.3 m이다.)

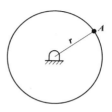

① 10   ② 20
③ 30   ④ 40

예답 **78.** ④ **79.** ① **80.** ② **81.** ① **82.** ④

해설 $V_A = r_A\omega$에서 $\therefore\ \omega = \dfrac{V_A}{r_A} = \dfrac{12}{0.3} = 40\,\mathrm{rad/s}$

문제 83. 같은 길이의 두 줄에 질량 20 kg의 물체가 매달려 있다. 이 중 하나의 줄을 자르는 순간의 남는 줄의 장력은 약 몇 N인가?
(단, 줄의 질량 및 강성은 무시한다.)

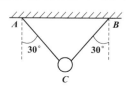

① 98   ② 170
③ 196   ④ 250

해설

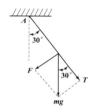

$T = mg\cos 30° = 20 \times 9.81 \times \cos 30° ≒ 170\,\mathrm{N}$

문제 84. 다음 단순조화운동 식에서 진폭을 나타내는 것은?

$$x = A\sin(\omega t + \phi)$$

① A ② ωt
③ $\omega t + \phi$ ④ $A\sin(\omega t + \phi)$

해설 x : 변위, A : 진폭, ω : 각진동수(=원진동수),
ϕ : 위상각

문제 85. 균질한 원통(cylinder)이 그림과 같이 물에 떠있다. 평형상태에 있을 때 손으로 눌렀다가 놓아주면 상하 진동을 하게 되는데 이때 진동주기(τ)에 대한 식으로 옳은 것은?

(단, 원통질량은 m, 원통단면적은 A, 물의 밀도는 ρ이고, g는 중력가속도이다.)

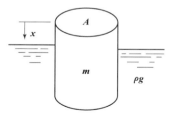

① $\tau = 2\pi\sqrt{\dfrac{\rho g}{mA}}$ ② $\tau = 2\pi\sqrt{\dfrac{mA}{\rho g}}$

③ $\tau = 2\pi\sqrt{\dfrac{m}{\rho g A}}$ ④ $\tau = 2\pi\sqrt{\dfrac{\rho g A}{m}}$

해설 물체가 x만큼 가라앉을 때 뜨려고 하는 힘 즉, 부력(F_B)은 $F_B = \gamma V = \gamma Ax = \rho g Ax$이다.

$$\sum F_x = m\ddot{x}$$
$$-W = m\ddot{x} \quad 즉,\ -F_B = m\ddot{x}$$
$$-\rho g A x = m\ddot{x}$$
$$m\ddot{x} + \rho g A x = 0$$
$$\ddot{x} + \dfrac{\rho g A}{m}x = 0$$
$$\omega_n^2 = \dfrac{\rho g A}{m} \quad 즉,\ \omega_n = \sqrt{\dfrac{\rho g A}{m}}$$

결국, 진동주기 $\tau(=T) = \dfrac{2\pi}{\omega_n} = 2\pi\sqrt{\dfrac{m}{\rho g A}}$

문제 86. 질량 30 kg의 물체를 담은 두레박 B가 레일을 따라 이동하는 크레인 A에 6 m 길이의 줄에 의해 수직으로 매달려 이동하고 있다. 일정한 속도로 이동하던 크레인이 갑자기 정지하자, 두레박 B가 수평으로 3 m까지 흔들렸다. 크레인 A의 이동 속력은 약 몇 m/s인가?

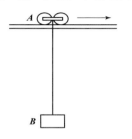

① 1   ② 2   ③ 3   ④ 4

해답   83. ②   84. ①   85. ③   86. ④

해설〉

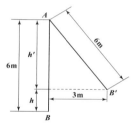

우선, $6^2 = h'^2 + 3^2$ ∴ $h' = 5.196\,m$
$h = 6 - 5.196 = 0.804\,m$

결국, $\frac{1}{2} m_B V_B^2 = m_B gh$ 에서

∴ $V_B = \sqrt{2gh} = \sqrt{2 \times 9.8 \times 0.804}$
$= 3.97 ≒ 4\,m/s$

문제 87. 다음 그림과 같이 진동계에 가진력 $F(t)$ 가 작용할 때, 바닥으로 전달되는 힘의 최대 크기가 F_1보다 작기 위한 조건은?

(단, $\omega_n = \sqrt{\dfrac{k}{m}}$ 이다.)

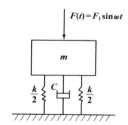

① $\dfrac{\omega}{\omega_n} < 1$ ② $\dfrac{\omega}{\omega_n} > 1$

③ $\dfrac{\omega}{\omega_n} > \sqrt{2}$ ④ $\dfrac{\omega}{\omega_n} < \sqrt{2}$

해설〉 · 전달률(TR)과 진동수비$\left(\gamma = \dfrac{\omega}{\omega_n} \right)$의 관계

① $TR = 1$이면 $\gamma = \sqrt{2}$
② $TR < 1$이면 $\gamma > \sqrt{2}$
③ $TR > 1$이면 $\gamma < \sqrt{2}$

결국, $TR = \dfrac{최대전달력(F_{tr})}{최대기진력(F_1)}$ 에서 $F_{tr} < F_1$이 되려

면 $TR < 1$ 즉, $\gamma = \dfrac{\omega}{\omega_n} > \sqrt{2}$ 이어야 한다.

문제 88. 두 질점이 정면 중심으로 완전탄성충돌 할 경우에 관한 설명으로 틀린 것은?

① 반발계수 값은 1이다.
② 전체 에너지는 보존되지 않는다.
③ 두 질점의 전체 운동량이 보존된다.
④ 충돌 후 두 질점의 상대속도는 충돌 전 두 질점의 상대속도와 같은 크기이다.

해설〉 완전탄성충돌($e = 1$)
: 충돌전·후 운동량과 운동에너지가 보존된다.

문제 89. 길이 1.0 m, 질량 10 kg의 막대가 A점에 핀으로 연결되어 정지하고 있다. 1 kg의 공이 수평속도 10 m/s로 막대의 중심을 때릴 때, 충돌 직후 막대의 각속도는 약 몇 rad/s인가? (단, 공과 막대 사이의 반발계수는 0.4이다.)

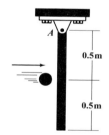

① 1.95   ② 0.86
③ 0.68   ④ 1.23

해설〉 우선, $e = \dfrac{V_A' - V_B'}{V_B - V_A}$ 에서

$0.4 = \dfrac{V_A' - V_B'}{10 - 0}$ ∴ $V_A' - V_B' = 4$

여기서, $V_A' = R\omega = 0.5\omega$ 이므로

∴ $0.5\omega - V_B' = 4$ ∴ $V_B' = 0.5\omega - 4$

또한, $J_A = J_0 = \dfrac{m\ell^2}{3} = \dfrac{10 \times 1^2}{3} = 3.33\,kg \cdot m^2$

결국, 충돌전의 각운동량=충돌후의 각운동량
$m V_B R = m V_B' R + J_A \omega$
$(1 \times 10 \times 0.5) = (1 \times V_B' \times 0.5) + 3.33\omega$
$5 = 0.5 V_B' + 3.33\omega$
$5 = 0.5(0.5\omega - 4) + 3.33\omega$

∴ $\omega = 1.955\,rad/s$ (반시계방향)

정답 87. ③   88. ②   89. ①

문제 90. 질량이 18 kg, 스프링 상수가 50 N/cm, 감쇠계수 0.6 N·s/cm인 1자유도 점성감쇠계에서 진동계의 감쇠비는?

① 0.10   ② 0.20

③ 0.33   ④ 0.50

해설 우선, 임계감쇠계수

$$C_{cr} = 2\sqrt{mk} = 2\sqrt{18 \times 50 \times 10^2} = 600\,\text{N} \cdot \text{S/m}$$

또한, 감쇠계수 $C = 0.6\,\text{N} \cdot \text{S/cm} = 60\,\text{N} \cdot \text{S/m}$

결국, 감쇠비 $\zeta = \dfrac{C}{C_{cr}} = \dfrac{60}{600} = 0.1$

문제 91. 와이어 컷(wire cut) 방전가공의 특징으로 틀린 것은?

① 표면거칠기가 양호하다.

② 담금질강과 초경합금의 가공이 가능하다.

③ 복잡한 형상의 가공물을 높은 정밀도로 가공할 수 있다.

④ 가공물의 형상이 복잡함에 따라 가공속도가 변한다.

해설 · 와이어 컷 방전가공

① 구리, 황동, 텅스텐 와이어를 전극으로 하여 일정한 장력과 이송속도를 주면서 60~300 V 정도의 전압을 걸면 공작물과 와이어 사이에 발생되는 방전현상을 이용하여 2차원 형태의 윤곽가공을 한다.

② 가공물의 형상이 복잡해도 가공속도가 일정하다.

③ 일반공작기계로는 가공이 곤란한 미세가공이나 복잡한 형상을 쉽게 가공할 수 있다. 또한 열처리 되거나 고경도의 재료를 열변형이나 기계적인 힘을 가하지 않고도 가공할 수 있다.

문제 92. 어미나사의 피치가 6 mm인 선반에서 1인치당 4산의 나사를 가공할 때, A와 D의 기어의 잇수는 각각 얼마인가?

(단, A는 주축 기어의 잇수이고, D는 어미나사 기어의 잇수이다.)

① $A = 60$, $D = 40$ ② $A = 40$, $D = 60$

③ $A = 127$, $D = 120$ ④ $A = 120$, $D = 127$

해설 $\dfrac{\text{일감(= 나사)의 피치}}{\text{어미나사(= 리드스크루)의 피치}}$

$$= \dfrac{\frac{1}{4} \times 25.4}{6} = \dfrac{25.4}{24} = \dfrac{25.4 \times 5}{24 \times 5} = \dfrac{127}{120} = \dfrac{A}{D}$$

$\therefore A = 127, \quad D = 120$

문제 93. 다음 중 소성가공에 속하지 않는 것은?

① 코이닝(coining)

② 스웨이징(swaging)

③ 호닝(honing)

④ 딥 드로잉(deep drawing)

해설 호닝(honing) : 정밀입자가공

문제 94. 노즈 반지름이 있는 바이트로 선삭할 때 가공 면의 이론적 표면 거칠기를 나타내는 식은? (단, f는 이송, R은 공구의 날 끝 반지름이다.)

① $\dfrac{f^2}{8R}$ ② $\dfrac{f}{8R^2}$

③ $\dfrac{f}{8R}$ ④ $\dfrac{f}{4R}$

해설 가공면의 굴곡을 나타내는 최대높이(H)

즉, 표면거칠기는 $H = \dfrac{f^2}{8R}$

여기서, R : 둥근 날끝 바이트의 날의 곡률반지름

        f : 이송

이송(f)을 반으로 줄이면 표면거칠기는 $\dfrac{1}{4}$로 감소하고, 곡률반지름(R)이 클수록 표면거칠기는 향상된다. 그러나, 곡률반지름이 너무 크게 되면 진동이 생기기 쉽고 진동에 의한 절손(chipping) 영향으로 오히려 거칠기가 저하될 수 있으므로 적정크기를 유지하여야 한다. 또, 이송속도가 너무 작으며 이송속도 이외의 영향으로 다듬면 거칠기가 크게 된다.

문제 95. 경화된 작은 강철 볼(ball)을 공작물 표면에 분사하여 표면을 매끈하게 하는 동시에 피로 강도와 그 밖의 기계적 성질을 향상시키는 데 사용하는 가공방법은?

해답 90. ①   91. ④   92. ③   93. ③   94. ①   95. ①

① 숏 피닝　　② 액체 호닝
③ 슈퍼피니싱　　④ 래핑

해설〉 숏피닝(shot peening)
: 금속으로 만든 숏(shot)이라고 부르는 작은 구를 고속으로 가공물 표면에 분사하여 피로강도를 증가시키는 일종의 냉간가공법이다.
반복하중에 대한 피로파괴에 큰 저항을 갖고 있기 때문에 각종 스프링에 널리 사용된다.

문제 96. AI을 강의 표면에 침투시켜 내스케일성을 증가시키는 금속 침투 방법은?

① 파커라이징(parkerizing)
② 칼로라이징(calorizing)
③ 크로마이징(chromizing)
④ 금속용사법(metal spraying)

해설〉 · 금속 침투법 : 고온 중에 강의 산화방지법
① 크로마이징 : Cr 침투
② 칼로라이징 : Aℓ 침투
③ 실리코나이징 : Si 침투
④ 보로나이징 : B 침투
⑤ 세라다이징 : Zn 침투

문제 97. 다음 중 자유단조에 속하지 않는 것은?

① 업세팅(up-setting)
② 블랭킹(blanking)
③ 늘리기(drawing)
④ 굽히기(bending)

해설〉 · 단조방법에 따른 종류
① 자유단조 : 업세팅(=축박기), 늘리기, 절단, 굽히기, 구멍뚫기, 단짓기, 비틀기, 펀칭
② 형단조
※ 블랭킹 : 프레스가공에서 전단가공의 일종

문제 98. 주물의 결함 중 기공(blow hole)의 방지대책으로 가장 거리가 먼 것은?

① 주형 내의 수분을 적게 할 것
② 주형의 통기성을 향상시킬 것

③ 용탕에 가스함유량을 높게 할 것
④ 쇳물의 주입온도를 필요이상으로 높게 하지 말 것

해설〉 · 기공(blow hole)의 방지책
① 주입온도를 적당하게 할 것
② 주형내의 수분을 적게 할 것
③ 쇳물아궁이를 크게 할 것
④ 통기성을 좋게 할 것
⑤ 덧쇳물을 붙여 용용금속에 압력을 가할 것

문제 99. 용접 피복제의 역할로 틀린 것은?

① 아크를 안정시킨다.
② 용접에 필요한 원소를 보충한다.
③ 전기 절연작용을 한다.
④ 모재 표면의 산화물을 생성해 준다.

해설〉 · 피복제의 역할
① 대기중의 산소, 질소의 침입을 방지하고, 용용금속을 보호
② 아크를 안정
③ 모재표면의 산화물을 제거
④ 탈산 및 정련작용
⑤ 응고와 냉각속도를 지연
⑥ 전기절연 작용
⑦ 용착효율을 높인다.

문제 100. 방전가공에서 전극 재료의 구비조건으로 가장 거리가 먼 것은?

① 기계가공이 쉬워야 한다.
② 가공 전극의 소모가 커야 한다.
③ 가공 정밀도가 높아야 한다.
④ 방전이 안전하고 가공속도가 빨라야 한다.

해설〉 · 방전가공에서 전극재질의 구비조건
① 기계가공이 쉬울 것
② 안정된 방전이 생길 것
③ 가공정밀도가 높을 것
④ 전극소모가 적을 것
⑤ 구하기 쉽고, 값이 저렴할 것
⑥ 절삭, 연삭가공이 쉬울 것
⑦ 가공속도가 빠를 것

정답 **96.** ② **97.** ② **98.** ③ **99.** ④ **100.** ②

건설기계설비 기사

※ 재료역학, 열역학, 유체역학, 유압기기는 일반기계 기사와 중복됩니다. 나머지 유체기계, 건설기계일반, 플랜트배관의 순서는 1~30번으로 정합니다.

제4과목 유체기계

문제 1. 다음 중 대기압보다 낮은 압력의 기체를 대기압까지 압축하여 송출시키는 공기기계는?

① 왕복 압축기　　② 축류 압축기
③ 풍차　　　　　 ④ 진공펌프

> **해설** 진공펌프(vacuum pump)
> : 대기압 이하의 저압력 기체를 대기압까지 압축하여 송출시키는 일종의 압축기이다.

문제 2. 다음 중 원심펌프에서 발생하는 여러 가지 손실 중 원심펌프의 성능, 전효율에 가장 큰 영향을 미치는 손실은?

① 기계 손실　　　② 누설 손실
③ 수력 손실　　　④ 원판 마찰 손실

> **해설** · 수력손실
> ① 회전차 유로에서 마찰에 의한 손실 : 펌프의 흡입 노즐에서 송출노즐까지에 이르는 유로 전체에 일어나는 손실을 말한다.
> ② 부차적 손실 : 회전차, 안내날개, 스파이럴케이싱, 송출노즐을 흐르는 사이의 손실을 말한다.
> ③ 충돌손실 : 회전차 깃의 입구와 출구에 있어서의 손실을 말한다.

문제 3. 펌프의 캐비테이션 방지 대책으로 틀린 것은?

① 흡입관은 가능한 짧게 한다.
② 가능한 회전수가 낮은 펌프를 사용한다.
③ 회전차를 수중에 넣지 않고 운전한다.
④ 편흡입 보다는 양흡입 펌프를 사용한다.

> **해설** · 원심펌프의 공동현상(cavitation) 방지법
> ① 펌프의 설치위치를 될 수 있는 대로 낮추어 흡입 양정을 짧게 한다.
> ② 배관을 완만하고 짧게 한다.
> ③ 입축(立軸)펌프를 사용하고, 회전차를 수중에 완전히 잠기게 한다.
> ④ 펌프의 회전수를 낮추어 흡입 비교 회전도를 적게 한다.
> ⑤ 마찰저항이 작은 흡입관을 사용하여 흡입관 손실을 줄인다.
> ⑥ 양흡입펌프를 사용한다.
> ⑦ 두 대이상의 펌프를 사용한다.

문제 4. 원가가 낮은 심야의 여유 있는 전력으로 펌프를 돌려 저수지에 물을 올려놓았다가 전력을 필요로 할 때 다시 발전하여 사용하는 발전소 형식은 무엇인가?

① 수로식　　　　② 양수식
③ 댐식　　　　　④ 댐－수로식

> **해설** · 수력발전소의 종류
> ① 수로식 : 자연의 흐름(하천의 기울기가 급하고, 굴곡이 심한 지형의 흐름)에서 유로를 변경하여 낙차의 감소를 최소한으로 하도록 인공적으로 수로를 설치하여 발전소에 이끌려겨진 방식을 말하며 주로 산간의 중낙차나 고낙차를 얻는데 많이 사용된다.

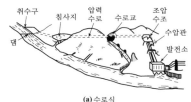

(a) 수로식

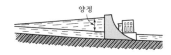

(b) 댐식
〈수력발전소〉

> ② 댐식 : 낙차가 작은 곳에서 많은 유량으로 발전을 하는 방식으로 유수를 막아 하천을 가로지르는 댐을 만들어 인공적으로 수위를 높인 물을 직접 또는 간접으로 수차에 유도하여 발전시키는 형식이다.

해답 1. ④　2. ③　3. ③　4. ②

또한, 지형에 따라 댐과 수로를 동시에 병용하는 경우가 있는데 이러한 방식을 댐-수로식 발전이라 한다.

③ 펌프양수식 : 1년 중 홍수기나 하루 중 심야에는 전력의 수요가 감소하게 되는데 이때 남은 전력으로 펌프를 운전하여 하류의 물을 높은 위치에 있는 저수지에 양수해 두었다가 전력의 수요가 증가하거나 필요할 때에 물을 방축하여 전력을 얻는 방식이다.

④ 조력식 : 우리나라의 서해안과 같이 조석간만의 차가 심한 해안을 선택하여 저수지를 설치하고, 밀물 때에 수문을 열어 해수를 유입시키고, 썰물 때에 방출시킴으로서 해수의 위치에너지로 수차를 구동시키는 방식이다.

문제 5. 유체기계의 에너지 교환 방식은 크게 유체로부터 에너지를 받아 동력을 생산하는 방식과 외부로부터 에너지를 받아서 유체를 운송하거나 압력을 발생하는 등의 방식으로 나눌 수 있다. 다음 유체기계 중 에너지 교환 방식이 나머지 셋과 다른 하나는?

① 펠톤 수차
② 확산 펌프
③ 축류 송풍기
④ 원심 압축기

해설 펠톤수차(pelton turbine)
: 분류(jet)가 수차의 접선방향으로 작용하여 날개차를 회전시켜서 기계적인 일을 얻는 충격수차로서 주로 낙차가 클 경우에 사용한다.
일반적으로 낙차의 범위는 200~1800 m 정도이며, 배출손실이 크다.

문제 6. 펠톤 수차에 대한 설명으로 옳은 것은?

① 반동 수차이다.
② 회전차의 바깥쪽에 15~25개의 버킷이 설치된다.
③ 니들 밸브 안쪽에 노즐이 설치되어 있다.
④ 원심펌프의 구조와 유사하다.

해설 펠톤수차는 충격수차로서 회전차 둘레에 18~30개의 버킷이 설치되어 있다. 그리고, 니들밸브 바깥쪽에 노즐이 설치되어 있다.

문제 7. 토크 컨버터의 특성곡선 중 A점이 나타내는 것은 무엇인가?
(단, t는 토크비이며, η는 효율이다.)

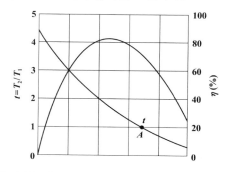

① 속도 점
② 토크변환 점
③ 클러치 점
④ 실속 토크 점

해설 토크비($\frac{T_2}{T_1}$)가 1이 되는 점을 클러치점(clutch point)이라고 한다.

문제 8. 원심펌프의 구성요소로 가장 거리가 먼 것은?

① 임펠러
② 케이싱
③ 버킷
④ 디퓨저

해설 원심펌프의 구성요소
: 회전차(impeller), 펌프본체, 안내날개, 케이싱, 디퓨저, 와류실, 주축, 축이음, 베어링본체, 베어링, 패킹상자 등

문제 9. 다음 중 압축기 효율의 종류로 가장 거리가 먼 것은?

① 단열효율
② 등온효율
③ 상온효율
④ 폴리트로픽효율

정답 5.① 6.② 7.③ 8.③ 9.③

해설 · 압축기 효율의 종류

① 전등온효율 : $\eta_{is} = \dfrac{\text{등온 공기동력}}{\text{축동력}}$

② 전단열효율 : $\eta_{ad} = \dfrac{\text{단열 공기동력}}{\text{축동력}}$

③ 전폴리트로픽효율

   : $\eta_P = \dfrac{\text{폴리트로픽 공기동력}}{\text{축동력}}$

④ 등온효율 : $\eta_{is} = \dfrac{\text{등온 공기동력}}{\text{내부동력}}$

⑤ 단열효율 : $\eta_{ad} = \dfrac{\text{단열 공기동력}}{\text{내부동력}}$

⑥ 폴리트로픽효율 : $\eta_P = \dfrac{\text{폴리트로픽 공기동력}}{\text{내부동력}}$

⑦ 전효율 : $\eta = \text{유체효율} \times \text{체적효율} \times \text{기계효율}$

문제 10. 펠톤 수차의 노즐 입구에서 유효 낙차가 700 m이고, 노즐 속도계수가 0.98이면 수축부에서 속도 (m/s)는 얼마인가?

① 82.8
② 114.8
③ 165.7
④ 686.2

해설 $V_0 = C_v \sqrt{2gH} = 0.98 \sqrt{2 \times 9.8 \times 700}$
   $\fallingdotseq 114.8\,\text{m/s}$

제5과목 건설기계일반 및 플랜트배관

문제 11. 쇄석기(크러셔)의 종류가 아닌 것은?

① 콘 쇄석기
② 엔드밀 쇄석기
③ 해머 쇄석기
④ 로드밀 쇄석기

해설 · 쇄석기(crusher)의 종류
① 1차 쇄석기 : 조크러셔, 자이레토리크러셔, 임팩트크러셔
② 2차 쇄석기 : 콘크러셔, 해머크러셔, 더블롤크러셔
③ 3차 쇄석기 : 로드밀, 볼밀

문제 12. 오스테나이트계 스테인리스강에 대한 설명으로 틀린 것은?

① 크롬과 니켈을 함유하고 있다.
② 일반적으로 실온에서 오스테나이트 체심입방구조(BCC)를 나타내고 자성이다.
③ 입계부식 방지를 위하여 고용화처리를 하거나, Nb 또는 Ti을 첨가한다.
④ 고온강도나 크리프강도가 높은 우수한 성질을 가지고 있다.

해설 오스테나이트계 스테인리스강은 18(18 % Cr)−8(8 % Ni)형 스테인리스강이라고 하며, 비자성이다.

문제 13. 운반기계로 적절하지 않은 것은?

① 왜건(wagon)
② 덤프트럭
③ 어스오거
④ 모노레일

해설 운반기계 : 덤프트럭, 덤퍼, 기관차, 트랙터 및 트레일러, 삭도, 왜건, 지게차, 컨베이어, 특장운반차, 모노레일, 호이스팅머신 등
※ 어스오거(earth auger) : 오거헤드를 붙인 스크루를 회전시키면서 지면에 구멍을 뚫는 기계

문제 14. 건설기계관리업무처리규정에 따른 롤러의 규격표시방법과 관련 있는 것은?

① 선압
② 다짐폭
③ 엔진출력
④ 중량

해설 롤러의 규격표시방법
: 롤러의 중량을 톤(ton)으로 표시

문제 15. 차륜식(바퀴형)과 비교한 무한궤도식 로더에 관한 설명으로 옳은 것은?

① 장거리 작업에 유리하다.
② 견인력이 약하다.
③ 습지, 사지 작업에 유리하다.
④ 기동력이 좋다.

정답 10. ② 11. ② 12. ② 13. ③ 14. ④ 15. ③

해설 · 주행장치에 의한 분류(=접지압을 고려한 분류)

항 목	무한궤도식 (crawler)	타이어식 (=차륜식 : wheel type)
토질의 영향	적 다	크 다
연약지반 작업	용 이	곤 란
경사지 작업	용 이	곤 란
작업거리 영향	크 다	적 다
작업속도	느리다	빠르다
주행기동성, 이동성	느리다	빠르다
작업안정성	안 정	조금 떨어진다
견인능력, 등판능력	크 다	작 다
접지압	작 다	크 다

문제 16. 난방과 온수공급에 쓰이는 대규모 보일러설비의 주요 부분 중 포화증기를 과열증기로 가열시키는 장치는?

① 과열기
② 탈기기
③ 냉각기
④ 통풍장치

해설 과열기(superheater)
: 보일러 본체에서 발생한 증기는 건도가 거의 1에 가까운 습증기(습포화증기)로서 난방용과 공장용 등에서는 보일러에서 나오는 상태 그대로 사용한다. 그러나 동력발생용에서는 과열증기를 사용하므로 습포화증기에서의 수분을 증발시키고 나아가서 온도를 상승시켜서 과열증기를 만들기 위해 사용하는 장치를 말한다.

문제 17. 건설기계에서 사용하는 브레이크 라이닝의 구비 조건으로 적절하지 않은 것은?

① 마찰계수의 변화가 클 것
② 페이드(fade) 현상에 견딜 수 있을 것
③ 불쾌음의 발생이 없을 것
④ 내마모성이 우수할 것

해설 · 브레이크 라이닝의 구비조건
① 적당한 마찰계수를 가질 것
② 내마모성이 우수할 것
③ 페이드(fade) 현상에 견딜 수 있을 것

④ 불쾌한 이상한 소리를 내지 말 것
※ 페이드(fade) 현상 : 자동차가 빠른 속도로 달릴 때 제동을 걸면 브레이크가 잘 작동하지 않는 현상

문제 18. 굴삭기 상부 프레임 지지 장치의 종류가 아닌 것은?

① 볼베어링식
② 포스트식
③ 링크식
④ 롤러식

해설 · 굴삭기의 상부 프레임 지지 장치의 종류
① 롤러식(roller type)
② 볼베어링식(ball bearing type)
③ 포스트식(post type)

문제 19. 배토판 폭이 2 m, 높이가 0.8 m인 불도저의 배토판 용량 (m³)은?

① 0.98
② 1.28
③ 2.64
④ 3.48

해설 $Q = BH^2 = 2 \times 0.8^2 = 1.28 \, \text{m}^3$

문제 20. 쇄석기에서 쇄석하려는 돌을 넣어주는 용기는?

① 호퍼
② 스크루
③ 컨베이어
④ 스크리드

해설 호퍼
: 쇄석하려는 돌을 넣어주는 용기이며, 왕복운동을 하여 조에 보내주는 역할을 한다.

문제 21. KS규격에 따른 압력 배관용 탄소강관은?

① SPPS
② SPHT
③ STA
④ SPPW

해답 16. ① 17. ① 18. ③ 19. ② 20. ① 21. ①

해설 SPPS : 압력 배관용 탄소강관
SPHT : 고온 배관용 탄소강관
STA : 구조용 합금강관
SPPW : 수도용 아연도금 강관

문제 **22.** 온도 350 ℃ 이하에서 사용하는 탄소강관이며, 사용 압력은 9.8 N/mm² 이하의 물, 증기, 가스 등의 유체 수송관으로 사용되는 관은?

① 압력 배관용 탄소강관
② 고압 배관용 탄소강관
③ 저온 배관용 탄소강관
④ 고온 배관용 탄소강관

해설 압력 배관용 탄소강관(SPPS)
 : 350 ℃ 이하에서 사용압력이 980 kPa~9.8 MPa까지의 보일러 증기관, 수압관, 유압관 등에 사용된다.

문제 **23.** 배관시공 시 기울기에 대한 설명으로 적절하지 않은 것은?

① 통수할 때 관 내에 고인 공기를 쉽게 빼기 위해 기울기를 준다.
② 수리를 할 때 배관내 물을 퇴수하기 위하여 기울기를 준다.
③ 배관 기울기는 유속과 관련이 있으므로 주의하여 시공하여야 한다.
④ 배수배관 기울기를 급경사지게 하면 고형물이 많이 고인다.

해설 배수배관 기울기를 급경사지게 하면 고형물이 고이지 않는다.

문제 **24.** 유체의 흐름이 한쪽 방향으로 흐르다가 역류하면 자동으로 닫히며, 스윙형과 리프트형 등이 있는 밸브는?

① 게이트 밸브   ② 앵글 밸브
③ 체크 밸브   ④ 콕

해설 ·체크밸브(check valve)
 : 유체의 흐름이 한쪽방향으로 역류를 하면 자동적으로 밸브가 닫혀지게 할 때 사용하며 스윙형, 리프트형, 스모렌스키형이 있다.
 ① 스윙형 : 핀을 축으로 회전하여 개폐되므로 유수에 대한 마찰저항이 리프트형보다 작고, 수평·수직 어느 배관에도 사용할 수 있다.
 ② 리프트형 : 유체의 압력에 의해 밸브가 수직으로 올라가게 되어 있다. 밸브의 리프트는 지름의 $\frac{1}{4}$ 정도이며, 흐름에 대한 마찰저항이 크다. 2조 이상 수평밸브에만 쓰인다.
 ③ 스모렌스키형 : 리프트형 내에 날개가 달려 충격을 완화시킨다.

문제 **25.** 이음쇠의 중심에서 단면까지의 길이가 32 mm, 나사가 물리는 최소길이(여유치수)가 13 mm인 배관의 중심선 간의 길이는?
(단, 배관의 길이는 300 mm이다.)

① 262   ② 281
③ 319   ④ 338

해설 $L = \ell + 2(A - a) = 300 + 2(32 - 13)$
$= 338 \, mm$

문제 **26.** 배관 지지 장치에서 열팽창에 의한 이동을 구속 또는 제한하는 것이 아닌 것은?

① 앵커   ② 행거
③ 스토퍼   ④ 가이드

해설 레스트레인트(restraint)
 : 열팽창에 의한 배관의 자유로운 움직임을 구속하거나 제한하기 위한 장치로서 앵커, 스토퍼, 가이드 등이 있다.

문제 **27.** 관 또는 환봉을 절단하는 기계로서 절삭 시 톱날에 하중이 걸리고 귀환 시 하중이 걸리지 않는 공작용 기계는?

① 기계톱   ② 파이프 벤딩기
③ 휠 고속절단기   ④ 동력 나사 절삭기

해답 **22.** ① **23.** ④ **24.** ③ **25.** ④ **26.** ② **27.** ①

해설 · 기계톱
  ① 절삭시는 톱날에 하중이 걸리고, 귀환시는 하중이 걸리지 않는다.
  ② 작동시 단단한 재료일수록 톱날의 왕복운동은 천천히 한다.

해설 그라인더(grinder)
  : 회전하는 숫돌차를 설치하고 관의 외면, 내면, 구멍 등을 가공하거나 다듬는데 사용하는 공구

문제 **28.** KS규격에서 배관과 관련한 물질의 종류에 따른 식별색으로 옳은 것은?

① 물 – 파랑
② 기름 – 흰색
③ 증기 – 어두운 빨강
④ 산 또는 알칼리 – 회보라

해설 · 물질의 종류와 식별색

종 류	식별색	종 류	식별색
물	파랑(청색)	산 또는 알칼리	회보라(회자색)
증 기	어두운 빨강 (적색)	기 름	어두운 노랑색 (황색)
공 기	백 색	전 기	연한 노랑색 (황색)
가 스	노랑색(황색)		

①, ③, ④번이 모두 정답

문제 **29.** 옥내 및 옥외소화전의 시험으로 수원으로부터 가장 높은 위치와 가장 먼 거리에 대하여 규정된 호스와 노즐을 접속하여 실시하는 시험은?

① 전단 및 응력시험
② 내압 및 기밀시험
③ 연기 및 박하시험
④ 방수 및 방출시험

문제 **30.** 관의 외면, 내면, 구멍 등을 가공하거나 다듬는데 사용하는 공구는?

① 해머   ② 렌치
③ 그라인더   ④ 익스팬더

정답 **28.** ①, ③, ④   **29.** ④   **30.** ③

2021년 제1회 일반기계·건설기계설비 기사

제1과목 재료역학

문제 1. 상단이 고정된 원추 형체의 단위체적에 대한 중량을 γ라 하고 원추 밑면의 지름이 d, 높이가 ℓ일 때 이 재료의 최대 인장응력을 나타낸 식은? (단, 자중만을 고려한다.) 【2장】

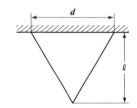

① $\sigma_{\max} = \gamma\ell$

② $\sigma_{\max} = \dfrac{1}{2}\gamma\ell$

③ $\sigma_{\max} = \dfrac{1}{3}\gamma\ell$

④ $\sigma_{\max} = \dfrac{1}{4}\gamma\ell$

해설 · 자중만에 의한 응력 및 신장량

① 균일 단면봉 : $\sigma_a = \gamma\ell$, $\lambda = \dfrac{\gamma\ell^2}{2E}$

② 원추형봉 : $\sigma_a = \dfrac{\gamma\ell}{3}$, $\lambda = \dfrac{\gamma\ell^2}{6E}$

문제 2. 길이 500 mm, 지름 16 mm의 균일한 강봉의 양 끝에 12 kN의 축 방향 하중이 작용하여 길이는 300 μm가 증가하고 지름은 2.4 μm가 감소하였다. 이 선형 탄성 거동하는 봉 재료의 프와송 비는? 【1장】

① 0.22　　　　② 0.25

③ 0.29　　　　④ 0.32

해설 $\mu = \dfrac{\varepsilon'}{\varepsilon} = \dfrac{\left(\dfrac{\delta}{d}\right)}{\left(\dfrac{\lambda}{\ell}\right)} = \dfrac{\ell\delta}{d\lambda} = \dfrac{500 \times 2.4}{16 \times 300} = 0.25$

문제 3. 그림과 같이 균일단면 봉이 100 kN의 압축하중을 받고 있다. 재료의 경사 단면 $Z-Z$에 생기는 수직응력 σ_n, 전단응력 τ_n의 값은 각각 약 몇 MPa인가? (단, 균일 단면 봉의 단면적은 1000 mm^{2}이다.) 【3장】

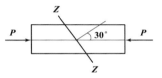

① $\sigma_n = -38.2,\ \tau_n = 26.7$

② $\sigma_n = -68.4,\ \tau_n = 58.8$

③ $\sigma_n = -75.0,\ \tau_n = 43.3$

④ $\sigma_n = -86.2,\ \tau_n = 56.8$

해설 · $\sigma_n = \sigma_x\cos^2\theta = \dfrac{P}{A}\cos^2\theta$

$= \dfrac{-100 \times 10^3}{1000} \times \cos^2 30°$

$= -75\,\mathrm{MPa}$

· $\tau_n = \dfrac{1}{2}\sigma_x\sin 2\theta = \dfrac{1}{2} \times \dfrac{P}{A}\sin 2\theta$

$= \dfrac{1}{2} \times \dfrac{100 \times 10^3}{1000} \times \sin 60°$

$= 43.3\,\mathrm{MPa}$

〈참고〉 $1\,\mathrm{MPa} = 1\,\mathrm{N/mm^2}$

문제 4. 그림과 같이 균일분포 하중을 받는 보의 지점 B에서의 굽힘모멘트는 몇 kN·m인가? 【6장】

애답 1. ③　2. ②　3. ③　4. ①

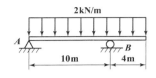

① 16　　② 10
③ 8　　④ 1.6

해설> 지점 B를 기준으로 하여 우측에서 구하면
$M_B = (2 \times 4) \times 2 = 16\,\text{kN} \cdot \text{m}$

문제 5. 원통형 코일스프링에서 코일 반지름 R, 소선의 지름 d, 전단탄성계수를 G라고 하면 코일 스프링 한 권에 대해서 하중 P가 작용할 때 소선의 비틀림 각 ϕ를 나타내는 식은? 【5장】

① $\dfrac{32PR}{Gd^2}$　　② $\dfrac{32PR^2}{Gd^2}$

③ $\dfrac{64PR}{Gd^4}$　　④ $\dfrac{64PR^2}{Gd^4}$

해설> 우선, 스프링의 처짐량 $\delta = R\theta = \dfrac{64nPR^3}{Gd^4}$에서

$\theta = \dfrac{64nPR^2}{Gd^4}$

결국, 한번 감길때마다 소선의 비틀림각 $\phi(=\theta)$는 $n=1$을 대입하면

$\therefore \ \phi(=\theta) = \dfrac{64PR^2}{Gd^4}$

문제 6. 지름 20 mm인 구리합금 봉에 30 kN의 축 방향 인장하중이 작용할 때 체적 변형률은 약 얼마인가? (단, 세로탄성계수는 100 GPa, 프와송 비는 0.3이다.) 【1장】

① 0.38　　② 0.038
③ 0.0038　　④ 0.00038

해설> $\varepsilon_V = \varepsilon(1-2\mu) = \dfrac{P}{AE}(1-2\mu)$

$= \dfrac{4 \times 30}{\pi \times 0.02^2 \times 100 \times 10^6} \times (1-2\times 0.3)$

$= 0.00038$

문제 7. 두 변의 길이가 각각 b, h인 직사각형의 A점에 관한 극관성 모멘트는? 【4장】

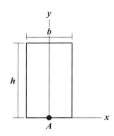

① $\dfrac{bh}{12}(b^2 + h^2)$　　② $\dfrac{bh}{12}(b^2 + 4h^2)$

③ $\dfrac{bh}{12}(4b^2 + h^2)$　　④ $\dfrac{bh}{3}(b^2 + h^2)$

해설> $I_P = I_x + I_y = \dfrac{bh^3}{3} + \dfrac{hb^3}{12} = \dfrac{bh}{12}(4h^2 + b^2)$

문제 8. 그림에서 고정단에 대한 자유단의 전 비틀림 각은? (단, 전단탄성계수는 100 GPa이다.) 【5장】

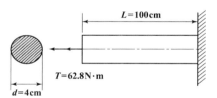

① 0.00025 rad　　② 0.0025 rad
③ 0.025 rad　　④ 0.25 rad

해설> $\theta = \dfrac{TL}{GI_P} = \dfrac{62.8 \times 1}{100 \times 10^9 \times \dfrac{\pi \times 0.04^4}{32}}$

$= 0.0025\,\text{rad}$

문제 9. 지름이 2 cm이고 길이가 1 m인 원통형 중실 기둥의 좌굴에 관한 임계하중을 오일러 공식으로 구하면 약 몇 kN인가?
(단, 기둥의 양단은 회전단이고, 세로탄성계수는 200 GPa이다.) 【10장】

정답 5. ④　6. ④　7. ②　8. ②　9. ③

① 11.5   ② 13.5

③ 15.5   ④ 17.5

해설
$$P_{cr} = n\pi^2 \frac{EI}{\ell^2}$$
$$= 1 \times \pi^2 \times \frac{200 \times 10^6 \times \dfrac{\pi \times 0.02^4}{64}}{1^2}$$
$$= 15.5\,\text{kN}$$

문제 10. 지름 6 mm인 곧은 강선을 지름 1.2 m 의 원통에 감았을 때 강선에 생기는 최대 굽힘 응력은 약 몇 MPa인가?
(단, 세로탄성계수는 200 GPa이다.) 【7장】

① 500   ② 800

③ 900   ④ 1000

해설
$$\sigma_{max} = E\frac{y}{\rho} = 200 \times 10^3 \times \frac{0.003}{0.6 + 0.003}$$
$$= 995\,\text{MPa} \fallingdotseq 1000\,\text{MPa}$$

문제 11. 지름 10 mm, 길이 2 m인 둥근 막대의 한끝을 고정하고 타단을 자유로이 10°만큼 비틀었다면 막대에 생기는 최대 전단응력은 약 몇 MPa인가? (단, 재료의 전단탄성계수는 84 GPa 이다.) 【5장】

① 18.3   ② 36.6

③ 54.7   ④ 73.2

해설
$$\tau_{max} = \frac{Gr\theta}{\ell} = \frac{84 \times 10^3 \times 0.005 \times 10 \times \dfrac{\pi}{180}}{2}$$
$$= 36.6\,\text{MPa}$$

문제 12. 보의 길이 ℓ에 등분포하중 w를 받는 직사각형 단순보의 최대 처짐량에 대한 설명으로 옳은 것은? (단, 보의 자중은 무시한다.) 【8장】

① 보의 폭에 정비례한다.

② ℓ의 3승에 정비례한다.

③ 보의 높이의 2승에 반비례한다.

④ 세로탄성계수에 반비례한다.

해설
$$\delta_{max} = \frac{5w\ell^4}{384EI} = \frac{5w\ell^4}{384E \times \dfrac{bh^3}{12}} = \frac{5w\ell^4}{32Ebh^3}$$

문제 13. 직사각형($b \times h$)의 단면적 A를 갖는 보에 전단력 V가 작용할 때 최대 전단응력은? 【7장】

① $\tau_{max} = 0.5\dfrac{V}{A}$

② $\tau_{max} = \dfrac{V}{A}$

③ $\tau_{max} = 1.5\dfrac{V}{A}$

④ $\tau_{max} = 2\dfrac{V}{A}$

해설 · 수평전단응력은 중립축에서 최대이고, 상·하 표면에서 0이다.
① 사각형 단면 : $\tau_{max} = \dfrac{3}{2}\dfrac{V}{A} = 1.5\dfrac{V}{A}$
② 원형 단면 : $\tau_{max} = \dfrac{4}{3}\dfrac{V}{A} = 1.33\dfrac{V}{A}$

문제 14. 단면적이 각각 A_1, A_2, A_3이고, 탄성계수가 각각 E_1, E_2, E_3인 길이 ℓ인 재료가 강성판 사이에서 인장하중 P를 받아 탄성변형 했을 때 재료 1, 3 내부에 생기는 수직응력은? (단, 2개의 강성판은 항상 수평을 유지한다.) 【2장】

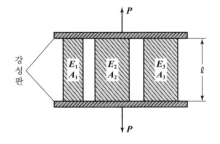

해답 10. ④   11. ②   12. ④   13. ③   14. ①

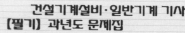

① $\sigma_1 = \dfrac{PE_1}{A_1E_1 + A_2E_2 + A_3E_3}$,

$\sigma_3 = \dfrac{PE_3}{A_1E_1 + A_2E_2 + A_3E_3}$

② $\sigma_1 = \dfrac{PE_2E_3}{E_1(A_1E_1 + A_2E_2 + A_3E_3)}$,

$\sigma_3 = \dfrac{PE_1E_2}{E_3(A_1E_1 + A_2E_2 + A_3E_3)}$

③ $\sigma_1 = \dfrac{PE_1}{A_3A_2E_1 + A_3A_1E_2 + A_1A_2E_3}$,

$\sigma_3 = \dfrac{PE_3}{A_3A_2E_1 + A_3A_1E_2 + A_1A_2E_3}$

④ $\sigma_1 = \dfrac{PE_2E_3}{A_3A_2E_1 + A_3A_1E_2 + A_1A_2E_3}$,

$\sigma_3 = \dfrac{PE_1E_2}{A_3A_2E_1 + A_3A_1E_2 + A_1A_2E_3}$

해설 각 재료에 가해지는 하중의 합계는 축력 P와 같으므로

$P = \sigma_1A_1 + \sigma_2A_2 + \sigma_3A_3$ ····················· ①식

각 재료가 모두 동일 변형 즉, 동시압축이므로 $\lambda_1 = \lambda_2 = \lambda_3$, $\varepsilon_1 = \varepsilon_2 = \varepsilon_3$임을 알 수 있다.

우선, $\varepsilon_1 = \varepsilon_2 = \varepsilon_3$ 즉, $\dfrac{\sigma_1}{E_1} = \dfrac{\sigma_2}{E_2} = \dfrac{\sigma_3}{E_3}$에서

$\sigma_2 = \sigma_1 \times \dfrac{E_2}{E_1}$, $\sigma_3 = \sigma_1 \times \dfrac{E_3}{E_1}$를 ①식에 대입하여 정리하면

$\therefore \sigma_1 = \dfrac{PE_1}{A_1E_1 + A_2E_2 + A_3E_3}$

또한, $\varepsilon_1 = \varepsilon_2 = \varepsilon_3$ 즉, $\dfrac{\sigma_1}{E_1} = \dfrac{\sigma_2}{E_2} = \dfrac{\sigma_3}{E_3}$에서

$\sigma_1 = \sigma_3 \times \dfrac{E_1}{E_3}$, $\sigma_2 = \sigma_3 \times \dfrac{E_2}{E_3}$를 ①식에 대입하여 정리하면

$\therefore \sigma_3 = \dfrac{PE_3}{A_1E_1 + A_2E_2 + A_3E_3}$

문제 **15.** 지름 20 mm, 길이 50 mm의 구리 막대의 양단을 고정하고 막대를 가열하여 40 ℃ 상승했을 때 고정단을 누르는 힘은 약 몇 kN인가? (단, 구리의 선팽창계수 $\alpha = 0.16 \times 10^{-4}$/℃, 세로탄성계수는 110 GPa이다.) 【2장】

① 52   ② 30

③ 25   ④ 22

해설 $P = E\alpha\Delta t A$

$= 110 \times 10^6 \times 0.16 \times 10^{-4} \times 40 \times \dfrac{\pi \times 0.02^2}{4}$

$= 22.12\,\text{kN} \fallingdotseq 22\,\text{kN}$

문제 **16.** 반원 부재에 그림과 같이 $0.5R$지점에 하중 P가 작용할 때 지지점 B에서의 반력은? 【6장】

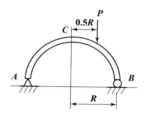

① $\dfrac{P}{4}$ ② $\dfrac{P}{2}$

③ $\dfrac{3P}{4}$ ④ P

해설 $0 = R_B \times 2R - P \times \dfrac{3R}{2}$에서

$\therefore R_B = \dfrac{3P}{4}$

문제 **17.** 단면계수가 $0.01\,\text{m}^3$인 사각형 단면의 양단 고정보가 2 m의 길이를 가지고 있다. 중앙에 최대 몇 kN의 집중하중을 가할 수 있는가? (단, 재료의 허용굽힘응력은 80 MPa이다.) 【9장】

① 800   ② 1600

③ 2400   ④ 3200

해설 $M_{\text{max}} = \sigma_a Z$에서 $\dfrac{P\ell}{8} = \sigma_a Z$

$\therefore P = \dfrac{8\sigma_a Z}{\ell} = \dfrac{8 \times 80 \times 10^3 \times 0.01}{2}$

$= 3200\,\text{kN}$

정답 **15.** ④ **16.** ③ **17.** ④

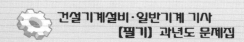
문제 18. 그림과 같이 등분포하중 w가 가해지고 B점에서 지지되어 있는 고정 지지보가 있다. A점에 존재하는 반력 중 모멘트는? 【9장】

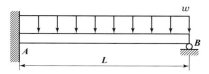

① $\frac{1}{8}wL^2$ (시계방향)

② $\frac{1}{8}wL^2$ (반시계방향)

③ $\frac{7}{8}wL^2$ (시계방향)

④ $\frac{7}{8}wL^2$ (반시계방향)

해설〉 지점 B에서부터 임의의 거리 x만큼 떨어진 곳의 모멘트는

$$M_x = R_B x - \frac{wx^2}{2}$$

결국, A점의 모멘트는

$$\therefore M_A = M_{x=L} = \frac{3wL}{8} \times L - \frac{wL^2}{2}$$

$$= \left| -\frac{wL^2}{8} \right| = \frac{wL^2}{8} \text{ (반시계방향)}$$

문제 19. 그림과 같은 일단고정 타단지지보의 중앙에 $P=4800$ N의 하중이 작용하면 지지점의 반력(R_B)은 약 몇 kN인가? 【9장】

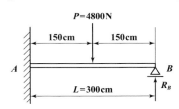

① 3.2　　② 2.6　　③ 1.5　　④ 1.2

해설〉 $R_B = \frac{5P}{16} = \frac{5 \times 4.8}{16} = 1.5$ kN

〈참고〉 $R_A = \frac{11P}{16}$

문제 20. 두께 10 mm인 강판으로 직경 2.5 m의 원통형 압력용기를 제작하였다. 최대 내부 압력이 1200 kPa일 때 축방향 응력은 몇 MPa인가? 【2장】

① 75　　② 100　　③ 125　　④ 150

해설〉 $\sigma_2 = \frac{pd}{4t} = \frac{1200 \times 10^{-3} \times 2.5 \times 10^3}{4 \times 10} = 75$ MPa

〈참고〉 원주방향의 응력 $\sigma_1 = \frac{pd}{2t}$

제2과목　기계열역학

문제 21. 온도 20 ℃에서 계기압력 0.183 MPa의 타이어가 고속주행으로 온도 80 ℃로 상승할 때 압력은 주행 전과 비교하여 약 몇 kPa 상승하는가? (단, 타이어의 체적은 변하지 않고, 타이어 내의 공기는 이상기체로 가정하며, 대기압은 101.3 kPa이다.) 【3장】

① 37 kPa　　② 58 kPa　　③ 286 kPa　　④ 445 kPa

해설〉 "정적"이므로

$$\frac{p_1(= p_o + p_{g1})}{T_1} = \frac{p_2(= p_o + p_{g2})}{T_2} \text{ 에서}$$

$$\frac{101.3 + 0.183 \times 10^3}{20 + 273} = \frac{101.3 + p_{g2}}{80 + 273}$$

$$\therefore p_{g2} = 241.2 \text{ kPa}$$

결국, $p_{g2} - p_{g1} = 241.2 - 0.183 \times 10^3$

$$= 58.2 \text{ kPa} \fallingdotseq 58 \text{ kPa}$$

문제 22. 밀폐용기에 비내부에너지가 200 kJ/kg인 기체가 0.5 kg 들어있다. 이 기체를 용량이 500 W인 전기가열기로 2분 동안 가열한다면 최종상태에서 기체의 내부에너지는 약 몇 kJ인가? (단, 열량은 기체로만 전달된다고 한다.) 【2장】

해답　18. ②　19. ③　20. ①　21. ②　22. ④

① 20 kJ   ② 100 kJ
③ 120 kJ   ④ 160 kJ

해설》 우선, $U_1 = m u_1 = 0.5 \times 200 = 100\,\text{kJ}$
또한, $U_2 - U_1 = 500 \times 10^{-3} \times 2 \times 60 = 60\,\text{kJ}$
결국, $U_2 = U_1 + 60 = 100 + 60 = 160\,\text{kJ}$

문제 **23.** 한 밀폐계가 190 kJ의 열을 받으면서 외부에 20 kJ의 일을 한다면 이 계의 내부에너지의 변화는 약 얼마인가? 【2장】

① 210 kJ 만큼 증가한다.
② 210 kJ 만큼 감소한다.
③ 170 kJ 만큼 증가한다.
④ 170 kJ 만큼 감소한다.

해설》 $_1Q_2 = \Delta U + _1W_2$에서 $190 = \Delta U + 20$
$\therefore \ \Delta U = 170\,\text{kJ}\,(증가)$

문제 **24.** 10 ℃에서 160 ℃까지 공기의 평균 정적비열은 0.7315 kJ/(kg·K)이다. 이 온도 변화에서 공기 1 kg의 내부에너지 변화는 약 몇 kJ인가? 【3장】

① 101.1 kJ
② 109.7 kJ
③ 120.6 kJ
④ 131.7 kJ

해설》 $du = C_v dT$에서
$\therefore \ \Delta u = C_v(T_2 - T_1) = 0.7315 \times (160 - 10)$
$= 109.725\,\text{kJ}$

문제 **25.** 증기터빈에서 질량유량이 1.5 kg/s이고, 열손실률이 8.5 kW이다. 터빈으로 출입하는 수증기에 대한 값은 아래 그림과 같다면 터빈의 출력은 약 몇 kW인가? 【2장】

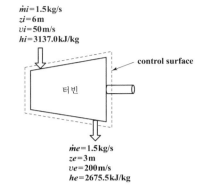

$\dot{m}i = 1.5\,\text{kg/s}$
$zi = 6\,\text{m}$
$vi = 50\,\text{m/s}$
$hi = 3137.0\,\text{kJ/kg}$

control surface

터빈

$\dot{m}e = 1.5\,\text{kg/s}$
$ze = 3\,\text{m}$
$ve = 200\,\text{m/s}$
$he = 2675.5\,\text{kJ/kg}$

① 273 kW   ② 656 kW
③ 1357 kW   ④ 2616 kW

해설》 $_1Q_2 = W_t + \dfrac{\dot{m}(w_2^2 - w_1^2)}{2} + \dot{m}(h_2 - h_1)$
$+ \dot{m}g(Z_2 - Z_1)$
$-8.5 = W_t + \dfrac{1.5(200^2 - 50^2) \times 10^{-3}}{2}$
$+ 1.5(2675.5 - 3137) + 1.5 \times 9.8 \times (3 - 6) \times 10^{-3}$
$\therefore \ W_t = 655.67\,\text{kW} \fallingdotseq 656\,\text{kW}$

문제 **26.** 오토사이클의 압축비(ε)가 8일 때 이론 열효율은 약 몇 %인가?
(단, 비열비(k)는 1.4이다.) 【8장】

① 36.8 %   ② 46.7 %
③ 56.5 %   ④ 66.6 %

해설》 $\eta_o = 1 - \left(\dfrac{1}{\varepsilon}\right)^{k-1} = 1 - \left(\dfrac{1}{8}\right)^{1.4-1} = 0.565 = 56.5\,\%$

문제 **27.** 온도 15 ℃, 압력 100 kPa 상태의 체적이 일정한 용기 안에 어떤 이상 기체 5 kg이 들어있다. 이 기체가 50 ℃가 될 때까지 가열되는 동안의 엔트로피 증가량은 약 몇 kJ/K인가? (단, 이 기체의 정압비열과 정적비열은 각각 1.001 kJ/(kg·K), 0.7171 kJ/(kg·K)이다.) 【4장】

① 0.411   ② 0.486
③ 0.575   ④ 0.732

정답 **23.** ③   **24.** ②   **25.** ②   **26.** ③   **27.** ①

해설 "정적"이므로

$$\therefore \Delta S = m\,C_v\ell n\frac{T_2}{T_1} = 5 \times 0.7171 \times \ell n\frac{(50+273)}{(15+273)}$$
$$= 0.411\,\mathrm{kJ/K}\,(증가)$$

문제 **28.** 열펌프를 난방에 이용하려 한다. 실내 온도는 18 ℃이고, 실외 온도는 −15 ℃이며 벽을 통한 열손실은 12 kW이다. 열펌프를 구동하기 위해 필요한 최소 동력은 약 몇 kW인가? 【9장】

① 0.65 kW ② 0.74 kW
③ 1.36 kW ④ 1.53 kW

해설 $\varepsilon_h = \dfrac{Q_1}{W_c} = \dfrac{T_1}{T_1 - T_{II}}$ 에서

$$\frac{12}{W_c} = \frac{291}{291 - 258} \qquad \therefore \ W_c = 1.36\,\mathrm{kW}$$

문제 **29.** 완전가스의 내부에너지(u)는 어떤 함수인가? 【2장】

① 압력과 온도의 함수이다.
② 압력만의 함수이다.
③ 체적과 압력의 함수이다.
④ 온도만의 함수이다.

해설 줄의 법칙(Joule's law)
 : 완전가스(이상기체)에서 내부에너지와 엔탈피는 온도만의 함수이다.

문제 **30.** 다음 중 가장 낮은 온도는? 【1장】

① 104 ℃ ② 284 ℉
③ 410 K ④ 684 R

해설 ① 104 ℃

② 248 ℉ : $t_℃ = \dfrac{5}{9}(t_℉ - 32) = \dfrac{5}{9}(284 - 32)$
$$= 140\,℃$$

③ 410 K : $T = t_℃ + 273\,(\mathrm{K})$ 에서
$410 = t_℃ + 273 \quad \therefore \ t_℃ = 137\,℃$

④ 684 R : 우선, $T = t_℉ + 460\,(\mathrm{R})$ 에서
$684 = t_℉ + 460 \quad \therefore \ t_℉ = 224\,℉$

또한, $t_℃ = \dfrac{5}{9}(t_℉ - 32) = \dfrac{5}{9}(224 - 32) = 106.7\,℃$

결국, 가장 낮은 온도는 104 ℃ 이다.

문제 **31.** 증기를 가역 단열과정을 거쳐 팽창시키면 증기의 엔트로피는? 【4장】

① 증가한다.
② 감소한다.
③ 변하지 않는다.
④ 경우에 따라 증가도 하고, 감소도 한다.

해설 가역단열과정 = 등엔트로피변화

문제 **32.** 온도가 127 ℃, 압력이 0.5 MPa, 비체적이 0.4 m³/kg인 이상기체가 같은 압력 하에서 비체적이 0.3 m³/kg으로 되었다면 온도는 약 몇 ℃가 되는가? 【3장】

① 16 ② 27
③ 96 ④ 300

해설 "정압"이므로 $\dfrac{v_1}{T_1} = \dfrac{v_2}{T_2}$ 에서

$$\therefore \ T_2 = T_1 \times \frac{v_2}{v_1} = (127 + 273) \times \frac{0.3}{0.4}$$
$$= 300\,\mathrm{K} = 27\,℃$$

문제 **33.** 계가 정적 과정으로 상태 1에서 상태 2로 변화할 때 단순압축성 계에 대한 열역학 제1법칙을 바르게 설명한 것은? (단, U, Q, W는 각각 내부에너지, 열량, 일량이다.) 【3장】

① $U_1 - U_2 = Q_{12}$ ② $U_2 - U_1 = W_{12}$
③ $U_1 - U_2 = W_{12}$ ④ $U_2 - U_1 = Q_{12}$

해설 $\delta q = du + Apdv$ 에서 정적과정이므로 $v = c$
즉, $dv = 0$
$\therefore \ Q_{12} = \Delta U = U_2 - U_1$

애답 **28.** ③ **29.** ④ **30.** ① **31.** ③ **32.** ② **33.** ④

문제 34. 과열증기를 냉각시켰더니 포화영역 안으로 들어와서 비체적이 0.2327 m³/kg이 되었다. 이 때 포화액과 포화증기의 비체적이 각각 1.079×10⁻³ m³/kg, 0.5243 m³/kg이라면 건도는 얼마인가? 【6장】

① 0.964
② 0.772
③ 0.653
④ 0.443

해설 $v_x = v' + x(v'' - v')$ 에서

$$\therefore \ x = \frac{v_x - v'}{v'' - v'} = \frac{0.2327 - 1.079 \times 10^{-3}}{0.5243 - 1.079 \times 10^{-3}} = 0.443$$

문제 35. 수소(H_2)가 이상기체라면 절대압력 1 MPa, 온도 100 ℃에서의 비체적은 약 몇 m³/kg인가?
(단, 일반기체상수는 8.3145 kJ/(kmol·K)이다.) 【3장】

① 0.781
② 1.26
③ 1.55
④ 3.46

해설 우선, $R = \dfrac{\overline{R}}{m} = \dfrac{8.3145 \times 10^3}{2} = 4157.25 \ \text{J/kg·K}$

결국, $pv = RT$ 에서

$$\therefore \ v = \frac{RT}{p} = \frac{4157.25 \times (100 + 273)}{1 \times 10^6}$$
$$= 1.55 \ \text{m}^3/\text{kg}$$

문제 36. 이상적인 카르노 사이클의 열기관이 500 ℃인 열원으로부터 500 kJ을 받고, 25 ℃에 열을 방출한다. 이 사이클의 일(W)과 효율(η_{th})은 얼마인가? 【4장】

① $W=307.2$ kJ, $\eta_{th} = 0.6143$
② $W=307.2$ kJ, $\eta_{th} = 0.5748$
③ $W=250.3$ kJ, $\eta_{th} = 0.6143$
④ $W=250.3$ kJ, $\eta_{th} = 0.5748$

해설 우선, $\eta_c = \dfrac{W}{Q_1} = 1 - \dfrac{T_{II}}{T_I}$ 에서

$$\therefore \ W = Q_1 \left(1 - \frac{T_{II}}{T_I}\right) = 500 \left(1 - \frac{25 + 273}{500 + 273}\right)$$
$$= 307.2 \ \text{kJ}$$

또한, $\eta_c = 1 - \dfrac{T_{II}}{T_1} = 1 - \dfrac{25 + 273}{500 + 273} = 0.6145$

문제 37. 증기동력 사이클의 종류 중 재열사이클의 목적으로 가장 거리가 먼 것은? 【7장】

① 터빈 출구의 습도가 증가하여 터빈 날개를 보호한다.
② 이론 열효율이 증가한다.
③ 수명이 연장된다.
④ 터빈 출구의 질(quality)을 향상시킨다.

해설 재열사이클(reheat cycle)

: 랭킨사이클의 열효율은 초온, 초압이 높을수록 증가한다. 그러나 열효율을 높이기 위하여 초압을 높이면 터빈 속에서 증기가 단열팽창할 때 터빈의 출구에 가까워질수록 습분(습도)이 증가하여 터빈날개의 마모 및 침식 등의 장해를 가져온다.
이것을 방지 또는 감소시키기 위하여 팽창하는 증기를 도중에서 전부 뽑아내어 가열장치 즉, 재열기로 보내어 재열한 후 다시 다음 단락의 터빈으로 보내는 재열사이클이 고안되었으며, 통상 효율도 증대한다.
그러나 주목적이 효율증대보다는 터빈의 복수장해(復水障害)를 방지하기 위한 것으로 터빈의 수명을 길게 하는데 주안점을 두고 있다.

문제 38. 계가 비가역 사이클을 이룰 때 클라우지우스(Clausius)의 적분을 옳게 나타낸 것은?
(단, T는 온도, Q는 열량이다.) 【4장】

① $\oint \dfrac{\delta Q}{T} < 0$
② $\oint \dfrac{\delta Q}{T} > 0$
③ $\oint \dfrac{\delta Q}{T} \geq 0$
④ $\oint \dfrac{\delta Q}{T} \leq 0$

해설 · 클라우지우스의 적분값 : $\oint \dfrac{\delta Q}{T} \leq 0$

① "가역사이클"일 때 : $\oint \dfrac{\delta Q}{T} = 0$

② "비가역사이클"일 때 : $\oint \dfrac{\delta Q}{T} < 0$

예답 34. ④ 35. ③ 36. ① 37. ① 38. ①

문제 39. 비열비가 1.29, 분자량이 44인 이상 기체의 정압비열은 약 몇 kJ/(kg·K)인가?
(단, 일반기체상수는 8.314 kJ/(kmol·K)이다.) 【3장】

① 0.51   ② 0.69
③ 0.84   ④ 0.91

해설 $C_p = \dfrac{kR}{k-1} = \dfrac{k \times \dfrac{\overline{R}}{m}}{k-1} = \dfrac{1.29 \times \dfrac{8.314}{44}}{1.29-1}$
$= 0.84 \, \text{kJ/kg·K}$

문제 40. 어떤 냉동기에서 0 ℃의 물로 0 ℃의 얼음 2 ton을 만드는데 180 MJ의 일이 소요된다면 이 냉동기의 성적계수는?
(단, 물의 융해열은 334 kJ/kg이다.) 【9장】

① 2.05   ② 2.32
③ 2.65   ④ 3.71

해설 $\varepsilon_r = \dfrac{Q_2}{W_c} = \dfrac{mq_2}{W_c} = \dfrac{2000 \times 334}{180 \times 10^3} = 3.71$

제3과목 기계유체역학

문제 41. 일률(power)을 기본 차원인 M(질량), L(길이), T(시간)로 나타내면? 【1장】

① $L^2 T^{-2}$ ② $MT^{-2}L^{-1}$
③ $ML^2 T^{-2}$ ④ $ML^2 T^{-3}$

해설 동력(power, 일률, 공률)
$= FV = N \cdot m/s$
$= [FLT^{-1}] = [MLT^{-2}LT^{-1}] = [ML^2 T^{-3}]$

문제 42. 길이 600 m이고 속도 15 km/h인 선박에 대해 물속에서의 조파 저항을 연구하기 위해 길이 6 m인 모형선의 속도는 몇 km/h으로 해야 하는가? 【7장】

① 2.7   ② 2.0
③ 1.5   ④ 1.0

해설 $(Fr)_P = (Fr)_m$ 즉, $\left(\dfrac{V}{\sqrt{g\ell}}\right)_P = \left(\dfrac{V}{\sqrt{g\ell}}\right)_m$

$\dfrac{15}{\sqrt{600}} = \dfrac{V_m}{\sqrt{6}}$ $\therefore V_m = 1.5 \, \text{km/h}$

문제 43. Stokes의 법칙에 의해 비압축성 점성 유체에 구(sphere)가 낙하될 때 항력(D)을 나타낸 식으로 옳은 것은? (단, μ : 유체의 점성계수, a : 구의 반지름, V : 구의 평균속도, C_D : 항력계수, 레이놀즈수가 1보다 작아 박리가 존재하지 않는다고 가정한다.) 【5장】

① $D = 6\pi a \mu V$ ② $D = 4\pi a \mu V$
③ $D = 2\pi a \mu V$ ④ $D = C_D \pi a \mu V$

해설 Stokes의 법칙
$\therefore$ 항력 $D = 3\pi\mu Vd = 6\pi\mu Va$
여기서, d : 구의 지름
a : 구의 반지름

문제 44. 기준면에 있는 어떤 지점에서의 물의 유속이 6 m/s, 압력이 40 kPa일 때 이 지점에서의 물의 수력기울기선의 높이는 약 몇 m인가? 【3장】

① 3.24   ② 4.08
③ 5.92   ④ 6.81

해설 수력구배선(기울기선)
$: H.G.L = \dfrac{p}{\gamma} + Z = \dfrac{40 \times 10^3}{9800} + 0 = 4.08 \, \text{m}$

문제 45. 평면 벽과 나란한 방향으로 점성계수가 2×10^{-5} Pa·s인 유체가 흐를 때, 평면과의 수직거리 y (m)인 위치에서 속도가 $u = 5(1 - e^{-0.2y})$ (m/s)이다. 유체에 걸리는 최대 전단응력은 약 몇 Pa인가? 【1장】

해답 39. ③   40. ④   41. ④   42. ③   43. ①   44. ②   45. ①

① 2×10^{-5} ② 2×10^{-6}

③ 5×10^{-6} ④ 10^{-4}

해설 우선, $\left.\dfrac{du}{dy}\right|_{y=0} = 5\left[0 - (-0.2)e^{-0.2y}\right]$

$$= 5\left[0.2e^{-0.2 \times 0}\right]$$
$$= 5(0.2 \times 1)$$
$$= 1\,(1/\text{sec})$$

결국, $\tau_{\max} = \mu\left(\dfrac{du}{dy}\right)_{y=0} = 2 \times 10^{-5} \times 1 = 2 \times 10^{-5}\,\text{Pa}$

〈참고〉 $y = e^{f(x)} \leftrightarrow y' = \dfrac{dy}{dx} = f'(x) \cdot e^{f(x)}$

문제 46. 경계층의 박리(separation)가 일어나는 주원인은? 【5장】

① 압력이 증기압 이하로 떨어지기 때문에
② 유동방향으로 밀도가 감소하기 때문에
③ 경계층의 두께가 0으로 수렴하기 때문에
④ 유동과정에 역압력 구배가 발생하기 때문에

해설 박리(separation)
 : 유선상을 운동하는 유체가 압력이 증가하고 속도가 감소하면 유선을 이탈한다. 이러한 현상을 박리라 하며, 이때 이탈하는 점을 박리점이라 한다. 또한, 박리는 압력항력과 밀접한 관계가 있으며 역압력 구배에 의해 일어난다.

문제 47. 표면장력이 0.07 N/m인 물방울의 내부압력이 외부압력보다 10 Pa 크게 되려면 물방울의 지름은 몇 cm인가? 【1장】

① 0.14   ② 1.4

③ 0.28   ④ 2.8

해설 $\sigma = \dfrac{\Delta P d}{4}$ 에서

$\therefore d = \dfrac{4\sigma}{\Delta P} = \dfrac{4 \times 0.07}{10} = 0.028\,\text{m} = 2.8\,\text{cm}$

문제 48. 유체역학에서 연속방정식에 대한 설명으로 옳은 것은? 【3장】

① 뉴턴의 운동 제2법칙이 유체 중의 모든 점에서 만족하여야 함을 요구한다.
② 에너지와 일 사이의 관계를 나타낸 것이다.
③ 한 유선 위에 두 점에 대한 단위 체적당의 운동량의 관계를 나타낸 것이다.
④ 검사체적에 대한 질량 보존을 나타내는 일반적인 표현식이다.

해설 연속방정식
 : 유체 유동에서 단면적이 균일한 관이나 불균일한 관내의 유량은 동일한 시간에 어느 단면에서나 질량보존의 법칙에 의하여 같다.
 즉, 어느 위치에서나 유입질량과 유출질량이 같으므로 일정한 관내에 축적된 질량은 유속에 관계없이 일정하다. 이것을 연속의 원리라 한다.

문제 49. 가스 속에 피토관을 삽입하여 압력을 측정하였더니 정체압이 128 Pa, 정압이 120 Pa 이었다. 이 위치에서의 유속은 몇 m/s인가? (단, 가스의 밀도는 1.0 kg/m³이다.) 【3장】

① 1   ② 2

③ 4   ④ 8

해설 정체점 압력(p_s) = 정압(p) + 동압$\left(\dfrac{\rho V^2}{2}\right)$

즉, $128 = 120 + \dfrac{1 \times V^2}{2}$ $\therefore V = 4\,\text{m/s}$

문제 50. 다음 중 정체압의 설명으로 틀린 것은? 【3장】

① 정체압은 정압과 같거나 크다.
② 정체압은 액주계로 측정할 수 없다.
③ 정체압은 유체의 밀도에 영향을 받는다.
④ 같은 정압의 유체에서는 속도가 빠를수록 정체압이 커진다.

해설 정체점 압력(p_s) = 정압(p) + 동압$\left(\dfrac{\rho V^2}{2}\right)$
 정체점 압력은 액주계로 측정할 수 있다.

정답 46. ④   47. ④   48. ④   49. ③   50. ②

문제 51. 어떤 물체가 대기 중에서 무게는 6 N이고 수중에서 무게는 1.1 N이었다. 이 물체의 비중은 약 얼마인가? 【2장】

① 1.1
② 1.2
③ 2.4
④ 5.5

해설 우선, 공기중 물체무게

$= 부력(F_B) + 액체속 물체무게$

$6 = 9800 \times V + 1.1 \quad \therefore \quad V = 0.0005 \, \text{m}^3$

또한, 물체무게 $W = \gamma V = \gamma_{\text{H}_2\text{O}} S_{물체} V$ 에서

$6 = 9800 \times S_{물체} \times 0.0005 \quad \therefore \quad S_{물체} ≒ 1.2$

문제 52. (x, y)좌표계의 비회전 2차원 유동장에서 속도포텐셜(potential) ϕ는 $\phi = 2x^2y$로 주어졌다. 이 때 점(3, 2)인 곳에서 속도 벡터는? (단, 속도포텐셜 ϕ는 $\vec{V} = \nabla\phi = grad\phi$로 정의된다.) 【3장】

① $24\vec{i} + 18\vec{j}$
② $-24\vec{i} + 18\vec{j}$
③ $12\vec{i} + 9\vec{j}$
④ $-12\vec{i} + 9\vec{j}$

해설 $\phi = 2x^2y$이므로

속도벡터 $\vec{V} = \nabla\phi = \dfrac{\partial\phi}{\partial x}\vec{i} + \dfrac{\partial\phi}{\partial y}\vec{j} = (4xy)\vec{i} + (2x^2)\vec{j}$

$= (4 \times 3 \times 2)\vec{i} + (2 \times 3^2)\vec{j}$

$= 24\vec{i} + 18\vec{j}$

문제 53. 유동장에 미치는 힘 가운데 유체의 압축성에 의한 힘만이 중요할 때에 적용할 수 있는 무차원수로 옳은 것은? 【7장】

① 오일러수
② 레이놀즈수
③ 프루드수
④ 마하수

해설 마하수(Mach number, M)

: 속도가 음속에 가까울 때 또는 음속 이상인 유동에서 마하수는 중요한 무차원수가 된다. 특히 풍동실험에서 압축성 유동에서 중요하다.

문제 54. 수평으로 놓인 지름 10 cm, 길이 200 m인 파이프에 완전히 열린 글로브 밸브가 설치되어 있고, 흐르는 물의 평균속도는 2 m/s이다. 파이프의 관 마찰계수가 0.02이고, 전체 수두손실이 10 m이면, 글로브 밸브의 손실계수는 약 얼마인가? 【6장】

① 0.4
② 1.8
③ 5.8
④ 9.0

해설 $h_\ell = \left(f\dfrac{\ell}{d} + K\right)\dfrac{V^2}{2g}$ 에서

$10 = \left(0.02 \times \dfrac{200}{0.1} + K\right) \times \dfrac{2^2}{2 \times 9.8} \quad \therefore \quad K = 9$

문제 55. 지름 $D_1 = 30$ cm의 원형 물제트가 대기압 상태에서 V의 속도로 중앙부분에 구멍이 뚫린 고정 원판에 충돌하여, 원판 뒤로 지름 $D_2 = 10$ cm의 원형 물제트가 같은 속도로 흘러나가고 있다. 이 원판이 받는 힘이 100 N이라면 물제트의 속도 V는 약 몇 m/s인가? 【4장】

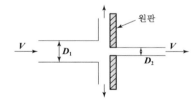

① 0.95
② 1.26
③ 1.59
④ 2.35

해설 $F = \rho Q_1 V - \rho Q_2 V = \rho A_1 V^2 - \rho A_2 V^2$

$= \rho V^2 (A_1 - A_2)$ 에서

$\therefore \quad V = \sqrt{\dfrac{F}{\rho(A_1 - A_2)}} = \sqrt{\dfrac{4 \times 100}{1000 \times \pi(0.3^2 - 0.1^2)}}$

$= 1.26 \, \text{m/s}$

문제 56. 동점성계수가 1×10^{-4} m²/s인 기름이 안지름 50 mm의 관을 3 m/s의 속도로 흐를 때 관의 마찰계수는? 【6장】

정답 51. ② 52. ① 53. ④ 54. ④ 55. ② 56. ③

① 0.015   ② 0.027

③ 0.043   ④ 0.061

해설 우선, $R_e = \dfrac{Vd}{\nu} = \dfrac{3 \times 0.05}{1 \times 10^{-4}} = 1500$: 층류

결국, $f = \dfrac{64}{R_e} = \dfrac{64}{1500} = 0.043$

문제 57. 지름 4 m의 원형수문이 수면과 수직방향이고 그 최상단이 수면에서 3.5 m만큼 잠겨 있을 때 수문에 작용하는 힘 F와 수면으로부터 힘의 작용점까지의 거리 x는 각각 얼마인가? 【2장】

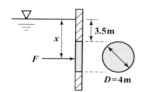

① 638 kN, 5.68 m   ② 677 kN, 5.68 m

③ 638 kN, 5.57 m   ④ 677 kN, 5.57 m

해설 우선, 전압력

$$F = \gamma \bar{h} A = 9.8 \times (3.5 + 2) \times \frac{\pi \times 4^2}{4} = 677.33\,\text{kN}$$

또한, 작용점의 위치

$$y_F(=x) = \bar{y} + \frac{I_G}{A\bar{y}}$$

$$= (3.5 + 2) + \frac{\dfrac{\pi \times 4^4}{64}}{\dfrac{\pi}{4} \times 4^2 \times (3.5 + 2)}$$

$$= 5.68\,\text{m}$$

문제 58. 2차원 직각좌표계$(x,\ y)$ 상에서 x방향의 속도 $u=1$, y방향의 속도 $v=2x$인 어떤 정상상태의 이상유체에 대한 유동장이 있다. 다음 중 같은 유선 상에 있는 점을 모두 고르면? 【3장】

| ㄱ. (1, 1) | ㄴ. (1, −1) | ㄷ. (−1, 1) |

① ㄱ, ㄴ   ② ㄴ, ㄷ

③ ㄱ, ㄷ   ④ ㄱ, ㄴ, ㄷ

해설 유선의 방정식 $\dfrac{dx}{u} = \dfrac{dy}{v}$에서 $\dfrac{dx}{1} = \dfrac{dy}{2x}$

$2x\,dx = dy$ 양변을 적분하면

$x^2 = y$가 되며, 이를 만족하는 것은 ㄱ, ㄷ임을 알 수 있다.

문제 59. 안지름 1 cm의 원관 내를 유동하는 0 ℃의 물의 층류 임계 레이놀즈수가 2100일 때 임계속도는 약 몇 cm/s인가? (단, 0 ℃ 물의 동점성계수는 0.01787 cm^2/s이다.) 【5장】

① 37.5   ② 375

③ 75.1   ④ 751

해설 $R_e = \dfrac{Vd}{\nu}$에서

$$\therefore V = \frac{R_e \nu}{d} = \frac{2100 \times 0.01787}{1} ≒ 37.5\,\text{cm/s}$$

문제 60. 그림과 같은 탱크에서 A점에 표준대기압이 작용하고 있을 때, B점의 절대압력은 약 몇 kPa인가? (단, A점과 B점의 수직거리는 2.5 m이고 기름의 비중은 0.92이다.) 【2장】

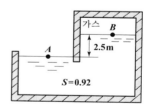

① 78.8   ② 788

③ 179.8   ④ 1798

해설 $p_A - \gamma h = p_B$에서

$$\therefore p_B = p_A - \gamma h = p_A - \gamma_{\text{H}_2\text{O}} S h$$

$$= 101.325 - 9.8 \times 0.92 \times 2.5$$

$$= 78.785\,\text{kPa} ≒ 78.8\,\text{kPa}$$

정답 57. ②   58. ③   59. ①   60. ①

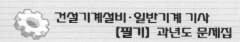

제4과목 기계재료 및 유압기기

문제 61. 구리 및 구리합금에 대한 설명으로 옳은 것은?

① Cu+Sn 합금을 황동이라 한다.

② Cu+Zn 합금을 청동이라 한다.

③ 문쯔메탈(muntz metal)은 60 % Cu+40 % Zn 합금이다.

④ Cu의 전기 전도율은 금속 중에서 Ag보다 높고, 자성체이다.

해설> ① 황동 : Cu+Zn 합금
② 청동 : Cu+Sn 합금
③ 전기전도율 : Ag > Cu > Au > Aℓ > Mg > Zn > Ni > Fe > Pb > Sb

문제 62. 과냉 오스테나이트 상태에서 소성가공을 한 다음 냉각하여 마텐자이트화하는 열처리 방법은?

① 오스포밍

② 크로마이징

③ 심랭처리

④ 인덕션하드닝

해설> 오스포밍(ausforming)
: 과냉 오스테나이트 상태에서 소성가공하고 그 후의 냉각 중에 마르텐자이트화하는 방법을 말하며 인장강도 300 kg/mm², 신장 10 %의 초강력성이 발생된다. 오스포밍은 가공열처리(T.M.T)의 대표적인 예이다.

문제 63. Aℓ-Cu-Ni-Mg 합금으로 시효경화하며, 내열합금 및 피스톤용으로 사용되는 것은?

① Y합금

② 실루민

③ 라우탈

④ 하이드로날륨

해설> ① Y합금 : Aℓ-Cu-Ni-Mg합금, 주로 내연기관의 피스톤, 실린더에 사용
② 실루민 : Aℓ-Si계 합금, 일명 알팩스라고도 하며, 주조성은 좋으나 절삭성이 좋지 않다.
③ 라우탈 : Aℓ-Cu-Si계 합금, 주조균열이 적어 두께가 얇은 주물의 주조와 금형주조에 적합하다.
④ 하이드로날륨 : Aℓ-Mg(12 %이하)계 합금, Mg 첨가 때문에 내식성이 가장 우수

문제 64. Fe-Fe₃C계 평형 상태도에서 나타날 수 있는 반응이 아닌 것은?

① 포정반응   ② 공정반응

③ 공석반응   ④ 편정반응

해설> · 합금이 되는 금속의 반응
① 공정반응 : 액체 $\xrightarrow[\text{가열}]{\text{냉각}}$ γ철+Fe₃C
(공정점 : 4.3 %C, 1130 ℃)
② 공석반응 : γ철 $\xrightarrow[\text{가열}]{\text{냉각}}$ α철+Fe₃C
(공석점 : 0.77 %C, 723 ℃)
③ 포정반응 : δ철+액체 $\xrightarrow[\text{가열}]{\text{냉각}}$ γ철
(포정점 : 0.17 %C, 1495 ℃)

문제 65. 마텐자이트(martensite) 변태의 특징에 대한 설명으로 틀린 것은?

① 마텐자이트는 고용체의 단일상이다.

② 마텐자이트 변태는 확산 변태이다.

③ 마텐자이트 변태는 협동적 원자운동에 의한 변태이다.

④ 마텐자이트의 결정 내에는 격자결함이 존재한다.

해설> · 마텐자이트(M) 변태의 일반적인 특징
① M은 고용체의 단일상이다.
② 무확산 변태이다.
③ M변태하면 표면기복이 생긴다.
④ A와 M 사이에는 일정한 결정방위 관계가 있다.
⑤ 협동적 원자운동에 의한 변태이다.
⑥ M결정 내에는 격자결함이 존재한다.

정답 61. ③ 62. ① 63. ① 64. ④ 65. ②

[문제] 66. 냉간압연 스테인리스강판 및 강대(KSD 3698)에서 석출경화계 종류의 기호로 옳은 것은?

① STS305 ② STS410
③ STS430 ④ STS630

[해설] STS630은 석출경화(precipitation hardening) 스테인리스강으로 17 % 수준의 크롬(Cr), 4 % 수준의 니켈(Ni)을 따서 17−4PH라고도 한다.

[문제] 67. 주철의 성질에 대한 설명으로 옳은 것은?

① C, Si 등이 많을수록 용융점은 높아진다.
② C, Si 등이 많을수록 비중은 작아진다.
③ 흑연편이 클수록 자기 감응도는 좋아진다.
④ 주철의 성장 원인으로 마텐자이트의 흑연화에 의한 수축이 있다.

[해설] ·주철의 성질
① C, Si가 많을수록 용융점이 낮아진다.
② C, Si가 많을수록 비중이 작아진다.
③ 흑연편이 클수록 자기 감응도가 나빠진다.
④ 주철의 성장 원인으로 시멘타이트의 흑연화에 의한 팽창이 있다.

[문제] 68. 다음 중 열경화성 수지가 아닌 것은?

① 페놀 수지
② ABS 수지
③ 멜라민 수지
④ 에폭시 수지

[해설] ·합성수지의 종류
① 열경화성수지 : 에폭시수지, 페놀수지, 요소수지, 멜라민수지, 규소수지, 푸란수지, 폴리에스테르수지, 폴리우레탄수지 등
② 열가소성수지 : 폴리에틸렌(PE)수지, 폴리프로필렌(PP)수지, 폴리스틸렌수지, 염화비닐(PVC)수지, 폴리아미드수지, ABS수지, 아크릴수지, 플루오르수지 등

[문제] 69. 표점거리가 100 mm, 시험편의 평행부 지름이 14 mm인 인장 시험편을 최대하중 6400 kgf로 인장한 후 표점거리가 120 mm로 변화되었을 때 인장강도는 약 몇 kgf/mm²인가?

① $10.4 \, \text{kgf/mm}^2$
② $32.7 \, \text{kgf/mm}^2$
③ $41.6 \, \text{kgf/mm}^2$
④ $166.3 \, \text{kgf/mm}^2$

[해설] $\sigma_t = \dfrac{P_{max}}{A} = \dfrac{4 \times 6400}{\pi \times 14^2} ≒ 41.6 \, \text{kgf/mm}^2$

[문제] 70. 가열 과정에서 순철의 A₃변태에 대한 설명으로 틀린 것은?

① BCC가 FCC로 변한다.
② 약 910 ℃ 부근에서 일어난다.
③ $\alpha-$Fe가 $\gamma-$Fe로 변화한다.
④ 격자구조에 변화가 없고 자성만 변한다.

[해설] ·금속의 변태
① 동소변태 : 고체내에서 온도변화에 따라 결정격자(원자배열)가 변하는 현상
㉠ 동소변태가 일어나는 금속
: Fe, Co, Ti, Sn, Zr, Ce
㉡ 순철의 동소변태
: A₃변태(912 ℃), A₄변태(1400 ℃)

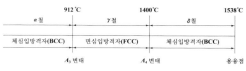

〈순철의 변태〉

② 자기변태 : 결정격자(원자배열)는 변하지 않고, 강도만 변하는 현상
즉, 원자내부에서만 변화
Fe(768 ℃), Ni(358 ℃), Co(1150 ℃)와 같은 "강자성체"가 가열하면 일정온도로 자성을 잃어 "상자성체"로 변화
※ 변태점 측정법 : 열분석법, 시차열분석법, 비열법, 전기저항법, 열팽창법, 자기분석법, X선분석법

[해답] 66. ④ 67. ② 68. ② 69. ③ 70. ④

문제 71. 자중에 의한 낙하, 운동물체의 관성에 의한 액추에이터의 자중 등을 방지하기 위해 배압을 생기게 하고 다른 방향의 흐름이 자유로 흐르도록 한 밸브는?

① 풋 밸브
② 스풀 밸브
③ 카운터 밸런스 밸브
④ 변환 밸브

해설 카운터 밸런스 밸브(counter balance valve)
 : 회로의 일부에 배압을 발생시키고자 할 때 사용하는 밸브이다. 예를 들어, 드릴작업이 끝나는 순간 부하저항이 급히 감소할 때 드릴의 돌출을 막기 위하여 실린더에 배압을 주고자 할 때 연직방향으로 작동하는 램이 중력에 의하여 낙하하는 것을 방지하고자 할 경우에 사용한다. 한방향의 흐름에는 설정된 배압을 주고 반대방향의 흐름을 자유흐름으로 하는 밸브이다.

문제 72. 유압에서 체적탄성계수에 대한 설명으로 틀린 것은?

① 압력의 단위와 같다.
② 압력의 변화량과 체적의 변화량과 관계 있다.
③ 체적탄성계수의 역수는 압축률로 표현한다.
④ 유압에 사용되는 유체가 압축되기 쉬운 정도를 나타낸 것으로 체적탄성계수가 클수록 압축이 잘 된다.

해설 체적탄성계수 $K = \dfrac{\Delta P}{-\dfrac{\Delta V}{V}} = \dfrac{1}{\beta}$ 에서 체적탄성계

수는 압력에 비례하며 압력과 차원이 같다.

문제 73. 오일의 팽창, 수축을 이용한 유압 응용 장치로 적절하지 않은 것은?

① 진동 개폐 밸브　　② 압력계
③ 온도계　　　　　　④ 쇼크 업소버

해설 쇼크 업소버(shock absorber)
 : 기계적 충격을 완화하는 장치로 점성을 이용하여 운동에너지를 흡수한다.

문제 74. 압력 제어 밸브에서 어느 최소 유량에서 어느 최대 유량까지의 사이에 증대하는 압력은?

① 오버라이드 압력　② 전량 압력
③ 정격 압력　　　　④ 서지 압력

해설 오버라이드 압력(override pressure)
 : 설정 압력과 크랭킹 압력의 차이를 말하며, 이 압력차가 클수록 릴리프 밸브의 성능이 나쁘고 포핏을 진동시키는 원인이 된다.

문제 75. 그림과 같은 유압회로의 명칭으로 적합한 것은?

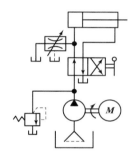

① 어큐뮬레이터 회로
② 시퀀스 회로
③ 블리드 오프 회로
④ 로킹(로크) 회로

해설

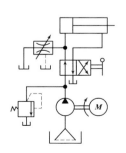

· 블리드 오프 회로(bleed off circuit)
 : 실린더 입구의 분지회로에 유량제어밸브를 설치하여 실린더 입구측의 불필요한 압유를 배출시켜 작동효율을 증진시킨 회로이다. 이 회로는 실린더에 유입하는 유량이 부하에 따라 변하므로 미터 인, 미터 아웃 회로처럼 피스톤 이송을 정확하게 조절하기가 어렵다.

문제 **76.** 개스킷(gasket)에 대한 설명으로 옳은 것은?

① 고정부분에 사용되는 실(seal)
② 운동부분에 사용되는 실(seal)
③ 대기로 개방되어 있는 구멍
④ 흐름의 단면적을 감소시켜 관로 내 저항을 갖게 하는 기구

해설 · 개스킷(gasket) : 고정부분에 사용되는 실(seal)
· 패킹(packing) : 운동부분에 사용되는 실(seal)

문제 **77.** 그림과 같은 기호의 밸브 명칭은?

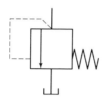

① 스톱 밸브   ② 릴리프 밸브
③ 체크 밸브   ④ 가변 교축 밸브

문제 **78.** 펌프의 효율을 구하는 식으로 틀린 것은? (단, 펌프에 손실이 없을 때 토출 압력은 P_0, 실제 펌프 토출 압력은 P, 이론 펌프 토출량은 Q_0, 실제 펌프 토출량은 Q, 유체동력은 L_h, 축동력은 L_s이다.)

① 용적효율 $= \dfrac{Q}{Q_0}$

② 압력효율 $= \dfrac{P_0}{P}$

③ 기계효율 $= \dfrac{L_h}{L_s}$

④ 전효율 = 용적효율 × 압력효율 × 기계효율

해설 압력효율
$$\eta_P = \frac{\text{실제 펌프 토출압력}(P)}{\text{펌프에 손실이 없을 때 토출압력}(P_o)}$$

문제 **79.** 토출량이 일정한 용적형 펌프의 종류가 아닌 것은?

① 기어 펌프
② 베인 펌프
③ 터빈 펌프
④ 피스톤 펌프

해설 · 유압펌프의 종류
① 용적형 펌프 : 토출량이 일정하며 중압 또는 고압에서 압력발생을 주된 목적으로 한다.
 ㉠ 회전펌프 : 기어펌프, 베인펌프, 나사펌프
 ㉡ 피스톤(플런저)펌프 : 회전피스톤(플런저)펌프, 왕복운동펌프
 ㉢ 특수펌프 : 단단펌프, 복합펌프
② 비용적형(터보형)펌프 : 토출량이 일정하지 않으며 저압에서 대량의 유체를 수송한다.
 ㉠ 원심펌프 : 터빈펌프, 벌류트펌프
 ㉡ 축류펌프
 ㉢ 혼류펌프

문제 **80.** 유압 모터의 효율에 대한 설명으로 틀린 것은?

① 전효율은 체적효율에 비례한다.
② 전효율은 기계효율에 반비례한다.
③ 전효율은 축 출력과 유체입력의 비로 표현한다.
④ 체적효율은 실제 송출유량과 이론 송출유량의 비로 표현한다.

해설 유압모터의 전효율 $\eta = \eta_v \times \eta_m (= \eta_t)$
여기서, η_v : 체적효율, η_m : 기계효율,
η_t : 토크효율

정답 **76.** ① **77.** ② **78.** ② **79.** ③ **80.** ②

제5과목 기계제작법 및 기계동력학

문제 81. 질량 $m=100$ kg인 기계가 강성계수 $k=1000$ kN/m, 감쇠비 $\zeta=0.2$인 스프링에 의해 바닥에 지지되어 있다. 이 기계에 $F=485\sin(200t)$ N의 가진력이 작용하고 있다면 바닥에 전달되는 힘은 약 몇 N인가?

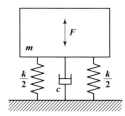

① 100 　　　② 200
③ 300 　　　④ 400

해설 우선, $F=F_0\sin\omega t=485\sin(200t)$ 이므로

$$F_0=485\,\mathrm{N}, \quad \omega=200\,\mathrm{rad/s}$$

$$\omega_n=\sqrt{\frac{k}{m}}=\sqrt{\frac{1000\times10^3}{100}}=100\,\mathrm{rad/s}$$

진동수비 $\gamma=\dfrac{\omega}{\omega_n}=\dfrac{200}{100}=2$

또한, $TR=\dfrac{\sqrt{1+(2\zeta\gamma)^2}}{\sqrt{(1-\gamma^2)^2+(2\zeta\gamma)^2}}$

$=\dfrac{\sqrt{1+(2\times0.2\times2)^2}}{\sqrt{(1-2^2)^2+(2\times0.2\times2)^2}}=0.4129$

결국, 전달률 $TR=\dfrac{\text{최대전달력}(F_{tr})}{\text{최대기진력}(F_0)}$ 에서

$\therefore\ F_{tr}=F_0\times TR=485\times0.4129 \fallingdotseq 200\,\mathrm{N}$

문제 82. 강체의 평면운동에 대한 설명으로 틀린 것은?

① 평면운동은 병진과 회전으로 구분할 수 있다.
② 평면운동은 순간중심점에 대한 회전으로 생각할 수 있다.
③ 순간중심점은 위치가 고정된 점이다.
④ 곡선경로를 움직이더라도 병진운동이 가능하다.

해설 순간중심(instantaneous center)
: 강체의 평면운동에서 강체 내 또는 강체 밖의 한 점에서 속도가 0이 되는 곳이 존재할 때, 강체 평면과 수직하게 되는 이 축선을 순간중심이라 하며, 이 순간중심은 강체내에 고정되거나 공간상에 고정된 축도 아니며, 일반적으로 이 순간중심은 시간에 따라 변화한다.

문제 83. 직선 진동계에서 질량 98 kg의 물체가 16초간에 10회 진동하였다. 이 진동계의 스프링 상수는 몇 N/cm인가?

① 37.8 　　　② 15.1
③ 22.7 　　　④ 30.2

해설 고유진동수 $f_n=\dfrac{10}{16}=0.625\,\mathrm{cycle/sec}$

$f_n=\dfrac{\omega_n}{2\pi}$ 에서 $\omega_n=2\pi f_n=2\pi\times0.625=3.93\,\mathrm{rad/s}$

결국, 고유각진동수 $\omega_n=\sqrt{\dfrac{k}{m}}$ 에서

$\therefore\ k=m\omega_n^2=98\times3.93^2=1513\,\mathrm{N/m}$
$\qquad\qquad\qquad\qquad\quad =15.13\,\mathrm{N/cm}$

문제 84. 북극과 남극이 일직선으로 관통된 구멍을 통하여, 북극에서 지구 내부를 향하여 초기속도 $v_o=10$ m/s로 한 질점을 던졌다. 그 질점이 A점$(S=R/2)$을 통과할 때의 속력은 약 몇 km/s인가? (단, 지구내부는 균일한 물질로 채워져 있으며, 중력가속도는 O점에서 0이고, O점으로 부터의 위치 S에 비례한다고 가정한다. 그리고 지표면에서 중력가속도는 9.8 m/s², 지구 반지름은 $R=6371$ km이다.)

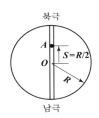

① 6.84 　　　② 7.90
③ 8.44 　　　④ 9.81

해답 81. ② 　 82. ③ 　 83. ② 　 84. ①

해설▷

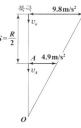

우선, 북극과 A점 사이에서 평균중력가속도는

$$g = \frac{9.8 + 4.9}{2} = 7.35\,\text{m/s}$$

결국, $v_A^2 = v_o^2 + 2a(S - S_0^{\nearrow 0})$에서

$$v_A^2 = v_o^2 + 2gS$$

$$\therefore\ v_A = \sqrt{v_o^2 + 2gS} = \sqrt{10^2 + 2 \times 7.35 \times \frac{6371 \times 10^3}{2}}$$

$$= 6843\,\text{m/s} \fallingdotseq 6.84\,\text{km/s}$$

문제 **85.** 자동차 B, C가 브레이크가 풀린 채 정지하고 있다. 이때 자동차 A가 1.5 m/s의 속력으로 B와 충돌하면, 이후 B와 C가 다시 충돌하게 되어 결국 3대의 자동차가 연쇄 충돌하게 된다. 이때, B와 C가 충돌한 직후 자동차 C의 속도는 약 몇 m/s인가?

(단, 모든 자동차 간 반발계수는 $e = 0.75$이고, 모든 자동차는 같은 종류로 질량이 같다.)

① 0.16 ② 0.39
③ 1.15 ④ 1.31

해설▷ 우선, $V_B' = V_B^{\nearrow 0} + \dfrac{m_A}{m_A + m_B}(1 + e)(V_A - V_B^{\nearrow 0})$

$$= \frac{1}{2} \times (1 + 0.75) \times 1.5 = 1.3125\,\text{m/s}$$

또한, $V_C' = V_C^{\nearrow 0} + \dfrac{m_B'}{m_B' + m_C}(1 + e)(V_B' - V_C^{\nearrow 0})$

$$= \frac{1}{2} \times (1 + 0.75) \times 1.3125 = 1.1484\,\text{m/s}$$

문제 **86.** 20 g의 탄환이 수평으로 1200 m/s의

속도로 발사되어 정지해 있던 300 g의 블록에 박힌다. 이후 스프링에 발생한 최대 압축 길이는 약 몇 m인가? (단, 스프링상수는 200 N/m이고 처음에 변형되지 않은 상태였다. 바닥과 블록 사이의 마찰은 무시한다.)

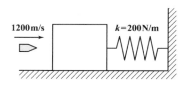

① 2.5 ② 3.0
③ 3.5 ④ 4.0

해설▷ 우선, 탄환의 운동에너지(①)
= 블록의 운동에너지(②)

즉, $\dfrac{1}{2}m_1 V_1^2 = \dfrac{1}{2}m_2 V_2^2$에서

$$20 \times 1200^2 = 300 \times V_2^2$$

$$\therefore\ V_2 = 309.8\,\text{m/s}$$

결국, 에너지보존의 법칙에 의해
탄환에 의한 블록의 운동에너지 = 탄성위치에너지

즉, $\dfrac{1}{2}m_1 V_2^2 = \dfrac{1}{2}kx^2$에서

$$0.02 \times 309.8^2 = 200 \times x^2$$

$$\therefore\ x \fallingdotseq 3\,\text{m}$$

〈주의〉 탄환이 블록에 박혀 스프링이 압축되므로 탄환의 질량(m_1)이 들어가고, 블록의 움직이는 속도(V_2)가 들어가야 한다.

문제 **87.** 경사면에 질량 M의 균일한 원기둥이 있다. 이 원기둥에 감겨 있는 실을 경사면과 동일한 방향인 위쪽으로 잡아당길 때, 미끄럼이 일어나지 않기 위한 실의 장력 T의 조건은? (단, 경사면의 각도를 α, 경사면과 원기둥사이의 마찰계수를 μ_s, 중력가속도를 g라 한다.)

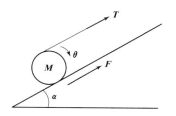

① $T \leq Mg(3\mu_s\sin\alpha + \cos\alpha)$

② $T \leq Mg(3\mu_s\sin\alpha - \cos\alpha)$

③ $T \leq Mg(3\mu_s\cos\alpha + \sin\alpha)$

④ $T \leq Mg(3\mu_s\cos\alpha - \sin\alpha)$

해설▷

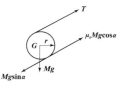

우선, $\sum F_t = ma_t$에서

$T + \mu_s Mg\cos\alpha - Mg\sin\alpha = Mar$ ·················①식

또한, $\sum M_G = I_G\alpha$에서

$Tr - \mu_s Mg\cos\alpha \cdot r + Mg\sin\alpha \cdot r = \frac{1}{2}Mr^2\alpha$

r에 대해 약분하면

$T - \mu_s Mg\cos\alpha + Mg\sin\alpha = \frac{1}{2}Mr\alpha$

여기서, 장력 T에 의한 회전시 마찰에 의한 토크만 발생하므로 $Mg\sin\alpha$는 무시하면

$T - \mu_s Mg\cos\alpha = \frac{1}{2}Mr\alpha$

즉, $2T - 2\mu_s Mg\cos\alpha = Mr\alpha$ ·················②식

①식을 ②식에 대입하면

$2T - 2\mu_s Mg\cos\alpha = T + \mu_s Mg\cos\alpha - Mg\sin\alpha$

$T = 3\mu_s Mg\cos\alpha - Mg\sin\alpha$

　 $= Mg(3\mu_s\cos\alpha - \sin\alpha)$

그런데, T가 $Mg(3\mu_s\cos\alpha - \sin\alpha)$보다 크면 미끄럼이 발생하므로

결국, 미끄럼이 일어나지 않기 위해서는

∴ $T \leq Mg(3\mu_s\cos\alpha - \sin\alpha)$

문제 88. 진동수(f), 주기(T), 각진동수(ω)의 관계를 표시한 식으로 옳은 것은?

① $f = \dfrac{1}{T} = \dfrac{\omega}{2\pi}$ 　　② $f = T = \dfrac{\omega}{2\pi}$

③ $f = \dfrac{1}{T} = \dfrac{2\pi}{\omega}$ 　　④ $f = \dfrac{2\pi}{T} = \omega$

해설▷ ·주기 $T = \dfrac{2\pi}{\omega}$ (sec 또는 sec/cycle)

　　·진동수 $f = \dfrac{1}{T} = \dfrac{\omega}{2\pi}$ (cycle/sec=C.P.S=Hz)

문제 89. 물체의 위치 x가 $x = 6t^2 - t^3$ (m)로 주어졌을 때 최대 속도의 크기는 몇 m/s인가? (단, 시간의 단위는 초이다.)

① 10 　　　　　② 12

③ 14 　　　　　④ 16

해설▷ 변위 $x = 6t^2 - t^3$

속도 $V = \dot{x} = 12t - 3t^2$

가속도 $a = \dfrac{dV}{dt} = \dot{V} = \ddot{x} = 12 - 6t = 0$

∴ $t = 2\,\text{sec}$

결국, $V_{max} = 12t - 3t^2 = 12 \times 2 - 3 \times 2^2 = 12\,\text{m/sec}$

문제 90. 그림과 같은 진동시스템의 운동방정식은?

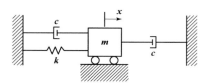

① $m\ddot{x} + \dfrac{c}{2}\dot{x} + kx = 0$

② $m\ddot{x} + c\dot{x} + \dfrac{kc}{k+c}x = 0$

③ $m\ddot{x} + \dfrac{kc}{k+c}\dot{x} + kx = 0$

④ $m\ddot{x} + 2c\dot{x} + kx = 0$

해설▷

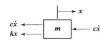

$\sum F_x = m\ddot{x}$에서 　$-kx - c\dot{x} - c\dot{x} = m\ddot{x}$

∴ $m\ddot{x} + 2c\dot{x} + kx = 0$

문제 91. 스프링 등과 같은 기계요소의 피로강도를 향상시키기 위해 작은 강구를 공작물의 표면에 충돌시켜서 가공하는 방법은?

① 숏 피닝 　　　　② 전해가공

③ 전해연삭 　　　　④ 화학연마

정답 **88.**① 　**89.**② 　**90.**④ 　**91.**①

해설 숏피닝(shot peening)
: 금속재료의 표면에 강이나 주철의 작은 입자들을 고속으로 분사시켜 표면층의 경도를 높이는 방법으로 피로한도, 탄성한계가 향상된다.

문제 92. 전기 아크용접에서 언더컷의 발생 원인으로 틀린 것은?

① 용접속도가 너무 빠를 때
② 용접전류가 너무 높을 때
③ 아크길이가 너무 짧을 때
④ 부적당한 용접봉을 사용했을 때

해설 · 언더컷의 발생원인
① 용접전류 과대
② 용접속도 빠를 때
③ 아크길이가 길 때
④ 용융온도가 높을 때
⑤ 부적당한 용접봉 사용시

문제 93. 용접부의 시험검사 방법 중 파괴시험에 해당하는 것은?

① 외관시험   ② 초음파 탐상시험
③ 피로시험   ④ 음향시험

해설 · 용접부 검사
① 파괴시험 : 인장, 압축, 굽힘, 비틀림, 충격, 피로, 경도시험
② 비파괴시험 : 자분시험, 전기적시험, X선투과시험, γ선투과시험, 음향시험, 초음파탐상시험, 화학적시험, 육안조직시험, 현미경조직시험, 비중시험 등

문제 94. 압연가공에서 가공 전의 두께가 20 mm이던 것이 가공 후의 두께가 15 mm로 되었다면 압하율은 몇 %인가?

① 20   ② 25
③ 30   ④ 40

해설 압하율 $= \dfrac{H_0 - H_1}{H_0} \times 100\,(\%) = \dfrac{20 - 15}{20} \times 100$
$= 25\,\%$

문제 95. 단체모형, 분할모형, 조립모형의 종류를 포괄하는 실제 제품과 같은 모양의 모형은?

① 고르게 모형   ② 회전 모형
③ 코어 모형   ④ 현형

해설 · 현형 : 제품과 동일한 형상
→ 크기 : 제품의 크기＋수축여유＋가공여유
즉, 수축여유와 가공여유를 고려해야 한다.
① 단체목형 : 간단한 주물
② 분할목형 : 일반 복잡한 주물
③ 조립목형 : 아주 복잡한 주물

문제 96. 절삭가공 시 발생하는 절삭온도 측정방법이 아닌 것은?

① 부식을 이용하는 방법
② 복사고온계를 이용하는 방법
③ 열전대에 의한 방법
④ 칼로리미터에 의한 방법

해설 · 절삭온도의 측정법
① 칩의 색깔로 측정하는 방법
② 온도지시 페인트에 의한 측정
③ 칼로리미터에 의한 측정
④ 공구와 공작물을 열전대로 하는 측정
⑤ 삽입된 열전대에 의한 측정
⑥ 복사고온계에 의한 측정

문제 97. 담금질된 강의 마텐자이트 조직은 경도는 높지만 취성이 매우 크고 내부적으로 잔류응력이 많이 남아 있어서 A_1 이하의 변태점에서 가열하는 열처리 과정을 통하여 인성을 부여하고 잔류응력을 제거하는 열처리는?

① 풀림   ② 불림
③ 침탄법   ④ 뜨임

해설 뜨임(tempering)
: 담금질한 강은 경도는 크나 반면 취성을 가지게 되므로 경도는 다소 저하되더라도 인성을 증가시키기 위해 A_1 변태점이하에서 재가열하여 재료에 알맞은 속도로 냉각시켜주는 열처리를 말한다.

정답 92. ③ 93. ③ 94. ② 95. ④ 96. ① 97. ④

문제 98. 브라운샤프형 분할대로 $5\frac{1}{2}°$의 각도를 분할할 때, 분할 크랭크의 회전을 어떻게 하면 되는가?

① 27구멍 분할판으로 14구멍씩
② 18구멍 분할판으로 11구멍씩
③ 21구멍 분할판으로 7구멍씩
④ 24구멍 분할판으로 15구멍씩

해설 $n = \dfrac{D°}{9} = \dfrac{5\frac{1}{2}°}{9} = \dfrac{5.5}{9} = \dfrac{5.5 \times 2}{9 \times 2} = \dfrac{11}{18}$

∴ 18구멍 분할판으로 11구멍씩 이동시킨다.

문제 99. 방전가공의 특징으로 틀린 것은?

① 무인가공이 불가능하다.
② 가공 부분에 변질층이 남는다.
③ 전극의 형상대로 정밀하게 가공할 수 있다.
④ 가공물의 경도와 관계없이 가공이 가능하다.

해설 방전가공은 무인가공이 가능하다.

문제 100. 압연에서 롤러의 구동은 하지 않고 감는 기계의 인장 구동으로 압연을 하는 것으로 연질재의 박판 압연에 사용되는 압연기는?

① 3단 압연기   ② 4단 압연기
③ 유성 압연기   ④ 스테켈 압연기

해설 · 압연기의 종류
 : 압연기는 롤의 개수와 가압방식에 따라 2단, 3단, 4단, 다단 및 특수압연기로 구분한다.
 ① 만능압연기 : 롤이 상·하, 좌·우로 설치되어 있어 소재의 상·하면과 좌·우측면을 동시에 가공할 수 있는 압연기로서 주로 단면재 압연에 사용한다.
 ② 링압연기 : 링모양의 소재를 롤로 압연하여 플랜지, 파이프의 보강링 등의 압연에 사용한다.
 ③ 유성압연기 : 지지롤 주변의 유성롤이 소재와 접촉하면서 가공하는 압연기이다.
 ④ 스테켈(steckel)압연기 : 인장드럼이 동력을 받아 회전하면 소재가 인장력을 받아 작동롤을 통과하면서 압연되어 드럼에 감기는 압연기로서 박판가공에 이용된다.

건설기계설비 기사

※ 재료역학, 열역학, 유체역학, 유압기기는 일반기계 기사와 중복됩니다. 나머지 유체기계, 건설기계일반, 플랜트배관의 순서는 1~30번으로 정합니다.

제4과목 유체기계

문제 1. 프란시스 수차의 안내깃에 대한 설명으로 틀린 것은?

① 회전차의 바깥에 위치한다.
② 부하 변동에 따라서 열림각이 변한다.
③ 회전축에 의해 구동된다.
④ 물의 선회 속도 성분을 주는 역할을 한다.

해설 · 프란시스 수차의 안내깃(안내날개)
 : 안내날개는 스피드 링과 날개차의 중간에 설치되어 있으며, 날개차로 들어오는 물의 방향을 안내하는 역할을 한다. 수차출력은 조속기의 작용으로 안내날개의 각도를 조정하여 수량을 조절함에 따라 제어된다.

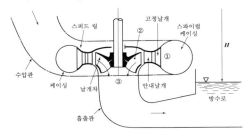

문제 2. 다음 유체기계 중 유체로부터 에너지를 받아 기계적 에너지로 변환시키는 장치로 볼 수 없는 것은?

① 송풍기   ② 수차
③ 유압모터   ④ 풍차

해설 공기기계 : 액체를 이용하는 펌프나 수차의 기본적 원리와 같으나 기계적인 에너지를 기체에 주어서 압력과 속도에너지로 변환시켜주는 기계가 송풍기나 압축기이고, 이와 반대로 기계적에너지로 변환시켜주는 것을 압축공기기계라고 한다.

해답 **98.** ② **99.** ① **100.** ④ ‖ **1.** ③ **2.** ①

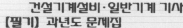

문제 3. 토마계수 σ를 사용하여 펌프의 캐비테이션이 발생하는 한계를 표시할 때, 캐비테이션이 발생하지 않는 영역을 바르게 표시한 것은? (단, H는 유효낙차, Ha는 대기압 수두, Hv는 포화증기압 수두, Hs는 흡출고를 나타낸다. 또한 펌프가 흡출하는 수면은 펌프 아래에 있다.)

① $Ha - Hv - Hs > \sigma \times H$

② $Ha + Hv - Hs > \sigma \times H$

③ $Ha - Hv - Hs < \sigma \times H$

④ $Ha + Hv - Hs < \sigma \times H$

[해설] 캐비테이션이 발생하지 않는 영역은 토오마의 캐비테이션 계수(σ)

즉, $\sigma = \dfrac{\Delta h}{H}$에서 $\Delta h > \sigma H$일 때이다.

여기서, Δh : 유효흡입수두($NPSH$)

$\Delta h = Ha - Hv - Hs$

결국, $Ha - Hv - Hs > \sigma H$

문제 4. 수차의 유효 낙차(effective head)를 가장 올바르게 설명한 것은?

① 총 낙차에서 도수로와 방수로의 손실 수두를 뺀 것

② 총 낙차에서 수압관 내의 손실 수두를 뺀 것

③ 총 낙차에서 도수로, 수압관, 방수로의 손실 수두를 뺀 것

④ 총 낙차에서 터빈의 손실 수두를 뺀 것

[해설] 수차의 유효낙차(H) : $H = H_g - (h_1 + h_2 + h_3)$
여기서, H_g : 방수로에서 취수구의 수면까지의 높이
(=총낙차=자연낙차)
h_1 : 도수관을 지날 때의 손실수두
(=도수로의 손실수두)
h_2 : 수압관 안의 손실수두
h_3 : 방수로의 손실수두

문제 5. 압축기의 손실을 기계손실과 유체손실로 구분할 때 다음 중 유체손실에 속하지 않는 것은?

① 흡입구에서 송출구에 이르기까지 유체 전체에 관한 마찰 손실

② 곡관이나 단면변화에 의한 손실

③ 베어링, 패킹상자 및 기밀장치 등에 의한 손실

④ 회전차 입구 및 출구에서의 충돌손실

[해설] 유체손실 : 마찰손실, 부차적손실, 충돌손실

문제 6. 비교회전도 176 m³/min, m, rpm, 회전수 2900 rpm, 양정 220 m인 4단 원심펌프에서 유량(m³/min)은 얼마인가?

① 2.3　　　　② 2.7

③ 1.5　　　　④ 1.9

[해설] 원심펌프의 비교회전도(= 비속도, η_s)는

$\eta_s = \dfrac{n\sqrt{Q}}{\left(\dfrac{H}{i}\right)^{3/4}}$에서　$176 = \dfrac{2900\sqrt{Q}}{\left(\dfrac{220}{4}\right)^{3/4}}$

$\therefore Q = 1.5\,\mathrm{m^3/min}$

문제 7. 진공펌프의 성능표시에 대한 설명으로 틀린 것은?

① 규정압력과 그 때의 배기용량으로 표시한다.

② 도달 가능한 흡입 최소압은 성능을 평가하는 중요한 요소이다.

③ 대기압 이하의 압력표시에는 계기압력을 기준으로 한다.

④ 진공펌프의 압축비는 배기구의 압력을 흡기구의 압력으로 나눈 값이다.

[해설] 대기압 이하의 압력표시에는 진공압을 기준으로 한다.

문제 8. 입력축과 출력축의 토크를 변환시키기 위해 펌프 회전차와 터빈 회전차 중간에 스테이터를 설치한 유체 전동기구는?

[정답]　**3.** ①　　**4.** ③　　**5.** ③　　**6.** ③　　**7.** ③　　**8.** ①

① 토크 컨버터
② 유체 커플링
③ 축압기
④ 서보 밸브

해설〉 ① 유체 커플링 : 입력축을 회전하면 이축에 붙어있는 펌프의 회전차(impeller)가 회전하고, 액체는 회전차에서 유출하여 출력축에 붙어있는 수차의 깃차(runner)에 유입하여 출력축을 회전시킨다.
② 토크 컨버터 : 입력축의 회전에 의하여 회전차(impeller)에서 나온 작동유는 깃차(runner)를 지나 출력축을 회전시키고, 다음에 안내깃(stator)을 거쳐서 회전차로 되돌아온다. 이 안내깃은 토크를 받아 그 말은 토크만큼 입력축과 출력축 사이에 토크차를 생기게 한다.

문제 9. 펌프의 운전 중 관로에 장치된 밸브를 급폐쇄한 경우 관로 내 압력이 변화(상승, 하강 반복)되어 충격파가 발생하는 것은?
① 공동 현상
② 수격 작용
③ 서징 현상
④ 부식 작용

해설〉 수격작용(water hammering)
: 긴 관로속에 액체가 흐르고 있을 때 관로의 끝에 있는 밸브를 갑자기 닫으면 운동하고 있는 물체를 갑자기 정지시킬 때와 같은 심한 충격을 받게 되는데 이 현상을 수격작용이라 한다.

문제 10. 다음 중 터보형 펌프가 아닌 것은?
① 원심형 펌프
② 벌류트 펌프
③ 사류 펌프
④ 피스톤 펌프

해설〉 ·펌프의 분류
① 터보형 ┌ ·원심식 : 벌류트펌프, 터빈펌프
       ├ ·사류식 : 사류펌프
       └ ·축류식 : 축류펌프
② 용적형 ┌ ·왕복식 : 피스톤펌프, 플런저펌프
       └ ·회전식 : 기어펌프, 베인펌프
③ 특수형 : 마찰펌프, 제트펌프, 기포펌프, 수격펌프

제5과목 건설기계일반 및 플랜트배관

문제 11. 일반적인 지게차 조향장치로 가장 적절한 방식은?
① 전륜(앞바퀴) 조향식에 유압식으로 제어
② 후륜(뒷바퀴) 조향식에 유압식으로 제어
③ 전륜(앞바퀴) 조향식에 공압식으로 제어
④ 후륜(뒷바퀴) 조향식에 공압식으로 제어

해설〉 지게차의 조향장치(steering system)
: 후륜환향(조향)식에 유압식으로 제어

문제 12. 아스팔트 피니셔에서 노면에 살포된 혼합재료를 매끈하게 다듬는 판은?
① 스크리드
② 피더
③ 리시빙 호퍼
④ 아스팔트 캐틀

해설〉 ·아스팔트 피니셔의 기구
① 스크리드 : 노면에 살포된 혼합재를 균일한 두께로 매끈하게 다듬질하는 판
② 리빙 호퍼 : 장비의 정면에 5톤 이상의 호퍼가 설치되어 덤프트럭으로 운반된 혼합재를 저장하는 용기
③ 피더 : 호퍼 바닥에 설치되어 혼합재를 스프레딩 스크루로 보내는 일을 한다.
④ 범퍼 : 스크리드 전면에 설치되어 노면에 살포된 혼합재를 요구하는 두께로 포장면을 다져주는 일을 한다.

문제 13. 강판제의 드럼 바깥둘레에 여러 개의 돌기가 용접으로 고정되어 있어 흙을 다지는데 매우 효과적인 것은?
① 타이어형 롤러
② 탬핑 롤러
③ 머캐덤 롤러
④ 탠덤 롤러

해설〉 탬핑 롤러(tamping roller)
: 강제의 원통륜에 다수의 돌기형태의 구조물을 붙여 회전하므로서 다짐하는 롤러로 주로 피견인식이 많이 사용된다.
용도로는 토질이 연약한 곳이나 댐의 축제공사와 제방, 도로, 비행장 등에 쓰인다.

애답 **9.** ② **10.** ④ **11.** ② **12.** ① **13.** ②

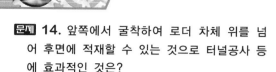

문제 14. 앞쪽에서 굴착하여 로더 차체 위를 넘어 후면에 적재할 수 있는 것으로 터널공사 등에 효과적인 것은?

① 오버 헤드형 로더
② 백호 셔블형 로더
③ 프런트 엔드형 로드
④ 사이드 덤프형 로더

해설 ·로더의 적하방식에 의한 분류
① 프런트엔드형 : 앞으로 적하하거나 차체의 전방으로 굴삭을 행하는 것
② 사이드덤프형 : 버킷을 좌우로 기울일 수 있으며, 터널공사, 광산 및 탄광의 협소한 장소에서 굴착 적재 작업시 사용
③ 오버헤드형 : 장비의 위를 넘어서 후면으로 덤프할 수 있는 형
④ 스윙형 : 프런트엔드형과 오버헤드형이 조합된 것으로 앞, 뒤 양방에 덤프할 수 있는 형
⑤ 백호셔블형 : 트랙터 후부에 유압식 백호 셔블을 장착하여 굴삭이나 적재시에 사용

문제 15. 굴삭기의 작업장치가 아닌 것은?

① 붐
② 암
③ 버킷
④ 마스트

해설 ·주요 3대 구성요소
① 작업장치(전면부 장치)
　: 프런트 어태치먼트(Front attachment)
② 하부 추진체
　: 주행장치, 상부선회체의 지지장치, 프레임
③ 상부 선회체(회전체)
　: 원동기, 동력전달장치, 권상장치, 선회장치, 선회붐장치, 붐(Boom)대, 조작장치

문제 16. 굴삭기의 작업 장치 중 유압 셔블(shovel)에 대한 설명으로 적절하지 않은 것은?

① 백호 버킷을 뒤집어 사용하기도 한다.
② 페이스 셔블이라고도 한다.
③ 장비가 있는 지면보다 낮은 곳을 굴착하기에 적합하다.

④ 산악지역에서 토사, 암반 등을 굴착하여 트럭에 싣기에 적합한 장치이다.

해설 셔블(shovel)은 작업위치보다 높은 곳을 굴삭하는데 쓰인다.

문제 17. 증기사용설비 중 응축수를 외부로 자동 배출하는 장치로서 응축수에 의한 효율저하를 방지하기 위한 것은?

① 증발기
② 탈기기
③ 인젝터
④ 증기트랩

해설 증기트랩(steam trap)
: 증기 열교환기 등에서 나오는 응축수를 자동적으로 급속히 환수관측 등에 배출시키는 기구이다.

문제 18. 강의 표면을 경화시키는 방법으로 화학적 경화법이 아닌 것은?

① 침탄법
② 질화법
③ 고주파 경화법
④ 청화법

해설 ·강의 표면경화법
① 화학적 표면경화법 : 침탄법[고체침탄법, 가스침탄법, 액체침탄법(시안화법 또는 청화법)], 질화법
② 물리적 표면경화법 : 화염경화법, 고주파경화법

문제 19. 조향기어의 섹터축과 세레이션으로 연결되며, 조향핸들을 움직이면 중심 링크나 드래그 링크를 밀거나 당기는 것은?

① 센터 링크
② 피트먼 암
③ 타이로드
④ 조향 너클

해설 ① 피트먼 암(pitman arm) : 핸들의 움직임을 드래그링크 또는 릴레이로드에 전달하는 것
② 타이로드 : 조향장치에서 조향력을 바퀴에 전달하는 부품 중에서 바퀴의 토(toe)값을 조정할 수 있는 것

정답 14. ①　15. ④　16. ③　17. ④　18. ③　19. ②

문제 20. 스크레이퍼에서 시간당 작업량(W)을 구하는 식으로 옳은 것은?
(단, 볼의 용량 Q (m³), 흙(토량) 환산계수 f, 스크레이퍼 작업효율 E, 사이클 시간 C_m (min)이다.)

① $W = \dfrac{Q \cdot f \cdot E}{60 \cdot C_m}$ (m³/h)

② $W = \dfrac{Q \cdot f \cdot 60}{C_m \cdot E}$ (m³/h)

③ $W = \dfrac{Q \cdot f}{C_m \cdot E}$ (m³/h)

④ $W = \dfrac{Q \cdot f \cdot 60 \cdot E}{C_m}$ (m³/h)

해설 > $W = \dfrac{60QfE}{C_m}$ (m³/hr)

여기서, W : 스크레이퍼의 작업량
E : 스크레이퍼의 작업효율
C_m : 사이클시간
Q : 볼1회 흙운반 적재량
f : 토량환산계수

문제 21. 동관의 끝부분을 원형으로 정형하는 동관용 공구는?

① 리머(reamer)
② 사이징 툴(sizing tool)
③ 튜브 커터(tube cutter)
④ 파이프 커터(pipe cutter)

해설 > ·동관용 공구
① 확관기(Expander) : 동관 끝의 확관용 공구
② 티뽑기(Extractors) : 직관에서 분기관 성형시 사용하는 공구
③ 굴관기(Bender) : 동관의 전용 굽힘공구
④ 나팔관 확관기(Flaring tool set) : 동관의 끝을 나팔형으로 만들어 압축이음시 사용하는 공구
⑤ 파이프 커터(Pipe cutter) : 동관의 전용절단공구
⑥ 리머(Reamer) : 파이프 절단 후 파이프 가장자리의 거치른 거스러미(Burr) 등을 제거하는 공구
⑦ 사이징 툴(Sizing tool) : 동관의 끝부분을 원형으로 정형하는 공구

(a) 확관기

(b) 티뽑기

(c) 굴관기

(d) 나팔관 확관기

(e) 파이프 커터

(f) 리머

문제 22. 배관 지지 장치에 대한 설명으로 틀린 것은?

① 온도변화에 따른 관의 신축이 적합하고 관의 지지 간격이 적당할 것
② 무거운 밸브나 계전기 등이 있는 경우 그 기기 가까이에 지지할 것
③ 곡관부가 있을 경우 곡관부 멀리서 지지할 것
④ 외부 충격, 진동에 충분히 견딜 수 있을 것

해설 > ·배관지지의 필요조건
① 관과 관내의 유체 및 피복재의 합계중량을 지지하는데 충분한 재료일 것
② 외부에서의 진동과 충격에 대해서도 견고할 것
③ 배관시공에 있어서 구배의 조정이 간단하게 될 수 있는 구조일 것
④ 온도변화에 따른 관의 신축에 대하여 적합할 것
⑤ 관의 지지 간격이 적당할 것

문제 23. 유체의 흐름을 한쪽 방향으로만 흐르게 하고 역류 방지를 위해 수평·수직배관에 사용하는 체크밸브의 형식은?

① 풋형
② 스윙형
③ 리프트형
④ 다이아프램형

해설 · 체크밸브(check valve) : 유체의 흐름이 한쪽 방향으로 역류를 하면 자동적으로 밸브가 닫혀지게 할 때 사용한다.
① 스윙형 : 핀을 축으로 회전하여 개폐되므로 유수에 대한 마찰저항이 리프트형보다 작고, 수평·수직 어느 배관에도 사용할 수 있다.
② 리프트형 : 유체의 압력에 의해 밸브가 수직으로 올라가게 되어 있다. 밸브의 리프트는 지름의 1/4 정도이며, 흐름에 대한 마찰저항이 크다. 2조이상 수평밸브에만 쓰인다.
③ 스모렌스키형 : 리프트형 체크밸브 내에 날개가 달려 충격을 완화시킨다.

문제 24. 배관 재료를 재질별로 분류한 것으로 틀린 것은?

① 강관 : 탄소강 강관, 합금강 강관
② 주철관 : 보통 주철관, 고급 주철관
③ 비철금속관 : 동관, 석면 시멘트관
④ 합성수지관 : 염화비닐관, 폴리에틸렌관

해설 ① 비철금속관 : 동관, 연관, 스테인리스 강관, 알루미늄관
② 비금속관(합성수지관) : 경질 염화비닐관, 폴리에틸렌관, 석면시멘트관, 원심력 철근콘크리트관

문제 25. 압축 공기를 관 속에 압입하여 이음매에서 공기가 새는 것을 조사하는 시험은?

① 만수 시험　　② 통수 시험
③ 수압 시험　　④ 기압 시험

해설 ① 수압시험 : 배관이 끝난 후 각종 기기를 접속하기 전에 관 접합부가 누수와 수압에 견디는가를 조사하는 1차시험으로 많이 사용된다.
② 통수시험 : 기기와 배관을 접속하여 모든 공사가 완료한 다음 실제로 사용할 때와 같은 상태에서 물을 배출하여 배관기능이 충분히 발휘되는가를 조사함과 동시에 기기 설치부분의 누수를 점검하는 시험이다.
③ 만수시험 : 배관완료후 각 기구의 접속부, 기타 개구부를 밀폐하고 배관의 최고부에서 물을 넣어 만수시켜 일정시간 지나서 수위의 변동여부를 조사하는 배관계통의 누수유무를 조사하는 시험이다.

④ 기압시험 : 공기시험이라고도 하며, 물대신 압축 공기를 관속에 압입하여 이음매에서 공기가 새는 것을 조사한다.

문제 26. 배관 중심선 간의 길이(L)를 나타내는 식으로 옳은 것은? (단, 이음쇠의 중심에서 단면까지의 길이는 A, 나사가 물리는 최소길이 (여유치수)는 a, 관의 길이는 ℓ이다.)

① $L = \ell + 2(A - a)$
② $L = \ell - 2(A - a)$
③ $L = \ell + (A - a)$
④ $L = \ell - (A - a)$

해설 $L = \ell + 2(A - a)$
여기서, L : 배관 중심선 간의 길이
ℓ : 관의 길이
A : 이음쇠 중심선에서 단면까지의 길이
a : 나사가 물리는 길이

문제 27. 배관부식에 대한 설명으로 틀린 것은?

① 전면부식에는 극간부식, 입계부식, 선택부식이 있다.
② 배관부식에는 금속의 이온화에 의한 부식, 외부에서의 전류에 의한 부식 등이 있다.
③ 부식은 물에 접하는 관의 내면에 많이 생기나, 지중 매설관 등은 지하수에 접하는 외벽에도 생긴다.
④ 관의 부식 상태는 관의 재질에 따르나, 이에 접하는 물이나 공기가 크게 관계한다.

해설 국부부식 : 짧은 시간동안 금속면의 일부분에 집중적으로 일어나는 부식현상으로 접촉부식, 전식, 틈새(극간)부식, 입계부식, 선택부식 등이 있다.
※ 전면부식 : 금속표면이 전면에 걸쳐 균등하게 부식되는 것을 말하며, 균일부식이라고도 한다.

문제 28. 관 공작용 기계에서 동력 나사절삭기의 종류가 아닌 것은?

정답 24. ③　25. ④　26. ①　27. ①　28. ①

① 램식 나사절삭기
② 호브식 나사절삭기
③ 오스터식 나사절삭기
④ 다이헤드식 나사절삭기

해설 • 동력 나사절삭기의 종류
① 오스터식 : 동력으로 관을 저속회전시키며 나사 절삭기를 밀어넣는 방법으로 나사가 절삭된다.
② 다이헤드식 : 관의 절단, 나사절삭, 거스러미 제거 등의 일을 연속적으로 할 수 있기 때문에 다이헤드를 관에 밀어넣어 나사를 가공한다.
③ 호브형 : 나사절삭 전용기계로서 호브를 저속으로 회전시키면 관은 어미나사와 척의 연결에 의해 1회전할 때마다 1피치만큼 이동나사가 절삭된다.

문제 29. 일반적인 스테인리스 강관에 대한 설명으로 적절하지 않은 것은?

① 크롬을 첨가하며 크롬이 산소나 수산기와 결합하여 강의 표면에 얇은 보호피막을 만들며 이 피막이 부식의 진행을 막는다.
② 용도별로 배관용, 보일러용, 기계 구조용 등으로 구분할 수 있다.
③ 강관에 비해 기계적 성질이 좋으나 두께가 두꺼워 운반에 어려움이 있다.
④ 나사식, 용접식, 몰코식 이음법 등 특수 시공법으로 시공이 간단하다.

해설 • 스테인리스 강관의 특성
① 내식성이 우수하여 계속 사용시 내경의 축소, 저항 증대 현상이 없다.
② 위생적이어서 적수, 백수, 청수의 염려가 없다.
③ 강관에 비해 기계적 성질이 우수하고 두께가 얇아 운반 및 시공이 쉽다.
④ 저온 충격성이 크고 한랭지 배관이 가능하며 동결에 대한 저항은 크다.
⑤ 나사식, 용접식, 몰코식, 플랜지 이음법 등의 특수시공법으로 시공이 간단하다.

문제 30. 파이프와 파이프를 홈 조인트로 체결하기 위해 파이프 끝을 가공하는 기계는?

① 기계톱 머신
② 휠 고속절단기 머신
③ CNC 파이프 벤더
④ 그루빙 조인트 머신

해설 그루빙 조인트 머신
: 파이프와 파이프를 홈조인트로 체결하기 위해 파이프 끝을 가공하는 기계

정답 29.③ 30.④

2021년 제2회 일반기계·건설기계설비 기사

제1과목 재료역학

문제 1. 그림과 같이 길이가 2 L인 양단고정보의 중앙에 집중하중이 아래로 가해지고 있다. 이때 중앙에서 모멘트 M이 발생하였다면 이 집중하중(P)의 크기는 어떻게 표현되는가? 【9장】

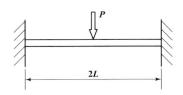

① $\dfrac{M}{L}$ ② $\dfrac{8M}{L}$

③ $\dfrac{2M}{L}$ ④ $\dfrac{4M}{L}$

해설 보의 전길이가 L일 때 $M = \dfrac{PL}{8}$ 이다.

따라서 보의 전길이가 $2L$일 때는 $M = \dfrac{P(2L)}{8} = \dfrac{PL}{4}$ 이므로

$$\therefore \ P = \dfrac{4M}{L}$$

문제 2. 허용인장강도가 400 MPa인 연강봉에 30 kN의 축방향 인장하중이 가해질 경우 이 강봉의 지름은 약 몇 cm인가?
(단, 안전율은 5이다.) 【1장】

① 2.69 ② 2.93

③ 2.19 ④ 3.33

해설 $\sigma_a = \dfrac{\sigma_u}{S} = \dfrac{400}{5} = 80\,\mathrm{MPa}$

$\sigma_a = \dfrac{P}{A} = \dfrac{4P}{\pi d^2}$ 에서

$$\therefore \ d = \sqrt{\dfrac{4P}{\pi \sigma_a}} = \sqrt{\dfrac{4 \times 30 \times 10^3}{\pi \times 80}}$$
$$= 21.85\,\mathrm{mm} \fallingdotseq 2.19\,\mathrm{cm}$$

문제 3. 전체 길이에 걸쳐서 균일 분포하중 200 N/m가 작용하는 단순 지지보의 최대 굽힘응력은 몇 MPa인가? (단, 폭×높이=3 cm×4 cm인 직사각형 단면이고, 보의 길이는 2 m이다. 또한 보의 지점은 양 끝단에 있다.) 【7장】

① 12.5 ② 25.0

③ 14.9 ④ 29.8

해설 $\sigma_{\max} = \dfrac{M_{\max}}{z} = \dfrac{\left(\dfrac{w\ell^2}{8}\right)}{\left(\dfrac{bh^2}{6}\right)} = \dfrac{3w\ell^2}{4bh^2}$

$$= \dfrac{3 \times 200 \times 2^2}{4 \times 0.03 \times 0.04^2}$$
$$= 12.5 \times 10^6\,\mathrm{N/m}^2$$
$$= 12.5\,\mathrm{N/mm}^2 (= \mathrm{MPa})$$

문제 4. 지름 50 mm인 중실축 ABC가 A에서 모터에 의해 구동된다. 모터는 600 rpm으로 50 kW의 동력을 전달한다. 기계를 구동하기 위해서 기어 B는 35 kW, 기어 C는 15 kW를 필요로 한다. 축 ABC에 발생하는 최대 전단응력은 몇 MPa인가? 【5장】

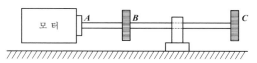

① 9.73 ② 22.7

③ 32.4 ④ 64.8

해답 1. ④ 2. ③ 3. ① 4. ③

해설〉 동력 $P = T\omega$에서 $T = \dfrac{P}{\omega} = \dfrac{P}{\left(\dfrac{2\pi N}{60}\right)} = \dfrac{60P}{2\pi N}$에서

T는 동력(P)에 비례함을 알 수 있다.

따라서, $T_{\max}$은 $P_{\max}$일 때 생김을 알 수 있다.

즉, $T_{\max} = T_A = \dfrac{60 P_A}{2\pi N} = \dfrac{60 \times 50}{2\pi \times 600} = 0.796\,\mathrm{kN \cdot m}$

결국, $\tau_{\max} = \tau_A = \dfrac{16\,T_A}{\pi d^3} = \dfrac{16 \times 0.796}{\pi \times 0.05^3}$

$\qquad\qquad = 32431.95\,\mathrm{kPa} \fallingdotseq 32.4\,\mathrm{MPa}$

문제 5. 다음과 같이 3개의 링크를 핀을 이용하여 연결하였다. 2000 N의 하중 P가 작용할 경우 핀에 작용되는 전단응력은 약 몇 MPa인가? (단, 핀의 지름은 1 cm이다.) 【1장】

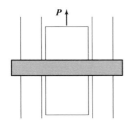

① 12.73　　　　② 13.24

③ 15.63　　　　④ 16.56

해설〉 가로로 되어 있는 핀은 하중 P에 의해 2군데 전단을 받는다.

따라서, $\tau = \dfrac{P_s}{A} = \dfrac{P}{\dfrac{\pi d^2}{4} \times 2} = \dfrac{2P}{\pi d^2} = \dfrac{2 \times 2000}{\pi \times 10^2}$

$\qquad\qquad = 12.73\,\mathrm{MPa}$

〈참고〉 $1\,\mathrm{MPa} = 1\,\mathrm{N/mm^2}$

문제 6. 그림과 같은 단순보의 중앙점(C)에서 굽힘모멘트는? 【6장】

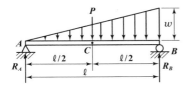

①　$\dfrac{P\ell}{2} + \dfrac{w\ell^2}{8}$　　　　②　$\dfrac{P\ell}{2} + \dfrac{w\ell^2}{48}$

③　$\dfrac{P\ell}{4} + \dfrac{5w\ell^2}{48}$　　　　④　$\dfrac{P\ell}{4} + \dfrac{w\ell^2}{16}$

해설〉 우선, $R_A \times \ell - P \times \dfrac{\ell}{2} - \dfrac{w\ell}{2} \times \dfrac{\ell}{3} = 0$

$\qquad \therefore \ R_A = \dfrac{P}{2} \times \dfrac{w\ell}{6}$

결국, $M_C = R_A \times \dfrac{\ell}{2} - \dfrac{1}{2} \times \dfrac{\ell}{2} \times \dfrac{w}{2} \times \left(\dfrac{\ell}{2} \times \dfrac{1}{3}\right)$

$\qquad\quad = \left(\dfrac{P}{2} + \dfrac{w\ell}{6}\right) \times \dfrac{\ell}{2} - \dfrac{w\ell}{8} \times \dfrac{\ell}{6}$

$\qquad\quad = \dfrac{P\ell}{4} + \dfrac{w\ell^2}{2} - \dfrac{w\ell^2}{48} = \dfrac{P\ell}{4} + \dfrac{w\ell^2}{16}$

문제 7. 직사각형 단면의 단주에 150 kN 하중이 중심에서 1 m만큼 편심되어 작용할 때 이 부재 AC에서 생기는 최대 인장응력은 몇 kPa인가? 【10장】

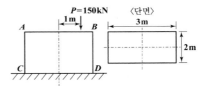

① 25　　　　② 50

③ 87.5　　　　④ 100

해설〉 $\sigma_{\min} = \sigma' - \sigma'' = -\dfrac{P}{A} + \dfrac{M}{Z} = -\dfrac{150}{2 \times 3} + \dfrac{150 \times 1}{\left(\dfrac{2 \times 3^2}{6}\right)}$

$\qquad\qquad = 25\,\mathrm{kPa}$

문제 8. 그림과 같이 평면응력 조건하에 최대 주응력은 몇 kPa인가? (단, $\sigma_x = 400\,\mathrm{kPa}$, $\sigma_y = -400\,\mathrm{kPa}$, $\tau_{xy} = 300\,\mathrm{kPa}$이다.) 【3장】

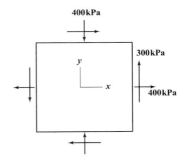

해답　**5.** ①　**6.** ④　**7.** ①　**8.** ②

① 400 ② 500

③ 600 ④ 700

해설 $\sigma_1 = \dfrac{1}{2}(\sigma_x + \sigma_y) + \dfrac{1}{2}\sqrt{(\sigma_x - \sigma_y)^2 + 4\tau_{xy}^2}$

$= \dfrac{1}{2}(400 - 400) + \dfrac{1}{2}\sqrt{(400 + 400)^2 + 4(-300)^2}$

$= 500\,\mathrm{kPa}$

문제 9. 다음 보에 발생하는 최대 굽힘 모멘트는?
【6장】

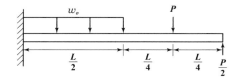

① $\dfrac{L}{4}(w_o L - 2P)$ ② $\dfrac{L}{4}(w_o L + 2P)$

③ $\dfrac{L}{8}(w_o L - 2P)$ ④ $\dfrac{L}{8}(w_o L + 2P)$

해설 고정단에서 최대굽힘모멘트가 발생하므로

$M_{\max} = \dfrac{P}{2} \times L - P\left(\dfrac{L}{4} + \dfrac{L}{2}\right) - \dfrac{w_o L}{2} \times \dfrac{L}{4}$

$= \dfrac{PL}{2} - \dfrac{3PL}{4} - \dfrac{w_o L^2}{8} = -\dfrac{2PL}{8} - \dfrac{w_o L^2}{8}$

$= \left| -\dfrac{L}{8}(w_o L + 2P) \right| = \dfrac{L}{8}(w_o L + 2P)$

문제 10. 그림과 같이 균일분포 하중을 받는 외팔보에 대해 굽힘에 의한 탄성변형에너지는? (단, 굽힘강성 EI는 일정하다.)
【8장】

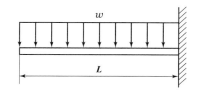

① $\dfrac{w^2 L^5}{80EI}$ ② $\dfrac{w^2 L^5}{160EI}$

③ $\dfrac{w^2 L^5}{20EI}$ ④ $\dfrac{w^2 L^5}{40EI}$

해설 $M_x = -\dfrac{wx^2}{2}$ 이므로

$U = \int_o^L \dfrac{Mx^2}{2EI}dx = \int_o^L \dfrac{\left(-\dfrac{wx^2}{2}\right)^2}{2EI}dx = \int_o^L \dfrac{w^2 x^4}{8EI}dx$

$= \dfrac{w^2}{8EI}\left[\dfrac{x^5}{5}\right]_o^L = \dfrac{w^2 L^5}{40EI}$

문제 11. 그림과 같이 전체 길이가 $3L$인 외팔보에 하중 P가 B점과 C점에 작용할 때 자유단 B에서의 처짐량은? (단, 보의 굽힘강성 EI는 일정하고, 자중은 무시한다.)
【8장】

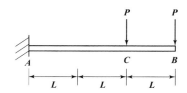

① $\dfrac{44}{3}\dfrac{PL^3}{EI}$

② $\dfrac{35}{3}\dfrac{PL^3}{EI}$

③ $\dfrac{37}{3}\dfrac{PL^3}{EI}$

④ $\dfrac{41}{3}\dfrac{PL^3}{EI}$

해설 우선,

$\delta_B' = \dfrac{P(3L)^3}{3EI} = \dfrac{9PL^3}{EI}$

또한,

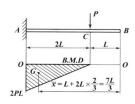

$\delta_B'' = \dfrac{A_M}{EI}\bar{x} = \dfrac{1}{EI} \times \dfrac{1}{2} \times 2L \times 2PL \times \dfrac{7L}{3} = \dfrac{14PL^3}{3EI}$

결국, $\delta_B = \delta_B' + \delta_B'' = \dfrac{9PL^3}{EI} + \dfrac{14PL^3}{3EI} = \dfrac{41PL^3}{3EI}$

해답 9. ④ 10. ④ 11. ④

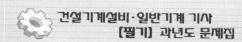
문제 12. 그림과 같은 직사각형 단면의 목재 외팔보에 집중하중 P가 C점에 작용하고 있다. 목재의 허용압축응력을 8 MPa, 끝단 B점에서의 허용 처짐량을 23.9 mm라고 할 때 허용압축응력과 허용 처짐량을 모두 고려하여 이 목재에 가할 수 있는 집중하중 P의 최대값은 약 몇 kN인가? (단, 목재의 세로탄성계수는 12 GPa, 단면 2차모멘트는 1022×10^{-6} m^4, 단면계수는 4.601×10^{-3} m^{3}이다.) 【8장】

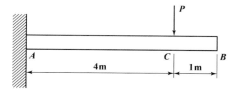

① 7.8　　　　　② 8.5
③ 9.2　　　　　④ 10.0

해설 우선, $\sigma_a = \dfrac{M}{Z} = \dfrac{P \times 4}{Z}$ 에서

$\therefore P = \dfrac{\sigma_a Z}{4} = \dfrac{8 \times 10^3 \times 4.601 \times 10^{-3}}{4} ≒ 9.2\,\text{kN}$

또한,

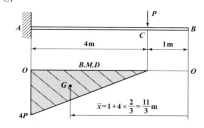

$A_M = \dfrac{1}{2} \times 4 \times 4P = 8P$

$\delta_B = \dfrac{A_M}{EI}\bar{x} = \dfrac{8P}{EI} \times \dfrac{11}{3}$ 에서

$\therefore P = \dfrac{3EI\delta_B}{8 \times 11}$

$= \dfrac{3 \times 12 \times 10^6 \times 1022 \times 10^{-6} \times 23.9 \times 10^{-3}}{8 \times 11}$

$= 9.99\,\text{kN}$

결국, 안전을 고려하여 허용하중은 작은값으로 하므로

$\therefore P = 9.2\,\text{kN}$

문제 13. 그림과 같은 단면에서 가로방향 도심축에 대한 단면 2차모멘트는 약 몇 mm^{4}인가? 【4장】

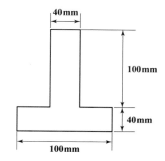

① 10.67×10^6　　　② 13.67×10^6
③ 20.67×10^6　　　④ 23.67×10^6

해설

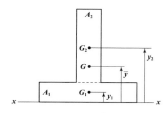

$\begin{cases} A_1 = 100 \times 40 = 4000\,\text{mm}^2 \\ A_2 = 100 \times 40 = 4000\,\text{mm}^2 \\ y_1 = 20\,\text{mm} \\ y_2 = 90\,\text{mm} \end{cases}$

저변을 기준축(x축)으로 하면

우선, $\bar{y} = \dfrac{A_1 y_1 + A_2 y_2}{A_1 + A_2} = \dfrac{(4000 \times 20) + (4000 \times 90)}{4000 + 4000}$

$= 55\,\text{mm}$

결국, 평행축 정리($I_x' = I_x + a^2 A$)를 이용하면

$\therefore I_G = \left(\dfrac{100 \times 40^3}{12} + 35^2 \times 4000 \right)$

$+ \left(\dfrac{40 \times 100^3}{12} + 35^2 \times 4000 \right)$

$≒ 13.67 \times 10^6 \,(\text{mm}^4)$

문제 14. 반경 r, 내압 P, 두께 t인 얇은 원통형 압력용기의 면내에서 발생되는 최대 전단응력 (2차원 응력 상태에서의 최대 전단응력)의 크기는? 【3장】

해답 12. ③　13. ②　14. ③

① $\dfrac{Pr}{2t}$ ② $\dfrac{Pr}{t}$

③ $\dfrac{Pr}{4t}$ ④ $\dfrac{2Pr}{t}$

해설 $\sigma_x = \sigma_1 = \dfrac{Pd}{2t}, \quad \sigma_y = \sigma_2 = \dfrac{Pd}{4t}$

$\therefore \tau_{max} = \dfrac{1}{2}(\sigma_x - \sigma_y) = \dfrac{1}{2}\left(\dfrac{Pd}{2t} - \dfrac{Pd}{4t}\right)$

$\qquad = \dfrac{Pd}{8t} = \dfrac{Pr}{4t}$

문제 **15.** 길이 15 m, 봉의 지름 10 mm인 강봉에 $P=8$ kN을 작용시킬 때 이 봉의 길이방향 변형량은 약 몇 mm인가? (단, 이 재료의 세로탄성계수는 210 GPa이다.) 【1장】

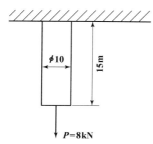

① 5.2   ② 6.4

③ 7.3   ④ 8.5

해설 $\lambda = \dfrac{P\ell}{AE} = \dfrac{8 \times 15}{\dfrac{\pi}{4} \times 0.01^2 \times 210 \times 10^6}$

$\qquad = 0.0073\,\text{m} = 7.3\,\text{mm}$

문제 **16.** 지름 200 mm인 축이 120 rpm으로 회전하고 있다. 2 m 떨어진 두 단면에서 측정한 비틀림 각이 $\dfrac{1}{15}$ rad이었다면 이 축에 작용하고 있는 비틀림 모멘트는 약 몇 kN·m인가? (단, 가로탄성계수는 80 GPa이다.) 【5장】

① 418.9   ② 356.6

③ 305.7   ④ 286.8

해설 $\theta = \dfrac{T\ell}{GI_P}$ 에서

$\therefore T = \dfrac{\theta GI_P}{\ell} = \dfrac{\dfrac{1}{15} \times 80 \times 10^6 \times \dfrac{\pi \times 0.2^4}{32}}{2}$

$\qquad \fallingdotseq 418.9\,\text{kN} \cdot \text{m}$

문제 **17.** 5 cm×4 cm 블록이 x축을 따라 0.05 cm만큼 인장되었다. y방향으로 수축되는 변형률(ε_y)은? (단, 포아송 비(ν)는 0.3이다.) 【1장】

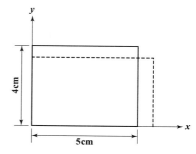

① 0.00015   ② 0.0015

③ 0.003   ④ 0.03

해설 $\nu = \dfrac{\varepsilon'(=\varepsilon_y)}{\varepsilon(=\varepsilon_x)}$ 에서

$\therefore \varepsilon_y(=\varepsilon') = \nu\varepsilon_x = \nu \times \dfrac{\lambda}{b} = 0.3 \times \dfrac{0.05}{2} = 0.003$

문제 **18.** 단면적이 5 cm², 길이가 60 cm인 연강 봉을 천장에 매달고 30 ℃에서 0 ℃로 냉각시킬 때 길이의 변화를 없게 하려면 봉의 끝에 몇 kN의 추를 달아야 하는가? (단, 세로탄성계수 200 GPa, 열팽창계수 $\alpha = 12 \times 10^{-6}$ /℃이고, 봉의 자중은 무시한다.) 【2장】

① 60   ② 36

③ 30   ④ 24

해설 $P = E\alpha\Delta tA$

$\qquad = 200 \times 10^6 \times 12 \times 10^{-6} \times 30 \times 5 \times 10^{-4}$

$\qquad = 36\,\text{kN}$

정답 **15.** ③   **16.** ①   **17.** ③   **18.** ②

문제 19. 바깥지름이 46 mm인 속이 빈 축이 120 kW의 동력을 전달하는데 이 때의 각속도는 40 rev/s이다. 이 축의 허용비틀림응력이 80 MPa일 때, 안지름은 약 몇 mm 이하이어야 하는가? 【5장】

① 29.8 ② 41.8
③ 36.8 ④ 48.8

해설> 우선 $\omega = 40\,rev/s = 40 \times 2\pi\,(rad/s)$
또한, 동력 $P = T\omega$에서
$$T = \frac{P}{\omega} = \frac{120 \times 10^3}{40 \times 2\pi} = 477.46\,N \cdot m$$
결국, $T = \tau_a Z_P = \tau_a \times \dfrac{\pi(d_2^4 - d_1^4)}{16 d_2}$ 에서 d_1을 구한다.

문제 20. 알루미늄봉이 그림과 같이 축하중을 받고 있다. BC간에 작용하고 있는 하중의 크기는? 【1장】

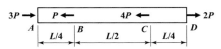

① $2P$ ② $3P$
③ $4P$ ④ $8P$

해설> 각 단면을 절단하여 해석하면

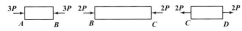

결국, AB간에는 $3P$(압축), BC간에는 $2P$(압축),
CD간에는 $2P$(인장)이 작용한다.

제2과목 기계열역학

문제 21. 4 kg의 공기를 온도 15 ℃에서 일정 체적으로 가열하여 엔트로피가 3.35 kJ/K 증가하였다. 이 때 온도는 약 몇 K인가? (단, 공기의 정적비열은 0.717 kJ/(kg·K)이다.) 【4장】

① 927 ② 337

③ 533 ④ 483

해설> "정적변화"이므로 $\Delta S = m\,C_v \ell n \dfrac{T_2}{T_1}$에서
$$3.35 = 4 \times 0.717 \times \ell n \frac{T_2}{(15 + 273)}$$
$$\therefore\ T_2 = 926.14\,K$$

문제 22. 실린더에 밀폐된 8 kg의 공기가 그림과 같이 압력 $P_1 = 800$ kPa, 체적 $V_1 = 0.27$ m³에서 $P_2 = 350$ kPa, $V_2 = 0.80$ m³으로 직선 변화하였다. 이 과정에서 공기가 한 일은 약 몇 kJ인가? 【2장】

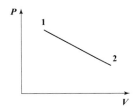

① 305 ② 334
③ 362 ④ 390

해설> $P - V$ 선도에서 V축으로 투영한 면적이 절대일이다.
$$즉,\ _1W_2 = \frac{1}{2}(800 - 350)(0.8 - 0.27) + 350(0.8 - 0.27)$$
$$= 304.75 ≒ 305\,kJ$$

문제 23. 압력 100 kPa, 온도 20 ℃인 일정량의 이상기체가 있다. 압력을 일정하게 유지하면서 부피가 처음 부피의 2배가 되었을 때 기체의 온도는 약 몇 ℃가 되는가? 【3장】

① 148 ② 256
③ 313 ④ 586

해설> "정압과정"이므로 $\dfrac{V}{T} = C$
$$즉,\ \frac{V_1}{T_1} = \frac{V_2}{T_2}\ 에서\quad \frac{V_1}{(20 + 273)} = \frac{2\,V_1}{T_2}$$
$$\therefore\ T_2 = 586\,K = 313\,℃$$

정답> **19.** ② **20.** ① **21.** ① **22.** ① **23.** ③

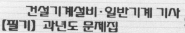

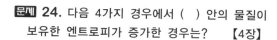

24. 다음 4가지 경우에서 ( ) 안의 물질이 보유한 엔트로피가 증가한 경우는? 【4장】

ⓐ 컵에 있는 (물)이 증발하였다.
ⓑ 목욕탕의 (수증기)가 차가운 타일 벽에서 물로 응결되었다.
ⓒ 실린더 안의 (공기)가 가역 단열적으로 팽창되었다.
ⓓ 뜨거운 (커피)가 식어서 주위온도와 같게 되었다.

① ⓐ   ② ⓑ   ③ ⓒ   ④ ⓓ

[해설] 저온에서 고온으로 열이 이동하면 엔트로피가 증가하고, 고온에서 저온으로 열이 이동하면 엔트로피가 감소한다.

25. 어떤 열기관이 550 K의 고열원으로부터 20 kJ의 열량을 공급받아 250 K의 저열원에 14 kJ의 열량을 방출할 때 이 사이클의 Clausius 적분값과 가역, 비가역 여부의 설명으로 옳은 것은? 【4장】

① Clausius 적분값은 −0.0196 kJ/K이고 가역 사이클이다.

② Clausius 적분값은 −0.0196 kJ/K이고 비가역 사이클이다.

③ Clausius 적분값은 0.0196 kJ/K이고 가역 사이클이다.

④ Clausius 적분값은 0.0196 kJ/K이고 비가역 사이클이다.

[해설] 우선, $\sum \frac{Q}{T} = \frac{Q_1}{T_1} + \frac{Q_2}{T_{II}} = \frac{20}{550} + \frac{-14}{250}$
$$= -0.0196 \text{ kJ/K}$$
또한, $\sum \frac{Q}{T} = -0.0196 \text{ kJ/K} < 0$이므로 비가역사이클이다.

26. 그림과 같은 Rankine 사이클의 열효율은 약 얼마인가? (단, h는 엔탈피, s는 엔트로피를 나타내며, $h_1 = 191.8$ kJ/kg, $h_2 = 193.8$ kJ/kg, $h_3 = 2799.5$ kJ/kg, $h_4 = 2007.5$ kJ/kg 이다.) 【7장】

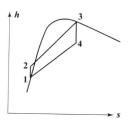

① 30.3 %   ② 36.7 %
③ 42.9 %   ④ 48.1 %

[해설] $\eta_R = \frac{w_T - w_P}{q_1} = \frac{(h_3 - h_4) - (h_2 - h_1)}{h_3 - h_2}$
$$= \frac{(2799.5 - 2007.5) - (193.8 - 191.8)}{2799.5 - 193.8}$$
$$= 0.303 = 30.3\%$$

27. 상태 1에서 경로 A를 따라 상태 2로 변화하고 경로 B를 따라 다시 상태 1로 돌아오는 가역 사이클이 있다. 아래의 사이클에 대한 설명으로 틀린 것은? 【4장】

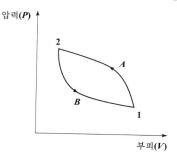

① 사이클 과정 동안 시스템의 내부에너지 변화량은 0이다.

② 사이클 과정 동안 시스템은 외부로부터 순(net) 일을 받았다.

③ 사이클 과정 동안 시스템의 내부에서 외부로 순(net) 열이 전달되었다.

④ 이 그림으로 사이클 과정 동안 총 엔트로피 변화량을 알 수 없다.

[정답] 24. ①   25. ②   26. ①   27. ④

해설 엔트로피는 가역이면 불변이고, 비가역이면 항상 증가한다.

문제 28. 유리창을 통해 실내에서 실외로 열전달이 일어난다. 이때 열전달량은 약 몇 W인가? (단, 대류열전달계수는 50 W/(m²·K), 유리창 표면온도는 25 ℃, 외기온도는 10 ℃, 유리창면적은 2 m²이다.) 【11장】

① 150 ② 500
③ 1500 ④ 5000

해설 $Q = \alpha A (t_w - t_f) = 50 \times 2 \times (25 - 10)$
$\qquad = 1500 \, \text{W}$

문제 29. 냉동기 냉매의 일반적인 구비조건으로서 적합하지 않은 것은? 【9장】

① 임계 온도가 높고, 응고 온도가 낮을 것
② 증발열이 작고, 증기의 비체적이 클 것
③ 증기 및 액체의 점성(점성계수)이 작을 것
④ 부식성이 없고, 안정성이 있을 것

해설 증발열은 크고, 증기의 비체적은 작아야 한다.

문제 30. 오토 사이클로 작동되는 기관에서 실린더의 극간 체적(clearance volume)이 행정 체적(stroke volume)의 15 %라고 하면 이론 열효율은 약 얼마인가? (단, 비열비 $k = 1.4$이다.) 【8장】

① 39.3 % ② 45.2 %
③ 50.6 % ④ 55.7 %

해설 우선, $\varepsilon = 1 + \dfrac{V_S}{V_C} = 1 + \dfrac{1}{0.15} = 7.67$

결국, $\eta_0 = 1 - \left(\dfrac{1}{\varepsilon}\right)^{k-1} = 1 - \left(\dfrac{1}{7.67}\right)^{1.4-1}$
$\qquad\qquad = 0.557 = 55.7 \%$

문제 31. 복사열을 방사하는 방사율과 면적이 같은 2개의 방열판이 있다. 각각의 온도가 A 방열판은 120 ℃, B 방열판은 80 ℃일 때 두 방열판의 복사 열전달량(Q_A / Q_B) 비는? 【11장】

① 1.08 ② 1.22
③ 1.54 ④ 2.42

해설 $Q \propto T^4$이므로

$\therefore \dfrac{Q_A}{Q_B} = \dfrac{T_A^4}{T_B^4} = \dfrac{(120 + 273)^4}{(80 + 273)^4} = 1.536 ≒ 1.54$

문제 32. 보일러, 터빈, 응축기, 펌프로 구성되어 있는 증기원동소가 있다. 보일러에서 2500 kW의 열이 발생하고 터빈에서 550 kW의 일을 발생시킨다. 또한, 펌프를 구동하는데 20 kW의 동력이 추가로 소모된다면 응축기에서의 방열량은 약 몇 kW인가? 【7장】

① 980 ② 1930
③ 1970 ④ 3070

해설 증기원동소 사이클에서

$\eta = \dfrac{q_1 - q_2}{q_1} = \dfrac{w_T - w_P}{q_1}$에서

$q_1 - q_2 = w_T - w_P$이므로
$\therefore q_2 = q_1 - w_T + w_P = 2500 - 550 + 20$
$\qquad\qquad = 1970 \, \text{kW}$

문제 33. 열역학 제2법칙과 관계된 설명으로 가장 옳은 것은? 【4장】

① 과정(상태변화)의 방향성을 제시한다.
② 열역학적 에너지의 양을 결정한다.
③ 열역학적 에너지의 종류를 판단한다.
④ 과정에서 발생한 총 일의 양을 결정한다.

해설 <열역학 제2법칙의 표현>
"클라지우스"의 표현 : 에너지의 방향성을 제시

정답 28. ③ 29. ② 30. ④ 31. ③ 32. ③ 33. ①

문제 34. 질량이 5 kg인 강제 용기 속에 물이 20 L 들어있다. 용기와 물이 24 ℃인 상태에서 이 속에 질량이 5 kg이고 온도가 180 ℃인 어떤 물체를 넣었더니 일정 시간 후 온도가 35 ℃가 되면서 열평형에 도달하였다. 이 때 이 물체의 비열은 약 몇 kJ/(kg·K)인가?
(단, 물의 비열은 4.2 kJ/(kg·K), 강의 비열은 0.46 kJ/(kg·K)이다.) 【3장】

① 0.88 　　　　② 1.12
③ 1.31 　　　　④ 1.86

해설▷ 우선, 강재의 질량과 비열은 m_1, c_1이고, 물의 질량과 비열은 m_2, c_2라면
$mc = m_1 c_1 + m_2 c_2$에서
$c = \dfrac{m_1 c_1 + m_2 c_2}{m(=m_1+m_2)} = \dfrac{(5 \times 0.46) + (20 \times 4.2)}{5 + 20}$
$= 3.452 \, kJ/kg \cdot K$
결국, $_1 Q_2 = m C \Delta t$에서　$Q_{(강재 + 물)} = Q_{물체}$
$25 \times 3.452 \times (35 - 24) = 5 \times C_{물체} \times (180 - 35)$
$\therefore C_{물체} \fallingdotseq 1.31 \, kJ/kg \cdot K$

문제 35. 완전히 단열된 실린더 안의 공기가 피스톤을 밀어 외부로 일을 하였다. 이 때 외부로 행한 일의 양과 동일한 값(절대값 기준)을 가지는 것은? 【3장】

① 공기의 엔탈피 변화량
② 공기의 온도 변화량
③ 공기의 엔트로피 변화량
④ 공기의 내부에너지 변화량

해설▷ $\delta q = du + Apdv = du + A\delta w$에서
"단열"이므로 $q = c$　즉, $\delta q = 0$
$\therefore 0 = \Delta u + A_1 w_2$
결국, $A_1 w_2 = |-\Delta u| = \Delta u$

문제 36. 어느 왕복동 내연기관에서 실린더 안지름이 6.8 cm, 행정이 8 cm일 때 평균유효압력은 1200 kPa이다. 이 기관의 1행정당 유효 일은 약 몇 kJ인가? 【5장】

① 0.09 　　　　② 0.15
③ 0.35 　　　　④ 0.48

해설▷ $W = P_m V = P_m AS = P_m \times \dfrac{\pi D^2}{4} \times S$
$= 1200 \times \dfrac{\pi \times 0.068^2}{4} \times 0.08$
$\fallingdotseq 0.35 \, kJ$

문제 37. 이상적인 오토사이클의 열효율이 56.5 %이라면 압축비는 약 얼마인가? (단, 작동 유체의 비열비는 1.4로 일정하다.) 【8장】

① 7.5 　　　　② 8.0
③ 9.0 　　　　④ 9.5

해설▷ $\varepsilon = {}^{k-1}\sqrt{\dfrac{1}{1-\eta_o}} = {}^{1.4-1}\sqrt{\dfrac{1}{1-0.565}} = 8$

문제 38. 카르노사이클로 작동되는 열기관이 200 kJ의 열을 200 ℃에서 공급받아 20 ℃에서 방출한다면 이 기관의 일은 약 얼마인가? 【4장】

① 38 kJ 　　　　② 54 kJ
③ 63 kJ 　　　　④ 76 kJ

해설▷ $\eta_c = \dfrac{W}{Q_1} = 1 - \dfrac{T_{II}}{T_1}$에서
$\dfrac{W}{200} = 1 - \dfrac{(20 + 273)}{(200 + 273)}$
$\therefore W = 76.1 \, kJ$

문제 39. 시스템 내의 임의의 이상기체 1 kg이 채워져 있다. 이 기체의 정압비열은 1.0 kJ/(kg·K)이고, 초기 온도가 50 ℃인 상태에서 323 kJ의 열량을 가하여 팽창시킬 때 변경 후 체적은 변경 전 체적의 약 몇 배가 되는가? (단, 정압과정으로 팽창한다.) 【3장】

① 1.5배 　　　　② 2배
③ 2.5배 　　　　④ 3배

정답 34. ③　35. ④　36. ③　37. ②　38. ④　39. ②

해설> 우선, $\delta q = dh - Avdp$에서
"정압과정"이므로 $p = C$ 즉, $dp = 0$
따라서, $\delta q = dh = C_p dT$
$$\therefore {}_1Q_2 = mC_p(T_2 - T_1)$$
$$323 = 1 \times 1 \times (T_2 - 50) \quad \therefore T_2 = 373\,℃$$
결국, "정압과정"이므로 $\dfrac{V_1}{T_1} = \dfrac{V_2}{T_2}$에서
$$\therefore \frac{V_2}{V_1} = \frac{T_2}{T_1} = \frac{(373+273)}{(50+273)} = 2\,배$$

문제 **40.** 기체상수가 0.462 kJ/(kg·K)인 수증기를 이상기체로 간주할 때 정압비열(kJ/(kg·K))은 약 얼마인가?
(단, 이 수증기의 비열비는 1.33이다.) 【3장】

① 1.86 ② 1.54
③ 0.64 ④ 0.44

해설> $C_p = \dfrac{kR}{k-1} = \dfrac{1.33 \times 0.462}{1.33-1} = 1.862\,\text{kJ/kg·K}$

제3과목 기계유체역학

문제 **41.** 동점성계수가 10 cm²/s이고 비중이 1.2인 유체의 점성계수는 몇 Pa·s인가? 【1장】

① 1.2 ② 0.12
③ 2.4 ④ 0.24

해설> $\nu = \dfrac{\mu}{\rho}$에서
$$\therefore \mu = \nu\rho = v\rho_{H_2O}S = 10 \times 10^{-4} \times 1000 \times 1.2$$
$$= 1.2\,\text{Pa·s}$$

문제 **42.** 단면적이 각각 10 cm²와 20 cm²인 관이 서로 연결되어 있다. 비압축성 유동이라 가정하면 20 cm² 관속의 평균유속이 2.4 m/s일 때 10 cm² 관내의 평균속도는 약 몇 m/s인가? 【3장】

① 4.8 ② 1.2
③ 9.6 ④ 2.4

해설> $Q = A_1V_1 = A_2V_2$에서
$$10 \times V_1 = 20 \times 2.4$$
$$\therefore V_1 = 4.8\,\text{m/s}$$

문제 **43.** 밀도가 ρ인 액체와 접촉하고 있는 기체 사이의 표면장력이 σ라고 할 때 그림과 같은 지름 d의 원통 모세관에서 액주의 높이 h를 구하는 식은? (단, g는 중력가속도이다.) 【1장】

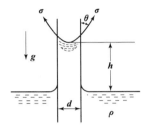

① $h = \dfrac{2\sigma\sin\theta}{\rho g d}$ ② $h = \dfrac{2\sigma\cos\theta}{\rho g d}$

③ $h = \dfrac{4\sigma\sin\theta}{\rho g d}$ ④ $h = \dfrac{4\sigma\cos\theta}{\rho g d}$

해설> · 모세관 현상에 의한 액면상승높이(h)
① "원관"일 때 : $h = \dfrac{4\sigma\cos\theta}{\gamma d}$
② "평판"일 때 : $h = \dfrac{2\sigma\cos\theta}{\gamma b}$ 단, $\gamma = \rho g$

문제 **44.** 마노미터를 설치하여 액체탱크의 수압을 측정하려고 한다. 수은(비중=13.6) 액주의 높이차 $H=50$ cm이면 A점에서의 계기 압력은 약 얼마인가?
(단, 액체의 밀도는 900 kg/m³이다.) 【2장】

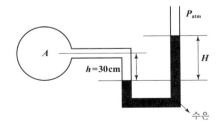

① 63.9 kPa   ② 4.2 kPa
③ 63.9 Pa   ④ 4.2 Pa

해설 $P = \gamma h = \gamma_{H_2O} Sh$ 를 적용하면
$$P_A + 9.8 \times 0.9 \times 0.3 - 9.8 \times 13.6 \times 0.5 = 0$$
$$\therefore \ P_A = 63.9 \, \text{kPa}$$

문제 **45.** 평판 위를 지나는 경계층 유동에서 경계층 두께가 δ인 경계층 내 속도 u가 $\dfrac{u}{U} = \sin\left(\dfrac{\pi y}{2\delta}\right)$로 주어진다. 여기서 y는 평판까지 거리, U는 주류속도이다. 이 때 경계층 배제두께 (boundary layer displacement thickness) δ^*와 δ의 비 $\dfrac{\delta^*}{\delta}$는 약 얼마인가? 【5장】

① 0.333   ② 0.363
③ 0.500   ④ 0.667

해설 우선, 배제두께
$$\delta^* = \int_0^\delta \left(1 - \frac{u}{u_\infty}\right) dy = \int_0^\delta \left[1 - \sin\left(\frac{\pi y}{2\delta}\right)\right] dy$$
$$= \left[y + \frac{2\delta}{\pi}\cos\left(\frac{\pi y}{2\delta}\right)\right]_0^\delta = \delta + \frac{2\delta}{\pi}\cos\frac{\pi}{2} - \frac{2\delta}{\pi}$$
$$= \delta - \frac{2\delta}{\pi}$$
결국, $\dfrac{\delta^*}{\delta} = \dfrac{\delta - \dfrac{2\delta}{\pi}}{\delta} = 1 - \dfrac{2}{\pi} = 0.363$

문제 **46.** 매끄러운 원관에서 물의 속도가 V일 때 압력강하가 Δp_1이었고, 이때 완전한 난류유동이 발생되었다. 속도를 $2V$로 하여 실험을 하였다면 압력강하는 얼마가 되는가? 【6장】

① Δp_1 ② $2\Delta p_1$
③ $4\Delta p_1$ ④ $8\Delta p_1$

해설 $\Delta p_1 = f \dfrac{\ell}{d} \dfrac{\gamma V^2}{2g}$
$$\Delta p_2 = f \frac{\ell}{d} \frac{\gamma (2V)^2}{2g} = 4f \frac{\ell}{d} \frac{\gamma V^2}{2g} = 4\Delta p_1$$

문제 **47.** 수력구배선(hydraulic grade line)에 대한 설명으로 옳은 것은? 【3장】

① 에너지선보다 위에 있어야 한다.
② 항상 수평선이다.
③ 위치수두와 속도수두의 합을 나타내며 주로 에너지선 아래에 있다.
④ 위치수두와 압력수두의 합을 나타내며 주로 에너지선 아래에 있다.

해설 ① 수력구배선 : $HGL = \dfrac{p}{\gamma} + Z$
    ② 에너지선 : $EL = \dfrac{p}{\gamma} + \dfrac{V^2}{2g} + Z$

문제 **48.** 한 변이 2 m인 위가 열려있는 정육면체 통에 물을 가득 담아 수평방향으로 9.8 m/s^{2}의 가속도로 잡아당겼을 때 통에 남아 있는 물의 양은 약 몇 m^{3}인가? 【2장】

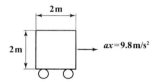

① 8   ② 4
③ 2   ④ 1

해설 $\tan\theta = \dfrac{a_x}{g} = \dfrac{9.8}{9.8} = 1$ $\therefore \ \theta = 45°$
처음의 체적을 V_1이라 하면
$$V_1 = 2 \times 2 \times 2 = 8 \, \text{m}^3$$
결국, 남아있는 물의 양(V_2)은
$$V_2 = \frac{1}{2} V_1 = \frac{1}{2} \times 8 = 4 \, \text{m}^3$$

문제 **49.** 지름 D인 구가 점성계수 μ인 유체 속에서, 관성을 무시할 수 있을 정도로 느린 속도 V로 움직일 때 받는 힘 F를 D, μ, V의 함수로 가정하여 차원해석 하였을 때 얻을 수 있는 식은? 【7장】

① $\dfrac{F}{(D\mu V)^{1/2}}=$상수 ② $\dfrac{F}{D\mu V}=$상수

③ $\dfrac{F}{D\mu V^2}=$상수 ④ $\dfrac{F}{(D\mu V)^2}=$상수

해설> $F=3\pi\mu VD$에서 $\dfrac{F}{\mu VD}=3\pi=$상수

따라서, 단위환산을 하여 무차원수를 찾는다.

$D(\mathrm{m})$, $\mu(\mathrm{N}\cdot\mathrm{s}/\mathrm{m}^2)$, $F(\mathrm{N})$, $V(\mathrm{m/s})$

문제 50. 그림과 같이 바닥부 단면적이 $1\,\mathrm{m}^2$인 탱크에 설치된 노즐에서 수면과 노즐 중심부 사이 높이가 $1\,\mathrm{m}$인 경우 유량을 Q라고 한다. 이 유량을 2배로 하기 위해서는 수면 상에 약 몇 kg 정도의 피스톤을 놓아야 하는가? 【3장】

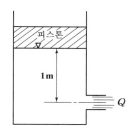

① 1000   ② 2000

③ 3000   ④ 4000

해설> 우선, 출구에서 유량 $Q=AV$이므로 Q는 V에 비례한다. 수면에 피스톤이 없을 때의 출구속도 $V_2=\sqrt{2gh}=\sqrt{2g\times1}=\sqrt{2g}$이다.

결국, 수면위에 피스톤이 없을 때 수면과 출구에 베르누이 정리를 이용한다. 단, 출구에서 유량이 2배가 되기 위해서는 Q가 V에 비례하므로 V_2도 2배가 된다.

$$\dfrac{\cancel{p_1}}{\gamma}+\dfrac{V_1^2}{2g}^{\nearrow0}+Z_1=\dfrac{\cancel{p_2}}{\gamma}+\dfrac{V_2^2}{2g}+\cancel{Z_2}^{\nearrow0}$$

$$\dfrac{\left(\dfrac{P}{A}\right)}{\gamma}+1=\dfrac{(2V_2)^2}{2g}$$

$$\dfrac{\left(\dfrac{P}{1}\right)}{1000}+1=\dfrac{(2\sqrt{2g})^2}{2g}$$

$$\dfrac{P}{1000}=3 \quad \therefore\ P=3000\,\mathrm{kg}$$

문제 51. 어떤 물체의 속도가 초기 속도의 2배가 되었을 때 항력계수가 초기 항력계수의 $\dfrac{1}{2}$로 줄었다. 초기에 물체가 받는 저항력이 D라고 할 때 변화된 저항력은 얼마가 되는가? 【5장】

① $2D$

② $4D$

③ $\dfrac{1}{2}D$

④ $\sqrt{2}\,D$

해설> $D=C_D\dfrac{\gamma V^2}{2g}A$

$$D_1=\left(\dfrac{1}{2}C_D\right)\dfrac{\gamma(2V)^2}{2g}A=2C_D\dfrac{\gamma V^2}{2g}A=2D$$

문제 52. 5℃의 물[점성계수 $1.5\times10^{-3}\,\mathrm{kg/(m\cdot s)}$]이 안지름 0.25 cm, 길이 10 m인 수평관 내부를 1 m/s로 흐른다. 이 때 레이놀즈수는 얼마인가? 【5장】

① 166.7   ② 600

③ 1666.7   ④ 6000

해설> $R_e=\dfrac{\rho Vd}{\mu}=\dfrac{1000\times1\times0.0025}{1.5\times10^{-3}}=1666.67$

문제 53. 길이 100 m의 배를 길이 5 m인 모형으로 실험할 때, 실형이 40 km/h로 움직이는 경우와 역학적 상사를 만족시키기 위한 모형의 속도는 약 몇 km/h인가?
(단, 점성마찰은 무시한다.) 【7장】

① 4.66   ② 8.94

③ 12.96   ④ 18.42

해설> $(Fr)_p=(Fr)_m$ 즉, $\left(\dfrac{V}{\sqrt{g\ell}}\right)_p=\left(\dfrac{V}{\sqrt{g\ell}}\right)_m$

$$\dfrac{40}{\sqrt{100}}=\dfrac{V_m}{\sqrt{5}} \quad \therefore\ V_m=8.94\,\mathrm{km/hr}$$

해답 50. ③ 51. ① 52. ③ 53. ②

문제 54. 그림과 같이 비중이 0.83인 기름이 12 m/s의 속도로 수직 고정평판에 직각으로 부딪치고 있다. 판에 작용되는 힘 F는 약 몇 N인가? **【4장】**

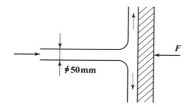

① 23.5
② 28.9
③ 288.6
④ 234.7

해설 $F = \rho QV = \rho A V^2 = \rho_{H_2O} S A V^2$

$= 1000 \times 0.83 \times \dfrac{\pi \times 0.05^2}{4} \times 12^2$

$= 234.67 \text{ N}$

문제 55. 다음 중 Hagen–Poiseuille 법칙을 이용한 세관식 점도계는? **【10장】**

① 맥미셀(MacMichael) 점도계
② 세이볼트(Saybolt) 점도계
③ 낙구식 점도계
④ 스토머(Stormer) 점도계

해설 ① 낙구식 점도계 : Stokes 법칙을 이용
② Macmichael 점도계, Stomer 점도계
 : 뉴톤의 점성법칙을 이용
③ Ostwald 점도계, Saybolt 점도계
 : 하겐–포아젤 방정식을 이용

문제 56. 그림과 같은 수문에서 멈춤장치 A가 받는 힘은 약 몇 kN인가? (단, 수문의 폭은 3 m이고, 수은의 비중은 13.6이다.) **【2장】**

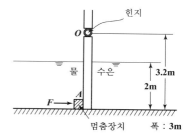

① 37
② 510
③ 586
④ 879

해설 우선, 물에 의한 전압력
$$F_1 = \gamma_{H_2O} \overline{h} A = 9.8 \times 1 \times 2 \times 3 = 58.8 \text{ kN}$$
또한, 수은에 의한 전압력
$$F_2 = \gamma_{H_2O} \overline{h} A = \gamma_{H_2O} S_{Hg} \overline{h} A$$
$$= 9.8 \times 13.6 \times 1 \times 2 \times 3 = 799.68 \text{ kN}$$
결국, 힌지를 기준으로 모멘트를 성립시키면
$$\sum M_0 = 0$$
즉, $F_1 \times \left(1.2 + 2 \times \dfrac{2}{3}\right) + F \times 3.2$
$$= F_2 \times \left(1.2 + 2 \times \dfrac{2}{3}\right) \quad \therefore \ F = 586.45 \text{ kN}$$

문제 57. 2차원 직각좌표계(x, y)에서 유동함수(stream function, Ψ)가 $\Psi = y - x^2$인 정상 유동이 있다. 다음 보기 중 속도의 크기가 $\sqrt{5}$인 점(x, y)을 모두 고르면? **【3장】**

<보기>		
ㄱ. (1, 1)	ㄴ. (1, 2)	ㄷ. (2, 1)

① ㄱ
② ㄷ
③ ㄱ, ㄴ
④ ㄴ, ㄷ

해설 $u = -\dfrac{\partial \psi}{\partial y} = -1, \quad v = \dfrac{\partial \psi}{\partial x} = -2x$

따라서, 점 (1, 1)와 점 (1, 2)일 때 속도의 크기가 $\sqrt{5}$임을 알 수 있다.

즉,

$\therefore V = \sqrt{u^2 + v^2}$
$= \sqrt{(-1)^2 + (-2)^2}$
$= \sqrt{5}$

정답 54. ④ 55. ② 56. ③ 57. ③

문제 58. 비압축성 유동에 대한 Navier−Stokes 방정식에서 나타나지 않는 힘은? 【3장】

① 체적력(중력)　② 압력
③ 점성력　④ 표면장력

해설> · 표면장력 : 액체 내부의 분자는 분자간 인력 즉, 응집력으로 인하여 평형상태에 있으나 자유표면의 분자는 외부로부터 인력을 받지 않기 때문에 수축하려는 장력이 작용하는데 이러한 단위 길이당 장력을 표면장력이라 한다.
· Navier−stokes 방정식 : 점성유동을 하는 유체에 뉴턴의 점성법칙을 적용한 운동방정식이다.

문제 59. 압력과 밀도를 각각 P, ρ라 할 때 $\sqrt{\dfrac{\Delta P}{\rho}}$의 차원은? (단, M, L, T는 각각 질량, 길이, 시간의 차원을 나타낸다.) 【7장】

① $\dfrac{L}{T}$　② $\dfrac{L}{T^2}$
③ $\dfrac{M}{LT}$　④ $\dfrac{M}{L^2 T}$

해설> $\sqrt{\dfrac{\Delta P}{\rho}} = \sqrt{\dfrac{N/m^2}{N\cdot s^2/m^4}} = m/s = \dfrac{L}{T}$

문제 60. 비중이 0.85이고 동점성계수가 3×10^{-4} m^2/s인 기름이 안지름 10 cm 원관 내를 20 L/s로 흐른다. 이 원관 100 m 길이에서의 수두손실은 약 몇 m인가? 【6장】

① 16.6　② 24.9
③ 49.8　④ 82.1

해설> $Q = AV$에서　$V = \dfrac{Q}{A} = \dfrac{20\times10^{-3}}{\dfrac{\pi}{4}\times0.1^2} = 2.546\,m/s$

$Re = \dfrac{Vd}{\nu} = \dfrac{2.546\times0.1}{3\times10^{-4}} = 848.67$: 층류

$f = \dfrac{64}{Re} = \dfrac{64}{848.67} = 0.0754$

$\therefore\ h_\ell = f\dfrac{\ell}{d}\dfrac{V^2}{2g} = 0.0754\times\dfrac{100}{0.1}\times\dfrac{2.546^2}{2\times9.8} = 24.9\,m$

제4과목　기계재료 및 유압기기

문제 61. 강을 담금질하면 경도가 크고 메지므로, 인성을 부여하기 위하여 A_1 변태점 이하의 온도에서 일정 시간 유지하였다가 냉각하는 열처리 방법은?

① 퀜칭(Quenching)
② 템퍼링(Tempering)
③ 어닐링(Annealing)
④ 노멀라이징(Normalizing)

해설> 뜨임(tempering)
: 담금질한 강은 경도는 크나 반면 취성을 가지게 되므로 경도는 다소 저하되더라도 인성을 증가시키기 위해 A_1 변태점이하에서 재가열하여 재료에 알맞은 속도로 냉각시켜주는 처리를 뜨임이라 한다. 탄소강에서 뜨임을 하는 주된 이유는 변형(strain)을 감소시키기 위해서이다.

문제 62. 열경화성 수지나 충전 강화수지(FRTP) 등에 사용되는 것으로 내열성, 내마모성, 내식성이 필요한 열간 금형용 재료는?

① STC3　② STS5
③ STD61　④ SM45C

해설> · SKD61(또는 STD61)의 특징
① 우수한 인성 및 적열경도
② 우수한 내마모성
③ 열처리 변형 최소
④ 다량의 V를 함유하여 열간다이스강에 적합
⑤ 알루미늄 및 마그네슘 압출다이스에 적합

문제 63. 탄소강에 함유된 인(P)의 영향을 옳게 설명한 것은?

① 경도를 감소시킨다.
② 결정립을 미세화시킨다.
③ 연신율을 증가시킨다.
④ 상온 취성의 원인이 된다.

해답▶ 58. ④　59. ①　60. ②　61. ②　62. ③　63. ④

해설 · 탄소강 중에 함유된 인(*P*)의 영향
① 강도, 경도, 취성을 증가시킨다.
② 연신율, 충격치를 감소시킨다.
③ 결정입자를 조대화(거칠게)한다.
④ 상온취성의 원인이 된다.
⑤ 가공시 균열을 일으킬 염려가 있지만 주물의 경우는 기포를 줄이는 작용을 한다.

문제 **64.** 구리판, 알루미늄판 등 기타 연성의 판재를 가압 성형하여 변형 능력을 시험하는 시험법은?

① 커핑 시험 ② 마멸 시험
③ 압축 시험 ④ 크리프 시험

해설 에릭슨 시험(erichsen test)
: 재료의 연성(ductility)을 알기 위한 것으로 구리판, 알루미늄판 및 기타연성판재를 가압 성형하여 변형 능력을 시험하는 것이며 커핑시험(cupping test)이라고도 한다.

문제 **65.** 라우탈(Lautal) 합금의 주성분으로 옳은 것은?

① Aℓ − Si ② Aℓ − Mg
③ Aℓ − Cu − Si ④ Aℓ − Cu − Ni − Mg

해설 라우탈(Lautal)
: Aℓ − Cu − Si계 합금으로 주조균열이 적어 두께가 얇은 주물의 주조와 금형주조에 적합하다.

문제 **66.** 스테인리스강의 조직계에 해당되지 않는 것은?

① 펄라이트계 ② 페라이트계
③ 마텐자이트계 ④ 오스테나이트계

해설 · 스테인리스강의 금속조직상 분류
① 페라이트계(Cr계 스테인리스강)
② 마텐자이트계(Cr계 스테인리스강)
③ 오스테나이트계(Cr − Ni계 스테인리스강)

문제 **67.** 금속을 냉간 가공하였을 때의 기계적·물리적 성질의 변화에 대한 설명으로 틀린 것은?

① 냉간 가공도가 증가할수록 강도는 증가한다.
② 냉간 가공도가 증가할수록 연신율은 증가한다.
③ 냉간 가공이 진행됨에 따라 전기 전도율은 낮아진다.
④ 냉간 가공이 진행됨에 따라 전기적 성질인 투자율은 감소한다.

해설 · 냉간가공을 하면
① 인장강도, 항복점, 탄성한계, 경도 ⇨ 증가
② 연신율, 단면수축률, 인성 ⇨ 감소

문제 **68.** 켈밋 합금(Kelmet alloy)의 주요 성분으로 옳은 것은?

① Pb − Sn ② Cu − Pb
③ Sn − Sb ④ Zn − Aℓ

해설 켈밋(kelmet)
: Cu + Pb 30 ~ 40 %, 고속·고하중용 베어링용 합금재료

문제 **69.** 그림과 같은 항온 열처리하여 마텐자이트와 베이나이트의 혼합조직을 얻는 열처리는?

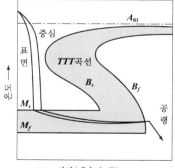

① 담금질 ② 패턴팅
③ 마템퍼링 ④ 오스템퍼링

해답 **64.** ① **65.** ③ **66.** ① **67.** ② **68.** ② **69.** ③

해설> ・항온 열처리

① 오스템퍼링(austempering) : S곡선에서 코와 M_s 점 사이에서 항온변태를 시킨 열처리하는 것으로서 점성이 큰 베이나이트조직을 얻을 수 있어 뜨임이 필요없고, 담금균열과 변형이 발생하지 않는다.

② 마템퍼링(martempering) : M_s점과 M_f점 사이에서 항온변태시킨 후 열처리하여 얻은 마텐자이트와 베이나이트의 혼합조직이다.

③ 마퀜칭(marquenching) : S곡선의 코 아래서 항온열처리 후 뜨임하면 담금균열과 변형이 적어 복잡한 부품의 담금질에 사용한다. 즉, 마텐자이트 변태를 시키는 담금질이다.

④ 오스포밍(ausforming) : 과냉 오스테나이트 상태에서 소성가공하고 그 후의 냉각 중에 마텐자이트화하는 방법을 말하며 인장강도 $300\,kg/mm^2$, 신장 $10\,\%$의 초강력성이 발생된다.

문제 70. Fe-C 평형상태도에 대한 설명으로 틀린 것은?

① 강의 A_2변태선은 약 $768\,℃$이다.

② A_1변태선을 공석선이라 하며, 약 $723\,℃$이다.

③ A_0변태점을 시멘타이트의 자기변태점이라 하며, 약 $210\,℃$이다.

④ 공정점에서의 공정물을 펄라이트라 하며, 약 $1490\,℃$이다.

해설> 공정점에서의 공정물은 레데뷰라이트라 하며, 약 $1130\,℃$이다.

문제 71. 유량 제어 밸브에 속하는 것은?

① 스톱 밸브
② 릴리프 밸브
③ 브레이크 밸브
④ 카운터 밸런스 밸브

해설> 유량 제어 밸브
: 스로틀 밸브(교축 밸브), 유량 조절 밸브, 분류 밸브, 집류 밸브, 스톱 밸브(정지 밸브)

문제 72. 유압 및 유압 장치에 대한 설명으로 적절하지 않은 것은?

① 자동제어, 원격제어가 가능하다.

② 오일에 기포가 섞이거나 먼지, 이물질에 의해 고장이나 작동이 불량할 수 있다.

③ 굴삭기와 같은 큰 힘을 필요로 하는 건설기계는 유압보다는 공압을 사용한다.

④ 유압 장치는 공압 장치에 비해 복귀관과 같은 배관을 필요로 하므로 배관이 상대적으로 복잡해질 수 있다.

해설> ・유압장치의 일반적인 특징
〈장점〉
① 입력에 대한 출력의 응답이 빠르다.
② 무단변속이 가능하다.
③ 원격조작이 가능하다.
④ 윤활성・방청성이 좋다.
⑤ 전기적인 조작, 조합이 간단하다.
⑥ 적은 장치로 큰 출력을 얻을 수 있다.
⑦ 전기적 신호로 제어할 수 있으므로 자동제어가 가능하다.
⑧ 수동 또는 자동으로 조작할 수 있다.
〈단점〉
① 기름이 누출될 염려가 많다.
② 유온의 영향을 받으면 점도가 변하여 출력효율이 변화하기도 한다.

문제 73. 오일 탱크의 구비 조건에 대한 설명으로 적절하지 않은 것은?

① 오일 탱크의 바닥면은 바닥에서 일정 간격 이상을 유지하는 것이 바람직하다.

② 오일 탱크는 스트레이너의 삽입이나 분리를 용이하게 할 수 있는 출입구를 만든다.

③ 오일 탱크 내에 격판(방해판)은 오일의 순환거리를 짧게 하고 기포의 방출이나 오일의 냉각을 보존한다.

④ 오일 탱크의 용량은 장치의 운전중지 중 장치 내의 작동유가 복귀하여도 지장이 없을 만큼의 크기를 가져야 한다.

애답> **70.** ④ **71.** ① **72.** ③ **73.** ③

해설▶ 오일탱크내에는 격판으로 펌프흡입측과 복귀측을 구별하여 오일탱크내에서의 오일의 순환거리를 길게 하고 기포의 방출이나 오일의 냉각을 보존하며 먼지의 일부를 침전케 할 수 있도록 한다. 복귀유를 오일탱크의 측벽에 따라서 흐르도록 하는 것은 좋은 방법이다.

문제 **74.** 패킹 재료로서 요구되는 성질로 적절하지 않은 것은?

① 내마모성이 있을 것
② 작동유에 대하여 적당한 저항성이 있을 것
③ 온도, 압력의 변화에 충분히 견딜 수 있을 것
④ 패킹이 유체와 접하므로 그 유체에 의해 연화되는 재질일 것

해설▶ 패킹은 기기의 접합면 또는 접동면의 기밀을 유지하여 그 기기에서 처리하는 유체의 누설을 방지하는 밀봉장치로서 탄성이 양호하고, 압축 영구변형이 적어야 한다.

문제 **75.** 토출량이 일정하지 않으며 주로 저압에서 사용하는 비용적형 펌프의 종류가 아닌 것은?

① 베인 펌프
② 원심 펌프
③ 축류 펌프
④ 혼류 펌프

해설▶ ·유압 펌프의 분류
① 용적형 펌프 : 토출량이 일정하며 중압 또는 고압에서 압력발생을 주된 목적으로 한다.
㉠ 회전 펌프(왕복식 펌프) : 기어 펌프, 베인 펌프, 나사 펌프
㉡ 플런저 펌프(피스톤 펌프)
㉢ 특수 펌프 : 다단 펌프, 복합 펌프
② 비용적형 펌프 : 토출량이 일정하지 않으며 저압에서 대량의 유체를 수송한다.
㉠ 원심 펌프
㉡ 축류 펌프
㉢ 혼류 펌프

문제 **76.** 다음 간략기호의 명칭은?
(단, 스프링이 없는 경우이다.)

① 체크 밸브
② 스톱 밸브
③ 일정 비율 감압 밸브
④ 저압 우선형 셔틀 밸브

해설▶ ·체크 밸브

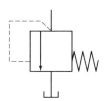

문제 **77.** 유압 실린더에서 오일에 의해 피스톤에 15 MPa의 압력이 가해지고 피스톤 속도가 3.5 cm/s일 때 이 실린더에서 발생하는 동력은 약 몇 kW인가?
(단, 실린더 안지름은 100 mm이다.)

① 2.74　　② 4.12
③ 6.18　　④ 8.24

해설▶ 동력 $P = FV = pAV$
$$= 15 \times 10^3 \times \frac{\pi \times 0.1^2}{4} \times 0.035$$
$$\fallingdotseq 4.12\,kW$$

문제 **78.** 다음 기호의 명칭은?

예답▶ 74. ④　75. ①　76. ①　77. ②　78. ③

① 풋 밸브　　　　② 감압 밸브
③ 릴리프 밸브　　④ 디셀러레이션 밸브

문제 79. 유압펌프의 소음 및 진동이 크게 발생하는 이유로 적절하지 않은 것은?

① 흡입관 또는 필터가 막힌 경우
② 펌프의 설치 위치가 매우 높은 경우
③ 토출 압력이 매우 높게 설정된 경우
④ 흡입관의 직경이 매우 크거나 길이가 짧을 경우

해설 ·유압펌프의 소음발생원인
① 흡입관이나 흡입여과기의 일부가 막힌 경우
② 펌프흡입관의 결합부에서 공기가 누입되고 있는 경우
③ 펌프의 상부커버 고정볼트가 헐거운 경우
④ 펌프축의 센터와 원동기축의 센터가 맞지 않는 경우
⑤ 흡입오일속에 기포가 있는 경우
⑥ 펌프의 회전이 너무 빠른 경우
⑦ 오일의 점도가 너무 진한 경우
⑧ 여과기가 너무 작은 경우
⑨ 릴리프밸브가 열린 경우

문제 80. 유량 제어 밸브를 실린더 출구 측에 설치한 회로로서 실린더에서 유출되는 유량을 제어하여 피스톤 속도를 제어하는 회로는?

① 미터 인 회로　　② 미터 아웃 회로
③ 블리드 오프 회로　④ 카운터 밸런스 회로

해설 ·유량조정밸브에 의한 회로
① 미터 인 회로 : 액추에이터의 입구쪽 관로에서 유량을 교축시켜 작동속도를 조절하는 방식
② 미터 아웃 회로 : 액추에이터의 출구쪽 관로에서 유량을 교축시켜 작동속도를 조절하는 방식 즉, 실린더에서 유량을 복귀측에 직렬로 유량조절밸브를 설치하여 유량을 제어하는 방식
③ 블리드 오프 회로 : 실린더 입구의 분기회로에 유량제어밸브를 설치하여 실린더 입구측의 불필요한 압유를 배출시켜 작동효율을 증진시킨다. 회로 연결은 병렬로 연결한다.

제5과목　기계제작법 및 기계동력학

문제 81. 두 개의 블록이 정지 상태에서 움직이기 시작한다. 풀리와 로프 사이의 마찰이 없다고 가정하고, 블록 A와 수평면 간의 마찰계수를 0.25라고 할 때, 줄에 걸리는 장력은 약 몇 N인가? (단, A 블록의 질량은 200 kg, B 블록의 질량은 300 kg이다.)

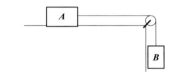

① 1270　　　　② 1470
③ 4420　　　　④ 5890

해설 우선, $\sum F = ma$에서
$$m_B g - \mu m_A g = (m_A + m_B)a$$
$$300 \times 9.8 - 0.25 \times 200 \times 9.8 = (200 + 300) \times a$$
$$\therefore\ a = 4.9\,\mathrm{m/s^2}$$
결국, 줄에 걸리는 장력
$$T = m_B a = 300 \times 4.9 = 1470\,\mathrm{N}$$

문제 82. 그림과 같이 회전자의 질량은 30 kg이고 회전반경은 200 mm이다. 3600 rpm으로 회전하고 있던 회전자가 정지하기까지 5.3분이 걸렸을 때 정지하는 동안 마찰에 의한 평균 모멘트의 크기는 약 몇 N·m인가?

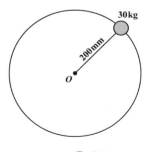

① 1.4　　　　② 2.4
③ 3.4　　　　④ 4.4

$\boxed{\text{해설}}$ 우선, $\omega = \dfrac{2\pi N}{60} = \dfrac{2\pi \times 3600}{60} = 377\,\mathrm{rad/s}$

$\omega = \omega_0 + \alpha t$ 에서

$0 = \omega_0 + \alpha \times (5.3 \times 60)$

$\therefore \alpha = -1.186\,\mathrm{rad/s^2}$(감각가속도)

또한, 회전자의 접선가속도

$a_t = \alpha r = 1.186 \times 0.2 = 0.237\,\mathrm{m/s^2}$

결국, $M = Fr = ma_t r = 30 \times 0.237 \times 0.2$

$= 1.422\,\mathrm{N \cdot m}$

$\boxed{\text{문제}}$ **83.** 질량 3 kg인 물체가 10 m/s로 가다가 정지하고 있는 4 kg의 물체에 충돌하여 두 물체가 함께 움직인다면 충돌 후의 속도는 몇 m/s인가?

① 2.3   ② 3.4

③ 3.8   ④ 4.3

$\boxed{\text{해설}}$ $m_1 V_1 + m_2 V_2 = (m_1 + m_2)V$에서

$(3 \times 10) + (4 \times 0) = (3+4)V$

$\therefore V = 4.3\,\mathrm{m/s}$

$\boxed{\text{문제}}$ **84.** 질량 m은 탄성스프링으로 지지되어 있으며 그림과 같이 $x = 0$일 때 자유낙하를 시작한다. $x = 0$일 때 스프링의 변형량은 0이며, 탄성스프링의 질량은 무시하고 스프링상수는 k이다. 질량 m의 속도가 최대가 될 때 탄성스프링의 변형량(x)은?

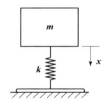

① 0

② $\dfrac{mg}{2k}$

③ $\dfrac{mg}{k}$

④ $\dfrac{2mg}{k}$

$\boxed{\text{해설}}$ 에너지보존의 법칙에 의해

"위치에너지(V_g) = 탄성에너지(V_e)"

즉, $\dfrac{1}{2}V_g = V_e$

$\dfrac{1}{2} \times mgx = \dfrac{1}{2}kx^2$ $\therefore x = \dfrac{mg}{k}$

$\boxed{\text{문제}}$ **85.** 중량은 100 N이고, 스프링상수는 100 N/cm인 진동계에서 임계감쇠계수는 약 몇 N·s/cm인가?

① 36.4   ② 26.4

③ 16.4   ④ 6.4

$\boxed{\text{해설}}$ $C_{cr} = 2\sqrt{mk} = 2\sqrt{\dfrac{Wk}{g}} = 2\sqrt{\dfrac{100 \times 100 \times 10^2}{9.8}}$

$= 638.88\,\mathrm{N \cdot s/m} = 6.4\,\mathrm{N \cdot s/cm}$

$\boxed{\text{문제}}$ **86.** 다음 물리량 중 스칼라(scalar) 양은?

① 속력(speed)

② 변위(displacement)

③ 가속도(acceleration)

④ 운동량(momentum)

$\boxed{\text{해설}}$ 속력(speed)

: 단위시간 동안의 이동거리로서 크기만 존재하는 스칼라(Scalar) 양이다.

$\boxed{\text{문제}}$ **87.** 질점이 시간 t에 대하여 다음과 같이 단순조화운동을 나타낼 때 이 운동의 주기는?

$$y(t) = C\cos(\omega t - \phi)$$

① $\dfrac{\pi}{\omega}$ ② $\dfrac{2\pi}{\omega}$

③ $\dfrac{\omega}{2\pi}$ ④ $2\pi\omega$

$\boxed{\text{해설}}$ $y = C\cos(\omega t - \phi)$에서 C는 진폭의 최대값

$\therefore$ 주기 $T = \dfrac{2\pi}{\omega}$

$\boxed{\text{해답}}$ **83.** ④   **84.** ③   **85.** ④   **86.** ①   **87.** ②

문제 88. 반지름이 1 m인 바퀴가 60 rpm으로 미끄러지지 않고 굴러갈 때 바퀴의 운동에너지는 약 몇 J인가? (단, 바퀴의 질량은 10 kg이고 바퀴는 얇은 두께의 원판형상이다.)

① 296   ② 245

③ 198   ④ 164

해설〉 $\omega = \dfrac{2\pi N}{60} = \dfrac{2\pi \times 60}{60} = 2\pi\,(\text{rad/s})$

$v = r\omega = 1 \times 2\pi = 2\pi\,(\text{m/s})$

$J_G = \dfrac{mr^2}{2} = \dfrac{10 \times 1^2}{2} = 5\,(\text{N}\cdot\sec^2\cdot\text{m})$

운동에너지 $T = \dfrac{1}{2}mv^2 + \dfrac{1}{2}J_G\omega^2$

$\qquad = \dfrac{1}{2} \times 10 \times (2\pi)^2 + \dfrac{1}{2} \times 5 \times (2\pi)^2$

$\qquad = 196\,\text{N}\cdot\text{m}\,(=\text{J})$

문제 89. 그림과 같은 시스템에서 질량 $m=5$ kg이고, 스프링 상수 $k=20$ N/m이며, 기진력 $\sin(\omega t)$ (N)이 작용하였다. 초기 조건 $t=0$일 때 $x(0)=0$, $\dot{x}(0)=0$이면 시간 t일 때의 변위 x는?

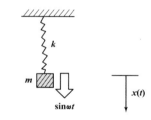

① $x = \dfrac{1}{5(4-\omega^2)}(\sin\omega t + \dfrac{\omega}{2}\cos 2t)$

② $x = \dfrac{1}{5(4-\omega^2)}(\sin\omega t + \dfrac{\omega}{2}\sin 2t)$

③ $x = \dfrac{1}{5(4-\omega^2)}(\sin\omega t - \dfrac{\omega}{2}\cos 2t)$

④ $x = \dfrac{1}{5(4-\omega^2)}(\sin\omega t - \dfrac{\omega}{2}\sin 2t)$

해설〉 변위

$x(t) = A\cos\omega_n t + B\sin\omega_n t + \dfrac{1}{k-m\omega^2}\sin\omega t$

여기서, 고유각진동수 $\omega_n = \sqrt{\dfrac{k}{m}} = \sqrt{\dfrac{20}{5}} = 2\,\text{rad/s}$

$\dot{x}(t) = -A\omega_n\sin\omega_n t + B\omega_n\cos\omega_n t$

$\qquad + \dfrac{1}{k-m\omega^2}\omega\cos\omega t$

우선, $x(0)=0$을 대입하면

$A = 0$

또한, $\dot{x}(0)=0$을 대입하면

$0 = B\omega_n + \dfrac{\omega}{k-m\omega^2} \quad \therefore\ B = -\dfrac{\omega}{\omega_n(k-m\omega^2)}$

결국, $x(t) = -\dfrac{\omega}{\omega_n(k-m\omega^2)}\sin\omega_n t + \dfrac{1}{k-m\omega^2}\sin\omega t$

$\qquad = \dfrac{1}{k-m\omega^2}(\sin\omega t - \dfrac{\omega}{\omega_n}\sin\omega_n t)$

$\qquad = \dfrac{1}{20-5\omega^2}(\sin\omega t - \dfrac{\omega}{2}\sin 2t)$

$\qquad = \dfrac{1}{5(4-\omega^2)}(\sin\omega t - \dfrac{\omega}{2}\sin 2t)$

문제 90. 그림과 같이 길이(L)이 2.4 m이고, 반지름(a)이 0.4 m인 원통이 있다. 이 원통의 질량이 150 kg일 때 중심에서 y축 방향에 대한 질량관성모멘트(I_y)는 약 몇 kg·m²인가?

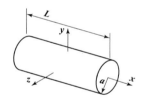

① 12   ② 36

③ 78   ④ 120

해설〉 $I_y = I_z = \dfrac{mL^2}{12} + \dfrac{ma^2}{4} = \dfrac{150 \times 2.4^2}{12} + \dfrac{150 \times 0.4^2}{4}$

$\qquad = 78\,\text{kg}\cdot\text{m}^2$

〈참고〉 $I_x = \dfrac{ma^2}{2} = \dfrac{150 \times 0.4^2}{4} = 12\,\text{kg}\cdot\text{m}$

문제 91. 바이트의 노즈 반지름 $r=0.2$ mm, 이송 $S=0.05$ mm/rev로 선삭을 할 때 이론적인 표면거칠기는 약 몇 mm인가?

① 0.15   ② 0.015

③ 0.0015   ④ 0.00015

정답 88. ①   89. ④   90. ③   91. ③

[해설] $H = \dfrac{S^2}{8r} = \dfrac{0.05^2}{8 \times 0.2} ≒ 0.0015\,\mathrm{mm}$

[문제] 92. 센터리스 연삭의 특징으로 틀린 것은?

① 가늘고 긴 가공물의 연삭에 적합하다.

② 연속작업을 할 수 있어 대량 생산이 용이하다.

③ 키 홈과 같은 긴 홈이 있는 가공물은 연삭이 어렵다.

④ 축 방향의 추력이 있으므로 연삭 여유가 커야 한다.

[해설] ・센터리스 연삭기 : 보통 외경연삭기의 일종으로 가공물을 센터나 척으로 지지하지 않고 조정숫돌과 지지판으로 지지하고, 가공물에 회전운동과 이송운동을 동시에 실시하는 연삭으로 가늘고 긴 일감의 원통연삭에 적합하며 다음과 같은 특징이 있다.
① 연속작업을 할 수 있어 대량생산에 적합하다.
② 긴축재료, 중공의 원통연삭에 적합하다.
③ 연삭여유가 작아도 된다.
④ 숫돌의 마멸이 적고, 수명이 길다.
⑤ 자동조절이 가능하므로 작업자의 숙련이 필요없다.

[문제] 93. 회전하는 상자 속에 공작물과 숫돌입자, 공작액, 콤파운드 등을 넣고 서로 충돌시켜 표면의 요철을 제거하며 매끈한 가공면을 얻는 가공법은?

① 호닝(honing)

② 배럴(barrel) 가공

③ 숏 피닝(shot peening)

④ 슈퍼 피니싱(super finishing)

[해설] 배럴가공(배럴다듬질, 텀블링)
: 회전하는 상자에 공작물과 미디어, 공작액, 콤파운드를 상자속에 넣고 회전 또는 진동시키면 연삭입자와 충돌하여 공작물 표면의 요철을 없애고 매끈한 가공면을 얻는 방법이다.

[문제] 94. 일반열처리 중 풀림의 종류에 포함되지 않는 것은?

① 가압 풀림

② 완전 풀림

③ 항온 풀림

④ 구상화 풀림

[해설] 풀림의 종류
: 완전풀림, 항온풀림, 응력제거풀림, 연화풀림, 구상화풀림, 저온풀림

[문제] 95. 강판의 두께가 2 mm, 최대 전단 강도가 440 MPa인 재료에 지름이 24 mm인 구멍을 뚫을 때 펀치에 작용되어야 하는 힘은 약 몇 N 인가?

① 44766

② 51734

③ 66350

④ 72197

[해설] $P_s = \tau A = \tau \pi dt = 440 \times \pi \times 24 \times 2 ≒ 66350\,\mathrm{N}$

[문제] 96. 전단가공의 종류에 해당하지 않는 것은?

① 비딩(beading)

② 펀칭(punching)

③ 트리밍(trimming)

④ 블랭킹(blanking)

[해설] ・프레스가공
① 전단가공 : 펀칭, 블랭킹, 전단, 분단, 노칭, 트리밍, 세이빙
② 성형가공 : 시밍, 컬링, 벌징, 마폼법, 하이드로폼법, 비딩, 스피닝
③ 압축가공 : 코이닝, 엠보싱, 스웨이징

[문제] 97. 공기 마이크로미터의 특징을 설명한 것으로 틀린 것은?

① 배율이 높고 정도가 좋다.

② 접촉 측정자를 사용하지 않을 때에는 측정력이 거의 0에 가깝다.

③ 측정물에 부착된 기름이나 먼지를 분출공기로 불어내므로 보다 정확한 측정이 가능하다.

④ 직접측정기로서 큰 치수(1개)와 작은 치수(2개)로 이루어진 마스터가 최소 3개 필요하다.

[해답] 92. ④ 93. ② 94. ① 95. ③ 96. ① 97. ④

해설 · 공기 마이크로미터 : 노즐을 기준길이에 세팅한 후 피측정물에 접근시키면 미세한 차에 의한 틈새가 생기게 되며 이 틈새에서 노즐을 통해 압축된 공기가 배출되는데 흐르는 유량은 틈새의 크기에 비례한다. 이렇게 흘러나오는 공기의 유량은 압력으로 변위시키거나 유량계에 의해 측정을 하는데 노즐과 틈새와의 차를 치수의 값으로 읽도록 만든 것이다.

〈장점〉
① 배율이 높고(1000~4000배) 정도가 좋다.
② 접촉 측정자를 사용하지 않을 때는 측정력이 거의 0에 가깝다.
③ 공기의 분사에 의하여 측정되기 때문에 오차가 작은 측정값을 얻을 수 있다.
④ 안지름 측정이 쉽고, 대량생산에 효과적이다.
⑤ 치수가 중간과정에서 확대되는 일이 없기 때문에 항상 고정도를 유지할 수 있다.
⑥ 다원측정이 용이하다.
⑦ 복잡한 구조나 형상숙련을 요하는 것도 간단하게 측정할 수 있다.

문제 98. 주물을 제작할 때 생사형 주형의 경우, 주물 500 kg, 주물의 두께에 따른 계수를 2.2라 할 때 주입시간은 약 몇 초인가?

① 33.8 ② 49.2
③ 52.8 ④ 56.4

해설 쇳물의 주입시간
$$T = S\sqrt{W} = 2.2\sqrt{500} ≒ 49.2\,\mathrm{sec}$$

문제 99. 다음 중 방전가공의 전극 재질로 가장 적절한 것은?

① S ② Cu
③ Si ④ Al_2O_3

해설 방전가공시 전극재질
: 청동, 황동, 구리, 텅스텐, 흑연

문제 100. 모재의 용접부에 용제공급관을 통하여 입상의 용제를 쌓아놓고 그 속에 와이어전극을 송급하면 모재 사이에서 아크가 발생하며 그 열에 의하여 와이어 자체가 용융되어 접합되는 용

접방법은?

① MIG 용접
② 원자수소 아크 용접
③ 탄산가스 아크 용접
④ 서브머지드 아크 용접

해설 서브머지드 아크 용접(=잠호 용접=유니언멜트 용접=링컨 용접) : 아크나 발생가스가 다 같이 용제 속에 잠겨 있어서 잠호 용접이라고 하며 상품명으로는 링컨 용접법이라고도 한다. 용제를 살포하고 이 용제속에 용접봉을 꽂아 넣어 용접하는 방법으로 아크가 눈에 보이지 않으며 열에너지 손실이 가장 적다.

건설기계설비 기사

※ 재료역학, 열역학, 유체역학, 유압기기는 일반기계 기사와 중복됩니다. 나머지 유체기계, 건설기계일반, 플랜트배관의 순서는 1~30번으로 정합니다.

제4과목 유체기계

문제 1. 6 m³/min의 송출량으로 물을 송수하는 원심펌프가 있다. 흡입관 안지름은 200 mm, 토출관 안지름은 150 mm이며, 펌프 기준면에서 측정한 흡입압력은 −20 kPa(게이지 압력)이고, 펌프 기준면으로부터 1.5 m 위에서 측정한 토출압력은 147 kPa(게이지 압력)일 때 이 펌프를 작동하는데 필요한 동력은 약 몇 kW인가?
(단, 주어진 조건 외의 각종 손실은 무시한다.)

① 56.2 ② 36.8
③ 19.3 ④ 7.45

해설 $Q = A_1 V_1 = A_2 V_2$에서

$$V_1 = \frac{Q}{A_1} = \frac{4 \times \frac{6}{60}}{\pi \times 0.2^2} = 3.183\,\mathrm{m/s}$$

$$V_2 = \frac{Q}{A_2} = \frac{4 \times \frac{6}{60}}{\pi \times 0.15^2} = 5.66\,\mathrm{m/s}$$

해답 98. ② 99. ② 100. ④ ‖ 1. ③

전양정 $H_P = \dfrac{p_2 - p_1}{\gamma} + \dfrac{V_2^2 - V_1^2}{2g} + (Z_2 - Z_1)$

$= \dfrac{147 - (-20)}{9.8} + \dfrac{5.66^2 - 3.183^2}{2 \times 9.8} + (1.5 - 0)$

$≒ 19.66\,\text{m}$

동력 $P = \gamma Q H_P = 9.8 \times \dfrac{6}{60} \times 19.66 ≒ 19.3\,\text{kW}$

[문제] 2. 유효낙차 93 m, 유량 200 m³/s인 수차의 이론출력 (MW)은 약 얼마인가?
(단, 물의 비중량은 9800 N/m³이다.)

① 1822　　② 182
③ 3644　　④ 364

[해설] 출력 $P_T = \gamma Q H_T = 9800 \times 10^{-6} \times 200 \times 93$
$= 182.28\,\text{MW}$

[문제] 3. 원심펌프의 기본 구성품 중 펌프의 종류에 따라서는 없어도 가능한 구성품은?

① 회전차(Impeller)
② 안내깃(Guide vane)
③ 케이싱(Casing)
④ 펌프축(Pump shaft)

[해설] ·안내날개(guide vane)의 유무에 의한 원심펌프의 분류
① 벌류트 펌프 : 회전차의 바깥둘레에 안내날개가 없는 펌프
② 터빈 펌프 : 회전차의 바깥둘레에 안내날개가 있는 펌프

[문제] 4. 수차의 수격현상에 대한 설명으로 틀린 것은?

① 기동이나 정지 또는 부하가 갑자기 변화할 경우 유입수량이 급변함에 따라 수격현상이 발생하게 된다.
② 수격현상은 진동의 원인이 되고 경우에 따라서는 수관을 파괴시키기도 한다.
③ 수차 케이싱에 압력조절기를 설치하여 부하가 급변할 경우 방출유량을 조절하여 수격현상을 방지한다.
④ 수차에 서지탱크를 설치하여 관내 압력 변화를 크게 하여 수격현상을 방지할 수 있다.

[해설] ·수차의 수격현상(water hammer)
① 기동이나 정지 또는 부하가 갑자기 변화할 경우 유입수량이 급변함에 따라 관내에 큰 압력변동이 생겨서 소위 수격현상이 발생된다.
② 수격현상을 방지하기 위하여 서지탱크(surge tank)를 설치하여 관내의 압력을 적게 한다.
③ 수격현상은 진동의 원인이 되고 경우에 따라서는 수관을 파괴시키는 일도 있다.
④ 수차 케이싱에 압력조절기를 설치하여 부하가 급변할 때나 수차의 회전수가 변화할 때 조절기에 의해 방출유량을 조절하여 수격현상을 방지한다.

[문제] 5. 루츠형 진공펌프가 동일한 사용 압력 범위의 다른 기계적 진공펌프에 비해 갖는 장점이 아닌 것은?

① 1회전의 배기 용적이 비교적 크므로 소형에서도 큰 배기 속도가 얻어진다.
② 넓은 압력 범위에서도 양호한 배기 성능이 발휘된다.
③ 배기 밸브가 없으므로 진동이 적다.
④ 높은 압력에서도 요구되는 모터 용량이 크지 않아 1000 Pa 이상의 압력에서 단독으로 사용하기 적합하다.

[해설] 루츠형 진공펌프가 동일한 사용압력범위의 다른 기계적 진공펌프와 비교하여 다음과 같은 이점이 있다.
① 실린더안에 섭동부가 없고, 로터는 축에 대해서 대칭형이며, 정밀한 균형을 갖고 있으므로 고속회전이 가능하다.
② 1회전의 배기용적이 비교적 크므로 소형에서도 큰 배기속도가 얻어진다.
③ 넓은 압력 범위에서도 양호한 배기성능이 발휘된다.
④ 배기밸브가 없으므로 수음, 진동이 적다.
⑤ 실린더 안의 기름을 사용하지 않으므로 동력이 적다.

[해답] 2.② 3.② 4.④ 5.④

문제 6. 기계적 에너지를 유체 에너지(주로 압력 에너지 형태)로 변환시키는 장치를 〈보기〉에서 모두 고른 것은?

<보기>
㉠ 펌프   ㉡ 송풍기
㉢ 압축기   ㉣ 수차

① ㉠, ㉡, ㉣   ② ㉠, ㉢
③ ㉠, ㉡, ㉢   ④ ㉢, ㉣

해설 수차(Hydraulic turbine)
: 물이 가지고 있는 위치에너지를 운동에너지 및 압력에너지로 바꾸어 이를 다시 기계적 에너지로 변환시키는 기계

문제 7. 펌프에서 공동현상(cavitation)이 주로 일어나는 곳을 옳게 설명한 것은?

① 회전차 날개의 입구를 조금 지나 날개의 표면(front)에서 일어난다.
② 펌프의 흡입구에서 일어난다.
③ 흡입구 바로 앞에 있는 곡관부에서 일어난다.
④ 회전차 날개의 입구를 조금 지나 날개의 이면(back)에서 일어난다.

해설 원심펌프에서 공동현상은 회전차(Impeller) 날개의 입구를 조금 지난 날개의 이면(back)에서 일어난다.

문제 8. 수차의 형식을 물이 작용하는 주된 에너지의 종류(위치에너지, 속도에너지, 압력에너지)에 따라 크게 3가지로 구분하는데 이 분류에 속하지 않는 것은?

① 중력수차   ② 축류수차
③ 충동수차   ④ 반동수차

해설 · 수차의 종류
① 충격수차(Impulse hydraulic turbine) : 높은 곳에

있는 물을 수압관으로 유도하여 대기 중에 분출시킬 때에 물이 가지고 있는 위치에너지는 모두 속도에너지로 바뀌는데 이때 얻어지는 고속분류를 버킷에 충돌시켜 그 힘으로 회전차를 움직이는 수차이다.
충격수차에 속하는 수차로는 펠톤수차(Pelton turbine)가 있다.
② 중력수차(Gravity water turbine) : 물이 낙하할 때 중력에 의해서 움직이는 수차를 말한다.
③ 반동수차(Reaction hydraulic turbine) : 날개차 입구에서 위치에너지의 대부분이 속도에너지로 변환되고 물의 흐름 방향이 회전차의 날개에 의해 바뀔 때에 회전차에 작용하는 충격력 외에 회전차 출구에서의 유속을 증가시켜줌으로서 반동력을 회전차에 작용하게 하여 회전력을 얻을 수 있는 수차이다.
반동수차로는 프란시스수차(Francis turbine)와 프로펠러수차(Propeller turbine)가 있다.

문제 9. 유체커플링에서 드래그 토크(drag torque)에 대한 설명으로 가장 적절한 것은?

① 원동축은 회전하고 종동축이 정지해 있을 때의 토크
② 종동축과 원동축의 토크 비가 1일 때의 토크
③ 종동축에 부하가 걸리지 않을 때의 원동축 토크
④ 종동축의 속도가 원동축의 속도보다 커지기 시작할 때의 토크

해설 드래그 토크(drag torque)
: 원동축은 회전하고, 종동축은 정지한 상태를 실속 상태(stall state)라 하고, 이 상태에 있어서의 토크를 드래그 토크라 한다.

문제 10. 프로펠러 풍차에서 이론효율이 최대로 되는 조건은 다음 중 어느 것인가?
(단, V_0는 풍차 입구의 풍속, V_2는 풍차 후류의 풍속이다.)

① $V_2 = V_0/3$ ② $V_2 = V_0/2$
③ $V_2 = V_0^2$ ④ $V_2 = V_0$

애답 6. ③ 7. ④ 8. ② 9. ① 10. ①

해설 풍차의 이론효율(η_{th})

$$\eta_{th} = \frac{L}{L_0} = \frac{(V_0 - V_2)(V_0 + V_2)^2}{2 V_0^3}$$

여기서, L_0 : 바람이 갖고 있는 동력
L : 풍차가 얻은 동력
V_0 : 풍속
V_2 : 풍차 후류의 풍속

또한, 이론효율(η_{th})이 최대가 되는 조건은 $\dfrac{d\eta_{th}}{dV_2} = 0$

인 경우이므로

즉, $V_2 = \dfrac{V_0}{3}$인 경우이다.

제5과목 건설기계일반 및 플랜트배관

문제 11. 파일해머의 종류가 아닌 것은?

① 드롭 해머 　　② 디젤 해머
③ 탬핑 콤팩트 해머 ④ 진동 해머

해설
· 기둥(pile) 해머 : 실린더 안에 증기 또는 압축 공기를 보내 피스톤의 상·하운동을 연속적으로 반복시켜 피스톤 로드 하단에 있는 램(ram)으로 기둥(pile)을 박는 기계
· 종류 : 증기 해머, 진동 해머, 드롭 해머, 디젤 해머

문제 12. 도로의 아스팔트 포장을 위한 기계가 아닌 것은?

① 아스팔트 클리너
② 아스팔트 피니셔
③ 아스팔트 믹싱 플랜트
④ 아스팔트 디스트리뷰터(살포기)

해설 아스팔트 포장기계
: 아스팔트 믹싱 플랜트, 아스팔트 피니셔, 아스팔트 살포기(아스팔트 디스트리뷰터), 아스팔트 커버, 아스팔트 스프레이

문제 13. 클러치가 미끄러지는 원인으로 적절하지 않은 것은?

① 압력판의 마멸
② 클러치판의 경화 및 오일 부착
③ 클러치 페달의 자유간극 과소
④ 클러치 스프링의 자유길이 및 장력 과대

해설 · 클러치가 미끄러지는 원인
　① 클러치 페달의 자유간극이 과소
　② 클러치 라이닝의 마멸
　③ 클러치 스프링의 자유길이 감소
　④ 클러치판의 오일부착
　⑤ 압력판의 마멸
　⑥ 클러치판의 경화

문제 14. 건설기계관리업무처리규정상 콘크리트 믹서트럭의 규격 표시방법은?

① 유제 탱크의 용량(ℓ)
② 콘크리트를 생산하는 시간 (h)
③ 콘크리트 믹서트럭의 작업수
④ 혼합 또는 교반장치의 1회 작업 능력 (m^3)

해설 콘크리트 믹서트럭의 규격표시
: 용기내에서 1회 혼합할 수 있는 생산량(m^3)으로 표시
즉, 혼합 또는 교반장치의 1회 작업능력(m^3)

문제 15. 버킷계수는 1.15, 토량환산계수는 1.1, 작업효율은 80 %이고, 1회 사이클 타임은 30초, 버킷 용량은 1.4 m^3인 로더의 시간당 작업량은 약 몇 m^3/h인가?

① 141 　　② 170
③ 192 　　④ 215

해설
$$Q = \frac{3600 \, q f k E}{C_m} = \frac{3600 \times 1.4 \times 1.1 \times 1.15 \times 0.8}{30}$$

$$\fallingdotseq 170 \, m^3/hr$$

문제 16. 비금속 재료인 합성수지는 크게 열가소성 수지와 열경화성 수지로 구분하는 데, 다음 중 열가소성 수지에 속하는 것은?

정답 　11. ③ 　12. ① 　13. ④ 　14. ④ 　15. ② 　16. ③

① 페놀 수지   ② 멜라민 수지

③ 아크릴 수지   ④ 실리콘 수지

해설 · 합성수지의 종류
① 열경화성 수지 : 페놀 수지, 요소 수지, 멜라민 수지, 실리콘 수지, 폴리에스테르 수지, 폴리우레탄 수지, 푸란 수지 등
② 열가소성 수지 : 폴리에틸렌, 폴리프로필렌, 폴리스티렌, 폴리염화비닐(PVC), 폴리아미드, 아크릴 수지, 플루오르 수지 등

문제 17. 피스톤식 콘크리트 펌프(스윙 밸브 형식)의 주요 구성 요소가 아닌 것은?

① 로터   ② 스윙 파이프

③ 콘크리트 호퍼   ④ 콘크리트 피스톤

해설 · 피스톤식 콘크리트 펌프의 구성요소
: 콘크리트 주입호퍼, 흡입 및 토출밸브, 피스톤, 실린더
※ 로터(rotor) : 터빈, 수차, 발전기, 전동기 등의 회전기계에서 회전하는 부분을 통틀어 이르는 말이다. 회전자라고도 한다.

문제 18. 굴삭기의 작업 장치별 각종 용어 설명으로 틀린 것은?

① 암핀이란 붐과 암을 연결하는 핀 또는 볼트 등의 이음장치를 말한다.

② 암의 길이란 붐 핀의 중심에서 암핀 중심까지의 거리를 말한다.

③ 투스란 버킷의 절삭날 부분에 이음장치에 의하여 부착된 수개의 돌출물을 말한다.

④ 붐이란 한쪽 끝은 상부장치에 연결되고 다른쪽 끝은 암 또는 버킷에 연결된 구조로 버킷의 상하 운동이 주요 목적인 것을 말한다.

해설 암(arm)
: 붐(boom)과 버킷(bucket) 사이에 설치된 부분

문제 19. 굴삭기의 작업 장치에 해당하지 않는 것은?

① 어스 오거   ② 유압 셔블

③ 트랙   ④ 백호

해설 굴삭기의 작업장치(Front attachment)
: 백호, 유압셔블, 드래그라인, 어스드릴, 크레인, 파일드라이버, 클램셸, 트렌처, 타워굴착기 등

문제 20. 플랜트 설비에서 원심력에 의하여 입자를 분리하는 집진장치는?

① 코트렐 집진장치

② 백 필터 집진장치

③ 중력 침강식 집진장치

④ 멀터 사이클론 집진장치

해설 원심력 집진장치(= 사이클론 집진장치)
: 선회운동을 일으켜 분체에 작용하는 원심력에 의해 입자를 분리시킨다.

문제 21. 일반 배관용 스테인리스강관의 종류로 옳은 것은?

① STS 304 TPD, STS 316 TPD

② STS 304 TPD, STS 415 TPD

③ STS 316 TPD, STS 404 TPD

④ STS 404 TPD, STS 415 TPD

해설 일반배관용 스테인리스 강관
: STS 304 TPD, STS 316 TPD

문제 22. 동관 이음방법에 해당하지 않는 것은?

① 연납땜 이음   ② 노허브 이음

③ 경납땜 이음   ④ 플랜지 이음

해설 동관의 접합법
: 납땜접합(연납땜, 경납땜), 플레어접합(압축접합), 플랜지접합, 용접접합, 지관(분기관)의 접합

정답 17. ①   18. ②   19. ③   20. ④   21. ①   22. ②

문제 23. 동력 나사절삭기의 종류가 아닌 것은?

① 호브식　　　　　② 로터리식
③ 오스터식　　　　④ 다이헤드식

해설▷ 동력 나사절삭기의 종류
　: 오스터식, 다이헤드식, 호브식

문제 24. 레스트레인트(restraint)의 종류가 아닌 것은?

① 앵커　　　　　　② 스토퍼
③ 가이드　　　　　④ 브레이스

해설▷ 레스트레인트의 종류 : 앵커, 스토퍼, 가이드

문제 25. 급·배수 배관시공 완료 후 실시하는 시험방법의 종류가 아닌 것은?

① 수압시험　　　　② 만수시험
③ 인장시험　　　　④ 연기시험

해설▷ 급·배수 배관시험의 종류
　: 수압시험, 기압시험, 만수시험, 연기시험, 통수시험

문제 26. 배관의 피복 및 시험에 대한 설명으로 적절하지 않은 것은?

① 노출된 배수관일 경우 방음을 줄이기 위해 피복을 해야 한다.
② 급수에 사용되는 물의 종류에 따라 방로용 피복의 시공여부와 두께가 결정되어진다.
③ 피복재 위에는 테이프를 감고 페인트칠을 하여 마무리 한다.
④ 배수의 경우 관내를 흐르는 물의 온도가 주변 공기의 노점온도 보다 높을 경우 관 표면에 이슬이 맺힌다.

해설▷ 배수의 경우 관내를 흐르는 물의 온도가 주변 공기의 노점온도보다 낮을 경우 관표면에 이슬이 맺힌다.

문제 27. 주철관에 대한 설명으로 적절하지 않은 것은?

① 제조 방법으로는 수직법과 원심력법이 있다.
② 균열방지와 강도, 연성 등을 보강한 구상 흑연주철이 사용된다.
③ 일반적으로 강도가 낮은 곳에는 고급 주철, 강도가 높은 곳에는 보통 주철이 사용된다.
④ 배수용 주철관은 오수, 배수 배관용으로 사용되며, 급수용 주철관보다 두께가 얇은 것이 사용된다.

해설▷ 일반적으로 강도가 낮은 곳에는 보통주철이 사용되고, 강도가 높은 곳에는 고급주철이 사용된다.

문제 28. 금긋기 공구의 종류가 아닌 것은?

① 줄　　　　　　　② 정반
③ 센터 펀치　　　　④ 서피스 게이지

해설▷ 금긋기 공구 : 서피스 게이지, 정반, V블록, 직각자, 평형대, 스크루잭, 센터 펀치 등

문제 29. 50 ℃의 물을 온도가 20 ℃, 관의 길이가 25 m인 관에 공급할 경우 관의 신축량은 약 몇 m인가? (단, 관의 열팽창계수는 0.01 mm/m·℃로 한다.)

① 7.5　　　　　　② 0.0075
③ 8.75　　　　　 ④ 0.00875

해설▷ $\lambda = \alpha \Delta t \cdot \ell = 0.01 \times 10^{-3} \times (50-20) \times 25$
　　　　$= 0.0075 \, \text{m}$

문제 30. 신축이음의 형식이 아닌 것은?

① 슬리브형　　　　② 루프형
③ 플랜지형　　　　④ 벨로스형

해설▷ 신축이음의 형식
　: 슬리브형, 벨로즈형, 루프형, 스위블형, 볼조인트

해답 23. ②　24. ④　25. ③　26. ④　27. ③　28. ①　29. ②　30. ③

2021년 제3회 건설기계설비 기사

제1과목 재료역학

문제 1. 그림과 같은 보의 양단에서 경사각의 비 (θ_A/θ_B)가 3/4이면, 하중 P의 위치 즉 B점으로부터 거리 b는 얼마인가?
(단, 보의 전체길이는 L이다.) 【8장】

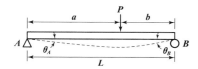

① $b = \dfrac{2}{7}L$ ② $b = \dfrac{1}{7}L$

③ $b = \dfrac{2}{9}L$ ④ $b = \dfrac{1}{9}L$

해설 $\theta_A = \dfrac{Pab(L+b)}{6LEI}$, $\theta_B = \dfrac{Pab(L+a)}{6LEI}$ 이므로

$\theta_A/\theta_B = \dfrac{L+b}{L+a} = \dfrac{3}{4}$에서 $4L+4b = 3L+3a$

$4L+4b = 3L+3(L-b)$ $\therefore b = \dfrac{2}{7}L$

문제 2. 단면적이 A, 탄성계수가 E, 길이가 L인 막대에 길이방향의 인장하중을 가하여 그 길이가 δ 만큼 늘어났다면, 이 때 저장된 탄성변형에너지는? 【2장】

① $\dfrac{AE\delta^2}{L}$ ② $\dfrac{AE\delta^2}{2L}$

③ $\dfrac{EL^3\delta^2}{A}$ ④ $\dfrac{EL^3\delta^2}{2A}$

해설 $U = \dfrac{1}{2}P\delta$ 단, $\delta = \dfrac{PL}{AE}$에서 $P = \dfrac{AE\delta}{L}$

$\therefore U = \dfrac{1}{2} \times \dfrac{AE\delta}{L} \times \delta = \dfrac{AE\delta^2}{2L}$

문제 3. 지름이 1.2 m, 두께가 10 mm인 구형 압력용기가 있다. 용기 재질의 허용인장응력이 42 MPa일 때 안전하게 사용할 수 있는 최대내압은 약 몇 MPa인가? 【2장】

① 1.1   ② 1.4
③ 1.7   ④ 2.1

해설 구형 압력용기이므로

$\sigma = \dfrac{pd}{4t}$에서 $\therefore p = \dfrac{4t\sigma}{d} = \dfrac{4 \times 10 \times 42}{1.2 \times 10^3} = 1.4\,\mathrm{MPa}$

문제 4. 그림과 같이 길이 10 m인 단순보의 중앙에 200 kN·m의 우력(couple)이 작용할 때, B 지점의 반력(R_B)의 크기는 몇 kN인가? 【6장】

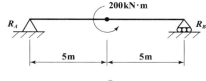

① 10   ② 20
③ 30   ④ 40

해설 $\sum M_A = 0 : 0 = R_B \times 10 + 200$
$\therefore R_B = |-20\,\mathrm{kN}| = 20\,\mathrm{kN}$

문제 5. 외팔보의 자유단에 하중 P가 작용할 때, 이 보의 굽힘에 의한 탄성 변형에너지를 구하면?
(단, 보의 굽힘강성 EI는 일정하다.) 【8장】

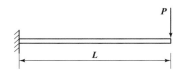

① $\dfrac{P^2 L^3}{6EI}$　　② $\dfrac{PL^3}{6EI}$

③ $\dfrac{P^2 L^3}{3EI}$　　④ $\dfrac{PL^3}{3EI}$

해설 $U = \displaystyle\int_0^L \dfrac{M_x^2}{2EI} dx = \int_0^L \dfrac{(-Px)^2}{2EI} dx$

$= \dfrac{P^2}{2EI} \left[\dfrac{x^3}{3} \right]_0^L = \dfrac{P^2 L^3}{6EI}$

문제 **6.** 그림과 같이 외팔보에서 하중 $2P$가 두 군데 각각 작용할 때 이 보에 작용하는 최대굽힘 모멘트의 크기는?　　【6장】

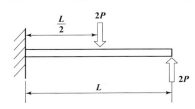

① $\dfrac{PL}{3}$　② $\dfrac{PL}{2}$　③ PL　④ $2PL$

해설 · 자유단으로부터 임의의 거리 x 라 하면
ⅰ) 자유단의 모멘트 $M_{x=0} = 0$
ⅱ) 중앙점의 모멘트 $M_{x=\frac{L}{2}} = 2P \times \dfrac{L}{2} = PL$
ⅲ) 고정단의 모멘트 $M_{x=L} = 2PL - 2P \times \dfrac{L}{2} = PL$
결국, $M_{\max} = PL$로서 보의 중앙점 또는 고정단에서 생긴다.

문제 **7.** 그림과 같이 4 kN/cm의 균일분포하중을 받는 일단 고정 타단 지지보에서 B점에서의 모멘트 M_B는 약 몇 kN·m인가? (단, 균일단면보이며, 굽힘강성(EI)은 일정하다.)　　【9장】

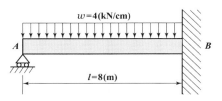

① 800　　② 2400
③ 3200　　④ 4800

해설 $M_B = \dfrac{w\ell^2}{8} = \dfrac{400 \times 8^2}{8} = 3200\,\text{kN}\cdot\text{m}$

문제 **8.** 단면 치수가 8 mm×24 mm인 강대가 인장력 P=15 kN을 받고 있다. 그림과 같이 30° 경사진 면에 작용하는 수직응력은 약 몇 MPa인가?　　【3장】

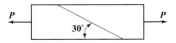

① 19.5　　② 29.5
③ 45.3　　④ 72.6

해설 $\sigma_n = \sigma_x \cos^2\theta = \dfrac{P}{A} \cos^2\theta = \dfrac{15 \times 10^3}{8 \times 24} \times \cos^2 60°$

$= 19.53\,\text{MPa}$

문제 **9.** 보기와 같은 A, B, C 장주가 같은 재질, 같은 단면이라면 임계 좌굴하중의 관계가 옳은 것은?　　【10장】

<보기>		
A : 일단고정타단자유,	길이 = ℓ	
B : 양단회전,	길이 = 2ℓ	
C : 양단고정,	길이 = 3ℓ	

① $A > B > C$　　② $A > B = C$
③ $A = B = C$　　④ $A = B < C$

해설 $P_B = n\pi^2 \dfrac{EI}{\ell^2}$ 에서　$P_B \propto \dfrac{n}{\ell^2}$ 이므로

$A : P_B = \dfrac{(1/4)}{\ell^2} = \dfrac{1}{4\ell^2}$

$B : P_B = \dfrac{1}{(2\ell)^2} = \dfrac{1}{4\ell^2}$

$C : P_B = \dfrac{4}{(3\ell)^2} = \dfrac{4}{9\ell^2}$

결국, $A = B < C$

문제 10. 원형막대의 비틀림을 이용한 토션바 (torsion bar) 스프링에서 길이와 지름을 모두 10 %씩 증가시킨다면 토션바의 비틀림강성 (torsional stiffness, $\dfrac{\text{비틀림 토크}}{\text{비틀림 각도}}$)은 약 몇 배로 되겠는가? 【5장】

① 1.1배   ② 1.21배

③ 1.33배   ④ 1.46배

해설 $\theta = \dfrac{T\ell}{GI_P}$ 에서 $\dfrac{T}{\theta} = \dfrac{GI_P}{\ell} = \dfrac{G\pi d^4}{32\ell} \propto \dfrac{d^4}{\ell}$

그런데, 길이와 지름을 모두 10 %씩 증가시킨다면

$\therefore \dfrac{T'}{\theta'} = \dfrac{d'^4}{\ell'} = \dfrac{(1.1d)^4}{1.1\ell} = 1.331\dfrac{d^4}{\ell} = 1.331\dfrac{T}{\theta}$

따라서, 1.331배임을 알 수 있다.

문제 11. 그림과 같이 균일한 단면을 가진 봉에서 자중에 의한 처짐(신장량)을 옳게 설명한 것은? 【2장】

① 비중량에 반비례한다.
② 길이에 정비례한다.
③ 세로탄성계수에 정비례한다.
④ 단면적과는 무관하다.

해설 균일단면봉에서 자중에 의한 처짐량(=늘음량 : λ)은

$\therefore \lambda = \dfrac{\gamma \ell^2}{2E}$

여기서, γ : 비중량, ℓ : 길이, E : 세로탄성계수

문제 12. 그림과 같은 직사각형 단면에서 x, y축이 도심을 통과할 때 극관성 모멘트는 약 몇 cm⁴인가? (단, $b = 6$ cm, $h = 12$ cm이다.) 【4장】

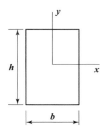

① 1080   ② 3240

③ 9270   ④ 12960

해설 $I_P = I_x + I_y = \dfrac{bh^3}{12} + \dfrac{hb^3}{12} = \dfrac{bh}{12}(h^2 + b^2)$

$\qquad = \dfrac{6 \times 12}{12}(12^2 + 6^2) = 1080 \text{ cm}^4$

문제 13. 그림과 같이 외팔보의 자유단에 집중하중 P와 굽힘모멘트 M_o가 동시에 작용할 때 그 자유단의 처짐은 얼마인가? (단, 보의 굽힘 강성 EI는 일정하고, 자중은 무시한다.) 【8장】

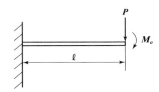

① $\dfrac{M_o \ell^2}{EI} + \dfrac{P\ell^3}{2EI}$

② $\dfrac{M_o \ell^2}{2EI} + \dfrac{P\ell^3}{3EI}$

③ $\dfrac{M_o \ell^2}{3EI} + \dfrac{P\ell^3}{4EI}$

④ $\dfrac{M_o \ell^2}{4EI} + \dfrac{P\ell^3}{5EI}$

해설 중첩법을 이용하면

우선, 우력이 작용하는 경우 처짐 $\delta_1 = \dfrac{M_o \ell^2}{2EI}$

또한, 집중하중이 작용하는 경우 처짐 $\delta_2 = \dfrac{P\ell^2}{3EI}$

결국, $\delta = \delta_1 + \delta_2 = \dfrac{M_o \ell^2}{2EI} + \dfrac{P\ell^2}{3EI}$

해답 10. ③   11. ④   12. ①   13. ②

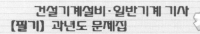
문제 **14.** 지름 3 mm의 철사로 코일의 평균지름 75 mm인 압축코일 스프링을 만들고자 한다. 하중 10 N에 대하여 3 cm의 처짐량을 생기게 하려면 감은 횟수(n)는 대략 얼마로 해야 하는가? (단, 철사의 가로탄성계수는 88 GPa이다.)

【5장】

① $n = 9.9$ 　　② $n = 8.5$
③ $n = 5.2$ 　　④ $n = 6.3$

해설 $\delta = \dfrac{8nPD^3}{Gd^4}$ 에서

$\therefore n = \dfrac{Gd^4\delta}{8PD^3} = \dfrac{88 \times 10^9 \times 0.003^4 \times 0.03}{8 \times 10 \times 0.075^3}$

$= 6.336 = 6.3$ 회

문제 **15.** 그림과 같은 사각형 단면에서 직교하는 2축 응력 $\sigma_x = 200$ MPa, $\sigma_y = -200$ MPa이 작용할 때, 경사면($a-b$)에서 발생하는 전단변형률의 크기는 약 얼마인가? (단, 재료의 전단탄성계수는 80 GPa이고, 경사각(θ)은 45°이다.)

【3장】

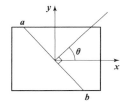

① 0.003125 　　② 0.0025
③ 0.001875 　　④ 0.00125

해설 $\tau = G\gamma$ 에서

$\therefore \gamma_{max} = \dfrac{\tau_{max}}{G} = \dfrac{\frac{1}{2}(\sigma_x - \sigma_y)}{G} = \dfrac{\frac{1}{2}(200 + 200)}{80 \times 10^3}$

$= 0.0025$

문제 **16.** 강 합금에 대한 응력-변형률 선도가 그림과 같다. 세로탄성계수(E)는 약 얼마인가?

【1장】

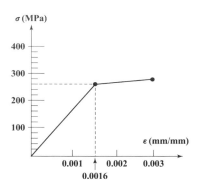

① 162.5 MPa 　　② 615.4 MPa
③ 162.5 GPa 　　④ 615.4 GPa

해설 $\sigma = E\varepsilon$ 에서 $E = \dfrac{\sigma}{\varepsilon}$ 이므로 탄성한도 구간의 기울기가 세로탄성계수(E)를 의미한다.

따라서, $E = \dfrac{\sigma}{\varepsilon} = \dfrac{260 \, \text{MPa}}{0.0016} = 162500 \, \text{MPa}$

$= 162.5 \, \text{GPa}$

문제 **17.** 바깥지름 4 cm, 안지름 2 cm의 속이 빈 원형축에 10 MPa의 최대전단응력이 생기도록 하려면 비틀림 모멘트의 크기는 약 몇 N·m로 해야 하는가? 【5장】

① 54 　　② 212
③ 135 　　④ 118

해설 $T = \tau Z_P = \tau \times \dfrac{\pi(d_2^4 - d_1^4)}{16 d_2}$

$= 10 \times 10^6 \times \dfrac{\pi(0.04^4 - 0.02^4)}{16 \times 0.04}$

$= 117.81 \, \text{N} \cdot \text{m} = 118 \, \text{N} \cdot \text{m}$

문제 **18.** 그림과 같이 반지름 r인 반원형 단면을 갖는 단순보가 일정한 굽힘모멘트를 받고 있을 때, 최대인장응력(σ_t)과 최대압축응력(σ_c)의 비(σ_t / σ_c)는? (단, e_1과 e_2는 단면 도심까지의 거리이며, 최대인장응력은 단면의 하단에서, 최대압축응력은 단면의 상단에서 발생한다.)

【7장】

정답 **14.** ④　**15.** ②　**16.** ③　**17.** ④　**18.** ①

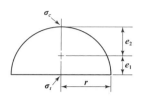

① 0.737   ② 0.651

③ 0.534   ④ 0.425

해설▷ $M = \sigma Z$에서 $\sigma = \dfrac{M}{Z} = \dfrac{M}{\left(\dfrac{I}{e}\right)} = \dfrac{Me}{I}$ 이므로

$$\sigma_t = \frac{Me_1}{I}, \quad \sigma_c = \frac{Me_2}{I}$$

$$\therefore \frac{\sigma_t}{\sigma_c} = \frac{\left(\dfrac{Me_1}{I}\right)}{\left(\dfrac{Me_2}{I}\right)} = \frac{e_1}{e_2} = \frac{\left(\dfrac{4r}{3\pi}\right)}{\left(r - \dfrac{4r}{3\pi}\right)} = \frac{4}{3\pi - 4} = 0.737$$

문제 19. 표점길이가 100 mm, 지름이 12 mm인 강재시편에 10 kN의 인장하중을 작용하였더니 변형률이 0.000253이었다. 세로탄성계수는 약 몇 GPa인가? (단, 시편은 선형 탄성거동을 한다고 가정한다.) 【1장】

① 206   ② 258

③ 303   ④ 349

해설▷ $\sigma = E\varepsilon$ 에서

$$\therefore E = \frac{\sigma}{\varepsilon} = \frac{P}{A\varepsilon} = \frac{10 \times 10^{-6}}{\dfrac{\pi}{4} \times 0.012^2 \times 0.000253}$$

$$= 349.5 \, \text{GPa}$$

문제 20. 그림에서 784.8 N과 평형을 유지하기 위한 힘 F_1과 F_2는? 【1장】

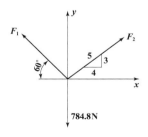

① $F_1 = 395.2 \, \text{N}, \ F_2 = 632.4 \, \text{N}$

② $F_1 = 790.4 \, \text{N}, \ F_2 = 632.4 \, \text{N}$

③ $F_1 = 790.4 \, \text{N}, \ F_2 = 395.2 \, \text{N}$

④ $F_1 = 632.4 \, \text{N}, \ F_2 = 395.2 \, \text{N}$

해설▷

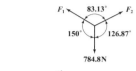

우선, $\sin\theta = \dfrac{3}{5}$ 에서

$$\theta = \sin^{-1}\left(\frac{3}{5}\right) = 36.87°$$

라미의 정리를 적용하면

$$\frac{F_1}{\sin 126.87°} = \frac{F_2}{\sin 150°} = \frac{784.8}{\sin 83.13°}$$

결국, $F_1 = 784.8 \times \dfrac{\sin 126.87°}{\sin 83.13°} = 632.38 \, \text{N}$

$$F_2 = 784.8 \times \frac{\sin 150°}{\sin 83.13°} = 395.2 \, \text{N}$$

제2과목 기계열역학

문제 21. 비열비 1.3, 압력비 3인 이상적인 브레이턴 사이클(Brayton Cycle)의 이론 열효율이 $X(\%)$였다. 여기서 열효율 12 %를 추가 향상시키기 위해서는 압력비를 약 얼마로 해야 하는가? (단, 향상된 후 열효율은 $(X+12)\,\%$이며, 압력비를 제외한 다른 조건은 동일하다.) 【8장】

① 4.6   ② 6.2

③ 8.4   ④ 10.8

해설▷ 우선, $\eta_B = X = 1 - \left(\dfrac{1}{\gamma}\right)^{\frac{k-1}{k}} = 1 - \left(\dfrac{1}{3}\right)^{\frac{1.3-1}{1.3}}$

$$= 0.224$$

또한, $(X+12)\,\%$ 즉, $0.224 + 0.12 = 1 - \left(\dfrac{1}{\gamma'}\right)^{\frac{1.3-1}{1.3}}$

$$\left(\frac{1}{\gamma'}\right)^{\frac{0.3}{1.3}} = 0.656 \quad \therefore \gamma' = 6.215$$

정답▷ **19.** ④   **20.** ④   **21.** ②

문제 22. 질량이 m이고 한 변의 길이가 a인 정육면체 상자 안에 있는 기체의 밀도가 ρ이라면 질량이 $2\,m$이고 한 변의 길이가 $2a$인 정육면체 상자 안에 있는 기체의 밀도는? 【1장】

① ρ

② $\dfrac{1}{2}\rho$

③ $\dfrac{1}{4}\rho$

④ $\dfrac{1}{8}\rho$

해설〉 우선, $\rho_1 = \rho = \dfrac{m_1}{V_1} = \dfrac{m}{a^3}$

또한, $\rho_2 = \dfrac{m_2}{V_2} = \dfrac{2m}{(2a)^3} = \dfrac{m}{4a^3} = \dfrac{1}{4}\rho$

문제 23. 500 ℃와 100 ℃ 사이에서 작동하는 이상적인 Carnot 열기관이 있다. 열기관에서 생산되는 일이 200 kW이라면 공급되는 열량은 약 몇 kW인가? 【4장】

① 255

② 284

③ 312

④ 387

해설〉 $\eta_c = \dfrac{W}{Q_1} = 1 - \dfrac{T_\mathrm{II}}{T_1}$에서

$\dfrac{200}{Q_1} = 1 - \dfrac{(100+273)}{(500+273)}$ $\therefore\ Q_1 \fallingdotseq 387\,\mathrm{kW}$

문제 24. 상온(25 ℃)의 실내에 있는 수은 기압계에서 수은주의 높이가 730 mm라면, 이때 기압은 약 몇 kPa인가? (단, 25 ℃ 기준, 수은 밀도는 13534 kg/m³이다.) 【1장】

① 91.4

② 96.9

③ 99.8

④ 104.2

해설〉 $p = \gamma h = \rho g h = 13.534 \times 9.81 \times 0.73 \fallingdotseq 96.9\,\mathrm{kPa}$

문제 25. 어느 이상기체 2 kg이 압력 200 kPa, 온도 30 ℃의 상태에서 체적 0.8 m³를 차지한다. 이 기체의 기체상수 [kJ/(kg·K)]는 약 얼마인가? 【3장】

① 0.264

② 0.528

③ 2.34

④ 3.53

해설〉 $pV = mRT$에서

$\therefore\ R = \dfrac{pV}{mT} = \dfrac{200 \times 0.8}{2 \times 303} = 0.264\,[\mathrm{kJ/(kg \cdot K)}]$

문제 26. 흑체의 온도가 20 ℃에서 80 ℃로 되었다면 방사하는 복사 에너지는 약 몇 배가 되는가? 【11장】

① 1.2

② 2.1

③ 4.7

④ 5.5

해설〉 스테판-볼츠만의 법칙

: 복사체에서 발산되는 복사열은 복사체의 절대온도의 4제곱(T^4)에 비례한다.

결국, $\left(\dfrac{T_2}{T_1}\right)^4 = \left(\dfrac{80+273}{20+273}\right)^4 \fallingdotseq 2.1\,$배

문제 27. 그림과 같이 다수의 추를 올려놓은 피스톤이 끼워져 있는 실린더에 들어있는 가스를 계로 생각한다. 초기 압력이 300 kPa이고, 초기 체적은 0.05 m³이다. 압력을 일정하게 유지하면서 열을 가하여 가스의 체적을 0.2 m³으로 증가시킬 때 계가 한 일(kJ)은? 【2장】

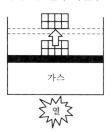

① 30

② 35

③ 40

④ 45

해설〉 $_1W_2 = \displaystyle\int_1^2 pdV = p(V_2 - V_1)$

$= 300 \times (0.2 - 0.05)$

$= 45\,\mathrm{kJ}$

정답 **22.** ③ **23.** ④ **24.** ② **25.** ① **26.** ② **27.** ④

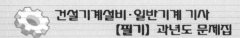
문제 28. 열전도계수 1.4 W/(m·K), 두께 6 mm 유리창의 내부 표면 온도는 27 ℃, 외부 표면 온도는 30 ℃이다. 외기 온도는 36 ℃이고 바깥에서 창문에 전달되는 총 복사열전달이 대류열전달의 50배라면, 외기에 의한 대류열전달계수 [W/(m²·K)]는 약 얼마인가? 【11장】

① 22.9   ② 11.7
③ 2.29   ④ 1.17

해설

$T_i = 27℃$ 　전도　 $T_o = 30℃$ ← 복사
6mm ← 대류 $T = 36℃$

$$Q_{전도} = Q_{복사} + Q_{대류} = 50 Q_{대류} + Q_{대류}$$
즉, $Q_{전도} = 51 Q_{대류}$
$$-kA\frac{dT}{dx} = 51 \times \alpha A (T - T_0)$$
$$1.4 \times \frac{(30-27)}{0.006} = 51 \times \alpha (36 - 30)$$
$$\therefore \alpha = 2.287 ≒ 2.29 [W/(m^2 \cdot K)]$$

문제 29. 고열원의 온도가 157 ℃이고, 저열원의 온도가 27 ℃인 카르노 냉동기의 성적계수는 약 얼마인가? 【9장】

① 1.5   ② 1.8
③ 2.3   ④ 3.3

해설 $\varepsilon_r = \dfrac{T_{II}}{T_I - T_{II}} = \dfrac{27 + 273}{(157 + 273) - (27 + 273)} = 2.3$

문제 30. 외부에서 받은 열량이 모두 내부에너지 변화만을 가져오는 완전가스의 상태변화는? 【3장】

① 정적변화   ② 정압변화
③ 등온변화   ④ 단열변화

해설 $\delta q = du + Apdv$에서
만약, 정적변화이면 $v = c$ 즉, $dv = 0$
따라서, $\delta q = du$ 또는 $_1 q_2 = \Delta u$

문제 31. 밀폐시스템이 압력(P_1) 200 kPa, 체적 (V_1) 0.1 m³인 상태에서 압력(P_2) 100 kPa, 체적(V_2) 0.3 m³인 상태까지 가역 팽창되었다. 이 과정이 선형적으로 변화한다면, 이 과정 동안 시스템이 한 일 (kJ)은? 【2장】

① 10   ② 20
③ 30   ④ 45

해설 $P-V$선도에서 V축으로 투영한 면적을 의미한다.

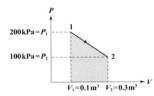

$$_1 W_2 = \left(\frac{1}{2} \times 0.2 \times 100\right) + (0.2 \times 100) = 30 \, kJ$$

문제 32. 절대압력 100 kPa, 온도 100 ℃인 상태에 있는 수소의 비체적 (m³/kg)은? (단, 수소의 분자량은 2이고, 일반기체상수는 8.3145 kJ/(kmol·K)이다.) 【3장】

① 31.0   ② 15.5
③ 0.428   ④ 0.0321

해설 $pv = RT$에서

$$v = \frac{RT}{p} = \frac{\frac{\overline{R}}{m} \times T}{p} = \frac{\overline{R}T}{mp} = \frac{8.3145 \times 373}{2 \times 100}$$
$$≒ 15.5 \, m^3/kg$$

문제 33. 1 kg의 헬륨이 100 kPa 하에서 정압 가열되어 온도가 27 ℃에서 77 ℃로 변하였을 때 엔트로피의 변화량은 약 몇 kJ/K인가? (단, 헬륨의 엔탈피(h, kJ/kg)는 아래와 같은 관계식을 가진다.) 【4장】

$$h = 5.238\,T, \quad 여기서\ T는\ 온도\,(K)$$

해답 28. ③   29. ③   30. ①   31. ③   32. ②   33. ③

① 0.694

② 0.756

③ 0.807

④ 0.968

해설 $h = 5.238 T$에서　$dh = 5.238 dT$

$$\therefore ds = \frac{\delta q}{T} = \frac{dh}{T} = \frac{5.238}{T} dT$$

"정압"이므로 $p = C$　즉, $dp = 0$
$\delta q = dh - Avdp$에서　$\therefore \delta q = dh$

결국, $\Delta s = 5.238 \int_{300}^{350} \frac{dT}{T} = 5.238 \ell n \frac{350}{300}$
$$= 0.807 \, kJ/kg \cdot K$$

문제 34. 카르노 열펌프와 카르노 냉동기가 있는데, 카르노 열펌프의 고열원 온도는 카르노 냉동기의 고열원 온도와 같고, 카르노 열펌프의 저열원 온도는 카르노 냉동기의 저열원 온도와 같다. 이때 카르노 열펌프의 성적계수(COP_{HP})와 카르노 냉동기의 성적계수(COP_R)의 관계로 옳은 것은?　【9장】

① $COP_{HP} = COP_R + 1$

② $COP_{HP} = COP_R - 1$

③ $COP_{HP} = \dfrac{1}{COP_R + 1}$

④ $COP_{HP} = \dfrac{1}{COP_R - 1}$

해설 $\varepsilon_h - \varepsilon_r = 1$　즉, $COP_{HP} - COP_R = 1$
$$\therefore COP_{HP} = COP_R + 1$$

문제 35. 8℃의 이상기체를 가역단열 압축하여 그 체적을 $\dfrac{1}{5}$로 하였을 때 기체의 최종온도(℃)는? (단, 이 기체의 비열비는 1.4이다.)　【3장】

① -125　　　　② 294

③ 222　　　　④ 262

해설 단열지수관계에서　$\dfrac{T_2}{T_1} = \left(\dfrac{v_1}{v_2}\right)^{k-1}$

$$\therefore T_2 = T_1 \left(\dfrac{v_1}{v_2}\right)^{k-1} = (8+273) \times \left[\dfrac{v_1}{\left(\dfrac{1}{5}v_1\right)}\right]^{1.4-1}$$
$$= 534.93 \, K = 261.93 ℃$$

문제 36. 어느 발명가가 바닷물로부터 매시간 1800 kJ의 열량을 공급받아 0.5 kW 출력의 열기관을 만들었다고 주장한다면, 이 사실은 열역학 제 몇 법칙에 위배되는가?　【4장】

① 제 0법칙　　　② 제 1법칙

③ 제 2법칙　　　④ 제 3법칙

해설 $\eta = \dfrac{W}{Q_1} = \dfrac{0.5 \, kW}{1800 \, kJ/hr} = \dfrac{0.5 \times 3600 \, kJ/hr}{1800 \, kJ/hr}$
$$= 1 = 100 \%$$
즉, 열효율이 100%이므로 제2종 영구기관이다.
결국, 제2종 영구기관은 열역학 제2법칙에 위배된다.

문제 37. 다음 중 그림과 같은 냉동사이클로 운전할 때 열역학 제1법칙과 제2법칙을 모두 만족하는 경우는?　【4장】

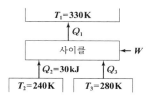

① $Q_1 = 100 \, kJ$, $Q_3 = 30 \, kJ$, $W = 30 \, kJ$

② $Q_1 = 80 \, kJ$, $Q_3 = 40 \, kJ$, $W = 10 \, kJ$

③ $Q_1 = 90 \, kJ$, $Q_3 = 50 \, kJ$, $W = 10 \, kJ$

④ $Q_1 = 100 \, kJ$, $Q_3 = 30 \, kJ$, $W = 40 \, kJ$

해설 우선, 열역학 제1법칙 즉, 에너지보존의 법칙에 의해 $Q_2 + Q_3 + W = Q_1$이 되어야 한다.
이러한 조건을 만족하는 보기는 ②, ③, ④번이다.
또한, 열역학 제2법칙은 비가역과정 임을 알 수 있다. 비가역에서는 엔트로피가 증가하므로 보기에서 엔트로피가 증가하는 과정의 타당성을 확인하면 보기 ④번이 타당하다.

정답 34. ①　35. ④　36. ③　37. ④

이를 확인하면 다음과 같다.

ⅰ) 저열원에서 엔트로피 S_2, S_3는

$$S_2 = \frac{Q_2}{T_2} = \frac{30}{240} = 0.125 \, \text{kJ/K}$$

$$S_3 = \frac{Q_3}{T_3} = \frac{30}{280} = 0.107 \, \text{kJ/K}$$

ⅱ) 고열원에서 엔트로피 S_1은

$$S_1 = \frac{Q_1}{T_1} = \frac{100}{330} = 0.303 \, \text{kJ/K}$$

$$(S_2 + S_3) < S_1$$

즉, $(0.125 + 0.107 = 0.232) < 0.303$

∴ 엔트로피가 증가함을 알 수 있다.

결국, 열역학 제1법칙과 열역학 제2법칙을 모두 만족하는 것은 보기 ④번임을 수 있다.

문제 **38.** 열교환기의 1차 측에서 압력 100 kPa, 질량유량 0.1 kg/s인 공기가 50 ℃로 들어가서 30 ℃로 나온다. 2차 측에서는 물이 10 ℃로 들어가서 20 ℃로 나온다. 이 때 물의 질량유량 (kg/s)은 약 얼마인가? (단, 공기의 정압비열은 1 kJ/(kg·K)이고, 물의 정압비열은 4 kJ/(kg·K)로 하며, 열 교환과정에서 에너지 손실은 무시한다.) 【3장】

① 0.005 　　　　② 0.01

③ 0.03 　　　　④ 0.05

해설 열교환기이므로 정압방열($p = c$ 즉, $dp = 0$) 임을 알 수 있다.

따라서, $\delta q = dh - A v \, \overset{0}{dp}$, $\delta q = dh = c_p \, dT$

$$_1 Q_2 = \dot{m} c_p \Delta T \, (\text{kJ/s})$$

$Q_\text{공기} = Q_\text{물}$ 즉, $(\dot{m} c_p \Delta T)_\text{공기} = (\dot{m} c_p \Delta T)_\text{물}$

$$0.1 \times 1 \times 20 = \dot{m}_\text{물} \times 4 \times 10$$

$$\therefore \dot{m}_\text{물} = 0.05 \, \text{kg/s}$$

문제 **39.** 보일러 입구의 압력이 9800 kN/m²이고, 응축기의 압력이 4900 N/m²일 때 펌프가 수행한 일 (kJ/kg)은? (단, 물의 비체적은 0.001 m³/kg이다.) 【7장】

① 9.79 　　　　② 15.17

③ 87.25 　　　　④ 180.52

해설 펌프일 $w_P = v' (p_2 - p_1)$

$$= 0.001 \times (4900 \times 10^{-3} - 9800)$$

$$= |-9.795 \, \text{kJ/kg}| = 9.795 \, \text{kJ/kg}$$

문제 **40.** 다음 그림은 이상적인 오토사이클의 압력(P)−부피(V)선도이다. 여기서 "ㄱ"의 과정은 어떤 과정인가? 【8장】

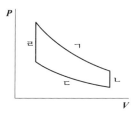

① 단열 압축과정 　　② 단열 팽창과정

③ 등온 압축과정 　　④ 등온 팽창과정

해설 ㄱ : 단열팽창, ㄴ : 정적방열

　　ㄷ : 단열압축, ㄹ : 정적가열

제3과목　기계유체역학

문제 **41.** 관내 유동에서 속도를 측정하기 위하여 그림과 같이 관을 삽입하였다. 이 관을 흐르는 유체의 속도(V)를 구하는 식으로 옳은 것은? (단, g는 중력가속도이고, 속도는 단면에서 일정하다고 가정한다.) 【3장】

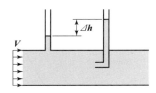

① $V = \sqrt{2 g \Delta h}$ 　　② $V = \sqrt{g \Delta h}$

③ $V = \sqrt{\dfrac{g \Delta h}{2}}$ 　　④ $V = \sqrt{\dfrac{g \Delta h}{4}}$

해설 $V = \sqrt{2 g \Delta h}$ 　여기서, Δh : 액주계의 높이차

정답 **38.** ④ 　**39.** ① 　**40.** ② 　**41.** ①

문제 42. 입구지름 0.3 m, 출구지름 0.5 m인 터빈으로 물이 공급되고 있다. 터빈의 발생 동력은 180 kW, 유량은 1 m³/s라면 입구와 출구 사이의 압력강하 (kPa)는? (단, 열전달, 내부에너지, 위치에너지 변화 및 마찰손실은 무시하며, 정상 비압축성 유동이다.) 【3장】

① 11.9

② 23.8

③ 46.5

④ 92.9

해설 우선, 동력 $P = \gamma Q H_T$에서

$$H_T = \frac{P}{\gamma Q} = \frac{180}{9.8 \times 1} = 18.37 \, \text{m}$$

또한, $Q = A_1 V_1 = A_2 V_2$에서

$$V_1 = \frac{Q}{A_1} = \frac{1}{\frac{\pi}{4} \times 0.3^2} = 14.15 \, \text{m/s}$$

$$V_2 = \frac{Q}{A_2} = \frac{1}{\frac{\pi}{4} \times 0.5^2} = 5.09 \, \text{m/s}$$

결국, $\frac{p_1}{\gamma} + \frac{V_1^2}{2g} + Z_1^{\nearrow 0} = \frac{p_2}{\gamma} + \frac{V_2^2}{2g} + Z_2^{\nearrow 0} + H_T$

$$\therefore \ p_1 - p_2 = \gamma \left(\frac{V_2^2 - V_1^2}{2g} + H_T \right)$$

$$= 9.8 \left(\frac{5.09^2 - 14.15^2}{2 \times 9.8} + 18.37 \right)$$

$$= 92.87 \, \text{kPa}$$

문제 43. 그림과 같이 날개가 유량 0.1 m³/s, 속도 20 m/s의 물 분류를 받을 경우, 이 날개를 고정하는 데 필요한 힘 F의 크기(절대값)는 약 몇 N인가? (단, 날개의 마찰은 무시한다.) 【4장】

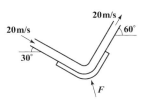

① 4236 ② 2828

③ 1983 ④ 1035

해설 $\theta_1 = 150°, \quad \theta_2 = 60°$이므로

우선, $F_x = p_1 A_1 \cos \theta_1^{\nearrow 0} - p_2 A_2 \cos \theta_2^{\nearrow 0}$

$$\qquad + \rho Q (V_1 \cos \theta_1 - V_2 \cos \theta_2)$$

$$= \rho Q (V_1 \cos \theta_1 - V_2 \cos \theta_2)$$

$$= 1000 \times 0.1 \times (20 \cos 150° - 20 \cos 60°)$$

$$= -2732 \, \text{N}$$

또한, $F_y = p_1 A_1 \sin \theta_1^{\nearrow 0} - p_2 A_2 \sin \theta_2^{\nearrow 0}$

$$\qquad + \rho Q (V_1 \sin \theta_1 - V_2 \sin \theta_2)$$

$$= \rho Q (V_1 \sin \theta_1 - V_2 \sin \theta_2)$$

$$= 1000 \times 0.1 \times (20 \sin 150° - 20 \sin 60°)$$

$$= -732 \, \text{N}$$

결국, $F = \sqrt{F_x^2 + F_y^2} = \sqrt{(-2732)^2 + (-732)^2}$

$$\fallingdotseq 2828 \, \text{N}$$

문제 44. 속에 물이 가득 찬 물방울의 표면장력은 0.075 N/m이고, 내부에 공기가 들어있어 내부와 외부의 두 개의 면을 가진 얇은 비눗방울의 표면장력은 0.025 N/m이다. 물방울 내외의 압력차가 비눗방울의 압력차와 같을 때, $d_W : d_S$로 옳은 것은? (단, 물방울의 지름은 d_W, 비눗방울의 지름은 d_S이다.) 【7장】

① 1 : 3 ② 2 : 3

③ 3 : 2 ④ 3 : 1

해설 물방울의 표면장력 $\sigma = \frac{\Delta p d}{4}$에서 $\Delta p = \frac{4\sigma}{d}$

비눗방울의 표면장력 $\sigma = \frac{\Delta p d}{8}$에서 $\Delta p = \frac{8\sigma}{d}$

$\Delta p_{\text{물방울}} = \Delta p_{\text{비눗방울}}$ 즉, $\left(\frac{4\sigma}{d} \right)_{\text{물방울}} = \left(\frac{8\sigma}{d} \right)_{\text{비눗방울}}$

$$\frac{4 \times 0.075}{d_W} = \frac{8 \times 0.025}{d_S} \qquad \therefore \ d_W : d_S = 3 : 2$$

문제 45. 공기가 평판 위를 3 m/s의 속도로 흐르고 있다. 선단에서 50 cm 떨어진 곳에서의 경계층 두께 (mm)는? (단, 공기의 동점성계수는 16×10^{-6} m²/s이고, 평판에서 층류유동이 난류유동으로 변하는 경계점은 레이놀즈 수가 5×10^5인 경우로 한다.) 【5장】

① 0.41 ② 0.82

③ 4.1 ④ 8.2

[해설] 우선, $Re_x = \dfrac{u_\infty x}{\nu} = \dfrac{3 \times 0.5}{16 \times 10^{-6}} = 93750$: 층류

결국, $\dfrac{\delta}{x} = \dfrac{4.65}{Re_x^{\frac{1}{2}}} ≒ \dfrac{5}{Re_x^{\frac{1}{2}}}$ 에서

$\therefore \delta = \dfrac{5x}{Re_x^{\frac{1}{2}}} = \dfrac{5 \times 0.5}{93750^{\frac{1}{2}}} = 8.16 \times 10^{-3}\text{m} = 8.16\,\text{mm}$

[문제] **46.** 지름 8 cm의 구가 공기 중을 20 m/s의 속도로 운동할 때 항력(N)은? (단, 공기 밀도는 1.2 kg/m³, 항력계수는 0.6이다.) 【5장】

① 0.362　　　　② 0.724
③ 3.62　　　　④ 7.24

[해설] $D = C_D \dfrac{\rho V^2}{2} A = 0.6 \times \dfrac{1.2 \times 20^2}{2} \times \dfrac{\pi \times 0.08^2}{4}$
　　　$= 0.724\,\text{N}$

[문제] **47.** 그림과 같이 안지름이 3 m인 수도관에 정지된 물이 절반만큼 채워져 있다. 길이 1 m의 수도관에 대하여 곡면 $B-C$ 부분에 가해지는 합력의 크기는 약 몇 kN인가? 【2장】

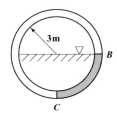

① 59.6　　② 65.8　　③ 74.3　　④ 82.2

[해설] 우선, $F_x(= F_H) = \gamma \bar{h} A = 9.8 \times 1.5 \times (3 \times 1)$
　　　　　　　　　　　$= 44.1\,\text{kN}$

또한, $F_y(= F_V) = W = \gamma V = \gamma A \ell = 9.8 \times \dfrac{\pi \times 3^2}{4} \times 1$
　　　　　　　　　　　$= 69.272\,\text{kN}$

결국, $F = \sqrt{F_x^2 + F_y^2} = \sqrt{44.1^2 + 69.272^2} ≒ 82.12\,\text{kN}$

[문제] **48.** 수면에 떠 있는 배의 저항문제에 있어서 모형과 원형 사이에 역학적 상사(相似)를 이

루려면 다음 중 어느 것이 가장 중요한 요소가 되는가? 【7장】

① Reynolds number, Mach number
② Reynolds number, Froude number
③ Weber number, Euler number
④ Mach number, Weber number

[해설] · 역학적 상사의 적용
　　① 레이놀즈수 : 원관(pipe) 유동, 잠수함, 잠항정, 잠수정
　　② 프루우드수 : 선박(배), 강에서의 모형실험, 댐공사, 개수로, 수력도약

[문제] **49.** 세 액체가 그림과 같은 U자관에 들어 있고, $h_1 = 20$ cm, $h_2 = 40$ cm, $h_3 = 50$ cm이고, 비중 $S_1 = 0.8$, $S_3 = 2$일 때, 비중 S_2는 얼마인가? 【10장】

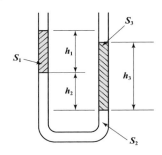

① 1.2　　② 1.8　　③ 2.1　　④ 2.8

[해설] $S_1 h_1 + S_2 h_2 = S_3 h_3$
　　$(0.8 \times 20) + (S_2 \times 40) = (2 \times 50)$　　$\therefore S_2 = 2.1$

[문제] **50.** 평판으로부터의 거리를 y라고 할 때 평판에 평행한 방향의 속도 분포 $u(y)$가 아래와 같은 식으로 주어지는 유동장이 있다. 유동장에서는 속도 $u(y)$만 있고, 유체는 점성계수가 μ인 뉴턴 유체일 때 $u = \dfrac{L}{8}$ 에서의 전단응력은? (단, U와 L은 각각 유동장의 특성속도와 특성 길이로서 상수이다.) 【1장】

[해답] **46.** ② **47.** ④ **48.** ② **49.** ③ **50.** ②

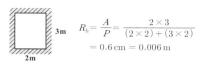
$$u(y) = U\left(\frac{y}{L}\right)^{\frac{2}{3}}$$

① $\dfrac{2\mu U}{3L}$ ② $\dfrac{4\mu U}{3L}$

③ $\dfrac{8\mu U}{3L}$ ④ $\dfrac{16\mu U}{3L}$

해설 $u = U\left(\dfrac{y}{L}\right)^{\frac{2}{3}} = U \times \dfrac{y^{\frac{2}{3}}}{L^{\frac{2}{3}}}$

우선, 속도구배

$$\left.\dfrac{du}{dy}\right|_{y=\frac{L}{8}} = \dfrac{U}{L^{2/3}} \times \dfrac{2}{3} y^{\frac{2}{3}-1}\Big|_{y=\frac{L}{8}}$$

$$= \dfrac{2U}{3L^{2/3}} \times y^{-\frac{1}{3}}\Big|_{y=\frac{L}{8}} = \dfrac{2U}{3L^{2/3}} \times \left(\dfrac{L}{8}\right)^{-\frac{1}{3}}$$

$$= \dfrac{2U}{3L^{2/3}} \times \dfrac{\sqrt{8}}{L^{1/3}} = \dfrac{4U}{3L}$$

결국, 전단응력 $\tau = \mu \dfrac{du}{dy} = \dfrac{4\mu U}{3L}$

문제 51. 다음 중 표면장력(surface tension)의 차원은? (단, M : 질량, L : 길이, T : 시간 이다.) 【1장】

① MT^{-2}

② ML^{-2}

③ $M^2 L$

④ MLT

해설 표면장력 $\sigma = \mathrm{N/m} = [\mathrm{F\,L^{-1}}] = [\mathrm{MLT^{-2}L^{-1}}]$
$= [\mathrm{MT^{-2}}]$

문제 52. 가로 2 cm, 세로 3 cm의 크기를 갖는 사각형 단면의 매끈한 수평관 속을 평균유속 1.2 m/s로 20 ℃의 물이 흐르고 있다. 관의 길이 1 m당 손실 수두(m)는? (단, 수력직경에 근거한 관마찰계수는 0.024이다.) 【6장】

① 0.018 ② 0.054

③ 0.073 ④ 0.0026

해설

$$R_h = \dfrac{A}{P} = \dfrac{2\times3}{(2\times2)+(3\times2)}$$
$$= 0.6\,\mathrm{cm} = 0.006\,\mathrm{m}$$

$$\therefore h_\ell = f\dfrac{\ell}{4R_h}\dfrac{V^2}{2g} = 0.024 \times \dfrac{1}{4\times0.006} \times \dfrac{1.2^2}{2\times9.8}$$
$$= 0.073\,\mathrm{m}$$

문제 53. 안지름 240 mm인 관속을 흐르고 있는 공기의 평균 풍속이 10 m/s이면, 공기의 질량 유량(kg/s)은? (단, 관속의 압력은 2.45×10^5 Pa, 온도는 15 ℃, 공기의 기체상수 $R=287$ J/(kg·K)이다.) 【3장】

① 1.34 ② 2.96

③ 3.75 ④ 5.12

해설 $\dot{M} = \rho A V = \dfrac{p}{RT} A V$

$$= \dfrac{2.45\times10^5}{287\times288} \times \dfrac{\pi\times0.24^2}{4} \times 10 = 1.34\,\mathrm{kg/s}$$

문제 54. 0.002 m³/s의 유량으로 지름 4 cm, 길이 10 m인 수평 원관 속을 기름(비중 $S=0.85$, 점성계수 $\mu=0.056$ N·s/m²)이 흐르고 있다. 이 기름을 수송하는데 필요한 펌프의 압력(kPa)은? 【5장】

① 15.2 ② 17.8

③ 19.1 ④ 22.6

해설 우선, $Q = A V$에서

$$V = \dfrac{Q}{A} = \dfrac{4\times0.002}{\pi\times0.04^2} = 1.59\,\mathrm{m/s}$$

또한, $Re = \dfrac{\rho V d}{\mu} = \dfrac{\rho_{\mathrm{H_2O}} S V d}{\mu}$

$$= \dfrac{1000\times0.85\times1.59\times0.04}{0.056}$$
$$= 965.36 < 2100 \; \therefore \text{층류}$$

"층류유동"이므로 하겐–포아젤 방정식을 적용가능하다.

따라서, $Q = \dfrac{\Delta p \pi d^4}{128\mu\ell}$에서

$$\therefore \Delta p = \dfrac{128\mu\ell Q}{\pi d^4} = \dfrac{128\times0.056\times10\times0.002}{\pi\times0.04^4}$$
$$= 17825.35\,\mathrm{Pa} \approx 17.8\,\mathrm{kPa}$$

정답 **51.** ① **52.** ③ **53.** ① **54.** ②

문제 55. $2\,m^3$의 탱크에 지름이 $0.05\,m$의 파이프를 통하여 점성계수가 $0.001\,Pa\cdot s$인 물을 채우려고 한다. 파이프 내의 유동이 계속 층류를 유지시키면서 물을 완전히 채우려면 최소 몇 시간이 걸리는가?

(단, 임계 레이놀즈수는 2000이다.) 【5장】

① 2.4   ② 6.5

③ 7.1   ④ 11.2

[해설] 우선, $Re = \dfrac{\rho vd}{\mu}$ 에서

$$v = \frac{Re\cdot\mu}{\rho d} = \frac{2000\times 0.001}{1000\times 0.05} = 0.04\,m/s$$

또한, $Q = Av = \dfrac{\pi\times 0.05^2}{4}\times 0.04 = 0.0000785\,m^3/s$

결국, $Q = \dfrac{V(체적)}{t(시간)}\,(m^3/s)$ 에서

$\therefore\ t = \dfrac{V}{Q} = \dfrac{2}{0.0000785} = 25477.7\,sec \fallingdotseq 7.1\,hr$

문제 56. 다음 ΔP, L, Q, ρ 변수들을 이용하여 만든 무차원수로 옳은 것은? (단, ΔP : 압력차, L : 길이, Q : 체적유량, ρ : 밀도이다.)

【7장】

① $\dfrac{\rho\cdot Q}{\Delta P\cdot L^2}$ ② $\dfrac{\rho\cdot L}{\Delta P\cdot Q^2}$

③ $\dfrac{\Delta P\cdot L\cdot Q}{\rho}$ ④ $\dfrac{Q}{L^2}\sqrt{\dfrac{\rho}{\Delta P}}$

[해설] 압력차 $\Delta P = N/m^2$, 길이 $L = m$,
체적유량 $Q = m^3/S$, 밀도 $\rho = N\cdot S^2/m^4$
위의 단위를 각각의 보기에 대입하여 단위가 모두 약분되면 무차원수가 된다.

문제 57. 그림과 같이 물이 들어있는 아주 큰 탱크에 사이펀이 장치되어 있다. 사이펀이 정상적으로 작동하는 범위에서, 출구에서의 속도 V와 관련하여 옳은 것을 모두 고른 것은?

(단, 관의 지름은 일정하고 모든 손실은 무시한다. 또한 각각의 h가 변화할 때 다른 h의 크기는 변화하지 않는다고 가정한다.) 【3장】

⊙ h_1이 증가하면 속도 V는 커진다.
⊙ h_2이 증가하면 속도 V는 커진다.
⊙ h_3이 증가하면 속도 V는 커진다.

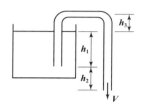

① ⊙, ⊙   ② ⊙, ⊙

③ ⊙, ⊙   ④ ⊙, ⊙, ⊙

[해설] 수면(A 단면이라 함)에서 출구(B단면이라 함) 사이에 베르누이 방정식을 적용하면

$$\frac{p_A^{\nearrow 0}}{\gamma} + \frac{V_A^{\nearrow 0}}{2g} + Z_A = \frac{p_B^{\nearrow 0}}{\gamma} + \frac{V_B^2}{2g} + Z_B$$

($p_A = p_B = $ 대기압$= 0$,

$A_A \gg A_B$이므로 $V_A \ll V_B$ 즉, $V_A \fallingdotseq 0$)

$$\frac{V_B^2}{2g} = Z_A - Z_B = (h_1 + h_2)$$

$\therefore\ V_B = V = \sqrt{2g(h_1 + h_2)}$

결국, h_1, h_2가 증가하면 속도 V는 커진다.

문제 58. 해수 위에 떠 있는 빙산이 있다. 물 위에 노출된 빙산의 부피가 전체 빙산의 부피에서 차지하는 비율(%)은? (단, 얼음의 밀도는 920 kg/m^3, 해수의 밀도는 1030 kg/m^3이다.)

【2장】

① 9.53   ② 10.01

③ 10.68   ④ 11.24

[해설] "공기중에서 물체무게(W) = 부력(F_B)"에서

$\gamma_{빙산} V_{빙산} = \gamma_{해수} V_{잠긴}$

$\rho_{빙산} g V_{빙산} = \rho_{해수} g V_{잠긴}$

$920\times V_{빙산} = 1030\times V_{잠긴}$

$\therefore\ \dfrac{V_{잠긴}}{V_{빙산}} = \dfrac{920}{1030} = 0.8932 = 89.32\%$

결국, 수면위로 노출된 부피는 전체 빙산부피의

$100 - 89.32 = 10.68\%$

[해답] **55.** ③   **56.** ④   **57.** ①   **58.** ③

문제 59. 다음 중 2차원 비압축성 유동이 가능한 유동은? (단, u는 x방향 속도 성분이고, v는 y방향 속도 성분이다.) 【3장】

① $u = x^2 - y^2, \ v = -2xy$

② $u = 2x^2 - y^2, \ v = 4xy$

③ $u = x^2 + y^2, \ v = 3x^2 - 2y^2$

④ $u = 2x + 3xy, \ v = -4xy + 3y$

해설 2차원 비압축성 유동의 연속방정식을 만족할 조건은 $\dfrac{\partial u}{\partial x} + \dfrac{\partial v}{\partial y} = 0$이므로 이에 타당한 것은 보기 ①번이다.

즉, 보기 ①번에서, $\dfrac{\partial u}{\partial x} = 2x, \quad \dfrac{\partial v}{\partial y} = -2x$

결국, $\dfrac{\partial u}{\partial x} + \dfrac{\partial v}{\partial y} = 2x + (-2x) = 0$

문제 60. 그림처럼 수축 수로를 통과하는 1차원 정상, 비압축성 유동에서 수평 중심선상의 속도가 $\vec{V} = A\left(1 + \dfrac{x}{L}\right)\hat{i}$로 주어질 때, $x = 0.5L$에 위치한 유체 입자의 x방향 가속도 (m/s^2)는? (단, $A = 0.2$ m/s, $L = 2$ m이다.) 【3장】

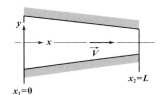

① 0.01   ② 0.02

③ 0.03   ④ 0.04

해설 x방향(수평방향)의 속도 $V = A\left(1 + \dfrac{x}{L}\right)$이므로 x방향 가속도

$a_x = V\dfrac{\partial V}{\partial x} + \dfrac{\partial \vec{V}}{\partial t}^{0} = A\left(1 + \dfrac{x}{L}\right)A \times \dfrac{1}{L}$

$= \dfrac{A^2}{L}\left(1 + \dfrac{x}{L}\right) = \dfrac{A^2}{L}\left(1 + \dfrac{0.5L}{L}\right) = \dfrac{A^2}{L} \times 1.5$

$= \dfrac{0.2^2}{2} \times 1.5 = 0.03 \, \text{m/S}^2$

제4과목 유체기계 및 유압기기

문제 61. 절대 진공에 가까운 저압의 기체를 대기압까지 압축하는 펌프는?

① 왕복 펌프

② 진공 펌프

③ 나사 펌프

④ 축류 펌프

해설 진공 펌프(vacuum pump)
: 대기압 이하의 저압력 기체를 대기압까지 압축하여 송출시키는 일종의 압축기이다.

문제 62. 다음 중 축류 펌프의 일반적인 장점으로 볼 수 없는 것은?

① 토출량이 50 % 이하로 급감하여도 안정적으로 운전할 수 있다.

② 유량 대비 형태가 작아 설치면적이 작게 요구된다.

③ 양정이 변화하여도 유량의 변화가 적다.

④ 가동익으로 할 경우 넓은 범위의 양정에서도 좋은 효율을 기대할 수 있다.

해설 · 축류 펌프의 장점
① 양정이 작고, 송출유량(토출량)이 많은 경우 즉, 비속도가 큰 경우에 적합하다.
② 동일유량 다른 형 펌프보다 크기가 작다. (저렴, 설치면적 감소)
③ 비속도가 크므로 저양정에서도 고속회전이 가능하다.
④ 양정의 변화에 따른 유량변화가 적고, 효율저하도 적다.
⑤ 구조가 간단하고, 유로가 짧으며, 흐름의 굴곡이 적다.
⑥ 가동익의 경우 넓은 범위의 양정에서 높은 효율이 가능하다.
⑦ 유로 단면적의 변화가 적어 수력손실이 적다.

문제 63. 유체 커플링에 대한 일반적인 설명 중 옳지 않은 것은?

해답 59. ① 60. ③ 61. ② 62. ① 63. ④

① 시동 시 원동기의 부하를 경감시킬 수 있다.

② 부하측에서 되돌아오는 진동을 흡수하여 원활하게 운전할 수 있다.

③ 원동기측에 충격이 전달되는 것을 방지할 수 있다.

④ 출력축 회전수를 입력축 회전수보다 초과하여 올릴 수 있다.

[해설] 유체 커플링은 입력축과 출력축에 토크의 차가 생기지 않는다.

[문제] 64. 동일한 물에서 운전되는 두 개의 수차가 서로 상사법칙이 성립할 때 관계식으로 옳은 것은? (단, Q : 유량, D : 수차의 지름, n : 회전수이다.)

① $\dfrac{Q_1}{D_1^3 n_1} = \dfrac{Q_2}{D_2^3 n_2}$ ② $\dfrac{Q_1}{D_1^3 n_1^2} = \dfrac{Q_2}{D_2^3 n_2}$

③ $\dfrac{Q_1}{D_1^2 n_1} = \dfrac{Q_2}{D_2^2 n_2}$ ④ $\dfrac{Q_1}{D_1^2 n_1^2} = \dfrac{Q_2}{D_2^2 n_2^2}$

[해설] · 형상이 상사한 2개의 회전차의 경우 상사법칙

유 량(Q_2)	$Q_2 = Q_1 \left(\dfrac{D_2}{D_1}\right)^3 \left(\dfrac{n_2}{n_1}\right)$
양 정(H_2)	$H_2 = H_1 \left(\dfrac{D_2}{D_1}\right)^2 \left(\dfrac{n_2}{n_1}\right)^2$
축동력(L_2)	$L_2 = L_1 \left(\dfrac{D_2}{D_1}\right)^5 \left(\dfrac{n_2}{n_1}\right)^3$

[문제] 65. 펠톤 수차와 프로펠러 수차의 무구속속도(Run away speed, N_R)와 정격회전수(N_0)와의 관계가 가장 옳은 것은?

① 펠톤 수차 $N_R = (2.3 \sim 2.6)N_0$
   프로펠러 수차 $N_R = (1.6 \sim 2.0)N_0$

② 펠톤 수차 $N_R = (2.3 \sim 2.6)N_0$
   프로펠러 수차 $N_R = (2.0 \sim 2.5)N_0$

③ 펠톤 수차 $N_R = (1.8 \sim 1.9)N_0$
   프로펠러 수차 $N_R = (1.6 \sim 2.0)N_0$

④ 펠톤 수차 $N_R = (1.8 \sim 1.9)N_0$
   프로펠러 수차 $N_R = (2.0 \sim 2.5)N_0$

[해설] · 무구속속도(run away speed, N_R)
: 수차를 지정한 유효낙차에서 무부하운전을 하면서 조속기를 작동시키지 않고 최대유량으로 운전할 때 수차가 도달할 수 있는 최고속도를 무구속속도라 한다. 이 속도는 정격회전속도(N_0)와의 관계는 다음과 같다.
① 펠톤 수차 : $N_R = (1.8 \sim 1.9)N_0$
② 프란시스 수차 : $N_R = (1.6 \sim 2.2)N_0$
③ 프로펠러 수차 : $N_R = (2.0 \sim 2.5)N_0$

[문제] 66. 다음 수력기계 중에서 반동 수차에 속하는 것은?

① 프란시스 수차, 프로펠러 수차, 카플란 수차

② 프란시스 수차, 펠톤 수차, 프로펠러 수차

③ 펠톤 수차, 프로펠러 수차, 카플란 수차

④ 카플란 수차, 프란시스 수차, 펠톤 수차

[해설] 반동 수차
: 프란시스 수차, 프로펠러 수차, 카플란 수차

[문제] 67. 전동기에 연결하여 펌프를 운전하고자 한다. 전동기의 극수가 6개, 전원 주파수가 60 Hz, 미끄럼률(슬립률)이 5 %일 때 펌프의 회전수는 약 몇 rpm인가?

① 342 ② 570

③ 1140 ④ 2280

[해설] $p = \dfrac{120f}{n}$

여기서, p : 극수, f : 주파수 (Hz),
   n : 회전수 (rpm)

∴ $n = \dfrac{120f}{p} = \dfrac{120 \times 60}{6} = 1200\,\mathrm{rpm}$

미끄럼률(슬립률)이 5 %(= 0.05)이므로
결국, $n = 1200 \times 0.95 = 1140\,\mathrm{rpm}$

[해답] **64.** ① **65.** ④ **66.** ① **67.** ③

문제 **68.** 송풍기를 압력에 따라 분류할 때 Blower
의 압력범위로 옳은 것은?

① 1 kPa 미만
② 1 kPa~10 kPa
③ 10 kPa~100 kPa
④ 100 kPa~1000 kPa

해설 · 압력상승범위
① 팬(fan) : 10 kPa 미만
② 송풍기(blower) : 10 kPa~100 kPa
③ 압축기(compressor) : 100 kPa 이상

문제 **69.** 프란시스 수차의 형식 중 그림과 같은
구조를 가진 형식은?

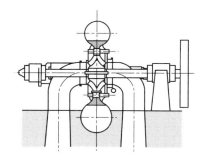

① 횡축 단륜단류 원심형 수차
② 횡축 이륜단류 원심형 수차
③ 입축 단륜다류 원심형 수차
④ 횡축 단륜복류 원심형 수차

해설 · 프란시스 수차의 형식
① 케이싱(casing)의 유무에 따른 분류
   ㉠ 노출형
   ㉡ 전구형
   ㉢ 횡구형
   ㉣ 원심형
② 구조상의 분류
   ㉠ 횡축 단륜단류 원심형
   ㉡ 횡축 이륜단류 원심형
   ㉢ 횡축 단륜복류 원심형
   ㉣ 입축 단륜다류 원심형

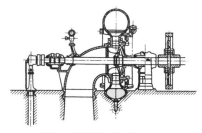

〈횡축 단륜단류 원심형〉

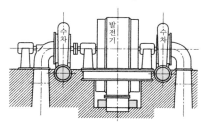

〈횡축 이륜단류 원심형〉

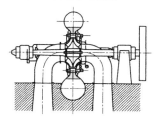

〈횡축 단륜복류 원심형〉

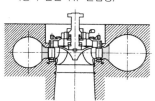

〈입축 단륜다류 원심형〉

문제 **70.** 펌프관로에서 수격현상을 방지하기 위
한 대책으로 옳지 않은 것은?

① 펌프에 플라이 휠(Fly Wheel)을 설치한다.
② 밸브를 펌프 송출구에서 되도록 멀리 설치
한다.
③ 관의 지름을 되도록 크게 한다.
④ 관로에 조압수조(Surge Tank)를 설치한다.

정답 **68.**③ **69.**④ **70.**②

해설 · 수격작용(water hammer)의 방지법
① 관의 직경을 크게 하여 관내의 유속을 낮게 한다. 즉, 양정, 유량을 급격히 변화시키지 말 것
② 펌프에 플라이 휠(fly wheel)을 설치하여 펌프의 속도가 급격히 변화하는 것을 막는다.
③ 조압수조(surge tank)를 관로에 설치한다.
④ 밸브는 펌프 송출구 가까이에 설치하고, 적당히 제어한다.
여기서, ②, ③은 제1기간의 압력강하에 대한 대책이고, ④는 제2기간의 압력상승에 대한 대책으로 일반적으로 후자를 많이 사용한다.

문제 71. 다음 유압회로는 어떤 회로에 속하는가?

유압실린더

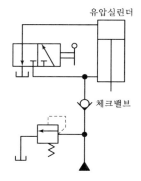

체크밸브

① 로크(로킹) 회로   ② 무부하 회로
③ 블리드 오프 회로   ④ 어큐뮬레이터 회로

해설

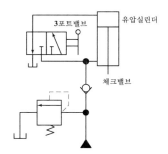

3포트밸브   유압실린더

체크밸브

· 체크밸브를 사용하여 로크의 불안정성을 보충한 회로이며 자중에 의해 하강 방지용이다.
· 로크 회로 : 실린더 행정 중 임의 위치에서 또는 행정 끝에서 실린더를 고정시켜 놓을 필요가 있을 때라 할지라도 부하가 클 때 또는 장치내의 압력 저하에 의하여 실린더피스톤이 이동되는 경우가 발생한다. 이 피스톤의 이동을 방지하는 회로를 말한다.

문제 72. 다음 중 어큐뮬레이터 용도로 적절하지 않은 것은?

① 에너지 축적용
② 펌프 맥동 흡수용
③ 충격압력의 완충용
④ 유압유 냉각 및 가열용

해설 · 축압기(어큐뮬레이터)의 용도
① 에너지의 축적
② 압력보상
③ 서지압력 방지
④ 충격압력 흡수
⑤ 유체의 맥동 감쇠(맥동 흡수)
⑥ 사이클 시간 단축
⑦ 2차 유압회로의 구동
⑧ 펌프대용 및 안전장치의 역할
⑨ 액체 수송(펌프 작용)
⑩ 에너지의 보조

문제 73. 다음 중 방향 제어 밸브의 종류로 옳은 것은?

① 감압 밸브   ② 체크 밸브
③ 릴리프 밸브   ④ 카운터 밸런스 밸브

해설 ① 방향 제어 밸브 : 체크 밸브, 스풀 밸브, 감속 밸브, 셔틀 밸브, 전환 밸브
② 압력 제어 밸브 : 릴리프 밸브, 시퀀스 밸브, 무부하 밸브, 카운터 밸런스 밸브, 감압 밸브
③ 유량 제어 밸브 : 교축 밸브, 유량 조절 밸브, 분류 밸브, 집류 밸브, 스톱 밸브(정지 밸브)

문제 74. 유압 펌프의 전 효율에 대한 정의로 옳은 것은?

① 축 출력과 유체 입력의 비
② 실 토크와 이론 토크의 비
③ 유체 출력과 축 쪽 입력의 비
④ 실제 토출량과 이론 토출량의 비

해설 · 유압 펌프의 각종 효율
① 전효율 $\eta = \dfrac{\text{펌프동력}(L_P)}{\text{축동력}(L_s)}$

② 용적효율 $\eta_v = \dfrac{실제펌프토출량(Q)}{이론펌프토출량(Q_{th})}$

③ 압력효율

$\eta_P = \dfrac{실제펌프토출압력(P)}{펌프에 손실이 없을 때의 토출압력(P_o)}$

④ 기계효율 $\eta_m = \dfrac{유체동력(L_h)}{축동력(L_s)}$

문제 75. 유압 장치를 이용한 기계의 특징으로 적절하지 않은 것은?

① 입력에 대한 출력의 응답이 빠르다.

② 정지부터 정격속도까지 무단 변속이 가능하다.

③ 동작이 원활하고 자동제어가 가능하다.

④ 먼지나 이물질에 의한 고장의 우려가 없다.

해설 ·유압 장치(구동)의 특징
① 장점
  ㉠ 입력에 대한 출력의 응답이 빠르다.
  ㉡ 유량의 조절을 통해 무단변속이 가능하다.
  ㉢ 소형장치로 큰 출력을 얻을 수 있다.
  ㉣ 제어가 쉽고 조작이 간단하다.
  ㉤ 자동제어 및 원격제어가 가능하다.
  ㉥ 방청과 윤활이 자동적으로 이루어진다.
  ㉦ 수동 또는 자동으로 조작할 수 있다.
  ㉧ 각종제어밸브에 의한 압력, 유량, 방향 등의 제어가 간단하다.
  ㉨ 과부하에 대해서 안전장치로 만드는 것이 용이하다.
  ㉩ 에너지의 축적이 가능하다.
② 단점
  ㉠ 유온의 영향을 받으면 점도가 변하여 출력효율이 변화하기도 한다.
  ㉡ 고압에서 누유의 위험이 있다.
  ㉢ 기름 속에 공기가 포함되면 압축성이 커져서 유압장치의 동작이 불량해진다.
  ㉣ 인화의 위험이 있다.
  ㉤ 전기회로에 비해 구성작업이 어렵다.
  ㉥ 먼지나 이물질에 의한 고장의 우려가 있다.
  ㉦ 공기압보다 작동속도가 떨어진다.

문제 76. 유압 작동유의 구비 조건이 아닌 것은?

① 녹이나 부식 발생을 방지할 수 있을 것

② 동력을 확실히 전달하기 위해서 압축성일 것

③ 운전온도 범위에서 적절한 점도를 유지할 것

④ 연속 사용해도 화학적, 물리적 성질의 변화가 적을 것

해설 ·유압 작동유의 구비조건
① 비압축성이어야 한다.
  (동력전달 확실성 요구 때문)
② 장치의 운전온도범위에서 회로내를 유연하게 유동할 수 있는 적절한 점도가 유지되어야 한다.
  (동력손실 방지, 운동부의 마모방지, 누유방지 등을 위해)
③ 장시간 사용하여도 화학적으로 안정하여야 한다.
  (노화현상)
④ 녹이나 부식 등이 방지되어야 한다. (산화안정성)
⑤ 열을 방출시킬 수 있어야 한다. (방열성)
⑥ 외부로부터 침입한 불순물을 침전분리시킬 수 있고, 또 기름 중의 공기를 속히 분리시킬 수 있어야 한다.

문제 77. 유압회로에서 파선이 의미하는 용도로 옳은 것은?

① 전기 신호선   ② 주관로

③ 필터   ④ 귀환 관로

해설 ·유압회로에서 선(line)의 의미
① 실선(──) : 주관로, 파일럿 밸브에의 공급 관로, 전기 신호선
② 파선(---) : 필터, 파일럿 조작 관로, 드레인 관로, 밸브의 과도위치
③ 1점쇄선(─·─·─) : 2개 이상의 기능을 갖는 유닛을 나타내는 포위선
④ 복선(══) : 회전축, 레버, 피스톤로드

문제 78. 에너지 제어·조작방식 일반에 관한 용어로 유압회로에서 정규 조작방법에 우선하여 조작할 수 있는 대체 조작수단으로 정의되는 것은?

① 직접 파일럿 조작   ② 솔레노이드 조작

③ 간접 파일럿 조작   ④ 오버라이드 조작

해설 오버라이드 조작
 : 특수정지제어를 무시하고 지나가도록 하는 장치

정답 75. ④ 76. ② 77. ③ 78. ④

문제 79. 유압 펌프의 토출압력 7.84 MPa, 토출 유량 3×10^4 cm³/min인 유압 펌프의 펌프동력은 약 몇 kW인가?

① 3.92 ② 4.64
③ 235.2 ④ 3920

해설 펌프동력 $L_P = pQ = 7.84 \times 10^3 \times \dfrac{3 \times 10^4 \times 10^{-6}}{60}$
$$= 3.92 \, \text{kW}$$

문제 80. 다음 중 캐비테이션 방지대책으로 가장 적절한 것은?

① 흡입관에 급속 차단장치를 설치한다.
② 흡입 유체의 유온을 높게 하여 흡입한다.
③ 과부하 시 패킹부에서 공기가 흡입되도록 한다.
④ 흡입관 내의 평균유속이 일정 속도 이하가 되도록 한다.

해설 ·공동현상(cavitation)의 방지책
① 기름탱크내의 기름의 점도는 800 ct를 넘지 않도록 할 것
② 흡입구 양정은 1 m 이하로 할 것
③ 흡입관의 굵기는 유압펌프 본체의 연결구의 크기와 같은 것을 사용할 것
④ 펌프의 운전속도는 규정속도(3.5 m/s)이상으로 해서는 안된다.

제5과목 건설기계일반 및 플랜트배관

문제 81. 다음 중 운반기계에 해당하지 않는 것은?

① 덤프트럭 ② 롤러
③ 컨베이어 ④ 지게차

해설 ·운반기계 : 덤프트럭, 덤프터, 기관차, 트랙터 및 트레일러, 삭도, 왜건, 지게차, 컨베이어, 특장운반차, 호이스팅 머신 등
※ 롤러 : 다짐용 기계

문제 82. 불도저가 30 m 떨어진 곳에 흙을 운반할 때 1회 사이클 시간(C_m)은 약 얼마인가?
(단, 전진속도는 2.4 km/h, 후진속도는 3.6 km/h, 변속 시간(기어변환 시간)은 12초이다.)

① 1분 15초 ② 1분 20초
③ 1분 27초 ④ 1분 36초

해설 $C_m = \dfrac{L}{V_1} + \dfrac{L}{V_2} + t$
$$= \dfrac{30}{\left(\dfrac{2.4 \times 10^3}{3600}\right)} + \dfrac{30}{\left(\dfrac{3.6 \times 10^3}{3600}\right)} + 12$$
$$= 87초 = 1분 27초$$

문제 83. 도저의 각종 트랙 슈(shoe)에 대한 설명으로 틀린 것은?

① 습지용 슈 : 슈의 너비를 작게 하여 접지면적을 줄여 연약지반에서 작업하기 좋다.
② 스노 슈 : 눈이나 얼음판의 현장작업에 적합하다.
③ 고무 슈 : 노면보호 및 소음방지를 할 수 있다.
④ 평활 슈 : 도로파손을 방지할 수 있다.

해설 습지용 슈 : 슈 나비를 넓게 하여 접지면적을 크게 할 수 있도록 단면을 삼각형이나 원호형으로 만들며, 수렁이나 습지에서 작업시 빠지지 않게 되어 있고, 견인력이 크다.

문제 84. 롤러 및 롤러의 진동장치에 대한 설명으로 적절하지 않은 것은?

① 타이어식 롤러의 타이어 진동장치는 조종석에서 쉽게 잠글 수 있어야 한다.
② 타이어식 롤러의 타이어 배열이 복열인 경우에는 앞바퀴가 다지지 아니한 부분은 뒷바퀴가 다지도록 배열되어야 한다.
③ 롤러의 돌기부는 강판, 주강 또는 강봉 등을 사용하여야 하고 돌기부의 선단 접지부는 내마모성 강재를 사용하여야 한다.

해답 **79.** ① **80.** ④ **81.** ② **82.** ③ **83.** ① **84.** ④

④ 원심력을 이용해 노면을 다지는 롤러에는 머캐덤, 탠덤 롤러가 있으며 정적 자중을 이용하는 것에는 진동 롤러가 있다.

해설> ·롤러의 종류
① 전압식 : 기계자중에 의하여 노면을 다지는 것
    예) 로드롤러(머캐덤롤러, 탠덤롤러), 타이어롤러, 탬핑롤러
② 진동식 : 기계의 자중과 강제진동을 이용하여 노면을 다지는 것
    예) 진동롤러, 소일콤팩터
③ 충격식 : 래머, 탬퍼

문제 85. 건설기계관리업무처리규정에 따른 준설선의 구조 및 규격 표시방법으로 틀린 것은?

① 그래브(grab)식 : 그래브 버킷의 평적용량
② 디퍼(dipper)식 : 버킷의 용량
③ 버킷(bucket)식 : 버킷의 용량
④ 펌프식 : 준설펌프 구동용 주기관의 정격 출력

해설> 버킷식 : 주엔진의 정격출력

문제 86. 아래는 도저의 작업량에 영향을 주는 변수들이다. 이 중 도저의 작업능력에 비례하는 변수로 짝지어진 것은?

ⓐ 블레이드 폭	ⓑ 토공판 용량
ⓒ 작업 효율	ⓓ 토량 환산계수
ⓔ 사이클 타임(1회 순환 소요시간)	

① ⓐ, ⓑ, ⓒ, ⓓ, ⓔ
② ⓐ, ⓑ, ⓒ, ⓓ
③ ⓐ, ⓑ, ⓒ, ⓔ
④ ⓐ, ⓑ, ⓔ

해설> 시간당 작업량 $Q = \dfrac{60qfE}{C_m}$ (m³/hr)

여기서, q : 토공판용량(m³), f : 토량환산계수,
E : 작업효율, C_m : 1회 사이클시간(min)

문제 87. 건설플랜트용 공조설비를 건설할 때 합성섬유의 방사, 사진필름 제조, 정밀기계 가공공정과 같이 일정 온도와 일정 습도를 유지할 필요가 있는 경우 적용하여야 하는 설비는?

① 난방설비
② 배기설비
③ 제빙설비
④ 항온항습설비

해설> ① 항온항습설비 : 어떤 일정한 기간동안 정해진 온도, 습도 조건을 정해진 정밀도내로 유지하는 것으로 정의된다.
② 난방설비 : 난방에 사용하는 장치나 설비를 통틀어 이르는 말로 난방용 보일러설비, 배관과 펌프설비, 방열기 따위가 이에 속한다.
③ 배기설비 : 열기관에서 일을 끝낸 뒤의 쓸데없는 증기나 가스 또는 그것들을 뽑아내는 일

문제 88. 스크레이퍼에 대한 설명으로 적절하지 않은 것은?

① 규격은 작업가능상태의 중량(t)으로 표현한다.
② 도로의 신설 등과 같은 대규모 정지작업에 적합하다.
③ 굴착, 적재, 운반 등의 작업을 할 수 있는 기계이다.
④ 스크레이퍼를 운전할 경우에는 전복되지 않도록 중심을 가능한 낮추어야 한다.

해설> 스크레이퍼의 규격
: 볼(bowl)의 평적(적재)용량을 m³으로 표시

문제 89. 강재의 크기에 따라 담금질 효과가 달라지는 것과 관련 있는 용어는?

① 단류선
② 잔류응력
③ 노치효과
④ 질량효과

해설> 질량효과 : 같은 조성의 강을 같은 방법으로 담금질해도 그 재료의 굵기와 질량에 따라 담금질 효과가 달라진다. 이와 같이 질량의 크기에 따라 담금질의 효과가 달라지는 것을 말하며, 소재의 두께가 두꺼울수록 질량효과가 크다.

정답> 85. ③ 86. ② 87. ④ 88. ① 89. ④

문제 90. 덤프트럭의 동력 전달 계통과 직접적인 관계가 없는 것은?

① 배전기
② 변속기
③ 구동륜
④ 클러치

해설 덤프트럭의 동력전달순서
: 엔진 → 클러치 → 변속기 → 추진축 → 차동장치 → 차축 → 종감속기 → 구동륜

문제 91. 다음 보기에서 설명하는 신축이음의 형식으로 가장 적절한 것은?

<보기>
① 설치장소가 넓다.
② 고압에 잘 견디며 고장이 적다.
③ 고온고압용 옥외배관에 많이 사용한다.
④ 관의 곡률반경은 보통 관경의 6배 이상이다.

① 루프형
② 슬리브형
③ 벨로즈형
④ 스위블형

해설 ·루프형 신축이음(＝신축곡관)
: 강관 또는 동관 등을 루프(loop)모양으로 구부려 그 휨에 의해서 신축을 흡수하는 방식이다.
① 설치면적을 많이 차지하고, 신축에 따른 자체응력이 생긴다.
② 고온, 고압증기의 옥외배관에 많이 쓰인다.
③ 곡률반경은 관지름의 6배 이상이 좋다.

문제 92. 관의 절단과 나사 절삭 및 조립 시 관을 고정시키는 데 사용되는 배관용 공구는?

① 파이프 커터
② 파이프 리머
③ 파이프 렌치
④ 파이프 바이스

해설 ① 파이프 커터 : 관을 절단할 때 사용한다.
② 파이프 리머 : 관 절단 후 관 단면의 안쪽에 생기는 거스러미를 제거하는 공구이다.
③ 파이프 렌치 : 관을 회전시키거나 나사를 죌 때 사용하는 공구이다.
④ 파이프 바이스 : 관의 절단과 나사절삭 및 조립 시 관을 고정하는데 사용한다.

문제 93. 배관용 탄소 강관(KS D 3507)에서 나타내는 배관용 탄소 강관의 기호는?

① SPP
② STH
③ STM
④ STA

해설 SPP : 배관용 탄소 강관
STH : 보일러 열교환기용 탄소 강관
STM : 기계구조용 탄소 강관
STA : 구조용 합금 강관

문제 94. 일반적으로 배관용 가스절단기의 절단 조건이 아닌 것은?

① 모재의 성분 중 연소를 방해하는 원소가 적어야 한다.
② 모재의 연소온도가 모재의 용융온도보다 높아야 한다.
③ 금속 산화물의 용융온도가 모재의 용융온도보다 낮아야 한다.
④ 금속 산화물의 유동성이 좋으며, 모재로부터 쉽게 이탈될 수 있어야 한다.

해설 ·배관용 가스절단기의 절단조건
① 모재의 성분 중 연소를 방해하는 원소(불연소물)가 적을 것
② 모재의 산화연소하는 온도가 그 금속의 용융점(용융온도) 보다 낮을 것
③ 금속 산화물의 용융온도는 모재의 용융온도보다 낮을 것
④ 금속 산화물의 유동성이 좋으며, 모재로부터 쉽게 이탈될 수 있을 것

해답 90. ① 91. ① 92. ④ 93. ① 94. ②

문제 95. 급수 배관의 시공 및 점검에 대한 설명으로 적절하지 않은 것은?

① 급수관에서 상향 급수는 선단 상향 구배하고 하향 급수에서는 선단 하향 구배로 한다.

② 급수 배관에서 수격 작용을 방지하기 위해 공기실, 충격 흡수장치들이 설치 여부를 확인한다.

③ 역류를 방지하기 위해 체크 밸브를 설치하는 것이 좋다.

④ 급수관에서 분기할 때에는 크로스 이음이나 T이음을 +자 형으로 사용한다.

해설 급수관에서 분기할 때에는 반드시 T이음을 사용하고, 크로스 이음이나 T이음을 +자 형으로 사용해서는 안된다.

문제 96. 배관 시공에서 벽, 바닥, 방수층, 수조 등을 관통하고 콘크리트를 치기 전에 미리 관의 외경보다 조금 크게 넣고 시공하는 것과 관련 있는 것은?

① 인서트
② 숏피닝
③ 슬리브
④ 테이핑

해설 슬리브(sleeve)
: 콘크리트 바닥이나 벽에 매설하는 배관에는 콘크리트를 치기 전에 먼저 필요한 위치에 슬리브를 장착하여 해머, 드릴, 정 등으로 공사 후 구멍을 뚫는 일이 없도록 해야 하며, 슬리브 재료에는 금속제, 합성수지제, 목재 등이 있으며, 금속재 이외의 것은 반드시 배관하기 전에 장착하여야 한다.

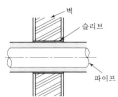

〈벽체의 관통 슬리브〉

문제 97. 배관용 탄소 강관 또는 아크용접 탄소 강관에 콜타르에나멜이나 폴리에틸렌 등으로 피복한 관으로 수도, 하수도 등의 매설 배관에 주로 사용되는 강관은?

① 배관용 합금강 강관
② 수도용 아연도금 강관
③ 압력 배관용 탄소 강관
④ 상수도용 도복장 강관

해설 상수도용 도복장 강관(STPW)
: 배관용 탄소 강관 또는 아크용접 탄소 강관에 콜타르에나멜이나 폴리에틸렌 등으로 피복한 것으로 수도, 하수도 등의 매설 배관에 주로 사용된다.

문제 98. 관의 구부림 작업에서 곡률반경은 100 mm, 구부림 각도를 45°라 할 때 중심부의 곡선길이는 약 몇 mm인가?

① 39.27   ② 78.54
③ 157.08   ④ 314.16

해설 $\ell = 2\pi R \times \dfrac{\theta°}{360} = 2\pi \times 100 \times \dfrac{45°}{360} = 78.54\,\mathrm{mm}$

문제 99. 배관 시험에 대한 설명으로 적절하지 않은 것은?

① 수압 시험은 일반적으로 1차 시험으로 많이 사용되며, 접합부가 누수와 수압을 견디는가를 조사하는 것이다.

② 통수 시험은 배관계를 각각 연결하기 전 누수 부분이 없는지 확인하기 위해 수행하며 특히 옥외 매설관은 매설 하고난 후 물을 통과시켜 검사한다.

③ 기압 시험은 배관 내에 시험용 가스를 흐르게 할 경우 수압 시험에 통과되었더라도 공기가 새는 일이 있을 수 있으므로 행해준다.

④ 연기 시험은 적당한 개구부에서 1개조 이상의 연기발생기로 짙은 색의 연기를 배관 내에 압송한다.

해답 95.④   96.③   97.④   98.②   99.②

해설▷ 통수 시험
: 기기와 배관을 접속하여 모든 공사가 완료한 다음 실제로 사용할 때와 같은 상태에서 물을 배출하여 배관기능이 충분히 발휘되는가를 조사함과 동시에 기기 설치부분의 누수를 점검하는 시험이다.

문제 **100.** 유량조절이 용이하고 유체가 밸브의 아래로부터 유입하여 밸브 시트의 사이를 통해 흐르는 밸브는?

① 콕   ② 체크 밸브
③ 글로브 밸브   ④ 게이트 밸브

해설▷ 글로브 밸브(globe valve)
: 유입방향과 유출방향은 같으나 유체가 밸브의 아래로부터 유입하여 밸브시트의 사이를 통해 흐르게 되어 있어 유체의 흐름이 갑자기 바뀌기 때문에 유체에 대한 저항은 크나 개폐가 쉽고, 유량조절이 용이하다.

정답 **100. ③**

건설기계설비·일반기계 기사
[필기] 과년도 문제집

2021년 제4회 일반기계 기사

제1과목 재료역학

문제 1. 그림과 같이 20 cm×10 cm의 단면을 갖고 양단이 회전단으로 된 부재가 중심축 방향으로 압축력 P가 작용하고 있을 때 장주의 길이가 2 m라면 세장비는 약 얼마인가? 【10장】

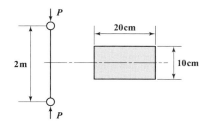

① 89　　　　　② 69

③ 49　　　　　④ 29

해설 $K_{\min} = \sqrt{\dfrac{I_{\min}}{A}} = \sqrt{\dfrac{(20\times 10^3)/12}{20\times 10}} = \dfrac{5}{\sqrt{3}}\,(\text{cm})$

$\therefore \ \lambda = \dfrac{\ell}{K_{\min}} = \dfrac{200}{\left(\dfrac{5}{\sqrt{3}}\right)} = 69.28$

문제 2. 그림과 같이 지름 10 cm의 원형 단면보 끝단에 3.6 kN의 하중을 가하고 동시에 1.8 kN·m의 비틀림 모멘트를 작용시킬 때 고정단에 생기는 최대전단응력은 약 몇 MPa인가? 【7장】

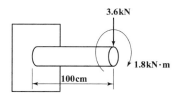

① 10.1　　　　② 20.5

③ 30.3　　　　④ 40.6

해설 우선, $M = P\ell = 3.6\times 1 = 3.6\,\text{kN} \cdot \text{m}$

또한, $T_e = \sqrt{M^2 + T^2} = \sqrt{3.6^2 + 1.8^2} = 4.025\,\text{kN} \cdot \text{m}$

결국, $\tau_{\max} = \dfrac{T_e}{Z_P} = \dfrac{4.025\times 10^{-3}}{\dfrac{\pi}{16}\times 0.1^3} = 20.5\,\text{MPa}$

문제 3. 지름이 25 mm이고 길이가 6 m인 강봉의 양쪽단에 100 kN의 인장력이 작용하여 6 mm가 늘어났다. 이때의 응력과 변형률은? (단, 재료는 선형 탄성 거동을 한다.) 【1장】

① 203.7 MPa, 0.01　　② 203.7 kPa, 0.01

③ 203.7 MPa, 0.001　④ 203.7 kPa, 0.001

해설 우선, $\sigma = \dfrac{P}{A} = \dfrac{100\times 10^3}{\dfrac{\pi}{4}\times 25^2} = 203.7\,\text{MPa}$

또한, $\varepsilon = \dfrac{\lambda}{\ell} = \dfrac{6}{6000} = 0.001$

문제 4. 공학적 변형률(engineering strain) e와 진변형률(true strain) ε 사이의 관계식으로 옳은 것은? 【1장】

① $\varepsilon = \ln(e+1)$　　② $\varepsilon = e\times\ln(e)$

③ $\varepsilon = \ln(e)$　　　④ $\varepsilon = 3e$

해설 진변형률(true strain)이란 변화된 실제 길이에 대한 늘어난 길이의 비를 뜻하며,

$\therefore \ \varepsilon = \ell n(e+1)$이다.

문제 5. 그림과 같이 전길이에 걸쳐 균일 분포하중 w를 받는 보에서 최대처짐 $\delta_{\max}$를 나타내

해답　1.②　2.②　3.③　4.①　5.③

는 식은? (단, 보의 굽힘 강성계수는 EI이다.)

【9장】

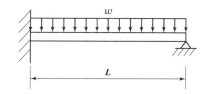

① $\dfrac{wL^4}{64EI}$

② $\dfrac{wL^4}{128.5EI}$

③ $\dfrac{wL^4}{184.6EI}$

④ $\dfrac{wL^4}{192EI}$

[해설] $\delta_{max} = \dfrac{wL^4}{184.6EI} \fallingdotseq \dfrac{wL^4}{185EI} = 0.0054\dfrac{wL^4}{EI}$

[문제] 6. 보에서 원형과 정사각형의 단면적이 같을 때, 단면계수의 비 $\dfrac{Z_1}{Z_2}$ 는 약 얼마인가?

(단, 여기에서 Z_1은 원형 단면의 단면계수, Z_2는 정사각형 단면의 단면계수이다.)   【4장】

① 0.531

② 0.846

③ 1.182

④ 1.258

[해설] $\dfrac{\pi d^2}{4} = a^2$ 즉, $a = \dfrac{\sqrt{\pi}}{2}d$

$Z_1 / Z_2 = \dfrac{\left(\dfrac{\pi d^3}{32}\right)}{\left(\dfrac{a^3}{6}\right)} = \dfrac{\left(\dfrac{\pi d^2 \times d}{4 \times 8}\right)}{\left(\dfrac{a^2 \times a}{6}\right)} = \dfrac{3d}{4a} = \dfrac{3d}{4 \times \dfrac{\sqrt{\pi}}{2}d}$

$\quad = 0.846$

[문제] 7. 그림에서 A지점에서의 반력을 구하면 약 몇 N인가?   【6장】

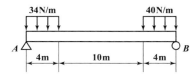

① 118

② 127

③ 132

④ 139

[해설] $\sum M_B = 0 : R_A \times 18 - 34 \times 4 \times 16 - 40 \times 4 \times 2 = 0$

$\therefore R_A = 138.67\,\mathrm{N}$

[문제] 8. 그림과 같은 삼각형 분포하중을 받는 단순보에서 최대 굽힘 모멘트는?
(단, 보의 길이는 L이다.)   【6장】

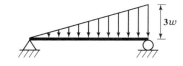

① $\dfrac{wL^2}{2\sqrt{2}}$

② $\dfrac{wL^2}{3\sqrt{3}}$

③ $\dfrac{wL^2}{4\sqrt{2}}$

④ $\dfrac{wL^2}{9\sqrt{3}}$

[해설] 우선, 좌우측의 지점을 A, B점이라 하면,

$\sum M_B = 0 : R_A \times L - \dfrac{3wL}{2} \times \dfrac{L}{3} = 0$

$\therefore R_A = \dfrac{wL}{2}$

임의의 x단면에서 분포하중 w_x를 구하면

$x : w_x = L : 3w$ $\therefore w_x = \dfrac{3wx}{L}$

또한, $F_x = R_A - \dfrac{1}{2}w_x \cdot x = \dfrac{wL}{2} - \dfrac{1}{2} \times \dfrac{3wx}{L} \cdot x$

$\qquad = \dfrac{wL}{2} - \dfrac{3wx^2}{2L}$

$F_x = 0$인 위치에서 M_{max}이 생기므로

$F_x = 0$ 즉, $\dfrac{wL}{2} - \dfrac{3wx^2}{2L} = 0$ $\therefore x = \dfrac{L}{\sqrt{3}}$

결국, $M_x = R_A x - \dfrac{1}{2}w_x \cdot x \cdot \dfrac{x}{3}$

$\qquad = \dfrac{wL}{2}x - \dfrac{1}{2} \times \dfrac{3wx}{L} \times x \times \dfrac{x}{3}$

$\qquad = \dfrac{wLx}{2} - \dfrac{wx^3}{2L}$

$\therefore M_{max} = M_{x=\frac{L}{\sqrt{3}}} = \dfrac{wL}{2} \times \dfrac{L}{\sqrt{3}} - \dfrac{w}{2L} \times \left(\dfrac{L}{\sqrt{3}}\right)^3$

$\qquad = \dfrac{wL^2}{3\sqrt{3}}$

〈다른 방법〉

우측에 있는 분포하중이 w일 때 $M_{max} = \dfrac{wL^2}{9\sqrt{3}}$이므로 문제에서 분포하중이 $3w$이므로 위의 식에서 w 대신 $3w$를 대입하면

$M_{max} = \dfrac{(3w)L^2}{9\sqrt{3}} = \dfrac{wL^2}{3\sqrt{3}}$이 됨을 알 수 있다.

[해답] 6. ②   7. ④   8. ②

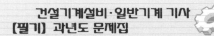

문제 9. 그림과 같이 단순지지되어 중앙에서 집중하중 P를 받는 직사각형 단면보에서 보의 길이는 L, 폭이 b, 높이가 h일 때, 최대굽힘응력($\sigma_{\max}$)과 최대전단응력($\tau_{\max}$)의 비($\frac{\sigma_{\max}}{\tau_{\max}}$)는? 【7장】

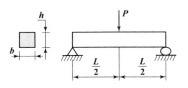

① $\dfrac{h}{L}$ ② $\dfrac{2h}{L}$

③ $\dfrac{L}{h}$ ④ $\dfrac{2L}{h}$

해설 우선, $\sigma_{\max} = \dfrac{M_{\max}}{Z} = \dfrac{\left(\dfrac{PL}{4}\right)}{\left(\dfrac{bh^2}{6}\right)} = \dfrac{3PL}{2bh^2}$

또한, $\tau_{\max} = \dfrac{3}{2}\dfrac{F}{A} = \dfrac{3}{2} \times \dfrac{\left(\dfrac{P}{2}\right)}{bh} = \dfrac{3P}{4bh}$

결국, $\dfrac{\sigma_{\max}}{\tau_{\max}} = \dfrac{\left(\dfrac{3PL}{2bh^2}\right)}{\left(\dfrac{3P}{4bh}\right)} = \dfrac{2L}{h}$

문제 10. 외경이 내경의 2배인 중공축과 재질과 길이가 같고 지름이 중공축의 외경과 같은 중실축이 동일 회전수에 동일 동력을 전달한다면, 이때 중실축에 대한 중공축의 비틀림각의 비($\dfrac{중공축\ 비틀림각}{중실축\ 비틀림각}$)는? 【5장】

① 1.07 ② 1.57 ③ 2.07 ④ 2.57

해설 $d_2 = 2d_1$에서 $\dfrac{d_1}{d_2} = x = \dfrac{1}{2} = 0.5$, $d = d_2$

$\therefore \dfrac{\theta_2(중공축)}{\theta_1(중실축)} = \dfrac{\left(\dfrac{T_2\ell_2}{GI_{P\cdot 2}}\right)}{\left(\dfrac{T_1\ell_1}{GI_{P\cdot 1}}\right)} = \dfrac{I_{P\cdot 1}}{I_{P\cdot 2}} = \dfrac{\left(\dfrac{\pi d^4}{32}\right)}{\dfrac{\pi d_2^4}{32}(1-x^4)}$

$= \dfrac{1}{1-x^4} = \dfrac{1}{1-0.5^4} = 1.067$

문제 11. 동일한 전단력이 작용할 때 원형 단면보의 지름을 d에서 $3d$로 하면 최대전단응력의 크기는? (단, $\tau_{\max}$는 지름이 d일 때의 최대전단응력이다.) 【7장】

① $9\tau_{\max}$ ② $3\tau_{\max}$

③ $\dfrac{1}{3}\tau_{\max}$ ④ $\dfrac{1}{9}\tau_{\max}$

해설 지름이 d일 때

$\tau_{\max} = \dfrac{4}{3} \cdot \dfrac{F}{A} = \dfrac{4}{3} \times \dfrac{F}{\dfrac{\pi}{4}d^2} = \dfrac{16F}{3\pi d^2}$

지름이 $3d$일 때

$\tau = \dfrac{4}{3} \cdot \dfrac{F}{A} = \dfrac{4}{3} \times \dfrac{F}{\dfrac{\pi}{4}(3d)^2} = \dfrac{1}{9}\dfrac{16F}{3\pi d^2} = \dfrac{1}{9}\tau_{\max}$

문제 12. 그림과 같이 반지름이 5 cm인 원형 단면을 갖는 ㄱ자 프레임에서 A점 단면의 수직응력(σ)은 약 몇 MPa인가? 【10장】

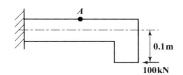

① 79.1 ② 89.1

③ 99.1 ④ 109.1

해설 $\sigma_{\min} = \sigma_A = \sigma' - \sigma'' = \dfrac{P}{A} - \dfrac{M}{Z}$

$= \dfrac{100 \times 10^{-3}}{\pi \times 0.05^2} - \dfrac{100 \times 10^{-3} \times 0.1}{\dfrac{\pi}{32} \times 0.1^3}$

$= -89.1\,\text{MPa} = 89.1\,\text{MPa}$ (인장)

문제 13. 그림과 같이 재료가 동일한 A, B의 원형 단면봉에서 같은 크기의 압축하중 F를 받고 있다. 응력은 각 단면에서 균일하게 분포된다고 할 때 저장되는 탄성변형에너지의 비 $\dfrac{U_B}{U_A}$는 얼마가 되겠는가? 【2장】

해답 9. ④ 10. ① 11. ④ 12. ② 13. ①

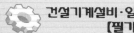
(A)

(B)

① $\dfrac{5}{9}$

② $\dfrac{1}{3}$

③ $\dfrac{9}{5}$

④ 3

【해설】 $U = \dfrac{P^2 \ell}{2AE}$ 에서

우선, $U_A = \dfrac{F^2 \ell}{2 \times \dfrac{\pi d^2}{4} \times E} = \dfrac{2F^2 \ell}{\pi d^2 E}$

또한, $U_B = \dfrac{F^2 \times \dfrac{\ell}{2}}{2 \times \dfrac{\pi}{4}(3d)^2 E} = \dfrac{F^2 \times \dfrac{\ell}{2}}{2 \times \dfrac{\pi}{4} d^2 E} = \dfrac{10F^2 \ell}{9\pi d^2 E}$

결국, $\dfrac{U_B}{U_A} = \dfrac{5}{9}$

【문제】 14. 정사각형 단면의 짧은 봉에서 축방향 (z방향) 압축 응력 40 MPa를 받고 있고, x방향과 y방향으로 압축 응력 10 MPa씩 받을 때 축방향의 길이 감소량은 약 몇 mm인가? (단, 세로탄성계수 100 GPa, 포아송 비 0.25, 단면의 한변은 120 mm, 축방향 길이는 200 mm 이다.) 【1장】

① 0.003

② 0.03

③ 0.007

④ 0.07

【해설】 $\dfrac{\lambda_Z}{\ell_Z} = \varepsilon_Z = -\dfrac{\sigma_Z}{E} + \dfrac{\sigma_x}{mE} + \dfrac{\sigma_y}{mE}$

$= \dfrac{1}{E}(-\sigma_Z + \mu\sigma_x + \mu\sigma_y)$

$\therefore \lambda_Z = \dfrac{\ell_Z}{E}(-\sigma_Z + \mu\sigma_x + \mu\sigma_y)$

$= \dfrac{200}{100 \times 10^3}(-40 + 0.25 \times 10 + 0.25 \times 10)$

$= -0.07\,\mathrm{mm} = 0.07\,\mathrm{mm}$ (감소)

【문제】 15. 그림과 같은 단붙이 봉에 인장하중 P 가 작용할 때, 축 지름의 비 $d_1 : d_2 = 4 : 3$로 하면 d_1부분에 발생하는 응력 σ_1과 d_2부분에 발생하는 응력 σ_2의 비는? 【1장】

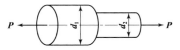

① $\sigma_1 : \sigma_2 = 9 : 16$

② $\sigma_1 : \sigma_2 = 16 : 9$

③ $\sigma_1 : \sigma_2 = 4 : 9$

④ $\sigma_1 : \sigma_2 = 9 : 4$

【해설】 우선, $\sigma_1 = \dfrac{P}{A_1} = \dfrac{4P}{\pi d_1^2}$

또한, $\sigma_2 = \dfrac{P}{A_2} = \dfrac{4P}{\pi d_2^2}$

결국, $\sigma_1 : \sigma_2 = \dfrac{4P}{\pi d_1^2} : \dfrac{4P}{\pi d_2^2} = \dfrac{1}{d_1^2} : \dfrac{1}{d_2^2}$

$= d_2^2 : d_1^2 = 3^2 : 4^2 = 9 : 16$

【문제】 16. 높이 30 cm, 폭 20 cm의 직사각형 단면을 가진 길이 3 m의 목재 외팔보가 있다. 자유단에 최대 몇 kN의 하중을 작용시킬 수 있는가? (단, 외팔보의 허용굽힘응력은 15 MPa 이다.) 【7장】

① 15

② 25

③ 35

④ 45

【해설】 $\sigma_{\max} = \dfrac{M_{\max}}{Z} = \dfrac{P\ell}{\left(\dfrac{bh^2}{6}\right)} = \dfrac{6P\ell}{bh^2} \leq \sigma_a$

$\therefore P \leq \dfrac{\sigma_a bh^2}{6\ell} = \dfrac{15 \times 10^3 \times 0.2 \times 0.3^2}{6 \times 3} = 15\,\mathrm{kN}$

【문제】 17. 2축 응력 상태의 재료 내에서 서로 직각방향으로 400 MPa의 인장응력과 300 MPa의 압축응력이 작용할 때 재료 내에 생기는 최대 수직응력은 몇 MPa인가? 【3장】

① 300

② 350

③ 400

④ 500

【해답】 14. ④ 15. ① 16. ① 17. ③

해설> $\theta = 0°$ 일 때 $\sigma_{n \cdot \max}$ 이므로

$$\sigma_n = \frac{1}{2}(\sigma_x + \sigma_y) + \frac{1}{2}(\sigma_x - \sigma_y)\cos 2\theta \text{ 에서}$$

$$\therefore \ \sigma_{n \cdot \max} = \frac{1}{2}(400 - 300) + \frac{1}{2}(400 + 300)\cos 0°$$

$$= 400\,\mathrm{MPa}$$

문제 **18.** 그림과 같은 외팔보에 집중하중 $P = 50$ kN이 작용할 때 자유단의 처짐은 약 몇 cm인가? (단, 보의 세로탄성계수는 200 GPa, 단면 2차 모멘트는 10^5 cm^{4}이다.) 【8장】

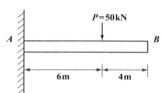

① 2.4 　　　　　② 3.6
③ 4.8 　　　　　④ 6.4

해설>

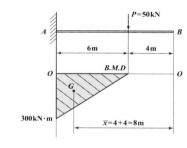

$$\delta_B = \frac{A_M}{EI}\bar{x} = \frac{\frac{1}{2} \times 6 \times 300}{200 \times 10^6 \times 10^5 \times 10^{-8}} \times 8$$

$$= 0.036\,\mathrm{m} = 3.6\,\mathrm{cm}$$

문제 **19.** 그림과 같은 보가 분포하중과 집중하중을 받고 있다. 지점 B에서의 반력의 크기를 구하면 몇 kN인가? 【6장】

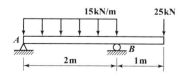

① 28.5 　　　　　② 40.5
③ 52.5 　　　　　④ 55.5

해설> $\sum M_A = 0 : 0 = -25 \times 3 + R_B \times 2 - 15 \times 2 \times 1$

$$\therefore \ R_B = 52.5\,\mathrm{kN}$$

문제 **20.** 회전수 120 rpm으로 35 kW의 동력을 전달하는 원형 단면축은 길이가 2 m이고, 지름이 6 cm이다. 이 축에서 발생한 비틀림 각도는 약 몇 rad인가? (단, 이 재료의 가로탄성계수는 83 GPa이다.) 【5장】

① 0.019 　　　　　② 0.036
③ 0.053 　　　　　④ 0.078

해설> 우선, 동력 $P = T\omega$ 에서

$$T = \frac{P}{\omega} = \frac{35}{\left(\frac{2\pi \times 120}{60}\right)} = 2.785\,\mathrm{kN \cdot m}$$

결국, $\theta = \dfrac{T\ell}{GI_P} = \dfrac{2.785 \times 2}{83 \times 10^6 \times \dfrac{\pi \times 0.06^4}{32}} \fallingdotseq 0.053\,\mathrm{rad}$

제2과목 기계열역학

문제 **21.** 섭씨온도 $-40\,℃$를 화씨온도 (℉)로 환산하면 약 얼마인가? 【1장】

① $-16\,℉$ 　　　　　② $-24\,℉$
③ $-32\,℉$ 　　　　　④ $-40\,℉$

해설> $t_℃ = t_℉ = t$ 라 놓으면

$$t_℉ = \frac{9}{5}t_℃ + 32 \text{ 에서} \quad t = \frac{9}{5}t + 32$$

$$\therefore \ t = -40 \quad \text{즉,} \ -40\,℃ = -40\,℉$$

문제 **22.** 역카르노 사이클로 운전하는 이상적인 냉동사이클에서 응축기 온도가 40 ℃, 증발기 온도가 –10 ℃이면 성능계수는 약 얼마인가? 【9장】

해답> 18. ② 　19. ③ 　20. ③ 　21. ④ 　22. ②

① 4.26   ② 5.26

③ 3.56   ④ 6.56

해설 $\varepsilon_r = \dfrac{T_{\text{II}}}{T_1 - T_{\text{II}}} = \dfrac{(-10+273)}{40-(-10)} = 5.26$

문제 **23.** 두께 1 cm, 면적 $0.5\ \text{m}^2$의 석고판의 뒤에 가열판이 부착되어 1000 W의 열을 전달한다. 가열판의 뒤는 완전히 단열되어 열은 앞면으로만 전달된다. 석고판 앞면의 온도는 100 ℃이고, 석고의 열전도율은 0.79 W/(m·K)일 때 가열판에 접하는 석고면의 온도는 약 몇 ℃인가? 【11장】

① 110   ② 125

③ 140   ④ 155

해설 $Q = -KA\dfrac{dT}{dx}$ 에서

$1000 = 0.79 \times 0.5 \times \dfrac{(T_1 - 100)}{0.01}$ $\therefore\ T_1 = 125.3\ ℃$

문제 **24.** 그림과 같은 증기압축 냉동사이클이 있다. 1, 2, 3 상태의 엔탈피가 다음과 같을 때 냉매의 단위 질량당 소요 동력(W_C)과 냉동능력(q_L)은 얼마인가? (단, 각 위치에서의 엔탈피(h)값은 각각 $h_1 = 178.16$ kJ/kg, $h_2 = 210.38$ kJ/kg, $h_3 = 74.53$ kJ/kg이고, 그림에서 T는 온도, S는 엔트로피를 나타낸다.) 【9장】

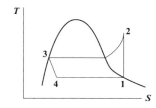

① $W_C = 32.22$ kJ/kg, $q_L = 103.63$ kJ/kg

② $W_C = 32.22$ kJ/kg, $q_L = 135.85$ kJ/kg

③ $W_C = 103.63$ kJ/kg, $q_L = 32.22$ kJ/kg

④ $W_C = 135.85$ kJ/kg, $q_L = 32.22$ kJ/kg

해설 우선, 소요동력

$W_C = h_2 - h_1 = 210.38 - 178.16 = 32.22\ \text{kJ/kg}$

또한, 냉동능력(=냉각량)

$q_L = h_1 - h_4(=h_3) = 178.16 - 74.53 = 103.63\ \text{kJ/kg}$

문제 **25.** 어떤 기체의 정압비열이 2436 J/(kg·K)이고, 정적비열이 1943 J/(kg·K)일 때 이 기체의 비열비는 약 얼마인가? 【2장】

① 1.15   ② 1.21

③ 1.25   ④ 1.31

해설 $k = \dfrac{C_p}{C_v} = \dfrac{2436}{1943} = 1.25$

문제 **26.** 30 ℃, 100 kPa의 물을 800 kPa까지 압축하려고 한다. 물의 비체적이 $0.001\ \text{m}^3/\text{kg}$로 일정하다고 할 때, 단위 질량당 소요된 일(공업일)은 약 몇 J/kg인가? 【2장】

① 167   ② 602

③ 700   ④ 1412

해설 $w_t = -\displaystyle\int_1^2 vdp = -v(p_2 - p_1) = v(p_1 - p_2)$

$= 0.001 \times (100 - 800) = -700\ \text{J/kg}$

문제 **27.** 다음의 열기관이 열역학 제1법칙과 제2법칙을 만족하면서 출력일(W)이 최대가 될 때, W의 값으로 옳은 것은? (단, T는 온도, Q는 열량을 나타낸다.) 【4장】

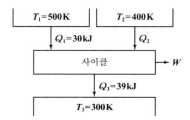

① 34 kJ   ② 29 kJ

③ 24 kJ   ④ 19 kJ

해답 **23.** ②   **24.** ①   **25.** ③   **26.** ③   **27.** ④

우선, $S_1 + S_2 = S_3$에서

$$\frac{Q_1}{T_1} + \frac{Q_2}{T_2} = \frac{Q_3}{T_3} \quad \text{즉,} \quad \frac{30}{500} + \frac{Q_2}{400} = \frac{39}{300}$$

$$\therefore \ Q_2 = 28\,\text{kJ}$$

결국, $Q_1 + Q_2 = W + Q_3$에서

$$\therefore \ W = Q_1 + Q_2 - Q_3 = 30 + 28 - 39 = 19\,\text{kJ}$$

문제 28. 10 kg의 증기가 온도 50 ℃, 압력 38 kPa, 체적 7.5 m³일 때 총 내부에너지는 6700 kJ이다. 이와 같은 상태의 증기가 가지고 있는 엔탈피는 약 몇 kJ인가? 【2장】

① 8346
② 7782
③ 7304
④ 6985

해설 $H = U + PV = 6700 + (38 \times 7.5) = 6985\,\text{kJ}$

문제 29. 이상기체인 공기 2 kg이 300 K, 600 kPa 상태에서 500 K, 400 kPa 상태로 변화되었다. 이 과정 동안의 엔트로피 변화량은 약 몇 kJ/K인가? (단, 공기의 정적비열과 정압비열은 각각 0.717 kJ/(kg·K)과 1.004 kJ/(kg·K)로 일정하다.) 【4장】

① 0.73
② 1.83
③ 1.02
④ 1.26

해설 $\Delta s = C_p \ell n \dfrac{T_2}{T_1} - AR \ell n \dfrac{p_2}{p_1}$ 꼴에서

$$\therefore \ \Delta S = m C_p \ell n \frac{T_2}{T_1} - m R \ell n \frac{p_2}{p_1}$$

$$= 2 \times 1.004 \times \ell n \frac{500}{300}$$

$$- 2 \times (1.004 - 0.717) \times \ell n \frac{400}{600}$$

$$= 1.26\,\text{kJ/K}$$

문제 30. 피스톤–실린더로 구성된 용기 안에 300 kPa, 100 ℃ 상태의 CO_2가 0.2 m³ 들어있다. 이 기체를 "$PV^{1.2} =$일정"인 관계가 만족되도록 피스톤 위에 추를 더해가며 온도가 200 ℃가 될 때까지 압축하였다. 이 과정 동안 기체가 외부로부터 받은 일을 구하면 약 몇 kJ인가? (단, P는 압력, V는 부피이고, CO_2의 기체상수는 0.189 kJ/(kg·K)이며 CO_2는 이상기체처럼 거동한다고 가정한다.) 【3장】

① 20
② 60
③ 80
④ 120

해설 $PV^{1.2} =$일정이므로 폴리트로프 과정($n = 1.2$)이다.

우선, $P_1 V_1 = m R T_1$에서

$$m = \frac{P_1 V_1}{R T_1} = \frac{300 \times 0.2}{0.189 \times 373} = 0.85\,\text{kg}$$

결국, $_1 W_2 = \dfrac{mR}{n-1}(T_1 - T_2)$

$$= \frac{0.85 \times 0.189}{1.2 - 1} \times (100 - 200)$$

$$= -80.325\,\text{kJ} = 80.325\,\text{kJ}\ (\text{외부로부터 받음})$$

문제 31. 어느 가역 상태변화를 표시하는 그림과 같은 온도(T)–엔트로피(S) 선도에서 빗금으로 나타낸 부분의 면적은 무엇을 의미하는가? 【4장】

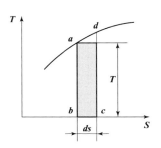

① 힘
② 열량
③ 압력
④ 비체적

해설 $P-V$ 선도 : 일량선도, $T-S$ 선도 : 열량선도

문제 32. 마찰이 없는 피스톤이 끼워진 실린더가 있다. 이 실린더 내 공기의 초기 압력은 500 kPa이며 초기체적은 0.05 m³이다. 실린더를 가열하였더니 실린더내 공기가 열손실 없이 체적이 0.1 m³으로 증가되었다. 이 과정에서 공기가

행한 일은 몇 kJ인가?

(단, 압력은 변하지 않았다.)　　　　【2장】

① 10　　　　　　② 25

③ 40　　　　　　④ 100

해설 $_1W_2 = \int_1^2 PdV = P(V_2 - V_1)$

$= 500 \times (0.1 - 0.05) = 25\,\mathrm{kJ}$

문제 **33.** 어느 증기터빈에 0.4 kg/s로 증기가 공급되어 260 kW의 출력을 낸다. 입구의 증기 엔탈피 및 속도는 각각 3000 kJ/kg, 720 m/s, 출구의 증기 엔탈피 및 속도는 각각 2500 kJ/kg, 120 m/s이면, 이 터빈의 열손실은 약 몇 kW가 되는가?　　　　【2장】

① 15.9　　　　　② 40.8

③ 20.4　　　　　④ 104

해설 $_1Q_2 = W_t + \dfrac{\dot{m}(w_2^2 - w_1^2)}{2}$

$+ \dot{m}(h_2 - h_1) + \dot{m}(Z_2 - Z_1)$

$= 260 + \dfrac{0.4(120^2 - 720^2)}{2 \times 10^3} + 0.4(2500 - 3000)$

$= 40.8\,\mathrm{kW}$

문제 **34.** 다음 중 서로 같은 단위를 사용할 수 없는 것은?　　　　【4장】

① 열량(heat transfer)과 일(work)

② 비내부에너지(specific internal energy)와 비엔탈피(specific enthalpy)

③ 비엔탈피(specific enthalpy)와 비엔트로피(specific entropy)

④ 비열(specific heat)과 비엔트로피(specific entropy)

해설 ① 열량과 일 : kJ

② 비내부에너지와 비엔탈피 : kJ/kg

③ 비엔탈피 : kJ/kg, 비엔트로피 : kJ/kg·K

④ 비열과 비엔트로피 : kJ/kg·K

문제 **35.** 온도 100 ℃의 공기 0.2 kg이 압력이 일정한 과정을 거쳐 원래 체적의 2배로 늘어났다. 이때 공기에 전달된 열량은 약 몇 kJ인가? (단, 공기는 이상기체이며 기체상수는 0.287 kJ/(kg·K), 정적비열은 0.718 kJ/(kg·K)이다.)　　　　【3장】

① 75.0 kJ　　　　② 8.93 kJ

③ 21.4 kJ　　　　④ 34.7 kJ

해설 우선, "정압"이므로　$p = C$　즉, $dp = 0$

$\dfrac{V_1}{T_1} = \dfrac{V_2}{T_2}$ 에서　$\dfrac{V_1}{373} = \dfrac{2V_1}{T_2}$　∴ $T_2 = 746\,\mathrm{K}$

결국, $\delta q = dh - A\,v\,dp^{\,0}$ 에서

$_1Q_2 = m\,C_p(T_2 - T_1) = m(C_v + R)(T_2 - T_1)$

$= 0.2 \times (0.718 + 0.287) \times (746 - 373)$

$= 74.973\,\mathrm{kJ} ≒ 75\,\mathrm{kJ}$

문제 **36.** 4 kg의 공기를 압축하는데 300 kJ의 일을 소비함과 동시에 110 kJ의 열량이 방출되었다. 공기온도가 초기에는 20 ℃이었을 때 압축 후의 공기온도는 약 몇 ℃인가?

(단, 공기는 정적비열이 0.716 kJ/(kg·K)으로 일정한 이상기체로 간주한다.)　　　　【2장】

① 78.4　　　　　② 71.7

③ 93.5　　　　　④ 86.3

해설 우선, $_1Q_2 = \Delta U + _1W_2$ 에서

$-110 = \Delta U - 300$　∴ $\Delta U = 190\,\mathrm{kJ}$

결국, $dU = m\,C_v dT$ 에서

$\Delta U = m\,C_v(T_2 - T_1)$

$190 = 4 \times 0.716 \times (T_2 - 20)$　∴ $T_2 = 86.34\,℃$

문제 **37.** 온도가 T_1인 고열원으로부터 온도가 T_2인 저열원으로 열전도, 대류, 복사 등에 의해 Q만큼 열전달이 이루어졌을 때 전체 엔트로피 변화량을 나타내는 식은?　　　　【4장】

①　$\dfrac{T_1 - T_2}{Q(T_1 \times T_2)}$　　　②　$\dfrac{Q(T_1 + T_2)}{T_1 \times T_2}$

해답 **33.** ②　**34.** ③　**35.** ①　**36.** ④　**37.** ③

③ $\dfrac{Q(T_1 - T_2)}{T_1 \times T_2}$ ④ $\dfrac{T_1 + T_2}{Q(T_1 \times T_2)}$

[해설] $\Delta S = S_2 - S_1 = \dfrac{Q}{T_2} - \dfrac{Q}{T_1} = \dfrac{Q(T_1 - T_2)}{T_1 \times T_2}$

[해설] 랭킨사이클의 열효율은 보일러의 압력은 높고, 복수기의 압력은 낮을수록, 터빈의 초온, 초압이 클수록, 터빈 출구에서 압력이 낮을수록 증가한다. 그러나 터빈 출구에서 온도를 낮게 하면 터빈 깃을 부식시키므로 열효율이 감소한다.

[문제] 38. 14.33 W의 전등을 매일 7시간 사용하는 집이 있다. 30일 동안 약 몇 kJ의 에너지를 사용하는가? **【1장】**

① 10830   ② 15020
③ 17420   ④ 22840

[해설] $14.33 \times 10^{-3} \text{kW} (= \text{kJ/s}) \times 7 \times 3600\,\text{sec} \times 30$
$= 10833.48\,\text{kJ}$

[문제] 39. 다음 중 이상적인 증기 터빈의 사이클인 랭킨 사이클을 옳게 나타낸 것은? **【7장】**

① 가역단열압축 → 정압가열 → 가역단열팽창 → 정압냉각
② 가역단열압축 → 정적가열 → 가역단열팽창 → 정적냉각
③ 가역등온압축 → 정압가열 → 가역등온팽창 → 정압냉각
④ 가역등온압축 → 정적가열 → 가역등온팽창 → 정적냉각

[해설] 급수펌프(가역단열압축) → 보일러(정압가열) → 터빈(가역단열팽창) → 복수기(정압방열)

[문제] 40. 랭킨 사이클의 열효율 증대 방법에 해당하지 않는 것은? **【7장】**

① 복수기(응축기) 압력 저하
② 보일러 압력 증가
③ 터빈 입구 온도 저하
④ 보일러에서 증기 온도 상승

제3과목 기계유체역학

[문제] 41. 평판을 지나는 경계층 유동에서 속도 분포가 경계층 바깥에서는 균일 속도, 경계층 내에서는 다음과 같이 주어질 때 경계층 배제두께(displacement thickness) δ^*와 경계층 두께 δ의 관계식으로 옳은 것은? (단, u는 평판으로부터의 거리 y에 따른 경계층 내의 속도 분포, U는 경계층 밖의 균일 속도이다.) **【5장】**

$$u(y) = U \times \frac{y}{\delta}$$

① $\delta^* = \dfrac{\delta}{4}$ ② $\delta^* = \dfrac{\delta}{3}$
③ $\delta^* = \dfrac{\delta}{2}$ ④ $\delta^* = \dfrac{2\delta}{3}$

[해설] $\delta^* = \displaystyle\int_0^\delta \left(1 - \frac{u}{u_\infty}\right) dy = \int_0^\delta \left(1 - \frac{y}{\delta}\right) dy$
$= \left[y - \dfrac{y^2}{2\delta}\right]_0^\delta = \delta - \dfrac{\delta}{2} = \dfrac{\delta}{2}$

[문제] 42. 관속에서 유체가 흐를 때 유동이 완전한 난류라면 수두손실은? **【6장】**

① 유체 속도에 비례한다.
② 유체 속도의 제곱에 비례한다.
③ 유체 속도에 반비례한다.
④ 유체 속도의 제곱에 반비례한다.

[해설] $h_\ell = f \dfrac{\ell}{d} \dfrac{V^2}{2g}$ 즉, $h_\ell \propto V^2$

[정답] **38.** ① **39.** ① **40.** ③ **41.** ③ **42.** ②

문제 43. 원관 내부의 흐름이 층류 정상 유동일 때 유체의 전단응력 분포에 대한 설명으로 알맞은 것은? 【5장】

① 중심축에서 0이고, 반지름 방향 거리에 따라 선형적으로 증가한다.

② 관벽에서 0이고, 중심축까지 선형적으로 증가한다.

③ 단면에서 중심축을 기준으로 포물선 분포를 가진다.

④ 단면 전체에서 일정하게 나타난다.

해설 ・수평원관에서 층류유동

① 속도분포 : 관벽에서 0이며, 관중심에서 최대이다. ⇨ 포물선 변화

② 전단응력분포 : 관중심에서 0이며, 관벽에서 최대이다. ⇨ 직선적(=선형적) 변화

문제 44. 2 m/s의 속도로 물이 흐를 때 피토관 수두 높이 h는? 【3장】

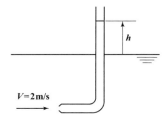

① 0.053 m   ② 0.102 m

③ 0.204 m   ④ 0.412 m

해설 $V = \sqrt{2gh}$ 에서 $h = \dfrac{V^2}{2g} = \dfrac{2^2}{2 \times 9.8} = 0.204\,\text{m}$

문제 45. 그림과 같이 매우 큰 두 저수지 사이에 터빈이 설치되어 동력을 발생시키고 있다. 물이 흐르는 유량은 50 m³/min이고, 배관의 마찰손실수두는 5 m, 터빈의 작동효율이 90 %일 때 터빈에서 얻을 수 있는 동력은 약 몇 kW인가? 【3장】

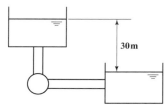

① 318

② 286

③ 184

④ 204

해설 동력 $P = \gamma Q H \eta_T = 9.8 \times \dfrac{50}{60} \times (30 - 5) \times 0.9$
$= 183.75\,\text{kW}$

문제 46. 체적이 1 m³인 물체의 무게를 물 속에서 측정하였을 때 4000 N이었다. 이 물체의 비중은? 【2장】

① 2.11   ② 1.85

③ 1.62   ④ 1.41

해설 우선, 공기중에서 물체무게(W)
$=$ 부력(F_B)$+$ 액체속에서 물체무게
$= (9800 \times 1) + 4000$
$= 13800\,\text{N}$
결국, 물체무게 $W = \gamma V = \gamma_{H_2O} S V$에서
$\therefore S = \dfrac{W}{\gamma_{H_2O} V} = \dfrac{13800}{9800 \times 1} ≒ 1.41$

문제 47. 어떤 액체 기둥 높이 25 cm와 수은 기둥 높이 4 cm에 의한 압력이 같다면 이 액체의 비중은 약 얼마인가?
(단, 수은의 비중은 13.6이다.) 【2장】

① 7.35   ② 6.36

③ 4.04   ④ 2.18

해설 $P_{액체} = P_{수은}$ 즉, $\gamma_{액체} h_{액체} = \gamma_{수은} h_{수은}$
$S_{액체} h_{액체} = S_{수은} h_{수은}$
$\therefore S_{액체} = S_{수은} \times \dfrac{h_{수은}}{h_{액체}} = 13.6 \times \dfrac{4}{25} = 2.176$

해답 **43.** ① **44.** ③ **45.** ③ **46.** ④ **47.** ④

문제 48. 해수 내에서 잠수함이 2.5 m/s로 끌며 움직이고 있는 지름인 280 mm인 구형의 음파탐지기에 작용하는 항력을 풍동실험을 통해 예측하려고 한다. 지름이 140 mm인 구형 모형을 사용한 풍동실험에서 Reynolds수를 같게 하여 실험하였을 때, 풍동에서 측정한 항력에 몇 배를 곱해야 해수 내 음파탐지기의 항력을 구할 수 있는가? (단, 바닷물의 평균 밀도는 1025 kg/m³, 동점성계수는 1.4×10^{-6} m²/s이며, 공기의 밀도는 1.23 kg/m³, 동점성계수는 1.4×10^{-5} m²/s로 한다. 또한, 이 항력 연구는 다음 식이 성립한다.) 【7장】

$$\frac{F}{\rho V^2 D^2} = f(Re)$$

여기서, F : 항력, ρ : 밀도, V : 속도, D : 지름, Re : 레이놀즈 수

① 1.67배
② 3.33배
③ 6.67배
④ 8.33배

해설 우선, $(Re)_P = (Re)_m$에서 $\left(\dfrac{Vd}{\nu}\right)_P = \left(\dfrac{Vd}{\nu}\right)_m$

$\dfrac{2.5 \times 280}{1.4 \times 10^{-6}} = \dfrac{V_m \times 140}{1.4 \times 10^{-5}}$ ∴ $V_m = 50$ m/s

또한, $D = C_D \dfrac{\rho V^2}{2} A$에서 $C_D = \dfrac{2D}{\rho V^2 A}$

결국, $(C_D)_P = (C_D)_m$에서 $\left(\dfrac{2D}{\rho V^2 A}\right)_P = \left(\dfrac{2D}{\rho V^2 A}\right)_m$

$\left(\dfrac{2D}{\rho V^2 d^2}\right)_P = \left(\dfrac{2D}{\rho V^2 d^2}\right)_m$

$\dfrac{2 \times D_P}{1025 \times 2.5^2 \times 280^2} = \dfrac{2 \times D_m}{1.23 \times 50^2 \times 140^2}$

∴ $D_P = 8.33 D_m$

문제 49. 실온에서 엔진오일은 절대점성계수 0.12 kg/(m·s), 밀도 800 kg/m³이고, 공기는 절대점성계수 1.8×10^{-5} kg/(m·s), 밀도 1.2 kg/m³이다. 엔진오일의 동점성계수는 공기의 동점성계수의 약 몇 배인가? 【1장】

① 5
② 10
③ 15
④ 20

해설 우선, $\nu_{\text{oil}} = \dfrac{\mu}{\rho} = \dfrac{0.12}{800} = 1.5 \times 10^{-4}$ m²/s

또한, $\nu_{\text{air}} = \dfrac{\mu}{\rho} = \dfrac{1.8 \times 10^{-5}}{1.2} = 1.5 \times 10^{-5}$ m²/s

결국, $\nu_{\text{oil}} = 10 \nu_{\text{air}}$

문제 50. Buckingham의 파이(pi)정리를 바르게 설명한 것은? (단, k는 변수의 개수, r은 변수를 표현하는데 필요한 최소한의 기준차원의 개수이다.) 【7장】

① $(k-r)$개의 독립적인 무차원수의 관계식으로 만들 수 있다.
② $(k+r)$개의 독립적인 무차원수의 관계식으로 만들 수 있다.
③ $(k-r+1)$개의 독립적인 무차원수의 관계식으로 만들 수 있다.
④ $(k+r+1)$개의 독립적인 무차원수의 관계식으로 만들 수 있다.

해설 버킹함의 π정리
독립무차원수 $\pi = n - m (= k - r)$
여기서, $n(=k)$: 물리량의 수(=변수의 개수)
$m(=r)$: 기본차원의 수
(=변수를 표현하는데 필요한 최소한의 기준차원의 개수)

문제 51. 그림과 같이 단면적 A_1은 0.4 m², 단면적 A_2는 0.1 m²인 동일 평면상의 관로에서 물의 유량이 1000 L/s일 때 관을 고정시키는 데 필요한 x방향의 힘 F_x의 크기는 약 몇 N인가? (단, 단면 1과 2의 높이차는 1.5 m이고, 단면 2에서 물은 대기로 방출되며, 곡관의 자체 중량, 곡관 내부 물의 중량 및 곡관에서의 마찰손실은 무시한다.) 【4장】

해답 48. ④ 49. ② 50. ① 51. ③

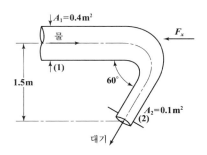

① 10159 　　　　 ② 15358

③ 20370 　　　　 ④ 24018

해설> 우선, $Q = A_1 V_1 = A_2 V_2$에서

$$V_1 = \frac{Q}{A_1} = \frac{1}{0.4} = 2.5\,\mathrm{m/s}$$

$$V_2 = \frac{Q}{A_2} = \frac{1}{0.1} = 10\,\mathrm{m/s}$$

또한, $\dfrac{p_1}{\gamma} + \dfrac{V_1^2}{2g} + Z_1 = \dfrac{p_2}{\gamma} + \dfrac{V_2^2}{2g} + Z_2$

$$\frac{p_1}{9800} + \frac{2.5^2}{2 \times 9.8} + 1.5 = \frac{10^2}{2 \times 9.8}$$

$$\therefore\ p_1 = 32175\,\mathrm{N/m^2}$$

결국,

$$F_x = p_1 A_1 \cos\theta_1 - p_2 A_2 \cos\theta_2 + \rho Q(V_1 \cos\theta_1 - V_2 \cos\theta_2)$$
$$= 32175 \times 0.4 - 0 + 1000 \times 1 \times (2.5 - 10\cos 240°)$$
$$= 20370\,\mathrm{N}$$

문제 52. 다음 중 점성계수를 측정하는데 적합한 것은? 【10장】

① 피토관(pitot tube)

② 슈리렌법(schlieren method)

③ 벤투리미터(venturi meter)

④ 세이볼트법(saybolt method)

해설> ·점성계수(μ)의 측정
　① 낙구식 점도계 : Stokes법칙을 이용
　② Macmichael점도계, Stomer점도계
　　 : 뉴톤의 점성법칙을 이용
　③ Ostwald점도계, Saybolt점도계
　　 : 하겐−포아젤 방정식을 이용

문제 53. 다음 중 밀도가 가장 큰 액체는? 【1장】

① 1 g/cm^3

② 비중 1.5

③ 1200 kg/m^3

④ 비중량 8000 N/m^3

해설> ① $\rho = 1\mathrm{g/cm^3} = 10^{-3} \times 10^6\,\mathrm{kg/m^3} = 1000\,\mathrm{kg/m^3}$

　② $\rho = \rho_{\mathrm{H_2O}} S = 1000 \times 1.5 = 1500\,\mathrm{kg/m^3}$

　③ $\rho = 1200\,\mathrm{kg/m^3}$

　④ $\gamma = \rho g$에서　$\rho = \dfrac{\gamma}{g} = \dfrac{8000}{9.8} = 816.3\,\mathrm{kg/m^3}$

문제 54. 점성을 지닌 액체가 지름 4 mm의 수평으로 놓인 원통형 튜브를 12×10^{-6} m^3/s의 유량을 흐르고 있다. 길이 1 m에서의 압력손실은 약 몇 kPa인가? (단, 튜브의 입구로부터 충분히 멀리 떨어져 있어서 유체는 축방향으로만 흐르며 유체의 밀도는 1180 kg/m^3, 점성계수는 0.0045 N·s/m^{2}이다.) 【5장】

① 7.59 　　　　 ② 8.59

③ 9.59 　　　　 ④ 10.59

해설> $Q = \dfrac{\Delta P \pi d^4}{128 \mu \ell}$에서

$$\therefore\ \Delta P = \frac{128 \mu \ell Q}{\pi d^4} = \frac{128 \times 0.0045 \times 1 \times 12 \times 10^{-6}}{\pi \times 0.004^4}$$
$$= 8594.37\,\mathrm{Pa} \fallingdotseq 8.59\,\mathrm{kPa}$$

문제 55. 그림과 같은 원통 주위의 포텐션 유동이 있다. 원통 표면상에서 상류 유속(v)과 동일한 크기의 유속이 나타나는 위치(θ)는? 【5장】

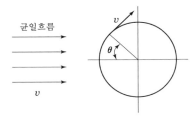

① 90° 　　　　 ② 30°

③ 45° 　　　　 ④ 60°

답 52. ④ 　 53. ② 　 54. ② 　 55. ②

해설▷ 임의의 각 θ에서 원통표면상의 속도(V_θ)는

$V_\theta = 2V\sin\theta$에서 $V_\theta = V$이므로

$\sin\theta = \dfrac{1}{2}$ $\therefore$ $\theta = \sin^{-1}\left(\dfrac{1}{2}\right) = 30°$

문제 56. 지름 0.1 mm, 비중 2.3인 작은 모래알이 호수 바닥으로 가라앉을 때, 잔잔한 물 속에서 가라앉는 속도는 약 몇 mm/s인가?
(단, 물의 점성계수는 1.12×10^{-3} N·s/m²이다.) 【5장】

① 6.32
② 4.96
③ 3.17
④ 2.24

해설▷

$W = D + F_B$

$(\gamma V)_{모래알} = D + (\gamma_{액체} V_{잠긴})$

$\gamma_{\mathrm{H_2O}} S_{모래알} V_{모래알}$

$\quad = 3\pi\mu V d + (\gamma_{액체} V_{잠긴})$

$9800 \times 2.3 \times \dfrac{\pi \times 0.0001^3}{6}$

$= 3\pi \times 1.12 \times 10^{-3} \times V \times 0.001 + 9800 \times \dfrac{\pi \times 0.0001^3}{6}$

$\therefore V = 0.00632\,\mathrm{m/s} = 6.32\,\mathrm{mm/s}$

문제 57. 어떤 액체의 밀도는 890 kg/m³, 체적탄성계수는 2200 MPa이다. 이 액체 속에서 전파되는 소리의 속도는 약 몇 m/s인가? 【1장】

① 1572
② 1483
③ 981
④ 345

해설▷ $a = \sqrt{\dfrac{K}{\rho}} = \sqrt{\dfrac{2200 \times 10^6}{890}} \fallingdotseq 1572\,\mathrm{m/s}$

문제 58. 다음 중 옳은 설명을 모두 고른 것은? 【3장】

㉮ 정상(steady) 유동일 때 유맥선(streak line), 유적선(path line), 유선(stream line)은 동일하다.
㉯ 공간상의 한 공통점을 지나온 모든 유체

들로 이루어진 선을 유적선이라 한다.
㉰ 유선은 유체 속도장과 접하는 선을 말한다.

① ㉮, ㉯
② ㉮, ㉰
③ ㉯, ㉰
④ ㉮, ㉯, ㉰

해설▷ ① 유맥선(streak line) : 공간내의 한점을 지나는 모든 유체입자들의 순간궤적(예) 담배연기)
② 유적선(path line) : 주어진 시간 동안에 유체입자가 유선을 따라 진행한 경로(자취)

문제 59. 그림과 같이 폭이 2 m, 높이가 3 m인 평판이 물 속에 수직으로 잠겨있다. 이 평판의 한쪽 면에 작용하는 전체 압력에 의한 힘은 약 몇 kN인가? 【4장】

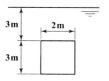

① 88
② 176
③ 233
④ 265

해설▷ $F = \gamma \bar{h} A = 9.8 \times (3 + 1.5) \times (3 \times 2) = 264.6\,\mathrm{kN}$

문제 60. 2차원 (r, θ) 평면에서 연속방정식은 다음과 같이 주어진다. 비압축성 유동이고 반지름 방향의 속도 V_r은 반지름방향의 거리 r만의 함수이며, 접선방향의 속도 $V_\theta = 0$일 때, V_r은 어떤 함수가 되는가? 【3장】

$$\frac{\partial \rho}{\partial t} + \frac{1}{r}\frac{\partial(r\rho V_r)}{\partial r} + \frac{1}{r}\frac{\partial(\rho V_\theta)}{\partial \theta} = 0$$
(단, t는 시간, ρ는 밀도이다.)

① r에 비례하는 함수
② r^2에 비례하는 함수
③ r에 반비례하는 함수
④ r^2에 반비례하는 함수

정답▷ 56. ① 57. ① 58. ② 59. ④ 60. ③

해설 비압축성 유동이므로 $\frac{\partial \rho}{\partial t} = 0$, $\rho = C$이고, $V_\theta = 0$

일 때 이므로

$$\frac{\overset{0}{\partial \rho}}{\partial t} + \frac{1}{r}\frac{\partial (r\rho V_r)}{\partial r} + \frac{1}{r}\frac{\partial (\rho \overset{0}{V_\theta})}{\partial \theta} = 0$$

$$\frac{1}{r}\frac{\partial (r\rho V_r)}{\partial r} = 0 \quad 즉, \quad \frac{\partial}{\partial r}(r\rho V_r) = 0$$

양변을 r에 대해 적분하면

$$r\rho V_r = C \quad \therefore \quad V_r = \frac{1}{r}\left(\frac{C}{\rho}\right)$$

결국, V_r은 r에 반비례한다.

제4과목 기계재료 및 유압기기

문제 61. 일정한 높이에서 낙하시킨 추(해머)의 반발한 높이로 경도를 측정하는 시험법은?

① 브리넬 경도시험 ② 로크웰 경도시험
③ 비커스 경도시험 ④ 쇼어 경도시험

해설 쇼어경도시험 : 압입체를 사용하지 않고, 작은 다이아몬드를 선단에 고정시킨 낙하체를 일정한 높이 h_0에서 시험편 위에 낙하시켰을 때 반발하여 올라간 높이 h로 쇼어경도를 표시한다.

$$\therefore H_S = \frac{10000}{65} \times \frac{h}{h_0}$$

문제 62. 침탄, 질화와 같이 Fe 중에 탄소 또는 질소의 원자를 침입시켜 한쪽으로만 확산하는 것은?

① 자기확산   ② 상호확산
③ 단일확산   ④ 격자확산

해설 ① 자기확산 : 단일금속 내에서 동일원자 사이에 일어나는 확산이다.
② 상호확산 : 다른 종류 원자 A, B가 접촉면에서 서로 반대방향으로 이루는 확산이다.
③ 단일확산 : 침탄, 질화와 같이 Fe 중에 탄소 또는 질소의 원자를 침입시켜 한쪽으로만 확산하는 것이다.
④ 격자확산(＝체적확산) : 결정격자 내에서의 일반적인 각종의 점결합에 의한 확산이다.

문제 63. 알루미늄, 마그네슘 및 그 합금의 질별 기호 중 가공 경화한 것을 나타내는 기호로 옳은 것은?

① O   ② H
③ W   ④ F

해설 · 질별기호 : 전신재에서 냉간가공이나 열처리에 의해서 강도나 성형성 등에 대해서 소정의 성능을 얻을 수 있다. 이것을 조질이라고 하고 조질의 종류를 질별이라고 하며, 기본기호는 다음과 같다.
① F : 제조한 그대로의 것
② O : 어닐링(소둔)한 것
③ H : 가공경화 한 것
④ W : 용체화처리 한 것
⑤ T : 열처리에 따라 F, O, H 이외의 안정된 질별로 한 것

문제 64. 다이캐스팅용 Al합금에 Si원소를 첨가하는 이유가 아닌 것은?

① 유동성이 증가한다.
② 열간취성이 감소한다.
③ 용탕보급성이 양호해진다.
④ 금형에 점착성이 증가한다.

해설 다이캐스팅용 Aℓ합금에 Si를 첨가하는 이유
: 융점이 낮은 공정을 생성하여 용탕의 유동성을 좋게 하고, Si (%)가 공정성분에 가까워지면 응고온도 범위가 좁아 용탕 보급성이 좋아지며, 열간 메짐성이 적어서 균열의 발생을 억제할 수 있기 때문이다.

문제 65. 주철에 대한 설명으로 틀린 것은?

① 흑연이 많을 경우에는 그 파단면이 회색을 띤다.
② 600 ℃이상의 온도에서 가열 및 냉각을 반복하면 부피가 감소하여 파열을 저지한다.
③ 주철 중에 전 탄소량은 흑연과 화합 탄소를 합한 것이다.
④ C와 Si의 함량에 따른 주철의 조직관계를 나타낸 것을 마우러 조직도라 한다.

해답 61. ④ 62. ③ 63. ② 64. ④ 65. ②

해설 ・주철의 성장 : A₁ 변태점 이상의 온도에서 주철은 가열, 냉각을 반복하면 부피가 팽창하여 변형, 균열이 발생하는데 이를 주철의 성장이라 한다.
① 원인
  ㉠ 고온에서의 주철조직에 함유된 Fe₃C의 흑연화
  ㉡ A₁ 변태에서의 체적변화에 의한 미세한 균열
  ㉢ 흡수된 가스의 팽창
  ㉣ Si, Al, Ni의 성장
  ㉤ Si의 산화
② 방지책
  ㉠ 흑연의 미세화
  ㉡ 조직을 치밀하게 할 것
  ㉢ 시멘타이트(Fe₃C)의 흑연화 방지제 Cr, W, Mo, V 등의 첨가로 Fe₃C의 분해방지
  ㉣ Si 대신 Ni로 치환

문제 66. 결정성 플라스틱 및 비결정성 플라스틱을 비교 설명한 것 중 틀린 것은?

① 비결정성에 비해 결정성 플라스틱은 많은 열량이 필요하다.
② 비결정성에 비해 결정성 플라스틱은 금형 냉각 시간이 길다.
③ 결정성 플라스틱에 비해 비결정성 플라스틱은 치수 정밀도가 높다.
④ 결정성 플라스틱에 비해 비결정성 플라스틱은 특별한 용융온도나 고화 온도를 갖는다.

해설 ・결정성 플라스틱과 비결정성 플라스틱의 비교

결정성 플라스틱	비결정성 플라스틱
① 수지가 불투명하다.	① 수지가 투명하다.
② 온도상승 → 비결정화 → 용융상태	② 온도상승 → 용융상태
③ 가소화능력이 큰 성형기가 필요하다.	③ 성형기의 가소화능력이 작아도 된다.
④ 수지용융시 많은 열량이 필요하다.	④ 수지용융시 적은 열량이 필요하다.
⑤ 금형 냉각시간이 길다.	⑤ 금형 냉각시간이 짧다.
⑥ 성형수축률이 크다.	⑥ 성형수축률이 작다.
⑦ 배향의 특성이 크다.	⑦ 배향의 특성이 작다.
⑧ 굽힘, 휨, 뒤틀림 등의 변형이 크다.	⑧ 굽힘, 휨, 뒤틀림 등의 변형이 작다.
⑨ 강도가 크다.	⑨ 강도가 낮다.
⑩ 제품의 치수정밀도가 높지 못하다.	⑩ 제품의 치수정밀도가 높다.
⑪ 특별한 용융온도나 고화온도를 갖는다.	⑪ 특별한 용융온도나 고화온도를 갖지 않는다.

문제 67. 다음 중 자기변태점이 가장 높은 것은?

① Fe
② Co
③ Ni
④ Fe₃C

해설 자기변태점
: Co(1150 ℃), Fe(768 ℃), Ni(358 ℃)

문제 68. 황(S)을 많이 함유한 탄소강에서 950 ℃ 전후의 고온에서 발생하는 취성은?

① 저온 취성
② 불림 취성
③ 적열 취성
④ 뜨임 취성

해설 ① 저온취성 : 온도가 상온 이하로 내려갈수록 경도와 강도는 증가하나, 충격값이 크게 감소하여 −70 ℃ 부근에서는 충격치가 0에 가깝게 되고, 이로 인하여 취성이 생기는데 이를 저온취성이라 한다.
② 적열취성 : 황(S)을 많이 함유한 탄소강은 약 950 ℃에서 인성이 저하되어 메지게 되는 성질이 나타나게 되는데 이를 탄소강의 적열취성이라 한다.

문제 69. 서브제로(sub-zero)처리를 하는 주요 목적으로 옳은 것은?

① 잔류 오스테나이트 조직을 유지하기 위해
② 잔류 오스테나이트를 레데뷰라이트화 하기 위해
③ 잔류 오스테나이트를 베이나이트화 하기 위해
④ 잔류 오스테나이트를 마텐자이트화 하기 위해

해설 ・서브제로처리(sub-zero treatment)(=심냉처리)
서브(sub)는 하(下), 제로(zero)는 0의 뜻이며 즉, 0 ℃보다 낮은 온도로 처리하는 것을 서브제로처리라 한다.
서브제로처리는
① 담금질한 조직의 안정화(stabilization)
② 게이지강 등의 자연시효(seasoning)
③ 공구강의 경도증가와 성능향상
④ 수축끼워맞춤(shrink fit) 등을 위해서 하게 된다.

해답 66. ④ 67. ② 68. ③ 69. ④

일반적으로 담금질한 강에는 약간(5~20%)의 오스테나이트가 잔류하는 것이 되므로 이것이 시일이 경과되면 마텐자이트로 변화하기 때문에 모양과 치수 그리고 경도에 변화가 생긴다. 이것을 경년변화라고 한다. 서브제로처리를 하면 잔류오스테나이트가 마텐자이트로 변해 경도가 커지고 치수변화가 없어진다. 게이지류에 서브제로처리를 하면 시효변형을 방지할 수 있으며, 공구강 특히 고속도강을 처리하면 경도가 증가해서 절삭성능이 향상된다.

문제 70. 금속의 응고에 대한 설명으로 틀린 것은?

① Fe의 결정성장방향은 [0001]이다.
② 응고 과정에서 고상과 액상간의 경계가 형성된다.
③ 응고 과정에서 운동에너지가 열의 형태로 방출되는 것을 응고 잠열이라 한다.
④ 액체 금속이 응고할 때 용융점보다 낮은 온도에서 응고되는 것을 과냉각이라 한다.

해설 밀러지수가 [0001]인 것은 육방정계(조밀육방격자)의 대표적인 면이다.
철(Fe)은 입방정계(체심입방격자, 면심입방격자)이다.

문제 71. 유압장치에서 펌프의 무부하 운전 시 특징으로 적절하지 않은 것은?

① 펌프의 수명 연장
② 유온 상승 방지
③ 유압유 노화 촉진
④ 유압장치의 가열 방지

해설 유압유 노화방지

문제 72. 1개의 유압 실린더에서 전진 및 후진 단에 각각의 리밋 스위치를 부착하는 이유로 가장 적합한 것은?

① 실린더의 위치를 검출하여 제어에 사용하기 위하여

② 실린더 내의 온도를 제어하기 위하여
③ 실린더의 속도를 제어하기 위하여
④ 실린더 내의 압력을 계측하고 제어하기 위하여

해설 실린더의 행정거리를 제한하기 위하여 또는 실린더의 위치를 검출하여 제어에 사용하기 위하여 리밋스위치를 부착한다.

문제 73. 아래 기호의 명칭은?

① 체크 밸브   ② 무부하 밸브
③ 스톱 밸브   ④ 급속배기 밸브

해설 무부하 밸브(unloading valve)
: 회로내의 압력이 설정압력에 이르렀을 때 이 압력을 떨어뜨리지 않고 펌프송출량을 그대로 기름탱크에 되돌리기 위하여 사용하는 밸브

문제 74. 오일 탱크의 필요조건으로 적절하지 않은 것은?

① 오일 탱크의 바닥면은 바닥에 밀착시켜 간격이 없도록 해야 한다.
② 오일 탱크에는 스트레이너의 삽입이나 분리를 용이하게 할 수 있는 출입구를 만든다.
③ 공기빼기 구멍에는 공기청정을 하여 먼지의 혼입을 방지한다.
④ 먼지, 절삭분 등의 이물질이 혼입되지 않도록 주유구에는 여과망, 캡을 부착한다.

해설 ·오일탱크의 필요조건
① 오일탱크 내에서는 먼지, 절삭분, 윤활유 등의 이물질이 혼합되지 않도록 주유구에는 여과망과 캡 또는 뚜껑을 부착한다.

정답 70. ① 71. ③ 72. ① 73. ② 74. ①

② 공기빼기구멍에는 공기청정기를 부착하여 먼지의 혼입을 방지하고 오일탱크내의 압력을 언제나 대기압으로 유지하는데 충분한 크기인 것으로 비말 유입을 방지할 수 있어야 한다.

③ 오일탱크의 용량은 장치의 운전중지 중 장치내의 작동유가 복귀하여도 지장이 없을 만큼의 크기를 가져야 한다.
또한, 작동사이클 중에도 유면의 높이를 적당히 유지할 수 있어야 한다.

④ 오일탱크 내에는 격판으로 펌프 흡입측과 복귀측을 구별하여 오일탱크 내에서의 오일의 순환거리를 길게 하고 기포의 방출이나 오일의 냉각을 보존하며, 먼지의 일부를 침전케 할 수 있도록 한다.

⑤ 오일탱크의 바닥면은 바닥에서 최소 간격 15 cm를 유지하는 것이 바람직하다.

⑥ 오일탱크에는 스트레이너의 삽입이나 분리를 용이하게 할 수 있는 출입구를 만든다.

⑦ 스트레이너의 유량은 유압펌프 토출량의 2배 이상의 것을 사용한다.

⑧ 오일탱크의 내면은 방청을 위하여 또한 수분의 응축을 방지하기 위하여 양질의 내유성 도료를 도장하든가 도금한다.

문제 **75.** 속도 제어 회로가 아닌 것은?

① 미터 인 회로
② 미터 아웃 회로
③ 블리드 오프 회로
④ 로크(로킹) 회로

해설> · 유량을 제어하는 속도 제어 회로 방식
① 미터 인 회로 : 액추에이터의 입구쪽 관로에서 유량을 교축시켜 작동속도를 조절하는 방식
② 미터 아웃 회로 : 액추에이터의 출구쪽 관로에서 유량을 교축시켜 작동속도를 조절하는 방식으로 실린더에서 유출하는 유량을 복귀측에 직렬로 유량조절밸브를 설치하여 유량을 제어하는 방식
③ 블리드 오프 회로 : 액추에이터로 흐르는 유량의 일부를 탱크로 분기함으로서 작동속도를 조절하는 방식 즉, 실린더 입구의 분기회로에 유량제어 밸브를 설치하여 실린더입구측의 불필요한 압유를 배출시켜 작동효율을 증진시킨다. 회로연결은 병렬로 연결한다.

문제 **76.** 아래 회로처럼 A, B 두 실린더가 순차적으로 작동하는 회로는?

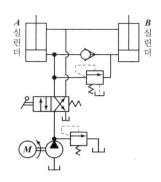

① 언로더 회로
② 디컴프레션 회로
③ 시퀀스 회로
④ 카운터 밸런스 회로

해설> 시퀀스회로(sequence circuit)
: 동일한 유압원을 이용하여 기계조작을 정해진 순서에 따라 자동적으로 작동시키는 회로로서 각 기계의 조작순서를 간단히 하여 확실히 할 수 있다.

문제 **77.** 유압 작동유의 구비조건으로 적절하지 않은 것은?

① 비중과 열팽창계수가 적어야 한다.
② 열을 방출시킬 수 있어야 한다.
③ 점도지수가 높아야 한다.
④ 압축성이어야 한다.

해설> · 유압작동유의 구비조건
① 비압축성이어야 한다.
(동력전달 확실성 요구 때문)
② 장치의 운전온도범위에서 회로내를 유연하게 유동할 수 있는 적절한 점도가 유지되어야 한다.
(동력손실 방지, 운동부의 마모방지, 누유방지 등을 위해)
③ 장시간 사용하여도 화학적으로 안정하여야 한다.
(노화현상)
④ 녹이나 부식 발생 등이 방지되어야 한다.
(산화안정성)
⑤ 열을 방출시킬 수 있어야 한다. (방열성)
⑥ 외부로부터 침입한 불순물을 침전분리시킬 수 있고, 또 기름 중의 공기를 속히 분리시킬 수 있어야 한다.

애답> **75.** ④ **76.** ③ **77.** ④

[문제] 78. 유압 작동유에 1760 N/cm²의 압력을 가했더니 체적이 0.19 % 감소되었다. 이때 압축률은 얼마인가?

① 1.08×10^{-5} cm²/N ② 1.08×10^{-6} cm²/N
③ 1.08×10^{-7} cm²/N ④ 1.08×10^{-8} cm²/N

[해설] 체적탄성계수 $K = \dfrac{\Delta p}{\left(-\dfrac{\Delta V}{V}\right)} = \dfrac{1}{\beta}$ 에서

∴ 압축률 $\beta = \dfrac{\left(-\dfrac{\Delta V}{V}\right)}{\Delta p} = \dfrac{\left(\dfrac{0.19}{100}\right)}{1760}$

$\fallingdotseq 1.08 \times 10^{-6}$ cm²/N

[문제] 79. 유량 제어 밸브의 종류가 아닌 것은?

① 분류 밸브 ② 디셀러레이션 밸브
③ 언로드 밸브 ④ 스로틀 밸브

[해설] 무부하밸브(unloading valve, 언로딩밸브)는 압력제어밸브이다.

[문제] 80. 어큐뮬레이터는 고압 용기이므로 장착과 취급에 각별한 주의가 요망되는데 이와 관련된 설명으로 적절하지 않은 것은?

① 점검 및 보수가 편리한 장소에 설치한다.
② 어큐뮬레이터에 용접, 가공, 구멍뚫기 등을 통해 설치에 유연성을 부여한다.
③ 충격 완충용으로 사용할 경우는 가급적 충격이 발생하는 곳으로부터 가까운 곳에 설치한다.
④ 펌프와 어큐뮬레이터와의 사이에는 체크 밸브를 설치하여 유압유가 펌프 쪽으로 역류하는 것을 방지한다.

[해설] · 축압기(accumulator) 취급상의 주의사항
① 가스봉입형식인 것은 미리 소량의 작동유(내용적의 약 10 %)를 넣은 다음 가스를 소정의 압력으로 봉입한다.
② 봉입가스는 질소가스 등의 불활성가스 또는 공기압(저압용)을 사용할 것이며 산소 등의 폭발성 기체를 사용해서는 안된다.
③ 펌프와 축압기 사이에는 체크밸브를 설치하여 유압유가 펌프에 역류하지 않도록 한다.
④ 축압기와 관로와의 사이에 스톱밸브를 넣어 토출압력이 봉입가스의 압력보다 낮을 때는 차단한 후 가스를 넣어야 한다.
⑤ 축압기에 부속쇠 등을 용접하거나 가공, 구멍뚫기 등을 해서는 안된다.
⑥ 충격완충에는 가급적 충격이 발생하는 곳에 가까이 설치한다.
⑦ 봉입가스압은 6개월마다 점검하고, 항상 소정의 압력을 예압시킨다.
⑧ 축압기는 점검, 보수에 편리한 장소에 결합한다.
⑨ 운반, 결합, 분리 등의 경우에는 반드시 봉입가스를 빼고 그때의 취급에는 특히 주의한다.

제5과목 기계제작법 및 기계동력학

[문제] 81. 지름 1 m의 플라이휠(flywheel)이 등속 회전운동을 하고 있다. 플라이휠 외측의 접선속도가 4 m/s일 때, 회전수는 약 몇 rpm인가?

① 76.4 ② 86.4
③ 96.4 ④ 106.4

[해설] $V = r\omega = r \times \dfrac{2\pi N}{60}$ 에서

∴ $N = \dfrac{60\,V}{2\pi r} = \dfrac{60 \times 4}{2\pi \times 0.5} = 76.4\,\mathrm{rpm}$

[문제] 82. 자동차가 경사진 30도 비탈길에 주차되어 있다. 미끄러지지 않기 위해서는 노면과 바퀴와의 마찰계수 값이 약 얼마 이상이어야 하는가?

① 0.122 ② 0.366
③ 0.500 ④ 0.578

[해설]

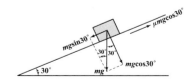

미끄러지지 않기 위해서는

$$\mu m g \cos 30° \geq m g \sin 30°$$

$$\mu \geq \frac{\sin 30°}{\cos 30°} \quad \therefore \; \mu \geq 0.577$$

문제 83. 일정한 반경 r인 원을 따라 균일한 각속도 ω로 회전하고 있는 질점의 가속도에 대한 설명으로 옳은 것은?

① 가속도는 0이다.

② 가속도는 법선 방향(radial direction)의 값만 갖는다. (접선 방향은 0이다.)

③ 가속도는 접선 방향(transverse direction)의 값만 갖는다. (법선 방향은 0이다.)

④ 가속도는 법선 방향과 접선 방향 값을 모두 갖는다.

해설 우선, 각속도 ω가 일정하므로 각가속도 α는 0이 된다. 따라서 접선가속도 $a_t = \alpha r = 0 \times r = 0$이 됨을 알 수 있다.

또한, 각속도 ω에 의해 구심력 $F = m a_n$이 작용하므로 법선가속도 $a_n = r \omega^2$이 존재함을 알 수 있다.

문제 84. 다음 표는 마찰이 없는 빗면을 따라 내려오는 물체의 속력에 따른 운동에너지와 위치에너지를 나타낸 것이다. 속력이 $\frac{3}{2}v$일 때의 위치에너지 (A)는?

(단, 에너지 보존 법칙에 만족한다.)

구 분	위치에너지	운동에너지
v	1500 J	
$\frac{3}{2}v$	A	
$2v$		1600 J

① 1400 J ② 1000 J
③ 800 J ④ 600 J

해설 속력이 $2v$일 때 운동에너지 $\frac{1}{2}m(2v)^2 = 1600$이므로 속력이 v일 때 운동에너지 $\frac{1}{2}mv^2 = 400$임을 알

수 있다.

따라서, 속력이 $\frac{3}{2}v$일 때 운동에너지 $\frac{1}{2}m\left(\frac{3}{2}v\right)^2 = 900$이 됨을 알 수 있다.

결국, 위치에너지 + 운동에너지 = 1900이 되어야 하므로 $A = 1000$ J임을 알 수 있다.

문제 85. 다음 그림과 같이 일부가 천공된 불균형 바퀴가 미끄러짐 없이 굴러가고 있을 때, 각 경우 중 운동에너지의 크기에 대한 설명으로 옳은 것은?

(단, 3가지 모두 각속도 ω는 동일하다.)

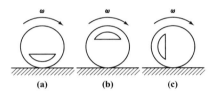

(a) (b) (c)

① (a) 경우가 가장 크다.

② (b) 경우가 가장 크다.

③ (c) 경우가 가장 크다.

④ (a), (b), (c) 모두 같다.

해설 "운동에너지(T)
= 직선운동에너지(T_1) + 회전운동에너지(T_2)"

즉, $T = T_1 + T_2 = \frac{1}{2}mV^2 + \frac{1}{2}J_G\omega^2$에서

지면으로부터 질량중심(G)까지의 거리는 (a)가 가장 먼 쪽에 있으므로 질량관성모멘트(J_G)는 (a)가 가장 크다.

따라서, 운동에너지 $T = \frac{1}{2}mV^2 + \frac{1}{2}J_G\omega^2$은 (a)가 가장 크다는 것을 알 수 있다.

문제 86. 그림과 같이 두 개의 질량이 스프링에 연결되어 있을 때, 이 시스템의 고유진동수에 해당하는 것은?

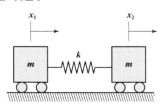

① $\sqrt{\dfrac{k}{m}}$ ② $\sqrt{\dfrac{2k}{m}}$ ③ $\sqrt{\dfrac{3k}{m}}$ ④ $2\sqrt{\dfrac{k}{m}}$

해설

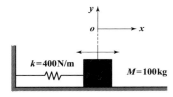

〈자유물체도〉

우선, ①일 때, $\sum F_x = m\ddot{x}$에서

$k(x_2 - x_1) = m\ddot{x_1}$

$m\ddot{x_1} - k(x_2 - x_1) = 0$

여기서, 상대변위를 $x_2 - x_1 = x$라 하면

$m\ddot{x_1} - kx = 0$ ·················· ①식

또한, ②일 때, $\sum F_x = m\ddot{x}$에서

$-k(x_2 - x_1) = m\ddot{x_2}$

$m\ddot{x_2} + k(x_2 - x_1) = 0$

$m\ddot{x_2} + kx = 0$ ·················· ②식

②식 − ①식 : $m(\ddot{x_2} - \ddot{x_1}) + 2kx = 0$

$m\ddot{x} + 2kx = 0$

$\ddot{x} + \dfrac{2k}{m}x = 0$

결국, $\omega_n^2 = \dfrac{2k}{m}$ ∴ 고유각진동수 $\omega_n = \sqrt{\dfrac{2k}{m}}$

문제 87. 다음 그림과 같은 1자유도 진동계에서 W가 50 N, k가 0.32 N/cm이고, 감쇠비가 $\zeta = 0.4$일 때 이 진동계의 점성감쇠 계수 c는 약 몇 N·s/m인가?

① 5.48 ② 54.8

③ 10.22 ④ 102.2

해설 우선, $W = mg$에서 $m = \dfrac{W}{g} = \dfrac{50}{9.8} = 5.102\,\text{kg}$

또한, 임계감쇠계수

$C_{cr} = 2\sqrt{mk} = 2\sqrt{5.102 \times 0.32 \times 10^2}$

$= 25.55\,\text{N} \cdot \text{S/m}$

결국, 감쇠비 $\xi = \dfrac{C}{C_{cr}}$에서

∴ $C = \xi C_{cr} = 0.4 \times 25.55 = 10.22\,\text{N} \cdot \text{S/m}$

문제 88. 다음 그림과 같이 스프링상수는 400 N/m, 질량은 100 kg인 1자유도계 시스템이 있다. 초기 변위는 0이고 스프링 변형량도 없는 상태에서 x방향으로 3 m/s의 속도로 움직이기 시작한다고 가정할 때 이 질량체의 속도 v를 위치 x에 관한 함수로 나타낸 것은?

① $\pm (3 - 4x^2)$

② $\pm (3 - 9x^2)$

③ $\pm \sqrt{(9 - 4x^2)}$

④ $\pm \sqrt{(9 - 9x^2)}$

해설 $T = V_e$에서 $\dfrac{1}{2}m(v_0^2 - v^2) = \dfrac{1}{2}kx^2$

$\dfrac{1}{2} \times 100(3^2 - v^2) = \dfrac{1}{2} \times 400x^2$

$v^2 = 3^2 - 4x^2 = 9 - 4x^2$ ∴ $v = \pm\sqrt{(9 - 4x^2)}$

문제 89. 조화 진동의 변위 x와 시간 t의 관계를 나타낸 식 $x = a\sin(\omega t + \phi)$에서 ϕ가 의미하는 것은?

① 진폭 ② 주기

③ 초기위상 ④ 각진동수

해설 a : 진폭, ω : 각진동수(＝원진동수),

ϕ : 위상각(＝초기위상)

문제 90. 속도가 각각 v_1, v_2 $(v_1 > v_2)$이고, 질량이 모두 m인 두 물체가 동일한 방향으로 운동하여 충돌 후 하나로 되었을 때의 속도(v)는?

① $v_1 - v_2$ ② $v_1 + v_2$

③ $\dfrac{v_1 - v_2}{2}$ ④ $\dfrac{v_1 + v_2}{2}$

정답 **87.** ③ **88.** ③ **89.** ③ **90.** ④

해설 $m_1v_1 + m_2v_2 = (m_1 + m_2)v$

$v = \dfrac{m_1v_1 + m_2v_2}{m_1 + m_2}$, $m_1 = m_2 = m$ 이므로

$\therefore\ v = \dfrac{v_1 + v_2}{2}$

문제 **91.** 방전가공의 특징으로 틀린 것은?

① 전극이 필요하다.
② 가공 부분에 변질 층이 남는다.
③ 전극 및 가공물에 큰 힘이 가해진다.
④ 통전되는 가공물은 경도와 관계없이 가공이 가능하다.

해설 전극 및 가공물에 큰힘이 가해지지 않는다.

문제 **92.** 드로잉률에 대한 설명으로 옳은 것은?

① 드로잉률이 작을수록 제품의 깊이가 깊은 것이므로 드로잉에 필요한 힘도 증가하게 된다.
② 드로잉률이 클수록 제품의 깊이가 깊은 것이므로 드로잉에 필요한 힘도 증가하게 된다.
③ 드로잉률이 작을수록 제품의 깊이가 낮은 것이므로 드로잉에 필요한 힘도 증가하게 된다.
④ 드로잉률이 클수록 제품의 깊이가 낮은 것이므로 드로잉에 필요한 힘도 증가하게 된다.

해설 · 드로잉률(drawing rate) : 드로잉 가공시 드로잉된 제품의 지름과 소재의 지름의 비
① 드로잉률이 작을수록 제품의 깊이가 깊은 것이므로 드로잉에 필요한 힘도 증가하게 된다.
② 드로잉률이 너무 작으면 소재에 주름이나 파단이 발생하여 불량제품이 나오게 되므로 딥드로잉에서는 재드로잉하여 제품의 단면적을 순차적으로 감소시켜 완성한다.
③ 드로잉률의 역수를 드로잉비라 한다.

문제 **93.** 스폿용접과 같은 원리로 접합할 모재의 한쪽 판에 돌기를 만들어 고정전극 위에 겹쳐 놓고 가동전극으로 통전과 동시에 가압하여 저항열로 가열된 돌기를 접합시키는 용접법은?

① 플래시 버트 용접
② 프로젝션 용접
③ 업셋 용접
④ 단접

해설 · 프로젝션 용접(projection welding)
① 점용접과 같은 원리로서 접합할 모재의 한쪽판에 돌기(projection)를 만들어 고정전극 위에 겹쳐놓고 가동전극으로 통전과 동시에 가압하여 저항열로 가열된 돌기를 접합시키는 용접법이다.
② 돌기부는 모재의 두께가 서로 다른 경우 두꺼운 판재에 만들며, 모재가 서로 다른 금속일 때 열전도율이 큰 쪽에 만든다.
③ 두께가 다른 판의 용접이 가능하고, 용량이 다른 판을 쉽게 용접할 수 있다.

문제 **94.** 밀링에서 브라운 샤프형 분할판으로 지름피치 12, 잇수가 76개인 스퍼기어를 절삭할 때 사용하는 분할판의 구멍열은?

① 16구멍
② 17구멍
③ 18구멍
④ 19구멍

해설 $n = \dfrac{40}{N} = \dfrac{40}{76} = \dfrac{10}{19}$

∴ 분할판의 구멍열은 19구멍이다.

문제 **95.** 전해연마의 일반적인 특징에 대한 설명으로 옳은 것은?

① 가공면에는 방향성이 있다.
② 내마멸성, 내부식성이 저하된다.
③ 연마량이 적으므로 깊은 홈이 제거되지 않는다.
④ 복잡한 형상의 공작물, 선 등의 연마가 불가능하다.

해답 **91.** ③ **92.** ① **93.** ② **94.** ④ **95.** ③

해설> · 전해연마의 특징
① 철과 강은 다른 금속에 비해 전해연마가 어렵다.
② 비철금속인 알루미늄, 구리계열은 비교적 쉽게 전해연마 할 수 있다.
③ 가공표면의 변질층이 없고, 가공면에는 방향성이 없다.
④ 주철은 가공이 불가능하며, 탄소량이 적을수록 좋다.
⑤ 광택이 매우 좋으며, 내식성, 내마멸성이 좋다.
⑥ 연마량이 적어 깊은 상처는 제거하기 곤란하다.
⑦ 복잡한 형상도 연마가 가능하다.
⑧ 용도 : 드릴의 홈, 주사침의 구멍, 반사경, 시계의 기어 등의 연마에 사용

문제 **96.** 일반적으로 저탄소강을 초경합금으로 선반가공 할 때, 힘의 크기가 가장 큰 것은?

① 이송분력   ② 배분력
③ 주분력   ④ 부분력

해설> 절삭저항의 3분력
: 주분력 > 배분력 > 횡분력(=이송분력)

문제 **97.** 가공의 영향으로 생긴 스트레인이나 내부응력을 제거하고 미세한 표준조직으로 기계적 성질을 향상시키는 열처리법은?

① 소프트닝   ② 보로나이징
③ 하드 페이싱   ④ 노멀라이징

해설> 불림(소준, normalizing)
: 강을 열간가공하거나 열처리를 할 때 필요이상의 고온으로 가열하면 γ고용체의 결정입자가 크고 거칠어 기계적 성질이 나빠진다.
또한, 주강은 조직이 거칠고 압연한 재료는 각 부분이 불균일함과 동시에 내부응력이 존재한다. 이러한 재료를 그대로 담금질 하면 변형과 균열을 일으키기 쉽다.
따라서 이를 방지하기 위하여 강을 A_3변태점 또는 A_{cm}선보다 30~50℃ 높은 온도로 가열하고 일정한 시간을 유지하면 균일한 오스테나이트 조직으로 된다. 그 다음 안정된 공기중에서 냉각시키면 미세하고 균일한 표준화된 조직을 얻을 수 있는데 이러한 열처리를 불림이라 한다.

문제 **98.** 롤러 중심거리 200 mm인 사인바로 게이지 블록 42 mm를 사용하여 피측정물의 경사면이 정반과 평행을 이루었을 때, 피측정물 구배값은 약 몇 도 (°)인가?

① 30   ② 25
③ 21   ④ 12

해설> $\sin\theta = \dfrac{H}{L}$ 에서
$$\therefore \theta = \sin^{-1}\left(\frac{H}{L}\right) = \sin^{-1}\left(\frac{42}{200}\right) \fallingdotseq 12°$$

문제 **99.** Al합금 등과 같은 용융 금속을 고속, 고압으로 금속주형에 주입하여 정밀 제품을 다량 생산하는 특수주조 방법은?

① 다이 캐스팅법
② 인베스트먼트 주조법
③ 칠드 주조법
④ 원심 주조법

해설> · 다이캐스팅(die casting)법 : 용융금속을 강철로 만든 금속주형 중에서 대기압 이상의 압력으로 압입하여 주조하는 방법
〈특징〉
① 주물표면이 미려하고 정도가 높아 기계가공여유가 필요치 않다.
② 균일한 연속주조가 가능하다.
③ 복잡한 형상과 얇은 주물도 제작할 수 있다.
④ 다량생산에 적합하다.
· 주물재료 : Cu, Al, Zn, Sn, Mg합금

문제 **100.** 다음 중 소성가공에 속하지 않는 것은?

① 압연가공   ② 선반가공
③ 인발가공   ④ 단조가공

해설> 소성가공의 종류
: 단조, 압연, 인발, 압출, 제관, 전조, 프레스가공

해답 **96.** ③   **97.** ④   **98.** ④   **99.** ①   **100.** ②